Braunkohlentagebau und Rekultivierung

Springer-Verlag Berlin Heidelberg GmbH

Braunkohlentagebau und Rekultivierung

Landschaftsökologie – Folgenutzung – Naturschutz

Wolfram Pflug (Hrsg.)

Mit 498 Abbildungen, davon 265 in Farbe
und 205 Tabellen

Springer

Herausgeber

Universitätsprofessor em. WOLFRAM PFLUG
Wilsede 1
29646 Bispingen

unter Mitarbeit von

DR. CARSTEN DREBENSTEDT, Weißwasser
DR. ECKART HILDMANN, Bitterfeld
MARIAN POLNIK, Jülich
DR. AXEL STÜRMER, Brühl

ISBN 978-3-642-63757-5
Springer-Verlag Berlin Heidelberg New York

Die Deutsche Bibliothek - CIP-Einheitsaufnahme
Braunkohlentagebau und Rekultivierung: Landschaftsökologie - Folgenutzung - Naturschutz / Hrsg.: Wolfram Pflug. Unter Mitarb. von C. Drebenstedt … - Berlin; Heidelberg; New York; Barcelona; Budapest; Hongkong; London; Mailand; Paris; Santa Clara; Singapur; Tokio: Springer, 1998
ISBN 978-3-642-63757-5 ISBN 978-3-642-58846-4 (eBook)
DOI 10.1007/978-3-642-58846-4

Titelbild: Rekultivierte Außenkippe Sophienhöhe des Tagebaues Hambach im Rheinischen Braunkohlenrevier (Ausschnitt). Photo: Rheinbraun 1995

Herstellung: S. Pauli, Heidelberg
Satz und Layout: rbw GmbH, Heidelberg
Umschlaggestaltung: E. Kirchner, Heidelberg

SPIN: 10476821 30/3136 - 5 4 3 2 1 0

Gedruckt auf säurefreiem Papier

Vorwort

Braunkohle, eine Erinnerung an ferne Kindheit und Jugend. In der Hohenkräniger Feldmark, meiner Heimat unmittelbar östlich der Oder im Kreis Königsberg/Neumark, trat sie an den steilen Oderhängen zutage. Der Höhepunkt des Abbaues lag in der Mitte des vorigen Jahrhunderts, sein Ende in den 1870er Jahren. In dieser Zeit entstand die „Hohenkräniger Bergkolonie". Mehrere Stollen schlossen die Flöze gegen den Berg auf. „Wrangel", „Liebesstollen", „Gott mit uns" und „Chateaudun" waren die Namen der Gruben. In dem am Oderstrom gelegenen Restaurant „Waldkater", unzähligen Ausflüglern aus Berlin, Stettin, Schwedt, Königsberg, Küstrin und Frankfurt/Oder gut bekannt, verbarg sich das Haus der Steiger. Zu meiner Zeit hatte die Natur die Gruben und Kippen längst wieder erobert. Zurück blieben ein merkwürdig unebenes Relief, für Geländespiele ideal geeignet, und so mancher Erdrutsch.

Rund zwanzig Jahre später auf der Burg Nideggen in der Eifel, 1958, erlebte ich auf einer Exkursion anläßlich einer Tagung, die unter dem Thema „Landschaft und Tagebau" stand, erstmals bewußt den Einsatz der Großtechnik im Braunkohlenbergbau und die mit ihr in riesenhafte Ausmaße hineinwachsende Aufgabe der Wiederherstellung neuer Landschaften.

Mit meiner Berufung 1965 auf den Lehrstuhl für Landschaftsökologie und Landschaftsgestaltung der Rheinisch-Westfälischen Technischen Hochschule Aachen vertiefte sich die Verbindung zum Rheinischen Braunkohlenrevier. Dies einmal wegen der räumlichen Nähe zu einem ganze Landschaften umgestaltenden Großunternehmen der Wirtschaft mit gravierenden Auswirkungen auf die Bewohner dieser Landschaften, die Nutzungen, den Naturhaushalt und das Landschaftsbild, zum anderen wegen der Faszination, neue Lebensräume im Zusammenhang mit allen nur erdenklichen Nutzungs- und Schutzbezügen entstehen zu sehen. Fast ein Schöpfungsakt. Den Anfang machten Exkursionen mit Studenten der Studienrichtungen Architektur, Stadtplanung, Bauingenieur- und Vermessungswesen, später auch mit Bergbau- und Biologiestudenten. Erneut, nun schon etwas enger, stand ich der Rekultivierungsproblematik als Mitglied eines Preisgerichtes gegenüber, das sich mit Arbeiten zu einem vom Landwirtschaftsministerium des Landes Nordrhein-Westfalen im Jahr 1967 ausgelobten Ideenwettbewerb am Beispiel der Kippe Berrenrath auseinanderzusetzen hatte.

Mitten hinein in das Geschehen brachte mich dann im Jahr 1974 ein Auftrag der Landesplanungsgemeinschaft Rheinland in Düsseldorf mit der Aufgabe, ein landschaftsökologisches Gutachten zum geplanten Braunkohlentagebau Hambach I zu erstellen. Darin sollten in einem Zeitraum von etwas mehr als einem Jahr auf der Grundlage vorhandenen Materials, bisheriger Forschungen und der Untersuchungsergebnisse von zehn gleichzeitig beauftragten Fachgutachtern zu speziellen Gebieten die Auswirkungen des geplanten Tagebaues auf die vor dem Abbau vorhandenen und mit dem Abbau sich nach und nach verändernden natürlichen Gegebenheiten festgestellt werden. Darüber hinaus sollten die Auswirkungen des geplanten Tagebaues auf die bestehenden und möglichen künftigen Nutzungen im Zusammenhang mit den neu zu schaffenden Standorten untersucht werden. Geprüft werden sollte ferner, ob ein derartiger Eingriff in den Naturhaushalt zu verantworten ist, und welche Maßnahmen gegebenenfalls zur Vermeidung oder Minderung nachteiliger Entwicklungen im Naturhaushalt und zur Gestalt der neuen Landschaft zu empfehlen sind.

Die Lösung dieser Aufgabe bedeutete damals für mich eine Herausforderung allerersten Ranges, als Wissenschaftler, aber auch als ein der ökonomischen und zugleich der ökologischen und naturschützerischen Seite eng verbundener Praktiker und Hochschullehrer.

Seit dieser Zeit ließ mich das Geschehen um die neuen Landschaften im Rheinischen Braunkohlenrevier nicht mehr los, obwohl meine Forschungen und Lehrveranstaltungen überwiegend anderen Aufgaben gewidmet waren. So bot ich auf Wunsch von Studenten des Bergbaues und des Markscheidewesens ab 1981 Veranstaltungen über das Thema „Landschaftsökologie, Naturschutz und Landschaftsplanung im Bergbau" an, eine für die Hörer freiwillige, nicht verpflichtende Leistung.

Landschaftsökologische und landschaftsgestalterische Erfordernisse waren im Rheinland bei der Wiederherstellung nutzbarer Landschaften seit der Verabschiedung des Braunkohlengesetzes im Jahr 1950 schon immer Gegenstand der Rekultivierungsplanung und ihrer Umsetzung. Dies zeigte sich zum Beispiel in der Schaffung neuer Standorte für die Land- und Forstwirtschaft oder der Gestaltung von Kippen und Restlöchern. Dagegen fanden die Belange des Naturschutzes und der Landschaftspflege trotz einiger Teilerfolge bis in die 80er Jahre kaum Eingang in den Rekultivierungsvorgang. Hier vollzog sich inzwischen ein Wandel, verursacht durch ein Umdenken im Umwelt- und Naturschutz bei allen für die Rekultivierung Verantwortlichen und der aus dem Umdenken entstandenen neueren Gesetzgebung.

In diesen Erlebnissen liegt einer der Gründe für meine Anregung, einem größeren Kreis von Interessierten einen Einblick in den aktuellen Stand der Rekultivierung zu vermitteln. Ein weiterer Grund ist im Fehlen eines Werkes zu sehen, das der ganzheitlichen Betrachtung des Themas gewidmet ist. Dabei kommt es mir darauf an, die gesamte Palette der beteiligten Disziplinen und ihrer Vertreter, ob Praktiker, Wissenschaftler, Angehörige der Unternehmen oder Außenstehende, zur Mitarbeit zu gewinnen und zu Wort kommen zu lassen. Ein dritter Grund betrifft die Aufarbeitung des Themas vor dem Hintergrund, das Ende einer Epoche zu erleben, die durch Pionierarbeit gekennzeichnet ist. Diese Pionierarbeit auf dem Gebiet der Rekultivierung im Braunkohlenbergbau wurde innerhalb von zwei Generationen geleistet. Noch ist Gelegenheit, viele der unmittelbar Beteiligten ihre Erfahrungen und Erkenntnisse festhalten und weitergeben zu lassen.

Nach der Wiedervereinigung Deutschlands verstärkte sich die Diskussion über den energiepolitischen Nutzen, aber auch über die Umweltprobleme des Braunkohlenbergbaues. Schwerpunkt dieser Auseinandersetzung waren auch Fragen der Rekultivierung bzw. Wiederherstellung neuer Landschaften, die den heutigen und künftigen ökologischen, naturschützerischen und ökonomischen Anforderungen gewachsen sind.

War das Werk zuerst nur für das Rheinische Revier gedacht, dehnte ich es nach der Wiedervereinigung auf alle Reviere Deutschlands aus. Damit erhielten sämtliche Abbaugebiete die gleiche Chance, ihre durch vielerlei Einflüsse von innen und außen vollzogene Entwicklung auf den Gebieten Rekultivierung und Renaturierung darzustellen. Der Leser kann die verschiedenen Wege vergleichen, unterschiedliche Sachverhalte entnehmen, größere Zusammenhänge erkennen und diese vielleicht sogar in übergeordnete Zeitströmungen einordnen. Mit der Ausdehnung des Buches auf sämtliche Reviere erhöhte sich die Zahl der Autoren auf 99 und die der Beiträge auf mehr als achtzig. Dies ist auch einer der Gründe, weshalb sich die Vorbereitung des Buches über mehrere Jahre hinzog. In dieser Zeit traten auch Veränderungen im Braunkohlenbergbau ein, wie z. B. die Begründung des Sanierungsbergbaues und der Beginn neuer Forschungsaktivitäten in den beiden östlichen Revieren, für deren Darstellung revierübergreifend eigene Beiträge erarbeitet werden mußten. Obwohl alle an der Rekultivierung und Renaturierung beteiligten Disziplinen zu Wort kommen, hätte ich gerne den einen oder anderen Sach- und Fachkundigen in diesem Buch noch gesehen. Manche Bitte um Mitwirkung konnte wegen Überlastung nicht erfüllt, manche Zusage mußte wegen Krankheit wieder zurückgenommen werden. Nur der, der selbst ein Handbuch mit einer ähnlich hohen Zahl an Autoren herausgegeben hat, kann ermessen, welche Hindernisse zu überwinden waren. Ohne die Hilfe des von mir ins Leben gerufenen Redaktionsausschusses hätte ich allein das Werk nicht bewältigen können.

Mein Dank gilt den Autoren, den Mitgliedern des Redaktionsausschusses Dr. Carsten Drebenstedt, Dr. Eckart Hildmann und Dr. Axel Stürmer sowie Herrn Marian Polnik als aufmerksamen Zuarbeiter und unentbehrlicher Gedächtnisstütze. Danken möchte ich ebenso den Braunkohlengesellschaften Rheinbraun AG und Lausitzer Braunkohle AG, ohne deren Unterstützung das Buch nicht hätte erscheinen können, und dem Springer-Verlag in Heidelberg für die verlegerische Betreuung des Werkes.

Mit diesem Buch sollen die bisherigen Rekultivierungs- und Renaturierungsleistungen im Braunkohlentagebau ihre verdiente Würdigung erfahren. Möge das Buch dazu beitragen, den berechtigten Ansprüchen an die Bergbaufolgelandschaft ausreichend Raum zu schaffen. Ich hoffe, es erbringt auch den Nachweis, daß neue und schöne Landschaften mit Hilfe langjähriger Erfahrungen, weiterer Erkenntnisse und guten Willens geschaffen werden können, Landschaften, in denen die Natur zu ihrem Recht kommt und der Mensch wieder eine Heimat findet.

Wilsede, im Dezember 1997 Wolfram Pflug

Inhaltsverzeichnis

„Der Bergbau vernichtet im Durchschnitt nichts, sondern schafft neue Kulturwerte“
RUDOLF HEUSOHN 1929

*„Ein Bagger räumt die Mühen weg
in denen hundert Jahre Arbeit steckt.
Von Generation zu Generation
hat man es weitergegeben
nun wird alles kahl
tot wo wir lebten“*
MARTIN (PSEUDONYM)
IN SPRINGER 1985

*„Können die Eingriffe in die Landschaft
jemals reparabel sein?“*
THEA WINANDY 1983

„Landschaft vom Reißbrett!“
ALBRECHT KRUMMSDORF UND
GERHARD GRÜMMER 1981

Einführung

WOLFRAM PFLUG

Gewinnung von Braunkohle im Tagebau bedeutet den Verlust der über den abzubauenden Lagerstätten in Jahrhunderten gewachsenen Kulturlandschaft. Nicht nur die gewohnte Oberflächengestalt und die Kulturböden, auch das in geologischen Zeiträumen entstandene Gestein wird bis in größere Tiefen abgebaggert. Die Grundwasserverhältnisse werden gestört oder verändern sich vollkommen. Die für die Landschaft des Abbaugebietes typischen Pflanzen und Pflanzengemeinschaften verlieren ihre Lebensgrundlagen, ebenso die wildlebenden Tiere, soweit sie nicht ausweichen können.

Der Abbau von Braunkohle im Großtagebau bedeutet für die Menschen, die dort seit Generationen zu Hause sind, nicht nur den Verlust der Heimat, sondern deren Untergang. Sie wird vom Braunkohlentagebau ausgelöscht, zwar in längeren Zeiträumen, doch unaufhaltsam. Einen anderen Eindruck von diesem Geschehen als die vom Untergang ihrer Landschaft Betroffenen haben Außenstehende. Václav Havel schreibt 1982 in einem Brief an seine Frau: „Nordböhmen ist für uns eine wichtige Brennstoffquelle ... (wenn man Erde mit etwas Beimengung von Braunkohle so bezeichnen kann)“, aber „um den Preis, daß es aufhört, ein Stück unseres Heimatlandes zu sein (es wird zu etwas zwischen Mond und Müllhalde)“. Und Günther Grass kommt angesichts des „weitläufigen“ Loches und der „kegelige(n) Abraumberge“ folgender Gedanke: „Mein Blick vom Grubenrand ist der Blick auf eine offene, nicht mehr verheilende Wunde“ (Grass u. Koch 1990).

Setzen die Bagger an, vergeht die alte Landschaft. Doch „naturam expellas furca, tamen usque recurret“ – Natur magst Du austreiben mit der Heugabel, Natur kehr beharrlich zurück. Selbst wenn der Naturvorrat Braunkohle abgebaut, das Deckgebirge, wie auch immer beiseite geschafft wird und der Mensch danach von allem seine Hand läßt, in unseren Breiten kehrt das Leben mit Macht zurück, pflanzliches, tierisches, bakterielles Leben. Auf dem Abraum, in den Gruben, in den Grubenwässern und auf den Grubenwänden entwickeln sich nach und nach Wälder, Moore, Heiden, Trockenrasen, Röhrichte, Rieder und unterseeische Wiesen. Es bleibt nicht „etwas zwischen Mond und Müllhalde“ zurück. Und die „offene, nicht mehr verheilende Wunde“ schließt sich, auch ohne den Menschen, allerdings in langen Zeiträumen. Zurück bleiben Narben. Viele dieser „Tagebaunarben“ sind heute Naturschutzgebiete. Von den im Jahr 1972 in den alten Bundesländern ausgewiesenen 1 015 Naturschutzgebieten liegen 75 (7,6 %) in aufgelassenen Bergbaugebieten (Pflug 1987).

Doch nur ungern zieht der Mensch seine Hand zurück. Sein angeborener Drang zu entdecken, sich untertanzumachen, zu bauen und zu gestalten erfaßt alle Tagebaugebiete. Gibt er alte Kulturlandschaften unter Schmerzen auf, will er mit allen Mitteln neue schaffen. Umgeben von Kulturlandschaften soll auch das Abbaugebiet wieder eine solche werden. Alles wird wieder den Stempel menschlicher Tätigkeit tragen, nichts soll sich selbst überlassen bleiben.

1 Zur Vorgeschichte der Rekultivierung

Vor allem in den gemäßigten und kalten Klimaten der Erde kommt der Mensch ohne Brennstoffe nicht aus. Wärme und Energie sind für ihn eine unabdingbare Lebensnotwendigkeit. Jahrtausendelang dient ihm dazu das in Hülle und Fülle vorhandene und nachwachsende Holz. Seit undenklichen Zeiten nutzt er auch den Torf der Moore als Heizquelle. Erst gegen Ende des 18. Jahrhunderts, in der Zeit des Barock, ergänzt Kohle in wachsendem Umfang die bisher gebräuchlichen Brennstoffe. Mit dem Aufkommen der Dampfmaschine und der Eisenhütten wächst der Bedarf an Kohle und Koks. Die Bedeutung der Kohle für die chemische Industrie wird im 19. Jahrhundert erkannt. Die Kohlechemie entwickelt sich rasch zu einem gewinnbringenden Industriezweig. Doch der weitaus größte Teil der abgebauten Braunkohle wandert in die Kraftwerke zur Stromerzeugung.

Überall dort, wo Kohle abgebaut wird, wandelt sich die gewachsene Kulturlandschaft. Mangelhafter Abbau, planlos geschütteter Abraum und verfallene Gruben stören das Bild und den Haushalt der Landschaft. Bodensenkungen, Störung der Vorflut, Nässeschäden auf landwirtschaftlichen Flächen und in Siedlungsgebieten sowie Inanspruchnahme von Wald sind im Kohlenbergbau an der Tagesordnung (Pflug 1969 u. 1970). Weber (1959) verweist in diesem Zusammenhang auf „ein altes Versäumnis des allzu liberalen Berggesetzes von 1865, das an dem Haldenelend und den Tagebaunarben der Bergwerke Schuld trägt".

Nur langsam bricht sich zu Beginn dieses Jahrhunderts der Gedanke und mit ihm der Wille Bahn, das „Haldenelend" und die „Tagebaunarben" zu vermeiden und an ihrer Stelle eine nachhaltig nutzbare und möglichst auch ansprechende neue Landschaft zu hinterlassen. Einige Stationen dieses Weges zur planmäßigen Rekultivierung im Braunkohlentagebau sollen nachstehend am Beispiel des Rheinlandes in Erinnerung gebracht werden.

Um 1766 wird im Rheinland die „Roddergrube" bei Brühl erschlossen und gleichzeitig, und wohl auch erstmalig, wird vertraglich eine „Rekultivierungspflicht" vereinbart, die das Setzen von „Erlenstangen" vorsieht.

Am 23. März 1784 erläßt Kurfürst Maximilian Friedrich für die Rheinlande die erste Rekultivierungsverordnung. Darin heißt es u. a.:

Verordnen und befehlen wir hiermit gnädigst und ernstlich, daß nach Verkünden dieses in Zukunft eine jede Gemeinde oder sonstige Eigenthümere oder Besitzere oder Anpfachtere der Turffbroiche und Plätze in unserem Erzstift die Turffkaulen nach geschehener derenselben Ausleerung auf Ort und Plätzen, wo es thunlich, ungesäumt wieder zuwerfen, ausfüllen und mit denen daneben gelegenen Plätzen aufs neue zu bepflanzen, besäen oder auf eine sonst bäßtfindliche Art nutzbar zu machen, an Orten hingegen, wo solches wieder zuwerfen und ausfüllen wegen Mangel des Grundes sich nicht bewürken, wohl aber das Wasser aus den Bröchen sich mög- und füglich ableiten läßt, sie diese Ableitung durch die anschließenden Gemeinden bäßtmöglich beförderen sollen. Wir befehlen demnach auch Unseren Beamten, auf diese Unsere gnädigste Verordnung steif und vest zu halten, fort daß solche schuldigst befolget werde, genauest zu besorgen, die daran saumselig Befindenden mittels Andictirung einer gemessenen Brüchtenstrafe und wo nöthig allenfalsig-stracklicher derenselben Exquirung darzu zu vermögen, auch zu Jedermanns Wissenschaft diese Unsere gnädigste Verordnung aller Orts öffentlich von den Kanzelen verkünden zu lassen.

Das „Allgemeine Berggesetz" für Preußen (1865) verlangt bereits vor 130 Jahren eine ausdrückliche fachliche Kontrolle der Wiedernutzbarmachung der Abbauflächen. Nach § 196 wacht die Bergbehörde über alle Maßnahmen der Oberflächengestaltung und -nutzung durch die Bergbautreibenden nach dem Abbau der Braunkohle.

Die ersten planmäßigen Aufforstungen, die z. T. bis heute erhalten sind, gehen auf die 20er Jahre zurück. Ein Beispiel dafür ist der teilweise noch vorhandene „Brühler Kiesberg", der nach den Erfahrungen beim Reichsbahnbau mit Robinien bepflanzt wurde. 1923 waren ca. 130 ha rekultiviert, 1930 waren es schon rd. 570 ha.

Zur gleichen Zeit erfolgen die ersten systematischen Anbauversuche auf Kippen mit Pioniergehölzen und anderen Waldbäumen in der Lausitz durch Heusohn (1929).

Bis in die Mitte des 20. Jahrhunderts bleiben die Eingriffe in Natur und Landschaft durch den Braunkohlenbergbau vergleichsweise gering. Erst mit dem Einsatz der Großgeräte in Großtagebauen wachsen sämtliche mit dem Braunkohlenbergbau verbundenen Probleme in einem noch wenige Jahrzehnte zuvor unvorstellbarem Ausmaß heran, darunter auch diejenigen, die mit der Herstellung neuer Landschaften zusammenhängen.

2
Über Begriffe

2.1
Wiedernutzbarmachung, Wiederurbarmachung, Rekultivierung und Renaturierung

Wiedernutzbarmachung, Wiederurbarmachung, Rekultivierung

Der Anspruch des Menschen, die bergbauliche Hinterlassenschaft wieder einer Nutzung zuzuführen, schafft Worte wie „Wiederurbarmachung", „Wiedernutzbarmachung" und „Rekultivierung". In der Deutschen Demokratischen Republik werden die zuerst genannten drei Bezeichnungen begrifflich genau beschrieben und gegeneinander abgegrenzt. „Wiedernutzbarmachung" gilt als Oberbegriff für „Wiederurbarmachung" und „Rekultivierung". Zur Wiederurbarmachung gehören alle vom Bergbautreibenden vor und während des Abbaues zu treffenden Vorkehrungen wie Aufhalden, getrenntes Verstürzen kulturwürdiger Böden, Einebnen, Grundmelioration im Sinne der Verbesserung der bodenphysikalischen und bodenchemischen Verhältnisse und Regulierung des Oberflächenwasserabflusses. „Wiederurbarmachung umfaßt alle Maßnahmen, die dazu dienen, die vom Bergbau devastierten Flächen wieder zu begrünen und einer Nutzung zuzuführen" (Knabe 1957). Zur Rekultivierung gehören dann alle agrar- und meliorationstechnischen, forstlichen sowie wasserwirtschaftlichen Arbeiten, der Vorfruchtanbau, die Aufforstung mit Pioniergehölzen, die spätere Dauernutzung und die Landschaftsgestaltung.

In der Bundesrepublik Deutschland bleibt der im Preußischen Berggesetz von 1865 enthaltene und in das Bundesberggesetz (BBergG) übernommene Begriff „Wiedernutzbarmachung" trotz der Erklärung im § 4 Abs. 4 BBergG, sie sei „die ordnungsgemäße Gestaltung der vom Bergbau in Anspruch genommenen Oberfläche unter Beachtung des öffentlichen Interesses" ebenfalls nur auf die Herstellung der Flächen für die geplante Folgenutzung beschränkt. Dagegen wird nach Auffassung des Verfassers in dem im BBergG nicht enthaltenen Begriff „Rekultivierung" die Wiederherstellung einer neuen Kulturlandschaft nach schwerwiegender Störung oder Zerstörung der alten Kulturlandschaft durch menschliche Eingriffe verstanden. Die „Wiedernutzbarmachung" ist daher ein Teil des gesamten Rekultivierungsvorganges. So sieht es auch Darmer, wenn er 1973 feststellt:

> *Unter dem Begriff „Rekultivierung" kann man alle Maßnahmen zusammenfassen, die notwendig sind, um solche Teilräume der Kulturlandschaft erneut wirtschaftlich leistungsfähig und landschaftlich ansprechend herzurichten und zu entwickeln, deren Oberflächenbereich durch mehr oder weniger großflächige Erdbewegungen zwecks Gewinnung erdbürtiger Roh- und Wertstoffe soweit umgelagert wird, daß ein neues Relief entsteht, auf dem neue Standorte mit anderen, neuen Nutzungsmöglichkeiten hergerichtet werden müssen.*

Das Wort „Rekultivierung" bürgert sich nur für die Wiedernutzbarmachung von Abbaugebieten im Tage- und Tiefbau ein, nicht für die Wiederherstellung z. B. hochwasser-, erdbeben-, feuer- oder sturmgeschädigter Landschaften. Seine Anwendung bleibt beschränkt auf die vom Menschen nach dem Abbau von Bodenschätzen planvoll wiederherzustellende neue Landschaft.

Im Braunkohlentagebau wird auf großen Flächen neues Land geschaffen, ähnlich der Neulandgewinnung in Kögen aus der Nordsee oder in Poldern im Isselmeer. Dennoch gibt es einen gravierenden Unterschied. Köge und Polder entstehen durch Landgewinnung aus dem für den Menschen nach wie vor schwer zugänglichen Meer, neues Land im Tagebau aber im Gefolge des planmäßig herbeigeführten Unterganges einer alten Kulturlandschaft.

Renaturierung

Eine der Wurzeln des Begriffes „Renaturierung" ragt auch in das bergbauliche Geschehen hinein, andere kommen aus der Gewässerreinhaltung und dem naturnahen Wasserbau. Sollen durch menschliche Eingriffe naturfern gehaltene Moore oder Fließgewässer wieder naturnah gestaltet werden oder Abbaugebiete einer ungestörten Entwicklung (Sukzession) überlassen bleiben, handelt es sich um einen Vorgang der Renaturierung. Dies bedeutet nicht die Entstehung vollkommen natürlicher Verhältnisse. Ein solcher Zustand dürfte in einer Kulturlandschaft wie der unsrigen kaum bzw. nur bis zu einem gewissen Grade möglich sein. Unter dem Begriff „Renaturierung" ist vielmehr der Versuch zu verstehen, Rohböden oder Vegetationsbestände sich weitgehend ohne Zutun des Menschen möglichst naturnah entwickeln zu lassen. Sie sollen so weit wie möglich dem Zustand nahe kommen, wie ihn die Natur unter den gegebenen Umständen schafft.

In den im Bundesnaturschutzgesetz (BNatSchG) enthaltenen Grundsätzen des Naturschutzes und der Landschaftspflege, die gleichrangig neben den Anforderungen der Allgemeinheit an Natur und Landschaft stehen und der Abwägung unterliegen, wird in § 2 Abs. 1 Ziff. 5 der Begriff „Rekultivierung" ausdrücklich genannt und der Begriff „Renaturierung" umschrieben. Es heißt dort u. a.: „Unvermeidbare Beeinträchtigungen von Natur und Landschaft durch die Aufsuchung und Gewinnung von Bodenschätzen und durch Aufschüttung sind durch Rekultivierung oder naturnahe Gestaltung auszugleichen."

2.2
Landschaftsökologie, Folgenutzung, Naturschutz

Landschaftsökologie

Unter Ökologie versteht man i. allg. die Wechselbeziehungen zwischen dem Leben (Pflanzen, Tier, Mensch) und seiner nicht lebenden Umwelt. Bei dieser Betrachtungsweise stehen die Lebewesen im Mittelpunkt des Interesses. Unter Landschaftsökologie versteht der Verfasser in Anlehnung an Troll (1939) die Wissenschaft von dem in einem Landschaftsausschnitt herrschenden Wirkungsgefüge zwischen Lebensgemeinschaften und ihren Umweltbedingungen, wobei den Lebensgemeinschaften zwar eine besondere Rolle zukommt, die anderen Landschaftsfaktoren wie Oberflächengestalt, Gesteinsuntergrund, Böden und Klima jedoch ebenfalls gleichberechtigt berücksichtigt werden.

Unter Landschaftsausschnitt wird hier mit Troll (1950) ein Teil der Erdoberfläche verstanden, „der nach seinem äußeren Bild und dem Zusammenwirken seiner Erscheinungen sowie den inneren und äußeren Lagebeziehungen eine Raumeinheit von bestimmtem Charakter bildet und der an geographischen natürlichen Grenzen in Landschaften von anderem Charakter übergeht". Troll erklärt zwar mit dieser Definition den Begriff „geographische Landschaft", nicht den Begriff „Landschaftsausschnitt". Dennoch soll seine Definition hier auch für den Begriff „Landschaftsteil" stehen, weil sie auch auf Teile von Landschaften zutrifft und Troll selbst zu Beginn seiner Begriffserklärung vom „Landschaftsindividuum" spricht, was ohne weiteres auch ein Landschaftsteil sein kann.

Folgenutzung

Der ebenfalls im Buchtitel stehende Begriff „Folgenutzung", Barthel (1962) spricht von „Bergbaufolgelandschaft", hat neben der einfachen Erklärung, die auf den bergbaulichen Eingriff folgende Nutzung zu sein, eine tiefergehende Bedeutung. Aufgrund gesetzlicher Vorschriften müssen heute vor der Genehmigung und während des Abbaues Vorstellungen für die künftige Landschaft entwickelt und in Plänen dargestellt werden. In den Unterlagen ist darzulegen, welche Voraussetzungen zu beachten und welche betrieblichen Schritte zu unternehmen sind, um z. B. eine forstliche, landwirtschaftliche, fischereiliche, bauliche oder Erholungsnutzung zu ermöglichen bzw. für den Naturschutz, insbesondere den Biotop- und Artenschutz sowie die neue Gestalt der Landschaft geeignete Standorte zu schaffen. Die „Folgenutzung" als Aufgabe setzt daher von Beginn der Abbauplanung an ein Programm voraus, das sich bis zur Verwirklichung der in Aussicht genommenen Nutzung erstrecken muß. Dabei ist zu bedenken, daß Standorte herzurichten sind, die aufgrund ihrer Eigenschaften bei einer Änderung der Nutzungsvorstellungen während des Abbauvorganges auch andere Nutzungen als die zu Beginn des Tagebaues in Aussicht genommene Nutzung zulassen.

Im Begriff „Folgenutzung" verbirgt sich zugleich auch eine Aufgabe, die mit „Landschaftsgestaltung" umschrieben werden kann. Braunkohlentagebau bedeutet heute auch immer ein Großprojekt der Landschaftsgestaltung. Unter diesem Begriff werden dabei „die durch Eingriffe des Menschen in Haushalt und Gestalt von Natur und Landschaft hervorgerufenen Veränderungen der Erdoberfläche und die Behebung oder der Ausgleich störender Eingriffe in Natur und Landschaft durch natürliche, naturnahe oder bauliche Gestaltungsmittel verstanden" (Pflug 1978).

Naturschutz

Traditionell bedeuten „Naturschutz und Landschaftspflege" die Gesamtheit aller Maßnahmen zur Erhaltung, Pflege und Förderung von Pflanzen und Tieren wildlebender Arten, ihrer Lebensgemeinschaften und natürlichen Lebensgrundlagen sowie zur Sicherung von Landschaften, Landschaftsteilen und Landschaftsbestandteilen unter natürlichen bzw. naturnahen Bedingungen.

Mit dem Bundesnaturschutzgesetz überwindet der Gesetzgeber bewußt das bisherige Verständnis vom konservierenden Naturschutz. Dies kommt neben der Erwähnung des Schutzes und der Pflege auch in der Forderung nach Entwicklung sowie Wiederherstellung gestörter, geschädigter und ausgeräumter Landschaften und Landschaftsteile zum Ausdruck (Ebert u. Bauer 1993). Deutlich schlägt sich dies in den Zielen und Grundsätzen des Naturschutzes und der Landschaftspflege im Bundesnaturschutzgesetz (§§ 1 und 2) und den entsprechenden Bestimmungen der Ländernaturschutzgesetze nieder.

Die heutigen und diesem Handbuch zugrundeliegenden Aufgaben des Naturschutzes lassen sich in Anlehnung an Plachter (1991) folgendermaßen beschreiben:

- Die Bestandssicherung aller Organismenarten (Artenschutz)
- Der ganzheitliche Schutz von Ökosystemen, der bisher in der Regel durch die Instrumentarien des Gebiets- oder Flächenschutzes (Schutzgebiete) verwirklicht worden ist
- Der Schutz abiotischer Ressourcen, insbesondere Wasser (Grund- und Oberflächenwasser), Böden und Luft als Teile von Ökosystemen
- Die Mitwirkung bei der Steuerung der Landnutzung und der Nutzung der Gewässer mit dem Ziel, schwerwiegende Schäden der Ökosphäre zu verhindern
- Der Erhalt biologischer Grundfunktionen, wie zwischenartliche Wechselwirkungen, Artneubildungen oder Arealveränderungen unter natürlichen Verhältnissen
- Schutz und Gestaltung des Landschaftsbildes

Das Ziel ist schließlich der ganzheitliche Schutz der Natur, wie er im Bundesnaturschutzgesetz (§§ 1 und 2) und in den Landesnaturschutzgesetzen verankert ist.

3 Die landwirtschaftliche und forstliche Rekultivierung

Bis in die 50er Jahre ist die Rekultivierung im Braunkohlentagebau sowohl in der Bundesrepublik Deutschland wie in der Deutschen Demokratischen Republik keinerlei allgemeinverbindlichen staatlichen Regelungen unterworfen. Die Bergbehörden steuern die Wiedernutzbarmachung anhand der gesetzlichen Bestimmungen von Fall zu Fall durch Auflagen in den Zulassungsverfahren.

Der Einsatz von Großgeräten, die damit im Zusammenhang stehende räumliche Ausweitung der Tagebaue mit neuen Förder- und Absetztechniken und das wachsende Umweltbewußtsein in der Bevölkerung lassen die Herausgabe verbindlicher Richtlinien zur Wiederurbarmachung als notwendig erscheinen.

Im Land Nordrhein-Westfalen verabschiedet der Landtag 1950 weit vorausschauend das Gesetz über die Gesamtplanung im Rheinischen Braunkohlengebiet und das Gesetz über die Errichtung einer Gemeinschaftskasse im Rheinischen Braunkohlengebiet. „Im Zusammenwirken dieser sparsamen Gesetze ist die Grundlage dafür geschaffen, zunächst den Raum des Braunkohlengebiets einer geschlossenen und verbindlichen Gesamtplanung zu unterwerfen, sodann die beteiligten Bergbautreibenden zu einer großzügigen Rekultivierung, auch schon ausgebeuteter Tagebaue, heranzuziehen und schließlich diese Rekultivierung unter der Leitung des Oberbergamtes als Gemeinschaftsaufgabe aller Bergbautreibenden durchzuführen" (Weber 1959). Ein Ausfluß dieser Gesetze und der darin zum Ausdruck kommenden Haltung zur Frage der Schaffung neuer Landschaften sind die Richtlinien für die landwirtschaftliche und forstliche Rekultivierung.

Ziel der landwirtschaftlichen Wiedernutzbarmachung von Braunkohlentagebauen ist nach den Richtlinien des Landesoberbergamtes Nordrhein-Westfalen aus dem Jahr 1992 (die erste Richtlinie erscheint 1973) „die Herstellung von Kulturböden, die über eine hohe Leistungsfähigkeit zur Pflanzenproduktion verfügen und bei normaler Bewirtschaftung ungeachtet laufender Ernteentnahmen eine anhaltende Ertragsfähigkeit bewahren". Gegenstand der Richtlinie ist ferner neben dem Geltungsbereich die Beschaffenheit und Eignung des aufzubringenden kulturfähigen Bodenmaterials, die Beschaffenheit und die Behandlung der Rohkippe vor dem Aufbringen des kulturfähigen Bodenmaterials, das Aufbringen dieses Materials, die Behandlung der aufgebrachten Kulturschicht und die Dokumentation.

Für die forstliche Rekultivierung im Rheinland führt das Oberbergamt in Bonn 1967 Richtlinien ein, die 1973 erneuert werden. Sie befassen sich im wesentlichen mit der Beschaffenheit, Eignung und dem Aufbringen des kulturfähigen Bodenmaterials und der Beschaffenheit und Behandlung der Rohkippe vor dem Aufbringen des kulturfähigen Bodenmaterials. Die Richtlinien werden 1996 erneut überarbeitet u. a. mit dem Ziel, durch das Aufbringen von bisher nicht üblichen Lokkergesteinen (z. B. entkalktem Löß, stark tonigen Substraten oder solchen mit geringerem Lößanteil) auf Teilflächen Böden mit anderen Eigenschaften als bisher üblich entstehen zu lassen. Auf diese Weise erweitert sich das Spektrum der Bodentypen und damit auch das der möglichen Waldtypen.

Die Deutsche Demokratische Republik erläßt im Jahr 1971 eine Anordnung über die Rekultivierung bergbaulich genutzter Bodenflächen. In ihr werden Aufgabe, Planung, Durchführung und Finanzierung der Rekultivierung sowie die Folgenutzung von wieder urbar gemachten Bodenflächen behandelt. Aus dem Jahr 1970 (erneuert im Jahr 1985) stammt die Anordnung über die Wiederurbarmachung bergbaulich genutzter Bodenflächen. Die Neufassung der Anordnung enthält neben der Erörterung der Ziele und Grundsätze Vorschriften über die Pflicht zur Wiederurbarmachung sowie zur Vorbereitung, Planung, Finanzierung und den Abschluß der Arbeiten. Andere Bestimmungen betreffen das Vorfeldgutachten, das Kippengutachten, die Grundmelioration, die Erschließungsmaßnahmen, die Restlöcher und die Halden. Eine weitere Anordnung aus dem Jahr 1980 befaßt sich mit der öffentlichen Sicherheit an Halden und Restlöchern.

Während in den vorstehend aufgeführten Richtlinien die Belange des Naturschutzes und der Landschaftspflege nicht angesprochen werden (z. B. Bereitstellung von Flächen für Feld- und Ufergehölze oder von Standorten mit unterschiedlichen Eigenschaften für den Biotop- und Artenschutz) erläßt das Oberbergamt des Landes Brandenburg 1994 eine Richtlinie für die Wiedernutzbarmachung bergbaulich in Anspruch genommener Bodenflächen. Darin werden die Beschaffenheit und Eignung der Bodensubstrate, die Anforderungen an die forstliche und landwirtschaftliche Wiederurbarmachung, die Herstellung von Sonderflächen für den Biotop- und Artenschutz sowie die Dokumentation der ausgeführten Arbeiten geregelt.

4 Eingriff und Ausgleich

Das Bundesnaturschutzgesetz und die Naturschutzgesetze der Länder enthalten seit den 70er Jahren Bestimmungen über Eingriffe in Natur und Landschaft. Eingriffe im Sinne dieser Gesetze sind Veränderungen der Gestalt oder der Nutzung von Grundflächen, die die Leistungsfähigkeit des Naturhaushaltes oder das Landschaftsbild erheblich oder nachhaltig beeinträchtigen können. Demnach ist der Braunkohlentagebau ein Eingriff im Sinne dieser Gesetze. Der Verursacher eines Eingriffs wird verpflichtet, vermeidbare Beeinträchtigungen von Natur und Landschaft zu unterlassen sowie unvermeidbare Beeinträchtigungen innerhalb einer von der zuständigen Behörde zu bestimmenden Frist durch Maßnahmen des Naturschutzes und der Landschaftspflege auszugleichen, soweit es zur Verwirklichung der Ziele des Naturschutzes und der Landschaftspflege erforderlich ist. Der Eingriff kann untersagt werden, wenn die Beeinträchtigungen nicht zu vermeiden oder nicht im erforderlichen Maße auszugleichen sind und die Belange des Naturschutzes und der Landschaftspflege bei der Abwägung aller Anforderungen an Natur und Landschaft im Range vorgehen.

Wird die Bestimmung des Bundesnaturschutzgesetz, ein Eingriff sei ausgeglichen, wenn nach seiner Beendigung keine erhebliche oder nachhaltige Beeinträchtigung des Naturhaushaltes zurückbleibt und das Landschaftsbild landschaftsgerecht wiederhergestellt oder neu gestaltet ist, der im Bundesberggesetz enthaltenen Bestimmung über die Wiedernutzbarmachung gegenübergestellt, so zeigt sich, daß beide Bestimmungen sich in ihrem Wesensgehalt entsprechen, dies allerdings nur unter der Voraussetzung, die Worte „ordnungsgemäße Gestaltung“ (§ 4 Abs. 4 BBergG) werden nicht im Sinne einer „Wiedernutzbarmachung“, sondern im Sinne einer „Rekultivierung“ ausgelegt (vgl. Abschn. 2.1).

Inwieweit Eigenschaften und Gestaltungselemente der alten Landschaft (z. B. Reliefformen, Böden, Oberflächengewässer, Wälder, Flurgehölze) nachgeahmt werden sollen oder nicht, hängt eng zusammen mit den Vorstellungen aller Beteiligten, den Ansprüchen der künftigen Nutzer und der Vertreter des Naturschutzes, dem verfügbaren kulturfähigen Lockergestein, den Möglichkeiten und Grenzen der Wiederherstellung des Grund- und Bodenwasserhaushaltes und den bergbaulichen Rahmenbedingungen. Entscheidend ist die Tatsache, daß eine Landschaft wiederhergestellt wird, die zwar nicht vergleichbar ist mit der in Anspruch genommenen Landschaft, jedoch eine nachhaltige Beeinträchtigung des Naturhaushaltes ausschließt und landschaftsgerecht gestaltet ist. Die im Rahmen der Wiedernutzbarmachung entstandenen Landschaften besitzen einen eigenen landschaftsökologischen Wert, was durch die Möglichkeit, wieder Land- und Forstwirtschaft zu betreiben, dokumentiert wird. Sie besitzen aber in Teilen auch einen naturschützerischen Wert, was sich in der Durchmischung landwirtschaftlich und forstlich rekultivierter Flächen mit naturnahen Vegetationsbeständen sowie in der Ausweisung von Naturschutzgebieten, Landschaftsschutzgebieten und Geschützten Landschaftsbestandteilen dokumentiert.

5
Zur Bedeutung der Braunkohle in Deutschland

Die Bundesrepublik Deutschland verfügt über große wirtschaftlich gewinnbare Braunkohlevorkommen. Von den sich auf etwa 100 Mrd. t belaufenden Vorräten sind etwa 58 Mrd. t wirtschaftlich, d. h. nach dem Stand der Technik und der Energiepreise gewinnbar (10 v. H. der Weltvorräte). Trotz der relativ geringen Energiedichte ist der Energiegehalt dieser Vorräte mit denen der Erdölreserven der Nordsee vergleichbar.

Braunkohle wird in der Bundesrepublik Deutschland in sechs Regionen gefördert (Abb. 1), die über nachstehende gewinnbare Vorräte verfügen:

- Rheinisches Revier in Nordrhein-Westfalen (etwa 35 Mrd. t)
- Lausitzer Revier im Südosten des Landes Brandenburg und im Nordosten des Freistaates Sachsen (etwa 13 Mrd. t)
- Mitteldeutsches Revier um die Stadt Leipzig (Sachsen und Sachsen-Anhalt mit etwa 9 Mrd. t)
- Helmstedter Revier in Niedersachsen (etwa 1 Mrd. t)
- Hessisches Revier bei Kassel
- Bayrisches Revier

Weitere kleinere Vorkommen, die nur zeitweise wirtschaftlich genutzt wurden, befinden sich in Bayern und in Rheinland-Pfalz (Westerwald).

Auf die drei erstgenannten Reviere entfallen 98 % der Braunkohlegewinnung (Tabelle 1). Insgesamt wurden 1996 in Deutschland 187,2 Mio. t Kohle gefördert. Wichtigster Abnehmer sind die öffentlichen Kraftwerke mit einem Anteil von ca. 84 %. Die nachstehenden Angaben sind überwiegend dem Jahresbericht 1996 des Deutschen Braunkohlenindustrie-Vereins (DEBRIV 1997) entnommen.

Tabelle 1.
Braunkohlenförderung in der Bundesrepublik Deutschland 1989 und 1996 (Deutscher Braunkohlen-Industrie-Verein e. V. 1997)

Revier	Förderung 1989	Mio. t 1996
Rheinland	104,2	102,78
Lausitz	195,1	63,57
Mitteldeutschland	105,7	16,77
Helmstedt	4,4	3,87
Hessen	1,2	0,18
Bayern	0,1	0,06
Gesamt	410,7	187,23

Weiteren Absatz findet die Braunkohle in Grubenkraftwerken (3,2 %), Heizkraftwerken (0,1 %) und als Rohkohle (1,0 %) bzw. Veredlungsprodukt (11,4 %), insbesondere in Form von Braunkohlenbriketts (ca. 4,9 Mio. t) und -staub (ca. 2,7 Mio. t) auf dem Wärmemarkt.

Die Stromerzeugung stützt sich 1996 in der Bundesrepublik Deutschland auf etwa drei gleich starke Säulen: die Kernenergie (29 %) gefolgt von der Steinkohle (27 %) und der Braunkohle (26 %). Die Braunkohle stammt dabei nahezu vollständig aus eigenem Aufkommen (Steinkohle zu 70 %).

Gemessen am Primärenergieverbrauch der Bundesrepublik Deutschland ist die Braunkohle 1996 mit 11,5 % nach Mineralöl (39,5 %), Erdgas (21,6 %), Steinkohle (13,9 %) und Kernenergie (12,1 %) an fünfter Position am Aufkommen beteiligt. An der inländischen Primärenergiegewinnung trägt die Braunkohle mit ca. 40 % den größten Anteil. Den größten Teil des Energiebedarfs (ca. 72 %) deckt die Bundesrepublik Deutschland 1996 aus Importen.

Die Entwicklung der Braunkohlenindustrie führt zu ständigen technischen Innovationen u. a. in der Tagebau-, Förder-, Entwässerungs-, Veredelungs-, Kraftwerks- und Umwelttechnik. Damit verbundene Investitionen und die Ansiedlung von Zuliefer- und Folgeindustrie machen die Braunkohle zu einem bedeutenden regionalen Wirtschaftsfaktor und lösen Wertschöpfung sowie Beschäftigung aus. Um die Braunkohlengebiete bilden sich über Jahrzehnte industrielle Kerne heraus. Insbesondere energieintensive Branchen, wie die chemische Industrie (Mitteldeutschland) oder die Metallgewinnung (Rheinland, Lausitz) bevorzugen diesen Standort ebenso wie die in Verbindung mit anderen Rohstoffen aus der Region entstandene Glas-, Keramik- oder Bauindustrie.

Im Jahr 1996 wurden in den Braunkohlenrevieren ca. 920 Mio. m^3 Abraum bewegt. Das Gewinnungsverhältnis zwischen Abraum und Kohle beträgt im Durchschnitt aller Reviere 4,9 : 1 (Tabelle 2).

Auf das Jahr 1996 bezogen, nehmen die Braunkohlenreviere Land in einer Größenordnung von 161 849,4 ha in Anspruch. Das entspricht in etwa — zusammengenommen — der Flächengröße der Länder Berlin und Hamburg. Von dieser Fläche wurden 90 759,9 ha (56 %) wiedernutzbargemacht. Die Betriebsfläche liegt damit bei 71 089,5 ha (Tabelle 3 u. Abb. 2).

Abb. 1. Braunkohlenreviere in Deutschland

Braunkohlenrevier

1 Rheinisches Braunkohlenrevier

2 Lausitzer Braunkohlenrevier

3 Mitteldeutsches Braunkohlenrevier

4 Helmstedter Braunkohlenrevier

5 Wetterauer Braunkohlenrevier

Revier	Abraumbewegung Mio. t	Gewinnungsverhältnis Abraum - Kohle
Rheinland	556,04	5,4 : 1
Lausitz	314,77	5,0 : 1
Mitteldeutschland	36,58	2,2 : 1
Helmstedt	12,02	3,1 : 1
Hessen	0,51	3,9 : 1[a]
Bayern	-	-
Gesamt	919,92	4,9 : 1

Tabelle 2. Ausgewählte Parameter zur Charakterisierung der Braunkohlenlagerstätten im Jahr 1996 (Deutscher Braunkohlen-Industrie-Verein e. V. 1997)

[a] ohne Tiefbau (Zeche Hirschberger Wiesen 50 Tt Braunkohleförderung)

Die in Tabelle 3 und in Abb. 2 angegebenen Flächen für die Landinanspruchnahme und Wiedernutzbarmachung sind markscheidlich nachweisbar, das heißt, sie spiegeln die Flächenbewegungen wider, die der Braunkohlenbergbau etwa seit 1945 verursacht hat. Landinanspruchnahme und Wiedernutzbarmachung seit dem Ende des vergangenen Jahrhunderts sind weitaus grösser. So sind z. B. diese Werte für die Lausitz bzw. Mitteldeutschland jeweils um 5 000 bzw. 10 000 ha bei der Landinanspruchnahme zu erhöhen. Diese Flächen wurden überwiegend forstlich rekultiviert, den Rest bilden Wasserflächen (vgl. hierzu Beitrag 40, Drebenstedt und Beitrag 65, Hildmann).

6 Eingrenzung von Thema und Inhalt

Der Herausgeber sah sich aus verschiedenen Gründen gezwungen, das Thema des Handbuches einzugrenzen und gegenüber benachbarten Gegenständen abzugrenzen. So muß davon abgesehen werden, auf die gesellschaftlichen Prozesse einzugehen und diese auch einzuschätzen, die letztendlich zur Inanspruchnahme von Braunkohlevorkommen und damit zu Eingriffen sowohl in Natur und Landschaft als auch in die Lebensbedingungen und Lebensgewohnheiten der betroffenen Bevölkerung führen.

Während der Entstehung des Buches zeigten sich auch sehr bald die Grenzen für die Aufnahme von Beiträgen, die zwar auch mit der Rekultivierung zusammenhängen, aber nur mittelbar auf sie einwirken. So hätte die Darstellung aller mit dem Grundwasser verbundenen Probleme den gesetzten Rahmen gesprengt.

Der Braunkohlentagebau vollzieht sich überwiegend in dicht besiedelten Gebieten, so im Rheinland und in Mitteldeutschland. Seine folgenschweren Auswirkungen auf die jeweilige Region, der Verlust der Heimat, die Umsiedlung, das Verkehrswesen und die Wasserwirtschaft, konnten nicht Gegenstand dieses Buches

Tabelle 3. Landinanspruchnahme und Wiedernutzbarmachung (Stand 31.12.1996) in den deutschen Braunkohlenrevieren (Deutscher Braunkohlen-Industrie-Verein e. V. 1997)

Revier	Landinanspruchnahme ha	Wiedernutzbarmachung ha					Betriebsfläche ha
		Gesamt	LN	FN	WN	Sonstiges[b]	
Rheinland	26 466,4	17 373,3	8 265,1	7 160,3	806,6	1 141,3	9 093,1
Lausitz[c]	77 557,8	40 660,4	8 707,7	24 664,5	3 183,1	4 105,1	36 897,4
Mitteldeutschland[c]	50 022,1	26 139,1	10 499,7	10 506,5	2 575,6	2 557,3	23 883,0
Helmstedt	2 491,5	1 455,7	594,5	532,9	55,5	272,8	1 035,8
Hessen	3 508,6	3 333,4	1 789,8	768,7	667,0	107,9	175,2
Bayern	1 803,0	1 798,0	119,0	953,0	683,0	43,0	5,0
Gesamt[c]	161 849,4	90 759,9	29 975,8	44 585,9	7 970,8	8 227,4	71 089,5

[b] Wohnsiedlungen, fremde Betriebe, Müllflächen, Verkehrswege etc.
[c] Mit dem Vorjahr nicht vergleichbar – Korrekturen aufgrund von Umbewertungen

Abb. 2. Landinanspruchnahme und Wiedernutzbarmachung in den deutschen Braunkohlenrevieren (Stand 31.12.1996)

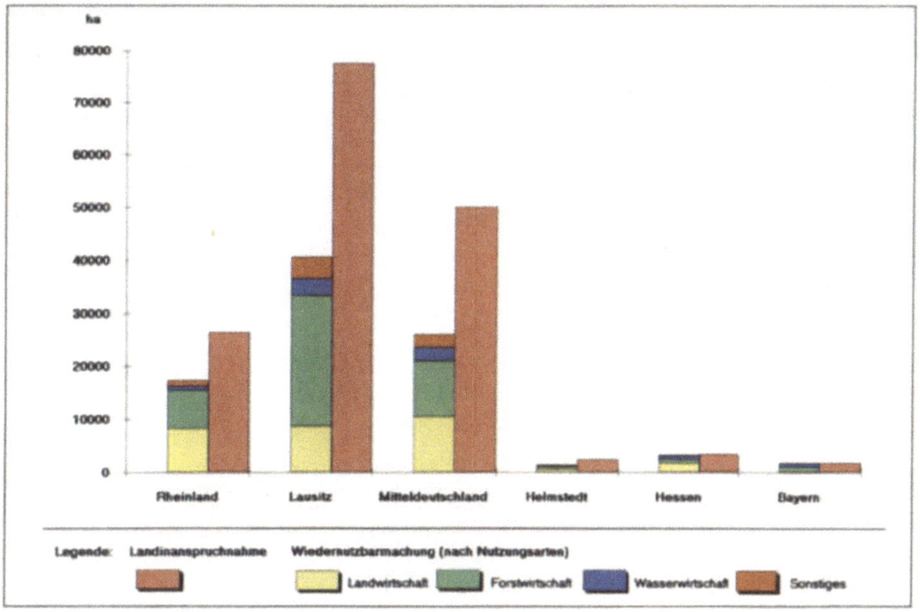

sein. Der Schwerpunkt des Werkes liegt im naturwissenschaftlichen, land- und forstwirtschaftlichen, naturschützerischen und landschaftsgestalterischen Bereich.

Zudem konnte und sollte es nicht Aufgabe des Herausgebers und des Buches sein, sich mit dem Für und Wider der Inanspruchnahme eines sich nicht erneuernden, begrenzt vorhandenen und überwiegend zur Energiegewinnung benutzten Naturvorrates auseinanderzusetzen. Gleiches gilt für den Wirkungsgrad des Einsatzes fossiler im Vergleich zu erneuerbaren Energieträgern wie auch für die Auswirkungen der Emission braunkohlegefeuerter Kraftwerke auf den Naturhaushalt und die Atmosphäre, ebenso auf das lokale, regionale und globale Klima.

Das Handbuch befaßt sich daher nur mit einem Teilaspekt des Braunkohlenbergbaues, doch einem ausserordentlich wichtigen und in seiner Vielschichtigkeit hochinteressanten.

LITERATUR

Barthel H (1962) Braunkohlenbergbau und Landschaftsdynamik. Peterm Geogr Mitt, Ergänzungsheft 270, Gotha

Ebert A, Bauer E (1993) Einführung. Naturschutzrecht, 6. neubearb. u. ergänzte Auflage. Beck-Texte im Deutschen Taschenbuch Verlag, München

Darmer G (1973) Landschaft und Tagebau. Ökologische Leitbilder für die Rekultivierung. Patzer, Hannover Berlin

Deutscher Braunkohlen-Industrie-Verein e. V. (DEBRIV) (1997) Jahresbericht 1996, Senftenberg

Grass G, Koch J (1990) Der schleichende Ausverkauf. Rund um Cottbus wird ein ganzer Landstrich verheizt. Merian Brandenburg 43: 46—53

Havel V (1984) Briefe an Olga — Betrachtungen aus dem Gefängnis. rororo-aktuell 12732. Rowohlt, Hamburg, S. 118—121

Heusohn R (1929) Praktische Kulturvorschläge für Kippen, Bruchfelder, Dünen und Ödländereien. Verlag von J. Neumann-Neudamm. Faksimile-Druck durch Lausitzer Braunkohlenwerke (Hrsg.), Senftenberg

Knabe W (1957) Untersuchungen über die Voraussetzungen der Rekultivierung von Kippen im Braunkohlenbergbau. Diss. Landwirtsch. Fak. Humboldt-Univ. Berlin

Krummsdorf A, Grümmer G (1981) Landschaft vom Reißbrett. Die Zukunft unserer Kippen, Halden und Restlöcher. Urania, Leipzig Jena Berlin

Pflug W (1969) 200 Jahre Landespflege in Deutschland. In: Boettger A C, Pflug W, Deutscher Verband für Wohnungswesen, Städtebau und Raumplanung e. V. Köln (Hrsg.), Festschrift für Erich Kühn zur Vollendung des 65. Lebensjahres, S 237—289

Pflug W (1970) Landespflege durch den Siedlungsverband Ruhrkohlenbezirk. Siedlungsverband Ruhrkohlenbezirk 1920—1970. Schriftenreihe des Siedlungsverbandes Ruhrkohlenbezirk, Essen 29: 77—113

Pflug W (1978) Zur Bedeutung innerstädtischer Freiräume und unbebauten Stadtumlandes aus landschaftsökologischer und landschaftsgestalterischer Sicht, dargestellt am Hexbachtal im Ruhrgebiet und am Stadtgebiet von Aachen. Schriftenreihe des Deutschen Rates für Landespflege 30: 682—690

Pflug W (1987) Der Naturschutz und die Natur. Naturschutzzentrum Nordrhein-Westfalen (Hrsg.). Seminarberichte. 1/1: 5—10

Plachter H (1991) Naturschutz. UTB für Wissenschaft. Uni-Taschenbücher. 1563. Fischer, Stuttgart

Springer M (1985) Porträt eines Einzelkämpfers. In Verheizte Heimat. Der Braunkohlentagebau und seine Folgen. Alano, Aachen

Troll C (1939) Luftbildplan und ökologische Bodenforschung. Zeit Gesellschaft f Erdk zu Berlin, Nr. 7/8

Troll C (1950) Die geographische Landschaft und ihre Erforschung. Studium generale, 3/4: 163—181

Weber W (1959) Das Recht der Landschaft. Beiträge zum Recht der Wasserwirtschaft und zum Energierecht. Festschrift für Paul Giesecke. Müller, Karlsruhe

Winandy Th (1983) Wird das Rheinland verheizt? Die schwerwiegenden Folgen des Braunkohlenabbaus. Frankfurter Allgemeine Zeitung, 22. Okt, Nr. 246

TEIL 1

Das Rheinische Braunkohlenrevier

Das Rheinische Braunkohlenrevier

Der Abbau der Braunkohle im Rheinland nimmt seinen Ausgang vor rd. 300 Jahren in einem Mittelgebirgszug zwischen Bonn und Grevenbroich, dem Waldgebiet des Villerückens, einer hochgelegenen ungestörten Scholle mit geringer Abraumüberdeckung. Um 1700 gibt es die ersten Meldungen über „Klüttengruben", Kleinstgruben, in denen die Kohle gegraben und zu „Klütten", kleinen, blumentopfgroßen, an der Luft getrockneten Kohlenklumpen zu einem Brei aus zerkleinerter Braunkohle und Wasser verarbeitet werden.

Durch den mächtigen Rohkohlenbedarf des Knapsacker Industriekomplexes gehen die Vorräte des südlichen Reviers, die auch besonders zur Brikettierung geeignet waren, ihrer Erschöpfung entgegen; die Neuerschließung der im Norden des Reviers liegenden Kohlenfelder ist die Folge. Gleichzeitig entsteht die Notwendigkeit, zu tieferen Tagebauen überzugehen. Der Abbau der oberflächennahen Flöze des Ville-Höhenrückens, die Grundlage für den jahrzehntealten Prozeß der Industrialisierung des Reviers, ging dem Ende entgegen.

Zu dieser Zeit gibt es im Revier 15 Braunkohlegesellschaften, die aus 23 Tagebauen rd. 54 Mio. t/Jahr fördern, eine Leistung, die heute von zwei Großtagebauen erbracht wird. Rund 25 % der Revierförderung gehen zur Verstromung in die vier damals vorhandenen öffentlichen Dampfkraftwerke Frimmersdorf, Fortuna, Goldenberg-Werk und Weisweiler, die knapp 8 Mrd. kWh Strom im Jahr erzeugen konnten. Eine Steigerung von 8 % war für die nächsten Jahre prognostiziert worden und wurde auch nahezu erreicht.

Parallel dazu verläuft ein Prozeß wirtschaftlicher und organisatorischer Umgestaltung. Die mit neuen, weiträumigen und in große Tiefen gehenden Tagebauprojekten verbundenen bergmännischen und finanziellen Risiken legen den Gedanken nahe, die im Rheinischen Revier fördernden Gesellschaften in einer Gesellschaft zusammenzufassen, wodurch gleichzeitig die Probleme im Felderbesitz durch Flurbereinigung gelöst werden können.

Dieser Zusammenschluß wird Ende 1959 mit der Fusion der „Braunkohlen- und Brikettwerke Roddergrube Aktiengesellschaft", der Braunkohlen-Industrie Aktiengesellschaft „Zukunft" und der „Braunkohlenbergwerk Neurath Aktiengesellschaft" vollzogen. Es entsteht die „Rheinische Braunkohlenwerke Aktiengesellschaft", heute Rheinbraun AG. Die Fusion wird dadurch erleichtert, daß das Rheinisch Westfälische Elektrizitätswerk (RWE) bei allen beteiligten Gesellschaften die Aktienmehrheit hält.

Der Erweiterung und Verbesserung des Kohleabbaues und der Veredlung sowie der Konzentration auf wenige Großbetriebe steht nichts mehr im Wege. So wird die Anzahl der Tagebaue von 23 im Jahre 1950 auf 8 zu Anfang der 80er Jahre reduziert. Sie wird sich in Zukunft auf drei Tagebaue konzentrieren: Garzweiler, Hambach und Inden.

Mit dem Schritt zum Schaufelrad-Großbagger wird die Förderleistung einer Baggereinheit etwa vervierfacht. Die erste Generation dieser Abbaugeräte mit einer Tagesleistung von 100 000 m^3 Boden kommt 1955 im Tagebau Fortuna, unweit des gleichnamigen Kraftwerks, zum Einsatz. Die Epoche der großräumigen, tiefen Förderung im Rheinischen Revier ist angebrochen.

Bis heute nimmt das Abbaugebiet eine Gesamtfläche von rd. 26 000 ha in Anspruch.

Die Kleintagebaue im Südrevier haben wegen der begrenzten technischen Mittel einen kleinräumigen Wechsel unterschiedlicher Standorteigenschaften zur Folge. Nasse, feuchte und trockene, nährstoffarme und nährstoffreiche, ebene und bewegte Flächen lösen auf engem Raum miteinander ab. Der Mangel an Erdmassen führt zu zahlreichen Restlöchern, die entweder als Geländemulden oder, bei grundwassernahen Verhältnissen, als Seen zurückbleiben. Zusammen mit einer an manchen Orten natürlichen Wiederbewaldung und einem waldbaulichen Experimentieren mit zahlreichen Baumarten entsteht eine abwechslungsreiche, nicht bewußt geplante, heute vielfach bewunderte neue Landschaft.

Bedingt durch den Aufschluß von Großtagebauen kommt es im Nord- und Westrevier zu einem vollkommen anderen Typ der neuen Landschaft als im Südrevier.

Im Rheinland wird heute eine etwa 30–80 m mächtige, tiefliegende Flözablagerung abgebaut, die z. T. in mehrere Einzelflöze aufgespalten und durch Verwerfungen stark gestört ist. Die Lagerstätten teilen sich in Gräben und Schollen auf. Die heutigen Abbaufelder sind stärker als die früheren mit Störungen durchsetzt und weisen im Vergleich zur Ville ein wesentlich ungünstigeres Verhältnis von Kohle zum Deckgebirge auf.

Die Braunkohlevorkommen sind an das kohleführende Tertiär gebunden. Um die Kohle in Tagebauen, die derzeit bis zu 350 m unter die Erdoberfläche reichen, fördern zu können, muß Lockergestein in erheblichen Mengen bewegt und umgesetzt werden. Das Deckgebirge besteht i. allg. aus einer Wechsellagerung mächtiger Kies-, Sand- und Tonschichten, die weitgehend und unterschiedlich stark mit kulturfähigem Löß überdeckt sind. Stellenweise finden sich, wie z. B. im Hambacher Wald, Staunässeböden, die landwirtschaftlich nicht, aber forstlich i. allg. gut nutzbar sind.

Im Nord- und Westrevier ist die Landwirtschaft aufgrund der hohen Bodengüten die bestimmende Nutzungsart. Die Forderung nach Erhaltung des kulturfähigen Bodens und Rückgabe entsprechend rekultivierter Flächen steht daher von Anfang an im Vordergrund der Rekultivierung.

Landwirtschaftlich nicht nutzbare Flächen wie die Böschungen und Rücken, manchmal auch die Hochflächen der Außenkippen oder die Böschungen von Innenkippen und Restlöchern werden dem Wald überlassen. Der Mangel an kulturfähigem Lößlehm, aber auch die Standsicherheit der oft hohen Böschungen schließen das Überziehen mit einer Decke aus kulturfähigem Lößlehm aus. So kommt es Ende der 50er Jahre zur Prüfung der Frage, welche Deckgebirgsschichten für die forstliche Rekultivierung geeignet seien. Dies ist die Geburtsstunde des Forstkieses.

Seit dieser Zeit werden großflächig Lößlehmdecken für die landwirtschaftliche Nutzung und Forstkies mit unterschiedlicher Mischung von kiesigem und lehmig-tonigem Material auf die Rohkippe aufgebracht. Dieses Vorgehen führt, landschaftsökologisch betrachtet, großflächig zu Standorten mit mehr oder weniger gleichförmigen Eigenschaften.

Die Karte A 1 zeigt mit dem Stand vom 1.1.1996 die Landinanspruchnahme im Rheinischen Braunkohlenrevier und den Anteil der wiedernutzbargemachten Flächen in Form der landwirtschaftlichen und forstlichen Rekultivierung. Von den bisher in Anspruch genom-

Karte A1. Rheinisches Braunkohlenrevier. Landinanspruchnahme und Wiedernutzbarmachung. Stand 1.1.1996

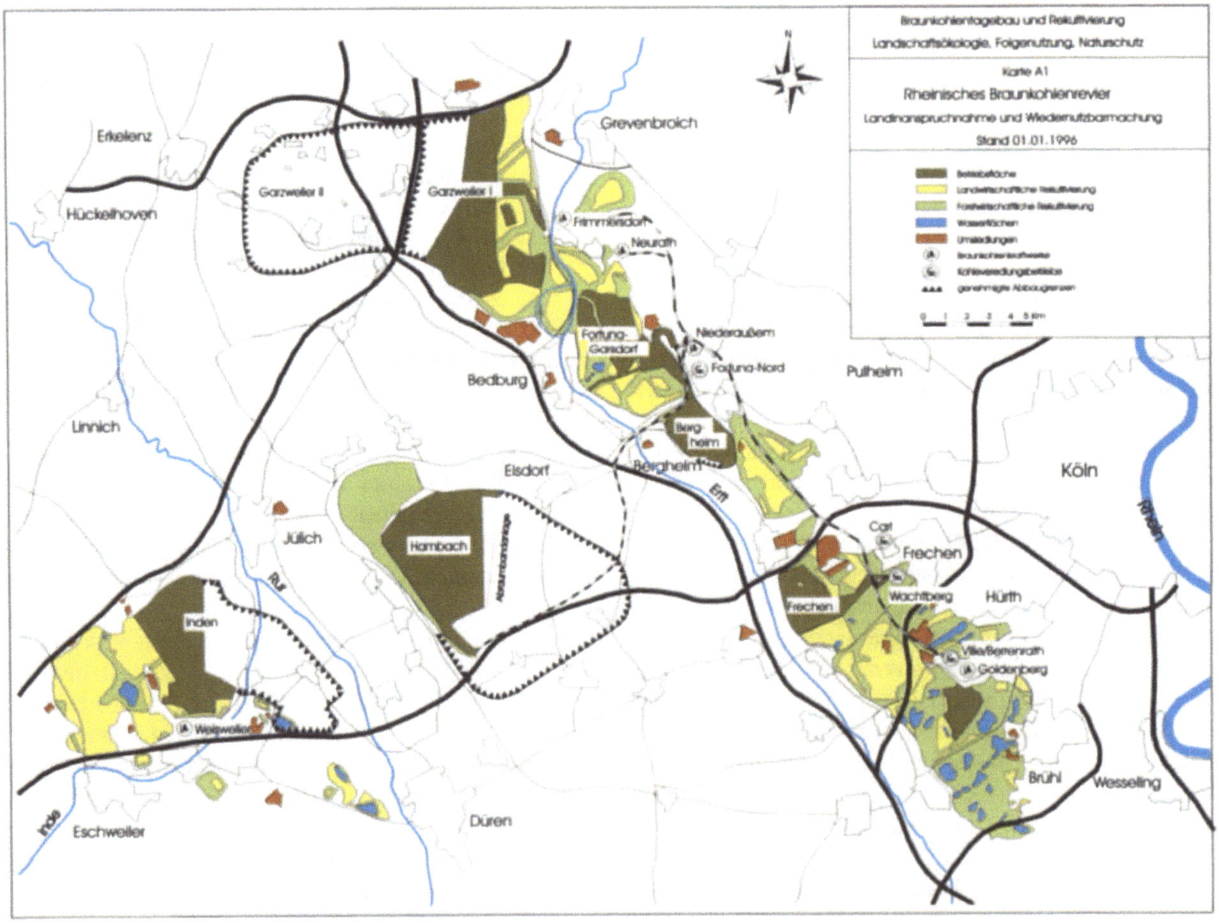

menen Flächen in einer Ausdehnung von 26 006 ha wurden 16 999 ha (= 65 %) rekultiviert. Rund 7 960 ha (= 47 % der Gesamtfläche) erstrecken sich auf die landwirtschaftliche, rund 7 090 ha (= 42 %) auf die forstliche und rund 1 949 ha (= 11 %) auf sonstige Arten der Rekultivierung, insbesondere Oberflächengewässer.

Das Thema „Rekultivierung“ wird in diesem Buchteil in mehrere Abschnitte gegliedert. An erster Stelle werden die Planungsgrundlagen einschließlich der gesetzlichen Vorgaben behandelt. Sodann wird auf den Naturraum und seine Wandlung durch den Abbau der Braunkohle und die Rekultivierung eingegangen. Darauf folgend geht es um Ansprüche aus der Sicht der verschiedenen Nutzungsarten und derjenigen des Naturschutzes und der Landschaftspflege. Der letzte Abschnitt ist der Verwirklichung der unterschiedlichen Anforderungen gewidmet, wobei alle relevanten Nutzungsarten zum Tragen kommen.

Im Südrevier spielt der Naturschutz eher ungewollt und zufällig eine Rolle. Eine Reihe von neuen Lebensstätten, v. a. stehende Gewässer und deren Uferzonen, werden in den 80er Jahren als Naturschutzgebiete, große Teile in den 70er Jahren als Landschaftsschutzgebiete ausgewiesen. Der Villerücken mit seinen rekultivierten Flächen wird überwiegend Teil des Naturparks Kottenforst-Ville.

Dagegen finden die Belange des Naturschutzes und der Landschaftspflege auf den Rekultivierungsflächen der Großtagebaue, von Ausnahmen abgesehen, lange Zeit trotz vieler Forderungen, Planungsvorstellungen und Vorstöße keine nennenswerte Berücksichtigung, wird von dem Versuch abgesehen, auf dem Forstkies nach und nach naturnahe Wälder entstehen zu lassen. Noch Anfang der 70er Jahre stellt Darmer in seinem Buch „Landschaft und Tagebau“ ein Schema der „Entwicklungsstufen von der Urlandschaft zur tagebaugeprägten Bergbaufolgelandschaft“ nach Teichmüller (1958) und Knabe (1964) vor, das jedes Hinweises auf den Naturschutz entbehrt (Abb. 1). Erst mit der seit den 70er Jahren wachsenden Aufgeschlossenheit für die Belange von Natur und Landschaft und der daraufhin einsetzenden neueren Naturschutzgesetzgebung kündigt sich seit Mitte der 80er Jahre ein langsamer Wandel an. Ziel ist nicht mehr allein die rationelle land- und forstwirtschaftliche Nutzung um jeden Preis und auf jedem rekultivierten Quadratmeter, sondern die Auflockerung der reinen Nutzlandschaften mit einem Netzwerk vielfältiger und abwechslungsreicher

Karte B1. Rheinisches Braunkohlenrevier. Natur- und Landschaftsschutzgebiete. Stand 1.1.1996. Die mit N oder L verbundenen Zahlen weisen auf die Namen der Schutzgebiete im Verzeichnis hin.

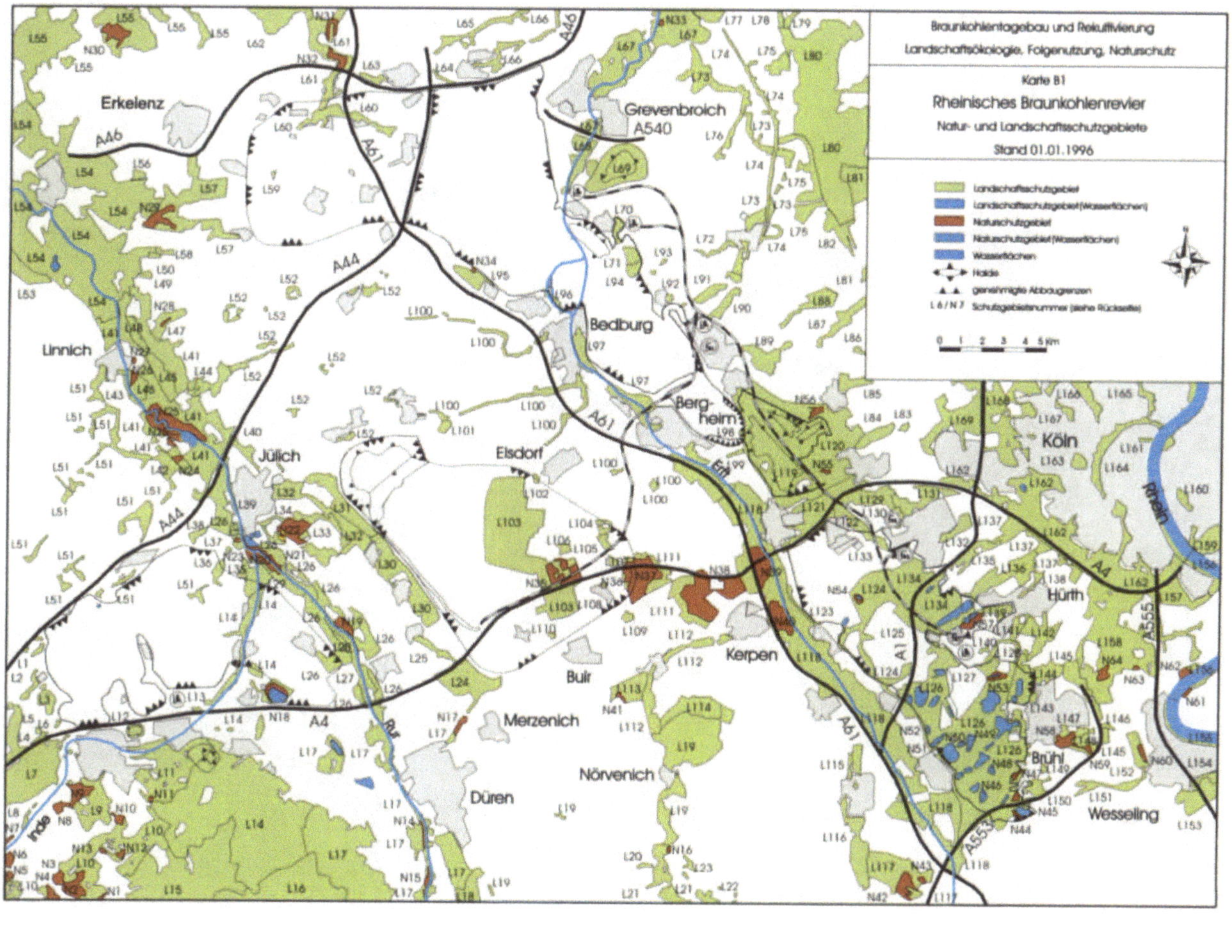

Verzeichnis der Natur- und Landschaftsschutzgebiete

Naturschutzgebiete

N 1 Derichsheck
N 2 Steinbruchsbereiche bei Bernhards und Binsfeldhammer
N 3 Hammerberg
N 4 Steinbruchbereich Bärenstein
N 5 Tatternsteine mit Talaue
N 6 Münsterbusch
N 7 Münsterbachtal
N 8 Heidegebiet Steinfurt
N 9 Bergbauwüstungszone im Eschweiler Wald
N 10 Hastenrather Kalksteinbrüche/Albertgrube
N 11 Im Korkus
N 12 Werther Heide
N 13 Galmeiflur Napoleonsweg
N 14 VO Kreis Düren (Düren)
N 15 VO Kreis Düren (Düren)
N 16 Rengershauser Mühle
N 17 VO Kreis Düren (Merzenich)
N 18 VO Kreis Düren (Lucherberger See)
N 19 Pierer Wald
N 20 Rurauenwald Indemündung
N 21 ehemaliges Eisenbahnausbesserungswerk Jülich-Süd
N 22 Langenbroich-Stetternicher Wald
N 23 Pellini-Weiher
N 24 Prinzwingert
N 25 Haus Overbach-Ost und Nord, Schloß Kellerberg, Kellenberger Kamp, Rurmäander zw. Floßdorf und Broich
N 26 Quellteiche
N 27 Müllemeisters Poel
N 28 Gillenbusch
N 29 Scherresbruch und Haberger Wald
N 30 VO Kreis Heinsberg (Schwalmquellen)
N 31 Niersbruch
N 32 Finkenberger Bruch
N 33 An der Schwarzen Brücke
N 34 Rübenbusch
N 35 Bürgewald Blatzheimer Wald
N 36 Kiesgrube Steinheide
N 37 Bürgewald Steinheide
N 38 Bürgewald Dickbusch und Lörsfelder Busch
N 39 VO Erftkreis (Parrig)
N 40 VO Erftkreis (Kerpener Bruch)
N 41 Kiesgrube am Buchenhof
N 42 Friesheimer Busch
N 43 Wäldchen bei Gut Neunheim
N 44 Berggeistweiher
N 45 Ententeich
N 46 Zwillingssee
N 47 Am Schnorrenberg
N 48 Entenweiher
N 49 Franziskussee
N 50 Am Karauschenweiher
N 51 Binsenweiher
N 52 Forellenteich
N 53 Nordfeldweiher
N 54 Fürstenbergmaar
N 55 Klosterteiche bei Königsdorf
N 56 Quellgebiet Glessener Bach
N 57 Wald-Seen-Bereich Theresia
N 58 Brühler Schloßpark
N 59 Falkenluster Alle und Schloß Falkenlust
N 60 Entenfang Wesseling
N 61 Langeler Auwald, rrh.
N 62 Am Godorfer Hafen
N 63 Am Vogelacker
N 64 Kiesgruben Meschenich

Landschaftsschutzgebiete

L 1 Grünland und Gehölzbestand der Ortslage Warden
L 2 Merzbach zw. St. Jöris und Kinzweiler
L 3 Kinzweiler - Hehlrath
L 4 Grünland- u. Waldbereich östl. der BAB 44, nördl. BAB 4
L 5 Grünland und Gehölzbestand im Bereich Gut Sterzbusch
L 6 Grünland und Gehölzbestand der Ortslage Röhe
L 7 Propsteiner Wald
L 8 Indetal zwischen Stolberg und Eschweiler
L 9 Eschweiler Wald
L 10 Vorfeld des Naturparks Nordeifel westl. und östl. Vicht
L 11 Zw. Eschweiler und Weisweiler
L 12 Kippe Distelrath
L 13 Haus Palant
L 14 VO Kreis Düren (8 Teilbereiche bei Langerwehe)
L 15 VO Kreis Aachen
L 16 VO Kreis Düren (Hürtgenwald)
L 17 VO Kreis Düren (14 Teilbereiche bei Düren)
L 18 VO Kreis Düren (Kreuzau - Nideggen)
L 19 VO Kreis Düren (4 Teilbereiche bei Nörvenich)
L 20 Lüxheimer Aue, Lüxheim
L 21 Neffelbachtal - Großer Busch - Kirchenbusch
L 22 Wäldchen am Galgenberg, Ellenbusch, Regenbusch
L 23 Der große Busch, In der Bärenkaul
L 24 Merzenicher Heide, Rather Feld u. Große Benden
L 25 Ellebachaue zwischen Oberzier und Ellen
L 26 Rurtal südlich der BAB 44
L 27 Rurwiesen u. Auwälder zw. Merken u. Huchem-Stammeln
L 28 Rurwiesen zw. Krauthausen u. Merken, Polderflächen zw. Mühlenteich u. Abwasserkanal
L 29 Rurwiesen zw. Altenburg und Schophoven
L 30 Hambach - Niederzier - Oberzier
L 31 Tagebaurestwälder Stetternich - Hambach
L 32 Ellebachtal Jülich - Stetternich - Hambach
L 33 Stetternicher Wald
L 34 Jülich Süd, Stellwerk - Mühlenteich - Haus Königskamp
L 35 Fuchstal - Indetal
L 36 Lohberg- Kahlenberg
L 37 Kirchberg, Wymarshof, Baggersee Jülich-Kirchberg
L 38 Seitentälchen bei Bourheim
L 39 Laubwald bei Haus Mariawald
L 40 Osthang des Rurtales
L 41 Rurtal nördlich der BAB 44
L 42 Merzbachtal u. Rurtalhang, Saure Benden-Pferdskammer
L 43 Westl. Steilhang des Rurtales
L 44 Burg Tetz/Malefinkbachtal
L 45 Im Rurbruch
L 46 Große Trisch-Schiffers Kamp-Kirchen Gerind
L 47 Rurtalhang, Tal des Kofferer Grabens

L 48 Glimbacher Bruch - Ivenhainer Wald
L 49 Fuchskaul - Heckental
L 50 Am Eselsberg
L 51 VO Kreis Düren (16 Teilbereiche bei Aldenhoven - Linnich)
L 52 VO Kreis Düren (21 Teilbereiche bei Titz)
L 53 Wurmtal
L 54 VO Kreis Heinsberg (Baaler, Riedelland u. Obere Rurniederung)
L 55 VO Kreis Heinsberg (5 Teilbereiche Schwalmplatte)
L 56 Im Hetzerather Büschchen/Am unteren Kaulchen
L 57 Wahnenbusch/Nüsterbachtal
L 58 Lövenicher Graben
L 59 Sportplatz An der Sandkaul
L 60 Niersquellgebiet
L 61 Niersaue Wickrath
L 62 Buchholzer/Wickrather Wald
L 63 Hochneukircher Fließ
L 64 Hackhauser Fließ
L 65 Kelzenberger Bachtal
L 66 Jüchener Bachtal
L 67 Erftniederung
L 68 Welchenberg
L 69 Hanglagen der Vollrather Höhe
L 70 Neurath-Ost
L 71 Neurath-Südost
L 72 Todtenbachtal
L 73 Gillbachtal
L 74 Ehemalige Bahntrasse
L 75 Terrassenhang
L 76 Köttelbachtal
L 77 Erftaue
L 78 Terrassenkante am Gohrer Berg
L 79 Norfbach
L 80 Knechtstedener Busch/Staatsforst Benrath
L 81 Hasselrath
L 82 Stommelner Terrassenkante
L 83 Freimersdorf
L 84 Brauweiler Ronne
L 85 Sintherner Bach
L 86 Manstedten
L 87 Fliestedener Graben/Ommelstal
L 88 Ingendorfer Tal
L 89 Diebenhöhle/Büsdorfer Mühle
L 90 Gillbachtal
L 91 Totengraben
L 92 Zenshof und Schopenhof, Rather Mühle
L 93 Gommershovener Busch, Gut Gommershoven
L 94 Gürather Höhe
L 95 Umfeld des Rübenbusches und Hohenholz
L 96 alter Erftverlauf bei Kaster
L 97 Erftaue zw. Bergheim und Bedburg
L 98 Erholungsgebiet Quadrath-Ichendorf
L 99 Schlenderhan
L 100 VO Erftkreis (6 Teilbereiche in der Jülicher Börde mit Titzer Höhe)
L 101 Licher Bach
L 102 Nördliche Kaninhütte
L 103 Hambacher Forst
L 104 Sittarder Hof
L 105 An den Sieben Giften
L 106 Haus Etzweiler
L 107 Haus Bochheim
L 108 Wald am Sportplatz Manheim
L 109 Wald am Haus Forst
L 110 Wald Vogelsang
L 111 Umgebung Naturschutzgebiete Steinheide und Lörsfelder Busch/Dickbusch
L 112 Neffelbachaue
L 113 Seelrath
L 114 Nörvenicher Wald
L 115 Mühlenbach
L 116 Rotbach - Mühlenbach
L 117 Friesheimer Busch
L 118 VO Erftkreis (4 Teilbereiche Erfttal Süd)
L 119 Auf der Fischbachöhe
L 120 Königsdorfer Wald
L 121 Röttgenhalde
L 122 Umgebung Rosmar-, Magdalenen- u. Sybillenhof
L 123 Mödrather Mühle
L 124 Berrenrather Börde
L 125 Forstl. Rekultivierung westl. Knapsack
L 126 Waldseengebiet Ville
L 127 Restfeld Vereinigte Ville
L 128 Knapsacker Tal
L 129 Königsdorfer Wald
L 130 Sportpark Frechen-Nord, Rekultivierung Quarzsandgrube Frechen
L 131 Buschbell-Baumannshof-Neuenhof
L 132 Haus Horst und Neu-Hemmerich
L 133 Rekultivierungsbereich Benzelrath
L 134 Rekultivierungsbereich Frechen/Fürstenberg/Gotteshülfe/Otto-Maigler-See
L 135 Gleueler Bach
L 136 Stotzheimer Bach
L 137 Grüngürtel
L 138 Duffesbach
L 139 Kloster Burbach/Burbachtal, Theresienhöhe
L 140 Kapellenstraße/Industriestraße
L 141 Hürther Berg, Sportflächen westlich Kendenich
L 142 Kendenich
L 143 Ville
L 144 Weiler Bach
L 145 Abgrabungsflächen bei Brühl und Wesseling
L 146 Palmersdorfer Bach
L 147 Brühler Schloßpark
L 148 Falkenlust
L 149 Kulturlandschaft Villehang
L 150 Geildorfer Bach
L 151 Dickopsbach
L 152 Entenfang
L 153 Eichholz
L 154 Urfeld
L 155 Urfelder Weiden und Rhein
L 156 Rhein, Rheinauen
L 157 Friedenswald, Forstbotanischer Garten u. Grünverbindungen
L 158 Freiräume um Meschenich, Immendorf u. Rondorf
L 159 Freiraum um das Gremberger Wäldchen
L 160 Deutzer Friedhof
L 161 Rhein, Rheinauen
L 162 Äußerer Grüngürtel
L 163 Melatenfriedhof
L 164 Innerer Grüngürtel
L 165 Gründverbindungen zum Inneren Grüngürtel
L 166 Erholungsgebiet Bürgerpark Nord
L 167 Takufeld/Rochusfeld
L 168 Äußerer Grüngürtel
L 169 Freiräume um Lövenich und Widdersdorf

Erläuterung: VO - Verordnung

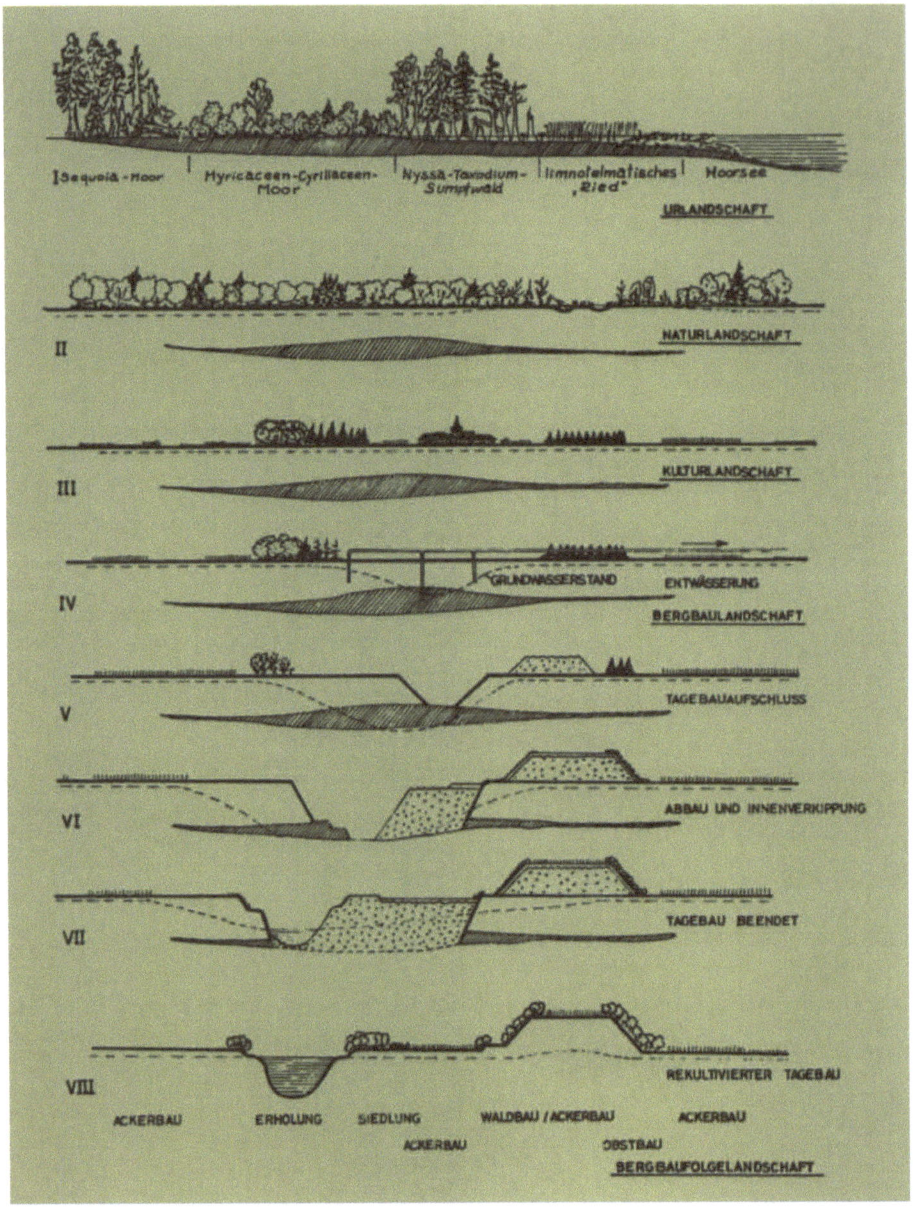

Abb. 1. Schematische Darstellung der Entwicklungsstufen von der Urlandschaft zur tagebaugeprägten Bergbau folgelandschaft. (Nach Teichmüller 1958 und Knabe 1964, aus Darmer 1972)

Lebensräume, was zu einem gegen Gefährdungen aller Art widerstandsfähigeren Naturhaushalt und zugleich zu einem neuen Landschaftsbild mit gliedernden und belebenden Landschaftselementen führt bzw. führen wird.

Die Karte B 1 weist die im Rheinland im Raum westlich Köln ausgewiesenen Naturschutzgebiete und Landschaftsschutzgebiete mit dem Stand vom 1.1.1996 aus. Sie gibt zugleich einen Überblick über die im Bereich der im Betrieb befindlichen Abbaugebiete und in ihren Rekultivierungsflächen ausgewiesenen Schutzgebiete. Im Vergleich zu den im Südrevier nordwestlich Brühl dargestellten Natur- und Landschaftsschutzgebieten fällt auf, daß im Nord- und Westrevier mit ihren Großtagebauen solche Schutzgebiete bisher fehlen. Ob es jemals dazu kommt, ist nicht nur eine Frage der Zeit, sondern auch eine solche der rechtzeitigen Berücksichtigung der Belange des Naturschutzes und der Landschaftspflege sowohl als Teil aller geplanten Folgenutzungen als auch als Teil des gesamten Rekultivierungsvorganges.

Wolfram Pflug

LITERATUR

Darmer G (1973) Landschaft und Tagebau. Ökologische Leitbilder für die Rekultivierung. Patzer, Hannover Berlin

Knabe W (1964) A visiting scientist's observations and recommendations concerning stripmine reclamation in Ohio. Ohio Sci 64: 132–154

Teichmüller M und R (1958) Die paläogeographische Stellung und Facies-Gliederung der Braunkohlenmoore in der Niederrheinischen Bucht. Freiberger Forsch.-Hefte C 57, Fortschr Geol Rheinland u. Westfalen 1/2. Krefeld

Braunkohlenplanung 1

Manfred Knauff

1 Lage, Volumen und Nutzbarkeit der Lagerstätte

Die Rheinische Braunkohlenlagerstätte liegt im wesentlichen innerhalb des Städtedreiecks Köln-Aachen-Mönchengladbach. Die Braunkohlenlagerstätte wird im Osten durch die Linie Brühl-Grevenbroich-Mönchengladbach-Nettetal und im Westen durch die Linie Euskirchen-Eschweiler-Sittard begrenzt. Im Süden ist sie ca. 25, im Norden ca. 35 km breit und hat eine von Südosten nach Nordwesten verlaufende Ausdehnung von ca. 70 km. Die Gesamtfläche beträgt damit ca. 2 500 km^2.

Entsprechend der naturräumlichen Gliederung erstreckt sich die Lagerstätte auf die Ville sowie auf die Zülpicher und Jülicher Börde.

Verwaltungsmäßig liegt sie überwiegend auf dem Gebiet der Kreise Düren und Heinsberg sowie des Erftkreises im Regierungsbezirk Köln. Ein kleinerer Teil liegt auf dem Gebiet des Kreises Neuss und der Stadt Mönchengladbach im Regierungsbezirk Düsseldorf.

Der Inhalt der Lagerstätte beträgt ca. 55 Mrd. t Kohle, wovon etwa 6 Mrd. t abgebaut worden sind. Aus heutiger Sicht gilt ein Abbau der Braunkohle mit einem Abraum : Kohle-Verhältnis von bis zu 10 : 1 als noch wirtschaftlich. Somit würden rein rechnerisch als gewinnbar noch 29 Mrd. t Kohle anstehen. Im Hinblick auf die Entwicklung, die sich durch die heutige Nutzung der Oberflächensituation, durch Bebauung und sonstige Infrastruktureinrichtungen ergeben, ist derzeit von einem abbauwürdigen Kohleinhalt von rd. 6 Mrd. t auszugehen (MWMV 1982).

Die Flözmächtigkeit liegt zwischen 10 und 70 m bei einem durchschnittlichen Kohle/Abraumverhältnis von 1 : 5,6 (Abb. 1).

Unter der Annahme einer derzeitigen durchschnittlichen Förderleistung von ca. 100 Mio. t/Jahr dürften die Vorräte noch für ca. 60–70 Jahre ausreichen.

Im Rheinischen Braunkohlenrevier wurden in vier Tagebauen im Jahre 1995 ca. 100,2 Mio. t Kohle gefördert. Davon gingen 85,1 Mio. t (85 %) in die Kraftwerke und 15,1 Mio. t in die Veredelungsbetriebe. Alleiniger Bergbautreibender ist heute die Fa. Rheinbraun AG (RWE-Konzern).

Die Braunkohlenförderung soll bis Ende der 90er Jahre auf drei Großtagebaue Garzweiler, Hambach und Inden (Rheinbraun 1993) konzentriert werden (Abb. 2).

2 Energiewirtschaftliche und -politische Bedeutung der Braunkohle

Energie ist einer der entscheidenden Faktoren für die Entwicklung einer Industriegesellschaft. Daher muß in einer modernen Industriegesellschaft wie der Bundesrepublik Deutschland Energie zu international wettbewerbsfähigen Bedingungen bereitgestellt werden,

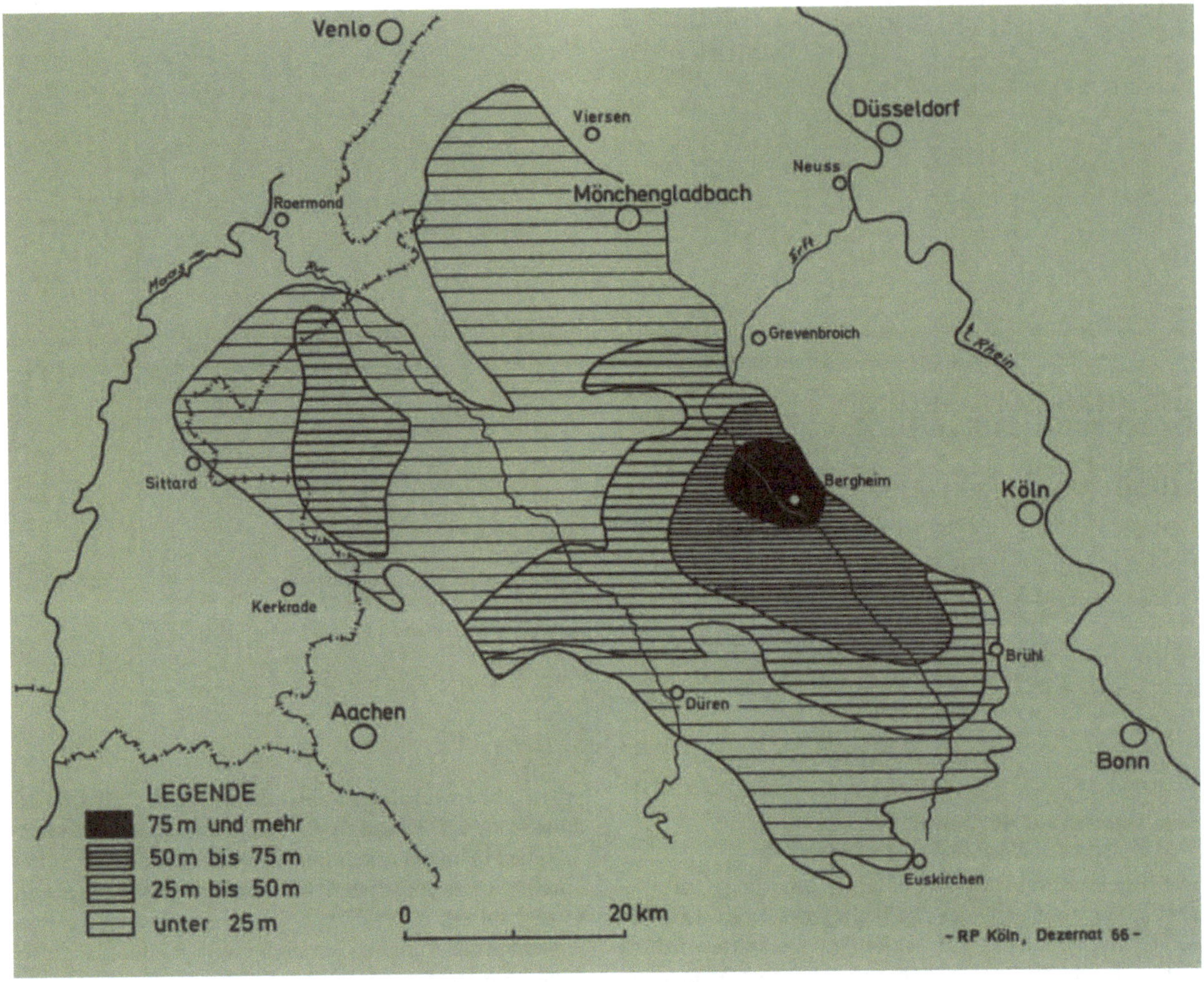

Abb. 1. Räumliche Ausdehnung der Rheinischen Braunkohlenlagerstätte und Übersicht über die Gesamtmächtigkeit der Kohlenflöze (Quelle: Bez. Reg. Köln)

insbesondere in einer Zeit, in der die strukturellen Veränderungen der Weltwirtschaft auch auf die Bundesrepublik Deutschland durchschlagen. Gerade Nordrhein-Westfalen als hochentwickelter Standort für Industrie, Handel und Gewerbe ist auf ein sicheres und kostengünstiges Energieangebot angewiesen.

Energiewirtschaftliche und -politische Ziele können nicht allein auf nationaler Ebene realisiert werden, da sie ganz erheblich von internationalen Entwicklungen beeinflußt werden, so z. B. durch

- die Ölkrisen in den Jahren 1973/74 und 1979/80,
- den Umbruch in den osteuropäischen Staaten sowie
- die Realisierung des europäischen Binnenmarktes.

Als Folge dieser Krisen und Umbrüche stiegen die Energiepreise z. T. erheblich, entwickelten sich die Zahlungsbilanzen der erdölimportierenden Länder negativ und führten letztlich zu wirtschaftlichen Rezessionen.

Vor diesem Hintergrund spielt die Braunkohle innerhalb der Energiewirtschaft der Bundesrepublik, insbesondere aber in der Energiewirtschaft des Landes Nordrhein-Westfalen (NRW) eine wichtige Rolle.

Den Stellenwert der Braunkohle innerhalb der Energiewirtschaft läßt sich anhand des Primärenergieverbrauchs (PEV) darstellen. Dieser betrug für die Bundesrepublik Deutschland (BRD) 1995 ca. 486 Mio. t Steinkohleneinheiten (SKE). Den größten Anteil davon hatte das Mineralöl mit ca. 40 %, gefolgt vom Erdgas mit ca. 20 und der Steinkohle mit ca. 15 %. Die Braunkohle folgt mit ca. 12 %. Auf die Kernenergie entfielen ca. 10 und auf die Wasserkraft und sonstigen Energieträger ca. 3 % (Abb. 3). Der Vergleich zeigt, daß sich der PEV in den alten Bundesländern zwischen 1960 (ca. 200 Mio. t SKE) und heute (ca. 420 Mio. t SKE) verdoppelt hat, wobei der Sektor Verkehr erheblichen Anteil an dieser Entwicklung hat (DEBRIV 1996; Maaßen u. Schiffer 1996).

1995 wurden in der BRD ca. 193 Mio. t Braunkohle gefördert, davon gut die Hälfte (100 Mio. t) im Rheinischen Braunkohlenrevier. 85 % der Rheinischen Braun-

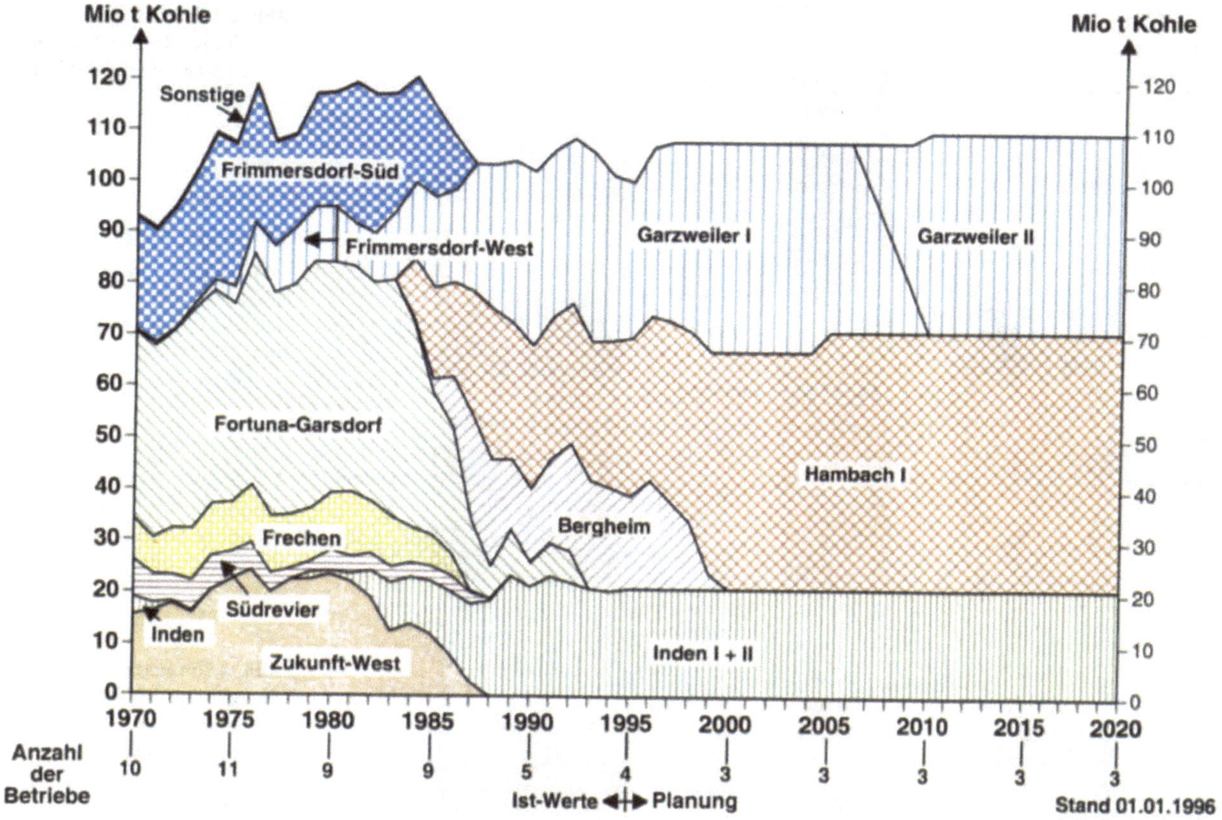

Abb. 2. Kohlenförderung im Rheinischen Braunkohlenrevier (Quelle: Rheinbraun)

kohle werden in der Stromerzeugung eingesetzt und zwar im sog. Grundlastbereich (Böcker 1993). Der Anteil der Braunkohle an der Bruttostromerzeugung beträgt ca. 27 %. Der Anteil der Rheinischen Braunkohle an der Stromerzeugung betrug ca. 16 % bezogen auf NRW sogar 53 % (Abb. 4).

Die Braunkohle ist damit – neben der Steinkohle – der wichtigste heimische Energieträger. Sie trägt maßgeblich zur Sicherheit der Deutschen Energieversorgung bei und zwar ohne Subventionen (Henning 1995).

Die Prognos AG, Basel, hat im Auftrag der Bundesregierung im Herbst 1995 ein Gutachten über die Entwicklung der deutschen Energiemärkte in den nächsten 25 Jahren vorgelegt. Eine wesentliche Aussage in diesem Zusammenhang ist der Primärenergieverbrauch in Deutschland in den Jahren 2000–2010. Danach wird er im Jahre 2000 ca. 2 % höher liegen als 1995; zwischen 2000 und 2010 ist der Gesamtverbrauch stabil und ab 2010 wird ein leichter Rückgang zu verzeichnen sein. Wenn man nun den Energieverbrauch der vergangenen Jahre in Relation zu dem jeweiligen Bruttoinlandsprodukt (Mio. t SKE/Mrd. DM) setzt, erkennt man eine deutliche Verbesserung der Energieeffizienz, d. h. der Trend zur Entkopplung von Wirtschaftswachstum und Energieverbrauch setzt sich fort. Bei der Braunkohle wird eine Abnahme von 12,2 (1995) auf 10,7 % (2020) prognostiziert.

Auch die ESSO-AG hat Anfang 1996 eine neue Energieprognose vorgestellt. Sie weicht in ihrem grundsätzlichen Aussagen nicht erheblich von der Prognos-Prognose ab.

2.1
Braunkohle in der Energiepolitik des Bundes

Vor 1972 gab es in der Bundesrepublik Deutschland so gut wie kein gemeinsames Konzept bezüglich einer langfristigen Sicherung der Energieversorgung. Im Laufe des Jahres 1973 (noch vor der ersten Ölpreiskrise) veröffentlichte die Bundesregierung ein Energieprogramm. In diesem Programm wird mit Sorge auf den 55 %igen Anteil des Mineralöls an der bundesdeutschen Energieversorgung hingewiesen. Des weiteren wird u. a. dargelegt, daß die Risiken im Mineralölbereich vermindert und ein wesentlicher Teil des Mineralöls durch andere Energieträger substituiert werden müsse.

Die Braunkohle wird in diesem Energieprogramm u. a. als ein sicherer, kostengünstiger, heimischer Beitrag zur Energieversorgung erwähnt. Diese Aussage wird im Energiebericht vom 24.9.1986 wiederholt.

In der vom Bundesminister für Wirtschaft mit Datum vom 11.12.1991 herausgegebenen „Energiepolitik

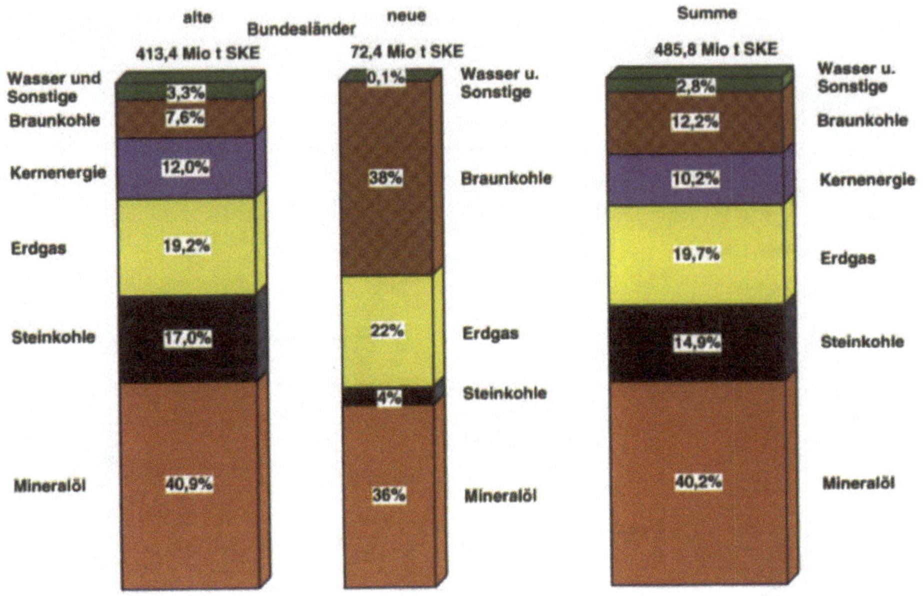

Abb. 3. Primärenergieverbrauch 1995 (Quelle: Arbeitsgemeinschaft Energiebilanzen 12/95)

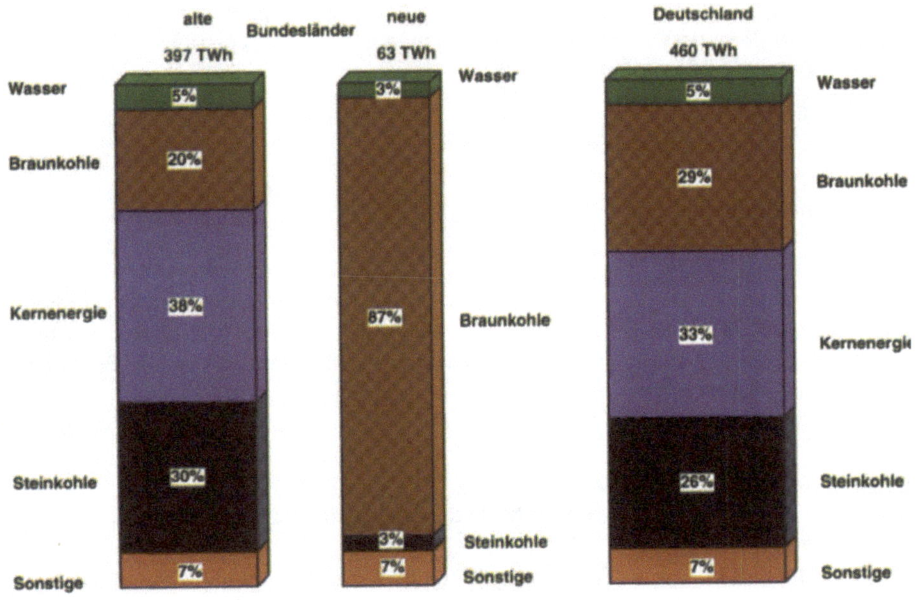

Abb. 4. Stromerzeugung nach Energieträgern 1995 [Quelle: Bundesministerium für Wirtschaft und Vereinigung deutscher Elektrizitätswerke (vorläufige Schätzwerte)]

für das vereinte Deutschland" wird für die Braunkohle u. a. folgendes ausgeführt:

> *"Die westdeutsche Braunkohle hatte bei einer Kapazität von rd. 120 Mio. t und einer Förderung von knapp 108 Mio. t 1990 einen Anteil von 8,2 % am Primärenergieverbrauch (PEV) der alten Bundesländer. Sie wird kostengünstig abgebaut, ist besonders wettbewerbsfähig und mit einem Anteil an der Stromversorgung von 19 % ein wichtiger Faktor für eine preisgünstige und sichere Stromversorgung."*

Aus den verschiedenen Stellungnahmen der Bundesregierung ist zu erkennen, daß die Braunkohle in der bundesdeutschen Energiepolitik einen wichtigen und v. a. konstanten Faktor im Energiemix darstellt.

2.2 Braunkohle in der Energiepolitik des Landes NRW

Die Energiepolitik des Landes NRW ist seit vielen Jahren darauf ausgerichtet, langfristig eine ausreichende Energieversorgung zu wirtschaftlich tragbaren Preisen zu sichern (MWMV 1982; Prognos 1986, 1991).

Am 8.9.1987 hat die Landesregierung ihre „Leitentscheidungen zur künftigen Braunkohlepolitik" (Landesregierung 1987) dargelegt. Die Kernaussagen lassen sich wie folgt zusammenfassen:

- Braunkohle ist ein sicherer, kostengünstiger und verfügbarer Rohstoff, auf den nicht verzichtet werden kann
- Braunkohlengewinnung und -verwertung sind eine traditionelle und grundsätzlich beherrschbare Technik im Gegensatz zur Alternativen Kernenergie mit unvorstellbar hohen Risiken für Mensch und Umwelt
- Braunkohlengewinnung ist nur möglich, wenn sie ökologisch und sozialverträglich gestaltet werden kann

Im Rahmen der Vorbereitungen zum geplanten Tagebau Garzweiler II hat die Landesregierung die „Leitentscheidungen zum Abbauvorhaben Garzweiler II" vorgelegt (Landesregierung 1991), in denen eindeutige Aussagen zur Bedeutung und weiteren Nutzung der Rheinischen Braunkohle enthalten sind. Bei der Erarbeitung dieser Leitentscheidungen hat sich das Land NRW auf fachspezifische Untersuchungen gestützt. Grundlage zur Beurteilung der Energieversorgung ist die Studie „Energieszenarien Nordrhein-Westfalen" der Prognos AG, Basel. Die Prognos-Studie (August 1991) kommt hinsichtlich der Braunkohle u. a. zu folgenden Ergebnissen (Prognos 1986, 1991):

- Mit regulierenden und dirigistischen Eingriffen des Staates in den Markt und mit enormen Anstrengungen kann zwar der Primärenergieverbrauch gesenkt werden, dennoch würde der Stromverbrauch – wenn auch gering – ansteigen.
- „Auch wenn alle nur denkbaren Energieeinsparmöglichkeiten genutzt werden, liegt der Bedarf an Braunkohle aus Nordrhein-Westfalen im Jahre 2005 bei 95 Mio. t pro Jahr, es sei denn, man ersetzt diese Energie z. B. durch Kernenergie oder Importkohle".
- Die Braunkohlenfördermenge, wie sie der Tagebau Garzweiler II erbringen soll, ist in jedem Fall zur Deckung des heute langfristig absehbaren Energiebedarfs notwendig.

Die Kernaussagen dieser im August 1991 fertiggestellten Studie gelten weiterhin und sind belastbar, wie die Prognos AG in einem weiteren Gutachten der Landesregierung im Dezember 1994 bestätigt hat (MURL 1995).

Im Rahmen der Genehmigung zum Tagebauvorhaben Garzweiler II hat die Landesregierung in diesem Zusammenhang u. a. folgendes festgestellt:

> *"Wer aus Verantwortung auf die Nutzung der Kernenergie verzichtet, muß bereit sein, die Stromerzeugung mit Braun- und Steinkohle langfristig zu sichern.*
> *Die kalkulierbaren Konsequenzen der Gewinnung und Nutzung von Braunkohle dürfen nicht durch das unkalkulierbare Risiko der Kernenergie und der ungesicherten Entsorgung ersetzt werden.*
> *Die Importkohle kann keine Alternative sein. Die Versorgungssicherheit würde sich verschlechtern.*
> *Die Stromerzeugung in konventionellen Gaskraftwerken und durch Kraft-Wärme-Kopplung auf Gasbasis als Ersatz für Braunkohlenstrom ist keine tragfähige Alternative." (MURL 1995).*

2.3 Verwendung der Braunkohle aus den ostdeutschen Revieren

Die Wiedervereinigung Deutschlands hat die energiewirtschaftlichen Rahmenbedingungen nicht wesentlich verändert. Mit der deutschen Vereinigung sind zwar die Braunkohlenlagerstätten in den neuen Ländern für die Energieversorgung der größer gewordenen Bundesrepublik Deutschland verfügbar geworden, aber dies hat keine grundlegenden Auswirkungen auf die Rheinische Braunkohle, da sich ein Austausch von Braunkohle zwischen dem Rheinischen Revier und den neu hinzugekommenen Lausitzer und Mitteldeutschen Revieren aus ökonomischen und ökologischen Gründen verbietet (Rheinbraun 1993).

2.4 Braunkohle und CO_2

Energiegewinnung wird zunehmend unter dem Aspekt der Umweltbelastung in der Öffentlichkeit diskutiert. Neben der Kernenergie mit ihren unkalkulierbaren Risiken stellt z. Z die Verwendung fossiler Brennstoffe mit ihren negativen Auswirkungen auf das Klima im Mittelpunkt der öffentlichen Diskussion. Bei der Energiegewinnung der Braunkohle wird Kohlendioxid (CO_2) freigesetzt, das neben anderen Spurengasen, z. B. Methan für den sog. Treibhauseffekt verantwortlich ist (Rheinbraun 1992).

Die Bundesregierung hat sich u. a. zum Ziel gesetzt, die CO_2-Emissionen bis zum Jahr 2005 um 25 % gegenüber dem Stand von 1990 zu reduzieren. Um dieses Ziel zu erreichen, werden sowohl ordnungspolitische Regelungen als auch wirtschaftliche Instrumente in Erwägung gezogen und kontrovers diskutiert. Als ordnungspolitische Regelungen sind weiterhin Abgaben- und Steuerlösungen sowie bessere Wärmeschutzbestimmungen im Gespräch und als wirtschaftliche Instrumente werden verschiedene Förder- und Sparprogramme aber auch die „Selbstverpflichtung" der Industrie erörtert.

In der Europäischen Kommission wird z. Z über die Einführung einer CO_2-Energiesteuer verhandelt. Die Verhandlungen erstrecken sich auf die einzuführenden

Steuerstrukturen, Bemessungsgrundlagen und zeitlichen Staffelungen. Verschiedene Entwürfe liegen vor, Entscheidungen stehen in der Zukunft an. Die Einführung einer derartigen CO_2-Steuer wird u. U. zu Wettbewerbsverzerrungen zwischen den Energieträgern führen und die Braunkohlenförderung und -verwertung erheblich beeinflussen. Daher wird eine derartige Steuer von der Braunkohlenindustrie abgelehnt (Maaßen u. Schiffer 1996; Rheinbraun 1993).

Daß die Braunkohle nicht der CO_2-ideale Energieträger ist, kann nicht bestritten werden. Aber in der Diskussion „Energie und Klima" wird häufig die Meinung vertreten, daß man die fossilen Energieträger durch andere weniger CO_2-trächtige (einfach) substituieren könne, wie z. B. die Braunkohle durch Erdgas. Dabei werden zwei Faktoren übersehen: Zum einen sind nicht nur die CO_2-Emissionen klimarelevant sondern auch andere Gase, wie z. B. Methan. Zum anderen muß man in die Gesamtbetrachtung auch einbeziehen, welcher Energieaufwand erforderlich ist, um die Energie am Verbrauchsort bereitzustellen, z. B. bei der Braunkohle ca. 3 und beim Erdgas ca. 15 %. Bei der Energieherstellung kann man zwar durch Substitution auf kohlenstoffarme Energieträger die CO_2-Emissionen im Inland reduzieren, aber man muß darauf achten, daß die Umweltbelastungen weder direkt noch indirekt ins Ausland verlagert werden. Die Reduktion der Umweltbelastungen im Energiesektor können nur durch ein Bündel von Maßnahmen erreicht werden, wie z. B. Effizienzsteigerung bei der Energieherstellung, Substitution kohlenstoffreicher durch kohlenstoffarmer Energieträger, verstärkte Nutzung erneuerbarer Energien und letztlich durch Verminderung des Energieverbrauchs.

Aus diesem Grunde hat die Landesregierung NRW mit dem Rheinisch-Westfälischen Elektrizitätswerk (RWE-Energie AG) und der Rheinbraun AG im Oktober 1994 eine Vereinbarung über ein CO_2-Minderungsprogramm getroffen (MWMT 1995). Darin ist u. a. vorgesehen:

- Die bereits begonnene Verbesserung des Wirkungsgrades der Braunkohlenkraftwerke durch Hochrüsten der Turbinen bis 1997 abzuschließen
- Die vorhandenen Braunkohlenkraftwerksblöcke Zug um Zug zwischen 1999 und 2030 durch Anlagen mit jeweils bester zur Verfügung stehender Technologie zu ersetzen

Das Kraftwerkserneuerungsproramm wird allerdings seitens der RWE AG in enger Abhängigkeit von der Realisierung des Braunkohlentagebaues Garzweiler II gesehen.

Außerdem will die RWE AG ein weiteres Förderungsprogramm für regenerative Energien und Energiesparmaßnahmen auflegen. Zudem will man die Möglichkeiten der Kraft-Wärme-Kopplung verstärkt nutzen und die Kohleveredelung forcieren.

3
Braunkohlenbergbau als Aufgabe der Raumordnung und Landesplanung

Die Gewinnung der Braunkohle erfolgt heute, wie fast auf der gesamten Welt, aus ökonomischen und sicherheitstechnischen Gründen überwiegend im Tagebau. Aus Kostengründen und zur Reduzierung der Landinanspruchnahme wird der Braunkohlenabbau fast nur noch in großflächigen Tagebauen betrieben. Dies löst vielfältige und komplexe Probleme aus. Die Hauptprobleme lassen sich grob wie folgt kennzeichnen:

3.1
Räumliche und zeitliche Flächeninanspruchnahme, Rekultivierung

Beim Braunkohlentagebau wird die Erdoberfläche in einem sonst nicht üblichen Umfang für Betriebsflächen, Außenhalden und Betriebseinrichtungen sukzessiv in Anspruch genommen (Starke 1987). Die Beanspruchung erstreckt sich oft über Gemeinde- und Kreisgrenzen hinweg und erfaßt besiedelte, kultivierte, freie und geschützte Landschaften. Sie ist besonders im dichtbesiedelten Rheinischen Braunkohlenrevier problematisch. Im Bereich des Abbaus wird z. B. in den ökologischen Gesamtzusammenhang von Boden, Wasser, Pflanzen und Tiere erheblich eingegriffen; dieser Eingriff bewirkt wesentliche Veränderungen für den betroffenen Raum.

Der Beanspruchungszeitraum erstreckt sich – technisch-wirtschaftlich bedingt – regelmäßig über mehrere Jahrzehnte, wobei eine Besonderheit des Braunkohlentagebaues darin besteht, daß er sich nicht auf eine Stelle beschränkt, sondern räumlich fortschreitet, weil die Abraummassen, die über der Kohle liegen, auf der sog. Abbauseite abgebaggert und i. d. R. an der rückwärtigen Seite des gleichen Tagebaues zeitgleich verkippt werden (wandernder Tagebau).

Der Rheinische Braunkohlentagebau hat bis Ende 1995 ca. 260 km^2 in Anspruch genommen und 170 km^2 (65 %) wiedernutzbargemacht. Die derzeitige durch den Bergbau beanspruchte Fläche beträgt somit 90 km^2 (Abb. 5).

Obwohl für andere Eingriffe in die Erdoberfläche z. B. Abgrabungen von Kies, Sand und Ton in der Summe jährlich ein größerer Flächenverlust in NRW entsteht, verteilt sich dieser auf das gesamte Land und die mit dem Eingriff verbundenen Probleme haben ortsbezogen nicht die Dimension wie beim Braunkohlentagebau.

Nach der Auskohlung ist die abgeräumte Erdoberfläche durch den Verursacher ordnungsgemäß wiedernutzbarzumachen bzw. zu rekultivieren. Dabei bedeutet Wiedernutzbarmachung nicht unbedingt, daß der vor Beginn des Abbaus bestehende Zustand der Oberfläche

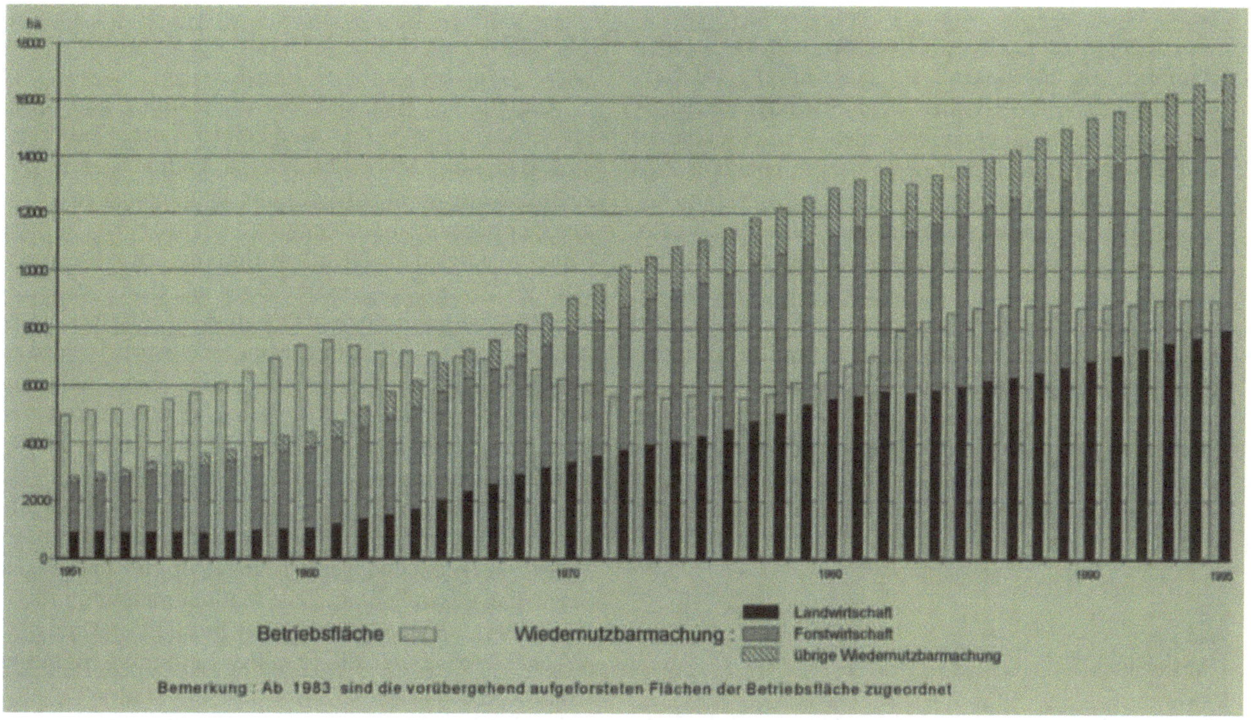

Abb. 5. Betriebsfläche und Wiedernutzbarmachung (Bestandsdarstellung) im Rheinischen Braunkohlenrevier (Quelle: LOBA-NRW)

herzustellen ist, sondern darunter sind Vorkehrungen und Maßnahmen zu verstehen, die erforderlich sind, um die für die Zeit nach dem Abbau geplanten Nutzungen zu gewährleisten (Reiners 1977).

Die Wiederherstellung einer intakten Landschaft, die auch kommenden Generationen einen lebenswerten Lebensraum garantiert, ist eine „generationsverpflichtende" Aufgabe der heute Verantwortlichen. Um die negativen Folgen für den betroffenen Raum zu minimieren bzw. zu beheben, müssen Abbau, Verfüllung und Rekultivierung zeitlich eng und fachlich gut aufeinander abgestimmt werden.

Eine moderne Rekultivierung hat heute die Schaffung einer (neuen) Oberfläche mit natürlicher Vielfalt zum Ziel. Dabei sind sowohl die landwirtschaftlichen Belange als auch die Belange der Landschaftsökologie und Landschaftsgestaltung aber auch die der Freizeit und Erholung zu berücksichtigen.

3.2 Wasserwirtschaftliche Aspekte

Zur Gewinnung der Braunkohle im Tagebau ist aus technisch-sicherheitlichen Gründen eine nachhaltige Grundwasserabsenkung erforderlich. Dabei werden die grundwasserführenden Schichten über der Kohle entwässert und der Druckwasserspiegel unter der Kohle entspannt. Dazu wurden in der Vergangenheit bis zu 10 m^3 Grundwasser je Tonne Braunkohle gehoben; revierweit hatte sich das zeitweise bis zu 1 Mrd. m^3 pro Jahr summiert. Zur Zeit werden ca. 580–600 Mio. m^3 pro Jahr gehoben, wobei die Fördermenge zukünftig weiter abnehmen wird. Da aus geohydrologischen Gründen die Grundwasserabsenkung nicht auf den eigentlichen Tagebau beschränkt werden kann, wirkt sie sich auch außerhalb der Tagebaue aus (Rheinbraun 1992).

Dadurch wird in die ökologischen und wasserwirtschaftlichen Verhältnisse im Tagebauumfeld erheblich eingegriffen. Insgesamt wird derzeit ein Gebiet von ca. 3 000 km^2 beeinflußt, dieser Einfluß wird mit ca. 11 000 Meßstellen beobachtet und kontrolliert.

Das Entleeren bzw. Entspannen der Grundwasserstockwerke („Sümpfen") kann ohne Gegenmaßnahmen u. a. zu Beeinträchtigungen der Wasserversorgung, der Grundwasserqualität, des Grundwasservorrates und der Grundwasserlandschaft sowie zum Trockenfallen von Feuchtgebieten mit z. T. irreparablen Schäden führen. Bei den Feuchtgebieten wird durch wasserwirtschaftliche Maßnahmen, z. B. großangelegte Versickerung von Wasser darauf hingewirkt, daß keine Schäden entstehen. Beeinträchtigungen der Wasserversorgung werden vom Bergbautreibenden ausgeglichen.

Darüber hinaus treten infolge der Sümpfung Bodensenkungen auf, die zu Bergschäden führen können, allerdings nur an tektonischen Verwerfungen und in Bereichen von Flußniederungen (Auebereiche). Nachgewiesene Bergschäden werden entsprechend den Vorgaben des Bundesberggesetzes durch den Verursacher reguliert.

Die Auswirkungen eines Restsees (z. B. im Tagebau Hambach bis zu 40 km^2) auf die Umwelt, das Herbeiführen der erforderlichen Wassermengen, die Schaffung und Haltung entsprechender Wasserqualitäten und die enorm langen Füllzeiten bergen ebenfalls Probleme in sich (Rheinbraun 1992).

All diese wasserwirtschaftlichen Probleme gilt es zu bewältigen; deshalb werden die erprobten und angewandten Strategien und Techniken weiterentwickelt, um eventuelle Beeinträchtigungen und Schäden noch besser zu vermeiden, zu minimieren und auszugleichen. Lösungswege wurden in Gutachten (MURL 1987, 1992) und in Braunkohlenplänen (Regierungspräsident Köln 1990, 1995) aufgezeigt. Die Konkretisierung und die Festlegung von fachlich erforderlichen Maßnahmen erfolgt in den entsprechenden wasserwirtschaftlichen Verfahren.

3.3 Umsiedlung

Der großflächige Abbau der Braunkohle und die hohe Bevölkerungsdichte im Rheinland (ca. 450 Einwohner/km^2) macht die Umsiedlung von Dörfern, Weilern und Einzelgehöften erforderlich. Hauptsächlich betroffen ist der ländliche Raum.

Umsiedlungen sind letztlich die Verdrängung von Siedlungsstrukturen als Folge der Raumansprüche der Energiegewinnung. Die durch die Umsiedlung entstehenden Probleme und Belastungen stehen im Mittelpunkt des öffentlichen Interesses; dies wurde insbesondere im Zusammenhang mit dem Tagebauprojekt Garzweiler II deutlich.

In der Zeit zwischen 1950 und 1994 sind ca. 30 000 Einwohner aus ca. 40 Dörfern und ca. 50 Weilern umgesiedelt worden. Die Umsiedlung der Ortschaft Etzweiler mit den dazugehörigen Weilern (ca. 1 200 Einwohner) im Tagebau Hambach ist z. Z angelaufen. Weitere Umsiedlungen stehen noch an, so z.B. im Tagebau Inden mit ca. 1 500 Einwohnern (Pier), im Tagebau Hambach mit ca. 2 500 Einwohnern (Manheim und Morschenich) und im geplanten Tagebau Garzweiler II 15 Orte mit ca. 7 800 Einwohnern.

Die Umsiedlung bedeutet für die Betroffenen einen gravierenden Eingriff in die persönlichen Lebensverhältnisse. Dies gilt nicht nur für die materielle Seite, sondern auch für die immateriellen Belange (Stichworte „Heimat/Dorfgemeinschaft“) (Regierungspräsident Köln 1990). Die Bewältigung der mit der Umsiedlung verbundenen Probleme stellt hohe Anforderungen an die Beteiligten. Von den Verantwortlichen wird Einsicht für die individuellen und gemeinsamen Interessen der betroffenen Bürgerinnen und Bürger erwartet und von den betroffenen Bürgern erhebliches Verständnis dafür, hier Opfer zum Nutzen der Allgemeinheit (Energieversorgung) zu bringen (Regierungspräsident Köln 1990, 1995).

Die aus der Sicht der Regionalplanung günstigste Möglichkeit, den Verlust der gewachsenen Siedlungs- und Gemeinschaftsstrukturen zu kompensieren, besteht darin, eine möglichst hohe Beteiligungsquote an der „gemeinsamen Umsiedlung“ anzustreben. Dies ist bisher in zufriedenstellendem Umfang gelungen. Während jedoch in den 50er und 60er Jahren die Umsiedlung überwiegend noch als Chance für eine Verbesserung der Lebensbedingungen angesehen wurde, wird es wegen der inzwischen erreichten Lebensqualitäten zunehmend schwieriger, die Sozialverträglichkeit der Umsiedlung herzustellen (s. auch Abschn. 6.5 – Sozialverträglichkeit).

Eine erfolgreiche, gemeinsame Umsiedlung erfordert, auf die spezielle Situation des umzusiedelnden Ortes, räumlich und zeitlich abgestimmte Planungen sowie flankierende finanzielle Maßnahmen und individuelle Beratungen. Daher ist die Umsiedlung ein dynamischer Prozeß, der die jeweilige besondere Situation des umzusiedelnden Ortes aber auch den gesellschaftlichen Veränderungen Rechnung tragen muß.

3.4 Verlegung von Straßen, Schienen, Leitungen und Flüssen sowie Errichtung von Transportbändern

Durch die Tagebauvorhaben wird in der Regel in das vorhandene Straßen-, Schienen- und/oder Leitungsnetz mit den entsprechenden Auswirkungen z. B. auf die Infrastruktur, Erreichbarkeit der Arbeitsplätze eingegriffen. Daraus ergeben sich umfangreiche Ersatz- bzw. Verlegungsmaßnahmen; z. B. bei den Straßen von der „kleinen“ Gemeindestraße bis hin zur Verlegung ganzer Autobahnabschnitte.

Darüber hinaus ist die Errichtung von Gleis- und Bandanlagen erforderlich, um z. B. die Kohle zu den entsprechenden Kraftwerken bzw. den Abraum auf die entsprechenden Halden außerhalb des Tagebaues zu befördern.

3.5 Grundlagen für die Behandlung der raumordnerischen Probleme

Die unter den Abschn. 3.1–3.4 kurz skizzierten Hauptprobleme des Braunkohlenbergbaues haben einen gemeinsamen Nenner: Sie sind alle in erheblichem Maße raumrelevant, d. h. die auftretenden Probleme mit ihren komplexen Verflechtungen sind zu ordnen und zu gestalten. Dies kann nur eine übergeordnete, überörtliche und zusammenfassende Planung; letztlich ist dies die originäre Aufgabe der Raumordnung und Landesplanung bzw. der Regional- oder Gebietsentwicklungsplanung.

Dieser Auffassung ist in der Literatur (Erbguth 1982, 1995; Hoppe 1983) aber auch im Zusammenhang mit den z. Z anstehenden Verfassungsbeschwerden und Feststellungsklagen zu dem Projekt Garzweiler II z. T. widersprochen worden, u. a. weil

- die formale Einordnung der Braunkohlenplanung in das Landesplanungsgesetz NW aus rechtssystematischen Gründen hätte nicht erfolgen dürfen und
- die Braunkohlenplanung mehr der energiewirtschaftlichen Fachplanung zuzuordnen wäre.

Dem ist entgegenzuhalten, daß der Gesetzgeber in NRW – unter Beachtung verfassungsrechtlicher Aspekte – die Braunkohlenplanung bewußt in das Landesplanungsgesetz 1979 formal integriert hat (Dahlke 1980), um zu dokumentieren, daß es sich hier um eine „echte" Aufgabe der Landesplanung handelt. Darüber hinaus ist – wie bereits dargelegt – die Braunkohlenplanung auch materiell als Landesplanung anzusehen (Bork 1983), da sie die divergierenden Raumansprüche im Rheinischen Braunkohlenrevier zu koordinieren hat und die auch nur im Wege einer (landesplanerischen) Abwägung bewältigt werden können (Kamphausen 1984). Weiterhin lassen die Entscheidungsstrukturen, insbesondere die spezielle Zusammensetzung und die umfassende Zuständigkeit des Braunkohlenausschusses, sowie die anschließende Genehmigung durch die Landesplanungsbehörde (im Einvernehmen mit den fachlich zuständigen Landesministerien und im Benehmen mit dem zuständigen Ausschuß des Landtages) den übergeordneten und zusammenfassenden Charakter der Raumordnung und Landesplanung erkennen, der weit über den „eindimensionalen" Charakter der Fach- und Projektplanung hinausgeht.

Zu einer planvollen Ordnung und Nutzung des Raumes gehören u. a. die verantwortungsbewußte Bewirtschaftung der natürlichen Ressourcen und die Erhaltung eines funktionsfähigen Naturhaushaltes, aber auch die Berücksichtigung der kulturellen und sozialen Belange.

In § 1 Abs. 4 des Raumordnungsgesetzes (ROG) vom 28. April 1993 (BGBl, 1993. S. 630) ist vorgegeben, daß die Ordnung der Teilräume sich in die Ordnung des Gesamtraumes einfügen soll, wobei die Ordnung des Gesamtraumes die Gegebenheiten und Erfordernisse seiner Teilräume berücksichtigen soll. In bezug auf die Braunkohle bedeutet dies: Die besondere energiewirtschaftliche Eignung des Teilraumes aufgrund der Braunkohlenlagerstätte ist für den Gesamtraum bzw. die Volkswirtschaft unter Berücksichtigung der ökologisch und sozialen Erfordernisse zu nutzen.

In § 18 Landesentwicklungsprogramm (LEPro) vom 5. Oktober 1989 (GV. NW. 1989 S. 485, ber. S. 648) ist die vorsorgende Sicherung von Rohstofflagerstätten festgelegt. Darüber hinaus sind gem. § 26 Abs. 1 LEPro in allen Teilen des Landes die Voraussetzungen für eine ausreichende, sichere, umweltverträgliche und möglichst preisgünstige Energieversorgung zu erhalten oder zu schaffen.

Demgegenüber sind in § 2 LEPro der Schutz der natürlichen Lebensgrundlagen und in § 20 LEPro u. a. der Freiraumschutz sowie in § 32 LEPro der Naturschutz und in § 33 LEPro der Schutz des Wassers postuliert.

Gemäß § 5 Abs. 3 ROG schaffen die Länder Rechtsgrundlagen für eine Regionalplanung, wenn es für die Teilräume des Landes geboten erscheint. Als Regionalpläne gelten in NRW die Gebietsentwicklungspläne und die Braunkohlenpläne. Gesetzliche Grundlage hierfür ist das Landesplanungsgesetz (LPlG NW) in der Bekanntmachung der Neufassung vom 29. Juni 1994 (GV. NW. 1994 S. 474, ber. S. 702), mit den Sondervorschriften für das Rheinische Braunkohlenplangebiet.

Die Nordrhein-Westfälische Landesplanung versucht, die oben genannten Grundsätze und Ziele sowie die mit dem Abbau der Braunkohle verbundenen vielfältigen und komplexen Probleme mit Hilfe des Planungsinstrumentes „Braunkohlenplan" zu realisieren bzw. zu lösen.

4 Braunkohlenplangebiet

Zur Erreichung einer einheitlichen Konzeption und zur Sicherstellung einer einheitlichen Landesplanung in den vom Braunkohlenabbau betroffenen Gebieten wurde durch die 4. (DVO) zum LPlG (GV. NW. 1989, S. 538) das Braunkohlenplangebiet festgelegt.

Die Abgrenzung des Braunkohlenplangebietes umfaßt gem. § 25 Abs. 1 LPlG NW die Gebiete für den Abbau, für die Außenhalden, für die Umsiedlungen sowie die Gebiete, deren oberster Grundwasserleiter durch Sümpfungsmaßnahmen beeinflußt wird. Das Braunkohlenplangebiet (Abb. 6) umfaßt ganz oder zum Teil das Gebiet der Kreise Aachen, Düren, Euskirchen, Erftkreis, Heinsberg, Neuss, Rhein-Sieg-Kreis, Viersen sowie der kreisfreien Städte Köln und Mönchengladbach (§ 25 Abs. 2 LPlG NW).

Die Größe des Braunkohlenplangebietes erklärt sich im wesentlichen durch die weitreichenden Auswirkungen der Sümpfungsmaßnahmen.

5 Der Braunkohlenausschuß

5.1 Stellung und Aufgaben des Braunkohlenausschusses

Gemäß § 26 Abs. 1 LPlG NW wird der Braunkohlenausschuß als Sonderausschuß des Bezirksplanungsrates des

Abb. 6. Braunkohlenplangebiet (Quelle: Bez. Reg. Köln)

Regierungsbezirks Köln errichtet. Verwaltungsmäßig ist der Braunkohlenausschuß der Behörde „Bezirksregierung Köln" als Bezirksplanungsbehörde angegliedert, d. h. er hat keine eigene Behördeneigenschaft.

Die wesentliche Aufgabe der Bezirksregierung besteht darin, rechtliche Vorgaben und politische Programme umzusetzen. Gegenüber den Ministerien, die Vorhaben und Vorgänge aus ihrer jeweiligen Ressortsicht beurteilen, hat die Bezirksregierung als (regionale) staatliche Mittelbehörde die vielfältigen Verwaltungsaufgaben zu koordinieren und zu bündeln. Als Bündelungsbehörde erfüllt sie die Voraussetzung für eine geordnete, effiziente und überörtliche Koordinierung im Rahmen der regionalen Zusammenarbeit. Dadurch werden die komplexen regionalen Probleme in der Regel einer zukunftsorientierten ausgewogenen Entwicklung des Regierungsbezirks zugeführt.

Bei der regionalen Zusammenarbeit und der regionalen strukturellen Entwicklung des Regierungsbezirks tragen der Bezirksplanungsrat und der Braunkohlenausschuß eine erhebliche (politische) Verantwortung.

In der Vergangenheit hat sich gezeigt, daß die Angliederung des Braunkohlenausschusses an die Behörde „Die Bezirksregierung" nicht nur eine gelungene Symbiose zwischen der Gebietsentwicklungsplanung und der kommunalen Planung darstellt, sondern darüber hinaus auch in den meisten Fällen zu schnellen und qualifizierten Ergebnissen bzw. Beschlüssen führt.

Die Aufgaben des Braunkohlenausschusses sind in § 31 LPlG NW aufgeführt. Danach hat der Braunkohlenausschuß zwei wesentliche Aufgaben zu erfüllen:

- Er trifft die sachlichen und verfahrensmäßigen Entscheidungen zur Erarbeitung der Braunkohlenpläne und beschließt deren Aufstellung
- Er hat sich laufend von der ordnungsgemäßen Einhaltung der Braunkohlenpläne zu überzeugen und festgestellte Mängel unverzüglich den zuständigen Stellen mitzuteilen.

Der Braunkohlenausschuß ist planungsrechtlich der Planungsträger (Dahlke 1980, Depenbrock und Reiners 1985) des Braunkohlenplanverfahrens, d. h. er ist „Herr" des Braunkohlenplanverfahrens. Dies ergibt sich einerseits daraus, daß die Bezirksplanungsbehörde an seine Weisungen gebunden ist (§ 31 Abs. 1 LPlG NW) und andererseits, daß

- die Bezirksplanungsbehörde dem Braunkohlenausschuß die Ergebnisse der Erörterungen zu berichten hat (§ 33 Abs. 1 LPlG NW),
- die Bezirksplanungsbehörde den Braunkohlenausschuß über die fristgerecht vorgebrachten Bedenken

und Anregungen unterrichten muß (§ 33 Abs. 3 LPlG NW) und
- der Braunkohlenausschuß die fristgemäß vorgebrachten Bedenken und Anregungen auf der Grundlage der Erörterungstermine prüft (§ 33 Abs. 3 LPlG NW).

Er hat dabei die Aufgabe, die unterschiedlichen Interessen zu würdigen und in seinen Abwägungsprozeß einzubeziehen; d. h. er muß in räumlicher und zeitlicher Hinsicht einen vertretbaren Ausgleich zwischen den einzelnen Belangen herbeiführen (Kamphausen 1984).

In letzter Zeit gibt es zwar eine Reihe von Stimmen, die eine Änderung der jetzigen Aufgabenstellung des Braunkohlenausschusses bzw. eine Aufgabenverlagerung, auf den Landtag bzw. auf den entsprechenden Landtagsausschuß (Erbguth 1995), befürworten.

Nach Auffassung des Verfassers hat sich jedoch der Braunkohlenausschuß im Rheinischen Braunkohlenrevier bewährt, weil
- durch die gegliederte Zusammensetzung des Braunkohlenausschusses und der Unterausschüsse die örtlichen und überörtlichen Interessen sowie die entscheidungsrelevanten Aspekte in den Planungsprozeß eingebracht, berücksichtigt und ausgeglichen werden,
- sich die Mitglieder der Gremien eine umfassende Sach- und Fachkompetenz bezüglich aller mit dem Braunkohlenabbau zusammenhängenden Fragen erworben und sich persönlich mit der Betroffenheit des Raumes identifiziert haben und
- die Mitglieder große Erfahrung in der Bewältigung der im Zuge des Braunkohlentagebaues auftretenden Konflikte besitzen.

5.2 Zusammensetzung des Braunkohlenausschusses

Der Braunkohlenausschuß (BKA) gliedert sich in drei sog. „Bänke", und zwar
- die kommunale Bank
- die funktionale Bank
- die regionale Bank.

Die Mitglieder der kommunalen Bank werden von den Vertretungen der Kreise (Kreistag) und kreisfreien Städte (Stadtrat/Gemeinderat) des Braunkohlenplangebietes gewählt. Sie müssen den Vertretungen der ganz oder zum Teil im Braunkohlenplangebiet liegenden Kommunen angehören, also – wie bei den Bezirksplanungsräten – Gemeinde- bzw. Stadtratsmitglieder sein. Die Anzahl der zu wählenden Mitglieder bestimmt sich nach der Zahl der im Braunkohlenplangebiet lebenden Bevölkerung (§ 27 Abs. 1 LPlG NW).

Die Mitglieder der regionalen Bank werden vom Bezirksplanungsrat Köln aus den Reihen seiner stimmberechtigten Mitglieder und der stimmberechtigten Mitglieder des Bezirksplanungsrates Düsseldorf berufen (§ 26 Abs. 3 LPlG NW) und sollen nicht im Braunkohlenplangebiet ansässig sein.

Die Zusammensetzung der kommunalen und regionalen Bank, ein relativ kompliziertes Verfahren, muß insgesamt das Ergebnis der Gemeinderatswahlen im Regierungsbezirk Köln und im Regierungsbezirk Düsseldorf widerspiegeln (§ 26 Abs. 5 LPlG NW). Das Landesplanungsgesetz schreibt darüber hinaus zwei weitere wichtige politisch-demokratische Zusammensetzungskomponenten vor, nämlich, daß die Zahl der Mitglieder der regionalen und der kommunalen Bank gleich groß sein muß und die Vertretung der Mitglieder aus den beiden Regierungsbezirken anteilig am Braunkohlenplangebiet zu erfolgen hat. Die Anzahl der Mitglieder der kommunalen und regionalen Bank beträgt jeweils sechzehn.

Die Mitglieder der funktionalen Bank werden ebenfalls vom Bezirksplanungsrat Köln auf Vorschlag der betroffenen Organisation berufen. Gemäß § 26 Abs. 4 LPlG NW setzen sich die acht Mitglieder zusammen aus
- einem Vertreter der für das Braunkohlenplangebiet zuständigen Industrie- und Handelskammer
- einem Vertreter der für das Braunkohlenplangebiet zuständigen Handwerkskammer
- einem Vertreter der für das Braunkohlenplangebiet zuständigen Landwirtschaftskammer
- einem Vertreter der im Braunkohlenplangebiet tätigen Arbeitgeberverbände
- drei Vertreter der im Braunkohlenplangebiet tätigen Gewerkschaften
- einem Vertreter der Landwirtschaft

Gemäß § 26 Abs. 6 LPlG NW nehmen je ein Vertreter des Landesoberbergamtes, des geologischen Landesamtes, des Landesamtes für Agrarordnung, des Erftverbandes, des Bergbautreibenden, ein Vertreter für die im Braunkohlenplangebiet tätigen nach § 29 Bundesnaturschutzgesetz (BNatSchG) anerkannten Naturschutzverbände sowie je ein Mitglied der Unterausschüsse (in der Regel die Vorsitzenden) mit beratender Befugnis an den Sitzungen des Braunkohlenausschusses teil. Des weiteren nehmen mit beratender Befugnis an den Sitzungen teil die Oberstadtdirektoren der kreisfreien Städte und die Oberkreisdirektoren der Kreise des Braunkohlenplangebietes (Abb. 7). Der Vorsitzende des Braunkohlenausschusses muß dem Bezirksplanungsrat Köln angehören (§ 30 Abs. 2 LPLG NW).

Wie beim Bezirksplanungsrat sind die Sitzungen des Braunkohlenausschusses regelmäßig öffentlich (§ 30 Abs. 6 LPlG NW).

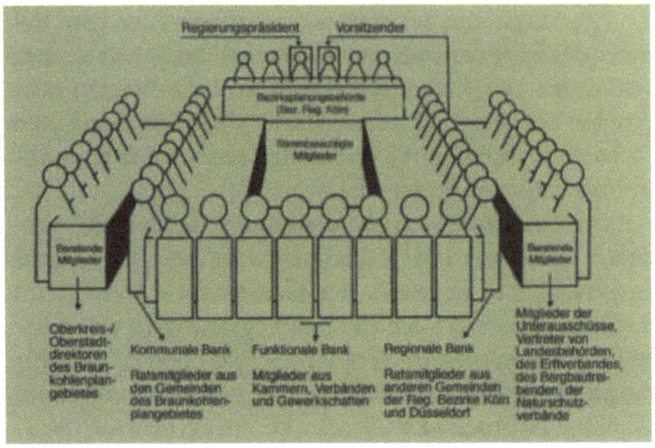

Abb. 7. Braunkohlenausschuß (Quelle: Bez. Reg. Köln)

5.3 Unterausschüsse

Das Landesplanungsgesetz sieht in § 29 Abs. 1 LPlG NW vor, daß zur Vorbereitung der Beschlußfassung des Braunkohlenausschusses für das Nordrevier, das Westrevier und das Revier Hambach des Braunkohlenplangebietes je ein Unterausschuß gebildet wird, d. h. sie sind jeweils für einen räumlich abgegrenzten Teil des Braunkohlenplangebietes zuständig. Dem Unterausschuß gehören je zwei Vertreter der jeweils betroffenen Gemeinden, ein Vertreter des zuständigen Landwirtschaftsverbandes, ein Vertreter der Industrie- und Handelskammer und ein Vertreter der im Braunkohlenplangebiet tätigen Gewerkschaften an. Außerdem nimmt je ein Vertreter der betroffenen Kreise, des Bergbautreibenden und der nach §29 BNatSchG anerkannten Naturschutzverbände ohne Stimmrecht an den Sitzungen des Unterausschusses teil.

Die Aufgabe der Unterausschüsse ist es u. a., sachliche Fragen zur Vorbereitung von Beschlüssen über die Erarbeitung und Aufstellung der Braunkohlenpläne zu erörtern. Dabei sollen insbesondere die fachliche Kompetenz und die Ortskenntnisse der Unterausschußmitglieder in bestimmten Sachfragen genutzt werden.

Falls der Braunkohlenausschuß beabsichtigt, von den Beschlüssen und Empfehlungen des Unterausschusses abzuweichen, so muß er dem Unterausschuß Gelegenheit zur Stellungnahme geben (§ 29 Abs. 2 LPlG NW).

5.4 Arbeitskreise

Zur Erarbeitung eines Braunkohlenplanes kann der Braunkohlenausschuß themen- oder objektbezogene Arbeitskreise aus seiner Mitte bilden (§ 30 Abs. 5 LPlG NW). Die Festlegung der Anzahl der Mitglieder und die Regularien zur Durchführung von Sitzungen der Arbeitskreise sind in der Geschäftsordnung (GO) des Braunkohlenausschusses näher geregelt.

Obwohl die Arbeitskreise keine definitive Beschlußzuständigkeit haben, kommt diesen im Braunkohlenplanverfahren dennoch eine starke Stellung zu. In ihnen werden spezielle Problemlösungen unter Beteiligung von Fachbehörden und Gutachtern vorberaten und Beschlußempfehlungen an den BKA abgegeben.

6 Der Braunkohlenplan

6.1 Rechtsgrundlage und Rechtsnatur des Braunkohlenplanes

Rechtsgrundlage des Braunkohlenplanes und des Verfahrens zur Erarbeitung, Aufstellung und Genehmigung ist das Landesplanungsgesetz (LPlG) vom 5.10.1989 (GV. NW. 1989 S. 476), in der Neufassung vom 29. Juni 1994 (GV. NW. 1994 S. 474, ber. S. 702).

Weder das Raumordnungsgesetz des Bundes noch das Nordrhein-Westfälische Landesplanungsgesetz enthalten eine ausdrückliche Regelung der Rechtsform oder Rechtsnatur des Gebietsentwicklungsplanes bzw. des Braunkohlenplanes. Die rechtssystematische Einordnung des Gebietsentwicklungsplanes und damit auch die des Braunkohlenplanes in das System der staatlichen Handlungsformen ist daher nicht eindeutig vorzunehmen. Dies liegt zum einen daran, daß es den „Plan" als einheitlichen Rechtsbegriff nicht gibt, und daß es zum anderen in Nordrhein-Westfalen an einer gesetzlichen Definition/Qualifizierung fehlt.

Vielleicht wird diese offene Frage im Rahmen der z. Z anhängigen Verfassungsbeschwerden einiger Kommunen beim Verfassungsgerichtshof NW geklärt.

Hilfsweise läßt sich die Entscheidung des Verfassungsgerichtshofes des Landes NW vom 15.12.1989 (DVBl. 1990, S. 417 ff.) heranziehen, in der dargelegt wird, daß es sich bei den Ausweisungen in einem Gebietsentwicklungsplan um „untergesetzliche Rechtsnormen" handelt, die in ihrer inhaltlichen Wirkung mit sonstigen baurechtlichen und raumbezogenen Regelungen, insbesondere Bauleitplänen vergleichbar sind und Auswirkungen gegenüber Gemeinden entfalten. Diese höchstrichterlichen Feststellungen lassen sich auf die Braunkohlenpläne übertragen. Untergesetzliche Rechtsnormen entfalten durch ihre generell-abstrakten Regelungen unmittelbare rechtliche (Außen-) Wirkung. Die Ziele des Braunkohlenplanes sind hingegen generell-abstrakte Regelungen.

Unter Zugrundelegung dieses Maßstabes ließe sich der Braunkohlenplan wie folgt definieren: Der Braunkohlenplan ist ein spezieller Gebietsentwicklungsplan

(Regionalplan) (Bork 1983; Kamphausen 1984), mit dem die besonderen Probleme des Braunkohlentagebaues im Grundsatz gelöst werden sollen oder, wie es einer der Konstrukteure des neuen Landesplanungsgesetzes ausdrückte, „Braunkohlenpläne sind durch die fachlichen Erfordernisse der Braunkohlenplanung geprägte Gebietsentwicklungspläne besonderer Art" (Dahlke 1980). Er unterscheidet sich vom GEP im wesentlichen durch

- die konkrete Projektbezogenheit mit dem entsprechend zeichnerischen Maßstab
- die Dimension der räumlichen und zeitlichen Beanspruchung
- die lange Bestandskraft
- ein Erarbeitungsverfahren mit Prüfung der Umwelt- und Sozialverträglichkeit sowie mit Bürgerbeteiligung

6.2 Inhalt des Braunkohlenplanes

Nach § 24 Abs. 1 LPlG NW legen Braunkohlenpläne auf der Grundlage des Landesentwicklungsprogramms und der Landesentwicklungspläne und in Abstimmung mit dem Gebietsentwicklungsplan im Braunkohlenplangebiet Ziele der Raumordnung und Landesplanung fest, soweit es für eine geordnete Braunkohlenplanung erforderlich ist. Aus dieser Vorschrift folgt, daß die Braunkohlenpläne an die Vorgaben der übergeordneten Programme und Pläne gebunden sind (Kamphausen 1984).

Nach § 24 Abs. 2 LPlG NW bestehen die Braunkohlenpläne aus textlichen und zeichnerischen Darstellungen. Die textlichen Darstellungen müssen insbesondere Angaben enthalten über die Grundzüge der Oberflächengestaltung und Wiedernutzbarmachung in Abbau- und Aufschüttungsgebieten einschließlich der im Rahmen der Rekultivierung angestrebten Landschaftsentwicklung sowie über sachliche, räumliche und zeitliche Abhängigkeiten. Die sachlichen und räumlichen Abhängigkeiten sind auch für die Umsiedlung darzustellen. Vereinfacht heißt dies: In den Zielen ist festzulegen, wer, was, wo, zu welchem Zeitpunkt und unter welchen Voraussetzungen tun oder unterlassen soll (Folkerts 1989).

Demzufolge wird im Braunkohlenplan insbesondere festgelegt,

- wie weit sich der Bergbau räumlich erstreckt
- zu welchen Zeitpunkten Ortschaften und Straßen vom Abbau erfaßt werden
- wann und wo für die Umsiedler neue Ortschaften entstehen und wie die Verkehrsbeziehungen aufrechterhalten werden
- in welcher Weise für die Eingriffe in öffentliche Belange Ersatz oder Ausgleich zu leisten ist
- nach welchen Grundsätzen das Abbaugebiet wiedernutzbargemacht werden soll
- wie nachteilige oder schädliche Folgen des Tagebaues und der Grundwasserabsenkung vermieden bzw. gemindert werden

Hinter den relativ abstrakten Vorschriften des §24 LPlG NW verbirgt sich in der Praxis die eigentliche „Kernarbeit" am Braunkohlenplan. Formal erstreckt sich diese von der Erstellung des Vorentwurfs und des Entwurfs über die Erarbeitung der verschiedenen Ausgleichsvorschläge bis hin zur Aufstellung des Planes (s. auch Abschn. 7). Inhaltlich handelt es sich um die Bewältigung der mit dem Braunkohlenabbau verbundenen vielfältigen und komplexen Probleme. Um den Text und die zeichnerische Darstellung des Planes erarbeiten zu können, bzw. um ihn für den Abwägungsvorgang qualifiziert vorbereiten zu können, sind u. a. die dazugehörigen Gutachten, behördlichen und sonstigen fachlichen Stellungnahmen, die fristgerecht eingegangenen Bedenken und Anregungen, die Ergebnisse der Erörterungs- und Ausgleichstermine sowie eigene Ermittlungen zu verarbeiten bzw. einzuarbeiten. Bei diesen Arbeiten müssen alle erheblichen Sachverhalte zutreffend und vollständig ermittelt werden. Daneben sind umfangreiche Vorlagen für die zuständigen politischen Gremien zu erstellen, deren Beschlüsse ebenfalls in den jeweiligen Planungsstand eingearbeitet werden müssen. Auf dieser Grundlage müssen alle betroffenen Interessen und Belange in den Planungsprozeß eingestellt, abgewogen und der Entscheidung zugrunde gelegt werden. Das Ergebnis dieser Arbeitsvorgänge sind die textlichen und/oder zeichnerischen Darstellungen bzw. Ziele der Raumordnung und Landesplanung im Braunkohlenplan.

Zu den Zielen werden Erläuterungen, Begründungen und Hinweise für die Umsetzung und Konkretisierung gegeben. Der Maßstab der zeichnerischen Darstellungen beträgt 1 : 5 000 oder 1 : 10 000.

Damit legt der Braunkohlenplan insgesamt die Rahmenbedingungen fest, unter denen die als unverzichtbar erachtete Braunkohlengewinnung langfristig sinnvoll ermöglicht wird und zugleich umwelt- und sozialverträglich bleibt.

Im Zusammenhang mit den Verfassungsbeschwerden einiger Kommunen zum Tagebau Garzweiler II ist u. a. auch dargelegt worden, daß die §§24ff des LPlG NW wegen Verstoßes gegen Art. 70 Verf. NW nichtig seien, bzw. es wurde die mangelnde Bestimmtheit der maßgeblichen gesetzlichen Ermächtigungsgrundlagen (z. B. §§24, 25, 26, 30 LPlG NW) gerügt. Eine Darstellung dieser juristischen Problematik kann nicht Gegenstand dieser Abhandlung sein; gleichwohl ist anzumerken, daß es bei dieser Problematik nicht darum gehen kann, ob es opportun sei, die Braunkohlenpläne in „Gesetzesform" zu pressen, sondern es ist zu prüfen, ob die vorhandene gesetzliche Grundlage also § 24 n.f. LPlG, einer verfassungsrechtlichen Prüfung standhält.

6.3 Bindungswirkung des Braunkohlenplanes

Um als Ziele der Raumordnung und Landesplanung wirksam zu werden, bedürfen die Braunkohlenpläne der Genehmigung durch die Landesplanungsbehörde sowie der Bekanntmachung dieser Genehmigung (§ 34 LPlG i.V. mit § 16 Abs. 3 LPlG NW). Die Genehmigung erfolgt im Einvernehmen mit den fachlich zuständigen Landesministerien und im Benehmen mit dem für die Landesplanung zuständigen Ausschuß des Landtages.

Die Braunkohlenpläne werden mit der Bekanntmachung der Genehmigung „Ziele der Raumordnung und Landesplanung". Als solche sind sie von den Behörden des Bundes und des Landes, den Gemeinden und den Gemeindeverbänden, von den öffentlichen Planungsträgern sowie im Rahmen der ihnen obliegenden Aufgaben von den bundesunmittelbaren und den der Aufsicht des Landes unterstehenden Körperschaften, Anstalten und Stiftungen des öffentlichen Rechts bei raumbedeutsamen Planungen und Maßnahmen zu beachten (§ 34 Abs. 4 LPlG NW).

Der Braunkohlenplan hat dem einzelnen Bürger und dem Bergbautreibenden gegenüber keine unmittelbare Rechtswirkung (Kamphausen 1984). Seine Rechtsposition könnte man mit dem Flächennutzungsplan von Gemeinden bzw. Städten vergleichen. Der Betriebsplan gem. § 50 ff. BBergG ähnelt mehr der Baugenehmigung (Hoppe 1983). Auf dem Betriebsplan und dessen Verknüpfung mit dem Braunkohlenplan soll hier nicht näher eingegangen werden.

Diese Auffassung hat auch der Erste Senat des Bundesverfassungsgerichts in dem Beschluß vom 3.5.1991, anläßlich der verfassungsgerichtlichen Überprüfung eines Braunkohlenplanes, bestätigt. Das Gericht führt u. a. aus:

"Der Braunkohlenplan legt die Ziele der Raumordnung und Landesplanung fest (§ 24 Abs. 1 LPlG NW). Diese sind zwar von der öffentlichen Verwaltung bei raumbedeutsamen Planungen und Maßnahmen zu beachten, sie greifen aber nicht unmittelbar in die Rechtsstellung der Bürger im Plangebiet ein."

Braunkohlenpläne haben zwar rein formal keine unmittelbaren Rechtswirkungen gegenüber den Bergbautreibenden und den betroffenen Bürgern, dennoch darf man nicht außer acht lassen, daß mit der Genehmigung von Braunkohlenplänen indirekt gleichwohl insbesondere die im Abbaugebiet ansässigen Bürger betroffen werden, denn die Grundsatzentscheidung „ob" und ggf. „wie" ein Braunkohlenabbau durchgeführt werden soll oder nicht, fällt de facto mit der Genehmigung des Braunkohlenplanes.

Die Darstellungen und Festsetzungen in den Braunkohlenplänen entfalten vornehmlich Bindungswirkungen für nachfolgende Fachplanungen, so z. B. für die Bauleitplanung, die Flurbereinigung sowie für das Betriebsplanverfahren der Bergbehörden. Darüber hinaus sind Betriebspläne gem. § 34 Abs. 4 LPlG mit den Braunkohlenplänen in Einklang zu bringen.

Die im Braunkohlenplan dargestellten Ziele sind dabei Vorgaben, die einer erneuten Abwägung nicht mehr zugänglich sind (Folkerts 1989). Der Fachplanung verbleiben innerhalb ihres Fachbereichs nur noch gestalterische und konkretisierende „Spielräume", wobei sich die Gestaltung und Konkretisierung im Rahmen der landesplanerischen Vorgaben bewegen muß. Der Planungsspielraum der Fachplanung hat sich an den „Räumen und Bereichen" zu orientieren, mit Ausnahme der Darstellungen, die im Braunkohlenplan parzellenscharf dargestellt sind, wie z. B. die Umsiedlungsflächen und deshalb unverändert zu übernehmen sind.

Im Hinblick auf die verschiedenen nachfolgenden Fachplanungsverfahren ist festzustellen, daß z. B. die in den einzelnen Fachplanungsverfahren ausgewiesenen Bodennutzungsarten in der Summe den Vorgaben des Braunkohlenplanes entsprechen müssen. Es ist nicht zulässig, im ersten Fachplanungsverfahren z. B. die Anteile an naturnahen Landschaftsteilen bzw. -bestandteilen voll auszunutzen und in den nachfolgenden Verfahren noch jeweils „aufzusatteln".

Bekanntlich ist jedes Gesetz nur so effizient wie es durchgesetzt werden kann. So auch die Braunkohlenpläne mit ihren Zielen. Um Fehlentwicklungen und Defizite im Vollzug zu vermeiden, ist u. a. das Abbaugeschehen laufend zu kontrollieren und dahingehend zu überprüfen, ob es den Zielen des Braunkohlenplanes entspricht.

So sind z. B. im Braunkohlenplan Garzweiler II zur Erhaltung der landesbedeutsamen, grenzüberschreitenden und schützenswerten Feuchtgebiete in den Flußgebieten von Schwalm und Nette eine Reihe von Zielen festgelegt, die z. T. komplexe wasserwirtschaftlich-ökologische Maßnahmen enthalten. Der Kontrolle und Durchsetzung dieser Ziele kommt eine erhöhte Bedeutung zu. Die Überprüfung der Einhaltung dieser Ziele soll durch ein systematisches Programm der räumlichen Beobachtung, Kontrolle und Steuerung („Monitoring") sicher gestellt werden. Um diesem Erfordernis gerecht zu werden, sieht der Braunkohlenplan die Einsetzung einer Fachgruppe vor, bestehend aus Experten der Wissenschaft, der Fachbehörden und des Unternehmens. Darüber hinaus soll ein diesbezügliches Verfahrenskonzept entwickelt werden, das – unter Beachtung der gesetzlichen Zuständigkeiten – Fragen der Durchführung, Finanzierung und Begleitung beantworten soll (MURL 1995; Regierungspräsident Köln 1995).

Auch an dieser Stelle sei darauf hingewiesen, daß im Zusammenhang mit dem Tagebau Garzweiler II einige betroffene Kommunen Verfassungsbeschwerde beim Verfassungsgerichtshof Münster eingereicht haben und zwar mit dem Ziel festzustellen, daß der Braunkohlenplan Garzweiler II die Vorschriften der Landesverfassung über das Recht der Selbstverwaltung verletzt und deswegen nichtig ist.

6.4 Braunkohlenplan und Umweltverträglichkeit

Seit den 70er Jahren wird dem Umweltschutz i. allg. sowie der ökologischen Planungskomponente eine höhere Beachtung zuerkannt. Ziel ist es, die Belange von Natur und Landschaft sowie die Umweltverträglichkeit bei Planungsprozessen stärker zu berücksichtigen. Bei den Planverfahren bzw. Planentscheidungen soll nicht mehr länger das abwehrend-reagierende, sondern präventiv-agierende Moment im Vordergrund stehen. Dementsprechend wurden auch in NRW das Landesentwicklungsprogramm (LEPro) und das Landesplanungsgesetz (LPlG) in den Jahren 1974 und 1989 novelliert. Für die Braunkohlenplanung bedeutet dies die Einführung des ökologischen und sozialen Anforderungsprofils (§32 LPlG).

Die Umweltverträglichkeitsprüfung (UVP) wurde mit dem „Gesetz zur Umsetzung der Richtlinie des Rates vom 27. Juni 1985 über die Umweltverträglichkeitsprüfung bei bestimmten öffentlichen und privaten Projekten (85/337/EWG)" mit Datum vom 12. Februar 1990 in das Bundesdeutsche Recht und mit Datum vom 29. April 1992 in das Nordrhein-Westfälische Landesrecht eingeführt.

Das Gesetz über die Umweltverträglichkeitsprüfung (UVPG) hat die Sicherstellung einer einheitlichen Prüfung aller umweltrelevanter Faktoren eines Projektes zum Ziel. Dazu sind die Auswirkungen auf die Umwelt frühzeitig und umfassend zu ermitteln, zu beschreiben und zu bewerten sowie die Ergebnisse der Prüfung möglichst frühzeitig bei allen behördlichen Entscheidungen zu berücksichtigen (§1 UVPG).

Nach § 3 Abs. 1 des UVP-Gesetzes unterliegen der UVP Vorhaben, die in der Anlage zu § 3 dieses Gesetzes aufgeführt sind. Nach Nr. 7 der Anlage zu § 3 UVPG ist für „bergbauliche Vorhaben, die der Planfeststellung nach dem BBergG bedürfen", eine UVP durchzuführen. Die entsprechenden Vorhaben sind in der „Verordnung über die Umweltverträglichkeitsprüfung bergbaulicher Vorhaben (UVP-V Bergbau)" vom 13. Juli 1990 aufgeführt. In dieser Verordnung (VO) sind weitere Details zur Durchführung der UVP enthalten.

In bezug auf die UVP sind im gleichen Zeitraum das Raumordnungsgesetz (ROG) und das Bundesberggesetz (BBergG) geändert worden.

Die Änderung des Bundesraumordnungsgesetzes beinhaltete im wesentlichen die Einführung eines Raumordnungsverfahrens mit integrierter UVP. Die raumordnerische UVP ist – entsprechend dem Planungsstand – noch nicht detailliert, sondern befaßt sich mit den raumbedeutsamen bzw. überörtlichen Umweltauswirkungen.

Die Änderung des Bundesberggesetzes beinhaltet im wesentlichen die Aussage, daß bei den in der UVP-V Bergbau aufgeführten Vorhaben zur Zulassung des bergrechtlichen Rahmenbetriebsplanes ein Planfeststellungsverfahren mit Konzentrationswirkung und entsprechender detaillierter UVP durchzuführen ist.

Mit der Änderung des BBergG hat der Gesetzgeber für die Großtagebaue des Braunkohlenbergbaues aus der Erkenntnis heraus, daß eine Planfeststellung für über Jahrzehnte laufende Rahmenbetriebspläne kaum durchführbar ist, eine Ausnahme zugelassen. Er hat die Möglichkeit eröffnet, die Zulassung von Rahmenbetriebsplänen im herkömmlichen Verfahren, also ohne Planfeststellung zu erteilen, wenn in einem vorgeschalteten Planverfahren eine einheitliche, umfassende und abschließende UVP entsprechend den Anforderungen des BBergG durchgeführt wurde. Von dieser Möglichkeit hat der Landesgesetzgeber Gebrauch gemacht, indem er in der Novellierung des LPlG 1993 die Durchführung der UVP im Braunkohlenplanverfahren zwingend vorgeschrieben hat. Dies bedeuet für die Praxis: Materiell-rechtlich sowie inhaltlich müssen im Braunkohlenplanverfahren die Anforderungen des § 2 Abs. 1–3 und die der §§ 11 und 12 UVPG sowie die dazu ergangenen Verwaltungsvorschriften abgearbeitet bzw. erfüllt werden. Besonders arbeitsintensiv und schwierige Arbeitsschritte sind dabei die zusammenfassende Darstellung gem. § 11 UVPG sowie die Bewertung der Umweltauswirkungen mit der vorgeschriebenen Einzel- und Gesamtbewertung gem. § 2 Abs. 1 S. 2 und 4 UVPG.

Die UVP ist im Braunkohlenplanverfahren zwar ein unselbständiger Teil, aber ein Instrument, das die Probleme und Folgen deutlich macht und in Bezug auf Schäden und Beeinträchtigungen Vermeidungs- und Verminderungsmaßnahmen darlegt sowie sich mit Alternativen auseinandersetzt.

Im Erarbeitungsverfahren zum Braunkohlenplan Garzweiler II hat sich die UVP mit folgenden Themen befaßt:

- Menschen
- Tiere und Pflanzen (innerhalb und außerhalb des Abbaubereiches)
- Böden (innerhalb und außerhalb des Abbaubereiches)
- Grundwasser
- Wasserversorgung
- Oberflächengewässer
- Restsee
- Luft (Staub/Lärm/Licht)
- Klima
- Landschaft (innerhalb und außerhalb des Abbaubereiches, einschließlich Wiedernutzbarmachung)
- Kultur und sonstige Sachgüter (Bau- und Boden-

denkmäler, Gewinnung anderer Bodenschätze, Bergschäden, Seismik)
- den jeweiligen Wechselwirkungen.

Rückblickend sei noch die Anmerkung gestattet, daß das Braunkohlenplanverfahren in der Vergangenheit schon immer von den Planern, aber auch von den Verantwortlichen als eine frühe Form von Umweltverträglichkeitsprüfung angesehen worden ist. Dies belegen u. a. die Planverfahren zum Teilplan 12/1 – Hambach –, und zum Braunkohlenplan „Inden II" (Regierungspräsident Köln 1990). Dem Braunkohlenplanverfahren war und ist eine solche UVP nie fremd. Bereits im Zuge des Braunkohlenplanverfahrens für den Tagebau Hambach im Jahre 1976/77 ist ein aus 11 Einzelgutachten bestehendes ökologisches Gutachten erstellt worden, das die heute in der UVP geforderten Untersuchungen abdeckte und dessen Ergebnisse zu einem Teil in die Zielfestsetzungen des Braunkohlenplanes Hambach eingeflossen sind. Zu Beginn des Braunkohlenplanverfahrens „Inden II" (1982) ist auch das ökologische Anforderungsprofil im Grundsatz entwickelt und später konkretisiert bzw. verfeinert worden. Darüber hinaus sind die Kriterien des ökologischen Anforderungsprofils und die der Umweltverträglichkeitsprüfung in den Grundzügen weitestgehend identisch bzw. haben die gleiche Zielsetzung und nahezu den gleichen Umfang.

6.5 Braunkohlenplan und Sozialverträglichkeit

Der mit der Braunkohlengewinnung erforderliche Abbau von Ortschaften bewirkt menschliche und gesellschaftliche Vorgänge größten Ausmaßes, denn es werden die vorhandenen sozialen Strukturen und Lebensweisen erheblich verändert und u. U. sogar gestört. Die Veränderungen beginnen bereits im Vorfeld der Tagebauplanung, denn bereits dann entstehen Störungen in den ökonomischen Gegebenheiten und im sozialen Beziehungsgeflecht des betroffenen Raumes (Zlonicky 1990). Besonders gravierend sind die Veränderungen für die unmittelbar Betroffenen, die zur Sicherung der Energieversorgung ihre angestammten Wohnplätze, Dörfer und Ortschaften verlassen und umgesiedelt werden müssen. Dabei werden die Menschen als Individiuen, aber auch als Gemeinschaft betroffen. Die mit der Umsiedlung verbundene Auflösung der alten Strukturen und Lebensweisen kann man nicht allein mit rein finanz-technischen (Planungs-) Maßnahmen bewältigen, da die immateriellen Werte wie z. B. der Verlust des Heimatdorfes bzw. des heimatlichen Umfeldes außerhalb der betrieblichen und/oder staatlichen Kosten-Nutzen-Rechnung steht (Regierungspräsident Köln 1990, 1992). Neben den wasserwirtschaftlichen und ökologischen Problemen ist die Umsiedlung daher die zentrale Problematik der bergbaubedingten Flächenansprüche und führt u. a. zu der Frage: Können unvermeidbare Umsiedlungen sozialverträglich gestaltet werden?

Um diese Frage zu beantworten, soll zunächst auf den Begriff Sozialverträglichkeit eingegangen werden bzw. versucht werden darzulegen, was im Zusammenhang mit Umsiedlungsmaßnahmen damit gemeint ist.

Im Zusammenhang mit der Diskussion bezüglich der atomrechtlichen Genehmigung von Kernkraftanlagen ist Mitte der 70er Jahre der Begriff Sozialverträglichkeit entstanden, der analog dem Begriff Umweltverträglichkeit gebildet wurde. Sozialverträglichkeit beinhaltet die Verträglichkeit der jeweiligen (Groß-) Technologie in ihren direkten Auswirkungen auf den Menschen. Umweltverträglichkeit enthält dagegen die Verträglichkeit von Technik in ihren unmittelbaren Auswirkungen auf die Natur, wobei sich jedoch gleichzeitig nachhaltige Bezüge zum Menschen direkt ergeben.

Was nun der Begriff Sozialverträglichkeit speziell bedeutet bzw. welche speziellen Kriterien den Begriff Sozialverträglichkeit ausfüllen, darüber gehen die Meinungen in der Wissenschaft und in der Fachliteratur auseinander (Zlonicky 1990). Die Darlegung der differierenden Auffassungen und unterschiedlichen Kriterien würde den Rahmen dieser Arbeit sprengen.

Auch in bezug auf die Umsiedlung wird der Begriff Sozialverträglichkeit unterschiedlich interpretiert. Etwas exaltiert formuliert legen diejenigen, die den Braunkohletagebau grundsätzlich ablehnen, die Kriterien so fest, daß bei der anwendungsbezogenen Prüfung der Sozialverträglichkeit in jedem Fall eine Sozialunverträglichkeit attestiert werden muß. Diejenigen, die den Braunkohletagebau im Grundsatz bejahen, wollen mit dem Instrument Sozialverträglichkeit nachweisen, daß Umsiedlungen sozialerträglich bzw. sozialverträglich sind.

Als Zwischenergebnis läßt sich festhalten, daß die Sozialverträglichkeit von Umsiedlungen u. a. eng mit den Begriffen Subsidiarität, Partizipation, Akzeptanz und Solidarität (Sevenich u. Gellrich 1993, 1996; Zlonicky 1990) verbunden ist und nicht nur die Vermeidung bzw. Minimierung materieller und immaterieller Nachteile einzelner sondern auch die der betroffenen Gemeinschaft beinhaltet. Die öffentliche Diskussion bezüglich der Frage: „Inwieweit sich Sozialverträglichkeit am Maßstab der gewünschten gesellschaftlichen Entwicklung zu orientieren hat", ist genau so wenig abgeschlossen wie die Diskussion über die anzuwendenden „Werte und Kriterien" (Sevenich u. Gellrich 1993, 1996).

In bezug auf die Sozialverträglichkeit von Umsiedlungen sei auch hier ein Rückblick gestattet. Gerade diese Thematik war ein zentraler Punkt im Braunkohlenplanverfahren „Inden II" (Regierungspräsident Köln 1990). Diese Thematik ist sowohl auf Bürgerversammlungen als auch in vielen einzelnen Gesprächen mit den Bürgerinnen und Bürgern eingehend diskutiert worden.

Typisch für die Einstellung der von der Umsiedlung unmittelbar betroffenen Bürgerinnen und Bürger auf einer Informationsveranstaltung der Bezirksplanungsbehörde Köln war folgende Frage: „Für jeden Frosch liegt ein Gutachten vor, was tun Sie eigentlich für uns Menschen?“. Die Frage wurde mit langanhaltendem und tosenden Beifall der Anwesenden bedacht.

Die Sorgen und Nöte der betroffenen Bürgerinnen und Bürger sind damals nicht nur zur Kenntnis genommen worden, sondern die Verantwortlichen haben sich engagiert und sich um neue und bessere Lösungen bemüht.

Während des Planverfahrens „Inden II“ (Regierungspräsident Köln 1990) wurden insbesondere zwei Themenkomplexe eingehend diskutiert, zum einen, wie speziell die Umsiedlung in der Gemeinde Inden sozialverträglich gestaltet werden können, und zum anderen, wie die Sozialverträglichkeit allgemein im Rheinischen Braunkohlenrevier erhöht werden könne.

Um den Umfang und die Tiefe mit der Umsiedlung verbundenen Probleme intensiver und exakter erfassen zu können, wurde ein Gutachten vergeben, das aufzeigen sollte, welche Probleme bei den von der Umsiedlung betroffenen Menschen entstehen können und wie diese sach-, zeitgerecht und v. a. sozialverträglich gelöst werden könnten. Das Gutachten zur „Sozialverträglichkeit von Umsiedlungen im Rheinischen Braunkohlenrevier“ (Zlonicky 1990) ist im Jahre 1990 vom Braunkohlenausschuß und seinen Unterausschüssen eingehend beraten worden und dient heute als Grundlage zur Beurteilung der Sozialverträglichkeit.

Aufgrund der neueren Entwicklung und in Kenntnis des Gutachtens zur Sozialverträglichkeit von Umsiedlungen ist dann das sog. „soziale Anforderungsprofil“ entwickelt und vom Braunkohlenausschuß beschlossen worden. Zu dem sozialen Anforderungsprofil wurde gleichzeitig ein Kriterienkatalog entwickelt, der das Ganze griffiger gestalten bzw. gewisser Weise formalisieren sollte; letztlich legt es den Mindeststandard fest, den der Bergbautreibende vorlegen muß. Das soziale Anforderungsprofil mit Kriterienkatalog kam erstmalig für die Umsiedlung des Ortes Etzweiler im Tagebau Hambach 1991 zur Anwendung.

Der Kriterienkatalog gliederte sich in drei Abschnitte und zwar:

- I) Bestandsaufnahme (Erfassung des Status quo), im wesentlichen die Erfassung der sozio-ökonomischen Daten und Fakten
- II) Beschreibung der möglichen wesentlichen Auswirkungen vor, während und nach der Umsiedlung
- III) Vorschläge zur Vermeidung bzw. Minderungen von nachteiligen Auswirkungen

  Der Abschnitt III ist der am schwierigsten zu bewältigende, denn ortsspezifische Probleme und evt. Härtefälle treten in der Regel erst während der eigentlichen Umsiedlungsphase auf.

Lösungsvorschläge zu Abschnitt III stellen u. a. die gemeinsame Umsiedlung, die Bürgerbeteiligung und die Entschädigungsregelungen dar.

Gemeinsame Umsiedlung besagt nichts anderes als das Angebot an die betroffenen Bürgerinnen und Bürger, an einen neuen Standort gemeinsam umzusiedeln. Die gemeinsame Umsiedlung hat bei gesamtheitlicher Betrachtung mehr Vorteile als Nachteile sowohl für die Umsiedler als auch für die „öffentliche Hand“. Neben der Begrenzung auf einen relativ kurzen Umsiedlungszeitraum sowie den Erhalt der Dorfgemeinschaft schafft sie die Grundlage zur Minimierung der immateriellen Nachteile, bietet dem einzelnen verfahrensmässige Erleichterungen (Regierungspräsident Köln 1990), gewährt einen effektiven Einsatz der Entschädigungsleistungen des Bergbauunternehmens und der staatlichen Förderungsmittel und gestattet eine qualifizierte Steuerung des Umsiedlungsgeschehens. In der Vergangenheit hat sich gezeigt, daß eine Teilnahme von 50–60 % ausreicht, um die Dorfgemeinschaft zu erhalten und das Sozialgefüge Dorf lebenswert zu „translozieren“. In der Vergangenheit wurde u. a. der Vorwurf erhoben, das Umsetzen der gemeinsamen Umsiedlung würde von den Verantwortlichen gleichgesetzt mit dem Attest „sozialverträglich“ (Sevenich u. Gellrich 1993, 1996). Dem ist keineswegs so, denn den Verantwortlichen im Rheinischen Braunkohlenrevier ist durchaus bewußt, daß die gemeinsame Umsiedlung nur ein Teil der Sozialverträglichkeit ist.

Akzeptanz und Partizipation sind ebenfalls Teile der Sozialverträglichkeit. Unter Partizipation (ein Synonym für Bürgerbeteiligung) versteht man die Einflußnahme bzw. Mitsprache der betroffenen Bürgerinnen und Bürger auf ihre politischen und/oder planerischen Willensbildungs- und Entscheidungsprozesse (Zlonicky 1990). Dies ist – wie die Praxis zeigt – im Rheinischen Braunkohlenrevier im Grundsatz gegeben, wenn auch Verbesserungen durchaus noch möglich und wünschenswert sind. Die Einflußnahme auf umsiedlungsbedingte politische Entscheidungen bzw. das Pochen auf das Recht zur Selbstbestimmung konkurriert bzw. steht antagonistisch zu der in der Verfassung des Landes postulierten repräsentativen Demokratie, sprich zum Organ (Kommunal-) Parlament; und hier hat es in der Vergangenheit oft unnötige Reibungsverluste gegeben.

Einen weiteren Teil der Sozialverträglichkeit stellt die Entschädigung, insbesondere die der Immobilien, dar. In der Vergangenheit war oft zu hören, daß die Höhe der Entschädigung den Grad der Sozialverträglichkeit darstelle. Dem kann nicht zugestimmt werden, denn Sozialverträglichkeit ist, insbesondere im Hinblick auf die Gemeinschaft, mehr als die reine Entschädigung. Gleichwohl hat die Praxis gezeigt, daß bei den betroffenen Bürgerinnen und Bürger eine gute Entschädigung (wobei gut mit hoch gleichgesetzt wird) als ein wesentliches Element der Sozialverträglichkeit angesehen wird. Die Darlegung des Entschädigungsrechts und die im Rheinischen Braunkohlenrevier praktizierten Regelungen, die übrigens weit über der gesetzlichen Norm liegen und in der Vergangenheit kaum zu Grundabtretungsverfahren geführt haben, würde hier zu weit führen.

In Kenntnis der komplexen sozialen Probleme bei der Umsiedlung hat der Gesetzgeber die Berücksichtigung bzw. die Vermeidung und Minimierung der sozialen Folgen vorgeschrieben. In §34 Abs. 2 LPIG NW wird demzufolge gefordert, daß bei der Braunkohlenplanung neben den Belangen der Energieversorgung und des Umweltschutzes auch die sozialen Belange angemessen zu berücksichtigen sind.

Um diese Gesichtspunkte frühzeitig beurteilen zu können, hat der Bergbautreibende nach Maßgabe des § 32 Landesplanungsgesetz alle erforderlichen Angaben zur überschlägigen Beurteilung der sozialen Verträglichkeit (soziales Anforderungsprofil) des gesamten Abbauvorhabens beizubringen, bevor der Braunkohlenausschuß die Bezirksplanungsbehörde mit der Erarbeitung eines Vorentwurfes beauftragt. Darüber hinaus zeigt der § 32 Abs. 4 LPIG NW in Verbindung mit § 3 der 3. DVO LPlG NW die Parameter auf, unter denen die Sozialverträglichkeit der Umsiedlung des einzelnen Ortes (einzelortsbezogene Sozialverträglichkeit) beurteilt bzw. geprüft werden muß.

Im Erarbeitungsverfahren zum Braunkohlenplan Garzweiler II (Regierungspräsident Köln 1995) hat sich die Prüfung der Sozialverträglichkeit schwerpunktmäßig auf folgende Themenbereiche erstreckt:

- Immateriellen Belange (örtliche Gemeinschaft, Heimat)
- Belange der Immobilieneigentümer
- Belange der Mieter
- Belange älterer Menschen
- Belange der Arbeitnehmer
- Belange der Gewerbetreibenden
- Belange der Landwirte
- Überörtliche Auswirkungen

Der Braunkohlenplan enthält daher für die vorgenannten Belange die entsprechenden Ziele mit den dazugehörigen Erläuterungen; damit wird der landesplanerische Rahmen festgelegt. Integriert in die Ziele sind auch die sog. Handlungskonzepte für bestimmte Gruppen wie z. B. Mieter und Landwirte, die für jede Umsiedlung speziell erarbeitet werden. Die im Braunkohlenplan dargelegten Umsiedlungsziele werden z. T. wegen mangelnder Regelungsdichte kritisiert (Sevenich u. Gellrich 1993, 1996). Hierzu ist jedoch anzumerken, daß gerade hier auf eine zu detaillierte Regelung verzichtet werden sollte, um den Umsiedlungsprozeß elastisch und dynamisch zu halten; für situationsbezogene und individuelle Lösungen muß der erforderliche „Raum“ bleiben. Eine jeden Einzelfall wollende (staatliche) Reglementierung stößt aufgrund der Starrheit schnell an ihre Grenzen und wirkt u. U. kontraproduktiv, insbesondere vor dem Hintergrund der vielgestaltigen Sachverhalte, die sich im Umsiedlungszeitraum eventuell erheblich ändern können.

Gravierende Umsiedlungsbelange bzw. signifikante Umsiedlungsprobleme, deren Regelung aus formal-juristischen Gründen nicht im (landesplanerischen) Braunkohlenplan erfolgen kann, werden je nach Umsiedlungsfall durch bilaterale vertragliche Regelungen entweder zwischen der betroffenen Kommune und dem Bergbautreibenden oder zwischen dem Land NRW und dem Bergbautreibenden einer Lösung zugeführt (Regierungspräsident Köln 1992). Hierzu gehört auch die öffentliche Selbstbindung des Bergbautreibenden z. B. bezüglich verschiedener Pauschalregelungen im Entschädigungsbereich.

Ob nun eine Umsiedlung von den Betroffenen als sozialverträglich hingenommen oder akzeptiert wird hängt von verschiedenen Faktoren ab. Dazu gehören u. a. die verständliche und nachvollziehbare Darlegung der energiepolitischen Notwendigkeit über den Abbau der Lagerstätte, die Beurteilung der persönlichen ökonomischen und psychischen Belastungen, die individuellen oder gruppenspezifische Werthaltungen zur Energiegewinnung und zum sozialen Umfeld (Zlonicky 1990).

Die langfristigen Vorbereitungs-, Planungs- und Abwicklungsverfahren einer Umsiedlungsmaßnahme treffen – wie bereits dargelegt – auf die unterschiedlichsten Werthaltungen des einzelnen und der verschiedenen Gruppen, die die Erarbeitung von gemeinsamen Zielen schwierig gestaltet und auch manchmal scheitern läßt. Deshalb muß der sozialen Betroffenheit der Bürgerinnen und Bürger nicht nur das besondere Augenmerk der Verantwortlichen gelten, wie es so oft heißt, sondern es müssen sowohl die Betroffenen als auch die Verantwortlichen konstruktiv an den Lösungen mitarbeiten.

7
Das Braunkohlenplanverfahren

Für die Erarbeitung und Genehmigung des Braunkohlenplanes – auch der räumlichen und zeitlichen Teilabschnitte – ist im Landesplanungsgesetz ein förmliches Verfahren vorgeschrieben, nämlich das Braunkohlenplanverfahren. Dieses Verfahren dient letztlich dem Interessenausgleich zwischen allen Beteiligten bzw. den Betroffenen. Im modernen Sprachgebrauch ausgedrückt, stellt es ein „Konfliktmanagement“ zwischen Energiewirtschaft, Umweltschutzvorsorge und sozialen Erfordernissen dar.

Das Landesplanungsgesetz sieht zwar keine „offizielle“ Reihung vor, aber dennoch läßt sich das Braunkohlenplanverfahren wie folgt stufen:

- Vorbereitungsphase
- Erarbeitungsphase
- Aufstellungsphase
- Genehmigungsphase (s. Übersicht S. 38)

In der Regel reicht der Bergbautreibende bei der Bezirksplanungsbehörde als Geschäftsstelle des Braunkohlenausschusses einen Antrag ein, für den dargelegten Abbaubereich ein Braunkohlenplanverfahren durchzuführen. Diesem Antrag werden seitens des Bergbautreibenden bereits Unterlagen zur UVP und fachliche Untersuchungen usw. beigefügt.

Danach erörtert die Bezirksplanungsbehörde mit dem Bergbautreibenden Gegenstand, Umfang und Methoden der UVP und der Prüfung der Sozialverträglichkeit sowie sonstige für die Durchführung dieser Prüfungen erhebliche Fragen (§ 32 Abs. 1 LPlG NW). Die Bezirksplanungsbehörde unterrichtet den Bergbautreibenden abschließend über Art und Umfang der voraussichtlich beizubringenden Unterlagen (§ 32 Abs. 1 Satz 3 LPlG NW).

Die Vorbereitungsphase dient zunächst dem allgemeinen Informationsaustausch, dem Abgleich über Umfang und Inhalt der erforderlichen Unterlagen sowie über das methodische Vorgehen, letztlich aber der Bezirksplanungsbehörde als Grundlage für eine erste Einschätzung der Umwelt- und Sozialverträglichkeit des Vorhabens.

In dieser Vorbereitungsphase wird der Braunkohlenausschuß durch Sachstandsberichte seitens der Bezirksplanungsbehörde informiert; der Braunkohlenausschuß seinerseits initiiert in der Regel aus seiner Mitte einen Arbeitskreis, der die Arbeit der Bezirksplanungsbehörde begleitet.

Nach Prüfung der vorgelegten Unterlagen beauftragt der Braunkohlenausschuß – bei einem positiven Ergebnis – die Bezirksplanungsbehörde als Geschäftsstelle des Braunkohlenausschusses mit der Erstellung eines Vorentwurfs.

Die Erstellung des Vorentwurfs ist für die Bezirksplanungsbehörde die eigentliche Entwicklungsarbeit, denn hier müssen anhand der vom Bergbautreibenden vorgelegten Unterlagen, der gutachterlichen Stellungnahmen, der eigenen Unterlagen und des eigenen Wissens – unter Berücksichtigung der landesplanerischen Vorgaben, der Angaben der UVP und Sozialverträglichkeitsprüfung (SVP) sowie unter Abwägung aller relevanten Sachverhalte – die erforderlichen Ziele für den Braunkohlenplan erarbeitet werden. Dazu sind u. U. noch ergänzende umfangreiche Arbeiten der Bezirksplanungsbehörde erforderlich.

Nach der Erstellung des Vorentwurfs wird dieser zunächst im ggf. eingerichteten Arbeitskreis und im zuständigen Unterausschuß behandelt bzw. beraten, sodann im Braunkohlenausschuß. Mit dem Beschluß des Braunkohlenausschusses, das sog. Erarbeitungsverfahren einzuleiten, wird der Planvorentwurf zum Entwurf, d. h. mit diesem Beschluß hat der BKA attestiert, daß eine sachlich und fachlich qualifizierte Grundlage für das Erarbeitungsverfahren gegeben ist.

Die Planentwürfe werden gemäß § 33 Abs. 1 Satz 1 LPlG NW an die zu beteiligenden Stellen und Behörden mit der Aufforderung übersandt, an der weiteren Planung mitzuwirken. Dabei sind die Angaben des Bergbautreibenden zur Prüfung der Umweltverträglichkeit und der Sozialverträglichkeit mit zugänglich zu machen (§ 33 Abs. 1 Satz 2 LPlG NW). Der Kreis der nach § 33 Abs. 1 LPlG NW zu beteiligenden Stellen und Behörden ergibt sich aus § 3 der 2. DVO zum LPlG NW; im wesentlichen sind dies die Behörden des Bundes und des Landes, die Gemeinden und Gemeindeverbänden sowie sonstige öffentliche Stellen (Träger öffentlicher Belange).

Die beteiligten Behörden und Stellen können innerhalb einer festgesetzten Frist Bedenken und Anregungen vorbringen. Die vorgebrachten Bedenken und Anregungen sind von der Bezirksplanungsbehörde mit den Behörden und Stellen zu erörtern. Dabei ist ein Ausgleich der Meinungen anzustreben.

Die Beteiligung ausländischer Behörden von Mitgliedstaaten der EU richtet sich nach § 57a Abs. 6 BBergG und § 3 UVP-V Bergbau (§ 33 Abs. 2 LPlG NW). Nach diesen Bestimmungen sind die zuständigen Behörden eines EU-Mitgliedstaates zu beteiligen, wenn das Vorhaben erhebliche Auswirkungen (z. B. die Grundwasserabsenkung) auf die Umwelt des Nachbarstaates haben kann.

An der Erarbeitung von Braunkohlenplänen sind aber nicht nur Behörden und Stellen beteiligt, sondern auch die Bürgerinnen und Bürger.

Die beteiligten Gemeinden legen den Planentwurf samt Erläuterungen und den Angaben des Bergbautreibenden zur UVP und zur Sozialverträglichkeitsprüfung für mindestens drei Monate aus (§ 33 Abs. 3 Satz 1 LPlG NW). Die aus der Bürgerschaft vorgebrachten Bedenken und Anregungen werden, falls sie nicht direkt an die Bezirksplanungsbehörde Köln gesandt werden, von den auslegenden Gemeinden an diese weitergeleitet.

Sofern Gegenstand des Braunkohlenplanverfahrens ein Vorhaben ist, für das eine UVP durchgeführt werden muß, hat die Bezirksplanungsbehörde hinsichtlich der vorgebrachten Bedenken und Anregungen der Bürger und Behörden und Stellen einen Erörterungstermin durchzuführen (§ 33 Abs. 3 Satz 6 LPlG NW). Die Öffentlichkeitbeteiligung hat dabei den Anforderungen des § 73 Abs. 3–7 des Verwaltungsverfahrensgesetz für das Land Nordrhein-Westfalen vom 21.12.1976 zu entsprechen.

VORBEREITUNG

Das Braunkohlenplanverfahren beginnt mit der

INITIATIVE

für die Erstellung oder Änderung eines Braunkohlenplanes. Antragsteller für neue Braunkohlenpläne ist i. d. R. der Bergbautreibende. Die Bezirksplanungsbehörde (Bez.Reg. Köln) erörtert mit dem Bergbautreibenden Gegenstand, Umfang und Methode der UVP und der Sozialverträglichkeitsprüfung und unterrichtet ihn über den voraussichtlichen Untersuchungsrahmen. Der Bergbautreibende legt die bergbauliche Planung und die Unterlagen zur Beurteilung der Umwelt- und Sozialverträglichkeit gem. § 32 LPIG vor.

Der

BRAUNKOHLENAUSSCHUSS

beauftragt die Bezirksplanungsbehörde mit der Erstellung eines Vorentwurfs für einen Braunkohlenplan (§ 1 Geschäftsordnung Braunkohlenausschuß).

Der

VORENTWURF

wird auf der Grundlage des Landesentwicklungsprogramms und der Landesentwicklungspläne und in Abstimmung mit den Gebietsentwicklungsplänen erstellt.

ERARBEITUNG

Der

UNTERAUSSCHUSS

gibt zum Vorentwurf und zur Verfahrenseinleitung Empfehlungen ab (§ 29 LPIG, § 20 Geschäftsordnung Braunkohlenausschuß).

Der

BRAUNKOHLENAUSSCHUSS

beschließt die Einleitung des Erarbeitungsverfahrens und die Frist, innerhalb der die zu beteiligten Behörden und Stellen Bedenken und Anregungen gegen den Entwurf des Braunkohlenplanes vorbringen können (§ 33 Abs. 1 LPIG).

Die beteiligten Behörden und Stellen können Bedenken und Anregungen vorbringen. Die vorgebrachten Bedenken und Anregungen sind von der Bezirksplanungsbehörde mit den Behörden und Stellen zu erörtern. Dabei ist ein Ausgleich der Meinungen anzustreben. Über das Ergebnis der Erörterung hat die Bezirksplanungsbehörde dem Braunkohlenausschuß zu berichten. Aus ihrem Bericht muß ersichtlich sein, über welche Bedenken und Anregungen unter den Beteiligten Einigung erzielt worden ist und über welche Bedenken und Anregungen abweichende Meinung bestehen.

Jeder Bürger, dessen Belange durch das Vorhaben berührt werden, kann Bedenken und Anregungen äußern. Der Planentwurf samt Erläuterungsbericht und den Angaben des Bergbautreibenden zur Umwelt- und zur Sozialverträglichkeit wird hierfür für mindestens 3 Monate in den beteiligten Gemeinden öffentlich ausgelegt. Die von den Bürgern vorgebrachten Bedenken und Anregungen werden von den auslegenden Gemeinden an die Bezirksplanungsbehörde weitergeleitet. Sofern Gegenstand des Braunkohlenplanverfahrens ein Vorhaben ist, für das eine UVP durchgeführt werden muß (s. Kapitel 0.2 (10)), hat die Bezirksplanungsbehörde hinsichtlich der von den Bürgern vorgebrachten Bedenken und Anregungen einen Erörterungstermin unter Beteiligung der Einwender durchzuführen. Die Bezirksplanungsbehörde unterrichtet den Braunkohlenausschuß über alle vorgebrachten Bedenken und Anregungen auf der Grundlage des Erörterungstermins.

AUFSTELLUNG

Der

UNTERAUSSCHUSS

bereitet die Beschlüsse zur Aufstellung des Planes und zur Behandlung der Einwendungen für den Braunkohlenausschuß durch Empfehlung vor.

Der

BRAUNKOHLENAUSSCHUSS

entscheidet über die Einwendungen und faßt den

AUFSTELLUNGSBESCHLUSS

Der Braunkohlenausschuß stellt das Benehmen mit dem Erftverband her (§ 12 Abs. 1 ErftVG).

Der

BEZIRKSPLANUNGSRAT

stellt fest, ob der aufgestellte Plan mit dem Gebietsentwicklungsplan vereinbar ist.

GENEHMIGUNG

Der

LANDESPLANUNGSBEHÖRDE

wird der aufgestellte Plan mit einem entsprechenden Bericht (§ 33 Abs. 5 LPIG) zur Genehmigung vorgelegt. Die Genehmigung des Braunkohlenplanes ist nur zu erteilen, wenn er den Erfordernissen einer langfristigen Energieversorgung entspricht und die Erfordernisse der sozialen Belange der vom Braunkohlentagebau Betroffenen und des Umweltschutzes angemessen berücksichtigt (§ 34 Abs. 2 LPIG). Die Genehmigung von Braunkohlenplänen wird im Gesetz- und Verordnungsblatt für das Land Nordrhein-Westfalen bekanntgemacht. Der Plan wird bei der Landesplanungsbehörde sowie bei der Bezirksplanungsbehörde Köln und den Kreisen und Gemeinden, auf deren Bereich sich die Planung erstreckt, zur Einsicht für jedermann niedergelegt.

Übersicht Ablauf eines Braunkohlenplanverfahrens (Quelle: Bez.-Reg. Köln)

Von der öffentlichen Einsichtnahme machen die Bürgerinnen und Bürger im Rheinischen Braunkohlenrevier regen Gebrauch; z. B. haben im Planverfahren Hambach ca. 3 500, im Planverfahren Inden II ca. 2 100 und im Planverfahren „Garzweiler II" ca. 19 000 Personen Bedenken und Anregungen vorgebracht.

Im Planverfahren Inden II war – wie in anderen Planverfahren auch – festzustellen, daß die Bürgerinnen und Bürger bei ihren Bedenken und Anregungen zumeist das vorbringen, was ihnen am nächsten steht bzw. was sie am meisten berührt. So beinhalten die Bedenken und Anregungen derjenigen, die von der Umsiedlung betroffen waren, schwerpunktmäßig die Umsiedlung. Die Palette der Bedenken und Anregungen reicht von der räumlichen Lage des Umsiedlungsstandortes über mehr Infrastruktureinrichtungen am neuen Standort, bis hin zu höheren und besseren Entschädigungsleistungen. Bei denen, die am unmittelbaren Rand bzw. im näheren Umfeld des geplanten Tagebaues wohnen, liegen die Schwerpunkte bei den Themen: Rücknahme der Abbaugrenze, Minimierung der Staub- und Lärmimmissionen sowie Verbesserung der Bergschadensregulierung. Erhalt der Feuchtgebiete und (Boden-) Denkmäler sowie Verbesserung der ökologischen Gesamtsituation sind schwerpunktmäßig die Themen der Bürgerinnen und Bürger im weiteren Umfeld, d. h sie machen überwiegend Bedenken gegen eine eventuelle Zerstörung der Umwelt geltend. Bei ihnen steht das „ob" unter ökologischen Gesichtspunkten im Vordergrund, während bei den Bürgerinnen und Bürger im Tagebau bzw. näheren Umfeld mehr das „wie", also die Sozialverträglichkeit, die entscheidende Frage ist, wobei das „wie" bei vielen mit höherer Entschädigung gleichgesetzt wird. Im Planverfahren Garzweiler II war allerdings auch bei den direkt betroffenen Bürgerinnen und Bürger eine wesentlich höhere Anzahl, die das „ob" hinterfragten, bzw. denen keine Akzeptanz vermittelt werden konnte (Regierungspräsident Köln 1995).

Die Bezirksplanungsbehörde unterrichtet den Braunkohlenausschuß über alle vorgebrachten Bedenken und Anregungen auf der Grundlage des Erörterungstermins. Aus ihrem Bericht muß ersichtlich sein, über welche Anregungen und Bedenken Einigung erzielt worden ist und über welche abweichende Meinungen fortbestehen. Damit beginnt die Aufstellungsphase für den Braunkohlenplan.

Der Braunkohlenausschuß prüft die Bedenken und Anregungen (§ 33 Abs. 3 Satz 8 und 9 LPlG NW). Das heißt, der Braunkohlenausschuß hat durch entsprechende Beschlußfassung eine Entscheidung darüber zu treffen, ob den Bedenken und Anregungen stattgegeben werden kann oder ob sie zurückgewiesen werden müssen.

Die Beschlußfassung des Braunkohlenausschusses über die Bedenken und Anregungen als Bestandteil der planerischen Abwägung führt nur zu einer Änderung des Planentwurfes, soweit mehrheitlich eine Änderung beschlossen wird. Mittelbar erfolgt nochmals eine Entscheidung über die Bedenken und Anregungen, wenn der BKA die Aufstellung des Braunkohlenplanes beschließt und damit verbindlich über die den endgültigen Wortlaut der textlichen Darstellung und des Erläuterungsberichtes sowie über die zeichnerische Darstellung des Braunkohlenplanes entscheidet (Depenbrock u. Reiners 1985).

Bevor der Braunkohlenausschuß über die Bedenken und Anregungen sowie über die Aufstellung des Plans abschließend entscheidet, gibt der zuständige Unterausschuß hierzu eine Empfehlung ab (§ 29 Abs. 1 LPlG i.V.m. § 20 Abs. 1 der Geschäftsordnung des Braunkohlenausschusses).

Nach Fassung des Aufstellungsbeschlusses stellt der Braunkohlenausschuß das Benehmen mit dem Erftverband her (§ 12 Abs. 1 Erftverbandsgesetz). Weiterhin hat der jeweils betroffene Bezirksplanungsrat festzustellen, ob der aufgestellte Braunkohlenplan mit dem Gebietsentwicklungsplan vereinbar ist (§ 33 Abs. 5 Satz 4 LPlG NW). Hiernach wird der Landesplanungsbehörde der aufgestellte Plan mit einem entsprechenden Bericht zur Genehmigung vorgelegt.

Gemäß § 34 Abs. 1 LPlG NW bedürfen Braunkohlenpläne der Genehmigung der Landesplanungsbehörde im Einvernehmen mit den fachlich zuständigen Landesministerien und im Benehmen mit den für die Landesplanung zuständigen Ausschuß des Landtages.

Gemäß § 34 Abs. 2 LPlG NW ist die Genehmigung nur zu erteilen, wenn sie den Erfordernissen einer langfristigen Energieversorgung auf der Grundlage des LEPro (§ 26 Abs. 2, § 32 Abs. 3) entsprechen und die Erfordernisse der sozialen Belange der vom Braunkohlentagebau Betroffenen und des Umweltschutzes angemessen berücksichtigen. Im Rahmen der Feststellungsklagen einiger Kommunen zum Braunkohlenplan Garzweiler II ist u. a. gerügt worden, daß der Gesetzgeber nicht geregelt habe, ob die genannten Voraussetzungen für die Erteilung der Genehmigung des Braunkohlenplanes kumulativ zu einer Rechtskontrolle eintreten oder ob sie das Prüfprogramm zu der Erteilung der Genehmigung umfassend beschreiben.

Aus dem Kontext des oben zitierten § 34 Abs. 2 und des § 34 Abs. 1 letzter Satz, wonach Teile des Braunkohlenplanes von der Genehmigung ausgenommen werden können, lassen sich eine Rechts- und Fachkontrolle der Genehmigungsbehörde ableiten (Depenbrock u. Reiners 1985). Darüber hinaus ist der Genehmigungsbehörde wegen der besonderen Bedeutung des Braunkohlenabbaus für die überregionale Energieversorgung eine erweiterte Prüfungsbefugnis eingeräumt worden.

Der genehmigte Plan wird bei der Landesplanungsbehörde sowie bei der Bezirksplanungsbehörde Köln und Düsseldorf und den Kreisen und Gemeinden, auf deren Bereich sich die Planung erstreckt, zu jedermann Einsicht niedergelegt. Der genehmigte Plan wird den Einwendern zugesendet, sofern die Zahl der Einwender 300 nicht übersteigt. Andernfalls können diese Zusendungen durch Veröffentlichung der Genehmigung im Amtsblatt des Regierungspräsidenten und durch ortsübliche Bekanntmachung der Genehmigung ersetzt werden (§34 Abs. 3 Satz 4 und 5 LPlG NW).

8
Zusammenfassung

Für das Land NRW hat die Energiewirtschaft eine erhebliche Bedeutung, denn in NRW werden ca. 85 % der deutschen Steinkohle und ca. 50 % der deutschen Braunkohle gefördert. Mit einem Anteil von ca. 12 % am Primärenergieverbrauch und einem von 27 % an der Bruttostromerzeugung gehört die Braunkohle zu den entscheidenden Säulen der deutschen Elektrizitätsversorgung. Die Rheinische Braunkohle hatte 1995 einen Anteil von ca. 6 % am Primärenergieverbrauch und trug mit ca. 16 % zur Bruttostromerzeugung in der Bundesrepublik bei. Trotz dem Bemühen, erneuerbare Energien auszubauen sowie Energie rationeller zu nutzen und vermehrt zu sparen, ist der Energieträger Kohle nicht so schnell zu substituieren, wie manche glauben. Die deutsche Wirtschaft und insbesondere die in NRW wird noch bis Mitte des nächsten Jahrhunderts auf Energie aus Kohle angewiesen sein, d. h. aus energiewirtschaftlichen und energiepolitischen Gründen wird man ohne einen ausgewogenen Energiemix nicht auskommen.

Wie alle fossilen Energieträger gehört auch die Braunkohle zu den CO_2-Emittenten. Zur Minderung der CO_2-Emissionen hat die Landesregierung NRW mit der RWE Energie AG und der Rheinbraun AG eine Vereinbarung geschlossen, mit der sich die Unternehmen verpflichtet haben, die spezifischen CO_2-Emissionen aus der Braunkohlenverstromung bis zum Jahr 2030 durch ein umfangreiches Kraftwerkerneuerungsprogramm um ca. 27 % zu reduzieren.

Die verantwortungsbewußte Bewirtschaftung der natürlichen Ressourcen mit der Erhaltung eines funktionsfähigen Naturhaushaltes ist eine wesentliche Aufgabe der Raumordnung und Landesplanung. Die vielfältigen und komplexen Probleme des Braunkohlenabbaus und die dabei auftretenden divergierenden Raumansprüche können nur durch eine übergeordnete und zusammenfassende Landesplanung einer Lösung zugeführt werden; daher ist in NRW die Braunkohlenplanung Teil der Landesplanung.

Der Interessenausgleich bzw. die Lösung der Zielkonflikte zwischen den energiewirtschaftlichen Interessen einerseits und den Belangen der Umwelt sowie den sozialen Belangen andererseits erfolgt in Nordrhein-Westfalen mit Hilfe des landesplanerischen Instrumentes „Braunkohlenplan".

Im Braunkohlenplanverfahren wird das gesamte Gefährdungspotential des Braunkohlenabbaus umfassend dargestellt, analysiert und bewertet. Es werden unter Beteiligung der Öffentlichkeit und der betroffenen Behörden und Stellen die planungsrelevanten Erkenntnisse gezogen bzw. die entsprechenden landesplanerischen Ziele formuliert. Das heißt, es wird geprüft, ob der Abbau von Braunkohle den Erfordernissen einer langfristigen Energieversorgung auf der Grundlage des LEPro entspricht und die Erfordernisse der sozialen Belange der vom Braunkohlentagebau Betroffenen und des Umweltschutzes angemessen berücksichtigt wird. Bei einem positiven Ergebnis wird der Plan aufgestellt und ggf. genehmigt.

Aufgrund der z. Z anhängigen verfassungs- und verwaltungsgerichtlichen Verfahren gegen den Braunkohlenplan Garzweiler II stehen die Vorschriften des Abschn. IV des nordrh.-westfälischen Landesplanungsgesetzes – Sondervorschriften für das Rheinische Braunkohlenrevier – auf dem Prüfstand.

Herr des Braunkohlenplanverfahrens ist der Braunkohlenausschuß, ein Sonderausschluß des Bezirksplanungsrates, der sich aus kommunal gewählten Vertretern innerhalb und außerhalb des Braunkohlenplangebietes sowie Vertretern der Verbände und Gewerkschaften zusammensetzt.

Braunkohlenpläne sind Grundlage für die Umsetzung eines Teiles der energiepolitischen Ziele des Landes und eine wesentliche Voraussetzung für die Braunkohlenförderung. Mit ihren die energiewirtschaftlichen, ökologischen und sozialen Belange gleichermaßen berücksichtigenden Zielsetzungen nehmen sie planerisch auf die Fachplanung sowie den Braunkohlenbergbau und damit auf die regionalwirtschaftliche Entwicklung maßgeblich Einfluß.

Mit der Genehmigung des Braunkohlenplanes wird einerseits dem Bergbautreibenden die erforderliche Planungssicherheit gegeben und der Weg für die notwendigen Investitionen eröffnet; andererseits wird aber auch den betroffenen anderen Fachplanungsträgern sowie insbesondere der betroffenen Bevölkerung ein langfristig verbindlicher Orientierungsrahmen als verläßliche Grundlage für persönliche Entscheidungen gegeben.

LITERATUR

Bork G (1983) Planungs- und bergrechtliche Probleme im Bereich des Braunkohlengebietes, Städte- und Gemeinderat 12: 401–407

Böcker D et al. (1993) Strom und Brennstoffe aus Rheinischer Braunkohle – Umweltschonende und zukunftssichere Energie, Braunkohle 6: 16–24

Dahlke W (1980) Das neue Recht der Braunkohlenplanung, Städte- und Gemeinderat, 3: 98–103
Depenbrock J, Reiners H (1985) Kommentar zum Landesplanungsgesetz
Deutscher Braunkohlen-Industrie-Verein e.V. (DEBRIV) (1996) Braunkohle 94/95, Weimardruck, Weimar
Erbguth W (1982) Verfassungsrechtl. Fragen im Verhältnis Landesplanung und Braunkohlenplanung, DVBl 1: 1–13
Erbguth W (1995) Zur Frage der Verfassungsmäßigkeit des LPlG, insbesondere der Braunkohlenplanung gem. §§ 24 ff. LPlG NW, wegen fehlender Beteiligung des Landesparlamentes, Rechtsgutachten
Folkerts U (1989) Raumordnungsziele und deren Umsetzungsschwierigkeiten für die Adressaten, DVBl 15: 733–738
Hennig D (1995) Stand und Entwicklungstendenzen des deutschen Braunkohlenbergbaus, Braunkohle 6: 6–15
Hoppe W (1983) Gelenkfunktion der Braunkohlenplanung zwischen Landesplanung und bergrechtlichem Betriebsplan, UpR 4: 105–114
Kamphausen P (1984) Rechtsprobleme der Braunkohlenpläne, Die Öffentliche Verwaltung 4: 146–156
Landesregierung NRW (1987) Leitentscheidungen zur künftigen Braunkohlenpolitik vom 8.9.1987
Landesregierung NRW (1991) Leitentscheidungen zum Abbauvorhaben Garzweiler II vom September 1991
Maaßen U, Schiffer H-W (1996) Der deutsche Braunkohlenbergbau im Jahr 1995. Glückauf 132: 5
Minister für Wirtschaft, Mittelstand und Verkehr NRW (MWMV) (1982) Energiebericht 1982
Ministerium für Umwelt, Raumordnung und Landwirtschaft NRW (MURL) (1987) Untersuchungsprogramm Braunkohle der Landesregierung, Dokumentation der Ergebnisse, Düsseldorf
Ministerium für Umwelt, Raumordnung und Landwirtschaft NRW (MURL) (1992) Zweites Untersuchungsprogramm Braunkohle der Landesregierung, Dokumentation der Ergebnisse, Düsseldorf
Ministerium für Umwelt, Raumordnung und Landwirtschaft NRW (MURL) (1995) Genehmigung zum Braunkohlenplan Garzweiler II vom 31. März 1995, Düsseldorf
Ministerium für Wirtschaft, Mittelstand und Technologie NRW (MWMT) (1995) Bericht über die CO_2-mindernden Maßnahmen und zum Kraftwerksneubauprogramm im Rheinischen Braunkohlenrevier, Düsseldorf
Prognos AG (1986) Energiepolitische, gesamtwirtschaftliche und regionalwirtschaftliche Folgen einer möglichen Reduzierung der Braunkohlenförderung
Prognos AG (1991) Energieszenarien NRW. Der mögliche Beitrag des Landes NRW zur Reduzierung der energiebedingten Schadstoff-Emissionen
Regierungspräsident Köln (1990) Braunkohlenplan Inden, räumlicher Teilabschnitt II, Köln
Regierungspräsident Köln (1992) Umsiedlerfibel - ein Handbuch für Umsiedler im Rheinischen Braunkohlenrevier, Köln
Regierungspräsident Köln (1995) Braunkohlenplan Garzweiler II, Köln
Reiners H (1977) Entwicklung des Rheinischen Braunkohlenbergbaus - Wiedernutzbarmachung von Bergbauflächen. Deutscher Planungsatlas Bd. I, Schroedel, Hannover
Rheinbraun (1992) Tagebauprojekt Garzweiler II - Die neue Planung nach der Leitentscheidung, Ausgabe 6
Rheinbraun (1993) Braunkohle - Beitrag zur Energieversorgung der Bundesrepublik Deutschland
Sevenich R, Gellrich B (1993) Sozialverträglich?, Herausgegeben im Auftrag des ökumenischen Arbeitskreises Garzweiler II, Teil 1
Sevenich R, Gellrich B (1996) Sozialverträglich?, Herausgegeben im Auftrag des ökumenischen Arbeitskreises Garzweiler II, Teil 2
Starke R (1987) Geringere Betriebsfläche durch wenige große Tagebaue. Braunkohle 2: 414–422
Zlonicky P (1990) Gutachten zur Beurteilung der Sozialverträglichkeit von Umsiedlungen im Rheinischen Braunkohlenrevier

Die Wiedernutzbarmachung im Bergrecht und die Umsetzung im Betrieb

2

Albert-Leo Züscher

1 Bundesberggesetz

1.1 Allgemeine Einführung/Begriff „Wiedernutzbarmachung"

Das Bundesberggesetz (BBergG) vom 13. August 1980, zuletzt geändert durch Gesetz vom 6. Juni 1995, bildet die gesetzliche Grundlage für alle Aktivitäten der Bergbauunternehmer, so auch für die Wiedernutzbarmachung.

Paragraph 2 BBergG bestimmt den sachlichen und räumlichen Geltungsbereich. So fallen natürlich das Aufsuchen, Gewinnen und Aufbereiten von bergfreien und grundeigenen Bodenschätzen unter dieses Gesetz. Bergfreie und grundeigene Bodenschätze werden in § 3 BBergG umfassend und abschließend umschrieben. Hierbei handelt es sich um Bodenschätze – nicht Wasser –, die für die Volkswirtschaft von besonderer Bedeutung sind. Bergfreie Bodenschätze sind dem Grundeigentum entzogen; die abschließende Aufzählung enthält z. B. die metallischen Bodenschätze – gediegen oder als Erz-, Kohlenwasserstoffe, Stein- und Braunkohle, Salze, auch alle Bodenschätze des Festlandsockels und der Küstengewässer und, neu im deutschen Bergrecht, die Erdwärme. Die Aufsuchung oder Gewinnung dieser bergfreien Bodenschätze bedarf einer besonderen Bergbauberechtigung (Erlaubnis, Bewilligung, Bergwerkseigentum).

Die grundeigenen Bodenschätze dagegen stehen im Eigentum des Grundeigentümers und umfassen insbesondere die wichtigsten feuerfesten und keramischen Rohstoffe, wie Tone und Quarz, daneben auch Basaltlava, Bauxit sowie alle grundeigenen Bodenschätze, die untertägig aufgesucht oder gewonnen werden.

Das BBergG bestimmt in § 2 ferner, daß neben dem Aufsuchen, Gewinnen und Aufbereiten der vorgenannten Bodenschätze sowie weitere Tätigkeiten und Einrichtungen auch die Wiedernutzbarmachung den bergbaulichen Tätigkeiten zuzuordnen sind; so gilt das BBergG für die Wiedernutzbarmachung der Oberfläche während und nach der Aufsuchung, Gewinnung und Aufbereitung von bergfreien und grundeigenen Bodenschätzen.

Paragraph 4 Abs. 4 BBergG definiert den Begriff „Wiedernutzbarmachung" wie folgt:

> *Wiedernutzbarmachung ist die ordnungsgemäße Gestaltung der vom Bergbau in Anspruch genommenen Oberfläche unter Beachtung des öffentlichen Interesses.*

So bedeutet die Wiedernutzbarmachung nicht unbedingt die Wiederherstellung des vor Beginn der bergbaulichen Inanspruchnahme bestehenden Zustandes der Erdoberfläche. Vielmehr sind darunter diejenigen Maßnahmen zu verstehen, die für die Zeit nach dem Abbau eine geplante Nutzung – etwa zu Zwecken der Land- und Forstwirtschaft, für das Anlegen von Gewässern aber auch das Herrichten von Flächen für die Abfallbeseitigung – gewährleisten. Die Formulierung „... während und nach der Aufsuchung, Gewinnung und Aufbereitung ..." stellt klar, daß die Wiedernutzbarmachung ein kontinuierlicher Vorgang ist, der bereits während des Abbaus der Lagerstätte beginnt und auch nach Einstellung des eigentlichen Gewinnungsbetriebes noch andauern kann. Diese Formulierung bedeutet auch, daß schon während des Abbaus Vorkehrungen getroffen werden müssen mit dem Ziel, die vom Bergbau in Anspruch genommenen Flächen wieder nutzbar zu machen. Weiterhin besagt § 2 BBergG, daß diese Bestimmungen zur Wiedernutzbarmachung für alle bergbaulich genutzten Flächen – so auch für Aufbereitungsanlagen, Brikettfabriken, Kokereien – anzuwenden sind.

Aus dem vorher zitierten § 4 BBergG in Verbindung mit § 53 folgt auch, daß zur Erreichung einer „ordnungsgemäßen Gestaltung der vom Bergbau in Anspruch genommenen Oberfläche" im Braunkohlenbergbau v. a. zwei Ziele erreicht werden müssen:

- Gewährleistung der Sicherheit (so sollen Böschungsrutschungen ausgeschlossen werden)
- Herstellung möglichst großer Flächen mit einer für die nach dem Bergbau vorgesehenen Nutzung geeigneten Qualität (so das Aufbringen kulturfähigen Bodenmaterials).

Die Formulierung in § 4 „... unter Beachtung des öffentlichen Interesses ..." ist aus der Sicht der Bergbehörde derart zu verstehen, daß Planungsvorstellungen – so zu Natur und Landschaft, Bebauung – in die Gestaltung der Oberfläche einfließen müssen, wenn sie mit den Zielen der Landesplanung, wie sie in Braunkohlenplänen gemäß Landesplanungsgesetz Nordrhein-Westfalen (NRW) dargestellt sind, in Einklang stehen.

1.2
Betriebsplanverfahren/Richtlinien

Alle bergbaulichen Tätigkeiten und Einrichtungen, wie sie in § 2 BBergG bestimmt sind, unterliegen grundsätzlich der Betriebsplanpflicht gemäß § 51 BBergG. Die Vorschriften über den Betriebsplan besagen, daß alle bergbaulichen Tätigkeiten und Einrichtungen, so auch die Maßnahmen zur Wiedernutzbarmachung, einer umfassenden Zulassungserfordernis in einem besonders ausgestalteten Verfahren unterliegen. Betriebspläne sind vom Bergbauunternehmer aufzustellen und der zuständigen Behörde vor der Ausführung der geplanten Maßnahmen vorzulegen; die zuständige Behörde hat über die Zulassung zu entscheiden. Zuständige Behörden für die Durchführung des Betriebsplanverfahrens sind in allen Bundesländern die Bergämter; das BBergG enthält eine Regelung, nach der es den Landesregierungen überlassen ist festzulegen, welche Landesbehörde für die Ausführung dieses Gesetzes zuständig sein soll (Zuständigkeitsverordnung). Das Betriebsplanverfahren ist kein behördliches Verfahren, in der Regel auch kein Planfeststellungsverfahren[1] oder ein Fachplan (wie z. B. der Landschaftsplan). Daher entfaltet eine Betriebsplanzulassung auch keine Konzentrationswirkung, wie beispielsweise ein Planfeststellungsbeschluß. Die Zuständigkeiten anderer Behörden für Genehmigungen, Erlaubnisse – wie Waldumwandlungsgenehmigungen durch die Forstbehörde – werden durch eine Betriebsplanzulassung nicht berührt. Bei Eingriffen des Bergbaus in Natur und Landschaft ist eine Ausgleichsregelung im Benehmen mit der Unteren Landschaftsbehörde im Betriebsplanverfahren herbeizuführen, soweit diese Eingriffe außerhalb der durch Braunkohlenpläne definierten Abbaugebiete stattfinden.

Paragraph 52 BBergG sieht für die Errichtung und Führung eines Betriebes verschiedene Arten von Betriebsplänen vor:

- Hauptbetriebspläne sind die wichtigste Betriebsplanart. Sie müssen für jeden betriebsplanpflichtigen Bergwerksbetrieb vorliegen und regeln die Betriebsentwicklung – also die Errichtung oder Führung eines Betriebes – in der Regel für die Dauer von zwei Jahren.
- Rahmenbetriebspläne sind seit der Novellierung des BBergG im Februar 1990 hinsichtlich der Zielrichtung und des Zulassungsverfahrens in zwei Arten zu unterscheiden.
  Wenn ein Vorhaben nach der „Verordnung über die Umweltverträglichkeitsprüfung bergbaulicher Vorhaben (UVP-V Bergbau)“ einer Umweltverträglichkeitsprüfung (UVP) bedarf, hat die Bergbehörde die Vorlage eines Rahmenbetriebsplanes zu verlangen und die Zulassung in einem Planfeststellungsverfahren mit UVP durchzuführen (sog. obligatorischer Rahmenbetriebsplan). Soweit bergbauliche Vorhaben aber bereits in einem besonderen raumordnerischen Verfahren einer abschließenden UVP unterzogen worden sind (so im Braunkohlenplanverfahren gem. Landesplanungsgesetz NRW), findet ein bergrechtliches Planfeststellungsverfahren mit erneuter UVP nicht mehr statt, um einen doppelten Verfahrensaufwand zu vermeiden. Zuständige Behörde für die Durchführung eines Planfeststellungsverfahrens zu einem obligatorischen Rahmenbetriebsplan ist das Landesoberbergamt NRW.
  Rahmenbetriebspläne „alter Art“ hat das BBergG nach der Novellierung beibehalten. Es steht im Ermessen der Bergbehörde, derartige Rahmenbetriebspläne zu verlangen (sog. fakultative Rahmenbetriebspläne). In fakultativen Rahmenbetriebsplänen können alle nicht UVP-pflichtigen Vorhaben behandelt werden. Im Rheinischen Braunkohlenrevier verlangt die Bergbehörde regelmäßig die Vorlage derartiger Rahmenbetriebspläne bereits vor der Aufstellung eines Braunkohlenplanes gemäß Landesplanungsgesetz NRW. Diese Rahmenbetriebspläne, die bereits schon allgemeine Angaben zur Wiedernutzbarmachung enthalten, werden frühzeitig zur Information an die zu beteiligenden Behörden und Gemeinden, so auch an die Geschäftsstelle des Braunkohlenausschusses, verteilt. Ein fakultativer Rahmenbetriebsplan soll die längerfristige Entwicklung eines Tagebaues (wie Abbau, Verkippung, Massenbilanz, Sümpfungsmaßnahmen) darstellen; er enthält demnach nur allgemeine Angaben zur technischen Durchführung und zu dem wahrscheinlichen zeitlichen Ablauf.
- Sonderbetriebspläne sind auf Verlangen der Bergbehörde vorzulegen für besondere Betriebsteile oder besondere Vorhaben, die sich für eine Behandlung im Hauptbetriebsplan, aus Gründen der Übersichtlichkeit oder wegen der eigenständigen Bedeutung nicht eignen, z. B. die Untersuchung der Standfestigkeit eines Böschungssystems. Ein bedeutender Teil von Arbeiten und Einrichtungen des Bergbaus wird in Sonderbetriebsplänen geregelt.
- Gemeinschaftliche Betriebspläne können erforderlich werden, wenn für ein Vorhaben mehrere selb-

[1] Bei Vorhaben, die einer Umweltverträglichkeitsprüfung im Rahmenbetriebsplan bedürfen, tritt jedoch an die Stelle des Zulassungsverfahrens das bergrechtliche Planfeststellungsverfahren, wenn nicht ein Braunkohlenplanverfahren mit Umweltverträglichkeitsprüfung vorausgegangen ist.

ständige Unternehmen tätig werden wollen. Diese Betriebsplanart spielt im Rheinischen Braunkohlenrevier keine Rolle.

- Abschlußbetriebspläne sind für die Einstellung eines Betriebes zwingend vorgeschrieben – § 53 BBergG –. Wegen der Inanspruchnahme großer Flächen durch die Braunkohlentagebaue – seit Anfang der 50er Jahre wurden bisher ca. 17 000 ha wieder nutzbar gemacht – haben die Abschlußbetriebspläne eine besondere Bedeutung. Im Bereich der Braunkohlentagebaue gehören die Maßnahmen der Wiedernutzbarmachung zu den Abschlußarbeiten. Im Abschlußbetriebsplan sind die technische Durchführung und die Dauer der geplanten Abschlußarbeiten darzustellen; außerdem sind eine Reihe unterschiedlicher Anforderungen zu erfüllen, die insbesondere auf den Schutz Dritter auch nach Einstellung des Betriebes und auf die ordnungsgemäße Gestaltung der Oberfläche zielen. Mit der Durchführung des Abschlußbetriebsplanes endet die Bergaufsicht – § 69 BBergG –.

Abschlußbetriebspläne können ergänzt und abgeändert, alle anderen Betriebsplanarten können verlängert, ergänzt und abgeändert werden. Zuständig für die Durchführung der Zulassungsverfahren sind die Bergämter; abweichend hiervon ist das Landesoberbergamt NRW zuständig für ein bergrechtliches Planfeststellungsverfahren zu einem Rahmenbetriebsplan mit UVP. Betriebspläne sind stets vor Beginn der geplanten Arbeiten dem Bergamt zur Zulassung vorzulegen.

Das BBergG schreibt den Bergämtern eine Beteiligung anderer Behörden oder Gemeinden als Planungsträger am Zulassungsverfahren vor, soweit die in einem Betriebsplan vorgesehenen Maßnahmen den Aufgabenbereich dieser Behörden und Gemeinden berühren. Bei der Bedeutung der Abschlußbetriebspläne ist in der Regel ein umfangreiches Beteiligungsverfahren erforderlich, das der Unterrichtung und Anhörung der betroffenen Behörden und Gemeinden dienen soll. Dazu sendet das Bergamt den in Betracht kommenden Behörden und Gemeinden eine Ausfertigung des Betriebsplanantrages zu und räumt zur Abgabe einer Stellungnahme eine angemessene Frist – je nach Umfang des Betriebsplanes einen Monat bis drei Monate – ein. Im Beteiligungsverfahren zu einem Abschlußbetriebsplan werden in der Regel folgende Stellen gehört:

Bezirksregierungen, Geschäftsstelle des Braunkohlenausschusses, Kreise, Gemeinden, Landwirtschaftskammer und Höhere Forstbehörde, Landesamt für Agrarordnung, Staatliche Umweltämter, Wasserverbände.

Da über die Zulassung eines Abschlußbetriebsplanes gewöhnlich nicht innerhalb eines Monats nach Einreichung entschieden werden kann, erhält der Bergbauunternehmer einen Zwischenbescheid mit kurzer Begründung. In einer Verwaltungsvorschrift (Richtlinie) des Landesoberbergamtes NRW zur Handhabung des Betriebsplanverfahrens ist u. a. auch die Gliederung von Abschlußbetriebsplänen für Braunkohlentagebaue vorgegeben; das Bergamt ist gehalten, in den Zulassungsverfahren diese Richtlinien zu beachten.

In § 55 BBergG werden umfassend diejenigen Rechtsgüter und Belange aufgeführt, die durch das Betriebsplanverfahren zu schützen sind; wenn die in § 55 genannten Voraussetzungen erfüllt sind, hat das Bergamt den Betriebsplan zuzulassen. Das Bergamt hat die von den beteiligten Behörden und Gemeinden abgegebenen Stellungnahmen unter Beachtung der in § 55 aufgeführten Normen in die Prüfung einzubeziehen; an ein Einvernehmen mit den beteiligten Stellen ist das Bergamt nicht gebunden. Die Vorschriften des § 55 BBergG bilden den wesentlichen Kern bergrechtlicher Anforderungen an die Errichtung, Führung und Einstellung eines Bergwerkbetriebes. Diese Vorschriften sind nicht nur bei der Betriebsplanzulassung zu beachten, sie bilden auch die Grundlage der Bergverordnungen und der Bergaufsicht durch die Bergämter.

Die Voraussetzungen für die Zulassung eines Abschlußbetriebsplanes enthält vorrangig Abs. 2 des § 55 BBergG, nämlich

- Schutz gegen Personenschäden
  Es muß demnach der Schutz Dritter vor den durch den Betrieb verursachten Gefahren für Leben und Gesundheit, auch noch nach Einstellung des Betriebes, sichergestellt werden – so beispielsweise durch standfeste Böschungen und ausreichend bemessene Oberflächenentwässerung –.
- Sicherstellung der Wiedernutzbarmachung
  Im Gegensatz zu den Betriebsplänen, die die Errichtung und Führung eines Betriebes regeln (Rahmenbetriebspläne, Hauptbetriebspläne) und die u. a. lediglich die erforderliche Vorsorge für eine spätere Wiedernutzbarmachung zum Inhalt haben, muß im Abschlußbetriebsplan die Durchführung der Wiedernutzbarmachung selbst im einzelnen aufgezeigt werden. Da Wiedernutzbarmachung die ordnungsgemäße Gestaltung der vom Bergbau in Anspruch genommenen Oberfläche unter Beachtung des öffentlichen Interesses bedeutet, richtet sich der zukünftige Verwendungszweck einer Fläche in erster Linie nach den verbindlichen Festsetzungen bzw. Zielen der Landesplanung. So enthalten die Braunkohlenpläne für die einzelnen Tagebaubereiche bestimmte Ziele für die Wiedernutzbarmachung. Aus diesem Grunde, aber auch wegen der Verfügbarkeit von Abraummassen während der einzelnen Zeitabschnitte der Tagebauentwicklung, können die ursprünglichen Geländeformen und Nutzungsarten in alter Lage gewöhnlich nicht wiederhergestellt werden. Daher ist zur Neuordnung der Grundeigentumsverhältnisse nach Abschluß der bergbaulichen Tätigkeit in fast allen Fällen ein Flurbereinigungsverfahren erforderlich.

Neben diesen speziellen Anforderungen an einen Abschlußbetriebsplan enthält Abs. 1 des § 55 BBergG noch allgemeine Erfordernisse, die ebenfalls erfüllt sein müssen, wie

- verantwortliche Personen
- Arbeitsschutz und Betriebssicherheit
- Lagerstättenschutz
- Schutz der Oberfläche im Interesse der persönlichen Sicherheit und des öffentlichen Verkehrs
- Schutz vor gemeinschädlichen Einwirkungen

Werden die in § 55 BBergG erschöpfend aufgeführten Anforderungen erfüllt, so besteht ein Anspruch des Unternehmers auf Betriebsplanzulassung; sie bedarf der Schriftform. Eine Betriebsplanzulassung kann auf Grundlage des § 36 des Verwaltungsverfahrensgesetzes in Verbindung mit § 5 BBergG mit Nebenbestimmungen (Bedingungen und Auflagen) versehen werden. Falls für die Zulassung Nebenstimmungen vorgesehen sind, ist dem Bergbauunternehmen nach § 28 Verwaltungsverfahrensgesetz vor Zulassung Gelegenheit zur Äußerung zu geben. Die Betriebsplanzulassung schließt mit der Festlegung der Verwaltungsgebühr und der Rechtsmittelbelehrung. Die am Betriebsplanverfahren beteiligten anderen Behörden oder Gemeinden erhalten eine Abschrift der Zulassung.

Bei der großflächigen Wiedernutzbarmachung von Tagebauen im Rheinischen Braunkohlenrevier hat es sich als zweckmäßig erwiesen, den Abschlußbetriebsplan in zwei Teile zu gliedern:

- Im „Abschlußbetriebsplan Teil I" werden die Oberflächengestaltung, die Nutzungsarten sowie das Hauptwegenetz geregelt.
- Im „Abschlußbetriebsplan Teil II" werden, aufbauend auf Teil I, die Oberflächenentwässerung und Vorflut sowie die landschaftspflegerischen Maßnahmen geregelt. Unter dem Begriff „landschaftspflegerische Maßnahmen" sind die linearen und punktuellen Anpflanzungen von Sträuchern und Bäumen innerhalb der landwirtschaftlichen Flächen zu verstehen; da sie gewöhnlich entlang der Gewässer angeordnet werden, sind sie im Teil II enthalten.

Bei der Zulassung insbesondere der Abschlußbetriebspläne für die Braunkohlentagebaue ist das Bergamt Düren gehalten, zwei Verwaltungsvorschriften (Richtlinien) des Landesoberbergamtes NRW zur Geltung zu bringen.

- Richtlinien des Landesoberbergamtes NRW für das Aufbringen von kulturfähigem Bodenmaterial bei forstwirtschaftlicher Rekultivierung für die im Tagebau betriebenen Braunkohlenbergwerke i. d. Fassung vom 2.3.1984.

Wesentlicher Inhalt dieser Richtlinien:
Beschaffenheit und Eignung des aufzubringenden kulturfähigen Bodenmaterials.

Bei dem Bodenmaterial handelt es sich um ein Gemisch von sandig-kiesigen Abraumschichten der Haupt- und Mittelterrasse und von Löß oder Lößlehm. Auf ebenen oder nahezu ebenen Flächen sollen der Löß und/oder Lößlehm mit einem Anteil von 1/4–2/3 an dem Bodenmaterial beteiligt sein. Wegen der Erosionsgefahr und aus Gründen der Standsicherheit soll auf stärker als 1 : 3 geneigten Böschungsflächen der Lößanteil auf 1/5–1/4 begrenzt werden. Dieses kulturfähige Bodenmaterial wird auch als „Forstkies" bezeichnet.

Beschaffenheit der Rohkippe

Die unmittelbar unter dem Forstkies liegende Bodenschicht wird als „Rohkippe" bezeichnet. Diese Rohkippe soll aus genügend wasserdurchlässigem, sandig-kiesigem Bodenmaterial in einer Schichtstärke von etwa 1–2 m aufgebaut werden.

Mächtigkeit und Aufbringung des kulturfähigen Bodenmaterials

Der Forstkies soll in einer Mächtigkeit von ca. 4 m auf die Rohkippe aufgetragen werden. Anstelle des Forstkieses kann auf nahezu ebenen Flächen auch Löß oder Lößlehm in einer Mächtigkeit von mindestens 2 m aufgebracht werden. Beim Aufbringen des kulturfähigen Bodenmaterials müssen Verdichtungen oder störende Horizonte vermieden werden. Die neuen Flächen sind unverzüglich in Kultur zu nehmen.

Dokumentation

Gemäß der Verordnung über markscheiderische Arbeiten und Beobachtungen der Oberfläche (Marksch-BergV) vom 19.12.1986 sind die wiedernutzbargemachten Flächen in einem Wiedernutzbarmachungsriß jährlich darzustellen (Mächtigkeit und Art des aufgebrachten kulturfähigen Bodenmaterials; Bodenmaterial an der Oberfläche der Rohkippe; Flächengröße sowie Art und Zeitpunkt der Wiedernutzbarmachung).

- Richtlinien des Landesoberbergamtes NRW für die landwirtschaftliche Wiedernutzbarmachung von Braunkohlentagebauen vom 7.1.1992 in der Fassung vom 17.5.1993.

Wesentlicher Inhalt dieser Richtlinien:
Beschaffenheit und Eignung des aufzubringenden kulturfähigen Bodenmaterials.

Es kommt als rekultivierfähiges Bodenmaterial nur Löß oder Lößlehm aus der obersten Abraumschicht in Frage. Der Löß/Lößlehm soll bereits an der Abbaufront (Lößlagerstätte) qualitativ auf seine Verwendbarkeit angesprochen werden; mit Rücksicht auf die betrieblichen Belange (Lößgewinnung und -transport in großen Mengen, z. B. im Tagebau Garzweiler ca. 4,7 Mio m^3/a) wird das Bodenmaterial vereinfachend in folgende Kategorien unterteilt:

- Gut geeignet sind die jüngeren, oberflächennahen Lößablagerungen (humoser Oberboden, brauner Lößlehm, kalkhaltiger gelbbrauner Löß).

- Geeignet ist auch der unter der jüngeren Lößablagerung gebietsweise liegende, z. T. stark verlehmte braune Lößlehm, sofern er mit kalkhaltigem Löß vermengt wird.
- Weniger geeignet sind die teilweise stark verlehmten älteren Lößablagerungen. Sie sollen nur dann verwendet werden, wenn sie mit kalkhaltigem Löß vermengt werden oder wenn kein besser geeignetes Bodenmaterial vorhanden ist.
- Ungeeignet sind durch Grundwasser oder Staunässe beeinflußte Lößablagerungen sowie Lößablagerungen, die durch Sand, Kies oder Bauschutt verunreinigt sind.

Beschaffenheit der Rohkippe

Die unmittelbar unter dem kulturfähigen Bodenmaterial (Löß/Lößlehm) liegende Bodenschicht wird als „Rohkippe" bezeichnet. Diese Rohkippe soll aus genügend wasserdurchlässigem, sandig-kiesigem Bodenmaterial in einer Schichtstärke von mindestens 2 m aufgebaut werden. Die Generalneigung der Rohkippenfläche soll der der Lößoberfläche entsprechen. Die Höhen der Rohkippenfläche sind so zu wählen, daß nach späterem Grundwasseranstieg keine Vernässungen im Löß eintreten können.

Bei der Höhengestaltung ist auch das Setzungsverhalten der Gesamtaufschüttung der Tagebaukippe zu berücksichtigen.

Wegen des nicht genau abschätzbaren Setzungsverhaltens der Tagebaukippen ist eine möglichst lange Liegezeit der Rohkippe vor Aufbringen des Lösses anzustreben.

Mächtigkeit und Aufbringen des kulturfähigen Bodenmaterials

Grundsätzlich soll die Mächtigkeit der Lößschicht mindestens 2 m im gesetzten Zustand betragen. Die Neigung der Lößoberfläche darf in der Regel 1,5 % nicht übersteigen, um Bodenerosionen zu vermeiden. Grundsätzlich ist auch der gesamte verwertbare Löß als oberste Bodenschicht bei der Wiedernutzbarmachung einzusetzen.

Beim Aufbringen des Lösses sind zwei Verfahren, die Trockenverkippung mit Absetzern sowie die Lößverspülung in Poldern, zu unterscheiden. Derzeit wird nur noch die Trockenverkippung angewendet, da sie sich als das geeignetere Verfahren erwiesen hat. Bei der Trockenverkippung ist besonderer Wert auf eine dem Lößmaterial angepaßte Behandlung zu legen. Bodenverdichtungen und Bodenverunreinigungen (Kies- und Toneinlagerungen) sind durch geeignete Arbeitsmethoden zu vermeiden. Die Lößverspülung wurde früher nur im Südrevier – Tagebau Frechen, Tagebau Theresia, Kippe Berrenrath – angewendet. Hier wurde der Löß in einer Mächtigkeit von 1,10–1,20 m in Poldern eingespült.

Behandlung des kulturfähigen Bodenmaterials nach dem Aufbringen

Die neuen Flächen sind frühestmöglich in Kultur zu nehmen und zunächst nach einem besonderen Verfahren (Zwischenbewirtschaftung) zu bearbeiten. Bei der nachfolgenden Bewirtschaftung sind heute die „Bewirtschaftungsempfehlungen für Neulandböden" aus der Vereinbarung zwischen dem Rheinischen Landwirtschaftsverband e. V. und der Rheinbraun AG vom 7.2.1990 einzuhalten. Soweit Schadstellen auf den Neulandflächen erkennbar werden, sind diese bei geeigneter Witterung zu sanieren.

Überwachung und Dokumentation

Der Bergwerksunternehmer hat eine verantwortliche Person zu benennen, die alle Maßnahmen von der Lößgewinnung bis zum Abschluß der Wiedernutzbarmachung überwachen soll. Gemäß der bereits erwähnten Marksch-BergV sowie der Unterlagen-Bergverordnung (Unterlagen-BergV) vom 11.11.1982 sind im Wiedernutzbarmachungsriß sowie in der -statistik jährlich Auskünfte zur Wiedernutzbarmachung zu geben.

Weiterhin werden dem Bergamt jährlich folgende Unterlagen vorgelegt:

- *Lößbilanzen (Gegenüberstellung der jährlich im Abbaubereich anstehenden Lößmassen – Angebot – und der im gleichen Zeitraum mit Löß abzudeckenden Flächen – Bedarf –);*
- *Angaben zu Besonderheiten der hergestellten Oberflächen – wie Gerätetransporttrassen, Immissionsschutzdämme –;*
- *Angaben über das Bodenmaterial der Rohkippe;*
- *Luftbildaufnahmen (schwarzweiß) der neuen Flächen mit Kommentierung;*
- *Höhenliniendarstellung der neuen Lößoberflächen sowie Lößmächtigkeiten im Rasterabstand von 50 m;*
- *Längsprofile durch die Lößlagerstätte.*

1.3 Bergverordnungen

Neben den erwähnten Bergverordnungen (Unterlagen-BergV und Marksch-BergV) enthält die Bergverordnung des Landesoberbergamtes NRW für die Braunkohlenbergwerke (BVOBr) in der Fassung vom 20.11.1981 Bestimmungen zur Wiedernutzbarmachung. So regelt die BVOBr die Behandlung und Verwendung kulturfähiger Bodenschichten, die Unterbringung der Abraummassen, die unverzügliche Wiedernutzbarmachung neu entstandener Flächen auf Innen- und Außenkippen oder sonstiger nicht mehr für den Betrieb genutzter Flächen sowie die Erschließung der neuen Flächen durch Wege (Hauptwegenetz). Weiterhin enthält die BVOBr Anforderungen an die Oberflächenentwässerung und an die Höhenlage der neuen Flächen in bezug auf den voraussichtlichen künftigen Grundwasserstand. Die Grundlage für den Erlaß von Bergverordnungen bilden die §§ 65–67 BBergG. Der Anwendungsbereich der Bergverordnungen ist mit dem Geltungsbereich des BBergG identisch. Die Bestimmungen der Bergverordnungen haben Gesetzescharakter.

1.4 Bergaufsicht

Zuständig für die Bergaufsicht sind in allen Bundesländern die Bergämter, so im Rheinischen Braunkohlenrevier das Bergamt Düren. Entsprechende Regelungen enthalten die §§ 69–74 BBergG.

Durch die Bergaufsicht soll gewährleistet sein, daß die Vorschriften des Bundesberggesetzes und der Bergverordnungen beachtet sowie Anordnungen und zugelassene Betriebspläne eingehalten werden. Die Bergaufsicht umfaßt sowohl die innere Sicherheit der Bergbaubetriebe mit Arbeits- und Gesundheitsschutz als auch den Umweltschutz und die Wiedernutzbarmachung der vom Bergbau in Anspruch genommenen Flächen. Zur Überwachung der Wiedernutzbarmachung dienen dem Bergamt

- das Betriebsplanverfahren
- die Unterlagen und Angaben (wie das bergbauliche Rißwerk, Statistiken, Luftbilder)
- die Kontrollbefahrungen der Betriebe

Die Kontrollbefahrungen dienen in erster Linie der Betriebsüberwachung, in diesem Falle der Einhaltung der Abschlußbetriebspläne. Dabei können jeweils räumlich und v. a. zeitlich nur enge Abschnitte aus dem Betriebsgeschehen erfaßt werden. Überwachungskriterien sind hierbei insbesondere die Mächtigkeit und Beschaffenheit des gerade aufgeschütteten kulturfähigen Bodenmaterials und der Rohkippe, die Arbeitsweise beim Lößauftragen und -planieren sowie der Zustand fertiggestellter Flächen. Dagegen erlauben die Unterlagen und Angaben einen Überblick über größere räumliche Bereiche und zeitliche Abschnitte. Anhand der Luftbilder, die jeweils im Frühjahr aufgenommen werden, können Vernässungsstellen, die auf Verdichtungen im Untergrund schließen lassen, gut festgestellt werden. Die Darstellungen in den Lößmächtigkeitskarten ergeben schnell ein Bild über die Einhaltung der Mindestmächtigkeiten. Die Lößbilanzen, die sich auf die Bodenkartierung des Geologischen Landesamtes NRW stützen und durch laufende Untersuchungen im Abbaubereich weiter abgesichert werden, ergeben ein Bild über die Verfügbarkeit und den Bedarf für das gesamte Braunkohlenrevier als Vorschau für jeweils ein Jahr. Bezogen auf die Abbaufläche eines einzelnen Tagebaues geben die Bodenkartierungen des Geologischen Landesamtes NRW Auskunft über den dort anstehenden Löß und ermöglichen eine erste allgemeine Abschätzung, ob für die Wiedernutzbarmachung eine ausreichende Menge Löß vorhanden ist. Ziel der Bergaufsicht muß es u. a. sein sicherzustellen, daß der wertvolle verwertbare (geeignete) Löß insgesamt für die Zwecke der Wiedernutzbarmachung verwendet wird.

Im Rahmen der Bergaufsicht wird die Entwicklung der für landwirtschaftliche Zwecke wieder nutzbar gemachten Flächen mindestens während der ersten drei Jahre, d. h. der ersten zwei Fruchtfolgen (z. B. 2mal Luzerne, 1mal Getreide) verfolgt. Die nicht mehr unter Bergaufsicht stehende Folgebewirtschaftung soll für einen gewissen Zeitraum gemäß der bereits erwähnten Gewährleistungsvereinbarung durchgeführt werden.

Die Erstaufforstung der für die forstliche Nutzung hergerichteten Flächen erfolgt gemäß den sog. Forstkulturplänen, die dem Bergamt jeweils zum Herbst und Frühjahr eines jeden Jahres zur Zulassung vorgelegt werden; vor der Zulassung wird die Stellungnahme der Höheren Forstbehörde eingeholt. Die Forstkulturpläne bestehen aus Karten und Listen, die die Baum- und Straucharten, Verbände, Bodenarten sowie Lage, Größe und Neigung der einzelnen Flächen enthalten. Die Entwicklung dieser neuen Forstflächen wird im Rahmen der Bergaufsicht über mindestens zwei Jahre nach der Erstaufforstung verfolgt.

Gemäß § 69 BBergG endet die Bergaufsicht immer dann, wenn der Abschlußbetriebsplan ausgeführt worden ist und nach allgemeiner Erfahrung durch den Bergwerksbetrieb nicht mehr Gefahren für Leben und Gesundheit Dritter, für andere Bergbaubetriebe und für Lagerstätten oder gemeinschädliche Einwirkungen eintreten werden. Da Abschlußbetriebspläne in der Regel größere Flächen behandeln, kann auch für Teilflächen die Bergaufsicht enden, wenn die vorgenannten Voraussetzungen erfüllt sind. Nach Mitteilung des Bergbauunternehmers über die Durchführung des Abschlußbetriebsplanes und Prüfung durch das Bergamt informiert das Bergamt die künftig zuständigen Behörden – in der Regel die allgemeinen Ordnungsbehörden der Gemeinden – über das Ende der Bergaufsicht.

2 Wasserrechtliche Verfahren/Gewässeraufsicht

Im Rahmen der Wiedernutzbarmachung kommt den Maßnahmen der Oberflächenentwässerung eine besondere Bedeutung zu. Da die neuen Flächen in der 1. Phase ihrer Entwicklung frei oder nahezu frei von jeglicher Vegetation sind und die kulturfähige Bodenschicht aus umgelagertem Löß bzw. Forstkies (Rohböden) besteht, können bei fehlerhaftem oder für die 1. Phase unzureichendem oder zu spätem Ausbau der Oberflächenentwässerung schwere Schäden auf den Neulandflächen selbst, aber auch in den benachbarten Gebieten entstehen. Ein Teil der Anlagen für die Oberflächenentwässerung ist als „Gewässer" im Sinne des Wasserhaushaltsgesetzes (WHG) zu betrachten. Für den Ausbau dieser „Gewässer" ist neben den Regelungen im bergrechtlichen Abschlußbetriebsplan zusätzlich eine wasserrechtliche Planfeststellung bzw. Plangenehmigung nach § 31 WHG in Verbindung mit § 104 Landeswassergesetz NRW (LWG NRW) erforderlich.

„Gewässer" im Bereich der wiedernutzbargemachten Flächen können sein:

- Wichtige und auf Dauer zu erhaltende Gräben
- Auen mit z. T. verlegten Bächen oder Flüssen sowie die dazugehörigen Feuchtbiotope
- Teiche und Restseen

Diese wasserrechtlichen Verfahren sollen möglichst zeitlich parallel und, – abgesehen von einigen zusätzlichen Angaben, so zu dem Grundeigentum –, inhaltlich übereinstimmend zu den jeweiligen bergrechtlichen Abschlußbetriebsplänen geführt werden. Damit wird eine spätere Anpassung oder Nachbesserung des einen oder anderen Verfahrens vermieden. Zuständige Behörde für die Durchführung derartiger wasserrechtlicher Verfahren ist das Landesoberbergamt NRW; das Bergamt wird im Bescheid des Landesoberbergamtes NRW in der Regel für die Überwachungsaufgaben als zuständig benannt, da gemäß LWG NRW in den der Bergaufsicht unterliegenden Betrieben das Bergamt die Gewässeraufsicht wahrnimmt.

3 Rückblick und Ausblick

Die Wiedernutzbarmachung hat im Bergbau schon eine lange Tradition. Seit Jahrhunderten gibt es Regeln und Vorschriften, mit denen versucht wurde, die Folgen der Eingriffe des Bergbaus in die Erdschichten zu beheben. Diese Regeln und Vorschriften unterlagen und unterliegen den jeweiligen Anschauungen und Erkenntnissen. Sie waren auch abhängig von den herrschenden Zeitumständen; in Notzeiten kam die planmäßige Wiedernutzbarmachung bisweilen zum Erliegen. Allerdings sind die Eingriffe des früheren Bergbaus, was Intensität und Umfang betrifft, nur bedingt mit dem heutigen Bergbau vergleichbar. Aus diesem Grund, aber auch wegen des wachsenden Umweltbewußtseins der Gesellschaft sind die Anforderungen an die Qualität der Wiedernutzbarmachung gestiegen. Die Erfahrungen und wissenschaftlichen Erkenntnisse aus früherer Wiedernutzbarmachung werden bei der aktuellen Wiedernutzbarmachung jeweils umgesetzt. Die positiven Auswirkungen sind unübersehbar. Dieser Entwicklungsprozeß wird andauern, so daß auch zukünftig Fortschritte bei der Wiedernutzbarmachung zu erzielen sein werden beispielsweise mit einer schonenderen Behandlung der Böden oder mit einer beschleunigteren Anhebung des Humusgehaltes.

4 Zusammenfassung

Das Bundesberggesetz bildet die wesentliche gesetzliche Grundlage für die Wiedernutzbarmachung. Die im Zusammenhang mit der Wiedernutzbarmachung wichtigen Begriffe aus dem Bundesberggesetz, wie

- Geltungsbereich, bergbauliche Tätigkeiten,
- bergfreie und grundeigene Bodenschätze,
- Begriffsbestimmung „Wiedernutzbarmachung",
- Ziele der Wiedernutzbarmachung,
- Betriebspläne, Betriebsplanarten und Zulassungsverfahren

werden dargestellt.

Es wird der Zusammenhang zwischen den bergrechtlichen Betriebsplänen und den landesplanerischen Vorgaben der Braunkohlenpläne gemäß dem Landesplanungsgesetz NRW erläutert sowie auf die nachfolgenden Flurbereinigungsverfahren zur Neuordnung der Eigentumsverhältnisse hingewiesen.

Durch besondere Verwaltungsvorschriften (Richtlinien) des Landesoberbergamtes NRW zur forstwirtschaftlichen bzw. landwirtschaftlichen Rekultivierung ist das Bergamt gehalten, bestimmte Anforderungen an die Wiedernutzbarmachung im Betriebsplanverfahren durchzusetzen. In diesen Richtlinien werden u. a.

- die Beschaffenheit des kulturfähigen Bodenmaterials
- das Aufbringen des Bodenmaterials und
- die Dokumentation

behandelt.

Schließlich werden die Bestimmungen zur Wiedernutzbarmachung in den verschiedenen Bergverordnungen erwähnt sowie die Bergaufsicht durch das Bergamt dargestellt.

Beitrag der Landschaftsplanung zur Braunkohlenplanung, insbesondere zur Rekultivierung

ALBERT SCHMIDT

1 Bundesgesetzliche Vorgaben und Aufgaben der Landschaftsplanung

Mit dem Inkrafttreten des Bundesnaturschutzgesetzes (BNatSchG) am 24.12.1976 wurde die Landschaftsplanung erstmalig gesetzlich geregelt. Das BNatSchG in der Fassung der Bekanntmachung vom 12.3.1987 (BGBl. S. 889), zuletzt geändert durch Gesetz vom 12.2.1990, hat in den §§ 5 und 6 mit rahmenrechtlichen Vorgaben für die Länder die mehrstufige Landschaftsplanung mit Landschaftsprogramm, Landschaftsrahmenplan und Landschaftsplan/Grünordnungsplan eingeführt. Da der Bundesgesetzgeber den Bundesländern nur den gesetzlichen Rahmen vorgegeben hat, haben diese die überörtliche und die örtliche Landschaftsplanung in den Ländernaturschutzgesetzen hinsichtlich der rechtlichen Verbindlichkeit, des Erarbeitungsverfahrens und des Inhalts unterschiedlich geregelt. Bundesweit bedürfen die Inhalte der überörtlichen Landschaftsplanung immer der Integration in die Landes- und Regionalpläne, um verbindlich zu werden. Bei der örtlichen Landschaftsplanung hat Nordrhein-Westfalen den Landschaftsplan als eine eigenständige, verbindliche Planung ausgestaltet.

Die Landschaftsplanung hat gem. BNatSchG auf den verschiedenen Planungsebenen die Erfordernisse und Maßnahmen zur Verwirklichung der Ziele des Naturschutzes und der Landschaftspflege darzustellen. Aus § 1 Abs. 1 BNatSchG leitet sich für die Landschaftsplanung die Querschnittsaufgabe ab, für die Erhaltung, Pflege und Entwicklung der „Leistungsfähigkeit des Naturhaushaltes, der Nutzungsfähigkeit der Naturgüter, der Pflanzen- und Tierwelt sowie der Vielfalt, Eigenart und Schönheit von Natur und Landschaft" zu sorgen. Diese umfassende Aufgabenstellung erfordert es, daß die Landschaftsplanung auf einer möglichst umfassenden ökologischen Grundlage erarbeitet wird und sich als eine raumbezogene Fachplanung inhaltlich je nach Planungsebene auf die Mitwirkung bei der räumlichen Gesamtplanung bzw. bei anderen Fachplanungen ausrichtet.

Der Bundesgesetzgeber hat im BNatSchG als unmittelbar geltendes Bundesrecht neben den erwähnten Zielen gem. § 1 im § 2 Grundsätze für Naturschutz und Landschaftspflege eingeführt. In diesen Grundsätzen, die gleichrangig neben anderen Anforderungen der Allgemeinheit an Natur und Landschaft stehen und der Abwägung unterliegen, wird unter Ziff. 5 der für das zu bearbeitende Thema relevante Abbau von Bodenschätzen genannt. Mit dem Instrument der Landschaftsplanung und den diesbezüglichen Vorschriften anderer Fachgesetze ist dafür Sorge zu tragen, daß beim Abbau von Bodenschätzen „die Vernichtung wertvoller Landschaftsteile oder Landschaftsbestandteile vermieden wird und dauernde Schäden des Naturhaushalts verhütet werden. Unvermeidbare Beeinträchtigungen von Natur und Landschaft durch die Aufsuchung und Gewinnung von Bodenschätzen und durch Aufschüttung sind durch Rekultivierung oder naturnahe Gestaltung auszugleichen."

2 Die Landschaftsplanung als Entscheidungshilfe bei der Eingriffsregelung und bei Umweltverträglichkeitsprüfungen

Mit der Einführung der Verursacherhaftung für den Bereich von Naturschutz und Landschaftspflege durch die naturschutzrechtliche Eingriffsregelung sowie von Umweltverträglichkeitsprüfungen auf der Grundlage des Umweltverträglichkeitsgesetzes (UVPG)[1] hat die Landschaftsplanung auch in ihrer Funktion als ein Instrument der Umweltvorsorge erheblich an Bedeutung gewonnen.

Der Bundesgesetzgeber hat im § 8 BNatSchG als Eingriffe in Natur und Landschaft „Veränderungen der Gestalt oder Nutzung von Grundflächen" definiert, „die die Leistungsfähigkeit des Naturhaushalts oder

[1] Gesetz zur Umsetzung der Richtlinie des Rates vom 27.7.1985 über die Umweltverträglichkeitsprüfung bei bestimmten öffentlichen und privaten Projekten vom 12.2.1990.

das Landschaftsbild erheblich oder nachhaltig beeinträchtigen können". Im nordrhein-westfälischen Landschaftsgesetz (LG) ist im § 4 Abs. 2 unter Ziff. 1. die oberirdische Gewinnung von Bodenschätzen als Eingriff aufgeführt. Der Verursacher eines Eingriffs ist über mehrere Verfahrensschritte, die der Prüfung der Möglichkeiten von Vermeidung und Verminderung dienen, verpflichtet, unvermeidbare Beeinträchtigungen von Natur und Landschaft durch Maßnahmen des Naturschutzes und der Landschaftspflege auszugleichen sowie bei nicht ausgleichbaren, aber vorrangigen Eingriffen in Natur und Landschaft Ersatzmaßnahmen durchzuführen. Zuständig für Entscheidungen nach den §§ 4 und 5 LG beim Abbau von Bodenschätzen, die dem Bergrecht unterliegen, sind in Nordrhein-Westfalen die Bergämter.

In einer Verordnung über die Umweltverträglichkeitsprüfung bergbaulicher Vorhaben (UVP-V Bergbau) vom 13.7.1990 (BGBl.I S. 1420) hat der Bundesgesetzgeber auf der Grundlage der Anlage zu § 3 UVPG und der §§ 57 a ff. des Bundesberggesetzes in der Fassung der Bekanntmachung vom 12.2.1990 (BGBl.I S. 215) darüber hinaus in einer Liste die betriebsplanpflichtigen Vorhaben festgelegt, die der Umweltverträglichkeitsprüfung bedürfen. In NRW ist gem. § 24 Landesplanungsgesetz für Vorhaben zum Abbau von Braunkohle einschließlich Haldenflächen die Umweltverträglichkeit nach Maßgabe des Bundesberggesetzes im Braunkohlenplanverfahren zu prüfen. Die Eingriffsregelung ist spätestens beim Abschlußbetriebsplan anzuwenden, da die stufenweise Durchführung der UVP im bergrechtlichen Betriebsplanverfahren auch nur eine stufenweise Berücksichtigung der Naturschutzbelange zuläßt (s. Abschn. 4.4). Sowohl für das bergrechtliche Betriebsplanverfahren mit der Festlegung von Art und Umfang der Wiedernutzbarmachung der Oberfläche als auch für evtl. notwendige Ausgleichs- und Ersatzmaßnahmen im Abschlußbetriebsplan ist der Landschaftsplan neben dem Braunkohlenplan eine wichtige Grundlage.

3 Landesentwicklungsprogramm und Landesentwicklungspläne mit landschaftsplanerischen Zielaussagen

3.1 Landesentwicklungsprogramm

Auf der Ebene der Landesplanung hat Nordrhein-Westfalen die überörtlichen Erfordernisse und Maßnahmen zur Verwirklichung der Ziele des Naturschutzes und der Landschaftspflege in das landesplanerische Instrumentarium für die Zielaussagen von Raumordnung und Landesplanung integriert. Rechtsgrundlage dafür ist das Gesetz zur Landesentwicklung (Landesentwicklungsprogramm/LEPro) in der Fassung der Bekanntmachung vom 5.10.1989 und das Landesplanungsgesetz (LPlG) in der Fassung der Bekanntmachung vom 5.10.1989, zuletzt geändert durch Gesetz vom 2.3.1993. Für die landschaftsplanerischen Aussagen des LEPro sind v. a. die §§ 2 und 32 von Bedeutung. Paragraph 2 enthält die Grundsätze für den Schutz der natürlichen Lebensgrundlagen, plädiert für einen sparsamen und schonenden Umgang mit den Naturgütern und stellt unter Bezugnahme auf die zu erhaltende bzw. wiederherzustellende nachhaltige Leistungsfähigkeit des Naturhaushaltes die Sicherung und Entwicklung des Freiraumes als besonders wichtig heraus. Im § 32 werden die Ziele von Naturschutz und Landschaftspflege, die bei der räumlichen Entwicklung des Landes zu beachten sind, mit konkreten Hinweisen dargestellt. Oberirdische Erdaufschlüsse sind grundsätzlich – möglichst unter räumlicher Konzentration – so vorzunehmen, daß die Beeinträchtigung von Natur und Landschaft, der Grundwasserverhältnisse und des Klimas soweit wie möglich vermieden werden und im Einflußbereich der Maßnahme keine nachhaltigen Schäden des Naturhaushaltes und des Landschaftsbildes verbleiben. Die Ziele von Naturschutz und Landschaftspflege gem. § 32 sind insbesondere mit den §§ 18 und 25 des LEPro in Einklang zu bringen, in denen die Standortgebundenheit der Mineralgewinnung, die Unvermehrbarkeit der mineralischen Rohstoffe einschließlich deren Bedeutung für die Energiewirtschaft sowie die Notwendigkeit einer vorsorgenden Sicherung und geordneten Aufsuchung und Gewinnung dieser Rohstoffe dargestellt werden.

Die Grundsätze des LEPro unterliegen der Abwägung. Sie gelten für Behörden unmittelbar. Die allgemeinen Ziele der Raumordnung und Landesplanung sind bei allen raumbedeutsamen Planungen und Maßnahmen zu beachten.

3.2 Landesentwicklungsplan III

Das Landesentwicklungsprogramm ist nach Maßgabe des Landesplanungsgesetzes in Landesentwicklungsplänen (LEP) zu entfalten. Zuständig für die Erarbeitung ist die Landesplanungsbehörde. Sie stellt den LEP im Einvernehmen mit dem für die Landesplanung zuständigen Ausschuß des Landtages und den fachlich zuständigen Landesministern auf. Die aus textlichen und zeichnerischen Darstellungen sowie einem Erläuterungsbericht bestehenden Landesentwicklungspläne werden mit ihrer Bekanntmachung Ziele der Raumordnung und Landesplanung, die von allen Behörden zu beachten sind.

Bisher sind fünf Landesentwicklungspläne aufgestellt worden. Die Landesregierung beabsichtigt, diese in einem Landesentwicklungsplan zusammenzufassen, um ein einheitliches landesplanerisches Zielsystem zu erreichen. Die wichtigsten der insbesondere im § 32 des LEPro dargestellten Ziele von Naturschutz und Landschaftspflege sind im LEP III „Umweltschutz durch Sicherung von natürlichen Lebensgrundlagen (Freiraum, Natur und Landschaft, Wald, Wasser, Erholung)" vom 15.9.1987 entfaltet worden. Im LEP III wurden Gebiete für den Schutz der Natur, Feuchtgebiete internationaler Bedeutung, Waldgebiete, Uferzonen und Talauen, Grundwasservorkommen, Grundwassergefährdungsgebiete, Einzugsgebiete von Talsperren sowie Erholungsgebiete im Maßstab 1 : 200 000 dargestellt. Die Abgrenzung schutzwürdiger Gebiete erfolgte auf der Grundlage eines von der Landesanstalt für Ökologie, Landschaftsentwicklung und Forstplanung (LÖLF) gem. § 14 des Landschaftsgesetzes erstellten Fachbeitrages.

Im April 1993 hat das Ministerium für Umwelt, Raumordnung und Landwirtschaft (MURL) einen 2. Entwurf zur Änderung/Ergänzung des LEP III erarbeitet und das Beteiligungsverfahren eingeleitet. Die im LEP III-Entwurf abgegrenzte Fläche der Gebiete für den Schutz der Natur beträgt nunmehr 10 % der Landesfläche. Diese Darstellung ist jedoch nicht gleichbedeutend mit einer daraus resultierenden Festsetzung von Naturschutzgebieten. Die Gebiete für den Schutz der Natur sollen vielmehr mit den Feuchtgebieten von internationaler Bedeutung rahmensetzend für ein landesweites Biotopverbundsystem gesichert werden. In einer dem LEP III-Entwurf als Anlage beigefügten Karte sind 12 „Naturreservate" dargestellt worden, in denen künftig die Ziele von Naturschutz und Landschaftspflege vorbildlich verwirklicht werden sollen. Der im LEP III abgegrenzte Freiraum ist auf den folgenden Planungsstufen zu entwickeln bzw. auf der jeweiligen Darstellungsebene zu ergänzen. In diesem Zusammenhang ist auch im Einzelfall zu entscheiden, welche Art des förmlichen Schutzes zweckmäßig ist. Bei der unabweisbaren Inanspruchnahme von Gebieten für den Schutz der Natur oder von international bedeutsamen Feuchtgebieten – z. B. durch den Abbau von Bodenschätzen – ist durch geeignete Maßnahmen Ausgleich oder Ersatz zu schaffen.

Ende der 80er Jahre hatte die Landesregierung die Absicht verfolgt, gemeinsam mit einer Fortschreibung des LEP III in einem weiteren Landesentwicklungsplan (LEP V) Gebiete für die Sicherung von Lagerstätten darzustellen. Damit sollten bereits auf der Ebene der Landesplanung Nutzungskonflikte zwischen der Sicherung von Rohstoffen und des Freiraumes ausgeräumt werden. Das Erarbeitungsverfahren zur landesplanerischen Sicherung von Lagerstätten wurde nicht zu Ende geführt. Die Inhalte sollen nunmehr bei der Zusammenführung aller Landesentwicklungspläne zu einem Gesamt-LEP aufgenommen werden.

4 Gebietsentwicklungs- und Braunkohlenpläne als Instrumente zur Berücksichtigung ökologischer Ziele und Belange auf regionaler Ebene

4.1 Gebietsentwicklungsplan

Der Gebietsentwicklungsplan (GEP), der in Nordrhein-Westfalen gem. § 15 Landschaftsgesetz (LG) auch die Funktion eines Landschaftsrahmenplanes erfüllt, konkretisiert die Ziele des LEPro – insbesondere jedoch des LEP III – zu Natur und Landschaft, entwickelt sie fort und ergänzt sie auf seiner Darstellungsebene. Gemäß § 14 Abs. 2 LPlG erfüllt der GEP auch die Funktion eines forstlichen Rahmenplanes nach dem Bundeswaldgesetz.

Der Gebietsentwicklungsplan besteht aus textlichen und zeichnerischen Darstellungen, sein Maßstab beträgt 1 : 50 000. Das Erarbeitungsverfahren führt die Bezirksplanungsbehörde beim Regierungspräsidenten durch, dessen Bezirksplanungsrat den GEP aufstellt, bevor ihn die Bezirksplanungsbehörde mit einem Bericht der beim MURL angesiedelten Landesplanungsbehörde zur Genehmigung vorlegt. Mit der Bekanntmachung der Genehmigung entfalten auch die in einem GEP dargestellten Ziele und Erfordernisse von Naturschutz und Landschaftspflege behördenverbindliche Wirkungen und sind sowohl bei der Aufstellung von Landschaftsplänen als auch bei Plänen anderer Fachplanungsbehörden zu berücksichtigen.

4.2 Ökologischer Fachbeitrag als Grundlage des GEP in seiner Funktion als Landschaftsrahmenplan

Die Gesamtkonzeption eines GEP ist darauf ausgerichtet, Konflikte zwischen konkurrierenden oder sich überlagernden Nutzungen und Funktionen einerseits und den Belangen der Ökologie andererseits zu vermeiden oder zu minimieren und die natürlichen Lebensgrundlagen in Ihrer Funktionsfähigkeit zu sichern. Vor allem die letzte Anforderung setzt voraus, daß im GEP die regionalen Erfordernisse und Maßnahmen zur Verwirklichung der Ziele von Naturschutz und Landschaftspflege möglichst umfassend dargestellt werden. Erst dann erfüllt der GEP die Funktion eines Landschaftsrahmenplanes, wie es § 5 BNatSchG, § 15 LG sowie § 14 LPlG fordern. Damit der GEP seiner Funktion als Landschaftsrahmenplan gerecht werden kann, erarbeitet die LÖLF gem. § 14 LG für die Bezirksplanungsbehörde einen ökologischen Fachbeitrag. Sein regionalplanerisch relevanter Inhalt ist auf die Integration in den GEP angelegt, die abschließende Entscheidung über Art und Umfang der Integration obliegt dem Bezirksplanungsrat auf Vorschlag der Bezirksplanungsbehörde.

Der ökologische Fachbeitrag besteht aus Texten, Tabellen und Karten. Er ist einerseits Entscheidungsgrundlage für die Bezirksplanungsbehörde bei der Abgrenzung der speziellen Bereiche für Naturschutz und Landschaftspflege, andererseits ermöglicht er es ihr, die konkreten Belange von Naturschutz und Landschaftspflege in die Abwägung über konkurrierende Nutzungsansprüche einzubeziehen. Zu diesem Zweck werden im ökologischen Fachbeitrag die natürlichen Landschaftsfaktoren beschrieben und landschaftsökologische Raumeinheiten ausgegliedert, in denen die Ausprägung der natürlichen Landschaftsfaktoren nahezu gleich strukturiert ist. Damit wird es möglich, die vorliegenden ökologischen Verhältnisse in abgegrenzten Bereichen zu vergleichen und die Reaktion auf Störfaktoren einzuschätzen. Darüber hinaus werden regionalplanerische Empfehlungen zum Schutz, zur Pflege und zur Entwicklung von Natur und Landschaft gemacht.

Den in einem GEP darzustellenden Bereichen liegt das Planzeichenverzeichnis zu § 2 Abs. 2 der Dritten Durchführungsverordnung zum Landesplanungsgesetz vom 5. Februar 1980 zugrunde. Für die Funktion des GEP als Landschaftsrahmenplan sind insbesondere die in Abb. 1 abgebildeten Planzeichen von Bedeutung. Die Verknüpfung mit der Braunkohlenplanung erfolgt v. a. über die Darstellung von „Bereichen für die oberirdische Gewinnung von Bodenschätzen", „Bereichen für Aufschüttungen" und „Bereichen für eine besondere Pflege und Entwicklung der Landschaft" im GEP. Das Planzeichen für eine besondere Pflege und Entwicklung der Landschaft kann zur Darstellung eines bestimmten Zieles bei der oberirdischen Gewinnung von Bodenschätzen und bei Aufschüttungen zusätzlich verwendet werden.

Für das im § 25 LPlG definierte Braunkohlenplangebiet, dessen Abgrenzung „durch die Gebiete für den Abbau, die Außenhalden und die Umsiedlungen sowie die Gebiete, deren oberster Grundwasserleiter durch Sümpfungsmaßnahmen beeinflußt wird" bestimmt ist, werden getrennt nach Abbauvorhaben Braunkohlenpläne aufgestellt. Dies kann – wie beim GEP – auch in sachlichen und räumlichen Teilabschnitten erfolgen.

Die Braunkohlenpläne legen gem. § 24 Abs. 1 LPlG „in Abstimmung mit den Gebietsentwicklungsplänen im Braunkohlenplangebiet Ziele der Raumordnung und Landesplanung fest, soweit es für eine geordnete Braun-

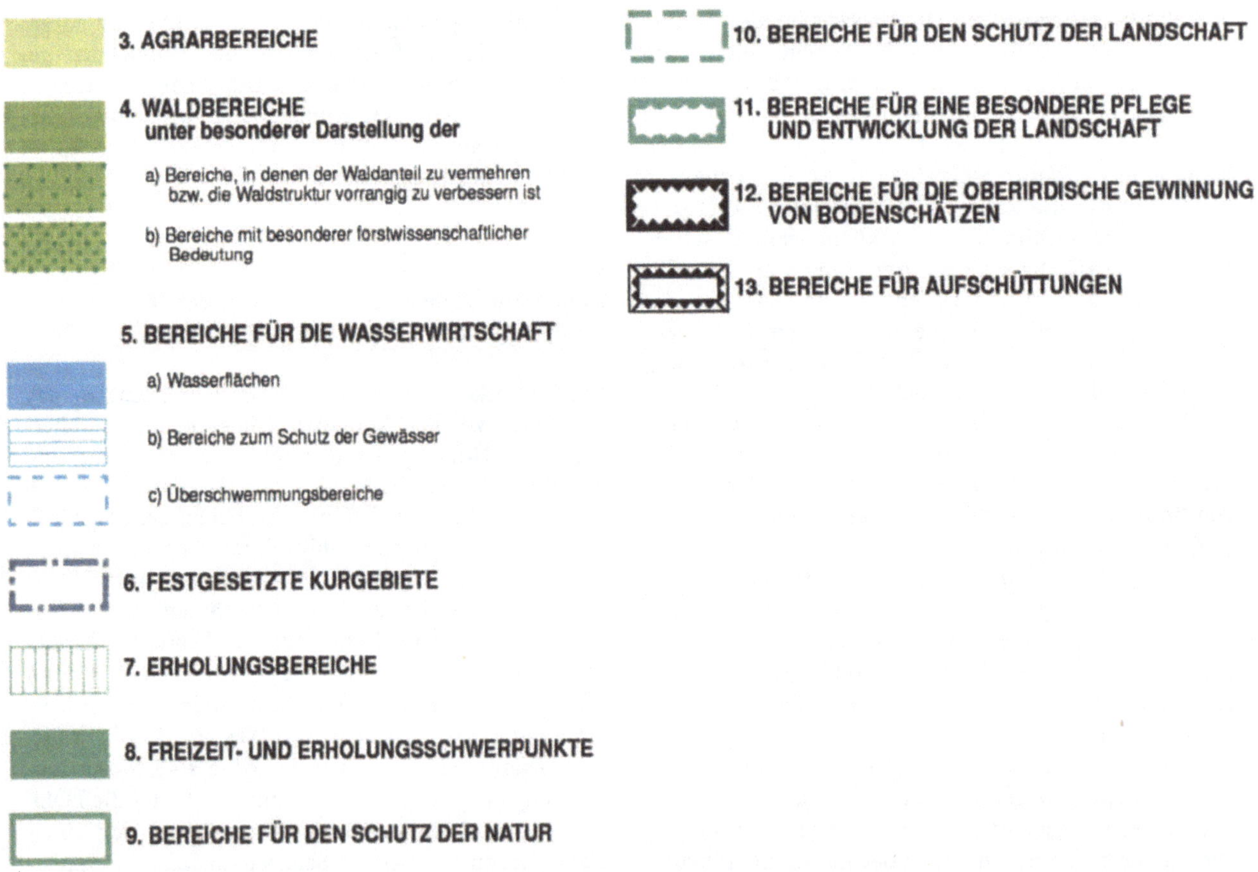

Abb. 1. Auszug aus den Anlagen 1 und 2 zu § 2 Abs. 2 sowie § 3 Abs. 1 der Dritten Durchführungsverordnung zum Landesplanungsgesetz des Landes Nordrhein-Westfalen vom 5.2.1980

kohlenplanung erforderlich ist". Die damit herbeigeführte enge Verknüpfung zwischen dem GEP und dem Braunkohlenplan legt es nahe, daß der ökologische Fachbeitrag der LÖLF zum GEP auch im Rheinischen Braunkohlenplangebiet für die verschiedenen Verfahren wichtige Entscheidungsgrundlagen liefern kann. Zum einen ermöglicht er es, bei Entscheidungen über die Abgrenzung künftiger Abbaugebiete die naturschutzwürdigen Flächen, schutzwürdigen Biotope, die gegenüber Grundwasserabsenkungen empfindlichen Biotope sowie exponierte Geländestrukturen mit besonderer Bedeutung für das Landschaftsbild zu erkennen. Zum anderen sind aus dem ökologischen Fachbeitrag bzw. den darin dargestellten landschaftsökologischen Raumeinheiten Gebiete mit geringem Grundwasserflurabstand sowie Bereiche mit hoher Grundwasserverschmutzungsgefahr ablesbar. Darüber hinaus wird durch Vorschläge für die Abgrenzung von „Bereichen für eine besondere Pflege und Entwicklung der Landschaft" angegeben, welche besonderen Aufwendungen im Rahmen der Rekultivierung zur Wiederherstellung der Leistungsfähigkeit des Naturhaushaltes und zur Verbesserung des Landschaftsbildes notwendig sind.

In dem ökologischen Fachbeitrag der LÖLF zum GEP für den Regierungsbezirk Köln, Teilabschnitt Kreis und Stadt Aachen, wurden z. B. für Rekultivierung und Wiederherstellung der Flächen nach Abschluß des Abbauvorhabens folgende konkrete Empfehlungen ausgesprochen:

- Abbauvorhaben sollten in zeitlich überschaubare Abschnitte unterteilt und als den Abbau begleitende Teilrekultivierungen durchgeführt werden, um die Beeinträchtigung benachbarter Gebiete gering zu halten.
- Bei der Rekultivierung sollten die sich durch den Abbau bietenden Möglichkeiten genutzt werden, um neue Lebensräume als Sekundärbiotope für gefährdete Pflanzen und Tierarten zu schaffen. Dieses Ziel kann dadurch erreicht werden, daß an geeigneten Standorten auf eine aufwendige Rekultivierung verzichtet und den Ansprüchen von Sekundärbiotopen durch die Herstellung nährstoffarmer Standorte, z. B. bei der Begrünung von Halden oder der Gestaltung von Böschungen, Rechnung getragen wird. Wenn möglich, sollte auf ca. 15 % der wiederherzustellenden Gesamtfläche den Belangen des Biotop- und Artenschutzes Priorität eingeräumt werden.
- Die Grundwassergewinnung sollte auf eine nachhaltige Nutzung der natürlichen Ressourcen abgestellt und mit den Erfordernissen von Naturschutz und Landschaftspflege sowie der Land- und Forstwirtschaft in Einklang gebracht werden.
- Soweit durch Sümpfungsmaßnahmen ökologisch wertvolle Feuchtgebiete betroffen sind, ist der Einhaltung bestimmter Grundwasserflurabstände – ggf. durch die Wiedereinleitung von geeignetem Sümpfungswasser – besondere Rechnung zu tragen. Die an die Gewässergüte zu stellenden Anforderungen sind zu beachten.

Grundsätzlich sollte versucht werden, Empfehlungen für die Rekultivierung und landschaftliche Eingliederung von Abbauvorhaben im regionalplanerischen Maßstab zu typisieren. Aufbauend auf den naturräumlichen Gegebenheiten sollten sich die verschiedenen Rekultivierungstypen nach der angestrebten Form der Wiedernutzbarmachung bzw. Wiederherstellung der Landschaftsstruktur richten.

4.3 Braunkohlenpläne und Betriebspläne

Auch die Braunkohlenpläne bestehen gem. § 24 LPlG aus textlichen und zeichnerischen Darstellungen, deren Maßstab 1 : 5 000 oder 1 : 10 000 beträgt. Das Erarbeitungsverfahren führt die Bezirksplanungsbehörde beim Regierungspräsidenten Köln durch. Nach Abschluß des Erarbeitungsverfahrens stellt der Braunkohlenausschuß, der als Sonderausschuß des Bezirksplanungsrates des Regierungspräsidenten Köln für das Braunkohlenplangebiet eingerichtet worden ist, den Braunkohlenplan auf. Über die Genehmigung von Braunkohlenplänen entscheidet wie beim GEP die Landesplanungsbehörde im Einvernehmen mit den fachlich zuständigen Landesministern. Die Genehmigung setzt voraus, daß die Braunkohlenpläne gem. § 34 LPlG den „Erfordernissen einer langfristigen Energieversorgung gem. LEPro entsprechen und sie die sozialen Belange der vom Braunkohlentagebau Betroffenen als auch des Umweltschutzes angemessen berücksichtigen". Die Braunkohlenpläne werden mit der Bekanntmachung der Genehmigung Ziele der Raumordnung und Landesplanung und entfalten behördenverbindliche Wirkungen. Die Betriebspläne nach dem Bundesberggesetz (BBergG) für die im Braunkohlenplangebiet gelegenen bergbaulichen Betriebe sind mit denen des Braunkohlenplanes in Einklang zu bringen.

In den Braunkohlenplänen sind gem. § 24 LPlG insbesondere die Abbaugrenzen und die Haldenflächen einschließlich ihrer Sicherheitslinien sowie die Umsiedlungsflächen und die Räume für Erschließung, Ver- und Entsorgung usw. mit den Planzeichen der Abb. 1 festzulegen. Die textlichen Darstellungen müssen Angaben enthalten über die Grundzüge der Oberflächengestaltung und Wiedernutzbarmachung in Abbau- und Aufschüttungsgebieten einschließlich der im Rahmen der Rekultivierung angestrebten Landschaftsentwicklung sowie über sachliche, räumliche und zeitliche Abhängigkeiten. Hierzu bietet es sich an, den ökologischen Fachbeitrag zum GEP heranzuziehen.

Der Abbau von Braunkohle und die Durchführung der sich aus den Braunkohlenplänen gem. § 24 in Verbindung mit § 34 LPlG ableitenden Rekultivierungsmaßnahmen erfolgt aufgrund bergbaulicher Betriebspläne, die vom zuständigen Bergamt zuzulassen sind. Die von der Bergbehörde im Rahmen der Betriebsplangenehmigung nach § 5 LG auszusprechenden Verpflichtungen für Ausgleichs- und Ersatzmaßnahmen bei der Realisierung des Abbaus und der Aufschüttungen (s. Abschn. 2) bedürfen des Benehmens mit der Unteren Landschaftsbehörde. Die Bezirksplanungsbehörde Köln hat die sich aus den Kompensationsverpflichtungen ergebenden Auswirkungen auf die Braunkohlenplanung bei der Erarbeitung des Entwurfes des Braunkohlenplanes zu berücksichtigen. Sie fordert im Rahmen des Erarbeitungsverfahrens gem. zweiter Durchführungsverordnung zum Landesplanungsgesetz u. a. die LÖLF auf, zum Planentwurf Stellung zu nehmen. Im Rahmen ihrer Stellungnahme hat sich die LÖLF insbesondere zu Art und Umfang der vorgesehenen Ausgleichs- und Ersatzmaßnahmen für die bergbaulichen Eingriffe und deren Folgen für Natur und Landschaft im Abbaubereich zu äußern. So müssen die vorgesehenen Ausgleichs- und Ersatzmaßnahmen geeignet sein, die Folgen des Abbaus von Braunkohle auf den Naturhaushalt und das Landschaftsbild durch die Wiedernutzbarmachung des Abbaufeldes für eine land- und forstwirtschaftliche Nutzung, als Flächen für den Biotop- und Artenschutz oder für die landschaftsbezogene Erholung weitgehend auszugleichen oder aber zu ersetzen. Bei ihrer Stellungnahme hat die LÖLF die landesplanerischen Vorgaben zu beachten und z. B. darauf hinzuwirken, daß im Rahmen der landschaftlichen Entwicklung die vorhandenen naturnahen Flächen in der Umgebung mit den durch die Rekultivierung zu schaffenden Grünzügen zu einem funktionalen Biotopverbund vernetzt werden.

4.4 Prüfung der Umweltverträglichkeit im Braunkohlenplanverfahren

Das Landesplanungsgesetz wird z. Z, insbesondere wegen des nach den Bestimmungen des Bundesraumordnungsgesetzes in Nordrhein-Westfalen einzuführenden Raumordnungsverfahrens, geändert. In dem vorgezogenen Artikelgesetz zur Änderung des Landesplanungsgesetzes vom 2. März 1993 wurde – wie bereits im Abschn. 2 ausgeführt –festgelegt, daß die Umweltverträglichkeit des Braunkohlenabbaus nach Maßgabe des Bundesberggesetzes im Braunkohlenplanverfahren zu prüfen ist. Nach § 32 Abs. 2 LPlG hat der Bergbautreibende der Bezirksplanungsbehörde Köln vor der Erarbeitung eines Vorentwurfes für einen Braunkohlenplan die für die überschlägige Beurteilung der Umweltverträglichkeit des Abbauvorhabens und der Haldenflächen erforderlichen Unterlagen vorzulegen. Diese Unterlagen, die noch nicht den Vollständigkeitsanspruch erfüllen müssen, der spätestens bis zum Erarbeitungsbeschluß des Braunkohlenplanes gem. § 32 Abs. 3 LPlG vorliegen muß, sollten mindestens folgende, sich aus § 57 a Abs. 2 des Bundesberggesetzes und § 2 UVP-V Bergbau ableitende Angaben enthalten:

- Bestandsaufnahme des derzeitigen Landschaftszustandes und der Belastungen des Naturhaushaltes, der vorhandenen Nutzungen sowie von Schutzgebieten, Kultur- und sonstigen Sachgütern im Bereich des Abbaus und der Aufschüttungen einschließlich deren Auswirkungsbereich.
- Bewertung der vorhandenen Nutzungen, des Naturhaushaltes, des Landschaftsbildes sowie der kulturhistorischen und sonstigen Sachgüter hinsichtlich ihrer Schutzwürdigkeit/-bedürftigkeit und ihrer Empfindlichkeit unter Einbeziehung einer Betrachtung, wie sich der Landschaftsraum ohne das Abbauvorhaben entwickeln würde.
- Darlegung der zu erwartenden unabwendbaren Grundwasserabsenkungen nach Ort, Umfang und Zeit, getrennt nach Abbau-, Rekultivierungs- und Auswirkungsbereich unter Einbeziehung der geplanten Haldenflächen und unter Berücksichtigung bereits vorhandener Einflüsse auf das Grundwassersystem.
- Zusammenfassende Analyse und Bewertung der durch den Abbau, die Haldenflächen und die Grundwasserabsenkungen zu erwartenden Veränderungen bzw. Beeinträchtigungen der vorhandenen Nutzungen, des Naturhaushaltes und des Landschaftsbildes mit der Darstellung von Möglichkeiten zur Vermeidung und Minderung von Beeinträchtigungen.
- Erarbeitung eines Rekultivierungskonzeptes zur Wiedereingliederung des Braunkohlenabbaugebietes und der Haldenflächen in die Landschaft einschließlich von Vorschlägen für die erforderlichen Ausgleichsmaßnahmen bzw. bei nicht ausgleichbaren und vorrangigen Eingriffen in Natur und Landschaft von Ersatzmaßnahmen zur Kompensierung der Auswirkungen durch Abbau, Aufschüttungen und Grundwasserabsenkungen.

Die vorstehende Zusammenstellung der für eine UVP notwendigen Angaben, macht deutlich, daß die Eingriffsbeurteilung nach den §§ 4–6 LG und die UVP in einem Verfahren durchgeführt werden sollten. Darüber hinaus läßt es die in diesem Jahr eingeführte Umweltverträglichkeitsprüfung für den Braunkohlenabbau sinnvoll erscheinen, den ökologischen Fachbeitrag zum GEP für die sich aus dem UVP-Verfahren ergebenden Fragestellungen zu ergänzen.

5
Der Landschaftsplan auf der Ebene der Kreise und kreisfreien Städte

5.1
Rechtsgrundlage und Wirkungen des Landschaftsplanes

Nur auf der örtlichen Planungsebene gibt es in NRW einen in einem eigenen Planverfahren verbindlich werdenden Landschaftsplan, der die Darstellungen eines GEP konkretisiert und nach Maßgabe des Landschaftsgesetzes auf dieser Darstellungsebene ergänzt. Rechtsgrundlage dafür sind die §§ 15 ff. des Landschaftsgesetzes vom 8. Februar 1975, zuletzt geändert durch das Gesetz vom 20. Juni 1989. Landschaftspläne sind von den Kreisen und kreisfreien Städten unter Beachtung der Ziele und Erfordernisse der Raumordnung und Landesplanung als Satzung zu erlassen und vom Regierungspräsidenten zu genehmigen.

Geltungsbereich des Landschaftsplanes ist der unbeplante Außenbereich. Nur soweit ein Bebauungsplan die land- und forstwirtschaftliche Nutzung oder Grünflächen festsetzt, kann sich der Landschaftsplan unbeschadet der baurechtlichen Festsetzungen auch auf diese Flächen erstrecken, wenn sie mit dem baulichen Außenbereich in Zusammenhang stehen.

Das Erarbeitungsverfahren für den Landschaftsplan wurde eng an das Aufstellungsverfahren für Bauleitpläne nach dem Baugesetzbuch angelehnt. Die bei der Aufstellung des Landschaftsplanes zu beteiligenden Träger öffentlicher Belange, Verbände und Stellen entsprechen weitgehend den bei der Erarbeitung von Gebietsentwicklungs- und Braunkohlenplänen Beteiligten. Die Durchführung eines Landschaftsplanes obliegt den Kreisen und kreisfreien Städten auf der Grundlage eines im Landschaftsgesetz vorgegebenen Systems von Verpflichtungen der Grundeigentümer. Die Gemeinden, Gemeindeverbände oder anderen Gebietsköperschaften des öffentlichen Rechts sind zur Durchführung der im Landschaftsplan festgesetzten Maßnahmen auf ihren Grundstücken verpflichtet.

5.2
Vorbereitende Grundlagen und Inhalt des Landschaftsplanes

Systematik, Planzeichen, planerische Vorgaben und Grundlagen des Landschaftsplanes sind in der Verordnung zur Durchführung des Landschaftsgesetzes vom 22. Oktober 1986 festgelegt worden. Kartographische Grundlage ist die Deutsche Grundkarte im Maßstab 1 : 5 000, die bis auf den Maßstab 1 : 15 000 verkleinert werden kann. Der Landschaftsplan besteht aus der Entwicklungs- und Festsetzungskarte, den textlichen Darstellungen und Festsetzungen sowie dem Erläuterungsbericht.

Zur Vorbereitung und Aufstellung eines Landschaftsplanes sind Fachbeiträge zu erarbeiten. Der von der LÖLF zu erarbeitende ökologische Fachbeitrag enthält im wesentlichen eine Bestandsaufnahme der derzeitigen Flächennutzungen, eine Analyse und Bewertung der Landschaftsräume und der Belastungen des Naturhaushaltes sowie Empfehlungen für Schutz-, Pflege- und Entwicklungsmaßnahmen. Für die Waldflächen haben die Forstbehörden einen forstlichen Fachbeitrag mit Darstellung der waldökologischen Grundlagen und von Empfehlungen für den die Waldflächen eines Landschaftsplanes betreffenden Inhalt zu erarbeiten. Der landwirtschaftliche Fachbeitrag der Landwirtschaftskammern geht v. a. auf die Standortverhältnisse und Strukturen der landwirtschaftlichen Betriebe des Plangebietes ein und spricht Empfehlungen für die landschaftsplanerische Behandlung der landwirtschaftlichen Nutzflächen aus.

Die Träger der Landschaftsplanung haben unter Beachtung der gesamtplanerischen und fachplanerischen Vorgaben aus den Fachbeiträgen flächendeckend Entwicklungsziele für die Landschaft mit unterschiedlicher Kennzeichnung von Teilräumen abzuleiten (§ 18), Schutzgebiete (§§ 19–23) auszuweisen, die Zweckbestimmung für Brachflächen (§ 24) festzulegen, Festsetzungen für die forstliche Nutzung (§ 25) zu treffen und Entwicklungs-, Pflege- und Erschließungsmaßnahmen (§ 26) für das Plangebiet festzusetzen und zu beschreiben. Im Landschaftsplan sind auch temporäre Festsetzungen möglich, die einer vorübergehenden Erhaltung ökologisch wertvoller Flächen oder Strukturen bis zur Inanspruchnahme durch Vorhaben nach den Festlegungen eines Braunkohlenplanes oder eines Betriebsplanes dienen. Die Entwicklungsziele für die Landschaft sind von allen öffentlichen Planungsträgern zu berücksichtigen, die allgemeinverbindlichen Festsetzungen haben diese für und gegen sich gelten zu lassen.

6
Beispielhafte Landschaftspläne im Rheinischen Braunkohlengebiet mit Darstellungen und Festsetzungen zur Rekultivierung[2]

In dem im Rheinischen Braunkohlengebiet gelegenen Erftkreis befassen sich zwei rechtskräftige Landschaftspläne bei den Entwicklungszielen und Festsetzungen mit dem Abbau und den Folgemaßnahmen im Abbau- und Rekultivierungsbereich sowie in dem daran angrenzenden Umfeld.

Der Landschaftsplan 1 „Tagebau Rekultivierung Nord“ ist seit dem 2.11.1988 rechtskräftig. Er umfaßt Teile der Landschaftsräume Jülicher Börde und der

[2] Abschn. 6 wurde unter wesentlicher Beteiligung von LRD Schulzke erarbeitet.

nördlichen Ville mit den Braunkohlentagebauen Frimmersdorf (Garzweiler I), Fortuna-Garsdorf und Bergheim. Der Landschaftsplan 6 „Rekultivierte Ville" hat am 3.7.1990 Rechtskraft erlangt. Das Plangebiet umfaßt den ehemaligen Villehöhenrücken in seiner gesamten Länge. Bis auf wenige unverritzte Bereiche - wie etwa im Stadtgebiet von Brühl - ist in diesem Gebiet früher Braunkohle abgebaut worden. Es handelt sich um die inzwischen ausgekohlten und weitgehend wieder verfüllten ehemaligen Tagebaue Frechen und Vereinigte Ville, die z. Z der Planaufstellung teilweise noch in Betrieb waren. Obwohl in den beiden Landschaftsplänen weitgehend identische Entwicklungsziele dargestellt und Festsetzungen nach § 26 LG getroffen wurden, sind wegen der zeitlichen Unterschiede in den Bergbautätigkeiten die Schwerpunkte unterschiedlich gesetzt worden.

6.1
Entwicklungsziele nach § 18 LG

Im Mittelpunkt der Entwicklungsziele steht bei beiden Plänen „die Wiederherstellung einer in ihrem Wirkungsgefüge, ihrem Erscheinungsbild oder ihrer Oberflächenstruktur geschädigten oder stark vernachlässigten Landschaft" gem. § 18 Abs. 2 Nr. 3. Einbezogen wurden die unmittelbar vom Abbau betroffenen Gebiete und die Sicherheitszonen, die v. a. als Regenerationsbereiche wichtige Funktionen für die Tagebaulandschaft zu erfüllen haben. Beiden Aspekten wird mit zwei unterschiedlichen, sich den Hauptzielen anpassenden Teilzielen Rechnung getragen. Mit dem Entwicklungs(teil-) ziel „Wiederherstellung einer ökologisch stabilen, vielfältigen und leistungsfähigen Landschaft" ist im Landschaftsplan 1 (LP 1) fast das ganze Plangebiet mit den noch nicht abschließend rekultivierten, im Abbau befindlichen oder in Kürze aufzuschließenden Teilflächen der 3 Tagebaue überzogen worden. Im Landschaftsplan 6 (LP 6) dagegen wird dieses „Teilziel" im wesentlichen für die Tagebaurestflächen Frechen und Vereinigte Ville mit verschiedenen Zielaussagen zur Wiederherstellung und Rekultivierung verwendet. Dazu gehören die Wiederherstellung von Flächen für eine forstliche-, landwirtschaftliche- oder Erholungsnutzung, die natürliche Entwicklung, der Aufbau und die Ergänzung von Grünstrukturen sowie die Schaffung naturnaher Lebensräume. Mit beschreibenden Unterzielen, die teilweise auf die Betriebspläne Bezug nehmen, wird auf die verschiedenen Formen von Wiederherstellung und Rekultivierung wie folgt Einfluß genommen:

- Herstellung einer Oberflächenstruktur als Grundlage für eine vielfältig strukturierte Landschaft
- Auftragshöhe des Kulturbodens entsprechend der jeweils vorgesehenen Nutzung,
- Anlage von Gewässern unter Zugrundelegung der Richtlinie für den naturnahen Ausbau von Fließgewässern
- Ausstattung der rekultivierten Landschaft mit unterschiedlichen Biotoptypen im Interesse des Natur- und Artenschutzes
- Herstellung eines Wirtschaftswegenetzes unter Beachtung ökologischer Gesichtspunkte (u. a. Begrenzung der Schlaggrößen)

In beiden Landschaftsplänen wird für kleinere Plangebiete im Bereich der Sicherheitszonen bzw. der als Regenerationsräume vorgesehenen Randbereiche der drei Tagebaue des LP 1 sowie des Tagebaues Frechen im LP 6 als zweites Entwicklungs (teil)ziel „Anreicherung zur ersatzweisen und beschleunigten Wiederherstellung von Natur und Landschaft" verwendet. Es soll v. a. zur Erreichung folgender Ziele dienen:

- „Der Anreicherung und Pflege von naturnahen Restbeständen am Tagebaurand
- Der Neuschaffung von Regenerationszellen als Rückzugsgebiete der verdrängten Fauna und zur beschleunigten Wiederbesiedlung der Tagebaufolgelandschaft
- Der optischen Eingliederung des Tagebaues in die gewachsene Landschaft
- Der Neuordnung von landschaftsbezogenen Nutzungen, insbesondere der Erholung im Grenzbereich des Tagebaues"

Für die erst in den letzten Jahren als land- und forstwirtschaftliche Flächen rekultivierten Gebiete ist in beiden Landschaftsplänen das Entwicklungs(haupt-) ziel „Pflege und Entwicklung der rekultivierten Landschaftsräume zur Schaffung einer nachhaltig stabilen Landschaft" dargestellt worden. Damit soll die Durchführung von Entwicklungs- und Pflegemaßnahmen – etwa zur Verbesserung des Wasserhaushaltes oder zur Minimierung klimatischer Extreme – sowie die ökologische Aufwertung von landwirtschaftlichen Nutzflächen und Waldgebieten erreicht werden.

6.2
Festsetzungen gem. §§ 24–26 LG (s. auch Abschn. 5.2)

Beide Landschaftspläne enthalten eine Vielzahl differenzierter und konkreter Einzelfestsetzungen sowie pauschalierter Maßnahmenpakete als Angebote an Verfahrensträger und im Plangebiet tätig werdende Behörden (z. B. Forstbehörde, Ämter für Agrarordnung, Bergamt, Kommunen) zur Umsetzung der Entwicklungsziele. Sie bauen auf den Betriebsplänen mit deren Angaben zur Wiedernutzbarmachung auf und beginnen rechtlich dort, wo die Bergaufsicht beendet ist.

Festsetzungen gem. § 24, die der Anreicherung der Landschaft mit naturnahen Lebensräumen und der Schaffung von Refugialräumen für vom Bergbau verdrängte Tier- und Pflanzenarten dienen sollen, sind insbesondere in den Sicherheitsstreifen und in der Tagebaurandzone getroffen worden.

Zu den Festsetzungen für die forstliche Nutzung gem. § 25, denen der forstliche Fachbeitrag zugrundeliegt, zählen u. a. die Festlegung bestimmter Laubholzarten oder Vorgaben für die Entwicklung naturnaher Waldbestände aus Naturschutzgründen. In den insgesamt waldarmen Plangebieten wird dem bodenständigen und ökologisch stabilen Laubwald Priorität eingeräumt. Er soll mit hohen Buchenanteilen teilweise die heute vorhandenen artenarmen Pionierholzbestände ablösen. Darüber hinaus wird durch die Untersagung von Kahlschlägen in Altwaldbeständen angestrebt, daß die noch vorhandenen Waldbestände möglichst langfristig erhalten bleiben.

Den Schwerpunkt der in beiden Landschaftsplänen getroffenen Festsetzungen bilden Entwicklungs-, Pflege- und Erschließungsmaßnahmen gem. § 26. Die in diesem Zusammenhang getroffenen Einzelfestsetzungen umfassen z. B. konkrete Pflanzmaßnahmen mit einer sich an den Standortverhältnissen orientierenden Pflanzenauswahl, Herrichtungs- und Entwicklungsmaßnahmen für Landschaftsteile, die in ihrem Naturhaushalt und Erscheinungsbild beeinträchtigt sind und deren Eingliederung in Natur und Landschaft notwendig ist. Die Festsetzungen zur Wiederherstellung und Entwicklung devastierter Bereiche im Landschaftsplan konkretisieren im Geltungsbereich der Braunkohlenpläne Frimmersdorf, Fortuna-Garsdorf, Bergheim und Frechen die landesplanerischen Vorgaben für die Wiedernutzbarmachung.

Im LP 6 beziehen sich die Festsetzungsinhalte auf die gesamte Rekultivierungsfläche des Tagebaues Frechen nach Vorgabe der Abschlußbetriebspläne für die Oberflächengestaltung und Rekultivierung. Im LP 1 dagegen werden die großflächigen Abgrabungsbereiche der Braunkohlentagebaue grob in funktional und gestalterisch einheitliche Teilräume unterteilt. Mit Haupt- und Nebenachsen wird eine landschaftliche Großgliederung angestrebt, die der Erschließung der Landschaft für die Naherholung ebenso dienen soll wie der Herstellung ökologischer Vernetzungsfunktionen. Mit textlichen Festsetzungen sind qualitative und funktionale Anforderungen (z. B. Reliefgestaltung, Vegetationstypen, Bodenart) für die in der Entwicklungs- und Festsetzungskarte abgegrenzten Bereiche für die einzelnen Maßnahmen vorgegeben worden. Die flächenscharfe, räumliche Plazierung soll in den nachfolgenden Ausführungsplänen des Bergbautreibenden (Abschlußbetriebsplan), der Flurbereinigungsverwaltung, der Forstbehörden und weiterer Fachbehörden erfolgen.

6.3 Neue Entwicklungen in der Landschaftsplanung

Im Kreis Neuss wird z. Z ein neuer, weitergehender Ansatz in der Landschaftsplanung für den Landschaftsplan IVa-Garzweiler diskutiert. Dieser Landschaftsplan wird im vollen Umfang vom vorliegenden Braunkohlenplan Frimmersdorf erfaßt und hat einen Rahmenbetriebsplan sowie Abschlußbetriebspläne zu berücksichtigen. Als Vorentwurf für den Landschaftsplan wurde ein Gestaltungskonzept mit schematischen räumlichen Darstellungen und begleitenden Erläuterungen für die zukünftige Landschaftsgestaltung erarbeitet. Mit der Ausweisung von „Naturzellen" soll in einem großflächigen, überwiegend landwirtschaftlich genutzten Rekultivierungsgebiet eine zentrale Wiederbesiedlungsmöglichkeit für die Tier- und Pflanzenwelt geschaffen werden. Darüber hinaus enthält das Konzept lineare Gliederungselemente, die von der Naturzelle ausgehen und im Zusammenhang mit dem wegbegleitenden Grün eine Vernetzung des Planungsraumes sicherstellen sollen. Ziel dieses Gestaltungskonzeptes ist es, nach den Vorgaben des Braunkohlenplanes mit einem beispielhaften Leitbild zu verdeutlichen, was zur Herstellung eines annähernden Gleichgewichts zwischen der intensiven landwirtschaftlichen Nutzung und einem möglichst ausgewogenen Naturhaushalt sowie einem akzeptablen Landschaftsbild notwendig ist. Sollte dieses Konzept mit der notwendigen politischen Unterstützung zu einem Landschaftsplan weiterentwickelt werden, würde damit eine Angebotsplanung geschaffen werden, mit der sich die vorhandenen und noch zu erstellenden Durchführungspläne mit dem Ziel beeinflussen ließen, den Anteil von Vegetationsstrukturen und naturnahen Flächen deutlich zu erhöhen.

7 Schlußbetrachtung

Die mehrstufige Landschaftsplanung stellt eine wichtige Planungsgrundlage für den Abbau von Braunkohle und die Rekultivierung sowie eine Entscheidungshilfe für die Durchführung der naturschutzrechtlichen Eingriffsregelung und der Umweltverträglichkeitsprüfung dar. Braunkohlenausschuß, Bezirksplanungsbehörde und die Bergämter bedienen sich des landschaftspflegerischen Instrumentariums bei der Ausgestaltung der Regional-, Braunkohlen- und Betriebspläne mit entsprechenden Flächen und Maßnahmen zur Rekultivierung, Wiederherstellung und Wiedereingliederung der Abbaugebiete in Natur und Landschaft. Da die im Braunkohlenplanverfahren durchzuführende Umweltverträglichkeitsprüfung erst 1993 gesetzlich vorgeschrieben worden ist, kann der Bergbautreibende nur ermuntert werden, bei der Erstellung der notwendigen Unterlagen die ökologischen Fachbeiträge intensiv zu nutzen. Auch sollte darauf hingewirkt werden, daß die Durchführung der UVP nach dem Landesplanungsgesetz und die Ermittlung der Eingriffserheblichkeit nach dem Landschaftsgesetz in einem Verfahren durchgeführt werden. Darüber hinaus ist eine enge Zusammenarbeit und Abstimmung zwischen dem Kreis als Träger der Landschaftsplanung und der für die Zulassung von Betriebsplänen zuständigen Bergbehörde notwendig. Bei den im Rahmen der Braunkohlenpläne durchgeführten Flächenbilanzen und festgelegten Größenordnungen für die Bodennutzungsarten sollten künftig auch die Grundsätze der 1991 vom Umweltministerium NRW herausgegebenen Leitlinien „Natur 2000 in NRW“, insbesondere mit der Entwicklung eines landesweiten Biotopverbundes, berücksichtigt werden.

Herstellung von Flächen für die forstliche und landwirtschaftliche Wiedernutzbarmachung

4

LUTZ KUNDE UND KLAUS MÜLLENSIEFEN

1 Aufgabenstellung und Randbedingungen

Unter Wiedernutzbarmachung ausgekohlter Braunkohlentagebaue versteht man die ordnungsgemäße Herstellung von Flächen mit einem für die geplante Folgenutzung geeigneten Material unter Beachtung des öffentlichen Interesses. Wiedernutzbarmachung ist demzufolge – noch – keine Rekultivierung. Der Begriff Rekultivierung ist weiter gefaßt als Wiedernutzbarmachung und bezeichnet die Wiederherstellung einer neuen Kulturlandschaft mit allen notwendigen Aktivitäten, die dem forstlichen, land- und wirtschaftlichen Gefüge einer Kulturlandschaft dienen (Zenker 1992).

Die Herstellung von Flächen für die forstliche und landwirtschaftliche Wiedernutzbarmachung in den Tagebauen des Rheinischen Braunkohlenreviers umfaßt Gewinnung, Transport, ggf. Zwischenlagerung, Auftrag und Bearbeitung des kulturfähigen Bodenmaterials. Dazu gehören weiterhin die Herrichtung der Rohkippe, auf die der Boden abgelagert werden soll sowie vorbereitende, betriebsbegleitende und nachgeschaltete Maßnahmen wie z. B. Anlegen von Wegen, Sicherstellung der Oberflächenentwässerung während der Flächenherstellung, Baumaßnahmen sowie die Vorbereitung landschaftspflegerischer Maßnahmen. Neben Größe, Standort und Gestaltungsmerkmalen der Flächen und den durch Vorschriften, Betriebstechnik und -organisation sowie den Kosten bestimmten Randbedingungen sind für die Flächenherstellung v. a. qualitative und zeitbestimmende Anforderungen und Erfüllungsmöglichkeiten von entscheidendem Einfluß (Henning u. Müllensiefen 1990).

Durch Landesplanungsgesetz (LPlG), Bundesberggesetz (BBergG) und Landschaftsgesetz (LG) sind die grundsätzlichen Zielsetzungen für die Wiedernutzbarmachung der vom Bergbau in Anspruch genommenen Flächen vorgegeben. In den Braunkohlenplänen werden die Grundzüge der Wiedernutzbarmachung und Oberflächengestaltung einschließlich der im Rahmen der Rekultivierung angestrebten Landschaftsentwicklung festgelegt. In der Bergverordnung (BVOBr), in Richtlinien der Bergbehörde und in genehmigten Betriebsplänen werden die Rekultivierungsziele und deren Umsetzung konkretisiert (Stürmer 1990).

1.1 Organisation und Planung

Die qualitative und mengenmäßige Abstimmung von Angebot und Bedarf zur Sicherstellung einer ordnungsgemäßen Versorgung der einzelnen Abnehmer mit kulturfähigem Material stellt höchste Anforderungen an Planung und betriebliche Disposition. Die Vorgaben hinsichtlich Geometrie und Abfolge der Schüttungen, der termingerechten Bereitstellung von bestimmten Materialmengen mit festgelegter Qualität und der Gewährleistung eines möglichst verdichtungsfreien Auftrages dieser Massen können betrieblich dann erfolgreich erfüllt werden, wenn die Gerätetechnik auf diese Aufgabenstellung abgestimmt ist und die mit der Durchführung der Wiedernutzbarmachung beauftragten Mitarbeiter aufgabengerecht ausgebildet worden sind.

Planung und Betrieb eines Tagebaues sind so angelegt, daß Verkippung und Wiedernutzbarmachung in der Regel dem Abbau unmittelbar nachgeführt werden. Die Wiedernutzbarmachung ist somit eine wichtige und dem eigentlichen Abbau gleichrangige Teilaufgabe bergbaulicher Tätigkeit. Die Ziele der Wiedernutzbarmachung werden mit höchster Priorität in das Gesamtkonzept der Betriebssteuerung eines Braunkohlentagebaues eingegliedert. Sie können mit Erfolg umgesetzt werden, wenn realistische Planvorgaben bestehen und Möglichkeiten geschaffen werden, auf begrenzende oder abweichende Einflüsse und Einwirkungen differenziert und folgerichtig zu reagieren. Hierzu zählen Änderungen in den behördlichen Vorgaben oder betriebstechnischen Randbedingungen, aber auch die Notwendigkeit, dauerhaft oder temporär konkurrierende Aufgabenstellungen, wie z. B. die Gewährleistung eines bestmöglichen betriebsbegleitenden Immissionsschutzes oder einer geordneten Oberflächenentwässerung, ohne wesentliche

Beeinträchtigung des eigentlichen Wiedernutzbarmachungszieles realisieren zu können.

1.2 Forstliche Wiedernutzbarmachung

Die Richtlinien des Landesoberbergamtes Nordrhein-Westfalen für das Aufbringen von kulturfähigem Bodenmaterial bei forstwirtschaftlicher Rekultivierung für die im Tagebau betriebenen Braunkohlenbergwerke vom 12.11.1973 in der Fassung vom 2.3.1984 beinhalten die bergbehördlichen Anforderungen an die Beschaffenheit der Rohkippe und des aufzubringenden kulturfähigen Bodenmaterials sowie die Methode der Aufbringung und Behandlung des Bodens (Landesoberbergamt Nordrhein-Westfalen 1984).

Gemäß den genannten Richtlinien kommt für die forstliche Wiedernutzbarmachung als kulturfähiges Bodenmaterial ein Gemisch aus sandig-kiesigen Abraumschichten und Löß oder anderen bindigen Bodenarten in Betracht. Für die Wiedernutzbarmachung ebener oder nahezu ebener Flächen sollte dieser Forstkies einen Anteil von 25–66 % Löß oder Lößlehm haben. Bei der Herstellung stärker geneigter Böschungen wird wegen der Böschungsstandfestigkeit und erhöhten Erosionsgefahr der Lößanteil auf max. 25 % begrenzt, sollte jedoch nicht unter 20 % liegen. Hinsichtlich der Beschaffenheit und Behandlung der Rohkippen vor Aufbringen des Forstkieses ist festgelegt, daß der Unterbau des kulturfähigen Materials aus einer 1–2 m mächtigen, wasserdurchlässigen Schicht aus kiesig-sandigem Material besteht. Ausnahmen gelten für solche Standorte, an denen Feuchtflächen oder bewußt zur Staunässe neigende Böden hergestellt werden sollen. In der Regel wird der Forstkies mit 4 m Mächtigkeit aufgetragen. Auf ebenen oder nahezu ebenen Flächen kann auch reiner Löß oder Lößlehm mit einer Mächtigkeit von 2 m aufgebracht werden. Das kulturfähige Bodenmaterial muß auf der Rohkippe so abgelagert werden, daß weder Verdichtungen noch störende Horizonte im Hinblick auf die Wasserführung entstehen.

Ziel der forstlichen Wiedernutzbarmachung ist die nachfolgende Rekultivierung der Flächen. Die für den Erfolg der forstlichen Rekultivierung wesentlichen Standortfaktoren Klima (Licht, Wärme, Feuchtigkeit), Boden (Nährstoffangebot, Humus, Bodenleben), Kleinrelief und Exposition werden durch eine angepaßte Rekultivierungsplanung, die Qualität des kulturfähigen Bodenmaterials sowie die Methode des Bodenauftrags und der nachfolgenden Bodenbearbeitung entscheidend beeinflußt. Aus forstlicher Sicht sollte daher bei der bergmännischen Wiedernutzbarmachung der Auftrag des kulturfähigen Bodenmaterials mit dem Ziel erfolgen, ein späteres gesundes Pflanzenwachstum und eine gute Bodenentwicklung zu begünstigen, d. h.:

- Auftrag von Bodenmaterial mit guter Wasseraufnahmefähigkeit, hohem Porenanteil und einer Porenverteilung, die die Bodendurchlüftung fördert,
- hoher Humusanteil bzw. Schaffung von Bedingungen, die eine schnelle Humusbildung begünstigen,
- schonender, möglichst verdichtungsfreier Bodenauftrag,
- abwechslungsreiche, bewegte und naturnahe Reliefgestaltung und die
- Anschüttung sollte dem Oberflächenabfluß von Wasser und damit der Erosion entgegenwirken bzw. die Versickerung und Wasserspeicherung im Boden begünstigen.

1.3 Landwirtschaftliche Wiedernutzbarmachung

Die erstmals im Jahr 1973 erlassenen Richtlinien des Landesoberbergamtes NW für die landwirtschaftliche Rekultivierung von Braunkohlentagebauen wurden aufgrund neuer Erkenntnisse zur qualitativen Verbesserung der Wiedernutzbarmachung zusammen mit der Landwirtschaftskammer Rheinland, dem Geologischen Landesamt, dem Betreiber der Braunkohlentagebaue im Rheinischen Braunkohlenrevier und Vertretern der Bergbehörde überarbeitet und als „Richtlinien des Landesoberbergamtes Nordrhein-Westfalen für die landwirtschaftliche Wiedernutzbarmachung von Braunkohlentagebauen“ vom 7.1.1992 in der Fassung vom 17.5.1993 neu aufgelegt (Landesoberbergamt Nordrhein-Westfalen 1993).

Mit dem Titel der neuen Richtlinie wird der eingangs bereits definierten Differenzierung zwischen Rekultivierung und Wiedernutzbarmachung auch seitens der Behörden Rechnung getragen.

Ziel der landwirtschaftlichen Wiedernutzbarmachung ist hiernach die Herstellung von Kulturböden, die über eine hohe Leistungsfähigkeit zur Pflanzenproduktion verfügen und bei normaler Bewirtschaftung ungeachtet laufender Ernteentnahmen eine anhaltende Ertragsfähigkeit bewahren.

Für die landwirtschaftliche Wiedernutzbarmachung werden als kulturfähiges Bodenmaterial nur Löß und Lößlehm verwendet, welche die oberste Abraumschicht bilden. Löß und Lößlehm unterscheiden sich durch den Kalkgehalt des Bodens. Löß enthält bis zu 50 % Kalk. Durch Niederschläge kann dieser Kalk aufgelöst und ausgewaschen werden. Den entkalkten Boden nennt man nicht mehr Löß, sondern Lößlehm.

Gut geeignet für die landwirtschaftliche Wiedernutzbarmachung sind die jüngeren oberflächennahen Lößablagerungen, zu denen der Mutterboden (humoser Oberboden), der darunter liegende braune Lößlehm (schluffiger Lehm bis feinsandiger, lehmiger Schluff) und der gelbbraune Löß (kalkhaltiger, lehmiger Schluff) gehören. Lößlehm und Löß sollten möglichst vermengt als kulturfähiges Bodenmaterial verwendet werden.

Geeignet für die landwirtschaftliche Wiedernutzbarmachung ist auch der gebietsweise unter den jüngeren Lößablagerungen liegende teilweise stark verlehmte braune Lößlehm, sofern er mit kalkhaltigem Löß vermengt wird.

Weniger geeignet bzw. ungeeignet sind die teilweise stark verlehmten älteren Lößablagerungen sowie durch Grundwasser oder Staunässe beeinflußtes Material. Gleichermaßen ungeeignet für die landwirtschaftliche Wiedernutzbarmachung ist Löß mit kiesigen oder sonstigen Verunreinigungen.

Abb. 1. Schaufelradbagger im Forstkiessonderbetrieb (Photo: Rheinbraun)

2 Gewinnung und Transport von kulturfähigem Material

2.1 Forstkies

Gewachsener Lößboden steht im Vorfeld des Tagebaues in unterschiedlicher Mächtigkeit und Qualität an. Art und Umfang der Vorfeldberäumung sowie unterschiedliche Nutzungen des Vorfeldes vor der eigentlichen bergbaulichen Inanspruchnahme, z. B. Besiedlung, die Durchführung archäologischer Arbeiten oder der Betrieb von Kiesgruben, haben Einfluß auf die eigentliche Forstkiesgewinnung, da diese in solchen Bereichen zumindest stark eingeschränkt ist. Forstkies kann, abgesehen von einer nachträglichen Durchmischung, in der Regel nur dort gewonnen werden, wo der Bagger Löß bzw. Lößlehm mit dem darunterliegenden Kies verschneidet. Die Qualität des Forstkieses wird dabei nicht nur durch das Mischungsverhältnis von bindigem und nichtbindigem Material und dessen mineralogischen Eigenschaften bestimmt. Qualitätsbestimmend ist auch, ob es sich z. B. um gewachsenen oder umgesetzten und in der Konsistenz veränderten Löß handelt, welchen Kalkgehalt der Löß hat und wie hoch der Anteil organischer Beimengungen aus Waldboden oder zuvor zerkleinerter Stubben und Wurzelreste im Forstkies ist. Die Ermittlung und Darstellung der qualitätsbestimmenden Kriterien ist Grundlage für die Bemusterung der einzelnen Flächen im Vorfeld und entscheidend dafür, ob und inwieweit sie bei der späteren Forstkiesgewinnung Berücksichtigung finden können.

Die Vorgaben für die Gewinnung von Forstkies auf der obersten Gewinnungssohle des Tagebaues sind in Einsatzplänen für den Schaufelradbagger detailliert dargelegt. Mit Bezug auf die qualitativen Anforderungen der jeweiligen Forstfläche wird das Mischungsverhältnis Löß/Kies im Einzelfall festgelegt. Entsprechend dieser Vorgabe steuert der Baggerführer die Schnittebene des Schaufelradbaggers so, daß in Anpassung an die Mächtigkeit des anstehenden Lösses die Gesamtmächtigkeit der hereinzubaggernden Scheibe dem erforderlichen Mischungsverhältnis entspricht. Je Hektar Forstfläche werden im laufenden Betrieb bei der Verkippung zwei bis sechs Bodenproben genommen und hinsichtlich der Kornverteilung untersucht. Die Ergebnisse sind nicht nur eine wichtige Grundlage für die spätere Bemusterung der Fläche, sondern auch eine Erfolgskontrolle für die Geräteführer.

Als Beispiel für einen Sonderfall zur Gewinnung von kulturfähigem Material für die forstliche Wiedernutzbarmachung sei der Einsatz eines kleinen Schaufelradbaggers mit einer Tagesleistung von rd. 20 000 m^3 im Vorfeld des Tagebaues Hambach aufgeführt (Abb. 1). Dieses Gerät hat den dort mit ca. 2 m Mächtigkeit anstehenden Löß im Bereich der zuvor ausschließlich landwirtschaftlich genutzten Flächen im Sonderbetrieb hereingewonnen und über eine separate Bandanlage einem Absetzer der gleichen Leistungsklasse zugeführt.

Nur in sehr seltenen Fällen werden Maßnahmen zur Wiedernutzbarmachung ausschließlich mit Erdbaugeräten durchgeführt, z. B. durch den Einsatz von Hydraulikbaggern für die Materialaufnahme in Verbindung mit LKW für den Transport. Nachteile dieser Gerätekombination gegenüber Schaufelradbaggern sind die diskontinuierliche Arbeitsweise, ihre geringe Leistungsfähigkeit und schlechte Wirtschaftlichkeit; dennoch sind in den Tagebauen auch solche Einsätze, z. B. für die Anlegung spezieller Biotope, durchgeführt worden.

Die Förderung von Löß bzw. stark lößhaltigem Forstkies über Bandanlagen kann u. U. mit Einbußen in der Qualität des Rekultivierungsmaterials verbunden sein, insbesondere, wenn sich durch entsprechend hohen Wassergehalt des Materials die Konsistenz während der Förderung ändert.

2.2 Löß

Der im Abbaustoß anstehende Löß wird im Tagebau durch entsprechend geschulte Mitarbeiter bezüglich seiner Verwendungsmöglichkeiten in der landwirtschaftlichen Wiedernutzbarmachung durch Markierungen vor Ort in die Kategorien verwertbar bzw. nicht verwertbar eingeteilt. Diese Qualitätsansprache bezieht sich ausschließlich auf die Kulturfähigkeit des Bodens, sie berücksichtigt nicht seinen Wassergehalt. Aus diesem Grunde kommt es gelegentlich vor, daß innerhalb der als verwertbar eingestuften Lößschichten Teilbereiche wegen Vernässung nicht in der landwirtschaftlichen Wiedernutzbarmachung eingebracht werden können (Kunde 1990).

Ob die durch den Wassergehalt bestimmte Konsistenz des als kulturfähigen Boden gewonnenen Lösses eine anschließende Trockenverkippung in den landwirtschaftlichen Flächen zuläßt, muß durch die Aufsicht der Abnehmerseite beurteilt werden, da das Material seine Zustandsform auf dem Förderweg ändern kann. Löß mit etwas höherem Tongehalt ist in der Lage, mehr Wasser einzubinden als schluffiges Material. Er wird daher im Abbaustoß als trocken angesprochen. Durch die mechanische Beanspruchung des Materials auf den nachgeschalteten Bandanlagen wird das Wasser jedoch gelöst und der Zustand des Bodens geht über in eine plastische Form. Dieses Material darf nicht in der Wiedernutzbarmachung verkippt werden, da es wegen seiner Tonanteile in der Regel auch nach längerer Liegezeit nicht ausreichend auftrocknet und somit weder befahren noch bearbeitet werden kann.

Auf- oder eingelagerte Verunreinigungen im Löß, z. B. Wege oder Kiesnester, müssen bei der Gewinnung in jedem Falle ausgehalten werden.

Der Lößauftrag muß auch mit Großabsetzern möglichst gleichmäßig und mit geringen Rippenhöhen erfolgen, um die nachfolgenden Schiebearbeiten zu minimieren (Abb. 2). Aus diesem Grunde besteht in den Tagebauen für die Gewinnungsgeräte der Leistungsklasse 100 000 m^3/d die Anweisung, im Löß grundsätzlich nur mit 50 % der maximalen Förderleistung zu fahren. Hierdurch ergibt sich aus Erfahrung ein vergleichmäßigter, störungsfreier Förderstrom, der den Gerätebesatzungen auf der Absetzerseite ausreichend Reaktionszeit für die erforderlichen Fahr- und Anstellbewegungen ermöglicht.

3 Herstellung von Flächen für die forstliche und landwirtschaftliche Wiedernutzbarmachung

3.1 Forstliche Wiedernutzbarmachung

Die Herstellung der Rohkippe und der eigentliche Forstkiesauftrag erfolgt in der Regel mit den im Tagebau eingesetzten Großabsetzern der Leistungsklassen 110 000–240 000 m^3 pro Tag (Abb. 3). Besondere Einflußfaktoren

Abb. 2. Mit Großabsetzer angekippte Lößrippen (Photo: Rheinbraun)

bei der Anschüttung von Flächen für die Wiedernutzbarmachung sind hierbei

- Gerätegeometrie
- Verkippungsverfahren
- Absetzereinsatz in Hoch- oder Tiefschüttung
- Höhe und Nutzung der Endböschung
- Lage und Länge des Strossenbandes
- Schüttfolge, Materialfolge
- Berücksichtigung von Rampen und besonderer Gestaltungsmerkmale
- Immissionsschutz

Durch die zwingende Einhaltung von Sicherheitsabständen zwischen Absetzerfahrwerk, Bandanlage und Böschung sind dem Aktionsbereich des Absetzers für einen planmäßigen Forstkiesauftrag im Rahmen der Schütt- und Materialfolgen relativ enge Grenzen gesetzt.

Wird z. B. ein Absetzer zur Herstellung einer Böschung in Tiefschüttung eingesetzt, so müssen bei Versturztiefen ≥35 m zur Herstellung von Flächen mit Einfallen < 1 : 2 für den Forstkiesauftrag v. a. im unteren Böschungsbereich zusätzlich Planiergeräte eingesetzt werden.

Planierarbeiten direkt nach dem Forstkiesauftrag können sich auch aus Gründen einer jederzeit geordneten Oberflächenentwässerung als erforderlich erweisen. Hierzu werden gleichzeitig mit der Verkippung des Forstkieses je nach Menge des Materials ein oder mehrere spezielle Planiergeräte mit geringem Bodendruck, sog. Moor- oder Böschungsraupen, eingesetzt, um den Forstkies auf der neu anzulegenden Teilböschungsfläche in der geforderten Mindestmächtigkeit von 4 m zu verteilen.

Im Anschluß an ein derartiges Ausplanieren des Forstkieses auf Böschungen und Bermen erfolgt zur Aufhebung der damit verbundenen Verdichtung in der Forstkiesschale das Auflockern mittels der mit Aufreißhaken versehenen Böschungsraupen. Hierbei werden zur Verminderung größerer Erosionen im frisch gekippten Forstkies und der damit zu erwartenden Schwierig-

Abb. 3. Forstkiesauftrag mit Großabsetzer (Photo: Rheinbraun)

keiten die Böschungsraupen quer zum Böschungseinfallen eingesetzt.

Zur Vermeidung der beiden Arbeitsgänge Planieren und Aufreißen sowie zur Schaffung eines möglichst naturnahen unregelmäßigen Reliefs der Oberfläche wird der Forstkies in den letzten Jahren auch beim Einsatz von Großabsetzern zunehmend mit angepaßter Kippentechnik angeschüttet und in unplaniertem Zustand liegengelassen. Die so erreichbare lockere Lagerung des Materials gewährleistet optimale Wuchsbedingungen für die Bestockung.

Die Entscheidung zugunsten der zuvor beschriebenen Vorgehensweise für den Forstkiesauftrag wurde maßgeblich durch die vorhandenen positiven Erfahrungen auf der Hochfläche der Außenkippe Sophienhöhe im Tagebau Hambach geprägt. Für die Wiedernutzbarmachung einer rd. 386 ha großen Fläche war hier aus betriebstechnischen Gründen ein Sonderbetrieb eingerichtet, der mit relativ kleinen Geräteeinheiten, rd. 20 000 m^3/d, außerhalb der im Tagebauregelbetrieb eingesetzten Großgerätesysteme nur mit Gewinnung, Transport und Verkippung von kulturfähigem Material beauftragt war. Notwendig geworden war die Maßnahme, weil der erforderliche Forstkies von dem Großschaufelradbagger der obersten Sohle nicht zeit- und mengengerecht für die ordnungsgemäße Durchführung der Wiedernutzbarmachung zur Verfügung gestellt werden konnte. Durch den Sonderbetrieb wurde sichergestellt, daß entsprechend den Richtlinien der Bergbehörde der auf nahezu ebenen Flächen verkippte Forstkies die angestrebten hohen Lößgehalte aufwies.

Die rd. 6,6 Mio. m^3 im Sonderbetrieb gewonnenen Massen wurden in einem Zeitraum von knapp 7 Jahren über eine eigene Bandanlage zur Hochfläche der Sophienhöhe transportiert und dort von einem kleinen Bandabsetzer in der Rohkippe aufgetragen.

Der Forstkies wurde durch den Absetzer mit 2 m Mächtigkeit bei Höhenunterschieden der Rippen von etwa 0,5 m außerordentlich schonend angeschüttet und nicht mehr weiter bearbeitet. Dadurch blieb der Boden sehr locker gelagert und bot für den Anwuchs der Forstpflanzen gute Ausgangsbedingungen.

Der bewußte Verzicht auf Planierarbeiten hat aber noch eine Reihe weiterer Vorteile, insbesonders für ebene Flächen. Die stark strukturierte Oberfläche bewirkt in dem gut speicherfähigen Boden eine hohe Versickerung und verhindert auch bei Starkregen größere Wasserabflüsse. Im Gegensatz zu Flächen, die auf herkömmliche Weise planiert werden, treten bei dieser Auftragsmethode praktisch keine schädlichen Erosionen mehr durch Wasser auf, sondern lediglich eine allmähliche Egalisierung der Rippenstruktur. Der höhere Versickerungsanteil kommt darüber hinaus dem Pflanzenwachstum zugute. Die zahlreichen kleinen Mulden der wiedernutzbargemachten Oberfläche begünstigen die Ansammlung von Laub und Humus. Relativ rasch bildet sich eine natürliche Verkrautung, die einen zusätzlichen Schutz gegen Winderosionen bewirkt. Im Gegensatz zur Arbeit auf planierten Flächen ist allerdings der Einsatz von Maschinen beim Pflanzen der Forstgehölze nicht möglich.

3.2 Landwirtschaftliche Wiedernutzbarmachung

Nach Auslaufen des letzten Spülbetriebes im älteren Südteil des Rheinischen Braunkohlenreviers erfolgt die Verbringung von Löß für die landwirtschaftliche Wiedernutzbarmachung bei Rheinbraun generell mit Großabsetzern der Leistungsklasse 110 000 m^3/d durch Trockenauftrag. Untersuchungen haben gezeigt, daß der mit Großabsetzern aufgeschüttete trockene Löß, unabhängig von der Fallhöhe oder anderen Einflüssen, eine sehr lockere Lagerung aufweist, so lange er nicht befahren bzw. bearbeitet wird.

Um bei der Materialdisposition auf der obersten Kippe größtmögliche Freiheitsgrade zu erreichen, wird angestrebt, die Hochschüttung hier soweit zu reduzieren, daß der Abwurfausleger in nahezu horizontaler Stellung das sterile Rohplanum überschwenken kann. Unter Ausnutzung seiner maximalen Reichweite kann der Absetzer so auch im Strossenblockbetrieb durch den großen Schwenkwinkel den Löß besonders gleichmäßig auftragen. Einschränkungen für eine reduzierte Hochschüttung ergeben sich neben der Forderung nach kapazitätsgerechter Kippraumverteilung durch landschaftsgestaltende Oberflächenelemente wie Mulden und Täler für Vorfluter, die für die Höhe des Absetzerplanums bestimmend und in deren Nachbarschaft damit zwangsläufig größere Hochschüttungen unvermeidbar sind.

Das Bedienungspersonal eines Großabsetzers in der Lößverkippung besteht in der Regel aus fünf Mitarbeitern. Die Einweisung des Gerätes bei der Durchführung von Fahr- und Anstellbewegungen erfolgt von außen durch den Vorarbeiter. Er hat über eine Sprechfunkverbindung ständig Kontakt mit dem Geräteführer. Insbesondere bei der Lößverkippung erfährt der Einweiser wertvolle Unterstützung durch den sog. Schwenker, der vom Abwurfführerstand aus die Schwenkgeschwindigkeit des Auslegers und damit den gleichmäßigen Materialauftrag regeln kann. Bei Absetzern, die konstruktionsbedingt nicht über einen Abwurfführerstand verfügen, kann der Einweiser den Abwurfausleger über eine eigens hierfür entwickelte, funkgesteuerte Fernbedienung vom Planum aus schwenken.

Nach den Richtlinien für die landwirtschaftliche Rekultivierung ist unterhalb der Lößüberdeckung wasserdurchlässiges Material in einer Mächtigkeit von mindestens 2 m einzubringen. Die Höhenlage dieses Rohkippenplanums soll bei der Anschüttung die noch zu erwartenden Restsetzungen berücksichtigen, um einen nachträglichen Ausgleich durch Schiebearbeiten im Löß zu vermeiden. Um im Endzustand in jedem Fall keine flachere Neigung als 1,5 % zu erhalten, wird bei Ermittlung der Restsetzungen in den Hochlagen (Kämme) der Oberfläche ein besonderer Setzungszuschlag vorgenommen.

Die Oberfläche der sterilen Rohkippe aus Sand oder Kies wird grundsätzlich nach Sollhöhenvorgaben mit Planierraupen eingeebnet. Im Anschluß erfolgt ein Kontrollnivellement durch die Markscheiderei, dessen Ergebnis noch am selben Tag in Form eines ausgedruckten Plots mit Soll- und Ist-Höhen an den Betrieb zurückfließt, der dann ggf. erforderliche Korrekturen vornehmen kann.

Ziel der Planiermaßnahmen auf der Rohkippe ist zum einen eine verbesserte Maßhaltigkeit des nachfolgenden Lößauftrages, woraus eine sparsame Verwendung des wertvollen Kulturmaterials resultiert. Zum anderen ermöglicht die planierte Rohkippe eine Optimierung der Lößaufschüttung mit dem Großgerät, denn gleichmäßige Rippen mit geringer Amplitude zwischen Rippenkamm und -tal lassen sich auf einer ebenen Unterfläche sehr viel leichter ankippen. So werden Voraussetzungen für eine weitgehende Minimierung der Planier- und Schiebearbeiten im verdichtungsempfindlichen Löß geschaffen.

Eine nennenswerte Verdichtung des wasserdurchlässigen Materials in der Rohkippe (zumeist gleichkörnige Sande) durch die Planierung findet nachweisbar nicht statt. Die Wasserdurchlässigkeit bleibt erhalten. Ein zusätzliches Aufreißen der Fläche ist daher nicht erforderlich. Auch im Hinblick auf die behinderte Feuchtebewegung bei einem zu großen Porensprung zwischen Lößüberdeckung und wasserdurchlässigem Material sollte auf das Aufreißen verzichtet werden.

Auch bei Optimierung der technischen und organisatorischen Vorleistungen und Maßnahmen für den Lößauftrag, ergibt das Ankippen des Materials mit Großabsetzern ein rippenförmiges Planum, daß noch eine anschließende Bearbeitung mit Planiergeräten erforderlich macht, um die weitere Bewirtschaftung der Flächen mit Ackergeräten zu ermöglichen.

Aufgrund der hohen Verdichtungsempfindlichkeit des feinschluffigen Lösses können schon relativ geringe Auflasten in dem strukturlosen Rohboden bei entsprechenden Wassergehalten zu stauenden Verdichtungshorizonten führen. Diese verdichteten Schichten verhindern das Abfließen von Niederschlagswässern in größere Teufen und bewirken so eine intensive Vernässung des Oberbodens, welche zu Fehlstellen in der Ackerfläche führt.

Aus diesem Grunde werden bei Rheinbraun in der landwirtschaftlichen Rekultivierung nur Planierraupen eingesetzt, die durch niedriges Betriebsgewicht und große Kettenauflage eine geringe spezifische Auflast (N/cm^2) in den Boden einleiten. Bei Antriebsleistungen von 90–150 kW weisen diese Geräte je nach Ausstattung spezifische Bodendrücke von 2,3–3,0 N/cm^2 auf.

Für das höhenmäßig korrekte Ankippen und Planieren von Rohkippe und Lößauftrag werden in den Tagebauen moderne Rotationslaser eingesetzt. Bei diesen Geräten wird mit dem Laserstrahl durch ein schnell rotierendes Prisma eine optische Ebene von rd. 600 m Durchmesser erzeugt, deren Lage optisch und akustisch erfaßt werden kann. Der Einweiser des Absetzers greift beim Aufschütten des Materials die durch den Laserstrahl vorgegebenen Sollhöhen mit einem Handempfänger ab, der an eine Meßlatte geklemmt wird. Am Planiergerät wird der Empfänger auf einem manuell ausschiebbaren Teleskopmast verschraubt, der mittels Montageplatte und Stoßdämpfer auf dem Schild befestigt ist. Mit Hilfe einer 3-Wege-Anzeige auf der Motorhaube erhält der Fahrer eine exakte Orientierung über die höhenmäßige Lage seines Planierschildes zur eingestellten Laserebene (Abb. 4).

Der Einsatz des Rotationslasers ermöglicht ein maßhaltiges und gleichmäßiges Aufschütten des kulturfähigen Materials und führt so zu einer Reduzierung des nachfolgenden Planieraufwandes. Aus der Verringerung der zur Herstellung des Endplanums erforderlichen Überfahrten des Planiergerätes resultiert damit eine geringere Verdichtung des Untergrundes. Es werden so wichtige Voraussetzungen für einen optimalen Ertrag der landwirtschaftlichen Flächen geschaffen.

Um die Wirkung der Bodenerosion einzudämmen, dürfen die hergestellten ebenen Flächen im Regelfall eine Höchstneigung von 1,5 % nicht überschreiten. Dem entgegen steht die Überlegung, mit größeren Hangneigungen die aus ungleichmäßigen Setzungen resultierenden abflußlosen Mulden zu reduzieren. Umfangreiche Feldversuche zur Erosionsneigung von Flächen mit unterschiedlichen Gefällen Anfang der 90er Jahre hatten zum Ergebnis, daß mit Wirkung vom 17.5.1993 die Richtlinien für die landwirtschftliche Wiedernutzbar-

Abb. 4. Lasereinsatz in der landwirtschaftlichen Wiedernutzbarmachung (Photo: Rheinbraun)

machung vom 7.1.1992 bzgl. der Neigung der entstehenden Flächen wie folgt geändert wurden: „In Übergangsbereichen zu anderen Nutzungsarealen oder zum unverritzten Gelände sowie auf Flächen, auf denen unterschiedliche Kippensetzungen zu erwarten sind, ist nach Abstimmung mit den in ihrem Aufgabenbereich berührten Behörden und der Landwirtschaftskammer eine Höchstneigung von bis zu 2,5 % zulässig" (Landesoberbergamt Nordrhein-Westfalen 1993).

4 Betriebsbegleitende und nachgeschaltete Maßnahmen

4.1 Forstliche Wiedernutzbarmachung

Die Herstellung von Flächen für die forstliche Wiedernutzbarmachung erfordert neben dem eigentlichen Bodenauftrag eine Vielzahl weiterer Maßnahmen wie

- Planieren und Modellieren von Böschungen, Bermen, Rampen und Wegen
- Aufreißen von verdichteten Flächen
- Bodenauftrag auf Sonderflächen
- Herstellung und Unterhaltung von Gräben und Entwässerungseinrichtungen
- Begrünen von Gräben und Rampen
- Wegebau
- Anlegung von Treppensystemen
- Errichtung von Schutzhütten, Sitzgelegenheiten, Zäunen
- Vorbereitung ökologischer Begleitmaßnahmen

Nach Möglichkeit werden die meisten aufgeführten Maßnahmen betriebsbegleitend realisiert. Hierfür sprechen kürzere Wege, Ausnutzung verfügbarer Hilfsgeräte, Verminderung von Schäden an fertiggestellten Flächen und in der Regel die insgesamt geringeren Kosten.

So entstanden beispielsweise auf der abwechslungsreich gestalteten Kippenhochfläche der Sophienhöhe drei Einzugsgebiete, die mit unterschiedlicher Neigung zum Rand hin einfallen. Das auf der Oberfläche gesammelte Wasser wird hier punktuell über Rauhgerinne dem Grabensystem auf der obersten Berme zugeführt. Die für eine Hochkippe notwendigen Begrenzungsdämme verhindern den unkontrollierten, mit Erosionen verbundenen Zulauf zu diesem Grabensystem. Das so auf der Hochfläche gesammelte Wasser wird Regenrückhaltebecken zugeführt und wie auch das Niederschlagswasser aus tieferliegenden Böschungen und Bermen über zentrale Ableitungen und Gräben am Kippenrand den natürlichen Vorflutern zugeleitet.

Die auf der Sophienhöhe bestehenden Gräben, auch solche in Gefällenbereichen, werden naturnah ausgebaut, d. h. es wird auf den Einbau von Betonsohlschalen verzichtet. Die Gräben werden vielmehr nach der Herstellung durch Anspritzen einer Suspension aus Gras- und Kleesorten, Bodenfestiger, Kleber und Düngemittel begrünt. Dadurch werden Erosionen weitgehend eingeschränkt. In den Gefällestrecken hat sich die Verlegung von grobmaschigen Kunststoffmatten mit einer Rollkiesüberdeckung und anschließender Anspritzbegrünung gut bewährt. Palisaden aus Holz sowie das Verlegen von Wasserbausteinen in der Grabensohle verstärken diesen Effekt. Um das Zuschlämmen der Gräben in den ersten Jahren zu vermeiden, werden an der Böschungsoberkante der Gräben Holzstämme verlegt oder feinmaschige Fangzäune angebracht.

Im Hinblick auf einen ordnungsgemäßen Wasserabfluß, der insbesondere bei frischen Gräben durch im Wasser mitgeführte Erosionsmassen gefährdet sein kann, werden zusätzlich in Abhängigkeit vom jeweiligen Gefälle und Einzugsgebiet, insbesondere vor Rohrdurchlässen ein oder mehrere Vorklärbecken ausgehoben. Während der betrieblichen Herstellung dienten solche Becken im Winter auch als Tosbecken für die zur Frostsicherung frei austragenden Feuerlöschleitungen der Bandanlagen. Diese Vorklärbecken sind heute als wechselfeuchte Biotope erhalten.

Auf Unterhaltungsarbeiten zur Grabenreinigung kann durch obige Maßnahmen weitgehend verzichtet werden. Grabendurchlässe unter Wegen werden parallel zur Erstellung des Grabens mit Betonrohren entsprechender Dimension ausgebaut. Die naturnahe Vermauerung erfolgt nach Stabilisierung der Böschungsflanken. Um unterschiedlichen Kippensetzungen und den damit verbundenen Änderungen im Grabengefälle Rechnung zu tragen, werden die Gräben in einem Teilbereich etwa 5–6 Jahre nach Herstellung bis an eine Wasserscheide höhenmäßig und zusätzlich im Querschnitt aufgemessen. Eventuelle Korrekturen am Grabensystem erfolgen unmittelbar im Anschluß an die Auswertung.

Etwa zeitgleich erfolgt der Bau des endgültigen Ablaufbauwerkes sowie der Schußrinnen im Bereich der Regenrückhaltebecken.

Um die Außenkippe Sophienhöhe aus der Umgebung erreichen zu können, wurden neben serpentinenartig geführten Hauptwegen vier Treppenaufgänge angelegt. Das heute rd. 73 km lange Wege- und Rampensystem im Böschungsbereich wie auch auf der Hochfläche war Bestandteil der langfristigen Planung und konnte somit bereits betriebsbegleitend endgültig erstellt werden. Für die anzulegenden Wege in Böschungen und auf Bermen wurde dafür geeignetes Material durch Großabsetzer in der Nähe ausgesetzt, auf kurzem Weg im LKW-Betrieb transportiert und mit Hilfsgeräten eingebaut. Auf der Hochfläche wurde der Forstkiesauftrag im Bereich der anzulegenden Wege ausgespart und statt dessen eine entsprechende Menge Wegebaumaterial verkippt.

Insgesamt fünf Parkplätze stehen zur Verfügung. Grillplätze, Ruhebänke, Schutzhütten, Aussichtspunkte, Rodelbahnen, ein naturnah angelegter Waldspielplatz sowie zwei Wildgehege vervollkommnen die Maßnahmen der Erholungsnutzung.

Die Vorbereitung von landschaftspflegerischen Maßnahmen war ein weiterer Schwerpunkt der bergbaulichen Aktivitäten. So wurden im westlichen Endböschungssystem großkalibrige Kanalrohre eingebaut, um einen Stollen als Lebensraum für Fledermäuse zu schaffen. Am Kippenfuß und auf den Bermen wurden im Bereich der Einbuchtungen im Kippenkörper anfänglich betrieblich notwendige Wege nach vorherigem Aufreißen durch Löß- und Waldbodenauftrag stillgelegt und diese Flächen so dem menschlichen Zutritt entzogen.

4.2 Landwirtschaftliche Wiedernutzbarmachung

Auch in der landwirtschaftlichen Wiedernutzbarmachung wird zunehmend ein naturnaher Ausbau von Oberflächengewässern gefordert. Hierzu gehören die Eingliederung kleiner Feuchtbiotope durch Vertiefen und Verbreitern der Grabensohle ebenso wie wechselnde Böschungsneigungen von Gräben und deren Eingrünung bzw. abschnittsweise Bepflanzung (v. Dewitz u. Wendeler 1990).

Wo das Grabengefälle eine Sohlbefestigung erfordert, werden Rollkies und Steinschüttungen verwendet, in deren Hohlräumen nicht nur Gräser wachsen können, sondern auch Kleinlebewesen Schutz und Lebensraum finden (Abb. 5).

Um auch bei den verkippungstechnisch notwendigen Zwischenständen in der Rekultivierung eine ordnungsgemäße Oberflächenentwässerung zu gewährleisten, sind oft zusätzliche wasserwirtschaftliche Maßnahmen wie Gräben, Schußrinnen, Rückhaltebecken erforderlich. Obschon die Lebensdauer und Funktion dieser Entwässerungselemente zeitlich begrenzt sind, empfiehlt es sich, die Anlage planerisch vorzubereiten und naturnah auszuführen. Hierdurch entsteht in der Regel kein zusätzlicher Aufwand, wenn das einstige Provisorium, z. B. aus ökologischen Gründen, Bestand behalten soll.

Der Ausbau von Wirtschaftswegen innerhalb der landwirtschaftlichen Wiedernutzbarmachung erfolgt nach Regelprofilen, die in Abstimmung mit den zuständigen Ämtern für Agrarordnung erstellt werden. Breite und Befestigung der Wege hängen von der geplanten Bewirtschaftungsform ab. Hauptwirtschaftswege werden nach frühzeitiger Absprache mit den Genehmigungsbehörden gleich in ihrer endgültigen Lage fertiggestellt.

Bei der Herstellung der Wege im Verkippungsbetrieb ist insbesondere eine Verunreinigung der landwirtschaftlichen Flächen durch den Wegebaukies zu vermeiden. Dies ist dann zu befürchten, wenn der Kies bei Herstellung des Rohplanums mit dem Großgerät in der späteren Wegetrasse als Depot ausgesetzt und anschließend einplaniert wird.

Verstärkte Beanstandungen der Landwirte über Steine auf ihren Anbauflächen haben beispielsweise im Tagebau Garzweiler dazu geführt, Wege grundsätzlich erst nach Anschüttung der Lößoberfläche herzustellen. Hierzu wird das Unterflurprofil des Weges mit Hydraulikbaggern oder Radladern im Löß ausgehoben und der entstehende Einschnitt mit geeignetem kiesigem Material verfüllt. Anschließend muß der Weg noch mit entsprechendem Profil ausplaniert und mit einer Vibrationswalze verdichtet werden.

4.3 Mitarbeiterschulung

Die besondere Bedeutung, die Rheinbraun der Wiedernutzbarmachung beimißt, wird u. a. durch die Benen-

Abb. 5. Naturnah ausgebauter Graben (Photo: Rheinbraun)

nung von Rekultivierungsbeauftragten in den Tagebauen dokumentiert, die sich als Betriebsingenieure unbeschadet ihrer Aufgaben nach § 55 BBergG verstärkt um die ordnungsgemäße Durchführung der Wiedernutzbarmachung kümmern.

Neben der Koordination und Überwachung aller Aktivitäten in der Wiedernutzbarmachung des Tagebaues obliegt dem Rekultivierungsbeauftragten auch die Schulung der in diesem Bereich tätigen Mitarbeiter.

Die Arbeit der Mannschaft vor Ort ist ganz entscheidend für den Gesamterfolg von Wiedernutzbarmachung und Rekultivierung. Fehler, die bei der Herstellung von Rohplanum und dem Auftrag von kulturfähigem Material gemacht werden, führen meistens zu Fehlstellen in den wiedernutzbargemachten Flächen, deren nachträgliche Sanierung aufwendig sein kann.

Jedem Mitarbeiter ist daher zu verdeutlichen, wie wichtig sein persönlicher Beitrag für die Wiedernutzbarmachung des Tagebaues ist. Um dieses Bewußtsein zu schärfen, werden regelmäßig Seminare durchgeführt, in denen die in der Wiedernutzbarmachung eingesetzten Mitarbeiter unterwiesen werden.

5
Zusammenfassung

Die Herstellung von Flächen für die Wiedernutzbarmachung im Zuge des Braunkohlenabbaus im Rheinischen Braunkohlenrevier wird stark beeinflußt durch eine Vielzahl von Vorgaben, die aus genehmigungsrechtlichen, betriebstechnischen/-organisatorischen sowie kostenmäßigen Zwängen herrühren. Ziel der Wiedernutzbarmachung ist es, diese Vorgaben so in Einklang zu bringen, daß nach dem Abbau der Braunkohle Flächen entstehen, die nicht nur dem Anspruch einer späteren forst- und landwirtschaftlichen Nutzung genügen, sondern vielmehr eine neu gestaltete Landschaft darstellen. In dieser sollen unabhängig von der späteren Nutzung Ökologie und Erholungssuche einen breiteren Stellenwert als in der ursprünglichen Landschaft einnehmen.

Unter dieser Zielsetzung wurden in den letzten Jahrzehnten rd. 163 km^2 Fläche wiederhergestellt. Entsprechend den jeweiligen Möglichkeiten und dem Zuwachs an Erfahrungen entwickelte sich die Wiedernutzbarmachung im Rheinischen Braunkohlenrevier fortlaufend weiter und wird heute nicht nur in Bergbaukreisen als vorbildlich angesehen.

LITERATUR

Henning D, Müllensiefen K (1990) Herstellung von Flächen für die forstwirtschaftliche Rekultivierung, dargestellt am Beispiel der Außenkippe Sophienhöhe des Braunkohlentagebaues Hambach. Braunkohle 12: 11–18

Kunde L (1990) Technische und organisatorische Maßnahmen bei der Herstellung der Flächen für landwirtschaftliche Rekultivierung. Braunkohle 12: 18–22

Landesoberbergamt Nordrhein-Westfalen (1984) Richtlinien des Landesoberbergamtes Nordrhein-Westfalen für das Aufbringen von kulturfähigem Bodenmaterial bei forstwirtschaftlicher Rekultivierung für die im Tagebau betriebenen Braunkohlenbergwerke vom 12.11.1973 in der Fassung vom 2.3.1984, Dortmund

Landesoberbergamt Nordrhein-Westfalen (1993) Richtlinien des Landesoberbergamtes Nordrhein-Westfalen für die landwirtschaftliche Wiedernutzbarmachung von Braunkohlentagebauen vom 7.1.1992 in der Fassung vom 17.5.1993, Dortmund

Stürmer A (1990) Planung von Oberflächengestaltung und Rekultivierung im Rheinischen Braunkohlenrevier. Braunkohle 12: 4–11

Dewitz W von, Wendeler J (1990) Planung der Oberflächenentwässerung auf Neulandflächen. Braunkohle 12: 22–26

Zenker P (1992) Landwirtschaftliche Wiedernutzbarmachung von Braunkohlentagebauen. Braunkohle 5: 40–44

Der Betriebsplan – Instrumentarium für die Wiedernutzbarmachung

Siegfried Lange und Axel Stürmer

1 Rechtsgrundlagen des Bergbaus

Der Braunkohlenbergbau im Rheinischen Braunkohlenrevier ist in zahlreiche Gesetze eingebunden, die die Rechte und Pflichten des Bergwerksunternehmers sowie die staatliche Aufsicht über dessen Maßnahmen regeln und Einflußmöglichkeiten für die Öffentlichkeit eröffnen.

1.1 Braunkohlenplan

Um den Braunkohlenbergbau mit seinen weitgreifenden Auswirkungen zu regeln, wurde in den 50er Jahren mit dem „Gesetz über die Gesamtplanung im Rheinischen Braunkohlengebiet" eine gesetzliche Regelung getroffen. Dieses Gesetz wurde mehrfach geändert und im Jahre 1979 als Abschnitt „Sondervorschriften für das Rheinische Braunkohlenplangebiet" in das Landesplanungsgesetz Nordrhein-Westfalen (LPlG) aufgenommen. Danach soll für Abbauvorhaben eine besondere Braunkohlenplanung durchgeführt werden, eine Planung, bei der konkurrierende Nutzungsansprüche erfaßt und gegeneinander abgewogen werden.

Materiellrechtlich werden mit Hilfe des Braunkohlenplanverfahrens auf der Ebene der Regionalplanung „im Braunkohlenplangebiet Ziele der Raumordnung und Landesplanung" festgelegt, „soweit es für eine geordnete Braunkohlenplanung erforderlich ist" (§ 24 Abs. 1 LPlG).

Der genehmigte Braunkohlenplan hat Bindungswirkung; Behörden, Gemeinden und Kreise sowie öffentliche Planungsträger müssen bei ihren raumbedeutsamen Planungen und Maßnahmen die aufgestellten Ziele des Braunkohlenplanes beachten. Nach § 34 Abs. 5 Satz 2 LPlG muß der Bergwerksunternehmer seine Betriebspläne mit dem Braunkohlenplan in Einklang bringen.

Im Braunkohlenplan, der u. a. die Grundzüge der Oberflächengestaltung und Wiedernutzbarmachung vorgibt, werden z. B. auch die Flächenanteile für die einzelnen Bodennutzungsarten und deren ungefähre Lage im Raum vorgegeben. Somit enthält dieser die Rahmenbedingungen für die Wiedernutzbarmachung. Die in ihm genannten landes- und regionalplanerischen Ziele werden in verschiedenen Verfahren, auch im Betriebsplanverfahren nach Bundesberggesetz (BBergG), realisiert, wobei erst ein von der Bergbehörde zugelassener Betriebsplan die Grundlage für die bergbaulichen Aktivitäten bildet.

1.2 Betriebsplan

Das Betriebsplanverfahren ist auf die bergbauplanerischen und bergbautechnischen Maßnahmen ausgerichtet. Das Verfahren hat keine Konzentrationswirkung. Dies hat zur Folge, daß sondergesetzliche Zulassungsverfahren, z. B. nach Bauordnungs-, Wasser- und Straßenrecht, von der Zulassung des Betriebsplanes nicht in jedem Fall erfaßt werden können und jeweils gesondert durchgeführt werden müssen.

Als Betriebsplanart ist neben dem Rahmen-, Haupt- und Sonderbetriebsplan im Blick auf die Wiedernutzbarmachung der Abschlußbetriebsplan zu nennen, der im Rheinland auch als „Rekultivierungsplan" bezeichnet wird.

Der Rahmenbetriebsplan enthält Angaben über das gesamte Vorhaben in einem größeren zeitlichen Zusammenhang. Neben allgemeinen Angaben über den geplanten Tagebau, dessen technische Durchführung und voraussichtlichen Ablauf, sind in ihm ebenfalls allgemeine Aussagen zur Wiedernutzbarmachung und Oberflächengestaltung enthalten. Hierbei ist der Rahmenbetriebsplan im Vergleich zum Braunkohlenplan konkreter gefaßt, z. B. durch die Darstellung von Höhenangaben.

Im Hauptbetriebsplan befinden sich konkrete Angaben über die Betriebsanlagen und den Abbau. Er wird im Regelfall für eine zweijährige Betriebsdauer aufgestellt. Dieser Zeitraum wird als notwendig, aber auch als ausreichend angesehen, um der dynamischen Betriebsweise im Bergbau durch die unternehmerische Planung Rechnung zu tragen.

In Sonderbetriebsplänen werden betriebliche Vorgänge von eigenständiger Bedeutung, wie z. B. die Errichtung von Lärmschutzanlagen etc. dargelegt.

2 Abschlußbetriebsplan

2.1 Inhalt des Abschlußbetriebsplanes

Für die Einstellung eines Betriebes fordert § 53 BBergG einen Abschlußbetriebsplan. Neben Aussagen zur technischen Durchführung und zur Dauer der Maßnahmen zur Wiedernutzbarmachung enthält der Abschlußbetriebsplan v. a. Angaben zur Art der Oberflächengestaltung und Wiedernutzbarmachung der vom Bergbau in Anspruch genommenen Oberfläche sowie zur Oberflächenentwässserung und Durchführung landschaftspflegerischer Maßnahmen.

Im Gegensatz zum landesplanerischen Braunkohlenplan, dessen Aussagen sich auf ein komplettes Abbaufeld beziehen, und dem Rahmenbetriebsplan, wird der Abschlußbetriebsplan im Rheinischen Braunkohlenrevier in der Regel für einen Zeitraum von 10–15 Jahren erstellt. Hierdurch ist gewährleistet, daß einerseits größere Flächen im Zusammenhang hergestellt werden können, andererseits aber der Stand der Wissenschaft und Technik sowie der „Zeitgeist", die die Wiedernutzbarmachung insgesamt beeinflussen bzw. mitbestimmen, stets den aktuellen Gegebenheiten entsprechen. Aus Gründen des Bestandsschutzes besteht gemäß § 56 Abs. 1 BBergG für die Bergbehörde eine, allerdings nur eingeschränkte, Möglichkeit, einen zugelassenen Abschlußbetriebsplan zu ändern.

2.2. Sachliche Unterteilung

Aufgrund der Größe der im Abschlußbetriebsplan dargestellten, wiedernutzbarzumachenden Flächen und der Zusammenhänge bzw. Wechselwirkungen zwischen Oberflächengestaltung und Oberflächenentwässerung, hat es sich in der Praxis bewährt (Stürmer, Lange 1993), den Abschlußbetriebsplan in einen sachlichen Teil I und sachlichen Teil II zu trennen.

Teil I
Abschlußbetriebsplan für die Oberflächengestaltung und Wiedernutzbarmachung (der sog. Rekultivierungsplan) (zeichnerische Darstellung Maßstab 1 : 5 000)

- Relief
- Nutzungsarten (Land- und Forstwirtschaft etc.)
- Größere Stillgewässer
- Größere Fließgewässer
- Wirtschaftswegenetz soweit es für die Zwischenbewirtschaftung notwendig ist
- Grundzüge der Erholungsstruktur (Wanderwege, Liegewiesen etc.)
- Größere landschaftsgestaltende Anlagen z. B. Baum- und Strauchpflanzungen in der Feldflur

Teil II
Abschlußbetriebsplan für die Oberflächenentwässerung mit landschaftsgestaltenden Anlagen (je nach Detaillierungsgrad der zeichnerischen Darstellung - Übersichtspläne, Längs-, Querprofile - Maßstab 1 : 10 000 - 1 : 100)

- Oberflächenentwässerungssysteme (Gräben, Regenrückhaltebecken)
- Kleine Stillgewässer, Feuchtgebiete, abflußlose Mulden
- Zusätzliche landschaftsgestaltende und landschaftsgliedernde Anlagen, die im Rahmen der Entwässerungsplanung vorgesehen sind

Diese Vorgehensweise hat sich bewährt, weil z. B. eine mögliche Änderung der Oberfläche im Zulassungsverfahren in der Regel auch eine Änderung der Vorflutverhältnisse nach sich zieht. Eine Überarbeitung der gesamten Planung einschließlich der wasserbaulich-hydraulischen Unterlagen, verbunden mit einem unnötigen finanziellen insbesondere aber zeitlichem Mehraufwand, wäre die Konsequenz.

Die Unterteilung in einen sachlichen Teil I und II ist also insoweit sinnvoll, als die Erarbeitung des Teiles II, Oberflächenentwässerung und landschaftspflegerische Maßnahmen, erst nach der Zulassung des Teiles I, Oberflächengestaltung und Wiedernutzbarmachung, erfolgt und somit auf dessen Darstellungen bzw. Inhalten aufbauen kann.

2.2.1 Sachlicher Teil I

Der Abschlußbetriebsplan sachlicher Teil I wird seitens des Bergbautreibenden etwa 4–5 Jahre, bevor die Wiedernutzbarmachung einsetzt, aufbauend auf den Vorgaben des Braunkohlenplanes und des Rahmenbetriebsplanes, erarbeitet. Er besteht aus einer textlichen und zeichnerischen Darstellung. Die textliche Darstellung enthält neben allgemeiner Tagebaudaten auch Aussagen über Art und Umfang der bisher erfolgten, in besonderem Maße aber Angaben zu der neu geplanten Oberflächengestaltung und Wiedernutzbarmachung.

Nach § 4 Abs. 4 BBergG ist Wiedernutzbarmachung „die ordnungsgemäße Gestaltung der vom Bergbau in Anspruch genommenen Oberfläche unter Beachtung des öffentlichen Interesses." Neben dem Interesse der betroffenen Grundeigentümer auf Wiederherstellung des früheren Zustandes ihres Grundstücks ist auch das öffentliche Interesse einschließlich der Belange von Natur und Landschaft zu berücksichtigen. Die Wiedernutzbarmachung wird darüber hinaus auch von zwingenden bergbaulichen Rahmenbedingungen bestimmt. Unter diesen Umständen erfordert die ordnungsgemäße Gestaltung der Oberfläche nicht unbedingt die Wiederherstellung des vor Abbaubeginn bestehenden Zustandes.

Hinsichtlich der landschaftsgestaltenden Anlagen können im sachlichen Teil I bereits solche naturnahen Vegetationsbestände Berücksichtigung finden, deren Lage unabhängig von den im sachlichen Teil II dargestellten Entwässerungseinrichtungen ist. Zu nennen sind hier lineare und punktuelle Anpflanzungen entlang der im Abschlußbetriebsplan dargestellten und möglicherweise auch entlang künftig auszubauender Wirtschaftswege. Grundsätzlich ist ein solches Vorgehen, d. h. das Anlegen von Vegetationsbeständen, in diesem Stadium aber nur dann sinnvoll, wenn der dauerhafte Bestand solcher Strukturen sichergestellt ist, was eine frühzeitige Abstimmung mit der Flurbereinigungsbehörde voraussetzt.

Bevor Rheinbraun als Bergbautreibender den Abschlußbetriebsplan Teil I für die Oberflächengestaltung und Wiedernutzbarmachung der Bergbehörde zur Zulassung vorlegt, werden die wichtigsten von der Planung betroffenen Träger öffentlicher Belange, wie z. B. die Gebietskörperschaften mit ihren verschiedenen Fachabteilungen sowie die Vertreter der Land- und Forstwirtschaft über die Planung informiert. Dieser Weg wird beschritten, weil im Abschlußbetriebsplan die vielfältigen Interessen, die an eine neu entstehende Landschaft gestellt werden, zu vereinbaren sind. Die sich aus einem solchen Informationsgespräch ergebenden Änderungswünsche können, soweit realisierbar und wirtschaftlich vertretbar, bei der Planung berücksichtigt werden. Die hier beschriebene Vorgehensweise stellt keine Vorwegnahme der fachlichen Auseinandersetzung im Betriebsplan- bzw. Zulassungsverfahren dar. Sie dient lediglich dem Gedankenaustausch mit dem Ziel, bereits in den Antrag auf Zulassung des Betriebsplanes möglichst alle Interessen zu berücksichtigen und somit einen konsensfähigen Plan einzureichen.

2.2.2
Sachlicher Teil II

Auf der Grundlage des zugelassenen Abschlußbetriebsplanes sachlicher Teil I – Oberflächengestaltung und Wiedernutzbarmachung – wird vom Bergbautreibenden der Abschlußbetriebsplan sachlicher Teil II für die Oberflächenentwässerung und die landschaftspflegerischen Maßnahmen ausgearbeitet, der wiederum aus Text- und Planteil besteht. Aufgrund des Planungsinhaltes wird unter Bezugnahme auf die ursprünglichen Vorflutverhältnisse die Lage der Entwässerungseinrichtungen, wie Wegeseitengräben und Rückhaltebecken, geplant und deren Hydraulik und Ausbau berechnet bzw. beschrieben. Zusätzlich werden Aussagen zu den landschaftpflegerischen Maßnahmen getroffen, insofern deren Realisierung nicht bereits Gegenstand des sachlichen Teiles I war, diese also in direktem Zusammenhang mit dem Ausbau der Entwässerungseinrichtungen stehen.

Auch der Abschlußbetriebsplan für die Oberflächenentwässerung und landschaftspflegerische Maßnahmen unterliegt, bevor er zur Zulassung eingereicht wird, einer hausinternen Abstimmung mit den Fachabteilungen. Vergleichbar mit der Vorgehensweise beim sachlichen Teil I erfolgt auch eine Information zuständiger Fachbehörden. Hierzu zählen z. B. das Staatliche Umweltamt (StUA), die Untere Wasserbehörde (UWB) und der Wasserverband. Zweck dieser Information ist u. a., mit diesen Stellen abzustimmen, inwieweit für die geplanten Entwässerungseinrichtungen ein Ausbauverfahren nach § 31 Wasserhaushaltsgesetz (WHG) bzw. nach § 41 Flurbereinigungsgesetz (FlurbG) durchzuführen ist.

3
Zulassungsverfahren

Der Abschlußbetriebsplan sachlicher Teil I und II wird vom Bergbautreibenden erst dann bei der Bergbehörde zur Zulassung vorgelegt, wenn die Informationsgespräche mit den wichtigsten von der Planung betroffenen Trägern öffentlicher Belange geführt wurden.

In § 54 Abs. 2 Satz 1 BBergG heißt es: „Wird durch die in einem Betriebsplan vorgesehenen Maßnahmen der Aufgabenbereich anderer Behörden oder der Gemeinde als Planungsträger berührt, so sind diese vor der Zulassung des Betriebsplanes durch die zuständige Behörde zu beteiligen." Dementsprechend beteiligt die Bergbehörde alle von der Planung betroffenen Träger öffentlicher Belange und räumt ihnen die Möglichkeit zur Stellungnahme ein.

Nach Eingang dieser Stellungnahmen wägt die Bergbehörde darüber ab, inwieweit die vorgebrachten Bedenken und Anregungen im Abschlußbetriebsplan berücksichtigt werden müssen und fertigt einen Entwurf der Zulassung an.

Im § 28 Abs. 1 Verwaltungsverfahrensgsgesetz (VwVfG) heißt es: „Bevor ein Verwaltungsakt erlassen wird, der in Rechte eines Beteiligten eingreift, ist diesem Gelegenheit zu geben, sich zu den für die Entscheidung erheblichen Tatsachen zu äußern." Dementsprechend hat der Bergbautreibende das Recht, zum Entwurf der Zulassung Stellung zu beziehen. Danach erst erfolgt die offizielle Zulassung des Abschlußbetriebsplanes.

Aufgrund der bei der Bergbehörde eingegangenen und in die Betriebsplanzulassung übernommenen Stellungnahmen kann es möglich sein, daß im ungünstigsten Fall die gesamte Planung überarbeitet werden muß. Es besteht aber durchaus auch die Möglichkeit, daß Änderungen oder Ergänzungen in gewissem Umfang über sog. Nebenbestimmungen, die für den Bergbautreibenden verbindlich sind, in der Zulassung des Abschlußbetriebsplanes berücksichtigt werden und in den Plan einzuarbeiten sind. Im günstigsten Fall für den Bergbautreibenden erfolgt die Zulassung ohne jegliche Nebenbestimmungen.

4 Umsetzung des Abschlußbetriebsplanes

Nach § 69 Abs. 1 BBergG unterliegt der Bergbau der Aufsicht durch die zuständige Behörde (Bergaufsicht). „Die Bergaufsicht endet nach der Durchführung des Abschlußbetriebsplanes (§ 53) oder entsprechender Anordnung der zuständigen Behörde (§ 71 Abs. 3) zu dem Zeitpunkt, in dem nach allgemeiner Erfahrung nicht mehr damit zu rechnen ist, daß durch den Betrieb Gefahren für Leben und Gesundheit Dritter, für andere Bergbaubetriebe und für Lagerstätten, deren Schutz im öffentlichen Interesse liegt, oder gemeinschädliche Einwirkungen eintreten werden" (§ 69 Abs. 2 BBergG).

Für die Umsetzung des Abschlußbetriebsplanes bedeutet dies, daß alle Maßnahmen zur Gestaltung der Oberfläche von der Bergbehörde überwacht und deren Übereinstimmung mit den Vorgaben des Braunkohlenplanes kontrolliert wird.

Der Bergbautreibende geht davon aus, daß zwischen der Zulassung des Abschlußbetriebsplanes und dem Beginn der Wiedernutzbarmachung ein Zeitraum von zwei bis drei Jahren zur Verfügung steht. Damit kann sich der Betrieb rechtzeitig auf die Wiedernutzbarmachung einstellen und entsprechend disponieren.

Der zugelassene Abschlußbetriebsplan stellt in den meisten Fällen einen Kompromiß dar zwischen allen an eine neu entstehende Landschaft gestellten Nutzungsansprüche. Zwar ist die Bandbreite der unterschiedlichen Nutzungsarten im Braunkohlenplan als Circa-Wert festgeschrieben, jedoch besteht hinsichtlich der Lage, der Ausgestaltung und letztendlich auch der Nutzungsform ein gewisser Spielraum. Diesen Spielraum möchte zumeist jede Interessengruppe für ihre Belange in Anspruch nehmen.

Am Beispiel des Braunkohlenplanes für den Tagebau Zukunft-West und den darauf aufbauenden Abschlußbetriebsplan für die Oberflächengestaltung und Wiedernutzbarmachung (sachlicher Teil I) für den südlichen Bereich des Tagebaues Zukunft-West soll nachfolgend die Umsetzung des Abschlußbetriebsplanes dargestellt werden.

4.1 Braunkohlenplan für den Tagebau Zukunft-West

Der durch Erlaß vom 19. September 1984 genehmigte Braunkohlenplan erstreckt sich über eine Fläche von 795 ha (Abb. 1).

In Kap. 3 des Braunkohlenplanes werden die Grundzüge der Oberflächengestaltung und Wiedernutzbarmachung dargelegt. Zur Oberflächengestaltung und Gliederung der Landschaft heißt es im Ziel des Kap. 3.1: „Bei der Verkippung ist grundsätzlich ein böschungsfreier Anschluß an das unverritzte und das bereits rekultivierte Gelände vorzusehen. Für eine dauerhaft gesicherte Oberflächenentwässerung und die Gestaltung eines erlebnisreichen Landschaftsbildes sind die Voraussetzungen zu schaffen.

Im südlichen Bereich ist eine etwa 170–180 ha große Mulde mit einem mindestens 100 ha großen See (Blaustein-See) herzustellen. Die Mulde ist in Form und Gliederung entsprechend der vorrangigen Nutzbarkeit als wasserorientierter Freizeit- und Erholungsschwerpunkt zu gestalten sowie in einigen Uferbereichen auf die Anforderungen des Naturschutzes auszurichten. ... Die den See umgebenden, standortgerecht zu bewaldenden Kippenböschungen sind in ihrer Modellierung den vorgenannten Funktionen dieses Bereiches entsprechend zu gestalten und standsicher anzulegen; dabei ist eine etwa 500 m breite Grünverbindung nach Dürwiß vorzusehen."

Im Blick auf weitere verbindende Vegetationsbestände und Entwässerungseinrichtungen sowie hinsichtlich der Flächennutzung heißt es weiter: „Zwischen Fronhoven, dem Blaustein-See und Niedermerz ist eine 100–200 m breite Haupt-Grünverbindung als standortgerecht bewaldeter, wasserführender Graben (Schlangengraben) herzustellen. Der Graben ist in seiner Linienführung, Höhenlage und Fließrichtung auf die Anforderungen einer ausreichenden Oberflächenentwässerung und als ökologischer Regenerationsraum auszurichten (Abb. 2).

Innerhalb dieser Grünverbindung ist im nördlichen Bereich südwestlich von Niedermerz ein etwa 5 ha großes Rückhaltebecken anzulegen, das zugleich den Anforderungen für die stille Erholung und für den Naturschutz entsprechend auszugestalten ist. ... Alle übrigen Flächen sind zur landwirtschaftlichen Nutzbarkeit mit einer Generalneigung von in der Regel 1,5 % herzustellen. Sie sind durch dauerhaft zu sichernde Grünzüge, punktuelle Anpflanzungen und Feuchtgebiete sowie durch begrünte Kleinmodellierungsböschungen aufzulockern und zu gliedern. ..."

Für die Umsetzung und Konkretisierung des Ziels werden im Braunkohlenplan verschiedene Verfahren aufgeführt. Demnach kann dies geschehen:

„insbesondere:

- Im bergrechtlichen Betriebsplanverfahren
- Im Landschaftsplanverfahren

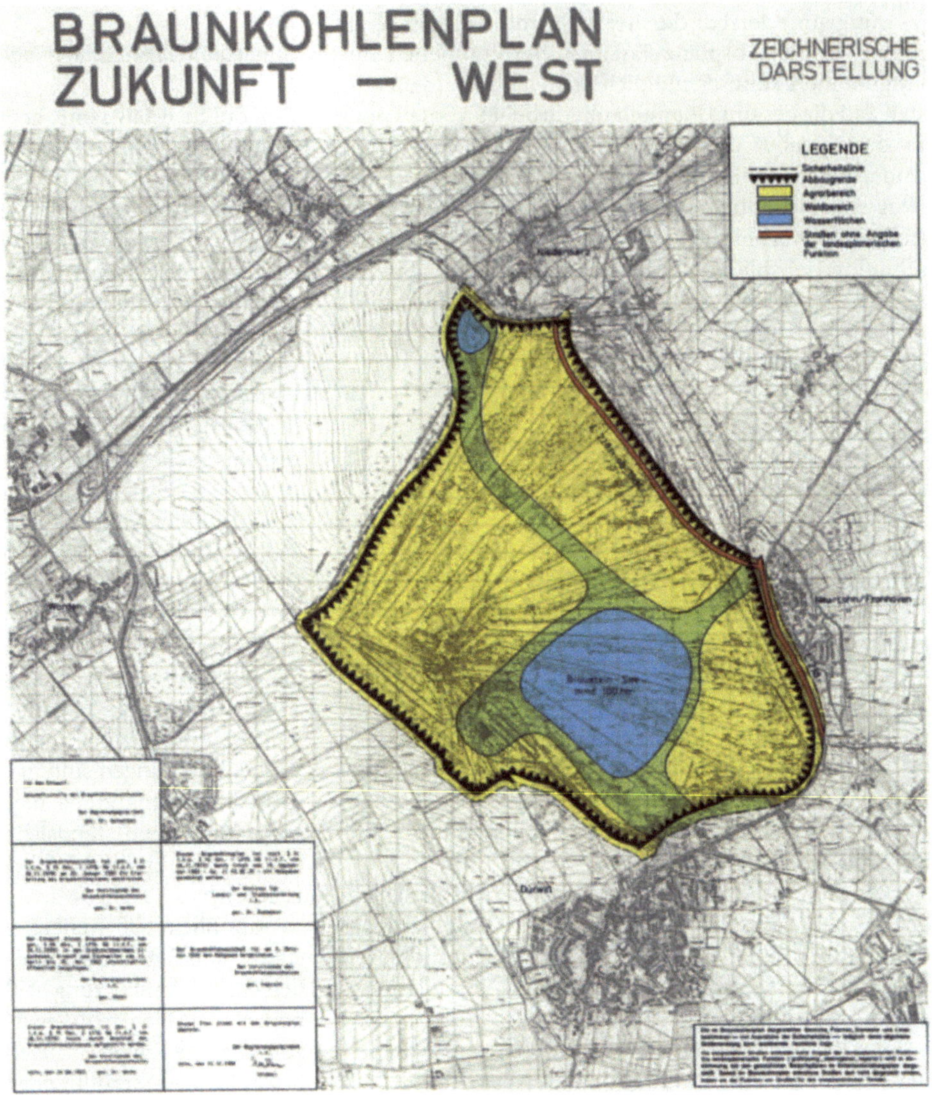

Abb. 1. Zeichnerische Darstellung des Braunkohlenplanes Zukunft-West (Bez. Reg. Köln)

- Im Planfeststellungsverfahren nach Wasserhaushaltsgesetz bzw. dem Landeswassergesetz
- Im Flurbereinigungsverfahren
- Im Bauleitplanverfahren
- In sonstigen einschlägigen Verfahren."

Die Wiedernutzbarmachung und die Gestaltung der Oberfläche erfolgen somit entsprechend den Darstellungen des zugelassenen Abschlußbetriebsplanes durch den Bergbautreibenden. Das Anlegen der Grünzüge, der punktuellen Anpflanzungen oder der Feuchtgebiete kann beispielsweise auch im Flurbereinigungsverfahren, im Verfahren nach Wasserhaushaltsgesetz bzw. Landeswassergesetz und ggf. im Landschaftsplanverfahren erfolgen.

In Kap. 3.2 werden im Ziel die Anteile der Bodennutzungsarten festgelegt. Hierzu wird ausgeführt:

„Bei der Rekultivierung innerhalb des Abbaubereiches sind folgende Größenordnungen der Bodennutzungsarten zugrunde zu legen:

- ca. 520 ha landwirtschaftliche Fläche (einschließlich der Fläche für den Weiler)
- ca. 20 ha landschaftgliedernde Grünzüge, punktuelle Anpflanzungen und Feuchtgebiete
- ca. 140 ha Waldflächen (im Böschungsbereich)
- ca. 110 ha Wasserfläche
- ca. 5 ha Fläche für Straßen (L 228n)."

Zur Umsetzung und Konkretisierung des Ziels werden auch hier verschiedene Verfahren aufgeführt:

„ insbesondere:

- Im bergrechtlichen Betriebsplanverfahren
- Im Flurbereinigungsverfahren
- Im Verfahren nach Wasserhaushaltsgesetz bzw. Landeswassergesetz
- In sonstigen einschlägigen Verfahren."

Auch hier wird die Möglichkeit eingeräumt, die Umsetzung der Ziele in weiteren, der Wiedernutzbarmachung nach BBergG folgenden Verfahren, zu regeln.

Abb. 2. Der Schlangengraben: ausgeprägter Talzug mit unterschiedlichen Biotopstrukturen in landwirtschaftlichem Vorranggebiet. (Photo: Rheinbraun)

4.2 Abschlußbetriebsplan für den Tagebau Zukunft-West

Auf die Zielvorgaben des Braunkohlenplanes baut der Abschlußbetriebsplan für den südlichen Bereich des Tagebaues Zukunft-West auf, dessen sachlicher Teil I seitens der Bergbehörde mit Schreiben vom 9. November 1984 zugelassen wurde. Mit einer Fläche von 544 ha umfaßt er nur eine Teilfläche des Braunkohlenplanes (Abb. 3).

Im Rahmen der Umsetzung des Abschlußbetriebsplanes waren bzw. sind folgende Flächennutzungsanteile zu berücksichtigen:

- ca. 347 ha landwirtschaftliche Nutzfläche
- ca. 7 ha landschaftsgestaltende Anlagen
- ca. 89 ha Forstwirtschaft
- ca. 101 ha Mulde unterhalb der + 129 mNN (= spätere Wasserspiegelhöhe)

Seitens der Landwirtschaft bestand verständlicherweise großes Interesse, die landwirtschaftlichen Flächen optimal zu nutzen. Dies bedingt unter anderem ein auf ihre Belange zugeschnittenes Wegenetz. Zwar wurden im Zuge der Wiedernutzbarmachung nur die Wege ausgebaut, die im Rahmen der siebenjährigen Zwischenbewirtschaftung durch Rheinbrauneigene Schirrhöfe benötigt werden, doch bilden diese zumeist nur das „Grundgerüst" für den endgültigen Wirtschaftswegeausbau im späteren Flurbereinigungsverfahren. Das bedeutet, dieses Grundgerüst ist bereits so anzulegen, daß die spätere Wegeeinteilung eine zumindest zweiseitige Parallelität zuläßt.

Weiterhin ist das System landschaftgestaltender Anlagen so zu planen, daß keine Bewirtschaftungserschwernisse durch deren Realisierung auftreten bzw. diese, wie auch die negativen Auswirkungen, z. B. durch Schattenwurf und Wurzelkonkurrenz, auf ein vertretbares Minimum beschränkt bleiben.

Wie in fast jedem Abschlußbetriebsplanverfahren bzw. in dem diesem folgenden Flurbereinigungsverfahren wurde seitens der Naturschutzverbände auch hier eine flächenmäßige Erhöhung des Anteils der landschaftsgestaltenden Anlagen gefordert. Die Landwirtschaft steht einer solchen Forderung zumeist ablehnend gegenüber, da mit einer flächenmäßigen Erhöhung dieser Landschaftsbestandteile in den meisten Fällen eine Reduzierung der landwirtschaftlichen Flächen einhergeht. Dies zeigt, daß möglicherweise schon im Abschlußbetriebsplanverfahren, spätestens aber im Flurbereinigungsverfahren ein Kompromiß zu suchen ist, der sowohl von der einen als auch von der anderen Interessengruppe akzeptiert wird.

Ein weiteres Beispiel für die unterschiedlichen Interessen ist beispielsweise die Nutzung und Gestaltung von Wasserflächen. Neben der Forderung, Wasserflächen als Lebensraum für die Tier- und Pflanzenwelt zu gestalten, wird im jeweiligen Abschlußbetriebsplanverfahren auch die Forderung erhoben, die Gestaltung auf eine spätere Nutzung als Erholungssee auszurichten. Selbst innerhalb der Interessengruppe „Erholung" kann in den meisten Fällen weiter unterschieden werden nach Gruppierungen, die die Wasserfläche als reines Bade-, Angel-, Surf- oder Segelgewässer genutzt wissen möchten. Hier galt es, bereits im Rahmen des Abschlußbetriebsplanes einen Kompromiß zu finden, mit dem geäußerten Wünsche ganz oder nur teilweise berücksichtigt werden; denn von der späteren Nutzung ist neben der Gestaltung der Mulde u. a. auch die Erschließung der zukünftigen Wasserfläche abhängig.

Nur die Gestaltung der Mulde ist Bestandteil des Abschlußbetriebsplanverfahrens bzw. des Abschlußbetriebsplanes und somit Gegenstand der Wiedernutzbarmachung. Das Anlegen der Wasserfläche selbst ist im WHG geregelt. Hier heißt es in § 31 Abs. 1: „Die Herstellung ... eines Gewässers ... bedarf der vorherigen Durchführung eines Planfeststellungsverfahrens. ... Ein Ausbau kann ohne vorherige Durchführung eines Planfeststellungsverfahrens genehmigt werden, wenn mit Einwendungen nicht zu rechnen ist."

Das „31er Verfahren" wird vom Bergbautreibenden durchgeführt, wenn die Anlage der Wasserfläche bergbaubedingt ist, d. h., die Wasserfläche beispielsweise aus dem durch die Kohleentnahme entstandenen Massendefizit resultiert und keine vollständige Verfüllung der ausgekohlten Tagebauöffnung möglich ist.

Handelt es sich jedoch um eine Wasserfläche, die auf Wunsch einer oder mehrerer am Braunkohlen-

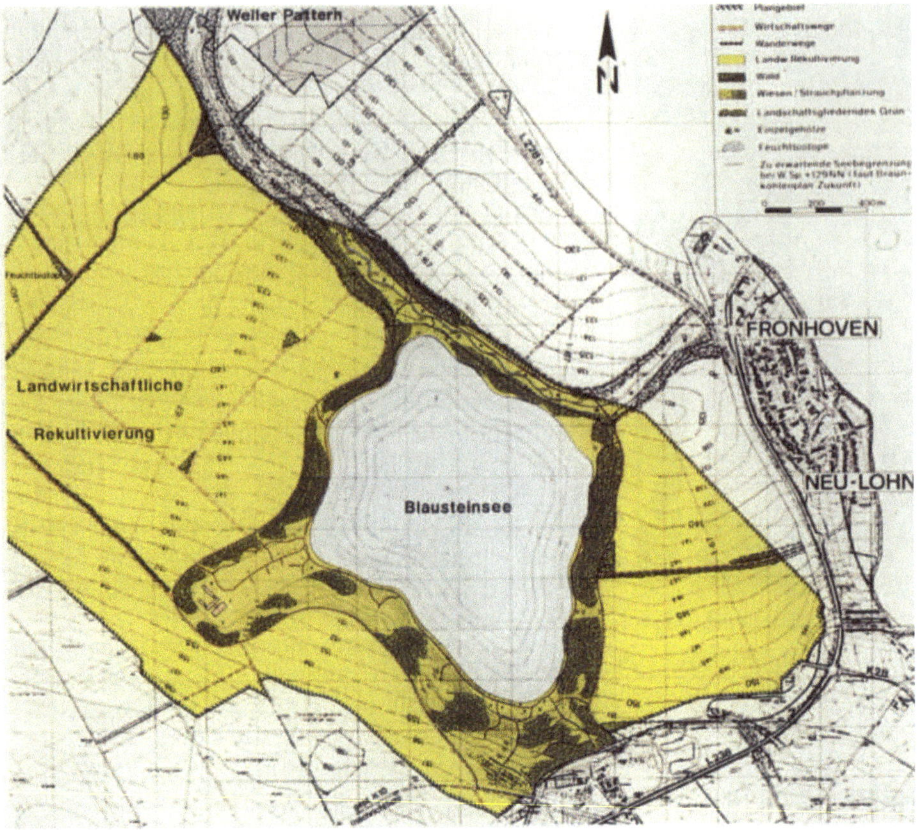

Abb. 3. Ausschnitt aus dem Abschlußbetriebsplan für die Oberflächengestaltung und Wiedernutzbarmachung für den südlichen Bereich des Tagebaues Zukunft-West (Rheinbraun)

bzw. Abschlußbetriebsplanverfahren Beteiligten hergestellt werden soll, schafft der Bergbautreibende durch die Herstellung bzw. Berücksichtigung einer entsprechenden Mulde im Rahmen der Wiedernutzbarmachung lediglich die Voraussetzungen für die Herstellung der Wasserfläche.

Bedingung hierfür ist allerdings, daß vor der entsprechenden Zulassung zwischen dem Bergbautreibenden und dem potentiellen Folgenutzer eine rechtliche Regelung hinsichtlich der Übernahme der zukünftigen Wasserfläche in Eigentum und Unterhaltung getroffen wird. Gleichzeitig wird hier auch festgelegt, daß das Verfahren nach § 31 WHG vom Folgenutzer durchzuführen ist.

Beim Blaustein-See handelt es sich um einen sog. „Wunschsee". Dessen Berücksichtigung im Braunkohlenplan Zukunft-West bzw. im Abschlußbetriebsplan sachlicher Teil I für den südlichen Bereich des Tagebaues Zukunft-West konnte deshalb erfolgen, weil sich einige Gebietskörperschaften bereits vor der Genehmigung des Braunkohlenplanes zur „Blaustein-See GmbH" als zukünftige Trägergemeinschaft zusammenschlossen.

Demnach war der Bergbautreibende gehalten, ausschließlich die Blaustein-Seemulde gemäß den Darstellungen des zugelassenen Abschlußbetriebsplanes im Rahmen der Wiedernutzbarmachung zu erstellen.

4.3 Änderung des Abschlußbetriebsplanes

Aus Gründen des Bestandsschutzes kann ein zugelassener Abschlußbetriebsplan durch die Bergbehörde gemäß § 56 BBergG – nur eingeschränkt – ergänzt und abgeändert werden. In Abs. 1 heißt es diesbezüglich: „... Die nachträgliche Aufnahme, Änderung oder Ergänzung von Auflagen ist zulässig, wenn sie

- 1. für den Unternehmer und für Einrichtungen der von ihm betriebenen Art wirtschaftlich vertretbar und
- 2. nach den allgemein anerkannten Regeln der Technik erfüllbar ... sind"

Der Bergbautreibende seinerseits kann aber jederzeit eine Änderung des Abschlußbetriebsplanes beantragen, die der Zulassung durch die Bergbehörde bedarf. Je nach der Erheblichkeit der Änderung entscheidet die Bergbehörde vor der Zulassung über die erneute Beteiligung der Träger öffentlicher Belange.

Geändert wurde auch der Abschlußbetriebsplan für den südlichen Bereich des Tagebaues Zukunft-West. Anlaß hierfür war beispielsweise das auf den Abschlußbetriebsplan aufbauende Konzept der Blaustein-See GmbH für die Gestaltung der Mulde unter Berücksichtigung der zukünftigen Nutzung.

Zum Zeitpunkt der Erstellung und Zulassung des Abschlußbetriebsplanes wurde seitens der Blaustein-See GmbH die Möglichkeit gesehen, die in einem zukünftigen Uferabschnitt bestehenden Betriebsgebäude in die spätere Nutzung einzubeziehen. Die Gebäude wurden daraufhin in den Abschlußbetriebsplan als Bestandteil der endgültigen Wiedernutzbarmachung übernommen. Zu einem späteren Zeitpunkt teilte die Trägergemeinschaft mit, daß die Gebäude der Tagesanlagen nicht übernommen würden, weil sie im Zusammenhang mit den zu errichtenden Sportanlagen in diesem späteren Uferbereich des Blaustein-Sees keiner Verwendung zugeführt werden können. Somit waren die Gebäude sowie die anderen betrieblichen Einrichtungen im Rahmen der Wiedernutzbarmachung der Oberfläche zu entfernen, weshalb seitens des Bergbautreibenden die erste Ergänzung zum Abschlußbetriebsplan bei der Bergbehörde eingereicht und von dieser zugelassen wurde.

Eine weitere vom Bergbautreibenden beantragte Änderung erfolgte aufgrund des Planfeststellungsbeschlusses nach dem von der Blaustein-See GmbH durchgeführten Planfeststellungsverfahrens nach § 31 WHG. Der in diesem Verfahren von der Blaustein-See GmbH erarbeitete Gestaltungsplan für den Muldenbereich sah in einigen Bereichen eine Abweichung von den Darstellungen des Abschlußbetriebsplanes vor. Neben einer veränderten Lage der Wald- und Freiflächen wich in Teilbereichen auch die Neigung der Böschungen vom Abschlußbetriebsplan ab. Der Bergbautreibende erklärte sich bereit, diese und weitere Änderungen im Rahmen seiner Wiedernutzbarmachung der Oberfläche zu berücksichtigen und reichte einen um die Änderungen ergänzten Plan bei der Bergbehörde ein, die diesen nach der gesetzlich geforderten Beteiligung anderer Planungsträger zuließ (Abb. 4).

Abb. 4. Rekultivierung im Tagebaubereich Zukunft-West: Befüllung der Blaustein-Seemulde mit hergestellter Seemulde – Aufnahme zum Zeitpunkt der Befüllung. (Photo: Rheinbraun)

5 Zusammenspiel zwischen Abschlußbetriebsplan und anderen Rechtsverfahren

Im Braunkohlenplan werden die Verfahren genannt, die der im Abschlußbetriebsplan dargelegten bergmännischen Wiedernutzbarmachung folgen bzw. folgen können und somit die Erfüllung der ebenfalls im Braunkohlenplan festgelegten Ziele der Raumordnung und Landesplanung dienen. Diese Verfahren wurden in Abschn. 4.1 zitiert.

Es handelt sich dabei um verschiedene Planfeststellungs- und/oder Plangenehmigungsverfahren, wie sie z. B. nach dem Wasserhaushaltsgesetz, dem Flurbereinigungsgesetz oder Verfahren nach Naturschutzrecht bzw. Baugesetzbuch vorgenommen werden können. Im Verfahren nach dem Baugesetzbuch geht es z. B. um die Erstellung von landwirtschaftlichen Weilern mit Eingrünung und Arrondierung von hofnahen landwirtschaftlichen Flächen. Insgesamt handelt es sich um Planungen mit verschiedenen Auflagen.

Die Umsetzung dieser Planverfahren bietet u. a. die Möglichkeit, die im Braunkohlenplan genannten Flächenanteile für landschaftsgestaltende Anlagen und darüber hinaus noch weitere Strukturelemente zur Stabilisierung des Naturhaushaltes und zur optischen Verbesserung in die Wiedernutzbarmachung einzubringen. Die Aufnahme weiterer Landschaftselemente und geringfügige Gestaltungsänderungen sind möglich.

Um den zeitlichen Abstand zwischen der Wiedernutzbarmachung und den nachfolgenden Verfahren zu verkürzen, wird vom Bergbautreibenden eine möglichst enge zeitliche und inhaltliche Verzahnung angestrebt. Dies spart einerseits Kosten und andererseits wird die Landschaft schneller in ihren Endzustand versetzt. Sie wird somit eher Teil der benachbarten Landschaften.

Grundsätzlich ist der Bergbautreibende bestrebt, den Endzustand so schnell wie möglich zu erreichen. Wünschenswert wäre es daher, wenn diese Verfahren parallel zum bergrechtlichen Betriebsplanverfahren durchgeführt würden. Eine zeitliche Verzahnung fand bisher leider jedoch selten statt. Nachfolgend soll am Beispiel eines Flurbereinigungsverfahrens im Bereich des Tagebaues Zukunft-West aufgezeigt werden, wie die frühzeitige Zusammenarbeit und Abstimmung zwischen der zuständigen Flurbereinigungsbehörde und dem Bergbautreibenden dennoch dazu führen kann, eine relativ rasche Anreicherung der wiedernutzbargemachten Flächen mit landschaftsgestaltenden Anlagen zu ermöglichen.

An dieser Stelle soll kurz der Vorteil parallel laufender Verfahren bzw. einer frühzeitigen Abstimmung am Beispiel des Ausbaus der Wirtschaftswege dargelegt werden. Der Vorteil ist darin zu sehen, das Wirtschaftswegenetz komplett im Rahmen der Wiedernutzbarmachung zu berücksichtigen, so daß gegenüber einem späteren Wegeausbau kein nachträglicher Massen- und Materialtransport erfolgen muß, sondern die Trassen der Wege direkt bei der Verkippung mit einem entsprechenden Unterbau versehen werden können. Hierdurch könnten nachträgliche Ausbaukosten, die ansonsten im nachgeschalteten Flurbereinigungsverfahren aufzubringen sind, eingespart werden. Zusätzlich ergäben sich weitere Vorteile, u. a. im Blick auf die Durchgrünung der neu entstandenen Landschaft.

In der Regel werden landschaftsgestaltende Anlagen in Form von linearen oder punktuellen Anpflanzungen entlang von Wirtschaftswegen, in Wegedreiecken oder entlang von Gewässern angelegt. Die endgültige Lage dieser Elemente wird aber erst bekannt, wenn das entsprechende Planfeststellungs- bzw. Plangenehmigungsverfahren nach FlurbG oder/und WHG abgeschlossen ist. Somit könnten im Normalfall auch erst zu diesem Zeitpunkt die landschaftsgestaltenden Anlagen realisiert werden.

Im Flurbereinigungsverfahren fanden vor der Genehmigung des Wege- und Gewässerplanes nach § 41 FlurbG zahlreiche Abstimmungsgespräche mit der Flurbereinigungsbehörde und den am Verfahren beteiligten Dienststellen statt. Ziel war es, zumindest die Lage einiger Wirtschaftwege festzulegen, um bereits dort, abgestimmt in der Artenwahl und -zusammensetzung, entsprechende Anpflanzungen als vorgezogene Maßnahme der Flurbereinigung durchführen zu können.

Weiterhin einigte man sich darüber, einen ca. 2,5 km langen Gewässerabschnitt, der parallel zu einem aus dem Abschlußbetriebsplan übernommenen Wirtschaftweg vorgesehen war, als vorgezogene Maßnahme auszubauen. Hierbei wurden selbstverständlich die zu diesem Zeitpunkt bereits erarbeiteten Planfeststellungsunterlagen für den Gewässerausbau berücksichtigt. So entstand ein Gewässer, das entsprechend der Richtlinie für den naturnahen Gewässerausbau angelegt wurde. Das heißt, neben einem geschwungenen Grabenverlauf mit unterschiedlich geneigten Böschungsbereichen und variierender Sohle und Sohltiefe sind auch beidseitig dieses Grabens sog. Uferstreifen entstanden. Hierbei handelt es sich um mindestens 5 m breite Grünstreifen, die unterschiedlich gestaltet wurden. Neben Baum- und Strauchpflanzungen wurden auch andere Strukturen, wie z. B. Wiesen und Sukzessionsflächen innerhalb der Uferstreifen angelegt, so daß insgesamt eine unter ökologischen Gesichtspunkten vielseitige und unter dem Aspekt der Erholungsnutzung abwechslungsreiche lineare Struktur entstand.

6
Schlußbetrachtung

Gemäß § 55 Satz 1 Nr. 5 und 7 ist der Bergbautreibende zur Wiedernutzbarmachung verpflichtet. Der Wiedernutzbarmachung der vom Bergbau in Anspruch genommenen Oberfläche als integrierter Bestandteil bergbaulicher Tätigkeit, insbesondere im Hinblick auf die Erfordernisse eines modernen Umweltschutzes, kommt eine besondere Bedeutung zu.

Unter Wiedernutzbarmachung der Oberfläche ist nicht unbedingt die Wiederherstellung des vor Abbaubeginn bestehenden Zustandes der Oberfläche, sondern sind die Vorkehrungen und Maßnahmen zu verstehen, die erforderlich sind, um die für die Zeit nach dem Abbau oder nach Einstellung eines Aufbereitungsbetriebes geplante Nutzung etwa für die Land- und Forstwirtschaft, für Erholungszwecke oder für den Biotop- und Artenschutz zu gewährleisten. Wiedernutzbarmachung ist also mit der in diesem Zusammenhang oft unrichtigerweise genannten Rekultivierung nicht zu verwechseln.

Das Bergrecht gilt aber nur für die Wiedernutzbarmachung als Teil bergbaulicher Tätigkeit, d. h., alle die Nutzung der Oberfläche als solche regelnden Vorschriften bleiben unberührt. Dies gilt für Normen der Landschaftspflege in gleichem Maße wie für die Raumordnung, Landesplanung und den Städtebau.

Ein normatives Überschneiden des Bergrechts mit diesen Rechtsmaterien soll wie bisher vermieden werden.

Die Verfasser sind der Ansicht, daß der Betriebsplan und hier insbesondere der in § 53 BBergG für die Einstellung des Betriebes geforderte Abschlußbetriebsplan im Zusammenspiel mit den nachgeschalteten bzw. ihn begleitenden Rechtsverfahren das geeignete Instrumentarium für die Wiedernutzbarmachung darstellt.

7
Zusammenfassung

Der Braunkohlenbergbau im Rheinischen Braunkohlenrevier ist in zahlreiche Gesetze eingebunden, die die Rechte und Pflichten des Bergwerksunternehmers sowie die staatliche Aufsicht über dessen Maßnahmen regeln und Einflußmöglichkeiten für die Öffentlichkeit eröffnen.

Auf der Grundlage des Landesentwicklungsprogramms und von Landesentwicklungsplänen sowie in Abstimmung mit den Gebietsentwicklungsplänen im Braunkohlenplangebiet legt der Braunkohlenplan Ziele der Raumordnung und Landesplanung fest, soweit es für eine geordnete Braunkohlenplanung erforderlich ist. Der Braunkohlenplan schafft bestimmte Rechtsbindungen für Behörden, Kommunen und Kreise, die bei ihren raumbedeutsamen Planungen und Maßnahmen die aufgestellten Ziele zu beachten haben. Auch der Bergwerksunternehmer muß seine Betriebspläne mit dem Braunkohlenplan in Einklang bringen. Die in ihm genannten landes- und regionalplanerischen Ziele werden in verschiedenen Verfahren, u. a. auch im Betriebsplanverfahren nach BBergG, realisiert, wobei erst ein von der Bergbehörde zugelassener Betriebsplan die Grundlage für die bergbaulichen Aktivitäten bildet.

Das auf die bergbauplanerischen und bergbautechnischen Maßnahmen ausgerichtete Betriebsplanverfahren hat keine Konzentrationswirkung. Dies hat zur Folge, daß sondergesetzliche Zulassungsverfahren, z. B. nach Bauordnungsrecht, Wasser-, Straßen- und Immissionsschutzrecht, von der Zulassung des Betriebsplanes nicht erfaßt werden können und jeweils gesondert durchgeführt werden müssen. Als Betriebsplanart ist hinsichtlich der Wiedernutzbarmachung insbesondere der Abschlußbetriebsplan zu nennen, der im Rheinland landläufig auch als „Rekultivierungsplan" bezeichnet wird.

Im Abschlußbetriebsplan werden grundsätzlich die Maßnahmen geregelt, für deren Zulassung die Bergbehörde zuständig, und zu deren Umsetzung der Bergbautreibende unter Aufsicht der Bergbehörde verpflichtet ist. Neben Aussagen zur technischen Durchführung und zur Dauer der Maßnahmen zur Wiedernutzbarmachung beinhaltet der Abschlußbetriebsplan insbesondere Angaben zur Oberflächengestaltung und Wiedernutzbarmachung der vom Bergbau in Anspruch genommenen Oberfläche sowie zur Oberflächenentwässerung und Durchführung landschaftspflegerischer Maßnahmen. Im Gegensatz zum Braunkohlenplan und zum Rahmenbetriebsplan, deren Aussagen sich auf ein komplettes Abbaufeld beziehen, wird der Abschlußbetriebsplan im Rheinischen Braunkohlenrevier in der Regel für einen Zeitraum von 10–15 Jahren erstellt.

Aufgrund der Größe der im Abschlußbetriebsplan dargestellten, wiedernutzbarzumachenden Flächen und der Zusammenhänge bzw. Wechselwirkungen zwischen Oberflächengestaltung und Oberflächenentwässerung, hat es sich in der Praxis bewährt, den Abschlußbetriebsplan inhaltlich in einen sachlichen Teil I für die Oberflächengestaltung und Wiedernutzbarmachung und in einen sachlichen Teil II für die Oberflächenentwässerung und die landschaftspflegerischen Maßnahmen zu trennen.

Im Rahmen des Zulassungsverfahrens beteiligt die Bergbehörde alle von der Planung betroffenen Träger öffentlicher Belange und räumt ihnen die Möglichkeit zur Stellungnahme ein, so daß der zugelassene Abschlußbetriebsplan die abwägungserheblichen Belange berücksichtigt.

Der zugelassene Abschlußbetriebsplan stellt in den meisten Fällen einen Kompromiß zwischen allen an eine neu entstehende Landschaft gestellten Nutzungsansprüche dar. Zwar ist die Bandbreite der unterschiedlichen Nutzungsarten im Braunkohlenplan als Circa-Wert festgeschrieben, jedoch besteht ein gewisser Spielraum, den die verschiedenen Interessensgruppen jeweils für ihre Bedürfnisse beanspruchen möchten. Dies wird am Beispiel des Braunkohlenplanes für den Tagebau Zukunft-West und dem darauf aufbauenden Abschlußbetriebsplan für die Oberflächengestaltung und Wiedernutzbarmachung (sachlicher Teil I) für den südlichen Bereich des Tagebaues Zukunft-West dargestellt.

LITERATUR

Bundesberggesetz (BBergG) vom 13. April 1980, zuletzt geändert am 26. August 1992

Flurbereinigungsgesetz (FlurbG) in der Fassung der Bekanntmachung vom 16. März 1976, zuletzt geändert durch Gesetz vom 23. August 1994

Landesplanungsgesetz Nordrhein-Westfalen (LPlG) in der Fassung der Bekanntmachung vom 29. Juni 1994

Stürmer A, Lange S (1993) Rekultivierung im Rheinischen Braunkohlenrevier. Bergbau 44/7: 297–302

Verwaltungsverfassungsgesetz (VwVfG) vom 21. Dezember 1976, zuletzt geändert am 24. November 1992

Wasserhaushaltsgesetz (WHG) vom 27. Juli 1957 in der Neufassung der Bekanntmachung vom 23. September 1986, geändert durch Art. 5 Umweltverträglichkeitsgesetz (UVPG) vom 12. Februar 1990 und durch Art. 6 Gerätesicherheitsgesetz vom 26. August 1992

Der Naturraum und seine Umgestaltung

Naturraum und Landschaft vor und nach dem Abbau der Braunkohle, dargestellt am Tagebau Hambach in der Niederrheinischen Bucht

6

Wolfram Pflug

Josef Schmithüsen, Geograph von Rang, schreibt 1953:

> *Die 'Landesnatur' eines Teiles der Erdoberfläche ist die Gesamtheit dessen, was nicht durch den Menschen geschaffen oder gestaltet ist. Sie ist ein Wirkungsgefüge aus Erscheinungen und Kräften der anorganischen und der vitalen Welt. Von ihren Bestandteilen sind manche, wie z. B. Gesteinsaufbau, Relief und Klima, verhältnismäßig wenig veränderlich und haben hohe ordnende Kraft für das Gesamtgefüge. Von diesen stabileren, durch den Menschen nicht oder nicht so leicht veränderbaren anorganischen Bestandteilen her, ist ein räumliches Grundgerüst gegeben. Gebirge können durch den Menschen weder abgetragen noch aufgebaut, und das Großklima kann durch sein Wirken nicht wesentlich verändert werden.*

40 Jahre später würde Schmithüsen den letzten Satz nicht mehr mit solcher Selbstverständlichkeit schreiben. Großraumbagger und riesige Förderbrücken versetzen Berge, bauen Deckgebirge ab und bauen neue Gebirgszüge auf. Gesteinsaufbau und Relief, in geologischen Zeiträumen gewachsen, gestaltet der Mensch von heute auf morgen um. Nach Schmithüsen (1953) sind sie keine Landesnatur mehr. Was sind sie dann? Und wie steht es mit der hohen ordnenden Kraft des neuen Gesteinsaufbaues und des neuen Reliefs für das Gesamtgefüge?

1 Zum Naturraum Niederrheinische Bucht

Das Rheinische Braunkohlenrevier liegt mit sämtlichen Abbaufeldern in der Niederrheinischen Bucht (Karte 1). Eng verwandt mit dem im Norden anschließenden Niederrheinischen Tiefland unterscheidet sie sich dennoch in ihren natürlichen Gegebenheiten deutlich vom benachbarten Naturraum. Die Grenze zwischen beiden Großlandschaften ist zugleich die Grenze zwischen den Lößplatten, auch Börden genannt, der Bucht und den lehmigen und sandigen Mittel- und Niederterrassen des Tieflandes. Die Lößgrenze verläuft von Heinsberg über Erkelenz und Neuß nach Düsseldorf.

Die Bucht, ein weit nach Norden reichendes Einbruchsfeld, wird rechtsrheinisch vom Bergischen Land und linksrheinisch vom Nordabfall der Eifel und des Vennvorlandes eingeschlossen (Karte 1). Noch heute wirksame Hebungs- und Senkungsvorgänge formen ihre Oberflächengestalt. Seit dem Jungtertiär bilden sich vier voneinander getrennte, schräggestellte Hauptschollen heraus (Kölner, Ville-, Erft- und Rurscholle) mit z. T. deutlich im Gelände sichtbaren Steilrändern (Villeabfall, Rurrand). Ohne Eisdecke, die südlichen Ausläufer der Saale-Eiszeit erreichen das Gebiet nicht, werden die Böden dennoch durch pleistozäne und holozäne Vorgänge geprägt. Das Gelände fällt nach Norden sanft ab, von ca. 200 m über NN in der südlichen Bucht bis auf unter 20 m über NN zum rd. 160 km entfernten Unteren Niederrhein.

Karte 1. Naturräumliche Gliederung der Niederrheinischen Bucht und des Niederrheinischen Tieflandes mit benachbarten Naturräumen (Paffen 1959). Ausschnitt (vereinfacht) aus der Karte „Naturräumliche Gliederung und Waldverbreitung" i. M. 1 : 1 000 000. Nachdruck, Meynen et al. (1959)

55 = Gruppen der naturräumlichen Haupteinheiten

554 = Naturräumliche-Haupteinheiten

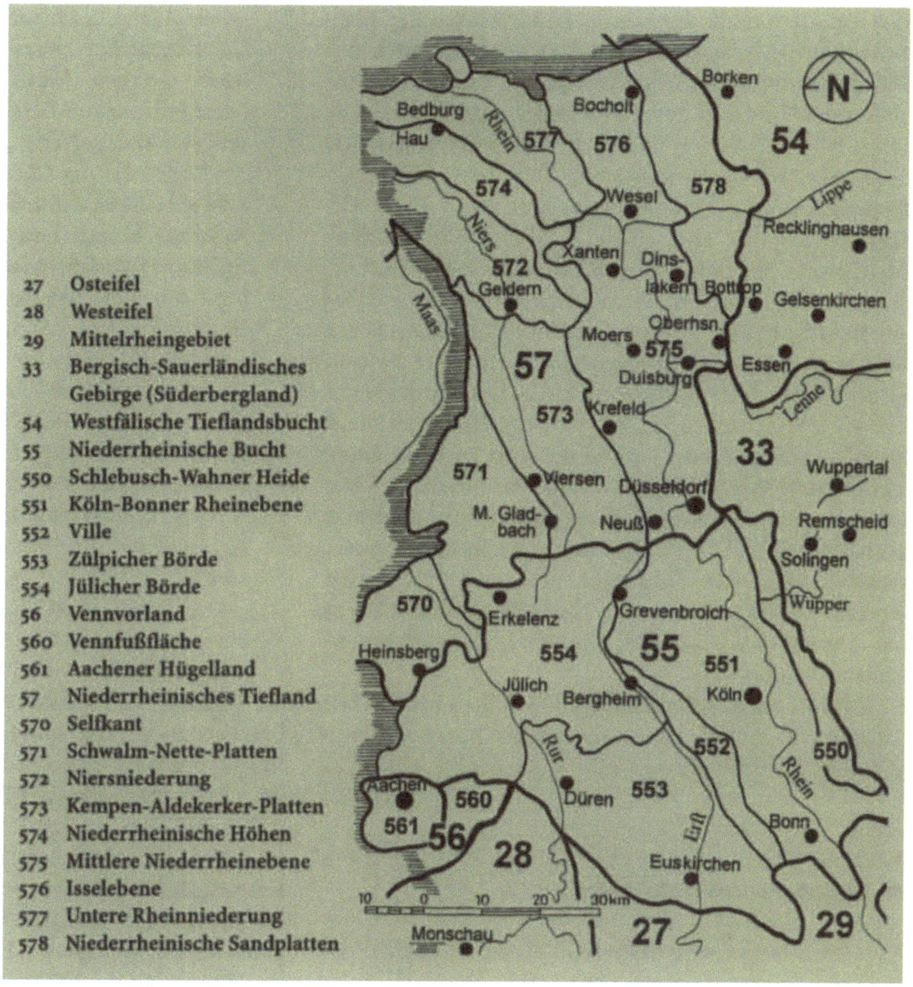

Der Rhein bildet nach dem Austritt aus dem Mittelgebirge ausgedehnte Flußterrassen. In seinem weiteren Verlauf nach Nordwesten schafft er sich breite holozäne Talauen, ebenso Erft und Rur in ihren Mittel- und Unterläufen. Die Bucht ist ein Wassermangelgebiet. Von daher gesehen sind die Talsperren am Eifelrand von besonderer Bedeutung. Das Grundwasser tritt erst in großer Tiefe auf. In den Lößbörden kann sich die Vegetation nicht aus ihm versorgen. Nur in den Talauen von Erft, Rur und ihren Zuflüssen bekommt sie Anschluß.

Geschützt im Regenschatten von Nordeifel und Hohem Venn liegend, besitzt die Bucht ein vergleichsweise warmes, binnenländisch abgewandeltes maritimes Klima. Die Niederschläge liegen unter 700, im Dürener und Zülpicher Raum um 550 mm/ Jahr. Schneearme Winter, ein frühes Eintreten der Vegetationszeit und eine geringe Zahl von Frost- und Eistagen kennzeichnen diesen Naturraum. Der vorherrschende Bodentyp sind tiefgründige Parabraunerden mit einer guten bis mittleren Nährstoffversorgung, hervorgegangen aus mehr oder weniger entkalktem Lößlehm. In der Ville und in den Bürgewäldern treten verbreitet Pseudogleye mit Staunässebildung mittlerer bis geringer Nährstoffversorgung auf. Die Täler der Erft und der Rur werden von Auenböden mit einem guten bis mittleren Basengehalt eingenommen. Gleyböden begleiten diese Flüsse in ihren Oberläufen.

Nach der Karte der potentiellen natürlichen Vegetation 1 : 200 000 Blatt Köln (Trautmann et al. 1973)[1] würde

[1] Tüxen (1956) versteht unter diesem Begriff diejenige Vegetation, die sich einstellen würde, wenn der menschliche Einfluß aufhörte. Dabei muß der gedachte Zustand der potentiellen natürlichen Vegetation (PNV) als schlagartig sich einstellend vorgestellt werden; er entwickelt sich nicht langsam, etwa im Laufe einer jahrhundertelangen Sukzession aus der heutigen Vegetation, wie es bei einer real stattfindenden Vegetationsentwicklung der Fall wäre. Die PNV ist also nicht das vorweggenommene Ergebnis einer tatsächlich ablaufenden Sukzession. Sie ist vielmehr die Projektion einer höchstentwickelten Vegetation (Schlußgesellschaften) auf das aktuelle Standortpotential, d. h. es ist eine rein gedanklich vorzustellende, nicht zukünftigen, sondern gegenwärtigen Standortbedingungen entsprechende Vegetation. Bei deren Konstruktion müssen neben den natürlichen Ausgangsbedingungen insbesondere auch die bisherigen nachhaltigen anthropogenen Standortveränderungen berücksichtigt werden (Arbeitskreis Waldbau u. Naturschutz 1995).

sich auf allen nicht degenerierten Lößböden der Maiglöckchen-Perlgras-Buchenwald, stellenweise auch der Flattergras-Buchenwald einstellen. Auf den Staunässeböden der Ville und der Bürgewälder wüchse ein Maiglöckchen-Stieleichen-Hainbuchenwald. Die Aueböden des Rhein- und streckenweise des Erfttales trügen einen Eichen-Ulmenwald, die der Rurtalaue und einiger Abschnitte des Erfttales einen Traubenkirschen-Erlen-Eschenwald, stellenweise auch Erlenbruchwald und Eichen-Hainbuchenwald. Die schmalen Auen der Zuflüsse von Erft und Rur würden nach dem Austreten aus der Eifel vom Artenreichen-Sternmieren-Hainbuchenwald besiedelt sein. Der Hainsimsen-Buchenwald stockte auf den skelettreichen Böden, die sich von Bad Godesberg bis Köln-Lövenich am Ostrand der Ville entlangziehen. Der Flattergras-Buchenwald, der sich nördlich der Linie Erkelenz-Grevenbroich, die in etwa mit der Lößgrenze zusammenfällt, großflächig auf mittel nährstoffreichen, teilweise vergleyten Parabraunerden und Braunerden einstellen würde, wäre in der Niederrheinischen Bucht nur kleinflächig bei Brühl, Horrem und Bergheim zu finden.

Die hier aufgeführten Waldgesellschaften würden fast die gesamte Fläche der Niederrheinischen Bucht von 3 584 km^2 einnehmen.

2
Die Landschaften des Niederrheins

Folgen wir in einigen Auszügen der Landschaftsschilderung von Rainer Gruenter (1984):

Der 'Niederrhein' ist kein politischer Begriff, keine Regierungsprovinz, kein Verwaltungsdistrikt, durch Grenzen umschlossen und bezeichnet. Er ist eine Landschaft. Und Landschaften sind Individuen. Sie haben die Würde des Eigenen. Sie haben ein Gesicht. Landschaft ist in einen besonderen Geheimniszustand erhobene Natur. Der Geograph mag sie vermessen, der Historiker die Geschichte ihrer Besiedlung beschreiben, doch die Erdkunde und der Zivilisationsbericht erfassen ihre Bedeutung nicht. Der Niederrhein eine Landschaft? Oder nur ein flaches Rand- oder Zwischengelände ohne Physiognomie?...
Nirgends können sich die atmosphärischen Sensationen des Himmels so entfalten wie über der Ebene. Über die Landschaft des Niederrheins, eine Landschaft des Westwinds, ziehen die Wolken der Küsten Flanderns und Zeelands. Das Sonnenblau ist noch vom Licht des Meeres getönt. Die Gewittertürme des Hochsommers, die schrägen Schleier der herbstlichen Regengüsse über den Dämmen des Rheins sind die grandiose Aufführung dieses Flachlands ohne Grenzen...
Doch die 'Götterdämmerung' des Niederrheins hatte noch nicht begonnen. Noch dämmerte er im Zauber seiner Alleen, noch war er im Norden zwischen den Niers-Städtchen Wachtendonk und Straelen, zwischen Geldern, Kleve und Xanten ein ländliches Land mit reichen Gehöften, behaglichen Landsitzen und Wirtshäusern der Jäger am Markt, Gasthäusern am Wege oder am Ufer, auf deren Tische im Sommer der Kirschpfannekuchen, im Winter der pfeffrige Pannhas kamen, und im Süden zwischen Rur und Erft das im Juniduft der Roggenblüte deftige Bauernland der römischen Ceres ...
Er wurde nicht erklärt, aber er ist ausgebrochen: der Landschaftskrieg, die große Landzerstörung. Der Kriegsschauplatz? Der Schauplatz, die Landschaft, ist der Krieg. Die Schauplatz-Zerstörung ist das Kriegsziel, das zugleich die künstliche Wiederherstellung des Zerstörten ist, die geplante, nach Nutzen und Bedarf auskalkulierte Kunstlandschaft, die optimale Naturprothese für den pflegeleichten Neusiedler.

Wobei wir mitten im Thema des Buches sind.

Die guten Böden und das günstige Klima lassen in der Jungsteinzeit Menschen seßhaft werden und Ackerbau betreiben. Nach und nach wird das Land entwaldet. Bis auf die Waldreste auf den Flußterrassen des Rheins, dem Villerücken und der Bürge bestimmt heute weithin Ackerland das Landschaftsbild, ab und zu von Wiesen und Weiden unterbrochen. Angebaut werden auf den leistungsfähigen Böden vornehmlich Zuckerrüben und Weizen, auf den weniger fruchtbaren Böden neben Weizen auch Roggen, Gerste, Hafer und Kleegras. Der Anteil des Waldes an der Fläche der Niederrheinischen Bucht beträgt etwa 10 %.

Die vom Braunkohlenbergbau in Anspruch genommene Fläche liegt 1995 bei 260 km^2, das sind rd. 7,25 % der Niederrheinischen Bucht. Die Auswirkungen auf die Grundwasserverhältnisse gehen jedoch weit über diesen Raum hinaus. Einflüsse der Tagebaue auf das Klima der Bucht wurden bisher nicht, jedoch auf das Geländeklima im engeren und weiteren Bereich der Außenkippen beobachtet (Darmer 1967; Seemann 1964).

3
Die Wegnahme der "Landesnatur" im Tagebau Hambach

Am Beispiel des Tagebaues Hambach wird versucht, die gewachsene Landschaft mit der Bergbaufolgelandschaft im Blick auf ihren jeweiligen Naturhaushalt zu vergleichen und ihre Eignung für die Nutzungsarten Forstwirtschaft, Landwirtschaft sowie Freizeit und Erholung und ihre Bedeutung für den Naturschutz zu beurteilen. Dabei handelt es sich um keine Neuauflage des vom Verfasser im Auftrag der Landesplanungsgemeinschaft Rheinland erstellten landschaftsökologischen Gutachtens (Pflug 1975) zum "ökologischen Gutachten" für den

Karte 2. Lage des Tagebaues Hambach in der naturräumlichen Haupteinheit Jülicher Börde (vgl. Karte 1) und deren Untereinheiten. Ausschnitt aus der Karte 1 : 200 000 (ergänzt), Glässer (1978)

Im Ausschnitt enthaltene naturräumliche Einheiten:

— — 4. Ordnung	552.0	Neurather Lößhöhen
	553.3	Erpener Lößplatte
	553.4	Dürener Rurniederung
	553.5	Echtzer Lößplatte
	553.6	Stockheimer Wald
	554.0	Die Bürge
	554.3	Rur-Inde-Tal
— — — 5. Ordnung	554.10	Bergheimer Erfttal
	554.11	Erftbruch
	554.20	Rödinger Lößplatte

——— Grenze des Tagebaues Hambach

▒▒ Bürgewälder im Abbaufeld und an seinem Rand

damals noch in der Planung begriffenen Tagebau Hambach I. Die hier aus dieser zwanzig Jahre zurückliegenden Arbeit verwendeten Untersuchungsergebnisse sollen lediglich dazu dienen, den Gesteinsuntergrund, die Oberflächengestalt und den Bodenwasserhaushalt als die entscheidenden Grundlagen für das Erscheinungsbild sowohl der gewachsenen Landschaft als auch der Bergbaufolgelandschaft herauszuarbeiten. Von den Eigenschaften dieser Bausteine und der Art, wie der Bergmann sie für den Aufbau der neuen Landschaft verwendet, hängt allein ab, inwieweit Nutzungsansprüche später gut, mittelmäßig oder nicht erfüllt werden können. In gleicher Weise ist davon abhängig, ob Lebensstätten für gefährdete oder seltene Lebensgemeinschaften und Arten entstehen können.

Durch den Rückgriff auf das Mitte der 70er Jahre erstellte „Ökologische Gutachten für den geplanten Tagebau Hambach" ist es geboten, auch andere in dieser Zeit entstandene Gutachten und einschlägige Arbeiten heranzuziehen. Darüberhinaus sind Änderungen in der Rekultivierungsplanung vorgenommen worden. So wird die Innenkippe nicht, wie seinerzeit geplant, landwirtschaftlich, sondern forstlich rekultiviert. Auf diese und andere nachträgliche Änderungen wird hier allein aus dem Grund, das Erscheinungsbild der gewachsenen Landschaft dem der Bergbaufolgelandschaft gegenüberzustellen, nicht eingegangen.

3.1 Zum Naturhaushalt und zur Gestalt der Landschaft vor dem Abbau

Das Abbaugebiet liegt in der Jülicher Börde, die nach Paffen (1959) die nördlichste der Niederrheinischen Börden darstellt und zusammen mit der Zülpicher Börde den Westflügel der Niederrheinischen Bucht bildet. Beide Börden werden durch die zwischen Erft- und Rurtal sich erstreckenden Bürgewälder voneinander getrennt. Über diese Waldgebiete, von denen der größte Teil im geplanten Abbaugebiet liegt, äußert sich Paffen (1959) folgendermaßen:

> *Wo die Lößmächtigkeit erheblich unter 2 m sinkt, wie gegen den Nordwest-, West- und Südwestrand der Einheit hin, sowie im Südteil zwischen Rur- und Erfttal, sind die Braunerdeböden geringwertiger, da der völlig entkalkte und schon ziemlich verarmte Lößlehm unmittelbar auf schon verdichteten und zur Staunässebildung neigenden Unterboden aus Terrassenschotter liegt. Vor allem im gesamten Bereich des Bürge-Waldes hat diese Entwicklung zur völligen Umwandlung des Lößlehmes zu stark verarmter Grauerde mit ausgeprägter Staunässegleybildung geführt. Hier konnte sich daher bis heute das immer noch ausgedehnte, wenn auch von den Rändern her schon stark eingeengte und durchlöcherte Waldgebiet der Bürge zwischen Jülicher und Zülpicher Börde halten.*

Innerhalb der naturräumlichen Haupteinheit Jülicher Börde (Karte 1) verändert der Tagebau Teile der Naturräume "Die Bürge" und "Östliche Jülicher Börde" sowie einen schmalen Streifen der „Erper Lößplatte" der naturräumlichen Haupteinheit Zülpicher Börde (Karte 2).

Etwa 15 % der Fläche des Abbaufeldes von rd. 90 km^2 (Tabelle 1) weisen tiefgründige Parabraunerden aus Löß auf und stellen aus landschaftsökologischer Sicht ein besonders wertvolles Naturgut hoher Leistungsfähigkeit und Belastbarkeit dar. Dieser Boden ist für Forstwirtschaft, Grünlandwirtschaft und Ackerbau gut geeignet.

Aus den bodenkundlichen, vegetationskundlichen, tierökologischen und forstlichen Untersuchungen (Aden 1975; Ant 1975; Geiss et al. 1975; Lauten 1975; Wedeck 1975; Geologisches Landesamt Nordrhein-Westfalen

Tabelle 1. Anteile der Nutzungsarten an der Fläche des Tagebaues Hambach vor dem Abbau und nach der Rekultivierung [Planungsausschuß für das Rheinische Braunkohlengebiet (Braunkohlenausschuß) 1974]

Nutzungsart	Grundmodell Landinanspruchnahme [ha]	Landinanspruchnahme [%]	Rekultivierung [ha]	Rekultivierung [%]
Landwirtschaftliche Flächen	4 430	49	1 550	17
Forstwirtschaftliche Flächen	4 160	46	4 150	46
Siedlungen, Straßen, Wasserläufe, Wasserflächen, Klärteiche und sonstige Nutzungen	510	5	3 400	37
Gesamt	9 100	100	9 100	100

1975) hat sich ergeben, daß der Hambacher Wald vom Menschen relativ wenig verändert worden ist und somit aus der Sicht von Ökologie und Naturschutz ein besonders wertvolles Gebiet darstellt. Sein Anteil an der Fläche des Abbaugebietes beträgt 46 % (Tabelle 1). Die vergleichsweise geringen menschlichen Eingriffe in dieses Waldgebiet dürften v. a. auf die feuchten bis nassen Standorte (Staunässe) zurückzuführen sein. Diese Feststellung wird einerseits durch die im engeren Waldgebiet im Verhältnis zur Umgebung geringe Zahl archäologischer Denkmale und Fundstätten und durch die noch naturnahen Waldbestände gestützt (Janssen 1975). Im Verlauf des Abbaues stellte sich eine größere Anzahl kulturgeschichtlicher Bodenaltertümer im Hambacher Wald heraus als zum Zeitpunkt der Tagebauplanung bekannt war. Inwieweit andererseits die forstliche Nutzung seit der Jahrhundertwende (u. a. bestehen 36 % des Waldes aus Nadelbäumen) und die etwa seit Mitte des vorigen Jahrhunderts vorgenommenen Entwässerungen (so sollen alle Wasserläufe bis in diese Zeit hinein von breiten Sümpfen begleitet worden sein) hier bereits einen Wandel eingeleitet haben, muß dahingestellt bleiben. Jedenfalls weisen die vorhandenen Standorte i. allg. für den Ackerbau oder den längeren Aufenthalt in einer hier gedachten Freizeitanlage nur eine geringe bis höchstens mittlere Eignung auf.

Auf diesen Standorten haben sich daher dort, wo die Eichenwälder stocken, Waldgesellschaften halten können, die in den vorliegenden Ausbildungen rar geworden sind. In großen Teilen des Waldes stimmen reale Vegetation und natürliche potentielle Vegetation weitgehend überein. So findet sich hier eine besonders artenreiche Fauna mit Tiergesellschaften, die in unseren Kulturlandschaften nur noch wenig oder nicht mehr vorkommen.

Teile des Hambacher Waldes repräsentieren eine ausgereifte, natürliche bzw. naturnahe, sich selbst erhaltende, gegen nachteilige Einwirkungen wie Sturm, lange Trokkenheit, Schädlingskalamitäten u. a. m. weitgehend abgesicherte Lebensgemeinschaft – eine in Mitteleuropa selten gewordene Ausbildung eines ökologischen Systems. Allein die seinerzeit festgestellten Tatsachen auf vegetationskundlichem, tierökologischem und landschaftsökologischen Gebiet würden ausgereicht haben, um Teile des Hambacher Waldes als Naturschutzgebiete ausweisen zu lassen. Noch nach der Verbindlichkeitserklärung des Teilraumes 12/1 – Hambach durch den Ministerpräsidenten des Landes Nordrhein-Westfalen vom 11.5.1977 werden im Abbaugebiet 151 ha als Naturschutzgebiet ausgewiesen (vgl. Karte B1 in der Einführung zum Teil 1, Das Rheinische Braunkohlenrevier, Pflug).

Die Auswirkungen des Hambacher Waldes auf das regionale Klima sind schwer abzuschätzen, dürften aber gering sein. Schon stärker wirkt sich der Wald im mesoklimatischen Bereich aus. Da die Windgeschwindigkeit im Wald niedriger liegt als im offenen Gelände, ist auch eine stärkere Einschränkung des Luftaustausches gegeben. Bei austauschstärkeren und kühleren Wetterlagen weist der Wald wärmere Temperaturen als das Freiland auf. Bei ausgesprochenen Hochdruckwetterlagen wurden im Hambacher Wald erheblich kühlere Temperaturen gemessen als im umliegenden Freiland. Im geländeklimatischen Bereich sind daher günstige Auswirkungen auf die umgebenden Feldfluren und die Baugebiete anzunehmen.

Die Standorte, auf denen der Wald stockt, besitzen im Durchschnitt überwiegend eine mittlere, stellenweise eine hohe Leistungsfähigkeit. Die Bestände liegen im Durchschnitt in einer über dem Mittel liegenden Ertragsklasse.

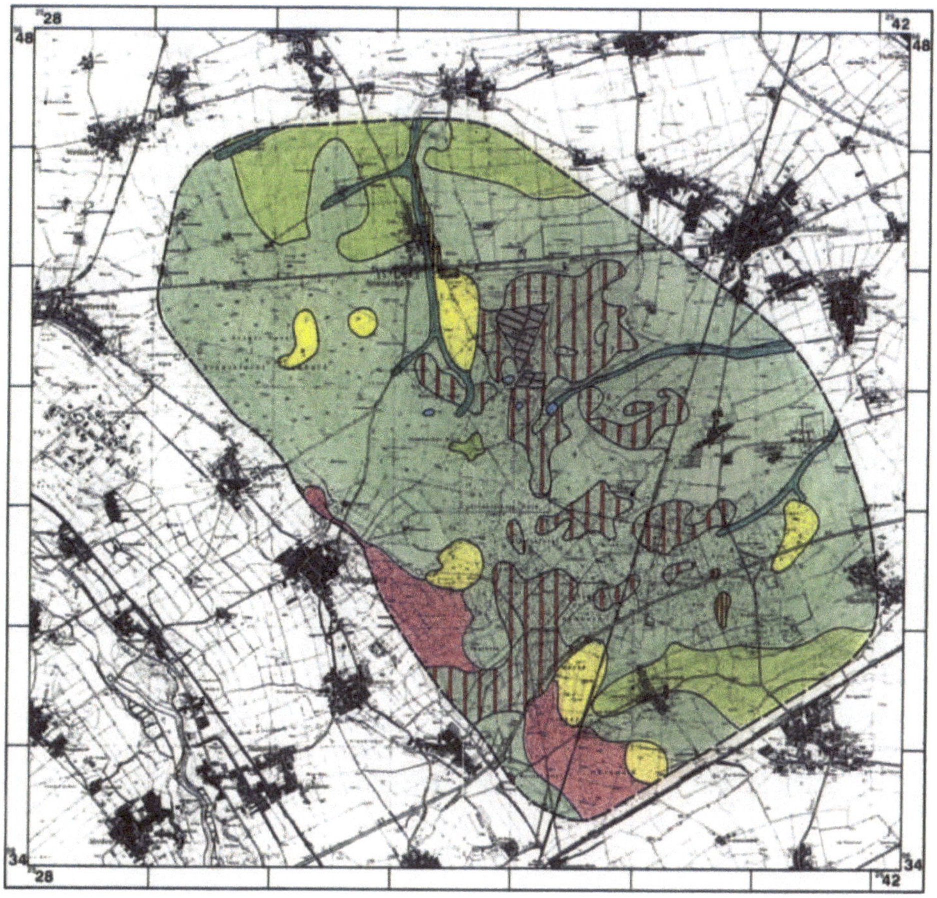

Karte 3. Raumeinheiten auf der Grundlage der heutigen potentiellen natürlichen Vegetation am Beispiel des Tagebaubereiches Hambach

Raumeinheiten

1 Maiglöckchen-Perlgras-Buchenwald, vorwiegend auf Parabraunerde aus Löß, überwiegend ebenes bis flachwelliges Relief

2 Maiglöckchen-Perlgras-Buchenwald, überwiegend auf Lößlehmböden mit hohem Anteil an sandig-kiesigem Material, überwiegend ebenes Relief

3 Flattergras-Traubeneichen-Buchenwald auf Parabraunerde-Pseudogleyen und Pseudogleyen aus Löß, mehr oder weniger ebenes Relief

4 Buchen-Eichenwald, überwiegend mit Pfeifengras (Molinia coerulea) auf Pseudogleyen aus Löß mit stark kiesig-sandigen Beimengungen, mehr oder weniger ebenes Relief mit flachen Mulden, stellenweise Hanglage

5 Maiglöckchen-Stieleichen-Hainbuchenwald auf Pseudogleyen verschiedener Ausprägung aus Löß, mehr oder weniger ebenes Relief

6 Maiglöckchen-Stieleichen-Hainbuchenwald mit Übergängen zum Buchen-Eichenwald auf Pseudogleyen aus Löß mit zum Teil stark kiesig-sandigen Beimengungen, mehr oder weniger ebenes Relief

7 Sternmieren-Stieleichen-Hainbuchenwald, artenreich, auf Parabraunerden und Pseudeogleyen aus Löß, Rinnenlage

8 Erlenreiche Waldgesellschaften, u. a. Erlenbruchwald, sehr feuchte Standorte, u. a. Anmoorgley, teils Mulden, teils Rinnenlage

— — Grenze des geplanten Braunkohletageabbaues

(Die Gliederung der Raumeinheiten erfolgte nach Wedeck, 1975)

0 500 1000 1500 2000 2500m

3.2
Raumeinheiten auf der Grundlage der heutigen potentiellen natürlichen Vegetation als Hilfsmittel zur Beschreibung der Natur des Abbaugebietes, zur Feststellung der Eignung für Nutzungsarten und für Aussagen zum Naturschutz

Auf der Grundlage der heutigen potentiellen natürlichen Vegetation wurden damals im Bereich des künftigen Braunkohlentagebaues Hambach Raumeinheiten ausgeschieden, in denen außer der potentiellen natürlichen und der realen Vegetation u. a. auch Relief, Gestein, Boden, Wasser und Klima zu berücksichtigen waren. Diese Raumeinheiten weisen eine mehr oder weniger gleichartige ökologische Struktur auf und sind als landschaftsökologische Raumeinheiten bezeichnet worden (Emonds et al. 1971). Da die Vegetation bzw. die Pflanzengesellschaften als Ausdruck sämtlicher an einer Stelle wirksamen Standortfaktoren anzusehen sind, hat eine Abgrenzung von Raumeinheiten nach vegetationskundlichen Kriterien u. a. den Vorzug, in verhältnismäßig kurzer Zeit einer "ökologischen Raumgliederung" recht nahe zu kommen. Der Wechsel von einer Pflanzengesellschaft zur anderen kennzeichnet zugleich auch den Wechsel eines oder mehrerer der anderen Standortfaktoren. Zur weiteren Kennzeichnung und Differenzierung solcher landschaftsökologischen Raumeinheiten müssen allerdings auch die Böden, der Wasserhaushalt, das Geländeklima, das Relief und die Höhenlage herangezogen werden. Die Grenzen dieser Einheiten sind überwiegend als Grenzsäume anzusehen.

Aus den Eigenschaften der landschaftsökologischen Raumeinheiten lassen sich Folgerungen auf deren Eignung für die verschiedenen Nutzungsansprüche ziehen.

Im Rahmen des seinerzeit erstellten Gutachtens war es nicht möglich, zu einer ausreichenden Feingliederung des Untersuchungsgebietes nach landschaftsökologischen Gesichtspunkten zu kommen, da zu einer solchen Gliederung eine Reihe von Unterlagen fehlten.

Die in Karte 3 dargestellten Raumeinheiten halten sich an die auf der Grundlage der potentiellen natürlichen Vegetation von Trautmann (1973) und Wedeck (1975)

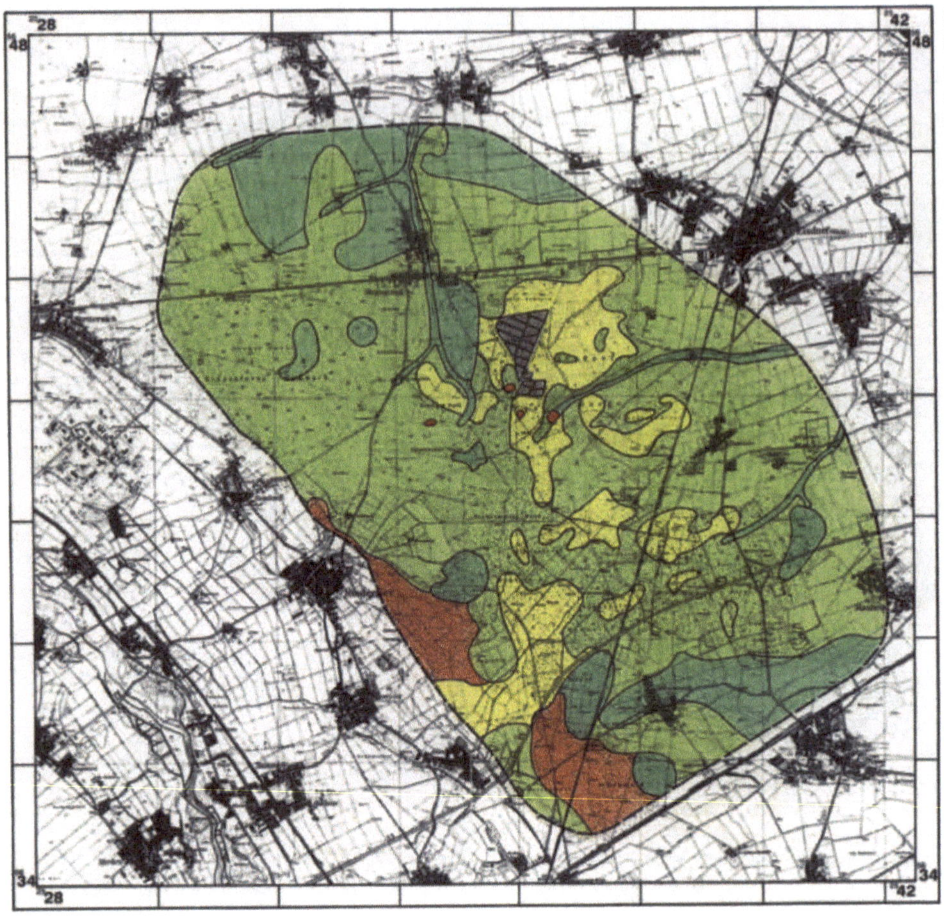

Karte 4
Eignung der heutigen Raumeinheiten für die Forstwirtschaft am Beispiel des Tagebaubereiches Hambach

abgegrenzten Vegetationseinheiten. Sie werden hier als "Raumeinheiten auf der Grundlage der potentiellen natürlichen Vegetation" bezeichnet.

Zur Beschreibung der Eigenschaften der Raumeinheiten und ihrer Eignung für verschiedene Nutzungsansprüche wurden neben eigenen Untersuchungen die im Abschn. 3.1 aufgeführten Arbeiten ausgewertet. Die geländeklimatischen Angaben beruhen z. T. auf den Ergebnissen einiger Meßfahrten mit dem Meßwagen des Lehrstuhls für Landschaftsökologie und Landschaftsgestaltung der Technischen Hochschule Aachen. Näheres über die angewandten Methoden und die damit verbundenen Probleme finden sich u. a. bei Pflug (1988), Pflug et al. (1978), Pflug u. Wedeck (1980) und Wedeck (1978 u. 1980). Die Grundlagen und Verfahren zur Eignung der Raumeinheiten für die Forstwirtschaft, den Ackerbau und die Erholung sind in diesen Arbeiten näher beschrieben worden. Bei den Angaben zur Eignung handelt es sich i. allg. um relative Aussagen.

Unter dem Begriff "intensives Erholen" werden Erholungsarten verstanden, die mit hohen Belastungen auf kleiner Fläche verbunden sind, z. B. Camping, Zelten, Lagern, Rasensport und Freibäder. Die Bezeichnung "extensives Erholen" bedeutet dagegen eine geringe Belastung auf großer Fläche. Zu dieser Erholungsart zählen u. a. Spazieren, Wandern und Radfahren.

Von den 8 in Karte 3 dargestellten Raumeinheiten werden hier nur die Raumeinheiten 1 und 5 näher beschrieben(siehe Übersichten 1 u. 2, S. 86–88). Tabelle 2 gibt die Eignung der Raumeinheiten 1–8 für die Nutzungsansprüche Forstwirtschaft, Ackerbau und intensives Erholen wieder. Von einer Erläuterung der Eigenschaften der Raumeinheiten 2–4, 7 und 8 und ihrer Eignung für die genannten Nutzungsansprüche wurde aus Platzgründen abgesehen. Sie sind bei Pflug (1975) und Wedeck (1975) nachzulesen. Fast die Hälfte des Tagebaubereiches wird landwirtschaftlich genutzt (Karte 2, Tabelle 1), die andere Hälfte wird von Wald (46%) sowie von Siedlungen, Straßen, Klärteichen und Oberflächengewässern eingenommen (insgesamt 5%).

Die Raumeinheiten 1, 3 und 7 weisen eine gute Eignung für die Forstwirtschaft auf (Karte 4, Tabelle 2). Bei der Raumeinheit 5, sie nimmt die größte Fläche des Abbaufeldes ein, und der Raumeinheit 2 liegt eine mittlere bis gute Eignung vor. Das bedeutet: 80 % der Fläche des Tagebaubereiches Hambach bestehen aus Standorten, auf denen Wälder mit einer überdurchschnittlichen Ertragsleistung wachsen bzw., soweit sie landwirtschaftlich genutzt werden, wachsen würden (Tabelle 3).

Tabelle 2. Eignung der Raumeinheiten 1–8 für die Nutzungsansprüche Forstwirtschaft, Ackerbau und intensive Erholung im Tagebaubereich Hambach. Eine Raumeinheit mit einer mittleren bis guten Eignung für den Nutzungsanspruch Ackerbau kommt nicht vor (vgl. auch Karte 5). Gleiches gilt für die Eignungsstufen mittel und gering bis mittel für den Nutzungsanspruch intensive Erholung (Karte 6)

Raumeinheiten auf der Grundlage der potentiellen natürlichen Vegetation	Forstwirtschaft	Ackerbau	Erholen	
			Extensiv	Intensiv
1	Gut	Gut	Gering	Gut
2	Mittel-gut	Mittel	Gut	Mittel-gut
3	Gut	Teils gut	Gut	Teils gut
		Teils gering-mittel		Teils mittel
4	Gering-mittel	Gering-mittel	Mittel-gut	Gering
5	Mittel-gut	Mittel	Mittel-gut	Gering
6	Mittel	Gering-mittel	Mittel-gut	Gering
7	Gut	Gering	Mittel-gut	Gering
8	Gering	Ungeeignet	Gering	Ungeeignet

Tabelle 3. Anteil der Raumeinheiten auf der Grundlage der potentiellen natürlichen Vegetation an der Fläche des Tagebaubereiches Hambach vor dem Abbau und nach der Rekultivierung

Raumeinheiten vor dem Abbau			Raumeinheiten nach der Rekultivierung		
Nr.	[km²]	% der Fläche des Abbaufeldes	Nr.	[km²]	% der Fläche Abbaufeldes
1	10,5	11,7	I	15,5	17,2
2	0,4	0,4	II	4,6	5,1
3	3,5	3,9	III	5,1	5,7
4	4,2	4,7	IV	14,5	16,0
5	57,5	63,8	V	0,3	0,3
6	11,9	13,2	VI	1,2	1,3
7	1,9	2,1	VII	13,8	15,3
8	0,2	0,2	VIII	1,5	1,7
			IX	0,5	0,6
			X	0,2	0,2
			XI	1,5	1,7
			XII	1,4	1,6
			XIII	30,0	33,3
	90,1	100,0		90,1	100,0

Übersicht 1[2]

Raumeinheit 1 (Maiglöckchen-Perlgras-Buchenwald, vorwiegend auf Parabraunerde aus Löß, überwiegend ebenes bis flachwelliges Relief)

A Lage

Die Raumeinheit ist großflächig im Norden und Südosten des geplanten Abbaugebietes vertreten und wird bis auf einige kleinere Flächen im Hambacher Wald ausschließlich landwirtschaftlich genutzt.

B Eigenschaften

- Vegetation

  Die Raumeinheit 1 besitzt als potentielle natürliche Vegetation den Maiglöckchen-Perlgras-Buchenwald *(Melico-Fagetum)*. Reste dieser Waldgesellschaft sind nur an wenigen Stellen erhalten geblieben. Es handelt sich beim Maiglöckchen-Perlgras-Buchenwald um einen Tieflagen-Buchenwald mit geringer Beimischung von Traubeneiche *(Quercus petraea)*, vereinzelt auch Stieleiche *(Quercus robur)*, Winterlinde *(Tilia cordata)* und Hainbuche *(Carpinus betulus)*. Eine der kennzeichnenden Arten dieser Waldgesellschaft ist das Perlgras *(Melica uniflora)*. Daneben spielen zahlreiche weitere, v. a. mittlere Ansprüche an den Nährstoffhaushalt des Bodens stellende Arten eine Rolle, u. a. Hainrispengras *(Poa nemoralis)*, Flattergras *(Milium effusum)*, Busch-Windröschen *(Anemone nemorosa)* und Waldveilchen *(Viola silvestris)*. Auch treten Varianten dieser Waldgesellschaft mit Feuchtezeigern auf, u. a. Wald-Frauenfarn *(Athyrium felix-femina)* und gewöhnlichem Hexenkraut *(Circaea lutetiana)*, gelegentlich auch Rasenschmiele *(Deschampsia caespitosa)*.
- Boden

  Als Bodentypen sind in dieser Raumeinheit überwiegend tiefgründige Parabraunerden aus Löß über kiesig-sandiger Hauptterrasse zu nennen. Die Bodenart ist schluffiger Lehm. Die Mächtigkeit der Lößlehmschicht liegt zwischen 1 und 4 m. Die günstigen bodenphysikalischen Eigenschaften, u. a. die gute Durchlüftung, die günstige Nährstoffversorgung und der ausgeglichene Wasserhaushalt ermöglichen eine hohe, bis in größere Tiefen reichende biologische Aktivität. Der Boden dürfte mittlere Bodentemperaturen, eine geringe Drainbedürftigkeit, eine geringe Erosionsgefährdung und eine gute Bearbeitbarkeit besitzen.
- Wasserhaushalt

  Der Wasserhaushalt der tiefgründigen Parabraunerden zeichnet sich gegenüber anderen Bodentypen u. a. durch seine Ausgeglichenheit aus. Auch nach längeren Niederschlagsperioden neigt dieser Boden nicht zur Vernässung, ebenso wie er längere Trockenzeiten überstehen kann, ohne daß es zu Trockenschäden an den Kulturpflanzen kommt. Die Parabraunerde zeigt i. allg. weder einen Überschuß noch ein Defizit an Feuchtigkeit. Sie ist in der Regel optimal mit Wasser versorgt.
- Geländeklima

  Teile der Raumeinheit 1, die landwirtschaftlich genutzt werden, besitzen aufgrund ihrer offenen Lage erheblich höhere Windgeschwindigkeiten als die bewaldeten Teile. Sie zeichnen sich daher durch einen guten Luftaustausch aus. Im Gegensatz zu den vom Wald eingenommenen Teilen der Raumeinheit wird hier die Amplitude der Tagestemperatur nicht gedämpft. Die Lufttemperaturen dürften mittlere Werte aufweisen. Die Nebel-, Schwüle- und Frosthäufigkeit ist als gering zu bezeichnen. In den nur kleinräumig vorkommenden bewaldeten Teilen dieser Raumeinheit liegen den Meßergebnissen nach die Temperaturen allgemein höher als in den anderen Waldgebieten.
- Relief

  Die Reliefunterschiede sind nur gering. Die Oberflächengestalt ist eben bis flachwellig.

C Eignung für Nutzungsarten

- Forstwirtschaft

  Für eine forstliche Nutzung, v. a. für Rotbuche *(Fagus silvatica)*, Stieleiche und Traubeneiche, besteht in der Raumeinheit 1 eine gute Eignung.
- Ackerbau

  Die in dieser Raumeinheit vorkommenden Ackerunkrautgesellschaften, u. a. die Ackerfuchsschwanz-Kamillen-Gesellschaft *(Alopecuro-Matricarietum)* mit ihren verschiedenen Ausbildungen, kennzeichnen i. allg. Böden mit guter Nährstoffversorgung, guter Durchlüftung und optimaler Wasserversorgung und damit Standorte, die für den Ackerbau gut bis hervorragend geeignet sind. Auch die übrigen Eigenschaften der Parabraunerde, u. a. die hohe biologische Aktivität, die Stärke des Mutterbodens, die leichte Bearbeitbarkeit, die geringe Erosionsgefährdung und die hohe Speicherfähigkeit für Nährstoffe, weisen auf eine sehr gute Eignung für eine ackerbauliche Nutzung hin. Auch die geländeklimatischen Gegebenheiten wie guter Luftaustausch, mittlere Lufttemperaturen und geringe Frosthäufigkeit stellen günstige Voraussetzungen für eine ackerbauliche Nutzung dar. Die Raumeinheit 1 ist für alle anspruchsvollen Feldfrüchte wie Weizen, Gerste, Roggen, Hafer, Zucker- und Futterrüben sowie für Sonderkulturen geeignet.

[2] Die Abschnitte A, B und C sind Auszüge aus Pflug (1975).

- Erholen
  Aufgrund der geringen landschaftlichen Vielfalt[3] besitzt die Raumeinheit 1 bei der gegenwärtigen Nutzung – im wesentlichen Ackerbau – keine oder nur eine geringe Eignung für eine extensive Erholung. Ähnliches gilt auch für eine intensive Erholungsnutzung. Allerdings sprechen hier, anders als bei der extensiven Erholungsnutzung, die Landschaftsfaktoren Relief, Boden, Wasserhaushalt, Klima und Vegetation eine wichtigere Rolle. Diese Raumeinheit verträgt erhebliche Belastungen auf kleinem Raum und besitzt eine gute Eignung für strapazierfähige und pflegearme Rasen und Gehölzbestände. Auch das mehr oder weniger ebene Relief bietet gute Voraussetzungen für die Anlage von Einrichtungen für eine intensive Erholungsnutzung (u. a. geringe Erosionsgefahr, Möglichkeit zur Anlage größerer Spiel-, Lager- und Sportflächen). Außerdem sind die geländeklimatischen Eigenschaften wie u. a. die geringe Häufigkeit von Früh- und Spätfrösten, die geringe Schwülehäufigkeit und der gute Luftaustausch für eine intensive Erholung als günstig anzusehen. Vorteilhaft würde sich auch die Erhöhung der landschaftlichen Vielfalt für die intensive Erholungsnutzung auswirken.

D Naturschutz
Die Böden dieser Raumeinheit stellen ein hoch schutzwürdiges Naturgut dar. Maßnahmen des Naturschutzes wie die Ausweisung von Naturschutzgebieten oder geschützten Landschaftsbestandteilen bzw. die Anwendung agrarökologischer Methoden sind bisher wegen des Vorranges der Landwirtschaft selten oder nicht ausgeführt worden.

[3] Unter dem Begriff "Landschaftliche Vielfalt" wird der Grad der Ausstattung einer Landschaft oder eines Landschaftsteiles mit natürlichen Strukturelementen verstanden (u. a. Wald, Waldrand, Baumgruppe, Baumreihe, Hecke, Feldgehölz, Relief ± geneigt, Relief ± eben, Rinnenlage). Ein Gebiet mit wenigen Strukturelementen besitzt eine geringe, eines mit zahlreichen Strukturelementen eine hohe landschaftliche Vielfalt. Näheres zum Verfahren, seinen Möglichkeiten und Grenzen bei Brahe et al. (1977); Pflug (1988); Pflug et al. (1978); Wedeck (1980).

Übersicht 2[4]

Raumeinheit 5 (Maiglöckchen-Stieleichen-Hainbuchenwald auf Pseudogleyen verschiedener Ausprägung aus Löß, mehr oder weniger ebenes Relief)

A Lage
Die Raumeinheit 5 nimmt mehr als die Hälfte des Abbaugebietes ein.

B Eigenschaften

- Vegetation
  Die potentielle natürliche Vegetation dieser Raumeinheit ist der Maiglöckchen-Stieleichen-Hainbuchenwald *(Stellario-Carpinetum)*. Diese Waldgesellschaft ist auf größeren Flächen auch noch real anzutreffen. Es handelt sich hier um einen Mischwald kontinentaler Tönung mit Stieleiche, Rotbuche, Hainbuche und Winterlinde. Die Winterlinde ist besonders stark in den nördlichen Teilen der Bürgewälder vertreten. In der Bodenvegetation spielen Maiglöckchen *(Convallaria majalis)*, Große Sternmiere *(Stellaria holostea)*, Hainrispengras, Flattergras, Busch-Windröschen und Wald-Labkraut *(Galium silvaticum)* eine Rolle. Die Ausbildungen mit Rotbuche sind auf die etwas trockeneren Standorte beschränkt. Varianten ohne Rotbuche finden sich auf feuchteren Standorten.
- Freilebende Tierwelt
  In den Alteichenbeständen der Raumeinheiten 5 und 6 tritt neben größeren Beständen von Greifvögeln wie Mäusebussard *(Buteo buteo)*, Habicht *(Accipiter gentilis)*, Roter Milan *(Milvus milvus)*, Wespenbussard *(Pernis apivorus)* und Turmfalke *(Falco tinnunculus)* v. a. noch der sonst im Gebiet des Niederrheins nicht mehr vorkommende Mittelspecht *(Dendrocopos medius)* auf. Es wurden 50 Brutpaare gezählt. Inwieweit diese Arten an die Standorte dieser Raumeinheit gebunden sind, muß dahingestellt bleiben.
- Boden
  Die Böden dieser Raumeinheit sind überwiegend Pseudogleye verschiedener Ausprägung aus Löß über der kiesig-sandigen Hauptterrasse. Es handelt sich hier um schluffigen Lehmboden mit Mächtigkeiten zwischen 0,1–2 m. Die Böden besitzen eine mittlere Versorgung mit Nährstoffen und eine mittlere, stellenweise auch schwache Staunässe über verdichtetem Unterboden. Die Bodentemperaturen dürften mittlere, eher noch geringere Werte aufweisen. Die Durchlüftung des Bodens ist während der Feuchtperioden als gering anzusehen. Auch die biologische Aktivität dürfte mittlere Werte kaum übersteigen. Die Schichtdicke des Mutterbodens und die Bearbeitbarkeit sind als gering bis mittel zu bezeichnen. Im Untersu-

[4] Die Abschnitte A, B und C sind Auszüge aus Pflug (1975).

chungsgebiet sind diese Böden überwiegend bewaldet. Soweit sie landwirtschaftlich genutzt werden, sind sie, insbesondere in feuchten Jahren, als verhältnismäßig ertragsunsicher anzusehen. Sie weisen i. allg. eine mittlere Ertragsfähigkeit auf.

- Wasserhaushalt
  Die Raumeinheit dürfte insgesamt einen Wasserüberschuß besitzen, auch wenn zeitweise, v. a. nach niederschlagsarmen Perioden, mit stärkerer Austrocknung zu rechnen ist. Die nutzbare Wasserkapazität ist mittel bis gering. Die Feuchtphasen dürften i. allg. ziemlich lang, die Trockenphasen relativ kurz sein. Ihre Dauer ist fast ausschließlich von den Niederschlagsverhältnissen abhängig.
- Geländeklima
  Allgemein ist festzustellen, daß die Windgeschwindigkeiten in den bewaldeten Gebieten erheblich niedriger liegen als im offenen Gelände. Dadurch ist eine starke Einschränkung des Luftaustausches gegeben. Es zeigt sich ferner, daß bei austauschstärkeren und kühleren Wetterlagen der Wald wärmere Temperaturen als das Freiland aufweist. Dagegen konnte aufgrund von Meßergebnissen festgestellt werden, daß bei ausgesprochenen Hochdrucklagen die Waldgebiete im Hambacher Forst erheblich kühlere Temperaturen als das umliegende Freiland aufweisen.
  Im Zusammenhang mit den ziemlich feuchten Böden dürfte die überwiegend bewaldete Raumeinheit 5 durch verhältnismäßig kühle Temperaturen, einen geringen Luftaustausch und eine ziemlich hohe Immisionsgefährdung gekennzeichnet sein.
- Relief
  Das Relief ist mehr oder weniger eben und zeichnet sich durch geringe Höhenunterschiede aus.

C Eignung für Nutzungsarten

- Forstwirtschaft
  Forstwirtschaftlich gesehen ist die Stieleiche die wichtigste Holzart. Sie weist auf diesen Standorten mittlere bis gute Wuchs- und Ertragsleistungen auf. Der Anbau von Nadelhölzern, insbesondere von Fichte *(Picea abies)*, ist in dieser Raumeinheit als problematisch anzusehen (Gefährdung durch Windwurf, Rotfäule).
- Ackerbau
  Die Eigenschaften der Böden dieser Raumeinheit sind für eine Ackernutzung ziemlich ungünstig. Obwohl in anderen Gebieten der Niederrheinischen Bucht Böden ähnlicher Ausprägung ackerbaulich genutzt werden, sind sie in den Bürgewäldern überwiegend von einer Rodung ausgespart worden (Trautmann 1973). Die verbreitete Staunässe, die verhältnismäßig schlechte Bearbeitbarkeit, die in feuchten Jahren bestehende Ertragsunsicherheit u. a. haben hier trotz mittlerer Nährstoffversorgung dazu geführt, den Wald weitgehend stehen zu lassen.
- Erholen
  Die Raumeinheit besitzt, soweit sie bewaldet ist, eine mittlere bis hohe landschaftliche Vielfalt[5]. Die nicht bewaldeten Teile weisen teils geringe, teils geringe bis mittlere Werte auf. Für extensives Erholen besteht eine mittlere bis gute Eignung. Einer intensiven Erholungsnutzung stehen dagegen erhebliche Einschränkungen entgegen (geringe bis mäßige Belastbarkeit von Grünflächen, zeitweise geringe Betretbarkeit, vergleichsweise kühle und feuchte Böden, geringer bis mittlerer Luftaustausch).

D Naturschutz

Die Raumeinheit 5 liegt im Landschaftsschutzgebiet "Hambacher Forst". Sie enthält wie die Raumeinheit 6 seltene, naturnahe und schützenswerte Waldökosysteme mit artenreichen und in ihrer Zusammensetzung seltenen Tiergesellschaften. Teile dieses Waldes besitzen die Voraussetzungen für ein Naturschutzgebiet.

[5] Unter dem Begriff "Landschaftliche Vielfalt" wird der Grad der Ausstattung einer Landschaft oder eines Landschaftsteiles mit natürlichen Strukturelementen verstanden (u. a. Wald, Waldrand, Baumgruppe, Baumreihe, Hecke, Feldgehölz, Relief ± geneigt, Relief ± eben, Rinnenlage). Ein Gebiet mit wenigen Strukturelementen besitzt eine geringe, eines mit zahlreichen Strukturelementen eine hohe landschaftliche Vielfalt. Näheres zum Verfahren, seinen Möglichkeiten und Grenzen bei Brahe et al. (1977); Pflug (1988); Pflug et al. (1978); Wedeck (1980).

Karte 5
Eignung der heutigen Raumeinheiten für den Ackerbau am Beispiel des Tagebaubereiches Hambach

13,2 % der Fläche des Tagebaues besitzt eine mittlere (Raumeinheit 6), rd. 5 % eine geringe bis mittlere Eignung für die Forstwirtschaft (Raumeinheiten 4 u. 8).

Eine gute Eignung für den Ackerbau hat nur die Raumeinheit 1, die 11,7 % des Abbaufeldes einnimmt (Karte 5, Tabellen 2 u. 3). In den Raumeinheiten 2, 3 (teils gut, teils gering bis mittel) und 5 (insgesamt 68,1 %) besteht eine mittlere, in den Raumeinheiten 4, 6, 7 u. 8 (20,2 %) nur eine geringe bis keine Eignung für den Ackerbau.

Die Raumeinheiten 1, 2 und 3, die einen Anteil von 16 % an der Fläche des Abbaufeldes haben, sind für intensive Erholungsarten gut bzw. mittel bis gut geeignet (Karte 6, Tabellen 2 u. 3). Ungeeignet bzw. gering geeignet für diese Nutzungsart sind die übrigen 5 Raumeinheiten mit einem Anteil von 84 % (vgl. Übersicht 2, S. 87 u. 88).

Insgesamt gesehen besitzt der Tagebaubereich Hambach vor seiner Inanspruchnahme durch den Braunkohlenbergbau auf rd. 81,9 % seiner Fläche eine gute bzw. mittel bis gute Eignung für die Forstwirtschaft. Beim Ackerbau ist eine gute Eignung nur auf 12 % gegeben, auf 88 % ist sie mittel bis gering, 84 % der Fläche sind für Anlagen der intensiven Erholung ungeeignet.

Von den im Tagebaubereich rd. 41 km^2 einnehmenden Bürgewäldern besitzen damals etwa 10 km^2 die Voraussetzungen für ein Naturschutzgebiet (Ant 1975; Wedeck 1975). Teile der in Karte 3 aufgeführten, meist über 100 Jahre alten und überwiegend aus Mittelwald hervorgegangenen Waldgesellschaften (Aden 1975) hätten Aufnahme in ein solches Schutzgebiet finden müssen.

4 Natur aus zweiter Hand

Die Ausführungen in diesem Abschnitt beruhen auf dem vom Planungsausschuß für das Rheinische Braunkohlengebiet (Braunkohlenausschuß 1974) vorgegebenen Grundmodell. Die in dieser Vorlage enthaltenen Geländeformen wie Außenkippe, Innenkippe, erhöhte Innenkippe, Restloch und Böschungen können der Karte 7 entnommen werden. Für die forstwirtschaftliche Nutzung sind 41,5 und für die landwirtschaftliche Nutzung 15,5 km^2 vorgesehen (Tabelle 1). Die Größe der Oberfläche des künftigen Sees wird mit 34 km^2 angegeben.

Ist der Tagebau Hambach ausgekohlt, gibt es die Landesnatur Schmithüsens auf 90 km^2 nicht mehr. An

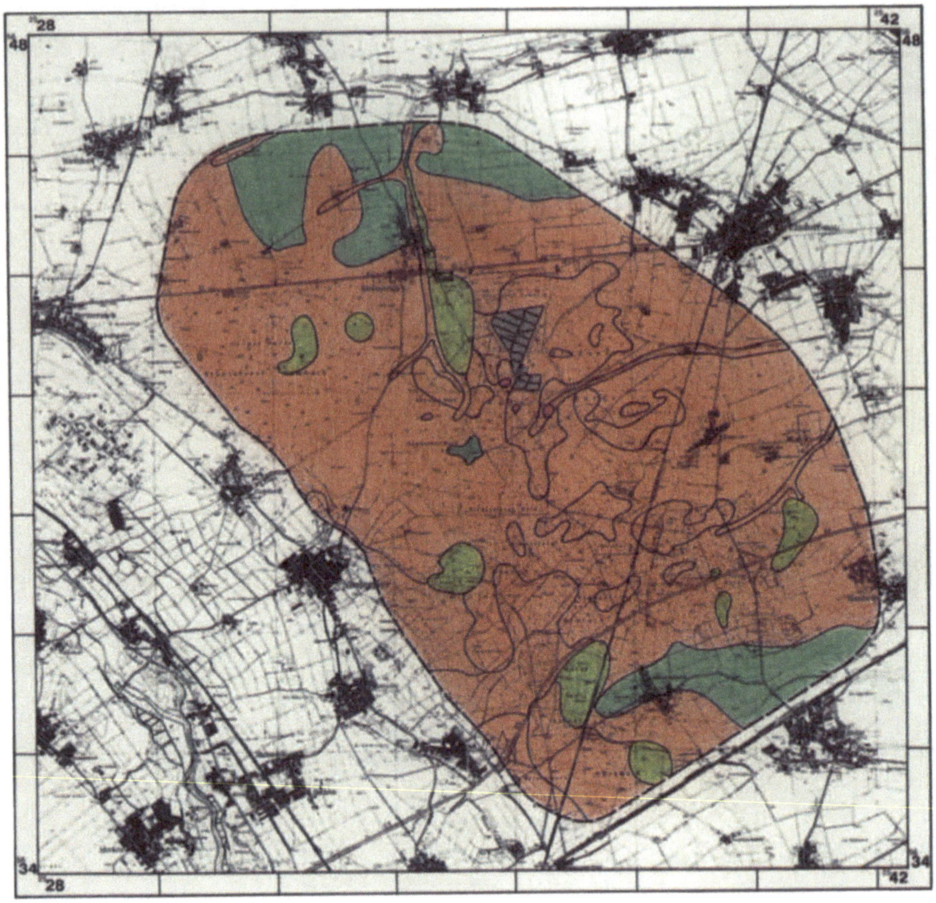

Karte 6
Eignung der heutigen Raumeinheiten für intensives Erholen am Beispiel des Tagebaubereiches Hambach

- gut
- mittel-gut
- mittel
- gering-mittel
- gering
- ungeeignet

0 500 1000 1500 2000 2500m

ihre Stelle tritt ein von Menschenhand geformtes räumliches Grundgerüst. Gesteinsaufbau, Oberflächengestalt und Wasserhaushalt besitzen Eigenschaften, die ein anderes Wirkungsgefüge mit anderen Lebensstätten und Lebensgemeinschaften zur Folge haben, als sie vor dem Abbau gegeben waren: Natur aus zweiter Hand.

4.1
Raumeinheiten auf der Grundlage der potentiellen natürlichen Vegetation nach der Rekultivierung, ihre Eigenschaften und ihre Eignung für Nutzungsansprüche

Der Karte 7 können die Lage, die Oberflächengestalt und die Exposition der 13 Raumeinheiten des Rekultivierungsgebietes entnommen werden.

Die Raumeinheit I ist mit Ausnahme der am künftigen See und auf der Hochfläche der Außenkippe gelegenen Teile (s. vorletzten Absatz in diesem Abschnitt) für die landwirtschaftliche Rekultivierung vorgesehen. Sie enthält ebene bzw. nahezu ebene Flächen und hat am Abbaufeld einen Anteil von 17 % (Tabellen 1 u. 3).

Die Raumeinheiten II–IX bleiben der forstlichen Rekultivierung vorbehalten (zu den Raumeinheiten V, VIII u. IX s. Abschn. 6). Die Raumeinheiten X–XIII betreffen den See mit Strandsand, Uferregion und Flachwasserzone. Der Anteil der Raumeinheiten nach der Rekultivierung an der Fläche des Abbaufeldes kann Tabelle 3 entnommen werden.

Tabelle 4 gibt einen Überblick über die Reliefverhältnisse der künftigen Wälder. Danach werden 34,9 km^2, das sind 84 % aller Waldbestände, Böschungen mit großen und mit geringen bis mittleren Neigungen einnehmen. Fast die Hälfte (19,9 km^2) des gesamten Waldes (41,5 km^2) wächst auf Böschungen mit südlicher und westlicher Exposition.

Die Wälder werden fast ausschließlich auf einem 4 m mächtigen Bodenmaterial stocken, das aus einem Gemisch von Sand, Kies, Löß oder anderem bindigem Bodenmaterial besteht (Landesoberbergamt Nordrhein-Westfalen 1973). Der Anteil an bindigem Bodenmaterial soll bei ebenen oder nahezu ebenen Flächen 1/4 – 2/3 des sandig-kiesigen Gemisches betragen, auf stärker als 1 : 3 geneigten Böschungen wegen der erhöhten Erosionsgefahr und aus Gründen der Standsicherheit auf 1/4

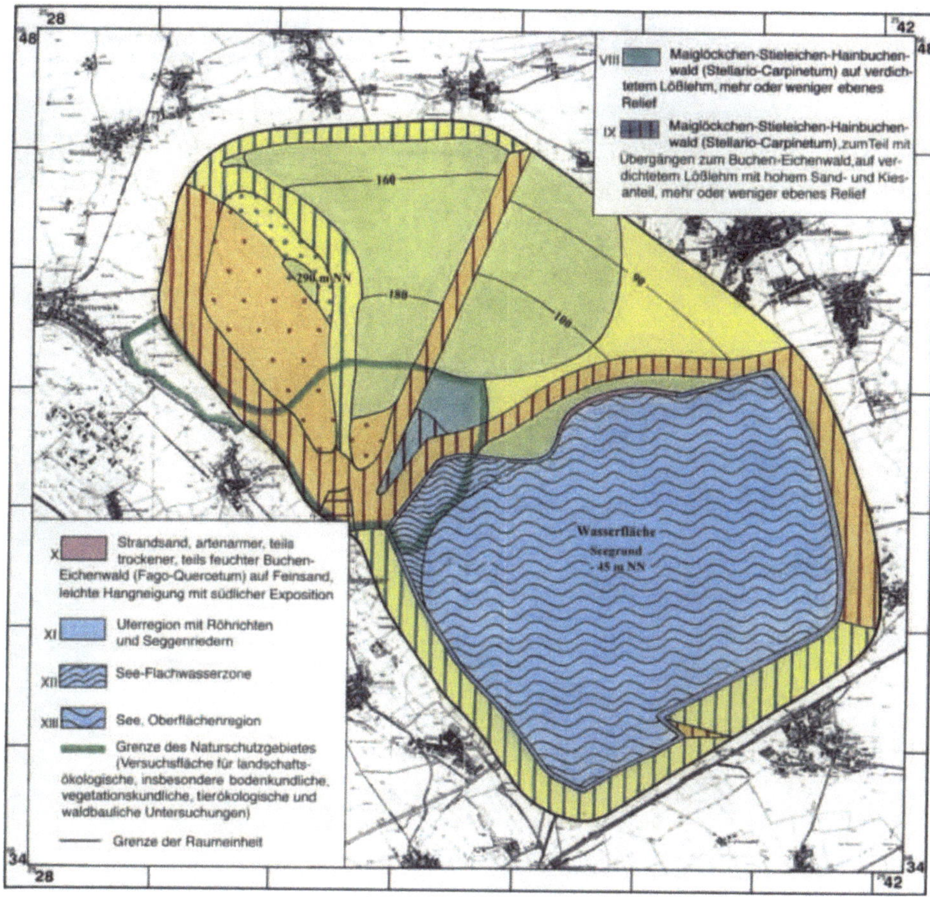

Karte 7. Raumeinheiten auf der Grundlage der potentiellen natürlichen Vegetation nach der Rekultivierung am Beispiel des Tagebaubereiches Hambach

Raumeinheit

I Maiglöckchen-Perlgras-Buchenwald (Melico-Fagetum) auf verkipptem Löß, ebenes bis schwach geneigtes Relief

II Flattergras-Traubeneichen-Buchenwald (Milio-Fagetum) auf Forstkies mit mittlerem Anteil an Löß oder lehmig-tonigen Bestandteilen, mehr oder weniger ebenes Relief

III Flattergras-Traubeneichen-Buchenwald (Milio-Fagetum) auf Forstkies mit mittlerem Anteil an Löß oder lehmig-tonigen Bestandteilen, westlich bis südlich exponierte Hänge mit geringen bis mittleren Hangneigungen

IV Flattergras-Traubeneichen-Buchenwald (Milio-Fagetum) mit wärmeliebenden Arten auf Forstkies mit hohem Anteil an Löß oder lehmig-tonigen Bestandteilen, westlich bis südlich exponierte Hänge mit großen Hangneigungen

V Flattergras-Traubeneichen-Buchenwald (Milio-Fagetum) mit wärmeliebenden Arten auf Forstkies mit hohem Anteil an Löß oder lehmig-tonigen Bestandteilen, extrem südlich exponierter Rücken mit großen Hangneigungen

VI Flattergras-Traubeneichen-Buchenwald (Milio-Fagetum) auf Forstkies mit mittlerem Anteil an Löß oder lehmig-tonigen Bestandteilen, östlich bis nördlich exponierte Hänge mit geringen bis mittleren Hangneigungen

VII Flattergras-Traubeneichen-Buchenwald (Milio-Fagetum) auf Forstkies mit mittlerem Anteil an Löß oder lehmig-tonigen Bestandteilen, nördlich bis östlich exponierte Hänge mit großen Hangneigungen

begrenzt werden, jedoch nicht unter 1/5 liegen. Im Kulturbodenprofil dürfen "keine störenden Horizonte im Hinblick auf die Wasserführung sowie keine reinen Kies- und Toneinlagerungen oder Verdichtungen entstehen."

Über die Eignung des in großem Umfang verwendeten Forstkieses für die forstliche Rekultivierung gehen die Meinungen auseinander (Wittich 1959; Heide 1959). In den letzten 30 Jahren entsteht darüber ein reichhaltiges Schrifttum. Die Diskussion beruht in den ersten Jahren auf Beobachtungen in älteren auf ähnlichen Substraten stockenden Beständen und auf Annahmen, bezogen auf das jeweilige Forstkiesgemisch. Inzwischen bringen Untersuchungsergebnisse erste gesicherte Erkenntnisse (Beitrag 21, Dilla u. Möhlenbruch).

Bei stichprobenartigen Untersuchungen von verschiedenen forstlich rekultivierten Böden in älteren Tagebaubereichen im Frühjahr und Sommer 1975 gemeinsam mit Wedeck fällt u. a. die unterschiedliche Beschaffenheit des als Forstkies bezeichneten Bodenmaterials auf. So werden teils Neuböden aus Kies und Sand mit hohen Anteilen von Lößlehm oder lehmig-tonigen Bestandteilen, teils solche mit geringen oder kaum feststellbaren Anteilen an Feinboden gefunden (Pflug 1975; Wedeck 1975).

Da Baumbestände mit guten Wuchsleistungen sich immer dort zeigen, wo neben kiesig-sandigem Material ein mehr oder weniger hoher Anteil an Lößlehm oder lehmig-tonigen Bestandteilen gefunden wird, während Bestände weniger günstiger Wuchsleistungen stets auf Standorten mit einem zumindest geringen Anteil der genannten Bodenarten wachsen, scheinen die Leistungsfähigkeit des Forstkieses, die Wuchsleistungen der Baumbestände und der Zeitraum, der für die Entwicklung zu einem Wald benötigt wird, eng mit der Höhe der Beimischung von Lößlehm oder lehmig-tonigen Bestandteilen zusammenzuhängen. Vermutlich ist beim Forstkies der entscheidende Begrenzungsfaktor für die Wüchsigkeit der Bestände der Wasserhaushalt. Jedoch ist infolge der größeren Durchlässigkeit dieser Böden und der damit verbundenen stärkeren Auswaschung auf die Dauer mit einer ungünstigen Nährstoffversorgung zu rechnen. An Stellen, auf denen die Bodenvegetation auf eine stärkere Durchfeuchtung des Forstkieses schließen läßt, werden bei Aufgrabungen stets höhere Anteile an lehmig-tonigen Bestandteilen und deutlich bessere Wuchsleistungen der dort wachsenden Baumarten im Vergleich zu Pflanzungen auf benachbarten, anscheinend erheblich trockeneren Flächen festgestellt. Trockenschäden finden

Tabelle 4. Anteil der Böschungen an der forstlich zu rekultivierenden Fläche von 41,5 km^2 im Tagebaubereich Hambach. 34,9 km^2 sind Böschungen (= 84 % der künftigen Waldfläche)

Raumeinheit / Neigung Exposition	II, VIII, IX		III		IV, V		VI		VII	
	[km^2]	% der Abbaufläche	[km^2]	% der Abbaufläche	[km^2]	% der Abbaufläche	[km^2]	% der Abbaufläche	[km^2]	% der Abbaufläche
Ebene Lage	6,6	7,4								
Böschungen mit geringer u. mittlerer Neigung, westl. bis südl. Exposition			5,1	5,7						
Böschungen mit großen Neigungen, westl. bis südl. Exposition					14,8	16,3				
Böschungen mit geringer u. mittlerer Neigung, nördl. bis östl. Exposition							1,2	1,3		
Böschungen mit großen Neigungen, nördl. bis östl. Exposition									13,8	15,3
	6,6 7,4 Ebene Lage		19,9 km^2 (22 %) mit westl. u. südl. Exposition				15,0 km^2 (16,6 %) mit nördl. u. östl. Exposition			

sich sogar in Beständen auf Böschungen mit nordöstlicher Exposition. Besonders ungünstig scheint aber die Wasserversorgung der Aufforstungsflächen auf den mit Forstkies rekultivierten Kippenböschungen mit südlicher und westlicher Exposition zu sein. In der Vegetationsperiode dürfte hier zumindest zeitweise Wassermangel herrschen (Wedeck 1975).

Trockene Forstkiese mit nur geringem Lößanteil dürften Standorten nahekommen, wie sie etwa in Podsol-Braunerden aus steinig-kiesigem Sand vorliegen. Diese besitzen i. allg. eine geringe Leistungsfähigkeit und tragen Wälder mit geringer Ertragsklasse. Besonders nachteilig ist hier die geringe Wasserkapazität. Die biologische Aktivität dieser Böden ist minimal. Sie sind sehr durchlässig für Wasser, Luft und Nährstoffe und mechanisch gut durchwurzelbar, aber das Wurzelwachstum wird bereits in geringen Tiefen stark durch den knappen Wasservorrat der kiesig-sandigen Bodenart gehemmt (Mückenhausen 1957). Die potentielle natürliche Vegetation dürfte auf derartigen Standorten im Tiefland der Trockene Buchen-Eichenwald des Flachlandes sein, der eine Waldgesellschaft geringer Leistungsfähigkeit darstellt.

Auf Forstkies, der nur geringe Anteile an Lößlehm oder lehmig-tonigen Bestandteilen aufweist (Anteile 1/5–1/4), ist demnach voraussichtlich als potentielle natürliche Waldgesellschaft ein Buchen-Eichenwald überwiegend trockener Ausbildung und geringer Leistungsfähigkeit zu erwarten. Da mehr als die Hälfte der forstlich zu rekultivierenden Flächen im Untersuchungsgebiet nach den Richtlinien des Landesoberbergamtes Nordrhein-Westfalen nur einen geringen Anteil an Lößlehm erhalten soll, werden mindestens die auf diesen Flächen begründeten Bestände auf die Dauer vermutlich nur niedrige Ertragsleistungen aufweisen. Damit dürfte die Ertragsleistung der zu erwartenden Waldbestände insgesamt unter dem Durchschnitt der heutigen Waldbestände liegen.

Um die Leistungen der zukünftigen Wälder auf den rekultivierten Standorten wenigstens in etwa den heutigen Ertragsverhältnissen anzugleichen, müssen Standorte geschaffen werden, die mindestens eine mittlere Ertragsklasse erwarten lassen. Dazu ist es erforderlich, dem Forstkies auf allen Standorten einen möglichst hohen Anteil an Lößlehm oder einen erheblichen Anteil an lehmig-tonigen Bestandteilen beizumischen. Dies ist in Karte 7 dargestellt. Die Raumeinheiten, die aus Böschungen mit großen Hangneigungen bestehen (25 % bzw. 1 : 4), enthalten einen weit höheren Anteil an Löß oder lehmig-tonigen Bestandteilen am Forstkies, als es die Richtlinien des Landesoberbergamtes zulassen. [Böschungen mit südlicher und westlicher Exposition

1/2–2/3 (Raumeinheiten IV u. V), Böschungen mit nördlicher und östlicher Position 1/3–1/2 (Raumeinheiten VI u. VII)]. Hierdurch wird zum Ausdruck gebracht, daß die Anteile von bindigem Bodenmaterial am Forstkies entgegen den Richtlinien erheblich erhöht werden müssen. Wie hoch dieser Anteil zu sein hat, kann nur durch Untersuchungen geklärt werden (Pflug 1975; Wedeck 1975).

Da anzunehmen ist, daß die Leistungsfähigkeit der Waldgesellschaften mit steigendem Anteil an Lößlehm am Forstkies zunehmen wird, dürfte bei einem mittleren bzw. noch höheren Anteil auf den Böschungen mit südlichen und westlichen Expositionen, als potentielle natürliche Waldgesellschaft ein artenarmer Flattergras-Traubeneichen-Buchenwald zu erwarten sein, eine Waldgesellschaft mittlerer Leistungsfähigkeit (Karten 7 u. 8, Tabelle 5). Die Schaffung von Standorten, auf denen ein Flattergras-Traubeneichen-Buchenwald mittlerer Ertragsleistung wachsen würde, sollte das Ziel forstlicher Rekultivierung im Untersuchungsgebiet sein. Bei der Beschreibung der zu erwartenden potentiellen Waldgesellschaften im Bereich der forstlich zu rekulti-

Tabelle 5. Übersicht über die wichtigsten Waldgesellschaften der potentiellen natürlichen Vegetation auf verschiedenen Standorten nach der Rekultivierung im Tagebaubereich Hambach

Potentielle natürliche Vegetation	Lößlehm mehr oder weniger trocken	Lößlehm verdichtet	Lößlehm mit erheblichem Anteil an kiesig-sandigem Material	Leistungsfähigkeit
Maiglöckchen-Perlgras-Buchenwald	x			Hoch
Maiglöckchen-Stieleichen-Hainbuchenwald, anspruchsvollere Ausbildungen		x		Hoch
Maiglöckchen-Perlgras-Buchenwald, artenarm			x[a]	Mittel
Flattergras-Traubeneichen-Buchenwald			x[a]	Mittel
Buchen-Eichenwald, überwiegend trockene Ausbildungen			x[a]	Gering

[a] Es ist anzunehmen, daß die Leistungsfähigkeit der Waldgesellschaften mit steigendem Anteil von Lößlehm am Forstkies zunimmt. Bei welchem Anteil an Lößlehm oder lehmig-tonigen Bestandteilen sich die aufgeführten Waldgesellschaften einstellen werden, läßt sich zur Zeit nicht abschätzen (vgl. zu dieser Frage auch Beitrag 22, Wittig und Beitrag 23, Nagler u. Wedeck)

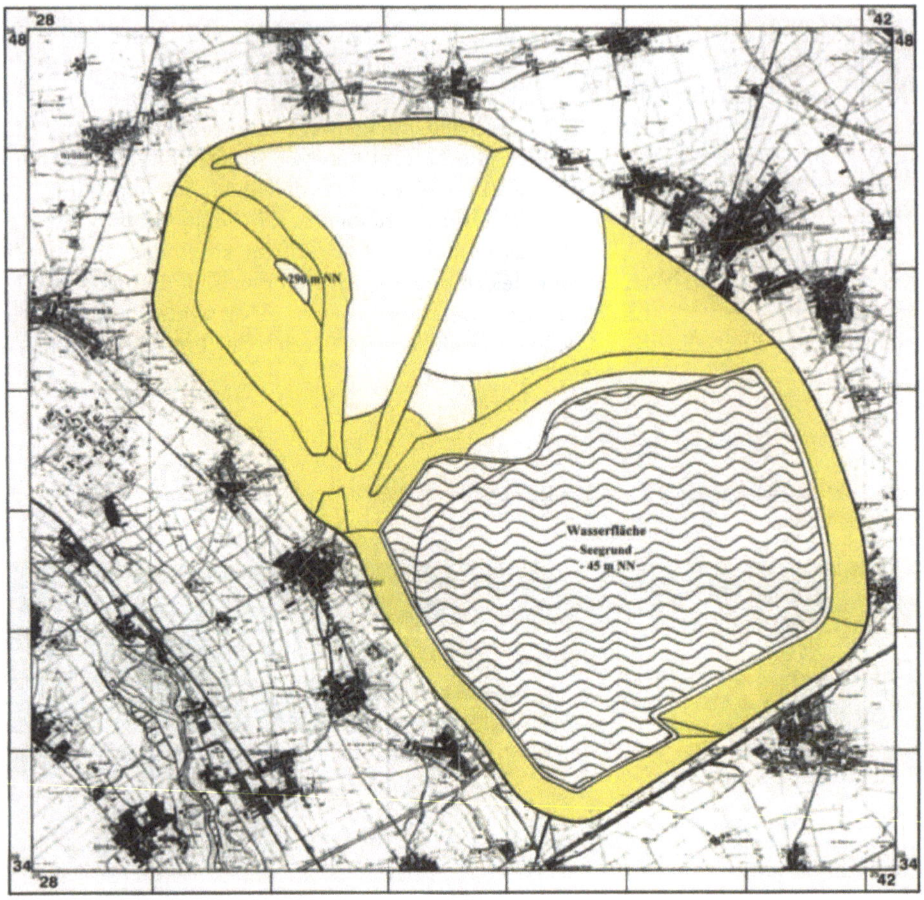

Karte 8
Eignung der Raumeinheiten nach der Rekultivierung für die Forstwirtschaft am Beispiel des Tagebaubereiches Hambach

(Flattergras - Traubeneichen - Buchenwald in den Raumeinheiten II - VII)

gut
mittel - gut
mittel

0 500 1000 1500 2000 2500m

vierenden Raumeinheiten wird in den Arbeiten von Pflug (1975) und Wedeck (1975) von dieser Voraussetzung ausgegangen.

Die wichtigsten zu erwartenden Waldgesellschaften auf den verschiedenen Standorten nach der Rekultivierung und deren voraussichtliche Leistungsfähigkeit sind der Tabelle 5 zu entnehmen.

Auf Löß und Lößlehm wachsen Waldgesellschaften hoher Leistungsfähigkeit (Raumeinheit 1, Karte 7, Tabellen 5 u. 6). Ist der Anteil an Löß, Lößlehm oder anderen lehmig-tonigen Bestandteilen am Forstkies hoch, sind Waldgesellschaften mittlerer Leistungsfähigkeit zu erwarten (Raumeinheiten II–VII, Karte 8, Tabellen 5 u. 6). Entspricht der Anteil an bindigem Bodenmaterial am Forstkies auf den Böschungen und den anderen geneigten Flächen den Empfehlungen der Richtlinien, sind vor allem wegen der dann eingeschränkten Wasserversorgung Waldgesellschaften mit einer geringen Leistungsfähigkeit zu erwarten (Raumeinheiten III–VII, Karte 9, Tabelle 5). Dabei wird die Wasserversorgung der Waldbestände auf den Böschungen mit südlicher und westlicher Exposition ungünstiger sein als auf den Böschungen mit nördlicher und östlicher Exposition.

Die Forderung der Landwirtschaft, ähnlich leistungsfähige Standorte, wie sie vor dem Tagebau in der Raumeinheit 1 vorhanden sind, wiederzubekommen, wird durch das Auftragen einer Lößdecke von 2 m Mächtigkeit auf einer Fläche von 15,5 km^2 entsprochen (Karten 7 u. 10, Tabellen 3 u. 6). Diese Fläche ist um 5 km^2 größer als die entsprechende vor dem Abbau. Dabei wird davon ausgegangen, daß die Neulandböden Ackerzahlen von 70 Punkten und darüber einmal erreichen (vgl. Raumeinheiten 1 u. I, Tabellen 3 u. 6). Mit dieser Vergrößerung des Flächenanteils der für die Landwirtschaft hoch leistungsfähigen Böden ist allerdings kein Ausgleich für den durch den Abbau hervorgerufenen Verlust an landwirtschaftlicher Nutzfläche gegeben. Ihr Anteil am Abbaufeld beträgt vorher 48 % und wird nach der Rekultivierung 17 % betragen (Tabellen 1 u. 3).

Das Geologische Landesamt (1975) weist darauf hin, daß bei der großen Kipphöhe im verstürzten Abraummaterial mehr oder weniger starke Setzungen auftreten und an der Oberfläche der Rohkippe, die nur eine Neigung von 1,5 % aufweisen wird, zur Entstehung von lokalen Mulden und abflußlosen Senken führen können. Derartige Setzungen werden sich auch auf die Lößauflage auswirken. An diesen Stellen wird der Wasserhaushalt der Neuböden stark verändert und die Bewirtschaftung der Flächen erschwert. Das Amt schlägt daher vor, die Generalnei-

Tabelle 6. Eignung der Raumeinheiten I–X für die Nutzungsansprüche Forstwirtschaft und Ackerbau und der Raumeinheiten I–XIII für den Nutzungsanspruch intensive Erholung. Wo keine Angaben über die Eignung gemacht werden, handelt es sich um Raumeinheiten, in denen aufgrund der dort herrschenden Standorteigenschaften der betreffende Nutzungsanspruch nicht in Frage kommt. Die Eignungsstufe gering bis mittel für den Nutzungsanspruch Ackerbau kommt im Kartenbild der Karte 10 nicht vor. Gleiches gilt für die Eignungsstufen mittel bis gut und gering bis mittel für den Nutzungsanspruch intensive Erholung (Karte 11)

Raumeinheiten auf der Grundlage der potentiellen natürlichen Vegetation	Forstwirtschaft	Ackerbau	Erholen	
			Extensiv	Intensiv
I	Gut	Gut	Gering	Gut
II	Mittel	Gering-mittel	Gut	Mittel
III	Mittel	Gering	Gut	Mittel
IV	Mittel	Ungeeignet	Gut	Ungeeignet
V	Mittel	Ungeeignet	Gut	Ungeeignet
VI	Mittel	Gering-mittel	Gut	Mittel
VII	Mittel	Ungeeignet	Mittel-gut	Ungeeignet
VIII	(Mittel-gut) Naturschutzgebiet	(Mittel) Naturschutzgebiet	(Gering-mittel) Naturschutzgebiet	(Ungeeignet) Naturschutzgebiet
IX	(Mittel) Naturschutzgebiet	(Gering-mittel) Naturschutzgebiet	(Gering) Naturschutzgebiet	(Ungeeignet) Naturschutzgebiet
X	Nicht beurteilt Sonderstandort	Nicht beurteilt Sonderstandort	Gut	Gut
XI	-	-	Ungeeignet	Ungeeignet
XII	-	-	(Gut) Großenteils Naturschutzgebiet	
XIII	-	-	Gut	

gung der landwirtschaftlich rekultivierten Flächen etwas höher als 1,5 % anzusetzen, um die Oberflächenentwässerung des gesamten Kippenbereiches, also auch etwaiger Mulden, zu gewährleisten. Inwieweit mit der geplanten geringen Erhöhung der Generalneigung abflußlose Senken und Rinnen gänzlich vermieden werden können, kann vom Verfasser nicht beurteilt werden.

Die neuen Böden besitzen für eine längere Zeit noch nicht die Qualität der Altlandböden. Der Umlagerungsprozeß verändert das Bodengefüge mehr als andere Bodeneigenschaften. Bei Verdichtungs- und Verfestigungserscheinungen wandeln sich auch die Feuchtigkeitsverhältnisse. Auch bei bodenschonender Verkippung und Bearbeitung nimmt die biologische Aktivität nur langsam zu. Erst im Laufe von Jahrzehnten werden die Humusgehalte vergleichbarer Altlandböden erreicht. Dennoch kommen die Eigenschaften der Neulandböden der Raumeinheit I denen der Altlandböden in der Raumeinheit 1 vergleichsweise nahe. Ihre Eignung für den Ackerbau ist gut (Karten 3, 4, 7 u. 10, Tabellen 2 u. 6). Eine mittlere Eignung für den Ackerbau weist die Raumeinheit VIII auf, eine gering bis mittlere die Raumeinheiten II und VI und eine geringe die Raumeinheit III. Gänzlich ungeeignet dafür sind die Böschungen und Hänge (Raumeinheiten IV, V u. VII, Karte 10).

Karte 11 gibt einen Einblick in die Eignung der Raumeinheiten für intensives Erholen. Aufgrund des ebenen Reliefs und der leistungsfähigen Böden weist die Raumeinheit I eine gute Eignung auf, während die Raumeinheiten II, III u. VI im mittleren Rahmen liegen. Die mit leistungsfähigem Bodenmaterial für strapazierfähige Rasenflächen und belastbare Gehölz-

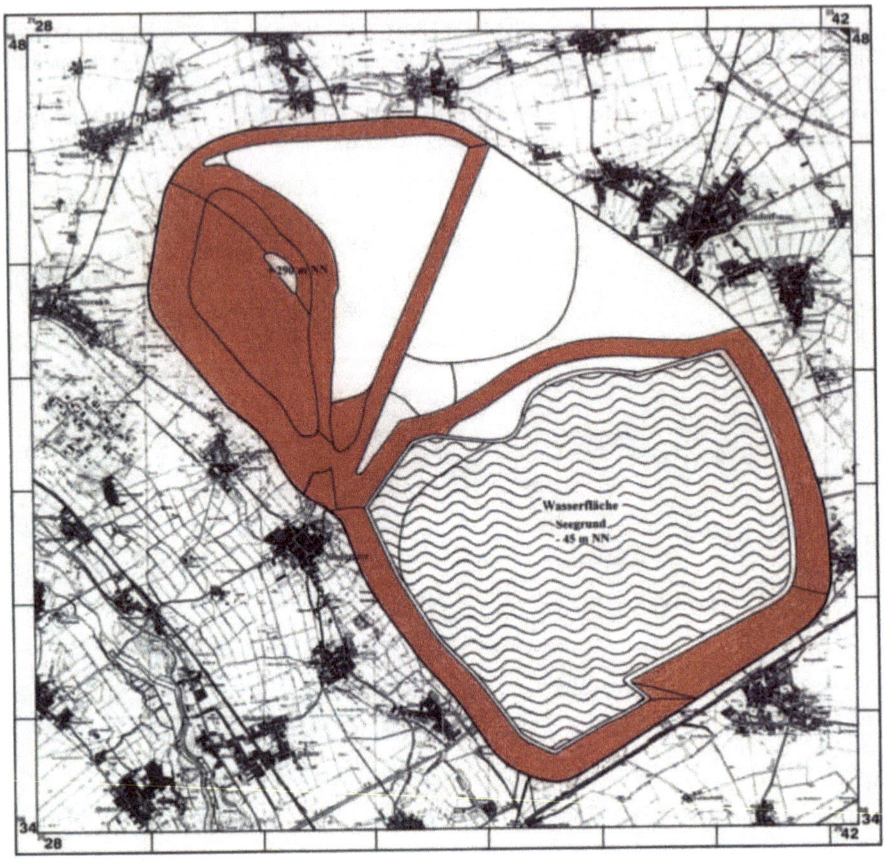

Karte 9
Eignung der Raumeinheiten nach der Rekultivierung für die Forstwirtschaft am Beispiel des Tagebaubereiches Hambach

(Buchen - Eichenwald in den Raumeinheiten III - VII)

- gut
- mittel - gut
- mittel
- gering - mittel
- gering

0 500 1000 1500 2000 2500m

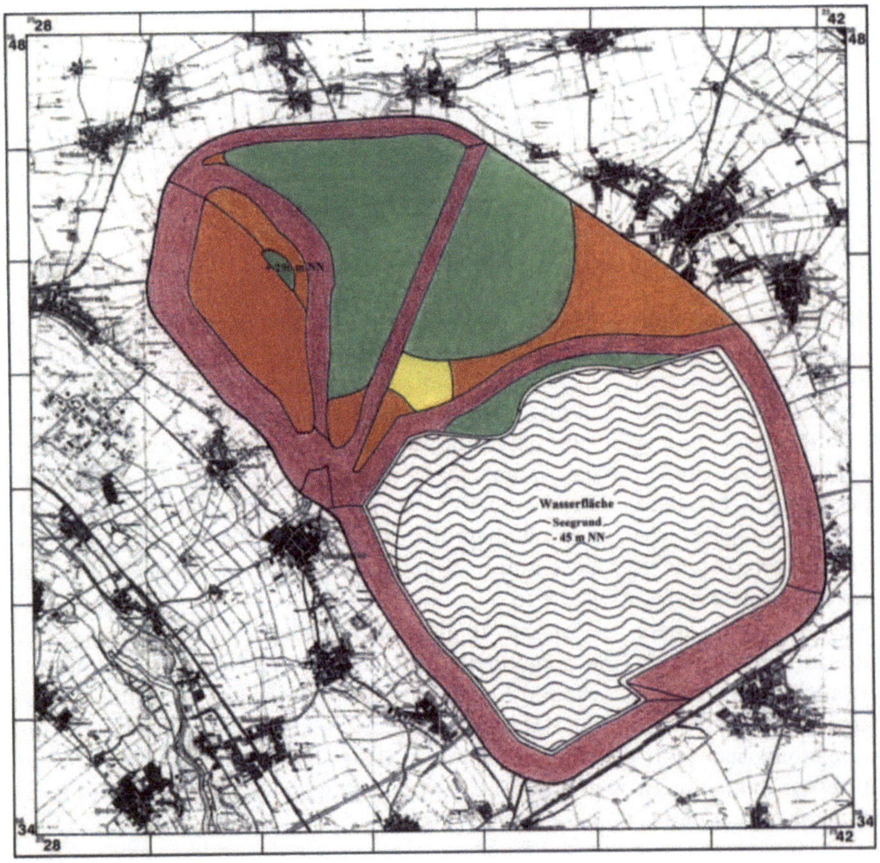

Karte 10
Eignung der Raumeinheiten nach der Rekultivierung für den Ackerbau am Beispiel des Tagebaubereiches Hambach

- gut
- mittel - gut
- mittel
- gering - mittel
- gering
- ungeeignet

0 500 1000 1500 2000 2500m

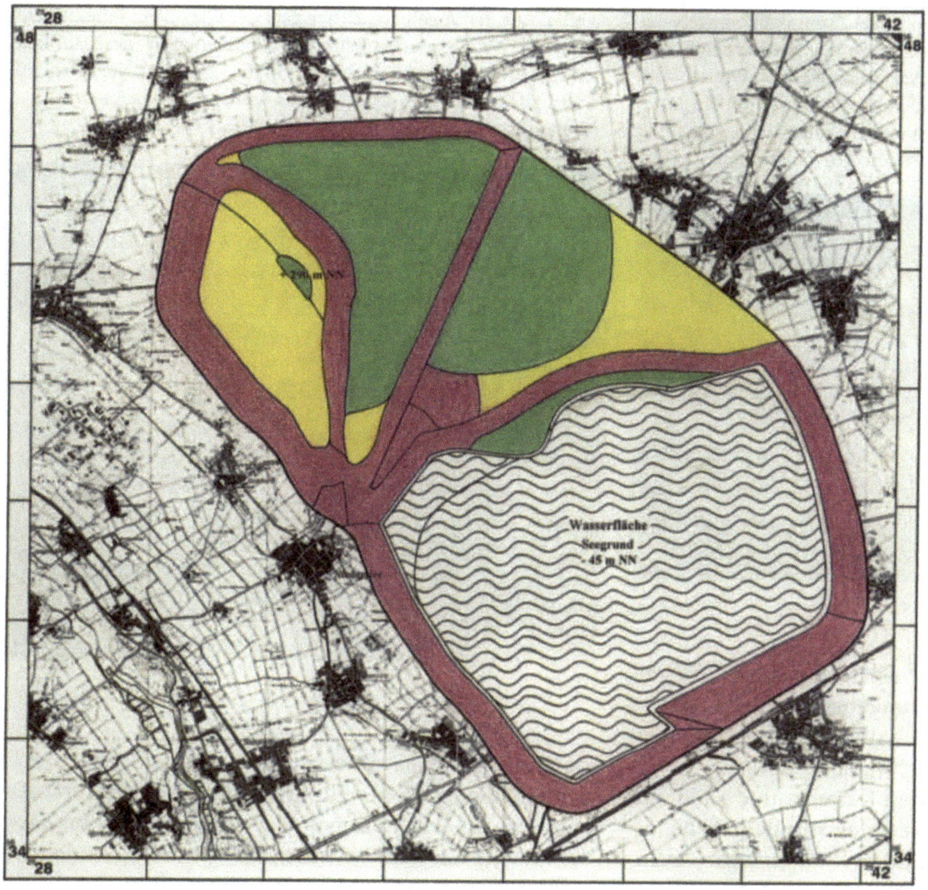

Karte 11
Eignung der Raumeinheiten nach der Rekultivierung für intensives Erholen am Beispiel des Tagebaubereiches Hambach

bestände versehene Zone am nördlichen Seeufer von rd. 2 km² ist eigens als Bereich für eine intensive Erholung ausgewiesen worden (Karten 7 u. 11, Tabelle 6). Ein Sandstrand von etwas 2 km Länge ergänzt das Erholungsgebiet (Raumeinheit X, Karte 7, Tabelle 6). Mehr oder weniger ungeeignet sind die Raumeinheiten VIII u. IX (zu feucht und kühl) und die Raumeinheiten IV, V und VII (zu steil, erosions- und rutschgefährdet, mangelnde Strapazier- und Belastungsfähigkeit der Vegetation, kurze Sonnenscheindauer in Raumeinheit VII).

Von den verbleibenden 57,2 km² festen Landes (die restliche Fläche wird vom See eingenommen) sind demnach 26,4 km² (= 29,3 % des Abbaufeldes und 46,1 % der Landmasse) mittel bis gut für die Nutzungsart intensive Erholung geeignet. Danach besteht gegenüber den Verhältnissen vor dem Abbau eine erhebliche Verbesserung. Auf dem Altland von 90 km² Größe weisen nur 16 % eine mittel bis gute Eignung für intensive Erholungsarten auf (vgl. Abschn. 3.2, Karten 6 u. 11, Übersicht 2, S. 87 u. 88, Tabellen 2, 3 u. 6). Wird am See ein Hafen für Segelboote zugelassen und wird dieser Freizeitsport ebenfalls zu den intensiven Erholungsarten gezählt, erhöht sich die für diese Nutzungsart geeignete Fläche um mehr als das Doppelte (26,4 plus 30 km² = 64 % des Abbaufeldes, Tabelle 3). Dabei muß bedacht werden, daß die Ufer mit ihrem Röhrichtgürtel (Raumeinheit XI) einschließlich eines mindestens 150 m breiten Wassersaumes als Schutzzone freizuhalten sind.

5
Oberflächengestalt

Zwischen Erft und Rur, westlich Jülich, bekommt die flache, weite Niederrheinische Bucht, das „deftige Bauernland der römischen Ceres", ein anderes Gesicht. Der Blick, früher von nahem höchstens begrenzt durch den Rand der alten Wälder der Bürge, nimmt heute auf große Entfernung ein Waldgebirge wahr, die Sophienhöhe mit der überhöhten Innenkippe (Abb. 1). Der langgestreckte Bergrücken, 7 km in der Länge, 3,5 km in der Breite, hebt sich an seiner höchsten Stelle rd. 200 m über das Gelände. Kein Tafelberg, sondern ein „Landschaftsbauwerk" (Czech 1987), breit hingelagert, mit weich auslaufenden Hängen und Böschungen (Abb. 2). Entspricht eines fernen Tages die Wirklichkeit dem Grundmodell (s. Abschn. 4), schließen sich an die Sophienhöhe im Süden eine hochgelegene Innenkippe, im Osten eine weitere Innenkippe auf gewachsenem Ge-

Abb. 1. Die Außenkippe „Sophienhöhe" des Braunkohlentagebaues Hambach hebt sich 175 m aus der Ebene der Niederrheinischen Bucht. Geologisch, geomorphologisch, geländeklimatologisch und ökologisch ein Fremdkörper, architektonisch ein weithin die Landschaft beherrschendes und belebendes Element. Blickrichtung nach Westen aus 3 km Entfernung (Photo: Rheinbaun 1992)

Abb. 2. Aus der Vogelperspektive geht der Blick über Teile des Lindenberger Waldes zur Außenkippe „Sophienhöhe" des Baunkohlentagebaues Hambach und weiter in die Ebene der Niederrheinischen Bucht. Mit den Aufforstungen wurde 1978 begonnen (Photo: Rheinbraun 1993)

ländeniveau und im Südosten ein See mit einer Flächengröße von über 30 km^2 an, umgeben von bis zu 60 m hohen Böschungen in Form von Böschungssystemen (Böschungen, Bermen, Karte 7).

Ein Vergleich zwischen den Karten 3 und 7 läßt auf den ersten Blick einen gravierenden Wandel von der alten Landschaft der Bürgewälder zur künftigen Landschaft erkennen. Nicht nur der Gesteinsuntergrund, das Standortmosaik, der Bodenwasserhaushalt und die Waldgesellschaften sind von gänzlich anderer Natur (die Ähnlichkeiten zwischen den Raumheiten 1 u. I bestätigen nur die Ausnahme von der Regel), sondern auch eine der Niederrheinischen Bucht unbekannte äußere Oberflächengestalt entsteht. Geologisch, geomorphologisch, geländeklimatologisch und ökologisch betrachtet ein Fremdkörper, architektonisch betrachtet ein die Landschaft weithin beherrschendes Element.

6
Naturschutzgebiet

Die seltenen, naturnahen und schützenswerten Waldökosysteme im Hambacher Wald mit ihrer artenreichen und in ihrer Zusammensetzung seltenen Tiergesellschaften (vgl. Übersicht 2, S. 87 u. 88) lassen 1975 die Forderung nach ihrer Erhaltung aufkommen (Ant 1975; Pflug 1975; Wedeck 1975). Vom Verfasser wird vorgeschlagen, die Voraussetzungen zur Entwicklung solcher Waldgesellschaften durch Ausweisung eines mit ähnlichen Standorten versehenen, in seiner Ausdehnung ausreichend großen Naturschutzgebietes zu schaffen. Neben den für die Rekultivierung verwendeten kulturfähigen Bodenarten (Löß, Lößlehm, Forstkies mit unterschiedlichen Anteilen bindiger Bodenarten) sollten auch Lockergesteine als oberste Bodenschicht aufgebracht werden, die zur Verdichtung neigen, wasserundurchlässige Schichten aufweisen und zur Bildung von Staunässe führen. In das Naturschutzgebiet einbezogen werden sollte auch der im Süden der Hochkippe liegende schmale Rücken. Er weist südwestliche, südliche und südöstliche Expositionen auf, ist mit einer hohen Windbelastung und Sonnenscheindauer versehen und bei der vorherrschenden Bodenart (Forstkies mit geringem Anteil an bindigem Bodenmaterial) austrocknungsgefährdet. Um dies anschaulich zu machen, wird das damalige Gutachten um die Raumeinheiten V, VIII und IX erweitert (Karte 7, vgl. auch die Raumeinheiten 5 u. 6 in Karte 3, Pflug 1975).

Für die Ausweisung eines solchen Schutzgebietes bietet sich der Raum nordwestlich des geplanten Sees an. Hier werden von 13 nach der Rekultivierung vorhandenen Raumeinheiten 9 mit höchst unterschiedlichen Standortverhältnissen vertreten sein (Karte 7, Raumeinheiten I, III, IV, V, VII, VIII, IX, XI u. XII). Teile des Naturschutzgebietes sollten auch die verbleibenden Bestände des Lindenberger Waldes, die Flachwasserzone und die nach Exposition und Hangneigung unterschiedlichen Standorte der Hoch- und der Innenkippe sein. Von einer forstlichen Bewirtschaftung der sich entwickelnden Waldbestände wird abgeraten. Das ohne den Lindenberger Wald rd. 800 ha große Naturschutzgebiet sollte landschaftsökologischen, v. a. bodenkundlichen, geländeklimatischen, vegetationskundlichen, tierökologischen und waldbaulichen Forschungen vorbehalten bleiben (Richtstrecke 1983).

Die im Rahmen des verbindlichen Braunkohlenplanes vom Braunkohlenausschuß beschlossenen Richtlinien zum Teilplan 12/1 – Hambach – vom 16.12.1975 in der Fassung vom 16./17.12.1976 enthalten keine Empfehlung zur Ausweisung eines Naturschutzgebietes.

Inzwischen ist im Abschlußbetriebsplanverfahren, angeregt von verschiedenen Seiten, eine Planung umgesetzt worden, die eine Entwicklung zu naturnahen Wäldern gewährleisten soll. Dabei wird auch dem Erholungswesen mehr Raum gegeben werden, als vorher geplant. Durch nicht immer ausschließlicher Forstkiesverkippung entstehen Sonderstandorte (u. a. aus tonigen oder sandigen Substraten), auf denen sich andere Lebensgemeinschaften als auf Forstkies entwickeln werden. So besteht die Hoffnung, daß der seinerzeit nicht aufgegriffene Vorschlag, auf der Sophienhöhe die Voraussetzungen für ein Naturschutzgebiet zu schaffen, doch noch verwirklicht werden kann.

7 Zusammenfassung

Am Beispiel des Tagebaues Hambach in der Niederrheinischen Bucht wird anhand von Gestein, Boden und Relief die Wandlung von der "Landesnatur" Schmithüsens zur "Natur aus zweiter Hand" beschrieben.. Die Eigenschaften der drei Geofaktoren finden ihren Ausdruck in Raumeinheiten auf der Grundlage der potentiellen natürlichen Vegetation. Dem Beitrag liegen Untersuchungen aus Mitte der 70er Jahre zugrunde. Der Vergleich der Raumeinheiten vor und nach dem Abbau zeigt die vollständige Wandlung der Struktur des Naturhaushalts und damit auch des Landschaftcharakters. Im Naturraum Niederrheinische Bucht entsteht eine Singularität. Der Wunsch, die vergangene Landschaft in der neuen wiedererstehen zu lassen, ist unerfüllbar. Die neuen Lockergesteine, die Neulandböden und die neue Oberflächenform besitzen andere Merkmale als die in Jahrtausenden gewachsenen natürlichen Gegebenheiten. Ihre Eigenschaften können sich höchstens ähneln, wie dies bei Verwendung gleichartiger Lockergesteine bei der landwirtschaftlichen Rekultivierung der Fall sein kann. Im rekultivierten Gebiet entwickeln sich andere Lebensgemeinschaften von Pflanzen und Tieren als im überkommenen Naturraum. Auch eignen sich die Raumeinheiten des Neulandes in einer anderen Weise für Nutzungen und Nutzungsansprüche als diejenigen des Altlandes.

Eingegangen wird auf den Vorschlag, mit der Herrichtung von Standorten unterschiedlicher Eigenschaften die Voraussetzungen für ein größeres Naturschutzgebiet im Bereich der Rheinischen Braunkohlenwerke AG zu schaffen.

LITERATUR

Aden H (1975) Ökologisches Gutachten zum geplanten Tagebau Hambach – Forstwesen, Köln (unveröffentlicht)

Ant H (1975) Ölologisches Gutachten zum geplanten Braunkohlentagebau Hambach – Untersuchungen zur freilebenden Tierwelt im Hambacher Forst, Münster (unveröffentlicht)

Arbeitskreis Waldbau und Naturschutz (1995) Gegen die leichtfertige Verwendung des Begriffes potentielle natürliche Vegetation (PNV). Natur- und Landschaftskunde 31: 35–41

Brahe P, Emonds H, Horbert M, Pflug W, Wedeck H (1977) Landschaftsökologische Modelluntersuchung Hexbachtal. Siedlungsverband Ruhrkohlenbezirk (Hrsg). Selbstverlag, Essen

Czech H (1987) Natur aus zweiter Hand aus der Sicht der Bergaufsicht. Naturschutzzentrum Nordrhein-Westfalen. Seminarberichte 1 (1): 25–32

Darmer G (1967) Windkanalversuche über Struktur und Anordnung der Schutzpflanzungen im Böschungsbereich von Halden und Hochkippen. Beitr. z. Landespflege 3 (2): 102–124

Dilla L, Möhlenbruch N (1997) Die Bedeutung des Forstkies und die Entwicklung von Waldböden bei der forstlichen Rekultivierung. (Beitrag 21 in diesem Buch)

Emonds H, Pflug W, Wedeck H (1971) Die landschaftsökologischen Raumeinheiten und ihre Eignung für verschiedene Nutzungsansprüche. In: Bödeker R, Emonds H, Grebe R, Krén V, Pflug W, Wedeck H (1971) Landschaftsplanerisches Gutachten für das Schwarzbachtal zwischen Düsseldorf und Ratingen, Aachen Neandertal (unveröffentlicht)

Geiss H, Horbert M, Polster G (1975) Ökologisches Gutachten zum geplanten Tagebau Hambach – Geländeklima und Lufthygiene, Aachen (unveröffentlicht)

Geologisches Landesamt Nordrhein-Westfalen (1975) Gutachten über die Auswirkungen des geplanten Tagebaues Hambach auf die Umwelt – Geologie und Boden, Krefeld (unveröffentlicht)

Glässer E (1978) Die naturräumlichen Einheiten auf Blatt 122/123 Köln Aachen. Geographische Landesaufnahme 1 : 200 000. Naturräumliche Gliederung Deutschlands. Bundesforschungsanstalt für Landeskunde und Raumordnung (Hrsg). Selbstverlag, Bonn-Bad Godesberg

Gruenter R (1984) Der Niederrhein: Variationen eines Themas. Merian 37 (5): 6–8

Heide G (1959) Stellungnahme des Geologischen Landesamtes zum Gutachten von Prof.Dr.Dr.h.c. W. Wittich über die Eignung der verschiedenen im Zentraltagebau Frechen anfallenden Arten von Abraum als Waldstandorte und Möglichkeiten für ihre Verbesserung, Krefeld (unveröffentlicht)

Janssen W (1975) Stellungnahme des Staatlichen Vertrauensmannes für kulturgeschichtliche Bodenaltertümer im Bereich des Landschaftsverbandes Rheinland mit Ausnahme des Stadtkreises Köln zur geplanten Erschließung der Braunkohlenlagerstätte "Hambach" und anderer Tagebaue durch die Rheinischen Braunkohlenwerke AG Köln, Bonn (unveröffentlicht)

Landesoberbergamt Nordrhein-Westfalen (1973) Richtlinien des Landesoberbergamtes Nordrhein-Westfalen für das Aufbringen von kulturfähigem Bodenmaterial bei forstwirtschaftlicher Rekultivierung für die im Tagebau betriebenen Braunkohlenwerke vom 12.11.1973, Dortmund

Lauten H (1975) Ökologisches Gutachten zum geplanten Tagebau Hambach – Sachgebiet Landwirtschaft, Bonn (unveröffentlicht)

Meynen E, Schmithüsen J, Gellert J F, Neef E, Müller-Miny H, Schultze J H (Hrsg) (1959) Handbuch der naturräumlichen Gliederung Deutschlands. 6 Lieferung. Selbstverlag d. Bundesanstalt für Landeskunde u. Raumforschung, Remagen

Mückenhausen E (1957) Die wichtigsten Böden der Bundesrepublik Deutschland. Schriftenreihe des AID XIV, Bad Godesberg

Nagler M, Wedeck H (1997) Über den ökologischen Zustand der Waldflächen auf der Hochkippe "Vollrather Höhe" bei Grevenbroich, 20 - 30 Jahre nach der Rekultivierung. (Beitrag 23 in diesem Buch)

Paffen K (1959) Niederrheinische Bucht; Niederrheinisches Tiefland. In: Meynen E, Schmithüsen J, Gellert J, Neef E, Müller-Miny H, Schulze H J (Hrsg) Handbuch der naturräumlichen Gliederung Deutschlands 6. Selbstverlag der Bundesanstalt für Landeskunde, Remagen

Pflug W (1975) Ökologisches Gutachten für den geplanten Tagebau Hambach - Landschaftsökologie, Aachen (unveröffentlicht)

Pflug W (1988) Möglichkeiten und Grenzen der Bewertung der Auswirkungen eines Projektes auf die Umwelt aufgrund Artikel 3 der Richtlinie des Rates der Europäischen Gemeinschaften über die Umweltverträglichkeitsprüfung vom 27.6.1985. Schriftenreihe des Deutschen Rates für Landespflege 56: 527–543

Pflug W (1997) Das Rheinische Braunkohlenrevier. (Teil I in diesem Buch)

Pflug W, Birkigt H, Brahe P, Horbert M, Voß J, Wedeck H, Wüst St (1978) Landschaftsplanerisches Gutachten Aachen. Stadt Aachen (Hrsg). Selbstverlag, Aachen

Pflug W, Wedeck H (1980) Zur Bedeutung landschaftsökologischer Grundlagen für die Planung. In: Buchwald K, Engelhardt W (Hrsg) Handbuch für Planung, Gestaltung und Schutz der Umwelt 3: 65–80. BLV, München Wien Zürich

Planungsausschuß für das Rheinische Braunkohlengebiet (Braunkohlenausschuß) (1974) Erläuterungen zum Projekt Braunkohlentagebau Hambach, Köln (unveröffentlicht)

Richtstrecke (1983) Interview mit Professor Wolfram Pflug. In: Fachschaft der Bergleute der RWTH Aachen (Hrsg) Die Richtstrecke, S 17–19

Schmithüsen J (1953) Einleitung - Grundsätzliches und Methodisches. In: Meynen E, Schmithüsen J (Hrsg) Handbuch der naturräumlichen Gliederung Deutschlands. Verlag der Bundesanstalt für Landeskunde, Remagen

Seemann J (1964) Die agrarmeteorologischen Verhältnisse auf Hochhalden des Rheinischen Braunkohlenreviers. Deutscher Wetterdienst, Offenbach/Main

Trautmann W unter Mitarbeit von Krause A, Lohmeyer W, Meisel K, Wolf G (1973) Vegetationskarte der Bundesrepublik Deutschland 1 : 200 000 - Potentielle natürliche Vegetation - Blatt CC 5502 Köln. Bundesanstalt für Vegetationskunde, Naturschutz und Landschaftspflege (Hrsg) 6, Bonn Bad Godesberg

Tüxen R (1956) Die heutige potentielle natürliche Vegetation als Gegenstand der Vegetationskartierung. Angew. Pflanzensoz. 13: 4–52, Selbstverlag der Bundesanstalt für Vegetationskartierung, Stolzenau/Weser (Erweiterte Fassung in: Berichte zur deutschen Landeskunde 19: 200–246, Remagen 1958)

Wedeck H (1975) Ökologisches Gutachten zum geplanten Tagebau Hambach - Vegetation, Aachen (unveröffentlicht)

Wedeck H (1978) Landschaftsökologische Grundlagen der Planung. Natur und Heimat 38 (1 u. 2): 14–33, Münster

Wedeck H (1980) Landschaftsökologische Raumeinheiten als Grundlagen für Planungsaufgaben. Bock u. Herchen, Bad Honnef

Wittich W (1959) Gutachten über die Eignung der verschiedenen im Zentraltagebau Frechen anfallenden Arten von Abraum als Waldstandorte und Möglichkeiten für ihre Verbesserung, Hann. Münden (unveröffentlicht)

Wittig R (1997) Vegetationskundliche Bewertung der Buchenwälder auf den Rekultivierungsflächen des Braunkohlentagebaugebietes Ville. (Beitrag 22 in diesem Buch)

Ansprüche aus der Sicht der Nutzungen und des Naturschutzes

Landwirtschaft 7

WILHELM LIEVEN

Seit mehreren Jahrzehnten werden im Rheinischen Revier durch den Braunkohlentagebau in Anspruch genommene Flächen landwirtschaftlich rekultiviert. Um auch auf diesen Flächen eine langfristige Ertragssicherheit zu garantieren, sind sowohl bei der Rekultivierung als auch bei der anschließenden Bewirtschaftung aus landwirtschaftlicher Sicht gewisse Ansprüche zu stellen.

Die Ausführungen in den folgenden Abschnitten beziehen sich somit auf die Darstellung der Flächenbilanz, auf bodenkundliche und pflanzenbauliche Ansprüche bei der Zwischen- und Folgebewirtschaftung sowie auf die Melioration sanierungsbedürftiger Böden und die Gewährleistungsvereinbarung für Neulandböden.

1 Flächenansprüche und Flächenbilanz

Der Braunkohlenbergbau ist aufgrund der gesetzlichen Lage verpflichtet, die ausgekohlten Tagebaue ordnungsgemäß wiederherzustellen, d. h. zu rekultivieren. Dies können landwirtschaftliche, forstwirtschaftliche oder landschaftsgestaltende Flächen sein, aber auch Flächen für Siedlung, Erholung und Wasserwirtschaft.

Insgesamt sind bis Ende 1995 durch den Braunkohlentagebau 26 006 ha in Anspruch genommen worden (Abb. 1). Hierbei handelt es sich überwiegend um außergewöhnlich gute landwirtschaftliche Flächen mit Bodenwertzahlen bis zu 90 Punkten und einer Lößmächtigkeit bis zu 20 m. In Verbindung mit günstigen Klima- und Absatzbedingungen bieten diese Verhältnisse die Grundlage für eine intensive Landwirtschaft, wo außerordentlich hohe Erträge zu erzielen sind (Engels u. Ebel 1985).

Grundsätzlich wird davon ausgegangen, daß bei der Rekultivierung der ursprüngliche Landschaftscharakter wieder hergestellt werden soll. Eine Begründung für die notwendige Rekultivierung der durch den Braunkohlentagebau in Anspruch genommenen Flächen ist in der hohen Ertragssicherheit dieser Flächen zu sehen. Der Sachverhalt kann auch durch ein immer wieder angebrachtes Argument, „die Rekultivierung sei angesichts des ohnehin im EG-Raum bestehenden Problems der landwirtschaftlichen Überproduktion nicht mehr zeitgemäß", nicht anders beurteilt werden. Bei einer sorgfältig durchgeführten Rekultivierung entstehen Böden, die bezüglich ihrer Ertragsfähigkeit den in der Kölner Bucht gestellten Anforderungen genügen und damit zu den besten, speicherfähigsten Böden Europas zählen. Dabei ist es dringend erforderlich, die möglichen Waldflächen in der Ebene ebenfalls mit einer 2 m hohen Lößschicht landwirtschaftlich zu rekultivieren. Dies ist auch vor dem Hintergrund einer möglichen Klimaveränderung, wie z. B. abnehmende Niederschlagsmengen, zu sehen. Nur wasserspeicherfähige Böden, wie Lößböden, können unter diesen Bedingungen noch entsprechende Erträge liefern.

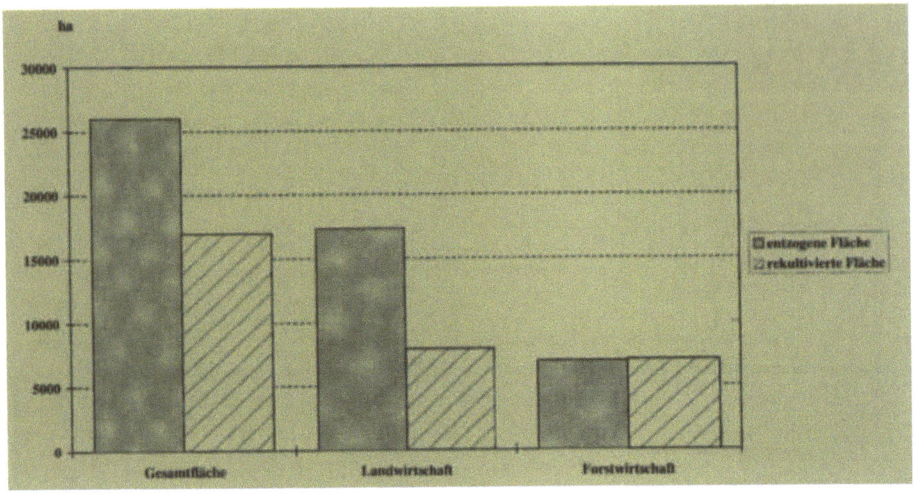

Abb. 1. Stand der Rekultivierung vom 31.12.1995

Es muß deshalb alles getan werden, um das vorhandene landwirtschaftliche Flächendefizit in Zukunft zu verringern. Bis Ende 1995 sind von der in Anspruch genommenen Fläche lediglich 7 960 ha landwirtschaftlich rekultiviert worden (Abb. 1).

Eine zweite Begründung für die landwirtschaftliche Rekultivierung ist auch dadurch gegeben, daß eine Umsiedlung der landwirtschaftlichen Betriebe in andere Gebiete nur in sehr begrenztem Umfang möglich ist. Zusätzlich wollen nur wenige Betriebe ihre Produktion einstellen und sich finanziell abfinden lassen. Gegen eine Veräußerung des Gesamtbetriebes sprechen auch steuerliche Gesichtspunkte. Die Veräußerungsgewinne unterliegen einer hohen steuerlichen Belastung und damit wird eine Veräußerung des Betriebes finanziell häufig uninteressant. Die meisten Landwirte beabsichtigen, ihre Betriebe zu erhalten und sind nicht bereit, sich in entfernter gelegene Gebiete mit ungünstigeren Standortbedingungen, umsiedeln zu lassen.

Dabei bietet die Umsiedlung auf Rekultivierungsfläche für die Betriebe auch einige Vorteile. Das Ackerland kann den Betrieben voll arrondiert zurückgegeben werden. In diesem Zusammenhang muß jedoch berücksichtigt werden, daß dem Betrieb am Umsiedlungsstandort genügend landwirtschaftliche Fläche zur Verfügung gestellt wird. Eine auch in Zukunft noch existenzfähige Landwirtschaft kann nur bei einer genügend großen Wirtschaftsfläche gegeben sein. Dies ist insbesondere im Hinblick auf die sich stetig verändernden agrarpolitischen Rahmenbedingungen wesentlich. Die Erzeugerpreise werden in Zukunft weiter sinken und eine Ausdehnung der tierischen Produktion ist durch steigende Umweltschutzauflagen und vorhandene Kontingentierungen nur in sehr begrenztem Umfang möglich.

Bei der Planung der neuen Wohn- und Wirtschaftsgebäude können zwar alle Chancen einer rationellen Innenwirtschaft voll ausgeschöpft werden, eine mögliche Ausdehnung der tierischen Produktion ist jedoch mit einem erheblichen Kapitalaufwand verbunden, der für viele Betriebe nicht tragbar ist.

Für die weitere Existenzfähigkeit der Betriebe kommt gerade den Pachtflächen eine wesentliche Bedeutung zu. Vor der Umsiedlung verfügen fast alle Betriebe über einen erheblichen Anteil an Pachtflächen mit zum Teil schriftlichen, häufig aber auch mündlichen Pachtverträgen über unbestimmte Zeit. Es kann davon ausgegangen werden, daß diese Pachtflächen den Betrieben ohne bergbauliche Inanspruchnahme dauerhaft zur Verfügung gestanden hätten. Im Hinblick auf die wesentliche Bedeutung dieses Pachtflächenanteils hat sich die Rheinbraun AG in einer Absichtserklärung vom 21.12.1992 bereit erklärt, diese Pachtflächen auch am Umsiedlungsstandort den landwirtschaftlichen Betrieben zur Verfügung zu stellen. Hierdurch wird den umzusiedelnden Betrieben die Möglichkeit gegeben, ihre Besitzstruktur auch am neuen Standort zu erhalten.

Da viele Betriebe in den letzten Jahren die erforderliche Steigerung ihres Betriebseinkommens durch Zupacht von Flächen ausscheidender Betriebe realisiert haben, dies jedoch auf Neuland kaum möglich ist, ist die Rheinbraun AG ebenfalls bemüht, Zupachtflächen für längere Zeit zur Verfügung zu stellen (Rheinbraun AG et al. 1992).

Zusammenfassend ist festzustellen, daß angesichts der wertvollen, in Anspruch genommenen Böden und im Interesse der betroffenen landwirtschaftlichen Betriebe der landwirtschaftlichen Rekultivierung eine besondere Bedeutung zukommt.

2
Bodenkundliche Ansprüche

In den vier großen Braunkohlenabbauregionen des Kammergebietes Rheinland werden überwiegend hochwertige Böden abgebaut. Die durchschnittlichen Ertragsmeßzahlen (EMZ) je Gemarkung liegen in den einzelnen Abbaugebieten

- Fortuna-Garsdorf zwischen 65 und 78
- Inden I 61 und 81
- Inden II 58 und 82
- Hambach I 59 und 71
- Hambach II 70 und 90
- Garzweiler I 80 und 88
- Garzweiler II 82 und 89

Die Landwirte, die ihre Eigentums- und Pachtflächen im Rahmen eines Überlassungsvertrages zur Auskohlung vorübergehend an Rheinbraun abgetreten haben, erwarten – abgesichert durch konkrete Abfindungsvereinbarungen oder im Zuge von Flurbereinigungsverfahren – eine Rückübertragung von gleichwertigen Neulandböden oder zumindest eine wertgleiche Abfindung mit hochwertigen Flächen.

Ziel der landwirtschaftlichen Rekultivierung muß daher die Erstellung eines Kulturbodens sein, der

- in seinen physikalischen, chemischen und biologischen Eigenschaften einem gewachsenen Boden entspricht und
- bei ordnungsgemäßer Bewirtschaftung dauerhaft eine hohe Ertragsfähigkeit gewährleistet.

Voraussetzung für eine gute Rekultivierung ist die Einhaltung der Richtlinien des Landesoberbergamtes Nordrhein-Westfalen vom 7.1.1992 in der Fassung vom 17.5.1993. Sie wurden – nach gemeinsamer Erarbeitung durch Vertreter der Bergbehörde, des Geologischen Landesamtes Nordrhein-Westfalen, der Landwirtschaftskammer Rheinland und der Rheinbraun AG – mehrfach inhaltlich abgeändert und den jeweiligen neuen Erkenntnissen angepaßt. Dabei sind insbesondere folgende Grundsätze zu beachten:

2.1 Ordnungsgemäßer Aufbau der Rohkippe

Um die Versickerung überflüssiger Niederschläge in den Boden zu ermöglichen, ist unterhalb der späteren Lößüberdeckung, d. h. im oberen Bereich der Rohkippe, eine mindestens 2 m mächtige, unverdichtete Schicht aus wasserdurchlässigen Kiesen und Sanden einzubringen. Diese Kies- und Sandschicht darf weder durch Ton noch durch Schluff oder andere Bestandteile verunreinigt sein und sollte eine um zwei Potenzen höhere Durchlässigkeit als der überlagernde Löß aufweisen.

Das Rohkippenplanum ist unter Berücksichtigung späterer Setzungen und mittels optischer Hilfsmittel in seiner Höhenlage so zu bemessen, daß

- zur schadlosen Abführung des Sickerwassers eine Mindestneigung von 1,5 % oder mehr eingehalten wird.
- bei dem späteren Wiederanstieg des Grundwassers die überlagernde Lößschicht nicht mit dem Grundwasser in Kontakt kommen kann und damit die landwirtschaftliche Nutzung der Grundstücke nicht beeinträchtigt wird.

2.2 Aufbringung des Lößmaterials

Für die landwirtschaftliche Wiedernutzbarmachung von Böden darf nur gut geeignetes Bodenmaterial (d. h. nur Löß und Lößlehm) verwandt werden, das nicht durch Grundwasser oder Staunässe beeinflußt war. Dabei ist ferner darauf zu achten, daß die Qualität des Lößes nicht durch fehlerhafte Gewinnung und Transport oder durch Beimengungen, wie z. B. Kies, Sand, Ton oder Braunkohlenasche, beeinträchtigt wird.

Infolge der labilen Struktur des frisch abgebaggerten Lößes beeinflussen insbesondere folgende Faktoren die spätere Qualität des Neulandbodens:

- Feuchtigkeitszustand des umzulagernden Bodens
- Transportlänge
- Fallhöhe am Absetzer
- Rippenhöhe bzw. Beschaffenheit der Oberfläche
- Zeitpunkt und Umfang der Planierarbeiten

Um eine möglichst gute Rekultivierungsqualität zu erreichen, sind daher – soweit möglich – alle Vorschriften dieser Richtlinien sorgfältig zu beachten und einzuhalten.

2.3 Hangneigung

Um die Gefahr der Bodenerosion auf Neulandflächen so gering wie möglich zu halten, ist in den Rekultivierungsrichtlinien eine Hangneigung von grundsätzlich 1,5 % festgelegt worden. Durch die Vertiefung der Tagebaue werden in Zukunft unterschiedliche Kippensetzungen erwartet, die zum Auftreten tieferer, abflußloser Mulden führen. Für die Sanierung dieser Mulden wird von der Rheinbraun AG eine Generalneigung von mehr als 1,5 % für erforderlich erachtet.

Die Landwirtschaftskammer Rheinland ist jedoch der Meinung, daß die Gefahr der Bodenerosion auf rekultivierten Böden recht groß ist. Obwohl von den Erosionsforschern für tiefgründige Böden eine Toleranzgrenze für die jährliche Erosionsrate von 5–10 t Boden/ha angegeben wird – was einer Abnahme der Krumenmächtiqkeit von 1 mm/Jahr entspricht –, sollte die für Neulandböden tolerierbare Erosionsrate wesentlich niedriger festgesetzt werden. Da es sich hier nicht um gewachsene Böden handelt, die die Verlustrate durch eine Bodenneubildung infolge Verwitterung ausgleichen können, muß die Gefahr der Bodenerosion durch Wasser und damit verbunden die Hangneigung so gering wie möglich gehalten werden. Der Boden verfügt noch nicht über eine Krume und weist infolge des hohen Schluff- und geringen Tonanteils instabile, leicht zerstörbare Bodenaggregate auf.

Durch die Prall- und Planschwirkung des niederprasselnden Regens werden diese Aggregate zerstört und können mit dem oberflächlich abfließenden Regen verlagert oder abtransportiert werden. Diese Gefahr wird z. B. durch eine Erhöhung des Hackfruchtanteils oder den Übergang zum Sonderkultur- und Gemüseanbau erheblich verstärkt. Aus diesem Grunde sollte – entsprechend den Vereinbarungen aus dem Jahr 1992 – grundsätzlich die Höchstneigung von 1,5 % nicht überschritten werden. Sollte aus planerischen Gründen eine höhere Hangneigung zweckmäßig oder dringend erforderlich sein, kann nach Abstimmung mit der zuständigen landwirtschaftlichen Fachbehörde in Ausnahmefällen eine Hangneigung von max. 2,5 % festgelegt werden.

2.4 Ordnungsgemäße Entwässerung von Rekultivierungsflächen

Da im umgelagerten Löß infolge der Kohärenzstruktur des Bodens der Wasserhaushalt zunächst stark gestört ist, droht diesem labilen Boden ein Wasserüberschuß, der in Verbindung mit ungünstigen Witterungsbedingungen und damit erzwungenen suboptimalen Bewirtschaftungsmaßnahmen zu Bodenverdichtungen und Dauervernässung führen kann.

Unterschiedliche Kippensetzungen mit daraus resultierenden abflußlosen Mulden können inbesondere in den Tieftagebauen in Zukunft Gefahren heraufbeschwören und zu Erschwernissen und Behinderungen bei der Bewirtschaftung der Neulandböden führen. Aus diesem Grunde ist die Anlage von leistungsfähigen Vorflutern mit ausreichender Grabentiefe und hinreichendem Grabengefälle, zumindest für den Zeitraum bis zum endgültigen Sackungsende des Geländes, zwingend erforderlich, um neben den Oberflächenabflüssen auch die Dränabflüsse aus später ggf. erforderlich werdenden Dränagen aufnehmen zu können.

Um Folgeschäden auf sonst ordnungsgemäß rekultivierten Flächen zu verhindern, sind abflußlose Mulden und sonstige Schadstellen zu markieren, zu beobachten, zu beurteilen und durch geeignete Maßnahmen, z. B. Nachplanieren, Auffüllen mit Bodenmaterial, Erstellung von Schluckbrunnen oder Bedarfsdränagen – soweit möglich – noch im Zeitraum der Zwischenbewirtschaftung der Flächen zu sanieren.

2.5 Überwachung der Rekultivierungsmaßnahmen

Wichtigste Voraussetzung zur Erstellung ordnungsgemäß rekultivierter Böden sind die bereits erwähnten Rekultivierungsrichtlinien des Landesoberbergamtes Nordrhein-Westfalen. Ein weiterer wichtiger Schritt zur Optimierung der Rekultivierungsarbeit ist die Beachtung des vom Bergamt Köln vorgelegten Papiers: „Grundsätze für die landwirtschaftliche Rekultivierung" sowie des dazu erarbeiteten „Maßnahmenkataloges" vom 16.10.1989. Beide Papiere präzisieren die vorgenannten Richtlinien und können somit als „Betriebanweisung" in der landwirtschaftlichen Rekultivierung angesehen werden. Sie beinhalten zahlreiche Vorschläge, die bei Einhaltung durch das Bergbauunternehmen zu einer Verbesserung der Rekultivierungsqualität der Böden führen. In dieser „Betriebsanweisung" wird ferner eine jährliche Neulanddokumentation durch das Bergbauunternehmen vorgeschrieben, die in überarbeiteter Fassung Bestandteil der Gewährleistungsvereinbarung für Neulandböden zwischen dem Rheinischen Landwirtschafts-Verband e. V. und der Rheinbraun AG vom 7.2.1990 geworden ist.

Die Landwirtschaftskammer Rheinland ist darüber hinaus der Meinung, daß die Beachtung und Umsetzung dieser Richtlinien von einer wirksamen Kontrolle begleitet werden muß. Daher stellt die Landwirtschaftskammer Rheinland die Forderung an die Bergbehörde, daß im Anschluß an die Eigenüberwachung durch die Rheinbraun AG und nach Vorlage der Rekultivierungsunterlagen beim zuständigen Bergamt eine stichprobenhafte Kontrolle dieser Flächen auf Einhaltung der Richtlinien durch das Bergamt und unter Beteiligung des Fachreferates der Landwirtschaftskammer Rheinland erfolgen muß und das Ergebnis dieser Kontrollen in Protokollen festzuhalten ist.

3 Derzeitige Bewirtschaftungsempfehlungen

Selbst wenn die im Abschn. 2.5 beschriebenen Voraussetzungen für die Wiederherstellung hochertragreicher Kulturböden erfüllt werden, d. h.

- qualitativ einwandfreier Löß in genügend starker Auflage aufgebracht wird,
- die unter der Lößdeckschicht anstehende oberste Schicht der Rohkippe aus wasserdurchlässigem, sandig-kiesigem Material besteht und
- bei der Lößaufbringung keine nennenswerten Bodenverdichtungen entstehen,

ist der Umbildungsprozeß des frisch aufgebrachten Rohbodens zu einem ertragreichen Kulturboden noch nicht abgeschlossen. Dazu sind weitere Folgemaßnahmen sowohl während der 7jährigen Zwischenbewirtschaftung durch die Rheinbraun AG als auch bei der Folgebewirtschaftung durch die übernehmenden Landwirte erforderlich, und zwar:

- Schnelle Stabilisierung des Bodengefüges durch Anbau tiefwurzelnder Meliorationspflanzen (z. B. Luzerne)
- Möglichst rasche Humusanreicherung durch bodenschonende Fruchtfolgen, häufigen Zwischenfruchtanbau und Zufuhr sonstiger organischer Masse (z. B. Stallmist, Stroh oder Gülle)
- Durchführung einer möglichst strukturschonenden Bodenbearbeitung bei genügend abgetrocknetem Boden und geeigneter Witterung (z. B. durch Einsatz eines Zwei-schichtenpfluges und ähnliches) und Nutzung weiterer technischer Möglichkeiten zur Verringerung des spezifischen Bodendrucks
- Verabreichung einer erhöhten N-Gabe von etwa 40 kg N/ha über den normalen Bedarf der Pflanze hinaus zum Aufbau des Humus
- Verabreichung einer erhöhten Phosphatgabe zur Aggregatstabilisierung und Verringerung der Verschlämmungsneigung der Böden

Diese auf etwa 30 Jahre Erfahrung beruhenden Bewirtschaftungsempfehlungen für Neulandböden (Matena 1987) werden z. Z gemeinsam mit der Rheinbraun AG im Zuge eines umfangreichen Versuchsprogramms auf folgende Fragen überprüft:

- Sind auf Neulandböden gleiche Ertragsleistungen wie auf Altlandböden zu erzielen und welche Düngermengen sind zu empfehlen?
- Mit welchen Früchten bzw. Fruchtfolgen ist die erwünschte Humusanreicherung und Bodenstabilisierung am schnellsten zu erreichen?
- Welche Bodenbearbeitungsmethoden verursachen die geringsten Bodenverdichtungen und sind damit für die Folgebewirtschaftung der Neulandböden zu empfehlen?

4
Pflanzenbauliche Ansprüche

Die pflanzenbaulichen Ansprüche beziehen sich im wesentlichen auf die Zwischen- und Folgebewirtschaftung.

4.1
Zwischenbewirtschaftung

In neueren Untersuchungen (Vorderbrügge 1989; Schneider u. Schröder 1991) werden bodenphysikalische Untersuchungen zur Dränfähigkeit und zur Dichtlagerung von rekultivierten Lößböden beschrieben. Das durch den Abbau, die Verkippung und Einplanierung hierbei entstandene „mechanische Sediment" ist als strukturloser Rohboden durch Mangel an organischen Kohlenstoffverbindungen und geringer mikrobiologischer Aktivität gekennzeichnet.

Die Rheinbraun AG bewirtschaftet die umgelagerten Böden im Rahmen der sog. Zwischenbewirtschaftung für einen Zeitraum von zunächst 7 Jahren, bevor die Ackerflächen in die Hand der Landwirte zurückgegeben werden. Typisch für die Neulandbewirtschaftung ist der mehrjährige Anbau von Luzerne, der in der Regel Winterraps oder Wintergetreide folgt. Ziel der Fruchtfolgeplanung ist es, den Anteil organischer Trägersubstanzen im Boden zu steigern und damit günstige Voraussetzungen für Belastbarkeit, Dränfähigkeit und Durchwurzelbarkeit der Böden zu schaffen. Zu diesem Zweck werden z. B. die mehrjährigen Luzernebestände nicht genutzt bzw. nur gehäckselt, um dem Boden organische Pflanzen- und Wurzelreste zuzuführen. Der nachfolgende Rapsanbau kann auf noch trockenen und damit tragfähigen Böden erfolgen. Ein abermals nachgeordneter Luzerneanbau bietet günstige Voraussetzungen für eine tiefgreifende Durchwurzelung und Lebendverbauung des ursprünglichen Rohlösses.

Im Rahmen eines Verbundprojektes der Rheinbraun AG mit der Landwirtschaftskammer Rheinland und der Landwirtschaftlichen Fakultät der Universität Bonn wird mit Hilfe mehrfaktorieller Versuchsanlagen der Einfluß von Luzerne, Luzernegras und Steinklee auf die Ausprägung der Wurzelmassenentwicklung, den oberirdischen Ertragzuwachs, den Bodenwasserentzug und die Gefügebildung geprüft (Maas 1991). Je nach Standort und Jahreswitterung werden unterschiedlich hohe Bodenwasserentzüge, Trockenmasseerträge, Wurzelmengendichten und Wurzelmassendichten ermittelt.

Die Ausbringung einer Ansaatmischung aus Luzerne bzw. Steinklee mit Gras dient dem Zweck, neben dem tiefreichenden Pfahlwurzelsystem dieser Pionierpflanzen eine zügigere Anreicherung organischer Trägersubstanz in der Ackerkrume zu erzielen. Unter sehr günstigen Standortvoraussetzungen, d. h. einer bei Trockenheit verdichtungsarm erfolgenden Verkippung und Einplanierung, erscheint auch der Übergang zu einer Feldfruchtfolge denkbar, die bereits eine wirtschaftliche Nutzung gestattet. Eine derartige Fruchtfolge umfaßt nach 2- bis 3jährigem Luzerneanbau den Nachbau von Winterraps-Winterweizen-Wintergerste-Roggen.

Sofern Lockerungsmaßnahmen in Teilbereichen oder ganzflächig nach vorheriger sorgfältiger Kartierung vorgenommen werden müssen, bietet sich z. B. der Luzerne- oder Steinkleeanbau zum Zweck einer nachhaltigen Austrocknung des Bodens an. Pflugsohlen- oder Unterbodenverdichtungen können dann aufgebrochen und durch einen nachfolgenden Rapsanbau gezielt biologisch stabilisiert und gegen erneute Dichtlagerung geschützt werden.

Es stellt sich weiterhin die Frage nach einer landbaulichen Verwertung von Klärschlämmen und Komposten, wobei insbesondere letztere gezielt zur Anreicherung des Humus in der Ackerkrume beitragen könnten. Die Herkunft der Schlämme und Komposte, insbesondere ihre Verwertbarkeit unter dem Gesichtspunkt der Belastung mit Schwermetallen und organischen Schadstoffen, setzt eine kritische Prüfung und die Beachtung der Grenzwerte der Klärschlamm-Verordnung bzw. einer – möglicherweise zu erlassenden – „Kompost-Verordnung" voraus.

Insbesondere im Hinblick auf eine Gefährdungshaftung für möglicherweise später festzusetzende Schadstoffgrenzwerte sieht sich das Rekultivierungsunternehmen gegenüber den die späteren Flächen übernehmenden Landwirten in einer besonderen Verantwortlichkeit.

4.2 Folgebewirtschaftung

Im Rahmen der Folgebewirtschaftung, die von praktischen Landwirten durchgeführt wird, steht zum einen die Schonung der noch druckempfindlichen Neulandböden, zum anderen der Zwang zur wirtschaftlichen, d. h. gewinnbringenden Fruchtfolgegestaltung im Vordergrund. Hierbei gewinnen Verfahren der integrierten Bodenbearbeitung, wie sie von Buchner und Köller (1990) beschrieben worden sind, an grundlegender Bedeutung. Wesentliches Merkmal einer optimierten Fruchtfolgegestaltung ist aus agrotechnischer Sicht die Verwendung von Breitreifen, um über die Reduzierung des Kontaktflächendruckes die Luftkapazität der Krume zu erhalten und eine deutliche Minderung der Verdichtungswirkung in zunehmender Bodentiefe zu gewährleisten (Seifert u. Seuffert 1986). Im Hinblick auf die Bodenbearbeitung und Saattechnik sind der herkömmlichen Primärbearbeitung, namentlich mit dem Pflug während der Herbst- und Wintermonate, Mulchsaatverfahren gegenüberzustellen. Auf trockene Sommerfurche und einen unkrautunterdrückenden, abfrierenden Zwischenfruchtbestand (Senf, Phacelia) aufbauend, ermöglichen diese im Frühjahr eine verdichtungsarme Ausbringung von Zuckerrüben, Mais und Ackerbohnen nach dem Verfahren der „Mulchsaat mit Saatbettbereitung" (Biermann u. Buchner 1992).

Untersuchungen im Rahmen des Pilotprojektes Schirrhof (Hövelmann 1991) deuten darauf hin, daß der Pflugverzicht im Rahmen der konservierenden Bodenbearbeitung u. a. zu einer tendenziellen Erhöhung der Aggregatstabilität führt. Damit sind Voraussetzungen für die günstige Beeinflussung des Porenvolumens, der Nährstoffdynamik und Bodenfeuchte geschaffen.

Die Folgebewirtschaftung steht einerseits unter dem Gebot einer gefügeschonenden, die natürliche Bodenbildung günstig beeinflussenden Bewirtschaftungsform. Andererseits zwingen die ökonomischen Rahmenbedingungen zu marktkonformem Anbau aller sich anbietenden Feldfrüchte. Dies schließt die Ausschöpfung der Zuckerrüben-Anbauquote ebenso ein, wie den Anbau von Feldgemüse, Kartoffeln, Mais oder – vielleicht künftig denkbar – von stärker CO_2-bindenden Energiepflanzen für die Stromerzeugung der Rheinisch-Westfälischen Elektrizitätswerke, die in diesem Gebiet den größten Kraftwerksschwerpunkt Europas haben.

Bodenschonung und ertragreicher Feldfruchtanbau schließen aber einander dann nicht aus, wenn die vorgenannten Prinzipien der konservierenden Bodenbearbeitung, des weitestmöglichen Verzichtes auf tiefwendenden Pflugeinsatz, des konsequenten Zwischenfruchtanbaues und der Nutzung aller agrotechnischen Maßnahmen (Gerätekombination, Breitreifen, Lockerungseingriffe nach Diagnose usw.) konsequent genutzt und auf den Standort ausgerichtet fortentwickelt werden. Sofern Betriebe auf die Anbaumethoden des ökologischen Landbaues umgestellt werden, läßt sich der hier gebotene ein- bis mehrjährige Kleegrasanbau zum Zweck der Stickstoffbindung und Futternutzung gut in ein bodenschonendes Fruchtfolgekonzept einbauen.

Die von der Europäischen Gemeinschaft (EG) verordneten Maßnahmen zur Mengenreduzierung, z. B. die Ausgleichszahlungsverordnung für Kulturpflanzen (Bundesgesetzblatt 1992) mit dem Ziel einer Stillegung von Ackerflächen vom 15. Dezember bis 15. Juli des Folgejahres, kann konsequent genutzt werden, um die hierbei mögliche Bodenruhe im Zuge der Rotations- oder Dauerbrache zur Unterstützung des bodenphysikalischen und -biologischen Entwicklungsprozesses zu nutzen.

Der Einsatz des Betriebsmittels Mulch, d. h. die gezielte, in die Fruchtfolge eingebrachte Bedeckung des Bodens mit organischen Reststoffen, setzt neue Maßstäbe für die Arbeitserledigung, die Terminplanung und das Düngungs- sowie Pflanzenschutz-Management (Struzina 1990).

Eine Winterraps-Winterweizen-Wintergersten-Fruchtfolge ermöglicht mit dem Verzicht auf eine Befahrung auf vernäßten Böden in den Herbst- und Wintermonaten eine nachhaltige Schonung des durchwurzelten Bodenkörpers. Soweit Friebe (1992) feststellt, können durch Bodenbedeckung mit Pflanzenreststoffen akute Witterungseinflüsse gemildert und ein ausgeglicheneres Kleinklima herausgebildet werden, das für die Bodenfauna nützlich ist. Schließlich soll das Überleben der Destruenten auf dem Acker durch das Verbleiben von Futterresten gesichert und damit die natürlichen Antagonisten schädlicher Bodentiere gefördert werden.

Zusammenfassend kann festgestellt werden, daß mit den genannten Werkzeugen des integrierten Pflanzenbaues gute Voraussetzungen für die Wiederherstellung eines für die abgegrabenen Lößböden typischen Fruchtbarkeitszustandes gegeben sind.

5 Melioration sanierungsbedürftiger Böden und deren Bewirtschaftung

Trotz der Verbesserung der erwähnten Rekultivierungsrichtlinien treten auf Teilflächen auch heute noch Bewirtschaftungsschwierigkeiten und Ertragsdepressionen auf, die auf fehlerhafte Rekultivierung zurückzuführen sind. Ursache dieser Ertragsdepressionen ist in aller Regel eine im Unterboden vorliegende Bodenverdichtung, die durch unsachgemäßes Planieren (Einsatz zu schwerer Planierraupen bei zu feuchtem Bodenzustand) entstanden ist. Verdichtungen können aber auch durch das Befahren des Bodens mit schweren landwirtschaftlichen Maschinen zum falschen Zeitpunkt bewirkt werden oder bei Vorliegen rekultivierungsbedingter, geringfügiger Unterbodenverdichtungen durch landwirtschaftliche Folgebewirtschaftung wesentlich verstärkt werden. Folgen dieser Verdichtungen sind eine Abnahme von Makroporen, mangelhafte Durchlüftung des Bodens, unzureichende Wasserführung bis hin zum Wasserstau sowie schlechte bis fehlende Durchwurzelbarkeit des Bodens.

Neuere Untersuchungen auf rekultivierten Böden im Rheinischen Braunkohlenrevier beweisen, daß deren Ertragspotential entscheidend von der Durchwurzelbarkeit der Böden und insbesondere des Unterbodens bestimmt wird. Um die natürliche Ertragsfähigkeit der Neulandböden voll ausschöpfen zu können, sind daher bei Vorliegen von Unterbodenverdichtungen Sanierungsmaßnahmen zwingend erforderlich.

Grundlage der Sanierungsmaßnahmen im Kammergebiet Rheinland ist ein von der Landwirtschaftskammer Rheinland entworfenes und auf Erfahrungen beruhendes Papier zur Sanierung rekultivierter Böden, das von einer Arbeitsgruppe von Vertretern der Landwirtschaftskammer Rheinland und der Rheinbraun AG überarbeitet wurde und Bestandteil der Gewährleistungsvereinbarungen für Neulandböden geworden ist. Da die Melioration sanierungsbedürftiger Böden

- mit hohem technischen und finanziellen Aufwand verbunden ist,
- möglichst dauerhaft erhalten bleiben soll und
- viele Gefahrenmomente beinhaltet,

ist die Einhaltung bestimmter Grundsätze, die auf rd. 30jährigen Erfahrungen bei der Sanierung rekultivierter Böden beruhen, unabdingbar.

Um Fehlinvestitionen zu vermeiden, sind vor Inangriffnahme einer Maßnahme zur Melioration eines geschädigten Bodens zunächst die Ursachen und Wirkungen genau zu analysieren und eine umfassende Standortbeurteilung durchzuführen. Erst dann kann die Maßnahme geplant und in Angriff genommen werden. Hierbei geht es nicht nur um die Einhaltung der technischen Vorschriften für eine ordnungsgemäße Durchführung der Maßnahmen, wie z. B. Unterbodenlockerung, Dränung, Kombination von Unterbodenlockerung und Dränung, Erstellung von Versickerungsbrunnen und Beseitigung von Mulden, sondern auch um die erforderliche Folgebewirtschaftung des Bodens, d. h. Vermeidung einer erneuten Verdichtung des Bodens durch eine

- vorübergehende Änderung der Fruchtfolge und
- dauerhafte bodenschonende Bewirtschaftung.

Nur bei Einhaltung dieser Voraussetzungen kann davon ausgegangen werden, daß die rekultivierten Böden dauerhaft hohe Erträge bringen.

6 Gewährleistungsvereinbarung

Damit die landwirtschaftlichen Flächen in einem optimalen Zustand von den Landwirten übernommen werden können, legt die Landwirtschaftskammer besonderen Wert auf eine ordnungsgemäße Rekultivierung und Zwischenbewirtschaftung durch die Rheinbraun AG. Da bestimmte Mängel an den Nutzflächen nicht gänzlich ausgeschlossen werden können, wurde am 7.2.1990 die Gewährleistungsvereinbarung abgeschlossen.

Im Anschluß an die bergbauliche Inanspruchnahme werden die Flächen rekultiviert und z. T. wieder der landwirtschaftlichen Nutzung zugeführt. Nach einer 7jährigen Zwischenbewirtschaftung durch die Rheinbraun AG werden die Neulandböden zur Weiterbewirtschaftung an die Landwirte übertragen. Um diesen eine ausreichende Sicherheit bei der Bewirtschaftung der Neulandböden zu geben, wurde zwischen dem Rheinischen Landwirtschaftsverband und der Rheinbraun AG unter Mitwirkung der Landwirtschaftskammer Rheinland eine Gewährleistungsvereinbarung getroffen. Da sich diese Vereinbarung lediglich auf Neulandböden bezog, die der Eigentümer nach der Übergabe selbst bewirtschaftete, wurde am 29.10.1992 eine ergänzende Vereinbarung zwischen den Vertragsparteien abgefaßt, in welcher ebenfalls für nicht selbstwirtschaftende Eigentümer, die Neulandflächen an Landwirte im dortigen Raume verpachten, die Gewährleistungsvereinbarung vom 7.2.1990 Anwendung findet (Rheinbraun et al. 1990 u. 1992).

Bei der Übernahme von Neulandböden ergeben sich für den Landwirt insbesondere drei Risiken:

- das Bewertungsrisiko
- das Bewirtschaftungsrisiko
- das Rekultivierungsrisiko

Das Bewertungsrisiko beinhaltet die Unsicherheit, wie sich Neulandböden im Hinblick auf die Bewertung in Zukunft entwickeln. Für die nicht mit Sicherheit zu prognostizierende Bodenentwicklung wird deshalb ein 10 %iger Abschlag von der Ertragsmeßzahl vorgenommen, welcher sich in einem entsprechend günstigeren Tauschverhältnis Altland/Neuland niederschlägt.

Das Bewirtschaftungsrisiko ergibt sich aus den Erschwernissen und erhöhten Aufwendungen bei der Bewirtschaftung rekultivierter Böden. Als Ausgleich hierfür wird den Umsiedlern für Eigentumsflächen eine Starthilfe von 1 500 DM/ha gewährt.

Das Rekultivierungsrisiko, welches möglicherweise auftretende Rekultivierungsfehler umfaßt, wird durch die Gewährleistungsvereinbarungen abgedeckt. Geschäftsgrundlage der Gewährleistungsvereinbarungen ist die 7jährige Zwischenbewirtschaftung durch die Rheinbraun AG, der 10 %ige Abschlag bei der Bewertung der Neulandböden, die Starthilfe in Höhe von 1 500 DM/ha und die Verpflichtung der Landwirte zu einer bodenschonenden Bewirtschaftung der Neulandböden nach den Bewirtschaftungsempfehlungen der Landwirtschaftskammer Rheinland.

Der begünstigte Personenkreis umfaßt sowohl selbstwirtschaftende Eigentümer von Neulandflächen als auch Eigentümer, die ihre Neulandflächen an Landwirte im dortigen Raume verpachten. Im Erbfall oder bei Weiterveräußerung gilt ebenfalls die Gewährleistungsvereinbarung, wenn die Neulandflächen weiterhin landwirtschaftlich genutzt werden und der Eigentümerwechsel der Rheinbraun AG spätestens 6 Monate danach angezeigt wird.

Zum Zeitpunkt der Übertragung der Neulandböden auf den Eigentümer wird von Rheinbraun eine Dokumentation der Neulandböden erstellt.

Die Gewährleistungsvereinbarung erstreckt sich auf Rekultivierungsmängel, die eine Bewirtschaftung und den Ertrag auf Neulandböden beeinträchtigen. Unter Rekultivierungsmängel werden hier Verdichtungen, Vernässungen, Mulden oder die Bewirtschaftung behindernde Steine verstanden.

Die Rekultivierungsmängel werden in der Regel durch Untersuchungen und Beobachtungen der Rheinbraun AG ermittelt. Sollten über das Ergebnis der Untersuchungen unterschiedliche Auffassungen bestehen, wird ein öffentlich bestellter Sachverständiger hinzugezogen, dessen Kosten Rheinbraun zu tragen hat.

Die Beseitigung der festgestellten Rekultivierungsmängel erfolgt nach den „Empfehlungen zur Melioration sanierungsbedürftiger, rekultivierter Böden und deren Bewirtschaftung". Sämtliche Kosten der Meliorationsmaßnahmen und dabei entstehende Aufwuchsschäden sowie Mehrbewirtschaftungskosten übernimmt die Rheinbraun AG. Die Landwirte ihrerseits verpflichten sich, vor, während und nach der Melioration die oben erwähnten Bewirtschaftungsempfehlungen der Landwirtschaftskammer Rheinland zu beachten.

Die Gewährleistungsdauer erstreckt sich über eine Frist von 10 Jahren. Über diesen Zeitraum hinaus besteht für weitere 8 Jahre ein Anspruch auf Beseitigung von ertragsmindernden und bewirtschaftungsbehindernden Mulden. Daraus ergibt sich ein Haftungszeitraum unter Einbeziehung der Zwischenbewirtschaftung von insgesamt 25 Jahren (Ebel u. Rütten 1990).

Alles in allem ist festzustellen, daß die getroffenen Haftungsvereinbarungen für bedeutend mehr Sicherheit bei den Neuland übernehmenden Landwirten sorgen.

7
Zusammenfassung

Durch den Braunkohlentagebau sind im Rheinischen Revier 26 006 ha Fläche bis Ende 1995 in Anspruch genommen worden. Da es sich hierbei überwiegend um außergewöhnlich gute landwirtschaftliche Flächen mit einer hohen Ertragssicherheit handelt, muß alles getan werden, um auch in Zukunft genügend landwirtschaftliche Fläche guter Qualität zur Verfügung zu stellen.

Für die weitere Existenzfähigkeit der Betriebe kommt gerade den Pachtflächen eine wesentliche Bedeutung zu. Hierzu hat sich die Rheinbraun AG in einer Absichtserklärung bereiterklärt, die Pachtflächen auch am Umsiedlungsstandort den Betrieben zur Verfügung zu stellen.

Ziel der landwirtschaftlichen Rekultivierung muß die Erstellung eines Kulturbodens sein, der von seinen Eigenschaften her einem gewachsenen Boden entspricht und bei ordnungsgemäßer Bewirtschaftung dauerhaft eine hohe Ertragssicherheit gewährleistet.

Dabei sind folgende Grundsätze zu beachten:

- Um die Versickerung überflüssiger Niederschläge in den Boden zu ermöglichen, ist auf einen ordnungsgemäßen Aufbau der Rohkippe zu achten.
- Für die landwirtschaftliche Wiedernutzbarmachung darf nur gut geeignetes Bodenmaterial verwendet werden, d. h. Löß oder Lößlehm, der nicht durch Grundwasser und Staunässe beeinflußt war.
- Um die Gefahr der Bodenerosion so gering wie möglich zu halten, ist grundsätzlich eine Hangneigung von 1,5 % einzuhalten.
- Um Folgeschäden auf sonst ordnungsgemäß rekultivierten Flächen zu verhindern, sind Schadstellen durch geeignete Maßnahmen zu sanieren.

Während der 7jährigen Zwischenbewirtschaftung wird durch den mehrjährigen Anbau von Luzerne der Anteil an organischen Trägersubstanzen erhöht und die Belastbarkeit, die Dränfähigkeit sowie die Durchwurzelbarkeit verbessert. Hierzu werden im Rahmen eines Projektes zahlreiche Versuche durchgeführt.

Während der anschließenden Folgebewirtschaftung gewinnen Verfahren der konservierenden Bodenbearbeitung an grundlegender Bedeutung. Hierzu gehören u. a. die Verwendung von Breitreifen und Mulchsaatverfahren. Eine gezielte Fruchtfolgeplanung, welche sich jedoch an den ökonomischen Rahmenbedingungen zu orientieren hat, ist ebenfalls von großer Bedeutung für die Erhaltung der Fruchtbarkeit auf Neulandböden.

Auch bei Durchführung einer ordnungsgemäßen Rekultivierung und einer günstigen Zwischen- und Folgebewirtschaftung sind Schäden an Neulandböden nicht vollkommen auszuschließen. Diese Schäden werden durch Meliorationsmaßnahmen, wie z. B. Unterbodenlockerung oder Dränung, beseitigt. Grundlage für diese Sanierungsmaßnahmen ist ein von der Landwirtschaftskammer Rheinland entworfenes Papier, welches Bestandteil der Gewährleistungsvereinbarungen vom 7.2.1990 und 29.10.1992 ist. Mit dieser Gewährleistungsvereinbarung werden selbstwirtschaftende Eigentümer von Neulandflächen und Eigentümer, die Neulandflächen an Landwirte verpachten, gegen später auftretende Mängel abgesichert. Die Gewährleistungsvereinbarungen erstrecken sich auf Rekultivierungsmängel, wie Verdichtungen, Vernässungen und Mulden. Hiermit ist den Landwirten bei der Übernahme von Neulandböden bedeutend mehr Sicherheit gegeben worden.

LITERATUR

Biermann P, Buchner W (1992) Was bringt die Mulchsaat? Landwirtschaftliche Zeitschrift 12: 25–26

Buchner W, Köller K H (1990) Integrierte Bodenbearbeitung. Ulmer, Stuttgart

Bundesgesetzblatt Kulturpflanzen-Ausgleichs-Verordnung (1992) Bundesgesetzblatt Teil 1, Nr. 55, 12.12.1992

Engels H, Ebel F (1985) Rekultivierung – eine lohnende Aufgabe, Neues Ackerland folgt dem Tagebau, Rheinbraun AG

Ebel F, Rütten J (1990) Verband und Kammer schafften Durchbruch. Landwirtschaftliche Zeitschrift 7: 376–378

Friebe W (1992) Entwicklung der Makro- und Mesofauna unter dem Einfluß langfristig differenzierter Bodenbearbeitung, Beiträge zum 3. Symposium vom 12./13.5.1992 in Gießen. Wissenschaftlicher Verlag Dr. Fleck, S 117–130

Hövelmann L (1991) Zwischenbericht 1990, Pilotprojekt Schirrhof, Teil B, Institut für Pflanzenbau der Rheinischen Friedrich-Wilhelms-Universität, Bonn

Maas G (1991) Zwischenbericht 1990, Pilotprojekt Schirrhof, Teil A, Institut für Pflanzenbau der Rheinischen Friedrich-Wilhelms-Universität, Bonn

Matena H (1987) Bewirtschaftungsempfehlungen für Neulandböden, Landwirtschaftskammer Rheinland, Informationen zum Umweltschutz Nr. 26

Rheinbraun AG, Rheinischer Landwirtschafts-Verband und Landwirtschaftskammer Rheinland (1992) Absichtserklärung

Rheinbraun AG, Rheinischer Landwirtschafts-Verband und Landwirtschaftskammer Rheinland (1990 u. 1992) Gewährleistungsvereinbarung

Schneider R, Schröder D (1991) Bodenmechanische Untersuchung an Neuland aus Löß und Hafenschlick. Mitteilung Dt. Bodenkundliche Gesellschaft. 60/I: 221–224

Seifert V, Seuffert H (1986) Auswirkung verschiedener Fahrwerke (Dreirad) und Schlepperbereifungen auf das Bodengefüge. KTBL-Schrift: Bodenverdichtungen 308: 119–170

Struzina H (1990) Der Einfluß von Mulch auf bodenphysikalische Wachstumsfaktoren, Darmstadt, 163 Seiten, Bonn, Landwirtschaftliche Fakultät, Dissertation

Vorderbrügge Th (1989) Einfluß des Bodengefüges auf Durchwurzelung und Ertrag bei Getreide – Untersuchungen an rekultivierten Böden und einem langjährigen Bodenbearbeitungsversuch, (Gießener bodenkundlicher Berichte 5), Gießen

Bodenkundliche Aspekte der landwirtschaftlichen Rekultivierung

Gerhard Dumbeck

Der Braunkohlenabbau im Rheinland hat bisher ca. 17300 ha landwirtschaftliche Nutzfläche in Anspruch genommen. Zum 31.12.1995 waren bereits wieder 7 960 ha rekultiviert. Bei den vom Abbau betroffenen Flächen handelt es sich zum überwiegenden Teil um hochwertige Ackerstandorte aus weichselzeitlichem Löß, die nicht selten mit Bodenzahlen zwischen 80 und 90 bewertet wurden. Der vorherrschende Bodentyp ist die Parabraunerde, die jedoch nur noch kleinräumig in ihrer typischen Ausprägung auftritt. Den überwiegenden Flächenanteil bildet die erodierte Parabraunerde. Kolluvium, Pararendzina, Brauner Auenboden, Gley und Pseudogley spielen hinsichtlich der Flächenausdehnung nur eine untergeordnete Rolle. Das hohe Ertragspotential der Parabraunerde läßt sich im wesentlichen mit der hohen nutzbaren Wasserspeicherkapazität erklären (Harrach 1987). Nicht selten werden Werte der nutzbaren Feldkapazität (nFK) zwischen 220 und 240 mm erreicht. Abgesehen von Pflugsohlenverdichtungen liegen im Boden keine die Durchwurzelbarkeit beeinträchtigenden Dichtlagerungen vor. Die Niederschlagshöhe sowie die Niederschlagsverteilung in Kombination mit der sehr hohen nutzbaren Wasserspeicherfähigkeit der Böden erklärt die hohe potentielle Ertragsfähigkeit dieser Standorte. Hinsichtlich der pflanzenbaulichen Nutzungseignung unterliegen diese Standorte keinerlei Einschränkungen.

Tabelle 1 und 2 zeigen beispielhaft die bodenphysikalischen und chemischen Kennwerte eines ausgewählten Standortes. Die Gehalte an pflanzenverfügbaren Nährstoffen und der pH-Wert unterliegen dem Einflußbereich der Nutzung und können demzufolge stärker variieren. Der im Profil erkennbare hohe Mittelporenanteil – dargestellt als nFK – resultiert im wesentlichen aus dem hohen Schluffgehalt der Böden. Die Luftkapazität ist als gering einzustufen, wenngleich davon auszugehen ist, daß keine für das Pflanzenwachstum kritischen Grenzwerte erreicht werden. Tonverlagerungsvorgänge im Verlaufe der Bodengenese führten zu dessen Anreicherung im Unterboden.

Der weichselzeitliche Löß erreicht im Tagebauvorfeld Mächtigkeiten, die teilweise über 10 m betragen (v. d. Hocht 1990). Für Rekultivierungszwecke sind sowohl der Löß als auch der Lößlehm im Hinblick auf die spätere landwirtschaftliche Nutzung der rekultivierten Flächen gut geeignet. Mäßig oder weniger gut für landwirtschaftliche Zwecke eignen sich tonreichere, verdichtete sowie hydromorph geprägte Horizonte oder Schichten (LOBA 1993; Fleischer 1993). Sie sollten bei der Umlagerung des Materiales möglichst ausgehalten werden.

Da der Abbau des Deckgebirges mit Schaufelradbaggern erfolgt, ist es technisch unmöglich, einzelne Horizonte selektiv zu gewinnen. Der Abbauvorgang erfaßt demzufolge die durch die Pedogenese entstandenen unterschiedlichen Horizonte und vermischt dieses Material mit dem karbonathaltigen Lockergestein. Durch den Gewinnungs-, Transport- und Verteilvorgang lassen sich am rekultivierten Standort bestenfalls noch einzelne Klumpen oder Brocken aus den ehemaligen Horizonten nachweisen. Der überwiegende Anteil des Bodenmateriales wird soweit homogenisiert, daß typische Eigenschaften ehemaliger Horizonte, aber auch des gesamten Bodens verlorengehen. Die mit der Körnung korrelierenden Eigenschaften bleiben dagegen erhalten. So zeichnet sich der rekultivierte Boden ebenfalls durch eine sehr hohe Wasserspeicherfähigkeit aus. Sofern keine die Durchwurzelung hindernden Dichtlagerungen im Boden vorliegen, lassen sich auf dem rekultivierten Standort ebenfalls sehr hohe Erträge erzielen.

Da im Zuge der Umlagerung des Bodenmateriales auch der Ap-Horizont mit dem übrigen Material vermischt wird, ist die Stickstoffnachlieferung im Vergleich zum gewachsenen Boden deutlich niedriger. Hinsichtlich der Stickstoffversorgung der Kulturen muß demzufolge deutlich mehr Stickstoff gedüngt werden. Erst im Laufe von Jahrzehnten werden Humusgehalte vergleichbar den Altlandwerten erreicht. Damit nähern sich die aus der Mineralisation freigesetzten N-Mengen allmählich den Werten der gewachsenen Böden wieder an.

Herstellungsbedingt besitzen die Böden eine gewisse Heterogenität. Dies betrifft sowohl die physikalischen als auch die chemischen Kennwerte. Sofern jedoch bestimmte Grenzwerte, Versorgungsstufen sowie Gehalte

Tabelle 1. Bodenphysikalische Kennwerte einer Parabraunerde, stellenweise pseudovergleyt. (Abgeändert nach Fleischer 1993)

Horizont	Entnahmetiefe [cm]	dB[a] [g/cm³]	GPV[b]	LK[c]	nFK[d] [Vol-%]	TOT[e]	FK[f]	kf-Wert[g] [cm/Tag]
Ap	5– 25	1,548	41,7	4,6	27,9	9,2	37,1	5
Al	30– 40	1,615	39,7	3,2	26,1	10,4	36,5	22
(S)Bt1	50– 65	1,575	41,6	4,1	21,1	16,4	37,5	11
Bt2	80–100	1,554	42,4	4,1	22,2	16,1	38,3	6
Bvt	115–140	1,549	42,6	3,4	25,3	13,9	39,2	8
Cv	185–195	1,507	44,2	1,0	35,9	7,3	43,2	14

[a] Dichte des Bodens
[b] Gesamtporenvolumen
[c] Luftkapazität
[d] nutzbare Feldkapazität
[e] Totwasseranteil
[f] Feldkapazität
[g] Wasserdurchlässigkeitsbeiwert

im Boden nicht unter- bzw. überschritten werden, hat die Schwankungsbreite dieser Werte keinen nennenswerten Einfluß auf die Ertragsfähigkeit der Böden. Nur wenn das Pflanzenwachstum stark beeinträchtigende Grenzwerte überschreitet, zieht dies u. a. eine erhebliche Ertragsbeeinflussung nach sich. Die Spannbreite bodenphysikalischer, -chemischer und mikrobiologischer Kenndaten zeigt Tabelle 3.

Die vergleichsweise geringen Gehalte an pflanzenverfügbaren Nährstoffen im Oberboden des rekultivierten Bodens lassen sich ebenso wie der geringe Humusgehalt durch den Ausdünnungseffekt im Zuge der Umlagerung des Materials erklären. Auch die mikrobiologischen Kennwerte können dadurch in den Anfangsjahren nicht das Niveau der Altlandstandorte erreichen. Zelluloseabbau und die Hydrogenaseaktivität sind im Vergleich zum gewachsenen Boden um ca. 50 % vermindert (Schröder et al. 1985).

Das Nutzungsziel der landwirtschaftlichen Rekultivierung bestimmt im wesentlichen die Anforderungen, die an die Herstellung der Böden gestellt werden. Sofern die Nutzung des rekultivierten Standortes als extensives Grünland erfolgen soll, ergeben sich gänzlich andere Voraussetzungen hinsichtlich der Anforderungen an die Rekultivierungsqualität als beim Anbau anspruchsvoller Kulturpflanzen. Der in der Niederrheinischen Bucht wirtschaftende Landwirt erwartet in der Regel, daß rekultivierte Flächen in etwa vergleichbare Erträge wie auf dem Altland erbringen. Dabei sollten die Befahrbarkeit und die Bearbeitbarkeit nur jenen Einschränkungen unterliegen, die der Landwirt ohnehin von der Bewirtschaftung des Altlandes her kennt. Das Fruchtfolgegeschehen ist durch den Anbau von Zuckerrüben, Kartoffeln und Getreide gekennzeichnet. Vereinzelt sind Sonderkulturen im Anbau.

Rekultivierungsverfahren

Für die großflächige Rekultivierung landwirtschaftlicher Nutzflächen stehen hauptsächlich zwei Verfahren zur Verfügung: Die Verkippung mittels Absetzer und die Verspülung. Der überwiegende Flächenanteil in der landwirtschaftlichen Rekultivierung wurde mit Hilfe des Absetzers verkippt. Dabei soll der Auftrag des kulturfähigen Bodenmaterials im gesetzten Zustand zwei Meter betragen. Bei rd. 1 200 ha wiederhergestellter Fläche kam das Spülverfahren zur Anwendung. Der Bodenauftrag sollte dabei einen Meter betragen. Unbedeutend sind die Flächenanteile, die mittels des Kippenpfluges und per LKW rekultiviert wurden.

Verkippung durch den Absetzer

Oberste Priorität bei der landwirtschaftlichen Rekultivierung besitzt die Materialauswahl. Ein dem Altland vergleichbares Materialgemisch aus Löß und Lößlehm gewährleistet auch auf dem rekultivierten Standort eine hohe nutzbare Wasserspeicherfähigkeit. Daraus resultiert im wesentlichen die hohe potentielle Ertragsfähigkeit dieser Standorte. Der weichselzeitliche Löß wird durch saalezeitlichen Löß und Terrassenmaterial unterlagert. Im Zuge der Gewinnung rekultivierungsfähiger Massen ist besonderes Augenmerk auf das Aushalten dieser Materialien zu richten. Kies- und Sandbeimengungen mindern nämlich die Wasserhaltekapazität, zudem stört der Kies bei der Bodenbearbeitung und bei Erntemaßnahmen (Kartoffeln). Saalezeitlicher Löß hat deutlich höhere Tongehalte als das weichselzeitliche Material. Gelangt dieses Bodenmaterial an die spätere Oberfläche, muß mit Bearbeitungserschwernissen gerechnet werden.

Auch dem Rohkippenaufbau ist besondere Bedeutung beizumessen. Gemäß den Richtlinien des Landesoberbergamtes NRW für die landwirtschaftliche Wiedernutzbarmachung von Braunkohlentagebauen wird das rekultivierungsfähige Material – bestehend aus Löß und Lößlehm – auf eine Rohkippe aufgebracht, die aus wasserdurchlässigen Materialien wie Sand und Kies bestehen muß (LOBA 1993). In jedem Falle ist zu gewährleisten, daß die gesättigte Wasserleitfähigkeit in

Tabelle 2. Korngrößenverteilung und bodenchemische Kennwerte einer Parabraunerde, stellenweise pseudovergleyt. (Abgeändert nach Fleischer 1993)

Horizont	Horizonttiefe [cm]	Korngrößenverteilung [Gew.-%] Ton	Schluff f	Schluff m	Schluff g	Schluff Sa.	Sand f	Sand m	Sand g	Sand Sa.
Ap	0– 33	14,5	6,0	22,8	51,9	80,7	3,9	0,6	0,1	4,6
Al	33– 40	14,9	5,0	21,8	53,6	80,4	4,4	0,3	0,0	4,7
(S) Bt1	40– 63	22,5	4,9	20,2	47,4	72,5	5,0	0,0	0,0	5,0
Bt2	63–110	25,8	2,7	21,3	46,2	70,2	4,0	0,0	0,0	4,0
Bvt	110–140	20,5	4,4	23,5	46,0	73,9	5,5	0,0	0,0	5,5
Bv1	140–160	16,1	4,5	21,7	52,6	78,8	5,1	0,0	0,0	5,1
Bv2	160–175	13,6	7,5	18,9	51,1	77,5	8,8	0,0	0,0	8,8
Cv	175–320	10,5	4,7	20,7	55,3	80,7	8,8	0,0	0,0	8,8

Horizont	Organ. Subst.	C [Gew.-%]	N	P	C/N	C/P	pH KCL	pH H_2O	$CaCO_3$ [Gew.-%]
Ap	2,0	1,14	0,09	0,09	13	13	5,7	6,6	-
Al	0,9	0,51	n.b.	0,07	-	7	6,0	7,4	-
(S) Bt1	0,7	0,41	n.b.	0,08	-	5	6,0	7,6	-
Bt2	0,5	0,29	n.b.	0,06	-	5	6,0	7,5	-
Bvt	n.b.	-	-	0,06	-	-	6,1	7,5	-
Bv1	-	-	-	0,06	-	-	6,1	7,7	-
Bv2	-	-	-	0,05	-	-	6,2	7,7	n.b.
Cv	-	-	-	0,14	-	-	7,5	8,2	18,0

Horizont	Kationenaustauschkapazität (potentiell) T-Wert[h]	H-Wert[i]	S-Wert[j]	AL	Fe	Mn	Ca	Mg	K	Na	V-Wert[k] [%]
	mmol IÄ / 100 g Boden						[%] vom S-Wert				
Ap	12,5	2,8	9,7	0,1	0,0	0,0	90	5	5	< 0,2	78
Al	12,4	3,1	9,3	0,1	0,1	0,0	89	6	5	< 0,2	75
(S) Bt1	15,6	2,9	12,7	0,1	0,0	0,0	91	5	2	2	81
Bt2	16,9	2,6	14,3	0,1	0,0	0,0	91	7	2	< 0,2	85
Bvt	14,6	1,7	12,9	0,1	0,0	0,0	88	10	2	< 0,2	88
Bv1	11,8	1,4	10,4	0,1	0,0	0,0	89	11	< 0,2	< 0,2	88
Bv2	11,5	1,1	10,4	0,1	0,0	0,0	89	11	< 0,2	< 0,2	90
Cv	7,5	0,0	7,5[l]	0,1	0,0	0,0	87	13	< 0,2	< 0,2	100

[h] Sorptionskapazität
[i] Summe der im Boden sorbierten H-Ionen
[j] Basensättigungswert
[k] Sättigungsgrad
[l] nach Vageler-Alten

Bodenphysikalische Kenndaten	
• Bodenart und Korngrößenverteilung [%]	lU (mittellehmiger Schluff) mit Ton 14–17, Schluff 70–80, Sand 2–5
• Rohdichte:	1,55–1,75 g/cm³
• Gesamtporenvolumen:	35–52 Vol.-%
• Anteil luftführender Poren (> 50 µm)	2–12 Vol.-%
• Nutzbare Wasserkapazität bezogen auf 1 m Wurzelraum:	Hoch bis sehr hoch, 160–> 200 l/m²
• Konsistenzgrenzen:	Wassergehalt [Gew.-%]
Fließgrenze:	26,0–29,0
Ausrollgrenze:	18,0–22,0
Schrumpfgrenze:	5,0–10,0
Plastizitätszahl:	5,5–8,0
Bodenchemische Kenndaten	
• pH-Wert:	7,5–8,0 (Schwach alkalisch)
• Karbonatgehalt:	4,5–11,5 %
• Stickstoff:	Ges.-N = 0,02–0,05 %
• Pflanzenverfügbare Nährstoffe [mg/100 g Boden]	
Kalium:	6–12
Phosphor:	3–6
Magnesium:	10–15
• Kationenaustauschkapazität:	8–12 mval/100 g Boden
• Humus:	
Anfangsgehalt:	ca. 0,4–0,5 %
Jährliche Zunahmen:	ca. 0,03 %
• C/N-Verhältnis:	ca. 10
Mikrobiologische Kenndaten	
• Substratinduzierte Respiration (SIR) mg CO_2/d/50 gTS	9,0–29
• Celluloseabbau %/60 g/22 d	9,0–48
• Dehydrogenaseaktivität µTPF/5 g	273–319

Tabelle 3. Spannbreiten bodenphysikalischer, -chemischer und mikrobiologischer Kenndaten in der landwirtschaftlichen Rekultvierung (Quelle: verschiedene Autoren)

der Drainageschicht deutlich höher als die der überlagernden Löß-/Lößlehmschicht ist. Mit dieser Forderung soll sichergestellt sein, daß das Sickerwasser ungehindert in tiefere Schichten infiltrieren kann. Da in den Tagebauen der Niederrheinischen Bucht vornehmlich tertiäre Sande als Abraummaterialien anstehen, ist dieser Forderung problemlos Rechnung zu tragen. Das Planieren der Drainageschicht hat den Vorteil, daß das anschließende Aufbringen des Rekultivierungsmaterials exakter erfolgen kann. Bezüglich der Verdichtungsgefahr des sandig-kiesigen Materials kann davon ausgegangen werden, daß selbst nach intensiver Planiertätigkeit genügend Kornzwischenräume als Poren verbleiben, die die gesättigte Wasserleitfähigkeit bewerkstelligen.

Der Materialverteilung durch den Absetzer gebührt insofern besondere Bedeutung, als nunmehr über den späteren Planieraufwand entschieden wird. Je genauer nämlich das Rekultivierungsmaterial vom Absetzer verstürzt wird, desto geringer ist der spätere Planieraufwand (Abb. 1). Als vorteilhaft hat sich erwiesen, wenn der Absetzer auf der Drainageschicht fährt. In Abhängigkeit der Kippenplanung besteht somit die Möglichkeit, daß der Absetzer eine vergleichsweise große Fläche

Abb. 1. Gleichmäßiges Absetzen des Bodenmaterials vermindert den späteren Planieraufwand (Photo: Rheinbraun)

mit Löß/Lößlehm bestreicht, bevor der erneute Anschlußblock verkippt wird. Gleichmäßiger Materialstrom bei etwas verminderter Absetzerleistung ermöglichen Ablagegenauigkeiten, die einen deutlich verminderten Planieraufwand nach sich ziehen. Der Einsatz von Rotationslasern hat sich hinsichtlich der Optimierung der Absetzgenauigkeit der Massen als sehr hilfreich erwiesen.

Der Zeitraum zwischen der Verkippung des Bodenmaterials und dem Planieren wird als Liegezeit bezeichnet. Es hat sich in der Praxis bewährt, Liegezeiten von ca. 1/2 Jahr einzuhalten. Allerdings hängt dies maßgeblich davon ab, mit welchem zeitlichen Vorlauf die Rohkippe erstellt wurde. Wird ohne zeitlichen Verzug das Bodenmaterial auf der Rohkippe aufgebracht und unmittelbar planiert, entstehen meist infolge ungleichförmiger Setzungsbewegungen Mulden, die zu einem späteren Zeitpunkt erneut durch Verfüllen und/oder Planieren beseitigt werden müssen. Verbleiben die so entstandenen Muldenbereiche, geht von ihnen ein nicht zu unterschätzendes Gefährdungspotential für die spätere landwirtschaftliche Nutzung aus. Die Ansammlung von Oberflächenwasser kann Vernässungen und Bodenverdichtungen nach sich ziehen, schwerwiegende Bewirtschaftungseinschränkungen können die Folge sein.

Neben der Materialauswahl hat das Planieren des Bodenmaterials den wohl entscheidensten Einfluß auf die Qualität der landwirtschaftlichen Rekultivierung. Von besonderer Bedeutung sind die Gesamtmasse des Planiergerätes, die Aufstandsfläche, der Wassergehalt des zu planierenden Materials sowie die Anzahl der Überfahrten. Da das schluffige Material einerseits besonders verdichtungsanfällig ist, es andererseits aber keine praktikable Alternative zur Einebnung der Oberfläche gibt, gilt es, den Einfluß des Planiergerätes auf den Dichtlagerungsgrad des Bodens in Grenzen zu halten (Dumbeck u. Winter 1993). Während der spezifische Bodendruck den Verdichtungsgrad bestimmt, wird der Tiefgang der Bodenverdichtung durch die Gesamtmasse des Gerätes beeinflußt. Der Wassergehalt des Bodenmaterials sollte möglichst unterhalb oder im Bereich der Ausrollgrenze sein, um plastische Verformungen während des Planierens im Boden zu vermeiden. Dieser Forderung ist nicht immer Rechnung zu tragen, da sich der Wassergehalt des verstürzten Materials – selbst während der Sommermonate – nur unwesentlich ändert. Bedingt durch die nicht vorhandene Vegetation und die somit fehlende Wasserentnahme aus tieferen Schichten, verbleibt der Wassergehalt dort immer im Bereich der Feldkapazität. Die Anzahl der Überfahrten während des Planiervorganges lassen sich durch möglichst genaues Verkippen mittels des Absetzers reduzieren. Somit lassen sich die durch den sog. multi-pass-Effekt hervorgerufenen Bodenverdichtungen minimieren.

Wie bereits ausgeführt, werden der Verdichtungsgrad sowie der Tiefgang der Bodenverdichtungen maßgeblich von Fahrzeugparametern beeinflußt. Es sind dies insbesondere der spezifische Bodendruck sowie die Gesamtmasse des Gerätes. In einem Planierversuch unter Praxisbedingungen kamen zwei Geräte vergleichbarer Leistung (H-Raupe 108/K-Raupe 118 kW) und Gesamtmasse (17,1/16,3 t) zum Einsatz. Es sollte geprüft werden, inwieweit die unterschiedlichen Laufwerksparameter der Raupenplattenbreiten (910/1 400 mm) und der Raupenlängen (2 775/4 200 mm) den Verdichtungsvorgang beeinträchtigen. Die Laufwerkdaten ergaben bei vorhandenen Gesamtmassen einen spezifischen Bodendruck von 3,8 bzw. 1,4 N/cm^2. Der Wassergehalt zum Zeitpunkt des Meßvorganges betrug 19 Gew.-%, die Entnahme der Stechzylinder erfolgte nach 4 Überfahrten. Die in Tabelle 4 dargestellten Ergebnisse zeigen die Bodendichten zwischen und in der Raupenspur in Abhängigkeit der Tiefe und des eingesetzten Gerätes. Erwartungsgemäß sind in der jeweiligen Raupenspur die Bodendichten höher als zwischen der Spur. Mit zunehmender Tiefe nimmt der Einfluß des Planiergerätes ab, wobei die K-Raupe aufgrund des deutlich geringeren spezifischen Bodendruckes gegenüber der H-Raupe die günstigeren Werte aufweist.

In Abhängigkeit der Sensibilität des Bodenmateriales sollten nur solche Geräte für Planierzwecke zum Einsatz kommen, die über hinreichend geringe spezifische Bodendrücke und Gesamtmassen verfügen, damit Dichtlagerungen auf jene Tiefen beschränkt bleiben, die zu einem späteren Zeitpunkt problemlos melioriert werden können (Dumbeck 1992).

Mit Abschluß der Puaniertätigkeit endet i. allg. die bergmännische Rekultivierung. Seit Jahrzehnten hat sich im Rheinischen Braunkohlenrevier die sog. Zwischenbewirtschaftungsphase durch eigene landwirtschaftliche Betriebe bewährt. Während dieser mindestens 7 Jahre dauernden Zwischenbewirtschaftung werden Luzerne, Getreide, Raps und in geringem Umfange Zuckerrüben angebaut. Luzerne als Erstkultur soll mittels ihres tiefreichenden Pfahlwurzelsystems den jungen Boden erschließen. Sofern eine Luzernenutzung erfolgt, wird in der Regel Luzerneheu geworben. Der überwiegende Flächenanteil wird aber gehäckselt und verbleibt als Mulch auf der Bodenoberfläche. Zum Zeitpunkt des Luzerneumbruches wird dieses Material durch die Pflugarbeit in den Ap-Horizont eingearbeitet. Neben diesem Mulchmaterial sind es die Wurzelrückstände, die in dieser Initialphase zur Humusversorgung der jungen Böden beitragen.

Seit ca. 6 Jahren wird zum Zeitpunkt des Luzerneumbruches eine standardmäßige Tieflockerungsmaßnahme mit dem Stechhublockerer (TLG 12 B) bis 90 cm Tiefe durchgeführt. Wie bereits ausgeführt, entstehen im Boden infolge des Planiervorganges Verdichtungen, die sich hinsichtlich des Dichtlagerungsgrades und der Tiefenlage unterscheiden können. Feldbodenkundliche Erhebungen der Packungsdichten in verschiedenen Bodentiefen (Tenholtern et al. 1993) bestätigen die Erfordernis nach Durchführung der Meliorationsmaßnahme. Die Tieflockerungsmaßnahme darf jedoch nur bei hinreichend ausgetrocknetem Unterboden durchgeführt werden. Die Wassergehalte des Bodenmateriales sollten dabei etwas unterhalb oder im Bereich der Ausrollgrenze liegen. Ist der Wassergehalt des Unterbodens zu niedrig, wird kein ausreichender Lockerungseffekt erzielt. Es werden dann lediglich große Brocken aus dem Gefügeverband gelöst, die aber in sich nicht weiter aufgelockert werden. Zudem sind der Eindringwiderstand in den Boden und auch der Zugkraftbedarf extrem hoch.

In Abwandlung der seit einigen Jahren praktizierten Vorgehensweise zur Beseitigung der Bodenverdichtungen wird auf einigen Parzellen als Erstkultur Winterweizen angebaut. Da der Winterweizen ebenso wie die Luzerne einen hohen Wasserverbrauch hat, ist – abgesehen von extremen Niederschlagsereignissen während des Sommers – nach Aberntung der Kultur ebenfalls die Tieflockerungsmaßnahme durchführbar. Der nunmehr sich anschließende Luzerneanbau im Folgejahr hat den Vorteil, daß die meliorierte Fläche 3 Jahre Bodenruhe erfährt. Das sich ausbreitende Pfahlwurzelsystem der Luzerne stabilisiert das stark überlockerte Bodengefüge.

Spülverfahren

Beim Spülverfahren wurden auf der zuvor mittels des Absetzers erstellten Rohkippe Polderdämme errichtet, die in etwa eine Fläche von ca. 1 ha umfaßten. Zur Errichtung der Polderdämme waren LKW und Planierraupen erforderlich. Im Zuge der Herstellung der Dämme mußten diese verdichtet werden, damit sie dem Druck des Spülgutes standhielten. Über Rohrleitungssysteme erfolgte sodann der hydropneumatische

Tabelle 4. Technische Daten zweier Planierraupen. Dichte des Bodens in Abhängigkeit der Tiefe und der Druckbelastung (Dumbeck 1992)

	K-Raupe	H-Raupe
Leistung [PS/KW]	160/118	147/108
Masse [t]	16.3	17.1
Raupenplattenbreite [mm]	1.400	910
Raupenlänge [mm]	4.200	2.775
Bodendruck [N/cm²]	1.4	3.8

Tiefe [cm]	K-Raupe						H-Raupe					
	Raupenspur			zwischen den Raupenspuren			Raupenspur			zwischen den Raupenspuren		
	dB [g/cm³]	S[m]	n	dB [g/cm³]	S[m]	n	dB [g/cm³]	S[m]	n	dB [g/cm³]	S[m]	n
15	1,65	+/- 0,04	32	1,57	+/- 0,09	32	1,68	+/- 0,05	32	1,61	+/- 0,03	32
30	1,58	+/- 0,05	32	1,52	+/- 0,11	32	1,63	+/- 0,06	32	1,60	+/- 0,03	32
40	1,53	+/- 0,06	32	1,49	+/- 0,13	32	1,61	+/- 0,07	32	1,56	+/- 0,04	32
60	1,46	+/- 0,08	32	1,42	+/- 0,07	32	1,54	+/- 0,06	32	1,50	+/- 0,06	32

[m] Standardabweichung

Transport zu den Poldern. Das Bodenwassergemisch betrug 1 : 2–1 : 3. Im allgemeinen waren mehrere Spüllagen notwendig, um die geforderte Mächtigkeit herzustellen. Das überschüssige Wasser infiltrierte entweder in die Rohkippe oder wurde abgezogen. In Abhängigkeit der Jahreszeit waren nach Beendigung des Spülvorganges 6–9 Monate erforderlich, bevor der so erstellte Polder in die landwirtschaftliche Bewirtschaftung ging. Ebenso wie bei den verkippten Flächen wurde mit dem dreijährigen Luzerneanbau die Zwischenbewirtschaftungsphase eingeleitet. Eine Tieflockerung zum Zeitpunkt des Luzerneumbruches war durch die besondere Verfahrensweise bei der Herstellung der Böden nicht erforderlich und wurde demzufolge auch nicht praktiziert.

Verfahrensvergleich

Werden die beiden gänzlich verschiedenen Rekultivierungsverfahren unter bodenkundlichen Gesichtspunkten miteinander verglichen, fällt auf, daß jedem der Verfahren Vor- und Nachteile anhaften.

Der wesentliche Vorteil des Spülverfahrens beruht auf der verdichtungsfreien Herstellung der Böden. Abgesehen von den sog. Einspülstellen ist das abgelagerte Spülgut kies- und steinfrei. Das meist kiesig-sandige Material der Einspülstellen kann im Zuge der späteren landwirtschaftlichen Nutzung gegen steinfreies Material ausgetauscht werden. Den erwähnten Vorteilen stehen jedoch gravierende Nachteile gegenüber. Die das Niveau der Polderflächen überragenden Dammkronen müssen mittels Planierraupen beseitigt werden. Ein weiterer Planiervorgang sorgt für den höhenmäßigen Angleich des benachbart in Gefällerichtung liegenden Polders. Da die Generalneigung landwirtschaftlicher Flächen i. allg. 1,5 % beträgt, entsteht im Zuge der Verspülung eine Art Terrassenlandschaft, die in Gefällerichtung deutlich sichtbare Stufen aufweist. Da diese Höhenunterschiede die landwirtschaftliche Nutzung der Standorte erheblich einschränken, muß ein meist beträchtlicher Massenausgleich mittels Planierraupen erfolgen.

Der verdichtungsfrei hergestellte Boden erfährt somit Druckbelastungen, die nicht selten erhebliche Verdichtungen im Unterboden bewirken. Die Polderdämme verbleiben meist in dem Zustand, in dem sie hergestellt wurden. Mehr oder weniger große Flächenanteile eines Ackerschlages können somit, infolge unterschiedlicher Dichtlagerungen, im Unterboden hinsichtlich der Ertragsfähigkeit negativ beeinflußt sein. Nachhaltig negativ macht sich bei nicht sorgfältig durchgeführter Verspülung die sog. Kornklassierung bemerkbar. Unterschiedliche Sedimentationsbedingungen können zu lokalen Anreicherungen bestimmter Kornfraktionen führen (Schäfer 1985), die wichtige Bodenfunktionen dauerhaft beeinträchtigen. Tonbänderungen in unterschiedlichen Tiefen des Profiles beeinträchtigen häufig die Wasserinfiltration und damit den Gasaustausch. Tonanreicherungen führen andernorts zu tonverarmten oder schluffangereicherten Flächenanteilen. Da die Verteilung des Tones im Boden gravierende Auswirkungen auch auf die Gefügestabilität hat, muß dem Entmischungsprozeß durch konzeptionelle Änderungen des Verfahrens (beispielsweise Ringleitung mit vielen Ausläufen) begegnet werden.

Bezüglich der Mächtigkeit der aufzubringenden kulturfähigen Schicht muß der Vergleich zwischen einem und zwei Metern gezogen werden. Insbesondere sind die nutzbare Wasserspeicherfähigkeit sowie deren Auswirkungen auf den Ertrag von Bedeutung. Bei vergleichbarer Durchwurzelung steht den Kulturpflanzen auf dem verkippten Standort sehr viel mehr pflanzenverfügbares Wasser zur Verfügung. Zwar herrscht in der Niederrheinischen Bucht das atlantisch geprägte Klima vor, während trockener Sommermonate kann jedoch die in Tiefen unterhalb von 1 m gespeicherte Wassermenge den Ertrag positiv beeinflussen.

Mittels der Verkippung läßt sich die gewünschte Reliefgestaltung bereits mit dem Absetzer herstellen, so daß aufwendige und für den Boden nachteilige Planiervorgänge entfallen. Auch wenn für optimales Pflanzenwachstum und zur Erzielung hoher Erträge 1,5 m Bodenauftrag ausreichend sein dürften, ist der 2 m mächtige Auftrag dem nur 1 m mächtigen vorzuziehen. Nachteilig auf die Bodenstruktur wirkt sich das Planieren aus. Der Gefahr des Entstehens tiefreichender Verdichtungen kann, wie bereits ausgeführt, durch sorgfältiges und exaktes Verkippen begegnet werden. Materialbeimischungen zum Löß und Lößlehm, wie sie infolge des nicht exakten Aushaltens von den Löß unterlagernden Terrassenschottern entstehen können, sind ebenso nachteilig, wie Verunreinigungen durch Bauschutt, Steine etc.

Bei Abwägung aller Vor und Nachteile beider Verfahren wird aus bodenkundlicher Sicht der Verkippung gegenüber dem Spülverfahren der Vorzug eingeräumt.

Landwirtschaftliche Nutzung

Der Bodenumlagerungsvorgang und die damit einhergehende Gefügedestabilisierung machen es zwingend erforderlich, daß der Forderung nach Bodenschonung Rechnung getragen wird. Alle ackerbaulichen Maßnahmen haben so zu erfolgen, daß keine nachhaltigen Gefügeschäden entstehen. Besonderes Augenmerk richtet sich hierbei auf den Unterboden, da er maßgeblich den Ertrag bestimmt. Von der wendenden Bodenbearbeitung geht insofern eine besondere Gefahr für das Bodengefüge aus, als hierbei in der Regel Vorder- und Hinterrad in der meist 35–40 cm tiefen Pflugfurche laufen. Bei dieser Art des Pflügens bilden sich meist mächtige Pflug- und Schlepperradsohlen aus, die wichtige Bodenfunktionen nachhaltig negativ beeinträchtigen. Der Forderung nach bodenschonendem Pflügen (Harrach 1986) konnte durch Umbau vorhandener Pflüge begegnet werden. Das Umbauen der Pflüge ermöglicht es, nunmehr auf einem nur 5–10 cm tiefen Absatz zu fahren, der unmittelbar nach erfolgter Überfahrt auf volle Pflugtiefe gewendet wird (Dumbeck 1989). Da der Schlepper nun nicht mehr in der tiefen Pflugfurche fährt, ist damit die ungleiche Lastverteilung durch die Schlepperschräglage beseitigt. Die durch den Kontaktflächendruck hervorgerufene Spannungsausbreitung im Boden beginnt nun nicht erst im Übergangsbereich des Ober- zum Unterboden, sondern bereits deutlich näher an der Bodenoberfläche. Demzufolge kann bei dieser Art des Pflügens auch die plastische Verformung im Unterbodenbereich nicht so tief reichen.

Beim on-land-Verfahren fährt der Schlepper gänzlich auf der Bodenoberfläche. Somit können sich keine Schlepperradsohlen beim Pflügen ausbilden. Für 3- und 4scharige Pflüge existiert dieses Pflugverfahren jedoch nicht.

Wesentliche Druckbelastungen auf den Boden gehen auch von den Erntemaßnahmen aus. Hohe Gesamtmassen müssen nicht selten bei ungünstigen Bodenfeuchteverhältnissen über die Ackerparzellen bewegt werden. Um das Gefährdungspotential für den Boden zu begrenzen, ist es unerläßlich, neben der Forderung nach Vergrößerung der Reifenaufstandsflächen auch die Gesamtmassen der Fahrzeuge und Geräte zu begrenzen.

Wesentliche Bodeneigenschaften

Die in der Niederrheinischen Bucht anstehenden Lößverwitterungsböden gelten aufgrund ihres hohen Schluffgehaltes bezüglich des Umlagerungsvorganges als äußerst druckempfindlich. Dagegen lassen sich beispielsweise quartäre Sande mit geringen Ton- und Schluffanteilen wesentlich einfacher umlagern, da das Problem der Materialverdichtung nur eine untergeordnete Bedeutung besitzt. Selbst bei hoher Druckbelastung verbleiben körnungsbedingte Grobporen im Boden, die das überschüssige Wasser abführen und die Durchlüftung des Bodens gewährleisten.

Das in der Niederrheinischen Bucht für die landwirtschaftliche Rekultivierung verwendete Material macht es erforderlich, das Hauptaugenmerk auf das Bodengefüge und die dadurch bedingte Ertragsbeeinflussung des rekultivierten Standortes zu richten. Ebenso ist die Wiederbesiedlung mit Regenwürmern von Bedeutung, da kontinuierliche Grobporen im Zuge der Herstellung des neuen Bodens nicht vorhanden sind. Von mehr untergeordneter Bedeutung erscheint dagegen der Gehalt an organischer Substanz.

Bereits vor Jahrzehnten konzentrierten sich Untersuchungen auf die mit der Umlagerung der Böden einhergehenden Bodenverdichtungen. Hohe Bodendichten in Verbindung mit geringen Grobporenvolumina wurden u. a. von Engels genannt Matena (1958) und Master (1961, 1964) ermittelt. Die Auswirkungen unsachgemäßer Rekultivierungsmaßnahmen, wie sie durch zu schweres Planiergerät und Nichtbeachtung des Bodenwassergehaltes während des Planierens hervorgerufen wurden, führten auf Teilflächen von Ackerschlägen zu deutlichen Schadstellen. Infolge dieser Schadstellen trockneten Teilflächen unterschiedlich ab, so daß die Befahrbarkeit und die Bearbeitbarkeit der Böden beeinträchtigt war. Schadhafte Rekultivierungsbereiche zeichnen sich zudem durch einen deutlichen Minderertrag aus.

Neuere Untersuchungen beschäftigen sich ebenfalls mit dem Problem der Bodenverdichtungen und deren Auswirkungen auf weitere wichtige Eigenschaften rekultivierter Böden (Schröder et al. 1985; Haubold et al. 1987). Besondere Bedeutung erlangten die Untersuchungen, die den Einfluß des Bodengefüges auf die Durchwurzelung und den Ertrag bei Getreide und Zuckerrüben kenntlich machten (Vorderbrügge 1989; Selige 1987). Abbildungen 2 und 3 zeigen anhand der Porengrößenverteilung die unterschiedliche Rekultivierungsqualität von zwei älteren Rekultivierungsstandorten. Während in dem als ordnungsgemäß geltenden

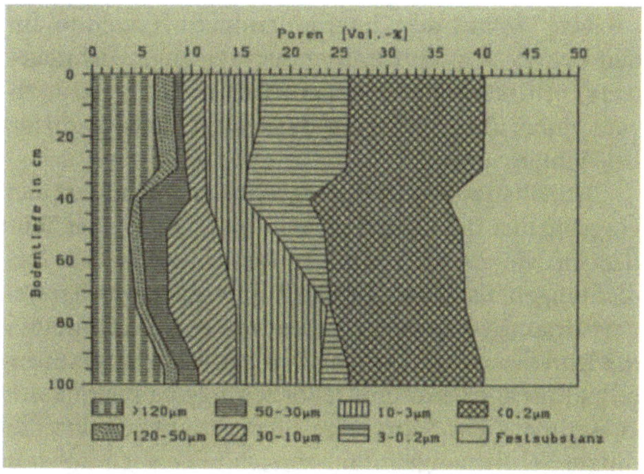

Abb. 2. Porengrößenverteilung eines ordnungsgemäß rekultivierten Bodens (Selige 1987)

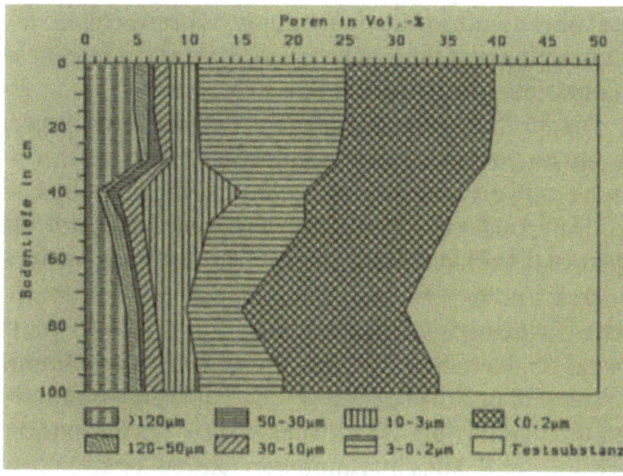

Abb. 3. Porengrößenverteilung eines im Unterboden stark verdichteten Standortes (Selige 1987)

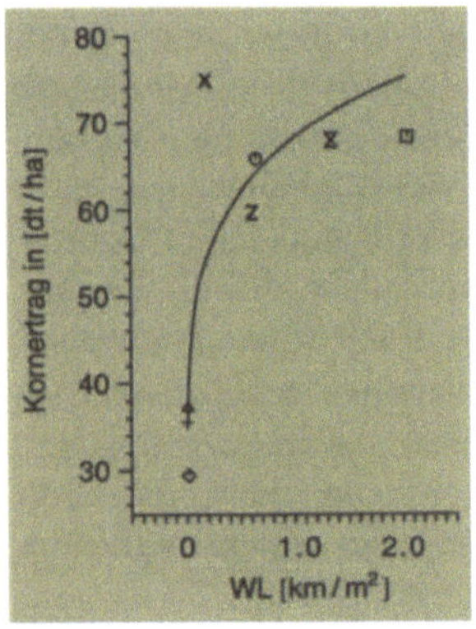

Abb. 4. Kornertrag der Wintergerste in Abhängigkeit der Durchwurzelungsintensität in 60–100 cm Tiefe (Vorderbrügge 1989)

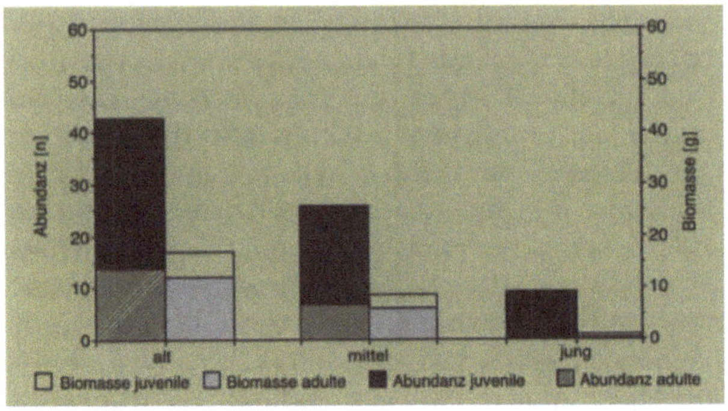

Abb. 5. Mittlere Abundanzen und Biomassen der Regenwürmer in den drei Altersstufen im Herbst 1989 (Westernacher-Dotzler und Dumbeck 1992)

Profil bis auf den Pflugsohlenbereich sowohl die Gesamt- als auch die Grobporenvolumina als ausreichend betrachtet werden können, sind diese in dem als Schadstelle markierten Bereich stark reduziert. Mangelnde Durchwurzelung, verminderte Wasserinfiltration und eingeschränkte Durchlüftung des Bodens sind die Folgen.

Den Einfluß der Unterbodendurchwurzelung auf den Ertrag zeigt Abb. 4. Die durch geringe Dichtlagerung im Unterboden hervorgerufene stärkere Durchwurzelung führt zu einem deutlichen Ertragsanstieg bei Wintergerste.

Schadhafte Rekultivierungsflächen wurden in den vergangenen Jahren gezielt melioriert. Auf jenen Teilflächen, die die Wasserinfiltration behindernden Verdichtungen bis über 8 dm Tiefe aufwiesen, wurden Bedarfsdrainagen verlegt. Um die Wasserinfiltration und die Durchwurzelbarkeit des Bodens zu verbessern, erfolgte anschließend eine Tieflockerungsmaßnahme von 80–90 cm Tiefe. Durch den Planierraupeneinsatz bedingte Verdichtungen können sich aber auch auf nur wenige Dezimeter beschränken, so daß sie im Zuge einer Tieflockerung gezielt zu beseitigen sind. Die neuere Rekultivierungspraxis berücksichtigt diesen Umstand und führt damit zu einem qualitativ höherwertigen Rekultivierungsergebnis. Zusätzlich lassen sich erhebliche Meliorationskosten einsparen.

Die für die Gefügebildung des Bodens so wichtigen Regenwürmer überstehen den Abbau-, den Transport- und Verteilvorgang des Bodenmaterials nicht unbeschadet. Untersuchungen bezüglich des Spülverfahrens belegen, daß die adulten Tiere während des Umlagerungsprozesses absterben. Lediglich den Kokons werden gewisse Überdauerungschancen eingeräumt (Remus 1969). Da das Spülverfahren die Errichtung der Polderdämme voraussetzt und dies per LKW und Hilfsgeräten durchgeführt wird, ist die Überlebenschance der Regenwürmer und der Kokons im Dammbereich größer als in den mehrere Monate unter Wassereinstau befindlichen Poldern. Nach Abtrocknung der Polderflächen und dem damit einhergehenden Bewirtschaftungsbeginn können die in den Dämmen überlebenden Tiere allmählich den verspülten Boden erneut besiedeln.

Neuere Untersuchungen (Westernacher-Dotzler 1990) hinsichtlich der Abundanz der Regenwürmer auf landwirtschaftlich rekultivierten Flächen ergeben unter dem Einfluß verschiedener Faktoren ein sehr differenziertes Bild. Die Beprobung von 36 verschiedenen Standorten sollte in Abhängigkeit des Rekultivierungsalters der Flächen, der Rekultivierungsqualität, der Bewirtschaftung und dem Herstellungsverfahren eine Aussage hinsichtlich des Regenwurmbesatzes ermöglichen. Dazu wurden die Standorte in drei Altersklassen eingeteilt:

jung	– bis 4 Jahre	9 Standorte
mittel	– 7–10 Jahre	17 Standorte
alt	– bis 23 Jahre	10 Standorte

Abbildung 5 zeigt die Abundanzen und Biomassen der Regenwürmer in Abhängigkeit des Alters der rekultivierten Flächen. Sowohl die Abundanzen als auch die Biomassen der adulten und juvenilen Tiere zeigen eine eindeutige Abhängigkeit zum Herstellungszeitpunkt der Flächen. Frisch verspülte Areale wiesen im Gegensatz zu den verkippten Flächen keine Tiere auf. Hinsichtlich des Einflusses der Rekultivierungsqualität auf den Besatz von Tieren ergab sich ein uneinheitliches Bild. Auffallend war, daß in den durch schadhafte Bereiche gekennzeichneten Beprobungsstellen vermehrt die feuchtigkeitsliebende Art *Allolobophora chlorotica* auftrat. Erwartungsgemäß zeigte sich vergleichbar den Altlanduntersuchungen ein deutlicher Einfluß der Bodenbearbeitung. Je geringer die Bearbeitungsintensität, desto höher war der Besatz und die Biomasse an Regenwürmern. Durch die Zufuhr organischer Substanzen (Stallmist, Putenmist) lassen sich die Abundanzen deutlich erhöhen.

Seit Beginn der landwirtschaftlichen Rekultivierung im Rheinischen Braunkohlenrevier galt das besondere Interesse der Humusanreicherung. Ziel war es, die durch die Bodenumlagerung verursachten geringen Gehalte an organischer Substanz im Oberboden möglichst rasch wieder den Altlandwerten anzugleichen. Zudem war man der Meinung, die negativen Auswirkungen schadhafter Unterbodenbereiche durch die Zufuhr von Stallmist kompensieren zu können.

In einem 1969 angelegten Versuch zur Steigerung des Gehaltes an organischer Substanz kamen unterschiedlichste Materialien zur Anwendung (Krämer 1974). Neben der heute in der landwirtschaftlichen Praxis üblichen Stroh- und Gründüngung erfolgte die Zufuhr von Stallmist, Klärschlamm, Müllkompost und Torf. Bei vergleichbarer Zufuhr an organischer Substanz wurden in den Anfangsjahren durch die alleinige Strohdüngung jährliche Zunahmen an Humus von 0,02 % erreicht. Die Stallmistanwendung führte zu Steigerungsraten von 0,03 %, die Klärschlammapplikation von 0,04 und die Torfvariante von 0,05 %. Stark überhöhte Gaben von Müll-Klärschlammkompost führten zu einer höheren jährlichen Humusanreicherungsrate (0,08 %). Die Schadstofffrachten nehmen jedoch ebenfalls deutlich zu.

Im Vergleich zwischen viehhaltenden und viehlos wirtschaftenden Betrieben ermittelten Haubold et al. (1987) jährliche Steigerungsraten des Humusgehaltes der Böden von 0,026 und 0,016 %. Nicht differenziert nach der Wirtschaftsweise gibt Derdzinski (1987) für im Spülverfahren hergestellte Flächen mit einem Alter von bis zu 20 Jahren jährliche Humusanreicherungsraten von 0,029 % an. Für verkippte Flächen, deren Herstellung bis 25 Jahre zurückreicht, errechnet sich ein Wert von 0,026 %. Bei Unterstellung eines Ausgangswertes zum Zeitpunkt der Verkippung von 0,5 % Humus ermittelte Tenholtern (1987) auf unterschiedlichen Ackerschlägen jährliche Zunahmen an organischer Substanz von 0,01–0,04 %.

Die vorliegenden Untersuchungen zeigen, daß jährliche Humusanreicherungsraten von 0,03–0,04 % möglich sind. Deutlich niedrigere Raten gehen wohl offenbar auf Bewirtschaftungseinflüsse zurück.

Die Bodenumlagerung im Zuge der Rekultivierung landwirtschaftlicher Nutzflächen bringt erhebliche Veränderungen bodenphysikalischer, -chemischer und biologischer Parameter mit sich. Aufgrund des hohen Schluffgehaltes gelten die Böden als äußerst druckempfindlich. Diesem Tatbestand muß bei der bergmännischen Herstellung und der späteren landwirtschaftlichen Nutzung unbedingt Rechnung getragen werden. Ein unter Berücksichtigung des Kenntnisstandes von Wissenschaft und Technik hergestellten Bodens muß dem Altlandstandort hinsichtlich der Ertragsfähigkeit nicht nachstehen.

Zusammenfassung

Die in der Niederrheinischen Bucht überwiegend anstehenden erodierten Parabraunerden müssen im Zuge der Braunkohlengewinnung umgelagert werden. Dabei gilt dem technischen Herstellungsprozeß besonderes Augenmerk, da das umgelagerte Bodenmaterial durch den hohen Schluffgehalt stark verdichtungsgefährdet ist. Sofern auch im Verlaufe der landwirtschaftlichen Folgenutzung entsprechend dem Erkenntnisstand von Wissenschaft und Technik verfahren wird, müssen die auf rekultivierten Böden langfristig erzielbaren Erträge jenen des unverritzten Geländes nicht nachstehen.

LITERATUR

Derdzinski J (1987) Rekultivierung landwirtschaftlicher Nutzflächen im Rheinischen Braunkohlenrevier unter besonderer Berücksichtigung der Nährstoffentwicklung, Diplomarbeit Bonn

Dumbeck G (1989) Pflügen ohne Pflugsohle. DLG-Mitteilungen 13: 693–696

Dumbeck G (1992) Bodenkundliche Aspekte bei der landwirtschaftlichen Rekultivierung im Rheinischen Braunkohlenrevier. Braunkohle 9: 8–11

Dumbeck G, Winter K (1993) Bodenphysikalische und bodenmechanische Aspekte bei der Rekultivierung im Rheinischen Braunkohlenrevier. Mitteilgn Dtsch Bodenkundl Gesellsch 71: 29–32

Engels H genannt Matena (1958) Physikalisch-chemische Bodenverhältnisse und Erträge rekultivierter Lößböden und ihre Beeinflussung durch ackerbauliche Maßnahmen, Dissertation Bonn

Fleischer M (1993) Die Eignung der Deckschichten im Bereich des geplanten Braunkohlentagebaus Garzweiler II für die landwirtschaftliche und forstwirtschaftliche Rekultivierung, GLA Krefeld

Haubold M, Henkes L, Schröder D (1987) Qualität und Entwicklung rekultivierter Böden aus Löß. Mitteilgn Dtsch Bodenkundl Gesellsch 53: 173–178

Harrach T (1986) Untersuchungen zur Sanierung von Vernässungen auf rekultivierten Böden der Kippe Fortuna-Fischbach (unveröffentlichtes Gutachten)

Harrach T (1987) Bodenbewertung für die Landwirtschaft und den Naturschutz. Z Kulturtechnik und Flurbereinigung 28 (3): 184–190

Hocht v. d. F (1990) Im Rheinischen Braunkohlenrevier anstehendes, für die Rekultivierung nutzbares Bodenmaterial. Braunkohle 42/10: 11–15

Krämer F (1974) Ergebnisse von Rekultivierungsversuchen im Jahre 1973. Schriftenreihe der Landesanstalt für Immissions- und Bodennutzungsschutz des Landes NW in Essen, 33: 58–65

LOBA (1993) Richtlinien des Landesoberbergamtes Nordrhein-Westfalen für die landwirtschaftliche Wiedernutzbarmachung von Braunkohlentagebauen vom 7.1.1992 in der Fassung vom 17.5.1993

Master I (1961) Bodenverdichtung auf aufgeschütteten Lößböden nach verschiedenartiger Rekultivierung im Rheinischen Braunkohlengebiet

Master I (1964) Rekultivierung von Lößböden im Rheinischen Braunkohlengebiet. 3. Mitteilung Z Acker- und Pflanzenbau 119/3: 197–210

Remus A (1969) Wirkungen der Lößumlagerung im Naßverfahren auf die Bodenfauna und die Entwicklung der Bodentiergemeinschaft im aufgelandeten Löß(roh)boden. Z Acker- und Pflanzenbau 129: 206–224

Schäfer W (1985) Bodenphysikalische Untersuchungen zur Reifung von Spülgut. Göttinger Bodenk Berichte 82

Schröder D, Stephan S, Schulte-Karring H (1985) Eigenschaften, Entwicklung und Wert rekultivierter Böden aus Löß im Gebiet des rheinischen Braunkohlentagebaues. Z Pflanzenernähr Bodenk 148: 131–146

Selige Th (1987) Bodenphysikalische Kennwerte und ihr Einfluß auf Durchwurzelung und Ertrag von Zuckerrüben auf unterschiedlich rekultivierten Böden aus Löß in der Niederrheinischen Bucht, Diplomarbeit Giessen

Tenholtern R (1987) Kartierung von Vernässungen auf rekultivierten Böden, ihre bodenphysikalische Kennzeichnung und die Erfassung ihrer pflanzenökologischen Wirkung, Diplomarbeit Giessen

Tenholtern R, Dumbeck G, Harrach T (1993) Die Packungsdichte als komplexer Ausdruck makroskopischer Gefügeeigenschaften von Auftragsböden aus Löß. Mitteilgn. Dtsch Bodenkundl Gesellsch 72: 261–264

Vorderbrügge Th (1989) Einfluß des Bodengefüges auf Durchwurzelung und Ertrag bei Getreide-Untersuchungen an rekultivierten Böden und einem langjährigen Bodenbearbeitungsversuch. Giessener Bodenk Abhandlungen 5

Westernacher-Dotzler E (1990) Regenwürmer in Neulandböden verschiedener Altersstufen im Gebiet des Rheinischen Braunkohlenreviers. Unveröff. Gutachten für die Rheinbraun AG, 39 S

Westernacher-Dotzler E, Dumbeck G (1992) Vorkommen von Regenwürmern in landwirtschaftlich rekultivierten Flächen in der Niederrheinischen Bucht. J Agronom Crop Sci 169: 298–309

Landwirtschaftliche Rekultivierung und Landrückgabe

WERNER SIHORSCH

1 Einleitung

Ein besonderes Merkmal der Braunkohlengewinnung im Tagebau ist die befristete Landinanspruchnahme und damit verbunden ein tiefgreifender, wenn auch vorübergehender Eingriff in den Lebensraum von Mensch und Natur. Noch vor den Siedlungsflächen stellen landwirtschaftliche Nutzflächen den größten Anteil bei der Flächeninanspruchnahme. Forstlich genutzte Flächen oder Wasserflächen sind in den aktuellen Abbaugebieten in den nördlichen und westlichen Revierteilen von geringerer Bedeutung. Das Südrevier zwischen Bonn und Köln, der Ausgangsregion des industriellen Braunkohlenabbaus im Rheinischen Braunkohlenrevier, und das Abbaugebiet des Tagebaues Hambach bei Jülich weisen hingegen hohe Waldanteile auf. Die jeweilige Oberflächennutzung eines Gebietes vor dem Abbau stellt einen wesentlichen Bestimmungsfaktor der späteren Rekultivierungsart und damit auch der Landrückgabe dar.

Bis Ende 1995 wurden durch den rheinischen Braunkohlenbergbau rund 250 km^2 Fläche beansprucht. Während im Gegenzug etwa 160 km^2 wieder rekultiviert worden sind, machen die offenen Betriebsflächen rund 90 km^2 aus (Abb. 1). Durch die Konzentration auf wenige Abbaubetriebe wird die Betriebsfläche möglichst gering gehalten. Der Rekultivierungsbetrieb folgt zudem dem fortschreitenden Abbau unmittelbar. Für die neu entstehende Landschaft wird strukturelle Vielfalt angestrebt, die Nutzungsarten orientieren sich an denen vor dem Abbau. Während in früherer Zeit, bedingt durch für die Rekultivierung verfügbare Bodenqualitäten und die vor dem Abbau angetroffene Oberflächennutzung, die forstliche Rekultivierung im Vordergrund stand, hat mit dem Fortschreiten der Tagebaue in die ackerbaulichen Kernzonen der Kölner Bucht die landwirtschaftliche Rekultivierung erheblich an Bedeutung gewonnen.

Die für den Braunkohlenabbau beanspruchten Ackerflächen zählen zu den fruchtbarsten Europas. Ihre Erhaltung bzw. Wiederherstellung als wertvolle Ressource ist daher, ungeachtet der momentan geführten Überschußdiskussion auf bestimmten EG-Märkten, für Agrarprodukte unabdingbar geboten (Engels u. Ebel 1985). Aus regionalökonomischen Überlegungen heraus werden die landwirtschaftlich rekultivierten Flächen zudem als Kompensationsmasse für abgebaute Ackerflächen benötigt. Waldflächen findet man in der Kölner Bucht in aller Regel nur noch dort, wo aufgrund minderer Bodenqualität Rodungen zur Ausdehnung von Ackerflächen ausgeblieben sind. Ihre Bedeutung nimmt in jüngerer Zeit v. a. aus landschaftsökologischen Gründen und den wachsenden Naherholungsbedürfnissen der Gesellschaft zu. Gemessen am Ausgangsbestand vor Abbau nimmt der Waldanteil in der Rekultivierung v. a. in den als landwirtschaftliche Vorrangflächen bezeichneten Revierteilen zu. Während zunächst nur auf landwirtschaftlich rekultivierte Flächen eingegangen wird, werden andere Nutzungsformen hinsichtlich der Landrückgabe gesondert behandelt (Sonderformen der Landrückgabe).

Zur Ausführung der landwirtschaftlichen Rekultivierung hat das Landesoberbergamt Richtlinien zur Wiedernutzbarmachung, wie es im Bundesberggesetz heißt, erlassen. Neben weiteren wissenschaftlichen Erkenntnissen über eine optimale landwirtschaftliche Rekultivierung legen bereits diese Richtlinien das schonende Aufbringen des Bodensubstrates auf einer wasserdurchlässigen Rohkippe zugrunde. Neben den hierfür getroffenen bergbautechnischen Vorkehrungen kommt der landwirtschaftlichen Erstbewirtschaftung, also der erneuten Inkulturnahme, ebenfalls eine besondere Bedeutung zu.

Das vom Bergbau geschaffene Neuland wird daher in den ersten sieben Jahren einer besonderen Bewirtschaftung unterzogen. Für diese Zwischenbewirtschaftung unterhält Rheinbraun spezielle Landwirtschaftsbetriebe, sog. Schirrhöfe. Die Zwischenbewirtschaftung erfolgt mit einer bestimmten Fruchtfolge unter dem Einsatz bodenschonender Landtechnik. Um den Landwirten nach Antritt der Flächen eine weitreichende Sicherheit gegen ertrags- oder bewirtschaftungshindernde Rekultivierungsmängel zu geben, wurde im Jahre 1990 zusätzlich mit dem Rheinischen Landwirtschaftsverband e.V. und der Landwirtschaftskammer

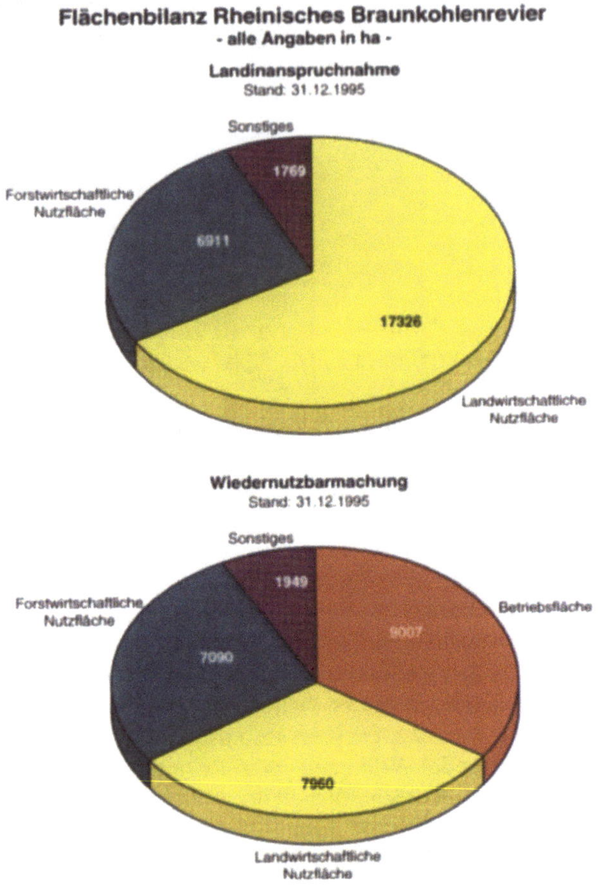

Abb. 1. Landinanspruchnahme und Wiedernutzbarmachung

Rheinland eine Gewährleistungsvereinbarung geschlossen.

Neben den vorgenannten technischen und administrativen Maßnahmen betreut Rheinbraun die auf Neuland wirtschaftenden Landwirte durch eine aktive Beratungsarbeit. Entgegen früheren Praktiken ist es inzwischen üblich geworden, Landwirte bereits vor der Rückgabe rekultivierter Flächen, etwa zur Auflösung bergbaulicher Überlassungsverträge durch Landrückgabe, an die Besonderheiten der Neulandbewirtschaftung heranzuführen. Dabei hat sich als hilfreich erwiesen, Landwirten, die in absehbarer Zeit mit der Bewirtschaftung von Neuland konfrontiert werden, die Möglichkeit zur Bearbeitung einer Testfläche und zum Kennenlernen ihrer Besonderheiten zu geben. Hierfür werden Arbeitsgemeinschaften eingerichtet, in denen sich in der Regel vier bis zehn Landwirte zusammenschließen, um eine eigens für diesen Zweck zugewiesene Neulandfläche ohne wirtschaftliches Risiko für den eigenen Betrieb zu bewirtschaften und dabei frei von existentiellen Zwängen Erfahrungen zu sammeln. Pflanzenbauliche Exaktversuche begleiten zusätzlich sowohl die Zwischenbewirtschaftung wie auch die ihr folgende Bewirtschaftung durch die den Schirrhöfen folgenden Landwirtschaftsbetriebe. Die vom Altland her gewohnten Ertragserwartungen lassen sich erfahrungsgemäß auch nachhaltig auf Neuland realisieren, wenn der Bewirtschafter die natürlichen Eigenschaften und Besonderheiten der Böden beachtet.

Neue, besonders anspruchsvolle Kulturen werden in Zusammenarbeit mit landwirtschaftlichen Spezialbetrieben und den Schirrhöfen auf Neuland angebaut. Ausschlaggebend für die Aufnahme solcher Kulturen sind die veränderten Rahmenbedingungen auf den Agrarmärkten, denen sich die Landwirtschaftsbetriebe stellen müssen. Einerseits kann dies durch Kostenreduktion bei konventioneller Produktionsausrichtung geschehen, andererseits durch eine Intensivierung und Verbraucherausrichtung (Großhandelsstrukturen im Rheinland, Direktvermarktung ab Hof) bei der Erzeugung, beispielsweise durch den Anbau von Feldgemüse für den Frischmarkt. Der Nachweis des Sonderkulturanbaus und die Darstellung geeigneter Anbaumethoden begleiten die Landrückgabe zur Steigerung der Neulandattraktivität, erwarten doch die Landwirte einen wirtschaftlich den natürlich gewachsenen Böden ebenbürtigen Standort.

Technische und landwirtschaftliche Rahmenbedingungen und deren Wandel in der Zeit haben auf der Grundlage der bestehenden Rechtsgrundlagen zu bewährten Verfahren zur Landrückgabe geführt. Bestimmend für die Landrückgabe sind die Qualität der beanspruchten Fläche (Altland), gemessen an der nach Bodenschätzungsgesetz festgestellten Ertragsmeßzahl, die Qualität der rekultivierten Fläche (Neuland), ebenfalls gemessen an der Ertragsmeßzahl bzw. einer ersatzweisen Einschätzung im Rahmen eines Flurbereinigungsverfahrens oder nach Erfahrungswerten, sofern die Bodenbewertung zum Tauschzeitpunkt noch nicht stattgefunden hat. Besondere Merkmale von Neulandflächen werden ggf. durch eigens dafür entwickelte Dokumentationsverfahren erfaßt und können die Landrückgabe beeinflussen.

Zum besseren Verständnis des Rückgabeverfahrens werden zuvor die Verfahrensalternativen der Landinanspruchnahme, die technischen Vorbereitungsmaßnahmen, bestehend aus bergmännischen und landwirtschaftlichen Rekultivierungsmaßnahmen, sowie das Beratungskonzept zur Heranführung der zukünftigen Neulandbewirtschafter an die zurückzugebenden Neulandflächen vorgestellt.

2
Die Inanspruchnahme landwirtschaftlicher Nutzflächen im Tagebauvorfeld

Die Inanspruchnahme landwirtschaftlicher Nutzflächen beschränkt sich nicht allein auf die Tagebauöffnung. Der Betrieb eines Tagebaues erfordert darüber hinaus

Flächen für vorbereitende Maßnahmen zur Verlegung von infrastrukturellen Einrichtungen wie Straßen, Eisenbahnlinien oder Leitungstrassen, von Wasserläufen, aber auch von Wohnorten verbunden mit der Umsiedlung der Bevölkerung sowie der Beschaffung von Ersatzflächen für Umsiedlungsstandorte. Zur Vorbereitung des Abbaus werden zusätzlich Versorgungsanlagen für den Tagebaubetrieb wie Betriebsstraßen und Ver- bzw. Entsorgungsleitungen, v. a. aber Sümpfungseinrichtungen, bestehend aus Brunnen, Pumpstationen, Wasserableitungen und Stromversorgungsanlagen, errichtet.

Mit Vordringen des rheinischen Braunkohlenbergbaues in die Niederrheinische Bucht werden heute überwiegend landwirtschaftliche Nutzflächen beansprucht. Die wichtigste Rechtsgrundlage bildet das Bundesberggesetz, doch erfolgt der für den Betrieb eines Tagebaues erforderliche Grunderwerb üblicherweise im sog. freien Erwerb. Das heißt, daß in Verhandlungen zwischen Grundstückseigentümern, ggf. auch Pächtern und Rheinbraun, erzielte privatrechtliche wie notarielle Verträge das Grundstücksgeschäft regeln. Nur in wenigen Ausnahmefällen werden gesetzliche Möglichkeiten der Grundabtretung im Rahmen eines behördlichen Verfahrens ausgeschöpft.

Wesentliche Verfahren des Grunderwerbs sind der Kauf und die Überlassung. Während der Kauf gegen Zahlung des Kaufpreises ein abgeschlossenes Geschäft darstellt, führt eine Überlassung eines Grundstücks für Rheinbraun zu einer Rückgabeverpflichtung. Bis zu deren Erfüllung erfolgt die Entschädigung des Eigentümers durch periodische Geldleistungen als Nutzungsentschädigung oder in natura durch die vorübergehende Bereitstellung von Austauschland. Besonderheiten bilden der Grundstückstausch und die Inanspruchnahme verpachteter Flächen. Wertgrundlage im Falle des Kaufs ist der Verkehrswert. Bei der Landrückgabe aufgrund bergbaulicher Überlassungen wird die Wertgleichheit der Abfindung in aller Regel anhand der Bodenschätzung der Finanzverwaltung gemessen (Abb. 2).

3 Herstellung und Zwischenbewirtschaftung von Neulandflächen

Bestimmend für die spätere Neulandqualität sind neben dem für die Rekultivierung verfügbaren kulturfähigen Bodenmaterial dessen selektive Gewinnung, der Kippenaufbau, der bodenschonende Auftrag des kulturfähigen Materials und eine bodenschonende Anfangsbewirtschaftung, die sog. Zwischenbewirtschaftung rekultivierter Ackerflächen.

Das kulturfähige, für Rekultivierungszwecke gut geeignete Bodenmaterial setzt sich aus den überwiegend an der Erdoberfläche anstehenden Parabraunerden und dem darunter anstehenden carbonathaltigen Löß (Weichsellöß) zusammen. Durch die Gewinnung mit dem Schaufelradbagger entsteht eine Mischung, die auf eine eigens mit wasserdurchlässigem Material dafür vorbereitete Rohkippe aufgetragen wird. Während heute der Bodenauftrag im Trockenverfahren mit dem Absetzer erfolgt, gab es daneben bis vor einigen Jahren das Spülverfahren, bei dem das Substrat im Gemisch mit Wasser in Rohrleitungen gefördert und in auf der Kippe zuvor eingerichtete Polder eingespült wurde (die Verfahren werden an anderer Stelle näher beschrieben). Nach Einplanieren bzw. Abtrocknen des Lösses wird die Zwischenbewirtschaftung von rheinbrauneigenen Landwirtschaftsbetrieben aufgenommen

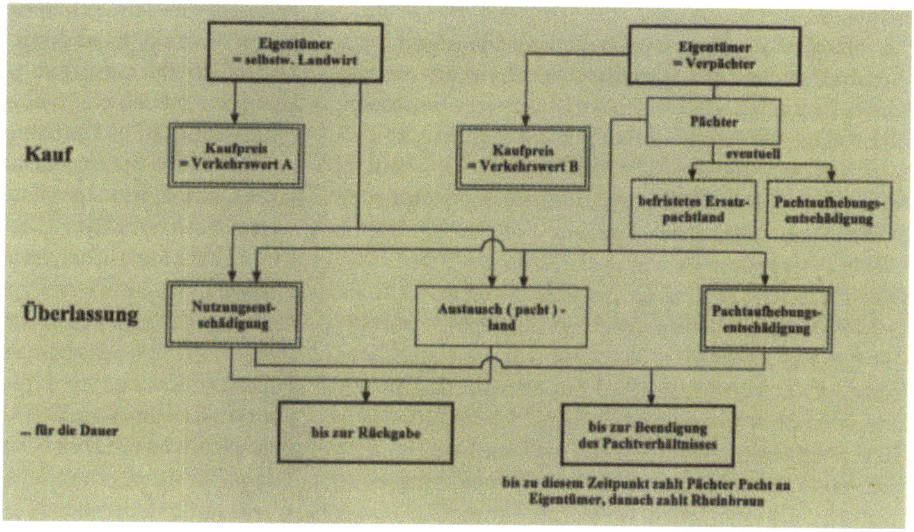

Abb. 2. Grunderwerb und Entschädigung – Entschädigung bei unmittelbarer bergbaulicher Inanspruchnahme von landwirtschaftlich genutzten Grundstücken

und über eine Dauer von mindestens sieben Jahren ausgeführt.

Die Zwischenbewirtschaftung dient v. a. der Inkulturnahme des Neulandes und fängt dabei die zunächst höheren Aufwendungen der Erstbewirtschaftung auf, um es für die Rückgabe an abzufindende Landwirte und andere Grundstückseigentümer vorzubereiten. Dabei müssen im Interesse einer optimalen Bodenentwicklung rein wirtschaftliche Überlegungen im Hintergrund stehen. Im Vergleich zu anderen Braunkohlenrevieren, in denen z. T. unmittelbar nach Fertigstellung der neuen Ackerflächen die standortübliche Landwirtschaft wieder einsetzt, unterliegt die Zwischenbewirtschaftung einer besonderen Fruchtfolge.

Sie beginnt mit einer dreijährigen Pionierpflanzenphase, in der Luzerne als Leguminose (Stickstoffsammler) zur tiefgründigen Durchwurzelung als mehrjährige Pflanze angebaut wird. In der Zeit zwischen April und Juni wird die Luzerne mit einer Aussaatstärke von 45 kg/ha bestellt. Zum Teil geschieht das auf frisch planierten, z. T. auf mit Senf oder Waldstaudenroggen zwischenbegrünten Flächen, die bereits ab August des Vorjahres hergestellt worden sind. Die Aussaat wird durch eine Grunddüngung und eine Stickstoffstartdüngung begleitet. Der Luzerneaufwuchs wird dabei auf dem überwiegenden Flächenanteil mehrfach abgehäckselt und die Pflanzenmasse zur Anreicherung mit organischer Substanz auf der Fläche belassen. Vereinzelt erfolgt auch die Abgabe von Luzerneaufwuchs zur Heuwerbung an ortsansässige Landwirte, die so erste Erträge ihrer späteren Betriebsflächen erzielen können. Die somit entstehende Erweiterung der Futtergrundlage der im Revier ansässigen Landwirtschaftsbetriebe kann bereits gegenüber dem bergbaulichen Eingriff helfen, deren Betriebsentwicklung fördern. Auch einige viehlose Betriebe haben einen florierenden Markt für Luzerneheu, insbesondere bei Pferdehaltern der Region, aufgebaut.

Nach drei Jahren wird der Luzernebestand umgebrochen und auf der Fläche Weizen, inzwischen weitgehend pfluglos, bestellt. In der weiteren Fruchtfolge überwiegen Winterhalmfrüchte; die aufgrund der EU-Agrarreform übliche Flächenstillegung wird seit 1992 einbezogen. Die Führung der Pflanzenbestände entspricht dabei weitgehend gegendüblichen Verfahrensweisen. Besondere Beachtung erfordert die Druckempfindlichkeit des Neulandes, der Bedarf an mineralischem Stickstoffdünger ist im Vergleich zur Pflanzenproduktion auf gewachsenen Standorten höher, eine Erhaltungskalkung ist substratbedingt unnötig, der Aufwand über den Boden wirkender Pflanzenschutzmittel erheblich geringer. Die während der zweiten Phase der Zwischenbewirtschaftung (Marktfruchtphase) angebauten Kulturpflanzen werden gezielt als Bioindikatoren genutzt, um eventuelle rekultivierungsbedingte Schadstellen aufzuspüren und diese nach der Ernte zu beseitigen.

Am Ende der Zwischenbewirtschaftung kann die Neulandfläche der regionaltypischen Landnutzung unterzogen werden. Das wichtigste Glied in der Fruchtfolge stellt dann die Zuckerrübe dar. Der nachhaltige Bestand des hohen Ertragspotentials hängt von einer bodenschonenden Weiterbewirtschaftung ab, die aber keineswegs zu Lasten der Wirtschaftlichkeit gesehen werden kann.

4 Beratung und Einführung neuer Bewirtschafter auf Neuland

Bei entsprechender Bewirtschaftung verfügt Neuland über ein nachhaltig hohes Ertragspotential, mit dem die Existenz eines landwirtschaftlichen Betriebes, der nach der Landrückgabe solche Flächen erhalten hat, gesichert werden kann. Bewirtschaftungsfehler können zu erheblichen Ertragseinbußen führen und müssen genau wie Fehler bei der Neulandherstellung vermieden werden. Hierzu dient neben einem gezielten Beratungsangebot die bereits eingangs erwähnte Bereitstellung von Neulandflächen an Arbeitsgemeinschaften. Aber auch nach der Landrückgabe steht das Informationsnetz, das von der Landwirtschaftskammer, erfahrenen Neulandbewirtschaftern und Rheinbraun unterhalten und entwickelt wird, den betreffenden Landwirten zur Verfügung.

Die Beratung basiert auf mehrjährigen Bewirtschaftungserfahrungen, die über die Schirrhöfe gewonnen und über sog. Schlagkarteien ausgewertet werden, und auf Feldbegehungen, bei denen aktuelle Sachverhalte und angemessene ackerbauliche Maßnahmen erörtert werden können. Eigens für solche Begehungen werden von den Schirrhöfen Musterstücke eingerichtet, die z. B. die Bestandesentwicklung von Zuckerrüben in Abhängigkeit von der Bestelltechnik oder Nutzungsmöglichkeiten für den Anbau von Sonderkulturen aufzeigen sollen. Von der Landwirtschaftskammer Rheinland als Offizialberatungsorgan wurden die Entwicklungen der standortgerechten Neulandbewirtschaftung in Bewirtschaftungsempfehlungen umgesetzt (Matena 1987).

Die Arbeitsgemeinschaften, in denen sich bis zu zehn Landwirte zusammenschließen, um selbst praktische Bewirtschaftungserfahrungen auf Neuland sammeln zu können, setzen die gesammelten Erfahrungen erstmals um. Auf einer speziell für den Zweck zugewiesenen Schirrhoffläche setzen deren Mitglieder im Rahmen einer zuvor abgestimmten Fruchtfolge geeignete Anbautechniken um. Begleitet wird der Anbau durch die Offizialberatung der Landwirtschaftskammer und das Schirrhofpersonal. Sämtliche Aktionen der Gemeinschaft werden dokumentiert, ökonomisch ausgewertet und mit entsprechenden Daten der Neuland- wie auch Altlandbewirtschaftung verglichen (horizontaler und vertikaler Betriebsvergleich). Die Erfahrungen älterer

Arbeitsgemeinschaften haben gezeigt, daß anfängliche Schwierigkeiten und Einbrüche im Bewirtschaftungserfolg bald ausgemerzt werden können. Übernehmen dann die beteiligten Landwirte im Zuge der Landrückgabe die Neulandflächen, bestehen optimale Voraussetzungen für deren produktionstechnische und ökonomische Integration in den Landwirtschaftsbetrieb.

5 Die Landrückgabe

Die Landrückgabe steht am Ende bergbaulicher Überlassungsverhältnisse. Langjährige Erfahrungen unter Zusammenwirken der betroffenen Grundstückseigentümer, berufständischen Vertretern, Behörden und Rheinbraun als Bergbautreibenden haben ein umfassendes System bis hin zu über die gesetzlichen Maßgaben hinausgehenden Gewährleistungsregelungen für rekultivierte Flächen entwickelt. Für den Grundstückseigentümer sind die von ihm durch Bewirtschaftung verifizierbaren natürlichen Qualitätsmerkmale und die Rechtsgrundlage der Landrückgabe ausschlaggebend. Beide Kriterien basieren aber auf den technischen und natürlichen Voraussetzungen der Rekultivierung.

Die Gunst des für Rekultivierungszwecke verfügbaren Löß und der sich hieraus gebildeten Parabraunerden, der bergmännische Umgang bei Gewinnung, Transport und Verkippung sowie anschließender Planierarbeiten und die landwirtschaftlichen Rekultivierungsmaßnahmen bilden erst den Grundstock einer wertgleichen Landrückgabe. Wenngleich rekultivierte Ackerflächen im Vergleich zu gewachsenem Gelände einige Besonderheiten aufweisen, lassen sie beispielsweise für die rheinische Fruchtfolge gegenüber den gewachsenen Flächen ein ebenbürtiges Ertragsniveau zu.

Die landwirtschaftlichen Maßnahmen im Zuge der Zwischenbewirtschaftung dienen in erster Linie der Wiederherstellung von rückgabefähigen Ackerflächen, bieten dabei aber gleichzeitig Gelegenheit zur praktischen Überzeugungsarbeit über Nutzungs- und Ertragsmöglichkeiten. Informationsveranstaltungen zur Neulandbewirtschaftung und die Möglichkeit für Landwirte, selbst praktische Erfahrungen vor der Landrückgabe zu machen, sind gezielte Ansätze eines Neulandmarketings.

Die Landrückgabe rekultivierter Flächen bedarf der juristischen Form (Notarvertrag, Vereinbarung im Flurbereinigungsverfahren vor dem jeweils zuständigen Amt für Agrarordnung), ergänzt durch über den gesetzlichen Rahmen hinaus gehende Gewährleistungsregelungen. Der Regelfall der Landrückgabe stellt immer eine umfassende Paketlösung dar, bei der je nach Art der vorangegangenen Landinanspruchnahme Teilflächen eines Betriebes oder der ganze Landwirtschaftsbetrieb (Umsiedlung) erfaßt werden. Im Falle der Umsiedlung gehören zur Landrückgabe auch die Standortsuche und -erschließung der neuen Hofstellen. Die Landrückgabe auf der bergrechtlichen Grundlage spielt in der Praxis keine Rolle. Sie sieht im wesentlichen die Landrückgabe am Ort der zuvor beanspruchten Fläche, also in alter Lage, vor. Ein etwa nach Wiedernutzbarmachung verbliebener Minderwert wäre auszugleichen. Vielmehr erfolgt die Landrückgabe im Rahmen einer Flurbereinigung, in der das untergegangene Altkataster aufgehoben und das neue Kataster den Nutzungsarten der rekultivierten Landoberfläche gerecht wird. So kann zusätzlich zu der nur monetären Wertgleichstellung nach bergrechtlichem Rückgabeverfahren eine nutzungsgleiche Landrückgabe erfolgen.

6 Entwicklung des Rückgabeverfahrens

Größere landwirtschaftliche Flächen sind erst während der 60er Jahre nach Vordringen des Braunkohlenabbaus in die Ackerbaugebiete der Kölner Bucht entstanden. Die Rekultivierungsflächen der Berrenrather Börde (Tagebau Frechen), am sog. Hagelkreuz (Tagebau Zukunft) und im Raume Kinzweiler (ebenfalls Tagebau Zukunft) zeugen davon. Es entstanden dort speziell für die Umsiedlung von Landwirtschaftsbetrieben aus dem Tagebauvorfeld auf Neuland Weilerstandorte (Weiler Brüggen und Berrenrath im ehemaligen Abbaugebiet des Tagebaues Frechen, Weiler Hagelkreuz entsprechend im Rekultivierungsgebiet des Tagebaues Zukunft). Übrige landwirtschaftliche Rekultivierungsflächen aus dieser Zeit wurden für außerhalb der Abbaugebiete liegende Landwirtschaftsbetriebe vorgesehen (z.B. Vollrather Höhe als Außenkippe des Tagebaues Garzweiler) oder es wurden Einzelbetriebe angesiedelt (z.B. Halde Nierchen als Außenkippe des Tagebaues Zukunft).

Die Landrückgabe war damals in aller Regel Teil eines Tauschgeschäftes im Zuge einer Umsiedlung. Langfristige Bewirtschaftungserfahrungen lagen für die rekultivierten Flächen noch nicht vor. Die Entschädigungsermittlung konzentrierte sich auf die materiellen Werte eines Umsiedlungsbetriebes, während die Wertermittlung für den oft als Nebenentschädigung, etwa für die anfallenden Anpassungskosten im Zuge der Betriebsverlagerung auf Neuland, bezeichneten Teil eher Pauschalcharakter hatte und häufig durch eine zusätzliche Landzuteilung abgedeckt wurde. Zudem versuchte Rheinbraun durch ein günstiges Tauschverhältnis von Altland zu Neuland und zusätzlich Überlassung von Pachtland einen Anreiz zur Umsiedlung auf Neuland zu geben. Aus der Sicht des Bergbautreibenden war sicherlich die Verfügbarkeit der rekultivierten Flächen für solche Zwecke ausschlaggebend, aus der Sicht der Landwirtschaft wurde hierin ein probates Mittel zur Flächenaufstockung der Betriebe gesehen. Nicht selten verfügten die Umsiedlungsbetriebe über einen Flächenbestand unter 10 ha, Großbetriebe waren die Ausnahme. Landwirte, die zu dieser Zeit Neuland angetreten haben, werden auch heute noch als Neulandpioniere bezeichnet. Viele der Umsiedlungsbetriebe gehen in die zweite Generation auf Neuland, einige haben im Zuge des allgemeinen agrarstrukturellen Wandels ihren Betrieb aufgegeben, z. T. auch verkauft.

Neben Anreizen, die Neulandbewirtschaftung aufzunehmen, umfaßte die Landrückgabe auch die Bereitstellung einer erschlossenen Hofstelle im Sinne des Funktionsersatzes. Deren Lage in Weilern war weitestgehend auf eine optimale Erschließung der von ihr aus zu bewirtschaftenden Flächen ausgelegt, wie auch die Gliederung der Feldflur selbst fast ausschließlich den Erfordernissen einer immer weiter technisierten Landwirtschaft diente. Die Betriebsgrößenvorstellungen entsprachen mit 25–30 ha dem Zeitgeist, so daß die Weiler dem damaligen Leitbild von andernorts durchgeführten Flurbereinigungen zur Verbesserung der Agrarstruktur oder aus städtebaulichen Gründen entsprechen.

Als die Umsiedlung auf Neuland mit weiter wachsendem Flächenangebot zum Regelfall wurde, setzte sich das Tauschverhältnis auf der Grundlage der Ertragsmeßzahl nach Bodenschätzungsgesetz oder Wertklassen nach Flurbereinigungsgesetz durch. Lag eine entsprechende Bewertung für eine zur Landabfindung vorgesehenen Fläche noch nicht vor, nahm man Durchschnittswerte, die auf vergleichbaren Standorten gefunden wurden, an. Mitunter wurde in den dazu abgeschlossenen Verträgen eine Ausgleichsklausel aufgenommen, derzufolge nach Vorliegen der tatsächlichen Bodenwerte ein Flächenausgleich erfolgte. Die Nebenentschädigungen wurden zunehmend detailliert ermittelt und nicht mehr mit einer zusätzlichen Flächenbemessung pauschaliert. Dennoch haben viele Landwirte für einen Teil der Nebenentschädigungssumme Neuland zur eigentlichen Tauschmasse hinzu erworben. Lediglich für zum Abgabezeitpunkt u. U. noch nicht sichtbar gewordene Besonderheiten wurde eine Risikopauschale in Form eines pauschalen Ertragsmeßzahlabschlages für Neuland vorgenommen. Erstmals wurden neben der zuvor allein auf Kulanz beruhenden Nachbesserungszusagen bei etwa verbliebenen Rekultivierungsmängeln Gewährleistungszusagen in die Umsiedlungs- und Tauschverträge aufgenommen (Abschn. 7). Als Gewährleistungsfrist wurden üblicherweise fünf Jahre nach Antritt der Flächen vertraglich festgeschrieben, der Fristablauf im Bedarfsfalle jedoch häufig ausgesetzt. Aus dieser Zeit zeugen beispielsweise die Weiler Langweiler (Tagebau Zukunft) und Hohenholz (Tagebau Garzweiler) sowie die Ansiedlung landwirtschaftlicher Betriebe auf den Innenkippen Fortuna-Fischbach und Wiedenfelder Höhe (Tagebau Fortuna-Fischbach bzw. Fortuna-Garsdorf).

Der Weiler Hohenholz, in dem sich vorwiegend Landwirtschaftsbetriebe aus Königshoven angesiedelt haben, das im Abbaugebiet des Tagebaues Garzweiler lag, stellt insofern hinsichtlich der Landrückgabe ein besonderes Beispiel dar, als bei der Umsiedlung der Hofstellen die dazugehörigen Ackerflächen noch gar nicht fertig rekultiviert waren. Die Lage der den Hofstellen zuzuordnenden Ackerflächen war nur grob mit dem Gebiet der sog. Kasterer Höhe bezeichnet, wo rund 300 ha Neuland heranwuchsen. Zwischenzeitlich bewirtschafteten die Betriebe Austauschland im Tagebauvorfeld. Für einzelne Betriebe dauerte es über zehn Jahre bis zur eigentumsmäßigen Landrückgabe. Nach ihrer Zwischenbewirtschaftung wurden die Flächen durch die Finanzverwaltung geschätzt, aufgrund der Einlagewerte das Maß für die Abfindungsfläche bestimmt und ein Flurbereinigungsverfahren zur Ausweisung und Erschließung der zurückzugebenden Flächen eingeleitet.

Der bergbauliche Eingriff bis hin zur Landrückgabe bildete für eine lange Zeit einen wesentlichen Bestimmungsfaktor für die Betriebsentwicklung. In einer Zeit des rasanten Strukturwandels in der Landwirtschaft und hohem Anpassungsdruck auf die Landwirtschaftsbetriebe fordert der bergbauliche Eingriff zusätzliche Aufmerksamkeit, um mit diesem Tempo Schritt halten zu können. Vorübergehende Einkommensverbesserungen, die sich durch Pachtflächenzuwächse der noch im Abbaugebiet verbliebenen Betriebe ergeben, wenn von bereits umgesiedelten Betrieben Flächen frei werden, dürfen nicht darüber hinwegtäuschen, daß sich nach Landrückgabe sozusagen wieder die normale Betriebsgröße einstellt.

Gegenüber den vorher einzelvertraglich geregelten Landrückgaben besteht seit 1990 eine Gewährleistungsregelung, zu deren Angebot sich Rheinbraun in allen zukünftigen Landrückgaben gegenüber der berufständischen Vertretung der Landwirtschaft verpflichtet hat. Die Gewährleistungsregelung berücksichtigt alle bisher gemachten Erfahrungen der geübten Kulanz und der einzelvertraglichen Regelungen auf der Grundlage einer verbesserten Rekultivierungstechnik, Schadstellenerkennung und -beseitigung, v. a. aber der Schadstellenvermeidung. Ergänzend zur besser abgesicherten Landrückgabe besteht die Möglichkeit zur gänzlich neuen Organisation von Arbeitsabläufen auf dem Umsiedlungshof und in der Feldflur durch ergonomische Gebäudekonzepte und Flurbereinigung, so daß nicht nur ökonomische Absicherung, sondern häufig auch ökonomische Weiterentwicklung aus dem betrieblichen Eingriff resultiert.

7
Gewährleistungsregelungen

Die Gewährleistungsregelungen, die seit 1990 gegenüber selbstwirtschaftenden Landwirten für deren Eigentumsflächen entstanden und 1992 auch für Pachtflächen weiter entwickelt worden sind, wurden in Verhandlungen mit dem Rheinischen Landwirtschaftsverband e.V. unter Mitwirkung der Landwirtschaftskammer Rheinland vereinbart. In verbindlicher und zusammenfassender Form regeln sie, was vorher z. T. ohne Rechtsgrundlage – allerdings unter Beachtung des Gleichbehandlungprinzips – einzelfallbezogen geklärt wurde. Erstmals wird die Landrückgabe als Gesamtpaket festgeschrieben.

Vorangegangene Maßnahmen waren eine verbesserte bergbauliche Rekultivierungstechnik, die Verlängerung der Zwischenbewirtschaftung von fünf auf sieben Jahre und umfangreiche wissenschaftliche Untersuchungen zur Zwischenbewirtschaftung und zur Weiterentwicklung bodenschonender Bewirtschaftungsverfahren auch nach der Landrückgabe. Aus Sicht der Landwirtschaft galt es dem Bewertungsrisiko, dem Bewirtschaftungsrisiko und dem Rekultivierungsrisiko zu begegnen.

Das Bewertungsrisiko wurde im Hinblick auf die Bewertung selbst und Unsicherheiten bei der zukünftigen Bodenentwicklung gesehen. So wurde die bereits langjährig geübte Praxis, einen 10prozentigen Abschlag auf die Ertragsmeßzahl des Neulandes mit dem Ergebnis eines günstigeren Tauschverhältnisses als eine der Grundlagen der Gewährleistung festgeschrieben.

Das Bewirtschaftungsrisiko wurde im Hinblick auf Erschwernisse und erhöhte Aufwendungen bei der Bewirtschaftung rekultivierter Böden gesehen. Als Ausgleich für anfänglichen Humus- und Nährstoffmangel sowie erhöhte Arbeits- und Maschinenkosten konnte gleichermaßen auf die langjährige Praxis in Form der sog. Starthilfe zurückgegriffen werden. In einer Höhe von 1 500 DM/ha wird durch eine einmalige Zahlung der erwartete Mehraufwand in kapitalisierter Form bei Antritt der Fläche ausgeglichen. Ein Vorteilsausgleich etwa für Arrondierungsvorzüge wie geringere Wegekosten erfolgt dabei nicht. Auch führen verbesserte Rekultivierungstechniken und eine verlängerte Zwischenbewirtschaftung zu einer Verringerung des Bewirtschaftungsrisikos. Die Starthilfe wurde als weitere Gewährleistungsgrundlage festgeschrieben.

Die Gewährleistungsregelungen setzen am Rekultivierungsrisiko, d. h. der Gefahr möglicherweise nach Ablauf der früher eingeräumten Fünfjahresfrist auftretenden Rekultivierungsfehlern an, um betroffenen Landwirten einen Rechtsanspruch für die bisher meist im Rahmen der Kulanz durchgeführte Sanierung zu geben. Zusätzlich führen sie zu einer erheblichen Fristverlängerung, in der der Sanierungsanspruch besteht. Beschrieben werden auch Sanierungsabwicklung und Mitwirkungspflicht betroffener Landwirte. Flankiert wird die Gewährleistungsregelung von einer Übergangsregelung für bereits vor Inkrafttreten der neuen Regelung umgesiedelte Betriebe, für die die ursprüngliche Frist noch nicht abgelaufen war und einer Absichtserklärung für sog. Altfälle, also Umsiedlungen, die z. T. noch in die Zeit der Neulandpioniere fallen, bis hin zur Einführung einzelvertraglicher Gewährleistungsregelungen, in denen also kein Haftungsanspruch gegen den Bergbautreibenden mehr besteht.

8 Die Bodenbewertung

Grundlage der Bodenbewertung bildet das Bodenschätzungsgesetz vom 16. Oktober 1934, novelliert im Jahre 1965. Schätzungsgrundlage bilde der für das damalige Reichsgebiet aufgestellte Acker- bzw. Grünlandschätzungsrahmen. Die daraus abgeleiteten Boden- bzw. Grünlandgrundzahlen spiegeln die Ertragsfähigkeit der Böden als Verhältniszahlen aufgrund der Bewirtschaftungsverhältnisse von 1930 wider. Ab- bzw. Zuschläge führen zur Acker- bzw. Grünlandzahl, um Abweichungen der natürlichen Ertragsbedingungen zu erfassen. Eigens ausgewiesene Musterstücke der Bodenschätzung (früher Reichsmusterstücke) dienen als Vergleichsstücke für die Bodenbewertung. In den Amtsbezirken der Oberfinanzdirektionen Köln und Düsseldorf, in denen alle rekultivierten Standorte des Rheinischen Braunkohlenreviers liegen, wurden 1976 erstmals auf rekultivierten Flächen Musterstücke ausgewiesen. Die Bodenbewertung liegt in der Zuständigkeit der Oberfinanzdirektion und dient aus deren Sicht in erster Linie zur Ermittlung des steuerlichen Einheitswertes. Die bodenkundliche Kartieranleitung von 1982 spricht von Auftragsböden. Die Bewertung erfolgt ca. sieben Jahre nach Herstellung einer Fläche. Als Neukultur wird sie im Bewertungsergebnis mit NK bezeichnet. Erst bei der sog. zweiten Nachschätzung im Alter von 15–20 Jahren der Rekultivierungsfläche wird dieser Zusatz gestrichen.

Für die Landrückgabe rekultivierter Flächen dienen die ermittelten Boden- bzw. Ackerzahlen (die Grünlandbewertung ist aufgrund der fast ausschließlichen Wiederherstellung von Ackerflächen unbedeutend) als Bewertungsgrundlage zur Feststellung des Tauschverhältnisses von abgegebenen Flächen zu Rückgabeflächen. Auf den rekultivierten Standorten werden im Schnitt Boden-/Ackerzahlen von 72/78 erreicht. Unter Einbeziehung des gewährten Wertabschlages auf die hieraus ermittelbare Ertragsmeßzahl (EMZ) ergeben sich als angenommene Werte 65/72.

Erfolgt eine Landrückgabe vor der Bodenbewertung, wird aufgrund vorliegender Erfahrungen das Tauschverhältnis auf der Grundlage 65/72 für Boden-/Ackerzahl angenommen und der tatsächliche Wertausgleich in der Regel nachträglich, d. h. nach erfolgter Schätzung, herbeigeführt.

Bei den überwiegend vorliegenden Bonitäten für die beanspruchten Altlandflächen resultieren unter weiterer Berücksichtigung eines üblicherweise bei der Tauschflächenermittlung vorgenommenen Wertabschlages von 10 % (Abschn. 7) für rekultivierte Flächen ein Tauschverhältnis von 1 : 1,3 von Altland zu Neuland.

9
Die Flurbereinigung als Instrument der Landrückgabe

Ein Flurbereinigungsverfahren ist zur Durchführung der Landrückgabe unerläßlich. Wenngleich ein landwirtschaftlicher Einzelbetrieb ohne ein solches Verfahren auf Neuland eingerichtet werden könnte, wird die Notwendigkeit des Flurbereinigungsverfahrens spätestens bei der Neuordnung der gesamten Feldflur nach Rekultivierung deutlich.

Die Verfahren werden nach § 86 Flurbereinigungsgesetz (FlurbG) durchgeführt, um die durch den Braunkohlenabbau entstandenen Nachteile für die allgemeine Landeskultur und Landesentwicklung zu beseitigen bzw. zu vermeiden, die ohne ein derartiges Verfahren entstanden wären. Üblicherweise setzt das Instrumentarium der Flurbereinigung bereits beim Abschluß bergbaulicher Überlassungsverträge vor der Landinanspruchnahme an und trägt zur Sicherstellung einer wertgleichen Landabfindung bei. Über das hoheitsrechtliche Verfahren werden private und öffentliche Belange abgewogen und ein Interessenausgleich unter den Beteiligten realisiert.

Zu den öffentlichen Belangen gehören die Gestaltung des Landschaftsbildes, Belange der Landesplanung, des Umweltschutzes und der Landespflege, der Erholung, Belange der Wasserwirtschaft, des Jagdwesens, der Energieversorgung, des Verkehrs und der Besiedlung (§ 37 FlurbG). Die Abwägung der Belange erfolgt unter Beachtung der Eigentumsverhältnisse. Zu den privaten Interessen gehört die Neueinteilung der Feldmark zur Verbesserung der Wirtschaftsgrundlage und der wertgleichen Landabfindung (§ 44 FlurbG). Eine nach den bergrechtlichen Bestimmungen ansonsten nur mögliche Geldentschädigung wird hierdurch vermieden.

Eine Besonderheit der für rekultivierte Flächen angestrengten Flurbereinigungsverfahren stellen die zwischen der Landwirtschaftskammer Rheinland, der Verwaltung für Agrarordnung des Landes Nordrhein-Westfalen und Rheinbraun erarbeiteten „Richtlinien für Flurbereinigungen auf rekultivierten und in sonstiger Weise vom Braunkohlenabbau berührten Flächen" zur Vermeidung einer dauerhaften Enteignung und zur Gleichbehandlung der betroffenen Rechteinhaber (insbesondere Eigentümer) dar.

Insgesamt wurden etwa 5 730 ha der inzwischen rekultivierten Flächen im Rahmen von Flurbereinigungsverfahren neu geordnet, im Bereich des Tagebaues Inden ca. 1 410 ha, im Bereich des Tagebaues Garzweiler ca. 1 880 ha, im Bereich des Tagebaues Fortuna-Garsdorf ca. 950 ha und im Südrevier mit den Tagebauen Frechen (Berrenrather Börde) und Theresia ca. 1 490 ha. Die abgewickelten und laufenden Flurbereinigungsverfahren erstrecken sich in der Regel über die Abbaugebiete der Tagebaue hinaus, um letztlich die Einbindung neu entstandener Feldfluren in das Gesamtkataster, aber auch Landinanspruchnahmen zur Errichtung z. B. tagebaubezogener Verkehrssysteme (z. B. Hambachfernbandanlage zwischen den Tagebauen Hambach und Fortuna-Garsdorf) neu zu ordnen (Abb. 3).

10
Die Umsiedlung auf Neuland

Die umfassendste Form der Landrückgabe erfolgt im Zuge einer kompletten Umsiedlung. Vereinzelt werden vom Tagebau betroffene Landwirtschaftsbetriebe auf Altland umgesiedelt. Oft werden Altlandumsiedlungen in Eigeninitiative der Umsiedlerfamilie mit den zuvor ermittelten Entschädigungswerten betrieben. Ausschlaggebend sind dabei die Verfügbarkeit geeigneter Objekte und die momentane Verkehrswertsituation auf dem Immobilienmarkt. Erfahrungsgemäß erfolgen 20–25 % der Umsiedlungen auf Altland. Dabei verlassen nur ganz wenige Umsiedlerfamilien das Rheinland (unter 5 %). Bezogen auf die Landrückgabe entlasten sie die Summe der auf rekultivierte Flächen bezogenen Rückgabeansprüche.

Für andere Betriebe erscheint etwa wegen Fehlens eines Hofnachfolgers oder unzureichender Existenzgrundlage die Betriebsaufgabe eine sinnvolle Lösung im Zusammenhang mit der Landinanspruchnahme. Zum Teil führt dies zum Verkauf, so daß keine Rückgabeansprüche begründet werden, oftmals aber auch im Wandel vom selbstwirtschaftenden Landwirt zum Verpächter, so daß Rückgabeansprüche entstehen, die Abfindungsflächen der Vermögensanlage dienen und gleichzeitig großen Wert für die Entwicklung weiterbewirtschafteter Betriebe gewinnen.

Für die auf Neuland umgesiedelten Betriebe werden die neuen Hofstellen z. T. an den Rändern der Umsiedlungsorte errichtet. Im Hinblick auf die beabsichtigte Viehhaltung entstehen die neuen Hofstellen in landwirtschaftlichen Weilern, in Ausnahmefällen in Einzelhoflage. Die Weileransiedlung bietet gute Betriebsentwicklungsmöglichkeiten bei gleichzeitig noch vertretbaren Erschließungskosten. Bei der Weilerkonzeption ist zu beachten, daß die mögliche Betriebsflächenausstattung in noch zumutbarer Entfernung zur Weilerhofstelle möglich ist. Die sich durch die Weileransiedlung bei arrondierter Betriebsflächenzuordnung ergebenden betriebswirtschaftlichen Vorteile, z. B. Kooperationsmöglichkeiten bei Produktion und Vermarktung, werden im Rheinischen Braunkohlenrevier nicht ausgeschöpft. Gemeinsame Maschinennutzung ist selten, eine gemeinsame Nutzung der Wirtschaftsgebäude in keinem

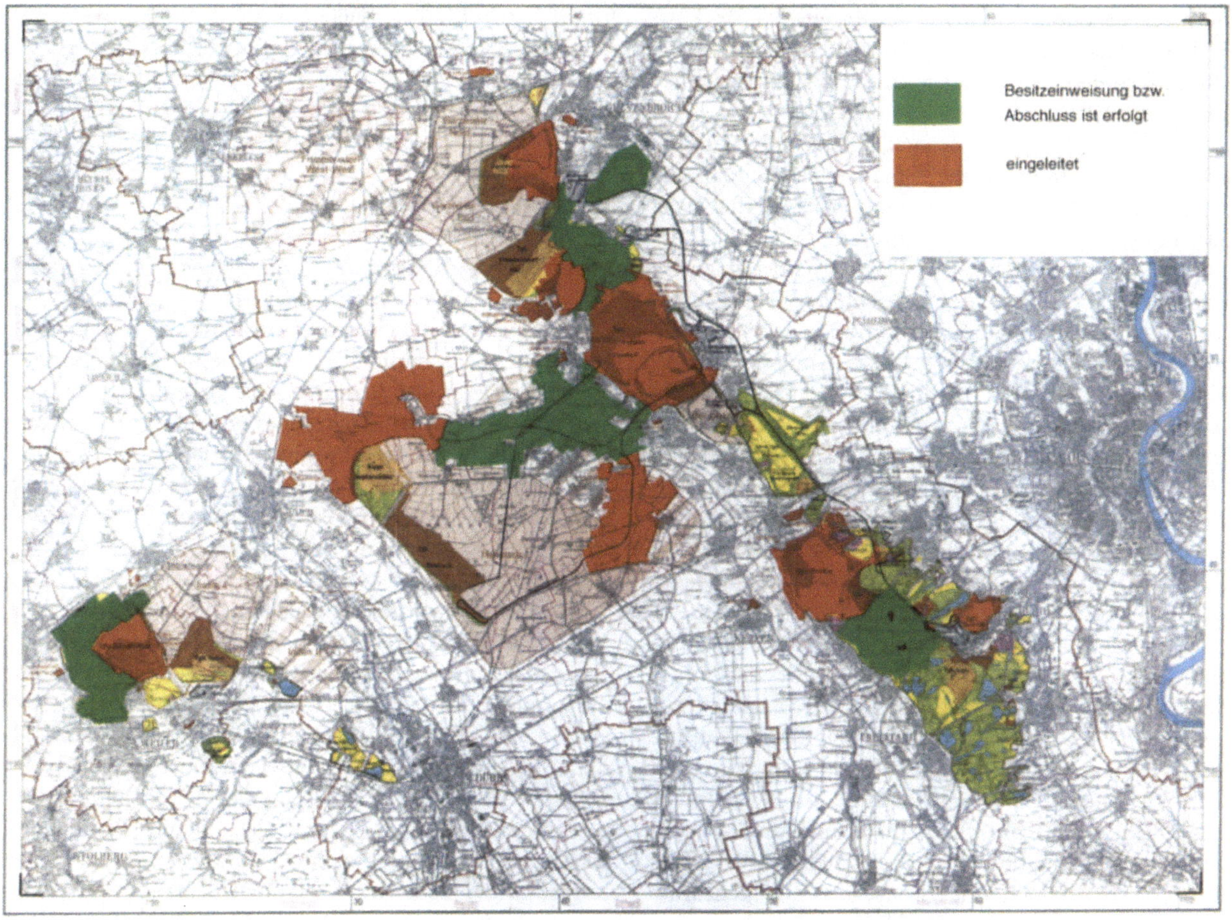

Abb. 3. Flurbereinigte Gebiete im Rheinischen Braunkohlenrevier

Falle eingetreten. Die so ungenutzten Reserven bieten aber gerade im Hinblick auf den derzeit rasant ablaufenden Strukturwandel in der Landwirtschaft Chancen für Umsiedlungsbetriebe.

Am Beispiel der landwirtschaftlichen Umsiedlung von Königshoven, dessen Ortslage und Feldmark in den 70er und 80er Jahren vom Tagebau Garzweiler erfaßt wurden, kann die Landrückgabe im Umsiedlungsfalle aufgezeigt werden. Vor dem Abbau wirtschafteten in Königshoven 44 Landwirtschaftsbetriebe. Davon wurden 15 in den Weiler Hohenholz, der sich nahe der früheren Ortslage Königshoven im Nordrevier befindet, für den aber noch keine Neulandflächen verfügbar waren, und die beiden Weiler Berrenrath und Brüggen im Südrevier, wo die rekultivierten Flächen zeitgleich mit der Umsiedlung in Bewirtschaftung genommen werden konnten, umgesiedelt. Der Weiler Hohenholz entstand am Rande des Abbaugebietes, die beiden anderen ganz auf rekultiviertem Gelände. Die genannten Betriebe sind allesamt als Vollerwerbsbetriebe an den neuen Standort gegangen.

Weitere 18 Betriebe, 9 als Vollerwerbs- und 9 als Nebenerwerbsbetrieb, wurden im Dorfgebiet des Umsiedlungsstandortes für die Wohnbevölkerung Königshovens angesiedelt. Überwiegend handelt es sich hierbei um solche, die inzwischen im Nebenerwerb geführt werden. Auf Altland wurden 10 Betriebe, davon 8 im Rheinland und nur 2 außerhalb des Rheinlandes, umgesiedelt. Nur ein Landwirt gab im Zuge der Umsiedlung seinen Betrieb auf. Nach der Umsiedlung erreichte die durchschnittliche Betriebsgröße der im Weiler Hohenholz und im neuen Ort Königshoven angesiedelten Betriebe ca. 26 ha (Eigentum und Zupacht), so daß die Notwendigkeit des betrieblichen Wachstums trotz des im Zuge der Umsiedlung realisierten Rationalisierungsschubs in den Betrieben weiterhin besteht.

11 Sonderformen der Landrückgabe bei Erschließungsflächen und Wald

Die Landrückgabe von Erschließungsflächen und Wald, aber auch unprofitablen Flächen wie etwa landschaftsgliedernden Grünflächen, unterliegt nachfolgend aufgeführten Besonderheiten. In aller Regel wird für diese Flächen die Landrückgabe mit Körperschaften und nur selten mit persönlichen Eigentümern bzw. Anspruchsberechtigten geführt.

Zu den Erschließungsflächen zählen neben öffentlichen Straßen und Wegen beispielsweise auch zweckgebundene Einrichtungen wie das Wirtschaftswegenetz landwirtschaftlicher Feldfluren. Da die Oberflächennutzung rekultivierter Flächen von der zuvor beanspruchten Oberfläche abweicht, ändern sich die Anforderungen und auch der Umfang der Erschliesungsflächen, bei denen es in erster Linie um Funktionserfüllung geht. Bei öffentlichen Straßen führt die Neuerstellung über verkipptes Gelände meist zu einer Verbesserung des Standards. Im Zuge der Rückgabe erfüllt Rheinbraun als Bergbautreibende den Funktionsersatz für den früheren Erschließungszweck, der Straßenträger übernimmt dabei den Kostenanteil für die Verbesserung des Standards. Das Wirtschaftswegenetz, das meist im Eigentum der Kommunen steht, erfährt in ähnlicher Weise Funktionsersatz. Aufgrund einer veränderten Flurgliederung kann dabei die Wegelänge auf verkipptem Gelände im Vergleich zur beanspruchten Länge durchaus geringer ausfallen. Die zum Wegenetz gerechnete Fläche nimmt hingegen dennoch häufig zu. Breitere Wege und ihnen zugerechnete Flächen für Landschaftsgliederung und -begrünung sowie Flächen für die Oberflächenentwässerung führen zu dem Flächenüberhang, dessen Eigentumsübertragung wegen der absehbaren Unterhaltungskosten – wenn überhaupt – nur zu einem sehr niedrigen Preis möglich ist. Die Forderung nach mehr Grünflächen steht meist im Widerspruch zur Bereitschaft, diese Flächen zu übernehmen. Eine weitere Besonderheit kann bei besonders wichtigen, meist überregionalen Straßen (z. B. Autobahnen) auftreten. Solche Verbindungen müssen während der Beanspruchungszeit der alten Trasse oft durch ein Provisorium ersetzt bzw. in sehr kurzer Zeit wieder errichtet werden.

Waldflächen stehen meist im Eigentum des Landes, vereinzelt der Kommunen und selten und dann nur mit geringem Flächenumfang im Privateigentum. Aufgrund bestehender Ausgleichsverpflichtungen übersteigen forstlich rekultivierte Flächen den Umfang der abgebauten Waldfläche. Privateigentümer, die nach rein wirtschaftlichen Überlegungen handeln, verzichten häufig auf eine nutzungsgleiche Landrückgabe und verkaufen ihr Eigentum bereits vor Abbau, Landwirte lassen ihren Rückgabeanspruch oft in Form von Ackerland ausweisen. Die öffentliche Hand orientiert sich im weit größeren Maße an der Erhaltung eines nutzungsgleichen Flächenbestandes. Landinanspruchnahme und -rückgabe werden meist als Flächentausch mit Wertausgleich für den jeweiligen Aufwuchs vollzogen. Für den Zuerwerb zusätzlicher Waldflächen fehlen in den meisten Fällen die Geldmittel, so daß sich der Bestand forstlich rekultivierter Flächen beim Bergbautreibenden mehrt.

12 Entwicklungen, Perspektiven

Die Zukunft wird vom Umfang der Flächeninspruchnahme, der zuwachsenden Rekultivierungsfläche, zunehmend aber auch durch sich wandelnde Erwartungen einer breiten Öffentlichkeit sowie den sozioökonomischen Wandel in der Landwirtschaft beeinflußt. Abbau und Rekultivierung unterliegen dem technisch bedingten Fortschreiten der Tagebaue in den genehmigten Abbaugebieten. Die Erwartungen der breiten Öffentlichkeit und der Landwirtschaft können im Widerspruch zueinander, aber auch gleichgerichtet auf die Oberflächennutzung des verkippten Geländes in einer positiven Wechselwirkung stehen.

Durch die Konzentration des Abbaus auf wenige Tagebaue, die Rekultivierung ausgekohlter Gruben und die fortschreitende Rekultivierung auf noch jungen Innenkippen (z. B. Tagebau Hambach) sowie das als Anschlußtagebau geplante Abbauvorhaben Garzweiler II, für das keine zusätzlichen Außenkippenflächen beansprucht werden, führt zu einer z. Z. die jährliche Inanspruchnahme übersteigenden Rekultivierungsleistung. Aufgrund der überwiegend landwirtschaftlich genutzten zukünftigen Abbauflächen bleiben rückgabebedingte Anforderungen an den auch landwirtschaftlich zu rekultivierenden Flächenanteil hoch. Aus ökologischer Sicht wird die Bedeutung landschaftsgliedernder Flächen und der Schaffung von Sonderbiotopen weiter zunehmen. Unter dem Gesichtspunkt der Landschaftspflege können hieraus auch für die Landwirtschaft neue Aufgaben erwachsen. Als Produzent von Nahrungs-, Futtermitteln und Industrierohstoffen ist sie einem rasanten Strukturwandel unterworfen. Der wirtschaftliche Druck zur Vergrößerung und Kostensenkung in den Betrieben ist auch für die Zukunft zu erwarten. Aufgrund der Diskrepanz zwischen Ertragswert und Verkehrswert landwirtschaftlicher Nutzflächen können diese Entwicklungen meist nur über den Zuwachs von Pachtland ablaufen. Entsprechend nimmt die Bedeutung des nicht bzw. nach Betriebsaufgabe nicht mehr selbstwirtschaftenden Eigentümers bei der Landrückgabe zu.

Daneben können höherwertige Nutzungen (großflächige Gewerbegebiete, Freizeitanlagen etc.) zuvor landwirtschaftlich rekultivierter oder schon von vornherein für diese Nutzung hergerichteter Flächen an Bedeutung gewinnen. Vorteilhaft wirkt sich v. a. die erzielbare Eigentumsarrondierung im Rekultivierungsgebiet aus, die auf gewachsenen Standorten kaum noch zu entwickeln ist.

13 Zusammenfassung

Mit der Braunkohlengewinnung im Tagebau geht die befristete Inanspruchnahme der Landoberfläche einher. Dabei dominiert heute und in Zukunft die Inanspruchnahme landwirtschaftlicher Nutzflächen. Die Landrückgabe nach Rekultivierung der Abbaugebiete schließt diesen Prozeß ab. Dem Kompensationsgedanken folgend orientieren sich die angestrebten Nutzungsarten der rekultivierten Flächen an denen der zuvor abgebauten Oberfläche. Vorbereitet wird die Landrückgabe landwirtschaftlich rekultivierter Flächen durch eine mindestens sieben Jahre dauernde Zwischenbewirtschaftung der zuvor bodenschonend hergestellten Flächen. Die zukünftigen Bewirtschafter erhalten Gelegenheit, Neuland im Zuge eigener Bewirtschaftungserfahrungen bereits vor der Landrückgabe kennenzulernen. Landwirtschaftskammer und Bergbautreibende bieten zudem Beratung auch über den Zeitpunkt der Landrückgabe hinaus an. Für die Landrückgabe hat sich über die vergangenen Jahre ein umfassendes Regelwerk entwickelt, um einerseits die wertgleiche Abfindung für beanspruchte Flächen, aber auch Entwicklungsimpulse für Neulandbetriebe zu geben. Als wesentliche Instrumente sind die Gewährleistungs- und Pachtlandregelung zu sehen. Das Tauschverhältnis bei der Landrückgabe basiert auf der Bodenschätzung durch die zuständigen Oberfinanzdirektionen. Die Bodenwerte von Altland im Vergleich zu den für Neuland festgestellten führen zu einem Tauschverhältnis um 1 : 1,3 Altland zu Neuland. Die Landrückgabe erfolgt in der Regel im Zuge von Flurbereinigungsverfahren, in denen die bergbaulichen Überlassungsverträge aufgelöst und neben der grundlegenden Flurneuordnung die zurückgegebenen Landflächen ausgewiesen und ins neue Kataster überführt werden. Die umfassendste Form der Landrückgabe erfolgt im Zuge der Umsiedlung ganzer Betriebe auf Neuland. Sonderformen der Landrückgabe treten in aller Regel bei Erschließungsflächen, Wald und unprofitablen Flächen auf. Die Abwicklungsformen erstrecken sich vom Tausch, teilweise als Funktionsersatz bei Geldausgleich für Wertunterschiede bis zum glatten Gelderwerb. Neben der Landwirtschaft als flächenmäßig am stärksten durch die Braunkohlengewinnung geforderten und damit für die Landrückgabe wichtigsten Wirtschaftszweig werden aufgrund der regionalen Ballungssituation andere Nutzungsmöglichkeiten zu neuen Aspekten führen. Einerseits mag es sich dabei um Ausgleichsflächen für den Naturhaushalt, andererseits um Gewerbe- und Freizeitflächen handeln. Welche Ausprägung auch immer aus dem jeweiligen Zeitgeist entspringt, trägt je nach Gelingen zur Akzeptanz des weiteren Bergbaus bei.

LITERATUR

Ebel F, Rütten J (1990) Verband und Kammer schafften Durchbruch. Landwirtschaftliche Zeitschrift Rheinland Nr.7

Engels H, Ebel F (1985) Rekultivierung – eine lohnende Aufgabe, Neues Ackerland folgt dem Tagebau. Rheinbraun AG

Gewährleistungsvereinbarung (1990, 1992 / ergänzende Regelungen) Rheinischer Landwirtschaftsverband e.V., Landwirtschaftskammer Rheinland, Rheinbraun AG

Matena H (1987) Bewirtschaftungsempfehlungen für Neulandböden. Landwirtschaftskammer Rheinland, Informationen zum Umweltschutz Nr. 26

Bodennutzungsansprüche und deren Befriedigung durch Interessenausgleich mittels Flurbereinigung

JOACHIM THOMAS

1 Einleitung

Die Gewinnung von Bodenschätzen im Tagebau bewirkt wie kaum eine andere Maßnahme eine Veränderung der Erdoberfläche; so ist das auch im Rheinischen Braunkohlenrevier in dem Städtedreieck Aachen, Köln, Mönchengladbach. Für den Aufschluß der Braunkohle werden Ortschaften umgesiedelt, Verkehrswege verlegt und im Zuge der Abräumung des Deckgebirges die über Jahrhunderte vom Menschen, vornehmlich durch die Landbewirtschaftung, geprägte Kulturlandschaft beseitigt. Die Folgen für die Agrarstruktur, die sich aus all den Faktoren ergeben, die das äußere Erscheinungsbild und das innere Ordnungsgefüge eines ländlichen Raumes bestimmen, liegen auf der Hand.

Nach dem Abbau der Braunkohlenflöze wird der Tagebau wieder mit Abraummassen verfüllt; es entsteht eine neue Landschaft.

Diese Maßnahmen haben aber nicht nur Einfluß auf das äußere Erscheinungsbild eines Raumes; auch das innere Ordnungsgefüge wird nachhaltig betroffen: Das Grundeigentum, die rechtliche Herrschaft über den Boden, findet in den Bestimmungen des Bergrechts seine Schranken; der Grundbesitz, die tatsächliche Herrschaft über den Boden, kann nicht mehr vom Besitzer genutzt werden. Betriebe müssen verlagert werden. Die wirtschaftlichen und sozialen Strukturen können in der bisherigen Form nicht mehr aufrecht erhalten werden.

Die Maßnahmen zur Wiederherstellung der Landschaft und des Naturhaushaltes werden an anderer Stelle in diesem Buche ausführlich dargestellt. Die Maßnahmen zur Wiederherstellung des inneren Ordnungsgefüges ergeben sich aus den Eigentumsansprüchen und sonstigen Rechtsansprüchen; das äußere Erscheinungsbild der wiederhergestellten Landschaft wird maßgeblich durch das „planvolle In-Kultur-nehmen“ geprägt. Es entsteht wieder eine Kulturlandschaft.

2 Bergrechtliche Grundabtretungen

Auf Antrag des Bergbauunternehmers kann nach dem Bundesberggesetz (BBergG 1980) eine Grundabtretung durchgeführt werden (§ 77 BBergG). Dadurch werden das Eigentum, der Besitz und dingliche Rechte an Grundstücken und persönliche Rechte an Grundstücken, sowie persönliche Rechte, die zum Erwerb, Besitz oder Nutzung von Grundstücken berechtigen oder deren Benutzung beschränken, entzogen, übertragen, geändert, mit einem dinglichen Recht belastet oder sonst beschränkt (§ 78 BBergG). Voraussetzung für die Zulässigkeit der Grundabtretung ist u. a., daß sich der Bergbauunternehmer ernsthaft um den freihändigen Erwerb des Grundstücks oder um die Vereinbarung eines für die Durchführung des Vorhabens ausreichenden Nutzungsverhältnisses vergeblich bemüht hat (§ 79 BBergG).

Die Grundabtretung darf nur in dem Umfange durchgeführt werden, in dem sie zur Verwirklichung des Grundabtretungszwecks erforderlich ist (§ 81 BBergG). Der Eigentümer kann die Entziehung des Eigentums an einem Grundstück verlangen, soweit eine andere Form der Grundabtretung für ihn unbillig ist, ein nach der Grundabtretung verbleibendes Restgrundstück nicht mehr in angemessenem Umfang baulich oder wirtschaftlich genutzt werden kann oder das Grundstück durch eine Beeinträchtigung von Rechten an einem anderen Grundstück in seiner Wirtschaftlichkeit wesentlich beeinträchtigt ist (§ 82 BBergG). In der Regel werden aber die erforderlichen Flächen zur Abwendung eines Besitzeinweisungsverfahrens bzw. zur Vermeidung eines förmlichen Grundabtretungsverfahrens vom Bergbauunternehmen freihändig zu Eigentum erworben (Abb. 1) oder durch Vereinbarung eines Nutzungsverhältnisses in Besitz genommen.

3 Flurbereinigung zur Wiederherstellung einer funktionsfähigen Agrarstruktur

Nach dem Abbau der Bodenschätze werden die in Anspruch genommenen Flächen wieder nutzbar gemacht. Nach § 24 Landesplanungsgesetz (LPlG 1989) muß der Braunkohlenplan insbesondere Angaben über die Grundzüge der Oberflächengestaltung und Wiedernutzbarmachung in Abbau- und Aufschüttungsgebieten einschließlich der im Rahmen der Rekultivierung angestrebten Landschaftsentwicklung sowie über sachliche, räumliche und zeitliche Abhängigkeiten enthalten. Die Grundzüge über die Wiedernutzbarmachung sehen vor, daß eine Landschaft wieder hergestellt wird, die

- einer ertragreichen land- und forstwirtschaftlichen Nutzbarkeit,
- einem erlebnisreichen und natürlich wirkenden Landschaftsbild,
- einer dauerhaft erfolgreichen Wiederansiedlung artenreicher, einheimischer Pflanzen- und Tiergesellschaften und
- einer vielfältigen Erholungsnutzung

in höchstmöglichem Maße Rechnung trägt.

Es wird nach Maßgabe des Braunkohlenplanes und des Abschlußbetriebsplanes der Tagebau verfüllt und mit einer gegenüber dem ursprünglichen Zustand völlig veränderten Oberflächengestalt versehen.

Maßnahmen des Naturschutzes und der Landschaftspflege werden durchgeführt; Straßen, Wege und Gewässer müssen neu angelegt werden. Außerdem ist nach § 37 LPlG auf Antrag des Betroffenen für die Entziehung von Grundeigentum nach § 77 BBergG an Stelle einer Geldentschädigung die Bereitstellung von Ersatzland anzustreben.

3.1
Flurbereinigung als Fachplanung für die ländlichen Bereiche

Es wäre unzweckmäßig und gesamtwirtschaftlich nicht vertretbar, die alten Eigentums- und Besitzstrukturen wiederherzustellen. In Abb. 1 ist der Flurzustand in der Phase des Braunkohlenabbaus (Liegenschaftskataster) dargestellt.

Vielmehr hat die Neuordnung unter Berücksichtigung der neuen Rahmenbedingungen und Gegebenheiten bei Wahrung der öffentlichen und privaten Interessen zu erfolgen. Das aber ist der zentrale gesetzliche Neugestaltungsauftrag der Flurbereinigung: Nach § 37 Abs. 1 Flurbereinigungsgesetz (FlurbG 1976) ist das Flurbereinigungsgebiet unter Beachtung der jeweiligen Landschaftsstruktur neu zu gestalten, wie es den gegeneinander abzuwägenden Interessen der allgemeinen Landeskultur und der Landentwicklung entspricht und wie es das Wohl der Allgemeinheit erfordert.

Die allgemeine Landeskultur umfaßt alle Maßnahmen der Agrarstrukturverbesserung und Landschaftspflege unter besonderer Berücksichtigung der ökologischen Ausgleichsfunktion des ländlichen Raumes. Landentwicklung ist die Verwirklichung der von der Raumplanung für den ländlichen Raum vorgesehenen Ziele (Seehusen u. Schwede 1991).

- Die Feldmark ist neu einzuteilen und zersplitterter oder unwirtschaftlich geformter Grundbesitz nach neuzeitlichen betriebswirtschaftlichen Gesichtspunkten zusammenzulegen und nach Form und Größe zweckmäßig zu gestalten. Die Abb. 2 veranschaulicht den Flurzustand nach Rekultivierung und Neuordnung (Zuteilungskarte des Flurbereinigungsplanes).
- Wege, Straßen, Gewässer und andere gemeinschaftliche Anlagen sind zu schaffen.
- Bodenschützende sowie - bodenverbessernde und landschaftsgestaltende Maßnahmen sind vorzunehmen.

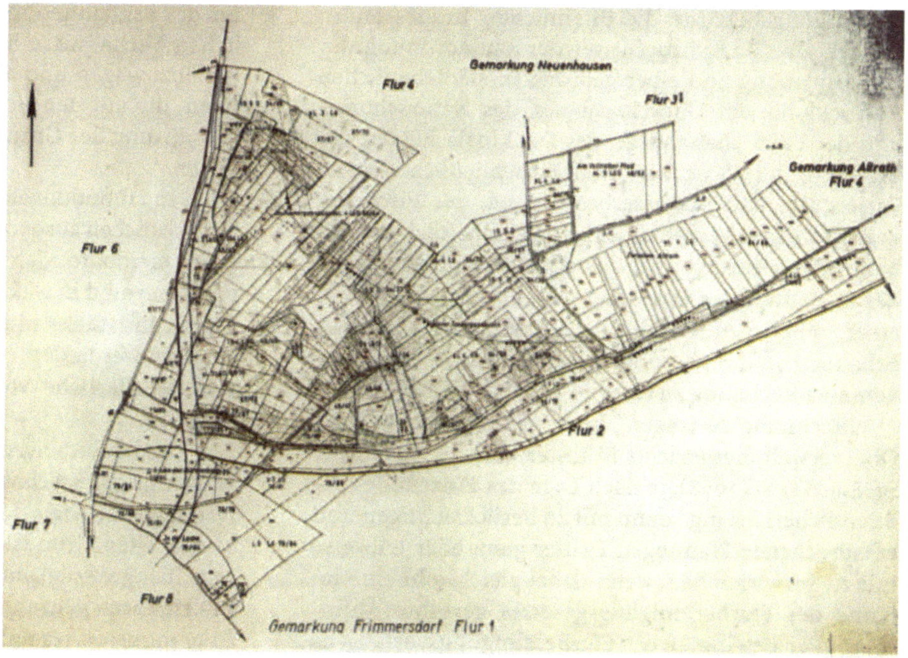

Abb. 1. Flurzustand in der Phase des Braunkohlenabbaus (Liegenschaftskataster)

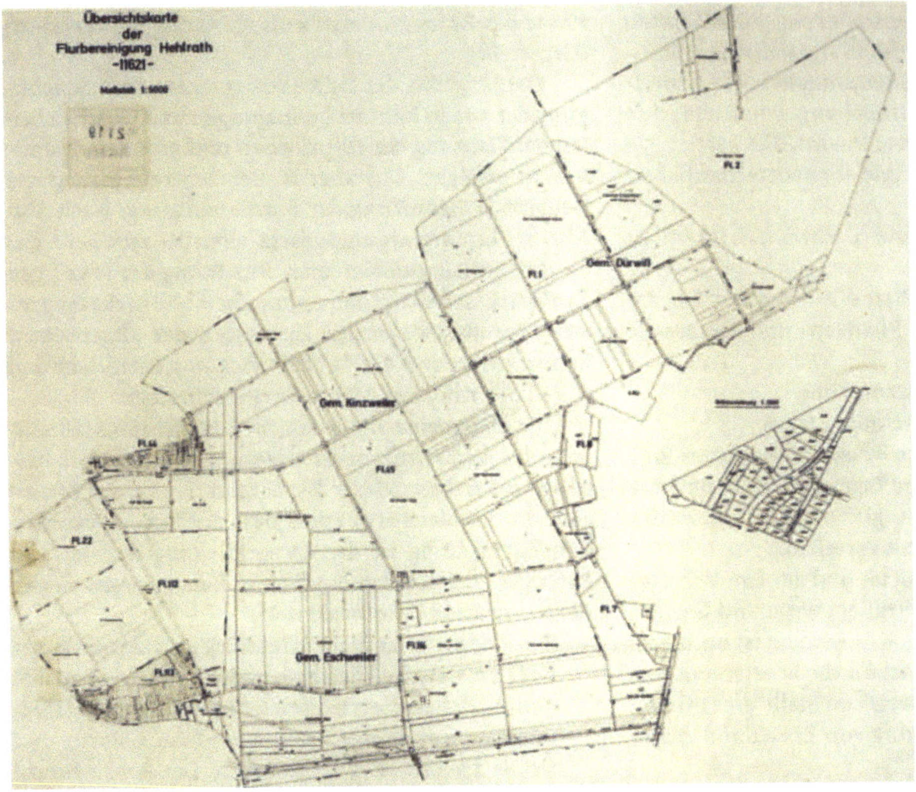

Abb. 2. Flurzustand nach Rekultivierung und Neuordnung (Zuteilungskarte des Flurbereinigungsplanes)

- Alle sonstigen Maßnahmen sind zu treffen, durch welche die Grundlagen der Wirtschaftsbetriebe verbessert, der Arbeitsaufwand vermindert und die Bewirtschaftung erleichtert werden.
- Die rechtlichen Verhältnisse sind zu ordnen.

Bei der Durchführung dieser Maßnahmen hat die Flurbereinigungsbehörde die öffentlichen Interessen zu wahren, v. a. den Erfordernissen der Raumordnung, der Landesplanung und einer geordneten städtebaulichen Entwicklung, des Umweltschutzes, des Naturschutzes und der Landschaftspflege, des Denkmalschutzes, der Erholung, der Wasserwirtschaft einschließlich Wasserversorgung und Abwasserbeseitigung, der Fischerei, des öffentlichen Verkehrs, der landwirtschaftlichen Siedlung, der Kleinsiedlung, des Kleingartenwesens und der Gestaltung des Orts- und Landschaftsbildes sowie einer möglichen bergbaulichen Nutzung und der Erhaltung und Sicherung mineralischer Rohstoffvorkommen Rechnung zu tragen (§ 37 Abs. 2 FlurbG).

„Rechnung zu tragen" heißt nach dem Urteil des Oberverwaltungsgerichts Münster vom 21. November 1968 (OVerwG 1968), je nach Lage des Einzelfalles die öffentlichen Belange dann mit zu berücksichtigen und entsprechende Planungen Dritter ganz oder teilweise mit zu verwirklichen, wenn dabei gleichwohl eine im Sinne des Flurbereinigungsgesetzes gerechte Abfindung aller Beteiligten des Flurbereinigungsverfahrens möglich bleibt und wenn dadurch der Ablauf des Verfahrens nicht oder nur unwesentlich verzögert wird.

Wichtige Grundsätze für die „Abfindung" als dem Inbegriff des Ersatzes für eingebrachte Rechte sind nach § 44 FlurbG:

- Jeder Teilnehmer ist für seine Grundstücke mit Land von gleichem Wert abzufinden.
- Bei der Landabfindung sind die betriebswirtschaftlichen Verhältnisse aller Teilnehmer gegeneinander abzuwägen und alle Umstände zu berücksichtigen, die auf den Ertrag, die Benutzung und die Verwertung der Grundstücke wesentlichen Einfluß haben.
- Die Landabfindungen müssen in möglichst großen Grundstücken ausgewiesen werden.
- Unvermeidbare Mehr- oder Minderausweisungen von Land sind in Geld auszugleichen.
- Die Grundstücke müssen durch Wege zugänglich gemacht werden.
- Die erforderliche Vorflut ist, soweit möglich, zu schaffen.
- Die Landabfindung eines Teilnehmers soll in der Nutzungsart, Beschaffenheit, Bodengüte und Entfernung vom Wirtschaftshofe oder von der Ortslage seinen alten Grundstücken entsprechen, soweit es mit einer großzügigen Zusammenlegung des Grundbesitzes nach neuzeitlichen betriebswirtschaftlichen Erkenntnissen vereinbar ist.

- Wird durch die Abfindung eine völlige Änderung der bisherigen Struktur eines Betriebes erforderlich, bedarf es der Zustimmung des Teilnehmers.

Zur Verwirklichung dieser Ziele verweisen die Braunkohlenpläne auf die Fachplanung Flurbereinigung; sie schreiben fest, daß die Ziele des Braunkohlenplanes über Flurbereinigungsverfahren umzusetzen sind. Im Flurbereinigungsverfahren werden nicht nur die öffentlichen und privaten Interessen gegeneinander abgewogen (Kamphausen 1993); in der darin eingeschlossenen Bodenordnung werden dauerhafte Enteignungen vermieden (Beachtung des Übermaßverbotes) und die Gleichbehandlung der betroffenen Rechtsinhaber, insbesondere der Grundstückseigentümer, gewährleistet.

Insofern werden im Flurbereinigungsverfahren die landesplanerischen Vorgaben des Braunkohlenplanes fachplanerisch und bodenordnerisch konkretisiert (Abb. 3).

3.2 Unternehmensflurbereinigung nach § 90 FlurbG

Wenn für ländliche Grundstücke eine Grundabtretung nach berggesetzlichen Vorschriften in großem Umfang durchgeführt oder zulässig ist und die Grundstückseigentümer den begründeten Anspruch erheben, daß der Bergwerksunternehmer das Eigentum an den Grundstücken erwirbt, kann der den Betroffenen entstehende Landverlust im Wege eines Flurbereinigungsverfahrens auf einen größeren Kreis von Eigentümern verteilt werden. In diesem Fall erwirbt der Bergwerksunternehmer das Eigentum durch den Flurbereinigungsplan (§ 90 FlurbG). Diese Vorschrift, welche nach Steuer (1953) auf Anregungen aus bergbaulichen Kreisen zurückgeht und schon im § 4 Abs. 3 des Wirtschaftsratsgesetzes vom 23.6.1949 enthalten ist, welches allerdings nicht in Kraft getreten ist, ist im Lande Nordrhein-Westfalen bislang nicht angewendet worden.

Ihre Anwendung setzt zwingend voraus, daß

- für ländliche Grundstücke eine Grundabtretung in großem Umfang durchgeführt oder zulässig ist und
- die Grundstückseigentümer den begründeten Anspruch erheben, daß der Bergwerksunternehmer das Eigentum an den Grundstücken erwirbt.

Zur Anordnung eines derartigen Flurbereinigungsverfahrens ist ein Antrag der beteiligten Grundstückseigentümer erforderlich; ein Antrag des Bergbauunternehmers genügt nicht (Seehusen u. Schwede 1991). Dazu kommt es jedoch wegen der in Abschn. 2 beschriebenen Praxis nicht.

3.3 Vereinfachte Flurbereinigung nach § 86 FlurbG

Neuordnungsmaßnahmen auf rekultivierten Flächen des Braunkohlentagebaues sind bislang als „vereinfachte Flurbereinigung" auf der Grundlage des § 86 FlurbG durchgeführt worden.

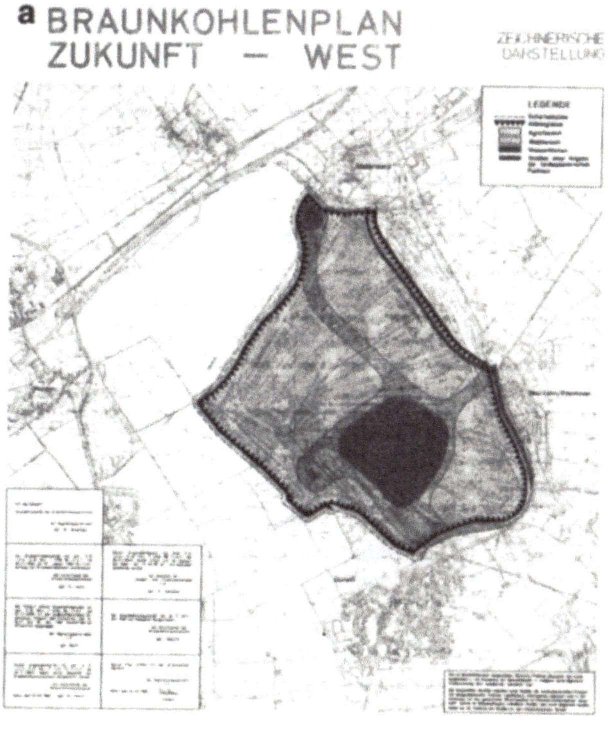

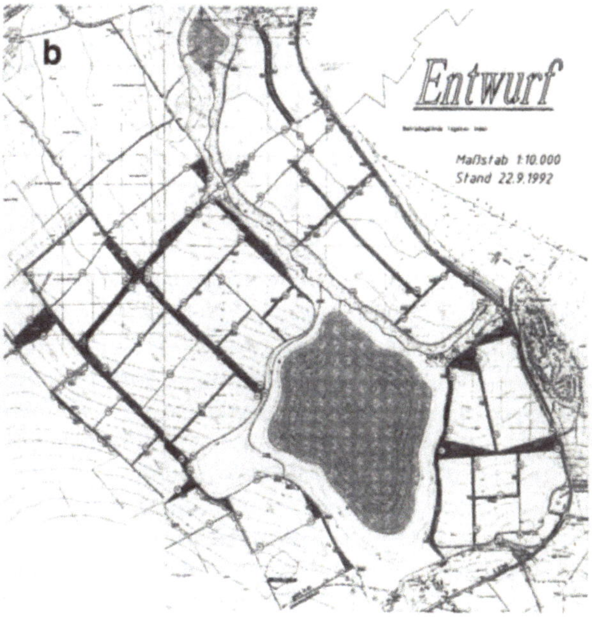

Abb. 3a, b. Konkretisierung der landesplanerischen Vorgaben des Braunkohlenplanes **a** durch den Plan über die gemeinschaftlichen und öffentlichen Anlagen in der Flurbereinigung **b**

Danach kann nämlich ein Flurbereinigungsverfahren in Teilen einer oder mehrerer Gemeinden durchgeführt werden, um die durch Anlegung, Änderung oder Beseitigung von Eisenbahnen, Straßenbahnen, Wegen, Gewässern oder durch ähnliche Maßnahmen für die allgemeine Landeskultur entstehenden oder entstandenen Nachteile zu beseitigen oder um die Durchführung eines Siedlungsverfahrens, von städtebaulichen Maßnahmen, notwendigen Maßnahmen des Naturschutzes und der Landschaftspflege oder der Gestaltung des Orts- und Landschaftsbildes zu ermöglichen. Dazu hat das Bundesverwaltungsgericht in seinem Urteil vom 14.11.1961 (BVerwG 1961) ausgeführt, Voraussetzung für ein vereinfachtes Flurbereinigungsverfahren sei, daß entweder künstliche Eingriffe in die Flur durch den Bau von Straßen, Eisenbahnen usw. erfolgen oder erfolgt sind oder daß andere „Aufbaumaßnahmen" durch einen Unternehmer durchgeführt werden sollen. Im ersten Fall diene das Verfahren dem Ziel, die durch eine der dort genannten Maßnahmen hervorgerufenen Nachteile für die Landeskultur zu beseitigen, im zweiten Fall soll es die Durchführung der genannten Aufbaumaßnahmen erleichtern. Die im Rahmen des § 86 Abs. 1 FlurbG benötigten Flächen sind nicht von den Teilnehmern aufzubringen, sondern vom Unternehmen bereitzustellen; der Anspruch der Teilnehmer auf wertgleiche Landabfindung muß gewährleistet sein. Das ist in der Regel wegen der vom Bergbauunternehmer getätigten freihändigen Grundstückskäufe und abgeschlossenen Nutzungsvereinbarungen sichergestellt. So sind alle seit 1962 durchgeführten bzw. eingeleiteten Neuordnungsverfahren (Tabelle 1) als „vereinfachte Flurbereinigungsverfahren" nach § 86 FlurbG angeordnet worden. Einzelheiten zu den inzwischen durchgeführten Flurbereinigungsverfahren sind von Voss (1994) beschrieben.

Das erste dieser Flurbereinigungsverfahren war die Flurbereinigung Hehlrath; es wurde eingeleitet, um die durch den Braunkohlenabbau und die nachfolgende Rekultivierung entstandenen Nachteile für die allgemeine Landeskultur zu beseitigen und eine stärkere Zusammenlegung der Grundstücke zu erreichen sowie die rechtlichen Verhältnisse im Flurbereinigungsgebiet neu zu ordnen. Als im Jahre 1972 die Grundeigentümer ihre neuen Flächen in Besitz nehmen konnten, konnte vom Präsidenten des Landesamtes für Agrarordnung festgestellt werden, daß das Ziel dank der guten Zusammenarbeit aller beteiligten Stellen, nicht zuletzt aber durch das reibungslose Zusammenwirken mit dem Unternehmensträger Rheinbraun, im wesentlichen erreicht worden sei (Revier und Werk 1972). Außerdem wurden Grundstücke einbezogen, die im künftigen Abbaugebiet des Tagebaues Zukunft lagen. Das geschah, um einerseits diese Flächen zum Zweck des Abbaus freizumachen und andererseits die Teilnehmer im bereits rekultivierten Flurbereinigungsgebiet geschlossen abfinden zu können.

Daß die Flurbereinigungsbehörde im wesentlichen erst in den 70er Jahren eingeschaltet wurde [erste Erörterungen grundsätzlicher Art zwischen Bergbauunternehmen und Flurbereinigungsbehörde wurden nach Archivunterlagen des Landesamtes für Agrarordnung Münster im Jahre 1959 geführt (s. auch Nehring 1965)], hat seine Ursache im Vordringen der Tagebaue in die landwirtschaftlich intensiv genutzten linksrheinischen Bördegebiete und in der damit verbundenen Verschärfung der Landknappheit (Engels u. Lauten 1977; Stockmanns 1978).

Vom Bergbauunternehmen konnten die erforderlichen Flächen am Bedarfsort nicht mehr vollständig freihändig erworben werden. In dieser Situation konnte der Abschluß von bergbaulichen Überlassungsverträgen wesentlich dadurch gefördert werden, daß im Flurbereinigungsverfahren die wertgleiche Rückgabe der in Anspruch zu nehmenden Flächen zugesagt wurde (Rheinbraun 1991). So wird auch heute noch verfahren.

3.4
Durchführung einer Flurbereinigung auf rekultivierten Flächen

Die Besonderheiten der dem Braunkohlentagebau folgenden vereinfachten Flurbereinigungsverfahren nach § 86 Abs. 1 FlurbG sind in einer Richtlinie zusammengefaßt, welche von der Landwirtschaftskammer Rheinland, der Rheinbraun AG als Bergbauunternehmen und der Verwaltung für Agrarordnung Nordrhein-Westfalen als Flurbereinigungsbehörde gemeinsam erarbeitet wurde (Landesamt für Agrarordnung 1994):

- 1. Die frühzeitige Beteiligung der Flurbereinigungsbehörde vor Einleitung eines Flurbereinigungsverfahrens wird insbesondere bei der Aufstellung des Abschlußbetriebsplanes bzw. der Sonderbetriebspläne für die Oberflächengestaltung und die Kultivierung sowie über die Oberflächenentwässerung sichergestellt. Die Grundzüge bergbaulicher Überlassungsverträge werden zwischen Bergbauunternehmer und Flurbereinigungsbehörde abgestimmt.
- 2. Die Flurbereinigungsverfahren werden in der Regel als vereinfachte Flurbereinigung nach § 86 FlurbG eingeleitet. Vor Einleitung des Verfahrens werden zwischen dem Bergbauunternehmer und der Flurbereinigungsbehörde
  - der Umfang der Flächenbereitstellung aus dem Eigentum des Bergbauunternehmers,
  - Gewährleistungsmaßnahmen betreffend die Bodenqualität der rekultivierten Flächen,
  - Bau, Unterhaltung und Eigentum der gemeinschaftlichen und öffentlichen Anlagen sowie
  - Tragung der Ausführungskosten

  vereinbart.

Flurbereinigung	Eingeleitet im Jahre	Fläche ha	Anzahl der Teilnehmer	Besitz-übergang	Eintritt des neuen Rechts-zustandes	Derzeitiger Arbeitsstand (1993)
Hehlrath - 11 62 1 -	1962	617	282	1972	1975	Abgeschlossen
Berrenrath - 15 67 2 -	1967	1 625	50	1978	1981	Abgeschlossen
Vollrath - 13 70 2 -	1970	604	91	1974	1976	Abgeschlossen
Kinzweiler - 11 74 1 -	1974	760	180	1979	1983	Abgeschlossen
Frimmersdorf 1 - 13 77 1 -	1977	1 183	430	1984	1988	Katasterberichtigung
Fortuna-Garsdorf 1 - 13 78 4 -	1978	917	100	1991	1993	Bearbeitung der Widersprüche
Fortuna-Garsdorf 2 - 13 78 5 -	1978	950				
Fortuna-Garsdorf 3 - 13 78 6 -	1978	700				
Warden-Niedermerz - 11 82 1 -	1982	1 193	280	1985	1989	Katasterberichtigung
Frimmersdorf 2 - 13 82 1 -	1982	420	30			Plan nach § 41 FlurbG ist festgestellt
Gustorf - 13 82 2 -	1982	750	350			Plan nach § 41 FlurbG im Entwurf
Theresia-Hürth - 13 83 5 -	1983	300	30	1991		Bearbeitung der Widersprüche
Fronhoven-Lohn - 11 84 7 -	1984	500	250			Plan nach § 41 FlurbG ist festgestellt
Frechen 1 - 13 84 2 -	1984	760				
Frechen 2 - - 13 84 3	1984	750				
Inden - 11 91 1 -	1991	832				
Kasterer Höhe - 16 92 6 -	1992	384	100			Vorzeitige Besitzregelung
Kirchberg - -	1993	1 000	500			

Tabelle 1. Flurbereinigungsverfahren auf verritztem und rekultiviertem Gelände

- 3. Die Flurbereinigungsbehörde stellt im Benehmen mit dem Vorstand der Teilnehmergemeinschaft den Plan auf über die gemeinschaftlichen und öffentlichen Anlagen (Plan nach § 41 FlurbG), insbesondere über die Einziehung, Änderung oder Neuausweisung öffentlicher Wege und Straßen sowie über die wasserwirtschaftlichen, bodenverbessernden und landschaftsgestaltenden Anlagen; dieser Plan
  - stellt dar die vorhandenen und im Braunkohlenplan und den Betriebsplänen geplanten Anlagen sowie nach anderen Fachplanungen geplante Anlagen und
  - stellt fest die von der Flurbereinigungsbehörde geplanten Änderungen an vorhandenen Anlagen sowie die von ihr geplanten neuen Anlagen.
- 4. Die Wertermittlung der Einlageflächen erfolgt in der Regel durch Übernahme der Ergebnisse der Bodenschätzung nach dem Gesetz über die Schätzung des Kulturbodens (Bodenschätzungsgesetz 1934); die Abfindungsansprüche ergeben sich aus der Summe der Ertragsmeßzahlen.

  Die Wertermittlung der durch Aufspülen oder Aufschütten entstandenen Neulandflächen erfolgt nach dem „Nutzen" gemäß § 28 FlurbG – also nach der

natürlichen Ertragsfähigkeit – durch Sachverständige aufgrund örtlicher Erhebungen. Hierbei wird auch ein ggf. erforderlicher Ausgleich für Unwägbarkeiten in den Ertragsvoraussetzungen und in der Bodenentwicklung der rekultivierten Flächen zu Lasten des Bergbauunternehmers berücksichtigt. Flächen mit Rekultivierungsmängeln sollen, soweit sie nicht eindeutig bewertbar sind, bis zur endgültigen Sanierung im Eigentum des Bergbauunternehmers verbleiben.
Der Bergbauunternehmer hat auch nach dem Besitzübergang auf die neuen Eigentümer Gewährleistungsmaßnahmen durchzuführen; näheres ergibt sich aus der „Gewährleistungsvereinbarung Neulandböden" (GVN 1990), welche zwischen dem Rheinischen Landwirtschaftsverband e. V. und der Rheinbraun Aktiengesellschaft unter Mitwirkung der Landwirtschaftskammer Rheinland abgeschlossen wurde.

5. Der Abfindungsanspruch wird grundsätzlich aus den bergbaulichen Überlassungsverträgen ermittelt. Ziel ist die einvernehmliche Ermittlung des Abfindungsanspruches, bei dessen Erfüllung die wechselseitigen Rechte und Pflichten aus der bergbaulichen Überlassung erlöschen.
Der Flächenbedarf für die neuen gemeinschaftlichen Anlagen wird im Regelfall aus den Flächen der vor dem Abbau vorhandenen Anlagen gedeckt; ein eventueller Mehrbedarf wird vom Bergbauunternehmer getragen. Ein Landbeitrag gemäß § 47 FlurbG wird nicht erhoben.

6. Vor der Aufstellung des Flurbereinigungsplanes werden die Teilnehmer über ihre Wünsche für die Abfindung gehört (§ 57 FlurbG); das geschieht unter Beteiligung des Bergbauunternehmers; dabei soll auch der Abfindungsanspruch ermittelt werden. Die Flurbereinigungsbehörde wirkt darauf hin, daß Grundeigentümer und Bergbauunternehmer zu einer einvernehmlichen Regelung gelangen. Zusagen in den bergbaulichen Überlassungsverträgen von Abfindungen in bestimmter Lage und/oder Größe und/oder Bodengüte können nur erfüllt werden, wenn dies mit den Abfindungsansprüchen anderer Teilnehmer vereinbar ist.

7. Der Flurbereinigungsplan faßt die Ergebnisse des Verfahrens zusammen (§ 58 Abs. 1 FlurbG). In den Flurbereinigungsplan wird der Plan über die gemeinschaftlichen und öffentlichen Anlagen mit landschaftspflegerischem Begleitplan aufgenommen. Die alten Grundstücke und Berechtigungen der Beteiligten sowie deren Abfindung werden nachgewiesen, die sonstigen Rechtsverhältnisse werden abschließend geregelt.
Wegen des Ausgleichs der Unwägbarkeiten in den Ertragsvoraussetzungen und der Bodenentwicklung der rekultivierten Flächen und im Hinblick auf Gewährleistungsansprüche sind unter Bezug auf die „Gewährleistungsvereinbarung Neulandböden" entsprechende Festsetzungen zu treffen.
Der Flurbereinigungsplan hat für Festsetzungen, die im gemeinschaftlichen Interesse der Beteiligten oder im öffentlichen Interesse getroffen wurden, die Wirkung von Gemeindesatzungen.

8. Die Teilnehmergemeinschaft baut die gemeinschaftlichen Anlagen, soweit kein anderer Ausbauträger vorgesehen ist. Für die Zwischenbewirtschaftung der Neulandböden durch den Bergbauunternehmer kann ein Vorausbau der gemeinschaftlichen und öffentlichen Anlagen zweckmäßig sein; dieser darf jedoch nicht die Arrondierung der Abfindungsflächen behindern.

Weitere Einzelheiten der Verfahrensdurchführung werden von Stockmanns (1978), Brall (1987), Ellsiepen (1988) und Thomas (1988) beschrieben.

4
Flurbereinigung zur Entflechtung von Bodennutzungsansprüchen in den Randgebieten der Braunkohlentagebaue

Durch die Öffnung der Tagebaue ergeben sich in den Randgebieten erhebliche Folgen: Verkehrswege überregionaler und regionaler Bedeutung auf Schiene und Straße müssen verlegt werden, Versorgungsleitungen müssen installiert, Trassen für den Transport des Abraumes und der Kohle müssen ausgewiesen werden; zur Entwässerung und Trockenlegung der bis zur 400 m tiefen Tagebaue muß über Brunnengalerien der zufliessende Grundwasserstrom abgefangen werden, was entsprechende Geländestreifen in Anspruch nimmt. Beim Neuaufschluß eines Tagebaues wird die Anlegung einer Außenkippe erforderlich (Stahl 1977).

Durch diese umfangreichen Infrastrukturmaßnahmen werden vielfach gemeindliche Entwicklungsplanungen im Wohnsiedlungs- und auch im gewerblichen Bereich initiiert. Beispielhaft wird dies von Ellsiepen (1992) anhand der Flurbereinigung Paffendorf dargestellt.

Durch diese Maßnahme entstehen Bodennutzungskonflikte und (sich vielfach überlagernde) Interessenverflechtungen. Die verschiedensten Ansprüche an den Grund und Boden bedürfen der Abstimmung. Denn nur die Regelung des Ausgleichs dieser Interessen bildet die Grundlage für eine geordnete Entwicklung, insbesondere für die Erhaltung und Verbesserung der Wohn-, Wirtschafts- und Erholungsfunktion des ländlichen Raumes und damit für die Förderung und dauerhafte Verbesserung der Lebensverhältnisse in diesen Bereichen. Das bedeutet gleichzeitig die Erfüllung einer Aufgabe, welche die Landentwicklung im Sinne des § 1 FlurbG zum Inhalt hat.

Diese Aufgabe soll durch die planerische, koordinierende und bodenordnerische Tätigkeit der Flurbereinigung in dem jeweils von ihr erfaßten Gebiet gefördert werden (Deutscher Bundestag, Drucksache 7/3020). Der Bodenordnung kommt in diesem Zusammenhang die Aufgabe zu, die Eigentums-, Besitz-und Nutzungsverhältnisse an Grundstücken (subjektive Rechtsverhältnisse) mit den in der Bodennutzungsplanung manifestierten privaten und öffentlichen Ansprüchen an die Grundstücksnutzung (objektive Planungsziele) in Übereinstimmung zu bringen und störende Effekte in der planungskonformen Nutzung zu eliminieren (Seele 1992). Hierbei werden Zielkonflikte umwelt- und sozialverträglich gelöst; die unterschiedlichen Interessen werden in einer unserer Eigentumsordnung entsprechenden Weise ausgeglichen (Thomas 1992).

Diesem Auftrag hat sich die Flurbereinigungsbehörde in den Tagebaurandgebieten durch Einleitung von Regelflurbereinigungen nach § 1 FlurbG oder Unternehmensflurbereinigungen nach § 87 FlurbG gestellt, wie aus Tabelle 2 hervorgeht; sie wird dies auch in Zukunft tun (Thomas 1993).

5 Aktuelle Fragestellungen

5.1 Zum Flächenanteil für landschaftsgestaltende Maßnahmen

In den Braunkohlenplänen ist u. a. der künftige Anteil für die Hauptnutzungen flächenmäßig oder prozentual festgeschrieben. Vom ehrenamtlichen Naturschutz und aus dem politischen kommunalen Umfeld wird in letzter Zeit insbesondere das Verhältnis von „Grünfläche", also der Fläche für landschaftsgestaltende Anlagen, und landwirtschaftlicher Fläche als zu gering angesehen und eine Änderung des Braunkohlenplanes zugunsten der Grünflächen verlangt. Dazu folgende Überlegung:

Der Braunkohlenplan ist – wie oben ausgeführt – ein landesplanerischer Rahmenplan und bedarf der Konkretisierung durch die Fachplanung; dabei übernimmt die Flurbereinigung die Wiederherstellung einer funktionsfähigen Agrarstruktur. Bei der Neuordnung werden die Interessen der Beteiligten sowie die Interessen der allgemeinen Landeskultur gegeneinander abgewogen. Wenn, wie oben ausgeführt, unter Landeskultur alle Maßnahmen der Agrarstrukturverbesserung und der Landespflege unter Berücksichtigung der ökologischen Ausgleichsfunktion des ländlichen Raum verstanden wird, dann umfaßt die „Landwirtschaftsfläche"

- die landwirtschaftlich nutzbare Fläche
- die Wege zur Erschließung der Feldflur sowie deren Nebenanlagen
- die Gewässer zur schadlosen Ableitung des Oberflächenwassers
- falls in dem Umfange, wie sie unter Berücksichtigung regionaler Besonderheiten für eine Kulturlandschaft typisch sind

Im Flurbereinigungsplan wird also letztendlich erst verbindlich der endgültige landeskulturelle Zustand der wieder in Kultur genommenen Flächen festgelegt. Insofern gibt der Braunkohlenplan unter „Grünflächen" nur den Anteil an, welcher vorweg aus der Verteilungsmasse auszuscheiden ist (Abschn. 3). Diese landesplanerischen Vorgaben nach § 24 LPlG für die Landschaftsgestaltung stellen Rahmenbedingungen für die nachfolgende Ausgestaltung im Zuge der landeskulturellen Fachplanung dar.

Über den notwendigen Umfang landschaftsökologischer und landschaftsgestalterischer Maßnahmen wird

Tabelle 2. Flurbereinigungsverfahren infolge tagebaubedingter Infrastrukturmaßnahmen

Flurbereinigung	Eingeleitet im Jahre	Fläche ha	Anzahl der Teilnehmer	Besitz-übergang	Eintritt des neuen Rechtszustandes	Derzeitiger Arbeitsstand (1993)
Paffendorf - 15 67 3 -	1967	1 506	700	1986	1991	Berichtigung der öffentlichen Bücher
Aldenhoven - 11 69 1 -	1969	2 630	1 300	1974	1978	Abgeschlossen
Elsdorf 2 - 13 77 2 -	1977	1 234	350	1986	1991	Berichtigung der öffentlichen Bücher
Rödingen - 16 77 4 -	1977	1 627	650	1991	1994	Bearbeitung der Widersprüche
Widdendorf - 14 81 1 -	1981	1 547	400	1989	1993	Bearbeitung der Widersprüche

seit Jahrzehnten in Fachkreisen diskutiert; für die Situation im Rheinischen Braunkohlenrevier sind die Zusammenhänge ausführlich von Stürmer (1987) behandelt worden; der hier an einer Modellplanung ermittelte Anteil gibt mit etwa 10 % den Betrag an, der auch vom Rat von Sachverständigen für Umweltfragen in dem Sondergutachten „Umweltprobleme der Landwirtschaft" (Deutscher Bundestag 1985) als umweltpolitische Minimalforderung für die Herstellung und Sicherung eines Biotopverbundsystems bezeichnet worden ist. Soweit die hierfür notwendigen Flächen nicht durch gleichartige Einwurfsflächen gedeckt sind und auch nicht dem Bergbauunternehmen angelastet werden können, sind sie als öffentliche Maßnahme zu behandeln und entsprechend zu finanzieren. Ob und wieviel sich davon die Grundeigentümer für die Wiederherstellung einer intakten Kulturlandschaft auf ihren Abfindungsanspruch anrechnen lassen müssen, ist weniger eine rechtliche als eine gesellschaftspolitische Frage.

5.2 Zur Frage einer Umweltverträglichkeitsprüfung zum Plan nach § 41 FlurbG

Nach Nr. 14 der Anlage zu § 3 des Gesetzes über die Umweltverträglichkeitsprüfung (UVPG 1990) ist eine Umweltverträglichkeitsprüfung (UVP) durchzuführen bei Maßnahmen der Flurbereinigung zur „Schaffung der gemeinschaftlichen und öffentlichen Anlagen" sowie Änderung, Verlegung oder Einziehung vorhandener Anlagen, soweit dafür eine Planfeststellung nach § 41 FlurbG erforderlich ist. Die UVP umfaßt die Ermittlung, Beschreibung und Bewertung der Auswirkungen eines Vorhabens auf Menschen, Tiere, Pflanzen, Boden, Wasser, Luft, Klima und Landschaft einschließlich der jeweiligen Wechselwirkungen sowie auf Kultur- und sonstige Sachgüter.

Die besondere Situation auf den Neulandböden über verfüllten Tagebauen läßt eine sachgerechte UVP nicht zu, da materiell keine Aussagen möglich sind. Somit bleibt bei den Flurbereinigungsmaßnahmen auf rekultivierten Tagebauen aus dem UVPG lediglich die Einbeziehung der Öffentlichkeit im Planfeststellungsverfahren.

5.3 Zur Frage der Landbereitstellung für einen Umsiedlungsstandort mittels Unternehmensflurbereinigung

Im Zuge der Braunkohlentagebaue müssen Ortsteile umgesiedelt werden. Für die Umsiedlung sind Umsiedlungsstandorte festzulegen; das geschieht auch im Braunkohlenplan (§ 24 Abs. 2, Satz 3 LPlG). Parallel zur Ausweisung im Braunkohlenplan wird die Änderung des Gebietsentwicklungsplanes und des Flächennutzungsplanes betrieben. Durch Aufstellung eines Bebauungsplanes wird schließlich der Braunkohlenplan konkretisiert.

Soweit der Bergbautreibende nicht bereits Eigentümer der Flächen am Umsiedlungsstandort ist, müssen diese in dessen Eigentum gebracht werden, soll der Umsiedlungszweck nicht gefährdet werden. Können die erforderlichen Flächen vom Bergbauunternehmer nicht freihändig erworben werden, so können nach § 46 des Landesenteignungs- und Entschädigungsgesetzes (EEG NW 1989) in Braunkohlenplänen festgelegte unbebaute oder geringfügig bebaute Umsiedlungsflächen enteignet werden, um dort bisher in festgelegten Abbau- und Aufschüttungsgebieten ansässige Personen und Unternehmungen sowie öffentlichen Zwecken dienende Einrichtungen in den Grenzen des Bedarfs anzusiedeln. Enteignungszweck ist der Durchgangserwerb mit dem Ziel der anschließenden Überlassung der Flächen an Personen, Einrichtungen und sonstige Berechtigte. Antragsteller der Enteignung ist der Abbauberechtigte (§ 47 EEG NW).

Zur Beachtung des Übermaßverbotes und zur Vermeidung der Enteignung bietet sich die Durchführung einer Unternehmensflurbereinigung nach den §§ 87ff FlurbG an: Ist aus besonderem Anlaß eine Enteignung zulässig, durch die ländliche Grundstücke im großem Umfange in Anspruch genommen würden, so kann auf Antrag der Enteignungsbehörde ein Flurbereinigungsverfahren eingeleitet werden, wenn der den Betroffenen entstehende Landverlust auf einen größeren Kreis von Eigentümern verteilt oder Nachteile für die allgemeine Landeskultur, die durch das Unternehmen entstehen, vermieden werden sollen (§ 87 Abs. 1 FlurbG). Das Flurbereinigungsverfahren kann bereits angeordnet werden, wenn das Planfeststellungsverfahren oder ein entsprechendes Verfahren für das Unternehmen, zu dessen Gunsten die Enteignung durchgeführt werden soll, eingeleitet ist (§ 87 Abs. 2 FlurbG).

Der „besondere Anlaß" ist hier die landesplanerisch gebotene Umsiedlung; die Zulässigkeit der Enteignung ergibt sich aus § 46 EEG NW. Voraussetzung für die Einleitung des Verfahrens ist ein Antrag der Enteignungsbehörde. Das Verfahren kann bereits angeordnet werden, wenn das Braunkohlenverfahren eingeleitet ist.

Der Vorteil einer Unternehmensflurbereinigung liegt

- in dem Beschleunigungseffekt infolge der Parallelität von Braunkohlenplanverfahren und Flurbereinigungsverfahren und
- in der Möglichkeit, statt Eigentumsentzug gegen Geldentschädigung einen Flächenausgleich für die betroffenen Grundeigentümer durchzuführen.

Die Durchführung einer Unternehmensflurbereinigung wäre im Verhältnis zur Enteignung der minderschwere Eingriff in die Rechtssphäre der Betroffenen. Ob es zu derartigen Verfahren in der Zukunft kommen wird, hängt im wesentlichen davon ab, ob die erforderlichen Flächen vom Bergbauunternehmer weiterhin freihändig erworben werden können.

6 Zusammenfassung

Im Rahmen des Braunkohlenbergbaues und der anschließenden Rekultivierung ergeben sich vielfältige Bodennutzungsansprüche an den unmittelbar und mittelbar betroffenen Raum. Öffentliche und private Interessen sind untereinander und gegeneinander abzuwägen und miteinander in Einklang zu bringen. Braunkohlenpläne legen die landesplanerischen Grundzüge insbesondere auch der Wiedernutzbarmachung fest. In Neuordnungsverfahren nach dem Flurbereinigungsgesetz finden der Interessenausgleich und die Befriedigung der Bodennutzungsansprüche statt; Enteignungen werden vermieden. Die ländliche Bodenordnung erweist sich als zeitgemäßes und effizientes Instrument zur Lösung von Bodennutzungskonflikten.

LITERATUR

BBergG (1980) Bundesberggesetz (BBergG) vom 13. August 1980 (BGBl. I S. 1310)

Bodenschätzungsgesetz (1934) Gesetz über die Schätzung des Kulturbodens (Bodenschätzungsgesetz) vom 16. Oktober 1934 (Reichsgesetzblatt I S. 1050), zuletzt geändert durch die Finanzgerichtsordnung vom 6. Oktober 1965 (BGBl. I S. 1477)

Brall D (1987) Flurbereinigung und Braunkohlentagebau. Braunkohle 39/6: 197

BVerwG (1961) Urteil des Bundesverwaltungsgerichts vom 14. November 1961. Recht der Landwirtschaft 1962, S 83

Deutscher Bundestag (1974) Amtliche Begründung des Flurbereinigungsgesetzes. Bundestagsdrucksache 7/3020 vom 23.12.1974, zu Nr. 1

Deutscher Bundestag (1985) Sondergutachten des Rates von Sachverständigen für Umweltfragen vom März 1985 „Umweltprobleme der Landwirtschaft". Drucksache 10/3613, S 318

EEG NW (1989) Gesetz über die Enteignung und Entschädigung für das Land Nordrhein-Westfalen (Landesenteignungs- und -entschädigungsgesetz – EEG NW –) vom 20. Juni 1989. GV. NW. S 366

Ellsiepen H P (1988) Flurbereinigung im rekultivierten Braunkohlentagebau. Vermessungswesen und Raumordnung 50: 92–97

Ellsiepen H P (1992) Flurbereinigung zur Entflechtung von Bodennutzungsansprüchen, dargestellt an der Flurbereinigung Paffendorf. Vermessungswesen und Raumordnung 54: 200–206

Engels H, Lauten H (1977) Landinanspruchnahme durch den Braunkohlenbergbau bis zum Jahr 2000. Landwirtschaftliche Zeitschrift 49: 2669

FlurbG (1976) Flurbereinigungsgesetz (FlurbG) in der Fassung vom 16. März 1976 (BGBl. I S. 546)

GVN (1990) Vereinbarung über die Gewährleistung für landwirtschaftliche Neulandböden vom 7. Februar 1990. Bonn/Köln 1990

Kamphausen F (1993) Die Neugestaltung von ehemaligen Braunkohlentagebauen durch Neuordnungsmaßnahmen nach dem Flurbereinigungsgesetz. Institut für Städtebau Berlin, 309. Kurs

Landesamt für Agrarordnung NRW (Hrsg) (1994) Richtlinien für Flurbereinigungen auf rekultivierten und in sonstiger Weise vom Braunkohlenabbau berührten Flächen. Münster

LPlG (1989) Landesplanungsgesetz in der Fassung der Bekanntmachung vom 5. Oktober 1989. GV. NW 1989, S 476

Nehring H (1965) Rekultivierung im Rheinischen Braunkohlenrevier. Zeitschrift für Vermessungswesen 90: 315–324

OVerwG (1968) Urteil des Oberverwaltungsgerichts Münster vom 21. November 1968. Recht der Landwirtschaft 1969, S 272

Revier und Werk (1972) Neuland im Westrevier. Zeitschrift für Betriebe des Rheinischen Braunkohlenbergbaues. Verein Rheinischer Braunkohlenbergwerke (Hrsg), Köln, 10: 20–23

Rheinbraun (1991) Ländliche Neuordnung durch Flurbereinigung aufgrund von Maßnahmen des Braunkohlentagebaues (unveröffentlicht)

Seehusen/Schwede (1991) Flurbereinigungsgesetz – Kommentar. Aschendorff'sche Verlagsbuchhandlung, Münster

Seele W (1992) Bodenordnerische Probleme in den neuen Bundesländern. Vermessungswesen und Raumordnung 54: 73

Stahl H (1977) Markscheiderische Ingenieurarbeiten für den Aufschluß des geplanten Braunkohlentagebaus Hambach. Zeitschrift für Vermessungswesen 102: 404–413

Steuer R (1953) Flurbereinigungsgesetz – Kommentar. Beck'sche Verlagsbuchhandlung, München Berlin 1967

Stockmanns H (1978) Flurbereinigung im Rheinischen Braunkohlenrevier ein Instrument der Daseinsvorsorge. Zeitschrift für Vermessungswesen 103: 603

Stürmer A (1987) Zur künftigen Rekultivierung von landwirtschaftlich genutzten Gebieten im Rheinischen Braunkohlenrevier unter Berücksichtigung landschaftsökologischer und landschaftsgestalterischer Belange. Natur und Landschaft 62: 144–150

Thomas J (1988) Katasterphotogrammetrie – ein Anachronismus? BDVJ-FORUM, Zeitschrift des Bundes der öffentlich bestellten Vermessungsingenieure 1: 278–290

Thomas J (1992) Bodenordnungsbedarf bei den „Verkehrsprojekten Deutsche Einheit". Zeitschrift für Kulturtechnik und Landentwicklung 33: 335–344

Thomas J (1993) Flurbereinigung – quo vadis? Nachrichten aus dem öffentlichen Vermessungsdienst Nordrhein-Westfalen 23/1

UVPG (1990) Gesetz über die Umweltverträglichkeitsprüfung (UVPG) vom 12. Februar 1990 (BGBl. I S. 205), zuletzt geändert durch Gesetz vom 20. Juni 1990 (BGBl. I S. 1080)

Voss K (1994) Bodenordnungsmaßnahmen nach dem Flurbereinigungsgesetz auf rekultivierten Flächen des Rheinischen Braunkohlentagebaus. Diplomarbeit am Institut für Städtebau, Bodenordnung und Kulturtechnik der Rheinischen Friedrich-Wilhelms Universität Bonn

70 Jahre forstliche Rekultivierung – Erfahrungen und Folgerungen

Uwe Schölmerich

1 Einführung

Das Rheinische Braunkohlenrevier ist heute nicht nur für Tagebaufachleute ein Anziehungspunkt, sondern gilt auch als in Teilen beispielhaft rekultiviertes Abbaugebiet. Gerade die älteren Wald-Seen-Gebiete sind es, die als Muster für neue Rekultivierungsvorhaben Landschaftsplaner, Forstleute, Biologen und andere Fachleute zur Besichtigung einladen. Es wird sich auch kaum ein Landschaftsraum finden, der im vergleichbaren Maße gleichzeitig als Industriestandort, Erholungsraum, landwirtschaftliches Vorranggebiet, Wohnareal und großflächiges Abbaugebiet für Braunkohle genutzt wird. Die vielfältigen Ansprüche an die unverritzte wie die umgewälzte Landschaft haben sicherlich dazu beigetragen, daß die Meßlatte zur Beurteilung der Rekultivierungserfolge von vornherein hoch lag und damit ein besonderer Ansporn war.

Der Wandel der Zielsetzungen hat über die lange Zeit der Rekultivierungsbemühungen seine sichtbaren Zeichen hinterlassen. An seinem vorläufigen Ende steht heute das Ziel, nach der Auskohlung eine Landschaft zu hinterlassen, die der zerstörten als Lebensraum in Vielfalt, Nutzungsmöglichkeiten und ästhetischem Reiz nicht nachsteht. Ein akademischer Streit über die Begriffe Rekultivierung und Renaturierung erübrigt sich, wenn man dabei die Entstehung von Sonderbiotopen miteinbezieht. Auf die Nutzung des Landschaftsraumes wird man allerdings in der dichtbesiedelten Kölner Bucht nicht verzichten wollen und können.

Gerade die Einsicht, daß sich alte, gewachsene Landschaften nicht auf dem Reißbrett wiederherstellen lassen, hat zu der Überzeugung geführt, daß die Rekultivierung am Anfang eines langen Prozesses nur den Rahmen der möglichen Entwicklung setzen kann. Erfolg oder Mißerfolg werden sich auf dieser Basis auch unter äußeren Einflüssen einstellen und an häufig unvorhersehbar veränderten zukünftigen Ansprüchen gemessen.

Die Vielfalt der Nutzungsmöglichkeiten, funktionierende Ökosysteme und den ästhetischen Reiz der alten Landschaft in die neue zu übertragen – das ist das Ziel. Die Zeiträume, die zur Entwicklung einer solchen Folgelandschaft benötigt werden, sind allerdings lang. Sie lassen sich nicht verkürzen. Jahrzehnte sind nötig, um auf der Basis der Rekultivierung wertvolle Landschaften wachsen zu lassen.

2 Geschichte

2.1 Der alte Wald als Ausgangspunkt

Das Rheinische Braunkohlenrevier liegt in einer zum Zeitpunkt des Beginns der Braunkohlennutzung bereits waldarmen Gegend. Die Kölner Bucht ist mit Ausnahme der wechselfeuchten Böden und der Auegebiete wegen der guten Lößböden schon sehr früh landwirtschaftlich genutzt worden (Schölmerich 1992). Die erste Braunkohle fand man aber auf dem Ostabhang des bewaldeten Villerückens, der Rhein- und Erfttal trennt. Dort stand die Braunkohle vielerorts direkt an der Bodenoberfläche an. Günstige Voraussetzungen wie die geringen Deckgebirgsmächtigkeiten und die Möglichkeit, Grundwasser ableiten zu können, hatten zur Folge, daß der Braunkohlenabbau in diesem Waldgebiet seinen Ausgang nahm (Wündisch 1982). Die ältesten noch sichtbaren Spuren finden sich unmittelbar am Brühler Wasserturm.

Der alte Wald des Villerückens unterlag erst seit Beginn des 19. Jahrhunderts einer planmäßigen Bewirtschaftung. Er stellte sich zu Beginn der Braunkohlenutzung als großer, zusammenhängender Waldkomplex dar, der in der „Spezielle Beschreibung und Wirthschafts Einrichtung der Oberförsterei Ville“ von 1833 so beschrieben wird: „Der Boden bildet eine etwas erhöhte wellenförmige Oberfläche, besteht aus ausgeschwemmten, durchgängig mit Lehm, hin und wieder mit Thon oder Kleierde vermischten Sand, in welchen sich die bekannten und mächtigen Ablagerungen von Braunkohlen, die an manchen Stellen beinahe zu Lage gehen, vorfinden. In Beziehung zum Holzwuchse ist die Bodenbeschaffenheit günstig, es kommen hin und wieder zwar einzelne Stellen vor, wo der Boden wegen der geringen Beimischung von Lehm mager, oder wegen des unterliegenden Thons, welcher das Wasser nicht eindringen läßt zu naß ist, allein im allgemeinen ist das Mischungsverhältnis des Bodens derart, daß die darauf wachsenden Holzarten gut fortkommen und die Holzzucht nicht erschwert wird." Neun Zehntel der Staatswaldfläche waren damals Eichenmittelwald, der sich durch Eiche, Buche und teils Linde, Ahorn, Esche und Birke im Oberholz, und Hainbuche, Birke, Eller (Erle), Aspe und Weide im Unterholz auszeichnete. Der Mittelwaldbetrieb förderte die Eiche, die dadurch auf dem Villerücken prägende Baumart wurde. Die Hochwälder waren bezeichnenderweise durch die klimatisch begünstigte Buche gekennzeichnet. Schon damals stellte man fest, daß sich die guten Hochwaldbestände durch einen „außerordentlichen Längenwuchs" auszeichneten und „als Muster eines regelmässigen Buchenhochwaldes dienen können". Die heute auch im Rekultivierungswald festzustellende Wuchsüberlegenheit der Buche wurde bereits vor 160 Jahren beobachtet.

Die Bodennutzungserhebung von 1913 wies bereits 57 % Buchenwaldtypen auf dem Villerücken aus (Hundhausen 1935), nachdem der Mittelwaldbetrieb Mitte des vorigen Jahrhunderts aufgegeben war und die damit verbundene Förderung der Eiche aufhörte.

Der Villerücken ist geologisch durch Hauptterrassenschotter des Rheins mit Lößüberlagerung von 0–10 dm Mächtigkeit geprägt. Die Lößlehmdecke nimmt von Westen nach Osten zu. An der Westseite treten die Hauptterrassenschotter teils direkt an die Oberfläche. Die Schotterschichten sind teilweise verdichtet und verbacken, so daß bei abnehmender Lößüberlagerung die Wechselfeuchte zunimmt. Bodenkundlich handelt es sich um Braunerden bis Pseudogleye in allen Übergängen.

Klimatisch läßt sich das rheinische Braunkohlengebiet dem atlantisch geprägten Typ mit langer Vegetationszeit, feuchtwarmen Sommern und milden Wintern zuordnen. Die mittlere Lufttemperatur beträgt 9–10 °C, von Mai–September 15 °C.

Die Niederschläge sind durch die Leelage zur Eifel eher gering. Sie schwanken je nach Höhenlage zwischen 670 und 780 mm und nehmen von Westen nach Osten zu. In der Vegetationszeit fallen davon rd. 50 % mit deutlichem Maximum im Juli/August. Häufig treten im Spätwinter bis Frühjahr Trockenperioden auf; in den letzten Jahren waren auch hochsommerliche Trockenperioden festzustellen, die zu frühzeitigem Laubabfall schon im Juli/August führten.

Spätfröste sind häufig und durch den frühen Vegetationsbeginn insbesondere für die Naturverjüngung oft schädlich.

2.2
Frühe Schritte vor 1920

Die ersten Bemühungen um die Wiedernutzbarmachung der Braunkohlengruben gehen in das 18. Jahrhundert zurück, wo bereits die Verpflichtung zur Wiederaufforstung mit Erlen dokumentiert wurde. 1923 waren im Bereich der Ville bereits 124,8 ha, im Neurather Becken 5,0 ha forstlich rekultiviert (Dilla 1983). Nach den damals vorliegenden Erfahrungen fand bei forstlichen Maßnahmen in den Tagebauen v. a. die Robinie Verwendung, die sich beim Bau der Reichsbahnstrecken bewährt hatte. Leider sind fast alle Ergebnisse der Rekultivierungsbestrebungen vor 1920 als Studienobjekte durch erneuten Abbau, spätere Überkippung oder andere Ursachen wieder verlorengegangen.

2.3
Erste Rekultivierungsperiode 1920–1945

Zu Beginn dieses Jahrhunderts lagen keine allgemeingültigen Erkenntnisse über die Möglichkeiten der forstlichen Rekultivierung vor. 1934 konstatierten Teilnehmer der Forstvereinsexkursion, daß sich die Kulturversuche noch im Anfangsstadium befänden und ein abschliessendes Urteil noch nicht möglich sei. Die forstliche Rekultivierung war im übrigen auf die Standorte beschränkt, die sich wegen des Mangels an Feinerde nicht landwirtschaftlich nutzen ließen (Hundhausen 1935).

Die bodenkundlichen Verhältnisse der ersten Rekultivierungsphase waren sehr unterschiedlich. Insgesamt kam den verkippten Böden zugute, daß auf den seinerzeit abgebauten Kohleflözen nur ein Deckgebirge von 6–10 m Mächtigkeit lag. Der größte Teil davon waren durchaus brauchbare quartäre Schotter der Hauptterrasse des Rheins mit Lößüberlagerungen verschiedener Dicke. Abbau und Verkippung erfolgten häufig per Lore und Schaufel und waren damit sehr bodenschonend. Der überwiegende Teil der Böden dieser Zeit weist daher gute Eigenschaften aus. Sie sind gut durchwurzelbar, gut basenversorgt und häufig durch Grundwasseranschluß auch gut wasserversorgt. Durch die weitgehend ungeregelte Verkippung sind die Bodeneigenschaften kleinflächig wechselnd. Im rheinischen Revier begann daher die Phase des Experimentierens (Abb. 1).

Aus den ostdeutschen Braunkohlengewinnungsgebieten gewonnene Erfahrungen hat Heusohn (1929) in Form einer Monographie publiziert. Allgemein fordert er v. a. Fachkenntnisse und Interesse der Rekultivatoren, die das Gelingen der Wiedernutzbarmachung sicherstellen sollen. Das heute praktizierte Verfahren genießt schon damals sein Vertrauen: Mischung der oberen Schichten durch den ersten Baggerschnitt, ohne den Mutterboden separat zu gewinnen und wieder aufzu-

Abb. 1. Bodenprofil aus der ersten Rekultivierungsphase

bringen. Sein Fazit der forstlichen Rekultivierungserfahrungen ist ebenfalls heute noch gültig: „Reinkulturen sind auf alle Fälle zu vermeiden; sie führen zum Mißerfolg, auch bei Hölzern, die in der Mischkultur prahlen. Weißerlen sowie Akazienreinbestände täuschen Kulturerfolg vor, nach dem Abtrieb dieser Holzarten sind diese Flächen für uns verloren. Kiefernkulturen sind nicht imstande, rohe Böden so zu verbessern, daß ein Durchhalten bis zur Schlagreife möglich ist. Den größten Erfolg bringt Mischwald, in der Pflanzenauswahl der Qualität des Kippenbodens angepaßt, veredelt und gepflegt durch Stickstoffsammler. ...Das Einkaufen von billigem, minderwertigem Pflanzenmaterial rächt sich auf Kippenböden sofort..." Diesen Grundsätzen entsprechende Bestände wurden im Südrevier angelegt.

Verschiedene Grubengesellschaften setzten unterschiedliche Ansätze in die Praxis um, die aber in jedem Fall ohne die Begründung eines Vorwaldes auskamen. 1935 war die Frage noch offen, ob die Mischwaldbestände im Gruhlwerk nach Ideen Heusohns oder die Koniferenaufforstungen der Gewerkschaft Hürtherberg zukunftsträchtig wären (Hundhausen 1935). Es entstanden Mischbestände aus Buche und Eiche, Buche, Lärche und Kiefer, und Buntmischungen sowie Reinbestände aus Roteiche und Kiefer. Gerade bei den Buntmischungen verschiedener Laub- und Nadelbäume war man von der mangelnden Kenntnis der standörtlichen Möglichkeiten ausgegangen und wollte so die beste Rekultivierungsbaumart herausfinden. Dieses Konzept hat zu Beständen geführt, die v. a. von Roteiche, Buche, Winterlinde, Douglasie und Hainbuche geprägt sind. Mischungen von Buche und Eiche auf lockeren Böden haben regelmäßig dazu geführt, daß die Eiche weitgehend von der Buche verdrängt worden ist. Kleinflächige Mischung auf nassen Standorten zeigen ein ausgeglicheneres Bild, da dort die Wuchskraft der Buche etwas gebremst ist.

Insgesamt läßt sich heute an den aus dieser Phase entstandenen Wäldern feststellen, daß die Vorwaldbegründung nicht erforderlich ist, soweit die Standorte durchwurzelbar und mindestens mäßig basen- und nährstoffversorgt sind.

2.4
Zweite Rekultivierungsperiode 1946–1960

Mit Beginn des Zweiten Weltkrieges wurde die begonnene Wiedernutzbarmachung der ausgekohlten Gruben bis in die Nachkriegszeit ausgesetzt. Schon 1933 vertrat Ehrenberg die Auffassung, daß von der völkischen Pflichtenlehre her jede wie auch immer geartete Rekultivierung eine Geldvergeudung unzweckmäßigster Art darstelle. Man solle das Gelände sich selbst überlassen, inzwischen könne es für Wehrsportzwecke genutzt werden (Ehrenberg 1933). Arbeitskräftemangel während des Krieges und das Fehlen geeigneten Pflanzgutes kamen hinzu.

Dies hatte zur Folge, daß am Ende des Zweiten Weltkrieges rund 2 000 ha unrekultiviert dalagen. Der größte Teil dieser Fläche war unregelmäßig verkippt und über längere Zeit ohne Vegetation und damit ungeschützt geblieben. Die Ausgangslage auf diesen Flächen unterschied sich daher von der Situation während der ersten Rekultivierungsphase.

Forstassessor Rau von der Forstabteilung des Regierungspräsidenten Köln erstellte Anfang der 50er Jahre die erste und bisher einzige Übersicht der Rekultivierungsflächen als Grundlagenerhebung für den neugegründeten Braunkohlenausschuß. Er stellte fest, daß zwischen den Rekultivierungsbemühungen und -erfolgen der damals aktiven Grubenbetriebe ganz erhebliche Unterschiede bestanden. Manche Gruben konnten auf große Flächen mit gesicherten Kulturen verweisen, andere besaßen im wesentlichen Blößen und Ödländereien. Die zum Erhebungszeitpunkt (etwa 1950) aufgeforstete Fläche betrug 1 440 ha, davon waren ca. 230 ha so schlecht, daß eine Wiederholung angeraten schien. Hinzukamen ca. 950 ha Blößen, meist in Form von verwilderten, lange brachliegenden Flächen. Für mehrere 100 ha war die zukünftige Entwicklung noch nicht absehbar, so daß sie in der von Rau vorgelegten Übersicht nicht als direkt aufforstungsbedürftig erfaßt wurden.

Beim Neubeginn der Rekultivierung nach dem Kriege griff man erstaunlicherweise kaum auf die früheren Erfahrungen und die bis dahin vorliegenden Erkenntnisse zurück. Man war noch 1960 der Auffassung, daß der Boden nicht ohne den Voranbau einer Pionierholzart zu meliorieren ist (Hochhäuser 1960). Die Vorwaldbestände aus Pappel, Weißerle, Roterle und Akazie hatten ausdrücklich keine wirtschaftliche Bedeutung. Sie sollten der Bodenerschließung und der Stickstoffanreicherung dienen. Die Verwendung der Pappel als Rekultivierungsbaumart wurde durch die in dieser Zeit allgemein herrschende Euphorie für die Pappel stark gefördert. Mit Pappelanpflanzungen hoffte man, der durch Kriegsschäden und Reparationshiebe drohenden Holznot entgegenzuwirken. Außerdem waren die damals nötigen Schutzmaßnahmen gegen Kaninchen bei Pappelkulturen wegen der geringeren Pflanzenzahl leichter zu bewerkstelligen als bei anderen Baumarten. Dem Kölner Regierungspräsident Dr. Warsch gelang es gemeinsam mit dem Leiter der Regierungsforstabteilung Wemper und dem Deutschen Pappelverein, das rheinische Rekultivierungsgebiet zum Zentrum des Pappelversuchsanbaus zu machen. Gründung und Betrieb des Brühler Pappelinstituts belegen dies eindrücklich. Leider haben sich die günstigen Prognosen für Bedarf, Verwendung und Preis des Pappelholzes bis heute als falsch erwiesen.

Ausgangsmaterial für die Böden dieser Periode waren Hauptterrassenmaterial und tertiäre Sedimente, die von Schotter bis Ton reichten. Bei der Verkippung und durch das kriegsbedingte Brachliegen entstanden z. T. Flächen mit physikalisch sehr ungünstigen Eigenschaften, die sich durch Setzungen mit der Zeit noch verschlechterten. Vor allem Spül- und Schwemmkippen und ehemalige Flächen für betriebliche Anlagen erwiesen sich häufig als schlecht rekultivierbar. Dichtlagerung und Staunässe konnten auch durch den Pappel-Erlen-Vorwald nicht beseitigt werden.

Teilweise mußte wegen des großen Umfangs der Aufforstungsflächen auch auf wenig geeignete Pappelsorten zurückgegriffen werden, so daß das Ergebnis nicht immer befriedigte.

Bis Ende der 50er Jahre wurden v. a. die Altsorten Regenerata, Robusta, Serotina und Marilandica verwendet. Robusta zeigte zwar ein gutes Wachstum, neigte aber zu Frostrissen und Dotichiza. Regenerata hingegen blieb auf schlechter geeigneten Standorten stark im Wuchs zurück (Möhlenbruch u. Scheffler 1983). Meist wurden die Sorten gemischt zur Bestandsbegründung benutzt. In den 60er Jahren wurden zunehmend verschiedene Balsampappeln verwendet, die zwar meist ein gutes Wachstum zeigten, aber durch Rindenerkrankungen wie bei Muhle-Larsen und durch kaum zu bändigende Wurzelbrut Probleme verursachten.

Die Pappelbestände dieser Periode befinden sich heute in einer Phase des Umbaus in standortgerechte Mischbestände. Dieser zweite Schritt der Rekultivierung macht etwa 30 Jahre nach Begründung der Pappelforsten einen finanziell und ökologisch nachteiligen Eingriff erforderlich. Nur in wenigen Fällen reicht die im Laufe der Zeit entstandene Naturverjüngung anderer Baumarten aus, um Pappelbestände durch Bestandespflege in Laubmischwälder überführen zu können. In der Regel sind dazu Kulturmaßnahmen nötig, die so durchgeführt werden, daß die Funktionen des Waldes nicht erneut stark gestört werden. Die Ausnutzung von Pappel- oder Erlenschirm und die Kunstverjüngung auf kleinen Femellöchern mit Großpflanzen ohne Zaun sind inzwischen bewährte Verfahren, die den Kahlschlag abgelöst haben.

Die Verwendung der Pappel in der Rekultivierung hat andererseits die Möglichkeit geboten, schon relativ schnell eine größere Strukturvielfalt in den Wald zu bringen. Dies sollte auch künftig nicht vergessen werden. Ausdehnung und Anteil der Pappelflächen sollten aber so gestaltet sein, daß auf Nutzungen keine Kulturmaßnahmen folgen müssen – Kleinflächen und Ränder der sonst mit standortgerechten Baumarten bestockten Flächen bieten sich für den Mitanbau der Pappel an.

Nach von Rheinbraun zur Verfügung gestellten Daten sind in der zweiten Rekultivierungsphase etwa 1 440 ha rekultiviert worden; dies entspricht 21 % der forstlichen Rekultivierungsfläche bis 1992. Die Gesamtpappelfläche von rd. 2 000 ha zeigt, daß also auch vor und nach dieser Zeit teilweise noch auf die Pappel zurückgegriffen worden ist.

2.5
Dritte Rekultivierungsperiode 1961 bis heute

Nach Überwindung der kriegsbedingten Schwierigkeiten am Ende der 50er Jahre wurde die Rekultivierung auf der Basis wissenschaftlicher Arbeiten fortgesetzt. Die standörtlichen Voraussetzungen erfolgversprechender Aufforstungen wurden insbesondere durch Gutachten von Heide (1958), Wittich (1959) und Jacoby (1968) erarbeitet. Die rasch zunehmenden Erkenntnisse über die Eignung verschiedener Substrate fanden in der bergamtlichen Vorschrift über die Herstellung von „Forstkies" im Jahre 1967 ihren Niederschlag (Anonymus 1973). Ziel und Ergebnis der Bemühungen war es, wieder ohne den Umweg über den Vorwald standortgerechte Wälder zu begründen. Der sog. „Forstkies" besteht nach bergamtlichen Regeln aus 20–50 % Löß und der entsprechenden Menge quartärer Kiese und Sande. Später ließ die Vorschrift auch die Verwendung von mindestens 2 m Löß oder Lößlehm über einer Dränageschicht als Grundlage forstlicher Rekultivierung zu.

Die Ergebnisse der noch heute andauernden dritten Rekultivierungsperiode können größtenteils an die positiven Beispiele der ersten Phase anknüpfen. Mancherorts hat sich allerdings gezeigt, daß die Forstkiesmischung zu mager geraten ist und dann zur Verdichtung neigt. Die Folgen sind mangelnde Wuchskraft, einseitige Vegetationsentwicklung mit Landreitgras und ein stark gestörter Wasserhaushalt. Auch die Balsampappel fand zu Beginn dieser Rekultivierungsperiode noch häufig Verwendung. Sie wächst auf verdichteten Böden ebenfalls nur schlecht und schafft durch Wurzelbrut erhebliche Probleme.

Die hergestellten Flächen zeichnen sich in den 60er Jahren den damaligen planerischen Idealen entsprechend häufig durch zu geringe Reliefenergie und phantasielose Realisierung aus. Alles ist weitgehend eben, rechteckig und mit ingenieurmäßigen Böschungen und Bermen gestaltet. Beispiele sind die Glessener Kippe und die Umgebung des Otto-Maigler-Sees.

Untersuchungen von Stratmann (1985) zeigen, daß v. a. Rotbuche, Trauben- und Stieleiche sowie die Roteiche den Erwartungen gerecht werden. Aus heutiger Sicht ist festzustellen, daß dem Aspekt der Baumartenmischung bis Anfang der 80er Jahre zu wenig Beachtung geschenkt worden ist. Reine Eichenbestände sind ebenso wie hektargroße reine Nadelholzbestände biologisch und waldbaulich nicht voll befriedigend.

Die mit der dritten Periode eingeführte Verwendung der Pappel als Zeitmischung mit rein biologisch-waldbaulicher Zielrichtung hat sich bewährt. Seitenschutz, Windruhe, Schattenwirkung und die hohe biologische Produktion mit entsprechenden Umsetzungsprozessen beeinflussen das Wachstum der Kulturen positiv. Die Wurzelentwicklung leistet einen wesentlichen Beitrag zur biogenen Porenbildung, die in frisch geschütteten Böden anhaltende Durchlüftung und einen ausgeglichenen Wasserhaushalt gewährleistet.

Im Zuge der dritten Rekultivierungsperiode wurden bis 1992 rd. 4 000 ha fertiggestellt; dies entspricht 58 % der gesamten rekultivierten Waldfläche.

2.6
Veränderung der Baumartenverteilung nach der Rekultivierung

Die Verwendung der verschiedenen Baumarten im Zuge der Rekultivierung ist nicht vollständig übersehbar. Für den Staatswald des Forstamtes Ville und die Wälder der Forstabteilung der Rheinbraun liegen aber Zahlen vor, die als repräsentativ gelten können. Sie erfassen mit 5 500 ha 81 % der gesamten forstlichen Rekultivierung. Pappelflächen sind nur insoweit noch der Pappel zugeordnet, wie sie noch nicht mit anderen Baumarten vorangebaut sind.

Die Pappel ist mit 26 % der Fläche immer noch die deutlich dominierende Baumart. Eiche und Buche folgen mit fast gleichen Anteilen schon unter 20 %. Die Baumartengruppe Laubholz mit hoher Umtriebszeit umfaßt v. a. Ahorn, Esche, Ulme und andere Edellaubhölzer. Sie sind ebenso wie die Baumartengruppe mit niedriger Umtriebszeit mit 13 % vertreten. Erle, Weide, Roteiche sowie verschiedene Weichlaubhölzer gehören in diese Gruppe. Kiefer und Lärche sind mit 8 %, Fichte und Douglasie mit 4 % repräsentiert (Abb. 2). Dieser geringe Nadelbaumanteil spiegelt die Orientierung an standortgerechten Bestockungen wider. In waldbaulicher und landschaftlicher Hinsicht ist die Verwendung von Nadelbäumen in dieser Größenordnung in der Rekultivierung bei kleinflächiger Mischung positiv zu sehen.

Ein Vergleich mit der Baumartenverteilung der abgebauten Altwälder ist aufgrund fehlender Daten im einzelnen nicht mehr möglich. Tendenzen sind aber durch den Vergleich von Baumartenverteilungen der noch vorhandenen Altwälder im Eigentum von Rheinbraun und dem Forstamt Ville durchaus erkennbar, da diese Altwälder den untergegangenen ähnlich sind.

Im Ergebnis ist festzuhalten, daß Eiche, Edellaubholz, und Fichte/Douglasie deutlich an Fläche verloren haben. Buche, in weit größerem Maß Pappel und Weichholz dagegen haben Fläche hinzugewonnen. Im Vergleich zu den Daten von Hundhausen (1935) stellt sich die Situation anders dar, wobei zu berücksichtigen ist, daß die Daten nur den Wald des Villerückens repräsentieren. Danach hat v. a. die Buche in ganz erheblichem Umfang an Fläche eingebüßt, die im wesentlichen von Pappel und Weichholz übernommen worden ist.

Leider fehlt für das rheinische Braunkohlengebiet eine vollständige Dokumentation der Rekultivierung nach Baumarten, Alter, Bodensubstraten und dem Grad des Erfolges der forstlichen Wiedernutzbarmachung. Eine solche Auswertung wäre sicher für die Gewinnung weiterer praxisbezogener Erkenntnisse sehr wertvoll.

Im Staatswald des Forstamtes Ville wird derzeit eine forstliche Standortkarte erarbeitet, die zumindest Rück-

Abb. 2. Baumartenverteilung in Altwald und Rekultivierung in den Forstämtern Ville und Rheinbraun (*ALH* Laubholz mit hoher Umtriebszeit, *ALN* Laubholz mit niedriger Umtriebszeit, *Kie/Lä* Kiefer/Lärche, *Fi/Dou* Fichte/Douglasie)

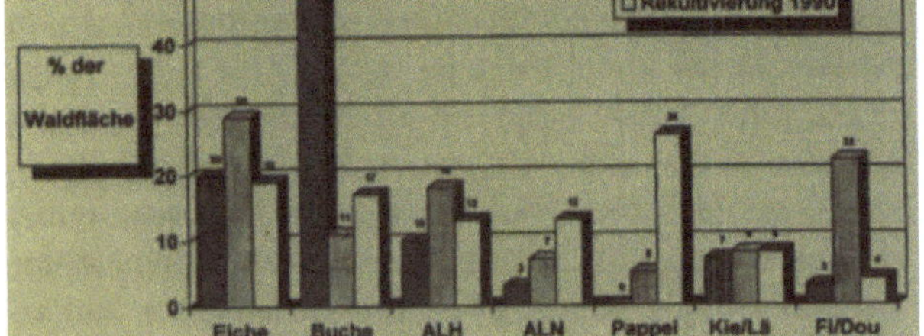

schlüsse auf die Verteilung der verschiedenen Substrate ermöglichen wird. Eine Infrarotbefliegung des Rekultivierungsgebietes im Spätsommer von 1989 nach einer längeren Trockenperiode zeigt, daß auf diese Weise die schwach wasserversorgten Standortstypen leicht zu kartieren sind. Insbesondere verdichtete, schlecht durchwurzelbare Flächen sind auf den Luftbildern gut zu erkennen.

2.7 Die Entwicklung der rechtlichen Vorschriften

Die Wiedernutzbarmachung der Braunkohlengruben war schon von Beginn an durch privatrechtliche und öffentlich-rechtliche Vorschriften dem Grunde nach geregelt. So findet sich in einem Pachtvertrag über die Roddergrube schon 1766 die Verpflichtung, die ausgekohlte Grube mit Erlenstangen zu bepflanzen. Kurfürst Maximilian Friedrich erließ im Jahre 1784 die älteste bekannte Rekultivierungsverordnung, indem er die Eigentümer oder Pächter der Gruben anwies, die Flächen wieder zu verfüllen und zu bepflanzen oder auf andere Art wiedernutzbarzumachen und die Entwässerung zu sichern. Das „Allgemeine Berggesetz" für Preußen von 1865 griff die gleichen Gesichtspunkte auf und unterstellte die Sicherung und Ordnung der Oberflächennutzung und die Gestaltung der Landschaft während und nach dem Abbau der bergbehördlichen Aufsicht. In Anbetracht der immer größer werdenden Landinanspruchnahme im Zuge der industriellen Verwendung der Braunkohle nach der Jahrhundertwende wurde die allgemeine Vorschrift in der „Bergpolizeiverordnung für den Braunkohlenbergbau" 1929 vom Oberbergamt Bonn konkretisiert: Alle Abraummassen sind so in die ausgekohlten Tagebaue einzubringen, daß möglichst große land- und forstwirtschaftlich nutzbare Flächen entstehen.

Die nach dem Zweiten Weltkrieg vorhandenen nicht rekultivierten Flächen waren Anlaß, der Rekultivierung mit dem Braunkohlegesetz von 1950 einen entscheidenden Impuls zu geben. Bis zum Erlaß rechtlich bindender Vorschriften über die Herstellung des Bodens für die forstliche Rekultivierung im Jahre 1967 vergingen aber nochmals 16 Jahre.

Die bis dahin forstlich rekultivierte Fläche betrug 4 010 ha, so daß von den heute vorhandenen 6 800 ha Rekultivierungswald im rheinischen Revier ca. 40 % auf Standorten stehen, die nach bergamtlichen Regeln hergestellt sind.

Zusammenfassend kann man feststellen, daß die grundsätzliche, öffentlich- oder privatrechtliche Verpflichtung zur Wiedernutzbarmachung ausgekohlter Tagebaue schon lange besteht, während konkrete Vorschriften zur Durchführung für den forstlichen Bereich erst relativ spät verbindlich wurden.

2.8 Flächenbilanzen

Für die Waldinanspruchnahme liegen leider keine exakten Daten vor, da vor 1970 nicht nach Nutzungsarten differenziert wurde. Die vom Bergamt Köln geführte Übersicht (Abb. 3) weist die Bilanzen über die Inanspruchnahme und Wiedernutzbarmachung für Ende 1992 auf.

Die Abb. 4 zeigt die Waldinanspruchnahme und die Wiederherstellung im Laufe des Abbaugeschehens. Die Daten sind erst ab 1951 jahrweise vorhanden.

3 Ziele der forstlichen Rekultivierung im Wandel der Zeiten

3.1 Wiedernutzbarmachung als Gebot der Wirtschaftlichkeit

Schon die Verpächter der ersten Braunkohlengruben im 18. Jahrhundert legten Wert darauf, daß die ausgekohlten Bereiche kein wertloses Brachland wurden. Schließlich ist Grundbesitz nur dann von Wert, wenn er, in welcher Form auch immer, nutzbar ist. Auch die Berggesetze

Abb. 3. Landinanspruchnahme im Rheinischen Braunkohlenrevier am 31.12.1992

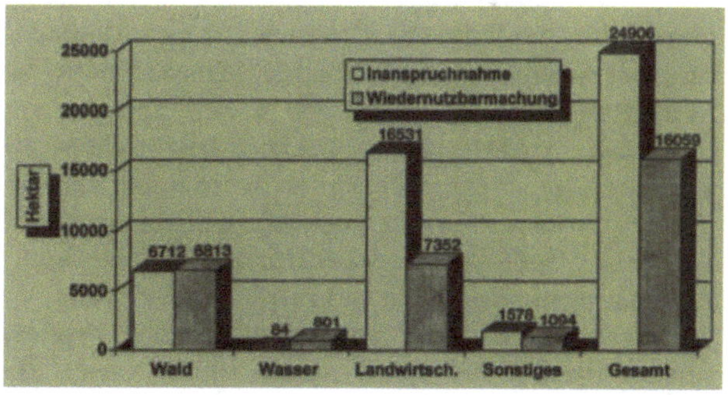

Abb. 4. Waldinanspruchnahme[a] und -rekultivierung im Rheinischen Braunkohlenrevier 1951–1992. [a]Daten erst ab 1969 verfügbar

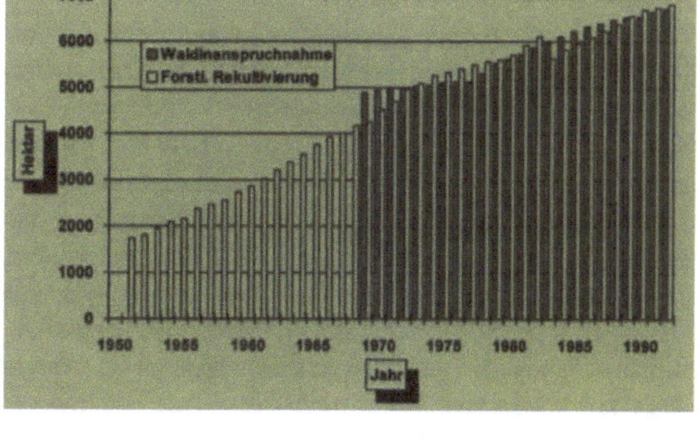

trugen in der grundsätzlichen Verpflichtung zur Wiedernutzbarmachung diesem Umstand Rechnung (vgl. Abschn. 2.7). Spätere Verträge des Preußischen Staates mit den Bergbautreibenden legten ebenfalls großen Wert auf die Nutzungsmöglichkeiten und sahen detaillierte Entschädigungsregelungen für den Fall vor, daß diese aus technischen Gründen nicht realisierbar waren.

Die zu erwartende Wuchsleistung der neu angepflanzten Waldbestände galt als wesentlicher Maßstab des Rekultivierungserfolges. Gleichmäßige, möglichst wuchskräftige Standorte wären demnach die Ideale der Rekultivierungsbestrebungen. Die Wiederaufforstung orientierte sich im wesentlichen nach wirtschaftlichen Gesichtspunkten – die Baumarten mit den zum Beurteilungszeitpunkt höchsten Erträgen wurden bevorzugt. Die Produktion von Holz war Hauptziel der forstlichen Rekultivierung, wie sich noch in der Pappelphase nach dem Zweiten Weltkrieg zeigte.

Auch außerforstliche Aspekte spielten eine wichtige Rolle: Nicht zuletzt jagdliche Motive wirkten sich seit Beginn des zwanzigsten Jahrhunderts aus (Dilla 1983):

3.2 Rekultivierung als Renaturierung – Lebensräume schaffen

Mit dem Wandel der gesellschaftlichen Werte veränderten sich sowohl Ansprüche wie in der Folge auch die Ziele der forstlichen Rekultivierung (Möhlenbruch u. Schölmerich 1992). Die Freizeitgesellschaft forderte zu Beginn der 70er Jahre eine Umorientierung in die Richtung der Gestaltung von Erholungsräumen. Neben der Ausstattung fast aller Waldflächen im Ballungsraum mit Erholungseinrichtungen wurden auch Rekultivierungsanforderungen mehr und mehr an der Eignung der Flächen zu Erholungszwecken orientiert. Die Anlage und Gestaltung des Regattasees bei Hürth mit Sichtschneisen im umgebenden Wald kann als Beispiel dienen.

Mit Beginn der 80er Jahre verlagerte sich die Zielsetzung zunehmend in einen umfassenden Ansatz, der verstärkt an ökologischen Aspekten orientiert war. Dies bedeutet nicht, daß solche Gesichtspunkte in der Praxis bisher unberücksichtigt geblieben wären. Der Anteil von Naturschutzgebieten in der älteren Rekultivierung ist dafür ein Beleg. Die ökologischen Momente rückten v. a. in der öffentlichen Darstellung in den Vordergrund.

Die Gestaltung von Lebensräumen, die hinsichtlich Nutzungsmöglichkeiten, ökologischer Vielfalt und Produktionsvoraussetzungen den vom Abbau betroffenen in nichts nachstehen sollten, wurde zum ganzheitlichen Ziel der forstlichen Wiedernutzbarmachung. Eine oft erhobene Forderung, gleiche Verhältnisse wie in den zerstörten Wäldern wieder neu zu schaffen, erwies sich aus praktischen Gründen als im Einzelfall undurchführbar. Weder Bodenzusammensetzung noch Geländegestalt lassen sich völlig nach dem alten Vorbild gestalten – vom Problem des zwangsläufig geringen Alters der Ersatzlebensgemeinschaften einmal abgesehen.

Ziel der forstlichen Rekultivierung muß heute sein, den kommenden Generationen Lebensräume zu hinterlassen, deren Naturpotential und Nutzungsmöglichkeiten in vielerlei Hinsicht denen der vom Abbau betroffenen Landschaftsräume ebenbürtig sind. Diese Forderung ergibt sich schon aus dem in der Forstwirtschaft seit zwei Jahrhunderten praktizierten Gebot der Nachhaltigkeit – nicht mehr nutzen als zuwächst oder allgemein: die Nutzungsmöglichkeiten einschließlich des Naturpotentials zumindest nicht verringern, eher vergrößern.

Eine Orientierung an den Landschaftsformen und Waldgesellschaften der zerstörten Landschaft ist dabei sicher angebracht, aber nur auf Teilflächen vollständig realisierbar. So wurden beispielsweise auf der Hochfläche der Sophienhöhe durch das Verkippen von reinem Löß Bodenverhältnisse geschaffen, die denen des Hambacher Forstes in einigen Jahrzehnten gleichen werden – nur liegen die Flächen ca. 200 m höher über NN und weisen damit andere Standortsverhältnisse auf.

Das Alter als maßgebliches Kriterium für die Charakterisierung von Lebensgemeinschaften läßt sich ohnehin nicht verändern, so daß immer junge Biozönosen an die Stelle der alten treten. Dies hat gerade bei der forstlichen Rekultivierung große Bedeutung, da die ökologische (und ökonomische) Wertigkeit von Waldlebensgemeinschaften mit zunehmendem Alter sehr steigt.

Sich selbst überlassen oder wiedernutzbarmachen bei Abbaugebieten – diese Frage ist in den letzten Jahren zunehmend diskutiert worden. Einig sind sich die Fachleute in jedem Fall darin, daß am Ende der Sukzession unter unseren klimatischen Bedingungen eine stabile Waldgesellschaft steht – von Sonderstandorten einmal abgesehen. Im forstlichen Bereich reduziert sich die Frage Renaturierung oder Rekultivierung damit darauf, ob man die Sukzessionsstadien überspringen kann und soll oder nicht. Unter der Berücksichtigung der positiven Wirkungen produktiver Wälder auf Klima, Wasserhaushalt, Naturschutz und Erholungseignung zeigen die bisherigen Erfahrungen, daß die forstliche Rekultivierung geeignet ist, die positiven Wirkungen in wesentlich kürzeren Zeiträumen den kommenden Generationen wieder zur Verfügung zu stellen, als dies über eine frei ablaufende Sukzession möglich wäre.

Die Aussage, nur spontane Vegetation könne auf Dauer vom Menschen unabhängige, stabile Ökosysteme schaffen (Asmus 1987), gilt in dieser pauschalen Form für die forstliche Rekultivierung nicht. Voraussetzung für diese Beurteilung ist freilich, daß die aus der Rekultivierung hervorgehenden Waldgesellschaften denen möglichst nahe stehen, die sich im Zuge der Sukzession als Klimaxgesellschaften einstellen würden. Forstliche Rekultivierung mit diesem Ziel ist damit als gelenkte ökologische Sukzession mit gleichem Endergebnis, aber kürzerem Realisierungszeitraum zu verstehen.

Zur Befriedigung wissenschaftlicher Interessen und zur Erhaltung junger und damit artenreicher Sukzessionsstadien sollte dabei nicht die gesamte zur Verfügung stehende Fläche forstlich rekultiviert werden. Gerade Ränder und Übergangsflächen bieten sich als Sukzessionsflächen an, die dann aber auch dauerhaft sich selbst zu überlassen sind und nicht künstlich in jungen Stadien gehalten werden dürfen, da ja im Zuge weiterer Abbautätigkeit ständig neue hinzukommen.

Sukzessionsflächen mit völlig landschaftsfremden Substraten ergeben keinen ökologischen Sinn, da sie Arten beherbergen, die im Landschaftsraum eine Verfälschung von Flora und Fauna bedeuten. Reiner tertiärer Sand kommt beispielsweise im Rheinland oberflächlich nicht vor, so daß seine versuchsweise Verkippung auf der Sophienhöhe ausschließlich mit wissenschaftlichem Interesse zu begründen ist. Entsprechende Studien sind im übrigen in den Lausitzer Abbaugebieten auf großer Fläche möglich.

Die heutige Zielsetzung der forstlichen Rekultivierung läßt sich anhand der folgenden Kriterien abgrenzen:

- Vielfältig nutzbare, zusammenhängende Waldflächen
- Abwechslungsreiche, aber landschaftstypisch gestaltete Landoberfläche
- Orientierung an den durch Abbau in Anspruch genommenen Waldtypen
- Realisierung von Voraussetzungen zur Entwicklung wuchsgebietstypischer Böden
- Berücksichtigung seltener Waldgesellschaften, z. B. Feuchtwälder
- Raum für natürliche Entwicklung lassen
- Standortspezifische Baumartenwahl
- Schnelle Entwicklung von Strukturvielfalt durch Mitanbau schnellwachsender Baumarten in Gruppen
- Vernetzung der Waldflächen durch Grünzüge aus Hecken und Feldgehölzen
- Funktionentrennung intensive Erholung - Naturschutz

4 Voraussetzungen der forstlichen Rekultivierung

4.1 Boden

Die Herstellung und Verkippung des Substrates ist die Grundlage der Waldentwicklung und damit der entscheidende Schritt der forstlichen Rekultivierung. Fehler bei der Auswahl und Verkippung geeigneter Bodenmaterialien lassen sich später kaum noch korrigieren.

Im rheinischen Gebiet liegen prinzipiell günstige Voraussetzungen für die Wiederherstellung leistungsfähiger Bodensubstrate vor, da sowohl Lößlehme als auch quartäre Kiese und Sande der Rheinhaupt- und Mittelterrasse für forstliche Zwecke geeignet sind.

Als leistungsbestimmende Merkmale haben sich die Substratzusammensetzung und die Durchwurzelbarkeit (Lockerheit) des Bodens herausgestellt. Tertiäre Kiese und Sande haben sich als weitgehend ungeeignet erwiesen, da sie eine zu geringe Wasserkapazität und Nährstoffversorgung haben. Wittich (1959) sprach lediglich den pliozänen Kieseloolithschichten eine gewisse Eignung als relativ armer forstlicher Standort zu.

Quartäre Kiese und Sande, vermischt mit Löß oder Lößlehm im Verhältnis 3 : 1–2 : 3 haben brauchbare Standorte geschaffen. Entscheidend ist, daß eine Dichtlagerung durch problematische Korngrößenzusammensetzung („Erdbeton“) oder durch mechanische Verdichtung vermieden wird (Winter 1990). Das Planieren verkippter Flächen ist daher grundsätzlich zu vermeiden. Die Verstürzung der Bodensubstrate mit Kleinabsetzer ohne Planieren hat gute Ergebnisse gebracht. Das Verkippen von Forstkies mit Großabsetzer ohne Planieren führt zu Flächen, die teilweise so unebene Oberflächen aufweisen, daß mit erheblichen Bewirtschaftungserschwernissen zu rechnen ist. Hier scheint eine Weiterentwicklung der Verkippungstechnik erforderlich zu sein, um die Vorteile der lockeren Verstürzung nicht mit bleibenden Nachteilen bei der Oberflächenform der Waldflächen erkaufen zu müssen (Abb. 5).

In den 60er Jahren entstandene Flächen mit Verdichtungsschichten in 0,3–0,6 m Tiefe weisen sehr schlechte Wuchsbedingungen auf, die auf den stark wechselnden Wasserhaushalt und die ungenügende Durchwurzelbarkeit zurückzuführen sind. Solche Standorte sind nur mit hohem Aufwand durch Aufreißen oder Überkippen zu meliorieren oder müssen der natürlichen Entwicklung überlassen bleiben, die meist über Jahrzehnte zu ausgedehnten Reitgrasdecken führt.

Das Grobporenvolumen der Böden sollte mittel bis hoch, die Feldkapazität mittel bis sehr hoch sein. Dicht-

Abb. 5. Mit Großabsetzer verkippter Forstkies auf der Sophienhöhe

lagerungen mit Raumgewichten über 1,6 g/cm^3 müssen vermieden werden.

Sehr wertvoll sind Standorte, die durch die Verkippung einer ein bis zwei Meter mächtigen Lößschicht entstehen. Sie werden sich zu Bodentypen entwickeln, die denen der zerstörten Waldböden ähnlich sind. Die Herstellung solcher Substrate stellt hohe Anforderungen an die Verkippungstechnik. Bisher war dies nur in Sonderfällen möglich, indem der Löß mittels eines Kleinabsetzers separat aufgebracht oder auf Kiesschichten aufgespült wurde. Bei diesem Verfahren der Bodenherstellung sind künftig auch landwirtschaftliche Nutzungen möglich, wenn dies unter künftigen Rahmenbedingungen im hiesigen Raum einmal notwendig werden sollte. Die Herstellung solcher universell nutzbarer Böden sollte daher eher die Regel als die Ausnahme werden, soweit es die Lößvorkommen zulassen.

Natürliche Prozesse wie die Entwicklung eines Edaphons und die mikrobiellen Umsetzungsvorgänge müssen in den folgenden Jahrzehnten Humusbildung und biogene Porenbildung leisten. Die punktuelle Verbringung von Waldboden und die Anpflanzung von Baum- und Krautarten mit leicht umsetzbarer Biomasse fördern diese Entwicklung.

Wolf (1989) hat nachgewiesen, daß auf Parzellen mit flächiger Überdeckung durch Altwaldboden der Höhenzuwachs der Kulturen deutlich zunahm. Das autochthone Arteninventar einschließlich wichtiger symbiotischer Pilze und Zersetzerketten des Altwaldes ließ sich so auf die rekultivierten Flächen übertragen. Glück (1989) hat berichtet, daß solche Altwaldbodenzellen auch bei der Entwicklung der Fauna eine positive Rolle spielen – bei den Collembolen hat sich beispielsweise über einige Jahre ein Nettoausstrom von Individuen in die benachbarten Flächen feststellen lassen.

4.2 Gestaltung des Landschaftsraumes

Hundhausen weist 1935 darauf hin, daß die technischen und wirtschaftlichen Möglichkeiten die wesentlichen Grenzen der Landschaftsgestaltung aufzeigen. So erklärt sich, daß bis in die 60er Jahre die Gestaltung von Landschaft im Zuge der Rekultivierung von den begrenzten technischen Möglichkeiten bestimmt wurde. Dies hatte einerseits positive Folgen, wie man am abwechslungsreich gestalteten Südrevier feststellen kann, aber auch negative Effekte wie den der landschaftszerstörenden Form der Kippengestaltung. Die wechselnden Standorts- und Expositionsverhältnisse des Südreviers wären bei heutigen technischen Möglichkeiten in dieser Vielfalt sicherlich nicht entstanden. Genausowenig würde man Außenhalden wie die Glessener Kippe heute für vertretbar halten.

Die Vernetzung der Tagebaue des rheinischen Reviers mit Band- und Eisenbahnanlagen ermöglicht eine optimale Verteilung der zur Verfügung stehenden Massen. Die Möglichkeit, ältere Tagebaue mit den Abraummassen neuerer zu verfüllen, schafft allerdings das Problem des auf die jüngsten Tagebaue konzentrierten Massendefizits. Dort fehlen dann nicht nur die Braunkohlenvolumen, sondern auch die anderwärtig zu Verfüllung verwendeten Deckgebirge. Die dann notwendigerweise entstehenden großen Wasserflächen entsprechen sicher nicht den Vorstellungen einer kleinräumig strukturierten, abwechslungsreichen neuen Landschaft (von den hydrologischen Problemen solcher Seen einmal abgesehen). Es wäre daher daran zu denken, die auftretenden Massendefizite dort in die Rekultivierung einzubeziehen, wo sie anfallen, um die Restlöcher kleiner zu halten.

Außenkippen beim Neuaufschluß von Tagebauen sollten weitgehend vermieden werden, da sie zusätzliche Flächen in Anspruch nehmen und das Massendefizit im Tagebau erhöhen. Möglichkeiten zur Vermeidung von Außenkippen bestehen durch die Verwendung des Abraums zu Verfüllung alter Tagebaue, durch entsprechend optimierten Aufschluß oder durch erneute Verkippung der vorübergehenden Außenkippe in den Tagebau.

Wenn Kippen notwendig werden, sollten sie weitgehend ohne Bermen gestaltet werden. Bermen wirken immer landschaftsfremd und künstlich. Außerdem sind die zum Berg geneigten Flächen immer wegen Wasser- und Kältestau problematisch.

Im Zuge der Landschaftsgestaltung sollte weiter versucht werden, im Landschaftsraum vorhandene Elemente wie beispielsweise den Villerücken wieder aufzunehmen und wiederherzustellen.

Flächen für die forstliche Rekultivierung sollten weder eben noch zu stark geneigt sein. Die Befahrbarkeit der Flächen auf Linien muß sichergestellt sein.

Die Planung eines Vorflutersystems muß natürlichen Formen nachempfunden sein und genügend Raum zu eigener Entwicklung lassen. Kleine abgedichtete Rückstauräume und Teiche können sowohl zur Regulierung der Wasserführung als auch zur Anreicherung der Lebensraumvielfalt dienen. Im Rheinischen Revier sind hierzu in jüngerer Zeit gute Beispiele geschaffen worden.

5 Forstliche Rekultivierung nach heutigem Stand des Wissens

5.1 Baumarten, Mischungen

Eine Übersicht über die verwendeten Baumarten in der forstlichen Rekultivierung wird im Abschn. 2.6 gegeben.

Auf Forstkiesböden und vergleichbaren Substraten mit guter Durchwurzelbarkeit und mindestens mittlerer Wasser- und Basenversorgung haben sich folgende Baumarten als Wirtschaftsbaumarten unter den herrschenden Klimaverhältnissen bewährt:

- Rotbuche zeigt gute bis sehr gute Wuchsleistungen auf einer breiten Variation von Standorten. Sie befindet sich im Rheinischen Revier im klimatischen Optimum. Ertragskundliche Untersuchungen haben ergeben, daß sowohl Höhenwuchsleistung wie Volumenzuwachs deutlich über den Werten für eine 1. Ertragsklasse von Schober liegen. Die Buche ist im Vergleich zu anderen Baumarten weniger von der Bodenart abhängig (Stratmann 1985). Sie leistet auch auf ärmeren Standorten guten Zuwachs, wenn die Tiefenentwicklung der Wurzel möglich ist. Sie ist in der Lage, durch Beschattung die häufig vorhandene Konkurrenz durch Reitgras auszuschalten. Die Qualität der Bestände ist entscheidend von der Herkunft abhängig, weniger von der Pflanzenzahl. Leider gibt es – wie bei anderen Baumarten auch – keine verläßliche Dokumentation der verwendeten Herkünfte.
  Im Zuge der Pappelumwandlung hat sich der Anbau der Rotbuche gerade unter Schirm der Pappel sehr bewährt.
  Die Begründung von Mischbeständen muß der Wuchsüberlegenheit der Buche Rechnung tragen. In Einzelmischung lassen sich allenfalls Douglasie und Vogelkirsche anbauen. Andere Mischbaumarten wie Stieleiche, Traubeneiche oder Winterlinde sollten in jedem Fall mindestens horstweise eingemischt werden, um die zwischenartliche Konkurrenz abzumildern.
- Stieleiche und Traubeneiche zeigen ein stärker standortbezogenes Wuchsverhalten als die Buche. Auf ärmeren und schlechter wasserversorgten Standorten sinkt die Ertragsklasse deutlich ab. Auf bereits vergrasten Flächen ergeben sich ohne Mischbaumarten Schwierigkeiten, das Gras auszudunkeln. Die Anfangsentwicklung ist daher oft verzögert. Die Stieleiche hat sich bei der Umwandlung der Pappelbestände besonders auf femelartigen Kleinflächen bis zu 0,3 ha bewährt. Entgegen früheren Lehrmeinungen sollte die Eiche nicht als Reinbestand begründet werden. Winterlinde, Hainbuche und auch Vogelkirsche sind geeignete Mischbaumarten. Je nach Standort muß evt. selektiv zugunsten der Eiche eingegriffen werden, wenn die Winterlinde oder Hainbuche die Eiche überwachsen.
- Roteiche ist seit Beginn der Rekultivierung sowohl gesät als auch gepflanzt worden. Die Ergebnisse sind gut, soweit die Standortseigenschaften den oben beschriebenen entsprechen. Wegen des guten Stockausschlagvermögens lassen sich leicht zumindest zweischichtige Bestände erzielen. Auch die Roteiche sollte nicht rein, sondern mit Hainbuche oder Winterlinde gemischt angebaut werden.
- Winterlinde hat sich als Mischbaumart in Eiche, Roteiche, selten auch Buche, aber auch als letztes Mittel auf schlechteren, verdichteten Standorten bewährt. Frühere entgegengesetzte Erfahrungen beruhen vermutlich auf schlechten Herkünften.
- Hainbuche hat als stark beschattende Baumart eine große Bedeutung als Mischbaumart bei Lichtbaumarten wie z. B. Eichen und Esche. Sie ist durch Mäuse gefährdet. Unter den herrschenden klimatischen Bedingungen ist die Hainbuche durchaus als Wirtschaftsbaumart zu betrachten. Sie erreicht auf gewachsenen Böden oft Höhen der Eiche und verläßt damit die Rolle der sog. dienenden Baumart.
- Vogelkirsche sollte als zuwachsstarke Baumart gerade in der Rekultivierung nicht fehlen. Einzelbaumweise bis kleinflächenweise eingemischt kann sie sowohl das Landschaftsbild verschönern als auch nach etwa 60 Jahren erste Erträge bringen. Neuere Untersuchungen über die Wuchsdynamik belegen, daß sie auch mit dem Höhenwachstum der Buche bis zum Nutzungszeitpunkt noch mithalten kann.
- Esche und Bergahorn haben sich auf Forstkies nicht bewährt. Sie verlangen einen hohen Lößanteil, der nur auf wenigen Flächen vorhanden ist. Dort zeigen sie gute Wuchsleistungen. Im Zuge der Anlage reiner Lößverkippung für forstliche Zwecke wie auf der Sophienhöhe wird ihre Bedeutung zunehmen. Auf Verdichtungen reagieren beide Baumarten empfindlich.
- Roterle ist für feuchte Substrate eine bisher zu wenig berücksichtigte Baumart. Einzelne Exemplare zeigen, daß die Wuchsbedingungen vielerorts gut sind. Entscheidend ist auch hier die Wahl der richtigen Herkunft. Die Roterle läßt sich aus Pappelbeständen in die Folgebestände übernehmen.
  Gerade bei Freilandkulturen kann die Roterle Schirmfunktionen übernehmen und bei entsprechendem Wachstum auch zumindest als Zeitmischung im Bestand bleiben. Die biologischen Vorteile der Roterle brauchen hier nicht besonders hervorgehoben zu werden.
- Kiefer, Douglasie, Lärche, und Küstentanne sind als kleinflächige Mischungen in der Rekultivierung wertvoll. Sie zeigen auf den eher frischen, durchaus sandigen, aber tiefgründigen Böden gute Leistungen. Bessere Forstkiesböden können von Kiefer nicht ausgenutzt werden. Der Anbau der Kiefer sollte daher auf ärmere Standorte beschränkt bleiben.
- Fichte und Omorikafichte scheiden in der Regel wegen zu hoher Ansprüche an die Wasserversorgung aus; im übrigen sind die klimatischen Voraussetzungen hier nicht gegeben.

5.2 Begründungsverfahren

Die Begründung von Waldbeständen auf Kippen sollte folgende Grundsätze berücksichtigen:

- Die Pflanzenzahl und der Pflanzverband sollten sich am Freiflächencharakter der Kippen orientieren. Dies bedeutet, daß die nach neueren Erkenntnissen stark reduzierten Pflanzenzahlen je nach Baumart zwischen 3 000 und 7 000 Stück/ha nur mit Vorsicht auf Rekultivierungsflächen zu übertragen sind. Erstklassige Herkünfte mit ausgesuchten Pflanzenqualitäten lassen hier aber sicherlich auch auf Kippen noch Entwicklungsspielraum. Die auf Schüttböden nötige schnelle Begrünung und Durchwurzelung kann auch durch Waldbodenverbringung und die verstärkte Verwendung von Mischbaumarten mit dienendem Charakter erreicht werden.
- Die Aufforstung muß der Herstellung der Fläche unmittelbar folgen, um die Situation der anfänglichen Lockerheit des Substrats auszunutzen. Intensive, tiefgehende Durchwurzelung sorgt für eine stabile biogene Porenbildung als Voraussetzung für einen guten Wasser- und Lufthaushalt.
- Bei der Wahl der Baumarten muß man sich an den voraussichtlichen Standorteigenschaften orientieren und auch kleinflächigen Wechsel berücksichtigen.
- Die Baumarten und die Art der Mischung müssen auf die klimatischen Bedingungen abgestimmt sein, um spätere aufwendige und wiederholte Mischwuchsregulierungen möglichst zu vermeiden.
- Die Stufigkeit des künftigen Bestandes muß schon bei der Begründung berücksichtigt werden, indem Baumarten unterschiedlichen Wachstumsverlaufs kleinflächig gemischt werden.
- Auch in der Rekultivierung sollte bei der Kulturbegründung mehr und mehr dazu übergegangen werden, qualitativ besonders hochwertiges Pflanzmaterial der Hauptbaumarten mit einer größeren Zahl von Neben- oder Pflegebaumarten zu kombinieren. Dies hat biologische Vorteile und bietet die Chance zu einer Verbesserung der Bestandesqualität in der Zukunft.
- Das Miteinbringen von Schirmpappeln und Schirmerlen hat sich zur Erzielung einer gewissen Windruhe und eines Sonnenschutzes bewährt. Der oft optisch als schematisch empfundene Regelverband von 10 x 10 m kann durchaus auch unregelmäßiger sein, um ein aufgelockertes Bild zu geben.
- Die Miteinsaat von Dauerlupine zeigt Vorteile durch schnelle Bodenbedeckung und Stickstoffsammlung. Nach Möhlenbruch u. Rosenland (1992) reichen 35 kg/ha, nach Wunsch auch mit anderen Beisaaten wie Luzerne, Rotklee, Weißklee, Sonnenblume, Phacelia, Winterraps, Markstammkohl, Süßlupine, Ölrettich und Hirse.
- Die Pflanzung sollte mit Handverfahren erfolgen oder mit Maschinen, die nennenswerte Verdichtungen des Bodens ausschließen.
- Saatverfahren können bei Eichenarten Kosten senken und den Vorteil der ungestörten Wurzelentwicklung von Sämlingen bringen. Der Mitanbau von Mischbaumarten darf darüber nicht vergessen werden.
- Die Düngung von Kulturflächen mit Mineraldüngern ist als Starthilfe in manchen Fällen wegen des noch nicht entwickelten Nährstoffkreislaufs sinnvoll. In der Vergangenheit hat sich die bis zu 3malige Gabe von 300 kg Thomaskali je Hektar im 2.–4. Standjahr bewährt. Insbesondere werden dadurch die Trockenresistenz der Kulturpflanzen erhöht und der häufig vorhandene Phospormangel gemildert. Die Gabe sollte auf die Pflanzreihen beschränkt bleiben, um die Begleitvegetation nicht ungewollt zu fördern. Das Ausbringen von Stickstoffdüngern kann wegen des ohnehin vorhandenen Eintrages aus der Luft unterbleiben.
  Sollten später Wuchsstockungen auftreten, deren Ursache im Nährstoffmangel vermutet wird, können Düngeempfehlungen nur auf der Basis von Blatt- und Bodenanalysen ausgesprochen werden, um die Gefahr von Nährstoffungleichgewichten auszuschließen.

5.3 Bestandespflege

Die Pflege der Rekultivierungsbestände muß darauf abzielen, die Bestände aus Klimaxbaumarten zu stabilisieren und die Umwandlungsbestände auf den Voranbau mit den Folgebaumarten vorzubereiten. Die Ausnutzung gerade der Pappelbestände als Schirm für die nachfolgenden Kulturen ist aus waldökologischen und landschaftsgestalterischen Gründen von Vorteil (Hochhäuser 1960). Ungleichaltrigkeit, Stufigkeit und Mischung verschiedener Baumarten müssen durch periodisch wiederholte Eingriffe erzeugt und gesichert werden. Dadurch nähert sich der Rekultivierungswald über Jahrzehnte dem Bild des naturgemäßen Wirtschaftswaldes an.

Der Aspekt der Verbesserung des Humusgehaltes ist auch bei der Bestandespflege zu berücksichtigen. Liegenbleibende Holzmassen können zum Aufbau des Humusgehaltes durch ihre eigene Masse, aber auch durch Festhalten der Streu beitragen. Soweit die nötigen Pflegeeingriffe rechtzeitig durchgeführt werden, sind daher bei der Bestandesbegründung im Vergleich zum normalen Kulturbetrieb erhöhte Pflanzenzahlen sinnvoll, da so die Bodenerschließung und die Bildung organischer Substanz gefördert werden können (Möhlenbruch u. Rosenland 1992). Dabei sollten aber v. a. Baumarten verwendet werden, die in bezug auf Streuzersetzbarkeit und Bodenerschließung besonders leistungsfähig sind wie z. B. die Roterle. Dies hat auch wirtschaftliche Vorteile, da die Kosten solcher Begleitpflanzen geringer sind als die der Hauptbaumarten.

5.4 Nutzung im Rekultivierungswald

Die getrennte Auswertung der im Staatswald des Forstamtes Ville vorhandenen Betriebsklassen „Altwald" und „Rekultivierung" ermöglicht einen Vergleich der Nutzungsmöglichkeiten zwischen einem für rheinische Verhältnisse normalen Wald in der Niederung und dem Rekultivierungswald. Dabei ist zu berücksichtigen, daß auch der nichtrekultivierte Wald im Rheinland kriegsbedingt relativ geringe Vorräte und Nutzungsmöglichkeiten bietet.

Generell muß festgestellt werden, daß in rekultivierten Wäldern während der ersten 50 Jahre in der Regel keine Erträge aus Holznutzung möglich sind, wenn auf den Anbau schnellwachsender Baumarten verzichtet wird.

Die Tabelle 1 gibt die Verhältnisse für den Staatswald Ville mit Stichtag 1.10.1989 wieder. Die Verhältnisse im landeseigenen Rekultivierungswald sind vergleichsweise günstig, weil die jüngere Rekultivierung noch im Eigentum der Rheinbraun AG ist.

Die Tabelle 1 zeigt deutlich, daß selbst bei einem Durchschnittsalter von bereits 26 Jahren die Nutzungsmöglichkeiten nur etwa 60 % von einem im Durchschnitt auch noch recht jungen Altwald betragen, wenn man die Pappel unberücksichtigt läßt.

Ein Vergleich der erntekostenfreien Holzerlöse würde die Unterschiede noch sehr viel deutlicher machen. Die durchschnittliche Stärkeklasse des geernteten Holzes in der Rekultivierung ist altersbedingt viel geringer als im Altwald, so daß die Kosten höher und die Erlöse niedriger sind. Hinzu kommt, daß die Nutzung der Pappel Kulturkosten zur Folge hat, die die Erlöse pro Hektar übersteigen.

Bei aller Kritik an der ausgedehnten Pappelrekultivierung von 1950–1960 zeigen die Nutzungen im Rekultivierungswald aber doch, daß gerade schnellwüchsige Baumarten helfen, überhaupt in absehbarer Zeit nach der Wiedernutzbarmachung wieder Holz ernten zu können. Aus diesem Grunde sollte auch in neuen Rekultivierungen ein Anteil nutzbarer Pappeln angebaut werden. Dieser Anbau muß nur so erfolgen, daß nach der Nutzung keine Neukulturen erforderlich werden, deren Kosten den Erlös aus der Holznutzung übersteigen. So könnte beispielsweise an den Randflächen zu Wegen und anderen Flächen Pappel in nutzbare Dimensionen wachsen, die im Alter von 30–50 Jahren langsam zu ernten wäre. Der gänzliche Verzicht auf den nutzungsorientierten Anbau der Pappel, wie er heute praktiziert wird, ist daher so nicht sinnvoll. Kleinflächen bis zu 0,1 ha können auch bestandsweise begründet werden, damit dort später der Ansatz auch kleinflächig ungleichaltriger Bestände liegt. Nach der Nutzung der Pappel können die Kleinflächen von Baumarten der natürlichen Sukzession bestockt werden.

5.5 Entwicklung des Lebensraumes Wald

Neben allen Nutzungsüberlegungen stellt sich die Frage, wieweit das Ziel der Wiederherstellung des zerstörten Lebensraumes Wald erreicht werden kann. Wittig et al. (1985) haben festgestellt, daß auch nach 60 Jahren ein rekultivierter Buchenwald noch nicht als stabile Lebensgemeinschaft angesehen werden kann. Dworschak (1992) weist darauf hin, wie langsam die Besiedlung insbesondere durch die Pflanzen abläuft, die nicht über

Tabelle 1. Vergleich der Nutzung Altwald/Rekultivierungswald im Staatswald Ville 1989

	Durchschnittliches Alter (Jahre)	Fläche (ha)	Vorrat (Efm/ha)	Zuwachs (Efm/ha/Jahr)	Nutzung (Efm/ha/Jahr)
Altwald	57	2.462,8	150	5,9	4,0
Rekultivierung ohne Pappel		1.547,1	76	5,4	2,3
Rekultivierung nur Pappel		750,3	154[b]	7,4[b]	6,1[b]
Rekultivierung gesamt	26	2.297,4	102[b]	5,9[b]	3,6[b]

[b] Diese Werte liegen über den realen Werten, da sie auf Ertragstafelwerten basieren, die für die Rekultivierungspappel nicht zutreffen. Das Wachstum der Pappel läßt im Alter stark nach, insbesondere wenn die Verdichtung der Böden eingetreten ist.

Fernverbreitungsmechanismen verfügen. So fehlt in den Pflanzengesellschaften des älteren rekultivierten Waldes z. B. die vielblütige Weißwurz noch ganz; andererseits prägen Störungszeiger wie die Brennessel und das Klettenlabkraut stellenweise noch die Krautschicht.

Gleiches gilt für die Fauna. Während Säugerarten problemlos in die neugeschaffenen Gebiete einwandern, gibt es auch in jahrzehntealten Rekultivierungswäldern noch deutliche Abweichungen von der erwarteten Zusammensetzung der Bodenfauna. Im Zusammenhang mit Umsetzungsvorgängen im Boden hat diese Tatsache sicherlich eine nicht zu unterschätzende Bedeutung.

Letztlich lassen sich weder Bodenentwicklung noch Alter der Lebensgemeinschaft entscheidend verändern. Die Rekultivierungsmethoden können daher nur dazu beitragen, die Voraussetzungen für die Entwicklung vergleichbarer Ökosysteme zu schaffen und durch einzelne Maßnahmen wie z. B. die Waldbodenverbringung die Artenhaltung und Artenverbreitung zu fördern.

Einen dabei entscheidenden Beitrag leisten auch Altwaldbereiche, die in unmittelbarer Nähe zum Rekultivierungsgebiet liegen. Die Einwanderung von Arten sollte nicht durch Hindernisse wie Straßen oder befestigte Wege behindert sein. Schon bei der Planung von Abbaubereichen müssen solche Regenerationsflächen berücksichtigt werden.

Der Mitanbau von Baumarten mit geringer physiologischer Lebenserwartung wie Pappel, Erle oder Weide schafft die Möglichkeit, früher als bei den Klimaxbaumarten Zerfallphasen in Waldbeständen zu erreichen. Dicke, morsche Bäume haben im Rekultivierungswald einen besonders hohen Stellenwert, da sie Lebensräume bieten, die sonst nur im Altwald zu finden sind (Abb. 6).

Die Chance der Rekultivierung, neue, sonst seltene Lebensräume auch im Wald zu schaffen, ist in den letzten Jahren zunehmend genutzt worden. Dabei handelt es sich in der Regel um Biotoptypen wie Tümpel und Teiche, Magerrasen oder Tonflächen. Entscheidend dabei ist, eine möglichst große Vielfalt an Sonderbiotopen zur Besiedlung anzubieten. Erfahrungen zeigen, daß solche Flächen oft schneller als erwartet von der passenden Flora und Fauna in Besitz genommen werden. Dies geschieht deswegen, weil es sich meist um Arten handelt, die in ihrem Verbreitungsmechanismus an verstreute, teils weit voneinander entfernt liegende Einzelhabitate angepaßt sind. Solche Sonderbiotope können kein Ersatz für die zerstörten Lebensräume sein. Sie sind aber sicherlich geeignet, die ökologische Bilanz des Braunkohlentagebaus zu verbessern.

5.6 Entwicklung des Erholungsraumes Wald

Der ästhetische Reiz alter Wälder geht mit dem Abbau für Jahrzehnte unwiederbringlich verloren. Andererseits

Abb. 6. Ältere Baumweide mit Spechtloch im Rekultivierungswald

bietet die Wiedernutzbarmachung die Möglichkeit, Landschaftselemente wie beispielsweise Wasserflächen einzubringen, die eine hohe Anziehungskraft auf Erholungsuchende haben. Sie kann so den Verlust wenigstens teilweise wieder kompensieren.

Gerade im dicht besiedelten Dreieck Bonn-Düsseldorf-Aachen haben die Braunkohlentagebaue entscheidend ins Erholungspotential der Landschaft eingegriffen. Ausgedehnte Waldflächen wurden den Erholungsuchenden entzogen. Zunehmende Freizeit und wachsender Bedarf an aktiver Erholung in der Natur verstärken den Druck auf die Restflächen. Die Anforderungen der Erholungsnutzungen werden daher bei den Rekultivierungsplanungen zunehmend berücksichtigt.

Generell stellt sich die Frage, inwieweit für die Förderung der Erholungsfunktion in Waldgebieten überhaupt spezielle Maßnahmen bei und nach der Rekultivierung notwendig sind. Abwechslungsreich gestaltete Landschaften mit bewegtem Relief, vielfältig strukturierten und gemischten Waldbeständen und sinnvoll zugeordneten Freiflächen wie Bachtälern und Wiesenflächen haben von sich aus einen hohen Erholungswert. Die Gestaltung solcher Rekultivierungsbereiche liegt aber schon im Interesse der Forstwirtschaft und des Naturschutzes, so daß sich die Erholungseignung von sich aus ergibt. Monotone Naturräume lassen sich auch durch einige Bänke und Schutzhütten nicht entscheidend aufwerten. Die Objekte, die der aktiven Erholung und deren Lenkung dienen, müssen hingegen gesondert geplant und eingerichtet werden. Dazu gehören beispielsweise Wassersportseen, Parkplätze, Grillplätze, Kinderspielplätze oder Trimmpfade. Solche Einrichtungen gehören allenfalls an den Rand geschlossener Wälder, wo sie ohne Störung erreichbar sein müssen. Vor der Planung und Realisierung ist zu prüfen, wer der

Träger und Betreiber der Anlagen sein soll, damit nach einer begrenzten Zeit der Unterhaltung durch den Bergbautreibenden nicht plötzlich Schwierigkeiten bei der Weitergabe der Flächen eintreten. Im Südrevier hat sich die langfristige Verpachtung solcher Einrichtungen bewährt. Segel-, Ruder-, Angel- und Surfvereine übernehmen dann Ordnungs- und Unterhaltsfunktionen in weiten Teilen. Badestrände sind in Verbindung mit Campingplätzen durchaus auch gewinnbringend zu betreiben. Mögliche Konflikte zwischen Erholungsnutzung und Naturschutzzielen müssen bereits im Planungsstadium durch räumliche Trennung der wertvollen Landschaftsteile von den Erholungsschwerpunkten abgewendet werden. Es hat sich nicht bewährt, beispielsweise ornithologisch interessante Uferbereiche eines großen Wassersportsees durch Naturschutzverordnungen vor dem Andrang der Wassersportler bewahren zu wollen. Wertvolle Naturschutzflächen müssen durch schlechte Erreichbarkeit geschützt werden. Die Wegeführung ist entsprechend einzurichten.

Insgesamt läßt sich die Intensität der Erholungsnutzung nur durch die Erschließung variieren. Größere Bereiche des Rekultivierungsgebietes sind in den Zweckverband Naturpark Kottenfost-Ville integriert. Der Zweckverband, dessen Träger im wesentlichen die beteiligten Kommunen und die Rheinbraun AG sind, hat zur Verbesserung der Infrastruktur im Erholungsbereich beigetragen.

6
Ausblick

Für die ausgedehnten Tagebaugebiete im Osten Deutschlands hatte Heusohn schon 1929 die Vision der zukünftigen Landschaft: „... Wir nehmen Flachkippen ...zu Feldern, die Halden und Hänge zu Wäldern, und dazwischen liegen die alten Tagebaue als stille, tiefe Seen; das gibt das Bild, das wir schaffen wollen und müssen."

Mit seinen waldbaulichen Vorstellungen gemeinsam gesehen entspricht dieses Bild noch immer den heute aktuellen Vorstellungen von einer vielfältigen, abwechslungsreichen und nutzbringenden Rekultivierungslandschaft.

Viele fachliche Fragen sind durch langjährige Erfahrungen und wissenschaftliche Erkenntnisse einer Klärung nähergebracht worden, ohne daß ein Ende abzusehen wäre. Zu vielfältig, langwierig und komplex ist der Gesamtvorgang der Wiederherstellung von Waldlandschaften nach deren völliger Zerstörung.

Unumstritten ist das Ziel, neue Wälder unter Orientierung an den in Anspruch genommenen Lebensgemeinschaften auf ebenso großer, möglichst größerer Fläche wiederherzustellen. Dieser Vorgang sollte genutzt werden, vielleicht früher vorhandene Bestockungsfehler mit ausgedehnten Monokulturen zu beseitigen und die neuen Waldflächen zu artenreichen, stabilen Mischwäldern zu entwickeln. Die Herstellung von Sonderbiotopen kann die Artenvielfalt darüberhinaus zusätzlich erhöhen.

Der Entwicklungsprozeß darf nicht enden, bevor das Ziel erreicht ist. Die dafür notwendigen Kosten sind in voller Höhe den Produkten zuzuordnen, die den Tagebau notwendig machen.

Es bleibt zu hoffen, daß in der Zukunft ähnlich dramatische Eingriffe in die Waldsubstanz vermieden werden können. Trotz aller Erfolge sind Jahrzehnte bis Jahrhunderte nötig, um die damit geschlagenen Wunden verheilen zu lassen.

7
Zusammenfassung

Im Rheinischen Braunkohlenrevier kann man auf über sieben Jahrzehnte der forstlichen Rekultivierung zurückblicken. Trotz fehlender systematischer Dokumentation der Bemühungen und Resultate läßt sich die Geschichte der Rekultivierung bis heute unter dem Einfluß wechselnder Zeitströmungen und gewandelter technischer Rahmenbedingungen nachzeichnen. Sie stellt sich als ein noch andauernder Lernprozeß dar, der sich immer wieder auf neue Ziele und Ausgangssituationen einstellen muß.

Die in den Anfangsjahren gemachten Versuche wiesen in die richtige Richtung. Vielgestaltige, abwechslungsreiche Landoberflächen wurden mit standortgerechten Laubmischwäldern bestockt. Ziele des Naturschutzes und der Erholungsnutzung wurden so neben der Rohstoffproduktion erfolgreich erreicht.

Die klimatischen und bodenkundlichen Voraussetzungen sind im rheinischen Abbaugebiet günstig. Dies ermöglicht die Begründung von Rekultivierungswäldern ohne Vorwald. Das Wachstum ist auf günstigen, gut durchwurzelbaren Standorten sehr gut. Fehler in der Bodenherstellung, v. a. Verdichtungen, sind auch durch Vorwaldbegründung nicht wiedergutzumachen.

Die forstliche Rekultivierung ist zwar nicht in der Lage, den Verlust der Altwald-Lebensgemeinschaften innerhalb weniger Jahre wieder auszugleichen, doch läßt die Entwicklung hoffen, den kommenden Generationen wieder alte, ertragreiche Wälder übergebenzukönnen.

Dieser Prozeß wird auf der Basis der Rekultivierungsmaßnahmen mehrere Jahrzehnte bis Jahrhunderte in Anspruch nehmen.

LITERATUR

Anonymus (1973) Forstwirtschaftliche Rekultivierung von Braunkohlentagebauen. Sammelblatt A.2.29 des Landesoberbergamtes, 12.11.1973, Az. 55.12 I 1, Dortmund

Asmus U (1987) Spontane Vegetationsentwicklung auf Bergehalden des Aachener Reviers. NZ-Seminarbericht 1, Recklinghausen

Dilla L (1983) Die forstliche Rekultivierung im Rheinischen Braunkohlenrevier. Allgemeine Forstzeitschrift 48

Dworschak U R (1992) Neues Land wird besiedelt. Spektrum der Wissenschaft. 4: 119 ff

Ehrenberg P (1933) Fragen zwischen Landwirtschaft und Rekultivierung. Landwirtschaftliche Jahrbücher 78: 892

Glück E (1989) Waldbodenverbringung - zoologische Aspekte. Natur und Landschaft 64/10

Heide G (1958) Gutachten über die Rekultivierung im Tagebau Frechen. Geologisches Landesamt NW, Krefeld

Heusohn R (1929) (später Heuson) Praktische Kulturvorschläge für Kippen, Bruchfelder, Dünen und Ödländereien. Neumann, Neudamm

Hochhäuser H (1960) Forstliche Rekultivierungen, Braunkohle, Wärme und Energie. 6 (Sonderheft: 75 Jahre Deutscher Braunkohlen-Industrie-Verein e. V. 1885–1960)

Hundhausen K (1935) Untersuchungen zur Frage der Wiederkultivierung im Rheinischen Braunkohlenrevier. Dissertation, Bonn

Jacoby H (1968) Wachstum, Wurzelausbildung und Nährstoffversorgung von Buchenkulturen auf Standorten und verschiedenen Bodenarten im Rheinischen Braunkohlenrevier. Diss., Hann. Münden

Möhlenbruch N, Rosenland G (1992) Waldbau in der Rekultivierung. Forst und Holz 47/2

Möhlenbruch N, Scheffler M L (1983) Die Pappel – ihre erkannten und verkannten Möglichkeiten in der Rekultivierung. Allgemeine Forstzeitschrift 48

Möhlenbruch N, Schölmerich U (1992) Landschaften nach der Auskohlung. Spektrum der Wissenschaft 4: 105 ff

Schölmerich U (1992) Die Kölner Bucht. Forst und Holz 47/16

Stratmann J (1985) Ertragskundliche Untersuchungen auf Rekultivierungsflächen im Rheinischen Braunkohlengebiet. Braunkohle 37/11

Winter K-H (1990) Bodenmechanische und technische Einflüsse auf die Qualität von Neulandflächen. Braunkohle 10

Wittich W (1959) Gutachten über die Eignung der verschiedenen im Zentraltagebau Frechen anfallenden Arten von Abraum als Waldstandorte und die Möglichkeit für ihre Verbesserung. Hann. Münden

Wittig R et al. (1985) Die Buchenwälder auf den Rekultivierungsflächen im Rheinischen Braunkohlenrevier – Artenkombination, pflanzensoziologische Stellung und Folgerungen für zukünftige Rekultivierungen. Angewandte Botanik 59: 95–112

Wolf G (1989) Probleme der Vegetationsentwicklung auf forstlichen Rekultivierungsflächen im Rheinischen Braunkohlenrevier. Natur und Landschaft 64/10

Wündisch F (1982) Von Klütten und Briketts, 3. durchgesehene Aufl. Becher, Brühl

Oberflächenentwässerung

12

Knut Limpert

Die Ableitung des auf der Erdoberfläche anfallenden Niederschlagswassers erfolgt auf und – wenig – unter der Erdoberfläche durch fließende Gewässer, aber auch durch in die Tiefe absinkendes Grundwasser. Zu den oberflächennah verlaufenden Fließgewässern gehören Gräben, Bäche, Flüsse und Ströme. Im Bereich des Rheinischen Braunkohlenreviers spielen vornehmlich Gräben sowie kleine und große Bäche eine Rolle. Ganz selten ist ein Fluß durch Maßnahmen des Braunkohlentagebaus betroffen ist.

An die Fließgewässer werden technische Anforderungen gestellt; viel weitergehend sind heute allerdings ökologische Forderungen.

Die Flächen des Rheinischen Braunkohlengebietes wurden vor Inangriffnahme der Auskohlung aufgrund der dort angetroffenen Lößböden überwiegend landwirtschaftlich genutzt. Nach Abschluß der Tagebaumaßnahmen werden daher ausgekohlte Braunkohlenflächen soweit als möglich zu Flächen hergerichtet, die wieder einer landwirtschaftlichen Nutzung dienen sollen. Diese Nutzung bestimmt daher auch die Ansprüche an die Oberflächenentwässerung. Im geringeren Umfange bestehen Entwässerungsanforderungen aus Siedlungs-, Verkehrs- und Erholungsanlagen.

Im Gefolge der modernen Landbautechnik werden die für landwirtschaftliche Zwecke rekultivierten Flächen fast ausnahmslos als Ackerflächen genutzt. Sie müssen daher für einen Maschineneinsatz geeignet sein. In diesem Zusammenhang spielt die gut funktionierende Oberflächenentwässerung eine große Rolle, da das Klima im Rheinischen Braunkohlengebiet der Bewirtschaftung mit Maschinen nicht entgegenkommt. Oft bestehen zu den Bestell- und Erntezeiten nasse Klimasituationen, die bei den vorherrschenden Lößböden den Maschineneinsatz nur kurzfristig in Abtrocknungsphasen ermöglichen. Aus diesem Grund werden die in der Regel mit 1,5 % Oberflächengefälle rekultivierten Standorte häufig noch mit Hilfe von Dränanlagen entwässert. Da wegen der nach dem Einbau des Kippenmaterials noch in langen Zeiträumen bestehenden Setzung auch ein gutes Gefälle der Dränanlagen bedeutsam ist, muß man bei den heute für den Maschineneinsatz gewünschten Schlaglängen von 150–200 m durchweg mit Tiefen der Entwässerungsgräben von 1,50 m und mehr rechnen.

In abflußmäßiger Sicht bestehen bei diesen Gräben im landwirtschaftlich genutzten Bereich keine weitergehenden Anforderungen, da die anfallenden Wassermengen wegen der geringen Größe des oberirdischen Einzugsgebietes nicht groß sind. Anders kann dieses bei Siedlungs- und Verkehrsanlagen mit einem hohen Anteil an wasserundurchlässigen Befestigungen sein. Für die Abmessungen des Grabenprofils sind daher in der Regel die physikalischen Eigenschaften des Bodens maßgebend. Die bislang geschilderten technischen Anforderungen waren lange Zeit der Maßstab für die Herstellung von Entwässerungsgräben. Mit der wachsenden Erkenntnis, daß ökologische Faktoren in einer lebenswerten Umwelt eine ausschlaggebende Rolle spielen, zeigte es sich, daß eine naturnahe Herstellung von Oberflächengewässern die größere Wichtigkeit besitzt.

Zur Beschreibung der ökologischen Anforderungen an ein Fließgewässer muß man den Naturhaushalt des Gewässers im Zusammenhang mit der umgebenden Landschaft sehen, was allerdings wegen sehr unterschiedlicher Teilsysteme kaum ganzheitlich möglich ist. Es hat sich daher eingebürgert, den Raum eines Fließgewässers in den aquatischen, den amphibischen und den terrestrischen Bereich aufzuteilen und jeden Teilraum für sich zu betrachten.

Zum aquatischen Bereich eines Fließgewässers gehören der Wasserkörper (die fließende Welle) und das Gewässerbett (Sohle und die vom Wasser benetzten Teile der Ufer). In den meisten Bächen und Flüssen dominiert das Gewässerbett als Lebensraum. Lediglich in großen Flüssen mit einer Wassertiefe von mehr als 2 m ist die fließende Welle als Lebensraum bedeutsam. Auf dem Gewässerbett mit seinen unterschiedlichsten Anforderungen des Substrates (Korngröße, Lagerungsstabilität, Chemismus) befindet sich ein Mosaik von Kleinbiotopen. Sie sind der Siedlungsplatz für Organismen, die auf eine feste Unterlage angewiesen sind. Dazu gehören auch die im Wasser wachsenden Pflanzen. Eine nicht unerhebliche Rolle spielen Licht- und Temperaturverhältnisse, der Eintrag von organischer Substanz, der Sauerstoffhaushalt und die Belastung des Wassers mit Schadstoffen.

Naturnahe Fließgewässer weisen außerhalb des Gebirges in der Längenentwicklung ein durchgängiges Längsprofil auf. Je nach den Bodenverhältnissen können kurze Strecken mit rascher Fließgeschwindigkeit mit solchen langsamer Fließgeschwindigkeit wechseln. Störelemente können umgestürzte Bäume, Stubben, Steine oder bei geringer Wasserführung nur gelegentlich überströmte Geschiebebänke sein. Die Sohle des Gewässers liegt nicht fest, sondern bewegt sich in Abhängigkeit von der Fließgeschwindigkeit des Wassers. Das ganze Bett unterliegt einem ständigen Wandel durch Sedimentation und Erosion.

In seinem Lauf besteht das Gewässer aus Krümmung und Gegenkrümmung. Hierdurch ergibt sich im Querschnitt eine ständig wechselnde Tiefe. Die Tiefenvarianz ist eng verbunden mit der Strömungsdiversität. Prallufer mit Vertiefungen (Kolke) in der Sohle wechseln mit Gleitufern und vorgelagerten Substratbänken. Die Strömungsgeschwindigkeit wechselt von schnell (am Prallufer) auf langsam (am Gleitufer). Bei großen Ausbuchtungen läuft sie stellenweise rückläufig (Kehrwasser).

Die Strömungsvielfalt ist auch abhängig von der Querschnittsbreite. Flach durchflossene breite Querschnitte wechseln sich ab mit engeren Querschnitten und dementsprechend tieferer Lage der Sohle mit einer größeren Wassertiefe.

Grundsätzlich sind für naturnahe Fließgewässer in Niederungsbereichen alle geomorphologischen Strukturelemente unerwünscht, die unter natürlichen Bedingungen in der entsprechenden Landschaft nicht vorkommen. Dazu gehören naturferne oder naturfremde Substrate wie z. B. Steinschüttungen aus Grobkies, Schotter oder Bruchsteine in Lößbereichen. Fehl am Platze sind aber auch Befestigungen aus Betonsteinen oder andere künstlich hergestellte Bauteile. Das durchgehende Längsgefälle soll nicht durch Wehre oder Sohlabstürze unterbrochen werden.

Eine Unterbrechung der ökologischen Durchgängigkeit bilden immer verrohrte Gewässerstrecken. Diese sollen daher grundsätzlich unterbleiben. Problematisch sind dabei auch kurze Rohrstrecken unter Verkehrsanlagen. Bei untergeordneten Anlagen wie z. B. Zufahrten zum Acker ist das unmittelbare Durchfahren des Gewässers in Form einer Furt sinnvoll, wenn eine dauernde Wasserführung nicht besteht. Im anderen Fall und auch bei ständig befahrenen Straßen sind Überbrükkungen, ggf. auch in Form kurzer Rohrstrecken, nicht zu vermeiden. Hierfür schreibt allerdings eine in Nordrhein-Westfalen gültige Richtlinie für naturnahen Ausbau und Unterhaltung der Fließgewässer (Landesamt für Wasser und Abfall NW 1989) vor, daß bis zu einer Länge von 10 m die lichten Abmessungen im Innern des Bauwerkes mindestens 1 m betragen sollen. Bei längeren Bauwerken dürfen diese Abmessungen nicht kleiner als 10 % der Bauwerkslänge sein. Falls eine feste Sohle (z. B. Rohre oder Kastenprofile) notwendig ist, ist diese so tief zu legen, daß sich unter Einhaltung der geforderten lichten Abmessungen innerhalb des Bauwerkes eine Gewässersohle aus natürlichem Geschiebe bilden kann. Erfahrungsgemäß sollte man die Dicke der Gewässersohle aus natürlichem Geschiebe im Bauwerk nicht kleiner als 30 cm ansetzen.

Bedingt anwendbar sind Sohlgleiten in Form von flachgeneigten Rampen (1 : 20–1 : 30) als Gefälleübergänge. Grundschwellen oder gegenüberliegende Buhnen können eine Erhöhung des Niedrigwasserabflusses bewirken, während versetzt angeordnete Buhnen den Fließweg kleinerer Abflüsse verlängern und bei nicht zu starrer Ausformung eine Krümmungsbildung einleiten können.

Ein naturnahes Fließgewässer ist hinsichtlich des zugehörigen Arteninventars bei Vegetation und Fauna auch vom Abflußregime abhängig. Klimatische, geologische, geomorphologische und auch vegetationskundliche Gegebenheiten eines Niederschlagsgebietes bestimmen den charakteristischen Gang des Abflusses. Bei naturnahen Fließgewässern müssen diese Faktoren den natürlichen Verhältnissen des dem Gewässer zugehörigen Niederschlagsgebietes entsprechen. Anthropogen bedingte Einflüsse, die zu einer nicht unwesentlichen Veränderung des Abflußregimes führen können, sind daher schon vor Einleitung bestmöglich an die natürliche Situation anzupassen. So können Einleitungen von Starkabflüssen aus wasserundurchlässig befestigten Oberflächen (Straßen, Hausdächer usw.) zu erheblichen Belastungen von Vegetation und Fauna (z. B. durch Abschwemmen) führen. In diesem Fall empfiehlt sich eine Pufferung der Abflüsse in Rückhaltebecken. Eine Versickerungsmöglichkeit in den Untergrund ist dabei immer in Betracht zu ziehen, um eine zu starke und anhaltende Verformung der Abflußwellen zu vermeiden. Eine Aufhöhung von Niedrigabflüssen ist bei Niederungsgewässern nicht angebracht, wenn unter natürlichen Bedingungen die Fließgewässer in klimatischen Trockenperioden ebenfalls regelmäßig trockenfallen.

Der aquatische Bereich wird beiderseits begrenzt durch den amphibischen Bereich. Das sind die Teile des Ufers, die regelmäßig überflutet werden und wieder trockenfallen (Wasserwechselzone). Diese Teile des Fließgewässers können einerseits sehr schmal sein bis hin zu senkrechten Wänden (z. B. bei Prallhängen), andererseits aber auch sehr flach (z. B. bei Gleithängen). Wenn sie nicht zu steil sind, sollten diese Uferbereiche eine Vegetation aus Röhrichten und Gehölzen oder Staudenfluren aufweisen.

Jenseits des amphibischen Bereiches findet sich der terrestrische Bereich. Es handelt sich um den von Überschwemmungen und vom Grundwasser beeinflußten Teil des Landes, das das Fließgewässer umgibt. Bei naturnahen Situationen besteht der terrestrische Bereich aus Auenwald oder Moor. Solche Auenwaldbereiche weisen schon eine hohe Vielfalt auf. Sie sind um so wertvoller, wenn sie auch noch Altarme, Altwässer, Dellen oder Flutmulden aufweisen. Bei Überströmung durch Hochwasser werden solche geomorphologischen Strukturelemente immer wieder verändert. Das langsam fliessende oder auch fast stehende überflutende Wasser hinterläßt Ablagerungen, während das schnellfließende Wasser Substrate und Nährstoffe aufwirbelt und diese weiterverlagert. Der terrestrische Bereich kann vom Wasser ausgehend in eine Weichholz- und anschließende Hartholzzone untergliedert werden. In der Weichholzzone finden sich Erlenmischwälder, während Stieleichen-Hainbuchenwälder auf die Hartholzzone weisen. Solche wertvollen Landschaftsbestandteile sind allerdings im Bereich des Rheinischen Braunkohlenreviers kaum noch vorhanden. Angesichts des Nutzungsdruckes ist ihre Wiederherstellung auch fast nicht mehr möglich. Aus diesem Grunde begnügt man sich heute nur noch mit waldähnlichen Saumstreifen längs der Fließgewässer, auch Uferstreifen genannt.

Uferstreifen sind integrale Bestandteile der unmittelbaren Gewässerlandschaft und dürfen keiner produktionsorientierten Nutzung unterliegen. Sie sollen standortgerechte Gehölze aufweisen und können ausnahmsweise auch Wiese sein. Ihre Aufgabe ist es, dem Fließgewässer eine Möglichkeit zur eigendynamischen Entwicklung zu bieten und einen schädlichen Stoffeintrag zu unterbinden. Sie schützen die Uferbereiche vor übermäßigen Erosionsschäden. Gehölze des Uferstreifens unterdrücken durch Beschattung den Gras- und Krautwuchs, so daß regelmäßige Mäharbeiten unterbleiben können, also störende Unterhaltungseingriffe vermieden werden.

Für die Breite der Uferstreifen gibt es noch keine allgemein abschließende Festlegung. Die in Nordrhein-Westfalen gültige Richtlinie für naturnahen Ausbau und Unterhaltung der Fließgewässer (Landesamt für Wasser und Abfall NW 1989) geht von einer Breite aus, die der oberen Breite des Gewässerprofils entspricht. Dabei soll aber eine Mindestbreite von 5 m nicht unterschritten werden.

Zusammenfassung

Die Wiederherrichtung der ausgekohlten Flächen in den Abbaugebieten des Rheinischen Braunkohlenreviers erfolgt überwiegend im landwirtschaftlichen Interesse, wobei zukünftige Ackernutzung zugrundegelegt wird. Für eine derartige Nutzung ist eine intakte Oberflächenentwässerung durch Gräben von großer Bedeutung. Es ist daher verständlich, daß technische Anforderungen eine große Rolle spielen. Im Interesse einer lebenswerten Umwelt ist aber auch die Beachtung ökologischer Forderungen an diese Entwässerung zwingend geboten. Die Ansprüche werden näher erläutert.

LITERATUR

Landesamt für Wasser und Abfall NW (Hrsg) (1989) Richtlinie für naturnahen Ausbau und Unterhaltung der Fließgewässer in Nordrhein-Westfalen, Düsseldorf

Freizeit und Erholung

RUPRECHT RÜMLER

Schon immer hat der Mensch die Landschaft in ihrem ursprünglichen Sinn verändert. Er hat seine Umgebung erforscht, die natürlichen Ressourcen genutzt und die jeweils wirtschaftliche Form für die Landschaft gefunden, die den an sie gestellten Nutzungsansprüchen gerecht wurde.

Im Rheinischen Braunkohlenrevier waren die grossen, nutzbaren Rohstoffvorräte geradezu eine Herausforderung, die Landschaft auszubeuten und dabei vorübergehend auch zu verwüsten. Nach dem Kohleabbau war man aber auch ehrlich bestrebt, eine den alten und ggf. auch neuen Nutzungsansprüchen gerecht werdende Landschaft schnell wieder entstehen zu lassen.

In einer nach immer mehr Freizeit verlangenden Gesellschaft ist es verständlich, daß bei der Wiedernutzbarmachung der Landschaft auch dem Nutzungsanspruch Erholung von vornherein eine gewisse Bedeutung zuerkannt wurde.

Heute zeigen viele der inzwischen neu entstandenen Landschaftsteile im Rheinischen Braunkohlenrevier, daß es mit einer gelenkten Rekultivierung nicht nur möglich war, Einwirkungen des Bergbaus auf Einzelflächen auszugleichen oder durch Wiederherstellen des ursprünglichen Zustandes rückgängig zu machen. Darüber hinaus hat man es auch geschafft, die Bergbaulandschaft wachsenden Nutzungsansprüchen gemäß neu zu gestalten, um z. B. Entwicklungsmöglichkeiten für die Erholungsnutzung offen zu halten.

Nachfolgend sollen nun zunächst die wesentlichen Anforderungen behandelt werden, die sich aus der Nutzung einer Landschaft für Freizeit und Erholung ergeben. Dazu erscheint es dem Verfasser als unumgänglich, zum besseren Verständnis der Zusammenhänge auch kurz auf die geschichtliche Entwicklung der Erholungsplanung einzugehen. Setzt doch diese Entwicklung erst nach den Anfangsphasen der Rekultivierung im Rheinischen Braunkohlenrevier ein, um dann in den 70er Jahren fast gleichlaufend mit der Wiedernutzbarmachung der weiteren ausgekohlten Landschaftsteile zunehmend an Bedeutung zu gewinnen.

1
Anforderungen der Erholungsuchenden an die Landschaft

In einer natürlich gewachsenen Landschaft entspricht der Landschaftsraum der jeweiligen Landesnatur. Er wird von der naturgegebenen Ordnung bestimmt.

In einer intensiv bewirtschafteten Landschaft wird diese Ordnung entsprechend der jeweils herrschenden Sozialstruktur überlagert. Man spricht von der sozioökonomischen Ordnung. Sie wird von den Forderungen und Ansprüchen der Gesellschaft an den Kulturlandschaftsraum bestimmt. Hierzu gehören neben Siedlung, Industrie, Bergbau und Verkehr v. a. land- und forstwirtschaftliche sowie erholungsbezogene Nutzungsansprüche. Letztere sollen nun Gegenstand der weiteren Betrachtung sein.

Ende der 60er und Anfang der 70er Jahre unseres Jahrhunderts erlebten die Erholungs- und Freizeitforschung einen großen Aufschwung. Man hatte in der Wiederaufbauphase nach dem Zweiten Weltkrieg große Leistungen vollbracht. Jetzt konnte man verstärkt an mehr und mehr Freizeit denken, die zur Erneuerung und Auffrischung verlorener oder verbrauchter Kräfte notwendig war. Das Streben des arbeitenden Menschen nach positiv zu nutzender Freizeit zur Ausschöpfung ihrer Regenerationsfunktion verlangte auch in der Landesplanung und Raumordnung entsprechende Berücksichtigung durch die Erholungsplanung.

Bald verstand man unter Erholung nicht nur im medizinischen Sinne die Wiederherstellung der körperlichen, geistigen und seelischen Kräfte nach der Arbeit, sondern auch jede Art von Freizeitgestaltung, die der Gesundheit nicht abträglich war. Schließlich wurden für die umfassende Analyse der Erholung und die Wirkung der Erholungsnutzung spezielle Methoden entwickelt, so von Turowski (1972) und Czinki (1979). Der Vorrang, der zeitweilig dem Nutzungsanspruch „Erholung" eingeräumt wurde, fand seinen Ausdruck in dem Satz: „Der oberste Wert der Landschaft ist heute ein Freizeitwert. Daß diese durch die freie Zeit selbst nicht verschandelt, sondern in ihrem ästhetischen Wert erhalten wird, ist eine Frage der Landschaftspflege, der Landschaftsnut-

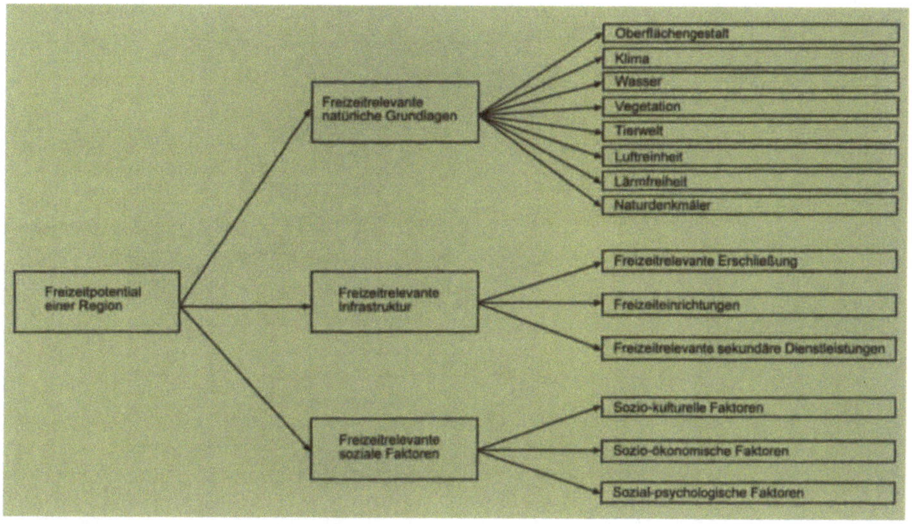

Abb. 1. Systematik des Freizeitpotentials. (Turowski 1972)

zung in der Freizeit und der Disziplin der Erholungsuchenden" (Blücher 1970).

Für die landschaftsgebundenen Formen der Erholung stellte als einer der ersten Turowski (1972) eine Systematik des Freizeitpotentials der Landschaft (Abb. 1) und eine Systematik der freizeitrelevanten natürlichen Grundlagen auf (Abb. 2). Er leistete damit wertvolle Hilfe für die neue Planungsrichtung, die der Sicherung und Entwicklung von Landschaften für Freizeit und Erholung diente. Doch zunächst gab es nur landesplanerische Leitbilder, die sich mit der Zunahme des Bedarfs an Erholungseinrichtungen befaßten und daraus vorsorglich Entwicklungsziele ableiteten. Dann aber tauchte im Bundesnaturschutzgesetz vom 20.12.76 zum ersten Mal der Begriff „Erholung in Natur und Landschaft" auf. Seitdem nimmt sich auch der Gesetzgeber derjenigen Bereiche von Erholungs- und Freizeitaktivitäten an, für die Natur und Landschaft die Voraussetzungen bieten.

Die für die Erholung in Anspruch zu nehmenden Flächen sollen nach Möglichkeit bestimmte Qualitäten aufweisen. Hierzu gehört nach Kolodziejcok u. Recken (1977), daß die Flächen nach ihrer natürlichen Beschaffenheit folgende Kriterien erfüllen, um für die Erholungsnutzung geeignet zu sein:

- Freiheit von Lärm und Luftverschmutzung
- Günstiges Klima, z. B. hohe Sonnenscheindauer, Fehlen von Temperaturextremen
- Sauberes Wasser (Meer, Seen, Flüsse, Bäche) als Landschaftselement
- Vorhandensein von Wald und Grünland (Wiesen, Weiden, Almen)
- Vorhandensein natürlicher Vegetationsformen (unkultiviertes Land, der natürlichen Sukzession überlassene Brache)
- In der Feldflur landschaftsgliedernde Elemente wie Feldgehölze, Hecken, Einzelbäume, natürliche oder naturnahe Bachläufe mit entsprechender Ufervegetation
- Wechsel zwischen Wald, Grünland, Acker, natürlichen oder naturnahen Flächen
- Vorhandensein von Bergen und Hügeln
- Vorhandensein charakteristischer, typischer, eigenartiger Landschaftselemente (Felsgruppen, Schluchten, Täler, bemerkenswerte Einzelbäume)
- Vorhandensein verschiedener Arten wildwachsender Pflanzen und wildlebender Tiere
- Fernblicke
- Generell Vielgestaltigkeit der sinnlich wahrnehmbaren Erscheinung der Landschaften

Flächen, die diese Kriterien erfüllen, sollen in ausreichendem Maße erschlossen, zweckentsprechend gestaltet und dauerhaft erhalten werden. Dies gilt natürlich zunächst für die Erholungsbedürfnisse der örtlich ansässigen Bevölkerung, sodann für die Naherholung und bei größeren Objekten schließlich auch für die Erholung am Wochenende z. B. durch Besucher aus benachbarten Ballungsgebieten und Ballungsrandzonen.

Für die Erholungsflächen soll eine landschaftsgebundene Infrastruktur geschaffen werden. Hierzu gehören Spazier-, Wander-, Radfahr- und Reitwege sowie Wegweiser, Schutzhütten, Aussichtspunkte, Picknickplätze und Parkplätze zum Abfangen des Kraftverkehrs an Konzentrationspunkten.

Für die Erholungsflächen sollen ferner die Vielfalt, Eigenart und Schönheit von Natur und Landschaft durch gestalterische Maßnahmen hervorgehoben und sichergestellt werden.

Schließlich sind die Erholungsflächen auch in ihrer Dauerhaftigkeit und Qualität durch pflegende Maßnahmen zu erhalten, denn Umweltschutz ist die Voraussetzung der Umweltnutzung durch den Menschen.

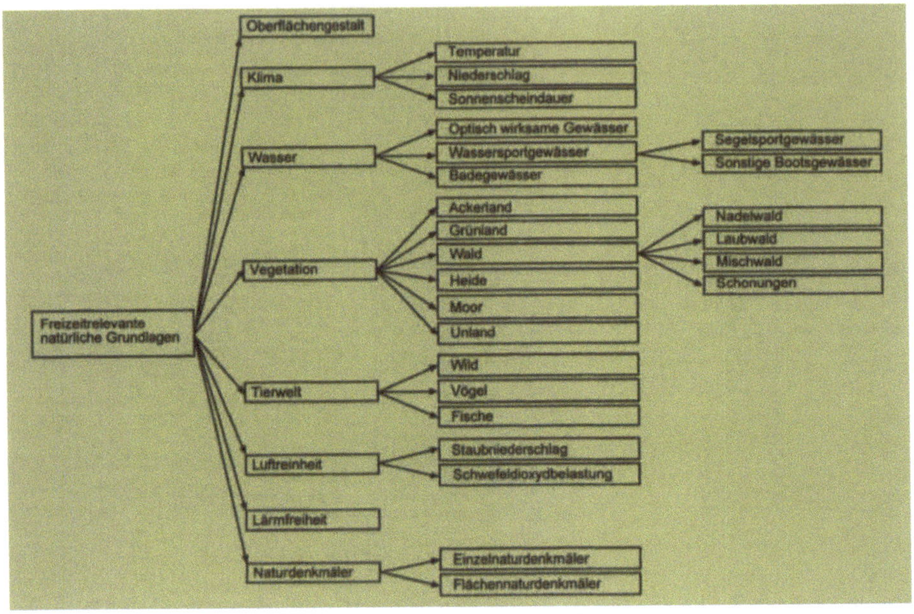

Abb. 2. Systematik der freizeitrelevanten natürlichen Grundlagen. (Turowski 1972)

Die Planung der Landnutzung für die Erholung einschließlich der dazu notwendigen Anlagen nahm in den 70er Jahren eine regelrechte Vorrangstellung unter den raumbeanspruchenden Planungsdisziplinen ein. Für die Flächenausweisungen unterschiedlicher, erholungsrelevanter Gebiete errechnete man Anhaltswerte zu deren Tragfähigkeit von Besuchern. Desgleichen gab es Anhaltspunkte für den je nach Nutzungsart differenzierten Raumbedarf der Erholungsuchenden. Die in Tabelle 1 aufgeführten Werte gehen auf Untersuchungen von Czinki (1979) zurück. Sie gelten jedoch nur als Orientierungswerte zur Erleichterung der Einschätzung von Kapazitäten der verschiedensten Erholungsanlagen und -einrichtungen. Wie aus Tabelle 1 ersichtlich, rechnet Czinki mit teils unterschiedlichen Werten für Erholungsräume in reinen Erholungslandschaften und solchen in Konzentrationsbereichen, die sich etwa in der Nähe von Ballungszentren oder Ballungsrandzonen befinden. Dies zeigt, daß je nach örtlicher Situation von diesen Orientierungswerten abgewichen werden kann, denn die Anforderungen der Erholungsuchenden an eine Landschaft sind von Planungsfall zu Planungsfall nicht nur infolge der jeweils andersartigen Landschaftsstruktur unterschiedlich.

Hinzu kommt noch, daß die für einen Tag ermittelte Besucherzahl eines Erholungsgebietes noch keine ausreichende Planungsgrundlage darstellt. Wichtig ist hier die Kenntnis der gleichzeitig an einem sog. Dimensionierungstag in einem Gebiet anwesenden Besucher. Aus empirischen Untersuchungen ist bekannt, daß der Gleichzeitigkeitsfaktor zwischen 0,3 und 0,7 schwankt. Nur bei veranstaltungsgebundenen Aktivitäten in einem Erholungsgebiet – wie z. B. einer Ruder- oder Segelregatta – ist der Gleichzeitigkeitsfaktor gleich 1. Leider wird bei den Zählungen der Besucherströme zu Erholungsgebieten selten angegeben, ob es sich um gleichzeitig anwesende Erholungsuchende oder ob es sich nicht vielmehr um die Erfassung aller Besucher an einem Zähltag handelt, ganz gleich, ob sie sich nun kurze oder lange Zeit in dem besagten Erholungsgebiet aufgehalten haben.

Hieraus wird offenkundig, daß die für die Dimensionierung und Nutzung von Erholungseinrichtungen angebotenen, meist undifferenzierten Zahlenwerte von zweifelhaftem Wert sind. Deshalb wird in den weiteren Ausführungen auf die Angabe mutmaßlicher Besucherzahlen von vorhandenen oder geplanten Erholungsgebieten verzichtet.

2
Nutzungsmöglichkeiten des Südreviers der Rheinischen Braunkohlenwerke AG für Freizeit und Erholung

Die Landschaft, die wir nachfolgend in den inzwischen ausgekohlten Teilen des heutigen Rheinischen Braunkohlenreviers hinsichtlich ihrer Nutzungsmöglichkeiten für die Erholung untersuchen wollen, wurde durch die zur Ausbeutung der Bodenschätze erfolgte Bewirtschaftung völlig verändert. Die darauf folgende Wiedernutzbarmachung ehemaliger Braunkohlengruben hat eine mehr als 200jährige Geschichte. Von Anfang an strebte man die bestmögliche Art der Nutzbarmachung an. Sie richtete sich verständlicherweise nach den Nutzungsansprüchen, die jeweils gerade Vorrang hatten. Auch unterlag sie hinsichtlich ihrer Zielsetzung mit den immer größer werdenden Dimensionen der bergbaulichen Eingriffe einem gewissen Wandel. Vor allem aber

Art der Nutzung, Aufenthalts- bzw. Tätigkeitsformen	Tragfähigkeit Besucher/ha		Raumbedarf m^2/ Besucher	
	Landschaft	Konzentration Bereich	Landschaft	Konzentration Bereich
Erholungsräume mit landwirtschaftlicher Hauptnutzung	2		5 000	
Erholungsräume mit forstwirtschaftlicher Hauptnutzung (Waldinneres)	5	15	2 000	666
Erholungsräume mit forstwirtschaftlicher Hauptnutzung (Waldrand)	10	40	1 000	250
Spiel- und Liegewiesen	50	100	200	100
Campingplatz 2,5 Personen/Einheit	100	100	100	100
Wochenendhausgebiet 2,5 Personen/Einheit	50	50	200	200
Spiel, Sport, Unterhaltung	250	250	40	40
Freibad	1 000	1 000	10	10
Restaurant	500	500	20	20
Gesamt	20	106		

Tabelle 1. Tragfähigkeit (Belastbarkeit) bzw. Raumbedarf von/für Flächen mit unterschiedlichen Voraussetzungen für eine Erholungsnutzung in Nordrhein-Westfalen. (Czinki 1979), verändert

war die vor der Auskohlung vorherrschende Nutzung entscheidend für die anzustrebende Nutzungsform nach der Rekultivierung des betreffenden Tagebaues. Andere Ansprüche wurden kaum zugelassen.

Infolge der in unserem Jahrhundert ständig steigenden Vielfalt der Ansprüche an die Landschaft wurde es schließlich notwendig, Wege zu einer Koordinierung der unterschiedlichen und sich teils auch überschneidenden Nutzungsansprüche zu finden. Inzwischen wurde nämlich bei der Nutzbarmachung ausgekohlter Landschaften verstärkt auch die Berücksichtigung des Bedarfes an Erholungsflächen für die benachbarten Ballungskerne und Ballungsrandzonen gefordert. Vermutlich deshalb kam es vor 32 Jahren schließlich zur Einschaltung eines Landschaftsarchitekten als Fachmann auf den Gebieten der Landschafts- und Erholungsplanung. Erinnert sei in diesem Zusammenhang an einen besonderen Planungsgrundsatz des in dieser Zeit erstmals aufgestellten Landesentwicklungsprogramms für das Land Nordrhein-Westfalen. In ihm wird gefordert, in allen Teilen des Landes – insbesondere in erreichbarer Nähe der Städte – Gebiete freizuhalten und auszugestalten, die sich für die Erholung besonders eignen. Landschaftsarchitekt Victor Calles, Köln, war einer der ersten, der für weite Teile der ausgekohlten Landschaften des Rheinischen Braunkohlenreviers entsprechende Gestaltungsideen entwickelte.

Aber auch aus eigenem Antrieb hatten bereits weit vorausschauende Bergingenieure im Südrevier erkannt, daß die spätere Erholungsnutzung der ausgekohlten Landschaftsteile von Anfang an bei der neuen Geländeausformung – und hier insbesondere bei der Gestaltung geplanter Wasserflächen – zu bedenken ist. In Ermangelung geeigneter Planungsvorbilder nahm man sich damals z. B. zur Führung abwechslungsreicher Uferlinien Teile des Vierwaldstätter Sees zum Vorbild, um den neu entstehenden Seen eine möglichst große, erholungswirksame Uferlänge zu geben, wie dies zutreffend an Teilen der heutigen Form des Heider Bergsees abzulesen ist (Abb. 3).

Damit sind wir mitten in der heute so abwechslungsreichen Wald-Seen-Hügellandschaft des Südreviers, die allerdings – mit Ausnahme der größeren Seen – kaum als Ergebnis einer systematischen Planung angesehen werden kann. Gemeint ist die gelegentlich auch als „Seenplatte“ bezeichnete, rekultivierte Landschaft des Südreviers zwischen den Orten Brühl, Erftstadt und Hürth. Hier gibt es mehr als 40 wassergefüllte Restlöcher und Seen, die sich heute kaum von natürlichen Gewässern unterscheiden. „Zu den Badestränden und Campingplätzen kommen an heißen Sommertagen mehr als 100 000 Menschen. Kanu- und Segelvereine haben sich etabliert, des weiteren 16 Angelvereine. Wanderer und Reiter durchstreifen das Gelände“ (Möhlenbruch u. Schölmerich 1992).

Diese neue Landschaft stammt zwar aus einer über relativ lange Zeiträume sich erstreckenden Tätigkeit von damals unterschiedlichen Grubengesellschaften. Den-

Abb. 3. Heider Bergsee, Uferrandgestaltung mit junger Aufforstung. (Photo: Rheinbraun)

noch wird sie heute gern als ein Musterbeispiel für künftige Rekultivierungen angesehen. Man kann hier von einer regelrechten Erholungslandschaft sprechen, die vornehmlich von der Bevölkerung der benachbarten Großstädte und Ballungsräume zur Wochenend- und teils sogar zur Ferienerholung aufgesucht wird. Hervorzuheben ist ihre äußerst vielgestaltige, abwechslungsreiche Ausstattung mit hohem Wasser- und Waldanteil, einem bewegten Relief und einer guten Erschließung und Infrastruktur für die Erholungsuchenden.

Bei näherer Betrachtung kann man die in den Tagebaurestlöchern entstandenen Seen als Kristallisationspunkte der neuen Erholungslandschaft bezeichnen. Das gesamte Seensystem wirkt zugleich im Sinne eines Verbundsystems als künstlicher Vorfluter zur Entwässerung der neu angelegten Landschaft. Wegen des besonders hohen Erholungswertes der Gewässerrandzonen wurden die größeren Seen überwiegend mit Rundwanderwegen ausgestattet.

Die Anfänge der ersten Aufforstungsmaßnahmen im Südrevier erfolgten schon vor etwa 70 Jahren. Sie zeichnen sich durch eine relativ große Artenvielfalt aus, offenbar weil man sich damals noch in einem Experimentierstadium für die Auswahl geeigneter Pflanzenarten befand. Das kommt diesen Flächen noch heute zugute. Stellen sie sich doch aus der Sicht der Landschaftsgestaltung als positiv dar, insbesondere im Vergleich mit der zweiten Aufforstungsperiode, die nach dem Zweiten Weltkrieg einsetzte und sich im wesentlichen damals auf Erlen und Pappeln beschränkte.

Nach 1958 begann dann eine bewußt erholungsgerechte forstliche Rekultivierung in den jüngeren Teilen des Südreviers. Sie hatte von vornherein eine abwechslungsreiche Wald- und Erholungslandschaft zum Ziel. Teils erfolgte der Direktanbau standortgerechter Holzarten ohne vorherigen Pionierholzanbau, teils ein flächenweiser Wechsel der Hauptholzarten, teils das bewußte Einbringen von Mischholzarten zwischen die bestandsbildenden Arten. Besonderer Wert wurde auf die Anlage der Waldmäntel mit Strauchbepflanzung gelegt. Ferner wurden zur Auflockerung des Landschaftsbildes v. a. an markanten Punkten Einzelbäume und Baumgruppen gepflanzt (Dilla 1969).

Die Infrastruktur des Erholungsgebietes wurde im Verlauf der Gesamtplanung so angelegt, daß die inneren Teile der Erholungslandschaft nur zu Fuß oder teils per Fahrrad oder auch zu Pferde zu erreichen sind. Der Kraftverkehr wird an der Peripherie auf Parkplätzen abgefangen und durch Schranken an der Befahrung der Waldwege gehindert. Nur zu den größeren Seen, die am Rande gelegen sind, gibt es günstige Anfahrtsmöglichkeiten. Hier liegen die intensiv zu nutzenden Erholungseinrichtungen. Dazu gehören Campingplätze, Sport- und Badeanlagen, Stellplätze für Angler, Trimm-Dich-Pfade, Ruderanlagen, Bootshäfen und Restaurants.

Die Seen sind auch die Hauptanziehungspunkte des „Erholungsgebietes der Ville" im Südrevier, als das es im Landesentwicklungsplan III in Nordrhein-Westfalen ausgewiesen ist. Es handelt sich hier um den Liblarer See, den Heider Bergsee, den Bleibtreu-See und den Otto-Maigler-See. Alle haben ein Freibad und weitere Freizeiteinrichtungen, wie z. B. Angeln, Segeln und sonstigen Wassersport. Auch gibt es im Otto-Maigler-See zusätzlich eine beliebte Regattastrecke. Jeweils zwei der Seen bieten ferner Möglichkeiten für Windsurfen sowie für Camping in Wassernähe an, und mit Ausnahme des Bleibtreu-Sees ist allen auch ein Gasthaus zugeordnet (Abb. 4).

Schätzungen zufolge werden an diesen vier Erholungsschwerpunkten mehr als 80 % der Erholungsuchenden der Wald-Seen-Hügellandschaft der Ville gebunden. Etwa ein Fünftel aller Tagesbesucher können dann die ruhig gehaltenen, großflächigen inneren Teile des Erholungsgebietes der Ville zur extensiven Erholung nutzen.

So werden die gegenüber Massenbetrieb empfindlicheren Landschaftsteile im Inneren des Erholungsgebietes nur für Anhänger der ruhigen Erholung freigegeben. Teils können sie gleichzeitig sogar als langfristige Untersuchungsobjekte für das Studium der Wiederbesiedlung der neuen Landschaft durch Flora und Fauna dienen.

Zusammenfassend läßt sich sagen, daß es geradezu bewundernswert ist, wie man in der damaligen Zeit wichtige Gestaltungskriterien für neuartige Erholungslandschaften antizipiert hat. Waren doch die im Abschn. 1 vorgestellten Anforderungen der Erholungsuchenden an die Landschaft teilweise noch gar nicht in dem Maße bekannt, wie sie vom Bergbautreibenden im Südrevier schon vorweg umgesetzt wurden.

So ist es durchaus verständlich, daß als Anerkennung dieser Pionierleistung auf dem Gebiet der Wiedernutz-

Abb. 4. Heider Bergsee, derzeitige Situation. (Photo: Rheinbraun)

barmachung ausgekohlter Landschaften im Jahre 1970 dem Bergbautreibenden der Europapreis für Landespflege verliehen wurde.

Bald wurde die Notwendigkeit zur dauerhaften Sicherstellung der neu gewonnenen, für die Erholung nutzbaren Flächen in der ausgekohlten Landschaft erkannt. Dies führte 1965 zur Gründung des Vereins Erholungspark Ville e. V. Ihm gehörten als ordentliche Mitglieder u. a. an: die Stadt Köln, die damaligen Landkreise Köln, Bergheim und Euskirchen, verschiedene unmittelbar benachbarte Städte und Gemeinden, der Landschaftsverband Rheinland, die Rheinische Braunkohlenwerke AG und die Landesforstverwaltung Nordrhein-Westfalen.

Zu den Aufgaben des Vereins gehörte als generelle Zielsetzung: „... für die Bevölkerung der Region Köln - Bonn im linksrheinischen Umland eine vielseitige Erholungslandschaft zu gestalten" (Bauer et al. 1976). Ausgangspunkt hierfür waren die inzwischen wieder nutzbaren, rekultivierten ehemaligen Abbauflächen der Braunkohle. Sie stellten gewissermaßen die Initialzündung für eine umfassende Erholungsplanung und Landschaftsgestaltung dar.

Folgerichtig kam es im Jahre 1967 durch Ministererlaß sogar zum Zusammenschluß des Erholungsparkes Ville mit dem bereits seit einiger Zeit bestehenden Naturpark Kottenforst (bei Bonn) zum Naturpark Kottenforst-Ville.

Im Rahmen der Bundesgartenschau 1971 in Köln fand eine Sonderveranstaltung über den Teil „Erholungspark Ville" unter dem Thema „Umweltgestaltung heute im Kölner Ballungsraum" statt. Erste Besucherfahrten in den neu gewonnenen Erholungsraum wurden arrangiert, denn man konnte auf die bereits erreichten Leistungen stolz sein.

Heute stellt der Naturpark Kottenforst-Ville im Bereich des ehemaligen Südreviers der Rheinbraun AG eine durch den Braunkohlentagebau völlig umgewandelte neue Landschaft dar. Seit der Gründung des Erholungsparkes und dem Zusammenschluß zum Naturpark Kottenforst-Ville vollzog sich aus dem ehemals recht einförmigen Villeplateau eine zielstrebige Entwicklung in Richtung auf eine Wald-Seen-Hügellandschaft, die sich wegen der vielgestaltigen landschaftlichen Struktur und der hervorragenden Grundausstattung mit Erholungseinrichtungen heute großer Beliebtheit erfreut.

3 Nutzungsmöglichkeiten im Nordrevier der Rheinischen Braunkohlenwerke AG für Freizeit und Erholung

Alle Teile des Rheinischen Braunkohlengebietes nördlich der Autobahn Köln-Aachen werden zusammenfassend als das Nordrevier bezeichnet. Hier ist die Rekultivierung noch nicht so weit fortgeschritten wie im Südrevier. Im mittleren und nördlichen Teil ist die Gewinnung der Braunkohle noch in vollem Gange. Auch ist zu erwarten, daß zusätzlich ein weiterer Tagebau aufgeschlossen wird.

Dennoch machte man sich auch für dieses Gebiet schon vor mehr als 25 Jahren Gedanken über seine zukünftigen Nutzungsmöglichkeiten für Freizeit und Erholung. Dieser Prozeß ist auch heute noch nicht abgeschlossen (s. Abschn. 4).

Abgeschlossen dagegen ist ein interessantes Beispiel der Herausnahme einer ganzen Ortschaft aus dem Abbaugelände der Braunkohle. Landeskulturelle Gründe sprachen dafür, das – in Deutschland zweitkleinste – denkmalwürdige Städtchen Kaster beim Abbau der Braunkohle zu umgehen, um es uns und unserer Nachwelt zu erhalten.

Der Rheinische Verein für Denkmalpflege und Heimatschutz hatte es verstanden, das Interesse der Öffentlichkeit so stark auf dieses Kleinod zu lenken, daß die Braunkohlebagger ihm nichts anhaben konnten (Abb. 5). Schon im 12. Jahrhundert wurde Kaster als Burgsiedlung gleichnamiger Ritter urkundlich erwähnt. Ihre Aufgabe war offenbar die Sicherung des Erftüberganges an der vorbeiführenden strategisch wichtigen Straße von Köln nach Brabant. Um 1339 erhielt Kaster ordentliches Stadtrecht. Im Jahre 1975 wurde Kaster ein Stadtteil von Bedburg. Die heute ältesten Häuser stammten aus der Zeit nach 1648 (Theissen 1982).

Bekanntlich findet die Kultur einer Landschaft ihren Ausdruck am augenfälligsten in ihren Baudenkmälern und sonstigen historischen Bestandteilen. Das Bewahren, Erneuern und Zugänglichmachen erhaltenswerter Bausubstanz ist eine wichtige landeskulturelle Aufgabe, steht doch dieses „kulturelle Erbe" in einem engen Bezug zur umgebenden Landschaft. Besonders für ein Erholungsgebiet stellen historisch wertvolle Bauten sowie Dorf- und Stadtgrundrisse eine willkommene Bereicherung dar.

Noch ist Kaster ein typisches Beispiel für ein bäuerliches Kleinstädtchen. Stattliche, fränkische Gehöfte er-

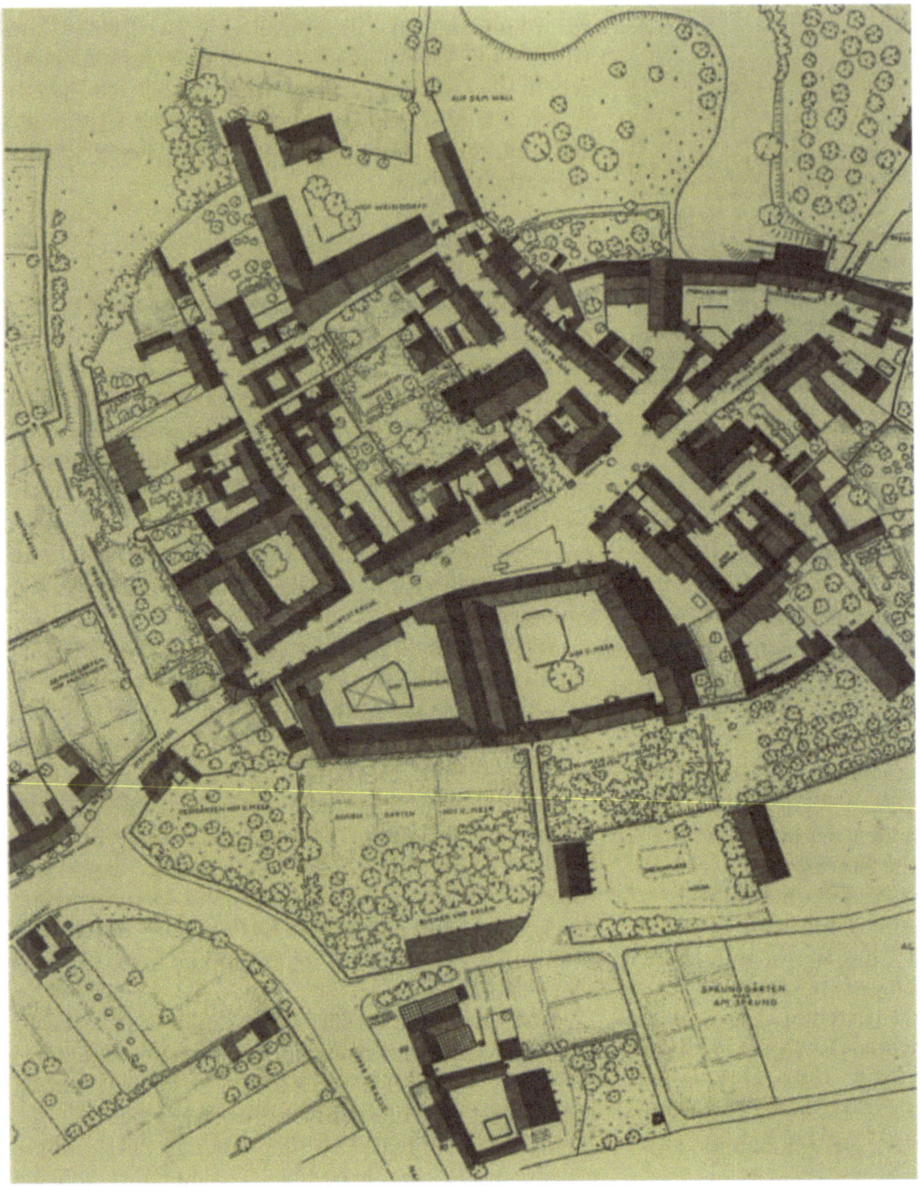

Abb. 5. Bedburg-Kaster. (Nach einer Aufnahme von Bendermacher 1971)

innern an die einstige Ackerlandschaft, die es umgab. Die Stadtmauern, zwei Stadttore und die alten Bauten wurden in ihrem Charakter weitgehend erhalten und werden von den Anwohnern liebevoll gepflegt. Schön ist, daß Kaster nicht von Busladungen voller Touristen überfallen wird, und daß es nicht z. B. zu einer Künstlerkolonie hochstilisiert wurde, sondern der ruhigen und stillen Erholung vorbehalten bleibt. Man ist sehr daran interessiert, dieser Zustand sich nicht ändern zu lassen.

Nach Westen an Alt-Kaster anschließend hat sich inzwischen der neue Stadtteil Kaster entwickelt. Er nimmt die ausgesiedelten Menschen aus den Dörfern auf, die dem Kohleabbau weichen müssen.

Nach Norden an den alten Stadtteil Kaster anschliessend vollzieht sich entlang der Mühlenerft unter Ausnutzung eines Landschaftssees (Abb. 6) eine behutsame Rekultivierung mit dem Vorrang ökologischer Vorsorgemaßnahmen zur Erhaltung wertvoller Feuchtgebiete. Derartige Maßnahmen tragen wesentlich zur Verstärkung der landschaftlichen Vielfalt bei, was sich wiederum positiv auf die Attraktivität dieses Gebietes für die Tageserholung auswirkt.

4 Zukünftige Nutzungsansprüche an rekultivierte Landschaftsteile für Freizeit und Erholung und die sich daraus ergebenden Möglichkeiten der Realisierung

Schon vor mehr als 25 Jahren gewann die Frage nach einer sinnvollen Freizeitnutzung aufgrund der wirklichen Bedürfnisse der Erholungsuchenden mehr und

Abb. 6. Landschaftssee als Vorsorgemaßnahme zur Erhaltung wertvoller Feuchtgebiete bei Bedburg-Kaster. (Photo: Rümler)

mehr an Bedeutung in der Raumplanung. Angesichts der mit diesem Freizeitverhalten verbundenen steigenden Ansprüche an die Landschaft begann etwa Mitte der 60er Jahre die Suche nach Möglichkeiten einer wirklichen Freizeitplanung im Sinne öffentlicher Daseinsvorsorge.

Die Probleme wurden nicht zuletzt deutlich an der zunehmenden Freizeitmobilität der Stadtbevölkerung. So waren beispielsweise bereits 1966 25–35 % der großstädtischen Bevölkerung an einem Wochenende auf einem Ausflug unterwegs. Dies führte schon damals in besonders attraktiven Erholungsgebieten zu hohen Besucherkonzentrationen und – damit verbunden – zu erheblichen Straßenbelastungen durch Ausflugsverkehr.

Daher galt es, insbesondere im Nahbereich der Großstädte, Entlastungsgebiete für die Naherholung zu schaffen. Nun erweist sich die Erholung aber als eine Nutzungsart mit speziellen Ansprüchen an den Raum, die mit anderen Nutzungsansprüchen leicht in Kollision geraten können. So ergeben sich einerseits Beeinträchtigungen der Erholungseignung eines Gebietes durch andere Nutzungen wie z. B. Industrie, Bergbau, Verkehr, aber auch Land- und Forstwirtschaft oder Naturschutz. Andererseits kann es zu Störungen durch die Erholungsansprüche kommen, was sich an Interessenkonflikten mit der Wasserwirtschaft, der Land- und Forstwirtschaft oder mit dem Naturschutz zeigt, und zwar besonders dann, wenn angestrebt wird, aufgrund der vorgesehenen Erholungsnutzung Flächen aus bisherigen Nutzungsformen zu entlassen.

In solchen Fällen ist es sicherlich leichter, im Zuge eines großflächigen Umbaues der Landschaft beim Aufbau der neuen Landschaft von vornherein die zukünftigen Flächenwidmungen einzuplanen. Diese Situation bot und bietet sich noch heute durch den ständigen, großräumigen Wandlungsprozeß der Landschaft im Rheinischen Braunkohlengebiet immer wieder an.

Eine für damalige Verhältnisse in diesem Sinne weit vorausschauende Planung stammt von Landschaftsarchitekt Victor Calles, Köln, aus dem Jahre 1966. Es handelt sich um das Ergebnis eines Forschungsauftrages seitens des Ministeriums für Landesplanung, Wohnungsbau und öffentliche Arbeiten, Düsseldorf, mit dem Thema: „Voraussetzungen und Möglichkeiten der Landschaftsgestaltung im Braunkohlenabbaugebiet der Ville zwischen Weilerswist-Brühl und Kaster-Frimmersdorf unter besonderer Berücksichtigung des Bedarfs an großstadtnahen Erholungsgebieten".

Landschaftsarchitekt Calles nannte seinen Plan kurz „Landschaftsaufbauplan Erftraum", und in der Tat handelt es sich bei dieser Planung um den „Aufbau" einer völlig neuen Landschaft nach der Auskohlung durch den inzwischen immer mehr in die Tiefe gehenden und in die Breite sich ausdehnenden Braunkohlentagebau. In dieser weit vorausschauenden Planung werden viele neue Anforderungen an die Landschaft in naher und ferner Zukunft antizipiert, so v. a. eine Fülle von Möglichkeiten für Erholungsansprüche, die z. T. noch nicht einmal bestimmt vorhersehbar waren. Ihr Ziel war damals nur das vorsorgliche Freihalten von Flächen, damit man deren entsprechende Widmung später nach dem tatsächlichen Bedarf vornehmen konnte.

Die besondere Lage des Rheinischen Braunkohlengebietes zwischen den Ballungskernen Köln, Düsseldorf-Neuß und dem Ballungskern Aachen macht einen weiträumigen Teil des Areals nach dem Kohleabbau zu einem Entwicklungsgebiet ersten Ranges. Gestatten doch die gravierenden Eingriffe der Braunkohlenindustrie in das Landschaftsgefüge einen Landschaftsumbau und -aufbau größten Ausmaßes. Hauptziel war die großzügige Ausweisung einer zusammenhängenden großstadtnahen Erholungslandschaft. Dies geschah unter Beachtung der Prämisse, daß „Flächen, unter denen sich nutzbare Lagerstätten befinden, nach dem Abbau nur solchen Nutzungen zugeführt werden, die unter Abwägung volkswirtschaftlicher sowie sozialer und kultureller Gesichtspunkte vertretbar sind" (Calles 1968).

Weite Teile des Rheinischen Braunkohlenreviers kann man als landwirtschaftliches Vorranggebiet bezeichnen. Somit ist die Forderung seitens der Landwirtschaft nach einer flächenmäßig restlosen Verfüllung ehemaliger Tagebaue zum Zwecke der landwirtschaftlichen Rekultivierung nachvollziehbar. Eine vollständige Verfüllung des einzelnen Tagebaues ist jedoch nur in den Bereichen gegeben, wo genügend Abraummaterial und kulturfähiges Bodensubstrat aus einem anderen Tagebau zur Verfügung gestellt werden kann, und zwar in einer Größenordnung, die dem jeweils aus diesem Tagebau entnommenen Volumen an Kohle entspricht. Als Beispiel sind dafür die Tagebaue Fortuna-Garsdorf und Bergheim zu nennen, die mit Abraummassen aus dem Tagebau Hambach verfüllt und aus dem Tagebau Garzweiler mit kulturfähigem Bodensubstrat (Löß) versorgt werden. Dementsprechend wird das Restloch im Tagebau Hambach aufgrund des bestehenden Abraumdefizits vergrößert.

Durch das Verbleiben von Restlöchern besteht jedoch im Braunkohlenrevier die einmalige Chance, großflächig neue Seen anzulegen, die den unterschiedlichsten Nutzungen und Funktionen zugeführt werden können.

Der eine Vorschlag mit geringerem Wasserflächen- und größerem landwirtschaftlichem Flächenangebot unterstellt den eventuellen Abschluß des Braunkohleabbaus erst nach Auskohlung auch der damals noch nicht in Anspruch genommenen Abbaufelder Fortuna-Reserve (Tagebau Bergheim), Garzweiler und Hambach. Unter dieser Voraussetzung kann zugunsten der Landwirtschaft zunächst nur mit einem geringeren Erholungsangebot in den betroffenen Teilräumen gerechnet werden. Erst im letzten Tagebau (vermutlich im Tagebau Hambach) verbleibt dann zwangsläufig ein um so größeres Restloch, dessen Eingliederung in die neue Landschaft an der Nahtstelle zur alten Kulturlandschaft in einer späteren Planung an die Landschaftsgestaltung und Freiraumnutzung für die Erholung besondere Ansprüche stellt.

Der alternative Planungsvorschlag ging 1966 davon aus, daß aus energiepolitischen Gründen, d. h. durch massiven Ausbau der Nutzungsmöglichkeiten der Atomenergie, zumindest der Tagebau Hambach nicht aufgeschlossen werden würde. Somit könnten im nördlichen Teil des Braunkohlenreviers nicht genügend Abraummassen zum Verfüllen der Tagebaue Garsdorf und Frimmersdorf -West zur Verfügung stehen. Die Dimensionierung künftiger wassergefüllter Restlöcher würde folglich wesentlich größer ausfallen. Gegebenenfalls müßten die beabsichtigten Seen später sogar über entsprechende Verbindungsstollen mit Rheinwasser schneller aufgefüllt werden als mit dem Zufluß aus der Erft. Dann böten sich vielfältige Möglichkeiten einer speziellen Landschaftsgestaltung für die Erholungsnutzung an, wie dies im Landschaftsaufbauplan Erftraum zu erkennen ist (Abb. 7).

So bewirkt der Braunkohleabbau nicht nur einen Strukturwandel des von ihm betroffenen Gebietes. Er verursacht durch den wandernden Tagebau auch einen umfassenden Landschaftswandel, der zur Berücksichtigung neuer Nutzungsansprüche an die Landschaft geradezu herausfordert. Aus heutiger Sicht ist es daher nicht verwunderlich, daß schon 1966 im gesamten Plangebiet des Landschaftsaufbauplanes Erftraum schwerpunktartig für die Einwohnerschaft der benachbarten Ballungsrandzonen und Ballungskerne zahlreiche Erholungseinrichtungen ausgewiesen wurden. Dem Menschen sollte sich hier die Möglichkeit einer großflächigen Neugestaltung der Kulturlandschaft offenbaren, die – den Erfordernissen der Zukunft angepaßt – Erholungseinrichtungen in reichem Maße enthält, die einerseits als Einzelanlagen verstreut, andererseits als besondere zusammengeschlossene Konzentrationsbereiche vorgesehen sind.

Calles schrieb dazu 1968:"An den Ufern der neuzuschaffenden Seen bieten Badestrände Platz für Zehntausende erholungsuchender Menschen. Die weiter zurückliegenden Randstreifen ... können als Teilstrecken freigegeben werden für eine typische Bebauung hochwertiger Wohngebiete, auch für die Ansiedlung von Wochenend- und Mietferienhäusern. Durch positive städtebauliche Beispiele sollte gezeigt werden, wie man einer weiteren Zersiedelung der Landschaft entgegenwirkt. Alle diese Gebiete mit ihren Erholungszentren werden zu Fuß, zu Rad, zu Pferde und bei weiterer Entfernung auch per Auto oder Massenverkehrsmittel durch einen zügigen Ausbau des Verkehrsnetzes schnell erreichbar sein und außerdem durch ein System von Grünverbindungen an die Siedlungsbereiche der Ballungszentren angeschlossen. Die ausgewiesenen Grünverbindungen stellen eine Art Sicherungsfläche dar, in denen Bauverbot herrscht. Im Rahmen der Flurbereinigung sollen in ihnen zusätzlich Gehölzpflanzungen zur allmählichen Gliederung der Landschaft erfolgen. Schließlich sollten die so bereits geförderten Flächen späterhin unter Landschaftsschutz gestellt werden."

Das hier vorgestellte zukunftsorientierte Planungsbeispiel belegt, wie schwierig sich eine systematische Landschaftsplanung in einem im Umbruch befindlichen Raum darstellt. Viele Sonderinteressen sind im Spiel, die eine noch solch ausgewogene Landschaftsplanung stören könnten, und dies besonders in einem Raum mit solch großer Problematik wie dem Rheinischen Braunkohlenrevier. Auch nachträgliche Sonderinteressen vermögen eine durchaus anerkannte Konzeption dennoch zu beeinflussen. Bei genauer Betrachtung kann man Ansätze dazu in der weiteren Entwicklung der Raumplanung und Raumordnung im Revier beobachten.

Aufgrund der hier vorgestellten Ergebnisse des Landschaftsaufbauplanes Erftraum bleibt abschließend festzuhalten, daß es sich empfiehlt, eine langgestreckte, zusammenhängende Erholungslandschaft im Westen entlang des Städtebandes der sog. „Rheinischen Stadtlandschaft" zu entwickeln. Sie soll vom Kottenforst bei Bonn über den Ville-Höhenrücken und das Erfttal bis zum Rhein bei Neuß reichen. Die Erftniederung wird in ihrer bisherigen Oberflächengestalt einschließlich geplanter Teilverlegungen des Erftflusses zunächst der Tatsache gerecht bleiben müssen, daß sie ein potentielles Überschwemmungsgebiet ist. Dies soll sich aber in den Bereichen der auslaufenden Tagebaue Garsdorf und Frimmersdorf-West ändern, sobald die dort eingeplanten und mit der Erft verbundenen, mehr oder weniger großen Restseen auch die Aufgabe von Hochwasserrückhaltebecken mit übernehmen können. Diese Zielsetzung darf allerdings ihre Hauptfunktion als Erholungsschwerpunkte für die Tages- und Naherholung nicht beeinträchtigen.

Eine besonders attraktive Erholungslandschaft aus der Verbindung von Hochhalden mit angrenzenden Wasserflächen, wie sie im Alternativ-Vorschlag zum

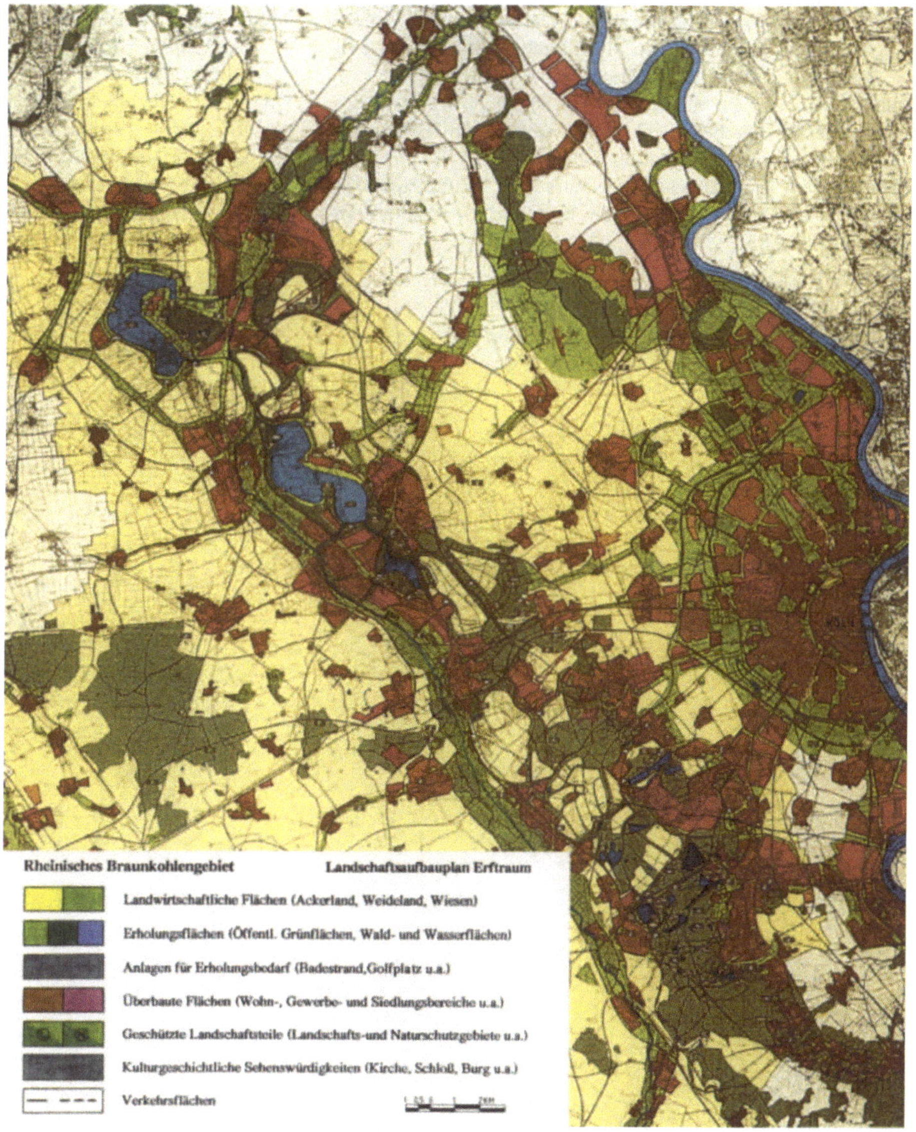

Abb. 7. Rheinisches Braunkohlengebiet, Landschaftsaufbauplan Erftraum. [Köln, den 28. Februar 1966 - Victor Calles, Landschaftsarchitekt (Modifiziert durch Prof. Dr. Rümler)]

Landschaftsaufbauplan im Bereich des Tagebaues Frimmersdorf-West vorgestellt wurde, läßt sich heute leider nicht realisieren. Hier werden jetzt die Abraummassen des neu erschlossenen Tagebaues Hambach verkippt. Eine ähnlich attraktive Erholungslandschaft wird aber – und dann in weitaus größerer Dimension – voraussichtlich im Bereich des Tagebaues Hambach nach dessen Rekultivierung verwirklicht werden können.

5 Zusammenfassung

Zunächst werden Anforderungen an die Erholungsnutzung einer Landschaft vorgestellt. Der Verfasser schildert einige hervorragende Beispiele bereits rekultivierter Flächen für Erholungs- und Freizeiteinrichtungen im Süd- und Nordrevier der Rheinbraun AG. Schließlich wird auf weitere, in Zukunft zu erwartende Nutzungsansprüche an rekultivierte Landschaftsteile für Erholungs- und Freizeiteinrichtungen hingewiesen.

LITERATUR

Bauer G, Gerresheim K, Kisker U (1976) Landschaftsrahmenplan Erholungspark Ville. Beiträge zur Landesentwicklung 35, Köln

Bendermacher J (1971) Dorfformen im Rheinland. Rheinischer Verein für Denkmalpflege und Landschaftsschutz, Köln (Hrsg), Buchdruckerei AG, Neuss

Blücher Viggo Graf (1970) „... und am 7. Tag (Über die Bedeutung der freien Zeit). In Freizeit 70. Erster Deutscher Freizeitkongreß 1970. Siedlungsverband Ruhrkohlenbezirk, Essen

Calles V (1968) Köln und die Rekultivierung des Rheinischen Braunkohlengebietes. Raumordnungsgedanken zwischen 1945 und 1967. Selbstverlag, Köln

Czinki L (1979) Wochenendfreizeit in den Freiräumen Nordrhein-Westfalens. Ein Beitrag zu Modelluntersuchungen der Landesplanung. Agrar- und Hydrotechnik GmbH, Essen

Dilla L (1969) Wo neue Wälder wachsen. Forstliche Rekultivierungen der Rheinische Braunkohlenwerke AG, Köln. Informationen Rheinbraun, 2. Aufl., Köln

Kolodziejcok K-G, Recken J (1977) Naturschutz, Landschaftspflege und einschlägige Regelungen des Jagd- und Forstrechts. Kommentar, Berlin

Möhlenbruch N, Schölmerich U (1992) Tagebau-Rekultivierung. Landschaften nach der Auskohlung. Spektrum der Wissenschaft 4: 105–118

Theissen L (1982) Bedburg-Kaster. Rheinische Kunststätten, H 42. Rheinischer Verein für Denkmalpflege und Landschaftsschutz (Hrsg), 2. Aufl., Neuss

Turowski G (1972) Bewertung und Auswahl von Freizeitregionen. Schriftenreihe des Instituts für Städtebau und Landesplanung der Universität Karlsruhe, H 3, Karlsruhe

Naturschutz und Landschaftspflege

14

Hermann Josef Bauer

1 Einführung

Jede Abgrabung und erst recht die gigantischen Tagebaue im Braunkohlenrevier stellen schwerwiegende Eingriffe in den Naturhaushalt dar und bedingen die Zerstörung der in Jahrhunderten gewachsenen Kulturlandschaft mit ihren vielfältigen Landschaftsstrukturen, Biotopen und deren Biozönosen. Bundesnaturschutzgesetz (BNatSchG) und Landschaftsgesetz (LG) Nordrhein-Westfalen fordern daher in den sog. Eingriffsparagraphen, daß Eingriffe, sind diese nicht vermeidbar, durch Ausgleichs- und Ersatzmaßnahmen gemindert werden müssen.

Dies wurde schon frühzeitig im Rheinischen Braunkohlenrevier versucht und in den bekannten drei Rekultivierungsperioden verwirklicht (Dilla 1986). Daß von seiten der Ökologie und des Naturschutzes die Bemühungen um eine Regeneration der zerstörten Landschaft nicht umfassend genug waren, lag an der „planmäßigen Rekultivierung statt einer Renaturierung".

Einer natürlichen Regeneration der neuen Standorte stand auch das Braunkohlengesetz entgegen, das ähnlich wie zunächst das Abgrabungsgesetz, eine totale Rekultivierung vorschrieb. Daher konnte die 1963 von Bauer gestellte Forderung, nicht alle ausgekohlten Tagebauflächen zu rekultivieren, sondern auch Flächen der freien Sukzession oder gesteuerten Renaturierung zu überlassen, erst in den letzten Jahren z. T. im Ansatz erfüllt werden.

In den ersten Jahrzehnten des Kohlenabbaus wurden die Kippen und ausgekohlten Gebiete nicht bepflanzt. Der Boden verdichtete sich und Calamagrostis epigeios (Landreitgras) bedeckte weite Flächen. Da ergriff Revierförster Huttanus im Jahre 1932 die Initiative und begann aufzuforsten. Es waren keinerlei Erfahrungen vorhanden. So blieb nur die Wahl des Experimentes. Verschiedene Holzarten wurden angepflanzt, um ihre Wuchsfreudigkeit zu erproben. Huttanus fand auf einer Halde am Rande des alten Waldes angeflogene Kiefern. Dies war die Veranlassung Rekultivierungsversuche mit Kiefern zu unternehmen. Die Bodenqualität wechselte ständig, die Kippen waren von Calamagrostis, Sarothamnus und Rubus überwuchert. Die Mühen der „Rodung" und Neupflanzung lohnten, denn selbst auf Sand- und Kiesböden schlug die Kiefer gut an. Sie hatte ungewöhnlich lange Jahrestriebe, ließ jedoch später in ihrer Wuchskraft nach und starb auf den trockenen Böden ab. Auch die Robinie bewährte sich zur Befestigung steiler Böschungen.

Auf Kies-Lehm-Mischböden wagte Huttanus eine Aufforstung mit Rotbuche. Die trockenen, nährstoffarmen Böden ließen kein rasches Wachstum erwarten, doch zeigen die Forsten heute, nach 60 Jahren, eine gute Qualität, auch wenn sie (noch) nicht eine vollständige Waldgesellschaft „gewachsener" Böden besitzen.

Eine andere Holzart, die sich gut bewährt hat, ist die Roteiche *(Quercus rubra)*. Sie hat eine große Wurzelintensität und ein besonders schnelles Jugendwachstum. Schon in der ersten Generation bildet sie einen gesunden Nutzwald. Meist wurde sie in Mischung mit Pappel, Rotbuche, Hainbuche, Lärche und Kiefer angepflanzt. Dieser Mischwald ist aus den Experimenten als beste Möglichkeit auf sandig-lehmigen Böden hervorgegangen (Rheinbraun 1989).

Die Pappel erwies sich einerseits auf trockenen, andererseits auf staunassen Böden als beste Pionierholzart. In den ersten Jahren des Pappelanbaus entstanden Monokulturen, die ökologisch keine ausgewogene Waldgesellschaft bildeten.

Zur Düngung und Aufschließung des Bodens wurden die Pappeln reihenweise mit Erle *(Alnus glutinosa)* unterbaut. Die Schwarzerle ist für die Bodenverbesserung von unschätzbarem Wert. Als Hauptholzart der Bachufer schien die Erle für die rohen Kippenböden kaum geeignet. Aber durch starkes Wasserbedürfnis angeregt, wächst sie in den zunächst lichten Jungbeständen rasch heran, reichert in ihren Wurzelknöllchen Stickstoff an und bedeckt mit ihrem kräftigen, milden Fallaub den Boden.

Die erste Phase der Rekultivierung von 1920–1932 war also durch unterschiedliche forstwirtschaftliche Rekultivierungsversuche gekennzeichnet (Hundhausen 1935). Die zweite Phase von 1945–1960 mit der Notwendigkeit einer raschen Aufforstung von ca. 2 000 ha unrekultivierter Flächen der Kriegszeit, war geprägt durch den Anbau raschwüchsiger Baumarten, v. a. Pappel- und Pappel-Erlenbeständen sowie Kiefern.

In der dritten Phase, ab 1960, wurden Mischwälder aus Eiche, Buche, Ahorn und zahlreichen anderen Arten, zunächst noch unter einem Pappelschirm als Wind- und Sonnenschutz, gepflanzt.

Die Reliefunterschiede zwischen Kippen und z. T. wassergefüllten Restgruben ermöglichten Forsttypen (Waldgesellschaften wäre zu positiv ausgedrückt) unterschiedlicher Artenzusammensetzung, Struktur und verschiedenen Alters mit (in den feuchten Bereichen) erstaunlich rascher Besiedlung an Kräutern, Sträuchern und Tieren. Obwohl diese 50- bis 60jährigen Wälder aus forstlicher Sicht z. T. nicht leistungsschwach sind, ergab eine Untersuchung von Wittig et al. (1985), daß sich in den Buchenwäldern noch keine naturnahe Krautschicht eingestellt hat. In den Mischwäldern, v. a. in den feuchten Bereichen und an den Ufern der zahlreichen Seen, sind jedoch, hauptsächlich im Nahbereich zu den Altwäldern der Ville, artenreiche Waldgesellschaften entstanden. Diese Feuchtwälder und Seen sind von hohem Naturschutzwert (Bauer 1974). So ist im rekultivierten Südrevier eine Sekundärlandschaft entstanden. Durch Rekultivierung und natürliche Wiederbesiedlung wurde eine völlig zerstörte Landschaft neu erschaffen.

Nicht nur von seiten des Naturschutzes sind renaturierte Tagebaue von Interesse, sondern auch aus wissenschaftlichen Gründen. Hier bietet sich die seltene Möglichkeit, die Entstehung verschiedenartiger Ökosysteme vom vegetationslosen Rohboden bis zum Klimaxstadium zu verfolgen. Viele Aufgaben der Erforschung in Entwicklung begriffener Ökosysteme können nur dann befriedigend gelöst werden, wenn Probeflächen für die Sukzessionsforschung dauernd sich selbst überlassen bleiben und keine weiteren Eingriffe erfahren.

Die Endstadien der natürlichen Vegetations- und Biotopentwicklung erweisen sich als ein Mosaik verschiedener Pflanzengesellschaften, die jeweils einen eigenen Zyklus besitzen. Dieses Mosaik ist umso vielfältiger, je unterschiedlicher die Bestände und je größer die „Randlinieneffekte" sind (Remmert 1985). Je vielfältiger also die abiotische Struktur eines Biotops, um so vielfältiger auch die Arten- und Individuenzahl. Von daher ist es verständlich, weshalb gerade die Sukzessionsstadien neu entstehender Biotope von zahlreichen, natürlicherweise bereits seltenen bzw. heute gefährdeten Pflanzen- und Tierarten besiedelt werden können.

Aufgabe des Naturschutzes ist es, die natürlichen und anthropogen bedingten Stadien der Biotopsukzession und der vielfältigen Landschaftssukzession (Troll 1963) als Naturschutzgebiete zu sichern. Die häufig geäußerte Kritik am Naturschutz, Sukzessionsstadien von Kulturbiotopen zu schützen sei sinnlos, ist unberechtigt. Im Gegenteil: Es ist nicht ausreichend, nur alte, ausgereifte Biotope unter Naturschutz zu stellen. Vielmehr sollte das vielfältige Biotopmosaik aller Altersstufen mit unterschiedlichem Bestandsaufbau und dadurch vielfältiger Struktur und Funktion in den Ökosystemen der Landschaft (z. B. als Naturschutzgebiet oder als geschützter Landschaftsbestandteil) gesichert werden.

Wie in den natürlichen Ökosystemen unterliegen gerade die vom Menschen neu geschaffenen Landschaftsstrukturen einem besonders raschen Zyklus aufeinanderfolgender Artenbesiedlung und damit biotopbildender Organismen. Es entwickeln sich Lebensstättentypen mit hoher natürlicher Dynamik (Pionierbiotope) und einer auf diese Bedingungen angepaßten Tier- und Pflanzenwelt (Blab 1985).

Im Laufe dieser raschen Dynamik der Pionier- und Übergangsstadien mit großem Arten- und Individuenreichtum entsteht schließlich ein stabilisierendes Stadium geringerer Artenfülle.

Am Beispiel der natürlichen Landschaftssukzession nach drastischen Eingriffen des Menschen läßt sich das möglicherweise allgemeine Prinzip der Regelung in Ökosystemen demonstrieren: Ein komplexes dynamisches Biotop-Prinzip, in dem viel leichter Schäden und Störungen durch Regelkreis-Prozesse korrigiert werden können, als dies durch einfache Vernetzung oder Funktion unterschiedlicher Organimsen möglich wäre – eben weil auch natürlicherweise „Katastrophen" in die Ökosysteme von vornherein eingebaut sind (Remmert 1985).

2 Würdigung des Rheinischen Braunkohlenreviers aus der Sicht der Ökologie und des Naturschutzes

2.1 Südrevier

Das Südrevier bot wegen der geringen Flächen- und Tiefendimensionen der zahlreichen kleinen Tagebaue mit begrenzten und überschaubaren Auswirkungen auf den Naturhaushalt der Landschaft günstige ökologische Voraussetzungen. Konsequente forstliche Rekultivierung sowie Renaturierung im Bereich der Wasserflächen auf dem ersten Grundwasserstockwerk ließen die Probleme der tiefen und großen Tagebaue des Nord- und Westreviers nicht eintreten.

Die von Menschen geschaffenen Voraussetzungen für eine Wiederbesiedlung wurden im Südrevier von der Natur genutzt. Durch unterschiedliche verkippte Materialien wie Grobkies, sandige und lehmige Kiese, Löß-Kiesgemische und Braunkohlenstaub entstanden unterschiedliche Standortbedingungen. Hinzu kamen geländeklimatische Unterschiede durch das kleinflächig wechselnde Relief mit entsprechenden Expositionsunterschieden. Auch die Bedingungen des Wasserhaushaltes waren durch die Einwirkung des inzwischen wieder angestiegenen Grundwassers, durch Staunässe oder durch Sickerfeuchte an Hängen sowie andererseits durch extreme Trockenheit an Böschungskanten und auf Südhängen sehr verschiedenartig.

Auch bildeten sich zahlreiche Seen und Weiher. So entstand ein breitgefächertes Angebot an ökologischen Ausgangsbedingungen und damit ein vielfältig gegliedertes Biotopmosaik, das von sehr verschiedenartigen, noch in der Entwicklung begriffenen Lebensgemeinschaften mit einer artenreichen Flora und Fauna besiedelt wurde.

Die bedauerlicherweise erst nach 15jährigen Bemühungen als Naturschutzgebiet ausgewiesenen ältesten Wälder des Südreviers mit den eingelagerten Seen, Niedermooren und Bruchwäldern enthalten verschiedenartige Waldtypen. Diese bieten eine Vielzahl ökologisch eng miteinander in Wechselwirkung stehender Lebensräume, die Refugien und Regenerationszentren für zahlreiche Pflanzen- und Tiergemeinschaften darstellen.

Bei einer Würdigung der Rekultivierungserfolge muß auch bewertet werden, ob aufgrund der bereits vor Jahrzehnten vorhandenen, aber bei der Rekultivierung noch nicht durchsetzbaren ökologischen Erkenntnisse und solchen des Naturschutzes die Auswirkungen der Eingriffe in den Wasserhaushalt, die Böden, die Wälder und Agrarbereiche ausgeglichen wurden, Strukturen der ursprünglichen Landschaft und deren Lebensgemeinschaften erhalten bzw. neuartige Biotope naturnah gestaltet wurden.

2.2 Nordrevier

Das Grundkonzept der Rekultivierung war zunächst die Wiederherstellung der Flächennutzung, wie sie vor dem Abbau bestand. Dies führte erneut zu einer intensiven Landnutzung, bei der die Belange der Ökologie und des Naturschutzes nur wenig Berücksichtigung fanden.

Dies ist um so mehr zu bedauern, als nicht nur von seiten des Naturschutzes, sondern auch aus wissenschaftlichen Gründen die Tagebaue von großem Interesse sind. Experimentierfelder der Landschaftssukzession sind nicht allzu häufig auf der Erde gegeben. Im Braunkohlenrevier vollzieht sich ein drastischer und rascher Landschaftswandel mit einer naturbedingten und durch Rekultivierung beschleunigten Dynamik biologischer Sukzession. Diese Vorteile der Landschaftssukzession in der zunächst durch Tagebau zerstörten ehemaligen Kulturlandschaft treffen jedoch nur für das Südrevier zu, dessen vielfältige und kleinräumige Landschaftsgliederung besonders günstige Voraussetzungen für eine Wiederbesiedlung geschaffen hat, während die ökologischen Ausgangsbedingungen auf den großräumig technisch überformten Rekultivierungsflächen des Nordreviers und erst recht des Westreviers nicht annähernd die gleiche kleinräumige Biotopvielfalt bieten.

Über die vorwiegend landwirtschaftliche Rekultivierung des Nordreviers liegt eine Fülle von Veröffentlichungen, Dissertationen und Untersuchungsergebnissen vor. Es muß aber darauf hingewiesen werden, daß trotz aller Bemühungen bis heute noch nicht alle Vorschläge, Leitsätze und Forderungen für eine landschaftspflegerische Neugestaltung einer ökologisch ausgewogenen Kulturlandschaft erfüllt wurden, wie sie z. B. in Forschungsaufträgen des Landwirtschaftsministeriums 1969 (Darmer u. Bauer), 1966 im Rahmen eines Europäischen Ideenwettbewerbs für die Halde Berrenrath oder für den Tagebau Hambach I von Pflug (1975) in vielfältiger Form aufgestellt wurden.

Wegen der landwirtschaftlichen Nutzungsmaximierung auf möglichst großer Fläche, bei Minimierung der Forstflächen auf möglichst kurzen, schmalen und entsprechend steilen Böschungen, wegen künstlich geformter, gradliniger und gradflächiger Tafelberge entstanden bis Mitte der 70er Jahre landwirtschaftlich und v. a. ökologisch unbefriedigende, technisch gestaltete Landschaftsformen. Die landwirtschaftlichen Parzellen waren zu groß und zu wenig mit Landschaftsstrukturen wie Hecken, Feldgehölzen und Wäldern durchsetzt (Stürmer 1987), ganz zu schweigen von den noch ungelösten Problemen der Bodenverdichtung, Bodenvernässung und Humusarmut.

Der deutliche Verlust an ökologischer Vielfalt auf den großen Rekultivierungsflächen kann nur durch den ökologisch wirksamen Faktor Zeit nach und nach etwas gemildert werden. Wenn schon in der ökologisch ausgewogenen Wald-Seen-Landschaft des Südreviers zeitweise Probleme der Gewässergüte der Seen entstanden, so sind die künstlichen Seen des Nordreviers zwar von anderen, aber nicht weniger gravierenden Problemen, z. B. der Eutrophierung, belastet.

Die ökologisch nicht lösbare Problematik des bis zu 500 m tiefen Eingriffs des Tagebaues Hambach in Relief, Boden, Grundwasserhaushalt, Geländeklima, Vegetation und Tierwelt soll hier nicht diskutiert werden. Betont werden soll dagegen, daß es sich im forstlichen Bereich um künstlich „zusammengewürfelte" Rohböden handelt, dem sog. Forstkies (eine Mischung aus Kies und Sand der Hauptterrasse, Löß und humosem Oberboden), der in zwei Meter Höhe aufgetragen wird.

Durch Verzicht auf die Herstellung eines Feinplanums werden allerdings Bodenverdichtungen, Oberflächenabfluß und Erosion gemindert und ein abwechslungsreiches Kleinrelief als günstige Voraussetzung für die Besiedlung mit Pflanzen und Tieren geschaffen (Wolf 1987). In einem durch die Bundesanstalt für Naturschutz und Landschaftsökologie (heute Bundesamt für Naturschutz) geleiteten Versuch wird auf der Sophienhöhe die Entwicklung der Flora und Fauna nach Auftrag des ursprünglichen Waldbodens aus den Bürgewäldern untersucht. Als Ergebnis ist festzuhalten, daß mehr als 50 % der inzwischen herangewachsenen Pflanzenarten aus dem Oberboden des Altwaldes eingebracht wurden. Die nicht mit Altboden „geimpften“ Versuchsflächen zeigen weniger als die Hälfte der Arten des Altwaldes. Die Waldbodenvegetation hat eine deutliche wachstumsfördernde Wirkung auf die Gehölzpflanzungen. In diesem Versuch werden die früheren Untersuchungen im Südrevier bestätigt (Bauer 1970), wonach die spontane Besiedlung durch Waldbodenpflanzen in den lückenlos und dicht bepflanzten Rekultivierungsflächen nur sehr zögernd erfolgt (Wolf 1987).

Die rekultivierten Forstflächen auf den Böschungen der Sophienhöhe sind aus ökologischer Sicht Pionierwälder für die Waldentwicklung auf Rohböden, deren ökologische Leistungen noch lange nicht denen alter Wälder gleichen. Aufgrund der andersartigen Boden- und Reliefverhältnisse werden sie auch nicht den Altwäldern entsprechen können. Selbst wenn 50 % Löß dem Forstkies beigemischt würde, könnten sich zwar alle heimischen Laubholzarten entwickeln, doch würde es Jahrhunderte dauern, bis die „Qualität“ der Böden und Altgesellschaften der Bürgewälder sich wieder entwickelt hätte. Davon abgesehen lassen sich die Standortbedingungen der Bürgewälder mit dem neuen Lockergestein nicht wieder herstellen.

3
Rekultivierung oder Renaturierung?

Durch die Forderung des Braunkohlengesetzes, des Abgrabungsgesetzes und der Richtlinien über die landwirtschaftliche und forstliche Rekultivierung besteht bei zu perfekter ordnungsgemäßer Rekultivierung die Gefahr der Vernachlässigung ökologischer Belange und solcher des Naturschutzes.

Die ökologischen Untersuchungen im Braunkohlenrevier und in Abgrabungsflächen der Kies- und Sandgewinnung haben gezeigt, daß natürliche Sukzession und gesteuerte Renaturierung durch Biotopgestaltung bessere ökologische Ergebnisse erbringen als die Rekultivierung (Plachter 1983; Pretscher 1976; Wildermuth 1982). Im Zuge einer intensiven Kultivierung der Landschaft mit allen Nachteilen der agrarwirtschaftlichen Nutzung sowie im Zeitalter der landwirtschaftlichen Überproduktion sollte keine totale Rekultivierung sondern, wie bereits begonnen, verstärkt eine Renaturierung ermöglicht werden. Die technisch perfekte Rekultivierung fördert „Allerweltslandschaften“, in denen Allerweltsarten vorkommen, während Sukzessionsflächen und Renaturierungsbereiche einer Vielzahl spezialisierter Pflanzen- und Tierarten Existenzmöglichkeiten bieten.

Abgrabungen aller Art bieten vielfach auf kleinstem Raum unterschiedliche, meist aber extreme Lebensbedingungen, da sie oft vom Grundwasserbereich bis zur trockenen Steilböschung in unterschiedlicher Exposition zahlreiche Ansiedlungsmöglichkeiten für Pflanzen und Tiere bieten (Abb. 1). Doch ist grundsätzlcih zu betonen, „daß zu großer Optimismus hinsichtlich der Machbarkeit ursprünglicher Natur fehl am Platz ist“ (Blab 1985). Nur wenige Biotoptypen können in Abgrabungen neu entstehen. Auch darf nicht übersehen werden, daß Sekundärbiotope nicht das gesamte Artenpotential der vergleichbaren Primärbiotope auffangen können (Wildermuth 1982).

Die abiotischen Strukturen (Relief, Wasserhaushalt, Geländeklima) werden durch die biotopschaffende Kraft der Pionierpflanzen und sich entwickelnden Pflanzengesellschaften bereichert, wodurch für die dazugehörigen Tierarten neue Lebensstätten bereitgestellt werden können (Abb. 2).

Gezeigt hat sich, daß eine deutlich höhere Artenzahl als in den benachbarten landwirtschaftlich genutzten Flächen im Zuge der Sukzession, v. a. der gesteuerten Renaturierung nicht nur aus der nahen Umgebung, sondern von weither angezogen werden, so daß seltene und gefährdete Arten in diesen Bereichen von „Natur aus zweiter Hand“ Refugien und Ausbreitungszentren finden (Plachter 1983). Schon im Primärstadium, d. h. sofort nach Beendigung des Abbaus, sollten dazu geeignete Abgrabungsbereiche unter Schutz gestellt werden. Denn nicht der Entwicklungs-Endzustand im Laufe der Landschaftssukzession ist für die Unterschutzstellung von Bedeutung, sondern die voraussichtliche Entwicklungsrichtung aufgrund natürlicher Sukzession oder gesteuerter Renaturierung. In den meisten Fällen sind gerade die Pionier- und Übergangsstadien für die speziell angepaßten Arten von Bedeutung. Andererseits spielt natürlich – z. B. bei der Entwicklung größerer Seen – der ökologisch wirksame Faktor Zeit eine große Rolle für die Entwicklung der Ökosysteme und damit deren Bedeutung für den Biotop- und Artenschutz.

Zu den Grundprinzipien ökologischen Wissens gehört, daß strukturell vielfältige Biotope mit einem hohen Randlinieneffekt besonders artenreich sind und zur Bereicherung des Biotopmosaiks der Landschaft beitragen. Dieser Randlinieneffekt ist besonders in Abgrabungsflächen ausgeprägt, sofern es sich um kleinflächig wechselnde Reliefgestaltung mit unterschiedlichem Substrat handelt, im Gegensatz zu intensiv genutzten Flächen, die ständig großflächig monotoner und strukturärmer werden. Während in allen Bereichen der Kulturlandschaft die Spezialisten (stenöke Arten) gefährdet sind, bietet sich in Abgrabungsbiotopen mit ihren trokken-warmen Substraten einerseits sowie den Feuchtbereichen und Kleingewässern andererseits eine gute Siedlungsmöglichkeit für diese Arten. Je vielseitiger die Kontaktzone Wasser-Land ausgebildet ist, desto günstiger die Voraussetzungen für die Entwicklung artenreicher Lebensgemeinschaften.

Die Rekultivierung im Braunkohlenrevier war lange Zeit gekennzeichnet, und damit die Landschaft verarmt, durch großflächige Reliefstrukturen und fehlende schutzwürdige Biotope. In letzter Zeit wurden jedoch sog. Sonderbiotope angelegt, d. h. Flächen, die längerfristig keiner wirtschaftlichen Nutzung unterliegen und vorwiegend als Lebensstätten dienen sollen für Tier- und Pflanzenarten, die aus der intensiv genutzten Kulturlandschaft verdrängt wurden. So wurden vielfältige und recht große Flächen von Trockenbiotopen, Schlamm- und Wasserflächen geschaffen und auch sog. Sukzessionsflächen der spontanen Besiedlung überlassen. Diese Bemühungen sind anerkennenswert, kommen aber spät, und die Flächen sind nach wie vor zu klein. Dagegen dienen riesige Bereiche rekultivierter Flächen ausschließlich der Landwirtschaft, mit wenigen Forstflächen auf den steilen Böschungen der „Tafelberge".

Die geplanten und bisher geschaffenen zusätzlichen Sonderbiotope lassen hoffen, zumal drei aus der Sicht von Naturschutz und Landschaftspflege wesentliche Planungsstrategien angewandt werden, nämlich

- Keine Schematisierung des Reliefs und der Biotopstrukturen
- Geduld für die spontane Renaturierung
- Beobachtung und Pflege der Sonderbiotope

Nochmals sei betont, daß auch von einer Renaturierung keine Wunder erwartet werden dürfen. Denn während sich an den Seen im Südrevier eine rasche Sukzession in Richtung Endstatium hin vollzogen hat, ist die Dynamik auf den Trockenstandorten wesentlich langsamer.

Abb. 1. Pionierpflanzen auf Braunkohlenstaub in ihren typischen Wuchsformen der Polster und Rosetten

Abb. 2. Pionierstadien der Ufervegetation – besonders wertvoller Biotop

Selbst nach 15 Jahren (Bauer 1970; Mader 1985) ist auf Kies und Sand ein Abschluß der Sukzessionsentwicklung nicht festzustellen. Auf diese Weise sind auch noch keine stabilen Artenkombinationen der Biozönosen erreicht worden. Dies zeigt, welche großen Zeiträume für Regulations- und Stabilisationsprozesse notwendig sind, um großräumig anthropogene Eingriffe wieder auszugleichen.

Erwiesen ist, daß eine forstliche Rekultivierung niemals das leisten kann, was die natürliche Sukzession der Pflanzengesellschaften und Tiergruppen vollbringt, wenn auch in langen Zeiträumen. Daher sollten mehr Flächen renaturiert, d. h. der Sukzession überlassen bleiben. Fest steht, daß nur die Renaturierung unter Ausschöpfung der Gesetzesmäßigkeit natürlicher Sukzession die notwendigen günstigen Voraussetzungen für die Ansiedlung speziell angepaßter Pflanzen- und Tierarten in den trocken-warmen Biotopen einerseits sowie in den Feuchtbereichen und Kleingewässern andererseits bieten kann.

4
Biotopgestaltung zur Steuerung der Biotopsukzession

Gesteuerte Renaturierung (statt Rekultivierung) bedeutet, die Abbauflächen nicht einfach „liegen zu lassen", sondern die Biotopsukzession durch eine gezielte Reliefgestaltung zu steuern. Eine differenzierte Geländeausformung (und bei Seen und Teichen Ufergestaltung) ist als Starthilfe zur Biotopentwicklung erforderlich, d. h. die Entwicklungsmöglichkeiten für Kleinbiotope aller Art müssen geschaffen werden, z. B. (Darmer 1979, 1982):

- Innerhalb der Vegetation Wechsel von hoch-niedrig, offen-dicht
- Wechsel von feuchten bzw. sumpfigen mit warm-trockenen und kühl-schattigen Biotopen

- Wechsel von flachen, offenen (sandig-kiesigen) Ufern mit Steilufern oder bewachsenem Ufer (zum Beispiel Röhrichtgürtel, Weidengebüsch)
- Einbau von Buchten, Halbinseln, Inseln, Sandbänken oder breiten sumpfigen Uferzonen
- Wechsel der Wassertiefe (v. a. Flachwasserzonen)
- Dichte wehrhafte Abpflanzungen des äußeren Grenzgürtels

Hierdurch wird in diesen Ausweich- oder Sekundär-Biotopen die Möglichkeit zur Ansiedlung von hochspezialisierten Arten mit unterschiedlichen Lebensansprüchen geboten. Allerdings egalisiert die Sukzession nach einigen Jahrzehnten die Vielfalt der Biotopgestaltung etwas, so daß spezialisierte (Pionier-)Arten wieder verschwinden.

Besonders wichtig für eine ökologisch hochwertige „Nachbergbau-Landschaft" sind, wie sich auf den Hochhalden Vollrath und Sophienhöhe gezeigt hat, Feuchtbiotope aller Art, die sich nach einer Reliefgestaltung in freier Sukzession entwickelt haben.

In den wenigen Jahren von 1979–1988 stieg auf der Sophienhöhe die Zahl der Wildpflanzenarten von 30 auf 230 Arten. Hinzu kommen 45 Baum- und Straucharten der Aufforstung (Rheinbraun 1989).

Bei entsprechender Biotopgestaltung können z. B. die über 20 Kleingewässer der Sophienhöhe ökologische Funktionen übernehmen. Sie dienen als:

- Brut-, Nahrungs-, Rast-, Ruhe- und Überwinterungsplatz der Wat- und Wasservögel
- Laich- und Lebensraum für wassergebundene Arten (z. B. Libellen, Amphibien)
- Lebensraum für gefährdete Fischarten (v. a. Kleinfische)
- Insgesamt vielfältige Gewässer- und Röhrichtbiotope mit einer entsprechenden Pflanzen- und Tierwelt

Allerings wird der natürliche Wasserabfluß aus Niederschlägen mit dem „Altern" der Kippe geringer, so daß manche Kleingewässer sporadisch austrocknen werden.

Der Aufbau neuer Biotope und Biozönosen wird um so eher gelingen, je sorgfältiger und vielseitiger die dazu notwendigen ökologischen Voraussetzungen erfüllt werden. Ziel der gesteuerten Renaturierung beziehungsweise Biotopgestaltung ist ein möglichst vielfältiges Biotopmosaik (Abb. 3).

Für Watvögel sind flachüberstaute Schlamm-, Kies- und Sandflächen als Nahrungs- und Rastplatz geeignet. Die typische Vogelart der Sand- und Kiesflächen ist der Flußregenpfeifer, der seine Nahrung in vegetationslosen Flachwasserbereichen sucht und sein Nest auf unbewachsenen Kiesflächen anlegt. Wenn auch im Laufe der Sukzession diese Bereiche vegetationsreicher werden, bieten sie den gefährdeten Vogelarten für einige Jahre ein Refugium.

Abb. 3. Röhricht am Ufer eines Tagebau-Sees mit fliegenden Stockenten

Das Flachufer als Nahrungsplatz sollte 1–10 cm überstaut sein. Die Schlammfläche sollte etwa 2–3 m breit und mindestens 50 m lang sein und an einem 1 : 10 geneigten oder flacheren Ufer angelegt werden (Woike 1982).

Röhrichte sind bevorzugte oder einzig mögliche Brutbiotope für zahlreiche Vogelarten der Roten Liste. Bei mesotrophen größeren Seen kann sich ein Schilfröhricht entwickeln, bei eutrophen Gewässern wird sich rasch ein Rohrkolben- und Igelkolbenröhricht ansiedeln. Sollen diese Röhrichtbestände entsprechenden Schutz für brütende Vogelarten bieten, so müssen sie eine Mindestgröße von 0,1 ha besitzen. Mit Hilfe der Ufergestaltung kann die Breite des Röhrichtes vorgegeben werden, da Schilf Wasserstandschwankungen von mehr als 1 m verträgt.

Von besonderer Bedeutung sowohl für Pionierpflanzen, v. a. aber für Tiere aller Art sind Kleingewässer. Wegen der Bevorzugung sonniger Gewässer können dort kaum Gehölze geduldet werden.

Da 52 % der Fischarten auf der Roten Liste stehen, können die Gewässer des Braunkohlenreviers auch für die gefährdeten Fischarten genutzt werden. Dabei handelt es sich überwiegend um nicht nutzbare Kleinfische, v. a. Stichling und Moderlieschen. Soweit die Biotopgestaltung den Amphibien und Libellenlarven Überlebenschancen gibt, kann ein Besatz mit diesen Kleinfischen geduldet werden, nicht jedoch der Besatz mit Nutzfischen. Wie in mehreren Naturschutzgebieten leider geschehen, muß eine fischereiliche Nutzung von Artenschutzgewässern ausgeschlossen werden.

Große Bedeutung haben die Kleingewässer und Seen mit ihren Verlandungsufern für Libellen, die im Land Nordrhein-Westfalen zu 69 % auf der Roten Liste stehen. Für Libellen ist die natürliche Sukzession mit der Ausprägung der typischen Vegetationszonierung eutropher Seen von großer Bedeutung. Es gibt typische „Tagebau-Arten", d. h. solche, die als Pioniere die frisch entstandenen (periodischen Klein)-gewässer besiedeln.

Mit fortschreitender Sukzession nehmen die Libellenarten zu (Pretscher 1976; Wildermuth 1982), später bei aufkommendem Gehölzbewuchs allerdings wieder ab.

Eine Rekultivierung bedeutet fast immer Eutrophierung. Daher ist als Renaturierung eine natürliche Sukzession anzustreben, um damit möglichst lange oligotrophe oder mesotrophe Verhältnisse beizubehalten.

5 Forderungen des Naturschutzes zur Renaturierung und Rekultivierung im Braunkohlenrevier

Aus den vorigen Abschnitten ergeben sich folgende Forderungen (vgl. auch Stürmer 1987):

- 1. Grundsätzlich gilt, daß die wiederhergestellte Landschaft möglichst vielfältige, naturnahe Landschaftsstrukturen aufweisen muß, d. h. Vermeidung künstlich wirkender Hochhalden und Tafelberge, Herstellung möglichst flacher Böschungen, Gestaltung eines wechselvollen Kleinreliefs, unterschiedliche Vegetationseinheiten mit Wechsel von Wald, Feld, Hecken, straßen- und gewässerbegleitenden Gehölzen, Flurgehölzen etc. (Bauer 1987; Wolf 1985).
- 2. Der Aufbau neuer Biotope und Biozönosen erfordert sorgfältige Planung zur Biotopgestaltung. Je vielfältiger die Reliefgestaltung, v. a. der großflächigen Tagebaue, mit entsprechenden Trockenbereichen, Feuchtbereichen und Gewässern, umso besser sind die Möglichkeiten der Renaturierung zu schutzwürdigen Biotopen.
- 3. An den neugestalteten Seen und Kleingewässern sind von ausschlaggebender Bedeutung für die natürliche Sukzession die Ufergestaltung und das Angebot an unterschiedlichen Wassertiefen. Größere, buchtenreiche Seen mit unterschiedlichem Ufergefälle bieten die Möglichkeit der Ansiedlung zahlreicher Vogelarten der Gewässer, Ufer und Röhrichte.
- 4. Grundprinzip der Regeneration der Landschaft mit Hilfe von Renaturierung und Rekultivierung ist zwar als Initialzündung die Reliefgestaltung, dann jedoch die Belassung der natürlichen Sukzession. Sollen Pionierstadien oder Übergangsstadien beibehalten werden, muß allerdings ständig eingegriffen werden, um eine Wiederbewaldung zu verhindern. Denn es hat sich gezeigt, daß vielfach nicht die Endstadien der Entwicklung einer Sukzession, sondern vielmehr die Pionier- und Übergansstadien von größerer Bedeutung für den Biotop- und Artenschutz sind. Dies v. a., weil ehemals weit verbreitete Pionierstadien in der heutigen intensiv genutzten Landschaft fehlen und die Übergangsbereiche zwischen den unterschiedlichen Biotopen im Biotopmosaik eine große Bedeutung besitzen.
- 5. Als Ausgleich für die Zerstörung der Altwaldbiotope, v. a. der Bürgewälder, durch den Braunkohlenabbau, sollte ein Anteil von 10–20 % Sukzessionsflächen bereitgestellt werden, da sich dort aus der Sicht des Naturschutzes hochwertigere Biotope entwickeln können als auf den forstlichen und erst recht den landwirtschaftlichen Rekultivierungsflächen.
- 6. Die im Südrevier hiebreifen oder altersschwachen Pappelforsten und Pappel-Erlenbestände sollten nicht völlig wieder erneuert, sondern durch gezielte Biotopgestaltung einer vielfältigen Renaturierung (natürlicher Sukzession) überlassen werden.
- 7. Eine Aufbringung von ursprünglichem Waldboden der vom Tagebau vernichteten Wälder sollte nach dem Vorbild der Versuche auf der Sophienhöhe durchgeführt werden, z. B. entlang der Waldwege, um die Bodenlebewesen sowie Samen und Wurzeln der Waldpflanzen als „Startkapital" einzubringen.
- 8. Eine stärkere „Durchgrünung" der landwirtschaftlichen Rekultivierungsflächen ist aus Gründen des Bodenschutzes, zur Schaffung von Saumbiotopen aller Art (Hecken, Wegränder, Grabenränder, Waldränder), zur ökologischen Stabilisierung der Agrarlandschaft und aus landschaftsästhetischer Sicht zur Schaffung eines Biotopverbundsystems mit den forstlichen Rekultivierungsflächen und Sukzessionsflächen dringend erforderlich.
- 9. Die Probleme der Rekultivierung und Renaturierung im Westrevier sind trotz der guten Erfolge auf der Sophienhöhe des Tagebaues Hambach noch nicht gelöst. Der begonnene Weg der Bereitstellung größerer Flächen für die Renaturierung anstatt für die Rekultivierung sollte verstärkt begangen weren. Renaturierung, „Natur aus zweiter Hand", ist allerdings vielfach auch nur als Ersatz zu werten für die zerstörte „Natur aus erster Hand". „Natur ist nicht machbar und meist nur schwer ersetzbar ... Regenerierbar und ersetzbar sind eigentlich nur Biotoptypen mit hoher natürlicher Dynamik („Pionierbiotope")" (Blab 1985). Insofern muß vor einer generellen „Machbarkeit" der Natur gewarnt werden.

6 Zusammenfassung

Die Ansprüche an die Rekultivierung aus der Sicht von Naturschutz und Landschaftspflege sind „Nutzungsansprüche" an die Flächen der neu entstandenen Landschaft. Als Ausgleich und Ersatz für die Zerstörung der Vor-Bergbau-Landschaft fordert der Naturschutz eine Förderung der Renaturierung anstelle einer generellen Rekultivierung.

Das Rheinische Braunkohlengebiet zeigt in der vielgestaltigen neuen Landschaft des Südreviers, welche Möglichkeiten einer natürlichen Sukzession an den neuen Seen sowie einer gezielten Wiederaufforstung im

Sinne des Naturschutzes und der Landschaftspflege existieren.

Der Beitrag begründet die Vorzüge der Renaturierung und stellt Forderungen des Naturschutzes und der Landschaftspflege an die Biotopgestaltung und die ökologisch fundierte Rekultivierung.

LITERATUR

Bauer G (1974) Anthropogene Landschaftsformen als Naturschutzgebiete? Kriterien zur Unterschutzstellung künstlicher Biotope. Landschaft + Stadt 6 (3): 115–125

Bauer H J (1963) Landschaftsökologische Untersuchungen im ausgekohlten Rheinischen Braunkohlenrevier auf der Ville. Arbeiten z Rhein Landesk 19, Bonn

Bauer H J (1970) Untersuchungen zur biozönologischen Sukzession im ausgekohlten Kölner Braunkohlenrevier. Natur und Landschaft 45 (8): 210–215

Bauer H J (1987) Renaturierung oder Rekultivierung von Abgrabungsbereichen? NZ Seminarberichte 1: 10–20, Naturschutzzentrum NRW, Recklinghausen

Blab J (1985) Zur Machbarkeit von „Natur aus zweiter Hand" und zu einigen Aspekten der Anlage, Gestaltung und Entwicklung von Biotopen aus tierökologischer Sicht. Natur und Landschaft 60 (4): 136–139

Darmer G (1979) Landschaft und Tagebau, Bd 1, Ökologische Leitbilder für die Rekultivierung, 3. Aufl., 150 S; Bd 2 (1976): Planerische Leitbilder und Modelle zur Rekultivierung, 291 S, Hannover

Darmer G (1982) Gedanken zur Biotopgestaltung aus tierökologischer Sicht. Landschaft + Stadt 14 (1): 9–19

Darmer G, Bauer H J (1969) Landschaft und Tagebau. Grundlagen und Leitsätze für die landschaftspflegerische Neugestaltung einer ökologisch ausgewogenen Kulturlandschaft im Rheinischen Braunkohlenrevier. Neue Landschaft 11/12: 519–531, 569–582

Dilla L (1986) Landschaftsgestaltung im Rheinischen Braunkohlenrevier unter besonderer Berücksichtigung der forstlichen Rekultivierung und Anlage von Erholungsgebieten. Der Forst- und Holzwirt: 17

Hundhausen K (1935) Untersuchungen zur Frage der Wiederkultivierung im Rheinischen Braunkohlenrevier, Diss. Bonn

Mader H J (1985) Sukzession der Laufkäfer und Spinnengemeinschaften auf Rohböden des Braunkohlenreviers. Schr-Reihe Vegetationskunde 16: 167–194

Pflug W (1975) Landschaftsökologisches Gutachten zum geplanten Braunkohlentagebau Hambach I, 219 S, Aachen

Plachter H (1983) Die Lebensgemeinschaften aufgelassener Abbaustellen. Schr-Reihe Bayerisches Landesamt für Umweltschutz, H 56, 112 S

Pretscher R (1976) Hinweise zur Gestaltung eines Libellengewässers. Natur und Landschaft 51: 249–251

Remmert H (1985) Was geschieht im Klimax-Stadium? Ökologisches Gleichgewicht durch Mosaik aus desynchronen Zyklen. Naturwissenschaften 73: 505–512

Rheinbraun (1989) Forstliche Rekultivierung im Rheinischen Braunkohlenrevier, 48 S, Köln

Stürmer A (1987) Zur zukünftigen Rekultivierung von landwirtschaftlich genutzten Gebieten im Rheinischen Braunkohlenrevier unter Berücksichtigung landschaftsökologischer und landschaftsgestalterischer Belange. Natur und Landschaft 4: 144–150

Troll C (1963) Über Landschafts-Sukzession. Arbeiten z. Rheinischen Landeskunde (19), Bonn

Wildermuth H (1982) Die Bedeutung anthropogener Kleingewässer für die Erhaltung der aquatischen Fauna. Eine Untersuchung zum Artenschutz aus dem schweizerischen Mittelland. Natur und Landschaft 57 (9): 297–306

Wittig R, Gödde M, Neite H, Papajewski W, Schall O (1985) Die Buchenwälder auf den Rekultivierungsflächen im Rheinischen Braunkohlenrevier – Artenkombination, pflanzensoziologische Stellung und Folgerungen für zukünftige Rekultivierungen. Angew Botanik 59: 95–112

Woike M (1982) Kiesgruben und Naturschutz. Rheinische Landschaften 22: 21–31, Köln

Wolf G (1985) (Red.) Primäre Sukzession auf kiesig-sandigen Rohböden im Rhein. Braunkohlenrevier. Schr-Reihe Vegetationskd Bd. 16, 203 S, Bonn

Wolf G (1987) Untersuchungen zur Verbesserung der forstlichen Rekultivierung mit Altwaldboden im Rheinischen Braunkohlenrevier. Natur und Landschaft 62 (9): 364–368

Kulturfähige Bodensubstrate

Lößinventur – Grundlage einer planmäßigen land- und forstwirtschaftlichen Rekultivierung

15

WILHELM PAAS

1 Einleitung

Die i. allg. sehr hohe Ertragsfähigkeit der Böden im Bereich der Niederrheinischen Bucht beruht in Verbindung mit dem günstigen Klima v. a. auf den dort häufig vorhandenen mächtigen Deckschichten aus Löß. Diese kommen auch in den Braunkohlentagebauen vor und bilden eine denkbar günstige Voraussetzung, um eine landwirtschaftliche Wiederherstellung der ausgekohlten Tagebaue mit fruchtbaren Neuböden sicherzustellen. Darauf beruhen nicht zuletzt die guten Rekultivierungsergebnisse im Rheinischen Braunkohlenrevier.

Eine genaue Inventur der kulturfähigen Deckschichten ist besonders für den geplanten, in vieler Hinsicht problematischen Braunkohlentagebau Garzweiler II wichtig, der exponiert im Nordwesten einer Reihe von Braunkohlentagebauen am Nordwestrand der Niederrheinischen Bucht liegt. Die Deckschichten im Bereich dieses geplanten Abbaufeldes werden nicht nur für die Rekultivierung dieses Tagebaues, sondern auch der benachbarten Tagebaue (z. B. Hambach und Garzweiler I) dringend benötigt.

Am Beispiel des geplanten Abbaufeldes Garzweiler II, das im Vergleich zu anderen Tagebauen besonders reich gegliederte Deckschichten mit unterschiedlichen Eignungen für die Rekultivierung aufweist, sollen die Grundlagen der vom Geologischen Landesamt Nordrhein-Westfalen betriebenen Inventur der kulturfähigen lehmigen Deckschichten beschrieben werden.

Bei den Geländearbeiten zur quantitativen und qualitativen Erfassung der Deckschichten und Böden wurden 434 Sondierungen mit Teufen von 3–15 m und 4 338 Handbohrungen bis zu 2 m Tiefe niedergebracht. Für genaue bodenchemische und -physikalische Untersuchungen wurden 17 Schürfgruben angelegt und beprobt. Ferner konnten 470 ältere Bohrprofile aus dem Archiv des Geologischen Landesamtes ausgewertet werden.

Die Untersuchungsergebnisse wurden schließlich in einem umfangreichen Bericht, in einer Bodenkarte 1 : 10 000 und in vier Mächtigkeitskarten dargestellt (Fleischer 1993)[1].

Die untersuchte Fläche ist – entsprechend dem Stand der Planung vom Oktober 1988 – ca. 66 km^2 groß; inzwischen ist das Planungsgebiet nach einem Beschluß des Braunkohlenausschusses vom 22. März 1993 auf ca. 48 km^2 reduziert worden.

2 Lage, Morphologie und geologischer Überblick

Das geplante Abbaufeld Garzweiler II schließt im Westen an den Braunkohlentagebau Garzweiler I an. Die Begren-

[1] Die computergestützten Erfassungen und Darstellungen der Daten wurden von D. Elhaus und H. P. Schrey vorgenommen.

zung bilden im Norden die Orte Wanlo und Hochneukirch und im Westen die Stadt Erkelenz. Im Süden reicht das Abbaufeld bis an die Linie Lövenich - Jackerath.

Nach der naturräumlichen Landschaftsgliederung ist der Raum Garzweiler II überwiegend Teil der Erkelenzer Lößplatte und gehört damit zur Jülicher Börde. Der höher gelegene südliche und östliche Bereich wird noch zur Jackerather Lößschwelle gezählt. Für diese Bördenlandschaften sind weite Ackerfluren mit sehr ertragreichen Böden charakteristisch.

Das Relief ist flachwellig bis eben und fällt mit Höhen zwischen + 111 m NN im Süden und + 63 m NN im Norden – im Talbereich der Niers – allmählich nach Norden ab. Flache Lößrücken, meist in West-Ost- und Südost-Nordost-Erstreckung, wechseln mit weiten Mulden, Rinnen und Trockentälern.

Das Abbaufeld liegt überwiegend in einer stärker eingesenkten Bruchschollenzone der südlichen Venloer Scholle. Über tertiärzeitlichen marinen und festländischen Ablagerungen folgen ca. 5–45 m mächtige kiesig-sandige Flußaufschüttungen der altpleistozänen (Quartär) Rhein- und Maas-Hauptterrassen. Darüber liegt schließlich eine reich gegliederte schluffig-lehmige Deckschichtenfolge des Mittel- und Jungpleistozäns aus Löß und Sandlöß sowie aus lößverwandten Umlagerungsprodukten.

3 Gliederung der kulturfähigen lehmigen Deckschichten

Die Einteilung und Kartierung der kulturfähigen lehmigen Deckschichten fußt, da im Arbeitsgebiet tiefe Aufschlüsse fehlen, außer auf den Ergebnissen zahlreicher Bohrungen auf der Untersuchung der im Westen (Profil der Ziegeleigrube Gillrath bei Erkelenz, Abb. 1) und im Osten (Profil Frimmersdorf-Nordfeld, Abb. 2) gelegenen Aufschlüsse (Paas 1968, 1992; Schirmer 1992).

Daraus läßt sich ableiten, daß die Mächtigkeit der Deckschichten je nach Relief zwischen 0,3 und ca. 20 m schwankt (Abb. 6). Große Lößmächtigkeiten sind vorwiegend auf den flachen Rücken (z. B. bei Venrath, Holz, Holzweiler, Immerath und Kückhoven) anzutreffen. Dagegen ist die Mächtigkeit in den weiten ausgeräumten Senken und an den Geländekanten im Einzugsgebiet der Niers (mittlerer Bereich des geplanten Abbaufeldes) i. allg. gering.

Die mächtigen lehmigen Deckschichten sind bei günstigen Erhaltungsbedingungen vielgliedrig und lassen sich in grober Vereinfachung drei Abschnitten mit jeweils typischer Fazies und Bodenentwicklung zuordnen (Tabelle 1). Bei geringer Mächtigkeit ist die Zuordnung meistens schwierig, da Überschneidungen

Abb. 1. Profil der Ziegeleigrube Gillrath bei Erkelenz

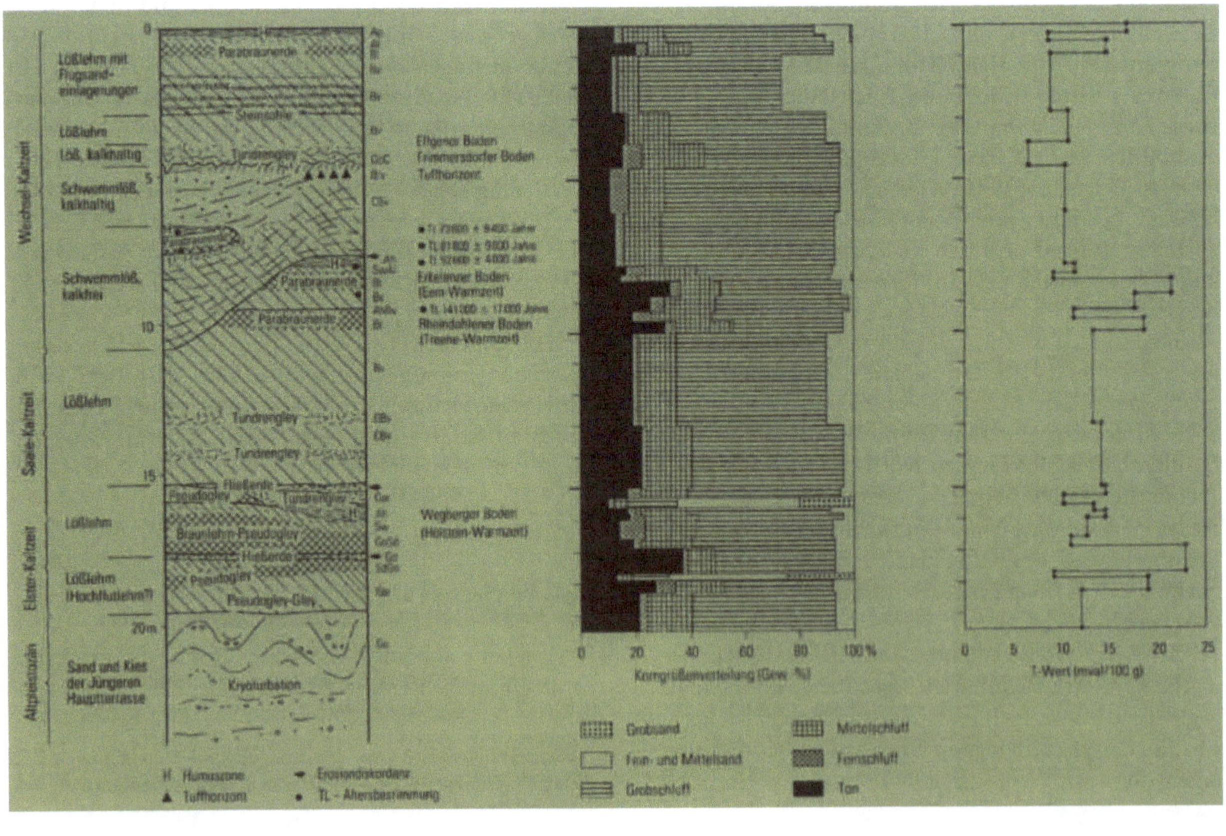

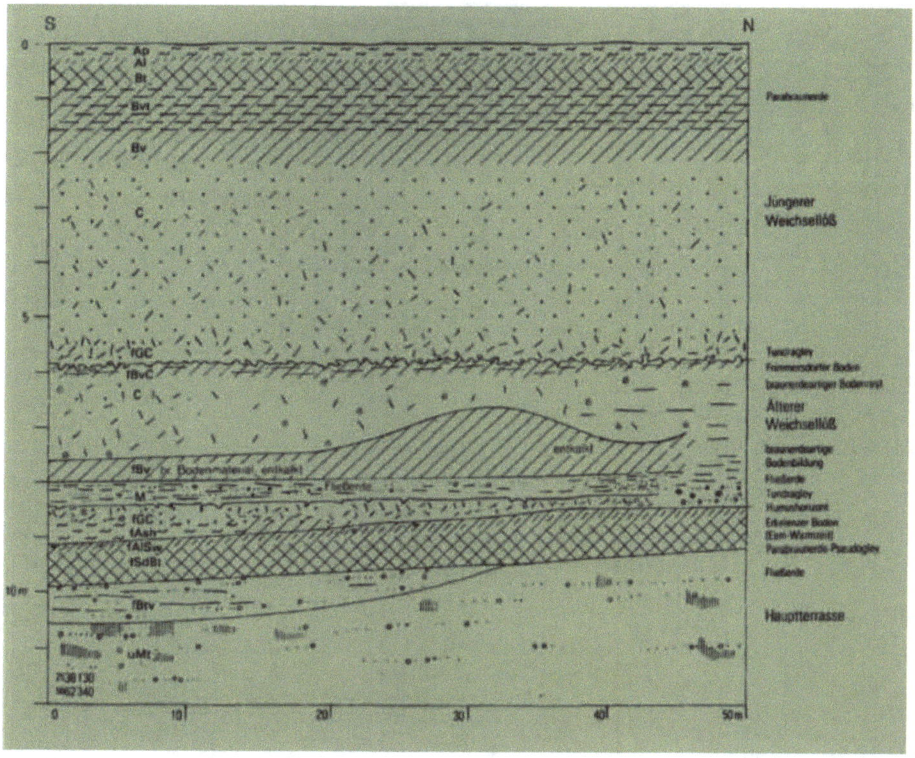

Abb. 2. Profil Frimmersdorf-Nordfeld

von Bodenzonen aus zwei oder mehreren Warmzeitperioden auf gleichem Substrat möglich sind.

Die Lößfolge beginnt i. allg. zuunterst mit schluffig-tonigen Basislehmen (Cromer-Komplex bis Holstein-Warmzeit, Tabelle 1 und Abb. 1). Diese Schichten sind aus Fluß- und Rinnenablagerungen und aus Windabsätzen (Löß III in Tabelle 1) hervorgegangen. Sie sind nach ihrer Ablagerung teilweise wieder ausgeräumt worden und daher nur noch lückenhaft – und zwar auf 52 % der Fläche – vorhanden. So fehlen sie häufig im östlichen Abschnitt des geplanten Abbaufeldes Garzweiler II (Abb. 3) und in der Regel im Bereich des Tagebaues Garzweiler I (Abb. 2). Ihre normale Mächtigkeit beträgt im Abbaufeld Garzweiler II auf dem Rücken 1–4 m, in den Tälern streckenweise bis zu 6 m (Abb. 3). Während der Wärmeperioden des Cromer-Komplexes und der Holstein-Warmzeit kam es wiederholt zur Bodenbildung. Die Schichtenfolge unterlag dabei v. a. während der Bildungszeit des Wegberger Bodens (Abb. 1 und Tabelle 1) einer kräftigen Verwitterung und Verlehmung (Tongehalt ca. 45 %). Die verbreiteten hydromorphen Merkmale (Fe- und Mn-Ausfällungen, Graufleckung, Naßbleichung, Marmorierung, anmoorähnliche grau-schwarze Humuszonen, Polygonnetze) sind auf durch Dichtlagerung verursachte Staunässe, z. T. auch auf Grundwassereinfluß zurückzuführen.

Wegen der hydromorphen Merkmale, der rötlichbraunen Grundfarbe und der starken Verlehmung sind die Böden i. allg. typologisch als Braunlehm-Pseudogleye und braunlehmartige Pseudogley-Parabraunerden zu bezeichnen.

Die Entwicklung der Basislehme endete i. allg. mit der Lößanwehung zu Beginn der Saale-Kaltzeit. Nur bei fehlender oder geringmächtiger Deckschicht konnte dieser Prozeß noch bis in die letzte Warmzeit (Eem-Warmzeit) hinein andauern (Tabelle 1).

Über den Basislehmen liegen – häufig als mächtige, reich gegliederte Folge – die lehmig-schluffigen Lößablagerungen, in die wenige geringmächtige lehmige, teils kiesig-sandige Fließerden eingeschaltet sind (Abb. 1).

Im tieferen Teil, der während der Saale-Kaltzeit und der Warthe-Kaltzeit entstanden ist, überwiegt kalkfreier Lößlehm (Löß IIa und IIb, Tabelle 1), stellenweise mit sehr geringem Anteil an kalkhaltigem Löß. Im östlichen Bereich ist diese ältere Folge sehr lückenhaft und i. allg. nur wenige Meter mächtig. Nach Westen nehmen die Verbreitung und die Mächtigkeit zu, im Gebiet von Terheeg bei Erkelenz wird stellenweise sogar eine Mächtigkeit von 8 m erreicht (Abb. 4).

Der Lößlehm der älteren Folge ist meist braun, nur unterbrochen von wenigen eingeschalteten fahlgrau gefleckten Tundrennaßböden. Die große Entkalkungstiefe und die starke Verlehmung (Bodenart schluffiger Lehm mit ca. 20 % Ton) läßt auf intensive und langanhaltende Bodenbildung in Verbindung mit der Entstehung der beiden Parabraunerden schließen, die den obersten Abschnitt dieser Folge kennzeichnen. Beide Böden haben

Tabelle 1. Gliederung der lehmigen Deckschichten im geplanten Abbaufeld Garzweiler II

Stratigraphische Übersicht				Lößsediment-Bodenkomplex-Abfolge	Abschnittsgliederung
Quartär	Holozän			A1 Rezenter Boden	I jüngere schluffig-lehmige Lößablagerungen
Quartär	Jungpleistozän	Weichsel-Kaltzeit		Löß Ia	I jüngere schluffig-lehmige Lößablagerungen
Quartär	Jungpleistozän	Weichsel-Kaltzeit	Weichsel-Interstadial	A2 Frimmersdorfer Boden	I jüngere schluffig-lehmige Lößablagerungen
Quartär	Jungpleistozän	Weichsel-Kaltzeit		Löß Ib	I jüngere schluffig-lehmige Lößablagerungen
Quartär	Jungpleistozän	Eem-Warmzeit		B1 Erkelenzer Boden	II ältere schluffig-lehmige Lößablagerungen
Quartär	Mittelpleistozän	Saale-Kaltzeit	Warthe-Stadium	Löß IIa	II ältere schluffig-lehmige Lößablagerungen
Quartär	Mittelpleistozän	Saale-Kaltzeit	Treene-Warmzeit	B2 Rheindahlener Boden	II ältere schluffig-lehmige Lößablagerungen
Quartär	Mittelpleistozän	Saale-Kaltzeit	Drenthe-Stadium	Löß IIb	II ältere schluffig-lehmige Lößablagerungen
Quartär	Mittelpleistozän	Holstein-Warmzeit		C Wegberger Boden	III schluffig-tonige Basislehme
Quartär	Mittelpleistozän	Elster-Kaltzeit		Löß III	III schluffig-tonige Basislehme
Quartär	Altpleistozän	Cromer-Komplex		Löß III	Kies und Sand der Hauptterrasse

ausgeprägte kräftig braune Tonanreicherungshorizonte mit Tongehalten von 30 % und mehr.

Die oberste Verlehmungszone, der Erkelenzer Boden, bildet den oberen Abschluß der saalezeitlichen Folge und entstand während der letzten Warmzeit, der Eem-Warmzeit. Dieser Boden hat eine relativ große Verbreitung und markiert häufig die Basis der Weichsellösse. Dagegen ist die zweite Verlehmungszone, der Rheindahlener Boden, der i. allg. parallel unmittelbar unter dem Erkelenzer Boden auftritt, nur lückenhaft entwickelt.

Reste von kalkhaltigem Löß sind in diesem mittleren Abschnitt der lehmigen Deckschichten selten und nur stellenweise im Kern mächtiger Lößrücken erhalten geblieben. Sie wurden meistens in Tiefen zwischen 8 und 14 m erbohrt.

Die sehr komplexe jüngere Lößfolge (Löß Ia und Ib, Tabelle 1), die während der Weichsel-Kaltzeit entstanden ist, hat im Gegensatz zur älteren ihre größte Mächtigkeit und den höchsten Anteil an kalkhaltigem Löß im östlichen und südlichen Plangebiet (Abb. 5). Ihrer Bildung ging i. allg. eine kräftige Erosion voraus, durch die mehr oder weniger große Abschnitte der saalezeitlichen Ablagerungen und streckenweise sogar der darunterliegenden Basislehme ausgeräumt wurden (Abb. 1). Dabei entstand eine sehr bewegte Oberfläche, die anfangs vorwiegend mit stark geschichtetem, teilweise kalkfreiem bräunlich-gelbem Schwemmlöß und Löß (Löß Ib) und später mit dem typischen ungeschichteten hellgelblich-grauen Löß (Löß Ia) zu der heutigen Landoberfläche wieder eingeebnet wurde.

Dementsprechend ist der Ältere Weichsellöß (Löß Ib) in Abhängigkeit von dem Relief des Untergrundes sehr verschieden mächtig; seine Mächtigkeit schwankt zwischen 2 und 8 m. Er schließt oben mit einer mehr oder weniger stark erodierten Verlehmungszone ab. Trotz der i. allg. viele Meter tief reichenden Entkalkung ist die Intensität der Verlehmung gering, was sich in der Bodenart schwach lehmiger bis lehmiger Schluff mit Tongehalten von 10–15 % und in geringer Gefügestabilität äußert.

Die jüngste Lößfolge, der Jüngere Weichsellöß (Löß Ia), der während des Hochglazials der letzten Kaltzeit angeweht wurde, ist im Gegensatz zu den älteren Folgen

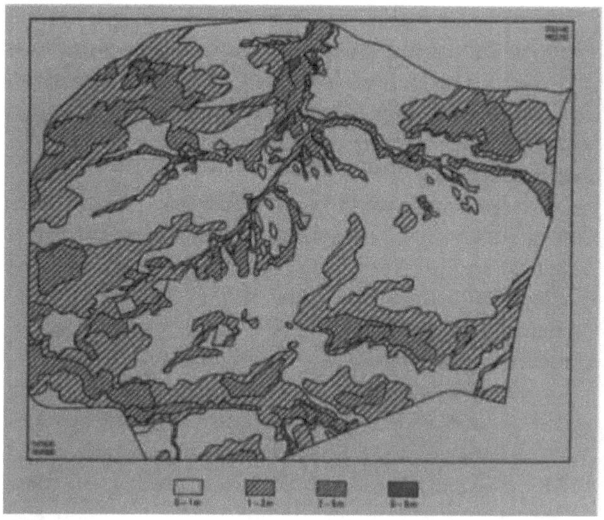

Abb. 3. Verbreitung und Mächtigkeit der nur für forstliche Rekultivierung geeigneten lehmigen Deckschichten

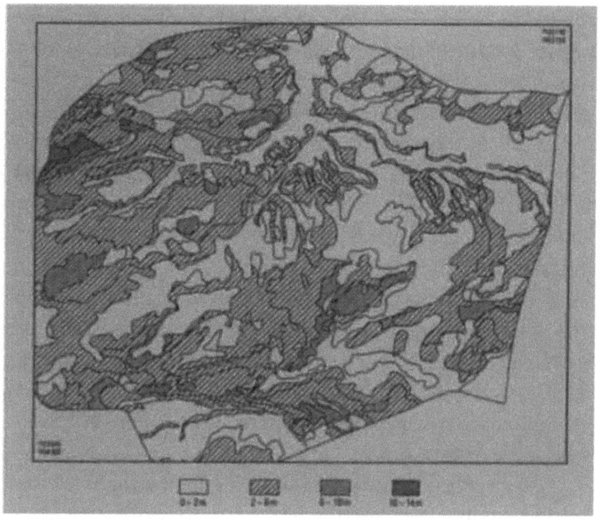

Abb. 4. Verbreitung und Mächtigkeit der für landwirtschaftliche Rekultivierung mäßig geeigneten Lößlagerungen

fast durchgängig vorhanden. Die Mächtigkeit beträgt im Osten des Abbaufeldes in der Regel 6 m, nach Nordwesten nimmt sie allmählich bis auf etwa 3 m ab (Abb. 1, 2 u. 5).

Dieser Löß ist i. allg. das Ausgangsmaterial für die heutigen Böden, die während des Spätglazials der letzten Kaltzeit und während der Nacheiszeit (Holozän) gebildet wurden. Durch Entkalkung, Verwitterung, Verlehmung und Tonverlagerung entstanden dabei in der Regel Parabraunerden, je nach Dichtlagerung und Grundwassereinfluß stellenweise auch Pseudogleye und Gleye. Diese Böden sind jedoch weniger stark entwickelt als diejenigen der voraufgegangenen Warmzeiten.

Die durchschnittliche Entkalkungs- und Verlehmungstiefe reicht im östlichen Abschnitt meistens 2–3 m tief unter die Oberfläche, nach Westen nimmt sie bis auf etwa 4 m Tiefe zu. Das bedeutet, daß der Anteil an kalkhaltigem Jüngeren Weichsellöß im Osten am größten ist (ca. 4 m), nach Westen immer mehr ausdünnt und schließlich bereichsweise sogar fehlt.

4 Wasserverhältnisse

Im Gebiet des geplanten Abbaufeldes Garzweiler II überwiegen Böden ohne nennenswerten Grundwasser- und Staunässeeinfluß (Parabraunerden).

Vor Beginn der ausgedehnten Grundwasserabsenkung der 70er Jahre lag der Grundwasserspiegel außerhalb des Nierstales überwiegend zwischen 7 und 30 m

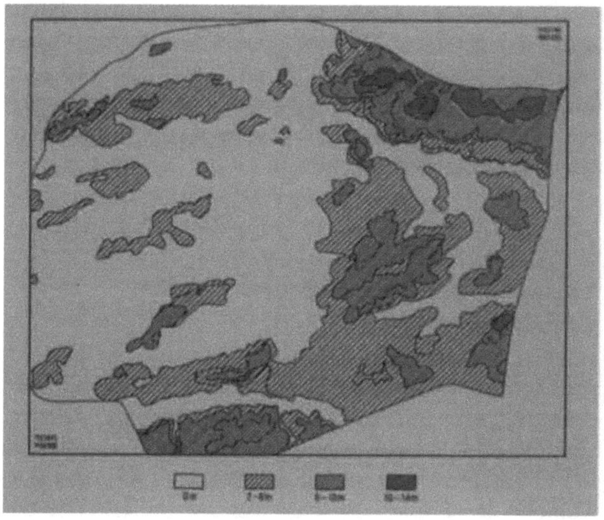

Abb. 5. Verbreitung und Mächtigkeit der für landwirtschaftliche Rekultivierung gut geeigneten Lößablagerungen

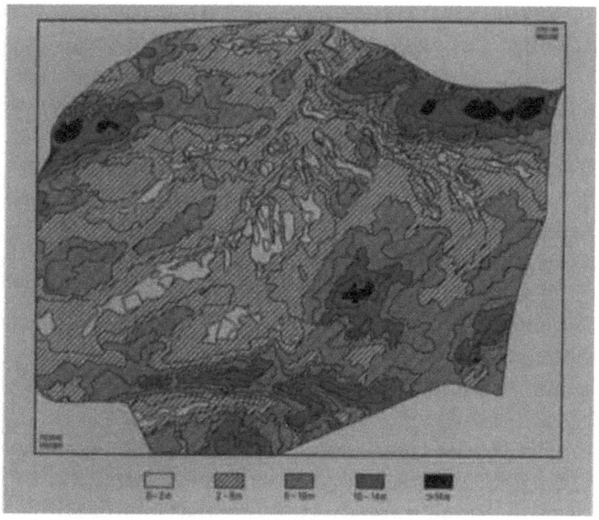

Abb. 6. Verbreitung und Mächtigkeit der lehmigen Deckschichten

unter der Geländeoberfläche, im Randbereich des Jackerather Horstes sogar ca. 50 m. Das Grundwasser hatte daher stets nur einen begrenzten Einfluß auf die lehmigen Deckschichten.

Das Grundwasser stand vor 1970 nur in den Tallagen der Niers nahe der Oberfläche (0–8 dm unter GOF). Gleyböden, Anmoorgleye, Moorgleye und Niedermoore lassen, z. B. in Verbindung mit Quellaustritten, auch heute noch erkennen, wie sehr die Wasserverhältnisse in diesem Abschnitt gewechselt haben. Inzwischen ist der Grundwasserspiegel kräftig abgesenkt worden, die mittleren Absenkungsbeträge betrugen in den Jahren 1986/87 bereits 0,5–2,5 m, wobei die stärkeren Absenkungen auf der westlichen Talseite und in den Talanfängen anzutreffen waren.

Ausgeprägte staunasse Standorte (Pseudogleye) und stärkere zeitweilige Vernässung bis zur Oberfläche kommen nur in wenigen Fällen vor und sind kleinflächig vorwiegend an die muldigen Hochflächen im westlichen Tagebaubereich (z. B. Kückhoven) gebunden.

5 Bodenverhältnisse

Entsprechend der weiten Verbreitung ausreichend wasserdurchlässiger Lößablagerungen (Jüngerer Weichsellöß) überwiegen Parabraunerden, daneben kommen bei verdichtetem Untergrund auch Übergangsbildungen zu den Pseudogleyen, die Pseudogley-Parabraunerden vor, die durch Staunässeeinfluß im Untergrund gekennzeichnet sind.

Diese Böden sind durch Entkalkung (bis 3 m tief), Verwitterung und Verlehmung aus Löß hervorgegangen. Ferner wurde durch die Verlagerung von Feinsubstanz der nahe Untergrund mit Ton angereichert. Dadurch entstand die Horizontfolge Ap - Al - Bt - Bv - C.

Die humose Ackerkrume (Ap-Horizont) ist ca. 30 cm mächtig. Der graubraune Tonverarmungshorizont (Al-Horizont) reicht 50–70 cm tief, er hat die Bodenart lehmiger Schluff (meist mit 15–17 % Ton) und ein lockeres subpolyedrisches bis kohärentes Gefüge. Der bis 170 cm Tiefe reichende Tonanreicherungshorizont (Bt-Horizont) hat dagegen eine kräftig braune Farbe, die Bodenart schluffiger Lehm (in der Regel 20–25 % Ton) und ein ausgeprägtes stabiles Polyedergefüge.

Darunter folgt bis zur Tiefe von 200–300 cm ein Verlehmungshorizont (Bv-Horizont) mit der Bodenart lehmiger Schluff (10–15 % Ton), mit brauner und braungrauer Bodenfarbe, lamellenförmiger bis bänderförmiger Schichtung und kohärentem Gefüge.

Die Grenze zum kalkhaltigen hellgelblichbraunen Löß (C-Horizont in 200–300 cm Tiefe) ist sehr deutlich. Der Löß enthält i. allg. 10–15 % Ton und 12–16 % $CaCo_3$. Das Gefüge ist kohärent, dabei jedoch wenig stabil und locker.

In Verbindung mit schwacher Dichtlagerung im Bereich des Tonanreicherungshorizonts wird bereichsweise die Versickerung des Niederschlagswassers gehemmt. Das äußert sich mehr oder weniger in Pseudovergleyung und führt zur Bildung des Übergangstyps Pseudogley-Parabraunerde.

Die Parabraunerden und Pseudogley-Parabraunerden besitzen einen ausgeglichenen Luft- und Wasserhaushalt und sehr hohe nutzbare Wasserkapazität. Die Böden sind sehr ertragreiche Acker- und Weidestandorte und werden von der Bodenschätzung mit Bodenzahlen zwischen 70 und 87 sehr hoch eingestuft.

Reicht die Staunässe bis in den Oberboden hinein, so entstanden Pseudogleye mit der Horizontfolge Ap - Sw - Sd. Sie sind i. allg. an Bereiche mit geringmächtiger Deckschicht aus Weichsellößlehm gebunden, wo stark verwitterter Saalelößlehm relativ oberflächennah auftritt. Diese Böden sind für die landwirtschaftliche Nutzung gering zu bewerten.

An Geländekanten und an Hängen tritt nach Starkregen und bei Schneeschmelze Erosion auf. Dabei wird Bodenmaterial durch an der Oberfläche abfließendes Wasser in die Unterhänge und Talböden (Trockentäler) verschwemmt. So bilden sich an den Oberhängen verkürzte Bodenprofile, in denen stellenweise sogar kalkhaltiger Löß (Rendzina) oder Hauptterrassenmaterial (erodierte Braunerde) bis an die Oberfläche gelangen. Die Trockentäler und Unterhänge sind dagegen mit zusammengeschwemmtem humosem Bodenmaterial (Kolluvium) ausgekleidet.

Grundwasserböden sind überwiegend auf die Talbereiche der Niers beschränkt. Sie sind i. allg. aus schluffig-lehmigen Bach- und Flußablagerungen hervorgegangen. In den tieferen Bereichen des Nierstales bei Wanlo kommt Niedermoortorf vor, der in der Regel von 30–100 cm mächtigen Bach- und Hochflutsedimenten überdeckt ist.

Die Grundwasserböden im Einzugsbereich der Niers wurden ehemals als Wald und Weide genutzt. Auch nach der Grundwasserabsenkung ist eine Weidenutzung angezeigt, da durch Hochwasser in den Vorflutern und seitlichen Wasserzuzug mit zeitweiligem Wasserüberstau gerechnet werden muß.

6 Eignung der lehmigen Deckschichten für die Rekultivierung

Die Eignung der lehmigen Deckschichten für die Rekultivierung wird auf der Basis der bisherigen Erfahrungen sowie der Standorteigenschaften und Bodengüte der im Abbaufeld vorkommenden Böden bestimmt. Die Qualität der Böden läßt sich aus der bodentypologischen Prägung sowie der stratigraphischen Position der Lößablagerungen ableiten.

Dabei ist zu bedenken, daß die bei den rezenten Böden abgeleiteten Qualitätsmerkmale, im besonderen der Bodentyp, für die begrabenen Böden wegen des veränderten Gefüges nur noch abgeschwächt gelten. Dagegen haben die negativen Kennzeichen der Bodenqualität – etwa die Pseudovergleyung – bei den älteren Schichten und bei mächtiger Überdeckung ein besonderes Gewicht. Eindeutig erkennbare Einzelmerkmale, wie das Vorkommen von kalkhaltigem Löß oder die derzeit für den Abbau erforderliche Mindestmächtigkeit der Lößlehmdecke von einem Meter, bestimmt meistens die Eignungsklasse (Landesoberbergamt NRW 1993).

Das Gemenge aus Löß und Lößlehm der letzten Kaltzeit ist ein sehr wertvolles für die Rekultivierung gut geeignetes Bodenmaterial. Es zeichnet sich aus durch die oberflächennahe, biologisch besonders aktive Krume, die Verlehmungshorizonte (Tonverarmungs- und Anreicherungshorizonte) mit den stabilen Gefügeelementen und den kalkhaltigen Löß. So wirkt der Löß mit seinem mittleren Gehalt an $CaCo_3$ von rd. 15 % auflockernd und nachhaltig gefügestabilisierend. Dieses Material ist zwar in ausreichender Menge vorhanden und reicht aus, um die gesamte Fläche mit durchschnittlich ca. 2,3 m kulturfähigem Gemenge aus Löß und Lößlehm zu überdecken. Es ist jedoch ungleichmäßig verteilt (ca. 47 % der Gesamtfläche) und konzentriert sich vorwiegend an den östlichen Tagebaubereich sowie im westlichen Abschnitt auf wenige West-Ost-verlaufende Rücken.

Auch der Lößlehm der Saale-Kaltzeit (Tabelle 1, Abb. 5) kann trotz seiner weniger guten Gefügeeigenschaften zu dieser Gruppe gerechnet werden, wenn er zugleich mit kalkhaltigem Löß gewonnen und gut vermengt wird.

Deutlich geringer ist brauner Lößlehm sowohl der Weichsel-Kaltzeit als auch der Saale-Kaltzeit zu bewerten, wenn er nicht mit kalkhaltigem Löß vermengt wird. Bodenartlich handelt es sich dabei um lehmigen Schluff bis schluffigen Lehm, untergeordnet auch um schluffig-tonigen Lehm mit Tongehalten zwischen 15 und 35 %. Dieses Bodenmaterial ist i. allg. basenärmer, es besitzt eine höhere Lagerungsdichte und damit verbunden eine geringere Wasserdurchlässigkeit. Wegen der geringeren Gefügestabilität neigt er eher zur Dichtlagerung und Staunässebildung, so daß die spätere Bearbeitung sehr erschwert ist. Daher sollen diese Lößlehme für die landwirtschaftliche Wiedernutzbarmachung solange nicht verwendet werden, wie besser geeignetes (kalkhaltiges) Bodenmaterial in ausreichender Menge zur Verfügung steht (vgl. Richtlinien Landesoberbergamt NRW 1993).

Diese Bedingungen gelten in der Regel sowohl für die weniger als zwei Meter mächtigen, verwitterten jüngeren Weichsellösse als auch für die Lößablagerungen der Saale-Kaltzeit, die meistens auf den Untergrund beschränkt sind (Tabelle 1 u. Abb. 4).

Ungeeignet für die landwirtschaftliche Wiederherstellung sind die verlehmten Sande und Kiese der Hauptterrasse sowie die durch Grundwasser oder Staunässe beeinflußten, meist rotbraun und fahlgrau gefleckten Löß-, Fließerde- und Hochflutablagerungen (Abb. 3).

Dazu rechnen in der Hauptsache die stark verdichteten und verlehmten Basisschichten (Tabelle 1 u. Abb. 1), die häufig im tiefen Untergrund vorkommen und braunlehmartig verwitterte Pseudogleye enthalten. Ferner gehören dazu auch Gleyböden im Niers- und Niesterbachtal sowie die Pseudogleye der im Westen gelegenen Hochflächenmulden, deren Ablagerungen bis in den Oberboden hinein durchgängig hydromorph geprägt sind.

Die für die landwirtschaftliche Rekultivierung ungeeigneten Ablagerungen können den sandig-kiesigen der Hauptterrassen-Sedimenten beigemengt und als „Forstkies" für die forstliche Wiedernutzbarmachung verwendet werden. Die Mächtigkeit und Verteilung der nur für die forstliche Rekultivierung geeigneten lehmigen Bodenschichten ist aus Abb. 3 abzuleiten.

Mit Hilfe der Mächtigkeitskarten der lehmigen Deckschichten verschiedener Eignung lassen sich deren Massen errechnen. So wurden für die ehemals vorgesehene Abbaufläche (6575 ha, Stand 1988) ca. 420 Mio. m^3 lehmiges Deckschichtenmaterial errechnet, das bedeutet eine durchschnittliche Mächtigkeit von 6,37 m (Abb. 6). Davon sind ca. 73 % für die landwirtschaftliche Rekultivierung und ca. 27 % für die forstliche Rekultivierung verwendungsfähig. Kalkhaltige Lößablagerungen sind jedoch nur auf ca. 47 % der Gesamtfläche zu erwarten. Damit können mit dem vorhandenen Löß nicht nur das Abbaufeld Garzweiler II ordnungsgemäß rekultiviert werden, sondern darüber hinaus große Bereiche der benachbarten Tagebaue. Ähnlich günstig sind auch die Zahlen für den Forstkies, für den sich gleichfalls ein hoher Überschuß errechnet.

7 Zusammenfassung

Jedem Aufschluß eines neuen Braunkohlentagebaues muß eine Inventur der lehmigen und sandigen Deckschichten vorausgehen. Am Beispiel des geplanten Abbaufeldes Garzweiler II wird gezeigt, daß dort die Lößablagerungen mit hoher Qualität zwar insgesamt in ausreichender, jedoch nicht in allen Bereichen in gleicher Mächtigkeit zur Verfügung stehen. So konzentrieren sich die beispielsweise für eine landwirtschaftliche Rekultivierung gut geeigneten kalkhaltigen Lößablagerungen hauptsächlich auf den östlichen Bereich und auf einzelne Rücken im westlichen Abschnitt. Diese natürlichen Voraussetzungen müssen bei der Tagebauplanung bedacht werden, um schließlich nicht nur die ordnungsgemäße landwirtschaftliche und forstwirtschaftliche Wiederherstellung des betreffenden Tagebaues, sondern darüber hinaus der gesamten Region sicherzustellen.

LITERATUR

Fleischer M (1993) Die Eignung der Deckschichten im Bereich des geplanten Tagebaues Garzweiler II für die landwirtschaftliche und forstwirtschaftliche Rekultivierung. Mskr. Arch. 73 S., 2 Tabellen, 2 Anlagen; Krefeld. Geol. L.-Amt Nordrh.-Westf.- (unveröffentlicht)

Landesoberbergamt Nordrhein-Westfalen (1993) Richtlinien des Landesoberbergamtes Nordrhein-Westfalen für die landwirtschaftliche Wiedernutzbarmachung von Braunkohlentagebauen vom 7.1.1992 - 55.11-2-16, A 2.29, in der Fassung vom 17.5.1993, Dortmund

Paas W (1968) Stratigraphische Gliederung des Niederrheinischen Lößes und seiner fossilen Böden. Decheniana 121 (1/2): 9–38

Paas W (1992) Exkursion in den nördlichen Bereich der Niederrheinischen Bucht. In: Stremme H E (Hrsg) Bodenstratigraphie im Gebiet von Maas und Niederrhein. Arbeitskreis Paläopedologie der Deutschen Bodenkundlichen Gesellschaft, Exkursionsführer der 11. Exkursionstagung am 28.–30. Mai 1992 in Aachen, S. 62–75, 7 Abb., Kiel

Schirmer W (1992) Doppelbodenkomplexe in Erkelenz und Rheindahlen. In: Stremme H E (Hrsg.) Bodenstratigraphie im Gebiet von Maas und Niederrhein. Arbeitskreis Paläopedologie der Deutschen Bodenkundlichen Gesellschaft, Exkursionsführer der 11. Exkursionstagung am 28.–30. Mai 1992 in Aachen, S. 86–93, 4 Abb., Kiel

Die Lößlagerstätte, ihre Verwendungsmöglichkeiten und ihre besonderen Eigenschaften bei der Rekultivierung

FRITZ VON DER HOCHT UND KARLHEINZ WINTER

1 Entstehung, Verbreitung und Stratigraphie des Lösses in der Niederrheinischen Bucht

Löß ist bekanntlich ein äolisches, d. h. durch den Wind angewehtes Sediment.

Als Quelle der Lößmassen in der Niederrheinischen Bucht kommen die während der Kaltzeiten (Glaziale) ohne eine schützende Vegetationsdecke daliegenden Schuttflächen der eiszeitlichen Terrassen von Maas und Rhein in Frage. Hier wurden die feineren Gesteinsteilchen aufgenommen und durch überwiegend westliche bis nordwestliche Winde in die südliche und östliche Niederrheinische Bucht transportiert (Müller 1959). Dabei fand eine natürliche Schweresaigerung statt. So nimmt der Sandgehalt von Flugsand über Sandlöß bis hin zum Löß von Nordwesten nach Südosten kontinuierlich ab. Umgekehrt verhält sich der Feinstanteil (Ton), so daß besonders jeweils im Raum Köln und Eschweiler die ton- und kalkhaltigen Lösse vorzufinden sind.

Die oben beschriebene Entstehung von Löß war auf die Hochglaziale beschränkt. Während der Interstadiale und besonders in den Interglazialen stockte die Löß-Sedimentation. Die einsetzende Verwitterung schuf Verlehmungszonen (Lößlehm) oder führte zur Bodenbildung. Durch Erosion wurden Partien umgelagert (Schwemmlösse) oder Teile völlig erodiert. Mehrmalige Wiederholungen dieser Vorgänge während der einzelnen Glazial- und Interglazialzeiten bis in die Gegenwart hinterließen so in der Niederrheinischen Bucht eine komplex zusammengesetzte Lößlagerstätte. Dies gilt uneingeschränkt auch für das Rheinische Braunkohlenrevier, das etwa die südöstliche Hälfte der Niederrheinischen Bucht umfaßt.

Allgemein ist der Löß auf den Terrassenflächen verbreitet, wogegen er in den Fluß- und Bachtälern fehlt bzw. in sekundärer Lagerung am Aufbau der Auensedimente beteiligt ist (Abb. 1).

Größere Lößmächtigkeiten werden im Rheinischen Braunkohlenrevier angetroffen:

- Westlich des Rurtales bis über die niederländische Grenze nach Westen
- Im Erftbecken, besonders nördlich der Linie Bergheim - Jülich
- Östlich der Ville bis an die Grenze Mittel-/Niederterrasse, was etwa der Linie Brühl - Holzheim bei Neuss entspricht

Daraus ergeben sich unter den heutigen Abbauverhältnissen für die Lößgewinnung schwerpunktmäßig zwei Gebiete: die Tagebaue Inden und Garzweiler.

Eine detaillierte stratigraphische Einstufung der Lößlagerstätte im Rheinischen Braunkohlenrevier scheint noch nicht gelungen zu sein. Zeitmarken, die für die Datierung herangezogen werden können, sind einerseits die verschieden alten Terrassen, denen die Lößdecke auflagert und andererseits die Bodenbildungen in den Lößprofilen.

Unterlagert wird die Lößdecke im Rheinischen Braunkohlenrevier von verschiedenen Stufen der jüngeren Hauptterrasse und der oberen Mittelterrasse (Abbaufeld Garzweiler z. T.). Die jüngeren Hauptterrassen werden präelstereiszeitlich und die obere Mittelterrasse in den Beginn der Elster-Kaltzeit eingestuft (Klostermann 1992). Weil Schichtlücken bis zum Beginn der Lößsedimentation nicht ausgeschlossen werden können, kann hierüber nur ein Maximalalter abgeleitet werden. Auch die Bodenbildungen lassen sich meist nur eingeschränkt verwenden, da sie oft nur lokal ausgebildet sind und eine Korrelation über ein Abbaufeld bereits auf Schwierigkeiten stößt.

So wird die Existenz von elstereiszeitlichen Lößmassen bzw. deren Verwitterungsprodukten (Böden) nicht von allen Autoren anerkannt. Dementsprechend werden alte Lößlehme im Raum Erkelenz – Rheindahlen entweder in die Saale – (Paas 1968) oder in die Elster-Kaltzeit (Brunnacker 1967) gestellt. Paas (1982) und Klostermann (1992) stufen diese Lößmassen in eine Kaltphase der Holstein-Warmzeit ein. Der Wegberger Boden wäre danach in der jüngeren Holstein-II-Warmzeit gebildet worden. Es wäre wünschenswert, durch eine Ausdehnung der oberen Datierungsgrenze des Thermolumineszenz-Verfahrens, das Sedimentationsalter dieser Lösse in Zukunft verläßlich radiometrisch bestimmen

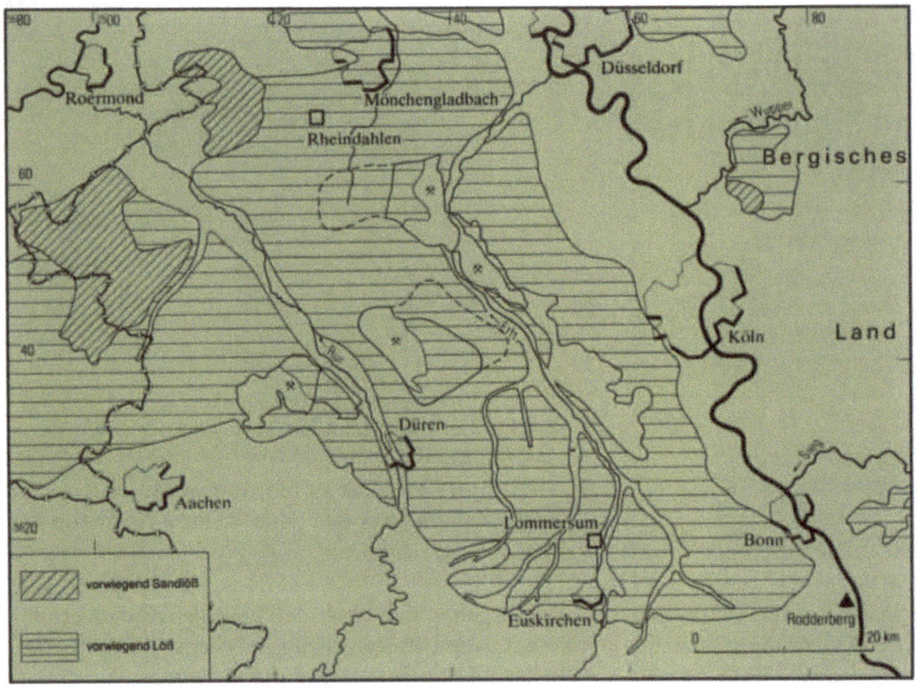

Abb. 1. Lößverbreitung im Rheinischen Braunkohlenrevier. (Nach Klostermann 1992)

Absol. Alter Jahre	Abteilung Unterabt.	Stratigraphie	Sedimente	Schichtenfolge	Bodenbildung
	Holozän		Auenlehme Kolluvium		rezente Böden (Parabraunerde)
rd. 50 000	Jungpleistozän	Weichsel-Kaltzeit	Jüngerer Weichsellöß	Schicht 4	Elfgener Boden (Tundragley)
			Verwürgungen Schwemmlöß Älterer Weichsellöß	Schicht 3	Frimmersdorfer Boden; Grafenberger Boden (Tundragley)
rd. 130 000		Eem-Warmzeit			Erkelenzer Boden (Parabraunerde)
	Mittelpleistozän	Saale-Kaltzeit: Warthe-Stadium	Saalelöß	Schicht 2	Rheindahlener Boden (Parabraunerde)
		Drenthe-Stadium		Schicht 1	Wegberger Boden (Parabraunerde)
rd. 330 000		Holstein-Warmzeit			
	Altpleistozän	Elster-Kaltzeit	ältere Lößbildungen möglicherweise vorhanden		

Tabelle 1. Stratigraphische Einordnung der Löß- und Bodenbildungen im Rheinischen Braunkohlenrevier. (Nach Paas 1982 und Klostermann 1992)

zu können (Frechen 1991). Allgemein anerkannt ist dagegen das Vorkommen von Lößmassen des Saale- und Weichselglazials, wovon letztere die größte Verbreitung besitzen.

Einen Überblick über die Stratigraphie der wichtigsten Schichtglieder und Bodenbildungen in der Lößlagerstätte des Rheinischen Braunkohlenreviers gibt Tabelle 1.

2 Geologisch-bodenkundliche Untersuchungen der Lößablagerungen

2.1 Untersuchungsverfahren und Probenahme

In den 50er Jahren plante das Geologische Landesamt Nordrhein-Westfalen in Krefeld, alle Flächen, die in den nächsten 40–50 Jahren durch Bergbau beansprucht werden, bodenkundlich zu untersuchen (Heide 1957). Das ist mit der Vorlage der bodenkundlichen Gutachten (Lößgutachten) über die Abbaugebiete Frimmersdorf (1955), Inden I (1957), Frechen (1958), Hambach (1960), Bergheim (1983), Inden II (1986) und Garzweiler II (1993) erfolgt.

Etwa Mitte der 80er Jahre erwies es sich als Nachteil, daß diese Lößinventuren bis dahin im wesentlichen auf Bohrungen bis 4 m Teufe basierten. Dadurch kam es bei mächtigeren Lagerstättenteilen in den einzelnen Fällen zu Abweichungen im Hinblick auf Mächtigkeits- und Qualitätsansprache.

Ab 1984 wurden deshalb ergänzend eigene Untersuchungen in Form von Bohrungen und Stoßaufnahmen durchgeführt. Sehr nützlich war dabei, weil unkompliziert zu handhaben, das Edelmann-Handbohrgerät. Mit ihm wurden z. B., die Abbaufelder Inden systematisch abgebohrt, und im Bereich des Tagebaues Garzweiler wird eine – gegenüber dem Abbau – um ein bis zwei Jahre vorlaufende Erkundung durchgeführt. Bisher wurden in Inden I und II rd. 600 Bohrungen niedergebracht, die fast ausnahmslos jeweils die gesamte Lößmächtigkeit erschlossen. Es wurden Bohrteufen bis 18 m erreicht. Bei der überwiegenden Zahl der Bohrungen lag die Endteufe zwischen 4 und 8 m bei einem Bohrlochdurchmesser von 70–120 mm. Dieser große Durchmesser gestattete einerseits eine gute petrographische Ansprache des nur leicht tordierten Bohrgutes und andererseits eine ausreichende Probenahme für Qualitätsuntersuchungen.

2.2 Die Schichtenfolge

Sehr früh bereits zeigte sich bei der Ansprache des Bohrgutes, daß die Lößlagerstätte nicht als eine homogene Decke ausgebildet, sondern aus Schichten zusammengesetzt war. Diese mit Blick auf die bergbauliche Verwendung von unten nach oben in Schicht 1–4 gegliederte Schichtenfolge ist nur selten komplett vorhanden. Alle Schichtglieder wurden aber sowohl im Feld Inden als auch in Garzweiler festgestellt.

Ihre Ausbildung und Verbreitung sei im folgenden dargestellt.

Schicht 1 stellt einen kalkarmen bis -freien, stark tonigen, teilweise sandigen an der Basis auch kiesigen Lehm von meist oranger bis gelboranger (7,5 YR 7/6–8) Farbe mit zahlreichen hellgrauen bis grüngrauen Flecken (= pseudovergleyt) dar. Zwei Arten des Vorkommens können unterschieden werden:

- 1. Als geringmächtige (< 1 m), aber flächenhaft verbreitete Erosionsreste zwischen Hauptterrasse und Schicht 3. Bei dieser Art des Auftretens ist auch die Oberkante sandig/kiesig ausgebildet
- 2. In Mächtigkeiten von 1–3 m in alten Rinnen in der Terrasse. Hier lagert die Schicht 1 ausnahmslos und konkordant unter Schicht 2

Schicht 1 repräsentiert damit wohl keine eigene Kaltzeit, sondern nur den durch die Bodenbildung abgetrennten ältesten Teil der Schicht 2. Im Fall des unter 1. aufgeführten Vorkommens käme wegen des hohen Sandgehaltes auch eine Entstehung aus Auelehmen der Holstein-Warmzeiten in Frage (Richard 1993).

Bei Schicht 2 handelt es sich überwiegend um einen hellgelblichbraunen (10 YR 6/8) bis hellbraunbeigen (10 YR 5/4–6) kalkarmen tonigen Lößlehm.

Lediglich im Feld Garzweiler hat sich stellenweise ein schwacher bis durchschnittlicher Kalkgehalt im unteren Viertel der Schicht 2 erhalten, wogegen sonst nur eine etwas stärkere Kalkführung an der Oberkante durch Infiltration aus dem überlagernden kalkhaltigen Löß (Schicht 3) festzustellen war. Abschnittsweise oder über die gesamte Mächtigkeit sind zahlreiche kleine (1–2 mm) schwarzbraune Flecken oder Konkretionen vorhanden. Im Tagebau Inden wurden auch Partien beobachtet, in denen diese Konkretionen eine Größe von 0,5–1,5 cm erreichten und so zahlreich wurden, daß diese Partien aufgrund des stark veränderten Chemismus nicht mehr für die landwirtschaftliche Rekultivierung geeignet waren.

Im Tagebau Garzweiler wurde mehrfach am Top der Schicht 2 eine gut ausgebildete fossile Parabraunerde (Erkelenzer Boden, Abb. 2) angetroffen, wogegen im Tagebau Inden diese Bodenbildung erst zweimal beobachtet wurde, ansonsten aber erodiert und durch eine geringmächtige Sand-/Kieslage ersetzt ist.

Auch bei Schicht 2 ist die Verbreitung erosionsbedingt auf isolierte Flächen und Rinnen beschränkt. Die flächigen bis schwach muldenförmigen Vorkommen sind allerdings meist ausgedehnter und – mit bis zu 2 m – mächtiger als die der Schicht 1. In den Rinnenvorkom-

Abb. 2. Erkelenzer Boden am Top des saaleeiszeitlichen Lößlehms im Tagebau Garzweiler

Abb. 3. Grenzbereich älterer/jüngerer Weichsellöß im Tagebau Inden

men erreicht die Schicht 2 eine Mächtigkeit von 6 m und bei erhaltenem Erkelenzer Boden bis 8 m.

Schicht 3 umfaßt den weitgehend unverwitterten weichseleiszeitlichen Löß und besteht bei vollständiger Entwicklung aus zwei Folgen kalkreicher Lösse, die durch eine Lage Schwemmlöß getrennt werden.

Der untere (ältere) Weichsellöß ist meist zweigeteilt in einen tieferen tonigen und einen oberen tonarmen lockeren homogenen, hellgraugelblichen (2,5 Y 7/3) Löß. Kennzeichnend für diesen älteren Weichsellöß sind die in ihm sowohl im Feld Inden als auch in Garzweiler vorkommenden Lößschnecken: *Succinea oblonga* Draparnaud, *Pupilla muscorum* (Linné) und *Trichia hispida* (Linné). Am Top des älteren Weichsellösses ist oft ein Steinbett aus einzelnen Mittel- bis Grobkiesen ausgebildet (Abb. 3).

Der darüber folgende Schwemmlöß stellt ein meist meterdickes, max. 3,4 m mächtiges Paket sandiger Lösse und Lößlehme oder eine Wechselfolge von geringmächtigen Mittel- bis Grobsand- und Lößlehmlagen dar. Dieser Schwemmlöß ist an seiner Oberkante oft durch Solifluktion oder Kryoturbation verwürgt.

Der obere (jüngere) Weichsellöß beginnt nahezu immer mit einem 0,5–1,0 m mächtigen, schwach vergleyten, hellbeige bis matt gelblichen (2,5 Y 6/4) Naßboden (Tundragley). Die stellenweise über die gesamte Mächtigkeit vorhandene starke Rostfleckung zeigt eine nachträgliche Aufoxidation an. Überlagert wird dieser Tundragley von einem homogenen kalkreichen, schwach tonigen, hellgelblichen (2,5 Y 7/4) Löß. In der Nachbarschaft der weiter unten beschriebenen Kolluviumvorkommen kann dieser Löß durch Verwitterung etwas degradiert sein. Ansonsten stellt dieser Löß mit einem Tongehalt von 9–16 % und einem Kalkanteil von bis zu 20 % ein gutes Ausgangsmaterial für die Rohböden in der landwirtschaftlichen Rekultivierung dar. Etwas ungünstiger ist der Tundragley mit seinem höheren Wasser- und Tongehalt (bis 19,5 %) und einem auf < 10 % reduzierten Ca CO_3-Anteil.

Schicht 3 ist im Feld Inden über große Bereiche flächenhaft mit 1,5–2,5 m und im Tagebau Garzweiler bis 4,8 m Mächtigkeit verbreitet. Hierbei handelt es sich meist nur um den jüngeren Weichsellöß. Höhere Mächtigkeiten bis 6,6 m wurden in Inden nur in Rinnenbereichen, in Garzweiler dagegen auch in flächiger Verbreitung gefunden. In präsaaleeiszeitlichen Rinnen liegt Schicht 3 der Schicht 2, in postsaaleeiszeitlichen Rinnen bzw. Mulden direkt der Terrasse auf. Größere Mächtigkeiten wurden auch an Terrassenkanten und auf der Tiefscholle von jungen Störungen beobachtet. Hier tritt der Löß durch aus der höhergelegenen Terrasse eingeschwemmtes Material meist sandstreifig oder in Wechsellagerung mit Sand-/Kiesschichten ausgebildet auf, wie beispielsweise nordwestlich Lucherberg und am Ostrand des Tagebaues Bergheim. In weiten Bereichen des Tagebaues Inden fehlt der ältere Weichsellöß, der vermutlich z. Z der Schwemmlößbildung denudiert wurde. Nur in den Vorkommen mit größerer Mächtigkeit ist Schicht 3 mehr oder weniger vollständig vertreten.

Als Schicht 4 wird der braune (10 YR 4/6) bis gelblichbraune (10 YR 5/6–6/6) tonige, weitgehend entkalkte Lößlehm bezeichnet, der durch Verwitterung aus dem weichseleiszeitlichen Löß im Holozän hervorgegangen ist. Schicht 4 umfaßt damit die rezente Bodenbildung (meist Parabraunerde, erodierte Parabraunerde, seltener Rendzina). Die Untergrenze ist, bedingt durch den Farbwechsel und dem auf wenige Zentimeter in der Vertikalen sich ändernden $CaCO_3$-Gehalt (von > 10 auf < 1 %) sehr scharf. Die Oberkante wird von dem durch die bodenbildenden Prozesse an Feinsubstanz verarmten, humosen Oberboden, der dadurch einfacher landwirtschaftlich zu bearbeiten ist, eingenommen.

Schicht 4 liegt als Decke von 1,5–2,5 m Mächtigkeit über dem Löß. Durch stetigen – mit der Verwitterung Schritt haltenden – Abtrag an Talhängen (Schlangengraben-, Elsbachtal) oder Terrassenkanten kann Schicht 4 auf < 1 m reduziert sein und in seltenen Fällen sogar fehlen. Umgekehrt wurde im unteren Hangabschnitt von Rinnen (Bach- und Nebentälern) und Geländemulden dieses Abtragsmaterial zusammengeschwemmt und als bis zu 7 m mächtiges sog. Kolluvium akkumuliert. Dieses Kolluvium setzt sich aus teils geschichteten, teils homogen wirkenden, schwach tonigen, dunkelgrau gelblichen bis gelblichbraunen (2,5 Y 4/2–5/4), teilweise gebleichten (2,5 Y 8/3) und braunschwarzgefleckten lehmigen Schluffen zusammen. Der Kalkgehalt ist entweder über die gesamte Mächtigkeit mit < 0,2 % gleichbleibend gering oder er nimmt im oberen Abschnitt sehr schnell Werte bis etwa 5 % an. In diesem Fall ein sicherer Hinweis, daß die Erosion in der Nachbarschaft bereits das Niveau des kalkhaltigen Lösses (Schicht 3) erreicht hat.

Vereinzelt treten Fein- bzw. Mittelkiese auf oder es finden sich römische, hochmittelalterliche und neuzeitliche Keramikscherben, letztere als guter Hinweis auf das junge Alter dieser Bildungen.

2.3 Qualitätsuntersuchungen

Die bei den Bohrungen und Stoßaufnahmen meter- oder schichtweise gewonnenen Proben wurden im Rheinbraun-Zentrallabor, -Geomechaniklabor und bei Fremdfirmen analysiert. Bestimmt wurden u. a. die Korngrößenverteilung, Kalk- und Wassergehalt, pH-Wert, Nährstoffgehalte.

Bei den Analysen der Korngrößenverteilung wurde den mittels des in der Bodenkunde verwendeten Köhn-Pipetten-Verfahrens erzielten Werten der Vorzug gegeben. Nur so waren Vergleiche mit Qualitätsdaten in der bodenkundlichen Literatur möglich. Die nach DIN 18123 gewonnenen Werte waren besonders im Tongehalt erheblich zu niedrig.

Die durch Trocknung der Proben bestimmten Wassergehalte stellen mehr eine Hilfe für den Abbau dar, als daß sie unbedingt ein Qualitätskriterium wären. Material mit Wassergehalten von 20–24 %, wie es v. a. bei den kolluvialen Massen, aber auch bei dem in Rinnen bzw. Mulden abgelagerten älteren Weichsellöß der Fall ist, verflüssigt sich (je nach Höhe des Schluffanteils) auf den Förderstrecken zu einem Wasser-Boden-Brei, der nur noch unter erheblichen Schwierigkeiten zu transportieren ist.

In den Tabellen 2 und 3 sind für das Kolluvium und die vier unterschiedlichen Löß-Schichten die Spannbreiten und die Mittelwerte der einzelnen Qualitätsparameter für die Tagebaue Inden und Garzweiler aufgelistet.

Von allen Löß-Schichten erfüllen besonders die weichseleiszeitlichen Lösse und Lößlehme sowie eingeschränkt – wegen des hohen Wassergehaltes – das Kolluvium, wenn sie zusammen gewonnen werden können, die Qualitätsanforderungen, die einen erfolgreichen Anbau von landwirtschaftlichen Kulturpflanzen ermöglichen:

- Der Schluffgehalt ist nahezu immer über 70 %
- Der Anteil der Tonfraktion bewegt sich mit durchschnittlich 12–19, meist 15–18 % in einem sowohl für die Bewirtschaftung als auch für die Gefügestabilität des Bodens geeigneten Rahmen
- Die Tonminerale – überwiegend Illit (40–60 %), Kaolinit (6–12 %) und Vermiculit (30–50 %) – sind zwar meist niedrig mit Nährstoffen belegt, haben aber ein hohes Sorptionsvermögen für Wasser und Nährstoffe (Heide 1957; Hilligweg 1995)
- Der mit 1–11 % hohe Kalkgehalt sorgt für eine gute Bodenstabilität, Humusform und die Bildung von Sekundärporen (Krümmelstruktur)

Da diese Löß-Schichten auch nach einer Umlagerung (Abbau, Transport, Verstürzung) die Voraussetzungen zur Entwicklung eines guten Kulturbodens weitestgehend behalten, stellen sie das am besten geeignete Ausgangsmaterial für die Rekultivierung der ehemaligen Tagebaubereiche und Kippenoberflächen dar.

Ungünstiger sind da schon die älteren Lösse bzw. Lößlehme zu bewerten. Bedingt durch die bei der Verwitterung erfolgte Entkalkung, Dichtschlämmung und Umwandlung der Tonminerale, sind sie für die landwirtschaftliche Rekultivierung nur bedingt bis gar nicht

	Kolluvium	Schicht 4	Schicht 3	Schicht 2	Schicht 1
Kornverteilung					
Anzahl der Analysen	9	48	51	21	4
Ton Spannbreite	13,8–20,5 %	14,0–26,8 %	10,6–19,3 %	16,5–30,4 %	24,5–29,3 %
Mittelwert	16,4 %	21,0 %	16,2 %	21,9 %	26,8 %
Schluff Spannbreite	70,5–81,6 %	67,3–83,7 %	72,9–86,3 %	61,9–78,9 %	52,3–63,8 %
Mittelwert	78,0 %	75,5 %	79,8 %	71,1 %	59,0 %
Sand Spannbreite	2,0–10,9 %	1,4– 8,7 %	2,0– 7,9 %	1,9–14,1 %	11,7–18,4 %
Mittelwert	5,6 %	3,5 %	3,8 %	7,0 %	14,1 %
$CaCO_3$-Gehalt					
Anzahl der Analysen	17	165	144	34	28
Spannbreite	0,04–1,67 %	0,01–1,80 %	2,52–20,42 %	0,06–5,43 %	0,02–2,26 %
Mittelwert	0,31 %	0,31 %	13,2 %	1,02 %	0,62 %
Wassergehalt					
Anzahl der Analysen	76	63	110	31	4
Spannbreite	19,2–26,9 %	14,6–23,9 %	11,7–24,0 %	16,6–25,6 %	20,3–22,2 %
Mittelwert	23,1 %	19,7 %	18,6 %	20,4 %	21,4 %
pH-Wert					
Anzahl der Analysen	3	165	144	34	28
Spannbreite	7,0–7,22	6,45–8,05	7,7–8,7	7,3–8,2	6,85–7,85
Mittelwert	7,14	7,5	8,1	7,6	7,5
Nährstoffe					
Anzahl der Analysen	n. b.	28	24	10	7
Phosphor (mg/100 g)		1–10	1– 6	1– 8	1– 6
Kalium (mg/100 g)		3–17	3– 8	4– 9	5– 9
Magnesium (mg/100 g)		4–14	8–12	9–20	11–17
Magnesium Mittelwert		9,7	9,1	14,2	14,7

Tabelle 2. Qualitätsparameter der Lößlagerstätte Tagebau Inden

geeignet. So sind die kalkarmen, ton- und sandreichen Partien der Schicht 2 nur verwendbar, wenn sie mit Material der Schicht 3 zusammen gewonnen werden können. Das immer durch hohe Ton- und Sandgehalte ausgezeichnete Material der Schicht 1 ist für die landwirtschaftliche Rekultivierung nicht geeignet, allerdings uneingeschränkt verwendbar für die forstliche Rekultivierung.

	Kolluvium	Schicht 4	Schicht 3	Schicht 2	Schicht 1
Kornverteilung					
Anzahl der Analysen	13	14	24	19	6
Ton Spannbreite	10,4–22,0 %	13,9–21,9 %	9,0–19,5 %	13,8–30,6 %	19,6–36,0 %
Mittelwert	14,8 %	17,8 %	14,2 %	21,6 %	27,2 %
Schluff Spannbreite	75,1–86,4 %	75,9–83,2 %	73,6–86,9 %	60,0–81,2 %	58,3–73,6 %
Mittelwert	80,9 %	79,2 %	81,5 %	74,5 %	66,3 %
Sand Spannbreite	2,3–10,7%	1,4– 5,3 %	1,7– 9,9 %	2,2–13,4 %	3,8–11,3 %
Mittelwert	4,3 %	3,0 %	4,4 %	4,1 %	6,6 %
$CaCO_3$-Gehalt					
Anzahl der Analysen	4	10	14	17	6
Spannbreite	0,07–5,9 %	0,05–0,66 %	7,99–18,04 %	0,05–0,66 %	0,01–0,09 %
Mittelwert	1,89 %	0,17 %	14,6 %	0,16 %	0,05 %
Wassergehalt					
Anzahl der Analysen	n. b.	8	7	6	n. b.
Spannbreite		15,3–19,0 %	14,0–22,5 %	19,1–26,4 %	
Mittelwert		16,7 %	18,0 %	22,5 %	
pH-Wert					
Anzahl der Analysen	6	8	11	9	n. b.
Spannbreite	7,1–7,8	7,16–7,6	7,8–8,1	7,1–7,8	
Mittelwert	7,5	7,36	7,9	7,5	
Nährstoffe					
Anzahl der Analysen	4	6	6	5	2
Phosphor (mg/100 g)	7–52	1– 6	1– 2	1– 3	3– 4
Kalium (mg/100 g)	13–28	2–16	2– 3	4– 6	6– 7
Magnesium (mg/100 g)	6–11	6–17	7–12	16–24	15–19
Magnesium Mittelwert	7,8	10,8	9,3	19,2	17,0

Tabelle 3. Qualitätsparameter der Lößlagerstätte Tagebau Garzweiler

3
Eignung und Verwendung als kulturfähiges Bodenmaterial

Die Eignung von Bodenmaterial aus dem Rheinischen Braunkohlenrevier für eine Wiederherstellung von landwirtschaft- oder forstlichen Flächen ist in beispielhaften Untersuchungen (Heide 1958; Fleischer 1993) durch das Geologische Landesamt, Krefeld, geprüft worden. Die Untersuchungsergebnisse fanden Niederschlag in den geltenden Fassungen der Richtlinien des Landesoberbergamtes NRW (LOBA 1984 und 1993). Danach sind als kulturfähiges Bodenmaterial für die landwirtschaftliche Rekultivierung ausschließlich Löß und Lößlehm geeignet, die die oberste Abraumschicht bilden. Für die forstliche Rekultivierung findet auch ein Gemisch aus sandig-kiesigen Abraumschichten und Löß oder Lehm, der sog. Forstkies, Verwendung.

Für Rekultivierungszwecke völlig ungeeignet sind die Sand-, Kies- und Tonschichten des Tertiärs, die die quartären Deckschichten unterlagern. Die äußerst quarzreichen Sande und Kiese mit sehr geringen Mengen an zersetzbarem Feldspat (Feldspatgehalt 2–3 %) sind nährstoffarm und sorptionsschwach. Die Tone bestehen überwiegend aus sorptionsschwachem Kaolinit. Das Tertiärmaterial liefert bedingt durch eingelagerten Pyrit und Markasit, die bei Verwitterung SO_4-Ionen freisetzen, einen sauren und sterilen Boden. Selbst im Gemenge mit Terrassenkiesen, Löß und Lößlehm soll daher das tertiäre Material nicht für die forstliche Rekultivierung verwendet werden.

In Abhängigkeit vom Nutzungsziel legt Fleischer (1993) eine differenzierte Einstufung des anstehenden Deckgebirgsmaterials auf seine Eignung für Rekultivierungszwecke fest (Tabelle 4).

Als Maßstab für die Abstufung der Nutzungseignung zur Rekultivierung werden Standorteigenschaften und Bodengüte der in Abschn. 2 ausgeschiedenen Bodeneinheiten herangezogen. Die Braunerde- und Parabraunerdeausprägung des rezenten Bodens gilt als höchste Qualitätsstufe.

Neben den dominierenden Qualitätsmerkmalen, die sich aus der Bodenart, der bodentypologischen Ausprägung sowie der geogenetischen und stratigraphischen Stellung ableiten, spielt in der Praxis für die Zuordnung zu einer Eignungsstufe auch die Mächtigkeit der Abraumschicht eine Bedeutung. Bedingt durch die bergmännische Gewinnung mit Großgeräten ist die Mindestmächtigkeit einer selektiv gewinnbaren Schicht auf 1 m beschränkt.

In Tabelle 5 sind basierend auf der Gliederung der lehmigen Deckschichten im Rheinischen Braunkohlenrevier die Spannen der Bodenarten und wesentlicher Bodenkennwerte je Eignungsstufe angegeben, wie sie derzeitig in der Rekultivierung eingesetzt werden.

Tabelle 4. Einteilung der Eignungsstufen und Nutzungsziel. (Nach Fleischer 1993)

Eignungsstufe	Rekultivierungszweck	
	landwirtschaftlich	forstlich
A	gut geeignet	-
B	mäßig geeignet	-
C	nicht geeignet	geeignet, bedingt geeignet

4
Geotechnische Eigenschaften des Rekultivierungsmaterials

Für die Rekultivierung werden als kulturfähige Bodenmaterialien Löß/Lößlehm und der Forstkies verwendet (Tabelle 6). Aufgrund seiner Kornverteilung zählt das Bodenmaterial Löß/Lößlehm zu den feinkörnigen, der Forstkies zu den gemischtkörnigen Lockergesteinsmaterialien. Je nach Wassergehalt und/oder Lagerungsdichte verändern sich die Beschaffenheit des Löß- bzw. Forstkiesmaterials und die bodenphysikalischen Eigenschaften.

Ausgehend von den Anforderungen, die Pflanzen in physikalischer Hinsicht an den Boden stellen, werden die geotechnischen Eigenschaften des Bodenmaterials und die Besonderheiten bei der jeweiligen Rekultivierung dargestellt.

4.1
Wechselbeziehungen zwischen Boden und Pflanze aus bodenphysikalischer Sicht

Pflanzen stellen an den Boden zwei zentrale Ansprüche:
- Ausreichende Versorgung mit Wasser
- Durchwurzelbarkeit, um die Aufnahme von Wasser und Nährstoffen zu ermöglichen

Bodenphysikalisch gesehen hängen die Versorgung der Pflanze mit Wasser und die Durchwurzelbarkeit ausschließlich vom Gefüge des Bodens ab.

Das Bodengefüge wird durch die räumliche Anordnung der festen Bodenbestandteile gebildet und die unterschiedliche Lagerung der Bodenbestandteile zueinander gliedert das Hohlraumvolumen in ein vielgestaltiges Porensystem. Die Verteilung und Größe der Poren korreliert mit der Wasserbindungsintensität im Boden. Sie beeinflußt maßgeblich den Wasser- und Luftgehalt sowie die Durchwurzelbarkeit des Bodens.

Als Parameter für die Versorgung der Pflanze mit Wasser wird die Feldkapazität des Bodens herangezogen. Sie entspricht dem Wassergehalt des Bodens, der sich nach voller Wassersättigung gegen die Schwerkraft ein-

Eignungsstufe	Deckschichtgliederung	Bodenart	Korngrößenverteilung Ton %	Korngrößenverteilung Schluff %	Rohdichte g/cm³	Porenanteil %	$CaCO_3$-Gehalt %
A	jüngere schluffig-lehmige Lößablagerungen	sIU - uL	12-25	65-84	1,39-1,82 Mittel 1,6	37-52 Mittel 44	12-19
B	ältere schluffig-lehmige Lößablagerungen	uIS - uL - IU	12-30	> 70			< 5
C	schluffig-tonige Basislehme	utL - uL - sL schluffig-sandige Feinschichten und kiesige Bänder	20-45				kalkfrei

Tabelle 5. Spannen der Bodenarten und -kennwerte je Eignungsstufe

stellt. Von der Pflanze kann nur Wasser genutzt werden, das im durchwurzelbaren Bodenraum gespeichert wird. Das setzt zum einen eine genügend hohe Speicherung von pflanzenverfügbarem Wasser voraus. Zum anderen muß eine gute Durchwurzelbarkeit des Bodens gegeben sein, denn eine geringe Durchwurzelbarkeit macht die tatsächliche Ausnutzung dieser Wassermengen unmöglich.

Zur Beurteilung der Durchwurzelbarkeit des Bodens sind alle diejenigen Bodenparameter zu betrachten, die den Zusammenhang des 3-Stoff-Systems des Bodens (Bodenteilchen, Porenwasser und Porenluft) und damit die Eigenschaften des Bodengefüges beschreiben.

Wesentliche bodenphysikalische Kennwerte sind dafür

- Trockendichte
- Porenanteil
- Wassergehalt

Die Trockendichte eines Bodens beeinflußt maßgeblich seine Durchlüftung und seinen mechanischen Eindringwiderstand. Das Wurzelwachstum kann sowohl durch einen zu hohen Eindringwiderstand als auch durch einen mangelnden Gasaustausch behindert werden. Der Gasaustausch hängt vom Volumen des luftgefüllten Porenanteils ab. Wesentlich ist der bei Feldkapazität mit Luft gefüllte Porenraum und die Verbindung der Poren

	Maßeinheit	landwirtschaftliche Standorte "Löß/Lößlehm"	forstwirtschaftliche Standorte "Forstkies"
Spannbreiten Bodenphysikalischer Kenndaten			
Bodenart und Korngrößenverteilung:		mittellehmiger Schluff	schwach bis mittellehmiger Sand
Ton	%	14 - 17	5 - 10
Schluff	%	70 - 80	20 - 40
Sand	%	2 - 5	25 - 48
Kies	%		15
Humusgehalt:	%	0,4 - 0,5	0,3 - 0,5
durchschnittliche Zunahme	%	ca. 0,03/a	
Rohdichte:	g/cm³	1,55 - 1,75	1,40 - 1,80
Gesamtporenvolumen:	Vol.%	35 - 52	32 - 48
Anteil luftführender Poren (> 30 µm):	Vol.%	4 - 12	4 - 15
nutzbare Wasserkapazität bezogen auf 1 m Wurzelraum:	l/m²	hoch 160 ->200	90 - 180
Fließgrenze:	Gew.%	26,0 - 29,0	
Ausrollgrenze:	Gew.%	18,0 - 22,0	
Plastizitätszahl:	Gew.%	5,5 - 8,0	
Schrumpfgrenze:	Gew.%	5,0 - 10,0	
Spannbreite chemischer Kenndaten			
pH-Wert:		schwach alkalisch 7,5 - 8,0	stark sauer bis sehr schwach alkalisch 4,5 - 7,5
Karbonatgehalt:	%	4,5 - 11,5	0 - 2
Stickstoff: Ges.-N	%	0,02 - 0,05	0,02
Kalium: Ges.-K_2O	mg/100g Boden	300 - 700	
CAL-K_2O	mg/100g Boden	6 - 12	3 - 5
Phosphor: CAL-P_2O_5	mg/100g Boden	3 - 6	2 - 3
Magnesium: $CaCl_2$-Mg	mg/100g Boden	10 - 15	3 - 7
KAK:	mval/100g Boden	8 - 10	

Tabelle 6. Spannbreiten bodenphysikalischer und chemischer Kenndaten. (Nach Dumbeck und Winter 1993)

untereinander, ausgedrückt durch die Luft- und Wasserdurchlässigkeit.

Über den Wassergehalt ist aus Trockendichte und Porenanteil der Sättigungsgrad des Bodens ableitbar. Der Sättigungsgrad zeigt an, inwieweit der Gesamtporenraum mit Wasser erfüllt und welches Luftvolumen verfügbar ist. Ein hoher Wassergehalt beinhaltet, daß auch Grobporen mit Wasser erfüllt sind und niedrige Wasserspannung zur Entwässerung ausreichen. Dies kann eine mangelnde Durchlüftung zur Folge haben, wodurch die Ausnutzung des Wassers durch die Pflanze erschwert bzw. unmöglich wird. Je dichter der Boden gelagert ist, umso höher muß die Wasserspannung bzw. um so geringer muß der Wassergehalt sein, bei dem ein ausreichendes Luftvolumen noch gegeben ist.

4.2 Bodenphysikalische Eigenschaften des gewachsenen Bodens/Auftragsbodens

Gewachsener Boden ist dadurch gekennzeichnet, daß sich im Zuge der Bodenbildung und Bodenentwicklung ein dynamisches Gleichgewicht zwischen Boden-Klima-Lebewesen ausgebildet hat. Die entwickelten Bodenhorizonte, die gewachsene Bodenstruktur und der ausgeglichene Wasser-, Luft- und Nährstoffhaushalt spiegeln aus bodenmechanischer Sicht einen stabilen Zustand wider. Durch den technischen Vorgang der Rekultivierung wird das ursprüngliche Wirkungsgefüge gestört, der Boden verändert. Nach der Verkippung liegt ein mehr oder weniger durchmischter, strukturloser Auftragsboden vor. Sein bodenmechanisches Verhalten und die Ausprägung des Anfangs-Bodengefüges hängen von den bodenphysikalischen Eigenschaften und den wechselseitigen Beeinflussungen ab. Bodenmechanisch liegt ein labiler Zustand vor (Abb. 4).

Wesentlich beim Rekultivierungsmaterial, dem Löß, sind seine geringe Plastizität und der Festigkeitsverlust, den das Lößmaterial durch die Gefügezerstörung beim Übergang von unverritzt zu gestört erfährt (Winter 1990). Beispielhaft sei hierfür die Zerstörung der Makro- und Grobporen gegenüber dem natürlichen Bodengefüge angeführt. Der Anteil der dränenden Poren am Gesamtporenvolumen verringert sich zugunsten der Mittelporen. Kapillarität und Durchlässigkeit nehmen ab (Abb. 5).

Das Lößmaterial ist druck- und setzungsempfindlicher und neigt eher zu Verdichtungen. Auch auf Feuchtigkeitsänderungen reagiert der Löß sehr sensibel. Schon bei geringer Erhöhung des Wassergehaltes geht Lößmaterial von halbfester bis steifer Konsistenz in den breiigen Zustand über und verliert seine Festigkeit vollständig.

Die bodenphysikalischen Eigenschaften des Forstkieses werden wesentlich vom Anteil des beigemischten Lösses geprägt. Dichte und damit Hohlraumgehalt und Durchlässigkeit sowie die Festigkeit sind streng mit dem Lößanteil korreliert. Ungünstige Verhältnisse sind vorprogrammiert, wenn das Mischsubstrat Forstkies eine

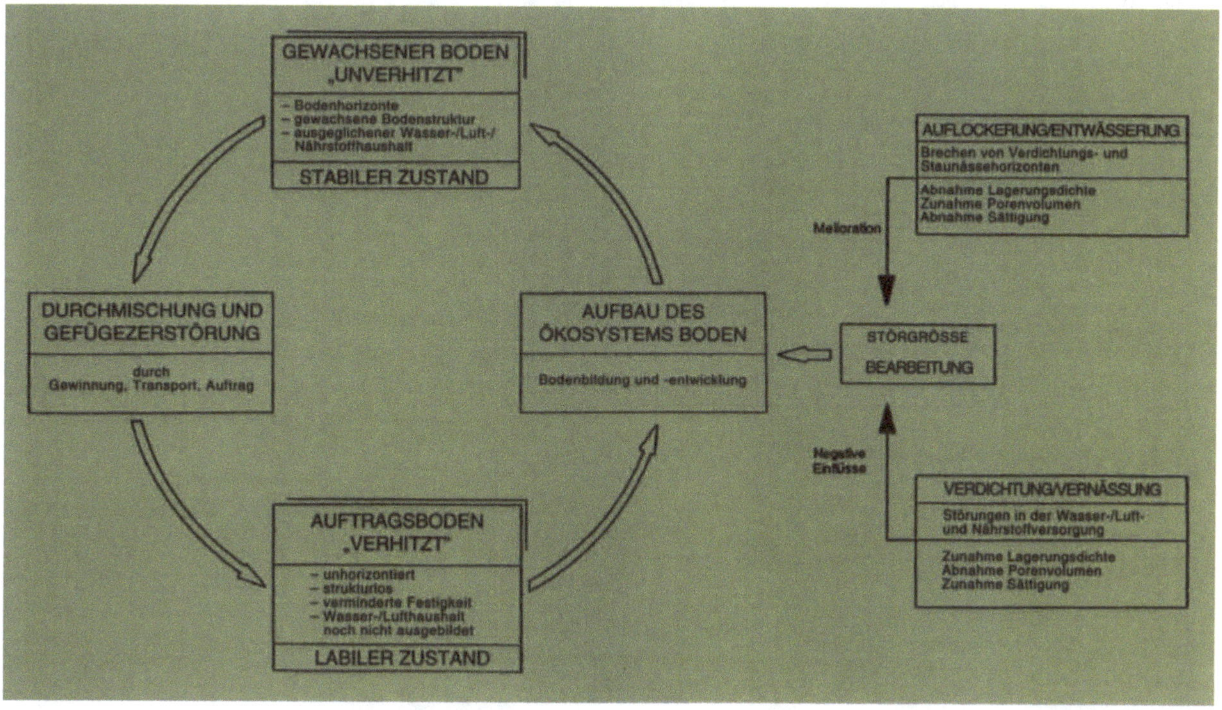

Abb. 4. System Gewachsener Boden – Auftragsboden

Korngrößenverteilung aufweist, die im Erdbau als Erdbeton bekannt ist. Neben der Vorbedingung dieser bestimmten Kornzusammensetzung könnten unerwünschte Dichtlagerungen immer dann ausgelöst werden, wenn die Bodenbearbeitung bei optimalem Wassergehalt (> erdfeucht, < vollständige Sättigung) durchgeführt wird (Winter 1990).

4.3
Einflüsse und Auswirkungen für die Rekultivierung

Die technischen Vorgänge der Gewinnung des Rekultivierungsmaterials und des Transportes zum Auftragsort durchmischen das Ausgangsmaterial. Das Auftragsmaterial ist weitgehend homogen und strukturlos und weist eine verminderte Festigkeit auf. Wegen der ausgeprägten Empfindlichkeit gegenüber Feuchtigkeitsänderungen und der hohen Neigung zur Verdichtung des Rekultivierungsmaterials ergeben sich Auswirkungen für den Auftrag selbst und die abschließende Bearbeitung.

Negative Einflüsse auf die spätere Qualität des Neulandes resultieren aus dem Feuchtigkeitszustand des Bodenmaterials und Verdichtungen durch nachgeschaltete Planierungsarbeiten zur Modellierung des Auftrags- oder Geländereliefs.

Ein Verzicht auf den Einsatz von Planiergeräten ist in der Regel nicht möglich. Insbesonders für eine nachfolgende landwirtschaftliche Bearbeitung müssen die beim Verkippungsvorgang gebildeten Rippenstrukturen ausgeglichen werden (Abb. 6).

Ebenso kann sich Planieraufwand beim Ausgleich bzw. Auffüllen von Mulden ergeben, die durch unterschiedliche Untergrundsetzungen oder durch sonstige betrieblich bedingte Unwägbarkeiten verursacht werden.

Zur Erzielung guter Neulandböden sind deshalb die im Anschluß an die Verkippung folgenden Planierarbeiten auf den unvermeidbaren Umfang zu reduzieren.

Neben dem Einsatz von Arbeitsgeräten mit einem niedrigen Bodendruck (Moorraupen), einer Minimierung der notwendigen Planierarbeiten durch Verkippung mit geringen Rippenhöhen, ist der Feuchtigkeitszustand des Lösses sowie die Wahl des günstigen Planierzeitpunktes für die spätere Qualität des Neulandes von Bedeutung.

Zur Klärung dieses Sachverhaltes wurde in einem exemplarischen Großversuch 1990 die Verkippung und Bearbeitung des Lösses bei trockenem Klima im Vergleich zu der bei nasser Witterung untersucht (Winter 1992). Die Ergebnisse des Planierversuches zeigen, daß primär der Feuchtigkeitszustand des Lösses zum Zeitpunkt der Verkippung ausschlaggebend für die spätere

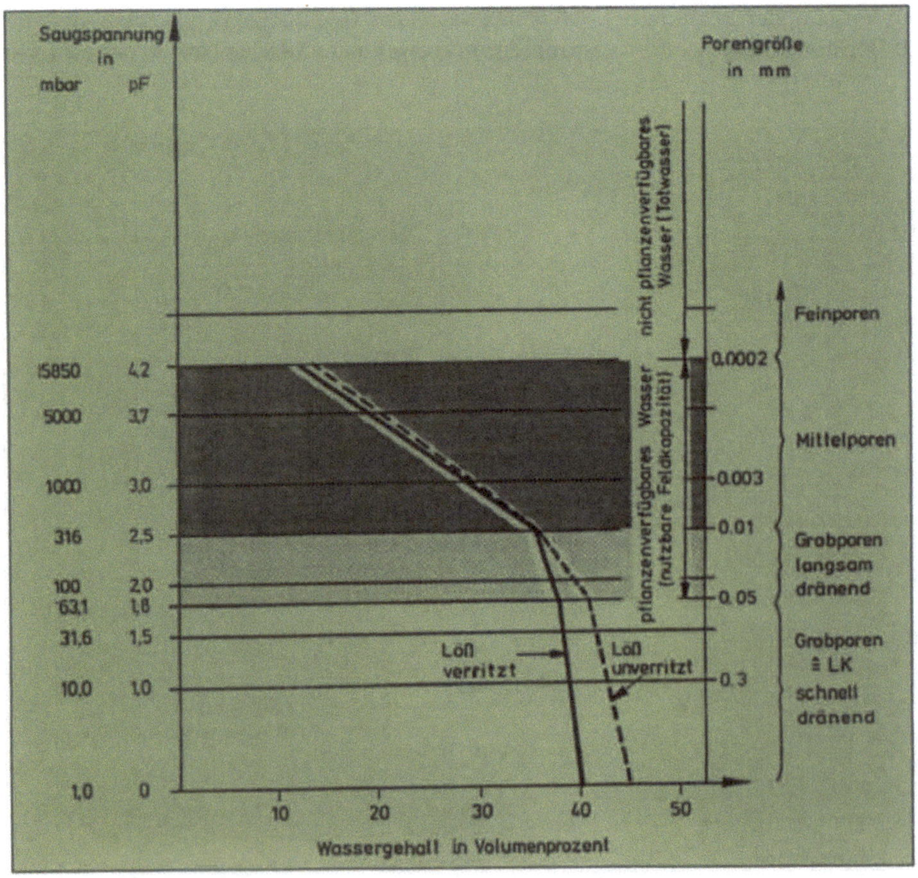

Abb. 5. Saugspannungskurve von gewachsenem und verkipptem Löß

Abb. 6. Rippenstrukturen des frisch verkippten Lösses

Qualität des Neulandes ist. Irreparable Verdichtungen im Unterboden (und tiefer) treten auf, wenn das Lößmaterial mit einem Wassergehalt verstürzt wird, der der Fließgrenze entspricht (= breiige Konsistenz). Trocken verkipptes Lößmaterial (Wassergehalt ≤ der Ausrollgrenze = steife Konsistenz) verdichtet sich trotz Niederschlag und/oder Planierarbeiten nur in Teufenbereichen, die nachträglich mit Meliorationsmaßnahmen erreicht werden können. Konsequenterweise muß die Verkippung von Löß zu Rekultivierungszwecken dann eingestellt werden, wenn durch Niederschlagsereignisse, wie z. B. einem Starkregen, die Konsistenz des Lösses in eine breiige Konsistenz übergeht.

5
Schlußbemerkungen

Aufgrund ihrer bodenphysikalischen Eigenschaften neigen die Rekultivierungsmaterialien Löß bzw. Forstkies zu Verdichtung bzw. Verfestigung. Auslöser dafür können sein

- 1. Die geringe Strukturstabilität des Lösses
- 2. Niederschläge
- 3. Druckwirkungen durch Belastungen
- 4. Kombinationen der Einflußfaktoren 1.–3.

Bodenverdichtungen beeinträchtigen den Luft- und Wasserhaushalt und damit das Pflanzenwachstum bis hin zum Totalausfall.

Die Ergebnisse an bodenmechanischen Untersuchungen zeigen, daß zur Erzielung guter Neulandböden die im Anschluß an die Verkippung folgende Bodenbearbeitung auf den unvermeidbaren Umfang zu reduzieren ist. Ausgehend davon sollte der Einsatz von Arbeitsgeräten mit einem niedrigen Bodendruck, einer Minimierung der Arbeitsgänge und Durchführung der Verkippung und Bodenbearbeitung bei geeigneter Witterung angestrebt werden.

Die geringe Gefügestabilität und das Eigengewicht des Bodens, die negativ auf die Qualität des rekultivierten Bodens einwirken, können nur im Zuge des langjährigen bodenkundlichen Entwicklungsprozesses und/oder mit geeigneten landbaulichen Maßnahmen aufgefangen werden, indem sich ein intaktes Wirkungsgefüge zwischen Boden, Bodenorganismen, Vegetation und Tierwelt einstellt.

6
Zusammenfassung

Die aus verschiedenen alten Lössen und deren Verwitterungsprodukten komplex zusammengesetzte und durch Prozesse der Erosion und Akkumulation überprägte Lößlagerstätte ist in den letzten Jahrzehnten intensiv erkundet worden. Es konnten vier Schichten unterschieden werden, von unten nach oben mit Schicht 1–4 bezeichnet.

Die beiden unteren Schichten – überwiegend saaleeiszeitlichen Alters – stellen kalkfreie oder kalkarme, tonige bis stark tonige, lagenweise sandige Lößlehme dar. Die beiden oberen Schichten gehören sicher dem Weichselglazial an, wobei Schicht 3 den kalkreichen eigentlichen Löß und Schicht 4 den daraus in der Nacheiszeit durch Verwitterungsvorgänge entstandenen weitgehend entkalkten Lößlehm bildet.

Als Mächtigkeit wurde für alle Schichten jeweils durchschnittlich 1–2,5 m festgestellt. Durch das Relief des Untergrundes bedingt kann sich einerseits die Mächtigkeit verdoppeln bis verdreifachen, andererseits führten Erosionen an früheren oder der heutigen Oberfläche zu einer Reduktion der Mächtigkeit bis hin zur völligen Abtragung.

Von allen Schichten wurden Qualitätsparameter, wie Kornverteilung, Kalk-, Nährstoff- und Wassergehalt sowie der pH-Wert bestimmt. Die Ergebnisse sind dargestellt und die Verwendbarkeit der einzelnen Schichten für die landwirtschaftliche oder forstliche Rekultivierung abgeleitet.

Aufgrund seiner Kornverteilung zählt der Löß zu den feinkörnigen, der Forstkies zu den gemischtkörnigen Lockergesteinsmaterialien. Je nach Wassergehalt und/oder Lagerungsdichte verändern sich die Beschaffenheit des Lösses bzw. Forstkies und damit die bodenphysikalischen Eigenschaften und führen zu Besonderheiten für die jeweilige Rekultivierung (technische Einflüsse).

Durch den technischen Vorgang der Rekultivierung (Gewinnung, Transport, Auftrag) wird das ursprüngliche Gefüge des unverritzten Lösses zerstört. Das Lößmaterial wird druck- und setzungsempfindlicher und neigt eher zu Verdichtungen. Auch auf Feuchtigkeitsänderungen reagiert der Löß sehr empfindlich. Schon bei geringer Erhöhung des Wassergehaltes geht Lößmaterial von halbfester bis steifer Konsistenz in den breiigen Zustand über.

Aufgrund dieser bodenmechanischen Eigenschaften sind zur Erzielung guter Neulandböden die im Anschluß an die Verkippung folgenden Planierarbeiten auf den unvermeidbaren Umfang zu reduzieren. Neben dem Einsatz von Arbeitsgeräten mit einem niedrigen Bodendruck, einer Minimierung der notwendigen Planierarbeiten durch Verkippung mit geringen Rippenhöhen, ist der Feuchtigkeitszustand des Lösses sowie die Wahl des günstigsten Planierzeitpunktes für die spätere Qualität des Neulandes von Bedeutung.

Die sorgfältige Auswahl von geeignetem Rekultivierungsmaterial aus den quartären Deckschichten und die Beachtung ihrer bodenmechanischen Besonderheiten bei der Rekultivierung sind Grundvoraussetzungen für eine Wiederherstellung von Kulturböden, die den gewachsenen Böden entsprechen.

LITERATUR

Brunnacker K (1967) Grundzüge einer Löß- und Bodenstratigraphie am Niederrhein. Eiszeitalter u. Gegenwart 18: 142–151

Dumbeck G, Winter K (1993) Bodenphysikalische und bodenmechanische Aspekte bei der Rekultivierung im Rheinischen Braunkohlenrevier. Mitteilungen der Deutschen Bodenkundlichen Gesellschaft 71: 29–32, Oldenburg und Posterpräsentation DGEG/DBG-Tagung, Hannover

Fleischer M (1993) Die Eignung der Deckschichten im Bereich des geplanten Braunkohlentagebaues Garzweiler II für die landwirtschaftliche und forstwirtschaftliche Rekultivierung, 73 S., Krefeld (GLA Nordrhein-Westfalen)

Frechen M (1991) Thermolumineszenz – Datierungen an Lössen des Mittelrhein-Gebiets. Sonderveröffentlichung Geol. Inst. Univ. Köln, 79, 137 S., Köln

Heide G (1957) Grundlagen der landwirtschaftlichen Rekultivierung im Rheinischen Braunkohlenrevier. Braunkohle, Wärme und Energie 5/6: 86–92, Düsseldorf

Heide G (1958) Gutachten über die Rekultivierung des Zentraltagebaues Frechen 19 S., Krefeld (GLA Nordrhein-Westfalen)

Hilligweg M (1995) Tonminerale in Lössen des Rheinischen Braunkohlenreviers. Dipl.-Arb. Univ. Köln, 94 S., Köln (unveröff.)

Klostermann J (1992) Das Quartär der Niederrheinischen Bucht. Ablagerungen der letzten Eiszeit am Niederrhein. 200 S., Krefeld (GLA Nordrhein-Westfalen)

LOBA (1984) Richtlinien des Landesoberbergamtes Nordrhein-Westfalen für das Aufbringen von kulturfähigem Bodenmaterial bei forstwirtschaftlicher Rekultivierung für die im Tagebau betriebenen Braunkohlenbergwerke vom 12.11.1973 in der Fassung vom 2.3.1984, 3 S., Dortmund

LOBA (1993) Richtlinien des Landesoberbergamtes Nordrhein-Westfalen für die landwirtschaftliche Wiedernutzbarmachung von Braunkohlentagebauen vom 7.1.1992 in der Fassung vom 17.5.1993, 7 S., Dortmund

Müller E-H (1959) Art und Herkunft des Lösses und Bodenbildungen in den äolischen Ablagerungen Nordrhein-Westfalens unter Berücksichtigung der Nachbargebiete. Fortschr Geol Rheinld Westf 4: 255–265, Krefeld

Paas W (1968) Gliederung und Altersstellung der Lösse am Niederrhein. Fortschr Geol Rheinld Westf 16: 185–196, Krefeld

Paas W (1982) Paläoböden des Niederrheins. Geol Jb F 14: 228–239, Hannover

Richard S (1993) Mächtigkeit und Qualität der Lößdeckschichten westlich Inden - Altdorf. Dipl.-Arb. Univ. Köln, 91 S., Köln (unveröffentlicht)

Winter K (1990) Bodenmechanische und technische Einflüsse auf die Qualität von Neulandflächen. Braunkohle 42 (10): 15–23, Düsseldorf

Winter K (1992) Neue bodenmechanische Untersuchungen zum Kippen und Planieren von landwirtschaftlich zu rekultivierenden Flächen. Braunkohle 44 (9): 12–17, Düsseldorf

Entwicklung, Sanierung und Schutz des Bodengefüges von Neulandböden

RAIMUND SCHNEIDER, DIETMAR SCHRÖDER
UND MARKUS WEYERS

1
Einleitung

Das Bodengefüge wird durch Bodenumlagerung im Zuge von Rekultivierungsmaßnahmen stärker als andere Bodeneigenschaften verändert. Über Jahrtausende gewachsene und stabilisierte Gefügekörper werden aufgebrochen und mit gefügelosem Material aus dem Untergrund (hier Rohlöß) vermischt. Festigkeit und Porenkontinuität gehen damit verloren. Neulandböden sind daher druckempfindlich und gering permeabel.

Bei Abgrabung, Transport, Ablagerung, Einebnung und Bewirtschaftung müssen diese Besonderheiten beachtet werden. Langjährige Forschungen und Erfahrungen haben zur Entwicklung bodenschonender Umlagerungs- und Bewirtschaftungsverfahren geführt, so daß derzeit alles geschieht, um die Funktionstüchtigkeit der Neulandböden sicherzustellen.

In der Vergangenheit wurden jedoch Teilflächen im Zuge der Rekultivierung stark verdichtet, so daß eine Gefügemelioration und Sanierungsbewirtschaftung unumgänglich wurden.

Somit liegen im rheinischen Revier in einem einheitlichen Klimaraum aus einem Gemisch von Lößlehm (ehem. Boden) und Rohlöß, jüngere und ältere, gut und weniger gut rekultivierte, nachfolgend sanierte und nicht sanierte Neulandböden unter acker- bzw. waldbaulicher Nutzung vor und stellen ein breites Experimentierfeld dar. Im Rahmen langjähriger Untersuchungen wurden auf diesen Standorten v. a. folgende Fragen bearbeitet:

- 1. Wie entwickelt sich das Bodengefüge in gespülten und geschütteten Neulandböden im Vergleich zu gewachsenen Böden?
- 2. Wie verändert sich geschädigtes Gefüge durch Sanierungsmaßnahmen, und wie reagiert es auf nachfolgende differenzierte Bewirtschaftung?
- 3. Durch welche Nutzung bzw. Bewirtschaftsmaßnahmen kann der Schutz ungestörter Gefügeentwicklung gewährleistet werden?

2
Untersuchungsmethoden und Standorte

Um alters-, rekultivierungs-, sanierungs- und nutzungsbedingte Unterschiede des Bodengefüges aufzeigen zu können, wurden gespülte (Naßverfahren) und geschüttete (Trockenverfahren) Neulandböden aus Löß verschiedenen Alters sowie gewachsene Böden (Parabraunerden) im Rheinischen Braunkohlenrevier zwischen Liblar im Süden und Bergheim im Norden untersucht. Angaben zu den naturräumlichen Verhältnissen werden in anderen Beiträgen dieses Buches gemacht.

Die bei der Analytik verwendeten Methoden sind beschrieben in Alef (1991), Hartge u. Horn (1989) sowie Schlichting u. Blume (1966).

Wichtige Kenndaten zur Bodenart sowie zu einigen chemischen und biologischen Eigenschaften sind in Tabelle 1 zusammengefaßt.

Die Bodenart ist lehmiger Schluff bis schluffiger Lehm mit durchschnittlich 0–15 Gew.-% Sand, 70–80 Gew.-% Schluff und 17–20 Gew.-% Ton.

Der Karbonatgehalt der Neulandböden beträgt ca. 4–9 Gew.-%. Die Kohlenstoffgehalte des Rekultivierungsmaterials sind sehr gering (< 0,2 Gew.-%). In den Krumen ist im Laufe der Entwicklung eine langsame Zunahme des C-Gehalts feststellbar (Haubold et al. 1987; Insam a. Domsch 1988). Doch auch nach 20–25 Jahren liegen die Werte noch deutlich unter denen der gewachsenen Böden.

Mit dem allmählichen Anstieg des Gehaltes an organischer Substanz geht eine langsame Zunahme der mikrobiologischen Aktivität einher, die durch die beiden Parameter mikrobielle Biomasse und Dehydrogenasenaktivität erfaßt wurde. Das Niveau des Altlandes wird hier ebenfalls nicht erreicht.

3
Ergebnisse

3.1
Entwicklung des Bodengefüges bei nasser und trockener Rekultivierung

3.1.1
Morphologische Befunde

Die Ausgangssituation der Gefügeentwicklung im Lößneuland ist abhängig von der Rekultivierungsart.

Das im Naßverfahren aufgespülte Löß- und Lößlehmsubstrat liegt anfangs schichtig und kohärent in lockerer, poröser Lagerung vor (Breitfuss 1985). Stärkere Materialheterogenitäten treten nicht auf, da das Spülgut in Mischbehältern mit unter Druck stehendem Wasser homogenisiert wird und weitere Durchmischung beim Transport zum Spülbecken in den Rohrleitungen erfolgt (Platz 1962).

Eine gewisse vertikale und horizontale Graduierung des Neulandsubstrates ergibt sich aus dem Spül- und Sedimentationsprozeß. Dies ist an Veränderungen der Korngrößenverteilungen mit zunehmender Entfernung von der Spülgut-Einlaufstelle belegbar (Platz 1962). Zur Vermeidung oder Verringerung grösserer Heterogenitäten auf den Spülfeldern durch Entmischungsprozesse empfiehlt Starke (1990) die Verwendung mehrerer Spülgut-Einläufe sowie deren häufigere Verlegung, aber auch die Verkleinerung der Polder.

In den Unterböden der Spülflächen finden sich vertikal orientierte Strukturen und bröckelige Lagen, die auf Abtrocknungsphasen in Spülpausen oder am Ende der Aufspülung zurückzuführen sind (Hartge u. Horn 1991; Wolkewitz 1953).

Ein Charakteristikum der verspülten Lößsubstrate sind sog. „Teigblasen“, runde oder ovale Hohlräume, die teils isoliert liegen, z. T. durch feinere Poren miteinander verbunden sind. Es handelt sich um Luft- oder Gasblasen, die beim Spül- und Sedimentationsvorgang im Sediment infolge von Turbulenzen eingeschlossen wurden.

Verdichtungen in Spülböden können bei der Einebnung der Polderdämme mit Planierraupen entstehen, da hierbei das strukturlose, sehr labile Spülsubstrat erheblichen mechanischen Belastungen ausgesetzt wird (Starke 1990) oder bei der landwirtschaftlichen Nutzung.

Die Verhältnisse in den Schüttböden sind von denen der Spülflächen sehr verschieden. Besonders die älteren Schüttböden weisen stärkere Substratheterogenitäten auf. Die Unterböden sind häufig rekultivierungsbedingt

Tabelle 1. Korngrößenverteilung sowie bodenchemische und -mikrobiologische Kennwerte ackerbaulich genutzter Neu- und Altlandböden aus Löß (n = 5)

	Tiefe [cm]	Sand [Gew.-%]	Schluff [Gew.-%]	Ton [Gew.-%]	$CaCO_3$ [Gew.-%]	C [Gew.-%]	Mikrob. Biom. [µg C/g TS]	DHA [µgTPF/gTS]
Neuland gespült								
10 Jahre	0–30	4,6	77,4	18,0	7,5	0,33	263	25
	30–50	3,8	77,8	18,4	8,0	0,23		
	50–70	3,5	78,7	17,8	8,3	0,18		
	> 70	3,7	78,1	18,2	7,8	0,16		
20–25 Jahre	0–30	9,6	72,4	18,0	6,7	0,55	352	54
	30–50	7,9	74,1	18,0	6,6	0,15		
	50–70	14,1	70,7	17,2	6,0	0,13		
	> 70	10,3	69,7	20,0	7,4	0,13		
geschüttet								
10 Jahre	0–30	6,9	74,0	19,1	5,2	0,33	247	48
	30–50	6,5	72,6	20,9	3,8	0,19		
	50–70	8,0	72,6	19,4	4,4	0,17		
	> 70	8,4	72,4	19,2	4,1	0,16		
20–25 Jahre	0–30	15,6	65,1	19,3	4,4	0,44	342	57
	30–50	12,0	69,1	18,9	5,4	0,22		
	50–70	13,8	67,6	18,6	5,2	0,17		
	> 70	12,9	67,9	19,2	5,4	0,13		
Altland								
	0–30	12,3	69,1	18,6	0,3	1,15	389	113
	30–50	7,6	74,5	17,7	0,1	0,35		
	50–70	5,3	75,5	19,2	0,3	0,30		
	> 70	4,3	74,5	21,2	0,3	0,25		

C Kohlenstoffgehalt, *Mikrob. Biom.* Mikrobielle Biomasse, *DHA* Dehydrogenasenaktivität, *TS* Trockensubstanz, *TPF* Triphenylformazan primärverdichtet und bestehen vielfach aus Klumpen, Bröckeln, Platten und sog. „Rollaggregaten", eingebettet in eine strukturlose Lößmatrix. Die Rollaggregate entstehen bei der Umlagerung des Rekultivierungsmaterials mittels Förderbändern und beim Schüttvorgang, wobei v. a. stabilere Aggregate (ehemalige B_t-Horizont-Aggregate) abgerundet, aber nicht zerstört werden (Mc Sweeney a. Jansen 1984; Vorderbrügge 1989). Das Gefüge ist dann als verschieden dicht gelagertes Kohärentgefüge mit Rollaggregaten zu bezeichnen. Bei gut rekultivierten Schüttböden hingegen sind die Bezeichnungen lockeres Rollaggregat-Kohärentgefüge oder lockeres Rollaggregatgefüge treffender (Schneider 1993; Tenholtern et al. 1993; Vorderbrügge 1989).

Bei neulandgerechter Bewirtschaftung mit Humuszufuhr (z. B. Stallmist), restriktiver Bodenbearbeitung, geringer mechanischer Belastung und vielseitiger Fruchtfolge stellt sich im gespülten und geschütteten Lößneuland bearbeitungsbedingt ein Bröckel- und Klumpengefüge ein, das sich im Laufe der Jahre in ein Subpolyeder- und Krümelgefüge umwandelt.

Wird das Neuland jedoch intensiv bewirtschaftet und belastet, bleibt das aus pflanzenbaulicher Sicht als ungünstiger einzustufende Platten- sowie Klumpen- und Bröckelgefüge langfristig erhalten.

Eine merkliche Gefügeentwicklung bei ackerbaulich genutztem Lößneuland mittlerer und schlechter Rekultivierungsqualität und nur bedingt neulandgerechter Bewirtschaftung bleibt in den ersten 1–2 Jahrzehnten vornehmlich auf den Oberboden beschränkt. Im gut rekultivierten Neuland findet jedoch auch im Unterboden eine Gefügebildung durch biologische Aktivität und Feuchtewechsel statt (Dumbeck u. Winter 1993; Lebert 1993).

3.1.2
Bodenphysikalische Eigenschaften

Bezugsbasis für die Beurteilung bodenphysikalischer Eigenschaften der Neulandböden sollten die Eigenschaften der gewachsenen Böden aus gleichem Substrat sein (Schröder u. Schneider 1992). In Tabelle 2 sind von durchschnittlichen Profilen Mittelwertsdaten für junge und alte, jeweils gespülte oder geschüttete Neulandböden sowie für Altlandböden zusammengestellt worden.

Das Gesamtporenvolumen der Altlandböden ist etwas höher als das der Neulandböden. Unter den Neulandböden weisen die älteren geschütteten Varianten die geringsten Werte auf. Dies ist vornehmlich auf unzureichende Sorgfalt bei der Rekultivierung zurückzuführen.

Die gespülten Varianten haben etwas höhere Porenvolumina als die geschütteten. Daß die Werte der älteren Spülböden über denen der jüngeren liegen, beruht teilweise auf der Bildung von Grobporen, im wesentlichen aber wohl auf schonenderer Bewirtschaftung im Anfangsstadium (seinerzeit waren die Geräte leichter).

Das Grobporenvolumen der Neulandböden erreicht nicht das Niveau der Altlandböden. Es ist insbesondere in den jungen Spülböden aufgrund des Sedimentationsprozesses sehr gering. Grobporen bilden sich erst allmählich durch Austrocknung (vertikale Risse) sowie Wurzeln und Bodentiere (z. B. Regenwürmer). Aufgrund von Setzungsvorgängen im Spülgut und belastender Bewirtschaftung bleiben der Grobporenanteil und damit verknüpft die Luftleitfähigkeit, trotz vergleichsweise günstiger Lagerungsdichte, gering. Hieraus können Störungen im Luftaustausch und bei der Durchwurzelung resultieren (Haubold-Rosar 1996).

Der potentiell pflanzenverfügbare Wassergehalt der gespülten Neulandböden übertrifft den der geschütteten und auch den der Altlandböden, da durch Dispergierung und Sedimentation aufgrund des hohen Schluffanteils ein hoher Mittelporenanteil entsteht.

Der Totwasseranteil ist bei allen Varianten entsprechend den Tongehalten gering. Langjährige Vergleiche des Trockenraumgewichtes mit Geländebefunden, Wurzelwachstum und Erträgen haben ergeben, daß in diesem umlagerten Substrat Werte der Bodendichte über 1,65 g/cm^3 bedenklich sind und meist eine Melioration erforderlich ist (Rüter et al. 1993).

Luft- und Wasserpermeabilität sind in den Neu- und Altlandböden durchweg gering. Der Eindringwiderstand steigt vom gespülten zum geschütteten Neuland an und erreicht hier Werte wie beim Altland. Im Pflugsohlenbereich finden sich insbesondere auf Spülflächen deutliche Maxima. Die Aggregatstabilität der Neulandböden ist deutlich geringer als die der Altlandböden.

Wenn nicht, wie in Tabelle 2 durchschnittliche Profile, sondern „schlecht" bzw. „gut" rekultivierte Böden ausgewählt werden, entfernen sich die Eigenschaften etwas von den hier genannten (Haubold et al. 1987).

Als schlecht rekultiviert sind solche Flächen zu bezeichnen, die einen undurchlässigen Untergrund (Rohkippe) haben, auf denen sich infolge von Setzungen nach Aufnahme der Bewirtschaftung noch Mulden befinden oder bilden, was zu zusätzlicher Vernässung führt, oder deren Lößsubstrat rekultivierungsbedingt (Verkippen von zu nassem Rekultivierungsgut, Planierarbeiten) tiefreichend verdichtet ist (Winter 1992).

3.1.3
Bodenmechanische Eigenschaften

Um neben den bodenphysikalischen Eigenschaften auch Informationen über die mechanische Belastbarkeit des gefügelabilen Lößneulandes zu erhalten, wurden bodenmechanische Untersuchungen an ungestörten Bodenproben durchgeführt, die auf 6 kPa vorentwässert waren. Dieser Wert entspricht etwa der Bodenfeuchtesituation z. Z der Frühjahrsbestellung. In diesem Zeitraum stellt der Boden aufgrund der großen Bodenfeuchte ein besonders druckempfindliches System dar (Lebert 1989).

Tabelle 2. Bodenphysikalische Eigenschaften von ackerbaulich genutzten Neu- und Altlandböden aus Löß (n = 5)

Standort	Tiefe [cm]	GPV	P >50 µm	50–10µm	10–0,2 µm	< 0,2 µm	R_t [g/cm³]
				[Vol.-%]			
Neuland gespült 10 Jahre	0–30	42,5	7,3	4,0	19,9	11,3	1,53
	30–50	38,6	1,3	2,8	22,7	11,8	1,64
	50–70	38,6	0,6	1,7	24,9	11,4	1,64
	>70	39,9	0,9	1,7	25,3	12,0	1,61
20–25 Jahre	0–30	42,9	9,3	3,9	18,1	11,6	1,52
	30–50	39,0	3,1	2,3	21,8	11,8	1,63
	50–70	41,2	1,9	2,8	25,7	10,8	1,57
	>70	41,4	2,1	2,3	25,8	11,2	1,57
geschüttet 10 Jahre	0–30	43,4	9,3	3,9	18,6	11,6	1,51
	30–50	39,2	4,4	4,3	18,1	12,4	1,63
	50–70	39,6	4,5	4,8	17,8	12,5	1,62
	>70	40,3	5,9	5,2	16,7	12,5	1,60
20–25 Jahre	0–30	41,0	7,2	4,3	17,8	11,7	1,57
	30–50	36,3	3,0	4,3	17,0	12,0	1,70
	50–70	36,9	2,7	4,8	16,6	12,8	1,69
	>70	38,4	3,2	5,8	17,3	12,1	1,65
Altland	0–30	45,7	9,2	3,6	19,4	13,5	1,44
	30–50	43,2	5,0	4,4	21,0	12,8	1,51
	50–70	42,7	5,4	2,9	17,4	17,0	1,53
	>70	41,2	3,8	1,8	19,1	16,5	1,57

GPV Gesamtporenvolumen, *P* Poren, R_t Trockenraumgewicht, K_f gesättigte Wasserleitfähigkeit, K_a Luftleitfähigkeit (Saugspannung 30 kPA), E_w Eindringwiderstand (Saugspannung 30 kPA), *Δ GMD* Änderung des gewichteten mittleren Durchmessers

Die jungen Rekultivierungsböden reagieren sowohl auf kurzzeitige Belastungen, erfaßt durch höhere Sofortsetzungsanteile (Abb. 1), wie auf Langzeitbelastungen empfindlicher als die alten rekultivierten Böden.

Mittlere Sofortsetzungsanteile von rund 80 % der Gesamtsetzung, bei in der landwirtschaftlichen Praxis üblichen Belastungen zwischen 100 und 300 kPa Auflastdruck (Lebert 1989), sind als sehr hoch zu bewerten. Hoher Schluffgehalt, geringer Humusgehalt und geringe biogene Tätigkeit sowie die damit verbundene geringe Stabilität schon gebildeter Aggregate bzw. kohärente, feinporöse Lagerung können als Erklärung hierfür angeführt werden.

Die mechanische Druckbelastbarkeit, bestimmt als Wert der Vorbelastung (Abb. 2) sowie die Festigkeit des Bodens gegenüber scherender Beanspruchung, erfaßt durch die Scherparameter Winkel der inneren Reibung (Abb. 3a) und Kohäsion (Abb. 3b) sind beim alten Lößneuland größer als beim jungen.

Während die größere Belastbarkeit der älteren Spülflächen auf eine positive Entwicklung mit zunehmendem Alter zurückzuführen ist, wie in den vorangegangenen Kapiteln dargestellt, beruht sie bei den älteren Schüttflächen jedoch auf der großen Dichte der Böden.

Die gewachsenen Böden verfügen über eine positiv zu bewertende hohe mechanische Belastbarkeit, die auf eine stabile Aggregierung zurückzuführen ist. Sie verbindet hohe Tragfähigkeit mit günstigen bodenphysikalischen Standortbedingungen.

Im Gegensatz dazu wird die Vorbelastung des ackerbaulich genutzten Lößneulandes zum gegenwärtigen Zeitpunkt vorwiegend über eine Veränderung der Kornkontaktzahl gesteuert und damit über die Dichte des Bodens (Abb. 4) (Rüter et al. 1993). Hohe Tragfähigkeit und günstige physikalische Verhältnisse scheinen

E_w [kPa]	Δ GMD [mm]
187	4,2
264	4,5
228	
181	
210	3,7
295	4,2
166	
154	
200	4,0
318	4,5
294	
290	
256	3,9
394	4,3
384	
310	
213	1,8
253	2,7
300	
393	

sich unter den derzeitigen Bedingungen auszuschliessen, weshalb der Suche nach Möglichkeiten zur Schaffung eines stabilen Bodengefüges im Lößneuland große Bedeutung zukommt.

3.1.4
Fazit aus den Untersuchungen zur Gefügeentwicklung

Die Gefügeentwickung im rekultivierten Lößsubstrat wird v. a. durch die Rekultivierungsart und -qualität sowie die Bewirtschaftungsintensität gesteuert. Während bei den Spülflächen aufgrund morphologischer und bodenphysikalischer Befunde Änderungen im Laufe der ersten zwei Jahrzehnte bis in den Unterboden feststellbar sind, bleibt die Aggregatbildung besonders im schlecht rekultivierten Neuland unter intensiver ackerbaulicher Nutzung vornehmlich auf den Oberboden beschränkt.

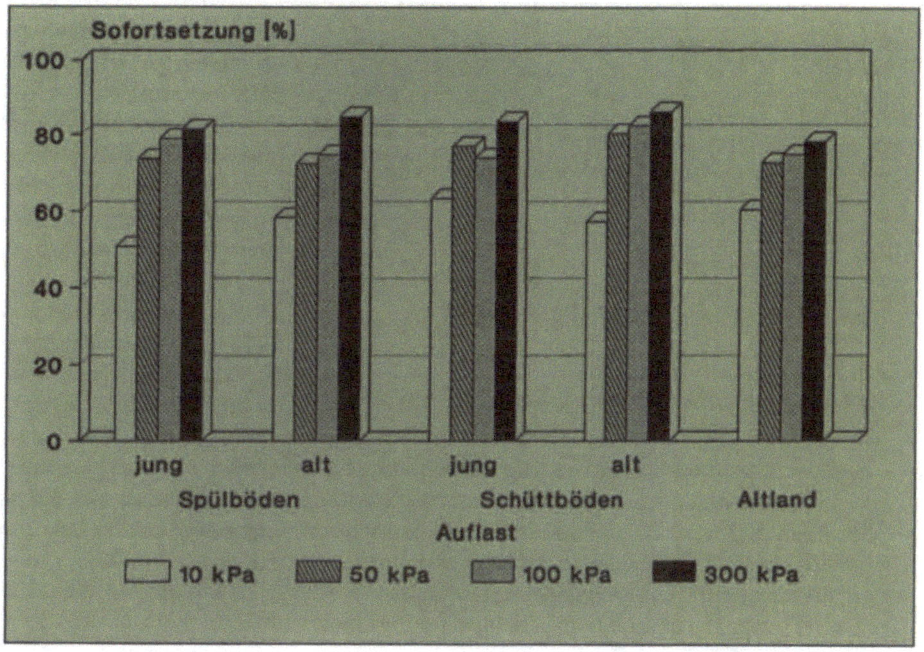

Abb. 1. Mittlere Sofortsetzungsanteile von Neu- und Altlandböden aus Löß in 35–40 cm Tiefe bei verschiedenen Auflaststufen (n = 2)

Unabhängig von der Rekultivierungsart oder -qualität ist die Stabilität der gebildeten Aggregate wegen des hohen Schluffgehaltes sowie der geringen Humusgehalte und der damit verbundenen geringen biologischen Aktivität sehr gering.

Teile der älteren geschütteten Rekultivierungsflächen stellen Problemstandorte infolge von Materialheterogenitäten, tiefreichenden rekultivierungsbedingten und zusätzlichen bewirtschaftungsbedingten Verdichtungen dar, weshalb sie häufig als meliorationsbedürftig einzustufen sind.

3.2
Sanierung geschädigten Bodengefüges

3.2.1
Bodenphysikalische Eigenschaften

Im Rheinischen Braunkohlenrevier sind, wie schon erläutert, neben gut rekultivierten, lockeren Neulandböden auch stark verdichtete Neulandböden entstanden (Haubold-Rosar et al. 1991).

Stark verdichtete Unterböden mit geringer Luftkapazität und niedriger Luftleitfähigkeit lassen eine gleichmäßig tiefe Durchwurzelung aufgrund der starken Verfestigung und des gestörten Gasaustausches bei zeitweiliger Staunässe nicht zu (Middelschulte et al. 1992; Taylor et al. 1966; Vorderbrügge 1989). Stark ausgeprägte Staunässe sowie verspätete Abtrocknung und Erwärmung der Standorte verringern die Spanne der Bearbeitbarkeit und die Ertragssicherheit dieser Standorte.

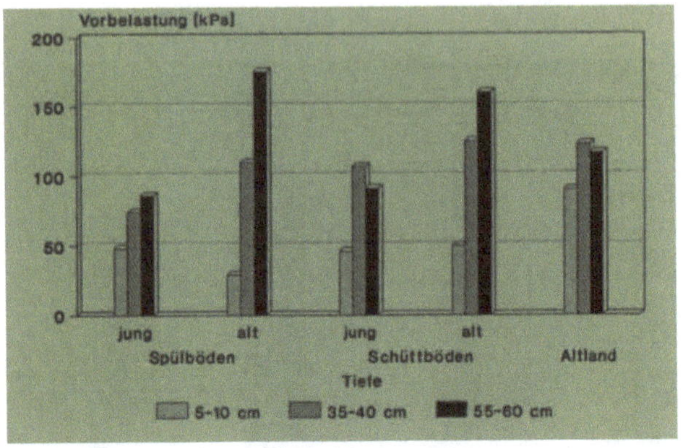

Abb. 2. Mittelwerte der Vorbelastungen von Neu- und Altlandböden aus Löß in drei Tiefen nach Vorentwässerung auf 6 kPa (n = 2)

In der Literatur sind widersprüchliche Befunde zur Meliorierbarkeit und Erhaltungsdauer der Meliorationseffekte schluffreicher Neulandböden zu finden. Schulze und Engels (1962) sowie Sunkel (1981) berichten von einem Verlust der Tieflockerungswirkung bzw. gar von einer Verschlechterung bodenphysikalischer Parameter schon wenige Jahre nach der Durchführung von Tieflockerungen mit starren Lockerungsgeräten (Bodenmeißel, Meiler-Heckaufreisser) bzw. einem Wippscharlockerer. Haubold und Schröder (1989) weisen dagegen auf eine nachhaltige Wirkung von Tieflockerungsmaßnahmen bei lockerungsbedürftigen Neulandböden hin.

In Versuchen zur Erkundung optimaler Meliorationsverfahren (Tieflockerung bis 80 cm, bzw. Tieflokkerung mit Dränung in verschiedenen Abständen) und geeigneter Folgebewirtschaftung auf einem verdichteten Neulandstandort aus Löß wurden umfassende Ergebnisse ermittelt.

Die 1989 erfolgte Tieflockerung sowohl mit dem MM 100 (Abbruchlockerer) als auch dem TLG 12 (Steckhublockerer) führt in 50 und 60/70 cm Tiefe des Unterbodens zu einer signifikanten Zunahme des Gesamtporenvolumens (Abb. 5), der Anteile weiter Grobporen (Abb. 6), und damit der Luft- und Wasserdurchlässigkeit sowie zu einer Herabsetzung des Eindringwiderstandes und der Lagerungsdichte im Vergleich zum ungelockerten Boden.

Bei einer bodenschonenden Folgebewirtschaftung werden im kombiniert meliorierten Boden (TLG 12-Lockerung und Dränage mit 8 m Saugerabstand) höhe-

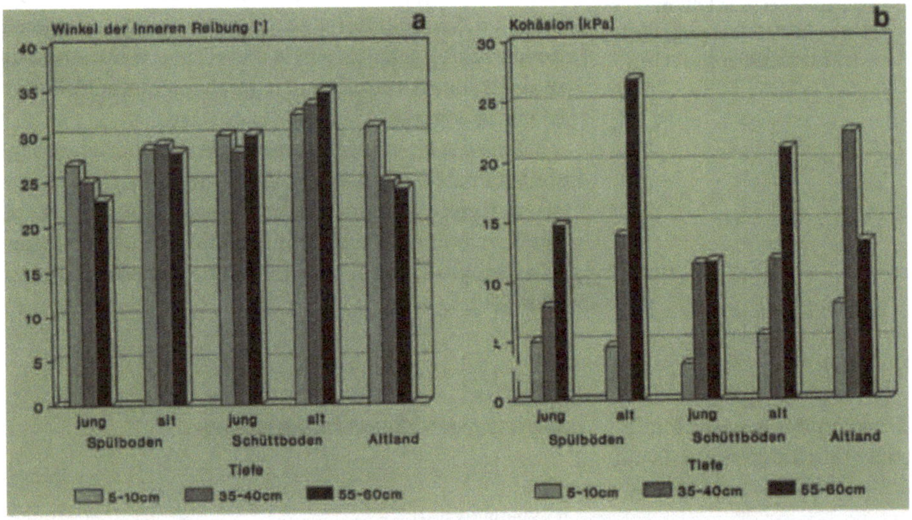

Abb. 3. Mittelwerte für den Winkel der inneren Reibung **a** und die Kohäsion **b** von Neu- und Altlandböden aus Löß (Vorentwässerung: 6 kPa, Vorschubgeschwindigkeit: 0,2 mm/min, n = 2)

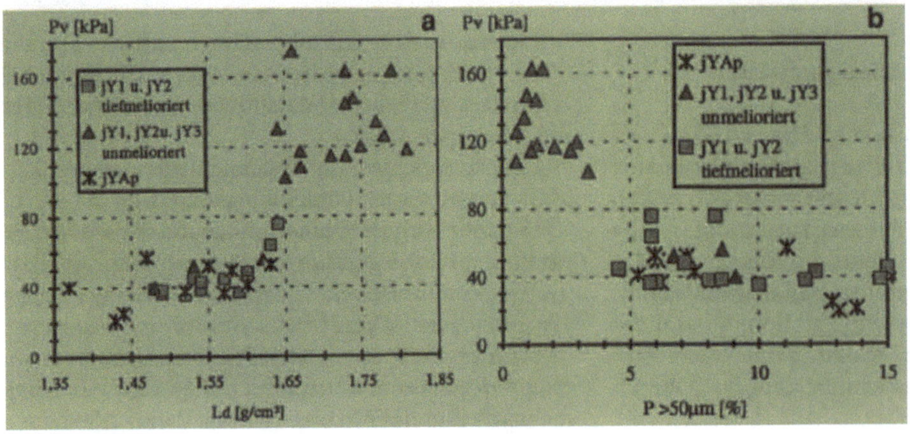

Abb. 4. Beziehung zwischen Lagerungsdichte und Vorbelastung **a** und zwischen Poren > 50 µm und der Vorbelastung **b** geschütteter Neulandböden aus Löß nach Vorentwässerung auf 6 kPa

re Gesamtporenvolumina, mehr weite Grobporen, höhere Luftdurchlässigkeiten, geringere Eindringwiderstände und niedrigere Lagerungsdichten als im nur TLG 12-gelockerten Boden geschaffen. Das ist auf die Abfuhr überschüssigen Sickerwassers im kombiniert meliorierten Boden zurückzuführen, so daß Aggregate nicht zerfließen.

Von entscheidender Bedeutung für den Meliorationserfolg ist die Folgebewirtschaftung. Die jährliche bodenwendende Bearbeitung (Herbstfurche, konventionell) hat in der Krume zu den Probenahmeterminen im April/Mai des nachfolgenden Jahres in Abhängigkeit von Witterung, Bodenbedeckung, Durchwurzelung und weiterer Bearbeitung zu recht unterschiedlichen Ergebnissen geführt. Für die mit einer Mulchschicht bedeckten bodenschonend bewirtschafteten Krumen sind 1990 im Meliorationsmittel günstigere, 1991 ungünstigere und 1992 vergleichbare bodenphysikalische Werte im Bereich des durch den Grubber flacher gelockerten Bodens gegenüber den konventionell bewirtschafteten Krume zu verzeichnen. Jahresunterschiede sind bei bodenschonender Bewirtschaftung gering. Das 1990 nach Mulchsaat angebaute Kleegras (Klgr.) verblieb nach der Mahd auf der Fläche. Für diese Variante sind in der Krume gegenüber allen anderen Bewirtschaftungsvarianten 1991 ein erhöhter organischer Kohlenstoffgehalt sowie eine verbesserte Aggregatstabilität (Δ GMD, Änderung des gewichteten mittleren Durchmessers) festzustellen.

Der ungelockerte Unterboden wird allenfalls geringfügig durch die Bewirtschaftungsform beeinflußt. Im tiefgelockerten Unterboden führt eine der Melioration unmittelbar folgende Setzung im Winterhalbjahr

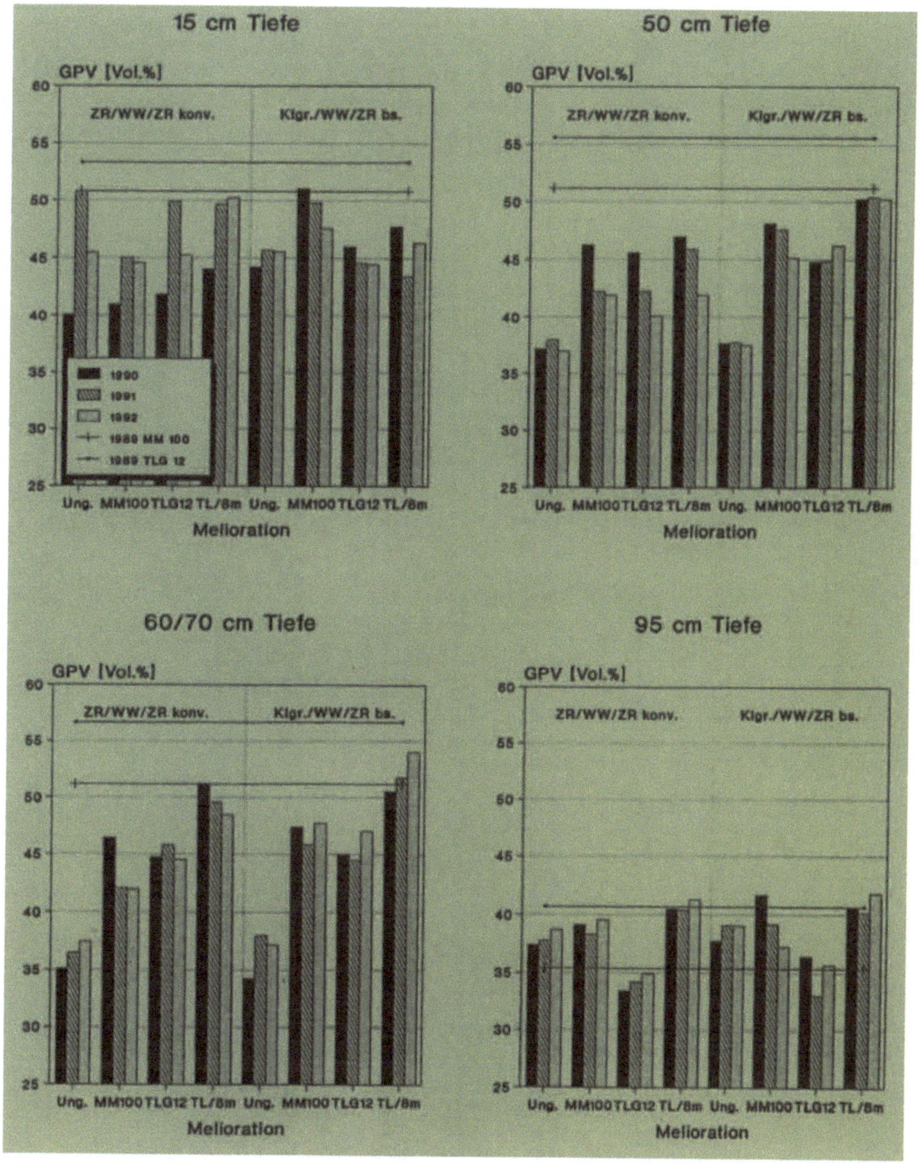

Abb. 5. Mittelwerte der Gesamtporenvolumina ungelockerter, tiefgelockerter und kombiniert meliorierter Böden in einem konventionellen und einem bodenschonenden Bewirtschaftungssystem von 1990–1992 (Daten für 1989 von Haubold-Rosar) in vier Tiefen (n = 3)

GPV Gesamtporenvolumen, *ZR* Zuckerrüben, *WW* Winterweizen, *Klgr.* Kleegras, *konv.* konventionell, *bs.* bodenschonend, *ung.* ungelockert, *MM 100* Abbruchlockerer, *TLG 12* Stechhublockerer, *TL/8 m* kombinierte Melioration/Stechhublockerer mit 8 m Dränage

1989/90 zu deutlichen Porenraum- und Luftdurchlässigkeitsverlusten. Bei bodenschonender Folgebewirtschaftung ist danach keine weitere Verschlechterung bodenphysikalischer Parameter zu verzeichnen. Bei konventioneller Bewirtschaftung nehmen jedoch das Gesamtporenvolumen und insbesondere das Grobporenvolumen und damit die Luftdurchlässigkeit im Laufe der Jahre durch die Schlepperrad-/Pflugsohlenverdichtung in 50 cm mittlerer Entnahmetiefe weiter ab, Eindringwiderstand und Lagerungsdichte zu. Das ist vorwiegend auf die herabgesetzte Tragfähigkeit tiefgelockerter Unterböden und die starke, großflächig wirkende Belastung des Unterbodens durch das in der Furche laufende Schlepperrad mit entsprechender Verdichtungswirkung zurückzuführen.

In der dritten Entnahmetiefe des TLG 12-gelockerten Bodens (= Hauptlockerungszone) sind nur geringfügige Veränderungen bodenphysikalischer Parameter im Laufe der Jahre zu erkennen. Für den MM 100-gelockerten Boden, der aufgrund der geringeren Lockerungstiefe in 60 statt in 70 cm Tiefe beprobt wurde, deutet sich eine stärkere Beeinträchtigung des Lockerungserfolges durch die Schlepperrad-/Pflugsohlenverdichtung an. Somit ist im MM 100-gelockerten Boden nahezu der gesamt Lockerungsbereich von einer Verschlechterung bodenphysikalischer Parameter durch die Belastungen infolge konventioneller Bewirtschaftung betroffen, während in den TLG 12-gelockerten Böden in größerer Tiefe keine oder nur geringfügige Veränderungen festzustellen sind. Dennoch sind die untersuchten Parameter im Wiederverdichtungsbereich noch günstiger als in den ungelockerten Vergleichshorizonten.

Um festzustellen, ob ausgeprägte Wiederverdichtungen in besonders belasteten Bereichen stattfinden, wur-

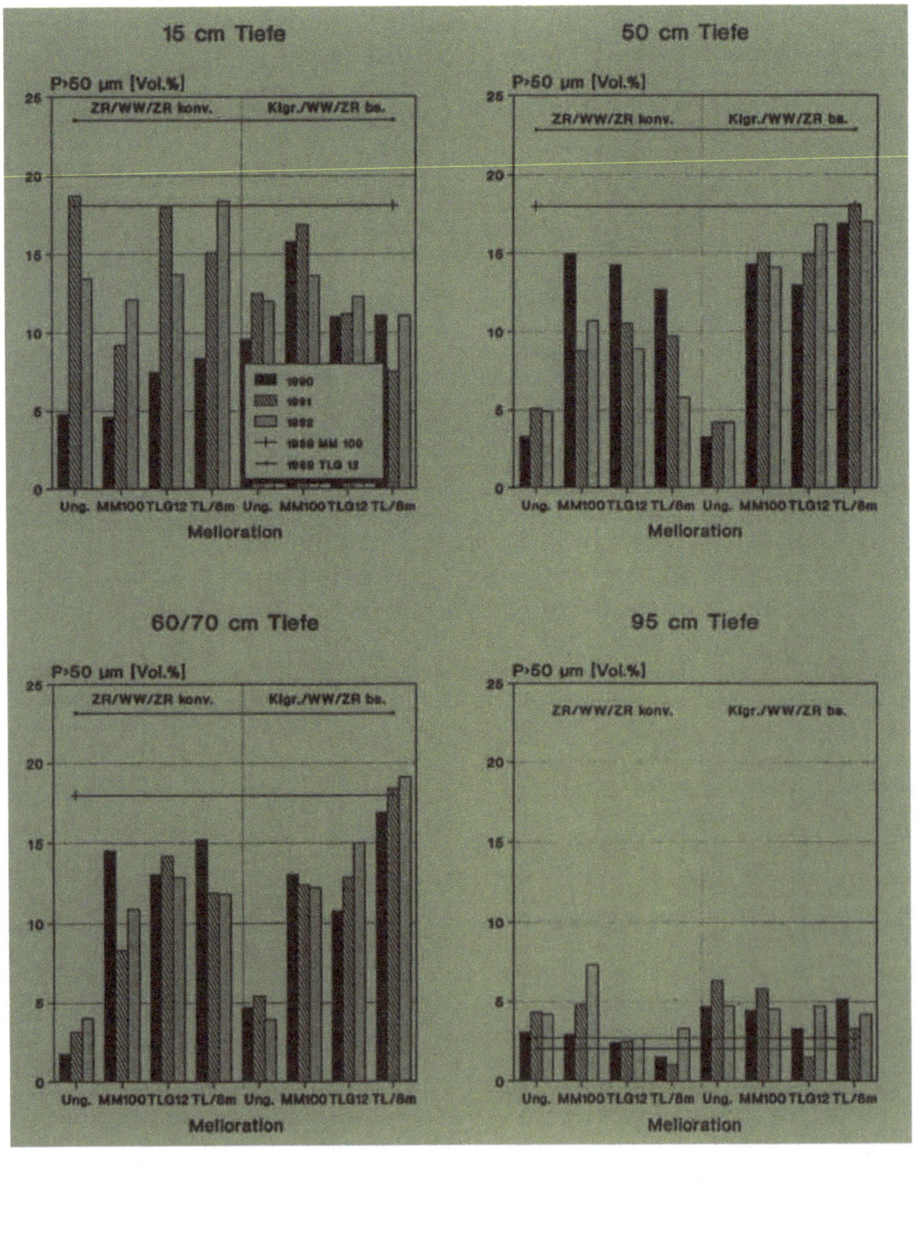

Abb. 6. Mittelwerte der Anteile weiterer Grobporen ungelockerter, tiefgelockerter und kombiniert meliorierter Böden in einem konventionellen und in einem bodenschonenden Bewirtschaftungssystem von 1990–1992 (Daten für 1989 von Haubold-Rosar) in vier Tiefen (n = 3)

P Poren, *ZR* Zuckerrüben, *WW* Winterweizen, *Klgr.* Kleegras, *konv.* konventionell, *bs.* bodenschonend, *ung.* ungelockert, *MM 100* Abbruchlockerer, *TLG 12* Stechhublockerer, *TL/8 m* kombinierte Melioration/Stechhublockerer mit 8 m Dränage den Untersuchungen unter Fahrspuren verschiedener Ausprägung vorgenommen.

Bei den ein Jahr nach der Lockerung untersuchten Fahrspuren konventionell und bodenschonend bewirtschafteter Zuckerrübenbestände tritt ein mit zunehmender Tiefe abnehmender Verlust an Gesamtporenvolumen sowie insbesondere weiter Grobporen und damit der Permeabilität auf (Tabelle 3, Fahrgasse). Hiermit geht ein Anstieg des Eindringwiderstandes und der Lagerungsdichte durch die Erhöhung der Kornkontaktzahl einher. Eine Breitbereifung bewirkt zwar i. allg. geringfügig günstigere bodenphysikalische Werte in der Krume als Normalbereifung, die Tiefenwirkung durch die Druckfortpflanzung ist bei der hier erfolgten Verwendung gleich schwerer Schlepper jedoch kaum geringer. In den tiefgelockerten Böden reichen die Beeinträchtigungen unter der Fahrgasse daher bis in über 50 cm Tiefe. Dennoch sind alle durch die Befahrung beeinträchtigten Parameter des tiefgelockerten Bodens noch günstiger als im ungelockerten Boden gleicher Tiefe.

Nach Befahrungen bei trockenerem Boden mit sehr viel schwererem Gerät (Zuckerrüben-Ladebunker: vollgeladen bis 19 t) sind dagegen schon in 50 cm Tiefe des tiefgelockerten Bodens keine Beeinträchtigungen bodenphysikalischer Parameter mehr zu verzeichnen (Tabelle 3, Erntefahrspur). Trotz sehr viel höherer Belastung der Erntefahrspuren waren die Lagerungsdichten in 5 cm Tiefe nicht so hoch wie in der Fahrgasse. Das ist auf wiederholte Befahrung und eine stärkere Verschmierung und Zerquetschung von Aggregaten sowie Einregelung von Bodenpartikeln bei größerem Schlupf (Werner et al. 1991) in der Fahrgasse bei feuchterem Boden zurückzuführen.

3.2.2 Bodenmechanische Eigenschaften

Die Tieflockerung der stark verdichteten Unterböden hat neben der Verbesserung bodenphysikalischer Parameter auch eine starke Herabsetzung der ehemals verdichtungsbedingt hohen mechanischen Tragfähigkeit bewirkt. Durch die Folgebewirtschaftung haben sich erneut Überverdichtungen (Hartge u. Horn 1989) bis in über 50 cm Tiefe ergeben (Abb. 7a). Das aus der Vorbelastung und dem Bodensäulendruck berechnete Verdichtungsverhältnis entspricht in 70 cm Tiefe annähernd einer Normalverdichtung (Abb. 7b).

Bei geringer werdendem Bodenwassergehalt nimmt die Vorbelastung und Stabilität des Bodens zu. Erst bei einer Überschreitung der Vorbelastung kommt es zu weiterer plastischer Verformung des Bodens (Lebert 1989; Schneider 1994). Folglich kann bei zu starker Durchfeuchtung und/oder zu starker Belastung durch die Bewirtschaftung unter Berücksichtigung des Druckabbaus mit der Tiefe die Tieflockerungswirkung weiter

Tabelle 3. Bodenphysikalische Parameter tiefgelockerter Böden in bodenschonend und konventionell bewirtschafteten Zuckerrüben-Beständen (1990) im unbefahrenen Zustand, unter der Fahrgasse und der Erntefahrspur in 5, 25, 50 und 70 cm Tiefe

Tiefe [cm]	Bodenschonend GPV [Vol.-%]	Bodenschonend P>50μm [Vol.-%]	Bodenschonend R_t [g/cm³]	Bodenschonend K_a [μm²]	Konventionell GPV [Vol.-%]	Konventionell P>50μm [Vol.-%]	Konventionell R_t [g/cm³]	Konventionell K_a [μm²]
5								
Unbefahren	53,9	22,9	1,23	52,0	51,4	22,1	1,30	54,1
Fahrgasse	37,9	4,2	1,65	0,2	35,4	1,7	1,75	0,2
Erntefahrspur	41,9	5,0	1,55	1,3	39,7	3,7	1,62	0,8
25								
Unbefahren	45,5	14,9	1,45	41,4	44,5	14,0	1,48	43,4
Fahrgasse	39,5	6,4	1,61	2,0	35,5	1,5	1,72	0,3
Erntefahrspur	41,4	9,5	1,56	5,4	39,2	6,5	1,62	2,4
50								
Unbefahren	43,0	13,1	1,52	27,0	41,5	9,2	1,56	8,2
Fahrgasse	39,0	4,6	1,63	1,2	39,1	6,7	1,62	4,6
Erntefahrspur	44,5	14,0	1,47	29,9	42,7	10,5	1,53	17,0
70								
Unbefahren	45,4	11,2	1,46	17,2	43,6	11,2	1,50	12,1
Fahrgasse	42,8	10,1	1,52	8,7	43,5	12,1	1,51	10,1
Erntefahrspur	45,1	12,3	1,46	29,5	46,8	10,7	1,42	14,4

GPV Gesamtporenvolumen, *P* Poren, R_t Trockenraumgewicht, K_a Luftleitfähigkeit (Saugspannung 30 kPA)

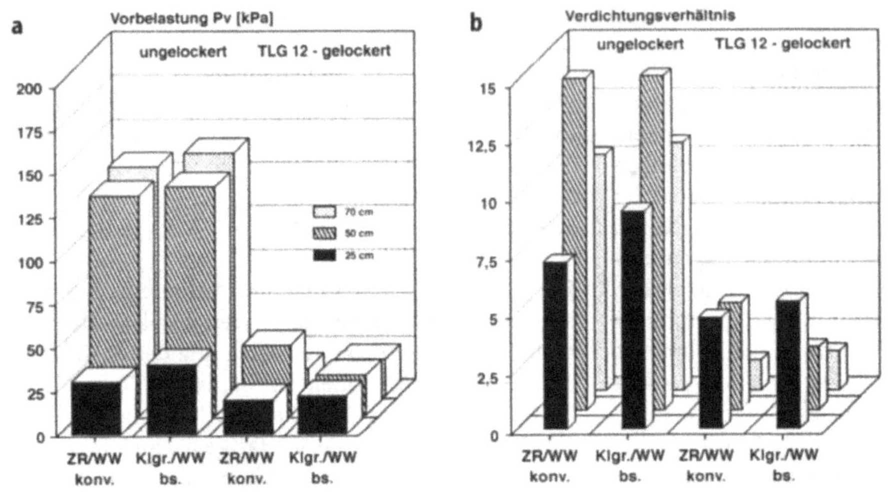

Abb. 7. Mittelwerte der Vorbelastungen **a** und der Verdichtungsverhältnisse **b** ungelockerter und tiefgelockerter Böden unter konventioneller (ZR/WW konv.) und bodenschonender (Klgr./WW bs.) Bewirtschaftung (1991, Vorentwässerung: 6 kPA, n = 2)

beeinträchtigt werden. Deshalb wirken bei tiefreichender Verdichtung Bedarfsdränagen und angepaßte Folgebewirtschaftung unmittelbar meliorationserhaltend.

Durch die Schlepperrad-/Pflugsohlenverdichtung wurde der Vorbelastungswert im tiefgelockerten Boden für 50 cm mittlerer Entnahmetiefe gegenüber dem Vergleichshorizont unter bodenschonender Bewirtschaftung erneut heraufgesetzt. Die Veränderung des Gesamtporenvolumens unter steigender Auflast zeigt jedoch, daß dieser tragfähigere Horizont bei rd. 430 kPa Sofortsetzungs- und 220 kPa Gesamtsetzungsauflast das mittlere Porenvolumen des ungelockerten Bodens bei der gegebenen Vorentwässerung erstmalig wieder erreicht (= Rekompaktionsdruck Pk, Abb. 8) (Weyers 1994). Dabei würde unter Berücksichtigung der im Erstverdichtungsbereich geringen Reversibilität der Setzung (Hartge u. Horn 1984) die Tieflockerungswirkung hinsichtlich des Gesamtporenvolumens weitgehend aufgehoben. Bei bodenschonender Bewirtschaftung geht in dem weniger verdichteten, geringer vorbelasteten Vergleichshorizont selbst bei Auflasten > 500 kPa das Gesamtporenvolumen nicht bis auf das des ungelockerten Bodens zurück.

3.2.3
Fazit aus den Untersuchungen zur Sanierung geschädigten Bodengefüges

Die stark verdichteten Neulandböden können mit modernen Tieflockerungsverfahren erfolgreich saniert werden. Bei tiefreichender Verdichtung ist zur Ableitung von überschüssigem Sickerwasser für den hier gegebenen Naturraum mit positiver klimatischer Wasserbilanz eine Bedarfsdränage erforderlich. Bei einem Anschluß tiefgelockerter Horizonte an weniger verdichtete, wasserzügige Untergrundhorizonte ist die alleinige Tieflockerung mit MM 100 oder TLG 12 ausreichend. Eine Aussage über die Nachhaltigkeit der Tieflockerungsmaßnahmen ist aus dem vorliegenden Feldversuch aufgrund des nur dreijährigen Untersuchungszeitraumes und eines günstigen, relativ trockenen Witterungsverlaufes nur eingeschränkt möglich. Es zeigte sich aber, daß eine bodenschonende Folgebewirtschaftung aufgrund der durch die Tieflockerung stark herabgesetzten mechanischen Tragfähigkeit für einen optimalen Meliorationserhalt unabdingbar ist, zumal dadurch auch biogene und physikalische Sekundärauflockerungsprozesse gefördert werden, die ihrerseits eine dauerhafte Gefügeverbesserung bewirken können (Tenholtern et al. 1993). Bei konventioneller Bewirtschaftung zehrt das in der Furche laufende Schlepperrad großflächig den durch die Tieflockerung erzielten Gewinn v. a. an Grobporen im Bereich der Schlepperrad-/Pflugsohlenverdichtung rasch auf, weshalb das Schlepperrad aus der Furche genommen werden muß, will man nicht ganz auf eine bodenwendende Bearbeitung verzichten. Die Verwendung von Pflügen mit Räumscharen (Dumbeck 1989) ist eine Möglichkeit. Eine Alternative bieten bodenschonende Bewirtschaftungssysteme mit flacherem Grubbereinsatz, Mulchsaat und humusmehrenden und gefügestabilisierenden Fruchtfolgegliedern wie z. B. Kleegras. Unter einem solchen Bewirtschaftungssystem tritt bei Befahrung nach ausreichender Abtrocknung und Verwendung möglichst leichter, breitbereifter Maschinen in einer gering zu haltenden Zahl von Fahrspuren (Anlage von Fahrgassen) keine Wiederverdichtung bis auf die ungünstigen Werte des ungelockerten Bodens ein.

3.3
Schutz des Bodengefüges durch angemessene Erstnutzung

Auf die geringe Stabilität von Lößneuland insbesondere unter ackerbaulicher Nutzung wurde schon mehrfach hingewiesen (Kunde 1990; Lebert 1991; Schröder et al.

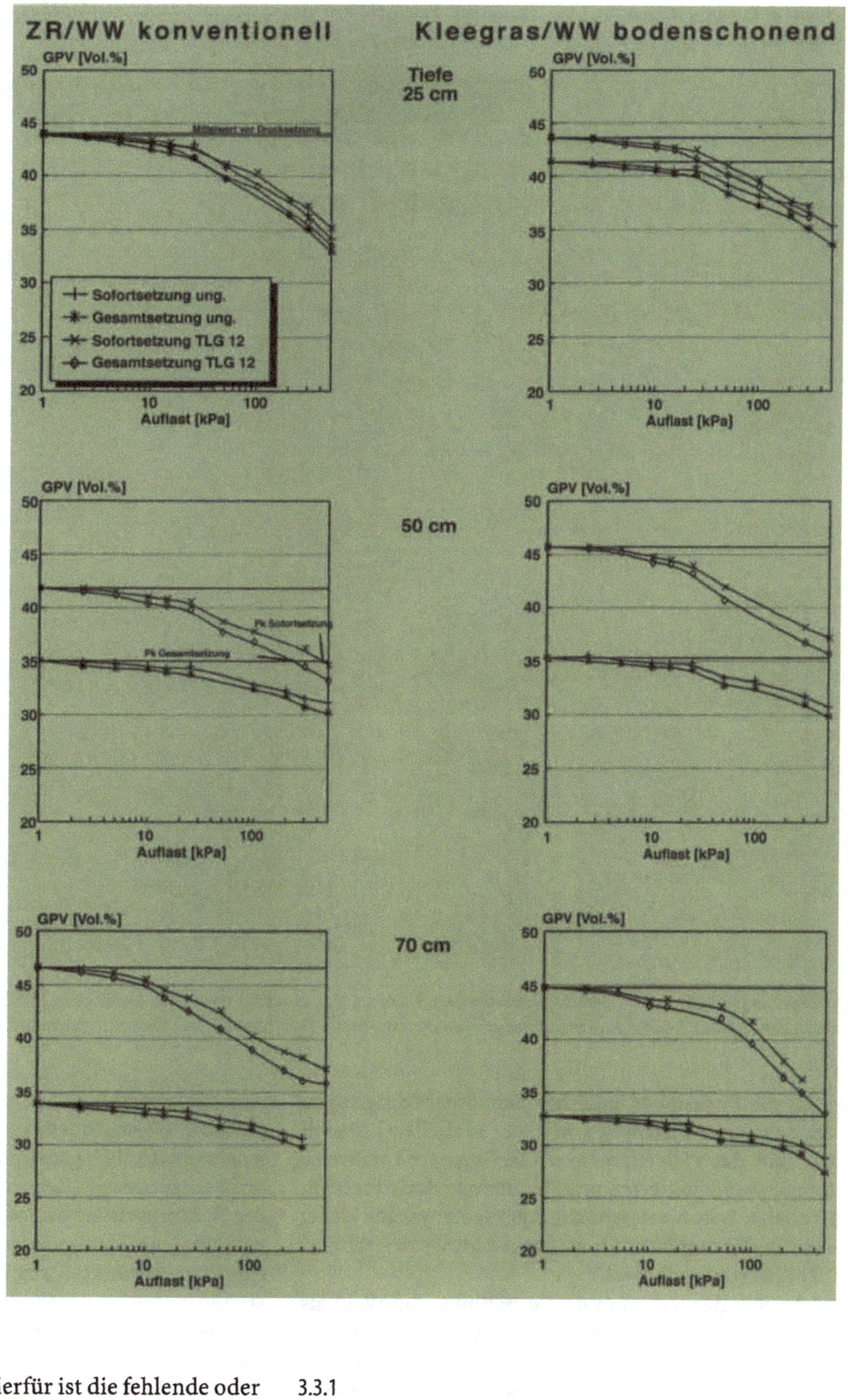

Abb. 8. Auflastabhängige Veränderung der Mittelwerte der Gesamtporenvolumina ungelockerter (ung.) und tiefgelockerter (TLG 12) Böden unter konventioneller und bodenschonender Bewirtschaftung (1991, Vorentwässerung: 6 kPA, n = 2)

1985; Starke 1990). Ursache hierfür ist die fehlende oder nur wenig stabile Aggregierung. Verdichtungen und Verschlämmungen treten häufig auf.

Es stellt sich daher die Frage, ob eine andere Erstnutzungsform, z. B. Wald oder Grünland, die Gefügebildung und -stabilisierung sowie die Erhöhung der mechanischen Belastbarkeit rekultivierter Lößböden fördern kann.

3.3.1
Bodenphysikalische Eigenschaften

Untersuchungen von Müller et al. (1988) und Schneider (1994) haben gezeigt, daß Grünland, sofern es als Weide genutzt wird, als Erstnutzung keine Vorteile bringt. Die chemischen und mikrobiologischen Eigenschaften der obersten 10 cm sind zwar günstiger als unter Ackernut-

Tabelle 4. Bodenphysikalische und -chemische Eigenschaften von Neulandböden verschiedenen Alters unter Acker- (n = 5) und Waldnutzung (n = 3)

Variante [Jahre]	Tiefe [cm]	L_d [g/cm³]	GPV	P> 50µm	50–10µm [Vol.-%]	K_a [µm²]	E_w [kPa]	Δ GMD [mm]	C_t [Gew.-%]
Acker									
8–10	0–30	1,51	43,6	9,3	3,9	24,5	2000	4,0	0,33
	30–50	1,63	39,2	4,4	4,3	7,6	3180	4,5	0,19
	50–70	1,62	39,4	4,5	4,8	5,0	2940	-	0,17
22–25	0–30	1,57	41,0	7,2	4,3	13,9	2560	3,9	0,44
	30–50	1,70	36,3	3,0	4,3	3,2	3940	4,3	0,22
	50–70	1,69	36,8	2,7	4,8	3,3	3840	-	0,17
Wald									
11	0–10	1,31	47,7	10,1	6,3	25,6	1213	0,5	2,11
	10–30	1,51	40,3	7,1	6,5	32,4	1841	2,9	1,52
	30–50	1,60	37,1	1,8	8,9	7,8	2412	4,0	0,90
	50–75	1,55	38,8	2,9	10,7	3,2	1923	4,0	0,96
20	0–10	1,24	49,9	12,9	6,2	48,7	1107	0,8	2,41
	10–30	1,42	43,8	12,7	7,5	42,0	1324	3,1	1,59
	30–50	1,54	39,5	7,6	9,4	14,5	1842	3,5	0,59
	50–75	1,54	39,5	6,4	9,4	8,8	2077	3,6	0,60
28	0–10	1,19	51,9	15,1	6,6	45,9	947	0,7	2,57
	10–30	1,30	48,2	17,7	8,2	42,4	834	2,9	1,66
	30–50	1,53	39,7	6,7	8,3	13,5	1950	3,8	0,87
	50–75	1,54	39,4	5,9	8,4	6,8	2043	3,9	0,83
Weide									
22–25	0–30		34,8	3,0	1,7	3,6	-	3,5	0,84
	30–50		35,2	3,0	2,3	2,8	-	4,1	0,20
	50–70		34,8	2,6	2,9	1,9	-	-	0,16

L_d Lagerungsschichte, *GPV* Gesamtporenvolumen, *P* Poren; K_a Luftleitfähigkeit (Saugspannung 30 kPa), E_w Eindringwiderstand (Saugspannung 30 kPa), Δ *GMD* Änderung des gewichteten mittleren Durchmessers, C_t Gesamtkohlenstoff

zung, die bodenphysikalischen Standortbedingungen hingegen sind durchweg schlechter (Tabelle 4). Durch den Tritt der Weidetiere wird die Grasnarbe teilweise immer wieder zertreten und der oberste Bodenbereich zerknetet. Schon entstandene Aggregate werden dabei zerstört, die Stabilität des Bodens stark verringert und Dichtlagerung gefördert.

Anders dagegen sind die Verhältnisse bei Wald als Erstnutzung. Mit der stärkeren Humusakkumulation unter Wald geht auch eine deutlich größere biogene Aktivität einher. Während in den Ackerkrumen Bröckel, Klumpen und Subpolyeder dominieren, ist in den obersten 10 cm unter Wald ein Krümel- und Wurmlosungsgefüge ausgebildet, bis 30 cm Tiefe ein krümeliges und subpolyedrisches Gefüge.

Aber auch der tiefere Unterboden wird unter Wald von zahlreichen Grob- und Feinwurzeln erschlossen, was mit biogener Aktivität und Gefügebildung verbunden ist. Aus der intensiven Gefügebildung und -stabilisierung (Δ GMD-Werte, Tabelle 4) resultieren bei Waldnutzung insgesamt deutlich günstigere bodenphysikalische Standortbedingungen, wobei ein merklicher positiver Effekt der Nutzungsdauer nachweisbar ist. Höhere Gesamtporenvolumina, Grobporenanteile, Permeabilitäten und Aggregatstabilitäten sowie geringere Eindringwiderstände in den obersten 30, teilweise 50 cm, belegen die positive Wirkung des Waldes im Vergleich zu Ackernutzung.

3.3.2 Bodenmechanische Eigenschaften

Auch die mechanischen Eigenschaften des Lößneulandes werden durch Waldnutzung modifiziert. Die mechanische Belastbarkeit/Tragfähigkeit, erfaßt im Wert der Vorbelastung aus Drucksetzungsuntersuchungen, ist als

Folge der lockernden Wirkung der Durchwurzelung und biogenen Tätigkeit geringer als die der Vergleichsflächen unter Acker (Abb. 9). Die Ackerstandorte erreichen aufgrund ihrer hohen Lagerungsdichte große Vorbelastungswerte. Beim Wald werden günstigere Aggregierung und deutlich höhere Aggregatstabilität durch die lockere Lagerung der Aggregate (großes Hohlraumvolumen) überkompensiert.

Vergleicht man aber das Setzungsverhalten der Böden unter Acker und Wald bei gleichen Auflaststufen, so wird deutlich, daß die Setzungsbeträge unter Wald trotz deutlich niedrigerer Bodendichte geringer sind. Dies gilt sowohl für Kurzzeitbelastungen, erfaßt mittels des Sofortsetzungsanteils (Setzungsanteil im Moment der Lastaufbringung) (Abb. 10), als auch Langzeitbelastungen, ableitbar aus der Gesamtsetzung nach 23 h Belastungsdauer (Lebert 1989) (Abb. 11). Diese bemerkenswerte Erscheinung läßt sich nur mit der beachtlichen Stabilität der schon entstandenen Aggregate erklären. Die Vorbelastung dieser Waldstandorte ist zwar wegen des großen Hohlraumvolumens vergleichsweise gering, die Aggregate werden jedoch vermutlich bei der Belastung nicht oder nur teilweise zerstört.

3.3.3
Fazit aus den Untersuchungen zur Erstnutzungsform

Die vorliegenden Befunde haben gezeigt, daß die mechanische Belastbarkeit bzw. Reaktion von Böden auf mechanische Belastungen neben der Dichte des Bodens entscheidend von den Gefügeeigenschaften gesteuert wird.

Beurteilt man die Stabilität des Lößneulandes anhand der Vorbelastung, dann sind die Ackerstandorte deutlich günstiger zu bewerten als die Waldböden. Da die große Tragfähigkeit der Ackerböden jedoch vornehmlich aus der hohen Dichte des Bodens resultiert und mit pflanzenökologisch ungünstigen Standortbedingungen einhergeht, kann sie aus ackerbaulicher Sicht nicht als positiv bewertet werden (Lebert 1989). Wird jedoch anfangs auf intensive ackerbauliche Nutzung des Lößneulandes verzichtet und statt dessen für 2–3 Jahrzehnte Waldnutzung betrieben, entsteht ein funktionstüchtiges, stabiles Gefüge.

Dies wird noch deutlicher, wenn man neben der mechanischen Belastbarkeit auch die Aggregatstabilität sowie die Setzungsbeträge bei Kurz- und Langzeitbelastungen unter gleichen Auflasten als Beurteilungskriterium heranzieht.

Unter Wald geht die Entwicklung hin zu günstigen bodenmechanischen Standortbedingungen, gleichzeitig hoher Aggregatstabilität und guten physikalischen Eigenschaften (Schneider et al. 1993). Sofern allerdings starke Verdichtungen vorliegen, sollte vor der Aufforstung tiefgelockert werden.

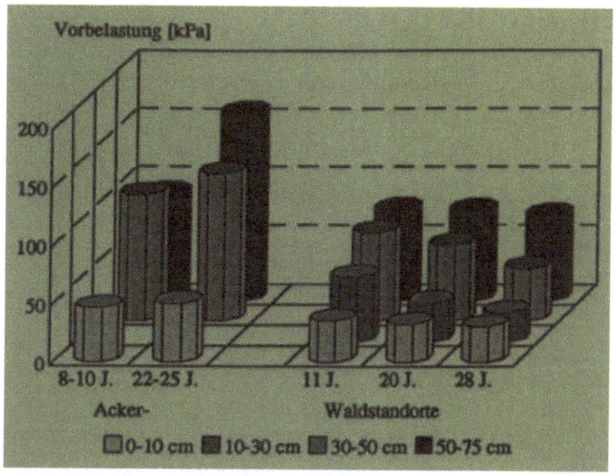

Abb. 9. Mittelwerte der Vorbelastung trocken rekultivierter Lößböden verschiedenen Alters unter Acker- (n = 2) und Waldnutzung (n = 3) (Vorentwässerung: 6 kPa)

4
Ausblick

Im Rheinischen Braunkohlenrevier liegen günstige Voraussetzungen für die Wiederherstellung von produktiven Böden vor. Das schluffreiche Substrat der Bodendecke besitzt allerdings eine geringe Gefügestabilität und Tragfähigkeit. Beim Rekultivierungsvorgang und der Erstbewirtschaftung muß diesen Eigenschaften Rechnung getragen werden. Technik und Kenntnisse erlauben größtmögliche Rücksichtnahme. Richtlinien (Landesoberbergamt NRW 1993) gewährleisten die Realisierung bodenschonender Umlagerung und Erstnutzung. Gewährleistungsvereinbarungen sichern die Sanierung von Problemflächen (Gewährleistungsvereinbarung Neulandböden 1990). Damit Problemflächen auf ein Minimum beschränkt bleiben, ist folgendes zu beachten:

Abb. 10. Mittlere Sofortsetzungsanteile junger rekultivierter Lößböden in 0–10 cm Tiefe unter Acker- (n = 2) und Waldnutzung (n = 3) (Vorentwässerung: 6 kPa)

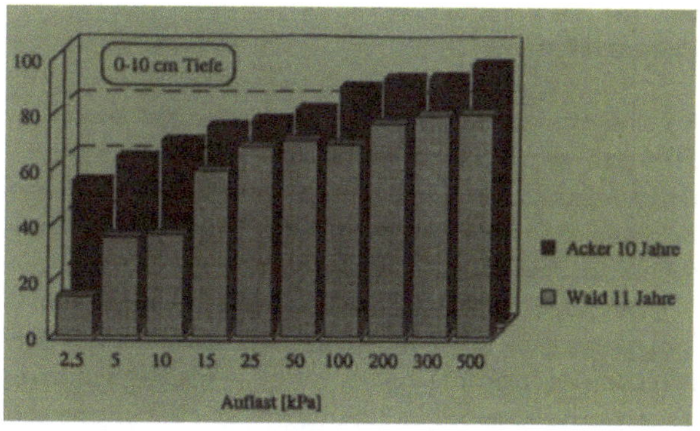

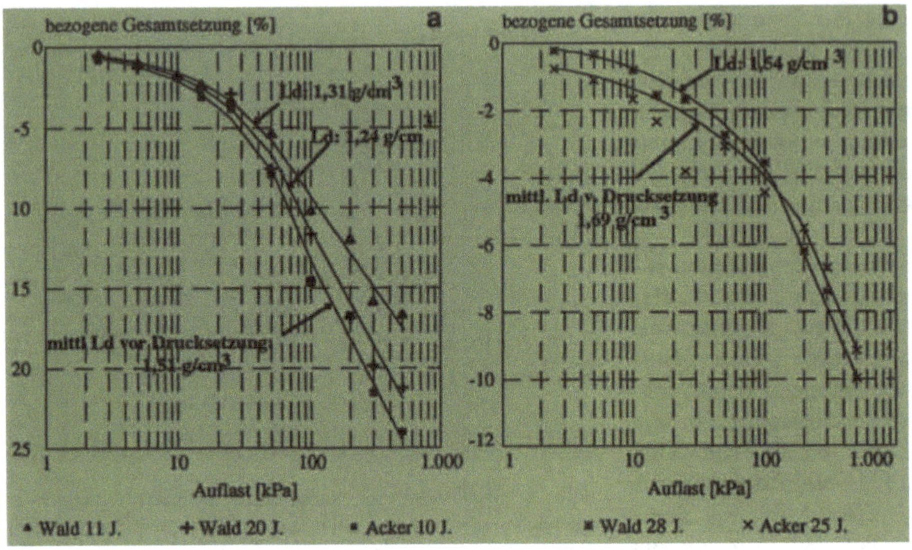

Abb. 11. Gesamtsetzungskurven nach 23 h Auflast unterschiedlich alt rekultivierter Böden unter Acker- (n = 2) und Waldnutzung (n = 3) in 0–10 cm **a** und 50–70 cm Tiefe **b** (Vorentwässerung: 6 kPa)

- Abzugrabende Flächen sind durch tiefwurzelnde Pflanzen zu entwässern
- Transport, Ablagerung und Einebnung der Bodendecke sind gefügeschonend vorzunehmen
- Unter der Bodendecke muß eine Dränschicht Sickerwasser aufnehmen können, ohne daß Porensprünge auftreten
- Die Erstbewirtschaftung muß den Vereinbarungen entsprechend erfolgen
- Zusätzlich ist das Schlepperrad aus der Furche zu nehmen, ist die Bodenbearbeitung zu reduzieren, sind breite Bereifungen zu verwenden und die Radlasten (Rübenroder) zu begrenzen
- Eine forstliche Erstnutzung, z. B. durch Pappeln, ist zwar nicht unabdingbar, unterstützt die bodenphysikalischen und -mechanischen Zielsetzungen aber wesentlich. Wenn diese und bereits „Standard" gewordenen Maßnahmen Berücksichtigung finden, dürften künftig im Rheinischen Braunkohlenrevier Neulandböden mit guten Gefügeeigenschaften – der wichtigsten Voraussetzung für hohe Produktivität – entstehen

5 Zusammenfassung

Im Rheinischen Braunkohlenrevier wird das Bodengefüge der vom Braunkohlenabbau betroffenen Böden durch Abgrabungs-, Umlagerungs- und Rekultivierungsmaßnahmen stark verändert. Dabei geht auch die mechanische Stabilität der Böden verloren.

Es wurde daher an unterschiedlich alten Neulandböden aus Löß untersucht, wie sich das Bodengefüge nach der Umlagerung entwickelt, ob geschädigtes Gefüge melioriert werden kann und welche Nutzungsweise eine weitgehend ungestörte Gefügeentwicklung zuläßt. Vergleichsmaßstab waren Altlandböden gleichen Substrates.

Die Gefügeentwicklung läuft unter intensiver ackerbaulicher Nutzung in den Neulandböden nur sehr langsam ab und bleibt vorwiegend auf den bearbeiteten Oberboden beschränkt. Das spiegelt sich auch in den physikalischen und mechanischen Standorteigenschaften wider.

Nahezu alle Gefügeparameter der Altlandböden sind günstiger als die der Neulandböden.

Geschädigte, tiefreichend verdichtete Neulandflächen können durch eine kombinierte Melioration mit Tieflockerung und Dränage verbessert werden, bei weniger tiefgreifenden Verdichtungen reicht in relativ trokkenen Naturräumen eine Tieflockerung aus.

Schonende Folgebewirtschaftung sichert eine lange Erhaltungsdauer der Meliorationswirkung.

Durch eine forstliche Erstnutzung des Neulandes können Humusbildung und Bodenleben und damit verknüpft Gefügebildung und -stabilisierung merklich gefördert werden.

LITERATUR

Alef K (1991) Methodenhandbuch Bodenmikrobiologie: Aktivitäten, Biomasse, Differenzierung. Landsberg/Lech

Breitfuss J (1985) Sichere Existenz durch neues Ackerland. In: Rheinische Braunkohlenwerke AG (Hrsg) Neues Ackerland folgt dem Tagebau, 9. Aufl, 3–11, Becher, Brühl

Dumbeck G (1989) Pflügen ohne Pflugsohle. DLG-Mitteilungen 13: 693–696

Dumbeck G, Winter K (1993) Bodenphysikalische und bodenmechanische Aspekte bei der Rekultivierung im Rheinischen Braunkohlerevier. Mitteilgn Dtsch Bodenkundl Gesellsch 71: 29–32

Gewährleistungsvereinbarung Neulandböden (1990) Vereinbarung über die Gewährleistung für landwirtschaftliche Neulandböden vom 7. Februar 1990, Bonn, Köln

Hartge K-H, Horn R (1984) Untersuchungen zur Gültigkeit des Hooke'schen Gesetzes bei der Setzung von Böden bei wiederholter Belastung. Z Acker- und Pflanzenbau 153: 200–207
Hartge K-H, Horn R (1989) Die physikalische Untersuchung von Böden, 2. Aufl, Stuttgart
Hartge K-H, Horn R (1991) Einführung in die Bodenphysik, Stuttgart
Haubold M, Henkes L, Schröder D (1987) Qualität und Entwicklung rekultivierter Böden aus Löß. Mitteilgn Dtsch Bodenkundl Gesellsch 53: 173–178
Haubold M, Schröder D (1989) Die Wirksamkeit verschiedener Meliorationsverfahren in verdichteten und vernäßten Böden aus Löß im Rheinischen Braunkohlenrevier. Mitteilgn Dtsch Bodenkundl Gesellsch 59/II: 1067–1072
Haubold-Rosar M (1994) Bodenphysikalische und -mechanische Eigenschaften landwirtschaftlich rekultivierter Böden aus Löß und Geschiebemergel/-lehm sowie Möglichkeiten ihrer Melioration, Reihe Geowissenschaften, Shaker, Aachen, zugl Diss. Trier 1994
Haubold-Rosar M, Katzur J, Schröder D, Vogler E (1991) Vergleichende Betrachtung der Eigenschaften rekultivierter Böden aus Löß und Geschiebelehm. Mitteilgn Dtsch Bodenkundl Gesellsch 66/II: 955–958
Insam H, Domsch, K H (1988) Relationship between soil organic carbon and microbial biomass on chronosequences of reclamation sites. Microbiol Ecology 15: 177–188
Kunde L (1990) Technische und organisatorische Maßnahmen bei der Herstellung der Flächen für landwirtschaftliche Rekultivierung. Braunkohle 42 (12): 18–22
Landesoberbergamt NRW (1993) Richtlinien des Landesoberbergamtes Nordrhein-Westfalen für die landwirtschaftliche Wiedernutzbarmachung von Braunkohlentagebauen vom 7.1.1992 in der Fassung vom 17.5.1993
Lebert M (1989) Beurteilung von Vorhersage der mechanischen Belastbarkeit von Ackerböden. (= Bayreuther Bodenkundliche Berichte, Bd. 12), Diss. Bayreuth
Lebert M (1991) Stabilitätseigenschaften rekultivierter Böden aus Löß im Rheinischen Braunkohlen-Tagebaurevier. Mitteilgn Deutsch Bodenkundl Gesellsch 66/I: 165–168
Lebert M (1993) Druck- und Verformungsverhalten von rekultivierten Lößböden im Rheinischen Braunkohlentagebaurevier. Mitteilgn Deutsch Bodenkundl Gesellsch, 71: 69
Mc Sweeney K, Jansen I J (1984) Soil structure and associated rooting behavour in minesoils. Soil Sci 48: 607–612
Middelschulte D, Franken H, Tiedemann G (1992) Melioration und bodenschonende Bewirtschaftung rekultivierter Böden aus Löß im Rheinischen Braunkohlenrevier – Wurzelwachstum und Erträge. Mitteilgn Gesellsch Pflanzenbauwissenschaften 5: 209–212
Müller R, Schneider R, Schröder D (1988) Physikalische, chemische und biologische Eigenschaften trocken rekultivierter Lößböden unter Wald-, Gründland- und Ackernutzung. Mitteilgn Dtsch Bodenkundl Gesellsch 56: 387–392
Platz R (1962) Korngrößenzusammensetzung, Bodenfeuchte und Porenvolumen eines im „Spülverfahren" umgelagerten Lößbodens in Lamersdorf, Kreis Düren. Diss. Bonn
Rüter J, Schneider R, Weyers M, Schröder D (1993) Tragfähigkeitskennzeichnende Eigenschaften gelockerter und ungelockerter Neulandböden aus Löß unter konventioneller und bodenschonender Bewirtschaftung. Mitteilgn Dtsch Bodenkundl Gesellsch, 71: 91–94
Schlichting E, Blume H P (1966) Bodenkundliches Praktikum. Berlin, Hamburg
Schneider R (1993) Mikro- und makroskopische Untersuchungen zur Gefügeentwicklung in rekultivierten Lößböden bei unterschiedlicher Nutzung im Rheinischen Braunkohlenrevier. Mitteilgn Dtsch Bodenkundl Gesellsch 72/I: 231–234
Schneider R (1994) Gefügeentwicklung in Neulandböden aus Löß und Hafenschlick und deren Auswirkungen auf bodenphysikalische und -mechanische Parameter. Reihe Geowissenschaften Shaker, Aachen, zugl Diss. Trier 1992
Schneider R, Forster G, Schröder D (1993) Vergleichende Untersuchungen zur mechanischen Stabilität rekultivierter Lößböden unter Wald- und Ackernutzung. Mitteilgn Dtsch Bodenkundl Gesellsch 71: 97–100
Schröder D, Schneider R (1992) Bodenschätzung von Neukulturen. Mitteilgn Dtsch Bodenkundl Gesellsch 67: 265–268
Schröder D, Stephan S, Schulte-Karring H (1985) Eigenschaften, Entwicklung und Wert rekultivierter Böden aus Löß im Gebiet des Rheinischen Braunkohlen-Tagebaues. Z Pflanzenernähr Bodenk 148: 131–146
Schulze E, Engels H (1962) Rekultivierung von Lößböden im Rheinischen Braunkohlerevier. (1. Mitt.) Z Acker- und Pflanzenbau 115 (2): 115–143
Starke R (1990) Wiedernutzbarmachung im Rheinischen Braunkohlerevier. Braunkohle 42: 4–10
Sunkel R (1981) Humusbildung und Gefügeeigenschaften von rekultivierten Lößböden im Rheinischen Braunkohlenrevier. In: Daten und Dokumente zum Umweltschutz – Gestörte Ökosysteme und Möglichkeiten ihrer Renaturierung. Sonderreihe Umwelttagung 31: 53–66
Taylor H M, Robertson G M, Parker J J (1966) Soil strengh and root penetration relations for medium to coarse textured soil materials. Soil Sci 102: 18–22
Tenholtern R, Besch F, Harrach T (1993) Aggregatuntersuchungen nach einer mechanischen Lockerung von Auftragsböden aus Löß. Mitteilgn Dtsch Bodenkundl Gesellsch 71: 101–104
Tenholtern R, Dumbeck G, Harrach T (1993) Die Packungsdichte als Ausdruck makroskopischer Gefügeeigenschaften von Auftragsböden aus Löß. Mitteilgn Dtsch Bodenkundl Gesellsch 72/I: 261–264
Vorderbrügge T (1989) Einfluß des Bodengefüges auf Durchwurzelung und Ertrag bei Getreide – Untersuchungen an rekultivierten Böden und einem langjährigen Bodenbearbeitungsversuch (= Giessener Bodenkundl. Abhandlungen, 5), Gießen
Werner D, Paris P, Rüdiger A (1991) Zum Einfluß des Radschlupfes auf das Bodengefüge. Mitteilgn Dtsch Bodenkundl Gesellsch 66/I: 249–253
Weyers M (1994) Auswirkungen von Melioration und bodenschonender Bewirtschaftung auf Bodeneigenschaften und Wasserhaushalt rekultivierter Böden aus Löß im Rheinischen Braunkohlengebiet. Reihe Geowissenschaften. Shaker, Aachen, zugl Diss. Trier 1994
Winter K (1992) Neue bodenmechanische Untersuchungen zum Kippen und Planieren von landwirtschaftlich zu rekultivierenden Flächen. Braunkohle 9: 12–17
Wolkewitz H (1953) Über nichtbiologische Faktoren der Strukturbildung von Böden. Die Bröckelung von feuchten Bodenkolloiden beim Trocknen, Diss. Gießen

Entwicklung des Humusgehaltes in landwirtschaftlich genutzten Rekultivierungsböden – Ergebnisse langjähriger Düngungsversuche

THOMAS DELSCHEN

1 Einleitung

Die im Rahmen der landwirtschaftlichen Rekultivierung von ehemaligen Tagebauflächen des Rheinischen Braunkohlenreviers hergestellten Löß-Rohböden weisen in vielerlei Hinsicht besondere Eigenschaften auf. Im Hinblick auf die langfristige Bodenfruchtbarkeit sind dabei neben niedrigen Gehalten an pflanzenverfügbarem Phosphat und Kalium, insbesondere der anfänglich extrem niedrige Gehalt an organischer Substanz und darin begründet auch an organischem Stickstoff bedeutsam (Schulze u. Engels 1962). Weisen gewachsene Lößböden im Vorfeld der Tagebaue im Oberboden meist Gehalte an organischer Substanz von etwa 1,8–2,0 % auf, so betragen die entsprechenden Gehalte in frisch rekultivierten Böden in der Regel unter 0,5 %. Ein wesentliches Ziel der Bewirtschaftung dieser Böden in den ersten Jahren ist daher von jeher, durch geeignete Maßnahmen (z. B. Fruchtfolgegestaltung, Mineraldüngung, Anwendung organischer Düngemittel) den Prozeß der „Humusanreicherung“[1] zu fördern und zu beschleunigen. Welche Bedeutung dabei einzelnen Bewirtschaftungsmaßnahmen zukommt und wie sich mittel- bis langfristig die Humusentwicklung in derartigen Böden darstellt, soll im folgenden anhand von einigen Resultaten langjähriger Feldversuche aufgezeigt werden.

Die vorgestellten Ergebnisse stammen aus Feldversuchen, die das Landesumweltamt NRW (ehemals Landesanstalt für Ökologie, Landschaftsentwicklung und Forstplanung NRW, Abteilung Bodennutzungsschutz und Bodenökologie) seit Ende der 60er Jahre auf dem Versuchsfeld Berrenrath sowie seit 1981 auf dem Versuchsfeld Gustorf durchgeführt hat bzw. noch durchführt.

[1] Der Begriff „Humus“ wird in diesem Beitrag in dem Sinn verwendet, als daß er den Gesamtkomplex aller organischen Substanzen im Boden unabhängig von Ihrem Humifizierungsgrad umfaßt.

2 Material und Methoden

2.1 Versuchsfeld Berrenrath

Das Versuchsfeld Berrenrath befindet sich auf der im Spülverfahren rekultivierten Halde Berrenrath, südwestlich von Köln. Bei einer geographischen Höhe von 133 m über NN beträgt der mittlere Jahresniederschlag 610 mm und die Jahresdurchschnittstemperatur 9,3 °C (Mittelwerte der Jahre 1969–1987).

Die mit einer durchschnittlichen Mächtigkeit von etwa 90 cm aufgebrachte Lößauflage läßt sich durch die in Tabelle 1 dargestellten Bodenkenndaten charakterisieren.

Die in diesem Beitrag mitgeteilten Versuchsergebnisse entstammen dem von 1969–1984 durchgeführten sog. „Fruchtfolgeversuch Berrenrath“ sowie dem seit 1969 laufenden sog. „Humusanreicherungsversuch Berrenrath“. Aus Platzgründen können diese beiden Versuche hier nur stichwortartig beschrieben werden (weitere Einzelheiten s. Delschen 1989 u. Delschen et al. 1994).

2.1.1 Fruchtfolgeversuch

Der als Spaltanlage in 4facher Wiederholung durchgeführte Versuch umfaßte folgende Versuchsfaktoren:

- Fruchtfolge
  A. Fruchtfolge mit wiederkehrendem, 2jähr. Luzerneanbau (= 6gliedrig)
  B. Fruchtfolge ohne Luzerneanbau (= 4gliedrig)

Die Fruchtfolgen wurden während der Versuchslaufzeit mehrfach umgestellt bzw. geändert, in den letzten Versuchsjahren wurden angebaut:

- A: Luzerne – Luzerne – Zuckerrüben – W.-Weizen – W.-Gerste – W.-Roggen
- B: Zuckerrüben – W.-Weizen – W.-Gerste – W.-Roggen

Tabelle 1. Bodenkennwerte des Löß-Rohbodens auf dem Versuchsfeld Berrenrath vor Versuchsbeginn. (Nach Sunkel 1980, verändert)

Körnung		
Ton	< 0,002 mm	16,8 %
Schluff	0,002–0,06 mm	73,1 %
Sand	0,06–2 mm	10,1 %
Wassergehalt		
pF 0		45,2 %
pF 1,8		38,8 %
pF 2,0		38,0 %
pF 2,5		36,0 %
pF 4,2		11,2 %
Nutzbare Feldkapazität (pF 2,5–pF 4,2)		25,6 %
Bodenchemische Kennwerte		
CaCO3-Gehalt		5,2 %
pH (KCI)		7,4
Corg		0,24 %
Nt		0,03 %
P2O5 (DL)		2 mg/100 g
K2O (DL)		7 mg/100 g

Für den Versuch standen insgesamt 10 Schläge zur Verfügung, so daß in jedem Versuchsjahr jede Kultur angebaut wurde.

- N-Düngung:
  - I. N 1
  - II. N 1 + 50 %
  - III. N 1 + 100 %

Die Höhe der N-Düngung wurde kulturspezifisch gestaltet, wobei auch hier während der Versuchslaufzeit mehrfach Änderungen (auch in der Abstufung) vorgenommen wurden. Nach heutigen Maßstäben ist das Düngungsniveau mit z. B. 100 kg N/ha bei W.-Gerste, 120–150 kg N/ha bei W.-Weizen und 180 kg N/ha bei Zuckerrüben (jeweils in der höchsten N-Stufe) als für Neulandböden eher verhalten zu bezeichnen.

- Organische Düngung:
  1. ohne organische Düngung
  2. mit Stallmist
  3. mit Klärschlamm

Eine organische Düngung wurde jeweils zu Zuckerrüben, in Fruchtfolge A auch zu W.-Roggen (in halber Aufwandmenge) gegeben. Stallmist- und Klärschlammvarianten erhielten jeweils die gleichen Mengen an organischer Substanz.

Über den gesamten Versuchszeitraum hinweg betrug die organische Düngung in beiden Varianten rund 22 dt organische Substanz/ha und Jahr.

Die Versuchsdurchführung (Grunddüngung, Bodenbearbeitung, Aussaat, Pflege) wurde praxisnah gestaltet. Nebenernteprodukte wurden vom Feld abgefahren. Die jährlich durchgeführten Bodenanalysen (pH, Corg, Nt, P-CAL (bzw. DL), K-CAL (bzw. DL)) umfaßten jeweils nur einen (wechselnden) Teil der Versuchsparzellen.

2.1.2 Humusanreicherungsversuch

Dieser Versuch mit insgesamt 9 Varianten (Var.) ist als Blockanlage in 4facher Wiederholung angelegt. Sämtliche Versuchsglieder erhalten eine einheitliche NPK-Düngung, die sich der Höhe nach an der landwirtschaftlichen Praxis orientiert. Unterschiede zwischen den Varianten bestehen im Verbleib der Nebenernteprodukte und Ernterückstände („Gründüngung"!) sowie in Art und Höhe einer zusätzlichen organischen Düngung:

- Var. 1 = NPK, ohne Gründüngung
- Var. 2 = NPK, ohne Gründüngung + Bioabfallkompost (seit 1989)
- Var. 3 = NPK, mit Gründüngung
- Var. 4 = NPK, mit Gründüngung + Stallmist
- Var. 5 = NPK, mit Gründüngung + Klärschlamm
- Var. 6 = NPK, mit Gründüngung + Müllklärschlammkompost (MKK1)
- Var. 7 = NPK, mit Gründüngung + MKK 2 (doppelte Menge)
- Var. 8 = NPK, mit Gründüngung + Stroh + Kalkstickstoff (1 kg N/dt Stroh)
- Var. 9 = NPK, mit Gründüngung (+ Torf bis 1989)

Bezugsbasis für die Bemessung der jährlich verabreichten organischen Düngergaben ist deren Gehalt an organischer Substanz. Eine Übersicht über die im Durchschnitt der Jahre 1969–1990 jährlich ausgebrachten Mengen gibt Tabelle 2.

2.2 Versuchsfeld Gustorf

Die dortige Versuchsfläche befindet sich auf der landwirtschaftlich rekultivierten Halde Gustorf (bei Grevenbroich), angrenzend an den Tagebau Frimmersdorf-West. Die Höhenlage über NN beträgt 86 m, die langjährigen Klimadaten der nächst gelegenen Wetterstation werden vom Deutschen Wetterdienst mit 718 mm Jahresniederschlag und 9,7 °C Jahresdurchschnittstemperatur angegeben. Die insgesamt 0,6 ha große Versuchsfläche befindet sich auf einer 1980 im Kippverfahren fertiggestellten Rekultivierungsfläche und weist eine Lößauflage von mindestens 2 m auf.

Die Korngrößenzusammensetzung sowie die bodenchemischen Kennwerte der Lößauflage entsprechen weitgehend den Berrenrather Daten (vgl. Tabelle 1).

Der als Blockanlage in 4facher Wiederholung angelegte pflanzenbauliche Versuch umfaßt insgesamt 15 Varianten, von denen in diesem Beitrag jedoch nur die folgenden 8 von näherem Interesse sind:

- Var. 1 = ohne Düngung
- Var. 2 = Stallmist 1 entspr.
  1,00 GV/ha+a = 120 dt FM/ha+a
- Var. 3 = Stallmist 2 entspr.
  1,33 GV/ha+a = 160 dt FM/ha+a
- Var. 4 = Stallmist 3 entspr.
  1,67 GV/ha+a = 200 dt FM/ha+a
- Var. 5 = Stallmistkompost 1 entspr. Var. 2
- Var. 6 = Stallmistkompost 2 entspr. Var. 3
- Var. 7 = Stallmistkompost 3 entspr. Var. 4

  } bezogen auf kg Gesamtstickstoff (Var. 5–7)
- Var. 12 = NPK ortsüblich,
  ohne organische Düngung

Versuchsplan und -durchführung orientieren sich an den Bewirtschaftungsgegebenheiten im organisch-biologischen Landbau. So entspricht die in Var. 2 gegebene Stallmistmenge in etwa einem Viehbesatz, wie er in alternativ wirtschaftenden Betrieben angestrebt wird.

Die organische Düngung wird innerhalb der Fruchtfolge (7feldrig) zu den bedürftigsten Kulturen gegeben. Nebenernteprodukte werden von der Fläche entfernt. Eine mineralische Düngung mit Grundnährstoffen erfolgt nach Bodenuntersuchung, wobei in den Varianten 2–7 die Versorgungsklasse „B" angestrebt wird. Vom Einsatz von Pflanzenschutzmitteln wurde bisher auch in den „konventionellen" Varianten abgesehen.

3 Ergebnisse

In Abb. 1 sind die zu Versuchsende im Fruchtfolgeversuch Berrenrath erzielten Gehalte an organischer Bodensubstanz differenziert nach den Versuchsfaktoren Fruchtfolge, N-Düngung und organische Düngung dargestellt. Es handelt sich dabei um Mittelwerte der letzten 5 Versuchsjahre (1980–1984), die zur Ausschaltung der üblichen Jahresschwankungen der Bodenuntersuchungsergebnisse gebildet wurden.

Der Vergleich mit dem Gehalt zu Versuchsbeginn (1969) zeigt, daß es in allen Varianten zu einem deutlichen Zuwachs an organischer Substanz im Boden gekommen ist. Während die gestaffelte Stickstoffdüngung die Gehalte zu Versuchsende praktisch nicht beeinflußte, hatten die Fruchtfolgegestaltung (mit/ohne Luzerne) sowie v. a. die Varianten der organischen Düngung signifikante Effekte zur Folge. So wurden durch den wiederkehrenden Luzerneanbau in Fruchtfolge A um ca. 9 % höhere Gehalte an organischer Bodensubstanz gegenüber Fruchtfolge B ermittelt. Gegenüber der Variante ohne zusätzliche organische Düngung erhöhte die regel-

Variante	dt Frischmasse pro ha und Jahr	dt Trockenmasse pro ha und Jahr	dt org. Substanz pro ha und Jahr
4 = Stallmist	191	54	38
5 = Klärschlamm	1 765	77	38
6 = MKK 1	128	74	38
7 = MKK 2	257	147	75
8 = Stroh	47	41	38
9 = Torf[a]	107	39	38

[a] bis 1989

Tabelle 2. Im Durchschnitt der Jahre 1969–1990 jährlich verabreichte Mengen an organischen Düngemitteln im Humusanreicherungsversuch Berrenrath mäßige Zufuhr von Stallmist die Humusgehalte um rd. 36 %, die von Klärschlamm um rd. 29 %.

Auch im Humusanreicherungsversuch Berrenrath weisen sämtliche Versuchsvarianten nach 21 Versuchsjahren gegenüber dem Ausgangsgehalt erheblich höhere Gehalte an organischer Substanz auf (Abb. 2). Die mineralische NPK-Düngung allein (Var. 1 „OHNE") vermochte den ursprünglichen Gehalt an organischer Substanz etwa zu verdoppeln. Ein Belassen der Nebenernteprodukte auf dem Feld (Var. 3 „GD") hatte demgegenüber nur noch eine geringfügig gehaltssteigernde Wirkung. Eine über das Belassen der Nebenernteprodukte auf dem Feld hinausgehende zusätzliche organische Düngung hat dann gegenüber Var. 3 nochmals zu einer deutlichen Anhebung der Gehalte geführt, die sich mit Ausnahme der Strohvariante auch statistisch absichern läßt.

Vergleicht man die verschiedenen organischen Düngemittel untereinander, so führte die Zufuhr von Stallmist (STM), Klärschlamm (KS), Müllkompost (MKK1) und Torf in – bezogen auf die Menge an organischer Substanz – gleicher Aufwandmenge zu vergleichbaren Ergebnissen bezüglich der Bodengehalte. Die jährliche Zufuhr von Stroh mit N-Ausgleichsdüngung unterschreitet dieses Niveau deutlich, jedoch nicht signifikant. Ein Effekt der verabreichten Menge der organischen Dünger zeigt sich deutlich beim Vergleich der beiden Müllkompostvarianten (MKK1 und MKK2).

Diesen Mengeneffekt belegt auch die Gegenüberstellung der jeweiligen Stallmist- bzw. Klärschlammvarianten aus Fruchtfolge- und Humusanreicherungsversuch, sowie aus letzterem zusätzlich der Müllklärschlammkompost-2-Variante, bei denen – unter sonst in etwa vergleichbaren Bedingungen – mit unterschiedlichen jährlichen Gaben an organischer Substanz gearbeitet wurde (Abb. 3).

Bei der Betrachtung der in Abb. 3 dargestellten Varianten des Humusanreicherungsversuches fällt hinsichtlich der zeitlichen Entwicklung auf, daß die Anreicherungskurven eine deutliche Zweiteilung aufweisen: einem relativ steilen Anstieg in den ersten Versuchsjahren (etwa bis 1974) folgt ein deutlich abgeflachter Verlauf in den Folgejahren. Dies gilt im übrigen für sämtliche Varianten dieses Versuches mit jährlicher Zufuhr organischer Düngemittel, die in Abb. 3 aus Gründen der Übersichtlichkeit nicht dargestellt wurden.

Demgegenüber weisen die (ebenfalls nicht dargestellten) Varianten ohne Zufuhr organischer Düngemittel über den gesamten Versuchszeitraum einen nahezu linearen Verlauf auf.

Für die Ableitung durchschnittlicher jährlicher Anstiegsraten bezüglich des Gehaltes an organischer Substanz im Boden ergibt sich daraus, daß bei den zuerst genannten Varianten diese nur dann sinnvoll sind, wenn sie für die Zeiträume 1969–1974 und 1974–1990 getrennt berechnet werden. In Tabelle 3 sind die aus linearen Regressionsmodellen abgeleiteten durchschnittlichen Anstiegsraten zusammengestellt.

Die durchschnittlichen jährlichen Anstiegsraten des Gehaltes an organischer Bodensubstanz lagen im Zeitraum nach 1974 unabhängig von der Variante in der gleichen Größenordnung von 0,020–0,030 %-Punkten/Jahr. Lediglich in den ersten 5 Versuchsjahren (1969–1974) differieren die Zuwachsraten zwischen den Varianten, vor allem deutlich zwischen „ohne Zufuhr organischer Düngemittel" und „mit Zufuhr organischer Düngemittel". Dies deutet darauf hin, daß in den zuletzt genannten Varianten nach einer gewissen Anlaufphase

Abb. 1. Gehalte an organischer Bodensubstanz im Fruchtfolgeversuch Berrenrath differenziert nach Fruchtfolge, N-Düngung und organischer Düngung (Mittelwerte der letzten 5 Versuchsjahre, 1980–1984)

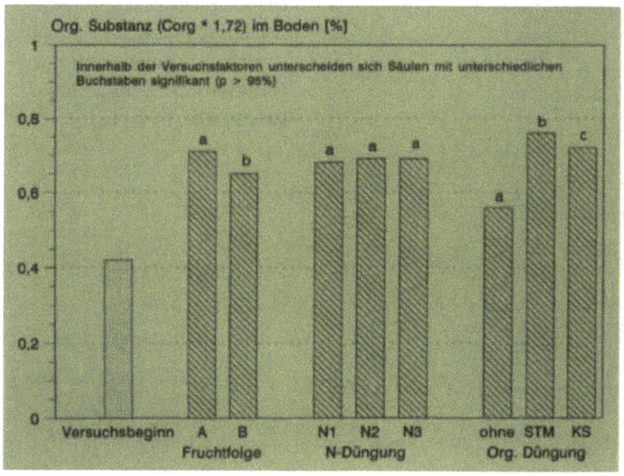

Abb. 2. Gehalte an organischer Bodensubstanz im Humusanreicherungsversuch Berrenrath nach 21 Versuchsjahren (Herbst 1990)

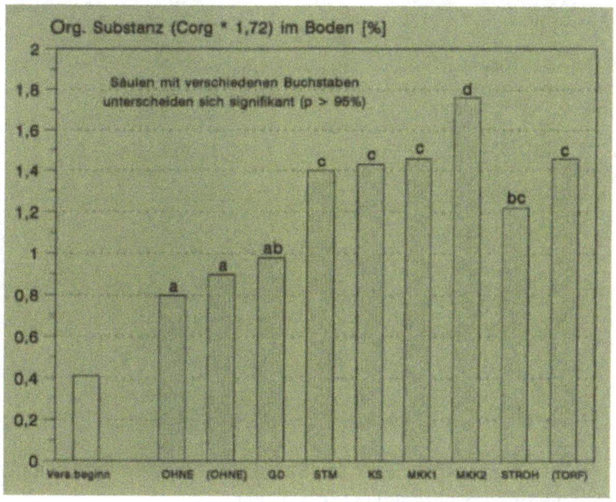

die vermehrt zugeführte organische Substanz mit einer entsprechend höheren Abbaurate im Boden umgesetzt wird.

Hinsichtlich der interessanten Fragestellung, nach welchem Zeitraum nach der Rekultivierung die Neulandböden wieder in etwa die Gehalte an organischer Substanz aufweisen, die im Tagebauvorfeld anzutreffen sind, ist eine Anwendung der oben aus linearen Regressionsmodellen abgeleiteten jährlichen Anstiegsraten jedoch ungeeignet. Denn bekanntermaßen stellt sich in Böden langfristig ein Gleichgewicht zwischen Anlieferung und Abbau der zugeführten organischen Substanz ein, so daß sich unter gegebenen Standort- und Bewirtschaftungsbedingungen ein charakteristischer Gehalt an organischer Substanz im Boden (= Gleichgewichtsniveau) ergibt (Sauerbeck 1992).

Dieses sich einstellende Gleichgewichtsniveau läßt sich nach Thum et al. (1990) mit Hilfe der Wachstumsfunktion von Verhulst-Brody-Mitscherlich, die die allgemeine Form $y = a + b^{*} e^{cx}$ hat, aus langjährigen Versuchsergebnissen schätzen. Für hohe Werte von x (= „Rekultivierungsalter") ergibt sich als Schätzwert für y (= „Gehalt an organischer Substanz im Boden zum Zeitpunkt x") der numerische Wert der Konstanten „a", die damit einen Schätzwert für das sich einstellende Gleichgewichtsniveau darstellt.

In Abb. 4 sind die auf diese Art geschätzten Gleichgewichtsgehalte sowie die zugehörigen Vertrauensbereiche ($p > 95$ %) für die organisch gedüngten Varianten des Humusanreicherungsversuches Berrenrath graphisch dargestellt.

Unter zukünftiger Beibehaltung der bisherigen Versuchsbedingungen lassen die vorliegenden Versuchsdaten langfristig in allen Varianten Gleichgewichtsgehalte an organischer Substanz im Boden erwarten, die deutlich unter dem Niveau liegen, das allgemein für rezente

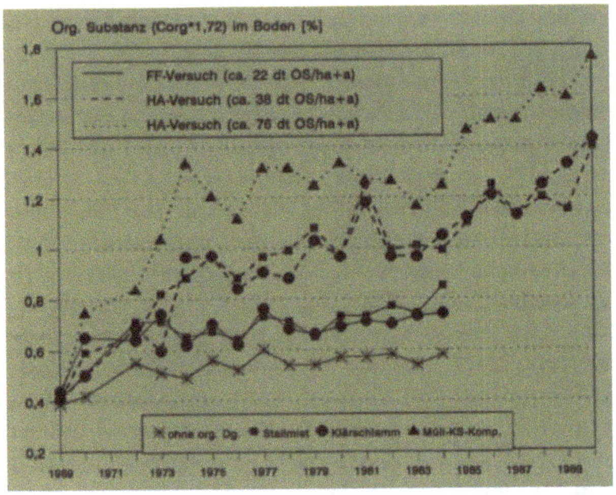

Abb. 3. Entwicklung der Gehalte an organischer Bodensubstanz in ausgewählten Varianten des Fruchtfolge- (FF) und Humusanreicherungsversuches (HA) Berrenrath

Löß-Parabraunerden der Köln- Aachener-Bucht angenommen wird (ca. 1,8–2,0 % org. Substanz). Unter Berücksichtigung des Vertrauensbereiches für die Schätzungen erreichen lediglich die beiden Müllklärschlammkompost-Varianten den o. a. Bereich. Zwar wird das Niveau von 2 % organischer Bodensubstanz auch von der Klärschlamm-Variante erreicht bzw. sogar überschritten, der sehr große Vertrauensbereich deutet hier jedoch auf erhebliche Unsicherheiten bei der Schätzung hin.

Für die Varianten ohne Zufuhr organischer Düngemittel lassen sich wegen des im Versuchszeitraum bisher linearen Verlaufes der Anreicherungskurven z. Z. keine entsprechenden Abschätzungen vornehmen.

Verglichen mit den bisher dargestellten Ergebnissen des Berrenrather Versuchsfeldes stellen sich die Verhält-

Tabelle 3. Durchschnittlicher jährlicher Anstieg der Gehalte an organischer Bodensubstanz sowie im Durchschnitt jährlich ausgebrachte Mengen an organischer Substanz im Humusanreicherungsversuch Berrenrath (1969–1990)

Variante	Anstiegsraten[a] 1969–1974 % org. Sub./Jahr	Anstiegsraten[a] 1974–1990 % org. Sub./Jahr	Zufuhr an org. Substanz durch Düngung dt/ha + Jahr
1 = NPK - Gründ.	0,024 ± 0,004		
3 = NPK + Gründ.	0,024 ± 0,004		
4 = Stallmist	0,088 ± 0,024	0,022 ± 0,007	38
5 = Klärschlamm	0,091 ± 0,043	0,027 ± 0,009	38
6 = MKK 1	0,118 ± 0,022	0,026 ± 0,010	38
7 = MKK 2	0,159 ± 0,039	0,028 ± 0,010	76
8 = Stroh	0,091 ± 0,024	0,019 ± 0,009	38
9 = Torf	0,142 ± 0,033	0,024 ± 0,007	38

[a] 95 % – Vertrauensbereich der Steigungen linearer Regressionsmodelle; alle zugrunde liegenden Modelle sind hoch signifikant ($p > 99$ %)

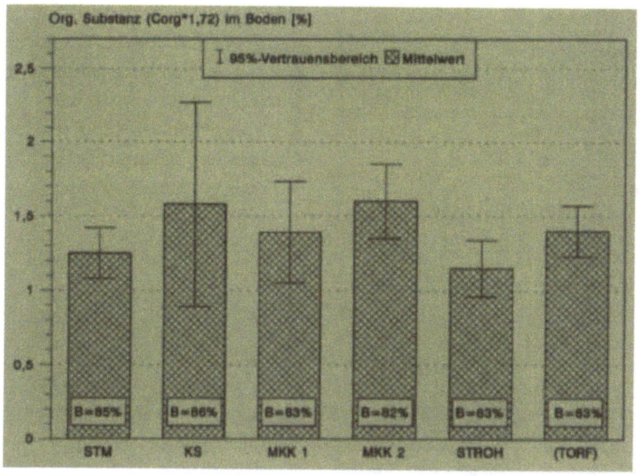

Abb. 4. Geschätzte Gleichgewichtsgehalte an organischer Bodensubstanz in den organisch gedüngten Varianten des Humusanreicherungsversuches Berrenrath, ermittelt aus Regressionsmodellen der allgemeinen Form $y = a + b^* e^{cx}$ [B = Bestimmtheitsmaße der Regressionsgleichungen; Datengrundlage: Bodenuntersuchungsergebnisse 1969–1990 (n = 21/Variante)]

nisse bezüglich der Entwicklung der Gehalte an organischer Substanz im Versuch Gustorf anders dar (Abb. 5).

In allen Varianten des Versuches Gustorf war in den ersten 10 Versuchsjahren eine kontinuierliche (= lineare) Zunahme der Bodengehalte an organischer Substanz festzustellen. Dabei ist besonders bemerkenswert, daß die durchschnittlichen jährlichen Gehaltszunahmen der organisch gedüngten Varianten mit 0,06–0,08 % pro Jahr in der gleichen Größenordnung liegen, wie sie etwa in der Stallmist- oder Klärschlamm-Variante des Humusanreicherungsversuches Berrenrath nur in den ersten Versuchsjahren bei in etwa vergleichbaren jährlichen Zufuhren an organischer Düngersubstanz ermittelt wurden (vgl. Tabellen 3 u. 4).

Abb. 5. Entwicklung des Gehaltes an organischer Bodensubstanz in ausgewählten Varianten des Versuches Gustorf

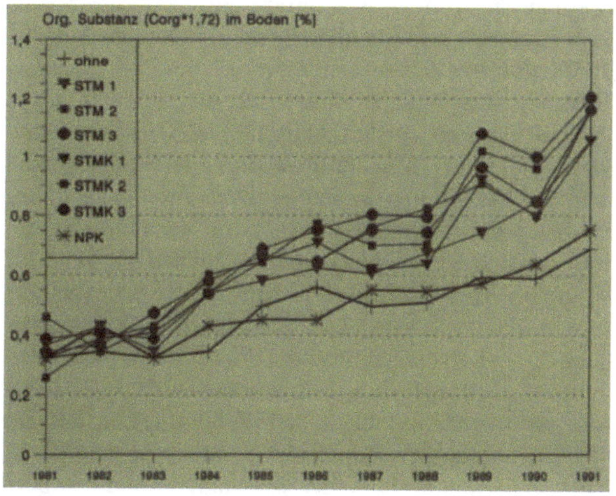

Der für den Berrenrather Versuch charakteristische abgeflachte Verlauf der Anstiegsraten nach etwa 5 Versuchsjahren ist in Gustorf (noch) nicht eingetreten.

Auch die beiden Varianten ohne organische Düngung (Var. 1 „ohne", Var. 12 „NPK") weisen mit jährlichen Zunahmen von 0,036 bzw. 0,037 % organischer Substanz pro Versuchsjahr eine deutlich stärkere Anreicherung auf als die entsprechenden Berrenrather Varianten (0,024 % / Jahr).

Im übrigen entspricht die im Gustorfer Versuch zu beobachtende Differenzierung der verschiedenen Stallmist- und Stallmistkompost-Varianten einerseits der Abstufung der einzelnen Düngergaben (innerhalb einer Düngerart). Andererseits weisen die Stallmistkompost-Varianten – trotz ca. 20 % geringerer Zufuhren an organischer Substanz – jeweils höhere Anstiegsraten auf. Dies weist auf die höhere Stabilität der organischen Substanz des Stallmistes gegenüber mikrobiellem Abbau nach Kompostierung hin.

4
Diskussion

Die in Böden enthaltene organische Substanz hat in einem vielschichtigen Wirkungs- und Funktionsgefüge entscheidenden Einfluß auf die Bodenfruchtbarkeit. Wichtige Effekte der organischen Substanz und Ihrer mikrobiellen Umwandlungsprodukte im Boden sind nach Hayes et al. (1989, zit. nach Sauerbeck 1992) und Sauerbeck (1992)

- Allmähliche Freisetzung von Pflanzennährstoffen (N, S, P)
- Bindung von Pflanzennährstoffen durch Kationenaustausch und Sorption
- Mobilisierung von Pflanzennährstoffen aus der mineralischen Bodensubstanz
- Bildung und Erhaltung einer günstigen Bodenstruktur
- Verbesserung der Durchlüftung, der Wasserführung und des Wasserhaltevermögens sowie der Durchwurzelbarkeit
- Erhöhung der Bodentemperatur durch Lichtadsorption
- Vermehrung der Filter- und Pufferkapazität
- Immobilisierung und Entgiftung von toxischen Substanzen
- Fördernde Effekte auf Pflanzen bei suboptimalen Wachstumsbedingungen

Auf der Kenntnis dieser Zusammenhänge basieren die vielfältigen Anstrengungen, durch geeignete Bewirtschaftungsmaßnahmen die anfänglich sehr niedrigen Gehalte an organischer Bodensubstanz in den rekultivierten Löß-Rohböden des Rheinischen Braunkohlenreviers möglichst rasch und nachhaltig anzuheben. Die im vor-

Variante	Anstiegsraten[a] 1981–1991 % org. Sub./Jahr	Zufuhr an organischer Substanz durch Düngung dt/ha + Jahr	relativ
1 = ohne	0,036 ± 0,007	-	-
2 = Stallmist 1	0,060 ± 0,009	32	100
3 = Stallmist 2	0,067 ± 0,012	42	134
4 = Stallmist 3	0,072 ± 0,009	53	168
5 = Stallmistkompost 1	0,064 ± 0,010	25	79
6 = Stallmistkompost 2	0,080 ± 0,009	34	106
7 = Stallmistkompost 3	0,083 ± 0,009	42	133
12 = NPK	0,037 ± 0,007	-	-

Tabelle 4. Durchschnittlicher jährlicher Anstieg der Gehalte an organischer Bodensubstanz sowie im Durchschnitt jährlich ausgebrachte Mengen an organischer Substanz im Versuch Gustorf (1981–1991)

[a] 95 % – Vertrauensbereich der Steigungen linearer Regressionsmodelle; alle zugrunde liegenden Modelle sind hoch signifikant ($p > 99,9$ %)

angegangenen Abschn. dargestellten Ergebnisse aus den langjährigen Versuchen des Landesumweltamtes NRW belegen diesbezüglich in Übereinstimmung mit Ergebnissen anderer Autoren (Schulze u. Engels 1962; Haubold et al. 1987), daß v. a. die regelmäßige Zufuhr organischer Düngemittel in der Lage ist, den mit Inkulturnahme der Neulandböden einsetzenden Prozeß der „Humusanreicherung" zu fördern. Dabei kommt längerfristig v. a. der Menge der jährlich zugeführten organischen Düngemittel bzw. der darin enthaltenen organischen Substanz Bedeutung zu (vgl. Abb. 3). Die Düngerart scheint dagegen die Anreicherung von organischer Bodensubstanz kaum zu beeinflussen, wie der Vergleich der unterschiedlichen Düngemittel im Humusanreicherungsversuch Berrenrath gezeigt hat (Abb. 2). Insofern ist die These Sauerbecks (1992), „daß die humusschaffende Kraft eines organischen Materials weit weniger von seiner Art als vielmehr von dessen verabreichter Menge abhängt", offenbar auch für Neulandböden gültig.

Gleichwohl ist aus dem Gustorfer Versuch einschränkend abzuleiten, daß dies hinsichtlich des Vergleiches der Wirkung von Stallmist mit bzw. ohne vorherige Kompostierung differenziert zu beurteilen ist (vgl. Tabelle 4). So hatte eine jährliche Zufuhr von ca. 42 dt organischer Substanz je Hektar und Jahr als Stallmistkompost (Var. 7) eine erheblich höhere jährliche Anstiegsrate der Gehalte an organischer Bodensubstanz zur Folge als die entsprechende Zufuhr von Stallmist ohne vorherige Kompostierung (Var. 3). Diese relative Vorzüglichkeit des Stallmistkompostes verliert sich jedoch, wenn man berücksichtigt, daß in der Praxis einem landwirtschaftlichen Betrieb nur eine begrenzte Menge Stallmist zur Verfügung steht, und daß bei einer der Ausbringung vorgeschalteten Kompostierung Rotteverluste in der Größenordnung von 40–60 % der organischen Substanz auftreten (Sauerlandt 1956, zit. nach Gottschall 1984). Der unter diesen Gesichtspunkten praxisnähere Vergleich der Gustorfer Varianten 3 und 4 (42 bzw. 53 dt org. Sub./ha und Jahr als Stallmist) mit Variante 5 (25 dt org. Sub./ha und Jahr als Stallmistkompost) zeigt, daß die vorausgehende Kompostierung des Stallmistes in bezug auf die Anreicherung des Rekultivierungsbodens mit organischer Substanz keine Vorteile erkennen läßt.

Wenn auch im Humusanreicherungsversuch Berrenrath bezüglich der Humusentwicklung zwischen den verschiedenen organischen Düngemitteln keine nennenswerten Unterschiede festgestellt wurden, so ist doch darauf hinzuweisen, daß selbstverständlich unter anderen Aspekten erhebliche Unterschiede bestehen. Dies gilt z. B. für die Nährstoffzufuhren und – im Zusammenhang mit der Verwertung von Siedlungsabfällen besonders relevant – auch für Schadstoffzufuhren (vgl. dazu König et al. 1988).

Ein Einfluß gesteigerter mineralischer Stickstoffdüngung auf die Humusentwicklung im Boden konnte weder im Fruchtfolgeversuch Berrenrath (Abb. 1) noch im Versuch Gustorf (Tabelle 4, Var. 1 und 12) festgestellt werden. Dies dürfte v. a. darauf zurückzuführen sein, daß einerseits in beiden Versuchen die Nebenernteprodukte von den Flächen entfernt wurden und andererseits aus langjährigen Dauerdüngungsversuchen auf Altland bekannt ist (Franken 1986), daß ein „humusreproduzierender" bzw. „humusmehrender" Effekt gesteigerter Mineraldüngung aber gerade nur dann zu erwarten ist, wenn die dadurch erhöhten Mengen an Pflanzenmasse (Stroh, Blatt) auch tatsächlich als organische Düngung eingesetzt werden. Wurzel- und Stoppelrückstände allein vermögen dies nicht zu leisten. Selbst wenn jedoch die Nebenernteprodukte in viehlos wirtschaftenden Betrieben auf dem Feld verbleiben, ist der Steigerung der mineralischen Stickstoffdüngung zum Zwecke der beschleunigten Humusanreicherung in Rekultivierungsböden angesichts der vorrangigen pflanzenbaulichen und betriebswirtschaftlichen Aspekte der Düngeplanung keine praktische Bedeutung beizumessen.

In der Literatur finden sich zahlreiche Angaben zur Bedeutung der Fruchtfolgegestaltung hinsichtlich der Humusdynamik in Böden i. a. (u. a. Diez u. Bachthaler 1978; Debruck 1981; Franken 1986) sowie Hinweise und Empfehlungen speziell zur Bewirtschaftung von Neulandböden (u. a. Schulze u. Engels 1962; Matena 1985; Anonym 1990; Thum et al. 1992). Einzelne Fruchtfolgeglieder unterscheiden sich in bezug auf ihre Wirkung auf den Humusgehalt im Boden v. a. durch deren unterschiedlich große Mengen an Ernterückständen, durch ihren unterschiedlichen Bodenbedeckungsgrad sowie durch verschieden intensive und häufige Bodenbearbeitung (Sauerbeck 1992). Vielfach wird die positive Bedeutung des mehrjährigen Anbaus von Futterpflanzen und die Einschränkung des Hackfruchtanteils in der Fruchtfolge für den Gehalt an organischer Bodensubstanz hervorgehoben (Franken 1986; Sauerbeck 1992).

Damit im Einklang steht auch das Ergebnis des Fruchtfolgeversuches Berrenrath, daß der innerhalb einer 6feldrigen Rotation wiederkehrende 2jährige Luzerneanbau im Versuchszeitraum zu signifikant höheren Gehalten an organischer Bodensubstanz führte (Abb. 1). Auch die im Gustorfer Versuch festgestellten, im Vergleich zu Berrenrath relativ hohen Humusanreicherungsraten (Tabellen 3 und 4) dürften zumindest z. T. auf Fruchtfolgeeffekte zurückzuführen sein. So wurde in Gustorf im Zeitraum 1981– 1991 mit überjähriger Luzerne und mit überjährigem Kleegras sowie vier Wintergetreidearten gegenüber je einmaligem Anbau von Hafer-Bohnen-Gemenge und Möhren eine Fruchtfolge realisiert, die hinsichtlich Bodenbedeckung und Halmfrucht-/Blattfrucht-Verhältnis als günstig einzustufen ist.

Was die mittelfristige Entwicklung der Gehalte an organischer Bodensubstanz angeht, so haben die Berrenrather Versuche gezeigt, daß die vielfach vertretene, auf Untersuchungen von Engels (1958) beruhende Annahme eines durchschnittlichen Anstieges der Humusgehalte in Neulandböden von jährlich 0,04 %-Punkten keinesfalls pauschale Gültigkeit besitzt. Problematisch ist dabei sowohl die implizierte Annahme eines stetigen, d. h. linearen jährlichen Zuwachses, wie auch die fehlende Differenzierung hinsichtlich unterschiedlicher Bewirtschaftungsverhältnisse (Fruchtfolge, organische Düngung).

Die rein mineralisch gedüngten Varianten des Humusanreicherungsversuches Berrenrath erreichten bisher lediglich Anstiegsraten von jährlich 0,02–0,025 % organischer Substanz im Boden. Und auch bei zusätzlicher organischer Düngung in nicht unbeträchtlicher Höhe lagen nach wenigen Jahren die weiteren Zuwächse ebenfalls in ähnlicher Größenordnung (0,02–0,03 % org. Sub./Jahr; vgl. Tabelle 3). Damit in etwa vergleichbare Werte ermittelten auch Haubold et al. (1987) in Erhebungsuntersuchungen im Rheinischen Braunkohlenrevier.

Im Gegensatz dazu entwickelten sich die entsprechenden Gehalte im Versuch Gustorf bisher wesentlich schneller (Tabelle 4): Je nach Variante lagen die durchschnittlichen jährlichen Anstiegsraten zwischen etwa 0,04 und 0,08 % organischer Substanz. Eine allseits befriedigende Erklärung für diese unterschiedliche Entwicklung in Berrenrath und Gustorf kann derzeit nicht gegeben werden. Erklärungsansätze könnten darin bestehen, daß in Gustorf neben der bereits erwähnten relativ günstigen Fruchtfolge im Gegensatz zu den Berrenrather Versuchen in den organisch gedüngten Varianten keine zusätzliche mineralische Stickstoffdüngung vorgenommen wurde. Nach Franken (1986) wird nämlich der Abbau organischer Substanz im Boden durch hohe mineralische Stickstoffgaben beschleunigt. Insgesamt handelt es sich in bezug auf die Stickstoffversorgung in Gustorf sicherlich um ein N-armes, zumindest aber gegenüber Berrenrath um ein N-ärmeres Bewirtschaftungssystem, in dem ein verlangsamter Abbau der zugeführten organischen Substanz denkbar wäre.

In der landwirtschaftlichen Praxis dürften für „konventionell" wirtschaftende Betriebe eher die relativ niedrigen jährlichen Anstiegsraten des Humusanreicherungsversuches Berrenrath zutreffen, während die Gustorfer Verhältnisse eher denen im „alternativen" Landbau entsprechen.

Grundsätzlich ist jedoch an dieser Stelle anzumerken, daß eine hohe Anreicherung von organischer Substanz nicht unbedingt vorteilhaft im Hinblick auf die Entwicklung der Bodenfruchtbarkeit ist, da „viele [...] Aufgaben und Funktionen des Humus im Boden gar nicht so sehr auf dessen langjährigem Verbleib, sondern im Gegenteil gerade auf seinem ständigen Umsatz – bzw. auf den hierbei entstandenen kurzlebigen Umsetzungsprodukten – beruhen" (Sauerbeck 1992).

Vor diesem Hintergrund sind auch die dargestellten Ergebnisse zum längerfristig erreichbaren Humusniveau in Neulandböden differenziert zu sehen. Aus den in Abb. 4 dargestellten Schätzwerten für das sich im Humusanreicherungsversuch Berrenrath vermutlich einstellende Gleichgewichtsniveau wird deutlich, daß die für gewachsene Lößstandorte des gleichen Raumes angenommenen Gehalte von 1,8–2,0 % organischer Substanz im obersten Bodenhorizont auch längerfristig nicht erreicht werden dürften. Ähnliches wurde auch aus Untersuchungen auf Rekultivierungsflächen im Tagebau Espenhain bei Leipzig abgeleitet (Thum et al. 1992).

Damit müssen jedoch Hoffnungen, in einem überschaubaren Zeitraum von 30–50 Jahren könnten bezüglich des Humusgehaltes in Neulandböden „Altlandverhältnisse" wiederhergestellt werden, als nicht realistisch eingeschätzt werden. Dabei ist zusätzlich zu berücksichtigen, daß bekanntermaßen erhebliche Unterschiede in den Eigenschaften der relativ jungen organischen

Substanz von Neulandböden und der über Jahrzehnte bis Jahrhunderte akkumulierten organischen Substanz gewachsener Standorte bestehen (Wünsche und Thum 1990).

Wenn auch Untersuchungen zeigen, daß die Fruchtbarkeit landwirtschaftlich rekultivierter Lößböden unter Berücksichtigung einiger Besonderheiten (z. B. erhöhte Mineraldüngung) gemessen an den Erträgen nach relativ kurzer Zeit mit gewachsenen Standorten vergleichbar sind (Schulze u. Rezania 1969; Breitfuss 1985), so bleibt doch in Zukunft festzustellen, inwieweit eine derartige Vergleichbarkeit auch hinsichtlich anderer Bodenfunktionen (z. B. Puffer- und Filterfunktion gegenüber Stoffeinträgen; Lebensraumfunktion für die Bodenfauna und -flora) besteht.

5 Zusammenfassung

In diesem Beitrag wird anhand von Ergebnissen langjähriger Feldversuche auf landwirtschaftlich rekultivierten Böden im Rheinischen Braunkohlenrevier die mittel- bis langfristige Entwicklung des Gehaltes an organischer Substanz im Boden dargestellt und der diesbezügliche Einfluß verschiedener Bewirtschaftungsmaßnahmen (Fruchtfolgegestaltung, mineralische und organische Düngung) diskutiert. Es wird dargelegt, daß v. a. die regelmäßige Zufuhr organischer Substanz über Wirtschaftsdünger oder geeignete Siedlungsabfälle eine Humusanreicherung begünstigt. Dabei scheint weniger die Art als vielmehr die Menge der ausgebrachten organischen Substanz für den Humusanreicherungsprozeß von Bedeutung zu sein. Daneben kann auch durch die Gestaltung der Fruchtfolge (über- bzw. mehrjähriger Futterpflanzenanbau; geringer Hackfruchtanteil) positiv auf die Akkumulation von organischer Substanz im Boden Einfluß genommen werden. Ein diesbezüglich positiver Effekt einer gesteigerten Stickstoffdüngung bei gleichzeitiger Abfuhr der Nebenernteprodukte konnte nicht festgestellt werden, vielmehr scheint die Humusanreicherung bei Stickstoff-reduzierter Wirtschaftsweise schneller zu verlaufen.

Die häufig unterstellte Zuwachsrate an organischer Bodensubstanz in rekultivierten Böden des Rheinischen Braunkohlenreviers in Höhe von 0,04 % org. Sub. jährlich ist aufgrund der vorgestellten Ergebnisse eine unzulässige Verallgemeinerung. Je nach Bewirtschaftungsgegebenheiten wurden in den berichteten Feldversuchen Anstiegsraten zwischen 0,02 und 0,08 %-Punkten/Jahr ermittelt, wobei längerfristig die Anreicherung nicht linear, sondern in Form von Sättigungskurven mit abnehmenden Zuwächsen verläuft. Aus den Ergebnissen der Berrenrather Versuche ist abzuleiten, daß auch längerfristig nicht in vollem Umfang die Gehalte an organischer Substanz im Oberboden der rekultivierten Böden erreicht werden, die in gewachsenen Böden im Vorfeld der Tagebaue anzutreffen sind.

Danksagung

Die vorgestellten Versuche wurden seinerzeit von Herrn Dr. F. Krämer angelegt und langjährig wissenschaftlich geleitet. Herrn F. Hönen, Herrn K. Weck und seiner Versuchsfeldmannschaft sowie Frau B. Kräling ist für die langjährige, stets gewissenhafte Betreuung der Versuche zu danken. Die notwendigen Analysen wurden im Labor des LUA von Herrn Dr. Wittkötter und Mitarbeiter/-innen durchgeführt.

LITERATUR

Anonym (1990) Vereinbarung über die Gewährleistung für landwirtschaftliche Neulandböden vom 7. Februar 1990 zwischen dem Rheinischen Landwirtschaftsverband e.V. und der Rheinbraun Aktiengesellschaft unter Mitwirkung der Landwirtschaftskammer Rheinland, Bonn/Köln

Breitfuss J (1985) Sichere Existenz durch neues Ackerland. In: Rheinische Braunkohlenwerke AG (Hrsg) Neues Ackerland folgt dem Tagebau, 9. Aufl. 3–12, Köln

Debruck J (1981) Der Einfluß der Fruchtfolge auf die Bodenfruchtbarkeit. Bodenkultur 32: 207–225

Delschen T (1989) Zwischenbilanz des Humusanreicherungsversuches der LÖLF in Berrenrath 1969–1987. LÖLF-interner Bericht (im Einzelfall beim Autor zu beziehen)

Delschen T, Baranowski Z, Woltering A (1994) Bedeutung der Fruchtfolge und der differenzierten Düngung für die Anreicherung eines rekultivierten Lößbodens an organischer Substanz und Nährstoffen sowie seine Ertragsfähigkeit. Abschlußbericht des Fruchtfolgeversuches in Berrenrath (1969–1984). LUA-interner Bericht (im Einzelfall beim Autor zu beziehen)

Diez TH, Bachthaler G (1978) Auswirkungen unterschiedlicher Fruchtfolge, Düngung und Bodenbearbeitung auf den Humusgehalt der Böden. Bayer Ldw Jahrb 55: 368–377

Engels H (1958) Physikalisch-chemische Bodenverhältnisse und Erträge rekultivierter Lößböden und ihre Beeinflussung durch ackerbauliche Maßnahmen, Diss. Bonn

Franken H (1986) Einfluß der Landbewirtschaftung auf die Humusversorgung. VDLUFA-Schriftenreihe 16: 19–29

Gottschall R (1984) Kompostierung – optimale Aufbereitung und Verwendung organischer Materialien im ökologischen Landbau. Alternative Konzepte, 45. Müller, Karlsruhe

Haubold M, Henkes L, Schröder D (1987) Qualität und Entwicklung rekultivierter Böden aus Löß. Mitteilungen Dt Bodenkundl Gesellsch 53: 173–178

Hayes M H B, McCarthy P, Malcolm R L, Swift R S (1989) The search for structure: setting the scene. In: Hayes M H B, McCarthy P, Malcolm R L, Swift R S (eds) humic substances II – In: search of structure, 3–31. Wiley, Chichester New York Brisbane Toronto Singapore (zit. nach Sauerbeck 1992)

König W, Wittkötter U, Hembrock A (1988) Gehalte an anorganischen und organischen Schadstoffen in Böden und Pflanzen des Humusanreicherungsversuches Berrenrath nach langjähriger Düngung mit Klärschlamm und Müll-Klärschlamm-Kompost. VDLUFA-Schriftenreihe 23: 533–546

Matena H (1985) Bewirtschaftungsempfehlungen für Neulandböden. LZ Rheinland 25: 1728–1730

Sauerbeck D (1992) Funktionen und Bedeutung der organischen Substanzen für die Bodenfruchtbarkeit – Ein Überblick. Berichte über Landwirtschaft SH 206: 13–29

Sauerlandt W (1956) Stallmistkompost – ein zusammenfassender Bericht. Landwirtschaft-Angewandte Wissenschaft, 57 (zit. nach Gottschall 1984)

Schulze E, Engels H (1962) Rekultivierung von Lößböden im Rheinischen Braunkohlengebiet (1. Mitteilung). Z Acker- u. Pflanzenbau 115: 115–143

Schulze E, Rezania M (1969) Fruchtbarkeit und Ertragsfähigkeit trocken umgelagerter Lößböden verschiedenen Rekultivierungsalters im Rheinischen Braunkohlengebiet. Z Acker- u. Pflanzenbau 129: 1–28

Sunkel R (1980) Die Untersuchung von Humusbildung, Bodengefüge und Wasserhaushalt auf der Versuchsfläche der LÖLF in Berrenrath. LÖLF-interner Bericht

Thum J, Wünsche M, Laves D, Vogler E (1990) Zur Humusbildung auf Kipp-Lehm bei Ackernutzung. Arch Acker-Pflanzenbau Bodenkd 34 (12): 855–864

Thum J, Wünsche M, Fiedler H-J (1992) Rekultivierung im Braunkohlenbergbau der östlichen Bundesländer. In: Rosenkranz D, Einsele G, Harreß H-M (Hrsg) Bodenschutz 10, Ergänzungslfg Nr. 7240

Wünsche M, Thum J (1990) Bodensubstrate und Bodenentwicklung der landwirtschaftlich genutzten Flurkippe Espenhain (Sachsen). Arch Natschutz Landschforsch 30: 217–229

19 Bodenschonende Bewirtschaftung landwirtschaftlich rekultivierter Böden

Heinrich Franken und Lothar Hövelmann

1 Einleitung

Im Rheinischen Braunkohlenrevier sind bisher ca. 25 000 ha überwiegend fruchtbare Ackerböden in Anspruch genommen und davon ca. 7 500 ha wieder landwirtschaftlich rekultiviert worden. Gemäß den Richtlinien des Landesoberbergamtes NRW vom 7.1.1992 müssen diese Flächen zur Wiederherstellung ertragreicher Kulturböden rekultiviert werden. Der bergbautechnischen Erstellung der Neulandflächen folgt zunächst eine derzeit 7jährige „Zwischenbewirtschaftung" durch den Bergbautreibenden (Tabelle 1). Die sich daran anschließende „Folgebewirtschaftung" umfaßt eine zeitlich nicht begrenzte Phase, in der die Landwirte das Land wieder als Eigentum übernommen haben und gemäß den „Bewirtschaftungsempfehlungen für Neulandböden" (Rheinischer Landwirtschaftsverband 1990) bestellen.

Dabei ergeben sich jedoch für die in der Regel nur mit Altland vertrauten Landwirte bis dahin nicht gekannte Probleme, denn bei Neuland handelt es sich um Rohböden mit teilweise ungünstigen Eigenschaften, die u.a. gekennzeichnet sind durch Humus- und Nährstoffarmut, schwach entwickelte biologische Aktivität sowie geringe Aggregatstabilität. Das kann erhebliche Schwierigkeiten bei der Bodenbewirtschaftung zur Folge haben. Vor allem in feuchtem Zustand sind diese Böden weniger belastbar als Altland, da sie zu Verdichtungen neigen. Eine termingerechte Arbeitserledigung kann also durch spätes Abtrocknen der Flächen im Frühjahr und eine ebenfalls witterungsbedingte frühe Ernte im Herbst erschwert werden.

Diesen Besonderheiten der rekultivierten Böden aus Löß muß mit einer möglichst bodenschonenden Bewirtschaftung Rechnung getragen werden, um die Genese der juvenilen Böden im Hinblick auf die Bodenfruchtbarkeit zu fördern. Wesentlich ist dabei eine enge Verzahnung von Zwischen- und Folgebewirtschaftung. Maßnahmen der Folgebewirtschaftung müssen darauf abzielen, die während der Zwischenbewirtschaftung erreichte günstige Gefügeentwicklung weiter voranzutreiben; dabei muß v. a. vermieden werden, daß der Erfolg der 7jährigen Zwischenbewirtschaftung durch eine einzige falsche bzw. unzeitige Maßnahme schnell

Tabelle 1. Landwirtschaftliche Rekultivierung und Phasen der Neulandbewirtschaftung

	0. Jahr	8. Jahr
Rekultivierung	Zwischenbewirtschaftung	Folgebewirtschaftung
Landwirtschaftliche Rekultivierung		
Durch den Bergbautreibenden		Durch Landwirte
	Neulandbewirtschaftung	

Tabelle 2. Ziele und Maßnahmen einer bodenschonenden Neulandbewirtschaftung

Ziele	Maßnahmen	Phasen
Aufbau und Stabilisierung d. Bodengefüges	Ständige Begrünung – Bodenbedeckung – Wurzelwachstum Lebendverbauung Wasserentzug Humusversorgung – Humusmehrende Fruchtfolgen Mehrjähr. Futterpflanzen Bodenruhe – Belassen des Aufwuches auf der Fläche – Zufuhr organischer Substanz	Zwischen-bewirtschaftung (bis zum 7. Jahr)
Vermeidung von Gefügeschäden	Schonende Bodenbearbeitung – Berücksichtigung der Bodenfeuchte – Pflügen mit „Räumschar" – Konservierende Bodenbearbeitung Reduzierung der Auflast – Breit- bzw. Niederdruckreifen – Leichtere Geräte Reduzierung der Befahrungen – Gerätekombinationen – Arbeitsbreiten	Folge-bewirtschaftung (ab d. 8. Jahr)

wieder zunichte gemacht wird. Bei Unterlassung gefügestrapazierender Maßnahmen können dem Landwirt kurzfristig durchaus Einkommensminderungen entstehen. Daher sind die in der Gewährleistungsvereinbarung für Neulandböden (Rheinischer Landwirtschaftsverband 1990) aufgeführten Kompensationsmechanismen zu begrüßen.

2 Ziele und Maßnahmen

Mit einer bodenschonenden Bewirtschaftung im weitesten Sinne werden zwei Ziele angestrebt, die in den jeweiligen Bewirtschaftungsphasen mit gleichen Maßnahmen, allerdings bei unterschiedlicher Gewichtung erreicht werden können (Tabelle 2). Zum einen kann dabei über den Aufbau und die Stabilisierung des Bodengefüges die Belastbarkeit der zunächst noch sehr gefügelabilen Neulandböden erhöht werden. Die dahin führenden Maßnahmen kommen jedoch nur langfristig bei kontinuierlicher Anwendung zum Tragen. Während der Zwischenbewirtschaftung kommt einer ständigen Begrünung und der damit verbundenen Bodenruhe sowie der Humusversorgung der Flächen eine besondere Bedeutung zu.

Zum anderen ist auf Neuland gleichzeitig aber auch eine Reduzierung der auf Altland heute durchaus üblichen Bodenbelastung unabdingbar, um Gefügeschäden soweit wie möglich zu vermeiden. Hierbei sind geeignete Maßnahmen wie schonende Bodenbearbeitung, Reduzierung von Auflast und Befahrungen v. a. im Rahmen der Folgebewirtschaftung erfolgversprechend.

3 Zwischenbewirtschaftung

3.1 Konventionelle Zwischenbewirtschaftung

Die Zwischenbewirtschaftung wird vom Bergbautreibenden durchgeführt, um in dieser für die Bodenentwicklung hochsensiblen Phase – befreit von ökonomischen Zwängen – günstige Voraussetzungen für die Gefügeentwicklung zu schaffen. Unmittelbar im Anschluß an die bergbautechnische Erstellung der rekultivierten Fläche wird in der Regel mit der Einsaat von Luzerne *(Medicago media)* die Bodenentwicklung eingeleitet. Ist zum Zeitpunkt der Fertigstellung der Fläche der optimale Saattermin für Luzerne schon überschritten, dann wird eine Zwischenbegrünung mit Waldstaudenroggen *(Secale silvestris)* durchgeführt. Die Luzerne kann dann erst im darauffolgenden Frühjahr eingesät werden. Der Luzerneaufwuchs wird als wertvolles, eiweißreiches Futter von Landwirten genutzt – allerdings mit rückläufigen Anteilen – was im Hinblick auf die dadurch häufig verursachten Gefügeschäden nicht unproblematisch ist. Nach zwei bis drei Standjahren wird die Luzerne dann umgebrochen und die insgesamt 7jährige Zwischenbewirtschaftung mit einer Getreidefolge zu Ende geführt. In diesem Zeitraum evtl. auftretende Rekultivierungsmängel, wie die Entstehung von Mulden infolge ungleichmäßiger Setzung, Unterbodenverdichtungen und Stauwasserbildung, werden bei möglichst optimalen Bodenverhältnissen behoben (Tabelle 1).

Der Luzerneanbau – als Kern der Zwischenbewirtschaftung – hat zum Ziel, bei schneller Bodenbedekkung ein tiefreichendes Wurzelsystem zu etablieren, das dann später, nach Absterben der Pfahlwurzeln, ein weitverzweigtes Netz kontinuierlicher Grobporen hinterläßt. Dadurch soll in dem juvenilen Boden zunächst ein „Ersatz" für die biogenen Makroporen eines gewachsenen Bodens geschaffen werden, die im Verlauf des Rekultivierungsprozesses vollständig zerstört worden sind. Ein funktionsfähiges Makroporensystem ist eine wesentliche Voraussetzung für die Selbstdränage des Bodens.

In der Anhebung des Humusgehaltes ist eine weitere wesentliche Aufgabe der Zwischenbewirtschaftung zu sehen. Bei der bergbautechnischen Erstellung wird ein Bodenaufbau mit etwa 0,2–0,4 M.-% organisch gebundenem Kohlenstoff geschaffen. Eine gewachsene Parabraunerde in der Niederrheinischen Bucht weist dagegen mit durchschnittlich 1,15 M.-% C im Krumenbereich nahezu die dreifache Menge auf (Schröder u. Schneider 1991). Je nach Bewirtschaftung werden jährliche Zuwachsraten zwischen 0,01 und 0,02 M.-% C diskutiert. Daraus ist abzuleiten, daß die C-Differenz zwischen Altland und Neuland im günstigsten Falle – bei unterstellten jährlichen Zuwachsraten von maximal 0,02 M.-% – innerhalb von ca. 40 Jahren ausgeglichen werden kann. Wahrscheinlich ist aber ein wesentlich längerer Zeitraum erforderlich, denn die jährlichen Zuwachsraten an organischer Substanz hängen sehr stark vom Witterungsverlauf sowie von der Art und Intensität der Bewirtschaftung ab. Dabei sind Fruchtfolge, organische Düngung, Lockerungsintensität bei der Grundbodenbearbeitung sowie Pflege und Erntemaßnahmen die wesentlichen Einflußgrößen.

3.2 Alternativen

3.2.1 Kulturpflanzenart

Das weitverzweigte und tiefreichende Wurzelsystem der Luzerne *(Medicago media)*, die relativ problemlose Bestandesführung und die gute Nutzbarkeit des Aufwuchses weisen diese als „geborene" Pionierpflanze für die Zwischenbewirtschaftung aus. Als mögliche Alternative ist der Steinklee *(Melilotus alba)* zu nennen, der sich v. a. durch sehr hohen Bodenwasserentzug auszeichnet. Die Bestandesführung dieser zweijährigen Pflanzenart ist allerdings nicht ganz unproblematisch. Eine weitere tiefwurzelnde Pflanzenart, die Kulturmalve *(Malve verticillata)*, erwies sich aufgrund anbautechnischer Probleme bisher für die mehrjährige Zwischenbewirtschaftung als nicht geeignet (Maas 1993).

Vereinzelt wird die Zwischenbewirtschaftung aber auch schon mit Wintergetreide begonnen, um dadurch den vor einer Bodenmelioration notwendigen Wasserentzug zu gewährleisten. Das zunächst mit dieser technisch-mechanischen Maßnahme geschaffene Bodengefüge kann dann bei mehrjähriger Bodenruhe unter Leguminosen bzw. Leguminosen/Gras-Gemengen biologisch stabilisiert werden.

3.2.2 Reinsaat/Gemenge

Obwohl Pionierpflanzen wie Luzerne und Steinklee den Unterboden sehr intensiv durchwurzeln, kann die Durchwurzelung der Krume bei Aussaat im Gemenge mit Gras noch verbessert werden (Abb. 1). So sind z. B. Obergräser wie Wiesenlieschgras und Knaulgras durchaus in der Lage, die nur mäßige Krumendurchwurzelung von Luzerne und Steinklee weitgehend auszugleichen. Bei einem geeigneten Mischungsverhältnis von Pionierpflanze und Graspartner kann darüber hinaus auch eine höhere Substanzproduktion erwartet werden. Wesentlich ist allerdings, einerseits die Konkurrenz der Gemengepartner durch eine standortangepaßte Ansaatmischung möglichst gering zu halten, andererseits aber die unterschiedliche Wurzel- und Sproßmorphologie der Gemengepartner durch eine geeignete Bestandesführung so zu beeinflussen, daß im Gemengeanbau insgesamt höhere Leistungen für den Gefügeaufbau erbracht werden als in Reinsaaten. Dies kommt auch bei der Wasserstabilität obenflächennaher Bodenaggregate, z. B. unter Luzerne, deutlich zum Ausdruck (Abb. 2).

Es ist jedoch nicht auszuschließen, daß dabei das Gras die Luzerne langsam verdrängt, was schon vereinzelt die vorgesehene dreijährige Bestandesführung des Gemenges unmöglich gemacht hat.

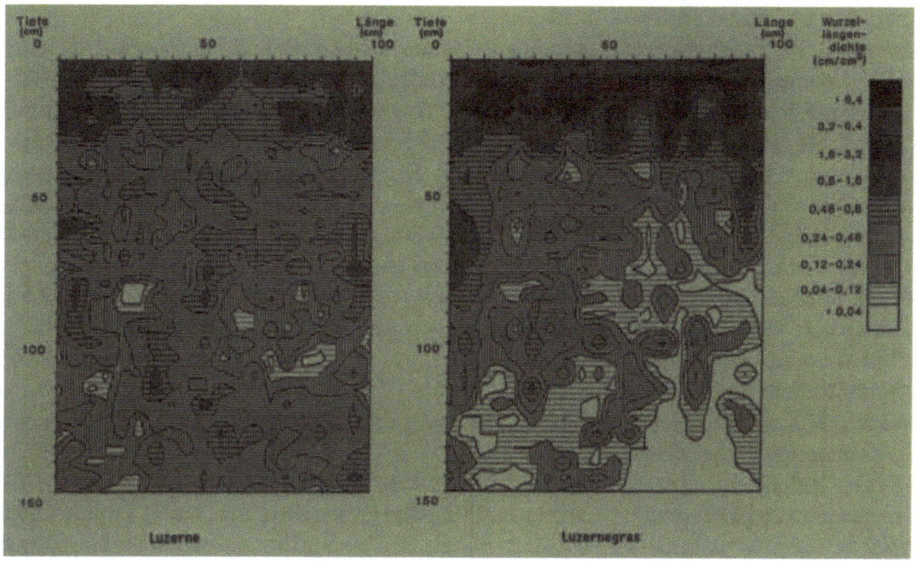

Abb. 1. Wurzelprofile unter Luzerne und Luzernegras (Maas 1993)

Abb. 2. Wasserstabilität oberflächennaher Bodenaggregate unter Luzerne (Wolf 1994, unveröff.)

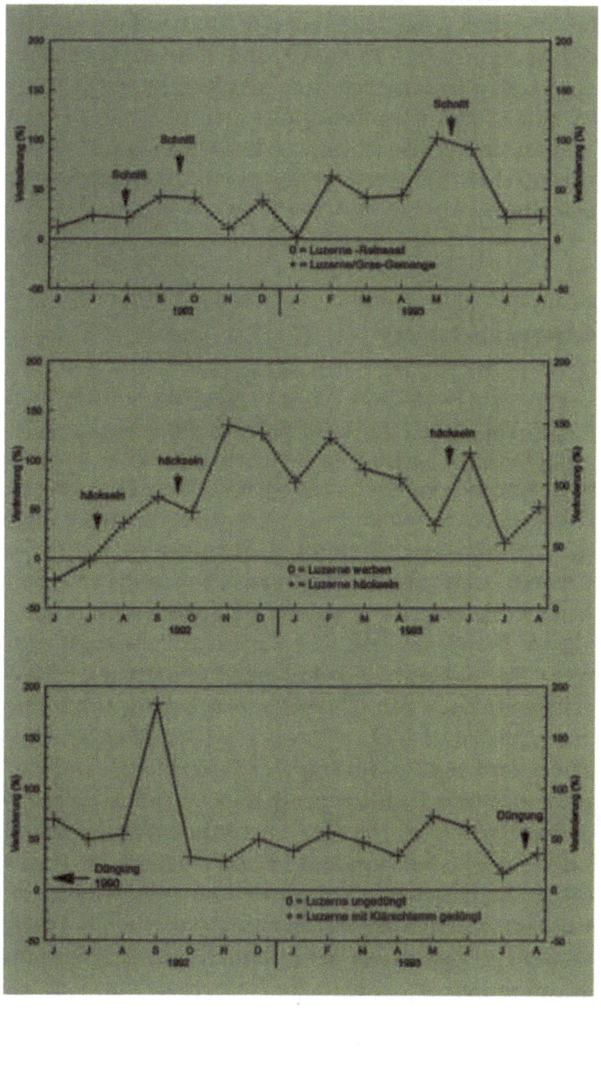

Maas (1993) charakterisiert die im Rahmen eines Pilotprojektes angebauten Kulturpflanzenarten unter Berücksichtigung der Parameter Trockenmasseertrag, Bodenwasserentzug und Durchwurzelungsintensität wie folgt:

- "Luzerne: geringer Trockenmasseertrag, mittlerer Bodenwasserentzug, geringe Wurzellängendichte und sehr hohe Wurzelmassendichte
- Luzernegras: hoher Trockenmasseertrag, mittlerer Bodenwasserentzug, hohe Wurzellängendichte und hohe Wurzelmassendichte
- Steinklee: sehr hoher Trockenmasseertrag, sehr hoher Bodenwasserentzug, geringe Wurzellängendichte und mittlere Wurzelmassendichte
- Steinkleegras: hoher Trockenmasseertrag, mittlerer Bodenwasserentzug, sehr hohe Wurzellängendichte und hohe Wurzelmassendichte
- Kulturmalve: sehr geringer Trockenmasseertrag, geringer Bodenwasserentzug, mittlere Wurzellängendichte und mittlere Wurzelmassendichte"

3.2.3 Leguminosenanteil in der Fruchtfolge

Während der 7jährigen Zwischenbewirtschaftung wäre eine Verdoppelung des bisher üblichen Leguminosenanteils durchaus denkbar. So könnte nach der mit dem ersten Leguminosenanbau einhergehenden dreijährigen Bodenruhe eine Mähdreschfrucht angebaut werden, wobei nach deren Ernte ggf. eine Melioration (Tieflockerung und/oder Dränage) durchgeführt werden könnte. Im Herbst des darauffolgenden, vierten Jahres der Zwischenbewirtschaftung könnte dann nochmals eine Leguminose bzw. ein Leguminosen/Gras-Gemenge für 2–3 Jahre angesät werden.

Der Vorteil dieser Vorgehensweise ist offensichtlich: Zum einen fallen über einen längeren Zeitraum größere Mengen Ernterückstände an (Leguminosen/Gras-Gemenge > Getreide). Dabei wird auch noch die Erschließung des Unterbodens durch die tiefreichenden Pfahlwurzeln der Leguminosen gefördert. Zum anderen wird in diesen relativ langen Phasen der Bodenruhe weniger organische Substanz mineralisiert, so daß auch damit eine schnellere Humusanreicherung der zunächst noch humusarmen Böden erreicht werden kann. Darüber hinaus kann sich das Edaphon, das wesentlich zur Gefügestabilisierung beiträgt, bei Verzicht auf die jährlich tiefgreifende Lockerungsmaßnahme durch den Pflug wieder ungestörter aufbauen. Das gilt besonders für die Entwicklung einer Lumbricidenpopulation aus Kokons und juvenilen bzw. adulten Individuen. Insgesamt könnte also ein höherer Leguminosenanteil in der Fruchtfolge der Zwischenbewirtschaftung durchaus einen wesentlichen Beitrag zur Gefügestabilisierung des außerordentlich labilen Schluffmaterials leisten.

Eine Alternative zur Verdoppelung des Leguminosenanteils wäre in der Einarbeitung des Getreidestrohs bei gleichzeitigem Verzicht auf eine intensive, wendende Bodenbearbeitung zu sehen. Dabei sind allerdings pflanzenbauliche Probleme nicht ganz auszuschließen.

3.2.4
Werben/Häckseln

Der Luzerneanbau zeichnet sich u.a. durch die Nutzbarkeit des Aufwuchses als wertvolles Futter besonders für Wiederkäuer aus, wobei jedoch der Nutzungszeitpunkt für die Futterqualität von Bedeutung ist. Vor allem beim Befahren feuchter Flächen kann es dann zu Verpressungen des sehr gefügelabilen, jungen Bodens kommen. Während beim Häckseln des Aufwuchses nur eine einmalige Befahrung der Fläche notwendig ist, wird der Boden bei der Werbung der Luzerne als Heu mehrfach befahren. In der Regel sind nach dem Schnitt noch weitere Befahrungen zum „Zetten" und „Schwaden" während des Trocknungsvorganges des am Boden liegenden Grünmaterials notwendig. Eine weitere Überfahrt ist beim direkten Werbevorgang mit dem Ladewagen oder der Rundballenpresse unvermeidlich. Letzteres Ernteverfahren erfordert schließlich noch eine zusätzliche Flächenbefahrung zur Ballenbergung. Dadurch erhöht sich der Fahrspurenanteil im Vergleich zum Häckseln des Aufwuchses ganz erheblich und birgt somit größere Gefahren einer Reduktion des Grobporenanteils in sich, mit den hinreichend bekannten Folgen für den Luft- und Wasserhaushalt des Bodens.

Ein weiterer Vorteil des Häckselns besteht in der damit verbundenen erhöhten Zufuhr organischer Substanz. Zusätzlich zur Wurzelmasse sind an Aufwuchs dann noch etwa 150 dt/ha Trockenmasse zu veranschlagen. Auch diese organische Masse wird von den Bodenorganismen inkorporiert und trägt somit zu einer schnelleren Humusanreicherung im Boden bei. Wolf (1994) konnte auf den gehäckselten Flächen eine signifikant höhere Wasserstabilität oberflächennaher Bodenaggregate nachweisen (Abb. 2). Allerdings war auf diesen Flächen auch ein wesentlich höherer Mäusebesatz zu beobachten, da sich die Mäuse hier unter der schützenden Mulchdecke offensichtlich besser dem Zugriff der Rüttelfalken und Bussarde entziehen konnten als auf den Flächen, von denen der Aufwuchs durch Werbung entfernt worden war.

3.2.5
Zufuhr organischer Substanz

Eine Erhöhung des Humusgehaltes rekultivierter Böden aus Löß ist weiterhin über die Zufuhr organischer Substanz möglich. Dabei kommen neben Stallmist und Gülle aus dem landwirtschaftlichen Betrieb z. B. auch Bioabfallkompost, Klärschlamm und Klärschlammkompost aus dem kommunalen Bereich in Frage. Als weiterer positiver Aspekt z. B. der Klärschlammausbringung ist dabei eine signifikante Erhöhung der Wasserstabilität oberflächennaher Bodenaggregate festzustellen (Abb. 2). Außer der Nährstoffwirkung ist bei kommunalem Kompost und Klärschlamm aber auch eine mögliche Belastung des Bodens mit Schwermetallen, organischen Schadstoffen und pathogenen Keimen zu berücksichtigen, was die Akzeptanz dieser organischen Reststoffe in der Praxis erheblich beeinträchtigt.

4
Folgebewirtschaftung

Unter Folgebewirtschaftung ist hier die zeitlich nicht begrenzte Phase im Anschluß an die 7jährige Zwischenbewirtschaftung zu verstehen (Tabelle 1). Sie wird in der Regel von den Landwirten durchgeführt, die mit rekultiviertem Neuland – im Ausgleich für ihr im Zuge der Braunkohlengewinnung in Anspruch genommenes Altland – entschädigt worden sind. Durch die erforderliche Rücksichtnahme auf die Besonderheiten rekultivierter Böden aus Löß und die damit zumindest zeitweise verbundenen Produktionserschwernisse einerseits und durch den ökonomischen Zwang, kurzfristig einen höchstmöglichen Ertrag erwirtschaften zu müssen andererseits, ist ein gewisser Zielkonflikt schon vorprogrammiert. Es gilt nun, ein Bewirtschaftungssystem aufzuzeigen, das von der Gratwanderung zwischen kurzfristigem Gewinndenken und langfristiger Wohlfahrt (Bodenschutz) auf einen breiteren Weg führt. Dabei sind einige der im folgenden diskutierten Ansätze zur Problemlösung bisher durchaus erfolgversprechend verlaufen (Tabelle 3).

Tabelle 3. Alternativen in der Folgebewirtschaftung

Stufe 1:	Praxisübliche Folgebewirtschaftung
Stufe 2:	Alternativen in der „Rheinischen Fruchtfolge" – Mulchsaattechnik bei Zuckerrüben – Pfluglose Weizen- (Getreide-) Bestellung – Verstärkte Zufuhr organischer Substanz (Rübenblatt, Stroh) einschl. Zwischenfruchtanbau – Pflügen mit Räumschar – Befahren der Flächen mit Breit- bzw. Niederdruckreifen
Stufe 3:	Änderung bzw. Erweiterung der Fruchtfolge – Integration der Rotationsbrache

4.1 Konventionelle Folgebewirtschaftung

Im Rahmen der „Rheinischen Fruchtfolge" sind Zuckerrüben, Winterweizen und Wintergerste die in der Köln-Aachener-Bucht vorwiegend angebauten Feldfrüchte. Feldfutterbau im herkömmlichen Sinne entfällt weitgehend, da die meisten Betriebe viehlos – zumindest aber ohne Wiederkäuer – wirtschaften. Ein Klee/Gras-Gemenge in Form der Rotationsbrache könnte jedoch die bodenverbessernden Funktionen des Feldfutterbaus weitgehend übernehmen.

Mit einem Deckungsbeitrag von etwa 3 000,- DM/ha (A-Kontingent) sind Zuckerrüben die mit Abstand gewinnbringendste Frucht in dieser Region. Im Vergleich dazu werden Winterweizen mit ca. 1 200,- DM/ha sowie Wintergerste und Winterraps mit jeweils ca. 1 000,- DM/ha bewertet. Bei dieser Konstellation wäre es unrealistisch, Landwirte auf Dauer zur entschädigungslosen Einschränkung oder gar zur Aufgabe des Zuckerrübenanbaus bewegen zu wollen. Statt dessen müssen Anbauverfahren entwickelt werden, die einen aus ökologischer wie ökonomischer Sicht praktikablen Zuckerrübenanbau ermöglichen. Davon unberührt bleibt die derzeitige Regelung, in den ersten 10 Jahren nach der Rekultivierung keine Zuckerrüben anzubauen.

Bei konventionellem Anbau der o. g. Kulturpflanzen werden die Grundbodenbearbeitung mit dem Pflug und die Saatbettbereitung mit gezogenen oder rotierenden Geräten durchgeführt. Der Zuckerrübenanbau belastet das Bodengefüge sowohl bei der Saatbettbereitung als auch bei der Ernte besonders stark, da beide Maßnahmen häufig zu ungünstigen Zeiten, d. h. bei hoher Bodenfeuchte durchgeführt werden müssen. Dies führt dann in der Regel zu gravierenden Gefügeschäden in und unterhalb der Krume (Weyers 1994). Demzufolge bereitet auch die Weizensaat nach der Zuckerrübenernte gelegentlich Probleme. Zu erwähnen ist in diesem Zusammenhang weiterhin die langsame Jugendentwicklung der Zuckerrübe, wodurch der Boden bis in den Mai großflächig unbedeckt, und damit gegenüber den Witterungseinflüssen ungeschützt bleibt.

Der konventionelle Zuckerrübenanbau ist u. a. gekennzeichnet durch den Umbruch der Zwischenfrucht vor bzw. im Winter, folglich über Winter brachliegende Flächen und eine Zuckerrüben -"Blanksaat" im Frühjahr (Abb. 3). Über Winter abfrierende Zwischenfrüchte, wie z. B. Phacelia oder Gelbsenf, vor Zuckerrüben sind heute in der landwirtschaftlichen Praxis weitgehend Standard. Sie bilden in der Restvegetationszeit von August bis Oktober/November noch einen dichten Aufwuchs von etwa 40–50 dt/ha leicht abbaubare Trokkenmasse mit der entsprechenden Wurzelmasse (Schulte 1980). Diese Zwischenfrüchte können darüber hinaus im gleichen Zeitraum bis zu 100 kg NO_3-N/ha binden und so u. U. vor der Auswaschung bewahren (Wolfgarten 1989). Die zunächst positiv zu bewertende biologische Konservierung des Nitrats hat allerdings nach dem Umbruch des Zwischenfruchtbestandes eine schlecht kalkulierbare N-Freisetzung zur Folge, die je nach Witterungsverlauf schon im Winter einsetzen kann.

4.2 Alternativen

4.2.1 Innerhalb der „Rheinischen Fruchtfolge"

Konservierende Bodenbearbeitung
Die bisherigen Ausführungen charakterisieren die Zukkerrübe im Rahmen der Folgebewirtschaftung als die Problemfrucht schlechthin. Folglich müssen Problemlösungen auch bei dieser Kulturpflanze ansetzen. Da die Bereitschaft der Landwirte, in der Regel auf Altland bewährte Anbauverfahren nun auf Neuland zu ändern, sehr gering ist, kann zunächst auch nur bei kostenneutralen, möglichst aber ertragssteigernden Alternativen eine Akzeptanz erwartet werden.

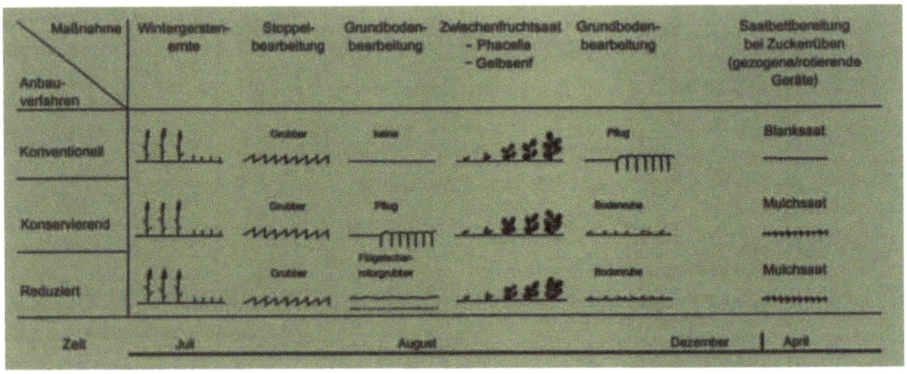

Abb. 3. Anbauverfahren bei Zuckerrüben (Wolfgarten 1989, verändert)

Das konventionelle und das konservierende Anbauverfahren (Abb. 3) unterscheiden sich lediglich in der Reihenfolge der durchzuführenden Maßnahmen voneinander. In beiden Fällen erfolgt nach der Ernte der Getreidevorfrucht (Wintergerste) zunächst die mehrmalige, intensive Stoppelbearbeitung bzw. die Einarbeitung einer Strohdüngung. Im konservierenden Anbauverfahren wird die Pflugfurche in den August vorgezogen, so daß die Zwischenfrucht (z. B. Phacelia oder Gelbsenf) hauptfruchtmäßig bestellt werden kann; dementsprechend entwickelt sie sich dann auch.

Der über Winter in der Regel abgefrorene Zwischenfruchtbestand wird ggf. während einer Frostperiode gehäckselt, um im darauffolgenden Frühjahr eine störungsfreie Zuckerrübensaat zu gewährleisten. Nach einer flachen Saatbettbereitung, z. B. mit der Kreiselegge, kann das Zuckerrübensaatgut dann mit herkömmlichen Einzelkornsägeräten in den Boden/Zwischenfrucht-Mulch abgelegt werden. Bei ordnungsgemäßer Durchführung dieses Anbauverfahrens bereitet später auch eine u. U. notwendige Maschinenhacke zur mechanischen Unkrautbekämpfung keine Schwierigkeiten.

Insgesamt bietet das konservierende Anbauverfahren – besonders im Rahmen der Folgebewirtschaftung – gegenüber der praxisüblichen, konventionellen Vorgehensweise wesentliche Vorteile:

- Die in der Regel immer noch übliche Pflugfurche vor Zuckerrüben wird aus den niederschlagsreichen Wintermonaten in den trockeneren Spätsommer vorverlegt mit den hinreichend bekannten Auswirkungen auf das Bodengefüge, v. a. an der Bearbeitungsgrenze.
- Die oberflächennahe Einarbeitung des gehäckselten Zwischenfruchtaufwuchses bewirkt in diesem Bereich eine höhere biologische Aktivität und daraus resultierend eine bessere Aggregatstabilität (Abb. 4). Dies kommt u.a. auch in der geringeren Verschlämmungsneigung der Zuckerrübenflächen zum Ausdruck. Die differenzierende Wirkung der Bodenbearbeitung tritt dabei um so stärker hervor, je länger der Zeitpunkt der letzten wendenden Bodenbearbeitung zurückliegt.

Nach der Grundbodenbearbeitung mit dem Pflug in der bodenschonend (konservierend) bewirtschafteten Variante, Anfang August 1989, entwickelte sich dort im Folgejahr 1990 unter Zuckerrüben zunächst nur eine geringfügig höhere Aggregatstabilität. In den beiden folgenden Jahren unter Winterweizen (1991) und Wintergerste (1992) kam die Differenzierung in der Bodenbearbeitung dann um so deutlicher zum Ausdruck. Die Anfang August 1992 vor Senf, d. h. nach drei Vegetationsperioden erstmals wieder mit dem Pflug durchgeführte Grundbodenbearbeitung hatte zunächst eine deutliche Verringerung der Aggregatstabilität in der bodenschonenden Variante zur Folge. Im darauf folgenden Frühjahr 1993 war dann allerdings ein Wiederanstieg über das Niveau der konventionellen Variante erkennbar.

- Mulchsaat-Rüben haben in der Regel etwa bis zum Reihenschluß einen deutlich erkennbaren Entwicklungsvorsprung von ein bis zwei Wochen.
- „Konservierend" bewirtschaftete Zuckerrübenflächen weisen bei der Ernte augenscheinlich eine bessere Tragfähigkeit auf.
- In mehrjährigen Versuchen sind mit diesem Anbauverfahren bisher keine Ertragseinbußen, teilweise sogar tendenziell Mehrerträge im bereinigten Zuckerertrag erzielt worden.

Die Technik kann im Rahmen des konservierenden Anbauverfahrens ebenfalls einen wesentlichen, wenn auch nicht immer kostenneutralen Beitrag zur Reduzierung bzw. Vermeidung von Gefügeschäden leisten, und zwar zunächst durch den Anbau eines zusätzlichen, in der Praxis bereits ausreichend erprobten „Räumschares" an den Pflug. Dadurch wird einmal erreicht, daß auch mit Normalreifen ausgerüstete Schlepper nicht mehr auf der tiefliegenden „Pflugsohle" fahren und zum anderen wird so der relativ problemlose Einsatz von Breit- bzw. Niederdruckreifen beim Pflügen überhaupt erst ermöglicht. Diese Reifen haben sich auch bei der Saatbettbereitung sowie bei Pflege- und Erntemaßnahmen bewährt. Eine Vergrößerung der Reifenaufstandsfläche kann sich jedoch nur dann gefügeschonend auswirken, wenn nicht gleichzeitig auch die Fahrzeug- bzw. Gerätemasse erhöht wird. Das heißt, der gewünschte Erfolg bleibt aus, wenn z. B. mit der Reifenbreite gleichzeitig auch das Schleppergewicht zunimmt.

Leichtfahrzeuge sind bei der derzeit in den meisten landwirtschaftlichen Betrieben vorhandenen Gerätetechnik nur begrenzt einsetzbar, z. B. bei Pflegearbeiten; sie würden damit für den einzelnen Betrieb einen erheblichen Kostenfaktor darstellen. Demnach wäre also ein überbetrieblicher Einsatz durchaus erstrebenswert.

Zur Senkung des Spurflächenanteils ist eine Reduzierung der Anzahl der für die Bestellung notwendigen Flächenüberfahrten wesentlich. Hierbei besteht die Möglichkeit, durch Auswahl einer geeigneten Gerätekombination die Überfahrten für Saatbettbereitung und Aussaat auf einen einzigen Arbeitsgang zu reduzieren. Diese Problemlösung wäre bei der begrenzten Anzahl von Feldarbeitstagen auch im Hinblick auf die Schlagkraft der Neuland-Betriebe sehr zu begrüßen.

Pflugverzicht

Eine noch weitergehende Reduzierung der Bearbeitungsintensität auf Neuland – zur Vermeidung von Gefügeschäden – müßte dann konsequenterweise den Pflugverzicht zur Folge haben, und zwar zugunsten einer Grundbodenbearbeitung, die auf die tiefgreifende Bodenwendung verzichtet. Hier bietet sich der Einsatz des Schwergrubbers an, der auf den meisten Neulandbetrieben ohnehin vorhanden ist und somit zunächst keine zusätzlichen Kosten verursacht. Probleme bzw.

Abb. 4. Dynamik der Aggregatstabilität (1990–1993) in Abhängigkeit von der Bewirtschaftung (Hövelmann und Franken 1993, verändert)

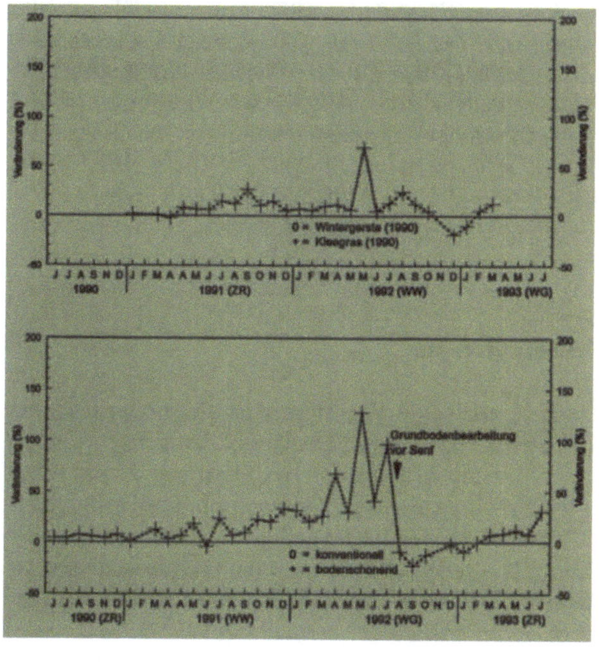

Mehrkosten können jedoch bei den Folgemaßnahmen wie Saat, Unkrautbekämpfung und Pflanzenschutz entstehen. Durch Stroh- und Gründüngung können diese Probleme z. T. durchaus noch verstärkt werden. Ackerbaulichen Vorteilen stehen somit u. U. pflanzenbauliche Nachteile gegenüber.

Pflugverzicht im Zuckerrübenanbau ist – mit den o. g. Einschränkungen – zwar grundsätzlich praktikabel (Abb. 3; Wolfgarten 1989), auf Neulandböden liegen dazu jedoch noch keine ausreichenden Erfahrungen vor.

In mehrjährigen Versuchen auf Neuland waren im Rahmen der „Rheinischen Fruchtfolge": Zuckerrüben - Winterweizen - Wintergerste bei Winterweizen nach Pflugverzicht zwar in der Regel Mehrerträge, vereinzelt allerdings auch geringe Ertragseinbußen zu verzeichnen. Die Ausstattung der Sämaschine mit Scheibenscharen ist eine Voraussetzung für die einwandfreie Ablage des Saatgutes in den Bode/Rübenblatt-Mulch. Der in diesem Anbauverfahren häufig zu beobachtende geringere Feldaufgang kann durch eine leichte Erhöhung der Saatstärke (5–10 %) und eine angepaßte Bestandesführung mit Stickstoff, v. a. im Bereich der Bestockung, wieder ausgeglichen werden. Das heißt also, wenn in einem funktionierenden (konventionellen) System ein Teilbereich (Grundbodenbearbeitung) geändert wird, dann müssen zwangsläufig alle anderen Teilbereiche (z. B. Saattechnik, Saatstärke, N-Düngung, Pflanzenschutz) daran angepaßt werden. Diese Notwendigkeit wird jedoch häufig außer acht gelassen.

Über die Reduzierung der Eingriffstiefe und der Bearbeitungsintensität beim Winterweizenanbau auf Neuland muß demnach von Fall zu Fall – in Abhängigkeit von Witterungsverlauf und Bodenzustand nach der Zuckerrübenernte – entschieden werden. Auf rekultivierten Böden sollte dabei im Rahmen einer bodenschonenden Bewirtschaftung den ökologischen Aspekten ein zumindest ebenso hoher Stellenwert zugestanden werden wie den ökonomischen Zielen. Die Ergebnisse der Penetrometermessungen in Abb. 5 geben einen Überblick über die räumliche Verteilung der Eindringwiderstände im Bodenprofil einer zwei Jahre zuvor tiefgelockerten Fläche. Die Auswirkungen der differenzierten Bodenbearbeitung (K = konventionell, wendend; BS = bodenschonend, nicht wendend) sowie der Überfahrten (Fahrgassenspuren) kommen unterhalb der Krume besonders deutlich zum Ausdruck. Bei konventioneller Bodenbearbeitung sind schon nach zwei Jahren flächendeckend wieder höhere Eindringwiderstände unterhalb der Bearbeitungsgrenze zu erkennen.

Ebenso wie der Winterweizen reagiert auch die Wintergerste grundsätzlich positiv auf den Pflugverzicht bei der Grundbodenbearbeitung. In den trockenen Spätsommermonaten ist jedoch häufig nur ein unvollständiges Auflaufen des Ausfallweizens zu beobachten, was nach Aussaat der Wintergerste dann regelmäßig zu Mischbeständen von Winterweizen und Wintergerste

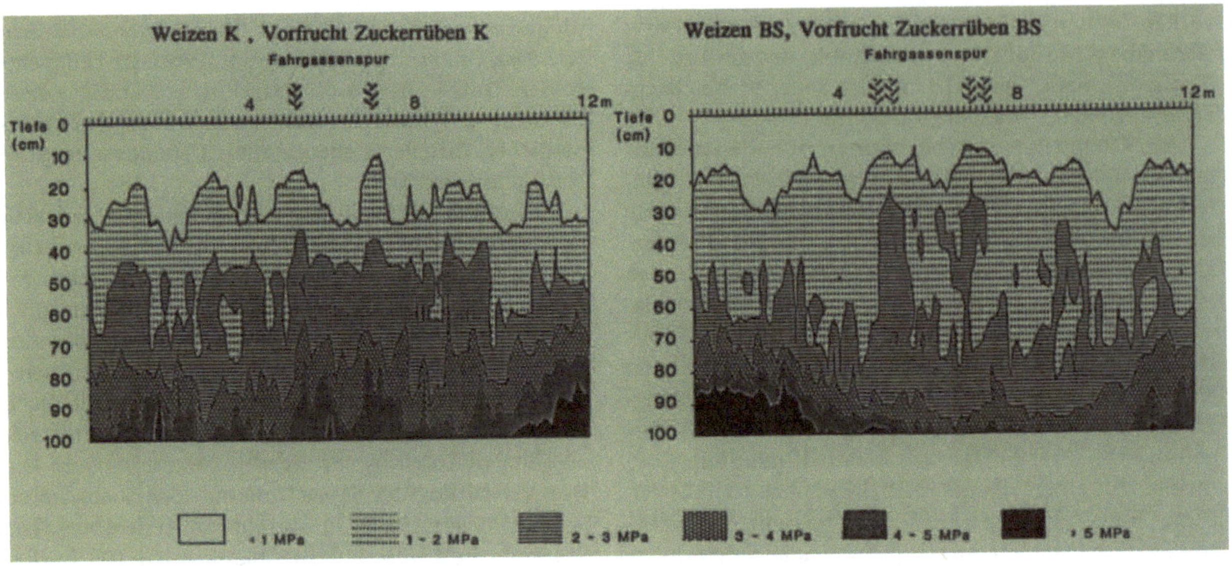

Abb. 5. Eindringwiderstände (MPa) unter Winterweizen in Abhängigkeit von der Bewirtschaftung. *K* Konventionell; *BS* Bodenschonend (Middelschulte et al. 1992)

führt. Dies ist weder bei der Saatgutvermehrung, noch bei der Verwendung als Konsumgetreide oder bei der Veredelung der Wintergerste im eigenen Betrieb akzeptabel.

4.2.2
Änderung der Fruchtfolge

Die Integration eines Klee/Gras-Gemenges als Rotationsbrache in die „Rheinische Fruchtfolge" anstelle der Wintergerste ist im Hinblick auf die Stabilisierung des Bodengefüges, d. h. also unter ökologischen Gesichtspunkten, zu begrüßen. Während der einjährigen Bodenruhe können sich Bodenfauna und -flora relativ ungestört weiterentwickeln. Dieser Aspekt käme bei einer mehrjährigen Dauerbrache wahrscheinlich noch stärker zum Tragen. Weiterhin ist positiv zu werten, daß der Kleegras-Anbau wesentlich mehr zur Anreicherung des Bodens mit organischer Substanz und damit zur Humusversorgung des Neulandbodens beiträgt als der Marktfruchtanbau mit seinen doch sehr geringen Ernterückständen, wenn man einmal von der Rübenblatt- oder Strohdüngung absieht. Dies kommt nach einem Kleegras-Umbruch indirekt auch in den Auswirkungen auf die Wasserstabilität oberflächennaher Bodenaggregate deutlich zum Ausdruck. In Abb. 4 ist die stabilisierende Wirkung des im Jahre 1990 umgebrochenen Klee/Gras-Gemenges bis nach der Winterweizenernte im Jahre 1992 erkennbar. Erst unter der dritten Nachfrucht schwächt sich dieser Einfluß gegenüber der „Vorfrucht" Wintergerste im Jahre 1990 wieder ab. Auch Middelschulte et al. (1993) konnten auf Neuland nach Kleegras-Umbruch eine „Langzeitwirkung" bei der Stabilisierung obenflächennaher Bodenaggregate feststellen. Zu gleichlautenden Ergebnissen kam Frangenberg (1993) auf Altland.

Weiterhin ist aus pflanzenbaulicher Sicht der verlustfreie N-Transfer aus dem Kleegras in die Fruchtfolge von wesentlicher Bedeutung. Dieser Prozeß kann durch Zeitpunkt, Art und Intensität des Kleegras-Umbruchs – wenn auch in Grenzen – gesteuert werden. Dabei können N-Freisetzung und -Verlagerung durch einen möglichst späten Kleegras-Umbruch ebenso eingeschränkt werden wie durch einen Zwischenfruchtanbau (Gelbsenf) nach sehr frühem, intensivem Umbruch. Dazu liegen aber inzwischen ausreichende Erfahrungen auf Altland vor (Hess 1989).

Eine Erweiterung der „Rheinischen Fruchtfolge" um Kleegras als vierte Frucht wäre allerdings sehr unrealistisch, solange das Zuckerrübenkontingent eines Betriebes auf eine dreifeldrige Folge abgestimmt ist. Mit der Integration einer anderen kurzlebigeren Stillegungsfrucht (z. B. *Phacelia*) im Frühjahr nach der Zuckerrübenernte, also vor Winterweizen, kann nicht der gleiche ökologische Erfolg erzielt werden wie mit Kleegras.

5
Schlußfolgerungen

Nach derzeitigen Erkenntnissen ist eine bodenschonende Bewirtschaftung von Neulandböden gefüge- und ertragswirksam. Während in der Phase der Zwischenbewirtschaftung durch den Bergbautreibenden Aufbau und Stabilisierung des Bodengefüges im Vordergrund des Interesses stehen sollten, kommt im Rahmen der Folgebewirtschaftung durch Landwirte beim Streben nach Ertragsoptimierung der Vermeidung bzw. teilweise auch schon der Behebung von Gefügeschäden eine besondere Bedeutung zu.

Zwischenbewirtschaftung
Die Ansaat eines Leguminosen/Gras-Gemenges führt in der Regel zu einer intensiveren Durchwurzelung der Krume. Dadurch ist hier dann auch eine bessere Befahrbarkeit der Fläche zu den Nutzungsterminen gewährleistet als bei Leguminosenreinsaat. Die erhöhte Trockenmassebildung, z. B. im Vergleich zur Luzernereinsaat, kommt noch als Vorteil hinzu. Weiterhin kann der über die Leguminosen gebundene Luftstickstoff durch den Graspartner besser konserviert werden.

Mit dem Anbau des zweijährigen Steinklees könnte durch den Graspartner zudem ein weiteres Jahr der Bodenruhe gewonnen werden. Beim Vergleich Steinklee/Luzerne sprechen der höhere Bodenwasserentzug, verbunden mit einer daraus folgenden intensiveren Primärsetzung des rekultivierten Bodens, und die stärkere Trockenmassebildung für den Steinklee. Die Luzerne zeichnet sich dagegen durch eine intensivere Unterbodendurchwurzelung und eine mehrjährige Nutzbarkeit aus. Aus dieser Sicht bietet sich eine zeitliche Folge von Steinkleegras und Luzernegras an. So könnte unmittelbar im Anschluß an die Rekultivierung Steinkleegras eingesät werden. Durch den hohen Bodenwasserentzug werden die Primärsetzung gefördert und das Bodengefüge stabilisiert. Im Sommer/Herbst des 2. oder 3. Standjahres könnte dann – je nach Witterungsverlauf und Bedarf – eine notwendig gewordene Meliorationsmaßnahme durchgeführt werden. Die anschließende Bestellung des Luzerne/Gras-Gemenges würde wesentlich zur biogenen Stabilisierung des zunächst nur tiefgelockerten Unterbodens beitragen. Auch ein einjähriger Getreide- oder Rapsanbau zwischen den beiden Leguminosen/Gras-Gemengen wäre in dieser Folge durchaus denkbar.

Durch das Häckseln des Aufwuchses – anstelle einer Futternutzung – kann eine bessere Stabilisierung der oberflächennahen Bodenaggregate erreicht werden. Allerdings ist dabei zu berücksichtigen, daß infolge der sehr hohen Trockenmassebildung bei Luzernegras der Wiederaustrieb der Luzerne behindert werden kann. Nachteilig ist auch zu werten, daß sich die Mäuse unter einer schützenden Mulchdecke wesentlich ungehinderter vermehren können und durch Wurzelfraß erheblichen Schaden verursachen.

Der Zufuhr von Klärschlamm oder anderen organischen Reststoffen industrieller bzw. kommunaler Herkunft stehen sowohl der Bergbautreibende als auch die Landwirte derzeit noch sehr kritisch gegenüber, und zwar v. a. wegen der damit verbundenen, möglichen Schadstoffbelastung des Bodens.

Alle bei der bergbautechnischen Erstellung und bei der Zwischenbewirtschaftung der rekultivierten Böden im Hinblick auf die Stabilisierung des Bodengefüges erzielten Erfolge können durch Bewirtschaftungsfehler bei der anschließenden Folgebewirtschaftung wieder zunichte gemacht werden. Es ist daher von besonderer Bedeutung, daß Zwischenbewirtschaftung und Folgebewirtschaftung eng aufeinander abgestimmt werden. Ebenso wichtig für den Erfolg der Rekultivierung insgesamt ist eine ausreichende Sensibilisierung der Neuland-Landwirte für die besonderen Anforderungen, die an eine bodenschonende Bewirtschaftung der rekultivierten Böden aus Löß gestellt werden müssen. Daher sind an Zwischenbewirtschaftung und Folgebewirtschaftung gleichermaßen hohe Anforderungen zu stellen.

Folgebewirtschaftung
Aus den Erkenntnissen über die Gefügelabilität von rekultivierten Böden einerseits und über die Auswirkungen von Pflugsohlen andererseits läßt sich die Forderung ableiten, Pflugsohlenverdichtungen erst gar nicht entstehen zu lassen. Eine stärkere Berücksichtigung der Bodenfeuchte beim Pflügen allein reicht dazu nicht aus. Pflanzenbauliche Überlegungen lassen aber auch den permanenten Pflugverzicht nicht als sinnvolle Alternative erscheinen.

Eine über mehrere Jahre erprobte Kombination von wendender (Pflug) und nicht wendender Grundbodenbearbeitung (Schwergrubber) im Rahmen der „Rheinischen Fruchtfolge“ kommt den angestrebten ökonomischen und ökologischen Zielgrößen der Neulandbewirtschaftung sehr entgegen. Dadurch könnte auch eine zu starke „Kopflastigkeit“ der Böden vermieden werden. Mulchsaattechnik bei Zuckerrüben und Pflugverzicht bei Winterweizen sollten unverzichtbare Bestandteile einer bodenschonenden Neulandbewirtschaftung sein.

Ein in der Vergangenheit nach Grubber-Einsatz häufig beobachteter starker Winterweizen-Durchwuchs in der Wintergerste erfordert hingegen den Einsatz des Pfluges etwa bis 20 cm Tiefe. Auch dabei sollten nur Pflüge mit einem Räumschar – nach Möglichkeit in Verbindung mit Breit- bzw. Niederdruckreifen – eingesetzt werden. Die Forderung nach diesen Reifen muß auch bei allen anderen Überfahrten erhoben werden.

Bei Integration einer (Kleegras-)Rotationsbrache in die „Rheinische Fruchtfolge“ anstelle der Wintergerste wäre der Einsatz des Pfluges einmal in der Rotation gerechtfertigt, und zwar beim Kleegras-Umbruch. Alternativen zur bzw. in der „Rheinischen Fruchtfolge“ erfordern dann auch Alternativen in der Neulandbewirtschaftung. Das würde z. B. auf die Erweiterung dieser Folge um eine vierte Frucht ebenfalls zutreffen.

6 Zusammenfassung

Im Hinblick auf die Stabilisierung des Bodengefüges und die Vermeidung von Gefügeschäden sind an Zwischenbewirtschaftung und Folgebewirtschaftung gleichermaßen hohe Anforderungen zu stellen. Die bisherigen Erfahrungen mit der bodenschonenden Bewirtschaftung rekultivierter Böden aus Löß lassen sich wie folgt zusammenfassen:

- Zwischenbewirtschaftung
  - Leguminosen/Gras-Gemenge erbringen insgesamt höhere Leistungen für Gefügeaufbau und -stabilisierung als Leguminosen-Reinsaaten.
  - Eine anzustrebende Verdoppelung des bisher üblichen Leguminosenanteils in der Fruchtfolge kann durch die zeitliche Folge von Steinkleegras und Luzernegras erreicht werden.
  - Durch das Häckseln des Aufwuchses und Belassen auf der Fläche wird die Wasserstabilität der oberflächennahen Bodenaggregate gefördert.
  - Dieser Effekt wird auch durch die Zufuhr von Klärschlamm erreicht.
- Folgebewirtschaftung
  - Mulchsaattechnik bei Zuckerrüben und Pflugverzicht bei Winterweizen sind in mehrjährigen Versuchen gefüge- und ertragswirksam geworden.
  - Nicht-wendende Bodenbearbeitung bei Wintergerste führte dagegen regelmäßig zu Mischbeständen von Winterweizen und Wintergerste.
  - Bei ständigem Einsatz des Pfluges zur Grundbodenbearbeitung sind schon kurze Zeit nach der Rekultivierung flächendeckend wieder höhere Eindringwiderstände unterhalb der Bearbeitungsgrenze festzustellen.
  - Durch die Integration eines Klee/Gras-Gemenges als Rotationsbrache in die „Rheinische Fruchtfolge" – anstelle der Wintergerste – ist die Stabilisierung oberflächennaher Bodenaggregate langfristig gefördert worden.

LITERATUR

Frangenberg A (1993) Auswirkungen der Grünbrache auf bodenphysikalische Parameter, Diss. Bonn

Hess J (1989) Kleegrasumbruch im Organischen Landbau. Stickstoffdynamik im Fruchtfolgeglied Kleegras-Kleegras-Weizen-Roggen, Diss. Bonn

Hövelmann L, Franken H (1993) Einfluß von Fruchtfolge und Bodenbearbeitung auf die Stabilität oberflächennaher Bodenaggregate rekultivierter Böden aus Löß. Mitteilgn Dtsch Bodenkundl Gesellsch 72: 127–130

Maas G (1993) Zum Anbau von Luzerne, Steinklee und Kulturmalve auf jungen rekultivierten Böden im Rheinischen Braunkohlenrevier, Diss. Bonn

Middelschulte D, Franken H, Tiedemann G (1992) Melioration und bodenschonende Bewirtschaftung rekultivierter Böden aus Löß im Rheinischen Braunkohlenrevier – Wurzelwachstum und Erträge. Mitteilgn Gesellsch Pflanzenbauwiss 5: 209–212

Middelschulte D, Breuer M, Krüger Chr, Schäfer H-J, Franken H (1993) Jahreszeitliche Dynamik der Aggregatstabilität auf rekultivierten Böden aus Löß in Abhängigkeit von Gefügemelioration, Bewirtschaftung und N-Düngung. Mitteilgn Dtsch Bodenkundl Gesellschaft 71: 71–74

Rheinischer Landwirtschaftsverband (1990) Gewährleistungsvereinbarung für Neulandböden zwischen dem Rheinischen Landwirtschaftsverband und der Rheinbraun AG, unter Mitwirkung der Landwirtschaftskammer Rheinland, Bonn

Schröder D, Schneider R (1991) Entwicklung des Bodengefüges auf Rekultivierungsflächen. Berichte über Landwirtschaft 204, Bodennutzung und Bodenfruchtbarkeit 2: 138–148

Schulte D (1980) Die Entwicklung der unter- und oberirdischen Pflanzenmasse bei Zwischenfrüchten in Abhängigkeit von Standort und Saatzeit, Diss. Bonn

Weyers M (1994) Auswirkungen von Melioration und bodenschonender Bewirtschaftung auf Bodeneigenschaften und Wasserhaushalt rekultivierter Böden aus Löß im Rheinischen Braunkohlengebiet, Diss. Trier

Wolf W (1994) Unveröffentlichte Ergebnisse. Institut für Pflanzenbau, Bonn

Wolfgarten H J (1989) Acker- und pflanzenbauliche Maßnahmen zur Verminderung der Bodenerosion und der Nitratverlagerung im Zuckerrübenanbau, Diss. Bonn

Erosion auf Löß-Neulandflächen in Abhängigkeit von der Hangneigung

20

Norbert Feldwisch, Hans-Georg Frede
und Konrad Mollenhauer

1 Einleitung

Weltweit werden im Tagebauverfahren Bodenschätze abgebaut und somit großflächige Eingriffe in die Pedosphäre vorgenommen. Allein in der BRD im neuen Gebietsstand wurden bis Ende der 80er Jahre knapp 1 500 km^2 Fläche durch den Braunkohlentagebau in Anspruch genommen, davon entfielen ca. 250 km^2 auf das Rheinische Revier (Rheinbraun 1990).

Um den Landschaftsverbrauch in Grenzen zu halten, werden häufig Rekultivierungsverfahren mit dem Ziel der forst- oder landwirtschaftlichen Folgenutzung der ehemaligen Tagebauflächen durchgeführt. Die bodenphysikalischen, -chemischen und -biologischen Eigenschaften dieser rekultivierten Standorte (Neuland) schwanken stark in Abhängigkeit vom Ausgangsmaterial, der Rekultivierungstechnik und der angestrebten Nutzung. In diesem Beitrag wird nur auf Neulandflächen mit ackerbaulicher Nutzung eingangen.

Durch die Abgrabung der gewachsenen Böden (Altland) im Vorfeld des Tagebaus und die anschliessende Rekultivierung entstehen anthropogene Auftragsböden als Mischungsprodukt aus den verschiedenen Bodenhorizonten mit deutlich anderen Eigenschaften im Vergleich zu den ursprünglich anstehenden Böden. Infolge der Veränderung des Bodengefüges und der Bodentextur und der anfänglich geringeren biologischen Aktivität der Neulandböden wird neben der Beeinflussung der Ertragsfähigkeit immer wieder auf die besondere Erosionsdisposition dieser Neulandflächen hingewiesen (Paul 1962, 1963; Reutzel et al. 1968; Stein et al. 1983).

Neben der Beeinflussung der Erodierbarkeit des Bodens, die v. a. von dem eingesetzten Bodenmaterial, dem Rekultivierungsverfahren (Schulze u. Engels 1962; Schröder 1988) und dem Bodenbearbeitungssystem abhängt, steht der Rekultivierung über die Gestaltung des Reliefs von Neulandflächen ein Instrumentarium zur Begrenzung der topographisch bedingten Erosion zur Verfügung. Die herausragende Bedeutung von Hangneigung und Hanglänge für das Erosionsausmaß hat Auerswald (1987) in einer Sensivitätsanalyse der erosionsbestimmenden Parameter beschrieben.

Den Einfluß der Hangneigung auf den Bodenabtrag hatten die Untersuchungen von Paul (1962, 1963) und Reutzel et al. (1968) im Rheinischen Braunkohlegebiet zum Gegenstand. Die Autoren stellten für die Löß-Neulandflächen eine relativ starke Erosionsgefährdung fest und empfahlen für Neulandflächen eine maximale Neigung von 2 %. Auf der Grundlage der damaligen Erkenntnisse legte das Landesoberbergamt von Nordrhein-Westfalen (1993) die maximale zulässige Höchstneigung für die landwirtschaftliche Rekultivierung auf 1,5 % fest.

Zur Frage der unter Erosionsgesichtspunkten maximal zulässigen Hangneigung auf Löß-Neulandflächen des Rheinischen Braunkohlereviers wurden vom Institut für Landeskultur der Universität Gießen in den Jahren 1990 und 1991 Untersuchungen auf Neulandflächen und einer korrespondierenden Löß-Altlandfläche durchgeführt (Feldwisch et al. 1991). Die Ergebnisse dieser Untersuchungen mit Starkregensimulatoren auf Freilandparzellen einschließlich einem Literaturüberblick zu der Thematik Einfluß der Hangneigung auf den Bodenabtrag auf Neulandstandorten werden im folgenden dargestellt (vgl. Feldwisch 1995).

Ziel der Untersuchungen war die Ermittlung der Erodierbarkeit von Löß-Neuland des Rheinischen Braunkohlereviers im Vergleich zu korrespondierendem Altland, so daß mit Hilfe des Erosionsmodells ABAG/RUSLE (Schwertmann et al. 1987; Renard et al. 1991) eine Abtragsprognose erstellt werden konnte. Voraussetzung für die Prognose war die Überprüfung der Anwendbarkeit der empirischen Hangneigungs-Abtrags-Beziehung (S-Formel) des eingesetzten Erosionsmodells, da die Übertragbarkeit des an Ergebnissen von Altlandstandorten, die überwiegend ein Gefälle zwischen 3–18 % aufwiesen, geeichten Modells mit Unsicherheiten verbunden ist (McIsaac et al. 1987; Mutchler u. McGregor 1983; Murphree u. Mutchler 1981).

2 Material und Methoden

2.1 Erosionsmodell

Das in der BRD zur Abschätzung der langfristigen mittleren Bodenabträge häufig eingesetzte Erosionsmodell „Allgemeine Bodenabtragsgleichung" (ABAG) von Schwertmann et al. (1987) geht auf die „Universal Soil Loss Equation" (USLE) von Wischmeier u. Smith (1965, 1978) zurück.

Neuere Erkenntnisse in der empirischen Erosionsforschung, die u. a. den Einfluß der Hangneigung auf den Erosionsprozeß betreffen (McCool et al. 1987; McIsaac et al. 1987; Murphree u. Mutchler 1981), führten zu einer Überarbeitung der USLE, die in der „Revised Universal Soil Loss Equation" (RUSLE) von Renard et al. (1991) zusammengenfaßt wurden. Eine entsprechende Revision der ABAG steht noch aus.

In diesen Modellen wird der Bodenabtrag anhand von 6 Faktoren abgeschätzt, die in einer Abtragsgleichung zusammengefaßt werden. Diese Abtragsgleichung lautet:

$$A = R \cdot K \cdot L \cdot S \cdot C \cdot P$$

- A = langjähriger mittlerer Bodenabtrag (t/ha)
- R = Regen- und Oberflächenabflußfaktor (N/h)
- K = Bodenerodierbarkeitsfaktor (Erodierbarkeit) [(t/ha)/(N/h)]
- L = Hanglängenfaktor (dimensionslos)
- S = Hangneigungsfaktor (dimensionslos)
- C = Bedeckungs- und Bearbeitungsfaktor (dimensionslos)
- P = Erosionschutzfaktor (dimensionslos)

Der Hangneigungsfaktor (S-Faktor), der hier von besonderem Interesse ist, gibt den Abtrag eines beliebig geneigten Hanges im Verhältnis zum Standardhang mit 9 % Gefälle an (vgl. Definition des Standardhanges bei Smith 1961, zit. in Römkens 1985). Er wird mit Hilfe einer S-Formel errechnet. In Abhängigkeit vom betrachteten Ausschnitt aus der Landschaft wird in der Erosionsforschung zwischen der Regentropfen-, Zwischenrillen- und Rillenerosion differenziert (Def. vgl. Meyer et al. 1975). Die drei Erosionsformen können auf Teilprozesse der Erosion (Loslösung der Bodenpartikel bzw. Aggregate durch den Tropfenaufprall, Transport des Bodenmaterials mit dem wieder aufspritzenden Wasser, Loslösung des Bodenmaterials durch den Oberflächenabfluß und Transport des Bodenmaterials mit dem Oberflächenabfluß) zurückgeführt werden. Der Hangneigungseinfluß auf den Abtrag ist bei den drei Erosionsformen unterschiedlich zu bewerten, so daß eine getrennte Betrachtung für die Klärung des Erosionsprozesses notwendig ist (Exkurs Erosionsformen):

Die Regentropfenerosion umfaßt die beiden Teilprozesse Loslösung und Transport des Bodenmaterials durch den Tropfenaufprall und das Spritzwasser. Experimentell kann das Ausmaß der Regentropfenerosion durch Auffagen des im Spritzwasser transportierten Bodenmaterials ermittelt werden (vgl. z. B. Roth 1992).

Die Zwischenrillenerosion setzt bei der flächenhaften Abflußbildung ein. Dabei ist die Schubkraft des Oberflächenabflusses kleiner als der Scherwiderstand des Bodens, so daß der Oberflächenabfluß kein Bodenmaterial von der Bodenoberfläche ablösen, sondern nur lockeres Bodenmaterial (z. B. durch die Bodenbearbeitung oder durch die Regentropfenerosion zerschlagene Aggregate) transportieren kann. Der Aufprall der Regentropfen auf den flächigen Abfluß beeinflußt den Abtrag mittels der Zwischenrillenerosion erheblich. Durch den Regentropfenaufprall werden im Abfluß des Zwischenrillenbereichs Turbulenzen hervorgerufen, die zu einer wesentlichen Erhöhung der Transportkapazität des Abflusses führen.

Übersteigt die Schubkraft den Scherwiderstand und ist die Transportkapazität des Oberflächenabflusses nicht durch die Sedimentanlieferung aus der Zwischenrillenerosion ausgeschöpft, dann wird durch den Oberflächenabfluß weiteres Bodenmaterial von der Bodenoberfläche losgelöst und transportiert (Rillenerosion). Der Wechsel von der Zwischenrillen- zur Rillenerosion ist durch das Zusammenfließen des Oberflächenabflusses in wenige Abflußbahnen (Rillen) gekennzeichnet.

Der theoretische Hintergrund der Abgrenzung zwischen den Erosionsformen kann u. a. bei Yalin (1963), Foster u. Meyer (1972), Meyer et al. (1975) und Beasley u. Huggins (1980) nachgelesen werden.

Die Erosionsformen treten während eines Erosionsvorganges nicht getrennt, sondern meist gleichzeitig auf. In Feldversuchen kann ohne großen Aufwand immer nur die Summenwirkung der drei Erosionsformen gemessen werden. So fand in den empirischen Untersuchungen, die zur Ableitung der USLE herangezogen wurden, in der Regel keine Differenzierung hinsichtlich der Effekte der Erosionsformen statt. Zur Klärung des Erosionsprozesses und Eichung von physikalisch begründeten Erosionsmodellen sind aufwendigere Versuche notwendig, bei denen Abtragsmessungen für die einzelnen Erosionsformen durchgeführt werden [vgl. Water Erosion Prediction Project (WEPP), Nearing et al. 1989; Laflen et al. 1991]. Die RUSLE übernimmt grundsätzlich den empirischen und geringer differenzierenden Ansatz der USLE, berücksichtigt jedoch neuere Erkenntnisse bei der Ableitung der einzelnen Faktoren, soweit die vorhandene Datenbasis eine weitergehende Differenzierung zuläßt. Bis zur Anwendungsreife des WEPP-Modells behält die RUSLE nach Einschätzung von Renard et al. (1991) seine Bedeutung bei der Erosionsabschätzung.

In der RUSLE werden für verschiedene erosionsbestimmende Konstellationen S-Formeln zur Berechnung der S-Faktoren angegeben:

$$S = 0.56 + 3.0\,(\sin\alpha)^{0.8} \qquad (1)$$

$$S = 0.03 + 10.8 \sin\alpha \qquad < 9\ \%\ \text{Gefälle} \qquad (2)$$

$$S = -0.50 + 16.8 \sin\alpha \qquad \geq 9\ \%\ \text{Gefälle} \qquad (3)$$

Diese S-Formeln gehen auf die Arbeit von McCool et al. (1987) zurück, die anhand einer Literaturauswertung für verschiedene Ausgangsbedingungen S-Formeln ableiteten. Gleichung (1) basiert auf Untersuchungen von Lattanzi (1973) und Meyer et. al. (1975) und beschreibt den Hangneigungseinfluß bei Zwischenrillenerosion (vgl. Foster 1982).

Den Gleichungen (2) und (3) liegen Ergebnisse von Murphree u. Mutchler (1981) und McCool et al. (1987) zugrunde. Die in diesen Versuchen gemessenen Abträge beruhen sowohl auf den Zwischenrillen- als auch auf den Rillenerosionsprozessen. Dabei wurden die Abträge beider Prozesse im Experiment jedoch nicht getrennt erfaßt, sondern undifferenziert und gemeinsam am unteren Parzellenende gemessen. Nach Wischmeier (1977) kann der Bodenabtrag, der durch die Zwischenrillen- und Rillenerosion hervorgerufen wird, Gesamtbodenabtrag (gross soil loss) und der ihm zugrundeliegende Erosionsprozeß Gesamterosion (gross erosion) genannt werden. Für die Abtragsschätzung von Hängen ist die anwendungsorientierte Zusammenfassung der Hangneigungswirkung des Zwischenrillen- und Rillenerosionsprozesses gerechtfertigt, da bei natürlichen Erosionsereignissen der Bodenabtrag in der Regel auf diese beiden Erosionsformen zurückgeführt werden kann.

Bei der Diskussion der Hangneigungswirkung auf den Abtrag wird im folgenden auf die Regentropfen-, Zwischenrillen- und Gesamterosion eingegangen. Da eine getrennte Erfassung der Rillenerosion bei der empirischen Erosionsforschung nicht vorgenommen wird, findet keine getrennte Diskussion der Rillenerosion statt.

Die Übertragbarkeit der in der RUSLE vorgegebenen Hangneigungs-Abtrags-Beziehungen (S-Formeln) wird sowohl anhand von Ergebnissen der eigenen Beregnungsversuche in der Köln-Aachener-Bucht als auch anhand von Ergebnissen in einer Literaturauswertung (Abschn. 3.2) überprüft.

2.2 Standorte

Die Untersuchungen wurden im Herbst 1990 und Frühjahr 1991 auf den Standorten Wiedenfelder Höhe, Eschweiler und Bourheim im Rheinischen Braunkohlenrevier durchgeführt (Feldwisch et al. 1991).

Die Versuchsstandorte Wiedenfelder Höhe und Eschweiler sind Neulandflächen, die im Trockenverfahren rekultiviert wurden. Bodentypologisch müssen diese Standorte als anthropogene Auftragsböden aus Löß mit der Bodenart schwach bis mittellehmiger Schluff angesprochen werden. Die Korngrößenverteilung (Tabelle 1) der Neulandflächen ist insgesamt sehr einheitlich. Die Differenzen im $CaCO_3$-Gehalt sind auf Unterschiede im Rekultivierungsmaterial zurückzuführen.

Tabelle 1. Bodenphysikalische und -chemische Charakterisierung der Versuchsflächen (A_p-Horizont)

Standort	Rekult. Jahr	Korngrößenverteilung % Sand	Schluff	Ton	$CaCO_3$ %	Org. Sub. %	C_{org}/N_t
Neuland:							
Wiedenfelder Höhe	1978	5,13	81,07	13,80	6,09	0,97	13,7
Eschweiler	1965	4,81	78,74	16,45	1,80	1,30	10,5
Altland:							
Bourheim							
Pb	-	4,25	85,57	10,18	< 0,1	1,99	11,2
ePb	-	4,33	82,32	13,35	< 0,1	2,11	10,5
Ko	-	5,21	84,81	9,98	< 0,1	2,36	12,2

Methodenerläuterung (Mittelwerte aus je 20 Proben):

- *Korngrößenanalyse:* ohne $CaCO_3$-, Humus- und Fe-/Mn-Oxidzerstörung. Naßsiebung bis zur Fraktion Grobschluff (63–20 µm), Pipettverfahren nach Köhn für die Fraktionen < 20 µm; Angaben in Gew.-% des Feinbodens
- *Kalziumkarbonat:* volumetrisch mit der Apperatur nach Scheibler; Angabe in Gew.-% des Feinbodens
- *Gesamtstickstoff/-kohlenstoff:* C/N-Analyzer Carlo Erba
- *Organische Substanz:* C_{org}-Gehalt.1,72

Der Gehalt an organischer Substanz sowie das C_{org}/N_t-Verhältnis spiegelt sowohl den Einfluß der bodengenetischen Entwicklung als auch den Einfluß der regelmäßigen Stallmistgabe auf dem Standort Eschweiler wider.

Auf der Altlandfläche Bourheim treten in Gefällerichtung unterschiedliche Bodentypen aus Löß auf. Am Oberhang wird der Bodentyp Parabraunerde (Pb) zwischen 1–4,5 % Gefälle angetroffen, daran schließt sich in den steileren Lagen bis zu 7 % Neigung die erodierte Parabraunerde (ePb) an. Im Bereich des Hangfußes tritt ein Kolluvisol (Ko) bei einem Gefälle von ca. 2 % auf. Hinsichtlich der Korngrößenzusammensetzung sind die Bodentypen der Altlandfläche mit den Böden der Neulandflächen gut vergleichbar. Unterschiede bestehen im Gehalt an $CaCO_3$ und organischer Substanz.

2.3 Methoden

Die Versuche begannen im Oktober 1990 auf der Wiedenfelder Höhe und wurde im Frühjahr 1991 auf den Flächen Eschweiler und Bourheim fortgesetzt. Die Versuchsflächen wurden eine Woche vor der Beregnung in Gefällerichtung mit Kreiselegge und Drillmaschine in einem Arbeitsgang bearbeitet.

Auf den drei Standorten wurden jeweils 20 Parzellen angelegt. Diese wurden auf vier Hangneigungsstufen mit ungefähr 1%, 2,5%, 4,5% und 6,5 % Gefälle verteilt, so daß für jede Hangneigungsstufe fünf Parzellen pro Standort beregnet werden konnten. Die Parzellengröße betrug 12,41 m^2 (Länge: 7,30 m; Breite: 1,70 m), (Abb. 1 u. 2).

In den Feldversuchen wurde ein Schwenkdüsenregner eingesetzt, dessen technischer Aufbau dem weltweit häufig eingesetzten Regensimulator mit Veejet-80100-Düsen nach Meyer u. McCune (1958) weitgehend entspricht (Abb. 3). Wesentliche Neuerung gegenüber älteren Bautypen ist die Regulierung des Wasserdrucks an den Düsen über ein Luftpolster, so daß eine sehr exakte Intensitätseinstellung möglich ist (ERTI 1990).

Die Beregungsmethodik gestaltete sich wie folgt (vgl. u. a. Auerswald 1984):

- 1. Beregnung: Dauer 1 h
- 2. Beregnung: Dauer 30 min (ca. 24 h nach Ende der 1. Beregnung)
- 3. Beregnung: Dauer 15 min (15 min nach Ende der 2. Beregnung)

Die Beregnungsintensität betrug einheitlich 68,4 mm/h. Dies entspricht einem Ei_{30}-Wert von 104,5 N/h (Summe aller 3 Beregnungen).

Der Ablauf der Beregungsversuche wurde so gestaltet, daß jeweils eine Parzelle der vier Hangneigungsstufen am 1. Tag beregnet wurde (1. Beregnung). Am darauffolgenden Tag fanden die 2. und 3. Beregnung auf den gleichen vier Parzellen statt. Dieser Beregnungszyklus wurde fünfmal jeweils auf einer neuen Parzellenreihe durchgeführt.

Der Abfluß von den Meßparzellen wurde mit kalibrierten Gefäßen am unteren Ende der Parzelle gemessen. In etwa zweiminütigem Abstand wurden Abflußproben (0,5 bzw. 1 Liter) aufgefangen, deren Sedimentgehalte im Labor nach einer Trocknung bei 105° C gravimetrisch bestimmt wurden. Mit der EROSion-Datenverwaltung von Martin (1988a) wurden die Abfluß- und Sedimentwerte verrechnet. Die statistische Analyse der Daten erfolgte mit dem Statistikprogramm SPSS/PC 4.01.

Die Ermittlung der Erodierbarkeit der Löß-Neulandflächen der eigenen Versuche erfolgt in Anlehnung an die Vorgehensweise von Wischmeier et al. (1971) und Martin (1988b).

Der Einfluß der Hangneigung auf den Abfluß, den Sedimentgehalt im Abfluß und den Abtrag wird darge-

Abb. 1. Anordnung der Meßparzellen auf der Altlandfläche Bourheim

Abb. 2. Meßparzelle auf der Altlandfläche Bourheim während der 1. Beregnung

Abb. 3. ERTI-Schwenkdüsenregner während des Feldeinsatzes

stellt. Die versuchsspezifischen Hangneigungs-Abtrags-Beziehungen (S-Formeln) werden anhand der Regression zwischen der Abtragssumme der Parzellen als abhängige Variable und der Hangneigung als unabhängige Variable ermittelt.

Der Versuchsaufbau ermöglicht die Erfassung der Gesamterosion nach dem Konzept der USLE/ RUSLE.

2.4 Literaturauswertung

Ein empirischer Versuchsansatz wirft immer die Frage nach der Übertragbarkeit der Ergebnisse auf. Aus diesem Grund wurden Veröffentlichungen zur S-Formel-Entwicklung zusammengetragen. Berücksichtigt wurden nur solche Untersuchungen, die ihre Versuchsergebnisse nachvollziehbar in absoluten Werten angegeben haben. Ausgeschlossen wurden auch solche Untersuchungen, deren Ergebnisse auf Parzellen mit Pflanzenbestand oder Konturbearbeitung gewonnen wurden, da die Hangeigungswirkung durch den Einfluß sowohl des Pflanzenbestandes als auch der Konturbearbeitung überdeckt werden kann (Wischmeier 1977).

Die Abtragsdaten der vorliegenden Veröffentlichungen wurden einer statistischen Analyse unterzogen. Dabei stand im Vordergrund des Interesses, ein möglichst breit gestreutes Spektrum an Untersuchungen zum Hangneigungseinfluß in die Analyse einzubeziehen, um damit die Schwankungsbreite von empirisch ermittelten Hangneigungs-Abtrags-Beziehungen herauszuarbeiten. Mit Hilfe der gemeinsamen Verrechnung von Versuchsergebnissen der nach bestimmten Kriterien gruppierten Untersuchungen wurde versucht, S-Formeln zu ermitteln, die über die jeweils engen Grenzen der Versuchseinstellung hinaus Gültigkeit besitzen.

Die gemeinsame Verrechnung von Ergebnissen unterschiedlicher Veröffentlichungen machte eine Datentransformation notwendig, um die Unterschiede im Abtragsniveau aufgrund der abweichenden Versuchseinstellungen zu minimieren. Dazu wurden relative Abtragswerte berechnet, die das Verhältnis des bei einer beliebigen Hangneigung gemessenen Abtrags zu dem Abtrag bei 9 % Gefälle angeben. Mit diesen relativen Abtragswerten konnten dann S-Formeln ermittelt werden. Eine ausführliche Beschreibung der berücksichtigten Literaturstellen, der Datenaufbereitung und der statistischen Analyse kann bei Feldwisch (1995) nachgelesen werden.

Eine gute bis sehr gute Anpassung an die Abtragsdaten von Neulandflächen wurde im überwiegenden Teil der Berechnungen (70 %) mit der linearen Funktion erreicht, so daß hier in diesem Beitrag nur auf die daraus ermittelten linearen S-Formeln eingegangen wird. Dabei werden die S-Formeln für die Bereiche Regentropfen-, Zwischenrillen- und Gesamterosion wiedergegeben, die aus der gemeinsamen Verrechnung der relativen Abtragswerte basieren. Die Ergebnisse für die einzelnen Untersuchungen und eine entsprechende Analyse für Untersuchungen auf Altland werden bei Feldwisch (1995) dargestellt.

3 Ergebnisse

3.1 Ergebnisse der Beregnungsversuche

Bei der Darstellung der Beregnungsergebnisse wird nacheinander auf den Einfluß der Hangneigung auf die Abflußsumme, auf den durchschnittlichen Sedimentgehalt im Abfluß und auf die Abtragssumme eingegangen. Die gemessenen Abträge der Versuche in der Köln-Aachener-Bucht sind in Anlehnung an die Definitionen von Wischmeier (1977) und McCool et al. (1987) Resultat der Gesamterosionsprozesse (vgl. auch Auerswald et al. 1992). Somit ist ein Vergleich der S-Formeln der eigenen Untersuchungen in der Köln-Aachener-Bucht mit der S-Formel (2) der RUSLE möglich.

Die Abflußsumme Q ($l \cdot m^{-2}$), die durch die Addition der Oberflächenabflüsse der drei Beregnungsläufe jeder Parzelle gebildet wird, ist bei den Versuchen unabhängig von der Hangneigung. Die lineare Regression zwischen den Abflußsummen und der Hangneigung ergibt für alle drei Standorte keinen signifikanten Zusammenhang:

Wiedenfelder
Höhe $Q = 78.2 - 46.2 \sin \alpha \quad r^2 = 2.0\,\%$ (4)
Eschweiler $Q = 39.4 + 76.5 \sin \alpha \quad r^2 = 2.0\,\%$ (5)
Bourheim $Q = 74.3 + 18.0 \sin \alpha \quad r^2 = 1.0\,\%$ (6)

In Abb. 4 sind die Abflußsummen mit den zugehörigen Regressionsgeraden der drei Standorte wiedergegeben.

Im Gegensatz dazu stellen McCool et al. (1987) bei der Analyse von 35 Untersuchungen für den Gefällebereich bis ca. 8 % tendenziell eine geringe Zunahme des Abflusses fest, wobei die von den Autoren angegebenen relativen Abflußunterschiede einzelner Hangneigungsbereiche weit streuen. Die Ableitung eines gesicherten Einflusses der Hangneigung auf den Abfluß bei schwach geneigten Flächen ist anhand der Untersuchung von McCool et al. (1987) jedoch ebenfalls nicht möglich.

Auf dem Standort Eschweiler wurde ein im Vergleich zu den beiden anderen Standorten deutlich geringeres Abflußniveau ermittelt, welches ursächlich auf eine große Anzahl biogener Makroporen zurückzuführen war. In Folge der Kontinuität und Stabilität der von der Regenwurmart *Lumbricus terrestris* angelegten Makroporen setzte ein Makroporeneinfluß ein, der den Abfluß effektiv verringerte (Abb. 4 u. 5). Die Quantifizierung des Einflusses der Regenwurmgänge auf den Abfluß auf der Grundlage einer Kartierung, bei der in einem dreiminütigen Intervall während der Versuche die abflußreduzierenden Regenwurmgänge auf den Parzellen erfaßt wurde, gelang nicht (Feldwisch et al. 1991).

Die durchschnittliche Sedimentkonzentration SED ($g \cdot l^{-1}$) im Abfluß der drei Beregnungen korreliert deutlich positiv mit der Hangneigung (Abb. 6):

Wiedenfelder
Höhe $SED = 3.3 + 506.3 \sin \alpha$ $r^2 = 69.0\ \%$ (7)
Eschweiler $SED = 1.2 + 674.8 \sin \alpha$ $r^2 = 68.8\ \%$ (8)
Bourheim $SED = -7.2 + 1121.0 \sin \alpha$ $r^2 = 93.6\ \%$ (9)

Diese Beobachtung kann zum einen mit Hilfe des unterschiedlichen Abflußverhaltens in Abhängigkeit von der Hangneigung erklärt werden. Die niedrigeren Sedimentkonzentrationen bei geringem Gefälle können zum einen auf den Schutzeffekt des höheren Pfützenanteils auf den schwach geneigten Parzellen zurückgeführt werden. Die kinetische Energie der Regentropfen wird durch die Pfützen so stark herabgesetzt, daß die Loslösung von Bodenpartikeln durch auftreffende Regentropfen vermindert wird und in der Folge die Sedimentkonzentration weniger stark ansteigt (Murphree u. Mutchler 1981).

Zum anderen muß – unabhängig von der Abflußsumme – mit steigendem Gefälle von einer Erhöhung der Transportkapazität des Abflusses ausgegangen werden, die auf die Zunahme der Abflußgeschwindigkeit zurückzuführen ist. Die Beeinflussung der Transportkapazität durch die Hangneigung findet in Erosionsmodellen, die auf physikalischen Zusammenhängen basieren, ihre Berücksichtigung (vgl. z. B. KINEROS bei Woolhiser et al. 1990 oder WEPP bei Laflen et al. 1991).

Der Abtrag als Produkt aus Abfluß und Sedimentkonzentration nimmt mit zunehmender Hangneigung zu (Abb. 7). Die linearen Regressionsgleichungen zwischen den für jede Parzelle gebildeten Abtragssummen der drei Beregnungen A ($kg \cdot m^{-2}$) und der Hangneigung lauten:

Wiedenfelder
Höhe $A = 0.134 + 49.709 \sin \alpha$ $r^2 = 61.0\ \%$ (10)
Eschweiler $A = 0.156 + 30.032 \sin \alpha$ $r^2 = 67.1\ \%$ (11)
Bourheim $A = -0.691 + 97.008 \sin \alpha$ $r^2 = 91.8\ \%$ (12)

Aus den Versuchsergebnissen können S-Formeln durch die Standardisierung der oben genannten Gleichungen auf 9 % Gefälle errechnet werden:

Wiedenfelder
Höhe $S_{wied} = 0.029 + 10.834 \sin \alpha$ (13)
Eschweiler $S_{esch} = 0.055 + 10.549 \sin \alpha$ (14)
Bourheim $S_{bour} = -0.086 + 12.114 \sin \alpha$ (15)

Ein Vergleich der für die drei Standorte ermittelten S-Formeln mit der in der RUSLE für den Hangneigungsbereich bis 9 % angegebenen S-Formel (2) zeigt eine relativ gute Übereinstimmung zwischen den S-Formeln der Neulandstandorte und der S-Formel der RUSLE, so daß die S-Formel der RUSLE für die Gesamterosion im

Abb. 4. Abflußsummen der Versuchsstandorte

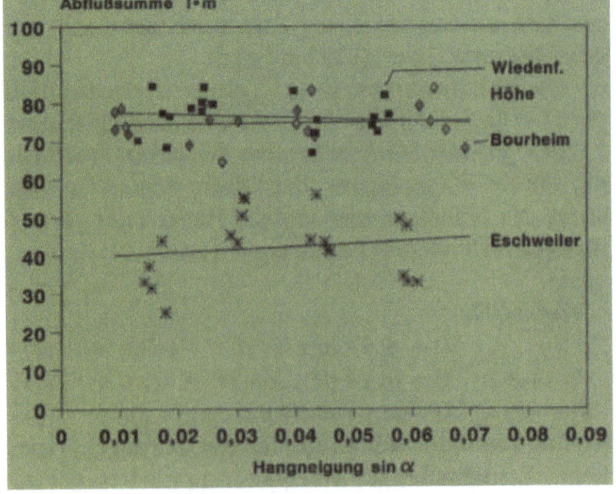

Abb. 5. Abflußvermindernder Effekt eines Regenwurmganges auf dem Standort Eschweiler, Fließrichtung von links nach rechts

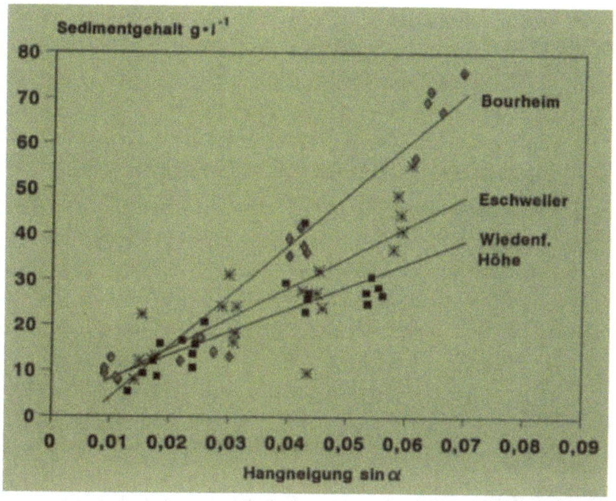

Abb. 6. Durchschnittlicher Sedimentgehalt im Abfluß der Versuchsstandorte

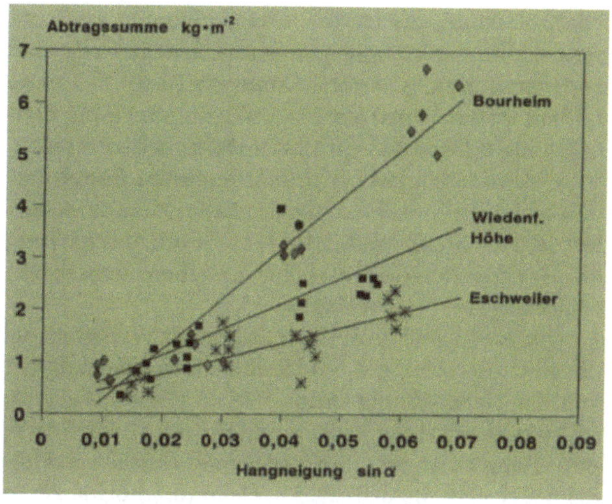

Abb. 7. Abtragssummen der Versuchsstandorte

Gefällebereich bis 9 % (2) für die Bedingungen auf Löß-Neuland der Köln-Aachener-Bucht anwendbar ist (vgl. Feldwisch u. Mollenhauer 1993).

Dagegen setzt sich die S-Formel des Altlandstandortes Bourheim mit negativem konstanten Glied und größerem Steigungsmaß von der S-Formel der RUSLE ab, wobei der Bodentypenwechsel möglicherweise die Hangneigungswirkung auf den Bodenabtrag der Gleichungen (12) und (15) beeinflußt. Es ist jedoch kein Ansatz bekannt, der diesen Einfluß eines Bodentypenwechsels rechnerisch aus der Hangneigungs-Abtrags-Beziehung eleminieren kann.

3.2 Ergebnisse der Literaturauswertung

In dem folgenden Abschnitt wird nicht auf die Einzelergebnisse der Literaturrecherche eingegangen. Stattdessen werden hier nur die aus den Ergebnissen von Neulandflächen abgeleiteten S-Formeln wiedergegeben. Die Datengrundlage der hier aufgeführten S-Formeln sowie weitergehende Untersuchungen zur Beeinflussung des Abtrages durch die Hangneigung auch auf Altlandstandorten werden ausführlich bei Feldwisch (1995) dargestellt und diskutiert.

Die Regentropfenerosion auf Neulandböden ist von zwei Autorengruppen untersucht worden (Lang et. al. 1984; Rubio-Montaya u. Brown 1984). Der geringe Einfluß der Hangneigung auf den Bodenabtrag in Folge der Regentropfenerosion wird durch die geringen Steigungen und die großen konstanten Glieder mit einem Wert nahe 1 der S-Formeln verdeutlicht. Vergleichbare Ergebnisse werden auch bei einer Literaturauswertung von Untersuchungen auf Altlandböden erzielt (Feldwisch 1995). Aus der gemeinsamen Verrechnung der die Regentropfenerosion auf Neuland betreffenden Ergebnisse leitet sich folgende S-Formel ab:

$$S = 0.917 + 0.928 \sin \alpha \qquad (16)$$

Der Einfluß der Hangneigung auf den Abtrag durch die Regentropfenerosion soll am folgenden Beispiel verdeutlicht werden: Ändert sich das Gefälle von 1 auf 5 %, dann nimmt der Abtrag auf der Grundlage der S-Formel (16) nur um 4 % zu. Der Einfluß der Hangneigung auf den Bodenabtrag durch die Regentropfenerosion ist somit vernachlässigbar klein.

Die Zwischenrillenerosion zeigt im Vergleich zur Regentropfenerosion einen deutlich stärkeren Einfluß des Gefälles auf den Bodenabtrag. Die Auswertungen zur Zwischenrillenerosion beziehen sich auf die Ergebnisse der Untersuchungen von Andrews (1981), Watts (1982), Lang et. al. (1984) und Rubio-Montaya u. Brown (1984) auf neun Standorten mit einem breiten Bodenartenspektrum vom reinen Sandboden bis zu Schluff- und Tonböden. Die Hangneigungswirkung der Zwischenrillenerosion auf Neulandstandorten kann mit der linearen S-Formel

$$S = 0.486 + 5.734 \sin \alpha \qquad (17)$$

beschrieben werden. Nimmt das Gefälle von 1 auf 5 % zu, dann steigt der Abtrag aufgrund der Zwischenrillenerosion um 40 % an. Im Vergleich zur Regentropfenerosion reagiert die Zwischenrillenerosion somit wesentlich stärker auf eine Veränderung der Hangneigung.

Die S-Formel (17) zeigt im Vergleich zur S-Formel (1) der RUSLE, die von Foster (1982) übernommen wurde, einen stärkeren Einfluß der Hangneigung auf den Bodenabtrag an. Für den Gefällebereich bis 9 % errechnen sich nach (1) größere S-Faktoren als nach (17), über 9 % dreht sich das Verhältnis um. So beträgt der S-Faktor für eine ebene Fläche nach (1) 0.560, nach (17) 0.486, wohingegen der S-Faktor für einen Hang mit 20 % Neigung den Wert 1.375 beziehungsweise 1.611 einnimmt.

Die S-Faktoren der beiden Gleichungen (1) und (17) weichen für den Hangneigungsbereich zwischen 0 und 20 % somit max. 17 % voneinander ab. Da die S-Formel (1) laut Foster (1982) die Hangneigungswirkung eher unterschätzt und das ihr zugrundeliegende Bodenartenspektrum mit zwei schluffdominierten Böden nur einen kleinen Ausschnitt aus der natürlichen Bodenartenvielfalt widerspiegelt, wird hier für die Abschätzung des Hangneigungseinflusses bei Zwischenrillenerosion Gleichung (17) vorgeschlagen.

Insgesamt sind zehn Untersuchungen verfügbar, die die Gesamterosion auf Neulandböden in Abhängigkeit von der Hangneigung quantifizieren (Paul 1962, 1963; Gilley et. al. 1977, 1981; Bonta u. Sutton 1983; Mitchell et. al. 1983; Hahn et. al. 1985; Schroeder 1985; Mitchell u. Moldenhauer 1981; Moldenhauer u. Hahn (o. J.) beide zit. in McIsaac et. al. 1987). Die Versuchseinstellungen umfassen sowohl natürlichen als auch simulierten Niederschlag.

Die gemeinsame Verrechnung der Datensätze zur Gesamterosion auf Neuland ergibt die S-Formel (vgl. Abb. 8):

$$S = -0.158 + 12.921 \sin \alpha \qquad (18)$$

Eine Auftrennung des Datenmaterials in zwei Hangneigungsbereiche < 9 % und ≥9 % analog zur Vorgehensweise der RUSLE ist leider nicht möglich. Bei der näheren Betrachtung der Datenstruktur, der (18) zugrunde liegt (vgl. Abb. 8), fällt eine ungünstige Verteilung der Ergebnisse auf. Unterhalb 9 % Gefälle liegen die meisten Ergebnisse für einen engen Hangneigungsbereich um 5 % vor, so daß eine sinnvolle statistische Verrechnung nicht möglich ist. Anhand der Literaturrecherche läßt sich folglich keine gesicherte Aussage zur Übertragbarkeit der S-Formel (2) der RUSLE ableiten, deren Anwendungsbereich auf ein Gefälle < 9 % beschränkt ist.

Die Ergebnisse der Untersuchungen auf den Standorten Wiedenfelder Höhe und Eschweiler sind vor diesem Hintergrund von besonderer Bedeutung. Zum einen fehlten bislang für den deutschen Raum Erosionsuntersuchungen zum Hangneigungseinfluß, die mit den Untersuchungen vergleichbar waren, die zur Formulierung der S-Formeln der RUSLE herangezogen wurden. Zum anderen war eine Überprüfung der Übertragbarkeit der S-Formel (2) für ein Gefälle < 9 % der RUSLE notwendig, da die dieser S-Formel zugrundeliegenden Ergebnisse auf Parzellen mit einem Gefälle zwischen 0.1 und 3 % ermittelt wurden (McCool et al. 1987; Murphree u. Mutchler 1981). Die mit der Extrapolation der Versuchsergebnisse von Murphree u. Mutchler (1981) für den Gefällebereich zwischen 3–9 % verbundenen Unsicherheiten konnten durch die eigenen Untersuchungen teilweise aufgehoben werden, da die S-Formel (2) durch die S-Formeln (13) und (14) der beiden Neulandstandorte Wiedenfelder Höhe und Eschweiler mit einem Hangneigungsspektrum bis 6 % bestätigt wird.

Die Analyse einer Vielzahl von Untersuchungen auf Alt- und Neuland zum Hangneigungseinfluß bis 9 % Gefälle mit einem weiten Spektrum von Versuchseinstellungen führt ebenfalls zu einer Bestätigung der S-Formel (2) (Feldwisch 1995), so daß einer Anwendung dieser S-Formel (2) bei der Erosionsabschätzung auf Neuland des Rheinischen Braunkohlenreviers nichts entgegen steht.

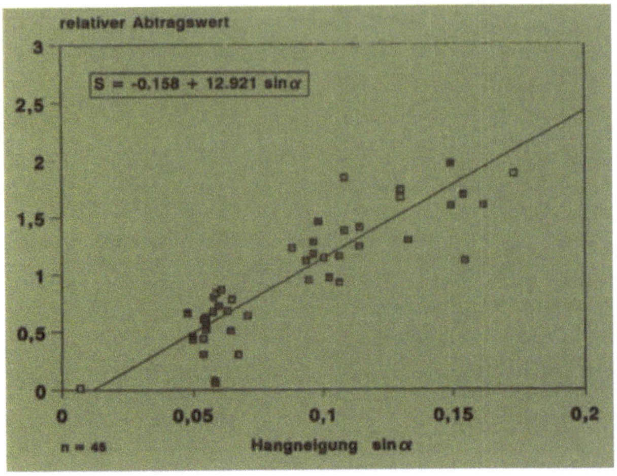

Abb. 8. Relative Abtragswerte zur Gesamterosion in Abhängigkeit von der Hangneigung

Ein Abweichen zwischen S-Formeln, die auf Ergebnisse von Neulandstandorten beruhen, und der S-Formel (2) (Ergebnisse von Altlandstandorten) darf nicht auf grundsätzliche Unterschiede in der Hangneigungswirkung auf den Erosionsprozeß zurückgeführt werden, da die Wirkungszusammenhänge zwischen Hangneigung, Abflußbildung und Transportkapazität als erosionsbeeinflußende Größen unabhängig vom Kriterium Alt-/Neuland sind. Vielmehr sind als Ursache für die Differenzen zwischen den verschiedenen S-Formeln in diesem Zusammenhang die Wechselwirkungen zwischen den erosionsbestimmenden Faktoren zu sehen, auf die u. a. Gabriels et al. (1975) und Wischmeier (1977) schon hingewiesen haben. Hier ist vor allen Dingen an die Beeinflussung der aus Versuchen auf Neuland abgeleiteten S-Formeln durch die infolge der Rekultivierung veränderte Erodierbarkeit des Bodens dieser Standorte zu denken. Die von verschiedenen Autoren (u. a. Bonta u. Sutton 1983; Stein et al. 1983; McIsaac et. al. 1987) vorgeschlagene Aufstellung von S-Formeln speziell für Neuland erscheint nicht sinnvoll. Stattdessen sollte bei der Aufstellung von empirischen Hangneigungs-Abtrags-Beziehungen auf eine möglichst repräsentative Datenbasis geachtet werden, die Voraussetzung für die Formulierung allgemein gültiger S-Formeln ist.

3.3
Erodierbarkeit (K-Faktoren) von Neuland

Die Ermittlung der Erodierbarkeit der Löß-Neulandstandorte erfolgte in Anlehnung an die Vorgehensweise von Wischmeier et. al. (1971) und Martin (1988b). Die anhand der Regressionsgleichungen (10) und (11) für 6 % Gefälle ermittelten Abträge auf den Neulandstandorten Wiedenfelder Höhe und Eschweiler sind mit der LS-Formel der RUSLE an die Bedingungen der Standardparzelle angepaßt worden. Die K-Faktoren für den Altlandstandort wurden wegen des Bodentypenwechsels nicht aus der Regressionsgleichung (12) berechnet. Stattdessen wurden die K-Faktoren direkt aus den Abträgen der einzelnen Parzellen ermittelt. Die drei Beregnungsläufe wurden entsprechend den Gewichtungsfaktoren von Wischmeier et al. (1971) (vgl. Martin 1988b) bei der Berechnung der K-Faktoren im Verhältnis 1 : 0.269 : 0.115 für die 1., 2. und 3. Beregnung berücksichtigt. Die C- und P-Faktoren wurden aufgrund der Versuchseinstellungen (Saatbett, Bearbeitung hangabwärts) für die Berechnung der K-Faktoren gleich 1 gesetzt.

In Tabelle 2 sind die K-Faktoren der drei Standorte aufgeführt. Daneben sind auch K_C-Faktoren angegeben (vgl. Gustavson 1982). Diese berücksichtigen die Auswirkung der fehlenden Brachezeit vor den Versuchen, die bei der Definition der Standardparzelle mit ungefähr 2 Jahren angegeben wird. In Anlehnung an die Relativen Bodenabträge des Zuckerrüben- und konventionellen Maisanbaus bei Saatbettsituation (Schwertmann et al. 1987) wird der C-Faktor auf 0.90 gesetzt. Diese um den Einfluß der Ernterückstände der Vorfrucht bereinigten K_C-Faktoren werden dann bei der Abtragsprognose eingesetzt.

Für den Standort Eschweiler sind jeweils zwei Werte angegeben. Der erste Wert basiert auf dem gemessenen Abtragsniveau, welches aufgrund der niedrigen Abflußsumme im Vergleich zur Wiedenfelder Höhe stark reduziert ist. Diese K-Faktoren sind also aufgrund des Regenwurmeinflusses vermindert und spiegeln nicht die standortspezifische Erodierbarkeit wider, zeigen aber, wie das Erosionsausmaß durch entsprechende Bewirtschaftung vermindert werden kann. Der zweite Wert ergibt sich aus den korrigierten Abträgen, die sich bei Unterstellung des gleichen Abflußniveaus im Vergleich zur Fläche Wiedenfelder Höhe ergeben. Da diese Hochrechnung mit Unsicherheiten hinsichtlich der Beeinflussung des Sedimentgehaltes durch die Abflußverminderung verbunden ist, sind diese Werte nur als Schätzwerte für den K-Faktor der Fläche Eschweiler zu interpretieren.

Tabelle 2. K-Faktoren ((t/ha)/(N/h)) der drei Standorte (Erläuterungen s. Text)

Standort	K	K_C
Wiedenfelder Höhe	0,41	0,46
Eschweiler		
Anhand gemessener Abträge	0,25	0,28
Anhand korrigierter Abträge	0,45	0,50
Bourheim		
Parabraunerde	0,54	0,60
Erodierte Parabraunerde	0,67	0,74
Kolluvisol	0,27	0,30

Für die Fläche Bourheim werden K-Faktoren für die drei untersuchten Bodentypen angegeben. Der K-Faktor für die Parabraunerde basiert auf 24 Beregnungsergebnissen von 8 Parzellen, dahingegen liegen für die K-Faktoren der erodierten Parabraunerde und des Kolluvisols jeweils 12 Beregnungsergebnisse von je 4 Parzellen vor.

Ein niedriger K-Faktor für den Standort Eschweiler ist im Vergleich zum Standort Wiedenfelder Höhe aufgrund seines höheren Rekultivierungsalters und der regelmäßigen Stallmistgabe sowie der damit einhergehenden Anreicherung organischer Substanz erwartet worden, da sowohl das höhere Rekultivierungsalter als auch die Stallmistgabe über die Förderung der Bodenentwicklung und -aggregierung eine Senkung der Erodierbarkeit nach sich ziehen hätte müssen. Anhand der Bodenkenngrößen der Tabelle 1 können keine plausiblen Gründe für die größere Erodierbarkeit des Standortes Eschweiler gegeben werden. Mögliche Gründe für die Erhöhung der Erodierbarkeit sind in Unterschieden in nicht erfaßten bodenphysikalischen, -chemischen und -biologischen Größen zu suchen. In diesem Zusammenhang muß jedoch nochmal auf die Unsicherheiten bei der Kalkulation des K-Faktors für die Fläche Eschweiler hingewiesen werden, die eine zu weitreichende Interpretation des korrigierten K-Wertes für Eschweiler im Vergleich zum K-Wert der Wiedenfelder Höhe nicht erlaubt.

Der Vergleich zwischen den K-Faktoren der Neulandflächen und der Altlandfläche Bourheim macht deutlich, daß die Neulandflächen hinsichtlich ihrer Erosionsanfälligkeit nicht ungünstiger zu bewerten sind als die Altlandfläche. Die K-Faktoren für Neulandflächen liegen sogar unter den K-Faktoren, die für die Parabraunerde und erodierte Parabraunerde der Fläche Bourheim ermittelt wurden.

Untersuchungen von Gustavson (1982) auf rekultivierten Standorten und den dazugehörigen Altlandflächen führten zu einem vergleichbaren Ergebnis (vgl. Mitchell et al. 1983). Die Versuche fanden auf Lößböden mit der Bodenart schluffiger Lehm bzw. tonig-schluffiger Lehm statt. Die K-Faktoren für die rekultivierten Standorte lagen im Mittel bei 74 % des K-Faktors der korrespondierenden Altlandfläche. Zu einer anderen Einschätzung kommen Stein et al. (1983). Deren Versuche auf Standorten mit der Bodenart schluffiger Lehm ergaben für zwei Neulandstandorte im Vergleich zum korrespondierenden Altland einen etwa doppelt so hohen K-Faktor, wohingegen der dritte Neulandstandort einen 30 % niedrigeren K-Faktor als die vergleichbare Altlandfläche aufwies.

In diesem Zusammenhang muß festgestellt werden, daß die Beeinflussung der Erodierbarkeit des Neulandes im Vergleich zum Altland standortabhängig ist, so daß eine Überprüfung der K-Faktoren der Neulandstandorte mit unterschiedlichem Bodenmaterial und Rekultivierungsverfahren notwendig ist.

Für die Neulandstandorte des Rheinischen Braunkohlenreviers bleibt festzuhalten, daß sie bei vergleichbaren Rekultivierungsbedingungen und vergleichbarem Lößmaterial, wie sie für die beiden Standorte Wiedenfelder Höhe und Eschweiler vorliegen, keine gegenüber typischen Löß-Altlandböden der Köln-Aachener-Bucht erhöhte Erodierbarkeit aufweisen. Tendenziell ist sogar von einer etwas geringeren Erodierbarkeit des Neulandes auszugehen (vgl. auch Feldwisch et al. 1991).

3.4 Abtragsprognose für Neuland

In den vorangegangenen Abschnitten wurde die Hangneigungswirkung auf den Abtrag und die Erodierbarkeit von Löß-Neulandflächen der Köln-Aachener-Bucht dargestellt. Zum einen konnten die Unsicherheiten bezüglich der Übertragbarkeit der S-Formel (2) ausgeräumt werden. Zum anderen ermöglichten die Versuche die Abschätzung der Erodierbarkeit (K-Faktor) der Löß-Neulandstandorte, für die in der BRD bisher keine K-Faktoren bekannt waren. Auf der Grundlage dieser Ergebnisse wird eine Anwendung der ABAG/RUSLE zur Vorausschätzung des Bodenabtrags durch Wasser auf den Neulandflächen der Rheinbraun AG durchgeführt. Die anderen Faktoren der Abtragsgleichung werden entsprechenden Untersuchungen entnommen. Folgende Werte für die Faktoren der Abtragsgleichung werden eingesetzt:

- R = 50 N/h
- K = 0.50 (t/ha)/(N/h)
- C = 0.14
- P = 1.00
- S = S-Formel (2) der RUSLE (gerechtfertigt aufgrund der Bestätigung der Anwendbarkeit durch die eigenen Versuche auf Löß-Neuland)
- L = L-Formel der RUSLE

Der Regen- und Oberflächenabfluß (R-Faktor) in der Köln-Aachener-Bucht kann mit Hilfe der Arbeit von Sauerborn u. Erdmann (1993) abgeschätzt werden. Die Isoerodentkarte von Nordrhein-Westfalen weist für den Ort Elsdorf einen R-Faktor von 21.9 N/h aus. Sowohl in Richtung der westlich von Elsdorf liegenden Untersuchungsstandorte Eschweiler und Bourheim, als auch in Richtung Osten zum Standort Wiedenfelder Höhe steigt der R-Faktor auf bis zu 50 N/h an. Um die maximal zu erwartenden Abträge nach ABAG/ RUSLE für Neuland in diesem Raum zu ermitteln, wird bei der Abtragsprognose mit R = 50 N/h gerechnet.

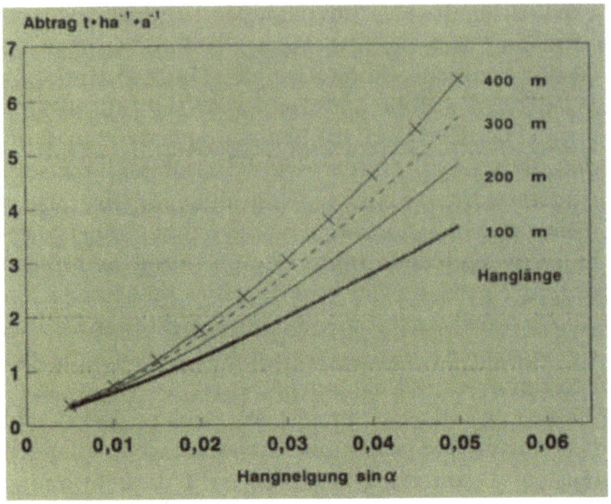

Abb. 9. Prognose langjähriger mittlerer Abträge bei unterschiedlichen Hangneigungen und Hanglängen

Der K-Faktor-Wert von 0.50 (t/ha)/(N/h) orientiert sich an dem höchsten Wert der für Neuland im Rheinischen Braunkohlenrevier festgestellten K-Faktor (Tabelle 2). Der Bedeckungs- und Bearbeitungsfaktor (C-Faktor) wird aus der ABAG für die in der Köln-Aachener-Bucht typische konventionelle Zuckerrüben-Getreide-Fruchtfolge (ungünstiger Fall) mit C = 0.14 übernommen. Zur Prognose wird weiterhin von der Annahme ausgegangen, daß keine speziellen Erosionsschutzmaßnahmen im Sinne der ABAG/RUSLE angewendet werden, so daß der P-Faktor gleich 1 gesetzt wird. Der LS-Faktor wird aus der RUSLE übernommen.

In Abb. 9 sind die langjährigen mittleren Abträge für verschiedene Hangneigungen und Hanglängen dargestellt. Werden die Neulandflächen entsprechend den Wünschen der Landwirtschaft möglichst groß gestaltet und somit Hanglängen von 400 m für die Prognose angenommen und wird von einem pflanzenbaulich tolerierbaren Abtrag für Neuland von 5 t/(ha · a) ausgegangen (Feldwisch et al. 1991), so darf ein maximales Gefälle von 4 % nicht überschritten werden.

Bei der Beurteilung der mit der ABAG/RUSLE prognostizierten Abträge muß beachtet werden, daß diese Abtragswerte die Summe des auf der Fläche umgelagerten Bodens darstellen. Mit Hilfe der ABAG/RUSLE kann nicht der auf der gleichen Fläche sedimentierte Boden kalkuliert werden, so daß der Abtagswert der Gleichung über der Bodenmenge liegt, die der Fläche durch Erosion tatsächlich verlorengeht.

4 Zusammenfassung

Ziel der Untersuchungen war die Erfassung des Hangneigungseinflusses auf den Bodenabtrag (S-Formel) und der Erodierbarkeit (K-Faktoren) auf Löß-Neulandflächen im Vergleich zu Löß-Altlandflächen in der Köln-Aachener-Bucht. Dazu wurden auf zwei Neulandstandorten und einem Altlandstandort Beregnungsversuche auf Parzellen mit einer Neigung zwischen 1 und 7 % im Herbst 1990 bzw. im Frühjahr 1991 durchgeführt. Auf der Grundlage dieser Untersuchungen wurde mit dem Erosionsmodell ABAG/RUSLE eine Abtragsprognose für die Löß-Neulandflächen der Köln-Aachener-Bucht erstellt.

Eine Literaturauswertung von Untersuchungen auf Neulandflächen zur Hangneigungswirkung auf den Bodenabtrag wurde durchgeführt, um die mögliche Schwankungsbreite von empirisch ermittelten Hangneigungs-Abtrags-Beziehungen herauszuarbeiten. Auf der Grundlage dieser Literaturauswertung wurden S-Formeln für die Erosionsformen Regentropfen-, Zwischenrillen- und Gesamterosion errechnet.

Als wesentliche Ergebnisse der Untersuchungen in der Köln-Aachener-Bucht hinsichtlich des Hangneigungseinflusses ist festzuhalten:

- Der Abfluß ist im untersuchten Hangneigungsbereich unabhängig von der Hangneigung.
- Die aus den Versuchen abgeleiteten S-Formeln [(13) und (14)] bestätigen die Anwendbarkeit der S-Formel (2) der RUSLE. Insofern können Abtragsschätzungen auf Löß-Neuland der Köln-Aachener-Bucht für unterschiedliche Hangneigungen mit Hilfe der RUSLE vorgenommen werden.
- Anhand der Abtragsprognose und bei Zugrundelegung eines pflanzenbaulich tolerierbaren Abtrages in Höhe von 5 t/(ha · a) darf ein maximales Gefälle von 4 % bei der Anlage von Löß-Neulandstandorten nicht überschritten werden.

Die Ergebnisse der Literaturrecherche lassen sich wie folgt zusammenfassen:

Für die Regentropfenerosion wurde ein sehr geringer Hangneigungseinfluß festgestellt vgl. (16):

$$S = 0.917 + 0.928 \sin \alpha \quad (16)$$

Für die Zwischenrillenerosion wurde folgende S-Formel anhand der Ergebnisse von neuen Standorten ermittelt:

$$S = 0.486 + 5.734 \sin \alpha \quad (17)$$

Die S-Formel (17) weist im Gegensatz zur S-Formel (1) der RUSLE eine größere Steigung auf. Die S-Formel (17) wird für die Kalkulation der Zwischenrillenerosion anstelle der S-Formel (1) aus zweierlei Gründen empfohlen: Zum einen geht Foster (1982), auf dessen Untersuchungen die S-Formel (1) der RUSLE zurückzuführen ist, von einer geringfügigen Unterschätzung der Hangneigungswirkung anhand der Formel (1) aus, zum anderen basiert die S-Formel (17) auf einer größeren Standortauswahl mit einem Bodenartenspektrum vom reinen Sandboden bis zu lehmigen Schluff- und Tonböden. Beide Aspekte sprechen für die Verwendung der S-Formel (17) zur Abschätzung der Zwischenrillenerosion.

Anhand der Literaturrecherche konnte für die Gesamterosion aufgrund der unzureichenden Datenqualität keine S-Formel errechnet werden, die mit der S-Formel (2) der RUSLE vergleichbar ist. Aus diesem Grund ist die angestrebte Überprüfung der Anwendbarkeit der S-Formel (2) anhand der Ergebnisse aus Publikationen zur Gesamterosion auf Neulandstandorten nicht möglich. Insofern wird die Notwendigkeit der eigenen Versuche in der Köln-Aachener-Bucht nochmals unterstrichen.

Hinsichtlich der Erodierbarkeit der Neulandstandorte ist festzuhalten: Bei bodenschonenden Rekultivierungsverfahren und mit den Versuchsstandorten Wiedenfelder Höhe und Eschweiler vergleichbarem Löß-Rekultivierungsmaterial ist für die Neulandflächen der Köln-Aachener-Bucht von einer im Vergleich zum Löß-Altland nicht erhöhten Erodierbarkeit auszugehen, wobei tendenziell sogar geringere K-Faktoren für diese Neulandstandorte ermittelt wurden. Im Trockenverfahren rekultiviertes Löß-Neuland der Köln-Aachener-Bucht hat auf der Grundlage der vorliegenden Untersuchungen einen maximalen K-Faktor von 0.50.

Der Vergleich von K-Faktoren zwischen Neuland mit der Bodenart schluffiger Lehm und korrespondierendem Altland bei anderen Autoren zeigt ein heterogenes Bild. Zum Teil liegen die K-Faktoren des Neulands deutlich unterhalb der K-Faktoren des Altlands (Gustavson 1982), auf der anderen Seite werden zum Teil beträchtlich höhere K-Faktoren für Neuland gefunden (Stein et al. 1983). Die letztgenannten Autoren weisen zu Recht darauf hin, daß die Beeinflussung der Erodierbarkeit des Bodenmaterials durch die Rekultivierung standortabhängig zu beurteilen ist und insofern keine allgemeingültige Aussage gemacht werden kann. Neben standortabhängigen Beeinflussungen der Erodierbarkeit ist auch an den Einfluß der Rekultivierungstechnik auf die K-Faktoren der Neulandflächen zu denken.

LITERATUR

Andrews J E (1981) Erosion characteristics of reclaimed surfase mined topsoil under rainfall simulation at 9 % and 4,5 % slope, (unpublished AE 299 Res Rep), Department of Agricultural Engineering, University of Illinois at Urbana-Champaign

Auerswald K (1984) Die Bestimmung von Faktorenwerten der Allgemeinen Bodenabtragsgleichung durch künstlichen Starkregen. Dissertation am Lehrstuhl für Bodenkunde, Technische Universität München in Weihenstephan

Auerswald K (1987) Sensivität erosionsbestimmender Faktoren. Wasser und Boden 39: 34–38

Auerswald K, Kainz M, Wolfgarten H-J, Botschek J (1992) Comparison of german and swiss rainfall simulators-Influence of plot dimensions. Z Pflanzenernähr Bodenk 155: 493–497

Beasley D B, Huggins L F (1980) Answers – areal nonpoint source watershed enviroment response simulation. User's Manual. Purdue Univ., Agr. Eng. Dep., 54 p

Bonta J V, Sutton P (1983) Erosion and reclamation plots – research on the hydrology and water quality of watersheds subjected to surface mining. Report for Grant No. 50166054, Dec. 1983. U.S. Bureau of Mines, Department of the Interior

ERTI (1990) Der ERTI Regensimulator II. Unveröffentlichter technischer Bericht

Feldwisch N (1995) Hangneigung und Erosion. Dissertation am Institut für Landeskultur, Universität Gießen

Feldwisch N, Mollenhauer K (1993) Einfluß der Hangneigung auf den Bodenabtrag auf Löß-Neulandflächen. Mitteilgn Dtsch Bodenkundl Gesellsch 72: 1157–1160

Feldwisch N, Mollenhauer K, Frede H-G (1991) Bodenkundlich-kulturtechnische Untersuchungen zur Frage der maximal zulässigen Hangneigung bei Löß-Neulandflächen unter Erosionsgesichtspunkten. Abschlußbericht des Instituts für Landeskultur der Universität Gießen für die Rheinische Braunkohle AG, Stüttgenweg 2, 50935 Köln

Foster G R (1982) Modeling the erosion process. In: Haan C T, Johnson H P, Brakensiek D L (eds) Hydrologie modeling of small watersheds. ASAE Monograph No. 5, pp 297–370

Foster G R, Meyer L D (1972) Transport of soil particles by shallow flow. Trans ASAE 15: 99–102

Gabriels D, Pauwels L M, de Boodt M (1975) The slope gradient as it affects the amount and size distibution of soil loss material from runoff on silt loam aggregates. Med Fac Landbouww Rijksuniv Gent 40: 1333–1338

Gilley J E, Gee G W, Bauer A, Willis W O, Young R A (1977) Runoff and erosion characteristics of surface-mined sites in Western North Dakota. Trans ASAE 20: 697–700, 704

Gilley J E, Schroer F W, Zimmerrmann L (1981) Suspended and dissolved solids in runoff from rangeland and surface mined sites in Western North Dakota. North Dakota Res Rep 88, North Dakota Experiment Station, Fargo

Gustavson D D (1982) Erodibility of selected reclaimed soils. M.S. Thesis, University of Illinois, Urbana-Champaign, IL

Hahn D T, Moldenhauer W C, Roth C B (1985) Slope gradient effect on erosion of reclaimed soils. Trans ASAE 20: 805–808

Laflen J M, Elliot W J, Simanton J R, Holzhey C S, Kohl K D (1991) WEPP-Soil erodibility experiments for rangeland an cropland soils. J Soil and Water Conserv 46: 39–44

Lang K, Prunty L, Schroeder S, Disrud L (1984) Interrill erosion as an index of mined land soil erodibility. Trans ASAE 27: 99–104, 109

Lattanzi A R (1973) Influence of straw-mulch rate and slope steepness on interrill detachment and transport of soil. M.S. Thesis, Purdue University, West Lafayette, Ind., 90 pp

Landesoberbergamt NRW (1993) Richtlinien des Landesoberbergamtes NRW für die landwirtschaftliche Wiedernutzbarmachung von Braunkohlentagebauen vom 7.1.1992 in der Fassung vom 17.5.1993

Martin W (1988a) Erosion-Datenbankverwaltung zur Verrechnung von Beregnungsdaten. Mitt Deutsche Bodendkl Gesell 56: 97–100

Martin W (1988b) Die Erodierbarkeit von Böden unter siumliertem und natürlichem Regen und ihre Abhängigkeit von Bodeneigenschaften. Dissertation am Lehrstuhl für Bodenkunde, Techn. Universität München in Weihenstephan

McCool D K, Brown L C, Foster G R, Mutchler C K, Meyer L D (1987) Revised slope steepness factor for the Universal Soil Loss Equation. Trans ASAE 30 (5): 1387–1396

McIsaac G F, Mitchell J K, Hirschi M C (1987) Slope steepness effects on soil loss from disturbed lands. Trans ASAE 30 (4): 1005–1013

Meyer L D, Foster G R, Römkens M J M (1975) Source of soil eroded by water from upland slopes. Proceedings of Sediment Yield Workshop, USDA Sedimentation Laboratory, Oxford, MS, ARS-S-40. pp 177–189

Meyer L D, McCune D L (1958) Rainfall simulator for runoff plots. Agricult Engin 39: 644–648

Mitchell J K, Moldenhauer W C, Gustavson D D (1983) Erodibility of selcted reclaimed surface mined soils. Trans ASAE 26: 1413–1417/1421

Murphree C E, Mutchler C K (1981) Verification of the slope factor in the Universal Soil Loss Equation for low slopes. J Soil and Water Conserv 36: 300–302

Mutchler C K, McGregor K C (1983) Erosion from low slopes. Water Res Res 19 (5): 1323–1326

Nearing M A, Foster G R, Lane L J, Finkner S C (1989) A process-based soil erosion model for USDA-Water Erosion Prediction Project Technology. Trans ASAE 32: 1587–1593

Paul A (1962, 1963) Untersuchungen über die Ursache und Verhütung von Erosionsschäden in Verbindung mit Flurbereinigung. Untersuchungen im Rheinischen Braunkohlegebiet. Gesamtberichte 1961 und 1963, Institut für Bodenkunde und Bodenerhaltung, Institutsleiter Kuron, Universität Gießen

Renard K G, Foster G R, Weesies G A, McCool D K (1991) Predicting soil erosion by water – A guide to conservation planning with the revised universal soil loss equation. US Dep. of Agric. ARS (unpublished)

Reutzel W, Borchert H, Weber H (1968) Untersuchungen von Meliorationsmaßnahmen gegen Wassererosion und Untergrundverdichtungen. Unveröffentlichter Forschungsbericht des Instituts für Landeskultur der Justus-Liebig-Universität Gießen

Rheinbraun AG (1990) Dokumentation über die Energiesituation in der DDR. Rheinbraun AG, Stüttgenweg 2, 50935 Köln

Römkens M J M (1985) The soil erodibility factor – A perspective. In: El-Swaify S A, Moldenhauer W C, Lo A (eds) Soil erosion and conservation, pp 445–461

Roth Ch (1992) Die Bedeutung der Oberflächenverschlämmung für die Auslösung von Abfluß und Abtrag. Bodenökologie und Bodengenese TU Berlin. H 6, 179 S

Rubio-Montaya D, Brown K W (1984) Erodibility of strip-mine spoils. Soil Sci 138: 365–373

Sauerborn P, Erdmann K-H (1993) Erosivität der Niederschläge und Isoerodentkarte von Nordrhein-Westfalen. Wasser und Boden 45: 22–38

Schroeder S A (1985) Effect of crusting on runoff and erosion from reshaped spoils. Symposium Proceedings of the Am. Soc. for Surface Mining and Reclamation, Denver, CO, 8–10 Oct. 1985, ASSMR, Princeton, W. VA

Schröder D (1988) Bodenschonende Rekultivierung von Lößböden in Braunkohletagebauen. In: Rosenkranz D, Einsele G, Harress H-M (Hrsg) Bodenschutz, S 7230

Schwertmann U, Kainz M, Vogl W (1987) Bodenerosion durch Wasser. Ulmer, Stuttgart

Schulze E, Engels H (1962) Rekultivierung von Lößböden im Rheinischen Braunkohlegebiet (1. Mitt.). Z Acker- u. Pflanzenbau 115: 115–143

Stein O R, Roth C B, Moldenhauer W C, Hahn D T (1983) Erodibility of selected Indiana reclaimed strip mined soils. Proceedings of the 1983 Symposium on Surface Mining, Hydrology, Sedimentology and Reclamation. University of Kentucky, Lexington, pp 101–106

Watts S R (1982) Erosion characteristics of four surface mined soils using laboratory rainfall simulation. Unpublished AE 299 Research Report. Department of Agricultural Engineering, University of Illionois at Urbana-Champaign

Wischmeier W H (1977) Use and misuse of the universal soil loss equation. In: Soil erosion – prediction and control. Soil Conservation Society of America, Spec. publ. No. 21 (1977) 371–378

Wischmeier W H, Johnson C B, Cross B V (1971) A soil erodibility nomogramm for farmland and construction sites. J Soil and Water Conserv 26: 189–193

Wischmeier W H, Smith D P (1965) Predicting rainfall-erosion losses from cropland east of the Rocky Mountains – Guide for selection of practices for soil and water conservation. Agriculture Handbook No. 282, 47 pp

Wischmeier W H, Smith D P (1978) Predicting rainfall losses – a guide to conservation planning. US Dep. of Agric., Agriculture Handbook No. 537

Woolhiser D A, Smith R E, Goodrich D C (1990) KINEROS – A Kinematic Runoff and Erosion Model. Documentation and User Manual. US. Dep. of Agric, Agric Research Service, ARS-77, 130 pp

Yalin Y S (1963) An expression for bed-load transportation. J Hydraulics Division, Proc. of the ASAE 89 (HY3): 221–250

Die Bedeutung von Forstkies und die Entwicklung von Waldböden bei der forstlichen Rekultivierung

Ludger Dilla und Norbert Möhlenbruch

Die forstliche Rekultivierung im Rheinischen Braunkohlenrevier beruht auf einer über 70jährigen Erfahrung. Die Anfänge gehen im Raum Brühl auf die Jahre 1918/20 zurück. Durch geänderte Anforderungen und Wertewandlungen haben sich in der Vergangenheit Zielsetzungen und Methoden der Rekultivierung ganz wesentlich gewandelt.

Die forstliche Rekultivierung erfolgte anfangs auf vom Tagebau vorgegebenen Bodensubstraten, die sich aus der geologischen Situation, d. h. aus der Art des Deckgebirges heraus ergab. Es erfolgte keine auf das Rekultivierungsziel ausgerichtete Bodenauswahl.

Da im Südrevier auf dem bewaldeten Villeplateau quartäre Ablagerungen mit oberflächlichem Löß bzw. Lößlehm auf kiesig-sandigen Schichten der Rheinhauptterrasse mit nur geringen Tertiäranteil vorherrschten, sind hier in beträchtlichem Umfang Böden verkippt, die der heutigen Forstkiesmischung durchaus entsprechen. Ihr lockerer Auftrag im Kipplorenbetrieb ist ein weiterer Grund für ihre gute Qualität. Daneben sind aber auch abbaubedingt großflächig ärmere Kiese und Sande quartären Ursprungs, z. T. auch tertiäre Sande verstürzt worden, die durch Nährstoffmangel und Dichtlagerung als Problemstandorte anzusprechen sind.

Die Holzartenwahl in Abhängigkeit von der Bodenqualität läßt aber den Schluß zu, daß auch während der ersten Rekultivierungsperiode, z. B. in den 30er Jahren, bereits die Zusammenhänge zwischen Bodenqualität und Rekultivierungserfolg erkannt und berücksichtigt wurden.

Douglasien- und Laubholzmischbestände auf löß-/lößlehmhaltigen Bodenpartien inmitten größerer Kiefernkomplexe auf sandigeren Standorten bestätigen das. Eine auf die Belange der Rekultivierung abgestimmte – und nicht ausschließlich bergbaubetrieblich vorgeprägte – Oberflächenverkippung nach der Auskohlung war aber bis in die 50er Jahre nicht erkennbar.

Erst Ende der 50er Jahre wurden bei Ausdehnung der Tagebaue nach Norden mit Abbau tieferer Braunkohlenflöze (Tagebau Frechen) und entsprechend höherem Tertiäranteil des Deckgebirges wissenschaftliche Untersuchungen eingeleitet mit der Fragestellung, welche Deckgebirgsschichten für die Rekultivierung geeignet und wie diese für die forstliche Rekultivierung aufzutragen sind.

Unbefriedigende Rekultivierungsergebnisse und Nährstoffmangelerscheinungen an jungen Forstkulturen gingen diesen Untersuchungen voraus.

Wittich (1959) setzte sich daher mit der Eignung verschiedener Deckgebirgsmaterialien einschließlich tertiärer Sande auseinander. Zunächst kommt er zu der Aussage, daß im Gegensatz zur Landwirtschaft die kiesigen Materialien der Hochterrassen auch mit geringer Löß- oder Lehmbeimischung zu wüchsigen Waldstandorten führen können. Bei seinen Betrachtungen geht er von einer guten Durchwurzelbarkeit aus und unterstellt insofern eine langfristige Nährstoff- und Wasserversorgung der tiefwurzelnden Waldbaumarten.

Aber auch die tertiären Materialien will er von einer Rekultivierungsfähigkeit nicht ausschließen, sondern unterstreicht, daß die tertiären Kieseloolithschichten durchaus zu Waldstandorten entwickelt werden können, während er die Fischbachschichten wegen ihrer Minderwertigkeit ausschließt.

Aus heutiger Sicht kann bestätigt werden, daß im Südrevier gutwüchsige Bestände vereinzelt auch auf tertiären Materialien gewachsen sind. Dabei muß man aber Verbesserungen der Nährstoffversorgung durch den Anflug von Aschebestandteilen hinzurechnen. Einige Standorte zeigen zudem einen gewissen Grundwasseranschluß und damit eine ausreichende Wasserversorgung.

Die wissenschaftliche Diskussion über die Anforderungen an einen Waldstandort wurde schließlich unter dem Einfluß des Geologischen Landesamtes NRW in die Richtung der Mischung von quartären Materialien gelenkt, bei der dem Löß-/Lößlehm- Anteil eine entscheidende Rolle zukommt.

Das war die Geburtsstunde des „Forstkieses“, ein Begriff, den erstmalig Oberbergrat Ristow geprägt hat. Er umschreibt eine Mischung aus Kiesen, Sanden und Schotter der diluvialen Rheinhauptterrasse mit den im Rheinland normalerweise aufliegenden Lößen bzw. verwitterten Lößlehmen.

Das Forstkiesgemisch wird im obersten Schnitt der Tagebaue mit den Schaufelradbaggern dort gewonnen, wo entsprechende Löß- und Kiesverhältnisse vorliegen, ohne daß es eines besonderen Mischvorgangs bedarf.

Der Forstkies in der richtliniengemäßen Ausbildung bildet aufgrund seiner physikalischen und chemischen Eigenschaften die Voraussetzung für die Entwicklung zu einem standortgerechten Waldboden.

Er ist mithin kein Boden im bodenkundlichen Sinn, bietet aber die besten Voraussetzungen, um sich im Laufe der Zeit durch Humusaufbau und Einstellen eines biogenen Bodengefüges zu einem standortgerechten Waldboden zu entwickeln. Derartige Bodenbildungsprozesse entwickeln sich nur in langen Zeiträumen. Sie können nur durch die Vorgabe des Bodenmaterials, die Art seiner Mischung und seines Auftrages sowie durch Humusanreicherung in Form einer darauf ausgerichteten Bestockung in die richtige Richtung gebracht werden. Hier kommt eine der Grundprinzipien der Rekultivierung zum Tragen: Grundlagen zu schaffen, um natürliche Kreisläufe auf Rohböden wieder in Gang zu bringen.

Während die Entwicklung zu standortangepaßten naturnahen Pflanzengesellschaften in Jahrzehnten erkennbar wird, muß bei Bodenbildungsprozessen in Jahrhunderten gerechnet werden. Dabei ist zu berücksichtigen, daß sich die Parabraunerde auf tiefgrundigen Lößböden des Rheinlandes oder die Pseudogley-Waldstandorte des Villerückens oder des Hambacher Forstes als Bodenentwicklungsstufen seit der Eiszeit gebildet haben.

Angesichts dieser Situation wurde bereits von Heide (1958) darauf hingewiesen, daß es unrealistisch ist, den Versuch zu unternehmen, die alten Waldstandorte, z. B. Pseudogley-Böden künstlich wiederherzustellen. Hier bieten vielmehr die verschiedenen Variationen des Forstkieses in bezug auf seinen unterschiedlichen Lößgehalt bis hin zu reinen Lößböden in Verbindung mit einer abwechslungsreichen Reliefgestaltung bessere Möglichkeiten, unterschiedliche Waldstandorte zu Grunde zu legen und eine Diversibilität von naturnahen Wald- bzw. Pflanzengesellschaften zu erreichen.

Die Richtlinien des Landesoberbergamtes

Die durch Heide (1958) vom Geologischen Landesamt durchgeführten Untersuchungen führten 1967 zur Festlegung von Richtlinien über das Aufbringen von kulturfähigem Bodenmaterial bei forstlicher Rekultivierung für die im Tagebau betriebenen Braunkohlenreviere. Nach einer gewissen Erprobungszeit wurden diese Richtlinien 1973 neu gefaßt und schließlich 1984 nochmals überarbeitet, um auch die Verwendung von reinen Lößen, allerdings bei geringerer Mächtigkeit, zu unterstützen. Die wesentlichen Elemente der Richtlinien sind:

- 1) Die Rohkippen sind so zu gestalten, daß keine Wasserschäden und Stauungen entstehen. Ihre obersten 1–2 m sollen aus genügend durchlässigem, sandig/kiesigem Material bestehen.
- 2) Kulturfähiges Bodenmaterial soll etwa 3–5 m mächtig auf die Rohkippe aufgetragen werden.
- 3) Als kulturfähiges Material kommt ein Gemisch aus sandig/kiesigen Schichten der Haupt- und Mittelterrasse und Löß oder anderen bindigen Bodenarten in Betracht. Verwendet werden können auch für landwirtschaftliche Rekultivierung ungeeignete stark verlehmte Löße sowie durch Grund- und Stauwasser beeinflußte Lößschichten.
- 4) Auf ebenen oder schwach geneigten Flächen sollen Löß oder Lößlehm mit 25–66 % am kulturfähigen Material beteiligt sein.
- 5) Bei Böschungen bzw. stärker als 1 : 3 geneigten Flächen sollte der Lößanteil auf 20–25 % begrenzt sein.
- 6) Anstelle eines 4 m mächtigen Gemisches aus Lehm und Kies kann auch 2 m Löß oder Lößlehm verkippt werden, wobei eine Bearbeitung dieser so aufgetragenen Oberfläche mit Erdbaumaschinen als entbehrlich angesehen werden kann.

Ertragskundliche Untersuchungen

Stratmann (1985) führte 1984 für die Niedersächsische Forstliche Versuchsanstalt ertragskundliche Untersuchungen auf Rekultivierungsflächen im Rheinischen Braunkohlengebiet durch. Einer der Untersuchungsansätze war, die Zusammenhänge zwischen Baumwachstum und Boden eingehend zu beurteilen. Einbezogen wurden aber lediglich Mischungen aus Kiesen und Lehmen, also Böden, die den Richtlinien des Landesoberbergamtes für das Rheinland entsprachen, auch wenn diese aus Zeiten entstammten, in denen ein gezieltes Schneiden solcher Mischungen nicht durchgeführt wurde. Unter anderem kamen aber auch reine Lehme, Sande und Schluffe in Betracht, die mehr oder weniger geringe Flugasche- und Kohlebeimischungen aufwiesen.

Die Ergebnisse lassen sich wie folgt zusammenfassen:

- 1) Rotbuche

  Die günstigen Eigenschaften des Forstkieses sowie die vorteilhaften Klimabedingungen der rheinischen Bucht erlauben die Prognose, daß künftige Rekultivierungen mit der Buche überdurchschnittlich ertragreiche Bestockungen erwarten lassen. Als Hauptursache für das gute Wachstum ist das für die Buche besonders günstige milde atlantische Klima der rheinischen Bucht anzusehen.

  Ergänzend tritt hinzu, daß die lockere und porenreiche Struktur der Kippböden die Entwicklung eines tiefreichenden Wurzelsystems erlaubt, das auch auf ärmeren Substraten die Erschließung der notwendigen Nährstoffvorräte ermöglicht (Jacoby 1963, 1968). Dies erklärt, daß die Untersuchung keine klaren Zusammenhänge zwischen Wuchsleistung und Nährstoffversorgung erbracht hat. Dagegen besteht ein deutlicher Einfluß des Wasserhaushaltes, was sich insbesondere in Beständen der mäßig trockenen, steilen Südhanglagen zeigt. Dennoch ist auch auf diesen Standorten das Wachstum absolut gesehen noch als gut einzustufen.

- 2) Roteiche
  Die Roteiche zeigt in den forstlichen Rekultivierungen des Rheinlandes überwiegend eine zufriedenstellende bis gute Entwicklung. Die Struktur der Kippböden ist günstig, Nährstoffversorgung und Wasserhaushalt sind allerdings für das Wachstum bedeutungsvolle Faktoren. Auf lehmigen und auf frischen, sandigen Forstkiesen erbringt sie überdurchschnittlich hohe Leistungen, während arme und trockene Böden zu deutlich gedämpftem Wuchs führen. Dies ist beim zukünftigen Anbau zu beachten, auch wenn die Roteiche selbst auf diesen weniger geeigneten Standorten die Trauben- und Stieleiche noch an Wachstum übertrifft.
- 3) Eiche
  Die Wuchsleistungen der Eiche in den Rekultivierungen hängen deutlich vom Nährstoff- und Wasserhaushalt des Bodens ab. Auf Forstkiesen lehmiger Variante zeigt sie gutes, auf sandiger Variante befriedigendes Wachstum. Ausgesprochen trockene Südhänge und verdichtete Bermen führen zu einem deutlichen Leistungsrückgang.

Nach den Ergebnissen sind die Aussichten des künftigen Eichenanbaus auf Forstkies günstig zu beurteilen. Den spezifischen Standortansprüchen beider Eichen entsprechend ist die Traubeneiche auf die trockeneren, die Stieleiche auf die frischeren Standorte zu bringen. Nach Möglichkeit ist statt der Buche die Hainbuche oder die Winterlinde zur Schaftpflege beizumischen.

In seiner abschließenden Beurteilung geht Stratmann nochmals auf die Fragen der Standorte, insbesondere des Forstkieses, ein. Dabei führt er aus, daß v. a. sandige Forstkiese zu einer beträchtlichen Minderung der Leistung der Waldbestände führen können. Bodenverdichtungen schränken das Wachstum bedeutsam ein und waren in den Folgejahren auch Anlaß für eingehende Untersuchungen dieses Problems.

Ausgangsmaterial für die Gewinnung von Forstkiesen

Im Rheinischen Braunkohlenrevier herrschen Bodentypen vor, die Löß als Ausgangsgestein haben. Diese pleistozänen Materialien haben sich durch pedogenetische Prozesse wie Tonbildung, Tonverlagerung und Entkalkung in der Regel zu Parabraunerden, Pseudogleyen einschließlich ihrer Übergänge und, sofern Grundwasser eine Rolle spielte, zu Gleyen entwickelt. Vor allem in den Bereichen, wo Waldflächen in den Abbaugebieten stokken, ist ein hoher Anteil an Pseudogleyen festzustellen.

Die unter den Lößschichten liegenden Terrassensedimente sind Schmelzwasserablagerungen (Sande, Kiese und Schotter) aus dem Diluvium. Zu Teilen findet man auch nährstoffarme, sorptionsschwache Quarzsande mit sehr geringen Mengen zersetztem Feldspats und ähnlich sorptionsschwache, überwiegend aus Kaolinit bestehende Tone aus dem Tertiär. Ein Verschneiden der beiden Schichten ergibt im Baggerungsprozeß den Forstkies.

Bodenverdichtungen

Beim Absetzen des gewonnenen Forstkieses entstehen mehr oder weniger stark ausgeprägte Rippen, die nach forstlicher Auffassung der 70er Jahre durch Einplanieren zu beseitigen waren. Die Vorgabe der Abschlußbetriebspläne und der darin enthaltenen Böschungsneigungen erforderte in vielen Bereichen einen enorm hohen Planierungsaufwand, dessen zu Teilen starke Verdichtungen auch durch nachfolgendes Aufreißen nur unbefriedigend beseitigt werden konnten. Winter (1990) hat hierzu verschiedene Untersuchungen durchgeführt, die auch bei den jüngeren Aufforstungen der Sophienhöhe zu dem Ergebnis führten, daß lediglich ein einmaliges Aufreißen Erfolg verspricht, wobei aber Eindringtiefen des Aufreißers von bis zu 90 cm überwunden werden müssen.

Auch Friedrich (1987) hat die Verdichtungen des Forstkieses einer eingehenden Untersuchung unterzogen, so daß sich letztlich die Auffassung durchsetzte, ein Verkippen möglichst so zu gestalten, daß geringe Rippenhöhen erzielt werden und somit ein Planieren unterbleibt. Eindeutig zeigen sich dann die höchsten Porenvolumina der verkippten Böden und damit auch die besten Voraussetzungen für eine gute Durchwurzelung, eine ausreichende Wasserspeicherung und Wassernachlieferung sowie einen abgesicherten Gasaustausch für das Pflanzenwachstum.

Diesen Überlegungen lag zugrunde, daß jeder Baggerungsprozeß das Bodengefüge zerstört und durch das Absetzen der Materialien sowohl bei Löß als auch bei Kiesschotter letztlich ein Kohärentgefüge entsteht, das zu Instabilität oder Dichtlagerung neigt. Dies bezieht sich insbesondere auf die Grobporen, während die Verteilung der Feinporen wenig verändert wird.

Das Gesamtporenvolumen schwankt zwischen 40 und 25 %, wobei stark lehmhaltige Forstkiese relativ günstig abschneiden. Der Einfluß der Planiertätigkeit wurde durch Winter (1990) eingehend untersucht und nachgewiesen. Interessant bleibt, daß lediglich ein einmaliges Nachbehandeln Wirkung zeigt, während mehrere Arbeitsgänge wieder negative Verdichtungseffekte mit sich bringen (Tabelle 1).

Abzuwarten bleibt, ob die besseren Startbedingungen auf unplanierten Forstböden (Harrach 1989) anhalten, insbesondere wird die zukünftige Forschung ein Augenmerk auf die biologische Regeneration und Strukturierung der Böden werfen müssen. Nach bisherigen Untersuchungen deutet sich ein Zusammenhang zwischen Ausgangslagerungsdichte und Regenwurmbesiedlung an.

Fläche	Planiert, aufgerissen und geeggt	Planiert, aufgerissen und geschleift	Planiert, aufgerissen	Klein-Absetzer, unbehandelt
Meßstelle	1–8	1–6	1–6	1–6
Teufe [m]	Porenanteil [%]			
0,3	30,1 ± 2,9	28,0 ± 1,9	29,2 ± 1,0	35,2 ± 1,0
0,6	27,7 ± 2,6	27,8 ± 1,2	29,0 ± 2,3	33,5 ± 3,5
0,9	28,1 ± 2,5	28,3 ± 1,5	30,5 ± 2,4	35,3 ± 1,1
1,2	28,5 ± 3,0	30,1 ± 1,5	32,5 ± 1,8	35,0 ± 3,5

Tabelle 1. Auswirkungen verschiedener Bodenbearbeitungsformen vor der Aufforstung auf die Bodenstruktur, Porenanteile pro Meßteufe

Allgemein findet man nach Hartge (1978) die in Tabelle 2 dargestellten bodenphysikalische Kennwerte.

Dagegen reicht bei Forstkiesuntersuchungen die Lagerungsdichte von 1,5–2 g/cm^3 und nähert sich damit reinen Hauptterrassenkiesen an. Lößreichere Forstkiese entsprechen mit ihren Dichten von 1,7–1,85 g/cm^3 den Altwaldstandorten auf Pseudogleyen.

Von der Tendenz her sind die Rekultivierungsböden als „dicht“ bis „sehr dicht“ einzustufen, wobei die Zunahme von Löß- und Lehmanteilen porenraum- und lockerungsförderlich wirkt. Dies entspricht auch der Feststellung, daß die Zunahme der Ungleichförmigkeit in der Siebsummenkurve eine höhere Lagerungsdichte andeutet.

Als Besonderheit zeigten die Untersuchungen von Winter (1990) beim Forstkies eine starke Neigung zu einer natürlichen Dichtlagerung der Materialien, wenn die Einmischung von Lehmen und Lößen im Forstkies einen Grad erreichte, der einen Anteil von bindigen Bestandteilen zwischen 15 und 18 % einnimmt. In diesen Fällen ist von einer völligen Ausfüllung des Porenraumes durch die Zusammensetzung und Korngröße des Materials auszugehen, so daß auch ohne stärkeres technisches Einwirken von außen Dichtlagerungen auftreten.

Die Untersuchungen im Rheinland zeigen weiterhin, daß beim Löß, aber letztlich auch beim Forstkies und entsprechender Einmischung bindiger Bestandteile die Feuchtigkeit des zu baggernden Materials von großer Bedeutung ist. Es setzt sich die Erkenntnis durch, daß vernäßte Bereiche von Baggerungen auszunehmen sind. Diese werden oft auch dort angetroffen, wo infolge von Vorfeldarbeiten Bodenmaterialien aufgehaldet werden, die dann für einen längeren Zeitraum einem höheren Durchfeuchtungsgrad unterliegen und diesen auch nach der Baggerung kaum aufgeben.

Die Erosionsgefahr auf den zahlreichen Böschungen führte zu der Folgerung, daß bei den Forstkiesen als unterste Grenze 25 % bindige Bestandteile anzuhalten sind. Untersuchungen in Tagebauen, die über kalkhaltigen Löß verfügen, zeigten aber, daß bei Zunahme des Kalkanteils im eingemischten Löß die Standfestigkeit des Forstkieses auch in den Böschungen so zunimmt, daß selbst 30–40 %ige Einmischungen von Löß im Forstkies akzeptiert werden können, ohne daß größere Erosionsprobleme auftreten.

Nährstoffversorgung

Ausgehend von Wuchsdepressionen in forstlichen Rekultivierungen der 60er und 70er Jahre wurden in Zusammenarbeit mit den Universitäten Göttingen und Freiburg verschiedene Untersuchungen zu den Ursachen vorgenommen. Während man aus den älteren Rekultivierungen wußte, daß unterschiedliche Materialien der Tagebaue, wie insbesondere die Verkippung von tertiärem Material zu erheblichen Einbußen bei den Erträgen führten, war das Phänomen bei der Verkippung quartä-

Tabelle 2. Häufigste Werte für Lagerungsdichte, Porenvolumen und Porenziffer der Böden (105 °C trocken)

	dB [g/cm^3]	PV [%]	PZ (oder ε)
Sandböden	1,67–1,19	37–55	0,58–1,22
Lehmböden	1,96–1,19	26–55	0,25–1,22
Schluffböden	1,53–1,19	42–55	0,72–1,22
Tonböden	1,32–0,92	50–65	1,00–1,85
Organ. Böden	0,48–0,12	60–90	1,50–9,00

rer Materialien zunächst nicht erklärbar. Die physikalischen Negativfaktoren wurden bereits oben genannt. Bezüglich der Nährstoffe startete man insbesondere Untersuchungen an verschiedenen Problemstandorten sowie deren Vegetation mit Hinblick auf die Nährstoffaufnahme.

So stellte man für Eichen und Buchen auf vergleichbaren schwierigen Standorten fest, daß aus der Sicht der Bodennährstoffversorgung lediglich einzelne Faktoren wie P- und Mg-Mangel eine Mitwirkung verursacht haben könnten. Dazu kam, daß auch die pH-Werte nicht in allen Fällen befriedigten, da es sich bei den Problemstandorten meist um sehr lehm- und lößschwache Forstkiese handelte. Die dort gefundenen Blattnährstoffwerte dagegen befanden sich bis auf den Stickstoff bei der Eiche und Kalium sowie Magnesium bei der Buche in einem ausreichenden Gehalt.

Diese Feststellung zieht sich durch alle weiteren Untersuchungen, die ergeben haben, daß die Blattnährstoffgehalte bei der Verkippung von Forstkiesen nicht auf mangelhafte Versorgung schließen ließen (Tabelle 3).

Betrachtet man dagegen die Nährstoffgehalte der untersuchten Böden auf den Problemstandorten, so wird deutlich, daß in einigen Fällen die Nährstoffe Phosphor und Magnesium, in vielen Bereichen auch der Stickstoff, in eine Mangelsituation führten. Die Versorgung mit den übrigen Nährstoffen war nicht als besonders gut zu bezeichnen, konnten aber letztlich für eine Verursachung der Schäden nicht verantwortlich gemacht werden. Im Fall der Berrenrather Böden konnte zudem festgestellt werden, daß die Versorgung mit Kalzium ungenügend war und eine Beurteilung des Säurezustandes zu dem Ergebnis einer starken Versauerung, d. h. eines Aluminium-Pufferbereiches führte.

Friedrich (1987) hat in seinen Untersuchungen die Nährstoffverhältnisse mit Bezug auf die unterschiedlichen Lößanteile in den Forstkiesen deutlich herausgestellt. So stellt er für die Forstkiesgruppe mit Lößanteilen von über 50 % und die Böden mit 25–33 % Löß neutrale bis schwachalkalische Reaktionen fest. Kalzium und Magnesium stellen fast ausschließlich die austauschbaren Kationen bei uneingeschränkter Austauschkapazität.

Tabelle 3. Zusammenfassung der ökologischen Daten der Flächen 1–4. Nährstoffe des Bodens [mg/L], Blattnährelementgehalte [%] der Trockenmasse (TM), pH-Werte des Oberbodens als Einzelwerte mit jeweils 4 Messungen pro Fläche und Baumart, Lagerungsdichte des Bodens [$g \cdot cm^{3}$] als Durchschnittswerte

			Makroelemente												
			N			P			K			Ca			
		pH (GBL)	mg/L	% TM		mg/L	% TM		mg/L	% TM		mg/L	% TM		
Baumarten	Fläche		$CaCl_2$		Ei	Bu		Ei	Bu		Ei	Bu		Ei	Bu
Eiche/		a	5,2	0,55	1,93	1,91	0,005	0,21	0,17	0,95	1,09	0,48	7,80	1,06	0,94
Buche	1	b	7,0	0,91	2,19	1,81	0,008	0,22	0,15	1,30	0,97	0,51	51,50	1,17	1,0[illegible]
		c			1,93	1,90		0,16	0,13		1,04	0,44		1,09	0,9[illegible]
		d			2,00	2,06		0,19	0,16		1,16	0,40		1,01	1,0[illegible]
					Bu	REi		Bu	REi		Bu	REi		Bu	RE
Buche/	2	a	3,5	0,51	1,51	2,15	0,006	0,12	0,23	4,70	0,51	1,11	5,91	1,05	1,0[illegible]
Roteiche		b	6,0	1,0	1,40	2,45	0,002	0,13	0,23	1,10	0,61	1,19	16,10	0,82	0,6[illegible]
					Ei	HBu		Ei	HBu		Ei	HBu		Ei	HB
Eiche/	3	a	4,3	0,46	1,70	2,13	0,013	0,16	0,22	2,05	1,12	0,84	7,48	1,27	1,1[illegible]
Hainbuche		b	4,3	0,68	1,59	2,19	0,001	0,16	0,25	2,35	1,12	0,85	8,90	0,92	1,1[illegible]
	4		47	1 162	1,81	1,75	0,005	0,22	0,19	1,18	1,12	0,82	36,50	1,02	1,7[illegible]

Der Vorrat an Phosphor ist bei den lößreichen Forstkiesen als hoch anzusehen, natürlich haben bei jungen Forstkiesen Kohlenstoff und Stickstoff nur geringe Anteile an der Trockenmasse.

Deutlich schlechter stellen sich die Forstkiese mit 20 oder sogar 10 % dar. Bei ihnen ist feststellbar, daß die pH-Werte in den sauren Bereich abfallen (Tabelle 4).

Insbesondere bei Forstkiesen mit weniger als 10 % können Aluminium-, teilweise Eisen- und Wasserstoffionen an der Ake einen hohen bis dominanten Anteil haben. Die Austauschkapazitäten verringern sich jeweils um 30 % auf die Vorgängergruppen, so daß für die Forstkiese mit geringem Lößanteil Nährstoffprobleme auftreten müssen.

Bei den schlechten Forstkiesen lag die Vermutung nahe, evtl. Schwermetallkonzentrationen für schlechtes Wachstum herauszuziehen. Hier haben allerdings die Analysen ergeben, daß die Schwermetalle Kupfer, Silber, Chrom und Zink nur in sehr geringen Konzentrationen vorhanden sind und insofern keine Bedeutung an der Steuerung des Pflanzenwachstums haben (Tabelle 5).

Die günstigen Nährstoffanalysen der lößreichen Forstkiese bestätigen sich letztlich auch auf den jüngsten Rekultivierungen im rheinischen Braunkohlengebiet, die insbesondere im Bereich des Tagebaues Hambach großflächig mit hohen Lößanteilen in den ebenen Lagen verkippt wurden.

Auch Jacoby (1968) kommt in seinen Untersuchungen zum Anbau von Rotbuchen in der Rekultivierung zu dem Ergebnis, daß die lößreichen Forstkiese von ihren standörtlichen Voraussetzungen her ähnlich oder zum Teil günstiger als die in den umliegenden Altwäldern vorhandenen Pseudogleye einzustufen sind. Lediglich bei der Frage der C- und N-Gehalte schneiden die Kippenböden schlechter als die Altböden ab. Hier ist es der Prozeß einer Humusanreicherung, der erst über viele Jahrzehnte zu ähnlichen Verhältnissen wie in Altwäldern führen kann.

Bezüglich der Bodenazidität kommt Jacoby (1968) zu der Aussage, daß die Pseudogleye der Altwälder wesentlich ungünstiger einzustufen sind als die Rekultivierungsböden, da bei ihnen als dominierendes Kation das Aluminium mit Anteilen bis zu 75 % an der realen Austauschkapazität beteiligt ist. Im übrigen stellt er fest, durch die kalkreichen Emissionen der Brikettfabriken, nämlich der Flugaschen, erhebliche Bodenverbesserungen für Altwaldböden festzustellen sind. Infolge dieser Beeinflußung ist die Ausprägung der Oberböden

	Mikroelemente								
mg/L	% TM		mg/L			pH-Wert im Oberboden		Lagerungsdichte [g · cm³] Bodentiefe	
	Ei	Bu	Mn	Fe	Al	Ei	Bu	0–20 cm	21–40 cm
1,46	0,17	0,12	0,02	0,01	0,01	3,5 4,0 3,9 4,5	3,3 3,9 3,5 4,1	1,636	1,859
4,30	0,16	0,15	0,01	0,01	0,01	7,1 3,7 7,2 3,9	4,3 3,7 5,9 4,3	1,825	1,889
	0,16	0,12				5,8 4,0 5,9 4,2	4,1 3,6 4,9 4,3	1,702	1,918
	0,14	6,13				3,9 4,0 3,1 4,0	3,9 3,8 3,9 4,1	1,7965	1,874
	Bu	REi				Bu	REi		
,82	0,12	0,13	0,13	0,05	0,35	3,9 3,8 4,0 4,1	4,3 3,4 4,4 3,5	1,609	1,835
,21	0,08	0,14	0,01	0,01	0,01	4,4 4,6 4,8 5,0	4,8 4,5 4,9 4,6	1,659	1,838
	Ei	HBu				Ei	HBu		
,11	0,17	0,20	0,21	0,05	0,02	4,6 4,2 4,7 4,3	3,9 3,6 4,0 3,9	1,600	1,856
,51	0,18	0,19	0,08	0,01	0,01	4,1 3,7 4,1 4,0	4,2 3,8 4,4 4,0	1,650	1,864
,90	0,09	0,24	0,19	0,01	0,01	4,3 4,2 4,4 4,7	4,0 3,9 4,7 4,2	1,778	2,200

Fläche Profil	Lößant. [%]	Tiefe [dm]	pH ($CaCl_2$)	AK_E	% C/TM	% N/TM	C/N	P [mg/100 g]
62	50–66	0–4	7,35	145,692	0,37	0,03	12,23	38,0
61	25–33	0–4	7,8	271,761	0,51	0,017	29,82	26,0
		4–8	7,7	137,350	0,64	0,021	30,24	18,0
21	20	0–4	5,6	31,752	0,098	0,01	9,8	10,0
72	20	0–4	7,7	118,008	0,14	0,01	14,3	14,5
		4–8	7,4	58,129	0,076	0,008	9,5	11,0
45	20	0–4	5,8	61,104	0,44	0,036	12,28	22,0
11	20	0–4	5,3	24,611	0,22	0,02	13,06	11,0
22	10	0–4	5,4	26,008	0,077	0,009	8,56	12,0
65	10	0–4	3,75	9,500	0,14	0,011	12,45	11,0
41	10	0–4	4,95	106,509	0,05	0,006	7,67	8,0
31	10	0–4	3,55	23,843	0,14	0,012	11,58	13,0

Tabelle 4. Chemischer Bodenzustand von Forstkies mit unterschiedlichem Lößanteil

der Pseudogleye nicht mehr gebietstypisch, sondern die Kationenverteilung gleicht mehr und mehr den jungen Schluffböden. Diese ausgesprochen positive Wirkung der Flugaschen ist natürlich im gleichen Sinne auch für die armen Böden der Altrekultivierung festzustellen, wo insbesondere arme Sande durch eine Ascheauflage besonders verbessert wurden.

Zusammenfassung

Bis etwa in die Mitte der 50er Jahre gab es keine gesonderte Gewinnung und Verkippung spezieller Substrate als Boden für die forstliche Rekultivierung. Gegen Anfang der 60er Jahre untersuchte man erstmals, welche Abraumsubstrate besonders geeignet sind: Löß, quartäre Terrassenschotter aber auch spezielle tertiäre Schichten. In der Folge formulierte man den Forstkies – eine Mischung aus Löß/Lößlehm mit Kies/Sand der Hauptterrasse – als Standardsubstrat für die forstliche Rekultivierung. Er muß sich durch natürliche biologische Prozesse erst zu einem standortgerechten Waldboden entwickeln; dafür bietet er die besten Voraussetzungen.

Seit 1967 – mittlerweile zweimal überarbeitet – wird in behördlichen Richtlinien die ordnungsgemäße Verkippung von Forstkies geregelt. In ebenen Lagen soll der Lößgehalt 25–66 % betragen, in Böschungen – wegen der Rutschgefahr – nur 20–25 %; er wird mit etwa 4 m Mächtigkeit auf eine wasserdurchlässige Schicht der Rohkippe aufgebracht. Eine ertragskundliche Untersuchung auf solch richtliniengemäßem Forstkies zeigte: Rotbuchen wuchsen auch auf ärmeren Substraten überdurchschnittlich gut; Roteichen wuchsen gut, hingen aber stärker vom Nährstoffgehalt ab; die heimischen Eichen brauchten lehmigen Forstkies für gutes Wachstum. All-

Profil/Fl	11	21	22	23	24	41	45	71	72
pH (H_2O)	5,4	5,3	4,8	5,1	5,9	5,6	5,2	4,5	7,8
Hg mg/l	n.n.	Sp.	Sp.	n.n.	n.n.	n.n.	0,15	n.n.	n.n.
Cu mg/l	8,5	5,1	6,9	9,1	6,1	12,1	8,1	10,7	5,5
Cr mg/l	7,0	3,2	6,4	1,3	4,7	6,1	5,2	2,0	4,3
Zn mg/l	7,3	10,2	5,4	3,8	6,8	4,3	5,1	6,4	12,2

Tabelle 5. Schwermetallkonzentration in Böden mit ca. 10–20 % Lößanteil (ppm)

gemein ist Forstkies ein guter Standort für ertragreichen Wirtschaftswald, natürlich auch reiner Löß. Wenn der Forstkies gebaggert wird, geht das ursprüngliche Bodengefüge verloren, er ist deswegen meist dicht bis sehr dicht gelagert und Planierarbeiten können zu starken Verdichtungen führen; dann wirken gestörter Gasaustausch, geringere Wasserspeicherung und in der Folge schlechte Durchwurzelung wuchshemmend. Verdichtungen kann man nur durch Aufreißen in Tiefen bis 90 cm wieder lockern; mehrmaliges Aufreißen führt zu keinen weiteren Lockerungseffekten. Daher wird heute auf das Planieren verzichtet; unplanierte Substrate haben die höchsten Porenvolumina. Auch ein hoher Lößanteil erhöht das Porenvolumen. Es hat sich gezeigt: Selbst in Böschungen führen höhere Lößanteile nicht zur Rutschgefahr – wenn der Löß einen hohen Kalkgehalt hat. Auf besonderen Standorten kam es in den 60er und 70er Jahren zu Wuchsstockungen. Nach den Bodenanalysen konnten nur einzelne Faktoren verantwortlich sein: wahrscheinlich P- und Mg-Mangel, in einem Fall auch eine sauere Bodenreaktion. Dennoch ergaben Blattanalysen: Die Pflanzen waren gut mit Nährstoffen versorgt. Weitere Untersuchungen zeigten, daß die Nährstoffgehalte vom Lößanteil des Forstkies abhängen; besonders günstig sind Lößgehalte über 25 %, darunter kann es zu Nährstoffproblemen kommen.

Diese Ergebnisse belegen: Lößreicher Forstkies schonend verkippt, ist ein sehr günstiges Ausgangssubstrat für die Begründung von Forststandorten in der Rekultivierung; teilweise sind seine Eigenschaften sogar besser als die der Böden vor dem Abbau.

LITERATUR

Friedrich E (1987) Forststandörtliche Eignung des „Forstkies" aus Löß und Rheinschotter im Hinblick auf Lagerungsdichte, Mischungsverhältnis, Nährstoffe, Bodenkunde, Dissertationsarbeit (unveröffentlicht)

Harrach T (1989) Einfluß von Flora und Fauna auf die Eigenschaften forstlich rekultivierter Böden der Sophienhöhe – Bodenkundliche Untersuchungen. Uni Gießen (unveröffentlicht)

Hartge K H (1978) Einführung in die Bodenphysik. Enke, Stuttgart

Heide G (1958) Gutachten über die Rekultivierung im Tagebau Inden, Geologisches Landesamt Krefeld

Jacoby H (1963) Zur Forstlichen Rekultivierung im Rheinischen Braunkohlenrevier. Diplomarbeit, Hann.-Münden

Jacoby H (1968) Wachstum, Wurzelausbildung und Nährstoffversorgung von Bodenkulturen auf Standorten mit verschiedenen Bodenarten im Rheinischen Braunkohlenrevier. Dissertation, Hann. Münden

Stratmann J (1985) Ertragskundliche Untersuchungen auf Rekultivierungsflächen im Rheinischen Braunkohlenrevier. Braunkohle 11: 484–491

Winter K-H (1990) Bodenmechanische und technische Einflüsse auf die Qualität von Neulandflächen. Braunkohle 10: 15–23

Wittich W (1959) Gutachten über die Eignung der verschiedenen im Zentraltagebau Inden anfallenden Arten von Abraum als Waldstandorte und die Möglichkeiten für ihre Verbesserung, Hann.-Münden

Vegetationskundliche Bewertung der Buchenwälder auf den Rekultivierungsflächen des Braunkohlenabbaugebietes Ville

22

Rüdiger Wittig

1 Einleitung

Im Zuge der Auskohlung und Verkippung der Tagebaue sind in der Ville Standorte entstanden, die dort vorher nicht vorhanden waren. Während in der Anfangsphase der Rekultivierungen unterschiedliche Materialien verkippt wurden, stellt seit 1967 der sog. Forstkies, eine Mischung aus unterschiedlichen Anteilen Kies und Sand der Hauptterrasse, Löß(lehm) sowie tertiärem Sand und Ton, das Ausgangssubstrat für die Bodenbildung nach der Verkippung dar (vgl. Dilla 1983). Im Gegensatz zu den ursprünglichen Böden, die aus einer über tertiärem Material gelegenen geringmächtigen Lößlehmdecke bestanden, in der Regel pseudovergleyt waren und daher Eichen-Hainbuchenwälder als potentielle natürliche Vegetation aufwiesen, sind die nach 1967 rekultivierten Waldflächen nach Trautmann (1973) deshalb, mit Ausnahme einiger Feucht- oder extremer Trockenstandorte, als potentielle Buchenwaldstandorte anzusehen. Für die vor 1967 rekultivierten Flächen gilt dies nicht generell. Auf den im Rahmen dieser Arbeit zu besprechenden dominant mit über 50 Jahre alten Buchen bestockten Flächen ist die Buche allerdings in allen Fällen so gut wüchsig, daß man von potentiellen natürlichen Buchenwaldstandorten sprechen darf. In der Mehrzahl der Fälle handelt es sich dabei um kiesreiche, dem heutigen Forstkies zumindest augenscheinlich ähnliche Substrate.

Im folgenden wird zunächst die Artenzusammensetzung der ursprünglichen natürlichen Vegetation der Tagebauflächen (also der Eichen-Hainbuchenwälder: Abschn. 2), dann die der heutigen Buchenwälder beschrieben (Abschn. 3.1) und diese anschließend mit der von benachbarten Buchenwäldern außerhalb der Rekultivierungsflächen verglichen (Abschn. 3.2). Es folgen Überlegungen zur vegetationskundlichen Klassifizierung der Rekultivierungs-Buchenwälder (Abschn. 4), eine Beurteilung der Rekultivierung aus vegetationskundlicher Sicht (Abschn. 5) sowie Hypothesen zu den Ursachen für die wenig naturnahe Artenzusammensetzung der Rekultivierungsbuchenwälder (Abschn. 6).

2 Die Eichen-Hainbuchenwälder der Ville

Die potentielle Vegetation des Südreviers wurde, wie bereits oben erwähnt, vor dem Braunkohlenabbau von Eichen-Hainbuchenwäldern gebildet. Im Kottenforst und in den Bürgewäldern (Lohmeyer 1973, Butzke 1979) sowie im Bereich der in unmittelbarer Nähe der Rekultivierungsflächen gelegenen Naturwaldzelle „Am Sandweg“ (Butzke et al. 1975) existieren auch heute noch Bestände, die als Beispiel für die frühere potentielle natürliche Vegetation der Abbauflächen in der Ville angesehen werden können. Ihre Artenzusammensetzung weist sie als Sternmieren-Eichen-Hainbuchenwälder

(Stellario holosteae-Carpinetum) aus. Im Vergleich zu den Sternmieren-Eichen-Hainbuchenwäldern anderer Regionen Nordwestdeutschlands stellt der hohe Anteil der Winter-Linde *(Tilia cordata)* in der Baum- und Strauchschicht sowie des Maiglöckchens *(Convallaria majalis)* in der Krautschicht eine regionale Besonderheit dar. Lohmeyer (1973) spricht daher von einer eigenen Rasse des Eichen-Hainbuchenwaldes, dem Maiglöckchen-Stieleichen-Hainbuchenwald (Tabelle 1).

Die Mehrzahl der von Lohmeyer dokumentierten Bestände dieser Waldgesellschaft beinhaltet einige Säurezeiger (Tabelle 1, D1), unter denen *Lonicera periclymenum* und *Polytrichum formosum* die häufigsten sind. Dieser für bodensaure Standorte charakteristischen Untergesellschaft (*Stellario holosteae-Carpinetum loniceretosum periclymeni;* Tabelle 1, Spalte A) steht eine, flächenmäßig aber weit weniger bedeutende, basenliebende Untergesellschaft gegenüber (*St.h.-C. stachyetosum sylvaticae;* Tabelle 1, Spalte C), die sich durch das Vorkommen von Basenzeigern (Tabelle 1, D2), v.a. *Stachys sylvatica*, von der bodensauren Subassoziation unterscheidet. Mit diesem Schema läßt sich allerdings ein großer Teil der von Butzke (1979) aus der gleichen Region vorgelegten Aufnahmen nicht weiter untergliedern, da die beiden Differentialartengruppen gemeinsam und nahezu gleich stark in ihnen vertreten sind (Tabelle 1, Spalte B).

Tabelle 1. Maiglöckchen-Stieleichen-Hainbuchenwald im südlichen Rheinischen Braunkohlenrevier (Ville)

Spalte		A	B	C
Anzahl der Aufnahmen		17	10	5
Bäume				
Quercus robur (KC)	B1	V	V	V
	K	II	II	I
Carpinus betulus (VC)	B1	III	V	II
	B2	V	V	V
	St	IV	II	
	K	III	III	II
Tilia cordata (VC)	B1	III	V	V
	B2	III	IV	V
	St	IV	IV	IV
	K	III	V	III
Fagus sylvatica (OC)	B1	III	V	I
	B2	III	IV	III
	St	IV	III	II
	K	II	III	I
Fraxinus excelsior (OC)	B2	I	I	
	K	II	I	I
Betula pendula	B1	I	I	I
Sorbus aucuparia	St	I	I	
	K	II	II	
Acer pseudoplatanus (OC)	B1	I	I	
	K	I	I	
Quercus petraea (KC)	B1	I		
Prunus avium (VC)	K	I		
Betula pubescens	B1		II	
Assoziations- und Verbandscharakterarten				
Stellaria holostea		IV	V	V
Galium sylvaticum		I	II	I
Vinca minor		I	I	I
Trennart der Rasse				
Convallaria majalis		IV	V	IV
Trennarten der hygrophilen Eichen-Hainbuchenwälder				
Athyrium filix-femina		V	V	V
Deschampsia cespitosa		V	V	V
Trennarten der Untergesellschaften				
Polytrichum formosum (D1)		IV	I	I
Lonicera periclymenum (D1)		IV	II	
Maianthemum bifolium (D1)		II	I	
Frangula alnus (D1)		I		

3 Die Buchenwälder der Ville

Buchenwälder findet man in der Ville sowohl auf den Rekultivierungsflächen (Abschn. 3.1) als auch außerhalb der ehemaligen Tagebaue, also auf „natürlich gewachsenen" Böden (Abschn. 3.2). Zur vegetationskundlichen Ansprache der ersteren ist ein Vergleich mit verschiedenen anderen Buchenwaldtypen erforderlich (Abschn. 3.3).

3.1 Die Buchenwälder der Rekultivierungsflächen

3.1.1 Die floristische Zusammensetzung im Jahre 1994

Tabelle 2 gibt einen Überblick über die heutige floristische Zusammensetzung der auf den Rekultivierungsflächen stockenden Buchenwälder. Für die Erstellung von Tabelle 2 wurden nur solche Wälder aufgenommen, die im Untersuchungsjahr mindestens 50 Jahre alt waren. Ihre Aufnahme erfolgte Ende Mai 1994 nach der Methode von Braun-Blanquet (1964).

Wie für einen typischen Buchenwald bezeichnend, ist die Buche *(Fagus sylvatica)* die eindeutig beherrschende

Spalte Anzahl der Aufnahmen	A 17	B 10	C 5
Stachys sylvatica (D2)		III	V
Primula elatior (D2)		I	II
Ficaria verna (D2)		I	II
Ranunculus auricomus (D2)			II
Ordnungs- und Klassencharakterarten			
Milium effusum	V	V	V
Atrichum undulatum	V	V	V
Anemone nemorosa	V	III	III
Viola riviniana und reichenbachiana	III	IV	IV
Scrophularia nodosa	II	IV	IV
Hedera helix	IV	III	I
Poa nemoralis	III	III	III
Dryopteris filix-mas	III	III	III
Carex remota	II	III	III
Carex sylvatica	II	II	II
Festuca gigantea	I	III	I
Polygonatum multiflorum	II	II	I
Melica uniflora	I	I	II
Lamium galeobdolon	I	I	II
Impatiens noli-tangere	I	I	
Oxyrhynchium praelongum	II		I
Geum urbanum		II	I
Corylus avellana		I	I
Crataegus laevigata	I		
Galium odoratum			II
Prunus padus			I
Paris quadrifolia			I
Begleiter			
Oxalis acetosella	V	V	IV
Dryopteris carthusiana	V	V	III
Luzula pilosa	IV	III	II
Rubus fruticosus	III	IV	II
Circaea lutetiana	I	IV	III
Senecio fuchsii	I	V	II
Mnium hornum	I	II	III
Ajuga reptans	I	III	I
Galeopsis tetrahit	I	III	I
Epilobium montanum	II	I	I
Poa chaixii	I	I	I
Fragaria vesca	I	I	I
Ilex aquifolium	IV	III	
Luzula albida	II	II	
Rubus idaeus	I	III	
Mycelis muralis	I	II	
Moehringia trinervia	I	II	

Spalte Anzahl der Aufnahmen	A 17	B 10	C 5
Urtica dioica	I	I	
Calamagrostis epigejos	I	I	
Holcus mollis	I	I	
Fissidens taxifolius	I		III
Mnium undulatum	I		III
Glechoma hederacea		I	IV
Veronica montana		II	II
Poa trivialis		I	III
Ranunculus repens		I	II
Cardamine pratensis		I	I
Viburnum opulus		I	I
Eurhynchium spec.		I	I
Agrostis canina		I	I
Deschampsia cespitosa	II		
Impatiens parviflora		IV	
Brachythecium mildeanum			II
Brachythecium rutabulum			II
Phyteuma spicatum			II

Außerdem mit Stetigkeitsklasse (SK) I

in Spalte A:	*Melampyrum pratense, Carex pilulifera, Galium palustre, Pteridium aquilinum, Carex pallescens, Molinia caerulea, Vaccinium myrtillus, Thuidium tamariscinum, Teucrium scorodonia, Lapsana communis, Cirsium spec.*
in Spalte B:	*Dentaria bulbifera, Rumex sanguineus, Galium aparine, Sambucus racemosa, Sambucus nigra, Angelica sylvestris, Eupatorium cannabinum, Potentilla sterilis*
in Spalte C:	*Dicranella heteromalla, Mnium affine, Eurhynchium stokesii*

Spalte A:	*Stellario-Carpinetum*, „ärmere" Ausbildung (Lohmeyer 1973: Tabelle 4, Nr. 1-14; Butzke 1979: Tabelle 2, Nr. 1, 2, 9)
Spalte B:	*Stellario-Carpinetum*, Übergangsform zwischen A und C (Lohmeyer 1973: Tabelle 2, Nr. 15, 16; Butzke 1979: Tabelle 2, Nr. 3-8, 10, 11)
Spalte C:	*Stellario-Carpinetum*, „reichere" Ausbildung (Lohmeyer 1973: Tabelle 4, Nr. 15; Butzke 1979: Tabelle 2, Nr. 12 und 17-20)

und oft sogar einzige Art der Baumschicht. In knapp einem Drittel der Aufnahmeflächen wurden die Stiel-Eiche *(Quercus robur)* oder die Trauben-Eiche *(Quercus petraea)* in einzelnen oder wenigen Exemplaren angetroffen. Da diese beiden Arten im Gebiet durch Übergangsformen miteinander verbunden sind, werden sie in Tabelle 2 und 3 gemeinsam aufgeführt. Ebenfalls charakteristisch für Buchenwälder ist die spärliche Entwicklung bzw. das völlige Fehlen der Strauchschicht. Häufigster „Strauch" ist die Buche, die in immerhin ca. 70 % der Bestände in der entsprechenden Schicht angetroffen wurde. Mit dem Berg-Ahorn *(Acer pseudoplatanus)* folgt auf Platz 2 der Strauchschicht in erheblichem Abstand zur Buche (ca. 20 % der Bestände) ein weiterer Baum. Der häufigste echte Strauch ist der Schwarze Holunder *(Sambucus nigra)*, der in etwa 10 % der Bestände wächst.

In der Krautschicht treten Gehölzarten (Keimlinge und Jungwuchs) in weit größerer Artenzahl auf als in der Baum- und Strauchschicht, nämlich mit durchschnittlich 7,4 Arten (Tabelle 4). Unter den Kräutern stellen die Arten der mitteleuropäischen frischen Sommerwälder *(Fagetalia)* und der sie umschließenden Klasse der europäischen Sommerwälder *(Querco-Fagetea)* zusammen durchschnittlich 5,4 Arten pro Aufnahme und bilden damit erwartungsgemäß die größte Gruppe. Die verbreitetste Art dieser Gruppe ist die Wald-Zwenke (86 % der Aufnahmen), gefolgt von Hain-Rispengras (64 %), Hexenkraut und Breiblättriger Stendelwurz (beide 56 %), Gewöhnlichem Wurmfarn und Knotiger Braunwurz (je 36 %), Frauenfarn, Sanikel und Maiglöckchen (alle 32 %) sowie Wald-Veilchen (24 %).

Praktisch gleich stark vertreten wie die letztgenannten (durchschnittlich 5,3 Arten) sind ruderale Arten im weiteren Sinne, wobei es sich in erster Linie um solche der Waldsäume *(Geo-Alliarion)* und entsprechender höherer soziologischer Einheiten *(Glechometalia, Artemisietea)* handelt. Die häufigsten unter ihnen sind Echte Nelkenwurz (in 88 % der Aufnahmen), Ruprechts-Storchschnabel (68 %), Kletten-Labkraut (64 %), Kleines Springkraut (60 %), Knoblauchsrauke, Große Brennessel und Dreinervige Nabelmiere (alle 44 %), Kratzbeere (32 %), Gundermann, Berg-Weidenröschen und Mauerlattich (je 28 %).

Arten der Waldschläge und Waldverlichtungen bilden eine deutlich kleinere, aber mit durchschnittlich gut zwei Arten pro Aufnahme immer noch erwähnenswerte Gruppe. Sie wird insbesondere durch die Brombeeren (72 %), die Wald-Erdbeere (52 %), das Wald-Reitgras (32 %) und die Himbeere (28 %) repräsentiert.

Aus der Gruppe der in den ursprünglichen Eichen-Hainbuchenwäldern weit verbreiteten Säurezeiger (Tabelle 1: D1) ist keine Art in mehr als 20 % der Bestände anzutreffen. Von den „Sonstigen Arten" verdient lediglich die Rasenschmiele (48 %) Erwähnung.

Abgesehen von bei der Aufnahme nicht berücksichtigten Sonderstandorten wie Fahrspuren, Stammfußbereich, Stubben, Erdanrissen etc. ist eine Moosschicht, wenn überhaupt, allenfalls sehr spärlich entwickelt.

3.1.2
Die floristische Zusammensetzung im Jahre 1983

Die in Tabelle 2 dokumentierte floristische Bestandsaufnahme der Buchenwälder auf Rekultivierungsflächen ist nicht die erste ihrer Art: Bereits 1983 erfolgte eine Aufnahme durch Wittig et al. (1985). Die Zahl der damals aufgenommenen Bestände ist allerdings geringer (13 Aufnahmen) als bei der neueren Untersuchung (23). Im Hinblick auf die Abschätzung von Entwicklungstendenzen (Abschn. 4) ist bemerkenswert, daß die durchschnittliche Zahl und der prozentuale Anteil der für Buchenwälder bezeichnenden Arten (Verbands-, Ordnungs- und Klassencharakterarten) im Jahre 1983 höher waren als heute (durchschnittlich 7,6 gegenüber 5,4 Arten bzw. 30 % gegenüber 23 % der in der Krautschicht vorgefundenen Arten; Tabelle 5 in Wittig et al. 1985), während heute die als Stickstoffzeiger und als Verlichtungszeiger (also im weiteren Sinne als Störungszeiger) zu wertenden Schlagpflanzen (*Epilobietea*-Arten) etwas stärker vertreten sind als vor zehn Jahren (im Durchschnitt 2,1 gegenüber 1,5 Arten, prozentual 6 % gegenüber 9 %). Prozentual deutlich geringer als 1994 war der Anteil von Keimlingen und Jungwuchs der Gehölzarten (26 % gegenüber 32 %), höher dagegen der von für bodensaure Standorte bezeichnenden Arten (6 % gegenüber heute 3 %). Im Rahmen der Untersuchungsgenauigkeit als unverändert anzusehen sind die Anteile der Ruderalarten im weiteren Sinne (24 % gegenüber 23 %) und der „Sonstigen" (9 % gegenüber 8 %). Anders als bei der erneuten Aufnahme im Jahr 1994 wurde 1983 der Stammfußbereich nicht ausgeklammert. Da dort gehäuft Moose auftreten, ist es nicht verwunderlich, daß 1983 mehr Moosvorkommen verzeichnet sind als 1994.

Die von Wittig et al. (1985) veröffentlichte Tabelle der Rekultivierungs-Buchenwälder enthält bedauerlicherweise einen Bestimmungs- und einen Übertragungsfehler: Bei der in 2 Aufnahmen mit + angegebenen „Fragaria viridis" handelt es sich um Potentilla sterilis; das in 2 Aufnahmen vorhandene Hain-Veilchen (Viola riviniana) wurde beim Übertragen zu Viola reichenbachiana gestellt.

3.2
Benachbarte Buchenwälder außerhalb der Rekultivierungsflächen

Sieht man davon ab, daß die Strauchschicht in der Mehrzahl der Fälle fehlt, dann unterscheiden sich die

Tabelle 2. Buchenwälder auf Rekultivierungsflächen im südlichen Rheinischen Braunkohlerevier (Ville)

Lfd. Nr.	1	2	3	4	5	6	7	8	9	10	11	12	13	14	15	16	17	18	19	20	21	22	23	24	25
Artenzahl Krautschicht	24	22	19	26	15	29	27	29	26	17	27	31	26	27	16	27	34	20	18	26	31	23	17	19	17
BAUMSCHICHT																									
Fagus sylvatica (VC)	5	5	5	5	5	5	5	5	5	5	5	5	5	5	5	5	5	5	5	5	5	5	5	5	5
Quercus robur + petr. (KC)	.	.	.	.	.	.	.	1	1	+	1	.	1	.	.	2	2	.	.	.	.	.	.	.	.
Fraxinus excelsior (OC)	.	.	.	.	.	.	.	.	.	.	.	.	.	1	.	.	.	.	.	.	2	2	2	.	.
Betula pendula	.	.	.	.	.	.	.	.	.	.	.	.	.	.	.	.	.	.	.	1	.	.	.	.	1
Pinus sylvestris	.	.	.	.	.	.	.	.	.	.	.	.	.	.	.	.	.	.	2	.	.	.	.	.	.
Acer pseudoplatanus (OC)	.	.	.	.	.	.	.	.	.	.	.	.	.	.	.	.	.	.	2	.	.	.	.	.	.
Quercus rubra	.	.	.	.	.	.	.	.	.	.	.	.	.	.	.	.	.	.	.	2	.	.	.	.	.
STRAUCHSCHICHT																									
Fagus sylvatica (VC)	2	+	1	1	+	2	1	.	.	.	+	1	.	.	+	1	1	1	1	.	.	+	+	1	1
Acer pseudoplatanus (OC)	.	.	.	.	.	.	.	.	.	.	.	.	.	+	+	.	.	.	.	.	.	1	+	.	.
Sambucus nigra	.	.	.	.	.	.	.	.	.	.	+	.	.	.	+	.	.	.	.	.	.	.	.	+	.
Tilia cordata (OC)	.	.	.	.	.	.	.	.	.	.	+	.	.	.	.	.	.	.	.	.	.	.	1	.	.
Cornus sanguinea (KC)	.	.	.	.	.	.	.	.	.	.	.	.	.	.	.	.	.	.	.	.	.	.	.	1	+
Fraxinus excelsior (OC)	.	.	.	.	.	.	.	.	.	.	.	.	.	.	.	.	+	.	.	.	.	.	.	.	.
Viburnum lantana	.	.	.	.	.	.	.	.	.	.	.	.	.	.	.	.	.	.	.	.	.	.	.	+	.
KRAUTSCHICHT																									
Gehölzkeimlinge und -jungwuchs																									
Prunus avium (OC)	1	1	+	+	+	+	+	+	+	+	+	+	+	+	+	1	+	+	.	+	+	+	1	+	.
Acer pseudoplantanus (OC)	+	+	.	.	+	+	+	1	1	+	2a	+	+	2a	1	1	+	.	1	+	1	2m	1	+	+
Fraxinus excelsior (OC)	+	+	2m	+	.	.	.	2m	1	+	2a	1	+	2a	1	1	+	1	.	+	+	2a	2a	.	.
Fagus sylvatica (VC)	+	+	+	.	1	+	+	.	.	.	+	+	2m	.	+	+	+	+	1	+	+	+	.	+	.
Acer plantanoides (OC)	.	.	+	+	+	+	+	+	+	.	.	+	.	1	+	1	+	.	.	.	+	+	.	.	.
Quercus robur + petr. (KC)	.	.	+	+	.	+	+	+	+	+	.	.	+	.	.	+	+	.	+	.	.	+	+	+	+
Cornus sanguinea (KC)	.	.	.	.	.	.	.	.	+	.	+	+	+	.	.	+	+	.	.	.	1	+	+	+	+
Tilia spec.	+	.	1	.	.	.	+	.	.	.	.	.	.	1	1	.	+	1	1	.	+	.	1	.	.
Clematis vitalba (KC)	+	+	1	1	.	.	.	.	.	.	.	.	.	+	.	+	.	+	.	.	+	+	.	.	.
Crataegus spec. (KC)	+	+	.	.	.	.	.	.	.	.	.	.	.	+	.	+	+	+	.	.	.	.	.	+	+
Sorbus aucuparia	.	.	.	+	.	.	.	.	+	+	.	.	.	.	.	.	.	.	.	+	+	+	+	.	+
Sambucus nigra	.	.	.	.	.	.	.	.	.	.	+	.	+	.	+	.	.	.	.	+	+	.	+	.	.
Carpinus betulus (OC)	.	.	.	.	.	+	.	.	.	.	.	.	.	.	.	.	+	.	.	+	.	.	.	.	.
Quercus rubra	.	.	.	.	.	.	.	.	.	.	.	+	.	.	.	.	+	.	.	+	.	.	.	.	.
Prunus serotina	.	.	.	.	.	.	.	.	.	.	.	.	.	.	.	+	+	.	.	+	.	.	.	.	.
Robinia pseudoacacia	.	.	.	.	.	.	.	.	.	.	.	+	.	.	.	.	.	.	.	+	.	.	.	.	.
Ligustrum vulgare	.	.	.	.	.	.	.	.	.	.	.	.	.	.	.	.	.	.	.	.	.	.	.	+	1
Rosa canina	.	.	.	.	.	.	.	.	.	.	.	.	.	.	.	.	.	.	.	.	.	.	.	+	+
Euonymus europaea	.	.	.	.	.	.	.	.	.	.	.	.	.	.	.	.	.	.	.	.	.	.	.	+	+
Viburnum lantana	.	.	.	.	.	.	.	.	.	.	.	.	.	.	.	.	.	.	.	.	.	.	.	+	+
Viburnum opulus (KC)	.	.	.	.	.	.	.	.	.	.	.	.	.	.	.	+	.	.	.	.	.	.	.	.	.
Aesculus hippocastanum	.	.	.	.	.	.	.	.	.	.	.	.	.	.	.	.	.	+	.	.	.	.	.	.	.
Acer campestre	.	.	.	.	.	.	.	.	.	.	.	.	.	.	.	.	.	.	.	.	.	.	.	+	.
OC Fagetalia																									
Epipactis helleborine	+	.	.	.	+	+	.	+	.	.	.	+	1	+	.	.	+	.	+	+	+	+	+	+	+

Lfd. Nr.	1	2	3	4	5	6	7	8	9	10	11	12	13	14	15	16	17	18	19	20	21	22	23	24	25
Artenzahl Krautschicht	24	22	19	26	15	29	27	29	26	17	27	31	26	27	16	27	34	20	18	26	31	23	17	19	17
Circaea lutetiana	.	.	.	.	.	+	2a	3	2a	2a	1	+	1	+	+	+	+	1	.	.	.	+	.	.	.
Dryopteris filix-mas	.	+	.	.	+	.	+	+	.	+	+	.	.	+	.	+	.	+	.	.	.	.	.	.	.
Scrophularia nodosa	.	.	+	.	.	+	.	.	.	.	.	.	+	+	+	.	+	+	.	+	+	.	.	.	.
Athyrium filix-femina	.	.	.	+	.	.	.	1	1	+	+	.	.	.	.	+	+	1	.	.	.	.	.	.	.
Sanicula europaea	.	+	.	.	+	+	+	.	+	.	.	+	.	.	.	+	.	.	.	.	+	.	.	.	.
Viola reichenbachiana	.	+	.	.	.	.	.	+	.	.	.	+	.	+	.	.	.	.	.	.	+	+	.	.	.
Carex sylvatica	.	.	.	.	.	.	.	+	+	.	.	.	.	.	.	.	.	.	.	.	.	+	+	.	.
Festuca gigantea	.	.	.	.	.	+	.	.	+	.	.	.	+	.	.	.	.	.	.	.	.	.	.	.	.
Arum maculatum	.	.	.	.	.	.	.	1	+	.	.	.	.	.	.	.	.	.	.	.	.	+	.	.	.
Stachys sylvatica	.	.	.	.	.	.	.	+	.	.	.	.	.	+	.	.	.	.	.	.	.	.	+	.	.
Polygonatum multiflorum	.	.	.	.	.	.	.	.	.	.	.	+	.	.	.	+	.	.	.	.	.	+	.	.	.
Milium effusum	.	.	.	1	.	+	.	.	.	.	.	.	.	.	.	.	.	.	.	.	.	.	.	.	.
Carex remota	.	.	.	.	.	.	.	+	+	.	.	.	.	.	.	.	.	.	.	.	.	.	.	.	.
Rumex sanguineus	.	.	.	.	.	.	+	.	.	.	.	.	.	.	.	.	.	.	.	.	.	.	.	.	.
Neottia nidus-avis	.	.	.	.	.	.	.	.	.	.	.	.	.	.	.	.	+	.	.	.	.	.	.	.	.
Impatiens noli-tangere	.	.	.	.	.	.	.	.	.	.	.	.	.	.	.	.	.	.	+	.	.	.	.	.	.
Campanula trachelium	.	.	.	.	.	.	.	.	.	.	.	.	.	.	.	.	.	.	.	.	+	.	.	.	.
KC Querco-Fagetea																									
Brachypodium sylvaticum	+	+	1	+	+	2a	+	1	+	+	1	1	2a	+	.	1	2b	.	+	+	+	+	+	.	.
Poa nemoralis	+	.	+	.	+	1	+	+	+	.	+	.	+	1	+	1	+	+	+	.	+	.	.	.	.
Convallaria majalis	.	.	3	1	.	+	+	.	.	+	.	1	.	.	.	.	.	.	+	.	.	.	.	.	1
Anemone nemorosa	.	.	1	.	.	.	.	.	.	.	.	.	.	.	.	.	.	.	+	.	.	.	.	+	1
Melica uniflora	.	.	.	.	.	.	+	.	.	.	.	.	.	.	.	.	.	.	.	.	.	.	.	.	.
Hedera helix	.	.	.	.	.	.	.	+	.	.	.	.	.	.	.	.	.	.	.	.	.	.	.	.	.
Artemisietea-Arten und andere nährstoffliebende Störungszeiger																									
Geum urbanum	2a	+	+	+	.	1	1	1	+	+	1	+	1	+	+	1	+	1	.	+	1	+	+	+	.
Geranium robertianum	1	+	+	2a	+	2a	1	2a	+	+	+	+	+	2a	1	+	+	.	.	.	.	.	.	.	.
Galium aparine	+	1	.	2a	.	1	+	.	+	+	+	+	+	1	+	.	+	.	.	1	+	.	.	+	+
Impatiens parviflora	4	5	2m	4	1	2b	2a	4	4	2a	4	2a	.	3	1	.	.	.	+	.	.	.	.	.	.
Moehringia trinervia	+	+	.	.	.	+	1	+	.	.	.	+	.	.	.	+	+	.	1	.	+	.	+	.	.
Urtica dioica	.	.	.	1	.	+	+	1	1	.	+	+	.	+	+	+	.	.	.	+	.	.	.	.	.
Alliaria petiolata	.	.	.	.	.	1	.	+	.	.	+	.	+	1	.	+	+	+	+	1	+	.	.	.	.
Rubus caesius	.	.	.	.	.	.	.	+	.	.	+	+	+	.	.	.	1	.	.	.	+	+	+	.	.
Glechoma hederacea	1	+	.	1	.	.	+	+	.	.	.	.	.	1	.	.	.	.	.	.	.	+	.	.	.
Mycelis muralis	.	.	.	.	.	+	+	.	.	.	.	.	+	+	.	+	+	.	.	.	2m	.	.	.	.
Epilobium montanum	.	.	.	.	.	.	.	.	.	.	+	+	+	.	.	.	+	+	+	+	.	.	.	.	.
Lapsana communis	.	.	.	+	.	.	.	.	.	.	.	+	.	.	.	.	.	+	.	.	.	.	.	.	.
Stellaria media	+	+	.	.	.	.	.	.	.	.	.	.	.	.	.	.	.	.	.	.	.	.	.	.	.
Eupatorium cannabinum	.	.	.	+	.	.	.	.	.	.	.	.	.	.	.	.	.	.	.	.	.	.	.	.	.
Arctium spec.	.	.	.	.	.	.	.	.	.	.	.	.	.	+	.	.	.	.	.	.	.	.	.	.	.
Reynoutria japonica	.	.	.	.	.	.	.	.	.	.	.	.	.	.	.	.	.	+	.	.	.	.	.	.	.

Lfd. Nr.	1	2	3	4	5	6	7	8	9	10	11	12	13	14	15	16	17	18	19	20	21	22	23	24	25
Artenzahl Krautschicht	24	22	19	26	15	29	27	29	26	17	27	31	26	27	16	27	34	20	18	26	31	23	17	19	17
Cirsium arvense	.	.	.	.	.	.	.	.	.	.	.	.	.	.	.	.	.	.	.	+	.	.	.	.	.
Galeopsis tetrahit	.	.	.	.	.	.	.	.	.	.	.	.	.	.	.	.	.	.	.	.	+	.	.	.	.
Epilobietea-Arten im weiteren Sinne																									
Rubus fruticosus agg.	+	+	.	+	+	+	.	.	+	.	+	+	+	+	.	+	1	.	+	+	+	+	+	.	+
Fragaria vesca	2a	+	.	+	+	.	.	+	+	.	.	+	.	.	.	+	1	.	.	+	.	+	.	+	+
Calamagrostis epigejos	+	.	+	1	.	.	.	+	.	.	+	.	+	.	.	.	+	.	.	1	.	.	.	.	.
Rubus idaeus	+	+	+	.	.	.	.	.	+	.	+	.	.	.	.	+	.	.	.	+	.	.	.	.	.
Senecio fuchsii	.	.	.	.	.	+	.	+	.	.	.	+	1	.	.	.	.	.	.	.	+	.	.	.	.
Epilobium angustifolium	.	.	.	.	.	.	.	.	.	.	.	.	.	.	.	.	.	.	+	.	.	.	.	.	.
OC und DO Quercetalia robori-petraeae																									
Viola riviniana	.	.	.	.	+	.	+	.	.	.	.	.	.	.	.	.	.	.	+	.	.	.	.	1	1
Lonicera periclymenum	.	.	.	.	.	.	+	+	.	.	.	.	+	.	.	.	1	.	.	.	.	.	.	.	.
Dryopteris carthusiana	.	+	.	.	.	.	.	.	.	.	+	.	.	.	.	.	.	+	.	.	.	.	.	.	.
Maianthemum bifolium	.	.	1	.	.	.	.	.	.	.	.	.	.	.	.	.	.	.	.	.	.	.	.	+	2a
Cytisus scoparius	.	.	.	1	.	+	.	.	.	.	.	.	.	.	.	.	.	.	.	.	+	.	.	.	.
Pyrola rotundifolia	.	.	.	.	.	+	+	.	.	.	.	+	.	.	.	.	.	.	.	.	.	.	.	.	.
Agrostis tenuis	.	.	.	.	.	.	+	.	.	+	.	.	.	.	.	.	.	.	.	.	.	.	.	.	.
Carex pilulifera	+	.	.	.	.	.	.	.	.	.	.	.	.	.	.	.	.	.	.	.	.	.	.	.	.
Veronica officinalis	.	.	.	.	.	.	.	.	.	.	.	.	+	.	.	.	.	.	.	.	.	.	.	.	.
Sonstige Begleiter																									
Deschampsia cespitosa	+	.	+	+	+	.	+	.	+	+	1	1	.	.	.	.	+	.	.	+	+	.	+	.	.
Listera ovata	.	.	.	.	.	+	.	.	.	+	.	.	.	.	+	.	.	.	.	+	+	+	.	1	.
Vicia sepium	+	.	.	+	.	.	.	.	+	.	+	.	.	+	.	.	+	.	.	.	.	.	.	.	.
Epilobium spec.	.	.	.	+	.	+	.	.	.	.	+	+	.	.	.	.	.	+	.	.	.	.	.	.	.
Taraxacum officinale	.	.	.	+	.	.	.	.	.	.	.	+	.	.	.	.	.	.	.	.	+	.	.	.	.
Cardamine flexuosa	.	+	.	.	.	.	.	.	.	.	.	.	.	.	.	.	.	2m	.	.	.	.	.	.	.
Poa trivialis	.	.	.	.	.	.	.	.	.	.	+	.	.	.	.	.	.	.	.	+	.	.	.	.	.
Ajuga reptans	.	.	.	.	.	.	.	.	.	.	.	.	.	+	.	.	.	.	.	.	.	+	.	.	.
Veronica chamaedrys	.	.	.	.	.	.	.	.	.	.	.	.	+	.	.	.	.	.	.	.	.	.	.	.	.
Dactylis glomerata	.	.	.	.	.	.	.	.	.	.	.	.	.	.	.	.	+	.	.	.	.	.	.	.	.
Agrostis stolonifera	.	.	.	.	.	.	.	.	.	.	.	.	.	.	.	.	.	.	+	.	.	.	.	.	.
Hieracium sylvaticum	.	.	.	.	.	.	.	.	.	.	.	.	.	.	.	.	.	.	.	.	+	.	.	.	.
MOOSSCHICHT																									
Atrichum undulatum	1	.	.	+	+	+	+	+	.	+	.	+	+	.	.	1	+	.	+	+	+	.	.	.	.
Brachythecium rutabulum	.	.	.	+	+	+	+	+	+	.	+	.	.	.	.	.	.	.	.	+	+	.	+	+	+
Mnium hornum	.	.	.	.	+	+	.	.	.	.	.	+	+	.	.	+	+	+	+	+	+	.	.	.	.
Polytrichum formosum	.	.	.	+	.	+	+	.	.	.	.	+	.	.	.	+	+	.	.	.	.	.	.	.	.
Dicranella heteromalla	.	.	.	.	.	.	.	.	.	.	.	+	+	.	.	+	.	.	+	.	+	.	.	.	.
Pohlia nutans	.	.	.	.	.	.	.	.	.	.	.	.	+	.	.	.	.	.	+	.	+	.	.	.	.
Eurhynchium stokesii	.	.	.	.	.	.	.	.	.	.	.	+	.	.	.	.	.	.	.	.	.	.	.	.	.
Aulacomnium androgyneum	.	.	.	.	.	.	.	.	.	.	.	+	.	.	.	.	.	.	.	.	.	.	.	.	.

außerhalb der Rekultivierungsflächen gelegenen benachbarten Buchenwälder (Tabelle 3) bezüglich ihrer Gehölzzusammensetzung nicht von den Rekultivierungswäldern. Genau wie bei diesen sind in der Krautschicht weit mehr Gehölzarten vorhanden (durchschnittlich 6 bis 7), wobei die Buche in allen Aufnahmen vertreten ist.

Am stärksten repräsentiert sind in der Krautschicht die *Fagetalia*- und *Querco-Fagetea*-Arten, nämlich mit durchschnittlich gut 11 Arten pro Aufnahme, also mehr als doppelt so viele wie in den Rekultivierungswäldern. Zusätzlich zu den bereits unter Abschn. 3.1 aufgelisteten *Fagetalia*- und *Querco-Fagetea*-Arten sind als häufig zu nennen: einblütiges Perlgras (80 % der Aufnahmen), Busch-Windröschen, Wald-Sauerklee und Wald-Segge (je 60 %), Lungenkraut (50 %), Nestwurz und Goldnessel (je 40 %).

Deutlich geringer als in den Buchenwäldern der Rekultivierungsflächen, nämlich durchschnittlich nur knapp 3 gegenüber gut 5, ist dagegen die Zahl der *Artemisietea*-Arten und anderer Ruderalisierungszeiger im weiteren Sinne, wobei es sich hier fast ausschließlich um nur bei massiertem Auftreten als ruderal zu wertende *Geo-Alliarion*-Arten handelt (Mauerlattich, Ruprechts-Storchschnabel, Echte Nelkenwurz, Dreinervige Nabelmiere, Kleines Weidenröschen).

Die Schlagfluren und Lichtungen sind durch das bereits unter Abschn. 3.1 genannte Artenspektrum repräsentiert, allerdings mit etwas geringerer Häufigkeit. Säurezeiger spielen ebensowenig eine Rolle wie Moose. Unter den „Sonstigen" ist wiederum nur die Rasenschmiele erwähnenswert (60 % der Bestände).

4 Vegetationskundliche Einordnung der Buchenwälder der Ville

Trautmann (1973) gibt als potentielle natürliche Vegetation des Bereiches, der von den in Tabelle 2 zusammengestellten Rekultivierungs-Buchenwälder bedeckt ist, den Flattergras-Traubeneichen-Buchenwald an, während er die Ville-Buchenwälder außerhalb der Rekultivierungsflächen überwiegend als potentiell natürliche Perlgras-Buchenwälder ansieht. Tabelle 3 zeigt, daß die aktuelle Artenkombination der Buchenwälder außerhalb von Rekultivierungsflächen keine Diskrepanz zur natürlichen Zusammensetzung aufweist: Eine Zuordnung zum Perlgras-Buchenwald (früher als eigene Assoziation benannt: *Melico-Fagetum;* heute dem Waldmeister-Buchenwald zugeordnet: *Galio odorati-Fagetum*) ist aufgrund der hohen Stetigkeit von *Melica uniflora* und weiterer anspruchsvoller *Fagetalia*-Arten sowie der Abwesenheit von Charakterarten anderer Buchenwald-Assoziationen ohne weiteres möglich.

Die Wälder der Rekultivierungsflächen zeigen dagegen keinerlei Übereinstimmung mit der Artenkombination eines typischen Flattergras-Buchenwaldes, wie er z. B. von Burrichter u. Wittig (1977), Glahn (1981) und Rückert u. Wittig (1984) beschrieben wird. Eine Zuordnung zu diesem Waldtyp ist also nicht möglich. Eine größere Übereinstimmung zeigt die Artenkombination der Rekultivierungsbuchenwälder mit der der benachbarten Perlgras-Buchen-Wälder. Da aber das Perlgras in weniger als 5 % der Bestände, dazu dort mit nur sehr geringer Deckung, vorkommt und der Waldmeister völlig fehlt, kann man von einem Perlgras- bzw. Waldmeister-Buchenwald ebenfalls nicht sprechen. Die Buchenwälder auf den Rekultivierungsflächen lassen sich also zum heutigen Zeitpunkt keiner der beschriebenen naturnahen Buchenwald-Assoziationen zuordnen.

5 Beurteilung der Rekultivierung aus vegetationskundlicher Sicht

Ziel der Rekultivierung von Tagebauflächen sollte im Falle einer forstlichen Folgenutzung nicht nur die Ermöglichung von Holzproduktion, sondern auch (zumindest auf einem Großteil der neuen Waldflächen) eine Renaturierung sein. Es ist daher vor einer Bewertung zu definieren, was unter „Renaturierung" zu verstehen ist. Hierbei muß logischerweise auch der Begriff „Natur" in die Überlegungen einbezogen werden.

Ein von der Mehrzahl der Autoren anerkanntes und vielfach bewährtes (weil gut handhabbares) Schema für die Naturschutzbewertung (und damit auch für die Bewertung von Renaturierungserfolgen) ist die Zuordnung der zu bewertenden Vegetation bzw. des zu bewertenden Biotops zu einer der folgenden, auf Westhoff (1977) zurückgehenden Kategorien:

- Natürlich (in Mitteleuropa nicht mehr existent)
- Naturnah (Artenkombination den natürlichen Verhältnissen qualitativ entsprechend, also lediglich quantitativ verändert; Beispiele: Waldgesellschaften der potentiellen natürlichen Vegetation, Röhrichte an schwach belasteten und wasserbaulich nicht beeinflußten Gewässern)
- Halbnatürlich (Artenkombination durch menschliche Eingriffe auch qualitativ deutlich verändert, einheimische Arten jedoch bei weitem überwiegend, bei Wegfall des menschlichen Einflusses erfolgt sofort eine erkennbare Sukzession in Richtung auf halbnatürliche Einheiten; Beispiele: Heiden, Magerrasen, Feuchtwiesen)
- Naturfern bzw. kulturbetont (Überwiegen von Arten, die weder zur ursprünglichen noch zur potentiellen natürlichen Vegetation gehören; Beispiele: Äcker, Gärten, Ruderalflächen)

Tabelle 3. Buchenwälder in Nachbarschaft der Rekultivierungsflächen des südlichen Rheinischen Braunkohlenreviers (Ville)

Lfd. Nr.	1	2	3	4	5	6	7	8	9	10
Artenzahl	25	33	36	26	20	21	26	29	25	26
BAUMSCHICHT										
Fagus sylvatica (VC)	5	5	5	5	5	5	5	5	5	5
Quercus robur + petraea (KC)	.	.	2	.	2	.	2	.	.	1
Carpinus betulus (OC)	.	.	1	.	.	.	.	.	.	.
Tilia cordata (OC)	.	.	1	.	.	.	.	.	.	.
STRAUCHSCHICHT										
Fagus sylvatica (VC)	1	2a	.	.	.	.	.	.	.	+
Tilia cordata (OC)	.	2a	.	.	.	.	.	.	.	.
KRAUTSCHICHT										
Gehölzkeimlinge und Jungwuchs										
Fagus sylvatica (VC)	1	1	+	+	1	+	+	+	+	+
Fraxinus excelsior (OC)	.	2m	1	+	1	+	1	1	+	+
Acer pseudoplatanus (OC)	+	.	+	+	+	+	+	+	+	.
Quercus spec. (KC)	.	+	2m	1	2a	1	1	.	+	+
Tilia cordata (OC)	2a	2a	2a	2a	+	+	+	.	.	.
Carpinus betulus (OC)	+	+	1	+	.	.	.	+	+	.
Prunus avium (OC)	.	.	+	.	.	+	+	+	+	+
Clematis vitalba (KC)	+	+	+	+	.	.	.	.	.	.
Sambucus nigra	.	.	.	.	+	.	+	.	.	2
Cornus sanguinea (KC)	.	.	+	.	.	.	.	.	.	1
Crataegus spec. (KC)	.	.	.	.	.	.	.	+	+	.
Sorbus aucuparia	.	.	.	.	.	.	.	+	+	.
OC Fagetalia										
Melica uniflora	.	.	2a	2a	+	+	1	+	4	3
Carex sylvatica	2a	1	+	+	.	.	.	2a	+	.
Circaea lutetiana	.	.	.	+	+	+	+	+	.	+
Viola reichenbachiana	2m	2m	.	.	.	.	+	2b	2b	.
Sanicula europaea	+	2a	1	+	.	.	.	.	.	+
Dryopteris filix-mas	.	+	.	+	+	1	+	.	.	.
Pulmonaria officinalis	.	.	+	+	+	+	+	.	.	.
Athyrium filix-femina	.	.	2a	1	+	+	+	.	.	.
Neottia nidus-avis	1	+	.	+	.	.	.	.	+	.
Epipactis helleborine	+	.	+	.	+	.	.	.	.	+
Lamium galeobdolon	.	1	+	2a	.	.	.	.	.	2a
Scrophularia nodosa	.	.	+	+	.	.	.	+	+	.
Paris quadrifolia	.	.	+	+	.	+	.	.	.	.
Phyteuma spicatum	.	.	+	.	.	.	.	+	.	.
Galium sylvaticum	.	.	+	.	.	.	.	.	.	1
Polygonatum multiflorum	.	.	.	.	.	.	1	.	.	+
Corydalis spec.	.	.	.	.	.	.	.	+	+	.
Carex remota	.	1	.	.	.	.	.	.	.	.
Campanula trachelium	.	.	.	.	.	.	+	.	.	.
Milium effusum	.	.	.	.	.	.	+	.	.	.
Arum maculatum	.	.	.	.	.	.	.	.	.	+

Lfd. Nr.	1	2	3	4	5	6	7	8	9	10
Artenzahl	25	33	36	26	20	21	26	29	25	26
KC Querco-Fagetea										
Anemone nemorosa	+	+	2m	2m	.	.	1	+	+	+
Poa nemoralis	2a	2a	.	.	+	+	+	1	1	.
Brachypodium sylvaticum	1	1	+	+	.	.	.	1	1	.
Oxalis acetosella	.	.	+	1	.	1	2b	3	2	.
Convallaria majalis	.	2a	.	.	.	+	1	.	2b	3
Hedera helix	.	2b	+	.	.	.	.	.	.	.
Adoxa moschatellina	.	.	.	.	.	.	.	.	.	1
Artemisietea-Arten und andere nährstoffliebende Störzeiger										
Mycelis muralis	1	+	.	.	+	+	.	+	+	+
Geranium robertianum	+	+	.	.	.	.	+	1	+	+
Geum urbanum	1	+	+	.	.	.	.	+	+	+
Moehringia trinervia	+	.	.	.	+	+	+	.	.	.
Epilobium montanum	+	+	.	.	.	.	.	.	.	.
Galeopsis tetrahit	.	.	+	.	.	.	.	.	.	.
Impatiens parviflora	.	.	+	.	.	.	.	.	.	.
Alliaria petiolata	.	.	.	.	.	.	.	+	.	.
Urtica dioica	.	.	.	.	.	.	.	.	.	+
Epilobietea-Arten										
Rubus fruticosus agg.	+	+	.	.	+	+	1	1	.	+
Fragaria vesca	1	+	.	.	.	.	.	+	.	.
Senecio fuchsii	.	+	+	.	.	.	.	+	.	.
Calamagrostis epigejos	+	+	.	.	.	.	.	.	.	.
Rubus idaeus	+	+	.	.	.	.	.	.	.	.
OC und DO Quercetalia robori-petraeae und Luzulo-Fagenion										
Lonicera periclymenum	.	.	.	.	+	+	1	.	.	.
Carex pallescens	+	+	.	.	.	.	.	.	.	.
Luzula luzuloides	.	.	+	.	+	.	.	.	.	.
Viola riviniana	.	.	+	+	.	.	.	.	.	.
Dryopteris carthusiana	.	.	.	.	+	+	.	.	.	.
Maianthemum bifolium	.	.	.	.	.	.	.	.	+	.
Sonstige Begleiter										
Deschampsia cespitosa	+	+	+	+	.	.	.	+	+	.
Luzula pilosa	+	+	+	.	.	.	.	+	.	.
Hieracium sylvaticum	.	.	.	.	.	.	.	+	.	+
Dryopteris dilatata	.	+	.	.	.	.	.	.	.	.
Vicia sepium	.	.	.	+	.	.	.	.	.	.
MOOSSCHICHT										
Atrichum undulatum	.	+	.	+	.	.	.	.	.	.

Absolut gesehen stellt auch eine Ruderalfläche „Natur" dar und selbst der Abwasserpilz in einem Abwasserkanal oder die schwermetallresistente Pionierpflanze auf einer kontaminierten Halde sind „Natur". Kowarik (1992) weist darauf hin, daß es im Hinblick auf bestimmte Fragestellungen wichtig ist, hervorzuheben, daß es sich bei einem Perlgras-Buchenwald einerseits und einem Acker oder einer intensiv gepflegten Grünfläche andererseits in allen Fällen um Natur, allerdings um deutlich unterschiedliche Qualitäten von Natur handelt. In bestimmten Bereichen kann es dabei durchaus im Interesse des Naturschutzes sein, Ruderalfluren als schutzwürdige „Natur" einzustufen (z. B. auf Industriebrachen, Mittelstreifen von Autobahnen, im Bahngelände etc.) und auch eine intensiv gepflegte Grünfläche hat an bestimmten Plätzen sicherlich ihre Berechtigung. Für die Bewertung von Renaturierungsmaßnahmen haben diese Überlegungen jedoch keine Bedeutung: Ein Gewässer, in dem sich der Abwasserpilz *(Sphaerotilus natans)* spontan ausbreitet, ist eben nicht renaturiert (auch wenn dieser Pilz an sich „Natur" darstellt), ebensowenig ist eine Müllkippe renaturiert, wenn sich auf ihr spontan einige Ruderalpflanzen einstellen. Die letztgenannten Beispiele zeigen, daß für die Bewertung von Renaturierung nicht der Begriff „Natur" an sich zugrunde gelegt werden kann, sondern die oben definierten unterschiedlichen „Natürlichkeitsgrade".

Der Natürlichkeitsgrad von Wäldern kann am besten an der Zusammensetzung der Krautschicht ermessen werden. Anders als die angepflanzten, forstlich gehegten Bäume, muß sich die Krautschicht selbst etablieren, wobei die einzelnen Arten sowohl der Konkurrenz der anderen Kräuter als auch der der Bäume ausgesetzt sind. Im Rahmen der forstlichen Standortskartierung und bei der vegetationskundlichen Charakterisierung wird daher der Krautschicht von Wäldern große Bedeutung beigemessen. Für die Benennung und Identifizierung von Waldgesellschaften geben die Bäume in der Regel nur den Rahmen vor, d.h. die Zuordnung zu einer höheren Vegetationseinheit (z. B. Verband oder Ordnung), während die Gesellschaft an ihrer charakteristischen Krautschicht erkennbar ist. Beispielsweise kann man bei Vorherrschen der Buche in der Baumschicht allenfalls mit einiger Wahrscheinlichkeit annehmen, daß es sich um eine Gesellschaft des Fagion handelt, zu dem u. a. der wärmeliebende Seggen-Buchenwald *(Carici-Fagetum)*, der Waldmeister-Buchenwald *(Galio odorati-Fagetum)*, der Flattergras-Buchenwald *(Milio-Fagetum)* und der Hainsimsen-Buchenwald *(Luzulo albidae-Fagetum)* gehören. Ist die Krautschicht des Buchenwaldes ausschließlich aus anspruchslosen säuretoleranten Arten wie *Holcus mollis*, *Viola riviniana*, *Hieracium spec.*, *Maianthemum bifolium* etc. zusammengesetzt, so werden solche Wälder trotz der Buchen-Dominanz aus vegetationskundlicher Sicht zu den Bodensauren Eichenwäldern *(Quercion robori-petraeae)* und nicht zum Fagion gerechnet. Dies unterstreicht deutlich den Aussagewert, der der Krautschicht von den Vegetationskundlern zuerkannt wird. Ob man bei einer forstlichen Rekultivierung von einer gelungenen Renaturierung sprechen darf, ist also aus vegetationskundlicher Sicht an Hand der Artenzusammensetzung der Krautschicht zu entscheiden.

Im Falle der zur Diskussion stehenden Wälder muß aus vegetationskundlicher Sicht konstatiert werden, daß 50–70 Jahre nach Einstellung des Tagebaues noch keine Renaturierung erfolgt ist: Der überwiegende Teil der Bestände weist nur drei bis fünf typische Buchenwaldarten *(Fagetalia-* und *Querco-Fagetea-*Arten) in der Krautschicht auf, während für die benachbarten Buchenwälder außerhalb der Rekultivierungsflächen *(Melico-Fagetum)* neun bis elf Vertreter aus dieser Artengruppe typisch sind (Abb. 1). Dagegen liegt die Zahl der nitrophilen Arten in über der Hälfte der Rekultivierungsbuchenwälder bei sechs und mehr (bis zu neun), während für die *Melico-Fageten* in keinem Fall mehr als fünf dieser Arten nachgewiesen wurden (Abb. 2). Wenn Wittig et al. (1985, S. 110) „eine Entwicklung in Richtung auf ein intaktes Waldökosystem" erkennen konnten (ein Buchenwald ist sicherlich naturnäher als ein frisch verfüllter Tagebau, auch wenn seine Krautschicht stark ruderal geprägt ist), so muß eine solche Entwicklung heute zumindest für das letzte Jahrzehnt verneint werden. Als Indikatoren dafür, daß der Waldzustand im Jahre 1994 nicht naturnäher ist als vor elf Jahren, sind zu nennen (s. Abschn. 3.1.2):

- Keine Zunahme der für naturnahe Buchenwälder bezeichnenden Arten
- Gleichbleibend hoher Anteil von im weiteren Sinne ruderalen Arten
- Zunahme von Verlichtungszeigern (Schlagflur-Arten)

6
Mögliche Ursachen der Artenzusammensetzung der Krautschicht

Arten mit Ameisenverbreitung oder anderen zur Überwindung größerer Strecken wenig effektiven Mechanismen können verlorenes Terrain nur sehr langsam wieder besiedeln. Wenn also für reichere Ausbildungen des Flattergras-Buchenwaldes und für den Waldmeister-Buchenwald charakteristische Arten wie *Anemone nemorosa*, *Viola reichenbachiana* und *Lamiastrum galeobdolon* (alle Ameisenverbreitung) sowie *Oxalis acetosella* (Schleuderverbreitung) den Rekultivierungsbuchenwäldern weitgehend oder sogar völlig fehlen, so ist eine verbreitungsbiologische Erklärung zumindest sehr plausibel. Ebenso erklärbar ist zunächst der hohe Anteil an Ruderalarten: Diese verfügen in der Mehrzahl über sehr gute Fernverbreitungsmechanismen und können daher den neuen Waldstandort schnell und, auf-

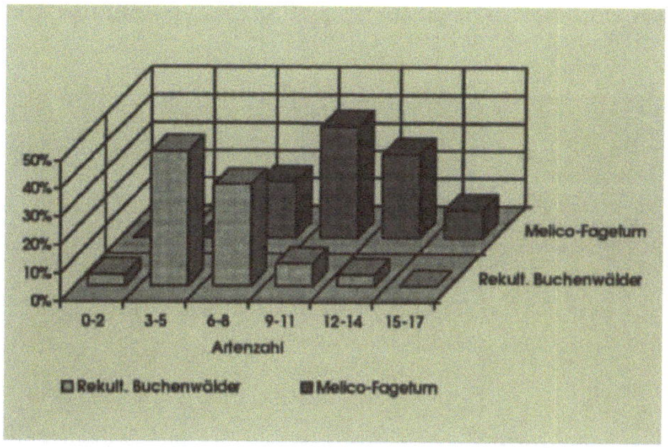

Abb. 1. Anzahl typischer Buchenwaldarten (*Fagetalia*- und *Querco-Fagetea*-Arten) in den Rekultivierungsbuchenwäldern und benachbarten Buchenwäldern („*Melico-Fagetum*") außerhalb der Rekultivierungsflächen im Jahre 1994

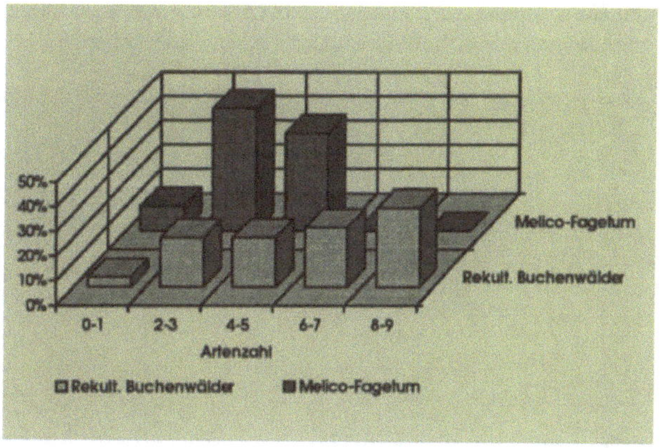

Abb. 2. Anzahl von *Artemisietea*- und anderen nitrophilen Arten (exklusive Schlagflur-Arten) in den Rekultivierungsbuchenwäldern und benachbarten Buchenwäldern („*Melico-Fagetum*") ausserhalb der Rekultivierungsflächen im Jahre 1994

grund der durch das Fehlen der genannten Arten geringen Konkurrenz, gut besiedeln.

Der Vergleich der Artenzusammensetzung der Rekultivierungsbuchenwälder im Jahre 1983 mit der von 1994 zeigt allerdings, daß noch weitere Faktoren im Spiel sein müssen. Bei alleiniger Berücksichtigung der Verbreitungsbiologie und der Konkurrenz wäre nämlich ein allmählicher Anstieg des prozentualen Anteils der Buchenwaldarten und ein Rückgang der Störungszeiger zu erwarten. Wie Tabelle 4 zeigt, weisen die Buchenwaldarten jedoch 1994 einen geringeren Anteil auf als 1983, der Anteil der Ruderalisierungszeiger ist gleich geblieben und der der im weiteren Sinne ebenfalls als Störungszeiger zu wertenden Schlagflur-Arten hat zugenommen. Eine ähnliche Entwicklung der Artenkombination wurde in jüngster Zeit von zahlreichen Autoren für verschiedenste Waldgesellschaften und in vielen Regionen Mitteleuropas festgestellt (z. B. Bürger 1988; Wittig 1991a, b). Die Mehrzahl der Autoren bringt dieses Phänomen mit stickstoffhaltigen Immissionen und/oder einer immissionsbedingten Kronenverlichtung in Zusammenhang, als deren Folge ein Konkurrenzvorteil von Ruderal- und Schlagpflanzen gegenüber „echten" Waldkräutern anzunehmen ist.

Abschließend bleibt zu fragen, weshalb die heutige Artenkombination der Rekultivierungs-Buchenwälder der des Waldmeister-Buchenwaldes näher steht als der des von Trautmann (1973) aufgrund der Zusammensetzung des Bodensubstrates als potentielle natürliche Vegetation der forstlich rekultivierten Flächen angesehenen Flattergras-Buchenwaldes. Hauptursache dürfte der Boden-pH-Wert sein (bzw. die damit einhergehenden unterschiedlichen Kationengehalte des Bodens), der beim Flattergras-Buchenwald im für die Krautschicht in erster Linie bedeutsamen A-Horizont natürlicherweise um 4, beim Waldmeister-Buchenwald dagegen bei 5 bis 6 liegt, wobei heute in beiden Gesellschaften anthropogen oft um jeweils eine Einheit niedrigere Werte zu verzeichnen sind. Die Bodenreaktion der Rekultivierungswälder ähnelt mit pH-Werten um 6,5 (Tabelle 6 in Wittig et al. 1985) mehr der des Waldmeister-Buchenwaldes als der des Flattergras-Buchenwaldes.

7
Folgerungen für zukünftige Rekultivierungen

Um die Ansiedlung von Wildkräutern auf forstlich rekultivierten Flächen zu fördern, sollte in den Aufforstungen Altwaldboden ausgebracht werden. Entsprechendes fordern auch Nagler u. Wedeck (1983) aufgrund von Untersuchungsergebnissen im Bereich der Vollrather Höhe. Untersuchungen auf der Außenkippe Sophienhöhe (Tagebau Hambach), wo 1984 probeweise Altbodenmaterial ausgebracht wurde, lassen auf eine erhebliche Beschleunigung der Ansiedlung von Waldpflanzen hoffen (Wolf 1987). Eine abschließende Beurteilung ist allerdings erst nach einigen Jahrzehnten möglich.

8
Zusammenfassung

Während die ursprüngliche natürliche Vegetation der Braunkohlenabbaugebiete im nördlichen Rheinland aus Eichen-Hainbuchenwald bestand, sind die rekultivierten Flächen überwiegend als potentielle Buchenwaldstandorte einzustufen. Die Krautschicht der ältesten Rekultivierungsbuchenwälder (Mindestalter 50 Jahre) zeigt allerdings noch keine Übereinstimmung mit der eines natürlichen Buchenwaldes: Typische Buchenwaldarten sind vergleichsweise gering vertreten, während

Tabelle 4. Durchschnittliche Artenzahl (*A*) und prozentualer Anteil (*P*) verschiedener soziologischer Gruppen an der Gesamtzahl der Artvorkommen in der Krautschicht der Buchenwälder der Ville

Artengruppe	*Melico-Fagetum* A	P (%)	Rek. B-W 1983 A	P (%)	Rek. B-W 1994 A	P (%)
Gehölz-Keimlinge und -Jungwuchs	6,7	27	6,5	26	7,4	32
Fagetalia[a] und *Querco-Fagetea*	11,3	45	7,6	30	5,4	23
Quercetalia robori-petraeae[b]	1,2	5	1,3	5	1,0	4
Artemisetea[c]	2,9	12	5,9	24	5,3	23
Epilobietea[d]	1,7	7	1,5	6	2,1	9
Sonstige	1,4	6	2,2	9	1,8	8

[a] Inklusive Carpinion-VC
[b] und andere Säurezeiger
[c] und andere nährstoffliebende Ruderalarten
[d] inklusive *Rubus fruticosus* agg.

nitrophile Ruderalarten und Verlichtungszeiger überdurchschnittlich stark repräsentiert sind. Innerhalb der letzten 10 Jahre ist diesbezüglich keine Entwicklung in Richtung auf einen naturnäheren Zustand erkennbar.

LITERATUR

Braun-Blanquet J (1964) Pflanzensoziologie. Springer, Wien

Bürger R (1988) Veränderungen der Bodenvegetation in Wald- und Forstgesellschaften des mittleren und südlichen Schwarzwaldes. Projekt Europäisches Forschungszentrum f. Maßnahmen zur Luftreinhaltung (PEF). Forschungsber. Kernforschungszentrum Karlsruhe 52

Burrichter E, Wittig R (1977) Der Flattergras-Buchenwald in Westfalen. Mitt. Flor.-soz. Arb.gem. N. F. 19/20: 377–382

Butzke H (1979) Bodenkundliche und vegetationskundliche Untersuchungen in den lindenreichen Stieleichen-Hainbuchenwäldern (Stellario-Carpinetum) der südlichen Niederrheinischen Bucht. Phytocoenologia 6: 403–423

Butzke H, Genssler H, Haase H-B, Lohmeyer W, Rost F, Trautmann W, Wachter H, Zezschwitz E (1975) Naturwaldzellen in Nordrhein-Westfalen. Teil I: Eifel, Niederrheinische Bucht, Niederrheinisches Tiefland. Schriftenreihe der Landesanstalt für Ökologie, Landschaftsentwicklung und Forstplanung Nordrhein-Westfalen 1

Dilla L (1983) Die forstliche Rekultivierung im Rheinischen Braunkohlenrevier. Allg Forst Zeitschr 38: 1278–1283

Glahn H von (1981) Über den Flattergras- oder Sauerklee-Buchenwald (Oxali-Fagetum) der niedersächsischen und holsteinischen Moränenlandschaften. Drosera 81: 57–74

Kowarik I (1992) Das Besondere der städtischen Flora und Vegetation. Schriftenreihe des Deutschen Rates für Landespflege 61: 33–47

Lohmeyer W (1973) Waldgesellschaften. In: Trautmann W (Red) Vegetationskarte der Bundesrepublik Deutschland 1 : 200 000 – Potentielle natürliche Vegetation – Blatt CC 5502 Köln. Schriftenreihe Vegetationskunde 6: 17–39

Nagler M, Wedeck H (1993) Über den ökologischen Zustand der Waldflächen auf der Hochkippe „Vollrather Höhe“ bei Grevenbroich 20–30 Jahre nach der Rekultivierung. Decheniana 146: 56–81

Rückert E, Wittig R (1984) Der Flattergras-Buchenwald im Spessart. Ber. Bayer. Bot. Ges. 55: 85–93

Trautmann W (1973) Die Kartierungseinheiten der potentiellen natürlichen Vegetation. In: Trautmann W (Red) Vegetationskarte der Bundesrepublik Deutschland 1 : 200 000 – Potentielle natürliche Vegetation – Blatt CC 5502 Köln. Schriftenreihe Vegetationskunde 6: 59–89

Westhoff V (1977) Ökologische Grundlagen des Naturschutzes, insbesondere in den Niederlanden. Natur und Heimat 37: 5–13

Wittig R (1991a) Biozönotische Veränderungen in Wäldern von Industriegebieten. Annali di Botanica IL: 175–183

Wittig R (1991b) Veränderungen im Artenspektrum von Waldgesellschaften als Indikatoren erhöhter Säure- und Stickstoffeinträge. VDI Berichte 901: 407–418

Wittig R, Gödde M, Neite H, Papajewski W, Schall O (1985) Die Buchenwälder auf den Rekultivierungsflächen im Rheinischen Braunkohlerevier. Artenkombination, pflanzensoziologische Stellung und Folgerungen für zukünftige Rekultivierungen. Angew. Botanik 59: 95–112

Wolf G (1987) Untersuchungen zur Verbesserung der forstlichen Rekultivierung mit Altwaldboden im Rheinischen Braunkohlenrevier. Natur und Landschaft 62: 364–368

Über den ökologischen Zustand der Waldflächen auf der Hochkippe „Vollrather Höhe" bei Grevenbroich 20–30 Jahre nach der Rekultivierung[1]

MICHAEL NAGLER UND HORST WEDECK

1 Einleitung

Im Rheinischen Braunkohlenrevier werden seit etwa 70 Jahren in großem Umfang ausgedehnte Kippenflächen forstlich rekultiviert. Die forstliche Rekultivierung erfolgte dabei in mehreren Phasen, die jedoch hier nur kurz gestreift werden können. Einen Überblick über die Geschichte der Rekultivierung gibt Dilla (1983). Nach seinen Ausführungen reichte die erste Phase von 1920–1950 und war durch forstliches Experimentieren gekennzeichnet. In der zweiten Phase (1951–1959) kam es zu einem großflächigen Pappel-Erlen-Anbau. In der dritten Rekultivierungsphase (seit 1959) wird besonderer Wert auf die Verwendung standortgerechter Baumarten und die Umwandlung unbefriedigender Aufforstungen in naturnähere Waldbestände gelegt.

Von besonderer Bedeutung für die spätere land- und forstwirtschaftliche Nutzung einer Kippe sind ihre Ausformung und das für die Rekultivierung verwendete Gesteins- und Bodenmaterial. Auf diese Fragen kann hier ebenfalls nur kurz hingewiesen werden. Angaben zur Ausformung von Kippen finden sich u. a. bei Bendermacher (1964) und Darmer (1979).

Hinweise auf das für eine forstliche Rekultivierung geeignete Bodenmaterial geben u. a. die Arbeiten von Hochhäuser (1966), Heide u. Schalich (1975) sowie Winter (1983). Klimatische Probleme im Bereich von Kippen und Halden wurden u. a. von Seemann (1970) sowie Horbert u. Schäpel (1986) untersucht.

Über die Entwicklung forstlich rekultivierter Flächen aus ökologischer Sicht liegen bisher kaum Untersuchungen vor. Nach Wittig et al. (1985) besitzen die Buchenwälder auf rekultivierten Standorten im Südrevier auch 40– 50 Jahre nach dem Abschluß der forstlichen Rekultivierung nur eine geringe Naturnähe. In den letzten Jahren wurde begonnen, bei der forstlichen Rekultivierung in verstärktem Maße auch ökologische Aspekte durch Einbringung von natürlich gewachsenem Waldboden zu berücksichtigen (vgl. hierzu Wedeck 1975; Dilla 1983; Wolf 1987).

In der vorliegenden Arbeit wurde untersucht, welchen ökologischen Zustand die im Bereich der Hochkippe „Vollrather Höhe" bei Grevenbroich vor 20–30 Jahren gepflanzten Baumbestände bis heute (1989) erreicht haben (Abb. 1). Für die Beurteilung wurden die heutige Artenzusammensetzung der Baumbestände einschließlich der Strauch- und Krautschicht sowie eine Reihe wichtiger Bodeneigenschaften berücksichtigt. An mehreren Stellen erfolgten auch geländeklimatische Untersuchungen. Die Gelände- und Laborarbeiten wurden im Jahre 1989 von Nagler durchgeführt.

2 Erfassung der Baumbestände auf den rekultivierten Flächen

Von den zahlreichen aus dem Bereich der forstlich rekultivierten Flächen der Hochkippe „Vollrather Höhe" stammenden Vegetationsaufnahmen wurden 13 Aufnahmen in der Tabelle 1 zusammengestellt (Abb. 1). Die Aufnahmeflächen betrugen jeweils zwischen 100 und 300 m^2.

Die Baumschicht besteht aus zahlreichen Arten, unter denen Pappeln weitaus am häufigsten anzutreffen sind. Auch die Sträucher sind mit zahlreichen Arten vertreten, erreichen jedoch in der Regel nur geringe Deckungsgrade. Dagegen weist die Krautschicht meist hohe Deckungsgrade auf. Die Baumbestände sind aufgrund der Artenzusammensetzung keiner bestimmten Waldgesellschaft zuzuordnen.

Die in der Tabelle 1 aufgeführten Baumbestände lassen sich aufgrund ihrer Artenzusammensetzung wie folgt charakterisieren. Das Jahr der Rekultivierung wurde dabei stets mit angegeben (in Klammern).

- 1. Baumbestände auf stark sand- und kieshaltigen Standorten
  - Pappel-Bestand (1967/68), mit hohem Anteil an saure und trockene Böden bevorzugenden Arten (Nr. 1)
  - Bergahorn-Pappel-Bestand (1967/68), mit saure und trockene Standorte bevorzugenden Arten und einigen *Molinio-Arrhenatheretea*-Arten (Nr. 2)

[1] Der Beitrag ist 1993 unter dem gleichen Titel in Decheniana (Bonn) 146: 56–81, erschienen.

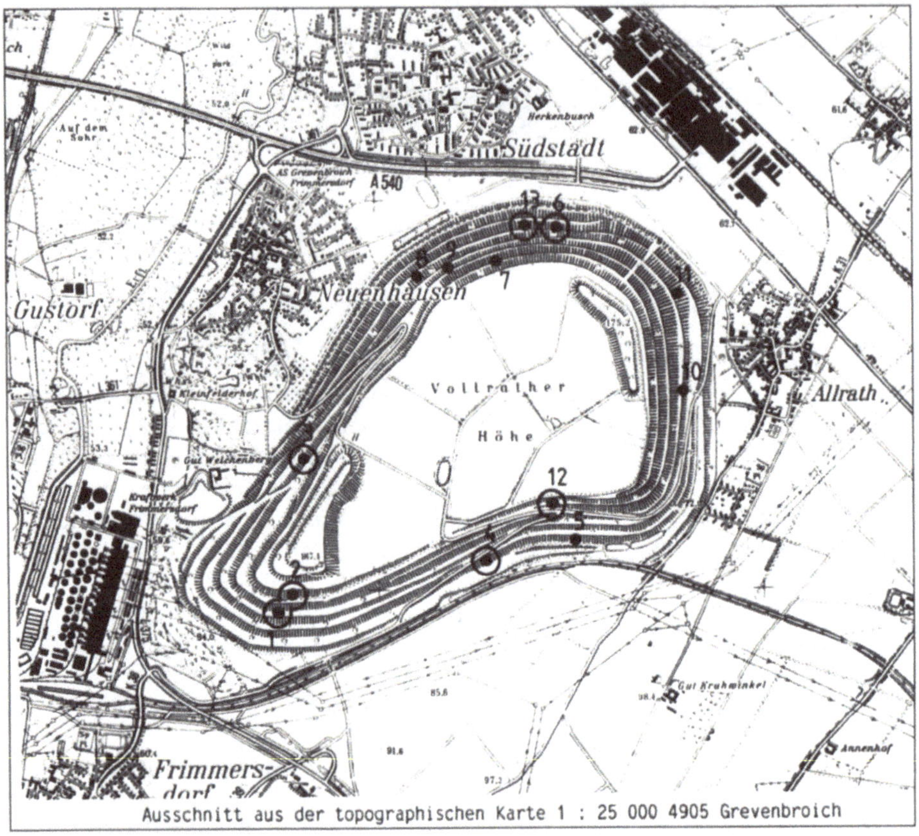

Abb. 1. Lage der untersuchten Standorte. ● Vegetationsaufnahmen und Bodenuntersuchungen, ○ Temperaturmessungen

- Ulmen-Pappel-Bestand (1967/70), mit hohem Anteil an *Calamagrostis epigeios* (Nr. 3)

2. Baumbestand auf Lößlehm, ohne Feuchtezeiger
   - Buchen-Bestand (1969/70), ohne weitere Arten (Nr. 4)

3. Baumbestände auf Lößlehm, mit Feuchtezeigern
   - Stieleichen-Buchen-Bestand (1969/70), mit hohem Anteil an *Equisetum arvense* und *Rubus caesius* (Nr. 5)
   - Pappel-Bestand (1962/65), mit hohem Anteil an *Tussilago farfara* und *Rubus caesius* (Nr. 6)
   - Schwarzerlen-Pappel-Bestand (1965/67), mit hohem Anteil an *Impatiens noli-tangere* und *Circaea lutetiana* (Nr. 7)
   - Pappel-Schwarzerlen-Bestand (1964/65), mit Feuchtezeigern (Nr. 8)
   - Schwarzerlen-Pappel-Bestand (1964/65), mit hohem Anteil an *Urtica dioica* (Nr. 9)
   - Pappel-Schwarzerlen-Stieleichen-Bestand (1960/61), mit hohem Anteil an *Tussilago farfara* (Nr. 10)
   - Pappel-Bestand (1960/61), mit hohem Anteil an *Rubus caesius* und *Eupatorium cannabinum* (Nr. 11)
   - Pappel-Robinien-Bestand (1967/68), mit Feuchtezeigern (Nr. 12)
   - Pappel-Bestand (1962/65), mit hohem Anteil an *Dryopteris filix-mas* (Nr. 13)

Wie bereits erwähnt, lassen sich die Baumbestände des Untersuchungsgebietes keiner bestimmten Waldgesellschaft zuordnen, jedoch ist aufgrund der unterschiedlichen Artenzusammensetzung mit Hilfe von Trennarten eine deutliche Differenzierung möglich. So fehlt in sämtlichen Beständen auf kies- und sandreichen Böden die Gruppe der Feuchtezeiger (Tabelle 1, Nr. 1–3), während auf den mit Löß bzw. Lößlehm rekultivierten Flächen Feuchtezeiger in großer Zahl anzutreffen sind (Tabelle 1, Nr. 5–13). Eine Ausnahme bildet lediglich der Buchen-Reinbestand (Nr. 4), in dem außer der Rotbuche keine weitere Pflanze vorkommt.

Die Baumbestände auf den Sand- und Kiesböden lassen sich weiter untergliedern in eine Ausbildung mit Arten wie *Dianthus armeria*, *Aira caryophyllea* und *Polytrichum piliferum*, die besonders trockene Standorte besiedeln (Tabelle 1, Nr. 1), eine Ausbildung mit *Calamagrostis epigeios* als Kahlschlagart (Tabelle 1, Nr. 3) und eine Ausbildung ohne die genannten Arten (Tabelle 1, Nr. 2). Auch die Bestände auf Lößlehm können mit Hilfe bestimmter Arten bzw. Artengruppen weiter differenziert werden. So gibt es u. a. Ausbildungen mit *Equisetum arvense* und *Rubus caesius* (Nr. 5), *Rubus caesius* und *Tussilago farfara* (Nr. 6), *Impatiens noli-tangere* und *Circaea lutetiana* (Nr. 7), *Urtica dioica* (Nr. 9), *Rubus cae-*

Tabelle 1. Vegetationsaufnahmen im Bereich der Probestellen des Untersuchungsgebietes. Die Numerierung entspricht den Zahlen im Text und in den übrigen Tabellen

Nr. der Aufnahme	1	2	3	4	5	6	7	8	9	10	11	12	13
Artenzahl	17	11	8	1	14	15	10	13	14	29	11	18	26
Aufnahmefläche (m^2)	300	300	300	200	250	250	300	200	200	100	300	300	200
Baumschicht													
Populus spec.	1	2	1	.	.	4	2	3	1	2	1	4	5
Alnus glutinosa	.	.	.	.	.	.	4	2	.	1	.	.	.
Acer pseudoplatanus	.	4	2	.	1	.	.	.	.	.	.	.	.
Fagus sylvatica	.	.	.	5	2	.	.	.	.	.	.	.	.
Quercus robur	.	.	.	.	3	.	.	.	.	1	.	.	.
Betula pendula	.	.	.	.	1	.	.	.	.	1	.	.	.
Ulmus carpinifolia	.	.	2	.	.	.	.	.	.	.	.	.	.
Tilia cordata	.	.	.	.	.	.	.	.	.	1	.	.	.
Castanea sativa	.	.	.	.	.	.	.	.	.	1	.	.	.
Robinia pseudoacacia	.	.	.	.	.	.	.	.	.	.	.	1	.
Strauchschicht													
Salix viminalis	.	.	.	.	.	1	1	1	.	1	.	1	3
Cornus sanguinea	.	.	.	.	.	+	.	.	.	+	.	1	2
Fagus sylvatica	1	.	+	+	.	.	.	.	.	.	.	.	.
Sambucus nigra	.	.	.	.	.	.	1	.	.	+	.	1	.
Alnus glutinosa	.	.	.	.	.	.	.	.	+	1	3	.	.
Rubus fruticosus	.	.	.	.	.	.	.	.	.	1	.	.	2
Acer pseudoplatanus	1	.	.	.	.	.	.	.	.	.	.	.	.
Salix caprea	.	2	.	.	.	.	.	.	.	.	.	.	.
Prunus padus	.	+	.	.	.	.	.	.	.	.	.	.	.
Populus spec.	.	.	.	.	.	+	.	.	.	.	.	.	.
Crataegus monogyna et laevigata	.	.	.	.	.	.	.	.	.	+	.	.	.
Ulmus carpinifolia	.	.	.	.	.	.	.	.	.	+	.	.	.
Quercus robur	.	.	.	.	.	.	.	.	.	+	.	.	.
Robinia pseudoacacia	.	.	.	.	.	.	.	.	.	.	.	1	.
Corylus avellana	.	.	.	.	.	.	.	.	.	.	.	+	.
Jungwuchs													
Quercus robur	.	.	1	.	2	.	.	+	.	.	+	.	.
Acer pseudoplatanus	+	.	.	.	1	.	.	.	.	.	.	.	+
Cornus sanguinea	+	.	.	.	.	.	.	.	.	.	.	.	+
Betula pendula	+	.	.	.	.	.	.	.	.	.	.	.	1
Crataegus monogyna et laevigata	.	.	.	.	.	.	.	.	.	.	+	.	.
Salix caprea	.	.	.	.	+	.	.	.	.	+	.	.	+
Fraxinus excelsior	.	.	.	.	.	+	.	.	.	.	.	.	.
Salix viminalis	.	.	.	.	.	+	.	.	.	.	.	.	.
Ribes sanguineum	.	.	.	.	.	+	.	.	.	.	.	.	.
Ribes nigrum	.	.	.	.	.	+	.	.	.	.	.	.	.
Alnus glutinosa	.	.	.	.	.	.	.	1	.	.	.	.	.
Sorbus aucuparia	.	.	.	.	.	.	.	.	.	1	.	.	.
Populus spec.	.	.	.	.	.	.	.	.	.	.	+	.	.
Rosa canina	.	.	.	.	.	.	.	.	.	.	.	.	+

Nr. der Aufnahme	1	2	3	4	5	6	7	8	9	10	11	12	13
Artenzahl	17	11	8	1	14	15	10	13	14	29	11	18	26
Aufnahmefläche (m²)	300	300	300	200	250	250	300	200	200	100	300	300	200
Querco-Fagetea-Arten													
Dryopteris filix-mas	.	.	+	.	.	1	.	+	1	+	.	.	4
Epipactis helleborine	.	.	.	.	.	.	.	+	1	1	+	+	+
Scrophularia nodosa	.	.	.	.	.	.	.	.	+	1	.	.	1
Stachys sylvatica	.	.	.	.	.	.	.	.	1	.	.	.	.
Melica uniflora	.	.	.	.	.	.	.	.	.	.	.	.	1
Feuchtezeiger													
Rubus caesius	.	.	.	.	2	3	1	1	1	+	4	2	1
Tussilago farfara	.	.	.	.	+	4	.	1	.	3	.	.	2
Eupatorium cannabinum	.	.	.	.	.	.	.	.	.	.	3	+	1
Equisetum arvense	.	.	.	.	4	+	.	.	.	.	.	.	.
Cirsium palustre	.	.	.	.	.	.	1	.	.	.	.	2	.
Deschampsia caespitosa	.	.	.	.	.	.	.	.	1	.	.	1	.
Chaerophyllum temulum	.	.	.	.	.	.	.	.	.	+	.	.	1
Poa trivialis	.	.	.	.	.	.	.	.	.	.	1	1	.
Impatiens noli-tangere	.	.	.	.	.	.	5	.	.	.	.	.	.
Circaea lutetiana	.	.	.	.	.	.	1	.	.	.	.	.	.
Meist saure und trockene Standorte bevorzugende Arten													
Agrostis tenuis	+	2	.	.	.	.	.	.	.	.	.	.	.
Dianthus armeria	2	.	.	.	.	.	.	.	.	.	.	.	.
Polytrichum piliferum	2	.	.	.	.	.	.	.	.	.	.	.	.
Pohlia nutans	2	.	.	.	.	.	.	.	.	.	.	.	.
Aira caryophyllea	1	.	.	.	.	.	.	.	.	.	.	.	.
Corynephorus canescens	1	.	.	.	.	.	.	.	.	.	.	.	.
Cladonia spec.	+	.	.	.	.	.	.	.	.	.	.	.	.
Rumex acetosella	.	+	.	.	.	.	.	.	.	.	.	.	.
Artemisietea-Arten													
Galium aparine	.	.	.	.	+	+	.	2	3	1	.	1	.
Cirsium arvense	.	.	.	.	1	.	.	.	1	1	+	1	+
Moehringia trinervia	.	+	.	.	.	.	.	+	.	.	.	3	+
Epilobium montanum	.	.	.	.	+	.	.	.	.	1	2	.	1
Geranium robertianum	.	.	.	.	.	3	2	+	.	+	.	.	.
Urtica dioica	.	.	.	.	.	1	1	.	4	.	.	.	2
Geum urbanum	.	.	.	.	.	.	.	.	.	.	.	.	+
Glechoma hederacea	.	.	.	.	.	.	.	.	.	.	.	.	+
Molinio-Arrhenatheretea-Arten													
Festuca rubra	+	2	.	.	.	.	.	.	.	+	.	.	.
Arrhenatherum elatius	1	.	.	.	.	.	.	.	.	+	.	.	.
Poa pratensis	.	2	.	.	.	.	.	.	.	.	.	.	1
Dactylis glomerata	.	.	.	.	+	.	.	.	.	.	.	.	+
Holcus lanatus	+	.	.	.	.	.	.	.	.	.	.	.	.
Prunella vulgaris	.	.	.	.	+	.	.	.	.	.	.	.	.

Nr. der Aufnahme	1	2	3	4	5	6	7	8	9	10	11	12	13
Artenzahl	17	11	8	1	14	15	10	13	14	29	11	18	26
Aufnahmefläche (m^2)	300	300	300	200	250	250	300	200	200	100	300	300	200
Epilobietea-Arten													
Fragraria vesca	.	.	.	.	1	.	.	.	.	.	1	2	.
Calamagrostis epigeios	+	.	5	.	.	.	.	.	.	.	.	.	.
Senecio fuchsii	.	.	.	.	.	2	.	4	.	.	.	.	.
Epilobium angustifolium	.	.	.	.	.	.	.	.	2	.	.	1	.
Atropa belladonna	.	.	.	.	.	.	.	.	.	1	.	.	.
Sonstige Arten													
Poa annua	.	+	.	.	.	.	.	+	.	.	.	.	.
Poa angustifolia	+	.	+	.	.	.	.	.	.	.	.	.	.
Lupinus polyphyllos	.	+	.	.	.	.	.	.	.	2	.	.	.
Myosoton aquaticum	.	.	.	.	.	.	.	.	+	.	.	.	.
Myosotis arvensis	.	.	.	.	.	.	.	.	+	.	.	.	.
Linaria vulgaris	.	.	.	.	.	.	.	.	.	1	.	.	.
Bromus inermis	.	.	.	.	.	.	.	.	.	1	.	.	.
Verbascum thapsus	.	.	.	.	.	.	.	.	.	.	+	.	.
Erigeron canadensis	.	.	.	.	.	.	.	.	.	.	.	1	.
Dryopteris dilatata	.	.	.	.	.	.	.	.	.	.	.	.	1
Ranunculus repens	.	.	.	.	.	.	.	.	.	.	.	.	+

sius und *Eupatorium cannabinum* (Nr. 11) und *Dryopteris filix-mas* (Nr. 13).

Zur Beurteilung des heutigen ökologischen Zustandes der Waldbestände ist die Kenntnis der heutigen potentiellen natürlichen Vegetation erforderlich. Ihre Erfassung stößt bei den neu geschaffenen Standorten im Bereich der Hochkippe „Vollrather Höhe“ auf erhebliche Schwierigkeiten, da Böden mit Eigenschaften entstanden sind, die es in der Umgebung des Untersuchungsgebietes nicht gibt (vgl. hierzu u. a. Trautmann et al. 1973; Wedeck 1975). Die „Vollrather Höhe“ wurde im wesentlichen aus einer Mischung von kalkhaltigem Löß und Lößlehm sowie Forstkies rekultiviert. Nach Wedeck (1975) sind auf den mit Löß bzw. mit Lößlehm rekultivierten Standorten der Perlgras-Buchenwald *(Melico-Fagetum)* und auf Forstkies mit sehr geringem Lößanteil der Buchen-Eichenwald *(Fago-Quercetum)* als heutige potentielle natürliche Vegetation zu erwarten.

Auf den heute ackerbaulich genutzten, nicht vom Braunkohlenabbau betroffenen Lößlehmböden (Parabraunerden) in der Umgebung der Kippe stellt der Perlgras-Buchenwald ebenfalls die heutige potentielle natürliche Vegetation (Trautmann et al. 1973) dar. Als wichtigste Baumart ist *Fagus sylvatica* zu nennen. Daneben spielen in naturnahen Beständen auch *Quercus petraea, Ouercus robur, Fraxinus excelsior, Tilia cordata, Carpinus betulus* und *Acer pseudoplatanus* eine mehr oder weniger große Rolle.

In der Krautschicht ist mit Arten wie *Melica uniflora, Galium odoratum, Anemone nemorosa, Poa nemoralis, Viola reichenbachiana, Milium effusum, Lamium galeobdolon, Polygonatum multiflorum, Brachypodium sylvaticum, Scrophularia nodosa, Carex sylvatica, Dryopteris filix-mas, Convallaria majalis* und *Oxalis acetosella* zu rechnen. Stellenweise, insbesondere auf basenreichen Standorten, sind auch *Arum maculatum, Primula elatior, Ranunculus ficaria* und *Stachys sylvatica* zu erwarten. Auf stärker verdichteten und vernäßten Standorten dürften *Circaea lutetiana, Athyrium filix-femina* und *Deschampsia caespitosa* auftreten.

Einige Arten, die im potentiellen Perlgras-Buchenwald vorkommen, sind auch in den untersuchten Baumbeständen anzutreffen. Zu den häufigeren gehören *Dryopteris filix-mas, Epipactis helleborine* und *Scrophularia nodosa.* Nur an wenigen Stellen kommen *Impatiens noli-tangere, Circaea lutetiana* und *Melica uniflora* vor.

Außerdem ist eine Reihe von Straucharten zu nennen, die zwar in naturnahen Waldbeständen kaum eine Rolle spielen, aber für die Ausbildung von Waldrändern eine große Bedeutung haben: *Corylus avellana, Crataegus laevigata, Euonymus europaeus, Crataegus monogyna, Viburnum opulus, Rosa canina, Prunus spinosa* und *Salix caprea.*

Auf den mit Forstkies rekultivierten Flächen dürfte wegen des sehr geringen Lößlehmanteils das *Fago-Quercetum* die heutige potentielle natürliche Vegetation darstellen. Die wichtigsten Baumarten sind *Fagus sylvatica* und *Quercus petraea.*

In der Krautschicht sind Arten wie *Teucrium scorodonia, Holcus mollis, Carex pilulifera, Pteridium aquilinum, Melampyrum pratense, Maianthemum bifolium, Convallaria majalis* und *Deschampsia flexuosa* zu erwarten. Charakteristisch für den Bereich der Waldränder sind v. a. die Staucharten *Frangula alnus, Populus tremula, Sorbus aucuparia, Ilex aquifolium, Betula pendula* und *Salix caprea.*

Arten des *Fago-Quercetum* haben sich im Gebiet bisher nicht angesiedelt (Tabelle 1).

3 Beurteilung des ökologischen Zustandes der Waldbestände

Wie bereits erwähnt, ist auf den mit Löß rekultivierten Standorten ein *Melico-Fagetum* und auf den Kiesböden ein *Fago-Quercetum* als potentielle natürliche Vegetation zu erwarten. Um den heutigen ökologischen Zustand der Waldbestände beurteilen zu können, wurden die wichtigsten der im *Melico-Fagetum* und im *Fago-Quercetum* wachsenden Pflanzen ausgewählt und den in den heutigen Waldflächen vorkommenden Arten gegenübergestellt (Übersichten 1 u. 2). Die Angabe der heute vorhandenen Arten bezieht sich jedoch lediglich auf die 13 Vegetationsaufnahmen in der Tabelle 1. Die gesamte Artenzahl im Rekultivierungsgebiet „Vollrather Höhe" ist wesentlich größer. Hinweise auf Arten, die in der heutigen potentiellen natürlichen Vegetation nur selten oder ausnahmsweise auftreten, stehen in Klammern. Die Auswahl der Arten erfolgte in Anlehnung an Trautmann et al. (1973). In der Übersicht 1 wird zunächst auf die Lößstandorte bzw. das *Melico-Fagetum* eingegangen.

Aus dieser Übersicht läßt sich unter Berücksichtigung der Angaben in der Tabelle 1 zum ökologischen Zustand der heutigen Waldbestände folgendes ablesen:

Übersicht 1. Im potentiellen Melico-Fagetum zu erwartende und heute vorhandene Pflanzenarten

	Im potentiellen *Melico-Fagetum* zu erwartende Arten	Heute vorhandene Arten
Bäume		
Fagus sylvatica	x	x
Quercus robur	x	x
Acer pseudoplatanus	x	x
Quercus petraea	x	
Populus spec.		x
Alnus glutinosa		x
Betula pendula		x
Robinia pseudoacacia		x
Tilia cordata		x
Castanea sativa		x
Sträucher (in naturnahen Beständen fast nur im Waldmantel)		
Corylus avellana	x	x
Crataegus laevigata	x	x
Sambucus nigra	x	x
Cornus sanguinea	x	x
Rubus fruticosus	x	x
Rosa canina	x	x
Acer campestre	x	
Salix caprea	x	
Prunus spinosa	x	
Viburnum opulus	x	
Euonymus europaeus	x	
Daphne mezereum	x	
Salix viminalis		x
Sorbus aucuparia		x
Ribes nigrum		x

	Im potentiellen *Melico-Fagetum* zu erwartende Arten	Heute vorhandene Arten
Ribes sanguineum		x
Ulmus carpinifolia		x
Kräuter (Waldarten)		
Melica uniflora	x	x
Dryopteris filix-mas	x	x
Scrophularia nodosa	x	x
Stachys sylvatica	x	x
Epipactis helleborine	x	x
Ranunculus ficaria	x	
Mercurialis perennis	x	
Polygonatum multiflorum	x	
Sanicula europaea	x	
Milium effusum	x	
Galium odoratum	x	
Viola reichenbachiana	x	
Anemone nemorosa	x	
Carex sylvatica	x	
Poa nemoralis	x	
Lamium galeobdolon	x	
Oxalis acetosella	x	
Adoxa moschatellina	x	
Campanula trachelium	x	
Arum maculatum	x	
Primula elatior	x	
Feuchtezeiger (Waldarten)		
Circaea lutetiana	x	x
Impatiens noli-tangere	x	x
Carex remota	x	
Veronica montana	x	
Rubus caesius		x
Tussilago farfara		x
Equisetum arvense		x
Poa trivialis		x
Eupatorium cannabinum		x
Cirsium palustre		x
Chaerophyllum temulum		x
Deschampsia caespitosa		x
Artemisieta-Arten		
Geranium robertianum	(x)	x
Geum urbanum	(x)	x
Cirsium arvense		x
Epilobium montanum		x
Galium aparine		x
Urtica dioica		x
Moehringia trinervia		x
Glechoma hederacea		x

	Im potentiellen *Melico-Fagetum* zu erwartende Arten	Heute vorhandene Arten
Epilobietea-Arten		
Fragaria vesca	(x)	x
Senecio fuchsii	(x)	x
Epilobium angustifolium		x
Atropa bella-donna		x
Molinia-Arrhenatheretea-Arten		
Prunella vulgaris		x
Festuca rubra		x
Arrhenatherum elatius		x
Poa pratensis		x
Dactylis glomerata		x

- 1. *Fagus sylvatica* als wichtigste Baumart des *Melico-Fagetum* kommt zwar in den heutigen Waldbeständen vor, tritt aber an Häufigkeit gegenüber anderen Baumarten wie *Populus spec.* und *Alnus glutinosa* weit zurück. Insgesamt entspricht die heutige Baumartenverteilung nur selten der eines naturnahen *Melico-Fagetum*. Es überwiegen ferner aufgelockerte Baumbestände.
- 2. Den meist aufgelockerten Waldbeständen entspricht die oftmals gut entwickelte, häufig aus zahlreichen Arten bestehende Strauchschicht. In einem naturnahen *Melico-Fagetum* fehlen Sträucher bis auf einzelne, kümmerlich entwickelte Exemplare so gut wie ganz. Die Sträucher wurden hier aufgeführt, da sie beim Aufbau der Waldmäntel eine sehr wichtige Rolle spielen.
- 3. In der Krautschicht haben sich bereits einige Arten eingestellt, die auch in naturnahen Waldbeständen vorkommen. Es handelt sich dabei größtenteils um Arten, die auf relativ feuchten Standorten wachsen, u. a. *Circaea lutetiana*, *Impatiens noli-tangere* und *Dryopteris filix-mas*. Auch anspruchsvolle Arten wie *Stachys sylvatica*, *Ranunculus ficaria* und *Mercurialis perennis* wurden vereinzelt angetroffen. Selbst *Melica uniflora* als Kennart des *Melico-Fagetum* hat sich bereits eingestellt, wenn auch nur an wenigen Stellen. Andererseits ist jedoch nicht zu übersehen, daß der größte Teil der Waldarten noch fehlt.
- 4. Der größte Teil der in den heutigen Waldbeständen vorkommenden Arten der Krautschicht gehört nicht zu den Waldarten.

Aufgrund der gegenwärtigen Artenzusammensetzung sind die heutigen Waldbestände nicht als ökologisch ausgewogen anzusprechen, auch wenn an manchen Stellen einige im *Melico-Fagetum* vorkommende Arten wachsen.

Über die auf den Forstkiesstandorten im *Fago-Quercetum* zu erwartenden und in den heutigen Waldbeständen wachsenden Arten gibt die folgende Übersicht 2 Auskunft:

Dieser Übersicht ist zum ökologischen Zustand der heutigen Waldbestände auf Kiesböden folgendes zu entnehmen:

Übersicht 2. Im potentiellen Fago-Quercetum zu erwartende und heute vorhandene Pflanzenarten

	Im potentiellen *Fago-Quercetum* zu erwartende Arten	Heute vorhandene Arten
Bäume		
Fagus sylvatica	x	
Quercus petraea	x	
Populus spec.		x
Acer pseudoplatanus		x
Ulmus carpinifolia		x

	Im potentiellen *Fago-Quercetum* zu erwartende Arten	Heute vorhandene Arten
Sträucher (in naturnahen Beständen fast nur im Waldmantel)		
Fagus sylvatica	x	x
Salix caprea	x	x
Frangula alnus	x	
Ilex aquifolium	x	
Cornus sanguinea		x
Betula pendula		x
Prunus padus		x
Acer pseudoplatanus		x
Quercus robur		x
Kräuter (Waldarten)		
Dryopteris filix-mas	x	x
Convallaria majalis	x	
Deschampsia flexuosa	x	
Polytrichum formosum	x	
Mnium hornum	x	
Maianthemum bifolium	x	
Anthoxanthum odoratum	x	
Teucrium scorodonia	x	
Holcus mollis	x	
Melampyrum pratense	x	
Pteridium aquilinum	x	
Lonicera periclymenum	x	
Carex pilulifera	x	
Weitere Arten (keine Waldarten)		
Agrostis tenuis		x
Dianthus armeria		x
Polytrichum piliferum		x
Pohlia nutans		x
Aira caryophyllea		x
Corynephorus canescens		x
Cladonia spec.		x
Rumex acetosella		x
Moehringia trinervia		x
Festuca rubra		x
Arrhenatherum elatius		x
Poa pratensis		x
Holcus lanatus		x
Calamagrostis epigeios		x
Poa annua		x
Poa angustifolia		x
Lupinus polyphyllos		x

- 1. Von den im potentiellen *Fago-Quercetum* vorherrschenden Baumarten *Fagus sylvatica* und *Quercus petraea* enthalten die Vegetationsaufnahmen aus dem Bereich der Kiesstandorte (Tabelle 1, Nr. 1–3) lediglich *Fagus sylvatica*, allerdings nur in der Strauchschicht. Auch in den übrigen, hier nicht durch Vegetationsaufnahmen belegten Baumbeständen auf Kiesböden spielen *Fagus sylvatica* und *Quercus petraea* keine Rolle.
- 2. Wie im *Melico-Fagetum* ist eine Strauchschicht in naturnahen Beständen des *Fago-Quercetum* nicht entwickelt, sondern lediglich für die Ausbildung der Waldmäntel von Bedeutung. Als einzige bodenständige Strauchart wurde *Salix caprea* angetroffen. Häufig wurden Baumarten wie *Tilia cordata*, *Ulmus carpinifolia* und *Alnus glutinosa* angepflanzt. Sie sind bis heute über ein Strauchstadium nicht hinausgekommen.
- 3. In der Krautschicht gibt es bis auf *Dryopteris filix-mas*, der hier allerdings nur sehr selten vorkommt, keine Waldarten.
- 4. Alle übrigen in der Krautschicht vorkommenden Pflanzen gehören nicht zu den Waldarten.

Die heute auf den Kiesböden wachsenden Waldbestände sind aufgrund ihrer Artenzusammensetzung als weit naturferner einzustufen als die auf Lößlehmstandorten.

Die 40–50 Jahre alten Buchenbestände auf den ältesten Rekultivierungsflächen des Rheinischen Braunkohlenreviers werden von Wittig et al. (1985) als „nicht im Gleichgewicht befindliche Pionierbestände" (S. 109) bezeichnet. Sie sind jedoch im Vergleich zu den Waldbeständen auf der Hochkippe „Vollrather Höhe" in ihrer Entwicklung zu größerer Naturnähe schon relativ weit vorangekommen.

4 Bodeneigenschaften

Zur Ergänzung der vegetationskundlichen Untersuchungen wurden im Bereich der Vegetationsaufnahmen 1–13 folgende Bodeneigenschaften untersucht:

- pH-Wert
- Elektrische Leitfähigkeit
- Kationen-Austauschkapazität
- Carbonat-Gehalt
- Organische Substanz
- Porenvolumen
- Lagerungsdichte
- Korndichte
- Festvolumen
- Luftgehalt
- Wassergehalt in cm^3
- Wassergehalt in % des Porenvolumens

Elektrische Leitfähigkeit, pH-Wert, Kationen-Austauschkapzität, Carbonat-Gehalt und organische Substanz wurden anhand von Bodenproben gemessen, die mit dem Bohrer nach Pürckhauer gewonnen wurden. Die Proben stammen aus Bodentiefen von 0–10, 20–30 und 40–50 cm. Aus jeder Bodentiefe wurden 4 Einzelproben entnommen und jeweils zu einer Mischprobe zusammengefaßt. Die pH-Werte (in n KCl und H_2O) und die elektrische Leitfähigkeit (in µS) wurden mit Meßelektroden der Firma WTW Weilheim gemessen (Mittelwert aus 2 Parallelproben). Für die Messungen wurden jeweils 10 g lufttrockener Boden mit 25 ml n KCl bzw. destilliertem Wasser versetzt.

Die Kationen-Austauschkapazität wurde durch Titration einer salzsauren Bodenlösung (0,1 n HCl) gegen 0,1 n NaOH ermittelt (Mittelwert aus 2 Parallelen).

Die Bestimmung des Carbonat-Gehaltes, angegeben in $CaCO_3$, erfolgte gasvolumetrisch nach der Methode von Scheibler (Mittelwert aus 2 Parallelproben).

Die organische Substanz wurde mit Hilfe der Glühverlustmethode bestimmt (Mittelwert aus 2 Parallelproben).

Porenvolumen, Lagerungsdichte, Korndichte, Festvolumen, Luftgehalt und Wassergehalt (jeweils in cm^3) sowie Wassergehalt in % des Porenvolumens wurden mit Hilfe von Stechzylindern mit einem Volumen von jeweils 100 cm^3 gemessen. Die Proben wurden an jeder Probestelle aus Tiefen von 0–5, 20–25 und 45–50 cm entnommen. Die in den Tabellen 2 und 3 angegebenen Werte stellen jeweils einen Durchschnittswert von 4 Einzelmessungen dar.

pH-Werte (in n KCl und H_2O)
Die in n KCl und destilliertem Wasser gemessenen pH-Werte sind in der Tabelle 2 dargestellt. Sie nehmen in der Regel von den oberen zu den unteren Bodenschichten zu. Jedoch sind zwischen den überwiegend mit Sand und Kies sowie den mit Lößlehm rekultivierten Standorten erhebliche Unterschiede festzustellen.

Im folgenden wird v. a. auf die in n KCl gemessenen pH-Werte eingegangen. In H_2O ergaben sich ausnahmslos höhere Werte. In der Reihenfolge der Werte zeigten sich jedoch ähnliche Unterschiede wie bei den Messungen in n KCl.

In den obersten Bodenschichten der mit Forstkies rekultivierten Flächen wurde lediglich ein durchschnittlicher pH-Wert von 5,4 gemessen. Die durchschnittlichen Werte für die Bodenschichten in 20–30 cm und 40–50 cm betragen pH 5,7 und 6,4. Mit zunehmender Bodentiefe ist also eine deutliche Erhöhung der durchschnittlichen pH-Werte festzustellen. Eine Abweichung von dieser Reihenfolge zeigt lediglich der Standort 3 (Tabelle 2).

Den zumindest in den obersten Bodenschichten meist ziemlich sauren Standorten entspricht, daß hier einige säureliebende Arten auftreten, u. a. *Corynephorus canescens* und *Aira caryophyllea*. Auf die niedrigen pH-Werte des für die Rekultivierung verwendeten Bodenmaterials weist u. a. Wolf (1987) hin.

Wie aus der Tabelle 2 weiter hervorgeht, zeigen die pH-Werte der mit Forstkies rekultivierten Flächen eine

Tabelle 2. pH-Werte in n KCl und H_2O an 13 Probestellen (Probennahme 15.4.1989)

	Bergahorn-Bestand mit Arten trockener Standorte	Bergahorn-Pappel-Bestand, mit Arten trockener Standorte	Ulmen-Pappel-Bestand, mit *Calamagrostis epigeios*	Durchschnittswerte für die Bestände auf Forstkies	Rotbuchen-Bestand, ohne weitere Arten	Stieleichen-Rotbuchen-Bestand, mit *Equisetum arvense* und *Rubus caesius*	Pappel-Bestand, mit *Tussilago farfara* und *Rubus caesius*	Schwarzerlen-Pappel-Bestand, mit *Impatiens noli-tangere*	Pappel-Schwarzerlen-Bestand, mit *Rubus caesius* und *Circaea lutetiana*	Pappel-Schwarzerlen-Bestand, mit *Urtica dioica*	Pappel-Schwarzerlen-Stieleichen-Bestand mit *Tussilago farfara*	Pappel-Bestand, mit *Rubus caesius* und *Eupatorium cannabium*	Pappel-Robinien-Bestand, mit Feuchtezeigern	Pappel-Bestand, mit *Dryopteris filix-mas*	Durchschnittswerte für die Bestände auf Lößlehm
Nr. der Vegetationsaufnahme	1	2	3		4	5	6	7	8	9	10	11	12	13	
Boden	Forstkies				Lößlehm										
pH-Werte in n KCl															
Bodentiefe															
0–10 cm	4,4	6,2	5,5	5,4	7,3	7,0	7,3	6,8	7,1	7,4	7,5	7,0	7,2	7,3	7,2
20–30 cm	5,2	6,8	5,1	5,7	7,5	7,1	7,3	8,0	7,7	7,7	7,6	7,7	7,4	7,4	7,5
40–50 cm	5,6	7,9	5,6	6,4	7,8	7,3	7,4	7,6	7,9	7,8	7,7	7,7	7,5	7,5	7,6
pH-Werte in H_2O															
Bodentiefe															
0–10 cm	6,5	6,9	6,7	6,7	8,1	7,7	7,9	7,6	7,9	8,0	8,1	7,7	7,6	7,8	7,8
20–30 cm	6,7	7,6	6,7	7,0	8,3	8,0	8,0	8,7	8,3	8,4	8,5	8,4	8,1	8,1	8,3
40–50 cm	7,8	8,6	7,9	8,1	8,6	8,2	8,2	8,4	8,7	8,6	8,6	8,3	8,2	8,2	8,4

erhebliche Schwankungsbreite. Dies ist vermutlich darauf zurückzuführen, daß das für die Rekultivierung verwendete Bodenmaterial nicht einheitlich zusammengesetzt ist, sondern örtlich mehr oder weniger große Lößanteile besitzt.

Die pH-Werte im Bereich der mit Löß bzw. Lößlehm rekultivierten Flächen liegen fast ausschließlich über 7 und sind als neutral bis schwach alkalisch zu bezeichnen. Das läßt auf einen hohen Basengehalt im gesamten Bodenprofil schließen. Auch das Fehlen säureliebender Arten in den Vegetationsbeständen auf Löß bzw. Lößlehm ist als Hinweis auf einen hohen Basengehalt anzusehen. Bis auf wenige Ausnahmen (z. B. Tabelle 2, Nr. 7) nehmen die pH-Werte von oberen zu den tieferen Bodenschichten zu. Sie reichen im Durchschnitt von pH 7,2 in den oberen Bodenschichten (0–10 cm) über pH 7,5 in Bodentiefen von 20–30 cm bis zu pH 7,6 in 40–50 cm Tiefe und weisen in den vergleichbaren Bodenschichten nur relativ geringe Schwankungen auf. Die höchste Differenz wurde mit pH 0,9 in 20–30 cm Bodentiefe festgestellt. Die Unterschiede sind aber in den meisten Fällen erheblich geringer.

Die überwiegend festzustellende Zunahme der pH-Werte von den oberen zu den tieferen Bodenschichten kann als Hinweis auf eine bereits in Gang gekommene Bodenentwicklung angesehen werden, da bei den natürlich gewachsenen Böden in der Regel ebenfalls eine Erhöhung des pH-Wertes mit zunehmender Bodentiefe festzustellen ist.

Elektrische Leitfähigkeit

Die elektrische Leitfähigkeit (µS) stellt ein Maß für die Gesamtheit der im Boden gelösten Stoffe dar. Sie erreicht im Bereich der mit Forstkies rekultivierten Flächen mit 74, 65 und 63 µS in Bodentiefen von 0–10, 20–30 und 40–50 cm ziemlich niedrige Werte (Tabelle 3). Dies kann als Hinweis auf die relativ geringe Nährstoffversorgung dieser Böden angesehen werden. Im einzelnen ergeben sich jedoch erhebliche Schwankungen, die möglicherweise auf unterschiedlich hohe Beimengungen an Lößlehm zurückzuführen sind. Bei zwei der drei Standorte nehmen die Meßwerte von den oberen zu den untersten Bodenschichten ab. Im Bereich des dritten Standortes (Tabelle 3, Nr. 3) ist jedoch z. T. auch ein Anstieg der elektrischen Leitfähigkeit mit zunehmender Bodentiefe festzustellen. Den niedrigen Werten der elektrischen Leitfähigkeit entspricht hier das Vorkommen säureliebender Arten wie *Aira caryophyllea* und *Rumex acetosella*.

Mit durchschnittlich 207, 166 und 140 µS in Bodentiefen von 0–10, 20–30 bzw. 40–50 cm treten im Bereich der mit Löß bzw. Lößlehm rekultivierten Flächen wesentlich höhere Werte der elektrischen Leitfähigkeit auf. Bis auf wenige Ausnahmen (Tabelle 3, Nr. 11 und 13) ist stets eine Abnahme der Werte von den oberen zu den unteren Bodenschichten festzustellen.

Kationen-Austausch

Die Austauschkapazität der Böden der mit Forstkies rekultivierten Flächen liegt mit einer Ausnahme stets unter 10 mval/100 g Boden (Tabelle 3) und ist somit als ziemlich niedrig zu bewerten. Demgegenüber erreichen die Lößlehmstandorte meist mittlere bis hohe Werte zwischen 10 und 30 mval/100 g Boden. Die Nährstoffversorgung der Lößlehmstandorte ist als gut, die der Sand- und Kiesböden dagegen als ziemlich schlecht einzustufen, soweit es sich dabei um Kationen handelt.

Die gemessenen Werte weisen im übrigen (s. Tabelle 3) eine derart ungleichmäßige Verteilung auf, daß eine Interpretation im einzelnen nicht möglich ist. Dieser Sachverhalt ist ebenfalls als Hinweis auf die Heterogenität des Schüttmaterials zu sehen.

Carbonat-Gehalt

Die Tabelle 3 zeigt, daß die Carbonat-Gehalte der mit Forstkies rekultivierten Standorte weit unter 1 % liegen und als sehr gering bezeichnet werden können. Demgegenüber weisen die Lößlehmböden Carbonat-Gehalte bis etwa 10 % auf. Oft läßt sich ein Anstieg der Carbonat-Gehalte mit zunehmender Bodentiefe feststellen. Die insgesamt ziemlich unregelmäßige Verteilung der Carbonat-Werte ist ebenfalls ein Hinweis auf die erheblichen Unterschiede des für die Rekultivierung verwendeten Bodenmaterials.

Organische Substanz

Die Gehalte an organischer Substanz (Tabelle 3) erreichen in den untersuchten Böden Höchstwerte bis 6,8 % (Standort 12). Die Durchschnittswerte liegen allerdings erheblich niedriger. In den obersten Schichten der mit Forstkies rekultivierten Böden wurden durchschnittlich 3,0 %, in den gleichen Schichten der Lößlehmstandorte 4,6 % festgestellt.

Die Gehalte an organischer Substanz werden mit zunehmender Bodentiefe i. allg. geringer. Dies trifft bis auf wenige Ausnahmen auch für die Standorte des Untersuchungsgebietes zu. Ob jedoch die gemessenen Werte den Gehalten an organischer Substanz in gewachsenen Waldböden entsprechen, läßt sich für das Gebiet der Niederrheinischen Bucht kaum beantworten, da naturnahe Bestände oder anthropogene Waldreste auf Parabraunerden so gut wie ganz fehlen.

Die mit Forstkies rekultivierten Standorte 2 und 3 (Tabelle 3) weisen in den obersten Bodenschichten ebenfalls ziemlich hohe Gehalte an organischer Substanz auf. Hier spielt wahrscheinlich ein erhöhter Lößlehmanteil eine Rolle.

Festvolumen

Wie die Tabelle 3 zeigt, liegen die Festvolumina (in cm^3) in den obersten Bodenschichten meist zwischen 45 und 55 cm^3. Diese Werte werden nur selten über- oder unterschritten (Tabelle 3, Nr. 6 und 13). Mit zunehmender

Bodentiefe erhöhen sich die Werte der Festvolumina. Jedoch ist die Zunahme (s. Tabelle 3) überwiegend nicht gleichmäßig. Bei mehr als der Hälfte der Proben liegen die Werte in einer Tiefe von 20–25 cm höher als die in den Bodenschichten zwischen 45 und 50 cm Tiefe. Möglicherweise treten in den mittleren Bodentiefen um 20–25 cm in stärkerem Maße Verdichtungen auf. Für natürlich gewachsene Böden ist i. allg. mit zunehmender Bodentiefe eine gleichmäßige Zunahme der Festvolumina kennzeichnend. Die hier festgestellten Abweichungen können somit als Hinweis darauf gewertet werden, daß ein „naturnaher" Entwicklungsstand der Böden noch nicht erreicht ist.

Die Unterschiede zwischen den Festvolumina der Forstkies- und Lößlehmböden sind nur gering. Bei den Forstkiesstandorten weisen sämtliche Proben aus den mittleren Bodenschichten zwischen 20 und 25 cm im Vergleich zu den übrigen Bodentiefen erhöhte Festvolumina auf.

Porenvolumen

Die höchsten Porenvolumina werden bei allen untersuchten Standorten in den obersten Bodenschichten erreicht (Tabelle 3). Besonders hohe Porenvolumina weist in sämtlichen Meßtiefen der Standort 13 auf.

Die Abnahme der Porenvolumina von den oberen zu den unteren Bodenschichten erfolgt bei der Mehrzahl der Standorte nicht gleichmäßig. Die niedrigsten Werte treten überwiegend in den mittleren Bodenschichten auf. Damit ergeben sich u. a. Beziehungen zu den oftmals besonders hohen Lagerungsdichten und den auffällig niedrigen Luftgehalten in den gleichen Bodentiefen.

Luftvolumen

Die Tabelle 3 zeigt, daß die mit Forstkies rekultivierten Standorte besonders hohe Luftgehalte besitzen. Die Luftvolumina nehmen hier in allen Proben fast ein Drittel des Gesamtvolumens und weit über die Hälfte des Porenvolumens ein. Demgegenüber weisen die Lößlehmböden i. allg. wesentlich niedrigere Luftgehalte auf. Ähnlich hohe Luftgehalte wie bei den Forstkiesstandorten wurden hier lediglich im Bereich des Baumbestandes Nr. 13 festgestellt.

Die höchsten Luftvolumina wurden bis auf wenige Ausnahmen (Nr. 5, 6 und 7) in den obersten Bodenschichten gemessen. Auffällig ist, daß sich an den meisten Standorten mit zunehmender Bodentiefe keine gleichmäßige Abnahme der Luftvolumina feststellen läßt. Die geringsten Luftvolumina finden sich vielmehr bei der überwiegenden Zahl der Standorte in den mittleren Bodenschichten. Dies beruht wahrscheinlich auf den in diesen Bodenschichten sehr häufig auftretenden Verdichtungen (vgl. die Angaben zum Festvolumen und zur Lagerungsdichte).

Wassergehalt in cm^3

Wie aus der Tabelle 3 hervorgeht, weisen die mit Forstkies rekultivierten Standorte nur relativ geringe Wassergehalte auf. Demgegenüber erreichen die Wassergehalte in den Lößlehmböden nicht selten ein Vielfaches der im Forstkies gemessenen Werte.

Die mittleren Bodenschichten zeichnen sich bei sämtlichen Forstkiesböden durch besonders niedrige Wassergehalte in cm^3 aus. Die gleiche Abfolge der Wassergehalte läßt sich auch bei einigen Lößlehmstandorten feststellen (Tabelle 3, Nr. 7, 12 und 13).

Bei allen Standorten nehmen die Wassergehalte bis auf die genannten Abweichungen von den oberen zu den unteren Bodenschichten ab. Von den Lößlehmstandorten zeichnet sich die Probestelle 13 durch besonders niedrige Wasservolumina aus.

Wassergehalte in % des Porenvolumens

Die Tabelle 3, in der auch die Wassergehalte in % des Porenvolumens dargestellt sind, zeigt, daß zur Zeit der Probennahme die Porenvolumina der mit Forstkies rekultivierten Böden meist weit weniger als zu einem Drittel, die der Lößlehmböden dagegen überwiegend zu mehr als zwei Drittel, häufig sogar über drei Viertel mit Wasser gefüllt waren.

Die niedrigsten Wassergehalte in % des Porenvolumens weisen die mittleren Bodenschichten der Forstkiesstandorte auf. Demgegenüber erreichen die gleichen Bodenschichten der Lößlehmboden überwiegend besonders hohe Werte. Wie beim Wassergehalt in cm^3 zeichnet sich die Probestelle 13 von allen Lößlehmstandorten auch hier durch besonders niedrige Werte aus.

Den hohen Wassergehalten in den Lößlehmböden entspricht das Auftreten zahlreicher Feuchtezeiger auf diesen Standorten. Die Forstkiesböden sind dagegen als ausgesprochen trocken zu bezeichnen. Hier wächst, wie bereits erwähnt, eine große Zahl trockene Standorte bevorzugender Arten.

Lagerungsdichte

Die Lagerungsdichte (in g/cm^3) in den obersten Bodenschichten liegt meist zwischen 1,2 und 1,5 (Tabelle 3). Wie bei den Festvolumina ist eine starke Zunahme der Lagerungsdichte mit wachsender Bodentiefe festzustellen. Bei etwa der Hälfte der Probestellen erreicht die Lagerungsdichte in mittleren Bodentiefen höhere Werte als in den untersten Bodenschichten. Dies bedeutet, daß in den mittleren Bodentiefen tatsächlich Bodenverdichtungen vorhanden sind, worauf bereits bei den entsprechenden Festvolumina hingewiesen wurde. Die oftmals ungleichmäßige Zunahme der Lagerungsdichte mit wachsender Bodentiefe ist somit gleichfalls als Hinweis anzusehen, daß ein „naturnaher" Entwicklungstand der Böden noch nicht erreicht ist.

Die hohen Lagerungsdichten in den mittleren Bodentiefen und die damit verbundene stärkere Verdichtung machen das Vorkommen der zahlreichen Feuchtezeiger auf den Lößlehmböden verständlich.

Tabelle 3. Eigenschaften unterschiedlicher Forstkies- und Lößlehmstandorte als Ausdruck ihrer Eignung für natürliche Waldgesellschaften (Probennahme 15.4.1989)

	Bergahorn-Bestand, mit Arten trockener Standorte	Bergahorn-Pappel-Bestand, mit Arten trockener Standorte	Ulmen-Pappel-Bestand, mit *Calamagrostis epigeios*	Durchschnittswerte für die Bestände auf Forstkies	Rotbuchen-Bestand, ohne weitere Arten	Stieleichen-Rotbuchen-Bestand, mit *Equisetum arvense* u.*Rubus caesius*	Pappel-Bestand, mit *Tussilago farfara* und *Rubus caesius*	Schwarzerlen-Pappel-Bestand, mit *Impatiens noli-tangere*	Pappel-Schwarzerlen-Bestand, mit *Rubus caesius* u.*Circaea lutetiana*	Schwarzerlen-Pappel-Bestand, mit *Urtica dioica*	Pappel-Schwarzerlen-Stieleichen-Bestand, mit *Tussilago farfara*	Pappel-Bestand, mit *Rubus caesius* und *Eupatorium cannabinum*	Pappel-Robinien-Bestand, mit Feuchtezeigern	Pappel-Bestand, mit *Dryopteris filix-mas*	Durchschnittswerte für die Bestände auf Lößlehm
Nr. der Vegetationsaufnahme	1	2	3		4	5	6	7	8	9	10	11	12	13	
Boden	Forstkies				Lößlehm										
Elektrische Leitfähigkeit (µS/cm)															
Bodentiefe															
0—10 cm	79	112	30	74	197	190	225	165	182	205	162	287	280	180	207
20—30 cm	41	100	54	65	153	155	160	132	170	170	137	153	231	159	166
40—50 cm	43	97	50	63	155	135	153	112	135	130	115	122	182	162	140
Kationen-Austauschkapazität (mval/100 g Boden)															
Bodentiefe															
0—10 cm	6,8	8,9	7,8	7,8	10,1	19,8	10,8	20,0	28,3	10,6	25,7	32,4	14,5	30,7	20,3
20—30 cm	5,6	12,5	7,2	8,4	11,5	32,0	12,9	20,0	20,7	18,9	24,6	29,2	12,6	23,4	20,6
40—50 cm	6,0	7,5	8,0	7,2	15,2	28,3	8,5	23,5	10,7	12,2	33,4	26,7	8,5	21,4	18,8
Carbonat-Gehalt ($CaCo_3$)															
Bodentiefe															
0—10 cm	0,1	0,3	0,1	0,2	1,3	4,7	6,2	0,3	4,9	7,7	1,4	7,0	8,1	1,0	4,3
20—30 cm	0,1	0,1	0,1	0,1	1,2	4,9	6,3	0,1	6,3	6,7	1,7	1,7	9,9	0,6	3,9
40—50 cm	0,1	0,3	0,1	0,2	1,2	5,6	7,1	0,4	6,4	7,4	2,2	2,2	9,2	1,8	4,4
Organische Substanz (Glühverlust)															
Bodentiefe															
0—10 cm	1,0	4,6	3,5	3,0	4,4	4,9	4,2	4,2	4,7	3,6	3,4	4,9	6,8	5,2	4,6
20—30 cm	0,5	1,7	0,6	0,9	2,5	1,9	2,6	3,9	2,4	2,1	2,0	1,2	3,7	2,5	2,5
40—50 cm	0,5	0,6	0,6	0,6	1,7	1,0	2,2	0,9	1,7	1,2	1,9	1,1	2,2	1,7	1,6

Festvolumen (cm³)															
Bodentiefe															
0— 5 cm	53,0	48,5	48,0	49,8	52,2	47,7	48,2	57,3	51,3	47,5	45,8	51,8	43,5	35,0	48,0
20—25 cm	67,0	62,0	57,3	62,1	69,6	61,7	60,2	68,5	64,7	58,8	57,8	63,0	52,8	45,3	60,2
45—50 cm	56,3	59,2	53,5	56,3	66,2	56,8	52,8	71,8	68,7	55,5	60,5	62,5	57,6	52,5	60,5
Porenvolumen (cm³)															
Bodentiefe															
0— 5 cm	47,0	51,5	52,0	50,2	47,8	52,3	51,8	42,7	48,7	52,5	54,2	48,2	56,5	65,0	52,0
20—25 cm	33,0	38,0	42,7	37,9	30,4	38,3	39,8	31,5	35,3	41,2	42,2	37,0	47,2	54,7	39,8
45—50 cm	43,7	40,8	46,5	43,7	33,8	43,2	47,2	38,2	31,3	44,5	39,5	37,5	42,4	47,5	39,5
Luftvolumen (cm³)															
Bodentiefe															
0— 5 cm	34,0	32,5	35,0	33,8	15,8	6,0	6,0	10,0	7,0	17,7	16,8	19,3	16,8	38,0	15,4
20—25 cm	29,4	29,0	32,5	30,3	5,0	4,2	4,2	10,3	2,3	7,2	11,0	8,2	13,2	30,0	9,6
45—50 cm	32,5	29,4	34,0	32,0	11,2	13,8	13,8	4,0	4,0	15,8	12,6	14,7	6,2	19,0	11,5
Wassergehalt (cm³)															
Bodentiefe															
0— 5 cm	13,0	19,0	17,0	16,3	32,0	46,3	45,8	32,7	41,7	34,8	37,4	28,9	39,7	27,0	36,6
20—25 cm	3,6	9,0	10,2	7,6	25,4	34,1	35,6	21,2	33,0	34,0	31,2	28,8	34,0	24,7	30,2
45—50 cm	11,2	11,4	12,5	11,7	22,6	29,4	33,4	24,2	27,3	28,7	26,9	22,8	36,2	28,5	28,0
Wassergehalt in % des Porenvolumens															
Bodentiefe															
0— 5 cm	27,7	36,9	32,7	32,4	66,9	88,5	88,4	76,6	85,6	66,3	69,0	60,0	70,3	41,5	71,8
20—25 cm	10,9	23,7	23,9	19,5	83,6	89,0	89,4	67,3	93,5	82,5	73,9	77,8	72,0	45,2	77,4
45—50 cm	25,6	27,9	26,9	26,8	66,9	68,1	70,8	85,8	87,2	64,5	68,1	60,8	85,4	60,0	71,8
Lagerungsdichte (g/cm³)															
Bodentiefe															
0— 5 cm	1,53	1,30	1,16	1,33	1,28	1,31	1,21	1,45	1,26	1,30	1,25	1,32	1,13	0,91	1,24
20—25 cm	1,64	1,65	1,52	1,60	1,80	1,70	1,73	1,78	1,76	1,63	1,64	1,64	1,46	1,24	1,64
45—50 cm	1,71	1,58	1,52	1,60	1,78	1,66	1,66	1,88	1,85	1,59	1,69	1,54	1,60	1,47	1,67
Korndichte (g/cm³)															
Bodentiefe															
0— 5 cm	2,88	2,68	2,42	2,66	2,45	2,74	2,51	2,53	2,46	2,73	2,72	2,55	2,60	2,60	2,59
20—25 cm	2,44	2,66	2,65	2,58	2,59	2,75	2,87	2,59	2,72	2,77	2,83	2,60	2,77	2,73	2,72
45—50 cm	3,04	2,67	2,84	2,85	2,69	2,92	3,14	2,61	2,69	2,86	2,79	2,46	2,77	2,80	2,77

Ob die durchschnittliche Lagerungsdichte von 1,33 für die Kiesböden und 1,24 für Lößböden charakteristisch für Waldböden auf diesen Standorten ist, läßt sich nur schwer beurteilen, da es auf vergleichbaren Substraten im Untersuchungsgebiet und der näheren Umgebung keinen Wald gibt. Nach Untersuchungen von Dierssen (1987) sowie Schmidt u. Wedeck (1991), die allerdings im Bereich anderer Bodentypen durchgeführt wurden, liegen die Lagerungsdichten der obersten Bodenhorizonte in Wäldern meist bei 1,0 und darunter. Die Lagerungsdichten der rekultivierten Standorte erreichen somit Werte, die eher für Grünland- und Ackerstandorte charakteristisch sind, und lassen erkennen, daß noch kein für Waldboden charakteristischer Zustand erreicht worden ist. Eine Ausnahme bildet der Standort Nr. 4, der in den obersten Bodenschichten eine Lagerungsdichte von 0,91 aufweist und somit schon als recht „naturnah" anzusprechen ist. Auch die Standorte Nr. 3 (Forstkies) und Nr. 12 (Lößlehmboden) scheinen in der Richtung einer „naturnahen" Entwicklung bereits vorangekommen zu sein.

Korndichte
Die durchschnittliche Korndichte (in g/cm^3, Tabelle 3) von Böden mit geringem Gehalt an organischer Substanz beträgt nach Mückenhausen (1985) sowie Scheffer u. Schachtschabel (1982) etwa 2,65 g/cm^3. Die Korndichten der untersuchten Böden liegen überwiegend in diesem Bereich. Mit wachsender Bodentiefe tritt meist eine deutliche Zunahme der Korndichten auf.

Zusammenfassend ist festzustellen, daß trotz des Fehlens geeigneter Vergleichsflächen in der Umgebung der Hochkippe eine Beurteilung zahlreicher Meßwerte im Hinblick auf den gegenwärtigen ökologischen Zustand der rekultivierten Böden möglich ist.

Bei den chemischen Bodendaten fällt auf, daß die Carbonat-Gehalte und die pH-Werte der tiefgründigen Lößlehmböden im Vergleich zu Parabraunerden ungewöhnlich hoch sind. Die stark schwankenden Carbonat-Gehalte und die ungleichmäßige Verteilung der Austauschkapazität sind als Hinweise auf die Heterogenität des Schüttmaterials und eine darauf beruhende unterschiedliche Bodenentwicklung anzusehen. Andererseits zeigt die Abnahme der organischen Substanz und die Zunahme der pH-Werte von den oberen zu den unteren Bodenschichten an, daß bereits eine Bodenentwicklung eingesetzt hat.

Die bodenphysikalischen Werte lassen erkennen, daß die gemessenen Luft- und Wassergehalte sowie die Lagerungsdichten sehr stark von den Eigenschaften gewachsener Waldböden abweichen. In einer Bodentiefe von 20–25 cm wurde eine verdichtete Schicht angetroffen, die sich durch extrem niedrige Luft- und besonders hohe Wassergehalte auszeichnet.

Die Forstkiesböden zeigen bei zahlreichen Bodeneigenschaften eine ähnliche Entwicklung, allerdings oftmals in stark abgeschwächter Form.

In dem gegenwärtigen Zustand sind auf den untersuchten Böden keine ökologisch ausgewogenen und naturnahen Waldbestände zu erwarten.

5
Klimaeigenschaften

Zur Ergänzung der ökologischen Bestandsaufnahme wurden schließlich noch Untersuchungen zum Klima in den Waldbeständen durchgeführt. Von den zahlreichen geländeklimatischen Eigenschaften konnten aus technischen und zeitlichen Gründen allerdings nur Boden- und Lufttemperaturen berücksichtigt werden. Bei der Auswahl der 7 Meßstandorte (Abb. 1) wurden nord- und südexponierte Flächen, Kies- und Lößlehmböden sowie Waldbestände mit geschlossenem und aufgelockertem Kronendach berücksichtigt. Es wurden folgende Standorte erfaßt:

- 1. Standort 1: Forstkiesboden, offener Waldbestand, Südexposition
- 2. Standort 2: Forstkiesboden, dichter Waldbestand, Südexposition
- 3. Standort 3: Forstkiesboden, offener Waldbestand, Nordwestexposition
- 4. Standort 12: Lößlehmboden, offener Waldbestand, Südexposition
- 5. Standort 4: Lößlehmboden, dichter Waldbestand, Südexposition
- 6. Standort 6: Lößlehmboden, offener Waldbestand, Nordexposition
- 7. Standort 13: Lößlehmboden, dichter Waldbestand, Nordexposition

An den gleichen Standorten wurden auch vegetationskundliche Bestandsaufnahmen und Untersuchungen zu den Bodeneigenschaften durchgeführt (Abb. 1).

Die Messung der Lufttemperaturen erfolgte in Höhen von 150, 30 und 1 cm oberhalb der Bodenoberfläche. Die Bodentemperaturen wurden in 2, 5, 20 und 50 cm Bodentiefe gemessen. Der Meßzeitraum betrug 24 h. Die Temperaturen wurden stündlich abgelesen. Alle Messungen erfolgten am 3. und 4. Mai 1989. Während des Meßzeitraumes traten weder Dunst, Nebel und Bewölkung noch stärkere Windbewegungen auf. Für die Messungen lagen somit sehr günstige Voraussetzungen vor. Aus Platzgründen ist es nicht möglich, sämtliche Meßdaten aufzuführen. Hier konnten nur die Temperaturmaxima und -minima sowie die Temperaturamplituden berücksichtigt werden (Tabelle 4).

Die Temperaturen in Waldbeständen, die ein mehr oder weniger geschlossenes Kronendach aufweisen und somit im Hinblick auf den Deckungsgrad der Baumschicht einen naturnahen Aufbau besitzen, zeichnen sich durch niedrige Maxima, hohe Minima und geringe Amplituden während eines Tagesganges aus. Ziel der

Temperaturmessungen war es zu prüfen, ob in den Waldbeständen auf der „Vollrather Höhe“ bereits eine Entwicklung in die genannte Richtung stattgefunden hat.

5.1 Bodentemperaturen

Der Tabelle 4 ist zu entnehmen, daß die Bodentemperaturen an allen Standorten während des Tages mit wachsender Bodentiefe allmählich abnehmen. Die höchsten Temperaturen treten, wie nicht anders zu erwarten, im Bereich der Südhänge auf. Eine Ausnahme bildet dabei der Standort 4. Es handelt sich um einen geschlossenen Buchenbestand, in dem weder Sträucher noch Kräuter wachsen. Der Boden ist mit einer dicken Schicht aus Laubstreu bedeckt, die den darunterliegenden Boden gegen eine Erwärmung abschirmt. Daher wurden hier in den obersten Bodenschichten trotz der südlichen Exposition die niedrigsten Temperaturen von allen Standorten gemessen. Der Buchenwald ist somit, jedenfalls im Hinblick auf die Bodentemperaturen, nicht mit den übrigen Meßpunkten des Untersuchungsgebietes zu vergleichen.

Mit Ausnahme des Standortes 4 (Buchenwald auf Lößlehm) weisen die Böden mit südlicher Exposition die mit Abstand höchsten Temperaturen auf. Selbst in Bodentiefen von 50 cm erreichen die Temperaturen hier noch um bis zu 5° C höhere Werte als in vergleichbaren Bodentiefen auf Nordhängen.

In der Nacht kommt es bei allen Böden, v. a. in den oberen Bodenschichten, zu einer mehr oder weniger starken Abkühlung. Sie ist besonders stark im Bereich der Forstkiesstandorte mit südlicher Exposition (Tabelle 4, Nr. 1 und 2). Das Ausmaß der Abkühlung läßt sich u. a. an den niedrigen Lufttemperaturen in Bodennähe (Tabelle 4) und an den hohen Temperaturamplituden ablesen (Tabelle 4).

Die besonders starke nächtliche Abkühlung der Forstkiesböden mit südlicher Exposition läßt sich weiterhin daran erkennen, daß die Temperaturminima hier von den oberen zu den unteren Bodenschichten zunehmen, während bei den Lößlehmböden meist eine umgekehrte Abfolge der Minima festzustellen ist.

Von Interesse sind ferner die Temperaturamplituden in den obersten Bodenschichten (2 cm Bodentiefe), da hier besonders hohe Schwankungen auftreten. Die Tagesamplituden erreichen in den Beständen auf den Südhängen mit Ausnahme des bereits erwähnten Buchenbestandes mit Werten zwischen 7,8 und 11,3° C die mit Abstand höchsten Werte. In allen Beständen mit nördlicher Exposition liegen die Amplituden dagegen nur zwischen 2,5 und 4,3° C. Der Buchenwald ohne Strauch- und Krautvegetation weist eine Tagesamplitude von 2° C auf.

Die ziemlich niedrigen Tagesamplituden in den obersten Bodenschichten der Lößlehmböden auf den Nordhängen und dem des Buchenwaldes auf dem Südhang sind als Zeichen dafür zu werten, daß bei größeren Teilen der mit Wald rekultivierten Standorte das Bodenklima, insbesondere die Bodentemperaturen, schon als recht „naturnah“ anzusprechen ist. Der Buchenwald ohne Strauch- und Krautschicht zeigt darüber hinaus, daß neben Bodenart und Wasserhaushalt auch die Laubstreubedeckung und der Deckungsgrad der Baumschicht die Bodentemperaturen entscheidend beeinflussen.

Vergleicht man die Bodentemperaturen der oberen Bodenschichten nicht nur unter Berücksichtigung der Expositionsunterschiede miteinander, sondern auch danach, ob geschlossene oder aufgelockerte Bestände bzw. Löß- oder Kiesböden vorhanden sind, ergeben sich meist ebenfalls bemerkenswerte Unterschiede.

5.2 Lufttemperaturen

Die Temperaturmaxima und -minima sowie die Temperaturamplituden der Lufttemperaturen sind ebenfalls in der Tabelle 4 dargestellt. Ihre Interpretation stößt jedoch häufiger als bei den Bodentemperaturen auf erhebliche Schwierigkeiten.

Die höchsten Lufttemperaturen wurden im Bereich der Südhänge gemessen. Ähnlich wie bei den Bodentemperaturen weisen die Lößlehmstandorte überwiegend niedrigere Maxima auf als die entsprechenden Forstkiesflächen. Auffällig ist jedoch, daß die höchsten Meßwerte im Bereich der Lößstandorte in Bodennähe, die im Bereich der Forstkiesböden dagegen in 150 cm über dem Boden liegen.

Die niedrigsten Minima der Lufttemperaturen treten ausnahmslos im Bereich der Forstkiese auf. Die höchsten Minima sind auf die Lößlehmböden beschränkt und lassen sich vorzugweise in Bodennähe feststellen. Die Unterschiede in den Minimumtemperaturen sind insgesamt verhältnismäßig gering, da sich die Werte der Lufttemperaturen während der nächtlichen Abkühlung allmählich einander angleichen.

Erhebliche Unterschiede lassen sich zwischen den Forstkies- und Lößlehmstandorten bei den Tagesamplituden feststellen. Im Bereich der Lößlehmstandorte treten wesentlich niedrigere Amplituden auf als bei den Forstkiesstandorten. Auffällig ist wiederum, daß die höchsten Amplituden im Bereich der Waldbestände auf Lößlehm in Bodennähe, bei den Probestellen auf Forstkies dagegen in 150 cm über dem Boden auftreten.

Zwischen der besonders starken Abkühlung der Forstkiesböden und den niedrigen Temperaturen der bodennahen Luftschichten im Bereich der gleichen

Tabelle 4. Luft- und Bodentemperaturen unterschiedlicher Kippenstandorte als Ausdruck ihrer Eignung für natürliche Waldgesellschaften (Meßzeitraum 3. und 4. Mai 1989)

	Bergahorn-Bestand, mit Arten trockener Standorte, aufgelockerter Bestand	Bergahorn-Pappel-Bestand, mit Arten trockener Standorte, aufgelockerter Bestand	Ulmen-Pappel-Bestand, mit *Calamagrostis epigeios*, dichter Bestand	Pappel-Robinien-Bestand, mit Feuchtezeigern, aufgelockerter Bestand	Rotbuchen-Bestand, ohne weitere Arten, dichter Bestand	Pappel-Bestand, mit *Tussilago farfara* und *Rubus caesius*, dichter Bestand	Pappel-Bestand, mit *Dryopteris filix-mas*, dichter Bestand
Nr. der Vegetationsaufnahme	1	2	3	12	4	6	13
Boden	Forstkies			Lößlehm			
Exposition	S	S	NW	S	S	N	N
Maxima der Lufttemperaturen (°C)							
Höhe über dem Boden							
1 cm	25,9	26,2	23,8	28,5	22,8	22,1	22,3
30 cm	29,5	28,1	24,2	27,8	22,5	21,4	21,9
150 cm	29,1	29,0	26,8	25,0	14,9	18,8	19,9
Maxima der Bodentemperaturen (°C)							
Bodentiefe							
2 cm	22,6	22,6	14,8	20,5	12,1	13,5	13,2
5 cm	19,9	20,3	13,5	19,4	11,8	12,2	12,6
20 cm	16,6	16,7	12,1	17,1	11,3	10,9	12,1
50 cm	12,9	13,1	10,3	12,0	9,3	9,0	10,0
Minima der Lufttemperaturen (°C)							
Höhe über dem Boden							
1 cm	8,8	9,7	9,1	10,4	10,6	10,4	10,2
30 cm	8,2	9,1	8,5	10,2	10,2	10,0	9,7
150 cm	9,2	10,0	8,8	12,2	10,3	10,0	9,9
Minima der Bodentemperaturen (°C)							
Bodentiefe							
2 cm	11,3	11,9	10,5	12,7	10,1	10,2	10,6
5 cm	11,7	12,1	10,4	12,7	10,1	10,2	10,7
20 cm	12,2	12,4	10,8	12,9	10,0	9,8	10,7
50 cm	12,0	13,1	10,1	11,2	8,9	8,5	9,5
Tagesamplituden der Lufttemperaturen (°C)							
Höhe über dem Boden							
1 cm	17,1	16,5	14,7	18,1	12,2	11,7	12,1
30 cm	21,3	19,0	15,7	17,6	12,3	11,4	12,2
150 cm	19,9	19,0	18,0	12,8	4,6	8,8	10,0
Tagesamplituden der Bodentemperaturen (°C)							
Bodentiefe							
2 cm	11,3	10,7	4,3	7,8	2,0	3,2	2,5
5 cm	8,2	8,2	3,1	6,7	1,7	2,0	1,9
20 cm	4,4	4,3	1,3	4,2	1,3	1,1	1,4
50 cm	0,9	0,0	0,2	0,8	0,4	0,5	0,5

Standorte ist mit engen Beziehungen zu rechnen. Der geringe Wassergehalt der Forstkiesböden dürfte für die erhebliche Abkühlung eine bedeutende Rolle spielen. Das Ausmaß der Abkühlung der bodennahen Luft bzw. der Kaltluftbildung läßt sich einmal an den besonders niedrigen Lufttemperaturen in Bodennähe (Tabelle 4) und den hohen Temperaturamplituden (Tabelle 4) ablesen, zum anderen aber auch an der Differenz zwischen den Minima der Lufttemperaturen in 1 cm über dem Boden und den Minima der Temperaturen in 2 cm Bodentiefe erkennen (Tabelle 4). Im Bereich der Forstkiese erreichen die Temperaturdifferenzen Werte zwischen -1,4 und -2,5°C (Tabelle 4). Einen ähnlich niedrigen Wert besitzt auf Lößlehm mit - 2,3° C der aufgelockerte Baumbestand Nr. 12. Die Temperaturdifferenzen im Bereich der übrigen Lößlehmstandorte sind jedoch deutlich geringer. 2 der 4 Standorte auf Lößlehm (Nr. 4 und 6) weisen mit + 0,5 und + 0,2° C sogar positive Temperaturdifferenzen auf. An den Standorten mit positiven Werten dürfte sich, abgesehen von der normalen Abkühlung, so gut wie keine zusätzliche Kaltluft gebildet haben.

Es ist damit zu rechnen, daß die Standorte mit verstärkter Kaltluftbildung auch Bereiche mit einer erhöhten Gefährdung durch Früh- und Spätfröste darstellen.

Die Boden- und Lufttemperaturen lassen erkennen, daß in geschlossenen Baumbeständen das Bestandsklima bereits als relativ „naturnah" anzusprechen ist. Alle übrigen forstlich rekultivierten Flächen sind von diesem Zustand noch weit entfernt. Die Beurteilung wird jedoch dadurch erschwert, daß auch die Exposition und das für die Rekultivierung verwendete Gesteins- und Bodenmaterial sowie die Bodenart und der jeweilige Wassergehalt die klimatischen Eigenschaften erheblich beeinflussen.

6 Maßnahmen zur Verbesserung des ökologischen Zustandes

Oben wurde dargelegt, daß im Bereich der forstlich rekultivierten Flächen der „Vollrather Höhe" die Bodeneigenschaften und meist auch die boden- und luftklimatischen Eigenschaften, v. a. aber die Artenzusammensetzung der heute vorhandenen Waldbestände, etwa 20–30 Jahre nach der Rekultivierung noch ziemlich naturfern sind. Es stellt sich die Frage, ob es möglich ist, die gegenwärtige Situation zu verbessern.

Zunächst gibt es die Möglichkeit, die nicht bodenständigen Baumarten wie *Alnus glutinosa*, *Populus spec.* und *Ulmus carpinifolia* allmählich aus den Beständen zu entfernen und durch *Fagus sylvatica* zu ersetzen. Vielleicht genügt es in vielen Fällen auch, *Fagus sylvatica* durch verstärktes Nachpflanzen zu fördern und ihr damit im Laufe der Sukzession die Vorherrschaft in den Waldbeständen zu ermöglichen. Dadurch dürfte sich im Laufe der Zeit auch die Artenzusammensetzung der Krautschicht ändern. Allerdings ist dabei kaum zu erwarten, daß die Zahl der Waldarten zunimmt.

Bereits im Jahre 1975 wurde von Wedeck im Rahmen der forstlichen Rekultivierung der Außenkippe „Sophienhöhe" des Tagebaues Hambach vorgeschlagen zu prüfen, ob Oberbodenmaterial aus dem Gebiet des Hambacher Forstes für die Rekultivierung verwendet werden kann, um die Leistungsfähigkeit der Standorte zu erhöhen und möglichst vielen Arten aus dem Bereich des Tagebaues neue Lebensmöglichkeiten zu bieten. Im Jahre 1984 wurde erstmals eine Verbringung von Bodenmaterial aus dem Hambacher Forst durchgeführt (Wolf 1987). Welchen Erfolg derartige Maßnahmen auf die Dauer haben, bleibt jedoch abzuwarten.

Auf einigen forstlich rekultivierten Flächen der „Vollrather Höhe", insbesondere auf Lößstandorten, hat sich bereits eine ziemlich dichte Krautschicht entwickelt, in der an einigen Stellen auch Waldarten eine Rolle spielen. Hier dürften gute Chancen bestehen, durch eine Verbringung von geeignetem Waldbodenmaterial eine große Zahl weiterer Waldarten anzusiedeln. Wahrscheinlich würden bereits kleine Flächen als Initialbereiche für die weitere Ausbreitung genügen. Auch die boden- und luftklimatischen Eigenschaften dürften sich im Laufe der weiteren Entwicklung verbessern.

7 Zusammenfassung

In der vorliegenden Arbeit wurde der heutige ökologische Zustand der mit Wald rekultivierten Flächen der Hochkippe „Vollrather Höhe" bei Grevenbroich untersucht.

Zunächst wurde auf die reale Vegetation und die heutige potentielle natürliche Vegetation eingegangen. Zur Ergänzung wurden an ausgewählten Stellen außerdem einige wichtige Bodeneigenschaften untersucht und die Boden- und Lufttemperaturen während eines 24stündigen Meßzeitraumes erfaßt.

Der Vergleich zwischen den heutigen Baumbeständen und der heutigen potentiellen natürlichen Vegetation im Bereich der forstlich rekultivierten Flächen zeigt, daß die heutigen Waldbestände in ihrer Artenzusammensetzung noch nicht als naturnah oder ökologisch ausgewogen anzusprechen sind. Besonders weit entfernt von einer naturnahen Entwicklung sind dabei die Bestände auf Kiesstandorten.

Auch die Bodeneigenschaften weisen durchweg darauf hin, daß ein naturnaher Zustand noch nicht erreicht worden ist. Dagegen lassen die Boden- und Lufttemperaturen wenigstens an einigen Stellen eine etwas günstigere Entwicklung erkennen. Insgesamt ist jedoch festzustellen, daß der heutige Zustand der forstlich rekultivierten Flächen im Bereich der „Vollrather Höhe" aus ökologischer Sicht als ungünstig zu bezeichnen ist.

Abschließend wurde vorgeschlagen, durch Einbringung von geeignetem Waldboden eine Entwicklung der forstlich rekultivierten Flächen zu einer größeren Naturnähe einzuleiten.

LITERATUR

Bendermacher J (1964) Die landschaftliche Gestaltung der im Stadtgebiet Grevenbroich entstehenden Hochhalde Vollrath. In: 10 Jahre Landschaftspflege im Rheinland 1953–1963. Schriftenreihe Minister für Landesplanung, Wohnungsbau und öffentliche Arbeiten des Landes NRW, S 87–100. Düsseldorf

Darmer G (1979) Landschaft und Tagebau, Bd 1. Ökologische Leitbilder für die Rekultivierung. 150 S, Patzer, Berlin Hannover

Dierssen J (1987) Über den Einfluß der Nutzung auf einige ausgewählte Bodeneigenschaften und die Bedeutung von Bodenveränderungen für Fragen der Landespflege - dargestellt an Beispielen aus dem Raum Höxter. 144 S, Höxter (unveröffentlichte Diplomarbeit)

Dilla L (1983) Die forstliche Rekultivierung im Rheinischen Braunkohlenrevier. Geschichte der Rekultivierungsperioden und künftige Zielsetzung. Allgemeine Forstzeitschrift 48: 1278–1283

Heide G, Schalich J (1975) Boden. In: Gutachten des Geologischen Landesamtes Nordrhein-Westfalen über die Auswirkungen des geplanten Tagebaues Hambach auf die Umwelt. Krefeld

Hochhäuser H (1966) Die geologische Zusammensetzung des Kippenmaterials und dessen Berücksichtigung bei der forstlichen Rekultivierung. Braunkohle, Wärme und Energie 1: 7–14. Düsseldorf

Horbert M, Schäpel C (1986) Klimatische Untersuchungen an Berghalden im Ruhrgebiet. Hrsg: Kommunalverband Ruhrgebiet, Essen, 55 S

Landesvermessungsamt Nordrhein-Westfalen (Hrsg) (1987) Topographische Karte 1 : 25 000, 4905 Grevenbroich

Mückenhausen E (1985) Die Bodenkunde und ihre geologischen, geomorphologischen, mineralogischen und petrologischen Grundlagen. 579 S, DLG-Verlag, Frankfurt am Main

Scheffer F, Schachtschabel P (1982) Lehrbuch der Bodenkunde, 11., neu bearb Aufl. Schachtschabel P, Blume H-P, Hartge K-H, Schwertmann M (Hrsg) 425 S, Enke, Stuttgart

Schmidt, Wedeck H (1991) Umweltverträglichkeitsprüfung zur Erweiterung eines Golfplatzes bei Sprockhövel. Schr. Reihe Landespflege Höxter 2, 65 S, Höxter

Seemann J (1970) Die agrarmeteorologischen Verhältnisse auf Hochhalden des Rheinischen Braunkohlengebietes. Die Landschaftspflege in der Raumordnung, S 41–57, Bonn

Trautmann W et al. (1973) Vegetationskarte der Bundesrepublik Deutschland 1 : 200 000 - Potentielle natürliche Vegetation - Blatt CC 5502 Köln. Schr. Reihe Vegetationskunde 6, 172 S, Bonn-Bad Godesberg

Wedeck H (1975) Ökologisches Gutachten zum geplanten Braunkohlentagebau Hambach. Teil Vegetation, 47 S, Aachen (unveröffentlicht)

Winter K (1983) Bodentypen und Bodenmaterial für die forstwirtschaftliche Rekultivierung. Allgemeine Forstzeitschrift 48: 1283–1286

Wittig R et al. (1985) Die Buchenwälder auf den Rekultivierungsflächen im Rheinischen Braunkohlenrevier - Artenkombination, pflanzensoziologische Stellung und Folgerungen für zukünftige Rekultivierungen. Angew. Botanik 59: 95–112

Wolf G (1987) Untersuchungen zur Verbesserung der forstlichen Rekultivierung mit Altwaldboden im Rheinischen Braunkohlenrevier. Natur und Landschaft 9: 364–368

Freie Sukzession und forstliche Rekultivierung[1]

GOTTHARD WOLF

1 Einführung

Bei den großflächigen Eingriffen des Braunkohlentagebaues in den Landschaftshaushalt werden Lebensgemeinschaften mit ihrem vielfältigen Mosaik an Lebensstätten zerstört und im weiten Umfeld durch Veränderungen der Standorte mehr oder minder beeinträchtigt. Pflanzen, Tiere und Mikroorganismen sowie standorttypische Bodenprofile werden großenteils vernichtet. Das entstehende Massendefizit nach der Braunkohlengewinnung, die Störung der hydrologischen Verhältnisse und die komplizierten Prozesse der Boden- und Vegetationsentwicklung bis zur Neubildung eines Waldes lassen es eher fraglich erscheinen, ob es immer gelingt, eine dauerhaft intakte, nachhaltig nutzbare Kulturlandschaft an unsere Nachkommen zu übergeben.

Anstelle der gewachsenen Kulturlandschaft entsteht nach dem Abbau der Braunkohle eine Bergbaufolgelandschaft, deren Gestaltung in der Verantwortung des Menschen liegt. Das Leitbild für die Gestaltung der Bergbaufolgelandschaft ist im großen und ganzen die Form der Landnutzung, wie sie vor der Zerstörung bestanden hat. Langfristig soll sogar eine ökologische Aufwertung erreicht werden.

Bei der forstlichen Rekultivierung ist die Wiederherstellung einer intakten Waldlebensgemeinschaft (Bairlein et al. 1989) mit nachhaltiger Funktionsfähigkeit (Artenvielfalt, Stoffkreisläufe, Filter-, Speicher- und Pufferfunktionen), hoher Produktionsfähigkeit sowie Stabilität gegenüber Belastungen gemeinsames Ziel von Naturschutz und Forstwirtschaft.

Anliegen des folgenden Beitrages ist es, bei der forstlichen Rekultivierung von Kippen stärker als bisher spontane Ansiedlungs- und Sukzessionsprozesse zu berücksichtigen und damit die Entwicklung einer naturnahen Waldlebensgemeinschaft zu fördern.

[1] Herrn Dr. Dr. h. c. Wilhelm Lohmeyer gewidmet, der die Sukzessionsuntersuchungen stets gefördert und mit Interesse begleitet hat.

2 Pflanzenbesiedlung und Vegetationsentwicklung auf Rohböden

2.1 Abiotische Voraussetzungen

Die Bodensubstrate, welche für die forstliche Rekultivierung gewöhnlich an der Oberfläche verkippt werden, können verschiedenen geologischen Formationen angehören und werden nach ihrem „Kulturwert“, d. h. nach ihren für das Pflanzenwachstum geeigneten chemischen und physikalischen Eigenschaften bewertet.

Um ihre Eignung für das Waldwachstum zu verbessern, werden oft auch Mischböden aus unterschiedlichen geologischen Altersstufen bzw. Schichten verkippt. Bodensubstrate ohne Humus und bodenbürtiges Samenreservoir, die überwiegend aus größeren Tiefen stammen, keine Horizontgliederung zeigen oder teilweise nur mit einem geringen Anteil belebten Bodens vermischt sind, werden als Rohboden bezeichnet. Feinbodenanteile, Wasserkapazität, Porenvolumen, Humus- sowie Nährstoffgehalt und pH-Wert sind wichtige Kennwerte der Rohböden.

Darüber hinaus begrenzen Klimafaktoren (Niederschläge, Extremtemperaturen), welche durch Reliefgestaltung oft verstärkt oder abgeschwächt werden, die neuerliche Pflanzenbesiedlung und Vegetationsentwicklung.

2.2 Diasporeneintrag als Voraussetzung für die spontane Sukzession

Unter günstigen Bedingungen (Bodensubstrat, Wasserhaushalt, Relief, Diasporeneintrag) werden die verkippten Abraummassen und ausgekohlten Flächen als konkurrenzfreier Raum durch Pflanzen und Tiere spontan besiedelt. Verschiedene Entwicklungsstadien standortabhängiger Lebensgemeinschaften lösen einander ab und führen schließlich zur Dominanz der Holzgewächse.

Zum Zeitpunkt der Verkippung sind diese Rohböden unbelebt und frei von Diasporen, sofern es sich nicht um Mischsubstrate aus belebten Böden mit einem Vorrat an keimfähigen Samen handelt. Die Pflanzenbesiedlung solcher Rohböden aus grösseren Tiefen erfolgt durch Diasporeneintrag von außen, d. h. den Eintrag lebensfähiger Verbreitungseinheiten aus dem näheren oder ferneren Umfeld. Vom Wind verbreitete Pflanzen, deren Samen sehr leicht sind oder mit besonderen Flugeinrichtungen ausgestattet sind wie z. B. luftgefüllte Hohlräume, flügelartige oder behaarte Anhängsel, gehören v. a. zu den Erstbesiedlern (z. B. viele Compositen). Andere Verbreitungseinheiten (Diasporen) und Organismen werden durch Wasser, Tiere und den Menschen ebenfalls mehr oder weniger zufällig verfrachtet und „angelandet“.

Die Eigenschaften des Bodensubstrates, der Witterungsverlauf und die spezifischen Keimungs- und Wachstumsbedingungen sind entscheidend dafür, ob sie sich auf „Neuland“ erfolgreich ansiedeln.

Die häufigsten Erstbesiedler der verkippten Rohböden sind in Tabelle 1 zusammengestellt. Die verkippten Bodensubstrate haben nach vier Jahren einen sehr unterschiedlichen Bedeckungsgrad der Vegetation: Tertiäre Sande sind noch unbesiedelt, während die tertiären Tone bereits zu über 30 %, die pleistozänen Kiese und Sande zu etwa 15 % und schließlich der „Forstkies“ zu etwa 60 % mit Kräutern und Gräsern bedeckt sind. Innerhalb der ersten vier Jahre nach der Verkippung des Rohbodens siedeln sich sowohl kurzlebige als auch ausdauernde Kräuter, Gräser und Holzgewächse an. Meist gewinnen anfangs ein- und zweijährige Arten kurzzeitig die Vorherrschaft (z.B. *Poa annua, Conyza canadensis, Polygonum aviculare, Senecio viscosus*). Sie tragen durch ihr intensives Wurzelwachstum zur Erschließung des Bodens bei und werden später (meist nach zwei Jahren) durch mehrjährige Pflanzenarten, oft mit unterirdischen Ausbreitungsorganen (Rhizome, z. B. *Calamagrostis epigejos, Tussilago farfara*), abgelöst.

Auch wenn die Holzgewächse durch den Wind ebenfalls schon früh angesamt werden (Tabelle 2), verdrängen sie wegen ihrer langsamen Anfangsentwicklung erst später, meist erst nach 5–10 Jahren, die krautigen Pflanzen.

Mischsubstrate mit größerem Anteil von Böden aus dem ehemals ackerbaulich genutzten Vorfeld der Aussenkippe Sophienhöhe („Forstkies“) enthalten einen hohen Anteil von Ackerwildkräutern als keimfähige Samen im Boden, die bereits im ersten Jahr nach der Verkippung aspektbildend auftreten können (z. B. *Polygonum aviculare, Chenopodium album, Chamomilla recutita, Cirsium arvense, Tussilago farfara, Equisetum arvense, Agropyron repens*; Tabelle 1). Dazu gesellen sich weitere Arten aus der näheren Umgebung, die durch den Wind eingetragen werden.

Das Artenspektrum der Erstbesiedler ist somit von dem Zusammenspiel zwischen dem Angebot von Verbreitungseinheiten (Diasporen) der umgebenden Vegetation, deren Ausbreitungsmöglichkeiten (vgl. Fabijanowski u. Zarzycki 1969) und dem im Boden gespeicherten Samenreservoir abhängig.

Hanf (1937) fand in Abhängigkeit von den verkippten Bodenarten (Ton, Lehm, Kies) unterschiedliche Artenspektren der Erstbesiedlung bei vergleichbarem Samenangebot. Auf Standorten unterschiedlicher Bodenarten kommen unterschiedliche Initialgesellschaften vor (Klemm 1966; Dorsch u. Dorsch 1987).

Die Besiedlung der Rohböden erfolgt nicht kontinuierlich, sondern läßt bald nach. Auf einem kiesig-sandigen diasporenfreien Rohboden der Innenkippe „Fortuna“ hat sich mehr als die Hälfte aller Gefäßpflanzen, welche in einem Zeitraum von 19 Jahren registriert wurden, schon in den ersten vier Jahren eingestellt (Tabelle 2). Es waren zu über 90 % durch den Wind verbreitete Blütenpflanzen *(Anemochore)*. An der Pionierbesiedlung durch Gehölze haben – wie bei den krautigen Pflanzen – anfangs die durch den Wind verbreiteten Arten den größten Anteil *(Betula pendula, Salix spec., Populus spec.)*. Auf der isolierten Innenkippe wurde der Sameneintrag durch Vögel (Eicheln und den Verdauungstrakt passierende Samen; *Zoochore*) erst wirksam, nachdem die vom Wind eingetragenen Birken einen Wachstumsvorsprung von 7–10 Jahren und Wuchshöhen über 3 m erreicht hatten, so daß die Vögel darauf rasten und Samen verlieren (Abb. 1).

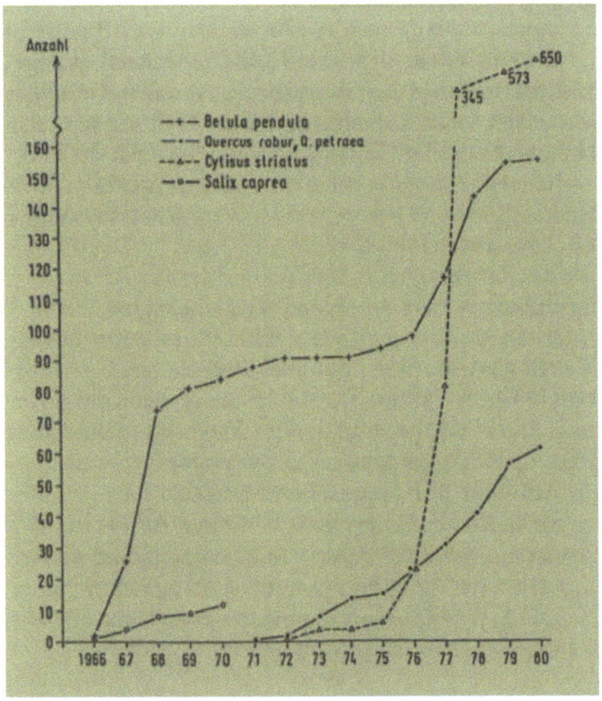

Abb. 1. Kumulative Häufigkeit von Gehölzsämlingen auf einer kiesig-sandigen Rohbodenfläche (Innenkippe „Fortuna“ – 0,6 ha) im Verlauf der Sukzession von 1966–1980 (*Cytisus striatus* nur auf 0,2 ha Flächen aufgenommen; Wolf 1985)

Tabelle 1. Häufige Pionierpflanzen auf Rohböden im Rheinischen Braunkohlenrevier

	Samen gew. (mg)	Innenkippe Fortuna		Außenkippe Sophienhöhe		
		Kiese, Sande (Quartär)		Ton (Tertiär)	Sand (Tertiär)	„Forstkies" (Lößlehm) (Acker)
Zeitraum:		(1966-1969)	(1984-1987)	(1990-1993)		
Deckungsgrad KG %		10-20	10-15	30-40	0	50-60
Kurzlebige Arten:						
Poa annua	0,26	***	**	*	-	**
Conyza canadensis	0,05	***	**	+	-	*
Senecio vulgaris	0,25	***	*	*	-	*
Senecio viscosus	0,60	***	-	-	-	-
Vulpia myuros	(0,30)	**	**	+	-	-
Polygonum aviculare	1,45	*	**	*	-	***
Chamomilla recutita	0,06	-	+	-	-	***
Chenopodium album	0,77	-	+	+	-	**
Arenaria serpyllifolia	0,06	*	-	-	-	+
Cirsium vulgare	2,64	+	+	-	-	*
Alopecurus myosuroides	(2,30)	-	+	+	-	*
Stellaria media	0,35	+	+	-	-	*
Corynephorus canesc.[a]	(0,11)	-	**	-	(+)	-
Sisymbrium altissimum	0,25	-	*	***	-	+
Matricaria maritima	0,35	-	-	**	-	+
Ausdauernde Arten:						
Epilobium angustif.	0,44	***	+	-	-	+
Calamagrostis epigejos	(0,3)	**	**	**	-	+
Festuca trachyphylla[a]	(1,1)	**	-	-	-	-
Cirsium arvense	1,17	-	+	-	-	***
Tussilago farfara	(0,3)	*	+	***	-	***
Epilobium adnatum		-	+	+	-	**
Agropyron repens	2,02	-	-	-	-	**
Equisetum arvense		-	-	-	-	**
Epilobium montanum	0,13	*	-	-	-	-
Lolium perenne[a]	1,79	*	+	*	-	-
Arrhenatherum elatius	2,39	*	-	-	-	-
Dactylis glomerata	0,51	*	-	-	-	-
Senecio inaequidens		-	*	*	(+)	*
Artemisia vulgaris	0,12	+	*	-	-	-
Poa trivialis	0,09	+	+	+	-	+
Thypha latifolia	0,03	-	-	**	-	-
Gehölze:						
Salix caprea	0,1	*	-	+	-	**
Betula pendula	1,3	**	-	-	-	*
Salix viminalis		-	-	+	-	+
Populus spec.		-	+	-	-	-

[a] Aus Aussaaten in der Umgebung. *** sehr häufig, oft dominant, ** sehr häufig, * häufig, + vereinzelt

Tabelle 2. Besiedlung eines kiesig-sandigen Rohbodens durch Blütenpflanzen im Verlauf von 19 Jahren (Innenkippe „Fortuna" — 0,6 ha; nach Daten aus Wolf 1985)

Zeitraum	Anzahl der Pflanzenarten Bäume Sträucher	Kräuter Gräser	davon: *Kurzlebige 1- und 2jährige*	*Ausdauernde*	Summe
1965 - 1968	6	53	*20*	*33*	59
1969 - 1972	4	11	*2*	*9*	15
1973 - 1977	3	3	*3*	*0*	6
1978 - 1981	0	2	*0*	*2*	2
1982 - 1984[b]	3	5	*2*	*3*	8
Summe	16	74	*27*	*47*	90

[b] Störung der Fläche durch Zaunerneuerung

Auch die Tätigkeit des Menschen (Ansaaten, Pflanzungen in der nahen Umgebung) kann die Besiedlung beabsichtigt oder unbeabsichtigt beeinflussen, wie das Beispiel von *Cytisus striatus* zeigt (Abb. 1). Nachdem der von der Iberischen Halbinsel eingeführte und zum Erosionschutz ausgebrachte Streifenginster die gezäunte Fläche erreicht hatte, breitete er sich dort schlagartig aus, weil er nicht durch Wildverbiß eingeschränkt wurde.

Die Erstbesiedlung von Böden mit einem Vorrat keimfähiger Samen (z. B. Acker-, Grünland- oder Waldböden) wird dagegen für gewöhnlich von den darin enthaltenen Diasporen eingeleitet. Auf verkippten Ackerböden dominieren anfangs Ackerwildpflanzen und Ruderalarten. Auf verkippten Waldböden und auf Rohböden, die mit humosem Oberboden aus dem Altwald geimpft wurden, gelangen zuerst Schlag- und Waldpflanzen zur Vorherrschaft (Tabelle 4). Gleichzeitig werden Diasporen aus der Umgebung eingeweht.

2.3 Lebensformen und Besiedlungsdauer

Rohböden, die keine keimfähigen Samen enthalten, werden zufällig als vegetationsfreie Fläche von den zuerst angekommenen und überlebensfähigen Pflanzen besiedelt. Der Eintrag von Diasporen („Diasporenregen") erfolgt unabhängig von der Lebensform, welcher die Pflanzen angehören. Die Ansiedlung von Holzgewächsen, ausdauernden oder kurzlebigen Kräutern und Gräsern kann gleichzeitig erfolgen. Mit zunehmender Dichte des Diasporeneintrages und artgerechten Keimungs- und Wachstumsbedingungen verbessert sich der Ansiedlungserfolg. Die Vermehrungs- und Wachstumsstrategien der Arten entscheiden unter den jeweiligen Standortbedingungen, welche Arten sich durchsetzen. Die ein- und zweijährigen Pionierbesiedler wachsen sehr schnell und bilden in sehr kurzer Zeit große Mengen Samen (Prach 1988), die ihre erfolgreiche Ausbreitung sichern (r-Strategen). Doch gewöhnlich wird ihr Wuchsplatz mit der Zeit von ausdauernden Arten eingenommen. Diese vermehren sich generativ und sind dazu oft auch zu vegetativer Ausbreitung befähigt (k-Strategen). Ihr Konkurrenzvorteil beruht u. a. darauf, daß sie die Wuchsplätze in der darauffolgenden Vegetationsperiode bereits mit ihren Überdauerungsorganen besetzt haben, während die kurzlebigen Arten meist als Samen oder Keimlinge überwintern und noch das empfindliche Keimlingsstadium überstehen müssen.

Unter den zufällig angesamten oder auch künstlich eingebrachten Pionierpflanzen findet ein Wettbewerb statt, bei dem letztlich die Überlegenheit längerer Lebensdauer und Wuchshöhe der Holzgewächse entscheidet.

Die Artenverteilung nach der Dauer der Besiedlung (Tabelle 3) zeigt, daß im Verlauf einer 19jährigen Besiedlungsdauer von den eingewanderten Pflanzenarten nur etwa ein Drittel 10 Jahre und länger überdauerte.

Die größte Zahl der Kurzzeitbesiedler sind Arten stickstoffliebender Wildkrautgesellschaften. Ihr Rückgang ist vermutlich auf Veränderungen der Bodenverhältnisse (z. B. Verdichtung) zurückzuführen. Arten der Sandmagerrasen sind auf dem kiesig-sandigen Rohboden am besten angepaßt und zählen neben den Holzgewächsen zu den Langzeitbesiedlern.

Verschlämmung, Verkrustung oder auch hoher Benetzungswiderstand der vegetationsfreien Bodenoberfläche sowie Verdichtung und Erosion des Oberbodens führen vermutlich zu einem raschen Rückgang der Pflanzenansiedlung und zu verminderter Wuchsleistung der kurzlebigen Pionierbesiedler. Die Keimungs- und Wachstumsbedingungen werden ungünstiger. Nach einer Lockerung (Störung) des Oberbodens stellen sich bald erneut zahlreiche Sämlinge ein (Wolf 1985, S. 107 ff.).

2.4 Konkurrenzwirkungen und Akkumulation organischer Substanz

Veränderungen des Oberbodens und Konkurrenzwirkungen führen nach der Erstbesiedlung durch verschiedene Pflanzenarten zu einer Abfolge verschiedener Stadien der Vegetationsentwicklung. Auf lehmigen Kipp-Böden („Forstkies") kommt es nach 2–4 Jahren zur Ablösung kurzlebiger Acker- und Ruderalpflanzen (Gesellschaftsklasse *Chenopodietea* und *Secalietea*) durch wenige ausdauernde Ruderal- und Schlagarten (Gesellschaftsklasse *Artemesietea* und *Epilobietea*). Ihr Deckungsgrad steigt kaum über 60 %, und die Bestände bleiben demzufolge lückig (Tabelle 4).

Auf den mit Oberboden aus dem Altwald geimpften, d. h. 5–10 cm dick mit humosem Oberboden bedeckten Forstkies-Parzellen gewinnen bereits nach zwei Jahren die Schlag- und Waldpflanzen (Gesellschaftsklasse *Epilobietea* und *Carpino-Fagetea*) die Oberhand über die Acker- und Ruderalpflanzen. Auf den bepflanzten Parzellen [mit Buche (BU) + Waldboden (WB)] steigt die Strauchschichtdeckung schnell bis über 50 % und führt durch zunehmende Konkurrenz um Licht, Wasser und Nährstoffe nach dem fünften Jahr zu einem Rückgang der krautigen Bodenvegetation (Abb. 2). Auf den unbepflanzten und nicht geimpften 0-Parzellen [ohne Pflanzung (PFL) mit Waldboden (WB)] entwickeln sich die angesamten Gehölze nur zögerlich und erreichen im sechsten Sukzessionsjahr erst Werte über 10 % Dekkung. Unter der Konkurrenz der Schlagpflanzen (ohne PFL mit WB) wird die spontane Gehölzentwicklung anfänglich sogar noch mehr verzögert. Mehrfaches Aufwühlen des Bodens durch Wildschweine, anfangs v. a. auf den nicht geimpften Parzellen, ruft dort starke Schwankungen in den Deckungswerten der Krautschicht hervor. Die Anzahl der Gefäßpflanzen gleicht sich im dritten Jahr auf geimpften und nicht geimpften Parzellen an. Es überwiegen weiterhin Schlag- und Waldpflanzen auf den geimpften, und Acker- und Ruderalpflanzen sowie Landreitgras auf den nicht geimpften Parzellen (Tabelle 4).

Auf armen, kiesig-sandigen Rohböden dagegen bildete sich unter lichtem Birkenbestand nach etwa zehn Jahren eine geschlossene Moosdecke (*Campylopus introflexus*, *Polytrichum spec.*; Wolf 1985). Auf diesem Standort mit sehr geringer Wasserkapazität (nutzbare Feldkapazität ≈ 6 %) wird durch die Moosdecke die unproduktive Verdunstung (Evaporation) erhöht und die Versickerung der Niederschläge gemindert. Das führt zu einer durch den Minimumfaktor Wasser begrenzten Phytomassebildung und zu einer verminderten Neuansiedlung von Pflanzen (Regh 1990).

Zwischen der Boden- und Vegetationsentwicklung besteht eine enge Wechselwirkung. Die Lebewesen im Boden, welche am Abbau des Bestandsabfalles (Minera-

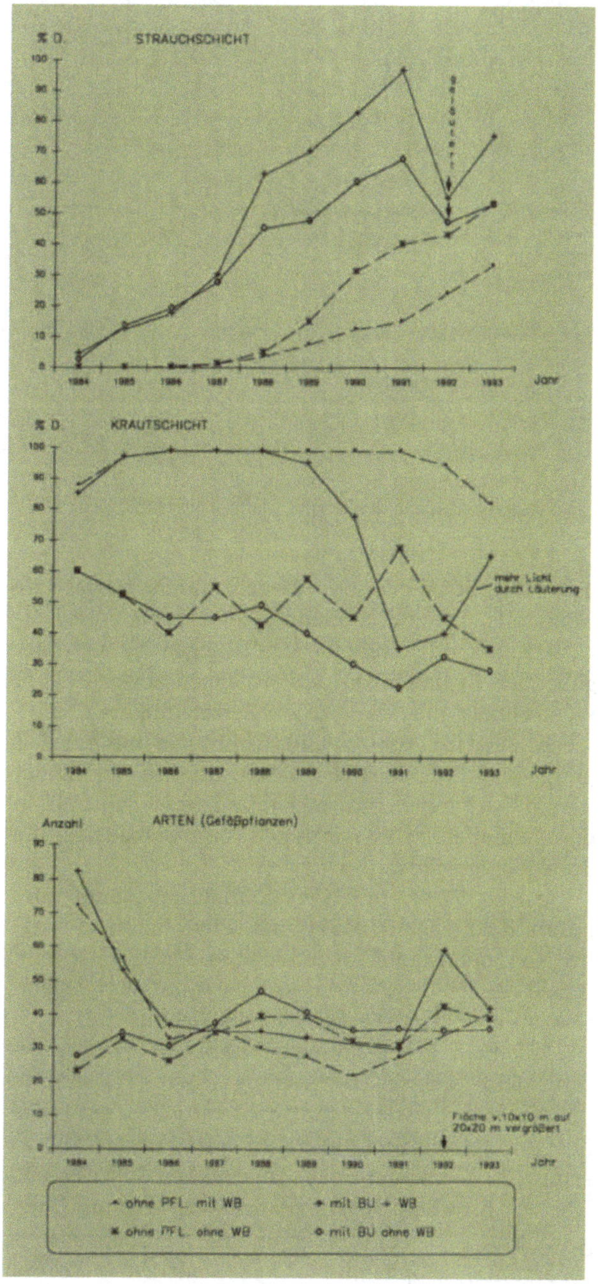

Abb. 2. Entwicklung der Strauch- und Krautschicht sowie der Artenzahl ($\bar{x}$ aus n = 2) auf geimpften (mit/+ WB) und nicht geimpften (ohne WB) „Forstkies"-Parzellen mit und ohne Aufforstung (mit BU, ohne PFL) im Verlauf von 10 Jahren auf der Außenkippe „Sophienhöhe". (BU: Pflanzung 1984; 80 % Rotbuche, 25 % Mischbaumarten: Eiche, Winterlinde, Hainbuche; Impfung: 1984 vor dem Bepflanzen, mit humosem Oberboden aus dem Altwald)

Tabelle 3. Artenverteilung nach der Dauer der Besiedlung auf einer 0,6 ha großen kiesig-sandigen Rohbodenfläche (Innenkippe „Fortuna") im Verlauf einer 19jährigen Sukzession. (Wolf 1985)

Besiedlungsdauer/ Pflanzengruppe	≥ 10 Jahre Langzeit-besiedler	5 - 9 Jahre	< 5 Jahre Kurzzeit-besiedler[c]	Summe
Gehölze	10	1	6 (3)	17
Arten nitrophiler Wildkrautgesellschaften				
Ein- und Zweijährige	3	6	12 (2)	21
Ausdauernde	5	8	11 (2)	24
Arten der Sandmagerrasen				
Ein- und Zweijährige	3	1	2	6
Ausdauernde	6	1	0	7
Arten des Grünlandes	2	5	5 (1)	12
Arten des Vorwaldes	4	0	1	5
Summe	33	22	37	92

[c] ( ) davon Arten, die in den letzten 4 Jahren aufgekommen sind

lisierung) beteiligt sind, wirken durch freigesetzte Nährstoffe auf die Neubildung von Pflanzenmasse zurück. Insbesondere verarbeiten die Regenwürmer unter günstigen Bedingungen große Mengen abgestorbener Pflanzenteile und tragen so zur Zersetzung der organischen Substanz, zur Bodendurchlüftung und zur Bildung von Ton-Humus-Komplexen bei. Die Akkumulation von lebender und toter organischer Substanz in den Rohböden ist die wichtigste Voraussetzung für die Bodenentwicklung.

Je nach Wasser- und Nährstoffhaushalt ist mit einer unterschiedlichen Produktivität (Phytomassebildung) der Rohbodenstandorte zu rechnen. Das trifft sowohl für den Anteil der Phytomasse der spontanen Vegetation, als auch für die eingebrachten Gehölze zu.

Auf einem kiesig-sandigen Rohboden aus quartärzeitlichem Material (Innenkippe „Fortuna") wurden im vierten Sukzessionsjahr (1970) 33,6 g Trockenmasse (TM)/m^2 (oberirdisch) und 34,2 TM/m^2 (unterirdisch) ermittelt (Bornkamm 1985). Im gleichen Sukzessionsjahr war die oberirdische Pflanzenmasse (ohne Holzgewächse) auf einem lößlehmhaltigen Bodensubstrat („Forstkies", „Sophienhöhe" 1984) mit 276 g TM/m^2 um acht mal höher als diese (Abb. 3). Auf Forstkies-Probeflächen, die mit humosem Oberboden aus dem benachbarten Altwald geimpft wurden und wo sich dadurch standortangepaßte Schlagpflanzen eingestellt hatten, wurde eine sogar um 23mal höhere oberirdische Phytomassebildung (791 g TM/m^2) erreicht (Wiedenau 1989). Auf diesen Parzellen wurde auch ein deutlich höherer Besatz an Regenwürmern gefunden (Topp et al. 1992).

Die Impfung mit Oberboden aus dem Altwald führte in den aufgeforsteten Parzellen zu einem größeren Höhenzuwachs der gepflanzten Buchen. Dabei wirken vermutlich auch die mit dem humosen Waldboden eingebrachten Mykorrhizapilze mit.

An der Grünmassebildung in den „geimpften" und „nicht geimpften" Parzellen sind Arten unterschiedlicher soziologischer Pflanzengruppen beteiligt (Abb. 3).

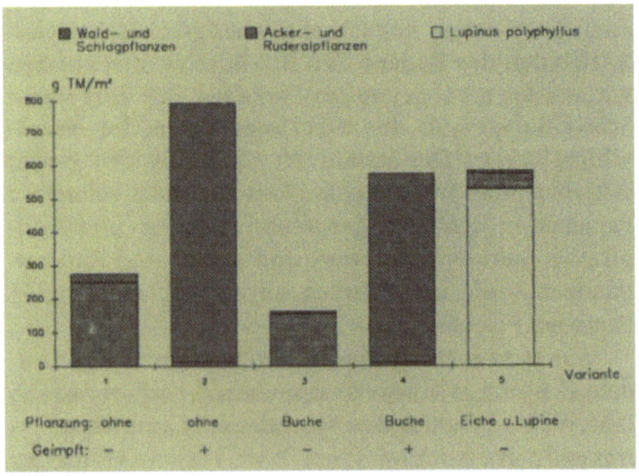

Abb. 3. Anteil der Pflanzengruppen an der Sproßmassebildung (g Trockenmasse/m^2, $\overline{x}$ aus n = 8) auf geimpften und nicht geimpften „Forstkies"-Parzellen im vierten Sukzessionsjahr (1988; Aussenkippe „Sophienhöhe"; Wiedenau 1989, verändert)

Von den Schlag- und Waldpflanzen in den mit humosem Boden aus dem Altwald geimpften Parzellen war die Grünmasse fast um das Vierfache höher als von den Acker- und Ruderalpflanzen in den nicht geimpften Parzellen. Die jährlich am Ende der Vegetationszeit absterbende Grünmasse der Kräuter und Gräser bildet eine entsprechende Streudecke, die dann als Nahrung und Unterschlupf für Bodentiere dient, abgebaut wird und zu allmählicher Humusbildung führt.

Durch eine Zwischensaat von Lupinen *(Lupinus polyphyllos)* kann eine ähnlich hohe Grünmassebildung erreicht werden. Sie kann jedoch die spontane Einwanderung von Wald- und Schlagpflanzen bei dichtem Reihenabstand der Lupinen bis zum vierten Sukzessionsjahr weitgehend verhindern.

Dichte Bestände von *Calamagrostis epigejos* und anderen dominanten Arten können die Ansiedlung von Holzgewächsen und krautigen Waldpflanzen ebenfalls stark verzögern (Klemm 1966; Westhus 1981; Wolf 1985; Prach 1987).

Schließlich muß auch als Voraussetzung für die Immigration der Schattenholzarten und anderer am Aufbau des Schlußwaldes beteiligten Baumarten deren ausreichende Samenbildung und der Eintrag ihrer Diasporen gewährleistet sein.

Die forstliche Bestandsbegründung auf Rekultivierungsflächen schafft auf kulturfähigen und besiedlungsfreundlichen Rohböden langfristig günstige Voraussetzungen für die Waldentwicklung (Ökosystemgenese). Durch eine stärkere Einbindung und Berücksichtigung biologischer Prozesse (Besiedlung, Phytomassebildung, Konkurrenz, Sukzession, Mineralisierung organischer Substanz) kann auf forstlichen Rekultivierungsflächen die Boden- und Waldentwicklung beschleunigt und das Arteninventar der vom Bergbau zerstörten Flächen zu einem großen Teil erhalten werden (Wolf 1989). Die entscheidende Voraussetzung für die Rekultivierung schafft der Bergbau durch die Selektion geeigneter Rohböden und die Kippengestaltung.

3
Spontane Sukzession und forstliche Rekultivierung

Die Kenntnisse über die Sukzessionsabläufe auf Rohböden beruhen heute meist nur auf kurzzeitigen Dauerbeobachtungen (Wolf 1985; Prach 1987), auf indirekten vergleichenden Beobachtungen unterschiedlich alter Entwicklungsstadien und auf historischen Dokumenten. Im Verlauf der Sukzession lösen sich verschiedene Pionier- und Folgestadien von Pflanzen unterschiedlicher Lebensdauer ab. Unter den klimatischen Verhältnissen Mitteleuropas folgen danach ein Gebüsch- und Vorwaldstadium (Klemm 1966; Wolf 1985; Prach 1987) und der allmähliche Aufbau einer standortgemäßen Dauerwaldgesellschaft.

In Abbildung 4 werden die Stadien der Waldentwicklung bei spontaner Sukzession und forstlicher Rekultivierung verglichen und die wichtigsten Entwicklungsfaktoren gegeneinander gewichtet. Die Unterschiede in den Zeitskalen lassen erkennen, daß durch die forstliche Rekultivierung die Waldentwicklung wesentlich beschleunigt werden kann, wenn keine Fehler bei der Bestandsbegründung gemacht und die natürlichen Prozesse und Faktoren ausreichend berücksichtigt werden. Anfangsfehler bei der forstlichen Rekultivierung, z. B. die Verkippung ungeeigneter Bodensubstrate oder Fehler bei der Gehölzauswahl, lassen sich später nicht oder nur unter großen Aufwendungen beheben.

Die spontane Sukzession zum Wald birgt bereits bei der Pionierbesiedlung Risiken in sich, wenn die Flächen stark vergrasen (Landreitgras) oder konkurrenzstarke Kräuter wie z. B. Adlerfarn, die Gehölzansiedlung verhindern oder fremdländische Gehölze (z. B. Robinie, Amerikanische Traubenkirsche) massenhaft auftreten.

3.1
Kulturfähige Rohböden und Reliefgestaltung

Ohne eine selektive Gewinnung von für das Pflanzenwachstum geeigneten Rohbodensubstraten und deren Aufbringung in ausreichender Mächtigkeit (≥ 2 m) ist die Waldentwicklung langfristig nicht gesichert oder sie wird um Jahrzehnte verzögert. Der Bergbau hat für die jeweils geeigneten Gewinnungs-, Förderungs- und Verkippungsverfahren der Kulturböden zu sorgen. Rohböden aus tertiärem Material mit hohen Schwefelgehalten (Pyrit, Markasit, organischer Schwefel) und arm an pflanzenverfügbaren Nährstoffen können – auch nach aufwendigen Meliorationsmaßnahmen – kaum eine nachhaltige Waldentwicklung sicherstellen (Sauer 1988). Daher dürfen vegetationsfeindliche, toxische Rohböden nicht an der Oberfläche verkippt werden.

Zur Vermeidung von Bodenverdichtungen wird seit Jahren auf das Einebnen der Kulturschicht vor dem Pflanzen verzichtet. Das abwechslungsreiche Kleinrelief, welches mittels moderner Absetztechnik entsteht, bietet zahlreiche Nischen (Mulden, Hügel) mit unterschiedlichem Mikroklima und fördert die spontane Besiedlung der Rohböden. Die planmäßige Reliefgestaltung landschaftlich angepaßter Kippen kann bei entsprechender Bepflanzung zu abwechslungsreichen Waldbildern führen.

Die Rohböden zur forstlichen Rekultivierung müssen den Bodenansprüchen der vernichteten Wälder genügen oder besser sein und zum frühestmöglichen Zeitpunkt, d. h. ohne Verzögerung im gleichen Jahr nach ihrer Verkippung bepflanzt werden, um die günstigeren Wachstumsbedingungen des frisch verkippten Rohbodens auszunutzen (Heuson 1947).

Tabelle 4. Entwicklung vorherrschender und häufiger Kräuter, Gräser[d] und Holzgewächse auf „Forstkies"-Parzellen mit und ohne Waldboden-Impfung auf der Außenkippe „Sophienhöhe" ($\bar{x}$ % Deckung und Frequenz aus n = 6 Parzellen 10 x 10 m)

	Ohne Waldboden									Mit Waldboden								
Jahr:	1984	1985	1986	1987	1988	1989	1990	1991	1992	1984	1985	1986	1987	1988	1989	1990	1991	1992
% Deckung, Sträucher:	2	7	9	12	23	60	42	53	50	2	6	9	14	30	37	44	54	60
Gräser/Kräuter:	62	54	45	51	52	48	38	48	42	86	96	99	99	99	98	92	69	56
Moose:	+	20	26	62	59	31	29	27	28	+	25	2	1	+	9	38	23	21
Mittlere Artenzahl:	24	32	28	35	41	40	37	33	38	72	55	35	34	31	28	26	28	42
Deckung/Frequenz[d]:	D^F	D^F	D^F	D^F	D^F	D^F	D^F	D^F	D^F	D^F	D^F	D^F	D^F	D^F	D^F	D^F	D^F	D^F
Acker- und Ruderalpflanzen (Secalinetea, Chenopodietea):																		
Polygonum aviculare	28^6	6^5	$+^1$	r^1	-	-	$+^2$	-	$+^1$	6^6	$+^5$	-	-	-	-	-	-	-
Matricaria chamomilla	20^6	2^6	2^6	$+^6$	$+^6$	$+^3$	$+^3$	$+^2$	$+^1$	3^6	$+^4$	-	-	-	-	-	-	$+^1$
Senecio vulgaris	2^6	10^6	$+^6$	$+^5$	$+^1$	$+^5$	-	-	-	$+^6$	$+^3$	-	r^1	-	-	-	-	$+^2$
Chenopodium album	5^6	$+^5$	$+^2$	$+^2$	-	-	$+^3$	-	$+^1$	3^6	-	-	-	-	-	-	-	1^3
Alopecurus myosuroides	3^6	2^6	2^6	1^6	$+^5$	$+^6$	-	-	$+^1$	1^5	$+^3$	-	-	-	-	-	-	$+^2$
Poa annua	$+^6$	4^6	2^6	$+^6$	$+^6$	1^5	$+^3$	-	-	$+^6$	1^5	-	-	-	-	-	-	-
Myosotis arvensis	$+^5$	$+^5$	$+^5$	$+^5$	$+^6$	$+^5$	$+^3$	$+^2$	$+^1$	-	-	-	r^1	-	r^1	-	-	r^1
Sonchus spec.	$+^1$	1^6	$+^3$	$+^4$	1^6	$+^4$	1^3	-	$+^2$	$+^4$	$+^3$	-	-	-	-	-	-	$+^2$
Aphanes arvensis	$+^1$	$+^6$	$+^2$	$+^4$	$+^2$	$+^4$	$+^2$	r^1	$+^1$	$+^2$	-	-	-	-	-	-	-	-
Plantago intermedia	$+^1$	$+^6$	$+^5$	1^6	1^4	$+^2$	$+^2$	$+^2$	$+^3$	-	-	-	-	-	-	-	-	-
Anagallis arvensis	$+^6$	$+^6$	$+^1$	$+^1$	-	$+^2$	$+^1$	r^1	$+^1$	$+^3$	$+^1$	-	-	-	-	-	-	$+^2$
Viola arvensis	$+^4$	1^6	-	$+^3$	$+^5$	$+^4$	$+^1$	r^1	$+^1$	$+^4$	$+^2$	$+^1$	-	-	-	-	-	$+^1$
Cirsium vulgare	-	$+^5$	6^6	1^6	$+^6$	$+^3$	$+^5$	r^1	$+^2$	-	-	-	-	$+^4$	$+^2$	$+^1$	$+^2$	$+^3$
Conyza canadensis	-	1^6	1^6	2^6	5^6	1^5	$+^2$	-	r^1	-	$+^4$	-	-	-	-	-	-	-
Vicia tetrasperma	-	2^6	$+^6$	$+^3$	$+^4$	$+^2$	$+^2$	r^1	$+^5$	-	-	-	-	-	-	-	-	-
Capsella bursa-pastoris	$+^6$	2^6	-	$+^2$	-	-	$+^1$	-	$+^1$	$+^5$	$+^2$	$+^1$	-	-	-	-	-	-
Stellaria media	3^6	2^5	-	-	$+^1$	$+^2$	$+^3$	-	$+^1$	3^6	$+^6$	-	-	-	-	-	-	$+^1$
Sisymbrium officinale	$+^6$	1^4	$+^1$	-	-	-	-	-	-	$+^5$	$+^2$	-	-	-	-	-	-	$+^2$
Juncus bufonius	$+^3$	$+^6$	-	-	-	-	-	-	-	$+^6$	$+^1$	-	-	-	-	-	-	-
Thlaspi arvense	+6	-	-	-	-	-	$+^1$	-	-	$+^4$	-	-	-	-	-	-	-	-
Cirsium arvense	5^6	20^6	37^6	24^6	10^6	3^6	1^6	1^6	$+^6$	2^6	7^6	11^6	15^6	3^6	2^6	1^6	6^5	$+^4$
Agropyron repens	$+^2$	2^6	6^6	11^6	10^5	18^6	9^6	4^6	2^6	$+^2$	2^1	$+^1$	$+^1$	$+^3$	$+^1$	$+^1$	r^1	$+^1$
Equisetum arvense	$+^3$	$+^4$	$+^6$	6^6	20^6	11^6	15^6	11^6	5^6	$+^1$	-	$+^1$	$+^1$	$+^2$	$+^3$	$+^5$	$+^5$	$+^6$
Tussilago farfara	$+^3$	$+^3$	1^4	3^4	6^5	6^6	12^6	9^5	3^6	$+^4$	$+^1$	$+^1$	$+^2$	-	$+^1$	$+^2$	-	$+^1$
Sagina procumbens	-	$+^2$	$+^3$	$+^3$	$+^6$	$+^5$	-	-	-	r^1	$+^2$	-	-	-	-	-	-	-
Epilobium hirsutum	-	$+^1$	$+^3$	$+^6$	$+^6$	$+^6$	$+^5$	$+^4$	$+^2$	r^1	r^1	$+^1$	$+^1$	$+^1$	-	-	-	-
Senecio inaequidens	-	$+^3$	$+^5$	$+^5$	2^6	2^6	5^6	1^6	$+^6$	$+^2$	r^1	-	-	-	-	-	-	$+^2$
Epilobium adnatum, E. spec.	-	-	4^5	10^6	2^6	3^6	1^5	$+^6$	$+^5$	-	-	-	-	-	-	-	-	$+^2$
Taraxacum officinale	$+^1$	$+^4$	$+^5$	$+^5$	$+^5$	$+^5$	$+^5$	1^5	1^6	-	-	-	-	-	-	-	-	-
Polygonum amphibium	$+^1$	$+^6$	$+^2$	-	-	-	-	-	r^1	-	-	-	-	-	-	-	-	-
Holcus lanatus	-	-	r^1	r^2	1^4	1^5	1^5	$+^5$	1^6	-	-	-	-	-	-	-	-	$+^2$
Lupinus polyphyllus	-	-	-	-	$+^2$	1^5	3^5	4^6	5^6	$+^1$	$+^1$	-	r^1	-	-	-	-	-

[illegible]	[illegible]	[illegible]	[illegible]	[illegible]	[illegible]	[illegible]	[illegible]	[illegible]	[illegible]	+	17	27	42	38	52	46	23	22
Rubus fruticosus	-	-	-	-	-	-	-	r^2	$+^2$	4^6	15^6	10^6	13^5	8^5	13^6	8^5	8^6	9^6
Urtica dioica	-	-	-	-	-	-	-	-	$+^1$	2^6	17^6	22^6	26^6	28^6	40^6	42^6	23^6	28^6
Calamagrostis epigejos	-	-	$+^1$	$+^6$	9^6	6^6	7^6	26^6	21^6	$+^4$	11^6	10^6	19^6	10^6	3^6	3^4	3^4	2^5
Holcus mollis	-	-	r^1	$+^1$	$+^1$	-	-	$+^2$	-	5^5	10^5	3^4	1^3	$+^2$	$+^1$	-	2^6	$+^3$
Poa trivialis	-	-	-	$+^3$	$+^4$	$+^4$	$+^3$	$+^5$	$+^6$	1^6	2^6	$+^2$	$+^2$	$+^4$	-	$+^1$	-	$+^2$
Eupatorium cannabinum	-	-	-	$+^1$	r^2	$+^3$	1^5	$+^6$	1^6	$+^4$	1^5	1^6	1^4	1^6	2^5	2^6	2^6	2^5
Epilobium angustifolium	-	-	-	$+^4$	1^6	1^6	4^6	2^6	1^6	$+^1$	$+^3$	1^5	2^5	$+^4$	2^4	2^4	3^3	1^4
Juncus effusus	-	-	r^1	-	$+^2$	$+^1$	r^1	-	-	$+^6$	1^5	$+^1$	$+^1$	$+^1$	-	-	-	$+^1$
Lotus uliginosus	-	-	r^1	$+^1$	-	$+^1$	$+^2$	-	$+^1$	$+^1$	1^6	1^5	1^5	$+^5$	$+^4$	$+^4$	r^1	$+^1$
Galium aparine	-	-	-	-	-	-	-	-	$+^1$	1^6	6^5	2^5	2^6	1^6	2^5	2^6	$+^6$	2^6
Galeopsis tetrahit	-	$+^4$	-	-	-	-	-	r^1	-	2^6	3^6	-	$+^1$	-	$+^1$	-	-	$+^2$
Cirsium palustre	-	-	-	-	$+^4$	-	-	-	$+^2$	-	8^6	1^4	$+^1$	-	$+^2$	-	-	$+^1$
Polygonum minus	-	-	-	-	-	-	-	-	-	9^6	1^2	-	-	-	-	-	-	1^3
Polygonum hydropiper	-	-	-	-	-	-	-	-	-	8^5	2^2	-	-	-	-	-	-	$+^2$
Pflanzen mesophiler Laubmischwälder (Carpino-Fagetea):																		
Senecio fuchsii	-	-	$+^3$	$+^4$	$+^6$	$+^6$	$+^5$	$+^5$	1^6	6^6	28^6	56^6	58^6	60^6	44^6	48^6	22^6	10^6
Festuca gigantea	-	-	$+^1$	$+^3$	r^4	$+^5$	$+^4$	$+^6$	$+^5$	10^6	45^6	6^6	1^6	$+^2$	r^1	$+^1$	$+^2$	$+^4$
Milium effusum	-	-	$+^2$	$+^1$	$+^2$	$+^5$	$+^2$	r^1	$+^5$	4^6	15^6	6^6	9^6	2^6	2^6	1^6	2^6	2^6
Deschampsia cespitosa	-	r^1	$+^3$	r^2	$+^5$	$+^3$	$+^5$	$+^5$	1^6	2^6	2^5	1^6	$+^5$	$+^6$	$+^4$	$+^4$	$+^2$	$+^5$
Scrophularia nodosa	-	-	r^1	r^1	$+^2$	$+^2$	$+^3$	$+^3$	$+^2$	$+^6$	2^6	1^5	2^6	$+^6$	$+^6$	$+^5$	$+^5$	$+^6$
Poa Nemoralis	-	-	$+^1$	$+^1$	$+^1$	$+^1$	$+^4$	$+^4$	$+^3$	1^5	2^6	$+^6$	$+^4$	$+^3$	$+^3$	$+^1$	$+^4$	$+^4$
Circea lutetiana	-	-	-	-	-	-	-	-	-	$+^6$	2^6	1^6	1^6	$+^6$	$+^5$	$+^6$	$+^5$	1^5
Stellaria holostea	-	-	-	-	-	-	-	-	-	1^6	2^6	$+^5$	$+^6$	$+^5$	$+^6$	$+^3$	$+^4$	$+^5$
Viola riv./reichenb.	-	-	-	-	-	-	-	-	-	$+^5$	1^6	$+^1$	$+^4$	$+^4$	$+^5$	$+^2$	$+^4$	$+^6$
Brachypodium sylvaticum	-	-	-	-	-	$+^1$	-	r^1	$+^2$	$+^2$	$+^3$	1^6	$+^4$	$+^6$	1^3	$+^2$	$+^4$	$+^5$
Athyrium filix-femina	-	-	-	-	-	-	-	-	r^1	$+^6$	$+^4$	$+^5$	$+^5$	$+^6$	1^6	$+^6$	$+^6$	1^6
Convallaria majalis	-	-	-	-	-	-	-	-	-	$+^6$	$+^5$	$+^2$	$+^2$	$+^1$	$+^1$	r^1	-	$+^3$
Dryopteris carthusiana	-	-	-	-	-	-	-	-	-	$+^6$	-	$+^2$	$+^1$	$+^3$	$+^3$	$+^3$	$+^3$	$+^5$
Oxalis acetosella	-	-	-	-	-	-	-	-	-	$+^6$	$+^1$	-	-	$+^3$	$+^2$	$+^2$	-	r^3
Moehringia trinervia	-	-	-	-	$+^1$	r^1	$+^1$	$+^1$	-	2^5	7^6	-	-	-	-	$+^1$	r^1	$+^5$
Bäume und Sträucher, spontan:																		
Cytisus scoparius	-	-	r^1	r^1	$+^4$	2^1	2^1	$+^1$	$+^4$	$+^4$	1^5	$+^3$	$+^3$	1^3	2^3	2^3	$+^4$	2^5
Carpinus betulus	-	r^1	-	-	-	-	-	-	-	$+^6$	$+^6$	$+^6$	$+^3$	$+^2$	1^5	1^4	$+^4$	3^5
Salix caprea	-	$+^6$	$+^6$	1^6	5^6	7^6	13^6	26^6	19^6	-	$+^4$	$+^6$	1^6	1^5	3^6	6^6	4^6	21^5
Prunus avium	-	-	-	-	-	-	-	r^1	-	$+^6$	$+^1$	-	-	-	r^1	-	r^1	$+^2$
Fagus sylvatica	-	-	-	-	-	-	-	-	-	$+^6$	-	-	-	r^1	-	-	r^2	-
Betula pendula	-	-	-	$+^2$	$+^5$	$+^5$	2^6	6^6	4^6	r^1	$+^2$	$+^2$	$+^2$	$+^2$	3^3	2^5	$+^4$	6^4
Bäume, gepflanzt:																		
Fagus sylvatica	$+^4$	2^4	15^4	15^4	23^4	29^4	44^4	44^4	31^4	$+^4$	5^4	8^4	15^4	36^4	44^4	53^4	38^4	53^4
Tilia cordata	$+^4$	$+^4$	$+^4$	$+^4$	2^4	2^4	5^4	4^4	2^4	$+^4$	$+^4$	$+^4$	$+^4$	4^4	6^4	6^4	4^4	8^3
Carpinus betulus	$+^4$	$+^4$	$+^4$	$+^4$	2^4	1^4	1^4	1^4	$+^4$	$+^4$	$+^4$	$+^4$	$+^4$	3^4	2^4	3^4	1^4	3^3
Quercus robur	$+^2$	$+^2$	$+^2$	$+^2$	1^2	$+^2$	2^2	1^2	$+^3$	$+^2$	$+^2$	$+^2$	$+^2$	2^2	2^2	2^2	3^2	5^3
Populus-Hybriden	$+^2$	1^2	1^2	2^2	2^2	3^2	4^2	5^2	-	$+^2$	$+^2$	$+^2$	2^2	2^2	5^2	10^2	5^2	1^1

[d] Vorherrschende Arten: ≥ 5 % Deckung; häufige Arten: mindestens einmal 6 Vorkommen von 6 Parzellen (Frequenz)

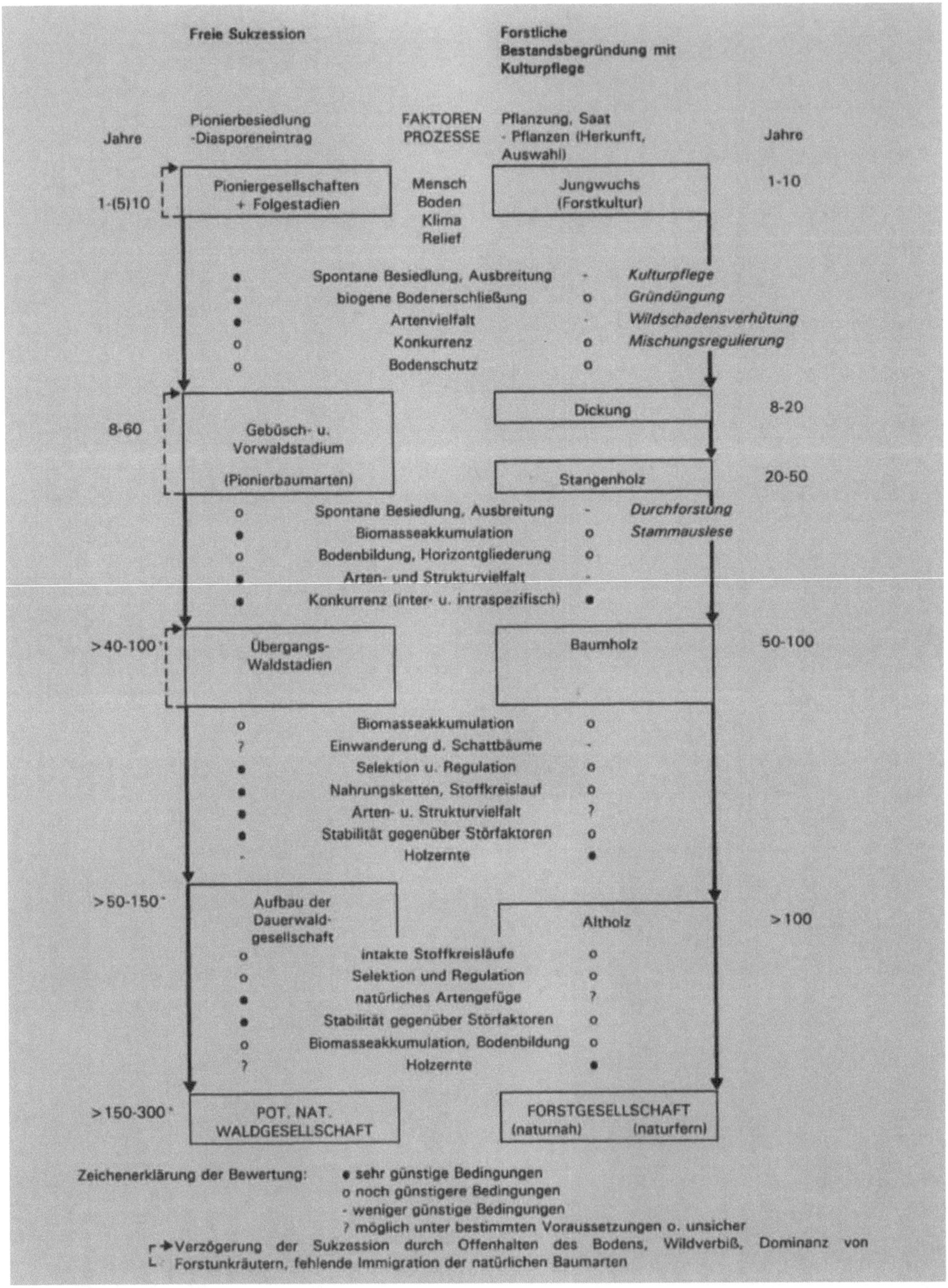

Abb. 4. Vergleich der Faktoren und Entwicklungsprozesse zwischen spontaner Sukzession und forstlicher Rekultivierung auf Rohböden der Kippen

3.2 Bestandsbegründung

Entsprechend den verkippten unterschiedlichen Bodensubstraten, ihrem Nährstoffgehalt und Wasserhaushalt, d. h. ihrem „Kulturwert", ist die Auswahl geeigneter standortheimischer Baumarten zur Bestandsbegründung durch Saat oder Pflanzung zu treffen. Die Auswahl der Baumarten bzw. -mischungen sollte soweit als möglich auf der Grundlage der standortgemäßen natürlichen Waldgesellschaft erfolgen. Bei der Beschaffung des Pflanz- und Saatgutes ist auf geeignete heimische, dem Naturraum angepaßte Herkünfte zu achten. Zur Erhaltung des bodenständigen (autochthonen) Artenspektrums an Pflanzen, Tieren und Bodenorganismen sind ergänzend zur spontanen Kolonisation der Rohböden Maßnahmen der gezielten Übertragung nötig. Das bezieht sich besonders auf das Genpotential in den vom Bergbau vernichteten Wäldern und anderer wertvoller Biotoptypen.

Zu dichte Pflanzverbände (Buche: mehr als 8 000 Pflanzen/ha) verursachen nicht nur hohe Kosten bei der Bestandsbegründung und -pflege, sondern sind auch durch die starke Beschattung ungünstig für die Besiedlung durch Waldbodenpflanzen.

Das zusätzliche Einbringen von Gründüngungspflanzen (z. B. Leguminosen: *Lupinus polyphyllos*, *Melilotus albus*) zwischen den Pflanzreihen, um mit der verstärkten Grünmassebildung die biologische Erschließung des Rohbodens, die Stickstoff-Anreicherung, zu fördern und die Erosion einzuschränken, können die spontane Ansiedlung heimischer Waldpflanzen verzögern oder gar verhindern.

Zur forstlichen Rekultivierung auf großer Fläche sind fremdländische Baumarten und großflächige Monokulturen auf Dauer ungeeignet, weil sie die Waldentwicklung verzögern und die biologische Vielfalt einengen. Die Ausbreitung von Neophyten (z. B. *Prunus serotina*, *Robinia pseudoacacia*), die letztlich auch in manchen naturnahen Waldökosystemen zu erheblichen Störfaktoren werden können, sollte durch die forstliche Rekultivierung vermieden werden.

3.3 Pflege der Jungbestände

Spontan auftretende Wildpflanzen bedrängen nur in seltenen Fällen die jungen Forstkulturen. Nur wenige Arten wie z. B. Landreitgras oder Adlerfarn können die Forstpflanzen schädigen, wo sie dominant auftreten. Sie sollten daher durch selektives Freischneiden der Kulturen zurückgedrängt werden. Von den Wildkräutern, die sich sehr früh einstellen, geht eher eine schützende Wirkung auf die jungen Bäume und den unbedeckten Boden aus. Auf den Parzellen mit Waldbodenimpfung haben über 1,5 m hohe Schlagfluren die gepflanzten Buchen-Jungbäume überragt, ohne geschädigt zu werden. Bei der Jungwuchspflege werden i. allg. Weichhölzer entfernt, welche die jungen Forstpflanzen bedrängen. Sind die Forstkulturen zu dichten, 3–4 m hohen Beständen (Dickungen) herangewachsen, beginnt die Selektion der Zukunftsbäume. Dabei verbessern sich die Lichtverhältnisse für die Waldbodenpflanzen.

Die spontane Ansiedlung von Waldpflanzen und ihre Ausbreitung wird durch dichte Pflanzungen, zusätzliches Einbringen von Gründüngungspflanzen und oft zu großflächig homogene Bestandsstrukturen stark eingeschränkt, daher sind altersgleiche Dickungen und Gründüngungspflanzen auf großer Fläche zu vermeiden. Bei der Läuterung und Durchforstung der Bestände sollten z. B. in Reinpflanzungen einer Baumart einzeln oder in kleinen Gruppen spontan aufkommene Pioniergehölze (*Betula pendula*, *Salix spec.*, *Populus tremula*, *Fraxinus excelsior*) belassen werden. Dort können sich spezielle Habitate bilden, die das Überleben heimischer Pflanzen und Tiere begünstigen.

4 Forstliche Rekultivierung und Naturschutz

Ziele des Naturschutzes sind:

- Gestaltung von vielfältigen Lebensräumen – entsprechend der Naturausstattung vor der Zerstörung durch die Kohlengewinnung – oder Verbesserung des Zustandes nach der Auskohlung durch Förderung der spontanen und gelenkten Ansiedlung und Entwicklung von Pflanzen- und Tiergemeinschaften.
- Erhaltung des gesamten Artenspektrums an heimischen Pflanzen und Tieren des zerstörten Waldes in seiner genetischen Vielfalt durch geeignete Maßnahmen der Ansiedlung (Saat, Pflanzung, Bodenimpfung) in überlebensfähigen Populationen.
- Bereitstellung ausreichend großer und vernetzter Flächen zur spontanen Besiedlung sowie zur freien und gelenkten Sukzession (Naturschutz-Vorrangflächen).

Widersprüche zu den forstlichen Wirtschaftszielen ergeben sich dann, wenn Fehler bei der Herstellung der Rekultivierungsflächen vorliegen, einseitige kurzfristige Wirtschaftsziele verfolgt werden (z. B. Monokulturen einer Wirtschaftsbaumart) und der spontanen Besiedlung bzw. Sukzession nicht ausreichend Raum gegeben wird.

Zur Förderung der spontanen und gelenkten Neubesiedlung und Sukzession auf forstlichen Rekultivierungsflächen sollten 10–20 % der Gesamtfläche als Naturschutz-Vorrangfläche bereitgestellt werden. Dazu zählen insbesondere linienartige Strukturen (Wegränder, Bestandsränder), welche flächige Sukzessionsbiotope miteinander und mit Altwaldbeständen verbinden, sowie Feuchtbiotope. Durch die Vernetzung wird die spontane Besiedlung und der Genaustausch zwischen Pflanzen- und Tierpopulationen gefördert. Rohbodensubstrate dieser Naturschutz-Vorranggebiete können vielfältige Standorte von trocken bis feucht und von basenarm bis basenreich umfassen und entsprechend unterschiedliche Lebensgemeinschaften ermöglichen.

Im Rahmen großflächiger forstlicher Rekultivierungen auf einheitlich verkippten Flächen wird vorgeschlagen, ca. 40–50 ha große Rohbodenareale jeweils zur Hälfte mit standortheimischen Bäumen zu bepflanzen und den anderen Teil der spontanen Besiedlung zu überlassen. Alle Pflegemaßnahmen und Eingriffe sollten dort unterbleiben. Auf solchen Flächen können die natürlichen Prozesse der Waldentwicklung mit denen der forstlichen Rekultivierung verglichen und bewertet werden. Sie können als zukünftige Naturwaldreservate in der vom Menschen gestalteten Bergbaufolgelandschaft bestehen bleiben, wichtige Studienobjekte der spontanen Ökosystemgenese und ein zukünftiger Maßstab für die forstliche Rekultivierung sein.

5 Schlußfolgerung

Die Waldentwicklung auf Rohböden ist durch komplizierte Wechselwirkungen von zufälligen Ereignissen der Besiedlung, durch das Konkurrenzgeschehen, durch Veränderungen der Bodensubstrate und nicht zuletzt durch den Menschen bestimmt. Das Ziel, Grundlagen zur Wiederherstellung von stabilen und nachhaltig produktiven, biologisch vielfältigen Waldökosystemen von morgen zu schaffen, ist nur dann zu verwirklichen, wenn für die forstliche Rekultivierung geeignete Kippböden bereitgestellt werden. Die Verantwortung dafür trägt der Bergbau.

Forstliche Rekultivierung ist gelenkte und beschleunigte Sukzession zu einer Waldlebensgemeinschaft. Durch die stärkere Berücksichtigung biologischer Faktoren und Prozesse kann die Entwicklung einer Waldlebensgemeinschaft um Jahrzehnte verkürzt werden, wenn das Zusammenspiel aller Kompartimente der Waldlebensgemeinschaft gleichrangig berücksichtigt wird:

- der Rohboden mit seinen physikalischen, chemischen und biologischen Eigenschaften und seinen Entwicklungsmöglichkeiten,
- die Auswahl der standortheimischen Bäume und Sträucher verschiedener Arten mit ihren Wechselbeziehungen zur Bodenentwicklung und zu den verschiedenen Organismen,
- die spontan einwandernden und durch Impfung mit Oberboden aus dem Altwald stammenden, krautigen und grasartigen Gewächse und Kryptogamen der Bodenschicht, einschließlich des Edaphon, mit den Fähigkeiten zur Erschließung des Rohbodens, zur Phytomassebildung und zur Mineralisation des Bestandsabfalles,
- die der Waldentwicklung angepaßte Fauna als Nahrungs- und Lebensraum und ihre Funktion bei der Bodenbildung und Pflanzenverbreitung.

Bei der forstlichen Rekultivierung sollen die Erkenntnisse zur Erhaltung des Genpotentials, zur Begünstigung der Bodenentwicklung und zur Förderung einer nachhaltig stabilen, biologisch vielfältigen Waldentwicklung genutzt werden. Zugleich soll dem Naturschutz auf großer Fläche mehr Raum und Gewicht verliehen werden.

6 Zusammenfassung

Ziel der forstlichen Rekultivierung ist die Wiederherstellung einer naturnahen Waldlebensgemeinschaft auf den Abraumkippen. Neben den technischen Voraussetzungen sollen dabei stärker als bisher natürliche Prozesse der Boden- und Pflanzenentwicklung berücksichtigt werden.

Die primäre Sukzession wurde auf kiesig-sandigem Substrat einer Innenkippe langfristig beobachtet und auf stark lößhaltigem Mischsubstrat („Forstkies“) der Außenkippe „Sophienhöhe“ wurden verschiedene Experimente zur forstlichen Rekultivierung durchgeführt.

In dem Beitrag werden spontane Prozesse der Pflanzenbesiedlung und Vegetationsentwicklung beschrieben und mit den Ergebnissen der forstlichen Rekultivierung verglichen.

Am Beispiel der Impfung forstlicher Rekultivierungsflächen mit Oberboden aus dem Altwald wird gezeigt, daß es möglich ist, einen großen Anteil des Genpotentials an Pflanzen und Tieren des Altwaldes zu übertragen. Die Ansiedlung von Schlag- und Waldpflanzen führt in Verbindung mit den übertragenen Bodenorganismen zu einer erhöhten Grünmassebildung in der Krautschicht, aktiviert das Bodenleben und fördert das Wachstum der gepflanzten Bäume auf den Rekultivierungsflächen. Wenn es gelingt, überlebensfähige Populationen der Waldarten anzusiedeln und den natürlichen Besiedlungs- und Entwicklungsprozessen mehr Raum zu lassen, so wird damit auch ein Beitrag für den Naturschutz geleistet.

LITERATUR

Bairlein F, Follmann G, Möhlenbruch N, Wolf G (1989) Aufgaben und Ziele der heutigen forstlichen Rekultivierung von Tagebauflächen. Nat. u. Landsch. 64 (10): 462–464

Bornkamm R (1985) Veränderungen der Phytomasse und Vegetationsentwicklung. In: Wolf G (Red.) Primäre Sukzession auf kiesig-sandigen Rohböden im Rheinischen Braunkohlenrevier. Schr. Reihe Vegetationskde 16: 111–151

Dorsch H, Dorsch I (1987) Analyse der Entwicklung von Vegetation und Avifauna in Tagebaugebieten bei Leipzig. Dissertation, Inst. f. Landschaftsforsch. u. Naturschutz, Halle, 230 S

Fabijanowski J, Zarzycki K (1969) Spontane Vegetation als Grundlage für die Haldenaufforstung in Pieaseczno bei Tarnobrzeg (Südostpolen). Zeitschr. d. Schweiz. Forstrev. Beih. 46: 271–280

Hanf M (1937) Bodenzusammensetzung von Abraumhalden und natürliche pflanzliche Besiedlung. Angewandte Botanik XXI: 149–176

Heuson R (1947) Die Kultivierung roher Mineralböden. Siebeneicher, Berlin, 102 S

Klemm G (1966) Zur pflanzlichen Besiedlung von Abraumkippen und -halden des Braunkohlenbergbaus. Hercynia N.F. 3 (1): 31–51

Prach K (1987) Succession of Vegetation on Dumps from Strip Coal Mining, N.W. Bohemia, Czechoslowakia. Folia Geobotanica et Phytotaxonomica 22: 339–354

Prach K (1988) Life-cycles of plants in relation to temporal variation of populations and communities. Preslia 60: 23–40

Regh M L (1990) Untersuchungen zum Einfluß einer geschlossenen Moosdecke auf den Wasserhaushalt eines Standorts und das Keimungsverhalten von Blütenpflanzen. Dipl.-Arb. Mathem.-naturwiss. Fak., Universität Bonn, 118 S

Sauer H (1988) In Nationalkomitee für das Programm der UNESCO „Mensch und Biosphäre“ (MAB) b. Minist. f. Umweltschutz u. Wasserwirtschaft der DDR. Erfahrungen bei der Anwendung umweltfreundlicher Methoden zur Wiedernutzbarmachung im Niederlausitzer Braunkohlenrevier der DDR. Ein Beitrag zum MAB-Projekt 10 Auswirkungen großtechnischer Anlagen auf den Mensch und seine Umwelt, Berlin, 138 S

Topp W, Gemesi O, Grüning C, Tasch P, Zhou H-Z (1992) Forstliche Rekultivierung mit Altwaldboden im Rheinischen Braunkohlenrevier. Die Sukzession der Bodenfauna. Zool. Jb. Syst. 119 (4): 505–568

Westhus W (1981) Die Vegetation des Naturschutzgebietes „Nordfeld Jaucha“ – eines älteren Tagebaurestloches. Hercynia N.F. 18 (4): 424–433

Wiedenau M (1989) Die Auswirkungen von Waldbodenauftrag in der forstlichen Rekultivierung auf Sproß- und Wurzelmasse des Aufwuchses sowie C- und N-Gehalt des Bodens. Dipl.-Arb. Landw. Fak. Universität, Bonn, 90 S

Wolf G (Red) (1985) Primäre Sukzession auf kiesig-sandigen Rohböden im Rheinischen Braunkohlenrevier. Schr. Reihe Vegetationskde. 16, 203 S

Wolf G (1989) Probleme der Vegetationsentwicklung auf forstlichen Rekultivierungsflächen im Rheinischen Braunkohlenrevier. Nat. u. Landsch. 64 (10): 451–455

Die Säugetierfauna junger Rekultivierungsgebiete – Bestandsaufnahme und ökologische Schlußfolgerungen

Stefan Halle

1 Theoretische Grundlagen

1.1 Das Besiedlungspotential

Durch die Rekultivierung ehemaliger Tagebaue entstehen Gebiete, die in vielerlei Hinsicht ökologische Besonderheiten aufweisen. Eines ihrer wesentlichen Merkmale ist das Fehlen einer „biologischen Vergangenheit", da sie in relativ kurzer Zeit durch den Menschen geschaffen wurden. Zu Beginn der Entwicklung sind die Rekultivierungen zunächst als leere, leblose Kunstprodukte aufzufassen. Diese liegen in einer Matrix aus etablierten Habitaten, in denen sich durch langfristige Prozesse bestimmte Lebensgemeinschaften herausgebildet haben. Jede Art innerhalb einer solchen Gemeinschaft hat eine spezifische und an die jeweiligen Bedingungen angepaßte Populationsdynamik, durch die mehr oder weniger stabile Bestandsdichten aufrechterhalten werden. Die Lebensgemeinschaften in den Altgebieten bilden das Potential für die Besiedlung der Rekultivierungsgebiete und stellen die Grundlage für das zukünftige Artenrepertoire dar.

Eine Besiedlung kann natürlich nur dann erfolgen, wenn Tiere mit den neuen, noch unbewohnten Lebensräumen überhaupt in Kontakt kommen. Abgesehen von den Fledermäusen, deren Mobilität ähnlich wie bei den Vögeln nahezu uneingeschränkt ist, müssen Säugetiere größere Distanzen durch Wanderungen am Boden zurücklegen. Die Wahrscheinlichkeit, eine bestimmte Wegstrecke unbeschadet zu überstehen, sinkt dabei proportional zur Länge, da sich die Tiere in unbekanntem Terrain bewegen, die Territorien von Artgenossen durchqueren müssen und zusätzlich den Gefahren der Prädation und, in unseren modernen Kulturlandschaften, des Straßenverkehrs ausgesetzt sind. Für die Besiedlung der Rekultivierungsgebiete kommen daher zunächst insbesondere solche Arten in Frage, die in den direkt angrenzenden Altgebieten ein natürliches Vorkommen aufweisen. Die kritische Entfernung, ab der eine Besiedlung nicht mehr erfolgen kann, ist von Art zu Art unterschiedlich und steht in einem engen Zusammenhang mit der allgemeinen Mobiliät und dem normalen Aktionsradius (Abb. 1).

Ein weiterer wesentlicher Faktor ist in der Bestandsdichte in den Altgebieten zu sehen, da mit zunehmender Dichte die Anzahl der sog. „Disperser" und der allgemeine Ausbreitungsdruck steigen. Bei den Dispersern handelt es sich um Individuen, die aufgrund sozialer Mechanismen aus ihren Ursprungspopulationen abwandern bzw. herausgedrängt werden. Sie legen im Verhältnis zum normalen Aktionsradius der jeweiligen Art wesentlich größere Entfernungen zurück, da sie nach der Abwanderung nicht mehr an ein Heimatgebiet gebunden sind. Sogar unwirtliche und besonders gefährliche Bereiche werden durchquert, da die Tiere zum Überleben zwingend einen neuen Lebensraum finden müssen. Diese Besonderheiten im Verhalten haben zur Folge, daß über den Mechanismus der Dispersion auch Tiere aus weiter entfernten Gebieten in die Rekultivierungen gelangen können. Die Chancen hierzu steigen, wenn die Dispersion durch Landschaftskorridore kanalisiert und auf die Rekultivierungen gerichtet wird (Abb. 1).

1.2 Einwanderung in das Rekultivierungsgebiet

Nur für die Arten, die das Rekultivierungsgebiet zumindest potentiell erreichen können, stellt sich die Frage, ob eine Einwanderung auch tatsächlich erfolgt. Junge Rekultivierungen sind hinsichtlich wesentlicher Merkmale deutlich anders strukturiert als die Altgebiete, so daß an dem Übergang zwischen den beiden Bereichen eine meist scharfe Grenze entsteht. Ändern sich die Bedingungen besonders drastisch, so können Tiere verschreckt und von einer Einwanderung abgehalten werden. Diese Barrierenwirkung kann durch morphologische Besonderheiten des Geländes noch verstärkt werden, etwa in den Fällen, wo die steile Böschung einer Außenkippe unmittelbar an einen Altbereich stößt.

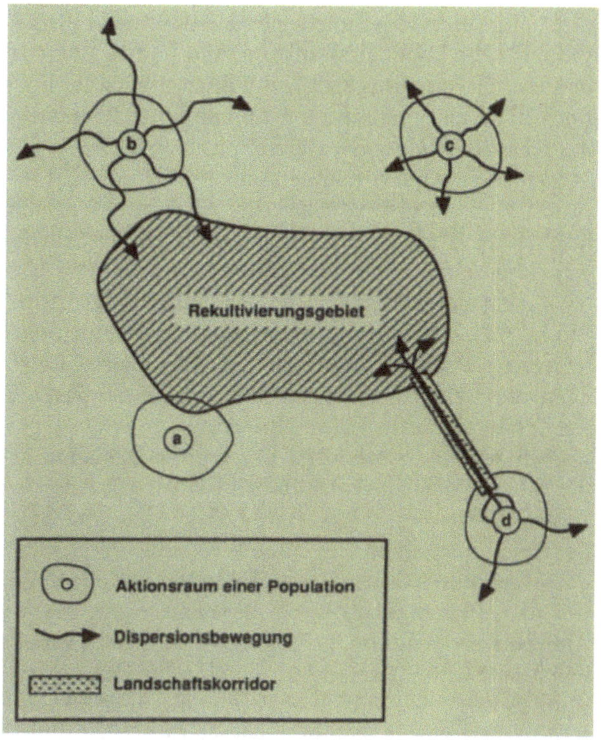

Abb. 1. Schematische Darstellung des Besiedlungspotentials von Rekultivierungsgebieten für Säugetiere. *a* Population in unmittelbarer Nähe der Rekultivierung. Tiere können die Rekultivierung im Rahmen der normalen Aktivität erreichen. *b* Population in größerer Entfernung mit hohem Ausbreitungsdruck. Einzelne Individuen können über Dispersion in die Rekultivierung gelangen. *c* Population in größerer Entfernung mit geringem Ausbreitungsdruck. Diese Art zählt nicht zum Besiedlungspotential. *d* Population in größerer Entfernung, die über einen Landschaftskorridor mit der Rekultivierung verbunden ist. Die Wahrscheinlichkeit, daß Tiere in die Rekultivierung gelangen, wird durch die „Kanalisation" der Dispersionsbewegungen erhöht

Die Schärfe der Grenze zwischen Altgebiet und Rekultivierung verändert sich im Laufe der Zeit. Sie ist maximal, wenn die Rekultivierung noch im Entstehen begriffen ist, also zum Zeitpunkt der Verkippung bzw. Verfüllung von Bodenmaterial. Diese Phase ist durch den technischen Betrieb, große Bodenbewegungen, das weitgehende Fehlen einer Pflanzendecke und ständige Veränderungen gekennzeichnet. Die äußeren Bedingungen sind derart ungünstig, daß die i. allg. störungsempfindlichen Säugetiere solche Bereiche nur in seltenen Ausnahmefällen annehmen werden. Eine nachhaltige Einwanderung kann also offensichtlich frühestens dann einsetzen, wenn nach Abschluß der Oberflächengestaltung eine gewisse Beruhigung eingetreten ist.

Für die Säugetiere stellt insbesondere die allmähliche Ausbildung der Pflanzendecke einen wichtigen Faktor dar, weil vor einer Einwanderung bestimmte Grundanforderungen an Nahrung und v. a. Deckung erfüllt sein müssen. Den eigentlichen Startpunkt für die Besiedlung bildet daher die Aufforstung bzw. die Einsaat von Lupinen, Gräsern und bestimmten Wildkräutern. Die Bepflanzung der Rekultivierung ist die letzte „gestalterische" Maßnahme des Menschen, mit der die Rahmenbedingungen für die weitere Entwicklung gesetzt werden. Die eingebrachten Pflanzenarten und die Ausstattung mit künstlich geschaffenen Strukturelementen wie Freiflächen, Kleingewässern, Erhöhungen und Senken bestimmen die Startbedingungen für die nun einsetzende Sukzession, die im wesentlichen ohne lenkende Eingriffe des Menschen abläuft und von natürlichen Vorgängen beherrscht wird.

Die Kurve in Abb. 2 zeigt für eine rein hypothetische Art die Zunahme der Biotopqualität in Abhängigkeit von der Zeit. Für tatsächliche Arten wird diese Kurve natürlich je nach betrachteter Art unterschiedlich verlaufen. Allen denkbaren Zustandskurven ist jedoch gemeinsam, daß sie bei „0" starten. Dies entspricht dem Stadium der „maximalen Unwirtlichkeit", also der Phase der Verkippung bzw. Verfüllung. Weiterhin werden sich alle Zustandskurven im Laufe der Zeit einem „Normalzustand" zumindest annähern. Der „Normalzustand" beschreibt dabei die Biotopqualität für die entsprechende Art in einem gewöhnlichen Lebensraum, also z. B. in den Altgebieten. Der Zeitraum, in dem die Annäherung der Biotopqualität an den „Normalzustand" erfolgt, ist von Art zu Art verschieden und kann sich über wenige Jahre oder mehrere Jahrzehnte erstrecken. Es sollte auch keinesfalls als gesichert angenommen werden, daß der „Normalzustand" in überschaubaren Zeiträumen für alle Arten tatsächlich erreicht wird.

Die Charakteristik der Zustandskurve wird durch die Biologie der jeweiligen Art bestimmt. Beispielsweise können Pflanzenfresser relativ früh einwandern, vorausgesetzt, daß geeignete Nahrungspflanzen in hinreichend großer Menge in den Rekultivierungen vorhanden sind. Die Biotopqualität wird für herbivore Arten folglich im wesentlichen durch die Entwicklung der Flora bestimmt. Räuberische Arten sind dagegen zwingend von der Verfügbarkeit potentieller Beutetiere abhängig. Carnivore Arten können daher nicht als Besiedlungspioniere auftreten, sondern werden erst in einer späteren Phase einwandern, wenn sich andere, als Beute in Frage kommende Arten bereits etabliert haben. Unabhängig von der Ernährungsweise werden relativ tolerante Arten mit hoher Anpassungsfähigkeit zu einem früheren Zeitpunkt einwandern als Arten mit sehr speziellen Ansprüchen und einer geringen ökologischen Flexibilität.

Eine bestimmte Biotopqualität kann als „Grenzzustand 1" definiert werden. Dieser Zustand ist erreicht, wenn sich die Barrierenwirkung der Grenze zwischen dem Altgebiet und der Rekultivierung aufgrund der Sukzession so weit verringert hat, daß Tiere erstmals in die Rekultivierung einwandern. Der Zeitpunkt der Einwanderung ergibt sich dementsprechend durch den

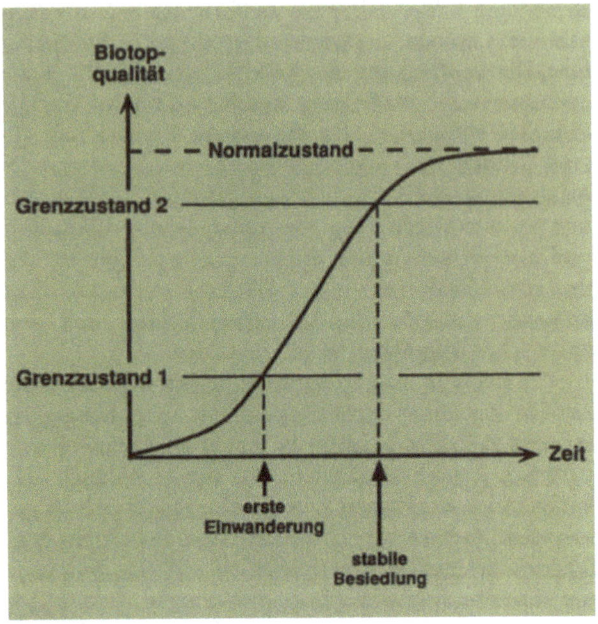

Abb. 2. Schematische Zustandskurve für eine hypothetische Säugetierart zur Beschreibung der sich ändernden Biotopqualität des Rekultivierungsgebietes im Laufe der Sukzession. Der Wert „0" entspricht einem für diese Art völlig ungeeigneten Biotop, der *Normalzustand* beschreibt die Biotopqualität im natürlichen Lebensraum. Die *Grenzzustände* kennzeichnen die minimalen Anforderungen an die Biotopqualität, die für die erste Einwanderung *(Grenzzustand 1)* bzw. die stabile Besiedlung *(Grenzzustand 2)* erfüllt sein müssen

Schnittpunkt der Zustandskurve mit dem „Grenzzustand 1" (Abb. 2). Einen Sonderfall stellen in dieser Phase die Großsäuger dar, die i. allg. über einen sehr großen Aktionsradius verfügen. Für diese Arten ist es möglich, einen Teil der normalen Aktivität, z. B. während der Nahrungssuche, in die Rekultivierung zu verlagern, ohne das Altgebiet endgültig zu verlassen und sich in dem neuen Lebensraum anzusiedeln. Vielmehr können die Besuche zunächst gelegentlich, und dann, bei hinreichender Eignung des Gebietes, regelmäßiger erfolgen, so daß die Rekultivierung nach und nach in den normalen Aktionsraum einbezogen wird.

1.3 Besiedlung des Rekultivierungsgebietes

Nur die Tiere, die auf der Suche nach neuen Lebensräumen in die Rekultivierung eingewandert sind, können das Gebiet auf Eignung für eine Besiedlung prüfen. Die wesentlichen Elemente, die über die Qualität eines Habitats entscheiden, sind die Nahrungsbedingungen, die Möglichkeiten zur Bauanlage, die Deckungs- und Versteckmöglichkeiten, die physikalische Struktur der Pflanzendecke sowie das Mikroklima. Sind bestimmte Grundvoraussetzungen erfüllt, so werden sich zumindest einige Individuen ansiedeln und damit den Grundstock für die Populationsentwicklung bilden. Das Vorhandensein von einzelnen Individuen führt allerdings noch nicht automatisch zum Aufbau einer Population der entsprechenden Art; vielmehr muß erst eine gewisse Siedlungsdichte vorhanden sein, um erfolgreiche Reproduktion zu ermöglichen. Bei zu geringer Dichte können die Geschlechtspartner beispielsweise Schwierigkeiten haben, einander zu finden, was zu einer Verringerung der Fortpflanzungsrate führt (sog. „Allee-Effekt"). Es werden sich daher zunächst kleine, lokal begrenzte Populationen aufbauen, die in den Bereichen der Rekultivierung siedeln, die relativ gesehen die besten Voraussetzungen bieten.

Ein wichtiges Merkmal der frühen Besiedlungsphase ist, daß sich insbesondere die Disperser einer Art ansiedeln werden. Diese Tiere haben aufgrund ihrer besonderen Situation eine höhere Toleranz hinsichtlich der Biotopqualität als ihre Artgenossen und akzeptieren daher auch suboptimale Bereiche, wenn bessere Alternativen nicht zur Verfügung stehen oder bereits von Artgenossen besetzt sind. In suboptimalen Lebensräumen liegt der Reproduktionserfolg aufgrund der schlechten äußeren Bedingungen relativ niedrig. Daher sind die Populationen in der Frühphase der Besiedlung nicht stabil, was bedeutet, daß die natürliche Mortalität nicht durch den eigenen Nachwuchs ausgeglichen wird. Die Dichte kann in dieser Situation nur dadurch zunehmen oder zumindest gehalten werden, daß eine ständige Zuwanderung von außen, d. h. aus den Altgebieten oder aus älteren Teilbereichen der Rekultivierung erfolgt. Die Populationen befinden sich in dieser Phase in einem Übergangsstadium zwischen Einwanderung und tatsächlicher, dauerhafter Besiedlung.

Im Laufe der weiteren Entwicklung und mit sich verbessernden Lebensbedingungen wird auch der Reproduktionserfolg der Gründerpopulationen zunehmen. Ab einer bestimmten Biotopqualität, die als „Grenzzustand 2" definiert werden kann (Abb. 2), wird die Zahl der erfolgreich großgezogenen Jungtiere die Sterberate übersteigen und die Populationen können sich selbst erhalten. Einwandernde Tiere werden nun nicht mehr geduldet und sind daher gezwungen, in unbesiedelte Teilbereiche auszuweichen, wodurch sich allmählich auch die Lücken zwischen den Lokalpopulationen schließen. Zu diesem Zeitpunkt, der sich aus dem Schnittpunkt der Zustandskurve mit dem „Grenzzustand 2" ergibt, hat sich eine stabile Population der betreffenden Art im Rekultivierungsgebiet etabliert und der Besiedlungsprozeß ist abgeschlossen.

Arten, die sich flexibel auf besondere Lebensbedingungen einstellen können, z. B. in der Nahrungswahl oder bei der Bauanlage, werden besonders häufig als Pioniere der Artensukzession auftreten. Der „Grenzzustand 2" liegt bei ihnen deutlich niedriger als der „Normalzustand", so daß ökologisch tolerante Arten grundsätzlich früher in der Lage sind, auch junge Rekultivierungen dauerhaft zu besiedeln. Bei Spezialisten und wenig anpassungsfähigen Arten wird der „Grenzzustand 2“ dagegen in etwa dem „Normalzustand“ entsprechen. Die Ansiedlung wird daher, wenn überhaupt, erst zu einem späteren Zeitpunkt erfolgen, wenn aufgrund der weiter fortgeschrittenen Entwicklung der künstlichen Lebensräume auch enger definierte Bedingungen erfüllt werden.

1.4 Überoptimale Biotopqualitiät und weitere Entwicklung

Der „Normalzustand“ wird nicht nur durch strukturelle Habitateigenschaften, sondern auch durch die interspezifischen Konkurrenzverhältnisse und den Prädationsdruck im üblichen Lebensraum definiert. In den jungen Rekultivierungen können, insbesondere in frühen Entwicklungsstadien, zwischenzeitlich ganz ungewöhnliche, teilweise durch den Zufall bestimmte Artenkombinationen auftreten. Es sind daher Situationen vorstellbar, in denen die Nahrungs- und Deckungsverhältnisse für eine bestimmte Art mehr oder weniger denen in einem normalen Habitat entsprechen, während typische Konkurrenten und/oder Prädatoren fehlen. Daraus resultiert eine überoptimale Biotopqualität, die den Aufbau von außergewöhnlich hohen Populationsdichten begünstigt. Die Zustandskurve ist in solchen Fällen durch ein „Überschießen“ über den „Normalzustand“ hinaus gekennzeichnet (Abb. 3a). Im Laufe der weiteren Entwicklung siedeln sich mehr und mehr Arten in den Rekultivierungen an, so daß sich allmählich auch die normalen Konkurrenz- und Räuber/Beute-Verhältnisse einstellen werden. Das Auftreten von ungewöhnlich hohen Dichten einzelner Arten stellt daher ein Zwischenstadium dar, das als Indiz für eine noch nicht abgeschlossene Annäherung der Rekultivierung an einen normalen Lebensraum zu werten ist.

Die Entwicklung der Rekultivierungen bleibt natürlich nicht stehen, wenn der „Normalzustand“ für eine bestimmte Art erreicht ist. Vielmehr ändern sich die ökologischen Bedingungen fortwährend, bis beispielsweise aus einer forstlichen Rekultivierung ein mehr oder weniger stabiles Waldbiotop entstanden ist. Im Zuge dieser Entwicklung, die sich über viele Jahrzehnte erstreckt, kann die Biotopqualität für bestimmte Arten wiederum abnehmen, etwa dadurch, daß sich die Nahrungssituation aufgrund von Änderungen in der Artenzusammensetzung der Pflanzengesellschaft verschlechtert. In diesen Fällen sinkt die Zustandskurve nach einer gewissen Zeit unter den „Normalzustand“ ab, was sich in einer Verringerung der Bestandsdichten bemerkbar macht. Schneidet die Kurve zu einem bestimmten Zeitpunkt den „Grenzzustand 1“, so wird dadurch eine Situation beschrieben, in der die betreffende Art die ältere Rekultivierung nicht mehr besiedeln kann und verschwindet (Abb. 3b). Der Ausfall bestimmter Arten im Laufe der Sukzession ist ein wichtiger Prozeß für die langfristige Ausbildung einer Artengemeinschaft, die der in den Altgebieten entspricht.

1.5 Artensukzession

Die Charakteristik der Zustandskurve ist, wie mehrfach betont, eng mit dem ökologischen Verhalten der einzelnen Arten verbunden und wird durch deren Lebensraumansprüche und Anpassungsfähgkeit bestimmt. Werden die Kurven aller potentiell für eine Besiedlung in Frage kommenden Arten auf eine gemeinsame Zeitachse

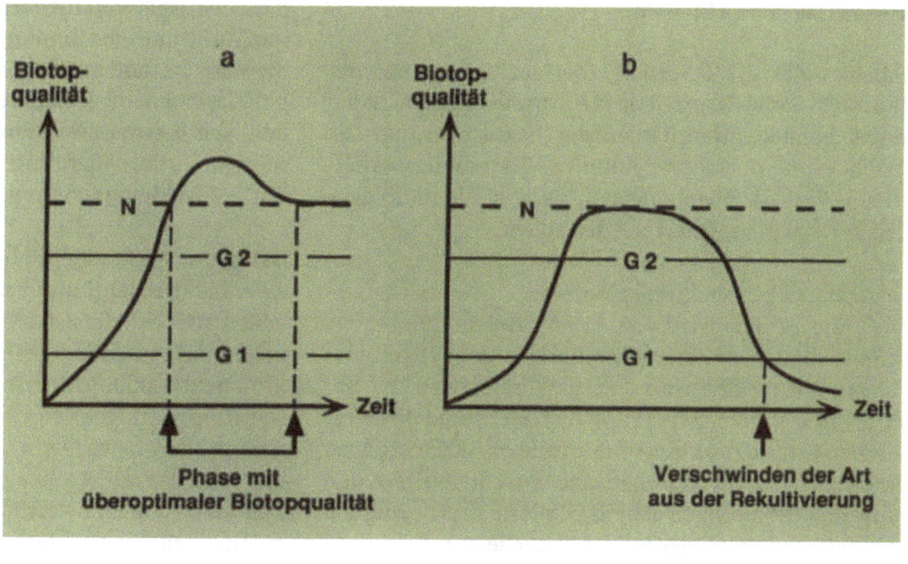

Abb. 3a, b Sonderfälle von schematischen Zustandskurven für hypothetische Säugetierarten (*G 1* Grenzzustand 1, *G 2* Grenzzustand 2, *N* Normalzustand). **a** überoptimale Biotopqualität in der Rekultivierung als Zwischenphase der Entwicklung, die sich z. B. durch eine geringere interspezifische Konkurrenz und/oder Prädation als in den natürlichen Lebensräumen ergeben kann. **b** Abnahme der Biotopqualität in einer späteren Sukzessionsphase, z. B. durch eine Verschlechterung der Nahrungssituation. Sinkt die Kurve unter den „Grenzzustand 1“ ab, so verschwindet die Art wieder aus der Rekultivierung projiziert, so ergibt sich dadurch eine bestimmte zeitliche Abfolge für die Einwanderung der einzelnen Arten, für das Erreichen der stabilen Besiedlung und, bei bestimmten Arten, für das Verschwinden aus den Rekultivierungen in einem späteren Stadium der Entwicklung. Durch die gleichzeitige Betrachtung der Zustandskurven für alle Arten wird es also vom theoretischen Standpunkt aus gesehen möglich, die Artensukzession in einem bestimmten Gebiet formal zu beschreiben.

2
Die Säugetierfauna der Sophienhöhe

Im ersten Abschnitt des Kapitels wurden die populationsbiologischen Grundlagen für den Prozeß der Besiedlung von Rekultivierungsgebieten durch Säugetiere dargestellt. Im folgenden soll die Gültigkeit dieses theoretischen Konzeptes anhand eines konkreten Beispiels überprüft werden. Als Grundlage dienen Daten, die zwischen 1984 und 1986 im Bereich der Sophienhöhe erhoben wurden (Halle 1987a), einer forstlich rekultivierten Außenkippe von etwa 200 m Höhe und einer Grundfläche von rd. 1 100 ha im Bereich des Tagebaues Hambach. Die Rekultivierung ist von landwirtschaftlichen Nutzflächen sowie von den Resten eines ehemals zusammenhängenden Waldgebietes umgeben, so daß das Besiedlungspotential von den Arten beider Lebensräume gebildet wird. Die Angaben zur Säugetierfauna basieren auf Direktbeobachtungen, Spurenauswertung, der Analyse von Greifvogelgewöllen sowie auf umfangreichen Fallenfängen von Kleinsäugern (Halle 1988b). Aufgrund der Altersstruktur der Untersuchungsflächen konnte ein Zeitraum von bis zu 7 Jahren nach Abschluß der Rekultivierungsarbeiten erfaßt werden.

2.1
Dynamik der Artensukzession

Tabelle 1 gibt eine Übersicht über das Vorkommen der einzelnen Säugetierarten in den Altgebieten bzw. in den verschiedenen Altersstadien der Rekultivierung. Die Arten können entsprechend ihres Besiedlungsverhaltens in fünf Gruppen eingeteilt werden, die im folgenden kurz charakterisiert werden sollen.

Gruppe 1: Die Besiedlungspioniere
Die erste Gruppe wird von Arten gebildet, die bereits unmittelbar nach der Aufforstung in den Rekultivierungen anzutreffen sind und als Pionierarten der Besiedlung auftreten. Reh und Wildschwein sind dabei typische Vertreter von Arten mit weitem Aktionsradius, die zunächst nicht dauerhaft und ausschließlich in den jungen Aufforstungen leben, sondern diese lediglich von Zeit zu Zeit bei der Nahrungssuche nutzen.

Die Waldmaus ist dagegen ein ständiger Bewohner der frisch rekultivierten Flächen und erreicht hier etwa doppelt so hohe Populationsdichten wie auf den angrenzenden Äckern (Halle u. Pelz 1990; Halle 1993), dem Hauptvorkommen dieser Art in den Altgebieten (Pelz 1979). Es konnte gezeigt werden, daß die Besiedlung zu einem derart frühen Zeitpunkt im wesentlichen durch die Fähigkeit der Waldmäuse ermöglicht wird, sich in ihrer Ernährungsweise auf die in der Rekultivierung zur Verfügung stehenden Nahrungsressourcen einzustellen (Halle u. Pelz 1990; Halle 1993). Auch in der Populationsdynamik treten einige Besonderheiten auf, die als Anpassungen an die speziellen Verhältnisse zu werten sind (Halle 1993).

Ähnlich wie die Waldmaus baut auch der Feldhase in den jungen Rekultivierungen deutlich höhere Populationsdichten als in den Altgebieten auf. Für beide Arten dürfte sich, neben der möglicherweise geringeren interspezifischen Konkurrenz, v. a. das Fehlen abrupter Änderungen in den Lebensbedingungen positiv auswirken, die auf den Äckern und Feldern durch die landwirtschaftliche Bewirtschaftung regelmäßig auftreten, z. B. während der Ernte oder durch das Pflügen. Feldhase und Waldmaus repräsentieren also Arten, die aufgrund einer hohen ökologischen Anpassungsfähigkeit die Rekultivierungen bereits zu einem sehr frühen Zeitpunkt besiedeln können und bei denen eine überoptimale Biotopqualität in den neuen Lebensräumen die Ausbildung ungewöhnlich hoher Bestandsdichten ermöglicht. Sie können daher, in bezug auf die Säugetiere, als Charakterarten junger Rekultivierungen angesprochen werden.

Die letzte Art innerhalb der Gruppe 1 ist die Feldmaus, die etwa ein Jahr später einwandert. Das Vorkommen dieser Wühlmaus ist durch ihre Ansprüche an Nahrung und Deckung stark an Flächen mit relativ dichtem Grasbewuchs gebunden. Da es einige Zeit dauert, bis sich diese Struktur nach der Einsaat ausgebildet hat, ist das etwas spätere Auftreten der Feldmaus gut zu erklären. Aufgrund der Bindung an vergraste Bereiche baut diese Art besonders deutlich zunächst begrenzte Lokalpopulationen in geeigneten Mikrohabitaten auf. Dies läßt sich beispielsweise durch die kleinräumige Einnischung, insbesondere in Bereichen, wo sie zusammen mit der Waldmaus vorkommt, nachweisen (Halle 1987a).

Gruppe 2: Die ersten Räuber
Zwei bis drei Jahre nach der Aufforstung wandern die ersten räuberischen Arten ein. Haus- und Zwergspitzmaus sind insectivore Arten, die in diesem Stadium der Biotopentwicklung offensichtlich erstmals hinreichende Nahrungsbedingungen vorfinden. Insbesondere die relativ großen Laufkäfer aus der Gruppe der Carabiden dürften für beide Arten als wichtige Beutetiere in Frage kommen, daneben auch die in dieser Phase häufig anzutreffenden Nacktschnecken.

Tabelle 1. Vorkommen von Säugetierarten auf landwirtschaftlichen Nutzflächen (*LF*), im Altwald (*AW*) und in unterschiedlich alten Bereichen der Sophienhöhe (0–7 Jahre nach Abschluß der Rekultivierung; das Altersstadium „0" bzeichnet das Stadium der Aufforstung). ●: gesicherter Nachweis; ○: vermutetes Vorkommen, ⊙: gelegentliche Besuche. -: kein Vorkommen. (Nach Halle 1988b)

	Altgebiete		Rekultivierung							
	LF	AW	0	1	2	3	4	5	6	7
Reh *Capreolus capreolus*	●	●	●	●	●	●	●	●	●	●
Wildschwein *Sus scrofa*	●	●	●	●	●	●	●	●	●	●
Waldmaus *Apodemus sylvaticus*	●	●	●	●	●	●	●	●	●	●
Feldhase *Lepus europaeus*	●	–	●	●	●	●	●	●	●	●
Feldmaus *Microtus arvalis*	●	–	–	●	●	●	●	●	●	●
Rotfuchs *Vulpes vulpes*	●	●	–	–	●	●	●	●	●	●
Mauswiesel *Mustela nivalis*	○	○	–	–	●	●	●	●	●	●
Hausspitzmaus *Crocidura russula*	○	○	–	–	●	●	●	●	●	●
Zwergspitzmaus *Sorex minutus*	–	●	–	–	–	●	●	●	●	●
Igel *Erinaceus europaeus*	–	●	–	–	–	●	●	●	●	●
Erdmaus *Microtus agrestis*	–	●	–	–	–	–	–	●	●	●
Wildkaninchen *Oryctolagus cuniculus*	–	●	–	–	–	–	–	●	●	●
Waldspitzmaus *Sorex araneus*	–	●	–	–	–	–	–	●	●	●
Schermaus *Arvicola terrestris*	–	●	–	–	–	–	–	○	○	○
Wanderratte *Rattus norvegicus*	○	●	–	–	–	–	–	○	○	○
Rötelmaus *Clethrionomys glareolus*	–	●	–	–	–	–	–	–	●	●
Gelbhalsmaus *Apodemus flavicollis*	–	●	–	–	–	–	–	–	–	●
Iltis *Mustela putonus*	–	●	–	–	–	–	–	–	–	●
Abendsegler *Nyctalus noctula*	–	●	–	–	⊙	⊙	⊙	–	–	–
Haushund *Canis familiris*	●	●	–	–	–	⊙	⊙	⊙	⊙	⊙
Hauskatze *Felis silv. catus*	●	●	–	–	–	⊙	⊙	⊙	⊙	⊙

	Altgebiete		Rekultivierung							
	LF	AW	0	1	2	3	4	5	6	7
Eichhörnchen *Sciurus vulgans*	-	●	-	-	-	-	-	-	-	-
Baummarder *Martes martes*	-	●	-	-	-	-	-	-	-	-
Haselmaus *Muscardinus avellanarius*	-	●	-	-	-	-	-	-	-	-
Zwergmaus *Micromys minutus*	-	●	-	-	-	-	-	-	-	-
Hermelin *Mustela erminea*	●	○	-	-	-	-	-	-	-	-
Maulwurf *Talpa europaea*	●	-	-	-	-	-	-	-	-	-

Im Altersstadium von 2 Jahren treten mit Fuchs und Mauswiesel zwei hochspezialisierte Mäusejäger in den Rekultivierungen auf. Bedingt durch die ungewöhnlich hohen Waldmaus- und Feldhasendichten und die zu diesem Zeitpunkt zumindest stellenweise ausgebildeten Feldmauspopulationen sind die Rekultivierungen ein attraktives Jagdgebiet, was auch durch die starke Präsenz von Greifvögeln bestätigt wird (vgl. Schnitzler 1987; Halle 1988a). Der Fuchs verfügt über einen großen Aktionsradius, so daß sein Vorkommen nicht zwingend auf die Rekultivierungen beschränkt ist. Das Mauswiesel ist dagegen aufgrund des kleineren Aktionsradius nach der Einwanderung vollständig an die Rekultivierungen gebunden. Eine permanente Besiedlung zu diesem frühen Zeitpunkt wird aber dadurch ermöglicht, daß diese Art i. allg. trockene und offene Habitate bevorzugt und geringe Ansprüche an die Deckung stellt.

Ein Sonderfall ist der Igel, dessen Vorkommen in der Rekultivierung auf die Aussetzung von insgesamt 90 Tieren zurückgeht. Beobachtungen des Igels, der wie die Spitzmäuse zu den insectivoren Arten gehört, waren im Untersuchungszeitraum allerdings sehr selten, was auf einen geringen Erfolg der Maßnahme schließen läßt. Aussetzungen können, wenn überhaupt, erst dann wirksam zur Besiedlung beitragen, wenn die äußeren Bedingungen für die entsprechende Art insgesamt günstig sind. Dann ist aber ohnehin mit einer Einwanderung zu rechnen, so daß die künstliche Ansiedlung die natürlich ablaufenden Prozesse sogar störend beeinflussen kann. Aussetzungen und Ansiedlungen erscheinen daher nur dann sinnvoll, wenn eine ökologisch wichtige Art zu einem bestimmten Entwicklungsstadium in den Rekultivierungen siedeln könnte, aufgrund besonderer Bedingungen in den angrenzenden Altgebieten aber nicht zum Besiedlungspotential gehört.

Gruppe 3: Die zweite Einwanderungswelle

Das Flächenalter von 5 Jahren stellt offensichtlich ein wichtiges Stadium der Entwicklung dar, was sich in einer deutlichen Änderung des optischen Eindrucks bemerkbar macht. Die Vegetation wird dichter und ist im Sommerhalbjahr weitgehend bodendeckend, mit Brombeere *(Rubus fruticosus)* und Besenginster *(Sarothamnus scoparius)* entwickeln sich erstmals größere gebüschähnliche Strukturen, außerdem breitet sich das Land-Reitgras *(Calamagrostis epigeios)* zunehmend aus und bildet stellenweise geschlossene Bestände. Der Wechsel der Vegetationsstruktur wird von einer deutlichen Veränderung der Säugetierfauna begleitet. Bei einem Flächenalter von 5–7 Jahren wandern insgesamt acht neue Arten ein, von denen zwei (Schermaus und Wanderratte) allerdings nur indirekt oder durch unsichere Beobachtungen nachgewiesen sind. Auffällig ist das starke Auftreten von insgesamt fünf neuen Kleinnagerarten, hinzu kommen Wildkaninchen, Waldspitzmaus und Iltis. Allen Arten dieser Gruppe ist gemeinsam, daß sie ihren Vorkommensschwerpunkt im Wald bzw. in Gebüschen haben.

Die Erdmaus ist stark an dichte Grasbestande mit kühlem und feuchtem Mikroklima gebunden. Diese Bedingungen findet sie in den sich ausbreitenden *Calamagrostis*-Beständen vor, was die Einwanderung gerade zu diesem Zeitpunkt erklärt. Das Wildkaninchen ist auf Bereiche beschränkt, die auch in diesem Entwicklungsstadium noch relativ offen sind und einen direkten Anschluß zum Altwald haben, wo etablierte Vorkommen der Art vorhanden sind. Der wesentliche Faktor für die

Bevorzugung offenen Geländes bei gleichzeitiger Meidung der ganz jungen Rekultivierungen ist darin zu sehen, daß Wildkaninchen einerseits warme, trockene und v. a. sonnige Stellen für die Bauanlage bevorzugen, andererseits zur Nahrungssuche aber auf eine gut entwickelte Pflanzengesellschaft angewiesen sind.

Gruppe 4: Besucher der Rekultivierungen
In der Gruppe 4 sind drei Arten zusammengefaßt, die die Sophienhöhe mehr oder weniger regelmäßig aufsuchen, diese aber nicht wirklich besiedeln. Hierzu gehören streunende Hunde und Katzen, die bei ihren Streifzügen die Sophienhöhe offensichtlich als attraktives Jagdgebiet entdeckt haben. In der frühen Abenddämmerung konnten weiterhin gelegentlich bis zu 20 Abendsegler jagend über 2–4 Jahre alten Flächen beobachtet werden. Diese Fledermaus ist durch Funde in Altwaldbeständen in unmittelbarer Nähe der Sophienhöhe sicher nachgewiesen. Ob ältere Rekultivierungen tatsächlich eine geringere Attraktivität für die Jagd auf Insekten haben, wie das Fehlen von Belegen aus diesen Bereichen vermuten lassen könnte, ist aufgrund der insgesamt seltenen Beobachtungen aber nicht mit Sicherheit zu sagen.

Gruppe 5: Nicht eingewanderte Arten
Die letzte Gruppe wird von sechs Arten gebildet, die auch nach 7 Jahren noch nicht in die Rekultivierungen eingewandert sind, deren Vorkommen in unmittelbarer Nähe der Sophienhöhe aber sicher belegt ist. Es handelt sich somit um Arten, für die die Barrierenwirkung der Grenze zwischen Altgebiet und Rekultivierung auch in diesem Stadium noch zu groß ist, oder für die bestimmte essentielle Anforderungen an einen akzeptablen Lebensraum nicht erfüllt werden.

Die meisten Arten der Gruppe 5 sind als typische Bewohner des Altwaldes anzusprechen. Eichhörnchen und Baummarder sind an das Vorkommen alter, hoher Bäume gebunden, die in den jungen Rekultivierungen nicht vorhanden sind. Die Haselmaus benötigt zumindest hohe und dichte Gebüsche, die sich ebenfalls noch nicht ausgebildet haben. Das Habitat der Zwergmaus, einem hochspezialisierten Halmkletterer, sind sog. „Halmwälder", d. h. Wiesen mit hochstengeligen Gräsern und Stauden. Derartige Strukturen finden sich beispielsweise in älteren *Calamagrostis*-Beständen, nicht aber in den mit 7 Jahren noch relativ jungen Rekultivierungen. Hinzu kommt, daß die Bestandsdichten der Zwergmaus zum Zeitpunkt der Untersuchung in den Altgebieten sehr niedrig lagen, so daß von dieser Population nur ein geringer Ausbreitungsdruck ausging.

Der Maulwurf, der in der näheren Umgebung der Sophienhöhe stellenweise häufig auftritt, ist vermutlich deshalb auch nach 7 Jahren nicht in die Rekultivierung eingewandert, weil er tiefgründige Böden bevorzugt und daher mit der sandig-kiesigen Bodenstruktur des Forstkieses schlecht zurechtkommt. Außerdem ist er bei der Nahrungssuche auf ein reiches Bodenleben (Regenwürmer, Insektenlarven, Bodenarthropoden, Schnecken) angewiesen, das sich in der relativ kurzen Zeit der Entwicklung noch nicht hat ausbilden können. Schwer verständlich ist dagegen das Fehlen des Hermelins, das unmittelbar am Kippenfuß, nicht aber in den Rekultivierungen nachgewiesen werden konnte. Diese Art wird als sehr anpassungsfähig hinsichtlich der Habitatwahl beschrieben, außerdem sollte durch die hohen Kleinnagerdichten auch eine hinreichend gute Nahrungsgrundlage vorhanden sein. Vielleicht ist für das Fehlen des Hermelins ein Mangel an Versteckmöglichkeiten wie Steinhaufen oder Holzstapeln entscheidend, die auch gerne für die Bauanlage genutzt werden. In diesem Fall könnte die künstliche Schaffung derartiger Strukturen hilfreich sein, doch muß dies ohne nähere Untersuchungen eine reine Spekulation bleiben.

2.2 Verschiebungen im Artenspektrum

Tabelle 2 zeigt die Artenzahlen in den einzelnen Altersstufen der Rekultivierung. Dabei ist ebenfalls aufgeschlüsselt, ob es sich um Arten mit Vorkommensschwerpunkt auf Landwirtschaftsflächen oder im Altwald handelt bzw. um Arten, die in beiden Altgebieten vorkommen. Es zeigt sich deutlich, daß in der Frühphase hauptsächlich solche Arten vertreten sind, die in den Altgebieten keinen eindeutigen Vorkommensschwerpunkt aufweisen. Daneben sind zwei typische Feldarten vorhanden, während Vertreter der Altwaldgebiete fehlen. Die ersten Altwaldbewohner wandern bei einem Flächenalter von 3 Jahren ein.

Die Aufstellung veranschaulicht noch einmal die Bedeutung des Altersstadiums 5 Jahre, bei der es nach einer gewissen Stagnation zu einer Zunahme der eingewanderten Säugetierarten um 50 % kommt. In dieser Phase erfolgt außerdem eine sprunghafte Zunahme der Waldarten, deren Anteil am Gesamtartenspektrum von 20 % auf 40 % steigt. In den folgenden beiden Jahren erhöht sich der Anteil der Waldarten durch weitere Einwanderungen kontinuierlich bis auf 50 % im Altersstadium 7 Jahre, während sich der Anteil der reinen Feldarten und der wenig spezialisierten Arten entsprechend verringert. Bei den nicht eingewanderten Arten liegt der Anteil der Waldbewohner bei 66 %.

Den gleichen generellen Trend der Entwicklung zeigt auch die Tabelle 3, in der die Verschiebung des Artenspektrums in bezug auf die fünf wichtigsten Mäusearten dargestellt ist. Neben der Sophienhöhe und den umgebenden Altgebieten wurde die Glessener Höhe in den Vergleich einbezogen. Diese Außenkippe im Bereich des ehemaligen Tagebaues Fortuna weist eine ähnliche Struktur wie die Sophienhöhe auf, hatte zum Zeitpunkt

	0	1	2	3	4	5	6	7	N
Gesamtartenzahl	4	5	8	10	10	15	16	18	6
LF	1	2	2	2	2	2	2	2	1
LF/AW	3	3	6	6	6	7	7	7	1
AW	0	0	0	2	2	6	7	9	4
LF[%]	25	40	25	20	20	13	12	11	17
LF/AW[%]	75	60	75	60	60	47	44	39	17
AW[%]	0	0	0	20	20	40	44	50	66

Tabelle 2. Anzahl eingewanderter Säugetierarten in unterschiedlich alten Bereichen der Sophienhöhe (0–7 Jahre nach Abschluß der Rekultivierung) und Aufschlüsselung des Artenspektrums nach dem Vorkommensschwerpunkt in den Altgebieten (*LF* Feldarten, *LF/AW* Arten ohne eindeutigen Vorkommensschwerpunkt, *AW* Waldarten). In der Kolonne „N" sind die Arten zusammengefaßt, die auch nach 7 Jahren noch nicht in die Rekultivierungen eingewandert sind. (*Unten* relativer Anteil einzelner Gruppen am Gesamtartenspektrum)

	LF	Sophienhöhe <5 Jahre	Sophienhöhe ≥5 Jahre	Glessener Höhe	AW
Feldmaus *Microtus arvalis*	•	•	•	–	–
Waldmaus *Apodemus sylvaticus*	•	•	•	•	•
Erdmaus *Microtus agrestis*	–	–	•	•	•
Rötelmaus *Clethrionomys glareolus*	–	–	•	•	•
Gelbhalsmaus *Apodemus flavicollis*	–	–	•	•	•

Tabelle 3. Vorkommen der fünf häufigsten Mäusearten auf landwirtschaftlichen Nutzflächen (*LF*), auf der Sophienhöhe (Flächenalter < 5 Jahre und ≥ 5 Jahre), auf der Glessener Höhe (Flächenalter ~ 15–20 Jahre) und im Altwald (*AW*). (Nach Halle 1989)

der Untersuchung aber bereits ein Flächenalter von 15–25 Jahren erreicht. Das Artenspektrum der Säugetiere in den jungen Bereichen auf der Sophienhöhe (Alter kleiner als 5 Jahre) entspricht dem der Landwirtschaftsflächen, das der Glessener Höhe dem der Altwaldgebiete. In den älteren Bereichen der Sophienhöhe (ab einem Alter von 5 Jahren) ist ein Zwischenstadium ausgebildet, da neben den Waldarten mit der Feldmaus auch ein typischer Bewohner der Landwirtschaftsflächen vertreten ist. Diese Art konnte auf der Glessener Höhe nicht mehr nachgewiesen werden, so daß sie offensichtlich im Laufe der weiteren Entwicklung aus den Rekultivierungen verschwindet.

Insgesamt macht die Betrachtung der Artensukzession deutlich, daß sich das Spektrum der Säugetierarten in den Rekultivierungsgebieten im Laufe der Zeit systematisch ändert, und daß die Entwicklung eindeutig in Richtung auf eine Waldlebensgemeinschaft verläuft. Da Säugetiere aufgrund ihrer i. allg. komplexen Anforderungen an den Lebensraum eine besonders „kritische Prüfinstanz" für die Biotopqualität darstellen, kann die Zusammensetzung der Säugetierfauna in den verschiedenen Altersstadien als Indikator für den Entwicklungsstand der Rekultivierungen dienen.

3 Besiedlungsdynamik am Beispiel der Kleinnager

Im vorigen Abschnitt wurde ausschließlich das Artenspektrum behandelt, also die Frage, ob eine bestimmte Art zu einem bestimmten Sukzessionsstadium in der Rekultivierung vorkommt oder nicht. Unberücksichtigt blieben dabei Verschiebungen im zahlenmäßigen Verhältnis der Arten zueinander. Die Betrachtung derartiger Änderungen läßt sehr viel detailliertere Aussagen und eine höhere zeitliche Auflösung zu, doch ist hierzu auch ein wesentlich umfangreicheres Zahlenmaterial erforderlich. Eine ausreichende Datengrundlage für die Analyse der Dichteentwicklung konnte im Rahmen meiner Untersuchungen für die Kleinnager gewonnen werden (3 522 Fänge in rd. 7 000 Fallennächten), so daß im folgenden die Entwicklung für diese Gruppe beispielhaft dargestellt werden soll. (Zum Einfluß der Kleinnager auf die Rekultivierung und zum möglichen Auftreten von Schäden in den Aufforstungen s. Halle 1987b, 1989).

3.1 Dynamik der Erstbesiedlung

Auf dem Plateau der Sophienhöhe wurde die Entwicklung der Kleinnagerbesiedlung in den ersten beiden Jahren nach der Aufforstung durch Fangserien mit Lebendfallen und jeweils dreimonatigen Abstand verfolgt. Die Waldmaus hatte hier bereits im Herbst des ersten Jahres eine erstaunlich hohe Dichte erreicht, doch blieben Wiederfänge, abgesehen von einem ersten Wiederfang im Dezember, aus (Abb. 4). Im zweiten Jahr stieg die Wiederfangrate nach Einsetzen der Reproduktion im Frühjahr kontinuierlich an und erreichte am Ende des zweiten Jahres mit 44 % einen für Kleinsäugerpopulationen recht hohen Wert. Feldmäuse waren dagegen im ersten Jahr nur selten vertreten. Die Fangzahlen nahmen erst im Herbst des zweiten Jahres zu, im Dezember konnte außerdem erstmals ein markiertes Tier aus der vorangegangenen Fangserie wiedergefangen werden. Es ergibt sich somit ein ähnliches Bild wie bei der Waldmaus, nur daß die Kurven für die Individuenzahl und die Wiederfangrate um ein Jahr verschoben erscheinen.

Die Entwicklung der Fangzahlen für die beiden Pionierarten unter den Kleinnagern macht deutlich, daß die Populationen im jeweils ersten Jahr der Kolonisation noch nicht stabil sind, sondern auf ständige Zuwanderung von außen angewiesen bleiben. Es haben sich außerdem Hinweise finden lassen, daß in dieser Phase ältere Tiere und insbesondere adulte Männchen überproportional stark vertreten sind, also Tiere, die über besonders große Aktionsräume verfügen (Halle 1987a). Die Frühphase der Besiedlung ist demnach durch generell hohe Turn-over-Raten gekennzeichnet. Diese Phase ist aber zumindest bei der Waldmaus nur von kurzer Dauer, da sich die Populationen bereits im zweiten Besiedlungsjahr stabilisieren.

Detaillierte Untersuchungen in den anschließenden Altersstadien (2 Jahre und älter) haben gezeigt, daß die Waldmauspopulationen, abgesehen von Anpassungen an die besonderen Bedingungen in der Rekultivierung, mehr oder weniger normale Charakteristika zeigen (Halle 1991). Die Feldmauspopulationen können sich dagegen in den aufgeforsteten Bereichen auch nach 2 Jahren nur aufgrund ständiger Zuwanderungen halten (Halle 1987a). Diese erfolgen aus vergrasten Bereichen wie Gräben und Freiflächen, wo stabile

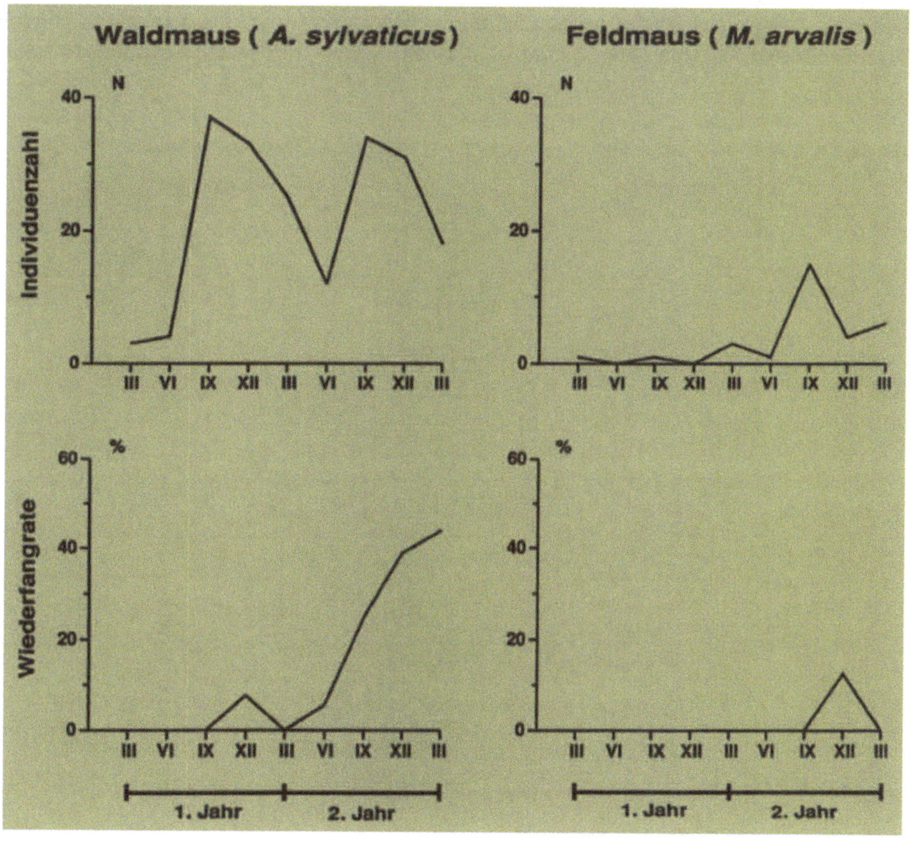

Abb. 4. Populationsentwicklung von Waldmaus *(links)* und Feldmaus *(rechts)* auf dem Plateau der Sophienhöhe in den ersten beiden Jahren nach der Aufforstung. Die Daten wurden durch Fänge mit Lebendfallen in dreimonatigen Abständen erhoben (341 Fänge in 540 Fallennächten). Dargestellt ist der zu jedem Termin aus den Fangdaten kalkulierte Schätzwert für die Dichte *(oben)* und die relative Wiederfangrate von individuell markierten Tieren aus der vorangegangenen Fangserie *(unten)*. Die *römischen Zahlen* bezeichnen die Monate, in denen die Fangserien durchgeführt wurden. (Nach Halle 1987b)

Populationen mit relativ hohen Bestandsdichten vorhanden sind.

3.2
Einfluß der Geländemorphologie auf die Besiedlungsdynamik

Im vorigen Abschnitt wurden die Verhältnisse auf dem Hochplateau der Sophienhöhe dargestellt. Dieser Bereich ist, abgesehen von kleinräumigen Oberflächenmodulationen, mehr oder weniger eben und hat keinen direkten Anschluß zu Altgebieten. Neben dem Vegetationstyp (Aufforstung oder Freifläche) ist daher v. a. das Flächenalter von ausschlaggebender Bedeutung für die Kleinnagerbesiedlung. Wesentlich komplizierter liegen die Verhältnisse dagegen im Böschungsbereich. Hier besteht entweder Anschluß an Landwirtschaftsflächen oder zu Altwaldbereichen, so daß sich für einzelne Geländeabschnitte unterschiedliche Besiedlungspotentiale ergeben. Hinzu kommt ein möglicher Einfluß der Höhenstufe sowie eine Differenzierung der Bereiche in die eigentlichen Hänge und die ebenen Stufen der Bermen. Natürlich spielt das Flächenalter auch in diesen Bereichen eine zentrale Rolle.

Der stärkste Einfluß auf die Kleinnagerbesiedlung geht von der Morphologie des Böschungsbereiches aus, wie durch die deutlich unterschiedliche Entwicklung an den Hängen und auf den Bermenstufen belegt wird (Abb. 5). Hänge und Stufen unterscheiden sich strukturell einerseits in der Neigung des Geländes (steile Hänge, ebene Stufen), andererseits in der Vegetation (Aufforstung an den Hängen, vergraste Gräben auf den Stufen). In beiden Bereichen ist die Waldmaus in den ersten 3 Jahren eindeutig die dominierende Art. Bei einem Flächenalter von 4 Jahren kommt es dann auf den Bermenstufen zu einer drastischen Veränderung der Dichten und die Feldmaus wird zur häufigsten Art. Bereits ein Jahr später nehmen die Feldmäuse aber wieder massiv ab und die bis dahin nur in geringer Zahl vorhandene Erdmaus wird zur dominierenden Art. An den Hängen tritt die Erdmaus dagegen erst nach 6 Jahren massiv auf und löst die Waldmaus als vorherrschende Art ab (Halle 1987a).

Abbildung 5 macht deutlich, mit welch hoher Dynamik sich das Artenspektrum der Säugetiere in der Frühphase der Entwicklung verändern kann, wenn mehrere Faktoren gleichzeitig auf die Besiedlung einwirken. In den entsprechenden Stadien konnte der Vorgang auf drei verschiedenen Untersuchungsflächen beobachtet werden und stellt somit einen hinreichend abgesicherten Befund dar. Der Wechsel in den Dominanzverhältnissen ließ sich darüber hinaus auch gut mit Änderungen in der Habitatstruktur korrelieren. Zunehmende Vergrasung macht die Stufen für die samenfressenden Waldmäuse offensichtlich unattraktiv, während sich die Bedingungen für die grasfressende Feldmaus deutlich verbessern. Mit dem Dichterwerden des langhalmigen Land-Reitgrases und der Ausbildung einer verfilzten Matte aus verrottendem Pflanzenmaterial ändert sich allerdings auch das Mikroklima. Die Temperaturamplitude wird gedämpft und die relative Luftfeuchtigkeit

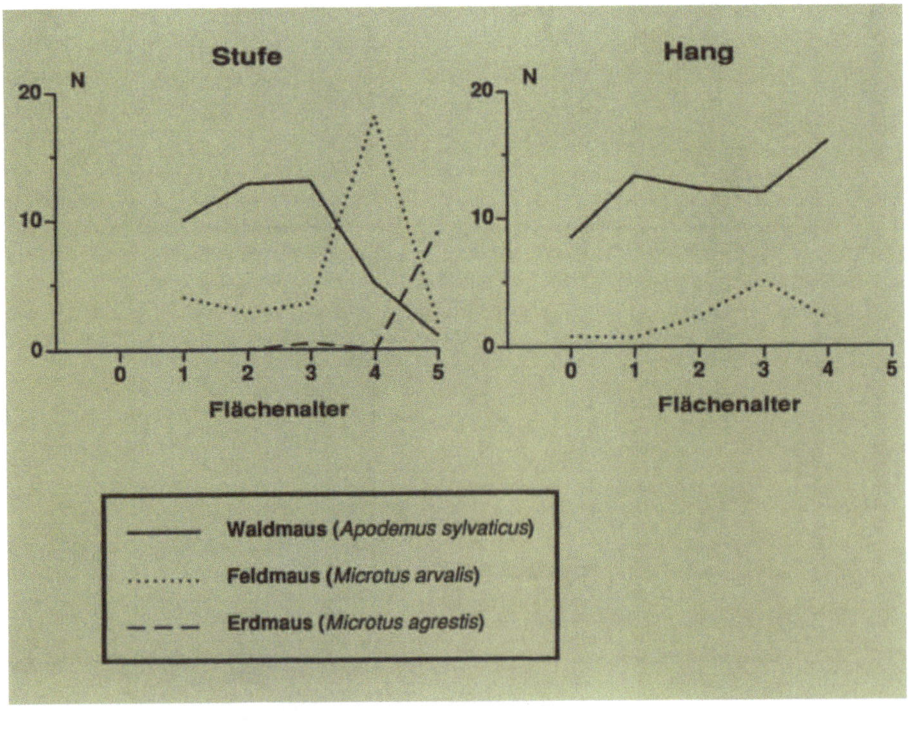

Abb. 5. Anzahl gefangener Tiere/Fangfläche im Böschungsbereich der Sophienhöhe in Abhängigkeit vom Flächenalter (26 Fangflächen, 416 Fänge in 832 Fallennächten; 0–5 Jahre nach Abschluß der Rekultivierung). Die Ergebnisse sind getrennt für Fangflächen auf den ebenen Stufen der Bermen (Stufe) und in Hanglage (Hang) dargestellt. (Nach Halle 1987b)

steigt, wodurch sich die Bedingungen für die feuchtigkeitsliebende Erdmaus verbessern. Die Feldmaus wird dann entweder durch die deutlich aggressivere Erdmaus aktiv verdrängt oder wandert ohnehin in trockenere und wärmere Bereiche ab, die von dieser Art bevorzugt werden. Das längere Dominieren der Waldmaus an den Hängen dürfte einerseits durch die geringere Vergrasung zu erklären sein. Andererseits hat die zu den echten Mäusen gehörende Art mit ihren langen Hinterextremitäten und der hüpfend-springenden Fortbewegungsweise auf den schrägen und von Erosionsrinnen zerfurchten Hängen deutliche Vorteile gegenüber den kurzbeinigen und dicht an den Boden gedrückt laufenden Wühlmäusen (vgl. Halle 1987b).

Es konnte gezeigt werden, daß der Verlauf der Artensukzession im Böschungsbereich neben der Morphologie auch durch das angrenzende Altgebiet beeinflußt wird. Typische Waldarten treten entweder nur oder zumindest deutlich früher dort auf, wo ein direkter Anschluß zu Altwaldgebieten besteht (Halle 1987a, 1989). Die Höhenstufe hat dagegen offensichtlich nur einen geringen Einfluß auf die Kleinnagerbesiedlung (Halle 1987a).

4 Schlußfolgerungen für die Rekultivierung

Die schrittweise Ausbildung der Säugetierfauna macht deutlich, daß die Besiedlung von Rekultivierungsgebieten einem bestimmten, regelhaften Muster zu folgen scheint. Die vorangestellten theoretischen Überlegungen stellen den Versuch dar, diese Gesetzmäßigkeiten formal zu beschreiben und damit überprüfbar zu machen. Im Fall der Sophienhöhe ließen sich die Beobachtungen schlüssig in das Konzept einfügen, so daß sich der Ansatz zumindest für dieses Beispiel als tauglich erwiesen hat. Die allgemeine Gültigkeit, die für ein tragfähiges theoretisches Konzept unbedingt zu fordern ist, kann allerdings erst durch eine versuchsweise Übertragung auf andere Gebiete nachgewiesen werden.

Die Artensukzession bei den Säugetieren kommt offensichtlich durch das Zusammenwirken von vier unterschiedlichen Faktoren zustande:

- Dem Besiedlungspotential, das durch das Artenspektrum in den angrenzenden Altgebieten vorgegeben wird
- Dem Ausbreitungsdruck, der von den Populationen in den Altgebieten ausgeht und von deren Bestandsdichten bestimmt wird
- Den ökologischen Anforderungen, die von den einzelnen Arten an einen besiedelbaren Lebensraum gestellt werden sowie von deren Fähigkeit, sich auf die besonderen Bedingungen in den jungen Rekultivierungen einzustellen
- Dem Sukzessionsstadium der Pflanzengesellschaft in den Rekultivierungen und den vorhandenen, teils kleinräumigen Strukturen des neuen Lebensraumes

Diese Aufstellung macht deutlich, daß insbesondere den Altgebieten für die Neubesiedlung der Rekultivierungen mit Säugetieren eine entscheidende Bedeutung zukommt. Nur solche Arten können einwandern und den Grundstock für zukünftige Populationen bilden, die in unmittelbarer Nähe ein natürliches Vorkommen mit hinreichend hohen Bestandsdichten aufweisen. Werden die Rekultivierungsgebiete erst einmal angenommen, so beginnt ein sich selbst steuernder Besiedlungsprozeß, wobei die Artensukzession im wesentlichen der Entwicklung der Pflanzengesellschaft folgt.

Auch wenn diese Aussagen zunächst trivial erscheinen mögen, so haben sie doch weitreichende Konsequenzen für das Biotopmanagement von Rekultivierungsgebieten. Zunächst einmal läßt sich feststellen, daß die Besiedlung mit Säugetieren beim Vorliegen günstiger Rahmenbedingungen, wie sie bei der Sophienhöhe gegeben waren, sozusagen von alleine abläuft. Die Einwanderung der meisten Arten erfolgt relativ rasch, die zeitliche Abfolge des Auftretens von Pflanzenfressern und ihrer Prädatoren läßt auf funktionierende ökologische Beziehungen schließen, und das Artenspektrum verschiebt sich systematisch von einer Feldgemeinschaft hin zu einer Artengemeinschaft, wie sie für Waldgebiete kennzeichnend ist.

Im Fall der Sophienhöhe waren die Bedingungen deshalb als positiv zu beurteilen, weil in den Resten der ursprünglich vorhandenen Waldgebiete offensichtlich ein ausreichend großes Besiedlungspotential vorhanden war. Die große Bedeutung dieses Artenpools wird deutlich, wenn man sich den entgegengesetzten Fall vorstellt. Liegt ein Rekultivierungsgebiet mit dem „Entwicklungsziel Wald" in einer Matrix aus landwirtschaftlichen Nutzflächen, so stehen für die Besiedlung nur Feldarten zur Verfügung und eine Annäherung an eine Waldlebensgemeinschaft kann, wenn überhaupt, nur über sehr viel längere Zeit erfolgen. Eine solche Situation, die etwa dadurch zustande kommen kann, daß Waldgebiete durch den Tagebau vollständig verloren gehen, muß im Interesse der Besiedlung der neu entstehenden Lebensräume unbedingt vermieden werden.

Nur in Ausnahmefällen sollte erwogen werden, das Artenspektrum künstlich anzureichern und fehlende Arten durch Aussetzungen anzusiedeln. Derartige Maßnahmen sind aus populationsgenetischer Sicht grundsätzlich problematisch und haben i. allg. auch nur einen geringen Erfolg. Unter Umständen können sie sich sogar störend auf die ansonsten günstig verlaufenden Prozesse auswirken. Positiver ist dagegen die Vernetzung der Rekultivierung mit weiter entfernt liegenden Lebensräumen über Landschaftskorridore zu beurteilen. Derartige Strukturen zur Erhöhung der Dispersionsrate müssen aber ihrerseits auch erst eine gewisse Reife erreicht haben, bevor sie als Leitlinien für die Ausbreitung von Säugetieren dienen können.

Da die Wahrscheinlichkeit für eine erfolgreiche Besiedlung der Rekultivierung zu einem wesentlichen Teil von den Bestandsdichten in den Altgebieten abhängig ist, sollten in diesen Bereichen die Lebensbedingungen zumindest für besonders wichtige und/oder sensible Arten so optimal wie möglich gestaltet werden. Dies schließt beispielsweise den Ankauf von biologisch wertvollen Gebieten in der Umgebung der Rekultivierung und eine nachfolgend vorrangig naturschutzorientierte land- bzw. forstwirtschaftliche Nutzung ein. Auch sollten die Altgebiete über eine hinreichende Größe verfügen und über längere Zeiträume ungestört bleiben. Beide Faktoren können dazu beitragen, das von Altgebiet und Rekultivierung gebildete Gesamtsystem gegen Störungen, Populationseinbrüche und zufällige Ereignisse abzupuffern. Die in diesem Kapitel schwerpunktmäßig dargestellte Besiedlungsdynamik bei den Kleinsäugern sollte im übrigen nicht darüber hinwegtäuschen, daß die Entwicklung bei Großsäugerarten wesentlich langsamer verläuft, so daß insgesamt von ausgedehnten Phasen mit instabilen Populationen in den Rekultivierungen auszugehen ist.

Die wesentliche Schlußfolgerung aus der Untersuchung der Säugetierfauna junger Rekultivierungsgebiete lautet daher, daß sich nur dann funktionierende Lebensgemeinschaften herausbilden können, wenn eine solche Entwicklung durch die Schaffung günstiger Rahmenbedingungen ermöglicht wird. Dazu ist ein gut durchdachtes und ökologisch orientiertes Management nicht nur des Rekultivierungsgebietes selbst, sondern auch der näheren Umgebung zwingend erforderlich. Ein Lebensraum ist nur sehr bedingt „machbar", doch kann die natürliche Eigendynamik von Systemen unterstützt und, in bestimmten Grenzen, auch gelenkt werden.

5 Zusammenfassung

Die Besiedlung junger Rekultivierungsgebiete durch Säugetiere kann dadurch erklärt werden, daß nach einem Stadium der maximalen Unwirtlichkeit (Entstehung der Rekultivierung) die Biotopqualität allmählich zunimmt und sich im Laufe der Entwicklung dem „Normalzustand" für die einzelnen Arten zumindest annähert. Werden bestimmte „Grenzzustände" erreicht, so kann eine erste Einwanderung bzw. eine stabile Besiedlung der Flächen erfolgen. Dabei entscheidet das Besiedlungspotential, d. h. der Artenpool und die Bestandsdichte in den angrenzenden Altgebieten, darüber, welche Arten für eine Besiedlung überhaupt in Frage kommen. Mit Hilfe von sog. „Zustandskurven" lassen sich die Merkmale der Besiedlungsdynamik für jede Art grundsätzlich beschreiben. Die Projektion der Zustandskurven aller zum Besiedlungspotential gehörenden Arten auf eine gemeinsame Zeitachse macht den zeitlichen Ablauf der Artensukzession theoretisch beschreibbar.

Die Säugetierfauna der Sophienhöhe in den ersten 7 Jahren der Entwicklung dient zur Veranschaulichung dieses Konzeptes. Die Einwanderung der einzelnen Arten folgt einem regelhaft erscheinenden Muster, wobei sich die Arten nach ihrem Besiedlungsverhalten in fünf Gruppen einteilen lassen: Besiedlungspioniere (5 Arten), erste Räuber (5 Arten), Arten einer zweiten Besiedlungswelle bei dem für die Entwicklung besonders wichtigen Altersstadium 5–7 Jahre (8 Arten), Besucher der Rekultivierung (3 Arten) und Arten, die auch nach 7 Jahren noch nicht in die Rekultivierung eingewandert sind (6 Arten). Im Laufe der siebenjährigen Entwicklung kommt es zu einer allmählichen Verschiebung von einem Artenspektrum mit Schwerpunkt bei Generalisten und Feldarten hin zu einer Lebensgemeinschaft mit einem relativ hohen Anteil von Waldarten.

Am Beispiel der besonders gut untersuchten Kleinnager läßt sich zeigen, daß Änderungen im zahlenmäßigen Verhältnis der Arten zueinander mit bestimmten Umweltfaktoren (Flächenalter, Geländemorphologie, Pflanzensukzession) in Beziehung zu setzen sind. Bei einem Zusammenwirken mehrerer Faktoren gleichzeitig entsteht ein hochdynamisches System, das durch sprunghafte Veränderungen gekennzeichnet ist. So verschieben sich in einer bestimmten Phase der Entwicklung die Dominanzverhältnisse bei drei Mäusearten von Jahr zu Jahr in drastischer Weise, was sich mit den ökologischen Anforderungen der einzelnen Arten und einem Wandel in der Habitatstruktur korrelieren ließ.

Es wird gefolgert, daß für die Besiedlung der Rekultivierungsgebiete mit Säugetieren insbesondere den angrenzenden Altgebieten eine entscheidende Bedeutung zukommt. Sind günstige Rahmenbedingungen gegeben, so verläuft der Besiedlungsprozeß positiv und Eingriffe des Menschen (z. B. künstliche Ansiedlungen) können sich u. U. störend auswirken. Zur Schaffung entsprechender Voraussetzungen muß das Biotopmanagement allerdings nicht nur die Rekultivierung selbst, sondern v. a. auch die angrenzenden Altgebiete umfassen.

LITERATUR

Halle S (1987a) Die Kleinnager in Rekultivierungsgebieten des Rheinischen Braunkohlenreviers – Ökologie der Wiederbesiedlungsphase. Dissertation Universität zu Köln

Halle S (1987b) Die Kleinnager in Rekultivierungsgebieten des Rheinischen Braunkohlenreviers – Wiederbesiedlung und Einfluß auf die forstliche Rekultivierung. Zeitschrift für angewandte Zoologie 74: 229–319

Halle S (1988a) Avian predation upon a mixed community of common voles (Microtus arvalis) and wood mice (Apodemus sylvaticus). Oecologia 75: 451–455

Halle S (1988b) Die Säugetierfauna in einem jungen Rekultivierungsgebiet des Rheinischen Braunkohlenreviers. Zeitschrift für angewandte Zoologie 75: 421–427

Halle S (1989) Die Einwanderung von Kleinnagern und ihr Einfluß auf junge Forstkulturen. Natur und Landschaft 64: 449–450

Halle S (1991) Populationsdynamik von Apodemus sylvaticus in Rekultivierungen. In: Stubbe M, Heidecke D, Stubbe A (Hrsg) Populationsökologie von Kleinsäugerarten. Wissenschaftliche Beiträge der Universität Halle 1990/34 (P 42): 371–382

Halle S (1993) Wood mice (Apodemus sylvaticus L.) as a pioneer of recolonization in a reclaimed area. Oecologia 94: 120–127

Halle S, Pelz H-J (1990) Anpassungen von Populationen der Waldmaus (Apodemus sylvaticus) an unterschiedliche Habitate. Zeitschrift für Säugetierkunde 55 (Sonderheft): 21–22

Pelz H-J (1979) Die Waldmaus, Apodemus sylvaticus L., auf Ackerflächen – Populationsdynamik, Saatschäden und Abwehrmöglichkeiten. Zeitschrift für angewandte Zoologie 66: 261–280

Schnitzler P (1987) Jagdstrategien von Mäusebussard (Buteo buteo) und Turmfalke (Falco tinnunculus) – Anpassungen an Biotopstruktur und Beute. Diplomarbeit, Universität zu Köln

Die Vogelwelt rekultivierter Standorte

Franz Bairlein

Als sensitive „Bioindikatoren“ spielen Vögel für die ökologische Bewertung von Lebensräumen und Landschaften eine wichtige Rolle (z. B. Bezzel 1982; Blana 1978; Cody u. Diamond 1975; Morrison 1986). Ihr Auftreten und v. a. ihr Fortpflanzungserfolg reflektieren die „Qualität“ der Lebensräume. Im folgenden sollen deshalb das Auftreten von Vögeln, ihre Häufigkeit und deren Dynamik sowie brutökologische Aspekte von Vogelarten auf nach dem Tagebau rekultivierten Standorten näher betrachtet werden. Vornehmlich wird dabei der Vogelbestand forstlicher Rekultivierungsflächen dargestellt, da im Zuge des Tagebaus vielfach gerade Waldstandorte in Anspruch genommen sind, die es als Ausgleich für die Inanspruchnahme durch den Bergbau möglichst rasch großflächig wiederzubegründen gilt (z. B. Bairlein u. Kühlborn 1989).

Brutvogelbestand forstlich rekultivierter Flächen

Das Vorkommen und die Besiedlung von nach dem Tagebau stillgelegten Abbau-, Kippen- und Haldenflächen und besonders von forstlich rekultivierten Standorten waren Gegenstand schon zahlreicher Untersuchungen (z. B. Beer 1982; Bejcek u. Stastny 1984; Dorsch u. Dorsch 1968, 1979; Frieling 1952; Giller 1965, 1967, 1970, 1974, 1976; Kalbe 1957, 1958/59, 1961; Kniess u. Wegner 1980; Krementz u. Sauer 1982; Rost 1981; Scharlau 1964). Bis auf wenige Ausnahmen (Beer 1982; Dorsch u. Dorsch 1979) fehlen jedoch längerfristige Sukzessionsuntersuchungen, die die Entwicklung des Vogelbestandes eines Standortes aus seinen Anfängen bis zu „Endstadien“ beschreiben lassen. Zudem fehlen durchweg Untersuchungen des Vogelbestandes der Flächen vor dem Abbau. Die folgende Darstellung ist deshalb vornehmlich ein Vergleich verschiedener Standorte und Untersuchungen. Dabei gilt zu berücksichtigen, daß gerade regionale Aspekte den Vergleich der Artenzusammensetzung der siedelnden Vogelgemeinschaften verschiedener Regionen beeinflussen (vgl. Bibby et al. 1985). Deshalb werden v. a. die Verhältnisse im Rheinischen Braunkohlenrevier dargestellt (Dilla u. Möhlenbruch 1989; Rheinbraun 1989), für das aber wohl auch die meisten ornithologischen Untersuchungen vorliegen (Giller 1976). Die Besiedlung durch Vögel von stillgelegten Abbau-, Kippen- und Haldenflächen läßt sich ganz allgemein in drei Phasen einteilen (Dorsch u. Dorsch 1968, 1979; Giller 1976 oder Kalbe 1958/59).

Erste Vogelarten siedeln sich bereits auf den noch weitgehend vegetationslosen Primärflächen an. Hierbei handelt es sich jedoch um nur wenige Arten, die als Primärbesiedler solche Flächen als Brutplatz wählen und natürlicherweise typische Brutvögel vegetationsarmer Flächen sind, wie Steinschmätzer, Haubenlerche, Brachpieper und Flußregenpfeifer. Im Rheinland kommt der Steinschmätzer nahezu ausschließlich in den Bergbaugebieten vor (Giller 1976; Scharlau 1967). Mit zunehmender Vegetationsbedeckung stellt sich dann bald eine ganz andere und vielfältigere Vogelwelt ein, v. a. mit Feldlerche und Baumpieper, sowie Haubenlerche, Schafstelze, Dorngrasmücke, Grauammer und Rebhuhn (Kalbe 1957). Mit dem ersten Auftreten von Büschen und Baum-Jungwuchs erscheinen dann vermehrt typische Vertreter der Waldrand- und Kahlschlagfauna wie Fitis und Hänfling. Dominierende Arten bleiben jedoch Baumpieper und Feldlerche (Kalbe 1958/59).

Ganz anders stellt sich die Entwicklung in aufgeforsteten Flächen dar, wobei die Besiedlung mit Brutvögeln gerade von der Pflanzenarten-Zusammensetzung der Aufforstungen und den Standorteigenschaften abhängt.

Bereits jüngste Aufforstungen werden von einigen wenigen Arten in geringer Dichte besiedelt (Abb. 1). Dominierende Arten sind Feldlerche und Baumpieper (Dorsch u. Dorsch 1968; Giller 1974, 1976; Bejcek u. Stastny 1984). Mit zunehmendem Bestandsalter treten mehr Vogelarten und in größerer Dichte auf (Abb. 1). Die Zusammensetzung der Vogelgesellschaft ändert sich jedoch erheblich. Bereits in den Jungstadien erfolgen ein mehr als 60%iger Artenaustausch und erhebliche Dominanzverschiebungen (Abb. 2). Schon 6- bis 8jährige Bestände haben nur eine geringe Arten-Dominanz-Ähnlichkeit mit dem Vogelbestand auf 2- bis 5jährigen Flächen (Abb. 1). Gegenüber einem gewachsenen Vorwald des Tagebaues besteht nur eine äußerst

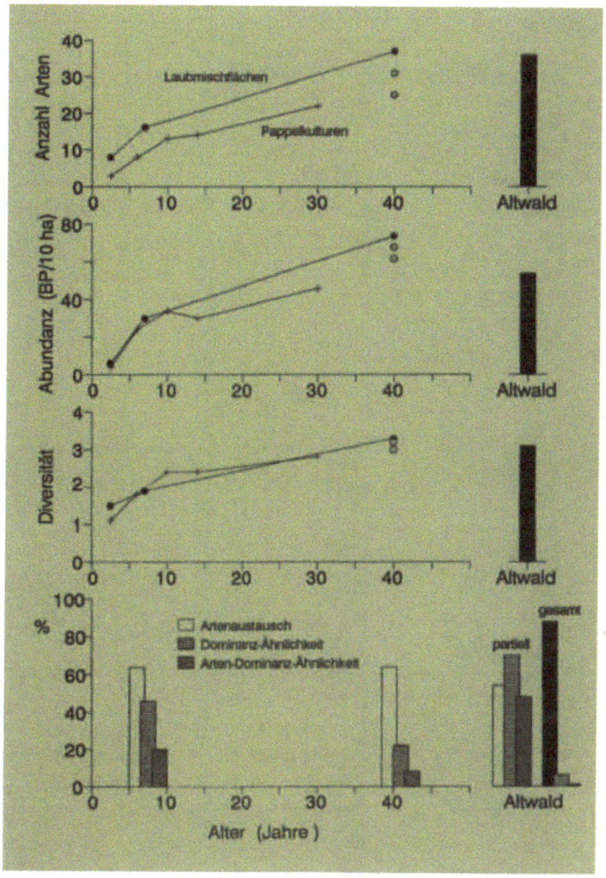

Abb. 1. Artenzahl, Häufigkeit und Arten-Mannigfaltigkeit (Shannon-Weaver-Diversität; Mühlenberg 1989) verschiedener forstlicher Rekultivierungsflächen und eines ursprünglichen Altwaldes im Rheinischen Braunkohlenrevier sowie Ausmaß der Veränderungen zwischen den verschiedenen Altersstadien eines Laub-Mischwaldes (Daten aus Bairlein u. Kühlborn 1989; Giller 1974, 1976). Die Bestimmung der Artenaustauschrate erfolgte nach Bezzel (1982) und beschreibt die Veränderungen in der Vogelartenzahl nachfolgender Altersstadien. Dominanz-Ähnlichkeit und Arten-Dominanz-Ähnlichkeit berücksichtigen die strukturelle Ähnlichkeit von Vogelgesellschaften und sind nach Mühlenberg (1989) ermittelt

geringe Ähnlichkeit in der Arten- und Dominanzstruktur. Auch ältere forstliche Rekultivierungsflächen entsprechen in ihrer Vogelwelt nur zu etwa 50 % einem standorttypischen Altwald, auch wenn die Anzahl an Brutvogelarten, ihre Mannigfaltigkeit (Diversität) und die insgesamte Individuenhäufigkeit (Abundanz) durchaus dem Altwald vergleichbare Werte erreicht haben können.

Gegenüber gleichaltrigen, vorwiegend mit Pappeln aufgeforsteten Flächen früherer Rekultivierungsphasen (Dilla u. Möhlenbruch 1989) sind die heute üblichen Mischaufforstungen mit verschiedenen Baumarten wesentlich vogelarten- und individuenreicher (Abb. 1; Beer 1982; Bejcek u. Stastny 1984; Dorsch u. Dorsch 1968, 1979; Giller 1974, 1976; Kniess u. Wegner 1980).

Doch auch hier bestehen erhebliche Unterschiede zwischen verschiedenen Standorten und/oder Gehölzartenzusammensetzung. Während beispielsweise der feuchte Laub-Mischwald die höchsten Artenzahlen und Abundanzwerte aufweist, sind gleichaltrige trockenere Standorte bei dann auch anderer Pflanzenartenzusammensetzung erheblich vogelarten- und individuenärmer (Abb. 1) und zeigen eine ganz andere Dominanzstruktur (Giller 1976). So besteht zwischen einem 40jährigen feuchten Laub-Mischwald und einem gleichaltrigen Laub-Mischwald auf trockenem Standort eine Arten- und Dominanzähnlichkeit von gerade 51 % (Tabelle 1). Zu einer ähnlich alten, unterholzreichen Pappelaufforstung beträgt diese Ähnlichkeit gerade noch 31 %, und diese wiederum hat nur eine geringe Ähnlichkeit (26 %) mit einer trockenen Pappel-Robinienaufforstung, obwohl diese von Giller (1970) als „urwaldähnlich" bezeichnet wurde.

Den über die Entwicklung der forstlichen Rekultivierungsflächen fortschreitenden, erheblichen bis nahezu vollständigen Artenaustausch und den begleitenden Wandel in den Dominanzverhältnissen innerhalb der siedelnden Brutvogelgemeinschaft verdeutlichen gerade auch die Besiedlungsverhältnisse einzelner Arten (Abb. 3). Während beispielsweise Baumpieper und Gartengrasmücke die ersten Stadien dominieren und dort ihre höchste Siedlungsdichte erreichen, fehlen sie später und im Altwald nahezu völlig. Demgegenüber siedeln sich mit zunehmendem Bestandsalter mehr typische Waldvogelarten an, die auch schon in den etwa 40jährigen, unterholzreichen aber noch relativ lichten Laub-Mischbeständen ihre höchste Dichte erreichen. Dieser Wandel des Vorkommens und der Zusammensetzung der Vogelgemeinschaft zeigt sich auch in den Anteilen an Boden- und Gebüschbrütern (Tabelle 2; Dorsch u. Dorsch 1968, 1979). Während in den Anfangsphasen an einem natürlich bewachsenen Tagebauhang zunächst die für solche spärlich bewachsenen Flächen typischen Bodenbrüter überwiegen, nimmt der Anteil der in krautiger Vegetation brütenden Arten später deutlich zu, und in den etwa 10jährigen Beständen erscheinen dann auch die ersten typischen Gebüschbrüter.

Gleichaltrige Standorte ohne forstliche Rekultivierung, also stillgelegte Abbau-, Kippen- und Haldenflächen, die sich relativ unbeeinflußt entwickelten, können ähnliche Artenzahlen und Vogeldichten und auch ähnliche Mannigfaltigkeit (Diversität) aufweisen wie forstlich rekultivierte Flächen (Bejcek u. Stastny 1984). Die Zusammensetzung der jeweiligen Vogelgemeinschaft ist jedoch sehr verschieden. Bereits in 6jährigen Beständen betrug die Arten-Dominanzähnlichkeit zwischen unbeeinflußten Sukzessionsflächen und forstlichen Rekultivierungsflächen nur 15 % und in 20- bis 25jährigen Beständen macht sie gerade noch 6 % aus (Tabelle 3).

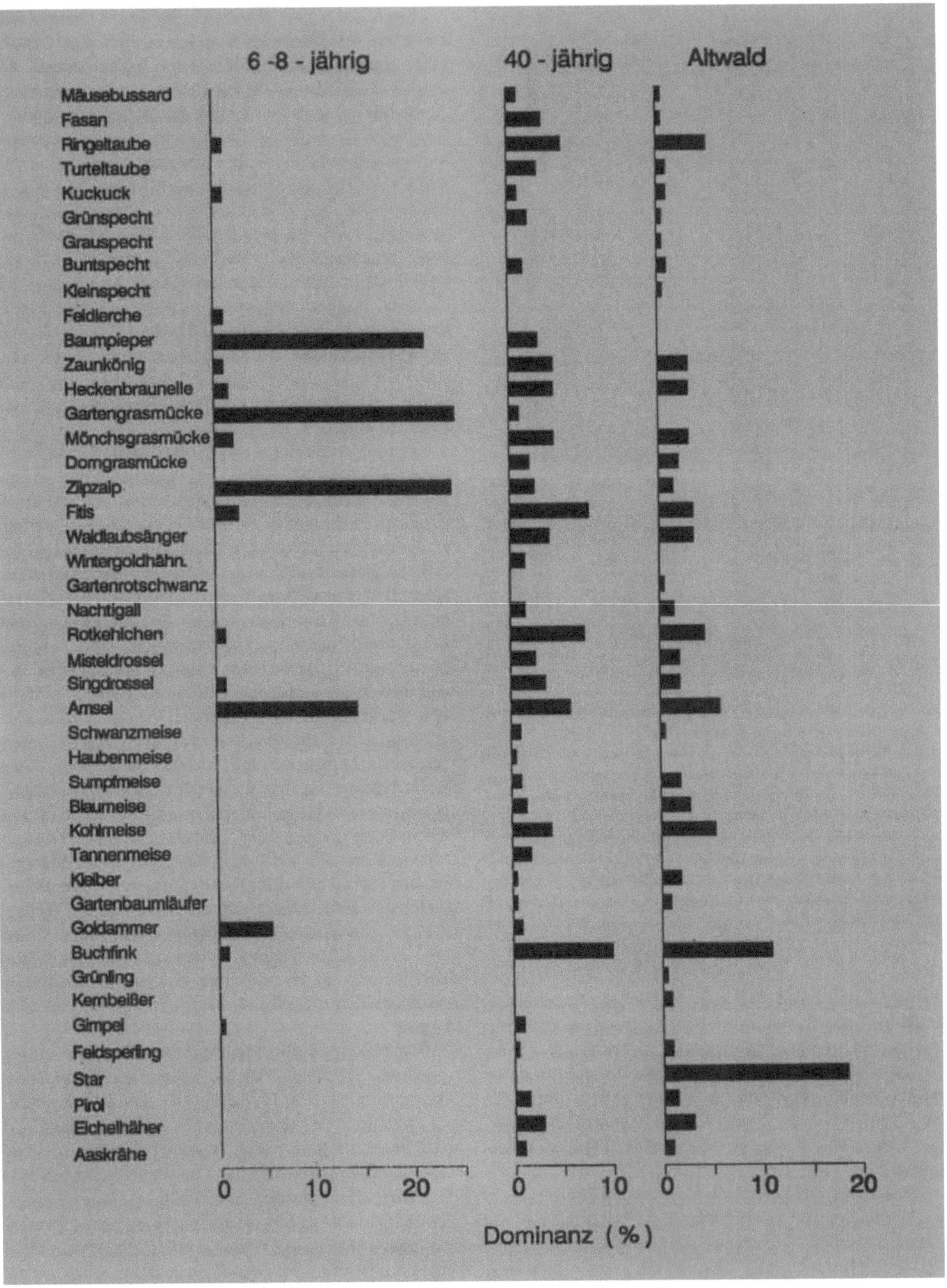

Abb. 2. Veränderungen der Vogelgesellschaften verschieden alter Laubmischstandorte. (Daten aus Bairlein u. Kühlborn 1989; Giller 1974, 1976)

Tabelle 1. Vergleich verschiedener forstlich rekultivierter Laubmischstandorte ähnlichen Alters (ca. 40jährig). (Daten aus Giller 1974)

	Feuchter Laubmisch	Trockener Laubmisch	Pappel „urwaldähnlich"	Pappel/ Robinie
Fläche (ha)	14,3	5,1	4,3	2,8
Artenzahl	37	25	22	11
Abundanz (Paare/10 ha)	74	71	47	54
Arten-Diversität[a]	3,30	2,98	2,86	2,34
Arten-Dominanz-Ähnlichkeit[b]	----- 51 % -----			
	------------ 31 % ------------			
			------26 % ------	

[a] Shannon-Weaver-Diversität (Mühlenberg 1989) [b] Nach Mühlenberg (1989)

Im Vergleich zu mehr natürlich wiederbestockenden, strukturreichen Jungwaldflächen nach Windwurf oder Kahlschlag scheinen die forstlichen Rekultivierungsflächen heutiger Prägung mit einer pflanzenartenreichen und standortgerechten Aufforstung eine ähnlich artenreiche Vogelgemeinschaft aufzuweisen bei aber wohl erheblich geringerer Individuendichte. So ermittelte Giller (1976) auf einer strukturreichen, 30jährigen Rekultivierungsfläche eine Besiedlungsdichte von 47 Brutpaaren/10 ha, wogegen Christen (1983) auf einer natürlich wiederbestockenden Kahlschlagfläche 125 Brutpaare/10 ha fand.

Die Besiedlung von Flächen, der Reichtum an Vogelarten und ihre Häufigkeit korrelieren mit der Strukturvielfalt des Lebensraumes (Boecklen 1986; Erdelen 1984; Morrison 1986). Die Zusammensetzung der Vogelgemeinschaft ist somit v. a. abhängig von der Vegetationszusammensetzung und dem Alter des Bestandes.

Die derzeitige strukturreiche Rekultivierung mit standorttypischen, vorwiegend Laubholzarten scheint durchaus geeignet, die Besiedlung durch Vogelarten so zu begünstigen, daß sich schon nach wenigen Jahren eine reichhaltige Brutvogelwelt einstellt. Zusammensetzung und Struktur dieser Vogelgesellschaften auf Suk-

Tabelle 2. Neststandorte brütender Vogelarten in verschieden alten Sukzessionsstadien an Tagebauhängen. (Nach Dorsch u. Dorsch 1979)

	Bestandsalter		
Neststandort	2- bis 3jährig (%)	5- bis 6jährig (%)	9- bis 11jährig (%)
Boden	63	65	34
Krautschicht	12	19	56
Gebüsch	-	1	3

Tabelle 3. Vergleich der Vogelgemeinschaften von natürlichen Sukzessionsflächen *(nat)* und forstlich rekultivierten Standorten *(rek)*. (Nach Bejcek u. Stastny 1984)

	6jährig		20- bis 25jährig	
	nat	rek	nat	rek
Artenzahl	6	6	12	14
Abundanz (Paare/10 ha)	18	16	25	41
Arten-Diversität[a]	2,49	2,13	3,21	3,58
Arten-Ähnlichkeit[b]	------ 51 % ------		------ 38 % ------	
Arten-Dominanz-Ähnlichkeit[b]	------ 15 % ------		------ 6 % ------	

[a] Shannon-Weaver-Diversität (Mühlenberg 1989) [b] Nach Mühlenberg (1989)

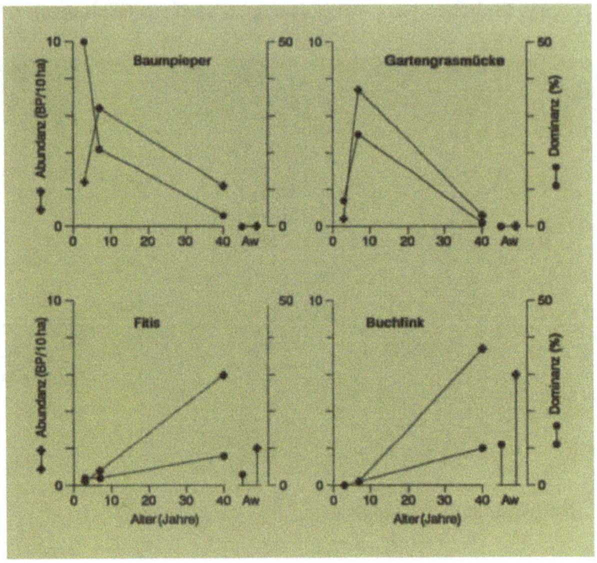

Abb. 3. Siedlungsdichte und Dominanz einzelner Vogelarten in verschieden alten Laubmischstandorten des Rheinischen Braunkohlengebietes. (Daten aus Bairlein u. Kühlborn 1989; Giller 1974, 1976)

zessionsflächen haben jedoch nur eine geringe Ähnlichkeit mit der Vogelgemeinschaft der ursprünglichen Waldgesellschaften (s. auch Krementz u. Sauer 1982). Vielmehr unterliegen die Vogelgesellschaften im Verlauf der pflanzlichen Sukzession ganz allgemein erheblichen Veränderungen und es erfolgt ein nahezu vollständiger Artenaustausch zwischen Jungkultur und späterem Wald (z. B. Bezzel 1982; Southwood et al. 1986). Dabei hängt es insbesondere von der weiteren Pflege und Bewirtschaftung der heranwachsenden Waldtypen ab, ob und wie rasch sich die Vogelwelt der Vorwälder auch in den rekultivierten Standorten einstellt. Von besonderer Bedeutung ist zudem der Erhalt ursprünglicher Waldgesellschaften in unmittelbarer Nähe der rekultivierten Standorte, von wo aus eine beschleunigte Besiedlung der rekultivierten Flächen stattfinden kann (Giller 1974).

Bruterfolg auf rekultivierten Flächen

Die Besiedlung eines Gebietes durch Vögel allein ist nur bedingt geeignet, die ökologische Situation eines Lebensraums zu beurteilen. Ein Vogelbestand gilt als nur dann wirklich an seinen Lebensraum angepaßt, wenn die Fortpflanzungsrate hinreichend groß ist, um die Verluste durch natürliche Sterblichkeit auszugleichen (Bezzel 1989). Der Fortpflanzungserfolg bestimmt so die dauerhafte Besiedlung eines Lebensraumes für Vogelarten (z. B. Cody 1985). Bruterfolg und Verlauf der Entwicklung der nestjungen Vögel sind sensitive Parameter zur Schätzung der Qualität eines Lebensraumes (z. B. Bairlein 1990; Drent u. Daan 1980; Osborne u. Osborne 1980; Zach u. Mayoh 1982; Wray et al. 1982). Brutbiologische Untersuchungen an Vögeln rekultivierter Standorte fehlen jedoch bisher weitgehend.

Sind in einem Lebensraum Nistplätze für Vögel in ausreichender Zahl vorhanden, so ist der Fortpflanzungserfolg v. a. abhängig vom aktuellen Nahrungsangebot zur Brutzeit. Durch das Aufhängen von Nistkästen können in sonst an natürlichen Höhlen armen Lebensräumen in Höhlen brütende Vogelarten leicht angesiedelt und ihre Brutbiologie erfaßt werden (z. B. Drent 1987; Winkel 1982). So besiedelten auch Kohlmeisen schon bald junge forstliche Rekultivierungsflächen der Sophienhöhe am Tagebau Hambach, in denen künstliche Nisthöhlen aufgehängt wurden (Bairlein u. Kühlborn 1989). Sehr wahrscheinlich stammten dabei die sich ansiedelnden Kohlmeisen v. a. aus den Abholzungsbereichen im Vorfeld der Abgrabungen. Kohlmeisen siedeln sich nämlich natürlicherweise sehr nah an ihrem vorjährigen Brut- bzw. Geburtsort an (vgl. Winkel 1982), und der über Beringung von Vögeln ermittelte Besiedlungsablauf an der Sophienhöhe entspricht dieser Beobachtung. Somit können die Aufforstungen in unmittelbarer Nähe des Tagebaues wichtige „Auffanggebiete" für die anderenorts verlorengehenden Lebensräume sein. Reproduktionsrate und Jugendentwicklung von in diesen Jungkulturen brütenden bzw. erbrüteten Kohlmeisen unterschieden sich jedoch von den Werten aus dem benachbarten Altwald (Bairlein u. Kühlborn 1989; Kühlborn 1985). So war der mittlere Gesamtbruterfolg (Anteil flügger Jungvögel an der Gesamtzahl gelegter Eier) im Altwald höher als in jungen forstlichen Rekultivierungsflächen und auch der Ausfliegeerfolg erfolgreicher Bruten (Bruten mit wenigstens einem flüggen Jungvogel) war in den Jungkulturen um durchschnittlich etwa 15 % geringer als im Altwald.

Ein deutlicher Unterschied zeigte sich auch in der Jugendentwicklung nestjunger Meisen. Bei annähernd gleicher Körpergröße (Flügelänge) der Jungvögel im Altwald und in den forstlichen Rekultivierungsflächen waren Nestlinge aus den Bruten in den Jungkulturen durchweg leichter als gleichaltrige Nestlinge im Altwald. So betrug das Körpergewicht nestjunger Kohlmeisen am 15. Lebenstag in den Jungkulturen durchschnittlich 16,1 g gegenüber 17,4 g im Altwald. Zugleich war die Nestlingszeit (Periode zwischen Schlüpfen und Ausfliegen) in den Jungkulturen verlängert. Mit zunehmendem Bestandsalter der Aufforstung nahmen diese Unterschiede jedoch ab, und in einer bereits „waldähnlichen" Probefläche der Rekultivierung unterschied sich die Nestlingsentwicklung kaum mehr von der im Altwald. In den jungen Aufforstungen sind die Bedingungen für erfolgreiche Aufzucht von Jungvögeln der Kohlmeise und anderer insektivorer Kleinvögel offensichtlich noch nicht ausreichend. Solche untergewichtigen Jungvögel haben dann jedoch nach dem Ausfliegen aus dem Nest eine verminderte Überlebenswahrscheinlichkeit (z. B. Perrins 1980; Magrath 1991) und tragen so kaum zum

Recruitment für die kommende Brutsaison bei. Zusammen mit dem ohnehin erniedrigten Bruterfolg ergibt sich so (noch) keine hinreichende Vermehrungsrate in jungen forstlichen Rekultivierungsflächen, die eine selbständige Erhaltung solcher dort siedelnden Vogelpopulationen ermöglichen würde. Ähnliches berichteten auch Wray et al. (1982) für regenerierte Tagebauflächen in Virginia/USA.

Ein wesentlicher Faktor, der diese geringe Reproduktionsrate und verminderte Körpergewichtsentwicklung bedingt, dürfte das Nahrungsangebot in den verschiedenen Flächen sein. Untersuchungen zur Fütterungsfrequenz, zum Nahrungsangebot und zur Zusammensetzung der Nestlingsnahrung der in Jungkulturen angesiedelten Kohlmeisen machen dies sehr wahrscheinlich (Kühlborn 1985; Weichselbaum 1987). Fütternde Altvögel suchten die Nahrung tatsächlich vorwiegend in den Jungkulturen und nicht im benachbarten Altwald. Somit ist die Zusammensetzung der Nestlingsnahrung und ihre Quantität ein direktes Maß für das Nahrungsangebot in den besiedelten Flächen. Nestlinge in forstlichen Jungkulturen erhielten von ihren fütternden Eltern erheblich weniger Nahrung als solche im benachbarten Altwald. Dies war insbesondere eine Folge des geringeren Nahrungsangebotes, das mehr Zeitaufwand für die Nahrungssuche durch die Eltern und somit geringere Fütterungsraten bedingte. Zudem unterschied sich die Zusammensetzung der Nahrung und ihr Größenspektrum zwischen Jungkultur und Altwald. Wurden beispielsweise in den Jungkulturen zu einem ganz erheblichen Anteil Spinnen verfüttert, spielten diese im Altwald kaum eine Rolle. Hier bestand die Nestlingsnahrung aus überwiegend Kleinschmetterlingen und Zweiflüglern. Für insektenfressende Kleinvögel sind somit die Ernährungsbedingungen für erfolgreiche Brut in jungen forstlichen Rekultivierungsflächen noch mangelhaft. Für Arten, die sonst vornehmlich Wälder bevorzugen, wie die Kohlmeise, könnte zudem die mikroklimatische Situation in den noch offenen Rekultivierungsflächen den Bruterfolg und die Nestlingsentwicklung beeinträchtigt haben. So war der Temperaturverlauf im Altwald wesentlich ausgeglichener als auf den rekultivierten Flächen, wo in den jüngsten untersuchten Flächen große Extremwerte mit stärkerer nächtlicher Abkühlung und höheren Tagesmaxima auftraten (Kühlborn 1985). Dadurch können die Brutleistung der Elterntiere, der Bruterfolg und die Jugendentwicklung beeinträchtigt sein (Mertens 1977). In den etwas älteren Rekultivierungsflächen, in denen sich, wohl vornehmlich durch die Schirmwirkung der eingebrachten Pappeln, schon mehr waldähnliche Verhältnisse eingestellt hatten, war der Temperaturverlauf ebenfalls schon ausgeglichener.

Außerbrutzeitlicher Vogelbestand

Die Jungstadien forstlicher Rekultivierungsflächen und insbesondere die sich spontan entwickelnden stillgelegten Abbau- und Kippenflächen weisen oft eine vielgestaltige krautige Vegetation auf (Wolf 1989). Solche Flächen sind im Spätherbst und Winter Nahrungsräume für viele Finkenvögel, die dort in großen gemischten Schwärmen auftreten (Abb. 4; s. auch Dorsch u. Dorsch 1979; Kalbe 1958/59; Kniess u. Wegner 1980), und Greifvögel. Letztere finden hier ein reiches Angebot an Kleinnagern, vornehmlich Feldmaus und Waldmaus (Halle 1989; Kalbe 1958/59). Gegenüber der umgebenden Feldflur kann der Winterbestand an Greifvögeln auf solchen Flächen um ein Vielfaches höher sein (Bairlein u. Kühlborn 1989; Schnitzler 1987), und auch seltene Wintergäste können hier angetroffen werden (Giller 1976; Krüger 1970).

Da solche krautreichen Fluren als Lebensräume für viele Vogelarten aus der heutigen Kulturlandschaft vielfach weitgehend verdrängt sind, könnte es ein Aspekt der Rekultivierung der riesigen Abgrabungs- und Kippenflächen der Tagebaue sein, in gewissem Umfang auch solche Ersatzlebensräume zu schaffen .

Vogelwelt der Tagebaurestgewässer

Im Zuge des Tagebaues verbleiben oftmals „Restlöcher", die sich entweder natürlicherweise mit Wasser füllen oder geflutet werden. So entstehen z. T. beträchtliche Wasserflächen (z. B. Breuer 1990; Giller 1974; Lingemann u. Thörner 1982). Diese Wasserflächen haben natürlicherweise eine Attraktivität für Wasservögel, insbesondere in an natürlichen Seen und Teichen armen Landschaften, wie beispielsweise dem Rheinland (Giller 1976; Jacobs 1974).

Schon bald nach ihrer Entstehung werden diese Gewässer von einigen Wasservogelarten besiedelt, vornehmlich Stockente und Bläßralle, und zu den Zugzeiten können sie Rastplätze für durchziehende Wasser- und Watvögel sein (z. B. Berck u. Weider 1963; Berndt u. Merker 1956; Breuer 1990; Giller 1974; Jacobs 1974; Kalbe 1958/59; Krüger 1968; Leo u. Lange 1976).

Trotz teilweise regional durchaus bedeutsamer Wat- und Wasservogelvorkommen (z. B. Berndt u. Merker 1956;

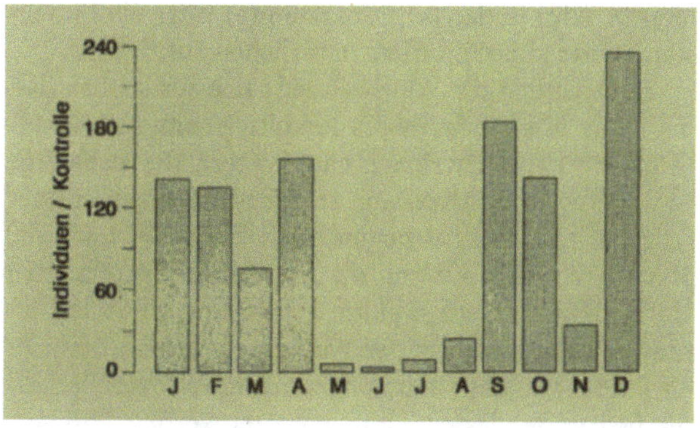

Abb. 4. Mittlerer monatlicher Bestand an gemischten Finkenschwärmen in jungen forstlichen Rekultivierungsflächen der Sophienhöhe am Tagebau Hambach. (Aus Bairlein u. Kühlborn 1989)

Giller 1967; Jacobs 1974; Scharlau 1970; Stickel 1969; Witt 1976) scheinen jedoch viele dieser Tagebaurestgewässer nur einen vergleichsweise arten- und individuenarmen Wasservogelbestand aufzuweisen (Dorsch u. Dorsch 1979; Giller 1974). Vornehmlich dürfte dies die Folge eines in der Regel geringen Nahrungsangebotes der meist oligotrophen Gewässer für viele Wat- und Wasservogelarten sein (Kalbe 1958/59). Zudem werden diese Gewässer nicht selten als Freizeiträume genutzt mit einem dann hohen Störungseinfluß auf die Vogelwelt (Breuer 1990; Dorsch u. Dorsch 1979). Weiterhin ist vielfach die Ufergestaltung mit Steilufern und kaum Flachwasserbereichen einer Ansiedlung von Wasservögeln wenig dienlich, oder ein hoher künstlicher Fischbesatz verhindert die Ausbildung ausreichend reicher Planktongesellschaften als Nahrungsgrundlage für Wasservögel (Breuer 1990). Sollte es Ziel einer Rekultivierung sein, Tagebaurestgewässer als Lebensräume für Vögel zu entwickeln (Lingemann u. Thörner 1982), gilt es, diese Aspekte zu berücksichtigen. Besonders scheint es auf eine entsprechende Ufergestaltung anzukommen.

Schlußbemerkungen

Im Zuge des heutigen Braunkohlentagebaues erfahren Landschaften großflächige Umgestaltungen. Vielfach sind hier insbesondere Waldstandorte betroffen, und so spielt die forstliche Rekultivierung eine ganz wesentliche Rolle bei der Gestaltung dieser neu entstandenen Flächen. Gegenüber früheren Rekultivierungsphasen hat sich die Zielsetzung dieser forstlichen Rekultivierung gewandelt und sie hat heute im Zuge der großflächigen Inanspruchnahme von Landschaft durch die jüngsten Tagebaue auch neue Dimensionen erreicht. Mehr denn je stehen dabei landschaftsökologische und naturschutzorientierte Aspekte im Vordergrund (Bairlein et al. 1989). Nach Bradshaw (1984) sollte der Endzustand jeglicher Rekultivierung ein funktionierender biologischer Zustand sein, sei es als gezielte Wiederherstellung des ursprünglichen Systems, sei es als ersatzweise Umwandlung in (ein) andere(s) Ökosystem(e) oder als Endzustand einer unbeeinflußten natürlichen Sukzession.

Hinsichtlich der Vogelwelt läßt sich feststellen, daß die heute übliche forstliche Rekultivierung mit standortgerechten, artenreichen Laubhölzern die alsbaldige Besiedlung und Sukzession in Richtung Waldvogelgesellschaften durchaus begünstigen kann. Dort, wo die Standortverhältnisse und die Auswahl der gepflanzten Holzarten sowie die weitere Pflege und Bewirtschaftung der heranwachsenden Waldtypen und des benachbarten Restwaldes die ursprünglichen Waldgesellschaften begründen lassen, kann erwartet werden, daß sich dann auch bald wieder die entsprechende ursprüngliche Vogelgesellschaft einstellt. Zur Förderung der Ansiedlung von „Waldvogelarten" ist die vorübergehende Einbringung von schnellwüchsigen Baumarten wie Pappel oder Erle vorteilhaft, da diese rascher eine waldähnliche Kronenstruktur schaffen als die langsam wachsenden Eichen und Buchen. Diese Schirmgehölze in Jungkulturen begünstigen die Sukzession zu einem Waldklima, verbessern und intensivieren die Bodenbildung und dienen schließlich als Totholzsubstrat für eine reichhaltige Wirbellosenfauna (Bairlein et al. 1989).

Von besonderer Wichtigkeit ist, im unmittelbaren Nahbereich der Aufforstungen Restwaldflächen des ursprünglichen Waldtyps zu erhalten. Sie sind wichtige Ursprungsgebiete (Regenerationsflächen) für die Besiedlung der rekultivierten Jungflächen (s. auch Giller 1974). Zudem sollten forstliche Rekultivierungsmaßnahmen so bald einsetzen, daß diese neuen Lebensräume schon vor dem weitgehenden Verschwinden des Vorwaldes zur Verfügung stehen. Damit können sie rechtzeitig als „Auffanggebiete" für die verlorengehenden Lebensräume dienen.

Vordergründiges Ziel der Rekultivierung wird und muß es sein, möglichst rasch Ersatz für verlustige Altwaldflächen zu schaffen (Bairlein et al. 1989). Dennoch ergibt sich auch aus ornithologischer Sicht ein weiterer Aspekt im Zuge der Neugestaltung von Lebensräumen. Viele Lebensräume für Vogelarten sind aus der heutigen Kulturlandschaft weitgehend verdrängt, z. B. reiche Wildkrautgesellschaften, Magerstandorte oder kleinräumige Feuchtbiotope. Deshalb erscheint es im Hinblick auf diese allgemeine Verarmung unserer Landschaft und ihrer Lebensräume durchaus lohnend, in der Rekultivierung auch neue, gegenüber dem Zustand vor dem Tagebau andere Lebensräume für die in unserer Kulturlandschaft vielfach gefährdete Tier- und Pflanzenwelt zu schaffen (Bairlein et al. 1989; Lingemann u. Thörner 1982; Neumann 1989). Zudem geben Tagebauflächen die Möglichkeit, auch unbeeinflußte Spontanbesiedlungen und natürliche Sukzession zuzulassen und die Besiedlung und Entwicklung der Lebensgemeinschaften zu verfolgen. Ziel jeglicher naturschutzorientierter Maßnahmen sollte jedoch sein, dynamische Schutz- und Entwicklungsstrategien auf ausreichend großen Flächen anzustreben (Plachter 1991), da nur sie die notwendige, langfristig nachhaltige Rückführung der durch den Tagebau inanspruchgenommenen Flächen sichern können.

Zusammenfassung

Die Besiedlung durch Vögel und ihr Fortpflanzungserfolg sind sensitive Parameter zur Beurteilung der ökologischen „Qualität" von Lebensräumen. Bereits jüngste Kippenflächen und Aufforstungen werden von Vögeln besiedelt. Die Zusammensetzung der Vogelgemeinschaft unterliegt in der Folge erheblichen Veränderungen und gleicht nur teilweise der eines ursprünglichen Altwaldes. In jungen forstlichen Relkultivierungen ist das Nahrungsangebot für viele insektivore Vogelarten noch mangelhaft und folglich sind der Bruterfolg und die Jugendentwicklung beeinträchtigt. Die derzeitige strukturreiche, forstliche Rekultivierung mit standorttypischen, vorwiegend Laubgehölzen scheint aber bei entsprechender Gestaltung und Pflege durchaus geeignet, die Besiedlung durch Vögel zu begünstigen und die Entwicklung zur ursprünglichen Waldvogelgesellschaft zu beschleunigen. Der Erhalt ausreichend großer Restwälder als Regenerationszellen ist einer Wiederbesiedlung der Jungflächen sehr förderlich. Trotz des Vorrangs der Wiederherstellung der durch den Tagebau in Anspruch genommenen Waldflächen ist auch die Neuschaffung von in der heutigen Kulturlandschaft vielfach verdrängten Lebensräumen lohnend, um so der fortschreitenden Verarmung der Tier- und Pflanzenwelt zu begegnen und einen wertvollen Beitrag zum Erhalt einer maximalen Artendiversität zu leisten.

LITERATUR

Bairlein F (1990) Estimating density and reproductive parameters for terrestrial field testing with birds. In: Somerville L, Walker C H (eds) Pesticide effects on terrestrial wildlife. Taylor & Francis, London, pp 113–128

Bairlein F, Kühlborn H-J (1989) Die Besiedlung junger forstlicher Rekultivierungsflächen am Tagebau Hambach durch Vögel. Natur und Landschaft 64: 445–448

Bairlein F, Follmann G, Möhlenbruch N, Wolf G (1989) Aufgaben und Ziele der heutigen forstlichen Rekultivierung von Tagebauflächen. Natur und Landschaft 64: 462–464.

Beer W-D (1982) Die Hochhalde Espenhain nach 25 Jahren – ein Vergleich von Vegetationsentwicklung und Brutvogelbestand. Actitis 21: 43–49

Bejcek V, Stastny K (1984) The succession of bird communities on spoil banks after surface brown coal mining. Ecol. Pol. 32: 245–259

Berck K-H, Weider H (1963) Zug- und Brutvögel im Wetterauer Braunkohleabbaugebiet. Luscinia 36: 20–29

Berndt R, Merker G (1956) Die Reinsdorfer Grubenteiche der Braunschweigischen Kohlen-Bergwerke als neuentstandener Lebensraum für Sumpf- und Wasservögel. In: Steiniger F (Hrsg) Natur und Jagd in Niedersachsen. Arbeitsgem. Zool. Heimatforschung Niedersachsen, Hannover, S 118–129

Bezzel E (1982) Vögel in der Kulturlandschaft. Ulmer, Stuttgart

Bezzel E (1989) Forschungsobjekt Kohlmeise. Vogelschutz 1/1989: 38–39

Bibby C J, Phillips B N, Seddon A J E (1985) Birds of restocked conifer plantations in Wales. J. Appl. Ecol. 22: 619–633

Blana H (1978) Die Bedeutung der Landschaftsstruktur für die Vogelwelt. Beiträge zur Avifauna des Rheinlandes 12

Boecklen W J (1986) Effects of habitat heterogeneity on the species-area relationships of forest birds. J. Biogeogr. 13: 59–68

Bradshaw A D (1984) Land restoration – now and in the future. Proc. Royal Soc. London, Ser. B 223: 1–23

Breuer P (1990) Die Entwicklung von Wasserflugwildbeständen im rekultivierten Braunkohlengebiet der Ville in den letzten 20 Jahren. Diplomarbeit, Universität Köln

Christen W (1983) Brutvogelbestände in Wäldern unterschiedlicher Baumarten- und Altersklassenzusammensetzung. Orn. Beob. 80: 281–291

Christen W (1984/85) Die Avifauna einer Jungwaldfläche. Vögel der Heimat 56: 171–174

Cody M L (1985) Habitat selection in birds. Academic Press, Orlando

Cody M L, Diamond J M (1975) Ecology and evolution of communities. Belknap Press, (Mass.) Cambridge

Dilla L, Möhlenbruch N (1989) Entwicklung und Stand der Rekultivierung. Natur und Landschaft 64: 436–439

Dorsch H, Dorsch I (1968) Avifaunistische Untersuchungen im Braunkohlentagebau Kulkwitz. Mitt. IG Avifauna DDR 1: 51–79

Dorsch H, Dorsch I (1979) Die Vogelwelt natürlich bewachsener Braunkohlentagebaue. Beitr. Vogelkd. 25: 257–329

Drent P J (1987) The importance of nestboxes for territory settlement, survival and density of the great tit. Ardea 75: 59–71

Drent R, Daan S (1980) The prudent parent – energetic adjustments in avian breeding. Ardea 68: 225–252

Erdelen M (1984) Bird communities and vegetation structure: I. Correlations and comparisons of simple and diversity indices. Oecologia 61: 277–284

Frieling F (1952) Zur Vogelwelt alter Braunkohlentagebaue. Beitr. Vogelkde. 3: 58–59

Giller F (1965) Avifaunistische Untersuchungen im linksrheinischen Braunkohlengebiet. Bonn. Zool. Beitr. 16: 36–49

Giller F (1967) Dreijährige Vogelbestandsaufnahmen in Pappelkulturen des rekultivierten Tagebaugebietes Frechen. Charadrius 3: 199–204

Giller F (1967) Zur Einwanderung und Ansiedlung der Sturmmöwe (Larus canus) im linksrheinischen Braunkohlengebiet. Charadrius 3: 21–24

Giller F (1970) Avifaunistische Bestandsaufnahmen im Rheinischen Braunkohlengebiet der Ville (Liblarer Wald - Seengebiet). Charadrius 6: 120–130

Giller F (1974) Vogelbestandsaufnahmen in der Ville bei Köln. Beiträge zur Avifauna des Rheinlandes 1

Giller F (1976) Die Avifauna des Rheinischen Braunkohlengebietes. Beiträge zur Avifauna des Rheinlandes 7/8

Halle S (1989) Die Einwanderung von Kleinnagern und ihr Einfluß auf junge Forstkulturen. Natur und Landschaft 64: 449–450

Jacobs C F (1974) Wasser- und Watvogelbeobachtungen an den beiden Braunkohlenrestseen bei Zülpich. Charadrius 10: 73–81

Kalbe L (1957) Zur Vogelwelt stillgelegter Braunkohlengruben in der Leipziger Tieflandsbucht. Beitr. z. Vogelk. 6: 16–24

Kalbe L (1958/59) Zur Verbreitung und Ökologie der Wirbeltiere an stillgelegten Braunkohlengruben im Süden Leipzigs. Wiss. Z. Karl-Marx-Univ. Leipzig 8: 431–462

Kalbe L (1961) Die Vogelwelt stillgelegter Braunkohlengruben in der Oberlausitzer Niederung. Falke 8: 84–87

Kniess H, Wegner H (1980) Die Vogelwelt forstlich rekultivierter Flächen im Oberpfälzer Braunkohlentagebau bei Schwandorf. Anz. orn. Ges. Bayern 19: 37–46

Krementz D G, Sauer J R (1982) Avian communities on partially reclaimed mine spoils in south central Wyoming. 1. Wildl. Manage. 46: 761–765

Krüger P (1968) Limikolendurchzug im Frühjahr 1967 im Braunkohlengebiet bei Köln. Charadrius 4: 199

Krüger P (1970) Kornweihenüberwinterung 1969/70 im rekultivierten Braunkohlengebiet Kreis Köln. Charadrius 6: 78–79

Kühlborn H-J (1985) Die Besiedlung junger Rekultivierungsflächen durch Vögel im Tagebau Hambach (Sophienhöhe) mit besonderer Berücksichtigung von Höhlenbrütern. Diplomarbeit, Universität Köln

Leo F, Lange H (1976) Ornithologische Beobachtungen in einem Rekultivierungsgebiet. Falke 23: 14–19

Lingemann H, Thörner E (1982) Braunkohlenbergbau und Naturschutz in der Wetterau (Hessen). Vogel und Umwelt 2: 43–48

Magrath R D (1991) Nestling weight and juvenile survival in the Blackbird, Turdus merula. J. Anim. Ecol. 60: 335–351

Mertens J A L (1977) Thermal conditions for successful breeding in Great Tits (Parus major L.). Oecologia 28: 1–29

Morrison M L (1986) Bird population as indicators of environmental change. Curr. Orn. 3: 429–451

Mühlenberg M (1989) Freilandökologie. Quelle & Meyer, Heidelberg

Neumann D (1989) Teiche als Sonderbiotope in forstlichen Rekultivierungen. Natur und Landschaft 64: 459–461

Osborne P, Osborne L (1980) The contribution of nest site characteristics to breeding success among blackbirds Turdus merula. Ibis 122: 512–517

Perrins C M (1980) Survival of young Great Tits, Parus major. Acta XVII Congr. Int. Orn. 159–174

Plachter H (1991) Naturschutz. Fischer, Stuttgart

Rheinbraun AG (1989) Forstliche Rekultivierung im rheinischen Braunkohlerevier. Köln

Rost F (1981) Der Sommervogelbestand auf einer Kippenfläche im Kr. Borna. Actitis 21: 43–44

Scharlau W (1964) Die Vogelwelt des Braunkohlen-Gebietes im Vorgebirge bei Köln. Bonn. Zool. Beitr. 15: 178–197

Scharlau W (1967) Der Steinschmätzer (Oenanthe oenanthe) in der Eifel und ihren Randgebieten. Charadrius 3: 182–189

Scharlau W (1970) Krickente und Zwergrohrdommel im Braunkohlengebiet. Charadrius 6: 110

Schnitzler P (1987) Jagdstrategien von Mäusebussard (Buteo buteo) und Turmfalke (Falco tinnunculus) Anpassungen an Biotopstruktur und Beute. Diplomarbeit, Universität Köln

Southwood T R E, Brown V K, Reader P M, Green E E (1986) The use of different stages of a secondary succession by birds. Bird Study 33: 159–163

Stickel W (1969) Zwergdommel (Ixobrychus minutus) brütet im Braunkohlenrevier bei Köln. Charadrius 5: 33

Weichselbaum D (1987) Die Ernährung nestjunger Kohmeisen in jungen forstlichen Rekultivierungsflächen. Staatsexamensarbeit, Universität Köln

Winkel W (1982) Zur Höhlenbrüter-Erstbesiedlung eines neu eingerichteten Nisthöhlen-Untersuchungsgebietes sowie Befunde über Alter und Herkunft der Ansiedler. Orn. Mitt. 11: 263–267

Witt H (1976) Sturm- und Silbermöwe am Franziskus-See (Ville bei Köln). Charadrius 12: 1–5

Wolf G (1989) Probleme der Vegetationsentwicklung auf forstlichen Rekultivierungsflächen im Rheinischen Braunkohlenrevier. Natur und Landschaft 64: 451–455

Wray T II, Strait K A, Whitmore R C (1982) Reproductive success of grassland sparrows on a reclaimed surface mine in West Virginia. Auk 99: 157–164

Zach R, Mayoh K R (1982) Weight and feather growth of nestling tree swallows. Can. J. Zool. 60: 1080–1090

Einfluß von Rekultivierungsmaßnahmen auf die Bodenfauna

WERNER TOPP

1 Einleitung

Die Erdoberfläche wird durch natürliche Ereignisse oder durch anthropogene Maßnahmen regelmäßig zerstört. In Gebirgslagen sind Oberflächenerosionen, Rutschungen, Murgänge, Steinschlag, Lawinen und Überschwemmungen beinahe alltäglich geworden. Bodenwunden entstehen aber auch unmittelbar durch den Menschen im landwirtschaftlichen und industriellen Bereich. Besonders und weitflächig sind die Veränderungen durch den Tagebau.

Werden die entblößten Flächen sich selbst überlassen, so kann eine Bestockung auf natürliche Weise durch Ansamung erfolgen, so daß Schadwirkungen allmählich verschwinden. Bei natürlichem Sukzessionsgeschehen ist aber eine Regeneration der geschädigten Flächen nicht immer gewährleistet. Es kann – besonders in Hanglagen – auch zur Ausdehnung des einmal entstandenen Schadens kommen.

Um eine gezielte Regeneration von devastierten Flächen zu initiieren, sind Rekultivierungsmaßnahmen notwendig. Forstliche Rekultivierungen werden im Bereich des Rheinischen Braunkohlenreviers seit Jahrzehnten durchgeführt. Beispielhaft hierfür sind die Maßnahmen auf der Außenhalde des Tagebaues Hambach, einem seit 1978 entstandenen, künstlichen Berg zwischen Köln und Aachen. Als Oberflächenabdeckung und Pflanzsubstrat wird ein etwa 4 m mächtiges Gemisch aus diluvialen Kiesen, Sanden und Löß verwendet, das einen Anbau aller heimischen Laubholzarten ermöglicht (Dilla u. Möhlenbruch 1989). Als weitere Rekultivierungsmaßnahme wurde Waldboden auf einzelnen Parzellen ausgebracht.

Bodentiere sind als Bioindikatoren für Sukzessionsflächen von Bedeutung. Außerdem haben sie einen bedeutenden funktionalen Einfluß auf das Ökosystem. Sie wirken über ihre Aktivität nicht nur auf die physikalischen und chemischen Bodeneigenschaften, sondern auch auf Entwicklung und Zusammensetzung von Mikroorganismen und Vegetation (Topp 1981; Abbott 1989).

Die vorliegenden Untersuchungen konzentrieren sich auf folgende Fragestellungen:

- 1. Welche Arten charakterisieren die unterschiedlich alten Sukzessionsflächen?
- 2. Hat der Restwald am Rande der Außenhalde einen Einfluß hinsichtlich Zusammensetzung und Häufigkeit der Arten auf den Rekultivierungsflächen?
- 3. Führen die verschiedenen Rekultivierungsmaßnahmen 1) Bestockung, 2) Waldbodenverbringung und 3) Bestockung + Waldbodenverbringung zu einer Veränderung von Zusammensetzung und Häufigkeit der Arten?

Die Untersuchungen zu den ersten beiden Fragestellungen wurden beispielhaft an den Laufkäfern durchgeführt. Für die Untersuchungen zur 3. Fragestellung wurden 4jährige Sukzessionsflächen ausgewählt, in denen Laufkäfer, Regenwürmer, Tausendfüßer und Zweiflügler erfaßt wurden.

2 Material und Methoden

2.1 Untersuchungsgebiet

Die untersuchten Flächen liegen zwischen Köln und Aachen auf der Außenhalde des Braunkohlentagebaues Hambach, der Sophienhöhe. Die Aufschüttung begann 1978, umfaßt eine Grundfläche von 1 000 ha und erhebt sich bis zu 195 m über das Geländeniveau. Am Fuße der Sophienhöhe sind Altwaldbestände erhalten geblieben.

Als Sammelstandorte für die Erfassung der Laufkäferfauna mit der Barberfallen-Methode wurden verschieden alte Sukzessionsflächen berücksichtigt. Die Aufsammlung erfolgte von August–Oktober 1992. Für die verschiedenen Sukzessionsflächen wurden folgende Bezeichnungen (vgl. Tabelle 1) gewählt:

Sukzessionsflächen	Alter der Flächen (Jahre)	Bestockung
A B	>80	Laubmischwald
C D	12	Laubmischwald
E F	11	Laubmischwald
G H	10	Laubmischwald
I K	6	Laubmischwald
L M	2	Laubmischwald
N O	2	Tertiäre Sande

In den Jahren 1988 und 1989 wurde außerdem 4 Jahre nach den Rekultivierungsmaßnahmen die Besiedlungsdichte mehrerer Bodentiergruppen erfaßt. Als Vergleichsparzellen dienten Flächen, die alle mit einer etwa 4 m mächtigen Schicht aus Forstkies (= Mischung von Löß und kiesigem Terrassenmaterial im Mischungsverhältnis 1 : 4–2 : 3 aus dem Tagebauvorfeld) abgedeckt wurden. Einige Parzellen wurden zusätzlich mit einer Waldbodenauflage abgedeckt, einige wurden mit heimischen Laubholz-Heistern bepflanzt. Durch die verschiedenen Rekultivierungsmaßnahmen entstanden folgende Varianten:

Bezeichnung	Rekultivierungsmaßnahmen
FKu	Forstkies, natürliche Bestockung
FKb	Forstkies + Laubholzbestockung
Wbu	Forstkies + Waldboden, natürliche Bestockung
WBb	Forstkies + Waldboden + Laubholzbestockung

2.2
Erfassung der Tiergruppen

Die Besiedlungsdichte der Regenwürmer und Tausendfüßer wurde mit der Kempson-Methode erfaßt. Die Probeentnahme erfolgte monatlich mit 4 Parallelproben für jede der 4 Parzellen.

Für die Diptera-Larven wurden Bodenproben nach der Sieb-Flotationsmethode ausgewaschen. Auch hier wurden in jeder Fläche monatlich 4 Parallelproben entnommen.

Die Besiedlungsdichte der Diptera-Imagines und der Laufkäfer (pars) bezieht sich auf Individuen, die mit Boden-Photoeklektoren erfaßt wurden. In jeder Fläche befanden sich 3 Boden-Photoeklektoren, die als Dauersteher eingesetzt wurden (weitere Angaben s. Topp et al. 1992). Für die Laufkäfer wurde zusätzlich mit der Barberfallen-Methode die Aktivitätsdichte erfaßt. Die Aufsammlungen mit beiden Methoden ergeben nicht nur Unterschiede in den Populationsdichten einzelner Arten, sondern sie zeigen für dieselben Flächen auch verschiedene Artenspektren. Dies wurde bei der Auswertung berücksichtigt.

Vergleiche zwischen den Standorten wurden überwiegend auf relative Häufigkeiten bezogen. Als Testverfahren diente dann der z-Test (Sachs 1984).

3
Ergebnisse

3.1
Vergleich von 2- bis 12jährigen Sukzessionsflächen

Auf der Sophienhöhe konnten bisher 76 Laufkäfer-Arten festgestellt werden. Ausgewählte Arten, die in der zweiten Jahreshälfte 1992 mit der Barberfallen-Methode erfaßt wurden, sind in Tabelle 1 aufgeführt. Hierbei handelt es sich (Tabelle 1, A) um die häufigsten eurytopen Arten (> 10 Ind.), die der umliegenden Agrarlandschaft entstammen könnten. Diese Arten erreichen entweder in synanthrop beeinflußten Lebensräumen ihre höchste Abundanz (z. B. *Trechus quadistriatus, Pterostichus melanarius, Harpalus affinis*) oder sind auf feuchten Wiesen mit geschlossener Vegetationsdecke, in denen auch Quellhorizonte ausgebildet sein können, sehr zahlreich (z. B. *Trechus obtusus, Poecilus cupreus, Pterostichus vernalis*). Neben diesen meist hygrophilen Arten lebten auf der Sophienhöhe solche, die stärkere Sonnenexponierung verlangen, daher als heliophile, xerophile oder thermophile Arten auftreten und Biotope mit schütterem Bewuchs bevorzugen. Eine ausgesprochen heliophile Art ist *Poecilus versicolor*, die nicht nur auf trockenem, sondern auch auf mäßig feuchtem Boden angetroffen wird. An trockenere Standorte sind hingegen die Arten der Gattung Calathus gebunden. Es sind: *C. fuscipes*, *C. erratus* und *C. melanocephalus*. Auch *Harpalus distinguendus* bevorzugt xerophile Standorte. Dieser Laufkäfer gilt als Pionierart auf Kippböden (Koch 1989) und war daher an den entsprechenden Fundstellen (Tabelle 1, A) zu erwarten. *Harpalus rupicola* ist eine thermophile Art, die auch auf Ruderalflächen vorkommen kann. Dieser Laufkäfer war im Bereich der Sophienhöhe gemeinsam mit *Harpalus rubripes* (8 Ind., daher in Tabelle 1, A nicht aufgeführt) nur innerhalb des Standorts K anzutreffen.

Als Charakterarten der tertiären Sande erwiesen sich *Nebria salina* und *Calathus ambiguus*. Während *N. salina* stärker eurytop ist und neben Küstendünen, Sand- und Kiesgruben auch trockene Waldränder auf-

Tabelle 1. Verteilungsmuster ausgewählter Laufkäfer-Arten im Bereich der Sophienhöhe und in der angrenzenden Waldparzelle. Standortangaben (A–O) s. Material und Methoden. (*Zahlen* Individuen, weitere Angaben s. Text)

Arten	A	B	C	D	E	F	G	H	I	K	L	M	N	O
A														
Nebria salina	0	0	0	0	0	0	0	0	1	0	142	80	430	275
Trechus quadristriatus	0	0	0	0	1	0	0	0	4	0	28	8	39	10
Trechus obtusus	0	0	63	4	43	5	23	15	11	0	9	3	5	0
Harpalus rufipes	0	0	0	0	0	4	0	1	5	16	15	25	4	1
Harpalus puncticeps	0	0	0	0	0	0	0	0	0	18	0	0	0	0
Harpalus affinis	0	0	0	0	0	0	0	5	0	0	4	5	1	0
Harpalus distinguendus	0	0	0	0	0	1	0	0	0	2	7	16	31	8
Poecilus cupreus	0	0	0	0	0	0	0	0	0	1	38	10	20	0
Poecilus versicolor	0	0	0	3	0	20	2	6	0	8	1	0	0	17
Pterostichus vernalis	0	0	0	0	0	1	0	5	1	1	2	0	0	0
Pterostichus melanarius	0	0	0	1	0	1	0	0	19	11	0	0	0	0
Syncuchus nivalis	0	0	4	2	0	2	0	6	0	0	0	0	0	0
Calathus fuscipes	0	0	1	33	145	129	106	5	2	46	6	8	3	0
Calathus erratus	0	0	0	0	1	0	0	0	0	0	56	1	2	0
Calathus ambiguus	0	0	0	0	0	0	0	0	0	9	16	69	46	49
Calathus melanocephalus	0	0	0	0	2	1	11	0	2	8	12	13	11	15
Platynus dorsalis	0	0	0	0	0	0	0	0	0	0	1	4	10	6
Amara aulica	0	0	0	0	0	0	0	0	0	0	6	10	0	0
B														
Carabus coriaceus	0	17	5	8	0	0	4	5	17	18	7	2	4	1
Carabus problematicus	20	70	15	54	23	12	41	36	23	19	45	36	17	18
Carabus nemoralis	1	0	0	3	0	3	0	0	5	1	1	0	0	0
Nebria brevicollis	4	0	0	2	1	1	0	0	0	0	1	0	0	0
Notiophilus biguttatus	0	0	0	0	0	0	1	0	0	0	0	0	0	0
Harpalus latus	0	0	0	0	0	0	0	0	2	0	0	0	0	0
Pterostichus oblongopunctatus	3	1	0	17	0	13	0	0	0	1	0	0	0	0
Pterostichus niger	0	2	2	3	5	0	8	20	89	109	15	10	2	1
Pterostichus madidus	3	1	0	11	0	1	0	0	0	0	0	0	0	0
Abax parallelepipedus	14	39	5	39	4	2	0	3	0	0	0	0	0	0
Abax parallelus	0	0	0	3	0	0	0	0	0	0	0	0	0	0
Calathus rotundicollis	0	0	1	10	3	4	2	10	0	0	0	35	0	0
Platynus assimilis	0	0	0	0	0	10	0	0	0	0	0	0	0	0

sucht, ist *C. ambiguus* stärker stenotop gebunden und kann als psammophil bezeichnet werden. Küstendünen, Flugsande im Binnenland, aber auch sandige Felder sind die geeigneten Lebensräume für diesen Laufkäfer. *Platynus dorsalis* war auf den tertiären Sanden nicht zu erwarten, da dieser Laufkäfer, auch wenn er als xerophil gilt, lehmige und lößhaltige Böden bevorzugt. Sein Vorkommen auf dem Plateau der Sophienhöhe kann dennoch nicht überraschen, da diese Art offenbar eine starke Dispersionskraft besitzt, die ihn auch auf isoliert gelegene Küstendünen im Bereich der Deutschen Bucht verschlägt (Topp 1988).

Der Standort B in Tabelle 1 berücksichtigt Arten, die überwiegend oder ausschließlich in Wäldern auftreten und daher als silvicol gelten. Diese silvicolen Laufkäfer, die auf der Sophienhöhe erfaßt wurden, könnten alle dem Restwald entstammen, der im westlichen Bereich an die Außenkippe angrenzt. Aus dem Restwald gelangten sicherlich flugunfähige Waldarten auf die Sophienhöhe. Es sind u. a. *Carabus problematicus* und *Abax parallelopipedus*. Die Ausbreitungsfähigkeit von *C. problematicus* war besonders ausgeprägt. So konnte diese Art in allen ausgewählten Standorten, sogar in nicht geringer Individuenzahl auf den tertiären Sanden, festgestellt werden. Eine geringere Ausbreitungsfähigkeit als *C. problematicus* besitzt offenbar *Abax parallelopipedus*. Die Dispersionskraft von *Pterostichus oblongopunctatus*, *Pterostichus madidus* oder *Abax parallelus* dürfte noch geringer sein. Die zuletzt genannte Art konnte während vorhergehender Untersuchungen im Restwald erfaßt werden. Bei der hier berücksichtigten Erfassung kam sie nur am Fuße der Sophienhöhe vor, die an das Restwaldgebiet angrenzt. Somit bestätigen die vorliegenden Untersuchungen den im Vergleich zu den anderen Arten relativ stenotopen Charakter dieser Waldart.

Andere silvicole Arten sind weniger an Waldstandorte gebunden als die oben erwähnten Laufkäfer. Dies gilt z. B. für *Carabus coriaceus* und *Nebria brevicollis*, die auch an beschatteten Feldrainen leben, oder für *Carabus nemoralis* und *Pterostichus niger*, die beide als Kulturfolger gelten können und durchaus regelmässig in feuchten Standorten mit dichter Wiesen- oder Wildkrautvegetation angetroffen werden (Lindroth 1945).

Die weiteren in Tabelle 1 unter B aufgeführten Waldarten sind flugfähig und könnten die Sophienhöhe auch über eine größere Distanz erreicht haben. Dies gilt insbesondere für *Calathus rotundicollis*, eine Art mit Flügeldimorphismus. Von den 65 erfaßten Individuen erwiesen sich 61 als macropter und 4 als brachypter. Nach den Untersuchungen von Lindroth (1946) ist anzunehmen, daß nicht nur bei *Pterostichus anthracinus*, sondern auch bei *Calathus rotundicollis* brachyptere Individuen dominant sind über die Macropteren. Dies würde bedeuten, daß ein hoher Anteil an macropteren Individuen eine kurzfristig erfolgte Besiedlung, ein hoher Anteil an brachypteren Individuen aber das Bestehen langfristig etablierter Populationen andeutet. Bei der Überprüfung der Flügellängen von *C. rotundicollis* war auffallend, daß von den 30 Käfern, die in den älteren Rekultivierungsflächen (Standorte C–H) vorkamen, die 4 erwähnten Käfer brachypter waren. Das lokale Vorkommen der 35 Käfer im Standort M ergab jedoch ausschließlich macroptere Tiere. *Platynus assimilis* und *Harpalus latus* treten ausschließlich in der macropteren Form auf, sie sind also potentiell flugfähig. Von *Notiophilus biguttatus*, eine Art mit Flügeldimorphismus, wurde ein macropteres Tier erfaßt.

Der vorhergehende qualitative Vergleich ergab, daß der größte Anteil der silvicolen Carabiden aus dem Restwald auf die Sophienhöhe eingewandert sein dürfte. Folgende Betrachtungen sollen zeigen, ob sich der Einfluß des Restwaldes auch bei numerischer Analyse der Laufkäfer-Individuen nachweisen läßt. Um den Einfluß des Restwaldes auf die Faunenzusammensetzung zu überprüfen, wurde daher der relative Anteil (%) der silvicolen Arten in allen Standorten ermittelt. Als Bezugsgröße wurde einerseits die Entfernung vom Altwald, andererseits die durchschnittliche Höhe der Vegetation in den verschiedenen Standorten berücksichtigt. Letztere Variable kann als Annäherung für das Maß einer mittleren Beschattung gelten.

Zwischen dem Anteil der silvicolen Tiere in den Standorten und ihrer Enfernung vom Altwald konnte keine Abhängigkeit ($p > 0.05$) festgestellt werden. Dies ist möglicherweise auf die große Ausbreitungsfähigkeit der dominanten Waldarten, z. B. *Carabus problematicus*, zurückzuführen. Allerdings ergab sich eine Abhängigkeit zwischen dem Anteil der silvicolen Carabiden-Individuen und der mittleren Höhe der Vegetation ($r = 0.77$, $p < 0.001$, Abb. 1).

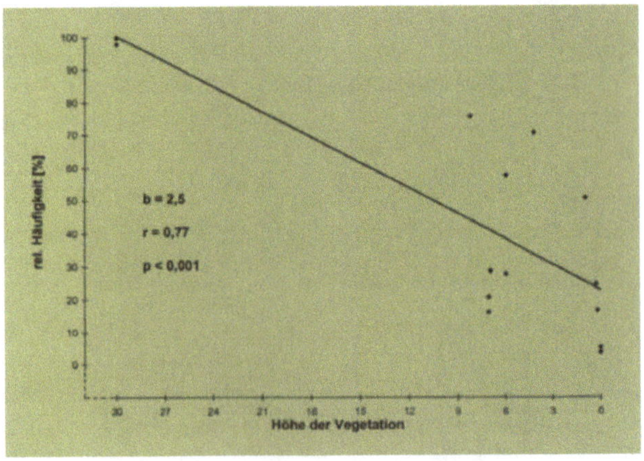

Abb. 1. Einfluß der mittleren Vegetationshöhe auf die relative Häufigkeit der Waldcarabiden zur Gesamtfauna der Laufkäfer

3.2
Vergleich von 4jährigen Sukzessionsflächen mit verschiedenen Rekultivierungsmaßnahmen

Vier Jahre alte Sukzessionsflächen mit einer etwa 4 m mächtigen Auflageschicht aus Forstkies, deren pflanzliche Sukzession sich selbst überlassen wurde (FKu) oder Flächen, die bepflanzt wurden (FKb), grenzten an Parzellen, die zusätzlich zu der Forstkiesabdeckung einen Waldbodenauftrag erhielten. Auch bei diesen wurde zwischen bepflanzten (WBb) und unbepflanzten Flächen (WBu) unterschieden. Die Erfassung der Laufkäfer erfolgte mit Bodeneklektoren (s. Material und Methoden), um die Überrepräsentanz von Arten mit hoher Laufaktivität ausschließen zu können. Besonders von den großen Laufkäfern konnte man erwarten, daß diese die Versuchsparzellen, die jeweils eine Ausdehnung von 30 m hatten (Wolf 1987), auch innerhalb des Versuchszeitraumes überqueren konnten, ohne notwendigerweise für diese irgendeine Präferenz zu zeigen (Topp 1990).

Carabidae

Die Ergebnisse mit den Bodeneklektoren ergaben hinsichtlich der Arten- und Individuenzusammensetzung ein gänzlich anderes Bild als die Barberfallen-Fänge. Wie zu erwarten, waren die großen Arten weniger repräsentiert. Die kleineren Laufkäfer erreichten hingegen eine höhere Abundanz als mit der Methode der Barberfallen (Topp et. al. 1992). In Tabelle 2 sind solche Arten aufgeführt, die in den Vergleichsparzellen mindestens mit 9 Individuen vertreten waren.

Um die Besiedlungsdichte der Laufkäfer bewerten zu können, wurden Vergleiche relativer Häufigkeit durchgeführt. Getestet wurde die Nullhypothese einer gegebenen Besiedlung auf dem Forstkies, ohne daß weitere Rekultivierungsmaßnahmen durchgeführt wurden (FKu), gegen die Alternativhypothese: Besiedlung der Laufkäfer auf Parzellen mit zusätzlichen Rekultivierungsmaßnahmen. Für die Besiedlungsdichte aller Laufkäfer ergab sich nach einer Bepflanzung (FKu–FKb) kein Unterschied ($p > 0.05$), so daß die Nullhypothese beibehalten werden konnte. Wurde zusätzlich auf dem Forstkies eine Humusschicht aus Waldboden aufgebracht (FKu–WBb), so war der Unterschied in der relativen Besiedlungsdichte der Laufkäfer signifikant ($p < 0.01$) niedriger.

Vergleiche der relativen Abundanzen für die einzelnen Arten konnten nicht durchgeführt werden, weil die Voraussetzungen mit $n_1 \geq 50$ und $n_2 \geq 50$ nicht erfüllt waren (Sachs 1984). Folgende Tendenzen scheinen sich abzuzeichnen:

- FKu–FKb: Bei Bepflanzung der Forstkiesfläche nimmt die relative Besiedlungsdichte von *Leistus ferrugineus* zu und diejenige von *Acupalpus meridianus* ab.
- FKu–WBu: Wurde auf die Forstkiesschicht eine Waldbodenschicht aufgebracht, so war eine entsprechende Wirkung wie oben zu verzeichnen. Zusätzlich schien die relative Häufigkeit von *Bradycellus verbasci* und *Pterostichus strenuus* zuzunehmen.
- FKu–WBu: Bei Bepflanzung und zusätzlicher Verbringung von Waldboden schienen Dichtezunahmen von *Leistus ferrugineus*, *Trechus obtusus* und *Pterostichus strenuus* möglich zu sein. Eine mögliche

Tabelle 2. Relative Besiedlungsdichte (%) häufiger Laufkäfer-Arten auf den 4 Jahre alten Sukzessionsflächen mit und ohne Waldbodenauftrag. (*FK* Forstkies, *WB* Waldboden, *u* unbepflanzt, *b* bepflanzt; *Zahlen in Klammern* Anzahl der Individuen)

Arten		FKu		FKb		WBu		WBb	
Leistus ferrugineus		1	(1)	14	(17)	5	(6)	16	(13)
Clivina fossor		-	(-)	-	(-)	2	(2)	9	(7)
Trechus obtusus		2	(3)	3	(4)	7	(8)	26	(21)
Trechus quadristriatus		2	(3)	2	(2)	3	(3)	5	(4)
Harpalus rufipes		3	(4)	3	(4)	1	(1)	-	(-)
Bradycellus verbasci		15	(22)	13	(16)	33	(39)	8	(6)
Bradycellus harpalinus		21	(31)	30	(36)	29	(34)	14	(11)
Acupalpus meridianus		31	(46)	8	(9)	1	(1)	-	(-)
Pterostichus strenuus		-	(-)	1	(1)	5	(6)	11	(9)
Insgesamt:	Individuen		149		119		118		80
	Arten		29		22		23		15

Abnahme in der relativen Besiedlungsdichte trat bei *Acupalpus meridianus* und *Bradycellus verbasci* auf.

- FKb–WBb: Ein Vergleich dieser Parzellen ergab für die Laufkäfer *Trechus obtusus*, *Clivina fossor* und *Pterostichus strenuus* mögliche Zunahmen und für *Acupalpus meridianus*, *Bradycellus verbasci* und *B. harpalinus* tendenzielle Abnahmen in der relativen Besiedlungsdichte.

Lumbricidae

In allen vierjährigen Sukzessionsstufen, die auf unterschiedliche Weise rekultiviert wurden, kamen vier verschiedene Regenwurm-Arten vor (Tabelle 3). Andere Arten waren in diesen Flächen nicht nachweisbar.

Bei Waldbodenauftrag war die Besiedlungsdichte der Regenwürmer immer höher als bei den Forstkiesflächen. Dies war bei WBu auf die erhöhte Abundanz von *A. caliginosa*, *D. rubidus* und *L. rubellus* zurückzuführen; bei WBb nahm außerdem die Besiedlungsdichte von *A. rosea* zu (Topp et al. 1992). Doch nicht nur die Besiedlungsdichten veränderten sich signifikant, auch die relativen Häufigkeiten zwischen den Arten verschoben sich. So bewirkte eine Bepflanzung, sowohl auf der Forstkiesfläche als auch auf der Waldbodenfläche, eine Zunahme bei den Arten *D. rubidus* und *A. rosea* ($p < 0.01$), aber eine Abnahme bei *L. rubellus* ($p < 0.001$). Der Waldbodenauftrag (Vergleiche von FKu–WBu bzw. FKb–WBb) hatte eine weniger deutliche Wirkung auf die Verschiebung der relativen Häufigkeit bei den vier Arten. Veränderungen waren entweder n. s. oder die Unterschiede waren höchstens als $p < 0.05$ nachweisbar. Die einzige Ausnahme bildete hierzu die deutliche Abnahme der relativen Häufigkeit von *A. rosea* ($p < 0.001$) auf der bepflanzten Waldbodenfläche im Vergleich zu der bepflanzten Forstkiesfläche.

Diplopoda

Auf den 4jährigen Rekultivierungsflächen konnten 9 verschiedene Diplopoda-Arten nachgewiesen werden. Die Besiedlungsdichte der Tausendfüßer war auf den Flächen mit Waldbodenauftrag größer ($p < 0.001$) als auf den Forstkiesflächen ohne Waldbodenauftrag. Dabei war die erhöhte Abundanz überwiegend auf die beiden Arten *Polydesmus denticulatus* und *Julus scandinavius* zurückzuführen (Topp et al. 1992).

Ein Vergleich der relativen Häufigkeit ergab nach einer Bepflanzung (FKu–FKb und FKu–Bb) nur für *Julus scandinavius* eine tendenzielle Zunahme. Bei den anderen Arten waren die entsprechenden Veränderungen in den Abundanzen nicht übereinstimmend (Tabelle 4). Die Waldbodenverbringung führte ebenfalls zu einer erhöhten relativen Abundanz von *Julus scandinavius*.

Diptera, Brachycera

Auf der Sophienhöhe konnten Arten aus 41 verschiedenen Diptera-Familien festgestellt werden (Topp et al. 1992). Von diesen sind die häufigsten Brachycera-Familien in Tabelle 5 aufgeführt.

Die Besiedlungsdichten der Fliegen ergab für die Imagines und die Larven unterschiedliche Werte. Dies war zu erwarten, da die Besiedlungsdichten prä-imaginaler Entwicklungsstadien wegen der Mortalitätsraten immer höher sein dürften als die der Imagines. Unterschiede in der Besiedlungsdichte sind darüber hinaus aber auch methodisch bedingt. Der hohe Anteil der Phoridae-Imagines läßt sich möglicherweise auf Individuen zurückführen, die in größerer Bodentiefe schlüpften und somit von den Bodeneklektoren erfaßt wurden, nicht aber von den Kempson-Bodenproben während der Larvalentwicklung, da mit diesen der Boden nur bis zu einer Tiefe von 8 cm extrahiert wurde. Tachinidae und Chloropidae wurden ausschließlich als Imagines gefangen. Dies ist zu erklären, weil die Larven der Tachinidae sich als Parasitoide in anderen Insekten und weil die Larven der Chloropidae sich endophag in ihren Wirtspflanzen entwickeln. Bei der Extraktion des Bodens wurden Pflanzenteile zuvor entfernt. Auch von den Familien Sphaeroceridae, Anthomyzidae und Ant-

Tabelle 3. Relative Häufigkeit (%) der einzelnen Regenwurm-Arten und Besiedlungsdichte (Ind./m^2) der Regenwürmer auf Sukzessionsflächen mit und ohne Waldbodenauftrag. (weitere Abkürzungen s. Tabelle 2)

		Besiedlungsdichte		
Arten	FKu	FKb	WBu	WBb
Aporrectodea caliginosa	19	15	26	22
Dendrodrilus rubidus	4	13	11	15
Lumbricus rubellus	61	35	50	44
Aporrectodea rosea	16	37	13	19
Lumbricidae (Ind./gesamt)	830	1 012	2 832	3 168
(Ind./m^2)	151	184	515	576

Tabelle 4. Relative Häufigkeit (%) der einzelnen Tausendfüßer-Arten und Besiedlungsdichte der Diplopoda (Ind./m^2) auf den Sukzessionsflächen mit und ohne Waldbodenauftrag. (+ Anteil 1 %, weitere Abkürzungen s. Tabelle 2)

Arten	Besiedlungsdichte FKu	FKb	WBu	WBb
Craspodosoma rawlinsi	6	12	8	5
Chordeuma silvestre	+	+	1	1
Melogona gallicum	–	–	–	1
Polydesmus superus	8	7	+	–
Polydesmus angustatus	1	3	2	+
Polydesmus denticulatus	78	64	59	74
Julus scandinavius	6	12	33	13
Allajulus nitidus	+	+	5	5
Allajulus silvarum	–	–	1	+
Diplopoda (Ind./gesamt)	467	379	1 039	1 995
(Ind./m^2)	85	69	189	363

Tabelle 5. Relative Häufigkeit (%) der einzelnen Familien und Besiedlungsdichte der Fliegen (Brachycera) (Ind./m^2) auf den Sukzessionsflächen mit und ohne Waldbodenauftrag. (*Im.* Imagines, *La.* Larven, + Anteil < 1 %, weitere Abkürzungen s. Tabelle 2)

	FKu		FKb		WBu		WBb	
	Im.	La.	Im.	La.	Im.	La.	Im.	La.
Xylophagidae	–	–	–	–	+	–	+	2
Stratiomyidae	–	–	–	–	–	8	–	2
Tabanidae	–	–	–	4	–	–	–	–
Rhagionidae	–	–	–	–	–	1	–	2
Empididae	2	25	8	31	5	11	+	13
Dolichopodidae	3	48	2	39	4	45	2	46
Lonchopteridae	+	–	+	–	+	1	–	2
Phoridae	81	7	76	8	63	–	81	–
Lauxaniidae	4	3	+	–	5	3	4	1
Helemoyzidae	3	4	3	5	–	–	–	–
Spaeroceridae	–	–	2	–	2	–	2	–
Anthomyzidae	+	–	–	–	+	–	1	–
Chloropidae	+	–	+	–	2	–	+	–
Tachinidae	+	–	2	–	+	–	+	–
Anthomyidae	+	–	2	–	4	–	+	–
Muscidae	–	5	+	7	1	+	1	–
Fannidae	–	–	–	–	7	23	4	24
Brachycera								
(Ind. gesamt)	315	122	211	108	246	141	521	165
(Ind./m^2)	48	143	30	127	34	170	67	199

homyidae wurden ausschließlich Imagines und keine Larven festgestellt. Die Erklärung hierfür kann ebenfalls in der Lebensweise der Larven begründet sein. Larven der Sphaeroceridae leben an Exkrementen u. a. von grabenden Kleinsäugern; Larven der Anthomyzidae und Anthomyidae können sich als Phytophage in der Vegetationsschicht entwickeln.

Bei einem Vergleich der Besiedlung der Rekultivierungsflächen durch Fliegen wurden hier nur die Larven berücksichtigt. Ihre Besiedlungsdichte war auf allen vierjährigen Rekultivierungsflächen nahezu gleich. Nur bei Waldbodenauftrag und Bepflanzung war die Besiedlungsdichte der Fliegenlarven größer ($p < 0.001$) als auf der sich selbst überlassenen Forstkiesfläche. Zwischen den bepflanzten und unbepflanzten Forstkiesflächen einerseits und den bepflanzten und unbepflanzten Flächen mit Waldbodenauftrag andererseits traten kaum Unterschiede in der Besiedlung auf. Die Dolichopodidae waren immer die dominante Brachycera-Familie. Ihre Besiedlung wurde durch die verschiedenen Rekultivierungsmaßnahmen kaum beeinflußt; nur auf der bepflanzten Forstkiesfläche war eine leichte Abnahme in der Besiedlung ($p < 0.05$) festzustellen. Empididae und Muscidae nahmen nach Waldbodenauftrag (bepflanzt und unbepflanzt) tendenziell ab, während Fanniidae und Stratiomyidae ausschließlich auf den beiden Flächen mit Waldbodenauftrag nachweisbar waren. Andererseits kamen die Heleomyziden nur auf den beiden Forstkiesflächen ohne Waldbodenauftrag vor.

Diptera, Nematocera

Wie bei den Brachycera, so zeigte auch der Vergleich von Imagines und Larven bei den Nematocera verschiedene Besiedlungdichten an, die nicht nur auf die Mortalität während der prä-imaginalen Entwikklung zurückzuführen, sondern auch methodisch bedingt sind. Dies wird besonders bei vergleichender Betrachtung von Chironomidae und Cecidomidae deutlich. Die erhöhte Dichte der Cecidomyidae-Imagines ist auf die phytophage Lebensweise der Larven zurückzuführen. Letztere wurden – wie bei den Chloropiden – nicht vollständig erfaßt.

Die Besiedlungsdichte der Mücken war auf allen vierjährigen Entwicklungsflächen nahezu gleich. Im Gegensatz zu der Abundanzverschiebung bei den Brachycera war bei den Nematocera die Besiedlungsdichte der Larven auf der Waldbodenfläche ohne Bepflanzung höher als auf allen anderen Flächen (Tabelle 6). Die Chironomidae überwogen auf den Forstkiesflächen, die Sciaridae waren auf den Waldbodenflächen zahlreicher. Die Bibionidae traten nur auf den Flächen mit Waldbodenauftrag auf. Weitere Unterschiede, die sich hinsichtlich der relativen Abundanzen ergaben, dürften wegen der deutlichen Aggregationsmuster bei den Nematocera als Zufallsereignisse zu werten sein.

Diskussion

1) Laufkäfer-Fauna auf 2- bis 11jährigen Sukzessionsflächen

Hinsichtlich der Laufkäferfauna stellten sich mit fortschreitender Sukzession Veränderungen in der Artenzusammensetzung ein, wie sie für die Neubesiedlung rekultivierter Lebensräume (Neumann 1971; Topp 1971; Vogel u. Dunger 1991), während der Regeneration von Forstflächen, die durch Feuer vernichtet wurden (Holliday 1991) oder bei der Besiedlung neu entstehender Lebensräume (Topp 1988) wiederholt nachgewiesen werden konnten.

Als Erstbesiedler treten super-tramp Arten auf (Diamond 1975), die schnell in artenarme Lebensräume einwandern. Es handelt sich hierbei um extreme r-Selektionisten, die eine hohe Dispersionskraft haben und außerdem relativ klein sind (Southwood 1977; Greenslade 1986). Beide Eigenschaften konnten auch bei den Erstbesiedlern auf der Sophienhöhe festgestellt werden. Auf den jüngsten Rekultivierungsflächen waren *Trechus quadristriatus*, *Nebria salina*, *Calathus ambiguus*, *C. melanocepalus* und *Platynus dorsalis* auffallend zahlreich (Tabelle 1). Alle diese Erstbesiedler waren makropter und es scheint sicher zu sein, daß sie das Hochplateau der Sophienhöhe fliegend erreicht hatten.

Auf älteren Rekultivierungsflächen nahm der Anteil brachypterer und somit flugunfähiger Individuen zu. Dies galt für den Anteil aller Carabiden-Individuen, war aber auch für einzelne Arten nachweisbar, sofern diese hinsichtlich des Merkmals Flügellänge dimorphe oder polymorphe Eigenschaften aufwiesen. Beispiele hierfür ergaben *Calathus melanocephalus* und *Trechus obtusus*. Bei diesen Arten dürfte das Merkmal Kurzflügeligkeit dominant sein über das Merkmal Langflügeligkeit (Lindroth 1946), so daß sich aus der Zusammensetzung von langflügeligen und kurzflügeligen Individuen innerhalb einer Population eine grobe Abschätzung des Besiedlungszeitraumes durchführen ließe.

Die Artenzusammensetzung der Pionierarten ist in aufeinanderfolgenden Jahren nicht immer gleich. In den vorliegenden Aufsammlungen waren z. B. *Bembidion femoratum* und *B. lampros* nur in Einzelindividuen vertreten. Von beiden Laufkäfern wären höhere Abundanzen zu erwarten gewesen, da diese als super-tramp Arten die besonderen Voraussetzungen für eine schnelle Ausbreitung besitzen. Andererseits waren auf den jüngsten Rekultivierungsflächen *Calathus ambiguus* und *Platynus dorsalis* nicht selten. Es sind Arten, die eine isoliert gelegene Meeresdüne erst relativ spät nach ihrer Entstehung erreicht hatten (Topp 1988).

Vergleichende Untersuchungen zeigen, daß super-tramp Arten zu den Primärbesiedlern gehören. Sie zeigen auch, daß bestimmte Arten mit größerer Wahrscheinlichkeit und andere mit geringerer Wahrscheinlichkeit erwartet werden können; sie geben aber keinen Hinweis auf eine voraussagbare Artenzusammenset-

Tabelle 6. Relative Häufigkeit (%) der einzelnen Familien und Besiedlungsdichte der Mücken (Nematocera) (Ind./m²) auf den Sukzessionsflächen mit und ohne Waldbodenauftrag. (weitere Abkürzungen s. Tabelle 5)

	FKu		FKb		WBu		WBb	
	Im.	La.	Im.	La.	Im.	La.	Im.	La.
Trichoceridae	1	–	+	+	2	+	–	–
Tipulidae	+	2	+	+	–	+	+	–
Chironomidae	7	34	2	60	+	1	+	3
Bibionidae	–	–	–	–	7	2	1	1
Mycetophilidae	7	+	5	3	2	–	4	+
Sciaridae	16	19	5	3	24	23	28	74
Cecidomyidae	69	44	88	32	63	74	65	21
Nematocera								
(Ind. gesamt)	790	805	1 026	838	590	1 170	411	790
(Ind./m²)	122	946	147	985	81	1 410	53	952

zung der Primärfauna. Nicht vorhersagbare Populationsschwankungen (den Boer 1981, 1986), Individualentwicklung, Phänologie (Trittelvitz u. Topp 1980) und abiotische Umweltfaktoren (Topp 1988) wirken als Einflußgrößen auf eine mögliche Dispersion. Diese Einflußgrößen sind artspezifisch, können aber auch die gleichzeitige Dispersion mehrerer Arten hervorrufen. Andererseits kann die Konstellation der Umweltbedingungen dazu führen, daß nur einzelne Arten in hoher Populationsdichte einen neuen Lebensraum erreichen. Dies ergaben langjährige Untersuchungen auf einer Meeresdüne in der Deutschen Bucht (Topp 1988). Die Artenzusammensetzung auf der Meeresdüne zeigte darüber hinaus, daß nicht alle super-tramp Arten, die einen neuen Lebensraum erreichen, die Prädisposition für eine erfolgreiche Besiedlung mitbringen. Dies dürfte auch für die eine oder andere Laufkäfer-Art gelten, die bei früheren Untersuchungen ausschließlich in südwestexponierten Hanglagen der Sophienhöhe erschien und passiv dorthin verdriftet sein könnte (Topp 1990).

Große Arten mit relativ geringerer Dispersionskraft leben oft in stabilen Lebensräumen und zeigen Eigenschaften von K-Selektionisten. Von den Arten der Tabelle 1 dürfte *Abax parallelus* in diese Gruppe eingeordnet werden. Doch auch die stenotopen Waldcarabiden *Abax ovalis* und *Molops piceus*, die im Altwald vorhanden sind (Glück 1989), gehören zu den K-Selektionisten. Eine weitere Eigenschaft dieser Tiere ist ihre geringe Reproduktionsleistung. Die geringe Dispersion und niedrige Reproduktion können die stenotope Lebensweise dieser Tiere erklären und zeigen, daß scheinbar besiedlungsfähige Lebensräume nicht angenommen werden. Andererseits können für die Biotopwahl dieser K-Selektionisten auch abiotische Umwelteinflüsse und Nahrungsressourcen entscheidend sein.

In der Kulturlandschaft Mitteleuropas sind besonders die stenotopen K-Selektionisten gefährdet. Die Entscheidung bei der Landschaftsplanung für die Sophienhöhe, diese an ein Restwaldareal anzugliedern, diente u. a. dazu, in ferner Zukunft auch solchen Arten aus dem ursprünglichen Bestand des Altwaldes einen geeigneten Lebensraum anzubieten.

Andere Laufkäfer charakterisieren in einem r-K-Kontinuum eine Zwischenstellung. Hierzu gehört der große *Carabus problematicus*. Es ist eine Waldart, die nicht flugfähig ist, aber dennoch über eine große Dispersionskraft verfügt. In den vorliegenden Aufsammlungen kam sie in allen Untersuchungsflächen in hoher Individuenzahl vor. Entsprechende Ergebnisse ergaben die Untersuchungen im Bereich der Ville (Neumann 1971). Nach den Fallenergebnissen ist zu vermuten, daß die Dispersion bei diesem Laufkäfer durch intraspezifische Interaktionen hervorgerufen wird. Bei hoher Populationsdichte kommt es zu Emigration aus bereits besiedelten Lebensräumen. Auf der Suche nach geeigneten Habitaten werden dann auch Lebensräume durchquert, die für eine Entwicklung ungeeignet sind. Entsprechende Erscheinungen ließen sich bei anderen Laufkäfer-Arten aus den Gattungen *Carabus* und *Pterostichus* beobachten (Topp 1979).

In Zusammenhang mit der Dispersion wird die Problematik der Erfassung der Laufkäferfauna durch Barberfallen deutlich.

- 1. Arten können eine hohe Aktivitätsdichte zeigen, wenn sie in einem Lebensraum häufig sind

- 2. Eine erhöhte Aktivitätsdichte dürfte auch festzustellen sein, wenn sich die abiotischen Umweltbedingungen einem Pessimum nähern oder wenn die Nahrungsressourcen abnehmen

Ich möchte vermuten, daß die hohen Fangzahlen von *C. problematicus* auf den jungen Rekultivierungsflächen auf eine erhöhte Laufaktivität im Vergleich zum Altwald in diesem für die Art pessimalen Habitat zurückzuführen sind.

Die höchste Anzahl der Laufkäfer, die der ökologischen Gruppe der Waldarten zugerechnet werden konnte, wurde am Fuße der Sophienhöhe in der Nähe des Altwaldes erfaßt. Mit der Entfernung vom Altwald nahm der Anteil der Waldcarabiden ab. Diese Zahlenverhältnisse deuten auf den Altwald als Ursprungsareal dieser Faunengruppe hin. Eine Korrelation zwischen dem Anteil der ökologischen Gruppe der Waldarten zur Gesamtfauna stellte sich allerdings nur zur mittleren Höhe der Vegetation in den jeweiligen Sammelstandorten ein. Ein solcher Zusammenhang, wenn auch signifikant, kann nur annäherungsweise die verschiedenen Eigenschaften einer komplexen Biotopstruktur aufzeigen. Abweichungen waren deutlich. Sie betrafen Standorte, in denen der eurytope Waldcarabide *Pterostichus niger* besonders hohe Dichtewerte erreichte, aber auch in Fangstationen mit dem Laufkäfer *Calathus fuscipes* (eine Charakterart offener Flächen) als dominante Art traten Abweichungen vom Erwartungswert auf. Es liegen bisher keine Erklärungen dafür vor, warum lokal entweder die eine oder die andere Art überwiegen konnte (Tabelle 1).

Werden die verschiedenen alten Sukzessionsphasen auf der Sophienhöhe und die Standorte im Altwald miteinander verglichen, so lassen sich hinsichtlich von Arten- und Individuenzahlen keine Gesetzmäßigkeiten finden. Auf den jüngsten Rekultivierungsflächen kamen mindestens ebenso viele Arten und Individuen vor wie auf den ältesten Rekultivierungsflächen (Topp et al. 1992) oder innerhalb der Altwaldbestände. Außerdem konnten die Fangergebnisse innerhalb derselben Sukzessionsphasen aber in aufeinanderfolgenden Jahren sehr unterschiedlich sein. Dies bedeutet, daß die Berechnungen von Diversitäten für die Carabiden-Fauna keine gesicherten Aussagen über die Eigenschaft eines Biotops zulassen (Topp 1990).

2) Bodenfauna unter dem Einfluß verschiedener Rekultivierungsmaßnahmen

Die Maßnahmen zur Rekultivierung von devastierten Arealen können verschieden sein. Maier (1989) unterscheidet zwischen Rekultivierung, Restauration, Rehabilitation und Ersatzmaßnahmen. Da die Begriffe bei Rekultivierungsmaßnahmen nicht immer eindeutig abgrenzbar sind und auch unterschiedlich verwendet werden, möchte ich den Oberbegriff „Rekultivierung" beibehalten.

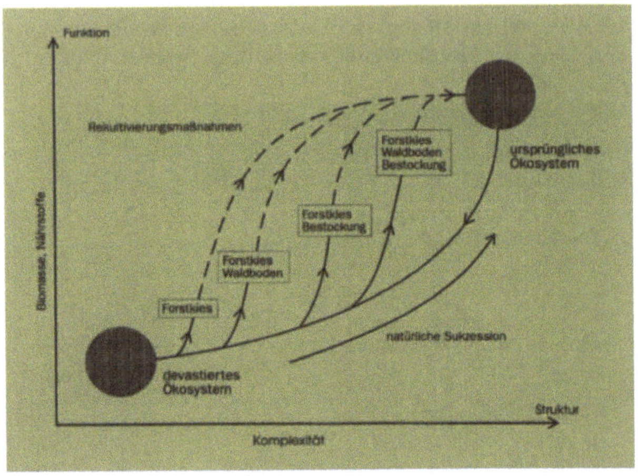

Abb. 2. Beziehung zwischen der Struktur von Ökosystemen und ihrer Funktion bei natürlicher Sukzession und den verschiedenen Rekultivierungsmaßnahmen im Untersuchungsgebiet. (Modifiziert nach Bradshaw 1984)

Die unterschiedlichen Rekultivierungsmaßnahmen, die auf der Sophienhöhe beispielhaft durchgeführt wurden, sind in Abb. 2 veranschaulicht. Hierbei wählte ich in Anlehnung an Bradshaw (1984) eine zweidimensionale Darstellung mit den Koordinaten Funktion (Biomasse, Nährstoffe) und Struktur (Komplexität) des Ökosystems. Ein ursprüngliches Ökosystem wird durch eine vielfältige Funktion und hohe Komplexität gekennzeichnet. In einem devastierten Areal werden beide Parameter einen Minimumwert erreichen.

Wird ein devastiertes Areal einer natürlichen Sukzession überlassen, so können Funktion und Struktur wieder zunehmen. In Idealfall werden sich Eigenschaften einstellen, die dem ursprünglichen Ökosystem gleichen. Wenn auch die Komplexität eines Ökosystems im Laufe der natürlichen Sukzession zunimmt, so muß dies nicht für die Artenvielfalt einzelner Tiergruppen gelten. Die Laufkäfer geben hierfür ein Beispiel.

Devastierte Ökosysteme, die sich selbst überlassen bleiben, können weiterhin degradieren (z. B. Erosion), so daß der natürlichen Sukzession in Richtung eines ursprünglichen Ökosystems zunächst Einhalt geboten wird.

Landschaftsplanungen, die als Ziel die Erschaffung von naturnahen Lebensräumen haben, verfolgen überwiegend 3 Ziele (Morrison 1982, zit. in Majer 1989):

- 1. Verhinderung oder Reduktion von Wind- und Wassererosion
- 2. Schaffung von Biotopstrukturen für eine Vielzahl von Tier- und Pflanzenarten (= ökologische Aspekte)
- 3. Gestaltung der Biotopstrukturen im Hinblick auf landschaftsästhetische Aspekte

Diese Ziele wurden auch bei der Gestaltung der Sophienhöhe berücksichtigt (Dilla u. Möhlenbruch 1989) und reichen bei der Oberflächengestaltung von schluffig-tonigen Böden bis zur Ausbringung von tertiären Sanden.

Der Einfluß landschaftsgestalterischer Maßnahmen auf die Bodenfauna liegt außerhalb des Rahmens der hier dargestellten Untersuchungen. Die Freilandexperimente wurden hingegen so angelegt, daß Aussagen über den Einfluß der Rekultivierungsmaßnahmen, Bestockung und Waldbodenverbringung, gewonnen werden konnten (Wolf 1987). Diese hatten das Ziel, die natürliche Sukzession so zu beeinflussen, daß möglichst schnell eine Entwicklung in Richtung auf ein natürliches Ökosystem erfolgen konnte.

Beide Maßnahmen, die auf den 4 Jahre alten Sukzessionsflächen durchgeführt wurden, hatten keinen nachweisbaren Einfluß auf die Artenvielfalt und die Diversität der betrachteten taxonomischen Gruppen. Die Besiedlungsdichte der Carabidae nahm bei beiden Maßnahmen ab, die der Regenwürmer erhöhte sich. Dies galt besonders für die Flächen mit Waldbodenverbringung, in denen die Biomasse der Regenwürmer etwa 90 g/m^2 betrug (Topp et al. 1992). Dies sind höhere Besiedlungsdichten als in naturnahen Wäldern (Zajonc 1971). Die günstige Wirkung der Waldbodenverbringung wird auch bei einem Vergleich mit anderen Rekultivierungsflächen deutlich, bei denen eine solche Maßnahme nicht durchgeführt wurde. So konnten in der Oberlausitz die Regenwürmer nach 7 Jahren Populationsdichten von maximal 10 g/m^2 erreichen. Erst 30 Jahre nach der Rekultivierung machte die Regenwurmfauna 80 g/m^2 aus (Dunger 1991b). Auf rekultivierten 35jährigen Pappelstandorten im Bereich der Ville war die Regenwurmdichte auf 25,5 mg/m^2 angestiegen (Heuser et al. 1989).

In allen 4jährigen Untersuchungsflächen waren nur 4 verschiedene Regenwurm-Arten nachweisbar. Tiefengräber wie *Lumbricus terrestris* fehlten, so daß es noch nicht zu einer biogenen Durchmischung des Waldbodenauftrags mit der darunter liegenden Schicht aus Forstkies kommen konnte. In Sukzessionsflächen ohne übermäßige Verdichtung (Rushton 1986) der Forstkiesschichten sollte sich *L. terrestris* spätestens 7 Jahre nach der Rekultivierung einstellen (Topp et al. 1992).

Für die anderen Tiergruppen hatte die Waldbodenverbringung keinen einheitlichen Effekt. So nahm die Besiedlungsdichte von Diplopoden und Brachycera auf der bepflanzten Fläche zu, während die Dichte der Nematocera auf der unbepflanzten Fläche erhöht wurde.

Von der Waldbodenverbringung dürfte ein Animpfungseffekt an die Umgebung ausgehen. Dies zeigten die Dichtewerte der Lumbricidae auf den Forstkiesflächen, die den Flächen mit Waldbodenverbringung benachbart waren und hinsichtlich der Regenwürmer höhere Besiedlungsdichten aufwiesen als die 7jährige Sukzessionsfläche (Topp et al. 1992). Über die Mechanismen der Ausbreitung von Regenwürmern ist wenig bekannt. Eine Ansiedlung ist weitaus schneller als dies durch das Wandervermögen der einzelnen Arten zu erklären ist (Schriefer 1981; Dunger 1991a).

Die durchgeführten Rekultivierungsmaßnahmen wirkten auch auf eine Verschiebung des Artenspektrums. Dies konnte tendenziell bei den Laufkäfern nachgewiesen werden. Durch Bepflanzung wurde die Dichte von *Leistus ferrugineus* erhöht. Möglicherweise wurden Individuen dieser Art mit dem Pflanzgut in die Flächen verbracht. Bei Waldbodenauftrag erhöhte sich die Dichte von *Clivina fossor*, *Pterostichus strenuus* und *Trechus obtusus*. Hierbei handelt es sich um supertramp Arten, die sandig-kiesige Flächen meiden. Beide Rekultivierungsmaßnahmen, Bepflanzung + Waldbodenauftrag, führten hingegen zur Abnahme des r-Selektionisten *Acupalpus meridianus*. Die Waldbodenverbringung hatte außerdem auf die Besiedlungsdichte von *Harpalus rufipes* einen hemmenden Einfluß.

Die stenotopen Waldcarabiden *Abax parallelus*, *A. ovalis* und *Molops piceus*, die unmittelbar nach der Waldbodenverbringung in Parzellen mit Waldbodenauftrag nicht selten waren (Glück 1989), fehlten bei diesen Untersuchungen und waren auch in den nachfolgenden Barberfallen-Fängen nicht nachweisbar. Somit scheint mit der Waldbodenverbringung eine Erweiterung des Artenspektrums mit stenotopen Waldarten nicht möglich zu sein. Vielmehr werden r-Selektionisten begünstigt, die Prädispositionen für die entsprechende neu geschaffene Biotopstruktur besitzen. Diese Ergebnisse werden durch die Veränderung der relativen Abundanz bei dem eurytopen Waldcarabiden *Pterostichus oblongo punctatus* unterstützt.

4
Zusammenfassung

Die jungen Sukzessionsflächen sind durch r-Selektionisten charakterisiert, die in offenen Biotopen geeignete Lebensräume finden. Waldarten dringen von der angrenzenden Naturwaldparzelle auf die Sophienhöhe vor. Für die Ausbreitung der eurytopen Waldarten dürfte die Höhe der Vegetation und der Beschirmungsgrad auf den Rekultivierungsflächen von größerer Bedeutung sein als die Entfernung vom Naturwald. Stenotope Waldarten fanden bisher auf der Sophienhöhe keine geeigneten Überlebensmöglichkeiten und werden auch durch die Verbringung von Waldboden nicht gefördert. Die Verbringung von Waldboden führte vielmehr zu einer erhöhten Abundanz von Primärbesiedlern. Dies wurde besonders bei den Regenwürmern *Aporrectodea caliginosa* und *Dendrodrilus rubidus* deutlich, die gemeinsam mit *Lumbricus rubellus* und *Aporrectodea rosea* eine Besiedlungsdichte von etwa 550 Ind./m^2 oder 90 g/m^2 erreichten. Diese Werte liegen über denen von Naturwaldparzellen. Von den Flächen mit Waldbodenauftrag geht ein Animpfungseffekt auf die umgebenden Parzellen aus. *Aporrectodea rosea* wurde auf den bestockten Parzellen begünstigt, *Lumbricus rubellus* auf Parzellen mit natürlicher Vegetationsentwicklung.

Bei den Laufkäfern, Tausendfüßern und Zweiflüglern bewirkten die verschiedenen Rekultivierungsmaßnahmen, Bestockung oder Waldbodenverbringung, neben der Veränderung von Populationsdichten auch Unterschiede in der Artenzusammensetzung.

Danksagung
Die Untersuchungen wurden von der Rheinbraun AG unterstützt.

LITERATUR

Abbott I (1989) The influence of fauna on soil structure, pp 39–50. In: Majer J D (ed) Animals in primary succession. The role of fauna in reclaimed lands. Cambridge Univ. Press, Cambridge

Bradshaw A D (1984) Ecological principles and land reclamation practice. Landscape Planning 11: 35–48

den Boer P J (1981) On the survival of populations in a heterogenous and variable environment. Oecologia 50: 39–53

den Boer P J (1986) What can Carabid beetles tell us about dynamics of populations? pp 315–330. In: den Boer P J, Luff M L, Mossakowski D, Weber F (eds) Carabid beetles their adaptations and dynamics. Fischer, Stuttgart

Diamond J R (1975) Assembly of species communities. In: Cody M L, Diamond J M (eds) Ecology and Evolution of Communities. Belknap Harvard, Cambridge, MA, pp 342–444

Dilla L, Möhlenbruch N (1989) Entwicklung und Stand der Rekultivierung. Natur und Landschaft 64: 436–439

Dunger W (1991a) Wiederbesiedlung der Bergbaufolgelandschaft durch Bodentiere. In: Hänsel C (Hrsg) Umgestaltungen in der Bergbaulandschaft. Abh. Sächs. Akad. Wiss. zu Leipzig, Math.-nat. Klasse 57: 51–61

Dunger W (1991b) Zur Primärsukzession humiphager Tiergruppen auf Bergbauflächen. Zool. Jb. Syst. 118: 423–447

Dunger W, Voigtländer K (1989) Succession of Myriapoda in primary colonization of reclaimed land. In: Minelli F (ed) Proc. 7th Internat. Congress Myriapodology, Leiden, pp 219–227

Glück E (1989) Waldbodenverbringung – zoologische Aspekte. Natur und Landschaft 64: 456–458

Greenslade P J M (1986) Adversity selection and the habitat templet. Am. Nat. 122: 352–365

Heuser J, Topp W (1989) Verteilungsmuster der Boden-Makrofauna in den Rekultivierungsflächen des Staatsforstes Ville und ihr Einfluß auf die Zersetzung der Laubstreu. Natur und Landschaft 64: 441–445

Holliday N J (1991) Species responses of carabid beetles (Coleoptera: Carabidae) during post-fire regeneration of boreal forest. Can. Ent. 123: 1369–1389

Koch K (1989) Die Käfer Mitteleuropas. Ökologie. Goecke & Evers, Krefeld

Lindroth C H (1945) Die Fennoskandischen Carabidae. I. Medd. Göteborgs Mus. Zool. 109: 1–709, Göteborg

Lindroth C H (1946) Inheritance of wing dimorphism in Pterostichus anthracinus III. Hereditas 32: 37–40

Majer J D (1989) Fauna studies and land reclamation technology – a review of the history and need for such studies. In: Majer J D (ed) Animals in primary succession. The role of fauna in reclaimed lands. Cambridge Univ. Press, Cambridge, pp 5–33

Neumann U (1971) Die Sukzession der Bodenfauna (Carabidae, Coleoptera, Diplopoda und Isopoda) in den forstlich rekultivierten Gebieten des Rheinischen Braunkohlenreviers. Pedobiologia 11: 193–226

Rushton S P (1986) The effects of soil compaction on Lumbricus terrestris and its possible implication for populations on land reclaimed from open-cast coal mining. Pedobiologia 29: 85–90

Sachs L (1984) Angewandte Statistik, 6. Aufl. Springer, Berlin Heidelberg New York Tokyo

Schriefer T (1981) Regenwürmer (Lumbricidae) auf unterschiedlich abgedeckten Mülldeponien. Bestandesaufnahme und Besiedlungsmechanismen. Pedobiologia 22: 153–166

Southwood T R E (1977) Habitat, the templet for ecological strategies? J. Anim. Ecol. 46: 337–365

Topp W (1971) Zur Ökologie der Müllhalden. Ann. Zool. Fennici 8: 194–222

Topp W (1979) Verteilungsmuster epigäischer Arthropoden in einer Binnendünenlandschaft. Schr. Naturw. Ver. Schlesw.-Holst. 49: 61–79

Topp W (1981) Biologie der Bodenorganismen. Quelle & Meyer, Heidelberg

Topp W (1988) Besiedlung einer neu entstandenen Insel durch Laufkäfer (Col., Carabidae). Zool. Jb. Syst. 115: 329–361

Topp W (1990) Dispersion und Artenaustausch – Variationen zum Thema: Biotopbewertung. Laufener Seminarbeitr. 90: 21–30

Topp W, Gemesi O, Grüning C, Tasch P, Zhou H Z (1992) Forstliche Rekultivierung mit Altwaldboden im Rheinischen Braunkohlenrevier. Die Sukzession der Bodenfauna. Zool. Jb. Syst. 119: 505–533

Trittelvitz W, Topp W (1980) Verteilung und Ausbreitung der epigäischen Arthropoden in der Agrarlandschaft. I. Carabidae. Anz. Schädlingskunde, Pflanzenschutz, Umweltschutz 53: 17–20

Vogel J, Dunger W (1991) Carabiden und Staphyliniden als Besiedler rekultivierter Tagebau-Halden in Ostdeutschland. Abh. Ber. Naturkundemus, Görlitz 65: 1–31

Wolf G (1987) Untersuchungen zur Verbesserung der forstlichen Rekultivierung mit Altwaldboden im Rheinischen Braunkohlenrevier. Natur und Landschaft 62: 364–368

Zajonc I (1971) Synusia analysis of earthworms (Lumbricidae, Oligochaeta). In: Duvigneaud P (ed) Productivity on forest ecosystems. U.N.E.S.C.O., Paris, pp 443–452

Agrarökologische Begleitmaßnahmen

28

Achim Lückoff

1 Einleitung

Die Agrarökologie als Teilbereich der Ökologie beschäftigt sich mit dem Naturhaushalt landwirtschaftlich genutzter Flächen. Es werden die Beziehungen der Pflanzen und Tiere zu- und untereinander sowie die Wechselwirkungen zu ihrer Umwelt beschrieben, wie sie wiederum durch das Zusammenspiel der Standortfaktoren Boden, Klima, Wasser und dem Einfluß der Nutzung geprägt werden.

Für die landwirtschaftliche Rekultivierung im Rheinischen Braunkohlenrevier ergibt sich die Notwendigkeit der Berücksichtigung agrarökologischer Belange unmittelbar aus der Inanspruchnahme der Landschaft, da mit den großen Tagebauen Garzweiler und Inden zu einem erheblichen Anteil landwirtschaftliche Nutzfläche betroffen ist. Es ist zwar festzuhalten, daß die Intensivierung in der Landwirtschaft in der rheinischen Bucht zur Ausräumung der Landschaft und zur Nivellierung der Standortbedingungen mit einem Verlust an Lebensräumen, Tier- und Pflanzenarten geführt hat, doch birgt selbst diese intensiv genutzte Landschaft noch ein Regenerationspotential, wie Extensivierungsbeispiele, neuere Flurbereinigungsverfahren oder das Ackerrandstreifenprogramm zeigen.

Mit dem Braunkohleabbau werden die Strukturen und Potentiale tiefgreifend verändert, so daß sich die Rekultivierung landwirtschaftlicher Flächen als vollkommener Neuanfang darstellt. Dieser Neuanfang hat aus agrarökologischer Sicht zum einen die Entwicklung einer nachhaltig nutzbaren Produktionsgrundlage zum Ziel, wo der Boden als Lebensraum und damit seine Selbstregulationsfähigkeit im Zentrum der Betrachtung steht. (Zu dieser Thematik s. Beitrag 8, Dumbeck und Beitrag 9, Sihorsch). Zum anderen – und dies kann als Agrarökologie im engeren Sinne bezeichnet werden – ist gleichsam der oberirdische Teil des Ökosystems gemeint, d. h. die Grundlegung und Stabilisierung eines Naturhaushaltes mit typischen Pflanzen- und Tiergemeinschaften.

2 Die Agrarbiozönose als Standortfaktor

Ein kurzer Blick auf die Leistungsfähigkeit der Pflanzen- und Tierwelt der Agrarbiozönosen macht deutlich, worum es geht: Mit dem Verschwinden bzw. dem Nichtvorhandensein bestimmter Pflanzenarten in Ackerbiotopen fehlen pflanzenverzehrende Tierarten, die ihrerseits Nahrungsgrundlage für räuberisch und parasitär lebende Tierarten sind. Heydemann u. Meyer (1983) fanden z. B. 81 Tiere an der Gemeinen Quecke, 51 an Knötericharten oder 24 an Vergißmeinnicht; im Durchschnitt leben 10–20 spezialisierte Insektenarten an einer Blütenpflanze (Heydemann 1987). Entfällt nun eine Blütenpflanze als Basisart, so müssen alle abhängigen Organismen der komplexen Nahrungskette ihre Aktivitäten einschränken, was bis zum Verschwinden von Tierarten reicht. Welche Bedeutung für die ackerbauliche Nutzung oft übersehen wird, zeigt das Beispiel des häufig vorkommenden Bunten Enghalskäfers *(Platynus dorsalis)*, welcher pro Tag bis zu 24 Brachfliegeneier, 13 Gallmückenlarven und einige Dutzend Blattläuse frißt (Herrmann u. Plakom 1991). Die Liste der Beispiele ließe sich um Nützlinge wie Schwebfliegen, Schlupfwespen oder Spinnen und ihre Abhängigkeit von bestimmten Strukturen, Pflanzen und anderen Tieren verlängern. Entscheidend ist in diesem Zusammenhang die Feststellung, daß sich die heutige Landwirtschaft unter dem enormen ökonomischen Druck zunehmend an den Standortfaktoren orientiert, anstatt das technisch Machbare mit hohem Aufwand an Kosten und Mitteleinsätzen zu realisieren.

Der integrierte Pflanzenbau steht für den Versuch, den Konflikt Ökologie und Ökonomie zu lösen. Er bietet mit seinen Ansätzen im Bereich der Optimierung des Düngemitteleinsatzes anhand von Bodenproben, der Bodenschonung durch vielgestaltige Fruchtfolgen und schonende Bearbeitung sowie des Pflanzenschutzes durch Beachtung von Schwellenwerten und Vermeidung der Prophylaxe eine Perspektive für die Landwirtschaft. Integrierter Pflanzenbau bedeutet nach Diercks u. Heitefuß (1990) die gezielte Nutzung von Selbstregulationsprozessen. Da der integrierte Pflanzenbau ohne den Standortfaktor einer funktionierenden Agrarbiozönose also in letzter Konsequenz nicht denkbar wäre, stellt sich die Frage nach der Entwicklung und Förderung der Elemente einer solchen für die Rekultivierung im besonderen Maße.

3 Die Besiedlung von Neuland durch Pflanzen und Tiere

Eine Voraussetzung für die Durchführung von unterstützenden Maßnahmen zur Etablierung eines für die Agrarlandschaft typischen Naturhaushaltes ist die Kenntnis der Besiedlungsentwicklung durch Pflanzen und Tiere. Auch im Hinblick auf eine später vorzunehmende Erfolgskontrolle ist dabei das Wissen um die natürliche Sukzession auf Neuland wichtig.

Für die Vegetationsentwicklung ist es ausschlaggebend, daß Rohböden aus Löß und Lößlehm vorliegen, deren Samenpotential durch intensive Vermischung des Oberbodens mit mehreren Metern Unterboden gering ist. Die Pioniere bei dieser primären Sukzession der Pflanzenwelt sind Arten der kurzlebigen Ruderal- und Hackunkrautgesellschaften *(Chenopodieta)*, meist Therophyten mit hoher Samenproduktion, wie Weißer Gänsefuß, Huflattich, Hirtentäschel, Knötericharten etc., insgesamt etwa 10–15 Arten. Die Pflanzen treten sehr rasch auf und bleiben auf unbewirtschafteten Flächen nur kurze Zeit alleine. Noch im gleichen Jahr, deutlicher aber erst ab dem zweiten Jahr, treten verstärkt Arten der ausdauernden Stickstoff-Krautfluren *(Artemisieta)* und Getreideunkrautgesellschaften *(Secalietalia)*, wie Gewöhnlicher Beifuß, Stumpfblättriger Ampfer, Wegrauke, Leimkraut, Echte Kamille, Ackervergißmeinnicht oder Erdrauch auf. Bei freier Entwicklung behalten Flächen auf Löß danach sehr lange einen ruderalen Charakter mit allerdings zahlreichen Arten aus den genannten Klassen (s. Tabelle 3). Die Standortbedingungen auf Neuland lassen sich entsprechend der Anzeigerwerte der Spontan- bzw. Ruderalvegetation nach Ellenberg (1979) als mäßig warm bis warm, frisch, mäßig stickstoffreich bis stickstoffreich und schwach basisch bis mäßig sauer charakterisieren. Eine Entwicklung zu Gehölzen zeichnet sich dabei auch nach zehn Jahren erst ansatzweise ab. Für die Entwicklung zu wiesenähnlichen Gesellschaften fehlt vermutlich der pflegende Eingriff Mahd oder Weide.

Aus ackerbaulicher Sicht werden solche Sukzessionsflächen kritisch betrachtet, denn sie enthalten sehr frühzeitig Problemunkräuter, wie Acker- und Lanzettkratzdistel, Vogelmiere, Ackerwinde oder Quecke. Eine Verunkrautung der benachbarten, sehr unkrautarmen Äcker auf Neuland wird befürchtet, womit der durchaus erwünschte Vorteil des vergleichsweise geringnötigen Herbizidaufwandes im Vergleich zu Altland zunichte gemacht würde.

Die Tierwelt auf rekultiviertem Ackerland stellt sich ebenfalls relativ rasch ein. Als Brutvögel treten bereits in den Luzernefeldern Rebhuhn und Fasan sowie u. a. Feldlerche, Wiesenpieper, Schafstelze, Grauammer, Steinschmetzer und sporadisch auch der Kiebitz auf. Als Nahrungsbiotop werden die Akkerflächen von zahlreichen Greifvögeln, wie Bussard- und Milanarten, Kornweihe oder Turmfalke angenommen (Giller 1976), hauptsächlich wohl, weil sich Mäuse in den Flächen stark vermehren können. Gerade die Luzerneflächen können aus faunistischer Sicht interessant sein, treten in ihnen doch auch z. T. selten gewordene Arten, wie z. B. die Schmetterlinge Goldene Acht und Bläuling auf (Albrecht 1993).

Die Neulandbesiedlung durch Arthropoden (Gliederfüßer) erscheint dabei von besonderem Interesse. Als Grundlage für die Nahrungskette und als Nützling für die Landwirtschaft sind sie von großer Bedeutung. Die Kenntnis der Lebensraumansprüche mancher Arthropodengruppen, d. h. ihre Indikatorfunktion, erlaubt die Bewertung der Lebensraumqualität auch für nach- und vorgeschaltete Organismen einer Biozönose. Grundlegende Aspekte der Sukzession sollen daher anhand der Ergebnisse von Untersuchungen zur Wiederbesiedlung landwirtschaftlicher Rekultivierungsflächen durch ausgewählte Gruppen der Arthropoden skizziert werden (Albrecht 1993; Esser 1993; Weglau 1993).

Bereits im ersten Jahr der Neulandherstellung, welche durch die Ansaat von Luzerne ab Mai charakterisiert ist, konnte mit 31 Laufkäfer-, 11 Wanzen- und 17 Spinnenarten eine vergleichsweise artenreiche Wirbellosenfauna festgestellt werden. Bei den Laufkäfern wird das Artenspektrum von trockenheitsliebenden, flugfähigen und meist räuberisch lebenden Arten bestimmt. Neben den typischen Pionieren, wie den sandbodenliebenden Arten Enghals-Kamelkäfer *(Amara apricaria)*, Kreuzgezeichneter Ahlenläufer *(Bembidion femoratum)* oder Rothalsiger Kahnläufer *(Calathus melanocephalus)*, treten mit deutlicher Dominanz herbstaktive Tiere, wie z. B. der Bunte Enghalskäfer *(Platynus dorsalis)* und der Feld-Dammläufer *(Nebria salina)* auf. Offenbar werden durch die Anlage der Luzernefelder und das rasche Auftreten der Nahrungsgrundlage (Spinnen und Collembolen) unmittelbar Verhältnisse geschaffen, an die die genannten Feldarten gut angepaßt sind. Dies macht auch der Vergleich mit der Besiedlung von aufgeforsteten Flächen deutlich, wo als Erstbesiedler 20–22 Käferarten gefunden wurden (Mader 1985; Haag 1992).

Bei den Wanzen dominieren als Erstbesiedler wenig spezialisierte, pflanzenfressende Weichwanzen *(Miridae)*, wie *Adelphocoris lineolatus* und *Lygus ragulipamis*, während nur drei räuberisch lebende Wanzen aus den Familien der Sichelwanzen *(Nabidae)* und Blumenwanzen *(Anthocoridae)* sowie nur einer Art aus der Familie der Bodenwanzen *(Lygaeidae)* auftraten.

Bei den Spinnen sind die Erstbesiedler in der Regel ausgesprochene Pionierarten aus der Familie der Baldachinspinnen *(Linyphiiden)*. Es handelt sich um kleine, sehr anspruchslose Arten, deren hohe Ausbreitungspotenz durch ein hohes Reproduktionspotential, Trockenheitsresistenz und den speziellen Mechanismus der Luftverdriftung an einem Spinnfaden gekennzeichnet ist. Aus dieser Familie tritt v. a. die Art *Oedothorax apicatus* massenhaft auf. Andere Spinnen, wie z. B. epigäisch lebende Jagdspinnen aus den Familien der Wolfsspinnen *(Lycosidae)* und Springspinnen *(Salticidae)* wurden nur als Einzelexemplare beobachtet.

Eine zweite Besiedlungsphase kann bereits in vierjährigen, unterschiedlich breiten Rainen beobachtet werden, deren Vegetationsstrukturen den oben genannten Pflanzengesellschaften entsprechen bzw. sich aus Rasenansaaten entwickelt haben. Mit 39–49 Laufkäfer-, 29–30 Wanzen- und 41–46 Spinnenarten hat die Artenvielfalt beachtlich zugenommen.

Bei den Laufkäfern haben typische Feldarten die Pionierarten der ersten Phase weitgehend verdrängt, und eine Reihe von Grünlandarten wie der Dunkelhörnige Kamelläufer *(Amara lunicollis)*, der Schmale Wiesen-Kamelläufer *(Amara communis)*, der Gewöhnliche Rotstirnläufer *(Anisodactylus binotatus)* und der Glatthalsige Buntgrabläufer *(Poecilus versicolor)* tritt insbesondere bei den breiten Rainen mit wiesenähnlichem Charakter (Rasenansaat) hinzu. Das Artenspektrum wird um phytophage Arten bereichert, wobei sich deutliche Abhängigkeiten von der benachbarten Kultur zeigen. Kennzeichnend gegenüber der ersten Phase ist darüber hinaus ein großer Individuenreichtum. Bei den Spinnen treten neben den immer noch dominierenden Pionieren und Frühbesiedlern einige größere und z. T. auch anspruchsvollere Arten in allerdings geringeren Individuenzahlen auf. Wolfsspinnen erreichen jedoch bereits einen Anteil am Familienspektrum von knapp 20 %. Deutlich wird darüber hinaus die Abhängigkeit von der Vegetationsstruktur, wenn z. B. in lückigen, schmalen Rainen lichtliebende Glattbauchspinnen und in höherwüchsigen, breiten Rainen Radnetzspinnen verstärkt auftreten. Bei den Wanzen treten v. a. räuberisch und am Boden lebende Arten hinzu.

Wie gleichzeitig durchgeführte Untersuchungen an achtjährigen Rainen zeigen, bleiben die skizzierten Artenspektren und die Dominanzverhältnisse der oben genannten Tiergruppen sehr ähnlich, d. h. eine altersabhängige Entwicklung der Populationen ist in diesem Zeitraum nicht erkennbar. Vielmehr lassen sich nur strukturbedingte Unterschiede beobachten, wie z. B. höherer Anteil an Radnetzspinnen in Rainen mit Vertikal-Strukturen oder ein höherer Anteil feuchteliebender Arten in Rainen mit hohem Deckungsgrad der Vegetation bzw. mehr trockenheitsliebende Arten in lückigen Rainen.

Vergleicht man die skizzierten Ergebnisse mit Untersuchungen auf Altland (Tabelle 1), so wird zunächst die beachtlich schnelle und artenreiche Besiedlung des Neulandes mit Gliederfüßern deutlich. Darüber hinaus sind Arten erwähnenswert, die in Altlanduntersuchungen nicht gefunden wurden, wie z. B. der Scheibenhalskäfer *(Synuchus vivialis)*, der Sand-Zwergstreuläufer *(Sytomus foveatus)* oder der Breithalsige Kahnläufer *(Calathus ambiguus)* bei den Laufkäfern. Es handelt sich – wie auch bei den anderen Tiergruppen – in der Regel um trockenheits- und wärmeliebende Arten bzw. natürlich auch die ausgesprochenen Pionierarten. Im Hinblick auf die Entwicklung einer typischen Arthropodenfauna werden allerdings auch Unterschiede klar, die auf den noch sukzessiven Charakter der Neulandbesiedlung auch nach 8 Jahren hinweisen. So war die Artenvielfalt der ausgewählten Arthropoden in einem als Maßstab einbezogenen, weitgehend intakten breiten Feldrain im Tagebauvorfeld (Altland breit s. Tabelle 1) je nach Standort um 14–50 % größer. Auch die Dominanzstrukturen waren meist ausgeglichener und die Indivi-

Tabelle 1. Artenzahl ausgewählter Arthropoden in Feldrainen auf Neuland im Vergleich zu Altlandstandorten. Daten aus Albrecht (1993), Esser (1993) und Weglau (1993)

	Neuland 1. Jahr	Neuland schmal	5jährig breit	Neuland schmal	7jährig breit	Altland breit	Altland[a] konventionell	Altland[a] alternativ
Carabiden (Laufkäfer)	31	49	39	47	43	57	16,4 +/− 3,2	20,6 +/− 3,2
Aranea (Spinnen)	17	46	41	42	40	70	20,8 +/− 6,4	25,9 +/− 8,5
Heteroptera (Wanzen)	11	33	29	30	32	59	3,3 +/− 2,1	7,4 +/− 3,6

[a] Mittlere Artenzahlen in Feldrainen im Raum Düren und Elsdorf nach Ingrisch et. al. (1989).

duenzahlen einzelner, in beiden Gebieten auftretender Arten geringer. Dabei kann die Tatsache, daß sich auch in Agrarbiotopen ausgewogene Verhältnisse erst langsam entwickeln, durch folgende Befunde verdeutlicht werden. Bei den Spinnen machen dies die noch fehlenden großen Arten aus den Familien der Raub- und der Laufspinnen deutlich. Auch daß nach 8 Jahren noch Pionierarten dominieren, während sie auf gut ausgeprägten Altlandrainen eine untergeordnete Rolle spielen, unterstützt dies. Bei der Laufkäferfauna hatte sich im Altlandrain eine vom Feld unabhängige Wiesenfauna etabliert, deren Entwicklung auf Neuland möglicherweise durch rasengrasdominante Ansaaten verzögert wird. Für Agrarbiotope typische aber wenig ausbreitungsstarke Großcarabiden der Familie *Carabus* traten auf Neuland nur als Einzelexemplare auf. Bei den Wanzen fehlten typische Vertreter aus der Familie der Lederwanzen *(Coreidae)*. Als Hinweise auf eine noch ablaufende Sukzession sind schließlich auch Befunde zu werten, wie die Tatsache, daß auch nach acht Jahren noch keine Landasseln im Untersuchungsgebiet vorkommen oder daß der Gemeine Grashüpfer *(Chortypus parallelus)* trotz großer Ausbreitungsfreudigkeit bei den Untersuchungen nicht beobachtet wurde.

4
Die Ziele der agrarökologischen Begleitmaßnahmen

Aus agrarökologischer Sicht müssen diese kurz skizzierten Ergebnisse der bisherigen Untersuchungen zur Wiederbesiedlung von Neuland unter einem entscheidenden Aspekt betrachtet werden: Für die Rekultivierung sollte möglichst rasch ein typischer Aufbau des Lebensraumes erreicht werden. Die Frage lautet, wie kann die Entwicklung von typischen Artenspektren und -häufigkeiten, die in einem ökologischen Gleichgewicht stehen und zur Selbstregulation befähigt sind, unterstützt werden. Diesbezüglich lassen sich folgende Thesen als Grundlage für Begleitmaßnahmen formulieren:

- 1. Die Vielfalt der Fauna hängt direkt mit der Vegetationsvielfalt zusammen. Dabei kommt es sowohl auf die Artenvielfalt an Pflanzen als auch auf den Strukturreichtum an, wie er historisch z. B. durch kleinere Parzellen mit unterschiedlichem Nutzungszeitpunkt gewachsen ist.
- 2. Hinsichtlich der Artenvielfalt sollte auch Wert auf das Vorhandensein einzelner Pflanzenarten gelegt werden, da sie die Grundlage für die Existenz von spezialisierten Tierarten sind. Mit dem Fehlen so typischer Pflanzen , wie z. B. der Brennessel, fehlt auch eine Reihe von typischen Tierarten mit durchaus hoher Ausbreitungspotenz.
- 3. Bei der Förderung des Strukturreichtums kommt den schmalen Korridoren als Ausbreitungsbahn, den breiten und größeren Extensivbereichen als eigenständiger Lebensraum, der unterschiedlichen Pflegeintensität sowie der Schaffung von ökologischen Nischen eine große Bedeutung zu.
- 4. Für die Besiedlung durch Tiere ist v. a. die Herstellung eines Verbundsystems wichtig, um die Vernetzung der Arten des Ackers mit Rainen und anderen Biotopen, d. h. den Artenaustausch zu gewährleisten.
- 5. Insbesondere die Anbindung an naturnahe oder extensive Altlandbiotope ist erforderlich, um eine Besiedlung mit ausbreitungsträgeren Arten zu fördern.
- 6. Für speziell an Neulandbedingungen angepaßte, wärmeliebende Offenlandsarten besteht die Chance, Lebensräume zu erhalten.

In welchem Maße und Detail Lebensräume wie Grünzüge, Feldgehölze, Hecken und Sukzessionsflächen als gliedernde und belebende Strukturen in die landwirtschaftliche Rekultivierungsfläche integriert werden, ist in mehreren Beiträgen in diesem Buch ausführlich dargestellt. Eine Bedeutung über ihr eigenes Areal und ihre landschaftsästhetische Funktion hinaus können diese Strukturen nur erlangen, wenn die Grundlagen eines Biotopverbundsystems Beachtung finden. Erst sog. weiche Grenzen, d. h. allmähliche Übergänge, ermöglichen den notwendigen Artenaustausch zwischen verschiedenen Lebensräumen. Fehlen die Zwischenareale für den Verbund, findet keine Vernetzung statt und der Austausch von Arten bleibt rein zufällig. Unter diesen Voraussetzungen kommt es zu Verinselungseffekten, was in der Rekultivierung gleichbedeutend mit verzögerter oder sogar nicht stattfindender Besiedlung wäre.

5
Anlage und Entwicklung der Begleitstrukturen

Seit wenigen Jahren wird den genannten Aspekten in der landwirtschaftlichen Rekultivierung verstärkt Rechnung getragen. Erste Erfahrungen können dargestellt werden.

Von der Konzeption her spielt die Anlage von Feldrainen eine zentrale Rolle. Feldraine werden dabei als nicht bewirtschaftete Streifen entlang von Wegen, Anpflanzungen und Gräben aufgefaßt. Sie gehören nach Kaule (1986) zu den am stärksten zurückgegangenen Lebensräumen, da sie bei der Vergrößerung der Schläge in jedem Fall betroffen waren, und die Hemmschwelle zur Beseitigung sowohl bei der Flurbereinigung als auch bei den Landwirten geringer war als z. B. bei Hecken, die zudem meist als Ausgleichsflächen neu gepflanzt wurden. Raine sind Lebensraum und Rückzugsgebiet zahlreicher feldbewohnender Tierarten. Von ihnen ausgehend werden Äcker immer wieder neu von Bodenarthropoden besiedelt, die dort ihre Nahrung finden und im Rain regenerieren. Je nach Struktur können sie den Verbund zwischen Feldgehölz und Acker herstellen und umgekehrt, an die Felder angrenzende Biotope als Pufferstreifen gegen Stoffeinträge schützen. Als Leitbild für ihre Neuanlage in der Rekultivierung dienen wiesenähnliche Strukturen, wobei entsprechend der Standortbedingungen Arten der Glatthafertalfettwiesen (Arrhenatherion) mit Übergängen zu artenreichen Hochstauden-Ruderalgesellschaften, wie der Wegwarten-Gesellschaft *(Cychorietum intybi)* oder des Rainfarn-Beifuß-Gestrüpps *(Tanaceto vulgaris-Artemisietum)* im Vordergrund stehen. Die skizzierte sukzessive Entwicklung der Vegetation auf Neuland läßt die Ansaat entsprechend artenreicher Mischungen als das zunächst am besten geeignete Mittel erscheinen, da sich Ansaaten rasch etablieren und eine unkrautunterdrückende Dekkung erreicht werden kann. Dabei kann nicht erwartet werden, daß sich aus wie auch immer zusammengesetzten Ansaaten unmittelbar die angestrebten Bestände bilden. Dagegen sprechen die für Neuland unbekannten Verhältnisse hinsichtlich Ansaat und Bestandskonkurrenz, der Einfluß einer nachfolgenden Pflege sowie das fehlende Samen- bzw. Einwanderungspotential an Arten.

Im Bereich der landwirtschaftlichen Rekultivierung sind bisher etwa 35 km solcher Raine in einer durchschnittlichen Breite von 2–3 m angelegt worden. Es wurden verschiedene Mischungen aus heimischen Arten verwandt, um sowohl unter vegetationskundlichen aber auch Kostengesichtspunkten geeignete Ansaaten zu finden. Die wichtigsten bisher angewandten Mischungen sind in Tabelle 2 zusammengestellt.

Die Mischungen 1 und 2 (Tabelle 2) entsprechen den Empfehlungen der LÖLF (1990) für ungedüngte Mähweiden bzw. extensive Wiesen in trockenen, wärmebegünstigten Lagen. Die Mischungen 3–6 (Tabelle 2) wurden entsprechend unterschiedlicher Zielvorstellungen zusammengestellt. Nach bisherigen Erkenntnissen läßt sich absehen, das die LÖLF-Empfehlungen nicht geeignet erscheinen. Der hohe Kleeanteil – insbesondere *Trifolium pratense* wird sehr dominant – unterdrückt bislang die Ausbreitung artenreicher Bestände. Den Grundstock der Ansaatmischungen 3–6 (Tabelle 2) bilden jeweils typische Arten der Glatthafertalfettwiesen mit einem Gräseranteil von 85–96 %. Der Anteil an Kräutern in unterschiedlicher Artenzahl variiert zwischen 3 und 9,5 % und Leguminosen sind mit 0,6–5,5 % enthalten. Hinsichtlich der krautreichen Mischungen 5 und 6 in Tabelle 2 konnte bisher festgestellt werden, daß ein wiesenähnlicher Aspekt schneller erreicht wird. Arten mit längerer Keimzeit *(Salvia pratensis, Daucus carota)* und sehr geringem Tausendkorngewicht *(Campanula patula)* erscheinen zunächst allerdings nur vereinzelt bzw. gar nicht. Bisher bewährt haben sich Mischungen wie in Tabelle 2 unter 5 angeführt, denn der geringe Leguminosenanteil in Verbindung mit der sehr dünnen Aussaat verursacht einen lückigen Bestand, in dem die meisten Kräuter auflaufen, so daß die geringen Mischungsanteile vollkommen ausreichend sind. Gleichzeitig wandern Arten der Segetal-Flora noch ein. Für abschließende Aussagen bezüglich der Eignung bestimmter Ansaaten bedarf es jedoch längerer Beobachtungszeit. Dabei spielt die Dynamik einer Ansaat, wie sie durch die Standortfaktoren, das Konkurrenzverhalten der Arten und v. a. durch die Pflege beeinflußt wird, eine zentrale Rolle. Grundsätzlich wird angestrebt, die Raine differenziert zu schneiden. Nach einem meist notwendigen, anfänglichen Mulchschnitt zur Unterdrückung rasch eindringender Pflanzen, wie Melde oder Distel, erfolgt ein- bis zweimalige Mahd pro Jahr, wobei abschnittsweise auch nur alle zwei Jahre geschnitten wird. Mit dieser Differenzierung soll in erster Linie die Strukturvielfalt gefördert werden. Insbesondere überständige Raine sollen dabei als ungestörte Lebensräume für die Reproduktion der Fauna dienen. Ferner läßt sich beobachten, daß solche Raine nach Aberntung der Felder noch Deckung für Tiere der Feldflur, wie z. B. das Rebhuhn, bieten. Dagegen ist der Schnitt notwendig, um langfristig artenreiche, wiesenähnliche Bestände mit entsprechenden Lebensbedingungen für die daran angepaßte Fauna zu erhalten. Auf eine Düngung wird in den ersten Jahren verzichtet. Da die meisten Ansaaten erst nach Umbruch der dreijährigen Luzerneeinsaat realisiert werden, ist der Stickstoffvorrat für den Start ausreichend. Im weiteren kommt es vielmehr darauf an, die relative Nährstoffarmut als differenzierende Eigenschaft des Standortes auszunutzen. Gerade hier wird die Chance gesehen, langfristig ein- bis zweischürige magerwiesenähnliche Bestände mit einem entsprechend hohen Artenreichtum zu erhalten, eine langwierige „Ausmagerung“, wie sie auf Altland notwendig wäre, also zu umgehen.

Gräben, als Vorfluter und zur Wegeentwässerung angelegt, sind eine weitere wichtige Struktur. Sie können die gleichen Funktionen wie Feldraine erfüllen und aufgrund ihrer linienhaften Ausprägung wichtige Elemente im Verbund der Lebensräume darstellen. Anlage und Pflege sollen sich daher grundsätzlich an den Rainen orientieren, wobei wegen ihrer Entwässerungsfunktion ein ständiges Freihalten der Sohle notwendig ist. Darüber hinaus besteht in der Praxis der Unterschied, daß aufgrund der Erosionsanfälligkeit des frischgeschütteten Lösses, in dem die Gräben ausgehoben werden, eine rasche Schutzbegrünung notwendig ist. Sie gelingt mit kleereichen Ansaaten.

Einen Faktor, der nicht zu unterschätzen ist, stellen die neuangelegten Wege dar. Man kann davon ausgehen, daß ca. 3–3,5 % der Rekultivierungsfläche bereits mit der Verkippung des Lösses als Wirtschaftsweg angelegt werden. Das entspricht bei 500 ha Acker rd. 16 ha Wegefläche. Standardmäßig werden diese Wege mit wassergebundener Decke und rd. 5 m Breite angelegt. Wie von Mader et al. (1988) beschrieben, können Feldwege je nach Ausbaugrad eine massive Barriere für die Ausbrei-

Tabelle 2. Ansaatmischungen für Feldraine auf Neuland

Mischung Nr.	1	2	3	4	5	6
Ansaatstärke	7 g/m²	7 g/m²			5–7 g/m²	
			Gew. %			
Gräser						
Arrhenatherum elatius	–	25,5	15,0	25,0	20,0	25,0
Bromus erectus	–	–	–	–	20,0	20,0
Cynosurus cristatus	2,5	–	–	–	5,0	–
Dactylis glomerata	–	5,0	16,0	5,0	5,0	7,0
Festuca pratensis	–	31,0	16,0	32,0	20,0	20,0
Festuca rubra rubra	38,0	11,0	15,0	10,0	5,0	5,0
Lolium perenne	7,5	–	–	5,0	–	–
Phleum pratense	12,5	8,0	15,0	8,0	8,0	–
Poa pratensis	13,0	8,0	15,0	–	8,0	10,0
Trisetum flavescens	–	–	–	–	5,0	5,0
Kräuter						
Achillea millefolium	1,5	–	1,0	1,5	0,3	1,0
Campanula patula	–	–	–	–	0,2	–
Carum carvi	–	–	0,5	3,0	0,4	1,5
Centaurea jacea	–	–	–	–	0,2	–
Crepis biennis	–	–	–	–	0,3	–
Daucus carota	–	–	0,5	–	0,4	0,8
Leucanthenum vulgare	–	–	–	–	0,2	1,0
Pastiniaca sativa	–	–	0,5	2,0	0,3	0,6
Plantago lanceolata	–	–	–	3,0	0,2	0,5
Salvia pratensis	–	–	–	–	0,3	–
Sanguisorba minor	–	–	–	–	0,3	1,5
Tanacetum vulgare	–	–	0,5	–	0,3	0,5
Leguminosen						
Lotus corniculatus	5,0	5,0	–	–	0,3	–
Medicago lupulina	5,0	2,5	–	3,0	0,3	0,6
Trifolium dubium	5,0	–	–	–	–	–
Trifolium pratense	2,5	1,5	–	2,5	–	–
Trifolium repens	7,5	2,5	5,0	–	–	–
Ansaatkosten bei 3 m Breite in DM/km	120,–	140,–	120–160,–	130–170,–	200–260,–	300–390,–

tung der epigäischen Fauna darstellen. Als Hauptfaktor ist dabei der schroffe Wechsel der mikroklimatischen Bedingungen wirksam.

Um diese Barriere für die Wiederbesiedlung zu entschärfen, werden neuangelegte Wege frühzeitig eingesät. Für die Ansaat auf solch extremen Standortverhältnissen kommen nur wenige Arten in Frage. Gleichzeitig wird ein pflegeextensiver und belastbarer Bestand angestrebt. Gute Erfahrungen hinsichtlich dieser Anforderungen wurden mit Ansaatmischungen aus

- *Lolium perenne* 35–46 %
- *Festuca rubra spec.* 40–45 %
- *Lotus corniculatus* 10–15 %
- *Trifolium repens* 4–7 %

gemacht. Mit 70 kg/ha Ansaatmenge entwickelt sich – je nach Wegezustand, d. h. Verdichtungsgrad und Sand-Kiesanteil – ein unterschiedlich dicht begrünter „Grasweg", der den Austausch der Tierarten zwischen verschiedenen Lebensräumen erleichtern kann.

Ergänzend zu diesen mehr in der Fläche wirksamen Maßnahmen werden kleinräumig zusätzliche Strukturen eingebracht. So werden 1–2 Ar große Wiesen auf schwer zu bearbeitenden Zwickelflächen angelegt und mit Obstbaum-Hochstämmen angepflanzt. Es werden vorwiegend alte, klimatisch angepaßte Sorten, wie Kaiser Wilhelm, Jakob Lebel, Rheinischer Bohnenapfel und Rheinischer Krummstiel verwandt. Neben ihrer positiven Wirkung auf das Landschaftsbild, ist es v. a. die Vielfalt an Kleinstlebensräumen in solchen Beständen, wie sie durch extensive Nutzung und dem Angebot an zahlreichen ökologischen Nischen im Totholz, an Blättern und Blüten oder Zweigen des Kronenraumes geboten werden, was die Streuobstwiesen zu wertvollen Strukturelementen der Agrarlandschaft macht. Die Strukturvielfalt wird darüber hinaus mit Kiesansammlungen oder Erdmulden, aber auch ergänzenden Pflanzungen von Einzelbäumen, Alleen oder Gebüschen erhöht.

6 Ökologische Aspekte der Feldbewirtschaftung

Die siebenjährige Zwischenbewirtschaftung des Neulandes durch Rheinbraun-eigene Schirrhöfe geschieht in erster Linie, um das Ertragspotential der rekultivierten Böden zu sichern. Mit der Einführung des integrierten Pflanzenbaus soll hier auf dem Feld den ökologischen Belangen ohne Vernachlässigung des ökonomisch Notwendigen Rechnung getragen werden. Ein wichtiges Element ist die Schonung von Ackerrandstreifen. Im Gegensatz zum Feldrain wird darunter ein ca. 6 m breiter Streifen des Ackers verstanden, in dessen Bereich eine extensivere Bestandsführung durchgeführt wird. Es stehen zwei Aspekte im Vordergrund: Ackerrandstreifen werden zum einen mit dem Ziel angelegt, die Arten der Segetalflora zu fördern, nicht nur weil hierunter zahlreiche gefährdete Arten vorkommen, sondern auch weil diese Pflanzen die Grundlage für die Nahrungskette im Agrarökosystem sind. Ackerrandstreifen können als Lebensraum einer typischen Pflanzen- und Tierwelt einen wertvollen Beitrag zum Verbund der Lebensräume leisten. Der zweite Aspekt ist ihre Pufferfunktion für angrenzende Lebensräume gegen Stoffeinträge aus dem Ackerbau.

Während mit dem Ackerrandstreifenprogramm in NRW bereits in den ersten Jahren nach Einführung einige stark gefährdete Arten, wie der Acker-Wachtelweizen *(Melanpyrum arvense)*, das Sommer-Adonisröschen *(Adonis aestivalis)* oder die Akker-Haftdolde *(Caucalis platycarpos)* wieder gefunden und gefördert werden konnten (LfAO 1991), stellt sich das Problem auf Neuland anders dar: Die Flächen sind – bedingt durch die Umlagerung des Lößlehmes und Lösses – zunächst als weitgehend samenfrei zu bezeichnen. Das Artenpotential an anwandernden Arten wird anhand der von Mock (1993) vorgelegten Untersuchungsergebnisse zur potentiellen Verunkrautung des Neulandes deutlich (Tabelle 3). Auf unterschiedlichen, drei bis sechs Jahre alten Standorten im Bereich nicht bewirtschafteter Neulandflächen des Tagebaues Zukunft/Inden konnte ein recht vielfältiges Spektrum von über 40 dikotylen Arten der Ackerbegleitflora mit auffällig heterogenen Standortansprüchen hinsichtlich Feuchtigkeit, Basengehalt und Stickstoffgehalt beobachtet werden. Untersuchungen des Samenpotentials in 0–30 cm Tiefe und der Feldverunkrautung einer Versuchsparzelle auf 12jährigen, verkippten Böden im Bereich des Tagebaues Garzweiler, erbrachten ein Artenspektrum von 21 dikotylen Pflanzen mit Schwergewicht auf ausgesprochen häufigen Arten wie Kamille, Ehrenpreis, Breit-Wegerich und problematischen Arten, wie der Vogelmiere. Neben der geringeren Artenzahl auf dem bewirtschafteten Standort ist einerseits das vereinzelte Vorkommen der gefährdeten Art Feld-Löwenmaul *(Misopates orontium)* auffallend. Andererseits fehlen doch eine Reihe typischer und aspektbildender Arten, wie z. B. Klatschmohn, Kornblume oder Schwarzer Nachtschatten (Tabelle 3).

Es wundert daher auch nicht, wenn erste Versuche mit herbizidfreigehaltenen Randstreifen einen sehr geringen Besatz mit Ackerwildkräutern aufwiesen, wobei wiederum Problemarten, wie Distelarten oder Ackerfuchsschwanz dominierten. Offensichtlich spielt die Bewirtschaftung, d. h. Bodenbearbeitung, Fruchtfolge und Bestandsführung die entscheidende Rolle bei der Entwicklung der Segetalflora auf Neuland. Nachdem im Einfluß der Luzernenutzung eine erhebliche Vermehrung des Samenpotentials zu verzeichnen ist – El Sayed (1972) ermittelte auf verspülten Flächen in Berrenrath eine Zunahme der Samenzahl von 12 auf 275 / kg Boden – kann es im Zuge der weiteren Bewirtschaftung durch Maßnahmen wie Zwischenfruchtanbau, Bodenbearbeitung oder Herbizideinsatz wieder zu einer Zurückdrän-

Tabelle 3. Vorkommen dikotyler Pflanzenarten der Ackerbegleitflora auf bewirtschafteten und unbewirtschafteten Neulandstandorten

Pflanzenart		Tagebau Zukunft/Inden 2- bis 8jährige Sukzession	Tagebau Garzweiler Ackerfläche 12jährig
Schafgarbe	*Achillea millefolium*	x	–
Acker-Gauchheil	*Anagallis arvensis*	x	–
Acker-Hundskamille	*Anthemis arvensis*	x	–
Acker-Löwenmaul	*Antirrhinum orontium*	–	x
Ausgebreitete Melde	*Atriplex patula*	x	x
Hirtentäschel	*Capsella bursa-pastoris*	x	x
Kornblume	*Centaurea cyanus*	x	–
Weißer Gänsefuß	*Chenopodium album*	x	x
Acker-Winde	*Convolvulus arvensis*	x	x
Wilde Möhre	*Daucus carota*	x	–
Acker-Schachtelhalm	*Equisetum arvense*	x	–
Sonnenwend-Wolfsmilch	*Euphorbia helioscopia*	x	–
Filzkraut	*Filago spp.*	–	x
Gewöhnlicher Erdrauch	*Fumaria officinalis*	x	–
Kletten-Labkraut	*Galium aparine*	–	x
Kleinblütiges Knopfkraut	*Galinsoga paviflora*	x	–
Kleiner Storchschnabel	*Geranium pussillum*	x	–
Rote Taubnessel	*Lamium purpureum*	x	x
Rainkohl	*Lapsana communis*	x	–
Acker-Leinkraut	*Linaria arvensis*	–	x
Kamille-Arten	*Matricaria ssp.*	x	x
Einjähriges Bingelkraut	*Mercurialis annua*	x	–
Klatschmohn	*Papaver rhoeas*	x	–
Spitz-Wegerich	*Plantago lanceolata*	x	–
Breit-Wegerich	*Plantago major*	x	x
Vogel-Knöterich	*Polygonum aviculare*	x	x
Winden-Knöterich	*Polygonum convolvulus*	x	x
Ampfer-Knöterich	*Polygonum lapathifolium*	x	–
Floh-Knöterich	*Polygonum persicara*	x	–
Gänse-Fingerkraut	*Potentilla anserina*	x	–
Kleiner Sauerampfer	*Rumex acetosella*	x	–
Stumpfbl. Ampfer	*Rumex obtusifolius*	x	–
Niederliegendes Mastkraut	*Sagnia procumbens*	x	x
Jakobs-Kreuzkraut	*Senecio vulgaris*	x	x
Acker-Senf	*Sinapis arvensis*	x	x
Schwarzer Nachschatten	*Solanum nigrum*	x	–
Acker-Gänsedistel	*Sonchus arvensis*	x	x
Raue Gänsedistel	*Sonchus asper*	x	–
Sternmiere	*Stellaria media*	x	x
Löwenzahn	*Taraxacum officinale*	x	x
Acker-Täschelkraut	*Thlaspi arvense*	x	–
Weißklee	*Trifolium repens*	x	–
Huflattich	*Tussilago farfara*	x	–
Ehrenpreis-Arten	*Veronica ssp.*	–	x
Kleine Brennessel	*Urtica urens*	x	–
Acker-Stiefmütterchen	*Viola tricolor*	x	x

gung des Samenpotentials kommen. Im Rahmen des integrierten Pflanzenbaus wird nun stärker differenziert. Es werden Schwellenwerte beachtet und z. T. spezifische Herbizide nur dann eingesetzt, wenn Problemunkräuter eine wirtschaftliche Schadschwelle überschreiten. Gleichzeitig wird eine stärkere Toleranz gegenüber problemlosen Arten, wie Ackerstiefmütterchen oder Ehrenpreis, geübt. Mit der Schonung des Ackerrandbereiches entsprechend den Förderrichtlinien des Landes NRW (LfAO 1991) ist darüber hinaus mittelfristig mit der Etablierung einer artenreichen Ackerbegleitflora entsprechend des durchaus beachtlichen Potentials auf Neuland (Tabelle 3) zu rechnen.

Die erwähnte Pufferfunktion der Randstreifen läßt sich anhand von Phänologien der von Albrecht (1993), Esser (1993) und Weglau (1993) untersuchten Arthropodengruppen in Feldrainen auf Neuland belegen. Wie die Abb. 1 beispielhaft zeigt, ist in zwei breiten Rainen kein signifikanter Rückgang der eudominanten und weniger stark sklerotisierten Baldachinspinne *Oedothorax apicatus* durch Insektizid-Einsatz (Pfeil-Markierung) festzustellen. Beim Vergleich der beiden Raine fällt auf, daß sich Anstieg und Abfall der Aktivität unabhängig vom Applikationstermin des Mittels ergeben. Steuernde Faktoren sind vielmehr klimatischer Natur.

Die Tatsache, daß ähnliche bzw. gleiche Befunde auch über die beobachteten anderen Spinnen-, Wanzen- und Laufkäferarten vorliegen, obwohl vom angewandten Mittel negative Effekte auf die Tierwelt bekannt sind, bestätigt die wichtige Schutzfunktion breiterer Raine und anschließender Ackerrandstreifen für die Entwicklung einer stabilen Fauna im Agrarökosystem.

7
Ausblick und offene Fragen

Mit den erläuterten Maßnahmen ist in der landwirtschaftlichen Rekultivierung ein Anfang gemacht worden, die positiven Ansätze der Gestaltung einer neuen

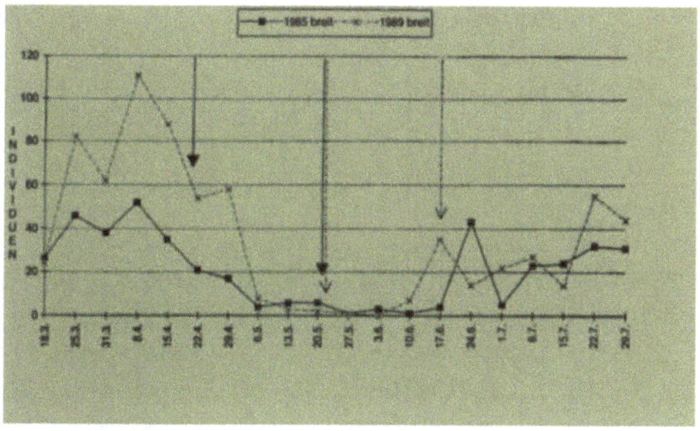

Abb. 1. Insektizideinsatz und Individuenstärke von Oedothorax apicatus an den breiten Feldrainen. (Esser 1993)

Kulturlandschaft durch Grünzüge, Feldgehölze, Hecken, Gewässer und zahlreiche andere Biotope auch in die rein ackerbauliche Fläche hineinzutragen. Es zeigt sich, daß die Voraussetzung für die Entwicklung eines Naturraumpotentials „Agrarbiozönose" gut sind. Dafür spricht die hohe Dynamik und Vielfalt der Besiedlung des Neulandes durch Flora und Fauna. Gleichzeitig können die vorgestellten Maßnahmen zur Grundlegung und Verbesserung eines Verbundsystems innerhalb des rekultivierten Gebietes mit vergleichsweise wenig Aufwand initiiert werden. Inwieweit sich allerdings tatsächlich stabile Verhältnisse entwickeln, die zur Selbstregulation befähigt sind, sich also z. B. Nützlingspopulationen aufbauen können, die später auch nützlich sind, hängt von einer Reihe von Faktoren ab. In diesem Zusammenhang ist es wichtig zu wissen, ob die neuen Lebensräume auch Reproduktionsbiotope für die Fauna darstellen. Auch andere Defizite, wie das Fehlen mancher Arten, sind vor dem Hintergrund der vorgestellten Maßnahmen zu überprüfen und ggf. auszugleichen.

Hier steht eine Reihe von Strategien zur Verfügung, die in Planung und Praxis berücksichtigt werden können. Das reicht von der planerischen Berücksichtigung der Anbindung an extensiv genutzte Altland-Biotope, wo immer möglich, über die jährliche Streifeneinsaat von nützlingsfördernden Pflanzenarten, wie z. B. *Phacelia*, bis hin zur Impfung des Neulandes mit Oberboden oder gar der Aussetzung von bestimmten Arten, deren Ausbreitungsvermögen gering ist bzw. deren Vorkommen in der Agrarlandschaft zurückgegangen ist. Für die Ökologie ergibt sich hier ein interessantes Forschungsgebiet. Aber auch ohne daß diesbezüglich bereits Erfahrungen in der landwirtschaftlichen Rekultivierung vorliegen, darf wegen der Erfolge anderenorts wohl angenommen werden, daß mit einem um die genannten Strategien erweiteren Maßnahmenpaket die Entwicklung typischer Agrarbiozönosen unterstützt werden kann. Ein zweiter Problemkreis erscheint daher eigentlich entscheidend:

Gemeint ist die Entwicklung der Strukturen, womit die Pflege sowie die Erhaltung und damit in erster Linie die Zeit nach der Zwischenbewirtschaftung angesprochen ist. Die angepaßte und entsprechend der Notwendigkeit auch differenzierte Pflege kann in der ersten Zeit nach Ansaat oder Pflanzung im Rahmen der Zwischenbewirtschaftung bzw. bis zur Entlassung der Flächen aus der Bergaufsicht gewährleistet werden. Der dabei zu betreibende Aufwand ist groß, denn es fallen neben der kontinuierlichen Neuanlage je nach Pflegeplan Maßnahmen, wie Mähen, Beräumung, Mulchen oder Baumschnitte auf beachtlicher Flächengröße an. Für die Erhaltung ist es positiv zu bewerten, daß in neueren Flurbereinigungsverfahren auf Neuland auch begleitende Strukturen, wie Feldraine, flächenmäßig ausgewiesen werden. Die Pflege obliegt dann den neuen Eigentümern, meist Kommunen, aber auch Landwirten. Für einzelne

Landwirte bietet sich dabei die Möglichkeit der zusätzlichen Einkommensbildung durch Übernahme von landschaftspflegerischen Arbeiten. In jedem Falle ist aber die Akzeptanz solcher Strukturen und der damit verbundenen Maßnahmen die wichtigste Voraussetzung für ihre Erhaltung.

8 Zusammenfassung

Weil es bei der Rekultivierung von Ackerland letztlich um die Wiederherstellung nachhaltig nutzbarer Flächen geht, wird in agrarökologischen Begleitmaßnahmen zur Entwicklung der Selbstregulationsfähigkeit der Agrarbiozönose eine Bedeutung gesehen.

Erste Bestandsaufnahmen bei Arthropoden zeigen eine beachtlich rasche und artenreiche Besiedlung der rekultivierten Flächen durch Laufkäfer, Spinnen und Collembolen. Der sukzessive Charakter dieser Besiedlung wird daran deutlich, daß auch nach acht Jahren noch Pionierarten dominieren, während durchaus typische, ausbreitungsträgere Arten fehlen. Für die Unterstützung der Entwicklung hin zu typischen Lebensräumen, werden Maßnahmen zur Vernetzung größerer Landschaftsstrukturen dargestellt. Auf den an natürlichem Samenpotential armen Rekultivierungsböden werden Feldraine mit artenreichen Mischungen angesät, Wege und Gräben begrünt. Eine angepaßte Pflege zur differenzierten Entwicklung dieser Strukturen ist aber nur während des Zeitraums der Bewirtschaftung durch den Bergbautreibenden gewährleistet.

LITERATUR

Albrecht C (1993) Untersuchungen zur Wiederbesiedlung unterschiedlich strukturierter Feldraine durch Wanzen, Tagfalter und Heuschrecken im landwirtschaftlichen Rekultivierungsgebiet des Braunkohletagebaus Zukunft-West bei Jülich. Diplomarbeit, Universität Köln

Diercks R, Heitefuß R (1990) Integrierter Landbau. BLV Verlagsgesellschaft, München

El-Sayed K-J (1972) Samengehalt und Verunkrautung rekultivierter Lößböden im Rheinischen Braunkohlenrevier. Dissertation, Universität Bonn

Ellenberg H (1979) Zeigerwerte der Gefäßpflanzen Mitteleuropas, Scripta Geobotanica 9, 2. Aufl. Goltze, Stuttgart

Esser Th (1993) Untersuchungen einer Wiederbesiedlung unterschiedlich strukturierter Feldraine durch Spinnen und Asseln im landwirtschaftlichen Rekultivierungsgebiet des Braunkohletagebaus Zukunft-West bei Jülich. Diplomarbeit, Universität Köln

Giller F (1976) Die Avifauna des Rheinischen Braunkohlengebietes, in Beiträge zur Avifauna des Rheinlandes, H 7/8. Kilda, Greven

Haag C (1992) Sukzession der Carabidenzönosen auf forstlichen Rekultivierungsflächen. Diplomarbeit, RWTH Aachen

Herrmann G, Plakolm G (1991) Ökologischer Landbau. Verlags-Union Agrar, Wien

Heydemann B, Meyer H (1983) Auswirkungen der Intensivkultur auf die Fauna in den Agrarbiotopen. Schr. Rat f. Landespflege 42: 174–191

Heydemann B (1987) Über die Notwendigkeit von Biotop-Verbundsystemen, in Biotopvernetzung in der Kulturlandschaft. Schr. Angewandter Naturschutz 1: 58–77, Naturlandstiftung Hessen e. V., Bad Nauheim

Ingrisch S, Wasner U, Glück E (1989) Vergleichende Untersuchung der Ackerfauna auf alternativ und konventionell bewirtschafteten Flächen. Schriftenreihe der LÖLF 11: 113–271

Kaule G (1986) Arten- und Biotopschutz. Ulmer, Stuttgart

LfAO Landesamt für Agrarordnung NRW (Hrsg) (1991) Schutz der Ackerwildkräuter und ihrer Lebensräume. Münster

LÖLF (1990) Naturschutz praktisch. Merkblätter zum Biotop- und Artenschutz Nr. 87, Recklinghausen

Mader H-J (1985) Die Sukzession von Spinnen- und Laufkäfergemeinschaften auf Rohböden des Braunkohlereviers. Schr. f. Vg. Kde. 16: 167–194

Mader H-J, Schell C, Kornacker P (1988) Feldwege – Lebensraum und Barriere. Natur und Landschaft 63/6: 251–256

Mock E-S (1993) Der Einfluß von Bewirtschaftungsmaßnahmen auf die potentielle Verunkrautung junger rekultivierter Böden aus Löß unter Berücksichtigung pflanzensoziologischer Aspekte. Diplomarbeit, Universität Bonn

Weglau J (1993) Untersuchungen zur Wiederbesiedlung unterschiedlich strukturierter Feldraine durch Laufkäfer im landwirtschaftlichen Rekultivierungsgebiet des Braunkohletagebaus Zukunft-West bei Jülich. Diplomarbeit, Universität Köln

Zur Umsetzung der wissenschaftlichen Untersuchungsergebnisse

Ulf Dworschak

1 Ökologische Grundlagen

1.1 Grundlegende Begriffe

1.1.1 Stabilität

Zur Charakterisierung von Lebensgemeinschaften wird häufig der Begriff der Stabilität gebraucht. Dabei wird meist davon ausgegangen, daß naturnahe Systeme stabiler seien als naturferne und artenreichere Systeme stabiler als artenärmere. Wenn man an die Probleme mit Monokulturen denkt, erscheint einem dies sehr plausibel. Im Gegensatz dazu gibt es aus der Ökologie keinen Beweis für diesen funktionalen Zusammenhang, dafür aber eine Reihe von Gegenbeispielen (s. z.B. Schwerdtfeger 1975; Kreeb 1983; Krebs 1985). Eines ist die Beobachtung, daß die besonders artenreichen Eichenwälder häufig durch Massenvermehrungen von Frostspanner und Eichenwickler kahl gefressen werden, während in den wesentlich artenärmeren Buchenwäldern, die oft monokulturartig sind, derartige Gradationen unbekannt sind.

Bei der Diskussion um die Stabilität von Ökosystemen stößt man auf das Problem, daß der Begriff ohne Präzisierung nicht sinnvoll verwendet werden kann. Stabilität kann sich z. B. auf die Konstanz der Abundanzen der Arten oder ihrer Zusammensetzung beziehen. Er kann aber auch das Beharrungsvermögen gegenüber Umwelteinflüssen bezeichnen oder die Eigenschaften, mit denen Systeme nach diskontinuierlichen Umweltänderungen wieder auf den alten Zustand zurückschwingen. Letzteres wird durch die zwei Begriffe von Amplitude und Elastizität bechrieben. Ein Beispiel für diese unterschiedlichen Aspekte ist der tropische Regenwald. Im Vergleich zum heimischen Eichenwald ist er besonders stabil bezüglich der Konstanz der Abundanzen, bezüglich der Parameter Amplitude und Elastizität ist er jedoch instabil. Bei solchen Angaben ist es besonders wichtig anzugeben, nach welchem Bezugssystem die Bewertung vorgenommen wird, da es sich bei der Stabilität um ein relatives Maß handelt.

Dem Problem der Stabilität ist eine Vielzahl von Untersuchungen gewidmet worden. Kreeb (1983) weist in diesem Zusammenhang auf interessante Beobachtungen an mathematischen Modellen hin, die zeigen, daß die Systemstabilität unter mehreren der vorgenannten Aspekte am stärksten durch die Beeinflussung der Destruenten beeinflußt wurde. Bodenzustand und Bodenleben haben daher eine Schlüsselrolle für den Aufbau von Ökosystemen.

1.1.2 Climax

Kreeb (1983) stellt in seinem Buch *Vegetationskunde* den derzeitigen Stand der Modellbildung zu den Fragen von Climax und Sukzession dar. Danach ist die Climax eine nur von den immanenten Parametern eines beobachteten Systems abhängige Ausprägung innerhalb einer Climaxstruktur. Diese Climaxstruktur stellt unter konstanten Umweltparametern ein Kontinuum der möglichen Systemzustände dar. Ändern sich diese Umweltbedingungen, führt dies zum Übergang in eine neue Climaxstruktur. Das Kontinuum möglicher Climaxstrukturen in Abhängigkeit von den Umweltparametern wird als Strukturtyp bezeichnet. Dies ist der Bereich der möglichen Zustände, der aufgrund der Systemeigenschaften von dem betreffenden System nicht mehr verlassen werden kann, also eine stabile Zone. Um diese Strukturtypen herum befinden sich Bereiche, aus denen ein System, wurde es durch äußere Einflüsse dorthin ausgelenkt, durch seine immanenten Eigenschaften zurückschwingt. Dieser Bereich wird Bassin genannt.

Eine Auslenkung innerhalb des Bassins führt zur Rückkehr zum ursprünglichen Strukturtyp. Ein solcher Vorgang wird als Climaxkatastrophe bezeichnet. Eine Auslenkung über das Bassin hinaus kann zum Überwechseln des Systems in einen anderen Strukturtyp führen und wird Strukturkatastrophe genannt. Eine Reihe von Strukturtypen, die durch wahrscheinliche Übergänge beim Auftreten von Strukturkatastrophen gekennzeichnet sind, kann zu einer weiteren Einheit, dem Organisationstyp, zusammengefaßt werden. Eine Organisationskatastrophe, also Einflüsse, die ein System sogar aus einem solchen Organisationstyp herausheben, führt zu vollkommener Neuorganisation oder dem Exitus eines lebenden Systems. Kreeb betont, daß er Katastrophe in diesem Sinne nicht als die umgangssprachliche Katastrophe versteht, sondern im Sinne von „Geburt einer neuen Qualität", als „Neugeburt".

Schon diese kurze Darstellung zeigt, wie weit entfernt die moderne Theorie vom ursprünglichen Ansatz der Monoclimax-Hypothese von Clement ist. Gleichzeitig ist aber v. a. in der Öffentlichkeit viel von der ursprünglichen Vorstellung der Climaxgesellschaft als Überorganismus, der wächst, reift und stirbt, erhalten geblieben, was begreiflicherweise zu einer Reihe falscher Annahmen führt.

1.1.3 Sukzession

In dem von Kreeb vorgestellten Modell läßt sich Sukzession im wesentlichen unter drei Aspekten verstehen. (1) Sukzession kann die kontinuierliche Veränderung der Climaxstruktur innerhalb eines Strukturtyps in Abhängigkeit von der Änderung von Umweltparametern sein. Ein Beispiel hierfür sind die Änderungen im Pflanzenkleid des Verlandungsgürtels eines Sees unter fortschreitender Verlandung. (2) Unter konstanten Umweltbedingungen beschreibt Sukzession die Zustandsänderungen eines Systems bei der Entwicklung auf eine Climaxstruktur zu. Hier kann man z.B. an die Entstehung einer Schlagflur auf einer Waldbrandfläche denken. (3) Wenn ein System außerhalb einer Climaxstruktur steht, führt die Entwicklung in Richtung eines Strukturtyps, unter der Annahme einer kontinuierlichen Änderung der Umwelt, zu einer weiteren Komplexierung der beobachteten Sukzession. Dieser letzte Fall dürfte den Verhältnissen in der Rekultivierung am ehesten gerecht werden, da als wesentlicher Standortfaktor parallel zur Sukzession die Bodenbildung verläuft.

Über die Mechanismen der Sukzession ist lange Zeit prinzipiell diskutiert worden. Zwei gegensätzliche, grundlegende Modelle wurden für die kausale Beschreibung von Sukzessionen vorgeschlagen (zit. nach Krebs 1985). (1) Das facilitation-Modell geht davon aus, daß die jeweils vorausgehenden Lebewesen die Standortbedingungen so verändern, daß den in der Sukzession nachfolgenden die Besiedlung erleichtert bzw. überhaupt erst ermöglicht wird. Ein Beispiel hierfür könnte z. B. die Akkumulation einer Auflagestreu sein, die bestimmten Arten erst eine Keimung ermöglicht. Die Artenabfolge ist dann streng gerichtet und stark determiniert. (2) Das inhibition-Modell geht davon aus, daß die zuerst beobachtbaren Lebewesen den Standort solange besetzen, bis sie von nachfolgenden Arten durch Konkurrenz verdrängt werden. Die beobachtbare Artenabfolge wird aus den jeweiligen Standortbedingungen und der vom Zufall gelenkten Ausbreitung der Arten bestimmt. Ein Beispiel aus der Rekultivierung sind Landreitgras-Bestände *(Calamagrostis epigejos)*, in die ohne Störungen von außen praktisch keine neuen Arten einwandern. In diesem Modell bekommt die durch den Zufall bestimmte Entwicklungsgeschichte eines Systems eine besondere Bedeutung. Für beide Mechanismen gibt es genügend, gut untersuchte Beispiele, so daß als Synthese aus beiden Modellen das tolerance-Modell postuliert wurde.

Häufig wird auch heute noch Sukzession entsprechend des ursprünglichen Begriffs als streng deterministisch und reproduzierbar betrachtet. Diese Annahme ist sicherlich falsch (s. auch Streit 1980; Kreeb 1983; Krebs 1985; Schwerdtfeger 1975). In ihr wird die Bedeutung der Historie, die zu einem bestimmten Zustand geführt hat, vollkommen außer Acht gelassen (Krebs 1985). Kreeb meint dazu: „In den die Realität bestimmenden vernetzten Systemen komplexen Ordnungsgrades ist ohne Kenntnis der realen geschichtlichen Daten ein Prozeß nicht zwingend aus der Kenntnis der in einem bestimmten Zeitpunkt gegebenen Bedingungen in die Zukunft oder Vergangenheit zu verfolgen,..." (Kreeb 1983, S. 58).

Übertragen auf den Braunkohlentagebau kann man die Abgrabung als Organisationskatastrophe, als Neugeburt im Sinne Kreebs verstehen. Mit der Entstehung einer neuen Landschaft beginnt eine Neuformation von Lebensgemeinschaften. Die Rekultivierung wird dabei im wesentlichen an zwei Stellen tätig: (1) Bei der Verkippung des Substrates werden wesentliche Standortfaktoren definiert. Häufig werden durch technische Notwendigkeiten bestimmte Standorttypen geschaffen, z.B. Seen oder Hügel. Dadurch wird im wesentlichen der Startpunkt für den Beginn der Sukzession festgelegt und häufig auch schon die Zugehörigkeit der neuen Lebensgemeinschaft zu einem Strukturtyp. (2) Durch Eingriffe, wie z.B. die Begründung von Forstkulturen oder die landwirtschaftliche Zwischenbewirtschaftung, werden die ablaufende Sukzession beeinflußt und erwünschte Elemente gefördert.

Die Unterscheidung von Sukzessionsflächen gegenüber der normalen Rekultivierung ist irreführend. Diese Flächen unterscheiden sich nur in der Dauer des menschlichen Eingriffs. Während bei den Sukzessionsflächen nur in der ersten Phase, bei der Verkippung der Substrate bewußt eingegriffen wird und der Rest dem Zufall überlassen bleibt, wird in der normalen Rekultivierung durch Pflegemaßnahmen auch später in die Sukzession eingegriffen. Das Ausmaß des Eingriffes auf die Sukzession zu quantifizieren ist nahezu unmöglich. Es ist durchaus denkbar, daß an einer Stelle die Vorgaben des verkippten Substrates die Sukzession wesentlich stärker determinieren als ein anhaltender pflegender Eingriff in einer Forstkultur auf einem anderen Verkippungssubstrat.

1.1.4 Potentielle natürliche Vegetation

Die Beschreibung der potentiellen natürlichen Vegetation (pnV) ist der Versuch, an einem bestimmten Standort den heutigen Zustand der Vegetation unter Ausschluß der menschlichen Einflüsse zu rekonstruieren. Dabei wird über die Standortfaktoren und den Vergleich mit Standorten, auf denen die Vegetation möglichst unbeeinflußt ist, auf den wahrscheinlichen Zustand des untersuchten Standortes geschlossen, für den Fall, daß dort ebenfalls keine anthropogenen Störungen aufgetreten wären. Wie schwierig dieses Vorgehen ist, zeigt der „Rückzug" der Eiche aus den pflanzensoziologischen Systemen seit Beginn dieses Jahrhunderts (vgl. Hausrath 1907; Ellenberg 1986), oder das Problem, eine pnV für Standorte zu definieren, die durch Übernutzung und Entwaldung in ihren Bodeneigenschaften stark verändert wurden.

Eine solche Standortansprache ist ein wichtiges Mittel, eine rational begründete Auswahl von standortgerechten Arten zu treffen, um z.B. eine forstliche Kultur zu begründen. Gleichzeitig liegt in dem Versuch, auf neuen Rekultivierungsstandorten eine pnV zu definieren, die Gefahr, die Güte solcher plausiblen Schätzungen überzubewerten. Deutlich wird dies, wenn aus dem Grad der Realisierung einer erwarteten pnV eine Bewertung ökologischer Eigenschaften der realen Vegetation abgeleitet wird. Dies wäre nur unter der Prämisse zulässig, daß die erwartete pnV exakt der Climaxstruktur entspricht, auf die sich das untersuchte System hinentwickelt. Unter Berücksichtigung der Entwicklungsprozesse und nicht vorhersagbarer zufälliger Ereignisse erscheint eine solche Annahme aber nicht gerechtfertigt.

1.1.5 Standörtliche Vielfalt

Eine mit der zu Beginn diskutierten Annahme von der stabilitätsfördernden Wirkung einer großen Artenvielfalt funktional verbundene Prämisse ist, daß ein Entwicklungsziel des Naturschutzes die Schaffung „standörtlicher Vielfalt" sei. Diese führt, nach dem ersten Biozönotischen Grundprinzip, zu einer größeren Artenzahl (z. B. Streit 1980). Der Vorteil dieser größeren Artenvielfalt wird praktisch immer mit der gesteigerten Stabilität der Systeme begründet. Diese Annahme ist aber, nach dem oben Gesagten, erwiesenermaßen falsch. Im Gegenteil ist es sogar so, daß nach der Abundanzregel von Krogerus in vielseitigen Lebensräumen euryöke Arten die größten Abundanzen erreichen, während stenöke Spezies in einseitigen und extremen Lebensräumen ihre größten Individuenzahlen haben (zit. nach Schwerdtfeger 1975). Nun leiden aber gerade die stenöken Arten, also Arten mit eng begrenzten, spezialisierten Lebensraumansprüchen am stärksten unter den anthropogenen Umweltveränderungen und sind daher am meisten schutzbedürftig. Die „standörtliche Vielfalt" zur Förderung einer größtmöglichen Artenvielfalt ist also aus ökologischer Sicht nicht der Standortfaktor, der mit den Methoden der Landschaftsplanung optimiert werden soll und auch kein Argument zur Begründung von Maßnahmen.

Andererseits besteht das Problem, daß die ablaufenden Entwicklungen nicht vorhergesagt werden können. So ist man nach dem Prinzip der Risikostreuung gezwungen, auf großer Fläche starke kleinstandörtliche Variationen anzubieten, damit einwandernde Arten die Möglichkeit haben, ihnen zusagende Mikrohabitate aufzusuchen.

1.1.6 Entwicklungsziele

Es ist äußerst schwierig, v. a. bei der gezielten Anlage von naturschutzorientierten Flächen, sinnvolle Entwicklungsziele zu definieren. Das Hauptproblem dabei ist, rational nachvollziehbare Kriterien zu finden, um nicht der Willkür zu verfallen. So kann das „strukturelle Vielfalt"- Argument beliebige Strukturen, beispielsweise asphaltierte Flächen mitten in einem Wald, begründen. Definiert man als Entwicklungsziel „die Etablierung und Erhaltung einer regionaltypischen Flora und Fauna", kann man mit Hilfe der Ökologie sinnvolle Maßnahmen ableiten. Dazu muß man zunächst durch Vergleiche mit dem alten Land die regionaltypische Flora und Fauna und die wesentlichen Raumstrukturen definieren, an die ihr Vorkommen gebunden ist. Diese oder gleichwertige Strukturen kann man dann in der Rekultivierung neu schaffen. Dabei muß man sich von vorneherein klar sein, daß ein exaktes Nachbauen der alten Landschaft unmöglich ist und auch nicht das Ziel sein kann. Das wesentliche an diesem Ansatz ist jedoch, daß man statt „planerischer Willkür" sinnvolle Kriterien bekommt, um zu entscheiden, was an einer bestimmten Stelle getan werden soll.

Dabei muß man sich an den Minimalarealen der jeweils zu entwickelnden Systeme orientieren. Leider sind die Angaben dazu nur bruchstückhaft (z.B. Jedicke 1990). Die Qualität eines zu kleinen Lebensraumes kann durch Erhöhung der strukturellen Vielfalt sicherlich nicht wesentlich verbessert werden.

Im Bereich jeder Kultivierung und Rekultivierung werden zwangsweise Strukturen geschaffen, für die es in der Region keine Vorbilder gibt. Hier kann man versuchen, möglichst naheliegende Beispiele zu finden. So könnte ein Altarm eines nahegelegenen Flusses das Vorbild für einen Teich in einer Landschaft sein, die natürlicherweise keine Seen kennt. Zusätzlich bietet es sich auch an, durch den Tagebau neu entstehende, ursprünglich nicht in der Region vorkommende Strukturen in die neue Landschaft zu übernehmen. So wie etwa alte Erzhalden im Sinne eines neu eingeführten kulturlandschaftlichen Elementes Zeugen einer vergangenen Epoche sind. Da die Entwicklung solcher Flächen schwer abzuschätzen ist, muß dies natürlich in genauer Abwägung gegen mögliche negative Auswirkungen auf die Lebensgemeinschaften des Umlandes erfolgen.

1.2 Forschungsergebnisse aus der Rekultivierung

In den forstlich rekultivierten Gebieten des Rheinlandes ist in den letzten Jahren eine Vielzahl ökologischer Untersuchungen durchgeführt worden. Vor allem Diplom- und Doktorarbeiten von Biologen der Universitäten Bonn, Köln und Aachen geben uns heute die Möglichkeit, eine relativ gute Zustandsbeschreibung der ablaufenden Entwicklungen abzugeben. In einigen Fällen sind auch schon erste Kausalzusammenhänge untersucht oder zumindest interessante Hypothesen dazu formuliert worden. Über primäre, unbeeinflußte Sukzession auf Kippenrohböden liegt eine umfangreiche Untersuchung der BFANL aus den Jahren 1966–1984 vor (Wolf 1985). Eine wesentliche Feststellung dieser Untersuchung ist, daß selbst auf den untersuchten nährstoffarmen Böden mit geringem Wasserspeichervermögen die unbeeinflußte Sukzession schon in verhältnismäßig kurzer Zeit dem Strukturtyp Wald zustrebt.

1.2.1 Faktoren, die die Sukzession beeinflussen

Ausbreitungsvermögen der Arten

Als ganz wesentlicher, die Sukzession beeinflussender Faktor konnte in fast allen Untersuchungen das Ausbreitungsvermögen der Arten festgestellt werden. Die Anteile windverbreiteter Pflanzenarten liegen in den ersten Jahren bei über 90 % (Wolf 1985) bzw. 50% (Schmitten 1985). Selbst in alten, rekultivierten Forsten konnten Wittig et al. (1985) ein deutliches Überwiegen windverbreiteter Arten gegenüber den Vergleichsstandorten auf altem Land feststellen. Die enorme Bedeutung des Ausbreitungsvermögens wird auch deutlich, wenn man bedenkt, daß sich bei den Langzeituntersuchungen von Wolf (1985) die Hälfte aller festgestellten Blütenpflanzen bereits innerhalb der ersten zwei Jahre angesiedelt hatte. Für die Ausbreitung innerhalb der Flächen ist nach Bornkamm (1985) die Fähigkeit zur vegetativen Vermehrung ein wichtiger Faktor.

Auch für die tierische Besiedlung scheint die Vagilität der Arten ein wesentlicher Faktor zu sein. Für Laufkäfer (Neumann 1971; Mader 1985; Haese 1990; Depenbusch 1992; Haag 1992), Heuschrecken (Kelle 1992) und Spinnen (Mader 1985; Cloerkes 1986; Esser 1993) liegen Daten vor, die zeigen, daß die ersten Besiedlungswellen von flugfähigen oder windverbreiteten Arten bestimmt werden. In der längsten Untersuchung bei Mader (1985) änderte sich auch nach 15 Jahren auf den sehr isoliert liegenden Flächen nur wenig daran.

Während bei all den bisher genannten Gruppen entsprechend ihrer unterschiedlichen Ausbreitungsfähigkeit ein auffälliges Fehlen von durchaus standortgerechten Arten beobachtet werden kann, fallen Gruppen mit durchweg vagilen Arten deutlich aus diesem Bild. Halle (1987) zeigte, daß schon nach 20 Jahren eine Kleinsäugerzönose wie auf Altland herrscht. Vor allem bei den Vögeln zeigt sich, daß sogar seltene Arten sehr rasch die ihnen zusagenden Lebensräume besiedeln (z.B. Giller 1976; Kühlborn 1989; Baierlein u. Kühlborn 1989; Dahmen 1993).

In den Versuchen zur Ausbringung von Waldboden in der Rekultivierung konnte demonstriert werden, daß zumindest für die Pflanzen eine Ausbringung und Etablierung von Waldpflanzen auch in der frühesten Sukzession möglich ist (Wolf 1989). Bei Bodenarthropoden konnte ein ähnlicher Effekt nachgewiesen werden (Glück 1989). Bei den Pflanzen zeichnet sich ab, daß sich auf diesen Waldbodenflächen ausdauernde, anspruchsvollere Arten der Wälder etablieren (Wolf, mündl.), während ohne Waldboden ausdauernde Ruderalkräuter dominieren. Das belegt einen starken Einfluß auf die Sukzession. Die Tiere hingegen scheinen nicht in der Lage zu sein, die ungünstigen Lebensbedingungen zu überdauern (Topp et al. 1993), so daß bei ihnen der Einfluß auf die Sukzession wesentlich schwächer sein dürfte.

Angrenzendes Land

Das unmittelbar angrenzende Land hat erwartungsgemäß einen erheblichen Einfluß auf die Besiedlung. Besonders deutlich zeigen diesen Effekt die Untersuchungen von Wittig et al. (1985). Hier waren Arten aus ganz anderen pflanzensoziologischen Verbänden häufig, als die Standortcharakteristika erwarten ließen, weil sie in den umgebenden Waldgesellschaften häufig vorkamen. Die Wirkung von Barrieren, die die Einwanderung wenig vagiler Arten trotz potentieller standörtlicher Eignung verhindern, konnte für Heuschrecken (Kelle 1992) und Laufkäfer (Haag 1992) nachgewiesen werden. Ein weiterer Beleg dafür ist das Auftreten von fremden Florenelementen, die nahe bei Untersuchungsflächen ausgesät und dann wichtige Elemente der ablaufenden Sukzessionen wurden, z.B. *Festuca trachyphylla* und *Cytisus striatus* bei den Untersuchungen von Wolf (1985). Interessant ist auch die Feststellung von

Bornkamm (1985) daß die Sukzessionen auf Flächen, die während des Versuchs durch Umgraben und Abernten neu begonnen wurden, offenbar unter dem Einfluß der nun naheliegenden Flächen in älteren Stadien deutlich verkürzt waren.

Boden

Als der entscheidende Standortfaktor, der die Sukzession mitbestimmt, hat sich von den frühesten Untersuchungen an das verkippte Substrat erwiesen. Eine Eigenschaft ist für alle verkippten Böden gleichermaßen typisch, nämlich die geringen C- und N- Gehalte (z. B. Jacoby 1968, Dumbeck 1992). Vor allem anspruchsvollere Arten dürften dadurch deutlich in ihrer Entwicklung gehemmt werden, auch wenn sie die Chance zur Einwanderung haben. Auf den besonders armen Kippenrohböden berichtet Wolf (1985) von einem Exemplar des schwarzen Holunders, das bei seinen Versuchen in den ersten drei Jahren auftrat, dann aber wieder verschwand. Erst nach 18 Jahren traten die ersten nitrophilen Arten auf. Neben dieser allgemeinen Eigenschaft roher Böden haben sich v. a. zwei Faktoren als entscheidend für die Rekultivierung herausgestellt: der Wasserhaushalt und die Dichte.

Ein wichtiges Argument für die Waldbodenverbringungen war, daß das Bodenleben wesentlich angeregt und die Bodenbildung deutlich beschleunigt würde. Die Entwicklung der Bodenfauna auf den Flächen ohne Waldbodenauftrag ist jedoch so rasch (Topp et al. 1993), daß durch die geringe Veränderung der Bodenparameter (Harrach 1989) das enorm aufwendige Verfahren derzeit kaum gerechtfertigt erscheint.

Wasserhaushalt

Die Frage nach der Eignung unterschiedlicher Abraummassen für eine forstliche Rekultivierung führte in den frühen 60er Jahren zu einer Reihe von Untersuchungen. Das klare Fazit war, daß Löß und die ihn unterlagernden quartären Kiese und Sande gut geeignet sind, um Forststandorte mit Bodeneigenschaften zu schaffen, die eine wirtschaftliche Nutzung zulassen (Heide 1958, 1959; Wittich 1959). Schon Heide (1958) und später Jacoby (1968) wiesen darauf hin, daß die forststandörtliche Eignung der Rohböden im wesentlichen von der Wasserhaltekraft und somit vom Schlämmkornanteil der verkippten Substrate abhängt, und forderten, einen möglichst hohen Lößanteil bei den als Forstkies bezeichneten Mischungen dieser beiden Substrate einzuhalten. Zuletzt zeigte Friedrich (1987), daß ein Lößanteil über 25% günstige Bodeneigenschaften schafft.

Ertragskundliche Untersuchungen bestätigen, daß auf derartigen Standorten die Buche bis in das maximal untersuchte Alter von etwa 50er Jahren hervorragende Wuchsleistungen zeigt (Stratmann 1985). Übereinstimmend mit dem guten Buchenwachstum stuften Wittig et al. (1985) die von ihnen untersuchten Buchenbestände anhand der vorhandenen spontanen Krautflora als standörtliche Zwischenstufe von *Milio-* und *Melico-Fagetum* ein. Dies bestätigt die Annahme, daß mit der Verkippung lößreichen Forstkieses Standorte geschaffen werden, die im wesentlichen heutigen Buchenwäldern entsprechen, wobei als wichtigste Bodeneigenschaft das Wasserspeichervermögen erscheint.

Ein Unterschreiten der 20%-Löß-Marke führt zu Standorten, die armen Buchen-Eichenwäldern entsprechen dürften (Pflug 1975). Während in all diesen Untersuchungen aus wirtschaftlicher Sicht die lößreichen Standorte als besser beurteilt werden, weist Mader (1985) darauf hin, daß gerade die nährstoffarmen, sandigen Standorte die Chance zur Besiedlung mit seltenen, Trockenheit und Wärme liebenden Arten bieten, die in unserer intensiv genutzten Kulturlandschaft einem besonders starken Rückgang ausgesetzt sind.

Auch im Bereich der freien Sukzession konnte Wolf (1985) die große Bedeutung des Wasserhaushaltes deutlich machen. Auf den untersuchten armen Böden zeigte sich der Kampf um das Wasser als wesentlicher Faktor, der einer Reihe von Moosen erlaubte, erhebliche Flächenanteile für sich zu erobern und die ursprünglich bereits vorhandenen Blütenpflanzen zu verdrängen.

Dichte

Die forstlichen Standorterkundungen haben gezeigt, daß neben dem Wasserhaushalt die Dichte für die Standorteigenschaften und die ablaufende Besiedlung eine entscheidende Rolle spielt. Durch die Planierarbeiten beim Modellieren der Oberflächen kam es immer wieder zu Verdichtungen in einigen Dezimetern Tiefe (Friedrich 1987; Winter 1990), die in der Folge zu starken Wuchsstockungen bei den Forstkulturen führten. Auf den extrem stickstoffarmen Böden können sich unter dem Einfluß einer daraus resultierenden Staunässe große, artenarme Bestände aus Landreitgras *(Calamagrostis epigejos)* stabilisieren, die auch nach einigen Jahrzehnten das Bild bestimmen. Ob und wann unter solchen Bedingungen eine biologische Bodenverbesserung zu einer Weiterentwicklung solcher Bestände führt, ist derzeit unklar. Diese Befunde führten dazu, daß heute wo immer möglich auf Planierarbeiten verzichtet wird oder diese nur bei trockener Witterung und mit Spezialgeräten durchgeführt werden.

Wolf (1985) weist darauf hin, daß bei fortschreitender Sukzession das Keimbett im Oberboden durch die Festlegung durch *Phanerogamen* verdichtet wird und damit die Keimbedingungen für Blütenpflanzen stark verschlechtert werden können. Möglicherweise hat die oft zu beobachtende oberflächliche Verkrustung der Rohböden beim Austrocknen einen ähnlichen keimungshemmenden Effekt.

Mikroklima

Als Standorteigenschaft spielt das Mikroklima eine wichtige Rolle für die Erklärung der Verteilung von Arten. In der Rekultivierung weist erstmals die Arbeit von Neumann (1971) auf diesen Einfluß hin. So koinzidierte hier die Abnahme von Offenlandarten der Laufkäfer mit den mikroklimatischen Änderungen in den Forstkulturen bei Dichtschluß. Neumann zeigt, daß etwa nach zehn Jahren in diesen Kulturen ein Bestandsklima herrschte wie im Altwald. Bei Untersuchungen von Haese (1987) zeigten sich in den ersten Jahren gewisse Unterschiede im Artenspektrum der Laufkäfer auf unterschiedlich forstlich rekultivierten Flächen. Die nicht weiter statistisch untersuchten Ergebnisse könnten durch die Aussaat von Lupine auf einer der untersuchten Flächen bewirkt worden sein. Die stärkere Beschattung des Bodens unter der dicht schließenden Lupine könnte dann möglicherweise für das vermehrte Auftreten von Waldlaufkäfern auf diesen Flächen verantwortlich sein. Ähnliches legen Beobachtungen von Classen (1991a, b) nahe, nach denen in Erosionsrinnen und unter gefällten Pappelstämmen andere Arten und Abundanzverhältnisse von Asseln und Tausendfüßern gefunden wurden als auf den trockeneren Kipprippen.

Allerdings ist schwierig abzuschätzen, wie groß die Bedeutung des Mikroklimas v. a. zu Beginn der Sukzession ist. So konnte für *Carabus nemoralis*, der von Neumann als Charakterart ältester Aufforstungen (über 28jährig) beschrieben wird, auf der Sophienhöhe schon in jüngsten Rekultivierungsflächen weit ab vom Altwald erfolgreiche Reproduktion nachgewiesen werden (Depenbusch 1992). Wahrscheinlich ist der mikroklimatische Effekt meist schwächer einzustufen als die Ausbreitungsfähigkeit der Arten. So konnte sich z.B. eine Reihe stenöker Waldlaufkäfer, nachdem sie mit Waldboden in die Rekultivierung gebracht worden waren, schon in den ersten Jahren der Sukzession zumindest kurzfristig reproduzieren (Glück 1989). Einen anderen mikroklimatisch begründeten Effekt konnten Wolf (1985) und Bornkamm (1985) zeigen. Hier konnten einige Blütenpflanzen im Schatten von Birken der Konkurrenz der Moose besser widerstehen.

Räumliche Struktur

Auf die Wichtigkeit der räumlichen Strukturen für die Besiedlung mit Vögeln weisen die Arbeiten von Baierlein u. Kühlborn (1989) hin. Die Besiedlung mit Vögeln ist daher in Forstkulturen mit dem Entstehen der entsprechenden Gehölze erklärlich. Vor allem die als Schirmbäume gepflanzten Pappeln beschleunigten diese Entwicklung. Einen ähnlichen Effekt konnte Kelle (1992) für die an Gehölze gebundenen Laubheuschrecken *Leptophyes punctatissima*, *Meconema thalassinum* und *Pholidoptera griseoaptera* nachweisen.

1.2.2
Chancen und Forderungen des konservierenden Naturschutzes

Wie schon zitiert, weist Mader (1985) auf die Möglichkeit hin, aus Sicht des Artenschutzes seltenen Arten in der Rekultivierung wichtige Ersatzlebensräume zu schaffen. Dies ist v. a. für die Vogelwelt gut untersucht. So haben z.B. Steinschmätzer, Dorngrasmücke, Wiesenpieper, Grauammer und Neuntöter wichtige Vorkommen in den rekultivierten Landschaften (Giller 1976; Kühlborn 1989; Dahmen 1993). Ähnliches gilt für die Kreuz- und Wechselkröten oder z.B. für den Schwalbenschwanz (Jelinek 1992). Gerade auf extremen Standorten treten immer wieder seltene Arten auf, was meist mit der eingangs erwähnten Abundanzregel von Krogerus hinreichend erklärt werden kann. Auch das spontane Auftreten von Orchideenarten, wie es hier und in stärkerem Maße auch in den Braunkohlenrevieren Ostdeutschlands beobachtet werden kann, ist damit und mit der Tatsache der Windverbreitung gut begründet. Allerdings steht zu erwarten, daß mit fortschreitender Sukzession und den biogenen Veränderungen der Standorte sich auch hier die Konkurrenzbedingungen zu ungunsten der konkurrenzschwachen Orchideen verändern werden. Dies wird um so länger dauern, je „schlechter" der Standort ist.

Eine weitere Chance für den Artenschutz liegt in der Tatsache, daß die Tagebaue als Refugialbiotope für Trockenheit und Wärme liebende Arten dienen. In ihnen stehen, weit in die Anfänge unseres Jahrhunderts zurückreichend, kontinuierlich, wenn auch im Raum wandernd, Rohbodenbiotope zur Verfügung. Dort konnten manche Arten ihrem Exitus im Zuge der Intensivierung der Landnutzung in den letzten Jahrzehnten entgehen. So konnte z.B. die blauflügelige Ödlandschrecke *(Oedipoda caerulescens)* im Erftkreis zuletzt nur noch an einem Fundort in einem Tagebaubereich nachgewiesen werden. Dieses Refugialbiotop ging dann im Zuge der regulären Beendigung des Betriebes verloren. Vor kurzem konnte diese Art in einer nahegelegenen Rekultivierung nachgewiesen werden, wo bewußt als Sonderstandort der Liegendton eines alten Tagebaues mit Kohle und Sandflächen einer freien Sukzession überlassen wurde.

2
Umsetzung der Erkenntnisse

Die hier vorgestellten Ergebnisse und ihre Interpretation stellen die Grundlage für die Überprüfung der durchgeführten Rekultivierungsmaßnahmen dar und haben zu einer Reihe von Maßnahmen Anlaß gegeben. Im folgenden wird zunächst die durchgeführte Rekultivierung erläutert, wobei in aller Regel die Begründung für die Maßnahmen in dem bisher Gesagten liegt.

2.1 Durchgeführte Maßnahmen

2.1.1 Böden

Besonderes Augenmerk ist immer schon der Herstellung der Böden gewidmet worden, da mit ihnen die wirtschaftliche Nutzbarkeit steht und fällt. Da vor Abbau ertragreiche Waldgesellschaften überwiegen, sind die Anforderungen an die Qualität entsprechend hoch. Heutzutage wird wo immer möglich auf Planierarbeiten verzichtet und der Lößgehalt des Forstkieses so hoch wie jeweils möglich, nicht jedoch unter 20 % eingestellt. Damit sind auf den weitaus größten Flächen Buchenwälder als Climaxstrukturen zu erwarten, was den Verhältnissen vor dem Abbau sehr nahe kommt. Daneben entstehen in Abhängigkeit von der Topographie und den technisch nicht einheitlich herzustellenden Forstkiesmischungen auch ärmere Standorte, die dem Typ Buchen-Eichenwälder entsprechen dürften. Wo der Lößanteil sehr hoch oder reiner Löß verkippt worden ist, dürften auf der anderen Seite auch reichere und frischere bis feuchte Waldstandorte entstehen. Auf Bandtrassen, Bermen und anderen Betriebsflächen entstehen immer wieder Standorte, die z.B. durch Verdichtungen den hohen Anforderungen der normalen Rekultivierung nicht gerecht werden. Solche oft staunassen Flächen sollten aber bewußt als Sonderstandorte in die Rekultivierung integriert werden.

Der Forderung nach der bewußten Herstellung von Sonderstandorten wird ebenfalls Folge geleistet. Großflächig werden auch Bodenarten verkippt, die eine verzögerte Sukzession erwarten lassen. Auf der Sophienhöhe wurde so ein 16 ha großes Areal geschaffen, wo Ton, quartärer Kies und Sand und tertiärer Sand verkippt wurden. Andernorts wurde, wie bereits erwähnt, ein großer Teil eines Restlochs mit Ton, Sand und Kohleresten belassen.

Um die Defizite bei C- und N-Gehalt auszugleichen, wird allgemein Lupine gesät, sowie vielfach organisches Material in Form von Rindenmulch und Hackschnitzeln eingebracht.

2.1.2 Einwirkung auf die Besiedlung

Entsprechend der enormen Bedeutung der Ausbreitungsfähigkeit der Arten für die Besiedlung liegt hier ein großes Potential zum steuernden Eingreifen. So wird durch die Pflanzung standortgerechter Bäume die Sukzession in Richtung auf die zu erwartenden Wälder ganz enorm beschleunigt. Gleichzeitig wird dadurch eine Vielzahl von erwünschten Standortfaktoren gesichert. Bei unbeeinflußter Sukzession könnte das lockere Bodengefüge der frisch verkippten Böden wieder verlorengehen oder es konnten sich langfristig Zwischenstadien der Sukzession mangels der Einwanderung neuer Arten stabilisieren.

Ähnliches gilt auch für die Begründung von Wiesen durch die frühe Einsaat von standortgerechten, heimischen Gras- und Krautmischungen. Hier werden unterschiedliche Verfahren angewendet. Neben der klassischen Saat gekaufter Samen wird auch mit Heublumensaat und dem Verbringen von Mähgut aus der Umgebung gearbeitet, um regionalen Sippen die Chance zu geben, sich frühzeitig im Laufe der Sukzession anzusiedeln. Für die Entwicklung von Wiesen bedarf es auch einer geeigneten Wiesenpflege. Hier wird mit der extensiven Beweidung mit Schafen experimentiert. Diese erleichtern durch die Störung der Vegetationsdecke durch Tritt das Einwandern neuer Arten. Außerdem sind sie selbst Vektoren für tierverbreitete Pflanzen. Somit können sie die Sukzession fördern.

Die Beeinflussung der Sukzession durch das frühe Ausbringen von Verbeitungseinheiten heimischer Waldpflanzen war auch das Konzept, das den Waldbodenverbringungen zugrundelag. Aufgrund ihrer Wirksamkeit für die Sukzession bei den Pflanzen und ihrem Beitrag zur Sicherung des genetischen Potentials des Hambacher Waldes hat sich die Rheinbraun AG bereit erklärt, auch in Zukunft, wie das bisher in nicht unerheblichem Umfang stattfand, humosen Oberboden in den frisch rekultivierten Flächen der Sophienhöhe entlang der Wege auszubringen. Entlang von Wegen auf der Sophienhöhe ist so auf mehreren tausend Metern bereits ein Blühen des Buschwindröschens zu beobachten. Ein großflächigeres Vorgehen verbietet sich, da sonst die Flächen mit Lastwagen und Raupen befahren werden müßten, was zu Verdichtungsproblemen führen würde. In den Kontext dieser Maßnahmen gehört auch, daß zur Sicherung des genetischen Potentials die Bäume des Altwaldes beerntet und auf geeigneten Standorten direkt gesät oder nach Anzucht in Baumschulen gepflanzt werden. Aus ähnlichen Gründen werden Baumstubben mit anhaftendem Bodenmaterial in den Forstkulturen verbracht. Mit ihnen wird ein Reihe von typischen Pflanzen ausgebracht. Darüber hinaus bieten sie zunächst holzbewohnenden Insekten Lebensraum und sollen später, wenn die Kulturen sich schließen und das Mikroklima feuchter wird, Startpunkte sein für die Besiedlung mit Arten, die vermoderndes Holz brauchen.

Vor allem Amphibienlaich, Ameisen und Pflanzen werden aus dem Tagebauvorfeld immer wieder aktiv in die Rekultivierung gebracht. Diese Maßnahmen haben begreiflicherweise nur begrenzten Umfang, bieten aber ebenfalls die Chance, ausbreitungsschwachen Arten schon frühzeitig eine Besiedlung zu ermöglichen. In diesem Zusammenhang ist als wesentlich wichtigere Maßnahme zu nennen, daß bei der Beräumung von Forstflächen nicht mehr wie bisher die Wurzeln gerodet und abtransportiert werden, weil der Bagger sie nicht fassen könnte (Henning u. Müllensiefen 1990). Beim Roden wurde früher der wertvolle humose Oberboden weitgehend entfernt. Durch eine neue Technik kann das Material aber normal mit verarbeitet werden und kommt so mit in den Forstkies. Das Auftreten typischer Waldarten (z. B. *Milium effusum* bei Schmitten 1985) auf großen Flächen in den Böschungsbereichen der Sophienhöhe belegt, daß so das Samenpotential zumindest teilweise übertragen werden kann.

Ein wesentlicher Punkt ist außerdem die Förderung der Besiedlung aus dem Altland. So wurden und werden Wege so weit, wie es in Abwägung mit anderen Interessen (z. B. Brandschutz im Wald) möglich ist, reduziert, um die Barrierewirkung aufzuheben und beruhigte Bereiche zu schaffen. Im Bereich des Tagebaues Hambach bewirtschaftet die Rheinbraun AG einen über 200 ha großen Altwaldrest am Fuße der Sophienhöhe gezielt mit der Vorgabe, ein Refugium und eine Rückbesiedlungsquelle für regionaltypische Waldarten zu erhalten.

Der Forderung nach idealer Anbindung an das Altland im Sinne eines Biotopverbundes kann aber leider oft nicht ausreichend nachgekommen werden. Meist sind nämlich aus Gründen der Raumordnung sämtliche Infrastruktureinrichtungen wie Straßen, Eisenbahn und Kanäle unmittelbar an den Tagebaurand verlegt worden.

2.1.3
Einwirkung auf räumliche Strukturen und Mikroklima

In ihrer Auswirkung sind diese Maßnahmen schwerer einzuschätzen als die vorgenannten, und man ist weitgehend auf plausible Vermutungen über ihren Wert angewiesen. Als in jedem Fall sinnvoll, im Sinne einer raschen Schaffung waldartiger Verhältnisse, haben sich der Pappelschirm und auch die Lupinezwischensaat bewährt. Beide Maßnahmen sind auch aus wirtschaftlicher Sicht wünschenswert und zeigen, daß ökologisch und wirtschaftlich begründete Maßnahmen sich keinesfalls obligatorisch widersprechen.

Der Strauchanteil als wichtiges strukturelles Element in Waldrandbereichen wird bewußt hoch gehalten. Durch entsprechend geführte Hiebsmaßnahmen kann das Bestandesklima beeinflußt werden. Hierbei ist man aber auf das Fingerspitzengefühl der Förster angewiesen, da sich schwer die „Güte" einer bestimmten Maßnahme rational begründen läßt. So kann z. B. ein Auflichten einerseits die Krautflora fördern, andererseits aber ungünstig auf das Mikroklima wirken. Sehr wichtig im Bereich forstlicher Kulturen ist, daß die Pappeln des Pappelschirms, wenn sie nach etwa 15 Jahren gefällt werden, in den Beständen liegen bleiben. Die modernden Stämme sind Rückzugsräume für die feuchteliebenden Waldarten unter den Bodenarthropoden. Ähnliches gilt für das bewegte Mikrorelief der nicht planierten Standorte. In den kleinen Bodenvertiefungen entstehen feuchtere Kleinststandorte.

2.1.4
Wissenschaftliche Begleitung

In Zusammenarbeit mit den bereits genannten und weiteren Instituten werden die durchgeführten Maßnahmen ständig auf ihre Auswirkungen hin kontrolliert. Die vielen zitierten Untersuchungen sind die wesentliche Grundlage, um die Rekultivierung entsprechend den gesellschaftlichen Vorgaben weiter zu entwickeln und einen qualifizierten Dialog zwischen den unterschiedlichen Anschauungen zu ermöglichen. Als „Labor vor Ort" und als Treffpunkt für die Wissenschaftler wurde das am Fuße der Sophienhöhe zentral im Revier gelegene, ehemalige Forsthaus Lindenberg als „Freilandökologische Station" zur Verfügung gestellt.

2.2
Häufige Forderungen

Wenn man Maßnahmen ergreift, die die Sukzession beeinflussen, sollten sie rational begründet sein, z. B. damit, daß bestimmte Elemente typisch für bestimmte Lebensräume sind. Anstatt der Vielfalt um der Vielfalt willen sollte man also eine „qualifizierte Vielfalt" anstreben, um den Forderungen nach Erhaltung unserer heimischen Flora und Fauna gerecht zu werden. Auch sollten Maßnahmen auf ihren Sinn hin überprüft werden. So ist es beispielsweise wenig sinnvoll, am Ufer eines Sees mit viel Aufwand Kies zu verkippen, damit dort in einer kurzen Zeit der Sukzession der Flußregenpfeifer brüten kann. In der weiteren Sukzession stellt das untypische Substrat eine Behinderung und ein fremdes Element dar. Im Gegensatz dazu ist die Gestaltung der Uferböschung von essentieller Bedeutung für die Ausbildung typischer Uferzönosen und sollte deswegen streng an deren optimaler Form orientiert werden.

Eine ebenfalls häufig geäußerte Ansicht ist, daß eine unbeeinflußte Sukzession ohne das Wirken des wirtschaftenden Menschen besser sei, als eine normale Rekultivierung. Dieses Argument ist nach dem unter dem Stichwort Sukzession Gesagten wissenschaftlich nicht zu belegen. Wohl aber sollte man aus wissenschaftlichem Interesse erwägen, ob nicht z. B. im Rahmen einer regulären forstlichen Rekultivierung eine größere Fläche nicht oder verändert behandelt werden sollte.

Häufig wird die Meinung geäußert, daß durch die einheitlichen Verkippungsbedingungen eine unnatürliche Homogenität der Böden erzeugt würde. Glücklicherweise kann man dem entgegenhalten, daß es technisch gar nicht möglich ist, die befürchtete Homogenität herzustellen (Friedrich 1987). So entsteht kleinräumlich ein Mosaik unterschiedlicher Substrate. Es entstehen ärmere Standorte oder es kommt im Bereich von Betriebsflächen auch immer wieder zu kleinflächigen Verdichtungen im Boden, die zu vernäßten Stellen führen.

Auf diesen ist zwar keine ertragreiche Wirtschaft möglich, aber als Sonderstandorte bieten sie einem bestimmten Ausschnitt einer regionaltypischen Flora und Fauna Lebensraum. Um solche „natürlichen" Fehlstellen sinnvoll in ein Gesamtkonzept zu integrieren, bedarf es des Fingerspitzengefühls und einer gewissen Handlungsfreiheit der Rekultivatoren. Viele gelungene Beispiele zeigen, daß auf diese Weise Standorte mit besonderen Eigenschaften häufig besser entstehen, als wenn sie mit viel Aufwand mutwillig geplant werden.

3 Schlußbemerkung

Es wurde versucht, unter Berücksichtigung der allgemeinen Theorien der Ökologie und der speziellen Ergebnisse aus der Rekultivierung im Rheinischen Revier ein möglichst umfassendes, schlüssiges Konzept einer Rekultivierung vorzustellen und rational zu begründen. Natürlich sind bis jetzt nur kleine Teile der vielfältigen Beziehungen und Funktionen bekannt, die in der Rekultivierung wirken, aber das bisher Bekannte bestätigt durchweg, daß Tagebaue als Organistionskatastrophe gleichzeitig die Neugeburt neuer Ökosysteme darstellen, die in ihrer dynamischen Entwicklung und den zu erwartenden Endzuständen Systemen, die ohne Einfluß des Menschen entstanden sind, in nichts nachstehen.

4 Zusammenfassung

Nach dem Braunkohletagebau besteht die große Verantwortung, neue Landschaften zu schaffen, die wieder Lebensgrundlage für den Menschen sein können. Dies ist nur möglich, wenn selbstregulierende Lebensgemeinschaften neu begründet werden, die die unterschiedlichen Funktionen der Landschaften garantieren. Die wesentlichen Systemeigenschaften von Lebensgemeinschaften werden unter dem Begriff der Stabilität zusammengefaßt werden. Stabilität kann einerseits das Vermögen bezeichnen, Kräften, die von außen wirksam werden, zu widerstehen oder elastisch darauf zu reagieren. Andererseits kann sie aber auch die Konstanz von Artmächtigkeit oder Artenzusammensetzung bezeichnen. Wichtig ist, daß Stabilität nicht alleine von der Artenvielfalt abhängt. Ein entscheidender Faktor für die Stabilität von Lebensgemeinschaften ist ein intaktes Bodenleben.

Die unterschiedlichen Funktionen von Landschaften werden am besten von reifen Gesellschaften erfüllt, die optimal an die Standortfaktoren, auch an menschliches Wirtschaften, angepaßt sind. Man kann sie im weiteren Sinne als Climax-Gesellschaften bezeichnen. Sie entstehen aus „Sukzession" genannten Entwicklungen, die nicht deterministisch sind. Dennoch kann bei genauer Kenntnis der Standorte die Entwicklung der Lebensgemeinschaften auf einem allgemeinen Niveau vohergesagt und entsprechend beeinflußt werden. Es ist allerdings unmöglich, die genaue Zusammensetzung der Vegetation im Sinne einer potentiell natürlichen Vegetation vorherzusagen. Um einen vernünftigen Rahmen für die Planung der neuen Landschaft zu bekommen, sollte das wesentliche Entwicklungsziel die „Etablierung und Erhaltung einer regionaltypischen Flora und Fauna" sein.

Untersuchungen im Bereich der Rekultivierungen im Rheinischen Braunkohlerevier haben gezeigt, daß im wesentlichen sechs Faktoren die Sukzession beeinflussen. Dies sind (1) das Ausbreitungsvermögen der Arten, (2) das Artenpotential im angrenzenden Land, (3) der Wasserhaushalt und (4) die Dichte des Rekultivierungssubstrates, (5) das Mikroklima sowie (6) die Morphologie der Kippenoberflächen.

Um diese Faktoren günstig zu beeinflussen, wird versucht, durch die räumliche Planung eine optimale Verbindung zum Altland zu schaffen. In einem Fall wird ein alter Waldrest am Fuße einer Außenkippe speziell als Wiederbesiedlungsquelle für die Rekultivierung von der Rheinbraun AG bewirtschaftet. Es werden Wege, die die Ausbreitung von Tieren und Pflanzen stören, geschlossen und durchgehende Grünverbindungen in der Rekultivierung angelegt. Das Rekultivierungssubstrat wird in unterschiedlicher Zusammensetzung aus Kies und Löß so gemischt, daß es für die unterschiedlichen Nutzungen ausreichendes Wasserspeichervermögen hat. Durch schonenden Bodenauftrag werden Verdichtungen vermieden. In zukünftigen Wäldern wird nicht planiert, dadurch entsteht ein vielgestaltiges Mikrorelief mit kleinräumlichen Standortunterschieden. Durch die direkte Pflanzung standortgerechter Bäume und Sträucher sowie die Zwischensaat von Lupine werden die mikroklimatischen Bedingungen und Bodeneigenschaften positiv beeinflußt. Dies wird noch unterstützt durch die Pflanzung schnellwachsender Pappeln als Schirm für die Forstgehölze. So entwickelt sich in der forstlichen Rekultivierung innerhalb von zehn Jahren ein waldähnliches Mikroklima, das Waldarten die Besiedlung ermöglicht. Auf Sonderstandorten werden gezielt trockene und feuchte Lebensräume mit den unterschiedlichsten Eigenschaften angelegt. In speziellen Fällen werden auch aktiv Tiere und Pflanzen bzw. deren Ausbreitungseinheiten in der Rekultivierung ausgebracht. Durch begleitende wissenschaftliche Untersuchungen wird ständig eine Erfolgskontrolle durchgeführt.

LITERATUR

Baierlein F, Kühlborn H-J (1989) Die Besiedlung forstlicher Rekultivierungsflächen am Tagebau Hambach durch Vögel. Natur und Landschaft 64/10: 445–448

Bornkamm R (1985) Veränderungen der Phytomasse und Vegetationsentwicklung. In: Bundesforschungsanstalt für Naturschutz und Landschaftsökologie (Hrsg) Primäre Sukzession auf kiesig sandigen Rohböden im Rheinischen Braunkohlenrevier. Schr. Reihe Vegetationskde, Heft 16, Landwirtschaftsverlag, Münster Hiltrup, 202 S

Claßen A (1991a) Die Doppelfüßer (Tausendfüßer) der Sophienhöhe und des angrenzenden Lindenberger Waldes. Gutachten, Rheinbraun AG (unveröffentlicht)

Claßen A (1991b) Die Landasseln der Sophienhöhe und des angrenzenden Lindenberger Waldes. Gutachten, Rheinbraun AG (unveröffentlicht)

Cloerkes I (1986) Zur Sukzession der Araneenfauna in den Rekultivierungsgebieten des Rheinischen Braunkohlenreviers, mit Bemerkungen zu anderen Arthropodengruppen. Hausarbeit zur ersten Staatsprüfung für das Lehramt für die Sekundarstufe II. Universität zu Köln

Dahmen P (1993) Untersuchungen zur Biotopstruktur und Artenverbreitung von Vögeln im Bereich Schlangengraben und Sophienhöhe. Gutachten, Rheinbraun AG (unveröffentlicht)

Depenbusch M (1992) Besiedlungs- und Reproduktionsstrategien von Carabiden auf Rekultivierungsflächen. Diplomarbeit, Lehrstuhl für Biologie VII (Angewandte Entomologie und Didaktik der Biologie), RWTH Aachen (unveröffentlicht)

Dumbeck G (1992) Bodenkundliche Aspekte bei der landwirtschaftlichen Rekultivierung im Rheinischen Braunkohlenrevier. Braunkohle 44/9: 8–11

Ellenberg H (1986) Die Vegetation Mitteleuropas mit den Alpen in ökologischer Sicht, 4. Aufl. Ulmer, Stuttgart, 989 S

Esser T (1993) Untersuchungen zur Wiederbesiedlung unterschiedlich rekultivierter Feldraine durch Spinnen (Araneae) und Asseln (Isopoda) im landwirtschaftlichen Rekultivierungsgebiet des Braunkohlentagebaues Zukunft-West (bei Jülich). Diplomarbeit, Mathematische-Naturwissenschaftliche Fakultät der Universität Köln (unveröffentlicht)

Friedrich E (1987) Forststandörtliche Eignung des „Forstkieses" aus Löß und Rheinschotter im Hinblick auf Lagerungsdichte, Mischungsverhältnis, Nährstoffe. Untersuchung an ausgewählten Flächen forstlicher Rekultivierung im Rheinischen Braunkohlenrevier. Gutachten, Rheinbraun AG (unveröffentlicht)

Giller F (1976) Die Avifauna des Rheinischen Braunkohlengebietes. In: Gesellschaft Rheinischer Ornithologen (Hrsg) Beiträge zur Avifauna des Rheinlandes, Heft 7/8, Kilda, Greven, 515 S

Glück E (1989) Waldbodenverbringung – zoologische Aspekte. Natur und Landschaft, 64/10: 456–458

Haag C (1992) Sukzession von Carabidenzönosen auf forstlichen Rekultivierungsflächen. Diplomarbeit, Lehrstuhl für Biologie VII (Angewandte Entomologie und Didaktik der Biologie), RWTH Aachen (unveröffentlicht)

Haese U (1987) Die Besiedlung zweier unterschiedliche bewachsener Rekultivierungsflächen auf der Sophienhöhe durch Laufkäfer. In: Glück E, Bollig R, Claßen A, Haese U (Hrsg) Ergebnisse der Zoologischen Untersuchungen des Jahres 1987 auf der Rekultivierungsfläche Sophienhöhe. Lehrstuhl für Biologie V (Ökologie), RWTH Aachen. Gutachten, Rheinbraun AG (unveröffentlicht)

Haese U (1990) Reproduktionsdynamik von Carabiden auf Rekultivierungsflächen unterschiedlicher Sukzession. Diplomarbeit, Lehrstuhl für Biologie V (Ökologie) u. Biologie VII (angewandte Entomologie), RWTH Aachen (unveröffentlicht)

Halle S (1987) Die Kleinnager in Rekultivierungsgebieten des Rheinischen Braunkohlenreviers – Ökologie der Wiederbesiedlungsphase. Inaugural-Dissertation, Universität zu Köln

Harrach T (1989) Einfluß von Flora und Fauna auf die Eigenschaften forstlich rekultivierter Böden der Sophienhöhe/Rheinland. Gutachten, Rheinbraun AG (unveröffentlicht)

Hausrath H (1907) Der Deutsche Wald. Teubner, Leipzig, (Natur und Geisteswelt, B 153) 130 S

Heide G (1958) Gutachten über die Rekultivierung des Zentraltagebaus Frechen. Geologisches Landesamt Nordrhein-Westfalen (Gesch.Z: VIIh/2565/57 Hd/Cz), Krefeld (unveröffentlicht)

Heide G (1959) Stellungnahme des Geologischen Landesamtes zum Gutachten von Prof. Dr. Dr. h.c. W. Wittich über die Eignung der verschiedenen im Zentraltagebau Frechen anfallenden Arten von Abraum als Waldstandorte und Möglichkeiten für ihre Verbesserung. Geologisches Landesamt (Gesch.Z. VIIh/368/59/ Hd/Cz), Krefeld (unveröffentlicht)

Henning D, Müllensiefen K (1990) Herstellung von Flächen für die forstwirtschaftliche Rekultivierung, dargestellt am Beispiel der Außenkippe Sophienhöhe des Braunkohlentagebaus Hambach. Braunkohle 42/12: 11–18

Jacoby H (1968) Wachstum, Wurzelbildung und Nährstoffversorgung von Buchenkulturen auf Standorten mit verschiedenen Bodenarten im Rheinischen Braunkohlenrevier. Dissertation, Forstliche Fakultät der Georg-August-Universität zu Göttingen in Hann. Münden

Jedicke E (1990) Biotopverbund – Grundlagen und Maßnahmen einer neuen Naturschutzstrategie. Ulmer, Stuttgart, 254 S

Jelinek K-H (1992) Hilltopping-Plätze für Papilio machaon Linnaeus 1758 durch Braunkohletagebau (Lep. Papilionidae). Melanargia 2/3: 78–80 (Hrsg: Arbeitsgemeinschaft rheinisch-westfälischer Lepidopterologen e.V.)

Kelle G (1992) Besiedlungsstrategien der Orthopteren auf Rekultivierungsflächen im Rheinischen Braunkohlenrevier am Beispiel der Sophienhöhe. Diplomarbeit, Lehrstuhl für Biologie VII (Angewandte Entomologie und Didaktik der Biologie), RWTH Aachen (unveröffentlicht)

Krebs C J (1985) Ecology – The Experimental Analysis of Distribution and Abundance, 3rd edn. Harper & Row, New York, 800 pp

Kreeb K H (1983) Vegetationskunde – Methoden und Vegetationsformen unter Berücksichtigung ökosystemischer Aspekte. Ulmer, Stuttgart, 331 S

Kühlborn H-J (1989) Vergleich verschieden alter und unterschiedlich strukturierter Rekultivierungsflächen auf der Sophienhöhe (Tagebau Hambach) in Bezug auf ihre Besiedlung mit Vögeln. Gutachten, Rheinbraun AG (unveröffentlicht)

Mader H-J (1985) Sukzession der Laufkäfer und Spinnengemeinschaften auf Rohböden des Braunkohlenreviers. In: Bundesforschungsanstalt für Naturschutz und Landschaftsökologie (Hrsg) Primäre Sukzession auf kiesig sandigen Rohböden im Rheinischen Braunkohlenrevier. Schr. Reihe Vegetationskde, Heft 16, Landwirtschaftsverlag, Münster-Hiltrup, 202 S

Neumann U (1971) Die Sukzession der Bodenfauna (Carabidae [Coleoptera], Diplopoda und Isopoda) in den forstlich rekultivierten Gebieten des Rheinischen Braunkohlenreviers. Pedobiologia 11: 193–226

Pflug W (1975) Landschaftsökologisches Gutachten zum geplanten Braunkohlentagebau Hambach I. Gutachten, Aachen (unveröffentlicht)

Schmitten A (1985) Untersuchungen zur Flora und Vegetation im Rheinischen Braunkohlenrevier unter besonderer Berücksichtigung der Sophienhöhe. Diplomarbeit, Botanisches Institut der Universität zu Köln (unveröffentlicht)

Schwerdtfeger F (1975) Ökologie der Tiere, Bd III: Synökologie. Parey, Hamburg Berlin, 451 S

Stratmann J (1985) Ertragskundliche Untersuchungen auf Rekultivierungsflächen im Rheinischen Braunkohlengebiet. Braunkohle 37/11: 484–491

Streit B (1980) Ökologie. Ein Kurzlehrbuch. Thieme, Stuttgart New York, 235 S

Topp W, Gemesi O, Grüning C, Tasch P, Zhou H-Z (1993) Forstliche Rekultivierung mit Altwaldboden im Rheinischen Braunkohlenrevier – Die Sukzession der Bodenfauna. Zooll. Jb. Syst. 119: 505–533

Winter K (1990) Bodenmechanische und technische Einflüsse auf die Qualität von Neulandflächen. Braunkohle 42/10: 15–23

Wittich W (1959) Gutachten über die Eignung der verschiedenen im Zentraltagebau Frechen anfallenden Arten von Abraum als Waldstandorte und Möglichkeiten für ihre Verbesserung. Institut für Forstliche Bodenkunde der Universität Göttingen in Hann. Münden (unveröffentlicht)

Wittig R, Gödde M, Neite H, Papajewski W, Schall O (1985) Die Buchenwälder auf den Rekultivierungsflächen im Rheinischen Braunkohlenrevier Artenkombination, pflanzensoziologische Stellung und Folgerungen für zukünftige Rekultivierungen. Angew. Botanik 59: 95–112

Wolf G (1985) Vegetatonsbesiedlung und -entwicklung auf der Gesamtfläche. In: Bundesforschungsanstalt für Naturschutz und Landschaftsökologie (Hrsg) Primäre Sukzession auf kiesig sandigen Rohböden im Rheinischen Braunkohlenrevier. Schr. Reihe Vegetationskde, Heft 16, Landwirtschaftsverlag, Münster-Hiltrup, 202 S

Wolf G (1989) Probleme der Vegetationsentwicklung auf forstlich Rekultivierungsflächen im Rheinischen Braunkohlenrevier. Natur und Landschaft 64/10: 451–455

Die Tagebauseen im Rekultivierungsgebiet „Ville" bei Köln

30

Karl-Heinz Christmann

1 Einführung

Als Folge des Abbaus von Braunkohle sind in der Ville südwestlich von Köln über 40 Tagebauseen entstanden. Nach Wiederherrichtung des Abbaugebietes hat sich im Verlauf der letzten Jahrzehnte eine reizvolle Wald-Seen-Landschaft entwickelt, die sich heute bei der Bevölkerung im Kölner Ballungsraum großer Beliebtheit erfreut. An Wochenenden im Sommer suchen bei schönem Wetter oft Tausende von Menschen das ehemalige Südrevier auf, um hier ihre Freizeit zu verbringen.

Schon kurz nach ihrer Entstehung waren die Ville-Seen Objekte limnologischer Studien (Friedrich 1975; Herbst 1966; Trahms 1972). Seit Ende der 70er Jahre überwachen verschiedene wasserwirtschaftliche Dienststellen [Erftkreis, Landesumweltamt (ehemals Landesamt für Wasser und Abfall NRW), Staatliches Umweltamt Köln] hauptsächlich die größeren Freizeitseen. Einzelne Gewässer wurden im Rahmen von Diplomarbeiten untersucht (Dittrich 1986; Kaumanns 1990; Kirschbaum 1990; Müller 1991; Wittke 1992 u. a.). Eine ausführliche Gesamtbeschreibung aller Seen fehlte jedoch bisher. Da zudem in den letzten Jahren wiederholt Veränderungen der Wasserqualität (Eutrophierung, Versauerung) die Nutzungsmöglichkeiten einiger intensiv beanspruchter Gewässer beeinträchtigt haben, führte das Landesumweltamt im Auftrag des Umweltministeriums von 1988–1992 eine umfassende limnologische Bestandsaufnahme von 39 Tagebaugewässern durch (Christmann 1995), über deren wichtigste Ergebnisse im folgenden berichtet wird.

Bei der Untersuchung standen folgende Ziele im Vordergrund:

- Erfassung des aktuellen limnologischen Zustandes
- Schaffung einer Datengrundlage, um durch Vergleich mit älteren und späteren Messungen und Bestandsaufnahmen die langfristige Entwicklung der Tagebauseen zu dokumentieren
- Aufspüren von Mißständen, die die Gewässerbeschaffenheit beeinträchtigen
- Erarbeitung von Vorschlägen, um die Qualität der Gewässer und ihres Umfeldes zu sichern, ggf. zu verbessern und ihre Funktion als Erholungsraum für Menschen und Refugium für Tiere und Pflanzen zu erhalten

2 Untersuchungsgebiet

Das Wald-Seen-Gebiet liegt im südlichen Teil des Ville-Höhenrückens. Dieser erstreckt sich, südlich von Bonn beginnend, in nordwestlicher Richtung bis in den Raum Grevenbroich. Bereits Mitte des letzten Jahrhunderts begann im Südrevier die industrielle Gewinnung von Braunkohle. Sie erreichte in den 50er Jahren ihren Höhepunkt und endete 1984. Die durch den Abbau entstandenen Gruben wurden teilweise wieder verfüllt und rekultiviert;

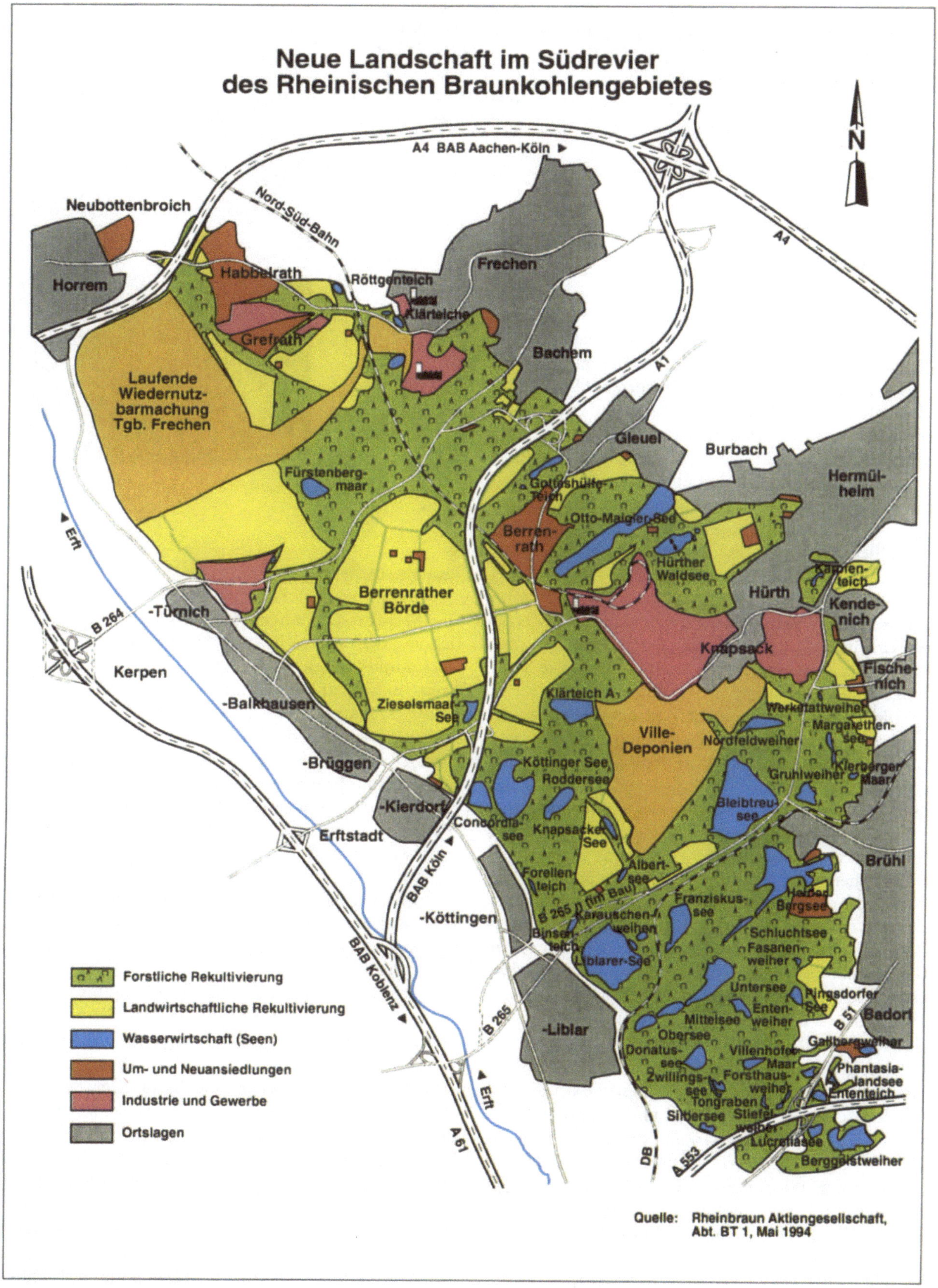

Abb. 1. Das Wald-Seen-Gebiet der Ville (Karte Rheinbraun)

durch Massendefizit blieben aber Löcher zurück, die sich mit Grund- und Oberflächenwasser füllten und die heutigen Seen bilden. Bedingt durch den nach Nordwest fortschreitenden Bergbau liegen die ältesten, bereits in den 30er Jahren fertiggestellten Seen im Süden bei Brühl, die jüngsten überwiegend im Raum Hürth (Abb. 1).

3
Hydrographische Angaben

Die Tagebaugewässer bilden eine Seenplatte mit einer Gesamtwasserfläche von über 400 ha. Die Flächen der einzelnen Seen reichen von 0,4–74 ha. Der Bleibtreusee ist der größte See. Nur sechs Gewässer haben Oberflächen > 20 ha; über die Hälfte ist kleiner als 5 ha.

Da die ehemalige Braunkohlenlagerstätte im Südrevier dicht unter der Erdoberfläche lag, sind Gruben mit relativ geringer Tiefe entstanden. Nur fünf Seebecken sind tiefer als 10 m. Der Donatussee ist mit 15 m das tiefste Gewässer. Tabelle 1 informiert über topographische und morphometrische Daten aller untersuchten Tagebauseen.

Die Becken der einzelnen Seen sind sehr unterschiedlich ausgeformt. Manche, wie der Otto-Maigler-See oder der Schluchtsee (Abb. 2), sind langgestreckt und schmal, andere, z. B. der Liblarer- und der Bleibtreusee, haben einen ovalen, kreisförmigen oder eckigen Umriß. Der Heider Bergsee fällt durch sein ungewöhnliches Seebecken auf, das mehrere, teilweise fjordartige Buchten aufweist.

Die Neigung der Unterwasserböschungen ist überwiegend steil; nur an einigen Seen bieten flache Uferzonen günstige Voraussetzungen für die Entwicklung von ausgedehnteren naturnahen Verlandungszonen. An einigen Badegewässern wurden nachträglich Flachufer angeschüttet.

Die Gruben des ehemaligen Tagebaues werden von Grundwasser und aus dem Einzugsgebiet abfließendem Oberflächenwasser gespeist. Viele sind über Gräben miteinander verbunden und bilden Seeketten. Ihr Wasserstand wird durch Überläufe annähernd konstant gehalten. Nach Passieren der Seen fließt das Wasser über Gräben und Bäche aus dem Ville-Gebiet ab. Seen ohne oberirdischen Abfluß entwässern über das Grundwasser.

Aufgrund ihrer geringen Tiefe sind die meisten Gewässer nicht stabil geschichtet. Im Gegensatz zu tieferen Tagebauseen, deren Wasserkörper im Sommer vertikal in ein oberflächennahes, erwärmtes und durchmischtes Epilimnion und ein darunter gelegenes, kaltes und von der Zirkulation abgeschnittenes Hypolimnion gegliedert ist, können sie fast ganzjährig unter Windeinwirkung umgewälzt werden. Man nennt sie daher polymiktisch. Manche Flachseen wie der Zwillingssee sind allerdings so stark in das Gelände eingetieft und dazu windgeschützt von Wald umgeben, daß auch sie zeitweilig eine wenn auch nicht sehr stabile thermische Schichtung ausbilden können.

Abb. 2. Der Schluchtsee liegt windgeschützt in einer von Wald umgebenen Senke

4
Wasserbeschaffenheit

Die Wasserbeschaffenheit der Ville-Seen wird wesentlich von den Materialien geprägt, mit denen das Seewasser und die den Seebecken zuströmenden Oberflächen- und Grundwässer in Kontakt kommen. Dies sind v. a. Liegend-Tone und nicht abgebaute Braunkohlenrippen, die den Grund der Seen bilden, im Umfeld der Gruben verkippte Abraummassen und Aschen aus Braunkohlenkraftwerken und Brikettfabriken sowie Hausmüll und andere Abfälle, die in früheren Jahren noch überwiegend ungeordnet entsorgt worden sind.

Das Wasser der Tagebauseen zeichnet sich durch einen hohen Salzgehalt aus, der insbesondere durch hohe Massenanteile von Sulfat und Kalzium, aber auch von Magnesium, Chlorid, Silizium und anderen Inhaltsstoffen hervorgerufen wird.

Wegen der unterschiedlichen Beteiligung lokaler Belastungen (Abraum, Aschen etc.) am Wasserkreislauf ist die Wasserqualität der einzelnen Seen recht verschieden. Dies verdeutlichen die Analysen einer vergleichenden Wasseruntersuchung aller Seen im März 1988. Um diese Zeit waren die Gewässer homotherm und konnten unter Windeinwirkung vollständig durchmischt werden (Frühjahrsvollzirkulation). Die am Ufer genommenen Wasserproben können daher als repräsentativ für den gesamten Wasserkörper angesehen werden. Wie aus Tabelle 2 hervorgeht, zeigen die meisten Kenngrößen erhebliche Schwankungsbreiten, die im Vorhandensein unterschiedlicher Belastungsfaktoren begründet sind.

Tabelle 1. Daten zur Topographie und Morphometrie der Tagebauseen

See	Fläche [ha]	Mittl. Tiefe [m]	Max. Tiefe [m]	Volumen [m^3 x 1000]
Albertsee	1,2	1,8	3,2	22
Berggeistweiher	21,9	4,0	12,5	880
Bleibtreusee	74,2	6,9	12,8	5.100
Concordiasee	11,9	5,0	8,5	590
Donatussee	9,6	6,1	15,0	590
Ententeich	1,8	1,6	3,3	29
Entenweiher	4,9	0,8	2,3	40
Fasanenweiher	0,7	0,2	0,4	<2
Forellenteich	1,0	0,8	3,4	8
Forsthausweiher	1,9	2,8	5,8	54
Franziskussee	16,1	3,9	6,8	630
Gallbergweiher	2,7	3,0	7,0	81
Gotteshülfe-Teich	5,3	3,2	7,4	170
Gruhlweiher	6,0	1,3	4,5	75
Heider Bergsee	35,4	4,0	8,6	1.400
Hürther Waldsee	13,3	2,5	7,3	329
Karauschenweiher	1,3	1,3	2,4	17
Karpfenteich	1,0	2,0	4,8	20
Knapsacker See	3,0	4,0	8,1	120
Köttinger See	41,5	5,1	7,8	2.100
Liblarer See	52,8	5,1	13,8	2.700
Lucretiasee	4,5	3,3	7,2	150
Margarethensee	1,9	1,3	4,9	25
Mittelsee	5,9	2,4	6,4	140
Nordfeldweiher	8,7	1,3	3,5	110
Obersee	5,0	1,5	3,5	77
Otto-Maigler-See	50,5	4,0	7,0	2.000
Phantasialand-See	1,5	4,0	7,0	60
Pingsdorfer See	3,8	1,9	4,7	71
Rodder See	10,6	4,6	9,0	490
Schluchtsee	2,3	0,9	4,1	21
Silbersee	2,2	1,3	4,5	29
Stiefelweiher	1,3	0,7	2,3	9
Tongraben	0,5	0,6	1,9	3
Untersee	19,4	4,8	9,7	930
Villenhofer Maar	4,5	1,0	3,2	47
Werkstattweiher	0,4	1,8	3,6	7
Zieselsmaar-See	5,8	4,8	10,1	280
Zwillingssee	1,5	1,6	3,7	24

Das Spektrum unterschiedlicher Stoffkonzentrationen in den einzelnen Seen zeigt eindrucksvoll Abb. 3 am Beispiel des Sulfats.

Der hohe Salzgehalt der Tagebauseen geht hauptsächlich auf folgende Ursachen zurück:

- Oxidation von Eisendisulfiden (FeS_2: Pyrit, Markasit). Diese Stoffe sind bei der Flözbildung aus schwefelhaltigen Eiweißverbindungen entstanden und in der Braunkohle und ihren Nebengesteinen (Abraum) in wechselnden Massenanteilen enthalten. Bei ihrer Oxidation entstehen u. a. Eisen-III, Sulfat- und H^+-Ionen
- Neutralisation der aus vorigem Prozeß freigesetzten Schwefelsäure durch Karbonate (und ggf. Silikate)
- Auswaschung löslicher Bestandteile (bes. Sulfat, Natrium, Kalzium, Magnesium) aus Kraftwerkaschen, die häufig im Umfeld der Seen verkippt worden sind

Ist der Anteil an oxidierfähigen Eisendisulfiden im Abraum sehr hoch, kann die Säurebildung das Puffervermögen des umgebenden Lockergesteins übertreffen, so daß dort das Grundwasser und von ihm beeinflußte Gewässer versauern. Anders als in zahlreichen Tagebau-

Kenngröße		Min.	Max.
Elektr. Leitfähigkeit	(mS/m)	44,0	251,0
Ammonium-N	(mg/l)	0,03	0,69
Nitrat-N	(mg/l)	0,09	1,3
Ges.-Phosphat-P	(mg/l)	0,003	0,19
Kieselsäure, gelöst	(mg/l)	0,2	30,4
Natrium	(mg/l)	5,4	112,0
Kalium	(mg/l)	1,1	21,2
Kalzium	(mg/l)	61,0	436,0
Magnesium	(mg/l)	9,0	79,8
Chlorid	(mg/l)	18,0	182,0
Sulfat	(mg/l)	70,0	1.620,0
Eisen, gesamt	(mg/l)	0,07	66,7
Mangan	(mg/l)	0,01	11,3
Kohlenstoffdioxid	(mg/l)	0,02	4,79
DOC	(mg/l)	2,0	28,0
TOC	(mg/l)	5,1	29,0

Tabelle 2. Schwankungsbreite ausgewählter Kenngrößen der Wasserbeschaffenheit von 39 Ville-Seen (Uferproben, Frühjahrszirkulation 1988)

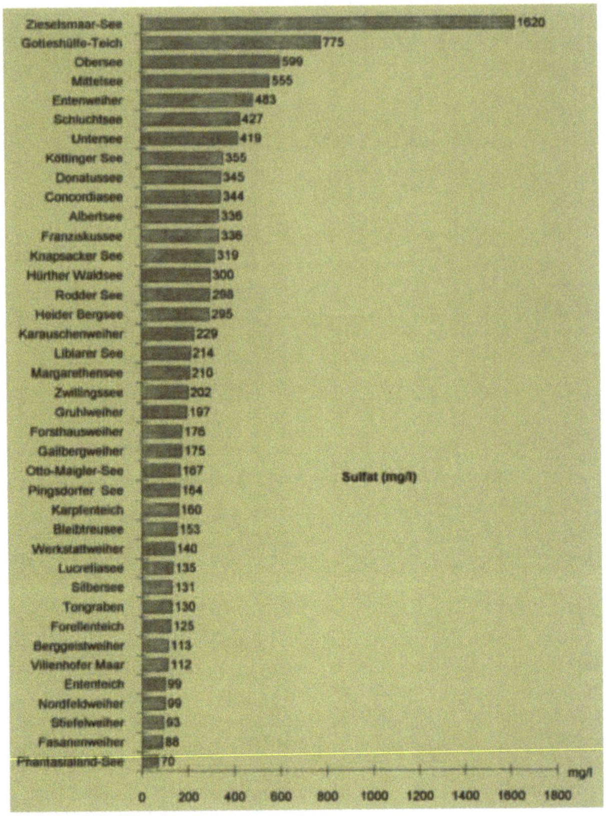

Abb. 3. Sulfatkonzentrationen während der Frühjahrszirkulation (Uferproben, 1988)

seen Mittel- und Ostdeutschlands trat dieser Fall in der Ville bisher nur zweimal auf: im Zieselsmaar-See und im Entenweiher.

Der Zieselsmaar-See ist der sauerste See in Nordrhein-Westfalen. Die Versauerung dieses früher neutralen Tagebausees konnte fast von Anfang an messend verfolgt werden (Abb. 4). Zu Beginn der Untersuchung im Herbst 1980 zeigte das Seewasser nur eine schwach saure Reaktion, die Sulfatkonzentration betrug < 500 mg/l.

Als nach beendeter Sümpfung eines nahe gelegenen Tagebaus das Grundwasser wieder anstieg und nun zum Becken des Zieselsmaar-Sees strömte, wurde verstärkt versauerungsempfindliches tertiäres Material aus der Berrenrather Börde in den See eingetragen. Daraufhin sank dort der pH-Wert bis auf <3 ab, gleichzeitig nahm die Sulfatkonzentration zu und erreichte nach mehreren Jahren im Hypolimnion Maxima von über 3000 mg/l. Das Seewasser und die Austrittsstellen des Grundwassers am Ufer (Abb. 5) färbten sich durch ausgefällte Eisen-III-Verbindungen intensiv ockerfarben.

Infolge der Zersetzung von Tonmineralien und Feldspat nahmen auch die Konzentrationen von Natrium, Kalium, Kalzium, Magnesium und Aluminium zu. Das sauere Milieu bewirkte eine Mobilisierung von Metallen, so daß auch die Gehalte von Eisen, Mangan, Zink, Kupfer und Nickel sowie von Arsen im Wasser anstiegen.

Bedingt durch den hohen Salzgehalt des Wassers und begünstigt durch die windgeschützte Lage und trichterartige Form des Beckens ist der Zieselsmaar-See

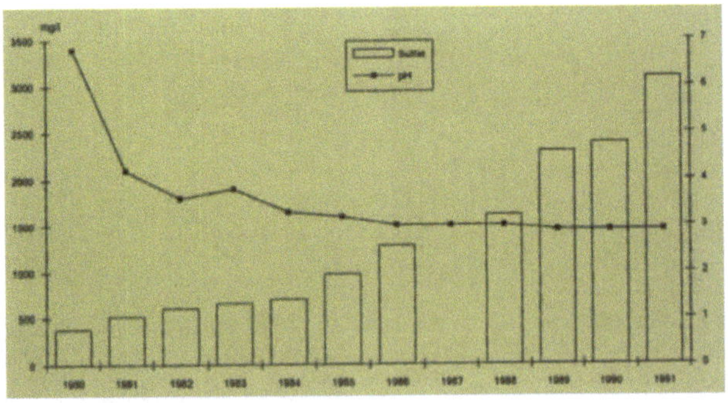

Abb. 4. Änderungen des pH-Wertes und der Sulfatkonzentration im Zieselsmaar-See während der bergbaubedingten Versauerung

inzwischen meromiktisch geworden: Nur noch die obere, etwa sechs Meter mächtige Wasserschicht kann unter Windeinwirkung zirkulieren, der darunter gelegene Wasserkörper (Monimolimnion) wird auch im Frühjahr und Herbst nicht mehr durchmischt. Er ist ganzjährig sauerstoffrei und durch hohe Konzentrationen von Sulfat, Kalzium, Eisen und anderen Inhaltsstoffen gekennzeichnet. Der pH-Wert ist nur in der oberen, aeroben Wasserschicht sehr niedrig. Im Monimolimnion steigt er an, weil dort durch chemische Reduktionsprozesse H^+- Ionen verbraucht werden (Abb. 6).

Abb. 5. Die Austrittsstellen des Grundwassers am Ufer des versauerten Zieselsmaar-Sees sind durch ausgefällte Eisen-III-Verbindungen braungefärbt

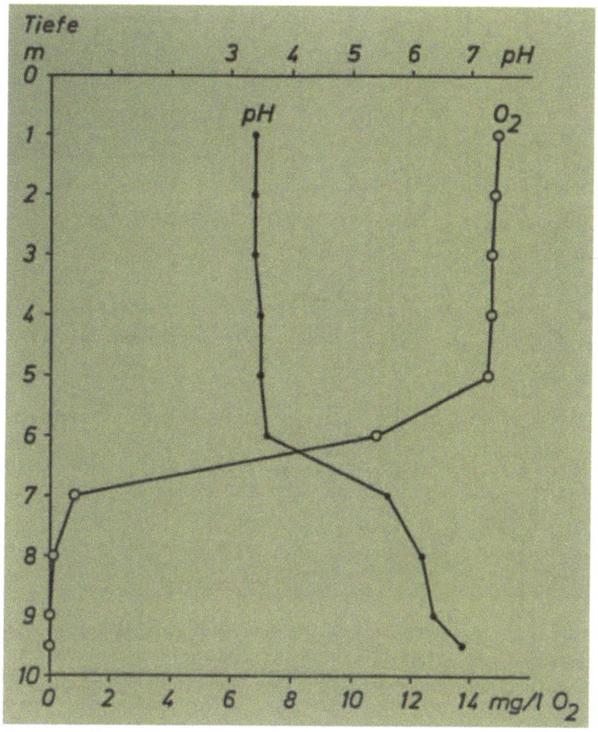

Abb. 6. Vertikalprofil von Sauerstoff und pH-Wert im meromiktischen Zieselsmaar-See

Es ist nicht zu erwarten, daß auch andere Ville-Seen in diesem Maße versauern werden. Der Eisendisulfidgehalt anderer Kippen ist wesentlich niedriger, so daß in geringerem Umfang Schwefelsäure gebildet wird. Sie kann durch die Karbonate des umgebenden Lockergesteines abgepuffert werden. Nicht auszuschließen ist jedoch eine Verschlechterung der Wasserbeschaffenheit im Concordia- und Köttinger See, da diese Gewässer den Abfluß des Zieselsmaarsees aufnehmen und langfristig ebenfalls versauern könnten.

Da einige Tagebauseen bereits in den 60er Jahren kurz nach ihrer Entstehung limnologisch untersucht worden sind (Herbst 1966), ist es möglich, die langfristige Veränderung einiger Meßgrößen zu beurteilen. Beim Vergleich der Messungen von 1963 und 1989 am Villenhofer Maar (Abb. 7) fällt auf, daß sowohl der Gesamtsalzgehalt (elektrische Leitfähigkeit) als auch die Konzentration von Sulfat im Verlauf der Jahre deutlich abgenommen hat. Wie Messungen an anderen Seen zeigen, ist dort die Abnahme des Salzgehalts in den letzten zehn Jahren nur noch gering gewesen. Offenbar hat sich die Konzentration verschiedener Inhaltsstoffe v. a. kurz nach der Seefüllung durch Austrag leicht löslicher Verbindungen und durch seeinterne Fällungsprozesse vermindert.

5
Sediment

Die Sohle der Tagebauseen besteht in der Regel aus Liegend-Ton und nicht abgebauten Braunkohlenrippen. Darüber hat sich eine bis zu mehreren Dezimetern mächtige Sedimentschicht abgelagert, die überwiegend aus groben Resten von Fallaub und Wasserpflanzen sowie Detritus besteht und häufig von Faulschlamm durchsetzt ist. In Seen, die versauern oder stark eisenhaltige Zuflüsse besitzen, hat sich auf dem Grund eine Eisenockerschicht gebildet. Die meisten Sedimente weisen einen erhöhten Gehalt an Arsen und an Metallen (bes. Eisen, Mangan, Zink, Kupfer, Nickel) auf. Diese Stoffe sind nach Elution aus Abraum- und Aschekippen, Zersetzung von Feldspäten und Tonmineralien sowie nach Oxidation von Eisendisulfiden in den See eingetragen und hier teilweise ausgefällt worden. Da die pH-Werte der meisten Seen im neutralen Bereich liegen, ist nicht mit einer bedeutenden Remobilisierung der Metalle aus dem Sediment zu rechnen. Lediglich in den versauerten Gewässern (Zieselsmaar-See, Entenweiher) sind Metalle in größerem Umfang freigesetzt worden.

6
Trophie und Eutrophierung

Ein häufig verwendetes Kriterium zur Klassifikation stehender Gewässer ist die Trophie. Darunter versteht man die Intensität der Primärproduktion, also der Entwicklung von Phytoplankton, festsitzenden Algen und höheren Wasserpflanzen. Das zur Gewässerbeurteilung entwickelte Trophiesystem umfaßt – in Reihenfolge zunehmender Produktionsintensität – folgende Trophiegrade: oligotroph, mesotroph, eutroph, polytroph. Oligotrophe Seen sind sehr nährstoffarm, schwach produktiv und klar, während polytrophe Seen sehr hohe Nährstoffkonzentrationen aufweisen, hoch produktiv und daher sehr häufig durch starke Algenentwicklung getrübt sind.

Die meisten Gewässer sind erst durch den Einfluß des Menschen eutroph geworden. Die Zunahme der Tro-

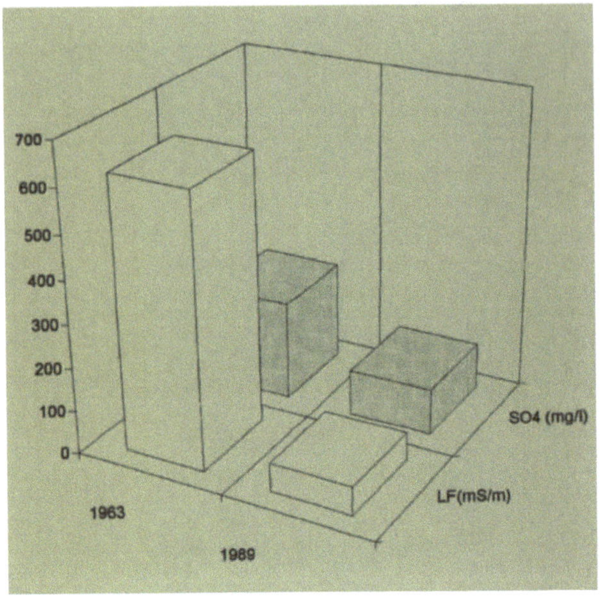

Abb. 7. Langzeitveränderung der elektrischen Leitfähigkeit und der Sulfatkonzentration im Villenhofer Maar

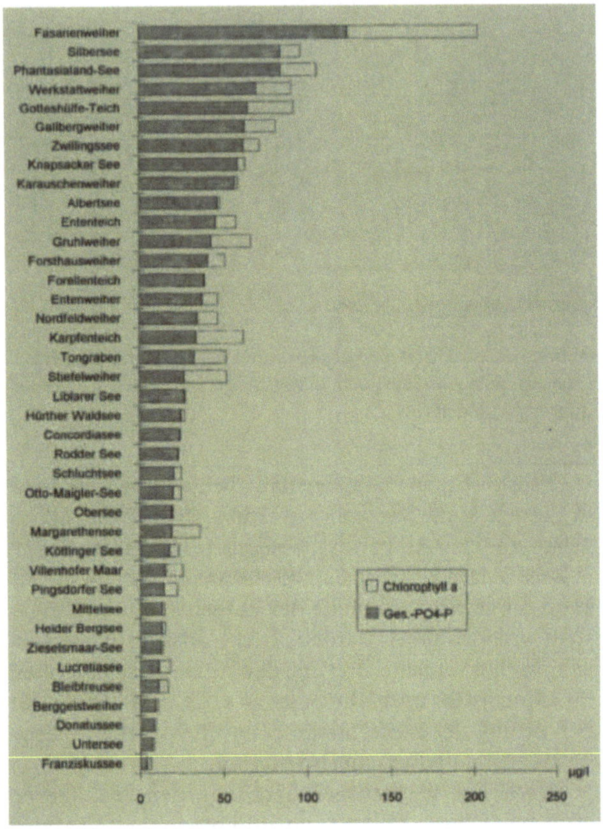

Abb. 8. Gesamt-PO_4-P- und Chlorophyll a-Gehalt, geordnet nach abnehmendem P-Gehalt (Mittelwerte der trophogenen Zone, Mai bis September)

phie bezeichnet man als Eutrophierung. Diese läuft unter natürlichen Bedingungen in Zeiträumen von Jahrhunderten bis Jahrtausenden ab, wird aber durch anthropogene Einwirkungen stark beschleunigt. Sie bewirkt nachhaltige Veränderungen der Gewässerbeschaffenheit, z. B. Verkrautung, Wassertrübung, Sauerstoffzehrung im Hypolimnion, Faulschlammbildung oder Verschiebungen in der Zusammensetzung der aquatischen Lebensgemeinschaft. Auch die Nutzungsmöglichkeiten der Gewässer werden dadurch eingeschränkt.

Um den Trophiegrad eines stehenden Gewässers zu ermitteln, verwendet man in der Praxis v. a. folgende Kriterien:

- Bestimmung der mittleren Phosphorkonzentration im Wasser. Phosphor ist in den meisten Gewässern der Nährstoff, der als Minimumstoff die Pflanzenentwicklung steuert
- Messung der Sichttiefe, um die Planktondichte abzuschätzen
- Bestimmung des Chlorophyll a -Gehaltes in der trophogenen (durchlichteten) Zone während der Vegetationsperiode. Er dient als Maß für die Biomasse des Phytoplanktons
- Vertikalverteilung des Sauerstoffs im Wasserkörper geschichteter Seen am Ende der Sommerstagnation

Hilfreich für eine Klassifizierung ist es ferner, die Zusammensetzung der Plankton- und Benthonzönose und die Beschaffenheit der Sedimente zu untersuchen.

Die trophische Einordnung vieler Ville-Seen ist auf zunächst unerwartete Schwierigkeiten gestoßen. Es hat sich nämlich herausgestellt, daß in manchen Gewässern trotz eines ausreichenden Nährstoffangebotes eine auffallend geringe Primärproduktion stattfindet. Dies betrifft sowohl Plankton als auch festsitzende Algen und höhere Wasserpflanzen. Der Chlorophyll a-Gehalt liegt dort teilweise in einer Größenordnung, wie sie sonst nur für oligotrophe Alpenseen charakteristisch ist (Abb. 8).

Die Ursachen der schwachen Pflanzenentwicklung sind noch nicht abschließend geklärt. Erste Biotests mit Algen gaben keine Hinweise auf eine Wachstumshemmung durch toxische Stoffe. Laborversuche, die Hegewald u. Tsarenko (1995) mit Wasser des Liblarer Sees durchführten, lassen vermuten, daß Eisen nicht in ausreichendem Umfang algenverfügbar ist.

In einigen Tagebauseen der Ville ist auch eine Limitierung der Primärproduktion durch zeitweiligen Lichtmangel nicht auszuschließen. Trotz niedriger Planktondichte haben diese Gewässer häufig eine geringe Sichttiefe. Das Wasser ist durch Braunkohlenpartikel und tonige Schwebstoffe, die vom Seegrund aufgewirbelt werden, deutlich getrübt. In solchen Fällen wie auch in verkrauteten Seen ist natürlich die Durchsichtigkeit des Wassers kein brauchbares Kriterium zur Beurteilung der Trophie.

Eine Reihe von Seen ist auffallend phosphorarm. Offensichtlich wird dieser wichtige Pflanzennährstoff dort durch Eisen und Kalzium, die im Wasser der Tagebauseen häufig in hohen Konzentrationen gelöst sind, ausgefällt.

Beurteilt man die untersuchten Tagebauseen nach ihrem mittleren Phosphor-Gehalt, so ist die Mehrzahl als mesotroph bzw. schwach eutroph zu klassifizieren; neun Gewässer sind oligotroph. Wählt man aber – streng nach der Definition der Trophie, allerdings ohne Berücksichtigung nennenswerter Makrophytenentwicklungen – den Chlorophyllgehalt als Kriterium, so ist etwa die Hälfte der Gewässer als eutroph einzustufen, je ein Viertel ist oligo- und mesotroph.

Oligo- und mesotrophe Seen sind für die meisten Nutzungen gut geeignet. In stärker eutrophierten Seen sind jedoch wegen Verkrautung, planktonbedingter Wassertrübung sowie Ablagerung von abgestorbener Biomasse und von Faulschlamm bestimmte Nutzungen wie Baden und Wassersport nur eingeschränkt möglich.

7 Pflanzen- und Tierwelt

Nach Einstellung des Braunkohlentagebaues ist das im Umfeld der Seen gelegene Gelände überwiegend forstlich oder landwirtschaftlich rekultiviert worden. Die älteren Tagebauseen überließ man weitgehend der natürlichen Entwicklung. Gezielte Maßnahmen der Biotopgestaltung, wie sie heute an vielen Abgrabungsseen praktiziert werden, waren damals noch unüblich. An den erst kürzlich fertiggestellten Gewässern, wie am Hürther Waldsee (Abb. 9) und am Gruhlwerkweiher, wurden durch Anlage von Flachufern, Inseln und Tümpeln jedoch günstige Voraussetzungen für die Entwicklung aquatischer und amphibischer Lebensgemeinschaften geschaffen.

Nach Füllung der Restlöcher, im Anfangsstadium der Sukzession, waren viele Ufer nur gering mit Pflanzen bewachsen und häufig sonnenexponiert. Die Vegetation war durch das Vorkommen von wenigen Pionierarten gekennzeichnet (Friedrich 1975), die aber später von Sekundärbesiedlern ersetzt wurden. Um die Ufer schneller zu begrünen und einen Röhrichtgürtel zu begründen, brachte man teilweise Initialpflanzungen von Schwarz- und Grauerlen, Weiden, Sanddorn, Rohrkolben und Kalmus ein. Angler pflanzten in mehreren Seen Zuchtformen der Seerose.

Die Ufergehölze der meisten Seen setzen sich aus Weiden, Schwarzerlen und Pappeln zusammen. Häufig reichen die Baumbestände bis unmittelbar an den Gewässerrand.

Die Röhrichtzone ist zumeist recht schmal, weil die Uferböschungen steil abfallen. Als erster Besiedler stellt sich in der Regel der breitblättrige Rohrkolben *(Typha latifolia)* ein. Später können ihn schmalblättriger Rohr-

Abb. 9. Am Hürther Waldsee sind durch Anlagen von Inseln, Flachwasserzonen und Tümpeln gute Voraussetzungen für den Biotop- und Artenschutz geschaffen worden

kolben *(Typha angustifolia)* oder Schilf *(Phragmites australis)* ersetzen. Als Begleiter anzutreffen sind u. a. der Ästige Igelkolben *(Sparganium erectum)* und die Wasserschwertlilie *(Iris pseudacorus)*. Anstelle der Röhrichtzone treten gelegentlich Reinbestände von Sumpf-, Schlank- oder Ufersegge *(Carex acutiformis, C. gracilis* und *C. riparia)* auf.

Seewärts schließt sich die Zone der Schwimmblattpflanzen an, die in den einzelnen Tagebauseen ebenfalls sehr unterschiedlich, häufig recht spärlich ausgebildet ist. Sie besteht oft aus Zuchtformen der Seerose *(Nymphaea sp.)*, die wie im Pingsdorfer See auch größere Wasserflächen bedecken kann, ferner treten Teichrose *(Nuphar lutea)*, Schwimmendes Laichkraut *(Potamogeton natans)* und Wasserknöterich *(Polygonum amphibium)* in kleineren Beständen auf.

Die Entwicklungsmöglichkeiten für Tauchblattpflanzen hängen entscheidend von der Wassertransparenz ab. Sehr günstige Voraussetzungen bietet der klare Heider Bergsee, in dessen Litoral das aus Nordamerika eingeschleppte Tausendblatt *Myriophyllum heterophyllum* bis in Tiefen von sechs Metern einen fast geschlossenen Vegetationsgürtel bildet. Der Heider Bergsee ist der erste See Westdeutschlands, in dem dieser Neophyt nachgewiesen werden konnte. In den letzten Jahren ist eine allmähliche Ausbreitung auch auf benachbarte Gewässer festzustellen. Die dichten Bestände dieser Tauchblattpflanze sind Lebensraum für viele Wirbellose wie Weichtiere und Insektenlarven sowie Laichplatz und Unterstand für Fische und Amphibien. Im Nordfeldweiher und im Villenhofer Maar kommt in manchen Jahren der Übersehene Wasserschlauch *(Utricularia australis)* in großer Zahl vor. Diese gelbblühende, in Nordrhein-Westfalen gefährdete Pflanze ist in der Lage, mit zu schlauchförmigen Tierfallen umgebildeten Blättern kleine Wassertiere zu fangen.

Am Otto-Maigler-See wachsen submers das Gemeine Hornblatt *(Ceratophyllum demersum)* und verschiedene Laichkrautarten (z. B. *Potamogeton panorminatus, P. pectinatus, P. perfoliatus*). An anderen Seen finden sich die beiden Wasserpest-Arten *Elodea canadensis* und *E. nuttallii*, das Ährige Tausendblatt *(Myriophyllum spicatum)* und das Glänzende Laichkraut *(Potamogeton lucens)*.

Bei der orientierenden Erfassung der wichtigsten Makrophyten gelang auch der Nachweis einiger seltenerer Arten. Während man den Zwerg-Igelkolben *(Sparganium minimum)* und die Zwiebel-Binse *(Juncus bulbosus)* an mehreren Seen antreffen kann, ist vom Nadel-Sumpfried *(Eleocharis acicularis)* und vom Zarten Hornblatt *(Ceratophyllum submersum)* jeweils nur ein Standort bekannt. Von den Armleuchteralgen konnten im Ville-Seengebiet *Chara contraria, globularis* und *vulgaris* nachgewiesen werden. Diese Pflanzen sind durch Eutrophierung und direkte menschliche Einwirkungen stark bedroht und gehen auch im Untersuchungsgebiet zurück.

Der langgestreckte, durchströmte Schluchtsee (Abb. 2) und eine sich daran anschließende Bucht des Heider Bergsees ähneln in ihrer Struktur Flußaltarmen, die im Raum Köln fast völlig verschwunden sind. In diesen naturschutzwürdigen Ersatzlebensräumen kommen in den gut ausgebildeten Tauchblattpflanzenbeständen anderswo seltene Libellenarten wie die beiden Granataugen *Erythromma najas* und *E. viridulum* und die Pokal-Azurjungfer *(Cercion lindeni)* vor (Schmidt 1989).

Außerhalb der Verlandungszone ist die Litoralfauna häufig nur schwach entwickelt. Wo Hartsubstrat anzutreffen ist, kommen Wandermuscheln *(Dreissena polymorpha)* örtlich in großen Beständen vor. Sie bilden eine wichtige Nahrungsgrundlage für überwinternde Tauchenten. Im Schluchtsee, Untersee u. a. konnte der Amerikanische Flußkrebs *(Orconectes limosus)* festgestellt werden. Am Gewässergrund eutropher Seen bestehen aufgrund zeitweilig anaerober Verhältnisse schlechte Lebensbedingungen für Fischnährtiere.

Die Phytoplanktonzönose ist bei der Mehrzahl der Tagebauseen arten- und individuenarm. Meist dominieren Goldalgen *(Chrysophyceae)* und Kieselalgen *(Bacillariophyceae)*, während Grünalgen *(Chlorophyceae)*, die üblicherweise den Hauptteil des Sommerplanktons von flachen Gewässern bilden, auffällig wenig vertreten sind. Im Zooplankton überwiegen Rädertiere *(Rotatoria)*; in Seen, in denen Weißfische keinen zu starken „Fraßdruck" ausüben, kommen auch größere Kleinkrebse *(Daphnien)* in höherer Zahl vor.

Die Fischfauna der 26 an Angelvereine verpachteten Tagebauseen ist von der ehemaligen Landesanstalt für Fischerei NRW erfaßt worden. Dabei konnten insgesamt 18 Arten nachgewiesen werden. Insgesamt hat sich eine überwiegend zufriedenstellende Fischpopulation entwickelt, jedoch kommen Aale

Abb. 10. Die Reiherente brütet in wenigen Paaren an störungsarmen Tagebauseen und überwintert in größerer Zahl

häufig in sehr hoher Zahl vor. Durch kontrollierte Besatzmaßnahmen und eine an ökologischen Maßstäben orientierte Hege soll langfristig ein noch ausgewogenerer Fischbestand erreicht werden, in dem auch bedrohte Arten von Kleinfischen Entwicklungsmöglichkeiten finden.

Als Brutgebiet für Wasservögel haben die meisten Ville-Seen nur geringe Bedeutung. Vor allem in schwer zugänglichen Verlandungszonen und auf störungsfreien Inseln finden Haubentaucher, Höckerschwan, Bleßralle, Stock- und Reiherente (Abb. 10) Nistgelegenheit. Im Röhricht brütet noch der Teichrohrsänger. Auf den beiden Vogelinseln im Franziskussee hat sich schon 1957 eine Kolonie der Sturmmöwe angesiedelt (Giller 1976).

Größere Bedeutung für den Kölner Raum kommt den Seen als Durchzugs- und Überwinterungsgebiet von Wasservögeln zu (Breuer 1990). Während die kleineren, von hohen Bäumen umgebenen Gewässer meist gemieden werden, sind auf den großen Wasserflächen des Berggeistweihers, des Köttinger-, Otto-Maigler-, Liblarer-, Heider Berg- und Bleibtreusees oft hunderte von Bleßrallen, Tafel-, Reiher- und Stockenten anzutreffen; dazu in geringerer Zahl Schellenten, verschiedene Taucher und Kormorane. Auf dem Bleibtreusee ruhen zeitweilig sehr große Trupps von Lach-, Sturm- und Silbermöwen, die auf der nahegelegenen Müllkippe der Stadt Köln Nahrung finden.

Stark verarmt ist die Lebensgemeinschaft in den beiden versauerten Tagebauseen. Insbesondere im ehemals eutrophen Zieselsmaar-See hatte die Versauerung nachhaltige Auswirkungen: Der Fischbestand wurde bereits bei einem pH-Wert <5 vernichtet. Bei den gegenwärtig zu messenden Werten um pH 3 kommen im Phytoplankton nur noch zwei Arten (*Euglena c. f. mutabilis* und *Chlamydomonas sp.*) und im Zooplankton eine Rädertierart *(Cephalodella sp.)* vor. Die höheren Wasserpflanzen sind bis auf Zwiebel- und Flatterbinsen sowie Kümmerformen immer wieder neu angepflanzter Makrophyten verschwunden. Unter den Makroevertebraten sind regelmäßig nur noch Wanzen (zwei *Gerris*-Arten, *Hydrometra stagnorum, Sigara nigrolineata*), zwei Wasserkäfer-Spezies und Schlammfliegen *(Sialis lutaria)* anzutreffen.

Im schwach versauerten Entenweiher ist die Lebensgemeinschaft im Freiwasserkörper und im Litoral ebenfalls verarmt. Hier wirken v. a. die abgelagerten Schichten aus Faulschlamm und Eisenocker sowie die im Wasser suspendierten Flocken der Eisen-III-Verbindungen besiedlungsfeindlich. Seit mehreren Jahren ist eine deutliche Schädigung des Schilfgürtels festzustellen.

8 Nutzungskonflikte

Die in Großstadtnähe gelegene Wald-Seen-Landschaft der Ville steht im Spannungsfeld miteinander konkurrierender Interessen. Als vor Jahrzehnten die ersten Tagebauseen hergerichtet worden waren, dachte noch niemand an die intensive Beanspruchung dieser Gewässer, wie wir sie heute vorfinden. Daher sind damals Maßnahmen zur Gestaltung, Nutzungsentflechtung und Lenkung der Besucherströme nur unzureichend in Angriff genommen worden. Erst nach Gründung des Vereins „Erholungspark Kottenforst-Ville" im Jahr 1965 konnte eine nutzungsorientierte Infrastruktur geschaffen und das rekultivierte Südrevier zu einer überregional bedeutsamen Erholungslandschaft entwickelt werden. Wassersportliche Aktivitäten wie Segeln, Rudern und Surfen sind auf bestimmte Gewässer beschränkt, die Zahl der Sportgeräte ist begrenzt. Baden – mehrfach mit Camping kombiniert – ist nur an hergerichteten, für diese Nutzung ausgewiesenen Uferabschnitten erlaubt. Um für bedrohte Pflanzen- und Tierarten Refugien zu schaffen, wurden einige der kleineren Tagebauseen unter Naturschutz gestellt.

Trotz dieser Entflechtungen sind Konflikte jedoch nicht ganz auszuschließen. Sie betreffen v. a. den Biotop- und Artenschutz, da an Naturschutzseen außer der stillen Erholung in der Regel keine anderen Nutzungen tragbar sind. Nicht selten werden Badeverbote mißachtet oder gesperrte Uferabschnitte betreten. Tritt verdichtet den Boden und schädigt die Vegetation (Abb. 11). Viele Tierarten, die an die Vegetation im Verlandungsgürtel gebunden sind, finden daher nur eingeschränkte Lebensmöglichkeiten (Rösgen 1992; Wittke 1992). Die im Schutz von Tauchblattpflanzen lebenden Wassertiere sind bei Schädigung der submersen Vegetation verstärkt dem Fraßdruck von Fischen ausgesetzt.

Die Anwesenheit von Menschen in solchen störempfindlichen Uferzonen kann den Bruterfolg von Wasser- und Sumpfvögeln erheblich beeinträchtigen. Überwinternde Wasservögel mit hoher Fluchtdistanz (v. a. Tauchenten) werden insbesondere durch Angeln vom Boot aus und durch Surfen vertrieben. Daher sollten die Wasserflächen des Bleibtreu- und Otto-Maigler-Sees – zeitlich begrenzt – gesperrt werden.

Abb. 11. Zahlreiche Angelplätze zerstören die naturnahe Röhrichtzone und verdichten den Boden

Auch das Anfüttern von Fischen und die an einigen Seen übliche Fütterung von Wasservögeln sollte man aus Gründen des Gewässerschutzes einstellen. Dies würde auch die am Badestrand des Otto-Maigler-Sees unerwünschte Ansammlung von Höckerschwänen vermindern.

9 Therapiemaßnahmen

Um die Freizeitnutzungen an den Seen sicherzustellen, wurden bisher folgende therapeutische Maßnahmen zur Verbesserung der Gewässerbeschaffenheit durchgeführt:

- Regelmäßige Entkrautung von freizeitlich intensiv beanspruchten Bereichen des Heider Berg- und Otto-Maigler-Sees mittels eines Mähgerätes („Seekuh"); die abgeschnittenen Pflanzenteile werden aus dem Gewässer entfernt. Die Entnahme der Biomasse verzögert zudem die Verlandung. Eine „radikale Entkrautung" ganzer Seen wird aus ökologischen Gründen abgelehnt.
- Wasseraustausch und Nährstoffällung im Bleibtreusee; dieser See – ursprünglich ein Klärteich – war von Anfang an stark mit Pflanzennährstoffen belastet und eutrophierte rasch. Massenentwicklungen von Blaualgen sowie häufige Wassertrübung behinderten die Badenutzung erheblich. Die 1980 durchgeführte Therapie umfaßte mehrere Schritte:
  - Ableitung nährstoffreicher Zuflüsse aus dem Einzugsgebiet
  - Weitgehende Entleerung des Seebeckens durch Abpumpen des nährstoffreichen Seewassers
  - Behandlung des nicht entfernbaren Restwassers mit Aluminiumsalzen zur Ausfällung von Phosphorverbindungen
  - Neufüllung mit nährstoffarmem Grundwasser, das aus einer benachbarten Brunnengalerie gefördert wurde

Seitdem hat sich die Wasserbeschaffenheit des Bleibtreusees deutlich verbessert. Die elektrische Leitfähigkeit - ein Maß für den Salzgehalt - ging auf die Hälfte des ursprünglichen Wertes zurück, die Gesamtphosphat-Konzentration nahm im Mittel von 0,197 mg/l auf 0,027 mg/l ab. Heute kann das Gewässer als mesotroph klassifiziert werden und seine Funktion als Bade- und Surfsee wieder erfüllen.

10
Zusammenfassung und Ausblick

Die durch die Braunkohlengewinnung entstandenen Tagebauseen haben sich - eingebunden in eine überwiegend forstlich rekultivierte Waldlandschaft - zu einem attraktiven Erholungsgebiet entwickelt. Einige Gewässer erfüllen als Lebensräume aus zweiter Hand und Refugien für Pflanzen und Tiere eine wichtige ökologische Funktion.

Der anfangs starke Einfluß von Abraumkippen und Aschedeponien auf die Wasserbeschaffenheit wird bei gleichzeitiger Stabilisierung der Grundwasserverhältnisse im Laufe der Jahre schwächer. Es bleibt abzuwarten, ob die derzeit in manchen Seen nur schwache Pflanzenentwicklung bestehen bleibt, oder ob doch allmählich die Eutrophierung zunimmt.

Nicht auszuschließen ist eine langfristige Versauerung des Concordia- und des Köttinger Sees, die beide das aus dem stark versauerten Zieselsmaar-See abfliessende Wasser aufnehmen.

Um langfristig die Funktion der Ville-Seen als Erholungsort für Menschen und Rückzugsgebiet für Pflanzen und Tiere zu sichern, ist Sorge zu tragen, daß die gewässergebundene intensive Freizeitnutzung im Südrevier nicht weiter zunimmt. Durch Verlegen von Uferwegen, Sperrung störanfälliger Zonen und häufigere Kontrollen sollte versucht werden, empfindliche Seebereiche nachhaltig zu beruhigen. Forstliche Maßnahmen könnten dazu beitragen, die Sonnenexposition lichtbedürftiger Röhrichtzonen zu verbessern.

Danksagungen

Herr Dr. Dorn, Frau Heidenheim und Frau Ploetz führten mit Unterstützung zahlreicher Studentinnen und Studenten im Rahmen des Untersuchungsprogrammes wesentliche Teiluntersuchungen durch. Eine Arbeitsgruppe, der Vertreter der für die Ville-Seen zuständigen Dienststellen angehörten, begleiteten das Projekt fachlich und ergänzten das Programm mit eigenen Messungen. Frau Dr. Ahrens und Mitarbeiter (Institut für Angewandte Ökologie und Gewässerkunde) erstellten im Auftrag des Landesumweltamtes ein umfangreiches Gutachten über alle 39 untersuchten Tagebauseen.

LITERATUR

Breuer C (1990) Die Entwicklung von Wasserflugwildbeständen im rekultivierten Braunkohlengebiet der Ville in den letzten 20 Jahren, Diplomarbeit Univ. Köln, 161 S

Christmann K-H (1995) Die Seen im rekultivierten Tagebau „Ville" (Nordrhein-Westfalen) - ein limnologischer Überblick. Limnologie aktuell 7: 67–76

Dittrich M (1986) Stoffhaushalt und Phytoplankton des Knapsacker Sees, eines Braunkohlentagebaugewässer, Diplomarbeit Univ. Bonn, 199 S

Friedrich G (1975) Entwicklung der Makrophytenvegetation in einem neu entstandenen Gewässer. Bericht der Intern. Symposien d. Intern. Ver. f. Vegetationskunde, Sukzessionsforschung, S 227–236

Giller F (1976) Die Avifauna des Rheinischen Braunkohlengebietes. Beitr. Avifauna Rheinlandes 7/8: 1–515

Hegewald E, Tsarenko P (1995) Was hemmt das Phytoplanktonwachstum in niederrheinischen Bergbaurestseen? Limnologie aktuell 7: 83–90

Herbst H V (1966) Limnologische Untersuchung von Tagebaugewässern in den Rekultivierungsgebieten der Braunkohle-Industrie im Kölner Raum. Ministerium für Ernährung, Landwirtschaft und Forsten NW, 120 S

Kaumanns J (1990) Untersuchungen zur Zusammensetzung, Biomasse und Aktivität des Phytoplanktons anthropogen entstandener Flachgewässer im Rheinischen Braunkohlengebiet, Diplomarbeit Univ. Düsseldorf, 133 S

Kirschbaum S (1990) Vergleichende Untersuchungen der Chironomidenpopulationen dreier anthropogener Flachseen im Braunkohlen-Rekultivierungsgebiet Ville, Diplomarbeit Univ. Düsseldorf, 158 S

Müller A (1991) Vergleichende limnologische Untersuchungen dreier Tagebauseen im Rheinischen Braunkohlengebiet unter Berücksichtigung des Artenschutzaspektes, Diplomarbeit Univ. Bonn, 180 S

Rösgen H (1992) Limnologisch-ökologische Untersuchung des ufernahen Litoralbereichs von zwei Seen im Naturpark Kottenforst-Ville, Diplomarbeit Univ. Bonn, 179 S

Schmidt E (1989) Schluchtsee und Heiderbergsee im Braunkohlenrekultivierungsgebiet der Ville bei Köln - Sekundärbiotope vom Charakter der Flußaltarme im Konflikt mit Freizeitnutzungen. Verh. Westd. Entom. Tag. 1988, S 103–116

Trahms K-J (1972) Die Entwicklung von Plankton-Biocoenosen in Restgewässern des Rheinischen Braunkohlengebietes. Intern Rev Ges Hydrobiol 57 (5): 695–758

Wittke U (1992) Faunistisch-ökologische Untersuchung des Otto-Maigler-Sees (Hürth) unter besonderer Berücksichtigung der anthropogenen Einflüsse auf das Artenspektrum, Diplomarbeit Univ. Bonn, 175 S

Herstellung von Fließgewässern bei der Rekultivierung

Knut Limpert und Wilhelm von Dewitz

Die Flächen des rheinischen Braunkohlengebietes wurden vor Inangriffnahme des Braunkohlentagebaues überwiegend landwirtschaftlich genutzt. Die landwirtschaftlichen Betriebe sind weitgehend daran interessiert, ihre Flächen nach Abschluß der Tagebauarbeiten für eine landwirtschaftliche Ackernutzung zurückzuerhalten. Angestrebt wird dabei die Auslegung der Flächen für eine Ackernutzung mit modernen landwirtschaftlichen Maschinen. Die Bodenordnung der rekultivierten Flächen wird häufig in Flurbereinigungsverfahren neu geregelt.

Bei den rekultivierten Böden handelt es sich meistens um Lößböden. Für derartige Böden ist eine gut funktionierende Oberflächenentwässerung von hoher Bedeutung. Moderne landwirtschaftliche Maschinen können nur dann risikofrei arbeiten, wenn solche Böden nicht naß sind. Aus diesem Grunde wird bei Rekultivierungsarbeiten seit längerem darauf geachtet, die Flächen durch ein ausreichend dichtes und tiefes Grabennetz zu entwässern.

Nicht jeder Graben gilt als Fließgewässer. Das Landeswassergesetz NRW bestimmt in § 3 Absatz 3: „Fliessende Gewässer im Sinne dieses Gesetzes sind oberirdische Gewässer mit ständigem oder zeitweiligem Abfluß, die der Vorflut für Grundstücke mehrerer Eigentümer dienen." Da bei der Herstellung der Gräben die künftigen Eigentumsverhältnisse oft noch nicht geregelt sind, wird zu Beginn eines wasserrechtlichen Genehmigungsverfahrens mit den zuständigen Behörden abgestimmt, welche Gräben als Fließgewässer anzusehen sind.

In der Anfangsphase der Rekultivierung wurde dieses Grabennetz so ausgelegt, daß mit einem möglichst geringen Flächenverbrauch für die „Fließgewässer" eine Oberflächenentwässerung der Ackerflächen herbeigeführt werden konnte. Tatsächlich handelt es sich bei den Gräben um zeitweilig fließende Gewässer oder um Wegeseitengräben, die den überwiegenden Teil eines Jahres trockenliegen. Ihre Bedeutung wird immer nur bei Starkregenereignissen augenfällig. Die Notwendigkeit zur Anlegung von Dränungen wurde erst später erkannt. Fast immer wurden diese Gräben an die für die Verkehrserschließung notwendigen Wirtschaftswege herangelegt. Zwischen Weg und Graben war oft nur ein schmaler Saum vorhanden, der als Grünstreifen häufig noch der Ausweichmöglichkeit bei einer Begegnung der landwirtschaftlichen Maschinen dienen mußte.

Als Beispiel für diese Art der „Gewässerherstellung" können die Gräben im rekultivierten Tagebau Zukunft-West in den Flurbereinigungsgebieten Hehlrath und Kinzweiler aus den 60er und 70er Jahren genannt werden.

Die Tiefe der Hauptentwässerungsgräben wurde durch die erforderliche Einleitung von Dränungen bestimmt und betrug 1,50 m und mehr. Grundsätze der leichten Unterhaltung der Fließgewässer waren maßgebend für die Form der Grabenprofile, wobei die Sohlbreite 50–60 cm betrug und die Böschungsneigungen dem Bodensubstrat entsprechend so steil wie möglich und weitgehend einheitlich gehalten wurden (Neigung der Böschungen 1 : 1,5–1 : 2).

Nach Erscheinen der „Richtlinie für naturnahen Ausbau und Unterhaltung der Fließgewässer in NRW" im Jahre 1980 bemühte sich auch die Rheinbraun AG um naturnähere Ausbauformen. Es bereitete aber zunächst Schwierigkeiten, die hierfür benötigten Flächen zur Verfügung zu stellen. Die Braunkohlenpläne für die jeweiligen Tagebaue, in denen die Flächenbilanz für die Nutzungsarten nach der Rekultivierung geregelt ist, sehen zwar Flächen für die Landwirtschaft, für die Forstwirtschaft, für landschaftsbegleitendes Grün u. a. vor, aber keine Flächen für den naturnahen Gewässerausbau. Insofern konnten naturnahe Ausbauformen zunächst nur in geringem Umfang verwirklicht werden. Man beschränkte sich darauf, in Hauptentwässerungsgräben die über dem Abflußquerschnitt liegenden Böschungsteilflächen zu bepflanzen und vereinzelt auch außerhalb des Grabenprofils Pflanzstreifen anzulegen (Abb. 1). Im Flurbereinigungsverfahren Warden-Niedermerz wurde erstmals ein Fließgewässer auf rd. 700 m Länge in einen 25 m breiten Gehölzstreifen in geschlängelter Linienführung mit 3 eingelagerten Tümpeln integriert. Der gesamte Gehölzstreifen wurde vorübergehend gegen Wildverbiß und gegen Beschädigung aus der landwirtschaftlichen Bearbeitung mit einem Wildschutzzaun gesichert (Abb. 2). Auf der Wiedenfelder Höhe im rekultivierten Tagebau Fortuna-Garsdorf wurde ein Teil der 1982 hergestellten Gräben

Abb. 1. Gewässerausbau 1982 im Tagebau Fortuna-Garsdorf. Nachträglich wurde am Fuß der Wiedenfelder Höhe (Holtroper Graben) im Jahr 1993/94 beidseitig ein 3 m breiter Uferstreifen angelegt und mit Pfosten zu den Ackerflächen hin markiert. Durch Unachtsamkeit ist der rechte Uferstreifen im Frühjahr mitgemäht worden

Abb. 2. Gewässerausbau 1986/87 im Flurbereinigungsverfahren Warden-Niedermerz (Tagebau Zukunft-West). In einem 25 m breiten Gehölzstreifen ist der Graben leicht geschlängelt trassiert. Der junge Gehölzstreifen ist vorübergehend mit einem Wildschutzzaun gegen Verbiß und Beschädigung durch Bewirtschaftung der Ackerflächen gesichert

zur Ackerseite hin nachträglich mit einem 3 bzw. 5 m breiten Uferstreifen versehen (Abb. 3 u. 4).

Erst nachdem die Richtlinie für naturnahen Ausbau und Unterhaltung der Fließgewässer in NRW 1989 in überarbeiteter und erweiterter Form neu erschienen war, wurden die jetzt detailliert beschriebenen Ausbaukriterien von den am Genehmigungsverfahren beteiligten Behörden konsequent eingefordert. Insbesondere werden seither für die als Fließgewässer eingestuften Gräben eine geschlängelte Linienführung, wechselnde Böschungsneigungen, Mindestabmessung von 1 m als lichtes Profil bei Durchlässen in kreuzenden Straßen und Wegen sowie die Anlegung von mindestens 5 m breiten Uferstreifen, die teilweise mit Bäumen und Sträuchern bepflanzt und teilweise mit Wildkräutern und Gräsern eingesät sind, verlangt. Mit den genannten Kriterien ergibt sich bei einer Grabentiefe von 1,50 m eine Gesamtbreite für das Fließgewässer von mindestens 20 m (Abb. 5).

Auch in dieser Phase des naturnahen Gewässerausbaus zeigte es sich, daß eine Abweichung von dem Grundkonzept der Landaufteilung kaum möglich war. Der Gewässerverlauf folgte im wesentlichen den Wirtschaftswegen, die ihrerseits die Aufteilung der landwirtschaftlichen Flächen in möglichst rechtwinklige Schläge wiedergeben. Nach den vorliegenden Planungen wird dieses Konzept auch weiterhin bei dem überwiegenden Teil der Entwässerungsgräben seine Gültigkeit behalten.

Die Wiederherstellung der Fließgewässer, die auch in der Trasse einen Verlauf aufweisen, der als naturnah angesehen werden kann, setzt eine vorweggehende grundsätzliche Festlegung des Gewässerverlaufs voraus, wonach sich dann die Oberflächengestaltung auszurichten hätte. Eine Orientierung des Gewässerverlaufs sollte man dabei möglichst an dem vor dem Ausbau vorhandenen Verlauf vornehmen. Dieses gilt v. a., wenn das Fließgewässer außerhalb des Abbaugebietes seine naturgegebene Fortsetzung (nach oben und nach unten) finden muß.

Das Bemühen um naturnahe Wiederherstellung der Fließgewässer endete häufig auch in einer Landschaftsarchitektur, die mit den Gegebenheiten des Naturhaushaltes vor Durchführung des Braunkohlentagebaues nicht immer übereinstimmte. Dieses gilt v. a. im Detail von Trassierung, Längsgefälle und Querschnittsausbildung. Aus diesem Grunde setzte man ab Mitte der 80er Jahre darauf, zumindest den für die Landschaft bedeutenden Fließgewässern einen eindeutigen Talverlauf vorzugeben. Es wurden dabei Talformen geschaffen, die hinsichtlich der Tiefenlage der Sohle allen Anforderungen der Nutzungen gerecht wurden. Die Talflanken wurden sehr viel flacher gestaltet als früher die Gewässerböschungen. Die Täler sind Teil der forstlichen Rekultivierung und überwiegend mit Bäumen und Sträuchern bepflanzt. Einige Freiflächen sind der natürlichen Sukzession überlassen. Als Beispiele sind die Fließgewässer Hohenholzer Graben, Königshovener Mulde und Elsbach im rekultivierten Tagebau Frimmersdorf/Garzweiler zu nennen. Die Fließgewässer wurden nach den derzeit gültigen Kriterien der vorgenannten Richtlinie im Detail geplant, genehmigt und ausgebaut. Dabei wurde noch jede Kurve einer geschlängelten Trassierung, die eine Mäandrierung nachempfinden sollte, in allen Einzelheiten festgelegt. Das Abflußprofil wurde entsprechend dem Berechnungshochwasser dimensioniert. Ausuferungen und Profilverlagerungen bei Hochwasserabfluß waren nicht eingeplant, obwohl dies über weite Strekken des Talverlaufs hätte schadlos hingenommen werden können. Kreuzende Forstwirtschaftswege und Wanderwege wurden hier nicht mehr als den Gewässerverlauf störende Rohrdurchlässe, sondern als Furten angelegt.

Abb. 3a, b Gewässerausbau 1982 im Tagebau Fortuna-Garsdorf (Wiedenfelder Höhe). Die Beackerung geht bis an die Grabenoberkante. Später wurde eine einreihige Bepflanzung in der oberen Böschungshälfte vorgenommen. 1993/94 wurde nachträglich ein 3 m breiter Uferstreifen angelegt und mit Pfosten markiert. An einigen Stellen bedecken Strauchweiden mit ihrer Wuchsfreudigkeit das gesamte Grabenprofil und sollten daher künftig vermieden werden. Die Bilder wurden jeweils vom gleichen Standort aufgenommen

Abb. 4a, b Gewässerausbau 1982 im Tagebau Fortuna-Garsdorf (Wiedenfelder Höhe). In einer starken Gefällestrecke wurde der Graben bis zum Berechnungshochwasserspiegel mit Bruchsteinpflaster in Beton befestigt. Später wurde eine einreihige Bepflanzung in der oberen Böschungshälfte vorgenommen. 1993/94 wurde nachträglich ein 3 m breiter Uferstreifen angelegt und mit Pfosten markiert. Ein derartiger Ausbau ist heute nicht mehr üblich. Die Bilder wurden jeweils vom gleichen Standort aufgenommen

Noch einen Schritt weiter in der naturnahen Gestaltung von Fließgewässern ist man beim Schlangengraben im rekultivierten Tagebau Zukunft/West gegangen. In einem 120–200 m breiten Tal, das forstlich rekultiviert worden ist, verläuft der neue Schlangengraben. Der alte Schlangengraben, der nur in seinem Unterlauf noch als bedingt naturnah einzustufen war, liegt im Abbaugebiet des Tagebaues Inden. Der neue Schlangengraben ist rd. 3,5 km lang. Er wird im Oberlauf durch Niederschlagswässer aus dem Ort Fronhoven-Lohn gespeist, in seinem weiteren Verlauf erhält er Zufluß aus einem großen Einzugsgebiet landwirtschaftlich rekultivierter Flächen. Nach Wasserbefüllung des 100 ha großen Blausteinsees und dem damit verbundenen Wiederanstieg des Grundwassers in den umgebenden Flächen, wird der Schlangengraben künftig wieder Grundwasserkontakt haben und Überlaufwasser aus dem Blausteinsee aufnehmen. Die Besonderheit bei der Planung des Schlangengraben ist, daß dem Fließgewässer bis auf wenige Zwangspunkte nur ein pflugfurchengroßes Gerinne im Taltiefsten vorgegeben wurde und es nun den künftigen Abflußereignissen vorbehalten bleibt, ein Gewässerbett auszuformen, das im Laufe von Jahrzehnten oder länger tatsächlich als ein mäandrierendes Fließgewässer anzusprechen ist. Da der Talboden mit lößreichem Forstkies angeschüttet ist, wird sich die dabei stattfindende Bodenerosion in Grenzen halten. Ein im Unterlauf des Schlangengrabens liegender 5 ha großer Weiher mit tiefliegender Sohle besitzt einen ausreichenden Absetzraum für abgeschwemmtes Bodenmaterial, so daß eine Belastung des unterhalb verlaufenden Merzbaches mit Trübstoffen verhindert wird.

Für die Herstellung von Fließgewässern in Rekultivierungsgebieten bleibt es sehr zu wünschen, daß die Planungen für Ausbau und Weiterentwicklung des Gewässers von dem gebietstypischen Leitbild für naturnahe Fließgewässer vor Beginn des Abbaus bestimmt werden. Hierzu ist es erforderlich, daß anhand aller zugänglichen Quellen die Situation vor Beginn der Abbaumaßnahmen rekonstruiert wird. Dieses gilt im wesentlichen für Geländegestalt, Gesteine, Böden, Substratverhältnisse des Bettes, Abflußregime, Wasserchemismus, Vegetation und Fauna. Wichtig ist dabei auch, daß bekanntgewordene anthropogene Einflüsse möglichst eliminiert werden. Fehlende Vergleichsdaten sollten aus ähnlich gelagerten Landschaften gewonnen werden. Bei neu vorgesehenen Abbaugebieten sollten diese Daten durch entsprechende Untersuchungen vor Abbaubeginn gewonnen werden, um auf diese Weise die Grundlagendaten für spätere Planungen vorzuhalten.

Alle Planungen für die Herstellung von Fließgewässern nach Abschluß der Tagebaumaßnahmen sollten sich auf die baumäßige Herstellung der wesentlichen Teile (grober Verlauf der Trasse, Querprofil nur in Ansätzen und stützpunktartige standortgerechte Bepflanzung) beschränken. Die weitere Entwicklung sollte dann dem Gewässer selbst und bei der Vegetation der natürlichen Sukzession überlassen bleiben. Aufgabe des Menschen sollte dabei lediglich die Beobachtung sein, ob die Entwicklung dem maßgebenden Leitbild folgt. Nachfolgende Eingriffe sollten auf die Beseitigung von Gefahrenstellen und die Korrektur von Fehlentwicklungen beschränkt bleiben.

Ein solches Leitbild wird bei der in Planung befindlichen Verlegung der Inde, einem linken Nebenfluß der Rur, beachtet. Die aus dem Abbaugebiet des Tagebaues Inden in den Jahren 2003/2005 zu verlegende Inde wurde Mitte der 50er Jahre nach den damaligen Regeln der Technik für den Hochwasserschutz als gegliedertes Trapezprofil mit beidseitigen Dämmen ausgebaut. Dabei wurde die ursprüngliche Lauflänge von 7,6 auf 5,15 km verkürzt und das grössere Sohlgefälle durch zahlreiche Sohlabstürze ausgeglichen. Die neue Planung sieht vor, daß die zu verlegende Inde wieder annähernd die gleiche Lauflänge wie vor dem damaligen Ausbau erhält. Ein etwa 150 m breiter Auengürtel soll schon bei geringen Hochwässern überflutet werden können. Das eigentliche Flußbett wird geschlängelt durch den Auengürtel geführt und lediglich für ein erhöhtes Mittelwasser profiliert. Insgesamt soll der neuen Inde eine Naturnähe zurückgegeben werden, die sie vor 50 Jahren einmal gehabt hat.

Bei Planung und Ausbau von Fließgewässern haben Gesichtspunkte der Gewässerunterhaltung immer schon eine große Rolle gespielt. In den vergangenen Jahrzehnten wurden Fließgewässer auch in der Agrarlandschaft auf das gerade noch erforderliche Abflußprofil eingeengt. Dies hatte eine intensive Pflege für die Freihaltung des Abflußquerschnittes zur Folge, die in der Regel aus einer 3maligen Mahd pro Jahr bestand. Zur Verringerung des Arbeits- und Kostenaufwandes wurden zeitweilig wuchshemmende Mittel gespritzt, danach kamen Maschinen mit besonders konstruierten Mähwerken zum Einsatz. Nicht selten hat in dieser Zeit frisches Mähgut, das bei Starkregen abgeschwemmt wurde, zu Verstopfungen an Rohrduchlässen geführt und damit Überschwemmungen bewirkt. Als Lebensraum für Tiere und Pflanzen war ein solches Fließgewässer nur von geringem Wert.

Abb. 5. Gewässerausbau 1990 im Tagebau Zukunft-West. Leicht geschlängelter Hauptentwässerungsgraben mit beidseitig 5 m breitem Uferstreifen, der teilweise mit Gehölzen bepflanzt und teilweise als Krautsaum ausgebildet ist

Bei der lange Zeit intensiv durchgeführten Unterhaltung von Fließgewässern wurde häufig zu wenig bedacht, daß diese Tätigkeit immer wieder einen Eingriff in die natürliche Entwicklung bedeutet. Grundsätzlich bedarf ein Fließgewässer um so weniger der Unterhaltung, je naturnäher es ausgebildet und je weniger streng es auf Nutzungserfordernisse ausgerichtet ist.

Bei einem naturnah ausgebauten Fließgewässer fallen aufgrund des größeren Abflußprofils und der gewählten Bepflanzung nur noch geringe Unterhaltungsarbeiten an. Das Mähen der Böschungen kann ganz entfallen. Statt routinemäßiger Unterhaltung sollte das Gewässer regelmäßig beobachtet werden. Nur bei unvertretbaren Störungen sollte mit naturnahen Abhilfemaßnahmen eingegriffen werden. Lediglich Bauwerke, wie Brücken, Durchlässe oder Absturzbauwerke, sind häufiger zu kontrollieren und ggf. nachzubessern. Maßnahmen am Gewässerbett und den begleitenden Uferstreifen sind oft nur aus Gründen der Verkehrssicherheit (Schutz von Verkehrsanlagen, Offenhaltung der Sichtverhältnisse) erforderlich. Gelegentlich bedürfen Bepflanzungen in Uferstreifen auch aus nachbarrechtlichen Gründen eines Rückschnittes, wenn die Gehölze die Nutzung der Nachbargrundstücke beeinträchtigen.

Zusammenfassung

Die Herstellung der Fließgewässer nach Abschluß der Oberflächengestaltung wird beschrieben. Es wird gezeigt, wie sich dabei die Maßnahmen von ehemals naturfernen zu heute naturnäheren Formen entwickelt haben. Dabei wird darauf eingegangen, auf welchen Grundlagen die Planungen für naturnahe Baumaßnahmen entstehen sollten und wie weit die Herstellung neuer Fließgewässer durch den Menschen gehen soll. Die Unterhaltung der neuangelegten Fließgewässer soll nur in extensiver Form erfolgen.

Erftverlegungen

TIMM SCHINDLER

Die Erft ist ein linker Nebenfluß des Rheins und entspringt im Norden der Eifel bei Holzmülheim. Sie fließt in nördlicher Richtung, vorbei an den Städten Euskirchen, Bergheim, Grevenbroich, um nach etwa 110 km bei Neuss in den Rhein zu münden. Dabei fällt sie von etwa 530 m über dem Meeresspiegel an der Quelle auf 32 m + NN bei Neuss. Auf ihrem Weg zum Rhein nimmt die Erft nur wenige Nebenflüsse, die fast alle ebenfalls in der nördlichen Eifel entspringen, auf. Bis in die 60er Jahre besaß ihr Bett an keiner Stelle eine Leistungsfähigkeit, die höher als etwa 35 m^3/s lag. Dagegen muß mit Hochwässern von bis zu 70 m^3/s gerechnet werden. Am Mittel- und Unterlauf, dort wo das Gefälle des Gewässers teilweise unter 1 ‰ liegt, wurden zahlreiche Mühlen betrieben. In diesem Bereich ist die Erft ein staugeregelter Fluß.

Mit Beginn des Braunkohlentieftagebaues im Tal der Erft hatte der Fluß wiederholt dem Bergbau zu weichen. Die Erft mußte hochwasserfrei ausgebaut werden, damit gewährleistet war, daß die Braunkohlentagebaue vor Hochwasser sicher waren. Die Erft mußte das Grundwasser – Sümpfwasser – das gefördert wurde, um die Tieftagebaue trocken zu halten, aufnehmen. Das waren im Mittel- und Unterlauf zeitweilig bis zu 1 Mrd. m^3/Jahr oder anders, bis zu knapp 30 m^3/s. Deshalb wurde das Mittelwasserbett von den ersten Einleitstellen bis zur Mündung umgebaut.

Einerseits erfüllte die Erft für den Braunkohlenbergbau eine wichtige Funktion, nämlich die der Aufnahme der vom Bergbau geförderten Sümpfwassermengen. Auf der anderen Seite stand sie dem Braunkohlentagebau an verschiedenen Stellen im Wege. Wiederholte Verlegungen waren notwendig, um die Braunkohlentieftagebaue vor Hochwasser mit hoher Sicherheit zu schützen.

Erste Erftverlegung bei Epprath (1941/1942)

Erstmals mußte der Fluß aus dem Taltiefsten dem Braunkohlentagebau weichen. Die Niederrheinische Braunkohlen AG Frimmersdorf betrieb seit 1920 einen Tagebau zwischen Frimmersdorf und Morken, die „Grube Walter“, der erste Tagebau, der im Erfttal betrieben wurde. Alle anderen Tagebaue lagen auf dem Rücken der Ville. Die Grube sollte in südliche Richtung, also im Osten der mittlerweile nicht mehr vorhandenen Erftstädtchen Morken und Harff ausgedehnt werden. Das Erftbett wurde an den östlichen Höhenrand des Tales auf einer Länge von rd. 1,5 km verlegt (Abb. 1).

Das Gewässerbett wurde für eine Wasserführung bei Mittelwasser von etwa 4 m^3/s bemessen, ohne eventuelle zukünftige Einleitungen von Sümpfwasser zu berücksichtigen.

Entscheidend war die Festlegung des für die Gestaltung des Erftprofiles maßgebenden Abflusses bei Hochwasser. Man war sehr vorsichtig geworden. Im Mai 1926 trat ein außergewöhnliches Hochwasser auf. Das Bett der Erft konnte die Wassermassen nicht ausuferungsfrei abführen. Die Folge waren ein Dammbruch und die Überflutung des Tagebaues „Grube Walter“.

Über das damalige Hochwasser findet man unterschiedliche Angaben. Die Wassermengen schwanken zwischen 62 und 75 m^3/s. Das dann geschaffene Gewässerbett war in der Lage, ein Hochwasser von bis zu 111 m^3/s ohne Gefahr für den Tagebau abzuführen.

Heute ist von alledem nichts mehr vorhanden. Der Tagebau wurde inzwischen „Grube Frimmersdorf“ genannt. Die verlegte Erft wurde, wie die Orte Morken und Harff, zwischenzeitlich abgebaggert.

Zweite Erftverlegung Morken/Harff (1958)

Der Strombedarf stieg in den Nachkriegsjahren sprunghaft an. Bei Frimmersdorf war ein neues Kraftwerk in Betrieb gegangen. Größere Geräte für die Erdbewegungen sowie für die Förderung der Braunkohle wurden entwickelt. Die Leistungsfähigkeit der Transportsysteme stieg. Der Tagebaubetrieb wurde umgestellt. Das Abbaugebiet hieß jetzt „Frimmersdorf Süd“. Die Erft mußte dem Braunkohlentagebau erneut weichen. Gemeinsam mit einer teilweisen Verlegung der Straße, die durch das Erfttal führte (L 361), erhielt der Fluß einen neuen Verlauf westlich der Orte Morken und Harff auf einer Länge von 5,1 km (Abb. 1). Die Bauarbeiten konnten im Jahr 1958 beendet werden. Das Tal der Erft stieg in diesem Bereich in westliche Richtung spürbar an.

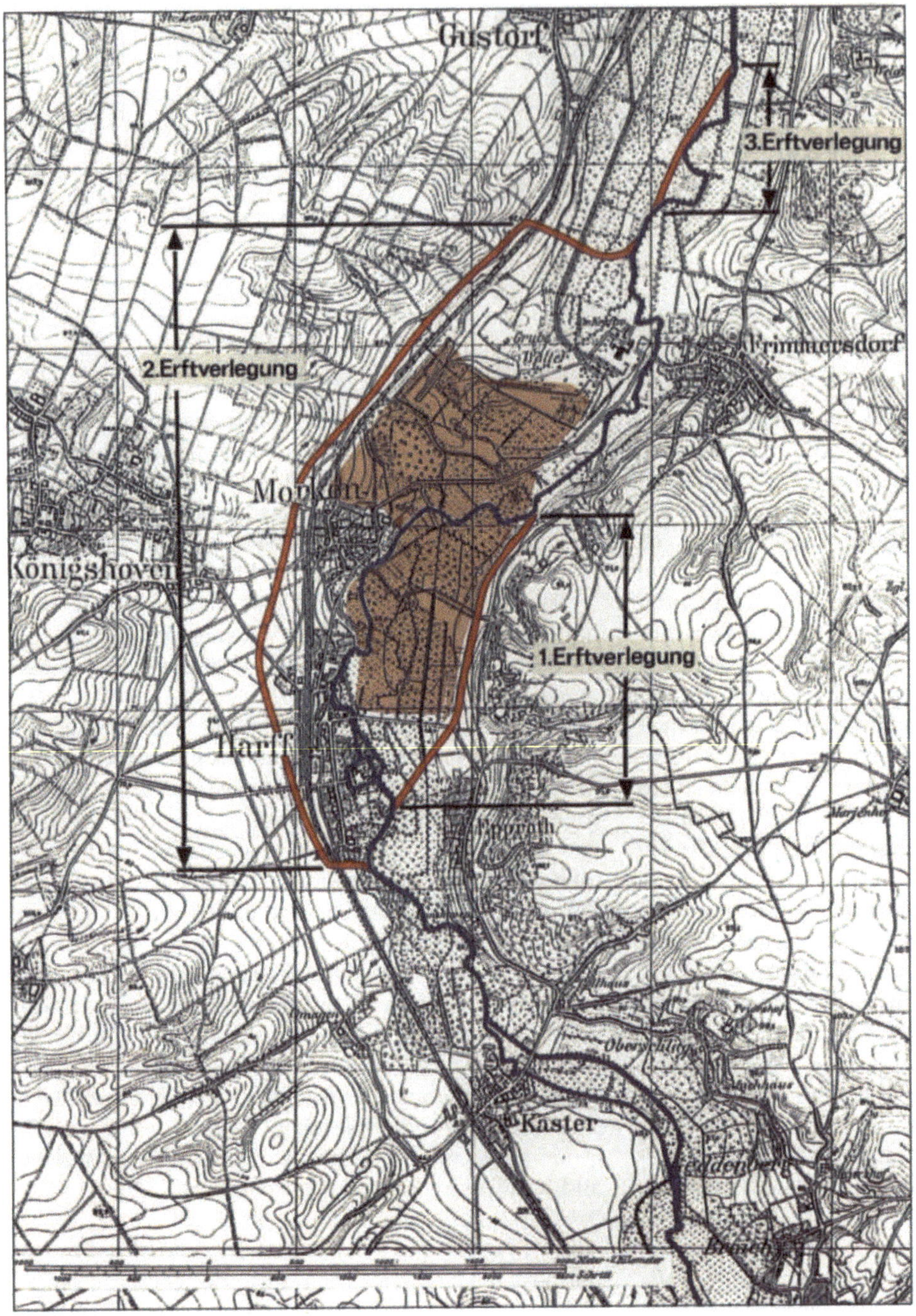

Abb.1. Erste bis dritte Erftverlegung. Mit der ersten Erftverlegung wich die Erft dem Braunkohlentagebau östlich der Ortschaften Morken-Harff. Die zweite Erftverlegung ermöglichte den Tagebau Frimmersdorf Süd. Die dritte Erftverlegung machte für das Kraftwerk Frimmersdorf Platz

Der Ort Königshoven, der inzwischen auch dem Braunkohleabbau weichen mußte, lag mehr als 25 m über dem Tal.

Die Erft floß jetzt in einem teilweise bis zu 15 m tiefen Einschnitt. Die Trasse war arm an belebenden Elementen gewählt. Auf langen Teilstücken zeigte der Fluß das Erscheinungsbild eines schnurgeraden Kanals. Der technische Charakter des Gewässerverlaufes wurde durch Pappelreihen an beiden Ufern verstärkt.

Die gerade Linienführung wurde, so heißt es im Erläuterungsbericht zur Planung, bewußt in Kauf genommen. Allerdings standen damals Fragen des Fließverhaltens – zu enge Radien in den Flußbiegungen, Schwellen in der Gewässersohle zum Schutz gegen Erosion, Sicherung der Böschungen mit Steinpflaster gegen Erosion – im Vordergrund. Zwischenzeitlich gewachsene Ansprüche an die Ausbaugrundsätze mit Blick auf die Zusammenhänge, welche die Tier- und Pflanzenwelt betreffen, blieben nachrangig. Es stand bereits damals fest, daß dieser Zustand nur für eine begrenzte Zeit Bestand haben würde. Die bergbauliche Planung sah den Kohleabbau auch in diesem Gebiet vor, was inzwi-

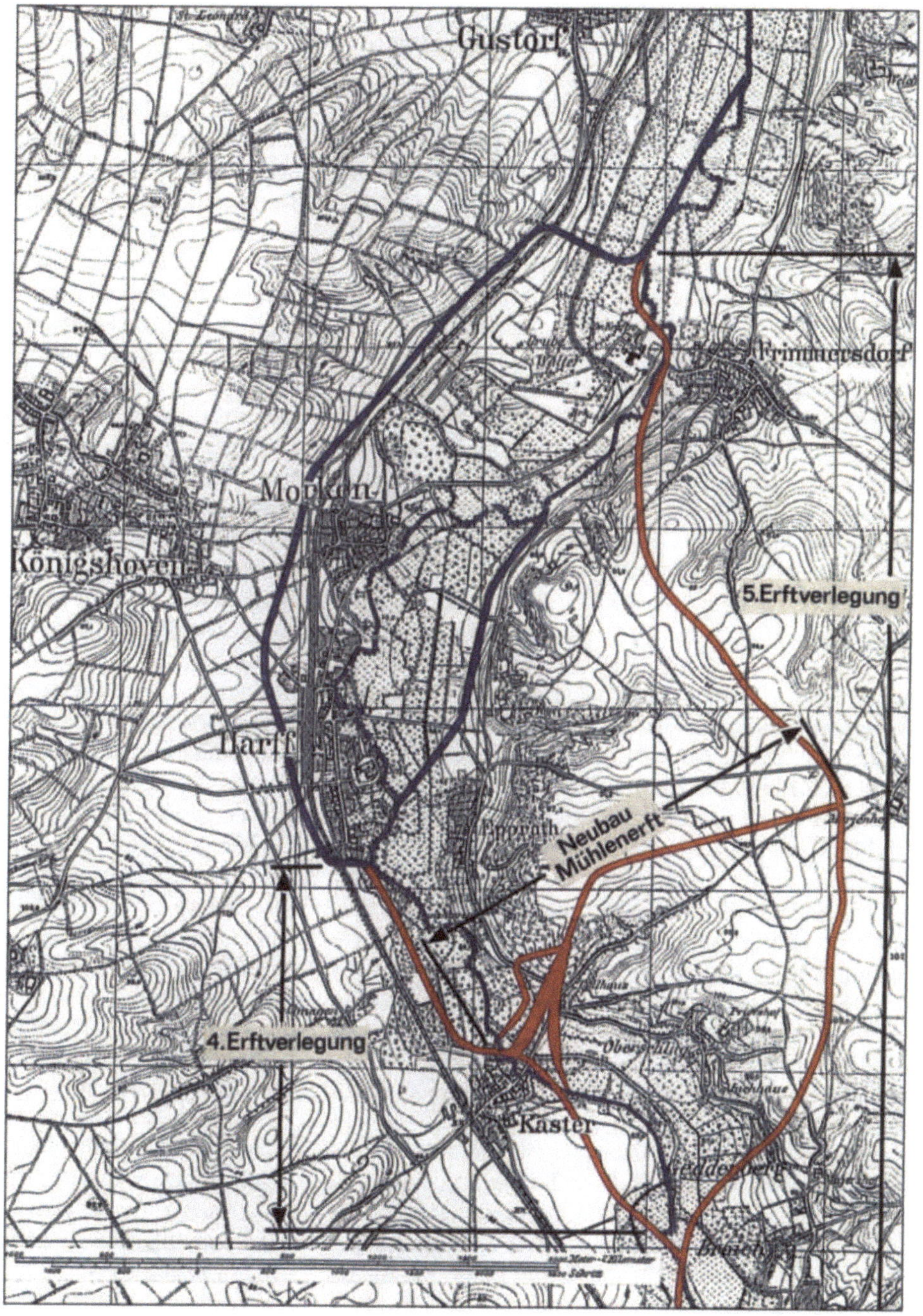

Abb. 2. Vierte und fünfte Erftverlegung und Neubau der Mühlenerft Kaster. Mit der ausuferungsfreien vierten Erftverlegung konnte der Tagebau Frimmersdorf Süd bis Kaster fortgeführt werden. Die fünfte Erftverlegung verlief anfangs im ersten Teilstück nördlich von Broich auf einem Damm zwischen den noch offenen Tagebauen Frimmersdorf Süd und Fortuna-Garsdorf. Nach Verfüllung des Tagebaues Frimmersdorf Süd entstanden zwischen Kaster und der fünften Erftverlegungsstrecke die Kasterer Mühlenerft und der Kasterer See

schen verwirklicht wurde. Eine erneute, dann aber endgültige Verlegung sollte eines Tages folgen. Bereits 1976, also nach 18 Jahren, verließ die Erft nach ihrer endgültigen Verlegung in den heutigen Lauf wieder dieses Gewässerbett (Abb. 1 u. 2).

Dritte Erftverlegung beim RWE-Kraftwerk Frimmersdorf

Nach dem Zweiten Weltkrieg hatte der Energiestandort an der Erft indessen eine große Bedeutung gewonnen. Mit einer Steigerung der Förderleistungen wuchs die Produktion des Stromes in den RWE-Kraftwerken. 1962 mußte die Erft unterhalb der verlegten Strecke bei Morken-Harff und der Mühle bei Gustorf der Kraftwerkserweiterung Platz machen. Sie wurde aus ihrem natürlichen Verlauf in westlicher Richtung verlegt (Abb. 1).

Hochwasserfreier Ausbau der Erft zwischen Paffendorf und Bedburg-Blerichen (1964)

Der Tagebau Fortuna Garsdorf war aufgeschlossen. Die Erft verlief verhältnismäßig nahe der Tagebaukante, konnte jedoch nicht das denkbar größte Hochwasser ausuferungsfrei und ohne Gefahr für den Tagebau abführen. 1926 wurde bei Frimmersdorf die „Grube Walter“ überflutet. Ein solches Ereignis durfte sich auf keinen Fall wiederholen. Auf einer Länge von ca. 3,5 km wurde die Erft zwischen Bergheim-Paffendorf und Bedburg in einem größeren Abstand zur Tagebauoberkante verlegt und abgedichtet. Dem Ausbau wurde eine Hochwasserabflußmenge von 88 m^3/s zugrunde gelegt. Diese Verlegung erfolgte nicht nur aus Gründen des Braunkohleabbaues unter dem Fluß, sondern diente einzig der Sicherheit des künftig größten Erdaufschlusses der Welt.

Vierte Erftverlegung Bedburg/Kaster/Harff (1971)

Der Tagebau Frimmersdorf, dem die Erft mit ihrer Verlegung Morken/Harff bereits 1958 weichen mußte, war zwischenzeitlich weiter in südliche Richtung gewandert. Der Bergbau erreichte Anfang der 70er Jahre das rechte Überschwemmungsgebiet unterhalb Kaster (Abb. 2). Der Flußlauf wurde in zwei Teilabschnitten in westliche Richtung verlegt. Bei Bedburg-Broich verließ das Gewässer sein altes Bett und umfloß nördlich das historische Städtchen Kaster, dort wo die Erft früher eine Mühle antrieb. Danach verlief sie parallel der Eisenbahnstrecke Düren-Neuss und traf erneut nach etwa 1 km auf den seinerzeit verlegten Erftabschnitt südlich der inzwischen abgebauten Ortslage Harff.

Schon jetzt stand fest, daß der Fluß in dem verlegten Abschnitt nördlich von Kaster nicht lange würde fliessen können. Der fast 150 m tiefe Tagebau rückte bald bis auf einen Abstand von 50 m an diese verlegte Erft heran. Die höchste Hochwassermenge, die dieser Flußabschnitt abführen konnte, betrug aufgrund von Untersuchungen des Großen Erftverbandes in seinem Rahmenplan von 1963 70 m^3/s. Das Mittelwasserbett konnte 30 m^3/s aufnehmen. Bemerkenswert an dieser Verlegung waren die hohen Sicherheitsanforderungen an die Dichtigkeit des Gewässerbettes. So wurde aus diesen Gründen eine im Wasserbau ansonsten unübliche, weil naturferne Dichtung des Gewässerbettes gewählt. Sie bestand aus einer bituminösen Decke, die zu einem muldenförmigen Profil mit 16 m Breite ausgebildet wurde. Die Ausbaugrundsätze und Gestaltungselemente folgten technischen Grundsätzen. Oberhalb dieses mit einer Schwarzdecke gesicherten Profiles bildeten Rasenkammerplatten auf einer Kunststoffolie einen weiteren Schutz des Tagebaues. Für einen Bereich von 200 m Länge oberhalb der Ortslage Kaster bestand die Besorgnis, daß das Flußbett wegen eines hier verlaufenden Sprunges von Westen nach Osten Schaden nehmen könnte. Diese Befürchtungen haben sich nicht bewahrheitet. Das bituminöse Flußbett konnte den Bewegungen ohne Verlust der Dichtigkeit folgen.

Fünfte Erftverlegung Bedburg-Broich/Frimmersdorf

Die 2. und die 4. Erftverlegung waren, wie schon dargelegt, nur für einen begrenzten Zeitraum vorgesehen. Der Tagebau Frimmersdorf-Süd durchquerte jetzt endgültig das Erfttal nördlich von Kaster. Hier waren jedoch nicht nur das Gewässer, sondern auch die Eisenbahnstrecke Düren-Neuss sowie die Landstraße L 361 im Wege. Flußlauf, Eisenbahn und Landstraße wurden zugleich auf die östliche Seite des Tagebaues verlegt. Das Projekt hatte den Namen „Verkehrsband Frimmersdorf“. Die Besonderheit war, daß diese Maßnahme unter besonderem Zeitzwang, vorgegeben durch den Bergbaubetrieb, erfolgen mußte. Der Braunkohleabbau mußte zuerst unter dem zukünftigen neuen Verkehrsband erfolgen. Nach dem Abbau wurde ein Damm von bis zu 160 m Höhe und mit einer Breite von nur etwa 400 m als Innenkippe geschüttet. Nachdem der Betriebsplan für die Verlegung des Verkehrsbandes, also auch für die Verlegung der Erft, 1973 genehmigt war, folgte in den Jahren 1973/1974 die Planfeststellung für die Verlegung der Erft.

Am Beginn der Verlegungsstrecke entstand ein neues Erftwehr. Mit diesem Doppelklappenwehr sollte sichergestellt werden, daß die später wieder herzustellende Mühlenerft mit Wasser aus der Erft versorgt würde. Der Erftarm aus der 4. Verlegung von Bedburg-Broich bis Kaster hatte nach dem Durchstich des Tagebaues durch das Erfttal nördlich von Kaster die Aufgabe der Vorflut für den Ortsteil Kaster. Das Wasser floß in diesem Bereich zeitweise gegen das ursprüngliche Gefälle und wurde unterhalb des Wehres in die verlegte Erft eingeleitet.

Die Wasserbauingenieure hatten bei dieser Verlegung eine Reihe besonderer Schwierigkeiten zu lösen. Das Gewässer wurde nahezu ohne Ausnahme auf einer recht jungen Kippenoberfläche hergestellt. Mit unterschiedlichen, z. T. noch erheblichen Setzungen mußte gerechnet werden. Deshalb wurden die Böschungen so angelegt, daß nach Abklingen der Setzungen immer noch ein Freibord von ca. 1 m bei Hochwasser verbleibt. Im unteren Teilstück der verlegten Erft reichte die Einschnittiefe des Gewässerbettes nicht überall aus, um das Hochwasser ausuferungsfrei abzuführen. Eine Verwallung sollte ein noch ausreichendes Freibord über dem Hochwasserspiegel garantieren.

Die zweite wasserbauliche Besonderheit bestand in der Herstellung eines absolut dichten Gewässerbettes, welches das Hochwasser ausuferungsfrei abführen konnte. Die Erft verlief, wie bereits gesagt, auf einem Damm zwischen beidseitigen Tagebauaufschlüssen. Im südlichen Verlegungsbereich bildete eine insgesamt 28 cm starke Schwarzdecke die Gewässersohle. Eine Stahlspundwand, vor die eine Steinschüttung eingebracht wurde, formte das Ufer (Abb. 3). Streckenweise zeigten sich hier später Abdichtungsschwierigkeiten, die allerdings kurz nach Inbetriebnahme der Erft beseitigt werden konnten, indem der Fluß vorübergehend noch einmal in sein bereits verlassenes altes Bett umgeleitet wurde. Im weiteren Verlauf, in dem nicht mit größeren

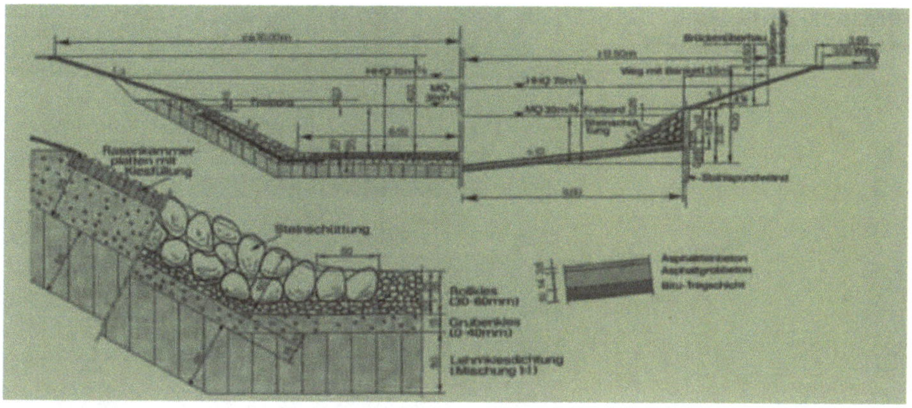

Abb. 3. Profile der fünften Erftverlegung (Verkehrsband). *Rechtes Profil* Bei Hochwasser ausuferungsfreies Profil und versickerungsdichte Sohle aus Asphalt und Spundwänden im Erftverlauf auf der Dammlage zwischen zwei offenen Braunkohlentagebauen. *Linkes Profil* Erftprofil im wiederverfüllten Tagebau mit Lehmkiesdichtung

Restsetzungen zu rechnen war und in dem der Tagebau in der Nachbarschaft bereits verfüllt war, konnte eine Sohle für das Gewässer aus einer Lehmdichtung mit einer diese schützenden Kiesschicht hergestellt werden. Die gesamte Länge des Verlegungsabschnittes betrug 6,6 km (Abb. 2). Jenes Bett wird die Erft nicht mehr verlassen müssen. Allerdings ist daran gedacht, das auf weiten Strecken aus künstlichen Elementen gebildete Flußbett nach Einstellung der Sümpfwassereinleitungen umzugestalten. Die künstliche Dichtung der Gewässersohle ist nicht mehr vonnöten, weil die benachbarten Braunkohlentagebaue wieder verfüllt wurden und eine Gefährdung durch versickerndes Erftwasser nicht mehr besteht. Die stabile Ufersicherung kann stellenweise entfernt und das Mittelwasserbett zurückgebaut werden, da die Einleitung von Grundwasser durch den Bergbau bis auf eine geringe Restmenge eingestellt wird. Es bietet sich also die Chance, den Fluß in diesem Bereich naturnah auszubauen. Die Uferzonen werden überwiegend mit Pflanzen befestigt. In gewissem Umfang kann die Erft dann ihr Bett selbst gestalten.

Neubau der Mühlenerft und des Erftsees bei Kaster (1985)

Nachdem sich der Braunkohleabbau des Abbaufeldes Frimmersdorf-Süd in westlicher Richtung verlagert hatte, und der Erdaufschluß vollständig verfüllt wurde, erhielt der Ortsteil Kaster, der zwischenzeitlich nur über das verbliebene Reststück der 4. Verlegung Vorflut besaß, wieder ein Fließgewässer an seinen Stadtmauern. Zwischen Kaster und der mit dem Verkehrsband weit östlich verlaufenden verlegten Erft konnte ein neues Gewässer wiederhergestellt werden (Abb. 2 u. 4). Gleichzeitig entstand ein ca. 8 ha großer See bei Kaster. Die Erft zwischen Bedburg-Broich und Kaster, eine Teilstrecke der 4. Verlegung wurde in ein Gewässer umgestaltet, das sowohl im Längsschnitt als auch in den Querschnitten zahlreiche Gestaltungselemente aufweist, die denen natürlicher Gewässer entsprechen. Auf künstliche Baustoffe wurde verzichtet. Ihre Aufgabe haben Sträucher, Bäume wie auch Röhricht übernommen. Die dort bei der 4. Erftverlegung eingebaute Asphaltdichtung der Gewässersohle wurde mit Sand und Kies überdeckt, die Ufer wurden natürlich gestaltet. Damit ein ständiger Durchfluß des Sees bei Kaster gewährleistet ist, bekam die Erft östlich des Ortes ein kleines Wehr, um einen ausreichenden Höhenunterschied zu gewinnen.

Nach nicht einmal 10 Jahren der Herstellung dieses völlig neuen Gewässers kann gesagt werden, daß es sich zu einem naturnahen entwickelt hat. Untersuchungen der Erftfischereigenossenschaft aus dem Jahre 1992/1993 haben einen reichhaltigen Fischbestand feststellen können. Die Mühlenerft ist Fischschongewässer. Beidseitig der neuen Mühlenerft befindet sich ein wohltuend breiter Ufersaum aus standortgerechten Bäumen, Sträuchern und Hochstauden. Die Gegend der Kasterer Mühlenerft und des Kasterer Sees (Abb. 4) ist inzwischen zu einem bedeutenden Erholungsgebiet geworden. Die Kasterer Mühlenerft als Nebenarm der eigentlichen Erft führt keine Hochwasser. Insofern ist eine Ausuferung ausgeschlossen.

Abb. 4. Luftbild Mühlenerft Kaster und Kasterer See. (Photo: Rheinbraun 1995)

Tabelle 1. Erftverlegungen durch den Braunkohlentagebau

Jahr	Bezeichnung der Verlegung	Länge (m)
1941	Epprath	2 700
1958	Morken-Harff	5 200
1961	Kraftwerk Frimmersdorf	850
1964	Glesch	3 500
1971	Kaster	3 000
1976	Bedburg/Frimmersdorf (Verkehrsband)	6 600
1985	Mühlenerft Kaster/Kasterer See	4 300
Gesamt		26 150

Zusammenfassung

Seit mehr als 50 Jahren wird im Tal der Erft zwischen Bergheim und Grevenbroich Braunkohle abgebaut. In diesem Zeitraum wurde die Erft insgesamt fünfmal in Teilstrecken auf mehr als 26 km verlegt (Tabelle 1). Zu keiner Zeit war der Abfluß des Wassers, und dieses insbesondere bei Hochwasser, beeinträchtigt. Nach Einstellen der Sümpfwassereinleitungen in die Erft wird das Flußbett auf Teilstrecken noch einmal umgestaltet werden mit dem Ziel, dem Gewässer und seinen Randbereichen einen noch höheren Grad an Natürlichkeit zu geben.

LITERATUR

Berkenbusch E (1971) Ausbaumaßnahmen an der Unteren Erft im Zusammenhang mit dem Braunkohlenbergbau. Braunkohle, Wärme und Energie 9: 12–15

Berkenbusch E, Würz H (1976) Die Verlegung des Verkehrsbandes im Abbaugebiet des Tagebaues Frimmersdorf. Braunkohle 10: 30–35

Dahmen A, Heitkemper G (1976) Planung und Bau der Erft zwischen Bedburg und Frimmersdorf. Braunkohle 10: 36–41

Erftgenossenschaft Bergheim (1935) Schrift zum 75jährigen Bestehen, Bergheim (unveröffentlicht)

Großer Erftverband Bergheim (1963) Rahmenplan zum Ausbau der Erft – 1963 – Bergheim (unveröffentlicht)

Verschiedene Unterlagen aus dem Archiv des Erftverbandes, Bergheim

Vergleichende limnologische Untersuchungen dreier Tagebauseen unter Berücksichtigung des Artenschutzaspektes

Andreas Lackmann

1 Einleitung

Untersuchungen haben gezeigt, daß sich sekundäre Stehgewässer – besonders in Tagebaugebieten – zu wertvollen Lebensräumen für gefährdete Arten entwickeln können (z. B. Bauer 1973; Heusser 1971; Wildermuth 1982; Blab 1986). Heusser (1971) und Wildermuth (1981) weisen zudem darauf hin, daß Tagebauseen die Funktion der ehemaligen Flußauen übernehmen können. Viele Arten der Stromauen mußten, da ihre natürliche Dynamik vom Menschen praktisch ausgeschaltet wurde, auf Ersatzbiotope wie Tagebauseen ausweichen. Hier finden sich gerade in jungen Tagebaugruben z. T. noch vegetationsarme Uferabschnitte, wie sie natürlicherweise durch Hochwässer und Wasserstandsschwankungen geschaffen werden. In der Folge entwickeln sich dann in gesetzmäßiger Form bestimmte Biotoptypen mit den dazugehörigen Lebensgemeinschaften. Die Intensivierung der Gewässernutzung beeinträchtigt oder zerstört aber auch diese Ersatzbiotope.

Ziel dieser Arbeit[1] ist es, Aussagen zur Eignung dreier unterschiedlich alter Tagebauseen im Rheinischen Braunkohlengebiet für den Arten- und Biotopschutz zu liefern. Dabei stellen sich v. a. folgende Fragen:

- Welche Habitatstrukturen bzw. -faktoren sind entscheidend für die Ausbildung eines spezifischen Artenspektrums?
- Welchen Arten der primären Gewässer Mitteleuropas gelingt eine Ansiedlung in Sekundärgewässern des untersuchten Typs?
- Wie verläuft eine Sukzession von neuen Gewässern zu älteren Gewässern?
- Welche Folgerungen ergeben sich für den Artenschutz?

[1] Die Untersuchungen wurden im Rahmen einer Diplomarbeit bei Prof. Dr. H. Bick (Institut für Landwirtschaftliche Zoologie und Bienenkunde der Universität Bonn) im Zeitraum März 1990 bis März 1991 durchgeführt.

2 Das Untersuchungsgebiet

Die drei untersuchten Flachseen Theresiasee, Gruhlweiher und Schluchtsee liegen im Rheinischen Braunkohlenabbaugebiet im Südteil der Ville (südwestlich von Köln).

Der Schluchtsee (98,3 m ü. NN) entstand 1960 nach Beendigung des dort durchgeführten Braunkohlentagebaues. Das mit bis 50 m recht schmale Gewässer besitzt eine Oberfläche von 1,9 ha bei einer mittleren Tiefe von 2,20 m. Der See zeigt einen stetigen Wasserdurchfluß. Die meist kiesigen Ufer fallen steil ins Wasser ab, so daß auf weiten Strecken nur ein schwacher Saum für die Entwicklung von Ufervegetation zur Verfügung steht.

Der Gruhlweiher (104,5 m ü. NN) entstand 1985. Das 5,8 ha große Gewässer besitzt eine mittlere Tiefe von 1,50 m. Mit Ausnahme des Ostufers ist das Gewässer von steilen Hängen umgeben, so daß dort ein schmaler Ufersaum besteht. Auf den Ruderalflächen östlich des Gruhlweihers befindet sich eine Reihe von Kleingewässern. Der Untergrund des Sees ist zumeist tonig.

Der Theresiasee (88,6 m ü. NN) entstand 1987. Das 43 ha große, unter Naturschutz gestellte Gebiet beherbergt vier Gewässer mit einer Gesamtgröße von 16,1 ha. Im sog. Großen See beträgt die mittlere Tiefe 1,5 m; die anderen Gewässer sind sehr flach. Während im Norden und Westen steile Hänge bis direkt ans Ufer reichen, bestehen v. a. im Südteil ausgedehnte Flachzonen. Hier befindet sich neben Feuchtflächen und Tümpeln der sog. Kleine See. Kleiner See und Großer See sind durch einen Damm getrennt und nur über einen Durchstich miteinander verbunden. Mit Hilfe eines Reglers im Dammdurchstich wird der Kleine See im Frühjahr und Herbst teilweise abgelassen, so daß am Ufer größere Schlickflächen entstehen. Der Untergrund der Gewässer ist tonig.

3 Material und Methode

Zur physikalisch-chemischen Charakterisierung diente die Ermittlung des pH-Wertes, der Sauerstoff-, Ammonium-, Nitrat-, Nitrit-, Orthophosphat-, Calcium-, Chlorid- und Sulfatkonzentration, der Gesamt- und Carbonathärte, der Leitfähigkeit und der Wassertemperatur. Zur Ermittlung der Vertikalverteilung wichtiger Parameter in den drei Seen wurden in verschiedenen Tiefen die Ammonium-, Nitrat-, Nitrit- und Phosphatkonzentrationen sowie der Sauerstoffgehalt, die Temperatur und die Sichttiefe gemessen.

Zur Erfassung der Vegetation wurden Vegetationsaufnahmen nach der Methode von Braun-Blanquet (1964) vorgenommen. Zudem wurden Pflanzen im Uferbereich erfaßt.

Der Fang von Wasserkäfern und -wanzen, Köcherfliegen- und Libellenlarven sowie von Schnecken und Muscheln erfolgte mit einem Küchensieb, einem Aquarienkescher und durch Absuchen von Steinen im März und von Mai–September einmal monatlich. Die Erfassung der Libellen erfolgte nach den Normen für ein „Repräsentatives Spektrum der Odonatenarten (RSO)" (Schmidt 1985). Zum Beweis der Bodenständigkeit in einem Gewässer wurden neben Larven- und Exuvienfunden Eiablage- und Paarungsradverhalten notiert. Zur Erfassung der Köcherfliegenimagines wurden Lichtfänge und ergänzend Kescherfänge durchgeführt. Die Bestandsaufnahme der Amphibien erfolgte durch Begehung des Geländes; der Vogelbestand wurde nur sporadisch erfaßt. Die Angaben zum Fischbesatz im Schluchtsee und Gruhlweiher stammen von den jeweiligen Angelvereinen, die Fischartenliste des Theresiasees von einer Erhebung der Landesanstalt für Fischerei Nordrhein-Westfalen, Kirchhundem-Aalbaum.

4
Physikalisch-chemische Gewässeranalyse

Wie aus Tabelle 1 ersichtlich, ist der Gruhlweiher als eutroph, der Schluchtsee als mesotroph und der There-

Tabelle 1. Die wichtigsten chemischen Parameter des Schluchtsees (*S*) (1963/64, 1990), des Gruhlweihers (*G*) (1990) und des Theresiasees (*T*) (1990). Die Chlorophyll-Werte stammen vom Landesamt für Wasser und Abfall Düsseldorf (LWA) (* = unter der Nachweisgrenze; # = nicht gemessen, [a] = höchster gemessener Wert; [b] = niedrigster gemessener Wert)

Parameter	S (1963/64)	S (1990)	G (1990)	T (1990)
Sauerstoffkonzentration (%)				
Oberfläche	85,4–108,2	70–161	88–176	93–196
Über Grund[b]	31,5	77	0	105
Chlorophyll (µg/l)	#	2,5	18,9	1,0
		(Durchschnitt 1988)	(Durchschnitt 1988)	(6.8.90)
Phosphat-P (µg/l)				
Oberfläche	In Spuren	21	33	15
Über Grund[a]	#	24	73	19
Ammonium-N (mg/l)				
Oberfläche	0,2	0,065	0,127	0,526
Über Grund[a]	#	0,041	0,593	0,064
Nitrat-N (mg/l)	2,10	0,148	0,225	0,065
Nitrit-N (mg/l)	In Spuren	*	0,007	0,003
Sichttiefe[b] (m)	#	2,00	0,50	2,80
				(Grundsicht)
Leitfähigkeit (µS/cM)	1 322	1 065	1 092	1 215
Carbonathärte (°d)	3,8	18	19	8
Gesamthärte (°d)	49,8	30	27,5	30,5
Chloridgehalt (mg/l)	31,8	30	113,3	236,7
Sulfatgehalt (mg/l)	781	400	230	300
Caciumgehalt (mg/l)	280,4	153,3	130	156,7

siasee als oligo-mesotroph einzustufen. Die drei Gewässer sind aufgrund der hohen Calcium- und Sulfatkonzentrationen als Calciumsulfat-Gewässer anzusehen. Zudem weisen der Schluchtsee und der Gruhlweiher recht hohe Carbonathärten auf, während die Carbonathärte des Theresiasees als mäßig hoch einzustufen ist.

Für die Entwicklung des Gewässerchemismus des Schluchtsees von 1963/64 bis heute lassen sich aus Tabelle 1 folgende Entwicklungstendenzen ableiten. Der junge nährstoffarme See eutrophiert mit zunehmendem Alter. Im jungen Zustand zeichnet er sich durch extreme chemische Verhältnisse (Leitfähigkeit, Gesamthärte, Sulfatgehalt) aus, die im Laufe der Zeit etwas abklingen. Der anfangs niedrige Hydrogenkarbonatgehalt steigt mit zunehmendem Alter an.

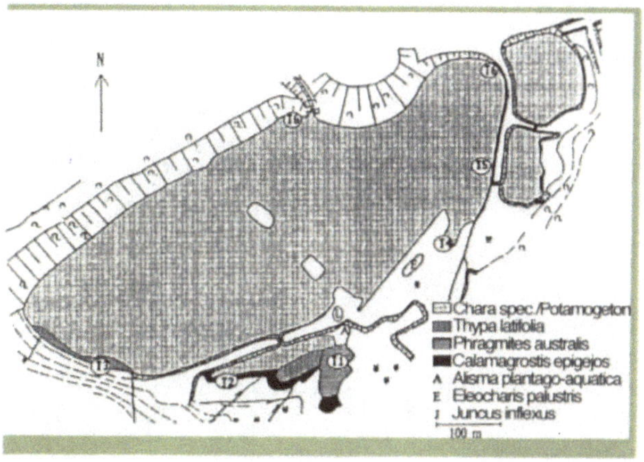

Abb. 1. Vegetationskarte des Theresiasees mit den Lagen der Probestellen *T1–T6* sowie der Lichtfalle *(L)*

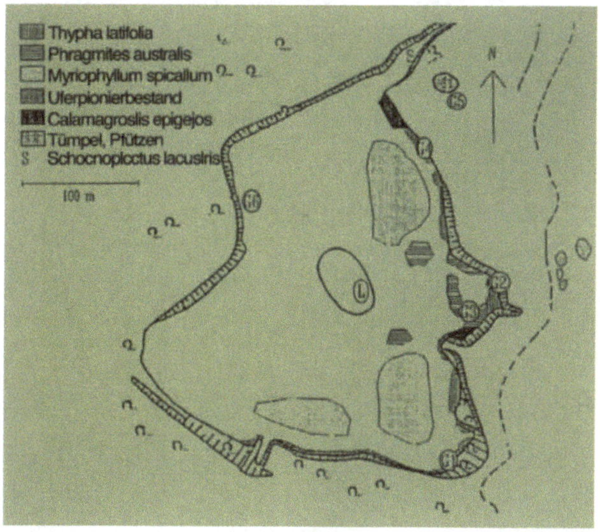

Abb. 2. Vegetationskarte des Gruhlweihers mit den Lagen der Probestellen *G1–G6* sowie der Lichtfalle *(L)*

5 Entwicklungsstand der Vegetation der drei Seen

Den Entwicklungsstand der Vegetation der drei Seen ist den Abb. 1–3 sowie der Tabelle 2 zu entnehmen.

5.1 Thersiasee

Vor allem am Südufer und am Ostufer hat sich eine für junge Tagebaugewässer typische Vegetation gebildet: eine Vorwaldgesellschaft aus jungen Weiden und Hänge-Birke *(Betula pendula)* mit Land-Reitgras *(Calamagrostis epigejos)* im Unterwuchs. Ausgedehntere (angepflanzte) Auwaldgehölzsäume sind lediglich am Nord- und Ostufer vorhanden.

Die Röhrichtzone ist entsprechend des jungen Alters des Theresiasees meist nur spärlich entwickelt. Es finden sich v. a. Pionierarten der Phragmitetea bzw. Phragmitetalia wie z. B. der Breitblättrige Rohrkolben *(Typha latifolia)* und z. T. dichtere Bestände des Zottigen Weidenröschens *(Epilobium hirsutum)* und des Land-Reitgrases. Im Gegensatz dazu verlief die Entwicklung der Röhrichtbestände im Kleinen See des Theresiasees erstaunlich schnell; hier hat sich ein ausgedehntes Röhricht aus überwiegend Reinbeständen von Schilf *(Phragmatis australis)* und Breitblättrigem Rohrkolben herausgebildet.

In den Gewässern hat sich aufgrund der nährstoffarmen Verhältnisse ein dichter Rasen aus

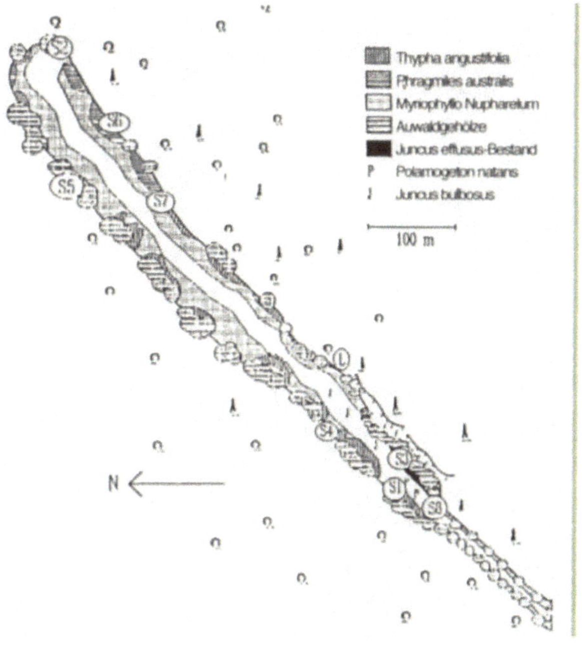

Abb. 3. Vegetationskarte des Schluchtsees mit den Lagen der Probestellen *S1–S8* sowie der Lichtfallen *(L)*

Tabelle 2. Vegetationsaufnahmen an den drei Seen im Untersuchungsjahr 1990. (*AC.*: Assoziationscharakterart, *OC.*: Ordnungscharakterart, *VC.*: Verbandscharakterart, *KC.*: Klassencharakterart)

Probefläche	S1	S3	S4	S6	S7	S8	G1	G2	G3	T1	T2	T3	T4	T5
Monat	9	9	9	9	9	9	8	8	8	8	8	8	8	8
Tag	5	5	5	5	5	5	14	14	14	10	10	10	10	10
Aufnahmefläche (qm)	20	18	15	30	30	40	18	50	50	50	25	35	100	75
Wassertiefe (cm)	40	30	50	40	150	150	30	50	50	10	30	20	10	70
Deckungsgrad (%)	50	70	70	60	60	100	55	95	100	95	70	50	85	80
Phragmition:														
VC.:														
Phragmites australis	.	.	.	4	.	.	.	+	5	5	.	.	.	.
Sparganium emersum	.	+	4	1	3	.	.	.	.	.	.	+	.	+
Typha angustifolia	3	.	+	.	.	.	.	.	.	.	.	.	.	.
Typha latifolia	.	.	.	.	.	.	+	5	.	1	1	3	+	.
KC. - OC.:														
Alisma plantago-aquatica	.	.	.	+	+	.	+	+	.	1	r	.	1	+
Eleocharis palustris	.	.	.	.	.	.	.	.	.	2	+	.	+	.
Lychopus europaeus	.	.	.	1	.	.	1	.	.	+	.	+	.	.
Mentha aquatica	.	.	.	.	.	.	2	.	.	.	.	.	.	.
Phalaris arundinacea	.	.	.	.	.	.	1	.	.	.	.	+	.	.
Veronica anagallis-aquatica	.	.	.	.	.	.	2	.	.	.	.	.	.	.
Myriophyllo-Nupharetum:														
AC.:														
Myriophyllum verticillatum	.	.	.	1	2	.	.	.	.	.	.	.	.	.
Nuphar lutea	.	.	.	.	+	.	.	.	.	.	.	.	.	.
VC.:														
Myriophyllum spicatum	.	.	.	.	+	.	1	5	2	.	.	.	.	.
Nymphaea alba	.	.	.	.	+	.	.	.	.	.	.	.	.	.
Potamogeton friesii	.	.	.	.	.	.	.	.	.	.	2	.	.	.
Potamogeton natans	.	+	.	.	+	5	.	.	.	.	.	.	.	.
KC.-OC.:														
Elodea canadensis	.	.	.	+	1	.	.	.	.	.	.	.	.	.
Potamogeton pusillus	.	.	.	.	.	.	.	.	.	.	.	.	.	+
Begleiter:														
Agrostis gigantea	.	.	.	.	.	.	.	.	.	.	.	+	.	.
Agrostis stolonifera	.	.	.	1	.	.	.	.	.	.	.	1	.	.
Betula pendula	.	.	.	1	.	.	.	.	.	.	.	.	.	.
Calamagrostis epigejos	.	.	.	2	.	.	.	.	.	+	3	1	.	.
Carex hirta	.	.	.	.	.	.	+	.	.	.	.	+	.	.
Carex otrubae	.	.	.	.	.	.	+	.	.	.	.	.	.	.
Chara spec.	.	.	.	.	.	.	3	.	.	5	.	4	5	5
Cirsium arvense	.	.	.	.	.	.	.	.	.	.	.	+	.	.
Deschampsia caespitosa	.	.	.	.	.	.	.	.	.	.	.	+	.	.
Epilobium hirsutum	.	.	.	.	.	.	+	.	.	+	.	1	.	.
Epilobium parviflorum	.	.	.	+	.	.	.	.	.	+	.	+	.	.
Epilobium roseum	.	.	.	.	.	.	.	.	.	+	.	+	.	.

Probefläche	S1	S3	S4	S6	S7	S8	G1	G2	G3	T1	T2	T3	T4	T5
Monat	9	9	9	9	9	9	8	8	8	8	8	8	8	8
Tag	5	5	5	5	5	5	14	14	14	10	10	10	10	10
Aufnahmefläche (qm)	20	18	15	30	30	40	18	50	50	50	25	35	100	75
Wassertiefe (cm)	40	30	50	40	150	150	30	50	50	10	30	20	10	70
Deckungsgrad (%)	50	70	70	60	60	100	55	95	100	95	70	50	85	80
Equisetum arvense	.	.	.	+	.	.	.	.	.	.	.	.	.	.
Equisetum palustre	.	.	.	+	.	.	.	.	.	.	.	.	.	.
Juncus articulatus	.	.	.	.	.	.	1	r	.	+	+	1	1	.
Juncus bufonius	.	.	.	.	.	.	.	.	.	r	.	+	.	.
Juncus bulbosus	.	1	.	.	.	.	+	.	.	.	.	.	.	.
Juncus effusus	.	4	.	+	.	.	.	.	.	.	.	.	.	.
Juncus inflexus	.	.	.	.	.	.	.	.	.	+	.	.	.	.
Lemna minor	.	.	.	.	.	.	.	1	.	.	.	.	+	.
Lysimachia vulgaris	.	.	.	r	.	.	.	.	.	.	.	.	.	.
Plantago major ssp. major	.	.	.	.	.	.	.	.	.	r	.	.	.	.
Poa annua	.	.	.	.	.	.	2	.	.	.	.	.	.	.
Ranunculus scleratus	.	.	.	.	.	.	.	.	.	r	r	.	.	.
Robinia pseudoacacia	.	.	.	+	.	.	.	.	.	.	.	.	.	.
Rubus fructicosus	.	.	.	1	.	.	.	.	.	.	.	.	.	.
Salix alba	.	.	.	+	.	.	.	.	.	.	.	.	.	.
Salix caprea	.	.	.	.	.	.	.	.	.	+	.	.	.	.
Salix cinerea	.	.	.	.	.	.	.	.	.	.	1	.	.	.
Salix fragilis	.	.	.	+	.	.	.	.	.	.	.	.	.	.
Salix triandra	.	.	.	.	.	.	.	.	.	+	.	.	.	.
Salix viminalis	.	.	.	.	.	.	1	+	.	.	.	.	.	.
Sarothamnus scoparius	.	.	.	r	.	.	.	.	.	.	.	.	.	.
Torilis japonica	.	.	.	+	.	.	.	.	.	.	.	.	.	.
Urticularia vulgaris	.	.	.	.	.	.	.	.	2	.	.	.	.	.
Grünalgen	.	.	.	.	.	.	2	5	.	.	3	2	1	.

(Fortsetzung Tabelle 2) Im Litoral im Untersuchungsjahr 1990 zudem festgestellte Pflanzenarten

Schluchtsee:	Gruhlweiher:	Theresiasee:
Alnus glutinosa	*Alnus glutinosa*	*Alnus glutinosa*
Alnus incana	*Alnus incana*	*Bidens tripartitus*
Artemisia vulgaris	*Betula pendula*	*Centaureum pulchellum*
Athyrium filix-femina	*Carex spicata*	*Cirsium arvense*
Brachypodium sylvaticum	*Corylus avellana*	*Cirsium palustre*
Carex pseudocyperus	*Daucus carota*	*Epilobium parviflorum*
Carex remota	*Holcus lanatus*	*Equisetum arvense*
Cirsium palustre	*Hypericum perforatum*	*Erigeron canadensis*
Deschampsia caespitosa	*Iris spec.*	*Hippophae rhamnoides*
Dryopteris spec.	*Juncus acutiflorus*	*Juncus bufonius*

Schluchtsee:	Gruhlweiher:	Theresiasee:
Epipactis heleborine	*Juncus inflexus*	*Juncus effusus*
Galium palustre	*Lotus corniculatus*	*Lotus corniculatus*
Geum urbanum	*Lupinus spec.*	*Matricaria inodora*
Heracleum mantegazzianum	*Matricaria inodora*	*Melilotus albus*
Hypericum perforatum	*Medicago lupulina*	*Oenothera grandiflora*
Juncus articulatus	*Melilotus albus*	*Polygonum lapathifolium*
Juncus bufonius	*Origanum vulgare*	*Populus alba*
Lolium perenne	*Plantago major*	*Populus tremula*
Medicago lupulina	*Polygonum amphibium*	*Robinia pseudacacia*
Mnium undulatum	*Populus alba*	*Salix alba*
Mnium punctatum	*Potamogeton cf. obtusifolius*	*Salix aurita*
Picea abies	*Ranunculus aquatilits*	*Salix fragilis*
Plantago major	*Robinia pseudacacia*	*Salix purpurea*
Poa nemoralis	*Rumex crispus*	*Salix viminalis*
Polytrichum commune	*Salix caprea*	*Scirpus lacustris*
Populus tremula	*Salix purpurea*	*Senecio inaequidens*
Potentilla sterilis	*Schoenoplectus lacustris*	*Soncus asper*
Prunella vulgaris	*Solidago canadensis*	*Tanacetum vulgare*
Quercus robur	*Sparganium cf. minimum*	*Trifolium repens*
Quercus rubra	*Sparganium erectum*	
Rubus caesius	*Tanacetum vulgare*	
Salix caprea	*Trifolium repens*	
Salix cinerea	*Veronica beccabunga*	
Salix purpurea		
Salix viminalis		
Scirpus sylvaticum		
Solanum dulcamara		
Sparganium erectum		
Sphagnum spec.		
Taraxacum officinale		
Trifolium repens		
Zannichellia palustris		

Armleuchteralgen und dem Zwerg-Laichkraut *(Potamogeton pusillus)* im Großen See bzw. dem Stachelspitzigen Laichkraut *(Potamogeton friesii)* im Kleinen See entwickelt. Das Zwerg-Laichkraut bevorzugt meso- bis eutrophe Gewässer und könnte ein Zeichen erster Eutrophierungserscheinungen im Theresiasee sein.

5.2 Gruhlweiher

Der Gruhlweiher zeigt v. a. am flachen Ostufer die für junge Tagebaugewässer typische Vegetation einer Vorwaldgesellschaft aus Weiden, Grau-Erle *(Alnus incana)*, Robinie *(Robinia pseudacacia)* und Hasel *(Corylus avel-*

lana) sowie Land-Reitgras im Unterwuchs. (Angepflanzte) Bestände von Auwaldgehölzen sind meist nur fragmentarisch vorhanden.

Die Röhrichtzone ist aufgrund des jungen Alters des Gruhlweihers spärlich entwickelt. Es wechseln Säume von offenen Pioniergesellschaften, die insbesondere durch Wasser-Minze *(Mentha aquatica)* und Gauchheil-Ehrenpreis *(Veronica anagallis-aquatica)* gebildet werden, mit lockeren Beständen des Breitblättrigen Rohrkolbens, des Land-Reitgrases, des Schilfs und des Zottigen Weidenröschens *(Epilobium hirsutum)* ab. In einer Bucht am Ostufer haben sich dagegen relativ geschlossene Bestände aus Schilf und Breitblättrigem Rohrkolben gebildet.

Aufgrund der starken Eutrophierung im Gruhlweiher sind die vermutlich früher dort häufiger vorkommenden Armleuchteralgen kurz vor dem Verschwinden. Die Bestände des Ährigen Tausendblattes *(Myriophyllum spicatum)*, welche sich mosaikartig vor den Ufern ausbreiten, sind als instabiles Pionierstadium eines Myriophyllo-Nupharetums zu interpretieren (vgl. Pott 1980).

5.3
Schluchtsee

Von seinen Strukturen und seiner Vegetation her ähnelt der See einem Alt- oder Nebenarm der Flußauen. Ein Saum aus Auwaldgehölzen (meist Weiden und Erlen) begleitet größere Teile des Ufers und bewirkt dort eine erhebliche Beschattung der Wasserfläche.

Die Röhrichtzone besteht v. a. aus Schilf und Schmalblättrigem Rohrkolben *(Typha angustifolia)*. Besonders Schilf erscheint von geringer Vitalität. Diese Entwicklung des Röhrichts ging, wie Untersuchungen der Vegetation des Schluchtsees aus den Jahren 1964 (Herbst 1966) und 1974 (Friedrich 1975) zeigen, im Vergleich zu anderen Seen (Bauer 1970) recht langsam vor sich. Zum einen bietet offensichtlich der recht schmale Ufersaum kaum Raum für ein breites Röhricht, zum anderen scheinen Angler und Spaziergänger das Röhricht immer wieder zu schwächen (vgl. Abschn. 7.2).

Wie aus den Untersuchungen von Herbst (1966) und Friedrich (1975) hervorgeht, verlief die Entwicklung der Unterwasservegetation ebenfalls eher langsam. Noch 1974 wurde in der Freiwasserzone lediglich vereinzelt Kleines Laichkraut *(Potamogeton berchtoldii)* gefunden. Mittlerweile hat sich ein gut ausgebildetes Myriophyllo-Nupharetum entwickelt. Häufig ist zudem der Einfache Igelkolben *(Sparganium emersum)*. Diese Beobachtungen unterstreichen die Aussagen von Pott (1980), nach denen ein gut entwickeltes Myriophyllo-Nupharetum-typicum erst bei einer Carbonathärte von ca. 9°d entsteht. Diese Entwicklung kann, wie das Beispiel Schluchtsee zeigt, weit länger als 15 Jahre dauern.

6
Fauna

Aus Tabelle 3 sind die in den drei Seen vorkommenden Arten und ihre Abundanzen zu entnehmen. Im folgenden werden die Zönosen der drei Seen unter Berücksichtigung der Besiedlungsstrukturen dargestellt. Berücksichtigt werden:

- Mollusca
- Odonata
- Heteroptera
- Coleoptera
- Trichoptera
- Amphibia

Vögel (Aves) und Fische (Pisces) werden aufgrund der eher sporadischen Untersuchung nicht berücksichtigt, der Vollständigkeit halber aber in Tabelle 3 mit aufgelistet.

6.1
Mollusca (Weichtiere)

Der Theresiasee zeigt im Vergleich zu Gruhlweiher und Schluchtsee eine geringe Artenzahl. Dies ist wahrscheinlich auf sein junges Alter zurückzuführen. Von den sechs gefundenen Arten traten *Potamopyrgus jenkinsi*, *Physa acuta* und *Dreissena polymorpha* in Massen auf. Auffallend ist das Fehlen von Pisidien. Hinz (1973) weist auf geringe Carbonathärten – der Theresiasee besitzt die mit Abstand geringste Carbonathärte – in an Molluskenarten armen Baggerseen hin. Sowohl im Gruhlweiher als auch im Schluchtsee wurden 13 Arten gefunden. Auffallend im Gruhlweiher ist eine sehr geringe Gesamtindividuenzahl. Im Schluchtsee hat sich im Vergleich zu den beiden anderen Seen eine arten- und individuenreiche Molluskenpopulation entwickelt. Die mit einer Ausnahme nur im Schluchtsee gefundene Art *Anodonta cygnea* findet ihren Lebensraum v. a. in pflanzenreichen, klaren, stehenden Gewässern. Die Art gilt als Leitart der Viviparus contectus-Anodonta cygnea-Assoziation, die v. a. das Myriophyllo-Nupharetum besiedelt (Frank 1981).

6.2
Odonata (Libellen)

Aus Tabelle 4 sind die in den drei Seen vorkommenden Arten mit ihren Abundanzen entsprechend ihrer ökologischen Anordnung (nach Schmidt, E. 1984, 1988a) aufgeführt.

Entsprechend der vorhandenen vegetationsarmen, sonnenexponierten Uferstrukturen besteht das Artenspektrum sowohl im Theresiasee als auch um Gruhl-

Tabelle 3. Liste der in den drei Seen nachgewiesenen Tierarten und ihre Abundanzen. *A* (bei Odonata) autochton; *x* als Art nachgewiesen; bei Trichoptera: *Zahl außerhalb der Klammer* Abundanz der Larven, *Zahl innerhalb der Klammer* Abundanz von durch Lichtfang gefangenen Imagines

Gewässer Artname	S	G	T
Mollusca:			
1. *Potamopyrgus jenkinski SMITH*	4000	59	1850
2. *Bithynia tentaculata L.*	110	.	.
3. *Lymnaea stagnalis L.*	.	13	.
4. *Galba palustris MÜLLER*	.	7	.
5./6. *Radix peregra MÜLLER/ Radix ovata DRAPARNAUD*	54	9	750
7. *Gyraulus albus MÜLLER*	366	2	.
8. *Gyraulus crista L.*	.	6	.
9. *Physa acuta DRAPARNAUD*	246	420	1400
10. *Anodonta cygenea L.*	15	1	.
11. *Dreissena polymorpha PALLAS*	216	1	920
12. *Sphaerium lacustre MÜLLER*	11	13	21
13. *Pisidium casertanum POLI*	.	1	.
14. *Pisidium milium HELD*	22	.	.
15. *Pisidium nitidum JENYNS*	1	.	.
16. *Pisidium subtruncatum MALM*	38	.	.
17. *Zonitoides nitidus MÜLL.*	4	5	.
Gesamtindividuenzahl (10 600)	5100	540	4950
Gesamtartenzahl (17)	13	13	6
Odonata:			
18. *Lestes viridis (LINDEN)*	2 (A)	.	.
19. *Sympecma fusca (LINDEN)*	2 (A)	2 (A)	3 (A)
20. *Platycemis pennipes (PALLAS)*	3 (A)	1	1
21. *Pyrrhosoma nymphula (SULZER)*	3 (A)	2 (A)	1
22. *Ischnura elegans (LINDEN)*	4 (A)	4 (A)	4 (A)
23. *Ischnura pumilio (CHARP.)*	.	.	2
24. *Enallagma cyathigerum (CHARP.)*	4 (A)	.	3 (A)
25. *Coenagrion puella (L.)*	4 (A)	2 (A)	3 (A)
26. *Cercion lindeni (SELYS)*	2	.	.
27. *Erythromma najas (HANSEMANN)*	3 (A)	A	.
28. *Erythromma viridulum (CHARP.)*	2	3 (A)	.
29. *Brachytron pratense (MÜLLER)*	2 (A)	1	1
30. *Aeshna mixta LATREILLE*	2 (A)	2	2 (A)
31. *Aeshna cyanea (MÜLLER)*	2 (A)	2 (A)	2 (A)
32. *Aeshna grandis (L.)*	2 (A)	.	.
33. *Anax imperator LEACH*	2 (A)	2 (A)	2 (A)
34. *Gomphus pulchellus SELYS*	2 (A)	A	.

Gewässer Artname	S	G	T
35. *Cordulia aenea (L.)*	2 (A)	.	A
36. *Somatochlora flavomaculata (LINDEN)*	.	.	1
37. *Libellula quadrimaculata L.*	2 (A)	.	2 (A)
38. *Libellula depressa L.*	1	2	2
39. *Orthetrum cancellatum (L.)*	2 (A)	4 (A)	4 (A)
40. *Sympetrum vulgatum (L.)*	2 (A)	2 (A)	.
41. *Sympetrum striolatum (CHARP.)*	2 (A)	2 (A)	3 (A)
42. *Sympetrum sanguineum (MÜLLER)*	3 (A)	2 (A)	A
43. *Sympetrum danae (SULZER)*	.	1	1
Gesamtartenzahl (26)	23 (20)	18 (13)	19 (12)
Heteroptera:			
44. *Gerris argentatus SCHUMM.*	35	2	.
45. *Gerris lacustris (L.)*	46	9	8
46. *Gerris lateralis SCHUMM.*	3	.	.
47. *Gerris odontogaster (ZETT.)*	3	.	1
48. *Gerris paludum (F.)*	2	1	.
49. *Microvelia reticulata (BURM.)*	54	17	7
50. *Mesovelia furcata (MLS & REY)*	14	.	.
51. *Nepa cinerea L.*	1	.	2
52. *Ranatra linearis (L.)*	17	15	.
53. *Ilyocoris cimicoides (L.)*	350	27	17
54. *Notnonecta glauca L.*	9	1	1
55. *Corixa panzeri (FIEB.)*	.	.	1
56. *Corixa punctata (ILLIG.)*	.	1	3
57. *Paracorixa concinna (FIEB.)*	.	.	1
58. *Cymatia coleoptrata (F.)*	74	28	5
59. *Micronecta scholtzi (FIEB.)*	28	165	936
60. *Sigara distincta (FIEB.)*	.	3	.
61. *Sigara falleni (FIEB.)*	.	8	1
62. *Sigara fossarum (LEACH)*	2	.	.
63. *Sigara lateralis (LEACH).*	.	6	1
64. *Sigara striata (FIEB.)*	.	4	4
Gesamtindividuenzahl (2372)	924	365	1083
Gesamtartenzahl (21)	14	14	14
Coleoptera			
65. *Hygrobia hermanni (F.)*	.	1	.
66. *Peltodytes caesus (DUFTSCHMIDT)*	.	5	2
67. *Haliplus obliquus FABRICIUS*	1	4	41
68. *Haliplus lineatocollis MARSHAM*	.	1	3
69. *Haliplus immaculatus GERHARDT*	18	3	8

Gewässer Artname	S	G	T
70. *Haliplus ruficollis DEGEER*	8	17	5
71. *Haliplus confinis STEPHENS*	12	.	16
72. *Haliplus laminatus SCHALLER*	.	.	3
73. *Haliplus flavicollis STURM*	3	3	3
74. *Noterus clavicornis (DEG.)*	20	14	7
75. *Hyphydrus ovatus (L.)*	38	.	.
76. *Guignotus pusillus (F)*	2	.	3
77. *Coelambus impressopunctatus (SCHALL.)*	.	2	.
78. *Coelambus confluens (F.)*	.	.	1
79. *Hygrotus versicolor (SCHALL.)*	1	3	14
80. *Hygrotus inaequalis (F.)*	19	5	.
81. *Hydroporus angustatus STRM.*	.	1	.
82. *Graptodytes pictus (F.)*	1	2	.
83. *Potamonectes depressus elegans PANZ.*	1	.	5
84. *Laccophilus minutus (L.)*	.	1	10
85. *Laccophilus hyalinus (DEG.)*	4	.	.
86. *Agabus nebulosus (FORST.)*	.	.	1
87. *Agabus melanocornis ZIMM.*	.	4	.
88. *Agabus bipustulatus (L.)*	.	15	.
89. *Ilybius fenestratus (F.)*	2	.	.
90. *Ilybius fuliginosus (F.)*	.	1	.
91. *Rhantus notatus (F.)*	.	1	1
92. *Gyrinus marinus GYLLENHAL*	98	.	.
93. *Hydrochus angustatus GERM.*	1	.	.
94. *Helophorus aequalis THOMS.*	.	4	.
95. *Helophorus granularis (L.)*	.	.	1
96. *Hydrobius fuscipes (L.)*	2	2	.
97. *Anacaena lutescens STEPH.*	1	7	.
98. *Laccobius minutus (L.)*	1	6	8
99. *Helochares punctatus SHARP*	1	4	7
100. *Enochrus testcaeus (F.)*	4	3	1
101. *Enochrus coarctatus (GREDL.)*	1	.	.
102. *Enochrus melanocephalus (OLIV.)*	.	1	.
103. *Enochrus quadripunctatus (HERBST)*	.	1	.
104. *Cymbiodyta marginella (F.)*	1	.	.
105. *Berosus signaticollis (CHARP.)*	.	2	.
106. *Scirtes hemiosphaericus (L.)*	4	.	.
107. *Dryops luridus (ERICHSON)*	1	16	2
108. *Limnius volckmari (PANZER)*	.	.	1
109. *Eubrychius velutus (BECKER)*	19	.	.

Gewässer Artname	S	G	T
110. *Litodactylus leucogaster (MARSH.)*	5	9	.
Gesamtindividuenzahl (558)	269	144	145
Gesamtartenzahl (46)	27	30	23
Trichoptera:			
111. *Orthotrichia angustella MCL.*	.	.	.(1)
112. *Agraylea sexmaculata CURTIS*	.(12)	.(18)	.(2)
113. *Agraylea multipunctata CURTIS*	.	.	.(9)
114. *Oxyethira flavicornis PICTET*	.(6)	.	.(50)
115. *Cyrnus flavidus MCL.*	30 (41)	8 (4)	.
116. *Cyrnus trimaculatus CURTIS*	2 (2)	.	.
117. *Holocentropus dubius RBR.*	.(2)	.	.
118. *Tinodes waeneri L.*	.	.(1)	.(1)
119. *Ecnomus tenellus RAMB.*	.(143)	14 (330)	.(49)
120. *Agrypnia varia FABR.*	10 (.)	4 (.)	1 (.)
121. *Limnephilus lunatus CURTIS*	.(2)	.	.
122. *Anabolia nervosa CURTIS*	13 (.)	1 (.)	.
123. *Athripsodes aterriums STEPH.*	8 (5)	.	.
124. *Athripsodes cinereus CURTIS*	10 (2)	3 (1)	6 (.)
125. *Oecetis furva RAMB.*	24 (17)	5 (.)	.
126. *Oecetis lacustris PICTET*	.(44)	6 (13)	.
127. *Oecetis ochracea CURTIS*	.	2 (7)	1 (2)
128. *Triaenodes bicolor CURTIS*	205 (.)	1 (.)	.
129. *Leptocerus tineiformis CURT.*	3 (4)	.	.(53)
130. *Mystacides azurea L.*	16 (.)	6 (.)	.
131. *Mystacides longicornis L.*	2 (.)	10 (.)	358 (.)
Gesamtindividuenzahl 854 (1094)	407 (354)	78 (416)	369 (324)
Gesamtartenzahl (21)	11 (+6)	11 (+2)	4 (+7)
Pisces:			
132. *Esox lucius L.*	x	x	.
133. *Phoxinus phoxinus L.*	.	x	.
134. *Cyprinus carpio L.*	x	x	.
135. *Leucaspius delineatus HECK.*	.	x	.
136. *Rutilus rutilus L.*	x	x	.
137. *Scardinius erythrophthalmus L.*	x	x	x
138. *Tinca tinca L.*	x	x	.
139. *Anguilla anguilla L.*	.	x	.
140. *Gasterosteus aculeatus L.*	.	x	.
141. *Perca fluviatilis L.*	x	x	x
142. *Stizostedion lucioperca L.*	x	x	.
143. *Lepomis gibbosus (L.)*	.	.	x
Gesamtartenzahl (12)	7	11	3

Gewässer Artname	S	G	T
Amphibia:			
144. *Rana t. temporaria L.*	x	x	x
145. *Rana esulenta L.*	x	x	x
146. *Rana ridibunda PALL.*	.	x	.
147. *Bufo b. bufo L.*	x	x	x
148. *Bufo viridis LAUR.*	.	x	x
149. *Bufo calamatia LAUR.*	.	x	x
150. *Triturus v. vulgaris L.*	.	x	x
151. *Salamandra s. terrestris LAC*	.	.	x
Gesamtartenzahl (8)	3	7	7
Aves:			
152. *Podiceps cristatus (L.)*	.	x	x
153. *Ardea cinerea L.*	.	x	x
154. *Cygnus olor (GMEL.)*	.	x	x
155. *Anser anser (L.)*	.	x	x
156. *Anas platyrhynchos L.*	x	x	x
157. *Anas crecca L.*	.	.	x
158. *Aythya fuligula (L.)*	.	.	x
159. *Aythya ferina (L.)*	.	.	x
160. *Gallinula chloropus (L.)*	.	x	.
161. *Fulica atra L.*	.	x	x
162. *Charadrius dubius SCOP.*	.	.	x
163. *Vanellus vanellus (L.)*	.	x	x
164. *Gallinago gallinago (L.)*	.	.	x
165. *Alcedo atthis L.*	x	.	.
166. *Motacilla alba L.*	.	x	x
167. *Locustella naevia (BODD.)*	.	x	x
168. *Acrocephalus scirpaceus (HERM.)*	x	x	x
169. *Emberiza schoeniclus (L.)*	.	x	x
Gesamtartenzahl (18)	3	12	16

weiher neben Ubiquisten aus typischen „Kiesgruben-Arten", wie die an beiden Gewässern aspektbestimmende *Orthetrum cancellatum* oder auch *Libellua depressa*. Sie finden sich als Pioniere häufig an frisch geschaffenen Gewässern. Von überregionalem Interesse ist die im Theresiasee nachgewiesene Habitatspezialistin *Ischnura pumilio*. Sie besiedelt ausschließlich kleine, warme und völlig unbeschattete Lehmtümpel (Bellmann 1987), wie sie am Theresiasee zu finden sind. Zudem ist diese Art offensichtlich auch an die in vernäßten Bereichen des Theresiasees vorkommende Gewöhnliche Sumpfbinse *(Eleocharis palustris)* gebunden (Glitz et al. 1989).

An Uferstellen mit dichterer Vegetation und/oder Röhricht finden sich häufig Arten der Röhrichtzone ein, wie z. B. im Bereich des Südufers des Kleinen Sees des Theresiasees *Aeshna mixta* und *Sympecma fusca* oder im Gruhlweiher *Sympetrum vulgatum* und *Sympetrum sanguineum*. Mit Ausnahme von *Sympecma fusca* sind diese Arten als anspruchslos bekannt und gelten als häufig.

Tabelle 4. Die Odonata der drei Seen. Die Statusklassensymbole richten sich nach Schmidt (1986). Dabei bedeuten: *1* Einzelfund; *2* kleine Population; *3* mittelgroße Population; *4* große Population; *L* Beweis der Bodenständigkeit durch Larven-/Exuvienfund; *E* Beweis der Bodenständigkeit durch Eiablageverhalten; *Pa* Beweis der Bodenständigkeit durch Paarungsradverhalten

Gewässer Artname	S	G	T
Tauch- und Schwimmblattzone:			
Anax imperator	2 (L)	2 (L)	2 (L)
Enallagma cyathigerum	4 (L)	[a]	3 (L)
Erythromma viridulum	2	3 (E)	.
Erythromma najas	3 (L)	L	.
Cercion lindeni	2	.	.
Cordulia aenea	2 (L)	.	L
Röhrichtzone:			
Ischnura elegans	4 (L)	4 (L)	4 (L)
Coenagrion puella	4 (L)	2 (L)	3 (L)
Sympecma fusca	2 (L)	2 (L)	3 (L)
Aeshna cyanea	2 (L)	2 (L)	2 (L)
Aeshna mixta	2 (L)	2	2 (L)
Sympetrum striolatum	2 (L)	2 (L)	3 (L)
Libellula quadrimaculata	2 (L)	.	2 (P)
Pyrrhosoma nymphula	3 (L)	2 (L)	1
Sympetrum vulgatum	2 (P)	2 (P)	.
Sympetrum sanguineum	3 (L)	2 (L)	L
Platycnemis pennipes	3 (L)	1	1
Brachytron pratense	2 (L)	1	1
Aeshna grandis	2 (L)	.	.
Art der Gehölze:			
Lestes viridis	2 (L)	.	.
Arten der offenen Flachwasserstellen:			
Orthetrum cancellatum	2 (L)	4 (L)	4 (L)
Gomphus pulchellus	2 (L)	L	.
Tümpelarten:			
Ischnura pumilio	.	.	2
Libellula depressa	1	2	2
Zwischen- und Heidemoorarten:			
Sympetrum danae	.	1	1
Somatochlora flavomaculata	.	.	1
Gesamtartenzahl (26)	23 (20)	18 (13)	19 (12)

[a] Enallagma cyathigerum wurde 1989 bei Untersuchungen des LWA gefunden; eigene Funde von 1990 liegen nicht vor.

Die artenarme Unterwasservegetation des Theresiasees und des Gruhlweihers bietet jeweils nur zwei Arten der Schwimm- und Tauchblattvegetation Lebensraum. Bemerkenswert ist das Vorkommen von *Erythromma viridulum* im Gruhlweiher. Diese Art besitzt hohe klimatische Ansprüche und ist auf eine ausgeprägte Tauchblattvegetation angewiesen (Martens 1985, Jödicke u. Sennert 1986).

Im Schluchtsee dominieren entsprechend seiner reich strukturierten Uferzone Röhrichtarten mit z. T. gehobenen Habitatansprüchen wie *Brachytron pratense* und *Aeshna grandis*, Waldweiherarten wie *Pyrrhosoma nymphula* und Arten der Schwimm- und Tauchblattvegetation. Von den letzteren konnten sechs Arten mit z. T. höheren Ansprüchen an die submerse Vegetation gezählt werden. Von besonderem Interesse ist neben dem Vorkommen von *Erythromma viridulum* das Vorkommen von *Cercion lindeni*. Die für die Art wichtigen Habitatpräferenzen erfüllt der Schluchtsee ausgesprochen gut: eine durch hohe Bäume geschützte Lage, ein stetiger Wasserdurchfluß, relativ klares Wasser und eine üppige Unterwasservegetation (vgl. Gerken 1988). Für das Vorkommen von *Gomphus pulchellus* und *Platycnemis pennipes* scheint zudem der Indikationsfaktor Wasserbewegung von maßgeblicher Bedeutung zu sein (Dreyer 1986; Schmidt 1988b).

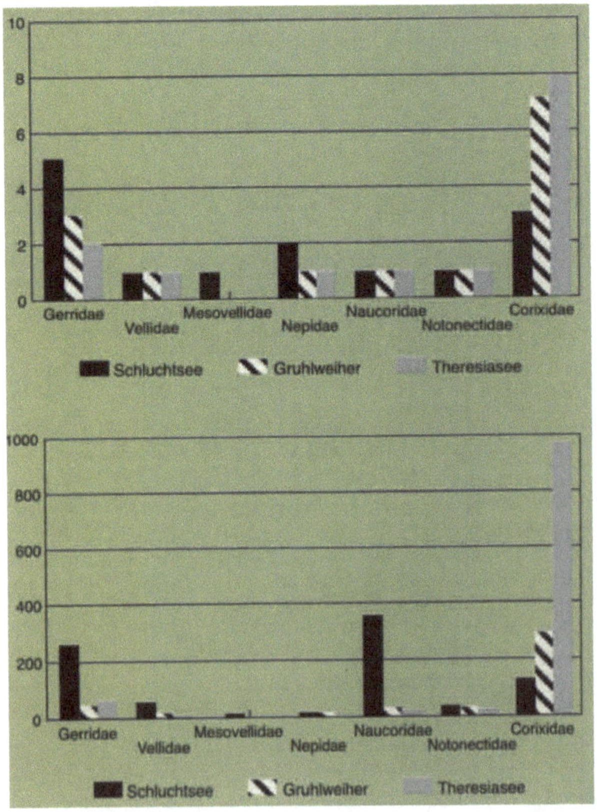

Abb. 4. Vergleich der Artenzahlen *(oben)* und der Individuenzahlen *(unten)* der Heteroptera der drei Gewässer geordnet nach Familien im Untersuchungsjahr 1990

6.3 Heteroptera (Wanzen)

Wie aus Abb. 4 hervorgeht, dominieren in den beiden jüngeren Seen v. a. Corixiden. Besonders an den vegetationsarmen, im Sommer trockenfallenden Uferpartien der beiden jüngeren Gewässer kam es zu sehr hohen Individuendichten von *Micronecta scholtzi*. Die im Gruhlweiher und/oder Theresiasee nachgewiesenen Arten *Sigara falleni*, *S. lateralis*, *S. striata*, *S. distincta* und *Paracorixa concinna* gelten allgemein als Pionierarten (Weber 1960; Löderbusch 1984; Heitkamp et al. 1985). Ein entscheidender Faktor für die ausgesprochen hohe Abundanz der Corixiden dürfte ihre große Toleranzbreite gegenüber extremen und suboptimalen Lebensräumen (Bröring u. Niedringhausen 1988; Savage 1989) sein. Corixiden gelten zudem zeitweise als sehr migrationsaktiv und lassen sich schon nach kürzester Zeit als Pionierarten in neu geschaffenen Gewässern nachweisen (Macan 1962; Popham 1964).

Für einige Arten ist vermutlich der Trophiegrad des Gewässers ein wichtiger Faktor. Auf oligotrophe Verhältnisse angewiesen sind offensichtlich *Micronecta scholtzi* (Savage 1989), *Paracorixa concinna* und *Corixa panzeri* (Bernhardt 1985, 1987). Das starke Vorkommen von *Micronecta scholtzi* im Gruhlweiher weist jedoch darauf hin, daß diese Art auch in eutrophen Gewässern vorkommen kann.

Vertreter der Hydrocorisae (Wasserwanzen), die zu den Familien der Nepidae, Naucoridae und Notonectidae gehören (hier: *Nepa cinerea*, *Ilyocoris cimicoides* und *Ranatra linearis*) und Vertreter der Amphicorisae (Wasserläufer) dominieren im Schluchtsee, während sie in den beiden jüngeren Gewässern seltener zu finden sind. Diese Beobachtungen unterstreichen Aussagen von Møller Andersen (1982) und Bernhardt (1985), nach denen die Vertreter der Amphicorisae und der übrigen Hydrocorisae gut ausgebildete, vegetationsreiche Strukturen in Röhrichten und Schwimmblattbeständen bevorzugen.

6.4 Coleoptera (Käfer)

Die deutlichen Unterschiede in der Artenzusammensetzung in den drei Seen gehen aus Tabelle 5 hervor.

Die Käferzönose des Theresiasees wird zum einen geprägt von Arten, die besonders in sonnenexponierten Gewässern ihren Lebensraum finden (z. B. *Hygrotus versicolor*, *Noterus clavicornis*, *Laccophilus minutus*, *Laccobius minutus*). Zum anderen sind Haliplíden wie *Haliplus obliquus* und *Haliplus confinis* dominant. Diese Arten nutzen die reichen Bestände der Armleuchteralgen als Nahrungspflanzen (vgl. Seeger 1971). Typische Pionierarten wie *Potamonectes depressus elegans*,

Tabelle 5. Vergleich der drei Käferzönosen

Artname	Abundanz (%) S (n = 269)	G (n = 144)	T (n = 145)
Noterus clavicornis	7,4	9,8	4,8
Haliplus immaculatus	6,7	2,1	5,5
Haliplus ruficollis	3,0	11,9	3,4
Haliplus confinis	4,5	·	11,0
Haliplus flavicollis	1,1	2,1	2,1
Gyrinus marinus	36,4	·	·
Hyphydrus ovatus	14,1	·	·
Eubrychius velutus	7,1	·	·
Laccophilus hyalinus	1,5	·	·
Scirtes hemiosphaericus	1,5	·	·
Ilybius fenestratus	*	·	·
Hydrochus angustatus	*	·	·
Enochrus coarctatus	*	·	·
Cymbiodyta marginella	*	·	·
Hygrotus inaequalis	7,1	3,5	·
Litodactylus leucogaster	1,9	6,3	·
Hydrobius fuscipes	*	*	·
Graptodytes pictus	*	*	·
Enochrus testaceus	1,5	2,1	*
Dryops luridus	*	11,2	*
Agabus bipustulatus	·	10,5	·
Anacaena lutescens	*	4,9	·
Helophorus aequalis	·	2,8	·
Agabus melanocornis	·	2,8	·
Dytiscus spec· lv·	·	4,2	*
Berosus signaticollis	·	*	·
Coelambus impressopunctatus	·	*	·
Hydroporus angustatus	·	*	·
Hygrobia hermanni	·	*	·
Enochrus quadripunctatus	·	*	·
Enochrus melanocephalus	·	*	·
Ilybius fuliginosus	·	*	·
Laccobius minutus	*	4,2	5,5
Helochares punctatus	*	2,8	4,8
Peltodytes caesus	·	3,5	*
Haliplus obliquus	*	2,8	28,3
Hygrotus versicolor	*	2,1	9,7
Rhantus notatus	·	*	*
Haliplus lineatocollis	·	*	2,1
Laccophilus minutus	·	*	6,9
Potamonectes depr· elegans	*	·	3,4
Guignotus pusillus	*	·	2,1
Haliplus laminatus	·	·	2,1
Coelambus confluens	·	·	*
Helophorus granularis	·	·	*
Limnius volckmari	·	·	*
Agabus nebulosus	·	·	*

Coelambus confluens und *Agabus nebulosus* fanden sich nur vereinzelt.

Der Gruhlweiher befindet sich in einer Sukzessionsphase, in der neben Arten sonnenexponierter Gewässer Arten vegetationsreicher Gewässer (z. B. *Noterus clavicornis, Hygrotus inaequalis*) vorkommen. Bemerkenswert ist das Vorkommen von *Litodactylus leucogaster*. Waringer-Löschenkohl u. Waringer (1990) beschreiben diese Art als Leitart einer Bagous-Eubrychius velutus-Litodactylus-Zönose und sehen sie als typische Käferzönose des Myriophyllo-Nupharetums. Besondere Aufmerksamkeit verdiente der Einzelfund der vom Aussterben bedrohten Art *Hygrobia hermani* in einem Tümpel direkt am Gruhlweiher. Der Fundort erfüllt genau die eng umrissenen ökologischen Ansprüche, die Meyer (1980) für das Vorkommen dieser Art beschreibt. Auffallend ist die geringe Individuendichte im Gruhlweiher (2,4 Individuen/Probenahme).

Im Schluchtsee bildete sich im Laufe von 30 Jahren eine artenreiche Wasserkäferzönose aus. Es überwiegen Arten vegetationsreicher Weiher bzw. Augewässer (z. B. *Hyphydrus ovatus, Hygrotus inaequalis, Laccophilus hyalinus*). Die reichen Schwimmblatt- und Tauchblattbestände bieten den beiden seltenen Habitatspezialisten *Litodactylus leucogaster* und *Eubrychius velutus* als Leitarten der Bagous-Eubrychius velutus-Litodactylus-Zönose (Waringer-Löschenkohl u. Waringer 1990) einen Lebensraum. Die beiden Arten sind spezifisch an verschiedene Tausendblattarten angepaßt (Klausnitzer 1984). Sonnenliebende Arten treffen im Schluchtsee auf suboptimale Bedingungen. Nur die als sonnenliebend bekannte Art *Noterus clavicornis* weist im Schluchtsee höhere Abundanzen auf.

Interessant ist der Vergleich der Ernährungsweisen der in den drei Seen gefundenen Arten. So verschiebt sich das Verhältnis karnivore Arten zu herbivoren/detritivoren Arten mit zunehmendem Alter der Seen zugunsten der karnivoren Arten (Abb. 5). Wahrscheinlich finden in den jüngeren Seen die herbivoren und detrivoren Arten bessere Lebensbedingungen als die kanivoren. Mit zunehmendem Aufbau eines Nahrungsnetzes in älteren Gewässern scheinen dagegen karnivore Arten bessere Lebensbedingungen zu finden und die herbivoren Arten zu verdrängen.

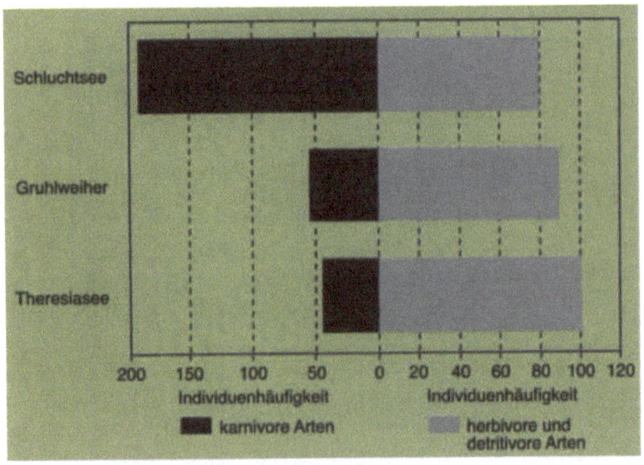

Abb. 5. Individuenhäufigkeit von karnivoren und phytophagen/detritivoren Wasserkäferarten in den drei Seen

6.5 Trichoptera (Köcherfliegen)

Mit vier autochthonen Arten ist der Theresiasee im Vergleich zu den anderen Seen bemerkenswert artenarm. Ein möglicher Grund für diese Artenarmut könnte die Tatsache sein, daß reine Chara-Bestände von Trichopterenlarven eher gemieden werden (vgl. Waringer-Löschenkohl u. Waringer 1990). Auffallend ist die sehr hohe Abundanz der Larve von *Mystacides longicornis* im Theresiasee. Nach Muckle (1942) stellen reiche Bestände von Armleuchteralgen und vegetationsarme Ufer für diese Art ein gutes Habitat dar.

Mit einer zunehmenden Vegetationsentwicklung stellt sich offensichtlich eine artenreichere Trichopterenzönose ein. Nach Wichard (1988) läßt sich bei der Verteilung der Köcherfliegenlarven in stehenden Gewässern eine horziontale Zonierung erkennen, die von hydrologischen und pflanzensoziologischen Gegebenheiten des Litorals abhängig ist. Danach kommen Limnephiliden und Phryganeiden bevorzugt in vegetationsreichen, flachen Verlandungszonen vor. Während im vegetationsarmen Theresiasee kaum Vertreter der Limnephiliden und Phryganeiden zu finden waren, war die Zahl der Larven dieser beiden Familien im Gruhlweiher (hier v. a. im Röhricht) höher und im Schluchtsee am höchsten.

Als einen weiteren Besiedlungfaktor führt Malicky (1973) das Nahrungsangebot für Trichopterenlarven an. Während im Theresiasee karnivore Arten fast nicht vertreten sind, ist eine auffallende Zunahme der Arten- und Individuenzahl der karnivoren Arten (*Cyrnus flavidus, C. trimaculatus, Holocentropus dubius, Oecetis furva, O. lacustris, O. ochracea*) vom jüngeren Gruhlweiher zum älteren Schluchtsee zu erkennen.

Einen weiteren Einfluß auf die Trichopterenbesiedlung hat vermutlich der Trophiegrad der Seen. Mothes (1967) berichtet, daß *Cyrnus trimaculatus* bei zunehmender Trophie durch *Cyrnus flavidus* abgelöst wird. Das Vorkommen von *Cyrnus trimaculatus* im mesotrophen Schluchtsee und das Fehlen im eutrophen Gruhlweiher unterstreichen diese Aussage. Auch die sehr hohen Abundanzen von *Ecnomus tenellus* im Gruhlweiher scheinen v. a. auf der hohen Nährstoffbelastung des Gewässers zu beruhen (vgl. Tobias 1986).

Bemerkenswert ist zudem einerseits die geringe Larvenzahl (78 Individuen) im Gruhlweiher, andererseits das häufige Larvenvorkommen der Art *Triaenodes bicolor* im Schluchtsee.

6.6 Amphibia (Amphibien)

Entsprechend der vegetationsarmen, sonnenexponierten Ufer- und Kleingewässerstrukturen fanden sich am Theresiasee und Gruhlweiher v. a. die „Kiesgruben-Arten" Wechselkröte *(Bufo viridis)* und Kreuzkröte *(Bufo calamatia)*; sie sind als ausgesprochene Habitatspezialisten auf vegetationsarme Gewässer angewiesen. Während am Theresiasee außer vereinzelten Funden von Erdkröte *(Bufo b. bufo)* und Teichmolch *(Triturus v. vulgaris)* keine weiteren Arten zu finden waren, konnten am Gruhlweiher aufgrund der weiter fortgeschrittenen Vegetationsentwicklung nennenswerte Populationen von Erdkröte, Wasserfrosch *(Rana esculenta)* und Seefrosch *(Rana ridibunda)*, Teichmolch sowie vereinzelt der Grasfrosch *(Rana t. temporaria)* gefunden werden. Eine Beeinträchtigung der Grasfroschpopulation durch den Karpfen ist sehr wahrscheinlich (vgl. Hehmann u. Zucchi 1985).

Im Schluchtsee waren mit Erdkröte und Grasfrosch nur zwei Arten in höheren Abundanzen zu finden. Die Erdkröte lebt vorwiegend in Waldgebieten und findet entsprechend ihrer Habitatansprüche im Schluchtsee recht gute Lebensbedingungen vor. Der Grasfrosch dagegen kann sich vermutlich aufgrund der steilen Ufer und der Beschattung der Laichabgabeplätze nicht stärker ansiedeln. Auch hier ist eine Beeinträchtigung durch Fische möglich (vgl. Hehmann u. Zucchi 1985).

7 Aspekte des Artenschutzes

7.1 Bedeutung und Problematik von Rekultivierungen für den Artenschutz

Von den insgesamt 169 in den drei Seen nachgewiesenen Tierarten sind 28 Arten in den Roten Listen der gefährdeten Arten in Deutschland und in Nordrhein-Westfalen aufgeführt. Als vom Aussterben bedroht (RL 1) sind mit *Erythromma viridulum, Somatochlora flavomaculata* und *Bufo viridis* drei Arten in der Roten Liste von Nordrhein-Westfalen und mit *Hygrobia hermanni* eine Art in der Roten Liste Deutschland verzeichnet (vgl. Blab et al. 1984; LÖLF 1986).

Der junge Theresiasee bietet aufgrund seiner vegetationsarmen und sonnenexponierten Ufer- und Gewässerstrukturen neben anspruchslosen Pionierarten einer Reihe seltener, an Pionierstandorte angepaßter Arten einen geeigneten Lebensraum. Vermutlich sind viele dieser Arten zudem auf nährstoffarme Verhältnisse angewiesen. Die z. T. weiter fortgeschrittene Entwicklung der Vegetation spiegelt sich in der vermehrten Ansiedlung von Sekundärbesiedlern wider. Die artenarme, aber floristisch wertvolle Unterwasservegetation aus Armleuchteralgen bietet mit der Ausnahme von *Haliplus obliquus* und *H. confins* nur wenigen Tierarten spezifischen Lebensraum.

Löderbusch (1984) vermutet, daß weniger Oligotrophie und/oder Vegetationslosigkeit die ausschlaggebenden Faktoren für das Vorkommen von Pionierarten sind, sondern vielmehr das geringe Alter der Gewässer und die damit verbundene „Instabilität" der Insektenfauna. Als typische „r-Strategen" sind Pionierarten auf Flächen mit extremen und inkonstanten Lebensverhältnissen angewiesen, die unter natürlichen Verhältnissen in Flußauen durch die Dynamik der Hochwässer geschaffen werden. Mit Entstehung konstanterer Verhältnisse werden Pionierarten von Sekundärbesiedlern verdrängt (vgl. Burmeister 1980). Interessant in diesem Zusammenhang ist die Betrachtung der Ernährungsweisen der gefundenen Arten. So verschiebt sich bei den untersuchten Wasserkäfern und Köcherfliegen das Verhältnis karnivore Arten zu herbivoren/detritivoren Arten mit zunehmendem Alter der Seen zugunsten der karnivoren Arten (vgl. Abschn. 6.4 und 6.5, Abb. 5).

Der Gruhlweiher befindet sich aufgrund seines eutrophen und im Vergleich zum Theresiasee vegetationsreichen Zustandes in einer Sukzessionsphase, in der sich neben anspruchslosen Pionierarten zunehmend Sekundärbesiedler angesiedelt haben. Anspruchsvolle Arten sind kaum vorhanden; die einzigen Vertreter dieser Gruppe (*Hygrobia hermanni*, Wechsel- und Kreuzkröte) besiedeln v. a. den Flachuferbereich außerhalb des Gruhlweihers.

Der schmale Schluchtsee ähnelt von seinen Strukturen her (üppige Makrophytenvegetation, Saum aus Auwaldgehölzen, stetiger Wasserdurchfluß) einem Alt- oder Nebenarm der Flußauen. Es hat sich entsprechend der reich strukturierten Ufer- und Wasserpflanzenzonierung eine artenreiche Zoozönose angesiedelt. Neben häufigen Arten, die allgemein vegetationsreiche Gewässer bevorzugen, ließen sich auch eine Reihe seltener Habitatsspezialisten erfassen.

Die vorliegenden Untersuchungen zeigen, daß rekultivierte See zumindest z. T. für den Arten -und Biotopschutz als ökologisch wertvoll angesehen werden können. Es ist davon auszugehen, daß viele gefährdete Arten, die in den drei Seen nachgewiesen wurden, ihren ursprünglichen Lebensraum in mittlerweile weitgehend zerstörten Flußauen besaßen (vgl. Gerken 1988; Schmidt 1989). Deshalb sind Sekundärbiotope wie die hier untersuchten, die entsprechende Biotopstrukturen (vegetationsarme, sonnenexponierte Ufer und/oder üppige Makrophytenvegetation, Auwald) besitzen, für diese Arten potentiell von sehr großer Bedeutung (vgl. Heusser 1971; Wildermuth 1981).

Um eine weitere Entwicklung im Sinne des Natur- und Artenschutzes zu gewährleisten, werden im Rekultivierungsgebiet Ville naturschutzwürdige Biotope in einem sehr jungen Zustand unter Naturschutz gestellt (von Dewitz u. Möhlenbruch 1986). Unterschutzstellung von Flächen mit seltenen und schützenswerten Arten allein reicht aber oft nicht aus. Vielmehr sind an vielen Standorten aufgrund von natürlichen Sukzessionserscheinungen zur Sicherung von Lebensräumen für gefährdete Arten Biotoppflegemaßnahmen erforderlich (Schmidt, A. 1984). Dabei muß aber betont werden, daß die Kenntnisse der ökologischen Ansprüche von Arten und Zoozönosen sowie der Gestaltungsmöglichkeiten von Biotopen gegenwärtig noch sehr lückenhaft sind. Ein überschwenglicher Optimismus hinsichtlich der Machbarkeit von „Natur aus zweiter Hand" ist somit nicht angebracht (Blab 1985).

An dieser Stelle soll nicht unerwähnt bleiben, daß im Bereich von stehenden Gewässern aufgrund ihrer relativ kurzen Regenerationsfähigkeit „Pionierbiotope" und bedingt auch eutrophe Stillgewässer regenerier- und ersetzbar sind, andere „Biotoptypen" dagegen sich durch Rekultivierung kaum oder überhaupt nicht ersetzen und ausgleichen lassen (Blab 1985). Fraglich bei der Besiedlung von Pionierbiotopen ist z. B., inwieweit gerade seltene stenöke, migrationsschwache Arten die Ansiedlung in der kurzen Zeit, in der der Pionierstandort vor dem Einsetzen einer Sukzession besteht, gelingt. So benötigen Biozönosen oligotropher Gewässer wahrscheinlich Jahrhunderte, bis sich auch systemtypische, oft aber ausbreitungsschwache Arten eingefunden haben (Blab 1985).

7.2 Gefährdungen und daraus folgende Maßnahmen zur Entwicklung der Gewässer im Sinne des Artenschutzes

Die fortschreitende Sukzession und die zunehmende Eutrophierung (hier insbesondere durch Niederschlag, Abschwemmungen von Hängen und Fütterung von Fischen) bedeutet v. a. am Theresiasee und am Gruhlweiher das Verschwinden von z. T. seltenen und gefährdeten Habitatspezialisten. So werden am Theresiasee wahrscheinlich in einigen Jahren neben Kreuz- und Wechselkröte, bestimmten Libellen (z. B. *Ischnura pumilio*), Wasserkäfern und -wanzen (z. B. *Coelambus confluens, Potamonectes elegans, Paracorixa concinna, Corixa panzeri*) auch die meisten Limikolen verschwinden. Auch am Gruhlweiher ist mit dem Verschwinden von Kreuz- und Wechselkröte zu rechnen. Die submerse Vegetation ist in besonderem Maße von der Eutrophierung betroffen. So ist im Gruhlweiher der Fortbestand der submersen Vegetation gefährdet. Im Theresiasee ist zu befürchten, daß mit einem sich schon abzeichnenden Eutrophierungsprozeß der dichte Rasen aus Armleuchteralgen und dem Zwerg-Laichkraut in seinem Bestand zurückgehen wird.

Nur ein aktives Eingreifen in den Sukzessionsprozeß kann die in Flußauen herrschende Dynamik passend simulieren. Zur Sicherung der offenen Ufer und Kleingewässer sind deshalb Pflegemaßnahmen wie Entbuschungen durchzuführen. Ein mögliches Zuwachsen des Röhrichts im Kleinen See sollte verhindert werden. Das regelmäßige Teilablassen des Kleinen Sees ist für Pionierarten als positiv zu bewerten. Durch diese Wasserstandsschwankungen werden entsprechende Vorgänge in Flußauen gut simuliert und die Ufer im Wasserschwankungsbereich vegetationsarm gehalten. Alle Tätigkeiten, die eine weitere Eutrophierung beschleunigen, müssen unterlassen werden.

Der Verlust von Pionierstandorten ist zwar durch eine Schaffung neuer Gewässer relativ schnell ausgleichbar, eine Schaffung neuer Standorte durch weitere Tageabbauunternehmen ist jedoch sehr kritisch zu sehen, da eine weitere Ausweitung des Braunkohlenabbaus ausgereifte, z. T. höchst wertvolle, nicht ersetz- und ausgleichbare Biotope gefährdet.

Am Gruhlweiher ist offensichtlich trotz Auflagen von seiten des Forstamtes Brühl der Fischbesatz aus Sicht des Artenschutzes noch zu groß. Dies wird deutlich beim Vergleich der Gesamtindividuenzahl der Makroinvertebraten und Amphibien der drei Seen: Im Gruhlweiher zeigt sich eine deutlich geringere Abundanz als in den anderen beiden Seen. Offensichtlich finden viele Arten in der sich noch nicht ausreichend entwickelten Vegetation zu wenig Versteckmöglichkeiten.

Zur Verminderung des Fischfraßdruckes auf Makroinvertebraten muß deshalb eine verträglichere Besatzstärke festgelegt werden. Ein Problem stellen zudem „Schwarzangler" dar, die durch unkontrollierbaren Fischbesatz und Vertritt der Ufer ein Gewässer belasten. Ein wichtiger Beitrag zum Artenschutz auch an mit Fischen stark besetzten Gewässern läßt sich durch Anlage und Pflege von fischfrei zu haltenden Kleingewässern erzielen.

Angler, Spaziergänger, freilaufende Hunde und Motocrossfahrer stören zur Brutzeit Vögel und belasten durch Vertritt das Ufer. Der 1990 weiträumig um das Gelände des Theresiasees gezogene Zaun dürfte für empfindliche Vogelarten einen wichtigen Schutz darstellen. Einen besseren Schutz versprechen gezielt gepflanzte Dornbüsche (vgl. Blab 1986).

Für den Schluchtsee ergibt sich folgendes Bild: Der Trophiegrad wird durch den stetigen Wasserdurchfluß auf einem mesotrophen Niveau gehalten, so daß mit einer Gefährdung der Unterwasservegetation hier vorerst nicht zu rechnen ist. Dagegen wird die Röhrichtzone durch Angler und Spaziergänger nicht unerheblich geschädigt und zudem durch die Schaffung neuer Angelplätze übermäßig aufgelichtet. Im Bereich der Angelplätze wird die Unterwasservegetation von einigen Anglern gezielt mit Wurfankern geschädigt. Obwohl das Angeln nur sehr extensiv erfolgt und auch nur wenige Spaziergänger die Trampelpfade entlang des Schluchtsees nutzen, sollte zur Sicherung der Röhricht- und Tauchblattvegetation eine Limitierung der Angelplätze v. a. im hinteren Bereich des Sees erreicht werden. Damit entstehen Schonbereiche, die der Vegetation und den daran angepaßten Tieren zugute kommen. Es sollten zudem alle Maßnahmen dahin führen, den Charakter eines Altarmes zu erhalten. So sollte z. B. Geäst im Wasser als typisches Strukturelement von Flußauen nicht entfernt werden.

Vermutlich wirken sich in allen drei Seen auch die sehr hohen Leitfähigkeiten bzw. Gesamthärte hemmend auf einige Arten aus. So ist das *Myriophyllo-Nupharetum* im Schluchtsee relativ artenarm ausgebildet. Wiegleb (1978) berichtet, daß das *Myriophyllo-Nupharetum* – mit einer Ausnahme – nur im Bereich einer Leitfähigkeit zwischen 100 und 600 µS/cm gefunden wurde. Der Gedanke liegt nahe, daß sich im Schluchtsee nur Arten ansiedeln können, die sich gegenüber hoher Leitfähigkeit indifferent zeigen. Bei den Wasserkäfern ist die durchschnittliche Individuenabundanz pro Probestelle in den drei Gewässern erstaunlich niedrig (Schluchtsee: 6,4 Ind., Gruhlweiher 3,9 Ind., Theresiasee 4,4 Ind.). Koch (1971), Heuss (1975) und Burmeister (1981) stellten ebenfalls eine Verminderung der Individuenzahl bei erhöhtem Härtegrad bzw. Leitfähigkeit fest.

8 Zusammenfassung

Von März 1990 bis März 1991 wurden die drei Braunkohlenseen Schluchtsee, Gruhlweiher und Theresiasee (südwestlich von Köln liegend) limnologisch untersucht. Ziel der Arbeit war es, Aussagen zur Eignung der drei Gewässer für den Arten- und Biotopschutz zu liefern.

Das Artenspektrum der drei unterschiedlich alten Seen unterliegt einer deutlichen Sukzession. Im oligo-mesotrophen Theresiasee finden aufgrund der vegetationsarmen und sonnenexponierten Ufer- und Gewässerstrukturen viele Pionierarten einen geeigneten Lebensraum. Zudem haben sich mit der fortgeschrittenen Sukzession vermehrt Sekundärbesiedler eingestellt. Der Gruhlweiher ist geprägt von eutrophen Verhältnissen sowie sonnenexponierten und vegetationsarmen Ufern und Kleingewässern. Neben wenigen Pionierarten besiedeln v. a. Sekundärbesiedler den See. Der mesotrophe Schluchtsee weist eine reich strukturierte Ufer- und Wasserpflanzenzonierung auf. Entsprechend haben sich artenreiche Zoozönosen, deren Arten zumeist allgemein vegetationsreiche Gewässer bevorzugen, angesiedelt.

Alle drei Seen ähneln von ihren Strukturen her den mittlerweile in Mitteleuropa meist zerstörten Flußauen, so daß viele der nachgewiesenen Arten vermutlich ursprünglich aus diesem Lebensraum stammen.

Artenschutzaspekte der drei Gewässer werden diskutiert.

LITERATUR

Bauer H J (1970) Untersuchungen zur biozönologischen Sukzession im ausgekohlten Kölner Braunkohlenrevier. Natur und Landschaft 45 (8): 210–215

Bauer G (1973) Die Bedeutung künstlicher Wasserflächen für den Naturschutz. Natur und Landschaft 48 (10): 280–284

Bellmann H (1987) Libellen. Neumann-Neudamm, Melsungen, 272 S

Bernhardt K G (1985) Das Vorkommen, die Verbreitung und Gefährdung der Vertreter der Div. Hydrocoriomorpha und Amphibicoriomorpha Stichel 1955 (Heteroptera) in der Westfälischen Bucht und angrenzenden Gebieten. Abh. Landesmus. Naturk. Münster 47 (2): 1–30

Bernhardt K G (1987) Ersatzbiotop Geeste – Eine Chance für Arten- und Biotopschutz. Natur und Landschaft 62 (7/8): 306–308

Blab J (1985) Zur Machbarkeit von „Natur aus zweiter Hand“ und zu einigen Aspekten der Anlage, Gestaltung und Entwicklung von Biotopen aus tier-ökologischer Sicht. Natur und Landschaft (Stuttgart) 60 (4): 136–140

Blab J (1986) Grundlagen des Biotopschutzes für Tiere. Schriftenr. f. Landschaftspflege u. Naturschutz (Bonn-Bad Godesberg) 24: 1–257

Blab J, Nowak E, Trautmann W, Sukopp H (Hrsg.) (1984) Rote Liste der gefährdeten Tiere und Pflanzen in der Bundesrepublik Deutschland, 4. Aufl., Kilda, Greven, 270 S

Braun-Blanquet J (1964) Pflanzensoziologie. Springer, Wien New York, 865 S

Bröring U, Niedringhausen R (1988) Zur Ökologie aquatischer Heteropteren (Hemiptera: Nepomorpha) in Kleingewässern der ostfriesischen Insel Norderney. Arch. Hydrobiol. (Stuttgart) 111 (4): 559–574

Burmeister E-G (1980) Die aquatische Makrofauna des Breiniger Bergers unter besonderer Berücksichtigung des Einflusses von Schwermetallen auf das Arteninventar. Spixiana (München) 3 (1): 59–90

Burmeister E-G (1981) Zur Wasserkäferfauna Nordwestdeutschlands, Teil I: Adephaga (Haliplidae, Noteridae, Gyrinidae, Hygrobiidae, Dytiscidae). Spixiana (München) 4 (1): 73–101

von Dewitz W, Möhlenbruch N (1986) Naturschutz nach Braunkohlengewinnung – aufgezeichnet am Beispiel des Rheinischen Braunkohlengebietes. Natur und Landschaft 61 (9): 324–329

Dreyer W (1986) Die Libellen. Gerstenberg, Hildesheim, 219 S

Frank C (1981) Aquatische und terrestrische Molluskenassoziationen der niederösterreichischen Donau-Augebiete und der angrenzenden Biotope, Teil I. Malak. Abh. Mus. Tierk. Dresden 7: 59–93

Friedrich G (1975) Studien zur Entwicklung der spontanen Vegetationanthropogener Gewässer im Rekultivierungsgebiet des rheinischen Braunkohlentagebaus. Bot.-Jahr-Syst. (Stuttgart) 96 (1–4): 71-83

Gerken G (1988) Auen – verborgene Lebensadern der Natur. Rombach, Freiburg, 132 S

Glitz D, Hohmann H-J, Piper W (1989) Artenschutzprogramm Libellen. Naturschutz und Landschaftspflege in Hamburg (Hamburg) 26: 1–92

Hehmann F, Zucchi H (1985) Fischteiche und Amphibien – eine Feldstudie. Natur und Landschaft 60 (10): 402–407

Heitkamp U, Gottwald J, Klapp K (1985) Untersuchungen zur Erstbesiedlung neuangelegter Tümpel im Vergleich mit restaurierten Gewässern. Mitt. z. Fauna u. Flora Süd-Niedersachsens 7: 95–130

Herbst H V (1966) Limnologische Untersuchungen von Tagebaugewässern in den Rekultivierungsgebieten der Braunkohle-Industrie im Kölner Raum. Hrsg: Minist. f. Ernährung, Landwirtschaft u. Forsten NW 1–120

Heuss K (1975) Die Entwicklung der Besiedlung in einem neuentstandenen Gewässer, dargestellt an den Ciliaten und Wasserkäfern. Symp. Biol. Hung. 15: 265–272

Heusser F (1971) Kiesgruben als Lebensraum. Natur und Landschaft 46: 40–42

Hinz W (1973) Zur Molluskenfauna Duisburger Baggerseen. Natur und Heimat 33: 43–47

Jödicke R, Sennert G (1986) Die Libelle Erythromma viridulum im Rheinland – vom Aussterben bedroht oder übersehen? Rhein. Heimatpfl. 23: 179–184

Klausnitzer B (1984) Käfer im und am Wasser. (Neue Brehm-Bücherei 567) Ziemsen, Wittenberg, 147 S

Koch K (1971) Vergleichende Untersuchungen über die Bindung aquatiler Koleopteren an ihre Lebensräume im Neusser Raum. Decheniana (Bonn) 124: 69–112

Löderbusch W (1984) Wasserkäfer und Wasserwanzen als Besiedler neuangelegter Kleingewässer im Raum Sigmaringen. Veröff. Naturschutz Landschaftspflege Bad.-Württ. (Karlsruhe) 59/60: 421–456

LÖLF (1986) Rote Liste der in Nordrhein-Westfalen gefährdeten Pflanzen und Tiere, 2. Fassung. Schriftenr. d. Landesanstalt für Ökologie, Landschaftsentwicklung und Forstplanung NW (LÖLF NW) 1–244

Macan T T (1962) Why do some pieces of water have more species of Corixidae than others? Arch. Hydrobiol. (Stuttgart) 58 (2): 224–232

Malicky H (1973) Trichoptera (Köcherfliegen). Handb. Zool. (Berlin) 4 (2) 2/29: 1–114

Martens A (1985) Vorkommen des Kleinen Granatauges Erythromma viridulum (Charpentier, 1840) (Odonata: Coenagrionidae) in der Umgebung von Braunschweig. Braunschw. Naturk. Schr. (Braunschweig) 2 (2): 289–298

Meyer W (1980) Anmerkungen zum Vorkommen von Hygrobia tarda im Rheinland. Ent. Z. (Stuttgart) 90 (5): 49–53

Møller Andersen N (1982) The Semiaquatic Bugs (Hemiptera, Gerromorpha), Entomonograph 3, Scandinavian Science Press LTD, Klampenborg, Denmark, pp 1–455

Mothes G (1967) Die Trichopteren des Stechlinsees. Limnologica 5 (1): 1–10

Muckle R (1942) Beiträge zur Kenntnis der Uferfauna des Bodensees. Beitr. naturk. Forsch. Oberrheingeb 7

Popham E J (1964) The migration of the aquatic bugs with special referenceto the Corixidae (Hemiptera, Heteroptera). Arch. Hydrobil. (Stuttgart) 60 (4): 450–496

Pott R (1980) Die Wasser- und Sumpfvegetation eutropher Gewässer in der Westfälischen Bucht. Pflanzensoziologische und hydrochemische Untersuchungen. Abh. Landesmuseum Naturk. Münster 42 (2): 1–156

Savage A A (1989) Adults of the british aquatic Hemiptera Heteroptera – A key with ecological notes. Freshwater Biological Association 50: 1–173

Schmidt A (1984) Biotopschutzprogramm NRW. Vom isolierten Schutzgebiet zum Biotopverbundsystem II. LÖLF-Mitteilungen (Recklinghausen) 9 (2): 3–8

Schmidt E (1984) Möglichkeiten und Grenzen einer repräsentativen Erfassung der Odonatenfauna von Feuchtgebieten bei knapper Stichprobe. Libellula 3 (1/2): 41–49

Schmidt E (1985) Habitat inventarization, characterization and bioindication by a „Representative Spectrum of Odonata species (RSO)". Odonatologica 14 (2): 127–133

Schmidt E (1986) Die Odonatenfauna als Indikatoren für Angel-Schäden in einen einmaligen Naturschutzgebiet, dem Kratersee Windsborn des Mosenbergs/Vulkaneifel (BRD). Libellula 5: 113–125

Schmidt E (1988a) Odonaten im NSG Stallberger Teiche bei Siegburg – Chancen von Schutz- und Sanierungsmaßnahmen und Konflikt mit der Teichwirtschaft im Staatsforst. Verh. Westdt. Entm. Tag 1988 (Düsseldorf): 153–172

Schmidt E (1988b) Ist die Westliche Keiljungfer Gomphus pulchellus Selys, 1840, eine Stillwasserart? (Odonata-Gomphidae). Tier u. Museum 1 (1): 17–20

Schmidt E (1989) Libellen als Bioindikatoren für den praktischen Naturschutz – Prinzipien der Geländearbeit und ökologischen Analyse und ihre theoretische Grundlegung im Konzept der ökologische Nische. Schr.-R. f. Landschaftspflege u. Naturschutz 29: 281–289

Seeger W (1971) Autökologische Laboruntersuchungen an Halipliden mit zoogeographischen Anmerkungen (Haliplidae; Coleoptera). Arch. Hydrobiol. (Stuttgart) 68 (4): 528–574

Tobias D (1986) Die Köcherfliegen (Insecta: Trichoptera) des Landes Hessen, Bundesrepublik Deutschland. Ent. Z. 96 (5): 49–64

Waringer-Löschenkohl A, Waringer J (1990) Zur Typisierung von Augewässern anhand der Litoralfauna (Evertebraten, Amphibien). Arch. Hydrobiol. Suppl. (Stuttgart) 84 (1): 73–94

Weber H H (1960) Beobachtungen zur Erstbesiedlung einer neu entstandenen Baggerkuhle durch aquatile Heteropteren. Faunist. Mitt. a. Norddt. 10: 9–16

Wichard W (1988) Die Köcherfliegen, 2. Aufl. (Die Neue Brehm-Bücherei 512) Ziemsen, Wittenberg, 79 S

Wiegleb G (1978) Untersuchungen über die Zusammenhänge zwischen Umweltfaktoren und Makrophytenvegetation in stehenden Gewässern. Arch. Hydrobiol. (Stuttgart) 83 (4): 443–484

Wildermuth H (1981) Kiesgruben. Schweizer Naturschutz, Sondernummer II/1981: 1–24

Wildermuth H (1982) Die Bedeutung anthropogener Kleingewässer für die Erhaltung der aquatischen Fauna. Natur und Landschaft 57 (9): 297–306

Oberflächengewässer in der Rekultivierung

Wilhelm von Dewitz

1 Gewässerausbau im Wandel der Zeit

In der Vergangenheit sind Gewässer häufig nach Nutzungsanforderungen ausgebaut und unterhalten worden. Ökologie und landschaftspflegerische Gesichtspunkte wurden weitgehend vernachlässigt. Nicht zu Unrecht wurde daher Wasserbauingenieuren vorgeworfen, mit dem natürlichen Lebenselement Wasser lange Zeit naturfeindlich umgegangen zu sein. „Kanalisierung und Betonierung der Wasserläufe" waren häufig zitierte Schlagworte. Vergessen schienen alte Weisheiten wie: „Alles ist aus dem Wasser entsprungen, alles wird durch das Wasser erhalten" (Goethe).

Bis Anfang der 60er Jahre handelte es sich um die Rekultivierung und Oberflächenentwässerung zahlreicher kleinerer Tagebaue. Nach der Auskohlung und Verkippung des Abraums auf anstehendem Liegendton füllten sich die Tagebaurestlöcher in kurzer Zeit mit Niederschlagswasser und neu gebildetem Grundwasser auf. So entstanden im Südrevier des Rheinischen Braunkohlengebietes zwischen Brühl und Erftstadt-Liblar rund 40 Weiher und Seen, die, teils miteinander verbunden, ihren Abfluß in vorhandenen Bächen fanden. Die Gestaltung der Seen sowie der zu- und abführenden Gräben erfolgte nach rein technisch-praktischen Erwägungen. An die Ufergestaltung der Weiher und Seen wurden keine besonderen Anforderungen gestellt, weder hinsichtlich der Uferneigung noch des Bodensubstrats. So haben sich die Gewässer überwiegend zu „Waldseen" entwickelt. Der Waldrand beschattet die Ufer, nennenswerte Röhrichtgürtel sind mangels besonnter Flachwasserzonen selten. Der Seeablauf erfolgt in der Regel über freistehende Mönchbauwerke, die einen Fischwechsel verhindern. Manche Ablaufgräben wurden wegen Übertiefen über lange Strecken verrohrt, so daß diese Gewässerabschnitte als Lebensraum für Bachtiere ausfallen. Durch Wurzeleinwuchs in den Verrohrungsstrecken ist es in der Vergangenheit mehrfach zu starken Wasserspiegelveränderungen an den Seen gekommen mit der Folge, daß in der Brutzeit die Nester von Wasservögeln zerstört wurden. Unabhängig davon haben sich mehrere Weiher und Seen zu wertvollen Lebensräumen für Wasserpflanzen, Libellen, Amphibien und Wasservögeln entwickelt, so daß diese Gewässer unter nachträglicher Einschränkung der angelsportlichen Nutzung ganz oder teilweise unter Naturschutz gestellt wurden.

Über Jahrzehnte sind Entwässerungsgräben und Bachläufe in der intensiv genutzten Agrarlandschaft zu reinen Vorflutern degradiert worden. Als oberstes Planungsziel beim Gewässerausbau galt die Schaffung von Vorflut für einen schnellen und schadlosen Abfluß der Niederschlagswässer. Darüber hinaus durften Gräben nur wenig Fläche beanspruchen. Negative Einflüsse auf die landwirtschaftliche Produktion (Unkrautwuchs, Beschattung durch Gehölze) waren zu vermeiden. Die Pflege der Gräben sollte so einfach wie möglich sein. Daraus folgte, daß die Gräben in einem einheitlichen Trapezprofil mit steilen Böschungen ausgeführt wurden (Abb. 1). Das knapp bemessene Grabenprofil mußte für den schadlosen Hochwasserabfluß durch erhöhten Pflegeaufwand freigehalten werden. Dies geschah i. allg. durch zwei- bis dreimaliges Mähen im Jahr, über einige Jahre auch durch Spritzen mit wuchshemmenden Mitteln. Nicht selten wurden Grabensohlen mit Betonschalen ausgekleidet, um den Unterhaltungsaufwand für das Freihalten der Sohle zu minimieren (Abb. 2). Selbst Regenrückhaltebecken wurden in den 60er Jahren „pflegeleicht" angelegt. Die Dämme erhielten streng geometrische Formen, Böschungen und Sohle wurden mit Raseneinsaat begrünt. Gelegentlich wurde die ganze Beckensohle, zumindest jedoch der Schlammfangraum vor dem Ablaufbauwerk, mit Beton ausgekleidet. Die Böschungen mußten gemäht werden.

Die Oberflächenentwässerung von Hochhalden, die im Zusammenhang mit dem Aufschluß von Tieftagebauen ab Mitte der 50er Jahre aufgeschüttet werden mußten, gilt bis heute als problematisch. Mehrfach wurde die Erfahrung gemacht, daß von den frisch verkippten und planierten landwirtschaftlich rekultivierten Oberflächen und den forstwirtschaftlich rekultivierten Böschungsflächen bei Katastrophenregen, sog. Jahrhundertregen, erhebliche Wassermassen zum

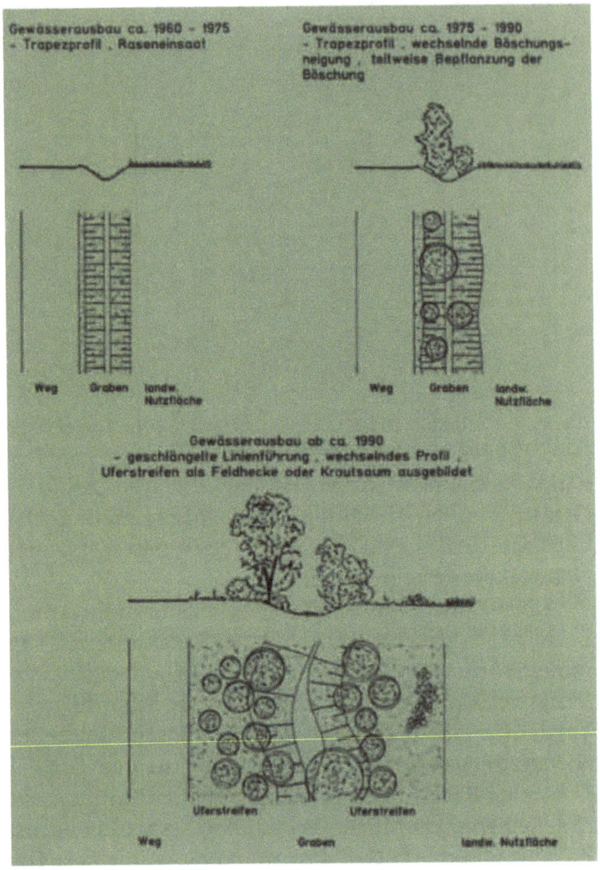

Abb. 1. Gestaltung von Hauptentwässerungsgräben als Fließgewässer im Wandel der Zeit (1960–1990)

Abfluß kommen, die aufgrund von eingetretenen Unwetterschäden den Eindruck vermittelten, das Wasser sei ein äußerst gefährliches Naturelement. Ausgebaute Grabensysteme wurden durch abflußbedingte Erosionen verschüttet, und das Hochwasser floß über unkontrollierte Wege ab. Nicht zuletzt diese Erfahrungen führten zu der Ansicht, das Wasser müsse über stark befestigte Gräben und Schußrinnen möglichst schnell und auf kürzestem Wege von der Oberfläche abgeleitet werden.

Anfang der 70er Jahre wurde in Nordrhein-Westfalen mit einem Ausbauerlaß für Fließgewässer erstmals wieder auf die Bedeutung der Gewässer im Naturhaushalt hingewiesen. Dieser Ausbauerlaß wurde allerdings von Wasserbauingenieuren kaum zur Kenntnis genommen. Erst die *Richtlinie für naturnahen Ausbau und Unterhaltung von Fließgewässern,* die im Jahre 1980 vom Landesamt für Wasser und Abfall herausgegeben und vom zuständigen Ministerium durch Runderlaß behördenverbindlich eingeführt wurde, fand sehr bald die notwendige Beachtung bei Wasserbauern, Landschaftsplanern und Naturschutzverbänden. Mit dieser Richtlinie (1989 in der 4. überarbeiteten Auflage erschienen) werden den planenden Ingenieuren und den Genehmigungsbehörden feste Regeln und konkrete Ausführungshinweise an die Hand gegeben. Aus der Richtlinie läßt sich nunmehr ableiten, daß der Erhalt und die Entwicklung von Gewässern und Feuchtgebieten als Lebensraum für die Pflanzen- und Tierwelt ebenso ein „Nutzungs"-Anspruch an die Landschaft ist wie der der Land- und Forstwirtschaft, des Verkehrs, des Städtebaus oder der Erholung. Auch in die Wassergesetze des Bundes und der Länder sind bei Gesetzesnovellierungen Textpassagen eingeflossen, die die Bedeutung der Gewässer als natürliches Lebenselement wieder betonen.

Abb. 2. Nördliche Dansweiler Ronne, Gewässerausbau 1965 als Vorflut für die Oberflächenentwässerung der Außenkippe „Glessener Höhe" (Photo 1994)

Aber auch eigene Beobachtungen an bestehenden Entwässerungsanlagen gaben Ende der 70er Jahre erstmalig Anstöße zu naturgerechterem Handeln. Beispielsweise wurde festgestellt, daß in flachen wasserbespannten Bodenvertiefungen von Rückhaltebecken Froschlurche im März ablaichten. Doch schon nach den ersten warmen Frühjahrswinden trockneten die Pfützen innerhalb weniger Tage aus, und damit vertrocknete auch der Froschlaich. Als weiteres Beispiel kann die spontane Besiedlung mit Molchen und Libellenlarven in zufällig entstandenen Sohlvertiefungen von zeitweilig wasserführenden Gräben genannt werden. Diese Beobachtungen waren Anlaß, nachträglich kleine abgedichtete Tümpel in vorhandenen Rückhaltebecken anzulegen und bei Neuplanungen von vornherein derartige Tümpel und Grabenvertiefungen vorzusehen. Generell wuchs die Einsicht, daß nicht unbedingt alles Oberflächenwasser so schnell wie möglich abgeleitet werden muß, sondern daß es durchaus sinnvoll ist, das Oberflächenwasser an geeigneten Stellen zurückzuhalten und dieses wichtige Lebenselement für Pflanzen und Tiere möglichst lange verfügbar zu halten.

2 Neue Zielsetzungen

Die Oberflächenentwässerung ist ein wesentlicher Bestandteil der Tagebaurekultivierung und gehört zu der gesetzlich vorgeschriebenen Wiedernutzbarmachung von Neulandflächen. Besonders die intensiv genutzten landwirtschaftlichen Flächen erfordern einen geregelten Wasserhaushalt (Lange u. Lecher 1986). Der Oberflächenabfluß aus Niederschlägen muß schadlos abgeleitet werden. Auf jungen Lößböden ist aus landwirtschaftlicher Sicht Staunässe unbedingt zu vermeiden.

Darüber hinaus kann die Oberflächenentwässerung einen wesentlichen Beitrag zur Revitalisierung der wiederhergestellten Oberfläche leisten. Wasser bedeutet Leben. Dies zeigt sich überall dort, wo durch Anlegung unterschiedlicher Feuchtgebiete wie Seen, Weiher, Tümpel und feuchter Gräben an Wasser gebundene Pflanzen- und Tierarten einen neuen Lebensraum gefunden haben (Blab 1984). Die bewußte Planung und Gestaltung von Lebensräumen war allerdings über viele Jahre auf die forstlichen Rekultivierungsflächen beschränkt.

Optimaler Flächenzuschnitt bleibt maßgebliches Gestaltungselement landwirtschaftlicher Rekultivierung. Inzwischen ist jedoch die Erkenntnis gewachsen, daß Gewässer bei geeigneter Gestaltung auch landschaftsprägende Elemente mit Vernetzungsfunktion sind. Gesetzliche Regelungen und allgemeiner Zeitgeist haben diese Erkenntnis gefördert. Da in Zukunft aufgrund von Vorgaben aus Braunkohlenplänen vorrangig landwirtschaftliche Neulandflächen geschaffen werden, muß hier dem Landschaftselement Gewässer mehr Raum gegeben werden. Es ist allerdings wenig sinnvoll, Leitbilder für „fließende Gewässer" hinsichtlich des Wasserbereiches zu postulieren, wenn es sich um Gräben handelt, die an ca. 350 Tagen des Jahres trockenliegen. Gleichwohl können die Hauptentwässerungsgräben in den großen landwirtschaftlichen Rekultivierungsflächen als grünes Band durch geeignete Breite, Ausformung und Bepflanzung wesentlich zur Gestaltung der neuen Landschaft beitragen. Mindestens 5 m breite Uferstreifen sollen einen Teil der abgeschwemmten Düngestoffe und Pestizide vor dem Eintrag ins Gewässer herausfiltern. Gleichzeitig entsteht dabei ein Lebensraum zur Erhöhung der Artenvielfalt von Pflanzen und Tieren in den Agrarflächen. Bei geeigneter Ausgestaltung kann ein Teil der Entwässerungsgräben in mehrfacher Funktion einen Beitrag dazu leisten. Voraussetzung ist, daß für diese Gräben mehr Fläche als bisher in Form von Uferstreifen zur Verfügung gestellt wird (Abb. 1).

Im einzelnen sind folgende Funktionen zu nennen:

2.1 Feuchtbiotop

Durch stellenweise Verbreiterung und Sohlvertiefung der Gräben werden Feuchtflächen in Form von kleinen Tümpeln oder wechselfeuchten Standorten geschaffen. Die Flächen sollten zur Minimierung der Versickerungsverluste möglichst mineralisch abgedichtet werden. Auch sollte die Bodenverdunstung aus dem umgebenden Kapillarsaum eines Tümpels durch konstruktive Maßnahmen minimiert werden. Je nach Größe wird mit diesen Feuchtflächen Lebensraum für Amphibien, Wasserinsekten und Wasserpflanzen geschaffen. Schließlich kann eine vorübergehend mit Wasser bespannte Lache noch als Wildtränke, Vogelbad oder Vogeltränke dienen. Es ist jedoch zu bedenken, daß in den Gräben nur selten mit Wasserabfluß zu rechnen ist, nämlich nur bei Starkregenereignissen oder bei Schneeschmelze oder Regen auf gefrorenem bzw. wassergesättigtem Boden. Erfahrungen der vergangenen Jahre haben gezeigt, daß der Wasserabfluß im Laufe der Jahre, bedingt durch den allmählichen Aufschluß des Rohbodens und zunehmende Vegetation, zurückgeht und für die Speisung zu vieler Tümpel und Lachen nicht ausreicht. Insofern ist die Anzahl von Kleinstwasserflächen in sinnvoller Weise zu begrenzen.

2.2 Feldhecke

Da die Gräben überwiegend keinen Grundwasserkontakt haben, sollten der Uferstreifen und der obere Bereich der Grabenböschung abschnittsweise als Feldhecke ausgebildet werden. Damit wird Lebensraum für Insekten, Vögel und Kleinsäuger geschaffen.

2.3 Stauden-/Krautflur

Mit Gräsern und Wildkräutern bewachsene Grabenböschungen und Uferstreifen sind bei extensiver Pflege Lebensraum für Insekten, bodenbrütende Vögel und andere Tierarten.

Bei ständig wasserführenden Gräben mit geringerem Fließgefälle kann die Gefahr bestehen, daß es durch Verkrautung zu unerwünschtem Wasseraufstau und Vernässung seitlicher Wege kommt. Hier empfiehlt sich eine dichte Bepflanzung mit Roterle, die eine vollständige Beschattung des Gewässers bewirkt und damit eine Verkrautung durch Wasserpflanzen verhindert. Die Beschattung wirkt sich im übrigen auch vorteilhaft auf die Wasserqualität eines Fließgewässers aus.

Ähnliche ökologische Funktionen wie ein zeitweilig wasserführender Graben kann ein Regenrückhaltebecken in landwirtschaftlichen Neulandflächen übernehmen. An die Stelle der Hecke kann hier das Feldgehölz treten. Ein möglichst dauerhaft mit Wasser bespanntes Feuchtbiotop gehört in jedes Rückhaltebecken.

Generelles Ziel im Gewässerausbau muß auch die möglichst naturgerechte Gestaltung von technischen Bauwerken wie Schußrinnen, Tosbecken, Sandfängen,

Schächten u. a. sein, damit sie nicht zu Tierfallen (Kleinsäuger, Amphibien) werden können.

Die Entwurfsplanung für die Oberflächenentwässerung wird zunächst im Abschlußbetriebsplan in genereller Form dargestellt. An diesem bergrechtlichen Genehmigungsverfahren, das zur Zulassung des Betriebsplanes führt, werden vom Bergamt die zuständigen Wasserbehörden und weitere betroffene Träger öffentlicher Belange beteiligt. Entweder gleichzeitig oder anschließend ist das erforderliche öffentlich-rechtliche Genehmigungsverfahren zur Herstellung eines Gewässers nach § 31 Wasserhaushaltsgesetz oder – sofern ein Flurbereinigungsverfahren eingeleitet ist – nach § 41 Flurbereinigungsgesetz durchzuführen, das mit der Planfeststellung oder einer Plangenehmigung abschließt. Diesem Genehmigungsverfahren unterliegen jedoch nur solche Entwässerungsanlagen, die nach ihrer Herstellung Fließgewässer oder stehende Gewässer im Sinne der Definition von Wasserhaushaltsgesetz und Landeswassergesetz NRW sind.

3
Ergebnisse neuerer Gewässergestaltung

Etwa seit Mitte der 80er Jahre werden Oberflächengewässer auf rekultivierten Flächen nach den genannten Kriterien naturnah ausgebaut. Hierfür werden im folgenden einige Beispiele aufgeführt.

3.1
Gräben als zeitweilig fließende Gewässer

Im Tagebau Garzweiler sind insbesondere der Hohenholzer Graben im Rübenbuschtal, die Königshovener Mulde und der Elsbach zu nennen. Im Tagebau Zukunft-West gilt dies für die Hauptgräben in den Flurbereinigungsgebieten Warden-Niedermerz (Abb. 3) und Fronhoven-Lohn mit dem Schlangengraben. Die Gräben liegen entweder in breiten Tälern oder Grünstreifen. Wesentliche Gestaltungselemente sind geschlängelte Linienführung, großzügig bemessene Abflußprofile, unterschiedliche Böschungsneigungen und durchflossene oder im Seitenschluß liegende Tümpel bzw. wechselfeuchte Zonen. Anstelle von Rohrdurchlässen werden bei kreuzenden Forstwirtschafts- und Wanderwegen zunehmend Furten hergestellt, um die Durchgängigkeit des Gewässers zu betonen. Die Furten sind mit einer rauhen Bruchsteinpflasterung befestigt. Für den Schlangengraben gilt die Besonderheit, daß diesem in der Örtlichkeit lediglich ein kleines Gerinne vorgegeben wurde und es den Hochwasserabflüssen kommender Jahrzehnte überlassen bleibt, das Gewässerprofil auszuformen oder auch zu verlagern. Allen Gräben ist gemeinsam, daß Pflegemaßnahmen im

Abb. 3. Entwässerungsgraben im Rekultivierungsgebiet des Tagebaues Zukunft-West, Ausbau 1993 nach Wege- und Gewässerplan im Flurbereinigungsverfahren Fronhoven-Lohn (Photo 1994)

althergebrachten Sinne entfallen können und künftige Unterhaltungsarbeiten auf ein Minimum reduziert sind. Die Hochwasserrückhaltebecken sind als natürliche Geländemulden ausgeformt, in deren Tiefpunkt in der Regel ein abgedichteter Tümpel integriert ist.

3.2
Bach- und Flußverlegungen

Bei der Erftverlegung auf dem sog. Verkehrsband Frimmersdorf im Jahre 1976 mußten zur Sicherheit für den nahegelegenen Tagebau und wegen des teilweise wenige Tage bzw. Wochen vorher verkippten Geländes noch technische Anforderungen an den Ausbau bezüglich Linienführung, Profilgestaltung und Abdichtungsmaßnahmen im Vordergrund stehen. Dagegen konnten bei der Verlegung der Mühlenerft Kaster in den Jahren 1986/87, als der Tagebau mit genügendem Abstand weitergewandert war, landschaftsgestalterische Maßnahmen zur Geltung kommen. Der Ausbauabschnitt zwischen der Ortslage Kaster und der Einmündung in die Erft vermittelt bereits 1993 den Eindruck einer Flußaue (Abb. 4). In einem Waldstreifen zwischen 80 und 200 m Breite verläuft die Mühlenerft leicht geschlängelt mit häufig wechselnden Profilneigungen. Im Seitenschluß sind mehrere Stillwasserflächen angeordnet. In wenigen Jahren hat sich ein vielfältiger Uferbewuchs mit Baum-, Strauch- und Röhrichtabschnitten ausgebildet. Im Oberlauf der Mühlenerft ist der fehlende Fischweg an der vorhandenen Wehranlage als Mangel anzusehen.

Weitergehende Ziele hinsichtlich der naturgerechten Gestaltung einer Flußaue werden für die 10,5 km lange Inde-Verlegung zwischen Inden-Lamersdorf und Jülich-Kirchberg in den Jahren 2003/2005 verfolgt. Bei der inzwischen angelaufenen Planung sollen nach heutigen Vorstellungen Teile des Auebereiches schon bei mehr als Mittelwasserführung überflutet werden. Das

Abb. 4. Mühlenerft Kaster im rekultivierten Tagebau Frimmersdorf, Gewässerausbau 1986/87 (Photo 1993)

Abb. 5. Wassersportseen Liblarer See, Heider Bergsee, Bleibtreusee und Naturschutzgebiet Franziskussee mit den beiden Inseln (Photo 1989)

Gewässer soll so ausgebildet werden, daß – anders als bei der heute vorhandenen Inde – die Wanderung aquatisch lebender Tierarten durchgehend zu jeder Zeit möglich ist.

4 Gestaltung und Nutzung von Rekultivierungsseen

4.1 Überblick

Derzeit gibt es 50 Seen, Weiher und Teiche mit insgesamt 729 ha Wasserfläche bei Einzelflächen zwischen 0,4 und 85 ha. Zum größten Teil sind dies Restseen früherer oberflächennaher Tagebaue. Das Liegende der Kohle bestand aus mächtigen Tonflözen, die einen dichten Seeboden bilden. Die Restlöcher haben sich daher bald nach dem Braunkohleabbau aus dem neugebildeten Grundwasser und dem Oberflächenabfluß aufgefüllt. Die älteren Seen sind in ihrer Ausformung mehr oder weniger Zufallsprodukte. Die Gestaltung beschränkte sich damals auf die See-Abläufe und die Sicherung der durch Wellenschlag gefährdeten Ufer. Besondere Gestaltungsmaßnahmen wie die beiden Inseln im Franziskussee (Brutplatz einer Sturmmöwenkolonie) sind einem Betriebsführer zu verdanken, der passionierter Ornithologe war.

Von den 50 Gewässern sind neun Bade- oder Wassersportseen mit Surfen, Segeln, Rudern und sonstigem Bootssport (Abb. 5). Alle anderen Seen dienen der stillen Erholung und werden mit wenigen Ausnahmen beangelt. 13 Seen davon stehen ganz oder teilweise unter Naturschutz (Tabelle 1). Mehrere Seen sind bedeutende Rast- und Überwinterungsplätze für zahlreiche Wasservogelarten.

Das Nutzungskonzept für die intensive Erholungsnutzung, wie Baden und Wassersport, ist im wesentlichen vom „Zweckverband Naturpark Kottenforst-Ville" in Abstimmung mit dem Grundeigentümer und den betroffenen Kommunen erarbeitet und festgelegt worden. Dadurch werden Nutzungsüberschneidungen vermieden.

Die weithin bekannte Attraktivität der Seen des Südreviers führte bald zu der Forderung aus dem kommunalpolitischen Raum, auch bei der Rekultivierung der Tagebaue Frechen, Fortuna-Garsdorf und Zukunft-West Seen anzulegen, möglichst Seen mit vielfältigen Nutzungsmöglichkeiten wie Baden, Surfen oder Bootfahren.

Mit dem Tagebau Frechen begann Mitte der 50er Jahre die Tieftagebautechnik. Hierbei wird das Grundwasser mittels Tiefbrunnen großflächig bis unter die Tagebausohle abgesenkt. Für die bei der Rekultivierung in diesem Bereich bisher entstandenen und in Kürze entstehenden Seen bedeutet dies, daß sie über Jahrzehnte keinen Grundwasserkontakt haben werden und daher aus anderen Quellen gespeist werden müssen. Das können Sümpfungswässer oder Fließgewässer sein.

Insbesondere gilt dies für den Kasterer See sowie für die folgenden drei geplante Seen:

- Blausteinsee im Tagebau Zukunft-West mit 100 ha Wasserfläche, 45 m Wassertiefe, 22 Mio. m^3 Wasserinhalt, Füllzeit ca. 10 Jahre
- See im Tagebau Fortuna-Garsdorf mit 20 ha Wasserfläche, 25 m Wassertiefe, 2 Mio. m^3 Wasserinhalt, Füllzeit 1 Jahr
- See im Tagebau Frechen mit ebenfalls 20 ha Wasserfläche, 25 m Wassertiefe, 2 Mio. m^3 Wasserinhalt, Füllzeit 1 Jahr

Diese drei Seen, die in den nächsten 10 Jahren noch entstehen werden, sind nicht bergbaubedingt. Vielmehr sind sie aus dem kommunalpolitischen Raum gefordert worden. Zur Machbarkeit und Funktion der Seen wurden zunächst limnologische Gutachten eingeholt, die

Tabelle 1. Gewässer und ihre Nutzung im Rekultivierungsgebiet des Rheinischen Braunkohlenrevieres

lfd. Nr.	Gewässername	Entstehungsjahr	Wasserfläche [ha]	Restsee	Nutzung										Abflußrichtung
					Wassersport										
					Surfen	Segeln	Rudern	Bootfahren	Baden	Campingplatz	Freizeitfischerei	Stille Erholung	Naturschutz	Rückhaltung	
1	Berggeistweiher	1936	21,9	x							x	x	x		
2	Lucretiasee	1936	4,5	x							x	x			Dickops-bach Rhein
3	Ententeich	1936	1,8	x							x		x		
4	Phantasialandsee	1936	1,5	x							Freizeitpark				
5	Gallbergweiher	1936	2,7	x							x	x			
6	Forsthausweiher	1935	1,9	x							x	x			
7	Stiefelweiher	1935	1,3	x									x		
8	Tongraben	1935	0,5	x							x	x			
9	Silbersee	1937	2,2	x							x	x			
10	Zwillingssee	1955	1,5	x							x	x			
11	Villenhofer Maar	1936	4,5	x							x	x			
12	Donatussee	1961	9,6	x							x	x			
13	Pingsdorfer See	1954	3,8	x							x	x			
14	Fasanenweiher	1955	0,7	x											
15	Entenweiher	1950	4,9	x								x	x		Palmers-dorfer Bach Rhein
16	Obersee	1965	5,1	x							x	x			
17	Mittelsee	1965	5,9	x							x	x			
18	Untersee	1965	19,4	x							x	x			
19	Schluchtsee	1960	2,3	x							x	x			
20	Heider Bergsee	1965	35,4	x		x		x	x	x		x			
21	Franziskussee	1964	16,1	x							x	x	x		
22	Nordfeldweiher	1982	8,7	x								x	x		
23	Bleibtreusee	1975	71,5	x	x			x	x		x	x			
24	Werkstattweiher	1948	0,4	x							x	x			

25	Margarethensee	1955	1,9	x							x	x			
26	Gruhlweiher	1985	6,1	x							x	x			
27	Kierberger Maar	1959	0,5	x							x	x			Grundw,
28	Karpfenteich	1925	1,1	x							x	x			
29	Gotteshülfe-Teich	1955	5,3	x							x	x			
30	Otto-Maigler-See	1977	50,5	x	x		x	x	x		x	x			Kölner Randk,/ Rhein
31	Hürther Waldsee	1987	16,1	x								x	x		
32	Karauschenweiher	1959	1,3	x							x	x	x		
33	Liblarer See	1959	52,8	x		x		x	x	x					
34	Forellenteich	1955	1,1	x							x	x	x		
35	Binsenteich	1970	0,4	x									x		Liblarer Mühlen-graben Erft
36	Albertsee	1970	1,2								x	x			
37	Knapsacker See	1974	2,6								x	x			
38	Roddersee	1958	10,6	x							x	x			
39	Köttinger See	1955	41,5	x							x	x			
40	Concordiasee	1955	11,9	x							x	x			
41	Zieselsmaar-See	1966	5,4						x						
42	Röttgenteich	1988	2,6	x											Grundw,
43	Fürstenbergmaar	1982	7,6	x								x	x		
44	Kasterer See	1987	7,4								x	x			Erft
45	Neurather See	1986	13,2	x							x	x			Grundw,
46	Dürener See	1969	36,1	x	x				x		x	x			
47	Echtzer See	1959	16,5	x					x	x	x	x			Rur
48	Lucherberger See	1941	61,7	x		x					x	x	x	x	
49	Neffelsee	1971	60,4	x							x	x	x	x	Erft
50	Lövenicher See	1975	85,1	x	x	x	x	x	x		x				
	In Planung/Ausführung														
	Blausteinsee		100								x	x			
	See im Tagebau Fortuna-Garsdorf		20								x	x			
	See im Tagebau Frechen		20								x	x			

insbesondere Aussagen zur Morphologie der Seenmulde und zur Entwicklung der Wasserqualität gemacht haben (Bernhardt 1980; Bernhardt et al. 1981; Overbeck 1982).

Durch entsprechende Verträge zwischen Rheinbraun und den Kommunen bzw. dem späteren Nutzer ist die Verantwortlichkeit für die Seen vorab geregelt worden. Rheinbraun stellt die Seemulde im Rahmen der Verkippung her und stellt auch das nährstoffarme Sümpfungswasser für die Erstbefüllung zur Verfügung. Die Kommunen werden Eigentümer des Sees und der Ufergrundstücke. Ihnen obliegt die spätere Bewirtschaftung der Seen, so auch die Nachbefüllung mit mechanisch-biologisch gereinigtem Erftwasser zum Ausgleich von Versickerungs- und Verdunstungsverlusten.

Da zu der künftigen Wasserqualität der Seen heute keine definitiven Aussagen gemacht werden können, hat Rheinbraun die späteren Eigentümer und Nutzungsberechtigten darauf hingewiesen, daß zunächst nur ein „Landschaftssee" garantiert werden kann, der der stillen Erholung und dem Angelsport dienen soll. Die Definition hierzu wurde seinerzeit der DVWK-Regel 108/1983 *Richtlinien für die Gestaltung und Nutzung von Baggerseen* entnommen, die u. a. Angaben zur Wasserqualität, Seegröße, Seegestaltung usw. in Abhängigkeit von der Folgenutzung macht (inzwischen liegt die 4. erweiterte Auflage der Richtlinie als DVWK-Regel 108/1992 vor).

Die Herstellung eines Sees bzw. einer Seemulde erfolgt im bergrechtlichen Verfahren aufgrund eines zugelassenen Abschlußbetriebsplanes. Darüber hinaus ist ein öffentlich-rechtliches Genehmigungsverfahren nach § 31 Wasserhaushaltsgesetz erforderlich.

Erste limnologische Untersuchungen an drei auserwählten Tagebaurestseen verschiedenen Alters wurden bereits in den Jahren 1963/64 (Herbst 1966) durchgeführt. Zuletzt sind in den Jahren 1988–1992 insgesamt 39 Seen im rekultivierten Villegebiet untersucht worden. Die Wasserqualität reicht von eutroph bis oligotroph. In einigen Seen wurden erhöhte Sulfat- und Calziumgehalte festgestellt, die auf eine Beeinflussung aus Abraum- und Aschekippen schließen lassen. Zwei Seen zeigen Versauerungserscheinungen (Entenweiher und Zieselsmaar-See). Insgesamt wird eine Übernutzung der meisten Seen durch Erholungsaktivitäten festgestellt. Hinsichtlich der Wasserqualität gibt es jedoch an den Wassersport- und Badeseen, außer beim Zieselsmaar-See, keine Beschränkungen (Landesamt für Wasser und Abfall 1993). An zwei älteren Seen ist, ähnlich wie an anderen deutschen und europäischen Seen, ein deutlicher Rückgang des Schilfrohres zu beobachten.

Etwa Mitte des nächsten Jahrhunderts werden nach derzeitigem Planungsstand in der Tagebaufolgelandschaft große Restseen entstehen, die im Endzustand im Tagebau Hambach rd. 36 km^2 Wasseroberfläche und rd. 3,5 Mrd. m^3 Wasserinhalt, im Tagebau Garzweiler ca. 23 km^2 Wasseroberfläche und rd. 2 Mrd. m^3 Wasserinhalt haben werden. Für den Tagebau Inden sieht der Braunkohlenplan Inden II vor, daß das Restloch mit Abraummassen aus dem Tagebau Hambach verfüllt wird. Zu diesen Restseen bestehen erste Überlegungen, Untersuchungen und Gutachten (Liebmann u. Hamm 1973); detaillierte Planungen bleiben künftigen Generationen von Fachleuten verschiedener Disziplinen vorbehalten.

4.2
Der Hürther Waldsee, ein See für den Naturschutz

Der Hürther Waldsee (Abb. 6) mit 16 ha Wasserfläche ist von Anbeginn mit zahlreichen Biotopstrukturen geplant worden. Die größere Wasserfläche ist durch einen Unterwasserdamm und zwei aufgesetzte Inseln gegliedert, zwei kleinere Wasserflächen und ein Flachwassergebiet auf der Südseite sind durch Dämme abgetrennt. Der Flachwasserbereich war zunächst als Rast- und Nahrungsbiotop für Limikolen geplant, wobei der Wasserspiegel mittels Steckschieber um 0,5 m abgesenkt und wieder aufgestaut werden konnte, um während der Zugzeit Schlammflächen freilegen zu können. Bei der schnellen natürlichen Entwicklung höherer Wasserpflanzen hätte sich dieses Ziel jedoch nur mit erheblichen Biotoppflegemaßnahmen realisieren lassen. Der gute Zuwachs beim Schilfrohr, anders als bei den alten Seen, war Anlaß, den Wasserspiegel künftig konstant zu halten, um im Schilf lebende Tierarten zu fördern. Der See hat sich zu einem wertvollen Brut- und Rastbiotop für verschiedene Entenarten entwickelt. 1993 brütete hier zum ersten Mal im rekultivierten Rheinischen Braunkohlengebiet eine Beutelmeise. Der

Abb. 6. Naturschutzgebiet Hürther Waldsee im rekultivierten Tagebau Theresia (Photo 1993)

See und sein Umfeld, insgesamt 43 ha, wurden 1988 noch vor Beendigung aller Rekultivierungsarbeiten unter Naturschutz gestellt mit dem Ziel einer ungestörten natürlichen Entwicklung und der Festsetzung des Angelverbots.

Von Anfang an problematisch war die Nähe zum Erholungsschwerpunkt Otto-Maigler-See mit Badestrand, Rudersport und Surfen, der an schönen Sommertagen von mehreren Tausend Menschen aufgesucht wird. Ein zunächst nur auf der Nordseite des Naturschutzgebietes vorhandener Forstkulturzaun reichte nicht aus, um das Gebiet vor Störungen durch eindringende Menschen zu schützen. In Abstimmung zwischen den Landschaftsbehörden und dem Grundeigentümer Rheinbraun wurde schließlich der größte Teil des Sees mit einem Wildschutzzaun weiträumig eingezäunt. Eine bisher einmalige Maßnahme, die sich aber bewährt hat. Der Zaun ist inzwischen beidseitig mit dornigen Sträuchern wie Robinie, Weißdorn und Schlehe zugewachsen. Eine Aussichtskanzel ermöglicht die Beobachtung von Wasservögeln. Außer den offiziellen Naturschutzgebietsschildern wurden Schilder mit dem Aufdruck „Betreten verboten – Zum Schutz der Natur" aufgestellt. Diese Maßnahmen werden von der Bevölkerung akzeptiert.

4.3
Der Kasterer See als „Durchflußsee"

Die Attraktivität der Seen des Südreviers hat die übrigen vom Braunkohletagebau betroffenen Städte veranlaßt, ebenfalls die Anlegung von Seen bei der Rekultivierung zu fordern. Ende der 70er Jahre kam eine derartige Forderung von der Stadt Bedburg im Rahmen der Beteiligung am Betriebsplanverfahren. Erste Planungen gingen von einem runden See mit zahlreichen Einbuchtungen aus, der Idealvorstellung eines Sees. Nachdem allen Beteiligten klar geworden war, daß der See auf Dauer nur mit Erftwasser zu speisen sei, kamen von den Wasserbehörden Bedenken wegen der hohen Nährstoffbelastung dieses Wassers. Mögliche negative Folgen einer baldigen Eutrophierung, wie Algenteppiche, Geruchsbelästigungen, Fischsterben wegen Sauerstoffmangel bis zum völligen Umkippen des Gewässers, wurden aufgezeigt.

Als Konsequenz wurde der Kasterer See als ein langgestreckter „Durchflußsee" konzipiert, der im Seitenschluß zur Mühlenerft liegt. Die Wasserbeschickung erfolgt aus dem Oberwasser einer Wehranlage über 2 Seitenarme des Sees. Damit ist eine optimale Durchströmung des Sees gewährleistet. Der See ist 7,4 ha groß und 5 m tief. Bei einem Wasserinhalt von rd. 200 000 m^3 und einer Einspeisung von mindestens 300 l/s, derzeit sind es sogar 700 l/s, wird das Wasservolumen in weniger als acht Tagen ausgetauscht und damit das Algenwachstum in Grenzen gehalten.

Die Seemulde wurde 1979 bei der Tagebauverkippung ohne besondere Abdichtung angelegt, 1983 erstmals mit Sümpfungswasser befüllt und bis zum fertigen Ausbau des Sees im Jahre 1987 fortlaufend nachgefüllt. In dieser Zeit wurden regelmäßig Versickerungs- und Setzungsmessungen durchgeführt. Die Versickerung aus dem See beträgt rd. 65 l/s. Der derzeitige Grundwasserspiegel liegt 120 m unter Gelände.

Der Kasterer See dient der stillen Erholung und der teilweisen Beangelung. Das Ostufer ist durch Bepflanzung unzugänglich gehalten. Ein Steinwall soll ein Amphibien-Laichgebiet vom Fischgewässer abtrennen. Inzwischen ist das Ostufer durch ordnungsbehördliche Verordnung gemäß Landesfischereigesetz NRW als Fisch- und Laichschonbezirk festgesetzt. Verbote sperren das Ufer für jedwede Nutzung. In den ersten Jahren bestand ein Karpfenproblem am See, weil Sportangler vorzeitig unbefugt Fischbrut eingesetzt hatten. Mangels natürlicher Nahrung gewöhnten sich die Karpfen an die Fütterung mit Brot durch Spaziergänger und verbutteten. Das Problem wurde inzwischen durch gezielte Abfischung und Neubesatz behoben. Der See gilt aufgrund eines 1993 erstellten Gutachtens als gesundes und artenreiches Fischgewässer.

4.4
Geplanter See im Tagebau Fortuna-Garsdorf

In den Rekultivierungsflächen des Tagebaues Fortuna-Garsdorf und des Tagebaues Frechen soll jeweils ein Retentionsraum für Erfthochwässer mit einem Stauvolumen von rd. 1,8 Mio. m^3 angelegt werden, weil das natürliche Überschwemmungsgebiet der Erft inzwischen teilweise überbaut worden ist. Es bot sich daher an, den geplanten See in den Retentionsraum zu integrieren. Beide sind jedoch durch eine Umwallung voneinander getrennt. Ein Seitenarm der Erft wird durch den Retentionsraum geleitet. Aus diesem Wasserlauf kann die benötigte Nachfüllmenge für den See abgezweigt werden. Im Falle eines Erfthochwassers werden am Auslauf des Retentionsraums und am See-Einlauf Schieber geschlossen, so daß ein Aufstau im Retentionsraum erfolgen kann, ohne den See mit unbehandeltem Erftwasser zu überstauen.

Die Seemulde wird zunächst mit nährstoffarmem Sümpfungswasser befüllt. Für die Nachfüllung werden nur geringe Mengen aus der Erft benötigt. Da die Seemulde mit einer 1,50 m dicken Tonschicht abgedichtet ist, sind kaum Sickerwasserverluste, sondern hauptsächlich Verdunstungsverluste in Trockenzeiten auszugleichen. Der See soll keinen ständigen Ablauf haben, allenfalls einen Notüberlauf.

Dem See-Einlauf sind drei Absetzteiche, sog. Bioteiche, von jeweils 0,5 ha Wasserfläche und 4 m Tiefe vorgeschaltet, in denen maximal 1 500 m^3/d Erftwasser

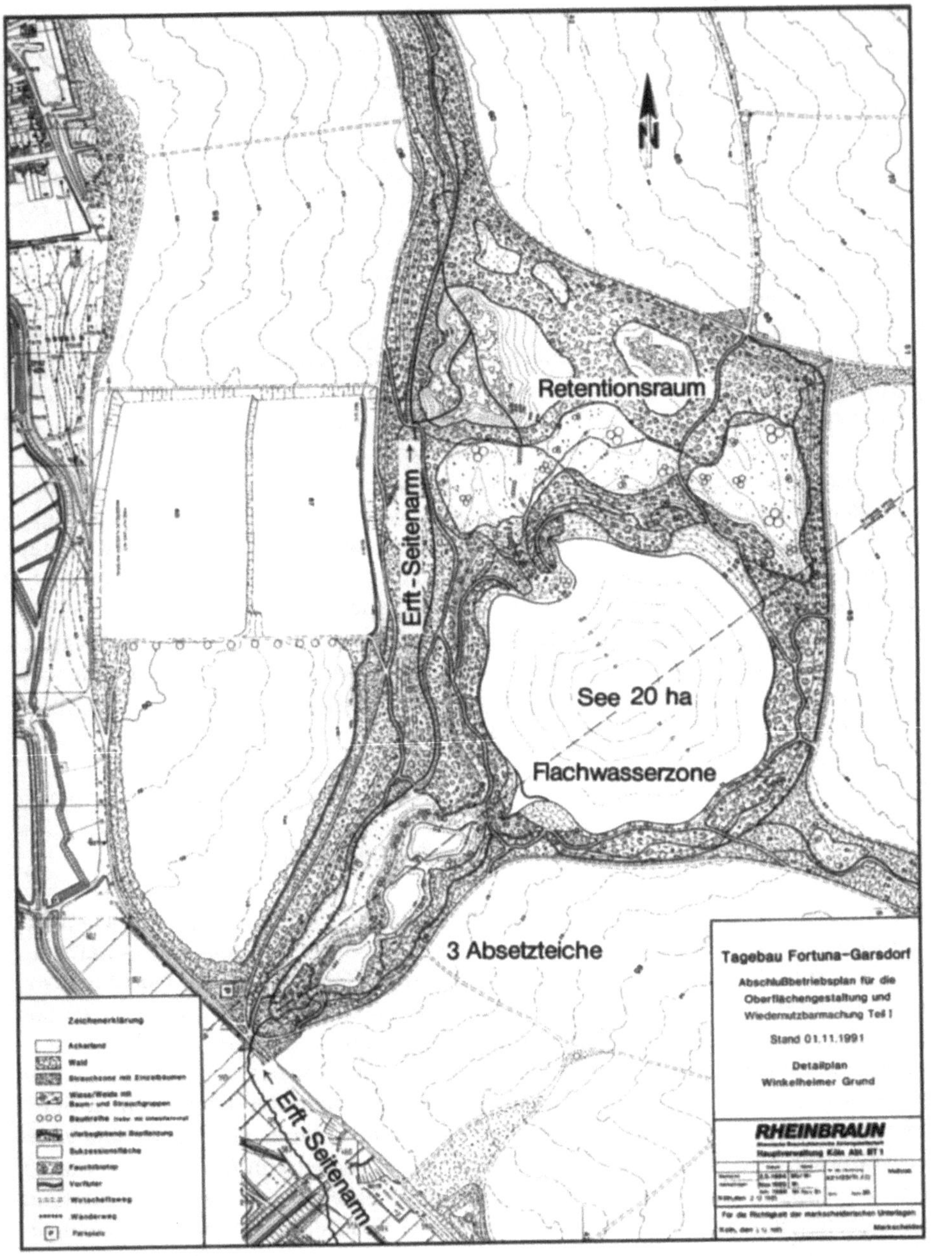

Abb. 7. Geplanter See im Tagebau Fortuna-Garsdorf

mechanisch-biologisch geklärt werden soll. Besonders im ersten Teich wird sich ein Großteil des im Erftwasser mitgeführten Phosphors von heute rd. 1,0 mg/l, das weitgehend adsorptiv an Partikel gebunden ist, absetzen. Aufgabe der Absetzteiche ist es außerdem, Algen in großen Mengen zu bilden und die darin fixierten Phosphorverbindungen vom gelösten in den ungelösten Zustand zu überführen und durch Sedimentation aus dem Wasser zu entfernen. Als „letzte biologische Reinigungsstufe" soll schließlich eine Flachwasserzone mit höheren Wasserpflanzen am Seeeinlauf zur Phosphor-Eliminierung beitragen. Insofern soll die Nachfüllung des Sees aus den Absetzteichen zwecks Ausnutzung der vollen Kapazität der P-Eliminierung hauptsächlich während der Vegetationsperiode erfolgen (Overbeck 1982).

Der 20 ha große See (Abb. 7) hat eine Tiefe von 25 m. Bei dieser Wassertiefe wird sich eine stabile Schichtung einstellen, so daß der interne Nährstoffaustausch geringgehalten wird. Die Böschungen sind rd. 1 : 7 geneigt und im Wellenschlagbereich auf 1 : 10 abgeflacht. Zwei geplante Flachwasserzonen erhalten eine Uferneigung von 1 : 40. Die 1,50 m dicke Dichtungsschicht aus Ton ist mit einer 1,0 m dicken Schicht aus lößhaltigem Kies abgedeckt, um ein Austrocknen und Reißen des Tons vor der Wasserbefüllung zu vermeiden. Der Ton wurde aus dem Deckgebirge des nahegelegenen Tagebaues Bergheim gewonnen und mit bergmännischen Mitteln eines Großtagebaus eingebaut, d. h. mit einem Schaufelradbagger abgetragen, über Bandanlagen dem Absetzer zugeführt, auf die zuvor planierte Oberfläche verkippt und mit Planierraupen in feuchtem Zustand eingeebnet und verdichtet. Die Seemulde und die drei Absetzteiche sind seit 1992 fertiggestellt, ein Teil des Retentionsraumes ist noch in der Verkippungsphase.

5 Oberflächengewässer und Naturschutz

Vor Beginn der Bergbautätigkeit gab es im Rheinischen Braunkohlengebiet keine nennenswerten Wasserflächen. Erst durch die Bergbaufolgelandschaft entstanden Weiher und Seen, die sich sehr bald zu besonderen Lebensstätten wildlebender Pflanzen und Tiere entwickelten. Bereits ab Anfang der 60er Jahre befaßten sich Landschaftsökologen (Bauer 1970, 1973) und Ornithologen (Giller 1976) mit den neuentstandenen Gebieten und entdeckten Pflanzen- und Tierarten, die es zuvor in dieser Landschaft nicht gegeben hatte. Während zunächst seltene Wasservogelarten wie Zwergtaucher, Zwergdommel, Krickente, Wasserralle und Sturmmöwe als Brutvögel oder mehr als 2 000 Exemplare auf dem Durchzug rastender nordischer Tauchenten besondere Beachtung fanden, kamen später Amphibien, Libellen und seltene Wasserpflanzen hinzu. Obwohl durch mehrere wissenschaftliche Untersuchungen schon Anfang der 70er Jahre auf die Naturschutzwürdigkeit hingewiesen wurde, dauerte es 14 Jahre, bis die Unterschutzstellung auf dem Verwaltungswege durchgesetzt werden konnte (Dewitz u. Möhlenbruch 1986). Erhebliche Schwierigkeiten entstanden etwa dadurch, daß Angelvereinen, die langjährige Pachtverträge besaßen, Nutzungsbeschränkungen am Gewässer auferlegt werden mußten. Die ordnungsbehördliche Verordnung über die Naturschutzgebiete Ville-Seen (Franziskussee, Zwillingssee, Ententeich, Entenweiher, Villenhofer Maar, Südufer des Berggeistweihers, Sumpfgelände südlich des Karauschenweihers) erging schließlich am 23. August 1984.

Die in den letzten zehn Jahren angelegten Gewässer Fürstenbergmaar, Gruhlweiher und Hürther Waldsee können bereits heute als gelungene Rekultivierung im Sinne einer vielfältigen Lebensraumgestaltung für Pflanzen und Tiere angesprochen werden. Breite Flachwasserzonen und flache südexponierte Uferbereiche, die der Sukzession überlassen sind, tragen zur Artenvielfalt bei. Auf Antrag des örtlichen Naturschutzbundes wurden das Fürstenbergmaar und der Hürther Waldsee einschließlich ihres Umfeldes frühzeitig als Naturschutzgebiet einstweilig sichergestellt mit der Festsetzung „zur Wiederherstellung von Lebensstätten bestimmter wildlebender Pflanzen- und Tierarten" unter vollständigem Ausschluß konkurrierender Nutzungen, ausgenommen die Jagd. Damit wurde die ungestörte Entwicklung weitgehend sichergestellt. In den Flachwasserzonen haben sich in kurzer Zeit die verschiedensten Pflanzen der Röhrichtzone eingestellt. Auch ist ein guter Zuwachs des Schilfrohres festzustellen. Insgesamt ist ein reiches Artenspektrum von Vögeln, Amphibien und Libellen zu beobachten. Die Entwicklung der Gewässer wird durch die Landesanstalt für Ökologie, Landschaftsentwicklung und Forstplanung (LÖLF) und durch die Landesanstalt für Fischerei verfolgt. Mit Inkrafttreten der Landschaftspläne 6 und 8 des Erftkreises sind nicht nur die zuvor genannten Weiher und Seen endgültig als Naturschutzgebiete gesichert worden, sondern noch weitere Gewässer und Feuchtgebiete, die Bauer in ihrem landschaftsökologischen Gutachten bereits 1970 als naturschutzwürdig vorgeschlagen hatte. Insgesamt stehen 1993 im Rheinischen Braunkohlengebiet 315,5 ha unter Naturschutz, davon 187,6 ha Wasserfläche. Neben den unter Naturschutz gestellten Weihern und Seen gibt es im Rheinischen Braunkohlengebiet noch zahlreiche ständig wasserführende Gräben, Tümpel und sonstige Feuchtgebiete, die für den Biotop- und Artenschutz von erheblicher Bedeutung sind. Dies läßt sich durch den Nachweis dort vorkommender „Rote-Liste-Arten" wie z. B. Springfrosch, Gelbbauchunke, Kammolch und Moderlieschen belegen (Tabelle 2).

6 Ausblick

Über Jahrzehnte diente die Oberflächentwässerung in der Rekultivierung allein der Regelung des Wasserhaushaltes. Die Funktion von Gräben, Bächen, Tümpeln und Seen im Naturhaushalt wurde lange Zeit nicht gesehen oder vernachlässigt. Nicht nur der ständige Rückgang von Tier- und Pflanzenarten, sondern auch der von bestimmten Biotoptypen wie natürlichen oder naturnahen Fließgewässern und stehenden Gewässern hat zu neuen Leitsätzen im Gewässerausbau geführt. Inzwischen arbeiten Wasserbauingenieure und Landschaftspfleger gemeinsam an den Planungsaufgaben. Die Kenntnisse von Biologen und Naturschützern fließen in die Planung und Ausführung von Gewässern mit ein.

An den zwischen 1982 und 1987 hergestellten Seen wie Fürstenbergmaar, Kasterer See, Gruhlweiher und Hürther Waldsee läßt sich die Effektivität neuerer Planung allein schon an den zahlreichen Vogelarten und Amphibien, darunter mehrere Rote-Liste-Arten (LÖLF 1986), dokumentieren. Ausschlaggebend für die günstige Entwicklung ist dabei die unterschiedliche Ufergestaltung und die klare Abgrenzung der Erholungsnutzung (wenige ufernahe Wanderwege, Beschränkung des Angelsports auf Uferteilstrecken oder markierte Stand-

Tabelle 2. Vorkommen von Pflanzen- und Tierarten an Oberflächengewässern im Rekultivierungsgebiet des Rheinischen Braunkohlenreviers, die auf der Roten Liste der in Nordrhein-Westfalen gefährdeten Pflanzen und Tiere stehen. (LÖLF 1986)

Pflanzen- und Tierarten		Gefährdungskategorie
Blütenpflanzen		
Gemeine Natternzunge	*Ophioglossum vulgatum*	2
Gemeiner Wasserschlauch	*Utricularia vulgaris*	2
Übersehenes Knabenkraut	*Dactylorhiza praetermissa*	2
Zwerg-Igelkolben	*Sparganium minimum*	2
Ständige Brutvögel		
Flußregenpfeifer	*Charadrius dubius*	3
Haubentaucher	*Podiceps cristatus*	4
Krickente	*Anas crecca*	2
Nachtigall	*Luscinia megarhynchos*	3
Reiherente	*Aythya fuligula*	4
Sturmmöwe	*Larus canus*	4
Teichrohrsänger	*Acrocephalus palustris*	3
Wasserralle	*Rallus aquaticus*	2
Zwergtaucher	*Tachybaptus ruficollis*	2
Sporadische Brutvögel		
Bekassine	*Gallinago gallinago*	2
Drosselrohrsänger	*Acrocephalus arundinaceus*	1
Rohrweihe	*Circus aeruginosus*	1
Gefährdete Durchzügler, Übersommerer, Überwinterer und andere Gastvögel (Kategorie II), regelmäßige Beobachtungen		
Eisvogel	*Alcedo atthis*	
Fischadler	*Pandion haliaetus*	
Gänsesäger	*Mergus merganser*	
Graureiher	*Ardea cinerea*	
Grünschenkel	*Tringa nebularia*	
Knäkente	*Anas querquedula*	
Kolbenente	*Netta rufina*	
Kormoran	*Phalacrocorax carbo*	
Löffelente	*Anas clypeata*	
Moorente	*Aythya nyroco*	
Pfeifente	*Anas penelope*	
Raubwürger	*Lanius excubitor*	
Rohrdommel	*Botaurus stellaris*	
Rohrweihe	*Circus aeruginosus*	
Rothalstaucher	*Podiceps grisegena*	

Pflanzen- und Tierarten		Gefährdungskategorie
Rotschenkel	*Tringa totanus*	
Schellente	*Bucephala clangula*	
Schnatterente	*Anas strepera*	
Schwarzhalstaucher	*Podiceps nigriocollis*	
Singschwan	*Cygnus cygnus*	
Spießente	*Anas acuta*	
Tafelente	*Aythya ferina*	
Trauerseeschwalbe	*Chlidonias niger*	
Waldwasserläufer	*Tringa ochropus*	
Zwergsäger	*Mergus albellus*	
Kriechtiere und Lurche		
Zauneidechse	*Lacerta agilis*	3
Gelbbauchunke	*Bombia variegata*	1
Kreuzkröte	*Bufo calamita*	3
Wechselkröte	*Bufo viridis*	1
Knoblauchkröte	*Pelobates fuscus*	1
Springfrosch	*Rana dalmatina*	1
Kammolch	*Triturus cristatus*	3
Feuersalamander	*Salamandra salamandra*	4
Fische		
Moderlieschen	*Leucaspius delineatus*	3
Libellen		
Braune Mosaikjungfer	*Aeshna grandis*	3
Federlibelle	*Platycnemis pennipes*	3
Gebänderte Prachtlibelle	*Calopteryx splendens*	3
Gemeine Winterlibelle	*Sympecma fusca*	3
Glänzende Smaragdlibelle	*Somatochlora metallica*	3
Große Moorjungfer	*Leucorrhinia pectoralis*	1
Kleine Mosaikjungfer	*Brachytron pratense*	3
Kleiner Blaupfeil	*Orthetrum coerulescens*	2
Kleines Granatauge	*Erythromma viridulum*	2
Pokal-Azurjungfer	*Cercion lindeni*	2
Westliche Keiljungfer	*Gomphus pulchhellus*	3

Soweit anwendbar, wurden die Gefährdungskategorien auf den Naturraum II - Niederrheinische Bucht bezogen.

Definition der Gefährdungskategorien:

1	vom Aussterben bedroht
2	stark gefährdet
3	gefährdet
4	potentiell gefährdet

plätze, im Einzelfall vollständiges Angelverbot). Intensive Erholungsnutzung durch Wassersport ist schwerpunktartig auf größere Seen (über 50 ha) zu beschränken.

Die naturnah ausgebauten Fließgewässer – überwiegend nur zeitweilig fließende Gewässer – sind noch zu jung, um über deren Entwicklung abschließend urteilen zu können. Abwechslungsreiche Uferstreifen werden in den landwirtschaftlich rekultivierten Flächen nicht nur zu einer Belebung des Landschaftsbildes, sondern auch zur Erhöhung der Artenvielfalt beitragen, ohne daß die landwirtschaftliche Nutzung über Gebühr beeinträchtigt wird.

7 Zusammenfassung

Die wesentlichen Bestandteile der Oberflächenentwässerung auf rekultivierten Tagebauflächen sind Gräben und Rückhaltebecken, über die das anfallende Niederschlagswasser abgeleitet und den am Tagebaurand vorhandenen Gräben oder Bachläufen zugeführt wird. Besondere Anforderungen an den Gewässerausbau stellen die Außenkippen von Tagebauen (Hochhalden). Gelegentlich sind auch Bach- und Flußstrecken zu verlegen. Außer den „Fließgewässern“ sind noch „stehende Gewässer“ anzulegen.

Bisher sind im Zusammenhang mit der Rekultivierung im Rheinischen Braunkohlengebiet 50 Weiher und Seen mit einer Gesamtwasserfläche von 729 ha entstanden. Bei den meisten Seen handelt es sich um die Restlöcher kleinerer Tagebaue, die sich nach der Abbautätigkeit mit Grundwasser auffüllten. Die ältesten Gewässer stammen aus den Jahren 1935/36. Bis auf wenige Ausnahmen werden alle Gewässer durch Freizeitfischerei genutzt, an neun Seen ist der Wassersport konzentriert. Seit den 80er Jahren fließen vermehrt Naturschutzbelange in die Gestaltung und Nutzung von Gewässern mit ein.

Die Attraktivität der bisher entstandenen Seen hat zu Forderungen aus dem kommunalpolitischen Raum geführt, auch bei der Rekultivierung von Großtagebauen Seen anzulegen. Hier waren besondere Überlegungen zur Morphologie und Abdichtung der Seemulde, zur Wasserbefüllung und zum Ausgleich von Versickerungs- und Verdunstungsverlusten sowie zur Entwicklung der Wasserqualität anzustellen.

Mehrere Seen, Weiher und Gräben haben sich im Laufe der Jahre zu wertvollen Lebensräumen zahlreicher, teilweise seltener, Pflanzen- und Tierarten entwickelt, so daß einige davon schon Anfang der 80er Jahre unter Naturschutz gestellt wurden. Auch sind zwei Seen unmittelbar nach der Rekultivierung als Naturschutzgebiete ausgewiesen worden, weil sie aufgrund ihrer Ausgestaltung bei ungestörter Entwicklung gute Voraussetzungen für die Wiederherstellung von Lebensstätten bestimmter wildlebender Pflanzen- und Tierarten bieten.

LITERATUR

Bauer G (1970) Die geplanten Naturschutzgebiete im rekultivierten Südrevier des Kölner Braunkohlengebietes. Landschaftsökologisches Gutachten, Beiträge zur Landesentwicklung 15, Köln

Bauer G (1973) Geplantes Naturschutzgebiet Entenweiher. Landschaftsökologisches Gutachten Bleibtreusee, Beiträge zur Landesentwicklung 27, Köln

Bernhardt H (1980) Gutachten über die Gestaltung der Beckenform des Restsees der Grube Zukunft, München (unveröffentlicht)

Bernhardt H, Hübner W, Schmitt R (1981) Gutachten über die Möglichkeit der Anlage und die zu erwartende Wasserqualität von geplanten Erholungsseen im Bereich der zu rekultivierenden Tagebaue Frechen und Fortuna-Garsdorf, München (unveröffentlicht)

Blab J (1984) Grundlagen des Biotopschutzes für Tiere. Schriftenreihe für Landschaftspflege und Naturschutz 24

Dewitz W von, Möhlenbruch N (1986) Naturschutz nach Braunkohlengewinnung. Natur und Landschaft 61/9

DVWK-Regeln zur Wasserwirtschaft, Richtlinie für die Gestaltung und Nutzung von Baggerseen, 3. Aufl. 108/1983

Giller F (1976) Die Avifauna des Rheinischen Braunkohlengebietes. Beiträge zur Avifauna des Rheinlandes 7/8

Herbst H V (1966) Limnologische Untersuchungen von Tagebaugewässern in den Rekultivierungsgebieten der Braunkohlenindustrie im Kölner Raum. Ministerium für Ernährung, Landwirtschaft und Forsten NRW

Landesamt für Wasser und Abfall NRW (1989) Richtlinien für naturnahen Ausbau und Unterhaltung der Fließgewässer in Nordrhein-Westfalen, 4. Aufl.

Landesamt für Wasser und Abfall NRW (1993) Gutachten über die Gewässerbeschaffenheit von 39 Tagebauseen im Rheinischen Braunkohlen-Rekultivierungsgebiet „Ville“

Landesanstalt für Ökologie, Landschaftsentwicklung und Forstplanung NRW (LÖLF) (1986) Rote Liste der in Nordrhein-Westfalen gefährdeten Pflanzen und Tiere, 2. Fassung. Schriftenreihe der LÖLF 4

Lange G, Lecher K (1986) Gewässerregelung, Gewässerpflege, Naturnaher Ausbau und Unterhaltung von Fließgewässern. Parey, Hamburg

Liebmann H, Hamm A (1973) Möglichkeiten der Ausbildung von Tieftagebauräumen zu Großwasserspeichern. Zeitschrift für Wasser- und Abwasserforschung 3

Overbeck J (1982) Exposé über Struktur und Funktion von künstlich angelegten Landschaftsseen in den rekultivierten Tagebauen Fortuna-Garsdorf und Frechen im Rheinischen Braunkohlenrevier, Plön (unveröffentlicht)

Landschaftsgestaltung und Erholung

35

Ruprecht Rümler

Bringt man die Begriffe Landschaft und Erholung miteinander in Verbindung, so denkt man in der Regel zuerst an die vom Menschen ausgehenden Ansprüche an eine Landschaft, und zwar v. a. an ihre zweckmäßige Ausstattung mit Einrichtungen für Freizeit und Erholung. Hier hatte man mit den bisherigen Rekultivierungsmaßnahmen eine Menge Erfahrungen sammeln können. Im folgenden soll nun jedoch genau der umgekehrte Weg verfolgt werden, d. h. ausgehend von der Landschaft und ihren funktionellen, strukturellen und ästhetischen Qualitäten, ihre Bedeutung für die Erholung und Freizeit des Menschen abzuschätzen. Daraus sollen dann Vorschläge für die entsprechende Gestaltung einer neuen Erholungslandschaft abgeleitet werden.

Unter Landschaft[1] wird hier mit Alexander von Humboldts Worten „der Totalcharakter einer Erdgegend" verstanden. Es handelt sich dabei also um ein vom Menschen wahrgenommenes Stück Erdoberfläche mit seiner Geländeausformung und den naturgegebenen Faktoren wie Klima, Wasser, Boden, Pflanzen- und Tierwelt, unbedingt aber auch mit seinen menschlichen Schöpfungen. Eine Landschaft bildet zwar in einem bestimmten Raum je nach ihrem Haushalt, ihrer Gliederung und ihrer Erscheinung eine gewisse Einheit, gleichzeitig ist sie jedoch entwicklungsgeschichtlich ein sich ständig wandelnder Teil der Erdoberfläche. Landschaft ist kein Zustand, sondern ein Vorgang. Dies trifft v. a. für die im Um- und Aufbau befindliche Landschaft des Rheinischen Braunkohlengebietes zu, die nach dem Kohleabbau bewußt in jeder bestimmten Zielrichtung neu gestaltet werden kann.

In diesem Beitrag soll nun zunächst der Versuch unternommen werden, die Landschaft in ihrer Qualität mit der Zielrichtung Erholungsnutzung abzuschätzen. Darauf aufbauend sollen dann gestalterische Maßnahmen entwickelt werden, mit deren Hilfe diese Qualitäten hergestellt werden können.

1 Zur Qualität der Landschaft und ihrer Bedeutung für Freizeit und Erholung

Die Feststellung der Eignung einer Landschaft für die Erholung verlangt nach einem Anforderungsprofil zur Bewertbarkeit der funktionellen und ästhetischen Qua-

[1] Landschaft darf nicht mit Naturraum verwechselt werden. Unter Natur sollte nach Isbary (1969) „die ursprüngliche kosmische Allmacht" verstanden werden, „die ohne Einfluß des Menschen alles anorganische und organische Sein in Raum und Zeit in einem umfassenden Wirkungsgefüge regelt, das uns Menschen ausgewogen, erklärbar und somit wirkungsgesetzlich geordnet erscheint". Die Natur hat so lange ausschließlich das Antlitz der Erde bestimmt, bis der Mensch sich entwickelte und handelnd in das Geschehen eingriff. Erst der vom Menschen genutzte und gestaltete Naturraum heißt Landschaft. Hört die Gestaltung seitens des Menschen auf, so verfällt die Landschaft und kann schließlich wieder Naturraum werden. Denn alles menschliche Werk verfällt, wenn es nicht dauernd nutzend gestaltet wird.

litäten der betreffenden Landschaft im Hinblick auf ihre Erholungswirksamkeit.

Wie wir wissen, erfaßt der Mensch in einer Landschaft zuerst Gestalt, Form und Farbe der einzelnen Landschaftselemente. Sie wirken auf ihn und können Empfindungen auslösen. Was der Einzelne wirklich fühlt und empfindet, ist schwer zu beschreiben. Aus der Ortswahl, die der Erholungsuchende in der Landschaft trifft, muß aber angenommen werden, daß Erholung in der Landschaft wesentlich auf Umweltgestalt beruht. Außerdem sind alte instinktive Verhaltensweisen des Menschen hier mit zu berücksichtigen, d. h. das Meiden der Tiefe des Waldes oder das Ausweichen aus einer offenen Fläche hin zu Rand- und Grenzstrukturen in der Landschaft. Form und Gestalt sind folglich wichtige Qualitätsmerkmale der Erholungslandschaft.

Zu der Landschaftsform gehört die optisch wirksame, überwiegend reliefbedingte Grobgliederung der Landschaft. Zur Gestalt der Landschaft rechnet die optisch wirksame, nutzungsbedingte Feingliederung der Landschaft. Danach sind folgende Merkmale für die Beurteilung der Erholungsqualität einer Landschaft von Bedeutung:

- a) Flächen:
  Reliefbedingte Flächenformen (z. B. Hochhalden)
  Nutzungsbedingte Vegetationsmuster mit flächenhafter Wirkung (z. B. gleichförmige Waldbestände, flächenhaft wirkende Acker- und Wiesennutzung)
  Nutzungsbestimmte Binnenflächen innerhalb von Großflächen (z. B. Lichtungen, Kahlschläge, jüngere Aufforstungen; auch Seeflächen, Teichflächen und Feuchtbiotope)
- b) Ränder:
  Großräumig wirksame Rand- und Grenzstrukturen (z. B. Waldränder, Gewässerränder)
  Binnenränder und -säume (z. B. Bestandesgrenzen und Waldmäntel bzw. -ränder innerhalb des Waldes, angrenzend an Lichtungen, Kahlschläge oder jüngere Aufforstungen)
  Nutzungsgrenzen zwischen den nach Höhen deutlich unterscheidbaren landwirtschaftlichen Kulturen (z. B. Grünlandrand)
  Fernwirksame Raumstrukturen der Landschaft [z. B. Ränder von Höhenrücken (Ville, Eifel) oder Gebirgszügen]
- c) Linien:
  Linien- oder bandförmige Strukturelemente (z. B. Bodenschutzpflanzungen, Hecken oder Baumreihen entlang von Straßen, Bachläufen und Nutzungsgrenzen)
- *d) Punkte:*
  Optisch wirksame Anziehungspunkte. Sichtbar herausgehobene Einzelerscheinungen. Kontrastreich gegen umgebende Strukturen abgehobene Einzelformen (z. B. Einzelbäume, Baumgruppen, auch Felsbastionen, Berggipfel)
  Anziehungspunkte besonders charakteristischer Landschaftsteile (z. B. Geländeaufschlüsse, Einblicke in einen Tagebau)
  Aussichtspunkte mit Fernsichten von Geländekanten, Geländehöhen (z. B. von Hochhalden)

Durch quantitatives Erfassen der auf Flächen, Ränder, Linien und Punkte bezogenen Strukturmerkmale einschließlich der Reliefenergie der Landschaft erhält man eine gewisse Auskunft über den Grad ihrer Erholungseignung. Diese Aussage kann zusätzlich durch die Berücksichtigung eines möglichst ausgewogenen Verhältnisses im Vorkommen der einzelnen Merkmale verfeinert werden. Sie läßt sich ferner durch das Einbeziehen wichtiger erholungswirksamer Klimafaktoren noch vervollständigen.

Qualitätsmerkmale, die v. a. bei Neuplanungen von Landschaften kaum in ihrem Eintreffen vorher zugesagt werden können, sind die Verteilung, Häufigkeit oder Seltenheit charakteristischer Einzelmerkmale bestimmter Landschaftsteile (z. B. Verbreitung des Maiglöckchens im Buchenwald, Vorkommen von Rotwild, Schwarzwild, Niederwild und Auftreten der Avifauna). Diese Qualitätsmerkmale sollten daher je nach ihrem tatsächlichen Auftreten von Fall zu Fall eine zusätzliche Berücksichtigung bei der Landschaftsbeurteilung erfahren. Gleiches gilt für mögliche positive oder negative Auswirkungen einer infrastrukturellen Erschließung der Landschaft (v. a. durch Wander-, Rad- und Reitwege, Schutzhütten, Straßen und Parkplätze, sowie gastronomische Einrichtungen je nach Angebot und planerischer Qualität).

Besonders bei eventuellen Störfaktoren – mit Ausnahme von Lärm – fehlt es noch an anerkannten Kriterien, um meßbare Größen in einen Wert umzusetzen, der den Grad der Erholungsbeeinträchtigung beschreibt.

2
Zur Nutzungsbewertung einer Landschaft für Freizeit und Erholung

Für die Feststellung der Erholungseignung einer Landschaft stehen eine Reihe sich teils einander ähnelnder Bewertungsmethoden zur Verfügung (Turowski 1972; Kiemstedt 1972).

Nachfolgend soll kurz auf eine Methode eingegangen werden, die der Verfasser auf der Grundlage der Arbeiten von Turowski und Kiemstedt weiterentwickelt hat (Rümler 1975). Im Rahmen eines Ökologischen Gutachtens zum geplanten Tagebau Hambach, Teil: Erholungsmöglichkeiten, wurde folgende Aufgabe gestellt: Unter Berücksichtigung erholungswirksamer Kriterien sollte die Auswirkung des Kohleabbaues im Bereich des zukünftigen Tagebaues Hambach auf die Erholungsnutzung eines vorgegebenen, in diesem Bereich liegenden Untersuchungsgebietes aufgezeigt werden.

Hierzu gehörte zunächst eine auf einer Bewertung beruhende Beschreibung der Erholungseignung des Untersuchungsgebietes in seinem derzeitigen Zustand, d. h. vor der Inanspruchnahme zur Kohlegewinnung. Daran anschließend war die Ermittlung der Erholungseignung des Untersuchungsgebietes nach dem Kohleabbau festzustellen. Dafür stand ein Planungsmodell der Rheinischen Braunkohlenwerke AG zur Verfügung.

Aufgrund der gewonnenen Untersuchungsergebnisse sollte schließlich auch ein eigener Planungsvorschlag erstellt werden, aus dem Möglichkeiten und Vorschläge für die Ausgestaltung eines Erholungsschwerpunktes sowie für die Anlage und Ausgestaltung weiterer Erholungseinrichtungen hervorgehen. Dabei bot sich an, auch diesen Planungsvorschlag einer Eignungsbewertung für die Erholung zu unterziehen, um eine entsprechende Vergleichsmöglichkeit mit dem Zustand des Untersuchungsgebietes vor dem Kohleabbau und mit dem zur Verfügung gestellten Planungsmodell der Rheinischen Braunkohlenwerke AG zu haben.

Die in den drei Planunterlagen gewonnenen Einzel- und Gesamtwerte zur Erholungseignung sollten ferner auch eine Aussage über die fortschreitende Auswirkung des Kohleabbaus im Untersuchungsgebiet unter Berücksichtigung von Landinanspruchnahme und anschließender Rekultivierung erlauben, und zwar durch die Zusammenfassung der Bewertungsergebnisse der zu dem betreffenden Zeitpunkt bereits rekultivierten Flächen mit den Bewertungsergebnissen der noch nicht in Anspruch genommenen Teile des Untersuchungsgebietes.

Für die Erfassung und Bewertung der Merkmalträger für die Erholungseignung der Landschaft vor und nach dem Kohleabbau wurden die drei Planunterlagen – derzeitiger Zustand des Plangebietes, Planungsmodell des Bergbautreibenden und eigener Planungsvorschlag – jeweils im Maßstab 1 : 25 000 zugrundegelegt.

Aus arbeitstechnischen Gründen wurde das Bearbeitungsgebiet in Quadratfelder von jeweils 25 ha Größe unterteilt. Das entspricht einer Seitenlänge der Quadrate von jeweils 500 x 500 m in der Natur. Für die Bewertung wurden zunächst die Flächenanteile der erholungswirksamen Landnutzungen erfaßt. Hierzu gehören Ackerland, Grünland, Gewässer, Wald sowie Lichtung bzw. Kahlschlagfläche oder Schonung. Zur Abschätzung der Oberflächengestalt dient die Reliefenergie. Diese wurde durch den relativen Höhenunterschied innerhalb eines Planquadrats festgestellt. Falls in einem Quadrat Rinnen, Mulden oder Talungen vorkamen, wurde die Summe aller Höhendifferenzen ermittelt. Danach erfolgte die Erfassung der erholungswirksamen Ränder, Kontrastzonen und Einzelpunkte als Wirkungsträger landschaftlicher Vielfalt. Hierzu gehören Grünlandrand, Waldrand (getrennt nach überwiegend Nord- bzw. überwiegend Südexposition), Uferrandzone (getrennt nach überwiegend Nord- bzw. Südexposition), schließlich Hecke - Baumreihe - Allee sowie Baumgruppe - Gehölzgruppe - Einzelbaum.

Die Meßzahlen dieser Landschaftselemente (im vorliegenden Fall insgesamt dreizehn) wurden dann über einen nutzwertanalytischen Ansatz in dimensionslose Wertzahlen umgewandelt. Diese wiederum mußten schließlich noch mit einem Gesamtwichtungsfaktor (aus der Summe von vier Wichtungsfaktoren) zur annähernden gegenseitigen Verknüpfung versehen werden. Das so gewonnene Ergebnis ermöglichte in Maß und Zahl die Herausstellung der Gesamteignung eines Landschaftsteiles für die Erholung. Selbst wenn das Ergebnis vom nutzwertanalytischen Ansatz her umstritten sein sollte, so hat es einen wichtigen Vorteil aufzuweisen: Es ist von jedermann nachvollziehbar (Rümler 1975). Da dieser Bewertungsansatz hier nur in der gebotenen Kürze vorgestellt werden konnte, wird im Anhang für den interessierten Leser noch eine Erläuterung der hier verwendeten wichtigsten Begriffe und Merkmale angefügt.

3
Zur Umsetzung der Landschaftsplanung für die Erholung, Möglichkeiten und Probleme – dargestellt an einem Beispiel

Das hier zu behandelnde Teilgutachten wurde zusammen mit 8 weiteren Teilgutachten im Rahmen eines ökologischen Gesamtgutachtens über die Auswirkungen des damals noch in der Planung befindlichen Tagebaues Hambach auf die Umwelt erstellt. Es befaßte sich mit der Untersuchung von Erholungsmöglichkeiten für die Bevölkerung und mit der Erarbeitung von landschaftsplanerischen Hinweisen für den Bereich des Tagebaues Hambach I (Abb. 1).

Der reale Nutzen der Landschaft hinsichtlich ihrer Eignung für den Nutzungsanspruch „Erholen" wurde für die verschiedenen Qualitäten und Merkmale des Untersuchungsgebietes und für seine verschiedenen Zustandsstufen vor und nach dem Kohleabbau jeweils durch Messung der Qualitätsmerkmale und Merkmalträger in absoluten Zahlen ermittelt. Die so erhaltenen Meßwerte wurden in Bewertungsquadrate eingetragen, mit Hilfe von Nutzwertfunktionen in dimensionslose Werte umgewandelt und nach einem Punktsystem einer relativen Gewichtung unterzogen (Tabelle 1).

Aus den Übersichten über die Erholungseignung der Landschaft des Untersuchungsgebietes im derzeitigen Zustand (Abb. 2) und in einem vom Verfasser erstellten Planungsmodell (Abb. 3) ist leicht feststellbar, daß das Untersuchungsgebiet mit seinen neuen Strukturmerkmalen nach dem Kohleabbau eine wesentlich höhere Erholungseignung erhält als vorher vorhanden

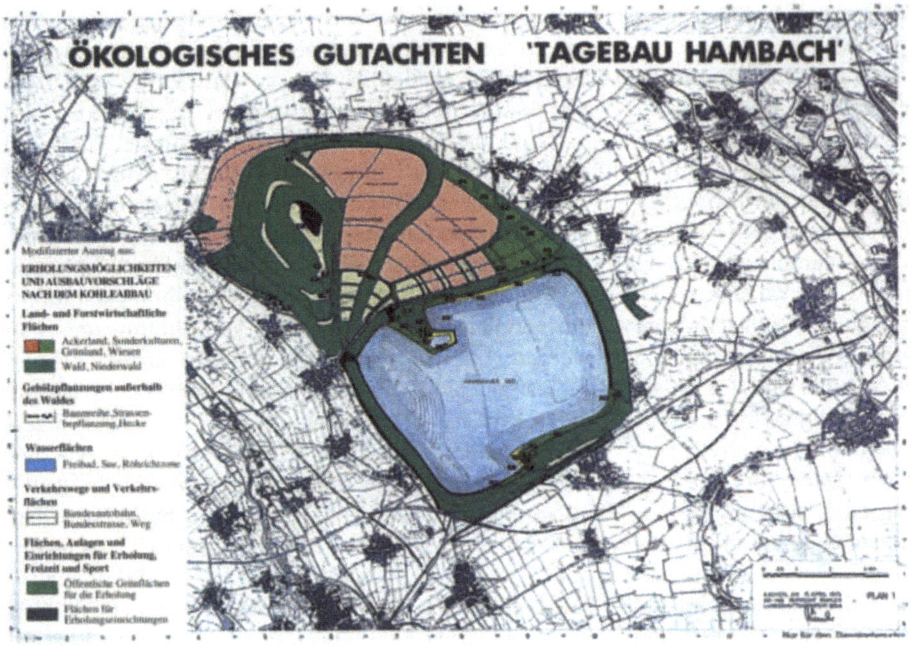

Abb. 1. Ökologisches Gutachten Tagebau Hambach. Erholungsmöglichkeiten und Ausbauvorschläge nach dem Kohleabbau. (Rümler 1975)

war. Das liegt daran, daß in dem Planungsmodell alle Möglichkeiten einer aktiven Gestaltung des Untersuchungsgebietes im Sinne einer Qualitätssteigerung der nach dem Kohleabbau wiederhergestellten Landschaft voll ausgeschöpft wurden.

Der Verfasser ging dabei davon aus, daß der zu untersuchende Teilraum sich in Zukunft langsam – unter Ausnutzung seiner nach dem Kohleabbau neu hervorgegangenen Landschaftsstruktur und der damit entstandenen komparativen Vorteile – in Richtung auf ein Vorranggebiet für die Erholung entwickelt.

Der mit mehr als 30 km^2 Flächenausdehnung neu entstehende See und die mit mehr als 185 m Höhe sich über das sonst flache Land erhebende Hochhalde (inzwischen Sophienhöhe genannt) sind so dominierend, daß sie die bisherige anteilmäßige Flächenverteilung der Landnutzungsformen völlig verändern. Während die Anteile der forst- und waldwirtschaftlich genutzten Flächen (gemessen an den Verhältnissen vor dem Kohleabbau) sich in ihrer Größenordnung knapp halten können, gehen die landwirtschaftlich nutzbaren Flächen zwangsweise um fast 50 % zurück. Bis zu einem Drittel der Gesamtfläche des Untersuchungsgebietes wird nach dem Planungsmodell von der Wasserfläche des geplanten Tagebaurestsees eingenommen werden. Eine derartige Verschiebung der Anteile der Landnutzungsformen zugunsten einer erholungsbedeutsamen Zusammensetzung der Landschaftselemente hat zweifellos eine entsprechende Auswirkung auf die Erholungseignung der Landschaft zur Folge.

Die neue Geländeausformung nach Abschluß der Kohlegewinnung bringt gegenüber dem bisherigen Zustand des Untersuchungsgebietes besondere topographische Vorteile für die Planung von Erholungseinrichtungen. Hierzu gehören ein großer Erholungsschwerpunkt am eigens dafür in Form einer Halbinsel in den See hineingeschobenen südexponierten Ufer des „Hambacher Sees" und ein kleiner Erholungsschwerpunkt auf einer Landzunge am entgegengesetzen, nach Südwest bis Nordwest exponierten Ufer des Sees (Abb. 1).

Es wird angenommen, daß nach Auffüllung des Tagebaurestsees bis zur geplanten Wasserspiegelhöhe von + 30 m über NN noch einige Jahre vergehen werden, bis sich das dazu verwendete, über einen unterirdischen Stollen herangeführte Rheinwasser teils durch Selbstreinigung, teils durch entsprechende Nachhilfe derartig geklärt und gereinigt hat, daß seine Eignung für Badezwecke gewährleistet werden kann. Um die Wartezeit bis zur Möglichkeit der Gewässernutzung und das Risiko der vermutlich einige Zeit verbleibenden Wasserverschmutzung zunächst zu überbrücken, wird ein künstlich mit Wasser zu versorgendes großes Freibad im Bereich der Halbinsel vorgeschlagen, dessen Wasserqualität relativ leicht unter Kontrolle gehalten werden kann.

Die nach Osten und nach Westen exponierten Ufer des Sees sollen von jeglicher Erholungsnutzung freigehalten werden. Erstere sind aus Gründen der Exposition trotz ihrer relativ hoch zu bewertenden Reliefenergie wenig für die Erholungsnutzung geeignet; letztere sind der Hauptwindrichtung derartig ausgesetzt, daß die Ufer durch besondere ingenieurbiologische Maßnahmen zusätzlich gegen den zu erwartenden Wellenschlag (bis 1,5 m hohe Wellen) geschützt werden müssen. Hier verbietet sich auch aus ökologischen Gründen die Freigabe für eine Erholungsnutzung.

Tabelle 1. Die Landschaft und ihre Nutzung für Freizeit und Erholung (Rümler 1975). (Nutzungsmöglichkeiten: extensiv: geringe Nutzung auf großer Fläche, intensiv: hohe Nutzung auf kleiner Fläche, elementar: Nutzung des Landschaftsfaktors unmittelbar) Bewertungsziffern: *1* = gering, *2* = mittel, *3* = hoch, *4* = sehr hoch

Bewertungsobjekt, Bewertungsmerkmal	Nutzungsmöglichkeiten für Freizeitaktivitäten und Erholungsformen			Optische Fernwirkung und Randeffekte	Gesamtwichtungsfaktor
Landschaftsausstattung: Erholungswirksame Landnutzungen Landschaftsfaktoren und Landschaftselemente mit Erholungseignung. Raumwirksame Strukturen und Kulissenpflanzungen	extensiv: z. B. Wandern, Spazierengehen, Reiten, Radfahren, ggf. Bootfahren	intensiv: z. B. Spielen, Picknicken, Rasten, Lagern, Sonnenbaden, ggf. Angelsport	elementar: z. B. Segelflug, Baden, Schwimmen, Tauchen, Bootssport, Wasserski, Eislauf	Wirkungsfeld: Licht- und Schattenzonen, Sichtbeziehungen, Beleuchtungseffekte, Reflexionen,	Wägeziffer: Kontrasteffekte zu den übrigen Bewertungsobjekten in Relation gesetzt
Ackerland	1	0	0	0	1
Grünland	1	2	1	0	4
Grünlandrand	2	1	0	0	3
Wald[a] (Laub-Nadelwald, gemischt)	3	2	0	2	7
Waldrand, Nordexposition	2	1	0	1	4
Waldrand, Südexposition	3	3	0	3	9
Lichtung (Kahlschlag oder überschaubare Schonung)	2	3	0	1	6
Hecke, Baumreihe	2	2	0	2	6
Baumgruppe, Einzelbaum	2	2	0	3	7
Reliefenergie	3	2	2	3	10
Wasser[b] (Wassersport möglich)	3	2	3	4	12
Uferrandzone, Nordexposition, Wassersporteinrichtungen möglich	3	3	1	4	11
Uferrandzone, Südexposition, Wassersporteinrichtungen möglich	4	4	4	4	16

[a] Reiner Nadelwald erhält 20 % Abzug, reiner Laubwald erhält 30 % Abzug von der Wertzahl der Berechnungseinheit.
[b] Falls Wasser so flach oder flächenmäßig so klein, daß weder Baden noch Wassersport möglich ist, dann erhält es 30 % Abzug von der Wertzahl der Berechnungseinheit. Das gleiche gilt entsprechend für die Uferrandzone.

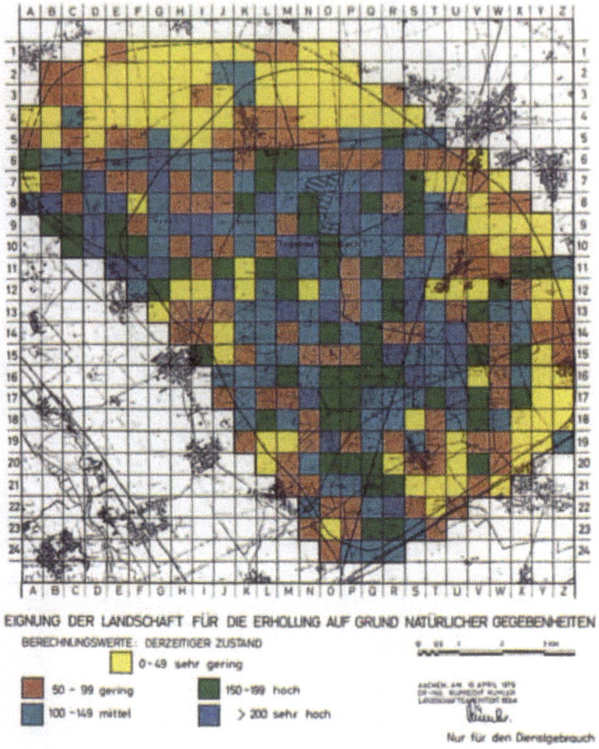

Abb. 2. Ökologisches Gutachten Tagebau Hambach. Eignung der Landschaft für die Erholung aufgrund natürlicher Gegebenheiten. Berechnungswerte: Derzeitiger Zustand. (Rümler 1975)

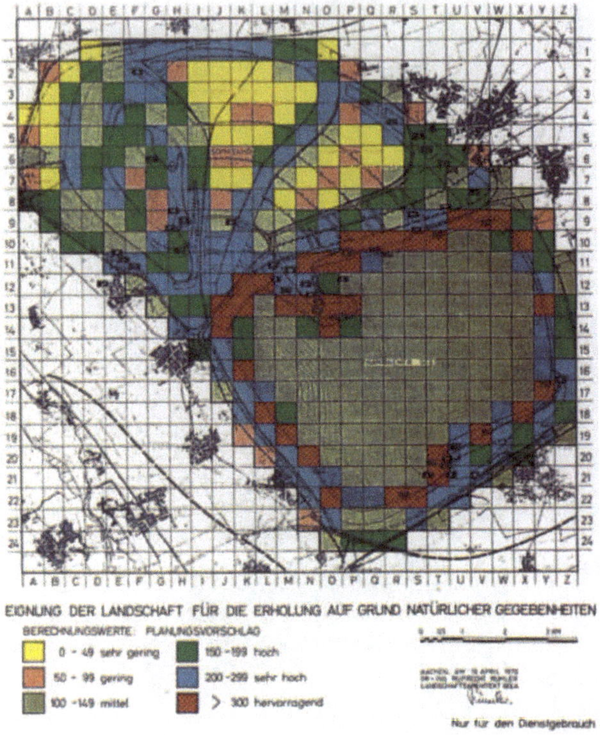

Abb. 3. Ökologisches Gutachten Tagebau Hambach. Eignung der Landschaft für die Erholung aufgrund natürlicher Gegebenheiten. Berechnungswerte: Planungsvorschlag. (Rümler 1975)

Hervorzuheben ist noch die Erschließung der Hochhalde „Sophienhöhe" als überwiegend ruhige Erholungszone für extensive Erholungsnutzung in Form von Wandern oder Spazierengehen oder auch der Ausübung von Modellsegelflugsport. Ein zu errichtender Aussichtsturm könnte der besseren Wahrnehmung der sich bietenden Aussichtsmöglichkeiten dienen. Das gleiche sollte unbedingt durch Freihalten bestimmter Sichtschneisen und parallel zu den Höhenlinien verlaufender Wildrasengürtel erreicht werden.

Zur Förderung der Gesamteignung des Untersuchungsgebietes als Vorranggebiet für die Erholung ist eine breite Streuung der Erholungsmöglichkeiten vorteilhaft. Hierfür bietet sich der Bereich der geplanten Innenkippe in Verlängerung von der bereits beschriebenen Halbinsel in Richtung Osten an. Hier werden flächenextensive Erholungsnutzungen angestrebt. Auch könnte z. B. ein ausgedehntes Arboretum mit Schau- und Sichtungsgärten im Zusammenhang mit Lehrpfaden angelegt werden. Weitere landschaftsgestalterische Maßnahmen mit hoher Erholungswirksamkeit bieten sich für die Übergangsgebiete zwischen Wald und offener Landschaft an. Hier können Raumstrukturen und -gliederungen durch schmale Waldstreifen oder Pflanzungen von Feldgehölzen bzw. Baumreihen vorgesehen werden, die v. a. entlang von Entwässerungsgräben, Geländestufen oder Geländeterrassierungen parallel zu den Höhenschichtlinien verlaufen. Solche Pflanzungen werden überdies gern als Leitlinien für die Führung von Wander- und Reitwegen übernommen.

Die in Teilbereichen der geplanten Landschaft für den Betrachter vielleicht ein wenig schematisch erscheinende aufgelockerte Wald-Feld-Verteilung wurde also bewußt zur Verstärkung der Erholungswirksamkeit der Landschaft angestrebt. Eine derartige Untergliederung der Landnutzungsformen hat jedoch nur in einem Gelände mit stark bewegtem Relief ihre Berechtigung,wo durch die damit verbundene Kulissenbildung eine besondere Tiefenstaffelung weiter Rundblicke erreicht wird.

Zum Abschluß darf auf einige Anmerkungen zur Aufnahmefähigkeit der Landschaft für Erholungsuchende an dieser Stelle nicht verzichtet werden, denn bisher wurde die Landschaft fast ausschließlich vom Standpunkt ihrer Eignung und Nutzungsmöglichkeit für die durch die Erholungsansprüche der menschlichen Gesellschaft gegebenen Anforderungen betrachtet. Es kommt aber auch genauso darauf an, die Reaktion der Landschaft auf die Wirkung des Faktors

Erholung zu berücksichtigen. Dabei sind alle neu entstehenden Wechselbeziehungen einschließlich ihrer Wirkungsintensität sowie die Resistenz oder Labilität der auf den neu einwirkenden Faktor Erholung reagierenden Landschaft zu überprüfen.

So geht z. B. aus empirischen Untersuchungen hervor, daß fruchtbare Böden einer Beanspruchung durch Erholungsnutzung besser gewachsen sind, als weniger fruchtbare Böden mit einer geringeren Fähigkeit, eine dichte Vegetationsdecke aus Gräsern, Sträuchern und Bäumen zu produzieren oder zu reproduzieren. Ein zu starkes Gefälle (in der Regel größer als 12 %) an Uferböschungen und Haldenrändern kann auch mechanisch bestimmte Freizeitaktivitäten ausschließen. Im allgemeinen paßt sich die Vegetation bei nicht zu starker Belastung jeder Nutzung dadurch an, daß sie sich ändert, indem einzelne ihrer Pflanzenarten verschwinden und andere, standortgerechte Arten unter den veränderten Bedingungen sich neu ansiedeln.

Die Tragfähigkeit und damit die Belastbarkeit oder Aufnahmefähigkeit eines Gebietes zeichnet sich aus der Sicht der Ökologie dadurch aus, daß die Erhaltung des gewünschten Dauerzustandes in der Tier- und Pflanzenwelt gerade noch – ohne eine nachhaltige Schädigung – garantiert wird. Handelt es sich um naturnahe Landschaftsteile, so muß beachtet werden, daß es in dem Maße schwieriger wird, einen vorgegebenen Grad dieser naturnahen Landschaft zu erhalten, je intensiver die Landschaft für die Erholung genutzt wird. So sind z. B. bestimmte Pflanzengesellschaften grundsätzlich für eine Erholungsnutzung nicht geeignet. In einer nach dem Kohleabbau künstlich hergerichteten Landschaft jedoch läßt sich die Tragfähigkeit bestimmter Landschaftsteile bei einer speziell auf die zu erwartende Inanspruchnahme ausgerichteten Wiedernutzbarmachung und Rekultivierung durch von vornherein darauf abgestimmte landschaftsbauliche, landschaftsgestalterische und ingenieurbiologische Maßnahmen entsprechend sicherstellen.

Der Nutzungsanspruch „Erholen" hat – wie jeder andere Nutzungsanspruch auch – überall dort seinen relativ günstigsten Standort, wo er die wenigsten beeinträchtigenden Wirkungen für den Landschaftshaushalt und sein Wirkungsgefüge auslöst. Er sollte aber gleichzeitig auch selbst am wenigsten von Beeinträchtigungen betroffen sein. Generell gehört es zu dem wichtigsten Aufgabenbereich der Landschaftsplanung, eine bestimmte Aufnahmefähigkeit der Landschaft für bestimmte Nutzungsansprüche des Menschen zu ermöglichen und auf die Dauer auch zu gewährleisten. Dabei wird die volle Ausschöpfung auch neuer sowohl ökologischer als auch gestalterisch-ästhetischer Möglichkeiten verlangt und nicht ein idealisierendes Streben nach der Erhaltung bestimmter Landschaftsbestände und -strukturen aus der Vergangenheit.

4 Zukünftige Möglichkeiten der Landschaftsgestaltung für Freizeit und Erholung

4.1 Zur Rolle der Landschaftsplanung in Erholungslandschaften

Für den Vollzug einer geordneten Landschaftsgestaltung ist in erster Linie die Landschaftsplanung zuständig. Als Teilbereich der Raumordnung befaßt sie sich mit dem Aufbau und der Gestaltung eines zu ordnenden Raumes auf der Grundlage einer planmäßigen Festsetzung bestimmter Nutzungsformen der Landschaft. Die Landschaftsplanung soll die Sicherung und Entwicklung eines nachhaltig nutzungsfähigen Lebensraumes gewährleisten, der auf eine bestmögliche Lebensentfaltung des Menschen abgestimmt ist. Dabei ist es eine Hauptaufgabe des Landschaftsarchitekten, unter Abwägung aller volkswirtschaftlichen, sozialen und kulturellen Gesichtspunkte dem Menschen unserer heutigen Gesellschaft eine naturgemäße Umwelt zu sichern und ihm Möglichkeiten zur Erholung in dieser Umwelt zu geben. Die hohe Bevölkerungsdichte in den Ballungsräumen führt als Ausgleich zu einer Forderung nach breiter Ausdehnungsmöglichkeit in Räumen, die als Regenerationsgebiete für die wachsenden Freizeitbedürfnisse des Menschen gesichert werden müssen. Die Erholung wird hier zum raumbeanspruchenden Faktor.

Schließlich ist bekannt, daß der menschliche Organismus vielfach durch die speziellen Anforderungen der technischen Welt überfordert wird und als einen Ausgleich die Einflüsse natürlicher Umweltfaktoren braucht. Dafür sind v. a. Regenerationsgebiete für die kurzfristige Erholung und Entspannung am Wochenende und an Feiertagen in unmittelbarer und mittelbarer Umgebung der Agglomerationen und wirtschaftlichen Ballungsgebiete zu schaffen. Die Lage dieser Regenerationsgebiete hängt stark von der Kombinationsmöglichkeit mit anderen Nutzungen ab, so im Rheinischen Braunkohlengebiet mit den Nutzungsabsichten und Rekultivierungsvorstellungen des Bergbautreibenden, aber auch mit den konkurrierenden Nutzungsansprüchen der Land- und Forstwirtschaft sowie den mehr oder weniger berechtigten Belangen des Naturschutzes. Ferner wird die Lage der Regenerationsgebiete vom Vorhandensein erholungsintensiver Wasserflächen (hier Tagebaurestseen) und vom Landschaftsrelief (hier rekultivierte Hochhalden mit starker Reliefenergie) maßgeblich beeinflußt.

Aufgrund des hohen Siedlungsflächenanteils hat das Land Nordrhein-Westfalen unter allen Bundesländern den geringsten Anteil an Freiflächen und naturnahen Flächen pro Einwohner (Tabelle 2). Daher zwingt die

Tabelle 2. Freifläche und naturnahe Fläche pro Einwohner in den Flächenstaaten der Bundesrepublik Deutschland (1.1.1979)

	Freifläche in Quadratmetern pro Einwohner [m^2/Ew]	davon: Naturnahe Fläche in Quadratmetern pro Einwohner [m^2/Ew]
Bayern	6.063	2.376
Niedersachsen	5.883	1.720
Schleswig-Holstein	5.493	898
Rheinland Pfalz	4.940	2.195
Baden-Württemberg	3.485	1.474
Hessen	3.344	1.551
Saarland	2.044	839
Nordrhein-Westfalen	1.685	528
Bundesrepublik insgesamt einschließlich Stadtstaaten	3.631	1.317

(Quelle: Information zur Raumentwicklung, Aktuelle Daten und Prognosen zur räumlichen Entwicklung, Heft 11/12, 1981)

allgemeine Knappheit des verfügbaren Raumes zu einer optimalen Gestaltung der Erholungseffizienz dieser Gebiete, und zwar unter Berücksichtigung der natürlichen Gegebenheiten mit dem gezielten Einsatz aller planerischen Möglichkeiten. Ist es doch in erster Linie das Nutzungspotential produktiver Naturkräfte, das den Erholungswert einer Landschaft und damit den Grad der Entspannungs- und Erholungsmöglichkeit für den Menschen in eben dieser Landschaft bestimmt.

Die Qualität der Landschaft ist von maßgeblichem Einfluß auf ihre Anziehungskraft für die Erholungsuchenden. Sie ist um so höher, je mehr Relief, Wald, Wasser, Wiesen und Äcker in vielfältigem Wechsel den Charakter der Landschaft prägen. Bei der Planung von erholungsintensiven Regenerationsgebieten für den Menschen ist daher der Begriff „Kontrasteffekt" von entscheidender Bedeutung. Hierunter versteht man die Wirkung von Grenz- und Übergangsbereichen unterschiedlicher Vegetation, also die Gegensätze verschiedener Landschaftselemente. Hierzu gehören: die Übergänge von Weide zu Wald, Heide zu Wald, Baumreihe zu Wiese, Wiese zu Wasser, Wald zu Wasser usw. Die schmalen und langgezogenen Übergangsbereiche dieser Kontrastzonen werden erfahrungsgemäß von Erholungsuchenden bevorzugt aufgesucht.

Im Rheinischen Braunkohlenrevier erfolgte bisher die Ausnutzung der regionalen komparativen Vorteile im Hinblick auf die Freizeitnutzung der offenen Landschaft recht unterschiedlich. An sich sollten einem jeden Gebiet diejenigen Funktionen übertragen werden, für die es vergleichsweise am besten qualifiziert ist. Doch tatsächlich geschah die Zuweisung von Freizeit- und Erholungsfunktionen selten so konsequent, daß die nach dem Kohleabbau zur Verfügung stehenden freizeitrelevanten Ressourcen auch optimal genutzt wurden. Engagierte Landschaftsarchitekten mußten gelegentlich resignierend feststellen, daß man im Bereich der Landesplanung offenbar mehr daran interessiert war, die an sich berechtigten Erholungsansprüche unserer Gesellschaft zu reglementieren, als den tatsächlichen Bedarf festzustellen, um mittels abgesicherter Daten eine wirksame Planung vorzunehmen. Geht es doch heute v. a. darum:

- 1) Den wachsenden und sich wandelnden Freizeitbedürfnissen und Freizeitwünschen der verschiedenen Bevölkerungskreise und Altersgruppen möglichst gerecht zu werden
- 2) Den verschiedenen Bevölkerungskreisen und Altersgruppen Freizeithilfen in Freizeitlandschaften anzubieten, die es ihnen ermöglichen, ihre Gesundheit zu erhalten und ihr geistiges Leben zu bereichern
- 3) Den noch weitgehend ungedeckten Bedarf an Freizeiteinrichtungen für diejenigen Bevölkerungskreise und Altersgruppen auszugleichen, die bisher bei der Freizeitentwicklung regelmässig zu kurz gekommen sind (gemeint sind hier Hausfrauen mit Kindern, ältere Rentner, aber auch Jugendliche im Schulalter)
- 4) Im Braunkohlenrevier generell die einmaligen Möglichkeiten des großflächigen Landschaftsumbaues voll zu nutzen, um eine den Erfordernissen unserer Gesellschaft gemäße Kulturlandschaft auf-

zubauen, in welcher der Anlage und Sicherung von Landschaftselementen für das Erleben von Natur und Landschaft im Sinne einer Erholungsvorsorge besondere Beachtung geschenkt wird

Zur Befriedigung der berechtigten Bedürfnisse der Erholungsuchenden gibt es allerdings ein Musterbeispiel einer Rekultivierung im Rheinischen Braunkohlengebiet, das bereits im Beitrag 13 (Rümler) als solches gewürdigt wurde. Es liegt im Südrevier mit seiner abwechslungsreichen Wald-Seen-Hügellandschaft. Sie stellt heute in der Tat eine begehrte Erholungslandschaft dar. Aber inzwischen treten immer häufiger nahezu unvermeidbare Interessenkonflikte mit den Vertretern der Forstwirtschaft und des Naturschutzes auf. Die einen wollen die Besucher aus ihren Waldgebieten heraushalten und verweigern sogar das Aufstellen von Bänken für die älteren Waldbesucher, die anderen bangen um die Sicherung einer weitgehenden Unberührtheit ihrer Untersuchungsgebiete für die Sukzessionsforschung. Damit kommen wir zur Rolle konkurrierender Nutzungsansprüche in einer Erholungslandschaft, mit der wir uns in den folgenden Abschnitten noch kurz befassen müssen.

4.2 Zur Rolle der Land- und Forstwirtschaft in Erholungslandschaften

Für die bisherige Rekultivierungsplanung im Rheinischen Braunkohlenrevier galt mehr oder weniger als ungeschriebene Regel, die Bedürfnisse der Erholungsuchenden generell im Zusammenhang mit den Nutzungsansprüchen der Land- und Forstwirtschaft zu betrachten und entsprechend zu berücksichtigen.

Ursprünglich ging das Interesse an einer Rekultivierung der ehemals durch den Bergbautreibenden beanspruchten Flächen nur von der Land- und Forstwirtschaft aus. Waren sie es doch, die überwiegend ihr Land hergaben. Entsprechend hatten sie auch als erste Anspruch darauf, das wiedernutzbargemachte Land zurückzuerhalten.

Dann folgte eine Zeit, in der die Rekultivierungsleistungen land- und forstwirtschaftlicher Art gelegentlich mit der Bemerkung „verziert" wurden: „Im übrigen dienen die Flächen der Erholung der Großstadtbevölkerung." Dieser Trend, die ursprünglichen Funktionen von Land- und Forstwirtschaft mit dem Pauschalbegriff „Erholung" zu beleben, hielt lange Zeit an. Die einzige Ausnahme bildete das bereits geschilderte Beispiel einer Erholungslandschaft im Südrevier, die aufgrund einer glücklichen Verkettung zahlreicher Einzelleistungen entstehen konnte. Aber auch hier scheint man in jüngster Zeit den Belangen der Fortwirtschaft wieder mehr Gewicht beimessen zu wollen.

Die Landwirtschaft dominiert v. a. in den bereits rekultivierten Teilen des Nordreviers. Das hier besonders verbreitete Vorkommen wertvoller Lößböden mit landwirtschaftlicher Intensivnutzung hatte im Nordrevier zur Begründung für die Ausweisung eines landwirtschaftlichen Vorranggebietes in den landesplanerischen Zielsetzungen beigetragen. Dies ist der Hauptgrund, weshalb die im Beitrag 13 (Rümler) geschilderten Ansätze für die Planung einer Erholungslandschaft zum Nutzen der Bevölkerung des Städtebandes Köln-Düsseldorf-Neuß so wenig Berücksichtigung finden konnten. Im Widerstreit der damals gegensätzlichen Interessen war geradezu vorauszusehen, daß der betonte Erholungscharakter dieses „Landschaftsaufbauplanes Erftraum" von seiten der Erholungssuchenden begrüßt und von den Vertretern der Landwirtschaft mit Kritik bedacht wurde.

Dennoch hat der damals Aufsehen erregende Plan zur generellen Erkenntnis beigetragen, daß in Zukunft im Rheinischen Braunkohlenrevier zwangsläufig die aufgezeigte Fülle der Erholungsmöglichkeiten zunehmend an Bedeutung gewinnen wird und in Zukunft mehr und mehr einer Realisierung gemäß der aufgezeigten Beispiele zugeführt werden muß. Der Mensch hat die Pflicht, die Landschaft zu gestalten, und zwar nicht aufgrund von Einfällen, Launen oder Machtbefugnissen von Interessenvertretungen, sondern planmäßig aufgrund klar erkannter Erfordernisse und Zweckbestimmungen. Diese Landschaft sollte – bei richtiger Gestaltung – trotz ihrer Zweckmäßigkeit zugleich auch erholungswirksam angelegt sein. Sie muß aber nicht deshalb auch erholungswirksam sein, weil sie (nur) nach rein zweckmäßigen Gesichtspunkten angelegt worden ist. Es gehört eben noch etwas mehr an Qualität dazu!

4.3 Zur Rolle des Naturschutzes in Erholungslandschaften

Erst nachdem bereits bedeutende Teile des Rheinischen Braunkohlengebietes nach erfolgtem Kohleabbau wiedernutzbargemacht worden waren und sich recht vielversprechend zu entwickeln begannen, entdeckte auch der Naturschutz sein Interesse an rekultivierten Landschaftsteilen. Nach der Untersuchung gut gelungener Rekultivierungsbeispiele verkündete man, „daß Eingriffe in den Naturhaushalt – selbst so schwerwiegende wie der Braunkohlentagebau – durchaus nicht nur und ausschließlich negative Folgen zu haben brauchen" (Bauer 1974). Die Naturschützer hatten lange Zeit tatenlos zusehen müssen, wie die ganz allgemein wachsende Belastung der Landschaft in den letzten Jahren immer stärker zu einer Verarmung an intakten Lebensstätten für Pflanze und Tier führte. Diese negative Entwicklung als Rechtfertigung nutzend, begannen sie jetzt mit

Nachdruck, ihren Belangen eine wachsende Bedeutung beizumessen.

So gelang es schließlich engagierten Vertretern des Naturschutzes, nach und nach erste Teile der künstlich entstandenen rekultivierten Landschaften als schutzwürdig zu beanspruchen. Auf diese Weise wurden in den letzten Jahren mehr als ein Dutzend Naturschutzgebiete im Rheinischen Braunkohlenrevier neu ausgewiesen bzw. einstweilen sichergestellt.

Ob eine Unterschutzstellung rekultivierter Gebiete in größerem Umfang zu rechtfertigen ist, muß angezweifelt werden. Handelt es sich hier nicht um vom Menschen neu geschaffene Landschaften, die im Sinne des Naturschutzgesetzes doch noch gar nicht das eigentlich schutzwürdige Naturpotential enthalten können? Mußte man doch immer wieder erfahren, daß ähnliche Flächen gern als „Natur aus zweiter Hand" gerade vom Naturschutz abgewertet werden, wenn sie im Rahmen von Umweltverträglichkeitsstudien als Ausgleichsflächen für Eingriffe in die Landschaft angeboten werden. Hier muß sich der Naturschutz die Frage gefallen lassen, ob in den genannten Fällen nicht mit zweierlei Maß gemessen wird.

Lediglich im rekultivierten Südrevier ist mit Hilfe bestimmter Kriterien in Ausnahmefällen eine Unterschutzstellung gewisser Landschaftsteile zu begründen. Dort wurden – gemäß dem damaligen Stand der Technik – wesentlich kleinere Bagger und Absetzer bei der Rekultivierung eingesetzt als heute. Deshalb weist die neue Landschaft im Südrevier ein außerordentlich kleinteiliges und wechselvolles Relief mit inzwischen relativ hoher Artenvielfalt auf. Die dadurch verhältnismäßig schnell vonstatten gehende ökologische Entwicklung rief im Sinne einer Sukzessionsforschung verstärkt wissenschaftliches Interesse hervor. Diese wissenschaftlichen Gründe sind zugleich anerkannte Kriterien für die Ausweisung eines Naturschutzgebietes (vgl. BNatSchG § 13). Kann man doch aus der Beobachtung solcher Flächen v. a. Rückschlüsse für spezielle Rekultivierungsmaßnahmen ziehen, die entsprechend umgesetzt werden sollten.

Dagegen bieten die ökologischen Ausgangsbedingungen in den großräumig technisch überformten Rekultivierungsflächen des Nordreviers nicht annähernd die gleichen Chancen für eine derartig vielfältige Entwicklung der neuen Landschaft (Bauer 1974). Folglich können die Flächen im Nordrevier generell wohl kaum eine begründbare Schutzwürdigkeit im Sinne des Naturschutzes nach ihrer Rekultivierung aufweisen. Natürlich mag es auch hier Ausnahmen geben, die sich aber in vertretbaren Grenzen halten werden.

Planungen für die Erholung und Planungsvorstellungen im Sinne des Naturschutzes weisen in ihren Aufgaben und Zielen deutliche Unterschiede auf, die leicht zu Konflikten führen. Insbesondere bei den jüngeren Rekultivierungsplanungen sind jedoch Wege aufgezeigt worden, diese Konflikte weitgehend zu lösen. Ein Beispiel stellt das Erholungsgebiet Kasterer See dar. Sowohl seitens des Bergbautreibenden als auch der Genehmigungsbehörde, dem Bergamt Köln, wird ein besonderer Wert darauf gelegt, bei der Gestaltung vorrangig den naturnahen Charakter der Landschaft wiederherzustellen oder zumindest nachzuahmen. Hier sind v. a. die vom Naturschutz so zahlreich geforderten Beiträge zum Biotop- und Artenschutz zu nennen. Integrierend werden auch die Anforderungen der Erholung aufgenommen. Nach der Realisierung heißt es dann, daß mit der Rekultivierungsleistung gleichzeitig ein erheblicher Beitrag zum Biotop- und Artenschutz geleistet wurde, „wobei die Belange ... der Erholungsnutzung volle Berücksichtigung finden" (Stürmer 1985).

Es ist jedoch nicht Aufgabe der Erholungsplanung, ihr Ziel lediglich in einer gewissen Berücksichtigung im Rahmen der Durchsetzung anderer Belange verwirklicht zu sehen. Sondern der Sinn der Fachplanung Erholung liegt im Einsatz eigener planerischer Mittel zur Entwicklung und Gestaltung der Erholungslandschaften für freiraumbezogene Erholungsaktivitäten (Beirat für Naturschutz und Landschaftspflege 1976).

4.4
Zur Rolle konkurrierender planerischer Vorhaben in Erholungslandschaften

Der großräumige Umbau und Neuaufbau weiter Landschaftsteile nach dem Ausklingen des Braunkohlentagebaues ruft im Rheinischen Braunkohlenrevier verständlicherweise auch weitere Nutzungsansprüche auf den Plan. Hierzu gehört v. a. die Abfall- und Entsorgungswirtschaft. Sie hat verstärkt in den letzten Jahrzehnten immer häufiger die Herrichtung von Mulden für Rückstandskippen im Zuge der Abraumverkippung erforderlich gemacht. Die Berücksichtigung der entsorgungspflichtigen Kreise zur Bereitstellung von Deponieraum erfolgt zwar in der Regel rechtzeitig schon bei der Planung der Rekultivierung, doch kommt es trotz langjähriger Vorplanung offenbar infolge Unterschätzung der benötigten Deponieflächen in jüngster Zeit nicht selten zu Konflikten durch nachträgliche Landinanspruchnahme für zusätzliche Müllkippen. Hierfür Standorte zu finden, ist besonders schwierig. So kommt es durchaus auch gelegentlich vor, daß die geordnete Erholungsnutzung bereits rekultivierter Landschaftsteile durch in unmittelbarer Nachbarschaft neu ausgewiesene Deponiestandorte stark beeinträchtigt wird.

Dieses Beispiel zeigt, daß trotz bewährter, weit vorausschauender Berücksichtigung planerischer Vorhaben immer noch mit Sonderfällen aus einer gewissen Not heraus gerechnet werden muß. Sie können zu erheblichen Konflikten in bereits realisierten Erholungslandschaften führen, die gegenüber Fremdeinflüssen außerordentlich sensibel sind. Auch die beste Planung ist daher nur so gut, wie die ungehinderte Möglichkeit ihrer Realisierung.

4.5 Schlußfolgerungen für die Erholungsplanung im Rheinischen Braunkohlenrevier

Das Abbaufeld des Rheinischen Braunkohlenreviers befindet sich innerhalb des dicht besiedelten Städtetrapezes Köln-Düsseldorf-Mönchengladbach-Aachen. Gerade die Einwohner in diesen Ballungsräumen haben verstärkt das Bedürfnis, als Ausgleich ihre Freizeit in einer ansprechenden Landschaft mit hohem Erholungspotential zu verbringen. Dies führt zu der berechtigten Forderung, daß mehr Freizeitangebote vor allem in enger Nachbarschaft zu den Ballungsräumen geschaffen werden müssen. Dafür bietet sich das fast „vor der Haustür" gelegene Abbaufeld der Braunkohle nach seiner Rekultivierung geradezu an. Denn auch in einer künstlich wiederhergestellten Umwelt können den Erholungsuchenden die so notwendigen Kontakte mit einer naturnahen Umwelt vermittelt werden. Dies beweisen die gut angenommenen rekultivierten Flächen im Südrevier (s. Beitrag 13, Rümler). Es kommt nur darauf an, die einmaligen Möglichkeiten des großflächigen Landschaftsumbaues richtig zu nutzen, um eine den Erfordernissen unserer Zeit gemäße Erholungslandschaft in Großstadtnähe aufzubauen. Denn die fernliegenden großräumigen Erholungsgebiete in anderen Teilen des Landes können von einer gewissen Entfernung an nicht für die so wichtige Tagesfreizeit und Kurzzeiterholung herangezogen werden.

Neben den Lohnwerten und Wohnwerten werden die Freizeitwerte der Ballungsräume auch in Zukunft immer noch an Bedeutung gewinnen. Hinzu kommt, daß eine immer größere Zahl von Menschen einen langen Abschnitt ihres Lebens vom Ende der Berufstätigkeit an noch weitgehend im Vollbesitz ihrer Kräfte verbringt. Auch diese Menschen versuchen gern, sich durch zeitweilige Stadtflucht den besten Gebrauch ihrer Freizeit in einer ansprechenden Landschaft zu sichern. Denn den wirklich zusagenden Erholungsraum des Menschen bieten immer noch die ihn ursprünglich umgebende Natur und Landschaft.

Für die Rekultivierungsplanung ergibt sich daraus, daß den Bedürfnissen der Erholungsuchenden gegenüber anderen Nutzungsansprüchen an den Raum eine gewisse Vorrangstellung eingeräumt werden muß. Zumindest ist es notwendig, die einzelnen Beurteilungskriterien für jeden Planungsabschnitt je nach den begründeten Erfordernissen der Erholungsvorsorge entsprechend neu zu wichten und zu bewerten. Folgende Kriterien sollten bei der Erholungsplanung berücksichtigt werden:

- 1) Bei allen Neuplanungen zur Steigerung des Erholungswertes der Landschaft kommt es mehr denn je darauf an, von vornherein ökonomische Sachzwänge weitgehend auszuschalten. Bekanntlich halten diese Sachzwänge v. a. in den durch Wirtschaftstätigkeiten geprägten Landschaften den Freizeit- und Erholungswert oft niedrig. So ist es z. B. in einer geplanten Erholungslandschaft nicht zweckmäßig, zugunsten der landwirtschaftlichen Nutzung Tagebaurestlöcher mit hohem Aufwand zuzuschütten, können sie doch als verbleibende Tagebaurestseen wichtige Erholungsfunktionen erfüllen! Auch ist es nicht sinnvoll, Hochhalden zugunsten der forstwirtschaftlichen Nutzung mehr oder weniger vollständig aufzuforsten. Ausreichend dimensionierte Lichtungen und freizuhaltende weite Blickschneisen fördern die erholungswirksamen Randeffekte und lassen eine bessere Ausnutzung der Reliefenergie zu.
- 2) Kapazitätsberechnungen zur Aufnahmefähigkeit von Gebieten mit besonderen landschaftlichen Vorzügen für Erholungsuchende sind so anzusetzen, daß die Erhaltung des naturnahen Landschaftspotentials auf Dauer gewährleistet bleibt.
- 3) In den freizeitorientierten Landschaften sollte weniger Aufwand für bauliche Anlagen betrieben werden. Statt dessen soll der Gestaltung naturnaher Räume, der Förderung der landschaftlichen Vielfalt und der Verbesserung des Landschaftsbildes mehr Aufmerksamkeit geschenkt werden.
- 4) Alle Möglichkeiten der Differenzierung durch Bündelung der Erholungseinrichtungen für die Intensiverholung und durch die Dezentralisation von solchen für die Extensiverholung sollen ausgeschöpft werden.
- 5) Freizeitangebote in der Nachbarschaft der Ballungszentren müssen Vorrang gegenüber solchen für fernab gelegene Freizeitanlagen haben.

Im letzten Abschnitt dieses Beitrages wurde versucht, aufbauend auf den bisherigen Erfahrungen ein Instrumentarium für die landschaftsbezogene Erholungsplanung im Rheinischen Braunkohlenrevier zu entwickeln. Möge nach dem Kohleabbau unter Berücksichtigung der aufgezeigten Kriterien das großstadtnahe Angebot an wiedernutzbargemachtem Freiraum in Zukunft weiterhin und teils sogar in verstärktem Maße für die Erholung aufbereitet werden!

Die Aufgabe des Landschaftsarchitekten ist es, in diesem Sinne planerisch den Weg zu weisen, und zwar in dem Geist, der schon in Goethes Worten zum Ausdruck kam: „Es gibt kein Vergangenes, das man zurücksehnen dürfte, es gibt nur ein ewig Neues, das sich aus den erweiterten Elementen der Vergangenheit gestaltet, und die echte Sehnsucht muß stets produktiv sein, ein Neues, Besseres zu schaffen."

5 Resümee

Zunächst erläutert der Verfasser Aspekte zur Qualität der Landschaft und ihrer Bedeutung für Freizeit und Erholung. Anschließend wird eine Methode zur Nutzungsbewertung der Landschaft für Freizeit und Erholung entwickelt. Diese Methode wird am Beispiel des Tagebaues Hambach sowohl vor als auch nach dessen Rekultivierung planerisch umgesetzt.

Abschließend werden zukünftige planerische Möglichkeiten zur Landschaftsentwicklung für Freizeit- und Erholungsnutzung in Abwägung mit weiteren konkurrierenden Nutzungsansprüchen aufgezeigt.

6 Anhang: Erläuterungen einiger Begriffe

- *Ackerland:* Überwiegend großflächige landwirtschaftliche Nutzungsform. Auch Grabeland- und Nutzgartenflächen sowie Sonderkulturen sind hier mit inbegriffen.
- *Baumgruppe, Gebüschgruppe, Einzelbaum:* Gehölzgruppen und Einzelgehölze, die entweder wegen ihrer Größenentwicklung oder wegen ihres Standortes von Bedeutung sind. Sie bilden Kulissen oder markante Punkte in der Landschaft. Auch besonders charakteristische Einzelbäume an Waldrändern und auf Lichtungen sind hier mit einbezogen.
- *Berechnungseinheit:* 25 ha großer quadratischer Geländeausschnitt, für den der Erholungswert des betreffenden Landschaftsteiles mit Hilfe eines Bewertungsverfahrens ermittelt wird.
- *Bewertungsverfahren:* Hier: Verfahren zur Bewertung der Eignung einer Landschaft für die Erholung aufgrund mehr oder weniger natürlicher Gegebenheiten. Erholungswirksame Landnutzungen und Randeffekte als Wirkungsträger landschaftlicher Vielfalt werden in Quadratfeldern erfaßt. Die gemessenen Elemente werden über einen nutzwertanalytischen Ansatz in dimensionslose Werte übertragen, die wiederum mit einer relativen Gewichtung versehen werden. Die Ergebnisse ermöglichen das Feststellen der Gesamteignung eines Landschaftsteiles für die Erholung.
- *Bewertungsziffer:* Zahl zur Charakterisierung des Maßes der Eignung einer Landschaft für bestimmte Erholungsformen aufgrund ihrer Ausstattung und der Intensität des Wirkungsfeldes bestimmter Raumstrukturen und Randeffekte auf den Erholungsuchenden. Es werden 5 Bewertungsstufen unterschieden: 0 = sehr gering, 1 = gering, 2 = mittel, 3 = hoch, 4 = sehr hoch.
- *Erholung:* Kräftigung, Ausgleich, Abbau von Folgen einer Belastung; also umfassende Wiederherstellung der beeinträchtigten Leistungsfähigkeit des Menschen nach Belastungen.
- *Erholungseignung:* Nutzen einer Landschaft für die Erholung aufgrund ihrer natürlichen, erholungswirksamen Ausstattung und des damit gegebenen Erholungspotentials.
- *Erholungswert:* Gesamtheit aller Umwelteinflüsse, die eine Regeneration der physischen und psychischen Kräfte des Menschen bewirken können.
- *Freizeitpotential:* Summe aller Elemente, die für die Durchführung von Freizeittätigkeiten und für die freizeitrelevante Eignung eines Gebietes von Einfluß sind.
- *Gesamtwichtungsfaktor:* Hier: Hilfsmittel zur annähernden Verknüpfung und gegenseitigen Wichtung untersuchter Einzelelemente einer Landschaft.
- *Grünland:* Wiese oder Weide, überwiegend großflächige landwirtschaftliche Nutzungsform. Rasenflächen (z. B. für sportliche Betätigung) und sonstige öffentliche Grünflächen mit überwiegend Rasenflächen sind hier mit inbegriffen.
- *Grünlandrand:* Äußerer Grünlandrand, Grenze Grünland zu Nichtgrünland.
- *Hecke, Baumreihe, Allee:* Gliedernde und säumende Hecken- und sonstige Gehölzpflanzungen (z. B. Straßenbepflanzungen) in der Landschaft. Sie können Raumstrukturen und Kulissen bilden.
- *Landschaftsbild:* Visueller Gesamteindruck einer Landschaft. Optisch wahrnehmbare Erscheinung der Landschaftsstruktur.
- *Landschaftselement:* Bauelement der Landschaft mit raumbildenden und raumerfüllenden Eigenschaften, Landschaftsbildner.
- *Landschaftsfaktor:* Wirkende Kraft im Wirkungsgefüge des Landschaftshaushaltes: Relief, Gestein, Boden, Vegetation, Tierwelt, Atmosphäre, Hydrosphäre, Klima, menschliche Gesellschaft und Menschenwerk.
- *Landschaftshaushalt:* Komplexes Wirkungsgefüge der Landschaftsfaktoren wie Gestein, Boden, Wasser, Klima, Vegetation, Tierwelt und menschliche Gesellschaft.
- *Landschaftsraum:* Teilraum der Erdoberfläche, der durch das Beziehungs- und Wirkungsgefüge der Landschaftselemente bzw. -faktoren, seine Struktur, seine Landschaftsgeschichte und sein Landschaftsbild gekennzeichnet ist und sich hierdurch von den ihn umgebenden Teilräumen der Erdoberfläche unterscheidet.
- *Landschaftsstruktur:* Die stoffliche und formale Struktur, d. h. Größe, Formwelt, Farbe, stoffliche Zusammensetzung, also innere und äußere Gliederung der Landschaft.
- *Lichtung:* Kahlschlag oder Fläche mit Naturverjüngung bzw. mit überschaubaren, etwa bis zu 10jährigen Kulturen; Mindestdurchmesser 50 m.

- *Reliefenergie:* Summe aller Höhendifferenzen in Metern entlang einer den Fallinien der stärksten Gefälle folgenden ca. 500 m langen Meßlinie der Bewertungseinheit (Quadrat).
- *Uferrandzone:* Uferbereiche einer Wasserfläche eines stehenden oder fließenden Gewässers. Sie werden unterteilt nach Randzonen mit überwiegend Nord- oder überwiegend Südexposition.
- *Vielfältigkeitswert:* Wertausdruck für das landschaftliche und natürliche Anziehungspotential eines Erholungsgebietes.
- *Vorranggebiet:* Teilraum in einem arbeitsteilig organisierten Gesamtraum, der vorrangig eine oder mehrere Raumfunktionen zu erfüllen hat und dessen Funktionsfähigkeit entsprechend dieser Zweckbestimmung in Ausnutzung seiner komparativen Vorteile zu erhalten bzw. zu entwickeln ist.
- *Wald:* Hier der abwechslungsreiche, gemischte Laub-Nadelwald, der i. allg. von den Erholungsuchenden bevorzugt aufgesucht wird.
- *Waldaußenrand:* Äußerer Waldrand, Grenze Wald zu Nichtwald. Die Waldränder werden unterteilt nach Rändern mit überwiegend Nord- oder überwiegend Südexposition.
- *Waldinnenrand:* Waldrand entlang der Kahlschläge, Lichtungen und überschaubaren, etwa bis zu zehn Jahre alten Schonungen oder Aufforstungen; nicht dagegen Bestandesrand entlang der Waldwege oder zwischen verschiedenen Altersklassen und Baumarten. Die Waldränder werden unterteilt nach Rändern mit überwiegend Nord- oder überwiegend Südexposition.
- *Wasser:* Hier Gewässer mit einer genügend großen Tiefe und Flächenausdehnung, so daß Schwimmen und ggf. auch anderer Wassersport möglich ist.
- *Wichtungsfaktor:* Der dem einzelnen Landschaftselement zuerkannte Wertfaktor, der den Erholungswert eines jeden Bewertungsobjektes in Relation zu den übrigen Bewertungsobjekten wiedergibt (Relative Gewichtung durch eine Wägeziffer).

LITERATUR

Bauer G (1974) Anthropogene Landschaftsformen als Naturschutzgebiete? Landschaft + Stadt 3: 115–125

Beirat für Naturschutz und Landschaftspflege beim Bundesminister für Ernährung, Landwirtschaft und Forsten (1976) Inhalte und Verfahrensweisen der Landschaftsplanung. Bundesministerium für Ernährung, Landwirtschaft und Forsten (Hrsg), Bonn

Isbary G (1969) Gesunde Landschaften – Gesunde Siedlungen. Stadt und Landschaft – Raum und Zeit. Deutscher Verband für Wohnwesen, Städtebau und Raumplanung e. V., Köln (Hrsg), S 171–180, Bonner Universitätsdruckerei, Bonn

Kiemstedt H (1972) Erfahrungen und Tendenzen in der Landschaftsbewertung. Veröffentl. der Akademie für Raumforschung und Landesplanung. Forschungs- und Sitzungsberichte, Bd 76, Raum und Fremdenverkehr 3, Hannover

Minister für Landes- und Stadtentwicklung des Landes Nordrhein-Westfalen (MLS) (Hrsg) (1984) Freiraumbericht 1/84, Düsseldorf

Rümler R (1975) Ökologisches Gutachten zum geplanten Tagebau Hambach, Teil: Erholungsmöglichkeiten. Erstellt im Auftrag des Regierungspräsidenten Köln als Vorsitzender des Braunkohlenausschusses. Unveröffentlichtes Manuskript, Köln

Stürmer A (1985) Biotope in der freien Feldflur. Neues Ackerland folgt dem Tagebau 9. Aufl. Becher, Brühl, S 17–18

Turowski G (1972) Bewertung und Auswahl von Freizeitregionen. Schriftenreihe des Instituts für Städtebau und Landesplanung der Universität Karlsruhe, H 3, Karlsruhe

Naturschutz- und Landschaftsschutzgebiete

36

Gerta Bauer

1 Einführung

Das Südrevier des Kölner Braunkohlengebietes hat sich infolge gezielter Rekultivierung und natürlicher Regeneration zu einer ökologisch hochwertigen Landschaft entwickelt. Daher gehören große Teile des Südreviers aufgrund ihres Erholungswertes zum Naturpark Kottenforst-Ville und sind seit 1972 Landschaftsschutzgebiete. Elf Teilflächen der Wald-Seen-Landschaft des Südreviers wurden 1984 und 1990 als Naturschutzgebiete ausgewiesen. Es sind dies die Gebiete Franziskussee, Fürstenbergmaar, Binsenweiher, Zwillingssee, Entenweiher, Ententeich, Forellenteich, südlicher Teil des Berggeistweihers und das Sumpfgebiet südlich des Karauschenweihers sowie Nordfeldweiher und Hürther Waldsee, mit zusammen 178 ha, davon 59,5 ha Wasserfläche.

Als Folge der immer intensiver werdenden Raumnutzung sowie immer knapper werdender Wasserreserven und der Verschmutzung der Flüsse und Seen ist großräumig eine ständige Abnahme der Gewässerbiotope zu beobachten. Die Vernichtung geeigneter Lebensstätten (Biotope) sowohl für Lebensgemeinschaften (Biozönosen) der offenen Wasserflächen als auch der Kontaktbiotope der Röhrichte, Flußufer, Feuchtwiesen, Sümpfe, Moore, Bruch- und Auenwälder hat zu einer rapiden Abnahme des Artenbestandes der Pflanzen- und Tierwelt geführt, so daß gerade diese Arten ernsthaft bedroht sind. Die Feuchtbiotope sind daher gemäß § 20 c Bundesnaturschutzgesetz grundsätzlich als „besonders geschützte Biotope" zu sichern.

Durch den Abbau von Kies-, Sand-, Ton- und Braunkohlelagerstätten, in Steinbrüchen sowie durch die Anlage von Staubecken entstehen zahlreiche größere und kleinere Wasserflächen, die positive Auswirkungen auf den Naturhaushalt der Landschaft und auf die Entwicklung von Feuchtgebieten besitzen. Hier sind vom Menschen u. a. im Rheinischen Braunkohlenrevier Voraussetzungen für eine „Natur aus zweiter Hand" geschaffen worden, indem eine natürliche Entwicklung von Gewässerbiotopen einsetzte, die oft eine erstaunlich rasche und vielfältige Besiedlung durch Pflanzen und Tiere zur Folge hatte. Von den ersten Pioniergesellschaften entstanden in natürlicher Sukzession typische Lebensgemeinschaften der Seen und Sümpfe. Ihre Entwicklung verlief an einigen Stellen so günstig, daß eine Sicherung der Gebiete als Naturschutzgebiete sinnvoll und notwendig erschien (Bauer, G. 1970, 1973, 1974; Rheinbraun 1989; von Dewitz u. Möhlenbruch 1988).

Von seiten des Naturschutzes ist immer wieder darauf hingewiesen worden, daß derartige, künstlich entstandene Biotope von großer Bedeutung v. a. für den Schutz von Wasservögeln, Amphibien und zahlreichen anderen an Gewässer gebundenen Arten sind. Besonders an der Vogelwelt ist zu beobachten, daß solche künstlichen Gewässer zu Ausweichbiotopen für Wasser-

und Sumpfvögel werden. So werden im Kölner Braunkohlenrevier die Grubenseen von zahlreichen Vogelarten besiedelt, während die Arten- und Individuenzahlen in den traditionellen (natürlichen) Brut- und Überwinterungsgebieten (z. B. in der nahegelegenen Siegmündung bei Bonn oder im Naturschutzgebiet Entenfang bei Wesseling) abnehmen.

Die Grubenseen und -weiher im Rheinischen Braunkohlenrevier stellen ausgezeichnete Studienbeispiele für die natürliche Entwicklung und Besiedlung von künstlichen Gewässern dar. Durch die unterschiedliche Ausformung der Seebecken und Ufer und das verschiedene Alter der Gewässer ließen sich über Jahrzehnte Sukzessionsstadien der pflanzlichen und tierischen Besiedlung unter den verschiedensten Bedingungen beobachten. Sie geben Hinweise auf Möglichkeiten und Grenzen einer aktiven Biotopgestaltung an künstlichen Gewässern.

Im Südrevier des Rheinischen Braunkohlengebietes ist in den letzten 70 Jahren durch natürliche Regeneration und Rekultivierung eine Landschaft entstanden, die nicht nur als hervorragendes Erholungsgebiet anzusehen ist, sondern gerade wegen ihrer vielfältigen Gewässertypen zu den wertvollsten Naturgebieten (wenn auch „aus 2. Hand") des Rheinlandes zählt. Die Bedeutung dieser künstlich entstandenen Biotope wird dadurch erhöht, daß sie zu den wenigen ökologisch noch funktionsfähigen Landschaftsräumen inmitten der überlasteten Siedlungs- und Industrieregionen der rheinischen Städtelandschaft gehören.

2 Bedeutung und Kriterien der Unterschutzstellung anthropogener Biotope

Das rekultivierte Südrevier stellt eine Sekundärlandschaft dar, die aus einem durch den Bergbau völlig zerstörten Gebiet entstanden ist. Die vom Menschen geschaffenen Voraussetzungen für eine Wiederbesiedlung wurden von der Natur genutzt: Durch unterschiedliche verkippte Materialien entstanden vom edaphischen Ausgangsmaterial her sehr unterschiedliche Standortbedingungen. Hinzu kommen geländeklimatische Unterschiede durch das kleinflächig wechselnde Relief, Expositionsunterschiede an Kippenhängen und Böschungen, auf Kippenhochflächen und in Kaltluftseen, die sich ebenfalls auf die Standorteigenschaft auswirken.

Auch die Bedingungen des Wasserhaushalts sind durch die Einwirkung des wieder angestiegenen Grundwassers, durch Staunässe über Tonhorizonten, durch Sickerfeuchte an Hängen sowie durch extreme Trockenheit an Böschungskanten und auf Südhängen sehr verschieden. In den Tagebaurestgruben bildeten sich zahlreiche Seen. So entstand ein breitgefächertes Angebot an ökologischen Ausgangsbedingungen und damit ein vielfältig gegliedertes Biotopmosaik, das von sehr verschiedenartigen, noch in der Entwicklung begriffenen Lebensgemeinschaften mit einer artenreichen Flora und Fauna besiedelt wurde. Die besondere Bedeutung des Gebietes liegt u. a. darin, daß hier in unmittelbarer zeitlicher und räumlicher Sukzession die spontane und menschlich geförderte Wiederbesiedlung durch Pflanzen- und Tierarten beobachtet werden kann. Diese steht in vielfältiger Wechselwirkung mit der sich ebenfalls vollziehenden Entwicklung und Veränderung der edaphischen und hydrologischen Standortverhältnisse, so daß Troll (1963) in dieser Beziehung von einer Landschaftssukzession spricht.

Die Begründung für die Ausweisung als Naturschutzgebiet ist daher ökologisch-naturwissenschaftlicher Art; daneben spielen vor allem der Biotop- und Artenschutz sowie ästhetische Momente eine erhebliche Rolle. Der wesentliche Akzent liegt jedoch auf der wissenschaftlichen Bedeutung des Gebietes, da sich hier die seltene Möglichkeit ergibt, die Entstehung verschiedener Ökosysteme von der vegetationslosen Fläche bis zum Klimaxstadium zu verfolgen. Viele Aufgaben der Erforschung solcher in Entwicklung begriffener Biotope können jedoch nur dann befriedigend gelöst werden, wenn die Probeflächen für die Sukzessionsforschung dauernd sich selbst überlassen bleiben und nicht wirtschaftlich genutzt werden.

Die in rascher Entwicklung begriffene, neu entstandene Landschaft ist seit Jahrzehnten ein außergewöhnliches und höchst interessantes Experimentier- und Forschungsgebiet für eine Fülle von biologischen und geographischen Fragestellungen der Landschaftsökologie mit ihren zahlreichen Einzeldisziplinen (Bodenkunde, Hydrologie, Klimatologie, Biozönologie, Vegetationskunde, Zoologie u. a.). Die stattliche Anzahl der in diesem Raum durchgeführten wissenschaftlichen Arbeiten weisen auf seine Bedeutung hin und ermöglichen aufgrund des relativ guten Durchforschungsgrades eine fundierte Begründung der Unterschutzstellung ökologisch repräsentativer Flächen (vgl. u. a. Bauer, G. 1970; Bauer, H. J. 1963, 1970 u. 1974; Giller 1976; Scharlau 1964). Sowohl die Arbeiten von Bauer und Scharlau als auch vor allem die mehrjährigen Siedlungsdichte-Untersuchungen von Giller haben die außerordentliche Bedeutung der Gewässer für die Wasservögel herausgestellt.

Doch auch die Vegetationskunde findet hier ein weites Feld der Sukzessionsforschung (Bauer, H. J. 1970; Bauer, G. 1970).

Schon 1970 (Bauer, G.) wurden insgesamt sieben Flächen zur Ausweisung als Naturschutzgebiete vorgeschlagen, um möglichst von allen Typen der neu entstandenen Biotope wenigstens einen unbeeinflußt von menschlichen Eingriffen zu erhalten. Die repräsentativen Flächen ergeben wertvolle Einblicke in die Vorgänge des Landschaftswandels und der Entwicklung eines neuen ökologischen Gefüges der unterschiedlichen Biozönosen (Abb. 1). Darüber hinaus lassen sich aus den gewonnenen Forschungsergebnissen Methoden zur Sanierung belasteter Landschaften erarbeiten, die von überörtlicher Bedeutung sind. Die hieraus entwickelten Strategien zur Regeneration gestörter Landschaften sind für die Landespflege von praktischer Bedeutung. So führten landschaftsökologische Grundlagenuntersuchungen zur Aufstellung von Leitsätzen für die landschaftspflegerische Neugestaltung einer ökologisch ausgeglichenen Kulturlandschaft im Rheinischen Braunkohlenrevier (Darmer u. Bauer 1969). Die Bundesforschungsanstalt für Naturschutz und Landschaftsökologie hat in langfristigen Daueruntersuchungen die Pflanzen- und Tiersukzessionen verfolgt (Wolf 1985).

Da das Südrevier zugleich Naturpark, d. h. Erholungsgebiet ist, treten in den Landschaftsschutz- und Naturschutzgebieten allerdings große Probleme durch den „Besucherdruck" auf. Besonders betroffen sind die Seen und ihre teils vermoorten Uferbereiche, wo von Wanderern bei der Angelsport-Nutzung entstandene Trampelpfade angenommen werden und dadurch der Störeffekt vervielfacht wird.

3 Zur Methode der Auswahl von anthropogen entstandenen Naturschutzgebieten

Der Auswahl von Flächen, die als Naturschutzgebiete geeignet sind, ging eine umfangreiche Kartierungs- und Feldarbeit voraus, die sich besonders auf vegetationskundliche, biozönologische und geländeklimatische Untersuchungen stützte (Bauer, G. 1970). Hierbei konnte u. a. auf langjährige wissenschaftliche Untersuchungen zahlreicher Fachdisziplinen der Ökologie aufgebaut werden. Besonders bedeutsame Hilfen boten

Abb. 1. Spießmoos-Polster am Ufer eines vermoorten Sees

u. a. die Arbeiten von H. J. Bauer (1963, 1970) über den Naturhaushalt der neu entstandenen Landschaft, ferner die Veröffentlichungen von Troll (1963) sowie von Giller (1976), die speziell auf die Naturschutzgebiete ausgerichtet waren. Wesentliche Hilfen boten auch die Untersuchungen von Herbst (1966) über die Limnologie zahlreicher Seen im Südrevier.

Maßgebend für die Ausweisung von Naturschutzgebieten waren

- 1. Der Entwicklungszustand der Biotope (Vorkommen seltener und/oder schutzwürdiger Arten oder Biozönosen, Vielfalt und Artenfülle oder eine typische Ausbildung von Sukzessionsstadien)
- 2. Die Sicherung eines repräsentativen Querschnitts möglichst aller im Gebiet vorhandenen Biotope
- 3. Der wissenschaftliche Wert der Flächen für die ökologische Forschung der verschiedensten Fachrichtungen (Lage von Daueruntersuchungsflächen, Flächen mit interessanten Erstuntersuchungen)
- 4. Die Dringlichkeit der Sicherung der Flächen vor anderweitiger Nutzung (z. B. „Freizeitindustrie")

Die Naturschutzgebiete in dieser neuen Landschaft haben mehrere Aufgaben:

- 1. Erhaltung der z. T. seltenen und gefährdeten heimischen Flora und Fauna, deren Lebensraum immer stärker eingeengt wird
- 2. Erhaltung von „Freilandlaboratorien" für die Sukzessionsforschung
- 3. Erhaltung von Reservaten, die Lehr- und Demonstrationszwecken sowie dem interessierten Laien zur Naturbeobachtung und damit nur im beschränkten Umfang der Erholungsnutzung dienen

4 Die Naturschutzgebiete im „Waldseengebiet Ville" als Beispiel anthropogener Schutzgebiete

Der Süden des Landschaftsschutzgebietes „Waldseengebiet Ville" ist die Kernzone der ältesten rekultivierten Wälder, in die eingelagert verschiedenartige Seen mit kleineren Niedermooren und Bruchwäldern liegen. Die verschiedenen Waldtypen und deren Biozönosen, die durch rasch wechselnde Bodenverhältnisse, Unterschiede im Wasserhaushalt sowie durch die Art der forstlichen Rekultivierung bedingt sind, bilden mit den Seen und Mooren eine Vielzahl ökologisch eng miteinander in Wechselwirkung stehender Lebensräume, die Refugien und Regenerationszentren für zahlreiche Pflanzen- und Tiergemeinschaften darstellen. Um dieses ökologische Gefüge zu erhalten und nicht die Funktionsfähigkeit des Ganzen durch Herauslösen von kleinräumigen Schutzgebieten zu gefährden, wurde dieses Gebiet als größeres zusammenhängendes Naturschutzgebiet gesichert. Im folgenden soll auf die botanisch-zoologischen Besonderheiten hingewiesen werden, die seine Schutzwürdigkeit bedingen.

4.1 Vegetation der Wälder

4.1.1 Buchenwälder

Innerhalb der älteren Rekultivierungen lassen sich zwei Buchenwaldtypen beobachten:

- 1. Der artenarme, bodensaure Buchenwald, der sowohl in einer trockenen als auch in einer feuchten Ausbildung auftritt und sich voraussichtlich zum Buchen-Eichenwald weiterentwickeln wird. In der nur spärlich entwickelten Krautschicht herrschen Säure- und Rohhumuszeiger vor. In der feuchten Ausbildung treten Nässezeiger (z. B. *Molinia coerulea*) auf. Anspruchsvolle Arten der Krautschicht von Buchenwäldern wanderten erst nach ca. 40 Jahren aus den Altwäldern der Ville ein (vgl. auch Wittig et al. 1985).
- 2. Eine mäßig anspruchsvolle Buchenwaldgesellschaft, die ebenfalls in älteren Rekultivierungen ausgebildet ist, enthält auch anspruchsvollere Arten. Aufgrund des Artengefüges, das auf bessere Nährstoffversorgung der anlehmigen Kiese hinweist, ist auf diesen Flächen mit einer Entwicklung zum Flattergras-Buchenwald zu rechnen. Darüber hinaus sind kleinflächig anspruchsvollere Buchenwaldtypen zu erwarten (auf Löß), die sich zum Maiglöckchen-Perlgras-Buchenwald entwickeln dürften. Staunasse Standorte entwickeln sich langfristig zu Stieleichen-Hainbuchenwäldern.

4.1.2 Kiefernforsten

In den lichten Kiefernbeständen können sich die typischen Pioniergesellschaften lange halten; sie erschweren das Aufkommen einer zugehörigen Waldbodenflora. Gegenüber Buchenmonokulturen tritt in Kiefernbeständen – wohl infolge günstigerer Lichtverhältnisse – häufig eine reichere Bodenflora auf. Auch hier lassen sich anspruchsvollere Ausbildungen unterscheiden.

4.1.3 Edellaubholz-Mischwälder

Auf besseren Standorten machte der Pappel-Vorwald nach 25–30 Jahren Edellaubholz-Mischwäldern Platz. Die ausgezeichneten Wuchsleistungen dieser anspruchsvollen Laubholzarten zeigen, daß die sandig-anlehmigen Kiesrohböden einen ausreichenden Nährstoffvorrat besitzen. In diesen Wäldern verschwanden bald die Rohbodenpioniere (nach dichtem Kronenschluß). Es traten typische Arten der frischen Buchenwälder auf. Die Entwicklung scheint zum Flattergras-Buchenwald, örtlich auch zum Perlgras-Buchenwald, zu tendieren; sie wird von der weiteren Bodenentwicklung abhängen.

4.1.4 Pappel-Erlen-Bestände

Die Pappel-Erlen-Bestände zeigen alle Übergänge vom feuchten Pappel-Erlen-Forst bis zum Erlenbruchwald. Die mäßig feuchten Standorte weisen gegenüber den Edellaub-Mischwäldern kaum floristische Besonderheiten auf. Auffallend lange können sich Pionierpflanzen halten, die in den übrigen Laubwäldern relativ rasch unterdrückt werden. Unter dem lichten Schirm von Erle und Pappel entfaltete sich eine üppige Strauchschicht. Die nassen, zum Erlenbruchwald tendierenden Ausbildungen enthalten durch austretendes Grundwasser (Sickerquellen) ausgedehnte Wassertümpel, die oft stark eisenhaltig sind (Ausfällung von Eisenocker). An den Rändern dieser Tümpel findet sich eine Sumpfflora ein.

4.2 Fauna der Forsten

Die inzwischen z. T. mehr als 60jährigen forstlichen Rekultivierungen besitzen eine artenreiche Fauna. Neben einigen Insektengruppen mit zahlreichen Arten sind v. a. die Vögel näher bearbeitet worden. Die von Neumann (1970) durchgeführten Sukzessionsstudien der Bodenfauna lassen mehrere Stadien der Neubesiedlung von den Pionierarten bis zu den Waldarten erkennen.

Die Wichtigkeit des Anschlusses an den alten Wald, der nicht abgebaut wurde, zeigt sich auch bei der faunistischen Wiederbesiedlung.

Die große Zahl der beobachteten Tierarten läßt auf die ökologische Leistungsfähigkeit der neuen Wälder schließen.

Die Vogelwelt – in ihrer trophischen Abhängigkeit von Vegetation und Insektenwelt – ist wegen ihrer arteigenen Biotopansprüche und gleichzeitiger Beweglichkeit als empfindlicher Indikator für den Biotopwandel und Biotopzustand zu werten. Giller (1976) hat in Siedlungsdichteuntersuchungen die Sukzessionen der Vogelpopulationen (Brutvogelfrequenzen sowie Zug- und Wintervogelbeobachtungen) über viele Jahre verfolgt und deutliche Beziehungen zwischen dem Alter der rekultivierten Forsten und der avifaunistischen Besiedlung ermittelt.

4.3 Seen und Weiher

In die Waldgebiete eingebettet liegen mehrere Gewässer mit ihren sehr unterschiedlich ausgeprägten Randbiotopen. Sie weisen sowohl vom Arteninventar an Pflanzen und Tieren als auch bezüglich der engen Verzahnung der verschiedenen Lebensräume eine große Mannigfaltigkeit auf und gehören zu den ältesten künstlichen Gewässern des rekultivierten Südreviers.

Die teilweise seit über 60 Jahren ungestört verlaufende Entwicklung der unterschiedlichen Forsten und Seen stellt das Musterbeispiel einer natürlichen Regeneration und einer vom Menschen durch Reliefgestaltung und Aufforstung gesteuerten Rekultivierung ehemaliger Tagebaue dar (Abb. 2). Die interessanten biozönologischen Entwicklungen und die noch z. T. unerforschte Ökosystemgenese in künstlich entstandenen Landschaften machen dieses Naturschutzgebiet zu einem idealen Freilandlaboratorium für Ökologen der verschiedensten Fachrichtungen und damit auch zu einem richtungsweisenden Beispiel für kommende Rekultivierungen.

5 Ergebnisse

Lohnt also eine Unterschutzstellung von „Natur aus zweiter Hand"? Bei der Diskussion um die Unterschutzstellung von künstlich entstandenen Gebieten, so auch bei den Flächen im Rheinischen Braunkohlenrevier, wird immer argumentiert, künstlich entstandene Flächen seien nicht schutzwürdig im Sinne des Naturschutzgesetzes. Dem steht aber entgegen, daß in zahlreichen Fällen durch Menschenhand entstandene Gebiete sich so außerordentlich günstig regeneriert haben, daß sie als Naturschutzgebiete ausgewiesen oder als solche geplant werden konnten. Als Beispiel seien genannt:

Abb. 2. Das Naturschutzgebiet Zwillings-See

Kiesgruben am Niederrhein, z. B. Bislicher Insel, die Rieselfelder Münster/W., die Ismaninger Speicherseen bei München, die Stauseen am Unteren Inn, die Möhnetalsperre im Sauerland und zahlreiche andere (Bauer, G. 1973; Pflug 1987).

Diese Tatsache beweist, daß Eingriffe in den Naturhaushalt – selbst so schwerwiegende wie der Braunkohlentagebau – durchaus nicht nur und ausschließlich negative Folgen zu haben brauchen. Die vom Menschen geschaffenen vielfältigen Voraussetzungen sind bei den günstigen Bedingungen des Südreviers von der Natur genutzt worden für eine Neuentwicklung von Biotopen, die sich von den ersten Anfängen der Pionierbesiedlung bis zu sich schon weitgehend stabilisierenden Ökosystemen verfolgen ließen. Gemäß den sehr unterschiedlichen Ausgangsbedingungen und bedingt durch die unterschiedliche Art der Rekultivierung entstanden verschiedene Waldtypen, Gebüschformationen, Böschungen mit Trockenheit und Wärme beanspruchender Vegetation, Flachseen, Weiher, tiefe Seen, Sümpfe und Bruchgebiete.

Es muß jedoch betont werden, daß gerade die vielfältige und kleinräumige Landschaftsgliederung im rekultivierten Südrevier besonders günstige Voraussetzungen für eine Wiederbesiedlung geschaffen hat, während die ökologischen Ausgangsbedingungen in den großräumig tiefgreifend und technisch überformten Tagebauen des Nordreviers und erst recht des Westreviers nicht annähernd die gleiche Vielfalt bieten können.

Immer wieder wurde darauf hingewiesen, daß oft gerade künstlich entstandene Gewässerbiotope von großer Bedeutung für den Biotop- und Artenschutz sind. Sie bieten speziell angepaßten Arten und Lebensgemeinschaften immer häufiger die einzige Ausweichmöglichkeit und damit die letzten Chancen für ein Überleben. Die Bedeutung des Südreviers besonders für die Avifauna ist wiederholt nachgewiesen worden. So brüten inzwischen 92 Vogelarten, und weitere 70 Vogelarten rasten oder überwintern im Südrevier.

Die Ausweisung eines Naturschutzgebietes war bis etwa 1960 weitgehend ein Ausnahmestatus, um besonders seltene und bedrohte Pflanzen, Tiere oder Lebensgemeinschaften zu schützen. Die überwiegende Zahl der Pflanzen und Tiere bedurfte keines besonderen Schutzes, da sie nicht gefährdet waren. Es gab noch ausreichend Lebensräume, die den übrigen Lebewesen den Fortbestand sicherten. Inzwischen hat die Bedrohung der Biosphäre jedoch ein bisher ungekanntes Ausmaß angenommen, so daß den Naturschutzgebieten eine völlig neue Bedeutung zukommt, wie auch die Roten Listen der gefährdeten Pflanzen und Tiere beweisen.

Die ständig fortschreitende Einengung bzw. Vernichtung von Lebensräumen und damit die Gefahr der Ausrottung zahlreicher Arten macht die Ausweisung einer weit größeren Zahl von Schutzgebieten erforderlich, als es im „klassischen Naturschutz" üblich war.

Auch ein dichtes Netz von großflächigen Schutzgebieten innerhalb von umfassenden Biotopverbundsystemen gewährleistet bei den heutigen Umweltbedingungen kaum noch den Fortbestand der Biotop- und Artenvielfalt.

In diesem Sinne muß jede Gelegenheit genutzt werden, Restbiotope – oder wie im vorliegenden Fall – neu entstandene Biotope von hohem ökologischem Wert als Naturschutzgebiete nachhaltig zu sichern.

6 Zusammenfassung

Das Südrevier des Rheinischen Braunkohlengebietes hat sich aufgrund der günstigen Ausgangsbedingungen (relativ geringes Deckgebirge und dünne Flöze) zu einer vielgestaltigen, ökologisch intakten „Nach-Bergbau-Landschaft" entwickelt. Natürliche Regeneration im Bereich der Seen und gezielte Aufforstung der unterschiedlichen Rohböden ermöglichte eine „Natur aus 2. Hand" mit einer Vielzahl von Biotoptypen und reicher Tier- und Pflanzenwelt, von den Pionierstadien der Landschafts-Sukzession bis zu heute mehr als 70 Jahre alten Wäldern und Seen.

Die Bedeutung der künstlich entstandenen Biotope wird dadurch erhöht, daß sie zu den wenigen ökologisch noch intakten Landschaftsräumen inmitten der überlasteten Siedlungs- und Industrieregion der rheinischen Städtelandschaft gehören.

Daher wurde schon zu Ende der 60er Jahre die Forderung gestellt, die wertvollsten Bereiche unter Naturschutz zu stellen. Seit 1972 gehören große Bereiche des Südreviers als Landschaftsschutzgebiete zum Naturpark Kottenforst-Ville. Inzwischen sind 178 ha als Naturschutzgebiete ausgewiesen; ein Drittel davon sind Wasserflächen.

LITERATUR

Bauer G (1970) Die geplanten Naturschutzgebiete im rekultivierten Südrevier des Kölner Braunkohlengebietes. Landschaftsökologisches Gutachten. Beiträge zur Landesentwicklung (15), Köln, Landschaftsverband Rheinland

Bauer G (1973) Die Bedeutung künstlicher Wasserflächen für den Naturschutz. Natur und Landschaft 48: 10

Bauer G (1974) Anthropogene Landschaftsformen als Naturschutzgebiet? Kriterien zur Unterschutzstellung künstlicher Biotope. Landschaft + Stadt 6/3: 115–125

Bauer H J (1963) Landschaftsökologische Untersuchungen im ausgekohlten Rheinischen Braunkohlenrevier auf der Ville. Arbeiten zur rheinischen Landeskunde, 19, Bonn

Bauer H J (1970) Untersuchungen zur biozönologischen Sukzession im ausgekohlten Kölner Braunkohlenrevier. Natur und Landschaft 45: 8

Bauer H J (1974) Aufbau eines Schutzgebietssystems mit standardisierenden Kategorien. Verhandlungen Deutscher Beauftragter für Naturschutz und Landschaftspflege, 23: 74–80, Bonn-Bad Godesberg

Darmer G, Bauer H J (1969) Landschaft und Tagebau. Neue Landschaft 11: 519–531; 12: 569–582

Dewitz W von, Möhlenbruch N (1986) Naturschutz nach Braunkohlengewinnung. Natur und Landschaft 9

Giller F (1976) Die Avifauna des Rheinischen Braunkohlengebietes. Beiträge zur Avifauna des Rheinlandes 7/8, Bonn

Herbst V (1966) Limnologische Untersuchungen von Tagebaugewässern in den Rekultivierungsgebieten der Braunkohle-Industrie im Kölner Raum. Ministerium für Ernährung, Landwirtschaft und Forsten NW, Düsseldorf

Neumann U (1970) Die Sukzession der Bodenfauna (Carabiden, Coleoptera, Diplopoden und Isopoden) in den Aufforstungen des Rheinischen Braunkohlenreviers. Mitteilungen Dt. Bodenkundl. Ges. 10

Pflug W (1987) Der Naturschutz und die Natur. Naturschutzzentrum Nordrhein-Westfalen. Seminarberichte 1/1: 5–10

Rheinbraun (1989) Forstliche Rekultivierung im Rheinischen Braunkohlenrevier, 48 S, Köln

Scharlau W (1964) Vögel des Braunkohlengebietes bei Köln. Bonner Zoologische Beiträge 15

Troll C (1963) Über Landschafts-Sukzession. Arbeiten z. Rheinischen Landeskunde 19, Bonn

Wolf G (1985) (Red) Primäre Sukzession auf kiesig-sandigen Rohböden im Rheinischen Braunkohlenrevier. Schr. Reihe Vegetationskunde, Bd 16, 203 S

Wittig R, Gödde M, Neite H, Papajewski W, Schall O (1985) Die Buchenwälder auf den Rekultivierungsflächen im Rheinischen Braunkohlenrevier. Artenkombination, pflanzensoziologische Stellung und Folgerungen für zukünftige Rekultivierungen. Angewandte Botanik 59: 95–112

Naturnahe Landschaftsteile und Landschaftsbestandteile im Zuge der Rekultivierung

Wolfram Pflug und Axel Stürmer

1 Zu den Begriffen Landschaftsteil und Landschaftsbestandteil

Unter Landschaftsteil wird hier mit Troll (1950) ein Teil der Erdoberfläche verstanden, „der nach seinem äußeren Bild und dem Zusammenwirken seiner Erscheinungen sowie den inneren und äußeren Lagebeziehungen eine Raumeinheit von bestimmtem Charakter bildet und der an geographischen natürlichen Grenzen in Landschaften von anderem Charakter übergeht". Troll erklärt zwar mit dieser Definition den Begriff „geographische Landschaft", nicht aber den Begriff „Landschaftsteil". Dennoch soll seine Definition hier auch für den Begriff „Landschaftsteil" stehen, weil sie auf Teile von Landschaften zutrifft und Troll selbst zu Beginn seiner Begriffserklärung von „Landschaftsindividuum" spricht, was ebenso ein Landschaftsteil sein kann.

Landschaftsbestandteile umfassen sowohl Einzelschöpfungen der Natur (vgl. § 17 BNatSchG) als auch bestimmte Typen von Landschaftserscheinungen, wie z. B. Dünen, Bachabschnitte, Brücher, Quellbereiche, Findlinge einer bestimmten Größe, Heckensysteme, Baumgruppen, Haine, Feldgehölze, Gebüsche oder auch Uferabbrüche mit Uferschwalbenkolonien (Erz 1980, vgl. auch §§ 18 u. 20c BNatSchG).

2 Zur Naturnähe

Je nach Art und Stärke der menschlichen Eingriffe bzw. der durch den Menschen auf sie ausgeübten Belastung entfernt sich der Zustand eines Ökosystems von der unberührten Natur. Der Grad der Entfernung vom natürlichen, vom Menschen unbeeinflußten Ökosystem kann definiert werden. Dafür finden sich in der Literatur u. a. zwei verschiedene, oft auch vom Naturschutz geübte Herangehensweisen:

- Die eine Möglichkeit ist, die menschliche Beeinflussung eines Ökoystems einzuschätzen, wie es zuerst Jalas (1955) erarbeitet hat und Blume und Sukopp (1976) konkretisiert und es als „Hemerobiegrad" bezeichnet haben.
- Die zweite Möglichkeit ist, direkt den Grad der Entfernung einer Pflanzengesellschaft von der vom Menschen unbeeinflußten Vegetation festzustellen. Er wird als „Natürlichkeitsgrad" bezeichnet und wurde von verschiedenen Autoren (Ellenberg 1963; Seibert 1980; Dierschke 1984) beschrieben und untergliedert.

Beide Verfahren dienen demselben Ziel, nämlich den Einfluß des Menschen auf die Natur einzustufen und für die Planung zu nutzen (Bornkamm 1980). An dieser Stelle soll auf die Unterschiede der Einschätzung bei den einzelnen Autoren nicht eingegangen werden.

Ein frisch mit dem Absetzer auf die Rohkippe aufgebrachtes, kulturfähiges Substrat aus eiszeitlichem, nacheiszeitlichem oder tertiärem Lockergestein ist noch kein Ökosystem, wird darunter, vereinfacht gesprochen, die Zirkulation der Stoffe zwischen Lebensstätte (Biotop) und Lebensgemeinschaft (Biozönose) mit Aufbau, Verbrauch und Abbau pflanzlicher und tierischer organischer Substanz verstanden. Solange die angedeckte 1–2 m mächtige Schicht noch nicht vom Menschen zur Wiedernutzbarmachung in Angriff genommen wird, entwickeln sich auf dem abiotischen Substrat in rascher Folge die weiteren zur Funktion eines Ökosystems erforderlichen Einheiten (Produzenten, Konsumenten, Destruenten). In diesem Fall darf die Natur aus zweiter Hand nach der einen der bewertenden Herangehensweisen als „natürlich", nach der anderen als ahemerob (ohne Kultureinfluß) bezeichnet werden.

Mit dem Beginn der Wiedernutzbarmachung wächst die menschliche Einwirkung rasch und stark an. Ein Acker auf rekultiviertem Gelände würde nach einer vorbereitenden Phase entsprechend der jeweiligen Intensität der Bewirtschaftung als „bedingt naturnah" (Hemerobiestufe α – euhemerob = stark kulturbeeinflußt) oder „naturfern" (Hemerobiestufe polyhemerob = sehr stark kulturbeeinflußt) einzustufen sein. Ein bewirtschafteter Buchenbestand auf Forstkies mit einem Anteil an bindigem Bodenmaterial von einem Drittel würde vielleicht in den ersten Jahrzehnten seines Bestehens als „bedingt naturnah" und damit in die Hemerobiestufe β – euhemerob (= mäßig stark kulturbeeinflußt) einzuordnen sein.

3
Das Ökosystem Wald und die Agrarökosysteme, landschaftsökologisch betrachtet

Welche Gründe sprechen dafür, sowohl in den forstlich und landwirtschaftlich rekultivierten Flächen naturnahe Landschaftsbestandteile einzubauen als auch einen großen Anteil des gesamten Abbaugebietes als naturnahen Landschaftsteil der natürlichen Entwicklung mehr oder weniger ganz zu überlassen?

Gegenstand der folgenden Betrachtungen ist nicht der Wirtschaftswald, sondern der Wald in seiner natürlichen oder wenigstens naturnahen Ausbildung als Ökosystem.

Im immerfeuchten, gemäßigten Klima bilden die vom Menschen unberührten Landökoysteme mit Ausnahme v. a. von Hochmooren, Küstendünen, Blockschutthalden und steilen Felswänden ausgereifte Wälder aus. Diese Wälder weisen im Gegensatz zu frühen Sukzessionsstadien eine ausgeglichenere Artenstruktur, eine hohe Widerstandskraft gegen Gefahren aus der Natur wie Sturm, Trockenheit, Hochwasser oder Schädlingsbefall und ein ausgewogenes natürliches Fließgleichgewicht im Stoffkreislauf und Energieumsatz auf. Sie haben den Standort so stark, wie es durch biologische Vorgänge möglich ist, modifiziert. Selbst periodische Katastrophen, z. B. Windwurf, Trockenheit, Schneebruch oder Feuer, sind in das Funktionieren eines solchen natürlichen Waldökosystems eingebaut und werden notfalls wieder über den Weg der Sukzession ausgeheilt. Ein ausgereifter Wald repräsentiert als Klimaxgesellschaft die alten, verschiedenartigen, sich selbst erhaltenden Gemeinschaften. Er erfordert keine Aufmerksamkeit durch den Menschen (Odum 1967; Odum u. Reichholf 1980).

Äcker, aber auch Wiesen, Weiden und Gärten stellen im ökologischen Sprachgebrauch, wie es Odum (1967) einmal ausdrückte, „junge Natur" dar. Sie wird nur durch die ununterbrochene Tätigkeit des Landwirtes und des Gärtners künstlich aufrecht erhalten. Auf rd. 70 % der Fläche Deutschlands wird die Natur ständig daran gehindert, das Ökosystem, dem sie zustrebt, nämlich Wald, auszubilden (Pflug 1982 a u. b).

Der wirtschaftende Mensch greift in die Natur ein und nutzt, z. B. für seine Nahrung, die jungen, besonders produktiven Lebensgemeinschaften. Dies ist sein gutes Recht, solange Nutzung nicht in Übernutzung und Belastung der Ökosysteme ausartet.

Die Natur „will" also in Mitteleuropa auf den meisten Standorten Wald, auf einigen u. a. auch Moore, Röhrichte, Seggenrieder, Zwergstrauchheiden, Dünen- und Sandrasen, Felsheiden und -gebüsche sowie Steinschutt- und Geröllfluren. Die Natur „weiß", warum sie Wald „will". Nach der Rodung des Waldes ist das Land entblößt. Strahlung, Wind, Sturm, Niederschlag, Trockenheit und Kälte können ungehindert bis zum Boden, einem entscheidend wichtigen Teil des Waldökosystems, vordringen. Bodenerosion, Hangrutschung, Geröll- und Schneelawinen, Austrocknung oder Überflutung sind einige der Folgen, wird das Land von seiner Walddecke „befreit". Der Mensch mußte und muß noch immer sein ganzes Können aufbieten, um Schäden zu verhindern oder wieder auszubessern. Von seinen Versuchen zeugen u. a. Terrassenkulturen, künstliche Ufersicherungen, Heckenlandschaften, Be- und Entwässerungssysteme, Böschungs- und Hangsicherungen, Dämme und Deiche sowie Wiederaufforstungen. Ganze Landstriche haben aber auch irreparable oder nur schwer zu beseitigende Schäden erlitten (Pflug 1982 b).

Dem offenen Land fehlen mit dem Gebilde Wald, den die Natur mit allen ihr zur Verfügung stehenden Kräften ständig anstrebt und wogegen der Mensch sich immer wieder mit allen Mitteln wehrt, die Stabilisatoren gegen Gefahren aller Art.

Der hohe Artenreichtum in den jungen Lebensgemeinschaften, aus denen die Kulturlandschaft weitgehend besteht, ist kein Anzeichen für eine hohe Stabilität. Im Gegenteil, mit dem Aufhalten oder Anhalten der Vegetationsentwicklung aus wirtschaftlichen und gestalterischen sowie aus Artenschutzgründen wird ein höchst labiles Stadium künstlich aufrechterhalten.

Deutschland weist nur noch Reste unberührter bzw. wenig berührter Natur auf. Nicht zuletzt aus diesem Grund ist der Naturschutz darauf angewiesen, im Biotop- und Artenschutz vorwiegend auf einen labilen Naturzustand zu setzen. Naturschutz bedeutet heute weitgehend die Erhaltung oder Wiederherstellung einer Wirtschaftslandschaft, die möglichst in frühen bzw. jungen Sukzessionsstadien und damit in einem Zustand hoher Artendiversität verbleibt. Dies zeigt sich u. a. in Vorhaben wie Ackerrandstreifenprogramm, Ackerwildkrautprogramm, Feuchtwiesenschutzprogramm, Streuobstwiesenprogramm oder Programmen zur extensiven Grünlandbewirtschaftung (Pflug et al. 1991). Damit ist nicht gesagt, ein solches Vorgehen habe keine Berechtigung. Nur wird durch diese Aktivitäten der Blick für die Wiederherstellung von natürlichen bzw. naturnahen Stabilisatoren in den Fluren verstellt.

Alte, ausgereifte und ungestörte Lebensgemeinschaften, also die Klimaxgesellschaften, bilden ein zum Zweck des dauerhaften Funktionierens hoch kompliziertes, fein verzweigtes Steuerungs- und Nachrichtensystem aus. Damit wird ein ausgewogenes natürliches Fließgleichgewicht im Stoffkreislauf und im Energieumsatz aufrechterhalten, um das Ökosystem gegen Gefahren aus der physikalischen Umwelt zu sichern und abzupuffern.

Ein solches System von Regel- und Pufferungsprozessen kann anscheinend in den durch Nutzung ständig gestörten jungen Sukzessionsstadien nicht in der Vollkommenheit aufgebaut werden, wie dies in reifen Ökosystemen der Fall ist. Für den Schutz der Kulturlandschaft ist jedoch von großer Bedeutung, die jungen, labilen, aber produktiven Lebensgemeinschaften mit ausgereiften, ungestörten oder wenigstens ungestörteren Lebensgemeinschaften zu durchsetzen (Pflug 1953). Sie wirken mit Hilfe ihrer Regel- und Steuermechanismen ausgleichend auf extreme Klimaereignisse und Schädlingsbefall, dazu stabilisieren sie den Nährstoffkreislauf bis hinein in die benachbarten jungen Sukzessionen der Kulturlandschaft (u. a. Acker, Wiese, Weide, Hochstaudenflur, Ruderalgesellschaft).

Um die in den Böden zum Funktionieren des Ökosystems enthaltenen Steuerungsmechanismen aufrechterhalten und die für die lebenden Glieder erforderlichen Nachrichten im Boden weiterleiten zu können, sind die von Natur aus gegebenen Eigenschaften außerordentlich wichtig. Die mehr oder weniger intensiv genutzten Böden sind zu ihrem Schutz (z. B. gegen Erosion oder Austrocknung) und zum Schutz der Kulturpflanzenbestände (z. B. gegen Krankheiten) mit einem Anteil ungenutzter Böden einschließlich deren naturnaher Vegetation in Form eines Verbundsystems zu durchsetzen. Je weniger diese punkt- und linienförmig verteilten Böden genutzt werden und je ausgereifter das von ihnen mitgebildete Ökosystem ist, desto besser funktioniert das Steuerungs- und Nachrichtensystem und desto größer ist die Widerstandskraft (Stabilität) eines Landschaftsraumes gegen Gefahren aller Art. Allein unter diesem Gesichtspunkt ist die Anlage von Kleinwäldern, Feldgehölzen, Ufergehölzen, Waldstreifen, Hecken, Gebüschen, Baumgruppen und Einzelbäumen aus heimischen Baum- und Straucharten in ausgeräumten Feldfluren und damit auch auf den Neulandböden der Bergbaufolgelandschaften als bedeutende umweltsichernde und bodenschützende Aufgabe anzusehen (Pflug 1986).

Hierin liegt einer der Hauptgründe für die Schaffung und Erhaltung eines Biotopverbundsystems in der stark genutzten Kulturlandschaft, das heute viel zu einseitig nur aus Gründen des Artenschutzes gefordert wird, u. a. wegen des Floren- und Faunenaustausches und damit der Erhaltung des Genbestandes (Deutscher Rat für Landespflege 1983).

Die Anreicherung der Fluren mit Einzelbäumen, Baumgruppen, Hecken und Gebüschen, Ufer- und Feldgehölzen – das sind, ökologisch betrachtet, aus dem Wald herausgelöste Teile und nicht das Ganze – reichen zum Schutz der waldlosen Landschaften allein nicht aus. Sie müssen ergänzt werden durch Wald und Wäldchen. Die Stabilität und damit die Widerstandkraft der Kulturlandschaft gegen Gefahren aus der Natur und durch den Menschen hängt eng mit der Ausstattung an natürlichen und naturnahen Landschaftselementen zusammen, die noch vollständig oder wenigstens weitgehend die Fähigkeit zur Selbstregulierung besitzen. Und das sind bei uns Wälder, sieht man von den natürlichen Zwergstrauchheiden und Wattwiesen an den Küsten, den fließgewässer- und auentypischen Röhrichten, der Moorvegetation oder den alpinen Matten ab. Und gerade diese natürlichen Vegetationstypen mit ihrem Inventar an Pflanzen- und Tierarten sind bei uns im Vergleich zu anthropogen geformten Vegetationstypen überdurchschnittlich stark bedroht und in den intensiv genutzten Fluren nicht mehr anzutreffen (vgl. hierzu Dierssen 1984; Meisel 1984).

Der einzige Weg, eine für den Menschen produktive, aber zugleich auch widerstandsfähige Umwelt zu schaffen, besteht in einer guten Mischung aus jungen und reiferen Lebensgemeinschaften. Beide ergänzen und sichern sich gegenseitig. Die jungen produktiven Lebensgemeinschaften tragen zur „Ernährung" der reifen Lebensgemeinschaften bei. Die älteren Lebensgemeinschaften sorgen für eine bessere Aufbereitung der Nährstoffe und wirken auf extreme Naturerscheinungen ausgleichend (Odum 1967; Odum u. Reichholf 1980). Wie diese Mischung in den verschiedenartigen Kulturlandschaften Mitteleuropas auszusehen hat, ist unbekannt und, soweit überhaupt möglich, wohl nur von Fall zu Fall auf der Grundlage der Eigenschaften des örtlichen Naturhaushalts abzuschätzen.

4
Zur Grundausstattung einer Landschaft mit naturnahen Landschaftsteilen und Landschaftsbestandteilen unter Einbeziehung der Bergbaufolgelandschaften

Vom Wald entblößt wurden in Mitteleuropa v. a. die für die Landwirtschaft leistungsfähigen Böden. Ihm verbleiben hauptsächlich die Standorte, die für die Landwirtschaft und die städtische und dörfliche Siedlung im Mittelalter und in der beginnenen Neuzeit ungeeignet waren. Sie waren entweder zu steil, zu trocken, zu naß, zu flachgründig, zu nährstoffarm oder extrem wind- oder frostgefährdet und damit leistungsschwach und empfindlich gegen Eingriffe. Das Bild der mitteleuropäischen Landschaften wird bis in die Neuzeit von der Fülle solcher Standorte mit ihren Wäldern und Gebüschen geprägt. Doch im Laufe der letzten 150 Jahre wandelt sich mit dem Einsatz moderner Technik und Melioration die bäuerliche Flur zur Agrarlandschaft. Die nassen Böden (u. a. Moore, Bach-, Fluß- und Stromauen) werden entwässert, nährstoffarme Böden mit Hilfe von Wirtschafts- und Handelsdünger fruchtbar gemacht, Mulden- und Rinnenlagen verfüllt, Hangterrassen und leicht hügeliges Gelände eingeebnet. Damit verschwinden aus dem reichhaltigen Standortmosaik der Fluren nicht nur viele Bodentypen und Geländeformen, sondern zugleich auch vielfältige, widerstandsfähige und stabilisierend wirkende reifere Lebensgemeinschaften. Das Bild dieser ausgeräumten Fluren wird nun auch zum Vorbild für die landwirtschaftlich zu rekultivierenden Neulandböden in der Bergbaufolgelandschaft.

In den vergangenen 40 Jahren gibt es zahlreiche Äußerungen zur Größe der Fläche, die dem Arten- und Biotopschutz erhalten bleiben oder wieder als „biologische Erneuerungszone" (Pflug 1959) oder „ökologische Zellen" (Haber 1980) netz- und punktförmig zur Verfügung gestellt werden sollen. Die Zahlen schwanken zwischen 2 und 12 % der landwirtschaftlichen Nutzfläche. Sie sind wenig hilfreich. Ein wissenschaftlicher Nachweis, welcher Flächenanteil als angemessen angesehen werden kann, ist bisher nicht geführt worden. Ein solcher Nachweis dürfte auch nicht leichtfallen und je nach Naturraum, Standorteigenschaften, auftretenden natürlichen und naturnahen Biotopen und Biozönosen, Waldverteilung und Belastung durch die jeweils vorkommenden Nutzungsarten anders aussehen.

Die Bergbaufolgelandschaft der Braunkohlenabbaugebiete ist ein vorher nicht vorhandenes künstliches Gebilde. Sie besitzt höchstens ähnliche, i. allg. abweichende Eigenschaften in ihren Geländeformen, Böden und Grundwasserverhältnissen im Vergleich zur gewachsenen Landschaft vor der Inanspruchnahme. Insofern ist es gerechtfertigt, sich Vorstellungen über die Grundausstattung dieser neuen Landschaften mit naturnahen Landschaftsteilen und Landschaftsbestandteilen zu machen (Pflug 1988; Pflug et al. 1991; Stürmer 1985).

Zu naturnahen Landschaftselementen werden solche gezählt, die nach den im Abschn. 1 genannten Verfahren die Natürlichkeitsgrade „bedingt natürlich" (oligohemerob = schwach kulturbeeinflußt), „naturnah" (mesohemerob = mäßig kulturbeeinfußt) und auch noch „bedingt naturnah" (β - euhemerob = mäßig stark kulturbeeinflußt) erreichen würden.

Ein erster Schritt, sich einer solchen Grundausstattung zu nähern, könnte über die Eigenschaften der Kipp-Rohbodenformen gehen. Anzunehmen ist, daß Böden hoher Leistungsfähigkeit in ebenem Gelände, die einen ausgeglichenen Wasser- und Nährstoffhaushaushalt aufweisen und nicht oder kaum erosions- und austrockungsgefährdet sind, eine vergleichsweise geringe Ausstattung mit naturnahen Landschaftselementen benötigen. Hierzu gehören in den Bergbaufolgelandschaften die Neulandböden aus Löß und Lößlehm sowie je nach Ausprägung auch Substrate aus Geschiebelehm, Geschiebemergel und Auenlehm. Sobald in diese jedoch leichte Hangneigungen, leichte Muldenlagen oder abflußlose Senken eingebaut werden, erhöht sich der Anteil notwendiger stabilisierender naturnaher Elemente.

Leistungsschwache, d. h. nährstoffarme, austrocknungs- und bei länger anhaltender Trockenheit verwehungsgefährdete Kippsubstrate bedürfen zu ihrem Schutz eines dichten Netzes aus naturnahen Landschaftsteilen und Landschaftsbestandteilen. Hierzu gehören z. B. Kipp-Bodenformen aus Tal- und Beckenschluffen mit sandigen Beimengungen, aber auch Gemische von Kies und Sand mit unterschiedlichen Anteilen an bindigem Bodenmaterial. Sobald jedoch auch hier leichte Hang-, Rücken- und Muldenlagen eingebaut werden, werden mehr stabilisierend wirkende naturnahe Landschaftselemente notwendig.

Eine andere Richtung, sich der Grundausstattung mit naturnahen Landschaftslementen zu nähern, hat mit dem Schutz der Kulturfrüchte gegen extreme Naturerscheinungen wie lange Trockenheit, Verwehungen, Kälteeinbrüche und Schädlingsbefall zu tun. Hier spielen für die Dichte und den Inhalt eines solchen Netzes v. a. agrarmeteorologische und agrarökologische Gesichtspunkte eine ausschlaggebende Rolle.

Eine dritte Möglichkeit, für die Grundausstattung von Neulandböden mit naturnahen Landschaftselementen einen plausiblen und gangbaren Weg zu finden, besteht darin, am Rande des Tagebaues vorhandene Lebensräume mit linienhaften und punktweisen Landschaftsbestandteilen und flächenhaften Landschaftsteilen (u. a. Naturschutzgebiete) in das rekultivierte Gelände hinein zu erweitern. Während in den gewachsenen Landschaften ein solcher Biotopverbund v. a. dem Faunenaustausch und damit der Vermeidung bzw. Minderung der Isolation vorhandener Lebensräume und Populationen dient, ist er dagegen in den für die Landwirtschaft nutzbarzumachenden organismenfreien Kippsubstraten eine der Voraussetzungen für die Einwanderung und das Seßhaftwerden von wildwachsenden Pflanzen und wildlebenden Tieren. Zur Vermeidung der Barrierewirkung durch Aufeinanderfolge oder Kreuzung unterschiedlicher Biotoptypen und anderer Probleme vgl. u. a. Jedicke (1990) und Plachter (1991). Inwieweit von der landwirtschaftlichen Nutzfläche abweichende Gelände- und Kipp-Bodenformen eingebaut werden sollen, hängt von der zu lösenden Aufgabe und der Einsicht und Mitarbeit der Landwirte ab. Auch wenn ein Biotopverbundsystem auf den ersten Blick vorrangig den Zielen des Naturschutzes im engeren Sinne zu dienen scheint, hat es dennoch eine weit in die genutzten Flächen ausstrahlende agrarökologische Wirkung im Sinne einer Verbesserung der Selbstregulierungsfähigkeit der Lebensgemeinschaften und damit zugleich des Schutzes der angebauten Kulturpflanzen.

Landschaftsgestalterische Gesichtspunkte als Grundlage für eine Erlebnis- und Erholungslandschaft verlangen eine andere Art der Grundausstattung mit naturnahen Elementen. Sie beruhen auf Raumbildung, der Herstellung von Blickbeziehungen und Durchblicken, der Schaffung reizvoller Randsituationen, bewegtem Gelände und einem kleinräumigen Wechsel von Licht und Schatten mit Hilfe von Wäldchen, Feldgehölzen, Alleen, Baumgruppen und Hecken.

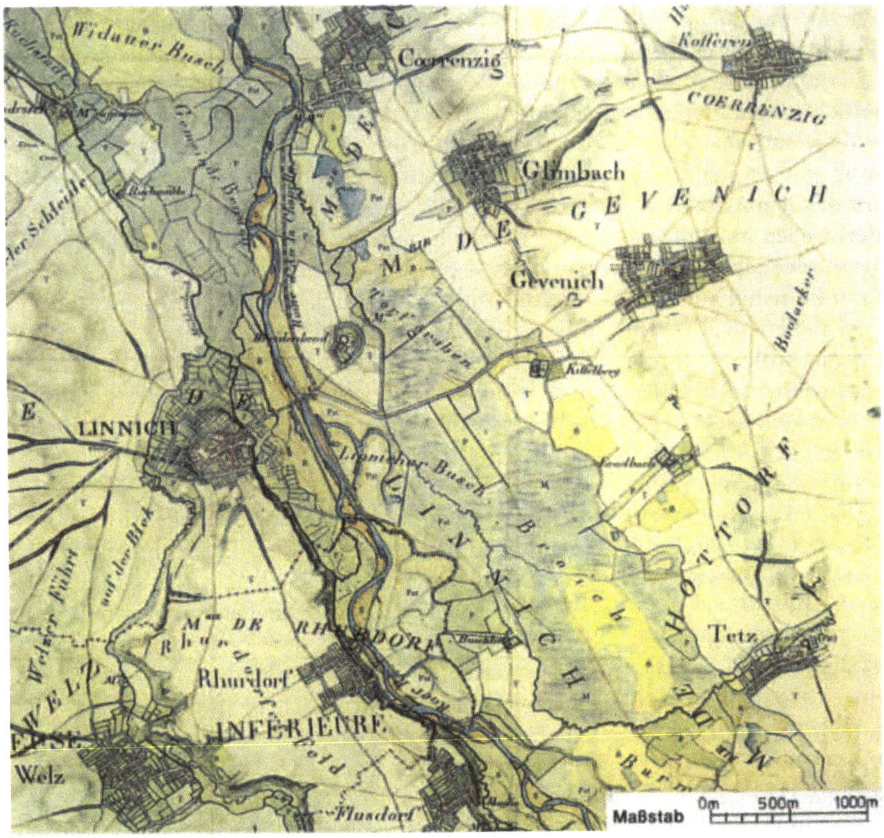

Abb. 1. Ausschnitt aus der Tranchot-Karte (Blatt 67 Linnich): Ruraue bei Linnich zu Anfang des 19. Jahrhunderts

Abb. 2. Ausschnitt aus der Topographischen Karte (Blatt 5003 Linnich) von 1990: ein Ausdruck der intensiver gewordenen Landnutzung ist das enge Netz der Wirtschaftswege

Abb. 3. Ausschnitt aus der Tranchot-Karte, Blatt 77 Aldenhoven (1803–1820): Tagebaubereich Zukunft

Böschungen und Böschungssysteme von Außenkippen, erhöhten Innenkippen und Restlöchern bedürfen zur Vermeidung von Bodenerosionen durch Wasser und Rutschungen einer stabilisierenden Vegetationsdecke. In manchen Fällen kann es eine Wildrasenflur sein, in anderen ist ein geschlossener Wald erforderlich.

Die verschiedenen hier dargestellten Aspekte zur Grundausstattung der Bergbaufolgelandschaft mit naturnahen Landschaftsteilen und Landschaftsbestandteilen lassen sich zu einem Ganzen vereinigen. Ihre Wirkung auf die Leistungsfähigkeit des Naturhaushaltes, auf die Nutzungsfähigkeit der Neulandböden und auf das Landschaftsbild wird so vermehrt und erhöht.

Das hier Gesagte wird an einigen Besipielen aus dem Rheinischen Revier verdeutlicht.

5 Die Wandlung der Landschaften der Niederrheinischen Bucht im Laufe der letzten 150 Jahre

5.1 Ruraue

Auch die nicht vom Braunkohlenbergbau in Anspruch genommene Landschaft verändert sich in den letzten Jahrzehnten erheblich. Als Beispiel soll ein Landschaftsteil aus der Ruraue dienen. Während in der Kartenaufnahme der Rheinlande durch Tranchot und von Müffling 1803–1820 Blatt 67 Linnich (Gesellschaft für Rheinische Geschichtskunde 1972, nachstehend Tranchot-Karte genannt) zu Beginn des 19. Jahrhunderts noch Auewälder, aber auch landwirtschaftlich genutzte Flächen enthalten sind, ist auf der Topographischen Karte 1 : 25 000 Blatt 5003 Linnich aus dem Jahre 1990 eine starke Änderung von Nutzungsarten und Nutzungsweisen einschließlich der damit verbundenen Erschließung zu erkennen (Abb. 1 u. 2).

Die landwirtschaftlichen Flächen sind durch ein gradlinig verlaufendes, enges Wirtschaftswegenetz gekennzeichnet, was auf eine intensive landwirtschaftliche Nutzung hinweist. Die ehemaligen Auen werden durch Entwässerung, regelmäßige Erschließung und Beseitigung des Gehölzaufwuchses in eine Weidelandschaft mit Pappelschirm, dem sog. Rurdriesch, überführt. Auch der in der Tranchot-Karte noch vorwiegend naturnah verlaufende Trietbach wird zwischenzeitlich ausgebaut. Das gleiche gilt für die Rur.

Mit der Erschließung der landwirtschaftlichen Flächen, abgestellt auf den modernen Maschinenpark, verschwinden zahlreiche Landschaftselemente wie Böschungen, Hohlwege und kleine Gehölze. Dieses Beispiel ist typisch für die gesamte Bördenlandschaft

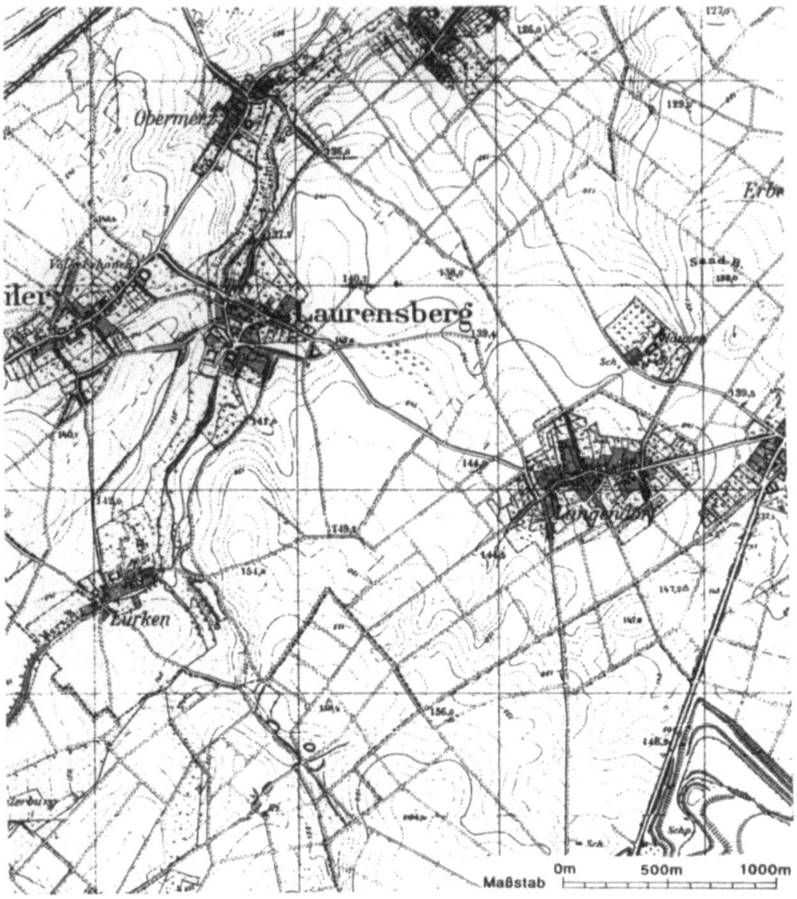

Abb. 4. Kartenausschnitt aus der Topographischen Karte 1 : 25 000, Blatt 2967, Eschweiler aus dem Jahr 1939 vor Inanspruchnahme durch den Tagebau. Auch hier wird an der Verdichtung des Wegenetzes die gesteigerte landwirtschaftliche Nutzung sichtbar

außer den Bereichen, die für die Landwirtschaft von geringem Interesse sind, wie z. B. die Bürgewälder auf Staunässeböden.

5.2 Tagebau Zukunft-West

Auch dieser Landschaftsteil ist vor Inanspruchnahme durch den Tagebau fast ganz von der Landwirtschaft intensiv genutzt worden. Dies bezeugen die Tranchot-Karte Blatt 77 Aldenhoven (Abb. 3) und die Topographische Karte i. M. 1 : 25 000 Blatt 2967 Eschweiler aus dem Jahr 1939. Beide Karten spiegeln diesen Zustand wider, erkenntlich an der dichten Erschließung (Abb. 4). Daher verlangen die Landwirte bei der Rückgabe der Flächen die gleichen Bewirtschaftungsbedingungen. Sie machen geltend, daß durch die Umsiedlung ein besonderes Opfer gebracht wird und neben der Arrondierung der Flächen optimale Bewirtschaftungsvoraussetzungen zu schaffen, d. h. optimal zugeschnittene Schläge bei gleichzeitig guter Erschließung ohne jegliche Störfaktoren wieder zur Verfügung zu stellen sind. Dies widerspricht jedoch den ökologischen Erkenntnissen bezüglich der Gliederung landwirtschaftlicher Nutzflächen mit nutzbaren und nicht nutzbaren Landschaftselementen. Im Rahmen der Rekultivierungsplanung (Abb. 5) war es daher äußerst schwierig, andere Lebensstätten als die der Äcker innerhalb der von der Landwirtschaft genutzten Fläche unterzubringen. Dies war um so schwerer, da die Gebietskörperschaften im Rahmen der Rekultivierungsplanung auch einen großen ca. 100 ha umfassenden See durchgesetzt haben, wobei unter Berücksichtigung einer entsprechenden Uferzone insgesamt 180 ha aus der landwirtschaftlichen Nutzung herausgenommen worden sind. Der Blausteinsee wird zu einem Schwerpunkt für die Erholung entwickelt. Dennoch finden auch hier ökologische Erfordernisse und solche des Naturschutzes Berücksichtigung, z. B. durch die Art der Ausbildung des Schlangengrabens (Abb. 6).

Erst im Rahmen der Flurbereinigung war es möglich, weitere stabilisierende naturnahe Elemente in die Landschaft einzubringen (Abb. 7). Dabei handelt es sich vorwiegend um den naturnahen Ausbau von Fließgewässern sowie die Anlage von Obstwiesen und anderen naturnäheren Biotopen. Neben einer umfangreichen Aufklärungsarbeit bei den Landwirten war die Umsetzung dieser Planungen nur durch erhebliche Entschädigungsleistungen, meistens in Form von erhöhter Abfindung, möglich.

Abb. 5. Ausschnitt aus dem Abschlußbetriebsplan (Rekultivierungsplan) für den Tagebau Zukunft-West: Entsprechend den landesplanerischen Vorgaben ist der Bereich als landwirtschaftliches Vorranggebiet einschließlich eines Erholungsschwerpunktes (Blausteinsee) vorgesehen

Abb. 6. Der Schlangengraben, eine rd. 170 m breite Talung als Verbindung zwischen dem Blausteinsee und dem Merzbach: naturnah gestalteter Talzug 4 Jahre nach der Rekultivierung

Abb. 7. Während der Flurbereinigung vorgesehene und teilweise realisierte naturnahe Landschaftsbestandteile in der freien Feldflur im Tagebau Zukunft-West

5.3 Berrenrather Börde

Die Berrenrather Börde mit einer Größe von ca. 1 110 ha kann als Beispiel für eine erhebliche Nutzungsänderung durch den Braunkohlenbergbau herangezogen werden. Sowohl auf der Karte von Tranchot (Blatt 81 Frechen) als auch auf der Topographischen Karte von 1900 zeigt dieser Raum vor Inanspruchnahme durch den Braunkohlenbergbau ein ausgedehntes Waldgebiet, Teil der sog. Waldville (Abb. 8 u. 9).

Nach der Auskohlung erfolgt zügig eine Verfüllung, wobei ursprünglich eine Bewaldung einschließlich der Belassung von Restlöchern, wie im Waldseengebiet üblich, vorgesehen war. Zum Zeitpunkt der Rekultivierungsplanung entsteht jedoch

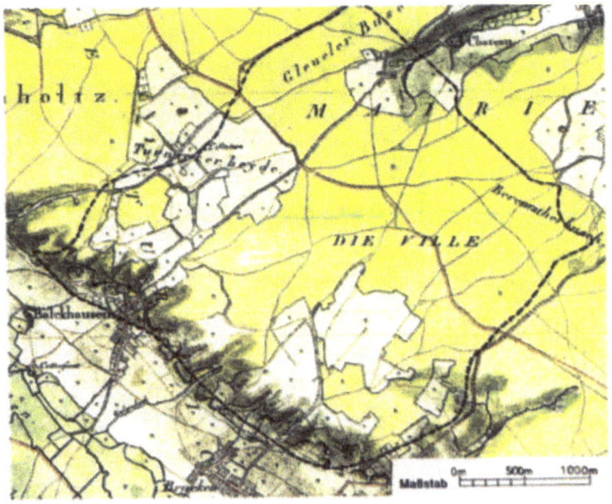

Abb. 8. Bereich der Berrenrather Börde auf der Tranchot-Karte (Blatt 81 Frechen) zu Beginn des 19. Jahrhunderts

Tabelle 1. Nutzungsarten in der Berrenrather Börde vor der Inanspruchnahme durch den Tagebau (1893) und nach der Rekultivierung (1981) (Stürmer 1985)

Nutzungsart	Vor der Inanspruchnahme durch den Tagebau [ha]	Vor der Inanspruchnahme durch den Tagebau [%]	Nach der Rekultivierung [ha]	Nach der Rekultivierung [%]	Bemerkungen
Landwirtschaft	389	35	821	74	1893 mit einem hohen Anteil an Wiesen und Weiden
Forstwirtschaft	668	60	235	21	
Sonstige Nutzungen	53	5	54	5	
Gesamt	1 100	100	1 100	100	

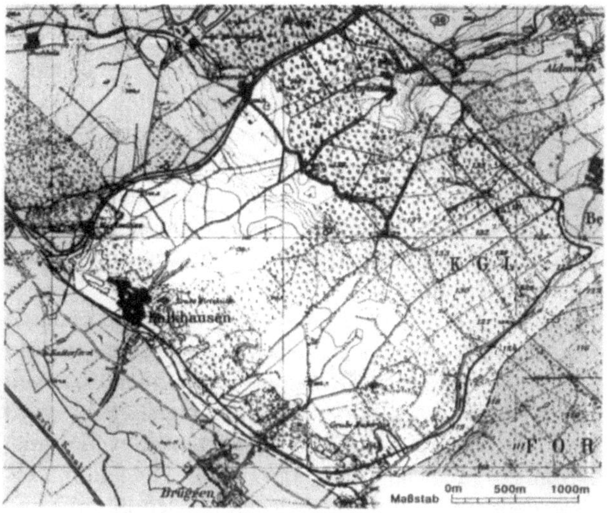

Abb. 9. Ausschnitt aus den Topographischen Karten 1 : 25 000, Blätter Frechen 5006, Köln 5007, Kerpen 5106 und Brühl 5107, zu Beginn des 20. Jahrhunderts: Berrenrather Börde mit hohem Waldanteil

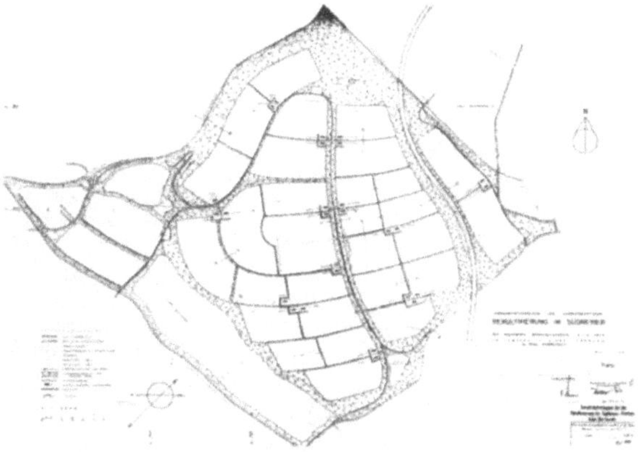

Abb. 10. Rekultivierungsvariante im Rahmen eines europäischen Ideenwettbewerbs für die Berrenrather Börde im Jahre 1960/61

ein erheblicher Bedarf an landwirtschaftlichen Flächen für aus den nördlichen Teilen des Rheinischen Braunkohlengebietes umzusiedelnde Landwirte, so daß die Rohkippe mit Löß überzogen und der Landwirtschaft zugeführt wird (Abb. 10 u. 11).

Auf diese Weise entsteht eine landwirtschaftliche Nutzfläche von insgesamt 821 gegenüber 389 ha um 1893 vor der Inanspruchnahme. Tabelle 1 ist die Flächenbilanz vor und nach der Inanspruchnahme zu entnehmen. Die Rekultivierung der Berrenrather Börde wird 1978 abgeschlossen. Innerhalb der landwirtschaftlichen Nutzfläche werden ausschließlich linear verlaufende Gehölzbänder, vorwiegend als Windschutzhecken, angelegt.

In den 90er Jahren wird auf verschiedenen Wegen, z. B. im Rahmen der Flurbereinigung oder aufgrund von Ausgleichsmaßnahmen, der Anteil der Gehölzbestände innerhalb der landwirtschaftlichen Nutzfläche erhöht (Abb. 12 u. 13). Auch die Umsetzung des seit 1990 rechtskräftigen Landschaftsplanes wird eine Zunahme der naturnahen Landschaftselemente bewir-

Abb. 11. Aktueller Stand der Rekultivierung der Berrenrather Börde (1996)

Abb. 12. Gehölzfreier Graben in der Berrenrather Börde (Photo: Rheinbraun)

ken. Bis heute sind weitere naturnahe Landschaftsbestandteile dazugekommen.

5.4
Kasterer Höhe

Der Ausschnitt aus der Tranchot-Karte (Blätter 59 Grevenbroich und 69 Bedburg) macht für diesen Landschaftsteil den natürlichen Verlauf der Erft mit ihrer Aue und den sich daran anschließenden landwirtschaftlich genutzten Flächen kenntlich (Abb. 14). Der Topographischen Karte von 1930 können zum Zeitpunkt der Inanspruchnahme noch zahlreiche Landschaftslemente entnommen werden (Abb. 15).

Mit der Inanspruchnahme durch den Braunkohlenbergbau erfolgt zügig die Rekultivierung, wobei auch eine Verlegung der Erft einhergeht (vgl. hierzu Beitrag 32, Schindler und Beitrag 34, von Dewitz).

Für die Rekultivierungsplanung sind die zum damaligen Zeitpunkt dominierenden Nutzungsansprüche ausschlaggebend, insbesondere die der Landwirtschaft, aber auch diejenigen des Erholungswesens gemeinsam mit der Absicht des Bergbautreibenden, in diesem Bereich eine überhöhte Innenkippe anzulegen. Heute, nach 15- bis 20jähriger Fertigstellung der Flächen, ist ein erheblicher Schwerpunkt an landwirtschaftlicher Nutzfläche zu verzeichnen. Darin eingebettet liegt ein 7 ha großer See, der von Wald umgeben ist (Abb. 16).

Den ursprünglichen Verlauf der Erft gibt es nicht mehr. Sie wird ca. 500 m nach Osten verlegt. Jedoch wird der Ort Kaster weiterhin von einem kleinen Flußlauf, der sog. Mühlenerft berührt, der den Zufluß zum Kasterer See bildet.

Die Böschungen der Innenkippe sind hauptsächlich mit standortgerechten Gehölzen bepflanzt und werden sich bei ungestörter Entwicklung zu einem naturnahen Waldökosystem ausbilden. Der gesamte Bereich wird stark von der erholungssuchenden Bevölkerung, besonders aus Bedburg und Kaster, angenommen. Trotzdem sind zahlreiche Flächen für den Biotop- und Artenschutz einbezogen worden. Die Wegeführung nimmt auf diese Ruhezonen Rücksicht. Ihre ungestörte Entwicklung wird weitgehend möglich sein.

Die Flächen auf der überhöhten Innenkippe sind vorwiegend einer landwirtschaftlichen Nutzung zugeführt worden. Im Rahmen der Flurbereinigung sind verschiedene naturnahe Landschaftsbestandteile, u. a. Gehölzränder an Gewässern und Feldgehölze, nach der endgültigen Besitzzuweisung vorgesehen (Abb. 17).

Die Landschaft hat sich stark verändert. Extensive landwirtschaftliche Nutzungen, z. B. Weiden, sind verschwunden, statt dessen entstanden Ackerflächen mit hohen Bodenzahlen. Die Erftaue mit ihren typischen Auewäldern gibt es nicht mehr (als potentielle natürliche Vegetation geben Trautmann et al. (1973) Traubenkirschen-Erlen-Eschenwald, stellenweise mit Erlenbruchwald und Eichen-Hainbuchenwald sowie Eichen-Ulmenwald auf stark entwässerten Standor-

Abb. 13. Mit Gehölzen bepflanzter Graben in der landwirtschaftlich rekultivierten Feldflur (Photo: Rheinbraun)

Abb. 14. Ausschnitt aus den Blättern 59 Grevenbroich und 69 Bedburg der Tranchot-Karte: Kaster und die Erftaue (heute als Kasterer Höhe bezeichnet)

Abb. 15. Ausschnitt aus der Topographischen Karte 1 : 25 000, Blatt 4905 Grevenbroich, aus dem Jahr 1930: Kaster und die Erftaue vor Inanspruchnahme durch den Braunkohlenbergbau

Abb. 16. Die Landschaft bei Kaster nach der Rekultivierung mit dem Kasterer See (Photo: Rheinbraun 1996)

Abb. 17. Im Rahmen der Flurbereinigung sind zahlreiche naturnahe Landschaftselemente in die landwirtschaftlich rekultivierte Feldflur eingebracht worden (Photo: Rheinbraun)

ten an). Dafür werden bei Kaster nicht an Grundwasser gebundene Wälder entstehen. Der See bereichert heute mit seinen naturnahen Uferzonen das Landschaftsbild.

5.5 Neue Wege der Rekultivierung im Bereich des Tagebaues Garzweiler I

Dieser Landschaftsteil ist ebenfalls typisch für den nördlichen Teil des Rheinischen Braunkohlengebietes. Der Braunkohlenbergbau nimmt hier Flächen in Anspruch, die fast zur Gänze landwirtschaftlich genutzt werden (Abb. 18). Lediglich kleinere Landschaftselemente wie Böschungen, Hohlwege oder Fließgewässer bilden eine ökologische und gestalterische Bereicherung der Nutzflächen (Abb. 19).

Mit der Rekultivierung besteht die Chance, wieder die Voraussetzungen für ein annähernd ausgewogenes Agrarökosystem zu schaffen, das gleichzeitig einen Erholungswert besitzt. Dabei ist durchaus eine moderne landwirtschaftliche Nutzung auf dem größten Teil der rekultivierten Flächen möglich.

Die genehmigte Rekultivierungsplanung und deren Umsetzung, wie die Anlage des Elsbachtales, enthält naturnahe Landschaftselemente. Auch die vom Bergbautreibenden anschließend in westlicher Richtung vorgesehene Rekultivierung wird mit vielfältigen Saumbiotopen versehen sein (Abb. 20–22).

Neben der Einfügung von 100–200 m breiten Gewässermulden, Kliffs und Hohlwegen könnten auch größere Wälder angelegt werden, die als beständige naturnahe Elemente eines Biotopverbundsystems anzusehen sind.

Zu den sich an die Rekultivierung anschließenden Maßnahmen, Ergebnis der Flurbereinigung bzw. des naturnahen Ausbaues der Fließgewässer, bilden die vor Inanspruchnahme der Flächen angelegten Regenerationszellen im Bereich der Sicherheitszone ein wichtiges Grundgerüst an naturnahen Landschaftsbestandteilen für den rekultivierten Landschaftsteil. Darüber hinaus ist durchaus denkbar, unter den vorgesehenen Wäldern wasserstauende Schichten unmittelbar während des Verkippungsprozesses einzubauen, um Waldökosysteme auf Staunässeböden zu schaffen, u. a. auch, um damit die Abflußspende der Fließgewässer zu erhöhen. Aus ökologischer Sicht ist von großem Interesse, Standorte mit unterschiedlichen Eigenschaften herzustellen, ermöglicht durch die Verkippung verschiedenartiger kulturfähiger Bodensubstrate. So sind z. B. dort, wo naturnahe Landschaftsbestandteile vorgesehen sind, nicht ausschließlich Forstkies oder Löß zu verwenden, sondern auch nährstoffarme oder stark tonhaltige Substrate (Abb. 23).

6 Formen naturnaher Landschaftsbestandteile und Flächenbereitstellung

Typische, im vergangenen Jahrhundert noch häufig anzutreffende, z. T. auf die landwirtschaftliche Nutzung zurückzuführende Landschaftsbestandteile in den Lößbörden sind Hohlwege, Abbruchkanten (Kliffs), Trockenrinnen und -tälchen. Auf damals noch vielfach auftretenden feuchten Standorten [lehmiger Sand–schluffiger Lehm, meist über wasserstauenden Schichten, Bodentyp Pseudogley oder saure (Pseudogley-)Braunerde] stocken noch Wäldchen, Gebüsche

Abb. 18. Ausschnitt aus dem Tagebaubereich Garzweiler I: typisches Bild der Bördenlandschaft (Photo: Rheinbraun)

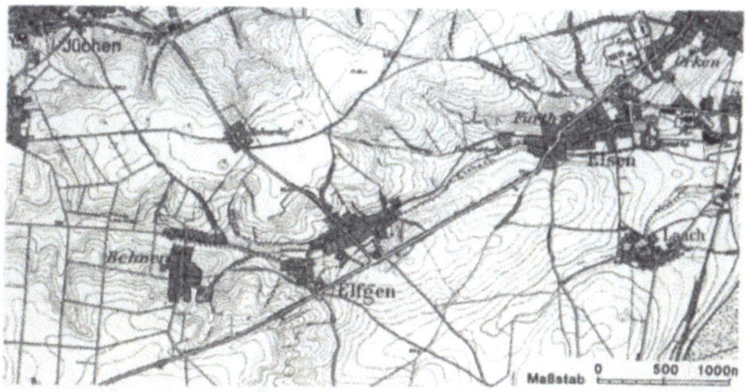

Abb. 19. Ausschnitt aus der Topographischen Karte 1 : 25 000, Blatt 4905 Grevenbroich, aus dem Jahr 1895 vor Inanspruchnahme durch den Braunkohlenbergbau (Tagebau Garzweiler I)

Abb. 20. Rekultivierungsplanung für den nördlichen Tagebaubereich Garzweiler. Innerhalb der landwirtschaftlichen Nutzflächen verläuft das naturnah ausgebildete Elsbachtal

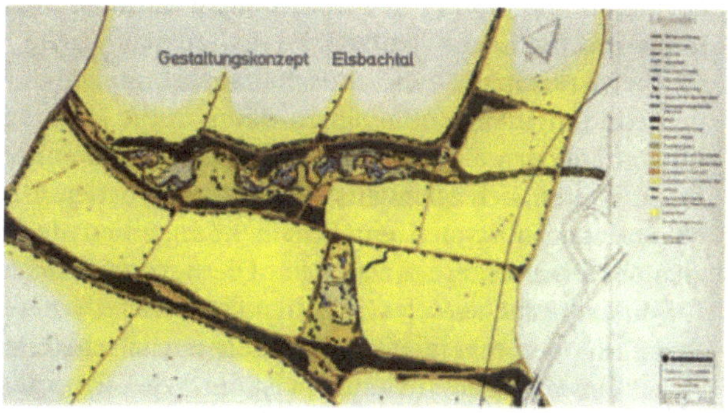

Abb. 21. Gestaltungskonzept für das Elsbachtal im Tagebaubereich Garzweiler

Abb. 22. Fertiggestellter Teil des Elsbachtales im Tagebaubereich Garzweiler (Photo: Rheinbraun)

Abb. 23. Unterschiedliche Standorteigenschaften im Rahmen der Rekultivierung (Tagebau Garzweiler: Elsbachtal), (Photo: Rheinbraun)

und Feldgehölze, in denen neben Traubeneiche, Buche und Stieleiche auch Moorbirke, Aspe, Vogelbeere, Salweide, Grauweide und Faulbaum beigemischt sind (vgl. Abschn. 5).

Im Zuge der Flureinteilung sollten beim Flächenzuschnitt der Ackerfläche alle Möglichkeiten ausgeschöpft werden, um Platz für ein Netz von naturnahen Landschaftsbestandteilen zu schaffen. Die dazu notwendigen Flächen ergeben sich aus unwirtschaftlichen Dreiecken, für die Landwirtschaft ungünstigen Zuschnitten und aus Geländestreifen entlang von Wegen und Gräben bzw. zwischen diesen beiden Einrichtungen sowie aus neu zu schaffenden Flächen mitten in der Feldlfur für Feldgehölze und Wäldchen (Abb. 24).

Bei der Herstellung der verschiedenen Gelände- und Bewuchsformen müssen für die Landwirtschaft dennoch optimale Flächenzuschnitte ermöglicht werden. Bewirtschaftungserschwernisse, z. B. Beschattung oder Wurzelausläufer, sind soweit wie möglich zu vermeiden oder durch Herabbonitierung der Bodengüte in einem etwa 4 m breiten Streifen entlang der Saumbiotope annähernd auszugleichen.

6.1 Hohlwege und Abbruchkanten

Die Böschungen dieser heute noch vereinzelt vorkommenden Geländeformen sind mit Bäumen und Sträuchern bewachsen und aufgrund ihrer extensiven Nutzung als bedingt naturnah (Hemerobiestufe: ß – euhemerob = mäßig stark kulturbeeinflußt) einzuordnen. Der Gehölzbewuchs hat gleichzeitig die Aufgabe, die Böschungen vor Erosion durch Wasser zu schützen. Typische Baumarten sind Eiche, Ulme, Vogelkirsche und Hainbuche, dazu verschiedene Straucharten, häufig die Brombeere.

Auf den landwirtschaftlich rekultivierten Flächen sollten die Voraussetzungen für derartige Geländeformen erneut geschaffen werden (Abb. 25 u. 26). Wegen des angekippten Bodensubstrates müssen die Böschungsneigungen wesentlich flacher ausgeformt werden als im gewachsenen Zustand. Dadurch wird zwar mehr Fläche in Anspruch genommen, doch die Breite nimmt zu und damit die ausgleichende Wirkung der Lebensgemeinschaften auf die benachbarten bewirtschafteten Kulturbiozönosen. Auf diese Weise können Waldrandgesellschaften mit ihren Saumbiotopen wiederhergestellt werden. Die Geländausformung verhindert später die „stille" Inanspruchnahme als landwirtschaftliche Nutzfläche.

6.2 Standorte mit unterschiedlichen Eigenschaften

Nicht nur die Höhe des Flächenanteils innerhalb der landwirtschaftlichen Nutzfläche ist ausschlaggebend für die Wirksamkeit von Landschaftsbestandteilen über den von ihnen eingenommenen Raum in die Ackerflur hinaus, sondern auch die Eigenschaften ihrer Standorte. So sollten sich einerseits Biozönosen auf den gleichen Bodensubstraten entwickeln können, auf denen sich auch der Ackerbau vollzieht. Die Barrierewirkung für nahrungsuchende, aus den nichtbewirtschafteten Saumbiotopen kommende und in die bewirtschafteten Äcker einwandernden Tierarten ist unter dieser Voraussetzung vergleichsweise gering. Andererseits reichern Bodensubstrate mit abweichenden Eigenschaften, z. B. Mager-, Trokken- und Feuchtstandorte, das Standortmosaik an und stärken zugleich mit den sich auf ihnen entwickelnden Lebensgemeinschaften die Widerstands-

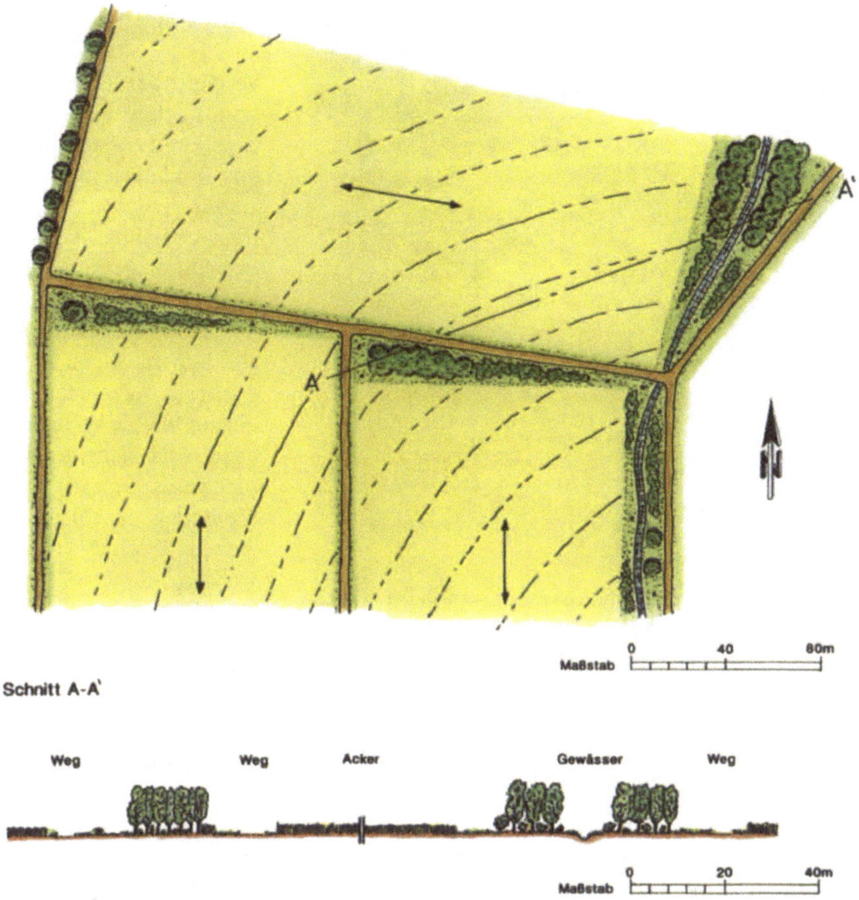

Abb. 24. Netzartig angelegte naturnahe Landschaftsbestandteile in ausgeräumten Feldfluren

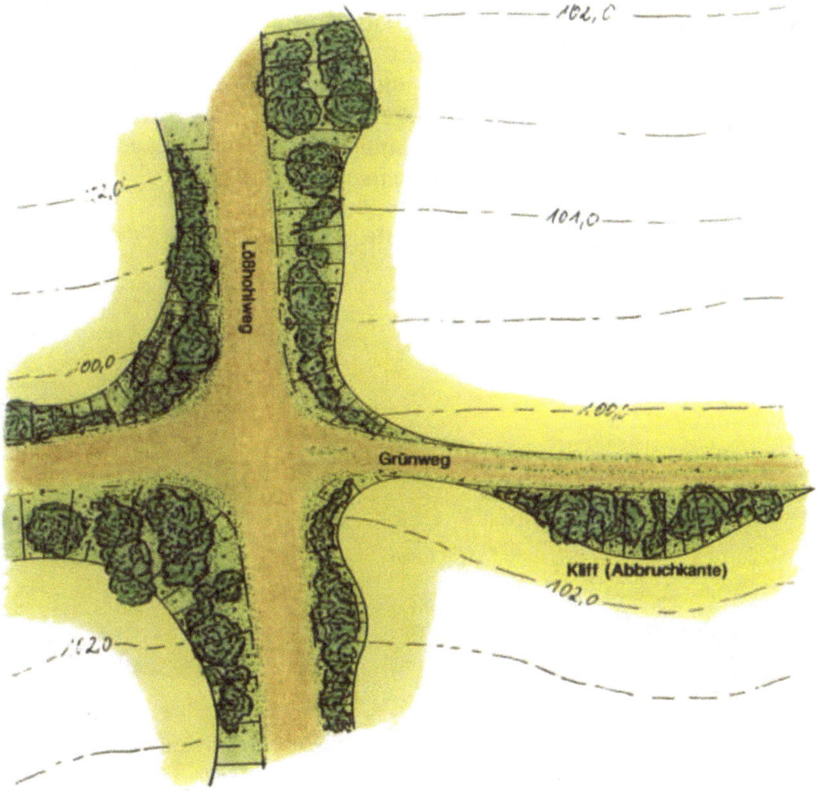

Abb. 25. Beispiel für einen Lößhohlweg, eingebaut in die landwirtschaftlich rekultivierte Feldmark

Abb. 26. Lößhohlweg oder Abbruchkante innerhalb der landwirtschaftlichen Rekultivierung

kraft der Bergbaufolgelandschaft gegen Gefahren aus der Natur. Gleichzeitig helfen sie die Fähigkeit der Agrarbiozönosen zur Selbstregulierung zu verbessern (Abb. 27). Auch im Rahmen der forstlichen Rekultivierung führen unterschiedliche Standorteigenschaften zu einer Biotopvielfalt (Abb. 28).

Mit dem Einbringen bzw. Verkippen von unterschiedlichen Bodensubstraten bis hin zu tertiären Kiesen, Sanden und Tonen im Verein und in Abwechslung mit quartärem Bodenmaterial können langfristig auch gehölzfreie bzw. gehölzarme Saumbiotope ohne nennenswertem Pflegeaufwand entstehen. Unter dieser Voraussetzung verringert sich auch für diese Flächen die Gefahr, später von den Landwirten in Anspruch genommen zu werden (Abb. 29).

Abb. 27. Anlage von mageren Standorten innerhalb der forstlichen Rekultivierung

6.3 Trockenrinnen und -tälchen

Vergleichbar den Lößhohlwegen sind Trockenrinnen und -tälchen in der Regel in früheren Zeiten aus Erosionsrinnen entstanden. Auch derartige Elemente sollten im Rekultivierungsgeschehen nachempfunden und verwirklicht werden, wenn auch in modifizierter Form. Die sich bei der Anlage dieser Geländeformen ergebenden Erschwernisse bei der Einteilung der neuen Pläne können in einem gewissen Rahmen durch planerische Lösungen aufgefangen werden. Der Einsatz von Großgeräten im Tagebau verstärkt die Tendenz zu immer größeren Ackerschlägen. Dadurch wird der Anteil der Fläche für die Wirtschaftswege an der landwirtschaftlichen Nutzfläche verringert. Die für die Wirtschaftwege nicht mehr benötigten Flächen sollten in Anpassung an die Relief- und Neigungsverhältnisse der Äcker für die Anlage solcher Trockenrinnen und -tälchen genutzt werden.

6.4 Flurwäldchen

Die nach wie vor noch immer wachsende Vergrößerung der Ackerschläge steht der Verwirklichung einer nachhaltigen Sicherung der Bergbaufolgelandschaft durch die Ausweisung eines Netzes von stabilisierenden Landschaftselementen entgegen. Eine der Möglichkeiten, diesem Nachteil wenigstens z. T. zu begegnen, besteht in der Anlage von Flurwäldchen als naturnahe Landschaftsbestandteile inmitten der weiten Feldfluren und an deren Rand. Sie sollten sich auf Bodensubstraten entwickeln, deren Eigenschaften für den Ackerbau ungeeignet sind. Durch Anpassung des Zuschnittes die-

Abb. 28. Im Rahmen der forstlichen Rekultivierung auf der Sophienhöhe führen unterschiedliche Standorteigenschaften zu einer Biotopvielfalt (Photo: Rheinbraun)

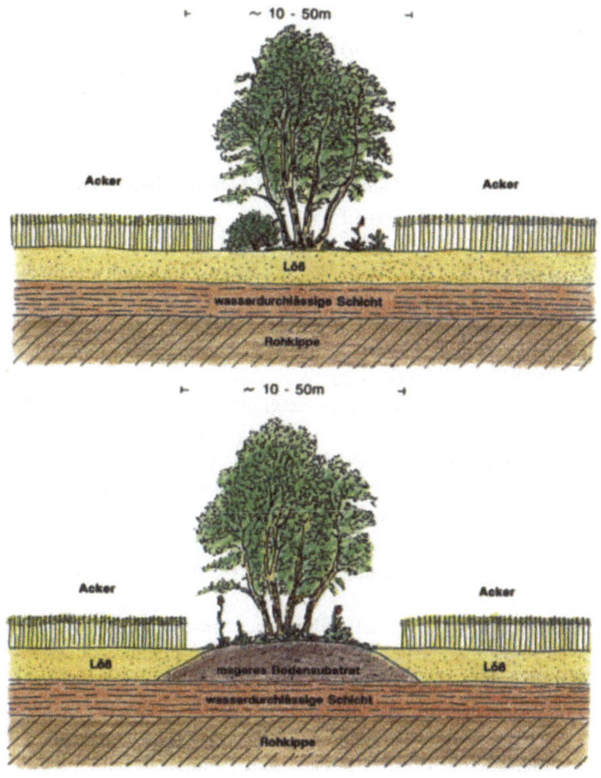

Abb. 29. Unterschiedliche Standortbedingungen für naturnahe Landschaftsbestandteile in der landwirtschaftlich rekultivierten Flur

ser Wälder an die Furchenrichtung und einer der landwirtschaftlichen Nutzung entgegenkommende Waldrandgestaltung lassen sich Erschwernisse für die Landwirtschaft durch Schatten, Wurzelkonkurrenz und erhöhte Fahrzeiten stark abmildern (Abb. 30) (Pflug 1955, 1959, 1992).

6.5 Unterirdische Staukörper

In den landwirtschaftlichen Vorranggebieten der Lößbörden waren vor der Inanspruchnahme von Teilflächen durch den Braunkohlentagebau kaum Gewässer anzutreffen. Im Zuge der Rekultivierung muß eine ordnungsgemäße Ableitung des Oberflächenwassers in Graben- und Fließgewässersystemen vorgenommen werden. In der Regel sind an ihren Rändern Bäume und Sträucher gepflanzt, oder die Flächen sind der natürlichen Entwicklung überlassen worden. Der Verlauf dieser Systeme steht jedoch oftmals den Interessen der Landwirtschaft entgegen. Daher scheint es angebracht, die Anzahl der Entwässerungsanlagen soweit wie möglich zu reduzieren und das Wasser konzentriert in Bachmulden abzuleiten. Diese Mulden sollten über eine Breite von 200–300 m verfügen, Standorte mit unterschiedlichen Eigenschaften enthalten und nach der Richtlinie für naturnahen Wasserbau gestaltet sein (Abb. 31). Um die Versickerungsrate zu verringern, ist das Einbringen einer undurchlässigen Schicht auf der Rohkippe notwendig. Oftmals können bei der Rekultivierung die durch den Tagebau in Anspruch genommenen Einzugsgebiete nur nach und nach wieder hergestellt werden. Dies hat zur Folge, daß trotz der Schaffung naturnaher Fließgewässer innerhalb der Mulden eine Wasserspende nur bei Starkregen oder lang anhaltenden Niederschlägen entsteht. In den Zwi-

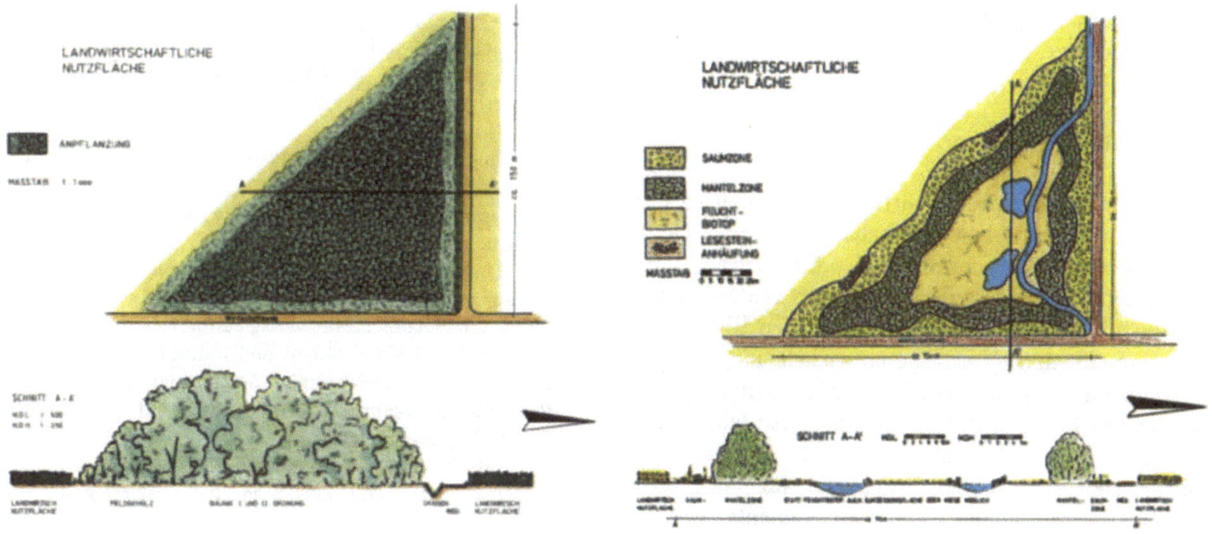

Abb. 30. Exemplarische unterschiedliche Ausbildung von Flächen für Feldgehölze und Kleinwälder

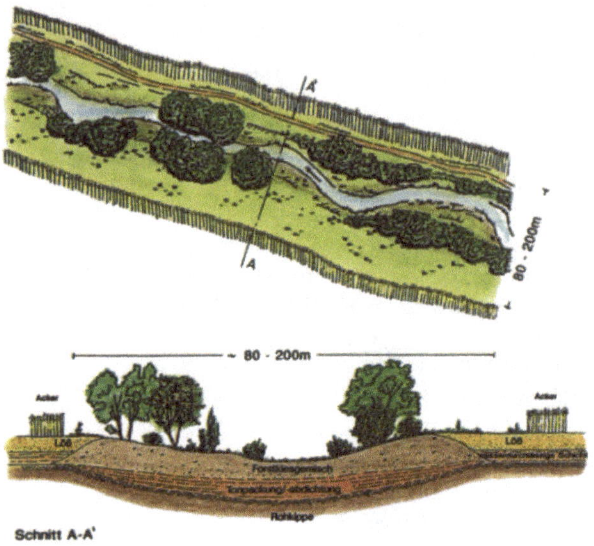

Abb. 31. Unterirdische Wasserstauer am Beispiel eines Fließgewässers

schenzeiten fallen feuchtigkeitsabhängige Bereiche oftmals trocken. Mit dem Einbau wasserstauender Schichten über die Gesamtbreite der Mulde und in Quellgebieten kann unter diesen Voraussetzungen künstlich ein Einzugsgebiet geschaffen werden.

7 Ausblick

Wir wissen, so der amerikanische Ökologe Odum (1967), daß der Mensch, wenn er bloß an Produktion denkt, zu weit die Landschaft entblößt und damit sich und seine Umwelt gefährdet.

8 Zusammenfassung

Die Notwendigkeit, die landwirtschaftlich rekultivierten Flächen mit naturnahen Landschaftsteilen und Landschaftsbestandteilen netzartig zu durchsetzen, wird begründet. Zur Grundausstattung der weiten Ackerschläge mit naturnahen Elementen werden Überlegungen angestellt und Vorschläge entwickelt. Eingegangen wird auf die Wandlung der Landschaften der Niederrheinischen Bucht in den vergangenen 150 Jahren und die Anregungen und Versuche, vielfältige Bergbaufolgelandschaften herzustellen. Einige der für Lößgebiete typischen naturnahen Landschaftselemente werden beschrieben. Die Möglichkeiten ihres Einbaues in die Neulandböden werden erörtert.

LITERATUR

Blume H P, Sukopp H (1976) Ökologische Bedeutung anthropogener Bodenveränderungen, Schriftenreihe für Vegetationskunde der Bundesanstalt für Vegetationskunde, Naturschutz und Landschaftspflege (10): 75–90. Selbstverlag, Bonn-Bad Godesberg

Bornkamm R (1980) Hemerobie und Landschaftsplanung. Natur und Landschaft (12): 49–55

Deutscher Rat für Landespflege (1983) Ein „Integriertes Schutzgebietssystem" zur Sicherung von Natur und Landschaft – entwickelt am Beispiel des Landes Niedersachsen. Schriftenreihe des Deutschen Rates für Landespflege (41): 5–14

Dewitz W von (1997) Oberflächengewässer in der Rekultivierung. (Beitrag 34 in diesem Buch)

Dierschke H (1984) Natürlichkeitsgrade von Pflanzengesellschaften unter besonderer Berücksichtigung der Vegetation Mitteleuropas. Phytocoenologia (12): 173–184

Dierssen K (1984) Gefährdung und Rückgang von Pflanzengesellschaften – Zur Auswertung der Roten Liste Pflanzengesellschaften Schleswig-Holsteins. Mitteilungen der Arbeitsgemeinschaft Geobotanik Schleswig-Holstein u. Hamburg, Jg 33: 40–62, Kiel

Ellenberg H (1963) Vegetation Mitteleuropas mit den Alpen in kausaler, dynamischer und historischer Sicht. Ulmer, Stuttgart

Erz W (1980) Naturschutz – Grundlagen, Probleme, Praxis. In: Buchwald K, Engelhardt W (Hrsg) Handbuch für Planung, Gestaltung und Schutz der Umwelt, Bd. 3, Die Bewertung und Planung der Umwelt, S 561–637. BLV, München Bern Wien

Gesellschaft für Rheinische Geschichtskunde (1969, 1970, 1972) Kartenaufnahme der Rheinlande durch Tranchot und von Müffling 1803–1820. Blatt 59 Grevenbroich, 67 Linnich, 69 Bedburg, 77 Aldenhoven, 81 Frechen, 2. Abteilung. Neuer-Folge. Landesvermessungsamt Nordrhein-Westfalen (Hrsg)

Haber W (1980) Der Landbau in ökologischer Sicht. Schriftenreihe des Deutschen Rates für Landespflege (43): 323–327

Jalas J (1955) Hemerobe und hemerochore Pflanzenarten. Ein terminologischer Reformversuch. Acta Soc Fauna Flora Fenn (82): 1–15

Jedicke E (1990) Biotopverbund. Grundlagen und Maßnahmen einer neuen Naturschutzstrategie. Ulmer, Stuttgart

Meisel K (1984) Landwirtschaft und „Rote Liste"-Pflanzenarten. Natur und Landschaft (59): 301–307

Odum E P (1967) Ökologie. Bayerischer Landwirtschaftsverlag, München Basel Wien

Odum E P, Reichholf J (1980) Ökologie – Grundbegriffe, Verknüpfungen, Perspektiven. Bayerischer Landwirtschaftsverlag, München Wien Zürich

Pflug W (1953) Der „aufgelöste Wald". Forst und Holz 8 (23): 344–347, (24): 355–360

Pflug W (1955) Das Feldgehölz. Allgemeine Forstzeitschrift 10 (39): 445–452

Pflug W (1959) Landschaftspflege, Schutzanpflanzungen, Flurholzanbau. Eine Anleitung für die Planung, Ausführung und Pflege. Wirtschafts- u. Forstverlag Euting, Neuwied/Rhein

Pflug W (1982 a) Waldwirtschaft und Naturhaushalt, eine Einführung in das gleichnamige Symposium des Deutschen Rates für Landespflege. Schriftenreihe des Deutschen Rates für Landespflege (40): 888–895

Pflug W (1982 b) Wald, Naturschutz und Erholung. Jahresbericht des Deutschen Forstvereins, S 96–113. Selbstverlag, Regensburg

Pflug W (1986) Naturschutz und Bodenschutz. Schriftenreihe des Deutschen Rates für Landespflege (51): 86–94

Pflug W (1988) Möglichkeiten und Grenzen der Bewertung der Auswirkungen eines Projektes auf die Umwelt aufgrund Artikel 3 der Richtlinie des Rates der Europäischen Gemeinschaft über die Umweltverträglichkeitsprüfung vom 27.6.1985. Schriftenreihe des Deutschen Rates für Landespflege (56): 527–543

Pflug W, Asmus U, Bock W, Dennhöfer W, Hacker E, Heinen H, Horbert M, Jens G, Johannsen R, Milbradt J, Nippel F, Schramm A, Stähr E, Stubbemann H N, Wiegel H unter Mitarbeit von Pohl H (1991) Landespflegerische Voruntersuchung für das Flurbereinigungsverfahren Brandscheid, Kreis Bitburg-Prüm, mit modellhaftem Charakter, Aachen (unveröffentlicht)

Pflug W (1992) Waldvermehrung aus landschaftsökologischer und landschaftsgestalterischer Sicht. Schriftenreihe der Landesanstalt für Forstwirtschaft Nordrhein-Westfalen. Sonderband Waldvermehrung durch Erstaufforstung, S 25–65. Selbstverlag, Arnsberg

Plachter H (1991) Naturschutz. UTB für Wissenschaft/Uni-Taschenbücher, Bd. 1563. Fischer, Stuttgart

Schindler T (1997) Erftverlegungen (Beitrag 32 in diesem Buch)

Seibert P (1980) Ökologische Bewertung von homogenen Landschaftsteilen, Ökosystemen und Pflanzengesellschaften. Akademie für Naturschutz und Landschaftspflege (4), Laufen/Salzach

Stürmer A (1985) Zur künftigen Rekultivierung von landwirtschaftlich genutzten Gebieten im Rheinischen Braunkohlenrevier unter Berücksichtigung landschaftsökologischer und landschaftsgestalterischer Belange. Diss. TH Aachen (unveröffentlicht)

Trautmann W, Krause A, Lohmeyer W, Meisel K, Wolf G (1973) Vegetationskarte der Bundesrepublik Deutschland 1 : 200 000 – Potentielle natürliche Vegetation – Blatt CC 5502 Köln. Bundesanstalt für Vegetationskunde, Naturschutz und Landschaftspflege. Schriftenreihe für Vegetationskunde (6). Selbstverlag, Bonn-Bad Godesberg

Troll C (1950) Die geographische Landschaft und ihre Erscheinungsform. Studium generale 3 (4): 163–181

TEIL 2

Das Lausitzer Braunkohlenrevier

Das Lausitzer Braunkohlenrevier

Die ursprünglich jung- und nacheiszeitlich geprägte wald- und sumpfreiche Moränenlandschaft der Lausitz wandelt sich in langen Zeiträumen zu Weiden, Äckern, Heiden, Trockenrasen und kiefernreichen Nutzwäldern. Auf rd. 100 000 ha wird das heutige Landschaftsbild der Lausitz von einer jungen, vielfältig nutzbaren und mit vielen schutzwürdigen Lebensräumen versehenen Bergbaufolgelandschaft geprägt.

Der Rohstoff Braunkohle wird gegen Ende des 18. Jahrhunderts, 1789 in der Gegend von Lauchhammer, entdeckt. Mitte des 19. Jahrhunderts beginnt die industrielle Nutzung der Braunkohle, die anfangs in offenen Gruben, später überwiegend durch Abbau unter Tage gewonnen wird. Um 1900 setzt verstärkt die Förderung aus dem oberflächennah abgelagerten 1. Lausitzer Flöz im Tagebaubetrieb ein. 1924 hat im Tagebau Plessa die Abraumförderbrücke ihre Weltpremiere. Diese größten fahrbaren Maschinen der Welt bestimmen bis heute, weiterentwickelt, das Bild der Tagebaue in der Lausitz.

Im Lausitzer Revier wird heute das großflächig verbreitete, weitgehend söhlig abgelagerte, zweite Lausitzer Flöz abgebaut, das im zentralen Teil eine Mächtigkeit von 10–20 m aufweist und durch glaziale Erosionsrinnen in viele Teilfelder zergliedert ist. Aufgrund der geringen Kohlemächtigkeit, aber hoher Förderung in den letzten Jahrzehnten, befindet sich jeder zweite abgegrabene und rekultivierte Hektar der Braunkohlenindustrie Deutschlands in der Lausitz.

Das 40–120 m starke Deckgebirge setzt sich aus tertiären und quartären Sanden und Kiesen mit Zwischenlagerungen von Schluffen, Geschiebemergel und Tonen zusammen. Die im Deckgebirge seltener vorkommenden quartären bindigen Substrate, insbesondere Schluff und Geschiebemergel, werden in der Regel selektiv gewonnen und in die Kippenabschlußschüttung zur Wiedernutzbarmachung eingesetzt. Die Eigenschaften dieses Lockergesteins liegen im Blick auf ihre Kulturfähigkeit im Vergleich zum Rheinischen und Mitteldeutschen Revier im weniger günstigen Bereich. Ausgedehnte Kippenareale werden von sandigen, teilweise kulturfeindlichen tertiären Substraten bestimmt, die bodenchemisch verbessert werden müssen.

Die Beckenlagerstätten tektonischen Ursprungs bei Görlitz und Zittau nehmen bezüglich der Ablagerungsverhältnisse eine Sonderstellung ein. Der Flözkomplex ist hier bis über 100 m mächtig.

In den 40 Jahren DDR wird die Braunkohle zum alles überragenden Primärenergieträger. Stehen bis in die 70er Jahre die Abbauvorgänge noch in einem sinnvollen Verhältnis mit den Rekultivierungsleistungen, ändert sich dieses Verhältnis zu ungunsten der Rekultivierung in den darauffolgenden Jahren. Während die Förderleistung ständig erhöht wird, bleiben großflächig Landschaftszerstörungen zurück, verbunden mit gravierenden Belastungen von Boden, Wasser, Luft, Vegetation und Tierwelt. Dennoch zeigen die Abbaugebiete, die in dieser Zeit wiedernutzbargemacht werden, einen Höchststand an Rekultivierungsqualität, sowohl was die Praxis als auch die Forschung und deren Umsetzung betrifft. Seit Mitte der 60er Jahre entstehen neben forstlich genutzten Flächen auf Kippen zunehmend landwirtschaftliche Nutzflächen und an gefluteten Restseen Erholungsgebiete.

Mit der Wiedervereinigung und dem Übergang zur Marktwirtschaft wandelt sich die Energiepolitik und damit auch die Energieträgerstruktur. Von 17 Tagebauen der Lausitz, in denen 1989 Kohle gefördert wird, liegen zehn im Land Brandenburg und 7 im Freistaat Sachsen. Anfang 1996 wird in Brandenburg noch in 5 und in Ostsachsen noch in 4 Tagebauen Braunkohle gefördert. Die Wiedervereinigung bedeutet die Schaffung gänzlich neuer planungsrechtlicher Grundlagen für den Braunkohlentagebau und bedingt durch den eklatanten Wandel auch neue Rekultivierungs- und Gestaltungskonzepte für die Bergbaufolgelandschaft.

Die Gliederung dieses Teiles 2 des Handbuches entspricht in seinen wesentlichen Zügen der des Rheinischen Reviers unter Beachtung der naturräumlichen Besonderheiten und der spezifischen raumordnerischen und planungsrechtlichen Grundlagen. Der Abwägungsprozeß für die neuen Braunkohlenpläne war von tiefgreifenden sozialen Interessenkonflikten und solchen zwischen den Nutzungen Landwirtschaft, Forstwirtschaft und Erholung auf der einen und Naturschutz und Landschaftspflege auf der anderen Seite gekennzeichnet.

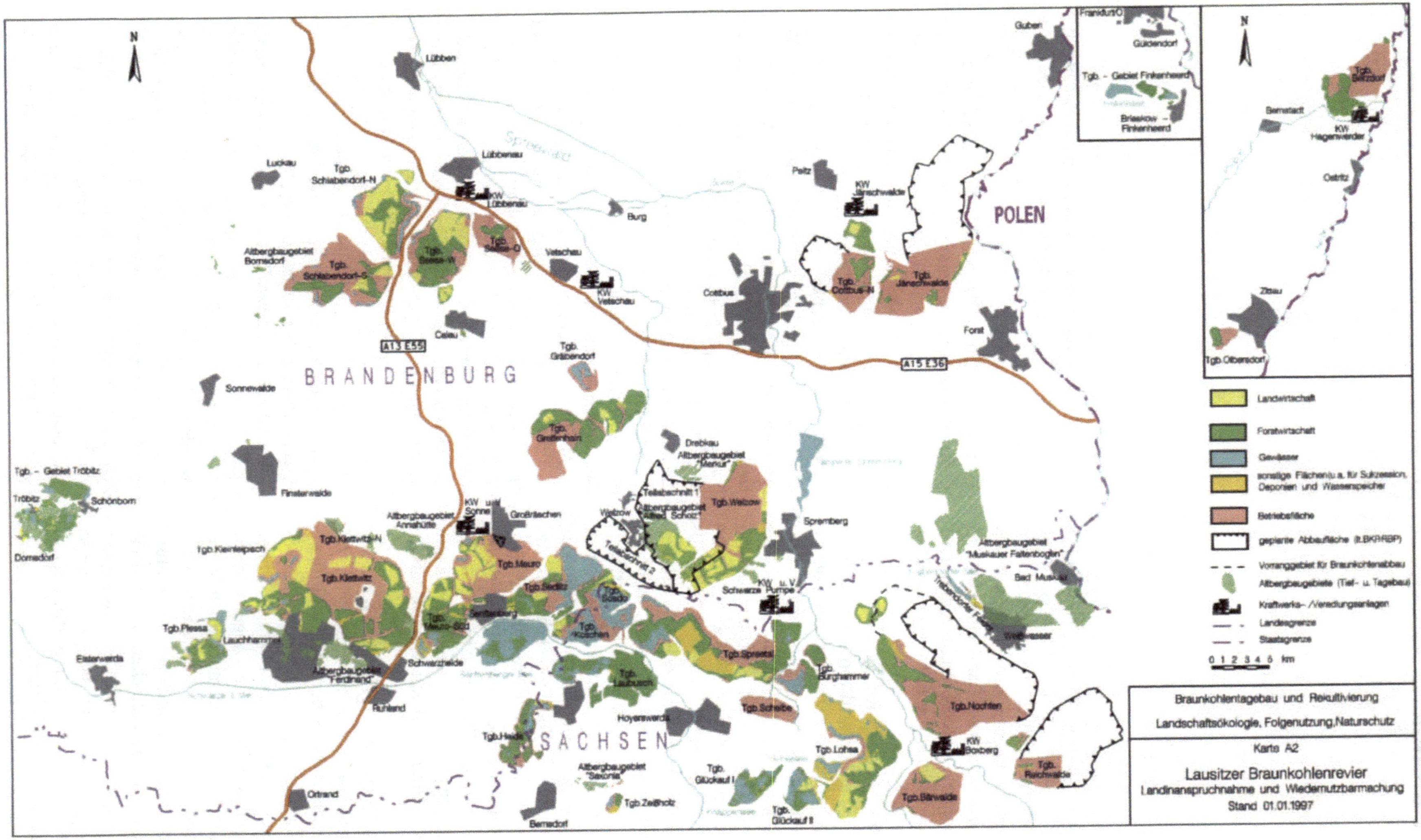

Karte A 2. Lausitzer Braunkohlenrevier. Landinanspruchnahme und Wiedernutzbarmachung. Stand 1.1.1997

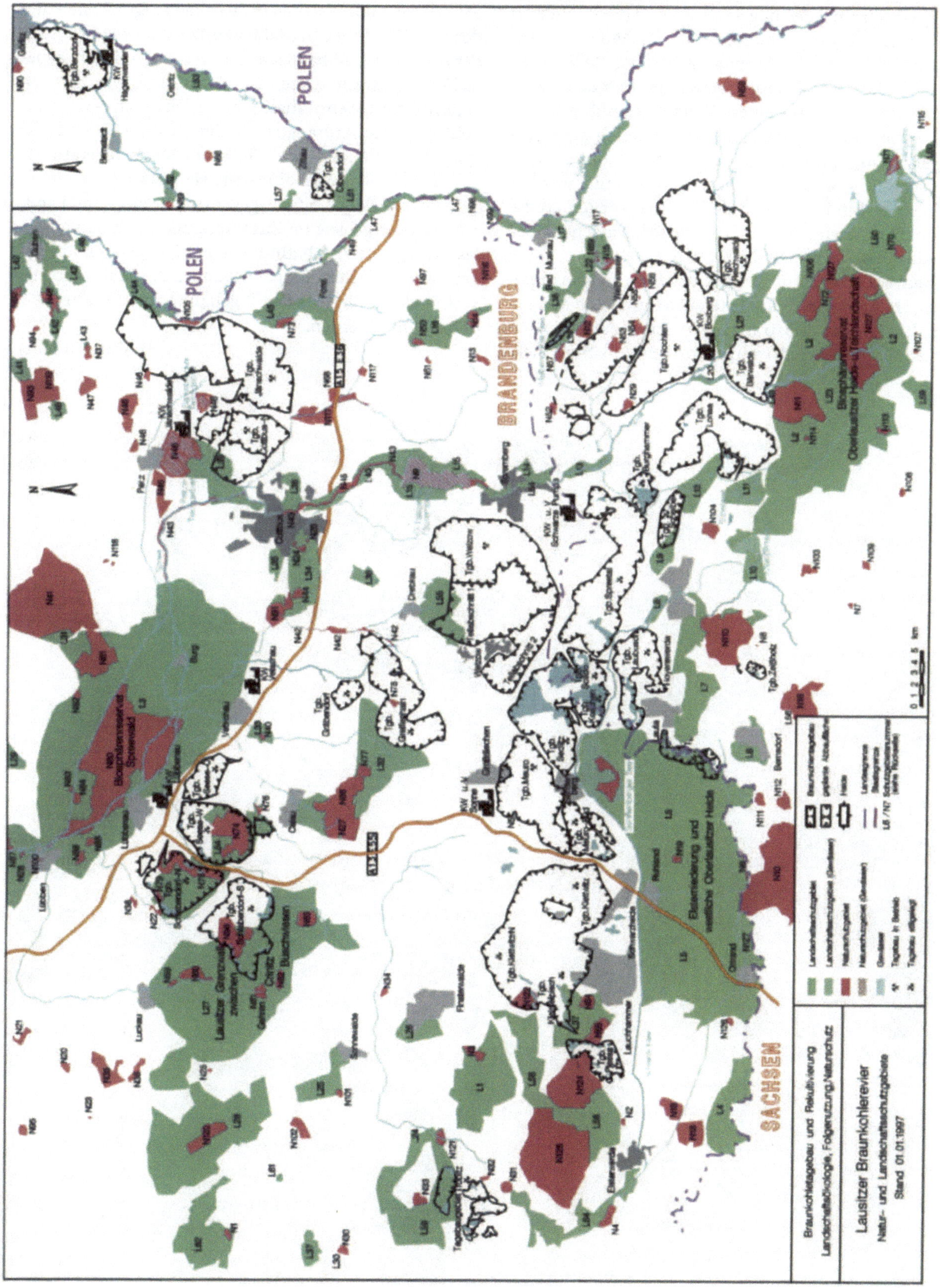

Karte B2. Lausitzer Braunkohlenrevier. Natur- und Landschaftsschutzgebiete. Stand 1.1.1997. Die mit N oder L verbundenen Zahlen weisen auf die Namen der Schutzgebiete im Verzeichnis hin.

Ein großer Teil der aufgelassenen und der im Betrieb befindlichen Tagebaue bleibt der forstlichen und landwirtschaftlichen Rekultivierung vorbehalten, stellenweise mit einem hohen Meliorationsaufwand verbunden. Großflächig verbleiben auf einem Viertel der Abbaufläche zahlreiche offene Gewässer, in deren Bereich die Erholungsnutzung mit den Ansprüchen des Naturschutzes abgestimmt wurde bzw. künftig abgestimmt werden muß. Einen Eindruck über die Landinanspruchnahme im Lausitzer Revier und die Wiedernutzbarmachung der Abbaugebiete vermittelt die Karte A 2.

Bedingt durch die für eine Nutzung ungünstigen Eigenschaften vieler Standorte, auch durch den Mangel an kulturfähigen Substraten, zugleich aber auch nach dem erklärten Willen der verantwortlichen Institutionen, entstanden und entstehen in fast allen aufgegebenen und den noch in Betrieb befindlichen Tagebauen auf rd. 20 % der ehemaligen Abbaufläche klein- und großflächig spezielle Lebensräume, die dem Naturschutz vorbehalten sind. Auf diese Weise erhalten die vielen durch den Braunkohlentagebau verdrängten, für die Lausitzer Naturräume typischen Pflanzen- und Tierarten sowie Vegetationsgesellschaften, wieder eine neue Heimstatt.

Die Lage der bereits ausgewiesenen Natur- und Landschaftsschutzgebiete im Zusammenhang mit den aufgelassenen, in Betrieb befindlichen und geplanten Abbaugebieten sowie ihrer Eingliederung in das Schutzgebietssystem des Umlandes der Tagebaue kann der Karte B 2 entnommen werden.

Wolfram Pflug

Verzeichnis der Natur- und Landschaftsschutzgebiete

Naturschutzgebiete

N 1 Hölle
N 2 Kleine Wiesen
N 3 Zinswiesen, i.V.
N 4 Alte Röder bei Prieschka
N 5 Westmarkscheide-Mariensumpf; i.V.
N 6 Schwarzwasser bei Lipsa; i.V.
N 7 Auewald Laske
N 8 Pulsnitz
N 9 Talsperre Spremberg; i.V.
N 10 Königsbrücker Heide; e.S.
N 11 Teichlandschaft südlich Uhyst; UG
N 12 Trebendorfer Tiergarten, UG
N 13 Reuthener Moor
N 14 Faltenbogen südlich Döbern
N 15 Südbereich des Braunsteiches; UG
N 16 Teichgebiet Biehla - Weißig; e.S.
N 17 Hammerlugk; UG
N 18 Untere Pulsnitzniederung; i.V.
N 19 Sorgenteich
N 20 Krossener Busch; i.V.
N 21 Zützener Busch; i.V.
N 22 Wudritzniederung Willmersdorf-Stöbritz; i.V.
N 23 Vogelsang Wildau-Wentdorf, i.V.
N 24 Schnepfenried; i.V.
N 25 Kalkgruben Gehren; i.V.
N 26 Fuchsberg
N 27 Kesselschlucht
N 28 Lehnigksberg
N 29 Innenkippe Nochten
N 30 Oelsiger Luch; i.V.
N 31 Schadewitzer Feuchtbiotop
N 32 Schadewitz
N 33 Hohe Warte
N 34 Tanneberger Sumpf - Gröbitzer Busch; i.V.
N 35 Schuge- und Mühlenfließquellgebiet; i.V.
N 36 Tannenbusch
N 37 Pastlingsee; i.V.
N 38 Alteno - Radden; i.V.
N 39 Briesener Luch
N 40 Reptener Teiche; i.V.
N 41 Lieberoser Endmoräne; i.V.
N 42 Koselmühlenfließ; i.V.
N 43 Biotopverbund Spreeaue; i.V.
N 44 Putgolla
N 45 Spreeinsel Frauendorf; i.V.
N 46 Peitzer Teiche mit Teichgebiet Bärenbrück und Laßzinswiesen; E.i.V.
N 47 Calpenzmoor; i.V.
N 48 Feuchtwiesent Atterwasch; i.V.
N 49 Hispe
N 50 Luisensee
N 51 Fasanerie Bohsdorf
N 52 Schleife
N 53 Urwald Weißwasser
N 54 Altteicher Moor und Grosse Jeseritzen
N 55 Eichberg
N 56 Hermannsdorf
N 57 Altes Schleifer Teichgelände
N 58 Niederspree; E. UG
N 59 Brandkieten
N 60 Borcheltsbusch
N 61 Bergen - Weißacker Moor
N 62 Gahroer Buchheide
N 63 Tannenbusch und Teichlandschaft Groß Mehßow; i.V.
N 64 Welkteich
N 65 Seewald bei Grünewalde
N 66 Calauer Schweiz
N 67 Insel im Senftenberger See
N 68 Sergener Luch
N 69 Keulaer Tiergarten
N 70 Hohe Dubrau
N 71 Talsperre Quitzdorf
N 72 Tauerwiesen
N 73 Euloer Bruch
N 74 Seeser Bergbbaufolgelandschaft
N 75 Sukzessionslandschaft Nebendorf
N 76 Mloder Teiche
N 77 Teichlandschaft Buchwäldchen/Muckwar
N 78 Schlabendorfer Bergbaufolgelandschaft-Lichtenauer See
N 79 Stöbritzer See
N 80 Innerer Oberspreewald
N 81 Byhleguhrer See
N 82 Neu Zaucher Weinberg

N 83 Bukoitza
N 84 Birkenwald
N 85 Ribocka
N 86 Ellerborn
N 87 Wiesenau
N 88 Schönbrunner Berg
N 89 Hengstberg
N 90 Landeskrone
N 91 Glinziger Teich- und Wiesengebiet; i.V.
N 92 Krayner teiche/Lutzketal; E.i.V.
N 93 Pinower Läuche und Tauersche Eichen; i.V.
N 94 Tuschensee; i.V.
N 95 Wacholderschluchten Hohendorf
N 96 Wanninchen; e.S.
N 97 Preschener Mühlbusch
N 98 Schwarze Grube
N 99 Zerna
N100 Hain
N101 Friedersdorfer Tiergarten
N102 Lehmannsteich
N103 Wollschank und Zschark
N104 Spannteich Knappenrode
N105 Neißeinsel Grießen; i.V.
N106 Hammerbruch
N107 Auwald und Eisenberg Guttau
N108 Litzenteich
N109 Caßlauer Wiesenteiche
N110 Dubringer Moor
N111 Lugteich bei Grüngräbchen
N112 Erlenbruch - Oderbusch Grüngräbchen
N113 Galgenteichgruppe Crosta
N114 Mikeler Moor
N115 Monumentshügel
N116 Zschornoer Wald; i.V.
N117 Sergen-Kathlower Teich- und Wiesenlandschaft; i.V.
N118 Tannenwald
N119 Tauersche Eichen
N120 Rochauer Heide
N121 Buchwald
N122 Grünhaus, Erweit. e.S.
N123 Suden
N124 Der Loben; E.i.V.
N125 Forsthaus Prösa
N126 Lauschilka; i.V.
N127 Daubaner Heide; e.S.

Erläuterung:
e.S. - NSG/LSG einsweilig gesichert (Bearbeitungsstand 1996)
E.i.V. - NSG festgesetzt, Erweiterung im Verfahren
E.e.S. - NSG/LSG festgesetzt, Erweiterung einstweilig gesichert
i.V. - NSG/LSG im Verfahren
UG - Untersuchungsgebiet NSG
E. UG - NSG festgesetzt, Erweiterung Untersuchungsgebiet

Landschaftsschutzgebiete

L 1 Rückersdorf - Drößiger Heide
L 2 Biosphärenreservat Oberlausitzer Heide- und Teichlandschaft
L 3 Biosphärenreservat Spreewald
L 4 Merzdorf - Hirschfelder Waldhöhen
L 5 Elsterniederung und westliche Oberlausitzer Heide zwischen Ortrand und Senftenberg
L 6 Bernsdorfer Teichlandschaft
L 7 Lauta - Hoyerswerda - Wittichenau
L 8 Elstergebiet um Neuwiese
L 9 Naherholungsgebiet Hoyerswerda
L 10 Knappensee
L 11 Speicherbecken Lohsa
L 12 Kleine Spree bei Weißkollm
L 13 Spreelandschaft Schwarze Pumpe
L 14 Slamener Heide
L 15 Staubeckenlandschaft Bräsinchen - Spremberg
L 16 Wald- und Restseengebiet Döbern
L 17 Muskauer Parklandschaft und Neißeaue
L 18 Kromlau - Gablenzer Restseen
L 19 Trebendorfer Abbaufeld
L 20 Spreelandschaft um Bärwalde
L 21 Boxberger - Reichwalder Wald- und Wiesengebiet
L 22 Braunsteich
L 23 Teichlandschaft nördlich Commerau bei Klix
L 24 Waldlandschaft Doberlug-Kirchhain
L 25 Sonnewalde und Lugkteich
L 26 Bürgerheide
L 27 Lausitzer Grenzwall zwischen Gehren, Crinitz und Buschwiesen
L 28 Rochau - Kolpiener Heide; i.V.
L 29 Briesensee
L 30 Oelsiger Luch
L 31 Wald- und Seengebiet Schwielochsee, Lieberose und Spreewald
L 32 Calau - Altdöbern - Reddern
L 33 Reptener Mühlenfließ
L 34 Wiesen- und Teichlandschaft Kolkwitz - Hähnchen
L 35 Wiesen- und Ackerlandschaft Ströbitz - Kolkwitz
L 36 Park- und Wiesenlandschaft Schorbus
L 37 Hügelgebiet um den Langen Berg
L 38 Branitzer Parklandschaft
L 39 Peitzer Teichlandschaft mit Hammergraben
L 40 Spreeaue südlich von Cottbus
L 41 Pinnower See
L 42 Gubener Fließtäler
L 43 Pastlingsee
L 44 Neißeaue um Grießen
L 45 Wiesen- und Teichlandschaft Eulo - Jamno
L 46 Schlagsdorfer Waldhöhen
L 47 Neißeaue im Kreis Forst
L 48 Großsee
L 49 Spree und Teichgebiet südlich Uhyst
L 50 Talsperre Quitzdorf und Kollmer Höhen
L 51 Zittauer Gebirge
L 52 Herrnhuter Bergland
L 53 Neißetal und Klosterwald
L 54 Berbaufolgelandschaft Schlabendorf - Seese; i.V.
L 55 Steinitz-Geisendorfer Endmoräne; i.V.
L 56 Biela-Weißig
L 57 Schülerbusch; e.S.
L 58 Hohenleipisch - Sornoer - Altmoränenlandschaft
L 59 Spreeniederung
L 60 Königshainer Berge
L 61 Hochmoor
L 62 Körbaer Teich und Lebuser Waldgebiet
L 63 Nexdorf - Kirchhainer Waldlandschaft
L 64 Elsteraue und Teichlandschaft um Bad Liebenwerd

Erläuterung:
i.V. - LSG im Verfahren, einstweilig sichergestellt.
e.S. - LSG einsweilig gesichert (Bearbeitungsstand 1996)

Der Naturraum und seine Umgestaltung

38

Karl Heinz Großer

1
Gebietsabgrenzung, Gebietsentwicklung

Das Lausitzer, auch Cottbus-Senftenberger Revier ist eine Wirtschaftsregion auf der Basis Braunkohle. Seine Abgrenzung richtet sich im wesentlichen nach den Vorkommen nutzbarer Braunkohlenlagerstätten, deren derzeit wichtigste der zweite Lausitzer Flözhorizont ist; sie folgt etwa der Linie Guben - Cottbus - Vetschau - Lübbenau - Luckau - Langengrassau - Großräschen - Finsterwalde - Lauchhammer - Ruhland - Lauta - Bernsdorf - Uhyst - Rietschen - Steinbach (Neiße) - Bad Muskau - Döbern - Forst. Nördlich dieses Raumes finden sich weitere Braunkohlenlagerstätten um Drachhausen und bis weit in das östliche Brandenburg hinein; im Süden reichen die Ausläufer dieses Lagerstättenbereiches bis in die sächsischen Kreise Niesky, Bautzen und Kamenz (Karte 1).

Völlig getrennt von der Niederlausitzer Braunkohlenformation liegen die örtlich enger begrenzten, aber sehr ergiebigen Vorkommen in den Dreiecken von Seifhennersdorf/Zittau und Berzdorf an den Ostgrenzen von Sachsen (Möbus 1956; Zentr. Geol.Inst. 1972; BfT Cottbus 1981).

Insgesamt rechnet man heute in der Lausitz mit Vorräten von über 13 Mrd. Tonnen förderfähiger Braunkohle (LAUBAG 1991).

Das Vorkommen von Braunkohle in der Niederlausitz wurde Ende des 18. Jahrhunderts (1789) im Gebiet von Lauchhammer entdeckt. Ihre industrielle Nutzung begann um die Mitte des 19. Jahrhunderts. Die Braunkohlenförderung erfolgte anfangs in kleinen Gruben, später unter Tage – letzte Stollen waren um Weißwasser noch bis etwa 1950 in Betrieb. Um 1900 begann die Förderung im Tagebau, heute – technisch hoch entwickelt – die einzige Form der Gewinnung von Braunkohle im Lausitzer Revier.

Ihre wirtschaftliche Bedeutung besitzt die Braunkohle als Energieträger und Rohstoffbasis für zahlreiche teils in der Region traditionell ansässige, teils neu angesiedelte Industriezweige: Ziegeleien, Betriebe der Tonwaren-, Glas- und Textilindustrie, der Eisenverhüttung und Aluminiumherstellung, Brikettfabriken, Kokereien, Druckgaswerke, Anlagen der karbochemischen Industrie und derzeit 22 Wärmekraftwerke.

2
Naturausstattung

2.1
Allgemeine Angaben zu Geologie und Oberflächengestalt

Die Lausitzer Braunkohle entstand vor etwa 15–20 Mio. Jahren aus den in subtropischem Klima erwachsenen Sumpfwäldern des Jungtertiärs (Miozän). Zu dieser Zeit hatten sich mächtige Torflager gebildet, die, bereits ein-

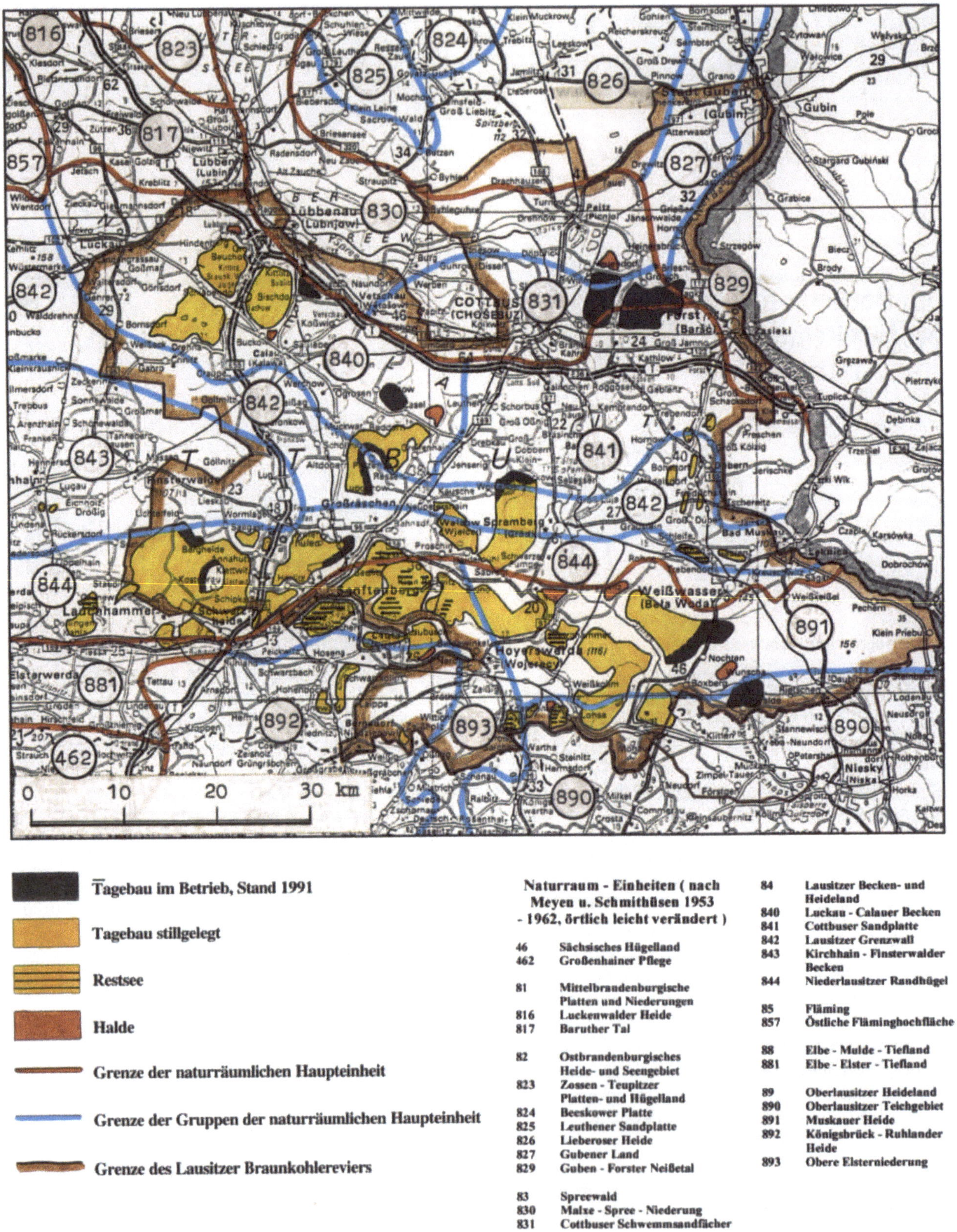

Karte 1. Naturraumeinheiten und Bergbautätigkeit im Lausitzer Braunkohlenrevier. Im Text werden nur die innerhalb der Wirtschaftsregion liegenden Naturraumeinheiten beschrieben.

gebettet in nicht kohleführende Ablagerungen des Tertiärs, während des nachfolgenden Eiszeitalters durch 10–150 m mächtige Deckschichten aus Geschiebematerial und Lockersedimenten der Eisvorstöße und Abschmelzprozesse von insgesamt sechs Kaltzeiten überlagert wurden und dabei unter dem gewaltigen Druck dieses Deckgebirges dem Inkohlungsprozeß unterlagen. An der Oberflächenausformung haben Braunkohlenhorizonte nur dort einen wesentlichen Anteil, wo Flöze oder Flözschollen selbst nahe an die Oberfläche rücken.

In seinen heutigen natürlichen Formen wird das Landschaftsbild des Lausitzer Braunkohlenreviers ganz überwiegend durch die Ereignisse und Ablagerungen des Quartärs bestimmt. Für diese Epoche ergibt sich nach zusammenfassenden Darstellungen (Cepek 1980; Nowel 1992) folgendes Bild: Im Norden erreichen die Ausläufer des zweiten Lausitzer Flözhorizontes bei Guben und Drachhausen das Gebiet der Endmoränen und Sander des Brandenburger Stadiums der Weichselvereisung; im Süden und Südosten erstreckt sich dieses Flöz bis in das Altmoränengebiet der westlichen und südlichen Niederlausitz (Fläming- und Saale-Kaltzeit - Saale II und Saale I). Das zentrale geomorphologische Hauptelement der Region bildet die Endmoräne der Lausitz-Kaltzeit (Saale III), hier als „Lausitzer Landrücken" oder „Lausitzer Grenzwall" bezeichnet. Im Südwesten ist ihm, etwa zwischen Senftenberg, Sonnewalde, Schlieben und Elsterwerda, ein Komplex aus Moränen, Platten und Staubecken älterer Saale-Kaltzeiten vorgelagert. Als Schmelzwasserabflußbahnen begleiten die Endmoränenbildungen zwei große Urstromtäler: Nördlich des Lausitzer Landrückens das Baruther Tal, in dem die Schmelzwässer des Brandenburger Stadiums abflossen, und südlich dieser Endmoräne das Lausitzer (Breslau-Magdeburger) Urstromtal. Einige der altpleistozänen Hochflächen enthalten Gerölle spätglazialer fossiler Elbeläufe. Als peri- und postglaziale Bildungen treten in beiden Urstromtälern bis über 30 km^2 große Dünen- und Flugsandfelder auf; im Lausitzer Urstromtal sind einige große Moore erwähnenswert, so das Dubringer Moor bei Zeißholz und Bröthen, die Moore von Altteich, Hermannsdorf und Tränke in der Muskauer und Görlitzer Heide sowie die Moore bei Weißkeißel und Sagar südlich der Endmoräne der Lausitz-Kaltzeit.

Die höchste Höhe der Region ist mit 183 m NN der Hohe Berg bei Döbern im Osten des Lausitzer Landrückens. Die Sohle des Baruther Urstromtales liegt im Oberspreewald bei 50 m NN, der Boden des Lausitzer Urstromtales neigt sich von 145 m NN im Osten bis auf 92 m NN im Westen.

Während sich die Niederlausitzer Braunkohlenformation durch weiträumige Lagerstätten mit Mächtigkeiten von bis zu 20 m auszeichnet, sind die gleichfalls zum Lausitzer Revier gehörigen Lagerstätten in den Becken von Berzdorf und Zittau zwar von geringerer Ausdehnung, weisen aber Mächtigkeiten von 40–60, örtlich auch von über 100 m auf. Wahrscheinlich gleichfalls im Miozän, entstanden sie in Senken, die sich im Zusammenhang mit dem tertiären Vulkanismus gebildet hatten. Das Liegende bilden Tone, Basalttuffe und schließlich Basalt, das Deckgebirge pleistozäne Ablagerungen unterschiedlicher Genese, Auensedimente und Löß (Möbus 1956).

2.2 Klima

Klimageographisch gehört das Lausitzer Braunkohlenrevier zu den thermisch kontinentalen Bereichen des nordostdeutschen Tieflandes. Bei Jahresmitteltemperaturen um 8,5 °C erreicht die Jahresschwankung der Lufttemperatur 19–19,5 °C. Die Niederschläge zeigen im langjährigen Mittel (1901–1950) gegenüber den Gebieten Mittelbrandenburgs (dort: um 550 mm/Jahr) eine leichte Erhöhung auf 600–650 mm/Jahr. Ein Grund dafür ist wohl ein Niederschlagsstau durch die zunehmende Massenerhebung in südlicher Richtung, wie die Höhenlagen folgender Städte bzw. Orte zeigen: Cottbus: 70 m NN (586 mm/Jahr) – Weißwasser/35 km SSE: 156 m NN (Station Haide: 662 mm/Jahr) – Niesky/26 km SSE: 170 m NN – Görlitz/18 km SSE: 211 m NN (707 mm/Jahr) – Großschönau/35 km SSW: 365 m NN (726 mm/Jahr) – Zittauer Gebirge/4 km S: bis 793 m NN (Station Johnsdorf/453 m NN: 804 mm/Jahr) (Meteorologischer und Hydrologischer Dienst der Deutschen Demokratischen Republik 1955). Als ein weiterer Grund für die Niederschlagserhöhung im Lausitzer Tiefland wird das Vorhandensein der großen, einst geschlossenen Waldgebiete der Niederschlesisch-Lausitzischen Heiden angesehen. Das vergangene Jahrzehnt brachte auch im Tiefland der Lausitz – ebenso wie in weiten Teilen des nordostdeutschen Tieflandes – ein erhebliches Niederschlagsdefizit. Trotz der generell höheren Kontinentalität gibt es, speziell auf armen, dauernassen Sanden und auf Ton, mikroklimatisch ausgeglichenere Standorte, auf denen atlantische Pflanzenarten wie etwa die Glockenheide (*Erica tetralix*) oder der Vogelfuß (*Ornithopus perpusillus*) stabile Vorkommen besitzen.

2.3 Hydrographie

Die drei großen Flußsysteme des Lausitzer Braunkohlenreviers sind die Einzugsgebiete von Neiße, Spree und Schwarzer Elster. Die Neiße gehört mit ihrem von Westen her nur schmalen Einzugsgebiet zum Stromgebiet der Oder, die übrigen mit etwa gleichen Teilen an der Region zum Stromgebiet der Elbe. Zu den natürlichen Stillgewässern zählen lediglich die kleinen Restseen einzelner Verlandungsmoore, wie etwa die der Großen

Jeseritzen bei Weißwasser. Die ältesten künstlich angelegten Stillgewässer sind die Teichwirtschaften um Rietschen und Daubitz, Forst und Eulo, Bärenbrück und Peitz, um nur die wichtigsten zu nennen, und der als Rückhaltebecken für das Keulaer Eisenhüttenwerk (südlich Bad Muskau) angelegte Braunsteich bei Weißwasser. Zur Sicherung eines gleichmäßigen Wasserdargebotes im Flußsystem der Spree entstanden in Verbindung mit der sich ausweitenden Industrie und Kraftwerkskapazität die Talsperren Quitzdorf (Schwarzer Schöps, südlich Niesky), Spremberg und Bautzen (beide im Lauf der Spree). Technogene Stillgewässer sind schließlich die in den ausgekohlten Tagebauen entstandenen Grubenseen, die aus den Anfängen des Bergbaues in großer Zahl im Raum Schwarzheide - Lauchammer - Plessa und um Weißwasser anzutreffen sind, und die nach Auflassung der neuzeitlichen Großtagebaue erhebliche Dimensionen eingenommen haben (Knappensee bei Knappenrode ca. 300 ha; Silbersee bei Lohsa ca. 235 ha; Senftenberger See 1 475 ha).

2.4
Böden und natürliche Vegetation

Das slawische Wort „Lausitz" bezeichnet in sinngemässer Übertragung ein Sumpfland. Dementsprechend zeigt die Bodenkarte der heutigen mittel- und ostdeutschen Bundesländer (Haase et al. 1979) auf rd. zwei Dritteln des Lausitzer Tieflandes Moorstandorte, Gley-, Auen- und Staugley-Bodengesellschaften; das übrige sind Fahlerden, Sand-Braunerden und Sand-Braunpodsole. Als technogene Bodengesellschaften kommen die Kipp-Rohböden und Kipp-Ranker der Rekultivierungsflächen hinzu.

Die Moorstandorte bringen, je nach Nässegrad und verfügbarem Nährstoffgehalt, ein reiches Spektrum natürlicher Vegetationseinheiten hervor. Von ökologisch besonderem Wert sind die nährstoffarmen *Sphagnum*-Moore, mit ihren offenen Blänken örtlich auch als „Heideteiche" oder „Heideweiher" bekannt. Periodisch fallende und wieder steigende Wasserspiegel bedecken untergetauchte Rasen von *Sphagnum fallax* oder *Juncus bulbosus*; sie werden umgeben von nassen Schwingrasen mit der Schnabelsimsen-Gesellschaft (*Rhynchosporetum albae*), denen sich oft ausgedehnte Torfmoos-Wollgras-Rasen (*Sphagno cuspidati-Eriophoretum angustifolii*) anschließen können. Zumeist nur kleinflächig kommt es zur Ausbildung von Torfmoos-Wollgras-Bultgesellschaften (*Eriophoro vaginati-Sphagnetum*), hier häufig mit dem Papillen-Torfmoos (*Sphagnum papillosum*). Floristisch bemerkenswerte, geschützte oder auch im Gebiet seltene Arten dieser sauren Moorkomplexe sind: Braunes Schnabelried (*Rhynchospora fusca*), Rundblättriger und Mittlerer Sonnentau (*Drosera rotundifolia, D. intermedia*), Rosmarienheide (*Andromeda polifolia*), Vielstengeliges Sumpfried (*Eleocharis multicaulis*), Kleiner Wasserschlauch (*Utricularia minor*), Moorbärlapp (*Lycopodiella inundata*) und Moor-Reitgras (*Calamagrostis stricta*). Häufig, jedoch nicht immer, sind diese Heideweiher von mehr oder minder lichten Schilf-Röhrichten (mit *Sphagnum cuspidatum*) umgeben; solche „Röhricht"-Gürtel können aber auch von der Knäuel-Binse (*Juncus conglomeratus*) gebildet werden. Den äussersten Rand säumen schmale, aber oft sehr dichte Pfeifengrasrasen (*Molinia caerulea*), in denen sich schon Arten der Moorwälder/-gebüsche (Sumpfporst [*Ledum palustre*]) oder der Feuchtheiden (Heidekraut [*Calluna vulgaris*], Glockenheide [*Erica tetralix*], Tormetill [*Potentilla erecta*]) einfinden. Als eine regionale Besonderheit sind die örtlichen Vorkommen des boreal-ozeanischen Gagelstrauches (*Myrica gale*) zu nennen. Bewaldete nährstoffarme Niedermoore oder Moorgleye tragen Torfmoos-Birkenmoorwälder (*Sphagno-Betuletum pubescentis*) oder Rauschbeeren-Kiefern-Moorwälder (*Uliginosi-Pinetum*) mit Scheiden-Wollgras (*Eriophorum vaginatum*), Rauschbeere (*Vaccinium uliginosum*), Sumpfporst (*Ledum palustre*) und einer Reihe von Torfmoos-Arten (*Sphagnum recurvum, Sph. palustre, Sph. rubellum* u.a.). Nährstoffreichere, mildere Zwischenmoore präsentieren sich als Großseggen-Rieder, hier mit Sumpf-Segge (*Carex acutiformis*), Schlank-Segge (*C. gracilis*) oder Steif-Segge (*C. elata*). Sumpf- und Steif-Seggenbestände bieten die Ansatzpunkte für die sukzessive Entwicklung zum Erlen-Bruchwald (*Carici elongatae-Alnetum*) mit Rot-Erle (*Alnus glutinosa*), Moor-Birke (*Betula pubescens*), Faulbaum (*Frangula alnus*) und den Bodenpflanzen der Erlenbrücher wie Sumpf-Schwertlilie (*Iris pseudacorus*), Sumpf-Reitgras (*Calamagrostis canescens*), Sumpf-Farn (*Thelypteris thelypteroides*), Bittersüßem Nachtschatten (*Solanum dulcamara*) u. a.

Überflutungsauen mit Decklehm- oder Deckton-Ablagerungen begleiten in schmalem Saum die Neiße und bedecken die bis zu mehreren Kilometern breiten Niederungen im Oberlauf der Spree mit Schwarzem und Weißem Schöps, am Mittel- und Unterlauf der Pulsnitz und im Schraden. Von den echten Auenwäldern sind heute nur noch kleine Reste erhalten: Bruch- und Purpur-Weide (*Salix fragilis, S. purpurea*), vereinzelt Schwarz-Pappel (*Populus nigra*) und Esche (*Fraxinus excelsior*) sowie die Rot-Erle (*Alnus glutinosa*) säumen die tiefstgelegenen Schlenken und ufernahen Bereiche, gefolgt - noch im Überflutungsbereich - von Stiel-Eiche (*Quercus robur*), Hainbuche (*Carpinus betulus*), Winter-Linde (*Tilia cordata*), Flatter-Ulme (*Ulmus laevis*), Gemeiner Traubenkirsche (*Padus avium*) und Kreuzdorn (*Rhamnus cathartica*). Die weiten und wahrscheinlich nur noch in größeren Zeitabständen überschwemmten Niederungen bedecken von Natur aus Erlen-Eschenwälder mit Übergängen zum Stieleichen-Hainbuchenwald, an den Rändern der Fließe und in dauernassen Senken und Kolken von Erlensäumen und -bruchwäldern durchsetzt. Rot-Erle (*Alnus glutinosa*),

Abb. 1. Molinia-Birken-Stieleichenwald bei Weißwasser. (Alle Photos: Großer)

Esche (*Fraxinus excelsior*), Gemeine Traubenkirsche (*Padus avium*), Flatter-Ulme (*Ulmus laevis*), vereinzelt Stiel-Eiche (*Quercus robur*), Spitz-Ahorn (*Acer platanoides*), in der Strauchschicht Pfaffenhütchen (*Euonymus europaea*), Hasel (*Corylus avellana*), Weißdorn (*Crataegus monogyna, C. oxyacantha*), Kreuzdorn (*Rhamnus cathartica*), Schneeball (*Viburnum opulus*) und Holunder (*Sambucus nigra*) bilden artenreiche Gehölzbestände, ergänzt durch Hochstauden (*Urtica dioica, Filipendula ulmaria, Cirsium oleraceum, Iris pseudacorus*) oder Hochgräser und Großseggen (*Deschampsia caespitosa, Phalaris arundinacea, Carex acutiformis, C. riparia*). Bemerkenswerte Arten der Bodenvegetation sind die im Gebiet seltene Hopfen-Seide (*Cuscuta europaea*) und das äußerst seltene Moor-Veilchen (*Viola uliginosa*), das hier wohl heute seine einzigen Vorkommen in Deutschland hat.

Wesentlich weiter verbreitet als die Böden der Überflutungsauen sind Sand-Gleyböden der Urstromtäler und Beckenlandschaften, hier und in den Flußniederungen kombiniert mit Decklehm-Gleyen, sonst mit Braunpodsolen. Je nach Grundwasserstand und Nährstoffangebot entsprechen ihnen als natürliche Vegetation Erlen-Bruchwälder (*Carici elongatae-Alnetum*) und/oder Erlen-Eschenwälder (*Pado-Fraxinetum*) in Verbindung mit Stieleichen-Hainbuchenwäldern (*Lathraeo-Carpinetum, Stellario-Carpinetum, Polytricho-Carpinetum*) auf den produktionskräftigeren Standorten und Pfeifengras-Birken-Stieleichenwälder (*Molinio-Quercetum*) (Abb. 1), diese örtlich auch mit Buche (*Molinio-Fagetum*) oder Fichte (*Picea abies*) und Weiß-Tanne (*Abies alba*) im nährstoffärmeren Standortsbereich. Das natürliche Vorkommen von Fichte und Weiß-Tanne ist im Tiefland der Lausitz als eine Besonderheit zu werten. Die Fichte tritt hier in einer spättreibenden und daher nicht durch Spätfröste gefährdeten Lokalklimarasse auf (Abb. 2); mit ihr finden sich Arten des Berglandes ein, wie das Berg-Reitgras (*Calamagrostis villosa*), der Berg-Holunder (*Sambucus racemosa*), der Rippenfarn (*Blechnum spicant*) und der Bergfarn (*Oreopteris limbosperma*). In den Verbreitungsgebieten des Birken-Stieleichenwaldes finden sich örtlich Feuchtheiden mit Glockenheide (*Erica tetralix*), Lungen-Enzian (*Gentiana pneumonanthe*) Geflecktem Knabenkraut (*Dactylorhiza maculata*), Wald-Läusekraut (*Pedicularis sylvatica*) und anderen Heide-

Abb. 2. Natürliche Vorkommen der Fichte im Lausitzer Tiefland bei Weißwasser

Abb. 3. Kiefern-Traubeneichenmischwald bei Weißwasser

Abb. 4. Kiefernwald in der Muskauer Heide

arten. Gelegentlich tritt in den Molinia-Birken-Stieleichenwäldern selbst das Wald-Geißblatt (*Lonicera periclymenum*) auf.

Tieflehm-Staugleye, die die Bodenkarte im Endmoränenbereich und in den rückwärtigen Becken- und Grundmoränenlandschaften verzeichnet, aber auch Tieflehm-Fahlerden im Randhügelgebiet der Endmoränen sind die natürlichen Standorte der Traubeneichen- und Traubeneichen-Buchenwälder. Im Gebiet gibt es aber auch Anzeichen für natürliche Vorkommen der Traubeneichen-Hainbuchenwälder [*Melampyro (pratensis)-Carpinetum; Tilio-Carpinetum*] und des Schattenblumen-Traubeneichen-Buchenwaldes (*Majanthemo-Fagetum*), aber auch Bestände reicherer Buchenwälder [Perlgras-Buchenwald (*Melico-Fagetum*) und Waldmeister-Buchenwald (*Asperulo-* bzw. *Galio odorati-Fagetum*)] sind zu erwarten (Klix u. Krausch 1958). Schattenblume (*Majanthemum bifolium*), Hain-Rispengras (*Poa nemoralis*), Weiße Anemone (*Anemone nemorosa*), Wald-Reitgras (*Calamagrostis arundinacea*), Schönes Widertonmoss (*Polytrichum formosum*) oder Altexemplare von Vertretern der charakteristischen Baumartenkombination (Buchen, Trauben-Eichen, Hainbuchen, Winter-Linden) sind wichtige Hinweise auf örtlich mögliche natürliche Vorkommen dieser heute im Gebiet fast verschwundenen Waldgesellschaften. Auf trockenen Tieflehm-Standorten, besonders in Kuppenlagen, sind vereinzelt Reste wärmeliebender Traubeneichenwälder mit Kiefer anzutreffen; ihre Bodenvegetation zeichnet sich durch eine bemerkenswerte Artenvielfalt aus, in der das Wald-Reitgras (*Calamagrostis arundinacea*), die Ästige Graslilie (*Anthericum ramosum*), die Schwarzwurzel (*Scorzonera humilis*), die Berg-Segge (*Carex montana*), der Deutsche Ginster (*Genista germanica*) oder die Berg-Platterbse (*Lathyrus montanus*) neben Heidelbeere (*Vaccinium myrtillus*) oder Adlerfarn (*Pteridium aquilinum*) eine wesentliche Rolle spielen.

Sand-Braunerden, die die Bodenkarte im Bereich verschiedenster geologischer Bildungen verzeichnet (Grund- und Endmoränen, Sander, Flußterrassen), können im Gebiet die Standorte der armen (Pillenseggen)-Buchenwälder (*Carex piluliferae-Fagetum*) und der Kiefern-Eichenwälder mit Trauben- und/oder Stiel-Eiche (*Pino-Quercetum, Agrostio-Quercetum*) sein (Abb. 3). In der Bodenvegetation treten neben den noch den Laubwäldern eigenen Arten [Wald-Reitgras (*Calamagrostis arun-*

dinacea), Schattenblume (*Majanthemum bifolium*) u. a.] bereits Zwergsträucher (*Vaccinium-Arten*) und Pillen-Segge (*Carex pilulifera*) auf.

Standörtlich leiten diese Wälder über zu den Waldgesellschaften auf Sand-Braunpodsolen der Talsande, Dünengebiete, sandig-kiesigen Altmoränen und auf den armen Standorten prätertiärer Festgesteine, auf denen neben armen Ausbildungen der Kiefern-Eichenwälder auch Kiefernwälder (Abb. 4) und -gehölze (*Vaccinio-Pinetum, Cladonio-Pinetum, Festuco-Pinetum, Corynephoro-Pinetum*) teils von Natur aus, teils aber auch als Folge nachhaltig wirksamer Standortsdegradation das Vegetationsbild bestimmen. Zwergsträucher wie Preißelbeere (*Vaccinium vitis idaea*), Heidelbeere (*V. myrtillus*) und Heidekraut (*Calluna vulgaris*), Haar-Ginster (*Genista pilosa*), Astmoose (*Hypnum cupressiforme, Pleurozium schreberi, Scleropodium purum*), selten das Winterlieb (*Chimaphila umbellata*), auf grundfeuchten Standorten der Sumpfporst (*Ledum palustre*) oder auch der Heidelbeer-Bastard (*Vaccinium x intermedium*) sind als regional bezeichnende Arten der Zwergstrauch-Kiefernwälder zu nennen. Die Flechten-Kiefernwälder und Kiefern-Trockengehölze zeichnen sich durch eine große Zahl von Strauchflechten (*Cladonia uncialis, C. mitis, C. zopfii, C. floerkeana, C. gracilis; Cornicularia aculeata* u.v.a.) und Kleinmoose (*Polytrichum piliferum, Pohlia nutans, Hypnum cupressiforme, Ptilidium ciliare* u.a.) aus. Der Wuchs der Bäume ist niedrig und krumm; auf trockenen Dünenrücken mit Sand-Rankern bestehen fließende Übergänge zu Sand-Trockenrasen mit Silbergras (*Corynephorus canescens*) oder Schaf-Schwingel (*Festuca ovina*).

Prognosen über die Entwicklung einer natürlichen Vegetation auf den bereits zahlreich vorhandenen Kipp-Rohböden und -Rankern sind derzeit noch unsicher. Sich selbst überlassene Flächen vegetationsfeindlicher Substrate sind seit Jahrzehnten vegetationslos geblieben. Auf vegetationsfreundlichen Substraten können Birken- oder Aspen-Anflug schützende Vorwaldbereiche schaffen. Dem Nährstoffpotential der Standorte entsprechend könnte auf großen Flächen mit einer langsamen Entwicklung zu (Kiefern-)Eichenwäldern zu rechnen sein. Uferbereiche der Restseen, lokale Wasserlöcher, das Wirksamwerden aufsteigenden Grundwassers oder im Substrat liegende Staukörper können Ansatzpunkte zur Entwicklung einer grundsätzlich zu fördernden Vielfalt im Spektrum der heutigen potentiellen natürlichen Vegetation sein.

3
Landschaftsgliederung und Ausstattung der Naturräume

Landschaftskundlich betrachtet, liegt das Lausitzer Braunkohlenrevier im Übergangsbereich vom nordostdeutschen Tiefland zum ostsächsischen Hügel- und Bergland. Die Angaben zu den Höhenlagen (Abschn. 2.1) weisen bereits darauf hin. Nach der naturräumlichen Gliederung Deutschlands (Meynen et al. 1962; s. auch Scholz 1962; Bernhardt et al. 1986) liegt es in den Großeinheiten „Lausitzer Becken- und Heideland" (NR[1] 84) und „Oberlausitzer Heideland" (NR 89); die Braunkohlenlagerstätten im Berzdorfer und Zittauer Becken gehören zur Großeinheit „Oberlausitz" (NR 44). Randliche Anteile haben die Großeinheiten „Ostbrandenburgisches Heide- und Seengebiet" (NR 82) und „Spreewald" (NR 83).

Die nordöstlichen Ausläufer des Lausitzer Reviers enden in den Naturräumen „Lieberoser Heide" (NR 826), „Gubener Land" (NR 827) und „Guben-Forster Neißetal" (NR 829).

Gestaltendes Landschaftselement des „Guben-Forster Neißetales" (NR 829) ist die Lausitzer Neiße. Sie begrenzt das Lausitzer Braunkohlenrevier (nicht die Lagerstätten!) im Osten zwischen Steinbach und Bad Muskau sowie zwischen Keune (südlich Forst) und Guben. Im oberen Bereich durchquert sie auf knapp 25 km zwischen 135 und 106 m NN in einem nur 1–1,5 km breiten, von bis zu 25 m hohen Steilhängen begleiteten, schmalen Tal das Lausitzer Urstromtal und durchbricht bei Bad Muskau die Endmoräne der Lausitzer Kaltzeit. Dieser Durchbruch des Flusses durch die hier 30–50 m über den Talgrund aufragende Endmoräne liefert die natürliche Szenerie für die weithin bekannte Kulturschöpfung des Muskauer Parkes durch Hermann Fürst von Pückler (1785–1871). Unterhalb der Stadt Forst erweitert sich das Neißetal, jetzt bei Flußspiegelhöhen zwischen 70 und 42 m NN, auf bis zu 6 km; der Fluß ist eingedeicht, so daß im Tal selbst nicht nur Grünlandwirtschaft, sondern auch Ackerbau möglich werden. Vom Auenwald des Neißetales sind nur ganz wenige Reste erhalten geblieben; zum Teil liegen auch sie bereits innendeichs, werden also nicht mehr überflutet und nehmen den Charakter von Stieleichen-Hainbuchenwäldern an. Die Talränder weisen örtlich Quellhorizonte auf, an denen Florenkomponenten des Lausitzer Berg- und Hügellandes – Rot-Buche *(Fagus sylvatica)*, Fichte *(Picea abies)*, Weiß-Tanne *(Abies alba)*, Berg-Holunder *(Sambucus racemosa)*, Rippenfarn *(Blechnum spicant)*, Hain-Felberich *(Lysimachia nemorum)* oder Zittergras-Segge *(Carex brizoides)* bis weit in das Tiefland vordringen. Linksseitig besitzt die Neiße ein nur sehr schmales Gewässereinzugsgebiet. Von Tagebauen wurde das Guben-Forster Neißetal bislang nicht berührt. Im Unterschied hierzu sind im Neißetal zwischen Zittau und Görlitz bereits an zwei Stellen – im Raum Hirschfelde und bei Deutsch-Ossig – Tagebaubetriebe tätig.

Im Süden der Naturräume „Lieberoser Heide" (NR

[1] NR = Naturraum (s. Karte 1)

826) und „Gubener Land" (NR 827) reicht das Lausitzer Braunkohlenrevier bis an die Endmoränen und Sander des Brandenburger Stadiums der Weichsel-Kaltzeit heran. Das weithin flachwellige Gebiet auf dem Taubendorfer und dem Reicherskreuzer Sander (um 70–80 m NN) wird im Osten und im Westen von den bis auf 119 m NN aufsteigenden Endmoränen überragt und von einigen wenigen, kleineren Seen (Calpenz, Großer Pastling-See, Groß-See, Klein-See, Pinnower See) unterbrochen. Die Lieberoser Heide und der Süden des Gubener Landes sind Waldgebiete. Die Kiefer, die auch von Natur aus den hier ursprünglich vorherrschenden Kiefern-Eichenwäldern – vorrangig mit Trauben-Eiche – stets beigemischt war, herrscht heute im Waldbild eindeutig vor; örtlich hat aber auch die Trauben-Eiche noch nennenswerte Bestockungsanteile behaupten können. Durch die Nutzung von Teilen der Lieberoser Heide als Truppenübungsplatz entstanden ausgedehnte Lichtungen und Blößen, auf denen Heide- und Trockenrasen-Formationen Platz greifen; in Verbindung mit zahlreichen kleinen Verlandungsmooren führte dies zur Entwicklung einer überraschend hohen Artenvielfalt. Durch seinen hohen Anteil an Platten und Grundmoränen ist das Gubener Land dichter besiedelt und reicher an waldfreien Dorffluren als die Lieberoser Heide. Durch zwei etwa 10 km lange Seitentäler entwässert das Gebiet zur Neiße. Die natürlichen Waldgesellschaften sind hier Eichenwälder mit wechselndem Kiefern-Anteil, in den schmalen Tälern der Fließe auch Stieleichen-Hainbuchenwälder. Durch den Bergbau wurde das Gebiet bislang nicht berührt, mit einem Vordringen des Tagebaues Jänschwalde in den Naturraum „Gubener Land" ist jedoch zu rechnen.

An die Naturräume des Ostbrandenburgischen Heide- und Seengebietes grenzt im Süden und Westen die landschaftliche Großeinheit „Spreewald" (NR 83). Das Braunkohlenrevier berührt hiervon jeweils den Ortsteil der Naturräume „Malxe-Spree-Niederung" (NR 830) und „Cottbuser Schwemmsandfächer" (NR 831); der Oberspreewald selbst liegt außerhalb der Grenzen des Reviers, ist aber nicht frei von den Einflüssen durch Bergbau und Industrie. Bei beiden Naturräumen handelt es sich um Talbildungen und Flußablagerungen im Zuge des Baruther Urstromtales. Gegen die Lieberoser Heide und das Gubener Land bestehen relativ scharfe, im Relief erkennbare Grenzen. Die Höhenunterschiede zwischen beiden Naturräumen betragen etwa 10 m (70–60 m NN); die Landschaft ist weithin eben, nur lokal, etwa an höheren Dünenaufwehungen, werden sichtbare Bodenerhebungen erreicht. Die teils trokkenen, in den nach Nordwest und Nordost ausfächernden Fließ-Tälern auch grundwasserbeeinflußten Sandböden des Cottbuser Schwemmsandfächers tragen von Natur aus Kiefern-Eichenwälder (Straußgras-Eichenwälder; Pfeifengras-Birken-Stieleichenwälder), die Dünenaufwehungen auch ärmste Kiefernwälder. Heute dominiert in dem noch etwa zur Hälfte bewaldeten Gebiet die Kiefer. Die Eiche begleitet die Ränder der flachen, landwirtschaftlich genutzten Fließ-Täler. Niederungswälder mit Stiel-Eiche, Hainbuche, Esche, Spitz-Ahorn u. a. begleiten streckenweise die in ein schmales Tal eingebettete Spree. Vereinzelt ist die Fichte noch als natürliche Baumart anzutreffen. Am Nordrand des Schwemmsandfächers entstanden, gespeist durch die wasserreichen Zuflüsse aus den Platten und Hochflächen, ausgedehnte Teichwirtschaften (Peitz, Bärenbrück); sie liegen bereits in dem nördlich angrenzenden Naturraum „Malxe-Spree-Niederung". In deren Ostteil vereinigen sich Malxe mit Hammerstrom und Spree. Die Böden dieser weiten Flußniederung (Peitzer Niederung) bilden ein Mosaik aus Niedermoor, Moor- und Sand-Gleyen, denen als natürliche Waldgesellschaften Erlen-Bruchwald, Erlen-Eschenwald, Stieleichen-Hainbuchenwald und Birken-Stieleichenwälder entsprechen. Die Niederungswälder sind weitgehend verschwunden und weichen ausgedehnten Wiesengebieten. Nach Westen setzt sich diese Niederung im Burger und Lübbenauer Spreewald fort. Im Osten des Cottbuser Schwemmsandfächers sind zur Versorgung des zwischen Peitz und Heinersbrück gelegenen Großkraftwerkes Jänschwalde die Tagebaue Cottbus-Nord und Jänschwalde in Betrieb.

Die der Fläche nach beherrschende landschaftliche Großeinheit des Niederlausitzer Braunkohlenreviers ist das „Lausitzer Becken- und Heideland" (NR 84). Zentrale naturräumliche Einheit ist der „Lausitzer Landrücken" (NR 842), die Endmoräne der zum Saale-Komplex gehörenden Lausitz-Kaltzeit (183– um 130 m NN). Er gliedert sich in mehrere, zum Teil nur schwach ausgeprägte Bögen, von denen der Muskauer Faltenbogen mit dem weit nach Norden ausreifenden Döberner Sporn wohl der formenreichste und interessanteste ist. Bei Spremberg durchbricht die Spree, bei Bad Muskau die Neiße den Endmoränenzug. Die Böden sind teils kiesigsandige Braunerden oder Braunpodsole, teils auch Tieflehme. Die natürliche Vegetation bilden Kiefern-Eichenwälder, örtlich auch Eichen-Buchenwälder; vereinzelt tritt die Fichte als natürliche Baumart auf. Wo Relief und Böden eine landwirtschaftliche Nutzung zulassen, so in den relativ kleinen Gemarkungen unmittelbar um die in der Endmoräne gelegenen Dörfer, wird Ackerbau betrieben, im übrigen herrschen heute Kiefernforsten vor. Zwischen Spremberg und dem Anschluß an den Niederen Fläming bildet der Lausitzer Landrücken eine klare Wasserscheide zwischen Spree und Schwarzer Elster; im Osten besteht ein kleines Zuflußgebiet zur Neiße. Bergbau wird in der Endmoräne bereits seit dem 18. Jahrhundert betrieben (Alaunbergwerk bei Bad Muskau!). Der Braunkohlenbergbau findet seit der zweiten Hälfte des 19. Jahrhunderts statt, ursprünglich geschah dies im Tiefbau; die alten Stollen stürzten ein, was an der Erdoberfläche zur Entstehung von Bruchfeldern führte, und noch heute ist mit derart gefährlichen „Tagesbrüchen" zu rechnen. Spätere Tagebaue in den schmalen

Rinnen des Muskauer Faltenbogens hinterließen langgestreckte Restseen, z. T. mit anhaltend starken Wasserspiegelschwankungen. Mit den Großtagebauen Greifenhain, Welzow (Oberflöz) und Welzow-Süd griff in unserer Zeit der Bergbau großflächig in die Endmoräne ein.

Die Naturräume nördlich des Lausitzer Landrückens – das „Luckau-Calauer Becken" (NR 840) und die „Cottbuser Sandplatte" (NR 841) – sind einander in vieler Hinsicht ähnlich. Geologisch handelt es sich um ein großräumiges Mosaik aus glazialen Hochflächen (überwiegend Grundmoränen der Lausitz-Kaltzeit) und Becken, durchzogen von den Tälchen der aus der Endmoräne nach Norden zur Spree hin abfließenden Bächen und dem durch die Talsperre Spremberg stark erweiterten Spreetal. Die Höhen liegen bei 100–60 m NN, dabei zeigt sich auch hier wieder der für die Gegend charakteristische Abfall von Ost nach West. Unter den Böden überwiegen im offensichtlich etwas ärmeren Ostteil (Cottbuser Sandplatte) Sand-Braunpodsole und Sand-Braunerden im Wechsel mit Sand-Gleyen, während der Westteil reicher an Tieflehm-Staugleyen (im Wechsel mit Sand-Gleyen) ist. Als natürliche Waldgesellschaften kommen Bach-Erlenwälder, örtlich Erlen-Bruchwald, Erlen-Eschen- und Stieleichen-Hainbuchenwald, auf den ärmeren Gley-Standorten der Pfeifengras-Birken-Stieleichenwald, auf den grundwasserfernen Standorten Kiefern-Eichenwälder und Zwergstrauch-Kiefernwälder in Betracht. Örtliche natürliche Vorkommen der Fichte und der Weiß-Tanne, Feuchtheiden mit Glockenheide *(Erica tetralix)* und Sumpfporst *(Ledum palustre)* und einige kleinere Moore mit dem borealozeanischen Gagelstrauch *(Myrica gale)* gehören zu den geobotanisch bemerkenswerten Erscheinungen dieses Gebietes. Der Bergbau hat im Nordwesten mit den Tagebauen Schlabendorf-Süd und -Nord und Seese-West und -Ost, Greifenhain und Gräbendorf, im Nordosten mit dem Tagebau Jänschwalde in die Landschaft dieser Naturräume eingegriffen.

Südlich des Lausitzer Landrückens liegen die Naturräume „Kirchhain-Finsterwalder Becken" (NR 843) und „Niederlausitzer Randhügel" (NR 844). Die Beckenlandschaften, hier der Lug und das kleine Finsterwalder Becken, zwischen ihnen die Hochfläche der Lieskauer und Lindtaler Heide, werden vom Bergbau voraussichtlich nur am Rand berührt; wesentlich stärkere Veränderungen erfahren die Landschaften der „Niederlausitzer Randhügel". Geologisch sind dies die Sander des Lausitzer Landrückens im Wechsel mit Hochflächen älterer saalekaltzeitlicher Entstehung, darunter Endmoränenreste des ältesten Eisvorstoßes der Saale-Kaltzeit. Die Höhenlagen bewegen sich zwischen 170 und 100 m NN. Die Böden sind Sand-Braunerden, Tieflehm-Fahlerden, Sand-Braunpodsole in Wechsellage mit Sand-Gleyen. Zur natürlichen Vegetation gehören vorrangig Kiefern-Eichenwälder, örtlich der Winterlinden-Eichen-Hainbuchenwald und der Zwergstrauch-Kiefernwald; natürliche Vorkommen der Fichte und der Weiß-Tanne sind belegt, natürliche Buchenvorkommen sind nicht auszuschließen. Insgesamt ist es heute sehr schwierig, ein Bild der früheren Kulturlandschaft dieses Naturraumes zu konstruieren, denn hier setzte der Braunkohlenbergbau mit der Gewinnung der Kohle des Lausitzer Oberflözes bereits im 19. Jahrhundert ein und wurde mit der Erschließung des zweiten Flözhorizontes in modernen Großtagebauen intensiv fortgesetzt. Die alten Tagebaue Plessa, Kleinleipisch, Klettwitz, Lauchhammer und Schwarzheide, Hörlitz, Meurostollen sind bereits stillgelegt. Der derzeit östlichste noch in Betrieb befindliche Tagebau ist der in den Lausitzer Landrücken übergreifende Tagebau Welzow-Süd. Durch eine Massierung von Industriebetrieben (Lauchhammer, Schwarzheide, Freienhufen, Senftenberg, Schwarze Pumpe) enthält dieser Landschaftsbereich eine Konzentration von Quellen potentieller Umweltbelastung.

Der südliche Bereich der Lagerstätten des Lausitzer Reviers liegt in den Naturräumen des „Oberlausitzer Heidelandes „ (NR 89). Dies sind im Osten die „Muskauer Heide" (NR 891), im Westen die „Königsbrück-Ruhlander Heide" (NR 892), zwischen ihnen als deutlich zu unterscheidender Naturraum die „Obere Elsterniederung" (NR 893), und schließlich im Südosten das „Oberlausitzer Teichgebiet" (NR 890). Die „Königsbrück-Ruhlander Heide" reicht in das Lausitzer Revier mit dem Altmoränen-Hügelland um Wittichenau, Zeißholz, Hoyerswerda, Bernsdorf, Lauta und Hohenbocka hinein (Höhenlage 125–188 m NN). Die Standorte, überwiegend arme Sand-Braunpodsole, örtlich auch Sand-Braunerden, tragen als natürliche Waldgesellschaften Kiefern-Eichenwälder und Kiefernwald, im Übergang zum Lausitzer Urstromtal auch Buchenwaldgesellschaften. Fichte und Weiß-Tanne haben auch hier natürliche Vorkommen. Zwischen Zeißholz, Wittichenau und Bröthen umschließt die Hochfläche das Dubringer Moor, einen der letzten noch intakten oligotrophen Moorkomplexe des Lausitzer Tieflandes (Abb. 5). Der Braunkohlenbergbau ist in diesem Gebiet weitgehend erloschen; ein Aufschluß der noch vorhandenen Kohlenfelder unterblieb – u. a. – aus Gründen des Naturschutzes (Erhaltung des NSG „Dubringer Moor").

Die „Obere Elsterniederung" (NR 893) ist der von der Schwarzen Elster durchflossene Teil des Lausitzer Urstromtales, etwa von der Mündung des Klosterwassers bei Kotten, über Hoyerswerda und unter Einschluß des Einzugsgebietes der Sornoer Elster bis Senftenberg, Brieske und Ruhland in 120–99 m NN. Es umfaßt ausschließlich Talsande mit Sand-Gleyen, Sand-Podsolgleyen, Sand-Braunpodsolen und anmoorigen Niederungen. Natürliche Waldgesellschaften wären Birken-Stieleichenwälder, Stieleichen-Hainbuchenwälder und Erlen-Eschenwälder. Als grundwasserbeeinflußte Niederung ist dieser Raum ein frühes Siedlungsgebiet, in dem

Abb. 5. Naturschutzgebiet „Dubringer Moor“

Abb. 6. Verlandungs(Hoch-)moor „Die großen Jeseritzen“ bei Weißwasser

sich zur Landwirtschaft auch die Teichwirtschaft gesellt hat. Durch den Braunkohlenbergbau wurde diese Landschaft in ihrem nördlichen Bereich völlig umgestaltet. Waren um 1940 drei Tagebaue („Ilse-Ost“, „Erika“ und „Werminghoff“) auf zusammen etwa 1 200 ha devastierter Fläche tätig, so weitete sich der Tagebaubetrieb nach 1945 mit dem Aufschluß der Tagebaue Sedlitz, Skado, Koschen, Niemtsch und Bluno um ein mehrfaches aus, so daß dieser Teil der Niederung der Schwarzen Elster heute mehr eine einzige Bergbaufolgelandschaft ist. Ein Teil der dabei entstandenen Gewässer und Gewässersysteme kommt dem Naturschutz zugute, andere wurden zu attraktiven Erholungszentren gestaltet. Zusätzliche sei erwähnt, daß die vor sechs Jahrzehnten entstandene Hochkippe Nardt Waldbestände aus den ersten forstlichen Rekultivierungsvorhaben trägt.

Nach Osten hin schließen an die Obere Elsterniederung das „Oberlausitzer Teichgebiet“ und die „Muskauer Heide“ an. Beide Naturräume liegen im Lausitzer Urstromtal. Die „Muskauer Heide“ ist Teil der Niederschlesisch-Lausitzer Heiden, eines über 2 000 km^2 grossen, weitgehend geschlossenen Waldgebietes zwischen der Sprotte/Szprotawa im Osten und der Schwarzen Elster im Westen, durchquert von den Flüssen Bober/Bóbr, Queiß/Kwisa, Großer und Kleiner Tschirne/Czerna Wielka, Czerna Mala, Lausitzer Neiße und Spree. Die Standorte sind Sand-Braunpodsole, Sand-Braunerden, Sand-Gleypodsole auf Talsanden und Binnendünen in Höhenlagen zwischen 167 und 115 m NN. Zwergstrauch-Kiefernwälder, Kiefern-Traubeneichenwälder, Birken-Stieleichenwald, Moorwälder mit Kiefer, Birke, Stieleiche und Fichte, aber auch Sumpfporst-Kiefernwälder neben offenen Hochmoorgesellschaften bilden das Mosaik der natürlichen Vegetation (Abb. 6). Diese Wälder wurden nach 1945 auf großen Flächen teils durch die Anlage von Truppenübungsplätzen, von Westen her aber auch durch den sich nach und nach ausweitenden Tagebaubetrieb gelichtet oder zerstört. Waldbrände hatten auf den Truppenübungsplätzen die Bildung großer Heideflächen (Abb. 7) im Gefolge, so daß sich das Landschaftsbild weiträumig verändert hat. Unter den Großtagebauen drangen die Aufschlüsse Spreetal, Burghammer, Scheibe, Lohsa/Dreiweibern und Nochten in diese Waldgebiete vor. Im Süden grenzt an die Muskauer Heide, örtlich scharf abgehoben, das „Oberlausitzer Teichgebiet“. In das bei Höhen zwischen 150 und 125 m NN liegende Urstromtal ragen hier von Süden her zwei um etwa 20 m höhere altpleistozäne Moränenkomplexe in Wechsellage mit tertiären Ablagerungen hinein. Unter den Böden treten Sand-Braunpodsole und Sand-Braunerden weit hinter Sand-Gleyen und Tieflehm-Staugleyen zurück. Diese weite Verbreitung grundwassernaher und staunasser Standorte begünstigte die Entstehung großer Teichwirtschaften (Abb. 8). Die natürliche Vegetation bilden Birken-Stieleichenwälder neben Erlen-Eschenwäldern in den Flußauen von Weißem und

Abb. 7. Calluna-Heide im Dünengebiet der Muskauer Heide

Abb. 8. Teichgebiet Reichwalde im Südlausitzer Urstromtal

Abb. 9. Kulturlandschaft im Südlausitzer Urstromtal bei Rietschen

Schwarzem Schöps und Spree oder neben Zwergstrauch-Kiefernwäldern und Kiefern-Eichenwäldern auf den Platten und Hochflächen. Das heute relativ dicht besiedelte Gebiet ist eine abwechslungsreiche Kulturlandschaft, in die Wälder und Teiche einen äußerst belebenden Kontrast hineintragen (Abb. 9). Der Braunkohlenbergbau ist mit den Tagebauen Lohsa, Bärwalde und Reichwalde auch in diese Landschaft vorgedrungen; hiervon ist allein noch der Tagebau Reichwalde in Betrieb.

4 Auswirkungen des Braunkohlenbergbaues

Braunkohlenbergbau in den Dimensionen der heute im Lausitzer Revier geführten Großtagebaue bedeutet stets einen folgenschweren Eingriff in das Gefüge und den Haushalt der betroffenen Landschaften (Abb. 10). Die Formen direkter und indirekter Einwirkung auf die Umwelt sind Devastation und Grundwasserentzug als unmittelbare Form und Folge eines getätigten Aufschlusses, Verunreinigung der Oberflächengewässer und der Luft, Eingriffe in die Siedlungsstruktur und eine lokale Verkehrsverdichtung, teils als direkte Folgen tätiger Tagebaue, teils als Auswirkungen der mit dem Bergbau verbundenen, in seiner Nachbarschaft angesiedelten Industrien (Grosser 1985).

Die Devastation ist der radikalste Eingriff in das natürlich und kulturhistorisch entstandene Landschaftsgefüge. Schon die Vorfeldräumung beseitigt alles Gewachsene und Gebaute. Der Aufschluß legt das Geschehen ganzer geologischer Epochen frei. Landschaftsgrenzen und geologische Formenkomplexe werden weithin überschritten. Bis zu seinem endgültigen Abschluß bedeutet ein Tagebaubetrieb für sein Umfeld über Jahre hin eine starke Belastung. Die Anwohner in den umliegenden Siedlungen erleben den gigantischen Aufschluß, den Betriebslärm von Baggern und Transportgerät, das freie Spiel von Wind- und Wassererosion auf den noch rohen Kippflächen, nicht wenige unter ihnen trifft die Sorge um Haus und Hof, ja um die eigene Existenz. Für die heimische freilebende Organismenwelt bedeutet die Devastation nicht allein den Verlust eines Wuchsortes oder Lebensraumes der zufällig betroffenen Individuen oder Populationen der hier lebenden Arten, sondern vielmehr den massiven Eingriff in das Entwicklungsvermögen des ihnen innewohnenden genetischen Potentials, den Abbruch des Austausches unter den Populationen, Rückwirkungen auf die Lebensgemeinschaften der Randgebiete und damit einen Druck auf die biologische Stabilität auch zum Teil weit außerhalb des Devastationsgebietes liegender Ökosysteme (vgl. Wiedemann 1987).

Durch den Grundwasserentzug, der in Absenkungstrichtern von mehreren Kilometern um den Tagebau herum entsteht, werden alle vom Grundwasser abhängigen Ökosysteme und Lebensgemeinschaften betroffen. Am stärksten trifft es die Standorte der Naßgleye auf Sand, Moorgleye und Moore in den Urstromtälern. Teiche fallen trocken, Quellen versiegen, Erlen-Bruchwälder

Abb. 10. Schüttung der Förderbrückenkippe Tagebau Nochten im Südlausitzer Urstromtal. Im Hintergrund das Kraftwerk Boxberg

werden zopftrocken und sterben ab, aus organischen Auflagen werden große Mengen an Nitratstickstoff freigesetzt mit der Folge üppigen Brennessel- und Hochstaudenwuchses. Gerade die bislang stabilen, langlebigen grundwasserabhängigen Ökosysteme (Bruchwälder, Moore) werden durch langandauernden Wasserentzug existenzbedrohend geschädigt. Ein Wiederanstieg des Grundwassers nach Jahren oder mehr als einem Jahrzehnt kann die eingetretenen Verluste nicht mehr kompensieren; eine Restitution des Grundwasserspiegels auf derart langzeitig geschädigten Standorten bedeutet auch hier einen Neubeginn der Vegetationsentwicklung für nachfolgende Jahrzehnte, zuvor bereits seltene Arten und die mit ihnen gebildeten Ökosysteme sind damit dem Aussterben preisgegeben.

In Tagebaurestlöchern aufsteigendes Grundwasser löst an den aus Lockermaterial gebildeten Steilufern gefährliche Fließrutschungen aus; aus diesem Grund ist beispielsweise das Naturschutzgebiet (NSG) „Insel im Senftenberger See" für jeglichen Zutritt durch Unbefugte gesperrt.

Eine Belastung der Oberflächengewässer kann sowohl durch Tagebaue als auch durch Industriebetriebe verursacht werden. Gehobenes Tiefenwasser kann nur nach Ausfällung der hohen Eisenanteile und hinreichender Neutralisierung des Aziditätsüberschusses in die Vorfluter geleitet werden. Im Gewässersystem der „Flußkläranlage Laubusch" (Kreis Hoyerswerda) konnte saures und eisenhaltiges Tiefenwasser durch Zuführung neutralisierender Industrieabwässer in einen Zustand versetzt werden, der die Bildung von Röhrichtinseln ermöglichte und damit das Gewässer wieder besiedlungsfähig werden läßt. Durch Braunkohlen- und Brikettschlamm gab es Verschmutzungen im Uferbereich der Unteren Schwarzen Elster; im NSG „Spannteich Knappenrode" haben sich auf Kohlenschlamm dichte Schilfröhrichte angesiedelt. In aufgelassenen Tagebauen nimmt das wiederaufsteigende Grundwasser Schwefelsäure sowie lösliche und suspendierte Eisenverbindungen auf, die sich durch Verwitterung des in den Begleithorizonten der Kohle enthaltenen Schwefeleisens unter Mitwirkung des Bodenwassers bilden konnten; im Wasserkörper des bereits genannten NSG „Insel im Senftenberger See", das in einem 1967 gefluteten ehemaligen Tagebau liegt, wurden bis zur Einleitung von Flußwasser der Schwarzen Elster dadurch sehr hohe mineralsäurebedingte Aziditätswerte (pH bis 2,85) gemessen; erst die Zuführung des Flußwassers verringerte allmählich den Säuregrad (Handbuch NSG DDR, Bd. 2, 1982; Grosser 1987).

Eine Belastung der Luft entsteht in erster Linie aus der Tätigkeit der kohleverarbeitenden Industrien und der Kraftwerke; Rauchschäden, besonders an Fichte und Kiefer, sind in der Region daher verbreitet. Die wenigen natürlichen Vorkommen der Weiß-Tanne im Lausitzer Tiefland sind dadurch hochgradig gefährdet, soweit sie nicht bereits erloschen sind. Flugasche und Kohlenstaub lagern sich weithin auf Bodenoberfläche, Vegetation und Gewässern ab; auf Gewässern können diese Staubablagerungen zu einem verfrühten Abtauen der winterlichen Eisdecke führen. Die weit verbreitete Nährstoffdeposition aus Industriestäuben bewirkt eine oberflächliche Aggradation der Böden; auf grundwasserfernen Waldstandorten hat dies eine starke Ausbreitung des Sandrohres *(Calamagrostis epigejos)* zur Folge, das auf forstlichen Kulturflächen jetzt anstelle des früher dort verbreiteten Heidekrautes *(Calluna vulgaris)* dominiert und selbst in jüngere Kiefernbestände eindringt. Aber auch die Tagebaue können Quellen der Luftverunreinigung sein: Staubstürme aus den lange Zeit vegetationslosen Rohkippen können für benachbarte Siedlungen zu einer schwerwiegenden Belastung werden.

In zweifacher Hinsicht wirkte die Ausweitung des Braunkohlenbergbaues im Lausitzer Revier auf die Siedlungsstruktur: Einerseits verschwinden Siedlungen, zumeist Dörfer, im Zuge der Lagerstättenerschließung – ein mit vielen Konflikten und Härten belasteter Prozeß. Andererseits führte der verstärkte Zuzug von Arbeitskräften aus anderen Regionen des Landes zu einem starken Anwachsen der Städte und zu einer verstärkten Urbanisierung der Region (Beispiele s. Tabelle 1). Die Folge ist ein verstärkter Bedarf an Erholungsgebieten sowohl in den stadtnahen Bereichen als auch in der gesamten Lausitz. Die schon bestehenden Erholungsgebiete werden stärker frequentiert, neue müssen erschlossen werden. Das ehemalige Büro für Territorialplanung des Bezirkes Cottbus hatte dem bereits in den 60er Jahren mit einem gut ausgearbeiteten Landschaftsschutzgebiets-Programm Rechnung getragen (Rindt 1968).

Schließlich führten Bergbau, Industrie und das Anwachsen der Städte zu einer erheblichen Erhöhung des Verkehrsaufkommens. Vorhandene Strassen wurden verbreitert, neue angelegt, Erdwege und kleinere Ortsverbindungsstraßen für Baustellen- und Werksverkehr betoniert. Das Schienennetz erfuhr durch den Bau neuer Strecken und durch Anlage und Betrieb zahlreicher Kohle- und Industriebahnen eine deutliche Verdichtung. Hinzu kommt der Ausbau des Energieübertragungsnetzes auf breiten Trassen der Hochspannungsleitungen. Chausseen und Bahntrassen bedeuten in jedem Fall eine Zerschneidung von Migrationswegen wandernder Tierarten vom heimischen Schalenwild bis zu den Froschlurchen. Diesen Zentren permanenter Beunruhigung stehen in den verlassenen Bergbaubereichen auch wieder weite Ruhezonen gegenüber, die über lange Zeit hin kein Mensch betritt. Unfälle geschützter Tierarten an Hochspannungsleitungen gab es mit einem Auerhahn, einer Großtrappe und mit Weißstörchen (Jähme 1975; Grosser 1985; ILN/FG Ornithologie 1989).

Eine letzte Auswirkung des Braunkohlenbergbaues in Großtagebauen ist schließlich die Herausforderung zu einer den vielseitigen Ansprüchen von Natur und

Tabelle 1. Beispiele für das Anwachsen der Städte im Cottbus-Senftenberger Braunkohlenrevier zwischen 1950 und 1983. (Statistisches Jahrbuch 1984 der Deutschen Demokratischen Republik)

Stadt	Einwohnerzahlen		Wachstum 1983 gegenüber 1950 (%)
	1950	1983	
Hoyerswerda	7 365	70 698	959,9
Lübbenau	5 526	21 401	387,3
Weißwasser	13 844	34 624	250,1
Cottbus	60 874	120 723	198,3
Senftenberg	18 260	31 796	174,1
Guben	25 929	34 726	133,9
Spremberg	18 400	24 166	131,3
Lauchhammer	22 012	24 438	111,0
(1946)	(6 401)		(381,8)

Mensch gerecht werdenden Gestaltung der Bergbaufolgelandschaften, zur Wiedereingliederung der riesigen devastierten Flächen in die umgebende, manchmal wirklich nur noch in schmalen Resten erhaltene Kulturlandschaft. Die Leistungsfähigkeit des Naturhaushaltes wiederherzustellen, ist die wichtigste Aufgabe der hier einsetzenden Wiedernutzbarmachung. Dies geschah in der Vergangenheit vorrangig unter dem Aspekt der Neu- oder Wiedergewinnung von Ackerland und Forstflächen, wo möglich auch zur Gestaltung neuer Erholungsgebiete. Als eine Art Vorrangflächen des Naturschutzes entstanden zeitgleich, aber mehr einer Zufallsentwicklung folgend als planmäßig vorausgestaltet, neue Naturschutzgebiete, wie die Naturschutzgebiete „Insel im Senftenberger See", „Seewald" und „Welkteich". In Zukunft muß den umfassenden Belangen des Naturschutzes planmäßig und in allen Komponenten der Bergbaufolgelandschaft Rechnung getragen werden. Mit der standortgerechten Verteilung der neuen Landnutzungsformen muß, bewußt gefördert und auf der gesamten Rekultivierungsfläche, eine Vielfalt an Lebensräumen zu erneuter Entfaltung der Arten- und Formenmannigfaltigkeit der heimischen Organismenwelt entstehen, auch unter Einbindung standörtlicher „Zufälligkeiten" einer Bergbaufolgelandschaft, wie sie etwa Senkungen im Substrat, aus dem Schüttprozeß entstandene Böschungen oder auch Gebäudereste darstellen können (Abb. 11). Mit diesen zusätzlichen Zielkomponenten wird die Rekultivierung der erste und wichtigste Schritt auf dem Jahrhundertweg zu einer Renaturierung aller erneut zu gestaltenden Bergbaufolgelandschaften sein.

5 Zusammenfassung

Das Lausitzer Revier ist eine Wirtschaftsregion auf der Basis von über 13 Mrd. Tonnen förderfähiger Braunkohle im Tiefland der Lausitz. Die Kohle, die heute in Großtagebauen gefördert wird, bildete sich im subtropischen Klima des Jungtertiärs (Miozän); die Flöze sind von den Ablagerungen wenigstens zweier Eiszeiten (Elster- und Saale-Kaltzeit) überdeckt. An die Oberfläche (Höhenlage: 183–50 m NN) reichen als Quartärbildungen im wesentlichen die Ablagerungen der Lausitz-Kaltzeit (Endmoräne des „Lausitzer Landrückens", Lausitzer Urstromtal, Grundmoränen, Sander, Beckenbildungen). Die Jahresmitteltemperatur liegt bei 8,5 °C, die mittlere Jahresniederschlagsmenge bei 600–650 mm. Wichtigste Flüsse sind die Lausitzer Neiße (Einzugsgebiet der Oder), die Spree und die Schwarze Elster (Einzugsgebiet der Elbe). Gley-Böden und Moor-Standorte dominieren vor Podsolen, Braun-Podsolen und Braunerden. Die natürliche Vegetation bilden Sphagnum- und Großseggen-Moore, Auenwälder der Flußniederungen, Erlen-Bruchwaldgesellschaften, Stieleichen-Hainbuchenwälder, Birken-Stieleichenwald, Traubeneichen-Buchenwälder, Traubeneichen-Hainbuchenwälder, Kiefern-Eichenwälder und Kiefernwälder. Gegenwärtig herrschen im Waldbild Kiefernforsten vor. Landschaftlich gehört die Region im wesentlichen zu den Großeinheiten „Lausitzer Bek-

Abb. 11. Sukzession auf der Rohkippe des Tagebaues Greifenhain

ken- und Heideland" und „Oberlausitzer Heideland"; die einzelnen Naturräume werden kurz beschrieben. Auswirkungen des Braunkohlenbergbaues auf das Umland sind die Devastation, Grundwasserentzug und Störungen im Landschafts-Wasserhaushalt, Belastungen der Oberflächengewässer und der Luft, verstärkte Urbanisierung und zunehmendes Verkehrsaufkommen. Die Rekultivierung erfordert eine standortgerechte Verteilung der künftigen Landnutzungsformen bei gleichzeitiger Förderung einer Vielfalt an Lebensräumen für die heimische Flora und Fauna.

LITERATUR

Bernhardt A, Haase G et al. (1986) Naturräume der sächsischen Bezirke. Sächsische Heimatblätter 4/5

Büro für Territorialplanung bei der Bezirksplankommission Cottbus (BfT) (1986) Bergbauschutzgebiete Braunkohle, Stand 1986. (Übersichtskarte i. M. 1 : 200 000)

Cepek A G (1980) Geologie-Quartär. Atlas DDR, Karte 5

Grosser K H (1985) Die Auswirkungen des Braunkohlenbergbaues auf die Naturschutzobjekte im Bezirk Cottbus. Naturschutzarbeit in Berlin und Brandenburg 21/3: 65–78

Grosser K H (1987) Wandlung und Neugestaltung der Biotop- und Artenvielfalt im Cottbus-Senftenberger Braunkohlenrevier. Vorträge aus dem Bereich der AdL 6/5: 43–51

Haase G, Schmidt R et al. (1979) Böden. Atlas DDR, Karte 6

Handbuch der Naturschutzgebiete der Deutschen Demokratischen Republik (1982) Die Naturschutzgebiete der Bezirke Potsdam, Frankfurt (Oder) und Cottbus sowie der Hauptstadt der DDR, Berlin. Bd. 2, 3. Aufl. Urania, Leipzig Jena Berlin

ILN/FG Ornithologie (1989) Maßnahmen zum Schutz von Vögeln an Freileitungen der Energieversorgung im Bezirk Cottbus. Naturschutzarbeit in Berlin und Brandenburg 25: 89–93

Jähme W (1975) Erneute Trappenbeobachtungen im Luckauer Revier. Biologische Studien im Kreis Luckau 4: 55–58

Klix W, Krausch H-D (1958) Das natürliche Vorkommen der Rotbuche in der Niederlausitz. Wiss Z Päd Hochschule Potsdam, Math-Nat R 4/1: 5–27

LAUBAG (1991) Braunkohle und Umwelt im Lausitzer Revier. Lausitzer Braunkohle AG, Senftenberg

Meteorologischer und Hydrologischer Dienst der Deutschen Demokratischen Republik (1955) Klimatologische Normalwerte für das Gebiet der Deutschen Demokratischen Republik (1901–1950). Akademie, Berlin

Meynen E, Schmithüsen J et al. (1962) Handbuch der naturräumlichen Gliederung Deutschlands. Bundesanstalt für Landeskunde und Raumforschung, Bad Godesberg

Möbus G (1956) Einführung in die geologische Geschichte der Oberlausitz. VEB Deutscher Verlag der Wissenschaften, Berlin

Nowel W (1992) Geologische Übersichtskarte des Niederlausitzer Braunkohlenreviers (1 : 200 000). Lausitzer Braunkohle Aktiengesellschaft, Senftenberg

Rindt O (1968) Die Landschaftsschutzgebiete des Bezirkes Cottbus. Naturschutzarbeit in Berlin und Brandenburg 4/3: 72–80

Scamoni A et al. (1975) Natürliche Vegetation. Atlas DDR, Karte 12

Scholz E (1962) Die naturräumliche Gliederung Brandenburgs. Potsdam

Wiedemann D (1987) Landschaftsökologische Bedingungen und Voraussetzungen für die Wiederherstellung der Naturschutzfunktion in Bergbaufolgelandschaften. Vorträge aus dem Bereich der AdL 6/5: 3–28

Zentrales Geologisches Institut Berlin (Zentr. Geol. Inst.) (Hrsg) (1972) Geologische Übersichtskarte. Bezirke Dresden, Karl-Marx-Stadt, Leipzig (M. 1 : 400 000)

Planungsgrundlagen der Wiedernutzbarmachung

Braunkohlen- und Sanierungsplanung im Land Brandenburg

HERMANN WITTIG

1
Grundlagen und Entwicklung des Braunkohlenbergbaues

Der Braunkohlenbergbau in der Lausitz hat eine annähernd 150jährige Tradition. Grundlage bilden die im Tertiär entstandenen miozänen und oligozänen Braunkohlenlagerstätten.

In 40 Jahren DDR wurde die Braunkohle zum alles überragenden Primärenergieträger, die Region Cottbus zum wirtschaftlich völlig einseitig orientierten Kohle- und Energiezentrum. Wenige Zahlen verdeutlichen das. Die Braunkohle hatte einen Anteil von 70 % am Primäraufkommen, bei der Verstromung lag ihr Anteil bei 83 %. Im ehemaligen Bezirk Cottbus entfielen 78,6 % des Grundmittelbestandes und 52,6 % der Arbeitnehmer der Industrie auf die Kohle- und Energiewirtschaft.

1988, im Jahr der höchsten Förderung, wurden 310 Mio. t Braunkohle in der DDR gefördert, für die 90er Jahre waren 335 Mio. t anvisiert. Verbunden mit dieser Entwicklung waren

- Umweltbelastungen und Landschaftszerstörungen in unvorstellbarem Ausmaß,
- Ineffizienz der Energieerzeugung und -umwandlung sowie des Energieverbrauches,
- eine durch verfehlte Subventionen geförderte Energieverschwendung,
- unzureichende Entschädigungs- und Rekultivierungsleistungen,

die zu erheblichem Akzeptanzverlust für die Braunkohle führten.

Diese Entwicklung mußte mit der gesellschaftlichen Wende, mit dem Übergang zur Marktwirtschaft zwangsläufig zum Stillstand kommen. Grundsätzliche Veränderungen in der Energiepolitik, im Wandel der Energieträgerstruktur waren und sind notwendig und unvermeidbar. Die Vorrangstellung der Braunkohle in der Energieversorgung der neuen Länder wird einem vernünftigen Energiemix weichen. Im Land Brandenburg werden dabei

- eine umweltverträgliche und sparsame Gewinnung und Nutzung von Energie,
- ein zuverlässiges, breit gefächertes und kostengünstiges Energieangebot sowie
- eine sozialverträgliche Umstrukturierung in der Region Cottbus

favorisiert. Bei vertretbarer Effizienz wird regenerativen Energieträgern Vorrang eingeräumt. Marktchancen besitzt die Lausitzer Braunkohle bei der Verstromung im Grundlastbereich, bei der Wärme-Kraft-Kopplung und mit stark abnehmender Tendenz bei der Brikettierung. Die Grundlagen dafür sind mit ca. 4,3 Mrd. t abbauwürdiger Braunkohle in Teufen zwischen 75 und 90 m, einem Heizwert von ca. 9 000 kJ/kg und einem Schwefelgehalt zwischen 0,5 und 0,9 % gegeben.

Im Zeitraum 1989–1994 kam es in den neuen Bundesländern zu einem drastischen Fördereinbruch auf 33,8 %,

	1989	1990	1991	1992	1993	1994	1995
Förderung							
- Lausitz	195,1	168,0	116,8	93,1	87,4	79,4	70,7
- Mitteldeutschland	105,7	80,9	50,9	36,3	28,2	22,3	17,6
Summe	300,8	248,9	167,7	129,4	115,6	101,7	88,3
Absatz							
- Öffentliche Stromerzeugung	-	99,0	75,2	71,0	69,2	65,5	66,5
- Veredlung	-	95,0	57,2	38,5	23,2	24,1	11,1
- Sonstige Abnehmer	-	54,9	35,3	19,9	23,2	12,1	10,7

Tabelle 1. Braunkohlenförderung und -absatz in Mio. t

darunter im Lausitzer Revier auf 40,7 % (Tabelle 1). Im gleichen Zeitraum nahm die Zahl der Erwerbstätigen bei der Lausitzer Braunkohlen AG (einschließlich Energiewerke Schwarze Pumpe) von 79 016 auf 22 328 ab. Trotz dieser Entwicklung ist der Braunkohlenbergbau nach wie vor eine tragende Säule der Wirtschaft und der größte Arbeitgeber in der Region.

Nach den im Frühjahr 1992 von der Landesregierung Brandenburg verabschiedeten „Leitentscheidungen zur brandenburgischen Energiepolitik" sollten landespolitische Entscheidungen an einer Braunkohlenförderung von 60 Mio. t/Jahr zum Ende der 90er Jahre orientiert werden. Bereits im Jahr 1992 sank die Förderhöhe in Brandenburg jedoch auf 60,9 Mio. t ab. Die laufenden Privatisierungsverhandlungen der Treuhandanstalt gehen gegenwärtig von einer Förderung im Lausitzer Revier von insgesamt ca. 55 Mio. t/Jahr aus. Der Anteil Brandenburgs wird dann höchstens bei 40 Mio. t/Jahr liegen. Lediglich 12 000 Arbeitnehmer sollen vom zu privatisierenden Bergbau übernommen werden. Bis zum Jahr 2000 ist eine weitere Reduzierung auf 8 000 Beschäftigte vorgesehen.

Mit der Länderbildung wurde das Lausitzer Revier geteilt. Von 17 Tagebauen, in denen 1989 Kohle gefördert wurde, lagen 10 im Land Brandenburg und 7 im sächsischen Teil des Reviers. Anfang 1995 sind in Brandenburg noch 5 und in Ostsachsen noch 4 Tagebaue in Förderung.

Langfristig, d. h. über das Jahr 2000 hinaus, konzentriert sich die Förderung auf die Tagebaue Jänschwalde, Cottbus-Nord und Welzow-Süd in Brandenburg und die Tagebaue Nochten und Reichwalde in Sachsen.

Die in den drei brandenburgischen Tagebauen Jänschwalde, Cottbus-Nord und Welzow-Süd geförderte Kohle soll vornehmlich im mit Umwelttechnik nachzurüstenden Kraftwerk Jänschwalde (3 000 MW), in einem Kraftwerksneubau am Standort Schwarze Pumpe (2 x 800 MW) sowie entsprechend der Marktentwicklung bei der Kraft-Wärme-Kopplung und in der Brikettierung zum Einsatz kommen.

Zwei weitere brandenburgische Tagebaue werden noch in diesem Jahrzehnt die Förderung einstellen. Der Tagebau Seese-Ost, der vorrangig die Kraftwerke Lübbenau/Vetschau (2 500 MW) mit Kohle beliefert, wurde mit der Stillegung der Kraftwerke 1996 außer Betrieb genommen. Das Tagebaufeld Meuro wird 1999 auskohlen und versorgt bis dahin vorrangig Veredlungsanlagen im Senftenberger Raum (Tabelle 2).

2
Sanierung und Rekultivierung bergbaulicher Altlasten

Umweltbelastungen und Landschaftszerstörungen in nur schwer abschätzbaren Größenordnungen sind die Folgen eines jahrzehntelangen aggressiven Braunkoh-

Lagerstätte	Kohlenvorrat [Mio. t]	Förderung bis
Jänschwalde	361	2019
Cottbus-Nord	128	2017
Welzow-Süd	875	2032
Seese-Ost	77	1996
Meuro	43	1999

Tabelle 2. Fördernde Tagebaue im Land Brandenburg

lenbergbaues im Lausitzer Revier. Der dramatische Förderrückgang führt ohne Gegensteuerung zwangsläufig zum wirtschaftlichen Kollaps einer ganzen, einseitig auf Kohle und Energie ausgerichteten Region.

Die Chance für die Region liegt im gleichzeitig zu ziehenden Schlußstrich unter eine überdimensionierte Ressourcenverschwendung, die weder auf Naturhaushalt und ökologische Folgen noch auf Gesundheit und Lebensqualität der Menschen Rücksicht nahm.

Die Sanierung und Rekultivierung der Bergbaufolge- bzw. Bergbaunachbarlandschaften und die dafür aus öffentlichen Kassen bereitzustellenden Mittel können für die Region zu einem wesentlichen Entwicklungspotential werden. Für die Beseitigung der bergbaulichen Altlasten allein im brandenburgischen Teil des Lausitzer Reviers weisen grobe Schätzungen einen Finanzbedarf in Höhe von ca. 12 Mrd. DM aus. Diese Mittel zielgerichtet für die Überwindung der bergbaulichen Folgeschäden, den Abbau der ökologischen Belastungen und die Wiederherstellung der Leistungsfähigkeit des Naturhaushaltes einzusetzen, bedeutet gleichzeitig, sie für notwendige strukturelle Änderungen, für eine vielgestaltige wirtschaftliche Entwicklung der Region zu nutzen.

Als übergeordnetes landesplanerisches Ziel sollte die Entwicklung langfristig tragfähiger, den verbleibenden Braunkohlenbergbau ergänzender und seine regionale Dominanz schrittweise ablösender Strukturen verfolgt werden.

Die Braunkohlensanierung wird damit Teil einer Strategie zur Überwindung struktureller Schwächen und zum Abbau des Negativimages der geschundenen Region. Auf örtlicher und regionaler Ebene werden die von der Braunkohlensanierung ausgehenden Multiplikatoreffekte eine wachsende Rolle spielen. Voraussetzung dafür ist ein unmittelbares Zusammenwirken von Sanierungs- und Rekultivierungsplanung mit der Landes- und Regionalplanung, der Landschaftsrahmenplanung, der kommunalen Flächennutzungs- und Bauleitplanung, der bergrechtlichen Betriebsplanung und einer Vielzahl von Fachplanungen. Die Komplexität der Aufgabe erfordert zu ihrer effizienten Lösung besondere Strukturen und Rahmenbedingungen sowohl auf Bundes- als auch auf Landesebene.

Bund und Länder haben mit dem Verwaltungsabkommen vom 1.12.1992 den finanziellen Rahmen für die Beseitigung ökologischer Altlasten im Braunkohlenbereich der neuen Länder geschaffen. Die Regelung beinhaltet die Bereitstellung von jährlich 1,5 Mrd. DM im Zeitraum 1993–1997, also insgesamt 7,5 Mrd. DM, für Sanierungs- und Rekultivierungsmaßnahmen. An der Mittelbereitstellung sind nach Abzug eines Anteils der Bundesanstalt für Arbeit gemäß § 249 h Arbeitsförderungsgesetz und eines Anteils der Treuhandanstalt aus Privatisierungserlösen der Bund mit 75 % und die Länder mit 25 % beteiligt. Auf das Land Brandenburg entfallen entsprechend der anteiligen Belastung mit Sanierungs- und Rekultivierungsdefiziten ca. 650–700 Mio. DM jährlich.

Zwischen Bund und Ländern wurde die Fortschreibung der Finanzierungsvereinbarung bis zum Abschluß der Sanierungsmaßnahmen um weitere fünf Jahre bis 2002 vereinbart. Die Länder Brandenburg, Sachsen-Anhalt und Thüringen sowie der Freistaat Sachsen vertreten dabei übereinstimmend die Auffassung, daß die bergrechtliche Verantwortung für die Sanierung der bergbaulichen Altlasten beim Bund liegt und der Finanzierungsanteil von der Berücksichtigung der jeweiligen Länderinteressen bei der Sanierungsplanung und -durchführung abhängig ist.

Mit der Errichtung des Büros Braunkohlensanierung in Trägerschaft der Treuhandanstalt und einer Steuerungsgruppe unter Federführung des Bundesumweltministeriums, in der alle berührten Bundesministerien und die betroffenen Länder ihre Beschlüsse einvernehmlich fassen, wurden weitere Voraussetzungen für eine effiziente Vorbereitung und Durchführung der Sanierung geschaffen. Dabei steht das Büro Braunkohlensanierung dafür, daß die anstehenden Sanierungsaufgaben fachgerecht, unter Beachtung des Gebots der Wirtschaftlichkeit, eines unverzichtbaren Beitrages zur Entlastung des regionalen Arbeitsmarktes, der Länderinteressen insbesondere bei der Umsetzung ökologischer Planungsgrundsätze sowie in enger Kooperation zwischen Bund, Ländern und betroffenen Unternehmen abgewickelt werden.

Im Land Brandenburg wurden notwendige Rahmenbedingungen für die Sanierung und Rekultivierung durch entsprechende Gesetze und Verordnungen bzw. durch Strukturen wie den Braunkohlenausschuß, der sowohl Träger der Braunkohlen- als auch der Sanierungsplanung ist, geschaffen. Die Landesregierung Brandenburg verfolgt mit großem Nachdruck das Ziel, im Zuge der Privatisierung des Braunkohlenbergbaues die Sanierungsaufgaben einem landesbestimmten regionalen Sanierungsträger zu übertragen. Es gilt, den Einfluß des Landes auf die Entscheidungen über die Sanierungsziele, die Rang- und Reihenfolge der Projekte und Maßnahmen, deren Ausschreibung und Vergabe, die Vermarktung der sanierten Flächen und der unverritzten Tagebaurandbereiche, den Wiedereinsatz von Sanierungserlösen für die Sanierung über diesen Weg sicherzustellen und damit gleichzeitig die regionale Strukturentwicklung im dargestellten Sinn voranzubringen.

Im Unterschied zum Bundesberggesetz (BBergG), das den Bergbautreibenden zur vollständigen Wiedernutzbarmachung verpflichtet, waren nach dem Bergrecht der DDR für die Wiederurbarmachung der Bergbaubetrieb und für die Rekultivierung der Folgenutzer verantwortlich. Hinzu kamen die einseitig auf Kohleförderung und Abraumbewegung ausgerichtete Fahrweise der Tagebaue und das Prinzip, mit der Abraumbewegung des Folgetagebaues die Bergbaufolgelandschaft des auslaufenden Tagebaues zu gestalten. Dieses Prinzip ist mit der seit 1989 im Land Brandenburg erfolgten Einstellung von zwei Tagebauaufschlüssen, der Stillegung von fünf fördernden Tagebauen sowie der beabsichtigten Fördereinstellung in zwei weiteren Tagebauen bis 1999 nicht mehr durchsetzbar (Tabelle 3).

Diese sowie weitere bereits zu DDR-Zeiten stillgelegten Tagebaue, wie Schlabendorf-Nord, Seese-West, Sedlitz, Skado, Koschen, Kleinleipisch, Meuro-Süd, Heide, Tröbitz u. a., müssen nunmehr in der Regel ohne Fremdabraum aus sich selbst heraus wiedernutzbargemacht werden.

Die Auswirkungen des Braunkohlenbergbaues im brandenburgischen Teil des Lausitzer Reviers und der daraus abzuleitende Sanierungs- und Rekultivierungsbedarf lassen sich wie folgt charakterisieren:

- Der bergbauliche bedingte Flächenentzug umfaßte bis 1990 insgesamt ca. 52 500 ha. Rekultiviert wurden nur ca. 24 600 ha bzw. 46,8 %. Die Differenz von ca. 27 900 ha schließt, bezogen auf die noch fördernden fünf Tagebaue, eine Betriebsfläche von ca. 8 000 ha ein. Daraus folgt ein Rekultivierungsdefizit von ca. 20 000 ha. Hinzu kommt die völlig unzureichende Qualität der rekultivierten Flächen, wobei es sich vorrangig um eintönige, ungegliederte land- und forstwirtschaftliche Nutzflächen mit geringer Bonität handelt. Nur ca. 35 % der Flächen können nach heutigen Anforderungen als mängelfrei eingestuft werden. Über 1 200 ha wurden als reine Ascheflächen geschüttet, die teilweise auch heute noch landwirtschaftlich genutzt werden. Eine Reihe guter Beispiele bei der Gestaltung von Bergbaufolgelandschaften ist fast ausschließlich dem persönlichen Engagement einzelner zu danken. Eine flächendeckende Wirkung wurde nicht erreicht.
- Nachhaltig und großflächig hat der Braunkohlenbergbau in der Lausitz den natürlichen Wasserhaushalt in den Einzugsgebieten der Spree, der Schwarzen Elster und der Lausitzer Neiße zerstört. Das von der Grundwasserabsenkung betroffene Areal umfaßt 2 100 km^2. Die jährliche Wasserhebung erreichte 1989 ihren Spitzenwert mit 1,2 Mrd. m^3 und lag Ende 1994 noch bei ca. 65 %. Davon entfielen auf das Land Brandenburg 1989 ca. 765 Mio. m^3 und 1994 noch 432,1 Mio. m^3.
  Im Lausitzer Revier ist gegenwärtig von einem Grundwasserdefizit, bezogen auf den Zustand um das Jahr 1990, von ca. 9 Mrd. m^3 auszugehen. Unter Berücksichtigung der für die Restlöcher erforderlichen Füllmengen von weiteren 4 Mrd. ^{3}ergibt sich ein Gesamtdefizit von rd. 13 Mrd. m^3. Das in der niederschlagsarmen Lausitz nur begrenzt zur Verfügung stehende Wasserdargebot erfordert zum Ausgleich des Grundwasserdefizites einen Zeitraum von mehreren Jahrzehnten. Bis zur Wiederherstellung eines ausgeglichenen und sich weitgehend selbst regulierenden Wasserhaushaltes muß in den Fließgewässern der Abbau- und Sanierungsgebiete der landschaftlich erforderliche Mindestabfluß gewährleistet werden, muß die Wasserführung der Spree und der Schwarzen Elster den Nutzungsanforderungen der Unterlieger gerecht werden.
  Gegenwärtig stammen ca. 60 % des in der Spree fließenden Wassers aus Sümpfungsanlagen des Bergbaues. Bis zum Jahr 2000 wird sich die Sümpfungswassermenge in etwa halbieren. Daraus folgt, daß ohne wesentliche Reduzierung des Wasserverbrauchs und forciertem Ausbau wasserwirtschaftlicher Speicher in bergbaulichen Restlöchern das Biosphärenreservat Spreewald sowie die Wasserversorgung weiter Teile Brandenburgs und des Landes Berlin nachhaltig beeinträchtigt werden.
- Von besonderer Brisanz sind die Auswirkungen des Braunkohlenbergbaues auf die Siedlungsstruktur, auf die unmittelbar in ihrer Lebenssphäre betroffenen Bürger. Im Lausitzer Revier wurden bisher ca.

Tabelle 3. Stillegung von Tagebauen im Land Brandenburg seit 1989

Tagebau	Jahr der Stillegung	Bemerkung
Schlabendorf-Mitte	1989	Einstellung des Aufschlusses
Proschim	1990	Einstellung des Aufschlusses
Schlabendorf-Süd	1991	Auskohlung
Klettwitz	1991	Fördereinstellung
Gräbendorf	1992	Fördereinstellung
Klettwitz-Nord	1992	Fördereinstellung
Greifenhain	1993	Fördereinstellung
Seese-Ost	1996	Fördereinstellung
Meuro	1999	Auskohlung

23 000 Personen umgesiedelt, darunter auch 17 deutsch-sorbische Orte mit ca. 4 000 Einwohnern. Bei völlig unzureichenden Entschädigungsleistungen war der Akzeptanzverlust für die Braunkohle unvermeidbar. Auf diesem Gebiet ist der Nachholbedarf besonders groß, wobei es neben der finanziellen Entschädigung, neben einem Höchstmaß an Sozialverträglichkeit künftiger Umsiedlungen v. a. auch um Verständnis und Fürsorge für die Betroffenen geht.
Im Randbereich fördernder Tagebaue und noch nicht rekultivierter Kippenflächen sind Gemeinden und Ortsteile von z. T. weit über den Richtwerten liegenden Staub- und Lärmimmissionen betroffen. Hinzu kommen Revitalisierungserfordernisse in solchen Siedlungen, die in ehemaligen Tagebauvorfeldern lagen, bereits vollständig oder teilweise ausgesiedelt und abgebrochen wurden und im Zuge der Fördereinsenkung nun nicht mehr vom Tagebau überbaggert werden. Vergleichbares trifft auf Gemeinden zu, die in den nach DDR-Recht festgesetzten Bergbauschutzgebieten lagen und deren infrastrukturelle Entwicklung über Jahrzehnte vernachlässigt wurde.

- Gefährdungspotentiale für Leben und Gesundheit der Bevölkerung in der Bergbauregion gehen von einer Vielzahl von Deponien und Altablagerungen auf Kippen und in Restlöchern aus. Gefahren, die sich potenzieren, wenn Fremdablagerungen und Grundwasserwiederanstieg zusammentreffen und zur Kontamination der Grundwasserleiter führen.
- Die hydrogeologischen Voraussetzungen im Lausitzer Revier bedingen kostenintensive Sanierungsmaßnahmen zur Herstellung der Standsicherheit an Halden und Restlöchern. So sind in Brandenburg ca. 150 km setzungsfließgefährdete Kippenböschungen mit aufwendigen Verdichtungstechnologien und in Abhängigkeit vom Grundwasserwiederanstieg etappenweise in den nächsten 20–30 Jahren zu sanieren.
- Parallel zur Sanierung und Rekultivierung der Braunkohlentagebaue zwingt der drastische Absatzrückgang bei Braunkohlenveredlungsprodukten zur nahezu flächendeckenden Stillegung von Brikettfabriken, Grubenkraftwerken, Kokereien, Gaserzeugungsanlagen, aber auch zur Außerbetriebnahme von Werkstätten, Montageplätzen, Tagesanlagen, zum Rückbau von Grubenbahnen und Entwässerungsanlagen oder zur Sanierung von Teer-, Kohletrübe- und Aschedeponien der Veredlungsanlagen.
  Koks- und Gaserzeugung sind bereits vollständig eingestellt, die Brikettproduktion konzentriert sich auf den Standort Schwarze Pumpe. Demontage, Abriß und Flächenrecycling der Industriebranchen sind am Gesamtsanierungsaufwand der nächsten Jahre in Brandenburg mit ca. 30 % beteiligt. Hier stehen der arbeitsmarktpolitische Effekt sowie die Flächenbereitstellung für neue Gewerbe und Dienstleistungen im Mittelpunkt.

3 Braunkohlen- und Sanierungsplanung als Teil der Landes- und Regionalplanung

Rechtsgrundlagen der Braunkohlen- und Sanierungsplanung wurden vom Land Brandenburg mit

- dem Vorschaltgesetz zum Landesplanungsgesetz und Landesentwicklungsprogramm für das Land Brandenburg vom 6. Dezember 1991,
- dem Gesetz zur Einführung der Regionalplanung und der Braunkohlen- und Sanierungsplanung (RegBKPlG) im Land Brandenburg vom 13. Mai 1993 und
- der Verordnung über die Bildung des Braunkohlenausschusses des Landes Brandenburg (BbgBKAusV) vom 8. April 1992

geschaffen.

Im Vorschaltgesetz zum Landesplanungsgesetz und Landesentwicklungsprogramm sind die Grundsätze und Ziele der Raumordnung und Landesplanung formuliert. In den vom Braunkohlentagebau erfaßten Gebieten ist demnach u. a.

- den Gefahren der Monostruktur der Wirtschaft durch Förderung einer vielfältig strukturierten Gewerbeansiedlung entgegenzuwirken,
- eine abwechslungsreiche und vielfach nutzbare Bergbaufolgelandschaft als Ausgleich für das devastierte Gebiet zu schaffen,
- der ökologische Schaden durch umfassende Rekultivierungsprogramme zur Wiederherstellung der langfristigen Leistungsfähigkeit des Naturhaushaltes abzubauen,
- bei Flächeninanspruchnahmen sicherzustellen, daß der Abbau und die Rekultivierung zu jedem Zeitpunkt ökologisch und sozialverträglich durchgeführt werden,
- bei unvermeidbaren Umsiedlungen hinsichtlich neuer Wohnstandorte und Wohnformen sicherzustellen, daß die begründeten Interessen der Betroffenen berücksichtigt werden und vom Verursacher gleichwertiger Ersatz angeboten wird.

Braunkohlen- und Sanierungsplanung sind überörtliche, fachübergreifende und zusammenfassende Landesplanung. Braunkohlen- und Sanierungspläne werden auf der Grundlage des Landesentwicklungsprogramms, der Landesentwicklungspläne und nach Abstimmung mit der Regionalplanung aufgestellt. Sie legen Ziele der Raumordnung und Landesplanung fest, soweit dies für eine geordnete Braunkohlen- und Sanierungsplanung erforderlich ist.

Ziel des Braunkohlenplanes ist es, eine langfristig sichere Energieversorgung zu ermöglichen, die zugleich umwelt- und sozialverträglich ist. Ziel des Sanierungsplanes ist es, bergbauliche Folgeschäden in den Gebieten, in denen der Braunkohlenabbau mittelfristig ausläuft oder schon eingestellt ist, soweit wie möglich auszugleichen.

Das Landesentwicklungsprogramm und die Landesentwicklungspläne für das Land Brandenburg werden gegenwärtig erarbeitet, die Regionalpläne befinden sich in Vorbereitung. Daraus ergibt sich der Sachverhalt parallel laufender Planverfahren mit der Braunkohlen- und Sanierungsplanung, der die Notwendigkeit einer besonders engen Abstimmung in den einzelnen Verfahren bedingt.

Dabei legen Braunkohlen- und Sanierungspläne lediglich Rahmenbedingungen im Sinne der o. g. Zielstellungen fest. Die konkrete Ausgestaltung des vorgegebenen Abbau- bzw. Sanierungsrahmens bleibt dem bergrechtlichen Betriebsplanverfahren sowie den nachfolgenden Fachplanungen vorbehalten.

Eine Besonderheit des Sanierungsplanes ist die Abhängigkeit der Umsetzung der formulierten Ziele von bundes- und landespolitischen Entscheidungen zur Finanzierung der Sanierungsmaßnahmen und deren arbeitsmarktpolitische Wirkungen.

Entsprechend § 12 Abs. 3 RegBKPlG sind in Braunkohlen- und Sanierungsplänen unter Berücksichtigung sachlicher, räumlicher und zeitlicher Abhängigkeiten, insbesondere folgende Sachverhalte, Ziele und Maßnahmen darzustellen:

- a) Braunkohlenpläne:
  1. *Gegenwärtiger Zustand von Siedlung und Landschaft, Bau- und Bodendenkmale*
  2. *Minimierung des Eingriffs während und nach dem Abbau*
  3. *Abbaugrenzen und Sicherheitslinien des Abbaus, Haldenflächen und deren Sicherheitslinien*
  4. *Unvermeidbare Umsiedlungen und Flächen für die Wiederansiedlung*
  5. *Räume für Verkehrswege und Leitungen*
  6. *Bergbaufolgelandschaft*
- b) Sanierungspläne:
  1. *Oberflächengestaltung und Rekultivierung oder Renaturierung*
  2. *Überwindung von Gefährdungspotentialen, Darstellung zeitweiliger Sperrgebiete*
  3. *Wiederherstellung von Verkehrswegen und Leitungen*
  4. *Wiederherstellung eines ausgeglichenen Wasserhaushaltes*

Die Pläne bestehen aus textlichen und zeichnerischen Darstellungen. Sie können in sachlichen und räumlichen Teilplänen aufgestellt werden, wenn gewährleistet ist, daß sich die Teile in eine ausgewogene Gesamtentwicklung einfügen. Sie erstrecken sich räumlich – über Gemeinde-, Kreis- und Landesgrenzen hinweg – auf die durch Abgrabungen, Aufschüttungen und bauliche Anlagen bedingte bergbauliche Flächeninanspruchnahme sowie auf die im Einwirkungsbereich der Grundwasserabsenkung liegende Landschaft. Die zeitliche Dimension der Braunkohlen- und Sanierungspläne wird vom Umfang des geplanten Abbaugebietes, der Dauer des Sümpfungsvorganges und dem Zeitraum der Wiedernutzbarmachung bestimmt.

Träger der Braunkohlen- und Sanierungsplanung ist der Braunkohlenausschuß des Landes Brandenburg mit Sitz in Cottbus. Er trifft die sachlichen und verfahrensmäßigen Entscheidungen zur Erarbeitung der Braunkohlen- und Sanierungspläne und beschließt deren Aufstellung, Feststellung, Änderung und Ergänzung.

Am 27. September 1990 – also noch vor der Länderbildung – konstituierte sich in Cottbus, auf der Grundlage der Ergebnisse der Kommunalwahlen vom Mai 1990 und unter Regie der Bezirksverwaltungsbehörde, zunächst ein Provisorischer Braunkohlenausschuß (BKA). Unter Hinweis darauf, daß Braunkohlen- und Sanierungsplanung Teil der Landesplanung ist, verstand sich dieser Ausschuß von Anfang an als regionales Konsensbildungsorgan für alle Fragen der Braunkohlen- und Sanierungsplanung in der Region Cottbus. Der BKA wurde mit dem Vorschaltgesetz zum Landesplanungsgesetz und Landesentwicklungsprogramm rechtlich legitimiert.

Mit der Verordnung über die Bildung des Braunkohlenausschusses vom 8. April 1992 wurde seine Zusammensetzung neu bestimmt. Danach hat der BKA 27 stimmberechtigte Mitglieder, darunter 15 gewählte Abgeordnete aus den von der Braunkohlen- und Sanierungsplanung betroffenen Landkreisen und der kreisfreien Stadt Cottbus. Im Ergebnis der im Land Brandenburg vollzogenen Gebietsreform wurde die Stimmenverteilung für die Großkreise per Rechtsverordnung neu geregelt. Die Zusammensetzung des BKA wird aus der folgenden schematischen Darstellung ersichtlich (Abb. 1).

Die Geschäftsordnung des BKA räumt die Möglichkeit zur Bildung regionaler und sachbezogener Arbeitskreise ein. Die Arbeitskreise wirken an der Erarbeitung der Braunkohlen- und Sanierungspläne mit, geben dem BKA Empfehlungen zur Beschlußvorbereitung und ermöglichen den Beteiligten ihre Vor-Ort-Kenntnisse unmittelbar einzubringen. Die Arbeitskreise setzten sich aus Vertretern der Landkreise, Gemeinden, des Bergbauunternehmens und des Sanierungsträgers, von in der jeweiligen Region tätigen Bürgerinitiativen und Umweltgruppen, von Verbänden und Vereinen zusammen. Die bisher gebildeten acht Arbeitskreise haben durch ihr Wirken einen wesentlichen Beitrag zur Beschlußlage im BKA geleistet.

Abb. 1. Braunkohlenausschuß des Landes Brandenburg

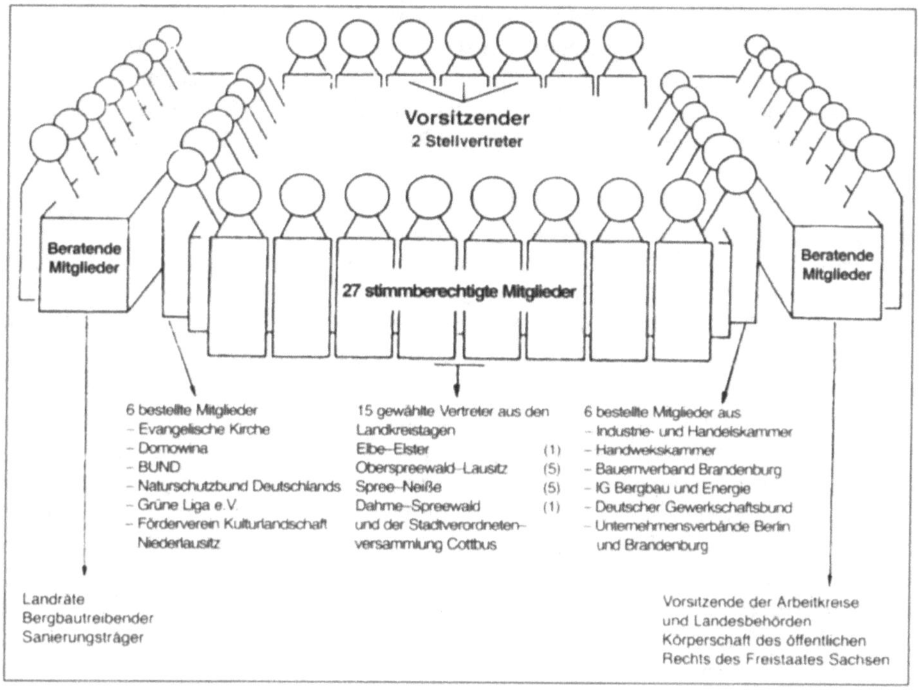

Die Landesplanungsbehörde hat für die Braunkohlen- und Sanierungsplanung eine gesonderte Planungsstelle – bestehend aus den der Abteilung Raumordnung und Braunkohlenplanung zugeordneten Referaten Braunkohlenplanung sowie Sanierungs-/Rekultivierungsplanung – in Cottbus eingerichtet. Diese erarbeitet im Auftrag des BKA die Entwürfe der Braunkohlen- und Sanierungspläne in enger Zusammenarbeit mit den Arbeitskreisen, führt das Beteiligungsverfahren durch und bringt die Beschlußvorlage in den Ausschuß ein. Die Planungsstelle nimmt auch die Funktion der Geschäftsstelle des BKA wahr.

Bei der Erarbeitung der Braunkohlen- und Sanierungspläne sind soweit sie von der Planung berührt sein können, zu beteiligen:

- Die Regionale Planungsgemeinschaft Lausitz-Spreewald
- Die Landkreise und kreisfreien Städe, die Ämter und die Gemeinden der Region, die kommunalen Spitzenverbände
- Die übrigen öffentlichen Planungsträger
- Die Nachbarländer und die Nachbarstaaten
- Die sonstigen Träger öffentlicher Belange

Nach Abschluß des Beteiligungsverfahrens werden die Pläne durch Beschluß des Braunkohlenausschusses festgestellt und der Landesplanungsbehörde vorgelegt. Die Regionale Planungsgemeinschaft Lausitz-Spreewald übermittelt der Landesplanungsbehörde ihre Stellungnahme über die Vereinbarkeit des Braunkohlen- und Sanierungsplanes mit der Regionalplanung.

Schließlich werden die Braunkohlen- und Sanierungspläne durch Rechtsverordnung der Landesregierung für verbindlich erklärt, soweit sie nach Maßgabe des RegBKPlG aufgestellt sind und sonstigen Rechtsvorschriften nicht widersprechen. Die Veröffentlichung erfolgt im Gesetz- und Verordnungsblatt des Landes Brandenburg.

Rechtsverbindliche Braunkohlen- und Sanierungspläne sind als Ziele der Raumordnung und Landesplanung bei allen weiterführenden Planungen durch die Behörden des Landes zu beachten. Die bergrechtlichen Rahmenbetriebs-, Betriebs- und Abschlußbetriebspläne sind mit den Braunkohlen- und Sanierungsplänen in Einklang zu bringen.

4 Stand der Braunkohlen- und Sanierungsplanung

In den Jahren 1990/91 bestand vorrangiger Handlungsbedarf, der nach DDR-Recht genehmigten Braunkohlentagebaue auf die Rechtsgrundlage des BBergG zu stellen. In dieser Phase hat der provisorische Braunkohlenausschuß des Landes Brandenburg die notwendigen landesplanerischen Voraussetzungen durch seine Beschlüsse zu „landesplanerischen Stellungnahmen" für die Weiterführung fördernder Tagebaue sowie die Durchführung von Sanierungsarbeiten in auslaufenden oder bereits stillgelegten Gruben geschaffen. Insgesamt wurden 15 landesplanerische Stellungnahmen für die Jahresscheiben 1991 und 1992/93 als eine wesentliche Grundlage für die Zulassung bergrechtlicher Betriebspläne verabschiedet.

Nachdem die Landesregierung Brandenburg am 10. April 1992 „Leitentscheidungen zur brandenburgischen Energiepolitik" vorgelegt hatte, konnte der inzwischen, gemäß BbgBKAusV, neu konstituierte Braunkohlenausschuß auf seiner 10. Sitzung am 25. Juni 1992 die Aufstellung von 3 Braunkohlen- und 7 Sanierungsplänen beschließen.

Innerhalb von eineinhalb Jahren wurden bis Ende 1993 in einem intensiven Abwägungsprozeß zwischen Braunkohlenausschuß, regionalen Arbeitskreisen, Landes- und Kommunalbehörden, den übrigen Trägern öffentlicher Belange und dem Unternehmen Lausitzer Braunkohlen AG die Planentwürfe erarbeitet, die Beteiligungsverfahren und Erörterungen durchgeführt, Feststellungsbeschlüsse im Braunkohlenausschuß gefaßt und die Pläne per Rechtsverordnung der Landesregierung für verbindlich erklärt.

Den Planungen liegt eine Vielzahl von Gutachten, Studien, Expertisen und Variantenuntersuchungen, insbesondere zu ökologischen und energiepolitischen, landes- und landschaftsplanerischen, hydrogeologischen, geotechnischen und tagebautechnologischen, zu sozialen und regionalstrukturellen, beschäftigungspolitischen sowie zu verwaltungsrechtlichen Belangen, zugrunde.

Mit Rechtsverordnungen der Landesregierung Brandenburg wurden für verbindlich erklärt:

- a) Die Braunkohlenpläne
  - Tagebau Welzow-Süd, räumlicher Teilabschnitt I
  - Tagebau Cottbus-Nord
  - Tagebau Jänschwalde
- b) Die Sanierungspläne
  - Gräbendorf
  - Schlabendorfer Felder
  - Meuro
  - Seese-Ost/-West
  - Lauchhammer, Teil I
  - Restlochkette Sedlitz, Skado, Koschen
  - Greifenhain

Die Braunkohlenpläne geben dem Bergbauunternehmen die notwendige Planungssicherheit für die nächsten 30 Jahre. Sie umfassen Abbaugebiete mit gewinnbaren Kohlevorräten in Höhe von ca. 1 140 Mio. t. Gleichzeitig werden die maximale Flächeninanspruchnahme und die Anforderungen an die Wiedernutzbarmachung vorgegeben (Tabelle 4).

Der Abwägungsprozeß für die Braunkohlenpläne war von tiefgreifenden sozialen und ökologischen Interessenkonflikten gekennzeichnet. Auf der einen Seite wurde die Sicherheit von Arbeitsplätzen in der Region hervorgehoben, auf der anderen Seite die energiepolitische Notwendigkeit der Umsiedlung von Ortslagen und der Inanspruchnahme ökologisch besonders wertvoller Landschaftsteile angezweifelt.

Mit dem Braunkohlenplan Tagebau Jänschwalde wird die Umsiedlung der deutsch-sorbischen Gemeinde Horno mit 380 Einwohnern bis zum Jahr 2000 vorgesehen, wobei der Nachweis der Sozialverträglichkeit einem gesonderten sachlichen Teilplan vorbehalten bleibt.

Durch den Tagebau Cottbus-Nord wird der Bereich des Hammergrabens und der Lakomaer Teiche, ein Gebiet hohen landeskulturellen und ökologischen Ranges, betroffen. In die Rechtsverordnung der Landesregierung wurde dazu auf Beschluß des Braunkohlenausschusses vom 27. Januar 1994 ein Vorbehalt aufgenommen, wonach festgestellt wird, daß „die ökologisch besonders wertvollen Gebiete Hammergraben-Altlauf und Lakomaer Teiche aus dem Abbaugebiet des Tagebaues Cottbus-Nord mit dem Ziel der Erhaltung neu zu bewerten sind, wenn der Kohleabbau im brandenburgischen Teil der Lausitz in seiner räumlichen Entwicklung dauerhaft

Tabelle 4. Landinanspruchnahme und Wiedernutzbarmachung [ha] in den Tagebauen Welzow-Süd, Cottbus-Nord und Jänschwalde

	Gesamt	davon LN[a]	FN[a]	WN[a]	SN[a]
Landinanspruchnahme					
– Bis 31.12.1993	9 846	4 178	4 693	8	967
– 1994 bis Auslauf	9 633	2 897	5 869	216	651
Wiedernutzbarmachung[b]					
– Bis 31.12.1993	2 250	685	1 456	42	67
– 1994 bis Auslauf	19 601	1 682	12 605	3 936	1 378

[a] LN – Agrarbereiche, FN – Wald, WN – Wasserfläche, SN – Sonstige Flächen. [b] Einschließlich Randflächen

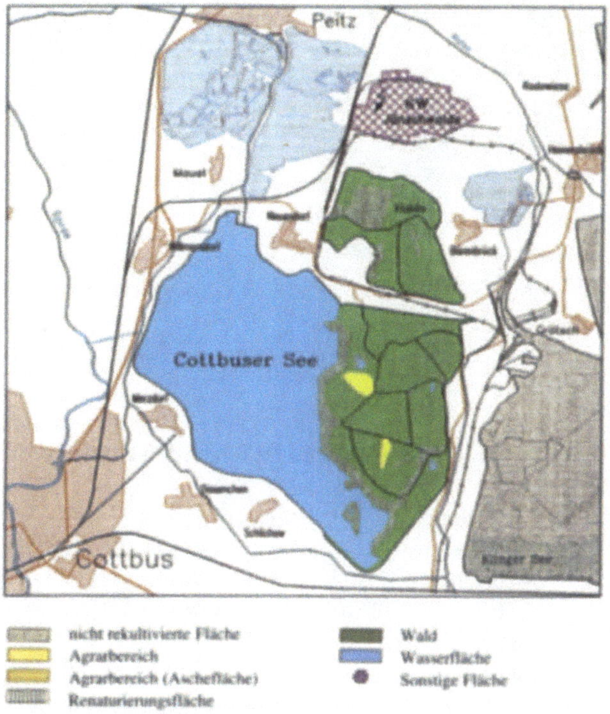

Abb. 2. Braunkohlenplan Cottbus-Nord, BKA, Drucksache-Nr. 16/94/93 vom 21. Oktober 1993

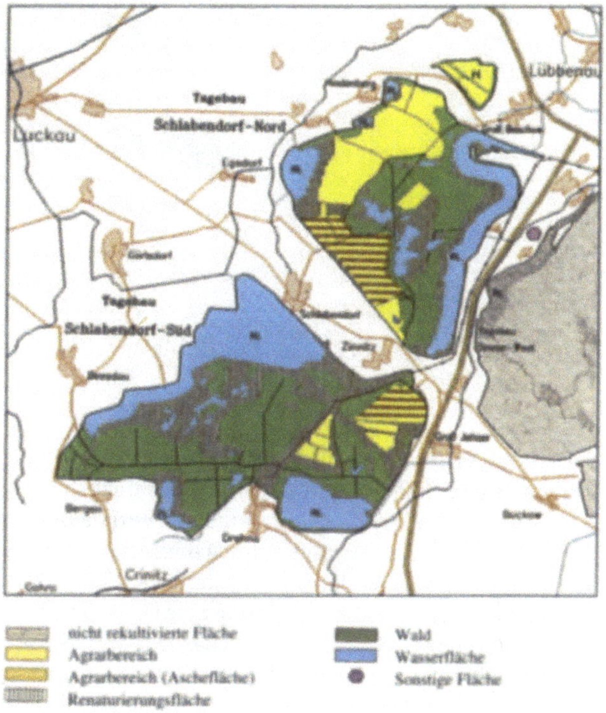

Abb. 3. Sanierungsplan Schlabendorfer Felder, BKA, Drucksache-Nr. 16/92/93 vom 23. September 1993

und wesentlich hinter den vom Ausschuß festgestellten Sanierungs- und Braunkohlenplänen zurückbleibt" (Abb. 2).

Schwerpunkte des Abwägungsprozesses für den Tagebau Welzow-Süd waren

- die Entscheidung zum Erhalt der Ortslage Steinitz,
- die Festlegungen zur Umsiedlung der Ortslagen Kausche und Klein Görick mit ca. 400 Einwohnern und der dazu am 13. Dezember 1993 von der Landesregierung und dem Bergbauunternehmen unterzeichnete „Kauschevertrag",
- die durch sachliche Teilpläne noch zu belegende Inanspruchnahme des Höhenzuges „Steinitzer Alpen", endgültige Markscheide im Bereich des Schlosses und der Wohnbebauung Geisendorf und geplante Umsiedlung der Gemeinde Haidemühl sowie
- die Weiterführung des Tagebaues im räumlichen Teilabschnitt II (Feld Proschim und Flugplatzfeld).

Mit den Sanierungsplänen liegen für eine Fläche von ca. 35 000 ha die notwendigen landesplanerischen Voraussetzungen zur Sanierung der ökologischen Altlasten vor. Dabei gilt es insbesondere:

- Die den gegenwärtigen Landschaftszustand kennzeichnenden Gefährdungspotentiale zu beseitigen (sichere Böschungen, tragfähige Kippen, Sanierung der Deponien und Altablagerungen vor Aufgang des Grundwassers)
- Eine den verschiedenen Anforderungen gerecht werdende, lausitztypische, vielfach nutzbare Bergbaufolgelandschaft zu gestalten
- Möglichst ausgeglichene hydrologische Verhältnisse, einen sich weitgehend wieder selbst regulierenden Wasserhaushalt zu schaffen
- Die Leistungsfähigkeit des Naturhaushaltes in der Region wieder herzustellen (Abb. 3)

Schwerpunkte sind die Beseitigung der Gefährdungspotentiale und die Neuordnung bzw. Wiederherstellung eines sich selbst regulierenden Wasserhaushaltes im Einzugsgebiet von Spree und Schwarzer Elster.

Dabei bestehen zwischen der standsicheren Gestaltung setzungsfließgefährdeter Kippenböschungen mittels Sprengverdichtung und der Wasserstandsentwicklung in Restlöchern und Kippen unmittelbare Abhängigkeiten. Die wasserwirtschaftlichen Rahmenbedingungen (u. a. Eigenaufkommen im Gebiet, Fremdwasserzuführung) bestimmen den Zeitpunkt der in Etappen durchzuführenden Verdichtungssprengungen und damit gleichzeitig den möglichen Zeitraum bis zur Wiedernutzbarmachung sicherer Bergbaufolgelandschaften (Tabelle 5).

In Abhängigkeit vom Umfang möglicher Fremdflutungen können die jeweiligen Sanierungszeiträume verkürzt werden. Gleichzeitig muß der landschaftlich erforderliche Mindestabfluß in für die Wasserwirtschaft oder den Naturhaushalt bedeutsamen Fließgewässern durch die Einspeisung von gehobenem Wasser so lange gewähr-

Tabelle 5. Wiedernutzbarmachung der Restlochbereiche

Sanierungsgebiet	Nutzung ab Jahr/Zeitraum
Gräbendorf	2000
Seese-Ost/-West	2005/15
Schlabendorfer Felder	2010/25
Meuro	2015/25
Restlochkette Sedlitz, Skado, Koschen	2020/30
Lauchhammer, Teil I	2010/30
Greifenhain	2025/30

leistet werden, bis sich mit dem aufgehenden Grundwasser eine ausreichende Eigenwasserführung einstellt.

Generell sind mit der Gestaltung der Bergbaufolgelandschaften Voraussetzungen zu schaffen, die einerseits die Wiederherstellung der Leistungsfähigkeit des Naturhaushaltes sichern und zum anderen eine wirtschaftliche Entwicklung des Gebietes ermöglichen. Als wesentliche Landschaftsbestandteile enthalten die Sanierungspläne:

- Forstflächen (Wirtschafts- und Erholungswald)
- Agrarbereiche (am Bedarf orientiert, vorrangig für extensive Nutzung)
- Tagebauseen (Nutzung für Wasserwirtschaft, Tourismus und Erholung, Biotop- und Artenschutz)
- Renaturierungsflächen (Flächen, die von Bewirtschaftung bzw. intensiver Nutzung freizuhalten sind, vorrangig für Biotop- und Artenschutz, aktive und stille Erholung, Sukzession)
- Straßen, Wege, Fließgewässer
- Gewerbeflächen (vorrangig ehemalige Tagesanlagen, Werkstätten, Montageplätze u. a.) (Tabelle 6)

Die als Ergebnis der Sanierung und Rekultivierung angestrebten Nutzungsziele orientieren sich bezogen auf den Flächenentzug insgesamt an folgenden Größenordnungen:

Forstflächen	ca.	13 930 ha
Agrarbereiche	ca.	4 360 ha
Wasserflächen	ca.	7 910 ha
Renaturierungsflächen	ca.	4 910 ha
Sonstige Flächen	ca.	850 ha

Zur Beseitigung der ökologischen Altlasten und zur Umsetzung der mit den 7 Sanierungsplänen vorgegebenen Ziele der Raumordnung und Landesplanung werden finanzielle Mittel in Höhe von ca. 5 Mrd. DM im Zeitraum bis 2020/30 erforderlich. Davon werden auf der Grundlage des Verwaltungsabkommens über die Regelung der Finanzierung der ökologischen Altlasten vom 1. Dezember 1992–Ende 1997 ca. 1,7 Mrd. DM einzusetzen sein (Tabelle 7).

Für das Jahr 1994 wurden durch die Steuerungsgruppe des Büros Braunkohlensanierung im Land Brandenburg Sanierungsprojekte und -maßnahmen in Höhe von ca. 650 Mio. DM genehmigt. Gleichzeitig können damit für ca. 6 900 Arbeitnehmer in der Region Lausitz-Spreewald sichere Arbeitsplätze geschaffen werden (Tabelle 8).

Tabelle 6. Landinanspruchnahme und Wiedernutzbarmachung [ha] in den Sanierungsgebieten (Stand 1992/93)

	Landinanspruchnahme	dav. Wiedernutzbarmachung	Sanierungsdefizit [./.]	Tagebaurandflächen
Gräbendorf	830	85	745	380
Schlabendorfer Felder	5 760	2 760	3 000	430
Seese-Ost/West	3 840	1 530	2 310	640
Meuro (einschl. Entzug bis 1997)	3 340	970	2 330	240
Sedlitz, Skado, Koschen	5 340	2 610	2 730	100
Lauchhammer, Teil I	9 780	5 400	4 380	510
Greifenhain	3 100	1 460	1 640	860
Gesamt	31 990	14 815	17 175	3 160

Tabelle 7. Kosten der Sanierung und Rekultivierung nach Sanierungsgebieten (Stand 1993)

	Gesamt [Mio. DM]	Davon 1993–1997 [Mio. DM]
Gräbendorf	130	128
Schlabendorfer Felder	670	252
Seese-Ost/-West	420	267
Meuro	950	134
Sedlitz, Skado, Koschen	1 010	226
Lauchhammer, Teil 1	1 400	504
Greifenhain	370	202
Gesamt	4 950	1 713

Der Braunkohlenausschuß des Landes Brandenburg hat auf seiner 21. Sitzung am 3. März 1994 einen Beschluß zur Aufstellung weiterer Sanierungspläne für ehemalige Braunkohlenabbaugebiete in der Region Lausitz-Spreewald gefaßt. Der Beschluß sieht die Aufstellung der Sanierungspläne und den zeitlichen Ablauf des Planungsprozesses für die Sanierungsgebiete

- Meuro-Süd (ca. 2 100 ha)
- Lauchhammer, Teil II (ca. 4 000 ha)
- Tröbitz - Domsdorf (ca. 2 250 ha)

sowie die Vorbereitung weiterer Sanierungspläne für die Gebiete

- Annahütte - Poley (ca. 700 ha)
- Döbern (ca. 2 000 ha)
- Göhrick (ca. 150 ha)
- Heide (ca. 900 ha)

vor. Damit werden in die Sanierungsplanung auch die Gebiete alten Bergbaus ohne Rechtsnachfolger einbezogen. Die Planverfahren sollen bis Ende des Jahres 1996 abgeschlossen werden.

5 Zusammenfassung

Im Land Brandenburg wird als übergeordnetes landesplanerisches Ziel für das Lausitzer Braunkohlenrevier die Entwicklung langfristig tragfähiger, den verbleibenden Braunkohlenbergbau ergänzender und seine regionale Dominanz schrittweise ablösender Strukturen verfolgt. Die Braunkohlensanierung ist dabei Teil einer Strategie zur Überwindung struktureller Schwächen und zum Abbau des Negativimages der Bergbauregion.

Braunkohlensanierung zielt auf die Überwindung der bergbaulichen Folgeschäden, den Abbau der ökologischen Belastungen und die Wiederherstellung der

Tabelle 8. Finanzmittel und Arbeitsplätze der Sanierung bergbaulicher Altlasten im Jahr 1994

Sanierungsprojekte und -maßnahmen	Kosten [Mio. DM]	Anzahl Arbeitnehmer
Bereiche der Braunkohlensanierung (Sanierungsgebiete)	381,5	2 832
Rückwärtige Bereiche der Braunkohlentagebaue Welzow-Süd, Cottbus-Nord, Jänschwalde	32,5	305
Industriebrachen einschl. WB Schwarze Pumpe und Braunkohlenveredlung Lauchhammer	178,3	2 131
Leitung, Verwaltung und Reparaturwesen	26,7	1 627
Gesamt	649,0	6 895

Leistungsfähigkeit des Naturhaushaltes. Sie ist notwendige Voraussetzung für eine vielgestaltige wirtschaftliche Entwicklung der Region. Braunkohlen- und Sanierungsplanung sind mit der Landes- und Regionalplanung, der Landschaftsrahmenplanung, der kommunalen Flächennutzungs- und Bauleitplanung, der bergrechtlichen Betriebs- und Abschlußbetriebsplanung sowie einer Vielzahl von Fachplanungen unmittelbar verbunden.

Der Beitrag gibt einen Überblick über die dazu im Land Brandenburg geschaffenen Rechtsgrundlagen und erläutert den bei ihrer Umsetzung erreichten Stand.

6 Gesetze, Verordnungen und Verwaltungsabkommen

Gesetz zur Einführung der Regionalplanung und der Braunkohlen- und Sanierungsplanung im Land Brandenburg (RegBkPlG) vom 13. Mai 1993, GVBl. I Nr. 11, vom 18. Mai 1993

Verordnung über die Bildung des Braunkohlenausschusses des Landes Brandenburg (BbgBKAusV) vom 8. April 1992, GVBl. Teil II, Nr. 18 vom 29. April 1992

Verordnungen über die Verbindlichkeit der Braunkohlenpläne Cottbus-Nord, Jänschwalde vom 28. Februar 1994, GVBl. Teil II, Nr. 15 vom 10. März 1994

Verordnungen über die Verbindlichkeit der Sanierungspläne Gräbendorf, Schlabendorfer Felder, Meuro, Seese-Ost/-West, Lauchhammer, Teil I, Restlochkette Sedlitz, Skado, Koschen vom 18. Februar 1994, GVBl. Teil II, Nr. 14 vom 8. März 1994

Verordnung über die Verbindlichkeit des Braunkohlenplanes Tagebau Welzow-Süd, räumlicher Teilabschnitt I vom 23. Dezember 1993, GVBl. Teil II, Nr. 1 vom 7. Januar 1994

Vorschaltgesetz zum Landesplanungsgesetz und Landesentwicklungsprogramm für das Land Brandenburg vom 6. Dezember 1991, GVBl. Nr. 43 vom 18. Dezember 1992, S 616

Verwaltungsabkommen über die Regelung der Finanzierung der ökologischen Altlasten (VA-Altlastenfinanzierung) vom 1. Dezember 1992

LITERATUR

Braunkohlenausschuß (1992) Geschäftsordnung

Braunkohlenausschuß (1993) Sanierungsplan Schlabendorfer Felder, Drucksache-Nr. 16/92/93

Braunkohlenausschuß (1993) Braunkohlenplan Cottbus-Nord, Drucksache-Nr. 16/94/93

Braunkohlenausschuß (1994) Vorlage „Beschluß zur Aufstellung weiterer Sanierungspläne für ehemalige Braunkohlenabbaugebiete in der Region Lausitz-Spreewald", Drucksache-Nr. 21/118/94

Braunkohlenausschuß (1994) Braunkohle-Sanierung, Abgrenzung der Sanierungsplangebiete M. 1 : 200 000, Drucksache-Nr. 21/118/94

Dornier GmbH (1993) Ökologischer Sanierungs- und Entwicklungsplan Niederlausitz

Land Brandenburg (1992) Leitentscheidungen zur brandenburgischen Energiepolitik vom 10.4.1992, Potsdam

LAUBAG (1993) Hydrogeologische Komplexstudie, Niederlausitzer Braunkohlenrevier

Planungsgrundlagen der Wiedernutzbarmachung

CARSTEN DREBENSTEDT

1
Einfluß der Nutzung der Naturreichtümer auf das heutige Landschaftsbild der Lausitz

Rohstoffe sind räumlich an die konkreten Lagerstätten gebunden. Im Gegensatz zu anderen Industriezweigen kann der Produktionsstandort nicht frei gewählt werden. Entschließt man sich zur Gewinnung der Rohstoffe im Tagebaugebiet, bedeutet das einen tiefgreifenden Einschnitt in die bestehenden natur-, wirtschafts- und sozialräumlichen sowie kommunikativen und kulturellen Beziehungen in der betroffenen Region.

Das nutzenorientierte Handeln des Menschen hat das natürliche Landschaftsbild der Lausitz bereits vor der bergbaulichen Einwirkung stark verändert. Die ursprüngliche, jung- und nacheiszeitlich geprägte Wald- und sumpfreiche Lausitzer Moränenlandschaft charakterisierte ein Eichenmischwaldgebiet mit einem großen Anteil an Kiefern. In den nur 10 % ausmachenden grundwasserbeeinflußten Gebieten bestanden in feuchten Niederungen und Flußauen Erlen- und Eschenwälder sowie zahlreiche Moore.

Ein Teil der Wälder grundwasserferner Standorte wich unter den günstigen klimatischen Bedingungen des Mittelalters weidewirtschaftlich extensiv genutzten Grünlandflächen und Äckern. Es entwickelten sich ausgedehnte Heidegebiete sowie Trockenrasenflächen.

Im 19. Jahrhundert, mit Beginn der planmäßigen Forstwirtschaft, wurde ein großer Teil dieser Flächen zu Nutzwald gewandelt, was mit einem Baumartenwechsel verbunden war. Die Kiefer ersetzte die Eiche. Die bis dahin weniger betroffenen Bruch- und Auenwälder wurden in dieser Zeit zu Grünland umgestaltet. Zahlreiche Teichgebiete wurden angelegt und Flußläufe kanalisiert. Mit dem Offenhalten der Landschaft, insbesondere in Verbindung mit der Landwirtschaft, erhöhte sich die Artenvielfalt in der Lausitz, obwohl einige Waldbewohner verdrängt wurden. Die herrschaftliche und staatliche Forstpflege führte zur Gestaltung heute bedeutender Landschaftsparks, wie der Muskauer Parklandschaft. Natürliche Landschaften sind heute kaum noch anzutreffen.

Ihre überregionale und wirtschaftliche Bedeutung und Entwicklung verdankt die Lausitz ihren Lagerstätten an Ton, Kies, Glassand, Naturstein und Braunkohle. Auch der Abbau von Raseneisenerz gehört zur Geschichte der bergmännischen Tätigkeit. Nachdem man, 1789 erstmalig belegt, Braunkohlefunde bei Lauchhammer machte, begann um 1850 auf Basis dieser Energiequelle der industrielle Aufschwung in der Lausitz. Mit der Energie aus Kohle wurden Ziegel, Keramik, Glas und Eisen auf Grundlage weiterer Lausitzer Rohstoffe produziert. Es entwickelten sich z. B. der Maschinenbau, die Bau- und Glasindustrie sowie die Karbonchemie. Im Umfeld der Braunkohleindustrie siedelten sich energieintensive Branchen wie die Metallerzeugung an. Überregionale Bahnlinien und Straßenverbindungen durchschnitten bald die teilweise noch unberührten, naturräumlich geschlossenen Landschaftsareale. Ende des 19. Jahrhunderts wurde die Braunkohle zunehmend im Tagebaubetrieb gefördert. Diese wirtschaftliche Struktur blieb weiterentwickelt im wesentlichen bis heute erhalten.

Im Unterschied zu den vorangegangenen vielfältigen nutzungsbedingten Veränderungen der Lausitzer Landschaft, die sich an den natürlichen Bedingungen, dem Relief, der Vegetation, dem Boden und Wasserhaushalt orientierten, gehen diese Lebensgrundlagen und ihre Funktion im Abgrabungsbereich eines Tagebaues vorübergehend vollständig verloren (Abb. 1). Zusätzlich entstehen durch die großräumige Grundwasserabsenkung auch Einflüsse auf den Naturhaushalt außerhalb des Abbaugebietes.

Auf der anderen Seite bietet die Wiedernutzbarmachung der bergbaulich in Anspruch genommenen Fläche die Möglichkeit, großräumig eine neue, an den Bedürfnissen des Menschen und der Natur orientierte Kulturlandschaft zu gestalten. Der Forstverwalter der Niederlausitzer Kohlenwerke Schipkau, Rudolf Heusohn, schrieb 1929:

> *Die Braunkohleindustrie vernichtet das Landschaftsbild; das ist der Kampfruf der Heimat- und Naturfreunde... Nehmen wir aber die geschaffenen Tatsachen, wie sie sind, so schwellen die übriggebliebenen Tagebaue zu kleinen Seen an, die Hänge werden mit verschiedenen Holzarten aufgeforstet, ..., und wir*

Abb. 1. Förderbrückentagebau Reichwalde. Um das Kohleflöz zugänglich zu machen, muß im Tagebau das Deckgebirge umgeschichtet werden. (Photo: Luftbild Heye)

Abb. 2. Im Muskauer Faltenbogen. Nach dem Bergbau füllen sich die Restseen mit Wasser, die Ufer werden bepflanzt. (Photo: Drebenstedt)

erhalten ein Landschaftsbild, das wir nicht mehr missen möchten ... Der Bergbau vernichtet nichts, sondern schafft neue Kulturwerte (Heusohn 1929).

Landschaftlich reizvolle Gebiete aus jener Zeit, z. B. die Restseengebiete um Döbern [Karte B2 (s. Einführung zum Teil 2, Das Lausitzer Braunkohlenrevier, Pflug), L16] und Kromlau-Gablenz (Karte B2 L18, Abb. 2) zeugen für die Kraft der Natur bei der Besiedlung von Bergbaufolgelandschaften. Auch Teichgebiete, wie das Peitzer (Karte B2 N46), verdanken ihre Entstehung dem Bergbau – der Gewinnung von Raseneisenerz.

2 Entwicklung des Braunkohlenabbaues und der Wiedernutzbarmachung in der Lausitz

In der Lausitz wurden durch den Braunkohlenbergbau bis zum 1.1.1997 ca. 77 558 ha Land in Anspruch genommen, d. h. abgegraben oder mit Halden überschüttet (Karte A2, s. Einführung zum Teil 2, Das Lausitzer Braunkohlenrevier, Pflug). Diese Fläche wurde für den Braunkohlenabbau aus insgesamt 42 Tagebauen benötigt.

Darüber hinaus sind in der Lausitz etwa 5 000 ha Landinanspruchnahme dem sog. Altbergbau ohne Rechtsnachfolge zuzuschreiben. Dabei handelt es sich um stillgelegte Kohlegruben (Tief- und Tagebaue) aus der fast 100jährigen Bergbaugeschichte vor 1945, die in der Folge durch kein Bergbauunternehmen weiter genutzt wurden. Dazu gehören z. B. die Abbaugebiete im Muskauer Faltenbogen, bei Drebkau (Merkur) sowie bei Annahütte. Andere Altbergbaugebiete wurden inzwischen nach dem tieferliegenden Flöz erneut überbaggert.

Die Größe des durch den Braunkohlenbergbau in der Lausitz bisher in Anspruch genommenen Gebietes (ca. 82 600 ha) läßt sich etwa mit der Fläche des Landes Berlin (88 300 ha) oder der Fürstentümer Liechtenstein und Andorra zusammen vergleichen.

Entsprechend der regionalen Gliederung entfallen knapp zwei Drittel der bergbaulichen Landinanspruchnahme auf das Land Brandenburg (50 082 ha) und ca. ein Drittel auf den Freistaat Sachsen (27 476 ha).

Die bergbaulich in Anspruch genommene, bereits stark anthropogen veränderte Landschaft wies vor dem Eingriff folgende Nutzungsstruktur auf (Abb. 3):

- 60 % Forstliche Nutzung
- 31 % Landwirtschaftliche Nutzung
- 1 % Wasserfläche
- 8 % Sonstige Nutzungen (Siedlungen, Infrastruktur etc.)

Durch den bergbaulichen Eingriff waren und sind auch zahlreiche geschützte Natur- und Landschaftsgebiete in Anspruch genommen bzw. beeinflußt worden. Als Beispiel sei die Teilinanspruchnahme des Naturschutzgebietes Grünhaus durch den Tagebau Kleinleipisch erwähnt. Die Karte B2 zeigt deutlich die Verzahnung von landschaftlich wertvollen Landschaftsteilen mit dem Braunkohlenabbaugebiet. Sie besitzen besondere Bedeutung als Rückzugsareale für die durch den Abbau verdrängten Arten und als Ausgangbasis für die Wiederbesiedlung nach dem Bergbau. Zahlreiche Bergbaufolgelandschaften haben selbst bereits diese Funktionen im Biotopverbund übernommen.

Der Landinanspruchnahme steht per 1.1.1997 im Lausitzer Braunkohlenrevier eine Wiedernutzbarmachung von 40 660 ha gegenüber. Das entspricht einem Flächenanteil an der Landinanspruchnahme von 52,4 % und teilt sich etwa proportional der Landinanspruchnahme auf das Land Brandenburg (25 889 ha) und den Freistaat Sachsen (14 726 ha) auf. Im Resultat der unterschiedlichen Nutzungsstrategien der Bergbaufolgelandschaft in den vergangenen Jahrzehnten ergibt sich auf den Kippen und Halden heute folgendes Bild (Abb. 3):

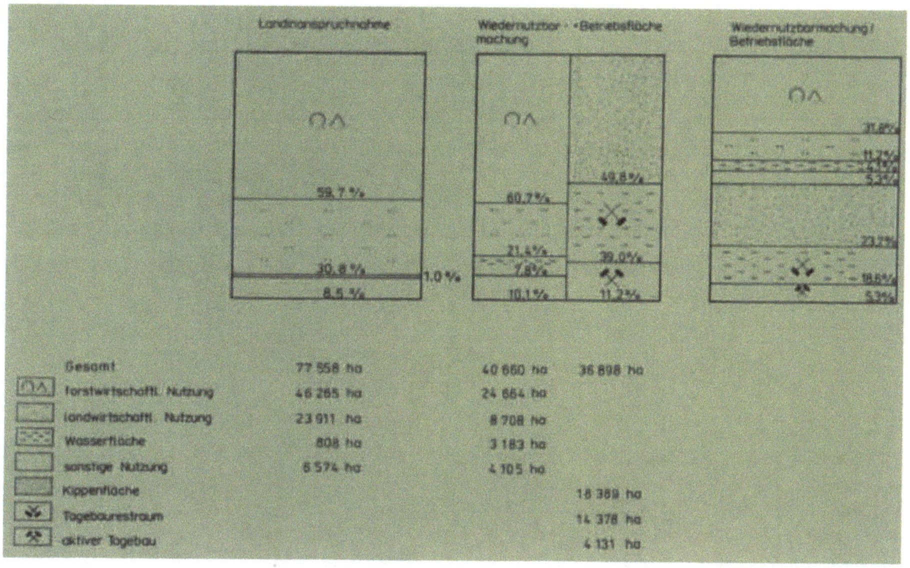

Abb. 3. Bilanzierung der Landinanspruchnahme und Wiedernutzbarmachung im Lausitzer Braunkohlenrevier. (Stand 1.1.1997)

- Der Anteil der Forsten und Wälder auf Kippen entspricht mit ca. 60 % der vorbergbaulichen Situation; der Anteil der landwirtschaftlich nutzbaren, gehölzfreien Flächen verringerte sich zugunsten der Wasserfläche auf 22 %.
- Die Wasserflächen selbst nehmen derzeit bereits die 4fache Größe gegenüber dem Landschaftsbild vor dem Bergbau ein. Diese Tendenz wird sich weiter verstärken und bedeutet die gravierendste Veränderung der naturräumlichen Gegebenheiten im Bergbaugebiet.

Von den 36 898 ha Betriebsfläche, die noch nutzbar zu machen sind, entfallen schon heute ca. 14 400 ha auf potentielle Wasserflächen in ausgekohlten Abbauräumen, für die aus geotechnischen, hydrologischen und anderen Gesichtspunkten die Wasserbereitstellung zur endgültigen Gestaltung und Nutzung noch nicht erfolgen konnte. Unter Berücksichtigung dieses Potentials würde der Anteil der Wasserfläche in der heutigen Bergbaufolgelandschaft bereits fast 23 % betragen.

Weitere ca. 18 400 ha Betriebsfläche sind dem künftigen Festland, einschließlich Uferböschungen, zuzuordnen. Die restlichen ca. 4 100 ha werden in den noch aktiven Tagebaubereichen für die Kohleförderung benötigt.

Die Satellitenbildkarte mit Auswertung der Vitalität der Vegetation (Abb. 4) zeigt die noch offenen Wunden des Braunkohlenbergbaues in der Lausitz. Daneben ist deutlich die bereits vorhandene nachbergbauliche Seenlandschaft zu erkennen. Ältere Rekultivierungsgebiete lassen sich nicht mehr vom natürlichen Umfeld unterscheiden (vgl. Karte A2).

Für die Rekultivierungsrückstände im Lausitzer Revier gibt es eine Reihe gesellschaftlich bedingter Ursachen. Zu nennen wären die bis 1922 rechtlich nicht geforderte Wiedernutzbarmachung, die kriegswirtschaftlich bedingte Unterlassung der Wiedernutzbarmachung und die Zwänge in den Aufbaujahren danach sowie die Autarkiebestrebungen der DDR, die zum Ausbau der Lausitz zum Kohle- und Energiezentrum führten.

Die Abb. 5 veranschaulicht die Entwicklung der Flächenbilanz ab 1945 in der Lausitz. Demnach lassen sich vier charakteristische Etappen unterscheiden:

- 1. Etappe: Zwischen 1945 und 1965, in der Aufbauphase nach dem Krieg, nahm die Landinanspruchnahme stetig von jährlich 300 ha auf 1 300 ha zu. Die Wiedernutzbarmachung blieb zurück, so daß sich die bereits 1945 vorhandenen ca. 10 000 ha Betriebsfläche um weitere 10 000 ha vergrößerten. Für diese Phase war, wie bereits zuvor, die Aufforstung der Kippen bestimmend. Ziel der Wiedernutzbarmachung war zunächst die schnelle Begrünung der Kippen und Halden. Auf der Suche nach den geeignetsten Verfahren wurde experimentiert. Nicht alles gelang, dafür manches zufällig. Insgesamt belief sich der Bestand an wiedernutzbargemachten Flächen 1965 auf knapp 10 000 ha im Revier.
- 2. Etappe: Im Zeitraum von 1965–1980 stabilisierte sich der jährliche Flächenbedarf zur Kohlefreilage auf ca. 1 500 ha. Im Mittelpunkt der Wiedernutzbarmachung standen die Herrichtung leistungsfähiger land- und forstwirtschaftlicher Nutzflächen sowie von Erholungsgebieten. Die Wiedernutzbarmachung stand der Landinanspruchnahme fast ausgeglichen gegenüber. 20 000 ha wurden in 15 Jahren wiedernutzbargemacht.
  Der Aufschluß von Folgetagebauen sowie die Schaffung gesetzlicher Regelungen und wissenschaftlicher Grundlagen, insbesondere zur Melioration tertiärer Kippen, Anfang der 60er Jahre, waren entscheidende Voraussetzungen für diese zielstrebige Wiedernutzbarmachung. Ab Mitte der 60er Jahre

Abb. 4. Satellitenbildkarte des Lausitzer Braunkohlenreviers (Landsat TM 1995; Aufnahmeentfernung: 705 km; Sprektralkanäle: 0,45-0,52 μm, 0,52-0,6 μm, 0,60-0,69μm). (Herausgeber: LAUBAG)

gewann die Herrichtung landwirtschaftlich nutzbarer Kippenflächen zunehmend an Bedeutung. Sie machten jährlich über 20 % der Wiedernutzbarmachung aus. Die bestehenden Rekultivierungsrückstände konnten jedoch nicht aufgeholt werden. Während die Altbergbaugebiete mit dem Abraum aus den aktiven Tagebauen saniert wurden, verlagerten sich die Betriebsflächen in diese aktiven Tagebaue. Beispiele für erfolgreiche Rekultivierungen aus dieser Zeit sind die ehemaligen Tagebaufelder Domsdorf-Tröbitz, Schlabendorf-Nord, Greifenhain (alt) und Laubusch.

Landschaftsökologie und Naturschutz spielten in dieser Etappe nur eine untergeordnete Rolle. Trotzdem entstanden, insbesondere im Zusammenhang mit der Restseegestaltung, zahlreiche reizvolle Bergbaufolgelandschaften, die zum Teil später einen Schutzstatus erhielten, so z. B.:

- Das Landschaftsschutzgebiet Brieskow-Finkenheerd mit dem Helenesee (250 ha) bei Frankfurt/Oder (ehemalige Grube „Helene“)
- Das Naturschutzgebiet Insel im Senftenberger See (Karte B2 N 67, 280 ha, ehemaliger Tagebau Niemtsch)
- Das Naturschutzgebiet Mariensumpf (Karte B2 N 5, 26 ha) im Innenkippenbereich des Tagebaues Meuro bei Senftenberg
- Das Landschaftsschutzgebiet um den Halbendorfer See (Karte B2 L 19, 65 ha) bei Weißwasser (ehemaliger Tagebau Trebendorfer Felder)

Abb. 5. Historische Entwicklung der Landinanspruchnahme und Wiedernutzbarmachung im Lausitzer Braunkohlenrevier

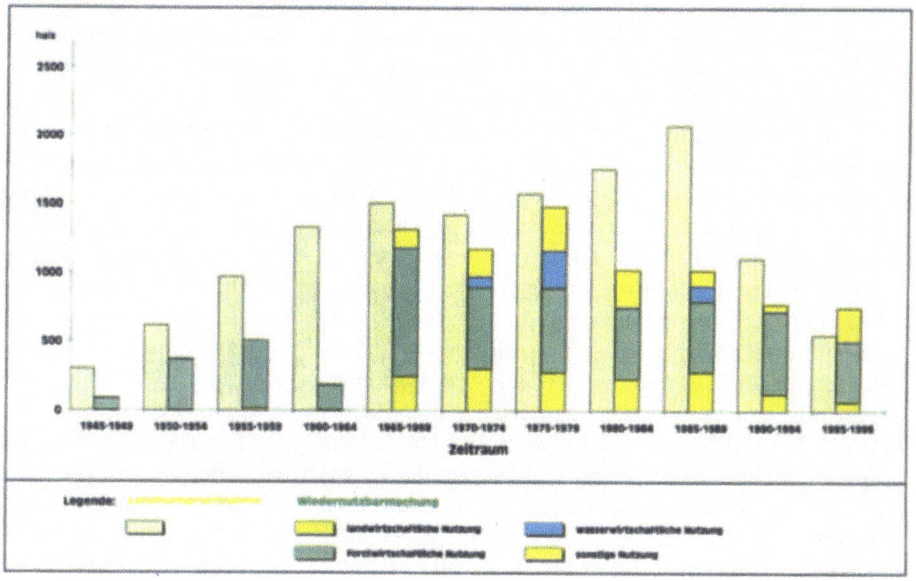

- Die Landschaftsschutzgebiete Knappen- und Silbersee (Karte B2 L10, L11, rund 600 ha) bei Hoyerswerda (ehem. Tagebaue Werminghoff I und II)

- 3. Etappe: Die Flächenbereitstellung zur Wiedernutzbarmachung ging in den 80er Jahren auf knapp 1 000 ha/a spürbar zurück, während der Flächenbedarf zur Kohlefreilage von 200 Mio. t/ Jahr auf über 2 000 ha/Jahr anwuchs. Eine Vergrößerung der Rekultivierungsrückstände um 9 000 ha in nur einem Jahrzehnt war das Ergebnis dieser Entwicklung.

  Die mit der Standortgenehmigung für einen Tagebau verbundene Forderung nach Rekultivierung wurde staatlicherseits zugunsten der Energiebereitstellung und mangels Investitionen in die Zukunft verschoben. Künftige Abraummassenüberschüsse aus ungünstigeren Lagerstättenteilen oder Folgetagebauen sollten die neu entstandenen Rückstände ausgleichen.

- 4. Etappe: Mit der Wiedervereinigung Deutschlands 1990 verlor die Braunkohle angesichts der konkurrierenden Energieträger Öl, Gas und Steinkohle in den neuen Bundesländern an Bedeutung. Der Anteil an der Deckung des Primärenergiebedarfs verringerte sich von ca. 70 % (1989) auf weniger als 40 % (1995) bei gleichzeitiger Reduzierung des absoluten Bedarfes im Jahr 1995 auf 56 % des Jahresbedarfs von 1989. An der Bruttostromerzeugung in den neuen Bundesländern ist die Braunkohle zwar mit über 80 % weiter wichtigster Rohstoff, die absolute Größe verringerte sich aber auch auf diesem Markt auf ca. 70 % des Wertes von 1989.

Die Kohleförderung verringerte sich dementsprechend in der Lausitz innerhalb von sechs Jahren dramatisch auf weniger als ein Drittel, von rd. 195 Mio. t im Jahr 1989 auf rd. 63,6 Mio. t im Jahr 1996. In der Folge mußten Produktionsstätten geschlossen werden. Während 1989 aus 17 Tagebauen ohne Unterbrechung Kohle gefördert wurde, deckten 1997 noch sieben Tagebaue mit teilweise stark gedrosselter Förderung den Kohlebedarf. Die notwendige Landinanspruchnahme für die Kohleförderung verringerte sich 1996 auf 412 ha. 49 ha wurden im Rahmen der Bergbausanierung u. a. für Böschungsabflachungen neu in Anspruch genommen. Der nach einem Anpassungsprozeß im Revier 1993 einsetzende Trend einer ausgeglichenen Wiedernutzbarmachungsbilanz führte 1996 erstmals zu einer positiven Bilanz für die Wiedernutzbarmachung.

Bei der Wiedernutzbarmachung steht heute, lausitztypisch, die forstwirtschaftliche Rekultivierung im Vordergrund. Ziel ist die Schaffung von Voraussetzungen für die Entwicklung einer mehrfach nutzbaren Landschaft, die land- und forstwirtschaftlichen Betrieben ebenso Platz bietet, wie dem erholungssuchenden Menschen und verdrängten Pflanzen- und Tierarten. Der ökologische und touristische Aspekt gewinnt mit dem Rückgang der wirtschaftlichen Bedeutung der intensiven Landnutzung auf den kargen Lausitzer Böden zunehmend an Bedeutung.

Die Stillegung von Tagebauen und die nicht mehr notwendigen geplanten Neuaufschlüsse führten in einigen Förderräumen zu einer schlagartigen Unterbrechung der technologischen Kette Gewinnung - Verkippung - Wiedernutzbarmachung. Besonders betroffen sind die Förderräume Calau (Stillegung der Tagebaue Schlabendorf-Süd, Gräbendorf, Greifenhain) und Lauchhammer (Stillegung der Tagebaue Klettwitz und Klettwitz-Nord).

Die früheren Rekultivierungskonzepte gehen nicht mehr auf. Es fehlt der Abraum zum Verfüllen von ausgekohlten Abbauräumen über das Niveau des künftigen Grundwasserspiegels, zum Verfüllen von Restlöchern zur Schaffung geotechnischer Sicherheit sowie zum Überzug von Kippen mit kulturfreundlichem Bodenmaterial.

Restriktionen gibt es auch seitens der Sümpfungswasserbereitstellung. Gebunden an die hohe Kohleförderung lag die bergbaubedingte Wasserhebung bei rd. 1,2 Mrd. m^3/Jahr. Die Hauptvorfluter Spree, Lausitzer Neiße und Schwarze Elster verloren im Bereich des ca. 2 100 km^2 erfassenden Entwässerungstrichters ihr natürliches Einzugsgebiet und die Anbindung an das Grundwasser. Ein Großteil des Sümpfungswassers wurde deshalb dezentral in das örtliche Gewässernetz abgeleitet, um die hohen Sickerverluste auszugleichen und die Abflußspende zu sichern. Naturhaushalt und Wasserverbraucher haben sich auf dieses stabile Angebot eingestellt. Trotz des Rückganges der Kohleförderung 1996 auf unter 33 %, lag die Wasserhebung noch bei 58 % (699 Mio. m^3), um den Gebietswasserhaushalt zu sichern (Arnold u. Kuhlmann 1994).

Die verantwortlichen Stellen im Land Brandenburg und im Freistaat Sachsen stehen vor der komplizierten Aufgabe, die Weichen für die Zukunft des Braunkohlenbergbaues und der Region zu stellen. Soziale und ökologische Aspekte sind dabei ebenso zu beachten, wie die Tatsache, daß die Braunkohle der einzige bedeutende subventionsfreie einheimische Energieträger der Bundesrepublik Deutschland ist und einen wichtigen wirtschaftlichen Faktor in der Region Lausitz darstellt, der direkt Wertschöpfung und Beschäftigung auslöst. Die komplexen Einflüsse auf die Planung der Wiedernutzbarmachung sind vereinfacht in Abb. 6 dargestellt und werden in den folgenden Abschnitten näher erläutert.

3
Energiepolitische Grundlagen der weiteren Braunkohlengewinnung in der Lausitz

Entscheidende Voraussetzungen für die weitere Entwicklung der Kohle- und Energiewirtschaft in der Lausitz sind energiepolitische Vorgaben auf Bundesebene sowie des Landes Brandenburg und des Freistaates Sachsen. Insbesondere berührt die Frage, welche Rolle künftig der heimischen Braunkohle an der Gesamtenergieerzeugung der Bundesrepublik Deutschland neben der subventionierten heimischen Steinkohle und den importabhängigen Energieträgern (72 % am Energieaufkommen 1996) beigemessen wird.

Diese Vorgaben haben grundlegenden Einfluß auf eine Vielzahl von Planungen, z. B.:

- Entscheidungen zu Milliarden-Investitionen zur Sanierung vorhandener Kraftwerkskapazität
- Entscheidungen zu Milliarden-Investitionen und Standorten zum Neubau von Kraftwerken, die einer Versorgungssicherheit von rd. 40 Jahren bedürfen
- Lösung wasserwirtschaftlicher Probleme in der Region
- Lösung der Sanierungsaufgaben in Verbindung mit dem aktiven Braunkohlenbergbau
- Langfristige Sicherung von Tausenden Arbeitsplätzen in der Kohle- und Energiewirtschaft und der Zulieferindustrie
- Entscheidungen zur Sicherung von Lagerstätten einheimischer Rohstoffe für kommende Generationen

Aufgrund seiner flächenhaften Ausdehnung sorgt die Braunkohlenindustrie dezentral für wirtschaftliche Im-

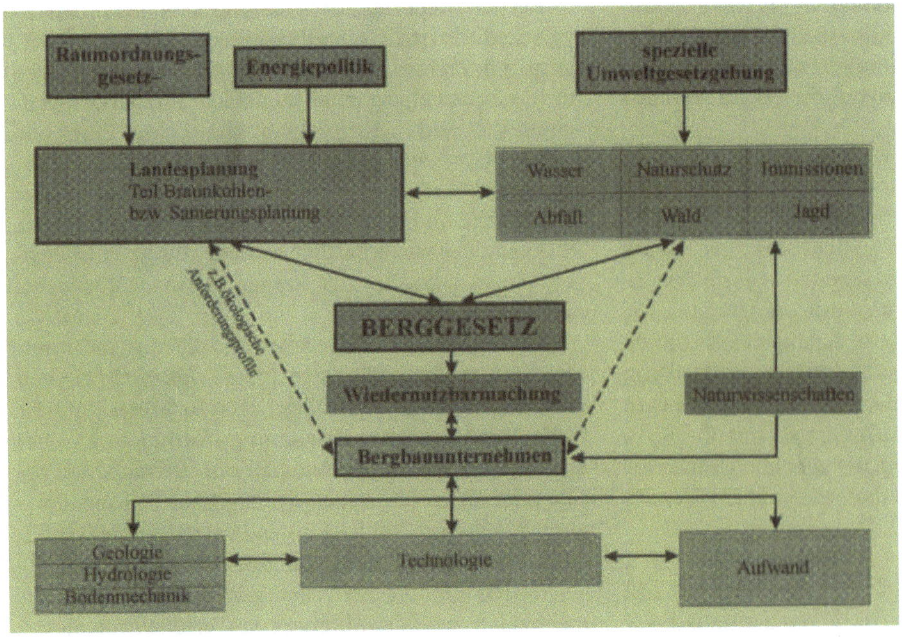

Abb. 6. Die Planung der Wiedernutzbarmachung unterliegt komplexen Einflußfaktoren. Gesetzliche Vorschriften und landesplanerische Anforderungen schaffen den Rahmen. Die bergtechnischen und wirtschaftlichen Bedingungen im Bergbaubetrieb setzen Möglichkeiten und Grenzen

pulse gegenüber Zuliefer- und Folgeindustrie, insbesondere im Mittelstand.

Auf der anderen Seite muß der Braunkohlenbergbau in ökologisch sinnvollen Grenzen betrieben werden. Dem dient z. B. die Konzentration auf wenige, leistungsstarke, wirtschaftliche und umwelttechnisch modernste Tagebaue. Eine langfristig gesicherte Kohleförderung kann so zur sozialverträglichen Anpassung der vorhandenen Wirtschaftsstruktur in der Lausitz beitragen und die Behebung der ökologischen Altlasten fördern.

Die Grundsätze und Ziele sowie Leitentscheidungen zur Brandenburgischen Energiepolitik wurden im April 1992 vorgelegt. Danach soll der Braunkohle ein angemessener Platz im Energiemix gesichert werden. Als Braunkohlenkraftwerksstandorte sollen Jänschwalde (Ertüchtigungen von 3 000 MW) und Schwarze Pumpe (Neubau von 1 600 MW) ausgebaut werden. Aus den Tagebauen Jänschwalde, Cottbus-Nord und Welzow-Süd sollen langfristig 60 Mio. t/Jahr Kohle gefördert werden. Dadurch wird die Landinanspruchnahme minimiert, die Kohlegewinnung wirtschaftlich, die Gestaltung der Bergbaufolgelandschaft effizient und die Verstromung umweltgerecht durchgeführt.

Auch das „Energiepolitische Konzept für den Freistaat Sachsen“ (1991) setzt im Energiemix auf ein sozial und wirtschaftlich sinnvolles sowie umweltverträgliches Maß an Braunkohle in der Lausitz. Am Standort Boxberg ist der Neubau von zwei 800 MW-Blöcken und die Ertüchtigung von 1 000 MW vorgesehen. In den „Leitlinien der Staatsregierung zur künftigen Braunkohlenpolitik in Sachsen“ vom Juni 1992 wird befürwortet, daß aus der Lausitz langfristig 25–30 Mio. t/Jahr Kohle gefördert werden. Die Förderung konzentriert sich auf die Tagebaue Nochten und Reichwalde. Das Energieprogramm Sachsen vom 6.4.1993 sichert die notwendige Planungssicherheit des Bergbautreibenden und der Stromwirtschaft als Voraussetzung für den Investitionsimpuls.

Die langfristige Weiterführung des Braunkohlenbergbaues in der Lausitz konzentriert sich somit auf fünf Tagebaue. Mittelfristig, bis zum Jahr 2000, werden noch die zwei Tagebaue Berzdorf (Kraftwerk Hagenwerder), und Meuro ihre Förderung einstellen. Bereits stillgelegt wurden seit 1990 die Tagebaue Gräbendorf, Schlabendorf-Süd, Olbersdorf, Klettwitz, Klettwitz-Nord, Bärwalde, Spreetal, Greifenhain, Seese-Ost und Scheibe.

4 Gesetzliche Grundlagen der Wiedernutzbarmachung

4.1 Bergrechtliche Grundlagen

Das Bundesberggesetz (BBergG) vom 13.8.1980 in der zuletzt geänderten Fassung vom 6.6.1994 hat zur Sicherung der Rohstoffversorgung u. a. den Zweck, das Gewinnen von Bodenschätzen unter Berücksichtigung ihrer Standortgebundenheit und des Lagerstättenschutzes bei sparsamem und schonendem Umgang mit Grund und Boden zu ordnen und zu fördern (§ 1, Nr. 1).

Das BBergG gilt u. a. auch für das Wiedernutzbarmachen der Oberfläche während und nach der Aufsuchung, Gewinnung und Aufbereitung von bergfreien und grundeigenen Bodenschätzen (§ 2, Abs. 1, Pkt. 2).

Die Wiedernutzbarmachung ist gem. § 4, Abs. 4 BBergG als die ordnungsgemäße Gestaltung der vom Bergbau in Anspruch genommenen Oberfläche unter Beachtung des öffentlichen Interesses, d. h. auch des Naturschutzes und der Landschaftsökologie, definiert.

Für den Bergbaubetreibenden besteht eine Betriebsplanpflicht (§ 51, Abs. 1 BBergG), d. h. der Bergbaubetrieb darf nur auf Grundlage von Plänen errichtet, geführt und eingestellt werden, die vom Unternehmen aufgestellt und von der zuständigen Behörde zugelassen worden sind.

Werden durch den Betriebsplan Aufgabenbereiche anderer Behörden oder der Gemeinden als Planungsträger berührt, so sind diese vor der Zulassung durch die zuständige Behörde zu beteiligen (§ 54, Abs. 2 BBergG).

Das gilt z. B. für die Naturschutzbehörde aus Sicht der speziellen Aufgaben des Naturschutzes und der Landschaftspflege. Anstelle des Zulassungsverfahrens nach § 54 BBergG kann unter bestimmten Umständen für Rahmenbetriebspläne (§ 52, Abs. 2a) nach § 57 a–c BBergG ein Planfeststellungsverfahren mit einer Umweltverträglichkeitsprüfung treten (Artikel 1 des Gesetzes vom 12.2.1990 UVPG).

Die Regelung des Einigungsvertrages sieht vor, daß § 52, Abs. 2a nicht für Vorhaben gilt, bei denen das Verfahren zur Zulassung des Betriebes, insbesondere zur Genehmigung eines technischen Betriebsplanes, am Tage des Wirksamwerdens des Beitritts bereits begonnen war (Anlage I, Kapitel V, Sachgebiet D, Abschnitt III Nr. 1, Buchstabe h, Doppelbuchstabe bb).

Für die 17 Tagebaue der LAUBAG, aus denen 1990 kontinuierlich Rohkohle gefördert wurde, lagen am 3.10.1990 zugelassene technische Betriebspläne und weitere mit dem Rahmenbetriebsplan vergleichbare Genehmigungen vor, z. B. Aufgabenstellungen und Grundsatzentscheidungen, gem. Verordnung über die Vorbereitung und Durchführung von Investitionen sowie Standortbestätigungen bzw. Standortgenehmigungen gem. Verordnung über die Standortverteilung der Investitionen.

Gemäß Artikel 19 des Einigungsvertrages hatten diese Genehmigungen zunächst Bestand.

Als Verordnungen gelten auch Vorschriften als Landesrecht weiter, die aufgrund des Berggesetzes der DDR oder deren Durchführungsbestimmungen erlassen worden sind und die Regelungen enthalten, die nach Art. 9 Abs. 1 Einigungsvertrag mit dem Grundgesetz und dem unmittelbar geltenden EG-Recht vereinbar sind.

Demzufolge gelten als Bergverordnung nach § 66, Pkt. 8 BBergG:

- Wiedernutzbarmachungsanordnung vom 4.11.1985
- Rekultivierungsanordnung vom 23.2.1971
- Anordnung über Halden und Restlöcher vom 12.11.1980
- Verwahrungsanordnung vom 19.10.1971

Entsprechend der weiteren Perspektive der Tagebaue sind langfristige Betriebspläne, d. h. entweder Rahmenbetriebspläne (§ 52, Abs. 2 BBergG) für die langfristig zur Weiterführung vorgesehenen Tagebaue oder Abschlußbetriebspläne (§ 53, Abs. 1 BBergG), für stillgelegte bzw. stillzulegende Tagebaue oder Betriebsteile aufzustellen. Für die Durchführung des Zulassungsverfahrens sind in Brandenburg das Oberbergamt Cottbus, in Sachsen das Bergamt Hoyerswerda zuständig.

Betriebspläne zum Errichten und Führen eines Betriebes werden nach § 55, Abs. 1, Pkt. 7 BBergG nur zugelassen, wenn die erforderliche Vorsorge zur Wiedernutzbarmachung der Oberfläche in dem nach den Umständen gebotenen Ausmaß getroffen ist.

Für die Zulassung eines Abschlußbetriebsplanes zum Einstellen eines Betriebes muß die Wiedernutzbarmachung der Oberfläche in der vom einzustellenden Betrieb in Anspruch genommenen Fläche sichergestellt sein (§ 55, Abs. 2, Pkt. 2 BBergG).

Ungeachtet der Tatsache, daß eine Umweltverträglichkeitsprüfung (UVP) gesetzlich nicht vorgeschrieben ist, wurden begleitend zu den langfristigen Betriebsplänen für alle weiter- und auslaufenden Tagebaue Ökologische Anforderungsprofile in Auftrag gegeben, die wesentliche Elemente einer UVP behandeln. Inhaltlich richten sich die Ökologischen Anforderungsprofile nach dem Kriterienkatalog vom 11.2.1992, der u. a. von der Arbeitsgruppe Braunkohlenplanung der Länder Brandenburg, Sachsen und Sachsen-Anhalt erarbeitet wurde. So werden z. B. die ökologischen Auswirkungen und Probleme der Tagebauweiterführung bzw. -sanierung erfaßt und weitergehende Maßnahmen zu deren Vermeidung, Reduzierung oder Ausgleich aufgezeigt. Grundlage bildet eine gründliche Landschaftsanalyse im Abbau- und Einwirkungsbereich der Tagebaue. Die Ökologischen Anforderungsprofile sollten einer objektiven Entscheidungsfindung zu den langfristigen Betriebsplänen im Rahmen der öffentlichen Beteiligung (Braunkohleplanverfahren nach Landesrecht) dienen.

Die Abschluß- und Rahmenbetriebspläne enthalten einen schlüssigen Vorschlag zur Gestaltung der Bergbaufolgelandschaft, die den verschiedenen Nutzungsansprüchen Rechnung trägt. Ca. 20 % der Bergbaufolgelandschaft sind dabei dem Naturschutz zugedacht, so z. B. Sukzessionsflächen, Heide- und Trockenrasenlandschaften, nachgestaltete Binnendünen, Uferzonen, Feuchtgebiete und Waldreservate. Die Sicherung des Biotopverbundes und die Einbeziehung der Tagebaurandbereiche wurden bei der Planung der Bergbaufolgelandschaft berücksichtigt.

Das Oberbergamt des Landes Brandenburg (OLB) hat zur Untersetzung der im Betriebsplanverfahren zuzulassenden Wiedernutzbarmachung eine „Richtlinie des OLB für die Wiedernutzbarmachung bergbaulich in Anspruch genommener Bodenflächen" vom 24.8.1994 herausgegeben, die insbesondere die Beschaffenheit und Eignung der Bodensubstrate sowie die Anforderungen an die land- und forstwirtschaftliche Wiedernutzbarmachung sowie an die Gestaltung von Sonderflächen für den Arten- und Biotopschutz genauer charakterisiert.

Die inzwischen zugelassenen Rahmenbetriebspläne selbst berechtigen noch nicht zur Betriebsführung. Diese wird mit dem Hauptbetriebsplan aus den Rahmenentscheidungen abgeleitet (§ 52, Abs. 1 BBergG). Die Hauptbetriebspläne liegen für alle Tagebaue vor. Für die Zulassung der Hauptbetriebspläne sind das Bergamt Senftenberg (Land Brandenburg) und das Bergamt Hoyerswerda (Freistaat Sachsen) zuständig.

Die langfristigen Betriebspläne sind in der Zulassung mit den landesplanerischen Zielen und Grundsätzen des Braunkohleplanverfahrens verkettet. Ändern sich letztere, ist der Betriebsplan durch Änderung, Ergänzung oder mittels Sonderbetriebsplan anzupassen.

4.2 Landesplanerische Grundlagen

Auf der Grundlage von eingereichten langfristigen Planungsabsichten (Betriebspläne) der Bergbauunternehmen und der Ökologischen Anforderungsprofile werden im Land Brandenburg und im Freistaat Sachsen Braunkohlenpläne und Sanierungs- bzw. Sanierungsrahmenpläne für das Braunkohlenplangebiet aufgestellt.

Ziel des Braunkohlenplanes ist es, eine langfristige sichere Energieversorgung auf Braunkohlenbasis zu ermöglichen, die zugleich umweltverträglich ist. Er enthält die Grundzüge der Oberflächengestaltung und Landschaftsentwicklung im Rahmen der Wiedernutzbarmachung. Den im Braunkohlenplan formulierten Zielen und Grundsätzen liegt die als unverzichtbar erachtete Braunkohlenförderung zugrunde, vorbehaltlich einer Neubewertung bei wesentlicher Änderung der energiepolitischen Entscheidungen. Ziel der Sanierungspläne ist es, bergbauliche Folgeschäden in den Gebieten auszugleichen, in denen der Braunkohlenabbau bereits eingestellt ist oder ausläuft.

Gemäß § 5, Abs. 1 und 2 des Raumordnungsgesetzes (ROG) vom 25.7.1991 in der Neufassung vom 28.4.1993 stellen die Länder für ihr Gebiet übergeordnete und zusammenfassende Raumordnungs- bzw. Landesentwicklungsprogramme oder -pläne auf. Da diese sowie die Regionalpläne für die Region „Lausitz - Spreewald" (brandenburgischer Teil des Reviers) und die Region

„Oberlausitz - Niederschlesien" (sächsischer Teil des Reviers) noch nicht vorliegen, ergibt sich der Sachverhalt parallel laufender Planverfahren. Erst mit dem Vorliegen der übergeordneten Planungen (Landesentwicklungsplan für den Freistaat Sachsen seit September 1994) können die Zielformulierungen in den nachgeordneten Plänen entsprechend untersetzt werden.

Die Landschaftsrahmenplanung als Instrument des Naturschutzes lief bzw. läuft ebenfalls zeitlich parallel zur Erarbeitung der Braunkohlen- bzw. Sanierungspläne und kann nur im Maß der vorliegenden Ergebnisse berücksichtigt werden.

Land Brandenburg

Im Vorschaltgesetz zum Landesplanungsgesetz und Landesentwicklungsprogramm für das Land Brandenburg vom 6.12.1991 sind die Grundsätze und Ziele der Raumordnung und Landesplanung formuliert.

Demnach sind z. B. die devastierte Landschaft durch Schaffung landschaftsgerechter Bergbaufolgelandschaft zu überwinden und umfassende Rekultivierungsprogramme zur Wiederherstellung der langfristigen Leistungsfähigkeit des Naturhaushaltes sind auszubauen.

Entsprechend § 12 des Gesetzes zur Einführung der Regionalplanung und der Braunkohlen- und Sanierungsplanung im Land Brandenburg (RegBkPlG) vom 28.4.1993 werden die Braunkohlen- und Sanierungspläne aufgestellt. Träger öffentlicher Belange werden nach § 12, Abs. 5 RegBkPlG beteiligt. Für ansässige Personen und tätige Betriebe im Braunkohlen- bzw. Sanierungsgebiet besteht Auskunftspflicht (§ 14, Abs. 4 RegBkPlG), soweit die Auskünfte und Unterlagen den Behörden nicht verfügbar sind.

Die Braunkohlen- und Sanierungspläne werden durch Rechtsverordnung der Landesregierung für verbindlich erklärt, wenn die Vereinbarkeit mit dem Regionalplan festgestellt wurde und die Genehmigung der Landesplanungsbehörde vorliegt. Genehmigungsbehörde ist das Ministerium für Umwelt, Naturschutz und Raumordnung im Einvernehmen mit den fachlich zuständigen Landesministerien.

Der Braunkohlenausschuß des Landes Brandenburg mit Sitz in Cottbus trifft die sachlichen und verfahrensmäßigen Entscheidungen zur Erarbeitung der Braunkohlen- und Sanierungspläne (§ 13 RegBkPlG).

Die Zusammensetzung des Braunkohlenausschusses ist in der Verordnung über die Bildung des Braunkohlenausschusses des Landes Brandenburg (BbgBKAusV) vom 5.4.1992, in der Fassung der Änderung vom 5.7.1994 geregelt.

Stimmberechtigt sind Vertreter der berührten Kreistage sowie ausgewählte Körperschaften und Organisationen, u. a. der Bund für Umwelt und Naturschutz Deutschland, Landesverband Brandenburg e. V., der Naturschutzbund Deutschlands, Landesverband Brandenburg e. V., Grüne Liga e. V. Cottbus und der Förderverein Kulturlandschaft Niederlausitz e. V. Über beratende Stimmen verfügen Ämter sowie der Bergbautreibende bzw. die in der Sanierung tätigen Unternehmen.

Entsprechend den Planungsräumen bereiten regionale Arbeitskreise die Entscheidungen für den Braunkohlenausschuß vor.

Im Auftrag des Braunkohlenausschusses werden durch eine gesonderte Planungsstelle der Landesplanungsbehörde, neben der Regionalen Planungsstelle „Lausitz - Spreewald", die Entwürfe für die Braunkohlen- und Sanierungspläne erarbeitet. Diese Planungsstelle nimmt gleichzeitig die Aufgaben der Geschäftsstelle des Braunkohlenausschusses wahr (§ 13 RegBkPlG).

Braunkohlenpläne können gem. § 12, Abs. 4 RegBkPlG auch stufenweise genehmigt werden, wobei für den Bergbau Vorranggebiete ausgewiesen werden können.

Freistaat Sachsen

Mit dem Gesetz zur Raumordnung und Landesplanung des Freistaates Sachsen vom 24.6.1992 (SächsLPlG) ist ebenfalls der genehmigungsrechtliche Verfahrensweg zur langfristigen Tagebauentwicklung bzw. -sanierung festgeschrieben.

Durch den Regionalen Planungsverband Oberlausitz-Niederschlesien ist als Teil des Regionalplanes für jeden Zukunftstagebau ein Braunkohlenplan, bei einem stillgelegten oder stillzulegenden Tagebau ein Sanierungsrahmenplan zu erarbeiten (§ 8, Abs. 1 SächsLPlG).

Sachliche und verfahrensmäßige Entscheidungen wurden durch den beim Regionalen Planungsverband bestellten Braunkohlenausschuß (erweiterter Planungsausschuß) getroffen (§§ 21 und 23 SächsLPlG). Im Braunkohlenausschuß verfügen nur die (10) Kommunalvertreter der Landkreise des Planungsverbandes über die beschließenden Stimmen. Die (19) Vertreter von Behörden, Ämtern, Organisationen, Vereinen und dem Bergbauunternehmen, besitzen wie die betroffenen Gemeinden über je eine beratende Stimme. Durch den Braunkohlenausschuß werden die Braunkohlen- bzw. Sanierungsrahmenpläne aufgestellt. Zur Erarbeitung der Entwürfe ist die Regionale Planungsstelle beauftragt (§ 24 SächsLPlG).

Für die Erarbeitung der Braunkohlen- bzw. Sanierungsrahmenpläne sind der Regionalen Planungsstelle vom Bergbautreibenden bzw. Träger der Sanierungsmaßnahmen alle erforderlichen Angaben zur Beurteilung der ökologischen Verträglichkeit des Vorhabens vorzulegen (§ 8, Abs. 4 SächsLPlG). Dem wurde u. a. durch die Ökologischen Anforderungsprofile und anderen speziellen Zuarbeiten der Bergbauunternehmen Rechnung getragen.

Ziele und Inhalt der Pläne sind im § 8, Abs. 2 SächsLPlG formuliert. Unter anderem sind die Grundzüge der Oberflächengestaltung und Wiedernutzbarmachung darzustellen. Der Entwurf des Braunkohlenplanes und die Angaben des Bergbautreibenden werden zur Anhörung und Unterrichtung in den betroffenen Gemeinden öffentlich ausgelegt (§ 8, Abs. 5 SächsLPlG).

Der Braunkohlenplan wird durch Satzung der Verbandsversammlung festgestellt (§ 7 SächsLPlG) und durch die Oberste Raumordnungs- und Landesentwicklungsbehörde, dem Staatsministerium für Umwelt und Landesentwicklung, im Einvernehmen mit den berührten Staatsministerien durch Genehmigung für verbindlich erklärt (§ 9, Abs. 1 SächsLPlG).

Die bergrechtlichen Betriebspläne sind mit den in den Braunkohlen- bzw. Sanierungsplänen festgesetzten Zielen der Raumordnung und Landesplanung in Einklang zu bringen (§ 12, Abs. 6 RegBkPlG, § 8, Abs. 6 SächsLPlG).

Dem einzelnen Bürger gegenüber haben die Pläne keine unmittelbare Rechtswirkung.

Aufgrund der straffen Termine, des fehlenden Vorlaufes übergeordneter Planungen und angesichts der großen Planungszeiträume können die Braunkohlenpläne nur grobe Orientierungen geben. Deshalb beinhalten die Braunkohlen- und Sanierungspläne Maßgaben zur weiteren Vertiefung insbesondere der ökologischen Untersuchungen.

Bis 1994 wurden die fünf Braunkohlenpläne für die Zukunftstagebaue und sieben Sanierungspläne für verbindlich erklärt und geben die notwendige Planungssicherheit.

4.3 Naturschutzrechtliche Grundlagen

Die Belange des Naturschutzes und der Landschaftspflege werden durch das Bundesnaturschutzgesetz (BNatSchG) vom 20.12.1976 (Fassung vom 12.3.1987) und das Brandenburgische bzw. Sächsische Gesetz über Naturschutz und Landschaftspflege (BbgNatSchG vom 29.6.1992, geändert am 15.12.1993, und SächsNatSchG vom 16.12.1992) geregelt.

Im Rahmen der Landschaftsplanung werden die Aufgaben, Ziele, Erfordernisse und Maßnahmen des Naturschutzes und der Landschaftspflege dargestellt und begründet.

Für das Land wird dazu ein Landschaftsprogramm aufgestellt. Für Braunkohlenplanungsgebiete sind Landschaftsrahmenpläne von Bedeutung. Raumbedeutende Maßnahmen der Landschaftsrahmenpläne werden nach Abwägung in den Regionalplan aufgenommen. Örtliche Belange des Naturschutzes und der Landschaftspflege werden von den Trägern der Bauleitplanung in Landschafts- und Grünordnungsplänen dargestellt und sind Bestandteil der Flächennutzungs- bzw. Bebauungspläne.

Das Bundesnaturschutzgesetz definiert als Ziel des Naturschutzes und der Landschaftspflege: Natur und Landschaft sind im besiedelten und unbesiedelten Bereich so zu schützen, zu pflegen und zu entwickeln, daß

- die Leistungsfähigkeit des Naturhaushaltes
- die Nutzungsfähigkeit der Naturgüter
- die Pflanzen und Tierwelt
- die Vielfalt, Eigenart und Schönheit von Natur und Landschaft

als Lebensgrundlage des Menschen und als Voraussetzung für seine Erholung in Natur und Landschaft nachhaltig gesichert wird [§ 1 (1) BNatSchG]. Diese Anforderungen bedürfen einer Abwägung. In den Grundsätzen des Naturschutzes und der Landschaftspflege [§ 2 (1), Pkt 5 BNatSchG] heißt es u. a.: „Beim Abbau von Bodenschätzen ist die Vernichtung wertvoller Landschaftsteile oder Landschaftsbestandteile zu vermeiden; dauernde Schäden des Naturhaushaltes sind zu verhüten. Unvermeidbare Beeinträchtigungen von Natur und Landschaft durch die Aufsuchung und Gewinnung von Bodenschätzen und durch Aufschüttung sind durch Rekultivierung oder naturnahe Gestaltung auszugleichen.

Vermeidbare Beeinträchtigungen von Natur und Landschaft sind zu unterlassen. Unvermeidbare Beeinträchtigungen sind vom Verursacher zu beseitigen oder auszugleichen. Ausgeglichen ist ein Eingriff, wenn nach seiner Beendigung keine erhebliche oder nachteilige Beeinflussung des Naturhaushaltes zurückbleibt und das Landschaftsbild landschaftsgerecht wiederhergestellt oder neu gestaltet ist. Ist ein Eingriff nicht ausgleichbar, aber zulässig, so hat der Verursacher die zerstörten Werte und Funktionen an anderer Stelle in ähnlicher Art und Weise wiederherzustellen oder eine Ausgleichsabgabe zu entrichten" (s. auch § 12–15 BbgNatSchG, § 9 SächsNatSchG).

Für die Zulassung eines bergbaulichen Eingriffs, dargestellt im Betriebsplan, ist das Bergamt zuständige Behörde. Sie hat die erforderlichen Entscheidungen und Maßnahmen des Naturschutzes und der Landschaftspflege im Benehmen mit der Naturschutzbehörde gegenüber dem Bergbautreibenden zu treffen (§ 17 BbgNatSchG; § 10 SächsNatSchG).

Oberste Naturschutzbehörden sind in Brandenburg und Sachsen gleichzeitig die Obersten Landesplanungsbehörden, d. h. die Ministerien für Umwelt, Naturschutz und Raumordnung bzw. für Umwelt und Landesentwicklung, die auch die Braunkohlen- bzw. Sanierungspläne genehmigen. Das Landesumweltamt ist in Brandenburg Fachbehörde für Naturschutz und Landschaftspflege (§ 52 BbgNatSchG). Untere Naturschutzbehörden sind in Brandenburg und Sachsen die Landkreise bzw. kreisfreie Städte. Im Freistaat Sachsen fungieren außerdem die Regierungspräsidien als höhere Naturschutzbehörde. Fachlich werden die Untere und Höhere Naturschutzbehörde in Sachsen durch das Staatliche Umweltfachamt, die Oberste Naturschutzbehörde durch das Landesamt für Umwelt und Geologie, unterstützt (§ 40 SächsNatSchG).

Zur Umsetzung der betreffenden Richtlinien der Europäischen Union in nationales Recht ist eine Änderung des Bundesnaturschutzgesetzes vorgesehen. Hierbei geht es insbesondere um Regelungen zu Eingriffen mit nachteiligen Auswirkungen auf die nach der Richtlinie 92/43/EWG (Flora-, Fauna-, Habitat-(FFH-) Richtlinie) des Rates vom 21.5.1992 zur Erhaltung der natürlichen Lebensräume sowie der wildlebenden Tiere und Pflanzen zu schützenden Gebiete. Diese besonderen Schutzgebiete sollen in einem europäischen, ökologischen Netz „Natura 2000" erfaßt werden. Zu „Natura 2000" gehören auch die aufgrund der EG-Vogelschutzrichtlinie ausgewiesenen Schutzgebiete.

5 Bergtechnische Grundlagen der Wiedernutzbarmachung

5.1 Einfluß der Geologie, Hydrologie und Gebirgsmechanik auf die Planung der Wiedernutzbarmachung

5.1.1 Geologische Ausgangssituation

Die geographische Lage und der geologische Aufbau eines Gebietes prägen wesentlich seinen landschaftlichen Charakter, die Naturausstattung und natürliche Leistungsfähigkeit.

Geländerelief sowie Klima, Wasser, Böden und andere abiotische Standortfaktoren sind für das Landschaftsbild, die Landnutzung und das Leben in der Landschaft bestimmend.

Aber auch die Entstehung von Bodenschätzen ist an geogene Prozesse gebunden und stellt den natürlichen Reichtum einer Region dar. Durch die menschliche Tätigkeit, insbesondere den Tagebaubetrieb, wird erheblich in die relativ stabilen, natürlichen Systeme eingegriffen. Es werden Berge versetzt, Flüsse verlegt, Grundwasserleiter zerstört, Deckgebirgsschichten umgelagert.

Für die Planung der Bergbaufolgelandschaft ist es bedeutend, die Zusammenhänge zwischen der geologischen Situation und der sich auf dieser Basis einstellenden natürlichen Gegebenheiten zu kennen, um sie bewußt bei der Gestaltung der Bergbaufolgelandschaft einzusetzen. Nur so können sich wieder stabile landschaftliche Systeme entwickeln. Fehler bei der Landschaftsgestaltung korrigiert die Natur selbst, wobei erhebliche Schäden entstehen können. Um diese zu vermeiden, ist von der Natur ständig zu lernen.

Das Lausitzer Braunkohlenrevier befindet sich im Südosten des Norddeutschen Tieflandes. Die landschaftliche Prägung verdankt die Lausitz im besonderen Maße dem quartären Eiszeitalter, dessen Gletscher 6mal bis hierher vorstießen (Nowel et al.1994).

An der Oberflächengestaltung der Lausitz sind dann auch die morphologischen Formen der glazialen Serie maßgeblich beteiligt. Dies sind (Abb.7):

- Endmoränen, d. h. aufgestauchte und aufgeschüttete Wälle an der Stirnseite der Endlage einer Inlandvereisung
- Sander, die durch Sedimentation der Schmelzwässer, die von den Endmoränen abflossen, entstanden sind
- Urstromtäler, die den Endmoränen vorgelagert sind und die als Abflußbahnen für die Schmelzwässer dienten
- Glaziale Hochflächen im Hinterland der Endmoränen, auf denen die ausgetauten Grundmoränen lagern und in denen sich später eiszeitliche Seen oder Becken herausbildeten

Von Nord nach Süd läßt sich das Lausitzer Braunkohlenrevier quartär geologisch-morphologisch in nachstehende Strukturen untergliedern (Abb. 8):

- Das Jungmoränengebiet der letzten Vereisung, die das Gebiet im Nordosten erreichte (Brandenburger Stadium der Weichselkaltzeit) mit Endmoräne, weiten Sandern und Grundmoränenplatte, für die zahlreiche Seen charakteristisch sind
- Das Baruther Urstromtal, als Schmelzwasserabflußbahn der Weichselkaltzeit
- Der Niederlausitzer Landrücken, das geomorphologische Hauptelement im Zentrum der Niederlausitz, das mit Endmoränen und Sanderbildungen die Haupteisrandlage der Saale III-Vereisung (Lausitz-Kaltzeit) markiert. Im nördlichen Hinterland befinden sich glaziale Hochflächen und Beckenniederungen, die in das Baruther Urstromtal einmünden
- Das Altmoränengebiet der Saale-II-Vereisung südwestlich des Niederlausitzer Landrückens mit quartären und tertiären Hochflächen sowie Beckenniederungen
- Das Lausitzer Urstromtal, die Abflußbahn der saalekaltzeitlichen Schmelzwässer
- Das Altmoränengebiet südlich des Lausitzer Urstromtales mit Überleitung zum Oberlausitzer Berg- und Hügelland

Als weitere morphologische Besonderheiten in der Lausitz sind zu erwähnen:

- Der weite Schwemmkegel der Spree von Süden in das Baruther Urstromtal, mit der Herausbildung des Spreewaldes

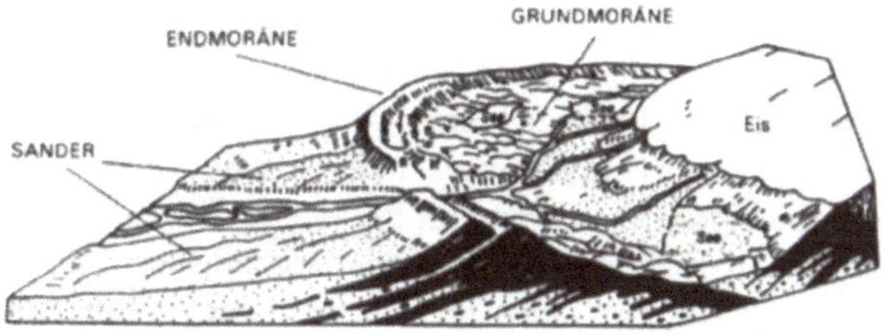

Abb. 7. Schematisches Blockbild der wichtigsten morphologischen Formen der glazialen Serie. (n. Viete, in Nowel et al. 1994)

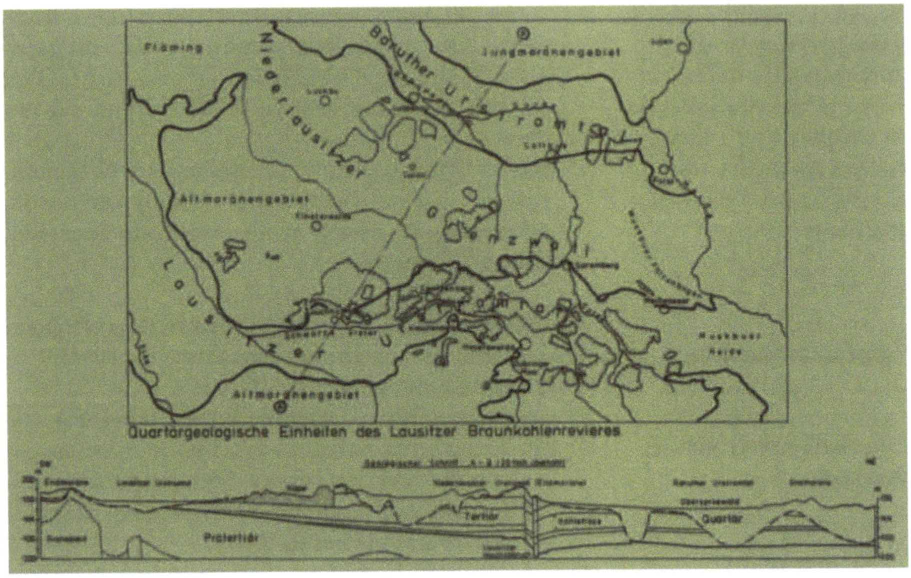

Abb. 8. Quartärmorphologische Gliederung des Lausitzer Braunkohlenreviers

- Die Binnendünenaufwehungen im Baruther- und insbesondere im Osten des Lausitzer Urstromtales
- Die Moorbildungen (u. a. Dubringer Moor)
- Die Durchragungen des Prätertiar, südlich des Lausitzer Urstromtales, aus Lausitzer Grauwacke und Granodiorit, als einer der nördlichsten, der Koschenberg

Das Gelände fällt generell mit dem prätertiären Untergrund nach Norden ein. Als Hauptflüsse folgen dieser Richtung im Westen die Elster, östlich Spree und Neiße. Während die Elster bereits im Lausitzer Urstromtal nach Westen zur Elbe abbiegt, folgt die Spree dieser Richtung im Baruther Urstromtal, nachdem sie den Lausitzer Grenzwall passierte. Die Neiße fließt nach Norden in die Ostsee ab.

Die quartären Ablagerungen bestehen aus Geschiebemergel, Schmelzwassersanden und -kiesen sowie glazilimnischen Schluffen und Tonen, seltener aus Flußsanden und -kiesen, sowie limnischen Schluffen, Tonen, Mudden, Torfen u. a.

Unter dem teilweise nur wenige Meter mächtigen Quartär lagert das den Hauptteil an Lockergestein bildende, 150–200 m mächtige Tertiär mit einer Folge von Feinsanden, Schluffen, Tonen und den Braunkohlenflözen. Insgesamt sind in der Niederlausitz sieben Braunkohlenflöze vorhanden, von denen gegenwärtig einzig das 2. Lausitzer Flöz von wirtschaftlicher Bedeutung ist. Das oberflächennahe, nur im Bereich tertiärer Hochflächen innerhalb und südlich des Niederlausitzer Landrückens erhaltene 1. Lausitzer Flöz ist in der Vergangenheit bereits weitgehend abgebaut worden.

Das im zentralen Revier um Klettwitz-Senftenberg-Welzow-Nochten eine Mächtigkeit von 10–14 m erreichende 2. Lausitzer Flöß beinhaltet ca. 13 Mrd. t wirtschaftlich gewinnbarer Kohle, d. h. ein Viertel der Braunkohlevorräte in der Bundesrepublik Deutschland, wovon derzeit ca. 2 Mrd. t zum Abbau geplant sind. Das Flöß ist großflächig verbreitet und weitestgehend söhlig abgelagert. Die Abraumüberdeckung beträgt 50–100 m, lokal etwas darüber. Tektonische Prozesse im Untergrund sowie eiszeitliche Kräfte an der Oberfläche haben das Flöß lokal deformiert. Im Bereich des Muskauer Faltenbogens wurde das Flöß z. B. bis an die Oberfläche aufgefaltet. Die Wirkung der eiszeitlichen Prozesse reicht stellenweise bis auf den prätertiären Untergrund. So ist auch der vormals zusammenhängende Komplex des 2. Lausitzer Flözes durch tiefe Erosionsrinnen in einzelne Felder zergliedert. Die Rinnenstrukturen verlaufen in der Vorstoßrichtung des Eises und quer dazu (Abb. 9).

Die Oberlausitzer Tagebaue Berzdorf und Olbersdorf in der Nähe von Görlitz bzw. Zittau nehmen als Beckenlagerstätten mit nur geringer Ausdehnung eine Sonderstellung ein. Sie verdanken ihre Entstehung tektonischen Senkungsvorgängen im Tertiär. Charakteristisch ist die große Mächtigkeit des Flözkomplexes (stellenweise über 100 m), deren einzelne Schichten sehr unterschiedlich einfallen und mächtig sind. Das geringmächtige quartäre Deckgebirge im Zittauer Becken besteht aus Löß- und Gehängelehm.

5.1.2
Einfluß der geogenen Faktoren auf die Planung der Wiedernutzbarmachung

Lagerstättenparameter
Die Zusammensetzung und die Mächtigkeit des Deckgebirges, die Größe der Lagerstätte sowie das Einfallen des Liegenden der Kohle sind maßgeblich für die Aus-

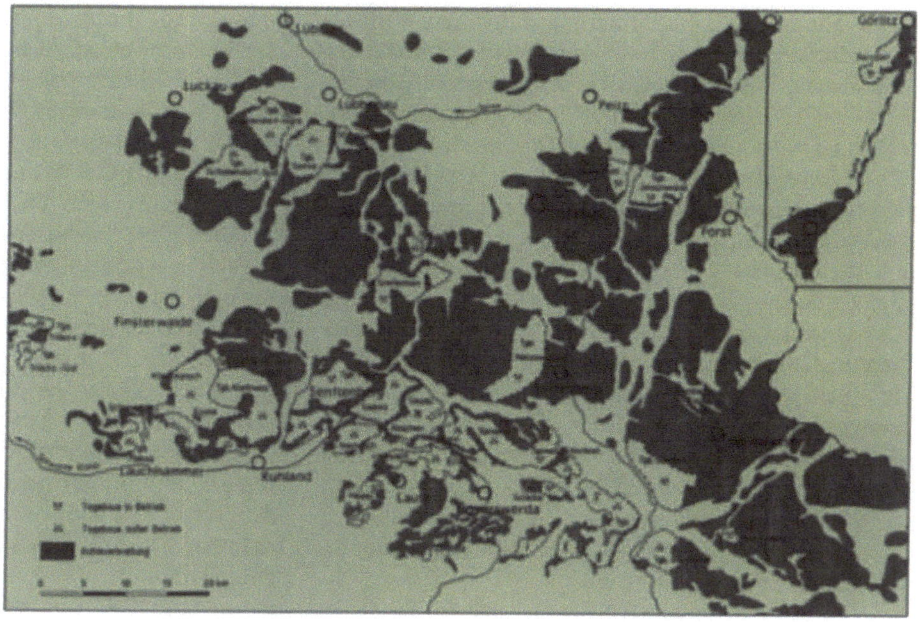

Abb. 9. Verbreitung des 2. Lausitzer Flözes. Tiefe, kohlenfreie Erosionsrinnen trennen die Tagebaufelder

wahl der Technik und Technologie zur Abraumbeseitigung und -verkippung. Die speziellen Bedingungen in der Lausitz führten zur Entwicklung der kontinuierlich arbeitenden Förderbrückentechnologie, die 1924 erstmals im Tagebau Plessa erprobt wurde.

Nach dem Kohle-Abraum Verhältnis wird unter Beachtung der Tagebausicherheit die günstigste Stelle für den Tagebauaufschluß und die Abbauentwicklung festgelegt. Die zur Kohlefreilage notwendige Landinanspruchnahme wird hauptsächlich durch die Kohlemächtigkeit bestimmt. Aufgrund der mit ca. 10 m relativ geringen Kohlemächtigkeit, werden zur Förderung von 1 Mio. t Kohle in der Lausitz ca. 10 ha Land benötigt.

Kulturwert des Deckgebirges

Aus Sicht des Kulturwertes der Deckgebirgsschichten, d. h. für die Eignung bei der Wiedernutzbarmachung, sind die quartären, insbesondere bindigen Substrate von besonderem Interesse für eine landwirtschaftliche bzw. anspruchsvolle forstliche Nutzung.

Die tertiären Substrate sind meist schwefelhaltig und weisen dadurch extreme bodenchemische Eigenschaften auf, die eine Vegetation verhindern. Gelangen diese kulturfeindlichen Substrate an die Kippenoberfläche, sind vor der Inkulturnahme bodenverbessernde Maßnahmen, die Grundmelioration, unerläßlich. In erster Linie betrifft dies die nachhaltige Stabilisierung des Säurehaushaltes im Boden (Illner u. Katzur 1964).

Hydrologische Verhältnisse

Der Grundwasserstand nach dem Bergbau wird durch die freien Wasserspiegel der Restseen und die Durchlässigkeitsbeiwerte der Kippenkörper beeinflußt. Die Kenntnis der künftigen Grundwasserstände ist eine entscheidende Planungsgrundlage und wird über Modelle prognostiziert, in die alle relevanten Daten eingehen (Niederschläge, Zuflüsse, Versickerung, Wasserhebung etc.). Dabei ist u. a. zu beachten, daß die neuen Grundwasserstände zu lokalen Vernässungen von vor dem Bergbau grundwassernahen Standorten und ggf. auch Kippen führen können.

Weitere, für die Planung der Bergbaufolgelandschaft wichtige Fragen sind die Wasserbereitstellung für die Restseeflutung und die Sicherung der Wasserqualität. Die Planung der Oberflächenentwässerung der Kippe sowie der Zu- und Auslaufbauwerke zum Restsee erfolgt unter Beachtung der Anbindung an das natürliche Gewässernetz.

Die im Zusammenhang mit dem Tagebaubetrieb notwendige Entwässerung zeigt in Abhängigkeit von der Verbreitung durchlässiger Schichten und Rinnen weit über das unmittelbare Abbaugebiet hinaus Wirkung. Die Kenntnis der Reichweite der Entwässerung und ihre Wirkung auf den Naturraum bilden die Grundlage zur Planung entsprechender gegensteuernder Maßnahmen (Dichtungswände, Infiltrationsanlagen, Wassereinleitung in Gewässer u. a.; Arnold u. Kuhlmann 1994).

Bodenmechanik

Bei der Planung der Geländeoberfläche von Kippen sind das Setzungs-, Sackungs- und Verflüssigungsverhalten des verkippten Materials zu berücksichtigen. Die Eigensetzung der Kippe durch ihre Last und die Sackung bei Grundwasseranstieg können in der Summe 2–2,5 % der Kippenhöhe betragen. Verläßliche Angaben sind im Einzelfall zu ermitteln.

Ist der Abstand der Kippenoberfläche zum Grundwasser zu gering und neigt das Kippenmaterial zur Verflüssigung, können durch Erschütterungen (Betreten, Verkehr) Grundbrüche auftreten. Der Flurabstand nach Abklingen der Setzungen und Sackungen sollte in diesem Fall mindestens 2 m betragen. Ein Sonderfall sind in diesem Zusammenhang Kippenbereiche, die sich künftig als Inseln oder Flachwasser darstellen. Hier besteht die Alternative, die Kippe bis 2 m unter den Mindeststau abzutragen und so ein Betreten (Initial) des Seegrundes zu verhindern.

Die verkippten Materialien müssen die Standsicherheit der Kippe gewährleisten. Insbesondere an gekippten Uferböschungen können unter bestimmten Bedingungen Setzungsfließrutschungen auftreten. Nach vorliegenden Erkenntnissen muß mit solchen Verflüssigungserscheinungen immer dann gerechnet werden, wenn nachstehende Bedingungen gegeben sind (Warmbold u. Vogt 1994):

- Kritischer Wasserstand in der Kippe im Verhältnis zur Kippenhöhe (> 0,2)
- Kornband 0,09 mm < d_{50} < 1,0 mm, Feinkornanteil gering
- Kornform gerundet (typisch für quartäre Sande des Lausitzer Urstromtales)
- Geringe Lagerungsdichte (kritischer Wert wird bei der Verkippung von Sanden kaum überschritten)
- Lasteintrag (Böschungsabbruch, Strömung, Sackung, rasche Belastung)

Der Verflüssigungsvorgang wird offensichtlich dadurch ausgelöst, daß durch einen Lasteintrag das Korngerüst den Kontakt verliert und die Belastung vom Porenwasser aufgenommen wird.

Zahlreiche Setzungsfließrutschungen führten in der Vergangenheit zu bedauerlichen Verlusten an Menschen und Technik. Deshalb sind prophylaktische Maßnahmen bereits bei der Planung zu beachten, wie:

- Möglichst kurze (am besten keine) wasserumspülte Kippenböschungen
- Schüttung geeigneter Substrate (stark durchlässig – Drainage oder bindig)
- Sichere Gestaltung der Böschung, solange sie wasserfrei ist

In den Sanierungsgebieten ist die Einflußnahme auf den Kippenaufbau nur noch begrenzt möglich, da ein Großteil der Kippen bereits vollständig oder zum Teil im Wasser steht.

Die Kippen können dynamisch, z. B. mittels Sprengungen, Rüttler und Fallgewicht oder durch die Herstellung von Stützkörpern vor der gefährdeten Böschung stabilisiert werden. Die Verfahren können einzeln oder kombiniert eingesetzt werden. Als weitere Verfahren sind die Hochdruckinjektion und Porenwasserbarrieren bekannt. Auf die Auswahl des Stabilisierungsverfahrens haben insbesondere der Wasserstand in der Kippe, der Zeitraum des Wasseranstieges und die Böschungshöhe Einfluß.

Als effektives Sanierungsverfahren wassergesättigter Kippenböschungen zeichnet sich insbesondere die Sprengverdichtung ab, mit deren Hilfe im Hinterland der Böschung ein verdichteter Kippenkörper geschaffen wird, in dem eine Rutschung zum Stillstand kommen kann. In einer zweiten Phase wird vom „versteckten Damm“ aus das Vorland gesichert (Abb. 10).

Im Bereich des Dammes kommt es aufgrund der Verdichtungen zu merklichen Setzungen der Oberfläche. Die durch die Sprengung angeregte Umlagerung des Korngefüges setzt überschüssiges Porenwasser frei, das aus den Bohrungen teilweise fontänenartig herausgepreßt wird. Im Testfeld des Tagebaues Koschen führten die flächigen Setzungen von bis zu 2 m offensichtlich zu keiner Schädigung der dort stockenden ca. 20jährigen Kiefern- und Roteichenbestände.

Kann z. B. aufgrund des Risikos für zu schützende Objekte die Sprengverdichtung nicht angewendet werden, bietet sich die Rütteldruckverdichtung als Alternative an. Da dieses Verfahren im Gegensatz zur Sprengung auch im trockenen Material einsetzbar ist, kann in Abhängigkeit vom Wasserstand in der Kippe die Kombination beider Verfahren sinnvoll sein. Der Einsatz eines Fallgewichtes ist durch die Wirkung in die Tiefe begrenzt (8–15 m bei Masse < 40 t und Fallhöhe < 40 m).

Wenn die vorgenannten Verfahren auf die Erhöhung der Lagerungsdichte im Böschungsbereich abzielen, sollen ausreichend dimensionierte Stützkörper vor der Böschung ein Ausfließen verhindern. Diese Stützkörper können durch Anspülen, Abspülen oder Antransport von Material hergestellt werden, müssen auf einem sicheren Untergrund aufliegen und dürfen selbst nicht zur Verflüssigung neigen.

5.2 Technik und Technologie der Abraumbeseitigung aus Sicht der Wiedernutzbarmachung

5.2.1 Anforderungen der Wiedernutzbarmachung

Technik und Technologie der Abraumbeseitigung bestimmen mit der möglichen Qualität der Rohböden an der Kippenoberfläche und mit den Möglichkeiten der Gestaltung des Grobreliefs die maßgeblichen Standortfaktoren für die spätere Folgenutzung.

Aus diesem Grund sind bereits bei der Planung der Gerätetechnik und der Wahl der Fördertechnologie in einem Tagebau die Anforderungen an die Bergbaufolgelandschaft zu berücksichtigen. Es muß klar sein, wo Kippen und Halden räumlich entstehen können, welches Geländerelief gestaltet werden kann und welche Bodenarten zur Auswahl stehen.

Aus Sicht der Gestaltung der Oberfläche bestehen nachstehende Anforderungen:

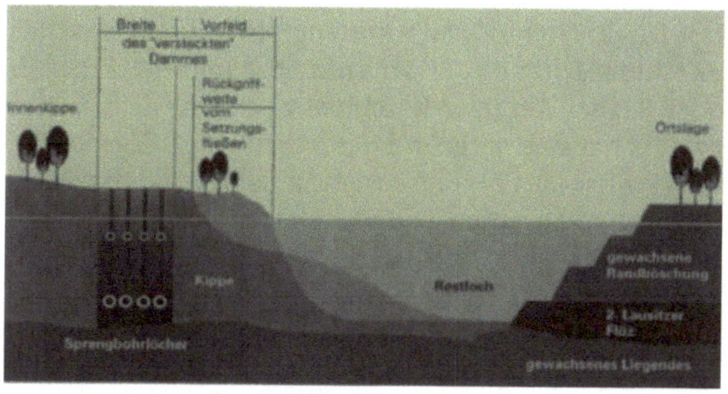

Abb. 10. Schema der Sicherung gekippter Uferböschungen durch Sprengverdichtung

- Sicherung der bergmännischen Voraussetzungen zur schnellstmöglichen Wiedernutzbarmachung, d. h. der Herstellung von sicheren Kippenflächen in der endgültigen Höhenlage unmittelbar nach der Kohleförderung
- Vermeidung später zu verfüllender Restlöcher oder noch einmal abzutragender Kippen/Halden
- Weitgehende Ausformung des Grobreliefs bereits im technologischen Hauptprozeß der Verkippung, um aufwendiges Nachplanieren zu minimieren und die gezielte Wasserableitung zur Verhinderung von Erosionen von Anfang an zu gewährleisten
- Selektive Gewinnung, Transport und Verkippung der für die Folgenutzung geeignetsten Bodenarten (die besten Böden nach oben)
- Verkippung eines homogenen Kippsubstrates mit mindestens 2 m Mächtigkeit
- Vermeidung von Verdichtungen durch Überfahren der Kippenoberfläche mit Groß- und Hilfsgeräten oder durch große Fallhöhen während der Verkippung

Um diese Anforderungen im Planungsprozeß geltend machen zu können, müssen die geologischen Ausgangsbedingungen und die angestrebten Zielnutzungen vorgeklärt sein.

5.2.2 Umsetzung der Anforderungen

Abraumgewinnung

Die Gewinnungstechnologie der Abraumschichten entscheidet über die Qualität und das Angebot an Kippsubstraten zur Oberflächengestaltung.

Zur Abraumgewinnung im Lockergestein, wie in der Lausitz, kommen kontinuierlich arbeitende, leistungsstarke Schaufelrad- und Eimerkettenbagger zum Einsatz (Abb. 11). Eingefäßbagger mit Löffel oder Zugschaufel finden nur selten, z. B. zur Beräumung grobstückigen Baggergutes (Fundamente, gesprengtes Haufwerk), Verwendung.

Moderne schwenkbare Eimerkettenbagger können auf Schienen oder Raupen gestellt im Tief- und Hochschnitt baggern und so eine große Gesamtabraummächtigkeit bis 50 m bewältigen. Mit dem Graborgan, einer bis zu 40 m langen Eimerleiter, wird das Baggergut nicht nur hereingewonnen, sondern gleichzeitig zur Baggermitte transportiert und dort direkt auf das Fördermittel übergeben. Durch die geringe Aufprallgeschwindigkeit und das hohe Antriebsmoment werden Steine im Deckgebirge relativ gut verkraftet. Nachteilig wirken sich auf die Wirtschaftlichkeit der hohe energetische Aufwand und der Verschleiß des Gerätes aus.

Aus Sicht der selektiven Gewinnung von Abraumanteilen sind Eimerkettenbagger nur wenig geeignet, da sich die Eimergefäße auf der gesamten Böschungshöhe

Abb. 11. Übersicht zu typischen Tagebaugroßgeräten für Abraumgewinnung, -transport und -verkippung in der Lausitzer Braunkohlenindustrie

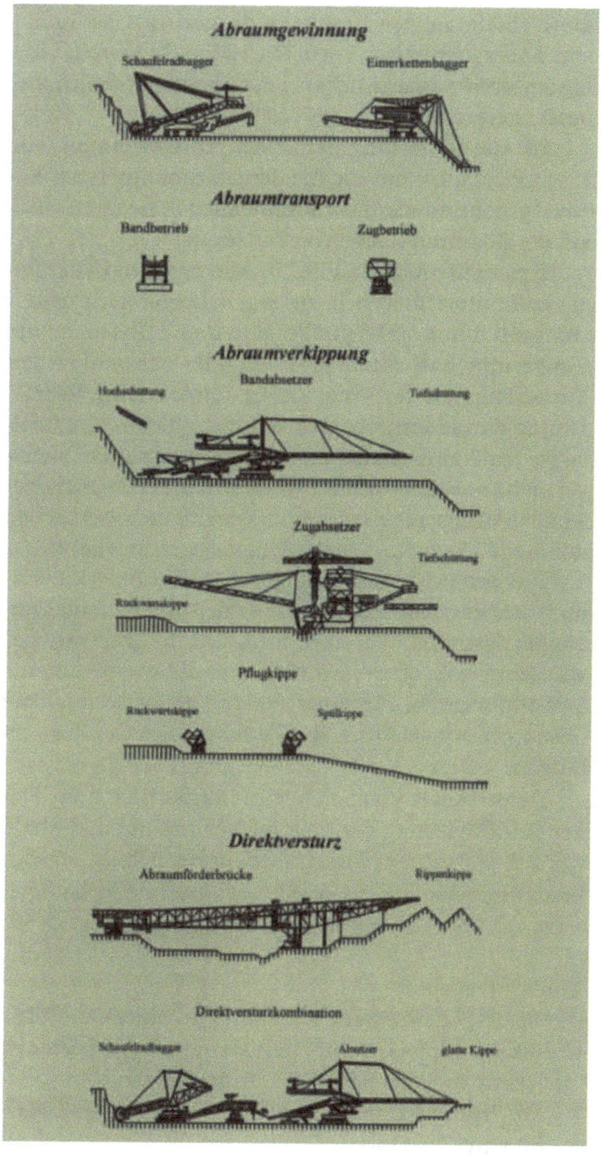

gleichmäßig füllen und damit ein Mischsubstrat beinhalten. Nur unter speziellen, homogenen Ablagerungsbedingungen oder durch aufwendige Sondertechnologie ist es möglich, gezielt Bodenarten zu gewinnen.

Schaufelradbagger besitzen ein Graborgan mit bis zu 18 m Durchmesser. Übersteigt die Abraummächtigkeit die Hälfte des Schaufelraddurchmessers, wird die Böschung in Scheiben abgebaut. In der Regel können max. 4–5 Scheiben von einer Arbeitsebene aus im Hochschnitt abgebaggert werden. Die größten Geräte können so ebenfalls Gesamtabraummächtigkeiten bis 50 m alleine bewältigen. Eine Tiefschnittbaggerung ist teilweise realisierbar. Durch die Möglichkeit, die Abraumböschung in Scheiben einzuteilen, können Bodenarten selektiert werden.

Grenzen der selektiven Gewinnung sind dann gegeben, wenn die Mächtigkeit der zu gewinnenden Abraumschicht im Verhältnis zum Schaufelraddurchmesser gering ist bzw. mit der Einteilung der Scheiben der gewünschte Horizont nicht voll erfaßt werden kann. Unter diesen Bedingungen kann auch die gezielte Gewinnung von Bodengemischen vorteilhaft sein. Kleinere Schaufelraddurchmesser sind für eine selektive Gewinnung besser geeignet.

Für die Bewertung der selektiven Gewinnung von Abraum ist nicht nur die Art der Gewinnung in der Böschungshöhe, sondern bei wechselnden Bodenarten auch auf der Böschungslänge von Bedeutung.

Eimerkettenbagger auf Schienen baggern in der Regel im Frontverhieb, d. h. auf einem längeren Strossenabschnitt durch ständiges Verfahren und Absenken der Eimerrinne bzw. durch Ablegen oder Schwenken der Eimerleiter. Dieser Prozeß trägt zur weiteren Vermischung der hereingewonnenen Substrate bei. Schaufelbagger auf Rampenfahrwerken baggern vor Kopf (Blockverhieb), was den Inhalt (Volumen) einer selektiv gewinnbaren Scheibe einschränkt. Sie wird im wesentlichen durch die Länge des Schaufelradauslegers bestimmt.

Die besten Voraussetzungen zur selektiven Gewinnung bestehen im Seitenblockverhieb. Der Schaufelradbagger fährt parallel zum Stoß und baggert die gewünschte (z. B. obere) Scheibe über die entsprechende Strossenlänge ab. Allerdings sind mit dieser Technologie Leistungsverluste durch das Verfahren des Gerätes verbunden.

Dem Einsatz von Schaufelradbaggern ist aus Sicht der Rekultivierung der Vorrang einzuräumen, deshalb werden sie in den Vorschnittbandbetrieben der Zukunftstagebaue in der Lausitz fast ausschließlich eingesetzt. Ihr Anteil an der Abraumbewegung beträgt 85 %.

Abraumtransport

Der selektiv gewonnene Abraum muß ohne Qualitätsverlust zur Kippe transportiert werden. Dazu bestehen im Prinzip zwei grundlegende Technologien:

- Mit Transportmitteln, z. B. Bandanlagen und Zügen
- Im Direktversturz.

Der Direktversturz ist die kostengünstigste Variante der Abraumbeseitigung. Er wird mit Abraumförderbrücken oder Bagger-Absetzer-Kombinationen realisiert. In der Lausitz hat sich aufgrund der günstigen Ablagerungsverhältnisse die Förderbrückentechnologie durchgesetzt. Bis zu 60 m Abraummächtigkeit lassen sich auf kürzeste Entfernung, quer durch den Tagebau, transportieren und unmittelbar hinter der Auskohlung verkippen. Der Abraum muß dazu weitgehend rollig und die Kippenbasis söhlig sein. Mit Abraumförderbrücken lassen sich jedoch Bodenarten kaum selektiv transportieren und verkippen, insbesondere dann nicht, wenn mehrere Bagger den Abraum gewinnen. Da dies zudem Eimerkettenbagger sind, entsteht ein Mischboden. Abraum kann nur dann selektiv transportiert werden, wenn einheitlicher Boden an allen Baggern ansteht oder nur bestimmte Bagger im Einsatz sind.

In der Vergangenheit wurden auch Schaufelräder in Verbindung mit Förderbrücken eingesetzt (AFB „Meurostolln" 1940 u. „Hostens" 1932).

Direktversturzkombinationen Schaufelradbagger-Absetzer besitzen gegenüber Förderbrücken den Vorteil, daß Abraum selektiv gewonnen und zur Kippe transportiert werden kann. Der einzige Einsatzfall in der Lausitz erfolgte im Tagebau „Dreiweibern" (Breitkreutz u. Gruhlke 1984).

Ein selektiver Massentransport läßt sich aber am effektivsten mit Transportmitteln realisieren. Dabei gilt, insbesondere für geringmächtige Abschlußschüttungen: Je kleiner die Transporteinheit, desto genauer läßt sich die Qualität disponieren.

Aufgrund der hohen Förderleistungen und Massenströme sowie aus Kostengründen kommt in der Lausitz fast ausschließlich die kontinuierliche Bandförderung in Betracht. Mehrere Kilometer lange Bandanlagen nehmen das Baggergut kontinuierlich auf und bringen es zum Absetzer. Sollen einzelne Bodenarten selektiv verkippt werden, müssen sie in größeren Mengen und für längere Zeit „angeliefert" werden.

Der Abraumzugbetrieb hat in den Zukunftstagebauen keine Bedeutung mehr, obwohl er aus Sicht der Rekultivierung sehr gute Voraussetzungen bietet, um das selektiv gewonnene Bodensubstrat „portionsweise" zur Verkippung zu bringen.

Abraumverkippung

Entsprechend dem Fördermittel wird der Abraum mit geeigneten Geräten verkippt.

Zum Direktversturz mit Förderbrücken wurden bereits Ausführungen gemacht. Der entscheidende Nachteil bei der Verkippung besteht in den räumlichen Zwängen. Eine Massendisposition auf der Kippe ist nicht möglich.

Förderbrücken hinterlassen die berüchtigten „Mondlandschaften" (Abb. 1). In Abhängigkeit von technologischen Zwangspunkten, wie dem Offenhalten von Ausfahrten an den Markscheiden oder Strossenverkürzungen oder -aufweitungen, entstehen Massenzusammendrängungen oder Restlöcher. Da die Abwurfausleger nicht schwenkbar sind, entsteht eine Rippenkippe, nach jeder Rückung der Förderbrücke eine neuer Auftreffpunkt. Diesen Nachteil versuchte man – bisher ohne Erfolg – durch technische Lösungen zur Massenverteilung zu korrigieren, wie z. B. durch

- ein schwenkbares Band an der Auslegerspitze (AFB Hürtherberg 1934)
- einen schwenkbaren Abwurfausleger
- ein teleskopierbares Abwurfband
- variable Abwurfgeschwindigkeiten (AFB Reichwalde 1988)
- Ablenkplatten zum flächigen Versturz
- spezielle rechnergestützte Winkelstellungsfahrweisen

Unter bestimmten Voraussetzungen, wenn homogenes, kulturfreundliches Material in ausreichender Mächtigkeit durch eine Förderbrücke in eine endgültige Höhenlage, dem geforderten Relief angepaßt, geschüttet werden kann, sind nach Planierung Voraussetzungen zur Rekultivierung solcher Kippen gegeben. Förderbrückenkippen können sonst im Nachgang nur mit viel Aufwand planiert oder mit einem Absetzerkippenüberzug ausgeglichen werden.

Im Tagebau Reichwalde wurden vor der gleichnamigen Ortschaft 1991/92 umfangreiche Arbeiten zur Kippenregulierung einer Förderbrückenkippe durchgeführt. Dabei kamen u. a. Großplanierraupen, ein Schürfkübelbagger und Schaufelradbagger-Bandwagen-Kombinationen zum Einsatz. Bei Höhenunterschieden bis 20 m und erforderlichen Transportwegen von 300–400 m erwiesen sich die Schaufelradbagger Bandwagen-Kombinationen zur Grobausformung der Kippenoberfläche als am besten geeignete Lösung (Drebenstedt 1994).

Direktversturzkombinationen Schaufelradbagger-Absetzer besitzen gegenüber Förderbrücken den Vorteil des schwenkbaren Auslegers am Absetzer. Dieser kann jedoch nur dann wirkungsvoll für die selektive Verkippung an die Kippenoberfläche genutzt werden, wenn die Absetzerkippe die endgültige Höhenlage aufweist und als „glatte" Kippe geschüttet wird. Die Beweglichkeit derartiger Gerätekombinationen zur Massendisposition ist etwas günstiger, aber immer noch stark eingeschränkt.

Im Band- und Zugbetrieb werden Absetzer zur Verkippung eingesetzt. Mittels schwenkbarer Ausleger wird in der Regel die Tiefschüttung vorgenommen. Durch Schwenken des Auslegers um 180° wird hinter dem Fördermittel das zur Rekultivierung geeignete Bodenmaterial selektiv in der erforderlichen Mächtigkeit schonend abgesetzt (Rückwärtsschüttung). Die Massendisposition ist über die gesamte Verkippungslänge möglich und es kann fast nahezu jedes gewünschte Relief ausgeformt werden.

Ungünstiger sind Absetzerhochschüttungen, wenn ein selektiver Auftrag von Substraten auf die Hochschüttung erfolgen muß.

In der Vergangenheit haben sich im Zusammenhang mit dem Zugbetrieb vor allem Pflugkippen bewährt. Ähnlich den Rückwärtskippen der Absetzer wurde hinter der eigentlichen Massenverkippung ein gesondertes Gleis geführt, von dem aus das kulturfreundliche Bodenmaterial so verkippt wurde, daß es anschließend nicht mehr technologisch mit den Gleisanlagen überrückt werden mußte.

Spülkippen in Kombination mit dem Zugbetrieb sollen als Verkippungstechnologie nicht unerwähnt bleiben, sie haben für die Rekultivierung jedoch keine besondere Bedeutung. In der Regel erfolgt die Einspülung in Restlöcher, deren Oberfläche abschließend mit Pflugkippen überzogen wird.

Aus den oben angeführten Betrachtungen geht hervor, daß aus Sicht der Wiedernutzbarmachung im technologischen Prozeß der Einsatz von Schaufelradbaggern, Transportmitteln und schwenkbaren Absetzern die Anforderung der Rekultivierung weitgehend erfüllen kann (Tabelle 1). In der Praxis hat sich in der Lausitz durchgesetzt, daß die unteren Deckgebirgsschichten kostengünstig mit Abraumförderbrücken umgeschichtet werden und ein Überzug der Brückenkippe mit Schaufelradbagger-Bandbetrieb erfolgt, der die Wiedernutzbarmachung gewährleistet. Entsprechend dem zunehmenden Abraum-Kohle-Verhältnis in den Zukunftstagebauen steht künftig mehr Abraum aus den Vorschnittbandbetrieben zur Verfügung. Während die mit Förderbrücken umzuschichtende Abraummenge konstant bleibt, erhöht sich der Vorschnittanteil in den nächsten zehn Jahren von ca. 20 auf 35 %.

Einen Sonderfall stellen die Sanierungsgebiete dar. Hier fehlen die notwendigen Abraummassen zur Geländegestaltung und Aufschüttung kulturfreundlicher Böden aus einem Regelbetrieb. Als Notlösung müssen hier teilweise Kippenbereiche wieder abgetragen oder Abraum zwischen noch aktiven und bereits stillgelegten Tagebauen transportiert werden.

6 Spezielle Anforderungen an die Gestaltung der Bergbaufolgelandschaft

Die Planung der Bergbaufolgelandschaft verläuft in der ständigen Auseinandersetzung zwischen den Anforderungen an die Folgenutzung und den technisch-technologischen Möglichkeiten, wirtschaftlichen Randbedingungen sowie den Belangen der geotechnischen Sicherheit (Abb. 12).

Im Ergebnis der Verkippung können nachstehende Strukturen und ihre Kombinationen entstehen:

- Bodenarten von Geröll über Kies und Sand bis Ton
- Reliefformen von tiefen Einschnitten über Ebenen bis zu Bergen
- Grundwasserbeeinflussung von Überstauung und Staunässe bis grundwasserfern

Tabelle 1. Bewertung technologischer Komplexe aus Sicht der Wiedernutzbarmachung

Technologische Komplexe			Bewertung aus Sicht der Wiedernutzbarmachung			
Gewinnung	Transport	Verkippung	Gewinnung	Selektive Verkippung	Massen-disposition	Relief-gestaltung
Schaufelradbagger	Förderbrücke		+	0	-	0
	Absetzer		+	0	0	0
	Band/Zug	Absetzer	+	+	+	+
	Zug	Pflugkippe	+	+	+	0
	Zug	Spülkippe	+	-	0	-
Eimerkettenbagger	Förderbrücke		0	0	-	0
	Band/Zug	Absetzer	0	+	+	+
	Zug	Pflugkippe	0	+	+	0
	Zug	Spülkippe	0	-	0	-
Eingefäßbagger	Zug	Pflugkippe	+	+	+	0
	Lastkraftwagen		+	+	+	+

- ungeeignet, o bedingt geeignet, + gut geeignet

Die Geometrie der Kippen-/bzw. Haldenoberfläche hat in der Bergbaufolgelandschaft entscheidenden Einfluß auf:

- Die Standsicherheit
- Die Anfälligkeit auf Erosion durch Wind und Wasser
- Die Landschaftsästhetik
- Die wirtschaftliche Nutzbarkeit
- Die Biotop- und damit Artenvielfalt

Voraussetzung aller weiteren Maßnahmen zur Oberflächengestaltung ist die Einhaltung der sich aus Standsicherheitsanforderungen ergebenden Parameter.

Das Erscheinungsbild der Bergbaufolgelandschaft wird maßgeblich durch das Relief geprägt. Bereits bei der Schüttung der Geländeoberfläche werden die künftigen Fließrichtungen und Sammelstellen für das Niederschlagswasser vorgezeichnet, die Lage des Geländes zur Hauptwindrichtung und die Intensität der Sonneneinstrahlung auf den Flächen bestimmt. Diese und andere Bedingungen, wie die Gestaltung der Übergänge zum natürlichen Umfeld und die Neigungen der Flächen, haben entscheidenden Einfluß auf das Entwicklungspotential der Bergbaufolgelandschaft.

Diese Möglichkeit, die Gestaltung und das Entwicklungspotential einer Landschaft zu beeinflussen, ist wohl einmalig. Der Charakter der Landschaft sollte jedoch dabei erhalten bleiben. Generell gibt es zwei Entwicklungsrichtungen für die Begründung der Bergbaufolgelandschaft:

- Schaffung der Grundlagen für Nutzungsstrukturen wie unmittelbar vor dem Bergbau
- Schaffung der Grundlagen für alternative Nutzungsstrukturen in der Landschaft

Die Nutzungsstrukturen können planmäßig oder, bei der Größe und Intensität der Prozesse, auch zufällig entstehen. In der Bergbaufolgelandschaft liegen die genannten Entwicklungsziele oft eng beieinander und schaffen dadurch zusätzliche Reize.

6.1 Land- und Forstwirtschaft

Konventionell besteht die Forderung, in der Bergbaufolgelandschaft die Land- und Forstwirtschaft zur Erwerbsgrundlage wieder zu begründen. Dies liegt dann auch im Interesse des Bergbautreibenden, um Austauschflächen für den Grunderwerb herzurichten bzw. eine Flächenvermarktung zu ermöglichen. Die Standorte sollten dafür das beste Bodensubstrat aufweisen und sich künftig in Grundwassernähe befinden.

An das Relief sind konkrete Anforderungen gestellt. Eine maschinelle Pflanzung ist bis zu Neigungen von 1 : 7 (14 %)möglich. Böschungen bis 1 : 4 sind noch forstlich bewirtschaftbar, stellen aber Sonderstandorte dar. Steilere Böschungen sind zu vermeiden. Für eine landwirtschaftliche Nutzung werden möglichst flache Neigungen, aber größer 1 : 200 (0,5 %), angestrebt, um eine sichere Wasserableitung zu gewährleisten. Lokale Unebenheiten im Relief sind in der Regel unerwünscht. Bei der Terrassierung von Böschungen sollten steilere Einzelböschungen eine Höhe von 10 m nicht überschreiten und durch ausreichend dimensionierte Bermen getrennt sein.

Um das Entstehen langweiliger, monotoner Landschaften zu verhindern, sind diese weiter auszugestalten

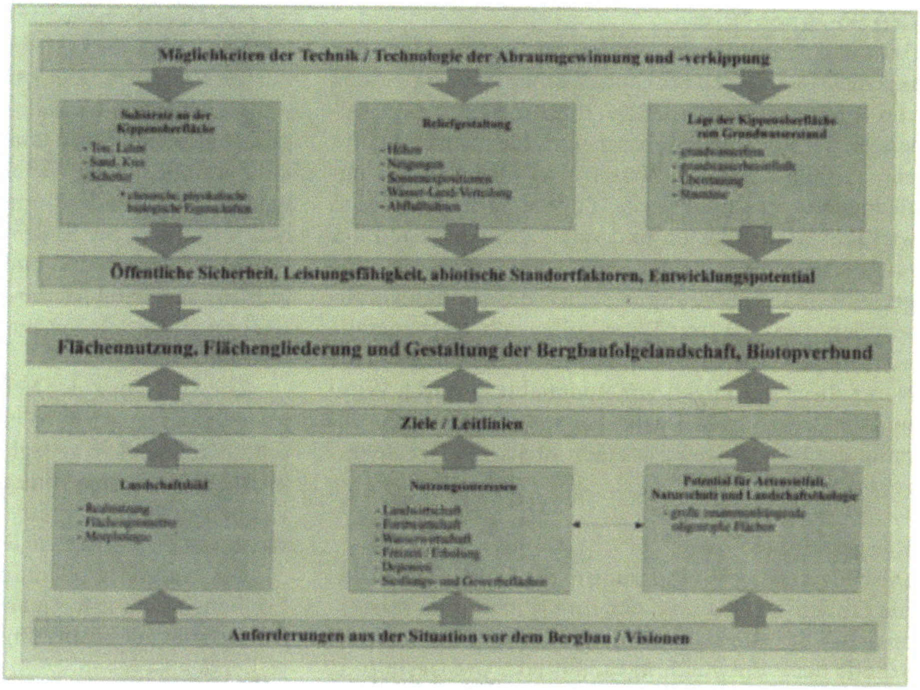

Abb. 12. Der Bergbau bietet zahlreiche Möglichkeiten, abiotische Standortverhältnisse zu begründen und die Landschaft neu zu gestalten, diese können jedoch nur bei klaren Zielvorstellungen und Kenntnis der naturwissenschaftlichen Grundlagen umgesetzt werden

und dem Erholungssuchenden sowie der Artenvielfalt Angebote zu machen. Dies kann z. B. durch differenzierte Baumartenwahl, kleinere integrierte Feuchtbiotope, die Wegeführung, Waldsaumgestaltung, Feldraingestaltung, Feldgehölzpflanzungen oder andere Maßnahmen erreicht werden. Da es der jungen Bergbaufolgelandschaft zunächst noch an belebenden Strukturelementen fehlt, wird das Erleben von Offenland und jungen Kulturen maßgeblich durch das Relief bestimmt. Diesem Umstand sollte durch eine nicht aufwendige, gefällige Ausformung der Geländeoberfläche Rechnung getragen werden.

Bei der Begründung von land- und forstwirtschaftlicher Nutzfläche sind die besonderen Standortbedingungen der Kippe zu beachten, z. B.:

- Grundwasserferne Lage (insbesondere bei durchlässigen Substraten)
- Ungehinderte Sonneneinstrahlung (fehlender „Schirm")
- Starke Erwärmung (insbesondere dunkler Substrate) bzw. Abkühlung (ungehinderte Abstrahlung)
- Fehlender Windschutz („scharfe" Sandstürme)

6.2 Gestaltung von anderen Objekten, Halden und Ufern

Andere Folgenutzungen

Neben der Land- und Forstwirtschaft sind auch andere Nutzungsstrukturen und Landschaftsteile in ihrer ursprünglichen Form und Funktion weitgehend wiederherstellbar. Dazu gehören z. B. das Schaffen von Teichanlagen wie im Tagebau Lohsa (Sauer 1995) oder das Nachgestalten von das Landschaftsbild prägenden Reliefformen. So wurde die Halde des Tagebaues Reichwalde ebenso in die Dünenlandschaft der Muskauer Heide eingebettet, wie die Halden des Tagebaues Berzdorf in die Oberlausitzer Hügellandschaft. Unter Ausnutzung der anstehenden Bodenarten, der Lage zum Grundwasser und der Verkippungstechnologie könnten z. B. auch Dünen nachgebildet oder Initialstandorte für eine Moorbildung gestaltet werden.

Von den herkömmlichen Nutzungsmöglichkeiten ist die Anlage von Wohn- und Gewerbegebieten in der Bergbaufolgelandschaft eingeschränkt. Während des teilweise Jahrzehnte beanspruchenden Grundwasserwiederanstieges finden Sackungen in der Kippe statt, die bei einer Nutzung als Baugrund zu beachten sind. Eine Siedlungsstruktur fehlt zunächst der Bergbaufolgelandschaft.

Neue Möglichkeiten bieten sich für die Verkehrsplanung. Straßen und Bahnlinien können optimalen Trassen folgen.

Interessant sind Kippen auch aus Sicht der Deponieplanung. Mit der Planung von Vorbehaltsflächen für Deponien im Rahmen der Wiedernutzbarmachung ist eine zusätzliche Landinanspruchnahme durch die Deponien nicht notwendig. Die Aufstandsflächen können in ihrer Lage zu Siedlungen und zum Grundwasser sowie im Aufbau des geologischen Untergrundes gezielt vorbereitet werden, insbesondere wenn Ton im Deckgebirge ansteht.

Gestaltung von Halden

Bei der Schüttung von Halden ist insbesondere der ingenieurbiologische Böschungsverbau zur Vermeidung von Erosionen sachgemäß vorzunehmen. Enge Verwallungen der noch unbewachsenen Halde quer und längs zum Gefälle sollen das Wasser in kleinen Räumen zurückhalten. So kann es seine Energie nicht zerstörend wirksam werden lassen und versikkert zugunsten der noch jungen Pflanzungen. An Zufahrtswegen ist eine gezielte Wasserableitung in sicheren Gerinnen vorzunehmen. Bermen und Wege sollen mit Gegengefälle ausgeführt werden. In der weiteren Entwicklung soll die Natur die Böschungen vor Bodenabtrag durch Wind und Wasser schützen. Dazu ist eine geschlossene Begrünung der Böschungen mit einer intensiven Durchwurzelung vorzunehmen.

Ufergestaltung

Die bedeutendste Veränderung in der Landschaft stellen die großen Tagebauseen dar. Ihre Nutzung als Wasserspeicher, für die Naherholung oder den Naturschutz schafft neue Entwicklungspotentiale. Die Gestaltung der Uferböschungen ist angepaßt an die Nutzung vorzunehmen. Während Badebereiche flach (1 : 10–1 : 20) zu gestalten sind, können ausgewählte gewachsene Uferböschungen der „Gestaltung" durch den Wellenschlag überlassen werden. Ist dies nicht zulässig, ist den Wellen die Energie durch eine flache „Ausrollstrecke" oder durch Steinschüttungen an steileren Ufern zu nehmen.

Ein stabiler Böschungsaufbau und Uferverbau ist vor allem dort geboten, wo eine Staulamelle vorgesehen ist und Eisschub eintreten kann. Findlinge in der Brandung wirken ästhetisch, dienen als Rastplatz und Wellenbrecher. Diese Funktion können auch dem gewachsenen Ufer vorgelagerte Inseln erfüllen.

Die mitunter auf kleinstem Raum stark wechselnden Reliefformen und Bodenarten, die der Tagebaubetrieb hinterläßt, müssen jedoch nicht in jedem Fall umgestaltet werden. Auf der einen Seite stellen sich interessante Landschaftsstrukturen ein und auf der anderen Seite erfolgt eine natürliche Wiederbesiedlung mit an diese teilweise extremen Standortbedingungen angepaßten Pflanzen und Tieren. Das gewohnte Landschaftsbild wird auf Kippen teilweise auf den Kopf gestellt und birgt ein Potential für einzigartige Phänomene in sich.

6.3 Oberflächenentwässerung, Erschließung

Oberflächenentwässerung

Grundsätzlich sollte von Kippen nur die Wassermenge abgeleitet werden, die nicht zurückgehalten und auf der Fläche gezielt versickert werden kann.

Die Oberflächenentwässerung sollte so dimensioniert sein, daß die bei Starkniederschlägen über einen kurzen Zeitraum oder bei der Schneeschmelze zu erwartenden freien Wassermengen ordnungsgemäß gefaßt und abgeleitet werden können. Entscheidenden Einfluß auf die zu fassenden Wassermengen übt das Wasseraufnahmevermögen des Bodens und der Vegetationsdecke aus. Je bindiger der Boden, desto mehr Wasser sammelt sich oberflächlich und muß in Richtung eines Sammelgrabens abgeleitet werden. Dimension und Abstand der Gräben in Gefällerichtung sind hydrologisch zu berechnen.

Zur Sicherung der Befahrbarkeit von in der Regel versiegelten Wegen auch unter extremen Witterungsbedingungen sind wegebegleitend Gräben zu führen, die gleichzeitig das überschüssige Wasser der angrenzenden Flächen aufnehmen können. Die durch Wege umschlossenen Flächen sollten ein leichtes Dachprofil aufweisen.

Die endgültige Planung der Wasserableitung und Flächeneinteilung kann erst nach den sich in der Realität nach der Schüttung und Setzung der Oberfläche einstellenden Gegebenheiten auf der Grundlage des markscheiderischen Aufmaßes erfolgen. In der Regel zeichnet die Natur selbst bereits nach kurzer Zeit die potentiellen Abflußbahnen nach, die bei der weiteren Planung und Gestaltung der Fläche zu berücksichtigen sind.

Straßen und Wege

Um Landschaftsteile verbinden, erschließen, pflegen und bewirtschaften zu können oder den Zugang für Erholungssuchende und Freizeitsportler zu ermöglichen, wird die Bergbaufolgelandschaft durch Straßen und Wege erschlossen

- Straßen gem. Rahmenbetriebsplan nach entsprechendem Genehmigungsverfahren
- Zufahrten: Verbindung von der Kippe zur vorhandenen Verkehrsinfrastruktur
- Hauptwirtschaftswege: ganzjährig, stark frequentierte Trassen
- Wirtschaftswege (Gestelle): saisonbedingte Nutzung zur Bewirtschaftung
- Schneisen: spezielle Nutzung bei der Waldbewirtschaftung (grüne Wege)
- Rad-, Wander- und Reitwege: touristische Nutzung

Die Planung und Durchführung des Genehmigungs- und Beteiligungsverfahrens der zu widmenden Straßen in der Bergbaufolgelandschaft wird durch den Träger des Vorhabens, also das Bergbauunternehmen, wahrgenommen. Im Rahmen der Wiedernutzbarmachung sind weiterhin als generelle Trassen Wirtschaftswege anzulegen. Die Wegeführung ist in der Regel parallel vorzunehmen, um eine ordnungsgemäße Bewirtschaftung durchführen zu können. Die Parallelität bedeutet dabei nicht unbedingt Geradlinigkeit und Rechtwinkligkeit. Das konkrete Wegenetz ist den jeweiligen Bewirtschaftungsformen anzupassen. Des weiteren sind bei der Flächenerschliessung die Belange der Flurneuordnung zu berücksichtigen. Die Wirtschaftswege in der Forstwirtschaft werden als Gestelle bezeichnet. Schneisen sind unbefestigte (grüne) Forstwege von mindestens 6 m Breite, die eine Traufbildung ermöglichen sollen.

Bei der Trassenführung der Wege sollte darauf geachtet werden, daß markante Geländepunkte in der Bergbaufolgelandschaft gut erreichbar sind und traditionelle vorbergbauliche Gegebenheiten nachempfunden werden können, z. B. ehemalige Siedlungsbereiche.

6.4 Biotopgestaltung

Pflanzen und Tierarten in ihrer Lebensgemeinschaft (Biozönose) sind an einen bestimmten Lebensraum, den Biotop, gebunden und bilden mit den abiotischen Standortfaktoren (Relief, Boden, Wasser, Klima) ein sich selbst regulierendes Wirkungsgefüge, das sich im Gleichgewicht befindet, das Ökosystem.

Mit der Kippengestaltung werden abiotische Standortfaktoren geschaffen, die unabhängig von der Zielnutzung Pflanzen und Tieren in unterschiedlicher Weise als Lebensraum dienen. Für den Naturschutz ist deshalb stets die gesamte (100 %) Bergbaufolgelandschaft von Bedeutung. Da die Bergbaufolgelandschaft von vielfältigen Ökosystemen umgeben ist, haben die dort vorkommenden Arten Einfluß auf die sukzessive Wiederbesiedlung der Kippen. Dabei handelt es sich zu etwa einem Drittel um sog. Spezialisten mit speziellen Lebensraumansprüchen und zu etwa zwei Dritteln um Arten, die an die heimische Kulturlandschaft gebunden sind. Sollen sich diese Arten in der Bergbaufolgelandschaft wieder ansiedeln, sind deren Ansprüche an den Lebensraum bei der Planung der Folgenutzung zu beachten.

Das naturschutzrelevante Flächensystem läßt sich danach wie folgt kennzeichnen (Wiedemann 1995):

- 1. Für die Spezialisten unter den Arten sind spezielle Standorte erforderlich, z. B. mit stark wechselnden Substraten (Rohbodenbiotope); mit hohem Steinanteil; extrem trockene, nährstoffarme Sand- und Kiesflächen (Trockenrasen- und Zwergstrauchheidenbiotope); stark reliefgeprägte Bereiche (Steilwandbiotope) und süd- (sonnen-)exponierte Lagen; extrem bindige Flächen; Feuchtgebiete und Seen (oligotrophe Standgewässerbiotope); Fließgewässer; Uferbereiche (Röhrichtbiotope) und Inseln.
  Schwer zugängliche und für eine Nutzung ungeeignete Kippenareale bieten der Natur ideale Möglichkeiten für eine ungestörte Entwicklung. Durch eine intensive, eutrophe und monostrukturierte Landnutzung verdrängte Arten können hier Rückzugsgebiete finden. In der vorbergbaulichen Kulturlandschaft verlorengegangene oder auch völlig neue Arten können sich hier einstellen. Dazu sind große bis mittelgroße Vorranggebiete erforderlich, die ca. 15–20 % der terrestrischen Kippen und 30–60 % der Gewässer bzw. der Uferlänge ausmachen sollten.
- 2. In die land- und forstwirtschaftlichen Nutzflächen sind zu ca. 5–10 % mittlere und kleine Biotope zu integrieren.
  Dazu können zufällig entstandene oder später nicht mehr für die geplante Nutzung geeignete Standorte genutzt werden.
  Einige Hektar große Relikte von zerklüfteten Kippen können zudem landschaftsästhetisch wirken und als „technische Denkmale“ des Braunkohlenbergbaues erinnern.
  Zu den unschwer in Nutzflächen zu integrierenden Biotopen zählen z. B. offene Rohbodenflächen, Weiher und Tümpel, Feldraine, Feldgehölze, Wildäcker, Waldsäume, Hecken und Gebüsch.
- 3. Der Kulturlandschaft nahe Nutzflächen sind in der Bergbaufolgelandschaft zu begründen und aufrechtzuerhalten, u. a. extensiv genutzte, arme landwirtschaftliche Standorte (Dauergrasland, Schafweide); ökologisch orientierte Forstwirtschaft (Laubmischwald); ertragsorientierte Forstwirtschaft (Kippenforste); intensiv genutzte Äcker und Wiesen; Seen und Teiche.

Die Flächengröße der einzelnen Biotope hat maßgeblichen Einfluß auf die Arten, die sich an der Besiedlung beteiligen, und ist entsprechend bei der Planung zu berücksichtigen. Dabei spielen für größere Arten, die unterschiedliche Lebensräume z. B. für Reproduktion und Nahrungsaufnahme benötigen, nicht nur die Einzelflächen, sondern das Flächenverbundsystem eine große Rolle.

Um die Einwanderung bestimmter Arten in das Gebiet überhaupt zu ermöglichen und den Genaustausch zum Erhalt der Arten zu gewährleisten, ist ein Biotopverbund unerläßlich. Die Form der Biotopvernetzung ist abhängig vom Aktionsradius der im Biotop vorkommenden Arten. Kleine Biotope sind in der Regel direkt, mittels Linie, Band oder Saum zu verbinden, während für Arten mit großer Mobilität „Trittsteine“ ausreichend sein können. Der Vernetzungstyp (Gehölz-, Gewässer-, Bodenvernetzung) richtet sich nach den Ansprüchen der Arten (schatten-, feuchte-, wärmeliebend).

Eine weitere Möglichkeit, die Wiederbesiedlung der Bergbaufolgelandschaft zu fördern, ist der gezielte Einsatz von Hilfsmitteln, wie:

- Anlage von Benjeshecken und Steinfeldern
- Einbringen von Stubben und Totholz
- Aufbau von Nistkästen, Sitzkrücken u. ä.

Bei der Planung von Biotopen für den Naturschutz ist eine ausreichende Puffer- und Schutzzone zu angrenzenden

Nutzungsformen vorzusehen. Nutzungskonflikte ergeben sich insbesondere an Gewässern.

Bergbau und Naturschutz schließen sich also nicht aus, im Gegenteil. Der Bergbau schafft einzigartige Möglichkeiten für eine großräumige Landschaftsgestaltung aus einer Hand. Die gezielte Schaffung von Standortbedingungen ist bereits mit geringem Aufwand möglich.

Die Bewahrung dieser besonderen Standorte führt in letzter Zeit nicht selten zu ihrer Unterschutzstellung (Karte B2). Als Beispiel sei hier das Projekt zur Erweiterung des bereits erwähnten, teilweise in Anspruch genommenen Naturschutzgebietes Grünhaus auf das Kippengelände des ehemaligen Tagebaues Kleinleipisch genannt. Ähnliche Projekte gibt es in den Tagebauen Greifenhain, Nochten, Berzdorf und im Raum Calau.

7 Aktuelle Aufgaben der Wiedernutzbarmachung und Landschaftsgestaltung

7.1 Wiedernutzbarmachung

Die Wiedernutzbarmachung kann nur auf bergmännisch endgültig und sicher gestalteten Kippen oder Halden erfolgen.

Entsprechend den bergtechnischen Voraussetzungen zur Wiedernutzbarmachung lassen sich im Lausitzer Braunkohlenrevier drei markante Gebiets- und Aufgabenkomplexe zur Herstellung der Bergbaufolgelandschaft unterscheiden:

- Die Sanierungsgebiete mit eingestellter Kohleförderung
- Die mittelfristig (bis zum Jahr 2000) zur Förderung vorgesehenen Tagebaue
- Die zum langfristigen Weiterbetrieb geplanten Zukunftstagebaue

Die bergrechtliche Verantwortung für die Aufgaben im Zusammenhang mit der Braunkohlesanierung und dem mittelfristigen Bergbau trägt seit dem 30.6.1994 die Lausitzer Bergbau-Verwaltungsgesellschaft mbH (LBV, seit 1.1.1996 LMBV), für die Zukunftstagebaue die Lausitzer Braunkohle AG (LAUBAG).

Die Rekultivierungsrückstände lassen sich wie folgt charakterisieren (Abb. 13):

- In den stillgelegten Tagebauen überwiegen noch zu sanierende Tagebaureststräume und Restlöcher (ca. 12 000 ha potentielle Wasserfläche). Die zu sanierenden Uferbereiche haben an den ca. 120 Einzelobjekten einen Umfang von über 130 km. Im Vordergrund stehen geotechnische Sicherungsmaßnahmen, erosionssicherer Böschungsverbau, Ufergestaltung und Maßnahmen zur Fremdwasserzuführung sowie zur Sicherung der Wasserqualität.
Die Kippenflächen und Uferböschungen (ca. 9 000 ha) weisen in der Regel kulturfeindliche tertiäre Mischböden auf. Auf den sicheren, über dem künftigen Grundwasserspiegel gelegenen Flächen sind deshalb nach der Planierung bodenverbessernde Arbeiten durchzuführen. In Ausnahmefällen ist noch ein Kulturbodenüberzug möglich. Dazu wurden entweder Abraumschnitte weitergefahren (z. B. Tagebau Bärwalde) oder Abraum aus noch kohlefördernden Tagebauen zugefahren (z. B. von Seese-Ost nach Seese-West und von Scheibe nach Spreetal).
Zur Vergrößerung des „Festlandanteiles" in der Folgelandschaft werden teilweise höher gelegene Kippenstandorte abgetragen, um unter dem künftigen Grundwasserspiegel gelegene Kippen aufzuhöhen. Diese unproduktive, d. h. nicht mit einer Kohlefreilage verbundene Massenbewegung wurde z. B. in den Tagebauen Klettwitz, Schlabendorf-Süd und Spreetal im Abraumzug oder -bandbetrieb praktiziert. Umgekehrt werden auch Kippenbereiche abgetragen, die sich künftig als ungesicherte Inseln oder Flachwasserbereiche in Wasserspiegelhöhe befinden würden, um eine künftige Wassertiefe von mindestens 2 m (Vermeidung Lasteintrag durch Betreten) zu gewährleisten (z. B. im Tagebau Bärwalde mit Direktversturzkombination Schaufelradbagger-Bandwagen und im Tagebau Lohsa).
Bei den Sicherungsmaßnahmen an den Böschungen und den Massenbewegungen auf der Kippe können auch bereits wiedernutzbargemachte Flächen noch einmal in Anspruch genommen werden.
Die veränderte Lage, Anzahl und Größe der künftigen Restseen hat eine veränderte geohydrologische Situation im Abbaugebiet zur Folge, die sich ebenfalls auf bereits endgültig gestaltete Folgelandschaften auswirkt. So vernässen in den Bergbaufolgelandschaften der Tagebaue Schlabendorf-Nord, Seese-West, Klettwitz und Spreetal später noch größere Gebiete, die derzeit land- oder forstwirtschaftlich genutzt werden.
Land- und forstwirtschaftliche Nutzflächen auf Kippen erfahren im Rahmen der Sanierung soweit erforderlich ebenfalls Veränderungen. Im Mittelpunkt stehen dabei das Überwinden der Monokultur, die Schaffung neuer Nutzungsstrukturen, die Senkung der Waldbrandgefahr sowie die Erhöhung der landschaftlichen Vielfalt, z. B. durch Flurgehölzpflanzungen, Waldsaumgestaltung, Biotopverbund und andere Maßnahmen, in die die Tagebaurandbereiche einbezogen werden. Die oben genannten Maßnahmen sind in Abb. 14 illustriert.
Der Wiedernutzbarmachung muß eine genaue Landschaftsanalyse des Sanierungsgebietes vorausgehen, um Zeitablauf, Aufwand und Ziel der Wie-

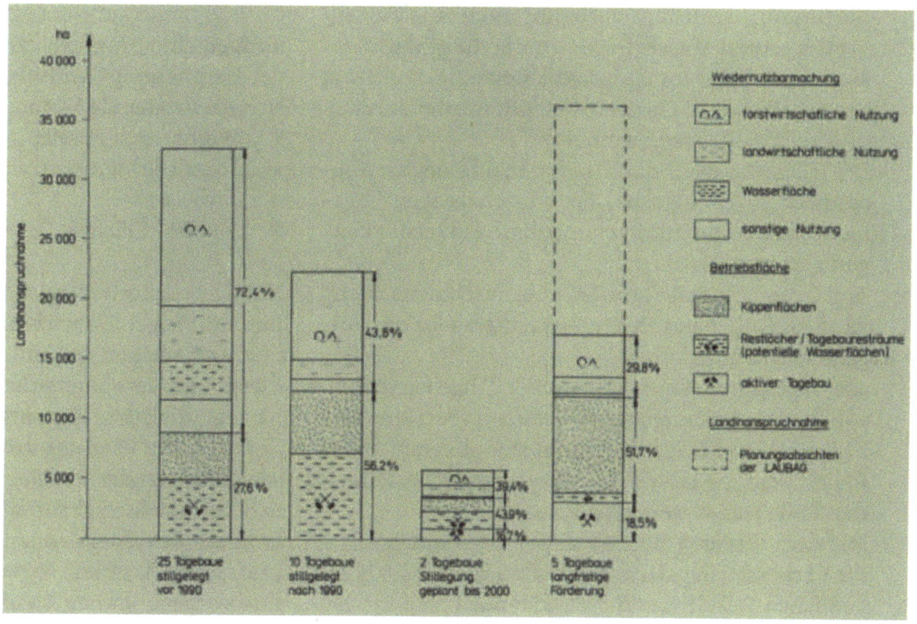

Abb. 13. Landinanspruchnahme und Wiedernutzbarmachung nach Tagebaugruppen. Die planmäßig ausgelaufenen Tagebaue weisen einen hohen Anteil an Wiedernutzbarmachung aus. Die größten Rückstände sind in den seit 1990 stillgelegten und in den Zukunftstagebauen zu verzeichnen

dernutzbarmachung zu bestimmen und Erhaltenswertes nicht zu zerstören.

Generell steht in den Sanierungsgebieten die Frage nach dem Grad der geforderten öffentlichen Sicherheit. Die Sicherung gekippter Uferböschungen ist kostspielig und zeitaufwendig. Gleichzeitig wird die natürliche Sukzession in diesen Bereichen zerstört. Wegen der Grundwasserbeeinflussung der Sanierungsgebiete durch noch aktive Tagebaue können die Sanierungsarbeiten teilweise noch Jahrzehnte in Anspruch nehmen.

Dies macht deutlich, daß die Aufgaben zur Gestaltung der Bergbaufolgelandschaft in den Sanierungsgebieten nur komplex, verantwortungsbewußt und bei klarem Nutzungsziel gelöst werden können. Dabei ist zu beachten, daß die dafür durch den Bund und die Länder bereitgestellten Mittel begrenzt sind und effektiv eingesetzt werden müssen. Viele ehemalige Bergleute haben in den eigens zur Beseitigung der Rekultivierungs- und anderer Rückstände gebildeten Sanierungsgesellschaften eine neue Beschäftigung gefunden.

- Den mittelfristig zum Weiterbetrieb vorgesehenen Tagebauen steht aus den Vorschnitt-Abraumbetrieben noch begrenzt Bodenmaterial zur bergmännischen Rekultivierung rückwärtiger Bereiche zur

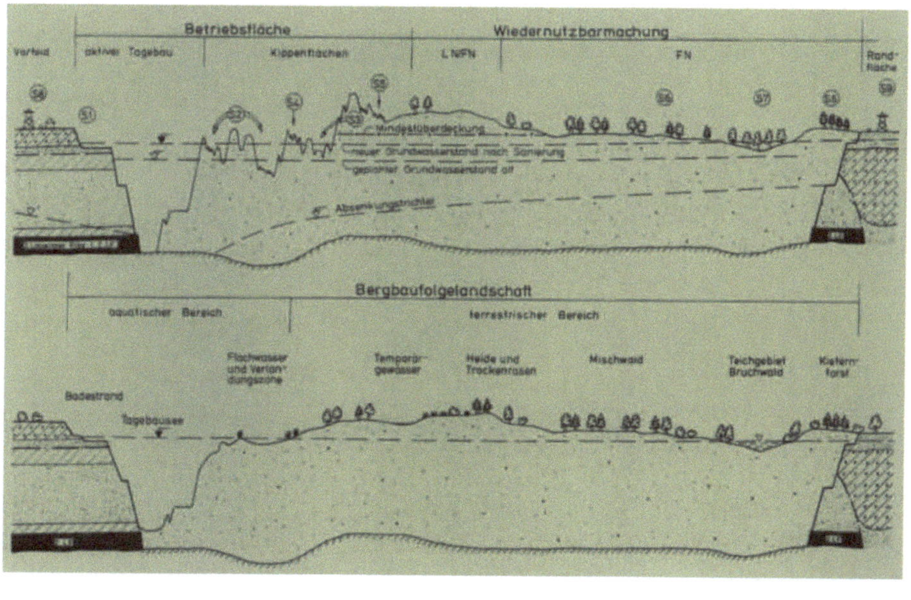

Abb. 14. Schematische Darstellung der Sanierungsschwerpunkte in einem vorzeitig stillgelegten Tagebau: *S1*–Gestaltung gewachsener Böschungen (z. B. Badestrand), *S2*–Restseegestaltung (z. B. Abtrag unter Wasserspiegel, Inseln), *S3*–Kippenregulierung (z. B. Massenausgleich, Planierung), *S4*–Ufersanierung gekippter Böschungen, *S5*–Wiedernutzbarmachung, *S6*–Aufwertung von bestehenden Rekultivierungen, *S7*–Umgestaltung von Landschaftsteilen (z. B. in potentiellen Vernässungsgebieten), *S8*–Sanierung Tagebauvorfeld (z. B. Rückbau von Anlagen, Renaturierung), *S9*–Sanierung Randflächen

Verfügung. Trotzdem verbleibt nach Auslauf ein großer Anteil Wasserfläche in der Bergbaufolgelandschaft (ca. 2 200 ha), da die derzeitigen aktiven Betriebsflächen nicht mehr verfüllt werden können und Teil der Restseen werden.
Die rückwärtigen, noch nicht rekultivierten Kippenflächen (ca. 1 150 ha) der mittelfristigen Tagebaue werden bis zu ihrem Auslauf wiedernutzbargemacht sein.

- Von einer planmäßigen Wiedernutzbarmachung kann eigentlich nur in den Zukunftstagebauen ausgegangen werden.
  Alle Tagebaue verfügen oder werden (Tagebau Jänschwalde) über leistungsfähige Vorschnittbetriebe verfügen, die vielfältige Gestaltungsmöglichkeiten des Reliefs und die gezielte Verwendung der anstehenden Bodensubstrate ermöglichen.
  Mit dem weiteren Betrieb dieser Tagebaue ist u. a. die Voraussetzung dafür geschaffen, die derzeitig erheblichen Rekultivierungsrückstände (ca. 8 820 ha, ohne Betriebsfläche des offenen Tagebaues) in diesen Tagebauen zu beseitigen. Die Restseen nehmen später ca. 21 % der Folgelandschaft dieser Tagebaue ein.

Abbildung 13 veranschaulicht, daß der Stand der Rekultivierung in den planmäßig stillgelegten Tagebauen fast 75 % beträgt und weitere 15 % Fläche der Flutung harren, während in den laufenden Tagebauen derzeit nur ein gutes Viertel der in Anspruch genommenen Fläche wiedernutzbargemacht ist. Betrachtet man die wiedernutzbarzumachenden Festlandbereiche, entfallen fast 50 % auf die aktiven Tagebaue, die eine effektive Wiedernutzbarmachung im technologischen Hauptprozeß weitgehend sichern.

Wagt man auf der Grundlage der vorliegenden Planungen eine Prognose zum künftigen Landschaftsbild der Bergbaufolgelandschaften in der Lausitz, so ergibt sich nachstehende Vision:

- Wälder und Forste: ca. 53 %
- Äcker und Wiesen: ca. 11 %
- Gewässer: ca. 27 %
- Sonstige Flächen: ca. 9 %

Natürlich unterliegt auch die Bergbaufolgelandschaft in ihrer künftigen Entwicklung genauso den sich wandelnden Ansprüchen der mit ihr lebenden Menschen, wie dies in der Vergangenheit geschehen ist. Gerade darin besteht die hohe Verantwortung und der besondere Reiz bei der Planung und Ausführung dieser Landschaften. Erst der Grad der menschlichen Tätigkeit verleiht der Landschaft ihren aktuellen Charakter und auch kommende Generationen sollen sie nachhaltig erleben und nutzen können, so, wie wir dies heute mit den von uns vorgefundenen Landschaften nach unserem Ermessen tun.

7.2 Beachtung der Fragen des Naturschutzes bei der Tagebauplanung

Da in den Zukunftstagebauen noch ca. 20 000 ha Land in Anspruch genommen werden sollen, besitzen umfassende Maßnahmen zum Schutz von Natur und Landschaft besondere Bedeutung. Dabei sind folgende Aspekte zu beachten (Abb. 15):

- Erfassung der im geplanten Abbau und Einwirkungsbereich der Tagebaue vorkommenden Arten und ihrer Lebensraumansprüche

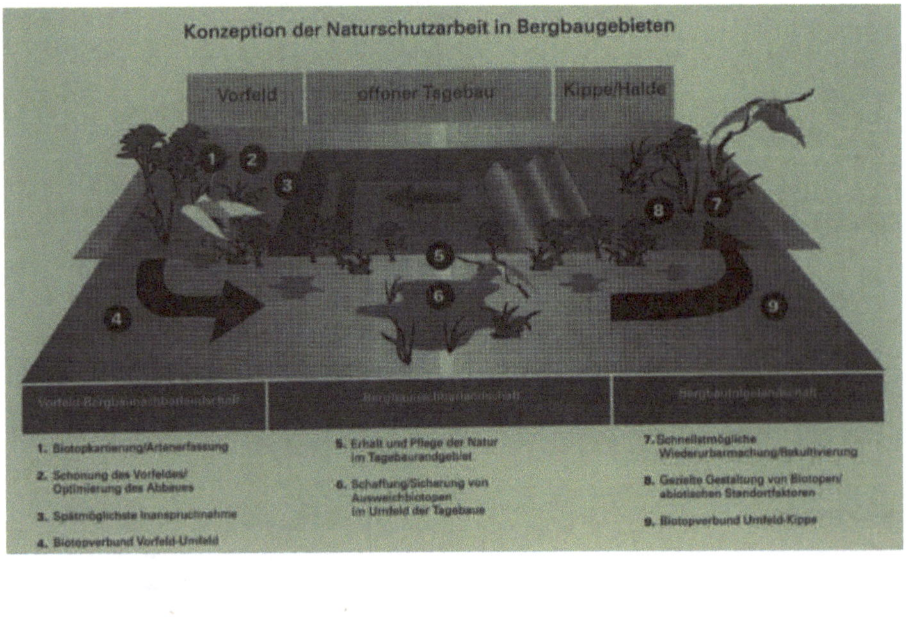

Abb. 15. Durch gezielte Sicherungs-, Ausgleichs- und Ersatzmaßnahmen sowie durch Biotopverbundsysteme kann der Verlust von Arten im Eingriffsgebiet eines Tagebaues verhindert werden

- Reduzierung des Eingriffes auf das unbedingt notwendige Maß durch Optimierung der Abbaukante und Randbebauung
- Spätestmögliche Inanspruchnahme von Flächen und Objekten
- Durchführung von Erhaltungsmaßnahmen im Tagebauvorfeld, insbesondere Schaffung und Erhalt eines Biotopverbundes zur Bergbaunachbarlandschaft
- Durchführung von Erhaltungsmaßnahmen im Tagebaurandbereich, dem natürlichen Bindeglied zwischen Bergbau- und Bergbaunachbarlandschaft
- Durchführung von Erhaltungsmaßnahmen im Umfeld der Tagebaue zur Schaffung von Überlebensräumen für die aus dem Tagebauvorfeld verdrängten Arten bzw. zum Erhalt von nachteilig durch den Bergbau beeinflußten Gebieten
- Schnellstmögliche Wiedernutzbarmachung der in Anspruch genommenen Flächen zur Schaffung neuen Lebensraumes
- Bewußte Gestaltung der abiotischen Standortfaktoren auf der Kippe unter Ausnutzung der technologischen Möglichkeiten und Sicherung der standort- sowie zielnutzensgerechten Erstbepflanzung
- Vervollständigung des Biotopverbundes vom Tagebauumfeld zur Bergbaufolgelandschaft, um das Potential der Bergbaunachbarlandschaft zur Wiederbesiedlung zu nutzen.

Das dargestellte Konzept soll sichern, daß der Braunkohlenabbau nicht zum Verlust von Arten führen muß. Allerdings kann der Bergbautreibende diese Aufgabe nicht alleine lösen (s. Beitrag 57, Brozio) Im Einzelfall sind die jeweiligen öffentlichen Interessen zu berücksichtigen. Die Karte B2 verdeutlicht das Potential von wertvollen Landschaftsteilen in unmittelbarer Tagebaunähe, das es zu erhalten, zu entwickeln und zu nutzen gilt. Dabei leisten auch bereits funktionsfähige Bergbaufolgelandschaften ihren Beitrag.

8 Zusammenfassung

Bei der Planung und Gestaltung von Bergbaufolgelandschaften in Braunkohlentagebaugebieten sind insbesondere naturräumliche, sozioökonomische, sicherheitstechnische und gesetzliche Randbedingungen zu beachten.

Die aktuellen energiepolitischen Grundsätze des Landes Brandenburg und des Freistaates Sachsen räumen der Braunkohlenverstromung und damit dem Tagebaubetrieb in der Lausitz einen festen Platz ein.

Für die fünf zur langfristigen Kohleförderung vorgesehenen Tagebaue wurden auf der Grundlage der Landesplanungsgesetze Braunkohlenpläne aufgestellt und von den Landesregierungen bestätigt. Damit wird der ökonomischen, sozialen und ökologischen Notwendigkeit einer angepaßten Kohleförderung in der Lausitz Rechnung getragen. Für die stillgelegten Tagebaue werden Sanierungs- bzw. Sanierungsrahmenpläne erarbeitet.

In den Braunkohlen- und Sanierungsplänen als Teile der Regionalplanung sind nach Abwägung aller Interessen auch die Ziele und Grundsätze zur Gestaltung der Bergbaufolgelandschaft definiert.

Der Tagebaubetrieb wird über das bergrechtliche Betriebsplanverfahren zugelassen. Die Betriebspläne sind dazu in Übereinstimmung mit den Braunkohlen- bzw. Sanierungsplänen und ggf. im Benehmen mit berührten Behörden so zu erarbeiten, daß die Wiedernutzbarmachung der in Anspruch genommenen Flächen im öffentlichen Interesse erfolgt. Der Tagebaubetrieb selbst wird so ausgerichtet, daß die abiotischen Standortfaktoren, insbesondere die Qualität der Kippsubstrate an der Oberfläche, die Lage der Kippe zum künftigen Grundwasser und das Relief ordnungsgemäß entsprechend dem Nutzungsziel sichergestellt werden. Voraussetzung für die Beendigung der Bergaufsicht ist die Gewährleistung der öffentlichen Sicherheit in der Bergbaufolgelandschaft.

Die kulturfeindliche, zerklüftete Förderbrückenkippe wird in der Regel mit selektiv gewonnenem Abraum aus Schaufelradbagger-Bandbetrieben überzogen. Vor der Inkulturnahme wird das Kippsubstrat bei Bedarf bis 100 cm tief nachhaltig melioriert. Oberflächenausformung und Kultivierung der Kippe erfolgen lausitztypisch, d. h. auf flach welligem Relief werden vorrangig Mischwälder mit einem hohen Anteil Offenland begründet.

Das heutige Landschaftsbild der Lausitz ist durch die Jahrhunderte währende menschliche Tätigkeit entstanden und nur durch diese zu erhalten. Die jungen Bergbaufolgelandschaften, die in der Lausitz ca. 100 000 ha einnehmen werden, unterliegen ebenso wie das Umland der Landschaftsdynamik und sind deshalb vielfältig nutzbar und offen für kommende Generationen zu gestalten, wobei die Belange der wirtschaftlichen Nutzung ebenso zu berücksichtigen sind, wie die Anforderungen aus Freizeit, Erholung und Naturschutz.

Mit dem Tagebaubetrieb ist der Verlust von Lebensraum unvermeidbar, aber es entsteht auch neuer Lebensraum mit neuen Perspektiven. Der Erhalt der heimischen Fauna und Flora soll durch einen Biotopverbund Vorfeld - Bergbaunachbarlandschaft - Bergbaufolgelandschaft gewährleistet werden, dem eine exakte Aufnahme der Biotoptypen und des Arteninventars sowie die Optimierung von Lebensräumen außerhalb des Abbaugebietes vorausgehen. Für die Entwicklung einer artenreichen Naturausstattung liefert die Bergbaufolgelandschaft einzigartige Bedingungen.

LITERATUR

Arnold I, Kuhlmann K (1994) Wasserwirtschaft und Bergbau in der Lausitzer. Braunkohle 7: 10–21

Breitkreutz E, Gruhlke P (1984) Entwicklung der Direktversturztechnik und der DV-Technologie am Beispiel des Tagebaues Dreiweibern. Neue Bergbautechnik 9: 337–339

Drebenstedt C (1994) Erfahrungen bei der Wiedernutzbarmachung von Förderbrückenkippen am Beispiel des Tagebaues Reichwalde. Braunkohle 5: 18–24

Heusohn R (1929) Praktische Kulturvorschläge für Kippen, Bruchfelder, Dünen und Ödländereien. Faksimiledruck, Herausgeber LAUBAG (1994)

Illner K, Katzur J (1964) Betrachtungen zur Bemessung der Kalkgaben auf schwefelhaltigen Tertiärkippen. Landeskultur 5: 423–426

Nowel W, Böhnisch R, Schneider W, Schulze H (1994) Geologie des Lausitzer Braunkohlenreviers. Herausgeber LAUBAG

Sauer H (1995) Teiche auf Kippen Lausitzer Tagebaue. LMBVmbH

Warmbold U, Vogt A (1994) Geotechnische Probleme und technische Möglichkeiten der Sanierung und Sicherung setzungsfließgefährdeter Kippen und Restlochböschungen in der Niederlausitz. Braunkohle 7: 22–28

Wiedemann D (1995) Schaffung ökologischer Vorrangflächen bei der Gestaltung der Bergbaufolgelandschaft. F/E-Abschlußbericht (BMBF)

Ansprüche aus der Sicht der Nutzungen und des Naturschutzes

41 Stellung der Landwirtschaft in der Abbauregion

Gerhard Gunschera

1 Einleitung

Über Jahrhunderte prägt der bodenständige Landwirt mit seiner Erwerbstätigkeit maßgeblich die uns gewohnte Kulturlandschaft der Lausitz. Er trägt damit wesentlich zum Erhalt ihrer Funktions- und Leistungsfähigkeit, ihrer landschaftlichen Vielfalt und Attraktivität als Wirtschafts-, Siedlungs- und Erholungsraum bei. Regional unterschiedlich nutzt die Landwirtschaft 40–60 % der Bodenflächen.

Der jahrzehntelange Abbau von Braunkohle im Tagebauverfahren führte in der Lausitz zur nachhaltigen Beeinträchtigung der Landschaft und der Leistungsfähigkeit des Naturhaushaltes. Mit der einseitigen Orientierung auf maximale Braunkohlenförderung ging die Vernachlässigung der Verpflichtungen zur Umwelterhaltung und Landschaftsgestaltung einher. Der Landwirtschaft wurden Bodenflächen, Produktionsstätten und Wohnsiedlungen größtenteils ersatzlos entzogen. Ihre Produktionsstruktur mußte zum Teil grundsätzlich verändert werden (z. B. Nutzungswandel aufgrund zu großer Schlagentfernungen und Wasserentzug).

In der Lausitzer Region nahm der Bergbau mehr als 23 000 ha fruchtbare landwirtschaftliche Nutzflächen in Anspruch, stellte aber nur etwa 8 800 ha mehr oder weniger wertvolle Kippenflächen für die landwirtschaftliche Nutzung wieder her. Darüber hinaus verursachte der bergbaubedingte Wasserentzug drastische Veränderungen der vegetationswirksamen Bodenfeuchteverhältnisse auf einer Fläche von ca. 230 000 ha. Auswirkungen auf das Standortklima sind nicht ausgeschlossen. Die Abbaubereiche, die nach Grundwasserwiederanstieg offene Wasserflächen bilden, werden im Abbaugebiet einen vielfachen Umfang der ursprünglichen Gewässer erreichen.

Der großflächigen Zerstörung der Landschaften und ihrer Leistungspotentiale durch den Bergbau muß ihr großflächiger Neuaufbau folgen. Es sind Bergbaufolgelandschaften zu schaffen, in denen

- Schutz, Pflege und Entwicklung der natürlichen Lebens- und Produktionsgrundlagen dauerhaft gesichert sind,
- die Gestaltungsmöglichkeiten der Raumnutzung langfristig offen bleiben und
- gleichwertige Lebensbedingungen für die Menschen in allen Teilräumen geboten werden.

Das Ziel der Landschaftsgestaltung in den Bergbaugebieten besteht deshalb vorrangig in der Regeneration und Stabilisierung der Naturraumpotentiale und in der Gewährleistung der ökologischen Ausgleichsfunktionen der Freiflächen. Hierin eingeordnet ist die Entwicklung der landwirtschaftlichen Nutzungs- und Funktionsbereiche. Sie bilden relevante strukturbestimmende Elemente und prägen das Landschaftsbild. Sie sind eine Voraussetzung für die Gestaltung attraktiver und leistungsfähiger Bergbaufolgelandschaften.

Die Landwirtschaft übernimmt in diesem Zusammenhang eine wichtige Rolle. Mit ihrer standortgebundenen Produktion sichert sie die funktionsgerechte Bodennutzung und den Erhalt des ländlichen Raumes. Sie trägt damit zur Herstellung intakter Landschaften und zum Erhalt ihrer Identität maßgeblich bei.

2 Anforderungen

Die Anforderungen der Landwirtschaft an die Bergbaufolgelandschaft betreffen zunächst die Sicherung ihrer Produktionsgrundlagen. Deshalb müssen Bodenflächen in ausreichendem Umfang und mit dem notwendigen Ertragspotential zur Verfügung gestellt werden. Für den Haupt- und Nebenerwerb des ansässigen Landwirts eignen sich aber auch jene Flächen, die nur eine extensive Bewirtschaftung gestatten und im Sinne der Landschaftspflege zu nutzen sind. Die Entwicklung funktionsfähiger Bergbaufolgelandschaften und ihre Einbindung in die Kulturlandschaft setzen in der Lausitz einen Mindestanteil an gehölzfreier Bodenfläche von etwa 25 % voraus.

Der durch den Braunkohlenabbau verursachte Verlust an landwirtschaftlicher Nutzfläche von ca. 15 000 ha zwingt dazu, daß auch in Zukunft ertragsreiche Kippenflächen hergestellt werden. Diese Forderung muß sowohl bei der Abbauplanung für die weiterhin aktiven Tagebaue als auch bei den Auslauf- und Sanierungsprogrammen berücksichtigt werden. Ihre Realisierung erfordert, daß die im Deckgebirge vorhandenen, hochwertigen quartären Substrate gesondert gewonnen und ausschließlich für die Herstellung der Abschlußdecken auf den Bergbaukippen verwendet werden. Der begrenzte Vorrat hochwertiger Bodensubstrate im Deckgebirge und die zuweilen erhöhten Aufwendungen für das selektive Fördern, Transportieren und Verkippen der gewünschten Abraumsubstrate bzw. Substratgemenge drängen auf ihren möglichst effektiven Einsatz.

Der einmalige Prozeß der völligen Umgestaltung von Naturräumen erfordert die enge, verständnisvolle Zusammenarbeit zwischen dem Geologen, der die Deckgebirgssubstrate hinsichtlich ihres Kulturwertes beurteilt, dem Landwirt, der seine Anforderungen an die Kippenflächen definiert, und dem Bergmann, der die technologischen Lösungsmöglichkeiten zur Erfüllung der Qualitätsparameter der Wiederurbarmachung einschätzt. Letztere betreffen:

- Bodenkundliche Eigenschaften der Kippsubstrate
- Inhaltliche und räumliche Heterogenität der Bodendecke auf den Abschlußkippen
- Mächtigkeit der kulturfähigen Bodenschicht
- Flächengröße und -form, Lage und Zufahrt
- Reliefausbildung, Flächenneigung und Vorflut
- Lagebeziehungen der Geländeoberfläche zum künftigen Grundwasserspiegel
- Steinbesatz

2.1 Eigenschaften der Kippsubstrate

Nach den Ergebnissen langjähriger Feldversuche zur landwirtschaftlichen Rekultivierung von Kippenflächen sind die bindigen quartären Deckgebirgssubstrate für das Herstellen von landwirtschaftlich nutzbaren Agrarflächen besonders geeignet. Ihr Kulturwert steigt in der Reihenfolge Tal- und Beckenschluff < Geschiebelehm < Geschiebemergel.

Die geringfügige Beimengung von Sanden (Schmelzwasser-, Becken-, Tal- und Flußsande) vermindert ihren Kulturwert nur wenig. Löß und Lößlehm stehen in der Lausitz nicht zur Verfügung. Beckentone sind bei intensiver Vermengung mit sandigen Substraten nur bedingt für eine landwirtschaftliche Nutzung geeignet. Die oben genannten Abraumsubstrate sind den Hauptbodenformen Kipp-Kalklehm, Kipp-Lehm, Kipp-Kalklehmsand und Kipp-Lehmsand zuzuordnen (Wünsche et al. 1981). Die kalkhaltigen Substrate (> 3–5 % $CaCO_3$) verfügen über die vergleichsweise günstigeren bodenchemischen Eigenschaften.

In der Vergangenheit wurden die verfügbaren bindigen quartären Deckgebirgsschichten nur unzureichend für das Herstellen der Abschlußverkippung genutzt, so daß ca. 60 % der Rückgabeflächen oberflächig aus tertiären Kippsubstraten bestehen. Diese Kippböden bedürfen wegen ihres Schwefelreichtums der nachhaltigen Verbesserung der Reaktionsverhältnisse im oberen Profilmeter (s. auch Beitrag 46, Katzur). Für die landwirtschaftliche Nutzung eignen sich bei einem vergleichsweise erhöhten Rekultivierungs- und Bewirtschaftungsaufwand die Kipp-Kohlelehmsande und Kipp-Kohlelehme. Die Kipp-Kohleanlehmsande sind wie die Kipp-Anlehmsande nur bedingt für eine landwirtschaftliche Nutzung geeignet (Illner u. Katzur 1969; Wünsche et al. 1972).

Die Bodenfruchtbarkeit der Kippsubstrate basiert auf den stabilen Bodenmerkmalen, insbesondere auf den Gehalten an Ton und Schluffen (bevorzugt Fein- und Mittelschluff). Kipp-Lehme und Kipp-Kalklehme haben Ton- und Schluffgehalte von 36–65 Masse-% und Kipp-Lehmsande von 25–35 Masse-%. Bei Anlehmsanden reduzieren sich die Gehalte auf 10–24 Masse-%. Ähnliche Texturverhältnisse gelten für die tertiären Kippsubstrate. Der für diese Kippböden typische Anteil feinverteilter Kohle erhöht die Wasserspeicherung (Thomas 1969), Kationenaustauschkapazität (Katzur u. Zeitz 1985), Stickstoffbindung und -dynamik sowie die Humusbildung im Prozeß der Bodenentwicklung (Katzur 1987).

Die Speicherkapazitat für pflanzenverfügbares Wasser (Nutzwasserkapazität) in der oberen 100 cm mächtigen Bodenschicht ist ein weiteres Kriterium der Wiedernutzbarmachung. Es kann davon ausgegangen werden, daß Kippböden mit einer Nutzwasserkapazität von mindestens 10 Vol.-%, besser 14–15 Vol.-% für eine landwirtschaftliche Nutzung geeignet sind. Die Lagerungsdichte der Kippböden sollte durchgängig 1,5–1,6 g/cm^3 betragen. Außerdem sind Grobporenvolumina von mindestens 8 Vol.-% in der Krume und von mindestens 5 Vol.-% im Unterboden der Kipp-Lehme und Kipp-Schluffe zu gewährleisten.

2.2 Mächtigkeit der kulturfähigen Bodenschicht

Die Mächtigkeit der durchwurzelbaren kulturfähigen Bodenschicht muß für landwirtschaftliche Zwecke grundsätzlich ≥100 cm betragen. Dieser Forderung liegen Ergebnisse mehrerer Großexperimente und Modelluntersuchungen (Sauer 1973; Werner 1974; Katzur u. Herbert 1980) zugrunde. Beim Auftragen einer kulturfähigen Deckschicht ist darauf zu achten, daß die Auftragsstärke 120–130 cm beträgt, damit die angestrebte Mächtigkeit der Deckschicht auch nach Abschluß des Setzungsprozesses erreicht wird.

Die gleisgebundene Verkippung (Pflugkippe) und die Absetzerverkippung mit geringer Schütthöhe bieten die besten Voraussetzungen, um günstige Bodengefügeverhältnisse zu erreichen. Der gleislose Abraumtransport (Band-Absetzer-Direktversturtzkippen) und der Einsatz schwerer Planierraupen verursachen die für das Pflanzenwachstum schädlichen Substratverdichtungen. Letztere lassen sich durch nachfolgende Lockerungsmaßnahmen nicht bzw. nur sehr schwer beheben.

Der örtlich begrenzte Vorrat an hochwertigen Abraumsubstraten (Lehme) veranlaßte die Bergbautreibenden, die Mächtigkeit der Auftragsschicht zu variieren. Die Tabelle 1 enthält einige Varianten in Abhängigkeit von der Beschaffenheit der wiedernutzbarzumachenden Kippenflächen.

2.3 Homogenität der Kippenflächen

Die landwirtschaftliche Nutzung von Kippenflächen setzt weitgehend ausgeglichene Substratverhältnisse auf Teilflächen von mindestens 20 ha Größe voraus. Dadurch werden Bewirtschaftungserschwernisse (Bodenbearbeitung, Düngung, Saatbettbereitung und Pflege) vermieden und einheitliche Wachstumsbedingungen geschaffen. Die Anforderungen an die Struktur der Bodendecke beziehen sich auf die räumliche Verteilung (horizontal und vertikal) der in ihren Eigenschaften ähnlichen oder unterschiedlichen Kippsubstrate. Unter den Bedingungen des Lausitzer Braunkohlenreviers galten Bewirtschaftungserschwernisse als zumutbar, wenn die dominante Kippbodenformengruppe (Behandlungseinheit) ≥ 80 % der Bewirtschaftungsfläche einnahm und maximal zwei weitere Kippbodenformengruppen

Tabelle 1. Übersicht über hochwertige Abraumsubstrate und einige Varianten bezüglich der Mächtigkeit der Auftragsschicht in Abhängigkeit von der Beschaffenheit der wiedernutzbarzumachenden Kippenflächen

Deckschicht		Auflagegrund	
Kippsubstrat	Mächtigkeit (cm)	Kippsubstrat	Mächtigkeit (cm)
Kipp-Lehm Kipp-Kalklehm Kipp-Lehmsand Kipp-Lehmsand Kipp-Kalklehmsand	100 100 100 100 100	Kipp-Kohlelehm Kipp-Kohlelehmsand Kipp-Kohlesand Kipp-Sand	Ohne Bedingung
Kipp-Lehm Kipp-Kalklehm Kipp-Kalklehmsand Kipp-Lehmsand	80 80 80 80	Kipp-Kohlelehmsand (grundmelioriert) Kipp-Anlehmsand	> 40 > 60
Kipp-Lehm Kipp-Kalklehm	70 70	Kipp-Kohlesand (grundmelioriert)	> 50
Kipp-Kalklehm	60	Kipp-Lehmsand Kipp-Kalklehmsand	> 60 > 60

gleicher geologischer Herkunft auftreten (Min. f. Land-, Forst- und Nahrungsgüterwirtschaft, Min. f. Kohle und Energie 1987).

Katzur et al. (1992) haben eine neue Methode zur Kennzeichnung der Heterogenität der Kippenflächen entwickelt und damit eine exakte Grundlage für die Beurteilung der Eignung der Kippenflächen für die Folgenutzung geschaffen.

2.4 Flächenausformung und Lage

Lage, Größe, Flächenform und Relief sind maßgebliche Aspekte für die landwirtschaftliche Nutzung der Kippenstandorte. Von der Entfernung zum Wirtschaftshof und den Zufahrtsbedingungen zur Fläche hängen Nutzungskonzept und Wirtschaftlichkeit maßgeblich ab. Mittlere Schlagentfernungen von 6–10 km sind bei entsprechender Einordnung der Flächen in die übrige Betriebsflur zu vertreten. In Anpassung an das Fruchtfolgekonzept und die Schlaggliederung sind Schlaggrößen von 10–20 ha bei einem Längen-Breitenverhältnis von 2 : 1 anzustreben. Ein leicht welliges Oberflächenplanum mit einer Generalneigung von mindestens 0,5 % bis max. 7 % sichert die Vorflut und erfüllt die Anforderungen an die maschinelle Bearbeitung der Kippenflächen. Zudem ist Steinfreiheit (≥ 120 mm) bis in 35 cm Bodentiefe zu fordern.

3 Zusammenfassung

Die Landwirtschaft trägt mit ihrer standortgebundenen Produktion maßgeblich zur Gestaltung und Entwicklung der Bergbaufolgelandschaften bei. Aus dieser Zielstellung leiten sich die Forderungen der Landwirtschaft an die Bergbaufolgelandschaft ab. Sie betreffen Größe, Lage, Struktur der Bodendecke und Ausformung der zu nutzenden Kippenflächen des Braunkohlenbergbaues.

LITERATUR

Illner K, Katzur J (1969) Durch landwirtschaftliche Rekultivierung ehemaliger Bergbauflächen neues Nutzland gewinnen. Konsultationspunkt 4: 82–84

Katzur J (1987) Zur Entwicklung der Humusverhältnisse auf den meliorierten schwefelhaltigen Kippböden. Arch Acker-Pflanzenbau Bodenkd 4: 239–247

Katzur J, Herbert P (1980) Die Bedeutung der Meliorationstiefe für die Fruchtbarkeit der meliorierten schwefelhaltigen Kippböden, dargestellt am Beispiel praktischer Großversuche. Arch Acker-Pflanzenbau Bodenkd 6: 335–342

Katzur J, Zeitz J (1985) Bodenfruchtbarkeitskennziffern zur Beurteilung der Qualität der Wiederurbarmachung schwefelhaltiger Kippböden. Arch Acker-Pflanzenbau Bodenkd 4: 195–203

Katzur J, Haubold W, Oehme W-D, Hanschke L (1992) Heterogenitätskennzeichnung, Strukturtypen der Bodendecken und Standortleistungstypen auf den Kippen und Halden des Braunkohlenbergbaus (Unveröff Manuskript, Finsterwalde)

Min. f. Land-, Forst- und Nahrungsgüterwirtschaft, Min. f. Kohle und Energie (Hrsg) (1987) Qualitätsparameter und Abnahmekriterien für die Wiederurbarmachung von Bodenflächen zur land- und forstwirtschaftlichen Nutzung. Richtlinie. Berlin

Sauer H (1973) Zum Einfluß der Bodenformen und der Bodenschichtung auf die Erträge landwirtschaftlicher Kulturen der Kipprohböden des Niederlausitzer Braunkohlenreviers im Zeitraum der Rekultivierung. Dissertation, Berlin

Thomas S (1969) Untersuchungen über die Feuchtigkeitsverhältnisse von Kipprohböden des Braunkohlenbergbaues in der Niederlausitz. Dissertation Berlin

Werner K (1974) Grundsätze der Wiedernutzbarmachung von Braunkohlenkippen unter den volkswirtschaftlichen Bedingungen der DDR. Dissertation (B), Leipzig

Wünsche M, Lorenz W-D, Oehme W-D, Haubold (1972) Die Bodenformen der Kippen und Halden im Niederlausitzer Braunkohlenrevier. Mitteilung Nr. 15/72 aus dem VEG GFE Halle, BT Freiberg, Senftenberg

Wünsche M, Oehme W-D, Haubold H, Knauf C, Schmidt K E, Afrobenius A, Altermann M (1981) Die Klassifikation der Böden auf Kippen und Halden in den Braunkohlenrevieren der Deutschen Demokratischen Republik. Neue Bergbautechnik 1: 42–48

Forstwirtschaft

Karl Preußner

1 Oberflächengestalt

Die forstliche Rekultivierung stellt deutlich geringere Anforderungen an die Ausformung und Gestaltung des Reliefs als die landwirtschaftliche Nutzung. Für landwirtschaftliche Flächen werden aufgrund der einzusetzenden Technik Neigungen von max. 1 : 14 (bis 7 %), in Ausnahmefällen 1 : 11 (bis 9 %) zugelassen.

Bei forstwirtschaftlicher Nutzung ist ein bewegteres Relief möglich. Trotzdem wird auch hier die Grenze in der maschinellen Bearbeitbarkeit gesehen. Sie liegt etwa bei 1 : 7 (14 %). In den Fällen, wo eine Bodenmelioration nicht notwendig ist, kann auch auf unplanierten Schüttungen mit Bodenunebenheiten bis zu 1 m forstlich rekultiviert werden.

An Böschungen von Hochhalden und Außenkippen werden Hangneigungen bis zu 1 : 7 (14 %) noch als normal forstlich bewirtschaftbar angesehen. Bei steileren Böschungen ist nur eine begrenzte Bewirtschaftung in Handarbeit möglich. Hangneigungen steiler als 1 : 4 (25 %) sind zu vermeiden. Wichtig ist, daß die Böschung selbst aus kulturfreundlichem Material besteht und nach 10 m Höhenunterschied eine Berme eingebaut wird. Sie soll mindestens 8 m breit und befahrbar sein.

2 Böden

Für die forstliche Rekutlivierung eignen sich im Lausitzer Revier besonders die oberflächennah anstehenden pleistozänen sandigen Lehme und lehmigen Sande (Schwabe 1970: pleistozäne schluffbrockige Beckensande und pleistozäne Basalsande). Die tiefer liegenden tertiären Schichten sind häufig wegen des hohen Schwefelgehaltes extrem kulturfeindlich. Über solchen Substraten wird für eine forstliche Nutzung ein Überzug der kulturfreundlichen Schicht an der Kippenoberfläche von mindestens 2 m Mächtigkeit gefordert. Das gilt auch für die im Brückenbetrieb typischen pleistozän-tertiären Mischsubstrate.

Läßt es sich nicht vermeiden, relativ kulturfeindliche Substrate an der Oberfläche zu verkippen, ist eine Tiefenmelioration mit Kalk notwendig. Der durchwurzelbare Horizont sollte mindestens 1 m betragen.

Auf eine längere Liegezeit oder eine landwirtschaftliche Zwischennutzung kann bei der heutigen Qualität der Melioration i. allg. verzichtet werden, so daß keine für die Waldentwicklung ungenutzte Zeit verstreichen muß. Jedoch sollte die Bodenbildung mit biologischen Maßnahmen gefördert werden.

Nach einer Tiefenmelioration relativ kulturfeindlicher Substrate ist es notwendig, eine Testsaat vorzunehmen, um die Stellen zu erkennen, an denen aufgrund der Heterogenität oder wegen Fehlern in der Ausführung eine Nachmelioration notwendig ist.

Bei der Bodenvorbereitung ist im Zuge der Melioration eine Grunddüngung mit den erforderlichen Pflanzennährstoffen NPK einzubringen; dennoch leidet besonders die Kiefer fast immer unter Stickstoffmangel. Deshalb ist die Folgedüngung im 3.–5. Jahr nach der Pflanzung erforderlich. Zu diesem Zeitpunkt sind die Verluste durch Auswaschung in den Boden am geringsten (Heinsdorf 1992). Bei einer Stickstoffdüngung muß sehr oft Phosphor mitgegeben werden, da dieser sonst extrem in den Mangel gerät. Vorsicht ist bei der Stickstoffdüngung von Roteichenbeständen geboten, weil dadurch die Frosthärte herabgesetzt wird und es leicht zu Frostschäden kommt.

3 Waldwege

Die Kippen werden im forstlich üblichen Maße mit Wirtschaftswegen erschlossen. Fünfzehn laufende Meter Hauptwirtschaftsweg je Hektar werden als ausreichend angesehen. Mit den unbefestigten Gestellen sollte die Erschließung auf wenigstens 40 laufende Meter je Hektar kommen. Besonders aus der Sicht des Waldbrandschutzes ist es wichtig, Sackgassen zu vermeiden und für größere Aufforstungskomplexe, z. B. Hochkippen, immer zwei, besser drei Zufahrten vorzusehen.

4
Voraussetzungen für die Bewaldung

Bei der forstlichen Rekultivierung kommt es darauf an, durch Naturnähe und Artenvielfalt die Dynamik der Waldökosystementwicklung zu beschleunigen. Daher hat die Aufforstung zunächst folgende Aufgaben:

- 1. Rasche Bodenbedeckung und Anreicherung von organischer Substanz, damit Erosionen verhindert werden, die Humus- und Bodenbildung einsetzen kann und sich das tote Kippsubstrat belebt
- 2. Pflanzung von Baum- und Straucharten, die einer vielfältigen, naturnahen Pflanzen- und Tierwelt Heimstatt bieten, dabei gleichzeitig die gewünschte Rohstoffproduktion erfüllen und dem Menschen Erholung bieten
- 3. Schaffung einer räumlichen Ordnung, die die Waldlandschaft wieder in ihre Umgebung einbindet, den Wald bewirtschaftbar und gleichzeitig die Vielfalt der Nutzfunktionen erlebbar macht

5
Bodenschutz und Anfangsphase

Wegen der Freilage und der Gefahr der Bodenverwehung ist die Ansaat von Bodenpflanzen wichtig. Bei den häufig sandigen Kippenstandorten kann starker Wind wie ein Sandstrahlgebläse auf die jungen Bäume wirken und große Schäden anrichten. Dabei ist es wichtig, das richtige Maß zu halten, damit die künstlich eingebrachte Bodenvegetation nicht zum Nahrungs- und Wasserkonkurrenten wird. Von besonderem Wert sind Leguminosen, wie die perennierende Lupine oder der Steinklee.

Weiterhin kann der Mangel des noch fehlenden Bodenlebens durch Einbringen von Bodenhilfsstoffen gemildert werden. Dazu zählen Waldböden, Torfe, Komposte und Holzschnitzel. Dem Einsatz von Klärschlämmen, Kohletrüben und Kraftwerksaschen stehen starke behördliche Restriktionen wegen der Gefahr der Einbringung von Schadstoffen entgegen.

6
Aufforstung und Waldentwicklung

Bei der Baumartenwahl ist sowohl der Vorwaldcharakter als auch das waldbauliche Endziel zu beachten. Vorwald- und Pionierbaumarten sind schnellwüchsig, anspruchslos, lichtliebend und frosthart. Zu ihnen gehören Kiefer, Lärche, Schwarz- und Weymouthskiefer, Roteiche, Birke, Pappel und Robinie. Bei diesen Baumarten ist die Chance groß, den Kippenstandort rasch und mit relativ hoher Sicherheit zu kultivieren und damit die Entwicklung zu einem Waldstandort einzuleiten.

In ihrem Schutz sollen sich die übrigen Hauptbaumarten, wie: Trauben- und Stieleiche, Fichte und Douglasie, Rotbuche und Ahorn, die für die Freilage empfindlich sind und höhere Ansprüche an den Boden stellen, entwickeln.

Außerdem sollten Baumarten gleich eingemischt werden, die in erster Linie eine ökologische, den Boden aufbessernde Funktion haben. Hierzu gehören Linde, Erle und Hainbuche.

Um naturnahe Waldbestände zu erreichen, müssen neben der Kiefer als Hauptbaumart v. a. Trauben- und Stieleiche, Linde und Ahorn gefördert werden. Das Verhältnis von Nadel- zu Laubbaumarten ist mit 50 % anzustreben.

Eine Erhöhung der Bestandsvielfalt kann durch die Ergänzung mit dienenden Baum- und Straucharten (Traubenkirsche, Eberesche, Sanddorn, Ölweide, Hartriegel und Wildrose sowie mit zu den Leguminosen gehörenden Arten wie Bastardindigo, Erbsen- und Blasenstrauch) und eine abwechslungsreiche Gestaltung der Wald- und Wegränder erreicht werden. Für die Hangbepflanzung hat sich in der Lausitz die Robinie bewährt.

Die Kippenrekultivierung erfordert relativ hohe Pflanzenzahlen bei der Bestandsbegründung. Zum einen ist mit höheren Ausfällen aufgrund der extremen Standortverhältnisse zu rechnen, zum anderen soll durch ein rasches Schließen der Kulturen für Bodendeckung und für die Bildung eines Bestandsinnenklimas gesorgt werden. Aus Gründen der Rationalisierung und der maschinellen Bearbeitbarkeit wird als Reihenabstand einheitlich 2 m angestrebt. In der Reihe sollte der Pflanzenabstand nicht über 1 m liegen, so daß Mindestpflanzenzahlen von 5 000 St./ha erreicht werden.

Kiefer und Eiche erfordern höhere Pflanzenzahlen und damit einen Abstand in der Reihe von 0,40– 0,50 m (10–12 TSt./ha). Baumarten, die deutlich geringere Pflanzenzahlen je Hektar erfordern, wie Lärche und Pappel, sind mit dienenden Baumarten auf mindestens 5 000 St./ha aufzufüllen. Bewährt hat sich die Verwendung jungen Pflanzgutes. Bei kräftigen 1- bis 2jährigen Pflanzen ist das Sproß-Wurzel-Verhältnis noch besonders günstig und sie lassen sich gut maschinell pflanzen.

7
Schutz vor Waldbränden

Forstwirtschaft kann in der Lausitz nur unter strengster Beachtung des Waldbrandschutzes erfolgreich betrieben werden Mit durchschnittlich 8 Bränden und über 20 ha Schaden je 10 000 ha Wald im Jahr steht die Lausitz absolut an der Spitze des Waldbrandgeschehens in Deutschland.

Dem muß bereits in der Rekultivierung Rechnung getragen werden. Dazu zählt, daß

- der Kiefernanteil bei der Aufforstung unter 50 % gesenkt wird,
- die Waldbestände intensiv erschlossen und
- Löschwasservorräte angelegt werden.

Auf höchstens 1 000 ha Wald gehört mindestens eine Löschwasserentnahmestelle. Sind keine natürlichen Wasserstellen vorhanden, müssen künstliche Teiche oder unterirdische Tanks angelegt werden. Für die Anlage von Waldbrandriegeln eignet sich gut die Roteiche, weil sie mit ihrem schweren Laub das Gras unterdrückt.

8
Erhaltung und Schaffung von Feucht- und Trockenbiotopen und von Flächen für eine Sukzession

In die Waldlandschaft gehören Feuchtbiotope, arme Trockenstandorte und Sukzessionsflächen. Unterstützt werden kann ein solches Vorgehen mit Findlingspakkungen und Benjeshecken. Der Umfang solcher Sonderbiotope sollte 5 % der Waldfläche nicht überschreiten.

9
Erholungswald

Für eine Erholungsnutzung der Kippenwälder ist eine Waldgestaltung Voraussetzung. Hierzu gehören auch Zielpunkte wie Wanderhütten, Aussichtsstellen und Rodelberge. Diese müssen durch ein Netz von Wanderwegen verbunden und an die Umgebung z. B. mit Parkplätzen angebunden sein.

10
Zusammenfassung

Das Ziel der forstlichen Rekultivierung in der Lausitz besteht darin, die Voraussetzungen zu schaffen, eine lausitztypische, naturnahe und vielfältig nutzbare Waldlandschaft mit hohem wirtschaftlichen Wert, mit hohem Erholungswert und mit hohem Wert für den Naturschutz wiedererstehen zu lassen.

Eine der Voraussetzungen zum Erreichen dieses Zieles ist die Herstellung eines leicht bewegten Reliefs mit nicht zu steilen Böschungen. An die Kippenoberfläche werden kulturfreundliche Substrate in 2 m Mächtigkeit verkippt. Das sind in der Lausitz pleistozäne bindige Ablagerungen.

Mit der Aufforstung wird eine rasche Bodendeckung, ein artenreicher Waldbestand und eine räumliche Ordnung geschaffen. Dabei werden Vorwald- oder Pionierbaumarten mit den eigentlichen Hauptbaumarten kombiniert angepflanzt.

Neben Kiefer, Birke, Erle, Pappel und Robinie hat v. a. die Roteiche große Bedeutung erlangt. In Zukunft werden Trauben- und Stieleiche, Ahorn und Linde im Blick auf eine naturnahe Waldwirtschaft stärker gefördert.

Durch die Herrichtung von Standorten als Voraussetzung für Feucht- und Trockenbiotope, das Überlassen von Flächen für eine Sukzession und die Erschliessung von Teilen des Waldes für die Naherholung wird die Kippen-Waldlandschaft weiter aufgewertet.

LITERATUR

Heinsdorf D (1992) Untersuchungen zur Düngebedürftigkeit von Forstkulturen auf Kipprohböden der Niederlausitz; Promotion an der Fakultät für Bau-, Wasser- und Forstwesen der Technischen Universität Dresden

Schwabe H (1970) Ergebnise der forstlichen Rekultivierung auf vorwiegend kulturfreundlichem Abraummaterial des Braunkohlenbergbaues in der Niederlausitz; Dissertation Technische Universität Dresden/Tharandt

Naturschutz

Dietmar Wiedemann

Die Anforderungen der Land- und Forstwirtschaft im Hinblick auf die Rekultivierung und Wiedereingliederung ihrer Kippenflächen in die Bergbaufolgelandschaft sind, im Gegensatz zu den Anforderungen des Naturschutzes, in allen wichtigen quantitativen und qualitativen Parametern und ihren Toleranzbereichen bekannt. Seit Jahrzehnten erfüllt der Bergbau gezielt auf der Grundlage fachspezifischer Vorgaben diese Auflagen. Standortpotential und unternehmerische Zielstellungen bestimmen letztlich das Anbauspektrum, die Nutzungsintensität und somit das Landschaftsbild und die ökologischen Funktionen der Bergbaufolgestandorte.

Für den Naturschutz und die Landschaftspflege sind entsprechende Anforderungen bisher nur sehr allgemein formuliert, so daß die systematische Eingliederung benötigter Vorrang- und Ausgleichsflächen nur ungenügend und teilweise weit unter dem Vorbergbauniveau erfolgt.

Im Lausitzer Braunkohlenrevier bestehen gute Voraussetzungen für die Regeneration großer Teile der lausitztypischen Floren- und Faunenvielfalt, besonders für die positive Bestandesentwicklung stark gefährdeter, stenöker Arten und ihrer Lebensgemeinschaften. Die besonderen Potentiale für den Naturschutz ergeben sich aus

- der noch vorhandenen Ökosystemvielfalt in den Bergbaurandgebieten mit ihrer spezifischen Flora und Fauna für die sukzessive Wiederansiedlung auf den sich entwickelnden Kippenstandorten,
- den Standortverhältnissen der Kippen und Tagebaurestlöcher (z. B. oligotrophe Rohböden und Gewässer, Sandböschungen), die enge ökologische Beziehungen zu den Tagebaurandökosystemen haben (z. B. Dünen, Heideweiher und -moore, Sandäcker, Trockenrasen),
- der Zielstellung der Land- und Forstwirtschaft, die relativ armen Kippenflächen standortgerecht und landschaftsorientiert auf kleineren Schlägen weiter zu bewirtschaften.

Die Maßnahmen für den Naturschutz in den ökologisch stark beanspruchten Abbauregionen können nur erfolgreich und effektiv sein, wenn

- der Naturschutz mit einem ausreichend großen Vorrangflächenanteil gleichberechtigt neben der land- und forstwirtschaftlichen und Erholungsplanung steht (und akzeptiert wird),
- Biotope, Biotopverbundlinien, Boden- und Gewässerschutzpflanzungen in die Flächenstrukturen der Land-, Forst- und Wasserwirtschaft integriert werden,
- der Naturschutz die verschiedenen Landnutzungsformen und Ressourcenschutzflächen in seine Strategie mit einbezieht,
- insbesondere die landwirtschaftliche Flächennutzung auf umwelterhaltende Nutzungsformen orientiert ist, wie
  - Bewirtschaftung vielfältig gegliederter Fluren,
  - Düngemitteleinsatz nach dem Bedarf der Pflanzen, Pflanzenschutzmittel (PSM)-Einsatz nach Schadschwellenorientierung,
  - Erhöhung der Kulturartenvielfalt mit dem Ziel der Regeneration und Erhaltung der standortspezifischen Bodenfruchtbarkeit.

Für den Neuaufbau eines umfassenden Flächensystems für den Naturschutz in den Bergbaufolgelandschaften ist ein wirksamerer Ansatz als bisher notwendig, dessen Zielstellung es zunächst sein muß, Flächen und Standortqualitäten zu sichern und dem Bergbau konkrete standortbezogene Zielparameter vorzugeben.

Dazu gehören Angaben zu:

- Flächentypen und Verbundstrukturen für die Vorrangnutzung Naturschutz
  - als eigenständiges Schutzgebietssystem
  - integriert in die Nutzflächenstrukturen der Land-, Forst- und Wasserwirtschaft
- Lage und Einordnung der Flächen und Verbundstrukturen
- Bemessung, Ausformung und Standortqualität
  - Flächengrößen und -formen
  - Verbundlinienbreiten und -längen
  - Substrat- und Wassergütekriterien
  - Neigung, Exposition
  - Grundwasserflurabstände, Wasserspiegelschwankungen

- Gliederung und Ausstattung der Standorte
- Grundmeliorationsmaßnahmen
- Saat- und Pflanzgutsortimente
- Standorterschließung
- Sicherheitsanforderungen
- Pflegemaßnahmen in der Rekultivierungsphase

Bei der Durchsetzung der noch vielfach umstrittenen und nicht überall akzeptierten Sicherung der Naturschutzfunktion durch technische Manipulation sollte man sich u. a. von folgenden Zielen und Grundsätzen leiten lassen:

- 1. Angesichts des landesweiten Rückganges von Flora und Fauna (Blab 1984; Korneck u. Sukopp 1988) besteht auch im Rahmen der Bergbautätigkeit eine hohe Verpflichtung, keine Art durch „Unterlassung" dem Aussterben zu opfern.
- 2. Im allgemeinen Interessenkonflikt um Flächenanteile in der Bergbaufolgelandschaft muß der Naturschutz seine essentiellen Ansprüche formulieren und durchsetzen, will er nicht die Rolle als Lückenfüller oder Alibiinstrument zum eigenen Nachteil spielen. Bei der Neugestaltung und Sanierung bergbaulich devastierter Landschaften (z. Z. ca. 83 000 ha in der Lausitz) gibt es keine andere Alternative zur zielgerichteten Einordnung und technischen Gestaltung von Flächen für den Naturschutz (Darmer 1972; Wiedemann 1987; Sauer 1988). Die Kippenstandorte bieten dafür einmalige Bedingungen.
- 3. Das Arten- und Biotopschutzkonzept muß sich auf 100 % der Fläche der Bergbaufolgelandschaft (einschließlich ihrer Randgebiete) beziehen (Abb. 1), weil über zwei Drittel aller heimischen Arten an die vielfältig genutzte Kulturlandschaft gebunden sind und nur in dieser überleben können, während etwa ein Drittel der Arten aufgrund ihrer speziellen Lebensraumansprüche in besonders dafür geeigneten Schutzgebieten erhalten werden müssen.
- 4. Artenschutz, Nutzung und Schutz der Landschaft sowie die Landschaftsbildgestaltung sind im Rahmen der komplexen Neuentwicklung von Bergbaufolgelandschaften als eine Einheit zu betrachten (Abb. 2). Die sinnvolle Kombination und Verflechtung dieser Ziele, d. h. die Förderung positiver und die Vermeidung negativer Wechselwirkungen, setzt Gratiskräfte der Natur frei, die kurzfristig und dauerhaft Vorteile für die Nutzung und den Schutz der Landschaft bringen.
- 5. Das Rekultivierungsziel ist in erster Linie auf die Ausnutzung bzw. Steuerung der vielfältigen morphologischen und abiotischen Strukturen in standorttypischen Kombinationen und Abfolgen, aber auch auf die Sicherung großflächig dominanter Strukturen (z. B. oligotrophe Rohböden, Gewässer und Uferbereiche), die zu den gefährdetsten Ökosystemtypen in Mitteleuropa und Deutschland gehören (Blab 1984; Kaule 1986), auszurichten.
- 6. Oligotrophe Trockenstandorte und Feuchtgebiete sind lausitztypisch und gehören zu den Schwerpunkten der Naturschutzplanung. Pflanzenverfügbares Grundwasser ist ein tragender Produktivitätsfaktor in Nutz- und Schutzökosystemen auf armen Standorten. Die Bergsicherungsmaßnahmen haben sich auf diesen Bedarf auszurichten.
- 7. Die vorhandenen und geschaffenen pedologischen, aquatischen und morphologischen Initialzustände sollten Ausgangspunkt für die „natürliche" Sukzession zu vielfältigen Biotoptypen sein (Abb. 3 u. 4).
- 8. Technische und biologische Maßnahmen sind erforderlich und hilfreich bei:
  - der Herstellung der Standsicherheit an Uferbereichen
  - der Ausschaltung phytotoxischer Schwefelgehalte tertiärer Kipprohböden
  - der Erreichung und Erhaltung erforderlicher Sukzessionsstadien

Abb. 1. Vielfältig gestaltete Landschaften sind Voraussetzung für die Regeneration der Artenvielfalt in Bergbaugebieten. (Alle Photos: Wiedemann)

Abb. 2. Harmonisch in die Landschaft eingefügter Tagebausee mit hohem Sukzessionsflächenanteil

Abb. 3. Durch Wellenschlag entstehender Flachwasserbereich

Abb. 4. Gut entwickelter Flachsee in einem Altbergbaugebiet

- der Abwehr und Ausschaltung standortfremder Pflanzen und Tiere, die junge Sukzessionsstadien empfindlich stören (Jochimsen 1989; Wagner 1989)

- 9. Für die biologische Rekultivierung (z. B. Wildrasenansaaten, Laubgehölzpflanzungen) sind ausschließlich einheimische, möglichst am Standort erzeugte Pflanzenarten und Sortimente zu verwenden (Fittkow 1985).
- 10. Orientierungshilfe und Maßstab für die Bereitstellung und die Gestaltung von Vorrangflächen für den Naturschutz sind die Anforderungen geeigneter Zielarten der Fauna und ihrer Populationen (Hovestadt et al. 1992), die für die Wiederansiedlung in den neuen Lebensräumen in Frage kommen und gleichzeitig die Lebensraumansprüche ihrer jeweiligen Biozönose mit absichern.
- 11. Da die meisten Lebensräume für die Fauna höherer Ordnung in einer zusammenhängenden Fläche nicht zu sichern sind, müssen genügend große Habitate in einem Verbundsystem angeboten werden, so daß diese für die Individuen einer Art zur Aufrechterhaltung ihrer elementaren Lebensabläufe und genetischen Flexibilität ohne Schwierigkeiten optimal erreichbar sind (Mader 1980; Jedicke 1990).

Flächentypen für den Naturschutz

Voraussetzung für die Entwicklung der landschaftstypischen Floren- und Faunenmannigfaltigkeit auf den ehemaligen Tagebaustandorten ist die Herausbildung vielfältiger Ökosysteme. Die erforderliche Typenvielfalt und Stabilität kann sich nur auf der Basis der gegebenen abiotischen und morphologischen Standortverhältnisse und des dafür zur Verfügung stehenden Flächenfonds entwickeln.

Einen Überblick über mögliche Biotop-Zieltypen für den Naturschutz und die dafür benötigten Standortbedingungen gibt die Zusammenstellung in Tabelle 1.

Die unterschiedlichen Relief-, Wasser- und Substratverhältnisse sind in ihren logischen Kombinationen nach dem Vorbild der Natur (abiotische Raumeinheiten) zugleich Basis und Initial für die Entwicklung des künftig landschaftstypprägenden Biotopmosaiks, dessen Vielfalt sich sowohl unter den Bedingungen der natürlichen Sukzession (Altwälder, Moore) als auch unter speziellen Nutzungs- und Pflegebedingungen (Magerrasen, Fischteiche, Heiden, Sandäcker) weiter erhöht. Ganz besonders gilt das für die Herausbildung der unterschiedlichsten Saum- und Übergangszonen zwischen den morphologischen, abiotischen und biotischen Gegenpolen der Kippenstandorte und Nutzungsarten, deren Übergangsbereiche viel großzügiger ausgelegt werden müssen, z. B. als grundwasseralternierende und überstauende Bereiche zwischen den Gewässer- und Trockenstandorten, als Rasen-, Stauden- und Strauchzonen zwischen Wald und Acker.

Zu den potentiellen Flächen mit der Vorrangfunktion Naturschutz gehören alle Standorte, die

- aufgrund ihrer extremen bzw. besonderen Standortverhältnisse als Sonderstandorte und -biotope einen Schutzwert haben oder erlangen,
- aufgrund ihrer Lage aus ökologischen Gründen in das Naturschutzflächensystem mit einbezogen werden müssen (Wasserflächen, Uferbereiche, Inseln, Verbundstrukturen, Rast- und Schlafplätze) (Abb. 5),
- für eine wirtschaftliche Nutzung ein zu geringes Leistungspotential besitzen oder erwarten lassen (landwirtschaftliche Grenzertragsflächen, Kippenforste mit unzureichender Grundmelioration, heterogene Kippen),
- infolge Grundwasserwiederanstieg bzw. zu geringer Schütthöhe zeitweilig oder dauerhaft vernässen,
- aus Standsicherheitsgründen (auch nach ihrer Stabilisierung) nicht für eine intensive Erholungsnutzung oder andere Nutzungen zu empfehlen sind,
- aus Gründen des Ressourcenschutzes zu erhalten sind (Grundwasserbildung, Uferfiltrate, Bodenschutzpflanzungen),
- aus Gründen der ästhetischen Landschaftsgestaltung besonders geschützt werden müssen und sich als Verbundstrukturen eignen (Wald- und Feldsäume, Waldwiesen, Feldgehölze, Böschungen).

Tabelle 1. Erforderliche Standortverhältnisse für die Entwicklung von Biotoptypen auf Kippenstandorten

Biotoptypen		Boden	Kies, Schotter	Sand	Lehm, Ton	Grundwasser	Fern	Beeinflußt	Alternierend	Austretend	Geomorphologie	Eben-wellig	Stark geneigt	Nährstoffgehalt	Oligotroph	Mesotroph	Kalkgehalt
1. Waldfreie terrestrische Biotope																	
Tertiäre Rohböden	– trocken		o	+	-		+	-	-	-		x	x		+	-	o
	– naß		o	+	o		-	+	x	x		+	-		+	o	o
Quartäre Rohböden	– trocken		o	+	x		+	-	-	-		x	x		x	x	o
	– naß		o	+	x		-	+	x	x		x	-		x	x	o
Schotterfluren	– trocken		+	o	o		+	-	-	-		+	o		x	o	o
	– naß		+	o	o		-	+	x	x		+	-		x	x	o
Sandtrockenrasen			-	+	-		+	-	-	-		x	x		x	-	-
Feucht-/Naßstauden			o	+	x		-	+	+	x		+	-		x	x	o
Zwergstaudenheiden	– trocken		o	+	-		+	-	-	-		x	x		+	-	-
	– naß		o	+	x		-	+	x	o		+	-		+	-	-
Moore / Sümpfe	– arm		-	x	-		-	+	x	o		+	-		+	-	-
	– reich		-	-	+		-	+	x	o		+	-		-	+	o
2. Bewaldete terrestrische Biotope																	
Naßwälder	– arm		-	+	-		-	+	x	x		+	-		x	-	-
	– reich		-	-	+		-	+	x	x		+	-		-	+	x
Mesophile Mischwälder			-	-	+		x	x	o	-		o	o		-	+	x
Azidophile Mischwälder			o	+	-		x	x	o	-		x	o		+	-	-
Trockenwälder	– arm		o	+	-		+	-	-	-		o	x		+	-	-
	– reich		o	-	+		+	-	-	-		o	x		-	+	o
3. Stillgewässer-Biotope																	
Oligotrophe Stillgewässer			x	+	-		-	+	x	x					+	-	o
Mesotrophe Stillgewässer			o	x	o		-	+	o	x					-	+	o
Eutrophe Stillgewässer			o	o	x		-	+	o						-	+	x
4. Fließgewässer-Biotope																	
Fließgewässer (naturnaher Lauf)			x	x	x		-	+	o	x					x	x	o

\+ erforderlich, x wünschenswert, o gleichgültig, - darf nicht sein

Zu beachtende Standortverhältnisse sind:

- Standorte mit stark wechselnden Substraten und hohem Steinanteil
- Extrem sorptionsschwache Sande und Kiese
- Extrem bindige Substrate mit hoher Staunässebildung
- Grundwasserferne und -führende Standorte
- Südexponierte Böschungen, Steilkanten, Kuppen
- Oligotrophe Tagebauseen und Uferzonen
- Stark reliefgeprägte Standorte

Neben den Vorrangflächen für den Naturschutz sind standortgerecht und extensiv bewirtschaftete Nutzökosysteme der Land-, Forst- und Wasserwirtschaft, bei denen die Artenschutzfunktion nicht im Vordergrund steht, ein wichtiger Bestandteil des Naturschutzflächensystems (Knauer 1980; Hampicke 1988; Pfadenhauer 1988). Die Erfahrungen zeigen, daß in den Bergbaufolgelandschaften der Lausitz solche Nutzökosysteme für den regionalen und überregionalen Artenschutz von besonderer Bedeutung sind,

Abb. 5. Gewässerbuchten sind Sammel- und Mauserplätze für nordische Saatgänse

- als Rast-, Sammel- und Äsungsplätze für durchziehende Kraniche, nordische Gänse und Limikolen,
- als Brut- und Nahrungshabitate u. a. für Rebhuhn, Wachtel, Wiedehopf, Neuntöter, Brach- und Wiesenpieper, Kiebitz, Flußseeschwalbe, See- und Fischadler.

Zum Anspruchsmuster der in der Lausitz vorwiegend an diese Nutzökosysteme gebundenen Arten gehören sowohl weiträumige, wenig gegliederte Agrarflächen (für Arten mit großen Fluchtdistanzen, die vorwiegend in großen Trupps auftreten, z. B. Saatgänse, Kraniche ausserhalb der Brutzeit) als auch kleinflächig genutzte und nischenreiche Altbergbauflächen (z. B. für Hecken- und Saumarten). Insgesamt sind an solche Nutzflächenstrukturen über zwei Drittel aller Arten der Bergbaufolgelandschaft gebunden, deren stabile Präsenz ein Indikator für die geschaffene Lebensformenvielfalt, das Landschaftsbild, die Ressourcenqualität, aber auch für die Güte der erzeugten Nahrungsmittel und die Unternehmensführung ist.

Eine weitere Gruppe der ökologisch bedeutsamen Landschaftselemente mit hoher Artenschutzrelevanz sind technische Anlagen und sonstige Hilfselemente, die in die Gestaltung der Naturschutzflächen mit einbezogen werden müssen, wie

- ehemalige Gleistrassen, Vorfluter als Vernetzungselemente,
- Schächte, Keller, Stollen und Gebäude als Wochenstuben und Überwinterungsquartiere für Fledermäuse, Bruthabitate für Rauch- und Mehlschwalben, Mauersegler,
- Findlinge, Baumstubben als Lebensraum für Eidechsen, als Bruthabitat für Steinschmätzer, Bachstelze und Hausrotschwanz.

Flächengrößen für den Naturschutz

Das Potential der für den Naturschutz benötigten Vorrangflächen im Lausitzer Braunkohlenrevier ist relativ hoch und prinzipiell ausreichend für den Aufbau eines artenschutzwirksamen Flächensystems. Trotz des vorhandenen Flächenfonds gibt es in allen Tagebaukomplexen Bedarfs- und Interessenkonflikte zwischen konkurrierenden Nutzungen, besonders von Erholung, Motorgeländesport, Deponie-, Bebauungs- und Verkehrsplanung auf der einen Seite und von stiller Erholung, Boden-, Gewässer- und Naturschutz auf der anderen Seite. Die Ursachen liegen in der Konzentration der Interessen auf solche Standorte, die sich durch landschaftliche Attraktivität, die Verfügbarkeit von Wasserflächen, Böschungen, Hohlformen, Uferzonen sowie durch ein geringes Ertragspotential und Abgeschiedenheit auszeichnen. Damit ist das Prinzip „maximale Nutzung solcher Standorte für den Naturschutz" nicht durchsetzbar. Ökologisch vertretbare Lösungen sind zu finden.

Grundsätzlich sind Flächenanteile und -größen für die Wiederansiedlung und die dauerhafte Erhaltung von Populationen bzw. Reproduktionseinheiten wichtiger Arten erforderlich, die über den gegenwärtigen Umfang in vergleichbaren, nicht bergbaulich genutzten Landschaften hinausgehen. Die Gründe liegen in der Labilität und der Störanfälligkeit der sich formierenden Kippenökosysteme und in der Tatsache, daß mit den bisherigen Naturschutz- und Landnutzungskonzepten das Aussterben der Arten nicht aufgehalten werden kann (Jedicke 1990).

Für die praktische Umsetzung der Naturschutzstrategie im Rahmen der Rekultivierung sind konkrete standort- und artenschutzbezogene Flächenanteile und -grössen zu benennen, die das Grundgerüst für den Arten-, Biotop- und Ressourcenschutz bilden. Dazu gehören:

- Vorrangflächentypen und ihre Hauptverbundsysteme als groß- bis mittelflächiges Schutzgebietssystem,
- Biotope, Vernetzungsstrukturen und ökologisch bedeutsame Landschaftselemente (Feldgehölze, Böschungen, Ufer, Objekte mit Boden-, Wasser- und Windschutzfunktion), deren Strukturen als mittel- bis kleinflächiges Ausgleichflächensystem fest in die land-, forst- und wasserwirtschaftlichen Nutzökosysteme zu integrieren sind.

Nach bisherigen Erhebungen im westlichen und mittleren Bereich des Niederlausitzer Braunkohlenreviers liegt der realisierbare Mindestanteil

- für das groß- bis mittelflächige Vorrangflächensystem bei ca. 18–25 % des Gesamtflächenanteils der Tagebaukomplexe,
- für die Ausgleichsflächenstrukturen innerhalb der land- und forstwirtschaftlichen Nutzökosysteme bei ca. 5–8 % der jeweiligen Nutzökosystemfläche.

Bezugsmaßstab sollte dabei immer ein Kippen- und Tagebaugewässerflächenanteil mehrerer benachbarter Tagebaue von mindestens 5 000–10 000 ha sein, damit genügend große und stabile Vorrangflächenkomplexe eingeordnet werden können.

Nach Heydemann (1983) und Finke (1987) wurden Bedarfsanteile für die gesamte Bundesrepublik Deutschland (bezogen auf westliche Länder) und Schleswig-Holstein von 11,4 bzw. 11,3 % für Vorranggebiete und von 7,2 bzw. 5–7 % für Ausgleichsflächen ermittelt.

Minimal gegliederte, monostrukturell und intensiv genutzte oder durch Großdeponien belastete Tagebaukomplexe sowie stark frequentierte Erholungsgewässer benötigen einen höheren Vorrang- und Ausgleichsflächenanteil (einschließlich der Pufferflächen für den Ressourcen- und Naturschutz), der insgesamt nicht unter 30 % der Gebietsfläche liegen sollte. Es ist auch sinnvoll, ganze Tagebauseen ausschließlich der Erholungsnutzung (z. B. in Stadtnähe) zu überlassen und dafür besser geeignete Tagebauseen für die Vorrangnutzung Naturschutz auszuweisen. Die ökologische Notwendigkeit zur Mehrzwecknutzung steigt mit der Größe der Tagebaugewässer. Breite Puffer- oder Ausgleichszonen sind zwischenzuschalten, damit konkurrierende Nutzungen sich nicht gegenseitig negativ beeinflussen oder in ihrer Zielfunktion aufheben.

Noch weitgehend unklar sind die bereitzustellenden Einzelflächengrößen für die Zielarten unterschiedlicher Ordnungsstufen, obwohl gerade diese Richtwerte zu den planerisch wichtigsten und zuerst benötigten Entscheidungsgrundlagen für die langfristige Flächennutzungsfestlegung gehören.

Da für die meisten Arten die erforderlichen Populationsstärken nicht bekannt sind und Analogieschlüsse aus bestehenden aber meist gestörten Populationen der Tagebaunachbarlandschaften nicht einfach gezogen werden können, bieten die von Heydemann (1981) angegebenen Richtwerte für Minimallebensräume der Faunengruppen eine grobe Orientierung (Tabelle 2). Wenn auch die Größenangaben nicht in jedem Falle für Populationen anwendbar sind und besonders für größere Wirbeltierarten nur Bereiche für Teilpopulationen oder Reproduktionseinheiten abgesichert werden können, so werden doch mit diesem Einteilungsprinzip weitgehend die landschaftsökologisch relevanten Eigenarten der Faunengruppen berücksichtigt, und zwar nach ihren

- Aktionsradien bzw. differenzierten Habitatnutzungsvermögen und
- Größenverhältnissen bzw. Individuenzahlen pro Flächeneinheit.

Zielstellung für die Ausweisung von Naturschutzgebieten müssen Flächengrößen von 500–1 000 ha und größer sein, da sich erst in diesen Größenordnungen relativ stabile Ökosystemkomplexe (Trockenrasen, Heiden, Moore und Wälder) ausbilden und schädigende Randeinflüsse minimiert werden können. Ergänzend dazu sind kleinere Flächen als Teillebensräume und „Trittsteine" in unserer Kulturlandschaft unentbehrlich. Ihre Funktionsstabilität kann erhöht werden, wenn mehrere Flächen gleicher oder verwandter Typen räumlich konzentriert und miteinander vernetzt werden. So gesehen ist es auch einfacher, auf einer begrenzten Tagebaukippe die Populationen von einigen Wirbellosen- und Lurcharten mit kleinen Aktionsradien anzusiedeln, als die Sicherung großer Populationslebensräume von Spitzenarten mit landschaftsweiten und sehr differenzierten Habitatsansprüchen durchzusetzen.

Zur Zeit dominiert auf den Kippen die Einzelobjektgestaltung ohne Berücksichtigung landschaftlicher und popularer Zusammenhänge.

Mit steigenden Aktionsradien der einzuordnenden Fauna wandelt sich der Betrachtungsmaßstab

- vom Einzelobjekt/Habitat zur Landschaft bzw. zum großflächigen Verbund verschiedener Habitate und Ökosystemtypen,
- von den relativ ortsgebundenen Faunengruppen (z. B. Laufkäfer) mit ihrer Bindung an einen Habitatflächentyp zu den großflächig aufgespaltenen Populationen (z. B. Kranich, Seeadler) mit der Inanspruchnahme großer Habitatflächen in verschiedenen Landschaftseinheiten,
- von der direkten (Kontakt-)Vernetzung zur indirekten (kontaktlosen) Vernetzung verschiedener und gleicher Habitattypen.

Aussage und Planungsrelevanz der Tabelle 2 werden konkreter, wenn man anstelle der relativ anonymen Faunengruppen für einen zu planenden Landschaftsbereich existente Zielarten auswählt, ihre aktuellen Lebensraumansprüche und Engpässe ermittelt, die realisierbaren Habitattypen, -größen und Standortqualitäten ableitet und versucht, diese in die Landschaft einzuordnen und zu vernetzen. Dabei ist die Herstellung von Beziehungen zwischen Kippe und Tagebaunachbarlandschaft von besonderer Wichtigkeit, da sich für die meisten Arten die Lebensräume nicht auf die Bergbaustandorte beschränken. Je nach dem standörtlichen Gefährdungsgrad der Populationen bzw. der Labilität des Standortes sind die Flächengrößen mit einem Multiplikationsfaktor aufzuwerten.

Vernetzung der Flächen und Vernetzungstypen

In den heutigen Kulturlandschaften Mitteleuropas ist es nicht mehr möglich, ausreichend große Lebensräume für mittlere und größere Wirbeltierarten bereitzustellen, die es gestatten, daß sich eine ausreichende Anzahl von Individuen einer Art (Population) auf einer zusammenhängenden Fläche dauerhaft stabil reproduzieren kann. Landschaftliche Barrieren und gestörte Vernetzungsstrukturen gehören zu den tragenden Ursachen für das Aussterben von Arten, das aufgrund genetischer Langzeitwirkungen mit einer großen Zeitverzögerung und scheinbar losgelöst von der eigentlichen Ursache eintritt.

Die biologischen Anforderungen an ein Vernetzungssystem bestehen u. a. in der Ermöglichung

Tabelle 2. Minimalareale für Populationen und Teilpopulationen verschiedener Faunengruppe. (Modifiziert und erweitert nach Heydemann 1981)

Faunengruppen (Habitatnutzungsvermögen und Körpergrößen)	Minimalareale	Landschaftsökologische Abhängigkeiten für die Planung
Mikrofauna des Bodens (< 0,3 mm)	< 1 ha	↑ Planungsebene: Einzelfläche; Aktionsradien der Fauna: cm; Habitatvernetzung: direkt
Fauna des Bodens und der Bodenoberfläche (0,3–1 mm)	1–5 ha	
Fauna des Bodens und der Bodenoberfläche (1–10 mm)	5–10 ha	
Lauf- und flugfähige Wirbellose (10–50 mm) mit geringen Aktionsradien	10–20 ha	
Lauf- und flugfähige Wirbellose (10–50 mm) mit großen Aktionsradien	20–100 ha	
Lurche, Kriechtiere, Kleinvögel, -säuger	50–200 ha	
Vögel und Säuger (mittlerer Größe)	200–1 000 (–5 000) ha	
Großvögel und Großsäuger	1 000– > 10 000 ha	↓ Planungsebene: Landschaft; Aktionsradien der Fauna: km; Habitatvernetzung: indirekt

- des tages- und jahreszeitlichen Wechsels von Arten und Individuen zwischen räumlich getrennten Habitaten mit der Funktion als Nahrungs-, Brut- und Schlafplatz, Winterquartier, Rückzugsgebiet, Rast- und Sammelplatz
- der Ausbreitung von Arten infolge Übervermehrung, Habitatveränderung und Störung
- der Kontaktaufnahme von Individuen einer Art zwischen räumlich getrennten Teilpopulationen und Populationen zum Austausch von Erbinformationen

Grundlage für ein Schutzgebietssystem in intensiv genutzten Kulturlandschaften ist die typ- und strukturgerechte Vernetzung der Habitate innerhalb der Populationslebensräume und im größeren Maßstab die Vernetzung der Populationslebensräume miteinander.

Je nach Art der Fortbewegung, den Aktionsradien und den individuellen Ansprüchen der Arten an die Umweltqualität erfolgt die Vernetzung

- direkt durch Linien, Bänder und Säume (Kontakt-Vernetzung) (Abb. 6)
- indirekt, durch Einhaltung bestimmter Flächendistanzen oder durch die Zwischenschaltung von Kleinflächen mit „Trittsteinfunktion" (kontaktlose Vernetzung) (Abb. 7–10)

Die sehr wichtige Kontaktvernetzung von Habitaten der Bergbaurandgebiete mit denen der Kippe begünstigt den Verlauf und die Nachhaltigkeit der Wiederansiedlung durch Flora und Fauna.

Die Einfügung entsprechender Vernetzungsstrukturen erfordert eine sorgfältige Abstimmung mit den Nutzungsinteressen. Dabei ist zu beachten, daß die Vernetzungen um so enger aufzubauen sind,

- je intensiver und lebensfremder die „Umlandnutzung" ist (z. B. Hackfruchtanbau, Biozideinsatz),
- je träger und labiler die Arten auf Nutzungseinflüsse sowie ungewohnte biotische oder abiotische Umwelteinwirkungen reagieren,
- je öfter der Wechsel zwischen den Habitaten pro Zeiteinheit (besonders in kritischen Phasen) erfolgt.

Abb. 6. Rasensäume zwischen Sandäckern und Kiefernforsten übernehmen die Funktion von Ausbreitungslinien für lichtliebende Arten

Abb. 7. Tertiäre Rohbodeninseln sind langlebige Ersatzbiotope für devastierte Dünenstandorte

Aus biologischen Gründen ist die Vernetzung der verschiedenen Ökosystem- bzw. Habitatflächentypen immer nur mit gleichen oder typähnlichen Strukturen möglich. In Bergbaufolgelandschaften sind folgende Grundtypen auszuweisen:

- 1. Gehölzverbundsysteme (z. B. für alle schattenliebenden Gehölz- und Waldarten)
- 2. Vegetationsfreie Rohboden-, Rasen- und Heide-Verbundsysteme (z. B. für alle wärme- und lichtliebenden Arten)
- 3. Gewässer- und Feuchtflächenverbundsysteme (z. B. für alle wasser- und feuchtigkeitsgebundenen Arten)

Für die zu bevorzugende Kombination der genannten Typen auf breiten, bandartigen Flächensystemen gibt es in Bergbaufolgelandschaften vielfältige Möglichkeiten, z. B. durch die zielgerichtete Einbindung und Gestaltung von Tagebauein- und -ausfahrten, Böschungssystemen und ehemaligen Gleistrassen.

Völlig unbefriedigend gelöst ist die Zonation bzw. Saumabstufung zwischen den verschiedenen Flächentypen der Bergbaufolgelandschaft (Abb. 11). Unsere Kulturlandschaft ist z. Z. geprägt von ökologisch extremen und ästhetisch harten Übergängen zwischen den Nutzungsarten, z. B. vom Acker zum Wald, vom Wald zum Gewässer, von den Böschungen, Straßen, Flurgehölzen zu den Nutzflächen.

Alle sich stabil anbietenden Nutzartengrenzen und Trassen müssen in den alten und neu zu gestaltenden Kippenlandschaften für die Saumgestaltung als Verbundstrukturen und Puffersysteme zum Schutz von Boden, Wasser, Luft, Flora, Fauna und Mensch sowie zur ästhetischen Gestaltung der Landschaft genutzt werden. Damit läßt sich schon bei der Konzipierung der neuen Landschaft ein beachtliches Konfliktpotential vermeiden, das gegenwärtig in allen „festgeschriebenen" Landschaften Behörden und Planer vor nahezu unlösbare Probleme stellt. Die wichtigsten Ansatzpunkte sind in Tabelle 3 aufgeführt. Die angegebenen Richt- bzw. Ori-

Abb. 8. Versumpfungsbiotop in einem sauren Tagebauflachsee

Abb. 9. Etwa 40 Jahre alte Obstwiese auf einer Geschiebemergel-Kippe

Tabelle 3. Orientierungswerte für die Bemessung und Einordnung von Biotopverbund- und Ressourcenschutzsystemen in die Bergbaufolgelandschaft

	Breite (m)	Länge (m) Anteil
– Böschungen und Böschungssysteme		
· Böschungsverbund insgesamt	20–200	50–5 000
· Rohbodenzone	10– 50	100–2 000
· Steilkanten (mit Vorland)	10– 50	20– 200
· Rasen-, Heidesaum	20–100	500–5 000
· Strauchsaum	5– 50	100– 200
· Laubgehölzsaum	50–100	50–5 000
– Ufersäume (Standgewässer)		
· Ufersaum insgesamt	20–300	60–100 % der Uferlänge
· Rohboden-, Schotterzone	20–100	50–5 000
· Röhrichtsaum	2–200	100–5 000
· Gebüschsaum	20–100	50–1 000
· Naßwaldsaum	50–200	50–1 000
– Waldsäume		
· Waldsaum insgesamt	20–100	80–90 % der Waldränder
· Rasen-, Kraut-, Heidesaum	10– 50	
· Strauchsaum	5– 20	
· Laubholzsaum	20– 50	
– Vorflutsäume (Fließe, Gräben)		
· Vorflutsaum insgesamt	5– 50	100 % der Uferlänge
· Rasen-, Laubgehölzsaum	3– 50	
· Röhrichtsaum	0– 3	
– Feldgehölzsäume		
· Gehölzstreifen ingesamt	5–200	50–80 % der Grenzlinien
· zwischen den Schlägen, an Wegen	5– 20	
· Raumgliederung, -verbund	80–200	
– Raine, Rasen-, Krautsäume		
· an Wegen	5– 20	100 % der Wegelänge
· zwischen Acker und Grünland	3– 10	60–100 % der Grenzen
– Straßensäume (starker Verkehr)		
· Gehölzstreifen (Pufferzonen für Acker, Gewässer, Biotope)	50–150	
– Ehemalige Gleistrassen, Einschnitte		80–100 % der Trassen
· Schotter-, Rohboden-, Rasen- und Heideverbundsäume	20–200	

entierungswerte entsprechen dem standörtlichen Potential, wobei die unteren Grenzwerte für Kleinstrukturen im engen Verbund anzuwenden sind.

Zielgerichtet abgestufte und nach ökologischen sowie ästhetischen Gesichtspunkten unterschiedlich breite und ausgeformte Saumbereiche (Ökotone) der Wälder, Äcker, Gewässer und Feldgehölze werden in der Bergbaufolgelandschaft die Artenvielfalt, den Erholungs- und Bildungswert sowie die Regenerationsfähigkeit des Naturhaushaltes merklich erhöhen, ohne die technologischen und infrastrukturellen Nutzungsbedingungen der Landschaft zu beeinträchtigen. Die Artenpalette unserer heimischen Flora und Fauna könnte durch die Präsenz typischer Saumarten um mindestens ein Drittel erhöht werden, zumal sich in den Saumbiozönosen zahlreiche attraktive (z. B. Tagfalter) und wirtschaftlich

Abb. 10. Armer Birkenwald mit Habitatfunktion für Wintergrünarten, Keulenbärlapp und Braunroten Sitter

Abb. 11. Die Kombination von Rohboden-, Trockenrasen-, Findlings-, Röhricht- und Gewässerbiotopen ist bei entsprechender Planung überall möglich

nützliche Arten (z. B. Lauf- und Marienkäfer, Wildbienen, Spitzmäuse, Kröten und Igel) ansiedeln.

Die Vorrangflächen und Verbundstrukturen für den Naturschutz und die Regeneration des Naturhaushaltes sind als eigenständiges Flächensystem zu sichern und in den bergbaulichen Rekultivierungsprozeß einzuordnen.

Zusammenfassung

Die Notwendigkeit der zielgerichteten Planung und Gestaltung von Vorrangflächen für den Naturschutz in den Folgelandschaften des Braunkohlenbergbaues, analog der land-, forst- und wasserwirtschaftlichen Standorteinrichtung, wird diskutiert. Wirksamer Naturschutz ist nur auf 100 % der Fläche möglich und in Gemeinsamkeit mit der standortgerechten Landnutzung, dem Ressourcenschutz, der extensiven Erholungsnutzung und der Landschaftsbildgestaltung zu lösen.

Möglichst 500–1 000 ha große und gut vernetzte Vorrangflächen für den Naturschutz mit einen Flächenanteil von 18–25 % (bei ressourcenbelastenden Nutzungsformen bis > 30 %) sind auf den labilen und sich entwickelnden Kippenökosystemen erforderlich. Innerhalb der agrarischen und forstlichen Nutzökosysteme sind flächengliedernde Landschaftselemente und Biotope zu installieren, die sowohl die Funktion von Verbundstrukturen zwischen den Biotopen als auch des Boden- und Gewässerschutzes und der Landschaftsästhetik mit übernehmen. Ihr Flächenanteil sollte etwa bei 5–8 % liegen. Die morphologischen und abiotischen Standortverhältnisse sind so zu kombinieren, daß typische Raumeinheiten für die Herausbildung stabiler Biotoptypen entstehen. Zu bevorzugende Standortverhältnisse für den Naturschutz sind die oligotrophen Rohböden auf grundwasserfernen und grundwasserbeeinflußten Standorten sowie oligotrophe Tagebauseen und ihre Böschungssysteme.

LITERATUR

Blab J (1984) Grundlagen des Biotopschutzes für Tiere. Schriftenreihe für Landschaftspflege und Naturschutz, Bonn-Bad Godesberg, Heft 24

Darmer G (1972) Landschaft und Tagebau. Ökologische Leitbilder für die Rekultivierung. Patzer, Hannover-Berlin

Finke L (1987) Flächenansprüche aus ökologischer Sicht. Forschungs- und Sitzungsberichte 165: 179–201, Veröff. ARL Hannover

Fittkow C (1985) Zur Rekultivierung des Helmstedter Braunkohlenreviers. Ein landschaftsplanerischökologischer Beitrag. Schriftenreihe des Fachbereichs Landschaftsentwicklung der TU Berlin, Nr 31

Hampicke U (1988) Naturschutz und Landwirtschaft. Überlegungen zu einem Gesamtkonzept in Hessen und in der Bundesrepublik Deutschland. Vogel und Umwelt 5: 47–73

Heydemann B (1981) Zur Frage der Flächengrößen von Biotopbeständen für den Arten- und Biotopschutz. Jahrbuch für Naturschutz und Landschaftspflege 31: 21–51

Heydemann B (1983) Vorschlag für ein Biotopschutzzonenkonzept am Beispiel Schleswig-Holsteins – Ausweisung von schutzwürdigen Ökosystemen und Fragen ihrer Vernetzung. Schriftenreihe Deutscher Rat für Landespflege 41: 95–104

Hovestadt T, Roeser J, Mühlenberg M (1992) Flächenbedarf von Tierpopulationen als Kriterien für Maßnahmen des Biotopschutzes und als Datenbasis zur Beurteilung von Eingriffen in Natur und Landschaft. Berichte aus der ökologischen Forschung, Bd. 1

Jedicke E (1990) Biotopverbund – Grundlagen und Maßnahmen einer neuen Naturschutzstrategie. Ulmer, Stuttgart

Jochimsen M (1989) Begrünung von Berghalden auf der Grundlage der natürlichen Sukzession. Mitteilungen der Deutschen Bodenkundlichen Gesellschaft 58: 226–232

Kaule G (1986) Arten- und Biotopschutz. Ulmer, Stuttgart

Knauer N (1980) Möglichkeiten und Schwierigkeiten bei der Schaffung funktionsfähiger Naturschutzgebiete in der Agrarlandschaft. Landwirtschaftliche Forschung (Sonderheft) 37: 105–116

Korneck D, Sukopp H (1988) Rote Liste der in der Bundesrepublik Deutschland ausgestorbenen, verschollenen und gefährdeten Farn- und Blütenpflanzen und ihre Auswertung für den Arten- und Biotopschutz. Schriftenreihe für Vegetationskunde 19

Mader H-J (1980) Die Verinselung der Landschaft aus tierökologischer Sicht. Natur und Landschaft 3: 91–96

Pfadenhauer J (1988) Naturschutzstrategien und Natur: Schutzansprüche an die Landwirtschaft. Berichte der ANL 12: 51–57

Sauer H (1988) Zur Biotopgestaltung in der Bergbaufolgelandschaft. Die Gestaltung der Landschaft nach dem Bergbau im Kreis Hoyerswerda. Referatssammlung–Landschaftstag. n. p.

Wagner K (1989) Einfluß von Kulturmaßnahmen auf Vegetationsentwicklung und Nährstoffverhältnisse auf Abraumhalden des Braunkohletagebaues im nordhessischen Borken. Mitteilungen aus dem Ergänzungsstadium. Ökologische Umweltsicherung 13. Kassel

Wiedemann D (1987) Aufgaben und Probleme bei der Gestaltung von Bergbaufolgelandschaften aus der Sicht des Naturschutzes. Abhandlungen der Sächsischen Akademie der Wissenschaften zu Leipzig. Math-naturwiss Klasse B 57/3: 63–72

Freizeit und Erholung

Lucian Müller

Der großräumige Tagebaubetrieb hat im Lausitzer Braunkohlenrevier nicht nur die Landschaft als Wirtschaftsraum, sondern auch als Rekreationsfläche zerstört. Dabei war das natürliche landschaftliche Rekreationspotential vor Beginn der Bergbautätigkeit nur in geringem Maße entwickelt, weil fehlende größere Wasserflächen, monostrukturierte großflächige Forsten sowie eine unterentwickelte sozio-ökonomische Raumausstattung den Landschaftscharakter prägten.

Bekanntlich wird eine Landschaft, als ein beliebiger Ausschnitt aus der Erdoberfläche, dann zur Erholungslandschaft, wenn ihre Ausstattung mit Landschaftselementen, deren Anteile und Verteilung sowie das Klima, das Relief und die infrastrukturellen Einrichtungen geeignete Voraussetzungen für die Erholung von Besuchern, unabhängig von deren Verweildauer, bieten. Durch zahlreiche Untersuchungen zu den Freizeitbedürfnissen und zum Freizeitverhalten von Erholungsuchenden wurde nachgewiesen, daß in der Reihenfolge der an die Landschaft außerhalb der Gebirge gebundenen Aktivitäten das Wandern und Spazierengehen sowie das Baden, Schwimmen und der Wassersport weit an der Spitze der ausgeübten Freizeitbeschäftigungen in der offenen Landschaft stehen (Fingerhut et al. 1973; Gessner et al. 1975; Schulz 1978).

Ausgehend von diesen Bedürfnissen ergibt sich im Lausitzer Raum die Möglichkeit, die landschaftlichen Eingriffe des Braunkohlenbergbaues für die Verbesserung der Erholungseignung der Landschaft zu nutzen, wie es bereits exemplarisch im Senftenberg-Hoyerswerdaer Raum praktiziert wurde. Dabei kommt den entstehenden Tagebaurestlöchern eine besondere Bedeutung zu, sind sie doch in der von Natur aus gewässerarmen Niederlausitzer Bergbauregion Anziehungspunkte ersten Ranges (Rindt 1970, 1975, 1981). Die einmaligen Möglichkeiten zur Verwirklichung des Grundsatzes vom doppelten Nutzen durch gelenkte Bodenbewegung (Rindt u. Kunze 1970) mit einer langfristigen Planung der Wiedernutzbarmachung lassen außerdem auf die Entwicklung des Erholungswesens als neuen Zweig innerhalb der neu zu entwickelnden Wirtschaftsstruktur der Region hoffen.

1 Gestaltungsanforderungen an die Erholungslandschaft

Für die Erholungsnutzung von Rückgabeflächen des Braunkohlenbergbaues bietet sich eine Reihe von Nutzungsformen an, die unter Berücksichtigung der lokalen und überregionalen Anforderungen Eingang in die Planung der Bergbaufolgelandschaften finden können (Höpping-Mosterin 1973; van Acken u. Schlüter 1973; Hofmann 1976; Niemann-Delius 1980; Ehlers 1981, 1984):

- Auf terrestrischen Flächen
  - Parkanlagen
  - Spiel- und Sportanlagen
  - Lehrpfade
  - Kleingärten
  - Naturbeobachtung
  - Motorsportgelände
  - Campingplätze
  - Tiergehege
  - Beherbergungseinrichtungen
- In und an Tagebauen
  - Angelbereiche
  - Bade- und Schwimmbereiche
  - Bootfahren und Surfen
  - Segelsport
  - Naturbeobachtung
  - Liegewiesen

Nicht in jedem Fall ist eine intensive und teilweise einseitige Erholungsnutzung erforderlich, vielmehr müssen raumbeanspruchende Erholungsformen wie Wandern, Reiten und Naturbeobachtung als Nebennutzungen zu den Wirtschaftsbereichen Land-, Forst- und Wasserwirtschaft oder auch zur Naturschutzfunktion von Rekultivierungsflächen eingeordnet werden.

Die konkrete Erholungsgebietsplanung für Bergbaufolgelandschaften wird jedoch auch den erforderlichen landschaftlichen Gestaltungsaufwand, den Flächenanspruch und die zu erwartende Besucherakzeptanz berücksichtigen müssen.

1.1 Landschaftsstruktur

Die Diversität der Landschaft muß bei der Planung der Bergbaufolgelandschaften im Niederlausitzer Revier größere Berücksichtigung finden, um durch langfristige landschaftsverändernde Maßnahmen dem Erholungsmangelgebiet außerhalb der Erholungsschwerpunkte im Städtedreieck Cottbus-Elsterwerda-Hoyerswerda eine überregionale Anziehungskraft zu verleihen.

Obwohl die räumliche Gliederung der Region durch Seen, Wälder und agrarisch genutzte Flächen sowohl für die Sanierungsbereiche als auch für die gegenwärtig noch aktiven Tagebaue im wesentlichen festgeschrieben ist, gibt es v. a. im Bereich der terrestrischen Rückgabeflächen des Braunkohlenbergbaues noch genügend Ansatzpunkte für eine Landschaftsgestaltung, die erholungsfördernde und ästhetische Aspekte bei der Entwicklung des künftigen Landschaftsbildes berücksichtigt.

Diese Gestaltungsziele können durch die Herstellung einer landschaftlichen Diversität erreicht werden, in der Kontrasterlebnisse die gesellschaftlichen rekreativen Interessen unterstützen und dadurch den Erlebnis- und Erholungswert der Bergbaufolgelandschaften erheblich steigern (Latz 1976; Framke 1981; Feller 1981).

Bisherige Erfahrungen im Bereich zwischen den ehem. Tagebauen Plessa und Niemtsch im Senftenberger Kernrevier zeigen, daß eine überregionale Planung der Flächennutzung dringend erforderlich ist. Nur so ist die landschaftliche Harmonie zwischen intensiv und extensiv zu nutzenden Bereichen und den tier- und pflanzenökologischen Ausgleichsräumen zu erreichen. Der Trend zur Übernutzung von Flächen, insbesondere im Uferbereich, und zur unkontrollierten Ausdehnung von Erholungsschwerpunkten deutet sich bereits an, was letztlich auch zu Lasten von empfindlichen Bereichen, die nur durch extensive Erholungsformen genutzt werden sollten, geht.

Negatives Beispiel ist das relativ kleine Abbaugebiet der Grube Erna am Westrand des Niederlausitzer Reviers. Hier entwickelte sich ein Erholungsgebiet, das im Bereich der Ufer des Tagebausees vollständig durch Erholungsbauten belegt ist. Die Öffentlichkeit wird dadurch von der Nutzung des Sees ausgeschlossen.

Ansätze für eine ausgewogene Entwicklung gibt es dagegen sowohl im ehemaligen Förderraum Schlabendorf, der bereits im erweiterten Einzugsgebiet von Berlin liegt, als auch in den Sanierungsbereichen des Tagebaues Meuro nördlich von Senftenberg. In beiden Fällen wird es möglich sein, extensive Freizeit- und Erholungsformen (Wandern, Naturbeobachtung) mit Naturschutzinteressen in Einklang zu bringen (Institut für Landschaftsforschung und Naturschutz 1991; Möckel 1993). In diesen Gebieten wird sich der Anteil der Hauptflächennutzungen Wald, Wasser und Agrarbereiche auf ein optimales Verhältnis von etwa je einem Drittel der Fläche einstellen. Ähnliche Anteile sollten auch für die Landschaftsstruktur anderer Bergbaufolgelandschaften der Niederlausitzer Bergbauregion angestrebt werden, so daß wirtschaftlichen, rekreativen und Naturschutzinteressen in gleicher Weise entsprochen werden kann.

1.2 Natürliche Landschaftsausstattung

Die natürliche landschaftliche Vielfalt ist für die Erholungseignung von ausschlaggebender Bedeutung (Kiemstedt 1967). Hinsichtlich der Ausstattung sind jedoch große Bereiche des Niederlausitzer Bergbaureviers derzeit noch im Anfangsstadium der Planung, in der mit ersten Landschaftsrahmenplänen Entwicklungsrichtungen vorgegeben werden.

Kleinstrukturen als wesentliche Elemente einer vielfältigen Landschaftsstruktur wurden bisher außerhalb der Erholungsschwerpunkte kaum in die Gestaltung der Landschaft einbezogen. Qualitativ sind insbesondere Ökotone (Waldränder, Gewässerufer, Schlaggrenzen) und die das Landschaftsbild prägenden Linienstrukturen wie Feldwege, Fließgewässer und Hecken wenig für die Erholung geeignet, da ihre Pflege stark vernachlässigt wurde.

Neben den vielfältigen erholungsbezogenen Anforderungen, wie sie an Folgelandschaften des Braunkohlenbergbaues und der Steine- und Erdenindustrie, aber auch an die Gestaltung von Erholungsgebieten i. allg. gestellt werden (Höpping-Mosterin 1973; Lammert 1979; Richter 1981; Ehlers 1984), gibt es für das Niederlausitzer Revier weitere Forderungen, die aus den speziellen Bedingungen dieses Raumes resultieren und deren Erfüllung der Verbesserung der landschaftlichen Erlebniswirkung bzw. der Nutzbarkeit von potentiellen Erholungsflächen dienen. Darunter haben bodenmechanische und deckgebirgsgeologische Aspekte, die für die Planung der durch Freizeit und Erholung bestimmten Folgelandschaften wichtig sind, eine besondere Bedeutung.

Maßnahmen zur Verbesserung der landschaftlichen Erlebniswirkung:

- Rückführung der überdimensionierten landwirtschaftlichen Großschläge auf kleinere Bewirtschaftungseinheiten, die durch optisch wahrnehmbare Grenzsäume getrennt sind
- Herausnahme von landwirtschaftlichen Grenzertragsstandorten aus der Nutzung. Auch Flächen mit einer großen Heterogenität der Kippbodenformen können dazu zählen
- Erweiterung der Fruchtarten- und Fruchtfolgepalette für eine größere Nutzungsvielfalt
- Wiedereingliederung von landschaftlichen Kleinstrukturen (Feldgehölze, Hecken, Lesesteinwälle, Vernässungsstellen, Geländestufen usw.)

- Extensive Acker- und Grünlandnutzung, sowohl mit dem Ziel der Standortverbesserung als auch zwecks Schaffung einer vielfältigen Flora
- Renaturierung von kanalisierten Fließgewässern in den Tagebaurandbereichen
- Entlastung der Fließgewässer durch schrittweise Verminderung der Einleitung von ungeklärten häuslichen und gewerblichen Abwässern

Maßnahmen für Waldflächen mit Bedeutung für die Erholung:
- Gelenkte Verkippung von besseren Substraten, um auch den Anbau von anspruchsvolleren Gehölzen zu ermöglichen und dadurch die Vielfalt an Sträuchern und Bäumen zu erhöhen
- Gestaltung von Waldrändern, die sowohl waldbaulichen als auch landschaftsästhetischen Forderungen gerecht werden
- Einschränkung der Monotonie in den forstwirtschaftlichen Kippenflächen durch Verringerung des Anteils der Kiefer
- Berücksichtigung ästhetischer Anforderungen (Phänomene der Vegetation, der Fauna und des Kleinklimas), vorrangig an den Zielpunkten und den Leitlinien des Erholungsverkehrs

Maßnahmen zur Gestaltung an Tagebaurestlöchern:
- Durchführung von Uferabflachungen im Uferbereich von künftigen Badestränden bis auf 1 : 20
- Strandgestaltung an Badegewässern durch Verbringen von grobem Sand und Kies bis zwei Meter unter Mittelwasser
- Verwendung von quartären Materialien zur Gestaltung von Strandbereichen und anderen Erholungsflächen innerhalb der intensiv zu nutzenden Zonen
- Steuerung der Entwicklung der Wasserqualität durch Fremdwasserzufluß, um die im Extremfall unter 3,0 liegenden pH-Werte des aufgehenden Grundwassers zu erhöhen

1.3 Infrastrukturelle Ausstattung der Erholungslandschaft

Neben der natürlichen Ausstattung der Landschaft, die durch die Maßnahmen der Wiedernutzbarmachung der bergbaulichen Rückgabeflächen bestimmt wird, ist die freizeitrelevante Infrastruktur ein wesentlicher Faktor der landschaftlichen Attraktivität.
Sie gliedert sich nach Turowski (1972) in
- Freizeitrelevante Erschließung
- Freizeiteinrichtungen
- Sekundäre Dienstleistungen

In der Niederlausitzer Bergbauregion sind derzeit die Erholungsschwerpunkte am Knappensee/Silbersee, am Senftenberger See sowie das kleinere Erholungsgebiet Grünewalder Lauch die wichtigsten Zentren der durch freizeitorientierte Nutzungen geprägten Bergbaufolgelandschaften (Abb. 1).

Ihre infrastrukturelle Ausstattung stieg mit fortschreitender Gebietsentwicklung auf ein Niveau, das sowohl im Umfang als auch in der Qualität auf die vorherrschenden Nutzungsformen Campingplatz und Bungalowsiedlung ausgerichtet ist. Weiterführende Planungsvorstellungen, wie sie durch das Büro für Territorialplanung zur Nutzung des Senftenberger Sees entwickelt wurden, konnten jedoch nicht vollständig verwirklicht werden.

Die Ursachen dafür lagen nicht nur im wirtschaftlichen Bereich, sondern auch in den ungelösten Problemen der Standsicherheit von wasserangrenzenden Kippenböschungen, die beispielsweise eine großzügige Einbeziehung der durch die Innenverkippung entstandenen Insel im Senftenberger See in die Erholungsnutzung verhinderten.

Für die infrastrukturelle Ausstattung der Niederlausitzer Erholungsgebiete bringen die Veränderungen im Mobilitätsverhalten der Bevölkerung völlig neue Anforderungen. Die bisherigen Ansätze zur Bestimmung von Naherholungsbereichen für größere Bevölkerungsagglomerationen mit Hilfe des öffentlichen Personennahverkehrs reichen nicht mehr aus, da sich der PKW in kürzester Zeit zum freizeitbestimmenden Transportmittel entwickelt hat.

Die äußere Erschließung der Erholungsflächen in den Bergbaufolgelandschaften erfordert deshalb einen erhöhten technischen Ausbauzustand der tangierenden Verkehrswege und mehr bereitzustellende Flächen für den ruhenden Verkehr. Auch die Verkehrswege zwischen den Erholungsschwerpunkten werden den Anforderungen des zunehmenden nichtmotorisierten Verkehrs nicht gerecht.

Nachholebedarf besteht bei der inneren Erschliessung, die nur in den genannten Schwerpunkten den Er-

Abb. 1. Badestrand am gestalteten Ostufer des Grünewalder Lauchs (ehemaligen Tagebau Plessa-Lauch). (Photo: Wiedemann)

Abb. 2. Rastplatz an einem Wanderweg im ehemaligen Tagebau Grünewalde. (Photo: Wiedemann)

holungsbedürfnissen entspricht (Abb. 2). Auf angrenzenden Flächen ist das Netz für fußläufiges Wandern und Radwandern noch weiter auszubauen. Probleme ergeben sich hierbei aus dem hohen Anteil der Kiefer in den Forsten, die eine sehr hohe Waldbrandgefahr haben und deshalb häufig in den Sommermonaten nicht betreten werden dürfen, so daß sich fußläufiges Wandern und Radwandern auf das Netz der öffentlichen Straßen beschränken muß.

Um den Tourismusbereich auf solide Beine stellen zu können und den rekreativen Anforderungen überregionaler wie ausländischer Besucher gerecht zu werden, ist auch ein qualitativer und quantitativer Ausbau der Freizeiteinrichtungen unerläßlich. Beherbergungseinrichtungen, Spiel- und Sportanlagen erfordern jedoch einen erheblichen Kapitalbedarf, der derzeit kaum abzudekken ist. Kommunale Zusammenschlüsse und finanzielle Zuschüsse können ein Weg zur Verbesserung der infrastrukturellen Bereiche sein. Ähnliches gilt auch für den sekundären Dienstleistungsbereich, der sich in Abhängigkeit von der überregionalen Akzeptanz der Erholungsgebiete erst nach und nach entwickeln wird.

2
Anforderungen an die klimatischen Bedingungen

Die klimatischen Nachteile im Niederlausitzer Raum, die aus der Schwefeldioxid- und Staubbelastung resultieren, müssen weiter reduziert werden. Obwohl sich die lufthygienische Situation bereits deutlich verbessert hat, sind aus der Sicht der Erholung in der offenen Landschaft weitere Entwicklungen notwendig. Hier ist an den gemessenen Daten ein deutlich positiver Trend erkennbar.

Durch die Trennung von äußerer und innerer Erschließung und die Anlage von Sammelparkplätzen am Rande der Erholungsbereiche ist die lufthygienische Situation zu verbessern. Gleichzeitig kann damit der Streßfaktor Lärm reduziert werden.

Erforderlich ist ebenfalls die Verminderung der Strahlendisposition durch das Angebot von Schattenplätzen im Strandbereich und in der offenen Landschaft. Die fehlende Durchgrünung der Agrarlandschaft und besonders der Kippenbereiche macht die Landschaft für Besucher wenig anziehend.

3
Geotechnische Sicherheit

Im Niederlausitzer Förderraum bestehen in den nicht sanierten Abbaubereichen aufgrund der ungünstigen Strukturverhältnisse in den Abraummaterialien erhebliche Gefährdungspotentiale für Erholungsuchende, wenn diese die gesperrten Bereiche betreten. Diese Gefahren treten vorwiegend an wasserangrenzenden Kippenbereichen, d.h. an Böschungen der nicht rekultivierten Tagebaurestlöcher, auf.

Durch das nach der Einstellung der bergbaubedingten Wasserhebung im Kippenkörper aufsteigende Grundwasser kann es zum Setzungsfließen kommen, das bei einem größeren Massenabbruch in den Tagebaurestsee auch die gegenüberliegenden gewachsenen Uferbereiche durch Flutwellen beeinflußt und damit Erholungsuchende in höchste Gefahr bringt. Die Sanierung derartiger Gefahrenstellen und die planmäßige Böschungsstabilisierung im Rahmen der Rekultivierungsarbeiten in den Sanierungsgebieten aber auch in den aktiven Tagebauen gehören deshalb zu den dringlichsten Anforderungen des Erholungswesens an die Gestaltung der Bergbaufolgelandschaften.

4
Zusammenfassung

Der Beitrag befaßt sich mit der Erholung im Niederlausitzer Braunkohlenrevier, insbesondere mit den Anforderungen für die Planung von Erholungsgebieten.

Die Entwicklung der Bergbaufolgelandschaft ist abhängig von der Verkippungstechnologie und der neuen Morphologie. Es wird die künftige Ausstattung der Landschaft mit geographischen Elementen und Einrichtungen der Infrastruktur diskutiert.

LITERATUR

van Acken D, Schlüter U (1973) Probleme, Kriterien und Verfahren zur Bestimmung von Folgenutzungen auf Entnahmestellen. Natur u. Landschaft 7/8: 220–223

Ehlers M (1981) Zur Folgenutzung der Abgrabungen von Steinen und Erden. Forum Städte-Hygiene 3: 118–128

Ehlers M (1984) Grundlagen und Modelle für die planmäßige Reintegration von Abgrabungsflächen in die umgebende Kulturlandschaft mit dem Ziel nachhaltiger und bedarfsgerechter Folgenutzung. Diss. A. Gießen

Feller N (1981) Beurteilung des Landschaftsbildes. ANL-Tagungsbericht 7: 33–39
Fingerhut C, Hesse S, Knops H-G, Schwarze M (1973) Arbeitsmethode zur Bewertung der Erholungseignung eines landschaftlichen Angebots. Landschaft + Stadt 4: 161–171
Framke W (1981) Landschaft und Freizeit. Erdkunde 3: 175–182
Gessner E, Brandt K, Mrass W (1975) Ermittlung von aktuellen und potentiellen Erholungsgebieten in der BRD. SR f. Landschaftspflege u. Naturschutz 9
Hofmann M (1976) Grundsätze für die Wahl von Folgenutzungen für bergbauliche Hohlformen. Hercynia 1: 16–29
Höpping-Mosterin U (1973) Die Ermittlung des Flächenbedarfs für verschiedene Typen von Erholungs-, Freizeit- und Naturschutzgebieten. Beiträge zum Siedlungs- und Wohnungswesen und zur Raumplanung. Münster
Institut für Landschaftsforschung u. Naturschutz (ILN, 1991) Ökologische Analyse für den Abbauraum Schlabendorf. Finsterwalde, n.p.
Kiemstedt H (1967) Möglichkeiten zur Bestimmung der Erholungseignung in unterschiedlichen Landschaftsräumen. Natur und Landschaft 11: 243–248
Lammert U (1979) Städtebau-Grundsätze, Methoden, Beispiele, Richtwerte. Berlin
Latz P (1976) Naturpark Saar-Hunsrück. Natur und Landschaft 6: 165–175
Möckel R (1993) Naturschutz auf der Abraumkippe. Garten und Landschaft 5: 32–36
Niemann-Delius C (1980) Tagebau und Landschaftsgestaltung. Braunkohle 8: 240–247
Richter G (1981) Handbuch Stadtgrün. München
Rindt O (1970) Restlöcher im Bezirk Cottbus als neue Erholungslandschaft. Leipzig
Rindt O (1975) Bergbaufolgelandschaften. Im Mittelpunkt der Mensch. Berlin, 335–352
Rindt O (1981) Industriefolgelandschaften. Wiss. und Fortschritt 5: 201–207
Rindt O, Kunze H (1970) Doppelter Nutzen durch gelenkte Bodenbewegungen. Cottbus
Schulz H-J (1978) Naherholungsgebiete. Berlin-Hamburg
Turowski G (1972) Bewertung und Auswahl von Freizeitregionen. SR d. Inst. f. Städtebau u. Landesplanung d. Univ. Karlsruhe 3

Bodensubstrate, landwirtschaftliche und forstliche Rekultivierung

Standortkundliche Grundlagen

45

Wolfgang Haubold, Joachim Katzur
und Wolf-Dietrich Oehme

Die Kombination von Gestein, Boden, Vegetation, Mikrofauna und Klima wird als Standort, Lebensraum, Biotop, Ökotop oder Umwelt bezeichnet. Im Standort wirkt eine Vielzahl von physikalischen und chemischen, stofflichen und energetischen, abiotischen und biotischen Faktoren zusammen. Sie beeinflussen in ihrer Gesamtheit die Standortqualität und das Erscheinungsbild der Landschaft (Fiedler et al. 1990).

Die Bergbaugebiete werden durch eine Vielzahl von Makro- und Mikrostandorten charakterisiert, deren Entwicklung durch Land- und Forstwirtschaft beeinflußt wird.

In der Landwirtschaft ist das System der Standorteinheiten auf der Grundlage der arealbezogenen Gliederung des Agrarraumes nach systematischen Ordnungsstufen aufgebaut. Es werden natürliche Standorteinheiten und Standorthauptgruppen unterschieden. Zur Präzisierung der Substratangaben wurden Standorttypen als Qualifizierungsstufen der natürlichen Standorteinheit gebildet. Die komplexe Grundgesamtheit des Systems der Standorteinheiten ist der Standortregionaltyp (Schmidt u. Diemann 1974, 1981).

In der Landwirtschaft werden folgende Standorthauptgruppen unterschieden:

Diluvialgebiete	=	D	- Standorte
Lößgebiete	=	Lö	- Standorte
Gebirgsgebiete	=	V	- Standorte
Auengebiete	=	Al	- Standorte
Moorgebiete	=	Mo	- Standorte
Kippengebiete	=	K	- Standorte

In der Forstwirtschaft sind Standortformen bzw. Standorteinheiten für die Wuchsgebiete des Tieflandes und der Mittelgebirge im Rahmen der Standorterkundung systematisch erarbeitet worden.

Die Standorte einer Standortform sind gekennzeichnet durch

- Ähnliche Standorteigenschaften
- Gleiche Wuchsleistungen der standortgerechten Baumarten
- Gleiches waldbauliches Verhalten
- Gleiche Meliorationsbedürftigkeit

Die Standorte können in ihren wesentlichen Eigenschaften, wie z. B. im Grundgestein, bisweilen sogar in recht bedeutsamen Eigenschaften, z. B. in der Bodenart, durchaus verschieden sein. Entscheidend ist ihre gleichartige Wirkung auf das Waldwachstum. Aufgrund ihrer funktionellen Gleichheit kann man die Standorte einer Standortsform als analoge Standorte bezeichnen.

Die forstliche Standorterkundung hat analoge Waldstandorte zu Standortsformen zusammengefaßt.

Die Kippen- und Haldenstandorte des Bergbaues sind in die Standortformengliederungen des Tieflandes und der Mittelgebirge aufgenommen worden (Lieberoth et al. 1991).

1 Kulturwert der Deckgebirgsschichten

Die Zentrale Vorratskommission der DDR hatte in der 2. Braunkohleninstruktion (1963) vorgeschlagen, daß bereits im Stadium der Vorerkundung bodengeologische Untersuchungen des Deckgebirges und der Flözmittel durchzuführen sind. Die Ergebnisse dieser Untersuchungen wurden als bodengeologisches Gutachten im Bericht über die Vorerkundung der Braunkohlenlagerstätte aufgenommen.

Hierdurch sind die Voraussetzungen für eine auf die Belange der späteren Wiedernutzbarmachung abgestimmten Bergbauplanung geschaffen worden.

Den gesetzlichen Rahmen bildeten die 2. und 3. Durchführungsbestimmung (1958, 1964) zur Verordnung über die Wiedernutzbarmachung (1951). In diesen wurde die Anfertigung bodengeologischer Vorfeldgutachten festgelegt.

Das Berggesetz der DDR (1969), die hierzu erlassenen Durchführungsverordnungen (1969) und die Wiederurbarmachungsanordnung (1970, 1985) schrieben die qualitätsgerechte Ausführung der Wiedernutzbarmachung vor.

Die bodengeologischen Vorfeldgutachten sollten die Beschaffenheit der kulturfähigen und kulturfeindlichen Deckgebirgsschichten im Vorfeld der im Abbau befindlichen bzw. der für einen Abbau vorgesehenen Braunkohlenlagerstätten kennzeichnen. Ferner war vorzuschlagen, welche Schichten getrennt auszuhalten und auf der Kippenseite als abschließende Decke aufzutragen sind.

Mit den bodengeologischen Untersuchungen wurden die geologischen Erkundungsbetriebe der ehemaligen VVB Feste Minerale Berlin und deren Nachfolgeeinrichtungen beauftragt.

Die Bearbeitungsschwerpunkte waren:

- Profilaufnahmen am Baggerschnitt;
- Auswertungen der zur Flözerkundung gestoßenen Trockenbohrungen;
- Bodenphysikalisch-chemische Untersuchungen von Bodenproben repräsentativer Deckgebirgsschichten;
- Auswertung bereits vorliegender Unterlagen des Bergbaues, der Geologie, der Bodenschätzung und der forstlichen Standorterkundung.

Ab 1971 enthielten die bodengeologischen Vorfelduntersuchungen auf der Grundlage der Wiederurbarmachungsanordnung (1970, 1985) folgende Angaben:

- Eigenschaften und Kulturwert aller Abraumsubstrate;
- Verbreitung der für eine land- oder forstwirtschaftliche Folgenutzung am besten geeigneten Substrate und Substratmischungen;
- Boden- und ertragsverbessernde Maßnahmen, wenn ein für die Folgenutzung notwendiger Auftrag kulturfähiger Substrate nicht erreichbar war.

Die Braunkohlenerkundungsmethodik (1982) legte die Verfahrensweise bei den bodengeologischen Vorfelduntersuchungen entsprechend den Stadien der geologischen Erkundung und deren Zielstellung fest. Bei der geologischen Suche (C2-Erkundung) von Braunkohlenlagerstätten erfolgten keine spezifischen bodengeologischen Arbeiten.

Mit der geologischen Vorerkundung (C1-Erkundung) wurden Grundlagen für die Auswahl der einzusetzenden Technologien der Abraumbewegung und Wiedernutzbarmachung geschaffen. In dieser Erkundungsetappe hatten die bodengeologischen Untersuchungen folgende Zielstellungen (Wünsche et al. 1983):

- Auswertung von Schichtenverzeichnissen der im Abstand von 300–600 m niedergebrachten Bohrungen und von geologischen Schnitten zur Ermittlung erster Angaben über die Verbreitung besonders kulturwürdiger Abraumsubstrate im Erkundungsgebiet;
- Charakterisierung des Kulturwertes aller Abraumschichten mit Hilfe typischer bodengeologischer Kennwerte, wie Korngrößenzusammensetzung, Gehalt an organischer Substanz und Karbonat, Sorption, Schwefelgehalt, Säuregrad und Nährstoffversorgung;
- Hinweise und Vorschläge über die baggerseitige Gewinnung geeigneter Abraumschichten und deren Einbau in der Kippe zur vorrangigen Herstellung landwirtschaftlich nutzbarer Flächen.

Die geologische Detailerkundung (B-Erkundung) trug zur Präzisierung der geplanten Abraum- und Wiederurbarmachungstechnologie bei. Diese Erkundungsetappe hatte nachstehende bodengeologische Arbeitsschwerpunkte:

- Auswertung der bis zu dem Zeitpunkt vorliegenden geologischen Unterlagen und Bohrungsdokumentationen von Erkundungsaufschlüssen mit einem Abstand von etwa 100–300 m
- Einbeziehung der vorgesehenen Abraumgewinnungstechnologie mit Unterteilung in Schnittbereiche
- Festlegung von Mischsubstraten vergleichbarer petrographischer Zusammensetzung in den Abraumschnitten zur Kennzeichnung prognostischer Kippsubstrate
- Charakterisierung des Kulturwertes der prognostisch ermittelten Kippsubstrate auf der Grundlage stabiler Merkmale wie Korngrößenzusammensetzung, Karbonat- und Kohlegehalt
- kartographische Darstellung von Abschnitten der Schnittbereiche, in denen die Abraumsubstratkomplexe in einem Schnitt gewonnen werden
- Vorschläge und Festlegungen für erforderliche Meliorationen zur Gewährleistung der geplanten Folgenutzung

Das Problem der Wiederurbarmachung im Lausitzer Braunkohlenrevier bestand v. a. darin, daß einerseits bei zunehmend ungünstigeren Abraum-Kohle-Verhältnissen unbedingt eine wirtschaftliche Abraumbewegung angestrebt werden mußte. Andererseits wurde durch den

Einsatz von Großgeräten eine selektive Gewinnung bindiger quartärer Substrate zur Herstellung landwirtschaftlich nutzbarer Rückgabeflächen, auch bei günstigen Deckgebirgsbedingungen, sehr erschwert.

Die Oberflächen-, Deckgebirgs- und Lagerungsverhältnisse des Niederlausitzer Reviers sind weitgehend im Quartär durch Akkumulations- und Erosionsprozesse geprägt worden (Wünsche et al. 1972).

Folgende morphologische Einheiten lassen sich von Nordosten nach Südwesten unterscheiden:

- Glogau-Baruther Urstromtal
- Jüngere saalekaltzeitliche Hochfläche des Niederlausitzer Grenzwalles mit dem Luckauer und Calauer Becken
- Jüngere saalekaltzeitliche Sanderfläche
- Ältere saalekaltzeitliche Hochfläche mit dem Kirchhain-Finsterwalder, dem Sornoer und dem Lugker Becken
- Breslau-Magdeburger Urstromtal (Lausitzer Urstromtal)

Die Deckgebirgsverhältnisse sind durch mächtige pleistozäne, vorwiegend sandige Ablagerungen über dem flözführenden Miozän gekennzeichnet.

Bindige pleistozäne Sedimente (Geschiebelehm bzw. -mergel und Beckenschluffe) treten, abgesehen von den Endmoränen, Auswaschungsrinnen und Beckenbereichen, häufig nur insel- und linsenförmig auf. Die tertiären Substrate entstanden unter kontinentalen Bedingungen als Kies, Sand und Ton, in brackischer Fazies als schluffiger Sand mit Kohleschlufflagen. Die quartäre und tertiäre Schichtenfolge ist häufig glazigen gestört.

Den überwiegenden Anteil der Nutzflächen des Niederlausitzer Braunkohlenreviers nehmen forstliche Standorte mittlerer bis geringer Ertragsleistung ein. Landwirtschaftliche Nutzflächen liegen im Urstromtal- und saalekaltzeitlichen Hochflächenbereich als kleinere Areale in Ortsnähe mit Bodenwertzahlen zwischen 30–50 für lehmige Sandböden vor. Auf der jüngeren saalekaltzeitlichen Hochfläche sind in den Räumen Luckau - Calau - Cottbus ausgedehnte Ackerflächen mit Bodenwertzahlen zwischen 45–60 anzutreffen.

Auf die zukünftige Nutzung und Qualität der entstehenden Kippböden kann durch die zielgerichtete Gewinnung, Förderung und Verkippung des Abraumes optimal Einfluß genommen werden.

Die Abraumbewegung erfolgt in der Niederlausitz zum überwiegendem Teil im Förderbrückenbetrieb. Diesem wurde bei Abtragshöhen von über 34–60 m meist ein Vorschnitt mit Bagger- und Zug- bzw. Bandbetrieb zugeordnet.

In Tagebauen mit Zugbetrieb und bei Neuaufschlüssen entstanden innerhalb und außerhalb des Tagebaubereiches Absetzerkippen und -halden sowie Pflug-, Spül- und Rückwärtskippen. Die durch Schüttrippen stark gegliederten Brücken- und Absetzerkippenoberflächen wurden mit Planierraupen eingeebnet.

Eine selektive Aushaltung bindiger quartärer Abraummassen durch Schaufelradbagger und z. T. Eimerkettenbagger mit knickbarer Leiter war kippenseitig nur dann wirksam, wenn ein getrennter Massentransport und eine gesonderte Verstürzung über Rückwärtskippen erfolgten. Die Beeinflussung des Kulturwertes der auf der Kippenoberfläche eingebauten Bodensubstratgemenge soll an einigen Beispielen erläutert werden (Oehme u. Haubold 1975; Wünsche et al. 1989):

Im Urstromtalbereich, einschließlich des nördlich angrenzenden Übergangsbereiches zur älteren saalekaltzeitlichen Hochfläche, werden die Oberen Briesker Schichten und die überlagernden pleistozänen Schichten vorwiegend im Förderbrücken- und Vorschnittbetrieb abgebaut. Die Ablagerungen der Elster- und Saalekaltzeit enthalten z. T. zwischengeschaltete Grundmoränenhorizonte. Diese können aber entsprechend ihrer linsenartigen Verbreitung und geringen Mächtigkeit nur bei Leistungs- und Qualitätsminderung in einem Vorschnittbereich selektiv gewonnen werden. Es entstehen Absetzer- und Pflugkippen (vorwiegend Kippsande) über Förderbrückenkippen (kohlehaltige Kippsande). Rückwärtskippen aus bindigen quartären Substraten sind untergeordnet.

Auf der älteren saalekaltzeitlichen Hochfläche werden die Oberen Briesker Schichten im Förderbrückenbetrieb, die Raunoer Schichten und das mehr oder weniger mächtige Pleistozän sowie die Altkippenbereiche im Vorschnittbetrieb gewonnen. Grundmoränenhorizonte in Auswaschungsrinnen sind selektiv schwer zu gewinnen.

Kippseitig entstehen Absetzer- und Pflugkippen (Kippsande und kohlehaltige Kippsande) über Förderbrückenkippen (kohlehaltige Kippsande) und nur untergeordnet Rückwärtskippen als Abschlußflächen.

Auf der jüngeren saalekaltzeitlichen Hochfläche sind, abgesehen von Endmoränenzügen, bindige quartäre Substrate nur in 200–500 m langen und 1–3 m mächtigen Linsen inmitten sandiger Substrate anzutreffen. Mit Hilfe eines Sonderbetriebes, wie Betreiben eines Vorschnittes und Verstürzung des Abraumes über Rückwärtskippen, lassen sich hochwertige Nutzflächen herstellen. In den Jahren nach 1970 wurde das gesamte Deckgebirge im Hochleistungsbetrieb durch Abraumförderbrücken bewegt.

Die Eigenschaften der Deckgebirgssubstrate lassen sich wie folgt kennzeichnen (Oehme u. Haubold 1975; Wünsche et al. 1983):

Die sandigen Substrate verfügen generell über ein geringes Wasser- und Nährstoffhaltevermögen. Bei tertiären Sanden bestimmt der Anteil an Sulfid- und Disulfidschwefel das Säurepotential und damit die extrem saure Bodenreaktion.

Unter den bindigen Substraten zeichnen sich die quartären Bildungen durch einen ausreichenden Mineralbestand und Nährstoffgehalt aus. Gefüge, Wasserführung und Durchlüftung werden durch den Anteil an abschlämmbaren Fraktionen bestimmt. Tertiäre Schluffe und Tone weisen besonders ungünstige physikalische Eigenschaften auf. Höhere Schwefelmengen sind in ihrer Wirkung schwer auszuschalten. Bei allen tertiären Deckgebirgsschichten tragen feinverteilte kohlige Beimengungen zur Erhöhung des Sorptionsvermögens und der Wasserkapazität, insbesondere des pflanzenverfügbaren Wassers, bei.

Die bodenphysikalischen und -chemischen Eigenschaften bilden die Grundlage für die Beurteilung des Kulturwertes.

Geschiebelehme, Geschiebemergel, Bändertone und Beckenschluffe weisen entsprechend dem Gehalt an abschlämmbaren Teilchen (Fraktionen unter 0,02 mm Korndurchmesser) ein gutes bis hohes Sorptionsvermögen auf. Die physikalischen Eigenschaften verschlechtern sich mit zunehmendem Tongehalt. Die nachschaffende Kraft an salzsäurelöslichem Ca und Mg ist meist zufriedenstellend. Ungenügend sind die K- und P-Vorräte. In Abhängigkeit vom Karbonatgehalt sind saure bis neutrale Bodenreaktionen und mittlere bis hohe Basensättigungsverhältnisse nachzuweisen.

Die pleistozänen Fluß-, Becken-, Schmelzwasser-, Tal- und Dünensande sowie die obermiozänen Elbeschotter sind infolge ihres meist geringen Schluff- sowie Tonanteiles durch eine niedrige Sorptionskapazität und eine starke Wasser- sowie Luftdurchlässigkeit gekennzeichnet. Erhöhte Kohle- und Schwefelgehalte beeinträchtigen nachhaltig Bodenreaktion, Basensättigung und Pufferkapazität dieser Deckgebirgssubstrate. Die Nährstoffgehalte und die Pufferkapazität sind gering.

Der obermiozäne Flaschenton neigt wegen des hohen Anteiles feinster Korngrößen zur Dichtlagerung, Verschmierung und schlechten Durchlüftung. Die relativ geringe Sorptionskapazität korreliert mit dem vorwiegend kaolinitischen Tonmineralbestand. Eine feinteilige Beimengung von Sanden trägt zur Verbesserung bodenphysikalischer Eigenschaften und des Bodengefüges bei, ist aber technologisch schwer realisierbar.

Die Sande der mittelmiozänen Oberen Briesker Schichten besitzen mit zunehmendem Gehalt an Schluff, Ton und Kohle eine merklich verbesserte wasser- und nährstoffhaltende Kraft. Beachtliche Gesamtschwefelmengen wirken sich nachteilig auf den Säuregrad aus. Die Neutralisation der freien Säure ist ohne Melioration nicht gewährleistet.

Die Kohleschluffe der mittelmiozänen Oberen Briesker Schichten besitzen aufgrund des beträchtlichen Gesamtschwefelgehaltes ein hohes Säurepotential, das die Kulturfeindlichkeit dieser Deckgebirgssubstrate bestimmt. Charakteristisch sind Benetzungswiderstand, beachtliche Mengen an organisch gebundenem Ca sowie P- und K-Mangel. Der Gehalt an anorganischen und organischen Sorptionsträgern bedingt eine hohe bis sehr hohe Sorptionskapazität. Mit ansteigenden Anteilen abschlämmbarer Fraktionen nimmt die Tendenz zur Dichtlagerung und Ausbildung von Staunässe zu. Die Rekultivierung dieser Deckgebirgssubstrate ist nur nach aufwendiger Melioration möglich.

Nach Lorenz u. Wünsche (1969) sind landwirtschaftlich nutzbar die bindigen quartären Substrate sowie karbonathaltige Schmelzwassersande und grundmeliorierte tertiäre kohlehaltige Schluffe bzw. schluff-, ton- und kohlehaltige Sande mit einer Sorptionskapazität von 10–15 mval/100 g Boden.

Für eine forstliche Nutzung kommen die grundmeliorierten tertiären schluff-, ton- und kohlehaltigen Sande mit Sorptionswerten von bis zu 10 mval/100 g Boden sowie quartäre fluviatile, glazifluviatile, glazilimnische und äolische Sande bzw. grundmeliorierte tertiäre schluff-, ton- und kohlearme Sande in Frage.

Landwirtschaftlich gut nutzbar sind Auenlehme, Talschluffe, Beckenschluffe und Geschiebelehme, die petrographisch als Sandlehm, Lehm und Kalkschluff zu kennzeichnen sind. Bei Geschiebemergel und Gemengen aus Geschiebemergel und Beckenschluff (Kalklehm) kann die Tendenz zu Dichtlagerung und Kalkzementation den Kulturwert der bodenchemisch hochwertigen Deckgebirgssubstrate erheblich einschränken. Mittlere Erträge werden auf den quartären Lehmsanden (Schmelzwasser- und Beckensand) sowie grundmeliorierten tertiären kohle- und pyrithaltigen schluffigen Sanden erzielt.

Für die forstliche Nutzung mit höherem Ertragspotential eignen sich tertiäre kohlefreie schluffige Sande und grundmeliorierte kohlehaltige Sande. Mittlere bis geringe Ertragsleistungen sind auf quartären anlehmigen Sanden (Schmelzwasser-, Tal- und Dünensand) sowie tertiären kohlefreien Sanden zu verzeichnen.

Tertiäre Schluffe und Tone sind schwer zu kultivieren.

Mächtigkeitskarten und Schnitte dokumentieren Verbreitung, petrographische Ausbildung und Massenangebot kulturwürdiger Deckgebirgsschichten.

Mit der Einführung der Hochleistungsabraumtechnologie, etwa ab dem Jahre 1975, kam der bodengeologischen Beurteilung der Substratgemenge im Schnittbereich der Bagger eine besondere Bedeutung zu (Wünsche et al. 1983). Durch die gezielte Beimengung sandiger Substrate können z. B. die bodenphysikalischen Eigenschaften quartärer bindiger Substrate verbessert werden und umgekehrt. Deshalb wurden die im Schnittbereich der Abraumgewinnungsgeräte zu erwartenden Gemengesubstrate hinsichtlich ihres Kulturwertes eingeschätzt und Vorschläge zur Beeinflussung der Substratgemenge erarbeitet.

Die vorherrschende Deckgebirgsschicht mit ihren stabilen Bodenmerkmalen (Textur, Kohle- und Kalkgehalt) zeichnet die Eigenschaften der aus dem geologischen Schichtkomplex gelangten Substratgemenge vor.

Ihre Eignung für die Rekultivierung wird zudem vom Verteilungsmuster, dem Heterogenitätsgrad und vom Verteilungsprozent der im Gemenge enthaltenen Deckgebirgsschichten mit ihren bodenphysikalisch-chemischen Merkmalen bestimmt.

Auf Kartenrissen erfolgte deshalb die Ausweisung von Abschnitten der geologischen Schichtkomplexe für jeden Schnittbereich, die bei Gewinnung in einem Schnitt und Verstürzung an der Kippenoberfläche ein relativ homogenes Substratgemenge erwarten lassen.

2 Kartierung der Kipprohböden

Die Zielstellungen der bodengeologischen Kartierung der Bergbauflächen (Kippengutachten) sind:

- Erfassen der Zusammensetzung der bodengeologischen Ausgangssubstrate und Ausgrenzen von Substrateinheiten mit vergleichbaren bodenphysikalischen und -chemischen Eigenschaften
- Einschätzung des Kulturwertes der Kippsubstrate und Festlegen der bodenverbessernden Maßnahmen in Abhängigkeit von dem Nutzungsziel und den bodenphysikalischen und -chemischen Eigenschaften der Kippböden
- Erfassen von Grunddaten zur komplexen ökologischen Bewertung der Kippen, Halden, Restlöcher, Tagebauseen und Tagebaurandflächen (z. B. Entwicklung des Grundwasserstandes, Belastung der Böden durch organische und anorganische Schadstoffe, Standsicherheits- und Setzungsprobleme)
- Erarbeitung von Empfehlungen der funktionalen Einordnung der Kippenstandorte in die Teillandschaft und zur Gestaltung einer ökonomisch und ökologisch wirksamen Bergbaufolgelandschaft

Die Kippflächen werden in ihrer Substratzusammensetzung und -verteilung, Reliefgestaltung und Flächengröße durch geomorphologische und deckgebirgsgeologische Verhältnisse des Vorfeldes und der Abbau- sowie Verkippungstechnologie bestimmt. Die Entwicklungstendenzen der Abbau- und Verkippungstechnologien des Braunkohlenbergbaues sind durch folgende Anfangsereignisse gekennzeichnet:

- 1851 – Beginn des Braunkohlenbergbaues mit dem Streckenvortrieb und Pfeilerbruchbau im Tiefbaubetrieb
- 1890 – Oberflözabbau im Tagebaubetrieb
- 1908 – Unterflözabbau im Lausitzer Urstromtal, Zugbetrieb war Grundlage der Förder- und Verkippungstechnologie
- 1922 – Absetzerkippen mit größeren Versturzhöhen und Flächenumfängen
- 1924 – Einsatz von Abraumförderbrücken mit Eimerkettenbaggern
- 1934 – Einsatz von Schaufelradbaggern mit selektiver Gewinnungsmöglichkeit
- 1952 – Aufbau kohleverarbeitender Großbetriebe, Aufschluß von Großtagebauen in Urstromtalrand- und Hochflächenbereichen
- 1958 – umfassende Darlegung und Diskussion der Probleme sowie Bibliographie der Wiedernutzbarmachung (Knabe 1959)
- 1967 – Einsatz von leistungsstarken Großgeräten (60-m-Abraumförderbrücke, Bandabsetzer u. a.) bei der Gewinnung und Verkippung mit gleichzeitiger Umstellung von Zug- auf Bandbetrieb

Die technische Entwicklung und der Rückgriff auf Tagebaufelder mit zunehmend komplizierteren geologischen Verhältnissen führten zu einer immer stärkeren Substratheterogenität mit kleinflächigem Wechsel unterschiedlich geologisch alter Substrate. Die Zusammensetzung der bodengeologischen Ausgangssubstrate schwankt horizontal und vertikal beachtlich.

Die Rekultivierung der Kippflächen und ihre Einordnung in die Kulturlandschaft setzen fundierte Kenntnisse über die fruchtbarkeitsbegrenzenden Bodeneigenschaften der neu entstandenen Kippenstandorte und ihre Eignung für die Bodennutzung voraus. Zu diesem Zweck wurden bereits seit Mitte der 50er Jahre Standortuntersuchungen durchgeführt und die quasi homogenen Bodenzusammensetzungen voneinander abgegrenzt.

Der Inhalt wurde wesentlich erhöht, als auf der Grundlage der forstlichen Standortkartierung (Kopp et al. 1969, 1973) Lorenz et al. (1970) und Wünsche et al. (1970, 1972) ein spezielles Kartierungsverfahren für die Kippenstandorte entwickelten. Prinzipiell entspricht dieses Verfahren auch der Kartierung landwirtschaftlicher Standorte (Lieberoth et al. 1967). Die Vergleichbarkeit der Ergebnisse der Kippenkartierung mit der Kartierung auf landwirtschaftlich und forstwirtschaftlich genutzten Standorten ist somit gegeben.

Den Schwerpunkt der Standortkartierung auf den Kippen und Halden bildeten zwangsläufig die Kippböden, die sich von den gewachsenen Böden in erster Linie durch ihre Entwicklung unterscheiden. Durch die Umlagerung der Deckgebirgsschichten entstehen Kippböden ohne Horizontierung. Ihr geologisches Ausgangssubstrat ist je nach der beim Gewinnen, Transportieren und Verkippen des Abraumes eingesetzten Technologie einheitlich oder ein Substratgemenge aus zwei oder mehreren Abraumsubstraten. Diese Besonderheiten werden bei der Gliederung der Bodenformen in der Weise berücksichtigt, daß die Substratgemenge nach Mischungsverhältnis und -art getrennt sind.

Neumann (1967) bezeichnete als Rohbodenformen (Kipp-)Lockergesteine gleicher physikalischer und chemischer Eigenschaften sowie dadurch vergleichbarer Ertragsfähigkeit und Nutzungsmöglichkeit, bei der die fruchtbarkeitsbestimmenden Eigenschaften durch bodenwirtschaftliche Maßnahmen wandelbar sind. Die Definitionsmerkmale der Haupt- und Lokalbodenform sind Körnungsart (Bodenart) und Gehalte an feinverteilter kohliger Substanz, Kalk, Humus sowie die Gesamtgehalte an Pflanzennährstoffen und das wandelbare Merkmal Säurezustandsform. Ferner fanden Berücksichtigung flächige bzw. streifige und brockige Beimengungen sowie das Alter des geologischen Ausgangsmaterials.

Die Kippsubstrate sind nach regional vergleichbaren Kriterien in Haupt- und Lokalbodenformen gegliedert. Die Hauptbodenformen werden nach groben Substratunterschieden wie Skelettgehalt, Körnungsart des Feinbodens sowie Kohle-, Humus- und Karbonatgehalt gegeneinander abgegrenzt. Dabei sind bestimmte feststehende Grenzwerte für die Körnungsartengruppen und den Skelettgehalt sowie den Kohle-, Humus- und Kalkgehalt zugrundegelegt. Eine weitere Differenzierung in Lokalbodenformen ergibt sich hinsichtlich feinerer Substratunterschiede, der Substratmischung (Vermischung von Substraten unterschiedlichen geologischen Alters und extrem unterschiedlicher bodenphysikalisch-chemischer Eigenschaften) sowie Abweichungen im Nährstoffgehalt und in der Sättigung des Untergrundes. Der Schwefelgehalt wird nur als Zusatzmerkmal berücksichtigt, da seine toxischen Wirkungen durch eine Melioration ausgeschaltet werden können. Die Merkmalsabstufungen nach Lokalbodenformen erfolgten innerhalb jeder Hauptbodenform. Die Tabelle 1 enthält das Gliederungsschema der in den Braunkohlenbergbaugebieten Ostdeutschlands ausgewiesenen Kipp-Hauptbodenformen nach Stand von 1991. Auf den älteren, längere Zeit land- und forstwirtschaftlich genutzten Kippflächen ist der Horizontfolgetyp bei der Ausscheidung der Hauptbodenformen zu berücksichtigen. Dies und die Notwendigkeit einer ökologisch differenzierten Bewertung der Substratschichtung erforderten die Weiterentwicklung des Kartierungsverfahrens und führten in Auswertung sämtlicher bodengeologischer Kartierungsergebnisse zu einer einheitlichen Klassifikation der Kippböden Ostdeutschlands (Wünsche et al. 1981). Die Kartierung land- und forstwirtschaftlich genutzter natürlicher Böden nach Bodenformen umfaßt Standorte mit vergleichbaren Einflußfaktoren wie geologisches Ausgangsgestein, Bodenart, hydrogeologische Verhältnisse, Morphologie, Gehalt an organischer Substanz im Oberboden, Vegetation, Bodendynamik. Deshalb können sowohl land- als auch forstwirtschaftlich nutzbare Lokalbodenformen unterschieden werden. Andererseits ist eine Anzahl von Lokalbodenformen nur für eine Art der Nutzung typisch.

Die Kartierung der vegetationslosen Kippflächen erfaßt daher ausschließlich Kipprohböden und definiert die Kippsubstrate nur nach den bodenphysikalisch-chemischen Eigenschaften in Haupt- und Lokalbodenformen. Damit erfolgt die Entscheidung für eine bestimmte Nutzungsart. Der Einfluß der Maßnahmen der Wiedernutzbarmachung sowie die Wechselbeziehungen zwischen Standort und Pflanzenwachstum und die bodendynamischen Entwicklungstendenzen können durch eine Neukartierung älterer Kippflächen geklärt werden. Erste Untersuchungen haben ergeben, daß sich v. a. die Grenzen zwischen unterschiedlich kohlehaltigen Lokalbodenformen durch Abbau des Kohlegehaltes infolge Verwitterung und Bildung von Humus durch gezielte Melioration und Fruchtfolgen verwischen können. Darauf wiesen auch schon Haubold et al. (1993) hin. So kann sich für diese Kippsubstrate nur die Ausscheidung auf der Hauptbodenformenebene ergeben.

Durch den Einsatz von Abraumfördergroßgeräten und die Anwendung der Bandtechnologien für den Abraumtransport nahm in den letzten zwei Jahrzehnten die Heterogenität der Bodendecken auf den Abschlußkippen zu und erhöhte sich der Anteil der Kipp-Gemengesubstrate (Lokalbodenformen).

Dem Kippengutachten sind Lagepläne der bodengeologisch bearbeiteten Kippenabschnitte mit Darstellung der Verbreitung der Kipp- Bodenformen beigegeben. Sie basieren auf den Ergebnissen der Feldaufnahme mit Niederbringung von Peilstangenbohrungen in unterschiedlichen Rasterabständen und der Dokumentation der Kipp-Substrate sowie Einmessung der Dokumentations- und Probenahmepunkte.

Die terrestrischen Aufnahmen werden durch die Aufbereitung von Luftbildaufnahmen ergänzt. Der Einsatz des Luftbildes zum Zwecke der bodengeologischen Kartierung wird bestimmt durch das unterschiedliche Abbildungsverhalten der Böden in Abhängigkeit von Bodenart, Feuchtigkeit, Eigenfarbe und den Anteilen organischer Substanz.

Da die Flächen unmittelbar nach der Planierung aufgenommen werden, entfällt der störende Einfluß der Vegetation bei der Auswertung.

Nach Villwock (1983) sind folgende Einflußgrößen von Bedeutung:

- Jahreszeit und Witterungsbedingungen
- Oberflächengestaltung und Bearbeitungszustand
- Sonneneinstrahlungswinkel
- Beobachtungswinkel und Aufnahmehöhe
- Mächtigkeit der Bodenbedeckung und unterlagernde Bodenart

Die Befliegungen führte ab 1987 die Interflug im Auftrag der Luftbildstelle des damaligen Braunkohlenkombinates Senftenberg und ab 1990 die Berliner Spezialflug GmbH im Auftrag der LAUBAG durch. Eingesetzt wurde der MSK-Bildflug.

Es ist ein Spezialaufnahmeverfahren, bei dem verschiedene Spektren des sichtbaren und kaum noch sichtbaren Infrarotlichtes mit Hilfe der Kameratypen LMK-15 und MSK-4 erfaßt wurden. Zur Auswertung der

Tabelle 1. Gliederungsschema der Kipp-Hauptbodenformen des Braunkohlenbergbaues Ostdeutschlands (Wünsche et al. 1981; Ergänzung von Oehme und Haubold, Stand 1991)

Hauptbodenform	Symbol	Differenzierende Merkmale	Zusatzmerkmale	Alter	Geologisches Ausgangsmaterial
		Skelett in Vol. %; Sand, Lehm, Schluff, Ton, Kohle, Humus in % C_t; $CaCO_3$ in %	Gesamtschwefel in % SO_3	Quartär Tertiär	
Kipp-Kiese	K-Kp	Sk > 25 S X < 0,5 C < 0,3–2	< 0,2	Q	Pleistozäne fluviatile Bildungen
Kipp-Kiessande	kS-Kp	Sk 10–25 S X < 0,5 C < 0,3	< 0,3	Q	Schmelzwasserablagerungen, Flußablagerungen
Kipp-Kieslehmsande	klS-Kp	Sk 10–25 S-lS X < 0,5 C < 0,3–2	< 0,2	Q T	Schmelzwasserablagerungen, Flußablagerungen mit Geschiebelehm, Hangserie der Nachterstedter Unter-flözgruppe
Kipp-Kieslehme	kL-Kp	Sk 10–25 sL-L X < 0,5–2 C < 0,3	< 0,4	Q	Geschiebelehm mit Schmelzwasser- und Flußablagerungen
Kipp-Kieskohlesande	kxS-Kp	Sk 10–25 S-lS X 0,5–5 C < 0,3	0,2–1	Q Qt	Hangendserie der Nachterstedter Oberflözgruppe, Schmelzwasser- und Flußablagerungen, untergeordnet Obere Briesker Schichten
Kipp-Kieskohlelehmsande	kxlS-Kp	Sk 10–25 lS X 0,5–30 C < 0,3	0,2–1	T Tq	Liegendsande des Bitterfelder Flöz-komplexes, Obere Briesker Schichten, Geschiebelehm, Schmelz- und Fluß-ablagerungen

Kipp-Kieskohlelehme	kxL-Kp	Sk 10–25 sL-L X 2–30 C < 0,3	0,4–> 1	T	Mittel im Bruckdorfer Flözkomplex, untergeordnet Schmelzwasser-ablagerungen
Kipp-Kieskalksande	kcS-Kp	Sk 10–25 S-Sl X < 0,5 C 0,3–5	< 0,2–1	Q	Schmelzwasserablagerungen
Kipp-Kieskalklehme	kcL-Kp	Sk 10–25 sL-L X 0,5–5 C 2–> 5	0,4–1	Q	Geschiebemergel mit Schmelzwasser- und Flußablagerungen
Kipp-Sande	S-Kp	Sk < 10 S-Sl X < 0,5 C < 0,3	< 0,2–> 1	Q T Qt	Schmelzwasserablagerungen, Becken- und Talsand, Obere Briesker Schichten, Formsand und Geschiebesand
Kipp-Lehmsande	lS-Kp	Sk < 10 lS-S X < 0,5 C < 0,3	0,2–1	Q QT	Schmelzwasser- und Beckenablage-rungen, Talsand und Geschiebelehm, Talschluff und Raunoer Schichten (Flaschenton)
Kipp-Lehme	L-Kp	Sk < 10 sL-L X < 0,5 H < 0,2 C < 0,3	< 0,4–1	Q Qt	Geschiebelehm untergeordnet Lößlehm bzw. Sandlößlehm und Auelehm mit Schmelzwasser-, Fluß- und Becken-ablagerungen, Talsand, Bornaer Schichten (Kohleton) bzw. Obere Briesker Schichten (Kohlesand, Kohleschluff)
Kipp-Schluffe	U-Kp	Sk < 10 lU, U-L H > 0,2 C < 0,3	0,4–1	Q	Lößlehm, Sandlößlehm, Auelehm, Talschluff

Hauptbodenform	Symbol	Differenzierende Merkmale	Zusatzmerkmale	Alter	Geologisches Ausgangsmaterial
		Skelett in Vol. %; Sand, Lehm, Schluff, Ton, Kohle, Humus in % C_t; $CaCO_3$ in %	Gesamtschwefel in % SO_3	Quartär Tertiär	
Kipp-Tone	T-Kp	Sk < 10 sT-T X 0,5–2 C < 0,3	0,4–1	T	Raunoer Schichten (Flaschenton, bzw. Bornaer Schichten (Haselbacher Ton), bzw. Obere Briesker Schichten, Mittel zwischen Ober- und Unterbank des Bitterfelder Flözes
Kipp-Kohlesande	xS-Kp	Sk < 10 Sl-S X 0,5–30 C < 0,3	0,2–> 1	T Tq Qt	Obere Briesker Schichten (marin-brackischer Sand), Formsand, Hangsedimente der Nachterstedter Oberflözgruppe, Böhlener Schichten untergeordnet Schmelzwasser- und Beckenablagerungen, Talsand, Geschiebe- und Lößlehm
Kipp-Kohlelehmsande	xlS-Kp	Sk < 10 sL-L X 2–30 C < 0,3	0,2–> 1	T Tq	Obere Briesker Schichten (marin-brackischer Sand mit zwischengeschalteten Kohleschluff- bzw. -tonlagen), Raunoer Schichten, Schmelzwasser- und Beckenablagerungen sowie Talsand
Kipp-Kohlelehme	xL-Kp	Sk < 10 sL-L X 2–30 C < 0,3	0,4–> 1	T Tq	Mittlerer Zeitzer Flußsandkomplex, Mittel zwischen Ober- und Mittelbank des Bitterfelder Flözes, Obere Briesker Schichten, Bornaer Schichten, Mittel im Hangenden von Flöz Bruckdorf untergeordnet Schmelzwasser- und Beckenablagerungen

Kipp-Kohleschluffe	xU-Kp	Sk < 10 lU-U X 2–30 C < 0,3	0,4–> 1	T	Obere Briesker Schichten, Mittlere Zeitzer Flußsande (Röblinger Oberflöz)
Kipp-Kohletone	xT-Kp	Sk < 10 sT-T X 2–30 C < 0,3	> 1	T	Bornaer Schichten, Obere Briesker Schichten, Raunoer Schichten
Kipp-Kohle	X-Kp	Sk < 10 - X > 30 C < 0,3	> 1	T	Bornaer Schichten, Böhlener Schichten, Briesker Schichten, Raunoer Schichten (Kohle)
Kipp-Humussande	hS-Kp	Sk < 10 Sl-S H 0,2–1,5 C < 0,3	0,2–1	Q	Talsand untergeordnet Talschluff (Interstadialhorizont)
Kipp-Humuslehmsande	hlS-Kp	Sk < 10 Sl-lS H 0,2–> 1,5	0,2–1	Q	Talsand mit Talschluff (Interstadialhorizont)
Kipp-Humuslehme	hL-Kp	Sk < 10 sL-L H 0,2–1,5 C < 0,3	0,2–1	Q	Talschluff mit Talsand (Interstadialhorizont)
Kipp-Humusschluffe	hU-Kp	Sk < 10 lU-U H 0,2–> 1,5 C < 0,3	0,2–> 1	Q	Talschluff (Interstadialhorizont)
Kipp-Kalksande	cS-Kp	Sk < 10 Sl-S X < 0,5–2 C 0,3–2	< 0,2–1	Q	Schmelzwasser- und Beckenablagerungen, Geschiebemergel, Talsand

Hauptbodenform	Symbol	Differenzierende Merkmale	Zusatzmerkmale	Alter	Geologisches Ausgangsmaterial
		Skelett in Vol. %; Sand, Lehm, Schluff, Ton, Kohle, Humus in % C_t; $CaCO_3$ in %	Gesamtschwefel in % SO_3	Quartär Tertiär	
Kipp-Kalklehmsande	clS-Kp	Sk < 10 lS X < 0,5 C 0,3–2	< 0,2	Q	Schmelzwasser- und Beckenablagerungen, Geschiebemergel
Kipp-Kalklehme	cL-Kp	Sk < 10 sL-L X < 0,5 C 2–> 5	< 0,4–> 1	Q	Geschiebemergel, Schmelzwasser- und Beckenablagerungen, Lößbildungen, untergeordnet Bornaer Schichten, Hangendpartien der Zeitzer Flußsande
Kipp-Kalkschluffe	cU-Kp	Sk < 10 Sl-S X < 0,2–5 C 2–> 5	< 0,4	Q	Auenlehm, Löß
Kipp-Kalkkohlesande	cxS-Kp	Sk < 10 Sl-S X 2–5 C 2–5	> 1	T	Glaukonitsande der Böhlener Schichten
Kipp-Kalkkohlelehme	cxL-Kp	Sk < 10 sL-L X 0,5–> 30	0,4–1	Tq	Rupelschichten, Mittel im Bereich des Röblinger Oberflözes, untergeordnet Geschiebemergel

Bilddaten verwendete man den Multispektralprojektor MSP-4C. Die Kartierungsauswertung wurde ergänzt durch Sichtung vorhandener panchromatischer, multispektraler und Infrarotaufnahmen.

In der Praxis der Kippenkartierung setzte sich ein dreigeteilter Arbeitsablauf (Kenntnisstandsanalyse, Feldeinsatz und Auswertung der Ergebnisse) durch. Die visuelle Luftbildinterpretation findet in allen Arbeitsphasen Berücksichtigung (Abb. 1).

Bei der Interpretation der Feld - und Analysenergebnisse werden die gewonnenen Erkenntnisse über die Kippbodensubstrate, die Deckgebirgsverhältnisse, die angewandten Abbau- und Verkippungstechnologien sowie die tagebauspezifischen bodengeologischen Erfahrungswerte berücksichtigt. Die gewonnenen Daten dienen dazu, Maßnahmen für eine zielgerichtete Wiedernutzbarmachung durch Bergbau, Land- und Forstwirtschaft festzulegen.

3 Auswertung der Kartierungsergebnisse

Die Grundlage für die Auswertung der Kartierungsergebnisse bilden die Kippbodenformen (Wünsche et al. 1972, 1981). Kippbodenformen mit ähnlichem Leistungsvermögen und Verhalten gegenüber verschiedenartigen Eingriffen wie Melioration, Bodenbearbeitung, Düngung, Pflanzenwahl u.a.m. können zu Bodenformengruppen vereinigt werden (Lorenz et al. 1970). Bisher wurden entsprechend den praktischen Erfordernissen Bodenformengruppen der Melioration (Wünsche et al. 1972) und der forstlichen (Lorenz u. Kopp 1968) bzw. landwirtschaftlichen Rekultivierung (Autorenkollektiv 1982b) gebildet.

In neuerer Zeit sind in die Auswertung der Kartierungsergebnisse auch raumstrukturelle Merkmale der Bodendecke einbezogen und auf der Grundlage von Bodenformgesellschaften Strukturtypen der Bodendecken bzw. naturräumliche Grundlageneinheiten der Landschaftsplanung ausgeschieden worden (Katzur et al. 1992).

3.1 Nutzungsorientierte Gruppierung der Bodenformen

Die Kipprohbodenformen können nach ihren fruchtbarkeitsbestimmenden Eigenschaften geordnet und sollten nach annähernd gleicher Meliorationsbedürftigkeit und Nutzungseignung zu Bodenformengruppen der Melioration (Meliorationsgruppen = MG) zusammengefaßt werden. Diese Bodenformengruppen erfordern in ihrer Behandlung ein einheitliches Vorgehen und für die Steuerung der Wachstumsfaktoren ein einheitliches Regulationssystem (Katzur 1971). In diesem bilden die fruchtbarkeitsbegrenzenden Bodeneigenschaften zugleich die Steuerungsgrundlage. Der Erfolgsgrad der Bodenmelioration ist insbesondere dadurch zu verbessern, daß Parameter für die Leistungsoptima der wichtigsten Kippbodenformen unter Berücksichtigung der späteren Nutzung vorgegeben werden (Katzur u. Zeitz 1985).

Im Rahmen der die Inkulturnahme der Kippflächen vorbereitenden Maßnahmen sind als meliorationsbedürftig all jene Kippböden anzusehen, deren Fruchtbarkeit durch die Verbesserung einer oder mehrerer Bodeneigenschaften so weit angehoben werden muß, daß nachfolgend die Rekultivierung gesichert ist. Daher ist in erster Linie von den Bodeneigenschaften auszugehen, die das Reaktionsverhalten der Kippböden, wie z. B. Säurezustandsform und Schwefelgehalt, beeinflussen. In einigen Fällen sind auch die Gefügeverhältnisse durch Bodenlockerung und/oder den Einsatz von Bodenverbesserungsmitteln (BVM) zu verändern.

Die Meliorationsbedürftigkeit der Kippböden wird vorrangig von deren Kalkbedarf beeinflußt, der bei den schwefelhaltigen Kippböden nach der Säure-Basen-Bilanz und den anderen Kippböden mit Schwefelgehalten < 0,2 % SO_3 (sandige Kippsubstrate) bzw. 0,4 % SO_3 (bindige Kippsubstrate) nach der Methode Hoffmann (Fiedler u. Reissig 1964) zu bestimmen ist. Dementsprechend sind grundsätzlich 5 Bodenformengruppen der Grundmelioration zu unterscheiden:

- MG 0 = Kippböden ohne oder sehr geringer Meliorationsbedürftigkeit (Krumenkalkung < 10 dt/ha CaO, 60 cm Einarbeitungstiefe);
- MG 1 = Kippböden geringer Meliorationsbedürftigkeit (Krumenkalkung 10–50 dt/ha CaO, 60 cm Einarbeitungstiefe);
- MG 2 = Kippböden mittlerer Meliorationsbedürftigkeit (Kalkbedarf 50–250 dt/ha CaO, 60 cm Einarbeitungstiefe);
- MG 3 = Kippböden hoher Meliorationsbedürftigkeit (Kalkbedarf 250–1 000 dt/ha CaO, 60 cm Einarbeitungstiefe);
- MG 4 = Kippböden sehr hoher Meliorationsbedürftigkeit (Kalkbedarf 1 000–3 000 dt/ha CaO, 60 cm Einarbeitungstiefe).

Durch das tiefe Einarbeiten der Kalkdüngemittel, wie Kalkmergel, bei den Kippböden der Meliorationsgruppen MG 1 und MG 2 sowie basenreicher Braunkohlenaschen bei den Kippböden der Meliorationsgruppen MG 3 und MG 4, werden Gefügemeliorationseffekte erzielt. Darüber hinausgehende Anforderungen an die Grundmelioration, wie z. B. der Einsatz von Bodenverbesserungsmitteln (vorwiegend Humusstoffe), sind zusätzlich auszuweisen (Zusatzmelioration).

Neben dem Kalkbedarf und den Gefügeverhältnissen sind für die Meliorationsbedürftigkeit auch die Nähr-

Abb. 1. Arbeitsalgorithmus der bodengeologischen Kippenkartierung

1. Kenntnisstandsanalyse

- Auswertung vorliegender bodengeologischer Untersuchungsergebnisse im Vorfeld- und Kippenbereich
- Entwurf Lageplan Kippfläche mit Erfassung topographischer Details und Verbreitung im Luftbild erkennbarer Kontrastunterschiede (Grau-/Farbton) als Grundlage für Kartierungsarbeiten im Gelände

2. Feldeinsatz

- Substratidentifizierung der Kontrastunterschiede durch Dokumentation von Peilstangenbohrungen, Schürfgruben, Probenahme
- Erfassung von Details (augenscheinliche Substratgrenzen, Feuchtbereiche, Sackungsbereiche, Steinbesatz, Vegetation, Oberflächengestaltung) zur Kennzeichnung der Standortverhältnisse

Fernerkundung

- visuelle Luftbildinterpretation

3. Auswertung

- Anfertigung Lageplan des Kippenabschnittes mit Verbreitung der zu unterscheidenden Kippbodenformen in Auswertung der Feldarbeiten und aktuellen Luftbildaufnahmen; Kennzeichnung kontaminierter Bereiche
- Kennzeichnung bodenphysikalischer und -chemischer Verhältnisse der Kippbodenformen in Auswertung aktueller Analysenergebnisse und Bestimmung ihres Kulturwertes; Vorschläge zur Nutzungsart und Angabe des Kalk- und Nährstoffbedarfes
- Kennzeichnung des Standortes und Vorschläge zur Rekultivierung

stoffversorgung und v. a. die künftige Nutzung der Kippböden maßgebend, zumal von der späteren Nutzungsart die Intensität der ersten Meliorationsmaßnahmen (Grundmelioration) und der Aufwand für die Meliorations-(Grund-)düngung abhängen. Die Kippbodenformen lassen sich nach dem geologischen Alter ihrer Ausgangssubstrate gruppieren. Bodenformen, die vollständig oder teilweise aus tertiären schwefelhaltigen Abraumsubstraten bestehen, können zur Bodenformengruppe „Schwefelhaltige Kippböden" vereinigt werden (Katzur 1971). Die spezifischen Merkmale dieser Bodenformengruppe sind höherer Schwefelgehalt (> 0,2 % SO_3 bei Sand bzw. > 0,4 % SO_3 bei Lehm, Schluff und Ton), meist feinverteilte Kohle (C_t > 0,5 %) und auf den bereits meliorierten Flächen niedrige Basensättigung im Unterboden. Diese Kippböden sind grundsätzlich durch ihren Chemismus, namentlich durch die Reaktions- und Humusverhältnisse sowie das Nährstoffspeicherungs- und -transformationsvermögen, von den Kippböden quartärer bodengeologischer Ausgangssubstrate unterschieden. Die schwefelhaltigen Kippböden sind in ihrem aktuellen Leistungsvermögen ähnlich, weisen dieselben fruchtbarkeitsbegrenzenden Bodeneigenschaften auf und können erst nach dauerhafter Verbesserung der Aziditätsverhältnisse in Kultur genommen werden. Sie bedürfen deshalb meist hoher Aufwendungen für die Grundmelioration und sind dementsprechend vorwiegend den Meliorationsgruppen MG 3 und MG 4 zuzuordnen.

Die Bodenformengruppe „Tertiäre (schwefelhaltige) Kippböden" enthält Bodenformen mit unterschiedlichem Ertragsvermögen und ist deshalb nach Abschluß der Grundmelioration nach neuen Gesichtspunkten zu gliedern.

Im Unterschied zu den extrem schwefelhaltigen Kippsubstraten erweisen sich die „Quartären Kippböden" als kulturfreundlich. Sie sind ohne größere Schwierigkeiten zumindestens für eine forstwirtschaftliche Nutzung geeignet. Die weitere Unterteilung der kulturfreundlichen Kippböden erfolgt nach ihren fruchtbarkeitsbestimmenden Eigenschaften bzw. der Körnungsart, um ihre Eignung für die Folgenutzung kenntlich zu machen. Bei der Gruppierung der Kippbodenformen für die Zwecke der landwirtschaftlichen bzw. forstwirtschaftlichen Rekultivierung muß vom Ertragsvermögen der Standorte ausgegangen werden, das seinerseits von der Gesamtwirkung der schwer beeinflußbaren Bodeneigenschaften (Körnungsart, Totalgehalte an Ca, P, K und organischer Substanz sowie Basensättigung) abhängt. Auf dieser Basis werden Bodenformen mit ähnlichem Ertragsvermögen und Bewirtschaftungs- (Rekultivierungs-)ansprüchen zu Bodenformengruppen der Rekultivierung vereinigt. Aufgrund der veränderten Beziehungen zwischen Pflanzenwachstum und Standort sind die Bodenformengruppen getrennt für die Land- und Forstwirtschaft auszuscheiden.

Die Bodenformengruppen der Forstwirtschaft werden wie bei der forstlichen Standorterkundung (Kopp 1966, 1982) nach den Nährkraftstufen (Trophiestufe) der Kippsubstrate ausgerichtet, in denen die Gesamtheit aller die jeweilige Nährkraft bedingenden Einzeleigenschaften zum Ausdruck kommt (Lorenz u. Kopp 1968). Die Grundwasser- und Staunässeeinflüsse bleiben wie die reliefbedingte Bodenfrische und -trockenheit zunächst unberücksichtigt.

Die Trophiestufen sind:

R = Reich nährstoffversorgte Kippböden
K = Kräftig nährstoffversorgte Kippböden
M = Mäßig nährstoffversorgte Kippböden
Z = Ziemlich nährstoffarme Kippböden
A = Nährstoffarme Kippböden

In welcher Weise die Kippbodenformen der Lausitz aus der Sicht der forstlichen Rekultivierung zu gruppieren sind, zeigt die Tabelle 2. Diesen Bodenformengruppen können die in der Tabelle 3 ausgeschiedenen Bestokkungszieltypen zugeordnet werden. Ihre Eignung für die jeweiligen Kippenstandorte wurde aus den Erfahrungen bei der Rekultivierung, teils durch waldbauliche und ertragskundliche Erhebungen gestützt, abgeleitet.

Die Gruppierung der Bodenformen für die landwirtschaftlichen Zwecke muß grundsätzlich nach anderen Prinzipien erfolgen. Die Bodenformengruppen der Landwirtschaft werden nach relativen Gütestufen unterteilt, die auf der Basis von Ertragsvergleichen in erster Linie nach Bodensubstratunterschieden beurteilt werden. Der Bodennährstoffgehalt tritt hierbei zurück, weil er bei der landwirtschaftlichen Nutzung leichter reguliert werden kann als bei der forstlichen. Demgegenüber gewinnen die Rekultivierungs- und Bewirtschaftungsansprüche sowie die bei der landwirtschaftlichen Rekultivierung erzielbaren mittleren Pflanzenerträge an Bedeutung. Daher erwies es sich als zweckmäßig, Bodenformen mit annähernd gleichen Rekultivierungsansprüchen und etwa gleicher Ertragsfähigkeit zu sog. Behandlungseinheiten zusammenzufassen (Autorenkollektiv 1982b). Die bisher ausgewiesenen Behandlungseinheiten unterscheiden sich untereinander nach ihrer Eignung für die landwirtschaftliche Bodennutzung, dem Rekultivierungsaufwand und den erzielbaren Pflanzenerträgen.

Die Entscheidung, ob ein Standort land- oder forstwirtschaftlich genutzt werden soll, hängt nicht allein von den standörtlichen Bedingungen ab, sondern in hohem Maße auch von der aktuellen Agrarpolitik und lokalen bzw. territorialen Gegebenheiten. Deshalb sind die Kippbodenformen nach ihrer Wertigkeit sowohl für die landwirtschaftliche als auch für die forstliche Nutzung zu beurteilen, abgesehen von denen, die aufgrund ihrer ungünstigen Eigenschaften ohnehin nur forstlich oder für Zwecke des Naturschutzes rekultiviert werden können. Die Tabelle 4 enthält die Kippbodenformengruppen und Lokalbodenformen der Lausitz mit ihrer Meliorationsbedürftigkeit und Nutzungseignung.

Tabelle 2. Standortgruppen der forstlichen Rekultivierung

Standortgruppe	Trophiestufe	Feuchtestufe	Kippbodenform
R1	R = reich	Frisch	
R2		Mäßig frisch	csL, cL
R3		Trocken	
K1	K = kräftig	Frisch	
K2		Mäßig frisch	kcsL, kcL, sL, hsL, clS
K3		Trocken	
M1	M = mäßig nährhaltig	Frisch	kL, S, T, x'lS, xlS ,xlS ,Gx'lS,
M2		Mäßig frisch	xL, GxL, xU, xU, xT, xT, X,
M3		Trocken	hS, hlS, cSl
Z1	Z = ziemlich arm	Frisch	klS, kx'Sl, kx'lS, Gkx'lS, GkxlS,
Z2		Mäßig frisch	kxL, kcSl, mSl, GlS, x'Sl,
Z3		Trocken	xS, xSl, xSl, Gx'Sl, GxSl, cS
A1	A = arm	Frisch	
A2		Mäßig frisch	sK, kS, kSl, Gkx'S, S, mgS,
A3		Trocken	fS, GS, x'S, Gx'S

Bodenformen, die vollständig oder teilweise aus tertiären schwefelhaltigen Abraumsubstraten gebildet wurden, können zu einer Bodenformengruppe vereinigt werden. Die spezifischen Merkmale dieser Gruppe sind ein höherer Schwefelgehalt (> 0,2 % SO_3 bei Sand bzw. > 0,4 % SO_3 bei Lehm, Schluff und Ton), feinverteilte Kohle und auf den bereits meliorierten Flächen eine niedrige Basensättigung im Untergrund. Für das Reaktionsverhalten dieser Kipprohböden ist der Schwefelgehalt von großer Bedeutung. Aus diesen Gründen wurde der Begriff „schwefelhaltig" verwendet.

In der Bodenformengruppe „Tertiäre (schwefelhaltige) Kippböden" sind Kipprohböden enthalten, die sich durch ihre chemischen Eigenschaften und Bodenvorgänge grundsätzlich von den anderen Bodenformen unterscheiden. In ihrem aktuellen Leistungsvermögen sind sie bis zu einem gewissen Grade ähnlich. Sie weisen denselben fruchtbarkeitsbegrenzenden Faktor, nämlich den ungünstigen Säurezustand, auf.

Kennzeichnend sind die extrem niedrigen pH-Werte, der hohe Kalkbedarf und die geringe Basensättigung.

Im Unterschied dazu können schwefelfreie bzw. schwefelarme Bodenformen zu Bodenformengruppen vereinigt werden, die ohne aufwendige meliorative Maßnahmen für eine land- oder forstwirtschaftliche Nutzung geeignet sind.

Auch die kulturfähigen Kippböden sind nach ihren fruchtbarkeitsbegrenzenden Bodeneigenschaften zu gruppieren, um kenntlich zu machen, welche bodenmeliorative Maßnahmen für die Verbesserung der Bodenfruchtbarkeit notwendig sind.

Die schwefelhaltigen Kippböden sind den Körnungsarten Sand, Lehm, Schluff und Ton zuzuordnen. Demzufolge variieren ihre bodenphysikalischen Eigenschaften, wie Wasserspeicherung, Durchlässigkeit, Durchlüftung und Wärmehaushalt sowie einige bodenchemische Eigenschaften, wie Gehalt an organischer Substanz und Sorptionskapazität, in weiten Grenzen. Ihr Leistungspotential kann erst nach Verbesserung der Aziditätsverhältnisse genutzt werden.

Die schwefelhaltigen Sandböden haben ein geringes Wasserspeicherungsvermögen und eine niedrige Sorptionskapazität. Sie eignen sich lediglich für eine forstliche Nutzung. Die tertiären Tone besitzen relativ hohe Gehalte an feinsten Korngrößen. Dadurch sind ihre bodenphysikalischen Eigenschaften ungünstig zu bewerten. Bei Nässe quellen diese Böden beträchtlich und sind dann ganz oder weitgehend wasser- und luftundurchlässig; sie neigen stark zur Verschmierung. In Trockenzeiten werden die Tonböden steinhart, und es bilden sich mehr oder minder große Schwundrisse aus. Die Dichte der Tonsubstrate ermöglicht nur eine träge Reaktion chemischer und biologischer Prozesse. Dadurch ist die Pflanzenverfügbarkeit der geringen Nährstoffvorräte stark eingeschränkt. Die relativ niedrige Kationenaustauschkapazität der kohlefreien schwefelhaltigen Tonböden deutet vorrangig auf kaolinitische Tonminerale hin. Die ungünstigen bodenphysikalischen Eigenschaften der Kipptone können durch organische Düngung und Kalkung kombiniert mit einer Krumen- und Tiefenlockerung gemindert werden. Der Bearbeitungszeitpunkt ist so zu wählen, daß eine starke Schollenbildung verhindert und Porenverschmierungen vermieden werden. In der Regel sind die Kipptone forstlich zu nutzen.

Tabelle 3. Bestockungszieltypen für die Standortgruppen auf den Kippen. (Mod. nach Lorenz u. Kopp 1968)

Standortgruppe	R1	R2	R3	K1	K2	K3	M1	M2		M3	Z1	Z2		Z3	A1	A2		A3
Mosaikvariante								II	III			II	III			II III	IV	
Bestockungszieltyp																		
Pappeltyp	x	x		x			x											
Pappeltyp mit Laubholzunterst.	o	o		o	//		o	x										
Pappel-Robinien-Typ	x	x		x	x		x	x										
Traubeneichen-Linden-Typ	●	●		●	●		o	//	//									
Roteichen-Linden-Typ				//	//	//	//	//	o									
Roteichen-Erlen-Typ						//					//	//	//				v	
Aspen-Typ							x	//	//		//		//		//		x	
Robinien-Typ							x			x		//	//	x	x	x	x	
Lärchen-Linden-Typ	//	//	o	//	o	//	//	//	//									
Kiefern-Linden-Typ	//	//	o	//	o		//											
Kiefern-Typ mit Lindenunterst.						●		o	//									
Kiefern-Typ mit Robinienunterst.						//		//	//	//	o	x	//		//		v	
Kiefern-Typ										●		●	o	●	o	●	●	●
Birken-Typ														//	//	//	//	

Mosaikvariante II: bis zu 1/3 der Fläche mit Standorten der Standortgruppen Z2 und A2,
Mosaikvariante III: über 2/3 der Fläche mit Standorten der Standortgruppen Z2 und A2,
Mosaikvariante IV: fast ausschließlich Standorte der Standortgruppe A2,
Anteil an der Fläche der Standortgruppe:

● über 50 %,
o bis 50 %,
// bis 25 %,
x bis 5 %,
v nur versuchsweise auf kleiner Fläche

Tabelle 4. Kippbodenformengruppen und Lokalbodenformen der Lausitz mit ihrer Meliorationsbedürftigkeit und Nutzungsneigung

Bodenformengruppe	Lokalbodenformen	Grundmelioration ohne Kalk	Grundmelioration Kalk	Grundmelioration Asche	Zusatzmelioration	Meliorationsgruppe	Nutzung LN	Nutzung FN	Behandlungseinheit	Trophiestufe
Tertiäre (schwefelhaltige) Kippböden										
Kipp-Kieskohlesande, schwach kohlehaltig	Gkx's			x		3		x		A
Kipp-Sande	S, fS, GS		x			2		x		Z
Kipp-Kohlesande, schwach kohlehaltig	x'S, Gx'S, x'Sl, Gx'Sl			x		3		x		A, Z
Kipp-Kohlesande, kohlehaltig bis stark kohlehaltig	xS, xSl, GxSl, xSl			x		3	x	x	6	Z
Kipp-Kieskohlelehmsande, schwach bis kohlehaltig	Gkx'lS, GkxlS			x		3		x		Z
Kipp-Lehmsande	GlS		x			2		x		Z
Kipp-Kohlelehmsande, schwach bis kohlehaltig	x'lS, Gx'lS, xlS, GxlS			x		3	x	x	6	M
Kipp-Kohlelehmsande, stark kohlehaltig	xlS			x		4	x	x	6	M
Kipp-Kohlelehme, kohlehaltig	xL, GxL			x	x	3	x	x	4	M
Kipp-Kohlelehme, stark kohlehaltig	xL			x		4	x	x	4	M
Kipp-Kohleschluffe, kohlehaltig bis stark kohlehaltig	xU, xU			x		4	x	x	4	M

Bodenformengruppe	Lokalbodenformen	Grundmelioration ohne Kalk	Kalk	Asche	Zusatzmelioration	Meliorationsgruppe	Nutzung LN	FN	Behandlungseinheit	Trophiestufe
Kipp-Tone	T			x	x	2		x		M
Kipp-Kohletone, kohlehaltig bis stark kohlehaltig	xT, xT			x	x	3		x		M
Kipp-Kohle	X			x	x	4		x		M
Quartäre Kippböden										
Kipp-Kiese	sK		x			1		x		A
Kipp-Kiessande	kS, kSl		x			1		x		A
Kipp-Sande	mgS, mSl		x			1		x		A, Z
Kipp-Kieslehmsande	klS		x			2		x		Z
Kipp-Lehmsande	lS		x			2	x	x	5	M
Kipp-Humussande	hS		x			2		x		M
Kipp-Humuslehmsande	hlS		x			2	x	x	5	M
Kipp-Kieslehme	kL		x			2		x		M
Kipp-Lehme	sL		x		x	2	x	x	3	K
Kipp-Humuslehme	hsL		x		x	2	x	x	3	K
Kipp-Humusschluffe	hU		x		x	2	x	x	3	K
Kipp-Kieskalksande	kcSl		x			1		x		Z
Kipp-Kalksande	cS, cSl	x				0		x		A, Z
Kipp-Kalklehmsande	clS	x				0	x	x	3	K
Kipp-Kieskalklehme	kcsL, kcL	x				0		x		K
Kipp-Kalklehme	csL, cL	x			x	0	x	x	2	R

Schwefelhaltige Lehm-, Schluff- und Kohleböden sind bodenphysikalisch günstiger zu bewerten. Jedoch sind Kalk- und Nährstoffdüngungen erforderlich, wenn land- oder forstwirtschaftlich nutzbare Kippenstandorte mittlerer Ertragsleistung hergestellt werden sollen.

Die quartären Kippsande enthalten unterschiedliche Gehalte an abschlämmbaren Bestandteilen. Typisch ist ihr geringer Kohle-, Kalk- und Schwefelgehalt sowie die mäßig saure Bodenreaktion und die mittlere Basensättigung. Die Nährstoffversorgung ist meist unbefriedigend. Das Sorptionsvermögen und die Wasserkapazität der gut durchlüfteten Kippsande sind gering und korrelieren mit den Ton-, Schluff- und Humusgehalten. Der lehmige Kippsand zeichnet sich unter den Kippsanden durch die günstigsten Bodeneigenschaften aus. Er kann der Landwirtschaft zur Nutzung empfohlen werden. Die Kippsande mit geringem Sorptionsvermögen eignen sich nur für eine forstliche Nutzung.

Quartäre Lehme und Schluffe sind ähnlich zu bewerten. Die Wasser- und Luftkapazität sind in der Regel günstig. Jedoch kommt es bei höherem Schluff- und Tongehalt zur Dichtlagerung, Bodensetzung und Verschlechterung des Wasser- und Lufthaushaltes. Langanhaltende Naßphasen führen zu Staunässebildungen. In Trockenperioden verkrustet die Bodenoberfläche, und es bilden sich Schwundrisse aus. Diese Erscheinungen sind auf den geringen Anteil der Grobporen am Porenvolumen zurückzuführen. Deshalb sind Maßnahmen zur Bodengefügeverbesserung erforderlich. Auf Kippflächen mit nester-, schichten- und stufenweisen Beimengungen sandiger Abraumsubstrate kann im Zuge der Bodenbearbeitung eine Verbesserung des bodenphysikalischen Zustandes erreicht werden.

Der Verdichtung der Kipplehme ist durch geeignete Kulturmaßnahmen (Humuszufuhr, Anbau mehrjähriger tiefwurzelnder Kulturen und mehr oder weniger tiefe Bodenlockerung) entgegenzuwirken. Eine nicht fachgerechte Bodenbehandlung führt rasch zur Gefügeverschlechterung und damit zur verringerten Wasserdurchlässigkeit sowie zu einer unzureichenden Bodendurchlüftung. Die Lehm- und Schluffböden sind bei einem mittlerem Feuchtegehalt zu bearbeiten, damit Verschmierungen, Schollen- und Klumpenbildungen vermieden werden können. Die quartären Lehme und Schluffe sind bevorzugt für eine landwirtschaftliche Dauernutzung vorzusehen.

Die Schlufflehme sind infolge des höheren Tongehaltes günstiger im Gefüge zu beurteilen als die Schluffe. Sie sind aber labiler als die Lehme und neigen stark zur Verschlämmung und Verdichtung. Durch agrotechnische Maßnahmen zu optimalen Witterungsbedingungen können die Gefügeverhältnisse relativ schnell wieder verbessert werden.

3.2 Standortanalyse auf Kippflächen

3.2.1 Naturräumliche Grundlageneinheiten der Standortanalyse

Die Klassifikation der Kippböden bildet die Grundlage für die Ausgliederung von Kartierungseinheiten. Die Kartierungseinheit ist bei streng topischer Arbeitsweise eine quasi homogene Raumeinheit (Pedotop bzw. Polypedon). Bei einem schon kleinflächigen Wechsel der Pedotope werden auch Kartierungseinheiten ausgeschieden, die aus zwei oder mehreren Lokalbodenformen bestehen. Diese heterogenen Kartierungseinheiten werden als Wechselstandorte gekennzeichnet (Wünsche et al. 1981). Ihre Flächengrößen betragen mindestens 0,5 ha. Hiervon abweichend sind auch kleinere Kartierungseinheiten auszugrenzen und lagemäßig in die Bodenformenkarte einzuzeichnen, wenn sie in ihrer ökologischen Wertigkeit einen starken Kontrast zu den benachbarten Bodenarealen aufweisen.

Die Flächengröße dieser für die Belange des Nachnutzers interessanten Kartierungseinheiten sollte mindestens 0,1 ha betragen.

Für die Bewirtschaftung größerer Flächeneinheiten (Schläge der Landwirtschaft bzw. Jagen/Abteilung der Forstwirtschaft) sowie für die funktionale Einordnung der Kippflächen in die Kulturlandschaft verliert die einzelne Bodenform an Bedeutung. Es interessiert nun v. a. die Struktur der Bodendecke, d. h. in welcher Vergesellschaftung und räumlichen Verknüpfung die Pedotope in den jeweiligen Bodenarealen (Pedochoren) vorkommen. Die Typisierung der Kippenstandorte erfolgt zweckmässigerweise in der chorischen geographischen Dimension und wird nach den räumlich-strukturellen Eigenschaften der Pedochoren vorgenommen (Katzur u. Hanschke 1993). Die Versuche zur land- und forstwirtschaftlichen Rekultivierung haben gezeigt, daß die tertiären schwefel- und kohlehaltigen Kippsubstrate sich grundlegend von den quartären Kippsubstraten unterscheiden und durch ein anderes Verfahren der Wiedernutzbarmachung in Kultur zu nehmen sind. Deshalb läßt die auf dem Niveau des geologischen Alters der Kippsubstrate vorgenommene Typisierung der Kippenstandorte die sehr unterschiedlichen Naturbedingungen erkennen, die auf den tertiären und quartären Kippsubstraten angetroffen werden. Um die Ausprägung der typischen Standortbedingungen, wie sie inhaltlich mit den Substratverhältnissen der Bodendecke definiert sind, hervorzuheben, wurden die Standortleistungstypen „Tertiärkippe" (Bodendecke aus tertiären Abraumsubstraten), „Quartärkippe" (Bodendecke aus quartären Abraumsubstraten) und „Tertiär-Quartär-Mischkippe" (Bodendecke aus tertiären und quartären Abraumsubstraten) ausgeschieden (Katzur 1988).

Der Standortleistungstyp ist das abstrahierte Modell einer bestimmten Landschafteinheit, die in ihrem Aufbau durch die spezifische Konstellation der Geofaktoren und in ihrem Energie- und Stoffhaushalt durch die Häufigkeitsverteilung jenes Versorgungsangebotes gekennzeichnet ist, das für das Pflanzenwachstum wesentlich ist und die Anwendung gleichartiger Verfahren der Melioration sowie Bewirtschaftung erfordert.

Die Standortleistungstypen sind heterogene Raumgliederungseinheiten, die aus ökologisch unterschiedlichen Pedotopen mit gesetzmäßiger Anordnung bestehen. Innerhalb der Standortleistungstypen können in Abhängigkeit von den Gegebenheiten verschiedene Standortmängel mit wechselnden Ausprägungsgraden und unterschiedlichen Ursachen auftreten, so daß ggf. mehrere Behandlungs- und Bemessungsareale ausgrenzbar sind. Die Behandlungs- und Bemessungsareale bilden die Grundlage für die weitere Unterteilung der Standortleistungstypen in Subtypen, die den Standorttypen der Standortgruppe „Kippenstandorte" entsprechen. Die Zuordnung zu den Standorttypen wird ausschließlich nach den Flächenanteilen grundmeliorationsbedürftiger Kippböden an der Pedochore vorgenommen. Bisher wurden folgende Standorttypen ausgewiesen (Katzur u. Hanschke 1993):

- Q – quartäre Kippsubstrate,
- Qt' – quartäre Kippsubstrate mit einem geringem Flächenanteil < 15 % tertiärer Herkunft,
- Qt – quartäre Kippsubstrate mit einem Flächenanteil von 15–40 % tertiärer Herkunft,
- QT/TQ – quartäre und tertiäre Kippsubstrate mit einem Flächenanteil von jeweils 40–60 %,
- Tq – tertiäre Kippsubstrate mit einem Flächenanteil von 15–40 % quartärer Herkunft,
- Tq' – tertiäre Kippsubstrate mit geringem Flächenanteil < 15 % quartärer Herkunft,
- To – tertiäre Kippsubstrate.

Die Standorttypen werden nach den dominierenden Substrattypen oder den charakteristischen Substrattypkombinationen in Standortregionaltypen, das sind die Strukturtypen der Bodendecken, unterteilt. Diese vorwiegend nach der Inhaltsstruktur vorgenommene und auf die praktischen Belange der Bewirtschaftung ausgerichtete Gruppierung der Kippenstandorte ist noch durch die Gliederung nach der Arealstruktur zu ergänzen.

Die wichtigsten Kriterien für die Gliederung der heterogenen Raumeinheiten sind Substratverhältnisse und Heterogenität der Bodendecke. Die Merkmalsgruppen Wasserverhältnisse und Oberflächenformen einschließlich Hangneigung bleiben zunächst unberücksichtigt.

Hiernach sind die Kipp-Pedotopgefüge (Pedochoren = Polypeda) einfache chorische Einheiten. Die Abgrenzungsmerkmale zwischen den Pedochoren sind Änderung der Leitbodenformen (Lt.-Bof.) oder deren Flächenanteile, Auftreten spezieller Begleitbodenformen (Begl.-Bof. < 15 % Flächenanteil) und die räumliche Anordnung der Bodenareale. Je größer die Unterschiede in den Eigenschaften (ökologische Wertigkeit) der vergesellschafteten Bodenformen sind, um so schwieriger ist die Bewirtschaftung. Im weiteren interessieren Anzahl, Flächengröße und Verteilungsmuster der Bodenareale gleichen oder verschiedenen Inhaltes. Aus diesen Untersuchungen lassen sich zahlreiche neue Erkenntnisse über den Aufbau der Bodendecke und die zweckmäßigsten Prinzipien ihrer Gliederung ableiten.

Zur Kennzeichnung der räumlichen und inhaltlichen Heterogenität der Kipp-Pedochoren innerhalb einer bestimmten Ordnungsstufe (z. B. Bewirtschaftungseinheiten der Landwirtschaft) wurden Heterogenitätsindizes entwickelt. Den methodischen Ansatz hierfür lieferten die Arbeiten von Haase u. Schmidt (1970), Schmidt u. Diemann (1974, 1981) und Schmidt (1978) zur Heterogenität der Bodendecken und Kartierung landwirtschaftlicher Nutzflächen. Die Heterogenitätsindizes sind sehr gut geeignet, die Struktur der Bodendecke zu kennzeichnen, die Eignung der Kippenstandorte für die Folgenutzung einzuschätzen und Hinweise auf notwendige Grundmeliorationen bzw. Ausgleichsmeliorationen zu geben. Auf der Grundlage der Heterogenitätsindizes lassen sich Kippflächen vergleichbarer Struktur zu Strukturtypen der Bodendecke vereinigen. Die Typisierung erfolgt nach den Flächenanteilen der tertiären und quartären Kippsubstrate, den dominierenden Bodenarten (Substratflächentyp) und den Leit- und Begleitbodenformen. Weitere Definitionsmerkmale sind der Flächenanteil (H-Stufe) der Leitbodenform(en) und die sog. Flächenkontraststufe (FK) als ein Maß für die ökologische Unterschiedlichkeit aller in der Pedochore (Polypeda) vertretenen Bodenformen und das Verteilungsmuster der Pedotopareale. Die Strukturtypen entsprechen den Standortregionaltypen der mittelmaßstäbigen landwirtschaftlichen Standortkartierung. Sie können aber ebenso den Standortgruppen der Forstwirtschaft zugeordnet werden.

Die Bezeichnung der Standorteinheiten des ersten Gliederungsniveaus richtet sich nach den dominierenden Kippsubstrattypen. Die fehlenden Lagebeziehungen der Kippbodenformen zum Relief und zu den hydrologischen Verhältnissen sind der Grund dafür, daß die Pedochoren auf einem vergleichweise niedrigen Niveau der Aggregierung der Naturraumeinheiten ausgegliedert werden. Somit ist die Heterogenität der Bodendecke zunächst das wichtigste Gliederungsmerkmal der Strukturtypen.

Die Tabelle 5 enthält eine Auswahl der Strukturtypen der Böden auf Kippen des Standortregionaltyps To und Tq'.

Die Standortregionaltypen sind nach Abschluß der Rekultivierung auf ihre Zweckmäßigkeit zu überprüfen

Tabelle 5. Strukturtypen der Bodendecken auf Kippstandorten

			SFT	Leitbodenform	Begleitbodenform	Flächenanteil der Leitbodenform	Flächenkontraststufe	Verteilungsmuster
	To 10	Durchgehend Kohlesand oder Gemengekohlesand (80 %)	S	x'S, Gx'S	x'Sl, xSl	1	2	m...g
Tq'10		Durchgehend Kohlesand oder Gemengekohlesand (> 80 %) mit Kippsand (< 10 %)	S	Gx'S	mgS, x'Sl	2	3	m
	To 20	Durchgehend Kohleanlehmsand(> 80 %)	Sl	x'Sl, xSl	Gx'S	3	2	m
Tq' 20		Durchgehend Kohleanlehmsand und/oder Gemengekohleanlehmsand (> 80 %) mit quartärem Kippsubstrat (< 10 %)	Sl	x'Sl, xSl, xSl Gx'Sl	mgS, mSl, csL, x'lS, Gx'S GxlS	2–4	3	m...k
	To 30	Durchgehend Kohlelehmsand (> 80 %)	lS	xlS, xlS	keine	1	1	g...sg
	To 40	Durchgehend Gemengekohlelehmsand (> 80 %)	lS	Gx'lS	Gx'Sl, GxlS Gx'S, Gkx'S	1	2–4	m
Tq' 40		Durchgehend Gemengekohlelehmsand (> 80 %) mit quartärem Kippsubstrat (< 10 %)	lS	Gx'lS	mSl, mgS GxlS, Gx'S, xT, xlS, Gkx'S Gkx'lS	1–2	2–4	m...k
Tq' 50		Durchgehend Gemengekieskohlelehmsand (> 80 %) mit quartärem Kippsubstrat (<10%)	klS	Gkx'lS	kSl, Gx'S	1	2	m

und ggf. neu zuzuordnen. Zu diesem Zeitpunkt kann eingeschätzt werden, ob die Entwicklung der Lokalbodenformen unter den modifizierten Einflüssen von Bodennutzung, Klima und Hydrologie gleichgerichtet oder differenziert erfolgt und welche der ohne Kenntnis ihrer Disposition für Veränderungen ausgewiesenen Lokalbodenformen zusammengefaßt bzw. beibehalten werden müssen. Erste orientierte Untersuchungen haben gezeigt, daß diesbezüglich ein Handlungsbedarf besteht.

3.2.2
Standortanalyse älterer Kippenflächen

Im Rahmen von Kartierungsarbeiten auf 10–40 Jahre alten Kippflächen konnte bereits eine Bodenentwicklung nachgewiesen werden (Haubold et al. 1993). Verwitterungs- und Stoffverlagerungsprozesse, Humusbildung und Bodenbearbeitung bildeten Ah-C-Horizonte aus. Die Entwicklung der Ah-Horizonte (mineralischer Oberboden mit akkumuliertem Humus) wurde bei den schwefelhaltigen Kippböden durch Kalk- bzw. Aschegaben und deren Einpflügen derart beeinflußt, daß sich wesentlich günstigere Reaktions- und Sorptionsverhältnisse herausbildeten. Der Ah-Horizont ist stets intensiv durchwurzelt.

Unter etwa 30jährigen Baumbeständen haben sich gut entwickelte Streu-, Moder- und Humusstoffschichten (Aoo-Horizont) herausgebildet. Die Mächtigkeiten der Humusstoffschichten schwanken zwischen 2–5 mm. Die Ah-Horizonte können unter Pappel-Winterlinden-Beständen bis zu 30 cm mächtig sein. In diesem Horizont ist der Humusgehalt makroskopisch ebenso deutlich erkennbar wie feinverteilte Kohlepartikel bzw. Kohle- und Kohleschluffbröckchen.

Die mit der Melioration eingebrachten kalkhaltigen Braunkohlenaschen erhöhten die Flockungseigenschaften vieler mineralischer und organischer Kolloide und setzen gleichzeitig die Quellbarkeit der Kittsubstanzen herab. Für die ursprünglich humusfreien Kippsande ist das Einzelkorngefüge typisch. Im Laufe der Zeit werden die Mineralkörner des Ah-Horizontes von Kittsubstanzen geschlossen umhüllt. Dadurch weisen die entwickelten, meist locker gelagerten Kippsandböden mäßig feste bis feste Lagerungsverhältnisse auf. Im Ah-Horizont wird unter mullartigem Moder bzw. Moder ein feinkrümelartiges Aufbaugefüge beobachtet. Die Gefügeelemente liegen meist unverbunden nebeneinander bzw. sind ganz lose verkittet. Die Entwicklung des Bodengefüges hängt wesentlich von den physikalischen, chemischen und biologischen Eigenschaften der Kippsubstrate ab. Davon sind die Stoffakkumulations-, Stoffwandlungs- und Stoffverlagerungsprozesse beeinflußt.

In den C-Horizonten (mineralische Untergrundhorizonte, mehr oder weniger schwach verwittert) zeigen sich Anfangsstadien der Bodenbildung in Form ockergelber bis gelbbrauner Krusten um Ton-, Kohle- und Kohleschluffbrocken sowie sandiger konkretionsartiger Verfestigungen. Auf Riß- und Kluftflächen der Ton-, Schluff- und Kohlebrocken sind teilweise Oxydationsbeläge gleicher Farbe erkennbar. In den C-Horizonten ist generell eine erhöhte Brockigkeit bindiger Kippsubstrate festzustellen. Die Durchwurzelung nahm in den C-Horizonten deutlich ab. Feinwurzeln drangen z. T. bis in die Feinklüfte der Ton-, Schluff- und Kohlebrocken vor. Die Horizontfolge der entwickelten Kippböden sind nach der Bodenkundlichen Kartieranleitung (1982a) wie folgt anzusprechen:

- Kipp-Lockersyrosem (Ai-C-Profil)
- Kipp-Regosol (Ah-C-Profil)
- Kipp-Rendzina (Ah-C-Profil)

Auf einigen Kippflächen sind in Abhängigkeit vom Relief und der Grundwasserdynamik Entwicklungstendenzen zu Kipp-Staugleyen und Kipp-Gleyen zu erkennen.

4
Zusammenfassung

Die Bergbaugebiete werden durch eine Vielzahl von Makro- und Mikrostandorten charakterisiert. Standortkundliche Erhebungen im Vorfeld des Braunkohlentagebaues und auf Kippen und Halden sind wesentliche Voraussetzungen für die geomorphologische und landschaftsökologische Gestaltung der Kippenoberflächen.

Der Kulturwert der Deckgebirgsschichten, die Abraumtechnologien und die Nutzungsziele beeinflussen die Ausformung und den Substrataufbau der Kippenoberfläche.

Die Kartierung der Kipprohböden ist eine Bestandsaufnahme, Bewertung und eine Überprüfung der im Vorfeldgutachten ausgewiesenen Forderungen zur Wiedernutzbarmachung der Bergbaufolgeflächen.

In Auswertung der Ergebnisse ist eine Vergleichbarkeit zu den natürlichen Standorten möglich.

Die ausgeschiedenen Kipprohbodenformen sind die Grundlage nutzungsorientierter Bodenformengruppen. In neuerer Zeit erfolgt auf der Grundlage von Bodenformengesellschaften die Ausscheidung von Strukturtypen der Bodendecke zur exakten Kennzeichnung und Vergleichbarkeit der in den letzten Jahrzehnten zugenommenen heterogenen Substratzusammensetzung der Kippen.

Von besonderer Bedeutung ist die Beurteilung der Disposition der Böden für Veränderungen durch Nutzungen und anthropogen bedingte Belastungen.

Aktuelle physikalische, chemische und biologische Eigenschaften werden erfaßt und fortgeschrieben.

Diese Kriterien sind Voraussetzung, den Nutzungszustand des Bodens zu bestimmen und die Prognose der Bodenentwicklung für eine ökologisch intakte Bergbaufolgelandschaft abzuleiten.

LITERATUR

Autorenkollektiv (1982a) Bodenkundliche Kartieranleitung. AG Bodenkunde, 3. Aufl. Hannover. In Kommission: Schweizbart'-sche Verlagsbuchhandlung, Stuttgart

Autorenkollektiv (1982b) Rekultivierung von Kippen des Braunkohlenbergbaues. agra-Empfehlungen, Markleeberg

Fiedler H J, Reissig H (1964) Lehrbuch der Bodenkunde. VEB Fischer, Jena

Fiedler H J et al. (1990) Bodennutzung und Bodenschutz. VEB Fischer, Jena

Haase G, Schmidt R (1970) Die Struktur der Bodendecke und ihre Kennzeichnung. Albrecht-Thaer-Archiv 14: 399 ff.

Haubold W, Kästner S, Markmann N, Rascher J (1993) Boden- und ertragskundliche Bewertung aschemelorierter Kippen im Lausitzer Braunkohlenrevier. Glückauf Forschungshefte 54/1: 35–39, Essen

Katzur J (1971) Die Bodenmelioration extrem saurer Kipprohböden. Diss. (B). Berlin

Katzur J, Zeitz J (1985) Bodenfruchtbarkeitskennziffern zur Beurteilung der Qualität der Wiederurbarmachung schwefelhaltiger Kippböden. Archiv Acker Pflanzenbau Bodenkunde 29/4: 195–203, Berlin

Katzur J (1988) Bodenkundliche Zielgrößen der landwirtschaftlichen Rekultivierung schwefelhaltiger Kippböden. Schutz und Nutzung des Bodens. Kolloquium des Institutes für Pflanzenernährung, Akademie Landwirtschaftswissenschaften DDR, Jena 3: 147–158

Katzur J, Haubold W, Oehme W, Hanschke L (1992) Heterogenitätskennzeichnung, Strukturtypen der Bodendecken und Standortleistungstypen auf den Kippen und Halden des Braunkohlenbergbaues (Unveröff Manuskript, Finsterwalde)

Katzur J, Hanschke L (1993) Stofffrachten der Sickerwässer und Entwicklung des Entsorgungspotentials landwirtschaftlich genutzter Kippböden. BMFT-Förderprojekt 0339392 A (Jahresbericht). Forschungsinstitut für Bergbaufolgelandschaften e. V. Finsterwalde

Knabe W (1959) Zur Wiederurbarmachung im Braunkohlenbergbau. VEB Deutscher Verlag der Wissenschaften, Berlin

Kopp D, Schwanecke W et al. (1969, 1973) Die Waldstandorte des Tieflandes – Ergebnisse der forstlichen Standorterkundung in der DDR. Bd 1, Potsdam

Kopp D (1966, 1982) Die forstliche Standortserkundung als Beitrag zu einer standörtlich-kartographischen Inventur der Kulturlandschaft. Archiv Naturschutz und Landschaftsforschung, Halle 5: 3–25

Lieberoth I, Ehwald E, Kopp D, Schwanecke W (1967) Kennzeichnung und Beschreibung landwirtschaftlich genutzter Standorte in der DDR. DAL Berlin, Institut f. Bodenkunde, Eberswalde

Lieberoth I, Kopp D, Schwanecke W (1991) Zur Klassifikation der Mineralböden bei der land- und forstwirtschaftlichen Standortskartierung. Petermanns Geogr Mitt Gotha 135/3: 153–163

Lorenz W-D, Kopp D (1968) Zur Bildung von Standortgruppen und zur Baumartenwahl auf Kippstandorten in der Niederlausitz. Veröff. am Institut f. Landschaftspflege der Humboldt-Univ., Berlin

Lorenz W-D, Wünsche M (1969) Zum Kulturwert der Deckgebirgsschichten im Bereich der Braunkohlentagebaue der DDR. Z Bergbautechnik 19/9: 471–475

Lorenz W-D, Wünsche M, Kopp D (1970) Die Methoden der Klassifizierung von Standorten auf Kippen und Halden des Braunkohlenbergbaues. Archiv Forstwesen 12: 1295–1309, Berlin

Oehme W-D, Haubold W (1975) Kennzeichnung der bodenphysikalischen, bodenchemischen und mineralogischen Eigenschaften der Abraumsubstrate im Niederlausitzer Braunkohlenrevier und Beurteilung ihres Kulturwertes für die Wiederurbarmachung. Forschungsbericht, VEB Geologische Forschung und Erkundung Halle, BT Freiberg

Neumann E E (1967) Die Rohbodenformen auf Kipplockergesteinen im Lausitzer Braunkohlenrevier. III. Intern. Symposium f. Rek. Prag

Schmidt R, Diemann R (1974, 1981) Erläuterungen zur mittelmaßstäbigen landwirtschaftlichen Standortkartierung. Akademie der Landwirtschaftswissenschaften der DDR, Forschungszentrum für Bodenfruchtbarkeit Müncheberg, Bereich Bodenkunde/Fernerkundung Eberswalde

Schmidt R (1978) Prinzipien der Standortgliederung der mittelmaßstäbigen landwirtschaftlichen Standortkartierung der DDR. Albrecht-Thaer-Archiv 22: 459 ff.

Villwock G (1983) Untersuchungen zur Kennzeichnung der standörtlichen Heterogenität landwirtschaftlicher Nutzflächen mit Methoden der Geofernerkundung. Diss. Fakultät f. Naturwiss., Martin-Luther-Universität, Halle-Wittenberg

Wünsche M, Lorenz W-D, Schubert A (1970) Die Bodenformen der Kippen und Halden im Braunkohlenrevier südlich von Leipzig. Z Landeskultur 11: 317–338

Wünsche M, Lorenz W-D, Oehme W-D, Haubold W et al. (1972) Die Bodenformen der Kippen und Halden im Niederlausitzer Braunkohlenrevier. Veröff. d. RLN Cottbus, Sonderh 3–45

Wünsche M, Oehme W-D, Haubold W, Knauf C et al. (1981) Die Klassifikation der Böden auf Kippen und Halden in den Braunkohlenrevieren der DDR. Neue Bergbautechn 11/1: 42–48

Wünsche M, Richter H, Oehme W-D (1983) Bodengeologische Arbeiten bei der Erkundung von Braunkohlenlagerstätten und ihre Bedeutung für die Wiederurbarmachung. Neue Bergbautechnik 13/10: 548–550

Wünsche M, Haubold W, Oehme W-D (1989) Bodengeologische Untersuchungen im Rahmen der Lagerstättenerkundung und Gestaltung von Bergbaufolgelandschaften im Niederlausitzer Braunkohlenrevier. Geoprofil Freiberg 1: 45–49

Melioration schwefelhaltiger Kippböden

Joachim Katzur

1 Grundmelioration schwefelhaltiger Kippböden

Als ein schwerwiegendes Hindernis für die rasche und vollständige Wiedernutzbarmachung des vom Braunkohlenbergbau beanspruchten Geländes erweisen sich jene Kippböden, die ausschließlich oder teilweise aus dem Material tertiärer schwefelhaltiger Deckgebirgsschichten entstanden sind und zu der Bodenformengruppe „Schwefelhaltige Kippböden" vereinigt werden können (Katzur 1971). Diese Bodenformengruppe enthält Kippböden unterschiedlicher Textur und Zusammensetzung (vgl. Beitrag 45, Haubold et al.), so daß der Wasser-, Luft- und Wärmehaushalt sowie die Gehalte an Nährstoffen und feinverteilter Kohle in weitem Bereich variieren. Sehr ähnlich sind jedoch ihre fruchtbarkeitsbegrenzenden Bodeneigenschaften. Im allgemeinen herrschen Bodenformen mit extrem niedrigen pH-Werten, akutem Mangel an pflanzenverfügbarem P, K und Mg (< 1 mg/100 g Boden), geringer biologischer Aktivität und sehr weitem C/N-Verhältnis (40–170) vor. Bei höheren Gehalten an Kohle und/oder abschlämmbaren Bestandteilen sind infolge Dichtlagerung zu geringe Grobporenanteile am Gesamtporenvolumen zu beobachten (Thomas 1969). Die schwefelhaltigen Kippböden bleiben mehrere Jahrzehnte lang vegetationslos (Abb. 1), wenn der Mensch nicht regulierend eingreift.

Die Wiedernutzbarmachung schwefelhaltiger Kippböden erfolgt entweder durch das Auftragen einer kulturfähigen Bodenschicht von mindestens 100 cm Mächtigkeit (Illner u. Sauer 1974) oder durch Grundmelioration (Katzur 1977a). Die Grundmelioration hat das Ziel, die Aciditätsverhältnisse der schwefelhaltigen Kippböden dauerhaft zu verbessern und die Nährstoffverhältnisse so zu beeinflussen, daß anschließend die Rekultivierung mit Erfolg durchgeführt werden kann. Die Rekultivierung dient der weiteren Verbesserung des Bodenzustandes und der Bodenfruchtbarkeitssteigerung. Die Grundmelioration hatte in der DDR eine große volkswirtschaftliche Bedeutung, denn der Anteil schwefelhaltiger Kippböden an der Rückgabefläche betrug im Lausitzer Braunkohlenrevier rund 60 %.

Abb. 1. Kulturfeindliche AFB-Kippe des Tagebaues Kleinleipisch. (Photo: Katzur 1964)

Die gezielte Durchführung der Grundmelioration setzt die exakte Erkundung des Standortes und die Kennzeichnung seiner fruchtbarkeitsbegrenzenden Bodeneigenschaften voraus. Letztere kennzeichnen das Meliorationserfordernis, das in Abhängigkeit von den Bodenkennwerten sehr differenziert ausgeprägt ist. Dieser Sachverhalt wird durch die Stärke des Eingriffes zur Umgestaltung einzelner oder mehrerer Bodeneigenschaften dokumentiert, die sich leistungsbegrenzend auf den Standort auswirken. Das aktuelle Leistungsvermögen der schwefelhaltigen Kippböden ist in gewissen Grenzen ähnlich. Es wird v. a. durch die Aciditätsverhältnisse und nach der Verbesserung der Bodenreaktion durch die Humus- und Nährstoffverhältnisse begrenzt. Die Umgestaltung der leistungsbegrenzenden Bodeneigenschaften ist Zielfunktion sowohl der Grundmelioration als auch der Rekultivierung. Der Erfolgsgrad der boden- und agromeliorativen Maßnahmen wird insbesondere dadurch erhöht, daß Parameter für die Leistungsoptima der Kippböden unter Berücksichtigung der späteren Nutzung vorgegeben werden (Katzur u. Zeitz 1985; Katzur 1988). Hiernach bilden Grundmelioration und Rekultivierung eine Einheit und sind auf die Erfordernisse der späteren Nutzung durch Land- und Forstwirtschaft bzw. Naturschutz auszurichten.

1.1 Fruchtbarkeitsbegrenzende Eigenschaften der schwefelhaltigen Kippböden

Knabe (1959a) konnte in zahlreichen Untersuchungen nachweisen, daß die Gründe für die Kulturfeindlichkeit der tertiären Kippsubstrate einen Komplex von Faktoren betreffen, die sich in ihrer Wirkung auf das Pflanzenwachstum gegenseitig steigern oder bedingen. Innerhalb dieses Faktorenkomplexes nimmt die hohe Acidität einen hervorragenden Platz ein. Durch sie werden andere Merkmale des Kippbodens beeinflußt und entscheidend mitbestimmt. Die pH-(KCl)-Werte liegen vorwiegend in dem Bereich von 2,0–3,5. Dieser ungewöhnlich hohe Säuregrad wird durch die chemische Verwitterung der im Boden reichlich vorhandenen Eisensulfide (Pyrit, Markasit) verursacht. Hierbei entstehen Schwefelsäure und Eisen(III)-Sulfat (Gl. 1), das wiederum zu FeOOH und H_2SO_4 hydrolysieren kann (Gl. 2).

- $2FeS_2 + 7\,1/_2O_2 + H2O \text{ --> } Fe_2(SO_4)3 + H_2SO_4$ (Gl.1)
- $Fe_2(SO_4)3 + 4H_2O \text{ --> } 2FeOOH + 3H_2SO_4$ (Gl.2)

Wird die Schwefelsäure nicht neutralisiert, so sinkt der pH-Wert bis in den extrem sauren Bereich ab. Dieser Prozeß verläuft nach Zutritt von Luftsauerstoff bei den eisensulfidhaltigen Abraumsubstraten sehr rasch und wird durch die Schwefelbakterien (Thiobacillus ferrooxidans, Thiobac. thiooxidans) wesentlich beschleunigt (Tabelle 1). In Modellversuchen erwiesen sich Thiobacillus ferrooxidens gegenüber hohen pH-Werten als recht unempfindlich. *Thiobacillus ferrooxidens* greift Schwermetallsulfide primär an und nimmt dadurch eine Schlüsselstellung im Oxydationsprozeß ein (Schwartz 1964). Die Thiobakterien konnten bisher in allen untersuchten tertiären Kippsubstraten nachgewiesen werden.

Die stetige Säurenachlieferung und die geringe Pufferkapazität der Böden gegenüber Säuren verursachten Gehalte an freien Säuren von 1–40 und im Extremfall bis 150 mval/100 g Boden. Bei extrem saurer Bodenreaktion (pH < 3,0) werden das Eisen(III)-Oxihydrat aufgelöst und Al^{3}- und Fe^{3+}-Ionen freigesetzt (Blume 1990). Unter stark reduzierenden Bedingungen führt die Protonierung der Fe(III)-Oxide und -Hydroxide zu austauschbaren und löslichen Fe^{2+}-Ionen. Zugleich werden die möglicherweise an Eisenhydroxiden gebundenen Schwermetalle mobilisiert (Scheffer u. Schachtschabel 1989). Außerdem werden die Silikate zerstört und dadurch Metallkationen freigesetzt (pH < 5). Diese Prozesse spiegeln sich in den sehr hohen Fe-, Al-, Mn-, SO_4^{2-}- und Schwermetallgehalten der Sickerwässer wider, die in einem Lysimeterversuch aus frisch geschütteten, 300 cm hohen Bodenkörpern gewonnen wurden (Tabelle 2).

Die Kationenaustauschkapazität (KAK_{pot}) der schwefelhaltigen Kippböden beträgt je nach den Gehalten an tonigen Beimengungen und fossiler Humusbilanz (C_t > 0,5–30 %) 10–50 mval/100 g Boden. Aufgrund der geringen Basensättigung von zumeist 0–25 % ist die Pufferkapazität dieser Kippböden gegenüber Basen sehr hoch; 80–100 % der austauschbaren Kationen bestehen aus Al^{3+}-Ionen und zu geringen Anteilen aus H^+- und Fe^{3+}-Ionen. Aus Titrationskurven lassen sich die Kalkmengen entnehmen, die einem sauren Boden zuzuführen sind, um seinen pH-Wert um einen bestimmten Betrag zu erhöhen. Solche Titrationskurven sind für vier Kippböden in Abb. 2 dargestellt. Diese Kippböden sind sehr stark bis extrem sauer und enthalten wechselnde Anteile

Tabelle 1. Entwicklung der pH(KCl)-Werte in den sterilen bzw. mit Thiobakterien geimpften, auf pH 7,0 aufgekalkten eisensulfidhaltigen Kippsubstraten. (Schwartz 1964)

Meßtermin	Bakterienstämme				
	Steril	Thiobac. thiooxidans		Thiobac. ferrooxidans	
		Rohkultur	Reinkultur (St. Elb. 10)	Rohkultur	Reinkultur (St. Bringle)
07.11.	6,6	-	-	-	-
11.11.	-	7,0	7,0	7,0	7,0
12.11.	-	7,0	6,5	2,7	3,9
17.11.	5,9	5,1	6,5	2,7	2,9
19.11.	-	4,6	6,5	2,6	2,7
24.11.	4,9	-	-	-	-
27.11.	-	4,3	6,4	2,6	2,7
30.11.	4,9	-	-	-	-
07.12.	-	3,8	6,4	2,6	2,7
15.12.	4,0	-	-	-	-

Tabelle 2. Mittlere Stofffrachten der Sickerwässer aus Kippböden im Dezember 1991. (Katzur 1992)

Kennwerte	Kippsubstrate Tertiär[a] (n = 6)	Quartär (n = 6)
pH	2,5	8,1
Abdampf-rückstand (g/l)	54,8	0,97
$Fe_{ges.}$ (mg/l)	3180,0	1,05
Fe^{2+} (mg/l)	296,7	0,0
$Al_{ges.}$ (mg/l)	3792,5	6,7
$Mn_{ges.}$ (mg/l)	36,4	0,09
SO_4^{--} (g/l)	32,5	0,4
Cd (mg/l)	0,118	0,001
As (mg/l)	7,08	0,0
Cr (mg/l)	3,93	0,02
Zn (mg/l)	53,43	0,53
Pb (mg/l)	0,41	0,002
Cu (mg/l)	7,33	0,005

[a] Obere 100 cm mächtige Bodenschicht mit Düngekalk melioriert (Kalkbedarf aus der Säure-Basen-Bilanz errechnet, vgl. Abschn. 1.2)

Abb. 2. Pufferkurven ausgewählter Kippböden

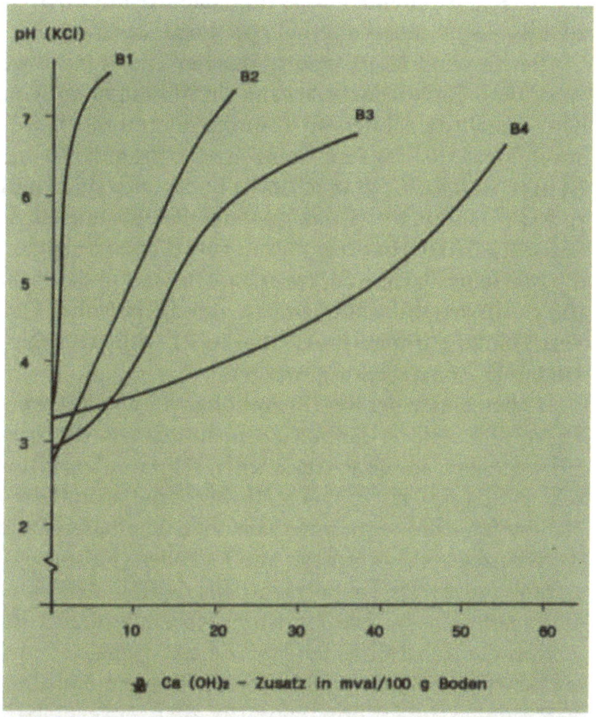

	pH (KCl)	Boden-art	KAKpot in mval/100 g B.	H-Wert	C_t (%) nach JACKSON	Kalkbedarf in dt CaO/ha nach SCHACHTSCHABEL für pH 5,5	JENSEN
B1	3,5	S	3,1	3,5	0,3	12	8,0
B2	2,8	lS	17,7	23,3	2,2	82	83,1
B3	2,9	lS	28,5	48,0	4,3	131	127,8
B4	3,3	lS	44,1	67,1	9,4	243	382,4

an Ton und kohligen Beimengungen (fossile Humussubstanz). Auf letztere v. a. lassen sich die Unterschiede in Höhe und Art der Pufferung zurückführen; die Austauschkapazität der anorganischen Komponente dürfte dagegen wesentlich geringer sein.

Die Form der Titrationskurven gibt Aufschluß über die unterschiedliche Art der Pufferung gegenüber Basen und spiegelt den Anteil der verschiedenen Puffersubstanzen an der Austauschkapazität der Kippböden wider. Die Pufferkurven B_1 und B_2 sind unterhalb des Neutralpunktes nahezu linear, d. h. die Pufferkapazität der Böden ist in dem pH-Bereich von 2,8 bzw. 3,5–7,0 nahezu konstant. Da die Deprotonierung der Säuregruppen an den Huminstoffen sich ebenfalls auf einen entsprechend breiten pH-Bereich von 2,5–8,0 erstreckt, wird die Pufferung in starkem Maße durch die funktionellen Gruppen der Huminstoffe bewirkt. Außerdem ist die Säurestärke dieser Gruppen offenbar gleichmäßig über den ganzen pH-Bereich verteilt. Der steile Anstieg der Titrationskurve B_1 ist für Böden geringer Gesamtacidität charakteristisch. Im Unterschied hierzu haben die Pufferkurven B_2–B_4 einen flachen Anstieg, der für Böden höherer Gesamtacidität kennzeichnend ist und auf den höheren Anteil pH-abhängiger Ladungen an der Austauschkapazität hinweist. Die Pufferkurve B_3 zeigt bei pH 3,5 und 5,8 Wendepunkte. Der Boden B_3 hat unterhalb pH 3,5 und oberhalb pH 5,8 eine etwas höhere Pufferkapazität als in dem pH-Bereich von 3,5–5,8. Die Ursache ist, daß zusätzlich zu den protonierten Huminstoffen freie Schwefelsäure (pH < 3,5) und Protonen variabler Ladungen an den Seitenflächen der Tonminerale sowie an Hydroxy-Al-Polymeren (pH > 5,5–8,0) neutralisiert werden (Scheffer u.Schachtschabel 1989). Ähnliches gilt für den Boden B_4, der die höchste Gesamtacidität und potentielle Kationenaustauschkapazität (KAK_{pot}) besitzt. Jedoch bewirken seine sehr hohen C_t-Gehalte den flachsten Anstieg der Titrationskurve, die erst bei pH 5,0 einen deutlichen Wendepunkt zeigt. Von da ab nehmen mit steigender OH-Ionen-Konzentration in der Bodenlösung zunehmend schwächere

Säuregruppen am Kationenaustausch teil. Ihr Anteil an der KAK_{pot} ist offenbar so gering, daß die Pufferkapazität des Kippbodens oberhalb pH 5,0 geringer wird.

Der für ein Ziel-pH von 5,5 aus der Titrationskurve errechnete Kalkbedarf schwankt in Abhängigkeit von dem Gehalt der Böden an Tonmineralen und organischer Substanz in weiten Grenzen. Er beträgt bei B_1 ca. 1,5 mval und bei B_4 46 mval/100 g Boden, das sind rund 50 % (B_1) und 104 % (B_4) der potentiellen Kationenaustauschkapazität. Hierin enthalten sind die Kalkmengen, die zur Neutralisation der freien Bodensäure und der bei pH 5,5 dissoziationsfähigen bzw. durch Hydrolyse der Fe(III)Sulfate und austauschbaren Al^{3+}-Ionen freigesetzten H^+-Ionen benötigt werden.

Neben den in der Regel sehr hohen Kalkbedarfswerten verfügen die tertiären Kippsubstrate meist über geringe Mengen an salzsäurelöslichen Nährstoffen (Wünsche et al. 1972). Auch die im HF-Aufschluß ermittelten Nährstoffgehalte liegen unterhalb oder am unteren Ende des Grenzbereiches normaler Mineralböden (Katzur 1971; Lorenz 1967a). Da ein beträchtlicher Anteil der Nährstoffvorräte in der fossilen Humussubstanz fixiert ist, steigen die Nährstoffgehalte mit dem C_t-Gehalt an und erreichen bei den C_t-reichen Kippböden eine mittlere Versorgungsstufe (Kopp 1960). Die Pflanzenverfügbarkeit der Makronährstoffe ist aber auch wegen der sehr ungünstigen Bodenreaktion eingeschränkt. In den sehr stark bis extrem sauren Kippböden werden neben den Al^{3+}- und Fe^{3-}-Ionen auch die Kationen Ca, Mg und K freigesetzt. Aufgrund der hohen Eintauschstärke der Al-Ionen werden verstärkt die Nährstoffkationen von den Austauschern verdrängt und zusammen mit den bereits gelösten Nährstoffen ausgewaschen. Die Folgen sind ausgeprägter Nährstoffmangel und toxische Al-Konzentrationen in der Bodenlösung. Die Al-Toxizität hängt aber auch vom Gehalt der Böden an pflanzenverfügbarem Ca und Mg ab. Die saure Bodenreaktion fördert gleichzeitig die Mobilisation und Auswaschung der Schwermetalle (Cd, Pb, Cr, Ni, As, Hg) und einiger Mikronährelemente (Mn, Cu, Zn, Co). Außerdem werden die Phosphate in schwerlösliche Bindungsformen überführt.

Eine weitere Auswirkung der extrem tiefen pH-Werte sind der geringe Mikroorganismenbesatz von durchschnittlich 10^3/g Boden, mitunter sind die Kippböden auch steril (Katzur 1965), und die geringe bodenbiologische Aktivität (Brüning 1959; Lorenz 1967a). Wegen der in den sauren Kippböden herrschenden Lebensbedingungen ist die Mineralisierung der organischen Substanz stark eingeschränkt. Dennoch werden N_{an}-Gehalte von 1–3 mg/100 g Boden ermittelt, davon ≥ 80 % NH_4-N. Offenbar treten in diesen sehr jungen Ökosystemen N-Gewinne auf, die zum einen durch N-Zufuhr über die Niederschläge und/oder mikrobielle N-Bindung und zum anderen durch den wenn auch sehr geringen Abbau der kohligen Beimengungen entstehen. Nach Verbesserung der Bodenreaktion und Hebung der bodenbiologischen Aktivität kann eine stärkere Umwandlung und teilweise Mineralisierung der fossilen Humusstoffe erwartet werden (Katzur 1987).

Kennzeichnend für die tertiären kohle- und schwefelhaltigen Kippsubstrate ist auch ihr periodisch auftretender und für eine längere Zeit andauernder Benetzungswiderstand, der das Eindringen des Niederschlagswassers in den Boden verhindert. Die Folgen sind erhöhter Oberflächenabfluß des Niederschlagswassers, häufig starke Erosionsschäden und das Entstehen von Pfützen auf den Plateauflächen sowie von Tümpeln in den Senken. Als Ursache dieser Erscheinung werden kolloid verteilte Wachsreste tertiärer Sauergräser (Kraemer 1935) und andere alkohollösliche Stoffe (Knabe 1959a) vermutet, die in den kohlehaltigen Kippböden enthalten sind. Da die Schwerbenetzbarkeit nur im Sommerhalbjahr nach stärkerer Austrocknung der Kippböden zu beobachten ist, wird sie wahrscheinlich auch durch das hydrophobe Verhalten organischer Substanzen, insbesondere der Eisen- und Aluminiumhumate, verursacht. Letztere setzen sich ebenfalls auf den Oberflächen der mineralischen Komponenten ab und erschweren deren Wiederbenetzbarkeit. Der Benetzungswiderstand erhöht die Anfälligkeit der feinsandreichen Kippböden gegenüber Winderosion. Deshalb sind Sandstürme auf den vegetationslosen Kippen eine fast alltägliche Erscheinung.

Zusammenfassend sind hohe Acidität, Nährstoffmangel und Benetzungswiderstand als wichtigste Ursachen der Vegetationsfeindlichkeit tertiärer schwefel- und kohlehaltiger Kippsubstrate zu nennen. Diese drei Faktoren steigern oder bedingen sich gegenseitig in ihrer Wirkung. Jedoch zeigen Gefäß- und Freilandversuche, daß die extrem saure Bodenreaktion von entscheidender Bedeutung für die Phytotoxizität der tertiären Kippsubstrate ist. Während die Düngung allein noch kein Pflanzenwachstum zuläßt, werden schon bei der Verbesserung der Aciditätsverhältnisse nutzbare Pflanzenerträge erzielt (Tabelle 3). Durch die Kalkung wird gleichzeitig der Benetzungswiderstand gebrochen (Katzur 1965).

1.2 Verbesserung der Aciditätsverhältnisse

Die schwefelhaltigen Kippböden haben keine konstanten pH- und Säuretitrationswerte. Demzufolge ist keine der im landwirtschaftlichen Versuchswesen üblichen Methoden der Kalkbedarfsbestimmung geeignet, um die für die nachhaltige Verbesserung der Bodenreaktion erforderliche Kalkgabe zu bestimmen. Diese Methoden liefern in der Regel zu geringe Kalkbedarfswerte, so daß schon wenige Monate nach der Aufkalkung die pH-Werte absinken und wieder ein beträchtlicher Kalkbedarf besteht. Ursache ist die stetige Säurenachlieferung durch

Tabelle 3. Einfluß von Kalkung und Mineraldüngung auf den Körnerertrag von Waldstaudenroggen

Variante	Kalkung [a]	Düngung [b]	Körnerertrag (dt/ha)
1	-	-	0,0
2	-	+	0,0
3	+	-	3,6
4	+	+	9,8

[a] 140 dt CaO/ha
[b] 160 kg/ha N (Kalkammonsalpeter), 174 kg/ha K (Emgekali), 40 kg/ha P (Superphosphat)

die Hydrolyse der Eisen- und Aluminiumsulfate sowie durch die Oxidation der Eisensulfide (Pyrit und Markasit). Auf diesen Sachverhalt hatte bereits Knabe (1959) hingewiesen. Außerdem konnte in einem Lysimeterversuch gezeigt werden, daß die Säurefreisetzung in der oberen 90 cm mächtigen Bodenschicht vermutlich länger als 60 Jahre andauert (Katzur 1970). Damit die von diesen Kippböden ausgehenden ökologischen Belastungen vermindert werden können, sind sie zunächst in ihren Aciditätsverhältnissen dauerhaft zu verbessern und anschließend einer geregelten Bodennutzung zuzuführen.

Den größten Einfluß auf die Bodenacidität schwefelhaltiger Kippböden haben die bei der Sulfatbestimmung erfaßten schwefelsauren Salze und freien Säuren (Kopp 1960). Kopp (1960) fand aber auch, daß kein direkter Zusammenhang zwischen dem Gesamtgehalt an Schwefel und den Reaktionsverhältnissen besteht. Also sind annähernd stabile pH- Werte zu erwarten, wenn der Kalkbedarf aus dem Sulfatschwefelgehalt und der KAK_{pot} des zu meliorierenden Bodens berechnet werden würde. Hierzu ist ein Laborversuch durchgeführt worden. Der Versuchsboden wurde aus dem Hangenden des zweiten Lausitzer Braunkohlenflözes entnommen und gleich nach der Probenentnahme auf seine wichtigsten Kennwerte untersucht (Tabelle 4). Die in der Austauschlösung durch Titration bestimmte Gesamtacidität (H-Wert) übersteigt die Kationenaustauschkapazität und erfaßt neben der freien Säure auch die hydrolytisch spaltbaren Sulfate. Sie kommt dem aus KAK_{pot} und dem Sulfatschwefelgehalt errechneten Säurewert von rund 73,6 mval/100 g Boden sehr nahe.

Dem Versuchsboden wurden 1993 mg CaO/100 g Boden (= 71,1 mval/100 Boden) zugeführt. Die Kalkgabe ist aus der Differenz von Gesamtacidität minus KAK_{pot} (= 43,39 mval/100 g Boden) und der für pH 6,5 aus einer Regressionskurve ermittelten Basensättigung (BS 75 % = 27,68 mval/100 Boden) berechnet worden. Die zu verschiedenen Zeiten an mehreren Parallelproben erhobenen pH-Werte zeigen eine deutlich fallende Tendenz (Abb. 3). Das trifft auch für die nicht mit Kalk behandelten Böden zu. Offenbar sind in den Böden beider Varianten beträchtliche Mengen an Säure durch die Oxidation der Eisensulfide nachgeliefert worden. Demnach ist eine dauerhafte Verbesserung der Bodenreaktion schwefelhaltiger Kippböden nur zu erreichen, wenn bei der Ermittlung des Kalkbedarfes auch die bei der Verwitterung der Sulfide freigesetzten Säuren berücksichtigt werden. Andernfalls ist eine Nachkalkung erforderlich, die u. U. mehrmals zu wiederholen ist, bis sich optimale pH-Werte eingestellt haben. Diese Vorgehensweise ist für eine forstliche Nutzung der Kippenflächen kaum durchführbar und bei der landwirtschaftlichen Rekultivierung mit bedeutenden ökonomischen Nachteilen verbunden. Deshalb haben Illner u. Katzur (1964a, b) vorgeschlagen, den Kalkbedarf schwefelhaltiger Kippböden generell aus der Säure-Basen-Bilanz (SBB) zu berechnen.

Bei der SBB werden auf der einen Seite der anorganische Gesamtschwefel, ein bestimmter Anteil der Kationenaustauschkapazität und auf der anderen Seite die zweiwertigen Basen Calcium und Magnesium erfaßt und anschließend miteinander verrechnet. Da zwischen pH und Bodensättigung (BS) des Sorptionskomplexes ein sehr enger korrelativer Zusammenhang besteht (Lorenz

Tabelle 4. Bodenkennwerte des Laborversuches

pH (H_2O)		5,20
pH (KCl)		4,56
KAK_{pot}		36,91 mval/100 g Boden
H-Wert nach Mehlich		80,30 mval/100 g Boden
Ges.-Schwefel		3,36 % SO_3 = 83,93 mval/100g Boden
davon:	Sulfatschwefel	1,47 % SO_3 = 36,72 mval/100 g Boden
	Sulfidschwefel	1,89 % SO_3 = 47,21 mval/100 g Boden

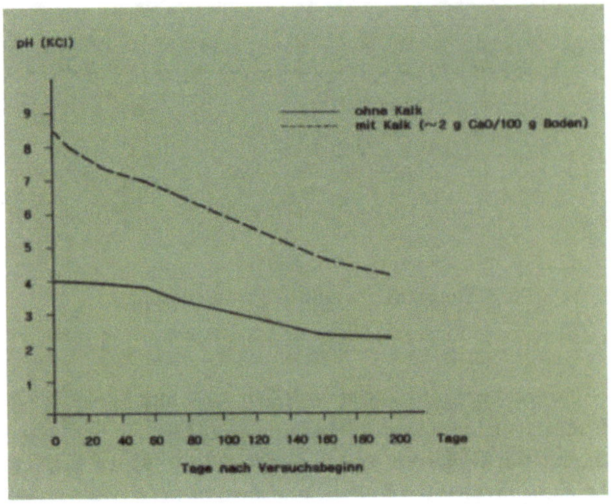

Abb. 3. Entwicklung der pH-Werte in einem schwefelhaltigen Kippboden

1967a), wird in der SBB der Anteil der KAK_{pot} eingesetzt, der dem Ziel-pH-Wert entspricht. Diese Basensättigungswerte können der Regressionsgeraden entnommen werden und vaiieren in Abhängigkeit von der Pufferkapazität des Bodens in einem weiten Bereich. Den Ziel-pH-Werten von 4,7 bzw. 5,5 und 6,5 entsprechen Basensättigungswerte von 45 % (28–63 %), 55 % (39–74 %) und 70 % (53–88 %). Für praktische Zwecke genügt es, wenn 60 % der KAK_{pot} in der SBB berücksichtigt werden. Die Anwendung der SBB soll am Beispiel eines Freilandversuches erläutert werden. Angestrebt wurde ein End-pH-Wert von 5,5.

Bodenkennwerte

KAK_{pot}	34,0 mval/100 g Boden
Ges.-Schwefel	
n. Knabe (1959a)	0,871 % SO_3
$pH_{(KCl)}$	2,53
$pH_{(Ca(OH)2}$	3,11
Kalkbedarf	
n. Schachtschabel für pH 5,5	93 dt CaO/ha
CaO }	0,0927 %
} 10 %iger HCl-Auszug	
MgO }	0,0226 %

Säuren: Gesamtschwefel

$$1 \text{ mval } SO_3 = \frac{80{,}06 \text{ mg } SO_3}{2} = 40{,}04 \text{ mg } SO_3$$

$$\frac{871 \text{ mg } SO_3}{100 \text{ g Boden}} = \frac{871 \text{ mg } SO_3 \cdot 1 \text{ mval}}{40{,}03 \text{ mg } SO_3 \cdot 100 \text{ g Boden}}$$

$$= 21{,}76 \text{ mval/100 g Boden}$$

Kationenaustauschkapazität

60 % KAK_{pot} = 20,40 mval/100 g Boden

Summe 1 = 42,16 mval/100 g Boden

$$\text{Basen: } 1 \text{ mval CaO} = \frac{56{,}08 \text{ mg CaO}}{2} = 28{,}04 \text{ mg CaO}$$

$$1 \text{ mval MgO} = \frac{40{,}32 \text{ mg CaO}}{2} = 20{,}16 \text{ mg MgO}$$

$$\frac{92{,}7 \text{ mg CaO}}{100 \text{ g Boden}} = \frac{92{,}7 \text{ mg CaO} \cdot 1 \text{ mval}}{100 \text{ g Boden} \cdot 28{,}04 \text{ mg CaO}}$$

$$= 3{,}30 \text{ mval/100 g Boden}$$

$$\frac{22{,}6 \text{ mg MgO}}{100 \text{ g Boden}} = \frac{22{,}6 \text{ mg MgO} \cdot 1 \text{ mval}}{100 \text{ g Boden} \cdot 20{,}16 \text{ mg MgO}}$$

$$= 1{,}12 \text{ mval/100 g Boden}$$

Summe 2 = 4,42 mval/100 g Boden

Bilanz: Summe 1 minus Summe 2
= 37,74 mval/100 g Boden

1 mval/100 g Boden = 8,06 dt CaO/ha für eine Bodenschicht von 22,5 cm Mächtigkeit (Krumengewicht 2 840 t/ha, d_B = 1,262 g/cm^3)

Der Kalkbedarf des untersuchten Kippbodens beträgt nach der SBB für eine 25 cm mächtige Bodenschicht rund 338 dt CaO/ha. Er wurde durch die Zufuhr einer entsprechenden Düngekalkgabe abgedeckt. Die in der meliorierten Bodenschicht ermittelten pH-Werte lagen zu Versuchsbeginn mit 6,2 über und sechs Jahre danach mit 5,8 nahe dem Ziel-pH-Wert von 5,5.

Die Ergebnisse zahlreicher Freilandversuche haben die Richtigkeit der SBB als Methode der Kalkbedarfsbestimmung bewiesen und zugleich gezeigt, daß das Leistungspotential der schwefelhaltigen Kippböden nur dann voll ausgeschöpft werden kann, wenn die meliorative Kalkgabe dem tatsächlichen Kalkbedarf des Kippbodens entspricht (Illner u. Katzur 1968: Katzur 1971; Lorenz 1967a; Haubold et al. 1993). Dies bestätigt auch der sogen. Daueraufbringungsversuch, der bereits 1958 angelegt worden ist. In ihm wurden die Auswirkungen der Abwasserlandbehandlung, die verschiedentlich mit dem Einsatz von Düngekalk bzw. basenreicher Braunkohlenasche gekoppelt war, auf Boden und Pflanzenwachstum untersucht. Die mit der Aschemelioration (500 m^3/ha) erzielten Reaktionsverschiebungen sind ab 1962 bis in 35 cm Bodentiefe stabil auf dem pH-Niveau von > 5,0 verblieben. In der nächst tieferen Bodenschicht stiegen die pH-Werte mit der Versuchsdauer allmählich an (Abb. 4). Der aus der SBB für pH 5,0 und eine 45 cm mächtige Bodenschicht errechnete Kalkbedarf von 690 dt CaO/ha entsprach annähernd der mit der Asche (590,4 dt CaO/ha) und dem Abwasser (49,1 dt CaO/ha) zugeführten CaO-Gabe. Deshalb sind auch künftig stabile Reaktionsverhältnisse zu erwarten.

Die SBB erfordert einen hohen Analysenaufwand und ist zudem mit einer ganzen Reihe von Analysenfeh-

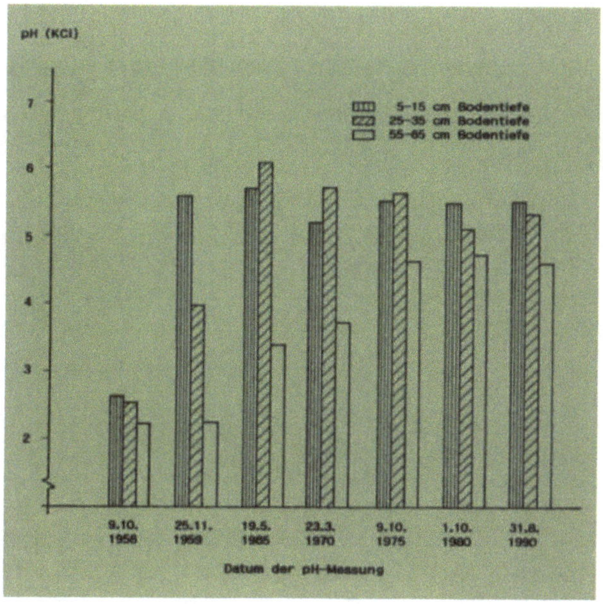

Abb. 4. Entwicklung der pH-Werte in verschiedenen Tiefenstufen der aschemeliorierten Parzellen des Daueraufbringungsversuches

lern behaftet (Illner u. Raasch 1966). Die meliorative Kalkgabe soll den Sorptionskomplex mit Basen sättigen und die freie Säure neutralisieren. Deshalb kann der Kalkbedarf auch aus der Kationenaustauschkapazität und den aktiv werdenden Schwefelverbindungen Eisen- und Aluminiumsulfat, Eisensulfid und freie Schwefelsäure errechnet werden (Illner u. Raasch 1968). Diese Schwefelverbindungen werden mit der thermischen Dissoziation bei 1000° C von den Erdalkalisulfaten getrennt und als „flüchtiger“ Schwefel erfaßt. Die aus KAK_{pot} und flüchtigem Schwefel errechneten Kalkbedarfswerte sind etwas größer als die nach der SBB ermittelten Werte. Da zwischen beiden Methoden sehr enge Beziehungen (Illner u. Raasch 1968) bestehen und die Kippsubstrate sehr heterogen zusammengesetzt sind, kann für praktische Zwecke die neuere Methode empfohlen werden. Sie erfordert einen wesentlich geringeren Zeit- und Materialaufwand als die SBB.

1.3 Auswahl und Bemessung der basischen Bodenzuschlagstoffe

Bei der Grundmelioration schwefelhaltiger Kippböden werden zur Verbesserung der Aciditätsverhältnisse Düngekalke und/oder basenreiche Braunkohlenaschen eingesetzt. Die Bemessung der meliorativen Asche- und Düngekalkgabe richtet sich nach dem aus der SBB errechneten CaO-Bedarf des Kippbodens und dem bodenwirksamen Basengehalt der verwendeten Meliorationsmittel. Die Kalkdüngemittel sind bevorzugt bei Kalkbedarfswerten von unter 100 dt CaO/ha für eine 22,5 cm mächtige Bodenschicht anzuwenden. Bei wesentlich höheren Kalkbedarfswerten kommt der Verwendung von Braunkohlenaschen, die wechselnde Kalkanteile enthalten und in großen Mengen anfallen, eine ganz besondere Bedeutung zu. Sie wurden in der DDR mit gutem Erfolg als Meliorationsmittel bei der Wiedernutzbarmachung schwefelhaltiger Kippböden eingesetzt (Knabe 1959a; Illner u. Katzur 1964b; Illner u. Lorenz 1965; Haubold et al. 1993).

Aschen aus Braunkohlen weisen außerordentliche Unterschiede in der chemisch-mineralogischen Zusammensetzung auf. Sie enthalten stets wesentliche Mengen an SiO_2, Fe_2O_3, Al_2O_3, CaO, MgO und SO_3. Reich an CaO sind die Aschen des mitteldeutschen Raumes. Demgegenüber enthalten die Aschen des Lausitzer Braunkohlenrevieres sehr unterschiedliche Kalkmengen und nicht selten einen relativ hohen Schwefelgehalt. Aus diesem Grunde müssen die Aschen exakt analysiert werden, ehe über die Verwendung einer bestimmten Asche als Meliorationsmittel und die zur Melioration notwendigen Mengen entschieden werden kann. Von besonderem Interesse sind die Ca-Verbindungen. Die Aschen enthalten sowohl freies CaO als auch Calciumaluminate, Calciumsilikate und Calciumferrite (Institut für Energetik 1964b). Die verschiedenen Bindungsformen des Calciums bedingen, daß auch die Hydrolyse sehr unterschiedlich erfolgt. Ein Teil des Kalkes ist leicht, ein anderer Teil nur schwer hydrolysierbar. Um die Aschegabe entsprechend dem Kalkbedarf der Kippböden dosieren zu können, war zu klären, welche Anteile des Calciumgehaltes der Asche im Boden frei werden und nach welcher Methode die bodenwirksamen Basenanteile am zweckmäßigsten zu ermitteln sind.

Der verfügbare CaO-Gehalt der Aschen wird aus den Gehalten an CaO, MgO und Gesamtschwefel bilanziert. Je nach der angewandten Methode werden unterschiedliche CaO-Werte erzielt. Sie sind beim KOH-Aufschluß höher als beim HCl-Auszug (Tabelle 5). Außerdem kann der verfügbare CaO-Gehalt direkt als Summe des freien und leicht hydrolysierbaren Kalkes nach der Kochmethode des Institutes für Energetik (1966) bestimmt werden. Vergleicht man die in der Tabelle 5 zusammengestellten Analysenwerte, so fällt auf, daß einige Aschen überwiegend schnell hydrolysierbare Calciumverbindungen besitzen und deshalb wie Düngekalke wirken. Andere Aschen haben nur einen geringen Anteil schnell wirksamer Ca-Verbindungen, so daß der mit der Aschemelioration angestrebte pH-Wert erst nach Freisetzung der schwer hydrolysierbaren Ca-Verbindungen erreicht wird.

In Labor- und Freilandversuchen, die mit verschiedenen Böden und Braunkohlenaschen durchgeführt wurden, konnte nachgewiesen werden, daß der bodenwirksame Basengehalt der Aschen annähernd genau aus dem HCl-Auszug (CaO und MgO) und dem Schwefelgehalt errechnet werden kann (Illner u. Raasch 1967). Der

Tabelle 5. Analysenergebnisse ausgewählter Braunkohlenaschen

Asche	HCl-Auszug		Ges.-Schwefel n. Knabe (1959a)	KOH-Aufschluß nach IfE (1964a)			Kochmethode nach IfE (1966)		Verfügbares CaO in % nach Methode [a–c]		
Nr.	CaO (%)	MgO (%)	SO_3 (%)	CaO (%)	MgO (%)	SO_3 (%)	CaO frei (%)	CaO hydrolysierbar (%)	a	b	c
A1	11,62	0,42	3,22	20,69	2,16	4,44	1,28	4,72	9,95	6,00	20,58
A3	7,53	0,85	2,04	12,40	2,09	3,14	1,51	3,31	7,28	4,82	13,11
A4	10,33	0,70	4,54	17,16	1,25	7,68	0,98	4,46	8,12	5,44	13,52
A6	36,77	0,06	10,87	39,89	3,18	11,21	19,15	9,70	29,24	28,85	36,46
A17	14,03	0,83	6,00	30,88	2,73	6,38	2,60	8,47	10,98	11,07	30,21
A18	8,26	0,59	0,74	11,32	2,10	1,64	0,64	2,68	8,56	3,32	13,09

[a] HCl-Auszug (CaO + MgO) minus Gesamtschwefel nach Knabe.
[b] Freier und leicht hydrolysierbarer Kalk nach der Kochmethode (Institut für Energetik 1966).
[c] KOH-Aufschluß (CaO + MgO minus Gesamtschwefel) nach Institut für Energetik (1964a).

bodenwirksame Basengehalt der Aschen wird in % CaO angegeben. Außerdem sollte die Asche auf freies und leicht hydrolysierbares CaO untersucht werden, um die Wirkungsweise der Asche einschätzen zu können. Eine Bemessung nur nach dem Gehalt an freiem und leicht hydrolysierbarem CaO würde bei manchen Aschen zu einer Überdosierung führen. Liegen die Ergebnisse beider Methoden vor, kann in Verbindung mit den Bodenanalysen die Entwicklung der pH-Werte nach der Melioration eingeschätzt werden.

Aufgrund der stark wechselnden Zusammensetzung der Braunkohlenaschen sind für eine Charge mehrere Analysen notwendig, um einen repräsentativen Durchschnittswert zu erhalten. Der hierfür erforderliche Analysenaufwand läßt sich vermindern, wenn der bodenwirksame Basengehalt der Aschen nach der HCl-Hydrolysenmethode des Institutes für Energetik (1966) bestimmt wird (Illner et al. 1970). Diese Methode erfaßt den freien und salzsäurehydrolysierbaren Kalk. Sie kann als Titrationsmethode sehr schnell und wenig aufwendig durchgeführt werden. Die Hydrolysenmethode liefert unbedeutend höhere bodenwirksame Kalkgehalte als die nach der Methode „HCl-Auszug minus Gesamtschwefel" ermittelten (Abb. 5). Sie kann deshalb für die Praxis empfohlen werden und ist durch die Bestimmung des leicht hydrolysierbaren Kalks nach der Kochmethode zu ergänzen. Nachfolgend ein Beispiel für die Berechnung der meliorativen Aschegabe.

- Kalkbedarf des Kippbodens nach der SBB für pH 5,5 und eine 22,5 cm mächtige Bodenschicht: 160 dt CaO/ha
- Analysenwerte der Asche A_3
  Kochmethode:
  leicht hydrolysierbarer Kalk : 3,31 % CaO
  HCl-Hydrolysenmethode:
  freier Kalk : 0,50 % CaO
  hydrolysierbarer Kalk : 7,14 % CaO
  bodenwirksamer Kalk = 7,64 % CaO
  Schüttgewicht: 0,78 t/m³
- Berechnung der Aschegabe (atro)
  7,64 dt CaO = 100 dt Asche atro
  160,0 dt CaO = 209,42 t Asche atro

  0,78 t Asche atro = 1 m³ Asche
  209,42 t Asche atro = 268,5 m³ Asche
  ≈ 270 m³/ha

Der bodenwirksame CaO-Anteil der Asche beträgt nach der HCl-Hydrolysenmethode 7,64 % und ist geringfügig höher als der aus „HCl-Auszug minus Gesamtschwefel" errechnete Anteil. Davon sind 3,81 % CaO frei und leicht hydrolysierbar, das ist die Hälfte der bodenwirksamen Kalkmenge. Daraus folgt, daß bei einem Kalkbedarf von 160 dt CaO/ha rund 270 m³ Asche einzusetzen sind und nach der Aschemelioration vergleichsweise stabile pH-Werte erwartet werden können. Diese Erwartung wird durch die nachfolgend durchgeführten Bodenuntersuchungen bestätigt (Tabelle 6).

In der Regel sollten die zur Melioration schwefelhaltiger Kippböden verwendeten Braunkohlenaschen einen bodenwirksamen Basengehalt von mindestens 9 % CaO besitzen. Bei kürzeren Transportentfernungen ist auch

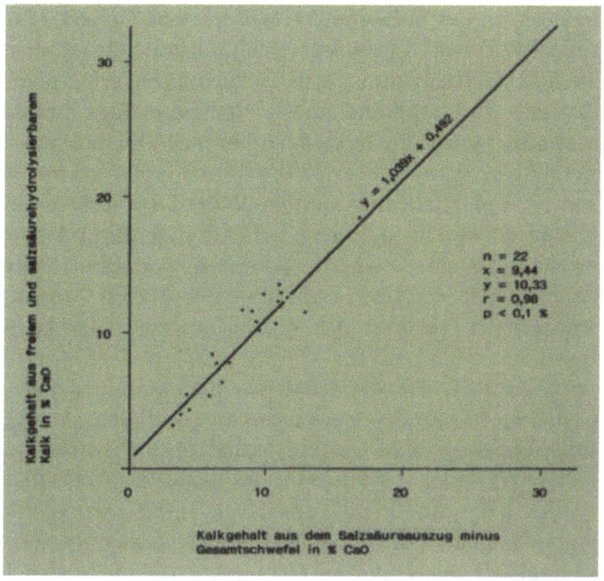

Abb. 5. Korrelation zwischen zwei Methoden zur Bestimmung des bodenwirksamen Basengehaltes der Braunkohlenaschen

der Einsatz von Aschen mit einem geringeren Gehalt an basisch wirksamen Verbindungen möglich. Die meliorative Aschegabe beträgt je nach Aschequalität, Säurestatus des Kippbodens und Meliorationstiefe durchschnittlich 300–1000 m^3/ha. Die Braunkohlenasche hat gegenüber den Kalkdüngemitteln mehrere Vorzüge. Zum einen kann auch der höchste Kalkbedarf mit einer Gabe abgedeckt werden, ohne eine Überkalkung befürchten zu müssen, weil ein Teil des Kalkes nur allmählich frei wird. Zum anderen verbessert die Braunkohlenasche die Wasseraufnahmefähigkeit kohlehaltiger Kippböden wesentlich stärker als der Düngekalk (Katzur 1965). Außerdem erhöht sie die Bodenvorräte an pflanzenverfügbarem K und Mg (Katzur u. Enders 1977; Katzur 1988). Da die Braunkohlenaschen größere Mengen an Sesquioxiden (Fe, Al, Mn) enthalten, fördern sie die Immobilisation der Schwermetalle und vermindern dadurch im Vergleich zur Kalkmelioration die Schwermetallfrachten der Sickerwässer (Katzur u. Hanschke 1993; Katzur u.

Tabelle 6. Entwicklung der pH-Werte

Datum	pH(KCl)
09.03.1966 (vor der Melioration)	2,39
06.07.1966	5,99
03.11.1966	6,23
08.02.1967	6,54
11.09.1967	6,29
06.04.1970	5,34

Liebner 1995). Nachteilig sind die z. T. sehr hohen Borgehalte der Aschen, so daß v. a. in den ersten Rekultivierungsjahren zuweilen Borschäden an den Pflanzen, besonders Gehölzen zu beobachten sind. Zudem führt die Ascheanwendung zu einer starken Abnahme der Löslichkeit von Düngerphosphaten im Kippböden (Freese et al. 1989).

1.4 Meliorationstiefe

Die landwirtschaftlichen Nutzpflanzen und die Mehrzahl der Forstgehölze durchwurzeln, zumindest in den ersten Jahren der Rekultivierung, nur den meliorierten Horizont der Kippböden (Knabe 1959a; Lorenz 1967a, b). Nachdem sich gezeigt hatte, daß die Verlagerung des Kalkes aus einer mit Braunkohlenasche oder Düngekalk versetzten Bodenschicht in den unbehandelten Untergrund und dadurch die Vertiefung eines flach meliorierten Horizontes nur äußerst langsam vor sich geht (Katzur 1965; Lorenz 1968; Heinrich 1978), wurde der Einfluß der Meliorationstiefe auf den Pflanzenertrag untersucht. Die Versuche wurden entsprechend der in der DDR gültigen Zielsetzung, möglichst landwirtschaftliche Nutzflächen zurückzugewinnen, mit landwirtschaftlichen Kulturen durchgeführt. Die Auswertung der zu dieser Problematik von Lorenz (1970) und Katzur (1974) angelegten wenigen Forstversuche steht noch aus.

Die Analyse landwirtschaftlicher Erträge auf den schwefelhaltigen Kippböden zeigt einen engen Zusammenhang zwischen der Qualität der Grundmelioration und der Ertragsbildung (Katzur u. Hanschke 1990). Das Ausbringen zu geringer Kalk- oder Aschemengen und die nur flache Einarbeitung der Meliorationsmittel führen zu bedeutenden Ertragsverlusten, da der Wurzelraum begrenzt ist. Dies gilt auch für die Mächtigkeit der kulturfähigen Abraumschichten über tertiärem Untergrund (Werner 1974). Aus einem Versuch mit verschiedenen Schüttmächtigkeiten leiteten Illner u. Sauer (1974) die Forderung ab, daß die Mindestmächtigkeit der meliorierten Kippbodenschicht 60 cm betragen muß, wenn die Fläche für eine landwirtschaftliche Nutzung vorgesehen ist. Bedeutend größere Mächtigkeiten, die einen zusätzlichen Aufwand erfordern, sind ihrer Meinung nach aufgrund der ermittelten Mehrerträge nicht zu rechtfertigen. Da bei der Grundmelioration schwefelhaltiger Kippböden die meliorierte Bodenschicht und der Untergrund aus ein und demselben Substrat bestehen, können die Ergebnisse zur Mindestmächtigkeit des Kulturbodenauftrages nicht uneingeschränkt auf die Grundmelioration übertragen werden (Heinrich 1978). In einem Modellversuch konnte der Nachweis erbracht werden, daß eine Vertiefung des Meliorationshorizontes von 30 auf 60 cm bzw. von 60 auf 100 cm einen durchschnittlichen Mehrertrag von rund 11 bzw. 4 dt GE pro

Hektar und Jahr bewirkt und die Ertragsdifferenzierungen zu Versuchsbeginn sowie in Trockenjahren am größten sind (Katzur u. Lorenz 1976). Mit der Versuchsdauer zeigen die relativen Ertragswerte der Variante „30 cm" eine steigende und die der Variante „100 cm" eine fallende Tendenz. Dabei nehmen die Ertragsdifferenzen zwischen den Varianten 60 und 100 cm stärker ab als zwischen den Varianten 30 und 60 cm. Demnach ist eine ausreichende Ertragssicherheit erst bei einer Meliorationstiefe von 60 cm gegeben.

Die während der 13jährigen Versuchsdauer erzielten Ergebnisse des Modellversuches wurden in zwei Großversuchen überprüft, die auf einem schwach kohlehaltigen sorptionsschwachen Kippkohlesand (x'S) und einem kohlehaltigen lehmigen Kippkohlesand (xlS) angelegt wurden (Katzur u. Herbert 1980). Die in 7jährigen Produktionsexperimenten gefundenen Beziehungen zwischen Pflanzenertrag und Mächtigkeit der meliorierten Bodenschicht sind in der Abb. 6 dargestellt. Die Produktionskurven zeigen einen sehr unterschiedlichen Verlauf. In beiden Fällen steigen jedoch die Pflanzenerträge mit der Mächtigkeit der meliorierten Bodenschicht an. Der Ertragsanstieg ist aber auf den sorptionsschwachen Kippkohlesanden so gering, daß Meliorationstiefen von über 60 cm wegen des unbedeutenden Mehrertrages von durchschnittlich 1 dt $GE.ha^{-1}.a^{-1}$ nicht gefordert werden können. Offenbar gilt das nur für Kippböden mit einem geringeren Schwefelgehalt, denn dieser korrespondiert in der Regel mit geringeren Gehalten an kohligen Beimengungen und abschlämmbaren Teilchen.

Auf dem sorptionskräftigeren Kippenstandort sind mit Vertiefung des Meliorationshorizontes von 60 auf 100 cm Mehrerträge von rund 7 dt $GE.ha^{-1}.a^{-1}$ erzielt worden. Dieses Ergebnis wurde bei einem hohen Luzerneanteil an der Anlauffruchtfolge erreicht. Der ertragsdifferenzierende Einfluß der Meliorationstiefe ist aber auch bei Getreide und v. a. in Trockenjahren erkennbar. Deshalb sind hohe und stabile Pflanzenerträge nur zu erreichen, wenn die für eine landwirtschaftliche Dauernutzung geeigneten schwefelhaltigen Kippböden bis in 100 cm Tiefe melioriert werden. In der DDR fehlten die hierfür notwendigen Bodenbearbeitungsgeräte und man empfahl deshalb eine Meliorationstiefe von mindestens 60 cm (TGL 26 157/02 1984). Aber selbst diese Vorgabe wurde in der Praxis oft nicht erreicht (Katzur u. Hanschke 1990).

Die für die landwirtschaftlichen Nutzpflanzen aufgestellten Beziehungen zwischen Meliorationstiefe und Pflanzenertrag gelten im Prinzip auch für die anspruchsvolleren Gehölze wie Pappeln, Traubeneiche, Kiefer und Lärche. Allein Roteiche, Aspe, Birke und Roterle sowie einige Straucharten sind in der Lage, den unmeliorierten Untergrund zu erschließen. Die auf den flachmeliorierten Kippenstandorten begründeten Pappelbestände zeigen ein flachstreichendes Wurzelsystem und bereits nach wenigen Jahren Wachstumsrückgänge (Lorenz 1967a, b). Aufgrund der physiologischen Flachgründigkeit dieser Standorte sind mit zunehmendem Bestandesalter Wipfeltrocknis und vorzeitiges Absterben einzelner Bestandesglieder sowie die allmähliche Ablösung der Pappel durch die auf natürlichem Wege sich einfindende Birke zu beobachten (Abb. 7). Eine weitere Auswirkung der flachen Melioration ist die Anfälligkeit der auf solchen Standorten angelegten Wälder gegenüber Windwurf. Daher sind auch bei einer forstlichen Rekultivierung Meliorationstiefen von 60 cm auf den sorptionsschwachen und von 100 cm auf den sorptionsstarken Kippböden zu empfehlen, wenn stabile leistungsfähige Waldöko-

Abb. 6. Produktionskurven „Meliorationstiefe und GE-Ertrag" für schwefelhaltige Kippböden

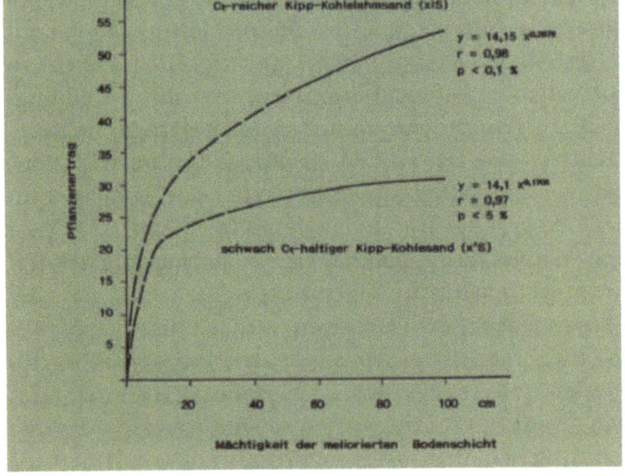

Abb. 7. Aufforstung von 1961 mit *Populus nigra* (Hauptholzart) und *Alnus glutinosa* (biologische Holzart) auf flachmelioriertem kohlehaltigem Anlehm- bis Lehmsand; Pappel wird allmählich von *Betula pendula* abgelöst. (Photo: Katzur 1992)

systeme aufgebaut werden sollen. Nur diese können die ihnen zugedachten Funktionen in der Bergbaufolgelandschaft erfüllen.

1.5 Grunddüngung

Die schwefelhaltigen Kippböden sind in der Regel arm an pflanzenverfügbaren Nährstoffen. Um ihre uneingeschränkte Rekultivierung zu gewährleisten und ihre Ertragsfähigkeit weitgehend auszuschöpfen, erhalten sie bereits bei der Grundmelioration eine der künftigen Nutzungsart angepaßte Mineraldüngergabe (Grunddüngung). Die bisher durchgeführten Gefäß- und Freilandversuche haben übereinstimmend den hohen Nährstoffbedarf der kohle- und schwefelhaltigen Kippböden belegt (Illner u. Katzur 1969; Katzur 1971). Dabei kommt der Auffüllung der K-, Mg-, N- und P-Vorräte die größere Bedeutung zu.

Die Grunddüngung beträgt bei der landwirtschaftlichen Rekultivierung auf den aschemeliorierten Kippböden, bezogen auf eine 22,5 cm mächtige Bodenschicht, 120 kg K, 160 kg P und mindestens 100–200 kg N/ha. Auf den kalkmeliorierten Böden ist die K-Gabe um 100 kg/ha zu erhöhen. Die N-Düngung muß im Vergleich zur P- und K-Düngung weitaus stärker differenziert werden. Maßgebend für die Höhe der N-Gabe sind der Kohlegehalt der Kippböden und die zuerst in der Anlauffruchtfolge angebaute Pflanzenart. Freilandversuche zeigten, daß eine um so stärkere N-Düngung notwendig ist, je höher der C_t-Gehalt der Kippböden ist. Kippböden mit einem C_t-Gehalt von über 3 % erhalten deshalb 300 kg N/ha beim Anbau von Nichtleguminosen; Leguminosen benötigen erfahrungsgemäß geringere N-Gaben.

Zur Einbringungstiefe der Mineraldünger bei der Grunddüngung gab es einige Zeit lang sehr unterschiedliche Auffassungen. Während Wünsche et al. (1972) die Tiefendüngung für ziemlich wirkungslos hielten, empfahlen andere Autoren (Illner u. Lorenz 1965; Katzur u. Heiske 1974) die PK-Tiefendüngung. Inwieweit diese Maßnahme richtig ist, wurde von 1971–1975 in einem entsprechenden Freilandversuch geprüft (Lorenz u. Katzur 1978). Dieser ergab, daß es für das Wachstum tiefwurzelnder Pflanzen (Luzerne) und damit für den Rekultivierungserfolg günstig ist, wenn die Grunddüngergabe bei der Aschemelioration auf 320 kg P und 230 kg K/ha erhöht und sie möglichst gleichmäßig in den 60 cm mächtigen Meliorationhorizont eingearbeitet wird. Die N-Gabe von 200 kg/ha ist in zwei Teilgaben auszustreuen. Die erste Teilgabe (75 kg N/ha) wird vor der Erstansaat und die zweite Teilgabe als Kopfdüngung zur Testsaat (Winterroggen) im Frühjahr des folgenden Jahres gegeben. Beim Erstanbau von Leguminosen beträgt die N-Gabe 100–140 kg/ha.

Abb. 8. Aufforstung von 1962 mit *Larix decidua* (Hauptholzart) sowie *Tilia cordata* und *Alnus glutinosa* (biologische Holzarten) auf 50–60 cm tief mit Asche meliorierten kohlehaltigen Anlehm- bis Lehmsanden; NPK-Krumendüngung. (Photo: Katzur 1992)

Die forstliche Rekultivierung erfordert ein anderes Düngungsregime. Der Nährstoffbedarf der Gehölze ist zwar in den ersten drei Jahren nach der Pflanzung vergleichsweise gering, aber für das sichere Anwachsen der Gehölze ist eine Grunddüngung unerläßlich (Knabe 1959a; Lorenz 1967a). Bei der Aschemelioration sind unter Berücksichtigung der bisherigen Erfahrungen mindestens 50 kg P, 50 kg K und 50 kg N/ha als Krumendüngung vor der Pflanzung auszubringen. Für die C_t-reichen Kippböden und bei einer PK-Tiefendüngung beträgt die Grunddüngung 100 kg P, 130–200 kg K und 120–160 kg N/ha, letztere verteilt auf zwei Gaben. Die zweite N-Gabe wird entweder im Juni des Pflanzjahres oder im April des Folgejahres ausgestreut.

Die Zweckmäßigkeit der PK-Tiefendüngung bei der forstlichen Nutzung grundmeliorierter Kippenstandorte wurde bisher nicht nachgewiesen. Untersuchungen auf Freiflächen, die Anfang der 60er Jahre nur 20–30 cm tief melioriert und anschließend aufgeforstet wurden, lassen vermuten, daß im Verlauf der Rekultivierung größere Nährstoffmengen aus dem Bodenvorrat durch Mineralisierung der kohligen Beimengungen mobilisiert werden und die Krumendüngung genügt, um eine ausreichende Ernährung der Gehölze zu gewährleisten (Abb. 8).

1.6 Technologien der Grundmelioration

Die Grundmelioration ist ein Verfahren der Wiedernutzbarmachung schwefelhaltiger Kippböden und erfolgt einheitlich nach den in den vorangegangenen Abschnitten dargelegten Kriterien zur Bemessung der basischen Bodenschlagsstoffe und Mineraldüngergaben. Demzufolge sind die in der DDR entwickelten und großflächig praktizierten Meliorationsverfahren als Technologien der Grundmelioration zu kennzeichnen. Sie unterscheiden sich durch die eingesetzten basischen Bodenzuschlagstoffe (Düngekalk und/oder Braunkohlenasche) und den Verfahrensablauf ihrer Einarbeitung in den Boden einschließlich Meliorationstiefe. Unabhängig von der gewählten Technologie müssen die zur Grundmelioration vorgesehenen Kippenflächen derart planiert sein, daß eine intensive Bodenbearbeitung mit Großmaschinen möglich ist und nennenswerte Schäden durch Bodenerosion ausgeschlossen werden können. Außerdem müssen die Böschungen festgelegt sein und die Ergebnisse der bodengeologischen Kartierung vorliegen.

Knabe (1959a) kommt das uneingeschränkte Verdienst zu, mit dem Schwarzkollmer und kombinierten Domsdorfer Verfahren als erster eine praktikable Methode zur Wiedernutzbarmachung schwefelhaltiger Kippböden entwickelt zu haben, bei der Braunkohlenasche als Meliorationsmittel eingesetzt wurde. Die NPK-gedüngten aschemeliorierten Kippenflächen konnten ohne größere Schwierigkeiten aufgeforstet werden, obwohl eine klare Richtlinie zur Bemessung der meliorativen Aschegabe fehlte. Die Höhe der Aschegabe wurde mehr nach Erfahrungswerten festgelegt. Sie betrug für Kuppen, Rücken und stärker geneigte Flächen mit höherem Kalkbedarf und stärkerem Benetzungswiderstand 500–700 m^3/ha; auf den ebenen und schwächer kulturfeindlichen Kippenflächen waren 300 m^3/ha vorgesehen (Knabe 1954, 1959b). Die meliorative Aschegabe wurde zumeist nur 30 cm tief in den Boden eingearbeitet.

Das von Brüning (1959, 1962) entwickelte Böhlener Verfahren verbindet bodenmeliorative Maßnahmen mit pflanzenbaulichen. Als Meliorationsmittel werden Düngekalke verwendet, die zusammen mit reichlichen Mengen an physiologisch alkalisch wirkenden Düngemitteln (120 kg N, 60 kg P und 240– 300 K) auf dem Wege einer zweischichtigen Bodenbearbeitung möglichst tief eingearbeitet werden. Die meliorative Kalkgabe bestimmte Brüning (1962) aus der Titrationsacidität. Sie war daher oft zu gering bemessen, so daß Nachkalkungen erforderlich waren.

Das Domsdorfer Verfahren (Illner u. Lorenz 1965) ist eine Weiterentwicklung des Schwarzkollmer Verfahrens. Es basiert auf dem Einsatz von Braunkohlenaschen, die durch eine zweischichtige Bodenbearbeitung bis in 60 cm Tiefe mit dem Boden zu vermischen sind. Diese Arbeitsweise erfordert die Teilung der aus der SBB des Kippbodens und dem bodenwirksamen Basengehalt der Asche berechneten Aschegabe. Die erste Teilgabe wird zusammen mit der halben PK-Grunddüngergabe durch kreuzweises Scheiben etwa 15–20 cm tief in den Boden eingearbeitet. Anschließend ist diese Bodenschicht mit einem Vollumbruchpflug bis in 60 cm Tiefe zu verstürzen. Dabei gelangt unbehandelter Kippboden aus dem Untergrund an die Bodenoberfläche, in den die restliche Asche- und PK-Grunddüngergabe kreuzweise einzuscheiben ist. Anschließend wird die Fläche mit einem Mehrscharpflug 30 cm tief gepflügt. Danach folgen die N-Grunddüngung und Saatbettvorbereitung. Die Grunddüngung ist wie im Abschn. 1.5 ausgeführt zu bemessen; nur bei einer landwirtschaftlichen Folgenutzung sind die PK-Düngemittel über den gesamten Meliorationshorizont zu verteilen.

Das Kleinleipischer Verfahren (Katzur u. Heiske 1974) ist durch die einschichtige Bodenbearbeitung gekennzeichnet und gestattet das Herstellen eines bis zu 100 cm mächtigen Meliorationshorizontes. Bei diesem Verfahren werden die basischen Bodenzuschlagstoffe in einer Gabe ausgebracht und zusammen mit den PK-Düngemitteln zunächst 15 cm tief in den Boden eingescheibt. Dieses Gemisch wird nach jeder gezogenen Pflugfurche mit einem Schleuderaggregat (z. B. Erdwolf) von der Landseite auf den Erdbalken geschleudert. Anschliessend sind die Flächen mit einem Spezialgrubber quer zur Pflugrichtung zu bearbeiten, der die schräg in den Boden eingelegten Boden-Meliorationsmittel-Gemische in die abgepflügten Erdbalken einarbeitet. Die Arbeitstiefe des Grubbers richtet sich nach der Pflugtiefe bzw. angestrebten Meliorationstiefe und beträgt höchstens 100 cm. Die N-Gabe wird im Zuge der Saatbettvorbereitung ausgebracht.

Das Koyne-Verfahren (Illner u. Katzur 1966; Katzur 1977b) ist eine Methode zur Wiedernutzbarmachung schwefelhaltiger Kippböden. Es kann aber auch auf den quartären Kippsubstraten angewendet werden. Bei diesem Verfahren werden die in ihren Aciditätsverhältnissen nachhaltig verbesserten Kippböden mit nährstoffreichen Abwässern behandelt. Die Grundmelioration erfolgt wie beim Domsdorfer bzw. Kleinleipischer Verfahren. Die Höhe der meliorativen Abwassergabe richtet sich nach den Bodeneigenschaften und der Zusammensetzung des Abwassers. Die nach dem Koyne Verfahren meliorierten Flächen werden in der Regel einer landwirtschaftlichen Dauernutzung zugeführt.

1.7 Erfolgskontrolle der Grundmelioration

Nach Abschluß der Grundmelioration sind die Flächen für die Aussaat einer geeigneten Testpflanze vorzubereiten. Die zuerst angebaute Pflanzenart dient der Erfolgskontrolle der durchgeführten Meliorationsarbeiten und gehört zum Verfahrensablauf. Als Testpflanzen sind möglichst solche Pflanzenarten auszuwählen, die den Boden biologisch gut erschließen und zugleich krasse Bodenunterschiede, besonders Reaktionsunterschiede anzeigen. Die ungenügend meliorierten Flächenteile, oft eine Folge der starken Heterogenität der Bodendecke, können so gezielt nachbehandelt werden. Als Testpflanzen haben sich Steinklee, Senf, Raps und Winterroggen bewährt. Der Steinklee ist wegen seiner Fähigkeit, den Boden tief aufzuschließen und reichliche Mengen N-reicher Grünmasse zu liefern, den anderen Pflanzen vorzuziehen. Die Testpflanzen werden zur Gründüngung genutzt.

Die Kippenfläche galt als grundmelioriert, wenn der Pflanzenbestand eine gleichmäßige Wuchshöhe aufwies, ein gesundes Farbbild zeigte und die Ausfallstellen weniger als 3 % der Gesamtfläche, im Einzelfall nicht mehr als 50 m^2 einnahmen (TGL 26 157/02 1984). Diese Art der Qualitätskontrolle war unzureichend. Deshalb wurde der Bergbautreibende verpflichtet, die qualitätsgerecht ausgeführte Grundmelioration mit der Übergabe eines sog. Qualitätspasses zu garantieren. Dazu gehörten Informationen über Art, Menge und Qualität der eingesetzten Meliorationsmittel, über das Erreichen der vorgeschriebenen Meliorationstiefe und über die Verteilung der basischen Bodenzuschlagstoffe im Meliorationshorizont. Um diese einschätzen zu können, waren Profilaufgrabungen vorzunehmen und die in regelmässigen Abständen aus der Profilwand entnommenen Bodenproben auf ihren pH-Wert zu untersuchen. Die Verteilung der Asche im Meliorationshorizont läßt sich auch über die Bestimmung der ferromagnetischen Eigenschaften der Bodenproben nachweisen.

2 Zusammenfassung

Ausgehend von den fruchtbarkeitsbegrenzenden Eigenschaften der schwefel- und kohlehaltigen Kippböden werden das Verfahren der Grundmelioration und die hierzu in der DDR entwickelten Technologien beschrieben.

LITERATUR

Blume H-P (1990) Handbuch des Bodenschutzes. Bodenökologie und -belastung. Vorbeugende und abwehrende Schutzmaßnahmen. Ecomed, Landsberg

Brüning E (1959) Untersuchungen zur Frage der Begrünung tertiärer Rohbodenkippen des Braunkohlentagebaues, dargestellt am Beispiel der Hochabsetzerkippe 18 Böhlen, Diss., Leipzig

Brüning E (1962) Zur Frage der Rekultivierbarkeit tertiärer Rohbodenkippen des Braunkohlentagebaues. Wiss. Zeitschr. K.-M.-Univ. Leipzig, Math-Nat. R. 2: 325–359

Freese D, Pagel H, Katzur J (1989) P-Zustand und P-Dynamik rekultivierter Böden. Wiss. Zeitschr. der Humboldt-Univ. z. Bln. Reihe Agrarwissenschaften 1: 33–38

Haubold W, Kästner S, Markmann N, Rascher J (1993) Boden- und ertragskundliche Bewertung aschemeliorierter Kippen im Lausitzer Braunkohlenrevier. Glückauf-Forschungshefte 1: 35–39

Heinrich D (1978) Der Einfluß von Meliorationstiefe und PK-Tiefendüngung auf die Fruchtbarkeit meliorierter Kippkohlesande. Wiss. Zeitschr. d. Humboldt-Univ. z. Bln. Mat.-Nat. R. 5: 583–589

Illner K, Katzur J (1964a) Betrachtungen zur Bemessung der Kalkgaben auf schwefelhaltigen Tertiärkippen. Zeitschr. f. Landeskultur 5: 287–295

Illner K, Katzur J (1964b) Zur Wiedernutzbarmachung kulturfeindlicher Kippen und Halden der Braunkohlentagebaue. Bergbautechnik 10: 522–524

Illner K, Katzur J (1966) Das Koyne-Verfahren zur Wiedernutzbarmachung von Kippen des Braunkohlenbergbaues. Veröff. d. Inst. f. Landschaftspflege der Humboldt-Univ. z. Bln. Berlin

Illner K, Katzur J (1968) Der Einfluß der Wiederurbarmachung auf den Erfolg der Rekultivierung. Bergbautechnik 8: 423–426

Illner K, Katzur J (1969) Untersuchungen zur optimalen Nährstoffversorgung während der Rekultivierung. Zeitschr. f. Landeskultur 3: 169–176

Illner K, Katzur J, Raasch H (1970) Die Bestimmung des Kalkgehaltes von Braunkohlenaschen zur Melioration von Kipprohböden. Bergbautechnik 1: 46–49

Illner K, Lorenz W (1965) Das Domsdorfer Verfahren zur Wiederurbarmachung von Kippen und Halden des Braunkohlenbergbaues. Veröff. des Inst. f. Landschaftspflege der Humboldt-Univ. z. Bln., Berlin

Illner K, Raasch H (1966) Zur Bestimmung des Kalkbedarfes für die Melioration von schwefelhaltigen Tertiärkippen. Zeitschr. f. Landeskultur 4: 285–290

Illner K, Raasch H (1967) Zur Bestimmung des Kalkgehaltes von Braunkohlenaschen für die Melioration von Kippen. Zeitschr. f. Landeskultur 3: 171–178

Illner K, Raasch H (1968) Zur Bestimmung der Kalkmenge für die Melioration von schwefelhaltigen Rohböden. Wiss. Zeitschr. d. Humboldt-Univ. z. Bln. Mat.-Nat. R. 2: 235–238

Illner K, Sauer H (1974) Zur Mindestmächtigkeit der Schüttung kulturfähiger Schichten und der Grundmelioration auf landwirtschaftlich zu nutzenden Kippenflächen im Lausitzer Braunkohlenrevier. Neue Bergbautechnik 1: 34–36

Institut für Energetik (1964a) Chemische Schnellanalyse von Verbrennungsrückständen. Bericht 8/1263/64 F. Leipzig

Institut für Energetik (1964b) Physikalisch-chemische Schnellanalyse von Verbrennungsrückständen. Bericht 8/1264/64 F. Leipzig

Institut für Energetik (1966) Schnellbestimmung aktiver Bestandteile in Verbrennungsrückständen. Bericht 2/1568/66 F. Leipzig

Katzur J (1965) Untersuchungen über die Rekultivierung von schwefelhaltigen Tertiärkippen unter Verwendung phenolhaltiger Kokereiabwässer. Diss. Berlin

Katzur J (1970) Zur Säurefreisetzung in schwefelhaltigen Rohböden. Die Wiedernutzbarmachung der durch die Industrie devastierten Territorien. IV Internationales Symposium. T. II. 238–246, Leipzig

Katzur J (1971) Die Bodenmelioration extrem saurer Kipprohböden. Diss. (B). Berlin

Katzur J (1974) Abschlußbericht zur Forschungsleistung „Erarbeitung eines Verfahrens und Entwicklung der entsprechenden Technologie für die Vertiefung des Meliorationshorizontes auf Tertiärkippen über 100 cm." Bereich Meliorationswesen der Sektion Pflanzenproduktion der Humboldt-Univ. z. Bln. (unveröff.). Berlin

Katzur J (1977a) Die Grundmelioration von schwefelhaltigen extrem sauren Kippböden. Technik und Umweltschutz 18: 52–62

Katzur J (1977b) Einsatz von Industrieabwässern der braunkohlenveredelnden Industrie bei der Wiedernutzbarmachung von Kippenflächen des Braunkohlenbergbaues. Technik und Umwelttschutz 18: 63–72

Katzur J (1987) Zur Entwicklung der Humusverhältnisse auf den meliorierten schwefelhaltigen Kippböden. Arch. Acker-Pflanzenb. Bodenkd 4: 239–247

Katzur J (1988) Bodenkundliche Zielgrößen der landwirtschaftlichen Rekultivierung schwefelhaltiger Kippböden. Schutz und Nutzung des Bodens. Kolloquium des Institutes für Pflanzenernährung Jena 3: 147–158

Katzur J (1992) Stofffrachten der Sickerwässer und Entwicklung des Entsorgungspotentials landwirtschaftlich genutzter Kippböden. BMFT-Förderprojekt 033 93 92 A (Teil-Abschlußbericht). Forschungsinstitut für Bergbaufolgelandschaften e.V. Finsterwalde

Katzur J, Enders I (1977) Zur Wiedernutzbarmachung der Filteraschеflächen des VEB Kraftwerke Boxberg. Neue Bergbautechnik 3: 200–204

Katzur J, Hanschke L (1990) Pflanzenerträge auf meliorierten schwefelhaltigen Kippböden und die bodenkundlichen Zielgrößen der landwirtschaftlichen Rekultivierung. Arch. Acker-Pflanzenbau Bodenkd 1: 35–43

Katzur J, Hanschke L (1993) Stofffrachten der Sickerwässer und Entwicklung des Entsorgungspotentials landwirtschaftlich genutzter Kippböden. BMFT-Förderprojekt 033 93 92 A (Jahresbericht). Forschungsinstitut für Bergbaufolgelandschaften e. V. Finsterwalde

Katzur J, Heiske F K (1974) Das Kleinleipischer Meliorationsverfahren. Neue Bergbautechnik 9: 690–694

Katzur J, Herbert P (1980) Die Bedeutung der Meliorationstiefe für die Fruchtbarkeit der meliorierten schwefelhaltigen Kippböden, dargestellt am Beispiel praktischer Großversuche. Arch. Acker- und Pflanzenbau u. Bodenkd 6: 335–342

Katzur J, Liebner F (1995) Erste Ergebnisse eines Großlysimeterversuches zu den Auswirkungen der Abraumsubstrate und Aschemelioration auf Sickerwasserbildung und Stofffrachten der Sickerwässer auf den Kippen und Halden des Braunkohlenbergbaues; 1. Mitteilung: Versuchsbeschreibung, Funktionskontrolle und physikalisch-chemische Parameter der Sickerwässer, Arch. Acker-Pfl. Boden, 39: 19–35; 2. Mitteilung: Schwermetall-, Arsen- und Stickstoffgehalte der Sickerwässer in Kippböden, Arch. Acker-Pfl. Boden 39: 175–188

Katzur J, Lorenz W-D (1976) Die Fruchtbarkeit meliorierter schwefelhaltiger Kippböden in Abhängigkeit von der Meliorationstiefe. Neue Bergbautechnik 7: 541–545

Katzur J, Zeitz J (1985) Bodenfruchtbarkeitskennziffern zur Beurteilung der Qualität der Wiederurbarmachung schwefelhaltiger Kippböden. Arch. Acker-Pflanzenb. Bodenkd 4: 195–203

Knabe W (1954) Vorläufige Richtlinien für die Bepflanzung und Melioration forstlicher Kippenstandorte in der Niederlausitz. Forst u. Jagd 5: 229–234

Knabe W (1959a) Zur Wiederurbarmachung im Braunkohlenbergbau. VEB, Berlin

Knabe W (1959b) Möglichkeiten zur Wiedernutzbarmachung der vom Braunkohlenbergbau beanspruchten Flächen. Bergbautechnik 4: 173–182

Kopp E (1960) Der Einfluß der organischen kohleartigen Beimengungen auf den Kulturwert der pleistozänen und miozänen Deckgebirgsmassen der Niederlausitzer Tagebaue. Diss. Berlin

Kraemer C (1935) Kultivierung von Abraumkippen der Braunkohlengruben der Niederlausitz. Diss. Breslau

Lorenz W-D (1967a) Untersuchungen über die Wiederurbarmachung von kulturfeindlichen Kippen nach dem Domsdorfer Verfahren. Diss. Berlin

Lorenz W-D (1967b) Zum Pappelanbau auf Kippen und Halden des Braunkohlenbergbaus in der Niederlausitz. Veröff. des Inst. f. Landschaftspflege der Humboldt-Univ. z. Bln. 1: 44–85

Lorenz W-D (1968) Die Entwicklung der Reaktionsverhältnisse tertiärer Kippböden nach der Melioration mit Braunkohlenasche. Zeitschr. f. Landeskultur 1: 45– 52

Lorenz W-D (1970) Unveröffentlichte Versuchsunterlagen

Lorenz W-D, Katzur J (1978) Zum Einfluß einer P-K-Tiefendüngung bei der Grundmelioration auf die Fruchtbarkeit schwefelhaltiger Kippböden. Neue Bergbautechnik 11: 643–647

Scheffer/Schachtschabel (1989) Lehrbuch der Bodenkunde, 12. neu bearb Aufl. Enke, Stuttgart

Schwartz W (1964) Gutachten über das Vorkommen von Thiobacillus-Arten im Kippengelände und über die Beziehungen zur Rekultivierung. 16 S. Greifswald, den 18.12.1964

TGL 26 157/02 (1984) Fachbereichstandard Wiedernutzbarmachung von Kippen und Halden. Grundmelioration tertiärer schwefelhaltiger Kippsubstrate

Thomas S (1969) Untersuchungen über die Feuchtigkeitsverhältnisse von Kipprohböden des Braunkohlenbergbaues in der Niederlausitz. Diss. Berlin

Werner K (1974) Grundsätze der Wiedernutzbarmachung von Braunkohlenkippen unter den volkswirtschaftlichen Bedingungen der DDR. Diss. (B). Leipzig

Wünsche M, Lorenz W-D, Oehme W-D, Haubold W (1972) Die Bodenformen der Kippen und Halden im Niederlausitzer Braunkohlenrevier. Mitteilung Nr. 15/72 aus dem VEB GFE Halle, BT Freiberg, Senftenberg

Bodenentwicklung

Michael Haubold-Rosar

Bei der Gestaltung von Bergbaufolgelandschaften besteht die Möglichkeit, die Bodenentwicklung v. a. durch Auswahl und Auftrag geeigneter Substrate, Bodenmelioration, Förderung der Wiederbesiedlung durch Pflanzen und Tiere und gezielten Anbau von Gehölzen und Kulturpflanzen positiv zu beeinflussen.

Eine Betrachtung der Bodenentwicklung auf Kippen und Halden des Braunkohlenbergbaues sollte deshalb Antworten auf die folgenden Kernfragen geben:

- Welche Bodenbildungsprozesse laufen in rekultivierten Böden ab?
- Welche Eigenschaften haben die entstehenden Bodenformen in unterschiedlichen Entwicklungsstadien in Abhängigkeit von den genannten Faktoren?
- Wie läßt sich die Bodenentwicklung effektiv und positiv steuern?
- Wird eine Annäherung an „natürliche" Bodenverhältnisse erreicht?
- Wie lange dauert es, bis rekultivierte Böden die wichtigsten Bodenfunktionen zufriedenstellend erfüllen?

Als Bodenfunktionen im Sinne des Bodenschutzes sollen hier die Produktionsfunktion, die Lebensraumfunktion für Pflanzen und Tiere, allgemein also das Transformationsvermögen für Wasser, Nährstoffe und Energie sowie die Puffer- und Filterfunktion der Böden verstanden werden.

Die Erfüllung dieser Funktionen ist der Maßstab für die ökonomische und ökologische Bewertung der Bodenentwicklung und der Rekultivierungsleistungen.

Dabei spielt der Nutzungsanspruch eine entscheidende Rolle; im Falle einer land- und forstwirtschaftlichen Nutzung stehen Produktivität und Fruchtbarkeit im Vordergrund, Biotop- und Artenschutz erfordern ökologische Vielfalt und Stabilität.

So ist bei land- und forstwirtschaftlicher Nutzung ein lockerer Boden mit guter Durchlüftung, Infiltration und Durchwurzelbarkeit wünschenswert, während dichte, stau- oder grundvernäßte Böden als Voraussetzung für Feuchtbiotope in der Bergbaufolgelandschaft zu fordern sind.

Auf den Kippen und Halden des Lausitzer Braunkohlenreviers haben quartäre und tertiäre Sande bis lehmige Sande und ihre Gemengeformen die größte Verbreitung. Bei den quartären Substraten handelt es sich um schwach bis mittel kiesige Terrassenschotter, Schmelzwasser-, Tal- und Beckensande, bei den tertiären Substraten um meist schwach bis stark kohlehaltige brackisch-marine, z.T. fluviatil-limnische Sande. Untergeordnet treten quartäre wie tertiäre Beckentone und -schluffe auf. Besondere Bedeutung für die Rekultivierung haben die kulturfreundlichen Geschiebemergel.

Die Betrachtungen zur Bodenentwicklung konzentrieren sich deshalb auf die Substrate Geschiebemergel/-lehm sowie Quartär- und Tertiärsand.

Neben den in der Literatur dargestellten Befunden werden v. a. die Ergebnisse eigener Untersuchungen an Bodenprofilen im Lausitzer Braunkohlenrevier dargestellt.

1 Bodenentwicklung in Geschiebemergel/-lehm

In der Lausitz ist der Geschiebemergel neben den nur in unbedeutenden Mengen beim Braunkohlentagebau anfallenden Auenlehmen als das wertvollste kulturfähige Substrat anzusehen (Knabe 1961; Wünsche 1976; Einhorn 1990). Bislang wurden im Lausitzer Revier ca. 1 700 ha mit Geschiebemergel/-lehm überzogen (Gunschera 1993). Es handelt sich um Moränenmaterial der Elster- und Saalekaltzeit, in das während der Eisvorstöße auch tertiäre Sedimente eingearbeitet wurden. Bis zu 50 m mächtige Geschiebemergelfüllungen befinden sich in den bereits präquartär angelegten und anschließend von den Eismassen als Leitbahnen benutzten Rinnensystemen. Bislang wurden jedoch fast ausschließlich geringmächtigere Grundmoränenplatten der „Hochflächen" abgebaggert. Oberflächlich anstehender Geschiebemergel ist nach z.T. tiefgründiger Entkalkung verlehmt und verbraunt und häufig staunaß.

Die Textur des grauen bis graubraunen, carbonathaltigen Geschiebemergels ist als stark lehmiger Sand

Tabelle 1. Bodenphysikalische Eigenschaften von Kippböden aus Löß und Geschiebemergel/-lehm

Horizont	Tiefe [cm]	S [M.-%]	U [M.-%]	T [M.-%]	R_t [g/cm³]	Σ PV	Poren [Vol.-%] > 50 μ	50–10 μ	10–0,2 μ	< 0,2 μ	EW [MPa]	k_a [μm²]	k_f [cm/d]
a) Aus Geschiebemergel/-lehm mit Schmelzwassersand-Beimengungen im Lausitzer Revier, n = 4, $\bar{x}$ Alter = 10 J.													
jAp	0– 30	63,0	19,6	17,4	1,58	39,4	13,9	4,0	10,4	11,1	1,1	13,9	174
jY1	– 50	65,8	18,4	15,8	1,82	30,8	6,2	3,0	10,6	11,0	2,4	5,3	14
jY2	– 70	69,2	16,5	14,3	1,82	30,7	6,0	2,6	8,3	13,8	2,1	3,3	14
jY3	–100	59,8	20,7	19,5	1,75	33,9	7,2	2,1	10,1	14,6	1,5	3,8	27
b) Aus tonigem Geschiebemergel im Lausitzer Revier, n = 2, $\bar{x}$ Alter = 20 J.													
jAp	0– 30	52,5	20,8	26,7	1,66	36,6	3,5	3,4	10,5	19,2	1,1	2,9	44
jY1	– 50	42,2	25,0	37,8	1,73	34,8	1,8	2,0	8,6	22,4	1,6	1,3	9
jY2	– 70	45,7	21,1	33,2	1,75	34,3	1,8	2,0	6,7	23,8	1,6	1,1	4
jY3	–100	50,5	21,4	28,1	1,72	35,2	3,5	1,8	10,4	19,5	1,6	1,5	23
c) Aus Löß im Rheinischen Braunkohlenrevier, verdichtet, n = 4, $\bar{x}$ Alter = 15 J.													
jAp	0– 35	7,8	73,0	19,2	1,60	39,7	6,3	2,0	19,3	12,1	1,8	30,1	155
jY1	– 60	7,6	74,0	18,4	1,74	34,7	3,7	2,4	16,0	12,6	>2,9	4,7	23
jY2	– 85	8,6	72,9	18,5	1,75	34,3	4,2	1,5	15,7	12,9	>2,9	3,8	11
jY3	–100	10,9	70,9	18,2	1,74	34,6	4,0	1,5	16,5	12,7	>2,9	1,8	6
d) Aus Löß im Rheinischen Braunkohlenrevier, locker, n = 4, $\bar{x}$ Alter = 15 J.													
jAp	0– 35	6,8	72,9	20,3	1,54	42,1	8,5	3,6	18,4	11,6	1,4	12,8	48
jY1	– 60	6,4	72,7	20,9	1,60	40,1	5,9	4,2	17,2	12,8	1,5	6,0	25
jY2	– 85	7,9	72,5	19,6	1,60	40,0	5,1	4,9	17,0	13,0	1,5	3,4	25
jY3	–100	6,8	73,7	19,5	1,59	40,7	5,6	4,4	18,3	12,4	1,4	2,5	17

Textur nach Köhn (1929); R_t Trockenraumgewicht; Σ *PV* 1-R_t/D_f; D_f Dichte der Festsubstanz; Porengrößenverteilung nach Richards u. Fireman (1943); *EW* Eindringwiderstand im Stechring bei pF 2,5, Sonden-Ø = 0,6 cm; k_a Luftleitfähigkeit nach Kmock 1962; k_f ges. Wasserleitfähigkeit nach Hanus 1964.

bis sandig-toniger Lehm mit bis zu 15 M.-% Skelett anzusprechen (Tabelle 1, a und b). Das Überfahren und die Einarbeitung tertiärer Schichten durch die vorrückenden Eismassen hat zur Folge, daß die Gehalte an fossiler organischer Substanz bis zu 1,5 M.-% Corg betragen können und sehr feine bis mittlere Kohlebröckel enthalten sind (Tabelle 2, a und b).

1.1 Gefügeentwicklung

Der Druck des Eises hat den Geschiebemergel zu einem dichten, kohärenten Gefüge zusammengepreßt. Bei Gewinnung, Transport und Auftrag von abgetrocknetem Material entstehen mittlere und grobe Klumpen mit hoher Dichte, welche die Erstbewirtschaftung stark erschweren. Bei der Rekultivierung mit feuchtem Geschiebemergel führt insbesondere die Planierung zu einem dichten, kohärenten Gefüge (Abb. 1).

Zusätzlich entstehen bei der Befahrung mit schwerem landwirtschaftlichem Gerät während der Folgebewirtschaftung weitere, z. T. extreme Bodenverdichtungen in den strukturlabilen Rohböden, die v. a. in ihrer tonreicheren Ausprägung als Minutenböden bezeichnet werden müssen. Dabei kommt es auch zur Ausprägung plattiger Strukturen unterhalb der Bearbeitungstiefe, die die Durchwurzelung des Unterbodens stark einschränken (Simon et al. 1975; Vogler 1983).

In den Oberböden führen die ständige Auflockerung der Krume bei landwirtschaftlicher Nutzung, Frosteinwirkung, Quellung und Schrumpfung, Zufuhr organischer Substanz und steigende biologische Aktivität zur langsamen Ausbildung eines subpolyedrisch-krümeligen Gefüges. Dieser Prozeß dauert bei Tongehalten < 20 M.-% auch in der Krume 25 Jahre alter Profile noch an, in denen weiterhin Bröckel und Klumpen dominieren. Tonreichere Varianten zeigen in der Krume eine etwas beschleunigte Entwicklung zu polyedrisch-krümeligem Gefüge.

Abb. 1. a Mit LKW geringmächtig aufgeschütteter und planierter Geschiebemergel über kiesigem, lehmigem Sand im 1. Rekultivierungsjahr nach flacher Bodenbearbeitung und Getreidesaat. **b** Starke Verdichtungen

Infolge der durch Auftrag, Planierung und Bewirtschaftung bedingten Druckbelastung treten in den Unterböden bis 1 m Tiefe hohe Trockenraumgewichte zwischen 1,7 und 1,9 g/cm^3 auf, die das Ausmaß von Verdichtungen in Kippböden aus Löß noch übertreffen (Tabelle 1).

Die Dichtlagerung bedeutet eine Reduzierung des Porenvolumens v. a. auf Kosten der weiten Grobporen und damit eine Verminderung des Gasaustausches mit der Atmosphäre und der Infiltration von Regenwasser.

So sinkt bei sandig-tonigen Lehmen das Volumen der weiten Grobporen auf unter 2 Vol.-%, die Luftleitfähigkeit auf ca. 1 µm^2 und die Wasserdurchlässigkeit unter 10 cm/Tag (Tabelle 1, b). Damit sind diese Böden als lockerungsbedürftig anzusehen (DVWK 1986).

Bei niedrigeren Tongehalten haben die Rohböden aus Geschiebemergel i. allg. auch im Falle hoher Trokkenraumgewichte noch ≥ 6 Vol.-% weite Grobporen (Tabelle 1, a). Luft- und Wasserdurchlässigkeit sind geringfügig höher als bei den verdichteten tonigen Varianten.

Dennoch sind auch diese Flächen als lockerungsbedürftig einzustufen. Zum einen, weil aufgrund einer nur schwachen Korrelation zwischen Grobporen und Leitfähigkeiten auf fehlende Porenkontinuität zu schließen ist; zum zweiten, weil aufgrund der durch den Eindringwiderstand dokumentierten extremen Bodenfestigkeit keine tiefreichende Durchwurzelung möglich ist; alle untersuchten Profile wiesen eine schlechte Durchwurzelung des Unterbodens auf. Damit ist die Aufnahme von Wasser und Nährstoffen durch die Pflanzen stark eingeschränkt. Das wirkt sich aufgrund der ohnehin geringen bis mittleren nutzbaren Feldkapazität als besonders nachteilig aus.

Die Auflockerung derartig intensiver Bodenverdichtungen durch natürliche Prozesse wie Quellung/Schrumpfung, Frieren/Tauen, Durchwurzelung oder bodenbiologische Aktivität ist nicht zu erwarten. Die Ausbildung eines Absonderungsgefüges wird durch niedrige Tongehalte erschwert, Wurzeln können den extrem verfestigten oberen Unterboden bereits nicht mehr durchdringen und die Besiedlung rekultivierter Flächen durch wühlende Bodentiere vollzieht sich nur langsam.

Da das Sickerwasser auf den verdichteten Schichten zurückstaut und sich damit die Tragfähigkeit der dann wassergesättigten Bereiche vermindert, ist vielmehr mit einer weiteren Verschlechterung des Bodengefüges zu rechnen, wenn die Flächen vor ausreichender Abtrocknung mit schwerem Gerät befahren werden. Das betrifft auch bislang nur mäßig verdichtete Profile.

Tabelle 2. Bodenmechanische und -biologische Eigenschaften von Kippböden aus Löß und Geschiebemergel/-lehm

Horizont	Tiefe [cm]	pH	$CaCo_3$ [M.-%]	$C_{org.}$ [M.-%]	N_t [M.-%]	C/N	Ak_{pot} [µmol IÄ/g]	Na	K	Mg [% Ak_{pot}]	Ca	Σ	DHA [µTPF/g]	SIR [$mgCO_2$/d/100g]
a) Aus Geschiebemergel/-lehm mit Schmelzwassersand-Beimengungen im Lausitzer Revier, n = 4, $\bar{x}$ Alter = 10 J.														
jAp	0– 30	7,4	2,5	1,06	0,06	19	112	0,1	3,5	7,0	89,4	100	37	40,4
jY1	– 50	7,3	1,6	0,47	0,05	9	101	0,6	0,1	9,8	89,5	100		
jY2	– 70	7,3	1,5	0,46	0,04	11	103	0,3	0,0	9,7	90,0	100		
jY3	–100	7,3	1,0	0,40	0,04	9	98	0,1	0,0	13,7	86,2	100		
b) Aus tonigem Geschiebemergel im Lausitzer Revier, n = 2 , $\bar{x}$ Alter= 20 J.														
jAp	0– 30	7,4	7,2	1,40	0,09	16	128	0,0	5,7	8,3	86,0	100	67	64,1
jY1	– 50	7,4	7,7	1,11	0,05	22	125	0,3	4,0	17,6	78,1	100		
jY2	– 70	7,4	9,5	0,65	0,06	11	126	0,3	2,6	19,0	78,1	100		
jY3	–100	7,4	10,3	0,50	0,05	10	126	0,2	2,7	17,6	79,5	100		
c) Aus Löß im Rheinischen Braunkohlenrevier, n = 8, $\bar{x}$ Alter = 15 J.														
jAp	0– 35	7,7	7,0	0,28	0,06	5	104	0,5	4,1	7,6	87,8	100	50	33,7
jY1	– 60	7,7	7,3	0,13	0,02	7	100	0,7	2,5	9,9	86,9	100		
jY2	– 85	7,7	8,2	0,09	0,01	9	96	0,7	2,0	11,6	85,7	100		
jY3	–100	7,7	8,1	0,08	0,02	4	96	0,8	2,1	12,2	84,9	100		

pH in 0,01 m $CaCl_2$-Lsg.; $CaCO_3$ nach Scheibler (In: König 1923); C_{org} C_t - $CaCO_3$-C; C_t und N_t durch Elementaranalyse; Ak nach Mehlich (In: Thun et al. 1955); *DHA* Dehydrogenase-Aktivität nach Thalmann (1968); *SIR* Substratinduzierte Respiration am Wösthoff-Gerät nach Vorbelüftung nach Anderson u. Domsch (1978).

1.2 Bodenchemische und -biologische Entwicklung

Die bodenchemischen Eigenschaften der Kippböden aus Geschiebemergel/-lehm sind als ähnlich günstig einzustufen wie die der Lößböden (Tabelle 2). Bei neutraler bis schwach alkalischer Reaktion und 2–10 M.-% $CaCo_3$ beträgt die Basensättigung 100 %. Die potentielle Kationenaustauschkapazität liegt in Abhängigkeit vom Tongehalt zwischen 100 und 125 µmol IÄ/g Boden, wobei Ca und Mg die Kationenbelegung dominieren.

Vollanalysen im HF-Aufschluß erbrachten eine hohe Versorgung mit Ca und Mg sowie mittlere bis hohe Vorräte an K (700–1 500 mg/100 g) und P (20–30 mg/100 g) (Wünsche u. Schubert 1967; Wünsche 1976; Gunschera 1979; Einstufung n. Kopp 1982). Die K-Vorräte schwanken v. a. in Abhängigkeit von der Menge an Glimmern und Kalifeldspäten sowie der Tonmineralgarnitur.

Während im Falle des Mg auch die pflanzenverfügbaren Anteile mittel bis hoch sind, wurden nach der ALE-Methode für K niedrige bis mittlere, für P nur niedrige pflanzenverfügbare Anteile ermittelt. Ähnlich wie bei den Lößböden wird die K- und P-Versorgung bzw. -Nachlieferung des Geschiebemergels durch die DL-Methode unterschätzt (Schulze 1970; Richter u. Kerschberger 1972; Richter et al. 1977). Phosphor wird durch das reichlich vorhandene Ca als schwer mobilisierbarer Apatit festgelegt. Jedoch lassen sich Nährstoffdefizite durch entsprechende Düngung kurzfristig ausgleichen.

Langwieriger ist der Prozeß der Humusanreicherung in der Krume. Sie bewirkt eine Erhöhung der Austauschkapazität, der biologischen Aktivität und der Gefügestabilität und verbessert damit auch die Tragfähigkeit der Böden.

Die relativ hohen Ausgangs-Kohlenstoffgehalte gehen auf kohlige Beimengungen tertiären Ursprungs zurück. Hohe Kohlegehalte bedingen weite C/N-Verhältnisse. Die Heterogenität dieser Kohlebeimengungen und Flugasche-Immissionen erschweren Aussagen zur Humusentwicklung.

Auf der mit Geschiebemergel und Schmelzwassersandbeimengungen überzogenen Außenhalde Beuchow (Niederlausitz) wurde in den ersten 8 Jahren nach Aufschüttung über eine Futterbau-Getreide-Fruchtfolge und bei Verwendung von Wirtschaftsdüngern ein jährlicher Anstieg von 0,030–0,038 M.-% Corg erzielt (Gunschera 1979). Wünsche u. Thum (1990) stellten in Böden aus Geschiebemergel/-lehm mit Sandlöß-/Schwemmsandbeimengungen auf der Flurkippe Espenhain (Leipziger Bucht) bei ähnlicher Bewirtschaftung, aber trockenerem Klima einen Anstieg von 0,2 auf 0,83 M.-% Corg in 14 Jahren fest. Nach weiteren 13 Jahren stellt sich ein Gleichgewicht mit ca. 1,1 M.-% Corg ein. Den degressiven Verlauf der Humusanreicherung und den positiven Einfluß von Stallmistgaben zeigten auch Haubold et al. (1987) und Thum et al. (1990).

Die Steigerung der Gehalte an organischer Substanz sagt jedoch nichts über deren Qualität aus. Die in den ersten 20 Jahren humifizierte organische Primärsubstanz ist noch nicht in dem Maße stabilisiert wie der Humus des Tagebauvorfeldes (Wünsche u. Thum 1990). Auch 25 Jahre alte Kippböden aus Löß weisen ein nur wenig entwickeltes Huminstoffsystem mit geringen Anteilen hochpolymerer Huminsäuren auf (Schumacher et al. 1993).

Bodenatmung und Dehydrogenaseaktivität steigen innerhalb der ersten 20 Jahre schnell an und sind in tonreicheren Profilen höher als in tonärmeren (Tabelle 2). Die Besiedlungsdichte von Pilzen, Bakterien und Zellulosezersetzern erreichte auf der mit Geschiebemergel/-lehm rekultivierten, landwirtschaftlich genutzten Flurkippe Espenhain nach ca. 20 Jahren das Niveau vergleichbarer Böden im Vorfeld (Wünsche u. Thum 1990).

Bei der Wiederbesiedlung durch Bodentiere dominieren zunächst Collembolen und Milben. Regenwürmer fehlen i. allg. in frisch aufgetragenen Rohböden. Sie wandern nur sehr langsam von den Rändern her ein oder werden durch Vögel und Säugetiere eingeschleppt. Als limitierender Faktor bei der Wiederbesiedlung landwirtschaftlich genutzter Kippböden aus Geschiebemergel/-lehm dürfte weniger Nahrungsmangel als vielmehr die starke Verdichtung des Unterbodens eine wichtige Rolle spielen. Sie verhindert ein Ausweichen der Tiere vor Hitze, Austrocknung und Frost im Oberboden (Dunger 1978, 1991; Hermosilla 1980; Zerling 1987; Westernacher-Dotzler u. Dumbeck 1992).

1.3 Schlußfolgerungen

Frisch verkippter Geschiebemergel/-lehm hat gute bodenchemische Eigenschaften, d. h. neutrale bis schwach alkalische Reaktion, freies $CaCo_3$, mittlere AK_{pot}, hohe Basensättigung und mittlere bis hohe Nährstoffvorräte. Werden Auftrag und Planierung bei Trockenheit und möglichst bodenschonend durchgeführt, dann sind auch gute Voraussetzungen für die langfristige Entwicklung eines stabilen Gefüges mit mittlerer Feldkapazität und guter Durchlässigkeit gegeben. Geschiebemergel/-lehmflächen wurden deshalb bislang fast ausschließlich landwirtschaftlich rekultiviert.

Aus Sicht des Bodenschutzes und zur Förderung der Bodenfruchtbarkeit stehen bei der Folgebewirtschaftung zunächst Maßnahmen zur Förderung der Humus- und Gefügeentwicklung im Vordergrund (Tabelle 3) (Werner et al. 1974, 1975).

Untersuchungen zeigen, daß innerhalb der ersten 20 Jahre eine nennenswerte Humusanreicherung in der Krume erreichbar ist, wenngleich der Anteil an stabilen Humusstoffen zunächst geringer bleibt als im Vorfeld. Das hat positive Effekte auf die Entwicklung von Boden-

Tabelle 3. Fruchtbarkeitsfördernde Maßnahmen der Erstbewirtschaftung von Kippböden

- Anbau von Leguminosen in den ersten Jahren
  intensive Durchwurzelung, Verbesserung des Gefüges, Anreicherung von organischer Substanz, Sammlung von Stickstoff
- Getreide-Futterpflanzen-Fruchtfolge in den Folgejahren, Verzicht auf humuszehrende Kulturen wie ZR, Mais
  Anreicherung von organischer Substanz, Minderung der Erosionsgefahr
- Keine Schwarzbrache
  Minderung von Verschlämmung und Erosionsgefahr
- Grün- und Stallmistdüngung (bei Verwendung von Müllkompost und Klärschlamm Beachtung des Schwermetalleintrags)
  schnelle Anreicherung von organischer Substanz, Förderung des Bodenlebens
- Schonende Bodenbearbeitung: Minderung des Bodendrucks (Verringerung der Achslasten und Vergrößerung der Reifenaufstandsfläche), weniger Überfahrten (z.B. durch Gerätekombinationen), Verzicht auf Pflügen (Mulch-/Direktsaat), Fahren des Schleppers beim Pflügen außerhalb der Furche (Anbau eines Räumschares), Bearbeitung nach ausreichender Abtrocknung
  Schonung des anfangs labilen Gefüges, Vermeidung von Verdichtungen, Förderung des Gefügeaufbaus

flora und -fauna und auf die Ausbildung eines stabilen und tragfähigen Gefüges.

Aus den Rohböden aus Geschiebemergel/-lehm entstehen so zunächst Locker-Syroseme und schließlich Pararendzinen mit jAp (jAh)–jY1–jY2...-Horizontierung. In 25 Jahre alten Profilen hat aufgrund hoher Carbonatvorräte und schwach alkalischer Reaktion noch keine Verbraunung, Verlehmung oder gar Tonverlagerung stattgefunden. Erst nach Entkalkung ist mit intensiver Silikatverwitterung, Tonneubildung und Verbraunung zu rechnen. Auch die Gefügeentwicklung im Unterboden deutet sich nach 25 Jahren erst an: Aus dem kohärenten, bröckelig-klumpigen Gefüge entsteht bei ungestörter Entwicklung ein subpolyedrisches (Tongehalt < 20 M.-%) bis prismatisch-polyedrisches (Tongehalt > 25 M.-%) Absonderungsgefüge.

Auf einem Großteil der bislang mit Geschiebemergel rekultivierten Flächen ist es jedoch durch Verkippung, Planierung und Bewirtschaftung zu erheblichen Bodenverdichtungen gekommen, die durch natürliche Prozesse nicht mehr aufgelockert werden können. Die Verschlechterung des Luft- und Wasserhaushaltes und der Durchwurzelung schränkt die Ertragsfähigkeit erheblich ein. Profile mit Staunässe zeigen Rostflecken und Bleichzonen sowie Fe- und Mn-Konkretionen und lassen eine Entwicklung zum Pseudogley vermuten. Bei angestrebter landwirtschaftlicher Nutzung sind deshalb bodenschonender Auftrag, Planierung und Bewirtschaftung unbedingt erforderlich.

Die geschilderten Verdichtungen lassen sich nur durch mechanische Auflockerung beseitigen. Die Nachhaltigkeit derartiger Maßnahmen ist bei Tongehalten < 20 M.-% und Sandgehalten > 50 M.-% jedoch nicht gesichert und nur bei bodenschonender Nachbewirtschaftung zu erreichen.

Eine Alternative aus bodenkundlicher Sicht zu aufwendigen Rekultivierungsleistungen bei Folgebewirtschaftung und Melioration bietet die forstliche Zwischennutzung von frisch geschütteten wie verdichteten Geschiebemergelflächen. Hiervon sind ähnlich positive Wirkungen auf Humus- und Gefügeentwicklung zu erwarten wie bei Böden aus Löß (Müller et al. 1988; Schneider et al. 1993). Dem steht entgegen, daß aufgrund der ungünstigen Substratverhältnisse in der Lausitz der Anteil rekultivierter Forstflächen ohnehin dominiert und der Landwirtschaft in ausreichendem Maße Ersatz für die durch den Bergbau beanspruchten Flächen geleistet werden muß.

2
Bodenentwicklung in quartären und tertiären Sanden

In der Lausitz besteht der weitaus größte Teil der obersten Substratdecke bislang rekultivierter Flächen aus quartären und tertiären Sanden. Zu unterscheiden sind:

- A. Pleistozäne Beckensande (stärker feinsandig) und Talsande (stärker mittel- und grobsandig, kiesig), die durch abbaubedingte Vermischung mit Becken- und Talschluffen/-tonen schwach bis mittel lehmig sein können

- B. Miozäne, brackisch-marine, z.T. limnisch-fluviatile, meist schwach bis stark kohlehaltige Sande bis lehmige Sande
- C. Verschiedenste Gemengeformen der unter A. und B. genannten Materialien (Knabe 1959, Wünsche et al. 1972)

Etwa 21 000 ha der mit diesen Substraten überzogenen Flächen wurden bislang aufgeforstet. Lehmige pleistozäne Sande und lehmige tertiäre Sande mit Kohlegehalten > 0,5 M.-% C_t sind auch landwirtschaftlich rekultiviert worden (ca. 5 500 ha) (Katzur 1988; Gunschera 1993).

Im Vorfeld der Tagebaue herrschen unter Wald auf silikatreicheren Sanden saure Braunerden bis Podsol-Braunerden vor. In ärmeren Sanden und bei langjähriger Kiefernnutzung haben sich Podsole gebildet. Auf landwirtschaftlich genutzten Flächen sind dementsprechend Braun- und Rosterden zu finden. Auch grundwasserbeeinflußte Sand-Gleye werden vielfach landwirtschaftlich genutzt.

2.1 Gefügeentwicklung

In den sandigen bis lehmig-sandigen Substraten liegt i. allg. nach dem Auftrag ein lockeres Einzelkorngefüge vor (Abb. 2). In pleistozänen Talsanden kann der Kiesgehalt mehr als 15 M.-% betragen. Mittel bis stark lehmige Sande zeigen v. a. in den Oberböden mit Humusanreicherung nach 20- bis 30jähriger Nutzung die Ausbildung eines subpolyedrischen Gefüges. Ton und Schluff sind jedoch häufig nicht syngenetischer, gleichmäßig verteilter Bestandteil der Substrate, sondern als Klumpen oder Bröckel durch Abbau und Auftrag unregelmäßig beigemischt.

Abb. 2. Kipp-Regosol aus tertiärem, kohlehaltigem, schwach lehmigem Sand mit Beimengungen pleistozäner (gelb-brauner) Sande. Der Baumbestand des Standortes wurde 30 Jahre zuvor nach Aschemelioration mit *Quercus rubra* und *Tilia cordata* begründet

Auch die Kohle in miozänen Sanden liegt entweder gleichmäßig fein verteilt oder/ und in Form von Kohlebruchstücken mit Durchmessern bis über 20 cm vor. Unterschieden werden schwach (< 0,5 M.-% C_t), mittel (2–5 M.-% C_t) und stark kohlehaltige Substrate (> 5 M.-% C_t). Die Aschegehalte der Kohle variieren in weiten Grenzen. Neben reinen Kohlebröckeln und -klumpen mit Aschegehalten bis 30 M.-% treten Tonkohle-, Schluffkohle- und Sandkohlefragmente auf. Durch den hohen Anteil reaktiver Oberflächen tragen auch die kolloidalen Kohlebestandteile zur Ausbildung eines schwach subpolyedrischen Gefüges in lehmigen Sanden bei.

Infolge der schnellen Austrocknung der sandigen Substrate in Trockenperioden und ihrer Nährstoffarmut erfolgt die Wiederbesiedlung durch Bodenflora und -fauna nur langsam. In tertiären Sanden behindern zusätzlich niedrige pH-Werte und bei lückiger Pflanzendecke auftretende starke Temperaturschwankungen im Oberboden des meist dunklen Materials die Ausbildung eines biogenen Aufbaugefüges. In lehmigen Sanden mit günstigeren Bodenfeuchte- und Reaktionsverhältnissen dagegen stellte Schwabe (1970) nach 40- bis 60jähriger Waldentwicklung die Ausbildung eines subpolyedrisch-krümeligen Gefüges in den Ah-Horizonten fest. Auch in 30jährigen Waldbeständen auf tertiären Kohlelehmsanden ist nach Meliorationskalkung eine schwach ausgeprägte Bildung biogener Aggregate (überwiegend Losungsgefüge von Arthropoden) zu erkennen.

Bei Austrocknung kann sich in den tertiären, z.T. extrem sauren Sanden durch die aggregierende Wirkung von Fe- und Al-Oxiden ein sehr festes Kittgefüge bilden.

Unter forstwirtschaftlicher Nutzung lagern die Kippsande i. allg. sehr locker und sind gut durchwurzelbar (Tabelle 4, a, c–e). Die Trockenraumgewichte steigen mit abnehmendem Kohlegehalt. Bei einem C_t-Gehalt zwischen 3 und 6 M.-% wurden in tertiären Sanden 1,15–1,20 g/cm^3 festgestellt; in pleistozänen kohlefreien Kiessanden 1,55–1,65 g/cm^3. Innerhalb der Porengrößenverteilung dominieren die weiten Grobporen mit meist über 25 Vol.-%. Daraus resultiert eine sehr hohe Durchlässigkeit für Luft und Wasser.

Kohlefreie bzw. -arme Sande haben sehr geringe Mittel- und Feinporenanteile. Die nutzbare Feldkapazität sinkt z. T. weit unter 50 mm (Tabelle 4, c–e). Höhere Kohlegehalte verbessern entscheidend den Bodenwasserhaushalt (vgl. Abb. 3). Die nutzbare Feldkapazität steigt auf 100–120 mm an (Tabelle 4, a). In stark kohlehaltigen lehmigen Sanden kann sie bis 200 mm betragen. Für die Beziehungen zwischen Kohlegehalt und Gesamt-, Mittel- und Feinporenvolumen wurden von Thomas (1969) die in Abb. 4 dargestellten Regressionen ermittelt, die im wesentlichen durch die eigenen Untersuchungen bestä-

Tabelle 4. Bodenphysikalische Eigenschaften von Kippböden aus tertiären und quartären Sanden

Horizont	Tiefe [cm]	Bodenart	C_t [M.-%]	R_t [g/cm³]	Σ PV	Poren > 50 µ	50–10 µ	[Vol.-%] 10–0,2 µ	< 0,2 µ	EW [MPa]	k_a [µm²]
a) Aus miozänen Sanden, C_t > 3 M.-%, Aschemelioration - 45 cm, 30 Jahre forstwirtschaftliche Nutzung, n = 2											
jAh	0– 5	x2 g2 Sl2	7,6	0,92	63,4	28,9	7,3	13,8	13,4	1,0	61,1
jY1	-30	g2 Sl2	5,7	1,15	54,3	23,0	3,3	10,4	17,6	1,7	22,7
jY2	-60	g2 S	3,9	1,19	49,2	24,6	3,2	9,6	11,6	2,6	33,9
jY3	-90	g2 S	3,5	1,18	53,7	25,4	3,7	11,8	12,8	2,5	30,2
b) Aus miozänen Sanden, C_t > 3 M.-%, Aschemelioration - 45 cm, 25 Jahre landwirtschaftliche Nutzung, n = 2											
jAp	0–30	g2 Sl3	5,1	1,36	46,3	13,5	5,6	14,5	12,7	2,4	6,8
jY1	-60	g2 Sl2	3,4	1,53	40,5	9,7	4,9	8,1	17,8	4,0	3,2
jY2	-90	g2 Sl3	3,1	1,34	47,9	15,8	4,8	13,8	13,5	3,3	4,9
c) Aus miozänen Sanden, C_t < 2 M.-%, 30 Jahre forstwirtschaftliche Nutzung, n = 2											
jAh	0– 5	g2 S	3,2	1,33	46,7	30,6	3,6	5,9	6,6	0,9	65,1
jY1	-30	g2 S	1,5	1,45	43,4	32,3	2,7	4,3	4,1	0,6	98,4
jY2	-60	g2 S	1,5	1,48	42,7	32,9	2,2	4,5	3,1	0,4	92,6
jY3	-90	g2 S	1,5	1,39	45,3	36,3	1,4	4,6	3,0	0,3	134,2
d) Aus pliozänen bis frühpleistozänen Kiessanden, 50 Jahre forstwirtschaftliche Nutzung, n = 2 [a] Flugasche-Immissionen											
jAh	0– 5	g3 Sl2	9,3	1,29	50,5	31,1	6,6	3,1	9,7	1,2	19,4
(jAh	0–10	g2 Su2	22,0	0,39	75,1	25,2	9,8	26,8	13,3	0,4	25,5) [a]
jY1	-30	g3 St2	0,7	1,55	41,2	31,7	2,2	4,3	3,0	0,6	215,8
jY2	-90	g3 St2	0,2	1,55	40,8	29,0	2,5	5,9	3,4	0,8	91,2
e) Aus pleistozänen Kiessanden, 40 Jahre forstwirtschaftliche Nutzung, n = 1											
jAh	0– 5	g2 msgS	2,9	1,47	37,0	24,4	5,1	0,8	6,7	n.gem.	62,8
jY1	-30	g3 msgS	0,2	1,63	39,0	36,0	0,8	0,9	1,3	n.gem.	123,8
jY2	-60	g3 msgS	0,1	1,58	39,8	36,8	0,8	1,4	0,8	n.gem.	133,7
jY3	-90	g2 Sl3	0,2	1,60	38,6	26,6	1,5	4,6	5,9	n.gem.	60,6

Textur nach Köhn (1929); R_t Trockenraumgewicht; Σ *PV* 1-R_t/D_f; D_f Dichte der Festsubstanz; Porengrößenverteilung nach Richards u. Fireman (1943); *EW* Eindringwiderstand im Stechring bei pF 2,5, Sonden-Ø = 0,6 cm; k_a Luftleitfähigkeit nach Kmoch 1962.

Abb. 3. Durch fein verteilte Kohle sowie Kohlebröckel und -klumpen wird die Menge pflanzenverfügbaren Wassers erhöht. Kohlebröckel werden häufig intensiver durchwurzelt als die schneller austrocknende sandige Umgebung

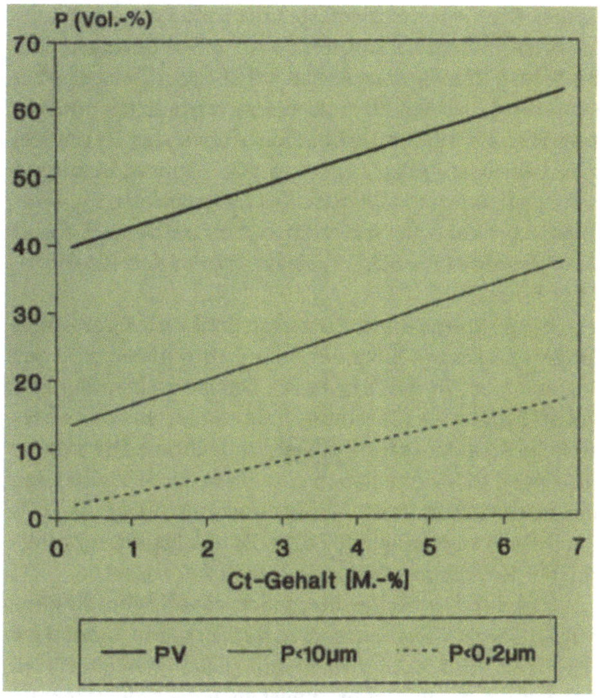

Abb. 4. Beziehungen zwischen Kohlenstoffgehalt und Porenvolumina in Kippböden aus tertiären und quartären Sanden. (Nach Thomas 1969)

PV (Vol.-%)	=	39,07 + 3,45 Ct (M.-%)	B = 0,68***
P<10µ(Vol.-%)	=	12,85 + 3,60 Ct (M.-%)	B = 0,54***
P<0,2µ(Vol.-%)	=	7,73 + 3,39 Ct (M.-%)	B = 0,67***

tigt werden konnten. Es besteht aber eine deutliche Abhängigkeit von Qualität und Zerteilungsgrad der Kohle.

Der positiven Wirkung kohliger Beimengungen auf die Feldkapazität steht ihr hydrophobes Verhalten nach starker Austrocknung entgegen. Hierdurch werden Oberflächenabfluß und Wassererosion bereits bei schwacher Hangneigung erhöht. Das Wasser dringt zunächst nur in grobe Hohlräume ein, in denen es schnell versickert, ohne angrenzende Bodenbereiche zu benetzen. Die Aufsättigung des Bodens nach Trockenperioden wird somit verzögert.

Dem entgegen wirkt eine schnelle Abdeckung und Beschattung offener Flächen. Unter Gehölzen bildet sich bald infolge der Humusauflage und des ausgeglicheneren Bestandesklimas ein gleichmäßigerer Bodenfeuchtegang in den oberen Bodenschichten aus.

Neben der fossilen organischen Substanz führen auch die durch Abbau und Verkippung den Sanden beigemengten limnischen und glazilimnischen Tone und Schluffe zu einer verbesserten nutzbaren Feldkapazität. Der Bodenwasserhaushalt ist dann mitunter günstiger als im Tagebauvorfeld. Gleichmäßig feinverteilte Beimengungen erhöhen den Mittelporenanteil stärker als grobe Bröckel und Klumpen.

Der Bodenwasserspeicher kann allerdings nur ausgeschöpft werden, wenn der Boden ausreichend tief und intensiv durchwurzelt werden kann. Im Falle tertiärer, schwefelsaurer Kippsande ist eine gute Durchwurzelung des Unterbodens ohne Kalkung jedoch nicht möglich.

Unter landwirtschaftlicher Nutzung ist eine höhere Dichtlagerung kohlehaltiger Kippsande als unter forstwirtschaftlicher Nutzung zu beobachten (Tabelle 4, b). Dadurch wird neben einer Verschlechterung von Durchlüftung und Versickerung v. a. die Durchwurzelbarkeit infolge erhöhter Eindringwiderstände erschwert.

2.2 Entwicklung bodenchemischer und -biologischer Eigenschaften

Die bodenchemischen Eigenschaften quartärer und tertiärer Kippsubstrate schwanken in Abhängigkeit von Ton-, Schluff- und Kohlegehalt sowie der mineralogischen Zusammensetzung in weiten Grenzen.

Im allgemeinen haben pleistozäne Talsande (S–Sl3) geringe C_t-(< 0,5 M.-%) und N_t-Gehalte (< 0,005 M.-%) mit einem C/N-Verhältnis von 10–30. Die $pH_{(KCl)}$-Werte liegen meist zwischen 4,0 und 5,5.

Schwach kohlehaltige miozäne Sande (S–Sl_3) haben bei 0,5–2 M.-% C_t etwa 0,01–0,05 M.-% N_t; mittel kohlehaltige bei 2–5 M.-% C_t etwa 0,08–0,15 M.-% N_t. Die C/N-Verhältnisse schwanken anfangs zwischen 40 und 170. Der Stickstoff ist größtenteils organisch gebunden und zunächst aufgrund der weiteren C/N-Verhältnisse nur schwer mineralisierbar. Zudem behindern die niedrigen $pH_{(KCl)}$-Werte der tertiären Substrate die mikrobielle Aktivität. Sie liegen in kohle- und damit meist auch schwefelreicheren Substraten zwischen pH 2 und 3, in schwach kohlehaltigen zwischen pH 3 und 4.

Der Schwefel ist zum einen organisch in der Kohle gebunden, zum anderen in Form von FeS_2 (Pyrit) ent-

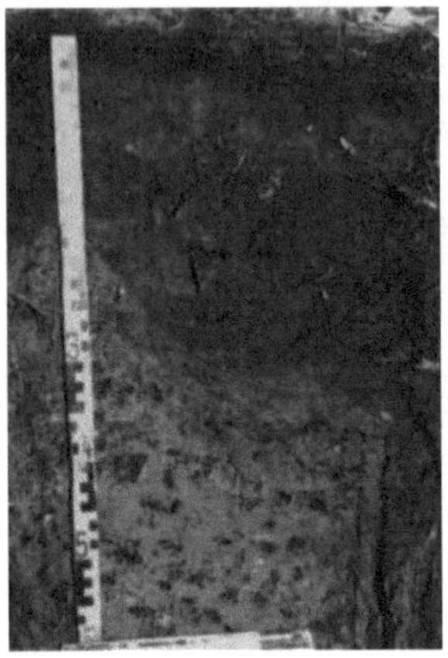

Abb. 5. Mit Braunkohlenasche meliorierter Kipp-Regosol aus tertiärem, kohlehaltigem, lehmigem Sand unter 30jährigem Bestand aus *Larix decidua* und *Tilia cordata*. Im Bereich der eingearbeiteten Asche ist die Durchwurzelung deutlich verbessert

halten. Die Gesamtschwefelgehalte mittel bis stark kohlehaltiger Substrate können über 1 M.-% betragen. Die Belüftung der vor dem Abbau meist anaerob lagernden tertiären Schichten führt zu einem vermehrten anorganischen wie auch mikrobiellen Abbau des Pyrits bei gleichzeitiger Freisetzung von SO_4^{2-}–Ionen. Beteiligte Schwefelbakterien (*Thiobacillus ferrooxidans, Th. thiooxidans*) haben ihr Aktivitätsoptimum bei pH 2 und beschleunigen die SO_4^{2-}–Freisetzung um den Faktor 10^6 (Kerth 1988).

Die Säurenachlieferung erstreckt sich über einen langen Zeitraum. Trotz der hohen Durchlässigkeit des Materials ist in den ersten 60 Jahren nicht mit einer vollständigen Auswaschung freier Säure aus der obersten Substratdecke bis 1 m Tiefe zu rechnen. Die extrem niedrigen pH-Werte haben eine intensive Verwitterung der noch vorhandenen Silikate und eine starke Al-, z. T. auch Fe-Freisetzung zur Folge. Es erfolgt ein umfangreicher Kationenaustrag mit dem Sickerwasser.

Hierdurch verschlechtern sich die ohnehin ungünstigen Nährstoffverhältnisse in den tertiären Sanden bis lehmigen Sanden. Allerdings sind auch in den quartären Sanden v. a. die Phosphor-, meist auch die Kaliumvorräte gering (Schwabe 1970; Heinsdorf 1981, 1986). Steigende Schluff-, Ton- und Kohlegehalte erhöhen die Vorräte ebenso wie Beimengungen unverwitterter Silikate, wie z. B. nennenswerte Muskovitgehalte in einigen miozänen Kohlesanden.

Die Phosphorgesamtgehalte nach HF-Aufschluß liegen bei allen Sanden bis lehmigen Sanden meist unter 10 mg/100 g Feinboden. Gerade in sauren, kohlehaltigen Substraten ist die Phosphorverfügbarkeit aufgrund der starken Sorption an organische Substanz und Fe- und Al-Oxide/-Hydroxide sehr gering, obgleich hier durch die Bindung in und an den fossilen Humusstoffen höhere Vorräte vorhanden sind als in schwach kohlehaltigen Sanden (Freese et al. 1989).

Die fossile organische Substanz hat generell einen positiven Einfluß auf die potentielle Austauschkapazität. Während in den quartären bis lehmigen Sanden ca. 2–6 mval/100 g Feinboden ermittelt wurden, sind es in schwach kohlehaltigen 5–10, in mittel kohlehaltigen meist 15–30 mval/100 g Feinboden. Dieser Vorteil kommt jedoch nicht vollständig zum Tragen, da quartäre Sande eine höhere Basensättigung von 50–80 % gegenüber 5–25 % in tertiären, kohle- und schwefelhaltigen Sanden aufweisen.

Aufgrund ihrer extrem kulturfeindlichen Eigenschaften wurden und werden tertiäre, kohle- und schwefelhaltige Substrate vor der Inkulturnahme bzw. Bepflanzung einer Grundmelioration unterzogen, die eine Aufkalkung und eine Grunddüngung mit P, K, N und teilweise Mg beinhaltet (Abb. 5). Zur Verbesserung der Bodenreaktion wurden entweder Kalkmergel bzw. Düngekalke (Böhlener Verfahren) oder Braunkohlenaschen (Domsdorfer Verfahren) verwendet (Brüning 1959; Illner u. Lorenz 1965; Katzur 1977). Braunkohlenaschen enthalten große Mengen an Ca und in geringerem Maße Mg. Die Berechnung der zum Erreichen des Ziel-pH (5-6) notwendigen Mengen erfolgte nach der von Illner u. Katzur (1964) entwickelten Säure-Base-Bilanz (SBB), bei der auch die Gesamtschwefelgehalte berücksichtigt werden. Als Meliorationstiefe wurden seit Mitte der 60er Jahre 60 cm angestrebt, in der Praxis aus gerätetechnischen Gründen aber häufig nicht erreicht (Katzur u. Herbert 1980; Katzur u. Hanschke 1990).

Durch die Grundmelioration werden pH-Wert und Basensättigung angehoben (Tabelle 5). Die Konzentration der wurzeltoxischen Al-Ionen geht stark zurück. Die Verbesserung des chemischen Milieus und der Nährstoffsituation ermöglicht ein gutes Pflanzenwachstum und damit bessere Humusbildung und schnellere Entwicklung von Bodenflora und -fauna.

Ca-Freisetzung und Säurepufferung vollziehen sich bei der Verwendung von Düngekalken i. allg. rascher und umfassender als bei Applikation von Braunkohlenaschen, in denen Ca stärker gebunden ist. Die Aschen wirken aber als ständig fließende Ca-Quelle über einen längeren Zeitraum, wie Untersuchungen in 30jährigen Waldbeständen auf grundmeliorierten tertiären Kippsanden zeigen (Tabelle 5).

Der Anteil der effektiven an der potentiellen Austauschkapazität wird mit abnehmenden pH-Werten immer geringer, da organische Substanz und Fe/Al-Oxide/Hydroxide mit variabler Ladung bei sinkendem pH immer weniger Kationen sorbieren. Dies spielt gerade in den kohlehaltigen tertiären Kippböden mit ihrer intensiven Fe- und Al-Dynamik eine große Rolle, so daß durch Aufkalkung eine entscheidende Verbesserung der Sorption erreicht wird.

Braunkohlenaschen enthalten Schwermetalle. Die Gehalte streuen sehr stark und können in Kalkmergel erheblich höher liegen.

Bei Verwendung von Kesselhausasche konnten auf einer Altkippe 30 Jahre nach der Grundmelioration keine erhöhten Schwermetall-Gesamtgehalte in der meliorier-

Tabelle 5. Kationenaustauschkapazität, Elastizitätsparameter und Schwermetallgehalte in grundmeliorierten Kippböden aus miozänen Sanden (Aschemelioration -30 cm, 30 Jahre forstwirtschaftliche Nutzung).

Horizont	Tiefe [cm]	Ak_{pot}	Ak_{eff} Σ	Na [mval/100g]	K	Mg	Ca	BS [%]
Of-Oh	0-+3	92,5	56,2	0,2	0,7	4,0	50,2	98
jAh	0- 5	33,5	30,6	0,1	0,4	2,0	27,3	97
jY1	-30	25,7	14,8	0,2	0,1	0,4	13,1	92
jY2	-60	18,5	5,0	0,2	0,1	0,1	2,6	54
jY3	-90	18,2	6,6	0,1	0,1	0,1	3,3	51

Horizont	Tiefe [cm]	Ak_{eff} Mn	Fe [mval/100g]	Al	H	pH (KCl)	GBL pH	Ca/Al
Of-Oh	0-+3	0,20	0,0	1,0	0,0	5,5	6,7	40
jAh	0- 5	0,04	0,1	0,8	0,0	6,0	7,3	30
jY1	-30	0,04	0,2	0,9	0,0	4,7	6,0	100
jY2	-60	0,04	0,4	0,7	0,9	3,6	4,0	40
jY3	-90	0,04	0,6	1,0	1,4	3,5	3,9	25

Horizont	Tiefe [cm]	Zn	Cu	Cr [ppm]	Ni	Cd
Of-Oh	0-+3	74,1	22,4	12,2	13,1	0,635
jAh	0- 5	17,3	14,0	8,3	8,0	0,160
jY1	-30	5,3	4,0	5,6	1,6	0,055
jY2	-60	7,4	4,0	4,1	2,6	0,060
jY3	-90	5,6	4,3	4,1	2,3	0,045

Ak_{pot} nach Mehlich (In: Thun et al. 1955); Ak_{eff} und Gleichgewichtsbodenlösung (GBL) nach Meiwes et al. 1984; Schwermetalle im Königswasseraufschl.

ten Bodenschicht bis 30 cm festgestellt werden (Tabelle 5). Hohe Konzentrationen traten in der Auflage und im Ah-Horizont auf. Ähnliche Anreicherungen wurden in den oberen Horizonten gewachsener Böden des Tagebauvorfeldes gefunden, so daß auf eine Immissionsbelastung durch nahegelegene Emittenten (Brikettfabrik, Glaswerk) geschlossen werden kann. Da jedoch in den Bodenschichten von 30–90 cm bei niedrigen pH-Werten eine hohe Schwermetallmobilität festgestellt wurde, ist die Anreicherung in Auflage und Oberboden über den Pfad Boden-Pflanzenwurzel-Streufall ebenfalls denkbar.

Durch die Grundmelioration wird in vielen Fällen die Inkulturnahme bzw. Vegetationsentwicklung erst ermöglicht. Bei forstwirtschaftlicher Nutzung zeigen tertiäre, kohle- und glimmerhaltige Kippsande dann eine ähnliche Humusakkumulation wie pleistozäne Sande (Tabelle 6) (s. auch Thum 1978; Heinsdorf 1986). Auf kohle- und silikatarmen Tertiärsubstraten ist die Humusentwicklung schwächer. Die stärkste Akkumulation wurde unter Pappel und Kiefer festgestellt. Unter Kiefer ist ein relativ hoher Anteil v. a. der Stickstoffvorräte in der schwer mineralisierbaren Auflage festgelegt. Während hier die Entwicklung von feinhumusreichem oder rohumusartigem Moder bis Rohhumus mit weiten C/N-Verhältnissen zu beobachten ist (Abb. 6), entstehen unter Laubgehölzen eher mullartige Moder- bis Mullauflagen mit C/N-Verhältnissen < 25. Die C/N-Verhältnisse und damit die Abbaubedingungen werden jedoch häufig durch Immissionen überlagert.

Bei landwirtschaftlicher Nutzung kohlehaltiger Substrate wurde nach Grundmelioration durch die ständige Düngung und bearbeitungsbedingte gute Durchlüftung in der Ackerkrume zunächst ein Abbau der fossilen organischen Substanz festgestellt, der die Anreicherung rezenter Humusstoffe übersteigen kann (Katzur 1988); es kommt zu einer Verringerung der C_t-Gehalte. Aus den Abbauprodukten wird teilweise neuer Humus mikrobiell synthetisiert. Dabei steigt der meßbare Anteil von

Tabelle 6. Humusentwicklung auf tertiären und quartären Sanden bei forstwirtschaftlicher Nutzung

Baumart	Alter [Jahre]	Horiz. [cm]	C_t^a [t/ha]		N_t^a [kg/ha]		C/N	C_t-Zuwachs (Of-Oh+Ah) [t/ha˙Jahr]
a) Kippböden aus miozänen Sanden, $C_t > 3$ M.-%								
Grundmelioration mit Braunkohlenasche, - 30 cm								
Querc. rubr./	31	Of-Oh		15,9		700	23	
Tilia cord.		jAh	24,6	(13,8)	930	(620)	27	0,96
Lar.dec./	31	Of-Oh		15,6		750	21	
Tilia cord.		jAh	26,9	(12,0)	1170	(790)	23	0,89
Grundmelioration mit Braunkohlenasche, - 45 cm								
Quer. petr.	22	Of-Oh		11,2		450	25	
		jAh	15,8	(7,8)	530	(330)	30	0,86
Pin. sylv.	27	Of-Oh		16,5		760	22	
		jAh	27,9	(11,8)	1010	(590)	28	1,04
Pop. nigra/	29	Of-Oh		12,1		570	21	
		jAh	38,6	(21,9)	1340	(1080)	29	1,17
Grundmelioration mit Kalk, - 45 cm								
Pop, nigra/	29	Of-Oh		16,3		750	22	
Tilia cord.		jAh	37,4	(18,3)	1070	(680)	35	1,19
b) Kippböden aus miozänen Sanden, $C_t < 2$ M.-%								
Grundmelioration mit Braunkohlenasche, - 45 cm								
Quer.petr.	22	Of-Oh		4,5		230	20	
		jAh	9,6	(5,0)	460	(330)	21	0,43
Pin. sylv.	22	Of-Oh		7,4		340	22	
		jAh	9,3	(6,1)	300	(170)	31	0,61
c) Kippböden aus pliozänen bis frühpleistozänen Sanden (Schwabe 1992)								
Pin. sylv.	45	Of-Oh		55,2		1210	45	
		jAh		7,9		220	34	1,40
Rob. pseud.	38	Of-Oh		6,3		240	25	
		jAh		30,7		1170	26	0,97
d) Kippböden aus quartären Talsanden (Schwabe 1992)								
Pin. sylv.	40	Of-Oh		42,7		1090	39	
		jAh		11,7		260	45	1,36

[a] Werte in Klammern jeweils nach Abzug der substrateigenen C_t-Gehalte; C_t- und N_t-Gehalt nach Elementaranalyse.

Grauhuminsäuren im Verhältnis zu Braunhuminsäuren, das C/N-Verhältnis wird enger und die auf den Kohlenstoffgehalt bezogene Austauschkapazität wird größer (Katzur 1987; Laves u. Thum 1990; Wünsche 1977).

Die bodenmikrobiologische Aktivität erreicht in den Ah-Horizonten von Waldprofilen auch in sandigen Substraten nach 30jähriger Nutzung ein hohes und den Verhältnissen im Tagebauvorfeld vergleichbares Niveau. In mittel kohlehaltigen miozänen Sanden bis lehmigen Sanden wurde 22–30 Jahre nach durchgeführter Grundmelioration eine höhere substratinduzierte Respiration (SIR) sowie höhere Sacharase- und Katalaseaktivitäten gemessen als in kohlearmen miozänen und kohlefreien pleistozänen Substraten (Emmerling u. Haubold-Rosar

Abb. 6. Kipp-Lockersyrosem aus pleistozänem Sand unter 45jähriger Kiefer. Der Ah-Horizont ist nur schwach entwickelt und zeigt Kornbleichung. Es bildet sich Rohhumus

1995). Schwabe (1970) stellte eine Zunahme des Zelluloseabbaus bei steigendem Lehmanteil fest.

Die Wiederbesiedlung durch Bodentiere läßt sich in Phasen einteilen (Dunger 1978, 1990, 1991). Im allgemeinen nimmt die Diversität im Zeitverlauf zu. Zunächst überwiegen auf lehmigen Sanden mit pH-Werten zwischen 4 und 5 unter Laubholz Mikroarthropoden (Oribatiden, Collembolen) und Makroarthropoden (besonders Dipterenlarven, Diplopoden), die in der sich bildenden Moderauflage besonders vorteilhafte Lebensbedingungen vorfinden. Gemessen am Atmungsgleichwert beginnt nach diesem 7–10 Jahre dauernden Stadium die Dominanz der Regenwürmer. Zunächst sind es Streubewohner wie *Dendrobaena*-Arten und *Lumbricus rubellus*; bei günstiger Bodenreaktion stellen sich später *Octolasium*-Arten und *Lumbricus terrestris* ein. Höhere Feinbodenanteile sind der Besiedlung durch *L.terrestris* und anderer Mineralbodenarten (*Allolobophora spec.*) und damit der Entstehung von Mullhumus förderlich. Neben der Bodenfeuchte spielen die Azidität des Bodens und die Qualität des Bestandesabfalles eine entscheidende Rolle bei der Besiedlung. Hoher Säuregrad, geringes Nährstoffangebot und schwer abbaubare organische Substanz verhindern bzw. verlangsamen den Besiedlungsprozeß. Extrem niedrige pH-Werte im Unterboden nur flachgründig meliorierter tertiärer Kippböden lassen ein Ausweichen der Regenwürmer vor Trockenheit und Frost nicht zu. In der Auflage armer Sande wurde meist auch unter Laubholzbestockung nach 30- bis 40jähriger Bodenentwicklung nur eine minimale Regenwurmbesiedlung durch streubewohnende *Dendroebaena*-Arten festgestellt (Dunger 1991).

2.3 Schlußfolgerungen

Quartäre und tertiäre Sande bis lehmige Sande haben bei forstwirtschaftlicher Nutzung langfristig gute bodenphysikalische Eigenschaften im Hinblick auf Infiltration, Gasaustausch und Durchwurzelbarkeit. Landwirtschaftliche Nutzung führt v. a. unterhalb der Krume zur Verschlechterung dieser Eigenschaften.

Generell liegt eine geringe Aggregierung und eine meist schlechte nutzbare Feldkapazität vor. Ton-, Schluff- und Kohlebeimengungen können den Bodenwasserhaushalt bereits bei geringen Mengenanteilen v. a. in fein verteilter Form entscheidend verbessern. Sie haben einen ausgeglicheneren Bodenfeuchtegang zur Folge und wirken sich damit positiv auf die Wiederbelebung der Aktivität von Bodenmikroflora und -fauna sowie der Bodenmakrofauna aus. Damit wird auch die Entwicklung von Humusmenge und Qualität gefördert. In den Oberböden entsteht ein schwach subpolyedrisches bis biogenes Gefüge.

Bei landwirtschaftlicher Nutzung sind die bereits in Tabelle 3 aufgeführten Maßnahmen vorrangig (s. a. Werner et al. 1974, 1975). Bei Aufforstung ist aus bodenkundlicher wie forstökologischer Sicht eine wesentliche Erhöhung des Laubholzanteils auf Kosten der bisher vorrangig betriebenen Kiefernaufforstung zu befürworten. Hierdurch wird die Entwicklung günstigerer Humusformen und eine bessere Nährstoffumsetzung und Wiederbesiedlung erreicht. Unterstützende Maßnahmen wie der Anbau von Hilfspflanzen (z.B. Lupine), gezielte Inokulation von Pilzen und Bakterien sowie die Verbringung kompletter „Waldbodenfliesen" sollten stärker untersucht und angewendet werden. Das Vorwald-Konzept auf Kippen hat auf diesen Substraten weiterhin u.a. deshalb seine Berechtigung, da gerade bei sandigen Substraten die schnelle Schaffung eines ausgeglichenen Bestandesklimas und Bodenfeuchteganges wichtig ist.

Kohle- und schwefelhaltige Kippsande müssen tiefgründig gekalkt und gedüngt werden. Eine optimale Einmischung bis 1 m Tiefe ist anzustreben, um die Durchwurzelung des Unterbodens zu verbessern bzw. ermöglichen. Nach Grundmelioration wirken sich die kohligen Beimengungen fördernd auf Sorption und Humusentwicklung aus. Sie werden mikrobiologisch abgebaut und zu neuen Humusstoffen synthetisiert. Zur Kalkung eignen sich neben Kalkdüngemitteln auch Braunkohlenaschen.

Mit der Kalkung wird die intensive chemische Verwitterung und Tonmineral- wie Silikatzerstörung in den schwefelsauren Tertiärsanden unterbunden und die Puffer- und Filterkapazität erhöht. Aus den extrem sauren Tertiärsanden werden langfristig große Mengen freier Säure und gelöster Kationen bzw. Salze ausgetragen. Hiervon geht eine Gefährdung des Grundwassers aus.

Aus sandigen bis lehmig-sandigen quartären und tertiären Kippsubstraten entstehen zunächst Locker-Syroseme, mit zunehmender Bodenbildung schließlich Regosole. Außer der Bildung eines A-Horizontes ist aber auch in 50- bis 60jährigen Profilen noch keine deutliche Horizontierung erkennbar.

In sandigen Substraten können bereits geringfügige Texturschwankungen im Unterboden zu Wasserstau führen. So kommt es in pleistozänen silikatreicheren Sanden schon innerhalb von 20–30 Jahren zur Ausbildung von Rostbändern und Fe- und Mn-Konkretionen. Lehmige Sande mit höherem Silikatgehalt und $pH_{(KCl)}$-Werten zwischen 4 und 5 dürften in Zukunft einer zunehmenden Verbraunung unterliegen. Im Falle niedrigerer Bodenreaktion vollzieht sich eine Podsolierung der Kippsubstrate, die in den schwefelsauren tertiären Kohlesanden besonders intensiv abläuft und das gesamte Profil erfaßt. In vielen Profilen äußert sie sich in einer Kornbleichung in den A-Horizonten.

Die Humusentwicklung ist selbst in 20- bis 30jährigen Waldbeständen mitunter schwer zu beurteilen. Der Oh-Horizont ist zunächst nur schwach ausgebildet. Bodentrockenheit, saure Bodenreaktion, Nährstoffarmut und schwer abbaubare Bodenstreu (Kiefer, Heide) führen zur Bildung von feinhumusreichem Moder bis Rohhumus; unter Laubholz entstehen bei besseren Bodenfeuchte- und Reaktionsbedingungen Mull bis Moder.

Insgesamt gesehen sollten schwefelsaure tertiäre Substrate möglichst mit kulturfreundlichem Material überzogen werden. Dabei sollte es sich, sofern Lehme oder Schluffe nicht vorhanden sind, um lehmigen Sand mit mindestens 15 M.-% Ton und Schluff und einem ausreichendem Gehalt an verwitterbaren Silikaten handeln. Arme, kohlefreie reine Sande sind in bezug auf Produktivität, Nährstofftransfer und Filter- und Pufferkapazität ungünstiger zu beurteilen als ordnungsgemäß grundmeliorierte, mittel bis stark kohlehaltige Sande. Die von Kippenmassiven aus schwefelhaltigen Tertiärsanden ausgehende Gefährdung der Grundwasserqualität läßt sich durch mehrere Meter mächtige Kulturbodenüberzüge vermutlich nicht ausschließen (Katzur u. Liebner 1995).

3
Zusammenfassung

In diesem Beitrag wird die Entwicklung der bodenphysikalischen, -chemischen und -biologischen Eigenschaften ausgewählter Kippsubstrate der Lausitz in Abhängigkeit von Rekultivierungs-, Nutzungs- und Meliorationsmaßnahmen in ihren wesentlichen Zügen beschrieben und im Hinblick auf die Erfüllung der zu schützenden Bodenfunktionen Produktion, Lebensraum und Pufferung/Filterung diskutiert.

Geschiebemergel/-lehm ist in der Lausitz das wertvollste Substrat und bei bodenschonender Bewirtschaftung ertragreich landwirtschaftlich nutzbar. Pleistozäne silikatreiche lehmige Sande bieten sehr gute Voraussetzungen für Aufforstungen. Auch arme, reine Sande sollten aufgeforstet werden. Schwefelsaure, kohlehaltige Tertiärsande lassen sich durch Grundmelioration in ihrer Produktivität, ihrem Nährstofftransformationsvermögen und ihrer Puffer-/Filterkapazität entscheidend verbessern.

LITERATUR

Anderson J P E, Domsch K H (1978) A physiological method for the quantitative measurement of microbial biomass. Soil Biol. Biochem 10: 215–221

Brüning E (1959) Untersuchungen zur Frage der Begrünung tertiärer Rohbodenkippen des Braunkohlentagebaues, dargestellt am Beispiel der Hochabsetzerkippe 18 Böhlen. Diss. Leipzig

Dunger W (1978) Bodenzoologische Untersuchungen an rekultivierten Kippböden der Niederlausitz. Abh. Ber. Naturkundemus. Görlitz 52: 1–19

Dunger W (1990) Ökologische Grundlagen der Besiedlung der Bergbaufolgelandschaft aus bodenzoologischer Sicht. Abh. Ber. Naturkundemus. Görlitz 64: 59–64

Dunger W (1991) Zur Primärsukzession humiphager Tiergruppen auf Bergbauflächen. Zool. Jb. Syst. 118: 423–447

DVWK (Deutscher Verband für Wasserwirtschaft und Kulturbau e.V.) (Hrsg) (1986) Bodenkundliche Grunduntersuchungen im Felde zur Ermittlung von Kennwerten meliorationsbedürftiger Standorte. Teil 3: Anwendung der Kennwerte und Hinweise zur Meliorationsdurchführung. Parey, Hamburg Berlin

Einhorn W (1990) Organisation und Ergebnis der landwirtschaftlichen Wiedernutzbarmachung von Bergbauflächen in der DDR. Braunkohle 42: 25–32

Emmerling Ch, Haubold-Rosar M (1995) Zur Bodenentwicklung in forstlich rekultivierten Kippökosystemen der Niederlausitz. (in Vorbereitung)

Freese D, Pagel H, Katzur J (1989) P-Zustand und P-Dynamik rekultivierter Kippenböden. Wiss. Z. Humboldt-Univ. Berlin, Reihe Agrarwiss. 38: 33–38

Gunschera G (1979) Landwirtschaftliche Rekultivierungsmaßnahmen auf quartären bindigen Kippsubstraten in der Niederlausitz. Diss. Halle

Gunschera G (1993) schriftl. Mitteilungen

Hanus H (1964) Eine Methode zur serienmäßigen Bestimmung der Wasserdurchlässigkeit. Mitteilgn. Dtsch. Bodenkundl. Gesellsch. 2: 159-167

Haubold M, Henkes L, Schröder D (1987) Qualität und Entwicklung rekultivierter Böden aus Löß. Mitteilgn. Dtsch. Bodenkundl. Gesellsch. 53: 173–178

Heinsdorf D (1981) C-, N-, P-, K-Vorräte forstlich genutzter sandiger Kipprohböden der Niederlausitz und deren Beziehungen zum Ernährungszustand junger Kiefern. Beiträge f. d. Forstwirtschaft 1: 37–43

Heinsdorf D (1986) Trockensubstanzproduktion in gedüngten und ungedüngten 14- bis 15jährigen Kieferndickungen auf Kippböden. Beiträge f. d. Forstwirtschaft 20: 14–21

Hermosilla W (1980) Die Mesofauna verschiedener alter Rekultivierungsflächen im Braunkohlentagebaugebiet der Ville. Decheniana 133: 79–83

Illner K, Katzur J (1964) Betrachtungen zur Bemessung der Kalkgaben auf schwefelhaltigen Tertiärkippen. Z. Landeskultur 5: 287–295

Illner K, Lorenz W-D (1965) Das Domsdorfer Verfahren zur Wiedernutzbarmachung von Kippen des Braunkohlenbergbaus. Inst. Landschaftspflege Humboldt-Univ. (Hrsg), Berlin

Katzur J (1977) Die Grundmelioration von schwefelhaltigen extrem sauren Kipprohböden. Technik und Umweltschutz 18: 52–62

Katzur J (1987) Zur Entwicklung der Humusverhältnisse auf den meliorierten schwefelhaltigen Kippböden. Arch. Acker-Pflanzenbau Bodenkd. 31: 239–247

Katzur J (1988) Bodenkundliche Zielgrößen der landwirtschaftlichen Rekultivierung schwefelhaltiger Kippböden. In: Schutz und Nutzung des Bodens. (Kolloquien des Instituts für Pflanzenernährung Jena 3), S 147–158

Katzur J, Hanschke L (1990) Pflanzenerträge auf meliorierten schwefelhaltigen Kippböden und die bodenkundlichen Zielgrößen der landwirtschaftlichen Rekultivierung. Arch. Acker-Pflanzenbau Bodenkd. 34: 35–43

Katzur J, Herbert P (1980) Die Bedeutung der Meliorationstiefe für die Fruchbarkeit der meliorierten schwefelhaltigen Kipprohböden, dargestellt am Beispiel praktischer Großversuche. Arch. Acker-Pflanzenbau Bodenkd. 24: 335–342

Katzur J, Liebner F (1995) Erste Ergebnisse eines Großlysimeterversuches zu den Auswirkungen der Abraumsubstrate und Aschemelioration auf Sickerwasserbildung und Stofffrachten der Sickerwässer aus den Kippen und Halden des Braunkohlenbergbaues. 2. Mitteilung: Schwermetall-, Arsen- und Stickstoffgehalte der Sickerwässer in Kippböden. Arch. Acker-Pflanzenbau Bodenkd. 39: 175–188

Kerth M (1988) Die Pyritverwitterung im Steinkohlenbergematerial und ihre umweltgeologischen Folgen. Diss. Essen

Kmoch H G (1962) Die Luftdurchlässigkeit des Bodens. Ihre Bestimmung und ihre Bedeutung für einige ackerbauliche Probleme. Borntraeger, Berlin

Knabe W (1959) Zur Wiederurbarmachung im Braunkohlebergbau. VEB Deutscher Verlag der Rekultivierung, Berlin

Knabe W (1961) Die Rekultivierung im Rheinischen und Lausitzer Braunkohlenrevier. In Köln und die Rheinlande. (Festschrift z. 23. Dt. Geographentag in Köln 1961), S 353–374

Kopp D, Jäger K-D, Succow M et al. (1982) Naturräumliche Grundlagen der Landnutzung am Beispiel des Tieflandes der DDR. Akademie, Berlin

Köhn M (1929) Korngrößenbestimmung mittels Pipettanalyse. Tonindustrie-Zeitung 55: 729–731

König J (1923) Untersuchung landwirtschaftlich und landwirtschaftlich-gewerblich wichtiger Stoffe. Bd. I: 177–178. Parey, Berlin

Laves D, Thum J (1990) C/N-Transformation inkohlter organischer Substanz. Tag.vortr. anl. 95jährigen Bestehens der Forsch.einrichtung Bad Lauchstädt, Juni 1990

Meiwes K-J, König N, Khana P K, Prenzel J, Ulrich B (1984) Chemische Untersuchungsverfahren für Mineralboden, Auflagehumus und Wurzeln zur Charakterisierung und Bewertung der Versauerung in Waldböden. Berichte des Forschungszentrums Waldökosysteme/Waldsterben 7: 1–67

Müller R, Schneider R, Schröder D (1988) Physikalilsche, chemische und biologische Eigenschaften trocken rekultivierter Böden aus Löß unter Wald-, Grünland- und Ackernutzung. Mitteilgn. Deutsch. Bodenkundl. Gesellsch. 56: 387–392

Richards L A, Fireman H (1943) Pressure-plate apparatus for measuring moisture sorption and transmission by soils. Soil Science 56: 395–404

Richter D, Kerschberger M (1972) Auswertung langjähriger P-Steigerungsversuche zur Ermittlung des für hohe Pflanzenerträge erforderlichen P-Gehaltes im Boden. Archiv Acker-Pflanzenbau Bodenkd. 16: 903–914

Richter D, Kerschberger M, Marks G (1977) Einfluß der Nährstoffgehalte des Unterbodens (21–40 cm) auf die Versorgung der Pflanzen mit Phosphor und Kalium. Archiv Acker-Pflanzenbau Bodenkd. 21: 239–247

Schneider R, Forster G, Schröder D (1993) Vergleichende Untersuchungen zur mechanischen Stabilität rekultivierter Lößböden unter Wald- und Ackernutzung. Mitteilgn. Deutsch. Bodenkundl. Gesellsch. 71: 97–100

Schulze E (1970) Zusammenhänge zwischen NPK-Düngung, Ertrag, Qualität des Aufwuchses und laktatlöslichem PK-Gehalt auf rekultivierten Lößböden im Rheinischen Braunkohlengebiet. Braunkohle, Wärme und Energie 22: 73–82

Schumacher B, Kutsch H, Schröder D (1989) Beziehungen zwischen mikrobieller Aktivität und Humusgehalt sowie Humuszusammensetzung in Neulandböden unterschiedlichen Alters. In VDLUFA-Schriftenreihe 30: 473–478

Schumacher B, Kutsch H, Schröder D (1993) Huminstoffsysteme in Rekultivierungsböden des Rheinischen Braunkohlenreviers bei Erstnutzung als Acker, Grünland oder Wald. Mitteilgn. Deutsch. Bodenkundl. Gesellsch. 71: 209–212

Schwabe H (1970) Ergebnisse der forstlichen Rekultivierung auf vorwiegend kulturfreundlichem Abraummaterial des Braunkohlenbergbaus in der Niederlausitz. Diss. Dresden

Schwabe H (1992) Humusbildung von Forstbeständen auf Kippen des Braunkohlenbergbaus in der Niederlausitz. Vortrag, Tagung d. Int. Union of Forestry Research Organizations (IUFRO) v. 31.8.–4.9.1992 in Eberswalde/Berlin, unveröff.

Simon W, Saupe G, Vogler E (1975) Untersuchung zur Rekultivierung von Kippflächen des Braunkohlenbergbaus mit hohem Geschiebemergelanteil. Arch. Acker-Pflanzenbau Bodenkd. 19: 465–474

Thalmann A (1967) Über die mikrobielle Aktivität und ihre Beziehungen zu Fruchtbarkeitsmerkmalen einiger Böden unter besonderer Berücksichtigung der Dehydrogenaseaktivität. Diss. Univ. Gießen

Thomas S (1969) Untersuchungen über die Feuchtigkeitsverhältnisse von Kipprohböden des Braunkohlentagebaues in der Niederlausitz. Diss. Berlin

Thum J (1978) Humusakkumulation auf forstlich genutzten Kippböden des Braunkohlenreviers südlich von Leipzig. Arch. Acker-Pflanzenbau Bodenkd. 22: 615–625

Thum J, Wünsche M, Laves D, Vogler E (1990) Zur Humusbildung auf Kipp-Lehm bei Ackernutzung. Arch. Acker- und Pflanzenbau und Bodenkd. 34: 855–864

Thun R, Herrmann R, Knickmann E (1955) Die Untersuchung von Böden. 3. Aufl. Neumann, Radebeul Berlin

Vogler E (1983) Zur Kenntnis der Gefügeverhältnisse auf quartären Kipprohböden. In Tag.-Ber., Akad. Landwirtsch.-Wiss. DDR 215: 135–143, Berlin

Werner K, Einhorn W, Gunschera G, Vogler E (1974) Verfahren zur landwirtschaftlichen Rekultivierung von Kippen des Braunkohlenbergbaues. Selbstverlag AdL, ILN, Dölzig

Werner K, Vogler E, Einhorn W, Gunschera G, Verdovsky H (1975) Maßnahmen zur Intensivierung der Pflanzenproduktion auf zu rekultivierenden Standorten als Beitrag zur Gestaltung von Bergbaufolgelandschaften. (= F/E-Bericht des ILN d. AdL, Abt. Dölzig), Dölzig

Westernacher-Dotzler E, Dumbeck G (1992) Vorkommen von Regenwürmern in landwirtschaftlich rekultivierten Flächen in der Niederrheinischen Bucht. J. Agronomy und Crop Science

Wünsche M (1976) Die bodenphysikalischen, -chemischen und mineralogischen Eigenschaften der Abraumschichten und ihre Eignung für die Wiederurbarmachung im Braunkohlenrevier südlich von Leipzig. Diss. B. Dresden

Wünsche M (1977) Zusammensetzung und Eigenschaften der organischen Substanz quartärer und tertiärer Abraumsubstrate im Braunkohlenrevier südlich von Leipzig. Technik und Umweltschutz 18: 156–163

Wünsche M, Schubert A (1967) Das Leistungspotential pleistozäner und tertiärer Abraummassen auf älteren Kippflächen im Bereich des ehemaligen Braunkohlentagebaus Witznitz I, Kreis Borna. Bergbautechnik 17: 313–319

Wünsche M, Thum J (1990) Bodensubstrate und Bodenentwicklung der landwirtschaftlich genutzten Flurkippe Espenhain (Sachsen). Arch. Naturschutz Landschaftsforschung 30: 217–229

Wünsche M, Lorenz W-D, Oehme W-D, Haubold W et al. (1972) Die Bodenformen der Kippen und Halden im Niederlausitzer Braunkohlenrevier. (= Mitteilung Nr. 15/72 aus dem VEB GFE Halle, BT Freiberg). Senftenberg

Zerling L (1987) Zur Wiederbesiedlung einer landwirtschaftlich genutzten Kippe des Braunkohlentagebaues durch bodenbewohnende Kleinarthropoden unter besonderer Berücksichtigung der Springschwänze (Insecta: Collembola). Diss. Halle

Landwirtschaftliche Rekultivierung

GERHARD GUNSCHERA

1 Stellung und Ziele

Die landwirtschaftliche Rekultivierung ist Teil der Wiedernutzbarmachung. Sie schließt sich an die technische Rekultivierung der Bergbauflächen (Wiederurbarmachung) an. Der Bergbautreibende schafft dadurch die Voraussetzungen für eine geregelte Bodennutzung.

In der Lausitz gewann die landwirtschaftliche Rekultivierung seit 1960 zunehmend an Bedeutung, denn mit den steigenden Verlusten an landwirtschaftlichen Nutzflächen mehrten sich die Forderungen nach Ersatzflächen. Der Bergbau begründete seine zunächst ablehnende Haltung, hochwertige Abraummassen selektiv zu gewinnen und oberflächig auf der Kippseite zu verstürzen, mit den ungünstigen deckgebirgsgeologischen Verhältnissen und dem Zwang zu höchsten Förderleistungen. Dank zielstrebiger wissenschaftlicher Arbeit konnten der Kulturwert der Abraumsubstrate geklärt und neue Lösungen für das Herstellen landwirtschaftlich nutzbarer Kippenflächen vorgeschlagen werden. Von da ab fanden die zur landwirtschaftlichen Rekultivierung erzielten Ergebnisse stärkere Beachtung. Die Forschungsarbeiten dienten der Entwicklung standortbezogener Verfahren der landwirtschaftlichen Rekultivierung. Sie hatten und haben das Ziel, einen der angestrebten Nutzungsrichtung entsprechenden Bodenzustand herzustellen und dadurch günstige Bedingungen für das Pflanzenwachstum zu schaffen. Dabei war und ist eine umweltschonende Bodennutzung unabdingbar.

2 Standortkundliche Grundlagen

In der Niederlausitz werden Kippenflächen landwirtschaftlich genutzt, die oberflächig sowohl aus tertiären als auch quartären Abraumsubstraten, teils in reiner Form, teils miteinander vermengt bestehen. Bei den quartären Kippsubstraten handelt es sich vorwiegend um Substratgemenge aus Geschiebemergel und Schmelzwassersanden, die auf den Hochflächen des Endmoränenzuges (Niederlausitzer Grenzwall) gewonnen werden. In den Urstromtalbereichen entstanden die Gemenge aus Geschiebemergel der abgetauchten Grundmoräne bzw. aus Material der Talschluffhorizonte und Talsanden. Der Tongehalt der Kipp-Lehme bzw. Kipp-Sandlehme liegt zwischen 13 und 23 % und der lehmigen Sande bei etwa 11 %. Bei schluffigen Sanden bestimmen die Schluffgehalte von mehr als 30 % das Ertragspotential. Die Austauschkapazität beträgt beim Kipp-Lehm 10–14 mval/ 100 g Boden und bei den lehmigen und schluffigen Kipp-Sanden 7–8 mval/100 g Boden.

Im Vergleich zu den sandigen Kulturböden zeichnen sich die Kipp-Sande zuweilen durch ein sehr geringes Porenvolumen (26–36 Vol.-%) aus. Das gilt v. a. für die kohle- und stark kohlehaltigen Anlehmsande. Aber auch die übrigen Kipp-Anlehmsande neigen zur Verdichtung, besonders im Krumenbasisbereich. Die Krumenbasisverdichtung ist eine Folge der nicht fachgerechten Bodenbewirtschaftung. Typisch für die Kippsande sind die hohen Durchlässigkeitswerte und die geringe Wasserspeicherkapazität. Letztere steigt mit den zunehmenden Schluff-, Ton- und Kohlegehalten an. Die sandigen Abraumsubstrate können in Trockenperioden intensiv und tief austrocknen, so daß erschwerte Wachstumsbedingungen für die Pflanzen vorliegen. Die nutzbare Feldkapazität beträgt bei den Kipp-Lehmen im Mittel 14 Vol.-% und bei den lehmigen Sanden 10 Vol.-%. Kennzeichnend für alle Kippböden der Lausitz sind das Fehlen von rezentem Humus und die niedrigen Stickstoffgehalte. Die kohlehaltigen Kippböden besitzen ein C/N-Verhältnis von 40–170; das der kohlefreien Kippsubstrate ist meist enger.

Charakteristisch für die Kippböden ist ihre Armut an pflanzenverfügbaren Nährstoffen. Die pflanzenverfügbaren P-Vorräte liegen zumeist in dem Bereich von 1,5–3,2 mg/100 g Boden, gemessen im Ammoniumlaktatessigsäure-Auszug. Die pflanzenverfügbaren Kalium-Bodenvorräte sind mit 5 mg/100 g Boden bei den Lehmsanden und 11 mg/100 g Boden bei den Lehmen ebenfalls gering. Die im 10 %igen HCl-Auszug ermittelten K-Gehalte von 72 (Lehmsand)–110 mg (Lehm) pro 100 g Boden verweisen jedoch auf ein beachtliches Potential an nachlieferbarem Kalium. Die Differenzierungen resultieren aus den unterschiedlichen Gehalten der Kippsubstrate an Illit, Orthoklas und Mikroklin. Ausreichend versorgt sind die Kippböden mit den Mikronährstoffen Bor, Kupfer und Zink. Kippsubstrate tertiärer Herkunft sind als äußerst nährstoffarm einzustufen.

Die Kippböden sind von den Kulturböden durch folgende nutzungs- und ertragsbegrenzenden Eigenschaften unterschieden:

- Ungünstige Gefügeverhältnisse, zuweilen unzureichende Durchlüftung und geringe Wasserspeicherung sowie Durchwurzelbarkeit
- Armut an pflanzenverfügbaren Nährstoffen
- Hohes Säurepotential (tertiärer Kippsubstrate)
- Humusarmut, geringe Gefügestabilität, mangelnde Nährstoffdynamik und fehlende bzw. geringe bodenbiologische Aktivität

Eine Folge ist der sehr geringe Kulturzustand der Kippböden, der erst nach einer sehr langen Rekultivierungszeitdauer spürbar verbessert werden kann; die schwefelhaltigen Kippböden sind zunächst unfruchtbar.

Auf den Kippenflächen wird sehr häufig ein kleinflächiger Wechsel von Kippsubstraten sehr unterschiedlicher Zusammensetzung (Heterogenität der Bodendecke) angetroffen. Pflanzennutzbares Grundwasser steht i. d. R. nicht zur Verfügung. Die Bearbeitung der Kippenflächen wird zudem erschwert durch:

- Setzungsbedingte Senken und Naßstellen
- Steinbesatz, der zum erhöhten Maschinenverschleiß und Reparaturaufwand führt
- Hohe Pflug- und Eindringwiderstände mit wechselnder Stärke (Substratheterogenität)

Für die Entwicklung standortspezifischer Verfahren der landwirtschaftlichen Rekultivierung war es vorteilhaft, Lokalbodenformen mit annähernd gleichen Rekultivierungs- und Bewirtschaftungsansprüchen zu Bodenformengruppen der landwirtschaftlichen Rekultivierung, den sog. Behandlungseinheiten (Bhe) zu vereinigen (Autorenkollektiv 1982). Tabelle 1 enthält die Behandlungseinheiten und die ihnen zugeordneten Haupt- und Lokalbodenformen, Tabelle 2 die Verteilung landwirtschaftlich genutzter Kippenflächen auf die Behandlungseinheiten in der Lausitz.

Außerdem waren ca. 1 100 ha Filteraschef lächen und rd. 1 300 ha Kipp-Sande und Kipp-Anlehmsande, auf denen mehrjährig NH_3-haltige Industrieabwässer verregnet wurden, in die landwirtschaftliche Nutzung einbezogen. Für weitere 400 ha erfolgte keine Zuordnung zu den Behandlungseinheiten, so daß bis 1990 rd. 8 750 ha Kippenflächen landwirtschaftlich genutzt wurden.

3 Rekultivierungsverfahren

Das natürliche Ertragspotential der Kippböden läßt sich nur in dem Maße nutzen, wie es gelingt, die Bodenentwicklung durch geeignete meliorative sowie acker- und pflanzenbauliche Maßnahmen zu fördern. Zu diesem Zweck wurden in enger Zusammenarbeit mit der Praxis wissenschaftlich begründete Verfahren der landwirtschaftlichen Rekultivierung entwickelt. Die Rekultivierungsverfahren enthalten Richtwerte und Empfehlungen zu Anbaustruktur, Fruchtfolge, agrotechnischen Maßnahmen, Mineraldüngung und organischer Düngung für eine Rekultivierungszeitdauer bis zu 16 Jahren (Autorenkollektiv 1974).

3.1 Fruchtartenwahl

Bei der Auswahl der anzubauenden Pflanzenarten sind ihre Standortansprüche und bodenfruchtbarkeitsfördernden Wirkungen von besonderer Bedeutung. Es gelangen Feldfrüchte zum Anbau, die das Ertragspotential der Kippsubstrate weitgehend ausnutzen, keine hohen Ansprüche an das Bodengefüge und die Nährstoffdynamik der Kippböden stellen und eine rationelle Nutzung der Bodenwasservorräte ermöglichen. Weitere Auswahlkriterien sind Durchwurzelungstiefe und -intensität sowie die anfallenden Mengen an Ernte- und Wurzelrückständen.

Für die Frühjahrsansaat der Erstkultur kommt ein Gemenge aus großsamigen Feldfutterpflanzen (Ackerbohne, Felderbsen und Mais) und bei günstigem Saatbett auch Steinklee in Betracht. Bei der Inkulturnahme im Herbst erfolgt der Anbau von Futterroggen mit Gräseruntersaat (Welsches Weidelgras). Die Luzerne als Frühjahrsblankansaat bzw. zusammen mit wahlweise 2 kg Knaulgras, 2 kg Ausdauerndem Weidelgras, 3 kg Wiesenschwingel oder -rispe ausgesät, gewährleistet eine mindestens 4jährige Nutzung. Durch die Gräser werden die Pflanzenerträge stabilisiert, die Bodenerschließung gefördert, die Druckschäden gemindert und der Verunkrautung vorgebeugt. Luzerne und Luzerne-Grasgemische sind die strukturbestimmenden Fruchtfolgeglieder aller Rekultivierungsfruchtfolgen. Sie nehmen bis zu 60 % der Anlauf- und Folgerotation ein.

Die Kombination Futterroggen/Silomais in der 1. Rekultivierungsphase (Anlaufrotation) erfordert eine hohe Schlagkraft der Technik des Betriebes. Gegebenenfalls ist vor dem Anbau von Silomais nur eine bodenschützende Wintergründecke einzuordnen. Mais zeichnet sich durch eine intensive Bodendurchwurzelung aus. Außerdem hat er im Vergleich zu anderen Feldfrüchten den geringsten Wasserbedarf je Kilogramm Trockenmasseproduktion. Aufgrund dessen ist seine Berücksichtigung in der Fruchtfolge vertretbar. Das Körnergetreide hat in der Anlaufrotation einen Anteil von 14 % und in der Folgerotation von 28,5 %. Welsches Weidelgras dient als Zwischenglied in Fruchtfolgen mit hohem Getreideanteil (4 Jahre). Zur Körnergewinnung eignen sich v. a.

die Wintergetreidearten. Auf den besseren Standorten sind bevorzugt Winterweizen und Wintergerste anzubauen, während Winterroggen auf den sandigen Kippböden den Vorzug erhält. Die Sommergetreidearten haben eine begrenzte Anbaueignung.

Katzur (1965, 1971), Illner (1967) sowie Illner und Lorenz (1977) konnten nachweisen, daß auch die in ihren Aciditätsverhältnissen nachhaltig verbesserten schwefelhaltigen Kippböden einer landwirtschaftlichen Dauernutzung zugeführt werden können. Aufgrund der vorgelegten Ergebnisse wurden seit Mitte der 60er Jahre auch die Kipp-Kohleanlehmsande, -lehmsande und -lehme verstärkt in die landwirtschaftliche Rekultivierung einbezogen. Auf diesen Standorten sind als Erstkulturen unbedingt solche zu wählen, die unter den gegebenen Standortbedingungen nicht nur gute Erträge versprechen und den Boden durch die Entwicklung reichlicher Wurzelmasse leicht aufschließen und biologisch beleben, sondern die zugleich krassere Reaktionsunterschiede anzeigen. Für diese Zwecke haben sich Bokharaklee und Winterroggen gut bewährt. Bokharaklee ist wegen seiner Fähigkeit, den Boden tief aufzuschließen und reichliche Mengen stickstoffreicher Grünmasse zu liefern, dem Winterroggen vorzuziehen. Er kann aber nur angebaut werden, wennn die Meliorationsarbeiten im Spätherbst, im Laufe des Winters oder des Frühjahrs beendet werden. Anderenfalls ist Winterroggen zu verwenden.

Der Bokharaklee ist möglichst zeitig, am besten Anfang April auszusäen. Aber auch spätere Aussaaten sind noch erfolgreich. Die Aussaatmenge muß 30 kg/ha betragen. Das Saatgut sollte in jedem Fall geimpft sein. Auf einwandfrei meliorierten Kipp-Kohlelehmsanden und Kipp-Kohlelehmen sind Grünmasseerträge von 300–350 dt/ha zu erzielen (Illner und Lorenz 1977). Die gesamte Erntemasse ist gut gehäckselt in den Boden einzuarbeiten. Diese Arbeiten müssen zeitig genug durchgeführt sein, um das Absetzen des Bodens für die nachfolgende Winterroggensaat zu ermöglichen. Anstelle von Steinklee kann auch ein Bokharaklee-Knaulgras-Gemisch mit den Mischungsanteilen 25 kg Klee und 10 kg Gras/ha ausgesät werden. Im dritten oder vierten Jahr nach der Melioration ist auf den kohlehaltigen Kippböden unbedingt Luzerne anzubauen, die den durch die Vorkulturen eingeleiteten Bodenaufschluß vervollkommnet und v. a. den Boden mit stickstoffreichen Pflanzenrückständen bereichert. Ein früherer Anbau lohnt sich meist nicht, da die Luzerne dann noch nicht ihr volles Leistungsvermögen erreicht.

3.2 Fruchtfolgegestaltung

Um die Bodenfruchtbarkeit der Kippböden zu mehren, ist eine bestimmte Anlauffruchtfolge einzuhalten. Sie hat die Aufgabe, den Kippboden zu erschließen, zur Humuserzeugung beizutragen, dadurch die bodenbiologischen Vorgänge zu aktivieren und den Gefügeaufbau zu fördern und somit überhaupt erst die Bodenbildung einzuleiten. Je rascher diese Entwicklung voranschreitet, mit um so höheren und sichereren Erträgen kann gerechnet werden (Gunschera 1978; Katzur 1988; Vogler 1981).

Die Zufuhr von organischer Substanz zur Humusbildung erfolgt v. a. über die ober- und unterirdischen Ernterückstände. Hieraus resultiert der hohe Stellenwert des Luzernegrasanbaues. Sein Anteil an der Fruchtfolge sollte mindestens 40–50 % betragen. Auf nicht luzernefähigen Standorten muß Luzernegras durch Wickgras bzw. Knaulgras ersetzt werden (Abb. 1). Der hohe Anteil von Feldfutterpflanzen an der Fruchtfolge gilt für alle Kippböden. Demgegenüber ist der Hackfruchtanbau stark zurückzutreten. Er darf wegen seiner Humuszehrung keinesfalls stärker als 15–20 % betragen. Hackfrüchte dürfen nur dann angebaut werden, wenn ein Mindestgehalt an organischer Substanz erreicht ist und dem Anbau eine organische Düngung (Stallmist) vorausgeht. Eine Mittelstellung nehmen die Getreidearten ein, die zu 25–35 % vertreten sein können. Der Zwischenfruchtanbau ist für die Bodenentwicklung in mehrfacher Hinsicht von Vorteil, so daß jede sich bietende Möglichkeit genutzt werden sollte. Außerdem empfiehlt es sich, alles anfallende Stroh der Strohdüngung zuzuführen und mindestens einmal, besser zweimal in der Fruchtfolge eine mittlere Stalldunggabe von 300 dt/ha zu verabreichen (Gunschera 1978; Illner u. Lorenz 1977; Katzur u. Hanschke 1990). In der Lausitz haben die in der Tabelle 3 enthaltenen Richtfruchtfolgen breite Anwendung gefunden.

Der dominante Anteil von Luzerne in der Fruchtfolge ist auch auf den tertiären Kippenstandorten zu empfehlen (Illner 1967). Allerdings reagiert sie im ersten Jahr äußerst empfindlich auf Reaktionsunterschiede des Bodens. Daß dies sich später verliert, ist sicherlich auf die

Abb. 1. Gräser-Legumionsen-Bestand auf einem Kipp-Anlehm-Standort – ein typisches Element in Rekultivierungsfruchtfolgen

Tabelle 1. Behandlungseinheiten (Bhe) der landwirtschaftlichen Rekultivierung

Bhe	Geologisches Ausgangssubstrat	Dominierende Bodenart (Flächenanteil > 35 %)	Haupt[a] Bodenform	Lokal[a] Bodenform
1	Löß, Lößlehm, Sandlöß, Auenlehm	Schluff, Schlufflehm, lehmiger Schluff	Kipp-Kalkschluffe Kipp-Schluffe	Kipp-Kalkschluff Kipp-Schluff mit u. ohne Humus
2	Geschiebemergel, Beckenschluff mit Geschiebelehm, Lößlehm, Schmelzwasser-, Fluß- u. Talsande, Ruppelschichten	$CaCO_3$-haltige Lehme und sandige Lehme	Kipp-Kalklehme (Kipp-Kalkkohlelehme)	Kipp-Kalklehm Kipp-Kalksandlehm Kipp-Gemengekalklehm Kipp-Gemengekalkkohlelehm
3	Geschiebelehm bzw. Talschluff mit Geschiebemergel, Schmelzwasser-, Becken- u./o. Talsande	Karbonatfreie Lehme und sandige Lehme bis stark lehmige Sande	Kipp-Lehme	Kipp-Sandlehm Kipp-Lehm Kipp-Gemengelehm
4	Tertiäre Mittel- oder Zwischenmittelmassen, Hangendschluffe	Schluffe, Lehme, sandige Lehme, (grundmelioriert)	Kipp-Kohlelehme, Kipp-Kohleschluffe	Kipp-Kohlelehm Kipp-Kohleschluff Kipp-Gemengekohlelehm
5	Schmelzwasser-, Becken- u./o. Talsande mit Geschiebelehm/ -mergel, Becken- u./o. Talschluff	Karbonatfreie und karbonathaltige Lehmsande	Kipp-Lehmsande Kipp-Kalklehmsande	Kipp-Lehmsand Kipp-Kalklehmsand Kipp-Gemengelehmsand
6	Tertiäre Hangend- u./o. Mittelmassen	Kohlehaltige Lehmsande (grundmelioriert)	Kipp-Kohlelehmsande	Kipp-Kohlelehmsand u. -Gemengekohlelehmsand (schwach bis stark kohlehaltig)
7	Wie Bhe 5 und Glaukonitsande	Karbonatfreie und Karbonathaltige Anlehmsande, kalk- und kohlehaltige Anlehmsande	Kipp-Sande Kipp-Kalksande Kipp-Kalkkohlesande	Kipp-Anlehmsand Kipp-Kalkanlehmsand Kipp-Kalkkohleanlehmsand
8	Marin-brackischer Sand, Becken- und Talsande (obere Briesker Schichten)	Anlehmige Sande $C_t > 2$ % (grundmelioriert)	Kipp-Kohlesande	Kipp-Kohleanlehmsand und -Gemengekohleanlehmsand (kohle- und stark kohlehaltig)

[a] Wünsche et al. (1981) „Die Klassifikation der Böden auf Kippen und Halden ......“. Zeitschr. Neue Bergbautechnik 1/81

Textur [%] Sand	Schluff	Ton	Bodenart	C_t [%]	$CaCo_3$ [%]	KaK_{pot} [mval/100g B.]
5–45	52–91	4–28	U, lU, UL	0,5–1,5	> 2–5	10–16
45–70	8–48	9–28	L, sL	0,5–1,2	> 3–5	10–14
25–80	8–48	9–28	L, sL	0,4–0,9	> 3,0	9–13
40–65	11–41	10–20	L, U	2–11	0,0	> 10,0
50–85	5–48	3–12	lS	0,4–0,9	1–2	7,5–9,5
45–82	6–45	4–13	lS	> 0,5	0,0	> 10,0
70–83	10–28	3–9	Sl	0,3–0,6 bzw. > 2 %	0,5–1,0	5,5–7,5
70–89	9–24	1–8	Sl	> 2,0	0,0	> 10,0

Bhe	Fläche [ha]
2	580
3	165
4	170
5	1 960
6	2 500
7	350
8	220
Gesamt	5 945

Tabelle 2. Verteilung der landwirtschaftlich genutzten Kippenflächen auf die Behandlungseinheiten (Bhe) (s. Tabelle 1) in der Lausitz

zunehmende Wurzelentwicklung zurückzuführen. In sehr starkem Maße wird die Luzerne in ihrer Ertragsleistung von der Mächtigkeit des Meliorationshorizontes beeinflußt (Illner u. Lorenz 1977; Katzur u. Lorenz 1976; Katzur u. Herbert 1980), so daß eine möglichst tiefreichende Grundmelioration gefordert werden muß.

3.3 Bodenbearbeitung

Die strukturlabilen Kippböden erfordern während der gesamten Rekultivierungsperiode eine bodenschonende Bearbeitung. Die Bodenbearbeitung dient aber auch der Homogenisierung der Substratgemenge und der gleichmäßigen Verteilung von Mineraldünger und Düngekalk bzw. Braunkohlenasche im Bearbeitungshorizont. Dafür sind größere Zugkräfte und mehr Arbeitsgänge notwendig als auf den „gewachsenen" Standorten, was sich kostenerhöhend auswirkt. Eine gute Vermischung ist nur zu erreichen, wenn der Kippboden in einem optimalen krümligen Feuchtigkeitszustand bearbeitet wird, was wiederum eine hohe Schlagkraft der Technik erfordert. Die Durchmischungseffekte sind in vertikaler Richtung sowohl mit dem Pflug als auch mit dem Grubber und der Scheibenegge und in horizontaler Richtung nur mit der Schleppe erreichbar.

Um Verdichtungen vorzubeugen bzw. zu beseitigen, sollte unterschiedlich tief, zwischen 20 und 30 cm variierend, gepflügt und einmal in der Fruchtfolge 60 cm tief gelockert werden. Eine intensive und richtig durchgeführte Bodenbearbeitung ist die Voraussetzung für zufriedenstellende Erträge auf den meliorierten schwefel- und kohlehaltigen Kippböden. Sie neigen in der ersten Zeit wegen der anfangs mangelnden Bodenbelebung und Bodenstruktur stärker zu Verdichtungen (Illner u. Lorenz 1977; Thomas 1969). Die günstigste Zeit für ihre Bearbeitung ist auf eine ziemlich kurze Frist zusammengedrängt.

Das zu Rekultivierungsbeginn durchgeführte Tiefpflügen (50 cm) bewirkte gegenüber der normalen Pflugfurche (50 cm) v. a. auf Kipp-Anlehmsanden in 25–45 cm Bodentiefe höhere Porenvolumina (+ 4–6 Vol.-%) und nFK-Werte (+ 1–3 Vol.-%) sowie geringere Eindringwiderstände (Gunschera 1978). Der höhere Lockerungsgrad förderte die Wurzelentwicklung im Unterboden. Zwei Jahre nach dem Tiefpflügen betrug die Wurzelmasse des Luzerne-Gras-Gemenges in 20–40 cm Bodentiefe das 2,8fache der Normalfurche. Auf den tiefgepflügten Parzellen wurden in 7 Jahren Mehrerträge von insgesamt 13 % (56 dt TM/ha) beim Luzerne-Gras-Gemenge und 24 % (41 dt TM/ha) beim ausschließlichen Anbau von Futterroggen und Winterweizen erzielt. Das nur 35 cm tiefe Pflügen bewirkte Mehrerträge, die jedoch um 33 % niedriger waren als beim Tiefpflügen. Der ertragssteigernde Einfluß des Tiefpflügens hielt etwa 5 Jahre an. Die in der Fruchtfolge einmal wiederholte Tiefenbearbeitung führte bei Silomais und Winterweizen zu geringeren und bei Luzerne-Gras-Gemenge zu bedeutend höheren Mehrerträgen. Ursache für den geringeren Ertragsanstieg bei den flachwurzelnden Feldfrüchten ist die „Verdünnung" des bereits gut entwickelten Ap-Horizontes. Die Zweckmäßigkeit der wiederholten Bodenlockerung bestätigen jedoch die Luzerne-Gras-Erträge. Deshalb sollte die Unterbodenlockerung mit Geräten ausgeführt werden, die den Krumenbereich nicht bzw. nur wenig zerstören.

3.4 Mineralische Düngung

Im Rekultivierungsprozeß ist eine weitgehend optimale Nährstoffversorgung der Feldfrüchte während aller Wachstumsphasen zu gewährleisten. Die Mineraldüngergaben und ihre Applikationszeitpunkte sind unter Berücksichtigung folgender Faktoren festzulegen:

- Nährstoffvorräte im durchwurzelbaren Bodenraum
- Fruchtbarkeitszustand der Kippböden
- Vorfruchtwirkungen und organische Düngung
- Bodenreaktionsverhältnisse
- Nährstoffbedarf der Pflanzen
- Gesamtnährstoffaufnahme durch die Pflanze und Nährstoffentzüge durch die Ernteprodukte

Darüber hinaus üben die Witterungsabläufe einen nicht unwesentlichen Einfluß auf die Nährstoffversorgung der Feldfrüchte aus. Sie müssen daher bei der Mineraldüngung beachtet werden. In den ersten drei Rekultivierungsjahren sind zwei Drittel und in den Folgejahren die Gesamtmenge der zur jeweiligen Pflanzenart vorgesehenen PK-Düngergaben vor dem Pflügen zu verabreichen. Eine Mikronährstoffdüngung ist in den ersten Rekultivierungsjahren nicht nötig. Auf den Ca-reichen

Tabelle 3. Richtfruchtfolgen auf Kippböden in der Lausitz

Rekultivierungsjahr	Fruchtart	Bemerkungen
Voranbau		
1	Steinklee bzw. Steinklee/Knaulgras oder Knaulgras/Roggendeckfrucht	Mulchdüngung
Anlaufrotation		
2	Winterroggen	
3	Luzernegras	
4	Luzernegras	
5	Luzernegras	
6	Luzernegras	
7	Silomais	Unterbodenlockerung
8	Winterweizen oder Winterroggen	Strohdüngung
Folgerotation		
9	Wintergerste	Bhe 4–8 Winterroggen
10	Feldgras	
11	Winterweizen	Strohdüngung
12	Wintergerste	Unterbodenlockerung, Winterzwischenfruchtanbau (Raps o. ä.); Bhe 4–8 Winterroggen
13	Luzernegras	
14	Luzernegras	
15	Luzernegras	
16	Luzernegras	

Kippböden zeigt der Einsatz Mn-haltiger Düngemittel positive Effekte. Kalkärmere Kippböden erfordern zur Aufrechterhaltung optimaler Bodenreaktionen eine oder mehrere Ca-Düngungen, die vor dem Luzerne-Gras-Anbau zu applizieren sind.

Nach Ablauf der Anlaufrotation (8 Jahre) und bei Einhaltung der Düngungsempfehlungen ist der Ap-Horizont quartärer Kippsubstrate ausreichend mit pflanzenaufnehmbaren Makronährstoffen versorgt. Anzustreben sind die für gewachsene Böden ausgewiesenen mittleren Grenzwertbereiche (Kundler et al. 1981). Den Düngungsempfehlungen liegen die Ergebnisse mehrjähriger Nährstoffsteigerungs- und -mangelversuche zugrunde. Es zeigte sich, daß auf den Kippenflächen höhere N-Gaben nötig sind als auf den unverritzten Standorten, wenn vergleichbare Erträge erzielt werden sollen. Beispielsweise erfordert Winterweizen auf Kipp-Lehm zu Rekultivierungsbeginn eine um 40–60 % höhere N-Gabe für Kornerträge von 43 dt/ha. Die N-Mangelparzellen erreichten nur 20–30 % des Ertrages. Ursache für den höheren N-Bedarf sind geringere Verfügbarkeit des Boden-N und höhere N-Immobilisation. Mit fortschreitender Rekultivierungsdauer wird der dem Boden zugeführte Stickstoff zunehmend ertragswirksamer, so daß der N-Düngerbedarf der Feldfrüchte abnimmt.

Luzerne benötigt nur für die Jugendentwicklung eine N-Startgabe von 30 kg/ha. Das wesentlich ertragsreichere Luzerne-Gras-Gemenge ließ v. a. in niederschlagsreichen Jahren und mit zunehmender Nutzungsdauer einen steigenden N-Düngerbedarf erkennen, der sich aus dem steigenden Gräseranteil ergab. Trockenmasseerträge von 70–110 dt/ha bei N-Entzügen von 170–280 kg/ha rechtfertigen während der ersten 5–6 Rekultivierungsjahre jährliche N-Gaben von 120 kg/ha. Im Mittel der 6jährigen Fruchtfolgerotation sind bei den Optimalvarianten N-Gewinne durch mikrobielle Bindung des Luftstickstoffs von 485 und 946 kg/ha erreicht worden (vgl. Tabelle 4). Der Vorzug der luzernebetonten Fruchtfolge ist unschwer zu erkennen.

Tabelle 4. N-Bilanzen auf einem Kippenstandort der Behandlungseinheit 5 nach 6jähriger Rekultivierung (n = 6)

Fruchtfolge [%]	N-Gabe [kg/ha/a]	Ertrag [dt TM/ha/a]	N-Entzug [kg/ha]	N-Anreicherung im Boden[b] [kg/ha]	N-Gewinn aus der Luft[a] [kg/ha]
34 1jähr. Feldfutter 66 Luz.-Gras-Gem.	100	56,5	925	621	946
50 1jähr. Feldfutter 34 Getreide 16 Lurzerne	120	50,8	822	383	481

[a] In der Fruchtfolge   [b] Bis in 40 cm Tiefe

Die ausreichende P-Versorgung der Feldfrüchte ist ebenfalls nur über hohe P-Mineraldüngergaben erreichbar. Beispielsweise wurde der höchste Ertrag bei Winterweizen auf Kipp-Lehmen mit etwa 90 kg P/ha und bei Roggen auf Anlehmsanden mit ca. 60 kg P/ha erzielt, während auf gewachsenen Böden Applikationen von 20–48 kg P/ha ausreichen. Die Unterschiede im P-Düngeraufwand ergeben sich aus der vergleichsweise stärkeren P-Fixierung und den geringen P-Gehalten der Kippsubstrate. Das bestätigen die um 57 % niedrigeren Futterroggenerträge der Parzellen ohne P-Düngung gegenüber regulärer P-Düngung. Auf Kulturböden deckten die Pflanzen bis zu 50 % ihres P-Bedarfs aus dem Bodenpool. Bereits im 3. und 4. Rekultivierungsjahr zeichnet sich ein deutlicher Rückgang in der Ertragswirksamkeit der jeweils höheren P-Gabe ab. Im 8. Rekultivierungsjahr sind die für Kulturböden üblichen P-Gaben auszubringen. Der Ausnutzungsgrad des Dünger-P verbessert sich mit der Rekultivierungzeitsdauer von 8 auf 18 % bei Futterroggen und Winterweizen. Er beträgt beim Luzerne-Gras-Anbau durchschnittlich 22 %. Die jährlichen P-Gaben ließen sich unter Berücksichtigung des steigenden Ertragsniveaus während der 8jährigen Rekultivierungsperiode von 60 kg/ha auf Anlehmsanden und von 90 kg/ha auf Lehmen um 10–15 kg/ha verringern. Die in den Düngungsversuchen gefundenen Beziehungen zwischen jährlicher P-Gabe und den im 7. Rekultivierungsjahr ermittelten Bodenvorräten an pflanzenverfügbarem Phosphor (Ammoniumlaktatessigsäure-Auszug) zeigt Abb. 2. Die P-Tiefendüngung (25–50 cm) mit 50–60 kg/ha wirkte in Kombination mit der Krumendüngung (0–25 cm) 5 Jahre lang ertragssteigernd. Sie war wirkungslos, als der Krumenbereich ausreichend mit pflanzenverfügbarem P versorgt war.

Der K-Bedarf der Pflanzen wird zu Rekultivierungsbeginn auf den bindigen quartären Kippsubstraten weitgehend durch bodeneigenes Kalium gedeckt. Seine Verfügbarkeit nimmt während der 8jährigen Nutzungsdauer nur geringfügig ab. In dieser Zeit wurden beispielsweise einem Kipp-Anlehmsand auf den Parzellen ohne K-Düngung bei vorwiegender Luzerne-Gras-Nutzung 780 kg/ha natives Kalium entzogen. Daher sollten zu Futterroggen und Winterweizen nur 100–150 kg K/ha verabfolgt werden. Höhere K-Düngergaben verursachten auch bei Luzerne-Gras und Silomais Ertragsdepressionen; der K-Entzug entsprach dem 1,2- bis 1,4-fachen der Applikation.

Die schwefel- und kohlehaltigen Kippböden erfordern ein von den quartären Kippsubstraten deutlich abweichendes Düngungsniveau. Sie erhalten zwar bereits bei der Grundmelioration eine kräftige NPK-Düngung, die aber bei weitem nicht ausreicht, um den Nährstoffspiegel merklich anzuheben. Deshalb sind in der Rekultivierungsphase Nährstoffmengen zuzuführen, die erheblich über denen der Auswaschungsverluste und des Entzuges durch die Pflanzen liegen. Freilandversuche auf einem Kipp-Kohlelehm haben gezeigt, daß die leichter verfügbaren PK-Vorräte des Bodens nur dann nennenswert angehoben werden können, wenn die im Verlauf von sechs Jahren zu Winterroggen und Kartoffeln ausgebrachte Nährstoffmenge insgesamt 460 kg P/ha (Jahres-

Abb. 2. Einfluß der jährlichen P-Gabe auf die P_{ALE}-Gehalte der Ackerkrume eines Kipp-Kalklehmsandes

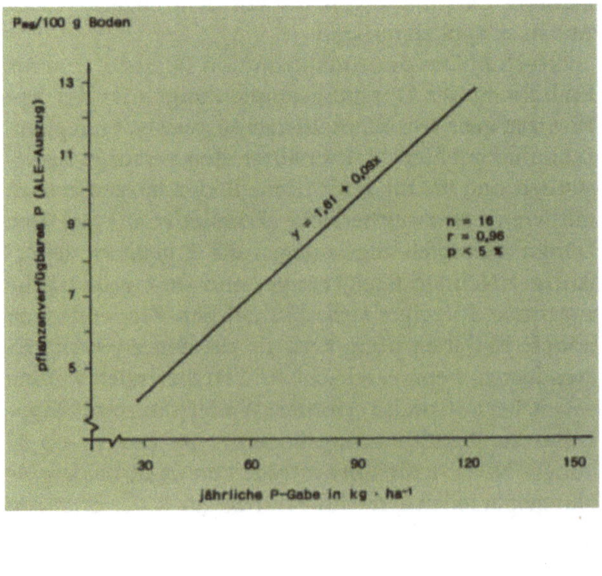

durchschnitt 76,7 kg/ha) und 733 kg K/ha (Jahresdurchschnitt 122,2 kg/ha) beträgt (Illner u. Lorenz 1977). Diese Ergebnisse bestätigen die Düngungsempfehlungen von Illner u. Katzur (1969), so daß den kohlehaltigen Kippböden während der ersten 5–6 Jahre der Rekultivierung jährlich 80 kg P/ha und 130 kg K/ha zuzuführen sind. Diese Mengen gelten nur für Kippböden, die mit Braunkohleaschen melioriert wurden. Bei kalkmeliorierten Kippböden ist die jährliche K-Gabe um ca. 100 kg/ha zu erhöhen, denn mit der Asche werden den Böden bereits höhere K-Mengen zugeführt. Auch in den folgenden 5 Jahren müssen die Düngergaben um etwa 20 % über denen für Böden in alter Kultur liegen. Ähnliches gilt für die N-Mineraldüngung. Sie sollte auf den C_t-reichen Kippböden ($C_t > 3$ %) jährlich 175–225 kg N/ha bei den Nichtleguminosen und 80–100 kg N/ha bei den Leguminosen betragen (Illner u. Lorenz 1977). Die Kippböden mit weniger als 3 % C_t erhalten jährlich 150–175 kg N/ha (Nichtleguminosen) bzw. 60–80 kg N/ha (Leguminosen).

In der Vergangenheit wurden turnusmäßig Bodenuntersuchungen auf den Kippenstandorten durchgeführt, um aktuelle Informationen über den Bodenzustand zu erhalten. Auf dieser Grundlage wurden den Landwirtschaftsbetrieben schlagbezogene Düngungs- und Bewirtschaftungsempfehlungen übergeben.

3.5 Organische Düngung

Die organische Düngung ist für die Verbesserung des Bodenzustandes durch Bildung und Anreicherung rezenter Huminstoffe von besonderer Bedeutung. Diesem Anliegen dient der Pflanzenanbau. Der mehrjährige Anbau von Luzerne bzw. Luzerne-Gras gewährleistet eine hohe Akkumulation biologisch wertvoller organischer Substanzen im Boden. Das beim Getreideanbau anfallende Stroh dient ebenfalls der organischen Düngung. Die Strohdüngung ist zur Aktivierung der biologischen Umsetzungsvorgänge mit einer N-Ergänzungsdüngung von 0,5–1,0 kg N/dt Stroh zu verbinden. Letztere wird unmittelbar vor dem Einarbeiten des gehäckselten Strohs ausgeführt, oft in Verbindung mit der Aussaat von Raps bzw. Rübsen als Zwischenfrucht zur Gründüngung (Abb. 3). Sehr günstig wirken Stalldunggaben. Sie sollten zu Rekultivierungsbeginn (2. Rekultivierungsjahr) wegen der geringen biologischen Aktivität der Kippsubstrate 300 dt/ha nicht überschreiten. Die Stalldunggabe ist vorzugsweise zu Futterroggen, Welschem Weidelgras und Silomais auszubringen. Einmalige Stalldunggaben von 300–600 dt/ha erhöhten auf Kipp-Lehm die Erträge von Futterroggen und Winterweizen um 30–70 % sowie von Luzerne und Luzerne-Gras um 7–20 %. Die Mehrerträge sind mit fortschreitender Nutzungsdauer rückläufig. Offenbar eine Folge der abnehmenden Verfügbarkeit von Nährstoffen, v. a. von Stickstoff durch die

Abb. 3. Die Beweidung von Zwischenfruchtbeständen mit Schafen ist eine zunehmend genutzte Komponente der organischen Düngung auf Kippenflächen

eingeschränkte Mineralisierung des Stalldungs auf den biologisch noch weitgehend untätigen Standorten. Sehr hohe Stalldunggaben (960 dt/ha) sind während der ersten 4 Nachnutzungsjahre nicht ertragswirksam.

4 Rekultivierungsergebnisse

Fruchtartenwahl, Anbauverhältnis und Fruchtfolgegestaltung sind auf eine zügige und effektive Rekultivierung ausgerichtet. In der Fruchtfolge dominieren mehrjährige Futterpflanzen und Getreide. Die Rekultivierungsfruchtfolgen sind vergleichsweise monoton, aber im Hinblick auf die Bodenentwicklung effizient. Sie sind nicht geeignet, eine größere Vielfalt attraktiver marktfähiger Produkte zu erzeugen (Abb. 4). Auch sind während der Rekultivierung nur geringe Einnahmen zu

Abb. 4. Versuchsweiser Anbau von Topinambur auf einer teilrekultivierten Kipp-Kohleanlehmfläche; Ziel ist, alternative Feldfrüchte in Rekultivierungsfruchtfolgen zu integrieren

Tabelle 5. Mittlere jährliche Erträge in kg StW/ha[a] auf repräsentativen Kippenstandorten der Niederlausitz (1967–1992)

Dominante Bodenart [Bhe]		Rekultivierungsalter in Pendanten (Jahre)						
		1	2	3	4	5	6	7
Quartäre Kippsubstrate								
Lehm/Sandlehm	[2+3]	1920	2370	2660	2890	3260	3630	4070
Lehmsand	[5]	1630	2070	2220	2370	2590	2740	3030
Anlehmsand	[7]	1630	1850	1850	2000	2070	2220	2520
Tertiäre Kippsubstrate								
Lehm/Schluff	[4]	1630	1780	2290	2520	2810	3330	3770
Lehmsand	[6]	1630	1850	2070	2220	2290	2520	2890
Anlehmsand	[8]	1550	1630	1700	1700	1850	2000	2150

[a] Grobfutter: 11,2 kg StW/dt Originalsubstanz; Getreide: 74,0 kg StW/dt Korn

erzielen. Tabelle 5 vermittelt einen Überblick über das mittlere Ertragsniveau der Kippböden in Abhängigkeit von der Rekultivierungszeitdauer.

Das Ertragsbild zeigt, daß mit der Rekultivierungszeitdauer und der ständigen Verbesserung des Bodenzustandes das Ertragsniveau steigt. Im Ergebnis der landwirtschaftlichen Nutzung werden jährlich im Boden akkumuliert:

- ca. 30 % des Düngerstickstoffs
- ca. 70–200 kg N/ha über Leguminosen
- ca. 50 % des Düngerphosphors
- ca. 2 t/ha Humus

Durch die bewirtschaftungsbedingte Aktivierung der bodenbiologischen Prozesse entstehen hochwertige Humusstoffe. Gleichzeitig verbessert und stabilisiert sich das Bodengefüge, so daß der Anbau marktfähiger Feldfrüchte möglich wird. Tabelle 6 enthält Ergebnisse zur fruchtfolgeabhängigen Akkumulation von Bodenhumus in der ersten Rekultivierungsphase. Die Entwicklung der C_t-Gehalte wird außerdem von der Bodenbearbeitung (Häufigkeit und Bodentiefe) beeinflußt.

5 Bodenkundliche Richtwerte der Rekultivierung

Zur Kennzeichnung der Bodenfruchtbarkeit werden Kippbodenrichtwerte ausgewiesen, die bei verfahrensgerechter Bewirtschaftung nach etwa 10–14 Jahren zu erreichen sind. Sie sind ein Maßstab für die Bodenentwicklung bei rationeller Nutzung der materiellen Fonds und dienen zur Beurteilung des Rekultivierungserfolges

Tabelle 6. Einfluß der Fruchtfolge und Pflugtiefe auf die C_t-Anreicherung in einem Kipplehm bis in 40 cm Tiefe nach 7jähriger Rekultivierung (n = 6)

Fruchtfolge [%]	Pflugtiefe [cm]	Ertrag [dt TM/ha]	C_t-Gewinn [dt/ha]
34 1jähr. Feldfutter 66 Luzerne-Gras			
	25	66,4	96
	35	71,1	120
	50[a]	74,8	123
50 1jähr. Feldfutter 34 Getreide 16 Lurzerne-Gras			
	25	46,7	82
	35	50,8	92
	50[a]	58,0	90

[a] Zu Rekultivierungsbeginn

Tabelle 7. Bodenkundliche Richtwerte der landwirtschaftlichen Rekultivierung

Merkmale	Behandlungseinheiten							
	1	2	3	4	5	6	7	8
P (AlE) mg/100 g Boden	9	8	7	7	7	7	7	7
K (AlE) mg/100 g Boden	18	15	14	12	11	12	10	8
MG mg/100 g Boden	10	9	8	6	6	6	6	5
pH (KCl)	6,8–7,2	6,8–7,2	6,5–7,0	6,0–7,0	6,0–7,0	6,0–6,5	6,2–6,5	5,6–6,0
C_t (%)	1,0–1,5	0,5–1,5	1,0–1,5	1,0–1,5	0,5–0,9	0,5–0,9	> 0,5	> 0,5
dB (g/cm³)	1,65	1,65	1,60	1,65	1,60	1,50	1,50	1,50

sowie zur Ableitung spezifischer Rekultivierungsmaßnahmen. Die Richtwerte leiten sich aus den Ergebnisse langjähriger Feldversuche auf repräsentativen Kippenstandorten und aus umfangreichen Untersuchungen auf Praxisflächen ab (Gunschera 1978; Katzur 1988; Katzur u. Hanschke 1990; Laves u. Thum 1988; Vogler 1981). Tabelle 7 faßt die wesentlichen Richtwerte der landwirtschaftlichen Rekultivierung zusammen.

6 Zusammenfassung

Die landwirtschaftliche Rekultivierung von Kippenflächen begann in der Lausitz vor etwa 30 Jahren. Landwirtschaftlich nutzbar sind 22 der bisher kartierten Kippbodenformen. Sie können auf der Grundlage ihrer fruchtbarkeitsbestimmenden Bodeneigenschaften zu Behandlungseinheiten der landwirtschaftlichen Rekultivierung vereinigt werden. Die zur Verbesserung der Bodenfruchtbarkeit erforderlichen acker- und pflanzenbaulichen Maßnahmen werden beschrieben. Abschliessend sind die bodenkundlichen Richtwerte der Rekultivierung und die in Abhängikeit von der Rekultivierungszeitdauer erreichbaren Pflanzenerträge aufgeführt.

LITERATUR

Autorenkollektiv (1974) Verfahren zur landwirtschaftlichen Rekultivierung von Kippen des Braunkohlenbergbaues, Dölzig

Autorenkollektiv (1982) Empfehlungen zur landwirtschaftlichen Rekultivierung von Kippen des Braunkohlenbergbaues. Agra-Broschüre, Markkleeberg

Gunschera G (1978) Landwirtschaftliche Rekultiverungsmaßnahmen auf quartären Kippsubstraten in der Niederlausitz, Diss. Berlin

Illner K (1967) Die landwirtschaftliche Rekultivierung von Kippen nach der Grundmelioration. Veröff. d. Inst. f. Landschaftspflege der Humboldt-Univ. zu Bln, Berlin

Illner K, Katzur J (1969) Untersuchungen zur optimalen Nährstoffversorgung während der Rekultivierung. Z Landeskultur 3: 169–176

Illner K, Lorenz W-D (1977) Landwirtschaftliche Rekultivierung von meliorierten schwefelhaltigen Kipprohböden. Technik und Umweltschutz 18: 130–139

Katzur J (1965) Untersuchungen über die Rekultivierung von schwefelhaltigen Tertiärkippen unter Verwendung phenolhaltiger Kokereiabwässer, Diss. Berlin

Katzur J (1971) Die Bodenmelioration extrem saurer Kipprohböden, Diss. (B). Berlin

Katzur J (1988) Bodenkundliche Zielgrößen der landwirtschaftlichen Rekultivierung schwefelhaltiger Kippböden. Schutz und Nutzung des Bodens. Kolloquium des Institutes für Pflanzenernährung Jena 3: 147–158

Katzur J, Hanschke L (1990) Pflanzenerträge auf meliorierten schwefelhaltigen Kippböden und die bodenkundlichen Zielgrößen der landwirtschaftlichen Rekultivierung. Arch Acker-Pflanzenbau Bodenkd 1: 35–43

Katzur J, Herbert P (1980) Die Bedeutung der Meliorationstiefe für die Fruchtbarkeit der meliorierten schwefelhaltigen Kippböden, dargestellt am Beispiel praktischer Großversuche. Arch Acker- Pflanzenbau Bodenkd 6: 335–342

Katzur J, Lorenz W-D (1967) Die Fruchtbarkeit meliorierter schwefelhaltiger Kippböden in Abhängigkeit von der Meliorationstiefe. Neue Bergbautechnik 7: 541–545

Kundler P et al. (1981) Regeln und Richtwerte zur Erhöhung der Bodenfruchtbarkeit. Agra-Broschüre, Markkleeberg

Laves D, Thum J (1988) Nährstoff-Akkumulation und -Löslichkeit bei Behandlung von Kippsubstraten mit Gülle. Arch Acker-Pflanzenbau Bodenkd 11: 713–720

Thomas S (1969) Untersuchungen über die Feuchtigkeitsverhältnisse von Kipprohböden des Braunkohlenbergbaues in der Niederlausitz, Diss. Berlin

Vogler E (1981) Zur Reproduktion der Bodenfruchtbarkeit bei der Wiedernutzbarmachung. Arch Naturschutz Landschaftsforsch 1: 33–44

Wünsche M, Oehme W-D, Haubold W, Knauf C, Schmidt K-E, Frobenius A, Altermann M (1981) Die Klassifikation der Böden auf Kippen und Halden in den Braunkohlenrevieren der Deutschen Demokratischen Republik. Neue Bergbautechnik 1: 42–48

Wälder und Forste auf Kippenstandorten

Karl Preußner

1 Ausgedehnte Kiefernwälder bestimmen das Landschaftsbild der Lausitz

Das Lausitzer Klima stellt den Übergang zwischen ausgeprägt kontinentalem und atlantisch geprägtem Klima dar. Die Jahresmitteltemperatur liegt bei 8,4 °C und der Jahresniederschlag schwankt um 550 mm. Daher ist der Niederschlag für viele Pflanzen hier der begrenzende Faktor. Anfang der 90er Jahre lagen die Niederschläge außerdem noch deutlich unter dem langjährigen Mittel (1991: 417 mm).

Sandige Böden und sumpfige Niederungen charakterisieren von Natur aus die Lausitzer Landschaft. Die Oberfläche ist im wesentlichen von den Eiszeiten geformt, wobei sandige Ablagerungen (Schwemmsande, Dünen) gegenüber Geschiebelehmen als Grund- oder Endmoräne überwiegen. Da die nährstoffreicheren Böden landwirtschaftlich genutzt werden, bestehen die heutigen Waldstandorte zu 77 % aus armen und ziemlich armen Böden. Kräftige und reiche Waldstandorte sind relativ selten. Nur 10 % sind grundwasserbeeinflußt. Dabei spielen auch grundwasserabsenkende Meliorationsmaßnahmen der Landwirtschaft und nicht zuletzt die Grundwasserabsenkung der Tagebaue eine Rolle.

Ohne den Menschen wäre diese Landschaft nahezu vollständig bewaldet. Das natürliche Waldbild wird zu 85 % von Kiefern- und Eichenwäldern bestimmt: reine Kiefernwälder auf den trockenen Höhenzügen, Kiefern-Traubeneichenwälder auf den etwas bindigeren Standorten und Kiefern-Stieleichenwälder in den frischeren Partien (Tabelle 1). Hinzu kommen Erlen- und Eschenwälder in den feuchten Niederungen. Die Rotbuche erreicht hier ihre östliche Verbreitungsgrenze des natürlichen Areals. Die Fichte hingegen ist mit Vortrupps der Lokalrasse „Lausitzer Tieflandsfichte" an der Nordgrenze ihres Verbreitungsgebietes (herzynisch-karpatisches Teilareal).

Der Mensch hat dieses natürliche Waldbild stark verändert. Jahrhundertelang war der Wald die Quelle für den Bau- und Brennstoff Holz. Mit den ersten Industrien, z. B. der Raseneisenerzverhüttung, später der Glasindustrie, wurden die Wälder ausgeplündert. Hinzu kam in der Lausitz, daß der Ertrag auf den Feldern für die Viehwirtschaft oft nicht ausreichte, so daß das Vieh zum Weiden in den Wald getrieben werden mußte. Besonders schädlich für die Waldböden war aber die Streunutzung, d. h. Laub und Nadeln wurden zusammengerecht und als Einstreu in den Ställen verwendet. Damit werden dem Waldboden die Nährstoffe entzogen. So sind viele Waldstandorte degradiert, d. h. nachhaltig in ihrer Leistungskraft geschwächt.

Tabelle 1. Das natürliche Waldbild der Lausitz

Waldgesellschaft	Fläche %
Kiefern-Stieleichen-Wälder	29
Kiefern-Wälder	28
Kiefern-Traubeneichen-Wälder	25
Eschen-Wälder	8
Erlen-Wälder	4
Auen-Wälder	2
Stieleichen-Wälder	2
Buchen-Wälder	1
Eichen-Trockenwälder	1

Vor etwa 200 Jahren begannen Forstleute, mit planmäßigen Aufforstungen der Waldverwüstung entgegenzuwirken. Dabei spielte die Kiefer als anspruchslose, wirtschaftlich sehr wertvolle Baumart die entscheidende Rolle. Die Kiefer ist heute auf 87 % der Waldfläche die vorherrschende Baumart, und Laubbäume machen nur 12 % aus (Tabelle 2). Besonders die im natürlichen Waldbild dominierende Eiche ist auf ganze 2 % zurückgedrängt worden.

In den letzten 30 Jahren dominierte die Kahlschlagwirtschaft. Etwa 1 % der Waldfläche wurde jährlich in Flächengrößen bis 5 ha und mehr eingeschlagen und anschließend wieder aufgeforstet, zu 80 % mit Kiefernreinbeständen. Diese Kiefernforsten haben hohe Wuchsleistungen von 4–5 m^3 Holzzuwachs pro Jahr und Hektar,

Baumart	Fläche %
Kiefer	87
Andere Nadelbaumarten	1
Birke	6
Erle	2
Eiche	2
Pappel	1
Andere Laubbaumarten	1

Tabelle 2. Derzeitige Baumartenverteilung in den Wäldern der Lausitz

sind aber ökologisch instabil. Sie werden regelmäßig von Forstschädlingen (z. B. Nonne und Prachtkäfer) und Waldbränden heimgesucht.

Fremdstoffeinträge aus der Luft, insbesondere Schwefeldioxid aus der Kohleverbrennung, Kalk in der Flugasche der Kraftwerke und Stickstoff aus der Landwirtschaft haben die Forststandorte nachhaltig verändert und zu Waldschäden geführt. Auf 63 000 ha (24 %) der Waldfläche der Region Cottbus sind solche Schäden kartiert, die sich besonders im Dreieck der Städte Cottbus - Senftenberg - Hoyerswerda konzentrieren. Von den Kiefernwäldern gelten in Brandenburg 35 % und in Sachsen 27 % als deutlich geschädigt. Besonders zu schaffen macht den Forstleuten die zunehmende Ausbreitung der Grasdecken von Sandrohr *(Calamagrostis)* in den Kiefernwäldern. Es ist ein gefährlicher Nährstoff-, v. a. aber Wasserkonkurrent und behindert die Anpflanzung von Laubbäumen.

2 Kulturfreundliche Kippsubstrate sind die wichtigste Voraussetzung für die Rekultivierung

Die natürlichen bzw. vom Menschen geschaffenen Umweltbedingungen sind die erste Voraussetzung für die Rekultivierung. Die zweite wesentliche Voraussetzung wird mit der Tagebautechnologie geschaffen. Die Abraumtechnologie setzt sowohl bezüglich des Reliefs als auch der Kippsubstrate die Ausgangsbedingungen für die forstliche Rekultivierung.

Der Wald stellt dabei geringere Anforderungen an das Relief als die landwirtschaftliche Nutzung. Für landwirtschaftliche Flächen werden Neigungen von maximal 1 : 14 (bis 7 %), in Ausnahmefällen 1 : 11 (bis 9 %) gefordert. Bei forstwirtschaftlicher Nutzung ist ein bewegteres Relief möglich. Trotzdem wird auch hier die Grenze in der maschinellen Bearbeitbarkeit gesehen. Sie liegt etwa bei 1 : 7 (14 %). Der Zwang zur Verringerung der Unebenheiten ergibt sich mehr aus der notwendigen meliorativen Vorbereitung der Substrate, die den Einsatz von Bodenbearbeitungstechnik erfordert.

An Böschungen von Hochhalden und Außenkippen werden Hangneigungen bis zu 1 : 7 (14 %) noch als normal forstlich bewirtschaftbar angesehen. Bei steileren Böschungen ist nur eine begrenzte Bewirtschaftung in Handarbeit möglich. Hangneigungen steiler als 1 : 4 (25 %) sind zu vermeiden. Wichtig ist bei allen Böschungen, daß nach 10 m Höhenunterschied eine Berme eingebaut wird. Sie soll mindestens 8 m breit und befahrbar sein.

Über die Kippsubstrate, die sich zur forstlichen Rekultivierung eignen, liegen umfangreiche Untersuchungen vor. Am günstigsten sind die oberflächennah anstehenden pleistozänen sandigen Lehme und lehmigen Sande (nach Schwabe 1970: pleistozäne schluffbrockige Beckensande und pleistozäne Basalsande, Tabelle 3). Die tiefer liegenden tertiären Schichten sind häufig wegen des hohen Schwefelgehaltes extrem kulturfeindlich. Über solchen Substraten wird für eine forstliche Nutzung ein Überzug der kulturfreundlichen Schicht an der Kippenoberfläche von mindestens 2 m Mächtigkeit gefordert. Das gilt auch für die im Brückenbetrieb typischen pleistozän-tertiären Mischsubstrate.

Läßt es sich nicht vermeiden, daß relativ kulturfeindliche Substrate an der Oberfläche verkippt werden, dann ist eine Tiefenmelioration von mindestens 1 m Tiefe

Tabelle 3. Wertigkeit wichtiger Rohbodenformengruppen auf Kippen der Lausitz. (Nach Schwabe 1970)

Rohbodenformengruppe (Verbreitung zum Zeitpunkt der Untersuchung)		Geeignet für Bestockungszieltyp
Pleistozäne schluffbrockige Beckensande	(5 %)	Traubeneichen-Buchen-Typ
Pliozäne Kippsande	(25 %)	Roteichen-Buchen-Typ
Tonbrockige pliozäne Kippsande	(20 %)	
Pleistozäne Basalsande	(5 %)	Kieferntyp mit Laubholzunterstand
Pleistozäne schluffbrockige Talsande	(25 %)	Kieferntyp
Pleistozän-tertiäre Kippsande	(10 %)	
Miozäne Kippsande	(10 %)	

zu sichern, so daß der durchwurzelbare Horizont 1 m beträgt. Dabei kann abgesehen vom Chemismus das tertiäre Kippsubstrat auch sehr gute Rohbodeneigenschaften bezüglich Sorption und Nährkraft mitbringen, so daß nach der Melioration wertvolle Forststandorte entstehen können (nach Schwabe 1970: pliozäne Kippsande und tonbrockige pliozäne Kippsande, Tabelle 3).

Auf eine längere Liegezeit oder eine landwirtschaftliche Zwischennutzung kann bei der heutigen Qualität der Melioration i. allg. verzichtet werden, so daß keine für die Waldentwicklung ungenutzte Zeit verstreichen muß. Wichtig ist, daß die meliorativen Vorbereitungen von biologischen Maßnahmen unterstützt werden.

Allerdings ist es notwendig, nach einer Tiefenmelioration relativ kulturfeindlicher Substrate eine Testsaat, z. B. mit Waldstaudenroggen, durchzuführen, um die Stellen zu erkennen, an denen aufgrund der Heterogenität oder wegen Fehlern in der Ausführung eine Nachmelioration notwendig ist.Dann kann die Aufforstung erst im 2. Jahr nach der Melioration beginnen.

Die Kippen werden im forstlich üblichen Maße mit Wirtschaftswegen erschlossen. 15 laufende Meter Hauptwirtschaftsweg je Hektar werden als ausreichend angesehen. Mit den unbefestigten Gestellen sollte die Erschließung auf etwa 40 laufende Meter je Hektar kommen. Besonders aus der Sicht des Waldbrandschutzes ist es wichtig, daß die Wegeführung keine Sackgassen zuläßt und größere Aufforstungskomplexe, z. B. Hochkippen, immer 2, besser 3 Zufahrten haben.

3 Eine vielfältig nutzbare Waldlandschaft – Ziel der forstlichen Rekultivierung

Die forstliche Rekultivierung hat im Lausitzer Braunkohlenrevier einen bedeutenden Stellenwert. Auf der bisher in Anspruch genommenen Fläche hatte der Wald einen Anteil von 60 %. Das liegt über dem Durchschnitt der umgebenden Landschaft, der in der Region Cottbus 40 % beträgt (Brandenburg 33 %, Sachsen 27 %).

Die bisherige Wiedernutzbarmachung erfolgte ebenfalls mit einem Anteil von 60 % Kippenwald (Tabelle 4). Der Wald hat damit seinen Stellenwert in der Landschaft behauptet. Das hat v. a. folgende Gründe:

- 1. Der Wald ist das bestimmende natürliche Element der Lausitzer Landschaft. Ohne den Menschen wäre diese Landschaft nahezu vollständig bewaldet.
- 2. Der Wald bietet eine hohe Gewähr, daß sich die Natur wieder regeneriert. Der Wald ist Lebensraum für viele Pflanzen und Tiere. Unter dem Wald setzt eine Bodenbildung ein.
- 3. Der Wald erbringt vielfältigen landeskulturellen und wirtschaftlichen Nutzen. Der Wald filtert Abgase, Staub und Lärm. Er wirkt regulierend auf den Wasserhaushalt und mildert Witterungsextreme. Der Wald wird vom Menschen für die Erholung genutzt und er produziert den Rohstoff Holz. Damit ist er ein Kohlenstoffspeicher, d. h., er wirkt als CO_2-Senke der Anreicherung von Kohlendioxid in der Luft entgegen.

Dabei muß man sich im klaren sein, daß Wald als Ökosystem einer sehr langfristigen Dynamik unterliegt und nur in sehr langen Zeiträumen (150–1 000 Jahre) vollständig regenerierbar ist (Kaule 1986). Allerdings sind auch die heutigen Wälder nur noch zu einem geringen Teil Altwaldstandorte. Vielmehr hat sich die Nutzung der Flächen im Laufe der Jahrhunderte nicht selten verändert.

Die forstliche Rekultivierung kann daher zunächst nur Forsten im Sinne von Pionierwäldern schaffen, wobei es darauf ankommt, durch Naturnähe und Artenvielfalt die Dynamik der Waldökosystementwicklung zu beschleunigen. Daher hat die forstliche Rekultivierung folgende Aufgaben:

- 1. Die rasche Bodendeckung und Anreicherung von organischer Substanz, damit Erosionen verhindert werden, die Humus- und Bodenbildung einsetzen kann und sich das tote Kippsubstrat belebt.
- 2. Die Auswahl der geeigneten Baum- und Straucharten, die einer vielfältigen, möglichst naturnahen Pflanzen- und Tierwelt Heimstätte bieten und dabei gleichzeitig die vom Menschen gewünschten Nutzfunktionen, wie Rohstoffproduktion und Erholung, erfüllen.
- 3. Die Schaffung einer räumlichen Ordnung, die die Waldlandschaft wieder in ihre Umgebung einbindet, den Wald bewirtschaftbar und gleichzeitig die Vielfalt der Nutzfunktionen erlebbar macht.

Tabelle 4. Landinanspruchnahme und Wiedernutzbarmachung in der Lausitz vom Beginn des Braunkohlenbergbaues bis 1995 (in Tha und %)

	Nutzungsart									
	Forstwirtschaft		Landwirtschaft		Wasserfläche		Sonstige Nutzung		Gesamt	
	Tha	%	Tha	%	Tha	%	Tha	%	Tha	%
Entzug	46,1	60	23,8	31	0,8	1	6,5	8	77,2	100
Rückgabe	24,4	60	8,7	22	3,2	8	4,0	10	40,3	100

Die Aufgabe der forstlichen Rekultivierung in der Lausitz kann daher wie folgt zusammengefaßt werden:

Das Ziel der forstlichen Rekultivierung in der Lausitz besteht darin, die Voraussetzungen zu schaffen, daß eine lausitztypische, naturnahe und vielfältig nutzbare Waldlandschaft

- mit hohem wirtschaftlichem Wert
- mit hohem Erholungswert
- mit hohem Wert für den Naturschutz

wieder entstehen kann.

4 Kippenstandorte sind forstliche Extremstandorte

Bei der Kippenaufforstung muß mit den Extremen des Standortes gerechnet werden:

- Extreme Freilage
- Wassermangel
- Fehlendes Bodenleben
- Gefahr der Bodenverdichtung

Dadurch wird der waldbauliche Spielraum stark eingeengt. Nicht alle Ziele der Rekultivierung können sofort mit der Erstaufforstung erreicht werden. Rekultivierung erfordert auch ein gewisses Maß an Geduld und Zeit.

Die Freilage und die Gefahr der Bodenverwehung gehören zu den besonderen Extremen des Kippenstandortes. Bei den häufig sehr sandigen Kippenstandorten kann starker Wind wie ein Sandstrahlgebläse auf die jungen Pflanzen wirken und große Schäden verursachen. Eine günstige Möglichkeit, für rasche Bodenbedeckung und für die Produktion von organischer Masse zur Humusbildung zu sorgen, ist die Mitansaat einer Bodenvegetation (Abb. 1).

Häufig wurde der anspruchslose, leicht zu vermehrende Waldstaudenroggen verwendet. Besser ist eine Gras- und Kräutermischung, die der natürlichen Bodenvegetation nahekommt. Dabei ist es wichtig, das richtige Maß zu halten, damit die Bodenvegetation nicht zum Nahrungs- und Wasserkonkurrenten wird. Bei Waldstaudenroggen reichen als Aussaatmenge ca. 8 kg/ha.

Abb. 1. Gelbblühender Steinklee dient in der Rekultivierung zur Bodenbedeckung und reichert Stickstoff und Humus an

Von besonderem Wert sind Leguminosen, wie die perennierende Lupine oder der Steinklee. Der Steinklee hat ein tiefreichendes kräftiges Wurzelsystem, das auch zur Verfestigung neigende Böden erschließt. Die perennierende Lupine schafft eine hohe Grünmasseproduktion und reichert Stickstoff an. Bereits bei Aussaatmengen von 6–8 kg/ha werden 2,4–3,6 t Trockenmasse je Hektar produziert (Schwabe 1973). Damit werden 50–70 kg/ha N in den Nährstoffkreislauf gebracht. Auch P, K, Mg und Ca werden angereichert. Dennoch kann der Mitanbau der Lupine i. allg. eine zusätzliche Düngung in der Kulturphase nicht ersetzen. Der Wert des Mitanbaus von Lupine ist bei Niederschlägen unter 600 mm/Jahr wegen der Wasserkonkurrenz umstritten.

Weiterhin kann der Mangel des fehlenden Bodenlebens durch Einbringen von Bodenhilfsstoffen gemindert werden. Dazu zählen Waldböden, Torfe, Komposte und Holzschnitzel, wie sie z. B. beim Einschlag des Waldes im Grubenvorfeld anfallen. Dem Einsatz von Klärschlämmen, Kohletrüben und Kraftwerksaschen stehen starke behördliche Restriktionen, wegen der Gefahr der Einbringung von Schadstoffen, entgegen. Da diese Abprodukte zweifellos bodenverbessernde und wachstumsfördernde Eigenschaften haben, werden derzeit große Anstrengungen unternommen, ihren Einsatz in der Rekultivierung über wissenschaftliche Untersuchungen zu ermöglichen. Das betrifft besonders die Kraftwerksasche, die wegen ihres Kalkgehaltes in der DDR eine wichtige Rolle in der Grundmelioration gespielt hat.

Man muß davon ausgehen, daß auf Kippen zunächst ein Vorwald begründet wird. Vorwald- oder Pionierbaumarten sind schnellwüchsig, anspruchslos, lichtliebend und frosthart:

- Kiefer und Lärche
- Schwarz- und Weymouthskiefer
- Roteiche und Birke
- Pappel und Robinie

Sie bieten die Chance, den Kippenstandort rasch und mit relativ hoher Sicherheit zu kultivieren und damit die Entwicklung zu einem Waldstandort einzuleiten.

In ihrem Schutz sollen sich die übrigen Hauptbaumarten:

- Trauben- und Stieleiche
- Fichte und Douglasie
- Rotbuche und Ahorn

die für die Freilage empfindlich sind und höhere Ansprüche an den Boden stellen, entwickeln. Außerdem können Baumarten eingemischt werden, die in erster Linie eine ökologische, den Boden aufbessernde Funktion haben:

- Linde und Erle
- Hainbuche

Tabelle 5. Zielbaumartenverteilung bei der Aufforstung künftiger Kippenwälder

Baumart	Fläche %
Kiefer	38
Lärche	5
Andere Nadelhölzer, wie Schwarzkiefer, Weymouthskiefer, Fichte und Douglasie	7
Trauben- und Stieleiche	22
Roteiche	8
Pappel	5
Erle	5
Birke	1
Andere Laubhölzer, wie Robinie, Linde und Ahorn, Hain- und Rotbuche	9

Im engeren Sinne werden heutige Kippenaufforstungen nicht als Vorwald angelegt, sondern die Pionierbaumarten bereits mit den übrigen Hauptbaumarten gemischt. Im Zuge der weiteren Bestandsbehandlung werden die Pionierbaumarten dann zurückgedrängt.

Naturnahe Waldbestände ergeben sich v. a. aus einer dem Standort gerechten und dem natürlichen Waldbild angelehnten Baumartenwahl. Das heißt, daß neben der Kiefer v. a. Trauben- und Stieleiche, Linde und Ahorn gefördert werden müssen. Das Verhältnis von Nadel- zu Laubbaumarten ist mit 50 % anzustreben (Tabelle 5).

Die Erhöhung des ökologischen Wertes wird v. a. durch die Ergänzung mit dienenden Baum- und Straucharten und eine abwechslungsreiche Gestaltung der Wald- und Wegränder erreicht (Abb. 2).

Die Beimischung erfolgt, entweder im Wechsel mit der Hauptbaumart, als eingestreute Reihen oder horstweise. Typisch sind Traubenkirsche, Eberesche, Sanddorn, Amorpha, Ölweide, Erbsenstrauch, Blasenstrauch, Hartriegel und Wildrose. Für die Hangbepflanzung hat sich besonders die Robinie bewährt.

Abb. 2. Sträucher an Wald- und Wegrändern verschönern das Landschaftsbild und erhöhen den ökologischen Wert der Bestände (Blasenstrauch, Wildrose, Ginster, Ölweide und Sanddorn)

Die Kippenrekultivierung erfordert relativ hohe Pflanzenzahlen bei der Bestandsbegründung. Zum einen ist mit höheren Ausfällen aufgrund der Standortextreme zu rechnen, zum anderen soll durch ein rasches Schliessen der Kulturen für Bodendeckung und für die Bildung eines Bestandsinnenklimas gesorgt werden. Aus Gründen der Rationalisierung und der maschinellen Bearbeitbarkeit wird als Reihenabstand einheitlich 2 m angestrebt. In der Reihe sollte der Pflanzenabstand nicht über 1 m liegen, so daß Mindestpflanzenzahlen von 5 000 Stück je Hektar erreicht werden.

Kiefer und Eiche erfordern höhere Pflanzenzahlen und damit einen Abstand in der Reihe von 0,40– 0,50 m (10 000–12 500 St./ha). Baumarten, die deutlich geringere Pflanzenzahlen je Hektar erfordern, wie Lärche und Pappel, sind mit dienenden Baumarten auf mindestens 5 000 Stück/ha aufzufüllen. Dieses Herangehen sichert eine rationelle Aufforstung, einen raschen Bestandsschluß und einen erträglichen Pflegeaufwand. Bewährt hat sich die Verwendung jungen Pflanzgutes. Bei kräftigen 1- bis 2jährigen Pflanzen ist das Sproß-Wurzel-Verhältnis noch besonders günstig und sie lassen sich gut maschinell pflanzen (Abb. 3).

Bei der Bodenvorbereitung wird im Zuge der Melioration eine Grunddüngung mit den erforderlichen Pflanzennährstoffen NPK eingebracht. Dennoch leidet besonders die Kiefer fast immer unter Stickstoffmangel. Deshalb ist eine Folgedüngung im 3. bis 5. Jahr nach der Pflanzung erforderlich. Zu diesem Zeitpunkt sind die Verluste durch Auswaschung in den Boden am geringsten (Heinsdorf 1992). Bei einer Stickstoffdüngung muß sehr oft Phosphor mitgegeben werden, da es an diesem sonst extrem mangelt. Vorsicht ist bei der Stickstoffdüngung von Roteichenbeständen geboten, weil dadurch die Frosthärte herabgesetzt wird und es leicht zu Frostschäden kommt.

Additional material from *Braunkohlentagebau und Rekultivierung,*
ISBN 978-3-642-63757-5, is available at http://extras.springer.com

Zur Geschichte der Rekultivierung im Braunkohlentagebau - Eine Übersicht -

Legende

	Anregungen, Anfänge, erste Arbeiten
	Begrenzte Auswirkungen im Schrifttum, in Gesetzen und in der praktischen Anwendung
	Starke und überwiegend erfolgreiche Bemühungen um die Rekultivierung und die Gestaltung einer neuen Landschaft
	Recht
	Forstliche Rekultivierung
	Landwirtschaftliche Rekultivierung
	Oberflächengewässer
	Landschaftsgestaltung, Landschaftsplanung
	Freizeit und Erholung
	Ökologie, Naturschutz
	Rekultivierung, Renaturierung
X	Gründung
○	Veröffentlichung, Gutachten, Wettbewerb, Leitbild
●	Planung, Tagung, Aufruf, Hinweis, Vorschlag
§	Gesetz, Verordnung, Erlaß, Richtlinie
U	Untersuchung, Maßnahme, Verfahren
	Naturschutz
LSG	Landschaftsschutzgebiet
NSG	Naturschutzgebiet
(R)	Rheinisches Braunkohlenrevier
(L)	Lausitzer Braunkohlenrevier
(M)	Mitteldeutsches Braunkohlenrevier
(H)	Helmstedter Braunkohlenrevier
(W)	Wetterauer Braunkohlenrevier

Zur Geschichte der Rekultivierung im Braunkohlentagebau
- Eine Übersicht -

Legende

	Anregungen, Anfänge, erste Arbeiten
	Begrenzte Auswirkungen im Schrifttum, in Gesetzen und in der praktischen Anwendung
	Starke und überwiegend erfolgreiche Bemühungen um die Rekultivierung und die Gestaltung einer neuen Landschaft
	Recht
	Forstliche Rekultivierung
	Landwirtschaftliche Rekultivierung
	Oberflächengewässer
	Landschaftsgestaltung, Landschaftsplanung
	Freizeit und Erholung
	Ökologie, Naturschutz
—	Rekultivierung, Renaturierung
X	Gründung
○	Veröffentlichung, Gutachten, Wettbewerb, Leitbild
●	Planung, Tagung, Aufruf, Hinweis, Vorschlag
§	Gesetz, Verordnung, Erlaß, Richtlinie
U	Untersuchung, Maßnahme, Verfahren
	Naturschutz
LSG	Landschaftsschutzgebiet
NSG	Naturschutzgebiet
(R)	Rheinisches Braunkohlenrevier
(L)	Lausitzer Braunkohlenrevier
(M)	Mitteldeutsches Braunkohlenrevier
(H)	Helmstedter Braunkohlenrevier
(W)	Wetterauer Braunkohlenrevier

Abb. 3. Mechanische Kulturpflege in 2jähriger Kippenaufforstung mit Winterlinde

Forstwirtschaft kann in der Lausitz nur unter strengster Beachtung des Waldbrandschutzes erfolgreich betrieben werden. Mit durchschnittlich 8 Bränden und über 20 ha Schaden je 10 000 ha Wald und Jahr steht die Lausitz absolut an der Spitze des Waldbrandgeschehens in Deutschland.

Neben den naturbedingten Ursachen des Standortes, wie sandige, nährstoffarme Böden mit geringem Wasserhaltevermögen und Niederschlägen von kaum mehr als 500 mm/Jahr, hat der menschliche Einfluß die Waldbrandgefährdung weiter erhöht. Begünstigend wirkt der hohe Anteil der Baumart Kiefer mit dem überdurchschnittlich hohen Anteil jüngerer Altersklassen, die starke Vergrasung der Waldbestände durch Umweltbelastungen und die Konzentration von Industrie, die viele zusätzliche Zündquellen an Straßen, Bahnlinien und Energiefortleitungstrassen schafft. Letztlich trägt auch die bergbauliche Tätigkeit mit dem Grundwasserentzug dazu bei.

Dem muß bereits in der Rekultivierung Rechnung getragen werden. Dazu zählt,

- daß der Kiefernanteil bei der Aufforstung möglichst unter 50 % gesenkt wird
- daß die Waldbestände intensiv erschlossen
- daß Löschwasservorräte angelegt werden

Auf höchstens 1 000 ha Wald gehört mindestens eine Löschwasserentnahmestelle. Sind keine natürlichen Wasserstellen vorhanden, müssen künstliche Teiche oder unterirdische Tanks angelegt werden.

Bei der Anlage von Waldbrandriegeln aus Laubholz besteht das Problem, daß in den ersten 10 Jahren kaum brandhemmende Wirkung erreicht wird, weil die Vergrasung bis zum Dichtschluß der Kultur das Feuer gut weiterträgt. Am schnellsten schließen sich Roteichenbestände und unterdrücken mit ihrem schweren Laub das Gras. Deshalb hat die Roteiche als Waldbrandriegel auf der Kippe eine besondere Bedeutung.

Auch in der Kippenrekultivierung ist der Wildbestand ein nicht zu unterschätzender Faktor. Die Erfahrungen zeigen, daß sich Wild, v. a. Rehwild, Schwarzwild, auch Hase und Kaninchen, bereits unmittelbar nach der Aufforstung einstellen, sofern es die Randbeziehungen der Rekultivierungsflächen erlauben. Mit Dickungsschluß werden Kippenwälder sehr schnell als Einstandsgebiete für diese Wildarten und selbst für Rot- und Damwild angenommen. Damit ist die Regulierung der Wilddichte von Anbeginn an ein wesentlicher Faktor für den Erfolg der Rekultivierung. Heutzutage erfordern außer den reinen Kiefernkulturen praktisch alle Aufforstungen einen Zaunschutz. Das Ziel sollte allerdings darin bestehen, mit individuellem Schutz und konsequenter Wildbestandsregulierung auszukommen.

In die Waldlandschaft gehört weiterhin die Gestaltung von besonderen Biotopen, wie Feuchtbiotope oder arme Trockenstandorte, und das Belassen von Sukzessionsflächen. Unterstützt werden kann das mit Findlingspackungen, Benjeshecken und ähnlichem. Der Umfang solcher Sonderbiotope sollte 5 % der Waldfläche nicht überschreiten.

Voraussetzungen für eine Erholungsnutzung der Kippenwälder sind mit einer artenreichen, stark wechselnden Waldgestaltung gegeben. Es kommt dann nur noch darauf an, mit der weiteren Landschaftsgestaltung ein entsprechendes Netz von Zielpunkten, wie Wanderhütten, Aussichtspunkte, Rodelberge und ähnliches anzubieten. Dieses muß durch geeignete Wanderwege verbunden und an die Umgebung, z. B. mit Parkplätzen, angeschlossen sein.

5
Die Ergebnisse der forstlichen Rekultivierung in der Lausitz und ihre Zukunft

5.1
Die Birken-, die Roteichen- und die Kiefernzeit, drei wesentliche Etappen der forstlichen Rekultivierung in der Lausitz

Die Aufforstung von Kippen in der Lausitz gewann mit der Einführung leistungsfähiger Tagebaugeräte zu Beginn dieses Jahrhunderts an Bedeutung. Die rasche Weiterentwicklung der Technik führte zu größeren Rückgabeflächen, die unter Anleitung von Forstangestellten und Gärtnern aufgeforstet wurden.

Die ersten nachgewiesenen Aufforstungen stammen aus den Jahren 1906–1908. Bekannt wurden die Arbeiten von Revierförster Schnädelbach und Werksgärtner Muschner. Später machten sich besonders die Forstleute Heuson (1929, 1947) und Copien (1942) um die Kippenrekultivierung in der Lausitz verdient.

Rudolf Heuson war Forstverwalter der Niederlausitzer Kohlewerke in Schipkau und betrieb besonders in den 20er Jahren die planmäßige Aufforstung von Kippen weiter. Er versuchte über den Aufbau reichhaltiger Laubholzmischbestockungen ein natürliches, leistungsfähiges Waldgefüge zu erreichen. Roteiche, Pappel, Erle, Robinie, Birke, Lärche und Kiefer wurden oft in einzelstammweiser Mischung gepflanzt. Heuson differenzierte zwischen Nutzholzarten und bodenverbessernden Pflegegehölzen, wozu er besonders die Erle zählte. Eine wichtige Erkenntnis Heusons bestand darin, die Bestandsbegründung unmittelbar nach der Verkippung vorzunehmen, um die günstigen bodenphysikalischen Bedingungen des Kipprohbodens besonders hinsichtlich Durchlüftung und Wasserhaushalt auszunutzen.

Die einzelstammweisen Mischungen haben sich aber i. allg. nicht bewährt, weil sich fast immer die konkurrenzstärksten Baumarten, also die Pioniergehölze, durchsetzen. Auch wurde die zuerst von Heuson sehr häufig verwendete Weißerle später durch die Roterle ersetzt, weil die üppig wuchernde Wurzelbrut der Weißerle mitunter alle waldbaulichen Bemühungen zunichte machte.

Copien förderte später besonders den Anbau der Kiefer, weil er die dem jeweiligen Standort am besten entsprechende Wirtschaftsbaumart favorisierte. Seine Ansichten waren im Gegensatz zum stark biologisch ausgerichteten Heuson mehr auf die Wirtschaftlichkeit des Waldes gerichtet. Daher spielte auch die Birke bei der Kippenregulierung dieser Anfangsjahre eine große Rolle, weil sie billig und zuverlässig auszubringen war (Saat).

Die verschiedenen Auffassungen von Heuson und Copien spiegeln auch die unterschiedlichen Ausgangsbedingungen, unter denen beide wirtschafteten, wider. Die gröber texturierten, mitunter tonhaltigen Substrate der Hochfläche, auf denen Heuson arbeitete, gaben bessere Voraussetzungen für einen Laubholzanbau, als die gleichförmigen nährstoffarmen Sande des Urstromtales, in dem Copien rekultivierte.

Eine besondere Rolle für die Rekultivierung in dieser Etappe spielte die 1928 gegründete Kippenaufforstungskommission, die den Erfahrungsaustausch zwischen Fachleuten und Praktikern förderte und von 1928–1944 Jahresberichte über die Wiederaufforstung herausgab.

Heute sind die meisten dieser älteren Kippenwälder verschwunden, weil sie bei der Auskohlung des zweiten Lausitzer Flözes erneut überbaggert wurden. Al Naimi (1989) fand statistisch noch 616 ha Kippen, die aus der Zeit vor 1935 stammen. Sie bestehen zu 25 % aus Kiefern und zu 75 % aus Birken mit geringen Anteilen von Roteiche und Robinie. Reste von bereits über 60 Jahre alten Waldbeständen kann man noch auf der Hochkippe bei Nardt in der Nähe von Hoyerswerda und auf der Außenkippe Sedlitz am Südfeld (des Tagebaues Ilse-Ost) bei Senftenberg sehen.

Insgesamt kann man diese frühe Etappe der Rekultivierung als „Birken-Zeit" zusammenfassen (Tabelle 6). Sie reicht von den Anfängen der Rekultivierung etwa bis 1960. Bei den aus dieser Zeit heute noch vorhandenen Kippenwäldern macht die Birke 53 % aus. Heute befriedigen viele dieser Birkenbestände nicht mehr und bedürfen dringend einer waldbaulichen Behandlung, z. B. durch Voranbau mit anderen Baumarten oder Umwandlung. Oft haben sich im Schutze der Birke andere Baumarten, besonders Kiefer, Eiche, Robinie und Linde angesiedelt. Die Birke spielte später nur noch eine untergeordnete Rolle in der Rekultivierung (Abb. 4).

Der 2. Weltkrieg stellte eine Zäsur auch in der Rekultivierung dar. Erst in den 50er Jahren versuchte man wieder planmäßig Altkippen zu rekultivieren, stieß dabei aber auf große Schwierigkeiten. Die ständige Leistungssteigerung der Tagebaugroßgeräte und die geringe Beachtung der Rekultivierung in den Kriegswirren hatte zu Rückständen und zur oberflächlichen Verkippung von tertiären, extrem kulturfeindlichen, weil stark schwefelhaltigen Substraten, geführt.

Erst mit den grundlegenden Forschungsarbeiten des Instituts für Garten- und Landeskultur der Humboldt-Universität Berlin in den 50er Jahren gelang es, die Voraussetzungen zu schaffen, daß auch extrem kulturfeindliche Kippen melioriert und anschließend erfolgreich aufgeforstet werden können. Die Verfahren zur Grundmelioration, wie das Domsdorfer oder das Koyneverfahren, wurden entwickelt und leiteten eine zweite Etappe zur Kippenrekultivierung in der Lausitz ein (Knabe 1959;

Tabelle 6. Baumartenverteilung auf den Kippen der Lausitz

	Baumarten in Prozent der Fläche								
	Kiefer	Lärche	Übrige Nadelgehölze	Eiche	Roteiche	Erle	Pappel	Birke	Übrige Laubgehölze
Gesamt	54	1	0	1	15	2	6	21	0
Birkenzeit (bis 1960)	31	0	0	0	7	3	6	53	0
Roteichenzeit (bis 1975)	51	2	0	1	26	3	9	7	1
Kiefernzeit (bis 1990)	81	0	0	1	11	0	4	2	1
1991–1994	40	6	4	18	12	4	4	2	10

Abb. 4. 40jährige Birkenaufforstungen beginnen sich aufzulösen, im Unterstand haben sich anspruchslose Bäume und Sträucher angesiedelt

Abb. 5. Mit der Roteiche werden auch auf armen Kippenstandorten wirksame Waldbrandriegel aufgebaut

Katzur 1965; Lorenz et al. 1970; Illner et al. 1968; Illner u. Katzur 1968; Wünsche u. Lorenz 1972).

Es zeigt sich heute, daß besonders die Aschemelioration einen nachhaltigen Kulturerfolg sichern kann. Die heute knapp 30 Jahre alten Waldbestände der Domsdorfer Versuche zeigen fast durchweg ein anhaltend gutes Wachstum. Lediglich die tatsächlich erreichte Meliorationstiefe wird zum begrenzenden Faktor, da beim damaligen Stand der Technik oft nur 30–60 cm Tiefe erreicht wurden (Pfeiffer u. Stein 1993).

Diese wiederurbargemachten Kippen wurden den Staatlichen Forstwirtschaftsbetrieben zur Aufforstung übergeben. Die Forstleute haben sich bei den großflächigen Aufforstungen verdient gemacht. Besonders ab den 60er Jahren wurden jährlich 1 000 ha und mehr Kippe aufgeforstet.

Man kann diese 2. Etappe als „Roteichen-Zeit" bezeichnen (Tabelle 6). Sie geht etwa von 1960–1975. In dieser Zeit macht die Roteiche 26 % der Kippenaufforstungen aus. Der Anteil der Birke ist deutlich zugunsten der Kiefer zurückgegangen.

Aus dieser Zeit stammen interessante und artenreiche Waldbilder auf den Lausitzer Kippen. Der Spielraum für Berg- und Forstleute bei der Rekultivierung war in dieser Zeit relativ günstig. Neben der Kiefer wurden v. a. Roteiche und Robinie gepflanzt, aber auch Pappel, Roterle, Lärche, Linde, Hainbuche und sogar Traubeneiche erfolgreich angebaut. Revierförster, wie Neumann in Plessa, Grünig in Lauchhammer, Kraut in Schlabendorf, Bühler in Greifenhain und Unterdörfer in Uhyst haben sich um die Kippengestaltung verdient gemacht (Abb. 5).

In den 80er Jahren ging die Kippenaufforstung zugunsten der landwirtschaftlichen Rekultivierung deutlich zurück. Die Kippenböden für die Forstwirtschaft wurden immer schlechter. Heterogene Mischsubstrate aus tertiären und pleistozänen Sanden verhinderten eine gleichmäßige Melioration und die vorhandene Technik erlaubte auch nur Bearbeitungstiefen bis zu 60 cm.

So wurde immer öfter auf die Kiefer ausgewichen. Daher hat ihr Anteil an der Kippenaufforstung ständig zugenommen. Die entstandenen großen zusammenhängenden Kiefernforsten erbringen hohe Wuchsleistungen, sind aber ökologisch instabil und können landeskulturell nicht befriedigen. Auch der Waldbrandschutz ist in diesen Gebieten ein großes Problem.

Sinnfällig kann man diese Etappe nur als „Kiefern-Zeit" bezeichnen (Tabelle 6). Sie reicht etwa von 1975–1990. Hier macht die Kiefer 81 % der Kippenaufforstungen aus. Dennoch sollten diese Leistungen in der Rekultivierung nicht gering geschätzt werden, wenn man bedenkt, unter welchen Bedingungen sie erbracht wurden. In dieser Zeit war auch der Böschungsanteil in den Forstflächen sehr hoch (Abb. 6).

Die zusammengefaßte Bilanz dieser Jahre bis 1990 sind 21,3 Tha Kippenwald. Das sind ziemlich genau 50 % der Inanspruchnahme.

Der größte Teil dieser Kippenwälder ist nicht älter als 30 Jahre. Die Gemeine Kiefer bestimmt mit 54 % der

Abb. 6. Die Gemeine Kiefer ist eine zuverlässige und leistungsstarke Baumart in der Rekultivierung, große Reinbestände sind aber ökologisch instabil

Fläche das Waldbild auf diesen Kippen. Sie wird hauptsächlich ergänzt von Birken (21 %) und Roteichen/Robinien (15 %). Auch Pappel (6 %), Roterle (2 %), Lärche (1 %), Schwarzkiefer und Linde sind geringfügig beteiligt (Tabelle 6). Der hohe Kiefernanteil unterscheidet das Lausitzer Revier v. a. vom Leipziger Braunkohlenrevier, wo die Pappel auf den Kippen 49 % ausmacht. Auch im Kohlerevier Oberlausitz, südlich von Görlitz, macht die Pappel einen deutlich höheren Anteil an den Kippenaufforstungen (44 %) aus.

Nicht alle dieser vorhandenen 21,3 Tha Kippenwälder können als mangelfrei angesehen werden. Rekultivierungsmängel haben ihre Ursache entweder in ungenügender Melioration oder der unvollständigen bergmännischen Vorbereitung. Dazu gehören v. a. eine zu geringe Überdeckung über dem zukünftigen Grundwasserstand und nicht standsichere Böschungen. Aus solchen Mängeln ergibt sich ein Sanierungsbedarf, der allerdings große Realisierungszeiträume einschließt.

5.2 Die Zukunft der forstlichen Kippenrekultivierung hat begonnen

Der in Abschn. 3 formulierte Anspruch, die Voraussetzungen für eine vielfältig nutzbare Waldlandschaft zu schaffen, soll sowohl für die Rückstände in der Rekultivierung, die systematisch mit der Sanierung der sog. Altlasten abgebaut werden, als auch für die mit der Weiterführung bestimmter Tagebaue in einem privatisierten Braunkohleunternehmen der Lausitz notwendig werdende planmäßige Wiedernutzbarmachung gelten.

So sind die Vorstellungen der forstlichen Rekultivierung sowohl in die jetzt entstehenden Braunkohle- als auch in die Sanierungspläne eingegangen, die sich z. T. noch in der öffentlichen Diskussion befinden.

Konsequent wird seit 1991 an der Schaffung des Überzuges von kulturfreundlichen pleistozänen Substraten in der Abschlußschüttung von wenigstens 2 m Mächtigkeit gearbeitet. Da bereits große Kippenareale existieren, wo kulturfeindliches tertiäres Material liegt und ein Überzug nicht mehr möglich ist, wird mit der Grundmelioration ein durchwurzelbarer Horizont von mindestens 1 m Tiefe geschaffen. Die dafür erforderliche Technik ist heute vorhanden, erprobt und wird entsprechend den Notwendigkeiten eingesetzt.

In zunehmendem Maße werden mit der Kulturbegründung Begleitfloren angelegt, die vor Erosion schützen und die biologische Aktivität des Bodens fördern. Organische Masse, wie sie beim Beräumen der Wälder im Grubenvorfeld anfällt, wird heute gehackt oder geschreddert und in der Rekultivierung eingesetzt. In einem besonderen Verfahren wird dafür direkt die Großtechnik des Tagebaues genutzt, um den Kostenaufwand zu minimieren.

Abb. 7. Waldschultag in einer rekultivierten Waldlandschaft

Mit ca. 3 000 ha Aufforstung von 1991–1994 lag der Schwerpunkt der Rekultivierung eindeutig bei der Forstwirtschaft. Besonders deutlich wird der Fortschritt bei der Auswahl der Baum- und Straucharten für die Aufforstung (Tabelle 6). Über 50 verschiedene Baum- und Straucharten stehen auf den Pflanzenlisten und machen deutlich, daß die Artenvielfalt in der Rekultivierung erhöht wird. Die Auswahl der Hauptbaumarten geschieht in Anlehnung an das natürliche Waldbild, d. h. daß neben der Kiefer v. a. die Traubeneiche gefördert wird. Das Verhältnis von Laub- zu Nadelbäumen liegt bereits bei 50 : 50 %.

Viele zusätzliche Sonderbiotope sind in die gestaltete Landschaft eingebettet, besonders Feuchtbiotope, Trokkenstandorte und Sukzessionsflächen. Unterstützt wird das mit Findlingspackungen, Benjeshecken und ähnlichen.

Durch Wanderwege, Rastplätze, Aussichtspunkte und Rodelberge wird die Landschaft für die Erholung erschlossen. Hierzu gehören auch Erinnerungsstätten für umgesiedelte Ortschaften und Lehrpfade. Nicht zu vergessen die Parkplätze am Kippenrand (Abb. 7).

6 Zusammenfassung

Die forstliche Rekultivierung hat in der Lausitz eine lange Tradition. Erste Bedeutung erlangte Rudolf Heuson, der in den 20er Jahren dieses Jahrhunderts für die Niederlausitzer Kohlewerke in Schipkau umfangreiche Rekultivierungen durchführte.

Bis 1990 lassen sich drei große Etappen der forstlichen Rekultivierung in der Lausitz erkennen:

Die Birkenzeit charakterisiert die frühen Aufforstungen etwa bis 1960.

Ende der 50er, Anfang der 60er Jahre werden in grundlegenden Forschungsarbeiten der Humboldt-Universität Berlin Meliorationsverfahren entwickelt, mit denen es gelingt, auch kulturfeindliche Kippen erfolgreich zu rekultivieren. Neben der Kiefer und vielen anderen Baumarten fällt in der Etappe bis 1975 der hohe Anteil von Roteiche auf, daher auch Roteichenzeit.

In der letzten Etappe bis 1990, der Kiefernzeit, geht der Anteil der forstlichen Rekultivierung zugunsten der Landwirtschaft zurück. Es entstehen großflächig Kiefernreinbestände, die hohe Wuchsleistungen haben, aber ökologisch instabil sind.

Die bis 1990 aufgeforsteten 21,3 Tha Kippenwald bestehen damit aus: 54 % Kiefer, 21 % Birken, 15 % Roteichen/Robinien, 6 % Pappel, 2 % Erle und 1 % Lärche.

Ausgehend von diesen Erfahrungen wurde seit 1990 die Strategie der forstlichen Rekultivierung neu bestimmt:

Zum einen werden mit der selektiven Verkippung kulturfreundlicher Substrate beste Ausgangsbedingungen für die Rekultivierung geschaffen. Das sind in der Lausitz pleistozäne bindige Ablagerungen. Gleichzeitig wird durch Einsaat ausgewählter Hilfspflanzen für eine rasche Bodenbedeckung gesorgt.

Und zum anderen wird bei der Auswahl der Baum- und Straucharten für die Aufforstung eine deutlich höhere Vielfalt und ökologische Durchdringung erreicht. So liegt der Anteil der Laubgehölze bereits deutlich über 50 %. Dabei werden Vorwald- oder Pionierbaumarten mit den eigentlichen Hauptbaumarten kombiniert.

Neben Kiefer, Birke, Erle, Pappel und Robinie hat v. a. die Roteiche große Bedeutung erlangt. In Zukunft werden Trauben- und Stieleiche, Ahorn und Linde für eine naturnahe Waldwirtschaft stärker gefördert.

Durch die Gestaltung von Sonderbiotopen und die Erschließung bestimmter Teile für die Naherholung wird die Kippen-Waldlandschaft weiter aufgewertet.

Damit leistet die Kippenrekultivierung einen wichtigen Beitrag zum angestrebten Waldumbau in Richtung einer naturnahen Waldwirtschaft.

Das Ziel der forstlichen Rekultivierung in der Lausitz besteht darin, die Voraussetzungen zu schaffen, daß eine lausitztypische, naturnahe und vielfältig nutzbare Waldlandschaft mit hohem wirtschaftlichen Wert, mit hohem Erholungswert und mit hohem Wert für den Naturschutz wiedererstehen kann.

LITERATUR

Al-Naimi K (1989) Die forstlich genutzten Kippen des Braunkohlebergbaues der DDR und ihre nachhaltige Bewirtschaftung. Dissertation an der Fakultät für Bau-, Wasser- und Forstwesen der Technischen Universität Dresden

Copien (1942) Über die Wiedernutzbarmachung der Abraumkippen auf Braunkohlenwerken und die dabei gewonnenen Erfahrungen insbesondere bei Forstkulturen in der Niederlausitz; Zeitschrift für Forst- und Jagdwesen, Drittes Heft, März 1942, LXXIV. Jahrgang

Heinsdorf D (1992) Untersuchungen zur Düngebedürftigkeit von Forstkulturen auf Kipprohböden der Niederlausitz. Promotion an der Fakultät für Bau-, Wasser- und Forstwesen der Technischen Universität Dresden

Heusohn (ab 1939 Heuson) R (1929) Praktische Kulturvorschläge für Kippen, Bruchfelder, Dünen und Ödländereien. Neumann, Neudamm

Heuson R (1947) Die Kultivierung roher Mineralböden. Siebeneicher Verlag, Berlin-Charlottenburg 4

Illner K, Kawelke C, Raasch H, Wünsche M (1968) Über einheitliche Verfahren der Bodenuntersuchung für die Kartierung von Kipprohböden. Veröffentlichungen aus dem Institut für Landschaftspflege der Humboldt-Universität zu Berlin

Illner K, Katzur H-J (1968) Der Einfluß der Wiederurbarmachung auf den Erfolg der Rekultivierung. Bergbautechnik 18: 68

Katzur H-J (1965) Untersuchungen über die Rekultivierung von schwefelhaltigen Tertiärkippen unter der Verwendung phenolhaltiger Kokereiabwässer. Dissertation an der Berliner Humboldt-Universität Berlin

Kaule G (1986) Arten- und Biotopschutz (UTB Große Reihe). Ulmer, Stuttgart

Knabe W (1959) Zur Wiederurbarmachung im Braunkohlenbergbau. VEB Deutscher Verlag der Wissenschaften, Berlin

Lorenz W-D, Wünsche M, Kopp D (1970) Die Methode der Klassifizierung von Standorten auf Kippen und Halden des Braunkohlenbergbaus. Archiv für Forstwesen, Berlin 19: 12

Pfeiffer J, Stein R (1993) Ertragskundliche Untersuchungen auf ausgewählten Flächen der Kippe Domsdorf des Lausitzer Braunkohlereviers. Diplomarbeit, Fachhochschule Forstwirtschaft Raben Steinfeld

Schwabe H (1970) Ergebnisse der forstlichen Rekultivierung auf vorwiegend kulturfreundlichem Abraummaterial des Braunkohlenbergbaues in der Niederlausitz. Dissertation, Technische Universität Dresden/Tharandt

Schwabe H (1973) Mitanbau von perennierender Lupine. Unveröffentlichtes Manuskript

Wünsche M, Lorenz W-D (1972) Die Bodenformen der Kippen und Halden im Niederlausitzer Braunkohlerevier. Mitteilungen aus dem VEB GFE Halle/Betriebsteil Freiberg Nummer 15: 72

Gewässer in der Bergbaufolgelandschaft

50

Carsten Drebenstedt und Reinhard Möckel

1 Einleitung

Wie das gesamte Norddeutsche Flachland, so verdanken auch weite Gebiete der Lausitz die Prägung ihres landschaftlichen und geologischen Charakters in besonderem Maße den Inlandeis- und Schmelzwassermassen der quartären Vereisungen. Demzufolge sind an ihrer Oberflächengestaltung überwiegend Ablagerungen des Quartärs beteiligt. In der Lausitz finden wir die gesamte glaziale Folge von Endmoräne, Grundmoräne, Sander und Urstromtal. Entsprechend vielseitig sind die wasserwirtschaftlichen Rahmenbedingungen während der bergbaulichen Nutzung und der nachfolgenden Sanierung der Abbauräume von Braunkohle in der Lausitz. Nachfolgend soll – beginnend mit den prämontanen Ausgangsbedingungen – die jetzige hydrologische Situation und darauf aufbauend der notwendige Handlungsrahmen für die anstehende Rekultivierung umrissen werden.

Der Abbau der Braunkohle ist mit einer großräumigen Absenkung des Grundwassers verbunden. Die Folge davon sind tiefgreifende Veränderungen in der Hydrologie auch der Oberflächengewässer im Umfeld der Abbauräume. Wasserwirtschaftliche Fragestellungen spielen folglich bei der Weiterführung aktiver Tagebaue und der Gestaltung der Bergbaufolgelandschaft eine zentrale Rolle. Das enge Zusammenspiel von Grund- und Oberflächenwasser macht hierfür ein tieferes Eindringen in dieses komplexe Wirkungsgefüge erforderlich.

2 Gewässer im Naturraum des heutigen Lausitzer Braunkohlenreviers

2.1 Vorbergbauliche Situation

An der prämontanen Oberflächengestaltung des heutigen Lausitzer Braunkohlenreviers sind insbesondere Ablagerungen des Quartärs beteiligt. Von Nord nach Süd läßt sich das Gesamtgebiet in folgende quartärgeologisch-morphologische Einheiten untergliedern:

- Jungmoränengebiet nördlich des Baruther Urstromtals
- Baruther Urstromtal
- Niederlausitzer Landrücken
- Altmoränengebiet südlich des Niederlausitzer Landrückens
- Lausitzer Urstromtal
- Altmoränengebiet südlich des Lausitzer Urstromtals, das mit einzelnen Durchragungen prätertiärer Festgesteine zum Lausitzer Bergland überleitet

Die Mittelgebirgsflüsse Bober, Neiße und Spree durchbrechen den Niederlausitzer Landrücken und queren das Gebiet von Süd nach Nord. Diesen Hauptflüssen des Bearbeitungsgebietes strömen aus den umliegenden Moränengebieten, v. a. aus dem Niederlausitzer Landrücken, verschiedene kleinere Flüsse und Bäche zu, von denen Malxe, Berste und Dahme die bedeutendsten sind. Die ebenfalls von Süden kommende Schwarze Elster biegt bereits im Lausitzer Urstromtal nach Westen ab. Ihr fließt die Kleine Elster zu, welche die Beckengebiete der südwestlichen Niederlausitz entwässert. Die Spree durchbricht südlich Cottbus den Niederlausitzer Landrücken. Durch spätglaziale Dünenaufwehungen wird sie danach zu einem bogenförmigen Umweg gezwungen, der in dem zuvor durchflossenen Urstromtal zur Auffächerung des Flusses und damit zur Entstehung des einzigartigen Spreewaldes führte. Diese Landschaft prägt ein etwa 970 km langes feingegliedertes Fließgewässersystem. Vergleichbare Verhältnisse gab es bis zur Mitte des 19. Jahrhunderts lokal auch im Lausitzer Urstromtal, doch wurde hier (z. B. im Senftenberger Raum) bereits frühzeitig regulierend eingegriffen.

Das quer durch die Niederlausitz verlaufende Baruther Urstromtal scheidet die seenreiche Jungmoränenlandschaft im Norden von der nahezu seenlosen Altmoränenlandschaft im Süden. Die rd. 80 natürlichen Seen sowie zahlreiche kleinere Moränenpfühle auf dem Territorium der historischen Niederlausitz liegen sämtlich nördlich des Baruther Urstromtales. Der größte von ihnen ist der Schwielochsee mit knapp 1 200 ha Wasserfläche. Die übrigen überschreiten nur selten eine Größe von 100 ha, viele sind deutlich kleiner als 5 ha und flach, so daß sie aus limnologischer Sicht bereits zu den Weihern zählen (Krausch 1982).

Die prätertiäre Festgesteinsoberfläche taucht nach Norden rasch ab und wird in der zentralen Niederlausitz bereits von einer etwa 200 m mächtigen Folge tertiärer und quartärer Lockersedimente überdeckt. Im vorbergbaulichen Zustand war dieser Horizont nahezu bis an die Oberfläche mit Grundwasser gefüllt. In den obersten Metern gab es lokal jedoch feine Unterschiede, welche sich auch im Muster der menschlichen Besiedlung der Lausitz niederschlugen. Obgleich teilweise schon auf den Höhenzügen ergiebige Quellen zutage treten, müssen die Hochlagen des Niederlausitzer Landrückens doch überwiegend als grundwasserfern angesprochen werden. Die Wasseraustritte erfolgen hier über lokal verbreitete Stauer mit einem oft recht begrenzten Einzugsgebiet. Die Folge war ein häufig wiederkehrender Wassermangel in längeren Trockenperioden. Nicht selten wurden aus diesem Grunde kleinere Teichgruppen, gelegentlich sogar ganze Ortschaften wieder aufgegeben.

In diesem Zusammenhang muß betont werden, das v. a. die Niederlausitz zu den niederschlagsärmsten Gegenden Deutschlands gehört. Im langjährigen Mittel bleibt die Jahressumme fast überall unter 600 mm, nur lokal (z. B. auf den Höhenzügen) werden geringfügig höhere Werte erreicht. Damit zählte das Wasser in dieser Region bereits immer zu den kostbarsten Naturgütern und wurde vielseitig genutzt. Außerhalb der Urstromtäler war man in früheren Jahrhunderten stets bestrebt, durch eine Vielzahl von Stauen den Abfluß zu verzögern. Dazu dienten hauptsächlich Fischteiche und Mühlenstaue. Beide führten in weiten Bereichen sogar zu einer anthropogen verursachten Anhebung des Grundwasserstandes.

Zu den Räumen mit ausgeprägtem Wassermangel zählen insbesondere die weitflächigen Sander (z. B. um Graustein). Der gut durchlässige Sand läßt hier Niederschläge schnell versickern, so daß die trockene Kiefernheide keine weitere menschliche Nutzung zuläßt. Im Gegensatz dazu sammelt sich in den Urstromtälern und in lokalen Beckenlandschaften so viel Wasser, daß früher häufige, aperiodische Überschwemmungen eine menschliche Besiedlung erschwerten. Das bekannteste Beispiel in diesem Zusammenhang ist der Oberspreewald, ein 289 km^2 großes Sumpfgebiet im Baruther Urstromtal. Während in den umliegenden Hochlagen das verfügbare Wasser einen Mangelfaktor bildete und entsprechend vorsorglich bewirtschaftet wurde, war man in den Niederungen stets bestrebt, durch regulierende Eingriffe, Überschwemmungen zu verhindern. So wurde bereits in der zweiten Hälfte des 19. Jahrhunderts die Schwarze Elster voll kanalisiert. Die Spree hielt diesem Ansinnen in weiten Bereichen lange stand. Erst die großen Meliorationsmaßnahmen nach 1970 und der Bau der Talsperre Spremberg veränderten diese Situation grundsätzlich. Nord- und Südumfluter leiten heute das Wasser, ohne größere Überschwemmungen hervorzurufen, um den Oberspreewald herum.

Eine zweite Form menschlichen Eingriffs in die Hydrographie der Lausitz war das Trockenlegen flacher Seen mit dem Ziel, landwirtschaftliche Nutzflächen zu gewinnen. Bereits vor mehreren hundert Jahren grub man mit hohem markscheiderischen Geschick tiefe Gräben durch Höhenzüge und entwässerte auf diese Weise feuchte Niederungen. Beispiele dafür sind die Grabkower Seewiesen südlich Guben und das Lugbecken bei Wormlage. Andererseits führte der verbreitete Abbau von Raseneisenerz in nur 1–2 m tiefen Gruben zur Herausbildung grosser Teichgebiete. Durch nachfolgenden Einstau von Wasser entstanden daraus beispielsweise die Peitzer Teiche und die Teichgruppe Hammerstadt.

2.2
Der bergbauliche Eingriff und seine Wirkung auf den Wasserhaushalt

Gegenstand des heutigen Braunkohlenabbaues in den Lausitzer Tagebauen ist der 2. Lausitzer Flözhorizont. Das primär großflächige Verbreitungsgebiet dieses Flözes wurde durch pleistozäne Erosion im Zuge der nordischen Inlandeisvorstöße in einzelne Kohlenfelder zerteilt. Ablagerungen und Erosionen/Exarationen der

Glazialfolgen Elster I, Elster II, Saale I, Saale II, Saale III und Weichsel I sind am Aufbau des quartären Deckgebirges beteiligt. In den Zwischeneiszeiten spielten auch fluviatile Einschüttungen aus dem Süden eine Rolle. Die pleistozänen und tertiären Sande und Kiese bilden die wichtigsten Hangendgrundwasserleiter. Sie sind häufig durch Stauer (Geschiebemergel, Bänderschluffe und -tone) in Teilgrundwasserleiter unterteilt, die aber oftmals nicht großräumig aushalten.

Die Flöze der Lausitz werden von stark wasserführenden Sandkörpern (Grundwasserleiter), die über und unter der Kohle liegen, begleitet. In den flözleeren Bereichen, sog. Rinnen, bestehen vielfältige hydraulische Kommunikationen zwischen den oberen und unteren Schichten (Nowel 1983, 1984). Der sichere Abbau von Braunkohle im Tagebau setzt eine bergmännische Sümpfung (Entwässerung) des über dem Braunkohlenflöz anstehenden Wassers voraus (Abb. 1). Um das Grundwasser abzusenken, müssen neben den regenerierbaren auch die statischen Grundwasservorräte abgepumpt werden. Dies führte in „Hochphasen" der Bergbautätigkeit zur deutlichen Erhöhung des oberirdischen Wasserdargebotes in den Flußgebieten der Schwarzen Elster und der Spree. So wurde im Zeitraum von 1975–1990 eine durchschnittliche Wasserführung der Spree gemessen, die bis zu 30 % über der natürlichen Leistungsfähigkeit des Einzugsgebietes lag. Konkret waren das am Pegel Cottbus 18–19 m^3/s Durchfluß gegenüber 13–14 m^3/s in prämontanen Zeiten.

Die Inanspruchnahme der statischen Grundwasservorräte und damit der bergbauliche Eingriff in die natürlichen wasserhaushaltlichen Abläufe begann im Jahre 1906 und erreichte im Jahre 1989 ihren Höhepunkt. Im Ergebnis der Energiepolitik in der ehemaligen DDR ergibt sich heute ein Defizit an statischen Grundwasservorräten von 9 000 Mio. m^3. Die Fläche der Grundwasserabsenkung von 2 100 km^2 (Abb. 2) entspricht heute fast der Fläche des Saarlandes (2 570 km^2). Der durch die gesellschaftlichen Veränderungen seit 1989 notwendige Anpassungsprozeß in der Braunkohlenindustrie führt zu einer unvermeidlichen und erheblichen Störung des derzeit noch funktionierenden Wasserhaushaltes. Im Extremfall, Stillegung aller Tagebaue und Einstellung der bergmännischen Sümpfung, würde ein Trockenfallen der Spree im Abschnitt zwischen Spremberg und Lübben für mehr als 10 Jahre zu den unausweichlichen Folgen gehören. Es ist Eile geboten, um tragfähige Lösungen sowohl für die Stabilität des Wasserhaushaltes in der Niederlausitz als auch im mittleren und unteren Spreegebiet zu erarbeiten.

3
Entstehung von Gewässern im Bergbaubetrieb

In der Bergbaufolgelandschaft können nachstehende Gewässerstrukturen auftreten:

- Technisch-technologisch bedingte Tagebaurestäume, die sich entsprechend dem nachbergbaulichen Grundwasserstand mit Wasser füllen und große, tiefe Seen bilden (Abb. 3)
- Vernässungsgebiete auf Kippen mit dem Grundwasserwiederanstieg
- Grundwasserferne temporäre Feuchtgebiete, Tümpel und Weiher, die sich in Abhängigkeit vom Einzugsgebiet für Niederschlagswasser auf den Kippen/Halden und bei Vorhandensein von Stauern (bindigem Bodenmaterial) an der Kippenoberfläche herausbilden (Abb. 4) oder gezielt ausgeformt und angelegt werden
- Teiche auf Kippen, die eine Anbindung an das umgebende natürliche Gewässernetz erhalten
- Fließgewässer, die eine besondere Bedeutung für den Biotopverbund besitzen und für die gezielte Baumaßnahmen erforderlich sind

Die bedeutendste Veränderung des Landschaftsbildes verursachen die Tagebaurestseen. Im Tagebaubetrieb

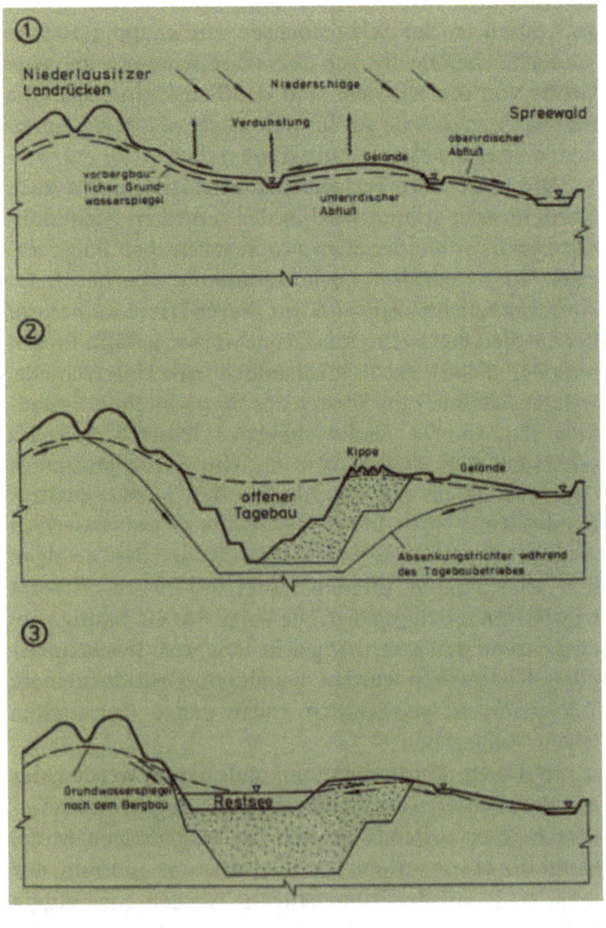

Abb. 1. Schematische Darstellung der Grundwasserverhältnisse vor *(oben)*, während *(Mitte)* und nach *(unten)* der bergbaulichen Tätigkeit in der Lausitz

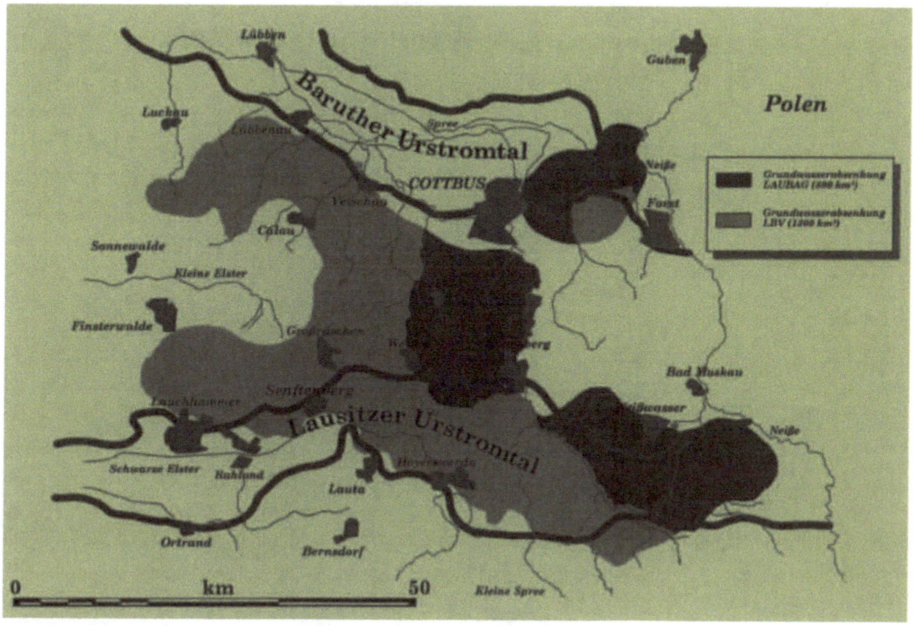

Abb. 2. Die aktuelle Ausdehnung der bergbaulich bedingten Grundwasserabsenkung im Braunkohlenfördergebiet der Niederlausitz

müssen zunächst die Deckgebirgsschichten über dem Rohstoff abgetragen werden. Nach der Auskohlung bietet es sich an, die entstandenen Hohlformen wieder mit Abraum zu verfüllen. In der Lausitz bestehen dazu, bedingt durch die weitgehend horizontale Flözlage und die Abraumzusammensetzung, günstige Voraussetzungen. Lediglich der bei einem Tagebauneuaufschluß anfänglich abzutragende Abraum muß mangels Kippraum außerhalb des Tagebaues verkippt werden. Auch in diesem Fall steht die Verfüllung von benachbarten ausgekohlten Tagebaubereichen vor der Aufhaldung auf gewachsenem Gelände. Trotz der Bemühungen, während des Tagebaubetriebes den Tagebaurestraum so klein wie möglich zu halten, entsteht durch die Rohstoffentnahme aus der Lagerstätte ein Massendefizit. Die Größe der Tagebaureststräume ist außerdem abhängig von der Lage des Kippenreliefs zum ursprünglichen Gelände. Dabei ist im Tagebaubereich mindestens soviel Abraum aufzufüllen, daß eine ausreichende Überdeckung zum künftigen Grundwasserstand und damit die Standsicherheit der Kippenoberfläche gewährleistet ist. Eine unter diesen Aspekten über dem ursprünglichen Gelände herzustellende Kippe vergrößert den Tagebaurestraum.

Ein weiterer Gesichtspunkt ergibt sich aus der Tagebauführung. Der Aufschluß einer Lagerstätte erfolgt

Abb. 3. Blick auf den 1945 gefluteten Tagebaurestraum Werminghoff bei Knappenrode, der heutige Knappensee (Aufnahme vom 5. Juni 1993). (Photo: Luftbild Heye)

Abb. 4. Lokale Setzungen, insbesondere entlang des Ansatzes eines neuen Kippdurchganges aber auch zwischen einzelnen Rippen, füllen sich schnell mit Wasser. Der Verlauf eines künftigen Fließgewässers deutet sich an (Absetzerkippe Tagebau Greifenhain 1994). (Photo: Möckel)

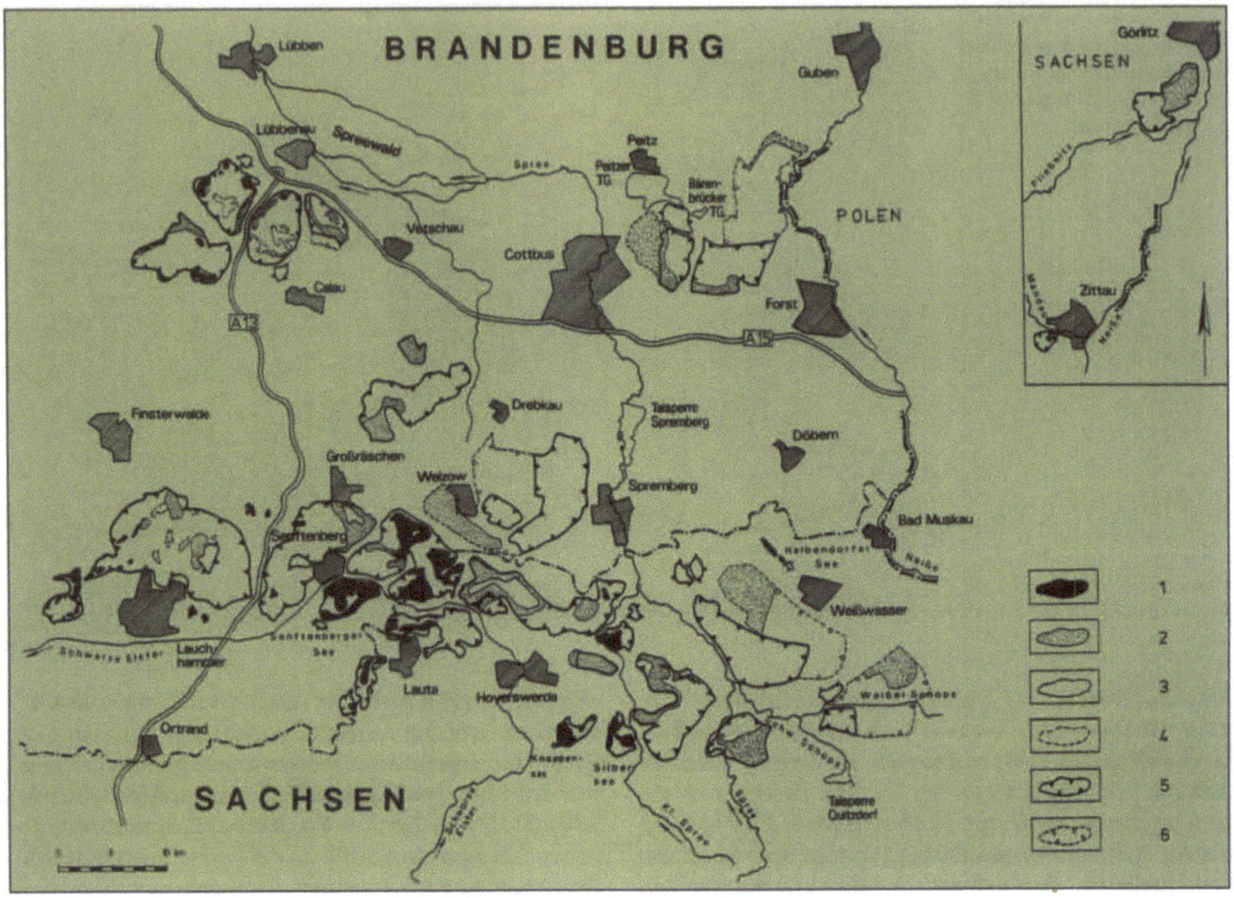

Abb. 5. Die Lage der gegenwärtig bereits vorhandenen und künftig noch entstehenden Gewässer infolge Braunkohlenabbau in der Lausitz: *1* vorhandene Tagebauseen, *2* geplante Tagebauseen, *3* natürliche Gewässer *4* Vernässungsgebiete auf Kippen, *5* aktuelles Abbaugebiet, *6* geplantes Abbaugebiet

in der Regel an der Stelle mit der geringsten Abraumüberdeckung z. B. in Urstromtälern. Erst in späteren Abbauphasen oder durch Folgetagebaue werden die aus betriebswirtschaftlicher Sicht ungünstigeren Lagerstättenbereiche, die unter Dünenzügen oder Endmoränen mit hohem Abraumanteil lagern, abgebaut. Aus diesem Grund ist die Abraumdisposition regional über den einzelnen Tagebau hinaus bei der Planung von Bedeutung.

Durch gezielte Massendisposition können so Tagebaue ganz verfüllt werden. Andere bleiben unvermeidlich ganz oder teilweise offen. In der Lausitz entstanden und entstehen so über 100 Tagebauseen mit 4,5 Mrd. m^3 Wasserinhalt (Tabelle 1). Die meisten davon sind ältere, kleine Restseen. Bis zum 1.1.1994 wurden etwa 3 200 ha Wasserfläche zur Nutzung freigegeben. Weitere ca. 15 000 ha bereits vorhandene Tagebauflächen werden sich künftig, nach Grundwasserwiederanstieg, mit Wasser bedecken. Nach Einstellung des Bergbaus werden es in der Lausitz ca. 24 600 ha sein, d. h. ein Viertel der insgesamt in Anspruch genommenen Fläche (Abb. 5).

Die Lage der Tagebaurestäume konzentriert sich in der Regel auf den Bereich der Tagebauendstellung. Insbesondere in Förderbrückentagebauen entstehen zudem an den Tagebaumarkscheiden Restlöcher, wenn bei starker Verkürzung der Baggerstrosse mit der eingeschränkt schwenkbaren Abwurfseite der Förderbrücke der Anschluß an das Gelände nicht mehr gehalten werden kann. Diese Restlöcher lassen sich bei der Planung der Abbaugeometrie unter Inkaufnahme von Vorratsverlusten vermeiden oder müssen nachträglich gesondert verkippt werden. Ziel ist es, nach dem Tagebau so wenig wie möglich Tagebaurestäume zurückzulassen. Dafür spricht auch die Minimierung der aufwendigen Sicherungsmaßnahmen an wasserumspülten Kippenböschungen, insbesondere bei Setzungsfließgefährdung.

Die Lage und Größe der Tagebaurestseen hat entscheidenden Einfluß auf die nachbergbauliche Grundwassersituation. Durch die plötzliche Wende in der Kohlen- und Energiewirtschaft mußten in der Lausitz seit 1990 acht Tagebaue wegen Überkapazität stillgelegt werden. In der Folge können geplante Massendispositionen zur Auffüllung von Tagebaurestäumen nicht

Tabelle 1. Die bedeutendsten Restlöcher (RL) des Niederlausitzer Braunkohlenreviers (nur Restlöcher mit einer Gesamtfläche > 30 ha berücksichtigt) (Stand 1994)

Bezeichnung	Tagebau	Wasserfläche [ha]	Höhe Wasserspiegel [m über NN]	künftige Höhe Wasserspiegel [m über NN]	postmontane Wasserfläche [ha[a]]
Restlöcher im Lausitzer Urstromtal (Restlochkette)					
RL Sedlitz	Sedlitz	840,0	86,7	101,0	1 323,0
RL Koschen	Koschen	520,0	99,0	98,0–101,0	601,0
Senftenberger See	Niemtsch	1200,0	99,0	99,0	1 200,0
RL Skado	Skado	660,0	91,4	101,0	1 010,0
RL Bluno	Bluno	190,0	90,7	104,0	1 400,0
RL Spreetal-NO	Spreetal-NO	142,0	46,2	108,0	354,0
RL Burghammer	Burghammer	> 150,0	101,7	107,5–109,0	288,0
Silbersee (mit RL Mortka)	Werminghoff II	376,0	123,0	123,0	376,0
Knappensee	Werminghoff I	338,0	126,0	126,0	338,0
Flußkläranlage Laubusch	Laubusch	239,0	107,8	107,8	239,0
Förderraum Lauchhammer/Senftenberg					
RL Hörlitz	Marga	23,0	95,7	98,0	56,0
Wildschweinteich	Victoria III	52,0	94,1	96,5	69,0
Fabrikteich	Victoria III	14,0	94,1	96,5	40,0
Kabelbaggerteich	Victoria III	57,0	96,1	96,5	59,0
RL 112 Plessa-Ost	Plessa	35,0	91,9	91,9	45,0
RL 117 Nordfeld-Grünewalder Lauch	Plessa	95,9	92,3	92,3	100,0
RL 125	Tröbitz	35,0	103,1	103,1	51,0
Förderraum Calau					
RL C	Schlabendorf-Nord	101,0	52,4	56,5	100,0
RL F	Schlabendorf-Nord	114,0	41,0–45,0	55,5	330,0
RL 4	Seese-West	20,0	36,5	53,0	137,0
RL 12	Schlabendorf-Süd	49,0	53,4	71,0	215,0

[a] bei Höchststau

mehr durchgeführt werden und es stellen sich veränderte Grundwasserverhältnisse ein.

Ursprünglich über dem geplanten künftigen Grundwasserstand angelegte Kippen können unter den neuen Grundwasserstand fallen. Diese Erscheinungen treten z. B. in den Tagebauen Seese-West, Schlabendorf-Nord und im Raum Lauchhammer auf und bilden dort großflächig meist abflußlose Flachgewässer, die als ökologisch besonders interessant anzusehen sind (Abb. 5).

Eine Vielzahl von Feuchtgebieten ist auf Kippen und Halden überall dort entstanden, wo Niederschlagswasser in Senken zusammenlaufen kann und die Versickerung durch bindige Bodenanteile begrenzt wird (Abb. 4). Einige dieser Feuchtbiotope halten ganzjährig

Wasser. Zunehmend werden solche Senken mit Einzugsgebiet gezielt hergestellt, um das Wasser in der Bergbaufolgelandschaft zurückzuhalten und zusätzliche Lebensräume zu schaffen.

Bei der Anlage von Teichen oder Fließgewässern auf Kippen werden das Geländerelief und das zur Abdichtung notwendige Bodenmaterial weitestgehend im technologischen Hauptprozeß der Verkippung vorbereitet.

4 Problemlösungen für die Gewässersanierung in der Lausitz

Eine Gesamtlösung der unvermeidbaren wasserhaushaltlichen Probleme setzt sich von vornherein aus Einzellösungen zusammen, die sich diametral gegenüberstehen. Es ist deshalb zwingend ein länderübergreifendes Zusammengehen von Naturschutz, Wasserwirtschaft und Industrie notwendig. Alle Wassernutzer haben sich auf den bisherigen „Wasserreichtum" der Flüsse, insbesondere der Spree, eingestellt und setzen ihn als feste Größe an. Bedenkt man, daß 60 % des in der Spree fließenden Wassers aus den Pumpenanlagen des Bergbaus stammt (in Trockenwetterperioden liegt der Anteil noch höher) so wird deutlich, welche Einschränkungen künftig jeder Nutzer beim Zurückgehen der bergmännischen Sümpfung auf 50 % im Zeitraum bis 2000 akzeptieren muß. Das begrenzt zur Verfügung stehende Wasserdargebot in dieser niederschlagsarmen Region gestattet in keinem Falle eine sofortige Wiederauffüllung der Grundwasserdefizite bei gleichzeitiger Aufrechterhaltung der heutigen Abflußmengen in Spree und Schwarzer Elster.

Aufbauend auf einer Analyse der aktuellen hydrologischen Situation in der Lausitz (Arnold et al. 1993) wurden Ziele formuliert, wie man unter Beachtung der unterschiedlichsten Interessenlage zu einer möglichst schnellen, ökologisch vertretbaren Sanierung der wasserwirtschaftlichen Verhältnisse in dieser Region kommt. Die wichtigsten Problemlösungen dazu seien nachfolgend kurz erläutert:

4.1 Reduzierung der künftigen bergmännischen Wasserhebung auf das unbedingt notwendige Maß

Beim Weiterbetrieb der fünf bis weit über das Jahr 2000 reichenden Tagebaue Jänschwalde, Cottbus-Nord, Welzow-Süd, Reichwalde und Nochten sind alle technischen Möglichkeiten zur Schonung der Grundwasservorräte zu nutzen. In diesem Zusammenhang wird überall dort, wo die geologischen Voraussetzungen dafür bestehen, die Dichtwandtechnologie (Abb. 6) zur Anwendung gebracht. Sie reduziert die Reichweite des Absenkungstrichters erheblich und schafft auf diese Weise die Voraussetzungen dafür, daß wertvolle Feuchtbiotope im Nahbereich der Tagebaue erhalten bleiben (z. B. Peitzer Teiche/Tagebau Cottbus-Nord). Ein zweiter Weg in diese Richtung ist der Verzicht auf einen unsinnig großen Entwässerungsvorlauf sowie ein kurzfristiges Abwerfen rückwärtiger Filterbrunnenriegel entsprechend den geotechnischen Grenzparametern.

4.2 Wasserhebung für ökologische Ziele in den Braunkohlensanierungsgebieten als Überbrückungsmaßnahme

Der Grundwasserwiederanstieg im großräumigen Braunkohlenfördergebiet der Lausitz vollzieht sich nur allmäh-

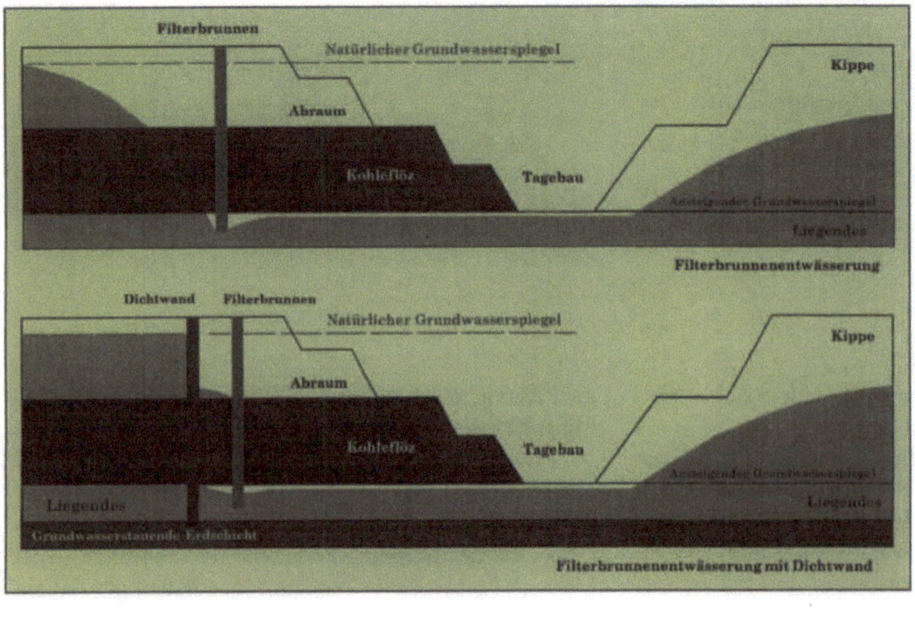

Abb. 6. Prinzip der Entwässerung des Gebirges mittels Filterbrunnen *(oben)* und der Möglichkeit einer Reichweitenverringerung der Grundwasserabsenkung durch Anwendung der Dichtwandtechnologie *(unten)*

lich. In den Urstromtälern und Beckenlandschaften ist nach Abwerfen aller Entwässerungsanlagen im Schnitt mit einem Zeitraum von 20 Jahren, in höher gelegenen Gebieten von etwa 30 Jahren bis zum Erreichen des stationären Endzustandes zu rechnen. Lokal, besonders in den Hochlagen kann dieser Zeitraum noch größer sein, so daß ohne stützende Maßnahmen der bergbaulichen Sanierung alles aquatische Leben in den ehemaligen Abbaugebieten der Lausitz erlöschen würde. Betroffen davon wären insbesondere die Fisch- und Amphibienfauna sowie die Bestände wassergebundener Reptilien, Vögel und Säugetiere. Im gleichen Zuge wäre aber auch die traditionelle Fischzucht in den Teichen der Lausitz nicht mehr möglich. Diese Gesichtspunkte, aber auch das Ziel, das charakteristische Landschaftsbild der lausitztypischen Niederungen mit Erlenbruch- und Auenwälder zu erhalten, macht es notwendig, in den Braunkohlenabbaugebieten auch nach Abschluß der Rekultivierung als Überbrückungsmaßnahme bis zum Abschluß des Grundwasserwiederanstieges eine Wasserhebung zu betreiben. Sie stellt weiterhin einen unabänderlichen Eingriff in den Wasserhaushalt dar. Um den Grundwasserwiederanstieg aber nicht mehr als notwendig zu verzögern, sind strenge Prämissen an diese Wasserhebung zu stellen. Dazu zählen:

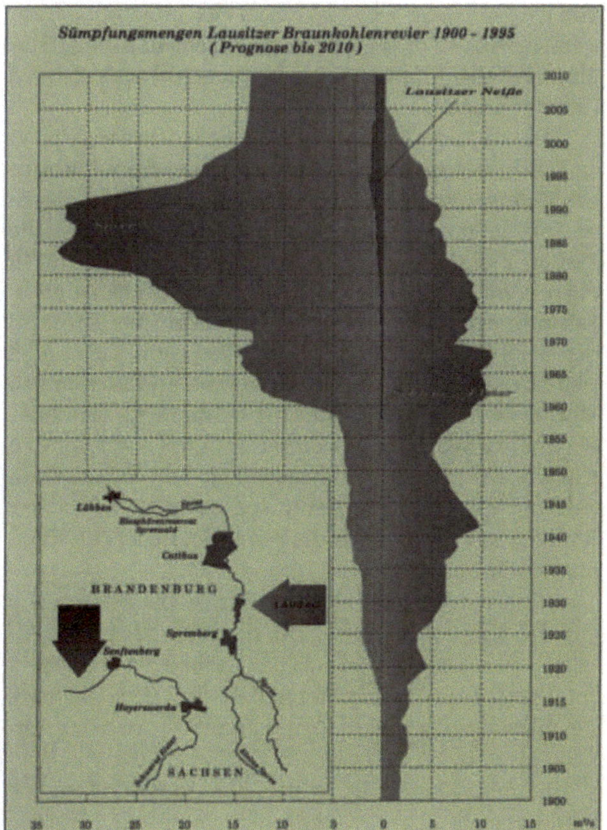

Abb. 7. Ein wasserwirtschaftlicher Überblick für die durch den Braunkohlenbergbau geprägten Flußsysteme Spree und Schwarze Elster

- Bespannen der wichtigsten Fließe der Region mit einer Wassermenge, die über die gesamte Fließstrecke im Minimum dem natürlichen mittleren Niedrigwasserdurchfluß (MNQ) entspricht.
  Diese Forderung ist aus energetischer und finanzieller Sicht sehr aufwendig und erfordert deshalb eine strenge Auswahl der zu berücksichtigenden Gewässer. Neben den Flüssen Spree und Schwarze Elster (Abb. 7) gilt dies aber z. B. auch für Berste, Schrake/Dobra, Göritzer und Vetschauer Mühlenfließ, Buchholzer Fließ und Koselmühlenfließ. Das Hauptproblem dabei ist die Gewährleistung einer kontinuierlichen Bespannung, da jede Unterbrechung der Wasserhebung mit einem schnellen Trockenfallen des gesamten Bachlaufes verbunden wäre. Auf diese Weise haben es Fische sehr schwer, sich hier anzusiedeln bzw. ihren Bestand zu halten. Der Einbau von Kolken und der Anschluß von kleinen Teichen kann hier als Puffer wirken und sollte überall dort, wo es die Geländesituation zuläßt, vorgenommen werden.
- Bespannen bedeutsamer Teichgebiete mittels Grubenwasser aus den Sanierungstagebauen oder aus dem Grundwasser.
  Die Teichgebiete der Lausitz bestehen bereits nahezu 1 000 Jahre. Vielerorts hat sich hier eine wertvolle Tier- und Pflanzenwelt angesiedelt, die es in der postmontanen Sanierungsphase zu erhalten gilt. In solchen Bereichen ist durch Einleiten von Grubenwasser oder durch Betreiben separater Filterbrunnen in einem tiefer liegenden Grundwasserleiter ein Bespannen der wichtigsten aquatischen Rückzugsgebiete zu gewährleisten. In unmittelbarer Nachbarschaft der Tagebaue erfordert dieser Prozeß oftmals viel Wasser. Im Randbereich des Absenkungstrichters ist es mit weit weniger Aufwand möglich, die ökologische Funktion der Feuchtbiotope zu sichern. Allerdings ist eine geordnete teichwirtschaftliche Nutzung in der Sanierungsphase nur dort zu verantworten, wo die jährliche Auffüllung der Teiche aus der verringerten, aber gerade noch ausreichenden Wasserspende möglich ist. Vergleicht man jedoch das Bespannen von Bächen und Teichen, so ist letzteres eine weit billigere Lösung und sollte deshalb mehr als gegenwärtig noch üblich zur ökologischen Sicherung in den grundwasserbeeinflußten Regionen um die Tagebaue genutzt werden.

4.3 Maßnahmen zur beschleunigten Auffüllung des Grundwasserdefizites

Die oben beschriebenen Maßnahmen kosten viel Geld und sind letztlich nur ein Notbehelf mit all ihren möglichen Störgrößen. Das Ziel muß es letztlich sein, möglichst schnell das Grundwasserdefizit der Region zu verringern. Bedingt durch den natürlichen Wiederanstieg und beschleunigt durch einen bewußten Rückhalt von Wasser im Absenkungstrichter soll dieser langwierige und kostenaufwendige Prozeß beschleunigt werden. Doch dies setzt eine aktive Mitwirkung aller Landnutzer voraus.

- Oberflächenwasser zum beschleunigten Auffüllen der Grundwasserdefizite.
  Die Flüsse Spree und Schwarze Elster bringen aus ihren Oberläufen, besonders nach längeren Regenperioden oder nach Tauwetter, enorme Wassermengen in das von der Grundwasserabsenkung betroffene Gebiet. Bislang bestehen aber nur geringe Möglichkeiten, diese Hochwasserspitzen zum beschleunigten Abbau des Grundwasserdefizites zu nutzen. Die Einleitung dieses Überschusses in die Restlöcher des Braunkohlenbergbaues ist hierbei eine Möglichkeit, welche in den nächsten Jahren bewußt genutzt werden soll. Das von der Lausitzer-Mitteldeutschen Bergbauverwaltungsgesellschaft mbH (LMBV) in Zusammenarbeit mit den zuständigen Behörden erarbeitete Flutungskonzept (Luckner u. Eichhorn 1995) sieht vor, beginnend ab dem Jahre 1996 (Tagebau Gräbendorf) die Restlöcher im Förderraum Calau schnellstmöglich zu fluten. In den Jahren nach 2000 sollen in diese Maßnahme auch aufgelassene Gruben im Förderraum Senftenberg einbezogen werden.
- Verzögerung des Wasserabflusses aus dem Entwässerungstrichter.
  Neben den großen Projekten der Fremdflutung gibt es aber auch kleinere, lokale Möglichkeiten, Wasser möglichst lange im Absenkungstrichter zurückzuhalten. Hierfür bietet sich die Einleitung von aus Sanierungsgründen noch mehrere Jahre zu hebendes Wasser an. Es kann in entwässerte Porenräume (Aquiferspeicher) oder auch in trockengefallene Moor- und Luchgebiete geleitet werden. Die Zuführung von Grubenwasser in das Naturschutzgebiet (NSG) Bergen-Weißacker-Moor (Tagebau Schlabendorf-Süd) ist eine solche Maßnahme.

5 Gewässer in der Bergbaufolgelandschaft und ihre Funktion

Der Abbau von Braunkohle in der Dimension, wie er in den letzten 100 Jahren in der Lausitz erfolgte, ist ein gewaltiger Eingriff. In seinen Ausmaßen ist er mit Landschaftsveränderungen verbunden, die mit den gestaltenden Kräften einer Eiszeit durchaus vergleichbar sind. Diese Region, welche bis vor wenigen Jahrzehnten arm an größeren Gewässern war, stellt sich bereits heute als äußerst gewässerreich dar (Abb. 5). Dabei ist in weiten Gebieten dieser Trend im Zuge des ansteigenden Grundwassers noch zunehmend. Als Beispiel dafür kann die Restlochkette östlich von Senftenberg gelten (vgl. Abschn. 5.5 u. 5.6). Andererseits fielen im Nachgang zu den erfolgten Grundwasserabsenkungen weite Luch- und Moorgebiete trocken und werden in dieser Form teilweise nicht mehr regenerierbar sein. Ehemals grundwasserabhängige Landschaften sind jetzt und bleiben für immer trocken, während andere Regionen in wenigen Jahren so vernässen werden, daß die aktuell übliche Nutzung nicht mehr möglich sein wird.

Hier macht sich ein überregionaler Ausgleich erforderlich. Dieser wird in der öffenlichen Diskussion der Bergbau-Sanierungspläne gesucht. Beispielhaft werden nachfolgend einige typische Nutzungsmöglichkeiten von Gewässern in der Bergbaufolgelandschaft beschrieben.

5.1 Feuchtbiotope auf Kippen und Halden

Die Gewinnung von Braunkohle führt zu einem Massendefizit. Nicht selten vernässen daraufhin weite Bereiche der Abraumkippen im Zuge des Grundwasserwiederanstieges. So manche jetzt trockene Kippensenke gelangt später unter den stationären Endwasserstand und wird auf diese Weise zu einem Feuchtbiotop. Gegenwärtig erleben wir diesen Prozeß in seinem Anfangsstadium auf der Kippe des Tagebaues Schlabendorf-Nord (Möckel 1993).

Eine weitere Möglichkeit, auf den trockenen Kippen zu Feuchtbiotopen zu gelangen, ist das gezielte Einbringen bindiger Erdmassen in Senken und das nachfolgende Einstauen von Wasser. Hier baut sich das aquatische System nicht wie im obigen Beispiel von unten nach oben, sondern von oben nach unten auf. Im günstigsten Fall sammelt sich bereits ohne menschliches Zutun in den flachen Becken Regenwasser. Nach und nach bildet sich ein kleines Einzugsgebiet heraus und in wenigen Jahren wird aus dem zunächst temporären Gewässer ein kleiner See. Beispiele dieser Art finden wir auf den Kippen der Tagebaue Welzow-Süd und Greifenhain (Abb. 4). Voraussetzung dafür ist das Anstehen bindiger Böden und oftmals auch die geschickt steuernde Hand des Landschaftsplaners.

Zunächst gilt es, solche Gewässer perlschnurartig auf der Kippe anzulegen, um sie dann nach wenigen Jahren vorsichtig mittels flacher Gräben zu verbinden. Im Umfeld der Feuchtbiotope ist auf eine intensive Rekultivierung zu verzichten. Angestrebt wird der Aufbau einer Aue aus heimischen Gehölzen oder von Wiesensäumen. Keinesfalls sollten hier intensiv genutzte landwirtschaftliche Nutzflächen angelegt werden (Eutrophierungsgefahr). In diesem Zusammenhang muß betont werden, daß jedes Gewässer auf der Kippe (und sei es noch so klein!) eine wertvolle Bereicherung des Landschaftsbildes darstellt, das geschützt und bewußt in das weitere Rekultivierungskonzept als ökologisch wertvolle Fläche eingebunden werden muß.

5.2 Teiche auf Kippen

In der Lausitz gehören Teiche zum Bild der naturnahen Kulturlandschaft (Abb. 8). Als Ausgleich für inanspruchgenommene Fischteiche und mit dem Ziel, die Bergbaufolgelandschaft ökologisch und ästhetisch aufzuwerten, wurden von 1976–1990 die Voraussetzungen für eine Radiärteichanlage im Tagebau Lohsa geschaffen. Sie besteht aus 4, um einen zentralen Punkt angeordneten Teiche mit einer Gesamtgröße von 235 ha (Abb. 9). Die Besonderheit der Anlage von Teichen auf Kippen besteht in der erforderlichen hohen Genauigkeit. Sollen aufwendige Abdichtungen der Teichsohle vermieden werden, müssen die Teiche mit ihrer Sohle im Grundwasser liegen, die Wasserzu- und -ableitung muß natürlich mit dem Umfeld kommunizieren (Abb. 10). Dabei sind die Setzungen und Sackungen der Kippe zu beachten. Außerdem muß ein Gefälle zu den Abfischgruben hin gewährleistet sein.

Um lokale Flächensetzungen zu verhindern, wurden hohe Anforderungen an die Homogenität des Kippenmaterials im Bereich der Teiche gestellt. Zur Sicherung der Wasserqualität durften keine schwefelhaltigen Abraumanteile verkippt werden. Diese grundlegenden Anforderungen wurden weitestgehend im technologischen Hauptprozeß realisiert. Die Trenndämme zwischen den Teichen wurden ebenfalls mit den Großgeräten vorprofiliert. Die Feinarbeiten wurden mit Planierraupen unter Nutzung des Lasernivellements vorgenommen.

Problematisch erwies sich auch hier die Gewährleistung der Standsicherheit, insbesondere bezüglich der Verflüssigungsneigung der wassergesättigten Kippsubstrate. Im Bereich der Bauwerke zur Wasserzuleitung und -ableitung sowie im Bereich der Abfischgruben und zu befahrenden Dämme wurde durch Sprengungen und oberflächennahe Verdichtungen mit Fallgewicht die Sicherheit hergestellt.

Dieses bisher einmalige Projekt in der Lausitz harrt der Übergabe an den Folgenutzer. Inzwischen hat die Natur von dieser Landschaft Besitz ergriffen und die Interessen des Naturschutzes geweckt (Abb. 11).

Abb. 8. Traditioneller Fischteich der Lausitz bei Reichwalde. (Photo: Drebenstedt)

5.3 Fließgewässer auf Kippen

Die bergbauliche Inanspruchnahme von Landschaften macht vielfach eine Umverlegung von Bächen und Flüssen nötig. Dabei wurden früher leider oft ehemals sehr naturnahe, wertvolle Gewässerstrecken in ein Regelprofil gepreßt oder gar mit Beton und Schotter befestigt. Nur ausnahmsweise wurden abgedichtete Grubenwasserleiter über trockene Kippenareale geführt. Die Folge ist gegenwärtig ein weiträumig fehlender Kontakt der Fließgewässer mit dem Grundwasser. Dies kann in dieser Form auf Dauer nicht so aufrecht erhalten werden.

Sanierungsziel muß es sein, den Fließen wieder einen den natürlichen Verhältnissen entsprechenden Lauf zuzuweisen und dabei auch Kippengebiete in dieses Konzept einzubinden. Dies alles kann aber nur allmählich erfolgen und muß mit dem Grundwasserwiederanstieg „mitwachsen". In der Übergangszeit hat auch ein künstlich abgedichtetes Fließ seine Existenzberechtigung. Nach und nach sollten jedoch die Fließe wieder renaturiert und biologisch verbaut werden. Beton- und Schottergerinne sind schrittweise zurückzubauen. Positive Beispiele für naturbelassene Grubenwasserableiter mit hoher ökologischer Funktion sind das Steinitzer Wasser, das Koselmühlenfließ und Teilbereiche der Berste.

Eine wichtige Maßnahme der künftigen Sanierung ist das Einbinden von Fließgewässer in die trockenen Kippenareale. Hier wirken sie als Migrationstrassen für aquatisch lebende Tier- und Pflanzenarten und beschleunigen auf diese Weise die Revitalisierung der Tier- und Pflanzenwelt in den ehemaligen Abbaugebieten. Dort, wo es die äußeren Bedingungen ermöglichen, sollte einer Gewässerführung über Kippen der Vorzug gegeben werden. In den nächsten Jahren werden beispielsweise die Kleptna (Tagebau Seese-West), der Lorenzgraben (Tagebau Schlabendorf-Süd) und das Buchholzer Fließ (Tagebau Greifenhain) über Kippen geführt. Entlang ihres Laufes werden sich neue, zeitweise überflutete Niederungslandschaften von hoher ökologischer Wertigkeit herausbilden.

Dabei sollte man dem Fließ nach menschlichem Ermessen ein Bett vorgeben, jedoch dem Wasser dann genügend Spielraum lassen, sich den günstigsten Ver-

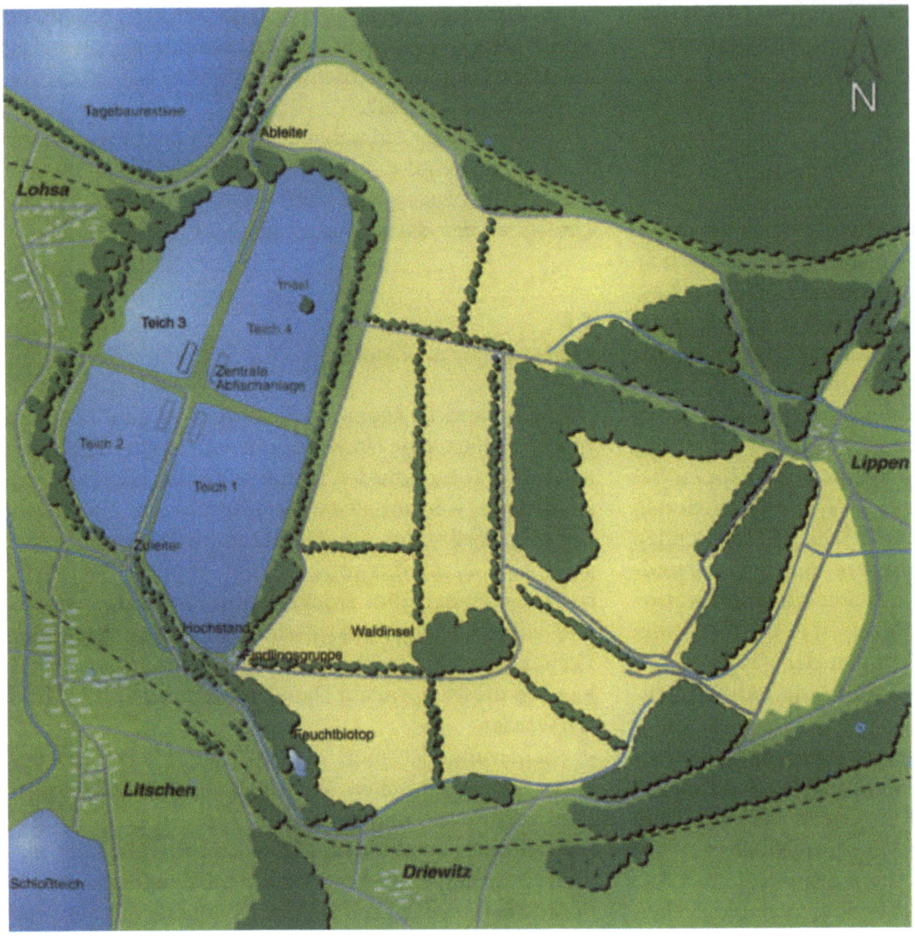

Abb. 9. Die auf der Kippe angelegten Radiärfischteiche bei Lohsa im Überblick

lauf selbst zu suchen. So unschön tiefe Erosionsrinnen auf den ersten Blick aussehen, sind sie doch letztlich ein Ausdruck für falsche menschliche Vorgaben und im weiträumigen Kippenareal ökologisch sogar eine Bereicherung. Durch vorsichtige Nacharbeit, ständig an die aktuelle Situation angepaßt, wird dem Gewässer allmählich der spätere, dann dauerhafte Lauf gegeben. Dies ist ein aufwendiger und langjähriger Prozeß.

5.4 Tagebaurestseen als Wasserspeicher

Die eingangs beschriebene „Durststrecke" für alle Wassernutzer in der Sanierungsphase des Bergbaus ist in Trockenzeiten nur überbrückbar, wenn bewußt jede Möglichkeit des Wasserrückhalts im Oberlauf der Flüsse genutzt wird. Die Wasserspeicher können dabei zwei Aufgaben erfüllen:

- Wasserrückhalt in Überschußzeiten zur gezielten Aufhöhung der Niedrigwasserabflüsse der überregionalen Fließgewässer in Trockenzeiten:
  Bislang stehen dafür die Talsperren Bautzen, Quitzdorf und Spremberg sowie das Speicherbecken Lohsa I (Silbersee) zur Verfügung. Letzteres ist ein gefluteter Restlochkomplex im Oberlauf der Spree. In den nächsten Jahren gilt es, dieses System durch den Neubau eines weiteren Speicherbeckens zu vervollkommnen. Dafür ist die Flutung des Restlochkomplexes Lohsa II vorgesehen. Mit einer Staulamelle von etwa 9 m wäre man damit in der Lage, Trocken-

Abb. 10. Der Zulaufgraben für die Fischteiche auf der Kippe bei Lohsa. (Photo: Drebenstedt)

Abb. 11. Die üppige Entwicklung von Verlandungsgesellschaften in den infolge fehlender Nutzung noch nicht voll angespannten Fischteichen bei Lohsa. (Photo: Drebenstedt)

wetterabflüsse in der Spree „abzufedern". Selbst eine ungünstige Folge mehrerer Trockenjahre könnte man ausgleichen und auf diese Weise auch das überregionale Erholungsgebiet des Spreewaldes erhalten. Weiterhin muß in diesem Zusammenhang die bei fehlender Stauhaltung gefährdete Versorgung des Ballungsraumes Berlin mit Trink- und Brauchwasser angesprochen werden.

- Wasserrückhalt zum beschleunigten Auffüllen des Entwässerungstrichters:
  Die Flutung vorhandener Resträume des Bergbaus mit Flußwasser in Zeiten verstärkten Abflusses (in niederschlagsreichen Perioden, nach Tauwetter) hilft den Anstieg des Grundwassers bis auf den prognostizierten stationären Endzustand zu beschleunigen. Die dafür vorgesehenen Restlöcher liegen überwiegend an der Spree (z. B. Tagebau Gräbendorf, Restlöcher der Tagebaue Schlabendorf-Nord, Seese-West und Seese-Ost). Auf diese Weise werden die hydrologischen Probleme der Region in einem kürzeren Zeitraum gelöst. Gleichzeitig ist es dadurch möglich, eine Verbesserung der Wasserqualität in den Restseen zu erreichen. Viele der infolge der bergbaulichen Tätigkeit entstandenen Seen sind extrem sauer. Alle dagegen vorgeschlagenen technischen Maßnahmen erwiesen sich bislang als weitestgehend wirkungslos. Allein die „Verdünnung" des Wasserkörpers mit neutralem Flußwasser brachte in den bislang entsprechend untersuchten Restlöchern eine schnelle Verbesserung bis auf ein Niveau, daß auch die Ansiedlung von im Wasser lebenden Tieren sicherte. Nach Abschluß der Flutung des Restraumes und dem Auffüllen des um den ehemaligen Tagebau liegenden Gebirges mit Wasser hat dieser Wasserspeicher seine Funktion als Hilfsmittel der Hydrologie verloren und kann vorrangig anderen Nutzungsformen zugeordnet werden.

5.5 Erholungsgebiet Tagebaurestsee

Wenn sich die Tagebauresträume mit Wasser gefüllt haben und die Uferböschungen sicher gestaltet sind, werden sie schnell touristisch erschlossen. Schon vor der endgültigen Sanierung entstehen „wilde" Badestrände. Die Entwicklung von Tagebauseen zu Erholungsgebieten begann in der Lausitz zielgerichtet Ende der 60er, Anfang der 70er Jahre. In dieser Zeit entstanden der Senftenberger See, der Knappensee und der Silbersee (Abb. 12) bei Hoyerswerda, der Halbendorfer See bei Weißwasser sowie der Helene See bei Frankfurt/Oder. Die Tagebauseen weisen mehrere hundert Hektar große Wasserflächen auf. Neben dem natürlichen Grundwasserwiederanstieg wurde zur schnelleren Flutung der Resträume teilweise Wasser aus Fließgewässern genutzt, z. B. die Schwarze Elster zur Flutung des Senftenberger Sees. Das Wasser der Fließgewässer wirkt sich zudem positiv auf die Wasserqualität der sonst „sauren" Seen aus. Generell ist die Anbindung der Tagebauseen an das umgehende Gewässernetz anzustreben.

Neben den hygienischen Voraussetzungen zur Nutzung als Badesee sind vorzugsweise die gewachsenen Böschungen der Resträume als Strandbereich abzuflachen und zu besanden. Es erweist sich dabei als schwierig, den Erholungsdruck an diesen Seen zu lenken und Bereiche für den Arten- und Biotopschutz wirksam abzugrenzen.

Die Wasserflächen selbst werden intensiv durch Wassersportler u. a. zum Rudern, Surfen und Segeln genutzt. Im Senftenberger See verkehrt sogar ein Fahrgastschiff. Feriensiedlungen, Gartenanlagen und Campingplätze umsäumen inzwischen die Seen. 20–30 Jahre nach ihrer endgültigen Gestaltung sieht man den Seen ihre „Herkunft" nicht mehr an. Sie sind ein Stück „selbstverständliche" Landschaft geworden.

Abb. 12. Winter am Silbersee, einem gefluteten Restraum des Tagebaues Lohsa I. (Photo: Rauhut)

5.6 Tagebaurestseen aus Naturschutzsicht

Die Tagebaurestseen im Süden Brandenburgs bilden großflächige Gewässer, wie es sie in der Lausitz in dieser Form bisher nicht gab. Prämontan war die Region außerhalb der Urstromtäler ausgesprochen gewässerarm. Nur die Anlage von Fischteichkomplexen schuf hier eine gewisse Abwechslung. Die Tier- und Pflanzenwelt der Lausitzer Landschaft war auf diese Verhältnisse abgestimmt. Der Braunkohlenbergbau veränderte im 20. Jahrhundert diese Situation grundlegend. Besonders von Senftenberg im Westen bis Schwarze Pumpe/Burghammer im Osten entstand in den letzten beiden Jahrzehnten eine Restlochkette. Auch in anderen Förderräumen bildeten sich größere Tagebaugewässer heraus (Abb. 5, Tabelle 1).

Während die Grundwasserabsenkung in Verbindung mit dem Trockenfallen von Kleingewässern in Teilbereichen aus Naturschutzsicht bedenkliche Verhältnisse hervorrief, kam es im Gegensatz dazu zur Ansiedlung bedrohter Tierarten, denen erst die neue

Abb. 13. Die veränderte Naturausstattung (große Tagebaugewässer mit ruhigen Inseln) führte zur Wieder- und Neuansiedlung bestandsgefährdeter Seevögel, z. B. der Flußseeschwalbe. (Photo: Kaminski)

hydrographische Situation eine Lebensmöglichkeit bot. Als Beispiel sollen nachfolgend die Veränderungen an ausgewählten Vogelarten beschrieben werden.

Zunächst wird hier anhand der Brutvorkommen von Möwen und Seeschwalben (Abb. 13) sowie einiger weiterer ausgewählter Wasservögel dargelegt, welches Potential für den Naturschutz die großen Restseen bereithalten. In prämontanen Zeiten dürften in der Lausitz nur die Lachmöwe *(Larus ridibundus)* und die Trauerseeschwalbe *(Chlidonias nigra)* in geringen Beständen als Brutvogel auf den Teichen vorgekommen sein. Heute beherbergt allein die Restlochkette östlich Senftenberg neben einem stattlichen Vorkommen an

Tabelle 2. Die Bestandsentwicklung ausgewählter Wasservogelarten im Bereich der Restlochkette östlich Senftenberg

Art (wissenschaftlicher Name)	Beginn der Besiedlung	Wichtigste Brutgebiete	Maximaler Bestand	Bestand 1993	Aktueller Trend
Lachmöwe *(Larus ridibundus)*	1965	Koschen, Skado, Silbersee, Burghammer	4 300	1 500	Abnahme
Sturmmöwe *(Larus canus)*	1979	Koschen, Skado, Burghammer	10	10	leichte Zunahme
Silber-/Weißkopfmöwe *(Larus argentatus u. cachinnans)*	1982	Silbersee, Skado, Sedlitz, Koschen, Burghammer	60	60	starke Zunahme
Schwarzkopfmöwe *(Larus melanocephalus)*	1977	Silbersee, Skado, Burghammer, Koschen	7	2	konstant
Flußseeschwalbe *(Sterna hirundo)*	1972	Koschen, Skado, Silbersee, Burghammer	70	70	konstant
Kormoran *(Phalacrocorax carbo)*	1977	Silbersee	ca. 50	ca. 50	Zunahme

(Menzel 1966; Krüger 1977, 1978, 1981, 1994; Krüger u. Knopf 1983; Krüger u. Litzkow 1984; Kaminski 1991; Kaminski u. Michaelis 1995)
Anmerkung: Die beiden nahe verwandten Arten Silber- und Weißkopfmöwen werden erst seit wenigen Jahren artlich getrennt. Feldornithologisch sind sie nur schwer zu unterscheiden, so daß bei den tournusmäßigen Zählungen beide Arten meist zusammengefaßt wurden. Hier gilt es, in den nächsten Jahren noch genauere, artbezogene Daten zu erheben.

Lachmöwen (zwischen 1 500–4 300 Brutpaare/Jahr schwankend) eine große Zahl der im Binnenland nur ausnahmsweise nistenden Sturm-, Silber-, Weißkopf- und Schwarzkopfmöwen *(Larus canus, L. argentatus, L. cachinnans, L. melanocephalus;* Tabelle 2). Die letztgenannte Art ist besonders hervorzuheben, da ihr Verbreitungsschwerpunkt in Südosteuropa (Schwarzes Meer) liegt und ihre Ansiedlung in der Lausitz wohl auch auf das vorherrschende Kontinentalklima zurückzuführen ist. Bemerkenswert ist weiterhin das Zusammentreffen der beiden eng verwandten Arten Weißkopf- und Silbermöwe. Beide sind Bewohner der Küste und brüten außerhalb des hiesigen Gebietes nur ausnahmsweise so tief im Binnenland. Der Ringfund einer Silbermöwe aus Estland weist darauf hin, daß die Besiedlung der Lausitz wohl von der Ostseeküste ausging. Andererseits deuten gelbfüßige Vögel an, daß auch Weißkopfmöwen aus Südosteuropa (Schwarzes Meer, Mittelmeer) bis zu uns vorstießen.

Bemerkenswert sind in diesem Zusammenhang auch die Brutvorkommen der Flußseeschwalbe *(Sterna hirundo;* 1993 mindestens 70 Brutpaare) auf Inseln in den Restlöchern Koschen und Skado sowie eine Kolonie des Kormorans *(Phalacrocorax carbo)* als Bodenbrüter auf einer Insel im Silbersee (Restloch Mortka; 1993 über 50 Paare). In den bereits stark verschilften Restlöchern Kabelbaggerteich und Victoriateich (Fabrikteich) brüten 30–35 Paare des Graureihers *(Ardea cinerea)* im Schilf und auch die Graugans *(Anser anser)* besiedelt die Restlöcher des Braunkohlenbergbaues in zunehmendem Maße. Eine Besonderheit ist der Brutplatz auf den „schwimmenden Inseln" in den Restlöchern D und F bei Koblenz (Abb. 14).

Die großen ruhigen Tagebaugewässer (Abb. 15) bilden im Herbst außerdem bevorzugte Rastgewässer für weitere bestandsbedrohte Großvögel. Bereits im Spätsommer nutzen bis zu 70 Schellenten *(Bucephala clangula)* das Restloch Koschen zur Mauser und über 1 000 Graugänse die Restlöcher Koschen und Sedlitz als Sommersammelplatz (Blaschke 1985; Kaminski u. Michaelis 1995). Später treffen hier und auf dem Senftenberger See nordische Saat- und Bleßgänse *(Anser fabalis, A. albifrons)* ein. Insgesamt sind es um 10 000 Individuen, wobei der Saatgansanteil weit überwiegt. Ein zweiter Rastplatz befindet sich in der Bergbaufolgelandschaft Schlabendorf-Nord, wo im Mittel der letzten Jahre gleichfalls 11 000–12 000 Individuen waren. Angelockt durch die Gänsescharen halten sich zu dieser Zeit regelmäßig mehrere Seeadler *(Haliaeetus albicilla)* an den Grubenrestseen auf.

Abb. 14. Schwimmende Schilfinseln im Restloch F bei Knappenrode – ein beliebter Brutplatz der Graugans. (Photo: Sauer)

Abb. 15. Die Sukzession führt zur schnellen Bewaldung auch der Inseln von Restlöchern, hier am Silbersee. (Photo: Weißflog)

Eine weitere Besonderheit ist die Rast großer Scharen des Kranichs *(Grus grus)* in Restlöchern. Im Bereich der Sammelplätze Grünewalder Lauch (Absetzbecken nördlich Plessa) und Lichtenauer See (Restloch F des Tagebaues Schlabendorf-Nord) rasten in Spitzenjahren jeweils über 1 000 Kraniche gleichzeitig.

So erfreulich diese Entwicklung einerseits ist, bringt sie doch auch Probleme für den Erhalt der für diese Vogelarten notwendigen Rast- und Brutbedingungen mit sich. Der Grundwasseranstieg wird die zur Zeit dafür genutzten Flachwasserbereiche in den Restlöchern überfluten, so daß sich beispielsweise die Kraniche am Lichtenauer See ständig neue Rastplätze suchen müssen. Da das Angebot aber groß ist, dürfte diese Situation überbrückbar sein. In der Bergbaufolgelandschaft werden künftig eine Reihe von Flachwasserbereichen entstehen. Diese bieten dann einen Ersatz für die derzeit mehr temporären Rastplätze. Anders sieht es bei den Großmöwen und Seeschwalben aus. Sie brüten auf kleinen Inseln innerhalb der großen Restseen. Doch diese Inseln bestehen aus geschüttetem Boden und sind folglich wenig beständig. Inseln, die nicht überflutet werden, unterliegen infolge des Wellenschlages einer ständigen hydromechanischen Beanspruchung bis zum völligen Abtrag. Damit verringert sich auf den von den Vögeln bevorzugten kleinen Inseln das Brutplatzangebot ständig. Andererseits überzieht die Sukzession die größeren Inseln sehr schnell mit Gräsern, Büschen und später Bäumen (Abb. 15), so daß diese dann bald die Attraktivität für die meisten Arten verlieren.

Hier eine langfristige Lösung zu suchen und zu finden, muß Aufgabe der nächsten Jahre sein. Noch gibt es genügend Inseln (potentielle Nistplätze) zum Ausweichen. Die z. Z. noch vorhandene Gefahr des Setzungsfließens hält außerdem menschliche Störungen von den Brutinseln weitestgehend fern. In den nächsten Jahren müssen jedoch zukunftsorientierte Schutzmaßnahmen konzipiert werden. Hier bietet sich die Befestigung vorhandener Inseln oder auch der Neuaufbau fester oder schwimmender Brutplattformen an. Parallel dazu muß – wie in den Seevogelschutzgebieten an der Nord- und Ostseeküste – für eine Störungsfreiheit im Bereich der Brutinseln von März bis Mitte Juli gesorgt werden.

LITERATUR

Arnold I, Kuhlmann K et al. (1993) Hydrogeologische Komplexstudie – Niederlausitzer Braunkohlenrevier. Lausitzer Braunkohle AG, Senftenberg

Blaschke W (1985) Erfahrungen und Probleme beim Wasservogel- und Naturschutz an künstlichen Gewässern. Mitt Ber Zentr Wasservogelforschung 17: 48–53

Kaminski R (1991) Sommeraufenthalt der Schwarzkopfmöwe *(Larus melanocephalus T.)*, am Kleinkoschener See. Beitr Vogelkd 37: 253–254

Kaminski R, Michaelis H (1995) Vogelarten der Restlöcher Sedlitz, Skado und Kleinkoschen (Bergbaufolgelandschaft). Natur u. Landschaft Niederlausitz 16: 23–34

Krausch H D (1982) Anthropogene Veränderungen an Gewässern der Niederlausitz. Natur u. Landschaft Bezirk Cottbus 4: 51–64

Krüger S (1977) Schwarzkopfmöwe *(Larus melanocephalus Temminck)* im Sommer am Grubenrestsee Mortka/Krs. Hoyerswerda in der Oberlausitz. Beitr Vogelkd 23: 189–190

Krüger S (1978) Der Kormoran *(Phalacrocorax carbo)* brütet in der Oberlausitz. Beitr Vogelkd 24: 367–368

Krüger S (1981) Entwicklung einer Kolonie von Flußseeschwalben *(Sterna hirundo L.)* in der nördlichen Oberlausitz. Beitr Vogelkd 27: 204–208

Krüger S (1994) Zur Ansiedlung einiger Möwenarten im Raum Hoyerswerda. Vortrag auf der Sächsischen Ornithologentagung des Vereins Sächsischer Ornithologen vom 22.–24. April 1994 in Görlitz

Krüger S, Knopf H-J (1983) Bruten der Schwarzkopfmöwe *(Larus melanocephalus Temminck)* an Grubenrestseen des Kreises Hoyerswerda. Beitr Vogelkd 29: 169–173

Krüger S, Litzkow B (1984) Silbermöwe *(Larus argentatus Pontoppidan)*, Brutvogel in den Kreisen Hoyerswerda und Cottbus. Beitr Vogelkd 30: 65–68

Luckner L, Eichhorn D (1995) Durchführbarkeitsstudie zur Rehabilitation des Wasserhaushaltes der Niederlausitz auf der Grundlage vorhandener Lösungsansätze. LBV, Senftenberg sowie DGFZ & DGC, Dresden

Menzel H (1966) Vier weitere Vogelarten als Brutvögel in Restlöchern des Braunkohlenbergbaus in der Oberlausitz. Beitr Vogelkd 11: 336–337

Möckel R (1993) Von der Abraumkippe zum Naturschutzgebiet – eine Modellstudie zur Renaturierung eines Braunkohlentagebaues der Lausitz. Naturschutzarb Landschaftspflege Brandenburg 2: 13–22

Nowel W (1983, 1984) Die geologische Entwicklung des Bezirkes Cottbus. Teil III/B: Das Quartär (Stratigraphie). Natur u. Landschaft Bezirk Cottbus 5: 3–26, 6: 3–33

Ergebnisse langjähriger Untersuchungen zur faunistischen Besiedlung von Kippböden

51

Wolfram Dunger

1 Einleitung

Seit 1954 wurden Rekultivierungsbestrebungen an ostdeutschen Kippen und Halden des Braunkohlentagebaues zunehmend durch bodenzoologische Beobachtungen begleitet. Diese Untersuchungen erfassen etwa 50 verschiedene Kippstandorte, davon einige besonders intensiv. Die Ergebnisse sind in über 30 Publikationen niedergelegt (Dunger 1989, 1991a). Hier soll ein Überblick über die Erfahrungen gegeben werden, die sich vorrangig aus der kontinuierlichen, über mehr als 25 Jahre laufenden Kontrolle der ungestörten Primärsukzession der Bodenfauna auf Flächen des Oberlausitzer Braunkohlenreviers südlich Görlitz ableiten lassen.

Die Gestaltung der Bergbaufolgeflächen erfolgte auf dem Gebiet der damaligen DDR auf der Grundlage gesetzlicher Vorschriften so, daß der Bergbautreibende durch geeignete Maßnahmen (mineralgerechte Schüttung, Auftrag rekultivierungsfähiger Deckschichten, Melioration) die Wiederurbarmachung zu leisten hatte, worauf in der Regel die Flächen an land-, forst- oder wasserwirtschaftliche Einrichtungen zur Rekultivierung übergeben wurden. Relativ kleine (0,4–4 km^2) und isolierte bzw. werksnahe Flächen wurden jedoch u. a. aus Gründen der Effektivität nur selten konsequent bewirtschaftet. So ergab sich, anfangs vom Betreiber ungewollt, die Möglichkeit, langfristig echte Sukzessionsflächen ohne sekundäre Eingriffe zu studieren. Heute laufen erfolgversprechende Bemühungen, diese zufällig entstandenen, im Wortsinn einmaligen Studienobjekte bewußt zu schützen und als Langzeit-Sukzessionsflächen zu erhalten. Dies bezieht sich insbesondere auf Flächen im Bereich des Braunkohlentagebaues Berzdorf.

2 Untersuchungsgebiete

2.1 Oberlausitzer Braunkohlenrevier südlich Görlitz

Im Braunkohlenrevier Berzdorf wird relativ junge (miozäne) Braunkohle von fluviatilen Sanden und Kiesen, Glazialmoränen und Löß überlagert. Eiszeitliche Faltungen bewirken, daß diese Materialien beim Abbauprozeß teilweise gemischt werden. Die Deckschichten der fertigen Kippflächen enthielten daher Einstreuungen von schwefelführenden Kohlen- bzw. flöznahem Material, erwiesen sich aber insgesamt, u. a. infolge des beachtlichen Lößlehmanteils, als kaum versauert (pH um 6 in den oberen Profilzentimetern und bis 4 in 60 cm Tiefe) und bei durchschnittlich hoher Wasserkapazität und ausreichender Mineralversorgung gut rekultivierbar. Zur Wiederaufforstung wurden recht einheitlich Pappelsorten *(Populus sp.)*, Schwarzerle *(Alnus glutinosa)* und Robinie *(Robinia pseudacacia)* mit einer Untersaat von Lupine *(Lupinus polyphyllus)* und Echtem Steinklee *(Melilotus officinalis)* verwendet. Nur die Fläche L wurde primär mit Kiefer *(Pinus sylvestris)* aufgepflanzt. Charakteristisch für alle diese Prüfflächen war der Fortbestand von Kipprippen und -senken mit Niveaudifferenzen bis zu 2 m. Sie wirkten sich primär fördernd auf die Besiedlung aus, weil die erhöhte Feuchtigkeit zusammen mit Mineral- und Feinkorneinschwemmungen eine schnelle Belebung der Senken und von dort aus eine Besiedlung der Gesamtfläche ermöglichten (Detailinformationen s. Dunger 1968).

Bezeichnung der Prüfflächen:

- N 1960 gekippt, 1961 mit Laubbäumen aufgeforstet, intensive Untersuchungen 1962–1966 und 1985–1987
- T 1958 gekippt, 1959 wie N aufgeforstet, 1961–1966 untersucht
- E 1950–1951 gekippt, 1955 wie N aufgeforstet, 1961–1966 intensiv untersucht und bis 1979 beobachtet
- A 1950 gekippt, 1952 wie N aufgeforstet, intensive Untersuchungen 1961–1966 und 1985–1987, dazwischen und anschließend beobachtet
- L 1950 gekippt, 1952 mit Kiefer aufgeforstet, intensive Untersuchungen 1961–1966 und 1985- 1987, dazwischen und anschließend beobachtet

In den Flächen A, E und L erfolgte etwa 1970 ein Lichtungshieb, sonst gab es keinerlei Eingriffe in die untersuchten Sukzessionen. In den Laubholzpflanzungen wurde zunächst die Robinie unterdrückt, so daß nach 10–20 Jahren Pappeln und z. T. Erlen den Bestand bildeten. Im gleichen Zeitraum ging auf der Fläche L wenigstens die Hälfte der zu dicht gesetzten Kiefern ein. In den Bruchlichtungen kamen Pappeln, Birken, Bergahorn u. a. Laubgehölze rasch als Wildwuchs auf; die Fläche L entwickelte sich also zunehmend zu einem Nadelholz-Laubholz-Mischbestand.

2.2 Niederlausitzer und Leipziger Braunkohlenrevier

Seit 1955 wurden außerdem noch mindestens 40 verschiedene Standorte der ostdeutschen Bergbaufolgelandschaft bodenbiologisch untersucht (Dunger 1968, 1969, 1979, 1987, 1989; Zerling 1990). In den Bergbaugebieten südlich Leipzig und südlich Cottbus betrifft dies hauptsächlich Kippböden mit sehr sauren tertiären Sanden in der Deckschicht, die der Besiedlung hohen Widerstand entgegensetzen. Diese Flächen konnten aber nicht als Sukzessionsflächen langfristig geprüft werden und sollen hier deshalb nur ergänzend herangezogen werden.

3 Quantitativer Überblick

Eine quantitative Übersicht über die in der Berzdorfer Region auf Sukzessionsflächen beobachtete Besiedlung durch Bodenmikroarthropoden und Gruppen der Bodenmakrofauna gibt Tabelle 1. Die für Arachniden, Coleopteren und „Myriapoden" erhaltenen Ergebnisse sind hier nicht berücksichtigt, weil die wichtigste Information für diese Gruppen aus Fallenfängen stammt und deshalb die Einschätzung der flächenbezogenen Siedlungsdichten weniger sicher ist. Ihrer großen Bedeutung wegen werden die Regenwürmer (Lumbriciden) gesondert ausgewiesen. Die Enchytraeiden wurden 1985/86 nicht erneut erfaßt, die Bodenmikrofauna (Nematoden, Protozoen) mußte ganz unberücksichtigt bleiben.

Für quantitative Vergleiche von Tiergruppen mit sehr verschiedener Körpergröße wie z. B. Regenwürmer und Bodenmilben sind Individuenzahlen und sogar Biomassen keine geeigneten Maßeinheiten, um die ökophysiologische Bedeutung, z. B. die Umsetzungsleistung, abschätzen zu können. Der Vergleich stützt sich deshalb auf Atmungsäquivalenzen (RE), die für ähnliche Ernährungs-Lebensformen, hier also für humiphage (= saprophage und mikrobiophage) Bodentiere adäquat sind. Die Atmungsäquivalenz RE ergibt sich aus dem Produkt von durchschnittlicher Lebendmasse (Hygromasse) [g/m^2] und dem Sauerstoffverbrauch [ml] je Individuum und Stunde (bei 10°C), bezogen auf die durchschnittliche Hygromasse eines Individuums [µg] (Details s. Dunger u. Fiedler 1989).

In Abb. 1 sind die Trendlinien der Atmungsäquivalenzen der Lumbriciden, der Makroarthropoden (hier vorwiegend Dipterenlarven und Diplopoden) und der Mikroarthropoden für die mit Laubgehölz aufgeforsteten Sukzessionsflächen auf Berzdorfer Halden dargestellt. Die kontinuierliche Beobachtungszeit beträgt max. 28, die Altersdifferenz der Flächen 33 Jahre.

Die schnelle Besiedlung der Prüfflächen spiegelt die guten Wuchsbedingungen für die Vegetation wider. Schon innerhalb von 3 Jahren hat sich hier ein Buschstadium eingestellt, das zusammen mit der hohen Bodendeckung durch eingesäte Stauden eine schnell anwachsende Streulage hervorbringt. Diese wird anfangs vorwiegend von Pilzen abgebaut und begünstigt im 3. und 4. Jahr nach der Rekultivierung die Ausbildung eines „Pionier-Optimums" der Mikro- und Makroarthropoden. Beginnend mit dem 7. Jahr ist aus Abb. 1 ein deutlicher Abbruch dieses Optimums erkennbar. Dieses Ereignis fällt zusammen mit dem starken Anwachsen der Leistungsfähigkeit der Regenwurmpopulation, die zunächst fast nur aus den Arten *Aporrectodea caliginosa* und *Dendrobaena octaedra* besteht. Unter deren Einfluß wird die ursprünglich vorwiegend

Tabelle 1. Quantitative Übersicht über die Sukzession der Bodenfauna auf Halden des Tagebaues Berzdorf. mb = durchschnittliche Biomasse/m^2; RE = Atmungsäquivalenz. Die Sukzessionsflächen (N, T, E, A, L) werden mit dem Rekultivierungsalter (Jahre) und dem Stadium (I......V) angegeben. (Verändert aus Dunger 1989)

Tiergruppe		N1/I	T3/II	E7/III	A10/IV	N25/IV	A33/V	L10/III	L33/V
Lumbricidae	mb	-	0.1	6.7	40.6	29.1	93.7	4.5	38.2
	RE	-	2.7	126.7	487.1	349.2	1 124.4	85.5	458.4
Andere Saprophage Makrofauna	mb	0.1	1.4	1.1	0.4	0.5	0.8	0.6	0.8
	RE	0.2	26.4	20.5	7.8	9.7	15.6	10.6	14.4
Mikroarthropoden	mb	0.1	0.7	0.5	0.2	0.6	0.6	1.1	1.7
	RE	1.2	7.6	5.1	2.1	6.7	6.0	11.8	17.9
Saprophage Makrofauna Summe	RE	0.2	29.1	147.2	484.9	358.9	1 140.0	96.1	472.8
Saprophage Makrofauna und Mikroarthropoden Summe	RE	1.4	36.7	152.3	487.0	365.6	1 146.0	107.9	490.7
Verhältnis Makrofauna/ Mikroarthropoden	(RE)	0.2	3.8	28.9	230.9	53.6	190.0	8.1	26.4

durch Pilze besiedelte Streudecke schnell abgebaut und der Wandel zu einer im wesentlichen bakteriell gesteuerten Mull-Humusbildung eingeleitet. Die Rückwirkung auf die Gemeinschaften der Makro- und Mikroarthropoden ist quantitativ aus Abb. 1 durch ein Absinken der Leistungswerte, dem ein langsames Wiederansteigen etwa nach dem 20. Jahr folgt, zu erkennen. Generell ist anzunehmen, daß dieser Prozeß durch die Reduzierung der zunächst dominanten Pionierarten mit hoher Vermehrungsrate und deren sukzessive Ersetzung durch Arten mit anderen Anpassungsstrategien verursacht wird. Details dieser Wechselwirkungen sollen bei der Besprechung einzelner Tiergruppen verdeutlicht werden.

4
Besiedlungsverhalten wichtiger Bodentiergruppen

4.1
Regenwürmer (Lumbricidae)

Auf ostdeutschen Halden wurden bislang 11 Regenwurmarten nachgewiesen. Der wichtigste Erstbesiedler ist infolge seiner relativ hohen Austrocknungs- und Säuretoleranz der Mineralbodenbewohner *Aporrectodea caliginosa*. In Streuansammlungen, auch in der Primärphase, kommen Arten der Gattung Dendrobaena (s. Abschn. 3) hinzu, die im Gegensatz zu *A. caliginosa* einjährig sind, eine hohe Fertilität aufweisen und damit Dispersionsvorteile besitzen. Zeitlich verzögert, dann aber mit erhöhter Intensität beteiligt sich *Lumbricus rubellus* am Streuabbau. Als wichtigste Sekundärbesiedler sind der Tiefgräber *Lumbricus terrestris* und die Mineralbodenformen *Octolasion lacteum* und *Aporrectodea rosea* zu nennen. Sie können mit Laubgehölzen rekultivierte Flächen etwa nach 10 Jahren besiedeln und hier im Verlaufe weiterer 10 Jahre stabile Populationen bilden.

Abb. 1. Entwicklung der Regenwürmer *(Lumbricidae)*, Makroarthropoden und Mikroarthropoden auf mit Laubgehölzen aufgeforsteten Haldenstandorten des Tagebaues Berzdorf, gemessen als Atmungsäquivalenzen (RE). Erläuterungen s. Text. (Aus Dunger 1991)

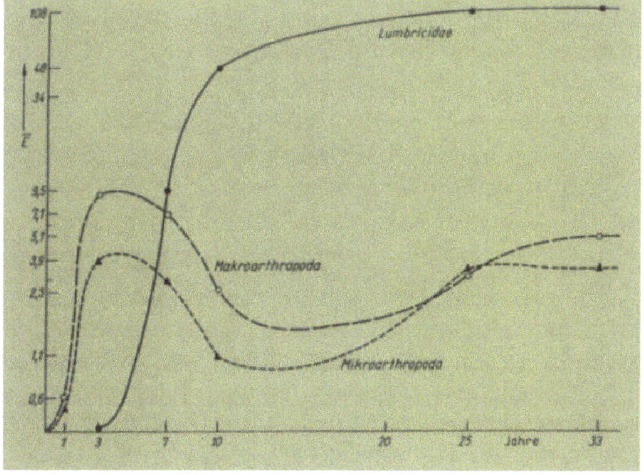

Auf den hier vorrangig berücksichtigten Sukzessionsflächen des Berzdorfer Braunkohlenreviers können primär besiedelnde Regenwürmer bereits nach 7 Jahren Populationen von bis zu 10 g/m^2 Biomasse erreichen. Das Hinzukommen weiterer Arten ermöglicht schon 10 Jahre nach der Rekultivierung einen Regenwurmbesatz mit 5 Arten und etwa 40 g/m^2 Biomasse (Abb. 2). Die langfristige Beobachtung dieser Flächen ergab, daß nach etwa 30 Jahren 6 Regenwurmarten einen Bestand von 80 g/m^2 aufgebaut hatten und damit eine Mullhumusentwicklung als günstige Basis der beginnenden Bodenbildung garantierten (Fläche A in Abb. 2). Unter Kieferanpflanzung (Fläche L in Abb. 2) entwickelt sich zunächst eine arme Regenwurmbesiedlung aus *Dendrobaena octaedra* und *Aporrectodea caliginosa*. Der durch Wildwuchs erzeugte langsame Übergang zu einem Mischwaldbestand ermöglicht nach 33 Jahren auch hier eine aus 6 Arten bestehende und auf 38 g/m^2 anwachsende Regenwurmbesiedlung. Im Gegensatz hierzu zeigen landwirtschaftlich rekultivierte Kipprohböden ohne betonte Humuswirtschaft auch nach 20 und mehr Jahren noch keine oder keine nennenswerte Lumbricidenpopulation.

Der an den Lumbriciden relativ gut zu beobachtende Vorgang der Immigration ist im Beitrag 52, Dunger geschildert. Für den hier vorrangig dargestellten Bereich des Tagebaues Berzdorf ist zu vermuten, daß *Aporrectodea caliginosa* eine mögliche primäre Einbringung im Zuge der Verkippung, Melioration und Rekultivierung im Einzelfall aktiv überstehen konnte. Mit Pflanzmaterial können Arten der Gattung *Dendrobaena* oder auch *Lumbricus rubellus* eingetragen sein. Da auf diesen Halden ein pH-Wert von 3,0–3,5 in den oberen 50 Profilzentimetern nicht unterschritten wurde, ein minimales Nahrungsangebot wohl bald garantiert war und keine anhaltende Austrocknung bis in etwa 50 cm Bodentiefe eingetreten sein dürften, wurden hier die Grundbedingungen für ein mögliches Überleben aus der Primärphase vermutlich eingehalten, wobei das primäre Nahrungsangebot wohl der limitierende Faktor gewesen sein dürfte. Für die sekundäre Immigration kommt ebenfalls ein passiver Transport von Kokons oder Jungtieren durch Vögel, Säugetiere oder den Menschen in Betracht. Insgesamt ist zu konstatieren, daß eine Zeitverzögerung in der Besiedlung durch Lumbriciden von wenigstens 5–6 Jahren auch unter den relativ günstigen Bedingungen des Tagebaureviers Berzdorf eintrat.

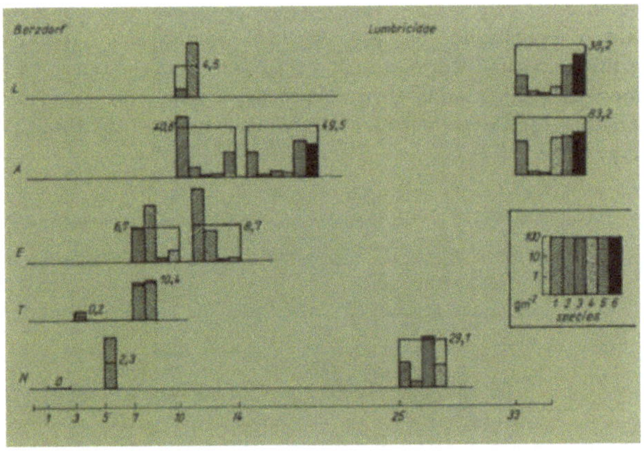

Abb. 2. Besiedlung pleistozäner Halden des Tagebaues Berzdorf durch Regenwürmer *(Lumbricidae)* über 33 Jahre. Die Standorte A, E, T, und N wurden mit Laubgehölzen, der Standort L mit Kiefer aufgeforstet. Die durchschnittlichen Biomassen (g/m^2) sind als Zahlen für die gesamte Regenwurmfauna und als Blockhöhen für die Arten angegeben. *1 = Aporrectodea caliginosa, 2 = Dendrobaena octaedra, 3 = Octolasion lacteum, 4 = Aporrectodea rosea, 5 = Lumbricus rubellus, 6 = Lumbricus terrestris.* (Aus Dunger 1989)

4.2 Andere Gruppen der Makrofauna

Die Enchytraeiden („kleine Erdwürmer") können Kippböden schneller als die größeren Regenwürmer besiedeln. Ihre Populationsdichten wurden bereits nach 3 Jahren mit mehr als 10 000 Individuen/m^2 nachgewiesen. Mit zunehmendem Rekultivierungsalter differenzieren sich diese Bestände in ihrer Artstruktur. Durch zunehmende Konkurrenz der Regenwürmer werden auch sie später wieder reduziert. Unter Forstrekultivierungen können 2 g/m^2 als Norm gelten, unter landwirtschaftlicher Rekultivierung nur 1 g/m^2 . Eine genaue Untersuchung dieser sehr wichtigen Tiergruppe steht noch aus.

Spätestens im 2. Pionierstadium der Entwicklung von Kippstandorten gewinnen Dipterenlarven eine hohe produktionsbiologische Bedeutung. Mit zunehmender Regulationsfähigkeit der Biozönose sinkt deren Anteil wieder ab (Abb. 3). Als weitere Saprophagen besiedeln Gastropoden und vor allem Diplopoden (Abb. 4) die Kippstandorte. Letztere sind indikatorisch gut verwendbar, da von ihnen ausgesprochene Erstbesiedler, Sekundärbesiedler und „kippenmeidende" Arten definiert werden konnten (Dunger u. Voigtländer 1989). Isopoden gehören zu den extrem langsam immigrierenden Gruppen. Auf landwirtschaftlich genutzten Kippflächen fehlen sie gewöhnlich ganz.

Unter den zoophagen Makroarthropoden ist bereits eine Vielzahl der Arten als Kippenbesiedler benannt worden (Literatur s. Vogel u. Dunger 1991; Majer 1989). Als Primärbesiedler treten eurytope, photophile Arten der offenen Landschaften auf, die auf forstlich rekultivierten Standorten schrittweise von Arten der Gebüsche und Wälder ersetzt werden. Auch das Besiedlungsverhalten der mehr bodengebundenen und weniger artenreichen Chilopoda wird durch charakteristische Primärbesiedler *(Lamyctes fulvicornis)* und Folgebesiedler sowie kippenmeidende Arten (alle Geophilomorpha) geprägt (Dunger u. Voigtländer 1989). Zusätzlich sind solche Arten bekannt, die auf Kippen und

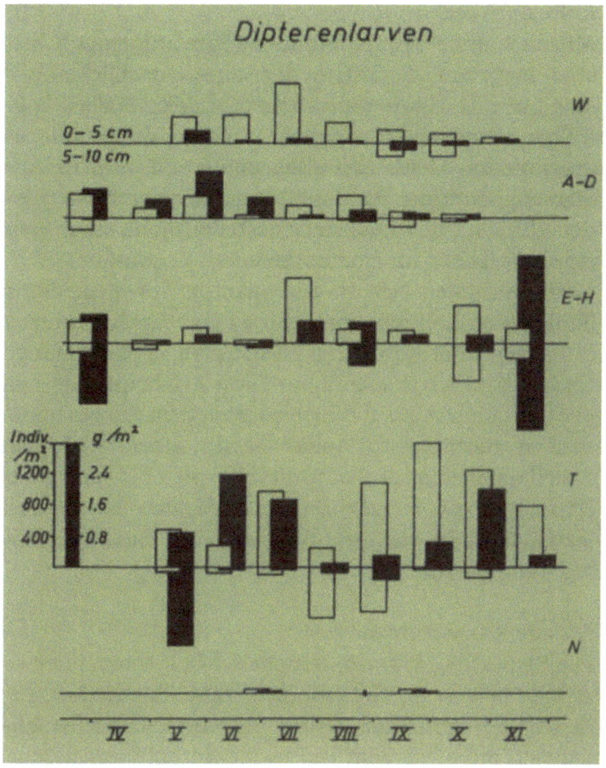

Abb. 3. Jahresgang der Individuendichte und Biomasse der Dipterenlarven in 2 Tiefenschichten von Haldenböden des Tagebaues Berzdorf 1 (N), 3 (T), 7 (E) und 10 (A) Jahre nach der Aufforstung mit Laubgehölzen, verglichen mit dem Bestand in einem naturnahen Fraxino-Ulmetum (W). (Aus Dunger 1968)

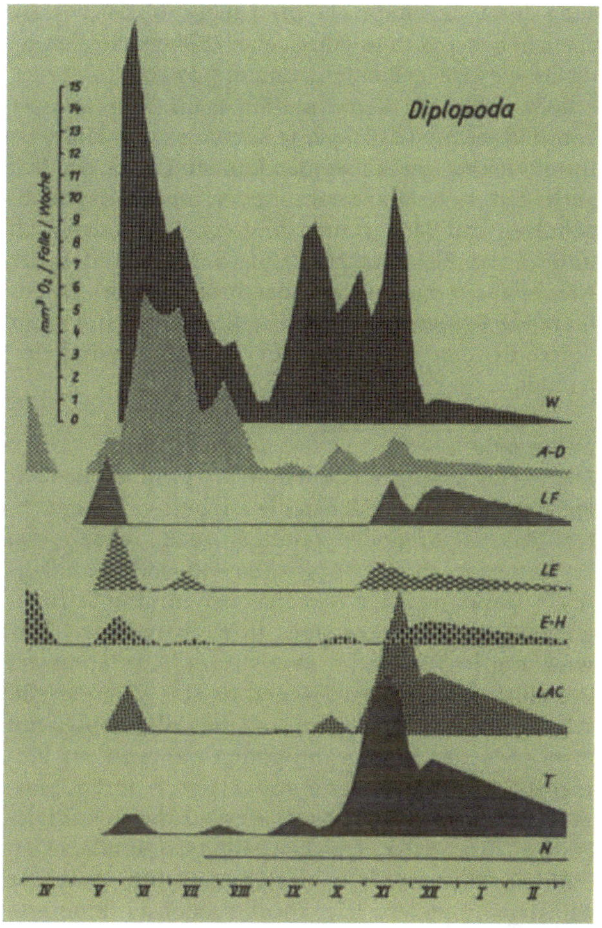

Abb. 4. Jahresdynamik von Diplopoden auf Haldenböden des Tagebaues Berzdorf, gemessen als Atmungsäquivalenzen von Fallenfängen von April 1962 bis März 1963, Standorte wie in Abb. 3; zusätzlich sind die Flächen C (wie Fläche E, jedoch wuchsgestörte Hangkante) und L (10jährige Kieferanpflanzung) und F (10jährige Lärchenanpflanzung) berücksichtigt. (Aus Dunger 1968)

Halden nicht auftreten, obwohl sie in umliegenden Wäldern häufig vorkommen (z. B. *Lithobius mutabilis*).

Unter den Wirbeltieren haben besonders Kleinsäuger einen wesentlichen Einfluß auf Besiedlung und Bodenentwicklung der Sukzessionsflächen. Zur Zeit des Pionieroptimums treten bereits, dem hohen Nahrungsangebot folgend, insektenfressende Spitzmäuse auf (Wald- und Zwergspitzmaus; *Sorex araneus, S. minutus*). Erst später, nach 10 und mehr Jahren, kommen Echte Mäuse hinzu. Einige Flächen sind dann von einem Netzwerk der Gangsysteme der Wald-, Feld- und Rötelmaus (*Apodemus sylvaticus, Microtus arvalis* und *Clethrionomys glareolus*) unterminiert.

4.3 Mikroarthropoden

Mikroarthropoden sind bereits im Pionierstadium der beobachteten Flächen mit über 5 000 Individuen/m^2 vertreten, wobei Collembolen (Urinsekten) und Trombidiformes (Milben) dominieren. Substratqualität und Rekultivierungsart haben auf den weiteren Ablauf der Besiedlung großen Einfluß, so daß eine Kontrolle der Mikroarthropoden durchaus als Indikator der Entwicklung der Biozönose auswertbar ist.

Die mit Laubgehölzen aufgepflanzten Sukzessionsflächen des Berzdorfer Gebietes zeigen bereits nach 3 Jahren, also sobald sich eine ausreichende Streuschicht gebildet hat, Siedlungsdichten von 120 000 Mikroarthropoden/m^2 (T/3). Während der oben geschilderten Folgeentwicklung reduziert sich dieses „Pionieroptimum" in Wechselwirkung mit der zunehmenden Wirksamkeit von Regenwürmern bis auf etwa 25 000 Mikroarthropoden/m^2 (A/10). In einer im Vergleich zur Primärbesiedlung relativ langen Zeit von weiteren 10–15 Jahren (Abb. 1) stabilisiert sich eine mehr k-selektierte Mikroarthropoden-Fauna mit wiederum hohen Siedlungsdichten (84 000/m^2 in A/35 bzw. 100 000/m^2 in N/25).

Mit Nadelgehölzen aufgeforstete Sukzessionsflächen (L) zeigen keine derartige Standortsbeeinflussung durch Regenwürmer wie Laubgehölzflächen. Sie erreichen erst nach 10 Jahren eine ähnliche Siedlungsdichte wie jene im Pionieroptimum (120 000 /m^2 : L/10), erhöhen aber die Konzentration mehr oder weniger kontinuierlich, so daß nach 33 Jahren 275 000 Mikroarthropoden/m^2 gezählt werden können (L/33). Ähnlich verhalten sich Mikroarthropoden unter Hartlaubgehölzen mit Moderhumusbildung. So fanden sich unter einer Eichenaufpflanzung auf Kippböden der Niederlausitz 238 000 Mikroarthropoden/m^2. Dominierende Gruppen der Mikroarthropoden sind unter diesen Bedingungen allgemein Collembolen und Oribatiden.

Collembola

Die Springschwänze (Collembolen) sind als Besiedler von Sukzessionsflächen die am besten untersuchten Mikroarthropoden (Dunger 1968, 1989, 1991a; Zerling 1990) und ermöglichen auf der Grundlage der Ausbildung ihrer Gemeinschaften eine Stadiengliederung der Sukzession. Ihre quantitative Entwicklung ist für die im Bereich des Tagebaureviers Berzdorf untersuchten Flächen in Abb. 5 dargestellt. An der Biomasse gemessen sind die Collembolen mit etwa 50 % der Mikroarthropoden während des Pionieroptimums dominant und steigern ihren Massenanteil noch bis in das 10. Jahr nach der Rekultivierung (A/10). Später erreichen Milben, besonders Oribatiden einen höheren Massenanteil innerhalb der Mikroarthropoden. Die absolut höchste Biomasse der Collembolen wurde allerdings in Kiefern-Laubholz- Mischbeständen nach 33 Jahren (L/33) gemessen, was 32 % der Gesamtbiomasse der Mikroarthropoden entspricht.

Milben *(Acari)*

Mit Ausnahme der Raubmilben (Parasitiformes; Christian 1993) sind die Milben der Sukzessionsflächen bislang nur quantitativ untersucht. Am Beispiel der Raubmilben ist abzulesen, daß sich auch bei diesen Mikroarthropoden Gemeinschaften entwickeln, die für die Stadiengliederung der Sukzession herangezogen werden können. Die mindestens nach der Biomasse in weiter entwickelten Stadien dominanten Hornmilben *(Oribatei)* verhalten sich in der quantitativen Besiedlung ähnlich den Collembolen (Abb. 6). Ihre Hochdominanz in Moder- oder Rohhumus-Streu (L/10, L/33) ist jedoch noch wesentlich ausgeprägter. Diese Erfahrung ließ sich auch für andere als die hier dargestellten Sukzessionsflächen bestätigen (Dunger 1979). Einen wichtigen Anteil nehmen auch die trombidiformen Milben an der Besiedlung ein. Sie gehören zu den Erstbesiedlern und lassen auch in weiteren Stadien einen hohen Artenreichtum erkennen.

Andere Mikroarthropoden

Die Beintaster *(Protura)* besiedeln Kippflächen nicht so schnell wie z. B. Collembolen. Eine Population, die denen in ungestörten Waldböden vergleichbar ist, bildet sich nicht vor dem 30. Rekultivierungsjahr heraus. Unter den „kleinen Myriapoden" sind die Zwergfüßer *(Symphyla)* zwar nicht in Pionierstadien zu finden, entwickeln aber nach 5–7 Jahren recht schnell Populationsdichten, wie sie in natürlichen Böden zu finden sind. Ähnliches kann für die Wenigfüßer *(Pauropoda)* gelten, die im übrigen auch noch einer näheren Untersuchung unterzogen werden müssen.

Abb. 5. Sukzession der edaphischen Collembolen (*weiße Säulen* Siedlungsdichte; *schwarze Säulen* Biomasse) auf rekultivierten Haldenflächen des Tagebaues Berzdorf über 33 Jahre. Kennzeichnung der Flächen s. Tabelle 1. (Aus Dunger 1989)

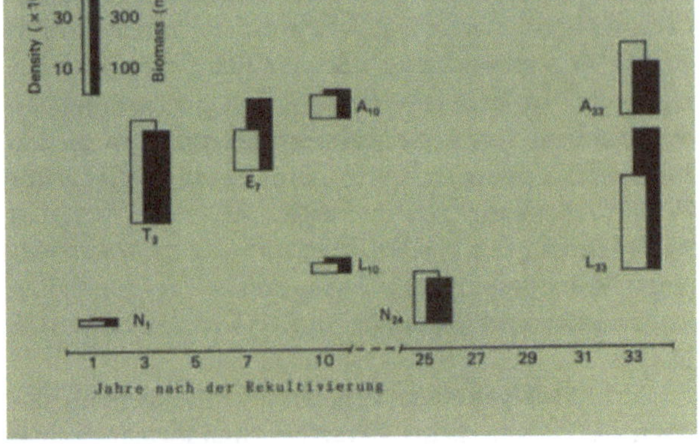

Abb. 6. Sukzession der Moosmilben *(Oribatei)* auf rekultivierten Haldenflächen des Tagebaues Berzdorf über 33 Jahre. Darstellung wie Abb. 5. (Aus Dunger 1989)

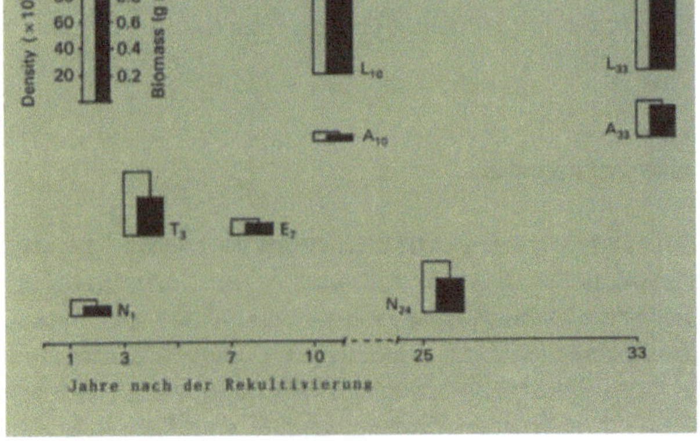

5 Stadien der Primärsukzession der Bodenfauna

Als Basis der hier vorgestellten Stadiengliederung der Entwicklung von Kippstandorten auf der Grundlage der Primärsukzession der Bodenfauna werden hier die im Oberlausitzer Braunkohlenrevier gewonnenen Resultate herangezogen. Sie betreffen insbesondere die Ergebnisse der kontinuierlichen Beobachtung an Sukzessionsflächen mit Rekultivierung durch Laubgehölzpflanzung sowie Kiefernanbau über 30 Jahre. Weitere Erkenntnisse können in dieses Bild eingeordnet werden. Generalisierend lassen sich 5 Stadien erkennen, wenn die Entwicklung von der primären Apertion, hier also von der Schüttung des Lockergesteins an, verfolgt wird.

1. Stadium: Pionierstadium, auch als Initialstadium bezeichnet

Allgemeine Kennzeichen sind extreme Xerothermie und Fehlen jeglicher Humusbildung. Die Pflanzenbesiedlung ist ebenso heterogen wie die Auswahl der Tiere, die durch Windverfrachtung, Flugvermögen oder aktive Laufleistung die Flächen erreichen und oft, je nach jahreszeitlichem Witterungsablauf und Lebensfeindlichkeit des Substrates, nur kurzzeitig hier verweilen oder überleben können. Wenngleich sich auch Räuber unter den Primärbesiedlern befinden, so ist die Biotopselektion im Pionierstadium doch absolut dominierend. Spätestens ein halbes bis ein Jahr nach der Apertion bilden spontan eingewehte, deutlich r-selektierte Arten der Mikroarthropoden, die sich von organischem Treibgut (Sporen u. a.) oder sporadisch wachsenden Organismen (Algen u. a.) ausreichend ernähren können, erste typische Gemeinschaften im Boden und im Bereich der Bodenoberfläche. Beispiele sind die euedaphische *Proisotoma-minuta-Synusie* und die epedaphische *Entomobrya-lanuginosa-Synusie* der Collembolen (Abb. 7). Unter günstigen Bedingungen, wie sie im Bereich Berzdorf vorherrschen, dauert das 1. Stadium nur 2 Jahre an, während es unter lebensungünstigen Bedingungen (auf alttertiären sauren Sanden z. B. im Bereich Böhlen) über 30 Jahre unverändert anhalten kann. Hier sind dann auch spezialisierte Arten von Wüsten, Dünen oder Uferbänken (z. B. der Sandohrwurm, *Labidura riparia*) dominierend zu finden. Die Mikroarthropoden bilden dann (Abb. 7) Ersatzgesellschaften aus.

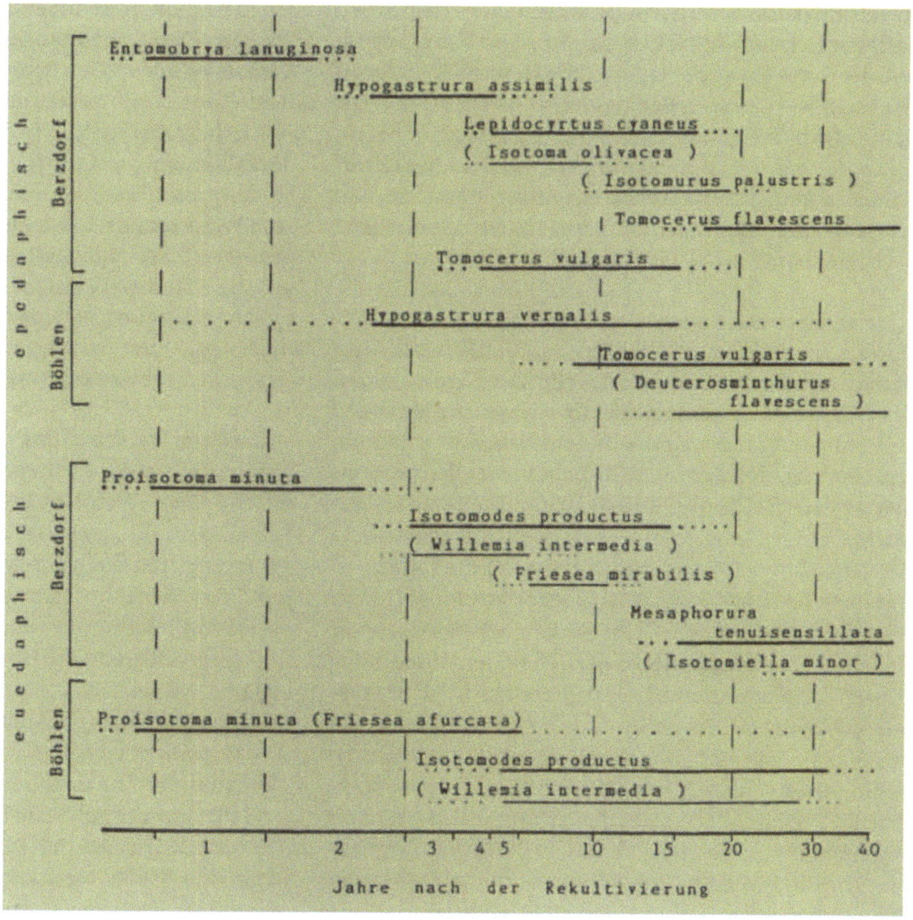

Abb. 7. Sukzession epedaphischer und euedaphischer Synusien der Collembolen und deren Varianten (in Klammern) auf rekultivierungsfreundlichen pleistozänen Kippboden (Revier Berzdorf) und rekultivierungsfeindlichen, sauren alttertiären Kippböden (Revier Böhlen) über 40 Jahre. (Aus Dunger 1991)

2. Stadium: 2. Pionierstadium, auch als Staudenstadium zu bezeichnen

Es ist in der Praxis durch das Einsetzen oder Wirksamwerden der Rekultivierung charakterisiert, wobei landwirtschaftliche Nutzung eine eindeutige Ablenkung von der natürlichen Sukzession, Aufpflanzung mit Gehölzen lediglich deren Variation und in der Regel deren Beschleunigung verursacht. Vor der Rekultivierung zeigt sich die Vegetation in einem „*Melilotus*-Stadium", geht aber schnell, besonders unter dem Einfluß der Rekultivierung, in das „*Artemisia*-Stadium" über. Durch die natürlich angesiedelten Stauden und v. a. nach Anwachsen eingebrachter Gehölze ergibt sich eine bedeutende Streuanreicherung, die mikrobiell zunächst nur zögernd abgebaut wird (Moderbildung) und sehr rasch einer reichhaltigen Streufauna als Lebensstätte und Nahrung dienen kann. Hieraus entwickelt sich das „Pionieroptimum", das durch Massenentfaltung von Dipterenlarven einerseits und Mikroarthropoden, v. a. Collembolen, andererseits charakterisiert wird. Zusätzlich typisch ist das weitgehende Fehlen von Regenwürmern. Die Collembolen bilden epedaphisch eine für dieses Stadium charakteristische *Hypogastrura-assimilis*-Synusie aus. Euedaphisch verläuft die Entwicklung langsamer, wobei eine *Isotomodes-productus-/Willemia-intermedia*-Synusie das 2. mit dem 3. Sukzessionsstadium verbindet. Entsprechend der Massendynamik humiphager Tiergruppen gestaltet sich die Entwicklung zoophager Tiergruppen, z. B. der Carabiden, ebenfalls im Sinne eines Pionieroptimums. Unter günstigen Bedingungen (Berzdorf) beendet die Invasion von Lumbriciden dieses 2. Stadium nach 5 bis spätestens 7 Jahren; rekultivierte Flächen auf alttertiärem sauren Material verharren entsprechend dem Unvermögen der Regenwürmer, diese Flächen zu besiedeln, u. U. Jahrzehnte in diesem Zustand.

3. Stadium: Gräser- oder Buschstadium

Unter Laubgehölzaufforstungen auf leicht rekultivierbarem Substrat (z. B. Berzdorf) leitet der Kronenschluß des Gebüsches und damit der Übergang zu mesophilen Lebensbedingungen für die Bodenfauna das 3. Stadium ein. Gleichzeitig, hiermit aber nicht ursächlich verbunden, vollzieht sich die Einwanderung und rasche Vermehrung der Lumbriciden und damit die Umstellung der Humusdynamik in Richtung eines Mullhumuszustandes. Die lichte Stellung der Gehölze ermöglicht ein reiches Wachstum von Gräsern der Fettwiesen (unter Nadelholzpflanzung infolge der fehlenden Umsetzung Gräser der Magerwiesen). Das spiegelt sich in der Ausbildung einer epedaphischen *Lepidocyrtus-cyaneus*-Synusie der Collembolen wider, die unter natürlichen Bedingungen auf Wiesen anzutreffen ist. Im euedaphischen Bereich bildet sich die schon im 2. Stadium beginnende *Isotomodes-productus-/Willemia-intermedia*-Synusie mit einer *Friesea-mirabilis*-Variante lediglich reicher aus (Abb. 7). Insgesamt sinkt jedoch die Siedlungsdichte der Mikroarthropoden infolge des Entzuges eines wichtigen Siedlungsstratums der permanenten Streuauflage. Das Gräserstadium hält unter optimalen Sukzessionsbedingungen nur bis in das 10. Jahr nach der Rekultivierung an, kann aber, nach der bodenbiologischen Situation beurteilt, auch wesentlich länger persistieren.

4. Stadium: Vorwaldstadium

Das Erreichen eines vollen Kronenschlusses der jungen Baumschicht und das Auftreten tvpischer Arten der Waldbodenvegetation, z. B. von *Senecio fuchsii* oder *Rubus*-Arten, kennzeichnet phänomenologisch das 4. Stadium. Die Humusdynamik wird in diesem Entwicklungsabschnitt durch die beginnende Aktivität von tiefgrabenden (anekischen) Regenwurmarten und damit die zunehmende Verlagerung organischer Substanz in tiefere Profilbereiche gekennzeichnet. Gleichzeitig entstehen erstmals organo- mineralische Komplexe in Gestalt der Losungsballen der Lumbriciden in strukturprägenden Quantitäten. Auch bildet sich nunmehr ein nachhaltig mesophiles Bestandesklima aus. Von der Zusammensetzung der Bodenfauna her ist das Vorwaldstadium in erster Linie ein „Pionieroptimum" der Lumbriciden; deren Biomasse wächst zwar später weiter an, es kommen aber dann nur noch wenige Arten hinzu und die Individuendichte sinkt in den folgenden Stadien. Die Collembolengemeinschaften unterliegen ausnahmslos einer Regression. Im epedaphischen Bereich ist eine *Tomocerus-palustris*-Fazies möglicherweise charakteristisch, im euedaphischen Bereich ist jedoch nur eine verarmte „typische" Variante der *Isotomodes-productus*-Synusie zu benennen. Der Übergang zum Waldstadium ist fließend und müßte noch an einer größeren Zahl von Sukzessionsflächen und Beispielsgruppen studiert werden. Zeitlich kann er unter optimalen Bedingungen in das 15.–20. Jahr nach der Rekultivierung, unter weniger günstigen Umständen auch wesentlich später gelegt werden.

5. Stadium: Waldstadium

Nach Abschluß des Überganges zum Waldstadium, das durch seine vermutete Zeitdauer als ein erster relativer Klimaxzustand gewertert werden kann, ist mit dem Auftreten charakteristischer Eigenschaften entwickelter Ökosysteme zu rechnen. Dies betrifft eine definierbare Profilbildung des Bodens (meist „Kipp-Ranker") mit ausgebildetem Ah-Horizont, die Ausbildung eines eigenen Mesoklimas, die Zusammensetzung der Bodenvegetation durch standorttypische Waldarten sowie die Dominanz typischer, k-selektierter Waldarten in der Mehrzahl der Zootaxocoenosen. Diese sind stellvertretend für die epedaphische Fauna durch eine *Tomocerus-flavescens*-Synusie der Collembolen, für die euedaphische Fauna durch die (mindestens anfangs dominierende) *Isotomiella-minor*-Variante der schon im

Übergangszustand zum Waldstadium sich bildenden *Mesaphorura- tenuisensillata*-Synusie der Collembolen gekennzeichnet. Für andere Tiergruppen, z. B. für Carabiden und Staphyliniden (Vogel u. Dunger 1991), lassen sich hierfür eine Vielzahl weiterer Beispiele beibringen. Allen gemeinsam ist die Unschärfe des Überganges zwischen 4. und 5. Stadium. Es ist selbstverständlich, daß die Typen der Rekultivierung (z. B. Laubgehölze, Nadelgehölze) einen modifizierenden Einfluß auf die genannten Kriterien ausüben (Dunger 1989).

6
Nutzung bodenbiologischer Kenntnisse für die Rekultivierung

Bodenzoologische Untersuchungen sind sehr zeitaufwendig und sollten daher bewußt dort eingesetzt werden, wo Aufwand und Nutzen in positiver Relation stehen. Geht man von der Bedeutung der zootischen Aktivität für den Verlauf der Bodenentwicklung aus, die Bal (1982) als zoological ripening beschrieben hat, erscheint eine bodenzoologische Analyse für grundsätzliche Studien an Sukzessionsflächen in Bergbaufolgelandschaften durchaus zum tieferen Verständnis erforderlich. Für praktische Belange sind hieraus Konzeptionen für konkrete Schritte der Rekultivierung abzuleiten, die auch für die Förderung des Pflanzenwachstums Bedeutung haben:

- 1. Stabilisierung des Wasserhaushaltes (Schutz gegen Verdunstung und Erhöhung der Wasserhaltekraft)
- 2. Anreicherung mit Nährstoffen (Einbringung oder rasche Produktion von organischer Substanz)
- 3. Physiologische Entgiftung und Bekämpfung der physiologischen Flachgründigkeit der Kipprohböden (Säureabpufferung bis mindestens 50 cm)

Wenn eine rasche und möglichst vollständige Besiedlung von Kipprohböden durch die Bodenfauna im Sinne einer optimalen Standortsentwicklung wünschenswert ist, dann tritt die Frage auf, ob die Besiedlung ausreichend selbstätig einsetzt oder ob Ansiedlungshilfen erforderlich sind. Für viele Gruppen der Bodenmikro- und -mesofauna (u. a . für die Mikroarthropoden) wird angenommen, daß der natürliche Besiedlungsdruck ausreicht, um die faunistische Entwicklung in Kippböden entsprechend der gegebenen Voraussetzungen zu garantieren. Für einige Gruppen der Makrofauna gelten diese Voraussetzungen nicht. Insbesondere zeigen einige Schnekken, Myriapoden, Isopoden und v. a. Regenwürmer Immigrationsprobleme. Hier sind aktive Besiedlungshilfen praktisch nützlich. Sie wurden vor allem für Regenwürmer erprobt und ausgearbeitet (Dunger u. Fiedler 1989; Curry u. Boyle 1995).

Basis für die Nutzung von Bodentieren als Anzeiger der Entwicklung von Sukzessionsflächen können, wie bislang dargelegt, Siedlungsdichten und Leistungspotentiale bestimmter Gruppen bzw. Lebensformen der Bodenfauna sein. Qualitative Analysen des Verhaltens von Arten lassen weitere nutzbare Informationen erwarten. Allerdings ergab ein Vergleich der Repräsentanzen einzelner Collembolenarten unter verschiedenen Bedingungen der land- und forstwirtschaftlichen Rekultivierung von Kippböden der Niederlausitz (Dunger 1979), daß weder die Rekultivierungsform oder Kippbodenqualität, noch das absolute Rekultivierungsalter eine eindeutige Voraussage darüber erlauben, welche Art an einem Standort dominierend auftritt. Für verwertbare Aussagen sind konkrete Sukzessionsflächen als Beobachtungsbasis und Kenntnisse der Ökophysiologie der Arten (Dunger 1991b) eine wichtige Voraussetzung. Hierfür ist noch wesentliche Grundlagenforschung zu leisten.

Um diese langwierigen Arbeiten zu umgehen, ist es üblich und unter kontrollierten Bedingungen auch möglich, Faunenteile (Taxocoenosen) verschiedener Prüfflächen auf der Basis von Affinitäts-Indizes zu vergleichen. Hierfür ist u. a. Sorgfalt darauf zu verwenden, daß vergleichbare Lebensformen aus adäquaten Lebensräumen zugrundegelegt werden. Ein derartiger Vergleich ist in Abb. 8 für die Gemeinschaften von Collembolen dargestellt, wobei eine Trennung in vorrangig endogäisch lebenden Arten einerseits und epigäische Arten andererseits vorgenommen wurde. Es zeigt sich, daß epigäische Collembolen vorrangig von der aktuellen Vegetationsdecke, endogäische dagegen von den mineralischen und Struktur-Eigenschaften des Bodenkörpers beeinflußt werden. Letztere haben deshalb in meliorier-

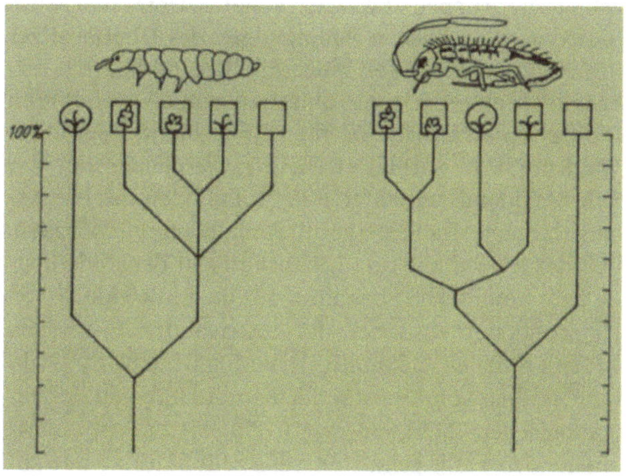

Abb. 8. Affinität euedaphischer *(links)* und epedaphischer *(rechts)* Synusien von Collembolen in verschieden rekultivierten Kippböden des Tagebaureviers Böhlen. *Kreise:* Kulturbodenauftrag; *Kästen:* saure tertäre Rohböden, die unbehandelt (freie Kästen) blieben oder nach Melioration landwirtschaftlich (⌿) oder durch Aufpflanzen von Pappeln (♧) rekultiviert wurden. (Nach Dunger 1975)

ten oder ursprünglichen Kipp-Rohböden andere Gemeinschaftsstrukturen als in Halden mit Kulturbodenauftrag, ein Unterschied, der für epedaphische Arten keine wesentliche Bedeutung besitzt.

Betrachtet man die in Abb. 8 verglichenen Stratozönosen im Zeitablauf,so wird ein weiteres Phänomen der Besiedlung von Kippböden durch Tiere deutlich. Der Wechsel abgrenzbarer Gemeinschaften der die Streu und die Bodenoberfläche bewohnenden Mikroarthropoden (epedaphische Taxo-Stratocoenosen) vollzieht sich etwa im gleichen Rhythmus wie die zeitliche Abfolge der Pflanzengesellschaften der Vegetationsdecke. Die euedaphischen Taxo-Stratocoenosen des Bodeninneren ändern sich wesentlich langsamer. Ihre Entwicklung kann als Maßstab der Bodenentwicklung, insbesondere des „zoological ripening" gelten. Das Zurückbleiben der euedaphischen Stratocoenosen kann sich auf 2–3 Entwicklungsstadien der Vegetation ausdehnen und ermöglicht, kommende Rückschläge und Verzögerungen im Rekultivierungserfolg (Brüning et al. 1965) zu diagnostizieren.

7 Zusammenfassung

Im Oberlausitzer Braunkohlenrevier (Berzdorf südlich Görlitz) konnte die Einwanderung der Bodenfauna über 30 Jahre an Flächen verfolgt werden, die nach forstlicher Rekultivierung dem natürlichen Ablauf überlassen blieben. Zusammen mit den Ergebnissen von Untersuchungen an etwa 40 weiteren ostdeutschen Haldenflächen lassen sich hieraus Schlußfolgerungen zur quantitativen Entwicklung der Bodenfauna sowie der Beteiligung einzelner Tiergruppen und -arten ableiten. Unter den kaum besiedlungsfeindlichen Bedingungen des Oberlausitzer Braunkohlenreviers können humiphage Bodentiere, insbesondere Regenwürmer, innerhalb von etwa 20 Jahren Biomassen erreichen, die für vergleichbare ungestörte Waldstandorte normal erscheinen. Vergleiche mit der Sukzession auf sauren tertiären Kippböden des Niederlausitzer und des Leipziger Braunkohlenreviers zeigen, daß der Ansiedlung und Lebenstätigkeit der Bodenfauna eine wesentliche Bedeutung für die Entwicklung von Kipprohböden zu Böden mit ansteigenden Fruchtbarkeitsmerkmalen zukommt. Die Möglichkeit, Entwicklungsstadien von Kippstandorten mit Hilfe von bodenzoologischen Merkmalen zu diagnostizieren, bietet einen noch wenig genutzten Ansatz für Maßnahmen zur Förderung der Rekultivierung solcher Flächen.

LITERATUR

Bal L (1982) Zoological ripening of soils. Agricult Res rep 850, Wageningen

Brüning E L, Unger H, Dunger W (1965) Untersuchungen zur Frage der biologischen Aktivierung alttertiärer Rohbodenkippen des Braunkohlentagebaues in Abhängigkeit von Bodenmelioration und Rekultivierung. Z Landeskultur 6: 9–38

Christian A (1993) Untersuchungen zur Entwicklung der Raubmilbenfauna (Gamasina) der Halden des Braunkohlentagebaues Berzdorf/OL. Abhandl Ber Naturkundemuseum Görlitz 67 (2): 1–64

Curry J P, Boyle K E (1995) Restoring soil fauna in reclaimed land, with particular reference to earthworms in cutover peat. Acta Zool Fennica 196: 371–375

Dunger W (1968) Die Entwicklung der Bodenfauna auf rekultivierten Kippen und Halden des Braunkohlentagebaues. Ein Beitrag zur pedozoologischen Standortsdiagnose. Abhandl Ber Naturkundemuseum Görlitz 43 (2): 1–256

Dunger W (1969) Fragen der natürlichen und experimentellen Besiedlung kulturfeindlicher Böden durch Lumbriciden. Pedobiologia 9: 146–151

Dunger W (1979) Bodenzoologische Untersuchungen an rekultivierten Kippböden der Niederlausitz. Abhandl Ber Naturkundemuseum Gorlitz 52 (11): 1–19

Dunger W (1987) Zur Einwirkung von Kahlschlag, Grundwasserabsenkung und forstlicher Rekultivierung auf die Boden-Makrofauna, insbesondere Regenwürmer. Abhandl Ber Naturkundemus Görlitz 60 (1): 53–60

Dunger W (1989) The return of soil fauna to coal mine areas in the German Democratic Republic. In: Majer J D (ed) Animals in primary succession, pp 307–337, University Press, Cambridge

Dunger W (1991a) Wiederbesiedlung der Bergbaufolgelandschaft durch Bodentiere. In: Hänsel C (ed) Umgestaltung in der Bergbaulandschaft. Abhandl Sächs Akad Wiss Math-naturw 57 (3): 51–61

Dunger W (1991b) Zur Primärsukzession humiphager Tiergruppen auf Bergbauflächen. Zool Jahrb Syst 118: 423–447

Dunger W, Fiedler H J (1989) Methoden der Bodenbiologie, Fischer, Jena

Dunger W, Voigtländer K (1989) Succession of myriapoda in primary colonization of reclaimed land. In: Minelli (ed) Proc. 7th Internat. Congr. Myriapodology, pp 141–146, Leiden

Majer J D (1989) Animals in primary succession. The role of fauna in reclaimed lands, University Press, Cambridge

Vogel J, Dunger W (1991) Carabiden und Staphyliniden als Besiedler rekultivierter Tagebau-Halden in Ostdeutschland. Abhandl Ber Naturkundemuseum Görlitz 65 (3): 1–31

Zerling L (1990) Zur Sukzession von Kleinarthropoden, insbesondere Collembolen, im Bodenbildungsprozeß auf einer landwirtschaftlich genutzten Braunkohlenkippe bei Leipzig. Pedobiologia 34: 315–335

Immigration, Ansiedlung und Primärsukzession der Bodenfauna auf jungen Kippböden

Wolfram Dunger

1 Einleitung

Die biotischen Veränderungen, die auf Kippböden nach der Schüttung ablaufen, werden gewöhnlich mit dem Terminus „Wiederbesiedlung" belegt. Das scheint zwar im geographischen Sinne richtig, da das Areal vor der Auskohlung Leben beherbergte. Das bei der Schlußverkippung aufgebrachte „Boden"-Material ist jedoch – vom Ausnahmefall der Mutterbodenverbringung abgesehen – primär unbelebt. Hier ist es nicht möglich, von „Wiederbesiedlung" zu sprechen; es handelt sich vielmehr um eine Erstbesiedlung von abiotischem Substrat.

In bezug auf die Lebensgemeinschaft, die vor dem Eingriff das Territorium besiedelte, wird zwischen Wiederherstellung (restoration) und Ersatz (replacement) durch die sich neu bildende Besiedlung unterschieden (Bradshaw 1984). In aller Regel stellt sich wenigstens zunächst ein Ersatz ein. Eine Wiederherstellung des früheren Zustandes könnte man zwar im Sinn der makroklimatischen Situation, nicht aber auf der Grundlage der jeweils geänderten Substrateigenschaften mit allen hieraus folgenden Bedingungsstrukturen erwarten. Manche Altkippen erscheinen in ihren Lebensgemeinschaften nach 50 und mehr Jahren bereits als durchaus „standortsgerecht". Ein Urteil über die andauernde Entwicklung wird aber erst nach langfristigen Beobachtungen gefällt werden können.

Im Gegensatz hierzu sind die Vorgänge der Immigration, der Ansiedlung und der Primärsukzession dem aktuellen Studium zugänglich. Diese Prozesse haben ihre Eigengesetzlichkeit und verdienen eine Beobachtung, die von der langfristigen Erfolgskontrolle abzutrennen ist. Diesen Fragen soll hier für die Bodenfauna nachgegangen werden.

2 Immigration

Der Erfolg der Besiedlung von Bergbauflächen hängt in erster Instanz von der Zuwanderung, richtiger vom Eintreffen (Immigration) von Lebewesen, darunter von Bodentieren, ab. Dies gilt für unbelebte Flächen absolut, für bereits teilbelebte Flächen relativ. Es ist deshalb sowohl theoretisch als auch praktisch von Bedeutung, den Vorgang der Immigration im Detail kennenzulernen, um hieraus u. a. Rückschlüsse auf die Zielrichtung praktischer Maßnahmen ableiten zu können. Zu den Einflußgrößen der Immigration zählen zunächst die Qualität der Umgebung als Lieferant immigrationsfähiger Organismen, sodann die Charakteristik des betrachteten Besiedlungsareals als Zielort der Immigration und schließlich das Ausbreitungspotential der in Betracht kommenden Arten. Da Umgebung und eigentliche Bergbaufläche stets nach den Ansprüchen der immigrierenden Arten zu beurteilen sind, ist das Ausbreitungspotential der Arten bzw. Gruppen der Bodenfauna Ausgangspunkt der Betrachtung.

2.1 Ausbreitungspotential der Arten bzw. Tiergruppen

Die Frage, ob eine Art die aufgeschüttete Kippfläche erreichen kann, zielt zunächst auf den Immigrationsweg bzw. die Immigrationsmechanismen ab. Neben dem „Wie" interessiert auch stets, in welcher Intensität die Immigration erfolgt, d. h. wie groß der Immigrationsdruck ist. Als Immigrationswege sind zu unterscheiden:

- Passiver Lufttransport
- Adaptierte Windnutzung („Segeln")
- Passive Einschleppung („mit Material")
- Aktives Einwandern durch lokomotorische Aktivität am Boden
- Aktives Einwandern durch Flug

Keine Organismengruppe, auch keine Gruppe der Bodentiere, nutzt nur einen dieser Wege. Es erscheint deshalb sinnvoll, die Immigration getrennt nach Tiergruppen zu besprechen.

2.1.1
Mikrofauna

Für die Bodenprotozoen wird i. allg. ebenso wie für die Mikroflora vorausgesetzt, daß die Ausbreitung von Dauerstadien durch der Lufttransport in zu vernachlässigend kurzen Zeiträumen über beliebig große Flächen ausreicht, um einen regionaltypischen potentiellen Artenbestand zu gewährleisten. Tatsächlich geprüft wurde diese Annahme allenfalls im Experiment (Yeates et al. 1991). Die Kenntnis der Entwicklung der wassergebundenen Mikrofauna in jungen Kippböden fehlt weitgehend. Als Vergleich können Beobachtungen an Mikroorganismen herangezogen werden. Hier beweist die Knöllchenbildung an Pionierkulturen von Leguminosen die Anwesenheit von Knöllchenbakterien bereits im ersten Jahr der Inkulturnahme ohne Beimpfung mit Rhizobium-Präparaten (Dunger 1992). In einigen Fällen, deren Häufigkeit noch nicht eingeschätzt werden kann, ist aber dennoch mit Artendefiziten durch fehlende oder zu langsame Immigration zu rechnen, wie sich z. B. im Rheinischen Braunkohlenrevier zeigte (Wolf 1985).

Auch für die größeren vielzelligen Gruppen der Mikrofauna, insbesondere für die Nematoden, ist das Besiedlungsverhalten auf Kippen fast unbekannt. Obwohl sich Nematoden in verschiedenen Lebenszuständen (Ei, Dauerlarven, anabiotische Tiere oder Zysten) von Wasser oder Wind, aber auch mit kleinsten Substratmengen von Mensch und Tier transportieren lassen können, haben einige Arten spezielle Ausbreitungsanpassungen in Form von enzystierten Tritonymphen erworben. Dies ist besonders von Bewohnern ephemerer Fäulnisherde bekannt, deren Tritonymphen sich mit Hilfe winkender Suchbewegungen an die Extremitäten solcher Fluginsekten anheften, die sie entsprechend ihrer eigenen Spezialisierung auf derartige Nahrungsquellen sicher zum nächsten Fäulnisherd transportieren. Diese Anpassung kann als Ausdruck eines primär nicht ausreichenden Ausbreitungsvermögens gedeutet werden, wenngleich man berücksichtigen muß, daß diese Adaptation hier auf optimale Ernährungssicherung innerhalb eines individuellen Lebensablaufes gerichtet ist. Es wäre also wenigstens einer Prüfung wert, ob für Nematoden eine volle Artengarnitur potentiell in Kippböden verfügbar ist oder auch hier längere Immigrationszeiten oder Immigrationshemmnisse zu berücksichtigen sind.

2.1.2
Mesofauna

Für die Mikroarthropoden als wesentlichen Teil der Bodenmesofauna können die Immigrationsbefunde, ähnlich wie für Nematoden vermutet, gedeutet werden. Allerdings liegt hier deutlich mehr Detailkenntnis vor. Befunde auf Schüttungsflächen, die wenige Monate bis 1,5 Jahre der Immigration ausgesetzt waren, besagen nach verschiedenen Autoren übereinstimmend (Dunger 1968; Hutson 1980), daß sich v. a. Urinsekten *(Collembola)* und Milben *(Acari)*, hier besonders die Trombidiformes, kurzfristig in Individuendichten von 2 000–5 000 Individuen/m^2 einfinden. Zusätzlich sind Oribatiden (Moosmilben) in teilweise ähnlicher, oft aber geringerer Individuendichte und parasitiforme (räuberische) Milben in deutlich geringerer Anzahl unter den Erstbesiedlern festzustellen. Eindeutig später finden sich Mikroarthropoden der Gruppen Protura (Beintaster) und Pauropoda (Wenigfüßer) ein. Hieraus sowie aus der jeweiligen Artengarnitur der primär immigrierenden Gruppen ergibt sich die Frage, ob art- oder gruppenspezifische Unterschiede der Ausbreitungspotentiale oder die Überlebensfähigkeit auf der noch kahlen Kippe als bestimmende Ursachen der Befunde zu werten sind.

Soweit es sich um frische Aufschüttungen ohne weitere Bearbeitungsmaßnahmen, also auch ohne Zufuhr organischer Substanz, handelt, kommt für Mikroarthropoden fast ausschließlich der Windtransport (als Aeroplankton oder längs der Bodenoberfläche) in Betracht. Für passive Einschleppung durch Mensch oder Tier fehlen bislang konkrete Anhaltspunkte. Ein aktiv lokomotorisches Überwinden von mehr als 1 km in wenigen Monaten, noch dazu unter meist lebensfeindlichen Bedingungen, scheidet aus. Die Windverfrachtung ist für Milben (Glick 1939; Buahin u. Edwards 1963) und Collembolen (Palmén 1944; Freeman 1952) in Einzelfällen nachgewiesen, wobei allerdings Zweifel an der Überlebensfähigkeit der als Aeroplankton transportierten, austrocknungsgefährdeten Tiere offenbleiben. Eine andere Möglichkeit des Windtransportes läßt sich experimentell unter Verwendung von immissionsgeschützten Bodenfallen (Dunger u. Engelmann 1978) testen. Es zeigt sich, daß auf offenen Haldenflächen längs der Oberfläche Mikroarthropoden zusammen mit Feinmaterial über weite Strecken verblasen werden. Das setzt allerdings eine bereits besiedelte, aber noch nicht durch Bodenvegetation geschützte Randfläche des Untersuchungsgebietes voraus, eine bei Frischschüttungen oft nicht gegebene Bedingung. Eine solche Verblasung ist durchaus als ein erfolgversprechender Immigrationsweg zu betrachten, zumal nicht selten regennasses Material transportiert wird und damit keine Austrocknungsgefahr besteht. Die Kontrolle der Artengarnitur, die durch Immissionsschutz beim Fallenfang ausgeschlossen wird, zeigt allerdings, daß auch hier nicht alle Arten der Mikroarthropoden gleichmäßig betroffen sind. Vielmehr werden bevorzugt atmobiontisch sowie hemiedaphisch lebende Arten, bei den Collembolen z. B. die Gattung *Hypogastrura*, transportiert. Solche Arten sind möglicherweise auch Erstbesiedler via Aeroplankton, sowohl von der Immigrationsdisposition als auch von ihrer Widerstandfähigkeit gegen Austrocknung her betrachtet.

Gleichzeitig mit der Besiedlung durch solche hemiedaphische Arten der Bodenoberfläche läßt sich die Besiedlung der oberen Profilzentimeter durch euedaphische Mikroarthropoden, z. B. durch fast wurmförmige Collembolen *(Tullbergiinae)* oder durch trombidiforme Milben, nachweisen. Diese meist sehr kleinen (0,2–0,5 mm) Arten können leicht der Aufmerksamkeit bisheriger Aeroplankton-Untersuchungen entgangen sein. Es besteht aber andererseits eine hohe Wahrscheinlichkeit, daß solche Arten zusammen mit (?feuchtem) Material in die Pionierflächen eingeweht werden. Offen bleibt bei den bisherigen, oft sehr vorläufigen Beobachtungen, ob eine Selektivität des Transportes oder aber der Überlebensfähigkeit über die jeweils nachweisbare Erstbesiedlung entscheidet.

Die Reihe der offenen Fragen zum Ablauf der Immigration wird fortgesetzt, wenn der Ablauf der Artensukzession erklärt werden soll. Welche Immigrationswege oder -mechanismen hierbei wirken, läßt sich gegenwärtig nicht überblicken. Sicher ist, daß die schon für Nematoda erwähnte Phoresie für einige Gruppen eine wesentliche und durch Adaptation durchaus gerichtete Rolle spielt. Solche Verhaltensweisen sind für eine Reihe von Milben gut bekannt (Evans et al. 1961; Wallwork 1976). Entsprechende Anpassungen scheint es für Collembolen nicht zu geben.

2.1.3 Makrofauna

Die Boden-Makrofauna eignet sich für Immigrationsbeobachtungen besser als die Meso- und Mikrofauna, weil sie leichter zu beobachten ist und weil für sie i. allg. bereits mehr Kenntnisse zum Ausbreitungsverhalten vorliegen. Einige Gruppen der Makrofauna sind ausgesprochene Spätbesiedler, so die Mollusken oder die Isopoden. Meist finden sich aber in derselben Tiergruppe sowohl schnell auftretende Initialbesiedler als auch deutlich verzögert eindringende Arten. Es lohnt daher nicht, die Makrofauna nach der Besiedlungszeit in verschiedene Klassen zu teilen.

Lumbricidae

Die Regenwürmer stehen nach der Bedeutung ihrer Ansiedlung an erster Stelle. Für ihr Ausbreitungsverhalten ist leider kein dementsprechender Kenntnisstand vorhanden. Übereinstimmend wird festgestellt, daß Regenwürmer auf Kippböden erstmals oft deutlich später nachzuweisen sind, als es die Entwicklung ihrer Lebensmöglichkeiten zuließe (Curry u. Cotton 1983). Daher wurden Techniken für eine Inoculation, insbesondere durch Aufbringen regenwurmhaltiger Bodenziegel auf die Fläche, entwickelt und angewendet (Curry u. Boyle 1995). Andererseits ist oft zunächst die Überlebensfähigkeit immigrierter Regenwurmarten zu prüfen. So erwies sich *Aporrectodea caliginosa* auf saueren, tertiären Kippböden nicht nur als hervortretende Pionierart, sondern im Versuch auch als die einzige Art, die unter den am Standort gegebenen Bodenverhältnissen leben konnte (Dunger 1969). Die Qualität des zu besiedelnden Standortes spielt demnach hierbei mindestens unter Grenzbedingungen eine wesentliche Rolle.

Grundsätzlich dürften die Ausbreitungsmechanismen der Regenwürmer in passiver Einschleppung und aktiver Lokomotion bestehen; eine Luftverfrachtung von Kokons ist zwar denkbar, aber noch nie nachgewiesen. Die Einschleppungswahrscheinlichkeit ist sicherlich örtlich sehr verschieden. Eine Systematisierung der hierzu möglichen Erfahrungen könnte helfen, die Zufallsquote des Transports durch Säugetiere oder Vögel, aber auch durch menschliche Tätigkeit wirksam zu erhöhen. Da Regenwurmfarmen bisher nur Kokons von für die hier erforderliche Besiedlung ungeeigneten Arten erzeugen können, ist von dieser technisch einfachsten Seite kaum Hilfe zu erwarten. Zur aktiven Ausbreitung von Regenwürmern stimmen die Erfahrungen dahingehend überein, daß Regenwürmer ihren Lebensraum jährlich um 5–10 m erweitern können. Unter den Bedingungen tertiärer Kippböden (Halden südlich Leipzig) ergab eine Detailuntersuchung (Dunger 1969; Abb. 1), daß von sieben im Territorium vorhandenen Regenwurmarten im Verlauf von 14 Jahren nur zwei effektiv in eine mit Pappeln aufgeforstete Fläche auf melioriertem Rohboden eindrangen. Hiervon legte *Aporrectodea caliginosa* jährlich 4,3 m, *Lumbricus rubellus* nur 2,1 m zurück. Über einen Blattkompost wurde zusätzlich die Streuart *Dendrobaena octaedra* eingeführt; auch sie zeigte keine schnellere Ausbreitung. Hinsichtlich des aktiven Ausbreitungsverhaltens fand Kobel-Lamparski (1987) in Rebumlegungsflächen des Kaiserstuhls, daß juvenile Tiere (auch der endogäischen Lebensformen) nach einem endogenen Aktivitätsrhythmus an der Bodenoberfläche kriechaktiv sind. Sie folgen dabei Leitlinien, die im zitierten Fall durch organische Ansammlungen entlang von Asphaltbahnen gegeben waren.

Zum Ausbreitungspotential der Regenwürmer ist nachzutragen, daß die streubewohnenden Arten der Gattung *Dendrobaena* s. l. durch kurze Entwicklungs- und Lebenszeiten (< 1 Jahr) sowie durch vorrangig parthenogenetische Fortpflanzung zu einer schnellen Besiedlung großer Oberflächen prädestiniert erscheinen. Dagegen verkörpert v. a. *Lumbricus terrestris* als Tiefgräber mit wenigstens 5jähriger Lebenszeit und biparentaler (obwohl zwittriger) Fortpflanzung eher einen standortstreuen Typ.

Enchytraeidae

Die kleinen weißen Ringelwürmer sind trotz ihrer oft hohen Bedeutung im Boden noch zu wenig bekannt. Hierzu gehörende Arten sind auf allen untersuchten Kippböden kurz nach der Rekultivierung vorhanden.

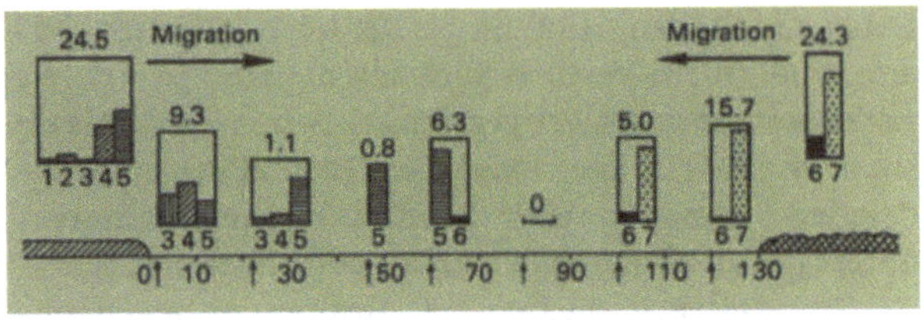

Abb. 1. Einwanderung von Regenwurmarten (Abstand in m) von einem aufgetragenen Kulturboden *(links)* und einem Blattkomposthaufen *(rechts)* in tiefenmelioriertem tertiären Rohboden der Kippe Böhlen über einen Zeitraum von 14 Jahren. *Zahlen oberhalb der Kästen:* Gesamtbiomassen auf g/m^2 umgerechnet. *Zahlen unterhalb der Kästen:* beteiligte Regenwurmarten: *1 = Aporrectodea rosea*; *2 = Allolobophora chlorotica*; *3 = Octolasion lacteum*; *4 = Lumbricus terrestris*; *5 = Aporrectodea caliginosa*; *6 = Dendrobaena octaedra*; *7 = Lumbricus rubellus*. (Aus Dunger 1989)

Bevorzugt treten zuerst sehr kleine Arten auf. Sie können mit Anwachsen des organischen Abfalles schnell hohe Individuendichten (10 000 Individuen/m^2) erreichen. Infolge ihrer relativ grossen Säureresistenz können sie auch kulturfeindliche tertiäre Kippböden gut besiedeln.Sie spielen hier eine entsprechend bedeutende Rolle. Die Verfrachtung ihrer kleinen Kokons über die Luft ist durchaus möglich. Sicheres ist hierzu allerdings nicht bekannt. Auch die Artengarnitur der Initialarten auf Kippböden muß erst noch geklärt werden. Da es auch Enchytraeiden gibt, die sich nur durch Sprossung vermehren, bleibt derzeit noch ein breites Feld für Vermutungen über das reale Ausbreitungspotential dieser Tiergruppe zur Besiedlung von Kippböden.

Gastropoda

Schnecken gehören zu den Spätbesiedlern von Kippböden. Arten der Gattungen *Vallonia* und *Vitrina* erreichen hier zuerst stabile Siedlungsdichten. Für das nordöstliche Mitteleuropa auffällig ist die hohe Siedlungsdichte der Weinbergschnecke, *Helix pomatia*, auf den meisten Kippböden. Nacktschnecken *(Deroceras, Arion)* sind nach 3–4 Jahren ebenfalls regelmäßige Besiedler von Kippböden. Über ihr Ausbreitungsverhalten fehlen Detailkenntnisse.

Insecta

Eine Vielzahl flugfähiger Insekten „erprobt" die Besiedlungsmöglichkeit neugebildeter Kippböden ohne bleibenden Erfolg. Mit den ersten Ansammlungen organischer Stoffe auf diesen Flächen beginnt jedoch spontan die Besiedlung durch Dipteren. Deren Larven sind schon im ersten Rekultivierungsjahr nachweisbar, wenn auch, in Abhängigkeit von besiedelbaren Substraten, meist in geringer Dichte. Schon nach 2–3 Jahren erreichen Dipterenlarven bei ausreichender Zufuhr organischer Substanz jedoch höhere Biomassen, als sie in späteren Entwicklungsphasen des Standortes jemals aufweisen. Ähnlich wie die Enchytraeiden scheinen Dipteren(larven) in Konkurrenz zur Entwicklung von Lumbriciden in der Streu zu stehen (Dunger 1968). Auch hier steht eine Analyse auf Artbasis noch aus. Die Immigration der Dipteren wird eindeutig durch das Habitatwahlvermögen der Imagines gesteuert.

Zoophage Insektengruppen, insbesondere Lauf- und Kurzflügelkäfer (Carabiden und Staphyliniden), zählen zu den am besten bekannten Indikatoren der Standortsentwicklung. Zu den Initialarten (im unten definierten Sinn) rechnet Den Boer (1968) „nomadische" Arten mit der ausgesprochenen Tendenz, Freiflächen rasch zu besiedeln. Auf Kippen (Neumann 1971; Mader 1985) und anderen anthropogen plötzlich entstehenden Offenstellen (Topp 1971; Kobel-Lamparski 1987) sowie an der Land-Meer-Grenze (Heydemann 1967) treffen nach Meinung der zitierten Autoren vorrangig geflügelte Formen auf dem Luftweg ein. Auf ostdeutschen Kippböden (Dunger 1968; Vogel u. Dunger 1991) werden jedoch unter den Initialarten mindestens ebensoviel brachyptere Formen gefunden. Dies stimmt mit Erfahrungen überein, die Lindroth et al. (1973) bei der Erstbesiedlung der Vulkaninsel Surtsey und Meijer (1989) im Initialstadium holländischer Polder gewonnen haben. Aktives Fliegen ist demnach keine Voraussetzung für eine Initialbesiedlung durch Carabiden oder Staphyliniden. Da mindestens für die Besiedlung von Surtsey auch eine normale Laufaktivität ausscheidet, muß nach anderen Ausbreitungsmechanismen gesucht werden. Dem ganz entsprechend besteht auch noch keine Vorstellung, wie in der Umgebung selten gefundene, flugunfähige Arten wie der Laufkäfer *Broscus cephalotes* innerhalb eines Jahres massenhaft frisch geschüttete Halden besiedeln können (Dunger 1968). In Europa ist generell wie auch in Nordamerika (Parmenter u. Macmahon 1987) festzustellen, daß sich die Initialfauna der Käfer aus in der Umgebung eher seltenen, besonders an gestörte Standorte gebundenen („nomadischen") Arten rekrutiert. Diese und hinzukommende Pionierarten bilden rasch der Biomasse wie auch der Artendiversität nach ein „Pionieroptimum", das bereits nach etwa 6 Jahren, d. h. mit Einsetzen wirksamer Konkurrenz im weitesten Sinn, wieder zurückgeht. Ähnliche Erfahrungen liegen auch für andere Insektengruppen vor, z. B. für das Massenauftreten des Sandohrwurmes *(Labidura riparia)* auf Kippböden (Messner 1963). Das Verhalten von sozialen Insekten auf Kippböden ist in Europa noch wenig bearbeitet (Bode 1975). Für Australien macht Majer (1989) eine größere Nachhaltigkeit auch initialer Ansiedlungen von Ameisenkolonien und damit eine Sonderstellung der sozialen Insekten im Besiedlungsverhalten wahrscheinlich.

Arachnomorpha

Von den Spinnentieren sind hier besonders die Webspinnen interessant, wenngleich von Kippböden relativ wenig bearbeitet (von Broen u. Moritz 1965; Mader 1985). Kobel-Lamparski (1987) hat deren Ansiedlung auf Rebumlegungsflächen ausführlich mit dem Verhalten der Carabiden verglichen und festgestellt, daß die höhere Zahl der Initialarten und deren differenziertere Einnischung eine bessere Ausnützung für indikatorische Zwecke erlaubt. Bei den Spinnen geschieht die Immigration durch Jungtiere vorwiegend seltener durch Adulte, die sich an ihrem „Fadenfloß" ungezielt verdriften lassen (Duffey 1956). Dieses „Ballooning" bewirkt, daß hierzu vorrangig fähige Arten ebenso an der Meeresküste wie auf Freiflächen des Binnenlandes auftreten. Im übrigen gilt für die Ursprungshabitate der initialen Spinnenarten das bereits für Carabiden Gesagte. Auch hier scheint es erforderlich, über das Ballooning hinausgehende Ausbreitungsmechanismen von Spinnen zu bedenken.

Myriapoda* und *Isopoda

Für die Doppelfüßer (Diplopoden), Hundertfüßer (Chilopoden) und Asseln (Isopoden) kommt entsprechend ihrer Körpermasse und ihrer Bewegungsweise primär die Laufaktivität als Immigrationsmechanismus in Betracht. Von Fall zu Fall kann passive Verschleppung eine Rolle spielen. Das würde den großen, laufaktiven Formen eine höhere Wahrscheinlichkeit der Initialbesiedlung gegenüber kleineren, weniger bewegungsaktiv erscheinenden Arten einräumen, so z. B. bei den Chilopoden den großen *Lithobius*-Arten oder bei Diplopoden den wanderfreudigen, großen Arten wie *Ommatoiulus sabulosus*. Die realen Erfahrungen besagen einerseits, daß die Besiedlung über kurze Strecken (Rebumlegungsflächen; Kobel-Lamparski 1987) zunächst von allen Arten gleichmäßig wahrgenommen wird und erst danach konkurrenzbedingte Dominanzstaffelungen eintreten. Ein anderes Bild ergibt sich für die Initialbesiedlung von Kippböden, die sowohl durch die erforderliche Überwindung größerer Distanzen als auch die schärfere Biotopselektion auf den frischen Schüttungsflächen bestimmt wird (Dunger 1968; Neumann 1971; Bode 1973, Dunger u. Voigtländer 1989). Auf Kipprohböden im deutschen Raum siedelt sich überall und schnell als einzige Initialart der Diplopoden *Craspedosoma rawlinsi* an, deren Reaktionsnorm ambivalent mit „empfindlich gegen Trockenheit und hohe Temperaturen" und „Bewohner xerothermer Habitate" bekannt ist. Hier gesellt sich also zur Unklarheit über den Immigrationsweg noch die Unsicherheit der ökologischen (und taxonomischen?) Beurteilung. Die Chilopoden starten die Besiedlung wiederum überall und eindeutig mit *Lamyctes fulvicornis*, einem parthenogenetischen Bewohner offener und besonnter Flächen. Es ist nicht bekannt, daß etwa an solche Bedingungen weniger angepaßte, sonst sehr ähnlich ausgestattete *Lithobius*-Arten zwar gleichzeitig, aber zunächst nicht erfolgreich immigrieren. Sowohl von der Mobilität her, als auch nach ihren Lebensansprüchen leicht verständlich ist das späte Eintreffen von geophilomorphen Chilopoden auf Kippböden. Ein etwa gleiches Verhalten zeigen auch die Isopoden auf Kippflächen. Auch hier besteht ein deutlicher Gegensatz zwischen dem Eindringen in Nachbarflächen auf kurze Distanz und der Besiedlung großer Kippflächen. Am ehesten zeigen sich synanthrope Arten im Umfeld von Rekultivierungsanlagen, ein Hinweis auf gelungene Einschleppung.

Wirbeltiere

Das Immigrationsverhalten von Wirbeltieren ist insofern schwer zu verallgemeinern, als ihnen fast durchweg die gezielte Einwanderung aus eigener Kraft möglich ist. Deshalb erscheint die Habitatqualität der Schüttungsflächen hier vorrangig ausschlaggebend (Fowler 1989). In australischen Bauxithalden fand Majer (1989) *Mus musculus* kurzzeitig als Pionierart stark vertreten. Ostdeutsche Kippböden werden gewöhnlich erst nach einer längeren Entwicklungsperiode (8–10 Jahre) von einer Reihe von Kleinsäugern *(Apodemus sylvaticus, Microtus arvalis, Clethrionomys glareolus)* besiedelt, die aber schnell hohe Dichten erreichen können (Dunger 1989).

2.2 Einfluß von Umgebung und Immigrationsareal

Wie die Mehrzahl der im vorangehenden Abschnitt angeführten Beispiele zeigt, bietet nicht eine Umgebung, die dem Entwicklungsziel der Rekultivierungsfläche besonders nahekommt, sondern eher eine offene, gestörte Landschaft geeignete Ausgangshabitate für die Initialimmigration. Für eine ungestörte, d. h. auch zeitlich nicht verzögerte Sukzession in der Folgezeit ist dagegen die Nachbarschaft aller „stadienverwandten" Standorte bis zum ersten Zwischenklimax erwünscht. Das bedeutet, daß eine optimale natürliche Sukzession nur dann zu erwarten ist, wenn die neu zu besiedelnde Fläche innerhalb eines Mosaiks von Standorten liegt, nicht aber, wenn sie weiträumig in eine gleichartige Landschaft eingeschlossen ist. Da offene Tagebaue nicht hiernach, sondern nach den Lagerstätten ausgesucht werden, bleibt diese Empfehlung weitgehend theoretisch, wiewohl es möglich ist, vorbeugend „Trittsteinhabitate" entsprechend der Inseltheorie anzulegen.

Ein generalisierendes Modell des Immigrationsvorganges in Abhängigkeit von der Entfernung des Ursprungshabitates und von der Qualität (in erster Linie der Größe) der zu besiedelnden Fläche hat Majer (1989) in Anlehnung an Simberloff (1974) dargestellt (Abb. 2). Es zeigt sich, daß größere Entfernungen die Immigrationsrate, kleinere Siedlungsflachen die Extinktionsrate negativ beeinflussen. Die Mehrzahl der hierzu verfügbaren Erfahrungen stammt weniger von Kippflächen, sondern eher von der Polderbesiedlung (Haeck 1969; Mook 1971). Auf Bergbauhalden sind hierfür nutzbare Untersuchungen vor allem im Zusammenhang mit der Waldbodenverbringung als optimierende Rekultivierungstechnik angestellt worden (Bairlein et al. 1989).

Realistisch betrachtet reicht es nicht aus, wenn die zu besiedelnde Fläche in das Schema (Abb. 2) nur mit ihrer Arealgröße eingeht. Als Qualitäten dieser Fläche haben primär die Faktoren des Standortsklimas Einfluß, wozu neben den großklimatischen Gegebenheiten die Wasserhaltekraft des Substrates, die Exposition und die Insolation der Teilareale zählen. Eine absolut ebene Schüttungsfläche ist z. B. weitaus besiedlungsfeindlicher als ein aus Rippen und Senken (als Folge des Absetzerbetriebes) zusammengesetztes Areal (Dunger 1968). Weiter ist wichtig, aber je nach immigrierender Art sehr differenziert wirksam, ob und in welchem Grad das Substrat toxische Eigenschaften aufweist (Acidität, Schwermetallgehalt u. a.; Ma u. Eijsackers 1989). Zusätzlich ist es möglich, durch sofortiges Einbringen von organischem Material als Nahrungsquellen und eine Vielzahl von Immigrationshilfen für bestimmte Arten (Fowler 1989; Viert 1989) den Immigrationserfolg wesentlich zu steigern.

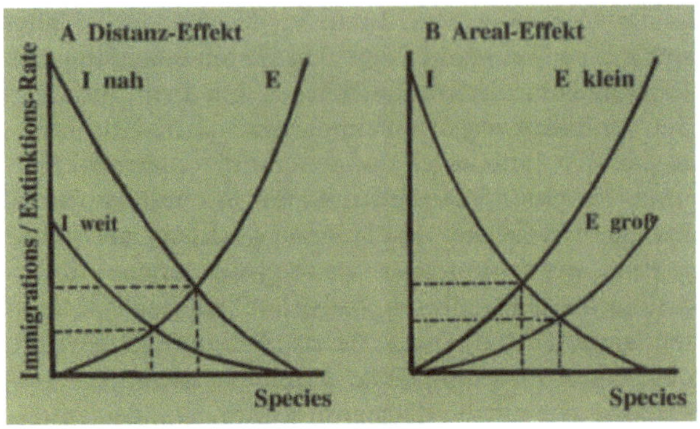

Abb. 2. Modell des Ansiedlungserfolges (Zahl der Arten S) als Gleichgewicht zwischen Immigration (I) und Artenauslöschung (Extinktion) durch Biotopselektion u. a. (E), dargestellt **(A)** für unterschiedliche Immigrationsentfernung (I nah; I weit) und **(B)** für unterschiedlich große Areale (E klein; E groß). (Nach Majer 1989)

3 Ansiedlung und Primärsukzession

Die Ansiedlung einer Art auf einer neu eröffneten Schüttungsfläche setzt ihre Vermehrung am Ort und damit den Ansatz zur Bildung einer Population voraus. Das bloße Überleben eines immigrierten Individuums oder auch eine wiederholte Immigration von Individuen einer Art können eine Ansiedlung lediglich vortäuschen. Als Kriterium ist der Nachweis am Standort erzeugter Jungtiere zu fordern.

Die möglicherweise sehr schnelle Verdrängung neu angesiedelter Arten im Zuge des Sukzessionsgeschehens kann es schwierig machen, eine echte, aber kurzfristige Ansiedlung von einem Ansiedlungsversuch zu unterscheiden. Die Trennung hat aber Bedeutung, wenn es darum geht, eine Art als Indikator für ein Sukzessionsstadium anzuerkennen.

Eine klare Definition dieser Fragen ist ohnehin nur für den Fall einer wirklichen Primärsukzession möglich. Diese geht von einem plötzlichen (natürlichen oder künstlichen) Ereignis aus, durch welches ein inertes Substrat (Lava, Sedimente, Lockergestein, Asche), das unbelebt ist und noch nie einer Bodenbildung (Tonmineralbildung, Humusanreicherung, Bildung organo-mineralischer Komplexe) unterlag, den Einwirkungen einer physikalischen, chemischen und biologischen Verwitterung und der Immigration von Organismen unterworfen wird. Dieses primäre „Eröffnungsereignis“ (Apertion) unterscheidet sich im Ablauf der anschließenden Sukzession deutlich von der Besiedlung bereits ausgebildeten Bodens mit vorgeprägten Habitateigenschaften für die Mehrzahl der Bodenorganismen. Die Rekultivierungspraxis versucht bewußt oder unbewußt, diesen Sukzessionsvorteil z. B. durch Aufbringen von „Mutterboden“ für die Beschleunigung der „Wiedernutzbarmachung“ von Kippen und ähnlichen Flächen zu nutzen. Die wissenschaftliche Betrachtung von Ansiedlung und Sukzession sollte dagegen bewußt von der Situation der Primärsukzession ausgehen, um ein Verständnis für die Grundvorgänge zu gewinnen.

Hinsichtlich ihrer Bedeutung im Ablauf der Sukzession sind Initial-, Pionier- und Gleichgewichtsarten zu unterscheiden (Dunger 1991; Vogel u. Dunger 1991). In der Regel kann das dementsprechende Verhalten einer Art von deren Lebensstrategie (r-, K-, A- Strategie) abgeleitet werden. Welche konkreten Arten sich auf einer untersuchten Kippe z. B. als Initial- oder als Pionierarten erweisen, ist allerdings nur unter zusätzlicher Berücksichtigung ihres Verbreitungsareals (und eventuell ihres Ausbreitungspotentials) abzuleiten.

Initialarten sind in der Lage, auf unbesiedelten Flächen schnell eine Population aufzubauen. Sie werden jedoch fast ebenso rasch (in der Regel bereits nach 1–3 Jahren) von den relativ konkurrenzkräftigeren Pionierarten verdrängt und/oder weichen der Gesamtentwicklung der Standortsfaktoren. Für Oberlausitzer Kippböden trifft dies z. B.für die Carabiden *Broscus cephalotes*, *Harpalus rufipes*, *Bembidium femoratum*, *Harpalus aeneus*, *Bembidium quadrimaculatum* und *Amara fulva* zu. Die Stelle der beiden letztgenannten Arten nehmen im Rheinischen Braunkohlengebiet *Amara cursitans*, *Harpalus distinguendus* und *Calathus erratus* ein. Auf Niederlausitzer Kippen fehlen unter den Initialarten der Carabide *Broscus cephalotes* und der Staphylinide *Tachyporus nitidulus*, auf Kippen des Leipziger Braunkohlenreviers *Bembidium femoratum* (Vogel u. Dunger 1991; Neumann 1971).

Pionierarten benötigen zum Aufbau ihrer Population eine längere Anlaufzeit als Initialarten, prägen aber die Entwicklung des Standortes längerfristig und effektiver. Sie sind dennoch deutlich r-selektiert und im Konkurrenznachteil gegenüber später dominierenden Gleichgewichtsarten. Als Pionierarten erwiesen sich auf Oberlausitzer Kippen die Carabiden *Bembidion lampros, Poecilus versicolor* und *Calathus melanocephalus* oder die Staphyliniden *Oxypoda exoleta, Dinaraea angustula, Tachinus corticinus* und *Aleochara inconspicua.* Es ist zu betonen, daß generell, besonders aber zwischen Pionierarten und Gleichgewichtsarten keine scharfe Grenze besteht. Offensichtlich kann sich eine Art auch in unterschiedlichen Regionen verschieden verhalten. So ist der Carabide *Trechus quadristriatus* auf Oberlausitzer Kippen bereits in der Pionierphase häufig, tritt aber im Rheinischen Braunkohlenrevier erstmals nach 11 Jahren auf.

Gleichgewichtsarten sind aus der Sicht der Primärsukzession das Kollektiv aller Arten, die ihre Populationen unter den Bedingungen eines entwickelten und regulierenden Ökosystems, wie es sich auf Kipprohböden zeitigstens nach 6–10, oft erst nach 30 und mehr Jahren einstellen kann, über eine Zeitspanne von mehreren bis vielen Jahren zu erhalten vermögen.

Wie differenziert sich Arten im Ablauf der Primärsukzession verhalten können, wird am relativ gut untersuchten Beispiel der Collembolen (Dunger 1968, 1986, 1991; Hutson 1980; Zerling 1990) deutlich. Als Initialart im oben definierten, engeren Sinn, d. h. als fugitive Initialart, erweist sich der epedaphische Collembole *Entomobrya lanuginosa* (Abb. 3). Er erreicht unmittelbar nach Freilegung der Kippe Maximaldichten und ist nach 5 Jahren bereits kaum mehr nachweisbar. Als fugitive Initialarten könnte man auch die von dem Schöpfer der Bodenentwicklungslehre, A. Kubiena (1948), auf Rohböden als Erstbesiedler gefundenen Fluginsekten nennen, sofern sie sich am Standort vermehren (Wegwespen u. a.).

Im Gegensatz zu den Initialarten treten Pionierarten nicht sofort dominant auf, behalten aber ihre Vorrangstellung dann über wenigstens 2–3 Jahre bei (*Ceratophysella succinea* in Abb. 3). Büßen sie ihre Dominanz dann rasch wieder ein (wie *C. succinea* oder *Hypogastrura assimilis*), kann man sie als opportunistische Pionierarten bezeichnen. Sind sie dagegen auch bei rascher ökogenetischer Entwicklung des Kippenstandortes noch nach 10 und mehr Jahren in dominanter Position, wie das Beispiel von *Lepidocyrtus paradoxus* in Abb. 3 zeigt, so handelt es sich eher um Gleichgewichts-Pionierarten.

Als eigentliche Gleichgewichtsart wäre am Beispiel der Abb. 3 *Tomocerus longicornis* zu bezeichnen, der mit Beginn des Vorwaldstadiums eine langfristig erhaltungsfähige Nische besetzt. Diese charakteristische waldbewohnende Art unterscheidet sich hierin z. B. von dem gleichzeitig auftretenden *Lepidocyrtus cyaneus*, einer eigentlich für Wiesen typischen Gleichgewichtsart, deren Lebensmöglichkeit mit zunehmendem Kronenschluß, d. h. mit Ende des „Vorwald"-Stadiums reduziert wird. Ein anderer Typ von Gleichgewichtsarten erweist sich einerseits als fähig, schon im Initial- oder Pionierstadium zu immigrieren und zu persistieren, ist andererseits aber auch in der Lage, trotz zunehmender ökosystemarer Vernetzung mit k-selektierten

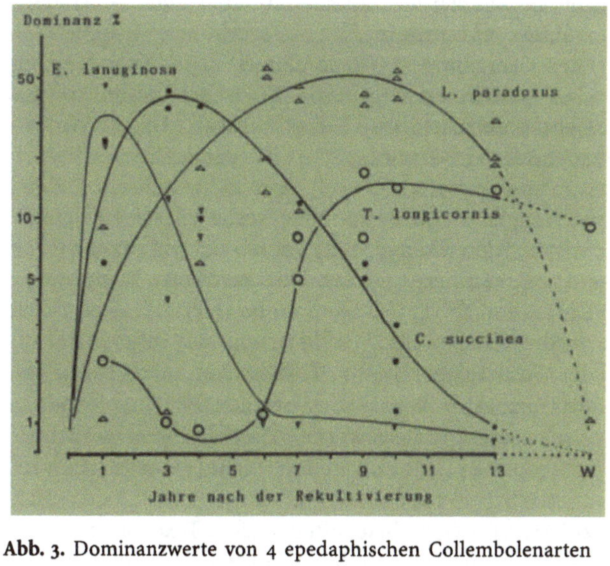

Abb. 3. Dominanzwerte von 4 epedaphischen Collembolenarten mit unterschiedlichem Sukzessionsverhalten in mit Laubgehölzen aufgeforsteten Kippen und einem naturnahen Auenwald (Fraxino-Ulmetum; W) im Oberlausitzer Braunkohlenrevier. Details s. Text. (Aus Dunger 1991)

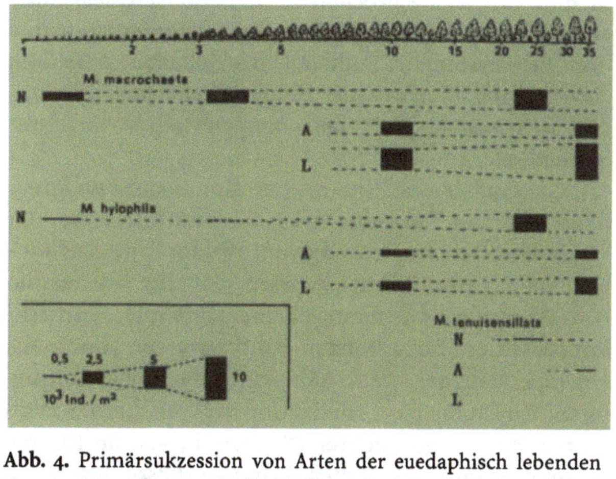

Abb. 4. Primärsukzession von Arten der euedaphisch lebenden Gattung Mesaphorura (Collembola) auf mit Laubgehölzen (N, A) oder mit Kiefer (L) aufgeforsteten Kippen im Oberlausitzer Braunkohlenrevier (Berzdorf) 1–35 Jahre nach der Rekultivierung. (Nach Dunger 1986)

Arten zu konkurrieren. Ein solches Verhalten zeigt z. B. die kleine euedaphische Art *Mesaphorura macrochaeta* (Abb. 4), aber auch die in Abb. 3 nicht dargestellte epedaphische *Isotoma viridis*. Diese Arten können als Initial- oder Pionier-Gleichgewichtsarten bezeichnet werden.

Auf der Grundlage anderer Formen der Sukzession lassen sich durchaus auch andere Gliederungen der beteiligten Tierarten denken und wurden auch bereits vorgeschlagen (Kobel-Lamparski 1987). Da die echte Primärsukzession in der hier definierten Form die einzige allgemeingültig formulierbare Grundlage ergibt, dürfte die hier benutzte Klasssifizierung der an der Immigration beteiligten Tierarten nach ihrer Rolle im Ablauf der Sukzession generell anwendbar sein.

4
Schlußfolgerungen und Ausblicke

Mehr als 30jährige Beobachtungen an der Neubesiedlung primär abiotischer Schüttungsflächen auf Kippen von Braunkohlentagebauen durch Bodentiere führen heute zu der Anforderung, die kausale Prozeßforschung zum Verständnis der Primärsukzession stärker zu entwickeln. Im Vorstehenden wurde versucht, einige der hierbei zur Diskussion stehenden Probleme deutlich zu machen.

Vorrangig steht natürlich die Frage zu beantworten, welchen Nutzen derartige Untersuchungen für die Wiedereingliederung der vom Menschen geschlagenen „offenen Wunden der Landschaft" erbringen können. Hierzu ist zunächst auf die funktionelle Rolle der Bodenfauna zur Bildung der Bodenstruktur (Abbott 1989), für den Nährstoffkreislauf (Hutson 1989) und zur Förderung der Produktivität der Pflanzen (Urbanek 1989) in sich neu entwickelnden Ökosystemen hinzuweisen. Die in dieser Arbeit besprochenen Arbeitsweisen zielen aber auf eine andere Form der Nutzung der Bodenfauna hin, ihre Verwendung als Indikator der Sukzession. Sie läßt sich sowohl in Form der Stadiengliederung als auch durch Untersuchung der biozönotischen Struktur anwenden.

Die Stadien der Primärsukzession (auch) auf Kippböden werden vorrangig nach Beobachtungen an der Vegetation beschrieben. Ökofaunistische Untersuchungen haben inzwischen erwiesen, daß die Sukzession von Arten der Bodenfauna ebenfalls gestattet, Entwicklungsstadien abzugrenzen, und zwar in durchaus eigengesetzlicher Weise (Dunger 1968, 1989; Zerling 1990; Christian 1993). Bedeutungsvoll ist hierbei, daß durch Beachtung anderer „Sensoren", als sie für die Vegetation ausschlaggebend sind, insbesondere auch unterschiedlicher Biostrata (epedaphische, euedaphische Schicht), Informationen insbesondere für die Entwicklungsmöglichkeiten des Standortes abgeleitet werden können, die weder bodenkundlich noch aus der Pflanzendecke erkennbar werden. Der Nachteil der bodenzoologischen Bearbeitung besteht eindeutig in dem hohen Aufwand, der durch die diffizilen und taxonomisch oft extrem schwierigen Untersuchungen unumgänglich ist.

Um indikatorische Informationen besser bündeln zu können, werden häufig nicht einzelne Arten, sondern Gemeinschaften (Synusien) von Tiergruppen ausgewertet. Biozönologische Schlußfolgerungen aus solchen taxozönotischen Untersuchungen an Sukzessionen gehen grundsätzlich von der Erwartung aus, daß hierbei eine gerichtete Ökogenese von strukturarm-labilen zu strukturreich-stabilen Zuständen abläuft. Bodenzoologische Problemstellungen haben einen wesentlichen Anteil daran, daß die generell akzeptierten biozönotischen Grundprinzipien von Thienemann (1920) mehrfach kritisch geprüft und erweitert wurden (Franz 1953; Maldague 1970; Bachelier 1978). Mit Hilfe solcher Betrachtungen wird deutlich, daß es nicht möglich ist, den Fortschritt der Sukzession auf Kippflächen durch eine gerichtete Entwicklung von Strukturparametern der Bodenfauna zu beschreiben. Ein wichtiger Grund hierfür liegt darin, daß die ökogenetischen Prozesse in verschiedenen Biostrata unterschiedlich schnell oder sogar gegensätzlich ablaufen können. Durch Beobachtung atmobiontischer Tiergruppen, die stark von der Vegetation abhängen, lassen sich die nach den biozönotischen Regeln erwarteten Entwicklungen meist gut bestätigen. Dies trifft aber nicht auf epedaphische, also die Bodenauflage bewohnende Bodentiergruppen zu. Sie unterliegen dem wechselhaften Schicksal ihres Habitates, das durch Streuakkumulation und -abbau, Humifizierung und Mineralisierung geprägt ist. Dementsprechend zeigen sie kurzzeitige Biomassen-, aber auch Diversitätsmaxima und -minima, die bei Bearbeitung lediglich solcher Tiergruppen (Fallenfänge!) zur Konstatierung einer Aufeinanderfolge von (Zwischen-) Klimax- und Depressionszuständen führen müssen (Abb. 5). Wiederum anderen Bedingungen ist das euedaphische Biostratum unterworfen. Soweit hierfür zeitgleiche Untersuchungen zu epedaphischen Verhältnissen unternommen wurden (Dunger 1989), ergab sich eine asynchrone, im Bodeninneren wesentlich verzögerte Sukzession. Dies läßt sich v. a. für die Lumbriciden mit deren Rolle für die Umformung, Stabilisierung und Differenzierung der Bodeneigenschaften (Makeschin 1980; Lamparski 1985) kausal in Verbindung bringen. Für die biozönologisch vorrangig ausgewerteten Populationen von Mikroarthropoden ergibt sich jedoch bisher keine hinreichend aufklärbare Proportionalität. Es ist daher auch nicht zulässig, für Gemeinschaften solcher Taxozönosen (Milbengruppen, Collembolen, Proturen u. a.) einen gerichteten Zuwachs von Struktur-(Diversitäts-) Parametern als Indiz des Sukzessionsablaufes des Ökosystems zu erwarten. Hier sollten weitere Arbeiten ansetzen.

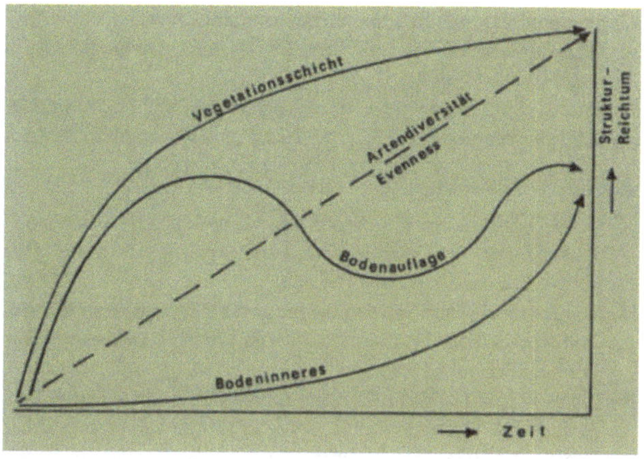

Abb. 5. Trendlinien der theoretischen Entwicklung von Artendiversität und Evenness (- - -) und des realen biologisch nutzbaren Strukturreichtums (—) im Bereich der Bodenvegetation, der organischen Bodenauflage und des Bodeninneren in Abhängigkeit vom Rekultivierungsalter von Kippen-Ökosystemen. (Aus Dunger 1990)

Abschließend sei noch darauf hingewiesen, daß auch der Versuch, die Sukzessionsabläufe mathematisch zu modellieren (Usher 1981), für die Klärung des Verhaltens von Bodentieren in diesem Prozeß trotz einiger Ansätze (Whelan 1989) wenig erbracht hat. Ein wesentlicher Grund hierfür ist wohl darin zu erblicken, daß diese Modelle letztlich auf der von dem Pionier der Sukzesslonsforschung, Clements (1916), stammenden Grundvorstellung des „plant by plant replacement" basieren, ein Konzept, daß sowohl von der räumlichen Situation als auch von der Struktur der Interaktionen her für Bodentiere nicht anwendbar ist. So sehr man der Forderung Ushers (1981) zustimmen mag, die Konzepte zur Sukzession in mathematischen Ausdrücken zu formulieren, um sie der Testung und dem Vergleich zugänglich zu machen, so bleibt auch hier nur zu konstatieren, daß dies für den bodenzoologischen Bereich eine Aufgabe für die Zukunft ist.

5 Zusammenfassung

Es wird ein Überblick über die Kenntnis der ersten Schritte der Besiedlung junger Kippböden durch die Bodenfauna gegeben und an Beispielen, besonders aus ostdeutschen Braunkohlenrevieren, belegt. Eine echte Primärsukzession beginnt mit der Neubesiedlung von unbelebtem Substrat und unterscheidet sich darin von der Wiederbesiedlung keimfrei gemachter Böden. Der Erfolg der Immigration ist einerseits von den Eigenschaften des Immigrationsareals und dessen Umgebung, andererseits vom Ausbreitungspotential der Arten bzw. Tiergruppen abhängig. Hierzu liegen für die Mikrofauna fast keine, für die Meso- und Makrofauna sehr unterschiedliche Kenntnisse vor. Aktive Immigrationshilfe (Inoculation) ist nur für wenige Tiergruppen, besonders für Lumbriciden, erfolgversprechend. Hinsichtlich ihres Verhaltens bei der Ansiedlung und Primärsukzession werden Initialarten, Pionierarten und Gleichgewichtsarten in differenzierten Abstufungen unterschieden. Deren Kenntnis gestattet eine Indikation der Standortsentwicklung nach bodenzoologischen Kriterien. Diese autökologische Beurteilung wird als zuverlässiger betrachtet als die Bewertung biozönologischer Indizes ohne Berücksichtigung der ökologischen Reaktionsnorm der beteiligten Arten.

LITERATUR

Abbott I (1989) The influence of fauna on soil structure. In: Majer J D (ed) Animals in primary succession, pp 39–50, Cambridge

Bachelier G (1978) La faune des sols. Son ecologie et son actions. O.R.S.T.O.M., Paris

Bairlein F, Follmann G, Möhlenbruch N, Wolf G (1989) Aufgaben und Ziele der heutigen forstlichen Rekultivierung von Tagebauflächen. Natur und Landschaft 64: 462–464

Bode E (1973) Beiträge zu den Erscheinungen einer Sukzession der terricolen Zoozönose auf Rekultivierungsflächen, Dissertation, Braunschweig

Bode E (1975) Ein Beitrag zur Ameisenbesiedlung *(Formicidae/ Hymenoptera, Hexapoda)* forstlicher Rekultivierungsflächen des Braunkohlentagebaues. Waldhygiene 11: 13–20

Boer P J Den (1968) Spreading of risk and stabilization of animal numbers. Acta Biotheoretica 18: 165–194

Bradshaw A D (1984) Ecological principles and land reclamation practice. Landscape planning 11: 35–48

Broen B von, Moritz M (1965) Spinnen *(Araneae)* und Weberknechte *(Opiliones)* aus Barberfallen von einer tertiären Rohbodenkippe im Braunkohlenrevier Böhlen. Abhandl Berichte Naturkundemuseum Görlitz 40 (6): 1–15

Buahin G K A, Edwards C A (1963) The colonization of sterilized soil by invertebrates. Rep Rothamsted Exper Sta, S 149–150

Christian A (1993) Untersuchungen zur Entwicklung der Raubmilbenfauna *(Gamasina)* der Halden des Braunkohlentagebaues Berzdorf/OL. Abhandl Berichte Naturkundemuseum Görlitz 67: 1–64

Clements F E (1916) Plant succession, Carnegie Institution, Washington

Curry J P, Cotton D C F (1983) Earthworms and land reclamation. In: Satchell J E (ed) Earthworm Ecology, pp 215–228, Chapman & Hall, London

Curry J P, Boyle K E (1995) Restoring soil organisms in reclaimed land, with particular reference to earthworms in cutover peat. Acta Zool Fennica 196: 371–375

Duffey E (1956) Aerial dispersal in a known spider population. J Anim Ecol 25: 85–111

Dunger W (1968) Die Entwicklung der Bodenfauna auf rekultivierten Kippen und Halden des Braunkohlentagebaues. Ein Beitrag zur pedozoologischen Standortsdiagnose. Abhandl Berichte Naturkundemuseum Görlitz 43 (2): 1–256

Dunger W (1969) Fragen der natürlichen und experimentellen Besiedlung kulturfeindlicher Böden durch Lumbriciden. Pedobiologia 9: 146–151

Dunger W (1986) Observations on the ecological behaviour of some species of the Tullbergia krausbaueri group. In: Dallai R (ed) Second Internat. Seminar on Apterygota, pp 111–115, Siena

Dunger W (1989) The return of soil fauna to coal mined areas in the German Democratic Republic. In: Majer J D (ed) Animals in primary succession, pp 307–337, University Press, Cambridge

Dunger W (1990) Ökologische Grundlagen der Besiedlung der Bergbaufolgelandschaft aus bodenbiologischer Sicht. Abhandl Berichte Naturkundemuseum Görlitz 64 (1): 59–64

Dunger W (1991) Zur Primärsukzession humiphager Tiergruppen auf Bergbauflächen. Zool Jahrb Syst 118: 423–447

Dunger W (1992) Tiere in Haldenböden – Folgen eines ungewollten Großexperimentes. Acta Academiae Scient Erfurt 1: 28–33

Dunger W, Engelmann H-D (1978) Testversuche mit immissionsgeschützten Bodenfallen für Mikroarthropoden. Pedobiologia 18: 448–454

Dunger W, Voigtländer K (1989) Succession of Myriapoda in primary colonization of reclaimed land. In: Minelli A (ed) Proc. 7th Internat. Congr. Myriapodology, pp 141–146, Leiden

Evans G O, Sheals J G, Macfarlane D (1961) The Terrestrial Acari of the British Isle. British Museum Natural History, London

Fowler D K (1989) The return of vertebrate fauna to surface coal mined areas in Tennessee. In: Majer J D (ed) Animals in primary succession, pp 371–396, University Press, Cambridge

Franz H (1953) Dauer und Wandel der Lebensgemeinschaften. Schrift Ver Verbr Naturwiss Kenntnisse Wien 93: 27–45

Freemann J A (1952) Occurence of collembola in the air. Proc. Royal Entomol. Soc. London Ser. A. U. S. Dep. Agricult. 673

Glick P A (1939) The distribution of insects, spiders and mites. Tech. Bull. U. S. Dep. Agricult. 673

Haeck J (1969) Colonization of the mole *(Talpa europaea L.)* in the Ijsselmeer polders. Netherlands J Zool 19: 145–248

Heydemann B (1967) Die biologische Grenze Land-Meer im Bereich der Salzwiesen. Steiner, Wiesbaden

Hutson B R (1980) Colonization of industrial reclamation sites by Acari, Collembola and other invertebrates. J Appl Ecol 17: 277–286

Hutson B R (1989) The role of fauna in nutrient turnover. In: Majer J D (ed) Animals in primary succession, pp 51–70, University Press, Cambridge

Kobel-Lamparski A (1987) Die Neubesiedlung von flurbereinigtem Rebgelände im Kaiserstuhl und die weitere frühe Sukzession am Beispiel ausgewählter Tiergruppen aus verschiedenen Trophieebenen. Dissertation Universität Freiburg/Br.

Kubiena W (1948) Entwicklungslehre des Bodens. Springer, Wien

Lamparski F (1985) Der Einfluß der Regenwurmart Lumbricus badensis auf Waldböden im Südschwarzwald. Freiburger Bodenkundl Abhandl 15: 1–203

Lindroth C H, Anderson H, Bödvarsson H, Richter H (1973) Surtsey, Iceland. The development of a new fauna, 1963–1970. Terrestrial Invertebrates. Entomol Scand Suppl 5: 1–280

Ma W-C, Eijsackers H (1989) The influence of substrate toxicity on soil macrofauna. In: Majer J D (ed) Animals in primary succession, pp 223–244, University Press, Cambridge

Mader H J (1985) Die Sukzession der Laufkäfer- und Spinnengemeinschaften auf Rohböden des Braunkohlenreviers. Schriftenreihe Vegetationskunde 16: 167–194

Majer J D (1989) Longterm colonization of f auna in reclaimed land. In: Majer J D (ed) Animals in primary succession, pp 143–174, University Press, Cambridge

Makeschin F (1980) Einfluß von Regenwürmern *(Lumbricidae, Oligochaeta)* auf den Boden sowie auf Ertrag und Inhaltsstoffe von Nutzpflanzen. Dissertation Universität Gießen

Maldague M E (1970) Role des animaux edaphiques dans la fertilite des sols forestiers. Publ. Inst. Nat. Et. Agro. Congo (INAEC), Ser. SC. 112: 1–245

Meijer J (1989) Sixteen years of fauna invasion and succession in Lauwerszeepolder. In: Majer J D (ed) Animals in primary succession, pp 339–369, University Press, Cambridge

Messner B (1963) Über das Vorkommen von *Labidura riparia* (Pall.) (Dermaptera) auf den Abraumhalden der Braunkohlentagebaue um Tröbitz und Lauchhammer. Entomol Ber Dresden 1: 24–28

Mook J H (1971) Observations on the colonization of the new Ijsselmeer-polders by animals. Miscell Papers Landbouwhogeschool Wageningen 8: 13–31

Neumann U (1971) Die Sukzession der Bodenfauna (*Carabidae - Coleoptera, Diplopoda* und *Isopoda*) in den forstlich rekultivierten Gebieten des Rheinischen Braunkohlenreviers. Pedobiologia 11: 193–226

Palmen E (1944) Die anemohydrochore Ausbreitung der Insekten als zoogeographischer Faktor. Ann Zool Soc Zool-Bot Fenn 10: 1–262

Parmenter R R, Macmahon J A (1987) Early successional patterns of arthropod recolonization on reclaimed strip mines in Southwestern Wyoming - The ground dwelling beetle fauna (Coleoptera). Environmental Entomology 16: 168–175

Simberloff D S (1974) Equilibrium theory of island biogeography and ecology. Annu Rev Ecol Systemat 5: 161–182

Thienemann A (1920) Die Grundlagen der Biocoenotik und faunistische Prinzipien. Festschrift für Zschokke IV: 1–14

Topp W (1971) Zur Ökologie der Müllhalden. Annu Zool Fennici 8: 194–222

Urbanek R P (1989) The influence of fauna on plant productivity. In: Majer J D (ed) Animals in primary succession, pp 71–106, University Press, Cambridge

Usher M B (1981) Modelling ecological succession, with particular reference to Markovian models. Vegetatio 46: 11–18

Viert S R (1989) Design of reclamation to encourage fauna. In: Majer J D (ed) Animals in primary succession, pp 207–222, University Press, Cambridge

Vogel J, Dunger W (1991) Carabiden und Staphyliniden als Besiedler rekultivierter Tagebau-Halden in Ostdeutschland. Abhandl. Berichte Naturkundemuseum Görlitz 65 (3): 1– 31

Wallwork J A (1976) The distribution and diversity of soil fauna, London

Whelan R J (1989) The influence of fauna on plant species composition. In: Majer J D (ed) Animals in primary succession, pp 107–142, University Press, Cambridge

Wolf G (1985) Primäre Sukzession auf kiesig-sandigen Rohböden im Rheinischen Braunkohlenrevier. Schriftenreihe Vegetationskunde Bad Godesberg 16: 1–203

Yeates G W, Bamforth S S, Ross D J, Tate K R, Sparling G P (1991) Recolonization of methyl bromide sterilized soils under four different field conditions. Biol Fertil Soils 11: 181–189

Zerling L (1990) Zur Sukzession von Kleinarthropoden, insbesondere Collembolen, im Bodenbildungsprozeß auf einer landwirtschaftlich genutzten Braunkohlenkippe bei Leipzig. Pedobiologia 34: 315–335

Entwicklung ausgewählter Wirbeltierarten in Bergbaufolgelandschaften

DIETMAR WIEDEMANN

1 Einführung

Die Ursachen für die Gefährdung der Arten- und Formenmannigfaltigkeit in unserer Kulturlandschaft sind in erster Linie begründet in

- der zunehmenden Zerstörung und Isolation der Lebensräume von Flora und Fauna
- der Anreicherung von Umweltgiften in den Ökosystemen

In den Braunkohlenabbaugebieten der Lausitz verstärken sich beide Wirkungskomplexe durch die ehemals überproportionale Ausdehnung der Braunkohlentagebaue, die Auswirkungen der Kohleveredlungsindustrie, die Anlage ungeordneter Deponien sowie die Schaffung strukturarmer Bergbaufolgelandschaften. Gegenwärtig gibt es in allen Bereichen große Bemühungen, standortorientierte Prämissen für künftige Entwicklungen herauszuarbeiten.

Die für den Naturschutz und die Landschaftspflege, aber auch für die standortgerechte Landnutzung, herzuleitenden Informationen zur Rekultivierung und Renaturierung der ostdeutschen Bergbauregion im Sinne des Arten- und Biotopschutzes sind nur durch umfassende Analysen in den unterschiedlich gestalteten und sich regenerierenden Kippenökosystemen zu gewinnen.

Zu den wichtigsten Indikatoren für den Landschaftszustand und seine Veränderungen gehören die leicht zu erfassenden und in allen Lebensräumen präsenten Lurch-, Kriechtier- und Brutvogelarten. Ein erster Überblick über die typische Artenzusammensetzung in unterschiedlich alten und strukturierten Kippenbiotopen der ehemaligen Tagebaue Grünewalde, Koyne, Kleinleipisch, Lauchhammer, Klettwitz und Schwarzheide kann anhand 20- bis 30jähriger herpetologischer und ornithologischer Feldbeobachtungen gegeben werden (Blaschke 1993; Wiedemann 1993).

Gegenstand der Untersuchungen waren Landschaftsbereiche und Flächen verschiedener Alters- bzw. Entwicklungsphasen, d. h. vom Rohboden bis hin zum 40jährigen Kippenwald, mit einem Einzugsbereich von etwa 11 000 ha Kippen- und Restgewässerfläche. Die Nutzartenanteile auf den Rekultivierungsstandorten liegen bei ca. 60 % forstwirtschaftliche Nutzung (FN), 30 % landwirtschaftliche Nutzung (LN), < 5 % wasserwirtschaftliche Nutzung (WN) und < 10 % für sonstige Nutzungen. Der noch zu rekultivierende Flächenanteil beträgt ca. 50 %. Er liegt im nördlichen Untersuchungsgebiet konzentriert in den ehemaligen Tagebauen Klettwitz und Kleinleipisch. Das Haupteinzugsgebiet für die Ansiedlung der Arten befindet sich am Süd- und Westrand des Niederlausitzer Abbaureviers, dessen Wald- und Ackeranteil etwa dem der Kippenstandorte entspricht.

Das für die Wiederbesiedlung der Kippenökosysteme erforderliche Artenpotential ist, dank der relativ geringen Intensivierung der Agrar- und Forstnutzung sowie der ungestörten, zusammenhängenden Waldkomplexe im westlichen Tagebaueinzugsbereich, noch vorhanden. Die auf oligotrophe Trocken- und Feuchtstandorte angewiesenen Arten sind, im Gegensatz zu anderen Abbaugebieten, noch in diffus verteilten Reliktflächen präsent.

Die Wiederansiedlung charakteristischer Arten der Flora und Fauna auf den Kippenflächen und Restgewässern vollzieht sich in zeitlichen Abfolgen bzw. Sukzessionsphasen, die aus der kontinuierlichen Veränderung der morphologischen, abiotischen, biotischen und klimatischen Standortverhältnisse resultieren. Die Einteilung der Sukzessionsstadien erfolgt nach dem bereits von Pietsch (1973), Donath (1990), Wiedemann u. Blaschke (1990) für die Kippen der Lausitz erarbeiteten Muster. Die von Wolf (1985) ermittelte Differenzierung der Florenentwicklung entspricht diesem Einteilungsprinzip.

Der Landschaftswandel in den großen Bergbaugebieten der Lausitz zeichnet sich durch eine auffällige Dynamik in der standörtlichen Artenzusammensetzung aus, wie sie bei technischen Eingriffen in den vom Bergbau unbeeinflußten Landschaften kaum beobachtet werden kann. Schon mit Beginn des Abbauvorganges verändert sich die Artenstruktur in den Tagebaurandzonen spürbar zugunsten solcher Arten, die sehr flexibel auf den Prozeß der Bodenentnahme und -ablagerung, den Bau von Gleistrassen und die Ablagerung von Bahnschwellen und anderen Materialien reagieren. Solche Arten überdauern relativ stabil den gesamten Abbauzeitraum. Ihre Vorkommen erlöschen schlagartig mit dem Rückbau der Anlagen, der flächendeckenden Planierung und Einsaat des Geländes. Aufgrund des frühzeitigen und lange andauernden Kontaktes zu ähnlichen Ökosystemen in den Tagebaurandgebieten (z. B. Kiesgruben, Waldsäume, Heideflächen, Lesesteinhaufen...) können sich v. a. Arten mit geringer Ausbreitungstendenz ansiedeln, ihre Bestände stabilisieren und so auf die spätere Genese der angrenzenden Kippenökosysteme Einfluß nehmen, wenn ihre Biotope erhalten bleiben und neue angeboten werden. Neben Mikroorganismen und Kleinlebewesen des Bodens gehören auch Tiere der Bodenoberfläche, wie Sandohrwurm, Solitärbienen, Sandwespen und Sandlaufkäfer sowie Zauneidechse und Blindschleiche zu diesen Arten. Weitere Arten mit größeren Aktionsradien, die hauptsächlich auf Sand- und Lehmböden sowie Trockenrasenfluren spezialisiert sind, erfahren auf solchen Standorten ebenfalls eine günstige Entwicklung. Diese sind in der Lage, auch weiter entfernte Kippenstandorte aufzusuchen, wenn sich die ökologischen Bedingungen für sie günstig gestalten. Zu solchen Arten gehören z. B. Blauflügelige Sand- und Ödlandschrecke, Großer Blaupfeil, Kreuzkröte, Brachpieper, Flußregenpfeifer und Uferschwalbe.

Die charakteristische Wiederansiedlungsabfolge der sich ohne und mit begrenztem Nutzungseinfluß entwickelnden Kippenökosysteme durch die Lurch-, Kriechtier- und Brutvogelfauna kann am Beispiel der folgenden Sukzessionsstadien dargestellt werden:

2
Initialstadium (Rohboden-/Weiherbildungsphase)

- Kennzeichnung:
  Großflächig vegetationsfreie Rohböden, vorwiegend aus tertiären Sanden mit hohem Schwefel- und Kohlegehalt, z. T. Kiese, Geschiebemergel und Tone in stark heterogener Verbreitung und Zusammensetzung. Das Relief ist stark wechselnd und rippenförmig mit Neigungen bis 1 : 1,5 (Brückenkippen) sowie wellenförmig bis eben. Wind- und Wassererosionsprozesse führen zu Rinnen-und Kegelbildungen sowie zu Überwehungen und Skelettbildungen der Bodenoberfläche.
  Extreme Temperaturunterschiede und Strahlungswerte beherrschen das Standortklima. Die kohlehaltigen Sande sind stark hydrophob. Steilkanten, Findlings- und Stubbenfelder, Bahnschwellen und Materialablagerungen haben einen positiven Einfluß auf die frühe Ansiedlung von Arten, die auf vertikale Strukturen und Nischen angewiesen sind. Sie dienen z. B. der Kreuzkröte, dem Steinschmätzer, dem Hausrotschwanz und der Bachstelze als Brut-, Deckungs- oder Überwinterungshabitat.
  Tümpel und Weiher bilden sich in Senkenlagen mit entsprechend großen Einzugsgebieten für Niederschlagswasser aus. Bindige Substrate, eingespülte und eingewehte Kohle- und Feinbodenteile stabilisieren die Wasserhaltung. Die Kreuzkröte nimmt als typischer Rohbodenbewohner bereits kleinste Wasserstellen an. Extrem saure Gewässer (durch Auswaschung schwefelhaltiger Tertiärböden) haben als Laichgewässer noch keine Bedeutung, während der Flußregenpfeifer die breiten Uferstreifen und weiter entfernte Kies- und Sandflächen als Brutrevier annimmt. Die Uferschwalbe nutzte im Gebiet eine Sand- und Kiessteilwand zum Aufbau einer Brutkolonie, die ca. 1 100 m (Luftlinie) vom nächsten Restsee entfernt lag (Abb. 1–3).
- Ansiedlung von Wirbeltierarten:
  - Lurche: Kreuzkröte (1/2 Jahr alter Lehmweiher)
  - Kriechtiere: —
  - Brutvögel: Flußregenpfeifer (im Verkippungsjahr)
    Steinschmätzer (Findlinge, Stubben...)
    Bachstelze (Findlinge, Stubben...)
    Hausrotschwanz (Findlinge, Stubben...)
    Uferschwalbe (Steilwände)
- Bedeutung:
  Von besonderer Bedeutung für den Artenschutz sind alle oligotrophen Rohböden unterschiedlichster Reliefausprägung und Feuchtestufen. Sie gehören in Mitteleuropa zu den gefährdetsten Ökosystemen. Ihre hohe Präsenz in den Bergbaugebieten darf nicht darüber hinwegtäuschen, daß nach Beendigung des Bergbaues und der Schließung aller „Wunden“, diese Ökosysteme mit ihren hochspezialisierten (stenöken) Insekten- und Wirbeltierarten nicht mehr existieren werden, da es in den ausge-

Abb. 1. Initialstadium eines technisch gestalteten Kippenstandortes. Der Regenwassertümpel erfüllt bereits die Funktion als Laichgewässer für Kreuzkröte und als Wildtränke. (Photo: Wiedemann)

Abb. 2. Junger Flußregenpfeifer sucht Deckung in einer Erosionsrinne. (Photo: Wiedemann)

Abb. 3. Die Knoblauchkröte nutzt nach der Kreuzkröte vegetationsarme Rohbodentümpel und Weiher als Laichgewässer. (Photo: Wiedemann)

kohlten Landschaften keine Bodenaufschlüsse für den Abbau von Kies, Sand und Ton mehr geben wird.

Die Bereitstellung ausreichend bemessener Rohbodenflächen (0,5–150 ha), mindestens 20 m breiter Uferbereiche und von Steilwänden für Wildbienen, Uferschwalbe und Eisvogel ist dringend erforderlich. Zu empfehlen ist auch die Einbeziehung von extrem sauren Tertiärrohböden in das Flächenkonzept für den Artenschutz, da ihr Beharrungsvermögen im vegetationsfreien bis -armen Sukzessionsstadium sehr dauerhaft ist und dafür keine aufwendigen Pflegemaßnahmen erforderlich sind. Bei der Bereitstellung größerer Flächen ist die Lage (Windrichtung, Sichtbeziehung) zu beachten, weil die von diesen Böden ausgehenden Staubbelastungen sehr hoch sind und die Akzeptanz für den „alltäglichen" Anblick bei der Bevölkerung noch nicht vorhanden ist.

3
Frühstadium (Phase der Pioniervegetation)

- Kennzeichnung:
  Erstansiedlung niedriger Pioniervegetation bei Vorhandensein eines hohen Anteils vegetationsfreier Rohbodenflächen. Auf den oligotrophen, grundwasserfernen Sand- und Kiesflächen dominieren in diffuser Verteilung Silbergrasbestände und das Landreitgras als konkurrierender Frühbesiedler.
  Die Tümpel und Weiher stabilisieren sich infolge weiterer Bodensenkung und -verdichtung. Beginnende Herausbildung von Zwiebelbinsenfluren und Schilf als Einart-Dominanzbestände. Gegen Ende dieser Sukzessionsphase werden die Weiher von Kreuzkröte und Knoblauchkröte als Laichgewässer genutzt sofern es die pH-Werte gestatten. Auffällig ist die Ansiedlung in Kleinstgewässern auf bindigen (auch mit Ton abgedichteten) Weiherstandorten, bei denen ein Eintrag von Säure aus dem umgebenden Tertiärboden nicht in dem Maße erfolgt. In diesem Stadium siedelt sich auch die Wechselkröte an, die allerdings nur auf Kippenstandorten außerhalb des Untersuchungsgebietes beobachtet wurde. Die Relief- und Temperaturverhältnisse gleichen denen der Initialphase (Abb. 4–6).
- Ansiedlung von Wirbeltierarten:
  - Lurche: Kreuzkröte, Knoblauchkröte, Wechselkröte
  - Kriechtiere: Zauneidechse
  - Brutvögel: Brachpieper (größere Flächen), Feldlerche (Getreide u. Luzerne), Haubenlerche (sporadisch)

  Alle Arten des Initialstadiums treten auch hier in optimalen Beständen auf.
- Bedeutung:
  Das relativ kurzlebige Sukzessionsstadium bildet das frühe Bindeglied zwischen dem Rohboden- und Verbuschungsstadium. Es hat aufgrund seiner kurzen Präsenz, besonders für stark gefährdete und stenöke Wirbellose, die in anderen Landschaften bereits nicht mehr existieren, eine besondere Bedeutung (z. B. Sandohrwurm, Blauflügelige Sandschrecke, Blauflügelige Ödlandschrecke, Brauner- und Feldsandlaufkäfer ...). Von den in diesem Stadium optimal vorkommenden Wirbeltierarten gehören Kreuzkröte, Zauneidechse, Brachpieper, Flußregenpfeifer und Steinschmätzer zu den Rote Liste Arten.
  Diese Sukzessionsphase kann nur auf besonders nährstoffarmen und sauren Sanden oder durch die Bereitstellung immer wieder neuer Rohbodenflächenanteile (Abschieben des Oberbodens) für die Ansiedlung konkurrenzschwacher Pflanzen- und Tierarten länger erhalten werden.

Abb. 4. Die Wiederbesiedlung der Kippen durch Flora und Fauna beginnt vom Tagebaurand her – etwa 20 Jahre alte „Kampfzone“ zwischen Tertiärkippe und Tagebaurand. (Photo: Wiedemann)

Abb. 5. Die Blauflügelige Ödlandschrecke benötigt Habitate mit hohem Rohbodenanteil. (Photo: Wiedemann)

4
Übergangsstadium I (Phase der Vegetationsdifferenzierung)

- Kennzeichnung:
  Erhöhte Strukturvielfalt und Dichte der Pflanzendecke durch die Entwicklung der Therophytengesellschaften und Einwanderung von rhizom- und horstbildenden Arten mit zunehmender Vegetationsdifferenzierung. Die vertikalen Vegetationsstrukturen vergrößern das Brutplatz-, Deckungs-, Sitzwarten- und Nahrungsangebot (Blütenpflanzen, krautige Pflanzen) und ziehen so zahlreiche Wirbellose und Wirbeltierarten an. Das Mikroklima stabilisiert sich durch verringerte Windausblasung und Austrocknung des Bodens. Die günstigen Wasserverhältnisse (pH > 4,5) ermöglichen die Ausbildung stufiger Wasserpflanzenbestände aus mehreren Arten. Die für die meisten Lurcharten benötigten Laichablagestrukturen bilden sich heraus (Abb. 7–11).

Abb. 6. Spontane Besiedlung eines quartären Rohbodens durch Silbergras, Kleines Habichtskraut, Kleiner Ampfer und Thymian. (Photo: Wiedemann)

- Ansiedlung von Wirbeltierarten:

Lurche:	Moorfrosch	(flache Weiher)
	Teichfrosch	
	Erdkröte	
	Teichmolch	
Kriechtiere:	Glattnatter	
	Kreuzotter	(bei kurzen Distanzen)
Brutvögel:	Feldlerche	(außerhalb der Ackerschläge)
	Schafstelze	(Feuchtstellen)
	Braunkelchen	(Sitzwarten)
	Kiebitz	(Naßstellen)
	Rohrammer	(Röhricht)
	Bluthänfling	(bes. in Stubbenreihen)
	Rebhuhn	(bei genügend Deckung auch ohne Gehölze)
	Wachtel	(nahe Getreide-, Luzerneschläge)

- Bedeutung:
  Der Schutzwert dieser Sukzessionsphase entspricht dem der Frühphase, zeichnet sich jedoch durch einen höheren Nischen- und Artenreichtum aus. Alle Arten der Initial- und Frühphase sind bei entsprechendem Biotopmanagement in diesem Stadium noch präsent und stabil zu erhalten, wenn
  - Rohbodenflächen von mindestens 200 m^2 Größe,
  - Findlings- und Stubbenreihen und -felder,
  - schüttere Silbergrasfluren,
  - vegetationsfreie Gewässerteile und Uferzonen,
  - Steilwände

  erhalten bzw. kontinuierlich geschaffen werden können. In dieser Hinsicht nimmt dieses Stadium eine Schlüsselposition für die Landschaftspflege zur Erhaltung der Offenlandarten in den Bergbaufolgelandschaften ein, weil alle Stadien und Arten, vom Rohbodenstadium bis zum Beginn des Vorwaldstadiums, nebeneinander bestehen können und der zeitliche Spielraum für die Manipulation der benö-

Abb. 7. Beginnende Vegetationsdifferenzierung in einem Tagebauflachsee. (Photo: Wiedemann)

Abb. 9. Großröhrichtbiotop mit Habitatfunktion für Kranich, Rohrweihe, Krickente, Wasserralle und Fischotter. (Photo: Wiedemann)

tigten Sukzessionsanteile nach beiden Seiten, bei relativ geringem Aufwand, am größten ist. Das heißt, Bodenverwundungen und Entbuschungsmaßnahmen sind noch einfach durchzuführen und Gehölzgruppen können in ihrer flächigen Ausbreitung noch gut beherrscht werden. Die sich durch Wurzelbrut und Samen stark ausbreitende Robinie wird zum Problemgehölz bei der Erhaltung der gewünschten gehölzfreien Ökosysteme.

5
Übergangsstadium II (Verbuschungsphase)

- Kennzeichnung:
  Durch die Ausbreitung von Moosen und Flechten sowie durch das Aufkommen einer lockeren bis dichten Strauch- und Baumvegetation gehen die bodendeckenden Gräser und Kräuter der offenen Biotope partiell zurück. Sowohl im terrestrischen als auch im aquatischen Bereich nimmt der Beschattungs- und Humusbildungseffekt deutlich zu. Höhen- und Wurzelwachstum erschließen die vertikalen Horizonte des Ökosystems.
  Die stenöken rohboden- und lichtliebenden Arten kommen in diesem Stadium nur noch an wenigen Stellen vor. Die an die lockeren Gehölzstrukturen und Gehölzsäume gebundenen Arten erreichen ihr Optimum. Solche Strukturen werden vornehmlich als Sitzwarten (z. B. Goldammer, Baumpieper), als Sonnenplätze (Laubfrosch) und als Brutplätze (z. B. Brombeeren für Neuntöter) genutzt (Abb. 12 u. 13).

Abb. 8. Ausbreitung des Besenginsters an einer südexponierten Böschung. (Photo: Wiedemann)

- Ansiedlung von Wirbeltierarten:

Lurche:	Erdkröte	
	Laubfrosch	
	Rotbauchunke	(1 Nachweis)
	Kammolch	(1 Nachweis)
	Seefrosch	(1 Standort)
Kriechtiere:	Blindschleiche	
	Ringelnatter	
Brutvögel:	Goldammer	
	Heidelerche	
	Baumpieper	
	Neuntöter	
	Bluthänfling	
	Dorngrasmücke	
	Sumpfrohrsänger	
	Teichrohrsänger	
	Bekassine	
	Bleßralle	
	Rohrweihe	

- Bedeutung:
  Kurzlebiges Sukzessionsstadium mit schneller Entwicklung zum Vorwald, das im fortgeschrittenen Stadium nur noch mit hohem Aufwand zu erhalten ist. Wenn genügend Flächen zur Verfügung stehen (Biotopmanagement!) sollte die Entwicklung zum

Abb. 10. Verlandungszonen in einem Tagebauflachsee – potentielles Laichhabitat des Moorfrosches. (Photo: Wiedemann)

Abb. 12. Beginnende Verbuschung mit Herausbildung von Bruthabitaten für Neuntöter, Dorn- u. Sperbergrasmücke. (Photo: Wiedemann)

Klimaxstadium (standortgerechter Altwald) und bei den Gewässern zum Moor- bzw. Bruchwald nicht unterbrochen werden. Biotope, die diesem Sukzessionsstadium entsprechen, sind dann an anderen Standorten zu schaffen, z. B. durch die Ausbildung von lockeren, gut abgestuften und breiten Wald- und Feldgehölzsäumen. In den großflächigen Kiefernmonokulturen der Kippen mit durchgängig gleichem Altersaufbau bieten sich solche Standorte im großen Umfang an.

6
Übergangsstadium III (Vorwaldphase)

- Kennzeichnung:
  Gut ausgebildete Baum- und Strauchschicht. Die Gras- und Krautschicht ist je nach Beschattung und Humusauflage unterschiedlich ausgebildet. Gemeinsames Auftreten von allen Wintergrünarten (außer Mittleres Wintergrün), von Braunrotem Sitter, Breitblättrigem Sitter, Gemeiner und Ästiger Mondraute und Keulenbärlapp ist charakteristisch.
  Je nach den geomorphologischen Verhältnissen der Kippenstandorte und dem Wasserchemismus kann das Alter der Gewässer in diesem Stadium sehr differieren. Die Röhricht- und Schwimmblattzonen sind gut ausgebildet. Der Beschattungseffekt im Ufer- und Wasserflächenbereich der Kleingewässer ist hoch. Die Rohboden- und lichtliebenden Tierarten ziehen sich aus diesem Lebensraum zurück, während Erdkröte und Kammolch ihr Optimum erreichen können. Eine Neuansiedlung anderer Lurcharten erfolgt in der Regel nicht mehr (Abb. 14 u. 15).

Abb. 11. Moorfrosch mit typischer Lausitzer Zeichnung. (Photo: Wiedemann)

- Ansiedlung von Wirbeltierarten:
  - Lurche: (Erdkröte)
    (Kammolch)
  - Kriechtiere: Waldeidechse
  - Brutvögel: Arten der Vorwaldphase: (s. Tabelle 1)
    Arten der Gewässer- und Feuchtstandorte:
    Drosselrohrsänger
    Beutelmeise
    Wasserralle
    Kranich
    Graureiher (Schilfbruten)
    Zwergtaucher
    Haubentaucher
- Bedeutung:
  In den Vorwald- und Jungforstflächen einschließlich ihrer Offen- und Randbereiche kommen noch fast alle Brutvogelarten der Verbuschungsphase (Saum- und Heckenarten) vor. Es fehlen zunächst noch die Arten, die auf Höhlenbäume angewiesen sind und erst am Ende dieser Phase einwandern. Typische Arten sind (nach Blaschke 1993) Fitis, Amsel, Singdrossel, Buchfink und Rotkehlchen. In den Kiefernkulturen sind charakteristisch Klappergrasmücke, Heckenbraunelle und Grünfink. Die Heckenbraunelle besiedelt die Kiefernjungforsten,

Tabelle 1. Liste der Brutvogelarten in einem natürlich entstandenen Aspen-Birken-Mischwald (Blaschke 1993)

Arten	Alter der Sukzessionsfläche (Jahre)		
	15–20	25–30	35–40
Teichhuhn		x	
Waldschnepfe		(x)	x
Turteltaube		x	
Ringeltaube			x
Eichelhäher	x	x	x
Baumpieper	x	x	x
Kohlmeise		x	x
Blaumeise		x	x
Weidenmeise		x	x
Fasan	x		
Zilpzalp	x	x	x
Fitis	x	x	x
Waldlaubsänger			x
Dorngrasmücke	x		
Gartengrasmücke	x	x	x
Mönchsgrasmücke			x
Rotkehlchen	x	x	x
Amsel	x	x	x
Singdrossel	x	x	x
Buntspecht		x	x
Grünspecht			x
Pirol	x	x	x
Neuntöter	x		
Buchfink	x	x	x
Kernbeißer		x	x
Goldammer	x		
Gimpel			x
Kuckuck	x	x	x
Gesamt	15	19	22

wenn diese einen geschlossenen, mindestens 3 m hohen Bestand bilden. Die höchste Abundanz wurde mit 1,8 Brutpaare (BP)/10 ha in einem etwa 15jährigen Bestand erreicht. Sobald die unteren Äste bis in Höhe von etwa 2 m absterben, verschwindet diese Art aus dem Lebensraum. Die Klappergrasmücke besiedelt die Kiefernmonokulturen etwa zwei bis drei Jahre vor der Heckenbraunelle (höchste Abundanz von 0,8 BP/10 ha) und zieht sich mit dieser nach etwa 10–13 Jahren aus dem Bestand zurück.

In Roteichen-, Kiefern- und Birkenmonokulturen liegt die Anzahl der festgestellten Arten gegenüber dem sich natürlich angesiedelten Aspen-Birken-Mischwald vergleichbaren Alters und vielfältigerer Reliefausprägung nur bei etwa 40–60 %. Daraus wird deutlich, daß die natürliche Entwicklung und auch die gezielte Aufforstung von Mischwaldbeständen bei Einbeziehung vielfältiger Relief- und Feuchtestrukturen die beste Lösung für den Artenschutz darstellt. Solche Waldstrukturen kommen auch den Bemühungen zur Auflockerung der einförmigen Altersstrukturen, der Waldbrand- und Schädlingsbekämpfung in den großflächig verbreiteten Kiefernmonokulturen der Lausitz entgegen.

Der Schutzwert der gereiften Tagebauseen und Weiher mit oligotrophen bis mesotrophen Wasserverhältnissen ist als sehr hoch einzuschätzen, da ihr

Abb. 13. Auf die Erhaltung gebüschreicher Überwinterungshabitate der Ringelnatter ist in Tagebaurandgebieten besonderer Wert zu legen. (Photo: Wiedemann)

Abb. 15. Waldweiher am Beginn der Altersphase bietet vielfältige Nischen für Laubfrosch, Erdkröte und Kammolch. (Photo: Wiedemann)

Anteil in den meisten Bergbaugebieten und in den Grundwasserentzugsbereichen der Tagebaunachbarlandschaften (seit 1916 im Gebiet) stark unterrepräsentiert ist bzw. diese z. T. irreversibel degradiert sind. Die dort zurückgegangenen Arten finden in solchen Gewässern ihre neuen Verbreitungs- und Ausbreitungsschwerpunkte.

- Vogelarten in der Bergbaufolgelandschaft
  Der Wert einer Landschaft für den Artenschutz ergibt sich aus dem Bestand und dem Anteil landschaftstypischer Biotope und ihrem ständig verfügbaren Sukzessionsflächenangebot. Interessant ist deshalb die Betrachtung der Artenvielfalt repräsentativer Faunengruppen einer Bergbaufolgelandschaft im größeren Maßstab, weil hier ein Eindruck über die Vielgestaltigkeit der nachbergbaulichen Landschaftsgestaltung und -nutzung vermittelt werden kann. Besonders gilt das für Bergbaufolgelandschaften mit noch allen Sukzessionsphasen im Biotoptypenbestand, d. h. mit bereits gereiften Altbergbaustandorten, jungen Rekultivierungsflächen, sich füllenden Tagebauseen und noch völlig vegetationsfreien Rohbodenstandorten. Aus dem Nebeneinander unterschiedlicher Sukzessionsphasen und Biotoptypen und der damit verbundenen Artenvielfalt können Konzepte für die Landschaftsgestaltung und die Rekultivierung abgeleitet werden.

Abb. 14. Vorwaldstadium auf einem Tertiärkippenstandort der Bergbaufolgelandschaft der Westlausitz. (Photo: Wiedemann)

Als Beispiele für die aktuelle Situation und erreichbaren Brutvogelbestände in relativ vielfältig strukturierten Kippenlandschaften im westlichen Teil des Niederlausitzer Braunkohlenreviers sind bearbeitet:

- Der Tagebau Schlabendorf-Nord mit noch nicht abgeschlossenem Grundwasserwiederanstieg (Möckel 1993)
- Das Altbergbaugebiet Plessa-Grünewalde-Lauchhammer, mit abgeschlossenem Grundwasserwiederanstieg (Blaschke 1993; Wiedemann 1992)
- Das Tagebauseengebiet Sedlitz-Skado-Koschen mit sich füllenden Restlöchern, jetzige Wasserfläche ca. 2 200 ha (Kaminski u. Michaelis 1993)

Nachstehende Arten wurden nachgewiesen:

- Bergbaufolgelandschaft Schlabendorf-Nord (ca. 2 500 ha)
  - 82 Brutvogelarten, davon 5 Arten vom Aussterben bedroht (Großtrappe und Blauracke inzwischen erloschen), 10 Arten stark gefährdet und 16 Arten gefährdet
  - 87 Arten regelmäßiger Durchzügler und Wintergäste (ca. 1 150 Kraniche)
- Bergbaufolgelandschaft Plessa-Grünewalde-Lauchhammer (ca. 3 000 ha)
  - 85 Brutvogelarten, davon eine Art vom Aussterben bedroht, 7 Arten stark gefährdet und 10 Arten gefährdet
  - 78 Arten regelmäßiger Durchzügler und Wintergäste (ca. 3 000 Kraniche)

- Bergbaufolgelandschaft Tagebauseengebiet Sedlitz-Skado-Koschen
  - 96 Brutvogelarten, davon eine Art vom Aussterben bedroht, 6 Arten sind stark gefährdet und 13 Arten gefährdet
  - 80 Arten regelmäßiger Durchzügler und Wintergäste
  - Insgesamt 179 nachgewiesene Arten

Entscheidend für die Ansiedlung und Erhaltung einer stabilen Artenvielfalt in Bergbaufolgelandschaften ist:

- Das Angebot vielfältiger, landschaftstypischer und spezifischer Biotopkomplexe
- Die Erhaltung erforderlicher Sukzessionsstadien und -anteile
- Die Vernetzung der landschaftlichen Ökosysteme und Habitate miteinander und mit den Tagebaurandgebieten
- Die Bereitstellung optimaler Flächengrößen und Verbundlinienbreiten
- Die Erhaltung eines intakten Diasporen- und Artenangebotes in den Bergbaueinwirkungsgebieten für die sukzessive Ansiedlung der Arten bzw. Biozönosen
  - für die kurzfristige Wiederansiedlung (z. B. Rohbodenflächen, Trockenrasen, Säume)
  - für die langfristige Wiederansiedlung (z. B. Moore und Altwälder, > 200–> 1 000 Jahre)
- Eine ressourcen- und artenschutzgerechte Landnutzung
- Die Pflege der Ökosysteme mit dem Ziel der Erhaltung erforderlicher Sukzessionsstadien und Habitatstrukturen

7 Zusammenfassung

Die Wiederansiedlung von Wirbeltierarten in unterschiedlich alten Kippenstandorten im westlichen Bereich des Niederlausitzer Braunkohlenreviers wird am Beispiel der Lurch-, Kriechtier- und Brutvogelarten beschrieben. Die Sukzession der Rohbodenflächen bis zum etwa 40jährigen Kippenwald wird in fünf Entwicklungsphasen gegliedert:

- Initialstadium (Rohbodenphase)
- Frühstadium (Phase der Pioniervegetation)
- Übergangsstadium I (Phase der Vegetationsdifferenzierung)
- Übergangsstadium II (Verbuschungsphase)
- Übergangsstadium III (Vorwaldphase)

Die Phasen werden kurz charakterisiert, die sich ansiedelnden und reproduzierenden Arten zugeordnet und die Bedeutung für den Biotop- und Artenschutz herausgestellt.

Für drei Bergbaufolgelandschaften der Lausitz wird die Anzahl der bisher nachgewiesenen Brutvogelarten und gefährdeten Arten sowie die Anzahl der regelmäßigen Durchzügler und Wintergäste angegeben.

LITERATUR

Blaschke W (1993) Untersuchungen zur Brutvogelfauna ausgewählter Kippenstandorte. Arbeitsmaterial. Forschungsinstitut für Bergbaufolgelandschaften Finsterwalde (nicht veröffentlicht)

Donath H (1990) Zur Entomofauna von Tagebaurandzonen in der nordwestlichen Niederlausitz. Abhandl Ber Naturkundemuseums Görlitz 1: 69–72

Kaminski R, Michaelis H (1993) Vogelarten der Restlöcher Sedlitz, Skado und Kleinkoschen. Arbeitsmaterial, Forschungsinstitut für Bergbaufolgelandschaften Finsterwalde (nicht veröffentlicht)

Möckel R (1993) Von der Abraumkippe zum Naturschutzgebiet – eine Modellstudie zur Renautierung eines Braunkohlentagebaues der Lausitz. Naturschutz Landschaftspflege Brandenburg 1: 13–22

Pietsch W (1973) Vegetationsentwicklung und Genese in den Tagebauen des Lausitzer Braunkohlen-Reviers. Arch Naturschutz Landschaftsforschung 3: 187–217

Wiedemann D, Blaschke W (1990) Die Wiederbesiedlung der Bergbaufolgelandschaft im Abbaugebiet Lauchhammer durch Lurch-, Kriechtier- und Brutvogelarten in der ersten Sukzessionshälfte der Landschaftsentwicklung. Abhandl Ber Naturkundemuseums Görlitz 1: 73–76

Wiedemann D (1992) Vogelarten im alten Mückenberger Tagebau (nicht veröffentlicht)

Wiedemann D (1993) Untersuchungen zur Herpetofauna in der Bergbaufolgelandschaft des westlichen Niederlausitzer Braunkohlenreviers. Arbeitsmaterial. Forschungsinstitut für Bergbaufolgelandschaften Finsterwalde (nicht veröffentlicht)

Wolf G (1985) Primäre Sukzession auf kiesig-sandigen Rohböden im Rheinischen Braunkohlenrevier. Schriftenr Vegetationsk 16: 1–203

Ökologische Standortverbesserung und Gestaltung einer Hochkippenfläche im Tagebau Nochten

Albrecht Krummsdorf

1 Einleitung

Durch Auswertung bodengeologischer, standortkundlicher und feldbiologischer Untersuchungen entwickelte Scholz (1991) im Rahmen der Bergbau- und Rekultivierungsforschung am Lehrstuhl für Landeskultur und Umweltschutz der Universität Rostock eine studienhaft ausgearbeitete neue Nutzungsstrategie für den Innenkippenbereich Nochten. Die Aufgabe, mögliche lokale Standortverbesserungen unter dem Primat landschaftsökologisch begründeter, naturschutzorientierter Vorschläge und Lösungen zu überprüfen, sollte zu einer bewußt umweltverträglichen Gestaltungskonzeption weitergeführt werden, die im Sinne moderner Rekultivierung bzw. Renaturierung verwertbar ist. Dieser Arbeit wird im wesentlichen gefolgt.

2 Standorte und Erschließung

Die rd. 600 ha große, als Hochkippe geschüttete Innenfläche des Tagebaues Nochten zeigt, bedingt durch die Gewinnung und Verkippung der anstehenden Abraummassen, sehr heterogen zusammengesetzte Rohbodenformen überwiegend sauren bis stark sauren Charakters. Nach den Wiederurbarmachungsleistungen in den Jahren zwischen 1981–1986, insbesondere Planierungen und meliorative Bodenverbesserungen der Böschungen und des nördlichen Kippenbereichs durch Düngung verblieben einige schwierige Standorte mit Flaschenton, vorwiegend auf der südlichen Kippenhälfte ausgeprägt nutzungsfeindlich. Die Kippe ist nord-südwärts insgesamt 3,15 km lang, die maximale West-Ost-Ausdehnung beträgt 1,35 km. Jeweils 9 km entfernt liegt im Norden Spremberg, im Westen Weißwasser. Die Spree fließt vom südlichen Bereich in 300 m und vom nördlichen Kippenbereich in 2,5 km Entfernung vorbei. Südwärts der Kippe liegen Boxberg und Bärwalde (jeweils etwa 3,5 km entfernt) sowie Nochten (7,5 km).

Über die Brückenkippe wurden Tief- und Hochschüttungen durch Absetzer vorgenommen, letztere zwischen 10 und 25 m mächtig. Die Kippenböschungen sind 5–10° geneigt und haben etwa 17 % Anteil an der Gesamtfläche der Kippe. Der Böschungsfuß liegt bei 118 m über NN im Westen, im Osten bei 121 m über NN, die Böschungsoberkante bei 135 bzw. 130 m über NN. Eine etwa 1,5 m hohe Geländestufe begrenzt den Nord- vom Südteil der Kippe, die insgesamt eine Tropfenform mit der Spitze nach Süden zeigt (Karte 1).

Die bisher an den Meßstellen Nochten und Lohsa erfaßten Niederschläge liegen zwischen 537 und 604 mm, das sind etwa 50 mm weniger als der mittlere Jahresniederschlag des Großraumes Lausitz. Da das Niederschlagsspeichervermögen in den Kippböden sehr unterschiedlich ist, kann örtlich ein ziemlich starker Abfluß entstehen, insbesondere auf vegetationsarmen, geneigten und durch Fahrspuren verdichteten Flächen. Hinsichtlich einer gebietsbezogenen Einschätzung von Niederschlag, Abfluß, Verdunstung, Versickerung und Bodenspeicherung bzw. Grundwasserneubildung wirkt ganz besonders die große Heterogenität der Kippareale sehr erschwerend.

Eine geregelte Vorflut existiert noch nicht. Nach Starkniederschlägen bilden sich Kleintümpel auf der Kippe, die allerdings, ebenso wie Fahrspuren, nur temporär Wasser führen. Von Norden und Westen her sind mit Gitterplatten befestigte Zufahrten bzw. Wirtschaftswege vorhanden. Unbefestigte Wege bilden Querverbindungen, bleiben aber in Nässeperioden unbefahrbar. Auch zum Zentrum des Kippenplateaus führt noch kein befestigter Weg.

3 Geologische Bewertung und meliorative Sonderbehandlung

Geologische Gutachten belegen die Entwicklung der Kippe im Zeitraum zwischen 1978 und 1989. Mit etwa 70 % Flächenanteil besteht die Kippe aus einem Gemenge von Kohle, Lehm und Sand (Lautaer und Trebendorfer Kippkohlensand) und einem Gemisch von Lehm und Mittelsand (Blunoer Kippsand).

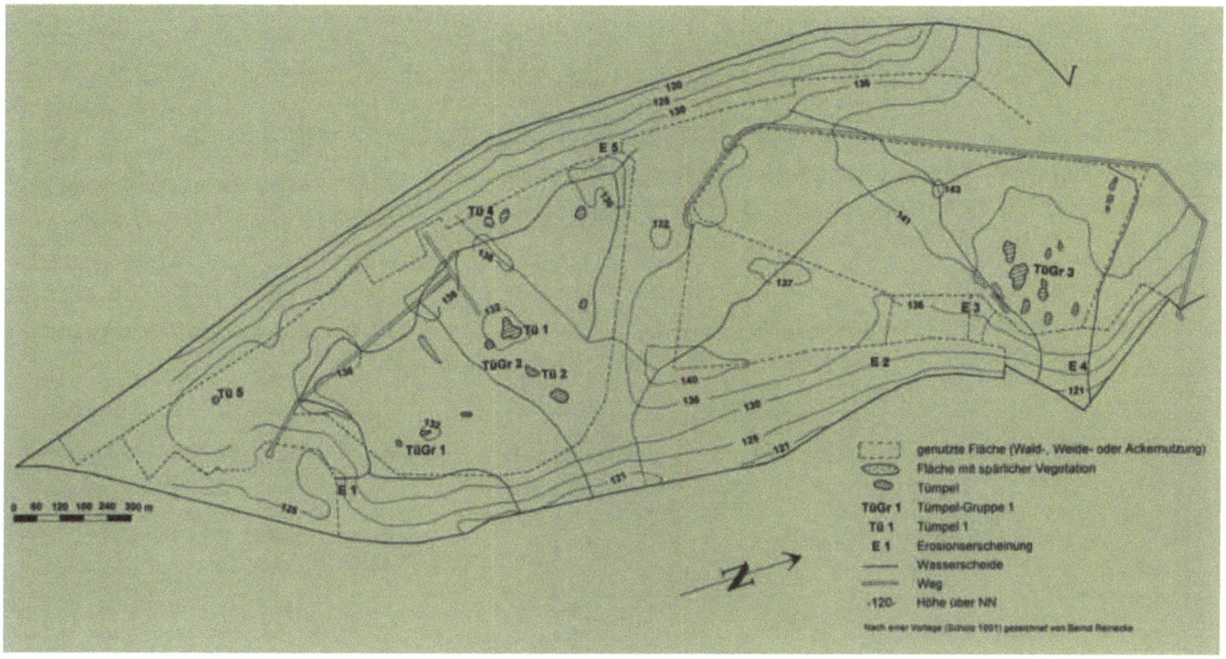

Karte 1. Höhenliniendiagramm der Hochkippe im Tagebau Nochten, Niederschlesischer Oberlausitz-Kreis

Das Kipp-Gemenge aus Kohle, Lehm und Sand nimmt im Nordteil zwischen 2 und 32 ha große Teilflächen ein, und zwar in kohlehaltiger Ausprägung insgesamt 86 ha, in schwach kohlehaltiger Form 131 ha. Hohe, bei Verwitterung frei werdende potentielle Säuremengen führen zu einer weiteren Reduzierung der zumeist stark sauren Bodenreaktion. Durch etwa 25 % Tongehalt wird das Wasserleitvermögen beeinträchtigt und es zeigen sich Tendenzen zur Dichtlagerung. Doch die Sorption wird vom Feinkornanteil vorteilhaft beeinflußt, wobei höhere Kohlenstoffgehalte die Gesamtsorptionskapazität steigern und auch das Wasser- und Nährstoffspeichervermögen verbessern. Dieser Kippenbereich wäre nur landwirtschaftlich nutzbar, wenn sich die jeweils agrotechnisch günstigsten Bearbeitungszeitpunkte einhalten ließen oder durchweg Grasland entstünde.

Mit knapp 30 % der Fläche nehmen die Kipp-Anlehmmittelsande auf 5–70 ha großen Teilstücken insgesamt etwa 160 ha ein. An Böschungen verkippt, fördern ihre gute Wasserleitfähigkeit und relativ hohe Sandanteile die Standsicherheit. Wegen mittlerer Sorptionskraft, mäßig bis stark saurer Bodenreaktion sowie Armut an Nährstoffen und organischer Substanz (0,1 % C) sollten diese Flächen ausschließlich der Forstwirtschaft zugeführt werden. Weitere 5 ha sind Kipp-Gemenge aus Kohle, Lehm und Sand (Raunoer Kippkohlesand). Diese nährstoffarmen, gering kohlenstoffhaltigen Rohbodenflächen sollen ebenfalls forstlich genutzt werden. Außerdem waren 35 ha Kipp-Gemenge aus Lehm und Sand (Jessener Kippsand) mit bis zu 16 % abschlämmbaren Teilchen und ausreichender Gesamtsorption bei nur mäßig saurer Reaktion zur landwirtschaftlichen Nutzung vorgesehen.

Besondere Problemflächen bilden auf 34 ha die bereits erwähnten Kippflächen aus Ton und Flaschenton auf der südlichen Kippenhälfte. Weitere 65 ha sind von Kipp-Ton in Wechsellagerung mit Kipp-Gemenge aus Kohle, Lehm und Sand geprägt. Diese Tonareale werden geologisch als land- und forstwirtschaftlich ungeeignete Ausgangsgesteine bewertet. Ein Auftrag von mindestens 60 cm sandiger Substrate wurde empfohlen, stattdessen aber bisher fast die gesamte Kippenfläche nach dem Domsdorfer Aschemeliorationsverfahren behandelt. Die nördliche Kippenhälfte erhielt gleichzeitig noch eine mineralische Volldüngung als Startgabe. Weil die gekippten Tonsubstrate im feuchten Zustand stark schmieren und trocken sehr fest werden, blieb die Wirkung der durchgeführten Grundmelioration, zumindest auf den Standorten mit Flaschenton, nur unzureichend. Die südliche Kippenhälfte wurde auch deshalb in solchem Zustand belassen, weil sie militärischen Zwecken zugeführt werden sollte.

4
Nutzung und Sukzession

Bis auf größere Bereiche im Nordosten der Kippe wurden Böschungen und die angrenzenden Plateauflächen im nordwestlichen Teil aufgeforstet (Karte 2). Es fanden vorzugsweise standortgerechte, heimische Gehölze Ver-

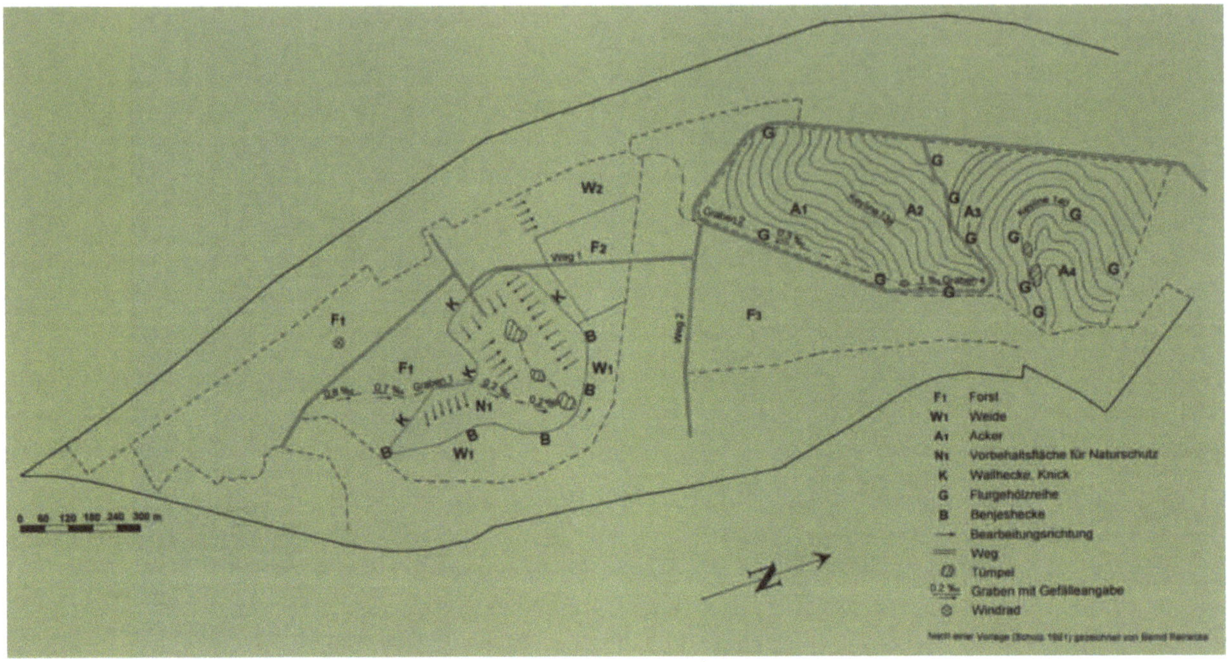

Karte 2. Nutzungs- und Naturschutzkonzeption für die Hochkippe im Tagebau Nochten, Niederschlesischer Oberlausitz-Kreis

wendung (9 Baum- und 9 Straucharten). Birke und Ginster waren bereits über Anflug gewissermaßen als Kulturweiser vorhanden. Alnus glutinosa nutzt die Standortgegebenheiten in besonderem Maße, Robinie und *Amorpha fruticosa* finden sich schwerer zurecht. Die vorderen Plätze bei der Beurteilung der Leistungsfähigkeit nahmen bisher Traubeneiche, Ahorn und Erle, gefolgt von Roteiche, Birke und Weide ein.

Die Landwirtschaft auf der nördlichen Kippenhälfte stützte sich auf Luzernegras und Wintergetreide. Die Luzerne behauptete bisher, wie allgemein auf Kippen, ihre Pionierrolle, wenngleich sie auf benachbarten gewachsenen Böden 20 % Mehrertrag liefert. Mit 15 - 40 % Minderertrag liegt das Wintergetreide unter den Erträgen vergleichbarer unverritzter Flächen.

Neben dem unbepflanzten Nordostteil haben auf dem Zentralplateau der Kippe und den südlichen Anschlußflächen Aufforstungen noch nicht stattgefunden (Karte 2). Sie weisen eine natürliche Sukzession auf, die bereits Anlaß zu Wiederbesiedlungstudien gab. So betrieben Schülerarbeitsgruppen 1988/90 Strukturstudien, verbunden mit gefüge- und haushaltmäßigen Untersuchungen an folgenden Objekten:

- Aufforstungen (1- bis 10jährig)
- Vegetationsarme Rohbodenstandorte, Stillgewässer und temporäre Tümpel
- Partielle Hochstaudenfluren und Trockenrasenansiedlungen

Allein für die Feuchtbiotope wurden in den Jahren 1988 und 1989 28 Tier- und 31 Pflanzenarten ermittelt. Aus ökologischer Sicht besonders bemerkenswert erscheint, daß die vegetationsarmen Rohböden durch weitere Strukturelemente, z. B. temporäre Tümpel, zu Biotoptypen mit hohem Anteil gefährdeter Tierarten zählen.

Die Tümpel sind überwiegend tagwasservernäßt. Sie trocknen in niederschlagsarmen Perioden fast vollständig aus. Ihr Wasser zeigt pH-Werte im neutralen bis schwach sauren Bereich. Mit 110-5 000 m^2 Größe wurden die Tümpel im südöstlichen Kippenteil ganz gezielt von vorhandenen Senken her ausplaniert. Auf die Fang- und Beobachtungsergebnisse 1988/90 von Schülerarbeitsgruppen aus Weißwasser (Zusammengestellt nach Scholz 1991, S. 17- 18) innerhalb bzw. in der Nähe solcher Tümpel gründen sich die in folgender Übersicht enthaltenen Artenzahlen:

- 7 Zooplanktonarten,
- 10 Algenarten,
- 18 Käferarten (typische Vertreter als Neubesiedler, aber mit schwacher Individuenzahl),
- 3 Tagfalterarten,
- 1 Schneckenart (*Lymnia stagnatis*, Hinweis auf günstigen Sauerstoffgehalt im Tümpel),
- Lurche: Kreuzkröte und Grünfrosch
- Brutvögel: ▪ südliche Tümpelfläche
  - Feldlerche (dominierend)
  - Flußregenpfeifer
  - Kiebitz
  - Rohrammer
  - Schafstelze
  - Wiesenpieper

- Westhang
  - Feldlerche
  - Fitis
  - Buchfink
  - Goldammer
  - Dorngrasmücke
  - Steinschmätzer

- Landwirtschaftsfläche
  - Feldlerche

- Neben einer generellen ornithologischen Bedeutung des Kippenareals als Rast- und Durchzugsgebiet wurde insbesondere auf der Westhangfläche Brutverdacht festgestellt bei
  - Hänfling
  - Braunkehlchen
  - Hausrotschwanz
  - Gartengrasmücke
  - Singdrossel
  - Zilpzalp
  - Kuckuck

5
Voraussetzungen und Leistungen für ein Gestaltungskonzept

Das Amt für Raumplanung des Landratsamtes Weißwasser war in Verbindung mit der Unteren Naturschutzbehörde des Kreises interessierter Partner für die im Rahmen der Gestaltung und Renaturierung der Bergbaufolgelandschaft notwendigerweise zu veranlassenden ökologischen Untersuchungen. Diese stützen sich jeweils auf § 8 Bundesnaturschutzgesetz (BNatSchG) (Ausgleichsmaßnahmen bei Eingriffen in Natur und Landschaft) und §§ 5 und 6 BNatSchG (Landschaftsplanung). Da die gesamte Kippenfläche vor 1990 entstand, kann sie als Altlast gewertet und bezüglich der Sanierung, Gestaltung und künftigen Nutzung auch dem Verantwortungsbereich von Bund und Land zugeordnet werden.

Der geologisch vor- und nacheiszeitlich geprägte Kreis Weißwasser gehört naturräumlich zur Lausitzer Heide. Als typische Baumart dominiert heute die Kiefer, gefolgt von Fichte, Traubeneiche, Birke und mit geringeren Anteilen Douglasie, Lärche, Roteiche und Tanne.

Neunzig Prozent des Kreises Weißwasser sind von Grundwasserabsenkungen des Bergbaus betroffen. Durch das Aufreißen eines 30 000 ha großen Waldgebietes der Muskauer Heide entstand ein Verlust an zahlreichen Refugien und Regenerationszentren hinsichtlich des genetischen Fonds autochthoner Kiefernwälder.

Als eine wichtige Entscheidungsgrundlage zur landschaftsökologischen Gesamtbewertung der Entwicklung und Neubildung von Lebensräumen sowie zur Erarbeitung und örtlichen Anpassung von Artenschutzprogrammen wurde eine flächendeckende Biotopkartierung vorgenommen. Hierbei sind die Naturschutzgebiete des Bereiches mit einbezogen worden, zumal gerade von dort aus eine Wiederbesiedlung der Kippenareale zu erwarten ist.

Als künftiger Nutzungstyp wäre eine feinstrukturierte Kulturlandschaft erstrebenswert, die stark mit naturnahen Elementen durchsetzt ist, um eine Erhaltung der Artenvielfalt und eine Steigerung des biotischen Regenerationspotentials zu gewährleisten.

Das Leitbild wäre sicher die Gestaltung einer traditionell bäuerlichen Kulturlandschaft mit frühen Formen des Acker- und Pflanzenbaues und behutsamer Biotoppflege, eingebettet in großflächige Waldareale, die insgesamt Ansatzmöglichkeiten für eine „sanfte“ Erholungsnutzung böten und deshalb auch ästhetisch ansprechend entwickelt werden müßten.

6
Übernahme von Elementen des Keyline-Verfahrens in Prinzipien ökologisch orientierter Landnutzung und Landschaftspflege

Am Beispiel der Innenkippe Nochten könnte das von Yeomans (1981) entwickelte Verfahren angewendet werden, nämlich die Erhaltung der Bodenfruchtbarkeit und die biologische Erschließung eines vertieften Bodenraumes. Der gesamte Niederschlag sollte danach im Boden speicherbar sein und unter Reduzierung der Verdunstung bzw. Verdunstungsgeschwindigkeit bodenfruchtbarkeitsfördernd nutzbar gemacht werden. Nach geomorphologischen Gesichtspunkten müssen deshalb Speicher- und Rückhalte- bzw. geregelte Abflußsysteme, verbunden mit entsprechender Reliefgestaltung, konzipiert werden. Den Wechselpunkt von der konvexen zur konkaven Hangform (im Querschnitt gesehen) bezeichnet Yeomans (1981) als Keypoint („Schlüsselpunkt“). Von hier aus läuft beiderseits auf gleicher Höhenlinie die Keyline, die im Gelände zu markieren ist zwecks paralleler, quasi isohypsenkonformer Bodenbearbeitung und Feldbewirtschaftung. Jeder Arbeitsgang schafft dann horizontale Liniensysteme quer zum Oberflächenabfluß am Hang, verlangsamt und verteilt diesen seitwärts und vermindert von Anfang an Bodenerosionen.

Das bisherige Abflußgeschehen erfährt eine generelle Korrektur in Richtung auf größere Versickerungs- und Speicherleistung, sofern das Niederschlagsspeichervermögen des Bodens weiterer Förderung zugänglich gemacht werden konnte. Prinzipiell kommen deshalb bodenschonende, fruchtbarkeitssteigernde Bearbeitungsmuster zum Ansatz: nichtwendende, tieflockernde Geräte für den Unterbodenbereich, wendende oder mischende Arbeitsgeräte für den Oberboden. Seine Rauhigkeit wird immer wieder erneuert, indem die Vegetation bzw. Ernterückstände in die oberen Krumenbereiche eingemischt und tieferliegende Schichten nur aufgebrochen werden. Mähwiesen und Weideflächen werden periodisch auch auf diese Weise bearbeitet. Dieser pfluglose Umbruch der Grasnarbe nur durch Aufreißen des Bodens nach dem Schnitt oder nach der Beweidung mit anschließendem Mulcheffekt des bisherigen Bestandes führt zum Absterben der alten Wurzelsysteme, die als Nahrung für Bodenorganismen dienen und strukturverbessernd wirksam sind. Nachfolgende Neuansaaten nutzen diese Lockerung zur tiefgründigeren Erschließung des Bodens.

Im vorgestellten Sinne vermag das Keyline-Verfahren die bekannten Prinzipien und Ziele des ökologischen Landbaus wirkungsvoll zu unterstützen. Raum für seine Anwendung ergibt sich im Nordteil der Kippe auf der landwirtschaftlich nutzbaren Fläche. Durch Auswahl der 138-m-Höhenlinie als Keyline kann mit leichter Drift des Oberflächenabflusses im gefährdeten Hangschulterbereich in Richtung des Kippeninneren gerechnet werden. Die Parallelbearbeitung zur Keyline schafft ein günstigeres Mikrorelief für sanften Abfluß. Ansonsten bietet die mit Gehölzpflanzungen zu markierende Schlüssellinie eine Saumwirkung und durch ihren geländeangepaßten Verlauf auch einen ästhetischen Vorteil. Eine Schlaglänge von jeweils etwa 800–1 000 m wäre für einen wirkungsvollen Einsatz technischer Landbewirtschaftsmethoden geradezu optimal.

Auf dem vorherrschenden Kipp-Gemenge aus Kohle, Lehm und Sand mit relativ schlechtem Wasserleitvermögen und Tendenz zur Dichtlagerung bietet die beschriebene „Keyline-Absorptions-Fruchtbarkeitsbodenbearbeitung" durch oberflächiges Mischen und tiefgründiges Aufreißen besonders günstige boden- und standortkundliche Verbesserungsmöglichkeiten. Eine zyklische Vertiefung des nutzbaren, zur erhöhten Wasserspeicherung befähigten Profils und ein systematischer Krumenaufbau werden dadurch bewußt verfolgt.

In mehrjährigen Bodenbearbeitungs- und -behandlungversuchen auf stauvernäßten, extrem feinteilreichen Kipprohböden, verbunden mit der Prüfung mineralischer und organischer Zuschlagstoffe (Meliorationsmittel), erbrachte die Kombination „Tiefenfräsen bzw. Doppeleinpflügen von Kompost" optimale Ergebnisse (Krummsdorf et al. 1980). Nachhaltige Humusanreicherung, vergrößertes Grobporenvolumen, erhöhter Durchlässigkeitsbeiwert und gesteigerte nutzbare Wasserkapazität wurden noch 9 Jahre nach der Behandlung gesichert nachgewiesen. Da der Kipp-Gemengekohlelehmsand in Nochten bereits eine mineralisch-chemische Sonderbehandlung (Domsdorfer Aschemelioration) erfuhr, wäre eine meliorative, bodenverbessernde Komposteinarbeitung eine sinnvolle Ergänzung. Oberflächiges Wenden und Tieflockern sollten prinzipiell die Folgearbeitsgänge über Jahre bestimmen (Zweischichtenpflug wird empfohlen). Im Ergebnis dieser komplexen Behandlung wird die mikrobielle Aktivität allmählich ein hohes Niveau erreichen und dadurch auch das antiphytopathogene Potential des Bodens gestärkt.

Würde der größte Teil der neuzugestaltenden Fläche landwirtschaftlich genutzt, so müßten neben den genannten acker- und pflanzenbaulichen Gesichtspunkten auch für die Tierhaltung wichtige Voraussetzungen berücksichtigt werden, die in eine Bodennutzungsplanung der Kippe einzuordnen sind. Der Tierbesatz unter 2 GV/ha ist auf Bodenständigkeit, Leistungsvielfalt und Robustheit zu orientieren. Maximaler Weidegang und geregelter Umtrieb der Tiere sollten vorgesehen werden. Auch die bereits ausgewiesenen Naturschutzvorbehaltsflächen auf dem südlichen Kippenplateau müßten durch Beweidung (z.B. mit Gallowayrindern) regelmäßige Pflege zur Steuerung der sonst rasch erfolgenden Verbuschung erfahren. Alle Tümpel wären durch Auszäunung vor Nährstoffeintrag zu schützen. Durch Aufbau eines Windkraft-Bewässerungssystems würde die Trinkwasserversorgung der Tiere und eine kontinuierliche Wasserhaltung der Tümpel und Teiche wirtschaftlich vertretbar abgesichert werden können.

Eine mosaikartige Gestaltung der Flächen des ökologischen Landbaus erfordert Vernetzungsstrukturen, die etwa 3 m breite Wildkraut- und -rasenstreifen an Acker, Straße, Weg oder Graben mit Trocken- und Feuchtbiotopen und Gehölzbeständen verbinden. Deshalb sind für die nördliche Landwirtschaftsfläche etwa 2 400 m Feldhecken bzw. Obstbaumreihen vorgesehen. Das entspricht 47 m/ha und übertrifft den von der Arbeitsgemeinschaft ökologischer Landbau für die Landnutzungsstrukturen der neuen Bundesländer vorgeschlagenen landschaftspflegerischen Richtwert von 30 m/ha LF (s. auch Knauer 1986). Die standortangepaßte Gehölzartenwahl muß v. a. solche Bäume und Sträucher umfassen, die Bienentracht, Vogelnahrung, Schmetterlings-Raupenfutter, Wildäsung und -deckung (insbesondere auch für Kleinsäuger) bieten. Selbst die Anlage von Benjeshecken (Benjes 1986) wird erwogen, weil sie einen wertvollen Lebensraum für Bodenbrüter bilden und durch Baumpflanzungen vervollständigt werden können. Auch das nicht angewurzelte Totholz der Hecke weicht nach wenigen Jahren einer durch natürliche Sukzession entstandenen, dichten Kraut-, Hochstauden- und Strauchschicht.

Macht man die akute Winderosionsgefährdung der offenen Kippenfläche zum entscheidenden Kriterium für Schutzpflanzungen, so wären sogar solche vom Typ „Wallhecke" gesondert aufzubauen und wie Knicks zu bewirtschaften, da sie als guter mechanischer Schutz vor Störungen wirksam sind und indirekt zur Verdunstungsminderung an den Tümpeln beitragen. Das ganze Artenspektrum für bodensaure Standorte könnte hierfür zum Einsatz kommen. Lesesteinhaufen, Stubbenwälle und diverse Feuchtstellen würden eine zusätzliche Trittsteinfunktion übernehmen.

7 Ökologisch orientierte forstliche Kippenbewirtschaftung

Für die Kippenlandschaft gelten besondere, i. allg. extremere Bedingungen als auf gewachsenen Böden. Die meisten der zur forstlichen Nutzung vorgesehenen Flächen der Hochkippe Nochten zeigen stark saure Bodenreaktion, und infolge Pyritverwitterung sind anhaltende Verschlechterungen zu erwarten. Da die praxisüblichen Grundmeliorationsverfahren normalerweise bis 60 cm, max. bis 1 m Tiefe erwünschte Bodenreaktions- und Nähstoffverhältnisse herstellen lassen, scheiden vorerst wertholzliefernde Baumarten mit tiefgreifenden Wurzelsystemen aus. Nach erstem guten Anwuchs und Durchwurzelung der meliorierten Schicht stellt sich in den folgenden Jahren ein Schock ein, sobald der Wurzelraum nicht mehr ausreicht (wenn auch vergleichsweise auf Standorten mit geringmächtigen A-Horizonten auf Felsuntergrund im Gebirge kaum günstigere Bedingungen vorliegen).

Die weniger sauren Rohbodenformen mit Lehm- bzw. kohligen Anteilen sind auf Nochten zwar nur kleinflächig und verstreut vorhanden, bieten aber doch erheblich bessere Chancen für tiefwurzelnde Wertholzarten.

Gestützt auf diese boden- und standortkundliche Problematik müßte die Aufforstung generell den speziellen Kippenbedingungen folgen. Dabei ist der Zusammenhang von Standortanalyse, Baumartenwahl, Bewirtschaftungsform im Sinne einer stetigen Bodenverbesserung, Bestandspflege sowie Sicherung und Bereicherung möglichst großer ökologischer Vielfalt zu wahren und auch im Blickfeld wissenschaftlicher Betreuung zu belassen.

Neben der bereits länger ausgewiesenen forstlichen Rekultivierung auf 320 ha (das sind 60 % der Gesamtfläche der Kippe Nochten), werden weitere 78 ha zur Aufforstung vorgeschlagen, wobei das Zentralplateau den größten zusammenhängenden Bereich ergibt. Weitere großflächige Aufforstungen sind auf dem Kipp-Gemenge aus Kohle, Lehm und Sand der südlichen Kippenhälfte vorgesehen. Nach dem Vorbild der natürlichen Sukzession kann die Bodenerschließung durch gezielte Maßnahmen gefördert werden. Darmer (1979) charakterisiert hierfür das methodische Vorgehen: „Ausgehend vom Anbau ökologisch leistungsstarker Pionierpflanzen (z. B. Gräser/Leguminosen-Gemenge, Pioniergehölze) entwickelt man unter Berücksichtigung der örtlich verschiedenen Standortbedingungen (Boden, Wasser) eine Sukzession solcher Schutz- und Bodenpflegepflanzen, die als bodenschonende Fruchtfolge oder als bodenpflegliche Holzart (wie z. B. Roterle, Robinie) der Bodenerschließung und Bodenbildung dienen. Gleichlaufend mit der Flächenwirksamkeit solcher Pioniervegetation setzt man geeignete Wuchsformen (z. B. Hecken, Grüngürtel, Feldgehölze, Waldriegel) mit ökologischer Raumwirksamkeit als Ökotopbildner ein."

Da es sich auf der Innenkippe Nochten um dürftige, ertragsschwache Standorte handelt, sollte in den ersten drei Jahren auf der forstwirtschaftlich zu nutzenden Fläche ein Leguminosen-Grasgemenge angebaut werden, um die biologischen Standortbedingungen günstig zu beeinflussen. Dabei kann durchaus nach der Methode der „Keyline-Absorptions-Fruchtbarkeitsbodenbearbeitung" verfahren werden.

Nach dieser Bodenverbesserung kann eine Vorwaldbegründung folgen, wozu zwei Wege beschritten werden, und zwar

- Variante a: Einem Raster von Pflegehölzern wird von vornherein die Nutzholzart des gewünschten Endbestandes beigefügt. Dazu könnten nach Darmer (1979) Roterle und Pappel verwendet werden. Siebeneicher (1985) empfiehlt eine Mischung von Birke oder Pappel mit Unterbau der Roterle.
- Variante b: Unter ökologisch schwierigen Bedingungen sollten ausschließlich Pioniergehölze verwendet werden. Siebeneicher (1985) empfiehlt wiederum eine Mischung nach Variante a.

Der Vorwald schützt später eingebrachte, nachwachsende Nutzholzarten. Die „Ammengehölze" können dann zugunsten dieser Nutzholzarten zum Teil ausgehauen werden.

Die Variante b sollte auf dem stark heterogenen Zentralplateau praktiziert werden und die Variante a auf dem Kipp-Gemenge aus Kohle, Sand und Lehm der südlichen Kippenhälfte.

Um allerdings später auch einen wirtschaftlichen Nutzen aus dem Gehölzanbau erzielen zu können, müßten entweder mehr Baumarten ausgewählt werden, die auf Kipp-Gemenge aus Kohle, Lehm und Sand in der Lage sind, das saure Rohbodenmaterial zu erschließen (Roteiche, Birke, Aspe und eventuell Fichte) oder ein Meliorationsverfahren wäre anzuwenden, das eine tiefgründige Kalk- und Nährstoffversorgung gewährleistet. Entsprechende Aggregate, wie Grabenfräse, Meyer-Tiefpflugtechnik, Mehrzweck-Meliorationsgerät MM 100, wären deshalb im Hinblick auf tiefes, homogenes Einmischen von Meliorations- und Düngemitteln zu überprüfen. Die gewonnene Standortverbesserung ist dann für viele Baumarten wie Kiefer, Linde, Rotbuche und Traubeneiche als günstige Voraussetzung anzusehen. Da die Nutzholzartenwahl auch stark von standörtlichen Erfahrungswerten abhängig ist, sollten begründete Entscheidungen vor Ort und objektbezogen getroffen werden, wobei selbst kleinklimatische Besonderheiten bereits für den Vorwald von Bedeutung sein können.

8 Biotopgestaltung

Der Innenkippenbereich Nochten sollte in ein ökologisch-biologisch begründetes Raumordnungskonzept (Völksen 1979) eingegliedert werden, das für den Alt-Kreis Weißwasser zwar noch nicht vorhanden ist, aber gerade in dem hier angesprochenen Bergbauareal wesentliche Ansatzpunkte finden kann. Immissionsgefährdungen der Kippe sind nur bei ungünstigen Witterungsverhältnissen zu erwarten, ansonsten können positive ökologische Wirkungen durch optimale Biotopgestaltung gefördert und lokale Beeinträchtigungen seitens anderer Landschaftsnutzer reduziert bzw. minimiert werden.

Wird eine ökologisch orientierte Landnutzung gezielt betrieben, so stehen besonders sensible und empfindliche ökosystemare Beziehungen im Vordergrund des Handelns. Als Basis für eine solche wissenschaftlich begründete, planmäßige Biotop- und Habitatgestaltung werden für erforderlich gehalten (nach Sauer 1988):

- Festlegungen über Größe, Lage und Zielfunktion von Vorrangflächen und habitatfördernder Maßnahmen aus der Sicht des Naturschutzes und der Landschaftsökologie,
- Ableitung konkreter Vorschläge zur wirksamen Bestandssicherung gefährdeter Arten aus der Analyse des Landschaftswandels und der gegebenen Situation mit Blick auf die künftige Entwicklung.

Vorleistungen sind flächendeckende Biotopkartierungen und Artenschutzprogramme unter Bezugnahme auf die regionale Raumplanung. Gegenwärtig wird das Bild der Innenkippe Nochten durch Initialphasen und erste Sukzessionsstufen der Vegetation geprägt. Die Arten und Lebensgemeinschaften der reiferen Gewässer-, Grünland-, Moor- und Altholzökosysteme (Wiedemann 1989) lassen noch auf sich warten. Als Charakterarten der Avifauna vegetationsarmer Pionierfluren kommen aber bereits der Flußregenpfeifer, die Schafstelze und im unteren Westhangbereich der Steinschmätzer vor. Dieser vermißt auf dem Innenkippenbereich wahrscheinlich geeignete Brutmöglichkeiten. Als Charakterart fehlt auch der Brachpieper, der sonst in diesen speziellen Lebensräumen gesicherte Populationen zeigt (Blaschke 1989). Von den charakteristischen Lurchen ist bisher nur die Kreuzkröte vertreten.

Insgesamt ist die Fläche der 1. Sukzessionsstufe Lebensraum für viele stenöke Arten. Besonders hoch sind die prozentualen Anteile an stenöken Arten bei Vögeln, Spinnen und Käfern.

Die Hangflächen befinden sich durch die Aufforstung hauptsächlich im Stadium einer fortgeschrittenen Sukzessionsstufe. Die Artenvielfalt ist größer. Es kommen wesentlich mehr euryöke Arten vor, und die Charakterarten gehen zurück. Man kann heute schon sagen, daß sicherlich nach Beendigung der Braunkohlenförderung ein generelles Problem darin besteht, die Charakterarten zu erhalten.

Aus den Habitatansprüchen der potentiell möglichen Arten bzw. Artengruppen des jeweiligen Landschaftstyps, „deren ökologische Anforderungen stellvertretend auch die Existenzbedingungen der gesamten Biozönose sichern“ (Wiedemann 1989), ergeben sich die notwendigen Schutz- und Pflegemaßnahmen für den entsprechenden Lebensraum. Vegetationsarme Pionierfluren und Bereiche sind unverzichtbare Teilhabitate für zahlreiche gefährdete Tierarten und erscheinen daher als besonders erhaltenswürdig (Blab 1984). Die dort gedachte Zielartengruppe mit Flußregenpfeifer, Brachpieper, Steinschmätzer, also ausschließlich Bodenbrüter, verlangt den unbedingten Schutz größerer Flächen vor Störungen (auch durch Spaziergänger oder Hunde). Die zweite Zielartengruppe mit Kreuz- und Wechselkröte, Gelbbauchunke fordert flache Tümpel mit wenig Vegetation, auch Sandplätze, Tagesversteck und Winterquartier. Dagegen wird unbedingt eine ganzjährige Wasserführung über 1 m Tiefe von der dritten Zielartengruppe (Rotbauchunke, Kamm- und Teichmolch) beansprucht, ergänzt durch schüttere Gras- und Krautvegetation (mit einem Deckungsgrad bis 20 %) sowie Sandauflagen, Steinhaufen, Schotterflächen und Stubbeninseln. Bezüglich der Tümpelgestaltung sind nach Völksen (1979) 10 Kriterien wesentlich, die sich orientieren „an den Ansprüchen der meisten Lurchenarten, nicht jedoch an den Anforderungen von Kreuzkröte und Gelbbauchunke, welche speziell an ein Leben in ephemeren Tümpeln angepaßt sind und daher sehr flachen und sonnenexponierten Kleingewässern den Vorzug geben. Für diese beiden Spezies sind mehrere benachbarte, zum Austrocknen neigende Regen- oder Sikkerwassertümpel unterschiedlicher Größe und Tiefe anzulegen, wobei als unteres Maß eine Länge von 1–1,5 m, eine Breite von 30 cm und eine Wassertiefe von 10 cm gelten können.“

Die Tümpelgruppe ist mit Grabenanlagen versehen. Da die Tümpel aber ohne Grundwassereinfluß bleiben und nur auf zulaufendes Oberflächenwasser angewiesen sind, muß durch Reliefgestaltung und Arbeitsrichtung bzw. entsprechende Fahrspuren auf das Abflußverhalten Einfluß genommen werden. Nach Realisierung des Windkraftprojektes wird dann gehobenes Grundwasser zur Tümpelgruppe geführt und die Viehtränke mit versorgt.

Außerdem sind für die einzelnen Zielartengruppen noch Zusatzstrukturen und Trittsteinbiotope (insbesondere für Reptilien) wichtig, wofür das benötigte Material unschwer aus dem Vorfeld des Tagebaues zu gewinnen wäre, v. a. Sand, Kies, Stubben und Steine.

Alle genannten Lebensräume müßten im Mindestmaß für zu sichernde, intakte Populationen ausgewiesen sein (Minimalareale) und in ihrer Standortverteilung über die gesamte Kippe berücksichtigt werden. „In erster Linie sind für diese Lebensräume Standortverhältnisse erforderlich, die im Vergleich zu den Anforderungen der land- und forstwirtschaftlichen Nutzung als nutzungsfeindlich gelten, aber im Verkippungsprozeß häufig anfallen. Das heißt, im Zuge der Biotopgestaltung erübrigt sich die großflächige Homogenisierung und Aufwertung armer reliefierter Standorte, da sie für die Aufgabenstellung des Artenschutzes in Bergbaugebieten besonders wertvoll sind" (Wiedemann 1989).

Hiernach sind 2 % der Rückgabeflächen zum Aufbau eines stabilen Naturschutzgebietssystems auf den Kippenkomplexen notwendig, wobei zunächst ein Flächenanteil von ca. 5 % als Naturschutzvorbehaltsfläche sichergestellt werden muß. Mit der Herausbildung des gewünschten Ökosystemverbunds erhalten dann 3 % eine Funktion als Pufferzone mit Nutzung als Schafweide, Bienentracht, zur Heilkräutersammlung oder als Schon- und Sonderforsten.

Auf der Innenkippe Nochten ergeben diese 5 % etwa 30 ha. Sie können für das Ziel „Naturschutzgebiet" als ausreichend gelten. Standörtlich bieten sich hierfür vorzugsweise die nutzungsfeindlichen Flaschentonflächen mit den Tümpelbiotopen an. Die Naturschutzvorbehaltsfläche ist in der Konzeption mit 22 ha ausgewiesen. Sie liegt damit unter dem Richtwert, ist aber für die oben genannten Aufgaben optimal geeignet, weil das relativ steile Gefälle des Einzugsgebietes der Tümpelgruppe 2 ausgenutzt und ein Mindestradius um die Tümpel der Gruppe 1 eingehalten werden kann. „Je nach Art der Fortbewegung, den Aktionsradien und den individuellen Ansprüchen der Arten an die Umweltqualität erfolgt eine Vernetzung der Flächensysteme

- direkt durch Linien, Ränder und Säume (Kontaktvernetzung),
- indirekt durch Einhaltung bestimmter Flächendistanzen oder durch Zwischenschaltung von Kleinflächen mit Trittsteinfunktion (kontaktlose Vernetzung)" (Wiedemann 1989).

Hiernach reichen für Feuchtbiotope Flächengrößen von 30 · 30 m und Tiefen von 0,5–1 m bei Entfernungen von wenigen 100 m bis zu etwa 2–3 km als Trittsteinbiotope aus. Trocken- und Magerrasen werden durch 3–5 m breite typengleiche Saum- und Linienbiotope verbunden. Nach diesen Richtwerten wurde die Biotopgestaltung und -vernetzung entworfen und dokumentiert.

9 Ausblick

Nach dem Braunkohlenplan für den Tagebau Nochten ist für das untersuchte Kippenareal eine landwirtschaftliche Nutzfläche nicht mehr vorgesehen. Der gesamte Kippenbereich wird bis 1995 auf 1,0 m Tiefe grundmelioriert und dann aufgeforstet. In Abstimmung mit der Unteren Naturschutzbehörde des Altkreises Weißwasser sind bereits 70 ha Sukzessionsfläche dem Naturschutz vorbehalten und Erweiterungen in den Folgejahren möglich. Damit ist der Weg frei, die Ergebnisse dieser Arbeit unter wissenschaftlicher Begleitung in die Praxis der Rekultivierung und Renaturierung umzusetzen.

10 Zusammenfassung

Nutzung und Bewirtschaftung der Innenkippe Nochten stehen gegenwärtig in einer Umbruchsphase. Konzeptionell wurde deshalb die Umstellung auf eine ökologisch orientierte Land- und Forstwirtschaft vorbereitet. Nach einer Analyse der Standortverhältnisse werden verfahrensmäßige und raumplanerisch-landschaftspflegerische Vorbedingungen zur Umsetzung der Rekultivierung dargelegt. Dabei sind einige maßgebende Elemente des australischen Keyline-Verfahrens eingearbeitet worden, weil sie im Interesse nachhaltiger Bodenfruchtbarkeitsförderung liegen. Sie dienen der Erweiterung des nutzbaren Wasserspeichervermögens im geschütteten Bodenprofil und erscheinen deshalb für das gesamte devastierte Gelände als wertvoll.

Spezielle Maßnahmen, wie die Anlage von Tümpeln, Naßstellen und Saumbiotopen mit Vernetzungswirkung sind wesentlicher Inhalt eines Gestaltungskonzepts. Das Leitbild für die Kippe Nochten sollte eine mit naturnahen Elementen vielfältig durchsetzte, feinstrukturierte neue Kulturlandschaft sein.

LITERATUR

Benjes H (1986) Die Vernetzung von Lebensräumen mit Feldhecken. Natur-Umwelt-Verlags GmbH, München

Blab J (1984) Ziele, Methoden und Modelle einer planungsbezogenen Aufbereitung tierökologischer Fachdaten. Landschaft und Stadt 16 (3): 172–181

Blaschke W (1989) Faunistische Wiederbesiedlung der Bergbaufolgelandschaft an ausgewählten Beispielen, Sachdruck der Abt. Volksbildung Kreis Senftenberg

Darmer G (1979) Landschaft und Tagebau – Ökologische Leitbilder für die Rekultivierung, Bd. I. Patzer, Hannover Berlin

Knauer N (1986) Landwirtschaft und Naturschutz – Bedeutung des Artenschutzes und mögliche Leistungen der Landwirtschaft. In: Kali-Briefe. Büntehof 18 (4): 275–306

Krummsdorf A, Menning P, Bohne K (1980) Wirkung komplexer Bodenmelioration auf stauvernäßtem Kipplehm. Neue Bergbautechnik 8: 472–475

Sauer H (1988) Zur Biotopgestaltung in der Bergbaufolgelandschaft. In: Referate des 2. Landschaftstages. Rat des Kreises Hoyerswerda, S 29–32

Scholz K-P (1991) Konzept zur Ökologischen Standortverbesserung einer Rückgabefläche im Tagebau Nochten, Diplomarbeit Universität Rostock, FB Landeskultur und Umweltschutz

Siebeneicher G F (1985) Ratgeber für den biologischen Landbau. Südwest, München

Völksen G (1979) Die Gestaltung sekundärer Feucht- und Gewässerbiotope im Rahmen einer ökologisch-raumbezogenen Planung. Kommissionsverlag Göttinger Tageblatt GmbH, Göttingen-Hannover

Wiedemann D (1989) Standortsökologische Bedingungen und Voraussetzungen für die Wiederherstellung der Naturschutzfunktion in Bergbaufolgelandschaften, Sonderdruck des Instituts für Landschaftsforschung und Naturschutz Halle, Arbeitsgruppe Finsterwalde

Yeomans P A (1981) Water for every farm using the Keyline plan. Second Back Row Press Pty Limited, Katoomba

Besiedlung und Vegetationsentwicklung in Tagebaugewässern in Abhängigkeit von der Gewässergenese

Werner Pietsch

1 Einleitung

Die Lausitzer Niederung galt vor Beginn der Bergbautätigkeit als Häufungspunkt atlantisch-subatlantisch verbreiteter Wasserpflanzenarten der Klasse der *Littorelletea uniflorae* an der Ostgrenze ihres Verbreitungsareals (Barber 1893).

Vertreter der ozeanisch-azidophilen Ufergesellschaften treten in den flachen Heide- und Moorgewässern sowie Fischteichen der Lausitz gehäuft auf. Es sind die Arten: Flutender Sellerie *(Apium inundatum)*, Borsten-Schmiele *(Deschampsia setacea)*, Vielstengliges Sumpfried *(Eleocharis multicaulis)*, Pillenfarn *(Pilularia globulifera)*, Zwiebel-Binse *(Juncus bulbosus)*, Froschkraut *(Luronium natans)*, Knöterich-Laichkraut *(Potamogeton polygonifolius)*, Flutende Simse *(Eleogiton fluitans)*, Sumpf-Hartheu *(Hypericum elodes)* und Ockergelber Wasserschlauch *(Utricularia ochroleuca)*.

Die nährstoffreicheren Altwässer der Schwarzen Elster und die Fischteiche mit einer schwach sauren bis alkalischen Wasserbeschaffenheit waren Standorte echter Wasserpflanzenarten der Klassen *Potametea* und *Lemnetea*. Die jüngeren Stadien waren durch die Wassernuß *(Trapa natans)* und die älteren, bereits in Verlandung begriffenen Gewässer durch die schwimmenden Matten der Krebsschere *(Stratiotes aloides)* und des Froschbiß *(Hydrocharis morsus-ranae)* gekennzeichnet.

Diesen Gewässern fehlten die Arten der azidophilen, atlantischen Ufergesellschaften der *Littorelletea*, insbesondere die der Ordnung der *Juncetalia bulbosi*.

Durch die intensive Bergbautätigkeit während der Jahre 1920–1980 erfolgte eine völlige Zerstörung der zentralen Bereiche des einstigen Areals innerhalb der Altkreise Senftenberg, Hoyerswerda und Weißwasser. Die atlantischen Wasserpflanzenarten hatten sich nur noch an den Randbereichen der früheren Lausitzer Vorkommen erhalten, so v. a. in den Fisch- und Heideteichen sowie Heidemooren des westlichen Teiles des Atlkreises Senftenberg, insbesondere in der Umgebung von Ruhland. Die Standorte der echten Wasserpflanzenarten wurden völlig vernichtet.

Die Tagebauseen und Restgewässer des Lausitzer Braunkohlenrevieres galten lange Zeit als wuchsfeindliche, tote, vegetationslose Gewässer von Ödlandcharakter (Müller 1961).

Während Angaben über die Besiedlung der terrestrischen Bereiche, der Halden und Kippenflächen der Bergbaufolgelandschaft und das Vorkommen verschiedener Pflanzenarten bekannt waren, fehlten Hinweise zur Besiedlung der Wasserbereiche völlig.

Im Zusammenhang mit der ersten komplexen Untersuchung der ökologischen und hydrochemischen Beschaffenheit von zunächst 158 und später 219 Tagebaurestgewässern des Lausitzer Braunkohlenrevieres durch Pietsch (1970; 1973; 1979a, b) erfolgte gleichzeitig eine Erfassung der floristischen Struktur der aquatischen Makrophytenvegetation. Es wurde erstmalig ein enger Zusammenhang zwischen der Vegetationsentwicklung und den Gesetzmäßigkeiten des Metamorphoseprozesses der physikalisch-chemischen Beschaffenheit der Wasserkörper und Gewässerböden der Tagebauseen und Restgewässer festgestellt. Erste Angaben zur Verbreitung von Wasserpflanzen und zur Vegetationsentwicklung in den Restgewässern des Lausitzer Braunkohlenrevieres gehen auf Pietsch (1965, 1970, 1973) und Heym (1971) zurück.

2 Besiedlungskriterien

Bei den Bergbaurestgewässern spielt die geologische Beschaffenheit der Kipp- und anstehenden Bodensubstrate eine entscheidende Rolle. Durch sie wird die hydrochemische Beschaffenheit der Wasserkörper festgelegt. Die morphometrischen Verhältnisse, die Tiefe der Gewässer und das Gesamtvolumen bestimmen den zeitlichen Verlauf der natürlichen Alterung der Gewässer, den Verlauf des natürlichen Geneseprozesses. Der jeweils vorliegende Neigungswinkel der entstandenen Ufer- und Flachwasserbereiche bildet die Grundlage der Besiedlung der Gewässer durch Wasser-, Sumpf- und Röhrichtpflanzen.

Die Herausbildung von Gewässertypen und ihre Besiedlung durch entsprechende Makrophyten und ihren Gesellschaften erfolgt in Abhängigkeit von folgenden Kriterien, die für die Festlegung und Entstehung der Gewässertypen von Bedeutung sind:

- Substratbeschaffenheit und geologische Herkunft der Kippbodensubstrate (Markasit und Pyrit)
- Chemische Beschaffenheit der Wasserkörper
- Tiefe der Restgewässer und Tagebauseen
- Neigungswinkel der Uferbereiche bei Spül- und Absetzerkippen
- Beeinflussung der Wasserkörper durch Auswaschungs- und Auslaugungsvorgänge der umgebenden Kippbodensubstrate, insbesondere durch das hohe Schwefelsäurepotential der angrenzenden Kippenflächen
- Wirksamkeit verschiedener Störfaktoren, insbesondere Erosionserscheinungen
- Gehalt an freier gelöster Kohlensäure (CO_2) und an gebundener Kohlensäure (HCO_3) im Wasserkörper, der einer pH-abhängigen Löslichkeitsverteilung unterliegt.

3 Artenspektrum der Tagebauseen und Restgewässer

Seit 1963 wurden von uns 234 verschiedene Tagebauseen und Restgewässer im Lausitzer Braunkohlenrevier untersucht. Neben der Bestimmung der hydrochemischen Verhältnisse der Wasserkörper ist die Besiedlung der Gewässer durch aquatische Makrophyten und die Vegetationsentwicklung auf den jeweiligen Rohbodensubstraten erfaßt worden. Dabei konnten insgesamt 36 verschiedene Wasserpflanzenarten und 16 verschiedene Arten der Röhrichte und Großseggenbestände festgestellt werden. Die insgesamt 52 verschiedenen aquatischen Makropyten sind in Tabelle 1 in der Reihenfolge ihrer Anzahl der Vorkommen aufgeführt. Gleichzeitig wird der Anteil der Vorkommen an der Gesamtgewässerzahl von 234 angegeben.

Von allen aufgeführten Arten ist die Zwiebel- oder Sand-Binse *(Juncus bulbosus)* die verbreitetste und für die Besiedlung der Tagebaugewässer und Restseen die wichtigste Art. Sie leitet stets die pflanzliche Besiedlung innerhalb der Gewässer ein, indem sie ausgedehnte flutende und untergetauchte Rasen bildet (Pietsch 1965). *Juncus bulbosus* entspricht in seiner Verbreitung fast der Häufigkeitsverteilung der hydrochemischen Faktoren, da die Art in 213 der 234 untersuchten Gewässer (91,0 %) vorhanden ist. Von den 234 untersuchten Gewässern werden 218 durch aquatische Makrophyten besiedelt. Bei den 16 makrophytenfreien Restgewässern handelt es sich entweder um sehr junge, erst vor kurzer Zeit entstandene Gewässer des Initialstadiums, extreme Wasserverhältnisse ließen bisher noch keinerlei pflanzliche Besiedlung aufkommen, oder aber um ältere Tagebauseen, deren ungünstige geomorphologische Beschaffenheit, insbesondere steilabfallende Uferbereiche, eine Vegetationsentwicklung nicht ermöglichte.

Unter den Röhrichtarten sind es v. a. Schilf *(Phragmites australis)* und Breitblättriger Rohrkolben *(Typha latifolia)*, die in drei Viertel der Gewässer vorhanden sind und oft ausgedehnte Bestände bilden.

Die in Tabelle 1 aufgeführten 52 aquatischen Makrophytenarten verteilen sich auf folgende Klassen europäischer Wasserpflanzengesellschaften:

- Strandlings-Gesellschaften *(Littorelletea)* 12
- Wasserschlauch-Gesellschaften *(Utricularietea intermedio-minoris)* 8
- Schwimmblatt- und Laichkraut-Gesellschaften *(Potamogetonetea)* 10
- Wasserlinsendecken *(Lemnetea)* 2
- Armleuchteralgen-Gesellschaften *(Charetea)* 2
- Röhrichte und Großseggen-Gesellschaften *(Phragmitetea)* 16
- Niedermoor- und Schlenkengesellschaften *(Scheuchzerio-Caricetea nigrae)* 2

4 Geneseprozess und pflanzliche Besiedlung

Die Besiedlung der Tagebauseen und Restgewässer durch aquatische Makrophyten und deren Pflanzengesellschaften läßt sich am besten aus der Kenntnis der ökologischen Situation der Gewässer und der durch den Metamorphoseprozeß bedingten Veränderungen der physikalisch-chemischen Beschaffenheit der Wasserkörper und Gewässersedimente heraus verstehen.

4.1 Ökologische Kennzeichnung der Genesestadien

Die Braunkohlenvorkommen des Lausitzer Revieres sind Bildungen der jüngeren oder subsudetischen Formation des Miozäns. Eine Überlagerung von marinem Oligozän fehlt im allgemeinen.

Die miozänen Schichten enthalten sehr viel schwefeleisenhaltiges Material, das als Markasit oder Pyrit vorliegt. Im Zusammenhang mit der sulfidischen Oxidation von Markasit und Pyrit kommt es zunächst zur Entstehung von Eisen-Sulfat, das zur Bildung von gelöstem, zweiwertigen Eisen und freier Mineralsäure, insbesondere Schwefelsäure, führt, die eine Absenkung der Reaktion des Grundwassers in den extrem sauren Bereich verursacht. So entstehen nach Beendigung des Braunkohlenabbaues in den Restgewässern extrem wuchsfeindliche Standortverhältnisse. Die Wasserkörper weisen pH-Werte zwi-

Tabelle 1. Vorkommen von 52 aquatischen Makrophytenarten in 234 untersuchten Tagebauseen und Restgewässern des Lausitzer Braunkohlenrevieres

Pflanzenart	Gesamtvorkommen in 234 Gewässern	[%]
Wasserpflanzenarten:		
Zwiebel-Binse *(Juncus bulbosus)*	213	91,0
Schwimmendes Laichkraut *(Potamogeton natans)*	102	43,6
Weiße Seerose *(Nymphaea alba)*	88	37,7
Kleiner Wasserschlauch *(Utricularia minor)*	64	27,4
Pillenfarn *(Pilularia globulifera)*	62	26,5
Kleinster Igelkolben *(Sparganium minimum)*	53	22,6
Ockergelber Wasserschlauch *(Utricularia ochroleuca)*	48	20,5
Südlicher Wasserschlauch *(Utricularia australis)*	46	19,7
Nadelbinse *(Eleocharis acicularis)*	42	17,9
Mittlerer Wasserschlauch *(Utricularia intermedia)*	41	17,5
Verschiedenblättriges Tausendblatt *(Myriophyllum heterophyllum)*	36	15,4
Zugespitztes Torfmoss *(Sphgnum cuspidatum)*	32	13,7
Kleine Wasserlinse *(Lemna minor)*	31	13,2
Knöterich-Laichkraut *(Potamogeton polygonifolius)*	29	12,4
Untergetauchtes Torfmoos *(Sphagnum inundatum)*	29	12,4
Ähren-Tausendblatt *(Myriophyllum spicatum)*	29	12,4
Borsten-Schmiele *(Deschampsia setacea)*	22	9,4
Wasser-Knöterich *(Polygonum amphibium)*	21	9,0
Flammender Hahnenfuß *(Ranunculus flammula)*	18	7,7
Wassernabel *(Hydrocotyle vulgaris)*	18	7,7
Krauses Laichkraut *(Potamogeton crispus)*	17	7,3
Wasserfeder *(Hottonia palustris)*	14	6,0
Gras-Laichkraut *(Potamogeton gramineus)*	14	6,0
Froschkraut *(Luronium natans)*	12	5,1
Wasserpfeffer-Tännel *(Elatine hydropiper)*	11	4,7
Strandling *(Littorella uniflora)*	9	3,8
Bertolds-Laichkraut *(Potamogeton berchtoldii)*	9	3,8
Vielstengliges Sumpfried *(Eleocharis multicaulis)*	9	3,8
Kanadische Wasserpest *(Elodea canadensis)*	8	3,4
Alpen-Laichkraut *(Potamogeton alpinus)*	8	3,4
Oeders Gelb-Segge *(Carex oederi)*	6	2,6
Gemeine Armleuchteralge *(Chara foetida)*	6	2,6
Vielwurzelige Teichlinse *(Spirodela polyrrhiza)*	5	2,1
Flutende Simse *(Eleogiton fluitans)*	4	1,7
Spiegelndes Laichkraut *(Potamogeton lucens)*	3	1,3
Steifhaarige Armleuchteralge *(Chara hispida)*	2	0,9

Pflanzenart	Gesamt-vorkommen in 234 Gewässern	[%]
Arten der Röhrichtbereiche:		
Gemeines Schilf *(Phragmites australis)*	186	79,5
Breitblättriger Rohrkolkben *(Typha latifolia)*	168	71,8
Flatter-Binse *(Juncus effusus)*	136	58,1
Knäuel-Binse *(Juncus conglomeratus)*	124	53,0
Schnabel-Segge *(Carex rostrata)*	86	36,8
Teich-Simse *(Schoenoplectus lacustris)*	61	26,1
Gemeine Sumpfsimse *(Eleocharis palustris)*	51	21,8
Schmalblättriger Rohrkolben *(Typha angustifolia)*	42	17,9
Flutender Schwaden *(Glyceria fluitans)*	28	11,9
Sumpf-Segge *(Carex acutiformis)*	23	9,8
Froschlöffel *(Alisma plantogo-aquatica)*	16	6,8
Salz-Teichsimse *(Schoenoplectus tabernaemontani)*	12	5,1
Glieder-Binse *(Juncus articulatus)*	12	5,1
Pfeilkraut *(Sagittaria sagittifolia)*	9	3,8
Steif-Segge *(Carex elata)*	8	3,4
Spitzblütige Binse *(Juncus acutiflorus)*	4	1,7

schen 1,9–2,3; freie Schwefelsäure (1,5–18,6 mval/l H_2SO_4), sehr hohe Mengen an Eisen (45–620 mg/l $Fe^{++/+++}$), sehr hohe Mengen an Sulfat (bis 1 800 mg/l SO_4), die eine Gesamthärte im „extrem harten" Bereich (bis 98° dH GH) verursachen, auf; es sind makrophytenfreie Gewässer. Während der folgenden Jahrzehnte zeigt sich jedoch, daß die Restgewässer bei Erreichen eines bestimmten Entwicklungsstadiums plötzlich von Wasserpflanzenarten in ausgedehnten Massenbeständen besiedelt werden. Diese Arten bilden zunächst großflächige artenarme Dominanzbestände mit beachtlicher Biomasseproduktion.

Die Arten sind ausgesprochene Rohboden-Pioniere, die die neugeschaffenen, bisher wuchsfreien Standorte der Bergbaurestgewässer im flachen Litoralbereich besiedeln. *Juncus bulbosus* dringt von allen Arten am weitesten in das Gewässer vor und bildet bis in 5 m Wassertiefe ausgedehnte Unterwasserrasen. Am Senftenberger See werden die bis zu 4,5 m tiefen Bereiche im gesamten Südschlauch und im westlichen Teil des Sees, dem „Südfeld", mit dichten, geschlossenen Rasen teppichartig überzogen und völlig ausgekleidet.

Im Laufe der Jahrzehnte erfahren die Tagebaugewässer des Lausitzer Braunkohlenreviers eine Änderung ihrer physikalisch-chemischen Beschaffenheit des Wasserkörpers und ihrer Gewässersubstrate und durchlaufen einen Geneseprozeß, der über ein Initialstadium, eine Frühstufe und eine Reihe verschiedener Sukzessionsstadien der Übergangsstufe einer als Klimax-Stadium anzusehenden Altersstufe zustrebt (Pietsch 1965; 1973; 1979a, b, c, 1988; 1990; 1993; 1996).

Die Altersstufe entspricht bereits etwa den naturnahen Verhältnissen der Heideseen der Landschaft der Lausitzer Niederung.

Die im Initialstadium und der Frühstufe vorhandenen wuchsfeindlichen Standortverhältnisse werden im Verlaufe des Geneseprozesses allmählich abgeschwächt. Es tritt eine merkliche Verbesserung der Wasserqualität ein. Die extremen Aziditätsverhältnisse, durch im Wasserkörper vorhandene freie Mineralsäuren, insbesondere freie Schwefelsäure, gehen zurück.

Der Vorgang des Alterungsprozesses wird durch folgende Kriterien gekennzeichnet:

- 1. Vorgang des Abscheidens von Eisenhydroxid
- 2. Prozeß des Abbindens der freien Schwefelsäure
- 3. Prozeß der Adsorption der freien Kohlensäure an den Eisenhydroxid-Niederschlag
- 4. Vorgang der Sulfateliminierung durch Sulfatbindung an Calcium und Ausscheiden als $CaSO_4$ auf dem Gewässerboden

Der Metamorphoseprozeß wird durch folgende vier Stufen charakterisiert:

- Gewässer im Initialstadium
  Die Initialstadien der Tagebaurestgewässer zeichnen sich aufgrund extremer Standortverhältnisse, wie sehr hoher Gehalt an Eisen, große Mengen an freier Schwefelsäure, extrem saure Wasserreaktion, jegliches Fehlen von an Bikarbonat gebundener Kohlensäure (HCO_3), als ausgesprochen wuchsfeindlich aus. Die Gewässer sind im Initialstadium zunächst einige Jahre völlig vegetationsfrei. Durch fortschreitende Auslaugung der wuchsfeindlichen, tertiären, sulfidischen Kippbodensubstrate der Umgebung sinkt der pH-Wert noch weiter in den extrem sauren Bereich von bis zu pH 1,9 und der Gehalt an im Wasser gelöster freier Mineralsäure, insbesondere freier Schwefelsäure, steigt noch ständig an (bis 18,6 mval/l). Der Eisengehalt und auch die Gesamthärte nehmen zu, ebenso der aggressive Charakter der freien Kohlensäure (CO_2).
- Gewässer der Frühstufe
  Es handelt sich um Gewässer mit einer extrem sauren Wasserreaktion bei pH-Werten zwischen 1,9 und 4,0; großen Mengen an freier Schwefelsäure und sehr hohen Härtegraden (bis 98° dH GH), die durch einen hohen Sulfatgehalt verursacht werden. Die Gesamthärte entspricht der Nichtkarbonathärte, da jegliche, an Bikarbonat gebundene Kohlensäure fehlt. Dafür sind große Mengen an freier und aggressiver Kohlensäure vorhanden, die mit der Schwefelsäure zusammen die hohe Gesamtazidität verursachen. Die Gewässer sind sehr reich an Eisen, Calcium, Magnesium und Sulfat und besitzen deshalb auch beachtlich hohe Abdampfrückstände. Weiterhin sind, geologisch bedingt, sehr hohe Mengen an NO_3- und NH_4-N vorhanden. Infolge geringer Mengen von im Wasser gelöster organischer Stoffe ist der PV-Wert ($KMnO_4$ mg/l) sehr niedrig, und der Glühverlust beträgt nur wenige Prozente des Abdampfrückstandes. Es sind mineralogen-azidotrophe Gewässer, die auf das Initialstadium folgen oder aufgrund ungünstiger geomorphologischer Voraussetzungen im Laufe vieler Jahre kaum eine Veränderung ihres Chemismus erfahren haben.
- Gewässer der Übergangsstufe
  Hier werden Gewässer eingeordnet, die bereits weniger extreme Standortverhältnisse aufweisen. Sie zeichnen sich durch saure Wasserreaktion bei pH-Werten von 4,1–6,0 und durch mittlere Härtegrade aus. Die Gesamthärte entspricht in der Mehrzahl der Gewässer ebenfalls noch der Nichtkarbonathärte; an Bikarbonat gebundene Kohlensäure fehlt auch hier bis auf wenige Ausnahmen.
  Der Gehalt an freier und aggressiver Kohlensäure beträgt gegenüber der Frühstufe nur noch die Hälfte, bedingt aber trotzdem eine beachtliche Azidität; in einigen Gewässern ist noch ein geringer Anteil an freier Schwefelsäure vorhanden. Der Gehalt an Eisen, Sulfat, Calcium und Magnesium beträgt etwa nur noch die Hälfte der Mengen der Gewässer der Frühstufe. Dagegen ist eine Zunahme von im Wasser gelösten organischen Stoffen um ein Drittel der Werte der Frühstufe zu verzeichnen. Es handelt sich um Gewässer, die bereits vor 10–30 Jahren entstanden sind.
- Gewässer der Altersstufe
  Es sind Tagebauseen mit einer schwach sauren bis neutralen bzw. schwach alkalischen Wasserreaktion bei pH-Werten von 6,1–7,8; geringen Härtegraden im „sehr weichen" Bereich und geringen Sulfatmengen, die etwa nur noch ein Zehntel der Mengen der Frühstufe betragen. Die Gesamthärte entspricht nicht mehr der Nichtkarbonathärte, da bis zu 30 % Karbonathärte an der Gesamthärte beteiligt sein können. Freie Kohlensäure liegt nur noch in sehr geringen Mengen vor; sie weist keinerlei aggressive Eigenschaften auf. Freie Schwefelsäure fehlt den Gewässern völlig. Sie sind gegenüber Gewässern der Früh- und Übergangsstufe als arm an Eisen, Mangan, Calcium, Magnesium und auch Silizium anzusprechen. Durch den ebenfalls geringen Sulfatgehalt läßt sich ein Abdampfrückstand feststellen, der etwa nur den zehnten Teil desjenigen der Frühstufe beträgt. Bei verschiedenen Kenngrößen beträgt der Gehalt gar nur den 30.–50. Teil. Auch im Gehalt an NO_3- und NH_4-H sind nur noch geringe Mengen nachweisbar.
  Die Gewässer der Altersstufe sind entweder bereits vor 50–80 Jahren entstanden oder wesentlich jünger und aufgrund günstiger geomorphologischer Verhältnisse viel früher von Makrophyten besiedelt worden.

4.2 Pflanzliche Besiedlung und Vegetationsentwicklung

Die Tagebaurestgewässer sind im Initialstadium zunächst jahrelang völlig vegetationsfrei. Erst mit fortschreitendem Geneseprozeß bzw. Reifungsprozeß, bei dem die Gewässer allmählich ihre extremen Eigenschaften verlieren, beginnen sich die ersten Wasserpflanzen anzusiedeln. Dabei handelt es sich nicht um solche Pflanzenarten, die uns von den natürlichen Seen und Teichen allgemein als Wasserpflanzen geläufig sind, sondern vielmehr um eine Gruppe von Pflanzen, die aufgrund ihrer Unscheinbarkeit wenig bekannt ist. Es handelt sich dabei um Spezialisten, die in den eisenreichen und sauren Gewässern, denen jegliche gebundene Kohlensäure (Bikarbonat) fehlt, gedeihen können. Diese Arten vermögen die im Wasser gelöste freie Kohlensäure (CO_2) als C-Quelle zur Durchführung ihrer Assimilation auszunutzen. Da die Mehrzahl der Tagebauseen, v. a. während der Früh- und Übergangsstufe, besonders reich an gelöstem CO_2 ist, findet diese Gruppe von Wasserpflanzen optimale Existenzbedingungen und entfaltet am Beispiel von *Juncus bulbosus* bis in 5 m Wassertiefe sehr dichte, ausgedehnte untergetauchte und flutende Dominanzbestände. Diese Erstbesiedlungsvegetation an den Grenzstandorten pflanzlicher Besiedlung überhaupt kennzeichnet die Frühstufe sämtlicher Tagebauseen des Lausitzer Braunkohlenreviers.

Die Vegetationsentwicklung in den Tagebaugewässern wird von dem jeweilig vorherrschenden Entwicklungsstadium des Gewässers bestimmt. Es lassen sich in der Gewässerbesiedlung durch aquatische Makrophyten vier verschiedene Stadien unterscheiden:

- Makrophytenfreie Gewässer des Initialstadiums und der Frühstufe
  Aufgrund ungünstiger geomorphologischer Voraussetzungen und extremer Aziditätsverhältnisse sowie sehr hohe Eisengehalte sind die Gewässer völlig vegetationslos. Sie zeichnen sich durch eine rotbraune bis braune Farbe ihrer Wasserkörper aus und weisen stark rutschgefährdete Uferbereiche auf.
- Individuenreiche Einartbestände der Frühstufe
  Die pflanzliche Besiedlung beginnt zunächst in Form von Initialstadien, von Dominanzbeständen einer Art (artenarme Dominanzbestände). Diese Pioniervegetation überzieht nach kurzer Zeit große Flächen des gesamten Litoral- und Flachwasserbereiches in dichten Matten. Flutende und untergetauchte Wasserrasen der Zwiebelbinse *(Juncus bulbosus)* sowie im Wuchs kräftige Röhrichtbestände der Arten *Phragmites australis, Schoenoplectus lacustris, Typha latifolia* und *T. angustifolia* bewachsen die oft mächtigen Eisenhydroxid-Schlammdecken oder den sandig-kiesig fraktionierten Gewässerboden im Uferbereich. In Restgewässern mit geringer Wassertiefe, die oft große Mengen an eingespültem Kohleschlamm aufweisen, wird die gesamte Gewässerfläche von einem dichten, üppig entwickelten Rohrkolben-Röhricht bewachsen (Pietsch 1988).
- Artenreiche Vegetationsmosaike der Übergangsstufe
  Mit dem Auftreten erster geringer Mengen an gebundener Kohlensäure (Bikarbonat) und dem Rückgang der extremen Aziditätsverhältnisse im Wasserkörper finden sich submerse Wasserpflanzen, wie die Laichkrautarten *Potamogeton natans* und *P. polygonifolius*, die Wasserschlaucharten *Utricularia ochroleuca, U. intermedia, U. minor* und *U. australis* sowie die Weiße Seerose *(Nymphaea alba)* ein. Die ausschließliche Dominanz einer Art geht zurück; es beginnt sich vielmehr ein Vegetationsmosaik herauszubilden, das in seiner floristisch-soziologischen Struktur erste Beziehungen zur Vegetation naturnaher Moor- und Heidegewässer mit gleichfalls einseitigen Bedingungen aufweist.
  Die seit der Frühstufe bestehenden artenarmen Dominanzbestände der Pioniervegetation werden von den Siedlungen der neu aufkommenden Arten aus ihrer alleinigen Vorherrschaft verdrängt, in dem diese in die vorhandenen Lücken der älteren Bestände eindringen oder diese von außen her umwachsen. Besonders anschaulich läßt sich diese Vegetationsentwicklung an verschiedenen Arten der Röhrichte beobachten und wurde erstmalig vom Kabelbagger-Teich bei Schwarzheide beschrieben (Pietsch 1965).
- Herausbildung pflanzensoziologischer Einheiten, echter Pflanzengesellschaften in der Altersstufe
  In kleineren Gewässern von geringerer Wassertiefe, wie z. B. in den Bruchfeldgebieten bei Döbern und Weißwasser und einigen älteren Tagebaurestgewässern im Raum Lauchhammer und Grünewalde, im Kreis Senftenberg, sind bereits zahlreiche Ausbildungen echter Pflanzengesellschaften anzutreffen (Heym 1971; Pietsch 1973, 1979c).
  Es sind Ausbildungen der Klasse der Kleinwasserschlauch-Gesellschaften *(Utricularietea intermedio-minoris)*, wie die Gesellschaft des Kleinsten Igelkolbens *(Sparganietum minimi)* und die Torfmoos-Wasserschlauch-Gesellschaft *(Sphagno-Utricularietum minoris)*. Im flachen Litoralbereich von Gewässern mit schwach saurer bis neutraler pH-Reaktion siedeln auf feinsandigem, teils kiesigem Gewässerboden, dem jegliche Eisenhydroxid-Ablagerungen fehlen, Gesellschaften der Ordnung der europäischen Strandlingsrasen *(Littorelletalia uniflorae)*, wie die Strandlings-Nadelbinsen-Gesellschaft *(Littorello-Eleocharitetum acicularis)* und die Seggen-Borsten-Schmielen-Gesellschaft *(Carici-Deschampsietum setaceae)*. Die flachen Litoralbereiche mit teilweise mächtigen Eisenhydroxid-Schichten werden von Beständen der Ordnung der mitteleuropäischen Zwiebel-Binsen-Rasen *(Juncetalia bulbosi)* bewachsen. Hierher gehören die Torfmoos-Zwiebel-Binsen-Gesellschaft *(Sphagno-Juncetum bulbosi)*, die Zwiebel-Binsen-Knöterich-Laichkraut-Gesellschaft *(Junco bulbosi-Potametum polygonifolius)*, die Zwiebel-Binsen-reiche Gesellschaft des Verschiedenblättrigen Laichkrautes *(Junco bulbosi-Myriophylletum heterophyllae)* sowie die Gesellschaft des Pillenfarnes *(Pilularietum globuliferae)* auf sandigem Lehmboden.
  Echte Wasserpflanzengesellschaften der Seerosen- und Laichkrautgesellschaften *(Potametea)* sind in den Restgewässern des Lausitzer Braunkohlenreviers aufgrund der allgemein üblichen Aziditätsverhältnisse selten anzutreffen. Es handelt sich dabei um die Wasserfeder-Gesellschaft *(Hottonietum palustris)*, die Gesellschaft des Alpen-Laichkrautes *(Potametum alpinae)* und die Seerosen-Tausendblatt-Gesellschaft *(Myriophyllo-Nupharetum)*.
  Der Metamorphoseprozeß wird in Abb. 1 am Beispiel der Veränderung des Gesamtsalzgehaltes, als

Abb. 1. Gesamtsalzgehalt und absoluter Ionengehalt einiger Tagebaugewässer unterschiedlicher Altersstadien

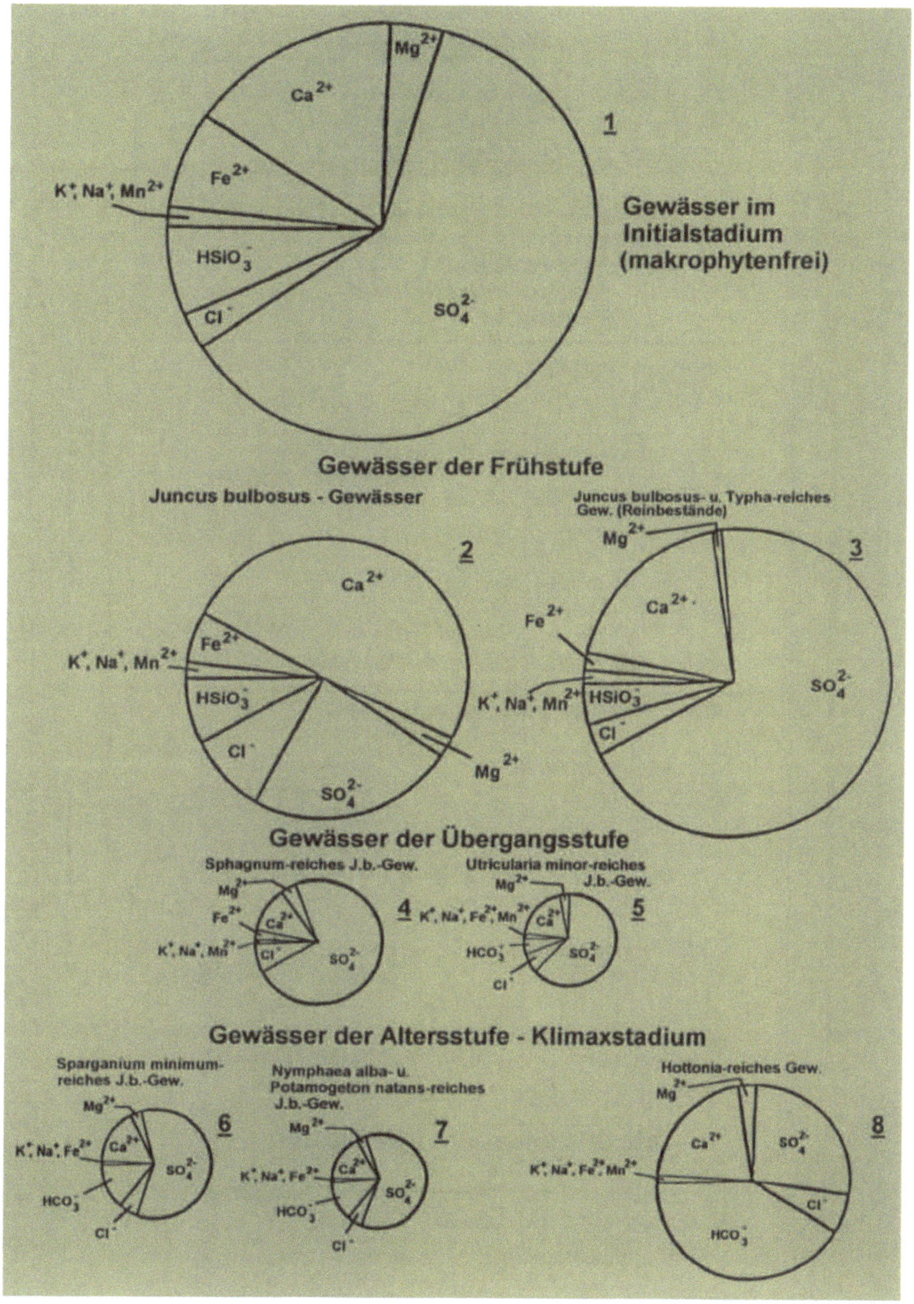

Ausdruck des absoluten Ionengehaltes der wichtigsten Kationen und Anionen, an acht ausgewählten Gewässern in Kreisdiagrammen veranschaulicht.

Die höchsten Konzentrationen im Gesamtsalzgehalt weisen die ersten drei Tagebauseen des makrophytenfreien Initialstadiums (Beispiel 1) und der Frühstufe mit den *Juncus bulbosus*- und Typha-Dominanzbeständen (Beispiele 2 und 3) auf. Diese Gewässer besitzen die größten Kreisflächen der Diagramme.

Im Verlaufe des Metamorphoseprozesses nimmt der Gesamtsalzgehalt ständig ab; die Mengen an Eisen, Calcium und Sulfat werden geringer. Die Beispiele 4 und 5 charakterisieren Gewässer der Übergangsstufe mit auffällig kleineren Kreisflächen. Es handelt sich um Utricularia-reiche *Juncus bulbosus*-Gewässer.

Noch weit ausgeglichener sind die Verhältnisse in den *Sparganium minimum*-reichen *Juncus bulbosus*-Gewässern (Beispiel 6) und dem *Nymphaea alba*- und *Potamogeton natans*-reichen *Juncus bulbosus*-Gewässern (Beispiel 7), der Altersstufe, die dem Klimaxstadium entsprechen. Bei einem geringeren Gesamtsalzgehalt, durch wesentlich kleinere Kreisflächen darge-

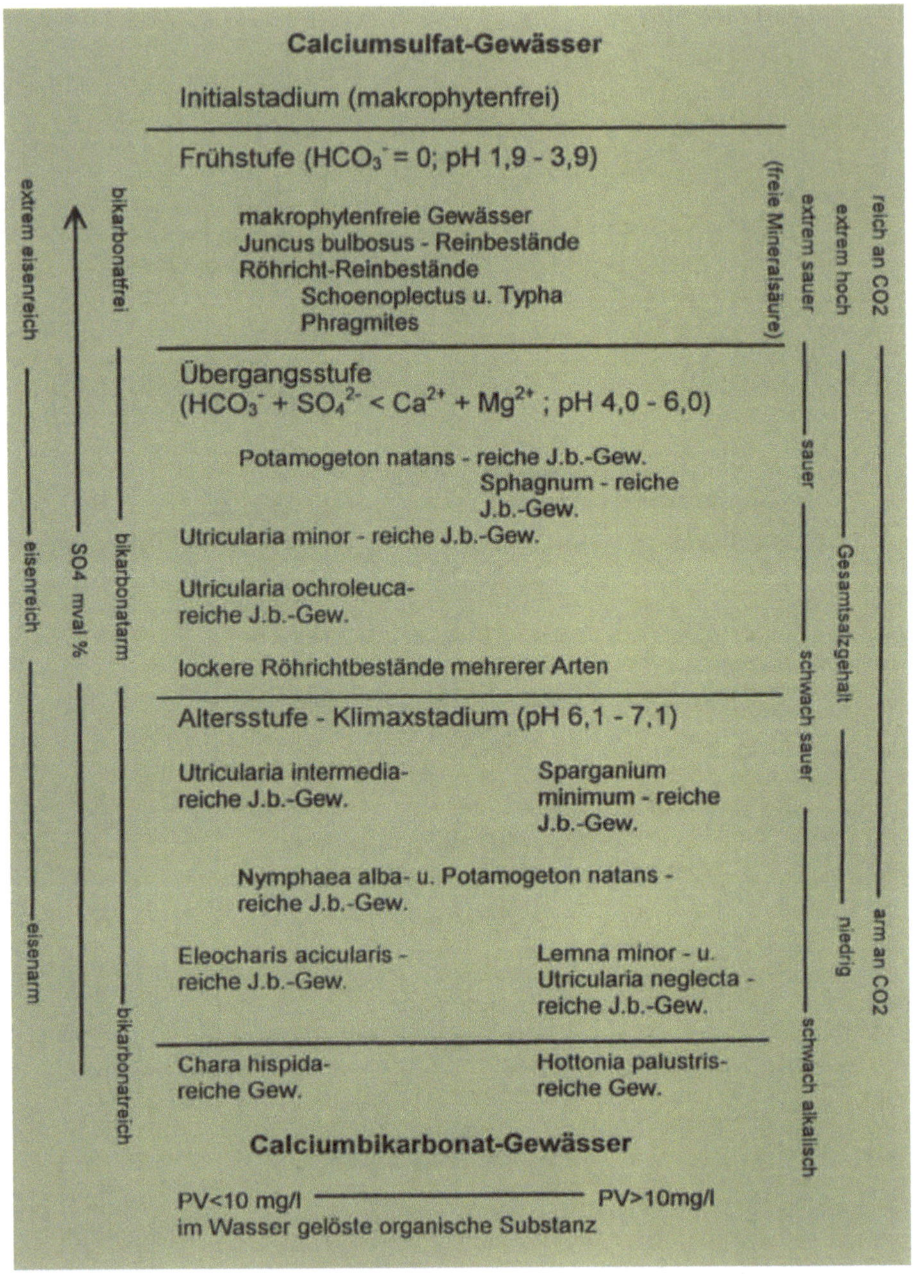

Abb.2 Verteilung der Makrophytenvegetation in den Tagebaugewässern des Lausitzer Braunkohlenrevieres in Abhängigkeit von der hydrochemischen Beschaffenheit und der Gewässergenese

stellt, hat der Anteil an Hydrogenkarbonat beachtlich zugenommen. Die Gewässer sind ausgesprochen eisenarm.
Während die Größe der Kreisflächen der Ionendiagramme von den Beispielen 1–7 ständig kleiner werden, zeigt sich im Gewässer des Beispieles 8 wieder eine Zunahme des absoluten Ionengehaltes, durch eine größere Kreisfläche veranschaulicht. An die Stelle des Sulfates ist das Hydrogenkarbonat als vorherrschendes Anion getreten. Aus einem mineralogen-azidotrophen Calcium-Sulfat-Gewässer ist ein Calcium-Hydrogenkarbonat-Gewässer entstanden.

Während die azidophilen Vertreter der Juncetalia bulbosi-Vegetation fehlen, haben sich echte Wasserpflanzenarten, wie Wasserpriemel *(Hottonia palustris)*, Krauses Laichkraut *(Potamogeton crispus)* und Ähriges Tausendblatt *(Myriophyllum spicatum)* entwickelt und bilden eine charakteristische *Potametea*-Vegetation.
Die Verbreitung und Zusammensetzung der aquatischen Makrophytenvegetation in Abhängigkeit von der Gewässergenese wird in Abb. 2 dargestellt.
Die Amplitude der Besiedlungsfähigkeit reicht von den extrem sauren, eisenreichen, bikarbonatfreien

Tabelle 2. Zeigerwert der Vegetationstypen der aquatischen Makrophytenarten der Restgewässer des Lausitzer Braunkohlenrevieres

Gewässer-typen	Vegetationstypen	hydrochemische Güteparameter nach Häufikeitsklassen						
		pH	SO_4	HCO_3	Abdampf-rückstand	Cl	Fe	Ges H
0	Markophytenfreie Gewässer	2–3	8–10	0	10–11	7–9	10–11	10–12
1	*Juncus bulbosus*-Reinbestände	2–3	6–10	0	7–11	3–8	6–11	5–11
2	Röhricht-reiche Gewässer							
2a	Röhricht-Reinbestände	2–3	5–10	0	6–11	3–9	6–11	4–11
2b	Röhricht-Bestände mehrerer Arten	4–7	0–5	0–1	0–6	0–4	0–5	0–5
3	*Myriophyllum heterophyllum*-reiche *Juncus bulbosus*-Gewässer	3–6	3–6	0	4–8	3–7	5–9	4–9
4	*Potamogeton natans*-reiche *Juncus bulbosus*-Gewässer	4–6	3–5	0–1	3–5	1–3	3–5	1–3
5	*Utricularia minor*-reiche *Juncus bulbosus*-Gewässer	5–6	4–5	1–2	4–5	1–3	1–3	1–2
6	*Sphagnum*-reiche *Juncus bulbosus*-Gewässer	4–5	2–3	0–1	2–3	1–2	3	1–2
7	*Pilularia globulifera*-reiche *Juncus bulbosus*-Gewässer	4–6	0–2	1–3	1–2	1–2	0	2–3
8	*Utricularia intemedia*- u. *Sparganium minimum*-reiche *Juncus bulbosus*-Gewässer	6–7	0–1	3–4	0–1	0–1	0–1	0–1
9	*Nymphaea alba*- u. *Potamogeton natans*-reiche *Juncus bulbosus*-Gewässer	6–7	0	1–4	0	0–1	0–(1)	0–1
10	Eleocharis acicularis-u. Littorella uniflora-reiche Gewässer	7–8	0	4–5	0	0	0	0
11	*Potamogeton crispus*- u. *Myriophyllum spicatum*-reiche Gewässer	7–9	0–1	4–11	0–1	0–1	0	0–1
12	*Alisma plantago-aquatica*-reiche Gewässer	7–9	0	6–8	0	0	0	0
13	*Chara hispida*-reiche Gewässer	7–9	0–1	6–11	1–4	0–1	0	2–3

Legende zu Tabelle 2
Übersicht der Häufigkeitsklassen 7 verschiedener Wassergüte-Paramter

Häufigkeitsklasse	pH	Wassergüte-Parameter					
		Abdampfrückstand [mg/l]	Sulfat SO_4 [mg/l]	Bikarbonat HCO_3 [mg/l]	Ges.-Eisen Fe [mg/l]	Chlorid Cl [mg/l]	Ges.-Härte [dH]
0	0– 0,95	0– 199	0– 199	0	0– 2,5	0– 9,9	0– 5,0
1	1– 1,95	200– 399	200– 399	0,1– 10	2,6– 5,0	10–19,9	5,1–10
2	2,0– 2,95	400– 599	400– 599	10,1– 20	5,1– 7,5	20–29,9	10,1–15
4	4,0– 4,95	800– 999	800– 999	30,1– 40	10,1– 15	40–49,9	20,1–25
5	5,0– 5,95	1000–1199	1000–1199	40,1– 50	15,1– 20	50–59,9	25,1–30
6	6,0– 6,95	1200–1399	1200–1399	50,1– 60	20,1– 30	60–69,9	30,1–35
7	7,0– 7,95	1400–1599	1400–1599	60,1– 70	30,1– 40	70–79,9	35,1–40
8	8,0– 8,95	1600–1799	1600–1799	70,1– 80	40,1– 50	80–89,9	40,1–45
9	9,0– 9,95	1800–1999	1800–1999	80,1– 90	50,1– 75	>90	45,1–50
10	10,0–10,95	2000–2200	>2000	90,1–100	75,1–100		50,1–55
11	>11	>2200		>100	>100		55,1–60
12							>60

Tagebaugewässern des Initialstadiums und der Frühstufe im oberen Teil der Abb. 2 bis zu den bikarbonatreicheren Stadien der Gewässer der Altersstufe mit einer schwach sauren bis neutralen, schwach alkalischen Wasserbeschaffenheit im unteren Teil der Abb. 2. Im Verlaufe des Metamorphoseprozesses erfolgt eine Veränderung mineralogen-azidotropher Calcium-Sulfatgewässer aus bikarbonatfreien über hydrogenkarbonatreichere Stadien hin zu Calcium-Hydrogenkarbonat-Gewässern. In den Restgewässern des Lausitzer Braunkohlenrevieres läßt sich im Zusammenhang mit dem Metamorphoseprozeß ebenfalls eine Veränderung in der Vegetationsstruktur, eine bestimmte Aufeinanderfolge von Wasser- und Sumpfpflanzenarten, beobachten. Aus dem jeweiligen Vegetationsstadium lassen sich deutliche Rückschlüsse über den eingetretenen und gegenwärtigen Zustand der Gewässer gewinnen.

Der obere Teil der Abb. 2 enthält die makrophytenfreien Gewässer des Initialstadiums und der Frühstufe. Darunter angeordnet sind die artenarmen Dominanzbestände der Zwiebel-Binse *(Juncus bulbosus)* und verschiedene Röhrichtarten.

Der mittlere Teil der Übersicht wird durch die Wasserpflanzenarten und Vegetation der Übergangsstufe charakterisiert.

Den unteren Teil nehmen die verschiedenen Pflanzengesellschaften der Altersstufe ein. In ihrer floristisch-soziologischen Struktur und der ökologischen Beschaffenheit ihrer Siedlungsgewässer haben sie sich den naturnahen Moor- und Heidegewässern stark angenähert.

5
Zeigerwert der aquatischen Makrophytenvegetation

Die Beschaffenheit der Wasserkörper und Bodensubstrate der bis zu 5 m tiefen Wasserbereiche läßt sich gut durch die Struktur der jeweils vorherrschenden aquatischen Makrophytenvegetation kennzeichnen.

Zur Charakterisierung der hydrochemischen Beschaffenheit werden die sieben wichtigsten Kenngrößen, in Häufigkeitsklassen unterteilt, zur Kennzeichnung des Zeigerwertes der Wasserpflanzenvegetation verwendet. Es handelt sich um die Häufigkeitsklassen des pH-Wertes, des Gehaltes an Sulfat, an Hydrogenkarbonat, Gesamtabdampfrückstand, Chlorid, Gesamteisen und Gesamthärte. Der Konzentrationsbereich der Häufigkeitsklassen wird aus der Legende zu Tabelle 2 ersichtlich. Die in Tabelle 2 verwendeten Ziffern dienen der Klassifizierung der Metamorphosestadien der Tagebaurestgewässer auf der Grundlage der Bioindikation von aquatischen Makrophytenbeständen.

Die Indikationseigenschaften der 14 wichtigsten Gewässerstadien werden im folgenden kurz dargestellt und erläutert:

- 1. Makrophytenfreier Gewässertyp (Gewässertyp 0)
  Es handelt sich um Tagebauseen des Initialstadiums bzw. der Frühstufe mit extrem saurer Wasserreaktion (pH 1,9–3,5), hohem Gehalt an freier Mineralsäure, insbesondere Schwefelsäure, und hohem Gehalt an Eisen, Mangan, Aluminium und Sulfat. Bei ungünstigen geomorphologischen Voraussetzungen fehlt ein flacher Litoralbereich; bei tiefer, beckenartiger Gestalt ist dieser Gewässertyp ständigen Masseneintragungen ausgesetzt.
- 2. Zwiebel-Binsen – Reinbestände (Gewässertyp 1) – *Juncus bulbosus*-Dominanzbestände
  Diese Bestände stellen die Erstbesiedlungsvegetation der Tagebaurestgewässer des Initialstadiums und der Frühstufe bei extremen hydrochemischen Verhältnissen, aber günstigen geomorphologischen Voraussetzungen dar.
  Diese ausgesprochenen Rohbodenpioniere sind der verbreitetste Vegetationstyp im Lausitzer Braunkohlenrevier.
- 3. Röhricht-reiche Gewässer (Gewässertyp 2a u. 2b)
  - a. Individuenreiche Einartbestände von Schilf *(Phragmites australis)*, Teich-Simse *(Schoenoplectus lacustris)* und Schmal- und Breitblättrigem Rohrkolben *(Typha angustifolia, T. latifolia)* siedeln auf dicken Eisenhydroxid-Schlammdekken oder am sandigen Uferbereich der Gewässer der Frühstufe, meistens von dichten *Juncus bulbosus*-Beständen durchsetzt.
  - b. Lockere Röhrichtbestände, aus mehreren Arten zusammengesetzt, bewachsen die Litoralbereiche der Tagebauseen der Übergangsstufe.
- 4. Verschiedenblättriges Tausendblatt-reiche Zwiebel-Binsen-Bestände (Gewässertyp 3) – *Juncus bulbosus*- und *Myriophyllum heterophyllum*-reiche Bestände
  Der gesamte Wasserkörper wird von dichten flutenden Beständen von *Juncus bulbosus* und *Myriophyllum heterophyllum* ausgefüllt (Pietsch u. Jentsch 1984). Verschiedentlich werden die flutenden Rasen von Röhrichtbeständen durchsetzt (*Phragmites australis, Schoenoplectus lacustris, Typha latifolia* und *Sparganium emersum*). Auf sandig-kiesig fraktionierten, humusarmen Bodensubstraten haben sich verschiedentlich auch Bestände von *Pilularia globulifera* entwickelt. Es handelt sich um nährstoffarme, kalkarme Gewässer mit pH-Werten im sauren Bereich, die reich an zweiwertigem Eisen, Calcium und Sulfat sowie an gelöster freier Kohlensäure (CO_2) sind. Die Gewässer sind ausgesprochen arm an Ammonium und an im Wasser gelöster organischer Substanz. Der Gewässerboden besteht überwiegend aus eisenhydroxidreichen Ablagerungen, die das ursprünglich sandige Rohbodensubstrat des Gewässers überziehen.
- 5. Laichkraut-reiche Zwiebel-Binsen-Gewässer (Gewässertyp 4) – *Potamogeton natans*-reiche *Juncus bulbosus*-Bestände
  Bestände des Schwimmenden Laichkrautes *(Potamogeton natans)* und der Zwiebel-Binse *(Juncus bulbosus)* kennzeichnen Tagebauseen der Übergangsstufe mit bereits etwas weniger extremer chemischer Beschaffenheit sowohl des Wasserkörpers als auch des Gewässerbodens: pH 4,2; Fe 7,0–25 mg/l; Gesamthärte 5–25 °dH GH; erstes Auftreten geringer Mengen an gebundener Kohlensäure (Hydrogenkarbonat); freie Schwefelsäure fehlt dem Wasserkörper.
- 6. Wasserschlauch-reiche Zwiebel-Binsen-Gewässer (Gewässertyp 5) – *Utricularia minor*-reiche *Juncus bulbosus*-Bestände
  Der Kleine Wasserschlauch *(Utricularia minor)* bildet zusammen mit den bereits vorhandenen Primärstadien von *Juncus bulbosus* eine charakteristische, im Wasser flutende Vegetation, von den schwebenden Decken der Utricularia überlagert, in Tagebauseen der Übergangsstufe mit saurer Wasserreaktion aber bereits erhöhten Werten von im Wasser gelöster organischer Substanz (pH 4,5–6,2; organische Substanz < 15 mg/l $KMnO_4$; Sulfat < 400 mg/l).
  Gegenüber dem Gewässertyp 4 weisen die *Utricularia*-reichen Standorte einen höheren Eisengehalt auf.
- 7. Torfmoos-reiche Zwiebel-Binsen-Gewässer (Gewässertyp 6) – *Sphagnum*-reiche *Juncus bulbosus*-Bestände
  Flutende Torfmoose (*Sphagnum cuspidatum, Sph. obesum* und *Sph. inundatum*) bilden zusammen mit der Zwiebelbinse eine dichte, flutende Vegetation, die kennzeichnend für Gewässer der Übergangsstufe mit einem erhöhten Gehalt an Ammonium, Eisen und an im Wasser gelöster organischer Substanz ist. Das Eindringen der Torfmoose vom Uferbereich her führt zu einer Veränderung des pH-Wertes in den sauren bis stark sauren Bereichen bei gleichzeitiger Verminderung des Gesamtsalzgehaltes (Pietsch 1970): pH 3,6–5,2; Gesamteisen 15–40 mg/l; NH_4 2–4,5 mg/l; organische Substanz > 25 mg/l $KMnO_4$.
- 8. Pillenfarn-reiche Gewässer (Gewässertyp 7) – *Pilularia globulifera*-reiche Bestände
  Der Pillenfarn *(Pilularia globulifera)* bildet großflächig eine dichte, im Wasser flutende Vegetation v. a. an Standorten, an denen Rückstände von lehmhaltigem Kippmaterial den Gewässergrund und die Litoralbereiche auskleiden. Es sind elektrolytreiche, calcium- und sulfatreiche Restgewässer mit saurer bis schwach saurer Wasserreaktion. Dem Wasserkörper

fehlt jegliche freie Mineralsäure; er wird durch geringe Mengen an Gesamteisen, an Ammonium und an im Wasser gelöster organischer Substanz gekennzeichnet. Den Standorten fehlen mächtige eisenhydroxidreiche Ablagerungen; die Gewässersedimente zeichnen sich durch erhöhte Mengen an Aluminium, Mangan und Molybdän aus (pH 4,4–7,1; Gesamteisen 0,01–1,1 mg/l; organische Substanz < 30 mg/l $KMnO_4$; freie Kohlensäure 9–12 mg/l CO_2 sowie geringe Mengen an Hydrogenkarbonat 0–15,3 mg/l HCO_3 und Sulfat mit 108–292 mg/l SO_4.

- 9. Wasserschlauch- und Igelkolben-reiche Zwiebel-Binsen-Gewässer (Gewässertyp 8) – *Utricularia intermedia*- und *Sparganium minimum*-reiche *Juncus bulbosus*-Bestände
Der Mittlere Wasserschlauch *(Utricularia intermedia)* und der Kleinste Igelkolben *(Sparganium minimum)* kennzeichnen eisenarme und nährstoffarme Tagebaurestgewässer der Altersstufe und die kleineren Restgewässer von geringerer Wassertiefe der Bruchfeldgebiete. Es ist der verbreitetste Gewässertyp im Bereich des Muskauer Faltenbogens, der stets auf eine schwach saure Wasserreaktion bei geringen Mengen an organischer Substanz im Wasserkörper hinweist (pH 6,1–7,2; Sulfat 78–200 mg/l SO_4; Gesamteisen < 2,0 mg/l Fe_t; organische Substanz < 20 mg/l $KMnO_4$). Die Gewässer zeichnen sich durch eine klare Wasserfarbe und hohe Sichttiefe aus. Dieser Vegetationstyp entspricht bereits den Vegetationsverhältnissen der naturnahen Moor- und Heideteiche sowie der Schlenken in Zwischenmoorkomplexen *(Sparganietum minimae, Junco bulbosi- Utricularietum intermediae)*.

- 10. Seerosen- und Laichkraut-reiche Zwiebel-Binsen-Gewässer (Gewässertyp 9) – *Nymphaea alba*- und *Potamogeton alpinus*-reiche *Juncus bulbosus*-Bestände
Schwimmendes Laichkraut *(Potamogeton natans)*, Alpen-Laichkraut *(P. alpinus)*, Knöterichblättriges Laichkraut *(P. polygonifolius)* und die Weiße Seerose *(Nymphaea alba)* bilden zusammen mit der Zwiebel-Binse *(Juncus bulbosus)* eine dichte, flutende Vegetation, die die Becken kleinerer Restgewässer völlig ausfüllt; bei größeren Tagebauseen als lockere Bestände bis in 3 m Wassertiefe vordringt und v. a. in Gewässern der Altersstufe verbreitet ist. Die Eisenhydroxid-Schlammdecken der Gewässerböden sind bereits von dicken Auflagen organischer Substanz überlagert. Bei schwach saurer bis neutraler Wasserbeschaffenheit besitzt der Wasserkörper wesentlich geringere Mengen an Calcium, Eisen, Magnesium, Sulfat und an Chlorid als die vorher genannten Gewässertypen.

- 11. Nadelbinsen- und Strandlings-reiche Gewässer (Gewässertyp 10) – *Eleoacharis acicularis*- und *Littorella uniflora*-reiche Bestände
Die Nadelbinse *(Eleocharis acicularis)*, der Strandling *(Littorella uniflora)*, die Borsten-Schmiele (*Deschampsia setacea*) und der Wasserpfeffer-Tännel (*Elatine hydropiper*) kennzeichnen Bergbaurestgewässer der Altersstufe mit schwach saurer bis schwach alkalischer Wasserbeschaffenheit und einem sehr geringen Gehalt an gelöster organischer Substanz. Die flachen Litoralbereiche der Gewässer besitzen ein feinsandig- bis kiesig-fraktioniertes Bodensubstrat, oft von tonig-lehmigen Massen unterlagert. Da Eisenhydroxid-Schlammdecken fehlen, ist dieser nur selten verbreitete Gewässertyp zum Baden besonders geeignet. Die Vegetationsverhältnisse entsprechen etwa denen der Fischteiche und Heidegewässer der Lausitzer Niederung.

- 12. Laichkraut- und Ähren-Tausendblatt-reiche Gewässer (Gewässertyp 11) – *Potamogeton crispus*- und *Myriophyllum spicatum*-reiche Bestände
Ähren-Tausendblatt *(Myriophyllum spicatum)*, Krauses Laichkraut *(Potamogeton crispus)*, Wasserfeder *(Hottonia palustris)* und Kanadische Wasserpest *(Elodea canadensis)* charakterisieren Gewässer der Altersstufe mit schwach alkalischer Wasserreaktion (pH 7,1–7,4) und einem beachtlichen Gehalt an Bikarbonat (> 30 mg/l HCO_3); der Gehalt an Eisen liegt in einem Konzentrationsbereich < 0,1 mg/l Fe. Es handelt sich um Calcium-Bikarbonatgewässer, in denen der Anteil des Bikarbonates höher ist als derjenige des Sulfates.
Die Zwiebelbinse fehlt diesem Gewässertyp aufgrund der ganzjährig alkalischen Wasserreaktion. Sie beschränkt sich vielmehr auf die Gewässer vom Calcium-Sulfat-Typ, den mineralogen-azidotrophen Gewässern vom Typ 1–10.

- 13. Froschlöffel- und Flut-Schwaden-reiche Gewässer (Gewässertyp 12) – *Alisma plantago-aquatica*- und *Glyceria fluitans-reiche* Bestände
Froschlöffel *(Alisma plantago-aquatica)*, Pfeilkraut *(Sagittaria sagittifolia)* und Flutender Schwaden *(Glyceria fluitans)* bilden ein Kleinröhricht, das charakteristisch ist für die flachen Buchten und Litoralbereiche von Restgewässern der Altersstufe, mit neutraler bis schwach alkalischer Wasserbeschaffenheit und sandig-kiesig fraktioniertem Bodensubstrat, dem jegliche Eisenhydroxid-Schlammauflagen und mächtige organische Ablagerungen fehlen.
Die Vegetation entspricht den für die Lausitz charakteristischen Kleinröhrichten der Gräben und Teiche.

- 14. Armleuchteralgen-reiche Gewässer (Gewässertyp 13) – *Chara hispida*-Dominanzbestände
Chara hispida besiedelt in dichten Unterwasserrasen in 1,6–3,2 m Tiefe große Flächen des Gewässerbodens und bildet ausgedehnte unterseeische Wiesen. Das Bodensubstrat besteht aus nährstoff- und humusarmem, kalkhaltigem Material, das ausgesprochen arm an Eisen, Mangan und Aluminium ist. Im flachen Wasserbereich sind vereinzelt verschiedene Potamogeton-Arten vorhanden. *Juncus*

bulbosus fehlt auch diesen ganzjährig alkalischen Restgewässern völlig. Es handelt sich um den seltensten Gewässertyp im Lausitzer Braunkohlenrevier, da zumeist kalkhaltige Mergelschichten dem miozänen Abraummaterial fehlen. Dieser Gewässertyp ist vorherrschend in der Mehrzahl der Tagebauseen des Mitteldeutschen sowie des Kölner Braunkohlenreviers und der Ville (Herbst 1966; Bauer 1970; Pietsch 1991).

6 Schlußfolgerung

Durch die intensive Bergbautätigkeit in der Lausitz wurde die Mehrzahl der Siedlungsgewässer der Wasserpflanzenvegetation zerstört. Jedoch erfolgte nach der Auskohlung der Gebiete ohne weitere Beeinflussung durch den Menschen, d. h. ohne anthropogene Beschleunigung der Gewässergenese im Verlaufe mehrerer Jahrzehnte eine erneute Besiedlung der zurückgelassenen bzw. entstandenen Restgewässer durch Arten der azidophilen Ufergesellschaften der Ordnung der *Juncetalia bulbosi* innerhalb der Klasse der *Littorelletea*. Es ist fraglich, ob vor Beginn der Bergbautätigkeit in der Lausitz überhaupt so viele Vorkommen atlantisch verbreiteter Wasserpflanzenarten bestanden, wie es gegenwärtig der Fall ist.

Die Tagebaurestgewässer des Lausitzer Braunkohlenreviers sind aufgrund des anstehenden Rohbodensubstrates ideale Initialstadien für die Herausbildung und Refugien für die Erhaltung von Vorkommen seltener Pflanzenarten des atlantischen Florenelementes, die für die Wasserpflanzenvegetation der Lausitzer Niederung so bezeichnend sind.

Allerdings finden die Wasserpflanzenarten der Klassen *Potametea* und *Lemnetea*, wie sie früher für die Altwässer der Schwarzen Elster charakteristisch waren, in den mineralogen-azidotrophen Restgewässern keine geeigneten Wuchsbedingungen. Erst durch die Schaffung geeigneter ökologischer Vorrangflächen für Gewässer mit verminderten Aziditätsverhältnissen und erhöhten Mengen an gebundener Kohlensäure und an Nährstoffen ließen sich Lebensräume für die Wassernuß und die Krebsschere einrichten.

7 Zusammenfassung

Am Beispiel von 234 Tagebaugewässern des Lausitzer Braunkohlenreviers wird die pflanzliche Wiederbesiedlung in Abhängigkeit vom Chemismus des Wasserkörpers und von der Sedimentbeschaffenheit dargestellt.

Die Zwiebel-Binse *(Juncus bulbosus)* leitet die Besiedlung sämtlicher saurer Bergbaurestgewässer der Lausitz ein und entfaltet mit artenarmen Dominanzbeständen eine charakteristische Pioniervegetation, die als flutende oder untergetauchte Rasen bis in 5 m Wassertiefe vordringt.

Die Gewässer unterliegen einem Metamorphoseprozeß. Es erfolgt eine Entwicklung aus einem Initialstadium heraus über eine Frühstufe mit extremen Standortverhältnissen über eine Übergangsstufe hin zu einem Altersstadium, das einem Klimaxstadium gleichkommt. Mit fortschreitendem Metamorphoseprozeß erfolgt eine Zunahme der aquatischen Makrophytenarten (der Wasser- und Sumpfpflanzen sowie der Röhrichte). Die Vorkommen der Wasserpflanzenarten werden durch die pH-abhängige Löslichkeitsverteilung der C-Verbindungen, den Gehalt an freier und gebundener Kohlensäure (CO_2 und HCO_3) und durch das jeweilige Genesestadium der Gewässer bestimmt.

Die Besiedlung verläuft von artenarmen Dominanzbeständen in bikarbonatfreien mineralogen-azidotrophen Gewässern der Frühstufe über Vegetationsmosaike der bikarbonatarmen Übergangsstufe, aus verschiedenen Arten zusammengesetzt, bis zur Herausbildung erster pflanzensoziologischer Einheiten, echter Pflanzengesellschaften in den Gewässern der Altersstufe.

Der Zeigerwert der aquatischen Markophyten wird am Beispiel 13 verschiedener Vegetationstypen zur Charakterisierung verschiedener Sukzessionsstadien der Gewässerentwicklung vorgestellt.

LITERATUR

Barber E (1893) Beiträge zur Flora des Elstergebietes in der preußischen Oberlausitz. Abh Naturf Ges Görlitz 20: 147–166

Bauer H J (1970) Untersuchungen zur biozönologischen Sukzession im ausgekohlten Kölner Braunkohlenrevier. Natur und Landschaft 45 (8): 210–215

Herbst H V (1966) Limnologische Untersuchungen von Tagebaugewässern in den Rekultivierungsgebieten der Braunkohlenindustrie im Kölner Raum. Minist. f. Ernährung, Landwirtschaft u. Forsten, Nordrhein-Westfalen, S 1–120

Heym W-D (1971) Die Vegetationsverhältnisse älterer Bergbau-Restgewässer im westlichen Muskauer Faltenboden. Abh Ber Naturkundemus Görlitz 46: 1–40

Müller H J (1961) Zur Limnologie der Restgewässer des Braunkohlenbergbaus. Verh Internat Ver Theor Angew Limnologie 14 (2): 850–854

Pietsch W (1965) Die Erstbesiedlungsvegetation eines Tagebaugewässers. Limnologica (Berlin) 3 (2): 177–222

Pietsch W (1966) Wasserchemie und Vegetationsentwicklung in den Tagebauseen des Lausitzer Braunkohlenrevieres. Niederlaus Flor Mitt (2): 34–41

Pietsch W (1970) Ökophysiologische Untersuchungen an Tagebaugewässern der Lausitz. Habilschrift, Fakultät für Bau-, Wasser- und Forstwesen, Technische Universität Dresden

Pietsch W (1973) Vegetationsentwicklung und Gewässergenese in den Tagebauseen des Lausitzer Braunkohlen-Revieres. Arch Naturschutz Landschaftsforsch 13 (3): 187–217

Pietsch W (1979a) Zur hydrochemischen Situation der Tagebaurestgewässer des Lausitzer Braunkohlen-Revieres. Arch Naturschutz Landschaftsforsch 19 (2): 97–115

Pietsch W (1979b) Klassifizierung und Nutzungsmöglichkeiten der Tagebaugewässer des Lausitzer Braunkohlen-Revieres. Arch Naturschutz Landschaftsforsch 19 (3): 187–215

Pietsch W (1979c) Zur Vegetationsentwicklung in den Tagebaugewässern des Lausitzer Braunkohlen-Reviers. Natur u. Landschaft Bez. Cottbus NLBC 2: 71–83

Pietsch W (1988) Vegetationskundliche Untersuchungen im NSG „Welkteich". Brandenburgische Naturschutzarbeit in Berlin und Brandenburg 24 (3): 82–95

Pietsch W (1990) Erfahrungen über die Wiederbesiedlung von Bergbaufolgelandschaften durch Arten des atlantischen Florenelementes. Abh Ber Naturkundemus Görlitz 64 (1): 65–68

Pietsch W (1991) Landschaftsgestaltung im Bezirk Cottbus, dargestellt am Beispiel des Senftenberger Sees. Abh Sächs Akad Wiss Leipzig Math-Nat Klasse 57 (3): 29–38

Pietsch W (1993) Restauration of green environments and harmonious landscapes in the Lusatian Lignite Area in Germany, based on the ecological situation. XV Internat. Botanical. Congress, Yokohama, Japan, Pacifico Yokohama, 28.8.–3.9.1993. 2.9.1-14, 1–16

Pietsch W (1996) Recolonization and development of vegetation on mine spoils following brown coal mining in Lusatia. Water, Air and Soil Pollution 91: 1–15

Pietsch W, Jentsch H (1984) Zur Soziologie und Ökologie von Myriophyllum heterophyllum Mich. in Mitteleuropa. Gleditschia 12 (2): 303–335

Naturschutzgebiete zum Studium der Sukzession der Vegetation in der Bergbaufolgelandschaft

56

Werner Pietsch

1 Einleitung

Durch den Braunkohlenabbau in der Lausitz wurden während der letzten Jahrzehnte einige Naturschutzgebiete vollständig oder teilweise devastiert, und andere waren von den Auswirkungen der Grundwasserabsenkungen betroffen. Es lag deshalb nahe, neue Naturschutzgebiete (NSG) in der Bergbaufolgelandschaft auszuweisen mit den vorrangigen Aufgaben, die Wiederbesiedlung zu erforschen und Schlußfolgerungen für künftige, in der Bergbaufolge- und Bergbaunachbarlandschaft einzurichtende Naturschutzgebiete oder für Maßnahmen der Landschaftsplanung und -gestaltung abzuleiten. Zum Studium der Primärbesiedlung und der Sukzession der Vegetation auf unterschiedlichen Kippsubstraten in zeitlicher Abfolge wurden in der Bergbaufolgelandschaft des Lausitzer Braunkohlenreviers 1981 und 1985 drei Naturschutzgebiete eingerichtet. Es handelt sich dabei um folgende Gebiete:

- NSG „Insel im Senftenberger See"
- NSG „Welkteich"
- NSG „Westmarkscheide-Mariensumpf"

Alle drei Gebiete enthalten Kippflächen und Halden sowie mit Wasser gefüllte Restlöcher. Die Erforschung der Sukzession der Vegetation erstreckte sich sowohl auf die terrestrischen als auch auf die semiaquatischen und aquatischen Bereiche. In dem vorliegenden Beitrag soll nur ein allgemeiner Überblick über die durchgeführten Untersuchungen und die daraus gewonnenen Erkenntnisse gegeben werden.

Für alle drei genannten Naturschutzgebiete wurden folgende Schutzziele und Aufgaben vorgegeben:

- Erhaltung primärer, durch den Menschen unbeeinflußter Rohbodenstandorte zum Studium der natürlichen Vegetationsentwicklung im Vergleich zur Entwicklung der Vegetation in Kiefernkulturen auf gleichen Standorten
- Erhaltung von Regenerationszentren konkurrenzschwacher Trockenrasengesellschaften
- Erhaltung isolierter, klarer, oligotropher, azidotropher Standgewässer
  - zum Studium der eigengesetzlich erfolgenden biologischen Regeneration,
  - zum kontrollierten Aufbau oligotropher Klarwasser-Ökosysteme
- Schaffung von Regenerationszentren für Arten des atlantischen Florenelementes mit zahlreichen gefährdeten Pflanzenarten und Pflanzengesellschaften
- Schaffung von Rückzugsgebieten für durch den Bergbau gefährdete Pflanzenarten *(Myrica gale, Rhynchospora fusca)*, die durch Umpflanzaktionen an diese neuen Standorte gebracht werden können
- Erhaltung von Brut- und Rastplätzen für Wasservögel
- Schaffung von Feuchtbiotopen und Laichplätzen für Lurche und Amphibien

- Studium der pflanzlichen Besiedlung von der Primärvegetation über verschiedene Sukzessionsreihen bis zu ersten Endstadien unter Herausbildung lockerer Gehölze in Abhängigkeit von unterschiedlichen Kippsubstraten
- Erfassung der Vegetationsstruktur und ihre Veränderung durch Einrichtung von Dauerbeobachtungsflächen
- Neben dem Sukzessionsprozeß der Vegetation ist parallel dazu die Genese der Kipp- und Bodensubstrate sowie der Wasserkörper in vorhandenen Restgewässern zu erfassen

Erste Untersuchungen über die Primärvegetation und wichtige Sukzessionsstadien in der Bergbaufolgelandschaft des Lausitzer Braunkohlenreviers wurden am Restgewässer Kabelbaggerteich und an verschiedenen angrenzenden Kippen durchgeführt (Pietsch 1965, 1996).

Später erfolgten weitere Untersuchungen durch Heym (1971) an den Bergbaugebieten des Muskauer Faltenbogens sowie an den Sukzessionsflächen des Tagebaues Greifenhain (Jentsch 1994). Von Untersuchungen über die Wiederbesiedlung der Bergbaufolgelandschaft und die Schaffung ökologischer Vorrangflächen berichtet in jüngerer Zeit Wiedemann (1991).

2
Naturschutzgebiet „Insel im Senftenberger See"

- Lage: Das Gebiet liegt im Südostteil des Senftenberger Sees zwischen Senftenberg, Niemtsch und Großkoschen; 98,5–119 m über NN
- Landschaftseinheit: technogen bestimmtes Gebiet in der oberen Elsterniederung
- Bedeutung: Regenerationszentrum für Böden, Flora und Fauna in der Bergbaufolgelandschaft des Lausitzer Braunkohlenreviers
- Größe (Meßtischblätter 4449, 4450, 4549, 4550): 899 ha Gesamtfläche (433 ha Landfläche, 466 ha Wasserfläche)

2.1
Geologie und Geomorphologie

Die Aufschlußarbeiten für den Tagebau begannen nach Angaben der LAUBAG (1991) im Jahre 1938. Die erste Kohleförderung erfolgte 1941 und reichte bis in die Jahre 1966/67. Nach 26 Jahren Bergbaubetrieb zur Gewinnung der hier aufgeschlossenen miozänen Rohbraunkohle wurde das Restloch des Tagebaues Niemtsch mit Wasser der Schwarzen Elster geflutet.

Der etwa 1 475 ha große Senftenberger See liegt im Bereich des Südlausitzer Urstromtales und ist geologisch eine der jüngsten Bildungen der Niederlausitz (Grosser 1982).

Im Südostteil des ehemaligen Tagebaues bilden aufgekippte Abraummassen aus pleistozänen und tertiären Deckschichten der Kohle zwei, bis zu 21 m über den heutigen Seespiegel herausragende, nur durch eine schmale Landbrücke im Süden miteinander verbundene Inselkerne mit stellenweise stark bewegtem Mesorelief und teils steilen, teils strandartig flach auslaufenden Ufern. Die beiden Inselkerne umgrenzen eine etwa 100 ha große Seebucht.

Das gemeinsame Südufer beider Inselkerne und die Ufer des westlichen Inselkernes sind in ihrem Verlauf zwar buchtig, aber auf der ganzen Linie gut überschaubar. Das Nordwestufer des östlichen Inselkernes zeichnet sich dagegen durch einen steten Wechsel zahlreicher schmaler, bis zu einem Kilometer langer Riegel und Wasserrinnen aus, die durch den Förderbrückenbetrieb und bei der Abraumschüttung verursacht wurden. Die Uferlinie der Insel ist morphogenetisch keineswegs stabilisiert; an den wasserdurchtränkten, sandigen Steilufern finden immer noch Staffelbrüche und Fließrutschungen statt. Darum ist das Betreten der Insel aus bodenmechanischen und hydrologischen Gegebenheiten noch nicht gestattet.

In den tiefsten Senken beider Inselkerne haben sich nach Flutung des Restloches vier kleine Seen bzw. Weiher gebildet, die eine unterschiedliche ökologische und hydrochemische Beschaffenheit aufweisen. Aufgrund unterschiedlicher Kippsubstrate unterscheiden sie sich wesentlich in der Vegetationsbesiedlung.

Im Jahre 1976 konnten in zwei größeren Gewässern noch Eisengehalte von 245 bzw. 361 mg/l sowie freie Mineralsäure in einer Menge von 12,6 bzw. 18,5 mval/l gemessen werden. Der Sulfatgehalt lag bei 2 300 und 2 600 mg/l SO_4^{2-}.

Entsprechend der Herkunft des Kippmaterials befinden sich die Kippböden in noch sehr jungen Entwicklungsstadien. Es herrschen Kippsande pleistozänen und tertiären Ursprungs vor, die im Wechsel sowohl flächig als auch schichtweise von Kippkohlesanden und Kohleletten durchsetzt sind. Lediglich am Ostufer des westlichen Inselteiles lagern nach Neumann (1975) kleinflächig von Mergelbrocken durchsetzte Kipplehme.

2.2
Vegetationsverhältnisse

Zur Untersuchung der Sukzession der Vegetation und der Veränderung der Kippsubstrate sowie der Wasserkörper wurden bereits 1972 Dauerbeobachtungsflächen angelegt. Es erfolgte eine regelmäßige Erfassung der Vegetationsstruktur sowie der Boden- und Wasserverhältnisse. Die Dauerflächen wurden auf den unter-

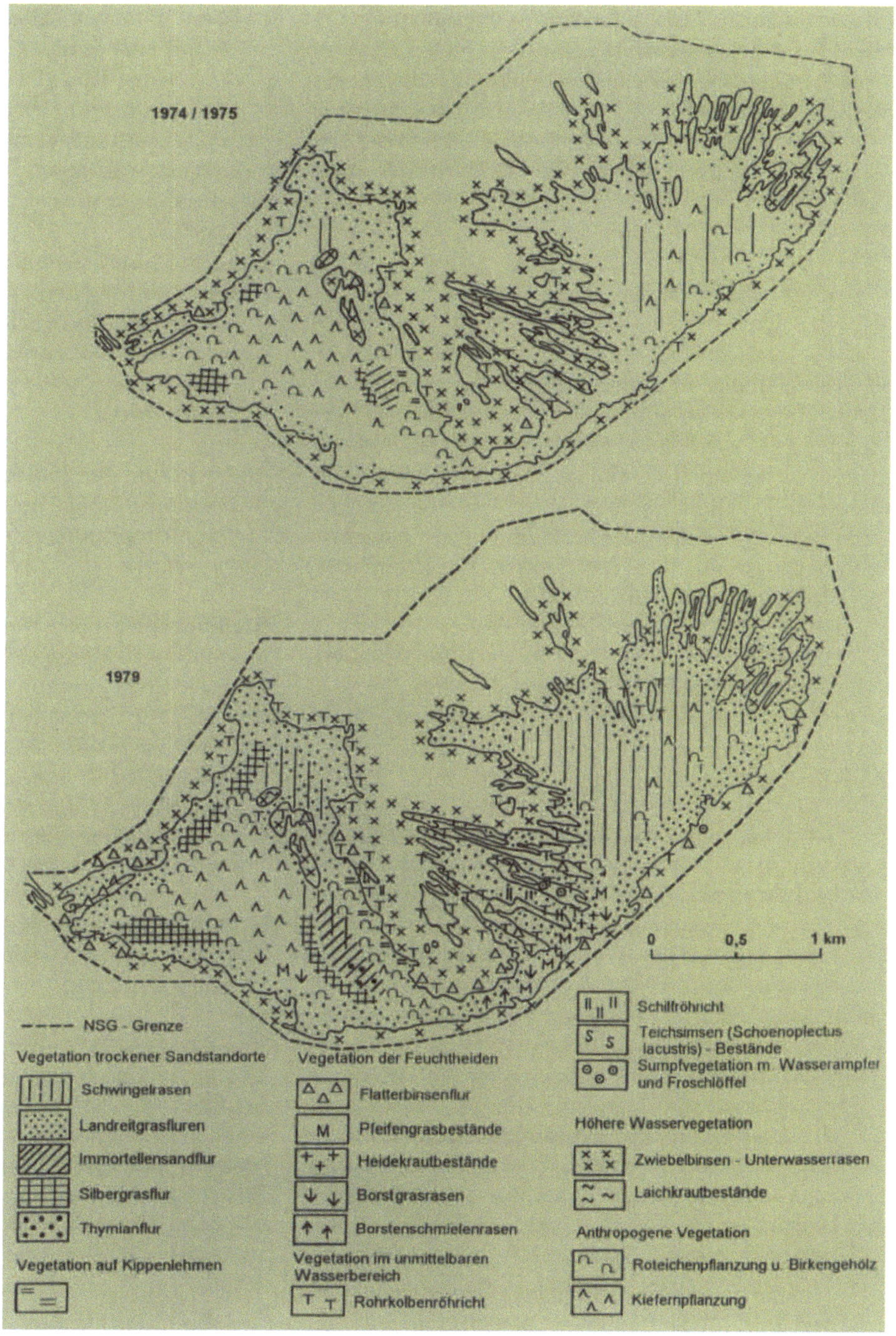

Abb. 1. Die Vegetationsentwicklung des NSG „Insel im Senftenberger See“

schiedlichen, durch Neumann (1975) im Inselbereich nachgewiesenen Kipp- und Bodensubstraten sowie in den Flachwasserbereichen angelegt.

Die Vegetationsentwicklung und pflanzliche Besiedlung der Kippsubstrate und Rohböden auf der Insel werden durch zwei Übersichten als vereinfachte Vegetationskarten für die Jahre 1974 und 1979 in Abb. 1 dargestellt.

Die obere Übersicht zeigt die Sukzession der Vegetation im Stadium der Spontanvegetation und der Entfaltung artenarmer Dominanzbestände. Abgesehen von zwei größeren Aufforstungsflächen mit Gemeiner Kiefer *(Pinus sylvestris)* und Roteiche *(Quercus rubra)* auf dem westlichen Inselbereich wird 1972 das Florenbild weitgehend von Pionierstadien einer Spontanvegetation und von Initialstadien von Sandtrockenrasen bestimmt (Situation 1974, Abb. 1).

In der unteren Übersicht (Situation 1979, Abb. 1) ist bereits die Ablösung früher Sukzessionsstadien und der Beginn der Herausbildung erster Pflanzengesellschaften zu erkennen. Je nach der Art des Kippsubstrates und dem Feuchtigkeitsgehalt der Standorte haben sich auch lockere Gehölzbestände herausgebildet. Besonders auffällig ist dabei auch der Anteil von ozeanischen und subozeanischen Arten, wie sie für den Bereich der Lausitzer Niederungen typisch sind (Pietsch 1983, 1988, 1996).

2.2.1 Terrestrische Sukzessionsreihe

Erstbesiedlungs- und Spontanvegetation

Die spontane Pflanzenbesiedlung beginnt nach der Verkippung der Substrate. Sie wird von Arten der verschiedensten Vegetationskomplexe der Bergbaunachbarlandschaft gebildet. Es überwiegen Arten der Ruderal- und Segetalvegetation, der Schlagfluren sowie der Wiesenvegetation und der Trockenrasen. Die Arten lassen sich folgenden Gruppen zuordnen:

- Arten der armen Sand-Trockenrasen:
  Silbergras *(Corynephorus canescens)*, Rot-Straußgras *(Agrostis capillaris)*, Schmalrispiges Straußgras *(A. coarctata)*, Sandstrohblume *(Helichrysum arenarium)*, Gemeiner Natternkopf *(Echium vulgare)*, Bergjasione *(Jasione montana)*, Sandthymian *(Thymus serpyllum)*, Hasenklee *(Trifolium arvense)*, Kleines Filzkraut *(Filago minima)*, Gemeine Nachtkerze *(Oenothera biennis)*, Kleinblütige Nachtkerze *(Oenothera parviflora)*, Feld-Beifuß *(Artemisia campestris)*.
- Arten der Heiden und Kahlflächen:
  Heidekraut *(Calluna vulgaris)*, Behaarter Ginster *(Genista pilosa)*, Kleiner Sauerampfer *(Rumex acetosella)*, Gemeine Hainsimse *(Luzula campestris)*, Kleines Habichtskraut *(Hieracium pilosella)*, Kanadisches Berufkraut *(Conyza canadensis)*, Gemeines Kreuzblümchen *(Polygala vulgaris)*, Heidenelke *(Dianthus deltoides)*, Golddistel *(Carlina vulgaris)*, Echter Ehrenpreis *(Veronica officinalis)*, Schmalblättriges Weidenröschen *(Epilobium angustifolium)*.
- Arten mesophiler Trockenrasen:
  Gemeiner Beifuß *(Artemisia vulgaris)*, Rainfarn *(Tanacetum vulgare)*, Gemeines Leinkraut *(Linaria vulgaris)*, Weißer Steinklee *(Melilotus alba)*, Schafschwingel *(Festuca ovina)*, Silberfingerkraut *(Potentilla argentea)*, Landreitgras *(Calamagrostis epigeios)*, Kanadische Goldrute *(Solidago canadensis)*, Scharfer Mauerpfeffer *(Sedum acre)*.
- Arten des Grünlandes und der Äcker, Arten der Segetal- und Ruderalflora:
  Gemeiner Hornklee *(Lotus croniculatus)*, Gemeiner Löwenzahn *(Taraxacum officinalis)*, Spitzwegerich *(Plantago lanceolata)*, Schafgarbe *(Achillea millefolium)*, Scharfer Hahnenfuß *(Ranunculus acris)*, Rotklee *(Trifolium pratense)*, Goldklee *(Trifolium aureum)*, Ackerschachtelhalm *(Equisetum arvense)*, Gänseblümchen *(Bellis perennis)*, Ackerkratzdistel *(Cirsium arvense)*, Ackerwinde *(Convolvulus arvensis)*, Huflattich *(Tussilago farfara)*, Wilde Möhre *(Daucus carota)*, Echte Kamille *(Chamomilla recutita)*, Ackerhundskamille *(Anthemis arvensis)*, Odermennig *(Agrimonia eupatoria)*, Acker-Gänsedistel *(Sonchus arvensis)*, Klebriges Greiskraut *(Senecio viscosus)*.
- Arten von Naßstandorten:
  Flatterbinse *(Juncus effusus)*, Knäuelbinse *(Juncus conglomeratus)*, Breitblättriger Rohrkolben *(Typha latifolia)*, Pfeifengras *(Molinia caerulea)*, Hirse-Segge *(Carex panicea)*, Spitzblütige Binse *(Juncus acutiflorus)*.

Die Leitarten der Spontanvegetation der Mehrzahl der Sukzessionsflächen sind *Senecio viscosus, Daucus carota, Tussilago farfara, Achillea millefolium* und *Chamomilla recutita*.

Stadium artenarmer Dominanzbestände

Im Jahre 1979 lassen sich folgende Sukzessionsstadien unterscheiden (Situation 1979, Abb. 1):

- Vegetation trockener Sandstandorte:
  Landreitgras *(Calamagrostis epigeios)*-Rasen, Immortellen *(Helichrysum arenarium)*-Sandflur, Straußgras *(Agrostis capillaris, A. coarctata)*-Fluren, Schwingel *(Festuca ovina)*-Rasen mit *Hypochoeris radicata*, Thymian *(Thymus serpyllum ssp. angustifolium)*-Flur, Nachtkerzen *(Oenothera parviflora-dioica)*-Fluren.
- Vegetation auf trockenen Flugsanden:
  Silbergras *(Corynephorus canescens)*-Flur als Pioniergesellschaft.

Die Immortellen-Sandflur und die Silbergrasflur werden durch folgende Begleiter gekennzeichnet: Bergfilzkraut *(Filago minima)*, Bauernsenf *(Teesdalia nudicaulis)*, Sandsegge *(Carex arenaria)*, Behaarte Segge *(Carex hirta)*, Vogelfuß *(Ornithopus perpusillus)*, Kleiner Sauerampfer *(Rumex acetosella)*, Frühe Haferschmiele *(Aira praecox)*, Nelkenschmiele *(Aira caryophyllea)* und Kleines Widertonmoos *(Polytrichum piliferum)*.

- Vegetation auf Kipplehmen:
  Schafschwingel *(Festuca ovina)*-Rasen mit Phrygischer Flockenblume *(Centaurea phrygia)*.

Stadium der Herausbildung echter Pflanzengesellschaften

Die Vegetation der terrestrischen Bereiche wird 20 Jahre nach der Flutung bereits durch folgende Pflanzengesellschaften gekennzeichnet:

- Vegetation der Sandtrockenrasen und Heiden
  - Sandspörgel-Silbergrasflur *(Spergulo-Corynephoretum canescentis)*
  - Filzkraut-Flur *(Filagini-Vulpietum)*

- Gesellschaft der Frühen Schmiele *(Airetum praecosis)*
- Heidenelken-Schafschwingelrasen *(Diantho-Armerietum)*
- Schafschwingelrasen *(Festucetum ovinae)*
- Ginster-Heidekraut-Zwergstrauchheide *(Genisto-Calunetum)*

Hier sind auch häufig großflächig ausgebildete artenarme Bestände einer für Sukzessionsflächen typischen Dauervegetation einzuordnen:

- Landreitgrasflur *(Calamagrostis epigejos-*Ges.*)*
- Immortellen-Sandflur *(Helichrysum arenarium-*Ges.*)*
- Thymianflur *(Thymus serpyllum-*Ges.*)*
- Nachtkerzenflur *(Oenothera parviflora-rubicaulis-*Ges.*)*

- Vegetation der Feuchtheiden
  - azidophile Pfeifengras-Feuchtheide *(Junco-Molinietum)*
  - Lungenenzian-Borstgras-Rasen *(Gentiano-Nardetum strictae)*
  - Sparrige Binsenflur *(Nardo-Juncetum squarrosi)*
  - Glockenheide-Heidekraut-Feuchtheide *(Erico-Callunetum)*
  - Glockenheideflur *(Ericetum tetralicis)*
  - Kriechweiden-Feuchtheide *(Salicetum repentis)*
  - Spitzblütiger Binsensumpf *(Juncetum acutiflorae)*
  - Sumpfreitgras-Flur *(Comaro-Calamagrostidetum canescentis)*
- Zwischenmoorvegetation
  - Kleinseggen-Hundstraußgras-Rasen *(Carici canescentis-Agrostidetum caninae)*
  - Schmalblättriges Wollgras-Torfmoos-Rasen *(Eriophorum angustifolium-Sphagnum recurvum-Ges.)*
  - Schnabelseggen-Ried *(Caricetum rostratae)*
  - Fadenseggen-Sumpf *(Caricetum lasiocarpae)*
  - Pfeifengras-Randsumpf (*Molinia caerulea*-Randsumpf)
- Vegetation der Gehölze und Waldbestände
  - Moorbirkenbruch *(Betuletum pubescentis)*
    - Wollgras-reiche Bestände *(Eriophoro-Betuletum)*
    - Pfeifengras-reiche Bestände *(Molinio-Betuletum)*
    - Sumpfreitgras-reiche Bestände
  - Weiden-Faulbaum-Gebüsch *(Salix aurita-Frangula alnus-*Ges.*)*
  - Sumpfreitgras-Schwarzerle-Gehölz (Calamagrostido canescentis-Alnetum)
  - Birken-Kiefern-Gehölz *(Betula pendula-Pinus sylvestris-*Bestände*)*
    - Landreitgras *(Calamagrostis epigeios)*-reiche Ausbildung
    - Silbergras *(Corynephorus canescens)*-reiche Ausbildung
    - Schafschwingel *(Festuca ovina)*-reiche Ausbildung
    - Wintergrün *(Pyrola)*-reiche Ausbildung
    - Orchideen *(Epipactis)*-reiche Ausbildung
    - Zwergstrauch *(Calluna vulgaris, Vaccinium vitis-idaea)*-reiche Ausbildung
    - Moos *(Bryophyten)*-reiche Ausbildung
    - Drahtschmielen *(Avenella flexuosa)*-reiche Ausbildung

Grünblütiges Wintergrün *(Pyrola chlorantha)*, Birngrün *(Ramischia secunda)*, Kleines Wintergrün *(Pyrola minor)* sowie das seltenere Moosauge *(Moneses uniflora)* charakterisieren ein Initialstatium der Rohhumusbodenentwicklung im Unterwuchs der aufwachsenden Gehölze. Das *Pyrola*-reiche Sukzessionsstadium wird später durch aufkommende Vergrasung verdrängt und überwachsen.

Das Auftreten von Orchideen kennzeichnet ein Sukzessionsstadium der Gehölzentwicklung auf lichten, wärmebegünstigten, humusarmen, pleistozänen Kippsubstraten, frei von tertiären Beimischungen. Braunroter Sitter *(Epipactis atrorubens)* und Breitblättriger Sitter *(Epipactis helleborine)*, vereinzelt auch Großes Zweiblatt *(Listera ovata)* sind kleinflächig in der Feldschicht verbreitet.

Die Standorte mit tertiären Kippsanden sind dagegen auch nach 25 Jahren frei von jeglichem Pflanzenbewuchs.

2.2.2
Semiaquatische und aquatische Sukzessionsreihen

Die eisenhydroxidreichen Ablagerungen über den sandigen, sandig-lehmigen oder kiesigen Kippsubstraten der Flachwasserbereiche werden von einer Pioniervegetation aus artenarmen Dominanzbeständen charakteristischer Leitarten besiedelt. Die Primärbesiedlung beginnt mit individuenreichen Einartbeständen ausgedehnter Unterwasserrasen von *Juncus bulbosus* und mächtigem, wuchskräftigen Röhrichtbeständen aus Schilf *(Phragmites australis)*, Breitblättrigem Rohrkolben *(Typha latifolia)*, seltener aus Teichsimsen-Röhricht *(Schoenoplectus lacustris)*.

Die Primärvegetation aus Zwiebelbinsen *(Juncus bulbosus)*-Dominanzbeständen ist die Leitvegetation der sauren und eisenreichen Tagebauseen der Lausitz.

Die ausschließliche Dominanz einer Art geht im Laufe der Zeit zurück. Es bildet sich ein Vegetationsmosaik heraus, das in seiner floristisch-soziologischen Struktur bereits erste Beziehungen zur naturnahen Moor- und Heidevegetation der Lausitzer Niederung aufweist. Im weiteren Verlauf ist dann die Herausbildung erster pflanzensoziologischer Einheiten im Sinne echter Pflanzengesellschaften festzustellen.

Arten des atlantischen Florenelementes, wie Borstenblatt-Schmiele *(Deschampsia setacea)*, Pillenfarn *(Pilularia globulifera)*, Vielstengliges Sumpfried *(Eleocharis muliticaulis)*, Knöterich-Laichkraut *(Potamogeton polygonifolius)* und vereinzelt auch Froschkraut

(Luronium natans) haben sich eingefunden und zählen zu den wichtigsten Kennarten der Ordnung *Juncetalia bulbosi* innerhalb der Klasse der *Littorelletea*.

Die Vegetation der Flachwasser- und Uferbereiche wird gegenwärtig durch folgende Pflanzengesellschaften gekennzeichnet:

- Dominanzbestände der Zwiebelbinse *(Ranunculo-Juncetum bulbosi)*
- Pillenfarn-Gesellschaft *(Pilularietum globuliferae)*
- Zwiebelbinse-Knöterich Laichkraut-Ges. *(Junco bulbosi-Potametum polygonifolii)*
- Borstenblatt-Schmielen-Gesellschaft *(Carici-Deschampsietum setaceae)*
- Nadelbinsen-Flur *(Eleocharitetum acicularis)*
- Kleinwasserschlauch-Gesellschaft *(Utricularietum intermedio-minoris)*
- Gesellschaft des Kleinsten Igelkolbens *(Sparganietum minimae)*
- Gesellschaft des Schwimmenden Laichkrautes *(Potametum natantis)*
- Rohrkolben-Röhricht (*Typha latifolia*-Bestände)
- Schilf-Röhricht (*Phragmites australis*-Bestände)
- Teichsimsen-Röhricht (*Schoenoplectus lacustris*-Bestände)
- Sumpfsimsen-Kleinröhricht (*Eleocharis palustris*-Bestände)
- Igelkolben-Röhricht (*Sparganium erectum*-Bestände)
- Froschlöffel-Kleinröhricht (*Alisma plantago-aquatica*-Bestände)

Die Großseggen-Riede bestehen größtenteils noch aus artenarmen Dominanzbeständen:

- Sumpfseggen-Ried *(Caricetum acutiformis)*
- Schnabelseggen-Ried *(Caricetum rostratae)*
- Steifseggen-Ried *(Caricetum elatae)*
- Schlankseggen-Ried *(Caricetum gracilis)*

3
Naturschutzgebiet „Welkteich"

- Lage: 1,5 km südöstlich von Grünewalde; 95–100 m über NN
- Landschaftseinheit: Niederlausitzer Randhügel
- Bedeutung: Regenerationsgebiet für Flora und Fauna in der Bergbaufolgelandschaft
- Größenangaben (Meßtischblätter 4448, 4548): 100 ha Gesamtfläche

3.1
Geomorphologie und Standortverhältnisse

Das Welkteichgebiet umfaßt mit seinen 100 ha ein Restloch und einen Kippenkomplex in der Nachbarschaft eines alten Teichgeländes an der Welk-Mühle.

Es liegt am Nordrand des Niederlausitzer Urstromtales; nach Norden schließen altpleistozäne Moränenablagerungen an.

Die Kohlegewinnung wurde bereits um 1917 eingestellt. Das entstandene Restloch diente zwischenzeitlich der Deponie von Karbidschlamm und phenolhaltigen Abwässern.

Der Kippenkomplex wird durch kohlehaltige Sande mit teilweiser tertiärer Herkunft bestimmt, die heute noch ein beachtliches Säurepotential durch das Vorkommen von Pyrit und Markasit aufweisen und die hydrochemische Beschaffenheit der Oberflächenwässer wesentlich beeinflussen.

Die Standortverhältnisse zeichnen sich deshalb durch eine extreme Beschaffenheit von Wasserkörper und Bodensubstrat aus. Die Oberflächenwässer weisen eine sehr saure Wasserreaktion mit Werten zwischen pH 2,9–4,2 aus. Die Wässer sind reich an Eisen (bis 60 mg/l $Fe^{2+/3+}$) und Mangan (bis 6,2 mg/l $Mn^{2+/3+}$) und weisen einen erhöhten Gehalt an Calcium und Sulfat auf (48–240 mg/l Ca^{2+} bzw. 140–880 mg/l SO_4^{2-}).

Die Siedlungsstätten der Zwischenmoorvegetation und der Moorbirkengehölze weisen in dem Grundwasser ihrer Standorte einen für diesen Vegetationstyp ungewöhnlich hohen Elektrolytgehalt sowie überproportional hohen Werte für Eisen und Mangan auf.

3.2
Vegetationsverhältnisse

Die besondere Bedeutung dieses Gebietes liegt darin, daß in den zurückliegenden 78 Jahren nach Beendigung der Bergbautätigkeit die Vegetationsentwicklung auf den unterschiedlichsten Ausgangssubstraten weit fortgeschritten ist. Die Sukzession hat zumeist das Stadium echter Pflanzengesellschaften und eine beträchtliche Annäherung an die naturnahen Verhältnisse der Lausitzer Niederung erreicht.

Allerdings sind auch noch an Standorten mit hohem Anteil an tertiären Kippsubstraten bzw. an durch Auswaschung von tertiären Kippsubstraten beeinflußten Flächen Initialstadien der Frühstufe der Primärsukzession zu finden. Dort finden sich kleinflächige Ausbildungen einer Spontanvegetation. Die häufigsten Arten sind:

Tussilago farfara, Senecio viscosus, Melilotus albus, Tripleurospermum inodora, Solidago canadensis, Artemisia vulgaris, Echium vulgare, Cirsium arvense, Daucus carota und Hypericum perforatum.

Die Kippenstandorte werden von artenarmen Birkengehölzen mit ausgedehnten *Calamagrostis epigeios*-Beständen im Unterwuchs bewachsen oder von gehölzfreien *Calamagrostis epigeios*-Fluren besiedelt.

Die offenen Wasserflächen des ehemaligen Bergbau-Restloches werden von einer für die Lausitzer Niederung charakteristischen *Juncus bulbosus*-reichen Vegetation mit weiteren Vertretern des atlantischen Florenelementes besiedelt. In dem ehemaligen Restloch- und Teichkomplex dominieren ausgedehnte Röhricht-Bestände aus *Phragmites australis*, *Typha angustifolia* oder seltener aus *Schoenoplectus lacustris*. In den Randbereichen werden sie von einer *Molinia*-reichen Zwischenmoor- und Feuchtheide-Vegetation abgelöst, die zahlreiche Rote-Liste-Arten und schutzwürdige Pflanzengesellschaften enthält.

Daran schließen sich Pfeifengras-reiche Moorbirken- und Faulbaumgehölze eines Betuletum pubescentis und einer *Frangula alnus*-Ass. an. Diese Moorbirkengehölze befinden sich in der Sukzession zum Birken-Stieleichen-Wald (Querco-Betuletum molinietosum).

Im Bereich der Feuchtgebiete treten zahlreiche Arten des atlantischen Florenelementes auf: Lungen-Enzian *(Gentiana pneumonanthe)*, Glockenheide *(Erica tetralix)*, Knöterich-Laichkraut *(Potamogeton polygonifolius)*, Spitzblütige Binse *(Juncus acutiflorus)* und Ockergelber Wasserschlauch *(Utricularia ochroleuca)*. Bemerkenswert ist das Auftreten von Arten der Hochmoorgesellschaften (Oxycocco-Sphagnetea): Rundblättriger Sonnentau *(Drosera rotundifolia)*, Gemeine Moosbeere *(Oxycoccus palustris)*, Sumpfporst *(Ledum palustre)* und Papillentragendes Torfmoos *(Sphagnum papillosum)*.

Weiterhin sind Orchideen- und Wintergrün-reiche Sukzessionsstadien in den Birken-Kiefern-Gehölzen ausgebildet: Geflecktes Knabenkraut *(Dactylorrhiza maculata)*, Braunroter Sitter *(Epipactis atrorubens)*, Breitblättriger Sitter *(Epipactis helleborine)* und Großes Zweiblatt *(Listera ovata)* sowie Grünblütiges Wintergrün *(Pyrola chlorantha)*, Kleines Wintergrün *(Pyrola minor)*, Birngrün *(Ramischia secunda)* und Moosauge *(Moneses uniflora)*.

Am Beispiel von 74 pflanzensoziologischen Aufnahmen wird durch Pietsch (1988) eine Übersicht der wichtigsten Vegetationseinheiten des Naturschutzgebietes gegeben (Abb. 2); sie untergliedern sich wie folgt:

- Wasservegetation
  - *Juncus bulbosus*-Rasen *(Juncetum bulbosus)*
  - *Potamogeton polygonifolius*-Bestände
  - Kleinwasserschlauch-Bestände *(Utricularietum ochroleucae)*
  - *Callitriche palustris*-Fließgewässervegetation
- Röhrichte und Großseggenbestände
  - *Phragmites australis*-Röhricht
  - *Typha angustifolia*-Röhricht
  - *Schoenoplectus lacustris*-Röhricht
  - *Carex elata*-Bestände
  - *Carex acutiformis*-Bestände
  - *Glyceria fluitans*-Bestände
- Zwischenmoorvegetation und Feuchtheiden
  - *Eriophorum angustifolium-Sphagnum recurvum*-Ges.
  - *Carici-Agrostidetum caninae*
  - *Caricetum lasiocarpae* (Fadenseggen-Sumpf)
  - *Juncetum acutiflori* (Sumpf der Spitzblütigen Binse)
  - *Caricetum rostratae* (Schnabelseggen-Sumpf)
  - *Molinia caerulea*-Randsumpf
  - *Juncus effusus*-Randsumpf
  - *Calamagrostis canescens*-Bestände (Sumpfreitgras-Flur)
- Hochmoorartige Vegetation
  - *Erico-Sphagnetum papillosii*
  - *Erica tetralix*-reiche *Molinia*-Bestände
  - *Ledum palustre*-Bestände
- Vegetation der Moorgehölze
  - *Betuletum pubescentis* (Moorbirkenbruch)
    - Wollgras-reiches Moorbirkenbruch
    - Pfeifengras-reiches Moorbirkenbruch
    - Sumpfreitgras-reiches Moorbirkenbruch
  - *Salix aurita-Frangula alnus* Ass. (Faulbaumgehölz)
- Waldbestände
  - Stieleichen-Birkenwald *(Querco-Betuletum)*
  - Kiefern-Birkenwald
  - *Calamagrostis epigeios*-reiches Birkengehölz
- Vegetation der Kippenstandorte
  - *Festuca ovina*-Rasen, kleinblütige Ausbildungen einer Spontanvegetation
  - Reitgras-Flur (*Calamagrostis epigeios*-Flur)
  - Birkengebüsch

4
Naturschutzgebiet „Westmarkscheide - Mariensumpf"

Es handelt sich dabei um das jüngste Gebiet mit einer Fläche von ca. 26 ha, dessen Unterschutzstellung 1985 (1990) erfolgte.

4.1
Geologie und Geomorphologie

Das Gebiet besteht aus einer altpleistozänen sandig, kiesigen Grundmoräne, einer Altkippe und der Südböschung einer Hochkippe des ehemaligen Tagebaues Meuro.

Ein mit Wasser gefülltes Restloch, durch eine artenreiche Wasser- und Sumpfpflanzenvegetation ausgezeichnet, ist von einem Kiefern-Birken-Stieleichen-Bestand der angrenzenden Grundmoräne und der teilweise von Trockenrasen bewachsenen Südböschung der Hochkippe zu unterscheiden. An mehreren Stellen stehen Flächen mit Kohleletten und Kippsubstraten mit hohem Anteil an tertiären Sanden an.

Seit 1986 wurden Tier- und Pflanzenarten sowie die Vegetationsverhältnisse des Gebietes untersucht. An 10 verschiedenen Standorten wurden Dauerbeobachtungsflächen angelegt.

Hauptziel dieses Naturschutzgebietes ist das Studium der Sukzession sowie die Schaffung einer mannigfaltigen Flora und Fauna in der land- und forstwirtschaftlich genutzten Bergbaufolgelandschaft.

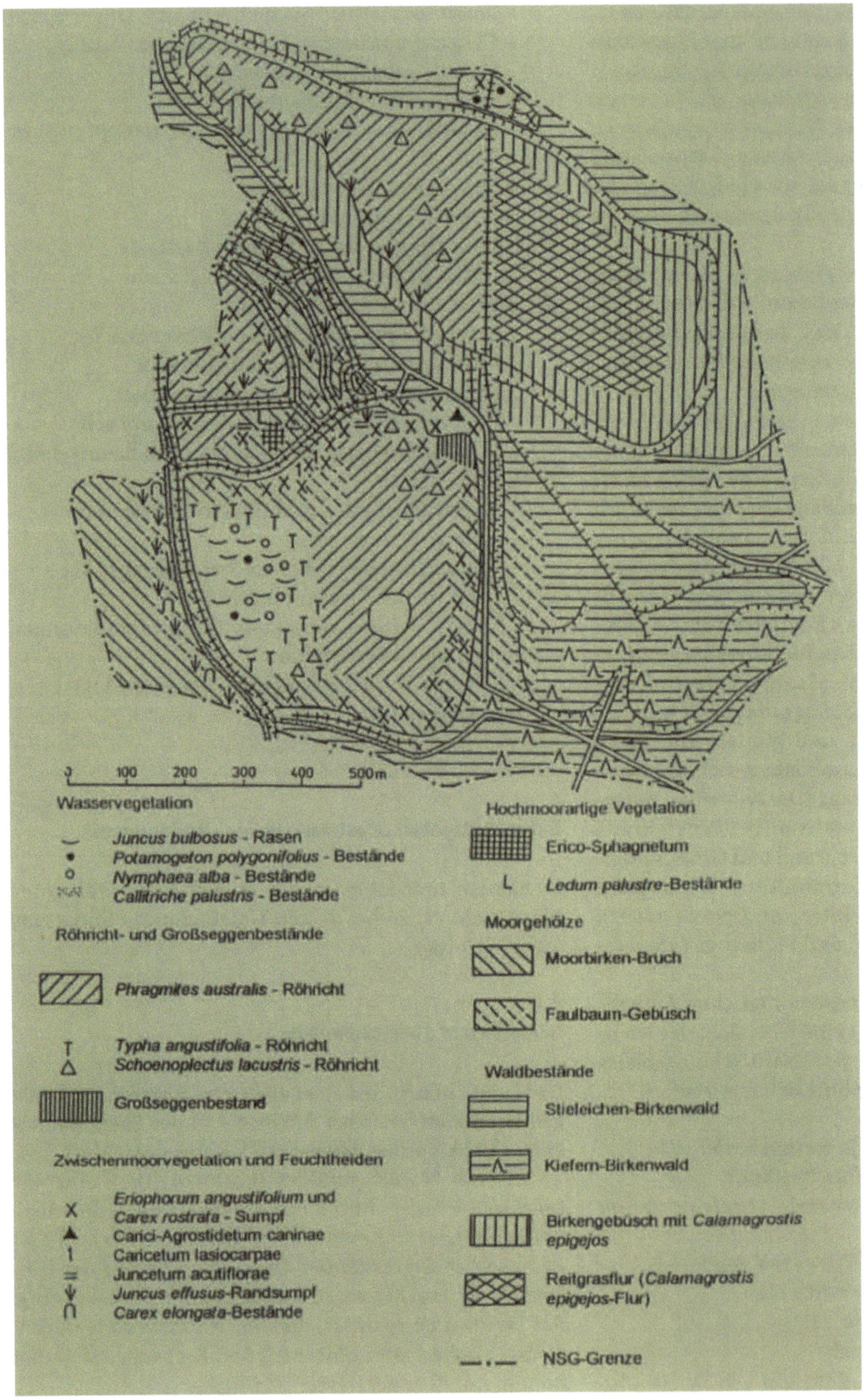

Abb. 2. Übersicht über die Verbreitung der Vegetation im NSG „Welkteich"

4.2 Vegetationsverhältnisse

Ein großer Teil der offenen Sukzessionsfläche befindet sich noch im Stadium der Spontanvegetation. Arten der Segetal- und Ruderalgesellschaften, der Schlagfluren und v. a. der Grasfluren und Wiesen sowie der Trocken- und Halbtrockenrasen bestimmen 1990 noch das Bild der Vegetation. Ständige Erdbewegungen auf den ebenen Flächen sowie Erosionserscheinungen an den Hangflächen haben zu einem Offenhalten größerer Kippflächen geführt.

Die Spontanvegetation wird durch folgende häufige Arten charakterisiert:

- Arten der Segetal- und Ruderalgesellschaften: *Tussilago farfara, Melilotus albus, Senecio viscosus, Tripleurospermum inodora, Solidago canadensis, Conyza canadensis, Linaria vulgaris, Cirsium arvense, Artemisia vulgaris, Artemisia campestris, Echium vulgare, Sonchus arvensis, Sonchus oleraceus, Rumex thyrsiflorus, Equisetum arvense, Hypericum perforatum, Oenothera parviflora.*
- Arten der Grasfluren und Wiesen: *Daucus carota, Poa compressa, Poa trivialis, Centaurea jacea, Centaurea phrygia, Trifolium pratense, Trifolium repens, Trifolium arvense, Lotus corniculatus, Cirsium vulgare, Crepis capillaris.*
- Arten der Sandtrockenrasen: *Corynephorus canescens, Festuca ovina, Agrostis tenuis, Hieracium pilosella, Helichrysum arenaria, Filago minima, Thymus serpyllum, Rumex acetosella, Carex arenaria, Carex hirta.*
- Arten der Schlagfluren: *Epilobium angustifolium, Calamagrostis epigeios, Rubus caesius, Pinus sylvestris*

An Wasserlöchern, feuchten Senken und im Restloch sind zahlreiche Vertreter der Röhrichte und Feuchtheiden sowie der Wasser- und Sumpfpflanzen anzutreffen. Innerhalb dieser Ausbildungen sind bemerkenswerte schutzwürdige Arten verbreitet:

Potamogeton lucens, Potamogeton trichoides, Potamogeton filiformis, Potamogeton alpinus, Potamogeton polygonifolius, Sparganium minimum, Triglochin palustris, Carex lasiocarpa, Sagittaria sagittifolia, Pilularia globulifera.

Recht frühzeitig waren die Ausbildung von Vegetationsmosaiken und die Herausbildung erster Pflanzengesellschaften festzustellen. Leider wurde der Verlauf der Sukzession durch Angler erheblich gestört und teilweise unterbunden.

Die Südböschung der Hochkippe ist bereits von verschiedenen Trockenrasen-Arten bewachsen. *Festuca ovina* erreicht die größte Verbreitung und bildet großflächig Dominanzbestände.

Am Fuße der Hochkippe haben sich dichte Bestände von *Robinia pseudoacacia* ausgebildet, die als eine echte Gefahr für die Vegetationsentwicklung in diesem Naturschutzgebiet angesehen werden müssen.

5 Schlußfolgerungen und Bedeutung

Auf der Grundlage der bisherigen Ausführungen über den Verlauf der Vegetationsentwicklung auf primären Kippsubstraten und Rohböden in der Bergbaufolgelandschaft des Lausitzer Braunkohlenreviers läßt sich eine generelle Untergliederung der Sukzession der Vegetation vornehmen Wolf (1985). Es sind folgende 5 verschiedene Stadien zu unterscheiden:

- Stadium der Erstbesiedlung und Spontanvegetation (Initial-Stadien der Primärsukzession)
  Es handelt sich um Pflanzenarten, die sich als Primärbesiedler eingefunden haben; es sind viele zufällige Arten der Segetal- und Ruderalvegetation, der Schlagfluren sowie der Grasfluren und Wiesen, insbesondere der Trockenrasen der Bergbaunachbargebiete. Der Anteil an Therophyten ist sehr hoch.
- Stadium artenarmer Dominanzbestände
  Die Besiedlung wird durch artenarme Dominanzbestände verschiedener Leitarten gekennzeichnet. Die wichtigsten Leitarten sind:
  Corynephorus canescens, Festuca ovina, Calamagrostis epigeios, Agrostis vulgaris, Oenothera parviflora und Oenothera rubicaulis
- Stadium der Vegetationsmosaike
  Aus den artenarmen Dominanzbeständen haben sich Vegetationsmosaike verschiedener Arten entwickelt, die zunächst sich einander umwachsen, später aber durchdringen (Pietsch 1965). Der Anteil an Zufälligen der Spontanvegetation ist zurückgegangen. Es haben sich dafür Arten eingefunden, die ökologisch ähnliche Standorte bevorzugen bzw. längerfristig besiedeln können.
- Stadium der Herausbildung echter Pflanzengesellschaften
  Im Zeitraum von 10–25 Jahren entwickeln sich in Abhängigkeit von der Beschaffenheit der Kippsubstrate zahlreiche Vegetationsmosaike zu echten Pflanzengesellschaften, die durch Kenn- und Differentialarten gekennzeichnet sind. Der Anteil an zufälligen Arten ohne bestimmte soziologische Bindung ist weiter stark zurückgegangen.
- Endstadium der Sukzession einschließlich Gehölz- und Waldstadium
  An Standorten mit weniger extremen Kippsubstraten und ersten Humusbildungen kommt es zur Ansiedlung verschiedener Gehölzarten. Sie überwachsen die vorhandene Vegetation und führen zu einem Sukzessionsstadium, das bei weiterem Fortbestand optimaler Standortsverhältnisse zur Herausbildung einfacher Gebüsch- und Waldgesellschaften führt.

Aus den bisher in den drei Naturschutzgebieten durchgeführten Beobachtungen lassen sich folgende Aussagen und Empfehlungen treffen:

- Rohböden, die der spontanen Besiedlung und Sukzession überlassen werden, können sich aus botanischer Sicht, zu wertvollen Biotopen entwickeln.
- Die Sukzession verläuft in Abhängigkeit von der physikalisch-chemischen Beschaffenheit der Kippsubstrate und dem jeweiligen Feuchtigkeitsgehalt in

Richtung der naturnahen Vegetation der Heide- und Feuchtgebiete der Lausitzer Niederung.

- Zahlreiche Sukzessionsstadien zeichnen sich durch das Vorkommen gefährdeter Pflanzenarten der Roten Liste aus. Es handelt sich um verschiedene Orchideen und Wintergrün-Arten sowie Arten des atlantischen Florenelementes der Flachwasserbereiche, Feuchtheiden und Sandtrockenrasen.
- Die Ergebnisse sind von Bedeutung bei der Schaffung ökologischer Vorrangflächen zur Einrichtung weiterer Naturschutzgebiete sowie von Standorten zur Ansiedlung gefährdeter Tier- und Pflanzenarten.
- In einem Zeitraum von 15–25 Jahren kommt es bereits zur Entstehung echter Pflanzengesellschaften; unter ihnen sind zahlreiche Gesellschaften, die verschiedenen Gefährdungskategorien angehören.
- Sind bestimmte Entwicklungsstadien der Vegetation im Rahmen der Landschaftsgestaltung erwünscht, so kann durch gezielte Pflegemaßnahmen die natürliche Sukzession entsprechend gelenkt werden.
- Ausnutzung der Spontanvegetation und der artenarmen Dominanzbestände zur Verkürzung der zeitlichen Abfolge der natürlichen Sukzession durch Ausbringung von Saatgut des entsprechenden Pflanzenmaterials im Sinne einer Zwischenbegrünung.
- Erarbeitung von Leitlinien sowohl für die natürliche Entwicklung eines ganzen Landschaftsgefüges einschließlich der Boden- und Wasserverhältnisse sowie von Flora und Fauna im dynamischen Zusammenhang von primären Initialstadien bis zum Erreichen eines Klimaxstadiums, als auch für zukünftige Sanierungsarbeiten im Rahmen der Gestaltung der Bergbaufolgelandschaften.

6 Zusammenfassung

In der Bergbaufolgelandschaft des Lausitzer Braunkohlenreviers wurden 1981 und 1986 Naturschutzgebiete eingerichtet. Eine ihrer wichtigsten Aufgaben ist die Erforschung der Primärbesiedlung und die Sukzession der Vegetation auf verschiedenen Kippsubstraten in zeitlicher Abfolge.

Am Beispiel drei verschiedener Naturschutzgebiete mit zeitlich unterschiedlicher Beendigung der Bergbautätigkeit wird ein Überblick über die Sukzession der terrestrischen, semiaquatischen und aquatischen Bereiche gegeben. Es handelt sich um die Gebiete:

- NSG „Insel im Senftenberger See“
- NSG „Welkteich“
- NSG „Westmarkscheide-Mariensumpf“

Schutzziele und Aufgaben der NSG werden dargestellt. Die Sukzession wird in folgende 5 Hauptstadien unterteilt:

- Stadium der Erstbesiedlung und Spontanvegetation
- Stadium artenarmer Dominanzbestände
- Stadium der Vegetationsmosaike
- Stadium der Herausbildung echter Pflanzengesellschaften
- Endstadium der Sukzession incl. Gehölz- und Waldstadium

Auf der Grundlage von Dauerbeobachtungen und drei Karten zur Vegetationsverbreitung wird eine Übersicht über die wichtigsten Sukzessionsstadien und Vegetationseinheiten gegeben. Bemerkenswert ist das Auftreten zahlreicher gefährdeter Pflanzenarten auf den Sukzessionsflächen des Lausitzer Braunkohlrenreviers.

LITERATUR

Grosser K-H (1982) Handbuch der Naturschutzgebiete der DDR. Bd. 2, Naturschutzgebiete der Bezirke Potsdam, Frankfurt/Oder und Cottbus, 2. Aufl, Leipzig-Jena-Berlin

Heym W-D (1971) Die Vegetationsverhältnisse älterer Bergbau-Restgewässer im westlichen Muskauer Faltenbogen. Abh Ber Naturkundemus Görlitz 46: 1–40

Jentsch H (1994) Das Naturschutzgebiet Sukzessionslandschaft Nebendorf. Naturschutz und Landschaftspflege in Brandenburg 1: 29–32

Lausitzer Braunkohlen-Aktiengesellschaft (1991) Dokumentation – Ausgewählte Rekultivierungs- und Umsiedlungsgebiete der LAUBAG. Lausitzer Braunkohle AG, Abt. Presse und Öffentlichkeitsarbeit, 06/91

Neumann E (1975) Die Bodenverhältnisse im Naturschutzgebiet Senftenberger See und Empfehlungen zur Bodennutzung. Mskr. Cottbus. n.p.

Pietsch W (1965) Die Erstbesiedlungsvegetation eines Tagebaugewässers. Synökologische Untersuchungen im Lausitzer Braunkohlenrevier. Limnologica 3 (2): 177–222

Pietsch W (1983) Braunkohlenbergbau und Naturschutz. Landschaftsarchitektur 12 (3): 87–90

Pietsch W (1988) Vegetationskundliche Untersuchungen im NSG „Welkteich“. Brandenburgische Naturschutzarbeit in Berlin und Brandenburg 24 (3): 82–95

Pietsch W (1996) Recolonization and development of vegetation on mile spoils following Brown Coal Mining in Lusatia. Water Air Soil Pollution 91: 1–15

Wiedemann D (1991) Aufgaben und Probleme bei der Gestaltung von Bergbaufolgelandschaften aus der Sicht des Naturschutzes. Abh Sächs Akad Wiss Leipzig Math-nat Klasse 57 (3): 63–73

Wolf G (1985) Primäre Sukzession auf kiesig-sandigen Rohböden im Rheinischen Braunkohlenrevier, Schr.-Reihe Vegetationskunde 16, 203 S., Bad Godesberg

Naturschutzarbeit in der Bergbauregion Weißwasser

FRITZ BROZIO

Naturschutzarbeit im Lausitzer Braunkohlenrevier, beispielhaft am Raum Weißwasser demonstriert, führte zur Entwicklung von Strategien des Naturschutzes in einem Naturraum unter Berücksichtigung der Verbindung zu den angrenzenden Landschaften.

Landschaftlich deckt sich der ehemalige Landkreis Weißwasser in weiten Bereichen mit dem Naturraum Muskauer Heide (Bernhardt et al. 1986). Geologisch bestimmend ist die glaziale Serie mit der saalekaltzeitlichen Endmoräne des Muskauer Faltenbogens – dem östlichen Teil des Niederlausitzer Landrückens – seinem Sander und dem Breslau-Magdeburger Urstromtal, das eines der größten Binnendünenfelder Deutschlands mit Verwehungen bis 25 m über dem Talgrund aufweist. Der südliche Teil des hier 25 km breiten Urstromtales gehört bereits zum Oberlausitzer Heide- und Teichgebiet. Im Tertiär entstanden reiche Braunkohlenlagerstätten, deren Nutzung das heutige Landschaftsbild charakterisiert. Die Gewinnung der Braunkohle im Tagebaubetrieb gerät in Konflikt mit der überaus reichen Naturausstattung, geschützten Lebensräumen, Pflanzen- und Tiergesellschaften und zahlreichen vom Aussterben bedrohten Arten, deren Erhalt für Deutschland, im Einzelfall für Europa, bedeutsam ist (vergl. dazu Brozio 1992; Großer 1993). Da die Nutzung dieser Lagerstätten auch für die nächsten Jahrzehnte geplant ist, besteht die reale Gefahr einer Bestandsdezimierung, wenn nicht gar der Ausrottung von Pflanzen- und Tierarten durch die Zerstörung einzigartiger Lebensräume. Anfang 1994 sind etwa 7 000 ha devastiert. In den nächsten Jahrzehnten wird die gesamte in Anspruch genommene Fläche 17 000 ha betragen. Neben dieser Flächeninanspruchnahme führt die Absenkung des Grundwassers zur Austrocknung großer Teile der Landschaft. Über etwa acht Jahrzehnte werden in zwei Tagebauen bis max. 250 Mio. m^3/Jahr Wasser gehoben (Braunkohlenpläne Tagebaue Nochten und Reichwalde 1994). Das bedeutet schon heute einen Verlust an zahlreichen Refugien und Regenerationszentren des genetischen Potentials natürlicher Kiefernwaldgebiete. Weitere Lebensraumtypen sind bei Großer (1993) beschrieben. Populationen gefährdeter und vom Aussterben bedrohter Pflanzen- und Tierarten sind im Lebensraum eingeschränkt, ihre Reproduktionsfähigkeit wird weiter vermindert. Aus dieser Situation und aus der Naturschutzbilanz vergangener Jahrzehnte insgesamt müssen wir versuchen, neue Wege zu beschreiten, denn bis heute sterben täglich Arten aus, gehen wertvolle Lebensräume verloren und die Roten Listen verlängern sich; und dies trotz einer Naturschutzgesetzgebung, trotz guter Landesprogramme zur Erhaltung einzelner Arten und einer engagierten Naturschutzarbeit von Naturschutzbeauftragten, Naturschutzhelfern und Naturschutzverbänden. Besonders von letzteren wird immer wieder die nicht ausreichende staatliche Arbeit im Naturschutz kritisiert. Es fehlt die Erkenntnis der Notwendigkeit eines wirksamen Naturschutzes in unserer Gesellschaft, die Beachtung der Erhaltung von Natur und Landschaft und damit der Lebensgrundlage allgemein unter den Bedingungen ökonomischen Wirtschaftens. Die Forderung nach einer ökologisch sozialen Marktwirtschaft wird vielerorts gestellt. Allerdings scheint der Weg zu diesem Ziel schwierig. Dies bedarf des Umdenkens in den Kategorien der Wirtschaft, so beispielsweise zur Frage der „freien Güter" in der Natur. Wie frei sind diese wirklich, wie verantwortungsbewußt oder verantwortungslos gehen wir damit um? Aber auch im Naturschutz ist offensichtlich Umdenken erforderlich, sind neue und wirksamere Strategien notwendig. Welche Wege dazu in einer Region beschritten werden, die in diesem Konflikt steht wie kaum eine andere in Deutschland, soll im folgenden dargestellt werden.

1 Ökologische Auswirkungen des langfristigen Braunkohlenabbaus in den Tagebauen des Raumes Weißwasser – Situation in den Naturräumen Muskauer Heide und Oberlausitzer Heide- und Teichgebiet

Die Abgrenzung des Naturraumes Muskauer Heide nach Bernhardt et al. (1986) im Vergleich mit der in

Abb. 1 dargestellten Braunkohlenlagerstätten macht deutlich, daß bei vollständigem Abbau der Braunkohle natürliche Landschaftseinheiten insgesamt devastiert würden, d. h. auch die damit verbundenen charakteristischen Floren und Faunen verschwinden. Dies betrifft besonders die Floren- und Faunenelemente, die gerade im Grenzbereich zweier Naturräume, wie hier der Muskauer Heide und der südlich angrenzenden Oberlausitzer Heide- und Teichgebiete leben. Bei einer solchen Wirtschaftsweise wäre Naturschutz letztlich sinnlos. Aus Abb. 1 ist ebenfalls zu ersehen, daß nach der derzeitigen Braunkohlenplanung Teile der Muskauer Heide verbleiben und der Naturraum Oberlausitzer Heide- und Teichgebiete nur im nördlichen Teil devastiert wird. Diese Korrekturen sind das Ergebnis der Arbeit vieler Naturschützer und Bürgerbewegungen besonders in den Jahren 1989/90 und bilden die Grundlage und Möglichkeit für eine ökologischere Wirtschaftsweise bei der Gewinnung von Braunkohle. Aus dieser Situation ergeben sich für die Naturschutzarbeit folgende Aufgaben (nach Großer 1990 ergänzt):

- 1. Erfassung des elementaren Informationsgehaltes aller Schutzobjekte und schützenswerten Lebensräume des Landkreises, besonders der Naturschutzgebiete
- 2. Sicherung des Fortbestandes der geschützten Pflanzen- und Tierarten in überlebensfähigen Populationen
- 3. Erhaltung wertvoller Genressourcen der regional wirtschaftlich bedeutsamen Waldbäume, wie Kiefer, Traubeneiche, Fichte, Weißtanne und Rotbuche
- 4. Förderung der biologischen Mannigfaltigkeit in der Landschaft durch Sicherung der vollen Funktionstüchtigkeit aller Schutzobjekte, der Einrichtung von ökologischen Vorrangflächen (NSG) von 3 000–4 000 ha Größe in der Bergbaufolgelandschaft und der besonderen Pflege aller ökologisch wertvollen Bereiche im bergbaulich nicht beanspruchten Bereich
- 5. Die östliche Muskauer Heide muß auf lange Sicht von jeglicher bergbaulicher oder weiteren intensiven Nutzungen ausgeschlossen werden. Als letzter erhaltener Landschaftsteil der Muskauer Heide

Abb. 1. Braunkohlenlagerstätten und Abbaugebiete im Naturraum Muskauer Heide (Stand 1994)

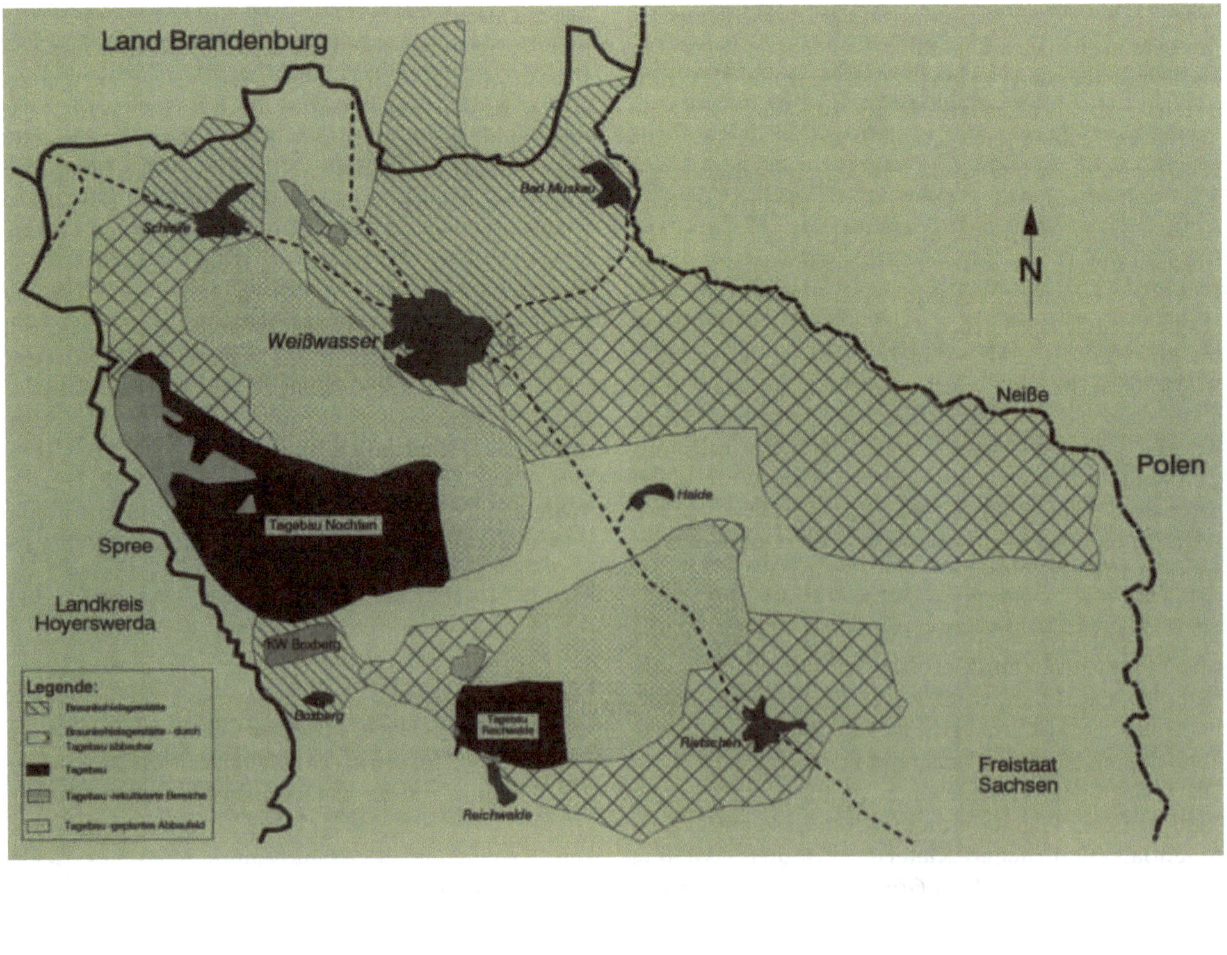

sichert er Lebensräume und Artenspektrum des Naturraumes

- 6. Sicherung der Wirkung des Gesamtsystems aller Schutzobjekte der Region im Zusammenwirken mit weiteren Naturschutzprojekten, wie dem Biosphärenreservat Oberlausitzer Heide- und Teichlandschaft, dem Naturschutzgroßprojekt Niederspree-Hammerstadt, der Naturschutzregion Neiße und dem Naturschutzkonzept auf dem Truppenübungsplatz Nochten
- 7. Einbeziehung der Bevölkerung in die Naturschutzarbeit, die Nutzung und Pflege von Natur und Landschaft
- 8. Permanente Koordinierung der Landwirtschaft, Forstwirtschaft und des Tourismus mit dem Naturschutz
- 9. Die Arbeit im ehrenamtlichen Naturschutz und in den Naturschutzverbänden ist unverzichtbar und bedarf gesicherter Unterstützung

Dieses Naturschutzkonzept muß in den künftigen Regionalplänen zur Landesentwicklung und Raumordnung Berücksichtigung finden. In den Braunkohlenplänen der Tagebaue Nochten und Reichwalde, die 1993 unter großem Zeitdruck erstellt wurden, finden die Forderungen von Ökologie und Naturschutz nicht ausreichend Berücksichtigung. Die vorhandene Datenbasis läßt derzeit eine umfassende Bewertung der Folgen des bergbaulichen Eingriffes nicht zu. Deshalb wurde in den Plänen die Fortschreibung ökologischer Untersuchungen festgeschrieben. Zur Zeit gibt es allein im Raum Weißwasser drei Abbauschwerpunkte:

- Tagebau Nochten mit 11 183 ha Fläche bis zum Jahr 2030–2040
- Tagebau Reichwalde mit 5 571 ha Fläche bis zum Jahr 2030–2035
- Tagebau Bärwalde mit ca. 3 600 ha Fläche, 1992 stillgelegt

Diese Abbauvarianten entsprechen den Planungen des Bergbautreibenden und werden durch die Sächsische Staatsregierung unterstützt und im Landesentwicklungsplan (LEP) dargestellt. Die Besonderheit in der Region Lausitz besteht darin, daß eine Braunkohlenplanung für seit Jahren laufende Tagebaue aufgestellt wurde (Nochten seit 1973, Reichwalde seit 1987 Kohleförderung) und somit die grundsätzliche Frage zu einem ökologischeren Wirtschaften beantwortet werden muß, nicht zum Bergbau an sich.

Die Inanspruchnahme der Fläche ist bei der derzeitigen Tagebautechnologie mit dem Abpumpen des Grundwassers bis in große Tiefen von über 100 m verbunden. Durch diese großflächige und mengenmäßig gewaltige Sümpfung entsteht eine Absenkung des Grundwasserspiegels weit über die direkt vom Bergbautreibenden in Anspruch genommene Fläche. Allein im Raum Weißwasser sind dies ca. 43 000 ha (nach ökologischem Anforderungsprofil für die Tagebaue Nochten und Reichwalde 1993). Die Menge des von der LAUBAG geförderten Wassers beträgt 1994 238 Mio. m^3. Damit sind drastische Konsequenzen für Natur und Umwelt verbunden:

- Ökologisch wertvolle Feuchtgebiete fallen trocken, soweit sie mit tieferem Grundwasser verbunden sind
- Fließgewässer und ihre Quellen versiegen
- Andere Grundwasserförderer (öffentliche Trinkwasserversorgung, Industrie, Eigenförderer) werden beeinflußt
- Bodensenkungen können entstehen, die im Bereich von geologischen Störungen evtl. zu Bergschäden führen

Erscheinungen dieser Art führten auch in Städten und Gemeinden des Raumes Weißwasser zur Ablehnung der Abbautätigkeiten in Nähe der Ortschaften, so z. B. im südlichen Urstromtal oder am Rand der Trebendorfer Hochfläche zum Muskauer Faltenbogen. Zur Erhaltung der schützenswerten Landschaft in diesem Naturraum bleiben gegenwärtig viele Fragen zum Wasserhaushalt, seiner Beherrschbarkeit und zur Wirkung auf die zu erhaltenden Ökosysteme offen. Auch durch weitere Studien konnten diese grundsätzlichen Bedenken nicht ausgeräumt werden. Zu ähnlichen Ergebnissen kamen die Bearbeiter im Rheinischen Revier. Um die ökologische Beherrschbarkeit und die technische Handhabbarkeit aller Kompensationsmaßnahmen nachweisen zu können, wurde ein Gutachten unter dem Titel „Ökologische Auswirkungen des geplanten Braunkohletagebaues Garzweiler II" angefertigt. Ergebnisse nach Langer et at. (1991) und Darstellungen von Röder (1992) belegen die derzeitige beschränkte Prognosefähigkeit von Modellversuchen und die daraus abgeleiteten Schlußfolgerungen für ein ökologisches Gesamtsystem. Deshalb werden in der Lausitz bis 1996 nach einem mit den Naturschutzbehörden abgestimmten Programm weitere ökologische Untersuchungen durchgeführt, die folgende sechs Bereiche umfassen:

- 1. Grundlegende biologisch-ökologische Untersuchungen
- 2. Hydrogeologische Untersuchungen
- 3. Erstellung landschaftsökologischer Entscheidungsgrundlagen
- 4. Erarbeitung einer Naturschutzstrategie
- 5. Ableitung von Sicherungs-, Ausgleichs- und Ersatzmaßnahmen
- 6. Durch praktische Naturschutzarbeit vor Ort (s. langfristige Strategie) erfolgt im Rahmen eines Biomonitorings die Sicherung aller ökologischen Maßnahmen

Dadurch werden die zu erwartenden Grenzen der Prognosefähigkeit der ökologischen Gutachten durch Naturschutzpraxis zum Schutz und Erhalt von Natur und Landschaft nach den oben genannten Strategien gesichert. Das bedeutet, daß nach räumlich und zeitlich begrenzten Abschnitten der Bergbautätigkeit ökologische Erkenntnisse in die Tagebautätigkeit neu einfließen müssen (Betriebspläne). Diese räumlich und zeitlich befristete Arbeit verpflichtet den Bergbautreibenden Ausgleichs- und Ersatzmaßnahmen zu aktualisieren und damit bis dahin zu definierende Naturschutzareale einzuhalten. Das ist der einzig mögliche Weg, um ökologische Risiken und Beeinträchtigungen durch Flächeninanspruchnahme und Störung des Wasserhaushaltes so gering wie möglich zu halten. Vom Sächsischen Staatsministerium für Umwelt und Landesentwicklung und dem Landesamt für Umwelt und Geologie wurde deshalb das Staatliche Umweltfachamt Bautzen und die Naturschutzstation Weißwasser mit der Aufgabe der kontinuierlichen Überwachung und Kontrolle des Naturhaushaltes und der Wirkung aller Kompensationsmaßnahmen (Biomonitoring) beauftragt.

2 Die Aufgaben des Naturschutzes in Bergbauregionen, dargestellt am Beispiel des Raumes Weißwasser

Den Grenzen grundlegender zeitlich befristeter ökologischer Untersuchungen entsprechend, ist ein kontinuierliches Biomonitoring während und nach dem Bergbau bis zur Wiederherstellung naturnaher Verhältnisse notwendig. Dieses Langzeitprogramm muß im gesamten betroffenen Naturraum durchgeführt werden und betrifft deshalb auch Flächen ausserhalb des direkt vom Bergbau beeinflußten Gebietes (Kontrollflächen und Überlebenszentren).

Zielstellungen sind:

- Erhaltung von Natur und Landschaft im Umfeld der Abbaugebiete und Sicherung bzw. Wiederherstellung der Leistungsfähigkeit des Naturhaushaltes im gesamten betroffenen Naturraum
- Sicherung des Biotopverbunds und des Fortbestands geschützter Pflanzen- und Tierarten in überlebensfähigen Populationen und Erhaltung wertvoller regionaler Genressourcen
- Natürliche und naturnahe Entwicklung der Bergbaufolgelandschaft

Zur Erreichung dieser Ziele, die den Grundsätzen und Zielen der Landesentwicklung und Raumordnung in Sachsen in Verbindung mit dem Sächsischen Naturschutzgesetz entsprechen, sind nach bisherigen ökologischen Untersuchungen folgende Arbeiten notwendig:

2.1 Konsequente Sicherung, Entwicklung und planmäßige Beobachtung und Kontrolle der Naturschutzgebiete (NSG) und weiterer Schutzobjekte im Umfeld der Tagebaue Nochten und Reichwalde

Die in Tabelle 1 aufgeführten 14 Monitoringobjekte müssen im weiteren Abbaubetrieb durch weitere Schutzobjekte in der Bergbaufolgelandschaft ergänzt werden.

Diese bisherigen NSG der Region Weißwasser mit 831 ha Gesamtfläche (Stand 1992) entsprechen 1,5 % der ehemaligen Landkreisfläche und repräsentieren damit nicht die Ausstattung des Naturraumes. Sie garantieren keinesfalls das Überleben von geschützten bzw. vom Aussterben bedrohten Pflanzen- und Tierarten. Verschärft wird diese Situation noch dadurch, daß davon vier NSG (360 ha) im Abbaugebiet des Tagebaues Nochten liegen, neun NSG sind von Grundwasserabsenkungen betroffen und damit akut gefährdet. Schon aus dieser Situation und als Ergebnis aus den bisherigen ökologischen Untersuchungen (Großer 1993) ist die Einrichtung weiterer NSG, ökologischer Vorrangflächen und Vorbehaltsgebiete für weitere Naturschutzflächen unerläßlich.

Noch vor bergbaulicher Inanspruchnahme von NSG müssen folgende neue NSG ausgewiesen werden:

- Teichgebiet Niederspree mit Feuchtwiesen, ca. 1 500 ha
- Teichgebiet Daubitz und Flußlauf der Racklitza mit 100–150 ha
- Teichgebiet Hammerstadt mit 100–150 ha
- Pechteich mit Feuchtgebiet bei Altliebel, ca. 100 ha
- Koboldteich, ca. 10 ha
- Oberteich Reichwalde, ca. 20 ha
- Wald- und Feuchtgebiete (Moorgebiete) südlich Weißkeißel mit 300–400 ha
- Sukzessionsfläche auf der Innenkippe Nochten mit ca. 70–100 ha
- Kringelsdorfer Teiche
- Klittener Teichgebiet
- Naturwaldreservat und Moor am Tränker Kirchsteig

Diese NSG könnten geschützte und vom Aussterben bedrohte Pflanzen und Tierarten in überlebensfähigen Populationen sichern und gleichzeitig im Sinn eines Biotopverbunds wirken. Die Vorrang- und Vorbehaltsgebiete Naturschutz sind in Abb. 2 dargestellt.

2.2 Optimierung der Landschaftsschutzgebiete (LSG) in ihrer Funktion zur Erhaltung und Wiederherstellung der Leistungsfähigkeit des Naturhaushaltes nach § 19 Sächsisches Naturschutzgesetz

Im Beeinflussungsgebiet bestehen fünf LSG:

- Neißetal
- Braunsteich

Tabelle 1. Monitoringobjekte des Naturschutzes in der Bergbauregion Weißwasser

Objekt	Zielsetzung/Untersuchungsschwerpunkte
1. LSG Schöps- und Spreetal (in Planung)	– Erhaltung und Entwicklung des Artenpotentials naturnaher Flußlandschaften als Refugium und Regenerationsraum zur Besiedlung der Bergbaufolgelandschaft
2. NSG Oberteich Reichwalde (beantragt)	– Erhaltung und Entwicklung des Ökosystems Teich bei naturnaher Bewirtschaftung
3. NSG Teiche bei Nappatsch (beantragt)	– Erhaltung und Entwicklung des Ökosystems Teich ohne fischereiliche Bewirtschaftung/Schutzzone vom Aussterben bedrohter Arten
4. NSG Feuchtgebiet - Pechteich (beantragt)	– Erhaltung und Entwicklung naturnaher Feuchtgebiete – Refugium für die Besiedlung der Bergbaufolgelandschaft
5. Naturschutzgroßprojektgebiet Niederspree - Hammerstadt (beantragt) – NSG Niederspree – Naturnaher Flußlauf der Raklitza – Teichgebiete Hammerstadt/ Rietschen	– Größte zusammenhängende ökologisch wertvolle Teil region mit reicher Naturausstattung als Überlebensbereich zahlreicher vom Aussterben bedrohter Pflanzen- und Tierarten, forstlich bedeutsamer Genressourcen und Zonen naturnaher land-, forst- und fischereilicher Bewirtschaftung
6. Schutzbereiche der Muskauer Heide (Truppenübungsplatz) – Naturwaldzellen im Dünengebiet der Muskauer Heide – Sümpfe, Moore, Sandtrockenrasen und Heiden (beantragt)	– Größte zusammenhängende ökologisch wertvolle Teilregion mit reicher Naturausstattung als Überlebensbereich zahlreicher vom Aussterben bedrohter Arten und weiterer bedeutsamer Genressourcen des Naturraumes Muskauer Heide
7. Waldgebiet bei Weißkeißel (in Planung) und LSG Neißeaue	– Erhaltung und Entwicklung des Arteninventars naturnaher Flußlandschaft inklusive Hangwäldern – Erhaltung und Entwicklung der Fichten-Kiefern-Wälder unterschiedlicher Standorte einschließlich der Moor-Grünlandbereiche
8. NSG Hammerlugk Weißkeißel	– Sicherung und Entwicklung extensiv gepflegten frischen bis nassen Grünlands mit Fließgewässern, mit Pflanzen- und Tierarten dieser Standorte und ihrer Waldgesellschaften
9. NSG Braunsteich	– Sicherung und Entwicklung von Lebensgemeinschaften der Teiche und der Lausitzer Heidemoore mit ihren Uferzonen – Beobachtung und Kontrolle der Ökosysteme nach Einleitung von Zusatzwasser aus der Sümpfung
10. Südhanglage im Revier Hermannsdorf mit Mooren (noch vom Abbau bedroht)	– Sicherung und Erhaltung eines Wassereinzugsgebietes mit dem letzten Moor der südlichen Trebendorfer Hochfläche und damit Erhaltung vom Aussterben bedrohter Arten – Geplant: Verbindung zur Bergbaufolgelandschaft und Entwicklung eines Feuchtgebietes
11. LSG Trebendorfer Felder (östl. Teil) und ausgewählte Restseen im Muskauer Faltenbogen	– Entwicklung einer Bergbaufolgelandschaft mit Gewässern als Kontroll- und Vergleichsobjekt in Randlage zum aktiven Bergbau

Objekt	Zielsetzung/Untersuchungsschwerpunkte
12. NSG Trebendorfer Tiergarten	– Sicherung und Entwicklung naturnaher Waldgesellschaften und Aufnahme- und Entwicklungsgebiet für vom Aussterben bedrohte Arten – Studienobjekt zur Untersuchung der Wirkung von qualitätskontrolliertem Zusatzwasser auf Ökosysteme
13. NSG Altes Schleifer Teichgelände mit FND Trebendorf	– Sicherung und Entwicklung eines Artenmannigfaltigkeitszentrums naturnaher Forst- und Landwirtschaft und regionaltypischer Lebensgemeinschaften
14. NSG Innenkippe Nochten (beantragt)	– Untersuchungsobjekt zur Dokumentation der natürlichen Sukzession auf Kipprohböden – Anlage von Kontroll- und Probeflächen zur gezielten und beschleunigten Entwicklung von Ökosystemen auf Kipprohböden

- Trebendorfer Felder
- Gablenzer Restseen
- Boxberg - Kringelsdorfer Wald- und Wiesengebiet

Diese LSG tragen wesentlich zur Erhaltung von Flora und Fauna bei. Außerdem sind sie für einen funktionierenden Biotopverbund unerläßlich, beispielsweise in den naturnahen Flußlandschaften von Spree, Schöps und Neiße. Zur Sicherung dieser Funktion müssen folgende LSG erweitert werden:

- LSG Neißeaue von Pechern bis nördlich Görlitz
- LSG Boxberg - Kringelsdorfer Wald- und Wiesengebiet auf das gesamte Schöps- und Spreetal zwischen Boxberg und Kreisgrenze bei Neustadt/Spree. Dies bedeutet auch den Anschluß an bestehende LSG im Landkreis Hoyerswerda
- LSG Trebendorfer Felder im Osten

Der Biotopverbund zum Biosphärenreservat Oberlausitzer Heide- und Teichgebiet wird durch das Naturschutzvorbehaltsgebiet zwischen Reichwalde und Rietschen gewährleistet (Abb. 2).

2.3 Weitere Schutzobjekte, wie Flächennaturdenkmale (FND), Naturdenkmale (ND), geschützte Landschaftsbestandteile nach §§ 21, 22, 25 und geschützte Biotope nach § 26 des Sächsischen Naturschutzgesetzes konsequent schützen und in ihrer Funktionstüchtigkeit erhalten

Bisher sind mehr als 300 Objekte erfaßt, die folgende Biotoptypen repräsentieren:

- 1. Wälder – Bruchwald, Moorwald, Auwald (Reste, Übergänge), Laubwald, sonstige Wälder mit mindestens mehreren Jahrzehnten natürlicher Entwicklung
- 2. Gebüsche, Hecken, Gehölze – Feldgehölz, Hecke, Feuchtgebüsch
- 3. Fließgewässer – Quellen (bes. Quellhänge), naturnahe Bach- und Flußläufe, Gräben mit entsprechender Vegetation
- 4. Stillgewässer – Altwasserbereiche, Moorgewässer, Tümpel, Teiche, Weiher
- 5. Verlandungsvegetation – Unterwasserrasen, Schwimmblattgesellschaften, Röhricht, Großseggenried
- 6. Moore – Hoch- und Übergangsmoore (Verlandungsmoore), Torfstiche
- 7. Grünland – Staudenfluren (auch die Randbereiche von Wegen, Bahnlinien), (Pfeifengraswiesen, buntblühende Staudenfluren)
- 8. Magerrasen, Zwergstrauchheiden – Borstgrasrasen, Trockenrasen (Sand- und Silikatmagerrasen), Zwergstrauchheiden (trocken, feucht)
- 9. Weitere Biotope - zoologisch bedeutsame Bereiche, Ruderalflur, Acker (?), wertvoller Gehölzbestand, Binnendüne

Nach dieser Erfassung der Biotoptypen nach den Kartierungsgrundlagen Sachsens sind im Untersuchungsraum 66 % aller biologisch-ökologisch wertvollen Biotope Sachsens enthalten.

Nach den Untersuchungen von Großer (1990 u. 1993) in einer Waldbiotopkartierung repräsentieren die Gebiete: Abt. 108–111 und 127–129, der Grenzbereich zur Trebendorfer Feldflur (Abt. 257, 242–244) und die Grenzbereiche um die Mühlroser Feldflur (Abt. 230/245) eine ökologisch wertvolle Ausstattung. Im Bundesforstamt Muskauer Heide sind die Reviere Klein Priebus und Daubitz und das gesamte Dünengebiet geoökologisch außerordentlich bedeutsam und in ihrer natürlichen Entwicklung zu fördern.

Eine bedeutende Anzahl der bisher aufgeführten Naturschutzobjekte befindet sich im Gebiet des Naturschutzgroßprojektes Niederspree - Hammerstadt und des Truppenübungsplatzes Nochten. Die Durchführung des Naturschutzgroßprojektes und der Naturschutzkonzeption des Truppenübungsplatzes Nochten ist deshalb von existentieller Bedeutung für den Naturschutz in der Region.

2.4 Einrichtung und Entwicklung ökologischer Vorranggebiete in der Bergbaufolgelandschaft

Diese Aufgabe ergibt sich aus dem Ziel der Sicherung des Biotopverbundes in Einheit mit der Erhaltung überlebensfähiger Populationen geschützter Pflanzen- und Tierarten des Naturraumes. Vorrang hat dabei die Wiederherstellung der Arten- und Formenmannigfaltigkeit durch gezielte Landschaftsgestaltung in der Bergbaufolgelandschaft. Die Überwindung der Spontaneität im Mensch-Natur-Verhältnis zugunsten der bewußten Landschaftsplanung und Gestaltung erfordert besonders in Bergbaugebieten die Koordination aller Aktivitäten. Nach Analyse der Naturraumausstattung und der Optimierung der die Tagebaue umgebenden Landschaft ist die solide ökologische Entwicklung der Bergbaufolgelandschaften im Naturraum entsprechend den oben genannten Zielen der dritte Bereich einer wirksameren Naturschutzarbeit. Dabei müssen Aspekte des Wandels der Landschaft (Zeitbezug) und Aspekte der Anordnung der Ökosysteme (Naturraumbezug) beachtet werden. Zur Absicherung dieser Funktion ergeben sich nach Wiedemann (1987) zwei Aufgaben:

- 1. Konzeptionelle Vorbereitung der Herstellung einer stabilen, standorttypischen Arten- und Formenmannigfaltigkeit in Abstimmung mit allen weiteren Planungen zur Bergbaufolgelandschaft
- 2. Bereitstellung und Gestaltung der dafür benötigten Ökosystem- und Habitatflächentypen in entsprechenden Anteilen, Größen, Kombinationen und Vernetzungen, ihre funktionsgerechte Ausstattung und Steuerung

Unter Einbeziehung der gesamten Bergbaulandschaft muß deshalb die bergbauliche Gestaltung auf folgenden Grundsätzen beruhen:

- Schaffung erforderlicher abiotischer Substratqualitäten

Abb. 2. Repräsentative Naturschutzobjekte im Landkreis Weißwasser, Vorrang- und Vorbehaltsgebiete Naturschutz (Stand 1994)

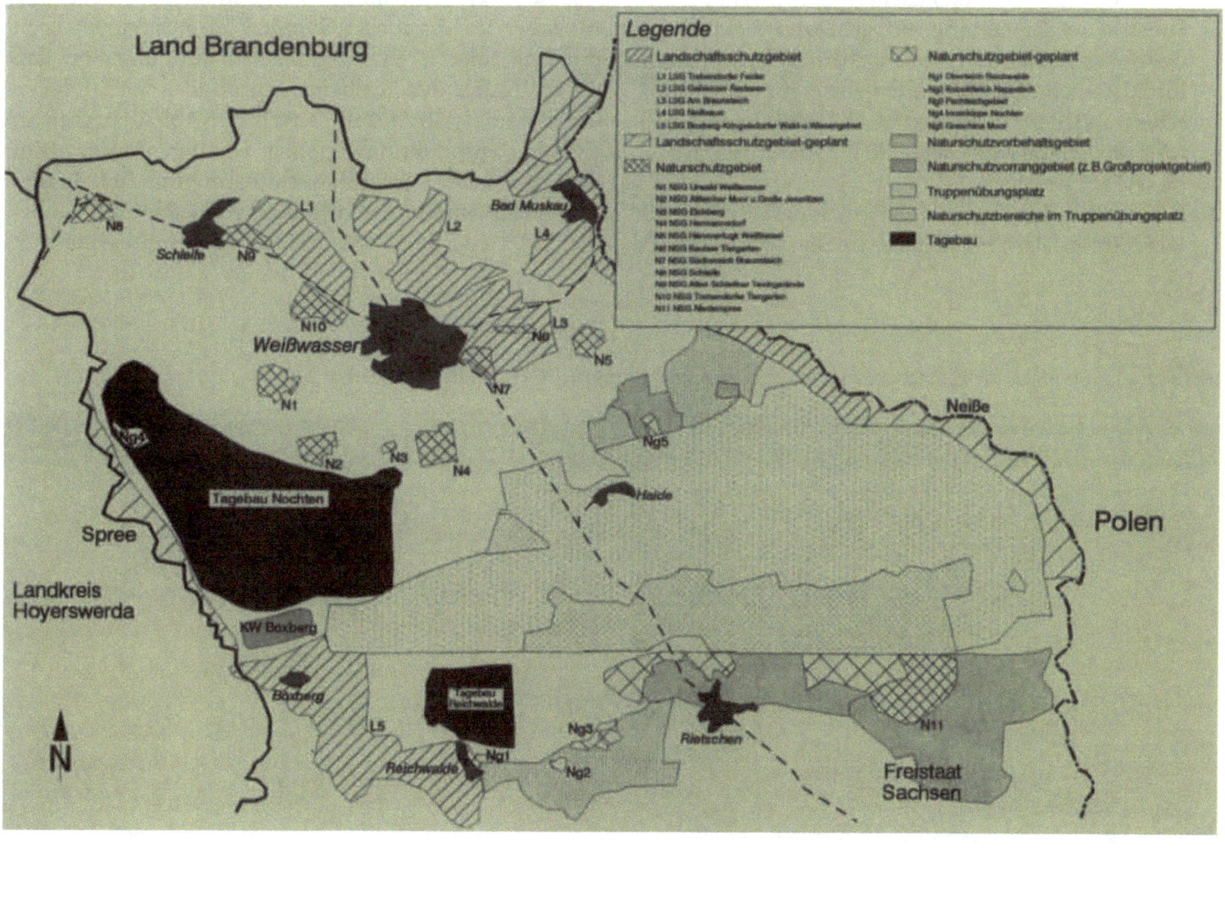

- Bewußte Gestaltung der technogen zu schaffenden geomorphologischen Voraussetzungen (Relief, Neigungsrichtung, Grundwasserstände, Vorflutsysteme)
- Einrichtung von ökologisch wirksamen Kleinstrukturen (permanente und temporäre Kleingewässer, Steinhaufen und Schotterbereiche, Totholz und Mulchmaterial), Umsiedlung schützenswerter Pflanzen im Einzelfall u. a. als Initialbereiche weiterer Entwicklung

Neben den typischen Ökosystemen in der Entwicklung der Bergbaufolgelandschaft müssen in dieser Habitate zur Stärkung gefährdeter bzw. vom Aussterben bedrohter Populationen der Bergbaurandgebiete eingerichtet und entwickelt werden. Einzelheiten dazu sind bei Wiedemann (1987), Großer (1990, 1993), Brozio (1990, 1993) dargestellt. Im allgemeinen werden nach Heydemann (1981) die in Tabelle 2 aufgeführten Minimalareale benötigt.

Für unsere Region und die in dieser bestehenden Artenvielfalt bedeutet dies die Entwicklung von ökologischen Vorranggebieten mit einer Gesamtgröße von mehreren tausend Hektar.

Tagebau Nochten

- 1. Sukzessionsfläche auf der Innenkippe Nochten (ungenügend aufbereiteter Kipprohboden) - ca. 70 ha (mit tiefenmeliorierter Kontrollfläche)
- 2. Heide- und Waldlandschaft auf pleistozänem Substrat in Verbindung mit größeren Flächen im Grundwassereinfluß am Tagebaurandgebiet und Initialstadien von Mooren in der Bergbaufolgelandschaft (Niederschlagswasser und Zuführung von Oberflächenwässern aus dem Randbereich) - ca. 1 500–2 000 ha
- 3. Aufnahmestandort und Entwicklung bedeutender Waldbiotope der Region nach Großer (1993) - 500 ha

Tagebau Reichwalde

- 1. Sukzessionsfläche Restsee und Uferbereich des Restsees - ca. 1 600 ha
- 2. Heide- und Feuchtgebietsbereich zwischen Restsee und Teichgebiet Rietschen/Hammerstadt - ca. 500–1 000 ha

Tagebau Bärwalde

- 1. Renaturierung der Kringelsdorfer Teiche
- 2. Sicherung und Entwicklung einer Teichlandschaft mit Feuchtgebieten östlich des Tagebaurestsees

Durch ökologische Vorranggebiete in der Bergbaufolgelandschaft in ausreichender Größe könnte in Verbindung mit dem umgebenden Naturraum durch ein gesichertes Naturschutzmanagement dem oben genannten Ziel entsprochen werden.

2.5 Umsetzung des Biomonitorings am Beispiel regional bedeutsamer Waldökosysteme

Nach den in vorherigen Abschnitten genannten Zielen zu Sicherungs-, Ausgleichs- und Ersatzmaßnahmen ist die Erhaltung bzw. Wiederherstellung spezifischer funktionsfähiger Ökosysteme und die Sicherung ihrer Arten- und Formenmannigfaltigkeit im Umfeld der Abbaugebiete und in der Bergbaufolgelandschaft die Aufgabe des Bergbautreibenden in Zusammenarbeit mit dem Naturschutz. Dabei ist darauf zu achten, daß die im Umfeld der Tagebaue ursprünglich vorhandenen Ökosysteme während und nach der Abbautätigkeit in aktiver Reproduktionstätigkeit erhalten werden. Dies bedarf genauer Kenntnisse von Raum und Zeit. Zu diesem Zweck wurde in Verbindung von Fach- und Behördenarbeit von 1990–1994 ein Netz von repräsentativen

Tabelle 2. Minimalareale für Populationen verschiedener Faunengruppen. (Nach Heidemann 1981)

Gruppierung der Fauna	Minimalareale
A Mikroorganismen < 0,3 mm	50–100m^2
B Fauna des Bodens und der Bodenoberfläche 0,3–1 mm	0,5–3 ha
C Fauna des Bodens und der Bodenoberfläche 1–10 mm (rel. ortsgebunden)	3–10 ha
D Lauffähige Wirbellose, Flugfähige Wirbellose 10–50 mm Reptilien, Amphibien, Kleinsäuger (rel. ortsgebunden)	10–20 ha
E Flugfähige Wirbellose (z. B. Schwärmer) Reptilien, Amphibien, Kleinvögel, -säuger	20–100 ha
F Mittlere Vögel, Mittlere Säuger	100–1000 ha (bis 3000 ha)
G Großvögel, Großsäuger	1000–10000 ha

Schutzgebieten im Umfeld der Tagebauplangebiete geschaffen bzw. Vorschläge für die Einrichtung von Naturschutzgebieten und ökologischen Vorranggebieten in der Bergbaufolgelandschaft erarbeitet, welches zumindest in Anfängen in Braunkohlenplänen und Rahmenbetriebsplänen Berücksichtigung fand. Nach Abschluß der ökologischen Untersuchungen wird eine langfristige Naturschutzstrategie vorliegen.

Erste Ergebnisse innerhalb des Programms lieferte die waldökologische Wertanalyse von Großer (1993), welche beispielhaft die weitere Arbeit veranschaulicht.

Im Planungsgebiet des Tagebaues Nochten liegen folgende natürliche bzw. naturnahe Waldökosysteme, die ausnahmslos auch in „Roten Listen" zu finden sind:

- 1. Traubeneichen - Linden - Hainbuchenwald (kleinflächig)
- 2. Waldreitgras - Kiefern - Traubeneichenwald
- 3. Straußgras - (Kiefern) - Stieleichenwald
- 4. Zwergstrauch - Kiefernwald
- 5. Callunaheiden
- 6. Sandtrockenrasen
- 7. Bergreitgras - Fichten - Kiefernwald
- 8. Buchen - Stieleichenwald
- 9. Pfeifengras - Birken - Stieleichenwald
- 10. Moor - Kiefernwälder
- 11. Sphagnum - Bult - Gesellschaften
- 12. Schnabelriedgesellschaften der Hochmoorkomplexe
- 13. Borstgras - Glockenheide - Gesellschaften

Von besonderer Bedeutung, auch forstwirtschaftlicher Art ist das genetische Material der Lausitzer Tieflandfichte, der Traubeneiche und der Kiefer aus autochthonen Herkünften. Von den vorhandenen Gesellschaften (Arten) könnten auf vorbereiteten Substraten folgende in der Bergbaufolgelandschaft angesiedelt und entwickelt werden:

- Traubeneiche
  in Form einer Traubeneichen-Winterlinden-Hainbuchenbestockung oder einer Kiefern-Traubeneichen-Bestockung als Startphase für die Entwicklung entsprechender Waldgesellschaften.
  Im Verlaufe von 2–3 Bestandsgenerationen könnten sich auf geeigneten Substraten der Nährkraftstufen K und M , z. B. in Südhanglage pleistozänen Ursprungs über Geschiebemergel, Eichenmischwaldbestockungen entwickeln. Durch geeignete Pflegemaßnahmen in den jeweiligen Sukzessionsstadien ist der Konkurrenzdruck anderer Arten zu verhindern.
- Stieleiche
  Über Vorwaldkomponenten mit Birke, Aspe und Eberesche auf Sandstandorten der Stufe Z könnte ein Straußgras-Stieleichenwald entstehen.
- Kiefer
  Natürliche Kiefernwälder siedeln auf Standorten der Nährkraftstufe H. Unter Beachtung von Konkurrenzproblemen muß hier, wie auch bei Callunaheiden und Sandtrockenrasen, genügend Zeit und Geduld aufgebracht werden, um die Gesellschaften bis zur Fähigkeit erfolgreicher Naturverjüngung zu entwickeln.

Auf Probeflächen erfolgen auf der Innenkippe Nochten Versuche zur Entwicklung dieser regional bedeutsamen Waldökosysteme. Zur Substratverbesserung wurden Tiefenmeliorationen bis zu 1 m durchgeführt. Weitere Flächen dienen als Kontrollflächen zur Beobachtung der natürlichen Sukzession. Anfang der 80er Jahre wurde das gesamte Gebiet unter Leitung von H. Sauer gestaltet. Substrate, Relief und Wasserhaushalt lassen es als natürliches Studienobjekt zur Langzeituntersuchung als geeignet erscheinen. Die von Krummsdorf im Beitrag 54 auf der Grundlage von ersten von uns in den 80er Jahren gemachten Untersuchungen, genannten Detailvorschläge sind grundsätzlich zu begrüßen, reichen aber nicht, um in einem Naturraum den Schutz von Natur und Landschaft, die Sicherung des Naturhaushaltes zu gewährleisten. Die Betrachtung eines ausgewählten Raumes der Bergbaufolgelandschaft allein führt deshalb zu ungenügenden Zielvorstellungen. Die Ergebnisse bei der forstlichen Rekultivierung im Rheinischen Revier (Bairlein et al. 1989) in Verbindung mit weiteren begleitenden Untersuchungen zur Bodenfauna (Glück 1989) und zur Anlage von Teichen (Neumann 1989) belegen dies.

Eine tiefgründige Analyse der gesamten Region mit ihren Naturräumen führt zu Ergebnissen, die als landschaftsökologische Entscheidungsgrundlage genutzt werden kann. In jedem Fall müssen alle ökologischen Zielvorstellungen in der Bergbaufolgelandschaft mit denen des Umfeldes korrelieren. Die zur Erhaltung und Entwicklung von regional bedeutsamen Waldökosystemen notwendigen Maßnahmen in der Bergbaufolgelandschaft müssen deshalb auch um weitere gezielte Entwicklungen im Umfeld des Abbaugebietes ergänzt werden.

So sind nach Großer (1993) besonders grundwasserabhängige Waldgesellschaften und Moorökosysteme in Randlage zu den Tagebauen zu sichern und zu entwickeln, die in der Bergbaufolgelandschaft wenig oder keine Aussicht auf Restitution haben. Dies betrifft in der Region:

- Den Pfeifengras - Birken - Stieleichenwald, in größeren Bereichen mit der Glockenheide *(Erica tetralix)* vergesellschaftet
- Den Sumpfporst-Kiefernwald auf grundfrischen Humuspodsolen
- Den Bergreitgras-Fichten-Kiefernwald mit dem genetischen Reservoir der Lausitzer Tieflandfichte
- Den Buchen-Stieleichenwald

Ökologisches Ziel sind deshalb reproduktionsfähige Gesellschaften, für die optimale Bedingungen anzustreben sind und die deshalb als Vorranggebiete im Nutzungskonzept der Forstämter erscheinen müssen. Dazu sind die im Monitoringprogramm (Tabelle 1) genannten Objekte 1, 4–7, 12, 13 vorgesehen, die außerhalb der Abbaugebiete liegen. Grundwasserabhängige Waldgesellschaften und Moor-Ökosysteme können in der Bergbaufolgelandschaft sicher nur in ausgewählten Bereichen, bzw. bei Mooren nur in Initialstadien, angesiedelt oder entwickelt werden. So eignen sich beispielsweise die Randlagen der Restseen oder Wasserstaukörper, die über natürliche Randlagen der Tagebaue versorgt werden oder über genügend große Wassereinzugsgebiete verfügen, zur Entwicklung des Pfeifengras-Birken-Stieleichenwaldes. Versuche werden in dem geplanten NSG Innenkippe Nochten erfolgen und nach der Sammlung von Erfahrungen auf die Bereiche der Bergbaufolgelandschaft südlich Weißwasser (Tagebau Nochten) und nördlich Rietschen (Tagebau Reichwalde) ausgedehnt. Die großen Moore der Lausitz können nicht umgesetzt werden. Die im Abbaugebiet liegenden müssen als Zeugen der Vorzeit in jedem Fall moorstratigrafisch und pollenanalytisch untersucht werden (NSG Altteicher Moor und große Jeseritzen, NSG Hermannsdorfer Moor) und, wo möglich, erhalten werden.

Die Erhaltung eines Lausitzer Heidemoores bietet sich in Randlage des Tagebaues Nochten südlich Weißwasser an (Monitoringobjekt 10). Im Zusammenhang mit dem vorhandenen Wassereinzugsgebiet müßte dieses Gebiet als letzter Teil der Moore am südlichen Hang der Trebendorfer Hochfläche im Auslauf zu den Sandern erhalten werden und später zur Versorgung der Bergbaufolgelandschaft mit genügend Oberflächenwasser für die oben genannten grundwasserabhängigen Waldgesellschaften und Moorökosysteme dienen.

Dieses Beispiel belegt die Komplexität von Sicherungs-, Ausgleichs- und Ersatzmaßnahmen in einer Region. Weitere bedeutsame Pflanzen- und Tierarten wurden bei dieser Betrachtung noch nicht berücksichtigt. Dies wird nach Abschluß der ökologischen Untersuchungen geschehen.

3 Zusammenfassung

Im Naturraum Muskauer Heide der Region Lausitz wird seit Jahrzehnten Braunkohle abgebaut. Nach dem Braunkohlenplan der Tagebaue Nochten und Reichwalde wird bis 2030/2040 die Abbautätigkeit auf ca. 17 000 ha betrieben. Von der Grundwasserabsenkung sind mindestens 43 000 ha dieses Naturraumes betroffen und damit ausnahmslos die gesamte Fläche der Muskauer Heide östlich der Spree mit einem der größten Binnendünengebiete Deutschlands.

Es wird dargestellt, wie unter den Bedingungen eines umfassenden Naturschutzmanagements versucht wird, Natur, Landschaft und Naturhaushalt nachhaltig zu sichern, um ein weiteres Aussterben von Pflanzen- und Tierarten zu verhindern bzw. auf ein Mindestmaß zu beschränken.

Grundbedingung sind Kompensationsmaßnahmen zur Grundwasserabsenkung, zur Flächeninanspruchnahme sowie in der Bergbaufolgelandschaft, die durch ein über Jahrzehnte andauerndes Biomonitoring begleitet werden. In Zehnjahresscheiben münden die Ergebnisse der Analysen nach Prüfung in Entscheidungsgrundlagen für Korrekturen zu Tagebaukonzeptionen, Kompensationsmaßnahmen und ökologischen Entwicklungszielen ein. Koordinationszentrum ist eine regionale Naturschutzstation mit einem für die Bundesrepublik bisher beispielhaften und noch zu erweiternden Naturschutzmanagement in Verbindung von Fach- und Verwaltungstätigkeit. Dadurch sollen landschaftsökologische Grundlagen ohne Verzug regional praxiswirksam werden.

LITERATUR

Bairlein F, Follmann G, Möhlenbruch N, Wolf G (1989) Aufgaben und Ziele der heutigen forstlichen Rekultivierung von Tagebauflächen. Natur und Landschaft 64 (10): 462–464

Bernhardt A, Haase G, Mannsfeld K, Richter H, Schmidt R (1986) Naturräume der sächsischen Bezirke. Sächsische Heimatblätter 4/5

Brozio F (1990) Die Flachlandpopulation des Birkhuhns *(Tetrao tetrix L.)* im Kreis Weißwasser. Abhandl/Ber Naturkundemuseum Görlitz 64: 93–98

Brozio F (1992) Naturschutz im Landkreis Weißwasser, Naturschutzgebiete und Naturschutzstrategie. Heimatkundliche Beitr Kreis Weißwasser/OL 8

Brozio F (1993) Grundlagen für ein regionales Artenschutzprogramm zur Flachlandpopulation des Birkhuhns *(Tetrao tetrix L.)* in Nordsachsen. Materialien zu Naturschutz und Landschaftspflege des Sächsischen Staatsministeriums 1: 4–10

Glück E (1989) Waldbodenverbringung – Zoologische Aspekte. Natur und Landschaft 64 (10): 456–458

Großer K H (1990) Naturschutzaufgaben in bergbaulich hoch beanspruchten Territorien – Naturschutzkonzept für den Kreis Weißwasser. Abhandl/Ber Naturkundemuseum Görlitz 64: 19–21

Großer K H (1993) Waldökologische Wertanalyse für das Beeinflussungsgebiet des Tagebaues Nochten. Auftrag der PCE Consultec GmbH Berlin

Heydemann B (1981) In: Kaule G (Hrsg) Arten- und Biotopschutz. Ulmer, Stuttgart

Langer H, weitere Autoren von 3 Arbeitsgruppen (1991) Ökologische Auswirkungen des geplanten Braunkohletagebaus Garzweiler II (Kurzfassung), Untersuchung im Auftrag der Kreise Heinsberg und Viersen und der Stadt Mönchengladbach

Neumann D (1989) Teiche als Sonderbiotope in forstlichen Rekultivierungen. Natur und Landschaft 64 (10): 458–461

Röder R (1992) Ökologische Auswirkungen des geplanten Braunkohletagebaus Garzweiler II – ein neues Gutachten über das Jahrhundertprojekt am Niederrhein. Natur am Niederrhein (N.F.) 7 (1): 17–32

Wiedemann D (1987) Landschaftsökologische Bedingungen und Voraussetzungen für die Wiederherstellung der Naturschutzfunktion in Bergbaufolgelandschaften. Verträge aus dem Bereich der AdL 5: 3–28

Gestaltung eines Kippenstandortes für den Naturschutz

Dietmar Wiedemann

1 Problemstellung

Der Braunkohlenabbau im Niederlausitzer Revier nahm im Raum Lauchhammer-Kostebrau seinen Anfang. In der ersten Abbauhälfte von etwa 1840-1910 waren die Eingriffswirkungen auf den Naturhaushalt minimal und nur von lokaler Bedeutung. Erst mit dem Aufschluß großer Tagebaue, besonders mit der Einfürung des Förderbrückenbetriebes und dem Beginn der großflächigen Grundwasserabsenkung, änderte sich das Bild der Landschaft sehr nachhaltig. Bis heute sind im Förderraum Lauchhammer auf einer Fläche von ca. 17 · 16 km insgesamt 17 Tagebaue aufgeschlossen und ausgekohlt worden, die zusammen einen Flächenumfang von ca. 11 000 ha einnehmen.

Gegenwärtig gibt es kaum ein Bergbaugebiet, das neben seiner über 150jährigen Abbautradition eine so vielfältige und lange Regeneration der Pflanzen- und Tierwelt aufweisen kann.

In der Vergangenheit war die Renaturierung in landschaftsweiten Dimensionen möglich, ohne dafür spezielle Schutzgebiete ausweisen zu müssen. In den jungen Folgelandschaften des Bergbaues, die den größten Teil der Bergbaufläche einnehmen, schränken verschiedene Entwicklungen und Trends der Landnutzung die Möglichkeiten der Regeneration der heimischen Arten in dauerhaft existenzfähigen Populationen und Biozönosen ein. Es sind in erster Linie Bestrebungen, die Kippenflächen als Standorte für Großdeponien, zur Abproduktenentsorgung, für aggressive Geländesportarten und intensive Erholungsformen zu nutzen oder durch Verkehrstrassen zu isolieren, ohne dabei Rücksicht auf die Dimensionen und das extrem labile und noch zu regenerierende Geo- und Bioökosystem zu nehmen. Begünstigt wird diese Entwicklung durch die Zurückdrängung der standörtlichen Agrarproduktion, das Abrücken von bodenaufbauenden Rekultivierungsfruchtfolgen, deren rotierende Fruchtarten einen positiven Einfluß auf die autochthone Flora und Fauna des Agrarraumes haben. Alle diese Erscheinungen und Aktivitäten konzentrieren sich gegenwärtig im Förderraum Lauchhammer. Die Regeneration der Floren- und Faunenvielfalt in unbelasteten und ungestörten Kippenlandschaften ist ohne die Bereitstellung eines ausreichend großen Vorrangflächensystems für den Natur- und Ressourcenschutz nicht mehr gesichert. Aus diesem Grunde ist es dringend geboten, alle sich für den Schutz des Lebens und der Lebensqualität bietenden Möglichkeiten bei der Gestaltung der neuen Landschaft zu nutzen und in Verbindung mit einer standortgerechten Landbewirtschaftung zu unterstützen.

Für den Förderraum Lauchhammer ist es notwendig,

- ein > 1000 ha und ein > 500 ha großes Vorranggebiet für den Naturschutz (und Ressourcenschutz) auszuweisen,
- ca. 8 % des Gebietsflächenanteils als Ausgleichs- und Vernetzungsstrukturen in die Nutzökosysteme zu integrieren,
- die Nutzung der Kippen auf den Aufbau und Erhalt dauerhaft verfügbarer Ressourcen (Boden, Grund- und Oberflächenwasser, Flora und Fauna, landschaftliche Attraktivität) auszurichten.

2 Standortbedingungen

Lage, Größe und Alter des Gebietes

Das geplante und in Teilen schon bestehende Naturschutzgebiet wird einen Flächenumfang von ca. 1 200 ha erreichen. Es liegt an der Westgrenze des Niederlausitzer Braunkohlenreviers in den Kreisen Finsterwalde und Senftenberg. Das Gebiet erstreckt sich mit einer Länge von 5,8 km und einer maximalen Breite von 3,5 km von Norden nach Süden und hat auf seiner größten Längsausdehnung direkten Kontakt zum Tagebaurandgebiet und zu älteren Kippenflächen, was sich bereits heute günstig auf die Wiederansiedlung der heimischen Flora und Fauna auswirkt.

Der Flächenentzug für den Abbau der Kohle erfolgte in den Jahren 1921–1977. Die Sanierungsarbeiten im Gebiet werden sich bis zum endgültigen Grundwasserwiederanstieg bis über das Jahr 2010 hinziehen, so daß eine günstige Altersdifferenzierung zwischen den jüngsten und ältesten Kippenbiotopen von ca. 100 Jahren eintreten wird. Das dabei entstehende Alters- und

Biotoptypenmosaik wird zu einer hohen Arten- und Formenmannigfaltigkeit führen und rückwirkend positive Impulse für den Artenschutz in den Tagebaunachbarlandschaften haben.

Das Naturschutzgebiet ist in den Naturpark „Niederlausitzer Heidelandschaft" integriert.

Substratverhältnisse

Die Kipprohböden bestehen zum überwiegenden Teil aus tertiären, schwach kohlehaltigen Kipp-Kohlesanden (x'S-Kp), die im Brückenkippenbetrieb abgelagert worden sind. Es handelt sich um vorwiegend skelettfreie Substrate mit einem sehr geringen Gehalt an abschlämmbaren Teilchen und einem sehr geringen Wasser- und Nährstoffspeicherungsvermögen.

Die bodenchemischen Eigenschaften sind gekennzeichnet durch geringe Ionenaustauschkapazität und sehr stark saure Reaktionsverhältnisse (pH 2,8–3,3). Die für diesen Standort charakteristischen Gesamtschwefelanteile liegen im mittleren Bereich (Markmann 1991).

Das in Absetzerhochschüttung abgelagerte quartäre Substrat besteht vorwiegend aus stark kiesigen Sanden bis Anlehmsanden (kSl-Kp) mit Beimengungen größerer Tonbrocken. Die Reaktionsverhältnisse sind schwach sauer bis neutral.

Die langanhaltende Säurefreisetzung der Tertiärsande führt auf dem überwiegenden Teil der Brückenkippenfläche zu phytotoxischen Reaktionen, die über mehrere Jahrzehnte kein Pflanzenwachstum zulassen. Eine auf den Rohbodenflächen bereits über 20 Jahre fehlende Pflanzendecke begünstigt die Wasser- und Winderosion und führt zu hohen Staubbelastungen in den umliegenden Ortschaften sowie den land- und forstwirtschaftlichen Nutzökosystemen. Verstärkt werden diese Wirkungen durch die wasserabweisenden Eigenschaften und hohen Temperaturextreme an der Bodenoberfläche.

Wasserverhältnisse

Die in den Senkenlagen und am Grunde der Tagebaurestlöcher entstandenen Tümpel und Standgewässer werden in ihren Eigenschaften stark beeinflußt durch das säurespendende tertiäre Kippsubstrat. Diese Gewässer weisen in der gegenwärtigen Initial- und Frühphase extreme Eigenschaften auf, wie sie für junge Tagebauseen der Lausitz charakteristisch sind.

Kennzeichnend sind sehr niedrige pH-Werte von 1,8–3,5, hohe Gehalte an Eisen, freier Schwefel- und Kohlensäure sowie eine absolute Keimfreiheit und geringe Gehalte an gelösten organischen Stoffen (Pietsch 1979). Trotz ihres sehr langen Beharrungsvermögens im phytotoxischen Zustand haben die Tagebaugewässer der Tertiärstandorte eine günstige Prognose für den Naturschutz, da sie sich zu sehr wertvollen oligotrophen Heideseen entwickeln werden, wie sie für Brandenburg in diesem Qualitätszustand und Umfang nicht mehr existieren. Voraussetzung für die Erhaltung der Regenerationsfähigkeit ist eine standortgerechte Gewässer- und Umlandnutzung und die Ausweisung ausreichend großer Schutzzonen.

Die im Gebiet zwischen 1990 und 1992 tongedichteten Tagwasserweiher haben bereits günstigere Eigenschaften, deren pH-Werte z. B. bei 7,0–7,3 liegen. Ihre oligo- bis mesotrophen Verhältnisse sind in dieser Phase der Landschaftsentwicklung von ökologischer Bedeutung, weil sie die einzigen Trinkwasserstellen, Brut- und Laichhabitate für zahlreiche Tierarten im Grundwasserabsenkungsgebiet (max. Ausdehnung 188 km^2) sind. Im Naturschutzgebiet werden sich mit dem Grundwasserwiederanstieg sechs Tagebauseen mit einer Gesamtwasserfläche von ca. 290 ha herausbilden. Der Wasserflächenanteil liegt dann weit über dem der vorbergbaulichen Phase. Damit kann ein gewisser Ausgleich für den Rückgang der ökologisch und klimatisch wertvollen Feuchtgebiete hergestellt werden.

Relief

Wie die Substrat- und Gewässerverteilung ist auch das Relief technogen entstanden und weist im Vergleich zum vorbergbaulichen Zustand eine höhere Vielfalt, besonders im Hinblick auf die geschaffene Reliefenergie auf. Die absoluten Geländehöhen liegen im Süden des Schutzgebietes bei 100 m über NN und steigen nach Norden auf 117 m über NN an. Die höchsten Erhebungen mit 132 bzw. 142 m über NN erreichen die Hochkippen im mittleren Teil des Gebietes.

Die für den Naturschutz bedeutsamen wasserangrenzenden Steilböschungen im Kippenbereich müssen zur Vermeidung von Abbrüchen und Fließrutschungen durch Sprengungen abgeflacht werden, weil hiervon eine extrem hohe Gefährdung für die sich in diesen Bereichen aufhaltenden Menschen ausgeht. Die Sprengarbeiten werden sich in Verbindung mit dem Grundwasserwiederanstieg in mehreren Etappen bis nach 2010 hinziehen.

Bis zum Abschluß dieser Arbeiten bleiben die Uferbereiche auf einer Breite von ca. 200 m gesperrt. Im Naturschutzgebiet ergibt sich dadurch eine gehölzfreie Uferlänge von > 12 km. Diese Situation wird als einmalige Chance genutzt, umfangreiche oligotrophe Rohbodenflächen für die ungestörte Sukzession (mit dem Charakter einer Total- bzw. Kernzone) zu erhalten, die für den hier brütenden Flußregenpfeifer und mindestens 25 festgestellte Limikolenarten auf dem Herbstzug ein wichtiges Rast- und Durchzugsgebiet sind. Die kulturfeindlichen Eigenschaften der Substrate kommen dieser Zielstellung entgegen. Die bandartige Ausformung und Wassernähe führt infolge der verringerten Windangriffsfläche zu keiner Staubbelastung. Bei den Sprengarbeiten ist auf die Ausbildung grösserer Flachwasser- und Flachuferbereiche Wert zu legen.

Tagebaurandgebiet

Das westliche Tagebaurandgebiet, das für die Regeneration des künftigen Naturschutzgebietes eine tragende

Bedeutung hat, zeichnet sich durch Standortverhältnisse aus, die aufgrund ihrer morphologischen und abiotischen Merkmale einen hohen ökologischen Anschlußgrad an die Kippenstandorte erwarten lassen. Das Tagebaurandgebiet wird geprägt von der naturräumlichen Haupteinheit der Lausitzer Becken- und Heidelandschaft mit ausgedehnten Talsandflächen, eingelagerten Sanddünen und Heidemooren sowie einer saaleeiszeitlichen Grundmoräne, die teilweise von einer Endmoränenstaffel überlagert ist. Es herrschen vorwiegend arme Kiefern- und Birkenwaldbestände und vereinzelt noch Stieleichen-Birkenwälder vor.

Die relativ extensive landwirtschaftliche Nutzung der armen Sandböden trägt zur Bereicherung des Landschaftsbildes und zur Erhöhung der Artenvielfalt in diesem Raum bei. Sie ist gegenwärtig durch Flächenstillegungen und Aufforstungen gefährdet. Die typische Artenstruktur für diesen Landschaftsraum ist, bis auf das seit vergangenem Jahrzehnt verschollene Auerwild, noch in mehr oder weniger stabilen Biotopen vorhanden. Das trifft auch für die auf die oligotrophen Standortverhältnisse angewiesenen Arten zu, deren Reliktvorkommen allerdings als zunehmend kritisch zu bewerten sind. Die zielgerichtete Schaffung solcher oligotrophen, gehölzfreien Standortverhältnisse auf den Kippenstandorten wird zu einer Stabilisierung dieser Artenbestände und ihrer Lebensgemeinschaften führen.

Die Biotopanalysen im Tagebaurand- und Kippengebiet zeigen folgende Schwachstellen:

- 1. Mangel- bzw. Reliktbiotope sind oligotrophe, offene Rohbodenbiotope (Kies-, Sandgruben), oligo- bis mesotrophe Kies- und Lehmweiherbiotope, Trokken- und Magerrasenbiotope, Feldgehölze, mesotrophe Laubwaldgehölze, Röhrichtbiotope.
- 2. Infolge der land-, forst- und fischereilichen Nutzung und des bergbaulichen Grundwasserentzuges degradierte und zurückgegangene Biotope sind bodensaure Heideweiher und Heidemoore, Pfeifengraswiesen, Feuchtgrünland, Fischteiche, Gräben, trockene Sandäcker, Sandheiden, Wald- und Feldsäume.
- 3. Infolge bergbaulicher Rückbau- und Rekultivierungsmaßnahmen weiter zurückgehende Biotope sind Schächte, Gleistrassen, Steilwände (Geländeanschnitte) Rohbodenflächen und Silbergrasfluren, Flächen mit Heide- und Gehölzanflug.
- 4. Aufgrund bergbausicherheitstechnischer Maßnahmen zurückgehende Biotope sind Flachwasserbuchten, Inseln, Halbinseln, grundwassernahe und -alternierende Standorte.

3 Zielstellung

Die Zielstellung zur Sicherung der erforderlichen Funktionen des Naturschutzgebietes ergibt sich aus

- den nutzbaren Standortverhältnissen, wie
  - Flächenumfang
  - spezifische Standorteigenschaften
  - Lage der Fläche und ihre Nachbarschaft
  - Vernetzungs- bzw. Isolationsgrad
- den Anforderungen des Biotop- und Artenschutzes im Tagebaurandgebiet, wie
  - Erweiterung des Habitatflächenangebotes für verbreitete und gefährdete Arten
  - Wiederherstellung abiotischer Raumeinheiten bzw. -strukturen für die Ausbildung stabiler Biotoptypen
  - Anschluß der abiotischen Raumeinheiten der Kippen an die Raumeinheiten des Tagebauumfeldes
- den Anforderungen des Biotop- und Artenschutzes, die sich aus der Spezifik des Kippenstandortes ergeben, wie
  - Schaffung junger, vorwiegend oligotropher, vegetationsarmer Biotope/Sukzessionsstadien
  - Schaffung völlig neuer Biotopkomplexe und -verbände, (z. B. wenn neue Seengebiete entstehen)
  - Pufferung phyto- und limnotoxischer Substrateigenschaften
- den Umwelt- und Sicherheitsanforderungen, wie
  - Vermeidung von Setzungsfließen und Staffelbrüchen
  - Ausschaltung von Staubemissionen
- sonstige Anforderungen, wie
  - Nutzung des Standortes für die Forschung,
  - Nutzung des Standortes für Naturbeobachtung, Bildung und Erziehung

Eine Übersicht über die nutzbaren Standortverhältnisse, die daraus abzuleitenden Zielstellungen für das Naturschutzgebiet und ihre Wertung ist aus Tabelle 1 zu entnehmen.

Aus Tabelle 1 können folgende Hauptziele für die Entwicklung des Naturschutzgebietes „Grünhaus“ abgeleitet werden:

- 1. Schaffung eines großen Naturschutzgebietes an der Westgrenze des Niederlausitzer Braunkohlereviers mit der Funktion als „Eintrittspforte“ für einwandernde Pflanzen- und Tierarten in die Bergbaufolgelandschaft.
- 2. Bereitstellung eines großflächigen Biotoptypen- bzw. Sukzessionsflächenmosaiks auf stabiler morphologischer und abioischer Standortgrundlage mit besonderer Eignung als Reproduktionsgebiet für stenöke, stark gefährdete aber auch für verbreitete Arten der Niederlausitz.
- 3. Schaffung eines großen Kranichrast- und -schlafplatzes mit überregionaler Bedeutung, dessen Gestaltung sich anbietet aufgrund
  - der positiven Brut- und Rastentwicklung im Gebiet,
  - der zunehmenden Instabilität des z. Z. künstlich gefluteten, zu kleinen Schlafplatzes,
  - des insgesamt zu gering bemessenen und zerstreuten Schlafplatzangebotes.

Tabelle 1. Nutzbare Standortverhältnisse und die daraus abzuleitenden Zielstellungen für das Naturschutzgebiet „Grünhaus“

Kriterien	Realisierung	Bewertung
Standortgrundlagen		
– Substratart	Vorw. tertiäre Sande, z. T. Lehme	xx
– Substratspezifik	Oligotroph, sauer (Heidetyp)	xx
– Standortformenvielfalt	Hohe Vielfalt (Relief, Wasser)	xx
– Verfügbare Fläche	> 1 000 ha, 25 % Wasserfläche	xx
– Lage der Fläche	Randlage, ungestört	xx
– Nachbarschaftsnutzung	Forst, z. T. Laubwald, NSG, LSG	xx
	(Abwertung durch geplante Großdeponien)	(-)
– Vernetzung	Gute Voraussetzung für Biotopverbund	xx
	(bei Deponien–Barriere n. Osten)	(-)
Biotop-, Artenschutz		
– Kapazität typ. Habitate	Erweiterung/Wiederherstellung	x
– Kapazität spezif. Habitate	Angebot junger Sukzessionsflächen	xx
– Kapazität neuer Habitate	Entstehung großer Gewässer	xx
– Landschaftstypische Arten	Stärkung bestehender Populationen	xx
– Gefährdete Arten	Starke Vermehrung stenöker Arten	xx
– Neue Arten	Limikolen, Wasservögel	xx
– Spez. Artenschutz	Rast- und Schlafplatz für Kraniche	xx
Sonstige Funktionen		
– Forschungsobjekt	Modell für Landschaftsplanung	xx
	Sukzessionsforschung	xx
	Entwicklung von Rekultivierungs- und Pflegeverfahren u. a.	xx
– Freizeit, Bildung und Erziehung	Tangierendes Wanderwegenetz	x
	Beobachtungspunkte, Führungen	xx

xx sehr gute Voraussetzungen; x gute Voraussetzungen; - negativ

- 4. Erprobung effektiver Rekultivierungs- bzw. Renaturierungsmethoden für den Naturschutz in Bergbaugebieten.
- 5. Schaffung eines Dauerbeobachtungsfeldes mit bekannten, unterschiedlich manipulierten Initialbedingungen für die Grundlagen- und Anwendungsforschung zur Gestaltung, Entwicklung und Pflege von „Sekundärbiotopen“.

Zielarten und Biotoptypenmosaik

Aus den in den Tagebaurand- und Kippengebieten gut bearbeiteten Avizönosen lassen sich repräsentative Vogelarten herausarbeiten, die für die zu gestaltenden Habitatstrukturen als Leit- bzw. Zielarten in Frage kommen. Zu den Arten, die für ein bestimmtes Leitbild der Landschaft stehen und in Bergbaufolgelandschaften bereits präsent sind, gehören:

- Flußregenpfeifer
  für ebene bis schwach geneigte Sand- und Kiesflächen, möglichst an Gewässerufern in flächiger und bandartiger Ausformung
- Brachpieper
  für großflächige, ebene bis wellige Trocken- und Magerrasenbiotope
- Rebhuhn
  für trockene Stauden- und Wildrasenfluren mit sandigen Stellen und Deckungsmöglichkeiten (z. B. Brombeersträucher, Stubbenreihen oder Feldgehölze)
- Heidelerche
  für Zwergstrauchheiden, trockene Böschungen und Waldsäume

- Waldschnepfe
  für großflächige, strukturreiche Laub- und Mischwälder mit hohen Anteilen an feuchten Senken und Freiflächen
- Kranich
  für ausgedehnte Schilf- und Röhrichtfelder in Flachgewässern (als Brutplatz) für große Flachwasserbereiche oder weitflächig gehölzfreie, flachwellige Rasenflächen (als Schlafplatz)
- Drosselrohrsänger
  für breite Schilfsäume in Tagebaugewässern mit kräftigen Halmstrukturen
- Schellente
  für mittlere bis große Tagebauseen in Waldnähe (Höhlenbäume bzw. Nistkästen erforderlich)
- Wasserralle
  für verlandete, gebüschreiche (Erlen, Weiden) Gewässerbereiche unterschiedlicher Größe

Zielarten, die sich in großflächigen Ökosystemen ansiedeln, wenn entsprechende Habitatstrukturen bzw. -elemente erhalten bzw. installiert werden, sind

- Steinschmätzer
  Findlings- und Stubbenfelder
- Uferschwalbe
  sandige, kiesige Steilwände
- Flußseeschwalbe, Sturmmöwe
  Rohboden- oder kurzrasige Inselbiotope
- Neuntöter, Bluthänfling
  Dornensträucher und andere dichte Sträucher im offenen Gelände oder an Waldrändern und Feldgehölzen
- Braunkehlchen
  Rasenfluren und Säume mit Hochstauden und Sträuchern (Sitz- und Singwarten), möglichst feuchte Standorte
- Baumpieper, Goldammer
  Einzelbäume an Waldrändern und Feldgehölzen

Aus dem zur Verfügung stehenden Standortpotential kann für die genannten Arten und ihre Lebensgemeinschaften ein vielfältig und großflächig strukturiertes Naturschutzgebiet entwickelt werden, das sowohl Rohbodenflächen für die ungestörte „natürliche" Sukzession als auch Flächen mit unterschiedlich manipulierten morphologischen, abiotischen und biotischen Initialbedingungen besitzt. Die Manipulation reicht von der Reliefgestaltung, der Kalkeinbringung zur Pufferung extremer Säuregehalte, der Anlage von Findlings- und Stubbenfeldern, dem Einbau bindiger Substrate, der Weihergestaltung, der Wildraseneinsaat bis hin zur Gruppenpflanzung ehemals verbreiteter Laubgehölze, die sich nicht mehr selbst ansiedeln können. Als Vorbild dienen gute und erfolgversprechende Beispiele aus verschiedenen Rekultivierungsobjekten der Umgebung und eigene Überlegungen, die auf spezifische Artenschutzbelange und Forschungsaufgaben ausgerichtet sind.

Die erforderlichen und bereits teilweise existierenden Ziel-Biotoptypen, ihre räumliche Aufteilung und Kombination sind in Abb. 1 schwerpunktmäßig dargestellt. Die in Tabelle 2 angeführten Haupttypen und Flächenanteile sollen entwickelt werden.

Besonderer Wert wird auf die Gestaltung der Übergänge zwischen den verschiedenen Biotoptypen gelegt, die bereits bei der technischen und biologischen Rekultivierung besonders auszuformen sind. Naturwissenschaftliche Grundlagen und Vorschläge zur Gestaltung von Teilflächen des Naturschutzgebietes werden gegenwärtig im Rahmen eines Forschungsprojektes erarbeitet (Forschungsinstitut für Bergbaufolgelandschaften e. V. 1993).

Tabelle 2. Zu entwickelnde Haupttypen und Flächenanteile dominanter Biotope im Naturschutzgebiet „Grünhaus"

Rohbodenbiotope	ca. 180 ha	15 % der NSG-Fläche
Wildrasenbiotope	ca. 220 ha	18 % der NSG-Fläche
Dauergraslandbiotope	ca. 50 ha	4 % der NSG-Fläche
Zwergstrauchheidebiotope	ca. 25 ha	2 % der NSG-Fläche
Laubmischwaldbiotope	ca. 150 ha	12 % der NSG-Fläche
Kippenforste (langfristige Umwandlung)	ca. 190 ha	16 % der NSG-Fläche
Feldgehölzbiotope	ca. 12 ha	1 % der NSG-Fläche
Gebüsch- und Saumbiotope	ca. 30 ha	2,5 % der NSG-Fläche
Tümpel- und Saumbiotope	ca. 30 ha	2,5 % der NSG-Fläche
Oligotrophe Standgewässerbiotope	ca. 290 ha	25 % der NSG-Fläche
Röhrichtbiotope	ca. 25 ha	2 % der NSG-Fläche
Findlings- und Stubbenbiotope	(ca. 1 ha)	
Insel- und Steilwandbiotope	(ca. 1 ha)	

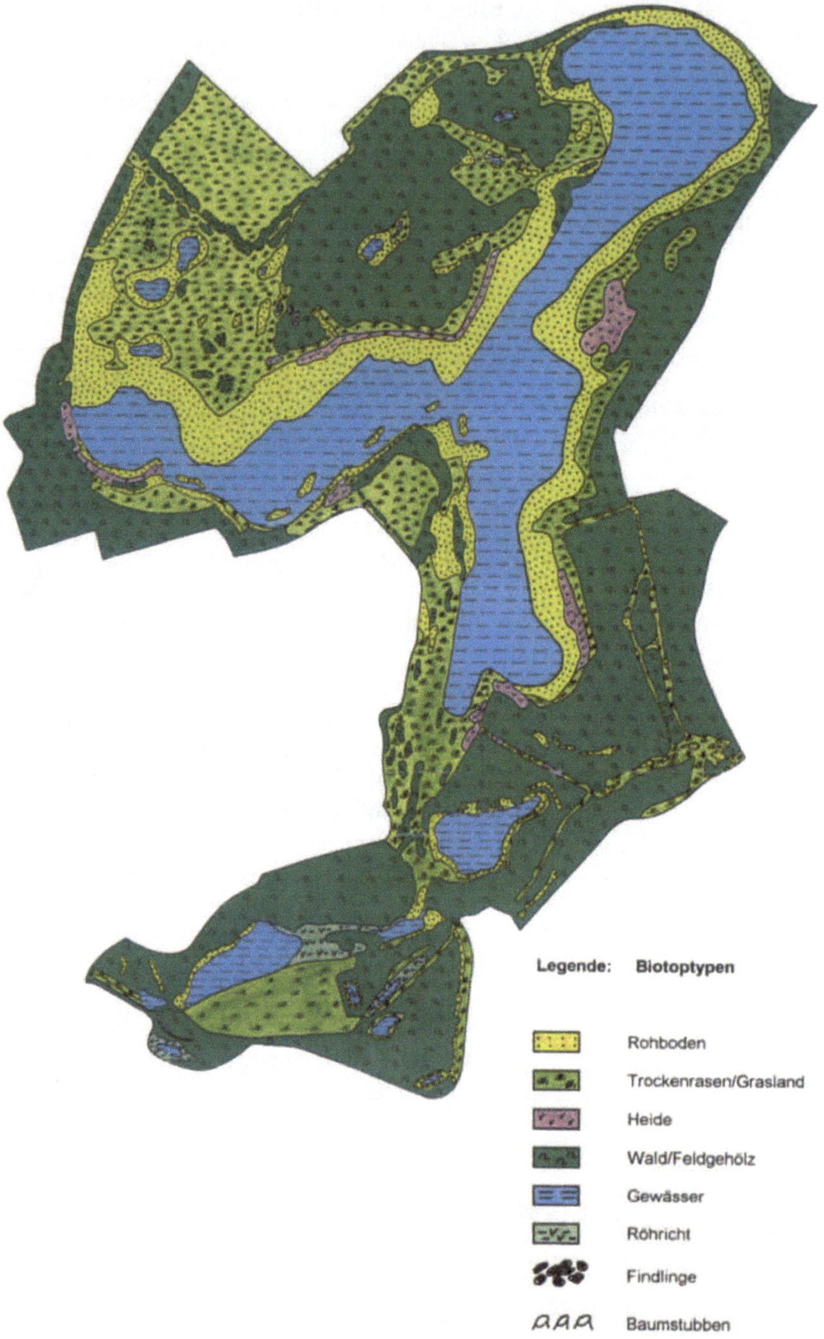

Abb. 1. Zielbiotope und Biotopverteilung im Naturschutzgebiet „Grünhaus"

4
Erste Ergebnisse und Schlußfolgerungen

Eine in den Jahren 1989–1992 gestaltete Teilfläche des Naturschutzgebietes „Grünhaus", die sich in ihrem Flächentypenmosaik zusammensetzt aus:

- Einer unbehandelten tertiären Rohbodenfläche (ca. 65 ha)
- Einer Wildrasenfläche (ca. 80 ha)
- 8 Laubgehölzinseln
- 6 Tümpel- und Weiherflächen
- Einer ca. 900 m langen Stubbenreihe
- Einem Stubbenfeld und mehreren Findlingsgruppen

zeigte schon im ersten und zweiten Jahr ihrer Fertigstellung bedeutsame Wiederansiedlungs- und Reproduktionsergebnisse seltener und gefährdeter Faunenarten (vgl. Abb. 2–9). Besonders die auf die oligotrophen Rohboden- und Weiherbiotope sowie lockeren Rasenfluren spezialisierten Wirbellosen, wie Sandohrwurm, Blauflügelige Sand- und Ödlandschrecke, Feldsand-

Abb. 2. Brückenkippe des NSG „Grünhaus" vor der Gestaltung. (Photo: Wiedemann)

Abb. 4. Mit Lehm abgedichteter Weiher im Zentrum des Kranichschlafplatzes. (Photo: Wiedemann)

Abb. 3. Blick von Norden auf den künftigen Heidesee. Die Wasserfüllung ist etwa im Jahre 2010 abgeschlossen. (Photo: Wiedemann)

Abb. 5. Entwicklung eines Schafschwingelrasens an der Nordwestgrenze des Naturschutzgebietes. (Photo: Wiedemann)

laufkäfer, Brauner Sandlaufkäfer, Großer Blaupfeil und Becherazurjungfer, zeigen gute Bestandesentwicklungen.

Begünstigt wird die schnelle Wiederansiedlung der Arten durch die unmittelbare Nachbarschaft des Naturschutzgebietes zum Tagebaurandgebiet, das noch zahlreiche Reliktvorkommen sensibler Biozönosen der Rohboden-, Heide- und Trockenrasenbiotope aufweist. Von den Wirbeltierarten vermehren sich im Gebiet bereits Kreuzkröte, Flußregenpfeifer und Brachpieper als typische Erstbesiedler der jungen Kippenstandorte. Die Reproduktion von Zauneidechse, Glattnatter, Steinschmätzer, Bachstelze, Hausrotschwanz und Bluthänfling in dieser frühen Phase hat seine Erklärung in der Ausstattung des Gebietes mit habitatbildenden Stubbenreihen und Findlingsgruppen sowie in den geschaffenen Vernetzungsstrukturen zum Tagebaurand.

Die wellig bis hügelig ausgeformte Kippenoberfläche wurde bereits im ersten Jahr nach der Ausformung der Rohbodenrippen von den im Gebiet rastenden Kranichen als Schlafplatz angenommen. Spitzenwerte von 1650 Individuen während der Herbstrast konnten in den Jahren 1991 und 1992 ermittelt werden.

Die Wiederansiedlung von Pflanzenarten bildet gegenwärtig ein noch sehr diffuses Bild. Während die schwefelhaltigen Kipprohböden noch völlig vegetationsfrei sind und bleiben, wandern in die schwach aufgekalkten, lockeren Schwingelansaaten erste Pflanzenarten aus dem Tagebaurandgebiet ein, deren Erfassung noch nicht abgeschlossen ist.

Wenn auch die jungen Kippenstandorte einen sehr wichtigen Beitrag zum speziellen Artenschutz leisten, so muß doch ausdrücklich darauf hingewiesen werden, daß sich die erforderliche Stabilität der Geobiozönosen in den Tagebaukippen erst in mehreren Jahrzehnten bis Jahrhunderten einstellen wird, sofern das Diasporen- und Artenangebot dann noch zur Verfügung steht (Klimaxwälder, Moore). Aus diesem Grunde müssen sich alle Maßnahmen in der Tagebaunachbarlandschaft mit höchster Konsequenz auf den lange erforderlichen Artennachschub, d. h. am strengsten Schutz reifer und

Abb. 6. Findlinge, attraktive Gestaltungselemente, werden besonders von Zauneidechse und Steinschmätzer als Sonnenplätze, Sitzwarten und Bruthabitate genutzt. (Photo: Wiedemann)

Abb. 8. 900 m lange Benjeshecke auf Stubbenbasis als Einwanderungshilfe für Zauneidechse, Glattnatter, Blindschleiche und Kleinsäuger. (Photo: Wiedemann)

Abb. 7. Rohbodeninseln in der Schafschwingelflur bieten Nistgelegenheiten für Wildbienenarten. (Photo: Wiedemann)

Abb. 9. Ausbildung von Röhrichtbeständen im Restsee 131, die mit dem Grundwasseranstieg überstaut werden. (Photo: Wiedemann)

klimaxnaher Biotoptypen, ausrichten. Einbezogen in diese Maßnahmen müssen auch alle extensiv genutzten Ökosysteme, wie Naßwiesen, Hutungen, Heiden und Hutewälder werden, da solche Flächentypen in Bergbaufolgelandschaften auf wirtschaftlicher Grundlage nicht mehr entstehen. Neue Landschaftspflegemethoden und Regelungen müssen unbedingt gefunden werden, wenn wir die Arten- und Formenmannigfaltigkeit solcher attraktiven Standorttypen erhalten wollen.

Die ersten Ergebnisse verdeutlichen, daß bei der Schaffung großer Vorrangflächen für den Naturschutz auf einem großen Teil der Flächen nicht auf technische und biologische Renaturierungsmaßnahmen verzichtet werden kann. Die Planungen sollten sich jedoch konsequent am Prinzip, „je weniger–desto besser", ausrichten. Mit seinen zu anderen Nutzungsarten vergleichsweise niedrigen Rekultivierungsaufwendungen leistet damit auch der Naturschutz seinen ökonomischen Beitrag zur ökologischen Sanierung und attraktiven Gestaltung großer Landschaftsbereiche der Lausitz.

5 Zusammenfassung

Ein 1 200 ha großes Naturschutzgebiet auf einer tertiären Brückenkippe des ehemaligen Tagebaues Kleinleipisch soll renaturiert werden. Die Zielstellung ergibt sich

- aus der Grenzlage zur Tagebaunachbarlandschaft
  - für die Wiederansiedlung von Floren- und Faunenarten
- aus den spezifischen Standortverhältnissen und den besonders zu schützenden Arten
  - für die Gestaltung vorwiegend oligotropher Rohboden-, Trockenrasen- und Standgewässerbiotope
- aus den Anforderungen des Kranichschutzes
  - für die Gestaltung eines Kranichrast- und -schlafplatzes

Eine Übersicht über die zu entwickelnden Biotoptypen und ihre Verteilung wird gegeben. Erste Erfolge bei der Wiederansiedlung und Reproduktion von Faunenarten (darunter 9 Rote Liste Arten) und der Entwicklung des

Kranichschlafplatzes (1650 Kraniche während des Herbstzuges) im ersten und zweiten Jahr nach der Fertigstellung einer 160 ha großen Teilfläche haben sich eingestellt.

LITERATUR

Forschungsinstitut für Bergbaufolgelandschaften e. V. Finsterwalde (FIB) (1993) Schaffung ökologischer Vorrangflächen bei der Gestaltung von Bergbaufolgelandschaften. Arbeitsmaterial (nicht veröffentlicht)

Markmann N (1991) Vorinformation zur Bodengeologischen Kartierung. Tagebau Kleinleipisch (nicht veröffentlicht)

Pietsch W (1979) Zur hydrochemischen Situation der Tagebaugewässer des Lausitzer Braunkohlen-Reviers. Archiv für Naturschutz und Landschaftsforschung 19/2: 97–115

Naturschutz auf Kippen des Braunkohlenbergbaues in der Niederlausitz

Reinhard Möckel

1 Einleitung

Die Gewinnung von Braunkohle im Tagebau verändert das Gesicht einer Landschaft grundlegend. Für einen Biologen ist es zunächst bitter, wenn wertvolle, über Jahrhunderte gewachsene Landschaft dem Bagger zum Opfer fällt oder durch Grundwasserentzug beeinträchtigt wird. Im Förderraum Calau, wo in sechs Tagebauen (Tabelle 1) seit 1936 Braunkohle gewonnen wird, waren auch Natur- und Landschaftsschutzgebiete davon betroffen. Die intensive Beschäftigung mit den vom Bergbau hinterlassenen Kippen lehrte uns jedoch, daß diese Landschaft Potentiale für die Entwicklung einer wertvollen Tier- und Pflanzenwelt bereithält. Die über viele Jahre gesammelten Daten bewirkten inzwischen, daß ein Teil der Kippen des Förderraumes Calau in einen Naturpark integriert wurde.

2 Grundsätze für eine Rekultivierung der Tagebaukippen aus der Sicht des Naturschutzes

In der ehemaligen DDR wurde eine uneffektive, energieverschwendende Wirtschaft mit aller Macht am Leben erhalten. Die Folge davon war ein sehr schneller Abbaufortschritt, dem die Rekultivierung der Kippen

Tabelle 1. Die Tagebaue im Förderraum Calau (Niederlausitz)

Tagebau	Beginn Aufschluß	Förderung bis	Fläche[a] [ha]	Rekultivierung [ha]
Greifenhain	1936	1994	3110	LN: 166 FN: 1 312
Schlabendorf-Nord	1958	1977	2490	LN: 1 039 FN: 747
Seese-West	1962	1978	2860	LN: 836 FN: 1 397
Schlabendorf-Süd	1975	1990	3269	LN: 218 FN: 770
Gräbendorf	1980	1992	835	LN: 0 FN: 60
Seese-Ost	1982	1996	981	LN: 0 FN 2
Summe	-	-	13 545	LN: 2 259 (16,7 %) FN: 4 288 (31,7 %)

[a] Landinanspruchnahme
LN – Landwirtschaftliche Nutzflächen (Stand: 31.12.1993); FN – Forstwirtschaftliche Nutzflächen (Stand: 31.12.1993)

im vorgegebenen Tempo nicht standhielt. Wurde rekultiviert, entstanden monotone Land- und Forstwirtschaftsflächen. Nur punktuell gelang es naturinteressierten Bergleuten und Forstwirten, wertvolle Biotope für Pflanzen und Tiere zu schaffen. Vielfach reichte es, wenn man Teilbereiche einfach unberührt und die weitere Entwicklung der gestaltenden Kraft der Natur überließ.

Dies zeigte sich besonders dort, wo in der Bergbaufolgelandschaft die Tagebaurestlöcher mit ihren gekippten und „gewachsenen" Böschungen ein dominierendes Element bilden. Zu jedem Restloch gehören kippenseitige Sperrbereiche (80–300 m) infolge Setzungsfließgefahr. Der Begriff des Setzungsfließens bezeichnet Rutschungen an gekippten Abraumböschungen, welche in Verbindung mit dem Grundwasserwiederanstieg auftreten und große Massenbewegungen nach sich ziehen können. Die infolge dieser Gefahr von wirtschaftlichen Maßnahmen freigehaltenen und damit wenig frequentierten Böschungen entlang der Restlöcher sowie die Wasserflächen selbst erwiesen sich bereits wenige Jahre nach Einstellung des Tagebaubetriebes als wertvolle Rückzugsgebiete für bestandsbedrohte Tiere und Pflanzen (Donath 1990; Möckel 1993).

Die gesammelten Erfahrungen beim Studium der sukzessiven Entwicklung der Kippenlandschaften und ihre Nutzung durch die verschiedenen Tier- und Pflanzenarten ermöglicht es nun, allgemeine Ziele für die Gestaltung von Kippen unter Beachtung grundlegender Forderungen des Naturschutzes zu formulieren:

- Ziel 1. Selektiver Erhalt der auf den Kippen (meist unbeabsichtigt) entstandenen, wertvollen Lebensräume für wärme- und lichtliebende Pflanzen und Tiere (z. B. Ödlandflächen, sonnenexponierte Böschungen).
- Ziel 2. Ausweisung von Sukzessionsflächen auf 10–15 % des Kippenareals zum Studium der natürlichen Entwicklung von Flora und Fauna um ortsbezogene Hinweise auf verbesserte Technologien der Rekultivierung zu gewinnen.
- Ziel 3. Nutzung aller auf den Kippen sich bildenden temporären Gewässer als Wiederbesiedlungsinitiale für wasserabhängige Lebewesen (z. B. Amphibien, Wildfische, Libellen, Wasserpflanzen).
- Ziel 4. Klare Gliederung der Restlochgewässer entsprechend der konzipierten Nachnutzung, wobei für den Naturschutz 15–20 % reserviert und gestaltet werden sollten.

3 Naturschutzrelevante Landschaftselemente auf Abraumkippen des Braunkohlenbergbaues

3.1 Innenkippe

3.1.1 Nährstoffarme, insektenreiche Ödlandflächen

Das Bild entlang des Restlöcher prägen Trockenrasen (Abb. 1), vielerorts entwickelten sich ausgedehnte Silbergrasfluren. Zu den Pionierpflanzen der Sandflächen zählen Fingersteinbrech *(Saxifraga tridactylites)*, Mähnengerste (*Hordeum jubatum;* Abb. 2), Sandwegerich *(Plantago indica)*, Gipskraut *(Gypsophila scorsonerifolia)*, Großblütige Nachtkerze *(Oenothera erythrosepala)* und Kalisalzkraut *(Salsola kali)*. Es handelt sich dabei überwiegend um Arten kontinentaler Trockenrasen und Steppen, wobei die Tagebauflächen Potentiale für die Ausbreitung von Schafschwingelrasen und Blauschillergrasfluren besitzen. Auch das anspruchsvollere, seltene mediterran-pontisch verbreitete Kelch-Steinkraut *(Alyssum alyssoides)* konnte Fuß fassen.

Abb. 1. Offene Sandflächen und trockene, sonnenexponierte Böschungssysteme sind der ideale Lebensraum von wärmeliebenden Insekten und steppenbewohnenden Vogelarten. (Photo: Sauer)

Abb. 2. Mähnengerste *(Hordeum jubatum)*, eine Pionierpflanze nährstoffarmer Sandflächen. (Photo: Möckel)

Die spärliche Pflanzendecke begünstigt Steppenvögel, z. B. Wiedehopf *(Upupa epops)*, Brachpieper *(Anthus campestris)*, Rebhuhn *(Perdix perdix)*, Braunkehlchen *(Saxicola rubetra)*, Steinschmätzer *(Oenanthe oenanthe)* und – als Gast – den Triel *(Burhinus oedicnemus)*. In den temporären Tümpeln laichen Kreuz- und Wechselkröte *(Bufo calamita, B. viridis)*, auch Erd- und Knoblauchkröte *(Bufo bufo, Pelobates fuscus)* wurden nachgewiesen. Die Zauneidechse *(Lacerta agilis)* bewohnt Abbruchkanten und Steinhaufen. Außerdem finden wir hier bedrohte Insektenarten wie Sandschrecke *(Sphingonotus caerulans)*, Blauflügelige Ödlandschrecke *(Oedipoda caerulescens)*, Luffis Sandwespe *(Podalonia luffii)*, Dünen-Sandlaufkäfer (*Cicindela hybrida;* Abb. 3) sowie verschiedene Arten Ölkäfer und Hummeln.

3.1.2
Sukzessionsflächen

Sukzessionsflächen sind Bereiche auf der Kippe, wo das mit dem Brückenabsetzer aufgetragene Bodenmaterial ohne Nacharbeiten (z. B. Planieren) liegen blieb. Im Areal des 1994 ausgelaufenen Tagebaues Greifenhain verblieb beispielsweise ein 30 ha großer Bereich in seinem ursprünglichen Zustand seit 1982 erhalten. Der Kippboden besteht hier überwiegend aus bindigem Material (Tone, Schluffe), lokal aber auch aus Sanden und kohlehaltigem Substrat. Infolge der Schüttung entstand ein stark bewegtes Relief, so daß sich der Besucher in eine eigenartige „Bergwelt" versetzt fühlt. Canonartige Schluchten und von Erosionsrinnen durchfurchte Steilhänge bestimmen das Landschaftsbild. Schroff fallen die Hänge ab, größere Ebenen sind äußerst selten (Abb. 4).

In das anfangs vegetationslose Gebiet drangen und dringen noch viele z. T. standortfremde Arten ein. So kommt es zu paradoxen Erscheinungen, wie Sumpfschachtelhalm *(Equisetum palustre)* und Bittersüßer Nachtschatten *(Solanum dulcamarum)* auf Bergkuppen. Derzeit sind etwa 30 % der Fläche mit Vegetation bedeckt. Bindige Böden sind stets dichter bestockt, von hier breiten sich die Erstbesiedler auf die Hänge und Rippen aus.

Sande tragen lückige Silbergrasfluren. Neben der namengebenden Art *Corynephorus canescens* kommen noch Schafschwingel *(Festuca ovina)*, Ferkelkraut *(Hypochoeris radicata)*, Wanzensame *(Corispermum leptopterum)* und Hasenklee *(Trifolium arvensis)* vor. Die häufigste Pionierpflanze im Gebiet ist der Huflattich *(Tussilago tarfara)*, ein Lehmanzeiger. Seine blattreichen Kriechsprosse haben bereits viele Hügel bedeckt. Andernorts ist das Kriechende Fingerkraut *(Potentilla reptans)* dominierend. Ihnen folgen Gehölze, z. B. Holunder *(Sambucus nigra)* und Birke *(Betula pendula)*, lokal auch Korb-, Silber- und Grauweide *(Salix viminalis; S. alba, S. cinerea)*.

Die flachen Mulden füllen sich mit Niederschlagswasser. Hier dominieren Schilf *(Phragmites communis)* und Rohrkolben (*Typha latifolia*, seltener *T. angustifolia*). Einige Senken führen ganzjährig sauberes, klares Wasser, so daß sich Armleuchteralgen *(Chara spp.)* und die seltene Salzteichsimse *(Schoenoplectus tabernaemontani)* ansiedeln konnten. Die in Brandenburg im Bestand gefährdeten Arten Faden- und Spiegel-Laichkraut *(Potamogeton filiformis, P. lucens)* haben beachtliche Bestände ausgebildet und der Teichfrosch *(Rana kl. esculenta)* ist bereits in großer Stückzahl vertreten. Selbst Rohrweihe *(Circus aeruginosus)*, Teichrohrsänger *(Acrocephalus scirpaceus)* und Rohrammer *(Emberiza schoeniclus)* brüten hier.

In den trockeneren, offeneren Bereichen nisten Steinschmätzer, Brachpieper, Bluthänfling *(Acanthis cannabina)* und Rebhuhn. Häufigster Brutvogel ist die Feldlerche *(Alauda arvensis)*. Das Vorkommen des in Deutschland vom Aussterben bedrohten Brachpiepers und die Vielfalt seltener Pflanzen wären bereits Gründe,

Abb. 3. Dünen-Sandlaufkäfer *(Cicindela hybrida)*, ein Bewohner sandiger Böschungssysteme. (Photo: Richter)

Abb. 4. Sukzessionsfläche auf der Kippe des Tagebaues Greifenhain. (Photo: Möckel)

diese Fläche für den Naturschutz zu sichern. Dazu kommt, daß die wissenschaftliche Begleitung der sukzessiven Wiederbesiedlung von Pflanzen und Tieren auf Kippen wertvolle Rückschlüsse hinsichtlich der Verbesserung unserer Rekultivierungskonzepte ermöglichen dürfte. In diesem Sinne wird angestrebt, weitere Sukzessionsflächen auf Kippen (auch bei sandigem Bodensubstrat) auszuweisen.

3.1.3
Temporäre Gewässer auf Kippen

Die Gewinnung der Braunkohle im Tagebaubetrieb macht eine Absenkung des Grundwassers bis unter das Niveau des Kohleflözes notwendig. Nach Einstellung des Bergbaues werden die Entwässerungsbrunnen abgestellt und der Grundwasserwiederanstieg setzt ein. Anfangs erfolgt dies recht schnell, z. T. > 1 m pro Jahr. Später verringert sich der jährliche Höhengewinn. Insgesamt sind – bei Verzicht auf Fremdflutung – im Mittel mehr als 30 Jahre zu veranschlagen, bevor im kippennahen Gelände wieder das Ausgangsniveau erreicht ist.

In der Zwischenzeit müßte jedes aquatische Leben im Gebiet erlöschen. Um dies zu verhindern, werden mit Hilfe künstlicher Bewässerung die wertvollsten Feuchtbiotope im tagebaunahen Bereich erhalten. Sie bilden eine Genreserve für die später einsetzende Wiederbesiedlung des Kippenareals.

Entstanden beim Verkippen flache Mulden im bindigen Substrat, bilden sich zuweilen bereits nach kurzer Zeit temporäre Tümpel auf der Kippe. Beispiele dieser Art sind der „Kahnsdorfer See" (Tagebau Seese-Ost) sowie die „Rudolfseen" (Tagebau Greifenhain; Abb. 5). Im Laufe der Jahre bildeten sich hier 15–20 m über dem „gewachsenen" Boden schwebende Grundwasserhorizonte aus. Selbst in trockenen Sommern hält sich der Wasserspiegel. Mobile Tierarten wie der Teichfrosch oder auch ans Wasser gebundene Vögel und Libellen, entdeckten den neuen Lebensraum schnell und besiedelten ihn (vgl. Wiedemann u. Blaschke 1990).

Abb. 5. Wassergefüllte Senken ermöglichen auf Kippen mit mehr bindigem Bodensubstrat aquatisches Leben bereits wenige Jahre nach der Verkippung; hier einer der „Rudolfseen" auf der Hochkippe des Tagebaues Greifenhain. (Photo: Möckel)

In den nächsten Jahren gilt es nun, diese Wasserflächen bewußt in ein landschaftsökologisch begründetes Rekultivierungskonzept einzubinden. Sie bilden eine Wasserreserve in den ansonsten sehr trockenen Kippenarealen und müssen als wertvolle Landschaftselemente entsprechend geschützt und entwickelt werden.

Im Laufe der Jahre dürften sich zwischen den einzelnen „Seen" auf der Kippe Greifenhain sogar Vorflutverbindungen herausbilden. Durch Einsenkungen im Gelände deuten sich bereits Kommunikationen an. Schon heute sollten diese (z. T. linienartigen) Senken mit Erle und Esche aufgeforstet oder als Wiesensaum gestaltet werden.

Auch die spätere Anbindung von geplanten Vorflutern der Kippe an bestehende Bäche im Umfeld sollte zunächst über solche Tümpelketten vorgeprägt und erst später mittels Grabenziehung vollzogen werden. Zwischenzeitlich kann bereits die Wiederbesiedlung der Kippe (z. B. von Amphibien und verschiedenen Pflanzen) über diese linienartigen Strukturen („Trittsteinfunktion") erfolgen.

3.1.4
Kippenwälder

Die Innenkippen wurden bislang ausschließlich als land- und forstwirtschaftliche Nutzflächen rekultiviert. Die derzeitige Bedeutung der jungen Kippenwälder für den Naturschutz ist gering. Bei Vögeln finden wir hier überwiegend Ubiquisten („Allerweltsarten"). Die selteneren Formen bewohnen insbesondere Lichtungen und Fehlstellen in den Aufforstungen (Tabelle 2). Verantwortlich dafür ist die Monotonie in den Beständen aus Kiefer, Pappel und Roteiche sowie das Fehlen alter Bestände mit einem entsprechenden Nahrungs- und Requisitenangebot, z. B. Insektenreichtum, Totholz, Höhlen.

Nur bei den Pflanzen findet man einige wertvollere Arten, z. B. die Orchideen Breitblättrige und Braunrote Sumpfwurz *(Epipactis helleborine, E. atrorubens)* und die seltene Dürrwurz *(Inula conyza)*.

Eine Verbesserung der forstlichen Rekultivierung ist aus Gründen der Landschaftsökologie dringend notwendig. Es gilt, abwechslungsreichere Bestände hinsichtlich der Artenzusammensetzung aufzubauen. Dazu müßte bereits unmittelbar nach dem Abbau der Kohle punktuell eine Bodenverbesserung vorgenommen werden, so daß auch anspruchsvollere Baumarten wachsen können. Auf trockeneren Standorten könnte ersatzweise – der natürlichen Sukzession entsprechend – mit Zitterpappel *(Populus tremula)* und Birke *(Betula pendula)* eine Vorwaldsituation geschaffen werden. Parallel dazu ist Totholz, z. B. in Form von Stubbenhaufen oder Benjeshecken einzubringen. Auf das Pflanzen fremdländischer Baum- und Straucharten sollte grundsätzlich verzichtet werden.

Das Fehlen alter Baumklassen ist auf der Kippe zunächst nicht ausgleichbar. Hier kann das Vorhalten alter, höhlenreicher Bestände im nahen Umfeld der Tagebaue eine gewisse „Pufferwirkung" erzielen. Solche Altholzinseln (z. B. der Rotbuche) schaffen die Voraussetzung für eine schnelle Wiederbesiedlung der Kippenwälder durch Spechte und höhlenbrütende Kleinvögel, sobald es das Requisitenangebot auf der Kippe erlaubt.

Entlang der alten Abbaugrenzen der Tagebaue blieben bislang Hecken und Baumstreifen in vergleichsweise großer Zahl erhalten. Sie sind der Lebensraum von Sperbergrasmücke *(Sylvia nisoria)* und Neuntöter *(Lanius collurio)*. Im Randbereich einiger Restlöcher führte eine reich strukturierte Landschaft zur Ansiedlung bedrohter Bewohner des Agrarraumes, wie Braunkehlchen, Grauammer *(Emberiza calandra)*, Wiedehopf, Wachtel *(Coturnix coturnix)* und Rebhuhn.

Tabelle 2. Die Brutvögel der 10–20 Jahre alten Kippenwälder des ehemaligen Tagebaues Seese-West (Frühjahr 1992; Möckel unveröff.)

Art	RL D	Ki	Pa	REi	Li
Rebhuhn	3	-	-	-	x
Kuckuck	-	-	o	-	o
Buntspecht	-	-	o	-	-
Feldlerche	-	x	o	x	xxx
Heidelerche	2	o	-	-	x
Baumpieper	-	xx	xxx	xxx	x
Brachpieper	1	-	-	-	x
Neuntöter	3	-	-	-	x
Klappergrasmücke	-	x	-	-	-
Gartengrasmücke	-	-	x	-	-
Fitislaubsänger	-	xxx	x	-	o
Weidenlaubsänger	-	x	x	-	-
Braunkehlchen	3	-	-	-	x
Steinschmätzer	3	-	-	-	x
Rotkehlchen	-	x	xx	-	-
Amsel	-	x	x	-	o
Singdrossel	-	-	x	-	-
Kohlmeise	-	x	xx	-	-
Sumpfmeise	-	-	xx	-	-
Weidenmeise	-	x	-	-	-
Goldammer	-	xxx	xx	xx	xx
Buchfink	-	xx	xxx	-	-
Grünfink	-	-	xx	-	-
Bluthänfling	-	xxx	-	-	xx
Eichelhäher	-	x	-	-	-
Gesamt: 25 Arten	6	14	15	3	13

xxx – dominant (sehr häufig); xx – subdominant (häufig); x – influent (regelmäßig); o – rezedent (selten); - – Art fehlt; Ki – Kiefern-Dickungen; Pa – Pappel-Streifen; REi – Roteichen-Streifen; Li – Lichtungen/Bestandsränder; RL D – Status entsprechend der „Roten Liste" für Deutschland (DDA & DS/IRV 1991): 1 – vom Aussterben bedroht, 2 – stark gefährdet, 3 – gefährdet

3.2 Restlöcher und Böschungssysteme

3.2.1 Ruhige Tagebaugewässer

Die Gewinnung der Braunkohle führt zu einem Massendefizit. In der Folge verbleiben zum Ende der Auskohlung Restlöcher, die sich nach Abschalten der Filterbrunnen allmählich mit Grundwasser füllen. Im Förderraum Calau entstanden auf diese Weise 14 Restlöcher, die entsprechend ihrer Eignung für verschiedenartige Nutzungen vorgesehen sind (Tabelle 3). Für den Naturschutz werden entsprechend der Sanierungsplanung fast 500 ha (etwa 15 %) der späteren Restlochwasserflächen reserviert.

Welches Potential diese Wasserflächen für den Naturschutz bieten, zeigten Studien im Bereich des ehemaligen Tagebaues Schlabendorf-Nord. Seine Restlöcher sind insbesondere ein Lebensraum für durchziehende und rastende Enten, Gänse und Taucher, aber auch für Kraniche und Adler. So übernachten auf dem Stoßdorfer und Lichtenauer See seit 1979 Saatgänse *(Anser fabalis)* in großer Zahl. Seit 1989 bewegte sich der jährliche Maximalbestand im Herbst um 11 500 Exemplare (Abb. 6). Darunter befanden sich bis 1987 1–2 %, danach 8–10 % Bläßgänse *(Anser albifrons)*. Angelockt durch die große Zahl Wasservögel, überwintern hier außerdem bis zu sechs Seeadler *(Haliaeetus albicilla)*. Jährlicher Höhepunkt ist im Oktober/November der Einfall übernachtender Kraniche *(Grus grus)*. Ihre Zahl stieg von 1984 (max. 320)–1988 auf 1150 (Abb. 7). Danach wichen die Kraniche infolge schnell steigender Wasserstände im Grubensee (Abb. 8) auf ein nahe gelegenes Sumpfgebiet aus und wurden im Restloch F in entsprechend geringerer Zahl gezählt.

Tabelle 3. Die bestehenden und entstehenden Restlöcher im Förderraum Calau mit zugeordneten Wasserständen, Wasserflächen und den geplanten Nutzungen entsprechend den vorliegenden Sanierungs- und Abschlußbetriebsplänen

Tagebau – Restloch	Fläche[a] insgesamt [ha]	Wasserstand Ist [m üNN]	Wasserstand Soll [m üNN]	Wasserfläche Ist [ha]	Wasserfläche Soll [ha]	Nutzung geplant
Schlabendorf-Nord						
– Hindenberger See (RL A)	44	51,5	55,2	15	um 18	E
– Stöbritzer See (RL B)	21	51,4	56,2	6	um 10	N
– Stoßdorfer See (RL C)	167	52,4	56,5	101	um 100	E u. N
– Lichtenauer See (RL F)	480	44,8	55,5	114	330	N
Schlabendorf-Süd						
– Drehnaer See (RL 12)	172	53,4	71,0	49	215	E
– Bergener See (RL 13)	112	62,3	72,8	19	45	N
– Schlabendorfer See (RL 14/15)	530	29,0	60,0	-	615	E
Seese-West						
– Redlitzer See (RL 1)	40	45,7	55,4	< 1	24	E
– Kittlitzer See (RL 1a)	23	52,8	53,0	13	13	E
– Schönfelder See (RL 4)	215	36,5	53,0	20	137	E u. N
Seese-Ost						
– Bischdorfer See	300	-	57,0	-	268	E
Gräbendorf						
– Gräbendorfer See	510	22,0	67,5	< 1	454	E
Greifenhain						
– Restloch Casel	38	73,8	75,0	9,4	13,5	E
– Greifenhainer See	1.300	-	85,0	-	1016	E
Gesamt	3.952	-	-	348	um 3260	-

[a] mit zugehörigem Sperrstreifen kippenseitig
RL – Restloch; Ist – Zustand Jahresmitte 1994; Soll – Endzustand nach Abschluß des Grundwasserwiederanstiegs;
E – Erholungsnutzung (z. B. Baden und Angeln); N – Naturschutznutzung

Im klaren Wasser der Restlöcher wachsen aber auch Pillenfarn *(Pilularia globulifera)*, Vielstengelige Sumpfsimse *(Eleocharis multicaulis)* sowie seltene Laichkräuter *(Potamogeton spp.)* und Wasserhahnenfuß-Arten (*Ranunculus circinatus* und *R. trichophyllus*). Sie bilden den Lebensraum für Libellen. Am Stoßdorfer See wurden bisher 19 Arten nachgewiesen (Donath 1987). Von 1973–1986 nistete hier und am Lichtenauer See die Sturmmöwe *(Larus canus)*, während auf einer Insel im Stoßdorfer See 1993 erstmals ein Paar Flußseeschwalben *(Sterna hirundo)* Jungvögel erbrütete. Limnologische Untersuchungen dieses Restloches erbrachten bereits Nachweise für 15 Arten Fische (Geisler u. Haubold 1993).

Damit erwiesen sich für den Naturschutz die Restlöcher als wertvolle Landschaftselemente. Dabei darf aber nicht vergessen werden, daß auf Dauer nur solche Restlöcher offen bleiben dürfen, die keine nachhaltige Grundwasserabsenkung für das Umfeld des ehemaligen Tagebaues bewirken. So liegt beispielsweise das Restloch 14 bei Wanninchen nahezu senkrecht zu den Geländeisohypsen und wirkt heute wie ein riesiger Entwässerungsgraben. Mit seiner Teilverfüllung im südlichen Abschnitt wurde 1993 begonnen, um den Wasserhaushalt der Region (u. a. auch des im Zuge des Braunkohlenabbaues weitestgehend ausgetrockneten Naturschutzgebietes Bergen-Weißacker Moor) auf Dauer zu stabilisieren.

Abb. 6. Entwicklung der jährlichen Herbstmaxima rastender Wildgänse *(Anser fabalis; A. albifrons)* auf dem Lichtenauer See, einem Restloch des ausgelaufenen Tagebaues Schlabendorf-Nord

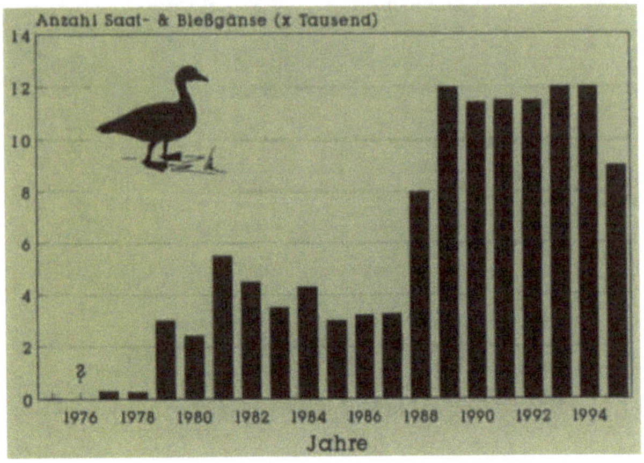

Abb. 7. Entwicklung der jährlichen Herbstmaxima rastender Kraniche *(Grus grus)* im Flachwasser des Lichtenauer Sees (Restloch F)

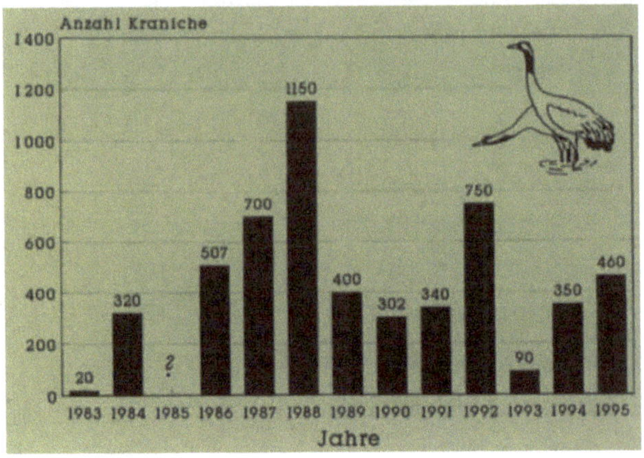

3.2.2
Ausgedehnte Schilfbestände

Sie entstanden in den flachen Uferbereichen der Restlöcher (Abb. 9) und bilden den Lebensraum bedrohter Schilfbewohner wie Drosselrohrsänger *(Acrocephalus arundinaceus)* und Rohrweihe. Beide Arten sind im Förderraum Calau bereits gut vertreten. In der Perspektive entstehen für wassergebundene Lebewesen noch bessere Bedingungen, weil weite Teilflächen der rekultivierten Kippen im Zuge des Wiederanstiegs unter Wasser gelangen.

Nach jetzigen Erkenntnissen werden allein im Tagebau Schlabendorf Nord bei einem sich einstellenden Endwasserstand von 55,5–56 m üNN acht Teilwasserflächen von 2–25 ha Größe entstehen (insgesamt über 60 ha). Ihre maximale Wassertiefe wird 7–9 m betragen (Möckel 1993). Weitere Versumpfungsgebiete entstehen im benachbarten Tagebau Seese-West. Die ausgedehnten Flachwasserbereiche werden verschilfen und sich zu hervorragenden Bruthabitaten entwickeln (besonders für Schilfbewohner, aber auch als Nahrungsgebiete für See- und Fischadler *(Pandion haliaetus)*).

In den Sanierungskonzeptionen für diese Tagebaue ist vorgesehen, solche Vernässungsbereiche in den Innenkippen für den Naturschutz zu reservieren. Die Sicherstellung von Teilflächen als Naturschutzgebiet ist bereits erfolgt.

3.2.3
Steilböschungen und Uferabbrüche

Die Kippenböschungen der Restlöcher sind – auch noch nach Jahrzehnten – instabil (Böschungsabbrüche,

Abb. 8. Ruhige, windgeschützte Wasserflächen bieten besonders durchziehenden Wasservögeln geeignete Rastplätze. (Photo: Möckel)

Abb. 9. Im Schilf flacher Restlochbuchten brüten v. a. Drossel- und Teichrohrsänger *(Acrocephalus arundinaceus, A. scirpaceus)*, Rohrammer *(Emberiza schoeniclus)* und Rohrweihe *(Circus aeruginosus)*. (Photo: Sauer)

Abb. 10. Konzeption zur Gestaltung von Steiluferbereichen insbesondere als Brutplatz der Uferschwalbe *(Riparia riparia)* im Nachgang zu Sanierungsarbeiten an Restlöchern zum Ausschalten von Setzungsfließen (Beispiel Stoßdorfer See)

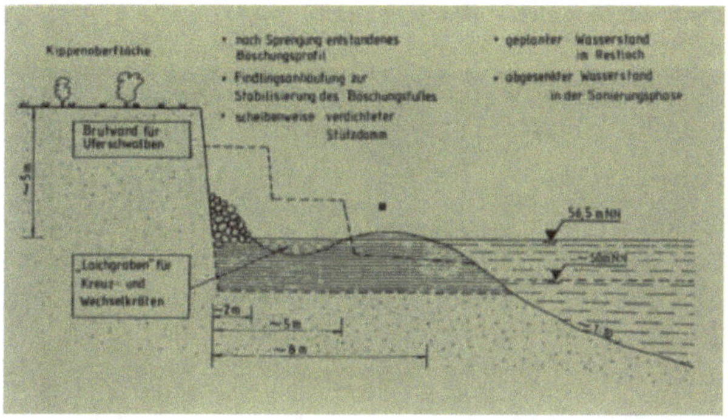

Setzungsfließen). Diese Dynamik schafft ideale Voraussetzungen für Rohbodenbesiedler mit sekundärer Wasserbindung. Hier brüten Flußregenpfeifer *(Charadrius dubius)* und Eisvogel *(Alcedo atthis)*. Im Steilufer der Kippenseite des Restloches C (Tagebau Schlabendorf-Nord) stieg bis 1991 die Zahl der nistenden Brutpaare der Uferschwalbe *(Riparia riparia)* auf über 400. Sanierungsarbeiten unterbrachen diese positive Entwicklung. Durch Gestalten entsprechender Steilböschungen (Abb. 10) sollen aber im Nachgang wieder dauerhafte Brutplätze für diese bestandsbedrohte Art geschaffen werden.

Die intensive Aufheizung der sonnenexponierten Böschungen schafft günstige Bedingungen für die Ansiedlung thermophiler Insekten (z. B. Schnelläufer, *Harpalus feavescens;* Wiener Sandlaufkäfer, *Cicindela arenaria;* Sandohrwurm, *Labidura riparia;* Kreiselwespe, *Bembix rostrata*).

Das ständige Freilegen von Rohbodenflächen durch Erosion und Rutschungen schafft gute Bedingungen zum Studium der sukzessiven Wiederbesiedlung devastierter Sandgebiete. Damit wird dem Betrachter eine Vorstellung von Naturabläufen vermittelt, wie sie in der Niederlausitz im Spätpleistozän und Frühholozän in vielfältiger Form abliefen.

Eine geotechnische Schwierigkeit stellt allerdings das für solche Kippen typische Setzungsfließen dar. Solch ein Ereignis läuft innerhalb weniger Minuten ab. Mit hoher Geschwindigkeit verlagert sich die Restlochuferböschung staffelbruchartig ins Kippenhinterland. Aus der Sicht des Naturschutzes ist dies nicht problematisch, da es nur die verloren gegangene Dynamik entlang der Uferterrassen unserer großen Flüsse nachbildet und so mancher selten gewordenen Art Ansiedlungsmöglichkeiten bietet. Früher schufen Flüsse mit ihrem ständig wechselnden Lauf Sandbänke sowie trockene und feuchte Senken. Diese standen nur einer spezialisierten Flora und Fauna offen, den „Schnellebigen", den „Bedürfnislosen", den „Anpassern". Extrem wechselnde Umweltbedingungen gab es auf engstem Raum.

Die Restlöcher und Kippen bieten dafür einen Ersatz, der allerdings nur weiter genutzt werden kann, wenn der Mensch nicht durch Eutrophierung (z. B. Mutterbodenauftrag, Bepflanzung) diese nährstoffarmen Bedingungen verändert. Am Tage erwärmen sich die exponierten Böschungen schnell, können nachts aber stark abkühlen. Der Feuchtegrad wechselt extrem (trockene Hänge–wassergefüllte Senken). All dies erlaubt nur einen spärlichen Bewuchs mit Pionierpflanzen. Doch diese Bedingungen finden wir in der mitteleuropäischen Kulturlandschaft kaum noch, weshalb besonders die Tiere und Pflanzen dieser Extremlebensräume zu den bedrohtesten zählen [Bundesnaturschutzgesetz (BNatSchG) § 20 c; Brandenburgisches Gesetz über Naturschutz und Landschaftspflege § 32].

Problematisch sind die Fließrutschungen jedoch hinsichtlich der öffentlichen Sicherheit.

Im Bereich der Kippenböschungen sind Maßnahmen notwendig, welche Gefährdungen (z. B. für Besucher) durch Setzungsfließen dauerhaft ausschließen. Die Sicherungsmaßnahmen müssen aber den in den letzten Jahren organisch gewachsenen Strukturen Rechnung tragen (Abb. 11). Es darf im Bereich der für die „Folgenutzung Naturschutz" vorgesehenen Kippenböschungen keine Kunstlandschaft entstehen. Unter Beachtung ökologischen Grundlagenwissens soll nur eine die Gefährdungspunkte beseitigende Sanierung erfolgen. Diese muß mit dem Grundwasserwiederanstieg „mitwachsen".

Ziel ist es, durch Verdichtungssprengungen im Kippenhinterland einen „versteckten" Damm zu errichten, der die Gefahr des Setzungsfließens bannt (Kuntze 1993). Diese Technologie ist ein tragbarer Kompromiß zwischen Sicherheits- und Naturschutzbelangen. In den für die Folgenutzung Naturschutz vorgesehenen Restlochbereichen bleiben somit weitestgehend die schützenswerten Strukturen erhalten. Eine Nivellierung der Landschaft (Abb. 12) muß unterbleiben, so daß den bedrohten Arten auch zukünftig ein entsprechender Lebensraum zur Verfügung steht.

4 Bergbaufolgelandschaft Schlabendorf-Nord – ein Beispiel für ein Naturschutzgebiet aus „zweiter Hand"

Anhand des Beispiels Tagebau Schlabendorf-Nord soll nachfolgend verdeutlicht werden, wie es im Förderraum Calau gelang, Fragen des Naturschutzes bewußt in den Rekultivierungsprozeß zu integrieren. Mit der Umsetzung konnte erst nach der „Wende" begonnen werden, so daß die Entwicklung noch im Gange ist. Die jetzige Darstellung trägt deshalb den Charakter eines

Abb. 11. Der Stöbritzer See (Restloch B) im ehemaligen Tagebau Schlabendorf-Nord ist ein Beispiel, wo die natürliche Sukzession (seit 1978) ein reichstrukturiertes Mosaik unterschiedlichster Lebensräume für viele gefährdete Pflanzen und Tiere schuf. (Photo: Möckel)

Abb. 12. Die Sanierung des Hindenberger Sees (Restloch A) zu einem Badegewässer erfüllte das gesteckte Ziel, führte aber zur Beseitigung jeder Strukturvielfalt. Diese Methode ist für ein Restloch mit geplanter Folgenutzung Naturschutz nicht anwendbar, jede Art von Planierung führt zu gleichförmigen Strukturen und damit zur Monotonie. (Photo: Möckel)

Zwischenberichtes. Die Zukunft wird zeigen, inwieweit es möglich ist, die entsprechenden Vorstellungen in die Tat umzusetzen. Von Fall zu Fall werden sicherlich noch Korrekturen hinsichtlich der Zielsetzung oder auch der angedachten Methodik notwendig sein.

Die Bedeutung dieser „Landschaft aus zweiter Hand“ (Abb. 13) für den Naturschutz läßt sich gut anhand der Vorkommen bedrohter Vogelarten im Bereich des ehemaligen Tagebaues Schlabendorf-Nord erfassen. Bisher wurden festgestellt:

- 82 Brutvogelarten (Tabelle 4)

Davon vom Aussterben bedroht	5 Arten
Stark gefährdet	10 Arten
Gefährdet	16 Arten

- 87 Arten Durchzügler und Wintergäste (Tabelle 5)

Davon vom Aussterben bedroht	7 Arten
Stark gefährdet	12 Arten
Gefährdet	16 Arten
Potentiell gefährdet	3 Arten
Gefährdete Gastvögel	4 Arten

- 30 Arten seltene Gäste (1–5 Nachweise, Tabelle 6)

Die Einstufung erfolgte nach der „Roten Liste der Bundesrepublik Deutschland“ (DDA u. DS/IRV 1991).

Insgesamt liegen für diesen Raum 176 avifaunistische Artnachweise vor. Zusammenhänge zwischen fehlender Nutzung auf bergbaubedingten Sperr- oder Freiflächen und dieser erfreulichen Entwicklung werden deutlich.

Die Herausbildung eines Großteils des Territoriums des ehemaligen Tagebaus Schlabendorf-Nord zu einem „naturbetonten Lebensraum“ rechtfertigt die Ausweisung dieses Geländes als Naturschutzgebiet. In drei Teilbereichen sollen 1 420 ha (etwa 50 % der ehemaligen Gesamtbetriebsfläche) diesen Schutzstatus erhalten. Bereits verdrängte Tier- und Pflanzenarten kehren zurück, es werden sich aber auch regelrechte „Neusiedler“ einfinden und die vorgefundenen Bedingungen nutzen.

Der Wert für den Naturschutz ergibt sich – etwas generalisierend – aus folgenden Gründen:

- 1. Herausbildung von Extremstandorten hinsichtlich des Wasserfaktors, also von besonders feuchten und trockenen Flächen,
- 2. vollständige Aufgabe von Nutzungen und Herausbildung von dystrophen und oligotrophen Mineralboden- und Gewässerstandorten,
- 3. Schaffung einer optimalen Strukturvielfalt,
- 4. Herausbildung großer störungsfreier Räume infolge Entvölkerung weiter Flächen,
- 5. Einschränkung menschlicher Freizeitaktivitäten in allen Abbaubereichen, v. a. aber auch an den Gewässern (Rutschungsgefahr).

Abb. 13. Blick über den Lichtenauer See (Restloch F) von Süd nach Nord (Luftbild). (Photo: Möckel)

Tabelle 4. Brutvögel der Bergbaufolgelandschaft des ehemaligen Tagebaues Schlabendorf-Nord (Niederlausitz)

Art	Rote Liste D	Rote Liste BB	Rote Liste NL	geschätzter Bestand (BP)	Trend	Bemerkungen
Amsel	-	-	-	> 10	+	
Bachstelze	-	-	-	> 10	=	
Baumfalke	2	2	1	1	=	
Baumpieper	-	-	-	> 20	+	
Beutelmeise	-	-	3	1	+	Seit 1982
Blaukehlchen	2	2	4	(1)	?	Brutzeitbeob.
Blaumeise	-	-	-	?	+	
Blauracke	1	1	1	(1)	-	Bis 1978
Bleßralle	-	-	-	> 5	+	
Bluthänfling	-	-	-	> 10	=	
Brachpieper	1	2	3	> 20	=	
Braunkehlchen	3	3	2	> 30	=	
Buchfink	-	-	-	> 20	+	
Dorngrasmücke	-	-	-	> 30	=	
Drosselrohrsänger	2	3	2	> 6	+	
Eichelhäher	-	-	-	> 5	+	
Eisvogel	3	2	2	1	-	
Elster	-	-	-	1–2	=	
Feldlerche	-	-	-	?	=	
Feldschwirl	-	-	2	> 5	+	
Feldsperling	-	-	-	> 5	+	
Flußregenpfeifer	3	-	3	> 10	-	
Flußseeschwalbe	2	2	2	1	+	Seit 1993
Fitislaubsänger	-	-	-	> 20	+	
Gartengrasmücke	-	-	-	?	+	
Gartenrotschwanz	-	3	3	> 1	+	
Gelbspötter	-	-	-	> 15	+	
Girlitz	-	-	-	?	?	
Goldammer	-	-	-	> 15	=	
Grauschnäpper	-	-	-	2–3	+	
Grauammer	2	1	2	> 10	-	
Großtrappe	1	1	0	(1)	-	Bruten 1971/72
Grünfink	-	-	-	?	+	
Haubentaucher	-	-	-	> 8	-	
Hausrotschwanz	-	-	-	3–4	=	
Heckenbraunelle	-	-	-	1	+	
Heidelerche	2	3	3	?	?	
Höckerschwan	-	-	-	1–2	=	
Kernbeißer	-	-	-	?	+	Brutverdacht
Kiebitz	3	3	3	2–3	-	
Klappergrasmücke	-	-	-	> 8	+	
Kohlmeise	-	-	-	2–3	+	
Kuckuck	-	-	-	4–5	+	
Mäusebussard	-	-	-	3	+	
Mehlschwalbe	-	-	-	?	?	
Nachtigall	-	-	-	> 10	+	

Art	Rote Liste D	Rote Liste BB	Rote Liste NL	geschätzter Bestand (BP)	Trend	Bemerkungen
Nebelkrähe	-	-	-	5–8	+	
Neuntöter	3	3	3	> 20	=	
Ortolan	2	3	2	2–5	=	
Pirol	-	3	-	5–6	+	
Raubwürger	2	2	2	1–2	=	Bis 1984
Rauchschwalbe	-	-	3	1	-	
Rebhuhn	3	3	2	5	-	Früher häufig
Rohrammer	-	-	-	> 40	=	
Rohrschwirl	3	3	1	1	+	Brutzeitbeob.
Rohrweihe	3	-	-	6–7	+	
Rotkehlchen	-	-	-	> 10	+	
Rotmilan	3	3	3	1	=	
Schafstelze	3	3	-	> 20	=	
Singdrossel	-	-	-	> 10	+	
Sperbergrasmücke	2	4	2	> 5	=	
Star	-	-	-	?	?	
Steinschmätzer	3	3	3	> 25	-	
Stieglitz	-	-	-	5	+	
Stockente	-	-	-	5	=	
Sturmmöwe	-	I	4	(1)	-	Bis 1986
Sumpfmeise	-	-	-	?	?	
Sumpfrohrsänger	-	-	-	8–10	+	
Teichralle	-	-	3	1–2	-	
Teichrohrsänger	-	-	-	ca. 50	+	
Trauerschnäpper	-	-	-	2–3	+	
Turmfalke	-	-	-	1–2	=	
Turteltaube	-	3	3	10–15	+	
Uferschwalbe	3	3	3	ca. 550	+	Starke Zunahme seit 1982
Wachtel	2	2	1	1–2	=	
Waldschnepfe	3	3	2	1–2	?	Brutverdacht
Weidenlaubsänger	-	-	-	?	+	
Wiedehopf	1	1	1	0–2	-	Bis 1974 2, dann unregelmäßig 1 BP
Wiesenpieper	3	3	2	5	=	
Wiesenweihe	1	1	0	(1)	?	Brutzeitbeob.
Wendehals	3	3	2	1	=	
Zwergtaucher	3	-	3	> 1	=	
82 Arten						

BP – Brutpaar(e); + – Bestandstrend positiv (Zunahme); = – gleichbleibender Brutbestand; - – Bestandstrend negativ (Abnahme); D – Bundesrepublik Deutschland (DDA & DS/IRV 1991); BB – Bundesland Brandenburg (MUNR Brandenburg 1992); NL – Niederlausitz (Autorenkollektiv 1989); 0 – ausgestorben; 1 – vom Aussterben bedroht; 2 – stark gefährdet, 3 – potentiell gefährdet; I – gefährdeter Vermehrungsgast

Tabelle 5. Durchzügler und Wintergäste der Bergbaufolgelandschaft des ehemaligen Tagebaues Schlabendorf-Nord (Niederlausitz)

Art	Status	Rote Liste			Maximalzahl	Trend	Anwesenheitsmonate
		D	BB	NL			
Alpenstrandläufer	DZ	1	I	-	9	+	8–10
Bekassine	DZ	2	2	1	12	+	4–5 u. 8–10
Bergfink	WG	I	-	-	200	=	10–3
Berghänfling	WG	-	-	-	700	-	10–3
Birkenzeisig	WG	-	-	-	400	+	11–3
Bleßgans	DZ	-	-	-	1.500	+	3 u. 10–12
Bleßralle	DZ/WG	-	-	-	560	+	1–4 u. 8–12
Brachvogel	DZ	2	1	1	35	+	3–6 u. 8–9
Bruchwasserläufer	DZ	1	-	-	30	+	5–7 u. 8
Buchfink	DZ	-	-	-	50–60	=	3
Dunkelwasserläufer	DZ	-	-	-	10	+	4–6 u. 8–10
Eisente	DZ	-	-	-	2	+	11–12
Eisvogel	DZ	3	2	2	1	-	7–12
Feldlerche	DZ	-	-	-	150	=	2 u. 10–12
Fischadler	DZ/NG	2	2	1	5	+	4–9
Flußseeschwalbe	DZ	2	2	2	2	+	5–8
Flußuferläufer	DZ	1	2	2	9	=	4–5 u. 7–9
Gänsesäger	WG	2	1	4	11	+	8–4
Gimpel	WG	-	-	3	20	-	9–3
Grauammer	WG	2	1	2	30	-	11–12
Graugans	DZ	-	-	-	10	+	3–5 u. 9–11
Graureiher	NG/DZ/WG	-	-	-	13	+	Ganzjährig
Grünfink	WG	-	-	-	300	=	11–2
Grünschenkel	DZ	-	-	-	11	+	4–5 u. 7–9
Habicht	NG	3	-	3	3	=	Ganzjährig
Haubentaucher	DZ/WG	-	-	-	41	+	Ganzjährig
Höckerschwan	WG	-	-	-	21	+	9–4
Hohltaube	NG	-	3	3	15	+	4–9
Kampfläufer	DZ	1	1	-	4	+	5–9
Kernbeißer	WG	-	-	-	5	=	10–4
Kiebitz	DZ	3	3	3	600	-	2–11
Kiebitzregenpfeifer	DZ	-	-	-	2	+	9–10
Kleinspecht	NG/DZ	-	-	3	1	-	4–8
Knäkente	DZ	2	2	1	18	+	3–6 u. 9–10
Kolkrabe	NG	3	-	-	43	+	Ganzjährig
Kormoran	DZ	3	-	-	80	+	3–4 u. 9–12
Kornweihe	DZ/WG	1	1	1	8	-	8–4
Kranich	DZ	2	2	2	1.150	+	1–5 u. 9–11
Krickente	DZ/WG	3	2	2	200	+	8–4

Art	Status	Rote Liste			Maximalzahl	Trend	Anwesenheitsmonate
		D	BB	NL			
Lachmöwe	DZ/NG	-	-	-	125	+	3–11
Löffelente	DZ	3	4	2	13	+	1–4 u. 8–11
Mäusebussard	NG/WG	-	-	-	34	=	8–3
Mauersegler	NG	-	-	-	20	=	5–8
Merlin	WG	-	-	-	2	=	11–2
Ohrenlerche	WG	-	-	-	150	=	11–2
Pfeifente	DZ	I	-	-	27	+	3–4 u. 9–12
Prachttaucher	DZ	-	-	-	2	+	3 u. 10–12
Raubwürger	WG	2	2	2	2	=	9–3
Rauchschwalbe	NG/DZ	-	-	3	1.000	=	4 u. 8–10
Rauhfußbussard	WG	I	-	-	12	=	10–3
Reiherente	DZ/WG	-	-	-	42	+	Ganzjährig
Ringeltaube	DZ	-	-	-	48	=	2–4 u. 9
Rohrweihe	NG	3	-	-	9	+	5–8
Rotdrossel	DZ	I	I	4	41	=	3–4 u. 10
Rothalstaucher	DZ	4	2	2	3	+	4–5 u. 8–11
Rotmilan	NG	3	3	3	9	=	2–10
Rotschenkel	DZ	3	1	0	3	=	4–5 u. 7–8
Saatgans	DZ/WG	-	-	-	12.000	+	9–4
Samtente	WG	-	-	-	2	+	11–2
Sandregenpfeifer	DZ	-	I	-	2	+	3 u. 9–10
Schellente	DZ/WG	3	3	3	31	+	9–5
Schnatterente	DZ	-	4	2	8	+	3–4 u. 9–12
Schneeammer	WG	-	-	-	100	-	12
Schwarzhalstaucher	DZ	2	2	2	5	+	5 u. 9
Schwarzmilan	NG	3	3	2	7	=	4–8
Schwarzstorch	NG	1	1	1	2	=	5–8
Seeadler	WG	2	1	1	6	+	10–3
Singschwan	WG	-	-	-	18	+	12–3, 1989 eine Übersommerung
Sperber	WG	3	2	2	4	+	10–2
Spießente	DZ	4	1	-	40	+	3–4 u. 9–12
Star	DZ	-	-	-	1.500	=	3 u. 11
Sterntaucher	DZ	-	-	-	1	+	11–12
Stieglitz	DZ/WG	-	-	-	300	-	9–4
Stockente	DZ/WG	-	-	-	4.000	=	Ganzjährig
Tafelente	DZ	-	-	-	130	+	Ganzjährig
Trauerenten	DZ	-	-	-	5	-	11
Trauerseeschwalbe	DZ	1	1	1	29	+	4–10
Turmfalke	DZ/WG	-	-	-	10	-	9–4

Art	Status	Rote Liste D	BB	NL	Maximalzahl	Trend	Anwesenheitsmonate
Turteltaube	DZ	-	3	3	40	=	8
Wacholderdrossel	DZ/WG	-	3	-	3.000	+	8–3
Waldwasserläufer	DZ	4	2	2	4	=	4–5 u. 7–9
Weißstorch	NG	2	3	3	2	=	3–6
Wespenbussard	NG	3	3	2	1	=	5–8
Wiesenpieper	DZ/WG	3	3	2	20	-	9–3
Zaunkönig	WG	-	-	-	?	?	11
Zwergstrandläufer	DZ	-	-	-	2	=	8–9
Zwergtaucher	DZ/WG	3	-	3	20	=	9–4
87 Arten							

+ – Bestandstrend positiv (Zunahme); = – gleichbleibender Bestand; - – Bestandstrend negativ (Abnahme); D – Bundesrepublik Deutschland (DDA & DS/IRV 1991); BB – Bundesland Brandenburg (MUNR Brandenburg 1992); NL – Niederlausitz (Autorenkollektiv 1989); DZ – Durchzügler; WG – Wintergast; NG – Nahrungsgast; 1–12 – Monate Januar–Dezember; 0 – ausgestorben; 1 – vom Aussterben bedroht; 2 – stark gefährdet, 3 – potentiell gefährdet; I – gefährdeter Vermehrungsgast

Es bedarf keiner näheren Erläuterung, um den Mangel an derartigen Gebieten in unserer ausgeräumten, stark frequentierten und intensiv bewirtschafteten Landschaft hervorzuheben. Permanente Biotop-, Arten- und Individuenrückgänge belegen dies. Durch ein großflächiges Netz von Naturschutzgebieten könnte dieser Entwicklung entgegengewirkt werden. Dazu kann die Bergbaufolgelandschaft mit beitragen.

Wir stellen uns aber auch dieses Gebiet, eingebunden in den Naturpark „Niederlausitzer Landrücken“, als Erholungsstätte für naturinteressierte Menschen vor (Abb. 14). Positive Beispiele belegen, daß Naturschutz und gelenkter („sanfter“) Tourismus gut nebeneinander bestehen und nicht zuletzt auch die Gemeinden im Einzugsbereich davon profitieren können.

Das beschriebene Kippenareal steht noch unter Bergaufsicht. Das Bergbauunternehmen muß den Nachweis erbringen, daß die laut Bundesberggesetz (BBergG) vorhandenen Gefährdungen nach Einstellung des Betriebes beseitigt sind. Es wird angestrebt, das geplante Naturschutzgebiet in Landeseigentum zu überführen. Zuvor sind in Abstimmung mit der LMBV, dem Bergamt, den Naturschutzverbänden sowie den Kreisen und Gemeinden entsprechende Gestaltungen zum Abschluß zu bringen. Grundlage dafür ist ein Pflege- und Entwicklungsplan.

5 Zusammenfassung

Die vom Braunkohlenbergbau hinterlassenen Kippen halten Potentiale für die Entwicklung einer wertvollen Tier- und Pflanzenwelt bereit. Naturschutzrelevante Landschaftselemente sind insbesondere nährstoffarmes insektenreiches Ödland sowie Sukzessionsflächen, wo das mit dem Brückenabsetzer aufgetragene Bodenmaterial ohne Nacharbeiten liegen blieb. Die Kippenwälder sind dagegen meist monoton und verlangen eine Verbesserung der Ausstattung mit Requisiten eines Naturwaldes (z. B. Stubbenhaufen). Für die Rückkehr von Amphibien und anderen aquatisch lebenden Tieren haben Kleingewässer eine große Bedeutung.

Die Restlöcher mit ihren sonnenexponierten Böschungen ermöglichen die Ansiedlung thermophiler

Abb. 14. Eine Exkursionsgruppe von Biologen in der Bergbaufolgelandschaft. (Photo: Sauer)

Art	Nachweise	Art	Nachweise
Austernfischer	2	Rotfußfalke	1
Bartmeise	2	Rotkopfwürger	1
Bergente	4	Seidenschwanz	1
Brandgans	1	Sichelstrandläufer	1
Eiderente	1	Silbermöwe	1
Goldregenpfeifer	2	Silberreiher	1
Grünspecht	1	Steinadler	1
Haubenmeise	1	Triel	1
Kanadagans	1	Uferschnepfe	2
Kolbenente	1	Weidenmeise	2
Misteldrossel	2	Zwerggans	1
Mittelsäger	1	Zwergmöwe	1
Moorente	1	Zwergsäger	2
Ohrentaucher	1	Zwergschwan	1
Ringdrossel	2	Zwergseeschwalbe	1
Gesamt			30 Arten

Tabelle 6. Seltene Gäste in der Bergbaufolgelandschaft Schlabendorf-Nord (Niederlausitz)

Tier- und Pflanzenarten und bieten im Herbst rastenden Kranich- und Wildgansscharen bevorzugte Übernachtungsplätze. Ausgedehnte Röhrichtbestände sind der Lebensraum bedrohter Schilfbewohner, während in Steilböschungen und Abbrüchen Uferschwalben in großen Kolonien nisten.

Am Beispiel der Bergbaufolgelandschaft Schlabendorf-Nord wird die bewußte Integration von Fragen des Naturschutzes in den Sanierungsprozeß der Bergbauhinterlassenschaften verdeutlicht. Darauf aufbauend werden allgemeine Grundsätze einer Rekultivierung von Kippenflächen unter Beachtung der Forderungen eines zukunftsorientierten Arten- und Biotopschutzes formuliert.

LITERATUR

Autorenkollektiv (1989) Rote Liste der gefährdeten Pflanzen- und Tierarten im Bezirk Cottbus, Cottbus

DDA u. DS/IRV (1991) Rote Liste der in Deutschland gefährdeten Brutvogelarten (1. Fassung). Ber Deutsch Sekt Int Rates für Vogelschutz 30: 15–29

Donath H (1987) Die Besiedlung von Gewässern im rekultivierten Gebiet des ehemaligen Tagebaues Schlabendorf-Nord (Bezirk Cottbus) durch Odonaten. Entom Nachr Ber 31: 37–42

Donath H (1990) Zur Entomofauna von Tagebaurandzonen in der nordwestlichen Niederlausitz. Abh Ber Naturkundemus Görlitz 64: 1, 69–72

Geisler J, Haubold K (1993) Limnologische Untersuchungen im Braunkohlentagebaurestloch C, Diplomarb. Humboldt-Univ. Berlin, Fachber. Agrar- u. Gartenbauwiss., Studiengang Fischprod, (unveröffentlicht)

Kuntze W (1993) Wenn's in der Kippe rumst, ... dann kann das auch was Gutes sein. LAUBAG Report 4 (3): 6–7

Möckel R (1993) Von der Abraumkippe zum Naturschutzgebiet – eine Modellstudie zur Renaturierung eines Braunkohlentagebaues der Lausitz. Naturschutz Landschaftspflege Brandenburg 1: 13–22

MUNR Brandenburg (1992) Gefährdete Tiere im Land Brandenburg, Rote Liste. Ministerium für Umwelt, Naturschutz und Raumordnung, Potsdam

Wiedemann D, Blaschke W (1990) Die Wiederbesiedlung der Bergbaufolgelandschaft im Abbaugebiet Lauchhammer/Niederlausitz durch Lurch-, Kriechtier- und Brutvogelarten in der ersten Sukzessionshälfte der Landschaftsentwicklung. Abh Ber Naturkundemus Görlitz 64: 1, 73–76

Der Schutz des Fischotters während der bergbaulichen Inanspruchnahme des Förderraumes Calau (Niederlausitz)

Reinhard Möckel

1 Einleitung

Bachauen spielen als Biotopverbundsysteme eine zentrale Rolle. Aus pflanzen- und tiergeographischer Sicht kommt ihnen ein besonderer Stellenwert als Ausbreitungskorridore zu. Sie sind bevorzugte Routen für saisonale Wanderungen von Tieren und bilden zeitweilig einen bevorzugten Lebensraum für spezialisierte Arten. Zu diesen zählt der Fischotter (*Lutra lutra*).

Bei einer Gesamtlänge bis zu 1,4 m und 14 kg Körpermasse zählt er zu den großen Vertretern aus der Familie der Marder. Mit seinem langgestreckten Körper und den Schwimmhäuten zwischen den Zehen ist er optimal an ein Leben im Wasser angepaßt. Neben einem fischreichen Gewässer benötigt der Fischotter ein vielgestaltiges Ufer mit Flach- und Steiluferbereichen, Sand- und Kiesbänken, Röhrichten und Hochstaudenfluren, Bäumen und Gebüsch (Abb. 1). Während naturnah ausgebaute Ufer von der Art regelmäßig genutzt werden, bieten ihm gleichmäßig geböschte, deckungsfreie Uferflächen oder gar mit Zement und Schotter ausgebaute Bachstrecken (Abb. 2) keine Ansiedlungsmöglichkeiten (Dolch et al. 1993).

Infolge seiner spezialisierten Lebensweise ist der Fischotter die gefährdetste Säugetierart Mitteleuropas. In weiten Teilen seines Verbreitungsgebietes wurde er ausgerottet oder fand in den kanalisierten und oft verschmutzten Fließgewässern keinen entsprechenden Lebensraum mehr. Noch zu Beginn des 20. Jahrhunderts war er keineswegs selten und unterlag als „Fischräuber“ einer erbarmungslosen Verfolgung. Vor 1914 wurden in Deutschland jährlich etwa 10 000 Stück erlegt, während diese Zahl bis 1930 auf durchschnittlich 3 000 zurückging (Stubbe 1972). Seit den 50er Jahren wurde er weiträumig zu einer ausgesprochenen Seltenheit.

In den westlichen Bundesländern ist der Fischotter bis auf einen bereits stark ausgedünnten Bestand in Niedersachsen und Schleswig-Holstein (Binner 1992; Heidemann 1992) sowie ein lokal eng begrenztes Vorkommen im Bayerischen Wald (Mau 1992) bereits ausgestorben. Auch in der ehemaligen DDR war bis 1975 das Areal bedrohlich geschrumpft und zwischenzeitlich

Abb. 1. Das Koselmühlenfließ, ein naturbelassener Ableiter von Grubenwasser. Hier gibt es alle für den Fischotter notwendigen Lebensraumrequisiten. (Photo: Möckel)

Abb. 2. Das Neue Hühnerwasser, der extrem begradigte Verlauf dieses Grubenwasserableiters und die mit Schotter befestigten Böschungen bieten dem Fischotter keinen Lebensraum. Eine Renaturierung erfolgte 1994. (Photo: Möckel)

ganze Gewässersysteme „fischotterfrei". Der Gesamtbestand hatte sich auf etwa 600 Tiere verringert (Stubbe 1977). Großflächige Vorkommen gab es nur noch in Mecklenburg-Vorpommern und Brandenburg (Abb. 3). Besonders die Bestände der Lausitz waren noch relativ stark und zeichneten sich durch eine hohe Vitalität aus.

Das Kerngebiet der im Braunkohlenabbaugebiet Calau ansässigen Fischotterpopulation bildet der Oberspreewald. Hier sind alle besiedelbaren Lebensräume besetzt. Der Bestand gilt als konstant (Butzeck 1990). Über die Spree bestehen Verbindungen zum Unterspreewald und zu den Peitzer Teichen mit gleichfalls stabilen Subpopulationen. Als eine sehr mobile Art beanspruchen Fischotter jedoch große Reviere. Sie erstrecken sich „strahlenförmig" auch über die dem Oberspreewald von Süden zufließenden Wasserläufe bis an den Niederlausitzer Landrücken. Sie berühren damit eines der großen Braunkohlenabbaugebiete der Niederlausitz. Mit Sorge wurde deshalb die Bestandsentwicklung des Fischotters im Zuge des hier 1958 verstärkt einsetzenden Abbaugeschehens verfolgt.

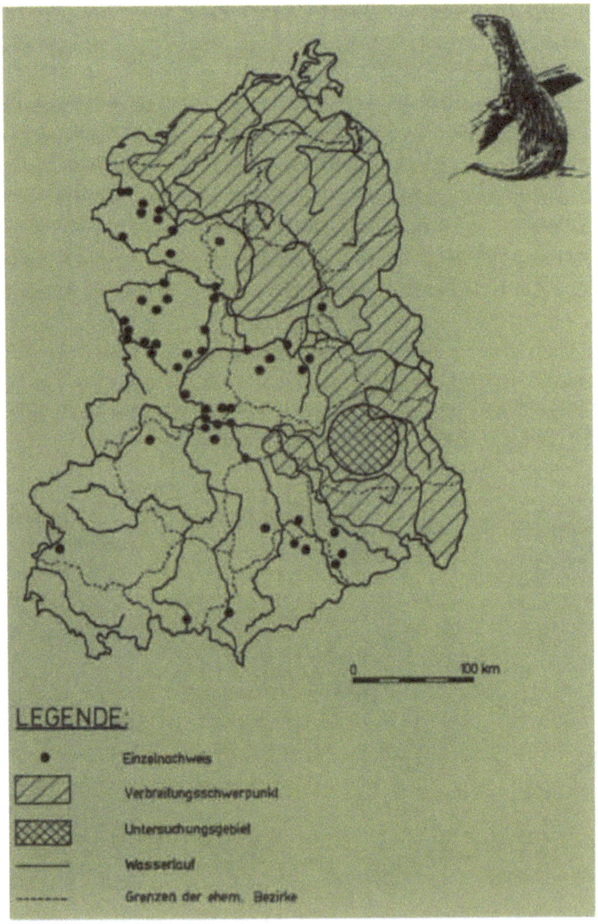

Abb. 3. Die Verbreitung des Fischotters in der ehemaligen DDR im Zeitraum 1975–1985 (in Anlehnung an Stubbe u. Heidecke 1992) mit Kennzeichnung der Lage des Untersuchungsgebietes

2
Methode

Die Basis der Bearbeitung bildete eine von Butzeck (1984) vorgelegte Regionalkartierung der bekannt gewordenen Fischottervorkommen vor Einsetzen des Bergbaues bis etwa 1982. Darauf aufbauend wurden vom Verfasser alle Nachweise der Art im Fördergebiet Calau gesammelt. Neben gelegentlichen Beobachtungen erbrachte besonders das Abspüren sandiger Uferstrecken oder bei Schnee Hinweise auf die Anwesenheit des Fischotters. Weitere Kennzeichen lieferten zurückgelassene Nahrungsreste und der oft auf Steine am Ufer abgesetzte Kot (mit Fischgräten und -schuppen) einschließlich der arttypischen Rutschen, Markierungshügel und Wälzstellen.

Ziel der vorgenommenen Bestandsaufnahme ist eine Analyse der zahlenmäßigen Entwicklung der im Förderraum Calau unter Bergbaueinfluß nachgewiesenen „Kernvorkommen". Darunter verstehen wir Ansiedlungsorte des Fischotters, die er nahezu ganzjährig nutzt. Das Requisitenangebot in einem solchen Gebiet reicht auch für die Aufzucht von Jungottern aus. Daneben wurden alle weiteren Nachweise kartiert. In der Regel halten sich an suboptimalen Gewässern einzelne, meist wandernde Fischotter nur kurze Zeit auf. Ihre Anwesenheit markiert aber gut die Eignung des entsprechenden Fließgewässers als Migrationsweg für diese Art.

Unser Dank gilt den Mitgliedern der Biologischen Arbeitskreise Calau und Luckau, die bereitwillig ihre Beobachtungen für diese Auswertung bereitstellten. Auch die Befragung aufmerksamer und sachkundiger Fischer, Angler, Jäger und Ornithologen erbrachte Daten für diese Übersicht. Weitere Anregungen verdanken wir St. Butzeck und F. Hildebrandt vom Biospärenreservat Spreewald.

3
Ergebnisse

3.1
Bestandsentwicklung während des Braunkohlenabbaus

Der Fischotter bewohnt im Untersuchungsgebiet insbesondere Fischteiche, aber auch Bäche (hier meist als Fließe bezeichnet). Dabei wird ein bis zu 100 m breiter Uferstreifen mitgenutzt. Weibchen besiedeln ein Revier von 5–7 km Ausdehnung innerhalb der größeren Reviere adulter Männchen (15–20 km; Dolch et al. 1993). Die erforderliche Weiträumigkeit und die große Mannigfaltigkeit der vom Fischotter genutzten Reviere machen ihn zu einem Anzeiger für noch intakte, artenreiche Gewässersysteme.

Als Ausgangsbestand vor Bergbaubeginn kann man im Gebiet südlich des Oberspreewaldes 22 regelmäßig besetzte Vorkommen annehmen (Herzog 1975; Butzeck 1984). Meist bestanden die „Kernreviere" aus Teichgruppen mit angrenzenden, naturnahen Wasserläufen. Besonders im Bereich von Teichen wurde Reproduktion belegt. Nachgewiesen sind außerdem „Überlandverbindungen" bis ins Lugbecken (Flußgebiet der Schwarzen Elster) und ins Dahmetal (Abb. 4).

Obgleich der Fischotter bis in die 70er Jahre stark verfolgt wurde, ging sein Bestand kaum zurück. Dies ist auf die damals nahezu ideale Lebensraumvernetzung zurückzuführen. Dadurch konnten lokale Verluste schnell ausgeglichen werden (Butzeck 1984). Die verbindenden Wasserläufe wurden regelmäßig frequentiert und boten mit den ehemals guten Beständen an Wildfischen und Edelkrebsen *(Astacus astacus)* (Donath u. Illig 1982) jederzeit genügend Nahrung. Besonders im Winter bei strengem Frost waren sie mit ihren eisfreien Strömungsstrecken wichtige Ausweichgebiete. Bis zum Bau von Staubecken und Umflutkanälen erstarrte zu dieser Zeit der innere Oberspreewald zu einer geschlossenen vereisten Überschwemmungsebene, die den Fischotter zur Abwanderung bis in den Oberlauf der zufließenden Bäche zwang. Infolge ihrer hohen Reliefenergie blieben sie eisfrei.

Der in den 60er Jahren massiv einsetzende Bergbau reduzierte den Lebensraum des Fischotters merklich. Mit dem Tagebau Seese-West (2 860 ha überbaggert) verschwand der Reproduktionsraum Seeser und Schönfelder Teich. Mit dem Tagebau Schlabendorf-Süd (3 269 ha) wurden weitere, regelmäßig besetzte Teiche (Presenchener Teiche, Pademacker und Großer Teich, Ziegelteich) überbaggert, während durch Trockenfallen das Vorkommen an den Bornsdorfer Teichen als Lebensraum für den Fischotter funktionslos wurde. Besonders gravierend war der Eingriff durch die Auskohlung der Tagebaue Greifenhain und Gräbendorf (3 110 und 835 ha), wodurch von ehemals sieben Kernrevieren in den Teichen um Buchwäldchen, Muckwar, Reddern und Neudöbern fünf verloren gingen. Auch die Inanspruchnahme der Tagebaue Schlabendorf-Nord (2 490 ha) und Seese-Ost (bis 1993: 981 ha) führte zum Durchtrennen und Verlegen von Migrationswegen sowie zum Trockenfallen von Fließen und Feuchtgebieten.

Butzeck (1984) befürchtete die Aufgabe des Vorkommens im etwas isoliert gelegenen Lugbecken in der Süd-

Abb. 4. Vorkommen des Fischotters im Zeitraum 1986–1993 im Braunkohlenfördergebiet Calau unter Berücksichtigung der aktuellen hydrographischen Situation in der Auslaufphase des Braunkohlenbergbaues

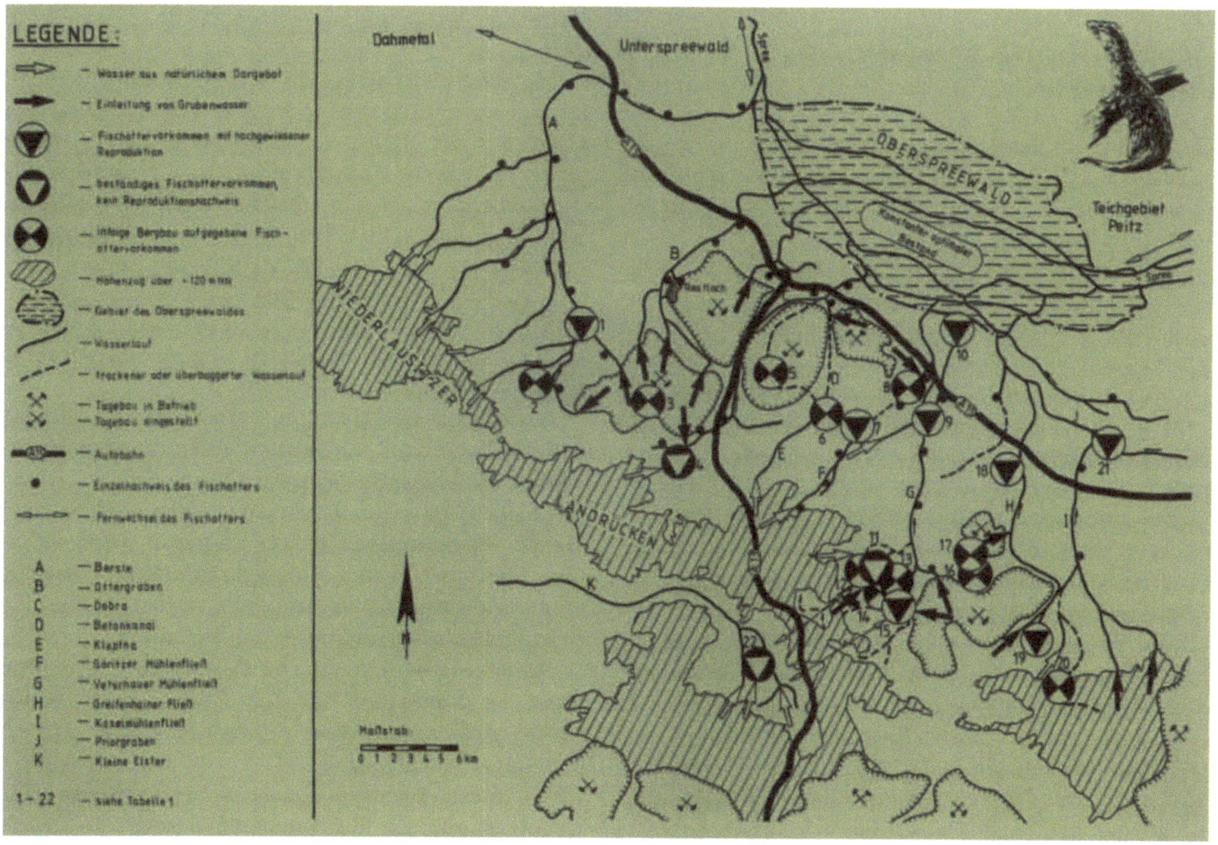

westecke des Untersuchungsgebietes. Bislang blieb der Fischotter diesem Gebiet treu. Zuwanderungen aus dem Flußgebiet der Schwarzen Elster sind nicht ausgeschlossen.

Gegenwärtig sind im Förderraum Calau von den ehemals 22 bekannt gewordenen Vorkommen noch acht mit Reproduktionsbeleg sowie drei weitere mit regelmäßigen Nachweisen (seit 1986 aber ohne Beobachtung von Fähen mit Jungottern) verblieben (Tabelle 1; Abb. 4). Sie verteilen sich auf zwei gewerbliche und drei stärker ökologisch orientierte Teichwirtschaften, zwei Grubenwasserabsetzbecken, einen Angelteich, eine durch erhöhte Grubenwasserabgabe versumpfte Niederungslandschaft, einem naturnahen Fließabschnitt und ein durch vernetzte Entwässerungsgräben gekennzeichnetes Weidegebiet. Insgesamt ergibt sich ein Rückgang auf 50 % des wahrscheinlichen Ausgangsbestandes.

Die wichtigsten, als Migrationswege durch den Fischotter genutzten Fließe des Untersuchungsgebietes sind die Berste mit ihren Zuflüssen, der Ottergraben (Wudritz), die Schrake/Dobra, das Göritzer und Vetschauer Mühlenfließ sowie das Greifenhainer und das Koselmühlenfließ. Sie alle erhalten das meiste, oftmals ihr gesamtes Wasser aus dem Sümpfungsaufkommen des Bergbaues (Abb. 4). Nur die Kleptna fiel infolge ihres „fischotterfeindlichen" Gewässerausbaues (Betonkanal) als Lebensraum für die Art komplett aus.

3.2 Schutzmaßnahmen in der nachbergbaulichen Sanierungsphase

In Anbetracht der gewaltigen Landschaftsveränderungen während des Braunkohlenabbaus liefert dieser beschränkte Rückgang – so betrüblich er im Einzelfall auch sein mag – ein überraschend positives Ergebnis. Bis auf wenige Ausnahmen (z. B. Kleptna) werden die Hauptfließe des Untersuchungsgebietes von dieser Art regelmäßig frequentiert und auch Nachweise von Fähen mit Jungtieren erbracht. So wurden 1992 in zwei als Grubenwasserabsetzanlagen genutzten Teichen jeweils drei Jungotter aufgezogen und auch die Restlöcher am Rande der Kippen werden – sofern sie Vorflutanschluß haben – in die Aktionsräume einbezogen. Es bestehen somit gute Chancen, daß der Fischotter nach Normalisierung der hydrologischen Verhältnisse in der Bergbaufolgelandschaft die vordem vorhandene Bestandsdichte wieder erreichen kann.

Dieses Ziel erfordert jedoch eine bewußte Steuerung der Wasserführung und -haltung in den Fließen und Teichen in der jetzt begonnenen Sanierungsphase nach dem Auslaufen der letzten Tagebaue der Region (1994 Tagebau Greifenhain, 1996 Tagebau Seese-Ost). Die dabei auftretenden Probleme und deren Lösungsansätze werden nachfolgend umrissen.

Sicherung der Wasserführung in den Fließen

Die Quellen aller wichtigen Wasserläufe der Region befanden sich auf dem Niederlausitzer Landrücken. Heute sind fast alle infolge großräumiger Grundwasserabsenkung im Zuge des Tagebaubetriebes versiegt. Die meisten Fließgewässer, aber auch der überwiegende Teil der daran angeschlossenen Teichgebiete, sind vollständig von der Zuführung von Bergbauwasser abhängig (Abb. 4). Würde die jetzige Einleitung eingestellt, führte dies unweigerlich zur weiteren Verinselung und schließlich zum Auslöschen aller in der Region verbliebenen Fischottervorkommen. Diese wiederum sind als Wiederbesiedlungspotential in der Bergbaufolgelandschaft von großem Wert. Auch aus der Sicht des Schutzes dieses vom Aussterben bedrohten Wassermarders ist deshalb eine (minimierte) Weiterführung der Wasserhebung in den ausgelaufenen Tagebauen bis zum Abschluß des Grundwasserwiederanstieges eine unabdingbare Forderung! Es muß gesichert sein, daß in allen Hauptfließen (an jeder Stelle des Flußlaufes!) ein Durchfluß in Höhe des mittleren natürlichen Niedrigwasserabflusses (MNQ) gewährleistet ist.

Der natürliche Wasserhaushalt der Niederlausitz wurde durch den Eingriff des Bergbaues stark anthropogen überprägt. Trotzdem ist gegenwärtig feststellbar, daß durch die Rückführung von Sümpfungswasser in die Vorflut der Wasserkreislauf wieder geschlossen werden konnte. Man kann von einem gestörten, aber dennoch funktionierenden Wasserhaushalt sprechen. Ein Anzeichen dafür sind u. a. die Vorkommen des Fischotters.

Es steht fest, daß ein Anhalten der Pumpenanlagen in den Tagebauen (z. B. im Zuge eines schlagartigen Abbruchs der Braunkohlenförderung) den bestehenden „künstlich" funktionierenden Wasserhaushalt zusammenbrechen lassen würde. Die Ursachen liegen darin, daß das von der Grundwasserabsenkung erfaßte Gebiet keinen Beitrag zum natürlichen Abfluß leisten kann und daß darüber hinaus die vom Süden kommenden Fließe während der Passage des Absenkungstrichters einen großen Teil des Wassers an den entwässerten Untergrund abgeben.

Ein wieder natürlich funktionierender Wasserhaushalt liegt erst dann vor, wenn die sich regenerierenden Grundwasservorräte abflußwirksam werden. Unabdingbare Voraussetzung dafür ist, daß die real vorhandenen Grundwasserdefizite abgebaut sind. Erste Berechnungen ergaben, daß bei minimierter Wasserhebung und optimaler Nutzung aller Möglichkeiten des Wasserrückhaltes im Gebiet (z. B. Retention durch Wassereinleitung in entwässerte Porenräume, Fremdflutung der Restlöcher) bis zum Jahre 2010 in weiten Gebieten die natürlichen Verhältnisse wieder erreichbar sind (LAUBAG 1993).

In dieser Regenerationsphase der nächsten Jahrzehnte ist auch das Bespannen der verbliebenen Fisch-

Tabelle 1. Bilanz der „Kernvorkommen“ des Fischotters im Förderraum Calau während der bergbaulichen Inanspruchnahme

Nr.	Vorkommen	Lebensraum	Aktuelle Situation	Perspektive
1	Borcheltsbusch bei Luckau	Überschwemmungsfläche infolge Ableitung von GW; NSG	Regelmäßig Einzeltiere, August 1993 Fähe mit zwei Jungotter; Lebensraum vermittelt über Berste zur Dahme	Zurückgehende GW-Ableitung ab 2000; optimale Stauhaltung und Mindestwasserführung sichern
(2)	Teichgruppe Bornsdorf	Fischteiche, naturnahe Fließe	Erloschen! Infolge Entwässerung des Tgb. Schlabendorf-Süd Trockenfallen der Teichgruppe	Reaktivierung der Quellregion ab 2000; vorher „ökologische“ Teichbewirtschaftung mittels Filterbrunnen erstrebenswert
(3)	Teichgruppe Drehna-Presenchen	Fischteiche, naturnahe Fließe	Erloschen! Überbaggert durch Tgb. Schlabendorf-Süd	Ausgleich über Vernässungsflächen auf Kippe wird angestrebt
4	Teiche um Groß Mehßow	Ökologische Teichwirtschaft; NSG	regelmäßig Einzeltiere, Reproduktion?	Migrationsweg über Schrake und Dobra sichern; gefährdet durch Isolation
(5)	Seeser Teiche	Fischteiche, naturnahe Fließe	Erloschen! Überbaggert durch Tgb. Seese-West	Ausgleich durch Einbinden von Vernässungsflächen auf Kippe mit Kleptna
(6)	Mloder Teiche	Fischteiche, naturnahes Fließ; NSG	Erloschen! Versauerung des Wassers mit Fischsterben; Isolation durch künstlichen Ausbau der Kleptna (Betonkanal; Tgb. Seese-West)	Reaktivierung durch: – Entsäuerung der Kleptna – Fischneubesatz – Anbinden der Kleptna über Kippe an Dobra
7	Saßlebener Teiche	Fischteiche, naturnahes Fließ	Reproduktion 1988; regelmäßige Nachweise bis 1992	Trockenfallen des Göritzer Mühlenfließes gefährdet Vorkommen (Tgb. Seese-Ost)
(8)	Beltener Bruchlöcher	Wassergefülltes Senkungsgebiet infolge Braunkohlentiefbau vor 1900	Erloschen! Trockenlegung durch Entwässerung Tgb. Seese-Ost	Reaktivierung unmöglich, da mit Erdmassen verfüllt
9	Reptener Teiche	Ökologische Teichwirtschaft; NSG	Reproduktion 1989, zwei Jungotter; regelmäßige Nachweise	Abhängig von GW-Einleitung ins Vetschauer Mühlenfließ
10	Stradower Teiche	Fischteiche, naturnahe Fließe	Regelmäßige Nachweise, Reproduktion belegt	Abhängig von GW-Einleitung ins Vetschauer Mühlenfließ
11	Teichgruppe Buchwäldchen	Fischteiche; NSG	Regelmäßig Einzeltiere, Reproduktion?	Wiederbespannung des „Großen Paul“ verbessert ab 1994 Lebensbedingungen; Quellregion durch Kiesabbau bedroht

Nr.	Vorkommen	Lebensraum	Aktuelle Situation	Perspektive
(12)	Teichgruppe Weißag-Gielow	Ökologische Teichwirtschaft; NSG	Erloschen! Wassermangel infolge Entwässerung Tgb. Greifenhain	Reaktivierung nach 2000 möglich; Quellregion durch Kiesabbau bedroht
(13)	Teichgruppe Muckwar	Fischteiche	Erloschen! Wassermangel infolge Entwässerung Tgb. Greifenhain	Reaktivierung nach 2000 möglich
(14)	Teichgruppe Neudöbern	Fischteiche	Erloschen! Wassermangel infolge Entwässerung Tgb. Greifenhain	Reaktivierung nach 2000 möglich
15	Salzteich Altdöbern	Parkteich, z. Z GWRA	Reproduktion 1992, drei Jungtiere; regelmäßige Beobachtungen; Juli 1993 ein Verkehrsopfer	Abhängig von weiterer GW-Hebung durch Tgb. Greifenhain
(16)	Schloßteich Reddern	Fischteich, naturnahe Fließe	Erloschen! Trockenlegung durch Entwässerung Tgb. Greifenhain	Reaktivierung nach 2010 möglich
(17)	Luch- und Wergteich Gräbendorf	Fischteiche, naturnahe Fließe	Erloschen! Überbaggert durch Tgb. Gräbendorf	Ausgleich nicht möglich
18	Greifenhainer Fließ bei Krieschow	Naturnahes Fließ	Reproduktion 1992, ein Jungtier	Abhängig von GW-Einleitung durch Tgb. Greifenhain
19	Schmiegelmühle bei Greifenhain	Ehemalige Fischteiche, z. Z. GWRA	Reproduktion 1992, drei Jungtiere; Verkehrsopfer im Mai 1993 bei Casel	Abhängig von GW-Einleitung durch Tgb. Greifenhain
(20)	Tschuggerteiche bei Neupetershain	Fischteiche, naturnahes Fließ	Erloschen! Infolge Trockenlegung durch Entwässerung Tgb. Welzow-Süd	Reaktivierung durch Wiederbespannung mit GW ab 1995
21	Glinziger Teiche	Fischteiche	Regelmäßig Einzeltiere, Reproduktion durch überfahrenen Jungotter (Mai 1993) belegt	Teilweise abhängig von Einleitung von GW durch Tgb. Greifenhain
22	Lugbecken bei Wormlage	Weidegebiet mit Wassergräben und Teichen	Regelmäßig Einzeltiere; Verkehrsopfer im Oktober 1993; verbindet zum Reproduktionsraum im Tal der Kleinen Elster, Reproduktion?	Gefährdet durch Isolation und Intensivierung der Landwirtschaft

GW - Grubenwasser (gehoben zur Entwässerung der Tagebaue);
GWRA - Grubenwasserreinigungsanlage;
NSG - Naturschutzgebiet;
Tgb. - Tagebau

teiche notwendig. Reicht das Wasser nicht mehr für eine Bewirtschaftung, sind diese zu füllen und dann laufend die Verluste infolge Verdunstung und Versickerung auszugleichen („ökologische Teichwirtschaften"). Im Herbst 1993 wurde von der LAUBAG u. a. zur Stabilisierung des Fischottervorkommens im ehemaligen Verbreitungsschwerpunkt Buchwäldchen-Muckwar ein 9,6 ha großer Teich („Großer Paul") mittels zwei extra dafür niedergebrachte Filterbrunnen wiederbespannt. Bis zur Reaktivierung der vor Bergbaubeginn zur Speisung des Teiches dienenden Lukaitz wird diese Behelfslösung durch Nutzung eines tiefer gelegenen Grundwasserleiters notwendig sein.

Erhaltung zeitweise trockengefallener Fließe und Teiche
Im Ergebnis der großräumigen Grundwasserabsenkung führen viele kleinere Fließe gegenwärtig kein Wasser. Die zwingende Kostenminimierung während der Sanierung gestattet es nicht, sie alle künstlich zu bespannen. Unsere Kontrollen ergaben, daß sie trotzdem vom Fischotter – zumindest zeitweise – als Migrationswege genutzt werden. Nur so lassen sich die regelmäßig besetzten Vorkommen in den Teichen bei Saßleben (Göritzer Mühlenfließ) und in der Teichgruppe Buchwäldchen erklären. Von einem Jäger wurde 1988 in einem solchen Trockenlauf unbeabsichtigt ein Fischotter in einem Fuchseisen gefangen, konnte aber nahezu unverletzt wieder freigelassen werden (Richter mdl.).

Dies zeigt, daß die gegenwärtig trockenliegenden Wasserläufe keinesfalls verfüllt oder verrohrt werden dürfen. Überschreiten sie allerdings Längen von 2 km, müssen dazwischenliegende Teiche für den Fischotter als „Trittsteinbiotop" hergerichtet werden. Die Wiederbespannung z. Z. trockenliegender Teiche mit Filterbrunnenwasser, z. B. des Radochlaer Teiches bei Koßwig, wäre eine solche Maßnahme und wird angestrebt. Dies ist hier besonders wichtig, da bis in jüngste Zeit ein gut frequentierter Wechsel von den Reptener Teichen über die Koßwiger Torfstiche zu diesem Gewässer am Göritzer Mühlenfließ und dann weiter bachaufwärts zu den Teichen bei Saßleben führte. Solche „Querverbindungen" zwischen den einzelnen Einzugsgebieten erfordern sichere Rastplätze, und als ein solcher ist der Radochlaer Teich bis in die jüngste Vergangenheit genutzt worden.

Darüber hinaus sollten alle aus Kostengründen z. Z. nicht bespannbaren Teiche in ihrer Anlage erhalten bleiben. Sobald es das wieder aufgehende Grundwasser gestattet, müßten sie über die reaktivierten Wasserläufe wieder bespannt werden. Mit Sicherheit ist in der Anfangsphase das Wasserdargebot gering, so daß die Teiche zunächst nur eine rein „ökologische Funktion" wahrnehmen können. In dieser Phase bedürfen sie einer Betreuung durch die öffentliche Hand. Ihre Wiedernutzung als Fischteiche mit gezieltem Besatz und jährlichem Abfischen wird noch einige Jahre länger dauern.

Renaturierung künstlich verbauter Wasserläufe
Naturnahe Fließgewässer prägten früher die Landschaft des Untersuchungsgebietes und bildeten unverzichtbare Lebensräume für zahlreiche Tier- und Pflanzenarten. Sie waren ein ästhetisch wertvolles Gestaltungselement der Niederlausitz und hatten aufgrund ihrer ökologischen Strukturvielfalt einen hohen Stellenwert bei der Vernetzung von Kleinbiotopen. Die Tagebauführung machte es erforderlich, Fließe zu verlegen. Vom Fischotter wurden daraufhin die naturnah verbauten Strecken, z. B. die Schrake/Dobra, als Migrationsweg vom Spreewald in die am Fuße des Niederlausitzer Landrückens gelegenen Teichgebiete angenommen.

Andererseits werden selbst noch nach vielen Jahren künstlich verbaute Teilstrecken, z. B. der Kleptna-Betonkanal bei Bischdorf, gemieden. Letztlich führte dies dazu, daß ein ehemals regelmäßig besetztes Vorkommen (Mloder Teiche) verwaiste, obgleich sich die äußeren Bedingungen hinsichtlich der Eignung für den Fischotter anfangs kaum veränderten. In der Sanierungsplanung ist deshalb vorgesehen, die Kleptna entsprechend ihres ursprünglichen Verlaufs über die Kippe Seese-West zu führen und hier künftig die sich im Zuge des Grundwasserwiederanstieges bildenden Vernässungsflächen als Fischotter-Lebensräume anzubinden.

Weitere Fließe gilt es schrittweise auf Teilstrecken so umzugestalten, daß sie Mäander, Sandbänke, Gefällewechsel und Uferabbrüche ausbilden (Abb. 1). In jedem Fall ist ein breiter, natürlich belassener Uferstreifen vorzusehen. Kleinere Vernässungsflächen sollten zu Erlenbrüchen entwickelt werden, während saures, stark eisenhaltiges Wasser führende Bäche neutralisiert werden müssen (z. B. Oberlauf der Kleptna). Ziel ist es, einen guten Bestand an Wildfischen und Edelkrebsen in den Bachläufen als Nahrungsgrundlage für den Fischotter aufzubauen. Auch die Errichtung von Fischtreppen an Wehren und der Rückbau aller Verrohrungen zur Beseitigung von Migrationshemmnissen für Wildfische in den Hauptfließen wird für dringend notwendig gehalten (Abb. 5).

Bei der Durchführung ingenieurbiologischer Ausbau- und Instandhaltungsarbeiten und geplanten Renaturierungen bereits ausgebauter Fließstrecken sollten nach Blab (1986; ergänzt) folgende Grundsätze Beachtung finden:

- 1. Möglichst große Uferlänge, natürliches, von der Strömung bestimmtes Querprofil, großer benetzter Querschnitt, intensive Wasser-Land-Beziehung, unterschiedliche Breiten- und Tiefenverhältnisse auf engem Raum
- 2. Differenzierung der Fließgeschwindigkeiten, also höhere und geringere, auf engem Raum; in Teilbereichen typische Umlagerungsstrecken mit verzweigtem Lauf, Sand- und Kiesbänken sowie variable Uferausbildung

Abb. 5. Ein Negativbeispiel. Diese mehr als 30 m lange Verrohrung eines Grubenwasserableiters stellt eine Migrationsschranke für alle wassergebundenen Lebewesen dar und zwingt auch den Fischotter zur Überquerung der dahinterliegenden Bundesstraße. Verkehrsopfer sind vorprogrammiert! (Photo: Möckel)

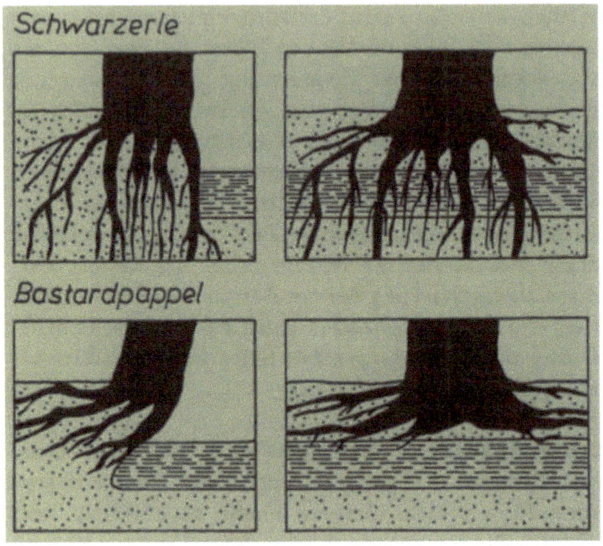

Abb. 6. Schwarzerlen bewirken, infolge ihrer intensiven Durchwurzelung, eine weit bessere Uferstabilisierung und Böschungssicherung als Pappeln. (Nach Krause 1990)

- 3. Hohe Sohlrauhigkeit, Sedimentierung des Substrats in unterschiedlichen Fraktionen und Korngrößen (Kies-, Sand- und Lehmbänke, organischer Schlamm) und mosaikartige Verzahnung solcherart sortierter Habitate über natürlichem Grund
- 4. Die Querschnitts- und Uferausbildung muß sich am natürlichen Vorbild orientieren mit Prallhang und Steilufer (Uferabbrüche, unterspülte Ufer und Baumwurzeln sowie Anlandungen am Gleitufer)
- 5. Keine künstlichen Sohl- und Böschungssicherungen; diese Funktion übernimmt die Ufer-Dauerbestockung. Dafür ist besonders die Schwarzerle geeignet. Ihre Wurzeln haben unmittelbaren Kontakt mit der fließenden Welle und durchdringen den Wasserhorizont. Ungeeignet sind dagegen Pappeln, da ihre Wurzeln dem Wasser ausweichen und so eine völlig unzureichende Erosionsminderung ergeben (Abb. 6)
- 6. In den Gewässern ist zum Schutz der Fischfauna die Anzahl der Sohlabbrüche (≥0,2 m) stark zu beschränken bzw. durch die Anlage von Rampen oder Feldsteinpackungen eine Überwindung des Sohlabbruches durch Fische auch gegen die Strömung zu ermöglichen (Abb. 7)

Bestimmender Faktor bei all diesen Grundsätzen ist die gestaltende Kraft des Wassers, wobei sich dieses Entwicklungsziel nur erreichen läßt, wenn die natürliche Fließwasserdynamik berücksichtigt wird und örtliche Fehlentwicklungen aus früherer Zeit schrittweise korrigiert werden. Wo immer möglich, sollte beidseits ein mindestens 20 m breiter Uferstreifen an Fließgewässern von einer intensiven Nutzung freigehalten werden. Weitere, wertvolle Anregungen zur ökologischen Aufwertung bestehender Bäche gibt Bergstedt (1992).

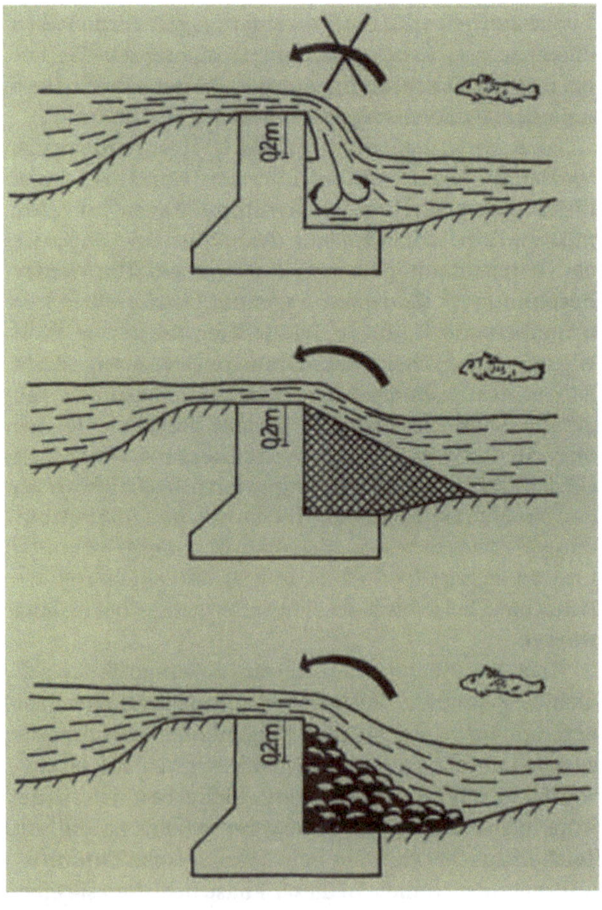

Abb. 7. Sohlabbrüche ≥ 0,2 m sollten zur Förderung der Fischfauna in den Fließgewässern durch Anlage von Rampen oder Feldsteinpackungen „entschärft" werden. (Nach Litzbarski 1988)

4 Ausblick

Die Aussichten bezüglich der weiteren Bestandsentwicklung des Fischotters im Förderraum Calau sind bei Wahrung obiger Grundsätze positiv zu beurteilen. Das sich in der Bergbaufolgelandschaft einstellende Netz von Wasserflächen bietet der Art nach Abschluß des Grundwasserwiederanstiegs eine Erweiterung des Lebensraumes, der – sofern Vorflutanbindung besteht (z. B. Restloch C/Stoßdorfer See) – bereitwillig genutzt wird. Die zu erwartenden oligotrophen Wasserkörper werden jedoch relativ nahrungsarm sein, so daß auch in Zukunft die Reproduktion vorrangig in den meso- bis eutrophen Fischteichen erfolgen wird. Sie langfristig zu erhalten und über naturnah gestaltete Wasserläufe mit dem Spreewald zu verbinden, ist ein Garant für das Überleben des Fischotterbestandes in der Bergbaufolgelandschaft.

Dazu gehört auch, einen künstlichen Ausbau von Gewässerabschnitten – inklusive der Fließe im innerörtlichen Bereich – zu vermeiden und die Verluste an Fischottern durch den Straßenverkehr zu senken. Im Untersuchungsgebiet fallen beim Passieren der beiden Bundesautobahnen A 13 und A 15 sowie der parallel zur A 15 verlaufenden Bundesstraße B 115 jährlich mehrere Fischotter dem in den letzten Jahren sprunghaft gestiegenen Verkehr zum Opfer (vgl. Stubbe 1993). Hier gilt es, gezielt, sichere Unterführungen für Fischotter zu bauen (Abb. 8 u. 9; vgl. auch Striese u. Schreyer 1993). Aufgrund des im Vergleich zu den meisten anderen einheimischen Säugern sehr geringen Reproduktionspotentials der Art führt eine lokal erhöhte Mortalität schnell zum Auslöschen der bereits durch Trockenfallen der Fließe und Teiche ausgedünnten Population.

Wenn der Fischotter wieder den gesamten Lebensraum im ehemaligen Fördergebiet Calau besiedelt und sein Bestand die ursprüngliche Höhe erreicht hat, so können wir dies durchaus als einen Beweis für eine gelungene Wiederherstellung der natürlichen Leistungsfähigkeit der einstigen Abbaugebiete betrachten. Dies dem Selbstlauf überlassen zu wollen, wäre aber gefährlich. Der gewaltige Eingriff in den Naturhaushalt durch den großflächigen Abbau von Braunkohle erfordert in der nachbergbaulichen Sanierungsphase die stützende Hand des Menschen.

Dabei ist zu berücksichtigen, daß jede Maßnahme zum Schutz des Fischotters weiteren Tier- und Pflanzenarten zugute kommt, die in und an Gewässern leben. Die Freihaltung seiner Migrationsstrassen entlang der Hauptfließe der Region ermöglicht vielen aquatisch lebenden Tieren die Wiederbesiedlung von infolge bergbaulicher Nutzung aufgegebenen Teilareale. Im Landschaftsrahmenplan für die Bergbauregion Seese/Schlabendorf (Illig u. Schmitt 1993) werden die entsprechenden Vorschläge unterbreitet und sollten unbedingt Berücksichtigung finden.

5 Zusammenfassung

Der Förderraum Calau beherbergte vor Bergbaubeginn mehrere stabile Vorkommen des Fischotters in einem gewässerbezogenen Netz von Lebensräumen. Von ehemals 22 bekannten Revieren verblieben bis zur Beendigung des Bergbaus 11 (50 %). Der reduzierte Bestand ist vital und nutzt alle noch vorhandenen, wasserführenden Teichgebiete und Wasserläufe. Zu seinem Schutz ist es notwendig, weiterhin Wasser zur Bespannung der wichtigsten Wasserläufe und -flächen im Untersuchungsgebiet zu heben, auch trocken gefallene Grabensysteme zu erhalten und eine Renaturierung künstlich verbauter, z. T. verrohrter Wasserläufe vorzunehmen.

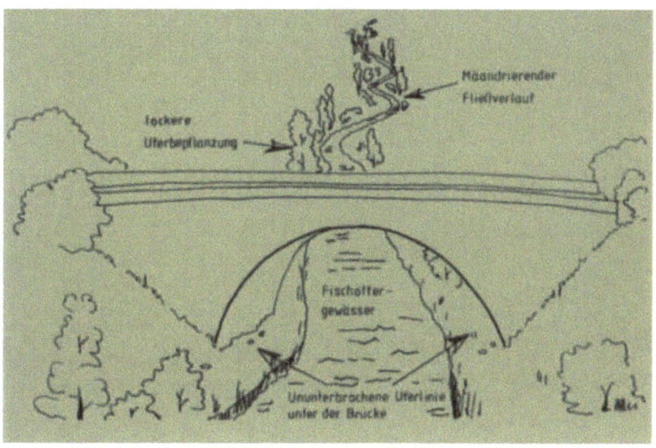

Abb. 8. Weitlumige Brücke über ein vom Fischotter bewohntes Fließgewässer; von besonderer Bedeutung ist dabei die Fortsetzung des Ufers unter der Brücke. (Nach Dolch et al. 1993)

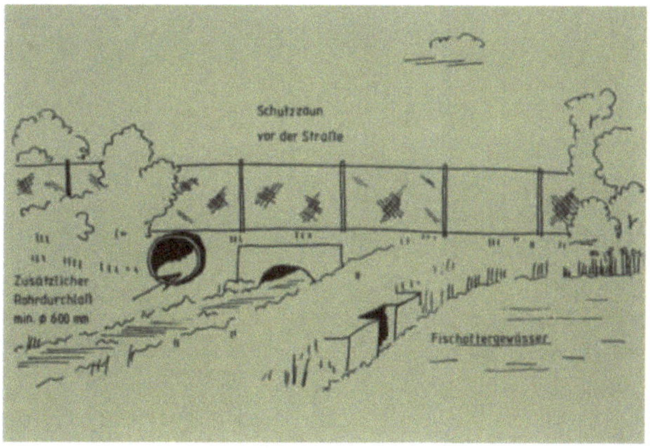

Abb. 9. Trockener Rohrdurchlaß zur gefahrlosen Querung vielbefahrener Straßen (nach Butzeck u. Hildebrandt brfl.); das wassergefüllte Rohr würde vom Fischotter niemals durchschwommen

Der gezielte Bau spezieller Fischottertunnel und weitlumiger Brücken im Kreuzungsbereich verkehrsreicher Straßen mit Gewässerläufen wird zur Vermeidung erhöhter Verluste infolge des gestiegenen Verkehrsaufkommens als stützende Maßnahme für dringend notwendig gehalten.

LITERATUR

Bergstedt J (1992) Handbuch angewandter Biotopschutz, Landsberg/Lech

Binner U (1992) Otter-Verbreitungserhebung Nord-Niedersachsen. Habitat 7: 81–83

Blab J (1986) Grundlagen des Biotopschutzes für Tiere, Bonn-Bad Godesberg

Butzeck S (1984) Zur Regionalkartierung des Fischotters im Kreis Calau. Säugetierkd Inf 2 (8): 137–156

Butzeck S (1990) Der Spreewald - Ein Rückzugsgebiet des Fischotters. Nationalpark 67 (2): 26–29

Dolch D, Teubner J, Teubner J (1993) Der Fischotter im Land Brandenburg, Naturschutz Landschaftspflege Brandenbg 1: 33–37

Donath H, Illig H (1982) Zur Verbreitung und Ökologie der Flußkrebse in der nordwestlichen Niederlausitz. Biol Stud Luckau 11: 16–29

Heidemann G (1992) Keine Chance für den Otter in Schleswig-Holstein? Habitat 7: 65–68

Herzog G (1975) Zur Biologie und zum Vorkommen des Fischotters (*Lutra lutra* (L.)) im Luckauer Becken. Biol Stud Luckau 4: 35–40

Illig J, Schmitt H-P (1993) Landschaftsrahmenplan für Tagebaugebiete Schlabendorf und Seese, Planungsbüro Illig/Schmitt, Luckau (unveröffentlicht)

Krause A (1990) Bewuchs an Wasserläufen, AID-Merkblatt Nr. 1087, Bonn

LAUBAG (1993) Hydrogeologische Komplexstudie. Niederlausitzer Braunkohlenrevier, Senftenberg

Litzbarski H (1988) Erhaltung, Neuanlage und Gestaltung von Lebensräumen in der Agrarlandschaft, Mitt. Bez.-arb.gruppe „Artenschutz", Potsdam

Mau H (1992) Das Artenhilfsprogramm „Fischotter" des Bayerischen Staatsministeriums für Landesentwicklung und Umweltfragen und der Regierung von Niederbayern. Habitat 7: 105–108

Striese M, Schreyer R M (1993) Fischotter an Straßen - zur Passage von Brücken. Tiere im Konflikt 1: 61–67

Stubbe M (1972) Aktion Fischotter 1972, Naturschutzarb naturkd. Heimatforschung Sachsen 14: 84–86

Stubbe M (1977) Der Fischotter *Lutra lutra* (L., 1758) in der DDR. Zoolog Anzeiger 199 (3/4): 265–285

Stubbe M (1993) Monitoring Fischotter - Grundlagen zum überregionalen Management einer bedrohten Säugetierart in Deutschland. Tiere im Konflikt 1: 3–10

Stubbe M, Heidecke D (1992) Die Verbreitung des Fischotters in den östlichen Ländern Deutschlands und Ergebnisse der interdisziplinären Totfundanalytik, Schutz des Fischotters, Dokum. 1. Fachtag. im Land Brandenburg, S 4–10, Potsdam

Schutz- und Entwicklungsmaßnahmen für Amphibien im Braunkohlenabbaugebiet Calau

Reinhard Möckel, Ferry Richter und Michael Stein

1 Einleitung

Begleit- und Folgewirkungen bergbaulicher Einflüsse sind im faunistischen Bereich gerade mit Hilfe der Wirbeltierklasse Amphibien gut darstellbar. Aufgrund der starken Bindung an verschiedenartige freie Wasserflächen (v. a. als Laichgewässer) unterliegen diese Tiere einer besonderen Anfälligkeit hinsichtlich qualitativer und quantitativer Veränderungen von Wasserflächen. Als wesentliches Glied in der Nahrungskette weiterer Wirbeltiergruppen und durch die oben genannte Wasserbindung sind Amphibien wichtige Bioindikatoren für komplexe Analysen. Die Ergebnisse müssen sowohl bei der Vorbereitung bergbaulicher Eingriffe in eine Landschaft, als auch bei der Sanierungsplanung Berücksichtigung finden. Die anhand der Amphibien gewonnenen Ergebnisse lassen sich auf weitere faunistische und floristische Elemente (z. B. Wildfische, an Wasser gebundene Reptilien, Vögel, Säuger, Insekten, Ufer- und Wasservegetation) übertragen. Direkt und indirekt beeinflussen diese Eingriffe somit auch die Lebensqualität des Menschen.

Neben dem Braunkohlenbergbau im Raum Calau (mit geringer Intensität seit 1936, verstärkt ab 1958) verursachten bereits in den 30er Jahren straßenbauliche Maßnahmen negative Auswirkungen auf die regionale Amphibienfauna. Es handelt sich hierbei um die Errichtung der Autobahnstrecken Freienhufen - Lübben (jetzt A 13) bzw. Lübbenau - Cottbus (jetzt A 15). Mit zunehmender Verkehrsfrequenz wurden vorhandene Biotopverflechtungen teilweise unterbrochen. Auch fielen Laichgewässer und Feuchthabitate dem Autobahnbau (z. B. für den Laubfrosch am jetzigen Autobahndreieck Spreewald) direkt zum Opfer.

Diese Verkehrsgroßprojekte wirkten für Amphibien überregional isolierend, waren allein aber nicht existenzbedrohend. Trotz fehlender Ausgleichs- und Ersatzmaßnahmen – für welche in der damaligen Zeit die naturschutzrechtlichen Voraussetzungen fehlten – blieb im Untersuchungsgebiet bis in die jüngste Vergangenheit eine reichhaltige Amphibienfauna mit dem für die Niederlausitz typischen Artenspektrum erhalten.

2 Methode

Die vorliegende Analyse versucht die großflächigen Eingriffe des Braunkohlenbergbaues und ihre Auswirkungen im Untersuchungsgebiet am Beispiel der Amphibienfauna zu beleuchten. Es werden Denkanstöße für den bestehenden Handlungsbedarf vor und während derartiger Eingriffe, aber auch für die Sanierung und Gestaltung der Bergbaufolgelandschaft gegeben.

Spezielle Erhebungen wurden im betreffenden Raum durch den „Biologischen Arbeitskreis Calau“ vorgenommen. In diese Auswertung flossen v. a. Kartierungsergebnisse und Recherchen der Autoren sowie ein Analyseversuch von Butzeck (1982) ein. Weitere Fundorte entnahmen wir den Publikationen von Donat (1983–1987).

Die Auswirkungen des Braunkohlenbergbaues werden anhand der Amphibienfauna des Förderraumes Calau beschrieben und mittels einer Bilanz der Fundortdichte repräsentativer Arten dargestellt. Es werden mögliche Chancen erörtert, welche die Neugestaltung der Landschaft verschiedenen Arten bieten, aber auch die Gefahren für andere aufgezeigt. Abschließend werden Anregungen gegeben, wie es (oft mit relativ geringen Mitteln) möglich ist, Amphibienlebensräume im Tagebaurandbereich und auf den weiträumigen Kippen zu erhalten, zu schaffen oder zu gestalten. Grundlage dafür sind die in jahrelanger Beschäftigung mit diesem Problemkreis in der Niederlausitz gesammelten Erfahrungen.

Die Einstufung der großräumigen Gefährdung der Amphibien im Land Brandenburg erfolgt anhand der „Roten Liste Brandenburgs“ (MUNR Brandenburg 1992). Folgende Arten finden Berücksichtigung:

Kammolch	*Triturus cristatus*	Stark gefährdet
Bergmolch	*Triturus alpestris*	Potentiell gefährdet
Teichmolch	*Triturus vulgaris*	Nicht gefährdet
Rotbauchunke	*Bombina bombina*	Vom Aussterben bedroht

Erdkröte	*Bufo bufo*	Gefährdet
Wechselkröte	*Bufo viridis*	Stark gefährdet
Kreuzkröte	*Bufo calamita*	Stark gefährdet
Knoblauchkröte	*Pelobates fuscus*	Gefährdet
Grasfrosch	*Rana temporaria*	Gefährdet
Moorfrosch	*Rana arvalis*	Gefährdet
Seefrosch	*Rana ridibunda*	Stark gefährdet
Teichfrosch	*Rana kl. esculenta*	Nicht gefährdet
Kleiner Wasserfrosch	*Rana lessonae*	Stark gefährdet
Laubfrosch	*Hyla arborea*	Vom Aussterben bedroht

3 Untersuchungsgebiet

Das bearbeitete Gebiet entspricht nahezu dem Territorium des ehemaligen Landkreises Calau (Südbrandenburg). Der Endmoränenzug des Niederlausitzer Landrückens prägt den Südteil dieses Gebietes. Hier werden Höhlen bis über 150 m üNN erreicht. Dieser Höhenzug ist das morphologische Ergebnis der letzten Saalevereisung und überwiegend als Stauchendmoräne ausgebildet. Gebietsweise kann man mehrere Endmoränenzüge hintereinander unterscheiden. Weiträumige Kiefernforsten bestimmen das Landschaftsbild.

Von dieser Eisrandlage aus wurden nach Süden Sander geschüttet, denen sich in der äußersten Südwestecke des Altkreises Calau die sumpfige Niederung des Lug (Lugbecken; um 115 m üNN) anschließt. Nördlich des Endmoränenzuges befindet sich eine saaleglaziale Hochfläche, in welche das jungpleistozän angelegte Becken von Altdöbern eingebettet ist. Dieses Areal nimmt einen großen Teil des ehemaligen Kreisgebietes ein und reicht im Norden bis Vetschau. Das Becken ist hauptsächlich mit Sanden gefüllt. Ursprünglich reichte das Grundwasser bis nahe an die Oberfläche. Dadurch bildeten sich verteilt über das gesamte Untersuchungsgebiet feuchte und frische Standorte heraus. Dieses führte wiederum zur Entstehung von natürlichen Wasserflächen und begünstigte die Anlage einer Vielzahl von Fischteichen.

Sofern die Grundmoränen- und Beckenlandschaft nicht landwirtschaftlich genutzt wird, prägen dieses Gebiet überwiegend arme Kiefernforste, z. T. von Eichen und Beständen anderer Laubhölzer durchsetzt. Ehemals dominierten flechten- und heidekrautreiche Kiefernwälder (Krausch 1954). Der massive Eintrag von Schadstoffen über die Luft führte in den letzten Jahrzehnten jedoch zu einer starken Eutrophierung der Waldbestände.

Den Abschluß des Untersuchungsgebietes nach Norden bildet das Baruther Urstromtal mit dem bekannten Natur- und Landschaftsraum des Oberspreewaldes. Ihn prägen eine Vielzahl vernetzter Wasserläufe, an denen Erlen und Weiden stehen. Zwischen den Fließen breiten sich weite, ebene Wiesenflächen aus. In die Untersuchung eingeschlossen ist hier jedoch nur sein südlicher Rand bis zum Südumfluter. Mit einer Höhenlage um 50 m üNN liegt dieses Areal fast 100 m tiefer als die den Südteil prägenden Hochlagen.

Das Gebiet des Altkreises Calau wurde vom Bergbau lokal differenziert zu verschiedenen Zeiten und mit unterschiedlicher Intensität beansprucht. Im Nordwesten befinden sich drei inzwischen stillgelegte Tagebaue. In Schlabendorf-Nord und Seese-West begann der Braunkohlenabbau um 1960 und endete 1977/78. Die tiefen Veränderungen in dieser Landschaft vollzogen sich in etwa 20 Jahren. Von 1975–1990 folgte der Tagebau Schlabendorf-Süd. Charakteristisch für die vorbergbauliche Situation dieser Region waren oberflächennahe Grundwasserstände. Im unbeeinflußten Zustand existierten zahlreiche Feuchtgebiete mit Wasserflächen und Bächen. Ein optimaler Biotopverbund vernetzte die einzelnen Lebens- und Laichräume der Amphibien großräumig.

Der nordöstliche Raum (Region um Vetschau) hatte mit ebenfalls oberflächennahen Grundwasserständen vor Bergbaubeginn ähnliche Voraussetzungen wie der Nordwesten. Die Veränderungen in diesem Gebiet müssen speziell mit dem Tagebau Seese-Ost in Verbindung gebracht werden. Auswirkungen sind hier weniger im Flächen-, sondern vielmehr im Grundwasserentzug zu suchen, welcher ab 1984 (großräumig erst ab 1988) spürbar wurde.

Im Südosten des ehemaligen Landkreises Calau (östlich Altdöbern) begann der Bergbau bereits 1936 (Tagebau Greifenhain). Die Auswirkungen auf die Amphibienfauna blieben zunächst gering. Etwa seit 1975/80 erfolgten hier jedoch großräumig spürbare bergbauliche Eingriffe durch den gleichzeitigen Betrieb der beiden eng benachbarten Tagebaue Greifenhain und Gräbendorf, insbesondere durch Grundwasserentzug.

4 Auswirkungen des Bergbaus auf die Amphibienfauna

4.1 Kamm-, Berg- und Teichmolch

Der 12–18 cm Länge erreichende Kammolch ist der größte der drei im Untersuchungsgebiet vorkommenden Arten dieser Familie. Er bevorzugt klare, etwas kühlere und tiefere Gewässer. Hier ist er von März–August anzutreffen. Auch während seines Landaufenthalts bleibt er meist in der Nähe des Laichgewässers und verbirgt sich im Winter unter Wurzelstubben und in von Nagern geschaffenen Erdlöchern.

Der Kammolch gehört zu den Arten, die durch direkte Überbaggerung sowie sekundär durch Absenken des Grundwasserspiegels bis zum Trockenfallen der Laichgewässer empfindlich beeinträchtigt wurden. Die zahlenmäßig stärksten Populationen existierten ursprünglich im Raum Vetschau. Insbesondere durch Austrocknen der Laichgewässer, aber auch durch direkte Eingriffe beim Aufschluß des Tagebaues Seese-Ost sind diese zwischenzeitlich alle erloschen.

Die verbliebenen Fundorte müssen - bis auf den noch relativ starken Bestand im Teichgebiet Buchwäldchen - den Status von Restpopulationen erhalten. Geprägt durch eine zu gering gewordene Individuenzahl sind sie kaum noch reproduktionsfähig. Von den 32 uns vor Bergbaubeginn im Untersuchungsgebiet bekannten Vorkommen sind inzwischen 19 (59 %) erloschen. Zwei weitere (Reptener Teiche, Bathower Teich) werden nur noch durch Zuführen von Grubenwasser erhalten (Abb. 1). Infolge stark verminderter Populationsstärke in den Rückzugsgebieten muß schon in naher Zukunft mit dem Zusammenbruch weiterer Vorkommen gerechnet werden. Diese in der Roten Liste Brandenburgs als „stark gefährdet" geführte Art ist somit im Untersuchungsgebiet akut vom Aussterben bedroht.

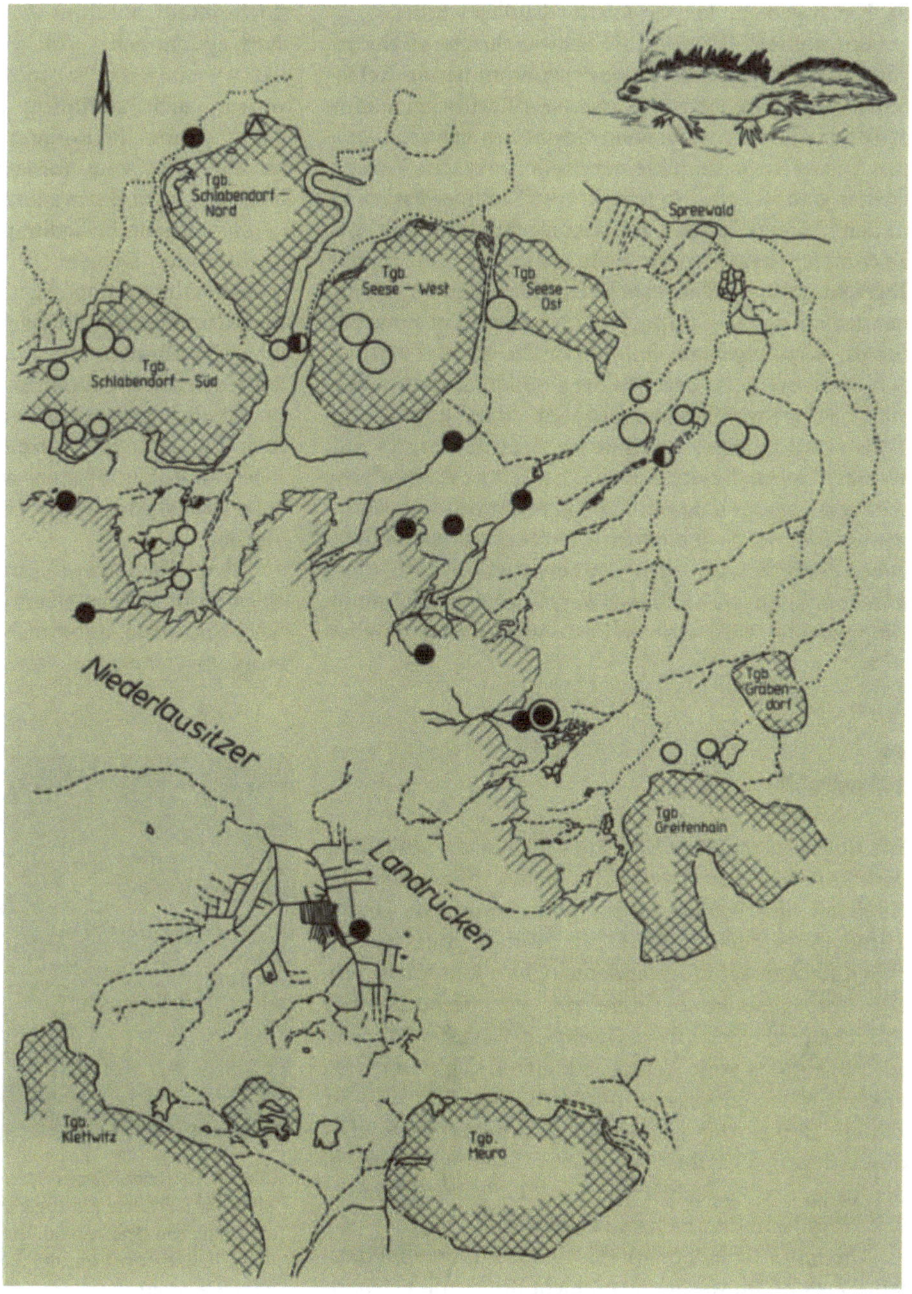

Abb. 1. Die prämontane und aktuelle Verbreitung des Kammolches *(Triturus cristatus)* im Förderraum Calau (Brandenburg)

Vorkommen:

- ● aktuell erhalten
- ◐ von Bergbauwasser abhängig
- ○ erloschen
- ▲ infolge Bergbau geschaffen - individuenstark
- △ infolge Bergbau geschaffen - Population im Aufbau

Große Symbole: individuenstarke Population

Kleine Symbole: individuenschwache Population

Fließgewässer:

- —— natürlich wasserführend
- ······· mit Grubenwasser gespeist
- ---- trocken gefallen
- + 100m NN Höhenlinie
- Tagebau (Tgb.)
- Gewässer wasserführend
- Gewässer trocken

Der auf dem Niederlausitzer Landrücken vorkommende Bergmolch befindet sich hier an seiner nordöstlichen Arealgrenze. Die im Gebiet verbreitungsbedingt seltene Art erlitt infolge des umgegangenen Bergbaus ebenfalls Laichgewässerverluste. Von 20 uns bekannten, prämontanen Nachweispunkten sind aktuell noch 9 besetzt. Damit gingen 55 % des ursprünglichen Bestandes verloren. Ein Vorkommen (Salzteich Altdöbern) wird z. Z. über Zuführung von Grubenwasser erhalten. Die noch existierenden Restbestände können aber als gesichert gelten, sofern sich der bergbauliche Grundwasserentzug in den nächsten Jahren in einen Wiederanstieg des Grundwassers umkehrt und die begonnenen Stabilisierungsmaßnahmen (Bereitstellung von Grubenwasser für Feuchtgebiete) konsequent fortgeführt werden.

Ein weiterer Vertreter der Schwanzlurche ist der im gesamten Untersuchungsgebiet vorkommende Teichmolch. Außer im sauren Wasser von Restlöchern kann er nahezu in allen stehenden Gewässern erwartet werden. Die Art bevorzugt kleinere, pflanzenreiche Wasserflächen und ist selbst in temporären Kleingewässern zu finden. Infolge dieser Anpassungsfähigkeit gilt der Teichmolch derzeitig als nicht gefährdet. Die in den Tagebaurandbereichen erhalten gebliebenen Populationen stellen ein wertvolles Wiederbesiedlungspotential für die Kippengebiete dar. So ist die Art im Bereich Schlabendorf-Nord bereits über 1 000 m in das rekultivierte Kippengelände vorgestoßen. Hier kommt der Teichmolch in einer Löschwasserzisterne vor, die mit Wasserpflanzen besetzt wurde. Die weitere Ausbreitung scheitert gegenwärtig am Mangel erforderlicher Kleingewässer sowie an fehlenden Überwinterungsmöglichkeiten. Erst im Zuge des Grundwasserwiederanstiegs und dem damit verbundenen Vernässen von Senken im Kippengebiet wird eine weitere Ausbreitung möglich sein.

4.2 Rotbauchunke

Die überwiegend im Osten des Untersuchungsgebiets vorkommende Art bevorzugt kleine, pflanzenreiche Gewässer mit schlammigem oder lehmigem Untergrund. Aber auch in größeren Teichen mit entsprechend flachen, schilfbestandenen Ufern kommt sie vor. Die Rotbauchunke bewohnt nur gut besonnte und somit schnell erwärmbare Gewässer. Nach der Paarung im Mai werden vom Weibchen kleine Laichklümpchen abgesetzt, die insgesamt nur etwa 300 Eier je Tier zählen. Infolge der geringen Reproduktionsrate sind durch negative Einflüsse dezimierte Bestände kaum in der Lage, die zur Erhaltung der Population erforderliche Mindestindividuenzahl zu halten.

Die im Untersuchungsgebiet vorkommenden Populationen sind im wesentlichen nicht durch die Flächeninanspruchnahme bedroht bzw. vernichtet worden, sondern vielmehr durch das Trockenfallen der flachen Wohngewässer im Rahmen der weitreichenden Grundwasserabsenkung im Umfeld der Tagebaue (Abb. 2). Die geringe Wanderbereitschaft dieser stark wassergebundenen Unke verhindert nach Austrocknung ihres Biotops einen Wechsel in weiter entfernte Gewässer. Der Genaustausch zwischen den einzelnen Populationen erfolgt bei dieser Art nur über Fließe und Grabensysteme, wohl hauptsächlich durch passive Verdriftung bei Hochwasser.

Im Untersuchungsgebiet sind durch direkte und indirekte bergbauliche Aktivitäten von ursprünglich 24 Vorkommen 16 (67 %) erloschen. Lediglich 5 (21 %) sind noch intakt, in ihrer Populationsstärke aber bereits stark geschwächt (Abb. 3). Um so wichtiger ist daher, daß 3 weitere (12 %) mittels Zuführung von Grubenwasser auch zukünftig künstlich erhalten werden. Damit gehört die Rotbauchunke im Förderraum Calau zu den akut vom Aussterben bedrohten Arten und bedarf dringend eines umfassenden Schutzes.

Für Wiederbesiedlungsversuche in vom Bergbau beeinflußten Gebieten ist neben der Herstellung entsprechender Biotope für diese Art die Wasserführung der verbindenden Fließgewässer eine Grundvoraussetzung. So könnten z. B. einzelne Tiere aus dem Bereich Saßleben über das Göritzer Mühlenfließ wieder zum nordöstlich gelegenen Radochlaer Teich gelangen und dort eine neue Population gründen. Voraussetzung für dieses spezielle Beispiel wäre allerdings die Stabilisierung der vorhandenen Population in den Saßlebener Teichen.

Eine Wiederbesiedlung der Kippen kann, wenn überhaupt, nur sehr langfristig erwartet werden. Sie ist ohne eine entsprechende Fließgewässervernetzung zwischen neu anzulegenden und geeigneten

Abb. 2. Die jetzige Wasserführung im Naturschutzgebiet Reptener Teiche basiert allein auf zugleitetem Grubenwasser vom ausgelaufenen Tagebau Greifenhain. Hier lebt die letzte, zahlenmäßig noch starke Reliktpopulation der Rotbauchunke *(Bombina bombina)*. (Photo: Möckel)

Abb. 3. Die prämontane und aktuelle Verbreitung der Rotbauchunke *(Bombina bombina)* im Förderraum Calau (Brandenburg)

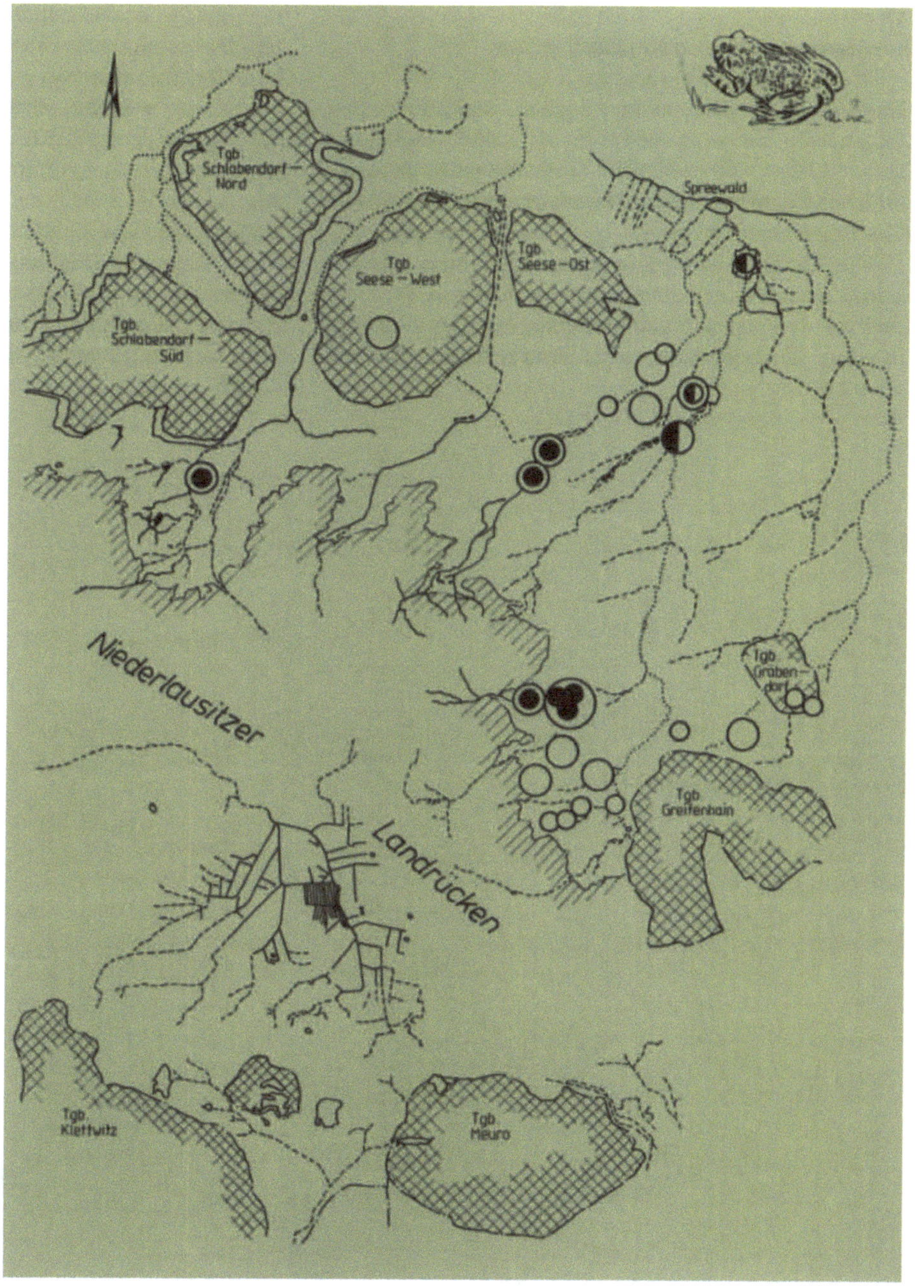

Vorkommen:
- ● aktuell erhalten
- ◐ von Bergbauwasser abhängig
- ○ erloschen
- ▲ infolge Bergbau geschaffen - individuenstark
- △ infolge Bergbau geschaffen - Population im Aufbau

Große Symbole: individuenstarke Population
Kleine Symbole: individuenschwache Population

Fließgewässer:
- —— natürlich wasserführend
- ······· mit Grubenwasser gespeist
- ---- trocken gefallen
- + 100m NN Höhenlinie
- Tagebau (Tgb.)
- Gewässer wasserführend
- Gewässer trocken

Biotopen auf den Rekultivierungsflächen mit den noch vorhandenen Restpopulationen im Tagebau-Umfeld nicht denkbar. Die vorgesehenen Vorflutführungen über die Innenkippen der ausgelaufenen Tagebaue Schlabendorf-Süd und Seese-West sind in diesem Zusammenhang eine erste wichtige Voraussetzung.

Der strenge Schutz der verbliebenen Populationen dieser vom Aussterben bedrohten Art bis zum Grundwasserwiederanstieg ist eine wichtige Aufgabe und Voraussetzung zum Erhalt dieser Art überhaupt.

Ein erster Schritt in diese Richtung ist die 1993 erfolgte Wiederbespannung des „Großen Paul" im Teichgebiet Buchwäldchen mittels zwei, eigens für diesen Zweck gebohrten Filterbrunnen.

Gezielte Untersuchungen hinsichtlich des Erarbeitens von Konzepten für beschleunigende Maßnahmen zur gezielten Wiederansiedlung in der Bergbaufolgelandschaft sollten umgehend in Angriff genommen werden, damit neben der zweifelsfreien Notwendigkeit dieser Maßnahme auch ihre Effizienz gewährleistet wird (Artenschutzprogramm).

4.3
Erd-, Wechsel-, Kreuz- und Knoblauchkröte

Diese vier im Untersuchungsgebiet vorkommenden Krötenarten unterscheiden sich in „echte“ Kröten, zu denen Kreuz-, Wechsel- und Erdkröte gehören sowie der Knoblauchkröte, einem Vertreter der Krötenfrösche (Gattung Schaufelkröten).

Die Erdkröte kommt noch im gesamten Förderraum Calau vor, fehlt aber im wesentlichen in den vom Bergbau in Anspruch genommenen Arealen. Der Verlust ihrer Laichgewässer durch Landinanspruchnahme bzw. durch Trockenfallen im Tagebaurandbereich haben die vorhandenen Populationen – wie auch die anderer Amphibienarten – infolge ausgefallener Reproduktion in wenigen Jahren „aufgelöst“. Eine Ursache dafür ist bei der Erdkröte die starke Laichplatzbindung. Bis auf wenige Ausnahmen kehren die Tiere mit Erreichen der Geschlechtsreife zur Laichablage in das Gewässer zurück, in dem ihre Metamorphose stattfand. Dieser Umstand führt dazu, daß die Wiederbesiedlung ehemaliger Verbreitungsgebiete nur langsam vorangehen wird. Aus diesem Grunde muß man die Erdkröte im Untersuchungsgebiet zu den bestandsgefährdeten Arten

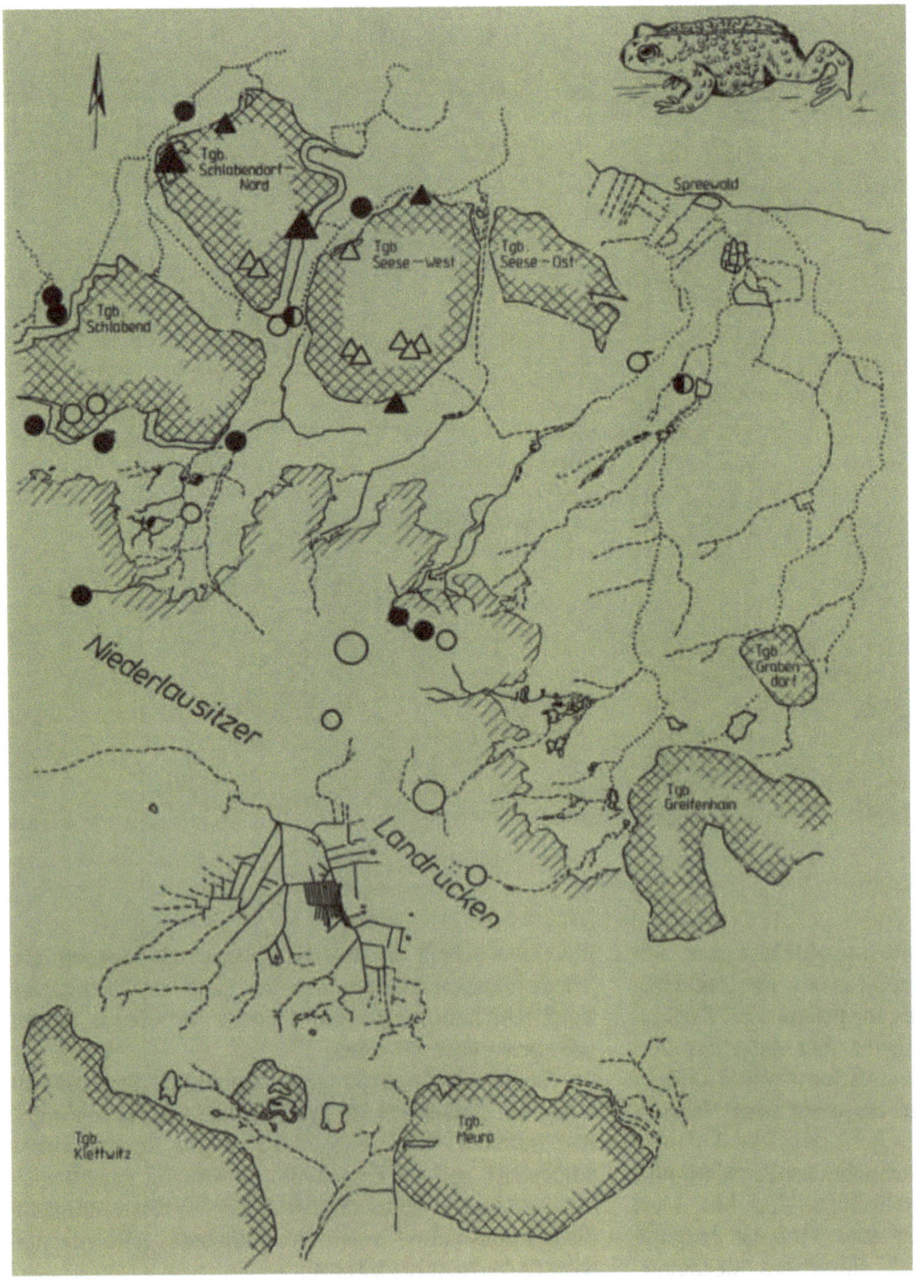

Abb. 4. Die prämonante und aktuelle Verbreitung der Kreuzkröte *(Bufo calamita)* im Förderraum Calau (Brandenburg)

zählen. Da Restseen der Tagebaue nur bei einem entsprechenden pH-Wert (> 6,0) in Verbindung mit Flachwasserbereichen für die Reproduktion geeignet sind, sollten innerhalb des Aktionsfeldes noch existierender Populationen im Tagebaurandbereich und auf den Kippen kleinere Teiche und Tümpel angelegt werden. Nur dies würde eine allmähliche Wiederbesiedlung der verwaisten Gebiete ermöglichen.

Wechsel-, Kreuz- und Knoblauchkröte sind wärmeliebende, sich bevorzugt auf sandigen, lockeren Böden aufhaltende Arten. Für sie hat sich großräumig betrachtet die Gesamtsituation mit der Herausbildung der Bergbaufolgelandschaft verbessert. Die Existenz ausgedehnter, schnell erwärmbarer Trockenhabitate führte zu einer spontanen Besiedlung insbesondere durch die als Pionierart geltende Kreuzkröte (Abb. 4). Diese wanderfreudige Art stellt keine besonderen Ansprüche an ihr Laichgewässer und nutzt außer den sehr sauren Tagebaurestseen nahezu jede Wasseransammlung zum Absetzen der Laichschnüre. Neben Flachwasserbereichen in den Restlöchern, Löschwasserzisternen und Tümpeln in vernäßten Senken findet man diese Art selbst in temporären Kleinstgewässern, z. B. auch in wassergefüllten Fahrspuren. Von 21 uns prämontan bekannten Vorkommen sind infolge Wassermangel 10 erloschen. In temporären Tümpeln und in Feuerlöschzisternen – insbesondere auf den Kippen der Tagebaue Schlabendorf-Nord und Seese-West – wurden uns zwischenzeitlich aber 13 neue, z. T. sehr individuenstarke Laichplätze bekannt. Damit ist die Bilanz mehr als ausgeglichen und die Art zählt zu den „Gewinnern" dieser großen Landschaftsveränderung. Die im Untersuchungsgebiet vorkommenden Populationen können im Moment als gesichert gelten. Mit fortschreitender Rekultivierung und der damit oft lückenlosen Bepflanzung der Flächen wird der Bestand allerdings zurückgehen. Um diesen Rückgang abzufedern, sollten auf den Kippen im Mosaik unbedingt auch kahle, freie Areale sowie größere Sukzessionsflächen erhalten bleiben.

Ähnlich anpassungsfähig erwiesen sich in den Bergbaurevieren Wechsel- und Knoblauchkröte. Ebenso wie die Kreuzkröte sind sie in der Lage, sich zum Schutze vor zu starker Sonneneinstrahlung sowie zur Winterruhe im lockeren Boden einzugraben. Für sie lebensbedrohliche Situationen können sie somit überdauern. Wie bei den anderen, in einer bestimmten Phase des Lebens an Wasser gebundenen Arten kann eine Ausbreitung nur über die Existenz von Gewässern erfolgen. Da derzeit aber Gewässermangel herrscht, sollte im Rahmen der Kippenrekultivierung diesem Fakt mehr Aufmerksamkeit geschenkt werden. Die Neuschaffung von kleineren bis mittleren, überwiegend flachen Gewässern ist dringend notwendig (Abb. 5).

4.4 Braun- und Grünfrösche

Zu den echten Fröschen der Gattung *Rana* gehören im Untersuchungsgebiet zwei Vertreter der Braunfroschgruppe (Moor- und Grasfrosch) sowie drei der Grünfroschgruppe (See-, Teich- und Kleiner Wasserfrosch). Während die beiden Braunfrösche außerhalb der Laichzeit in feuchten, oft mit Laubgehölzen bestande-

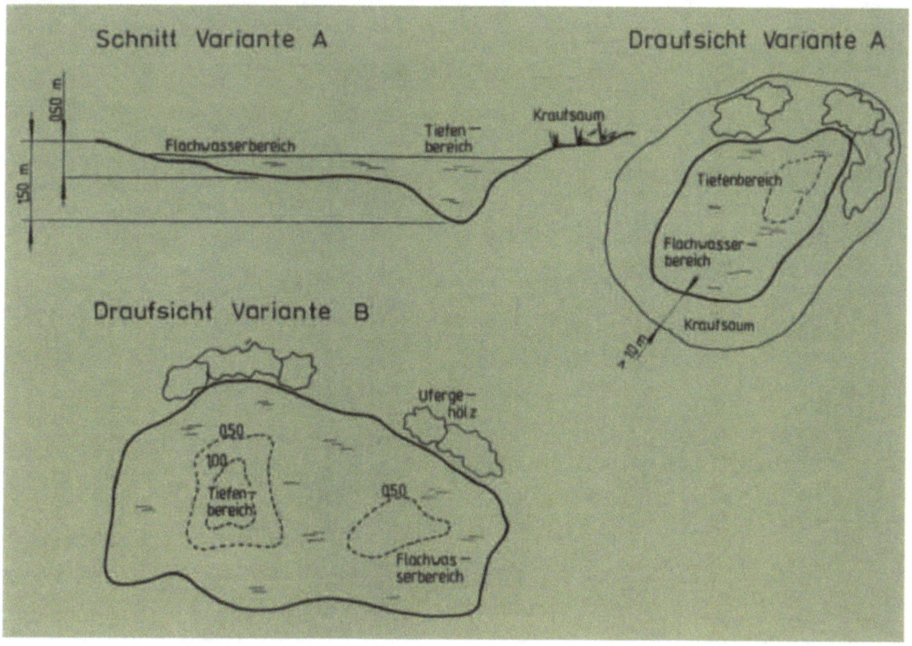

Abb. 5. Um Amphibien eine Überwinterung auf dem Grund zu ermöglichen, ist bei der Neuanlage von überwiegend flachen Laichgewässern eine Tiefenzone vorzusehen; weiterhin ist eine vielfältige Uferlinie anzustreben

nen Landhabitaten zu finden sind, halten sich die drei Vertreter der Grünfrösche im wesentlichen ganzjährig im Gewässer oder in seiner unmittelbaren Nähe auf. Die hohe Laichplatztreue bei Moor- und Grasfrosch sowie die Bindung an feuchte Landhabitate hat in vom Bergbau beeinflußten Bereichen dazu geführt, daß beide Arten durch Laichgewässerverlust als gefährdet eingestuft werden müssen. Neben Totalverlust durch Landinanspruchnahme bewirkte das Austrocknen von Feuchtwiesen, Sumpfflächen sowie Laubholzbeständen (Erlenbrüche, Auwälder) den kompletten Zusammenbruch bedeutender Populationen.

Die wenigen noch verbliebenen Vorkommen des Moorfrosches (Abb. 6) müssen unbedingt durch Erhalt ihrer Habitate (Abb. 7) geschützt werden. Von 32 bekannten, prämontanen Fundpunkten gingen 20 (63 %) verlustig. Noch 12 existieren, davon jedoch zwei (Reptener Teiche, Bathower Teich) nur infolge künstlicher Zuführung von Grubenwasser. Im Zuge der Gewinnung von Begleitrohstoffen (Torf) wurden allerdings auch zwei neue Vorkommen durch den Bergbau geschaffen. Die Wiederbesiedlung ehemaliger Verbreitungsgebiete ist ohne direkte Vernetzung von geeigneten Laichgewässern und feuchten Landhabitaten nicht denkbar.

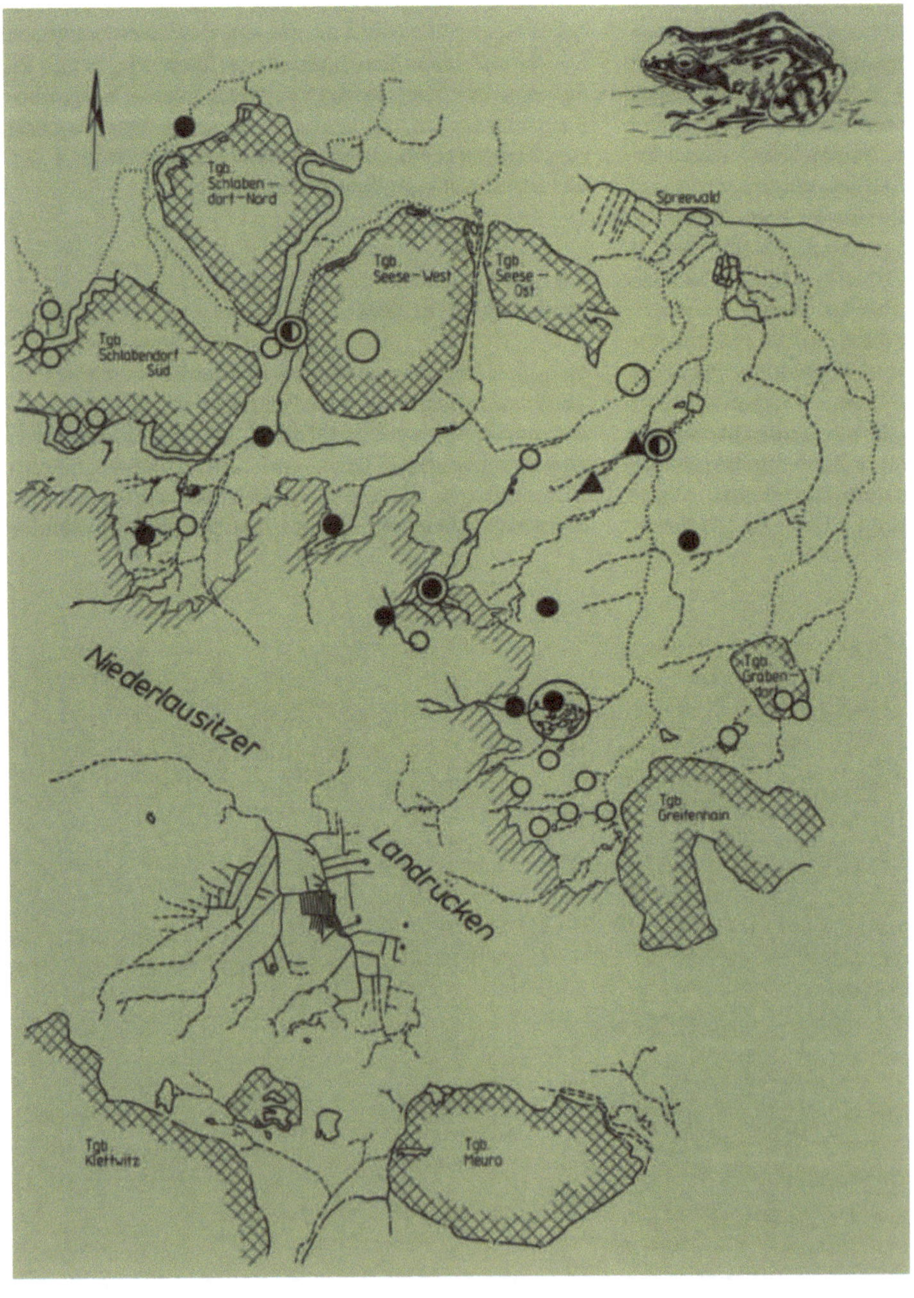

Abb. 6. Die prämontane und aktuelle Verbreitung des Moorfrosches *(Rana arvalis)* im Förderraum Calau (Brandenburg)

Vorkommen:
- ● aktuell erhalten
- ◐ von Bergbauwasser abhängig
- ○ erloschen
- ▲ infolge Bergbau geschaffen - individuenstark
- △ infolge Bergbau geschaffen - Population im Aufbau

Große Symbole: individuenstarke Population

Kleine Symbole: individuenschwache Population

Fließgewässer:
- —— natürlich wasserführend
- ······· mit Grubenwasser gespeist
- ---- trocken gefallen
- + 100m NN Höhenlinie
- Tagebau (Tgb.)
- Gewässer wasserführend
- Gewässer trocken

Der anpassungsfähigere Grasfrosch ist dagegen in der Lage, innerhalb seines Aktionsfeldes auch durch Überqueren größerer Trockenhabitate neu entstandene Feuchtbiotope sogar im rekultivierten Tagebaubereich zu besiedeln. Eine kleine Population auf der Kippe des ehemaligen Abbaugebietes Schlabendorf-Nord macht dies deutlich. Eine weitere Entwicklung dieser Ausbreitung scheitert jedoch – wie auch bei anderen Arten – am fehlenden Angebot geeigneter Gewässer mit entsprechenden Landhabitaten (Laubgehölze!) auf den Kippen. Da Grasfrösche sehr gern unter Wasser im Bodenschlamm überwintern, muß das Laichgewässer zur Gewährleistung der erforderlichen Frostsicherheit eine Mindesttiefe von 50–100 cm aufweisen (Abb. 5).

Die im Untersuchungsgebiet vorkommenden Populationen von See- und Kleinem Wasserfrosch sind infolge ihrer geringen Verbreitung für eine Bestandsanalyse wenig aussagefähig. An dieser Stelle soll deshalb nur auf den Teichfrosch eingegangen werden. Da es sich bei dieser Art um ein Kreuzungsprodukt der beiden vorher genannten Formen handelt (z. B. Günther 1978, 1985), treten innerhalb einer Population oft auch Typen von See- bzw. Kleinem Wasserfrosch auf. Der Teichfrosch kommt im gesamten Untersuchungsgebiet vor, hat jedoch ebenso wie alle Vertreter der Amphibien hohe Verluste bezüglich der Zahl geeigneter Laichgewässer hinnehmen müssen. Da diese Art – außer sehr sauren Grubengewässern und temporären Kleingewässern – nahezu alle vorhandenen und neu entstehenden Wasserflächen annimmt, ist der Teichfrosch eine der wenigen im Gebiet vorkommenden Amphibien, welche verhältnismäßig schnell auch die ehemaligen Kippenbereiche besiedeln werden. Grundlage dafür ist ebenfalls die Existenz geeigneter Lebensräume.

4.5 Laubfrosch

Dieser zu den Baumfröschen gehörende, nur etwa 5 cm große Frosch zählt in Brandenburg zu den vom Aussterben bedrohten Amphibien. Die Art ist wärmeliebend und begibt sich erst nach Erwärmung des Wassers auf etwa 15 °C im Mai/Juni zur Paarung und Eiablage ins Gewässer. Nach Absetzen des Laiches in Form kleiner Eiklümpchen halten sich die überwiegend nachtaktiven Tiere außerhalb des Wassers auf. Am Tag sitzen sie auf den Blättern hoher Stauden, auf Sträuchern und selbst auf mittelhohen Bäumen. An das Laichgewässer angrenzende, vegetationsreiche Feuchthabitate ermöglichen ihnen Wanderungen über mehrere hundert Meter zwischen verschiedenen Wasserflächen (Biotopverbund!).

Die Art bewohnt von Sträuchern, Bäumen oder Röhricht umstandene Weiher, Gräben, Seeausbuchtungen oder Teiche, welche jedoch eine gute Wasserqualität aufweisen müssen. Die im Untersuchungsgebiet noch vorkommenden wenigen Populationen befinden sich innerhalb größerer Feuchtbiotope, welche zwar durch den Bergbau meist eine Grundwasserabsenkung erfahren haben, aber durch Verbleiben einer Mindestzahl geeigneter Laichgewässer im Verbund mit angrenzenden Feuchthabitaten noch als funktionsfähig betrachtet werden können. Ein eindrucksvoller, aber auch warnender Indikator für die Tragweite des bergbaulichen Eingriffs ist im Förderraum Calau neben der Rotbauchunke der Laubfrosch! Von 38 aus prämontanen Zeiten bekannten Vorkommen der Art existieren heute nur noch 16 (Abb. 8). Mindestens 22 (58 %) gingen infolge des bergbaulichen Eingriffs verloren. Heute konzentrieren sich die verbliebenen Reliktpopulationen auf das Lugbecken sowie die Teichgebiete um Groß Mehßow und Buchwäldchen.

Für die Wiederbesiedlung ehemaliger Vorkommen außerhalb des Lugbeckens nach erfolgtem Grundwasser-Wiederanstieg sind insbesondere die Teichgebiete Buchwäldchen und Groß Mehßow mit ihren geschwächten, aber weiterhin reproduktionsfähigen Populationen von großer Bedeutung. Eine selbständige Neuansiedlung im Bereich Vetschau und dem ehemaligen Abbaugebiet Seese-West ist ausgeschlossen, da keine Population innerhalb des artenspezifischen Aktionsfeldes mehr existiert.

Die Besiedlung von Kippenflächen der Tagebaue erscheint nur bedingt und dann sehr langfristig realistisch. Die Voraussetzung für eine Wiederausbreitung des Laubfrosches ist neben dem Grundwasser-Wiederanstieg und dem damit verbundenen Vernässen größerer Flächen auch eine unterstützende Biotopgestaltung im Rahmen der Rekultivierungsmaßnahmen, z. B. durch

Abb. 7. Der „Moorfroschweiher" (Bathower Teich) zwischen den ehemaligen Tagebauen Schlabendorf-Nord und Seese-West mit einem Reliktvorkommen des bedrohten Moorfrosches *(Rana arvalis)*; das Gewässer bedarf in Trockenjahren der Zuführung von Grubenwasser, um die Population dieser Art für eine mögliche Wiederbesiedlung der Kippen nach dem Grundwasserwiederanstieg zu erhalten. (Photo: Sauer)

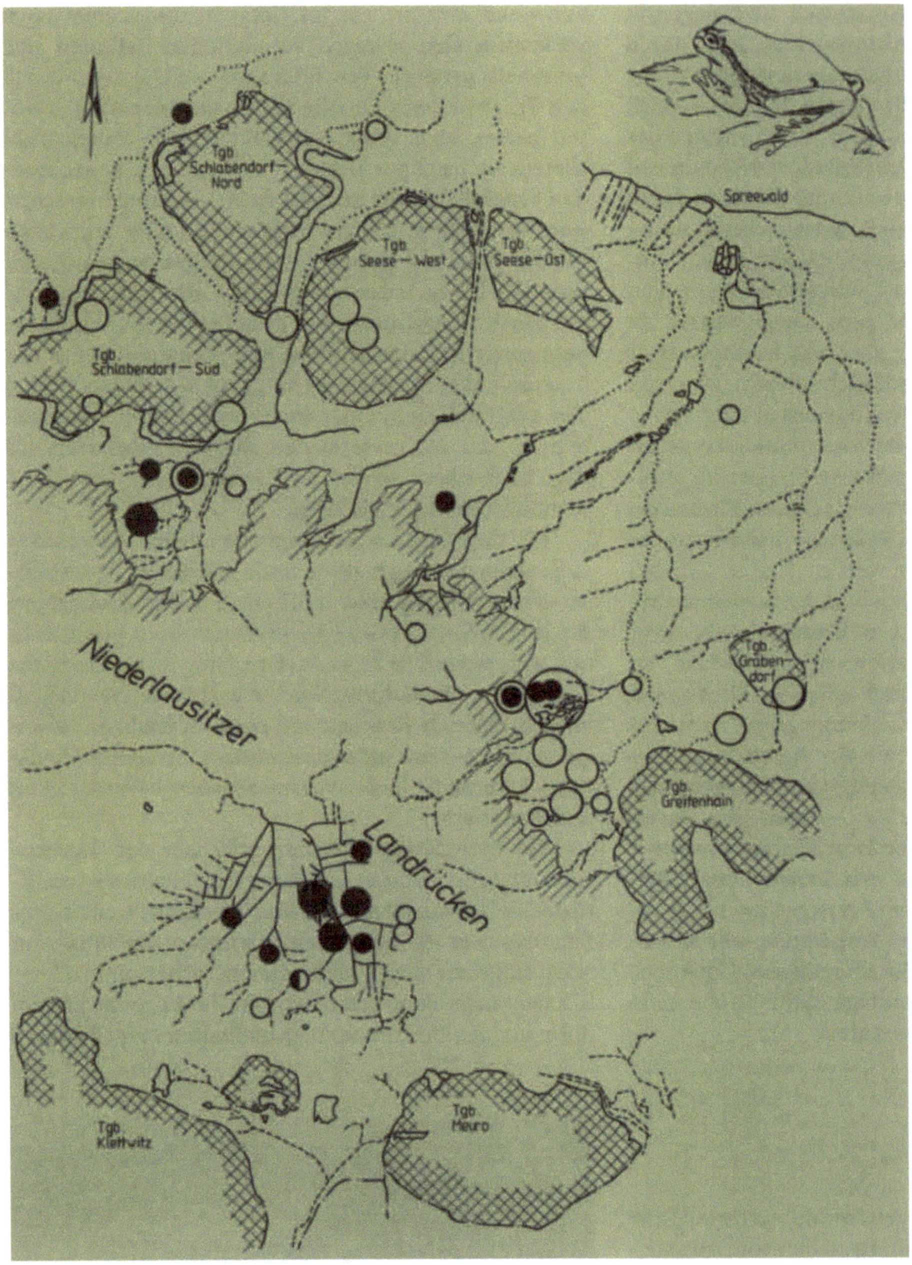

Abb. 8. Die prämontane und aktuelle Verbreitung des Laubfrosches *(Hyla arborea)* im Förderraum Calau (Brandenburg)

Pflanzen geeigneter Ufervegetation, Schaffen flacher, gut erwärmbarer Gewässer sowie dem Bereitstellen von Überwinterungsmöglichkeiten in Form von Stubben- und Totholzhaufen (Abb. 9).

Dem konsequenten Schutz der wenigen im Randbereich der Tagebaue verbliebenen Reliktpopulationen muß höchste Aufmerksamkeit gewidmet werden. Da der Aktionsradius nur weniger Vorkommen dieser Art ehemalige Abbauflächen berührt, haben besonders die tagebaunahen Restpopulationen höchste Schutzpriorität. Nur von hier ist langfristig eine Wiederbesiedlung der Kippen zu erwarten.

5 Diskussion

Im Altkreis Calau haben wir es mit einem auslaufenden Fördergebiet zu tun. Die Tagebaue Schlabendorf-Nord und Seese-West wurden bereits vor 1980 stillgelegt, die Tagebaue Schlabendorf-Süd, Gräbendorf und Greifenhain folgten von 1990–1994. Der Kohleabbau im Tagebau Seese-Ost endete 1996. Eine vorsorgliche Vorbereitung der Aufschlüsse im Sinne der jetzt geltenden Gesetze zur Eingriffsregelung fand nicht statt. Forderungen des Naturschutzes wurden kaum beachtet.

Abb. 9. Eine selbständig gebildete Wasserfläche auf der Kippe des Tagebaues Greifenhain mit an den Rändern angehäuftem Totholz. Auf diese Weise wurden die Voraussetzungen für eine baldige Besiedlung dieses Feuchtgebietes durch migrationsfähige Amphibienarten geschaffen. (Photo: Milde)

Abb. 10. Parlows Weiher bei Vetschau – einer der artenreichsten Amphibienlaichgewässer im Förderraum Calau. Gegenwärtig leben hier im Randbereich des Tagebaues Seese-Ost 9 der insgesamt 14 nachgewiesenen Amphibienarten des Untersuchungsgebietes. Auch dieses Gewässer kann nur durch Zuführen von „Ökowasser" erhalten werden. (Photo: Möckel)

Trotzdem blieben im Untersuchungsgebiet wertvolle Lebensräume für gefährdete Tierarten erhalten. Dies geht in erster Linie darauf zurück, daß Landschaften mit guter Naturausstattung angrenzen und somit schneller als anderswo eine Wiederbesiedlung möglich wurde und weiter fortschreitet. In erster Linie sind hier der Spreewald und der Niederlausitzer Landrücken zu nennen.

Die Zusammenstellung der vorgelegten Analyseergebnisse zu den einzelnen Amphibienarten läßt deutliche Folgewirkungen des Bergbaus erkennen. Der unmittelbare Zusammenhang zwischen spezifischen Ansprüchen der Amphibien an ihren Lebensraum und zwangsläufiger Reaktionen auf die entstandenen Veränderungen soll nachfolgend diskutiert werden.

Zunächst erscheint jedoch eine Übersicht zu den repräsentativen Habitatmerkmalen sinnvoll (Tabelle 1). Die Literatur zu dieser Problematik stieg seit Mitte der 70er Jahre sprunghaft an. Dies ist nicht zuletzt ein Ausdruck dafür, dem rückläufigen Trend dieser Wirbeltiergruppe zu begegnen. An dieser Stelle soll keine Literaturauswertung erfolgen. Vielmehr wollen wir uns auf wesentliche Merkmale beschränken und dominierende Zusammenhänge zur bergbaulichen Beeinflussung beleuchten.

Die Auswirkungen der großflächigen Braunkohlengewinnung werden besonders am Beispiel der Amphibienfauna deutlich. Nicht nur die direkt betroffenen Abgrabungsflächen, sondern auch der indirekt beeinflußte Raum durch Grundwasserabsenkung und Fließverlegungen führten zu Veränderungen des Habitatcharakters bis hin zur Laichgewässerzerstörung.

Der Rückgang an Arten in den noch vorhandenen Laichgewässern ist aber nicht ausschließlich auf bergbauliche Einflüsse zurückzuführen. Dabei müssen jedoch die Wirkungsanteile regional unterschiedlich gewertet werden. So liegt z. B. der bergbauliche Negativeinfluß auf die Gebiete Reptener Teiche (Abb. 2), Radochlaer Teich bei Koßwig und Parlows Weiher (Abb. 10) höher als in den Bereichen Saßlebener Park- und Mühlenteiche. Hier dominiert als Wirkungsfaktor die Einleitung unzureichend gereinigter Abwässer.

Deutlich wird die Tragweite des bergbaulichen Eingriffs aber anhand der Situation der ehemals optimalen Biotopvernetzung. Besonders im nordwest- und nordöstlichen Teil des Untersuchungsgebietes entstanden riesige „Leerräume" hinsichtlich der Amphibienlaichgewässer und Lebensareale. Mit Ausnahme des Bathower Bereichs (Abb. 7) und den Teichlandschaften um Buchwäldchen und Groß Mehßow konnten Reliktpopulationen überwiegend nicht gehalten werden.

Im Untersuchungsgebiet können in seiner Summe jedoch sämtliche in der Nordwestlausitz prämontan nachgewiesenen 14 Amphibienarten auch heute noch angetroffen werden. Die Situation während bzw. nach dem Braunkohlenabbau wird nicht durch einen Rückgang der Artenzahl als vielmehr durch die Analyse der Entwicklung rezenter Populationsstärken deutlich. So wurde die Rotbauchunke auf wenige isolierte Standorte abgedrängt. Der Kammolch ist hochgradig vom Aussterben bedroht und auch Laub- und Moorfrosch sind aufs höchste gefährdet. Ehemals individuenstarke Populationen vieler Amphibienarten wurden durch ungünstige Reproduktionsbedingungen geschwächt (Abb. 1, 3, 4, 6, 8).

Selbst Arten mit hoher ökologischer Flexibilität, wie Teichmolch und Teichfrosch, können derartige Eingriffe nur schrittweise kompensieren. Die vorhandenen und künftigen Kippenareale werden für die nächsten Jahrzehnte v. a. für schneller anpassungs- und migrati-

Tabelle 1. Übersicht zu repräsentativen Habitats- und Verhaltensmerkmalen der Amphibienarten für die Niederlausitz. (In Anlehnung an Blab 1986)

	Teichmolch	Kammolch	Bergmolch	Rotbauchunke	Erdkröte	Wechselkröte	Kreuzkröte	Knoblauchkröte	Seefrosch	Teichfrosch	Kleiner Wasserfrosch	Grasfrosch	Moorfrosch	Laubfrosch
Bindung an stehende Gewässer zur Reproduktion	4	4	4	4	4	4	4	4	4	4	4	4	4	4
Überwiegend aquatische Lebensweise	-	2	2	3	-	-	-	-	4	4	4	-	-	-
Erforderliche Gewässergröße < 1 ha; Tiefe < 1 m	2	1	4	1	-	1	4	1	-	1	2	1	1	2
Erforderliche Gewässergröße > 1 ha	2	4	1	4	4	4	-	4	4	4	2	4	4	4
Gewässertiefe > 1 m zur Überwinterung notwendig	-	2	-	-	-	-	-	1[a]	2	2	2	1	1	-
Besonnung für Gewässer u. Gewässerrand notwendig	2	2	-	4	1	4	4	2	4	4	4	1	1	4
Struktur im/auf Gewässer erforderlich	1	2	1	4	4	-	-	1	4	4	4	1	1	1
Flache Ufer- u. Wasserrand-bereiche notwendig	1	1	1	4	1	4	4	1	2	2	2	1	1	1
Hoher Grundwasserstand im Habitat bevorzugt	1	1	1	4	-	-	-	-	3	3	3	4	4	3
Baum- u. Strauchbewuchs im Habitat notwendig	-	-	4	-	4	-	-	-	-	-	1	3	3	4
Vertikale Strukturen am Laichplatz notwendig	-	-	-	-	-	-	-	-	-	-	-	1	1	4
Vegetationsarme Flächen im Habitat bevorzugt	-	-	-	-	-	4	4	1	-	-	-	-	-	-
Lockersandige Böden im Habitat erforderlich	-	-	-	-	-	1	4	4	-	-	-	-	-	-
Laichplatztreue der Art	2	2	1	3	4	1	-	1	3	1	3	4	3	2
Wanderfreudigkeit der Art	1	-	1	-	-	4	4	1	-	-	1	1	-	1
Aktionsradius im Habitat (Richtwert)	b	a	b	a	d	d	d	b	a	a	a	c	a	b

[a] nur für Kaulquappen erforderlich
Bedeutung für die Art: 1 - bedingt; 2 - hoch; 3 - sehr hoch; 4 - obligatorisch nowendig; – - nicht erforderlich.
Entfernungsklassen für nachgewiesene Wanderungen: a - bis 300 m; b - bis 500 m; c - bis 800 m; d - über 1 000 m

onsfähige Arten, wie Kreuz-, Knoblauch- und Wechselkröten, mittelfristig aber auch für Teichmolch und Teichfrosch wieder Bedeutung als Lebensraum erlangen. Eine gezielte Laichgewässer-Neuanlage ist in diesem Zusammenhang zur Förderung der Wiederbesiedlung unverzichtbar (Amphibienmanagement). Bei Arten mit speziellen Habitatansprüchen, für welche bei der Gestaltung der Tagebaufolgelandschaft nicht unmittelbar im Ausgleichsgebiet „Kippe" Unterstützung angeboten werden kann, muß der Schutz ihrer derzeitigen Vorkommensgebiete als spätere Wiederbesiedlungspotentiale höchste Priorität erhalten. Dies gilt besonders für die Arten Kammolch, Rotbauchunke, Laub- und Moorfrosch.

In diesem Zusammenhang muß auf den perspektivisch zu erwartenden Rückgang der Wassermengen (z. B. im Vetschauer Mühlenfließ) und die damit verbundenen Gefährdungen (z. B. der Reptener und Stradower Teiche) hingewiesen werden. Hier wird deutlich, welchen Stellenwert die sog. „Öko-Wasserhebung" auch nach Auslaufen der Tagebaue einnimmt. Eine ungenügende oder fehlende Wasserzuführung bis zum Grundwasserwiederanstieg und somit bis zur natürlichen Reaktion der Einzugsgebiete würden im Förderraum Calau und darüber hinaus u. a.

- das völlige Zusammenbrechen der wasserabhängigen Amphibienpopulationen sowie weiterer damit im ökologischen Zusammenhang stehenden Tier- und Pflanzengruppen hervorrufen,
- eine Sterilisierung hinsichtlich der Artenmannigfaltigkeit, aber auch des Landschaftsbildes einleiten,
- Wiederbesiedlungsmöglichkeiten unterbinden,
- Erholungsbereiche des Menschen entwerten

und somit im krassen Gegensatz zum Natur- und Artenschutzrecht, zur Landschaftspflege sowie zu Rechtsgrundlagen für weitere öffentliche Belange stehen.

Als vordergründige Aufgabe im Zusammenhang mit einer ökologisch vertretbaren Sanierungsplanung steht somit u. a. die Absicherung einer erforderlichen Wasserzuführung in die erhalten gebliebenen Laichgewässer. In den Jahren 1990–1994 setzte die LAUBAG erste Maßnahmen zur Stabilisierung der Laichgewässersituation um. So wurde eine Wiederbespannung des „Großen Paul" im Teichgebiet Buchwäldchen realisiert. In den zur Minimierung von Sickerverlusten speziell abgedichteten Michlensteich bei Altdöbern wird Bergbauwasser eingeleitet. Mit der Wiedervernässung des Bergen-Weißacker Moores am Südwestrand des ehemaligen Tagebaues Schlabendorf-Süd wurde begonnen, bedarf jedoch noch zuverlässiger Regelmechanismen, um Kontinuität in der Wasserzuführung zu erreichen. Außerdem erfolgte die Wiederbespannung der Klein Görigker Teiche und der Tschuggerteiche bei Neupetershain.

Sanierungsziel ist es, den Erhalt aller verbliebenen Laichgewässer bis zum Grundwasserwiederanstieg zu sichern. Die Wasserführung soll ausgewogen und am Minimum orientiert vorgenommen werden. Jahreszeitlich abhängige „Fahrweisen" könnten zur Reduzierung dieses langjährigen und aufwendigen Vorgangs beitragen. Durch diese zusätzliche Wasserhebung wird der ohnehin langwierige Grundwasserwiederanstiegsprozeß (Arnold et al. 1993) um weitere Jahre verzögert. Aus diesem Grund sind Prioritäten an Erhaltungs-, Stabilisierungs- und Entwicklungserfordernissen vorzugeben und abzuwägen. Das konsequente Umsetzen dieser Erfordernisse ist jedoch als Ausgleichs- und Ersatzmaßnahme unerläßlich. Die dadurch erreichbare Aufrechterhaltung der Leistungsfähigkeit des Naturhaushaltes steht in keinem Verhältnis zu einigen Jahren Wiederanstiegsverzögerung.

Folgende Räume besitzen hinsichtlich des Amphibienschutzes besondere Priorität (Abb. 11):

- 1. Vetschauer Mühlenfließ vom Salzteich bei Altdöbern bis zu den Reptener Teichen bei Vetschau (Abb. 2)
- 2. Teichgebiete um Buchwäldchen
- 3. Bereich Reddern (Parkteiche in Verbindung mit Heideteich)
- 4. Bereich Laasow mit Park
- 5. Teichgebiet Groß Mehßow
- 6. Mloder Teiche, Saßlebener Teiche und Radochlaer Teich nördlich Calau
- 7. Parlows Weiher bei Vetschau (Abb. 10)
- 8. „Moorfroschweiher" bei Bathow (Abb. 7)
- 9. Calauer Schweiz südlich Calau
- 10. Lugbecken zwischen Wormlage, Saadow und Lug

Von den aufgeführten Gebieten ist nur bei wenigen (Nr. 5 u. 9, z. T. Nr. 6 u. 10) eine Wasserzuführung aus der natürlichen Quellschüttung des Einzugsgebietes gewährleistet. Alle anderen werden gegenwärtig überwiegend durch Zuführen von „Öko-Wasser" künstlich am Leben erhalten. Auf die Gefahren und Auswirkungen beim Unterlassen dieser Stabilisierungsmaßnahmen für das größtenteils funktionslos gewordene Gewässernetz braucht nicht im Detail eingegangen werden. Hier liegt eine große Verantwortung bei den Vorbereitern und Ausführenden der Bergbausanierung. Es gilt aber auch, durch geeignete Maßnahmen (z. B. Fremdwasserflutung von Tagebaurestlöchern, Zwischendeponieren von aus Sanierungsgründen noch zu hebenden Grundwässern in Aquiferspeichern) eine Beschleunigung des Grundwasser-Wiederanstiegs zu erreichen (Arnold et al. 1993).

Letztlich bleibt festzuhalten, daß der Bergbau auf Braunkohle im Tagebaubetrieb einen großräumigen Eingriff in Natur und Landschaft darstellt. Viele Quadratkilometer des über Jahrtausende gewachsenen Lebensraumes von Tier- und Pflanzengemeinschaften werden total verändert. Auswirkungen auf die Natur müssen in Kauf genommen werden. Aber gerade des-

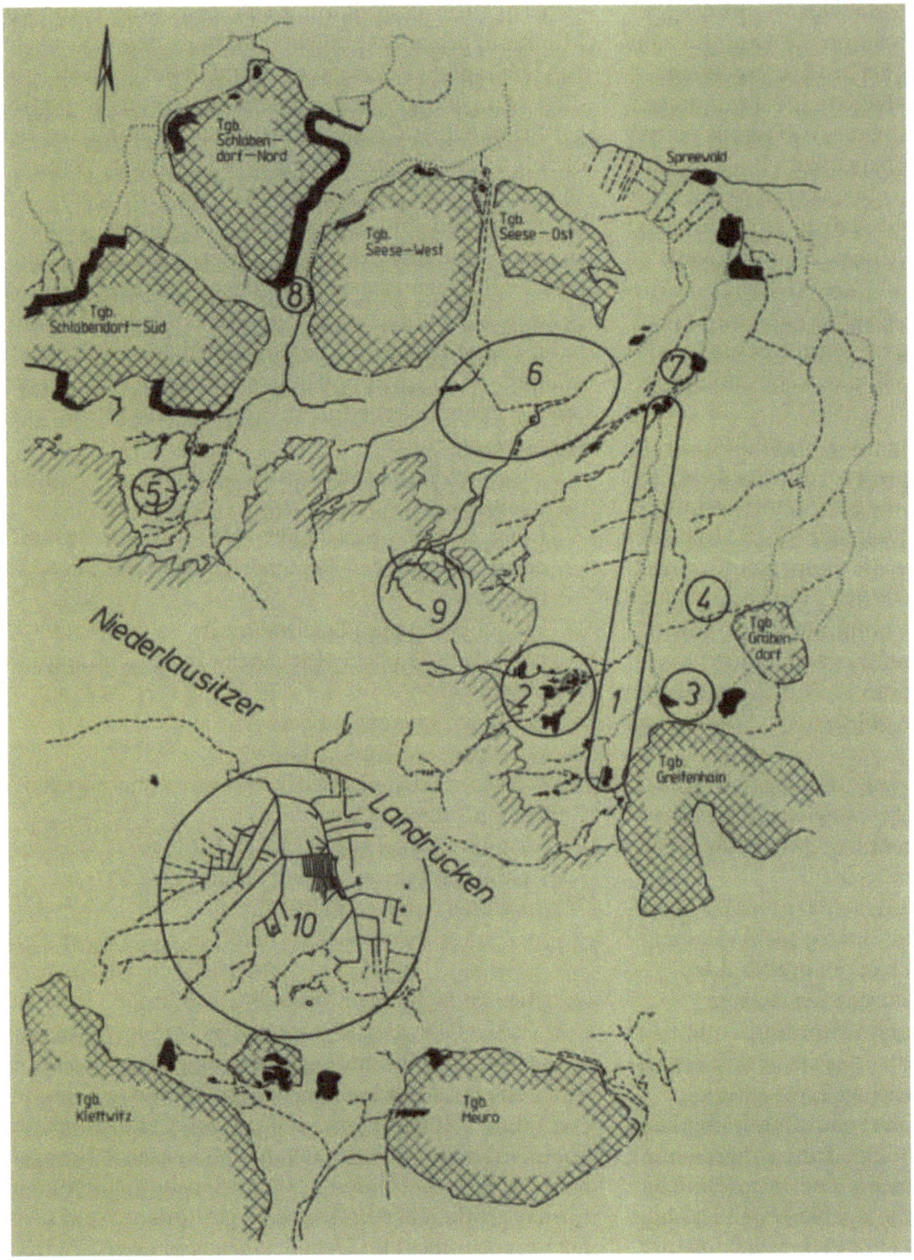

Abb. 11. Die wichtigsten, aktuell noch gut besetzten Amphibien-Laichgewässer-Systeme im Förderraum Calau: *1* Vetschauer Mühlenfließ vom Salzteich bei Altdöbern bis zu den Reptener Teichen bei Vetschau, *2* Teichgebiete um Buchwäldchen, *3* Bereich Reddern (Parkteiche in Verbindung mit Heideteich), *4* Bereich Laasow mit Park, *5* Teichgebiet Groß Mehßow, *6* Mloder Teiche, Saßlebener Teiche und Radochlaer Teich nördlich Calau, *7* Parlows Weiher bei Vetschau, *8* „Moorfroschweiher" bei Bathow, *9* Calauer Schweiz südlich Calau, *10* Lugbecken zwischen Wormlage, Saadow und Lug

Vorkommen:

● aktuell erhalten
◐ von Bergbauwasser abhängig
○ erloschen
▲ infolge Bergbau geschaffen - individuenstark
△ infolge Bergbau geschaffen - Population im Aufbau

Große Symbole: individuenstarke Population
Kleine Symbole: individuenschwache Population

Fließgewässer:

—— natürlich wasserführend
······· mit Grubenwasser gespeist
---- trocken gefallen
+ 100m NN Höhenlinie
Tagebau (Tgb.)
Gewässer wasserführend
Gewässer trocken

halb hat der Bergbautreibende die Pflicht, die negativen Folgen für die Tier- und Pflanzenwelt so gering wie möglich zu halten. Dabei haben einige positive Ansätze in den Jahren 1990–1995 gezeigt, daß in Relation zum Eingriff mit wenig Mitteln viel erreicht werden kann. Im Hinblick auf den Amphibienschutz zählen dazu:

- Um jedes Tagebaufeld muß ein etwa 3 km breiter Ring verbleiben, der im Sinne der Eingriffsregelung als „Genreserve" zu schonen ist. Dabei ist ein besonderes Gewicht auf einen genügend großen Anteil naturbelassener Fließgewässer, Teiche, Feuchtwiesen und Bruchwälder zu legen.
- An Feuchtigkeit gebundene Lebensgemeinschaften sind infolge der für den Abbau unabdingbaren Grundwasserabsenkung am stärksten betroffen. Dies gilt für die Zeit während, aber auch noch mehrere Jahrzehnte nach Abschluß des Abbaus. Rückstellungen zur Beseitigung ökologischer Altlasten sind einzuplanen, um eine weitere Wasserhebung auf dem Niveau des landschaftlich notwendigen Mindestabflusses (MNQ) für Schwerpunktbereiche abzusichern.
- Nährstoffarme Trockenbiotope sind in Mitteleuropa infolge Überdüngung der landwirtschaftlichen Nutz-

flächen selten geworden. Unbeabsichtigt gelangten beim Abbau nährstoffarme, humusfreie Böden nach oben und führten so zum Herausbilden von Standorten, wie sie z. B. Dünen oder Trockenrasen nahekommen. Tier- und Pflanzenarten, die diese Bedingungen lieben (z. B. Wechsel- und Kreuzkröte), siedelten sich spontan an. Da es sich dabei um bestandsbedrohte Arten handelt, ist dieser Effekt positiv zu bewerten und darf nicht durch ausschließlich vollflächige Rekultivierung zu forst- und landwirtschaftlichen Nutzflächen wieder vernichtet werden (vgl. Möckel 1993a, b). Das Ausweisen isoliert gelegener, zumeist aus Tertiärablagerungen bestehender Rohbodenstandorte zum Gewährleisten der natürlichen, menschlich weitgehend unbeeinflußten Vegetationsentwicklung (Sukzessionsflächen) ist hier eine Möglichkeit.

- Bei der Sanierung sollte nicht formal vorgegangen werden. Die Landschaft muß strukturreich bleiben und werden. Jede Uniformierung vernichtet Ansiedlungsmöglichkeiten spezialisierter Amphibien, so daß im Extremfall wieder nur gewöhnliche, überall vorkommende Arten (Ubiquisten) übrig bleiben würden. Die Regenerationszentren von konkurrenzschwachem Trockenrasen sind zu erhalten.
- Die isolierten, klaren Standgewässer der Restlöcher sind trotz chemischer und biologisch extremer Beschaffenheit mit dem mittelfristigen Ziel des Aufbaues oligotropher Klarwasserseen zu erhalten. Bei der Sanierung ist auf die Herstellung von Flachwasserbereichen zur Gewährleistung von menschlich primär unbeeinflußten Sukzessionsprozessen der aquatischen Makrophytenvegetation und der daran gebundenen Tierwelt zu achten. Die Herstellung einer vielgestaltigen Uferrandlinie ist anzustreben (Abb. 12 u. 13).
- Zur Minimierung der Verschlechterung der Wasserqualität (insbesondere der Versauerung der Restlochgewässer) sind Varianten zur Fremdflutung zu entwickeln und mit größter Priorität umzusetzen.
- Bei bindigem Bodensubstrat stellen sich zuweilen bereits frühzeitig Kleingewässer auf den Kippen ein (Abb. 14). Diese natürlichen Ansätze sind zu nutzen. Folienteiche mit Sumpfteil (Abb. 15) sollten nur eine Übergangslösung bei überwiegend rolligem Kippensubstrat sein.

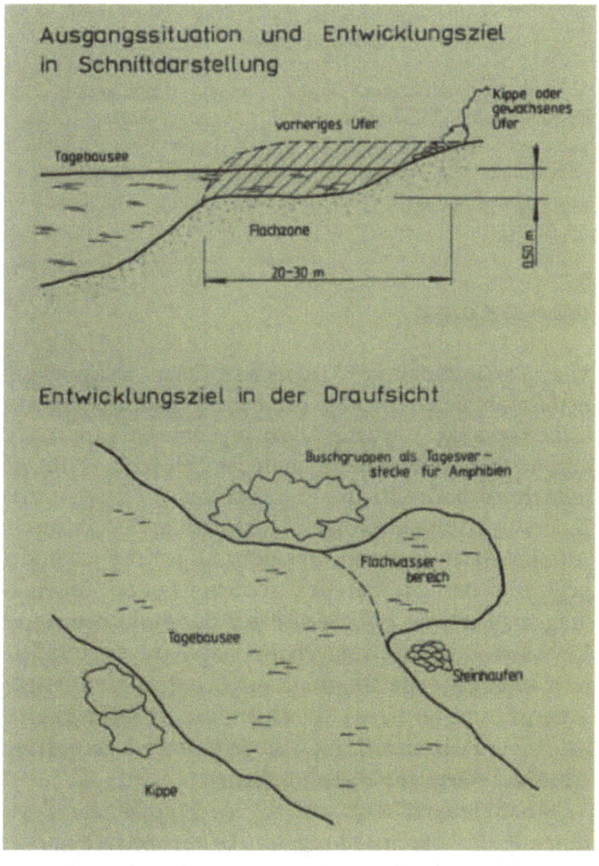

Abb. 12. Vielen Bergbaurestseen fehlt eine Flachwasserzone, welche auf Teilstrecken durch Uferabböschung geschaffen werden kann. Flachwasserzonen sind für die Fortpflanzung von Amphibien sehr wichtig, da sich hier im Frühjahr das Wasser schneller erwärmt

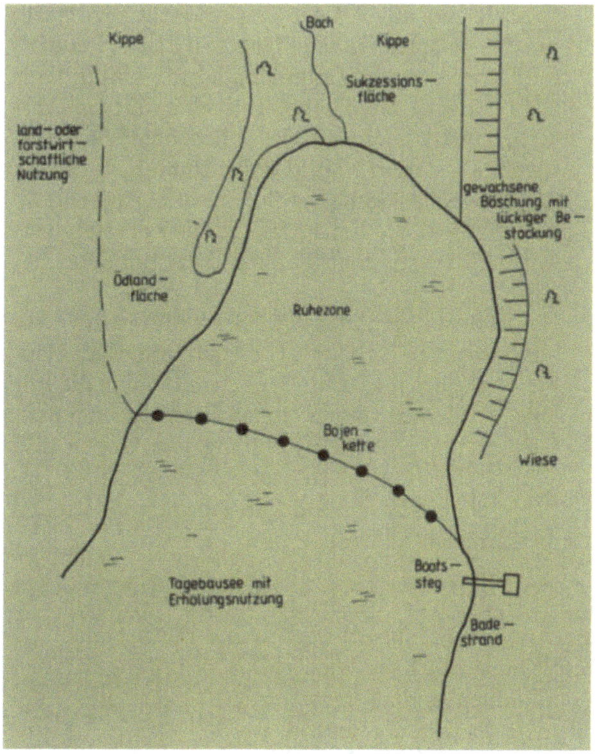

Abb. 13. Abtrennen von Ruhezonen für den Amphibienschutz im Randbereich großer Restlöcher des Braunkohlenbergbaues mittels Bojenkette am Beispiel des Schönfelder Sees (Süd-ufer)

Abb. 14. Eine unbedingt zu nutzende Chanche für den Aufbau ökologisch vielfältiger Lebensräume auf den Kippen sind sich selbständig über bindigen Horizonten einstellende Wasseransammlungen. Im abgebildeten Beispiel von der Kippe des Tagebaues Greifenhain ist ein alsbaldiges Zuwandern von Amphibien vom im Hintergrund zu sehenden Tagebaurandbereich zu erwarten. (Photo: Milde)

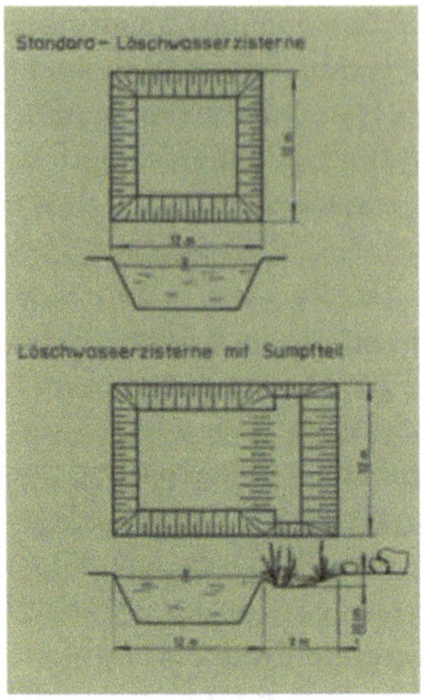

Abb. 15. Herkömmliche Löschwasserzisternen lassen sich durch Erweitern mit einem Sumpfteil zu einem Laichgewässer für Amphibien auf Kippen herrichten

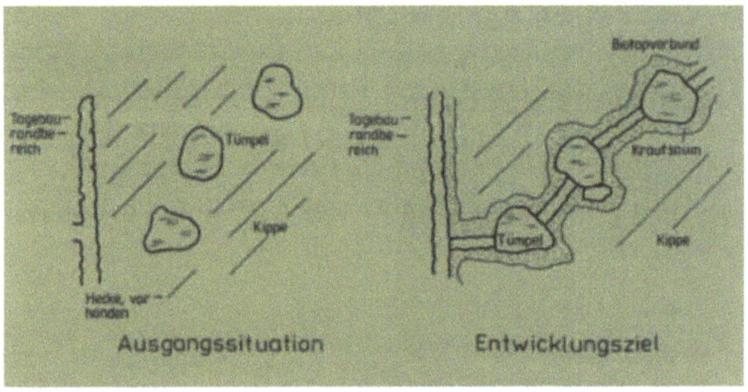

Abb. 16. Neu entstandene Tümpel auf der Kippe sollten über Hecken, Steinwälle, Stubbenhaufen und angeschlossene Krautsäume mit dem Tagebaurandstreifen verbunden werden, um die selbständige Wiederbesiedlung der Abbaugebiete durch Amphibien zu beschleunigen

- Totholzhaufen im aufgeforsteten Kippenareal und Steinschüttungen im Offengelände sind punktuell, aber gleichmäßig auf der Kippe verteilt anzulegen, um den entsprechenden Mangel an diesen Requisiten (Verstecke, Nahrungsspender für Amphibien) zu beseitigen (Abb. 9). Totholz ist eine wertvolle Vermehrungsstätte einer Vielzahl bedrohter Insekten, welche wiederum Nahrung für Amphibien bilden. Abgestorbene Bäume werden nur dort entfernt, wo eine unmittelbare Gefahr für Besucher der Bergbaufolgelandschaft einschließlich ihres Umfeldes besteht.
- Neben dem Begründen von Forstkulturen in einem ausgewogenen Verhältnis von Laub- und Nadelbäumen (möglichst einheimische Arten) sollte die Anlage von Hecken vorgenommen werden, wobei Benjeshecken (Benjes 1991) entlang von Wegen und Bewirtschaftungsgrenzen zu bevorzugen sind. Dabei ist ein Biotopverbund zum Tagebaurandstreifen anzustreben (Abb. 16).

Die Aktivitäten der bergbautreibenden Menschen und die von Naturschützern werden und müssen auch am Erfolg hinsichtlich der Wiederbesiedlung der durch den Braunkohlenbergbau devastierten Gebiete durch gefährdete Tierarten gemessen werden. Wenn Rotbauchunke und Laubfrosch wieder den gesamten Lebensraum im ehemaligen Fördergebiet besiedeln, ihr Bestand anwächst und erfolgreich reproduziert, können wir dies durchaus als Beweis für eine gelungene Sanierung der einstigen Abbaugebiete betrachten.

6 Zusammenfassung

Von 14 prämontan im Förderraum Calau nachgewiesenen Amphibienarten ging trotz sehr intensiven Bergbaus bisher keine Art verlustig. Die mangelnde Bereitschaft zu gezielten Schutzmaßnahmen in der Zeit vor 1990 führte jedoch zu bedrohlichen Rückgängen besonders bei Kammolch, Rotbauchunke, Moorfrosch und Laubfrosch. Alle vier Arten sind im Untersuchungsgebiet hochgradig gefährdet und machen gezielte Schutz- und Entwicklungsmaßnahmen erforderlich, um das Auslöschen ihrer Restbestände zu verhindern. Im Gegensatz dazu führte der umgegangene Bergbau zur Schaffung günstiger Lebensräume für Kreuz-, Wechsel- und Knoblauchkröte. Alle drei Arten wurden indirekt gefördert und eroberten schnell die Bergbaufolgelandschaft.

Abschließend wird auf die Wichtigkeit der Fortführung der Bereitstellung von Grubenwasser („Öko-Wasser") für durch die Grundwasserabsenkung betroffenen Feuchtgebiete und gezielte Schutz- und Entwicklungsmaßnahmen im Kippenbereich ausgekohlter Tagebaue verwiesen (Amphibienmanagement).

LITERATUR

Arnold I, Kuhlmann K et al. (1993) Hydrogeologische Komplexstudie – Niederlausitzer Braunkohlenrevier. LAUBAG, Senftenberg

Benjes H (1991) Die Vernetzung von Lebensräumen mit Feldhecken. Natur & Umwelt, München

Blab J (1986) Biologie, Ökologie und Schutz von Amphibien. Kilda, Bonn-Bad Godesberg

Butzeck S (1982) Die Herpetofauna des Kreises Calau. Naturschutzarb Berlin Brandenburg 18: 77–85

Donat R (1983) Beiträge zur Herpetofauna der nordwestlichen Niederlausitz. Teil I: Die Molche (*Triturus* RAF.). Biol Stud Luckau 12: 38–42

Donat R (1984) Beiträge zur Herpetofauna der nordwestlichen Niederlausitz. Teil II: Rotbauchunke (*Bombina bombina* (Linnaeus)), Knoblauchkröte (*Pelobates fuscus* (Laurenti)). Biol Stud Luckau 13: 43–47

Donat R (1985) Beiträge zur Herpetofauna der nordwestlichen Niederlausitz. Teil III: Die Echten Kröten (*Bufo* Laurenti). Biol Stud Luckau 14: 23–27

Donat R (1986) Beiträge zur Herpetofauna der nordwestlichen Niederlausitz. Teil IV: Der Laubfrosch (*Hyla arborea* (Linnaeus)). Biol Stud Luckau 15: 39–42

Donat R (1987) Beiträge zur Herpetofauna der nordwestlichen Niederlausitz. Teil V: Die Echten Frösche (Ranidae). Biol Stud Luckau 16: 46–50

Günther R (1978) Die wichtigsten Differenzierungsmerkmale der einheimischen Arten der Gattung *Rana*. Feldherp Mitt 1: 7–11

Günther R (1985) Noch einmal europäische Wasserfrösche – Evolutionsbiologie und Bestimmungsproblematik. Feldherp Mitt 2–19

Krausch D (1954) Natur und Naturschutz im Bezirk Cottbus, Cottbus

Möckel R (1993a) Von der Abraumkippe zum Naturschutzgebiet – eine Modellstudie zur Renaturierung eines Braunkohlentagebaues der Lausitz. Naturschutzarb Landschaftspflege Brandenburg 2: 13–22

Möckel, R (1993b) Naturschutz auf der Abraumkippe. Garten und Landschaft 103 (5): 32–36

MUNR Brandenburg (1992) Gefährdete Tiere im Land Brandenburg Rote Liste, Potsdam

Erhalt und Wiederherstellung wertvoller Landschaftsteile in den von Tagebaubetrieben beeinflußten Randbereichen und ihre Bedeutung für die Wiedernutzbarmachung

62

Barbara Kannegieser

Dem Braunkohlenbergbau im Tagebaubetrieb fallen zwangsläufig im Abbaugebiet liegende z. T. wertvolle Kulturgüter und Naturräume zum Opfer. Aber auch in der Nachbarschaft der Tagebaue liegende Naturschutz- und Landschaftsschutzgebiete sowie Naturdenkmäler werden zum Teil in Anspruch genommen oder beeinträchtigt.

Im folgenden werden an drei Beispielen aus dem Raum Cottbus in der Vergangenheit in Angriff genommene Maßnahmen zur Minderung und zum Ausgleich bergbaubedingter Beeinträchtigungen vorgestellt.

1
Teilverlegung des Hammergrabens und seine landschaftspflegerische Einbindung in das Umland

1.1
Ausgangssituation

Die weitere Entwicklung des Tagebaues Cottbus-Nord erfordert die teilweise Inanspruchnahme des 21 km langen Hammergrabens auf einer Strecke von 5 km (Abb. 1 und 2).

Der Hammergraben gehört zum Landschaftsschutzgebiet „Peitzer Teichlandschaft mit Hammergraben“. Das Gebiet zeichnet sich durch eine hohe Ökosystemvielfalt aus. Zur Bedeutung für den Naturschutz kommen sein landeskultureller Wert als attraktiver Erholungsraum und seine Schutzwürdigkeit als technisches Denkmal.

Aus der mit Ton abgedichteten Fließstrecke ist eine regulierbare Wassereinspeisung in die Lakomaer Teiche möglich. Sie bewässert das Naturschutzgebiet „Peitzer Teichgebiet“ und die Maiberger Laszinswiesen.

Auf ökologische und wasserwirtschaftliche Detailuntersuchungen gestützt, faßte der provisorische Braunkohlenausschuß im November 1991 den Beschluß zur Teilinanspruchnahme des Hammergrabens. Im Februar 1992 folgte die Bestätigung durch den Minister für Umwelt, Naturschutz und Raumordnung des Landes Brandenburg.

Mit der Rechtsverordnung vom 28.2.1994 wurden die Ziele des Braunkohlenplanes Tagebau Cottbus-Nord durch die Landesregierung für verbindlich erklärt.

1.2
Geschichte des Hammergrabens

Der Wasserlauf wurde von 1428–1478 als Abzweig der Spree von Franziskanermönchen zum Teil als Ein-

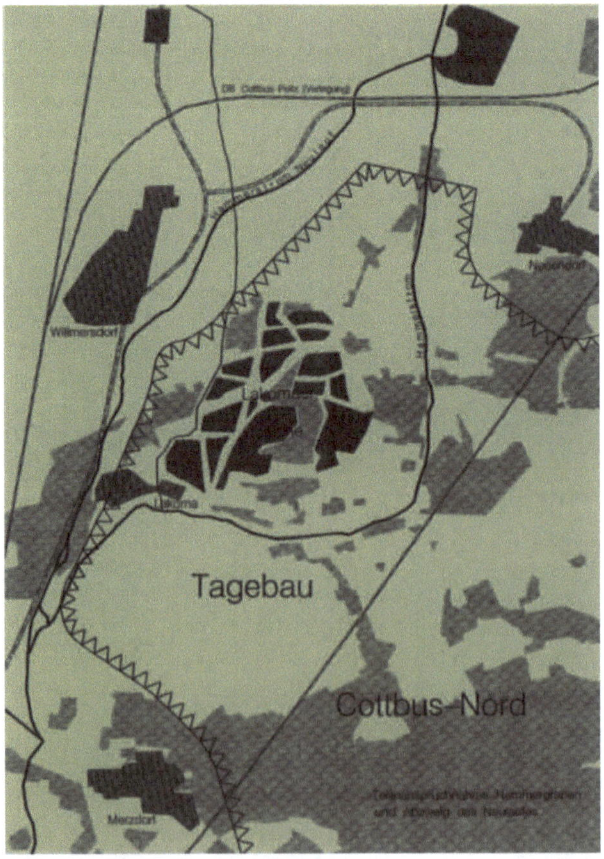

Abb. 1. Übersichtsplan Teilinanspruchnahme Hammergraben und Abzweig des Neulaufes. (LAUBAG)

Abb. 2. Neulauf des Hammergrabens. (Photo: LAUBAG)

schnitt, zum anderen über dem natürlichen Gelände gebaut. Seine Entstehung ist sowohl mit der Entwicklung und Erweiterung der Teichlandschaft als auch mit dem Abbau von Raseneisenerz und dessen Verhüttung in Hammermühlen verknüpft. Als eines der bedeutendsten mittelalterlichen Wasserbauwerke in Südbrandenburg zeugt es von meisterlicher Nivellier- und Baukunst jener Zeit.

1.3 Realisierung der Teilverlegung des Hammergrabens

Nach Abschluß erforderlicher Standortgenehmigungsverfahren begann 1986 der Bau der Verlegestrecke. Sie gliedert sich, in Abhängigkeit vom Geländerelief, wie der Altlauf in Einschnitte und Auftragsbereich. Die Abdichtung erfolgte zunächst mit Folie, dann auf einer Länge von ca. 2 000 m im Raum zwischen Willmersdorf und Lakoma in Anlehnung an das historische Vorbild mit Bentofixmatten (Abb. 3). Den Empfehlungen der ökologischen Einschätzung der Inanspruchnahme der Teilstrecke des Hammergrabens von 1991 folgend, wurden Steingruppen und Schwellen zur Ausbildung von Ruhezonen für Fließbewohner eingebaut und Grabentaschen im Einschnittbereich als Laichzonen für Amphibien hergerichtet. Um günstige Voraussetzungen für die Entwicklung von Gewässerflora und -fauna zu schaffen, wurde die Schotterabdeckung bis zur späteren Mittelwasserlinie mit Muttterboden überzogen.

Der Neulauf wurde im Jahr 1992 geflutet. Bis zu seiner Inanspruchnahme bleibt der Altlaufabschnitt ebenfalls wassergefüllt.

1.4 Konzept zur landespflegerischen Einbindung des Hammergrabenlaufes

In den Jahren 1990/91 wurden drei temporäre Schutzgürtel mit zweistufigem Charakter gepflanzt; schnellwachsende Gehölze übernehmen zwischenzeitliche Schutzwirkung, während langzeitliche Rahmenpflanzungen mit Stieleichen künftige Blickachsen auf den Cottbuser See markieren.

Entlang der Ortsumgehung Willmersdorf erfüllt der Flurschutzstreifen zusätzliche Verkehrsleitfunktion im Bereich einer Außenkurve. Er dient dem Wind- und Erosionsschutz und erhöht die Kleingliedrigkeit der Landschaft.

Ein von der LAUBAG in Auftrag gegebenes Konzept zur landespflegerischen Einbindung des Hammerstromes wurde im Dezember 1991 fertiggestellt. Es umfaßt einen Katalog von Maßnahmen, die auf die weitgehende Anpassung an ökologische und ästhetische Gegebenheiten des Altlaufes, auf Verbesserung des Landschaftsbildes und auf Erlebbarkeit des technischen Bauwerkes zielen (Engelmann 1991). Dazu zählen vielfältige landschaftspflegerische Maßnahmen, wie

- wirkungsvolle Geländeausformungen, z. B. Ausformung von Straßenböschungen zur höhengerechten Anbindung von Rad- und Fußwegen, Gestaltung von Aussichtspunkten
- Vorbereitung vielfältiger abiotischer Standortfaktoren als Grundlage für ein reich strukturiertes Landschaftsbild (Trocken- und Magerrasen, Rohboden-

Abb. 3. Der Schotterabdeckung des neuen Grabenverlaufes folgen später Bentofixmatten. (Photo: LAUBAG)

Abb. 4. Insel und Ufer nach der Flutung ohne Bepflanzung. (Photo: LAUBAG)

Abb. 5. Insel im neuen Hammergraben 1993 nach der Uferbepflanzung. (Photo: LAUBAG)

flächen, Baum- und Strauchgruppen, wegbegleitendes Grün, Einbeziehung von zwei Inseln als geschützte Brutstandorte, keine Zugänglichkeit), (Abb. 5)

- Aufwertung von Kiefernbeständen durch Unterbau mit Laubgehölzen und Saumgestaltung
- Vorbereitung von zusätzlichen Teichen als Trittstein für die Auswanderung aus dem Vorfeld des Tagebaues mit unterschiedlichen Teichgrößen und Randausformungen als Angebot an unterschiedlichste Lebensräume für Fauna und Flora, Initialpflanzungen aus Beständen der Lakomaer Teiche
- Streuobstwiesen; Wiederherstellung eines historischen Landschaftsbestandteiles mit hohem Naturschutzwert; Erhalt historischer Obstsorten/Genreserve
- Sanierung eines Erlenbruchwaldes mit dem Ziel, durch Naturverjüngung aufgebrochene Ränder gesunden zu lassen
- Maßnahmen zur Ökotopvernetzung
- Vorhaben, die Naturerlebnis und ästhetische Eindrücke vermitteln (zur Lenkung der Besucher Rad- und Fußwege, Brücken, Verweilbereiche mit Sitzgelegenheiten aus Findlingen und Grobhölzern, Findlingslabyrinth, Spielgarten u. a. m.).

Im Mai 1992 wurde zwischen dem Abzweig des Neulaufes südlich Lakoma und dem Wehr Lakoma die Uferbegrünung und biologische Hangsicherung vorgenommen. Es wurden ca. 14 000 Stauden der Röhrichtzone (Kalmus, Wasser-Schwaden, Rohrglanzgras, Igelkolben, Rohrkolben, Froschlöffel, Schwanenblume, Schwertlilie, Blutweiderich, Krebsschere, Wasserdost u. a.) gesetzt. Die Uferzone vermittelt heute den Charakter eines naturnahen Gewässers (Abb. 4–7).

Im Herbst 1994 ist die Bepflanzung der beidseitigen Außenböschungen im nördlichen Teil der Verlegungsstrecke geplant. Für die sporadisch angeordneten Baum- und Strauchgruppen sind vornehmlich heimische Gehölze vorgesehen. Entsprechend den Standortbedingungen wird aus einer Vielzahl von Pflanzschemata gewählt. Unterschiedliche Mikrostandorte bieten Voraussetzungen für die Entwicklung einer vielfältigen Krautschicht. Die Gruppenbepflanzungen werden über die Dammböschungen punktuell, band- und buchtenartig verteilt. Anwegungen, Brückenbereiche und Siedlungsnähe werden durch besondere Gehölze (z. B. Kastanien, Pyramidenpappeln) betont, die Übergänge zu geplanten Streuobstwiesen harmonisch mit Wildobstgehölzen gestaltet. Alle Neuanpflanzungen werden fachgerecht gepflegt.

Bereits jetzt wird der neue Hammergrabenabschnitt von Erholungsuchenden angenommen. Es wird Aufgabe des Landschaftsplaners und Landschaftsgestalters sein, den Hammergraben und seine Umgebung harmonisch mit der entstehenden Bergbaufolgelandschaft des Tagebaues Cottbus-Nord zu verknüpfen.

2 Landschaftspark Fürstlich Drehna-Kleinod am Tagebaurand

2.1 Lage, Geomorphologie, Geohydrologie

Das Gebiet um Drehna liegt am Rande der naturräumlichen Haupteinheit des Luckau-Calauer Beckens. Es wurde im jüngeren Pleistozän in die saaleglaziale Hochfläche eingesenkt und tritt als flache Geländesenke mit einem kontinuierlichen Geländeabfall nach Norden in Erscheinung. Nach dem geomophologischen Formentyp handelt es sich zum größten Teil um Talsandflächen mit eingelagerten Moorböden.

Abb. 6. Wehr Lakoma vor der Uferbepflanzung. (Photo: LAUBAG)

Abb. 7. Wehr Lakoma 1993. (Photo: LAUBAG)

Im Raum Drehna stehen bei Geländehöhen von 80–85 m ü. NN Relikte der saaleglazialen Hochfläche im unmittelbaren Rückland des Endmoränenzuges der Saale III-Vereisung an. Drehna befindet sich über der Ost-West-streichenden geologischen Struktureinheit des Drehnaer Grabens. Eine Vielzahl von Störungsstaffeln und Einzelstörungen sowie zum Teil erhebliche Vertikalversätze von Schichtverbänden verursachen nicht klar definierbare Grundwasserstockwerke. Die tektonischen Störungen ermöglichen einerseits eine Vielzahl hydrologischer Verbindungen zwischen den tertiären und pleistozänen Grundwasserleitern, wirken andererseits auch dem freien Grundwasserstrom entgegen.

Hinzu kommen intensive glazigene Deformationen bis in Oberflächennähe östlich der Ortslage.

Oberflächennah stehen im Raum Drehna geringmächtige, saaleglaziale Hochflächensande an, die von glazilimnischen Bänder- und Beckenschluffen unterlagert werden. Lokal sind Geschiebemergel bzw. Geschiebelehm oberflächennah erhalten.

Hervorgerufen durch wechselnde Sedimentationsbedingungen im Quartär und oben beschriebene Lagerungsverhältnisse herrscht im Raum Drehna ein kleinflächiger Wechsel der Standorte vor. Die nahezu flächenhafte Verbreitung oberflächennaher Stauhorizonte begünstigt die Ausbildung schwebenden, oberflächennahen Grundwassers.

2.2 Wasserwirtschaftliche Verhältnisse

Die Grundwasserscheide des Gebietes verläuft entlang des Niederlausitzer Grenzwalles. Die größte Reliefenergie tritt an seinem Nordabfall auf, während das Gelände dann nach Norden in eine ebene, z. T. grundwasserbeeinflußte Platte mit geringer Reliefdifferenzierung übergeht. Die Grundwasserfließrichtung wies vorberglich nach Norden und Nordosten in das Baruther Urstromtal hin zur Spree. An der Nordabdachung des Niederlausitzer Grenzwalles traten Quellen aus. Entsprechend der Morphologie ist die maßgebliche Fließrichtung der Vorfluter von Südwest nach Nordost in das Spreegebiet. Die Fließe leiteten das Oberflächenwasser aus dem Grenzwall ab, versorgten zahlreiche Teiche und entwässerten Feuchtgebiete. Diese Flurentwässerungsmaßnahmen fallen im Raum nördlich Drehna in das 18. Jahrhundert. In ihrer Folge entstand u. a. der Lorenzgraben. Er übernahm Vorflutfunktion für den Ort und das sich südlich und südwestlich anschließende Einzugsgebiet.

2.3 Klimatische Verhältnisse

Der Raum Drehna wird vom Ostdeutschen Binnenklima geprägt. Nach relativ schnellem Temperaturanstieg im Frühjahr und warmen Sommern sinken die Temperaturen im Herbst verhältnismäßig schnell wieder ab. Die Jahresmitteltemperatur liegt bei 8,5 °C. Früh- und Spätfröste treten häufig auf. Das langjährige Niederschlagsmittel beträgt 538 mm. Die Randlage am Nordhang des Niederlausitzer Grenzwalles zeichnet sich durch hohe Luftfeuchtigkeit aus (Wiedemann et al. 1991). Eine mehr oder weniger ausgeprägte Vorsommerzeit im Mai und Juni wirkt sich besonders gravierend auf die Vegetation der leichten Standorte ohne positive Grundwasserbeeinflussung aus.

2.4 Nutzungsverhältnisse um Fürstlich Drehna

Die forstlichen Bestände um Drehna bestehen zu 80 % aus Kiefernreinbeständen. Die Mischbestände setzen sich entsprechend den standörtlichen Verhältnisse aus Kiefern, gemischt mit Birke, Stieleiche, Buche, Erle, Fichte, zusammen. Lokal treten Erlen-Moorbirken-Bestände auf.

Auf den stark sandigen Lehmböden entwickelte sich vorzugsweise landwirtschaftliche Ackernutzung. Die pH-Werte der Böden schwanken um 6,5.

2.5 Charakter des Landschaftsparkes Fürstlich Drehna

Die Autorenschaft von Lenné am 1819 angelegten Park ist nicht nachweisbar, wird aber auch nicht ausgeschlossen (Hinz 1977; Rave 1939). Die diffizile Art der Pflanzung spricht für einen versierten Landschaftsgärtner. Der zunächst 9 ha große Parkteil wurde kontinuierlich auf insgesamt 51 ha erweitert. Das geschah im wesentlichen durch Einbeziehung der 13 ha großen Schloßwiese, durch Ausformung des 14 ha großen Ziegelteiches und durch Anlage eines 4,7 ha umfassenden, waldartigen Koniferenanteiles.

1980 stellte sich Drehna mit Dorf, Park und Feldflur als ein Landschaftsraum dar, in dem in unübertroffener Weise die Einheit von landschaftlichen Gegebenheiten, den auf der Feudalordnung basierenden wirtschaftlichen Erfordernissen und künstlerischem Anspruch geglückt ist. Der Ort liegt in einer flachen, natürlichen, von bewaldeten Hochflächen umgebenen Mulde. So besitzt der Park den Vorzug, einen optisch erfaßbaren, durch Waldränder begrenzten Landschaftsraum zu besitzen. Die angenehmen Proportionen dieses Raumes werden durch Pflanzungen in der Feldflur und zusätzlich noch durch die alten Eichen gesteigert. Die Kiefernwälder sind mit Laubholz verblendet.

Der Park nimmt fast allseitig sinnvolle optische Beziehungen zur der ihn umgebenden Landschaft auf.

Der Kontrast zwischen dem kleinräumigen Park und der offenen Feldflur wurde durch die Schloßwiese, die den Charakter einer nur geschmückten landwirtschaftlichen Fläche hatte, harmoniert.

Ähnlich ausgleichende Funktion kam dem Ziegelteich mit seinen schön ausgeformten und interessant bepflanzten Teichrändern zu. Auch in diesem Parkteil wurde die Geländesituation geschickt ausgenutzt und künstlerisch gesteigert, indem mehrere Fenster Blicke in die umgebende Landschaft gewähren.

Je näher der Besucher dem von einem Wassergraben umgebenen Renaissanceschloß kommt, umso deutlicher wird die Hand des Landschaftsgärtners spürbar. Er verblüfft mit Überraschungseffekten – etwa mit dem abrupten Übergang zwischen dunklem Laubwald und sonnendurchflutetem Schloßpark – mit schönen Proportionen der Solitäre und Baumgruppen, mit attraktiven Sichten, durch die der Park Größe und Weite atmet (Abb. 8).

Abb. 8. Schloßpark Fürstlich Drehna mit Parkteich (Schloßteich). (Photo: LAUBAG)

Bei der vielschichtigen Baumartenzusammensetzung fallen die häufige Verwendung von Blutbuchen und der Einsatz von buntblättrigen und auffallend farbigen Bäumen auf.

Kontrastbildner zu den vorherrschenden Laubbäumen sind die Koniferen (u. a. Blaufichten). Günstiges Mikroklima (Teichfläche und Muldenlage) erlaubte relativ gutes Gedeihen von Douglasien.

Imposante Ensembles bilden u. a. Gruppen von Blutbuche mit Silberahorn, Roßkastanien und Sumpfeichen (Rippl 1980).

2.6 Bergbaulicher Eingriff

Die Braunkohlenlagerstätte Schlabendorf liegt im südöstlichen Teil des Luckau-Calauer Beckens. Sie umfaßt die Felder Schlabendorf-Nord, Schlabendorf-Mitte und Schlabendorf-Süd.

Das letztgenannte Feld wurde 1975 nahe Zinnitz aufgeschlossen, nachdem 1972 die Filterbrunnenentwässerung begonnen hatte.

Der Abbau erfolgte als Schwenkbetrieb im Uhrzeigersinn. Zur Beherrschung der pleistozänen Drehnaer Störungszone wurde ab 1978 ein Vorschnitt geführt, der aus Leistungsgründen 1981 nordöstlich von Drehna vorzeitig abgebrochen wurde. 1982 entstand am schwenkenden Ende des Tagebaues das Restloch 12 b. 1983 erreichte der Abraumbetrieb den Lorenzgraben, der als Vorflut für Drehna fungierte und einen westlichen Zufluß des Hauptvorfluters Ottergraben bildete. Gleichzeitig wurden der Großteil des Ziegelteiches und der Nordteil des Drehnaer Parkes in Anspruch genommen.

2.7
Auswirkungen der bergbaulichen Tätigkeiten

Landinanspruchnahme

Durch den Tagebaubetrieb wurden der Nordteil des Landschaftsparkes und der Großteil des Ziegelteiches in Anspruch genommen (Abb. 9). Damit verlor der Park seine prägende Wasserfläche. Das Fehlen der offenen Wasserfläche beeinflußte den lokalen Wasserhaushalt im oberen Grundwasserleiter.

Durch die Inanspruchnahme des Vorfluters Ottergraben entstand durch ein Resteinzugsgebiet von ca. 20 km^2 Hochwassergefahr für die Ortslage Drehna, für ihren Park und für die Zeitdauer des Vorbeischwenkens auch für den offenen Tagebau.

Auswirkungen der Grundwasserabsenkung

Der sich ausbreitende Entwässerungstrichter erreichte auch Drehna und seinen Park.

Während vorbergbaulich die Grundwasserstände durchschnittlich bei 75–76 m ü. NN lagen – bei Geländehöhen im Parkbereich von 75–78 m ü. NN also bei 0–2 m Flurabstand – wurden sie zwischen 1980 und 1985 bei 45–50 m ü. NN gemessen. 1990 befanden sie sich mit 64–70 m ü. NN noch 8–12 m unter Flur.

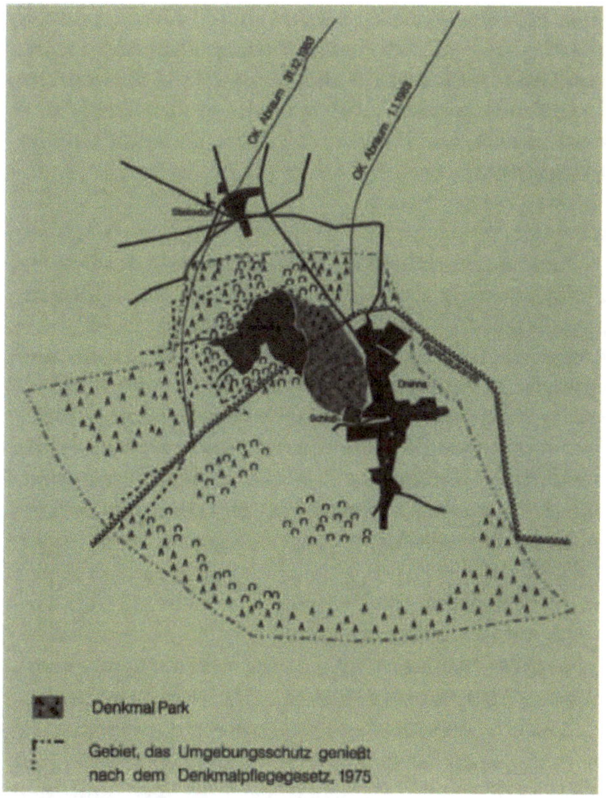

Abb. 9. Vorbergbauliche Situation und Lage des Schloßparkes in der Landschaft. (LAUBAG)

Für die Bewertung der Auswirkungen der Grundwasserabsenkung war die Struktur der Drehnaer Störung entscheidend. Geologisch-geohydrologische Untersuchungen erbrachten den Nachweis, daß die Entwässerungswirkung durch bindige Sedimente eingeschränkt war. Hinzu kam der Umstand, daß nur ein Teil der oberflächennahen Grundwasserleiter angeschnitten wurde und ausblutete, während sich an anderer Stelle über muldenförmig ausgebildeten Stauhorizonten weiter Niederschlagswasser pflanzenverfügbar sammeln konnte. Andererseits wirkte sich die Grundwasserabsenkung bis in die Nordabdachung des Niederlausitzer Grenzwalles auf unterirdische und oberirdische wasserwirtschaftliche Verhältnisse aus. Senken fielen trocken, Gräben führten kein Wasser mehr, Quellen versiegten.

2.8
Maßnahmen zur Stabilisierung des Wasserhaushaltes und zur Sanierung des Parkes

Hochwasserschutzmaßnahmen

Zur Abwendung der Hochwassergefahr wurde 1983 auf einer Grünlandfläche im Park ein Pumpwerk errichtet. Aus ökonomischen Gründen wurde es mit zu geringer Leistung ausgestattet. Die vom Pumpwerk nicht mehr zu bewältigenden Wassermengen wurden mit Hilfe einer Entlastungsrohrleitung in das offene Tagebaurestloch 12 a geleitet.

Als 1985 die Verfüllung dieses Restloches mittels Pflugkippenbetrieb bevorstand, war eine neue Lösung zur Abwendung der Hochwassergefahr notwendig geworden. Anstelle der Entlastungsleitung wurde ein Hochwasserschutzdeich konzipiert. Aus fünf Trassenvarianten entschied sich das Drehnaer Parkaktiv für den Entwurf, dessen Umsetzung keine wertvollen Bäume zum Opfer fallen würden.

Als Massenentnahmestelle wurde die an den westlichen Parkrand angrenzende Grünlandfläche (sog. Parkwiese) mit dem Ziel genutzt, einen neuen Parkteich herzurichten. Entsprechend flach wurden die künftigen Ufer gestaltet.

Rasennarbe und Mutterboden wurden gesondert gewonnen und separat deponiert.

Nach rücksichtsvollen Holzungs- und Rodungsarbeiten (Strauchwerk, kleinere und mittlere Bäume) wurde der Damm lagenweise geschüttet und verdichtet. Schließlich wurde Mutterboden aufgetragen und Gras angesät.

Während die Gestaltung des südlichen Teiles des Dammes derart gelang, daß seine Funktion dem Parkbesucher nicht ins Auge fällt, wurde der nördliche Teil aus Platzgründen als nüchternes technisches Bauwerk errichtet, daß zu gegebener Zeit zurückgebaut wird.

Herrichtung des Schloßteiches
Der neu entstandene 3,6 ha große Teich liefert für den Hochwasserfall zusätzlichen Stauraum und erfüllt im Sinne einer Ausgleichsmaßnahme für den in Anspruch genommenen Ziegelteich Gestaltungsfunktion im Park. Er verbesserte gleichzeitig die kleinklimatischen Verhältnisse im Park.

Die Speisung des Teiches erfolgt über Gräben aus dem Einzugsgebiet, der Abfluß funktioniert nur über die Pumpstation.

Aufbau einer Beregnungsleitung und eines Flachpegelnetzes für den Park
Zur gezielten und bedarfsgerechten Bewässerung von Parkteilen, in denen sich die Grundwasserabsenkung bemerkbar machte, wurde ein wirkungsvolles Bewässerungssystem aufgebaut. Ein stationäres Leitungsnetz, kombiniert mit mobilen Anlagenteilen, ermöglichte es, gezielt zusätzliche Wassergaben in allen Parkteilen zu verabreichen. Die Rohrleitungen wurden unter Flur gelegt. Es werden Schlagregner eingesetzt, um gleichzeitig die Luftfeuchtigkeit zu erhöhen. Gespeist wird das System aus einem Filterbrunnen der bergbaulichen Randriegelleitung.

Basierend auf fachlichen Grundsätzen, Erfahrungswerten, Meßwerten von Niederschlagsmengen und Pegelmeßwerten der Grund- und Schichtwasserstände wurde ein Bewässerungsregime erarbeitet, nach dem die Wassergaben erfolgen (Brückner 1994, mündliche Mitteilung).

Biologische Parksanierung
Neben der Grundwasserabsenkung im Park waren insgesamt Veränderungen der ökologischen Gegebenheiten spürbar. Gestörter Wasserhaushalt, veränderte Luftfeuchte und Luftbewegung zeigten sich in erhöhter Windbruchgefahr, erhöhter Anfälligkeit gegenüber Parasiten und allgemeiner Schwächung der Bestände. Die Sanierungsarbeiten umfaßten Beseitigung von Schad- und Bruchholz, Bestandsverjüngung v. a. im Koniferenbereich sowie umfangreiche Neu- und Ergänzungspflanzungen mit den erforderlichen Pflege- und Wildschutzmaßnahmen.

Wiederherstellung der natürlichen Vorflut
Aus ökologischen und ökonomischen Gründen ist das Betreiben der Pumpstation Drehna keine Dauerlösung. Mit der Sanierung des Tagebaues Schlabendorf-Süd ist auch die Herrichtung einer neuen natürlichen Vorflut geplant. Sie wird sowohl das im südlichen Einzugsgebiet anfallende Oberflächenwasser ableiten als auch nach Abschluß des Grundwasserwiederanstieges die Kippenflächen entwässern.

Der erste Bauabschnitt sieht vor, die Vorflut aus dem Drehnaer Park heraus auf die Kippe bis in die ersten Senken zu leiten. Der bisher abflußlose Schloßteich wird mit dem Ziegelteich verbunden und über diesen an die Vorflut nach Norden angebunden. Beim Bau des ungedichteten Kippengrabens sind die erfolgte Parkerweiterung und bereits aufgeforstete Kippenflächen zu beachten. Das anfallende Niederschlagswasser wird sich zunächst in Geländesenken sammeln und versickern.

Nach Abschluß des Grundwasserwiederanstieges soll der Abfluß in freiem Gefälle über die Kippenflächen nach Norden in den Schlabendorfer Tagebausee erfolgen (Abb. 10). Der See wird Abflüsse in den Lorenzgraben nördlich des Tagebaues und in den Ottergraben haben. Für die Grabentrasse werden vorhandene Tieflagen in der Brückenkippe genutzt. Der ca. 3,8 km lange, mäandrierende Graben wird auf ca. 1,5 km Länge ca. 38 ha 1–5 m tiefe Standgewässer und Flachseen durchfließen. Das künftige Niederungsgebiet, für das eine Unterschutzstellung vorgeschlagen wurde, wird ca. 300 ha groß sein.

Diese Verbindung zwischen Park Drehna und Tagebausee bildet perspektivisch einen äußerst wertvollen Wasser- und Feuchtbiotop. Das Gebiet wird den vor der bergbaulichen Inanspruchnahme vorhandenen Landschaftselementen im Luckau-Calauer Becken entsprechen.

Bevor die Vorflutregelung über die Kippenflächen funktionstüchtig wird, sind umfangreiche wasserbauliche Maßnahmen im Raum Fürstlich Drehna erforderlich, die wiederum den Park entscheidend berühren. Dazu gehören Wiederherstellung der Funktionstüchtigkeit von Gräben aus dem Quellgebiet, Grundräumung von Gräben und Grabenneubau im Ort, Einrichtung von Staubauwerken und Brücken sowie Teufen und Ausrüstung eines Brunnens für die bedarfsweise Bewässerung des Parkes.

Ökologische Situation des Landschaftsparkes Drehna
Wiedemann et al. (1991) charakterisiert den geschützten Park als ökologisch bedeutsames Gebiet mit folgenden Angaben: Die Vegetationsverhältnisse werden durch die potentiellen Gesellschaften Molinio - Quercetum und Querco rob. - Betuletum beschrieben. Aktuell gefährdete Pflanzengesellschaften sind ebenfalls Molinio - Quercetum und Querco rob. - Betuletum. Zu den ausgestorbenen bzw. verschollenen Pflanzenarten zählen *Campanula persicifolia, Phyteuma nigrum* und *Daphne mezereum.*

Gefährdete Arten sind *Teucrium scordium, Poa chaixii* und *Lonicera periclymenum.*

In Tabelle 1 sind die z. Z. der Erhebung 1991 ausgestorbenen oder verschollenen Tierarten sowie die gefährdeten Tierarten des Parkes zusammengestellt.

Als Ausgleichsmaßnahme für die Inanspruchnahme der Teilflächen des Parkes wurde die Parkumgebung auf die angrenzende Tagebaukippe erweitert und neu gestaltet.

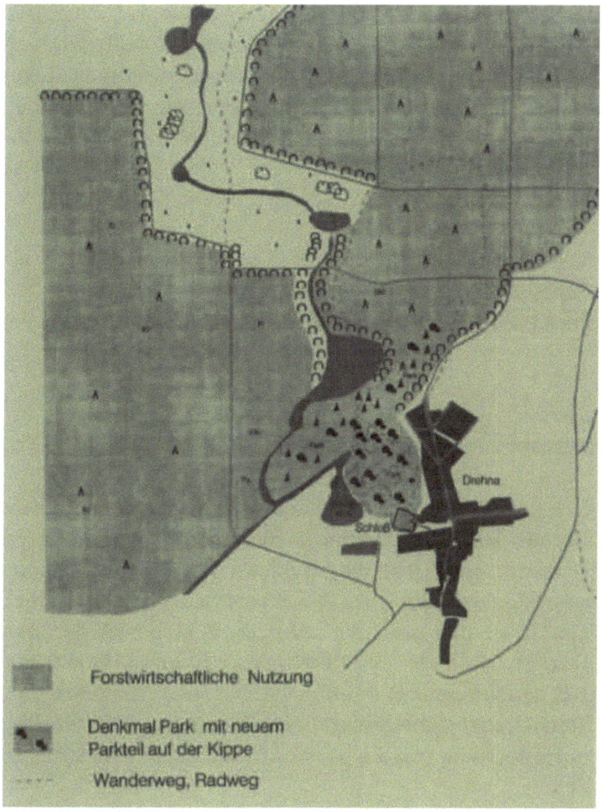

Abb. 10. Park mit vergrößertem Schloßteich und angrenzender Bergbaufolgelandschaft entsprechend Sanierungsplan. (LAUBAG)

Wiedernutzbarmachung im parkangrenzenden Kippengelände

Nördlich Drehna boten technologische und geologische Verhältnisse gute Voraussetzungen für eine anspruchsvolle Rekultivierung. Durch Strossenverkürzung entstand am Schwenkende eine Massenzusammendrängung, die es erlaubte, eine spannungsvolle Reliefausformung vorzunehmen. Das durch die Bergbautätigkeit entstandene Kippenrelief wurde in Grundzügen übernommen und durch zusätzliche Bodenbewegungen abwechslungsreich und parkgerecht profiliert.

Aus geotechnischen Gründen wurden die bindigen pleistozänen Sedimente der Drehnaer Ausräumungszone der Hochschüttung der Förderbrücke zugeordnet. Dadurch gelangte kulturfreundliches Material mit günstigen pH-Werten und guten Sorptionseigenschaften an die Kippenoberfläche. Zusätzlich wurde beim Bau des Hochwasserschutzdammes angefallener Mutterboden auf die Kippenoberfläche eingesetzt. So waren die Voraussetzungen gegeben, den Park auf eine insgesamt 40 ha große Fläche auszudehnen.

Die Gestaltung der 12 ha großen Parkfläche auf der Kippe stellte für alle Beteiligten Neuland dar, es gab keine Erfahrungen über die parkgerechte Pflanzung unter solch extremen Standortbedingungen. Die Pflanzung von Gehölzgruppen und Solitären nahmen ehrenamtliche Helfer unter der Leitung des örtlichen Parkaktivs und unter fachlicher Betreuung des Cottbuser Landschaftsarchitekten Helmut Rippl vor. Aus seiner Feder stammte auch das Gestaltungskonzept. Nach Abschluß der umfangreichen Pflanzarbeiten bemühte sich das Parkaktiv auch um die Entwicklungspflege.

Bei der Auswahl der Gehölze wurden die Beziehungen zur alten Parkanlage und zu den umgebenden Rekultivierungsflächen auf der Kippe beachtet (Abb. 11 u. 12). So wurden Kastanien, Feld- und Bergahorn, Rotbuchen und Hainbuchen aber auch Pioniergehölze und verschiedene Sträucher eingesetzt.

Der neu entstehende Parkteil wurde an das Wegenetz des alten Parkes angeschlossen. Dabei wurden die Wege so geführt, daß neue und alte Sichtachsen in den Park nach Süden entstehen. Der wallartige Kippenrand erlaubt einen Panoramablick nach Süden in den Drehnaer Park, nach Norden öffnet sich die ebene bis flachwellige Bergbaufolgelandschaft; im Nordwesten ist durch ein Fenster der Weinberg zu sehen.

Die Rekultivierung in den an den neugestalteten Parkabschnitt angrenzenden Kippenflächen erfolgte

Tabelle 1. Faunistische Angaben zum Drehnaer Park

Ausgestorbene / verschollene Tierarten	Gefährdete Tierarten
Fischotter	Waldkauz
Edelkrebs	Teichhuhn
Gebirgsstelze	Schwarzspecht
Laubfrosch	Großer Buntspecht
Haubentaucher	Moorfrosch
Zwergtaucher	Grasfrosch
Tafelente	Erdkröte
Kuckuck	Knoblauchkröte
Rohrweihe	Teichmolch
Neunstachlige Stichling	Kammolch
Dreistachlige Stichling	Zauneidechse
Schmerle	Waldeidechse
Gründling	Blindschleiche
Moderlieschen	
Große Teichmuschel	
Rothalstaucher	
Ischnura elegans	
Engallagma cyathigerum	
Platychnemis pennipes	
Chalocolestes virides	
Lestes sponsa	

Abb. 11. u. 12. Landschaftspark Drehna, Übergang vom alten zum neuen Park. (Photos: LAUBAG)

parkwaldähnlich und kleinflächig mit verschiedenen Gehölzen, um einen harmonischen Übergang vom Parkgelände zu den Kiefernforsten auf ärmeren Standorten zu erreichen.

Ausstattung
An der Nahtstelle des alten und des neu entstehenden Landschaftsteiles wurde am 10.6.1993 ein aus Saßleben umgesetzter, restaurierter Pavillon eingeweiht.

Ausblick
Der annähernd stationäre hydrologische Endzustand des Raumes Schlabendorf wird ca. 2020 erreicht sein.

Das wasserwirtschaftliche Konzept zielt auf die Erhaltung der einstigen Einzugsgebietsgrößen und auf ein Minimum an bleibenden Grundwasserstandsbeeinflussungen im tagebauangrenzenden Gebiet hin. Bleibende Absenkungen des Grundwasserstandes werden am südlichen Tagebaurand auftreten.

In der Ortschaft Fürstlich Drehna werden die Grundwasserflurabstände gegenüber dem vorbergbaulichen Zustand um 3–5 m geringer sein. Durch fachmännische Be- und Entwässerung wird der Besucher zunächst einen faszinierenden, ökologisch stabilen Landschaftspark durchstreifen, bevor er sich zwischen dem Touristikzentrum am künftigen Drehnaer Tagebausee im Osten und einer Wanderung nach Norden durch die reizvolle Niederung des Lorenzgrabens entscheiden kann.

3
Sicherungs- und Sanierungsmaßnahmen zur Erhaltung des Naturschutzgebietes (NSG) Bergen-Weißacker Moor

3.1
Ausgangssituation

Der naturräumlich im flachwelligen Luckau-Calauer Becken liegende Tagebau Schlabendorf-Süd wurde im Zeitraum 1975–1977 aufgeschlossen und erreichte 1990 seine Endstellung. Das Gebiet westlich und südwestlich des Tagebaues zeichnet sich durch Bruchwälder und Feuchtwiesen der Berste-Niederung, kleine Waldtümpel, Quellbereiche, Moore, Weiher verschiedener Art, Teiche unterschiedlicher Nutzungsintensität, Wälder auf verschiedenen Standorten und Siedlungsstrukturen aus.

In den Jahren 1980–1983 erreichte der Absenkungstrichter des Tagebaues diesen Raum. So wurde auch sein wertvollster Teil – das Bergen-Weißacker Moor – erfaßt. Das Moor liegt zwischen Bornsdorf, Bergen und Weißack bei etwa 80 m ü. NN und wird im Osten und Süden vom Niederlausitzer Grenzwall begrenzt. Das Gebiet gehört zum Klimabezirk Spreewald und zeichnet sich geländeklimatisch durch windgeschützte Lage, hohe Luftfeuchtigkeit und hohe Nebelhäufigkeit aus.

Das Moor stellt ein 110 ha großes Heidemoor vom Typ eines Durchströmungsmoores dar, in dem austretende Grundwässer den obersten Torfkörper bis hin zum Vorfluter durchströmten. Der Torfbildungsprozeß erfolgte vorwiegend semiaquatisch. Den Chemismus des Wasserkörpers prägen die im geologischen Untergrund befindlichen extrem sauren, nährstoffarmen, pyrit- und markasithaltigen diluvialen Sande, die einen pH-Wert des Wassers von 3,8–4,7 bewirkten. Das Moor verdankt sein Bestehen also nicht dem Regenwasser, sondern der Zuführung von Mineralbodenwasser. Die Torfablagerungen erreichen eine Mächtigkeit von 0,80–2,00 m.

Der aus feinen, geschichteten Beckensanden und Geschiebemergeln bestehende Untergrund wurde durch Austorfung und Anlage von Dämmen für Fischteiche gestört. Die Regenerationsvegetation der ausgetorften Flächen besteht aus *Sphagnum recurvum*-Decken, die mit Horsten von *Eriophorum angustifolium* stark durchsetzt sind. Diese Torfmoosbestände werden vielfach in der Entwicklungsphase von *Calluna vulgaris* abgebaut, die v. a. auf erhöhten Moorstandorten und den Moorriegeln dichte Bestände bilden. Scheinbulte von *Sphagnum papillosum* sind dicht mit *Vaccinium oxycoccus* überzogen. Bultfüße und Schlenkenränder weisen große Bestände von *Drosera intermedia* auf.

Unterschiedliche breite Gürtel von *Molinia coerulea* bestocken die wechselfeuchten Standorte der Randlagen des Moores. Je nach Standortbedingungen schließen sich an die offene Moorvegetation Moorbirken-Kiefernbruch, Grauweidengebüsch oder in größerer Entfernung vom Moor Heidelbeer-Kiefernwald an (Hiebsch 1980).

3.2 Ökologische Bedeutung des Moores

Das Naturschutzgebiet stellt ein bedeutendes Refugium für atlantische Heide- und Moorpflanzen, wie Gemeiner Bärlapp, Mittlerer Sonnentau, Braunes Schnabelried, Sperrige Binse, Lungenenzian, Moosbeere, Kammfarn, Scheidiges Wollgras und Glockenheide, dar. Von besonderer Bedeutung ist das Vorkommen des Gagelstrauches.

Das Moor wurde 1969 auf Antrag des Biologischen Arbeitskreises Luckau u. a. wegen seiner Bedeutung als Schlafplatz von Kranichen (*Grus grus*) während der Sammel- und Rastperiode unter Schutz gestellt (Donath 1983). Ab 1970 wurden von ehrenamtlichen Mitarbeitern des Arbeitskreises Maßnahmen zur funktionellen Erhaltung und Pflege der Kranichschlafplätze mit gutem Erfolg durchgeführt.

Das Schutzziel des Moores umfaßt aber auch die Erhaltung der Sukzessionsstadien der Verlandungsserie oligotropher Moorvegetation mit den Standorten der atlantischen und arktischborealen Heide- und Moorpflanzen, insbesondere des Gagelstrauches.

Mit der weiteren Erforschung des Gebietes wurde inzwischen seine Bedeutung für verschiedene Faunenklassen festgestellt. So wurden Brutvorkommen des Wendehalses und der Turteltaube nachgewiesen. Wiedemann et al. (1991) nennen u. a. Kamm- und Bergmolch, Erdkröte, Teich-, Moor-, Grasfrosch und den kleinen Wasserfrosch. Wertvolle Insekten, wie 39 Libellenarten (Donath 1983), acht Arten sehr seltener und gefährdeter Käfer und 125 Spinnenarten (Hiebsch 1980), äußerst seltene Arten von Blattwanzen, Ameisen und Springschwänzen, kennzeichnen die Bedeutung des Refugiums.

3.3 Situation im Naturschutzgebiet infolge Grundwasserabsenkung

Bis 1980 gewährleistete ein hoher Wasserstand das Wachsen und Bestehen des Moores. Mit dem Herannahen des Absenkungstrichters wurde das standortaufbauende und konservierende Wasser entzogen. Bei 30–40 cm Grundwasser unter Flur war der Torfbildungsprozeß unterbrochen, und es setzte der Prozeß der Torfmineralisation ein.

Bereits 1985 war eine Absenkung von 2 m am Rand des Moores und von 0,5–1 m im zentralen Teil zu beobachten. Das Moor befand sich in einem kritischen Zustand (Schonert 1985), der sein weiteres Bestehen in Frage stellte. Es mußten umgehend Maßnahmen zur Erhaltung und Renaturierung eingeleitet werden.

3.4 Maßnahmen zum Erhalt des Moores

1985 wurde eine 1 600 m lange Bewässerungsleitung als Abzweig des Randriegels der Tagebauentwässerung errichtet. Über diese Leitung erfolgte die Versorgung mit 1–2 m^3/min ungereinigtem Grubenwasser an drei Einspeisungsstellen. Ziel war es, einen kleinen Teil der typischen Moorbiozönosen über den Zeitraum zu erhalten, bis ihre Reproduktion möglich sein wird.

Als Ausgleich für das stark geschädigte Moor wurde gleichzeitig das Naturschutzgebiet Borcheltsbusch in das Ableitungssystem von Sümpfungswasser eingebunden. Dadurch wurde ein bereits verlandetes und ausgetorftes Grundwasseranstiegsmoor, das als Flachmoor mit teilweiser extensiver Grünlandnutzung erhalten war, durch Stauwirkung eines Wehres reaktiviert. Das heute als Wasserfläche und Schilfröhricht bestehende Gebiet ähnelt dem Entwicklungsstadium vor der Verlandung (Jähme 1985). Es wurde von den Kranichen als Sammel- und Rastplatz angenommen. Der im Winter maximal angestaute Überschwemmungsbereich wirkt in Trockenperioden ausgleichend und erfüllt bedeutsame Naturschutzfunktionen.

Diese Erfahrung führte zu der Überlegung, auch die positive Wirkung des Bergen-Weißacker Moores als Retentionsfläche auf die nördlich angrenzende Berste-Niederung mit ihren Bruchwaldkomplexen und Feuchtwiesen auszunutzen.

In einer komplexen Untersuchung der LAUBAG wurden 1992 die Ursachen für Beeinträchtigungen des Wasserhaushaltes und der Ökologie im Raum Bornsdorf beleuchtet und konkrete Maßnahmen zur Abwendung vorgeschlagen. Im einzelnen wurden die geologischen und wasserwirtschaftlichen (oberirdischen und unterirdischen) Verhältnisse, die Ökologie, die bergmännische Wasserhebung und Sanierungskonzeptionen für den ausgekohlten Tagebau Schlabendorf-Süd betrachtet.

Die Auswertung von Erkundungsergebnissen läßt den Schluß zu, daß aus dem Raum Weißack in Richtung Bornsdorf und nach Osten zum Restloch 14 des Tagebaues Schlabendorf-Süd ein großflächiges Versicke-

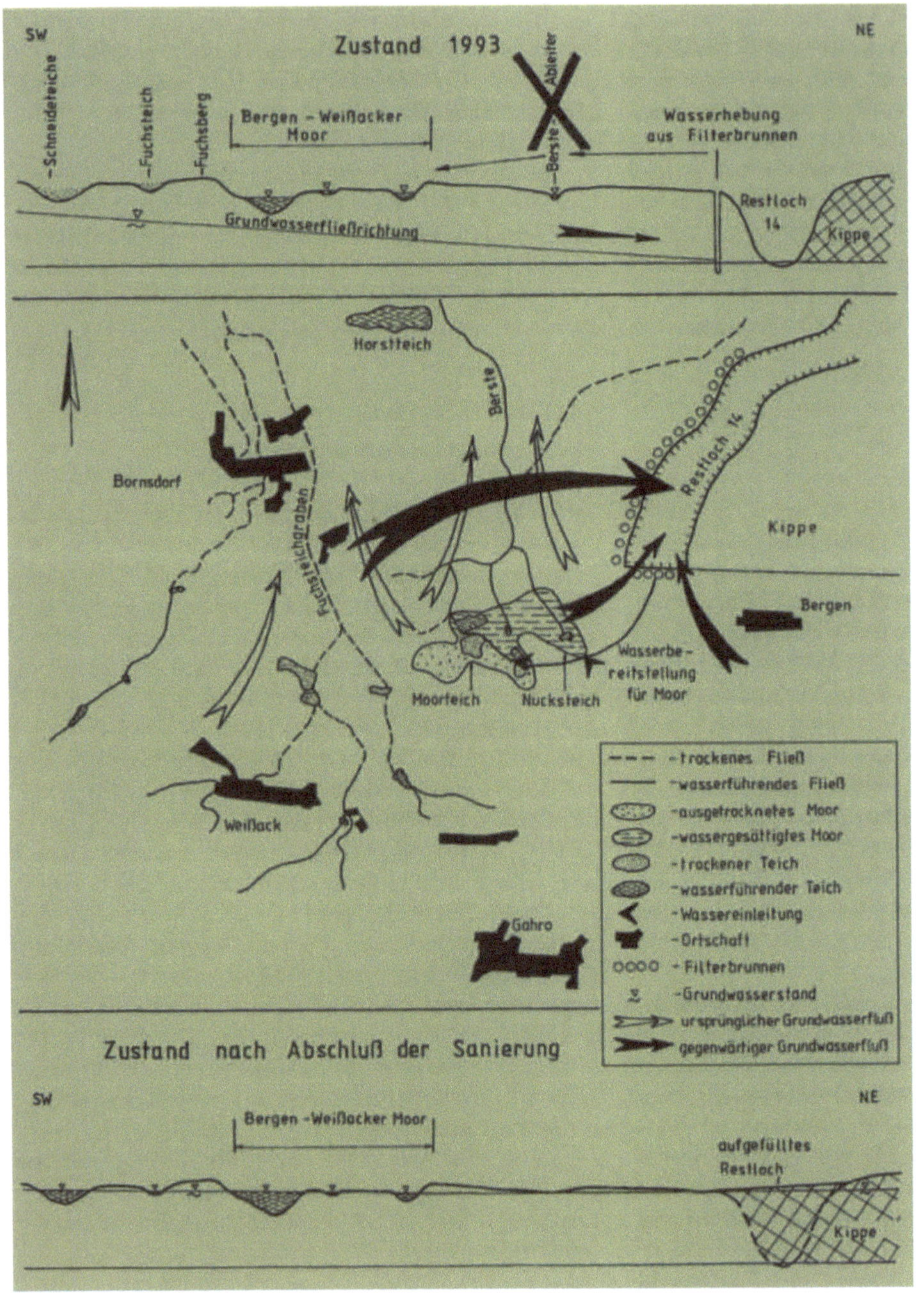

Abb. 13. Wasserwirtschaftliche Verhältnisse vor und nach der Sanierung

rungsfeld existiert. Dagegen befinden sich im Raum Bergen - Weißack - Gahro oberflächennah Geschiebemergel und tertiäre Schluffe und Tone, auf denen das Oberflächen- und Niederschlagswasser in Richtung Bergen-Weißacker Moor abfließt. Zur Zeit erreicht der Abfluß das Moor jedoch nicht; er wird unter den Moorkörper in den teilentwässerten Grundwasserleiter 4 geleitet. Direkt unter dem Moorkörper ist eine 0,1–1,5 m mächtige Grundmoränenplatte ausgebildet, die durch glazilimnische Feinsande überlagert wird. Der geringmächtige Stauhorizont weist in seiner Verbreitung mehrere „Fenster" auf. Der Grundwasserstrom drückt von unten gegen die Stauerplatte und erzeugt an perforierten Stellen den Austritt von Quellen. Geophysikalische Messungen ermöglichten es, die Ausgußstellen für die Teilbewässerung über stauenden Schichten zu plazieren, um den gewünschten Effekt nicht durch Sickerverluste aufzuheben.

Als Ursache für die ungewöhnlich weitreichende Grundwasserabsenkung in diesem Raum sehen Möckel et al. (1992) den Restgraben des ehemaligen Tagebaues Schlabendorf-Süd zwischen Bergen und Beesdau an.

Abb. 14. Erfolg der Teilbewässerung des Moores. (Photo: Möckel)

Infolge geologischer und geomorphologischer Bedingungen wirkt er wie ein riesiger Entwässerungsgraben und ist damit in erster Linie für die Schädigung des Moores verantwortlich (Abb. 13). Verstärkt wird diese Wirkung durch das Betreiben von Randriegel-Filterbrunnen an der Westmarkscheide. Geohydrologische Modellrechnungen zeigten, daß eine nachhaltige Sanierung des Raumes nur durch möglichst schnelle Schließung des Restgrabens 4 über eine Länge von 1–1,5 km vom Südende in Richtung Norden möglich ist (Abb. 13). Erst danach kann mit einer Erholung der Quellregion im Moor und im westlich angrenzenden Gebiet gerechnet werden.

1992 wurden die Voraussetzungen geschaffen, die Wassereinleitungsmenge in das Moor auf durchschnittlich 7 m^3/min (max. 10 m^3/min) zu erhöhen. Bei der Wasserzuführung wird die Strategie verfolgt, statt der in der Vergangenheit praktizierten, für den Wasser- und Naturhaushalt relativ unproduktiven Wassereinleitung in den Berste-Ableiter mehr Wasser im Einzugsgebiet versickern zu lassen. Dadurch wird anstelle des schnellen Abflusses die rückhaltende Wirkung des Moores für eine nachhaltige, allmähliche Erholung des gesamten Niederungsgebietes von Süden her ausgenutzt.

Abbildungen 14 und 15 lassen den Erfolg der Teilbewässerung des Naturschutzgebietes erkennen. So konnte im Oktober 1993 von der Umweltbehörde konstatiert werden, daß deutliche Tendenzen der Erholung des Gebietes erkennbar seien. Gagel, Glockenheide und Sumpfporst breiten sich wieder aus, zwei Sonnentauarten wurden wieder entdeckt. Grünlandflächen regenerierten sich und Moorteich sowie ehemalige Torfstiche führen wieder Wasser.

Die Wassereinspeisung wird abgestuft solange fortgesetzt, bis nach 2010 vorbergbauliche moortypische Grundwasserstände den Prozeß der Regeneration der empfindlichen Moorökosysteme und Reproduktion der erhalten gebliebenen typischen Moorbiozönosen fördern werden.

Abb. 15. Der Moorteich führt wieder Wasser. (Photo: Möckel)

4 Zusammenfassung

An drei Beispielen aus dem Raum Cottbus der Lausitzer Braunkohle Aktiengesellschaft werden Sicherungs- und Ausgleichsmaßnahmen für beeinträchtigte Naturräume im Tagebaurandgebiet vorgestellt.

Der 5 km lange Neulauf des Hammergrabens an der Nordwestmarkscheide des Tagebaues Cottbus-Nord wird durch vielfältige landschaftsgestalterische Maßnahmen in sein Umland eingebettet. Die hohe Verpflichtung des Bergbautreibenden leitet sich aus der Ökosystemvielfalt und dem Denkmalwert des für die Teilinanspruchnahme vorgesehenen mittelalterlichen Wasserbauwerkes ab.

Der Landschaftspark Drehna wurde durch den Tagebau Schlabendorf-Süd zum Teil in Anspruch genommen. Wasserbauliche und biologische Sanierungsmaßnahmen, die Schaffung einer neuen Teichfläche und die Anbindung des Parks an die angrenzenden Kippenflächen bilden die Voraussetzungen für eine reizvolle Erholungslandschaft.

Das Naturschutzgebiet Bergen-Weißacker Moor liegt im westlichen Randbereich des Tagebaues Schlabendorf-Süd. Um die völlige Zerstörung des Moores durch die weitreichende Grundwasserabsenkung zu verhindern, erfolgt seit 1985 eine Teilbewässerung mit Filterbrunnenwasser. Aus Ergebnissen komplexer geohydrologischer und wasserwirtschaftlicher Untersuchungen konnten wirkungsvolle Maßnahmen zum Erhalt von Regenerationszellen und schließlich zur Einstellung ursprünglicher Grundwasserstände abgeleitet werden.

LITERATUR

Brückner A (1994) mündliche Mitteilung

Donath H (1983) Die Libellenfauna des Naturschutzgebietes Bergen-Weißacker Moor (Insecta, Odonata). Naturschutzarbeit Berlin Brandenburg 19 (2): 55–62

Engelmann H (1991) Landschaftsgestalterische Einbindung des neuen Hammerstromes in sein Umland Cottbus (unveröffentlicht)

Hiebsch H (1980) Beitrag zur Spinnenfauna des Naturschutzgebietes Bergen-Weißacker Moor im Kreis Luckau. Naturschutzarbeit Berlin Brandenburg 16 (1): 20–28

Hinz G (1977) Peter Joseph Lenné. Landschaftsgestalter und Städteplaner, Bd. 98, Persönlichkeit und Geschichte. Musterschmidt, Göttingen

Jähme W (1985) Der Kranich (*Grus grus* L.) in der nordwestlichen Niederlausitz, Teil III: Verhalten am Sammel- und Rastplatz, Ernährung, Schutzmaßnahmen und Entwicklungstendenzen. Biol Stud 4/85: 30–41, Luckau

Möckel R, Beschow R, Nitsch K-H, Sauerbrei S, Scheibner H, Schütz M, Szabó D, Zimmermann H (1992) Hydrologisch-wasserwirtschaftliche Studie für den Raum Bornsdorf. Tagebau Schlabendorf-Süd, LAUBAG Senftenberg (unveröffentlicht)

Rave P O (1939) Verzeichnis der alten Gärten und ländlichen Parke in der Mark Brandenburg, Jahrbücher 14/15

Rippl M (1980) Drehnaer Park – Denkmalpflegerische Dokumentation, Cottbus

Schonert P (1985) Wasserversorgung eines Naturschutzgebietes durch den Braunkohlenbergbau. Naturschutzarbeit Berlin Brandenburg 21 (3)

Wiedemann D et al. (1991) Institut für Landschaftsforschung und Naturschutz Halle, Finsterwalde, Ökologisches Gutachten für den Raum Schlabendorf (unveröffentlicht)

TEIL 3

Das Mitteldeutsche Braunkohlenrevier

Das Mitteldeutsche Braunkohlenrevier

In den Bundesländern Sachsen, Sachsen-Anhalt und Thüringen liegt im Raum um Halle und Leipzig das Mitteldeutsche Braunkohlenrevier mit vier bedeutenden und drei kleineren Teilrevieren. Der Abbau vollzieht sich im Tiefland mit Höhen zwischen 70 und 200 m über NN und berührt nur im äußersten Süden im Bereich des Altenburg-Zeitzer Lößhügellandes geringfügig höhergelegene Gebiete.

Abgebaut wird ein 8–12 m mächtiges Flöz, das jedoch in Kessellagen, die durch Salzabwanderung oder Salzauslaugung entstanden sind, eine wesentlich stärkere Mächtigkeit erreicht. Die Abraumüberdeckung ist geringer als im Rheinischen und Lausitzer Revier. Die Beseitigung des Abraums wird allerdings durch schlechtbaggerfähige Geschiebemergel und rutschungsgefährdete Schichtenfolgen erschwert. Im Blick auf den Kulturwert der Deckgebirgsschichten nimmt das Revier eine Mittelstellung zum Rheinland und zur Lausitz ein.

Der Anfang der Braunkohlengewinnung liegt im 17. Jahrhundert im Geiseltal, später im Raum Altenburg und Zeitz. In der Mitte des vorigen Jahrhunderts dehnen sich die „Gräbereien" im Handbetrieb an Orten, an denen das Flöz zutage tritt, bis in den Raum Borna, Halle und Leipzig aus. Mit der Erschöpfung der an der Oberfläche liegenden Flöze kommt es auch zum Untertagebau. Nach einer erheblichen Ausweitung der Abbauflächen in den ersten beiden Jahrzehnten dieses Jahrhunderts, die Braunkohle bietet als Rohstoff günstige Voraussetzungen für eine ausgedehnte Folgeindustrie, kommt es in den 20er und 30er Jahren zu immer größeren Tagebauen. 1929 wird in Mitteldeutschland die erste Abraumförderbrücke eingerichtet, 1933 arbeitet der erste Schaufelradbagger.

Vor, während und nach dem Zweiten Weltkrieg erfährt die Braunkohlenförderung eine weitere Steigerung. In der Deutschen Demokratischen Republik genießt sie, vornehmlich zur Stromerzeugung und thermischen Umwandlung eingesetzt, oberste Priorität. Die höchste Förderung, die je im mitteldeutschen Raum erreicht wird, beträgt 140 Mio. t im Jahr 1960. Die nachteiligen Auswirkungen auf die Landschaft, den Naturhaushalt, insbesondere auf die Oberflächengewässer und das Grundwasser, die Luft und die Vegetation sind ähnlich schwerwiegend wie in der Lausitz. Dennoch entstehen zahlreiche für die Landwirtschaft und Forstwirtschaft rekultivierte Böden auf der Grundlage ausführlicher Rekultivierungsvorschriften.

Wie in den anderen Revieren erfolgt die Wiedernutzbarmachung der Tagebaue entsprechend dem jeweiligen Lagerstättentyp, den Gesteinen des Deckgebirges, dem jeweiligen Stand der bergbaulichen Technik, dem Wissensstand der bodenkundlichen Forschung und den gesellschaftlichen Bedingungen, zu denen die bergrechtlichen Vorgaben und die wirtschaftlichen Zwänge zählen.

Vom Mutterbodenbetrieb, bis etwa 1960 anzutreffen, geht es über zur Verwendung kulturfähiger Substrate tertiärer und quartiärer Deckgebirgsschichten, die eine intensive wissenschaftliche Beschäftigung mit den Eigenschaften und der Eignung dieser Lockergesteine für die landwirtschaftliche und forstliche Nutzung voraussetzt. Aufbauend auf den Untersuchungsergebnissen und den gemachten Erfahrungen werden bereits in den 60er Jahren Meliorations- und Rekultivierungsverfahren entwickelt. Landschaftsökologisch betrachtet kommt es nach mehreren Jahrzehnten zu Kulturböden von einer Qualität, die den von der Natur geschaffenen und vom Menschen in langen Zeiträumen entwickelten Böden kaum nachstehen.

Weite, eintönige Ackerflächen und einförmige Forstkulturen, oft auch spontan durch Anflug von Birkensamen entstanden, prägen vielerorts das Landschaftsbild. Trotz erster Anfänge erreicht die Verbindung von Tagebauseen, Wald und Erholungseinrichtungen nicht die Bedeutung, die sie bald nach der Wiedervereinigung bekommen sollte. Die Karte A 3 gibt einen Überblick über die Landinanspruchnahme nach dem Stand vom 1.1.1996 und der Wiedernutzbarmachung für die Landwirtschaft und die Forstwirtschaft. Sie zeigt gleichzeitig die zahlreichen, im Zuge des Braunkohlenabbaues entstandenen großen und kleinen Seen. Die Landinanspruchnahme beläuft sich bis zum 31.12.1995 auf rund 51 360 ha.

Die Gliederung des Teiles 3 über das Mitteldeutsche Braunkohlenrevier entspricht im wesentlichen derjeni-

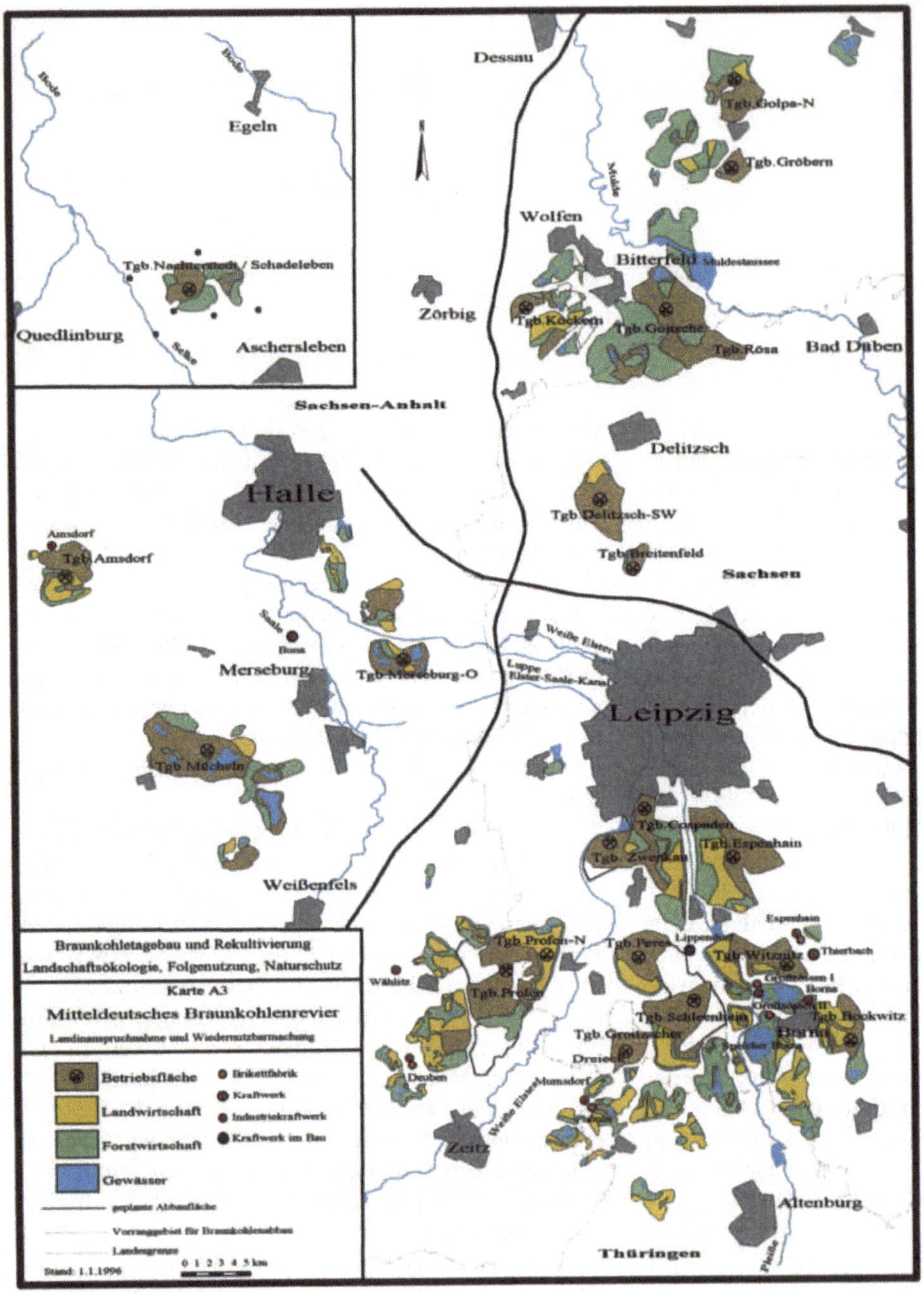

Karte A3. Mitteldeutsches Braunkohlenrevier. Landinanspruchnahme und Wiedernutzbarmachung. Stand 1.1.1996

gen des Rheinischen und des Lausitzer Reviers. Die nach der Wiedervereinigung entwickelten energiepolitischen und raumordnerischen Leitlinien des Bundes und der Länder sowie die daraufhin geschaffenen planungsrechtlichen Grundlagen sind denen des Lausitzer Reviers ähnlich und können dort nachgelesen werden (vgl. hierzu Beitrag 39, Wittig).

Auch im Mitteldeutschen Revier spielen die Belange des Naturschutzes und der Landschaftspflege bei der landwirtschaftlichen und forstlichen Rekultivierung lange Zeit keine nennenswerte Rolle. Dennoch bleiben zahlreiche vernäßte, feuchte, trockene oder steile Hinterlassenschaften der natürlichen Entwicklung überlassen und weisen, obwohl nur selten als Schutzgebiet ausgewiesen, einen hohen Naturschutzwert auf. Nach der Wiedervereinigung werden viele solcher neuen Lebensräume als Natur- und Landschaftsschutzgebiete festgesetzt, künftige Schutzgebiete sind in der Planung oder

Karte B3. Mitteldeutsches Braunkohlenrevier. Natur- und Landschaftsschutzgebiete. Stand 1.1.1996. Die mit N oder L verbundenen Zahlen weisen auf die Namen der Schutzgebiete im Verzeichnis hin.

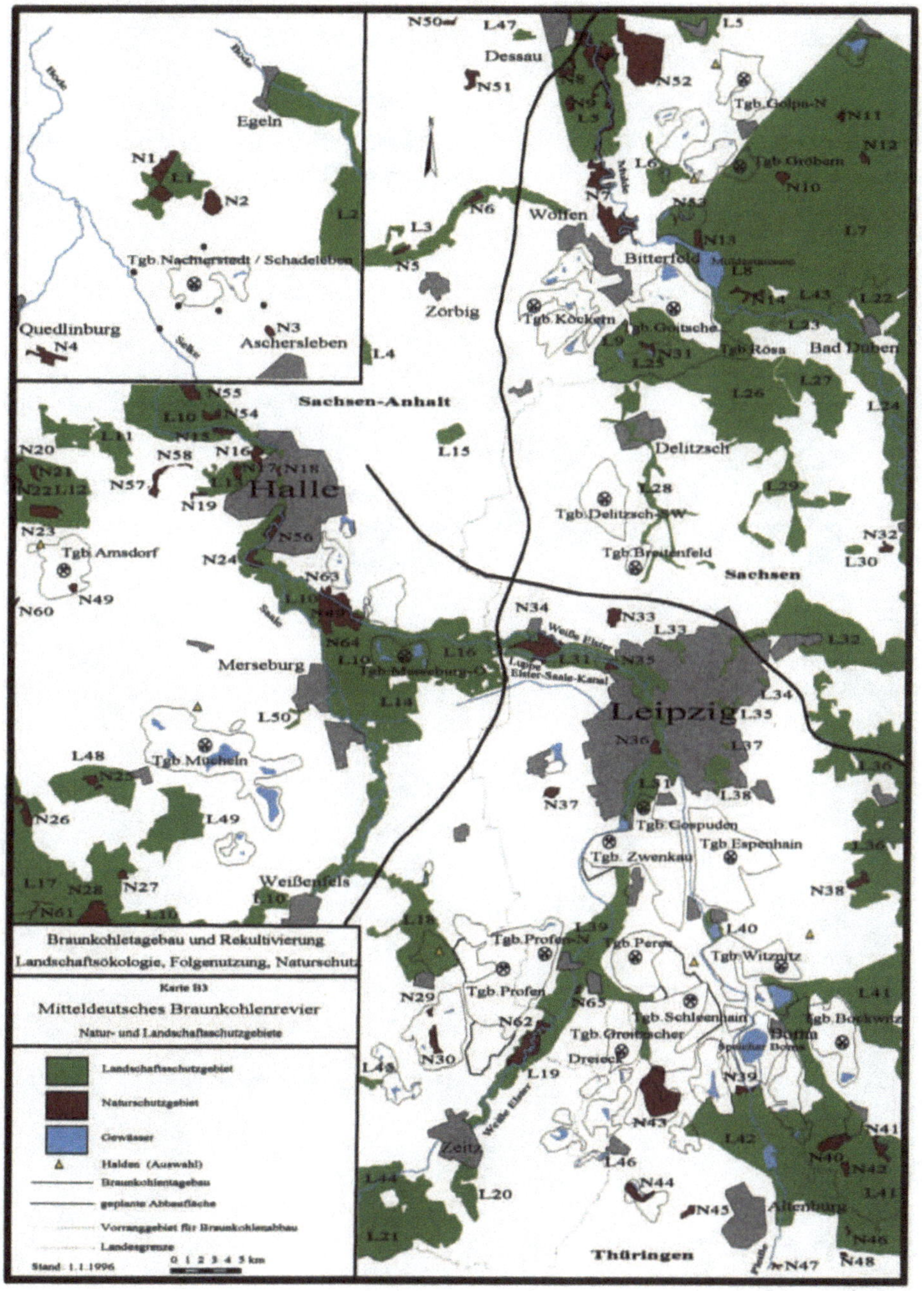

in Aussicht genommen. Die Karte B 3 gibt nach dem Stand vom 1.1.1996 einen Einblick in die in den Tagebaugebieten ausgewiesenen Schutzgebiete, die zumeist mit bereits vorhandenen Schutzgebieten im unverritzten Gelände in Verbindung stehen.

Wolfram Pflug

Verzeichnis der Natur- und Landschaftsschutzgebiete

Naturschutzgebiete

Sachsen-Anhalt:

N 1 Großer Hakel
N 2 Kleiner Hakel
N 3 Wilslebener See
N 4 Seweckenberg
N 5 Cösitzer Teich
N 6 Vogtei
N 7 Untere Mulde
Kleutscher Aue
Stillinge bei Niesau
Forst Saalegast
N 8 Möster Birken
N 9 Taubequellen
N 10 Jösigk
N 11 Mark Naundorf
N 12 Thielenhaide
N 13 Tiefkippe Schlaitz
N 14 Steilhang des Muldetales
N 15 Lunzberge
N 16 Brandberge
N 17 Bischofswiese
N 18 Nordspitze Peißnitz
N 19 Lintbusch
N 20 Lämmerberg und Vockenwickel
N 21 Galgenberg und Fuchshöhlen
N 22 Salzwiesen bei Aseleben
N 23 Salziger See
N 24 Pfingstanger bei Wörmlitz
N 25 Müchelholz
N 26 Trockenrasenflächen bei Karsdorf
N 27 Neue Göhle
N 28 Tote Täler
N 29 Grubengelände Nordfeld Jaucha
N 30 Hochkippe Pierkau
N 49 (Halle-Leipzig-Elsteraue) Auenlandschaft bei Döllnitz
N 50 Rößling
N 51 Braunbach
N 52 Mittlere Oranienbaumer Heide
N 53 Schlauch Burgkemnitz
N 54 Porphyrlandschaft bei Brachwitz
N 55 Porphyrlandschaft bei Gimritz
N 56 Rabeninsel und Saaleaue bei Böllberg
N 57 Schauchenberg
N 58 Muschelkalkhänge zwischen Lieskau, Köllme und Bennstedt
N 59 Arendorfer Kippe
N 60 Kuckenburger Hagen
N 61 Hirschrodaer Graben
N 62 Auenlandschaft der Weißen Elster
N 63 Burgholz
N 64 Collenberger Holz

Sachsen:

N 31 Paupitzscher See
N 32 Torfwiesen Wölpern
N 33 Ehemaliger Exercierplatz
N 34 Luppeaue
N 35 Burgaue bei Böhlitz-Ehrenberg
N 36 Elster- und Pleiße-Auwald
N 37 Kulkwitzer Lachen
N 38 Rohrbacher Teiche
N 39 Haselbacher Teiche
N 40 Eschefelder Teiche
N 41 Streitwald
N 42 Hinteres Stöckigt
N 65 Pfarrholz Groitzsch

Thüringen:

N 43 Phönix Ost/Ruppersdorf-Luckaer Forst
N 44 Tagebaurestloch Zechau
N 45 Lödlaer Bruch und Schlauditzer Holz
N 46 Lainawald
N 47 Fasanerie
N 48 Lainawald

Landschaftsschutzgebiete

Sachsen-Anhalt:

L 1 Hakel
L 2 Bodeniederung
L 3 Fuhneaue
L 4 Petersberg
L 5 Mittelelbe
L 6 Pöplitz
L 7 Dübener Heide (Anteil Sachsen-Anhalt)
L 8 Dübener Heide (Anteil Sachsen-Anhalt)
L 9 Goitsche
L 10 Saale
L 11 Laweketal
L 12 Süßer See
L 13 Dölauer Heide
L 14 Kiesgruben Wallendorf/Schladebach
L 15 Porphyrkuppenlandschaft bei Landsberg
L 16 Elster-Luppe-Aue
L 17 Unstrut-Triasland (Anteil Sachsen-Anhalt)
L 18 Rippachtal
L 19 Elsteraue
L 20 Kuhndorftal
L 21 Zeitzer Forst
L 43 Muldeaue Mittlere Mulde Pouch-Rösa
L 44 Aga-Elstertal
L 45 Maibachtal
L 47 zu Mittelelbe
L 48 Müchelner Kalktäler
L 49 Gröster Berge
L 50 Fasanengrund

Sachsen:

L 22 Dübener Heide (Erweiterung)
L 23 Löbnitz/Roitzschjora (Muldeaue)
L 24 Mittlere Mulde
L 25 Goitsche
L 26 Leine
L 27 Noitzscher Heide und Prellheide
L 28 Loberaue
L 29 Kämmerei Forst
L 30 Kalbsdorfer Teiche
L 31 Leipziger Auewald
L 32 Parthenaue Machern
L 33 Nördliche Rietzschke
L 34 Paunsdorfer Wäldchen
L 35 Östliche Rietzschke-Stünz
L 36 Partheaue (im Verfahren)
L 37 Probstheida/Etzoldsche Sandgrube
L 38 Lößnig-Dölitz
L 39 Elsteraue
L 40 Pleißestausee Rötha
L 41 Wyhra- und Eulaaue

Thüringen:

L 42 Kohrener Land
L 46 Hainbergsee

Quellen: Karte der Schutzgebiete Sachsen-Anhalt (LAU; 1.1.1996)
Karte der Schutzgebiete LRP Ostthüringen; mdl. Rückfrage (10/1996)
Karte der Schutzgebiete Nordwestsachsen (10/1993)

Naturraum und ausgewählte Geofaktoren im Mitteldeutschen Förderraum – Ausgangszustand, bergbaubedingte Veränderungen, Zielvorstellungen

Andreas Berkner

1 Einführung – Naturräumliche Bedingungen im Mitteldeutschen Fördergebiet

Im Unterschied zu anderen, relativ kompakten mitteleuropäischen Braunkohlenfördergebieten wie dem Rheinischen oder dem Nordböhmischen Revier besteht das Mitteldeutsche Fördergebiet aus vier bedeutenden und vier kleineren Teilrevieren, die Anteile der Bundesländer Sachsen, Sachsen-Anhalt und Thüringen einschließen und hinsichtlich ihrer naturräumlichen Bedingungen beträchtliche Unterschiede aufweisen. Die Kernreviere

- Südraum Leipzig (Raum Leipzig-Borna-Altenburg)
- Zeitz-Weißenfels-Hohenmölsen
- Geiseltal
- Gräfenhainichen-Bitterfeld-Delitzsch

umfaßten stets mehrere Tagebaue, bildeten die traditionellen Zentren der Braunkohlenveredlung und hinterließen Landschaftsveränderungen von regionalem Gewicht. Im Gegensatz dazu blieb der Braunkohlenbergbau in den peripheren Revieren

- Halle (Merseburg-Ost)
- Röblingen (Amsdorf)
- Aschersleben-Nachterstedt
- Harbke (Wulfersdorf)

in der Regel auf einen oder wenige, meist kleinere Tagebaue und Veredlungsstandorte beschränkt (Berkner 1989; Abb. 1). Landschaftsveränderungen trugen überwiegend lokalen Charakter. Eine Übersicht zu Lage- und Größenverhältnissen sowie zu ausgewählten Parametern vermittelt Tabelle 1.

Die differenzierte Abbauentwicklung in den Teilrevieren resultiert aus einer Reihe von natur-, wirtschafts- und kulturräumlichen Faktoren:

- 1. Bei einer relativ kompakten Kohleflözbausbildung im gesamten Abbaugebiet (Ausnahme periphere Reviere) bildeten die geologischen Ablagerungsverhältnisse und die Kohlequalitäten markante Einflußgrössen. In der Regel wurden die Abbaufelder mit den günstigsten Abraum-Kohle-Verhältnissen bei gegebenen Entwässerungsmöglichkeiten zuerst und am intensivsten abgebaut, wobei Schwelkohlevorkommen am stärksten, Salzkohlenfelder bislang kaum ausgebeutet wurden.
- 2. Die Braunkohleförderung und -verarbeitung bildete einen Eckpfeiler bei der Industrialisierung Mitteldeutschlands ab ca. 1850. Verbrauchernähe (zunächst Zuckerfabriken und Ziegeleien, später Brikettfabriken, Karbochemie, Kraftwerke) und Verkehrsanbindung (Eisenbahn!) bildeten herausragende Standortfaktoren. Während die Standorte der Kohleveredlung teilweise jahrzehntelang stabil blieben, verlängerten sich die Kohle-Transportwege nach Auskohlung der Lagerstätten in ihrer Umgebung teilweise beträchtlich.
- 3. Abbautechnologische Entwicklungen prägten Umfang und Qualität bergbaubedingter Landschaftsveränderungen entscheidend, wobei der Übergang von saisonal betriebenen Bauerngruben zum industriellen

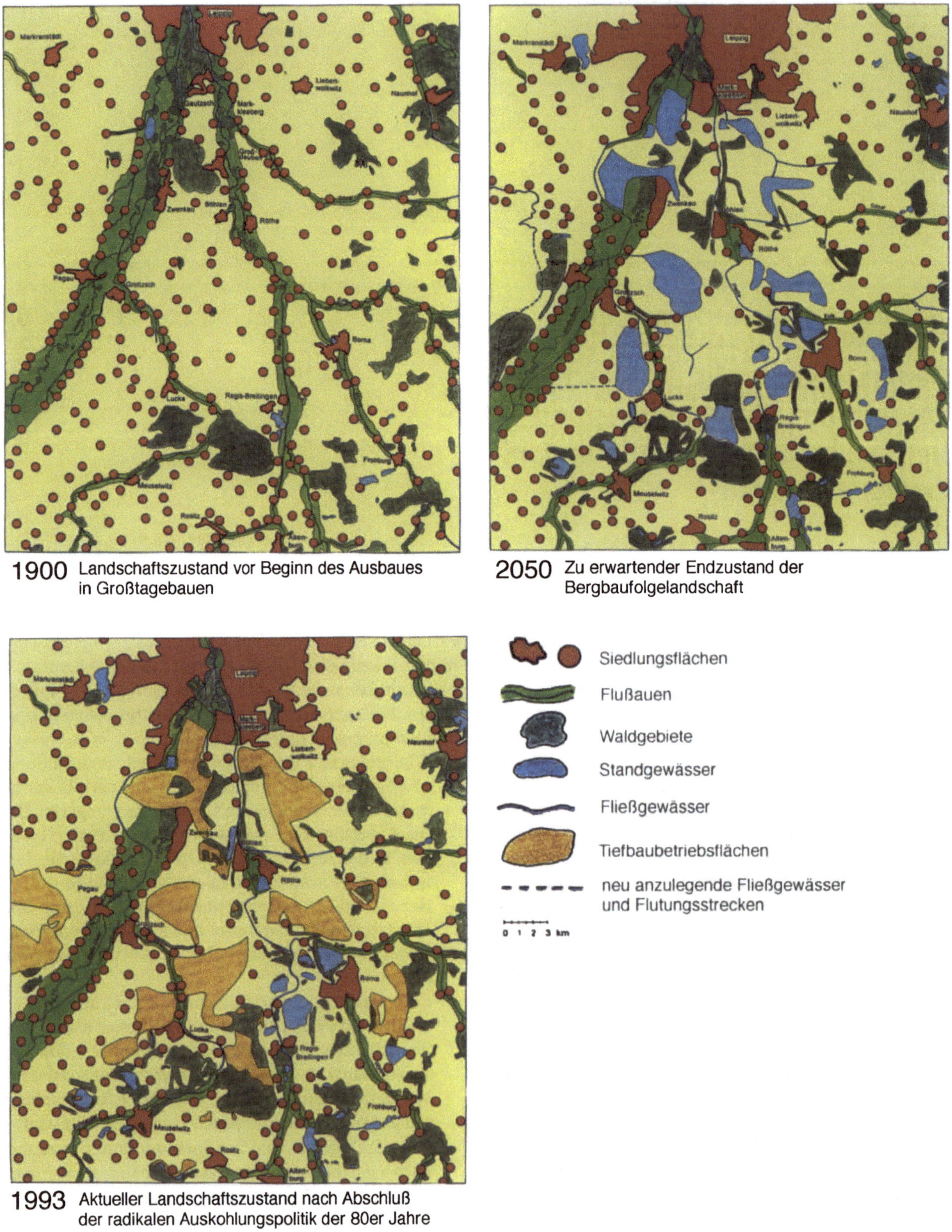

Abb. 1. Braunkohlenrevier Leipzig, Borna, Altenburg. Übersichtskarte und Landschaftszustand um 1900, 1993 und 2050. Regionale Planungsstelle beim Staatlichen Umweltfachamt Leipzig, Referat Braunkohlenplanung; Bearbeiter: Berkner, Thieme, Löber, April 1993

Tabelle 1. Wichtige Kennziffern für Teilreviere des Mitteldeutschen Braunkohlenfördergebietes

Teilrevier	1989 betriebene Tagebaue, ggf. mit Jahre der Stillegung	Förderung nach Tagebauen [Mio. t]			Kohleförderung			[Mio. t] für Gesamtreviere		Abraum-Kohle-Verhältnis [m³/t]	Spezifische Wasserhebung 1989 [m³/t]
		1989	1992	1994	1989	1992	1994	Seit Abbaubeginn (Schätzung)	Höchstes Förderniveau mit Zeitraum		
Südraum Leipzig (Leipzig-Borna-Altenburg)	– Cospuden (1992)	3,6	1,3	-	52,4	20,5	11,9	3 200	68 (1963)	2,0–6,5 : 1 (Mittel 2,7 : 1)	1,68–4,25 (Mittel 2,73)
	– Zwenkau	10,1	4,4	3,1							
	– Espenhain (1994)	9,3	4,4	3,8							
	– Witznitz II (1993)	4,9	4,3	-							
	– Bockwitz (1992)	2,0	0,2	-							
	– Peres (1991)	5,8	-	-							
	– Schleenhain	11,6	6,0	5,0							
	– Groitzscher Dreieck (1991)	5,1	-	-							
Zeitz-Weißenfels-Hohenmölsen	– Profen-N (1991)	3,5	-	-			9,4				
	– Profen-S	12,0	5,8	9,4	14,5	5,8		520	15 (1988–90)	Mittel 4,0 : 1	Mittel 2,37
Geiseltal	– Mücheln (1993)	5,9	3,9	0,008	5,9	3,9	0,008	1 430	41 (1957)	Mittel 1 : 1	Mittel 0,67
Gräfenhainichen-Bitterfeld-Delitzsch	– Golpa-N (1990)	1,0	-	-	23,6	3,7	0,5	970	24 (1957; 1984)	1,1–8,5 : 1 (Mittel 4,0 : 1)	4,24–16,56 (Mittel 9,67)
	– Gröbern (1993)	3,5	1,6	0,4							
	– Goitsche (1991)	5,2	-	-							
	– Köckern (1991)	2,3	-	-							
	– Delitzsch-SW (1993)	9,7	3,7	0,04							
	– Breitenfeld (1991)	1,9	-	-							
Halle	– Merseburg-O (1991)	5,4	0,3	-	5,4	-	-	200	10 (1985)	Mittel 2,0 : 1	Mittel 1,5
Röblingen	– Amsdorf	2,1	0,8	0,5	2,1	0,8	0,5	70	3 (1977–1982)	Mittel 4,8 : 1	Mittel 1,1
Aschersleben Nachterstedt	– Schadeleben (1991)	0,7	-	0,06	0,7	-	0,06	253	6 (1950–1955)	Mittel 2,0 : 1	Mittel 10–12
Harbke	– Wulfersdorf (1990)	0,3	-	-	0,3	-	-	70	3 (1975)	Mitttel 2,5 : 1	Mittel 1,6

Tiefbau (1840–1860), der Beginn einer Abbauführung in Großtagebauen (Tagebau Böhlen – Aufnahme der Kohleförderung 1924) in Verbindung mit dem Einsatz von Abraumförderbrücken (1929) bzw. Schaufelradbaggern (1933) jeweils neue Zeitabschnitte einleiteten.

4. Besiedlungsdichte und die Blockierung von Kohlevorräten durch regionale Schutzgüter beeinflußten die Abbauführung wesentlich. Mit der Durchführung erster Umsiedlungen in Mitteldeutschland zwischen 1925 und 1932 (Nachterstedt, Rusendorf, Gaumnitz, Runstädt) wurde eine Entwicklung eingeleitet, die bis zur Gegenwart zum Total- oder Teilverlust von über 100 Siedlungen mit rd. 45 000 Einwohnern führte. Andererseits bildeten städtische Siedlungen

Tabelle 2. Wichtige Zeitetappen bergbaubedingter Landschaftsveränderungen

Zeitetappe/ Abbauentwicklung	Auswirkungen auf Geofaktoren und Landschaftselemente	Revierspezifische Entwicklungen, Beispiele
1. Vorindustrielle Phase (bis 1850)		
Abbau in „Bauerngruben“ (Tagebaugräbereien und kleine Tiefbaugruben)	Aufgrund geringer Flächenausdehnung prakt. keine Auswirkungen; Kleinformen teilweise noch erkennbar	Konzentration auf oberflächennahe Flöze (Räume Meuselwitz-Rositz und Zeitz-Weißenfels)
2. Frühindustrielle Abbauphase (1879–1929)		
Vorherrschender Abbau im Tiefbaubetrieb bis ca. 1910	Bildung teilweise ausgedehnter Bruchfelder	Schwerpunkte Meuselwitz-Rositz, Zeitz, Kulkwitz, Leipzig
Parallel dazu Abbau in kleinen und mittelgroßen Tagebauen	Entzug von Ackerflächen in relativ geringem Umfang	In fast allen Revieren Mitteldeutschlands
3. Großindustrielle Phase (1920–1950)		
Aufkommen von Großtagebauen, parallel dazu weiterer Betrieb von kleinen und mittelgroßen Tagebauen sowie Tiefbaubetrieben	Vergrößerung des Flächenentzuges; Entstehung größerer Aufschlußhalden und kleinerer Restlöchern; erste Siedlungs-, Trassen- und Gewässerverlegungen	Großtagebaue und erste Ortsverlegungen in allen großen Teilrevieren, aber noch keine grundsätzliche Veränderung des ursprünglichen Landschaftsbildes
4. „Radikale Auskohlungsphase“ (1950–1990)		
Durchsetzen von Großtagebauen mit weiter zunehmender Abbaukonzentration; Verschwinden von Kleintagebauen und Tiefbaubetrieben	Bergbau wird zum maßgeblichen landschaftszerstörenden Faktor; umfangreiche Siedlungs-, Gewässer- und Trassenverlegungen in allen Revieren; Entstehung großflächiger Rekultivierungsdefizite	Im Geiseltal bereits 1955–60, in übrigen Teilrevieren etwas später einsetzende Landschaftsschäden; gleichzeitig
5. Phase der „kleinen Braunkohlenschiene“ (1991–ca. 2040)		
Konzentration der Förderung auf wenige Tagebaue	Drastischer Rückgang aller Abbaufolgen bei grundsätzlichem Weiterauftreten; schrittweiser Abbau von Rekultivierungsdefiziten	Förderkonzentration auf Profen und Vereinigtes Schleenhain; Rückkehr zu quasinatürlichen Verhältnissen in allen Revieren

und Trassenkorridore fast immer markante Abbaugrenzen.

Typisch für den industriellen Braunkohlenabbau in Mitteldeutschland waren eine stets beträchtliche Zersplitterung der Förderstätten (1989: 21 Tagebaue) sowie die im Vergleich zur Lausitz und zum Rheinland relativ geringen tagebauspezifischen Fördermengen (meist 5–8, max. 16 Mio. t/Jahr) bei relativ langen Regellaufzeiten (30–70 Jahre, Berkner 1989; Bilkenroth 1993).

Nach dem absoluten Förderhöhepunkt im Jahre 1960 (141,8 Mio. t) war in den Folgejahren ein kontinuierlicher Förderrückgang zu verzeichnen, dem nach 1980 eine Stabilisierung bei reichlich 100 Mio. t/Jahr (1989: 105,6 Mio. t) folgte. Danach führte der veränderte politische und wirtschaftliche Rahmen für den Braunkohlenbergbau in Mitteldeutschland zu einer drastischen Abnahme der Fördermenge (1992: 36,3 Mio. t in nur noch 11 Tagebauen). Nach Abschluß der Privatisierung der Vereinigten Mitteldeutschen Braunkohlenwerke AG ist nach der Jahrtausendwende noch mit einer Förderung von 20–22 Mio. t in drei Tagebauen zu rechnen.

Gegenüber den Abbaukonzeptionen der Vorwendezeit, die von einer annähernden Aufrechterhaltung des damaligen Förderniveaus über mindestens weitere 60 Jahre ausgingen und mit regionalen Auskohlungsgraden von 60–70 % der Fläche verbunden gewesen wären, kam der Braunkohlenbergbau bis 1993 in zwei größeren (Geiseltal, Gräfenhainichen-Bitterfeld-Delitzsch) sowie drei peripheren Teilrevieren (Harbke, Nachterstedt, Halle) komplett zum Erliegen, wobei ein geordnetes Auslaufen von Tagebauen nicht immer sichergestellt werden konnte. Sanierungsarbeiten, die teilweise noch mit größeren Massenbewegungen verbunden sind, werden bei den bereits stillgelegten Tagebauen noch 20–30 Jahre bis zum Abschluß der Wiedernutzbarmachung erfordern, der für den gesamten mitteldeutschen Raum keinesfalls vor dem Jahr 2050 zu erwarten ist.

Einen Überblick über die wichtigsten Zeitetappen bei der Einwirkung des Braunkohlenbergbaus auf den Naturraum vermittelt Tabelle 2. Gegenüber dem Ausgangszustand lassen sich die maßgeblichen naturraum- und landschaftsbezogenen Veränderungen wie folgt zusammenfassen:

- In Mitteldeutschland wurden seit Förderbeginn über 6 Mrd. t Braunkohle gefördert, was mit begleitenden Massenbewegungen von mindestens 15 km^3 verbunden war und ein entsprechendes Massendefizit in Form von Restlöchern (bei Berücksichtigung von Restlochkomplexen < 1–20 km^2 Fläche, 1–400 Mio. m^2 Volumen, 5–80 m Tiefe) nach sich zog. Nach Müller u. Eißmann (1991) wurde damit der Massenumsatz einer pleistozänen Inlandeisüberfahrung erreicht. Allerdings lag die Umlagerungsgeschwindigkeit um das 1 000fache höher. Signifikante Reliefveränderungen sind die unmittelbare Folge.
- Der Braunkohlenbergbau war bis Ende 1994 mit einer Landinanspruchnahme von 511,5 km^2 verbunden, dem eine gleichzeitige Rückgabe von 256,3 km^2 gegenüber stand. Landwirtschaftliche Nutzflächen, die zu etwa 70 % vom Entzug betroffen waren, konnten trotz Prämissensetzung bei der Wiedernutzbarmachung weder nach Umfang noch nach ihrem Ertragspotential adäquat ersetzt werden. Dagegen war bei Forstflächen ein wesentlicher Zuwachs bei allerdings gegenüber dem Ausgangszustand zumeist eingeschränkter ökologischer Wertigkeit zu verzeichnen, während Wasserflächen quantitativ neue Elemente in den Bergbaulandschaften bilden (MIBRAG 1993).
- Die Kohleförderung war mit beträchtlichen Folgen für den Gebietswasserhaushalt verbunden. Es entstanden tagebauübergreifende Absenkungstrichter, die vorhandene Wasserfassungen erheblich beeinträchtigten. Unterbrechungen bzw. Zerstörungen natürlicher Grundwasserleiter sowie die Verkippung von Mischsubstraten führten zu großräumigen Veränderungen der Grundwasserströme. Fließgewässer mit mittleren Durchflüssen bis zu 60 m^3 wurden verlegt, wobei natürliche Hochwasserretentionsräume in der Regel verloren gingen. Die Grubenwasserhebung belief sich auf bis zu 460 Mio. m^3/Jahr.
- Schließlich führten Ortsverlegungen, bei denen insbesondere typische Dörfer mit 300–700 Einwohnern und nicht selten auch Ortschaften mit 1 000–3 000 Einwohnern untergingen, auch zu beträchtlichen kulturlandschaftlichen Verlusten, für die praktisch keine Ausgleichsmöglichkeiten bestehen. Disperse, zwischen den verbliebenen Trassenkoridoren gelegene Siedlungen wurden gebietsweise bis auf Reste ausgeräumt. Zahlreiche Denkmalschutzobjekte gingen verloren. Gebiete mit intensiver Landwirtschaft büßten ihre traditionelle Funktionsorientierung ganz oder teilweise ein.

Im Ergebnis eines in Mitteldeutschland historisch über rd. 400 Jahre nachweisbaren und seit etwa 150 Jahren industriell betriebenen Braunkohlenbergbaus bildet die heutige Landschaft in den Förderrevieren zumeist ein Konglomerat mit engräumigen Verzahnungen zwischen verbliebenen „natürlichen Restzellen" (Reste der einstigen Auenlandschaften, Waldgebiete, Flurgehölze), durch Rekultivierungsdefizite aufgeblähten Betriebsflächen (offene Tagebaue, Zwischen- und Endrestlöcher, Kippen-, insbesondere Brückenkippenflächen, Halden), durch Wiedernutzbarmachung und Sukzession gestalteten bzw. geprägten Folgelandschaften (Kippenäcker und -forsten, Tagebaurestseen, trockene Hohlformen, Biotope) sowie Hinterlassenschaften von Industrie und Entsorgung (teilkontaminierte Industriebrachen, Altablagerungen, Deponien; Berkner 1993a, c; Hildmann 1993).

Nachfolgend soll der Versuch unternommen werden, die markantesten bergbaubedingten Veränderungen im

Geofaktorengefüge im Vergleich zwischen Ausgangssituation, aktuellem Zustand und zu erwartendem Endzustand darzustellen.

2
Geofaktoren – Ausgangszustand, bergbaubedingte Modifizierungen, Zielkonflikte

Der Braunkohlenbergbau und die nachfolgende Wiedernutzbarmachung wirkt praktisch auf alle Geofaktoren ein, wobei Intensität und Richtung der Beeinflussungen Unterschiede aufweisen (Bernhardt et al. 1986). Im folgenden sollen das Relief und der Gebietswasserhaushalt einer näheren Betrachtung unterzogen werden. Die hinsichtlich der Bergbaueinwirkungen vergleichbar betroffenen bodengeologischen Verhältnisse werden im Beitrag 64, Wünsche et al. dargestellt; zu anderen Geofaktoren (Mikro- und Mesoklima, Biosphäre) liegen für Mitteldeutschland bislang nur fragmentarische Erkenntnisstände vor.

Relief

Der Braunkohlenbergbau in Mitteldeutschland vollzog sich in seiner Gesamtheit in Tieflandgebieten mit Höhen von 70–200 m NN und streifte nur im äußersten Süden im Bereich des Altenburg-Zeitzer Lößhügellandes geringfügig höher gelegene Gebiete. Typisch für den Ausgangszustand in allen größeren Revieren waren relativ geringe Reliefunterschiede und -energien bei einer Grundgliederung in tischebene Flußauen und dazwischen liegende, meist geringreliefierte Platten:

- Der Raum Gräfenhainichen-Bitterfeld-Delitzsch wurde durch die Flußauen von Mulde (Höhenlage im Süden ca. 85, im Norden ca. 70 m NN, Breite 2,5–4,0 km) und Nebenflüssen (Lober, Leine, Sollnitzbach, Mühlbach) geprägt. Bei mittleren Geländehöhen von 75–90 m im Bereich der pleistozän geprägten Hochflächen und Maximalwerten von 117–133 m wurden Reliefenergien von 10 m/km^2 nur selten überschritten, wobei Festgesteindurchragungen, Talränder und Endmoränenzüge die markantesten Geländeformen bildeten (Böttcher 1993).
- Typisch für den Südraum Leipzig war eine Grundgliederung zwischen den Flußauen von Weißer Elster (Höhenlage im Süden 130, im Norden 110 m NN, Breite 2,0–3,0 km), Pleiße (im Süden 150, im Norden 115 m NN, Breite 1,5–2,0 km) und Nebenflüssen sowie dazwischen liegenden, in der Regel 10–15 m über dem Auenniveau liegenden Platten. Bei einer fast ausnahmslos unter 10 m/km^2 liegenden Reliefenergie blieben markante Geländeformen auf die Lößrandstufe im Raum Altenburg-Zeitz beschränkt. Der Gesamthöhenunterschied umfaßte auf ca. 45 km Entfernung lediglich 130 m.
- Etwas stärker reliefiert ist das durch größere Flußauen (Saale, Weiße Elster) lediglich tangierte Zeitz-Weißenfelser Revier, das in seinem überwiegenden Teil bereits dem Lößhügelland zuzurechnen ist und durch stärker eingetiefte Flußtäler mit Hangneigungen bis 10° (Rippach und Nebenflüsse) sowie bis zu 25 m aufragende Hügel und Kuppen geprägt wird. Die Reliefenergiewerte lagen im Norden verbreitet unter 10 m/km^2 und erreichten im Süden bis zu 25 m/ km^2, der Gesamthöhenunterschied zwischen Elsteraue und Lößhügelland belief sich auf ca. 100 m auf rund 10 km Entfernung (Barthel 1962; Hoffmann 1993).
- Das Geiseltal wurde durch die flache Tallandschaft der Geisel (Höhenlage im Westen 130, im Osten 100 m NN, Breite 0,3–1,0 km) geprägt, die im Norden, Westen und Süden durch weiträumige, überwiegend flache Lößplatten (mittlere Höhenlage im Norden 100–110, im Westen und Süden 120–150 m) ohne markante Reliefformen (Ausnahme Muschelkalk- und Buntsandsteinflanken im oberen Geiseltal) begrenzt wurden. Die Reliefenergie lag verbreitet unter 5 m/km^2, der Gesamthöhenunterschied belief sich auf lediglich etwa 50 m (CUI Halle 1991).

Bergbaubedingte Reliefveränderungen im Mitteldeutschen Abbaugebiet wurden insbesondere durch Barthel (1960, 1962) umfassend beschrieben. Bezogen auf das Mesorelief bestehen die wesentlichen Veränderungen gegenüber dem Ausgangszustand in

- tagebaubedingten Übertiefungen (Hohlformen mit Eintiefungen von 50-> 100 m gegenüber dem umliegenden Geländeniveau und z. T. zeitweiligen Sohlenhöhen von -35 bis +10 m NN im Geiseltal, 0–20 m NN in der Goitsche und 40–80 m NN im Südraum Leipzig sowie im Zeitz-Weißenfelser Revier) mit Begrenzung durch relativ steilwandige Böschungssystemen in Kippen- und unverritzten Bereichen.
- der Anlage von über Flur geschütteten Abraumhalden mit Rauminhalten von 5–85 Mio. m^3 und relativen Höhen von 20–68 m, die fast ausnahmslos markante Vollformen im Gelände bilden und in einer Reihe von Kreisen zu den höchsten Geländeerhebungen wurden [Hochhalde Gröbern (Bitterfeld/Gräfenhainichen) + 140 m, Halde Trages (Borna) + 228 m, Halde Mücheln (Merseburg) + 218 m NN] und
- der weitgehenden Nivellierung der ursprünglichen Reliefunterschiede im Bereich jüngerer, landwirtschaftlich wiedernutzbargemachter Kippenflächen, die sich heute als oft tischebene Bereiche ohne Bearbeitungshindernisse für die maschinelle Bewirtschaftung, aber auch ohne Reliefdominanten darstellen.

Die meisten, bislang durch den Bergbau geschaffenen bzw. hinterlassenen Reliefformen tragen ausgesprochen technogenen Charakter mit Bermen, Zehrstreifen und Plateaus, geometrischen Begrenzungselementen sowie sehr gleichmäßigen Hangneigungsverhältnissen. Ursachen dafür waren sowohl Gestaltungsanforderungen zur Gewährleistung der Standsicherheit als auch eine bis in die jüngste Vergangenheit hinein festzustellende Vernachlässung von Aspekten der Landschaftsgestaltung und -ästhetik.

Aktuelle morphodynamische Prozesse bestehen insbesondere in Hangzerschneidungen durch Wassererosion bei Starkniederschlägen und während der Schneeschmelze, Sedimentablagerungen in Form von Schwemmkegeln an den Böschungsfüßen sowie dem vereinzelten Auftreten von Hangrutschungen oder Dispositionen für Setzungsfließrutschungen, wobei die Massenumsätze zwischen 10^0 (Rinnenerosion mit Schwemmkegelbildung) und 10^6 t pro Ereignis (Hang- und Setzungsfließrutschungen) liegen. Sie prägen in erster Linie das Mikrorelief und sind für die Großformen nur von untergeordneter Bedeutung. Teilweise noch nicht vollständig inaktive Bruchfelder als Hinterlassenschaft des Braunkohlentiefbaus mit aktuellem Verwahrungsbedarf konzentrieren sich im Raum Meuselwitz-Rositz.

Ein Spezifikum bilden die Brückenkippenflächen der Tagebaue Zwenkau, Espenhain, Profen-Nord und Delitzsch-Südwest, die auf jeweils mehreren hundert Hektar Fläche durch Rippenkippen parallel zur Tagebaustrosse und mit relativen Höhenunterschieden von bis zu 10 m zwischen Rippenscheiteln und -tälern geprägt werden. Ihre Sanierung durch die Aufbringung einer weiteren Kippscheibe zur Entstehung von Landflächen oder ihre sichere Überstauung nach abgeschlossenem Grundwasserwiederanstieg, untergeordnet auch durch Planieren oder ihre Aushaltung als natürliche Sukzessionsflächen, bilden erstrangige Anliegen der Wiedernutzbarmachung.

Nach Stillegung der meisten Tagebaue in Mitteldeutschland stehen Abraummassen zur Veränderung der aktuellen Reliefformen nur noch in begrenztem Umfang zur Verfügung. Technologische Spielräume wurden enger. Kernprobleme bilden dabei

- nicht dauerstandsicher geschnittene Böschungssysteme in Restlochbereichen, die ursprünglich komplett verfüllt werden sollten und nun durch Abschiebungen oder Anstützungen saniert werden müssen (Beispiel Tagebau Goitsche, Raum Bitterfeld)
- nicht abschließend gestaltete Absetzerkippen besonders in Grenzbereichen zu künftigen Tagebaurestseen (Abflachungsbedarf vorbeugend gegen Setzungsfließrutschungen im Unterwasserbereich auf 1:10 oder flacher (Beispiel Tagebau Peres, Südraum Leipzig)
- fehlende Massen zum Überzug von Brückenkippenmassiven, die im Zuge des Grundwasserwiederanstieges nicht sicher unter Wasser gehen (Ausgleich durch erstmals in dieser Größenordnung vorgesehene Wiederaufnahme von wasserungesättigten Brückenkippensubstraten (Beispiel Tagebau Espenhain, Südraum Leipzig) und
- der Massenbedarf zur Trassierung von tagebauquerenden Verkehrswegen (Bereitstellung durch technologische Umrüstung des Tagebaues für Restlaufzeit oder durch Kippenrückgewinnung (Beispiele Tagebaue Zwenkau und Espenhain, Südraum Leipzig).

Im Zuge der Sanierung sind etwa 90 Restlöcher mit einem Gesamtvolumen von mindestens 2,5 Mio. m^3 und einer Böschungslänge von rd. 500 km kurz- und mittelfristig zu gestalten. Dabei sind weitere Massenbewegungen im Umfang von etwa 300 Mio. m^3, etwa zu gleichen Teilen für Anschüttungen und Abflachungen, erforderlich.

Grundtendenzen der künftigen Reliefgestaltung sind abzusehen. Vorhandene Vollformen bleiben in der Regel erhalten, weil ihre Rückgewinnung und Verfüllung in Restlochbereiche aufgrund der zwischenzeitlich eingetretenen Wassersättigung meist ausgeschlossen werden müssen. Unwahrscheinlich sind auch Reliefveränderungen im Bereich bereits wiedernutzbargemachter Kippenflächen sowie Uferlinienkorrekturen an Tagebaurestseen mit abgeschlossener Wasserfüllung. Dagegen verfügen insbesondere Neukippenbereiche (Herstellung naturnaher Geländeformen – (Beispiel Tagebau Schleenhain - Zwischenrestloch Großstolpen) und entstehende Restseen (Gliederung der Uferbereiche und Anlage begrenzter Flachwasserzonen – bislang ohne Beispiel) teilweise noch über erhebliche Gestaltungsspielräume. In Rechnung zu stellen ist, daß in Mitteldeutschland noch über 100 km^2 Restlochflächen unter Wasser gehen werden, wodurch unter Rasensohlenniveau gelegene Reliefformen nur noch teilweise in Erscheinung treten.

Wasserhaushalt

Die bergbauunbeeinflußten Grundwasserverhältnisse in Mitteldeutschland gestatteten trotz beträchtlicher hydrogeologischer Unterschiede (im Raum Gräfenhainichen-Bitterfeld-Delitzsch relativ einfache Struktur mit zwei Hauptgrundwasserleitern, im Südraum Leipzig bis zu fünf Hauptgrundwasserleiter mit teilweise komplizierten hydraulischen Verbindungen) in der Regel die regionale Wasserbedarfsdeckung aus eigenen Ressourcen. Die hydrographischen Verhältnisse wurden durch eine Konzentration von natürlichen und künstlichen Vorflutern (Mühlgräben) in den Auenbereichen bei ausgeprägter Gewässerarmut in den angrenzenden Lößplatten sowie ein weitgehendes Fehlen von natürlichen Standgewässern geprägt. Das Abflußregime der Fließgewässer unterlag angesichts des vorherrschenden Ackerbaues und der relativen Waldarmut in allen großen Teilrevieren Mitteldeutschlands beträchtlichen Schwankungen, die sowohl periodische Überschwemmungen der Auenbereiche als auch länger anhaltende Wasserklemmen einschlossen (Berkner 1993b; Wolf 1993).

Nachdem der Bau von Talsperren an den Oberläufen von Saale, Weißer Elster, Mulde und Nebenflüssen ab 1920 erste Abflußregulierungen (Hochwasserschutz, Niedrigwasseraufhöhung) bewirkte, trat der Braunkohlenbergbau als Einflußfaktor etwa gleichzeitig zunächst lokal, nach 1950 auch regional, in Erscheinung.

Nutzungsanforderungen der kohlenveredelnden Industrie sowie der Großchemie führten dazu, daß der Raum Leipzig-Halle aufgrund des begrenzten Eigendargebotes und der massiven Abwasserbelastungen zum wasserwirtschaftlich kompliziertesten Raum in der früheren DDR mit 5- bis 7facher Wassernutzung in Trockenzeiten und Gewässerbelastungen mit großer Reichweite wurde (Berkner 1987). Die Hauptveränderungen sind wie folgt zu benennen:

- Es erfolgte eine weiträumige Grundwasserabsenkung bis ins Liegende (Absenkungsbeträge im Mittel 50–70, max. -130 m), wobei sich aufgrund der engen räumlichen Nachbarschaft der Tagebaue großflächige, zwischen dem Südraum Leipzig und dem Raum Zeitz-Weißenfels sogar revierübergreifende Grundwasserabsenkungstrichter gebildet haben. Die in Mitteldeutschland betroffene Gesamtfläche beläuft sich gegenwärtig auf rd. 1 100 km^2 (davon ca. 700 km^2 im Südraum Leipzig und angrenzenden Gebieten, 250 km^2 im Raum Gräfenhainichen-Bitterfeld-Delitzsch).
- In und zwischen Grundwasserleitern bestehende hydraulische Verbindungen wurden durch Entwässerung oder Devastierung unterbrochen. Das Einbringen von Mischkippen in Abbauhohlformen führt zur Entstehung eines gegenüber früher mehreren Grundwasserleitern mit allerdings wesentlich ungünstigerem Durchlässigkeitsbeiwert (in pleistozänen Schottern 10^{-1}–10^{-3}, in Mischkippen in Abhängigkeit vom Anteil bindiger Substrate 10^{-6}–10^{-8} m/s), die im Grundwasseranströmbereich bereits zu Staueffekten mit resultierender Oberflächenvernässung (Beispiel Raum Lobstädt - Südraum Leipzig) geführt haben.
- Zwei Drittel der Grubenwasserhebung (1992: 280 Mio. m^3, davon 170 Mio. m^3 Filterbrunnenwasser) bestehen aus statischen, d. h. nicht erneuerbaren Grundwasserressourcen. Bei Berücksichtigung von offenen Hohlformen (derzeit ohne die Tagebaue Vereinigtes Schleenhain und Profen rd. 2,5 km^3, wobei dort bis zur Abbaueinstellung ca. 1 km^3 zusätzlich in Erscheinung tritt) und Porenvolumen (Regelfaktor 1,2–1,5 gegenüber Volumen offener Hohlformen) sind in den nächsten Jahrzehnten etwa 8 km^3 Flutungswasser zum Ausgleich der Defizite vonnöten.
- Fließgewässerverlegungen betrafen insbesondere die Mulde (Goitsche), die Weiße Elster (Zwenkau), die Pleiße (zwischen Regis-Breitingen und Markkleeberg fast vollständige, teilweise mehrfache Verlegung auf 35 km Lauflänge bei Laufverkürzung um 10 km) und Geisel (teilweise Verlegung über Kippendamm). Die Verlegungsabschnitte wurden zumeist im Trapez- oder Doppeltrapezquerschnitt mit Geraden und Kreisbögen als Trassierungselemente ausgeführt, weisen zahlreiche Gefällestufen an den Übergängen einzelner Laufabschnitte auf und wurden in Teilabschnitten unter Verwendung unterschiedliche Materialien (Ton, Folie, Bitumenbeton) gedichtet.
- Das Abflußregime von kleineren Fließgewässern wurde erheblich verändert. So führten als ständige Niedrigwasseraufhöhungen wirksame Grubenwassereinleitungen zusammen mit anderen Nutzungseinflüssen (Überleitungen) in der Pleiße, trotz bergbaubedingter Einzugsgebietsreduzierung, zu einer langjährigen Aufhöhung des Mündungsabflusses von 4,8 auf 7,2 m^3/s bei starker Vergleichmäßigung des Abflußganges. Andererseits wurden nach Reduzierung der Einleitungen im trockenen Sommer 1992 am Pegel Böhlen nur noch 1,3 m^3/s gemessen, nachdem vorher jahrzehntelang 3 m^3/s nie unterschritten worden waren (Berkner 1987, 1993b).
- Schließlich führte die Inanspruchnahme von Auenbereichen zum Verlust von natürlichen Hochwasserretentionsflächen (Mulde und Weiße Elster jeweils etwa 15, Pleiße 70 Mio. m^3), die zumeist in bergbaubedingten Speichern (bislang verfügbarer Gesamtstauraum in Mitteldeutschland ca. 100 Mio. m^3) ersetzt wurden. Insgesamt entstanden bislang Wasserflächen im Umfang von ca. 20 km^2 ohne Berücksichtigung von teilgefüllten oder nicht abschließend wiedernutzbargemachten Bereichen.

Weitere bergbaubedingte Folgen für den Gebietswasserhaushalt (Beeinflussung von Trinkwasserfassungen, Auswirkungen auf Feuchtgebiete) können hier nur gestreift werden. Insgesamt muß festgestellt werden, daß sich im Laufe der Jahrzehnte eine extrem starke Abhängigkeit zwischen Bergbau und regionaler Wassernutzung herausgebildet hat, bei der der Tagebau einerseits als Störfaktor, andererseits als Wasserlieferant für Industrie, Trinkwasserwerke (teilweise über einen Ausgleich bergbaubedingter Dargebotsverluste hinaus) und zunehmend auch für ökologische Zwecke (Beispiele Bewässerung Eichholz Zwenkau, Grenzgraben Cospuden, Floßgraben-Rückverlegung Profen) in Erscheinung tritt.

Hauptanliegen der nächsten Jahrzehnte wird es sein, den gebietlichen Wasserhaushalt auf quasi-natürliche und im wesentlichen nachsorgefreie Verhältnisse zurückzuführen, wobei folgende Probleme zu bewältigen sind:

- Aufgrund der in Mitteldeutschland überwiegend langen Grundwasserwiederanstiegszeiten (30-> 100 Jahre) sowie zur Gewährleistung der Standsicherheit von Böschungssystemen wird die Einleitung von Oberflächenwasser unumgänglich sein, wobei aufgrund des begrenzten Dargebotes und bestehender Abwasserbelastungen eine zeitliche Staffelung von Flutungszeiträumen, die Wasserzuführung über relativ lange Flutungsstollen oder -kanäle, eine konsequente Einzugsgebietssanierung und im Bedarfsfalle eine Vorbehandlung des einzuleitenden Wassers nötig sind.
- Bei den entstehenden Tagebaurestseen sind limnologisch stabile Verhältnisse anzustreben, die, insbesondere durch ausreichende Wassertiefen (> 20 m) und eine ausreichende Flutungswasserqualität, zu

sichern sind. Flache Restseen, die sich teilweise nicht vermeiden lassen (Beispiel Haselbach III) bergen bei vorhandenen Nährstoffeinträgen (Landwirtschaft, Vorfluter, Naherholung) stets das Risiko einer raschen Eutrophierung mit sich. Verdunstungs- und Versickerungsverluste im Bereich von Tagebaurestseen wirken verstärkt dargebotszehrend.

- Mit dem Grundwasserwiederanstieg können bislang weitgehend trocken liegende Altdeponien (Chemiealtlasten, unkontrollierte Müllablagerungen wieder in den Bereich der Grundwasserzirkulation gelangen, was in vielen Fällen eine Mobilisierung von Schadstoffen zur Folge hätte. Hauptbeispiele für derartige Situationen sind der Raum Goitsche-Bitterfeld sowie das Geiseltal. Hier wird deutlich, daß eine komplexe Sanierung auch außerhalb der Verantwortung des Bergbaus liegende Bereiche einbeziehen muß, wobei hinsichtlich der Abschätzung von Gefahrenpotentialen und daraus abzuleitender Maßnahmen noch Erkenntnisdefizite bestehen, die maßgeblich auf die bislang unzureichende Vernetzung an sich fundierter Einzeluntersuchungen zurückzuführen sind. Zu erwähnen ist auch der Salzwasseraufgang in einzelnen Restlöchern (Merseburg-Ost).

Trotz der aufgezeigten Bergbaufolgen ist eine Vision realistisch, die etwa Mitte des nächsten Jahrhunderts in den Mitteldeutschen Braunkohlenrevieren Wasserflächen mit 120–130 km^2 Fläche erwarten läßt. Darunter werden die Restseekomplexe Geiseltal und Goitsche mit jeweils etwa 20 km^2 in die Reihe der 15 größten Seen Deutschlands aufrücken (Schröder 1989, Interessen- und Förderverein „Geiseltal" e. V. 1991). Tagebaurestseen werden gleichermaßen Möglichkeiten für Naherholung, großflächige Vorranggebiete für den Naturschutz und Speicherwirtschaft bei Beachtung möglicher Nutzungskopplungen und erforderlicher Restriktionen bieten. In Verbindung mit ihrem Umfeld (Kombination Wald - Freiflächen - Wasser) können sie nachhaltig zum Aufbau eines positiven regionalen Images beitragen.

3 Bergbaubedingte Landschaftsveränderungen – Fallbeispiele für Teilreviere des Mitteldeutschen Fördergebietes

Durch die Vereinigten Mitteldeutschen Braunkohlenwerke AG wurde zum Jahresende 1992 ein bis dahin erfolgter Gesamtflächenentzug von 469,3 km^2 bei einer gleichzeitigen Wiedernutzbarmachung von 220,2 km^2 ausgewiesen (Tabelle 3). Auch wenn in dieser Aufstellung eine Reihe von längst wiedernutzbargemachten Alttagebauen nicht enthalten sind, werden die Proportionen der bergbaubedingten Flächennutzungsveränderungen hinreichend deutlich:

- Der Wiedernutzbarmachungsgrad von lediglich 46,9 % (bei Berücksichtigung von Alttagebauen ca. 55 %) ist Ausdruck beträchtlicher Rekultivierungsdefizite, die insbesondere durch Hohlformen und Brückenkippenflächen verkörpert werden. Nachdem lediglich in den 70er Jahren kurzzeitig ein Überhang von Flächenrückgaben gegenüber gleichzeitigen Devastierungen zu verzeichnen war, besteht nunmehr die Chance zu einer Trendwende auf Dauer.
- Entzogene landwirtschaftliche Nutzflächen, insbesondere Ackerflächen, wurden trotz absoluter Priorität bei der Rekultivierung nur zu etwa 27 % ersetzt, wobei in Abhängigkeit von der Verfügbarkeit kulturfähiger Substrate beträchtliche Unterschiede zwischen den Teilrevieren auftraten. Substrat- (Skelettreichtum, Schlaginhomogenitäten) und strukturbedingte Nachteile (Verdichtungsneigung, Stauwasser) beeinträchtigen das Ertragspotential von Kippenböden (CUI Halle 1993 b).
- Quantitativ günstiger ist die Situation bei Forstflächen, wo der Entzug zu 163 % mehr als ersetzt wurde, und bei Wasserflächen, bei denen trotz Nichtberücksichtigung einiger Objekte im Rahmen der Wiedernutzbarmachung eine Erweiterung auf das Zehnfache erfolgte. Bei den Kippenforsten ist anzumerken, daß teilweise flächenhafte Pappelaufforstungen bereits schlagreif und anspruchsvolle Aufforstungen mit standorttypischen Gehölzen überwiegend noch sehr jung sind, wodurch der ökologische Ausgleich eingeschränkt wird.

Nachfolgend soll anhand von Fallbeispielen der Versuch unternommen werden, bergbaubedingte Landschaftsveränderungen mittels Flächennutzungsdaten zu skizzieren, die sich trotz nicht durchweg gegebener Datenvergleichbarkeit als Indikator eignen und zugleich unterschiedliche Entwicklungen in Teilrevieren verdeutlichen.

Der Südraum Leipzig (Raum Leipzig - Borna - Altenburg)
Der durch das Städtepolygon Leipzig - Zeitz - Altenburg - Bad Lausick - Leipzig einzugrenzende Südraum Leipzig war mit einem Anteil von knapp 50 % an der Gesamtbraunkohlenförderung in Mitteldeutschland beteiligt. Ein regionaler Auskohlungsgrad von etwa 35 % (in den Abbaukerngebieten bis zu 70 %) war die Folge, der Gesamtflächenentzug umfaßt bislang rd. 220 km^2. Standorte von Braunkohlenveredlung, Energieerzeugung und Grundstoffchemie (Gesamtfläche ca. 20 km^2 sorgten für weitere Belastungen (CUI 1993a).

Die ursprüngliche und die aktuelle Flächennutzungssituation im Weißelsterbecken können bei Berücksichtigung der vom Bergbau zurückgegebenen Flächen entsprechend Tabelle 4 charakterisiert werden. Am schmerzhaftesten sind die praktisch irreversiblen Verluste bei Auenwiesen, die zu rd. 70 % verloren gingen. Bei Waldflächen ist die Bilanz zwischen Entzug und Wiedernutzbarmachung annähernd ausgeglichen, wobei die Hälfte der ursprünglich vorhandenen Gehölzflächen durch Kip-

Tabelle 3. Bergbaubedingte Landinanspruchnahme und Wiedernutzbarmachung in den Teilrevieren des Mitteldeutschen Fördergebietes (Stand Ende 1992, nach MIBRAG, HA Markscheidewesen)

Teilrevier [km^2]		LN	FN	WN	SN	Gesamt
- Südraum Leipzig[a]	L	144,4	20,5	1,2	12,9	179,0
	W	44,3	29,2	2,0	9,5	85,0
- Zeitz-Weißenfels-Hohenmölsen	L	51,6	0,7	0,0	2,2	54,5
	W	16,7	8,6	0,6	0,7	26,6
- Geiseltal	L	44,1	0,1	0,0	7,7	52,2
	W	10,9	6,0	0,6	5,0	22,5
- Gräfenhainichen-Bitterfeld-Delitzsch	L	80,1	30,9	0,1	8,0	119,1
	W	13,9	30,6	7,9	2,6	55,0
- Halle (Merseburg-Ost)	L	24,4	0,3	0,0	0,0	24,7
	W	5,7	4,5	0,8	5,5	16,5
- Röblingen (Amsdorf)	L	14,2	0,0	0,0	0,4	14,6
	W	4,2	1,8	0,0	0,1	6,1
- Aschersleben-Nachterstedt	L	?	?	?	?	19,4
	W	1,4	4,9	0,0	0,0	6,3
- Harbke (Wulfersdorf)	L	5,0	0,0	0,0	1,0	6,0
	W	1,1	0,0	0,3	0,7	2,1
- MIBRAG (gesamt)[b]	L	363,8	52,5	1,3	32,2	469,3
	W	98,1	85,8	12,2	24,1	220,2

[a] Bei den offiziellen Angaben der MIBRAG zur Flächenbilanz des Südraumes Leipzig werden vor 1967 wiedernutzbargemachte Alttagebaue im Umfang von ca. 40 km^2 nicht erfaßt, was grundsätzlich für alle großen Teilreviere gilt. Insofern stehen die Aussagen in Abschn. 3 nicht im Widerspruch zu den Tabellenangaben.
[b] Landinanspruchnahme ohne Berücksichtigung der nicht verfügbaren Angaben zum Teilrevier Aschersleben-Nachterstedt.
LN - Landwirtschaft, FN - Forstwirtschaft, WN - Wasserflächen, SN - Sonstiges (Wohnsiedlungen, fremde Betriebe, Deponien, Verkehrswege u. a.), L - Landinanspruchnahme, W - Wiedernutzbarmachung

penforsten ersetzt wurde. Aufgrund der meist gegebenen Verfügbarkeit kulturfähiger Substrate (Löß, Auenlehm, elster- und saalekaltzeitlicher Geschiebemergel) war der Rückgang des Anteils landwirtschaftlicher Nutzflächen weniger drastisch als in anderen Revieren. Der Umfang der Wasserflächen hat sich gegenüber der Ausgangssituation etwa versechsfacht.

Der aktuelle Stand der Wiedernutzbarmachung liegt bei 59 %, wobei zwischen den einzelnen Tagebauräumen beträchtliche Unterschiede bestehen (Meuselwitz-Rositzer Revier 72,2 %, Groitzscher Dreieck 3,3 %). Bemerkenswert ist die Tatsache, daß das Revier inzwischen über eine Reihe von meist wassergebundenen Biotopen (Restlöcher Werben, Zipsendorf, Zechau; Diesener u.

Tabelle 4. Flächennutzungssituationen im Südraum Leipzig 1936 und 1992. (Nach CUI Halle 1993a u. Berkner 1993c)

Hauptflächennutzungsart [%]	1936	1992
- Landwirtschaftliche Nutzfläche (überwiegend Ackerland)	68,4	54,0
- Wiesen (insbesondere Auenwiesen)	11,1	3,5
- Waldflächen	9,5	9,8
- Wasserflächen	0,5	3,0
- Verkehrs-, Siedlungs-, Industrieflächen	7,7	16,6
- Betriebsflächen, Rekultivierungsdefizite	2,8	13,1

Sykora 1990; MIBRAG et al. 1993) und Naherholungsgebieten (Speicher Borna, Kulkwitzer See, Harthsee, Hemmendorfer See, Pahnaer See u.a.) verfügt, die erste echte Landschaftsaufwertungen darstellen.

Bis zum voraussichtlichen Ende der Abbautätigkeit ca. 2040 werden in den Abbaubereichen Vereinigtes Schleenhain und Zwenkau noch etwa 23 km^2 Fläche entzogen, die zu mehr als 80 % Ackerflächen bilden.

Nach Abschluß der Folgelandschaftsgestaltung werden Restseen mit ca. 65 km^2 den Südraum Leipzig nachhaltig prägen, wobei ein Wasser- und Waldanteil von zusammen 25–30 % als Zielgröße durchaus realistisch ist.

Tagebaubereich Profen

Im Tagebaubereich Profen (Profen-Nord und -Süd, Domsen, Pirkau), der durch vier benachbarte, mit Ausnahme von Profen-Süd stillgelegte und im Zuge der Wiedernutzbarmachung teilweise technologisch miteinander verknüpfte Einzeltagebaue gebildet wird, wurden seit Beginn der Bergbautätigkeit 54,5 km^2 Flächen in Anspruch genommen, die zu 95 % landwirtschaftlich genutzt worden waren. Forstflächen hatten lediglich einen Anteil von einem Prozent (Hoffmann 1993).

Im Zuge der Wiedernutzbarmachung, die bislang etwa 49 % der devastierten Flächen erfaßte, konnten erste Wurzeln für eine größere, landschaftsaufwertende Nutzungsartenvielfalt gegenüber der bislang vorherrschenden „Kultursteppe" gelegt werden. So entstanden auf Kippenflächen bislang rd. 8,6 km^2 Forstflächen, was einer Verzwölffachung des entzogenen Anteiles entspricht. Mit dem etwa 85 ha großen Mondsee bei Hohenmölsen konnte ein erstes größeres Standgewässer für eine anspruchsvolle Naherholung verfügbar gemacht werden. Die im Tagebau Profen geschaffenen Kippenäcker weisen aufgrund der hier möglichen Kulturbodenwirtschaft auf Lößbasis anerkannt hohe Ertragspotentiale auf.

Der künftige Abbau wird noch etwa 16,6 km^2 Flächen in Anspruch nehmen. Die künftige Bergbaufolgelandschaft wird maßgeblich durch die 9,6 bzw. 8,4 km^2 großen Restseen Domsen und Schwerzau geprägt werden, so daß in Verbindung mit weiteren Aufforstungen auch hier ein Wasser-Waldanteil von 20–25 % als Zielgröße möglich erscheint.

Geiseltal

Aufgrund der spezifischen lagerstättengeologischen Situation im Geiseltal (vgl. Tabelle 1) mit Flözmächtigkeiten bis zu 100 m und einem Abraum-Kohle-Verhältnis von 1 : 1 als Mittel über die Gesamtlaufzeit bestanden im Geiseltal zwar denkbar beste Abbaubedingungen. Gleichzeitig waren Möglichkeiten zur Innenverkippung und umfassende Wiedernutzbarmachungsleitungen eingeschränkt.

Bislang wurden im Geiseltal unter Einschluß des Feldes Roßbach rund 51,9 km^2 Flächen in Anspruch genommen, wobei der Anteil landwirtschaftlicher Nutzflächen mit etwa 85 % überragend war. Die restlichen 15 % wurden durch Siedlungsflächen (18 ganz oder teilweise umgesiedelte Ortslagen mit etwa 17 000 betroffenen Einwohnern) eingenommen, während Wald- und Wasserflächen praktisch keine Rolle spielten.

Der aktuelle Stand der Wiedernutzbarmachung umfaßt nur etwa 43 % der entzogenen Flächen. Bemerkenswert ist die Schaffung von ca. 6 km^2 Wald in einer ursprünglich ausgesprochen waldarmen Region. Mit dem Auslaufen der Braunkohlenförderung 1993 wird sich die weitere, nunmehr sanierungsbedingte Landinanspruchnahme durch Abschiebungen und Kippenrückgewinnung in engen Grenzen halten.

Mit 18,9 km^2 werden fast zwei Drittel der aktuellen Betriebsfläche und rd. 36 % der bergbaulich entzogenen Gesamtfläche Bestandteil des künftigen Restseenkomplexes sein, wobei die Flutung im Zeitraum 1998–2017 über einen 14,3 km langen Stollen von der Saale bei Naumburg aus gesichert werden soll. In den Böschungsbereichen bestehen außerdem begrenzte Möglichkeiten zu Aufforstungen, während für den Umfang landwirtschaftlicher Nutzflächen kaum mehr bergbaubedingte Veränderungen abzusehen sind.

Tagebaubereich Goitsche

Im Gegensatz zu den bislang behandelten Fallbeispielen hatten im Tagebaubereich Goitsche unter Einschluß der Bereiche Holzweißig-West, Goitsche und Rösa Forstflächen einen Anteil von fast 20 % am Gesamtentzug von 60,4 km^2 (in den weiter nördlich gelegenen Tagebaubereichen Muldenstein, Golpa-Nord und Gröbern 50-> 60 %!). Weitere 20 % entfielen auf die Auenwiesen der Mulde. Dagegen hatten Ackerflächen lediglich einen Anteil von etwa 55 % mit Zunahme von Norden (Muldenaue) nach Süden (Sandlößplatte nördlich von Delitzsch). Mit der Abbaueinstellung 1991 konzentrieren sich Flächendevastierungen nunmehr auf die Gewinnung von Sanierungsabraum im Teilfeld Rösa, denen im ungünstigsten Falle noch etwa 160, wahrscheinlich aber nurmehr 20 ha zum Opfer fallen.

Die bislang erfolgte Wiedernutzbarmachung spiegelt sich in einer deutlichen Zweiteilung des Tagebaubereiches wider. Im Bereich Holzweißig ist diese bereits für fast 75 % der Gesamtfläche abgeschlossen, wobei landwirtschaftliche Nutzflächen lediglich zu etwa 5 % ersetzt wurden. Dagegen verzehnfachte sich der Waldanteil, der das Gebiet heute zusammen mit mehreren kleineren, teilweise noch Sanierungsbedarf aufweisenden, teilweise schon naturschutzwürdigen Restlöchern prägt. Der Wasser-/Waldanteil umfaßt heute bereits fast 70 % der ehemaligen Tagebaufläche.

Im Gegensatz dazu liegt der Wiedernutzbarmachungsanteil im Bereich Goitsche/Rösa bislang bei lediglich 40 %. Auch hier erfolgte nur eine bescheidene landwirtschaftliche Wiedernutzbarmachung (6 % des

Entzuges), während sich der Umfang der Forstflächen fast verdoppelte. Hauptbestandteil des bestehenden Sanierungsdefizits ist der ca. 20 km^2 Restlochkomplex, dessen Füllung unter Verwendung von Muldewasser nach erfolgter Hohlformgestaltung 1998 begonnen und vier Jahre später abgeschlossen werden soll.

Im Tagebaubereich Goitsche sind die deutlichsten bergbaubedingten Flächennutzungsveränderungen in Mitteldeutschland überhaupt zu erwarten, die insbesondere durch einen Rückgang landwirtschaftlicher Nutzflächen bis zur Bedeutungslosigkeit sowie einen künftigen Wald-Wasser-Anteil von über 70 % charakterisiert wird, wobei das Umfeld mit dem Restsee Muldenstein (5,0 km^2) und der nahen Dübener Heide ohnehin schon relativ gut ausgestattet ist.

4
Fazit

Keine anderen natürlichen oder nutzungsbedingten Prozesse haben Natur und Landschaft in Mitteldeutschland in relativ kurzer Zeit so nachhaltig verändert wie der Braunkohlenbergbau. Angesichts großflächiger, häufig als „Mondlandschaften" bezeichneter Rekultivierungsdefizite, zahlreicher teilkontaminierter Industriebrachen und vieler in der Vergangenheit nicht gehaltener Versprechen, etwa zur Schaffung von Badeseen, fällt es vielen Betroffenen nach wie vor schwer, an die Vision ökologisch gesunder, stabiler und abwechslungsreicher Bergbaufolgelandschaften zu glauben. Auf der anderen Seite ist nicht zu bestreiten, daß der Bergbau seit geraumer Zeit auch positive Zeichen für die Landschaftsentwicklung setzt. Dazu gehören Überflurkippen mit akzeptablen Wald-Freiflächen-Proportionen (Halde Phoenix-Ost) ebenso wie kleinere (Pahna, Mondsee, Gniester Seen) und größere Restseen (Muldestausee, Kulkwitz, Borna), geologische und naturkundliche Lehrpfade oder schon erwähnte Biotopentwicklungen. Abschliessend sollen einige Thesen zum Problemverständnis formuliert werden:

- 1. Für die meisten Sanierungsprobleme im Mitteldeutschen Braunkohlenbergbau sind Referenzlösungen sichtbar. Die Problematik der vergangenen Jahrzehnte bestand in erster Linie darin, daß gute Einzellösungen nur selten auf die Fläche übertragen werden konnten. Auch künftig wird die Altlastenfinanzierung maßgeblich das Schrittmaß der Sanierung bestimmen.
- 2. Die Planung der Folgelandschaften vollzog sich in den letzten 30 Jahren immer im Nachlauf zu den vom Bergbau geschaffenen Tatsachen. Grundlegende Veränderungen der Rahmenbedingungen für die Braunkohle führten zweimal zu einer Entwertung vorhandener Konzeptionen. Aufgrund der Rasanz erfolgter Tagebauschließungen ist es nach wie vor schwierig, planerisch in die Vorhand zu kommen.
- 3. Eine Rückkehr zur „Landschaft vor der Kohle" ist nicht möglich. Insofern ist ein bloßes Beklagen der Landschaftsverluste der Vergangenheit zwar verständlich, aber nicht produktiv. Die Bergbaufolgelandschaft bietet in Vernetzung mit erhalten gebliebenen „natürlichen Restzellen" gute Chancen zur Landschaftsaufwertung über einen reinen Ersatz hinaus.
- 4. In den Kernrevieren wird die „Landschaft nach der Kohle" kaum vor dem Jahr 2050 zu vollenden sein (Abb. 1). Andererseits ist das nicht so zu verstehen, daß bis zur Mitte des nächsten Jahrhunderts alles im argen liegt und sich dann über Nacht zum positiven ändert. Deshalb ist das Setzen regionaler Zeichen, die die Folgelandschaftsentwicklung erlebbar machen, von großer Bedeutung.
- 5. Zu wenig Berücksichtigung fanden in der Vergangenheit Aspekte der Landschaftsgestaltung. Nutzungsinteressen wurden teilweise überbetont. Angestrebte Mehrfachnutzungen waren nicht immer gleichbedeutend mit ihrer Verträglichkeit untereinander. Inzwischen erfolgte ein gedanklicher Wandel, der in der Ausführung („Glattsanieren" von Böschungen!) aber noch nicht überall Fuß gefaßt hat.
- 6. Trotz der unübersehbaren Hinterlassenschaften von Bergbau und Industrie sind die Mitteldeutschen Braunkohlenreviere keine „ökologischen Katastrophenregionen". Nachfolgende Generationen werden bei konsequenter Nutzung der Chancen zur Aufwertung „weicher" Standortfaktoren und angesichts erspart gebliebener negativer Erfahrungen mit dem Tagebau das Erbe eines über rd. 150 Jahre wertschöpfenden Wirtschaftszweiges unbefangener übernehmen.

5
Zusammenfassung

Nach einer einleitenden Vorstellung der Kern- und peripheren Reviere im Mitteldeutschen Fördergebiet erfolgt zunächst eine allgemeine Darstellung von natur-, wirtschafts- und kulturräumlichen Faktoren, die für differenzierte Abbauentwicklungen verantwortlich waren. Darin schließt sich ein Überblick zur Entwicklung von Braunkohlenförderung und -veredlung in Mitteldeutschland an, der durch eine Zusammenstellung der wichtigsten Zeitetappen und der maßgeblichen abbaubedingten Landschaftsveränderungen untersetzt wird.

Bei der Behandlung der Geofaktoren werden Ausgangszustände, bergbaubedingte Modifizierungen und absehbare Zielkonflikte für das Relief und den Wasserhaushalt exemplarisch dargestellt. Bergbaubedingte Reliefveränderungen werden anhand von Beispielen aus den Kernrevieren erläutert. Darüber hinaus wird auf aktuelle morphodynamische Prozesse sowie Probleme bei der Sanierung von Brückenkippenarealen und der Sanierungsmassenbereitstellung Bezug genommen. Zum Gebietswasserhaushalt erfolgt eine umfassende Darstellung bergbaubedingter Einflußfaktoren und ihrer Auswirkungen (Grundwasserabsenkung und -wiederanstieg, Vernässungserscheinungen, Grubenwasserhebung und -nutzung, Flußverlegungen, Abflußregime, natürliche Hochwasserretention). Anschließend werden Schwerpunkte bei der Rückführung des Gebietswasserhaushaltes auf quasinatürliche Verhältnisse, die eine Schlüsselposition bei der Bergbausanierung einnehmen, erläutert.

Im Rahmen einer Darstellung zu bergbaubedingten Landschaftsveränderungen werden schließlich Fallbeispiele (Südraum Leipzig, Tagebaubereich Profen, Geiseltal, Tagebaubereich Goitsche) vorgestellt. Eine Untersetzung erfolgt durch statistische Angaben zur bergbaubedingten Landinanspruchnahme und Wiedernutzbarmachung, Zeitschnittkarten zur Landschaftsentwicklung und Fotos zu ausgewählten Tagebauen, Kippen- und Restlochbereichen. In einem abschließenden Fazit werden die anstehenden Sanierungsaufgaben als grundsätzlich lösbar eingeschätzt, wobei ihr Abschluß vor Mitte des nächsten Jahrhundert kaum realistisch ist. Das Hauptanliegen der Braunkohlensanierung muß darin bestehen, die Reviere über die Entwicklung „weicher" Standortfaktoren wieder zu attraktiven Ergänzungsräumen für die Großstädte Leipzig, Halle und Dessau zu entwickeln.

LITERATUR

Barthel H (1960) Das Borna-Meuselwitzer Braunkohlenrevier in Vergangenheit und Gegenwart. Sächsische Heimatblätter 1 (4): 193–205, 2 (5): 336–352, Dresden

Barthel H (1962) Braunkohlenbergbau und Landschaftsdynamik. PGM-Ergänzungsheft 270, VEB Haack, Gotha

Berkner A (1987) Die nutzungsgebundene Beeinflussung des Oberflächenwasserhaushalts im Pleiße-Einzugsgebiet. Hall. Jb Geowiss 12: 67–76, VEB Haack, Gotha

Berkner A (1989) Braunkohlenbergbau, Landschaftsdynamik und territoriale Folgewirkungen in der DDR. Petermanns Geogr Mitt 133 (3): 173–190, VEB Haack, Gotha

Berkner A (1993a) Braunkohlenbergbau und Landschaftsplanung im Südraum Leipzig – Sachstand, Perspektiven, Handlungsfelder. Landschaft 2000. Landschaftsplanung in der Region Halle/Leipzig. Dtsch Gesellsch für Gartenkunst und Landschaftspflege e. V., Berlin 1993. S 38–45

Berkner A (1993b) Braunkohlenbergbau, Wasserhaushalt und Gewässerzustand – Problemanalyse und Lösungswege für den Raum Leipzig-Borna-Altenburg. Wasser und Naturschutz. Jb für Naturschutz und Landschaftspflege. Kilda, Greven Bonn, S 58–68

Berkner A (1993c) Der Raum Leipzig-Borna-Altenburg – Wege vom ökologisch belasteten Braunkohlenrevier zur Landschaft nach dem Tagebau. Naturwissenschaftliches aus dem Osterlande (Schriftenreihe der Naturforschenden Gesellschaft des Osterlandes zu Altenburg e. V.), Heft 3. Altenburg

Bernhardt A, Haase G, Mannsfeld K, Richter H, Schmidt R (1986) Naturräume der sächsische Bezirke. Kulturbund der DDR (Hrsg) Sächsische Heimatblätter, Sonderdruck aus den Heften 4/5. Dresden

Bilkenroth K-D (1993) Landschaft nach dem Tagebau – Das Mitteldeutsche Braunkohlenrevier. Landschaft 2000. Landschaftsplanung in der Region Halle/Leipzig. Dtsch Gesellsch für Gartenkunst und Landschaftspflege e. V., Berlin. S 46–53

Böttcher A (1993) Bergbauentwicklung und Landschaftsveränderungen im Tagebaubereich Holzweißig-Goitsche-Rösa. Wissenschaftliche Hausarbeit zur Ersten Staatsprüfung für das Lehramt an Gymnasien, Martin-Luther-Universität Halle (unveröffentlicht)

CUI Halle (1993a) Bergbaufolgelandschaft im Südraum Leipzig – Chancen für eine ökologische Entwicklung. Zuarbeit zum Regionalen Rahmenbetriebsplan Südraum Leipzig, Teilthema Landschaft. CUI Consultinggesellschaft für Umwelt und Infrastruktur mbH Halle, Halle (unveröffentlicht)

CUI Halle (1991) Studie zum ökologischen Raum- und Landschaftskonzept für das Geiseltal. CUI Consultinggesellschaft für Umwelt und Infrastruktur mbH Halle, Halle (unveröffentlicht)

CUI Halle (1993b) Zuarbeit zum Regionalen Rahmenentwicklungsplan Südraum Leipzig (Teilthema Boden). CUI Consultinggesellschaft für Umwelt und Infrastruktur mbH Halle, Halle (unveröffentlicht)

Diesener A, Sykora W (1990) Landschaftspflege und Bergbau. Übersichten und Daten zur Entwicklung der Braunkohlenindustrie unter besonderer Berücksichtigung der Reviere Meuselwitz-Rositz und Borna. Mauritiana 12 (3): 425–441, Altenburg

Hildmann E (1993) Braunkohlentagebau und Landschaftseingriffe – neue Orientierung für die Folgelandschaft. Ber dtsch Landesk 67 (1): 55–66, Trier

Hoffmann K (1993) Bergbauentwicklung und Landschaftsveränderungen im Tagebaubereich Profen-Pirkau-Streckau. Wissenschaftliche Hausarbeit zur Ersten Staatsprüfung für das Lehramt an Gymnasien, Martin-Luther-Universität Halle (unveröffentlicht)

Interessen- und Förderverein „Geiseltalsee e.V." (Hrsg) (1991) Braunkohlenlagerstätte Geiseltal. Gestaltung einer Bergbaufolgelandschaft. Mücheln

Keller H (1989) Abbaukonzeption im Tagebau Mücheln bis zur Beendigung der Kohlegewinnung und Probleme der Nachnutzung des Tagebaurestloches westliches Geiseltal. 75 Jahre Geologische Bearbeitung des Geiseltales. Technische Kurzinformationen, Betriebssektion der Kammer der Technik der Betriebssektion Geiseltal 25 (45/46): 20–28

Krummsdorf A, Grümmer G (1981) Landschaft vom Reißbrett. Urania, Leipzig/Jena/Berlin

MIBRAG, HA Markscheidewesen (1993) Landinanspruchnahme, Betriebsfläche, Wiedernutzbarmachung, Wiederurbarmachung. Veränderungen vom 1.1. bis 31.12.1992 und Bestandsangaben zum 31.12.1992 (unveröffentlicht)

MIBRAG, Naturförderungsgesellschaft „Ökologische Station" Borna-Birkenhain e. V. (Hrsg) (1993) Lebensräume aus zweiter Hand – Landschaften nach der Kohle. Bitterfeld

Müller A, Eißmann L (1991) Die geologischen Bedingungen der Bergbaufolgelandschaften im Raum Leipzig. Abhandlungen der Sächsischen Akademie der Wissenschaften zu Leipzig. Berlin

Schröder A (1989) Zur Problematik hydrogeologischer Untersuchungen im Braunkohlengebiet Geiseltal. 75 Jahre Geologische Bearbeitung des Geiseltales. Technische Kurzinformationen, Betriebssektion der Kammer der Technik der Betriebssektion Geiseltal 25 (45/46): 20–28

TÜV Rheinland (Hrsg) (1991) Ökologisches Sanierungs- und Entwicklungskonzept Leipzig/Bitterfeld/Halle/Merseburg (Langfassung, Bd. A, Umweltbereiche). Köln

Wolf, O. (1993) Bergbaubedingte Veränderunger der hydrographischen Situation im Raum Leipzig-Borna-Altenburg. Wissenschaftliche Hausarbeit zur Ersten Staatsprüfung für das Lehramt an Gymnasien, Martin-Luther-Universität Halle (unveröffentlicht)

Bodenkundliche Kennzeichnung der Abraumsubstrate und Bewertung der Kippenböden für die Rekultivierung

64

Manfred Wünsche, Etnar Vogler und Claus Knauf

1 Einleitung

Die zielgerichtete Rekultivierung der Bergbaufolgelandschaft beginnt bereits mit der Gewinnung und Verstürzung der Abraumsubstrate. Deshalb sind Kenntnisse über deren bodenphysikalisch-chemische Eigenschaften erforderlich.

Unter dem Einfluß bergmännischer Umlagerung der Abraumschichten entstehen Kippenböden, die sich in ihren Merkmalen wesentlich von den natürlichen Böden des Gebietes unterscheiden. Sie besitzen eine eigene Dynamik, die vom Ausgangssubstrat abhängig ist. Die Nutzung dieser anthropogenen Böden wird dann ökologisch und ökonomisch erfolgreich sein, wenn deren spezifische Merkmale berücksichtigt werden.

2 Standortsituation

Das Mitteldeutsche Braunkohlenrevier umfaßt die Teilreviere Leipzig-Delitzsch-Borna, Zeitz-Weißenfels, Halle-Merseburg, Bitterfeld-Gräfenhainichen, Amsdorf und Nachterstedt-Königsaue.

Das Gebiet weist Höhenlagen von 100–200 m ü. NN auf. Die Jahresdurchschnittstemperatur liegt bei 8,0–9,5 ° C, das Jahresniederschlagsmittel beträgt 450–600 mm.

Geologisch ist das Revier durch mächtige tertiäre Beckensedimente gekennzeichnet, die von relativ schichtbeständigen quartären Bildungen überlagert werden. Die Sedimente des Tertiärs sind eozänen bis miozänen Alters. Im Liegenden und Hangenden der Kohleflöze treten fluviatil-limnische und marin-brackische, teils feinkohle- und schwefelhaltige, grob- bis feinkörnige Sande, Schluffe und Tone auf. Die pleistozänen Ablagerungen setzen sich aus elster- und saalekaltzeitlichen Grundmoränen (Geschiebemergel/-lehm), glazifluviatilen Sanden (Schmelzwassersande, Talsande) sowie weichsel-kaltzeitlichem Löß, Sandlöß und Geschiebedecksand zusammen. Holozäne Ablagerungen (Auenlehm/-schluff über Schotter) kommen in den breiten Flußtälern der Saale, Elster, Pleiße und Mulde vor.

Die natürlichen Böden des Raumes werden hauptsächlich agrarisch genutzt. Relevant sind Löß-Parabraunerde, lokal -Schwarzerde und -Pararendzina, ferner Sandlöß-Parabraunerde und -Staugley (Pseudogley) sowie Auenlehm-Gley und -Vega. Vornehmlich im Altmoränengebiet der waldreicheren Dahlen-Dübener Heide liegen Sand-Podsol-Braunerden vor.

Die Abraumtechnologie des Bergbaus gewinnt die Abraumschichten mittels Schaufelrad- und Eimerkettenbagger in mehreren Schnittbereichen. Der Transport der Abraumsubstrate erfolgt im Zug- und im Bandbetrieb. Auf der Kippenseite wurden Rückwärts-, Pflug- und Absetzerkippen mit kulturwürdigen Substraten über Absetzer- oder Förderbrückenkippen angelegt.

Seit Mitte des 19. Jahrhunderts sind im Tagebaubetrieb ca. 46 650 ha Land beansprucht worden. Die wiedernutzbargemachten Flächen betragen ca. 22 000 ha (Hildmann 1993).

3 Kennzeichnung der Abraumsubstrate

Im Rahmen der Vor- und Detailerkundung von Braunkohlenlagerstätten wurden über 100 bodengeologische Vorfeldgutachten erarbeitet, die im wesentlichen Angaben über die vertikale und horizonfale Verteilung der Abraumschichten und deren bodenphysikalisch-chemische Eigenschaften beinhalten (Tabelle 1). Nachfolgend werden die nach grobpetrographischen und stratigraphisch-faziellen Gesichtspunkten geordneten Abraumsubstrate kurz vorgestellt (Wünsche 1974, 1976; Knauf 1974).

3.1 Quartäre bindige Abraumsubstrate

In dieser Gruppe werden Auenlehm, Sandlöß(-lehm), Löß(-lehm), Geschiebemergel(-lehm) und Bänderton zusammengefaßt.

Entsprechend ihrem Gehalt an abschlämmbaren Bestandteilen und quellfähigen Tonmineralen sind sie sorptionsstark. Der Sorptionskomplex der gut gepufferten Substrate ist ausreichend mit metallischen Kationen belegt. Organische Substanzen im A-Horizont der anstehenden Böden führen zur Verbesserung der bodenphysikalisch-chemischen Eigenschaften. Lagerung, Gefüge, Wasserversickerung und Durchlüftung verschlechtern sich bei hohen Schluff- und Tonanteilen. Sowohl bei Löß(-lehm) als auch bei Geschiebemergel(-lehm) mit dichter Lagerung und plattigem bis polyedrisch-prismatischem Gefüge entspricht das Grobporenvolumen häufig nicht den im Hinblick auf Wasserführung und Gasaustausch zu stellenden Forderungen. Diese Merkmale können die Kulturfähigkeit der bodenchemisch hochwertigen Massen z. T. erheblich einschränken. Hinsichtlich des Mineralbestandes (Glimmer, Plagioklas, Kalifeldspat, Calcit, Dolomit) und der Nährstoffbevorratung sind die bindigen quartären Substrate am besten ausgestattet. Das trifft besonders für kalkhaltige Sedimente zu. In Abhängigkeit von der Karbonatführung lassen sich hohe Bodenreaktion und Basensättigung nachweisen.

3.2 Quartäre sandige Abraumsubstrate

Quartäre sandige Abraumsubstrate werden hauptsächlich durch Flußsande und -kiese sowie Schmelzwassersande vertreten.

Diese sind durch geringe Schluff- und Tongehalte gekennzeichnet. Einzelkorngefüge und lockere Lagerung herrschen vor. Die Substrate verfügen über hohes Grobporenvolumen. Demzufolge besteht eine starke Luft- und Wasserleitfähigkeit. Besonders für die grob- und mittelkörnigen Flußsande/-kiese sind geringe nutzbare Feldkapazität sowie hohe Durchlässigkeitsbeiwerte kennzeichnend. Den meisten sandigen Substraten gemeinsam ist ferner die niedrige Umtauschkapazität. Mit zunehmenden Anteilen an feineren Kornfraktionen zeichnet sich bei Auen-, Tal- und Schmelzwassersanden die Verbesserung der bodenphysikalischen Eigenschaften ab. Auch für die Kationenbelegung des Sorptionskomplexes können sich bereits die geringen Anteile an Plagioklas, Orthoklas und Glimmer bodenchemisch positiv auswirken. Kleinflächig vorkommende kalkhaltige Sande fallen durch alkalische Bodenreaktion und besseres Puffervermögen auf. In Anwesenheit von Karbonat werden die geringen Phosphorsäuremengen fest gebunden.

3.3 Tertiäre bindige Abraumsubstrate

Hierzu gehören Schluffe und Tone als limnische Bildungen, häufig im Liegenden der Kohleflöze auftretend.

Ihr Kolloidreichtum bedingt unbefriedigende bodenphysikalisch-chemische Verhältnisse. Hervortretende Merkmale sind starke Dichtlagerung und sehr niedrige Grobporenvolumina. Folglich zeigen sie extreme Luftarmut und sehr langsame Wasserbewegung, ferner eine geringe nutzbare Feldkapazität. Im feuchten Zustand verschmieren diese Substrate und werden undurchlässig. In Trockenzeiten verhärten sie und bilden polyedrisch-klumpige Aggregate. Wasserführung und Durchlüftung sind auf größere und kleinere Schwundrisse angewiesen. Die Schluffe und Tone sind arm an verwitterbaren Primärmineralen. Die geringen natürlichen Nährstoffreserven werden durch die Kolloide fest gebunden. Die Dichtlagerung der Substrate ermöglicht eine nur träge Reaktion bodenchemischer Prozesse. Auffallend ist die mäßige Umtauschkapazität in Anbetracht des hohen Gehaltes an abschlämmbaren Bestandteilen. Sie ist mit dem Vorherrschen von Kaoliniten zu erklären. Am Sorptionskomplex überwiegen H-Ionen. Nach längerer Lagerung des Materials und der damit gekoppelten Oxidation von Schwefelverbindungen zu freier Schwefelsäure ist bei schluff- und tonreichen Substraten mit langanhaltender Versauerung zu rechnen. Sie gewinnt unter Berücksichtigung der hohen Pufferung der Massen eine erhebliche Bedeutung.

3.4 Tertiäre sandige Abraumsubstrate

Hierzu werden marin-brackische und fluviatil-limnische Sande gruppiert. Soweit diese Substrate frei von fein-

Tabelle 1. Mittlere bodenchemische Ausstattung ausgewählter Deckgebirgssubstrate des Braunkohlenreviers südlich von Leipzig (Wünsche 1976)

Deckgebirgssubstrat	Korngrößen [M %]					Sorption				Azidität [ml/50 g]		Schwefel		Vollanalyse [M %]				
	n	S	U	T	Skelett >2 mm	Ct [M %]	T [mval/100g]	V [%]	pH (KCl)	Hydrolytische	Austausch	gesamt [M% SO_3]	$CaCO_3$ [M %]	CaO	MgO	P_2O_5	K_2O	Na_2O
Auenlehm (A-Horizont)	45	16	67	17	-2	0,6	22	52	5,3	10,0	0,8	0,3	0,0	1,34	1,14	0,13	2,22	0,74
Löß	23	15	74	11	0	0,3	18	93	7,7	2,2	0,1	0,2	6,9	5,74	1,59	0,13	2,16	1,00
Lößlehm	45	14	67	19	0	0,3	19	56	5,8	5,3	1,2	0,2	0,0	1,35	0,76	0,11	2,34	0,84
Sandlöß	13	34	55	11	4	0,3	12	55	5,7	4,2	0,2	0,2	0,0	1,26	0,44	0,10	2,02	0,73
Geschiebemergel	86	58	28	14	10	0,4	15	100	7,4	1,9	0,2	0,5	6,4	5,85	0,53	0,10	1,68	0,43
Geschiebelehm	61	58	27	15	11	0,2	14	60	5,9	4,6	1,6	0,2	0,0	1,33	0,82	0,12	1,98	0,58
Schmelzwassersande	15	84	10	6	27	0,0	6	55	5,9	2,7	0,2	0,2	0,0	0,92	0,20	0,03	1,04	0,43
Pleist. Flußschotter	34	95	4	1	43	0,0	3	50	5,5	2,8	0,6	0,1	0,0	1,01	0,40	0,03	0,84	0,24
Mittelolig. Formsande	11	78	17	5	2	0,2	9	57	5,2	3,2	1,0	0,3	0,0	0,81	0,31	0,04	2,25	0,41
Mittelolig. Glaukonitsande[a]	18	49	45	6	1	1,3	16	80	7,1	2,8	0,1	2,7	3,9	2,58	1,66	0,09	2,70	0,80
Mittelolig. Braune Sande[a]	23	70	27	3	8	2,9	25	13	2,9	98,0	73,2	4,3	0,0	0,96	0,14	0,05	1,66	0,14
Obereoz. Flußsande	40	92	6	2	22	0,0	3	19	3,7	9,3	4,7	0,6	0,0	0,77	0,32	0,04	0,28	0,10
Obereoz. Flußsande[a]	17	93	5	2	20	0,8	7	14	3,2	22,8	13,7	0,6	0,0	0,87	0,13	0,03	0,13	0,17
Obereoz. Schluffe/Tone	39	19	40	41	0	0,6	15	46	4,5	12,7	7,6	0,6	0,0	0,72	0,23	0,07	1,17	0,12
Obereoz. Schluffe/Tone[a]	35	18	52	30	0	9,8	31	38	4,8	35,9	14,4	2,3	0,0	1,37	0,37	0,05	1,52	0,20

[a] Kohlehaltige Substrate

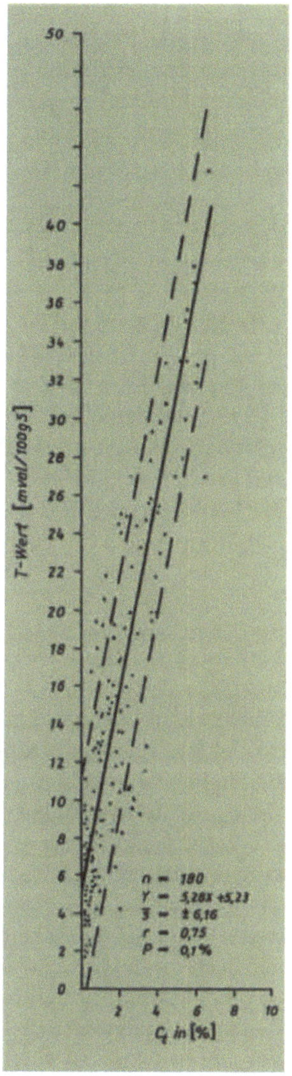

Abb. 1. Beziehungen zwischen Sorptionskapazität und Kohlenstoffgehalt bei sandigen Abraumsubstraten des Tertiärs (Bornaer und Böhlener Schichten)

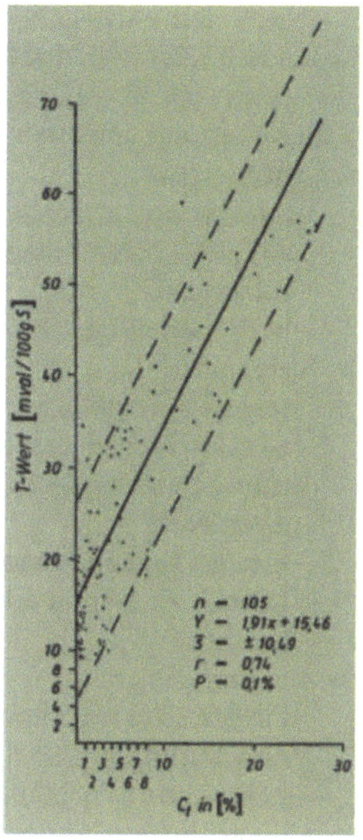

Abb. 2. Beziehungen zwischen Sorptionskapazität und Kohlenstoffgehalt bei bindigen Abraumsubstraten des Tertiärs (Bornaer Schichten)

verteilten kohligen Substanzen und Schwefelkonkretionen sind, ähneln sie in ihren Eigenschaften den quartären Sanden. Der Anteil an Sulfid- und Disulfidschwefel bestimmt das Säurepotential und kann zu extrem saurer Bodenreaktion führen. Zwischen den feinkörnigen marin-brackischen Sanden und den grobkörnigen fluviatil-limnischen Sanden bestehen erhebliche Differenzierungen. Erstere sind hinsichtlich des Mineral- und Nährelementvorrats günstiger beschaffen. Als typisches Merkmal ist der beträchtliche Gehalt an Glimmer zu nennen, der als Kalireserve Bedeutung gewinnt. Letztere hingegen erweisen sich als sehr arm an nährstoffliefernden und -speichernden Mineralen. Wegen ihres sehr niedrigen und in fester Bindung vorliegenden Nährstoffvorrats, insbesondere an zweiwertigen Basen, können freie Säuren nicht abgebunden werden. In diesen grobkörnigen durchlässigen Substraten werden jedoch die Pyritverwitterung und die Wegführung der Verwitterungsprodukte gefördert.

In allen tertiären Abraumsubstraten gewinnen feinverteilte kohlige Beimengungen eine erhebliche Bedeutung für die Substrateigenschaften. Sie verfügen in ausreichendem Maße über reaktionsfähige Substanzen wie Huminsäurevorstufen und Huminsäuren. Dadurch tragen sie zur Erhöhung des Sorptionsvermögens und der Wasserkapazität, insbesondere des pflanzenverfügbaren Wassers, bei (Abb.1 u. 2). Die Pufferung ist umso größer, je kohlehaltiger die Substrate sind. Mit steigendem Kohlegehalt treten ferner höhere Calciummengen auf, die jedoch in schwerlöslicher Bindung als Kalziumhumate für die Reaktionsverhältnisse nicht effektiv werden. Parallel zum Gesamtkohlenstoff steigt und fällt in der Regel der Gesamtschwefelgehalt. Streng genommen trifft diese Beziehung nur auf den organisch gebundenen Schwefel zu. Dieser Befund wird überlagert, wenn Sulfidschwefel zur vorherrschenden Bindungsform wird. Luftzutritt an kohlehaltige Substrate bedingt den anorganischen und mikrobiellen Abbau (*Thiobacillus ferrooxidans* und *Thiobacillus thiooxidans*) und damit die Freisetzung von Sulfaten. Die tertiären organogenen Bildungen sind durch stark festgelegte Stickstoff- und Phosphormengen gekennzeichnet. Die C/N-Verhältnisse liegen generell über 40. Phosphor ist kaum verfügbar, weil dieser auch an Al- und Fe-Oxide und Hydroxide gebunden wird. Die geringen Phosphorgehalte lassen sich auf die Inkohlung der organischen Substanz zurückführen. Im Verlauf des Inkohlungsprozesses, der in einer Verarmung von Sauerstoff und Wasserstoff besteht, werden O- und H-reiche Phosphorträger (Phytin und Nukleinsäuren) weitgehend zerstört (Wünsche 1980; Wünsche u. Thum 1990).

Nach den vorliegenden Untersuchungsbefunden lassen sich relevante Abraumsubstrate hinsichtlich ihrer Wertigkeit für die Wiederurbarmachung (technische Rekultivierung) einstufen als:

- gut geeignet:
  - humose lehmigeSchluffe bis sandig-schluffige Lehme aus Löß, Lößlehm, Sandlöß, Auenlehm (Oberbodensubstrat)
  - karbonathaltige lehmige Schluffe aus Löß
- geeignet:
  - schwach kiesige, schwach lehmige bis lehmige Sande aus Geschiebedecksand, Glaukonitsand
  - schwach kiesige, schluffige Lehme aus Lößlehm, Auenlehm
  - kiesige, karbonathaltige bis karbonatfreie sandige Lehme bis Lehme aus Geschiebemergel; Geschiebelehm
- bedingt geeignet:
  - kiesige, schwach lehmige Sande aus Schmelzwasser- und Talsand
  - kohle- und schwefelhaltige, sehr schwach lehmige bis schluffige Sande (nach Grundmelioration) aus tertiären marin-brackischen Sanden
- nicht geeignet:
  - sehr stark kiesige Sande aus pleistozänen Flußsanden/-kiesen
  - kohle- und schwefelhaltige, stark kiesige Sande aus tertiären fluviatil-limnischen Sedimenten
  - kohle- und schwefelhaltige Schluffe aus tertiären limnischen Sedimenten
  - Tone aus tertiären Sedimenten

Das Deckgebirge und die abbautechnologischen Bedingungen bieten im Revier die Voraussetzungen zum vorrangigen Einsatz der Substrate aus den Gruppen „gut geeignet" und „geeignet" für die Rekultivierung. Ihre Gewinnung im Sonderbetrieb ist im landeskulturellen Interesse wichtig, auch wenn damit Leistungseinbußen beim Abbau des Abraums verbunden sind.

4 Kennzeichnung der Kippenböden

4.1 Entstehung

In der Vergangenheit, etwa bis 1960, entstanden häufig Rückwärtskippen und Pflugkippen mit Kulturbodenaufträgen von 0,6–1,0 m Mächtigkeit über tertiären Massen. Die Substratzusammensetzung des „Kulturbodens" ist relativ homogen, zumal dieser hauptsächlich von Löß, Lößderivaten, Sandlöß, Geschiebedecksand oder Geschiebelehm bestimmt wird. Die Gewinnung erfolgte vorwiegend durch Eimerkettenbagger. Hochwertige humose Bodensubstrate („Mutterboden") sind als humose Auftragsschichten selten nachzuweisen.

In den letzten Jahrzehnten führten Vorschnitte von 3–5 m Tiefe zur Erhöhung des Anteils lehmiger Substrate (Grundmoränen) sowie zu Vermischungen pleistozäner bindiger und sandiger Abraummassen. Damit war zugleich die völlige Verdünnung des Humusgehaltes aus dem Oberboden, auch bei der Mitgewinnung von Schwarzerden, verbunden. Der Einfluß der organischen Substanz auf die Qualität des Kulturbodens blieb somit wirkungslos. Die Absetzerschüttungen kulturwürdiger Substrate über Absetzer- oder Brückenkippen liegen zwischen 2–4 m Mächtigkeit.

In jüngster Zeit wurden mit zunehmendem Einsatz hochproduktiver Abraumtechnologien immer mächtigere Schichtenkomplexe des Deckgebirges erfaßt und verstürzt. Die Heterogenität der Kippsubstrate stieg an. Sie verdeutlicht sich in einer meist nester- und streifenweisen Vermengung pleistozäner und tertiärer Substrate

4.2 Kartierung und Klassifikation

Für Rückgabeflächen des Bergbaus wurden bisher ca. 730 bodengeologische Kippengutachten angefertigt. Sie beinhalten vorrangig Angaben über Verbreitung, Merkmale und Meliorationsbedarf der Kippenböden.

Voraussetzung für die Ausscheidung von Kartierungseinheiten ist eine Klassifikation der Kippenböden (Wünsche et al. 1969, 1981). Diese basiert bodensystematisch auf der Ausscheidung von Kippbodenformen, die nach ihrem Substrataufbau, der Substratschichtung und dem Entwicklungszustand des Kippenbodens (Bodentyp) gebildet werden. Mit der Silbe „Kipp" wird hervorgehoben, daß es sich um anthropogene, bergbauliche Auftragsböden handelt. Wegen der noch untergeordneten Bedeutung des Bodentyps der jungen Kippenböden stehen für deren Kennzeichnung streng petrographische Gesichtspunkte im Vordergrund. Die Bodenformen werden vorrangig nach ihren stabilen, für das Pflanzenwachstum entscheidenden Eigenschaften in Haupt- und Lokalbodenformen voneinander getrennt.

Für die Ausscheidung von Hauptbodenformen sind grobe Substratunterschiede wie Körnung, Kalk- und Kohlegehalt entscheidend. Danach lassen sich z. B. Kipp-Sande, Kipp-Lehmsande, Kipp-Lehme, Kipp-Schluffe, Kipp-Kalkschluffe, Kipp-Kalklehme; Kipp-Kohlesande, Kipp-Kohlelehme usw. mit definierten Grenzwerten ausscheiden. Eine weitere Differenzierung in Lokalbodenformen ergibt sich insbesondere hinsichtlich feinerer Substratunterschiede, z. B. Kipp-Anlehmfeinsand, Kipp-Sandlehm, Kipp-Humusschluff, ferner in der Substratvermengung sowie im Kalk- und Kohlenstoffgehalt (Tabelle 2). Als Zusatzmerkmale können der Schwefel- und der Nährelementgehalt berücksichtigt werden.

Auf Standorten mit Kulturbodenauftrag weisen die Kippenböden eine markante Substratschichtung auf, die

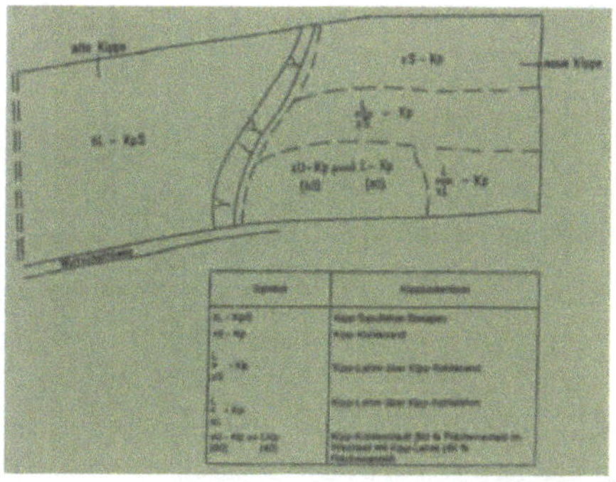

Abb. 3. Kippbodenformenkarte (Ausschnitt)

bei der Benennung der Kippbodenformen berücksichtigt wird. Zur Kennzeichnung älterer Kippenböden wird der Bodentyp mit beachtet (z. B. Kipp-Lehm-Regosol).

Auf den Rückgabeflächen können die Kartierungseinheiten sowohl aus einer Kippbodenform als auch aus mehreren miteinander vergesellschafteten Kippbodenformen bestehen. Die Mindestflächengröße der Kartierungseinheiten soll 0,5 ha betragen. Streifig-inselartig ausgebildetete Vergesellschaftungen werden als Wechselstandorte mit jeweiligen Flächenanteilen gekennzeichnet (Abb. 3).

Kippenklassifikation und Kippenbodenkarten sind die wesentliche Grundlagen für eine regionale Vergleichbarkeit und ökonomische Bewertung der Kippenflächen.

4.3 Merkmale

Auf der Grundlage zahlreicher Untersuchungsbefunde bodengeologischer Kippen- und Nutzungsgutachten werden im folgenden nur einige orientierende Angaben zu relevanten Kippenböden der Bergbaufolgelandschaft gemacht:

- Kipp-Kalklehme und Kipp-Lehme
  Diese dominieren mit ca. 50 % Flächenanteil in der Bergbaufolgelandschaft. Ausgangsgesteine der Kipp-Kalklehme bilden saale- und elsterkaltzeitliche Grundmoränen. Die Körnungsart ist sandiger Lehm bis Lehm mit unterschiedlichen Kiesanteil. Der Karbonatanteil übersteigt häufig 3 %. Demzufolge liegen hohe Bodenreaktion, Basensättigung und Pufferung vor. Kipp-Lehme resultieren vorwiegend aus Geschiebelehm, dem Lößlehm, Sandlöß, Geschiebedecksand beigemischt sind. Die sich daraus entwickelnden sorptionsstarken Böden weisen meist mäßig saure Bodenreaktion und mittlere Basensättigung auf. Das Kriterium der Mergel- und Lehmsubstrate sind deren bodenphysikalische Eigenschaften. Bereits unter vormaligem Eisdruck gestanden, verfügen sie über eine kompakte Beschaffenheit. Diese kann durch Planierungsarbeiten im Zuge der Wiederurbarmachung, die nachhaltig wirkende Druckschäden bedingen, verschärft werden. Die Folge starker Dichtlagerungen im ebenen bis flach-muldigen Relief sind Staunässetendenzen.
  Auf den ackerbaulich genutzten bindigen Kippenböden gibt es Anzeichen für eine fortschreitende Verdichtung im Unterboden, insbesondere im Krumenbasisbereich (Abb. 4 und 5). Kohärentgefüge herrscht hier vor. Die Luftkapazität geht zurück auf Werte von 3–5 Vol.-%. Sollwerte von 8–10 Vol.-% werden somit erheblich unterschritten. Daraus folgt mangelnde Wasserleitfähigkeit im Unterboden. Trok-

Abb. 4. Einfluß der Rekultivierungszeit auf bodenphysikalische Eigenschaften (AK: Luftkapazität, nFÄ: nutzbares Feuchteäquivalent, ÄWP: Äquivalentwelkepunkt, ρ_d: Trockenrohdichte; k_f: Durchlässigkeitsbeiwert). (Nach Wünsche u. Thum 1990)

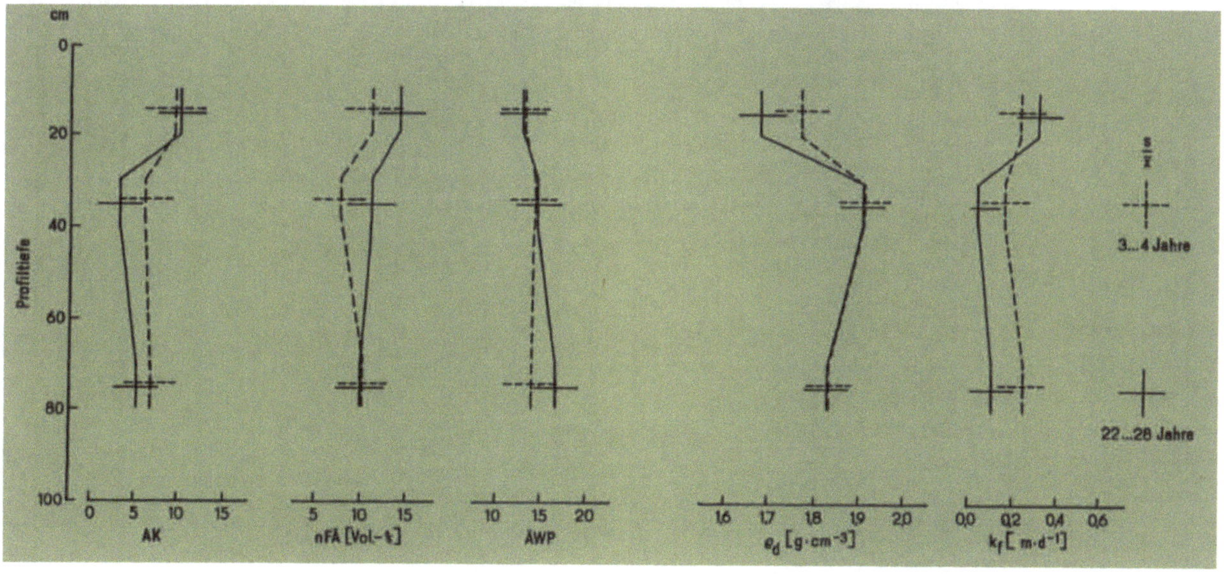

Tabelle 2. Beispiel aus der Zusammenstellung und Kennzeichen der Kipp-Bodenformen (Wünsche, Oheme, Haubold, Knauf, Schmidt, Frobenius u. Altermann 1981)

Hauptbodenform Symbol	Lokalbodenform	Symbol	Differenzierende Merkmale												
			Skelett (Vol.-%)			Körnungsart des Feinbodens: Sande							Lehme Schluffe Tone		
			> 25	10–25	< 10	dS	gS	mS	fS	S	l'S (Sl)	l'S, TS, uS	sL, L	lU, Ul, U	sT, lT, uT, T
Kipp-Sande S-Kp	Kipp-Sand	S - Kp			X	X				X					
	Kipp-Mittelsand	mS - Kp			X	x		X		X					
	Kipp-Mittelgrobsand	mgS - Kp		x	X		x	X		X	x				
	Kipp-Feinsand	fS - Kp			X				X	X					
	Kipp-Anlehmmittelsand	mSl - Kp			X	x		X		x	X				
	Kipp-Anlehmsand	Sl - Kp			X	X		x			X	x			
	Kipp-Anlehmfeinsand	fSl - Kp			X				X		X	x			
	Kipp-Anlehmgrobsand	gSl - Kp		x	X		X	x		x	X				
	Kipp-Gemengesand	GS - Kp			X	X				X	x				
Kipp-Lehmsande lS-Kp	Kipp-Lehmsand	lS - Kp			X	X						X			
	Kipp-Gemengelehmsand	GlS - Kp			X	X				x		X			x
Kipp-Lehme L-Kp	Kipp-Lehme	L - Kp			X								X	x	
	Kipp-Sandlehm	sL - Kp			X							x	X		
	Kipp-Gemengelehm	GL - Kp			X					x			X		x
Kipp-Schluffe U-Kp	Kipp-Schluff	U - Kp			X								x	X	
	Kipp-Schluff, schwach humos	h'U - Kp			X								X	x	
Kipp-Tone T-Kp	Kipp-Ton	T - Kp			X										X

Differenzierende Merkmale											Zusatzmerkmale			Alter	Geologisches Ausgangsmaterial
C_t [M.-%]							CaCO$_3$ [M.-%]				G.-Schwefel (SO_3) [M.-%]			Q (q) = Quartär T (t) = Tertiär	
In d. Kohle				Im Humus											
30–5	5–2	2–0,5	< 0,5	> 1,5	1,5–0,2	< 0,2	> 5	5–2	2–0,3	< 0,3	> 1,0	1,0–0,4/0,2	< 0,4/0,2		
			X							X		x	X	T	Obere Briesker Schichten (ausschließlich kohle- u. schluff-freier Sand)
			X							X			X	T	Cottbuser Schichten (Liegendsande des Bitterfelder Flözes)
			X							X			X	Q	Schmelzwasser-, Becken- und Talsand
			X							X			X	T	Obere Briesker Schichten (ausschließlich kohle- und schlufffreier Sand)
			X							X			X	Q	Schmelzwasser-, Becken- und Talsand, untergeordnet Geschiebelehm, Becken- und Talschluff
			X							X			X	Q	Schmelzwasser- und Geschiebesand, untergeordnet Geschiebelehm
			X							X		X		T	Formsand
			X							X		X		T	Flußsand und Flözmittel d. Bornaer Schichten (ausschließlich kohlefreier Sand)
		x	X							X	x	X		QT	Schmelzwassersand u. obere Briesker Schichten
			X		x					X			X	Q	Schmelzwasser, Becken- sowie Talsand und Geschiebelehm bzw. Talschluff
			X							X		X	x	QT	Schmelzwassersand und Raunoer Schichten(Flaschenton)
			X			x				X			X	Q	Geschiebelehm, untergeordnet Lößlehm bzw. Sandlößlehm und Auenlehm
		x	X							X			X	Q	Geschiebelehm, untergeordnet Schmelzwasser-, Becken-, Fluß- und Talsand
		x	X							X	x	X	x	Qt	Geschiebelehm, untergeordnet Schmelzwassersand, Bornaer Schichten (Kohleton) bzw. Obere Briesker Schichten (Kohlesand, Kohleschluff)
						X				X			X	Q	Lößlehm, Sandlößlehm, untergeordnet Auenlehm
					X					X		X		Q	Auenlehm
		X	x							X		X	x	T	Raunoer Schichten (Flaschenton) bzw. Bornaer Schichten (Haselbacher Ton) bzw. Obere Briesker Schichten, Mittel zwischen Ober- und Unterbank des Bitterfelder Flözes

Lage: Flurkippe Espenhain etwa 8 km südlich von Leipzig, 1 km nordöstlich von Rötha
TK 25: Blatt 4740 Leipzig S
Rechtswert: 452996, Hochwert: 5678700
Höhenlage: 139 m ü. NN
Neigung: 0-1°
Verkippungstechnik des Braunkohlentagebaus: Pflugkippe über Brückenkippe
Nutzung: landwirtschaftliche Nutzung seit 1965, im Flächenstillegungsprogramm seit 1993/94
Hauptbodenform: Kipp-Lehm-Regosol über Kipp-Kohlesand
Lokalbodenform: Kipp-Sandlehm-Regosol über Kipp-Kohleanlehmsand

jY-A_p 0-30 cm
dunkelgraubrauner (10 YR 3/3) sandiger Lehm,
schwach kiesig-steinig (2-3 Vol.%), schwach humos,
vereinzelt karbonathaltige Bereiche,
mäßig locker bis mäßig dicht, Bröckelgefüge
(Gemisch aus Geschiebelehm, -mergel und Sandlöß)

jY 30-80 cm
gelbbrauner (10 YR 5/6), hellrötlichbraun- und
dunkelgraubraungefleckter sandiger Lehm,
schwach kiesig-steinig (2-3 Vol.%) einzelne Steine bis 20 cm,
vereinzelt karbonathaltige Bereiche,
einzelne wenige Kohlebröckchen bis 3 cm (<1 Vol%),
dicht, Polyedergefüge
(Gemisch aus Geschiebelehm, -mergel und Sandlöß)

IIjY 80 -130 cm
grauer und dunkelgraubrauner (5 YR 3/1) streifig und fleckiger
schwach schluffiger Sand
mit disperser und brockiger Kohle (15 Vol%),
mäßig dicht, Einzelkorngefüge
(tertiäre Sande der Böhlener und Bornaer Folge)

	T	fU	mU	gU	U	fS	mS	gS	S	fG	mG	gG	G
jY-Ap 0-30 cm	10	6	10	11	27	30	26	6	63	2	1		3
jY 30-80 cm	12	4	7	9	20	28	32	8	68	4	2	1	7
IIjY 80-135 cm	2	1	1	10	12	46	37	3	86				

Angaben in M%					Azidität			Schwefel als SO3		Nährstoffe 10%iger HCl-Auszug			
					pH	ml/50g Boden							
	Ct	Nt	C/N	CaCO3	[KCl]	Hydrolyt.	Austausch	Ges.	Sulfat	CaO	MgO	K2O	P2O5
jY-Ap 0-30	1,6	0,17	9,4	3,7	7,7	0,5	0,3	0,17	0,11	2,79	0,283	0,18	0,237
jY 30-80	0,2	0,04		1,6	7,6	0,8	0,3	0,04	0,03	1,25	0,278	0,17	0,066
IIjY 80-135	1,0	0,04		0,0	4,9	12,5	0,5	0,23	0,06	0,17	0,013	0,01	0,003

Abb. 5. Bodenprofil Kippe Espenhain. (Aufnahme Wünsche u. Bräunig 1993)

kenrohdichten von 1,9 g · cm^{-3} unterhalb des A_p-Horizontes sind für junge Kippenböden nicht ungewöhnlich. Strukturmängel bedingen Naßphasen im Frühjahr mit verzögertem Vegetationsbeginn; Sommertrockenheit führt zu Bestandesschäden, weil der kompakte Unterboden kaum durchwurzelt wird. Die Feinwurzeln sind häufig an den Schwundrissen orientiert. Mit günstiger Krumenentwicklung zum Bröckelgefüge geht eine gegenläufige Entwicklung im Unterboden einher (Wünsche u. Thum 1990). Bisherige Meliorationsmaßnahmen erwiesen sich als unzureichend. Unter intensiv wurzelnder Baumbestockung hingegen wird das Ausmaß der Verdichtung erheblich gemildert. Der Boden ist tiefgründiger erschlossen, luft- und wasserdurchlässiger. Als Humusform wird unter Laubholz meist Moder festgestellt (Wünsche 1966, 1967). Mit Bestandesschluß und Bodenbedeckung verbessern sich Milieufaktoren für Meso- und Mikrofauna. *Lumbricus terrestris* tritt auf und fördert die allmähliche Lockerung des Unterbodens.

- Kipp-Kalkschluffe, Kipp-Schluffe und Kipp-Humusschluffe nehmen etwa 10 % der Rückgabeflächen ein. Ausgangslockergesteine sind Löß, Lößderivate, Sandlöß und Auenlehm. Geschiebelehm kann in geringen Anteilen homogen vermischt oder als Brocken und Klumpen beigemischt sein. Die Körnungsart ist lehmiger Schluff, Schlufflehm oder sandig-schluffiger Lehm.

Wegen des Vorherrschens feinerer Fraktionen besteht bei Kipp-Kalkschluffen und -Schluffen die Neigung zur Dichtlagerung. Dabei handelt es sich überwiegend um Eigensetzungstendenzen. Das Maß der Verdichtung wird vermutlich noch von weiteren Faktoren beeinflußt, wie Feuchtegehalt beim Versturz und Versturzhöhe des Absetzers. Ferner kann auf rekultivierten Ackerflächen noch fehlerhafte Bewirtschaftung die Ursache von Verdichtungen sein. Diese treten hauptsächlich unterhalb des A_p-Horizontes in 0,3–0,5 m Bodentiefe auf. Die Grobporenvolumina liegen häufig unterhalb 5–8 Vol.-% und dokumentieren den begrenzten Gasaustausch (Vogler 1983; Schröder 1988; Haubold et al. 1987). Das Bodengefüge ist feinpolyedrisch, z. T. auch plattig. Mit der Ausbildung der Krume im Ackerboden unter dem Einfluß von Bodenorganismen und feinen Pflanzenwurzeln sind Bröckel- und Krümelgefüge nachweisbar. Damit verbunden ist die Verbesserung der Luft- und Wasserführung im Oberboden. Hingegen bleibt im Unterboden die Neigung zur Verdichtung und Haftnässe bestehen. Die geringe Sakkungsstabilität bedingt Probleme für eine nachhaltig wirksame Gefügemelioration.

Kipp-Humusschluffe sind durch geringe bis mittlere Humusgehalte gekennzeichnet. Diese entstammen den A_p-Horizonten der vormaligen natürlichen Böden des Vorfeldes bzw. humusführenden Auesedimenten. Durch die homogene Vermischung organischer und mineralischer Substanzen bei der Gewinnung und Verkippung treten kaum erhebliche Lagerungsdichten auf. Die Feinwurzeln schließen das humose Material gut auf. Bröckelgefüge herrscht vor. Es begünstigt den relativ hohen Anteil an Grobporen und somit die Luft- und Wasserführung in der Kulturbodenschicht. Die Feldkapazität ist von allen quartären bindigen Kippsubstraten am höchsten. Bodenchemisch sind bei den schluffreichen Kippenböden günstige Eigenschaften nachzuweisen.

- Kipp-Kalklehmsande und Kipp-Lehmsande sind etwa mit einem Flächenanteil von 10 % vertreten. Sie stellen eine relativ homogene Mischung von vorherrschend Schmelzwasser/-Talsanden mit sandigem Geschiebemergel oder Geschiebelehm dar. Lokal können auch Lehmbrocken und Lehmklumpen beigemischt sein. Die vorherrschende Körnungsart ist ein schwach kiesiger, schwach lehmiger bis lehmiger Sand.

Die Kipp-Lehmsande besitzen eine relativ lockere Lagerung und ein mittleres Grobporenvolumen (> 10 %). Dadurch werden Durchlüftung und Wasseraufnahme begünstigt. Bröckelgefüge dominiert. Diese Rohböden sind deshalb in ihren bodenphysikalischen Eigenschaften gegenüber den Kipp-Lehmen als bessere Pflanzenstandorte einzustufen. Diese Vorteile können bereits nach wenigen Jahrzehnten durch Eigensetzung oder den Einsatz von schweren landwirtschaftlichen Bearbeitungsgeräten eingeschränkt werden (Vogler 1983, 1990). Hingegen werden auf Waldstandorten bessere bodenphysikalische Kennwerte bis 1,0 m Tiefe hinsichtlich Durchlüftung (Gesamtporenvolumen ~ 44 Vol.-%, Grobporenvolumen ~ 13 Vol.-%) und Wasserführung nachgewiesen (Wünsche 1966; Barthel et al. 1965 a, b).

Bodenchemisch sind die Kipp-Lehmsande durch mittlere Sorptionskapazität, mäßige Basensättigung und schwach saure Bodenreaktion gekennzeichnet. Bei Kalklehmsanden ergeben sich analog zum Karbonatgehalt deutliche Differenzierungen im Reaktionsverhalten. Höhere pH-Werte und Basensättigung sind förderlich für die Bildung von Humuskomplexen bei ackerbaulicher Nutzung.

- Kipp-Sande und Kipp-Kiessande kommen mit etwa 3 % Flächenanteil auf den Kippen vor. Sie treten hauptsächlich als stark kiesige Sande bis sehr schwach lehmige (anlehmige) Sande auf und entstammen Schmelzwassersanden, selten quartären Flußschottern. Vereinzelt können Schluff- und Lehmbrocken beigemischt sein. Die locker gelagerten, stark durchlüfteten Kippenböden mit unbedeutender Feldkapazität sind ferner durch äußerst geringe Sorption und Pufferkraft sowie Nährstoffmangel gekennzeichnet.

Für forstliche Nutzung bleiben diese Kiessandböden ertragsschwach. Infolge Austrocknungstendenz bestehen ungünstige Voraussetzungen für die Umsetzung humoser Substanzen auch bei Laubstreu. Rohhumus ist typisch für diese Standorte. Das geringe Wasserspeicherungsvermögen wird in Trockenzeiten zum ertragsbestimmenden Faktor.

- Kipp-Kohlesande und Kipp-Kohlelehmsande werden mit 7 % Flächenanteil ausschließlich von tertiären Abraummassen repräsentiert.
  Hauptsächlich kommen als Kippsubstrate die braunen Meeressande, weniger Mittel und Zwischenmittel der Kohleflöze in Frage. Beimischungen pleistozäner Substrate sind vereinzelt und sehr geringfügig. Der Kohleanteil liegt in fein verteilter Form, zusätzlich auch brockenweise, vor. Der Kohlenstoff (C_t)-Gehalt übersteigt grundsätzlich 0,5 % und beträgt häufig mehr als 2 %. Als Körnungsart dominiert sehr schwach lehmiger Sand mit Einzelkorn- bis Bröckelgefüge. Spezifische Merkmale dieser Kippenböden sind hohe Schwefelmengen und das beträchtliche Säurepotential, ferner Armut an pflanzenverfügbaren Nährstoffen und der oberflächige, reversible Benetzungswiderstand. Die säurenachliefernden Tertiärsubstrate wurden auf der Grundlage von Säure-Basen-Bilanzen bis mindestens 60 cm Tiefe mit Kalk oder kalkhaltigen Braunkohlenaschen einschließlich einer N-P-K-Düngung melioriert (Illner u. Katzur 1964). Mit der Grundmelioration werden zugleich der Benetzungswiderstand beseitigt und das rasche Eindringen des Niederschlagswassers ermöglicht. Damit steigt der Anteil des pflanzenverfügbaren Wassers im Boden. Die Stickstoff-Düngung fördert die Mineralisation der organisch-kohligen Bestandteile und trägt zur Verengung des C/N-Verhältnisses bei. Eine natürliche Vertiefung des Meliorationshorizontes durch Kalkverlagerung läßt sich nicht nachweisen. Die pH-Werte < 3 verhindern die Durchwurzelung des tieferen Unterbodens. Die natürliche Auswaschung des Schwefels in Form von SO_4^{2-} aus dem Wurzelbereich dauert viele Jahrzehnte. Somit wird die Meliorationstiefe zum wachstumsbegrenzenden Faktor, v. a. in Trockenjahren. Die feinverteilte Kohle kann fehlende Mineralbodenanteile ersetzen. Mit einer C_t-Zunahme von 1 % steigen die Umtauschkapazität der Kohlesande um etwa 5 mval/100 g Substanz und die Wasserkapazität um 3,6 Vol.-% (Thomas 1970; Wünsche 1976). Eine Mindestluftkapazität sichert die Vertikaldränage und Durchlüftung (Katzur u. Zeitz 1985).
- Kipp-Gemengesubstrate kommen im Untersuchungsgebiet mit ca. 18 % Flächenanteil vor. Es handelt sich hierbei um extrem heterogen zusammengesetzte Kippsubstrate mit unterschiedlichen Anteilen von bindigen und sandigen quartären und tertiären Massen, bedingt durch die Abraum- und Verkippungstechnologie. Die Kennzeichnung und Beurteilung der Gemengesubstrate sind außerordentlich schwierig. Die Bodenmerkmale werden im wesentlichen vom vorherrschenden Substrat bestimmt. Bei Kipp-Gemengesubstraten läßt sich eine Minderung der Heterogenität im Bearbeitungshorizont im begrenzten Maße erzielen. Die Zuführung organischer Zuschlagsstoffe im Oberbodenbereich ist förderlich. Im Unterboden bleiben jedoch die stark wechselnden Bodenunterschiede erhalten. Sie sind entscheidend für die Vegetationsentwicklung.
- Kipp-Kohlelehme und Kipp-Kohletone nehmen etwa 2 % der Folgelandschaft ein. Ausgangsgesteine bilden tertiäre Massen aus dem unmittelbaren Bereich der Kohleflöze. Die Körnungsart ist toniger Lehm bis sandiger Ton. Der Kohlenstoffgehalt beträgt über 2–30 %. Die feinverteilte Kohle und die beigemischten Kohlebrocken tragen kaum zur Auflockerung der hochbindigen Substrate bei. Kennzeichnend sind starke Dichtlagerungen, Haftnässe und extrem schlechte Durchlüftung. Diese Kippenböden trocknen nur langsam ab, sind leicht verschlämmbar und besonders druckempfindlich. Das Säurepotential ist sehr hoch und schwer zu neutralisieren. Meliorationsmaßnahmen bleiben problematisch, weil der Bearbeitungszeitpunkt witterungsbedingt ist und der Zugkraftbedarf beträchtlich ansteigen kann. Tiefgehende Untergrundlockerungen sind technisch kaum möglich und wirtschaftlich nicht vertretbar. Diese schweren Kippenböden bleiben die problematischsten Standorte des Untersuchungsgebietes (Wünsche 1976, 1991).

4.4 Vergleich mit natürlichen Böden

Die Kippenböden unterscheiden sich wesentlich von den natürlichen Böden des Vorfeldes. Natürliche Böden entstanden im langzeitlichen Ablauf durch das Zusammenwirken von geologischem Ausgangsgestein, Klima, Relief, Wasser, Pflanzen- und Tierwelt sowie Einwirkungen des Menschen. Sie besitzen demzufolge ausgebildete Bodenhorizonte und charakteristische substrat- und entwicklungsbedingte bodenphysikalische, -chemische und -biologische Merkmale. Kippenböden hingegen stellen sehr junge Bodenbildungen auf künstlich umgelagerten Sedimenten dar.

Typisch für Kippenböden sind:

- Substratheterogenität
- lokale Kohle- und Schwefelgehalte
- niedrige Mengen an biologisch umsetzbarer organischer Substanz
- Mangel an Dauerhumus und Ton-Humuskomplexen
- niedrige Anteile an pflanzenverfügbaren Nährstoffen

- Gefügelabilität
- Erosionsanfälligkeit
- geringe biologische Aktivität

Die Kippenböden stehen aufgrund ihres relativ jungen Alters am Anfang der Entwicklung. 10–15 Jahre alte Kippenböden sind meist noch im Stadium des Rohbodens (Lockersyrosem). Danach zeigen sich bei kalkfreien Substraten bereits Übergänge zum Regosol, bei kalkhaltigem Material zur Pararendzina. In dichtgelagerten Kippsubstraten tendiert die Entwicklung zum Staugley (Pseudogley). In bindigen Kippenböden wird bei langjähriger landwirtschaftlicher Bewirtschaftung nach etwa 30–40 Jahren in der bearbeiteten Tiefenstufe ein Humushorizont geschaffen, dessen C_t-Gehalt etwa dem C_t-Gehalt natürlicher Böden entspricht, jedoch nicht deren Humusqualität erreicht. Auf kalkhaltigen Böden schreitet die Bodenentwicklung nur langsam voran. Abgesehen vom Humushorizont sind bodengenetische Merkmale, wie z. B. Verbraunung, in absehbarer Zeit nicht zu erwarten.

Tiefgründig meliorierte tertiäre Kippsubstrate können bodensystematisch den Rigosolen zugeordnet werden. Die Umwandlung kohliger Substanz durch Stickstoffeinbau nach Düngung wurde bereits nachgewiesen (Katzur 1987; Thum et al. 1990; Laves et al. 1990). Eine Homogenisierung extrem heterogener Kippsubstrate bleibt problematisch.

Künftig muß bei der Passage des aufsteigenden Grundwassers durch tertiäre Substrate mit Versauerungen und Versalzungen (Sulfate und Chloride des Natriums, Kaliums und Kalziums) gerechnet werden.

Die Kippenböden des Untersuchungsgebietes stehen heute noch nicht im Gleichgewicht mit den bodenbildenden Faktoren. Die Potentialeigenschaften natürlicher Böden werden nicht erreicht, zumal auch die witterungsbedingte Ertragslabilität Bedeutung besitzt. Kippenböden sind gegenüber natürlichen Böden durch ein geringeres Entsorgungspotential hinsichtlich Schadstoffbelastungen gekennzeichnet. Dies trifft besonders für unzulänglich meliorierte saure tertiäre Kippsubstrate zu, weil hier die Mobilität von Schadstoffen (insbesondere Schwermetallen) wirksam werden kann.

Kippenböden besitzen dauerhaft wirkende Besonderheiten. Diese sind bei ihrer ökonomischen und ökologischen Bewertung zu berücksichtigen.

5 Nutzungsgruppen

Haupt- und Lokalbodenformen sind zur systematischen Erfassung der Kipprohböden und zur Kennzeichnung der Qualitätsunterschiede unerläßlich. Für praktische Aufgabenstellungen können zielorientierte Gruppenbildungen erfolgen.

5.1 Meliorationsgruppen

Die biologische Rekultivierung von Kippen setzt Bodenbedingungen voraus, die den Ansprüchen der landwirtschaftlichen Kulturpflanzen und Waldbäume genügen, namentlich befriedigenden Reaktionszustand, günstiges Bodengefüge und ausreichende Nährstoffversorgung. Diese Bedingungen sind nur in wenigen Fällen erfüllt. Daher bedürfen die meisten Kippenböden mehr oder weniger aufwendiger Bodenverbesserungen, die von einfacher Nährstoffzuführung bis zur intensiven Melioration reichen (Tabelle 3).

- Grundmeliorationen zur Aufwertung der bodenchemischen Eigenschaften
  Nach der Meliorationsbedürftigkeit zur Verbesserung der Bodenreaktion und der Nährstoffversorgung sind insgesamt fünf Gruppen zu unterscheiden (Wünsche et al. 1969):
  - MO = Kippenböden mit sehr geringer Meliorationsbedürftigkeit
  - MG = Kippenböden mit geringer Meliorationsbedürftigkeit
  - MM = Kippenböden mit mittlerer Meliorationsbedürftigkeit
  - MH = Kippenböden mit hoher Meliorationsbedürftigkeit
  - MS = Kippenböden mit sehr hoher Meliorationsbedürftigkeit.

  Die Meliorationsbedürftigkeit der Kippenböden wird vorrangig von deren Kalkbedarf bestimmt, der bei mehr als 0,4 % Schwefel nach der Säure-Basen-Bilanz ermittelt wird (Illner u. Katzur et al. 1964).
  Durch die Grundmelioration, d. h. Zuführung von Kalk oder alkalischen Aschen – gekoppelt mit N-P-K-Gaben – werden unter Berücksichtigung der Sorption die Inaktivierung phytotoxischer Schwefelverbindungen und die Verbesserung der Nährstoffversorgung erreicht.
- Grundmeliorationen zur Aufwertung bodenphysikalischer Eigenschaften
  Bei der Grundmelioration zur Verbesserung der bodenphysikalischen Eigenschaften werden zwei Gruppen gebildet:
  - Bindige Kippenböden: Hier ist die Erhöhung der Wasser- und Luftführung Ziel der meliorativen Maßnahmen. Dies kann durch mechanische Tiefenlockerung, Dränage, Zuführung von Bodenzuschlagsstoffen in Verbindung mit entsprechender Pflanzenartenwahl erreicht werden.
  - Sandige Kippenböden: Die Meliorationen dient hauptsächlich der Erhöhung der Sorptions- und nutzbaren Wasserkapazität mittels Zuführung anorganischer und organischer Zuschlagstoffe (z. B. Bentonit, Mergel, Torf etc.).

Kippboden-substrate	Nährstoffausstattung (Vollanalyse)					Meliorations-maßnahmen
	Arm	Ziemlich arm	Mittel	kräftig	Reich	
Tone	x	x				Tiefenlockerung, Dränung Gefügeverbesserung
Kohlelehme/-schluffe/-tone		x	x			
Lehme			x	x		
Schlufflehme (+/- humos)				x	x	Maßnahmen zur Verbesserung der Wasser- und Luftführung
Lehmsande			x	(x)		
Kohlesande	x	x				
Sande (+/- kiesig)	x	(x)				Erhöhung der Bindigkeit Gefügeverbesserung
Düngungs-maß-nahmen	Maßnahmen zur Verbesserung der Nährstoffversorgung Kalk- und Düngemenge – differenziert nach Sorptionsfähigkeit – steigend					

Tabelle 3. Meliorations- und Düngungsmaßnahmen relevanter Kippenböden (Hauptbodenformen)

5.2
Behandlungseinheiten der Landwirtschaft

Für die landwirtschaftliche Rekultivierung wurden ökologisch gleichartige Hauptbodenformen zu Nutzungsgruppen, sog. Behandlungseinheiten, zusammengefaßt. Es sind pragmatische Einheiten. Sie entsprechen den von Lieberoth (1992) für Bodenformen unverritzter Standorte genannten Nutzungs- und Behandlungsgruppen.

Behandlungseinheiten der landwirtschaftlichen Rekultivierung umfassen Kippbodenformen mit annähernd gleicher Substratbeschaffenheit, Meliorationsbedürftigkeit und Rekultivierung (Einhorn u. Vogler 1982). Für die Zuordnung der Bodenformen zu Behandlungseinheiten sind die technologisch relevanten Merkmale Körnung, Karbonat- und Kohlenstoffgehalt in der kulturfähigen Deckschicht maßgebend. Anhand dieser wenig wandelbaren Bodeneigenschaften können sowohl zu Rekultivierungsbeginn als auch nach längerer Bewirtschaftung die Behandlungseinheiten der Kippenflächen bestimmt werden. Sie gewinnen somit auch im Zusammenhang mit der Flächenumwidmung bei veränderter Nutzungskonzeption zunehmende Bedeutung.

Weitere wesentlich ertragsrelevante Merkmale wie Auftragsmächtigkeit, Untergrundbeschaffenheit und Standortklima fanden bei der Bildung der Behandlungseinheiten keine Berücksichtigung. Deshalb können Versuche, ökonomische Bewertungen der Kippenflächen und Ertragserwartungen aus den Behandlungseinheiten abzuleiten, Fehleinschätzungen zur Folge haben. Als Bewertungsgrundlage für ökonomische Aussagen kommen deshalb nur die Kippbodenformen in Betracht.

Im mitteldeutschen Raum haben sechs Behandlungseinheiten Bedeutung (Tabelle 4). Auf dieser Basis wurden Empfehlungen für standortspezifische Rekultivierungsverfahren der Kipprohböden ausgearbeitet.

5.3
Standortgruppen der Forstwirtschaft

Für die forstliche Folgenutzung wurden die Kippbodenformen nach dem System der forstlichen Standortkartierung in Standortgruppen eingeordnet (Kopp et al. 1980). Nährkraftstufen (Tabelle 5) und Feuchtestufen der Kippenböden sowie regionale Klimaausbildung

Tabelle 4. Charakteristik der Behandlungseinheiten

Behandlungseinheit	Bodenmaterial: Dominierende Bodenart	Bodenmaterial: Geologische Herkunft	Bodenformen: Hauptbodenform	Bodenformen: Lokalbodenform	Eignung für die Rekultivierung
1	Schluff, Schlufflehm, lehmiger Schluff	Löß, Lößlehm, Sandlöß, Auenlehm	Kipp-Kalkschluffe	Kipp-Kalkschluff, schwach humos Kipp-Kalkschluff	Sehr gut geeignet
			Kipp-Schluffe	Kipp-Schluff Kipp-Schluff, schwach humos	
2	Karbonathaltige Lehme und sandige Lehme	Geschiebemergel, Geschiebelehm mit Löß, Lößlehm, Sandlöß, Schmelzwasser-, Fluß- und Talsande,schluffige und tonige Mittelmassen; Rupelschichten	Kipp-Kalklehme	Kipp-Kalksandlehm Kipp-Kalklehm Kipp-Gemengekalklehm	Sehr schwierige Inkulturnahme (Minutenböden)
3	Karbonatfreie Lehme und sandige Lehme, karbonathaltiger lehmiger Sand (schluffiger Sand, stark lehmiger Sand, schwach lehmiger Sand)	Schmelzwasser-, Becken- sowie Talsand und Geschiebelehm bzw. Talschluff, Schmelzwassersand und Geschiebemergel	Kipp-Lehme	Kipp-Lehm Kipp-Sandlehm Kipp-Gemengelehm	Schwierige Rekultivierung in den ersten Jahren der Bewirtschaftung
4	Grundmeliorierte Schluffe, Lehme und sandige Lehme	Tertiäre Mittel- oder Zwischenmittelmassen (schluffig, tonig, z. T. sandig) Hangendschluffe	Kipp-Kohlelehme	Kipp-Gemengekohlelehmsand Kipp-Kohlelehm Kipp-Kohlelehm, stark kohlehaltig Kipp-Gemengekohlelehm	Schwierige Inkulturnahme und Rekultivierung in den ersten Bewirtschaftungsjahren (Säurenachlieferung!)
			Kipp-Kohleschluffe	Kipp-Kohleschluff, stark kohlehaltig	
5	Karbonatfreie lehmige Sande (schluffiger Sand, stark lehmiger Sand, schwach lehmiger Sand), karbonathaltiger anlehmiger Sand	Schmelzwasser-, Becken- und/oder Talsand mit Geschiebelehm, Becken- und/oder Talschluff, Formsand, kalkhaltige Kohlesande oder Böhlener Schichten (Glaukonitsande)	Kipp-Kalksande Kipp-Kalklehmsande Kipp-Kalkkohlesande Kipp-Lehmsande	Kipp-Kalkanlehmsand Kipp-Kalklehmsand Kipp-Kohlesandlehmfeinsand Kipp-Lehmsand	Keine außergewöhnlichen Schwierigkeiten bei der Rekultivierung
6	Grundmeliorierte lehmige Sande und anlehmige Sande mit > 2 % Kohle	Tertiär-fluviatil-limnische und marine Sedimente	Kipp-Kohlesande	Kipp-Kohleanlehmsand Kipp-Kohlelehmfeinsand Kipp-Kohlelehmsand, stark kohlehaltig Kipp-Gemengekohleanlehmsand	Schwierige Bewirtschaftung in den ersten Jahren der Rekultivierung
			Kipp-Kohlelehmsande	Kipp-Kohlelehmsand, schwach kohlehaltig Kipp-Kohlelehmsand Kipp-Kohlelehmsand, stark kohlehaltig	

Standortsgruppe (Nährkraftstufe)	Hauptbodenformen	Lokalbodenformen (Anzahl)	
A (Nährstoffarm)	Kipp-Kies	2	
	Kipp-Kiessand	1	
	Kipp-Sand	5	
	Kipp-Lehmsand	1	
	Kipp-Kohlesand	2	
Z (Ziemlich nährstoffarm)	Kipp-Kiessand	1	1 ZC
	Kipp-Kieskohlesand	1	
	Kipp-Kieskohlelehmsand	1	
	Kipp-Sand	3	1 ZC
	Kipp-Kohlesand	7	
M (Mäßig nährstoffhaltig)	Kipp-Sand	1	2 MC
	Kipp-Lehmsand	1	
	Kipp-Lehm	2	
	Kipp-Ton	2	
	Kipp-Kohlesand	1	
	Kipp-Kohlelehmsand	5	
	Kipp-Kohlelehm	3	
	Kipp-Kohleschluff	1	
	Kipp-Kohleton	2	
	Kipp-Kalkkohlesand	-	1 MC
K (Nährstoffkräftig)	Kipp-Lehmsand	1	1 KC
	Kipp-Lehm	2	1 KC
	Kipp-Schluff	1	
	Kipp-Kalkkohlelehm	-	1 KC
R (Nährstoffreich)	Kipp-Kieskalklehm	2	
	Kipp-Schluff	1	
	Kipp-Kalklehm	2	
	Kipp-Kalkschluff	1	

Tabelle 5. Zuordnung der Kippbodenformen zu forstlichen Standortsgruppen

und Umweltbelastung sind die wesentlichen Kriterien für die standortgemäße Baumartenwahl und -mischung. Als Bestockungszieltypen werden dominant für reiche (R) und kräftige (K) Standorte der Edellaubholz-, Eichen- und Lärchen-Laubholz-Typ, für mittlere (M) Standorte der Roteichen- und Kiefern-Laubholz-Typ, für ziemlich arme (Z) und arme (A) Standorte der Roteichen- und Kiefern-Typ empfohlen (Wünsche u. Schubert 1966; Wünsche et al. 1967; Schwabe 1977). Generell ist festzustellen, daß mit steigender Boden- und Standortgüte die waldbaulichen Möglichkeiten zunehmen. Die Rückwirkung der Bestockung auf die Kippenböden äußert sich in Bodenbefestigung durch Lebendverbauung (sandige Böden), Bodenlockerung (lehmige Böden) und der Mobilisierung von Stoffkreisläufen (Thum et al. 1992).

6 Schlußfolgerungen

Im ökologischen wie auch langfristig ökonomischen Interesse kann im Untersuchungsgebiet auf die Gewinnung und Verkippung hochwertiger Deckgebirgssubstrate nicht verzichtet werden. Die Separierung wertvoller Kulturböden v. a. aus Löß (Schwarzerden), Lößderivaten, Sandlöß und Auenlehm muß dem Bergbau Verpflichtung sein. Kippenflächen mit einem hohen Ertragspotential sind von bleibendem Wert, schon im Hinblick auf den noch unbekannten Bedarf späterer Generationen.

Die vielfältige Gestaltung der Bergbaufolgelandschaft bedingt sowohl den zeitlichen als auch den räumlichen Wechsel zwischen agrarischer und forstlicher Nutzung. Deshalb müssen grundsätzlich alle Kippenflächen mindestens bis 2 m Tiefe durchwurzelbaren Raum aufweisen, um beide Nutzungsformen zu ermöglichen. Der drastische Förderrückgang nach 1989 führt dazu, daß die bisher langfristig bilanzierte Abraummassenverteilung nicht mehr schlüssig ist. Es verbleiben „Rohkippen" mit tertiären Substraten oder Gemengesubstraten ohne Kulturbodenauftrag, die erhöhte Sanierungskosten erfordern. Es bietet sich jedoch auch die Möglichkeit zur Gestaltung einer abwechslungsreichen Folgelandschaft.

Die Standortverhältnisse (Kippenboden, Wasserhaushalt, Relief, Mesoklima) sowie Art und Intensität der Nutzung bestimmen den Charakter der Bergbaufolgelandschaft. Bisher standen für deren Nutzung im Untersuchungsgebiet vorrangig ertragsorientierte Zielstellungen mit Schwerpunkt der landwirtschaftlichen Nutzung im Vordergrund. Künftig gilt es, im Interesse von Bodenschutz und Naturschutz stärker den landeskulturellen Anforderungen in erforderlichem Maße gerecht zu werden. Das bedeutet die Erhöhung des Waldanteils auf Kippenflächen unter Einbeziehung wertvoller bindiger Böden. Aus planerischer Sicht ist bei der forstlichen Bestandesbegründung das Bodenmosaik, d. h. die Vernetzung unterschiedlicher Kippenböden, stärker zu berücksichtigen.

Die Bergbaufolgelandschaft soll der Mehrfachfunktion gerecht werden. Oligotrophe Kippenböden sind durchaus eine Bereicherung in der vielfach eutrophierten Industrie-Agrar-Landschaft des Untersuchungsgebietes. Schlechtere Kippenböden können als Reservate für Ansiedlung und Sukzession seltener Arten und Lebensgemeinschaften dienen. Auf den Rückgabeflächen eignen sich südexponierte Hänge mit austrocknungsgefährdeten Kipp-Sanden als Trocken- und Magerrasenflächen. In sekundären Senkungsbereichen mit schwer durchlässigen Kipp-Substraten können sich Feuchtbiotope entwickeln. Derartige Biotopflächen sollten mit den Nutzökosystemen eine Planungseinheit bilden und mit den Bergbaurandgebieten nach dem Trittstein-Prinzip vernetzt sein (Vogler u. Wünsche 1992). Künftige Flächenstillegungsprogramme bieten die Gelegenheit für weitere Erforschung der Arten- und Kippenbodenentwicklung.

7 Zusammenfassung

Bei der Gewinnung der Braunkohle im Tagebaubetrieb erfolgen umfangreiche Abraumverlagerungen. Auf den Rückgabeflächen entstehen Kippenböden, die sich in wesentlichen Merkmalen grundlegend und dauerhaft von den natürlichen Böden des Untersuchungsgebietes unterscheiden. Die Qualität der Kippenböden wird von den Deckgebirgsverhältnissen und der Abraumtechnologie vorgeprägt.

Es werden die bodenphysikalischen, -chemischen und -mineralogischen Eigenschaften der Deckgebirgssubstrate und ihre Wertigkeit für die Wiederurbarmachung vorgestellt. Die Kennzeichnung relevanter Kippenböden hinsichtlich Herkunft, Entstehung und markanter Merkmale schließt sich an. Für die Ausscheidung von Bodenkartierungseinheiten auf Kippenflächen ist die Klassifikation der Kippenböden nach Bodenformen die wesentliche Voraussetzung. Sie ermöglicht die regionale und ökonomische Vergleichbarkeit. Kippbodenformen lassen sich zu Meliorationsgruppen, Behandlungs- sowie Standorteinheiten zusammenfassen und dienen der Entscheidungsfindung für die Rekultivierung.

Künftig gewinnen bei der Gestaltung der Bergbaufolgelandschaft soziale, ökologische, landschaftsästhetische und infrastrukturelle Aspekte zunehmend an Bedeutung. Im Rahmen des Gesamtprozesses der Rekultivierung bilden die kartographisch erfaßten und nach ihren Merkmalen gekennzeichneten Kippenböden in ihrer Vernetzung als Bodenmosaik die entscheidende planerische Grundlage.

LITERATUR

Barthel H, Schubert A, Wünsche M (1965a) Zur Wiederurbarmachung der Halde Espenhain. Wiss Z TU Dresden 14: 505–520

Barthel H, Schubert A, Wünsche M (1965b) Zur Begrünung der Halde Espenhain. Wiss Z TU Dresden 14: 833–842

Einhorn W, Vogler E (1982) Effektive Nutzung von Rekultivierungsflächen. Z Felderwirtsch 23 (9): 409–412

Haubold M, Henkes L, Schröder D (1987) Qualität und Entwicklung rekultivierter Böden aus Löß. Mitteil Deutsch Bodenkundl Gesellsch 53: 173–178

Hildmann E (1993) Braunkohlentagebau und Landschaftseingriffe–neue Orientierung für die Folgelandschaft. Ber Deutsch Landeskunde, Berlin

Illner K, Katzur J (1964) Betrachtungen zur Bemessung der Kalkgaben auf schwefelhaltigen Tertiärkippen. Z Landeskult 5:287–295

Katzur J, Zeitz J (1985) Bodenfruchtbarkeitskennziffern zur Beurteilung der Qualität der Wiederurbarmachung schwefelhaltiger Kippböden. Arch Acker-Pflanzenb-Bodenkd 29: 195–203, Berlin

Katzur J (1987) Die Entwicklung der Humusverhältnisse auf meliorierten schwefelhaltigen Kippenböden. Z Techn Umweltsch 18: 52–62

Knauf C (1974) Bodenchemische und bodenphysikalische Eigenschaften von Abraumschichten aus den Braunkohlenrevieren der Bezirke Halle und Magdeburg und ihre Eignung zur Rekultivierung. Forschungsber Arch LFUG Halle (unveröffentlicht)

Kopp D, Ruhnau U (1980) Richtlinien der forstlich-standortskundlichen Kartierung von Kippen-Standorten. VEB Forstproj., Potsdam

Laves D, Thum J (1990) C/N-Transformation inkohlter organischer Substanz. Tag-Ber Akad Landwirtsch Wiss 295: 105–110

Lieberoth J (1992) Bodenkunde, 3. Auflg. VEB Deutsch. Landw. Vlg., Berlin

Schröder D (1988) Physikalische, chemische und biologische Eigenschaften trockenrekultivierter Lößböden unter Wald-, Grünland- und Ackernutzung. Deutsch Bodenkundl Gesellsch 56: 287–292

Schwabe H (1977) Forstliche Rekultivierung von Kippen des Braunkohlenbergbaues. In: Wiedernutzbarmachung devastierter Böden-Techn. u. Umweltsch.-Luft-Wasser-Boden-Lärm. VEB Deutsch. Vlg. f. Grundstoffind., Leipzig

Thomas S (1970) Die Feuchtigkeitsverhältnisse von Kipprohböden und ihre Bedeutung für die Melioration und Rekultivierung. Z Bergbautechnik 7: 356–360

Thum J, Wünsche M, Laves D, Vogler E (1990) Zur Humusbildung auf Kipp-Lehm bei Ackernutzung. Arch Acker- Pflanzenern 12: 855–864

Thum J, Wünsche M, Fiedler H J (1992) Rekultivierung im Braunkohlenbergbau der östlichen Bundesländer. Handb Bodenschutz, Umw.-BA, 7240. Schmidt, Berlin, S 1–38

Vogler E (1981) Zur Reproduktion der Bodenfruchtbarkeit bei der Wiedernutzbarmachung. Arch Natursch Landschaftsforsch 21 (1): 35–44

Vogler E (1983) Zur Kenntnis der Gefügeverhältnisse auf quartären Kipprohböden. Tg.-Berichte d. AdL d. DDR 215: 135–143

Vogler E (1990) Probleme und Möglichkeiten zur Verbesserung des Gefüges im Krumenbasisbereich landwirtschaftlich genutzter Kippenflächen. FZB Report-Sonderh., Müncheberg

Vogler E, Wünsche M (1992) Nutzung von Kippenflächen des Mitteldeutschen Braunkohlenbergbaus unter ökologischen Aspekten. Fallstudie Espenhain. Z Neue Bergbautechn 17 (5): 166–170

Wünsche M, Schubert A (1966) Untersuchungen über das Leistungspotential pleistozäner und tertiärer Abraummassen und der Erfolg der Aufforstung auf der Kippe Plateka. Z Bergbautechn 16: 648–656

Wünsche M, Schubert A, Haubold W (1967) Das Leistungspotential pleistozäner und tertiärer Abraummassen auf älteren Kippflächen im Bereich des ehemaligen Braunkohlentagebaues Witznitz I. Z Bergbautechn 17: 313–319

Wünsche M, Lorenz W-D, Schubert A (1969) Die Bodenformen der Kippen und Halden im Braunkohlengebiet südlich von Leipzig. Z Landschaftspfl Landschaftpl 1: 1–58, Humboldt-Uni Berlin

Wünsche M (1974) Die bodenphysikalischen, -chemischen und -mineralogischen Eigenschaften der Abraumsubstrate und ihre Eignung für die Wiederurbarmachung in den Braunkohlenrevieren südlich von Leipzig. Forschungsber. Arch VEB GFE Freiberg (unveröfflicht)

Wünsche M (1976) Die Bewertung der Abraumsubstrate für die Wiederurbarmachung im Braunkohlenrevier südlich von Leipzig. Z Neue Bergbautechn 5: 382–387

Wünsche M, Oehme W-D, Haubold W, Knauf C, Schmidt K-J, Frobenius A, Altermann M (1981) Die Klassifikation der Böden auf Kippen und Halden in den Braunkohlenrevieren der DDR. Z Neue Bergbautechn 1: 42–48

Wünsche M, Thum J (1990) Bodensubstrate und Bodenentwicklung der landwirtschaftlich genutzten Flurkippe Espenhain (Sachsen). Arch Natursch Landschaftsforsch 4: 217–229

Wünsche M (1991) Bodengeologische Arbeiten für die Gestaltung der Bergbaufolgelandschaft in Braunkohlenbergbaugebieten. Abh Säcks Akad Wissensch z Leipzig 57 (3): 73–80

Technische und historische Aspekte der Wiedernutzbarmachung

65

Eckart Hildmann

1 Der Mitteldeutsche Braunkohlenbergbau

Das betrachtete Gebiet enthält Braunkohlenvorräte, die in den Bundesländern Sachsen-Anhalt, Thüringen und im nordwestlichen Teil des Freistaates Sachsen zum Abbau kamen bzw. die Grundlage für künftige bergbauliche Unternehmungen bilden. Die drei wichtigsten Förderbereiche, die sich sowohl in geologischen wie auch in geographischen Merkmalen unterscheiden, sind das Weißelsterbecken als die südlich von Leipzig liegende Bergbauregion, der nördlich von Leipzig gelegene nordwestsächsische Bereich und das Geiseltal. In diesem Mitteldeutschen Braunkohlenrevier, zu dem als Exklaven drei weitere, von ihrer Förderung her relativ unbedeutende Abbaugebiete (Amsdorf, Nachterstedt und Harbke) gehören, sind aus genetischer Sicht der epirogenetische, der tektonische und der Auslaugungslagerstättentyp anzutreffen.

Urkundlich belegt sind die Anfänge der Braunkohlengewinnung bereits im 17. Jahrhundert im Geiseltal, darauf folgend im Raum Altenburg/Zeitz. In der ersten Hälfte des vorigen Jahrhunderts begann an verschiedenen Punkten des Reviers der Abbau, so in den Gebieten um Borna, Leipzig, Halle und Bitterfeld. Dies geschah als sog. „Gräbereien" im Handbetrieb an Orten, an denen das Flöz zu Tage trat. Mit der Erschöpfung solcher günstiger Lagerstättenverhältnisse trat der Braunkohlenbergbau in seine zweite technologische Phase, die durch Untertagebetrieb gekennzeichnet war. Die Förderung und die Anzahl der Unternehmungen nahmen in der letzten Hälfte des 19. Jahrhunderts zu, da mit der industriellen Entwicklung sich eine Reihe neuer Verarbeitungs- und Anwendungsgebiete erschloß, zu denen die Brikettierung und die thermische Veredlung zählen.

Die wesentlichsten Veränderungen vollzogen sich jedoch in den beiden ersten Jahrzehnten unseres Jahrhunderts. Die vorhandenen Braunkohlenvorräte boten als ausreichende Rohstoffbasis in Verbindung mit anderen günstigen Bedingungen, wie z. B. den Wasserbereitstellungsmöglichkeiten, die Voraussetzung für die Gründung energieintensiver Großbetriebe. Der Erste Weltkrieg beschleunigte den ohnehin rapiden Aufwärtstrend der Braunkohle- und ihrer Folgeindustrie. Damals bekam die mitteldeutsche Region ihre bis in die Jetztzeit sichtbaren Konturen, die maßgeblich von der Braunkohlenlandschaft bestimmt wurden. Hierzu gehören die Gruben des Geiseltals mit den belieferten Leunawerken ebenso wie die Tagebau- und Chemiegebiete um Bitterfeld und Leipzig-Böhlen.

Die enorm gestiegenen Anforderungen an die Bereitstellung großer und preisgünstiger Kohlemengen trotz sich verschlechternder Lagerstättenbedingungen erforderten neue Techniken und Unternehmensformen. Der Tiefbau trat in seiner Bedeutung zurück, dagegen vergrößerte sich der Anteil der aus Tagebauen kommenden Förderung, deren Anlagenbild durch Eimerkettenbagger und Zugfördereinrichtungen bestimmt wurde.

Im Jahr 1929 wurde in Mitteldeutschland die erste Abraumförderbrücke eingesetzt, 1933 der erste Schaufelradbagger.

Der für Betriebe derartigen Zuschnitts notwendige Kapitaleinsatz bedurfte selbstverständlich neuer Unternehmensformen, die mit einer Konzentration in größeren Beteiligungsgesellschaften oder einem betrieblichen Zusammenschluß von Braunkohlengewinnung und -verarbeitung verwirklicht wurden.

Vor und im Zweiten Weltkrieg erfuhr – aus dem Zwang der beabsichtigten Unabhängigkeit von ausländischen Rohstoffquellen – die Nutzung der mitteldeutschen Braunkohle eine weitere Steigerung, besonders für die stoffliche Weiterverarbeitung. In diesem Zeitraum entstanden die Industriewerke von Buna und Espenhain mit ihren dazu gehörigen Tagebauen in den Räumen Merseburg bzw. Leipzig. Das Autarkiebestreben erreichte in der dem Kriegsende folgenden Planwirtschaft seine Blüte. Der Zurverfügungstellung von Braunkohle für Verstromung und thermische Umwandlung wurde hochrangige Priorität beigemessen. Die höchste Förderung, die je im Mitteldeutschen Revier erreicht wurde, betrug 140 Mio. t im Jahr 1960. Im Widerspruch zur Forcierung bergbaulicher Aktivitäten standen die begrenzten Möglichkeiten einer durchgreifenden Rationalisierung entsprechend des Standes der Technik. Obwohl dem Energiesektor in der DDR in der Zuteilung von Investitionen eine Spitzenposition zugebilligt werden mußte, reichten die zur Verfügung gestellten Mittel bei weitem nicht aus, den tatsächlichen Anforderungen zu entsprechen, was sich auch in der mangelhaften Erfüllung der vorgegebenen Wiederurbarmachungsziele ausdrückte.

Kennzeichnend für diese Situation war der bis zuletzt hohe Anteil der Zugförderung an der Gesamtabraumbewegung, der 1989 noch 43 % betrug. In diesem Jahr, das die Wende zum Eintritt des Braunkohlenbergbaus in marktwirtschaftliche Verhältnisse markiert, waren 21 Tagebaue in Betrieb, die eine Förderung von 105,6 Mio. t erbrachten.

2
Abraumtechnologie und Wiedernutzbarmachung

Art und Niveau der Nutzungsfähigkeit von neuen, in der Folge des Braunkohlenbergbaus entstehenden Landschaften und insbesondere ihres Bodens sind stets abhängig vom Zusammenwirken zweier Faktoren, die den Entstehungsprozeß charakterisieren:

- Lagerstättenverhältnisse im weitesten Sinn, enger gefaßt als Vorfeldpotential zur Wiedernutzbarmachung in Gestalt von Deckgebirgsschichten mit mehr oder weniger ausgeprägter Kultureignung
- Technische und technologische Parameter des Tagebaubetriebes, die diesen in die Lage versetzen, in unterschiedlichem Maß dieses natürliche Angebot des Vorfeldes zu nutzen und in vorgegebene, bestimmten Ansprüchen genügende Formen umzusetzen.

Wird das spezielle Problem der Wiedernutzbarmachung unter diesem Aspekt betrachtet, handelt es sich letztlich um das Vorhaben, definierte Schichten des Deckgebirges gesondert aufzunehmen, umzulagern und als abschließenden Schichthorizont in die Tagebaukippe einzubauen. Mit der Übertragung einer solchen Aufgabe an den Tagebaubetrieb wird ihm die wichtigste Rolle im Gesamtvorgang der Wiedernutzbarmachung zuerkannt: Im Resultat der selektiven Gewinnung, Förderung und Verkippung werden die kaum noch wandelbaren Eigenschaften der Rohbodenschicht durch die an ihrer Bildung beteiligten Substrate und ihrer Verteilung festgelegt. Der nachfolgenden Bodenbearbeitung und -bewirtschaftung kann insofern nur noch eine korrigierende Funktion zukommen, falls Mängel vorliegen.

Grundsätzlich wirkt sich jede Art von Sortenwirtschaft, der der angeführte selektive Umgang mit kulturfähigen Abraummaterialien zuzurechnen ist, leistungshemmend aus, wenn diese Form des Massenumtrages von den Geräten und Anlagen des Hauptbetriebes übernommen wird. In jedem Fall, auch wenn für solche Zwecke Sonderbetriebsweisen zur Anwendung kommen, entstehen Mehrkosten gegenüber einer Abraumbewegung, die ohne Rücksicht auf Selektivitätsprinzipien vollzogen werden kann. Entscheidend auf den Umfang des zusätzlichen Aufwandes wirkt sich der Grad der Abstimmung zwischen der Schichtgeometrie und den konstruktiven/technologischen Elementen des Tagebaues aus. Entsprechen sich beide Seiten nur in unvollkommener Weise, löst sich der auftretende Widerspruch entweder zu Lasten des Abraumleistungsvermögens oder der Wiedernutzbarmachungsqualität. Gerade die Vielfalt der Tagebaubetriebsbereiche und ihrer technologischen Bedingungen im mitteldeutschen Raum unter den bis 1989/1990 herrrschenden wirtschaftlichen Verhältnissen erweckt ein Interesse an der Analyse des Zustandekommens von Wiederurbarmachungsflächen aus der Sicht des Zusammenspiels natürlicher und technischer Faktoren und der daraus erwachsenden juristischen und ökonomischen Konsequenzen. Als mögliche Variable kommt selbstverständlich nur die technisch/technologische Seite in Frage, d. h. es existiert zumindest theoretisch die Möglichkeit der Anpassung von Tagebauanlagen und -ausrüstungen an die speziellen Anforderungen der Wiedernutzbarmachung. Hinsichtlich der Eignung der am Tagebaubetrieb beteiligten technischen und technologischen Elemente für den selektiven Umgang mit definierten Abraumschichten lassen sich zwei Eignungsarten unterscheiden (Hildmann u. Schulz 1991):

Die anlagenbezogene Eignung drückt die Fähigkeit einzelner Geräte und Anlagen – ausgehend von Konstruktion und Arbeitsverfahren – für diese Aufgabe aus.

Mit der systembezogenen Eignung soll die gleiche Eigenschaft des Gesamtsystems Tagebau im Zusammenwirken von Geräteeinsatz und Art der Verbindung zwischen den Betriebspunkten Gewinnung und Verkippung bezeichnet werden.

Die Beurteilung der Einzelvorgänge ist in Tabelle 1 enthalten. Hier finden auch gängige Erkenntnisse Ausdruck, daß u. a. Eimerkettenbagger und Abraumförderbrücken unzureichende Voraussetzungen für einen sinnvollen Wiedernutzbarmachungsbetrieb bieten. Die Übersicht vermittelt die Schlußfolgerung, daß gerade die bergbaulichen Verfahrensmethoden, die der Förderkonzentration und Rationalisierung dienen, die Bedingungen für die Wiedernutzbarmachung komplizierter werden lassen. Das tritt besonders dann in Erscheinung, wenn nur ein begrenztes Angebot an geeigneten Substraten zur Verfügung steht, das in vollem Umfang ausgenutzt werden muß und hohe Anforderungen an die zeitbezogene Abstimmung zwischen Gewinnung und Verbringung erwachsen läßt. In solchen für Mitteldeutschland typischen wie auch in anderen Fällen, aus denen für den Tagebaubetrieb unzumutbare Betriebseinschränkungen bzw. eine nicht akzeptable Wiedernutzbarmachungsqualität resultieren würden, müssen mit Kapitaleinsatz zusätzliche Elemente in den Tagebauprozeß, wie z. B. Gewinnungsschnitte oder Bandstraßen, eingefügt werden. Damit reduziert sich letztlich die Aufgabe, ein gegebenes Vorfeldangebot an aus-

Tabelle 1. Beurteilung der Tagebauverfahren und -ausrüstungen nach ihrer Eignung für die Wiedernutzbarmachung

Eignungsarten	Abhängigkeitskriterien	Wahlmöglichkeit	Typische Fälle von Eignungsbegünstigung	Typische Fälle von Eignungsmangel
1. Anlagenbezogene Eignung				
– Gewinnung	Gerätegröße	Gerätegröße	Schaufelradbagger geringer und mittlerer Leistungsklasse	Schaufelradbagger großer Leistungsklasse vor geringmächtiger Schicht
	Baggertyp	Eimerketten-/Schaufelradbagger	Schaufelradbagger	Eimerkettenbagger
– Förderung	Förderart	Zug-/Bandabsetzer	Zugförderung	Bandförderung
– Verkippung	Absetzertyp	Zug-/Bandabsetzer	Zugabsetzer	
2. Systembezogene Eignung	Aufteilung des Deckgebirges/der Kippe in Einzelschnitte/-scheiben	Anzahl der Gewinnungsschnitte/Verkippungsscheiben Lage der Arbeitsebenen	Zunahme der Anzahl der Arbeitsebenen	
	Verbindung zwischen Gewinnungs- und Verkippungspunkten	Variabilität der Förderwege	Abteilungsfahren	Sammelbandsystem Abraumförderbrückenbetrieb
		Anzahl der an eine Bandanlage gebundenen Bagger/Absetzer		
	Verkippungsregime	Verkippungsort der Abschlußschicht HS – Hochschüttung TS – Tiefschüttung RS – Rückwärtsschüttung	Rückwärtsschüttung	Tiefschüttung

gewählten Deckgebirgsschichten in eine definierte Wiedernutzbarmachungsqualität umzusetzen, auf eine betriebswirtschaftliche Optimierungsaufgabe, in der laufende Betriebskosten und Kapitalvorschuß als disponible Größe dienen.

3 Zeitliche Entwicklung der Bergbaufolgelandschaften und Wiedernutzbarmachungsverfahren

Bergbau gehört zu den menschlichen Tätigkeiten, die zu den tiefgreifendsten Naturraumveränderungen führen. Das trifft in besonderem Maße auf Braunkohlentagebaue zu. So ist die 150jährige Geschichte des mitteldeutschen Braunkohlenbergbaus gleichsam eine Geschichte der Landschaftsentwicklung dieser Region, an deren Erscheinung der Einfluß bergbaubedingter Faktoren abzulesen ist. Vielerorts ist dies nur noch mit Mühe und Wissen um die damaligen Bergbauvorgänge möglich, zumeist hat aber die Braunkohlengewinnung der Landschaft ihren unverkennbaren Stempel aufgeprägt. In Mitteldeutschland hat dies im Rahmen einer umfassenden Naturraumumwandlung zu einer Vielfalt von technologischen Landschaftsformen und Standortverhältnissen geführt, wie sie in keinem der anderen deutschen Braunkohlenreviere angetroffen wird (Berkner 1989; Frotscher 1993).

Als wesentliche Faktoren, auf deren Wirken Gestalt und Potential mitteldeutscher Bergbaufolgelandschaften rückführbar sind, können die folgenden Bedingungen angeführt werden:

- Lagerstättentyp, d. h. Ausbildung und Lage des zum Abbau gekommenen Braunkohlenflözes (Müller u. Eißmann 1991)
- Geologie des Deckgebirges, speziell in Hinsicht auf das Vorkommen zur Rekultivierung geeigneter Abraumschichten
- Stand der bergbaulichen Technik und Verfahrenstechnologie
- Wissensstand zur Rekultivierung von Rohböden, im besonderen Maße die bodenkundlichen Grundlagen und Behandlungsanforderungen betreffend (Wünsche et al.1981)
- Gesellschaftliche Normen, ausgedrückt in bergrechtlichen Vorgaben und marktwirtschaftlichen Zwängen

Die Anfänge des Braunkohlenbergbaues, verbunden mit Handgräbereien vorwiegend an Talhängen im Süden des Reviers, haben heute kaum noch wahrnehmbare Spuren hinterlassen. Die Geringfügigkeit der bergbaulichen Eingriffe, bezogen auf den Massenumsatz bot keinen Anlaß, die staatliche Einflußnahme auf die Wiedernutzbarmachung rechtlich zu normieren. Das änderte sich, als im Zuge stürmisch verlaufender Ausweitung der industriellen Betätigung der Braunkohlenbergbau nach 1860 eine Ausdehnung erfuhr, die solche Regelungen notwendig erscheinen ließen. So leiteten sich für Bergbauunternehmen entsprechende Verpflichtungen z. B. nach dem Allgemeinen Berggesetz Preußens von 1865 aus der Forderung zum Schutz gegen gemeinschädliche Einwirkungen des Bergbaus ab (Scharf 1928).

Der Übergang vom Tiefbau zum Tagebau vollzog sich zuerst über den Handbetrieb. Zunehmend kamen kleine Löffel- und Eimerkettenbagger für die Gewinnung zum Einsatz, während für den Transport Pferde-, später Dampfkraft genutzt wurde. Landschaftsprägend war das Schema, nach dem über Jahrzehnte die Verkippung des Abraums ablief: Der anfängliche Abtrag wurde so lange auf Außenhalde in unmittelbare Nähe des Tagebaues umgesetzt, bis genügend Raum für die Begründung einer Innenkippe zur Verfügung stand. Zuletzt verblieb ein Restloch, das sich entweder mit Wasser füllte oder für die Verbringung von Abfällen verwendet wurde. Die Dimension der Landschaftsformen Halde und Restraum stieg mit zunehmender Tagebaugröße. Auf diese Weise nahmen bereits um die Jahrhundertwende die Industrielandschaften um Meuselwitz, Halle und Bitterfeld ihr unverwechselbares Bild an. Sinkwitz (1933) beschreibt und klassifiziert die bis dahin entstandenen Bergbaufolgelandschaften Mitteldeutschlands.

Die Anschüttung des Abraums im Tagebau selbst erfolgte in der Regel bis zum Anschlußniveau des natürlichen Umlandes mit Abdeckung durch eine Mutterbodenschicht. Dieses bis etwa zu Beginn des Ersten Weltkrieges übliche und aus heutiger Sicht als anspruchsvoll zu bezeichnendes Wiedernutzbarmachungsverfahren hatte selbstverständlich seine Gründe in dem modifizierten Wirken bestimmter Einflußfaktoren:

- Handbetrieb und Größe der anfänglich eingesetzten Bagger ließen nur den Abtrag in gering mächtigen Schnitten zu (Abb. 1). Analoges trifft auf das Verstürzen zu, das ausschließlich als Handkippe vorgenommen wurde.

Abb. 1. Mutterbodenanschnitt/Eimerkettenbagger mit Dampfantrieb (Grube Leopold bei Bitterfeld, 1908)

- Die Verfügungsmöglichkeit über billige Arbeitskräfte, damals vorwiegend aus Polen, ließen einen nachweisfähigen Mehraufwand für einen Sonderbetrieb nicht in Erscheinung treten.
- In vielen Fällen wurde der Landbedarf des Braunkohlenbergbaues nicht über den Erwerb, sondern über eine Anpachtung geregelt, die eine Rückgabeverpflichtung in gleicher Beschaffenheit einschloß. Diesem Zwang waren die Bergbauunternehmen vornehmlich in den Gebieten ausgesetzt, in denen nach wie vor das Bergbaurecht an das Grundeigentum gebunden war.

Alle diese Bedingungen waren einem Mutterbodenbetrieb förderlich. Auf diese Weise entstanden landwirtschaftliche Kippenstandorte, denen ihr technogener Ursprung heute nicht mehr anzusehen ist, während Halden nur in Ausnahmefällen eine auf die Wiedernutzbarmachung gerichtete Behandlung erfuhren.

Die technischen Neuerungen, die in der Braunkohlenindustrie mit Beginn dieses Jahrhunderts sich durchzusetzen begannen, hatten zum Ziel, zur Befriedigung des rapide angestiegenen Kohlebedarfs neue Braunkohlenlagerstätten zu erschließen, deren geologische Verhältnisse, z. B. die Menge und Mächtigkeit der abzutragenden Abraumschichten betreffend, sich tendenziell verschlechterten. Die sich überall im Revier etablierenden Großtagebaue brachten eine neue Dimension des Massenumsatzes in die Geschichte bergbaulicher Betätigung ein, die sich auf die Durchsetzung von Anlageinnovationen gründete:

- Die Vergrößerung der Eimerkettenbagger erlaubte eine Erhöhung der Schnittmächtigkeit, was in der Regel die Einbeziehung mehrer Schichten mit unterschiedlichen bodenphysikalischen und chemischen Eigenschaften in einen Gewinnungsvorgang zur Folge hatte.
- Die Förderung wurde mit Einführung des Dampfantriebes, ab 1906 des Elektroantriebes auf größere Wageneinheiten, verbunden mit der 900-mm-Spur, umgestellt.
- Die für die Wiedernutzbarmachung wohl schwerwiegendsten Auswirkungen hatte die Anwendung von Absetzern, die in ihrer konstruktiven Anfangsphase nur den unselektierten Einbau des zugeführten Abraums in Tiefschüttung ermöglichten.

Damit veränderten sich in grundlegender Weise die Bedingungen für die bis dahin praktizierte Art der Wiedernutzbarmachung: Der Auftrag einer Mutterbodenschicht auf die Kippe stieß zunehmend auf technische Schwierigkeiten und verursachte dementsprechend höhere Kosten. Hierdurch geriet der Braunkohlenbergbau in wachsenden Widerspruch zu den Anforderungen der Landwirtschaft. Beziehungen solcher Art spiegeln sich in der öffentlichen Austragung der differenten Interessenlagen jener Zeit wider (Mampel 1929; Scharf 1928).

Die mit der Zwangsbewirtschaftung während des Ersten Weltkrieges erstmalig eingeführten Formen zentralisierter Wirtschaftslenkung führten zu neuen, von volkswirtschaftlichen Kategorien geprägten Auffassungen über die Funktion der maßgebenden Wirtschaftszweige. Die erwähnten Konflikte zwischen Anforderungen und Ausführung der Wiedernutzbarmachung drückten sich zwar konkret in den Beziehungen zwischen einzelnen Bergbauunternehmen und Landwirtschaftsbetrieben aus, traten jedoch auf einer höheren Ebene als Interessengegensätze zwischen der Rohstoffwirtschaft und der Nahrungsgüterwirtschaft in Erscheinung, verbunden mit Aufforderungen jeder Seite an die Legislative, normsetzend tätig zu werden, natürlich im Sinn der jeweils eigenen Sache.

Die Position des Braunkohlenbergbaues in Mitteldeutschland, denen letztlich entsprochen wurde, war nach 1920 durch folgende Ansätze gekennzeichnet, die zu entsprechenden Vorgehensweisen in der Rekultivierungspraxis der Jahre vor und während des Zweiten Weltkrieges führten.

- Als entscheidendes Kriterium für die Anwendbarkeit der Mutterbodenwirtschaft wurde neben dem Vorkommen einer ausreichenden natürlichen Bodenschicht die Rentabilität, d.h. das Verhältnis zwischen Kosten und dem Erlös aus dem Verkauf rekultivierter Flächen angesehen. Der Begriff der wirtschaftlichen „Zumutbarkeit" von Forderungen an die Bergbauunternehmen begann in jener Zeit, eine maßgebende Rolle zu spielen.
- Es setzte sich zunehmend die Verwendung der oberen Gewinnungsscheibe, d. h. einer Mischung aus Kulturboden mit bindigen und rolligen quartären Substraten durch. In den Abraumförderbrückenbetrieben Espenhain und Böhlen kamen Überzugskippen mit kulturfähigen Schichten zur Anwendung.
- Kritisch wurde die Nutzbarmachung von Abraumhalden beurteilt, die sich mit größerer Ausdehnung und ungeordnetem Auftrag, der auch das Auftreten von tertiären Substraten an der Oberfläche einschloß (Trages/Espenhain, Lippendorf/Böhlen und Bitterfeld/Holzweißig), als immer problematischer erwies.

Diese Form der Wiedernutzbarmachung führte zwangsläufig zu der Notwendigkeit, sich mit der Bewirtschaftbarkeit und geeigneten Rekultivierungsverfahren auf solchen neuartigen Kippenstandorten zu beschäftigen. Empirie mußte das fehlende bodenkundliche Wissen ersetzen, und es mutet mit dem heutigen Kenntnisstand nahezu befremdend an, wie euphorisch die Fruchtbarkeitseigenschaften der „jungfräulichen" Rohböden im Vergleich zu den natürlichen Böden bewertet wurden. Forstliche Rekultivierung konzentrierte sich auf den Haldenbewuchs mit Pionierholzarten, wandte sich aber auch schon der Begründung von Mischwaldbeständen mit anspruchsvolleren Gehölzarten zu (Heusohn 1928).

Rechtsgrundlage für behördliche Vorgaben und Eingriffsmöglichkeiten bildete, nachdem Initiativen zu Beginn der 20er Jahre nach entsprechender Gesetzgebung gescheitert waren, der preußisch-ministerielle Erlaß an die Bergbehörden von 1922, im Rahmen des Betriebsplanverfahrens Einfluß auf die Zuführung des Landes nach der Auskohlung seiner früheren Bestimmung gemäß auszuüben (Mampel 1929). Die Richtlinien für Urbarmachung der Tagebaue von 1940, aus dem novellierten Preußischen Berggesetz abgeleitet und Gültigkeit für das gesamte Reichsgebiet besitzend, formulierten Grundsätze der Wiedernutzbarmachung. Dazu gehörten Vorgaben für die Reliefgestaltung und die Beschaffenheit der Rekultivierungsschicht, deren Durchsetzung in speziellen Formen letztlich von der wirtschaftlichen Zumutbarkeit abhängig gemacht wurde. Die kumulative Flächenbilanz des mitteldeutschen Braunkohlenbergbaues (unter Einbeziehung des Lausitzer Reviers) weist für den Zeitraum von 1880–1934 eine Landinanspruchnahme von 25 262 ha für den Tagebaubetrieb aus, von denen 9 529 ha nutzbar gemacht waren, was einem Anteil von 37,7 % entspricht. Der im Flächenverbrauch enthaltene Bedarf für das Anlegen von Halden betrug immerhin 3 649 ha (Hirz 1936).

Mit dem nach Kriegsende sich vollziehenden Hineinwachsen in Planwirtschaftsverhältnisse kam ein neues Prinzip der Verantwortungs- und Aufgabenzuordnung zur Geltung, zuerst in entsprechenden Rechtsverordnungen von 1951 und 1952 festgeschrieben. Die mit Rekultivierung bezeichneten land- und forstwirtschaftlichen Maßnahmen wurden aus dem Zuständigkeitsbereich der Braunkohlenwerke genommen und Betrieben der Land- und Forstwirtschaft übertragen, eine Verfahrensweise, die bis zur Wiedervereinigung ihre Gültigkeit behielt. Motiv der Veranlassung war die Annahme, daß weniger die Durchsetzung des Verursacherprinzips als vielmehr das Einbringen von Fachkompetenz durch die endgültigen Bewirtschafter von Kippenflächen den Rekultivierungsprozeß fördert. Andererseits findet darin eine vollkommen veränderte Rechtsauffassung über das Eigentum an Grund und Boden ihren Ausdruck, das als Rechtsinstitut zwar formal fortbestand, aber seine Verfügungs- und Verwertungsfunktion spätestens dann verlor, als Bodenpreis und -markt aufhörten zu bestehen.

Nur aus dieser Sicht sind die Vorgänge zu verstehen, die bis 1989 den Ablauf von Wiederurbarmachung und Rekultivierung entscheidend beeinflußten (Einhorn 1990). Die Befriedigung des Energiebedarfs der DDR auf der Basis der einheimischen Braunkohle war eine der wesentlichen Grundzüge sozialistischer Wirtschaftspolitik. Obwohl zu ihr auch das Autarkiebestreben bei Land- und Forstwirtschaftsprodukten zählte, mußte beim Abwägen der Interessen des Braunkohlenbergbaues mit den zumeist konträren der Land- und Forstwirtschaft ersteren Priorität zugestanden werden. Bezogen auf eine bestimmte Flächeneinheit verkörperte die Menge der aus ihr gewinnbaren Braunkohle einen ganz anderen Grad volkswirtschaftlicher Relevanz als der flächenanaloge land- oder forstwirtschaftliche Produktionsumfang, besonders bei Ansetzen des aus den Zwängen einer Mangelwirtschaft folgenden Kurzzeitdenkens.

Die Braunkohlenförderung Mitteldeutschlands erfuhr in den Jahren nach 1950 eine erhebliche Ausdehnung. Trotz Einfließens eines erheblichen Teiles des gesamtstaatlichen Investitionsvolumens in die Erweiterung der Förderkapazitäten setzten sich technische Innovationen nur sehr zögernd durch, weil die Möglichkeiten für durchgreifende Rationalisierungen nicht gegeben waren. So blieben typische Merkmale wie die Zersplitterung der Förderung auf viele kleine und mittlere Tagebaue, der hohe Anteil von Altgeräten sowie das Fortbestehen der Zugförderung bis zuletzt kennzeichnend für den mitteldeutschen Braunkohlenbergbau, was Auswirkungen auf die Wiederurbarmachung – nicht immer mit negativen Folgen – zeigte.

Der Mutterbodenbetrieb verlor seine frühere Bedeutung und kam nach 1960 in keinem Tagebau mehr zur Anwendung. Vielmehr wurde auf die Verwendung solcher Deckgebirgsschichten orientiert, die eine ausreichende Kultureignung aufwiesen und unter solchen Ablagerungsbedingungen angetroffen wurden, die die Einpassung ihrer selektiven Gewinnung in den regulären Tagebaubetrieb zuließen. Die notwendige Kenntnis über die Eigenschaften der tertiären und quartären Sedimente wurde durch eine intensive wissenschaftliche Tätigkeit erlangt, die sich beginnend mit den 50er Jahren vollzog und eine Wertung der bodenphysikalischen und -chemischen Parameter aller angetroffenen Deckgebirgsschichten erlaubte. Darauf aufbauend wurden Meliorations- und Rekultivierungsverfahren entwickelt. Die geologischen Verhältnisse in Mitteldeutschland ermöglichten im Resultat dessen in modifizierten Mischungsvarianten eine generelle Einstellung auf die Verwendung von Geschiebemergel/-lehm, den Elster- und Saalekaltzeit in nahezu allen Abbaugebieten hinterließen (vgl. Beitrag 64, Wünsche et al.). Das führte zu der ab 1974 für alle Braunkohlenwerke Mitteldeutschlands verbindlichen Arbeitsweise,

- die obere Abbauscheibe in einer Mächtigkeit von 3–5 m, generalisiert im Anstehen von saalekaltzeitlichem Geschiebelehm/-mergel und Kulturboden, mit Beimengungen von sandigen Substraten selektiv abzutragen und als
- Rekultivierungsschicht einzubauen mit Mächtigkeiten von 1 m für LN- bzw. 2 m für FN-Standorte.

Davon abweichend wurde für das Rekultivierungsgebiet Profen entsprechend den dort anderen Naturraumverhältnissen die Nutzung von Löß vorgeschrieben (Abb. 2).

Dieses Verfahrensprinzip findet im Grundsatz bis in die Gegenwart Anwendung.

Abb. 2. Selektive Gewinnung von Löß im Bandbetrieb mit Schaufelradbagger (Tagebau Profen-Süd, 1993)

Fehlende Bodenpreise bewirkten eine extensive Flächenwirtschaft im Braunkohlenbergbau. Mit der Bodennutzungsverordnung von 1968 wurde versucht, über die Verhängung von Sanktionen dem Mißverhältnis zwischen Landinanspruchnahme und Wiedernutzbarmachung entgegenzuwirken. Tatsächlich gelang es in den Folgejahren, einen Teil des aufgelaufenen Rückstandes bei der Wiedernutzbarmachung von Betriebsflächen aufzuarbeiten und für eine andere Nutzung zur Verfügung zu stellen.

In der letzten Phase der staatlich regulierten Wirtschaft charakterisierten die nachstehenden Merkmale die Wiedernutzbarmachung in den mitteldeutschen Braunkohlentagebauen (Einhorn 1990; Thum et al. 1992).

Maßgebende Rechtsquelle bildete das DDR-Berggesetz, das die erwähnte Trennung der Wiedernutzbarmachung in die Teilvorgänge Wiederurbarmachung und Rekultivierung mit unterschiedlicher Ausführungsverantwortung vorschrieb. Im einzelnen regelten sich Inhalt und Ablauf nach speziellen Rechtsverordnungen, die detaillierte Vorgaben für die Verfahrensweise enthielten, abgeleitet aus dem bodenkundlichen Kenntnisstand über die Kulturfähigkeit der Deckgebirgsschichten und entsprechenden Bewirtschaftungsanforderungen. Flankiert wurden diese Vorschriften durch die Bodennutzungsverordnung bzw. Bodennutzungsgebührenverordnung, in deren Absicht es lag, mit ökonomischen Instrumenten den Flächenverbrauch für Zwecke außerhalb der land- und forstwirtschaftlichen Nutzung einzuschränken.

Die durch den Staat ausgeübte Zuständigkeit für die Planungsbestätigung und Kontrolle war zwar teilweise den Bergbehörden über die Betriebsplanpflicht der Braunkohlenwerke übertragen, die maßgebende Koordinierung und Verbindlichkeitserklärung erfolgten jedoch durch eigens dafür eingerichtete Behörden bei den Räten der Bezirke, im Fall des mitteldeutschen Braunkohlenbergbaues in Halle und Leipzig. Der wesentliche Bestandteil der staatlichen Einflußnahme war die Festlegung quantitativer und qualitativer Werte für die Wiederurbarmachung, der Nutzungsarten sowie der Folgenutzer wiederurbar gemachter Betriebsflächen.

Als Wertmaßstab für die Planung und Ausführung der Wiedernutzbarmachung galt die Gewährleistung einer intensiven Nutzbarkeit aller Flächen in den neuentstehenden Bergbaufolgelandschaften, zu allererst für die landwirtschaftliche Produktion und ausgerichtet auf die Bedingungen der Großflächenwirtschaft. Andere Gesichtspunkte, wie z. B. die Ermöglichung von Freiräumen für die Erholung in Verbindung mit Wald und Wasser, fanden im industriellen Ballungsraum um Leipzig, Borna und Bitterfeld zwar Berücksichtigung (Abb. 3), erreichten jedoch nicht die Bedeutung, die wirtschaftsrelevanten Ergebnissen der Wiedernutzbarmachung beigemessen wurde. Ökologisch-naturschutzfachliche Aspekte erhielten bei der Landschaftsgestaltung so gut wie keine Geltung; was sich an Wissen über die Renaturierung ansammelte und andererseits an naturschutzbedeutsamen Standorten entstand, ist mehr oder weniger dem Engagement einzelner zu verdanken bzw. der Zufälligkeit geschuldet (vgl. Beitrag 72, Klaus und Beitrag 73, Krummsdorf et al.).

Auf diese Weise erwuchsen Bergbaulandschaften, die sich in vielen Bereichen durch nutzungsübertonte Monostrukturen und Formenarmut auszeichnen. Typisch ist das generelle Fehlen einer flächendeckenden Landschafts-

Abb. 3. Ausschnitt aus einer Bergbaufolgelandschaft, die sich durch Formenvielfalt auszeichnet (Tagebau Goitsche, 1993)

planung; zwischen der bergbaulichen Vorplanung, die für ein gesamtes Tagebaufeld die Lage der Kippen und Resträume sowie die Hauptnutzungsarten festschrieb, und der Ausführung von Rekultivierungsarbeiten lag in der Regel ein landschaftsplanerischer Leerraum. Die zu große Distanz zwischen einer auf mehrere Jahrzehnte sich beziehenden Absichtserklärung zum Rahmen einer Bergbaufolgelandschaft und der tatsächlichen Gestaltung spiegelt sich in dem erwähnten Landschaftsbild ehemaliger Bergbauregionen wider.

Die technische Bewältigung der Wiederurbarmachung erfolgte in allen Tagebauen mit den Geräten und Förderanlagen des Hauptbetriebes. Das entsprechende Substrat, dessen Art der Betriebsplan vorschrieb und sich aus der bodengeologischen Begutachtung des Vorfeldes ableitete, wurde selektiv gewonnen und als Abschlußschicht auf die nicht vorplanierte Rohkippe eingebaut. Nach Ausformung der Fläche wurde eine Begutachtung vorgenommen, aus der sich Handlungserfordernisse hinsichtlich Melioration und Düngungsgaben ableiteten. Erst nach bestätigter Nutzungseignung konnte die Übergabe an den Folgenutzer zur Rekultivierung vollzogen werden.

Die Durchsetzung dieses Regelverfahrens stieß zunehmend auf Schwierigkeiten, da die wachsenden Leistungsbeanspruchungen und die unzureichende kapazitive Auslegung in den Tagebauen die Möglichkeiten einer Einpassung der Wiederurbarmachung in die Betriebsführung einschränkten. Der zuerst beim Bergbautreibenden entstehende Konflikt zwischen nicht zu vereinbarenden Handlungsvorgaben führte zwangsläufig zu Interessenwidersprüchen zwischen den Wiederurbarmachungspflichtigen und den Nutzern von Rekultivierungsflächen. Ihrer Ausräumung in allen Fällen fehlte eine tragfähige Grundlage, da ständig steigende Anforderungen an die Braunkohlenförderung und an die Erzeugung landwirtschaftlicher Produkte bei unzureichendem Kapitaleinsatz nicht in Übereinstimmung zu bringen waren. Solche Konflikte fußten zuallererst auf der Zusammensetzung der an der Wiederurbarmachungsschicht beteiligten Substratgruppen, d. h. auf dem Heterogenitätsproblem. Hinzu trat die ständige Aufweitung der Tagebaue. Der faktisch keiner Restriktion unterworfene Betriebsflächenbedarf führte zu einer wachsenden Inanspruchnahme von Landwirtschaftsflächen, der kein entsprechender Ausgleich an Rekultivierungsflächen gegenüber stand (Tabelle 2).

Die unter den planwirtschaftlichen Bedingungen der früheren DDR vollzogenen Entwicklungen technologiebezogener Parameter der Wiederurbarmachung sollen anhand von repräsentativ zu wertenden Angaben des Jahres 1988 verdeutlicht werden.

Tabelle 3 enthält eine Übersicht über die bei der Herstellung von Wiedernutzbarmachungsflächen zur Anwendung gekommenen Verfahren des Tagebaubetriebes. Die Gewinnung kulturfähiger Substrate wird eindeutig bestimmt durch Schaufelradbagger der mittleren Leistungsklasse, im wesentlichen Bagger des Typs SRs 1200, die das Gerätebild des oberen Abraumschnittes in den mitteldeutschen Braunkohlentagebauen prägten. Jedoch sind auch Eimerkettenbagger am Gewinnungsvorgang beteiligt gewesen, was nur unter besonderen konstruktiven (mehrfache Knickung der Eimerleiter) und geologischen Bedingungen zu akzeptieren ist.

Der Transport der Wiederurbarmachungsmassen geschah vorwiegend im Zugbetrieb und bot damit günstige Voraussetzungen, das selektiv gewonnene Gut auch gesondert und zielgerichtet zu fördern. Zumindest waren für die in Wiederurbarmachungsvorgänge einbezogenen Bandsysteme die Betriebsführung beeinflussende Vorgaben für einen entsprechenden Umgang mit dem Fördergut erteilt worden (Abb. 2). Die Nichtbeteiligung von Abraumförderbrücken (Abb. 4) am Zustandekommen endgültig verbleibender Kippoberflächen dokumentiert das grundsätzlich verbindliche Prinzip, derartig entstandene Kippen mit einem Überzug kulturgünstiger Substrate zu versehen.

Die Werte der Position 3/Verkippung in Tabelle 3 leiten sich folgerichtig aus den Basisangaben der Positionen 1 und 2 ab. Interessanter für die Art des Einbringens der Kippenabschlußschicht ist die Beteiligung der möglichen Verkippungsweisen, wie sie aus Tabelle 4 hervorgeht. Ungünstig wirkte sich der hohe Anteil der Hochschüttungen mit ihrer Mängeldisposition aus, die infolge der Zwänge zwischen den Arbeitsstellungen der Absetzer gegeben ist.

Jahr	Landinanspruchnahme [ha/Jahr]	Wiedernutzbarmachung [ha/Jahr]	[%]
1960	1.530	809	52,9
1965	994	647	65,1
1970	603	836	138,6
1975	899	.1.132	125,9
1980	1.019	737	72,3
1985	1.151	603	52,4
1989	1.144	566	49,5

Tabelle 2. Flächennutzungskennwerte nach ausgewählten Jahren

Abb. 4. Abraumförderbrückenbetrieb (Tagebau Espenhain, 1993)

Es erhebt sich die Frage, welche Beschaffenheitsformen der zu rekultivierenden Flächen die technologischen Betriebsweisen der Wiederurbarmachung hervorbrachten. Zur Bewertung werden Anforderungen in Form von Qualitätsparametern herangezogen, wie sie in den letzten Jahren planwirtschaftlicher Regulierung für die Beurteilung land- oder forstwirtschaftlicher Eignung von Kippenstandorten genutzt wurden. Sie orientieren sich im wesentlichen an einem Mindestmaß der Homogenität und Verträglichkeit im Mosaik der beteiligten Bodenformen (vgl. Beitrag 64, Wünsche et al.).

Das Anlegen eines solchen Maßstabes an die 1988 bodengeologisch begutachteten 535 ha Kippenflächen zeigt, daß 89 ha diesen Anforderungen nicht entsprechen. Dieser Anteil von knapp 17 %, der angesichts der im ganzen nicht ungünstigen naturräumlichen und technologischen Voraussetzungen zu hoch erscheint, bringt zum Ausdruck, mit welcher Dringlichkeit energiewirtschaftliche Prämissen den Betriebsablauf in den Braunkohlentagebauen bestimmten.

4 Ausblick

Mit dem Eintritt in veränderte rechts- und marktwirtschaftliche Verhältnisse ist auch der mitteldeutsche Braun-

Tabelle 3. Technologiebezogene Anteile an der Entstehung von Wiederurbarmachungsflächen 1988

Betriebsabschnitt	Wiederurbarmachungsbereiche			
	Anzahl	Anteil [%]	Flächen [ha]	Anteil [%]
1. Gewinnung				
Löffelbagger	1	4,8	6,0	1,4
Schaufelradbagger	17	81,0	391,2	90,6
bis SRs 2500	17	81,0	391,2	90,6
SRs 6300	-	-	-	-
Eimerkettenbagger	3	14,2	34,5	8,0
Summe	21	100,0	431,7	100,0
2. Förderung				
Bandbetrieb	4(2)[a]	19,0	140,3	32,5
Einzelband	1(2)[a]	4,8	58,5	13,6
Sammelband	3	14,2	81,8	18,9
Zugbetrieb	15(2)[a]	71,4	249,1	57,7
Normalspur	8(2)[a]	38,1	118,6	27,5
Schmalspur	7	33,3	130,5	30,2
Gebrochene Förderung	2	9,6	42,3	9,8
Abraumförderbrücke	-	-	-	-
Summe	21	100,0	431,7	100,0
3. Verkippung				
Absetzer	19	90,5	416,3	96,4
Bandabsetzer	6	28,6	182,6	42,3
Zugabsetzer	13	61,9	233,7	54,1
Pflugkippe	2	9,5	15,4	3,6
Abraumförderbrücke	-	-	-	-
Summe	21	100,0	431,7	100,0

[a] Zahlen in Klammern bedeuten zusätzliche Fälle, die Bestandteile der Zeile „Gebrochene Förderung“ sind

Schüttungsart	Flächen Größe [ha]	Anteil [%]
1. Absetzer:	443,6	98,2
davon LN	260,6	
davon FN	183,4	
1.1 Tiefschüttung:	48,6	10,8
davon LN	-	
davon FN	48,6	
1.2 Hochschüttung:	255,9	56,6
davon LN	169,3	
davon FN	86,6	
1.3 Rückwärtsschüttung:	139,1	30,8
davon LN	90,9	
davon FN	48,2	
2. Pflugkippe:	7,9	1,8
davon LN	7,9	
davon FN	-	
3. Abraumförderbrücke:	-	-
davon LN	-	
davon FN	-	
Gesamt	451,5	100,0

Tabelle 4. Verkippungsart wiedernutzbargemachter Flächen 1988

kohlenbergbau bezüglich der Wiedernutzbarmachung und Rekultivierung seiner nicht mehr erforderlichen Betriebsflächen in eine gänzlich neue Anforderungssituation gestellt. Die zu behandelnden Flächen betreffen zum einen die Gebiete der sich im Auslauf befindenden Tagebaue, zum anderen sind Konsequenzen für den Umgang mit Standorten zu ziehen, die in Folge der Verkippung der längerfristig zu betreibenden Tagebaue entstehen.

Der abrupte Abbruch der Braunkohlenförderung führt zur kurz- und mittelfristigen Stillsetzung von 18 Tagebauen, die zum überwiegenden Teil entsprechend den ehemaligen Planungen für einen Weiterbetrieb vorgesehen waren. Die zugrunde liegende, auf mehrere Jahrzehnte angelegte Massenverteilungskonzeption berücksichtigte die Verbringung des anfallenden Abraums nach geotechnischen und landschaftsgestalterischen Gesichtspunkten, um den Sanierungsaufwand nach Auslauf der Förderung in den einzelnen Betrieben zu minimieren. Das bedingte, unter Einbeziehung einer vorgesehenen Aufschlußfolge, in den Teilrevieren umfangreiche Massenströme zwischen den Tagebauen. Diese Bilanz hat ihre Gültigkeit verloren, so daß die verbleibenden offenen Betriebsräume in ihrer Lage, Form und Größe einen immensen Sanierungsaufwand verkörpern (Abb. 5). Der Umfang der zu bewältigenden Aufgaben verdeutlicht sich anhand der zusammengefaßten Betriebsfläche dieser Tagebaue, die 18 000 ha beträgt (Bilkenroth 1992).

In diesen Rahmen hat sich die Rekultivierung der hinterlassenen Flächen einzufügen. Sie wird aus der Sicht der anstehenden Rohbodenbeschaffenheit vor Probleme gestellt, da in vielen Fällen, wie z. B. auf Kippen von Abraumförderbetrieben, wegen nicht mehr möglichen Überzugs ohne eine tiefgreifende Melioration ungenügende Voraussetzungen für eine pflanzenbegünstigende Bodenentwicklung angetroffen werden.

Letztlich geht es um die Überführung ganzer Regionen aus dem Stadium aktiven Bergbaus, der mit einer hohen Landinanspruchnahme verbunden war, in ökologisch stabile und multivalenten Nutzungsansprüchen gerecht werdende Landschaften (Hildmann 1993). Hiervon sind solche Braunkohlenreviere wie Bitterfeld, Geiseltal und der Raum zwischen Leipzig und Borna betroffen, in denen Tagebaue mehr als 100 Jahre das Landschaftsbild bestimmten. Ihre sinnvolle Rekultivierung verlangt selbstverständlich eine Planungsvorgabe, welche die Gegebenheiten der aufgelassenen und umzugestaltenden Betriebsflächen in einen großräumigen Zusammenhang bringt.

Für die dabei zur Anwendung kommende Verfahrensweise sind die aus der geltenden Rechtslage sich ableitenden Planungsgrundlagen von Wichtigkeit. Die Braunkohlentagebaue Mitteldeutschlands, ob weiterführende oder auslaufende Betriebe, unterliegen analog zu den anderen Förderrevieren der Bundesrepublik zwei grundsätzlichen Planungsverfahren:

Abb. 5. Böschungsanstützung in einem Tagebaurestloch (Tagebau Goitsche, 1993)

- 1. Im landesplanerischen Verfahren werden die raumordnerischen und Umweltbezüge des Tagebaues geregelt. Hier werden die entscheidenden Vorgaben für die Gestaltung des dem aktiven Bergbau folgenden Zustandes der Betriebsflächen formuliert und zur Geltung gebracht.
- 2. Das bergrechtliche Verfahren in Gestalt von Betriebsplänen schließt an das landesplanerische Verfahren an und hat die Umsetzung der dort getroffenen Verbindlichkeiten in die Betriebsführung zum Inhalt.

Mit der 1992 erfolgten Verabschiedung der Landesplanungsgesetze (LPlG) im Freistaat Sachsen und im Land Sachsen-Anhalt, die besondere Vorschriften für den Braunkohlentagebau enthalten, werden Art und Weise des Zustandekommens raumordnerischer Lösungen für die Einfügung des Braunkohlenabbaus und seines Auslaufs in die regionalen Belange festgeschrieben. Danach sind

- im Freistaat Sachsen für Fördertagebaue ein Braunkohlenplan und für stillzusetzende Betriebe ein Sanierungsrahmenplan
- für Fördergebiete im Land Sachsen-Anhalt ein Regionales Teilgebietsentwicklungsprogramm

aufzustellen. Diese Pläne basieren wesentlich auf dem Nachweis des Bergbautreibenden über die Auswirkungen seiner Betriebsabsichten auf die Umwelt und der daraus abgeleiteten Konzeption für Schutz-, Ausgleichs- und Folgemaßnahmen. Die Wahrung des Grundsatzes gesicherter Fachkompetenz bedingt für die Vorbereitung der Planaufstellung die Erarbeitung von ökologischen Gutachten und Landschaftsplanungen in Verantwortung des Bergbauunternehmens.

Das Bundesberggesetz (BBergG) regelt das Betriebsplanverfahren, dessen verschiedene Stufen die Gestaltung der Bergbaufolgelandschaft differenziert nach Zeithorizonten betrachten. Das weiträumigste Geltungsgebiet erfaßt der Rahmenbetriebsplan, der für aktive Tagebaue aufzustellen ist bzw. der für auslaufende Tagebaue verbindliche Abschlußbetriebsplan. Damit ist auch in landschaftsplanerischer Sicht der Rahmen gesetzt, der den Ablauf und Inhalt der weiteren Planungsschritte und der Ausführung selbst bestimmt. Die betriebsplanerische Behandlung der Wiedernutzbarmachung und Rekultivierung erfolgt in den Hauptbetriebsplänen bzw. in Sonder- oder Teilabschlußbetriebsplänen, die alle vorgesehenen Maßnahmen auf den Betriebsflächen bis zur Entlassung aus der Bergaufsicht zur Anzeige bringen.

Die Bergbausanierung (vgl. Beitrag 83, Bilkenroth u. Hildmann), die in ihren Hauptgewerken voraussichtlich einen Zeitraum von etwa 15 Jahren in Anspruch nehmen wird, konnte in ihrer Anfangsphase, die sich zäsurlos an den zur Stillsetzung kommenden Förderbetrieb anschloß, selbstverständlich nicht auf einem sich diesem Schema anpassenden Planungsvorlauf beruhen, sondern war durch ein Parallellaufen von Regional- und Detailplanung sowie Ausführung gekennzeichnet.

Dieser in seinem Ausmaß als Novum in der Planungshistorie der Bundesrepublik zu bezeichnende Tatbestand verlangte von den Beteiligten Flexibilität und Bereitschaft zur Konsensfindung bei der Bestimmung der regionalen und örtlichen Interessen und ihrer Durchsetzung während der Rekultivierung.

Der Zielfindung für die künftige Landschaftsentwicklung werden Anforderungen zugrunde gelegt, die sich aus den Regenerationsbedürfnissen und -möglichkeiten der Natur in der industriell überbeanspruchten mitteldeutschen Region ableiten und damit auch Ansprüche der hier lebenden Menschen ausdrücken. Sie verkörpern einen für den Braunkohlenbergbau in den neuen Bundesländern neuen Wertmaßstab für die Gestaltung von Bergbaufolgelandschaften, gemessen an den ehemals geltenden Vorgaben. Hatte unter den Bedingungen der staatlich regulierten Wirtschaft die Schaffung intensiv nutzbarer Land- und Forstwirtschaftsflächen die absolute Priorität, so vollzieht sich nun ein grundsätzlicher Wandel in den Vorstellungen über das, was mit ehemals bergbaulich genutzten Gebieten erreicht werden soll. Landschaftsökologische Gesichtspunkte spielen dabei eine maßgebende Rolle.

- Die Vielfalt der durch den Bergbau hinterlassenen Standortbedingungen erlaubt die Entwicklung von Lebensräumen, die in ihrer Art eine Bereicherung der ökologisch verarmten und teilweise monostrukturierten mitteldeutschen Landschaft darstellen
- Formenreichtum im Landschaftsbild unter Berücksichtigung landschaftsästhetischer Maßstäbe dient der Überwindung der Entfremdung der Menschen von ihrer Lebensumwelt in den Bergbaugebieten

In diesem Zusammenhang nehmen die Landschaftselemente Wald und Wasser eine vorrangige Stellung ein.

Forstliche Rekultivierung wurde im mitteldeutschen Revier auch im vergangenen Zeitraum intensiv betrieben. Ihre Bedeutung erfährt eine Steigerung und ihr Inhalt wird sich vorwiegend an der Sicherung der Erholungs- und Schutzfunktion orientieren, um in den Räumen Bitterfeld, Leipzig und Borna einen Ausgleich zu den vorauszusehenden Nutzungsintensitäten anderer Art zu sichern.

Mit der Flutung der Tagebaurestlöcher und dem aufsteigenden Grundwasser wird Wasser wieder zu einem landschaftsprägenden Element, wie es für das vorbergbauliche Stadium, so z. B. in der Leipziger Tieflandbucht, typisch war. Zusammen mit einer weitgehenden Renaturierung kanalisierter Flüsse wie der Weißen Elster und der Pleiße wird in den nächsten zwei Jahrzehnten zwischen Leipzig und Borna eine Seenlandschaft mit einer Wasserfläche von 6 000 ha entstehen, der sich im Norden und Westen ähnlich gestaltete Gebiete anschließen.

Der weitergeführte Braunkohlenbergbau in Mitteldeutschland konzentriert sich auf die Tagebaue Vereinigte Schleenhain, Profen und Amsdorf. Die Rekultivierung ihrer in Anspruch genommenen Flächen unterliegt den angeführten landschaftsökologischen und naturschutzfachlichen Aspekten, die in die Braunkohlen- und Rahmenbetriebsplanverfahren eingehen. Die geplanten technologischen Umstellungen und Veränderungen der Geräte- und Förderanlagen rücken wieder die notwendige Sicherung der Rekultivierungsziele durch eine entsprechende Betriebsführung in das Blickfeld. Im Tagebau Profen betrifft dies die Nutzung des anstehenden Lösses für Schaffung ertragssicherer Landwirtschaftsstandorte, während das Vorfeld des Tagebaues Vereinigte Schleenhain in Gestalt von pleistozänen Geschiebesedimenten ein weitaus ärmeres Substratangebot bereit hält. Die darauf sich gründende Landschaft wird aus heutiger Sicht durch die extensive Bewirtschaftung von Freiflächen, forstliche Rekultivierungen und einen hohen Ausstattungsgrad mit naturnahen Elementen gekennzeichnet werden.

5 Zusammenfassung

Im Revier Mitteldeutschland wird seit mehr als 100 Jahren Braunkohle im Tagebauverfahren gefördert. Von Anfang an wurde der Wiedernutzbarmachung eine große Bedeutung beigemessen. Hierzu trugen die jeweils gültigen rechtlichen Bestimmungen bei, die dem Bergbaubetreibenden entsprechende Verpflichtungen auferlegten, aber auch die wirtschaftlichen Interessen der Braunkohle zielten zeitweise auf eine hohe Wiederurbarmachungsqualität zur Erreichung eines angemessenen Veräußerungswertes der Flächen. Bei diesen Betrachtungen spielte die Anwendung einer Mutterbodenwirtschaft, wie sie für die Anfangszeit des Braunkohlenbergbaus typisch war und in den 50er Jahren auslief, eine wichtige Rolle.

Die Qualität der Rekultivierungsflächen wird entscheidend bestimmt durch die Art der Substrate, die während des Tagebaubetriebes als Abschlußschicht auf die Kippen und Halden aufgebracht werden. Dafür sind die natürlichen Ausgangsbedingungen im Deckgebirge der Lagerstätte und die technologischen Voraussetzungen für den selektiven Umgang mit kulturfähigen Schichten maßgebend. Es läßt sich verfolgen, wie während der Phasen der Braunkohlenförderung im Zusammenwirken beider Faktoren den Anforderungen einer hohen Wiedernutzbarmachungsqualität entsprochen wurde. Die vorwiegend auf naturwissenschaftlichem Gebiet gewonnenen Erkenntnisse tragen dazu bei, den seit 1990 veränderten Rahmenbedingungen für die Gestaltung von Bergbaufolgelandschaften und die Wiedernutzbarmachung gerecht zu werden.

LITERATUR

Berkner A (1989) Braunkohlenbergbau, Landschaftsdynamik und territoriale Folgewirkungen in der DDR. Petermanns Geogr Mitt 133 (3): 173–190

Bilkenroth K-D (1992) Umweltgerechtes Auslaufen von Großtagebauen. Tagungsbericht der VDI-Fachtagung „Beherrschung bergbaulicher Altlasten", Freiberg

Einhorn W (1990) Organisation und Ergebnis der landwirtschaftlichen Wiedernutzbarmachung von Bergbauflächen in der DDR. Braunkohle 4: 25–32

Frotscher W (1993) Studie zu Landschafts- und Bodenveränderungen im Südraum Leipzig als Folge des Braunkohlenbergbaus. Consultinggesellschaft für Umwelt und Infrastruktur (CUI), Halle

Heusohn R (1928) Das Kultivieren von Kippen und Halden. Braunkohle 44: 985–992

Hildmann E (1993) Braunkohlentagebau und Landschaftseingriffe – neue Orientierung für die Folgelandschaft. Ber Deutsch Landesk 1

Hildmann E, Schulz W (1991) Abraumtechnologie und Wiederurbarmachung. Abhandlungen der Sächsischen Akademie der Wissenschaften zu Leipzig 57 (3): 45–50

Hirz (1936) Zur Frage der Wiedernutzbarmachung abgebauter Braunkohlenflächen. Braunkohle 10: 150–154

Mampel (1929) Wiedernutzbarmachung von Kippen und Halden. Braunkohle 27: 596–607

Müller A, Eißmann L (1991) Die geologischen Bedingungen der Bergbaufolgelandschaft im Raum Leipzig. Abhandlungen der Sächsischen Akademie der Wissenschaften zu Leipzig 57 (3): 39–44

Scharf W (1928) Die Wiederurbarmachung von eingeebneten Tagebauflächen und Halden des Braunkohlenbergbaus, unter besonderer Berücksichtigung der Verhältnisse im Bitterfelder Bezirk. Berg-, Hütten- und Salinenwesen im Preußischen Staat 76 (411–436)

Sinkwitz W (1933) Die Mitteldeutsche Braunkohlenlandschaft. Inaugural-Dissertation, Leipzig

Thum I, Wünsche M, Fiedler H-J (1992) Rekultivierung im Braunkohlenbergbau der östlichen Bundesländer. Handbuch Bodenschutz, Abschn. 7240, Berlin

Wünsche M, Oehme W-D, Haubold W, Knauf C (1981) Die Klassifikation der Böden auf Kippen und Halden in den Braunkohlenrevieren der DDR. Neue Bergbautechnik 1: 42–48

Wirkung organischer Substanzen auf wesentliche Bodenfruchtbarkeitsmerkmale in Kippsubstraten

DETLEF LAVES, JOCHEN THUM UND MANFRED WÜNSCHE

1 Einleitung

Bis 1994 wurden auf dem Territorium der neuen Bundesländer 127.653,7 ha Land durch den Braunkohlenbergbau in Anspruch genommen. Dem stehen gegenüber 65.477,7 ha wiederurbargemachte Fläche, wovon knapp 1/3 landwirtschaftlich genutzt wird. Der Übertagebergbau verändert das Landschaftsgefüge und die Infrastruktur der beanspruchten Territorien von Grund auf. An die Stelle natürlicher Böden treten Kippenböden, die einen erheblichen Meliorations- und Bewirtschaftungsaufwand erfordern. Abnehmende Ertragsfähigkeit und marktwirtschaftliche Umstellungen werden den ackerbaulich zu nutzenden Kippen-Zugang künftig verringern. Demgegenüber wächst die ökologische und landschaftsästhetische Bedeutung des Bergbau-Neulandes (Hildmann 1990). Ungeachtet dieser Entwicklung ist die landwirtschaftliche Rekultivierung Bestandteil des Konzeptes, ökologisch intakte Bergbaufolgelandschaften zu gestalten. Somit sind alle Rekultivierungsmaßnahmen praktizierter Bodenschutz, d. h. Reparaturleistungen für zerstörte Funktionen des Standortfaktors Boden. Bei der Qualitätssicherung des Bodens hat die organische Substanz eine Zentralfunktion. Als Speicher und Transformator für Nähr-, Schadstoffe, Wasser und Sonnenenergie, als Stabilisator für das Bodengefüge und als Nahrungs- und Energiequelle für das Leben der Bodenorganismen trägt die organische Bodensubstanz (OBS) entscheidend bei zur Bodenfruchtbarkeit, zur Sicherung von Ertrag und Qualität der Ernteprodukte, zur Reinigungsleistung des Bodens und zu seiner Wirkung als Grundwasserspender.

Verbreitete Kippsubstrate enthalten zunächst nur fossile, inkohlte organische Substanz. Diese ist kennzeichnend für die meisten tertiären Abraumschichten und beeinflußt deren Eigenschaften als Pflanzenstandort. Der Kohlegehalt wird als petrographisches Kriterium zur Kipp-Rohboden-Gliederung herangezogen (Wünsche et al. 1981). Fossile und rezente organische Bildungen sind genetisch gegensätzliche Komponenten der OBS in Kippen. Im Verlauf der Rekultivierung unterliegen erstere eher einem Ab- und Umbau, während gleichzeitig junge organische Substanz akkumuliert und humifiziert wird. Ziel der Arbeit ist es, charakteristische Merkmale beider OBS-Komponenten einschließlich ihrer Genese darzulegen. Dabei stehen landwirtschaftlich genutzte Kippen im Vordergrund.

2 Die organische Substanz tertiärer Abraumschichten

2.1 Entstehung

Kohle entstand aus abgestorbenen Pflanzen unter Einwirkung von Temperatur, Druck und Zeit. Der Inkohlungsprozeß ist durch Wasserstoff- und Sauerstoffverlust und den Anstieg des Kohlenstoffgehaltes gekennzeichnet. Ein Teilvorgang des Inkohlungsprozesses ist die Humifizierung. Dabei werden Huminsäurevorstufen gebildet (Weise u. Breng 1986) durch:

- Posthume Freisetzung vorhandener Phenoloxydasen und Bildung von Polyphenolen und chinoiden Substanzen (Braunfärbung abgestorbener Pflanzenteile)
- Mikrobielle Verwertung abgestorbener Pflanzen, Zellulose, Hemizellulose und Proteine zu Polyphenolen als Stoffwechselprodukte mit chinoiden Anteilen
- Oxydativen Ligninabbau mit Hilfe von Pilzen, wobei chinoide Verbindungen mit Carboxyl- und phenolischen Hydroxylgruppen entstehen

So entstandene Huminsäurevorstufen reagieren mit Nichthuminstoffen, woraus sich folgende Eigenschaften ergeben (Weise u. Breng 1986): Kolloidbildung mit Wasser, Kationenaustausch und Komplexbildung mit Schwermetallen. Die tertiären organischen Substanzen werden als Reste fossiler Bodenbildung gedeutet (Hunger 1957; Kopp 1960, 1968; Wünsche 1977; Fohl et al. 1987), wobei die kohligen Beimengungen der mineralischen Abraumschichten faulschlammartige Absätze, Wurzelreste (Mangrovenküsten) oder umgelagerte Flözkohle darstellen.

2.2 Beschaffenheit

Vom bodenkundlichen Standpunkt sind kohlehaltige Beimengungen der Deckgebirgsmassen stark humifizierter, stark dispergierter, saurer Humus mit Rohhumuscharakter (Kopp 1968). Die dabei entstandenen Humussäuren sind höhermolekulare, z.T. aromatische Substanzen. Sie liefern H-Ionen, bilden Salze und besitzen die Fähigkeit, Basen auszutauschen. Zusammen mit den nicht HCl-fällbaren Fulvosäuren bestimmen sie die Reaktionsfähigkeit der fossilen OBS. Im Vergleich mit rezentem Bodenhumus gibt es jedoch charakteristische Unterschiede. Hervorzuheben sind die relative Humin-und Fulvosäuren-Armut der tertiären OBS bei hohem Rest-C-Anteil und das Vorkommen der weniger günstigen Braunhuminsäure. Die C/N-Verhältnisse liegen meist über 50–170 : 1 (Katzur 1987). Der Stickstoff kommt in schwer zugänglicher Bindungsform vor, als kaum hydrolysierbarer, heterozyklischer Stickstoff (Palmer et al. 1985). Tertiäre Decksubstrate enthalten meist beträchtliche Schwefelmengen, vorwiegend in Form von Sulfiden. Korrelative Beziehungen zwischen dem Gehalt an fossiler organischer Substanz und dem Schwefelkies (FeS_2)-Gehalt waren nachweisbar (Aderichin et al. 1986). Der Atmosphäre ausgesetzt, werden diese Schwefelverbindungen biochemisch oxidiert und führen unter Schwefelsäurebildung zu starker pH-Absenkung mit phytotoxischen Folgen. Durch Einmischen basischer Zuschlagstoffe nach einer Säure-Basen-Bilanz kann das Säurepotential des Oberbodens jedoch nachhaltig neutralisiert werden (Brüning 1962; Illner u. Lorenz 1965; Illner u. Katzur 1966; Katzur 1977).

2.3 Einfluß auf Bodeneigenschaften

2.3.1 Sorption und Nährstoffgehalt

Kohleführende Abraummassen enthalten in ausreichendem Maße reaktionsfähige Substanzen (Wünsche 1976), die wahrscheinlich über den relativ niedrigen Humin- und Fulvosäureanteil hinausgehen. Die Sorptionsfähigkeit der Kohlebestandteile ist mehrfach nachgewiesen worden (Tabelle 1) und begründet die Fähigkeit der inkohlten organischen Substanz, Nährstoffe zu binden. Tertiäre OBS fixiert Nährstoffe, insbesondere P, aber auch Ca und K (Katzur 1971; Wünsche 1976, 1983). Im Verlauf des Inkohlungsprozesses wurden O- und H-reiche Phosphorträger (Phytin- und Nukleinsäuren) weitgehend zersetzt (Wünsche 1976). Düngephosphate zu kohlehaltigen Tertiärsubstraten können in erheblichem Umfang sorbiert werden. Zur Neutralisation mit Filterasche zugeführtes Ca, Al und Fe erhöht die P-Bindung zusätzlich (Freese 1988). Auf die Verfügbarkeit des substrateigenen Phosphors tertiärer Bildungen hat der Kohleanteil keinen nachweisbaren Einfluß (Wünsche u. Kawelke 1980).

2.3.2 N-Akkumulation

Im Zusammenhang mit der extremen N-Armut tertiärer, kohlehaltiger Kippenböden ist deren Speicherfähigkeit für NH_4^+-N von Interesse. Es gibt zahlreiche experimentelle Belege für NH_4^+-Sorption und eine teilweise irreversible Bindung (Bender u. Waszkowiak 1983; Gusser 1970; Hons u. Hossner 1980; Laves u. Thum 1988; Schulz 1985; Schwabe 1983). Mit steigender N-Konzentration der Einsatzlösung wurde das N-Speicherungsvermögen des kohlehaltigen Rohbodensubstrates verstärkt in Anspruch genommen. Wiederholte Sättigung von Kippsubstraten mit Schweinegülle im Laborexperiment führte zur N-Akkumulation von ≥ 67 % der Gabe (Laves u. Thum 1988). Im Kippsand enthaltenes Kohle-C begünstigt die N-Speicherung (91 %). Müllkompostbeimengungen zu Kipp-Kalklehm erhöhten ebenfalls die N-Speicherung (91 % gegenüber 76 %). Zusatz von Klärschlamm brachte dagegen keine Kapazitätserhöhung. Darüber hinaus gibt es weitere experimentelle Belege dafür, daß N-unterversorgte, kohlehaltige Kippsubstrate kurz- und mittelfristig als „N-Senke" wirken (Laves et al. 1993; Steyer 1988; Thum u. Laves 1987). Die Speicherkapazität eines schwach kohlehaltigen Kipp-Lehms für Güllefugat-N war unabhängig von der Gabenhöhe (250–2 000 kg · ha^{-1} · a^{-1} N) nach 4- bis 6jähriger Behandlung erschöpft. In Abhängigkeit von der Gabenhöhe stellten sich Fließgleichgewichte auf unterschiedlich hohem N_t-Niveau des Bodens ein. Je 100 kg Fugat-N-Gabe · ha^{-1} · a^{-1} wurde der N_t-Gehalte der Krume um durchschnittlich 2,7 mg · (100 g Boden)$^{-1}$ angehoben. Die Differenzierung blieb nach beendeter Güllefugatberegnung noch mindestens 4 Nachwirkungsjahre erhalten (Thum 1989). Zum Teil langjährig erhöhte N_t-Gehalte hinterließen meliorative Gaben von Kokereiabwässern (Katzur 1977, 1987; Freese 1988) sowie von kommunalem Naßschlamm (Kappler 1986; Seaker et al. 1982; Sopper u. Seaker 1983; Vogler 1986). Nitratbildung nach Luftzutritt kann eine längerfristige N-Speicherung unter Freilandbedingungen jedoch verhindern und führt zu Auswaschungsverlusten (Laves u. Thum 1993; Reeder 1985, 1988). Wo Nitratbildung nach NH_4-Applikation weitgehend ausbleibt (Hons et al. 1980), ist dies wahrscheinlich auf niedrige pH-Werte zurückzuführen. Auf stark überlasteten Gülleentsorgungs-Kippflächen (Winterbegüllung > 4 000 kg · ha^{-1} · a^{-1} N) der Bergbauregion Borna kam es nach 2- bis 3jähriger „Verzögerung" zu Nitrat- und auch Ammonium-Durchbrüchen in das Grundwasser (6–9 m unter Flur). Dabei stiegen die NO_3^- – bzw. NH_4^+-Gehalte um mehr als das Hundertfache der Ausgangswerte. Neben Sauerstoffmangel behinderten saure

Tabelle 1. C/N-Verhältnis, KAK und WK bei kohlehaltigen, tertiären Substraten bzw. Kohlebeimengungen zu quartären Substraten (Berechnung der Werte in eckigen Klammern nach Textangaben)

Autor		Geologisches Alter der kohligen Substanz	Körnung	C/N	KAK-Erhöhung Je 1 % C_t-Zunahme im Substrat [mval · (100g Boden)$^{-1}$]	WK-Erhöhung [Vol.-%]
Lorenz	(1968)	Miozän	Sande		5,79	
Brüning	(1970)	Miozän	Stark lehmiger Sand	59	3,8 (2,9...5,9)	
		Oligozän	Sandiger Lehm	68		
Thomas	(1969)	Miozän	Sande		5,28	3,60 (bei 0,3 at) 2,30 (bei 15 at)
Gusser u. Benkenstein	(1972)	Miozän/Quartär	Anlehmiger Sand (Flözkohle beigemengt)		[4,87][a] (ohne NPK) [8,75][b] (mit NPK)	
Thum	(1975)	Eozän/Quartär	Sande...Lehme	34	2,47 (Oberboden) 0,99 (Unterboden)	
Wünsche	(1976)	Eozän/Oligozän	Sande		5,28	
		Eozän	Schluffe/Tone		2,02	
		Eozän/Oligozän	Schluffe/Tone		1,91	
Wünsche	(1977)	Eozän	Sande	(30...123)		
		Eozän	Schluffe/Tone	(51...126)		
		Oligozän	Glaukonitsand	(25... 65)		
		Oligozän	Braune Sande	(50... 85)		
		Eozän	Flöz II	(129...653)		
		Eozän/Oligozän	Flöz IV	(216...793)		
Katzur u. Zeitz	(1985)	Miozän	Sand...sand.Lehm		4,99	

[a,b] KAK-Differenz („mit Kohle" minus „ohne Kohle") = C_t-Differenz („mit Kohle" minus „ohne Kohle")

Sickerwässer unmeliorierter Tertiärsubstrate die Nitrifizierung des Ammoniums, was eine Einschränkung der Transformationsfunktion des Bodens bedeutet. Ob die organischen Substanzen in und unterhalb der Aerationszone kohlehaltiger Kippen nitratreduzierende Effekte haben, ist vorläufig ungeklärt.

2.3.3 Bodenphysik

Bei miozänen kohlehaltigen Rohböden bestehen der Ton, Feinschluff und Mittelschluff zu einem großen Teil aus feinverteilter kohliger Substanz. Diese lagert sich auch an mineralische Partikel an. In braunkohleführenden Sanden der Leipziger Bucht waren feste Huminsäure-Überzüge auf Quarzkörnern nachweisbar (Weise et al. 1989). In Niederlausitzer Kippsubstraten konnte zwischen abschlämmbaren Bestandteilen ($K \leq 0{,}01$ mm) und Kohle-C-Gehalt (Masse-%) folgende Regressionsbeziehung nachgewiesen werden (Thomas 1969):

$$K \leq 0{,}01 \text{ mm} = 3{,}10 + 2{,}65 \cdot C \qquad (B = 0{,}68^{+})$$

Signifikante positive Zusammenhänge zwischen Wassergehalt bei Feldkapazität bzw. permanentem Welkepunkt und C-Gehalt miozäner Rohböden bestehen ebenfalls (Thomas 1969) (Tabelle 1). Kohlebeimengungen haben die Fähigkeit, aus der umgebenden Luft Feuchtigkeit zu entnehmen (Hygroskopizität). Dabei können 20–50 % des Bodenwassers nicht pflanzenaufnehmbar gebunden werden. Stark kohlehaltiges Material kann trotz erheblich gebundener Wassermengen als physiologisch trocken gelten (Kopp 1960; Thum 1975). Auch in älteren Untersuchungen wird die Verbesserung des Wasserhaushaltes durch Applikation von Braunkohle skeptisch beurteilt (Kappen 1943). Die Ursache für nur mäßige Vorteilswirkungen auf leichten Böden wird in der Alterung der Humuskolloide und dem Verlust ihrer Quellfähigkeit gesehen. Trotzdem ist immer wieder die Anhäufung von Wurzeln in verkippten Kohlebrocken bzw. schichtweisen Kohleablagerungen zu beobachten.

2.4
C/N-Transformation der inkohlten organischen Bodensubstanz

2.4.1
C-Mineralisierung

Es konnte experimentell belegt werden, daß inkohlte organische Bodensubstanz biologisch umsetzbar ist (Aderichin et al. 1986; Gusser u. Benkenstein 1972; Katzur 1987; Katzur u. Hanschke 1990; Laves et al. 1993; Mildner 1981; Reeder 1988; Reeder u. Berg 1977). 20jährige Ackernutzung eines zuvor mit Bioschlamm behandelten, aschemeliorierten Kippkohlesandes ging einher mit einer C-Abnahme von 8,6 % bzw. 6,8 % (Anfang) auf 3,0 % (Ende). Kohlehaltige Lehmsande erfuhren im Verlauf etwa 10jähriger landwirtschaftlicher Nutzung einen C-Abbau von > 5 % auf < 2 % (Katzur u. Hanschke 1990). Aus Tagebauen entnommene Tertiärsubstrate (drei verschieden alte Kohlesande und ein Kohleschluff) wurden – nach vorausgegangener Neutralisierung der potentiellen Azidität mit CaO – im Vergleich zu Schwarzerde 68 Tage bei 25 °C inkubiert (Laves et al. 1993). Die C-Mineralisierung betrug bei den kohlehaltigen Substraten 1,06–3,27 % des C_t-Gehaltes, bei Schwarzerde 1,68 % (ohne Stallmist) bzw. 2,24 % (mit Stallmist) (Tabelle 2). Bezogen auf den organischen Gesamtkohlenstoff der Substrate gibt es folglich vergleichbare Umsatzraten bei Kohle und Humus. Dabei muß jedoch beachtet werden, daß die an den Feinboden gebundene, physikochemisch stabilisierte humose Substanz der Ackerkrume („inerter" Kohlenstoff) am C-Umsatz kaum beteiligt ist (Körschens u. Frielinghaus 1985; Jenkinson u. Raymer 1977). Wird das weite C/N-Verhältnis der kohligen Substanz durch N-Zuführung (hier in Form von Ammoniumsulfat) eingeengt, kann es zu beschleunigtem C-Abbau kommen. Neben dem Vorrat an leicht umsetzbarer organischer Substanz ist demnach auch extremer N-Mangel ein begrenzender Faktor für die C-Mineralisierung. Sie verlief am intensivsten bei eozänem Kohlesand, dem geologisch ältesten Substrat. Hier waren makroskopisch erkennbare Pilze am C-Umsatz beteiligt, deren Mineralisierungsleistung durch N-Zufuhr signifikant stimuliert wurde. Der zeitliche Verlauf der C-Mineralisierung inkohlter Substanzen ist durch eine schnelle Abnahme der Mineralisierungsrate gekennzeichnet. Es folgt der Übergang in einen langsamen, aber stetig fortschreitenden Prozeß der C-Veratmung (Laves u. Thum 1990). Der Vorgang läßt sich durch e-Funktionen beschreiben (Formalkinetik für Reaktionen 1. Ordnung) (Franko 1990; Kartschall u. Franko 1987) bzw. durch Parameter der Schätzfunktionen „Endmineralisierungsrate, Endmineralisierungsgeschwindigkeit" unter Zuhilfenahme der Zinseszinsformel (Laves et al. 1993). Für die Halbierung des Kohle-C_t-Vorrates unter Laborbedingungen wurde der Zeitraum von 13–18 Jahren berechnet. Bei den untersuchten kohlehaltigen Kippsubstraten entfallen 0,72–8,6 % des C_t-Ge-

Substrat	C/N	ohne N-Gabe	Stickstoff-Gabe entsprechend C/N von 20	10	x
Kohlesand (Eozän, Espenhain)	79	3,27	3,24	4,37	3,63
Kohlesand (Oligozän, Espenhain)	71	1,35	1,57	1,55	1,49
Kohleschluff (Oligozän, Amsdorf)	53	1,11	1,35	1,47	1,31
Kohlesand (Miozän, Spreetal)	56	1,06	0,90	1,15	1,04
x		1,70	1,76	2,13	
Granzdifferenzen:					
Kippsubstrate: 0,20					
N-Gabe: 0,16					
Wechselwirk.: 0,46					
Schwarzerde (Bad Lauchstädt)					
Ohne Stallmist	11	1,68	Nicht geprüft		
Mit Stallmist	10	2,24			

Tabelle 2. Mineralisierte C-Menge [% C_t] von tertiären, kohlenhaltigen Substraten aus ostdeutschen Tagebauen und Schwarzerde. (Nach Laves, Franko et al. 1993)

haltes auf die heißwasserlösliche C-Fraktion (C_{hwl}). Inkubation und C-Mineralisierung führten zur drastischen Abnahme dieses C-Anteils (0,25–0,77 %). Zwischen C-Veratmung und C_{hwl}-Abnahme besteht ein korrelativer Zusammenhang ($r = 0{,}95$; $n = 5$).

Die Fähigkeit der Substrate, Zucker nach Zugabe eines definierten Cellulaseenzymkomplexes (Lychatz 1987) neu zu bilden, war bei den kohligen Substanzen gegeben. Hervorzuheben ist bei beiden Untersuchungsansätzen (C_{hwl}, Zuckerneubildung) die höhere C-Mobilität der älteren Tertiärablagerungen (eozäner Kohlesand) im Vergleich zum geologisch jüngeren miozänen Kohlesand.

2.4.2
N-Mineralisierung/-Immobilisierung

Spezielle Untersuchungen zur N-Transformation von Kippsubstraten Ostdeutschlands stehen noch aus. Unter Auswertung englischer und amerikanischer Literatur (Palmer u. Chadwick 1985; Reeder 1988; Reeder u. Berg 1977) wird geschlußfolgert, daß der mikrobielle Angriff inkohlter Substanzen eher zur N-Immobilisierung als zur Netto-N-Mineralisierung führt. Von Mikroorganismen aus der kohligen Substanz freigesetzter Stickstoff wird weitgehend auch wieder mikrobiell gebunden. Damit entfällt die Bereitstellung von pflanzenverfügbarem Stickstoff als wesentliche Funktion der organischen Bodensubstanz. Es verbleiben Speicher- und energetische Funktionen.

An ostdeutschen Kippsubstraten durchgeführte Untersuchungen mittels Heißwasserextraktion deuten auf eine Verengung des $(C/N)_{hwl}$-Verhältnisses nach Inkubation hin ($\bar{x}$: 18 vor, 7 nach Inkubation, $n = 4$). Dies war auf eine im Vergleich zu C_{hwl} geringere Abnahme bzw. sogar Zunahme des N_{hwl} im Verlauf der Inkubation zurückzuführen. Der Befund stützt die These von einer weitestgehenden mikrobiellen N-Bindung.

Bedampfung der Substratproben mit Chloroform, Inkubation und Extraktion mit K_2SO_4-Lösung erbrachte 7,8–14,3 mg N_t $(gN_t)^{-1}$ im Extrakt (Böhmer 1988). Der extrahierte Stickstoff ist ein Maß für den mikrobiellen Biomasse-N (N_B). Auch hier erreichte der eozäne Kohlesand wiederum den höchsten Wert. Mangelhafte Kenntnisse des N_B gewachsener Böden erschweren allerdings die Beurteilung der Meßergebnisse.

2.4.3
Stoffgruppen

Die inkohlte organische Substanz der vorstehend untersuchten heimischen Kippsubstrate enthält, bezogen auf C_t, 44–73 % Fulvosäure, 20–44 % Huminsäure und 7–17 % in Natronlauge unlöslichen Rest. Nach Abschluß der Inkubation wiederholte Stoffgruppenanalysen erbrachten weniger Fulvosäure (2–60 %) und einen erhöhten Huminsäureanteil (34–90 %) (Tabelle 3). Der Huminsäuregewinn resultiert im wesentlichen aus der Zunahme der Braunhuminsäure. Die Verschiebung war wiederum beim eozänen Kohlesand am deutlichsten. Inkubationsbedingte Zunahme der Grauhuminsäure und Abnahme der Hymatomelansäure blieben auf eozänen Kohlesand beschränkt (Laves et al. 1993). Die Zunahme der Huminsäure auf Kosten der Fulvosäure ist ein Indiz für die Qualitätsverbesserung der kohligen Beimengungen im Verlauf der C/N-Transformation.

Tabelle 3. Stoffgruppenanalyse[c] inkohlter Substanz vor und nach ( ) Inkubation (Angaben [% von C_t]). (Nach Laves, Franko et al. 1993)

	Kohlesand[a] Eozän Espenhain		Kohlesand[a] Oligozän Espenhain		Kohleschluff[b] Oligozän Amsdorf		Kohlesand[b] Miozän Spreetal	
C_t [g . (100g Boden)$^{-1}$]	2,00	(1,42)	1,82	(2,26)	2,92	(2,46)	4,24	(3,72)
Fulvosäure	44	(2)	47	(34)	55	(28)	73	(60)
HCl-löslich	16	(n.b.)	10	(12)	11	(6)	13	(17)
NaOH-löslich	28	(n.b.)	37	(22)	44	(22)	60	(43)
Huminsäuren	44	(90)	40	(54)	28	(49)	20	(34)
Grauhuminsäure	17	(29)	23	(20)	16	(15)	11	(12)
Braunhuminsäure	14	(58)	13	(31)	8	(28)	7	(20)
Hymatomelansäure	13	(3)	4	(3)	4	(6)	2	(2)
Rest (NaOH-unlöslich)	12	(8)	13	(12)	17	(23)	7	(6)

[a] Inkubationszeit 138 Tage
[b] Inkubationszeit 68 Tage
[c] Nach Kononova et al. (Fiedler et al. 1965), modifiziert

Unter Freilandbedingungen verlaufen Kohle-Veratmung und Neubildung organischer Bodensubstanz synchron. Zusammen mit der angedeuteten „Regeneration" kohlebürtiger Humussäuren kann dann eine Summenwirkung nachgewiesen werden. Nach dauerhafter Verbesserung der Aciditätsverhältnisse wird die kohlige Substanz schwefelhaltiger Kippenböden in die Mineralisierungs- und Humifizierungsprozesse einbezogen. Der Mineralisierungsprozeß kann in den ersten Jahren landwirtschaftlicher Rekultivierung schneller als die Humifizierung organischer Primärsubstanz ablaufen. Die Verbesserung der Humusverhältnisse kohlehaltiger Kippen gilt als abgeschlossen, wenn das C/N-Verhältnis kleiner als 25–15 ist und mehr als 40 % der Huminsäure als Grauhuminsäuren vorliegen ($Q_{4/6}$-Wert < 4,0). Unter Versuchsbedingungen wurden etwa 15 Jahre benötigt (Anfangswerte: C/N: φa. 30, $Q_{4/6}$-Wert: 5,4), auf Praxisschlägen teilweise noch kürzere Zeiträume, v. a. bei Krumen-pH-Werten > 6,0 (Katzur u. Hanschke 1990).

3 Rezente organische Bodensubstanz im Rekultivierungsprozeß

3.1 Prozeßverlauf der Humus-Akkumulation

Der Rekultivierungsprozeß ist durch die Bildung von Humus gekennzeichnet. Rohböden humifizieren bzw. akkumulieren organische Primärsubstanz in starkem Maße, während die Mineralisierung zunächst von untergeordneter Bedeutung ist. Der Vorgang kann insbesondere an den C- und N-Gehalten im Boden gemessen werden. Ackerbauliche Kulturmaßnahmen, organische Düngung und Viehhaltung beschleunigen die OBS-Akkumulation. Feuchtigkeitsmangel, hoher Tonanteil (Wasserstau, Sauerstoffmangel) und niedriger Humusgehalt hemmen Mineralisierungsprozesse und begünstigen ebenfalls die Humifizierung organischer Primärsubstanz. OBS-Anreicherung in Rohböden ist mit Humussynthese-Prozessen verbunden (Azizi 1977; Burykin u. Zasorina 1989; Golembiowska u. Bender 1980; Reuter 1986). Dabei werden inhibierende Effekte vermutet. Nach Getreideanbau und Strohrückführung war Lignin als humifizierbare Stoffreserve längere Zeit im untersuchten Kipplöß nachweisbar (Azizi 1977). Der Befund ist exemplarisch für die biologische Inaktivität humusarmer Rohböden. Anfänglicher Mangel an Bodenorganismen und „inertem" Humus ist für die Konservierung organischer Primärsubstanz vorteilhaft. Erste genetische Differenzierungen des Rohbodens sind nach 7- bis 15jähriger Bewirtschaftung visuell als Ackerkrume erkennbar. Auf > 20jährigen Schlägen haben sich Kipp-Ranker bzw. -Pararendzinen ausgebildet (Thum et al. 1990; Wünsche u. Thum 1990). Untersuchungen auf Kipp-Lehm, -Mergel, -Löß und Tuff-Rohböden ergeben grundsätzliche Übereinstimmung im Prozeßverlauf (Tabelle 4).

Eine als Catena-Untersuchung auf jüngeren bis alten Kippenschlägen ausgeführte Zustandsanalyse südlich von Leipzig ermöglichte die quantitative Beschreibung des Akkumulationsprozesses (Thum et al. 1990). Die Rekultivierung des Kipp-Kalksandlehm-/Sandlehm-Rohbodens beginnt auf der Espenhainer Flurkippe bei einem C_t-Anfangsgehalt um 0,1 %. Das C_t-Gleichgewichtsniveau im Krumenbereich liegt bei etwa 1,2 %. Drei Viertel der potentiellen C_t-Anreicherung von insgesamt 1,1 % werden innerhalb der ersten 15 Rekultivierungsjahre erreicht. Die mittlere jährliche C_t-Akkumulation der ersten 5 Rekultivierungsjahre beträgt 0,08 % entsprechend 2,73 $t \cdot ha^{-1} \cdot a^{-1}$ (Tabelle 5). Die Raten verringern sich in den folgenden 5-Jahres-Abschnitten auf ΔC_t = 0,05 % (1,7 t) und 0,03 % (1,07 t) pro Jahr. Für N_t verläuft der Akkumulationsprozeß analog (Tabelle 5). N_t ist für einschlägige Messungen geeigneter als C_t, da letzterer durch Kohlepartikel wesentlich stärker beeinflußt wird. Die Bestimmtheitsmaße der den Meßwerten angepaßten e-Funktion betrugen auf der Espenhainer Kippe 0,78–0,84 für C_t und 0,90–0,91 für N_t (n = 25) (Thum et al. 1990). Die OBS-Anreicherung war das Ergebnis einer futterbauorientierten Fruchtfolge (50 % Getreide, 35 % Luzerne, 12 % Mais) und wiederholten organischen Düngung (im 25jährigen Mittel 0,8 $t\ C\ ha^{-1} \cdot a^{-1}$).

Deutlich langsamer als im Leipziger Braunkohlenrevier verläuft die C_t-Anreicherung auf Rheinischen Lößkippen (Haubold et al. 1987; Müller et al. 1988; Schröder 1988a; Schulze u. Engels 1962). Dagegen weisen Neulandböden im Helmstedter Gebiet (Friedrich 1986; Hausmann et al. 1982 zit. b. Schröder 1988b) sowie Tuff-Rohböden im Neuwieder Becken (Dettke u. Schröder 1988) ähnlich hohe C_t-Gewinne auf. Erhebungen auf sehr verschiedenartigen Rekultivierungsflächen des Halle-Leipziger Kohlereviers erbrachten im Mittel einer Großzahl von Schlägen ebenfalls hohe Akkumulationsbeträge, wobei es innerhalb gleicher Altersgruppen erhebliche Streuungen gab (Vogler 1980). Neben Bewirtschaftungs- und Substratunterschieden ist dies auch auf wechselnde Flugkohle-Immission zurückzuführen. Intensität und Quantität der OBS-Akkumulation auf landwirtschaftlich genutzten Quartär-Kippen deutscher Braunkohlenreviere können somit annähernd prognostiziert werden. Auf den Lehmkippen im Leipzig-Hallenser Revier wie auch im Rheinischen Revier erreicht die Humusakkumulation nicht das standorttypische Niveau der Altlandböden (Haubold et al. 1987; Schröder et al. 1985; Thum et al. 1990).

3.2 Eigenschaften der jungen organischen Bodensubstanz

Die junge OBS der Kippen unterliegt, trotz hoher Akkumulationsraten, einer stärkeren Mineralisierung als die

Tabelle 4. C_t-Akkumulation auf bindigen Kipp-Rohböden, Krume (Berechnung nach Literaturangaben und experimentellen Befunden auf der Kippe Espenhain; Thum et al. 1990)

Autor		Rekultivierungs-zeitraum (Jahre)	mittlere C_t-Akkumul./Jahr [%]	Bemerkungen
Vogler	(1980)	0 ... 10	0,074	Sandige Lehme bis Lehme
		0 ... 21	0,044	
		0 ... 45	0,021	
Reuter	(1986)	0 ... 19	0,044	Geschiebemergel
		0 ... 19	0,069	+ Stroh
		0 ... 19	0,093	+ Frischmist
Burykin	(1985)	0 ... 10	0,048	Kreidemergel,
		0 ... 20	0,043	natürlicher Bewuchs
		0 ... 45	0,028	
Haubold et al.	(1987)	0 ... 30	0,015	Löß, mit Viehhaltung
		0 ... 30	0,009	ohne Viehhaltung
Dettke u.	(1988)	0 ... 10	0,060	Schluffiger bis lehmiger Sand
Schröder		0 ... 33	0,021	
Müller et al.	(1988)	0 ... 20	0,018	Löß, Acker
		0 ... 20	0,096	Grünland
Kippe		0 ... 10	0,065	Geschiebemergel/-lehm
Espenhain		0 ... 20	0,045	
		0 ... 27	0,037	

stabilisierte OBS des Vorfeldes (Thum et al. 1990). In 56 Tagen wurden 5 % des C_t-Gehaltes 9–18 Jahre alter Kippböden bei 25 °C veratmetet im Gegensatz zu nur 3 % bei Althumus. Die Mineralisierungsrate eines 27jährigen Kippenbodens entsprach bereits der des Altlandes im Vorfeld. Huminsäuren junger Böden sind durch einen überdurchschnittlich hohen Kohlenstoff- und Wasserstoffgehalt gekennzeichnet. Weil der C-Gehalt junger, gering humifizierter OBS mehr als 58 % beträgt, fällt der Umrechnungsfaktor: $C_t \rightarrow$ OBS mit 1,724 zu hoch aus (Fatkulin 1980).

3.3 Wirkung der jungen organischen Bodensubstanz auf Kippenbodeneigenschaften

3.3.1 Bodenchemische und bodenphysikalische Wirkung

Die einleitend genannten Vorteilswirkungen der humosen organischen Substanz gelten auch für junge Böden. Ältere Kippen sind im Vergleich zum rohen Ausgangssubstrat mit pflanzenverfügbaren Nährstoffen besser ver-

Tabelle 5. Jährlicher Zuwachs an C_t und N_t in der Krume, Kippe Espenhain, Regressionswerte, n = 25. (Nach Thum et al. 1990)

Rekultivierungs-abschnitt (Jahre)	C_t [mg · (100g Boden)$^{-1}$]	N_t	C_t [t · ha^{-1}]	N_t
>0 ... 5	80	5,4	2,73	0,185
>5 ... 10	50	3,5	1,70	0,118
>10 ... 15	31	2,2	1,07	0,075
>15 ... 20	20	1,4	0,67	0,049
>20 ... 25	12	0,9	0,41	0,031
Gesamt	970	68,0	33,00	2,30

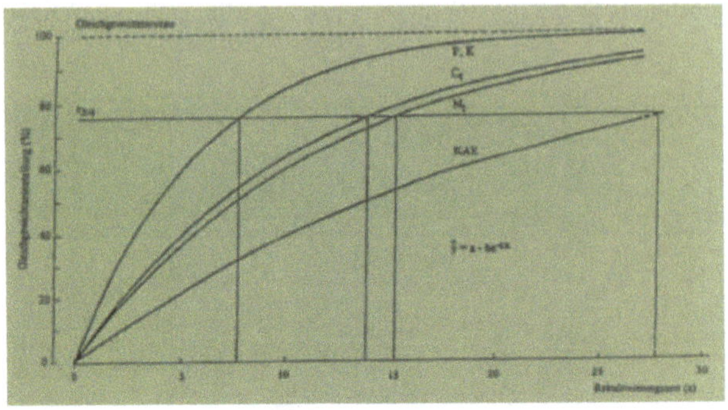

Abb. 1. Gleichgewichtseinstellung der Nährstoffgehalte (P, K), der organischen Bodensubstanz (C_t, N_t) und der Kationenaustauschkapazität (KAK) in Abhängigkeit von der Rekultivierungszeit, Krume (Thum 1989)

sorgt und haben im Oberboden überwiegend günstigere physikalische Eigenschaften, was wesentlich auf den Zuwachs an OBS zurückgeht (Golembiowska et al. 1980; Gunschera 1978; Mudrak 1981; Palmer et al. 1985; Sunkel 1981; Vogler 1983).

Im Rekultivierungsverlauf steigen die organisch gebundenen N-Vorräte des Kippenbodens an (Tabelle 5, Abb. 1), was eine wesentliche Voraussetzung ist für die Netto-N-Mineralisation. 25 Rekultivierungsjahre führten auf der Kippe Espenhain zu einem N_t-Vorrat von 2,3 t · ha^{-1} (Tabelle 5). Desgleichen verbesserte sich die P- und K-Verfügbarkeit. Im genannten Zeitraum stieg der Ammoniumlactat-Essigsäure (ALE)-lösliche P-Gehalt von 7 auf 14 mg · (100 g Boden)$^{-1}$ und der ALE-lösliche K-Gehalt von 6 auf 21 mg (Thum 1989; Wünsche u. Thum 1990). Die nach dem Modellkonzept zu erwartende Gleichgewichtseinstellung erfolgt bei den Nährelementen doppelt so schnell wie im Falle von C_t und N_t ($t_{3/4}$: 8 Jahre) (Abb. 1). Erhebliche mittlere Regressionsabweichungen von 4 bzw. 3 mg . (100 g Boden)$^{-1}$ verdeutlichen jedoch, daß die Altersbeziehung stark von anderen Einflüssen überlagert wird (Thum 1989; Wünsche u. Thum 1990). An erster Stelle dürfte das schlagbezogene Düngungsregime stehen. Innerhalb gleichalter Schläge konnten unmittelbare Beziehungen zwischen Humusgehalt und P- bzw. K-Versorgung des Bodens nachgewiesen werden.

Die Kationenaustauschkapazität des Ap-Horizontes der Kippe Espenhain stieg mit zunehmendem Flächenalter ebenfalls an (Abb. 1). Die fast ausschließlich auf anorganische Sorptionsträger zurückgehende Anfangskapazität von ≤ 7 mval · (100 g Boden)$^{-1}$ wird im Verlauf der OBS-Akkumulation um potentiell 5 mal erhöht (ΔC_t: 1,1 %) (Thum 1989; Wünsche u. Thum 1990). Auf vergleichbaren Kippsubstraten der Niederlausitz wurde eine Sorptionsverbesserung von 3–4 mval (100 g Boden)$^{-1}$ je 1 % C_t-Zunahme gefunden (Gunschera 1978). Die Zunahme der Kationenaustauschkapazität verläuft erheblich langsamer als die OBS-Akkumulation. Vermutlich resultiert die „Verzögerung" aus mangelhaften Sorptionseigenschaften der jungen OBS. Niedriger Oxidationsgrad (Fatkulin 1980) läßt auf relativ wenig reaktive Gruppen, insbesondere Carboxylgruppen schließen.

Bodenbearbeitung und Humusbildung verringern die Trockenrohdichte der Krume und erhöhen die nutzbare Feldkapazität sowie die Wasserdurchlässigkeit dieser Schicht (Tabelle 6). Eine günstige Entwicklung nimmt auch die Aggregatstabilität (Schröder 1988b). Demgegenüber bleibt die Unterkrumen-/Unterbodenbeschaffenheit bindiger Quartärlehme unverändert schlecht bzw. verschlechtert sich weiter. Luftkapazität (Grobporen > 50 µm) und Wasserleitfähigkeit sind stark herabgesetzt. Bemerkenswert ist die extreme Trockenrohdichte um 1,9 g · cm^{-3} schon wenige Jahre nach Schüttung der

Tabelle 6. Kornfraktionen, C_t-Gehalt und an 250 ml Stechzylinder ermittelte bodenphysikalische Kennwerte in Abhängigkeit von Rekultivierungszeit und Tiefenstufe, Kippe Espenhain. (Nach Thum et al. 1990)

	3 ... 4 Jahre			22 ... 28 Jahre		
	10 ... 20 cm	30 ... 40 cm	70 ... 80 cm	10 ... 20 cm	30 ... 40 cm	70 ... 80 cm
Kornfraktionen [M.-% v. Feinboden]						
Sand	64,8	62,0	63,8	62,2	58,8	55,6
Schluff	21,6	24,2	22,2	24,0	26,8	28,2
Ton	13,6	13,6	14,0	13,8	14,4	16,0
C_t-Gehalt [M.-%]	0,32	0,16	0,17	1,01	0,33	0,13
Luftkapazität (LK) [Vol.-%]	9,4	6,0	6,6	10,0	3,0	5,0
Nutzbare Feldkapazität [Vol.-%]	10,8	7,6	10,2	13,4	10,8	9,8
Totwasser [Vol.-%]	12,8	13,8	13,8	12,4	14,2	16,4
Trockenrohdichte, ρ_d [g · cm^{-3}]	1,76	1,90	1,83	1,67	1,90	1,83
Wasserleitfähigkeit, k_f [m · d^{-1}]	0,22	0,15	0,25	0,30	0,03	0,10

Kippe Espenhain (Tabelle 6) (Thum et al. 1990). Die notwendige Verdrängungsarbeit der Wurzeln kann ab einer Dichte von 1,7 $g \cdot cm^{-3}$ meist nicht mehr geleistet werden (Meyer 1985). Böden mit einer Trockenrohdichte > 1,80 $g \cdot cm^{-3}$ sind praktisch undurchwurzelbar (Lehfeldt 1988). Lediglich an Klüften und Schwundrissen dringen Pflanzenwurzeln vereinzelt in tiefere Bereiche vor (Wünsche u. Thum 1990). Ähnliche Differenzierungen sind auch von rekultivierten Lößkippen des Rheinischen Braunkohlenreviers bekannt (Haubold et al. 1987). Das Porenvolumen korrelierte negativ, die Lagerungsdichte positiv mit dem Kippenalter im Unterboden sowie trotz Humusanreicherung auch in der Krume. Es besteht die Gefahr der Staugley-Bildung. Waldbestockung führte im Nutzungsarten-Vergleich zu günstigeren bodenphysikalischen Verhältnissen (Müller et al. 1988).

3.3.2 Bodenbiologische Wirkungen

Die Neubesiedlung des Rohbodens mit Bodenorganismen ist im wesentlichen eine Folge der OBS-Anreicherung. Organische Substanz ist für die meisten Organismen als Nahrungs- und Energiequelle Lebensvoraussetzung. Die Wiederherstellung aktiver Nährstoffzyklen in Kippenböden setzt das Vorhandensein aktiver Mikrobenpopulationen voraus (Lindemann et al. 1989; Tate 1985). Frisch geschüttete Quartärkippen erwiesen sich als nahezu unbelebt (Tabelle 7). Mit zunehmendem Alter wird der Mikrobenbesatz des Oberbodens von der Quantität wie Qualität reicher. Die Besiedlungsdichte des Altlandes im Tagebauvorfeld wurde auf der Kippe Espenhain mit etwa 18 Rekultivierungsjahren erreicht (Tabelle 7). Die niedrige Enzymaktivität der Rekultivierungsböden (besonders Dehydrogenase) deutet jedoch auf ein relativ enges Artenspektrum hin. Analoge Befunde gibt es auch auf 30jährigen Lößkippen (Haubold et al. 1987; Lessmann u. Krämer 1985; Schröder 1988a). Kulturbodenimpfung kann die faunistische und floristische Wiederbelebung eines Kippenstandortes wesentlich beschleunigen (Glück 1989; Fresquez et al. 1987; Wolf 1989). Auf der landwirtschaftlichen Flurkippe Espenhain erfolgt die Neubesiedlung des Rohbodens durch Milben und Collembolen in zwei Pionierstadien. Einem Initialstadium mit Vertretern vorwiegend trockenwarmer oder wechselfeuchter Extremstandorte folgen Arten, die gemäßigte Bedingungen anzeigen und als Vertreter der Ackerböden bekannt sind. Regenwürmer im Krumenbereich sind nach acht Rekultivierungsjahren nachweisbar (Zerling 1987), aber es fehlen die Tiefgräber. Mangelhaftes Nahrungsangebot (organische Streu) und/oder Bodenverdichtung (Rushton 1986) können die Ursachen sein. Das Fehlen der großen Tiefgräber *Lumbricus terrestris* und *Allolobophora longa* ist für Kippen des Braunkohlenbergbaues charakteristisch (Dunger 1969; Heuser u. Topp 1989; Standen et al. 1982). Auf 4–14 Jahre alten Niederlausitzer Forstkippen war *Allolobophora caliginosa* – eine Pionierart mit hoher Anpassungsfähigkeit – nachweisbar (Dunger 1969); Auf einem ackerbaulich genutzten, meliorierten Schlag war die Art bis zu 60 m weit eingewandert. Tiefgrabende Regenwürmer sind zum Aufbau und Erhalt eines vertikalen Porensystems unverzichtbar (Graff et al. 1979; Steinert 1987). Der Wurmaushub eines verfestigten Bodens besitzt eine deutlich verringerte Rohdichte (Joschko et al. 1989). Die landwirtschaftliche Eignung bindiger Kippsubstrate wird längerfristig wesentlich davon abhängen, ob es gelingt, diese Arten einzubürgern.

4 Folgerungen

Die Besonderheit der organischen Substanzen in Kippenböden des Braunkohlenbergbaues besteht in deren extrem verschiedenartiger Genese. Tertiärsedimente enthalten in der Regel über 10 Millionen Jahre alte subhydrische Konservierungsprodukte. Demgegenüber werden im

Tabelle 7. Bodenbiologische Merkmale in Abhängigkeit von der Rekultivierungszeit, Kippe Espenhain. (Nach Machulla et al. 1988)

Rekultivierungszeit (Jahre)	pH	C_t [%]	Pilze $\frac{n \cdot 10^3}{1\,g\ Boden}$	Bakterien $\frac{n \cdot 10^5}{1\,g\ Boden}$	Zellulosezersetzer $\frac{n \cdot 10^3}{1\,g\ Boden}$	Pseudomonas fluorescens $\frac{n \cdot 10^5}{1\,g\ Boden}$	Zellulolytische Aktivität $\frac{mg}{1\ Tag}$	Dehydrogenaseaktivität $\frac{mg\ TPF^a}{10\,g\ Boden}$
0	7,7	0,12	0	5	2	3	0,70	0,02
9	7,4	0,63	12	42	14	26	2,70	0,14
18	7,5	0,83	9	50	32	18	4,83	0,23
27	5,6	0,80	16	25	12	7	2,57	0,16
Vorfeld	5,8	1,39	16	41	13	8	4,38	0,47

[a] Triphenylformacan

Zuge der Rekultivierung junge, mehr oder weniger humifizierte Pflanzenrückstände angereichert. Beide OBS-Herkünfte treten im Oberboden entsprechender Substrate nach einigen Kultivierungsjahren gemischt auf und werden vermutlich Wechselbeziehungen eingehen. Grundsätzlich ist mit einer stetigen Abnahme der inkohlten OBS im Oberboden zu rechnen, als Folge gravierender Unterschiede zwischen den ursprünglichen Bildungsbedingungen und dem jetzigen Milieu in der Aerationszone. Die ackerbaulich erwünschte Speicherkapazität der kohligen Beimengungen für Ionen und Wasser ist daher zeitlich begrenzt und kann – bei unzureichendem Ersatz durch Humus – Nutzungsartenänderung erforderlich machen.

Die inkohlte OBS der tertiären Abraumschichten ist biologisch angreifbar. Netto-N-Mineralisation, eine der hervorragenden Vorteilswirkungen von Humus, findet jedoch nicht statt. Kohle-Stickstoff wird im Verlauf der C/N-Transformation für die mikrobielle Eiweißsynthese verbraucht und folglich immobilisiert. N-Mangel kann fallweise sogar die Kohle-C-Veratmung behindern. Höheren Pflanzen ist der Kohle-Stickstoff somit unzugänglich. Kohle kann jedoch kurzfristig als Speicher- und Transformationsmedium für zugeführten Ammonium-Stickstoff dienen. Bei Luftzutritt und nicht zu niedrigem pH-Wert (< 4,5) bildet sich aus dem sorptionsstarken Ammonium das sorptionsschwache Nitrat, wodurch die Konservierung von organischem Düngestickstoff durch Kohle begrenzt wird.

Der Aufbau einer garefähigen, humosen Ackerkrume in situ ist Voraussetzung für den bäuerlichen Erfolg bei der Kippenrekultivierung. Über die C/N-Transformation der organischen Primärsubstanz in Form von Ernte- und Wurzelrückständen sowie organischem Dünger wird ein Humuspotential aufgebaut, das die Wiederbelebung fördert und den Nährstoffkreislauf in Gang setzt. Die OBS-Bildung im Ap-Horizont verbreiteter Quartärlehm-Kippen ist nach 15–30 Jahren Ackerbau quantitativ abgeschlossen. Gegenüber Altböden der Region bleibt jedoch eine qualitative Unterlegenheit mindestens 30 Jahre bestehen, auch hinsichtlich der mikrobiellen Artenvielfalt.

Humusbildung auf Kippen ist eine notwendige aber nicht hinreichende Voraussetzung für hohe und sichere Erträge. Umgelagerte Erdmassen verlieren ihre Struktur. Tieflagernder Geschiebemergel-Abraum besitzt ohnehin nur ein Kohärentgefüge. Die strukturlosen Kippenböden neigen zur Dichtlagerung mit den bekannten nachteiligen Folgen. Kipplehme gelten als Stundenböden. Die Bewirtschaftung – oft mit ungeeigneten Geräten – fördert Krumenbasisverdichtung. Infolge der Strukturschäden im Unterboden/Untergrund kann der Rekultivierungserfolg (Krumenaufbau) in seiner Wirkung auf das Pflanzenwachstum aufgehoben werden. Meliorative organische Düngung zum sofortigen „Einstellen" der OBS-Sollwerte ist keine Alternative, da lediglich überschüssige N-Mineralisierung einsetzt und Strukturverbesserungen im Unterboden ausbleiben. Vorzuziehen ist grundsätzlich der kontinuierliche Aufbau eines humosen Horizontes von oben nach unten mittels futterbauorientierter Fruchtfolgen einschließlich wiederholter organischer Düngung in praxisüblicher Menge. Die technischen und biologischen Möglichkeiten zur Strukturverbesserung des Unterbodens/Untergrundes sind noch unzureichend geklärt. Auf rekultivierten Lößkippen des Rheinischen Reviers werden in jüngerer Zeit Tieflockerer mit beweglichen Werkzeugen eingesetzt. Die Lockerung wird mit einer Flächendränung kombiniert. Mechanisch hergestellte Lockerstrukturen ohne biologischen Verbau unterliegen jedoch meist einer mehr oder weniger schnellen Wiederverdichtung. Das Schachtpflügen als partielle Lockerung und Krumenvertiefung hat auf „gewachsenen" Böden eine Brückenfunktion. Kippen besitzen jedoch nicht annähernd ein vergleichbares Vertikal-Porensystem im Unterboden. Zur Anlage und Erhaltung eines derartigen Systems wäre die Einbürgerung tiefgrabender Regenwurmarten Voraussetzung. Biotopvernetzung und nicht zu große Ackerschläge begünstigen die Einwanderung. Aufgeforstete Kippen mit ausreichender Tiefgründigkeit bieten Tiefgräbern noch bessere Lebensbedingungen und werden von diesen früher oder später besiedelt. Die damit einhergehende grundlegende Standortverbesserung sollte bei künftigen Rekultivierungsstrategien berücksichtigt werden.

5 Zusammenfassung

Rekultivierungsböden des Braunkohlenbergbaues enthalten inkohlte und/oder rezente organische Substanzen. Inkohlte Substanzen sind fähig, Ionen und Wasser zu speichern. Sie unterliegen einem mikrobiellen Ab- und Umbau. Dabei werden der geringe kohleeigene N-Vorrat mikrobiell immobilisiert und die Huminsäurebildung gefördert. Die kohligen Beimengungen der Kippsubstrate können NH_4^+-N sorbieren, aber nicht vor Oxidation und nachfolgender Auswaschung schützen. Rezente organische Bodensubstanz wird im Rekultivierungsprozeß akkumuliert. Futterbauorientierte Fruchtfolgen und organische Düngung sind für die Humusbildung vorteilhaft. Im Leipziger Revier wurden 3/4 der potentiellen C_t-Anreicherung von 1,1 % in 15 Jahren realisiert. Der junge Humus ist instabiler und mikrobiell artenärmer als Althumus natürlicher Böden. Ein gravierendes Problem landwirtschaftlicher Kippenbewirtschaftung ist die Unterbodenverdichtung. Der Rekultivierungserfolg kann dadurch in Frage gestellt werden.

LITERATUR

Aderichin P G, Dudkin J I, Michajlowka T N et al. (1986) Organičeskoe vesčestvo molodych počv na sulfidosoderžascich otvalach Kurskoj Magnitnoj Anomalii. Počvovedenie 1: 38–44. (Übers. d. Sacht.: Die organische Substanz junger Böden auf sulfidhaltigen Kippen der Kursker Magnetanomalie)

Azizi P (1977) Die Beschreibung von Huminstoff-Systemen in Lößböden nach Rekultivierungsmaßnahmen durch Einbringung organischer Materialien. Univ., Landwirtsch. Fak., Diss., Göttingen

Bender J, Waszkowiak M (1983) The effect of ammonium salt concentration on the value of fixing NH_4 through spoil material. In: Szegi J (ed) Recultivation of technogenous Areas, Matraalja coal mining company 235–239, Gyöngyös

Böhmer B M (1988) (Persönliche Mitteilung)

Brüning E (1962) Frage der Rekultivierbarkeit tertiärer Rohbodenkippen des Braunkohlenbergbaus. Wiss Zeitschr Karl-Marx-Universität 2: 325–359

Brüning E (1970) Untersuchungen an landwirtschaftlich rekultivierbaren (Kipp-) Rohbodenformen des Niederlausitzer Braunkohlenreviers zu den Voraussetzungen der Inkulturnahme und Ertragsfähigkeit. Univ. Sektion Pflanzenproduktion, Diss. B, Halle-Wittenberg

Burykin A M (1985) Tempy počvoobrazovanija v technogennych landšaftach v svjasi s ich rekul'tivazijei. Počvovedenije 2: 81–93 (Übers. d. Sacht.: Die Geschwindigkeiten der Bodenbildung in technogenen Landschaften im Zusammenhang mit ihrer Wiedernutzbarmachung)

Burkyin A M, Zasorina E W (1989) Processy mineralizacii i gumifikacii rastitel'nych ostatkov v molodych počvach technogennych ekosistem. Počvovedenije 2: 61–69 (Übers. d. Sacht.: Prozesse der Mineralisierung und Humifizierung von Pflanzenrückständen in jungen Böden technogener Ökosysteme)

Dettke R, Schröder D (1988) Eigenschaften und Entwicklung von rekultivierten Böden auf Laacher See Pyroklastika. Mitt Deutsch Bodenkundl Gesellsch 56: 339–344

Dunger W (1969) Fragen der natürlichen und experimentellen Besiedelung kulturfeindlicher Böden durch Lumbriciden. Pedobiologia 9: 146–151

Fatkulin F A (1980) Energetika koplenia i kačestvennyi sostav gumusa molodych počv, formirujuščichsja otvalach uglerazrezov Kusbasa. In: VII. Internat. Symp. d. Wiedernutzbarmachung 1: 306–323, Zabrze-Katowice-Konin (Übers. d. Sacht.: Energetik der Humusakkumulation und qualitative Humuszusammensetzung junger Böden, die sich auf den Kohlebergbaukippen des Kusbass entwickeln)

Fiedler H J, Hoffmann F, Höhne H et al. (1965) Die Untersuchung der Böden, Bd. 2, Die Untersuchung der chemischen Bodeneigenschaften im Laboratorium. Die Ermittlung der mineralogischen Zusammensetzung, Dresden-Leipzig

Fohl J, Lugscheider W, Wallner F (1987) Entfernen von Wasser aus Braunkohle. Braunkohle 3: 46–57

Franko U (1990) C- und N-Dynamik beim Umsatz organischer Substanzen im Boden. AdL der DDR, FZB Müncheberg, Diss. B, Bad Lauchstädt

Freese D (1988) Einfluß verschiedener Meliorationsmittel und -verfahren auf den P-Zustand und andere Bodenfruchtbarkeitskennziffern rekultivierter Braunkohlen-Kippsubstrate. Humboldt-Univ., Landwirtsch. Fak., Diss., Berlin

Fresquez P R, Aldon E F, Lindemann W C (1987) Enzyme activities in reclaimed cola mine spoils and soils. Landscape and urban plann 5: 359–367

Friedrich K (1986) Landwirtschaftliche und forstliche Rekultivierung bei der Braunschweigischen Kohlen-Bergwerke AG. Techn. Univ. Berlin. Bergmännisches Kolloquium (Unveröffentlichter Vortrag)

Glück E (1989) Waldbodenverbringung – Zoologische Aspekte. Natur und Landschaft 10: 456–458

Golembiowska J, Bender J (1980) Faktory, obuslavlivajuscie obrazovanie peregnojnogo gorizonta v processe rekul'tivacii otvalov. In: VII. Internat. Sympos. d. Wiedernutzbarmachung 3: 249–261, Zabrze Katowice-Konin (Übers. d. Sacht.: Faktoren, die die Bildung des Humushorizontes im Prozeß der Wiedernutzbarmachung hervorrufen)

Graff O, Makeschin F (1979) Der Einfluß der Fauna auf die Stoffverlagerung sowie die Homogenität und die Durchlässigkeit von Böden. Zeitschr Pflanzenernährung Bodenkd 3: 476–491

Gunschera G (1978) Landwirtschaftliche Rekultivierungsmaßnahmen auf quartären bindigen Kippsubstraten in der Niederlausitz. AdL der DDR, Ber. Pflanzenproduktionsfernh. Diss., Berlin

Gusser H (1970) Untersuchungen zur Herstellung nährstoffreicher Komposte aus Braunkohlen und industriellen Abfallprodukten. Thaer-Archiv 10: 949–957

Gusser H, Benkenstein H (1972) Zur Wirkung einiger organischer Abfallprodukte auf Fruchtbarkeitseigenschaften eines leichten Bodens. Arch f Acker- Pflanzenbau Bodenkd 9: 689–696

Haubold M, Henkes L, Schröder D (1987) Qualität und Entwicklung rekultivierter Böden aus Löß. Mitt Deutsch Bodenkundl Gesellsch 53: 173–178

Hausmann R, Römmer H, Nille B (1982) Rekultivierung bei der Braunschweigischen Kohlen-Bergwerke AG. Braunkohle 10: 324–329

Heuser J, Topp W (1989) Verteilungsmuster der Boden-Makrofauna in den Rekultivierungsflächen des Staatsforstes Ville und ihr Einfluß auf die Zersetzung der Laubstreu. Natur u. Landschaft 10: 441–445

Hildmann E (1990) Schaffung von Grundlagen für die Gestaltung von Bergbaufolgelandschaften, Mönchenfrei bei Freiberg (Unveröffentlichter Vortrag)

Hons F M, Hossner L R (1980) Soil nitrogen relationships in spoil material generated by the surface mining of lignite coal. Soil Sci 4: 222–228

Hunger R (1957) Die Fazies der Braunkohle als ein bodenkundliches Problem. Bergakad Freiberg 9: 13

Illner K, Katzur J (1966) Das Koyne-Verfahren zur Wiedernutzbarmachung von Kippen des Braunkohlenbergbaus. Veröff. d. Inst. f. Landschaftspflege d. Humboldt-Univ. Berlin, SH. 1–16

Illner K, Lorenz W D (1965) Das Domsdorfer Verfahren zur Wiederurbarmachung von Kippen und Halden des Braunkohlentagebaus. Veröff. d. Inst. f. Landschaftspflege d. Humboldt-Univ. Berlin, SH. 1–23

Jenkinson D S, Rayner J H (1977) The turnover of soil organic matter in some of the Rothamsted classical experiments. Soil Sci 5: 298–305

Joschko M, Diestel H, Larink O (1989) Assessment of earthworm burrowing efficiency in compacted soil with a combination of morphological and soil physical measurements. Biol Fertility Soils 3: 191–196

Kappen H (1943) Über die Möglichkeit der Bodenverbesserungen durch Braunkohle. Z Bodenkd Pflanzenernährung 29: 361–369

Kappler U (1986) Untersuchungen zur CO_2-Freisetzung in mit Klärschlamm behandelten Kippböden unter Freilandbedingungen. Univ., Dipl.-Arb. Halle-Wittenberg

Kartschall T, Franko U (1987) Reaktionskinetisches Modellkonzept zur Beschreibung von Mineralisierungsprozessen. Arch Acker-Pflanzenbau Bodenkd 1: 33–40

Katzur J (1971) Die Bodenmelioration extrem saurer Kipprohböden. Humboldt-Univ., Sekt. Pflanzenprodukt., Diss. B, Berlin

Katzur J (1977) Die Grundmelioration von schwefelhaltigen extrem sauren Kipprohböden. Technik u. Umweltschutz 18: 52–62

Katzur J (1987) Zur Entwicklung der Humusverhältnisse auf den meliorierten schwefelhaltigen Kippböden. Arch Acker- Pflanzenbau Bodenkd 4: 239–247

Katzur J, Hanschke L (1990) Pflanzenerträge auf meliorierten schwefelhaltigen Kippböden und die bodenkundlichen Zielgrößen der landwirtschaftlichen Rekultivierung. Arch Acker-Pflanzenbau Bodenkd 1: 35–43

Körschens M, Frielinghaus M (1985) Melioration humusverarmter Sandstandorte und erodierter Kippen. Landwirtschaftsausstellung der DDR-agra-Buch, Markkleeberg

Kopp E (1960) Der Einfluß der organischen kohleartigen Beimengungen auf den Kulturwert der pleistozänen und miozänen Deckgebirgsmassen der Niederlausitzer Tagebaue. Humboldt-Univ., Landwirtsch.-gärtnerische Fakultät, Diss., Berlin

Kopp E (1968) Die stratigraphische Aussage rezenter und fossiler Bodenbildungen aus Saale-zeitlichen Sedimenten in Norddeutschland. Univ., Math.-nat. Fak., Diss., Bonn

Laves D, Thum J (1988) Nährstoff-Akkumulation und -Löslichkeit bei Behandlung von Kippsubstraten mit Gülle. Arch Acker-Pflanzenbau Bodenkd 11: 713–720

Laves D, Thum J (1990) C/N-Transformation inkohlter organischer Substanz. Tag-Ber Akad Landwirtsch-Wiss 295: 105–110

Laves D, Thum J (1993) Auswirkung von Substratgemengen auf Bodenfruchtbarkeitsmerkmale. Arch Acker- Pflanzenbau Bodenkd 37: 101–108

Laves D, Franko U, Thum J (1993) Umsatzverhalten fossiler organischer Substanzen. Arch Acker- Pflanzenbau Bodenkd 37: 11–219

Lehfeldt J (1988) Auswirkungen von Krumenbasisverdichtungen auf die Durchwurzelbarkeit sandiger und lehmiger Bodensubstrate bei Anbau verschiedener Kulturpflanzen. Arch Acker-Pflanzenbau Bodenkd 8: 533–539

Lessmann U, Krämer F (1985) Mikrobiologische Aktivität eines Rohbodens aus Löß im Rheinischen Braunkohlengebiet. Landwirtsch Forsch 1/2: 110–114

Lindemann W C, Fresquez P R, Cardenas M (1989) Nitrogen mineralization in coal mine spoil and topsoil. Biol Fertility Soils 4: 318–324

Lorenz W-D (1968) Untersuchungen über die Wiederurbarmachung von kulturfeindlichen Kippen nach dem Domsdorfer Verfahren. Humboldt-Univ., Landwirtschaftlich-gärtnerische Fak., Diss., Berlin

Lychatz S (1987) Untersuchungen zum latenten Humuszustand des Bodens. Bericht FZB Müncheberg, Bereich Eberswalde Unveröffentlicht)

Machulla G, Hickisch B (1988) Bodenbiologische Charakteristik unterschiedlich alter Kippböden. Bodenkdl. Gesellsch. d. DDR, Poster, Dresden (Unveröffentlicht)

Meyer B (1985) Moderner Acker- und Pflanzenbau aus Sicht der Gestaltung des Bodengefüges durch Bodenbearbeitung. In: Unser Boden. Verl. Wissenschaft u. Politik, Bibliothek Technik und Gesellschaft, Köln, S 111–134

Mildner U (1981) Zu den Bodenfruchtbarkeitskennziffern der Kippkohlesande. Nachrichten Mensch-Umwelt 4: 50–54

Mudrak A V (1981) Izmenenie nekotorych agrochimičeskich i agrofizičeskich svoijstv rekul'tivirovannych zemel'v processe ich okul'turivanija. Pitanie Rast. Urožaj i Kačestvo rast. Prod. 91–94 (Übers. d. Sacht.: Veränderung einiger agrochemischer und agrophysikalischer Eigenschaften rekultivierter Böden im Prozeß der Melioration)

Müller R, Schneider R, Schröder D (1988) Physikalische, chemische und biologische Eigenschaften trocken rekultivierter Lößböden unter Wald-, Grünland- und Ackernutzung. Mitt Deutsch Bodenkundl Gesellsch 56: 387–392

Palmer J P, Chadwick M J (1985) Factors affecting the accumulation of nitrogen in colliery spoil. J Appl Ecol 1: 249–257

Palmer J P, Morgan A L, Williams P J (1985) Determination of the nitrogen composition of colliery spoil. J Soil Sci 36: 209–217

Reeder J D (1985) Fate of nitrogen-15 labeled fertilizer nitrogen in revegetated cretaceous coal spoils. J Environmental Quality 1: 126–131

Reeder J D (1988) Transformations of nitrogen-15 labeled fertilizer nitrogen and carbon mineralization in incubated coal mine spoils and disturbed soil. J Environmental Quality 2: 291–299

Reeder J D, Berg W A (1977) Nitrogen mineralization on nitrification in a cretaceous shale and coal mine spoils. Soil Sci Soc Am J 5: 922–927

Reuter G (1986) Zwanzig Jahre Rostocker Dauerversuche zur Humusbildung im Boden, 2. Mitt. Humusbilanzierung und Entwicklung der Humusqualität. Arch Acker- Pflanzenbau Bodenkd 5: 273–281

Rushton S P (1986) The effects of soil compaction on Lumbricus terrestris and its possible implications for populations on land reclaimed from open-cast coal mining. Pedobiologia 2: 85–90

Schröder D (1988a) Initiale Bodenentwicklung in aufgespültem Löß und Hafenschlick. Z Pflanzenernährung Bodenkd 1: 3–8

Schröder D (1988b) Bodenschonende Rekultivierung von Lößböden in Braunkohlentagebauen. In: Rosenkranz D (Hrsg) Bodenschutz. 1. Lfg. XI/88, Berlin, S 1–22

Schröder D, Stephan S, Schulte-Karring H (1985) Eigenschaften, Entwicklung und Wert rekultivierter Böden aus Löß im Gebiet des Rheinischen Braunkohlen-Tagebaues. Z Pflanzenernährung Bodenkd 2: 131–146

Schulz F (1985) Untersuchungen zum Migrationsverhalten von NH_4^+-N in der Aerationszone tertiärer Kippböden bei differenzierten Abwasserbehandlungen und Ascheanteilen im Bodensubstrat. Bericht Inst. f. Wasserwirtschaft, Berlin

Schulze E, Engels H (1962) Rekultivierung von Lößböden im Rheinischen Braunkohlengebiet. Z Acker- Pflanzenbau 2: 115–143

Schwabe H (1983) Richtwerte für die Wiederurbarmachung von Kippsanden und Kraftwerksaschen für die landwirtschaftliche Nutzung. Bericht AdL der DDR, Institut f. Landschaftsforschung und Naturschutz, Finsterwalde

Seaker E M, Sopper W E (1982) Production and quality of forage vegetation grown on municipal sludge-amended mine spoil. Farnham Royal, UK: Commonw. Agric. Bureau. 588–594, Slough

Sopper W E, Seaker E M (1983) A guide for revegetation of mined land in eastern United States using municipal wastewater and sludge. In: Sopper W E (ed) Land reclamation and biomass production with municipal wastewater and sludge. University Park, The Pennsylvania State University Press, pp 481–497

Standen V, Stead G B, Dunning A (1982) Lumbrici populations in open cast reclamation sites and colliery spoil heaps in County Durham, U.K. Pedobiologia 1: 57–64

Steinert P (1987) Leistungen des Regenwurmes für die Erhöhung der Bodenstruktur. Synthetische Information FZB Müncheberg, Bereich Jena (Unveröffentlicht)

Steyer D (1988) Schätzungen der Stickstoffauswaschung aus oberflächennahen Bodenschichten unter differenzierten Boden-

und Nutzungsarten im Lockergesteinbereich. Bericht WWD Obere Elbe-Neiße, Abt. Grundwasser, Lauchhammer-West

Sunkel R (1981) Humusbildung und Gefügeeigenschaften von rekultivierten Lößböden im Rheinischen Braunkohlenrevier. In: Daten und Dokumente zum Umweltschutz, Sonderreihe Umwelttagung 31: 53–65, Köln

Sunkel R (1985) Neunjährige Gefügeuntersuchungen auf rekultivierten Lößrohböden. LÖLF-Jahresbericht 1984, Recklinghausen, S 73–75

Tate R L (1985) Microorganisms, ecosystem disturbance and soil-formation prozesses. In: Tate R L, Klein D A (eds) Soils reclamation prozess microbiological analysis and applications, New York, pp 1–33

Thomas S (1969) Untersuchungen über die Feuchtigkeitsverhältnisse von Kipprohböden des Braunkohlenbergbaues in der Niederlausitz. Humboldt-Univ., Diss., Berlin

Thum J (1975) Boden-Pflanze-Beziehungen auf forstlich genutzten Kippen des Braunkohlenreviers südlich von Leipzig. Adl. der DDR, Diss., Berlin

Thum J (1989) Wirkungen organischer Substanzen aufwesentliche Bodenfruchtbarkeitsmerkmale in Kippsubstraten. Bericht AdL der DDR, Institut f. Landschaftsforschung und Naturschutz, Dölzig

Thum J, Laves D (1987) C_t- und N_t-Dynamik eines Kipplehms im Verlauf 8jähriger Güllefugat-Behandlung. Arch Acker- Pflanzenbau Bodenkd 10: 635–645

Thum J, Wünsche M, Laves D et al. (1990) Zur Humusbildung auf Kipp-Lehm bei Ackernutzung. Arch Acker- Pflanzenbau Bodenkd 12: 855–864

Vogler E (1980) O soderžanii obsčego ugleroda v ispol'zovannych sel'skim chozjajstvom otvalnych gruntach burougol'nogo rajona Leipzig-Halle. In: VII. Internat. Symp. Wiedernutzbarmachung, Bd. 2, S 220–233. Zabrze–Katowice–Konin (Übers. d. Sacht.: Über den C_t-Gehalt in den landwirtschaftlich genutzten Kippböden des Leipzig-Hallenser Braunkohlengebietes)

Vogler E (1983) Zur Kenntnis der Gefügeverhältnisse auf quartären Kipprohböden. Tag-Ber Akad Landwirtsch-Wiss DDR 215: 135–143

Vogler E (1986) Verwendung von Klärschlamm bei der Rekultivierung von Kippflächen. Technik und Umweltschutz 32: 128–138

Weise G, Breng R (1986) Chemische Untersuchungen an Xylit- und Braunkohlepartikeln aus quartären Kiesen und Sanden der DDR. Chemie der Erde 3: 235–249

Weise G, Zier H-W, Sohr J et al. (1989) Eliminierung wasserlöslicher Huminstoffe durch ein Sandfilter. Wasserwirtschaft-Wassertechnik 5: 109–110

Wolf G (1989) Probleme der Vegetationsentwicklung auf forstlichen Rekultivierungsflächen im Rheinischen Braunkohlenrevier. Natur u. Landschaft 10: 451–455

Wünsche M (1976) Die Bewertung der Abraumsubstrate für die Wiederurbarmachung im Braunkohlenrevier südlich von Leipzig. Neue Bergbautechnik 5: 382–387

Wünsche M (1977) Zusammensetzung und Eigenschaften der organischen Substanz quartärer und tertiärer Abraumsubstrate im Braunkohlenrevier südlich von Leipzig. Technik u. Umweltschutz 18: 156–163

Wünsche M (1983) Bodengeologische Arbeiten bei der Erkundung von Braunkohlenlagerstätten und ihre Bedeutung für die Wiederurbarmachung. Neue Bergbautechnik 10: 548–550

Wünsche M, Kawelke Ch (1980) Vergleich der Analysenverfahren Vollanalyse–Salzsäureauszug zur Beurteilung des Nährelementvorrates von Abraumsubstraten des Leipzig-Bornaer-Braunkohlenreviers. Neue Bergbautechnik 2: 115–119

Wünsche M, Thum J (1990) Bodensubstrate und Bodenentwicklung der landwirtschaftlich genutzten Flurkippe Espenhain. Arch Naturschutz Landschaftsforschung 4: 217–229

Wünsche M, Oehme W D, Haubold W et al. (1981) Die Klassifikation der Böden auf Kippen und Halden in den Braunkohlenrevieren der Deutschen Demokratischen Republik. Neue Bergbautechnik 1: 42–48

Zerling L (1987) Zur Wiederbesiedlung einer landwirtschaftlich genutzten Kippe des Braunkohlentagebaues durch bodenbewohnende Kleinarthropoden unter besonderer Berücksichtigung der Springschwänze (Insecta, Collembola). Univ., Landwirtsch. Fak., Diss., Halle-Wittenberg

Ökologische Aufwertung von Hochkippen der Tagebaue Schleenhain und Phönix-Ost

Manfred Lehmann und Friedrich Büttner

1 Einleitung

Im Süden der Stadt Leipzig, in den Räumen Altenburg und Borna, wird schon seit drei Jahrhunderten der Braunkohlenbergbau betrieben. Die benachbarten Reviere Altenburg und Borna entwickelten sich aus bescheidenen Anfängen der Braunkohlegewinnung und -verwertung zu Zentren der Braunkohleveredlung, Energieerzeugung und Karbochemie. Besonders vor, in und nach dem Zweiten Weltkrieg entstanden in der Leipziger Tieflandsbucht zwischen den Flüssen Weiße Elster und Pleiße große Braunkohlentagebaue, Brikettfabriken und karbochemische Anlagen. Um 1860 betrug die Förderung in den Revieren Altenburg und Borna, überwiegend aus Tiefbaugruben, etwa 400 000 t Braunkohle pro Jahr (Kirste 1956). 1985 waren es ca. 80 Mio. t, die ausschließlich aus Tagebauen kamen. Die Briketterzeugung lag zu diesem Zeitpunkt bei 18 Mio. t. Nach der Wiedervereinigung Deutschlands im Jahr 1990 gingen die Förderung und Produktion durch den veränderten Bedarf an festen Brennstoffen erheblich zurück.

Der Abbau vollzieht sich in dicht besiedelten und landwirtschaftlich intensiv genutzten Gebieten in unmittelbarer Nähe der Großstadt Leipzig. Hieraus erwuchsen schon immer hohe qualitative Ansprüche an die Rekultivierung und besondere Anforderungen an die landeskulturelle Planung und die Wiedereingliederung der Rekultivierungsflächen in die ohnehin schon stark beanspruchte Landschaft in diesem Raum.

Einer der in den Revieren Altenburg und Borna Braunkohle fördernden und verarbeitenden Betriebe war das ehemalige Braunkohlenwerk Regis. Es entstand 1968 durch Zusammenlegung der Braunkohlenwerke Rositz, Zechau, Zipsendorf und Phönix-Mumsdorf des thüringischen Landkreises Altenburg mit den im sächsischen Landkreis Borna gelegenen Werken Regis und Deutzen. Die Zusammenführung der früheren kleineren Braunkohlenwerke zu einem Großbetrieb ermöglichte die großflächige Wiedernutzbarmachung. Im Ergebnis gab das Braunkohlenwerk Regis mehr Fläche zur Folgenutzung ab, als für den Betrieb der Tagebaue der Nutzung entzogen werden mußte. Damit konnten Rückstände aus der Kriegs- und Nachkriegswirtschaft beseitigt werden (Tabelle 1).

Es wurden Kippenareale von 500–1 000 ha Größe in enger Zusammenarbeit mit den zuständigen Behörden, Institutionen sowie den Folgenutzern gestaltet. Dabei fand der Aspekt der Mehrfachnutzung unter besonderer Berücksichtigung der Schaffung von Erholungsmöglichkeiten Beachtung.

Im Ergebnis entstanden Bergbaufolgelandschaften mit hohem landschaftlichen und ökologischen Wert. Dazu gehören die ehemaligen Tagebaubereiche Zechau, Ruppersdorf, Zipsendorf-West, Spora, Hemmendorf, Deutzen und Haselbach. Speziellen Ansprüchen unterlag die Gestaltung der entstandenen Hochkippen Schleenhain und Phönix-Ost. Das betraf die bergtechnische Formierung, die bodenmechanischen Grenzbedingungen, die Bodenzusammensetzung, die landschaftsplanerische Einordnung und die Schaffung bestimmter ökologischer Nischen.

Das Braunkohlenwerk Regis erstreckte sich mit seinen Förder- und Produktionsstätten auf eine Fläche von 60 km^2, die durch die Orte Regis-Breitingen, Rositz, Meuselwitz, Mumsdorf, Lucka, Groitzsch, Neukieritzsch und Deutzen begrenzt wurde. Seine Rohstoffgrundlage erhielt der Betrieb aus den Tagebauen Haselbach, Goritzscher Dreieck und Schleenhain. Die Förderhöhe war mit ca. 17 Mio. t im Jahr beträchtlich. Der Tagebau Haselbach lief im Jahr 1978 durch Erschöpfung der Vorräte aus. Der Tagebau Groitzscher Dreieck mit seiner ehemaligen Außenkippe Phönix-Nord wurde Ende 1991 stillgelegt. Der Tagebau Schleenhain befindet sich in Betrieb und wird in den Großtagebau Vereinigte Schleenhain überführt.

Alle Tagebaue bauten mehrere Flöze im Süden des zentralen Teiles des Weißelsterbeckens ab (Flöze I–IV).

Die Lagerstätten waren geologisch teilweise erheblich durch Faltungen, flözleere Zonen und Kesselbildungen gestört. Im Zusammenhang mit Bändertoneinlagerungen und mehreren vorhandenen Grundwasserhorizonten führte das zu schwierigen bergmännischen Abbaubedingungen. Die Abraumbewegung und Kohlegewinnung

Tabelle 1. Flächenbilanz der Wiedernutzbarmachung im ehemaligen Braunkohlenwerk Regis, Zeitraum 1968–1990

	Wiedernutzbarmachung [ha]				Entzug	Betriebsfläche
	LN	FN	SN	Σ	[ha]	[ha]
bis 01.01.68	650	300	50	1 000		4 250
1968–1970	250	150	100	500	100	3 850
1971–1975	300	500	200	1 000	550	3 550
1976–1980	150	350	100	600	1 000	3 950
1981–1985	170	180	50	400	300	3 850
1986–1990	230	90	80	400	350	3 900
Gesamt	1 750	1 570	580	3 900	2 300	

LN = Landwirtschaftliche Nutzfläche, FN = Forstwirtschaftsfläche, SN = Sonstige Fläche

erfolgte ursprünglich nur im Zugbetrieb. Im Jahr 1982 wurden der Tagebau Schleenhain und 1991 der Tagebau Groitzscher Dreieck auf gemischten Band-Zugbetrieb umgestellt.

Die im Tagebau Schleenhain praktizierte, gebrochene Förderung mit Zugbetrieb in der Baggerung, Zwischenbunkerung des Abraums sowie Band- und Zugbetrieb in der Verkippung vereinigte die Vorzüge beider technologischer Systeme und war eine wichtige Voraussetzung für eine gute Qualität der Wiedernutzbarmachung.

Die in den Vorfeldern der Tagebaue anstehenden bindigen, quartären Deckgebirgsmassen wie Geschiebemergel, Geschiebelehm, Lößlehm, Gehängelehm und auelehmartige Ablagerungen sind nach den Ergebnissen der bodenphysikalisch-chemischen Untersuchungen und den praktischen Erfahrungen zur Herstellung landwirtschaftlich genutzter Flächen geeignet.

Obwohl zu Zeiten der DDR-Planwirtschaft der Produktionsdruck ständig wuchs, wurde im Braunkohlenwerk Regis immer gewährleistet, die obersten, kulturfähigen Bodenschichten selektiv zu gewinnen und zu verkippen. Die Rückgabeflächen zeichnen sich deshalb durch stabile Erträge in der Landwirtschaft und guten Zuwachs bei den Forstkulturen aus.

2 Hochkippe Tagebau Schleenhain

Einer der ersten Tagebaue, die nach dem Zweiten Weltkrieg im Raum Leipzig-Borna-Altenburg den Betrieb aufnahmen, war der Tagebau Schleenhain. Ende 1949 wurde mit den Aufschlußarbeiten begonnen und 1953 konnte die erste Rohbraunkohle gefördert werden.

Der Abbauraum umfaßt insgesamt eine Fläche von ca. 3 400 ha mit ausschließlich landwirtschaftlicher Nutzung. Er wird im Norden begrenzt durch die Straße Groitzsch-Neukieritzsch, im Osten durch die Eisenbahnlinie Leipzig-Altenburg, im Süden durch die Straße Deutzen-Heuersdorf-Ramsdorf-Lucka und im Westen durch das Tal des Flusses Schnauder zwischen Lucka und Groitzsch.

Im Zuge der Tagebauentwicklung mußten die Orte Schleenhain 1965, Droßdorf 1983 sowie Breunsdorf ab 1990 umgesiedelt werden.

Für den Kohleabbau sind bisher 2 600 ha Fläche, das sind 75 % der Gesamtfläche des Abbauraumes in Anspruch genommen worden. Von 700 ha Rekultivierungsfläche befinden sich 625 ha in Nutzung der Land- und Forstwirtschaftsbetriebe.

Das bodengeologische Gutachten über die Deckgebirgsverhältnisse und die Kulturwürdigkeit der Deckgebirgsschichten weist aus, daß das Ausgangsmaterial der Bodenbildung durchweg quartärer Herkunft ist und sich aus Lößlehm, Geschiebemergel und altpleistozänen Sanden und Kiesen zusammensetzt. Der Lößlehm ist auf der gesamten Fläche in einer durchschnittlichen Mächtigkeit von 5–6 dm vorhanden. Die Zustandsstufen liegen zwischen 4 und 6, wobei die Zustandsstufe 5 überwiegt. Eine Neigung der Böden zur Staunässe ist vorhanden. Die Boden- und Ackerzahlen schwanken zwischen 66/69 beim Lehm und 32/32 beim anlehmigen Sand. Die im Vorfeld anstehenden bindigen, quartären Deckgebirgsmassen wie Bänderton, Geschiebemergel, Geschiebelehm, Lößlehm und auelehmartige Ablagerungen haben eine durchschnittliche Mächtigkeit von 8,5 m, das Maximum liegt bei 19 m.

Ab 1956 werden die Abraummassen des Tagebaues Schleenhain zum überwiegenden Teil auf der Innenkippe abgesetzt. Die Flächenrückgabe begann im Jahr 1960. Seit dieser Zeit sind bis Ende 1990 insgesamt 625 ha Fläche wiederurbargemacht und entsprechend den damals geltenden gesetzlichen Bestimmungen an die Nutzer zur Rekultivierung und Bewirtschaftung übergeben worden. Da die staatlichen Planungen für das Kippenareal Schleenhain landwirtschaftliche Nutzung vorschrieben, hat der Bergbaubetrieb, das Braunkohlenwerk Regis, bis zum Jahr 1990 475 ha Ackerfläche zuzüglich 25 ha Fläche für Verkehrs- und Vorflutanlagen an die landwirtschaftlichen Folgenutzer übertragen. Der Forstbetrieb erhielt im gleichen Zeitraum 125 ha Fläche. Hierbei handelt es sich fast ausschließlich um Böschungsflächen der regional bis zu

14 m über dem unverritzten Gelände liegenden Hochkippe.

Die Wiederurbarmachung auf der Kippe Schleenhain läßt sich in 3 Perioden gliedern, in denen unterschiedliche Rohbodenqualitäten entstanden.

Auf den im Zeitraum von 1960–1977 hergestellten Flächen überwiegt der Geschiebemergel mit einer Mächtigkeit größer 2 m. Dieses Substrat hat nachhaltig gute chemische Eigenschaften, es neigt jedoch wegen des hohen Gehaltes an abschlämmbaren Bestandteilen, er liegt bei 30 % des Gesamtbodens, zur Dichtlagerung. Dadurch treten Störungen in der vertikalen Bodenwasserführung auf. Diese Besonderheiten führten zu erheblichen Bearbeitungsproblemen. Da durch den Kippensetzungsverlauf lokale Absenkungen auftraten, welche die Staunässefolgen noch verschärften, wurde bei den zuständigen staatlichen Behörden für alle entstehenden Flächen eine 2jährige Liegezeit erwirkt. Während dieser Zeit erfolgte durch wiederholte Planierungen der Ausgleich aufgetretener Senkungen. Da die lokalen Setzungen über einen längeren Zeitraum anhielten, mußten auch nach Ablauf der Liegezeit umfangreiche Nacharbeiten durchgeführt werden. Die lokalen Flachmulden verstärkten die Staunässebildung, so daß größere Flächenareale nur verspätet oder teilweise nicht bestellbar waren.

Um die eingetretenen Mängel zu korrigieren und zukünftig durch eine verbesserte Technologie auszuschließen, wurden umfangreiche Untersuchungen von Verkippungsvarianten im Zusammenhang mit dem Setzungsverlauf von Hochkippen sowie Feldversuche zur Behandlung von Staunässeflächen durchgeführt. Die Ergebnisse fanden bei der Tagebauplanung und in einem Sanierungsprogramm ihren Niederschlag. Die damit einhergehende Veränderung der Rekultivierungsmethoden führte in den Folgejahren zu einer Verbesserung der Bearbeitbarkeit der Flächen und zur Stabilisierung der Erträge.

Die Rückgabeflächen des Zeitraumes 1978–1985 bestehen an der Oberfläche aus einem Gemenge von braunem und grauem, kiesig-sandigem Lehm, dem tertiäre, lehmige Feinsande beigemischt wurden. Dieses Substrat hat eine lockere Lagerung sowie ein gutes Wasserspeichervermögen, jedoch liegt sein Ertragspotential niedriger als bei reinen Geschiebemergelböden. Da sich aber die erhoffte, intensive Vermischung der bindigen und sandigen Bodenanteile im betrieblichen Verkippungs- und Planierungsprozeß nicht vollständig erreichen ließ, wurde von dieser Technologie wieder Abstand genommen. Der Bodensubstrataufbau der Rückgabeflächen der Jahre 1985–1990 besteht aus braunem, schwach kiesigem, sandigem Lehm. Diese Böden haben ein gutes Wasserspeichervermögen sowie eine gute Nährstoffversorgung. Das Material wurde selektiv aus den oberen 3 Metern des ersten Abraumschnittes entnommen und in einer Mächtigkeit von mindestens 2 m aufgetragen.

Durch eine konsequente Anwendung spezieller Fruchtfolgen mit einem hohen Feldfutteranteil (Luzerne und Knaulgrasgemisch) und periodischer Unterbodenlockerung sowie humusmehrender und meliorativer Maßnahmen ist es im Verlauf der Rekultivierungszeit gelungen, auf den Flächen der Hochkippe Schleenhain einen solchen Bodenzustand zu erreichen, der hohe und stabile Erträge gewährleistet. Ältere Kippenflächen weisen heute ein beachtliches Ertragsniveau auf.

Der Landschaftsgestaltung auf der Hochkippe Schleenhain wurde von den gesetzlich dafür zuständigen bezirklichen Planungsstellen und den Bewirtschaftern unter dem Druck staatlicher Planauflagen wenig Aufmerksamkeit geschenkt. Entsprechend der nach betriebswirtschaftlichen Gesichtspunkten durch den Nutzer vorgenommenen Schlageinteilung realisierte das Braunkohlenwerk Regis den erforderlichen Wegebau in einem Umfang von ca. 13 km sowie die Anlage notwendiger Vorflutmaßnahmen. Nur zögerlich wurde die Anpflanzung von Flurgehölzen durch den Bewirtschafter vorangebracht. Eine 3reihige Schutzpflanzung wurde entlang eines Wirtschaftsweges in Nord-Süd-Richtung angelegt. Durch mangelnde Pflege der Pflanzung trat kaum ein landeskultureller Nutzen ein. Erst im Jahre 1990 konnten im Zusammenhang mit der Weiterführung des Tagebaues Schleenhain in Zusammenwirken mit den Behörden und in Abstimmung mit den Kommunen durch den Bergbaubetriebe Unterlagen zur landeskulturellen Gestaltung und Aufwertung der Kippe erarbeitet werden.

Das Ziel bestand darin, das vorhandene Kippenareal, das eine West-Ost-Ausdehnung von 3 km hat, die sich auf 5,5 km vergrößern wird, landeskulturell so aufzuwerten und zu gestalten, daß den Forderungen einer modernen, naturnahen Landschaft entsprochen wird. Das Landschaftsprojekt für den südlichen Altkippenbereich geht davon aus, daß die vorhandenen Schlageinheiten erhalten bleiben.

Lokale Feuchtgebiete werden aus der landwirtschaftlichen Nutzfläche herausgelöst und als Biotope durch flächige Begrünung und Anbindung mit bestehenden bzw. anzulegenden Flurholzstreifen vernetzt. Die drei in West-Ost-Richtung verlaufenden Wirtschaftswege erhielten beiderseits eine Bepflanzung mit Alleebäumen, bestehend aus Linden, Ebereschen und Obstgehölzen.

Der Wert von Schutzpflanzungen ist ökologisch nicht hoch genug zu bemessen. Sie tragen maßgeblich durch Windbremsung zum Abbau extremer Klimabedingungen auf Hochkippen bei. Schutzpflanzungen beeinflussen Luft- und Bodentemperaturen, Niederschlagsverhältnisse und Verdunstung positiv. Die Flurholz- bzw. Schutzpflanzungen stellen in vielerlei Hinsicht wirksame Brücken der Wiederbesiedlung mit Fauna und Flora dar und sind attraktive Gestaltungselemente.

Die in Nord-Süd-Richtung verlaufende 3reihige Flurholzhecke wird auf 15–20 m Breite, das entspricht einer 7reihigen Pflanzung, vergrößert. Zusätzlich zu den vorhandenen, befestigten Wirtschaftswegen erhält die Peripherie des Bearbeitungsgebietes Wanderwege und einen geologischen Lehrpfad.

Mit der Weiterführung des Tagebaues Vereinigte Schleenhain entstehen nördlich der Altkippe weitere Neulandflächen. Diese sollen nach vorliegenden landschaftspflegerischen Entwürfen unter Beibehaltung einer land- und forstwirtschaftlichen Nutzung in weit stärkerem Maße als bisher speziellen ökologischen Zwecken zugeführt werden. Zur Anpassung an das noch teilweise bestehende ursprüngliche Landschaftsbild der Flußaue der Schnauder sollen unter den Bedingungen der Fortführung des Bergbaus wesentliche Bereiche der Neulandflächen naturnah und landschaftsästhetisch ausgestaltet werden. Dafür sind in den Landschaftsplänen Wasser-, Trockenrasen- und Waldlichtungsflächen sowie Terrassen, Uferböschungen, Verbindungs- und Wanderwege vorgesehen. Ein weiterer Aspekt bei der Flächengestaltung ist das Anlegen mehrerer Biotopflächen mit der Möglichkeit der Aufnahme und Nutzung der Oberflächenwässer in Verbindung mit den erforderlichen Entwässerungsmaßnahmen.

Mit der Durchführung der Rekultivierungsplanung der Schleenhainer Hochkippe sollen der Monotonie in der Relief- und Landschaftsgestaltung vergangener Jahre entgegengewirkt und aus ökologischer Sicht die Voraussetzungen für die Entwicklung einer naturnahen Landschaft mit Erholungswert in diesem vom Bergbau stark beeinflußten Raum geschaffen werden. Das geschieht mittels bergbautechnologischer und landschaftsgestaltender Maßnahmen. Damit entsteht ein Ensemble von Schutzpflanzungen, wegebegleitenden Pflanzungen, Solitären, unterschiedlichen Biotopen und Obststreuwiesen auf den Kippen. Die Neulandflächen erhalten eine abwechslungsreiche Reliefgestaltung mit einer ökologisch günstigen Feld-Waldverteilung, durchsetzt von Lebensstätten vielfältiger Art, darunter Feuchtareale, Wildrasen- sowie Flächen für die Erholung.

3
Hochkippe Phönix-Ost

Von dem ca. 900 km^2 großen sächsisch-thüringischen Braunkohlenfeld entfallen etwa 100 km^2 auf den nördlichen und nordwestlichen Teil des Landkreises Altenburg in Thüringen. In diesem Gebiet liegt das ehemalige Tagebaugelände Phönix-Ost. Vor der bergbaulichen Inanspruchnahme wurden die Flächen fast ausschließlich forstwirtschaftlich genutzt. Das Abbaufeld Phönix-Ost hatte eine Flächengröße von 690 ha und wird wie folgt begrenzt: Im Norden durch die Linie Breitenhain-Hagenest, im Osten durch die Linie Hagenest-Wintersdorf, im Süden durch die Straße Wintersdorf-Meuselwitz und im Westen durch die Eisenbahnlinie Lucka-Meuselwitz. Der Tagebau war von 1940–1962 in Betrieb. Die Innenverkippung bis zur Rasensohle erfolgte zwischen 1948 und 1962, und von 1960–1967 diente der ausgekohlte Tagebau als Außenkippe für den Tagebauaufschluß Phönix-Nord. Den Massenauftrag führten Bandabsetzer in Hochschüttung in 2 Scheiben durch. Mit der staatlichen Entscheidung im Jahr 1967, die Aufschlußarbeiten im Tagebau Phönix-Nord einzustellen, verblieb auf der Außenkippe ein Restloch mit einer Größe von 140 ha, das zwischen 1974 und 1979 als Außenkippe für den Tagebau Groitzscher Dreieck dessen Aufschlußmassen aufnahm. Die Verkippung erfolgte bis zur Rasensohle. Durch die mit den staatlichen und wirtschaftsleitenden Institutionen abgestimmte Technologie der Kippenführung entstand eine tafelförmige Hochkippe (Moewes u. Buettner 1991). Sie hat eine Größe von 420 ha mit einem Böschungsanteil von 50 % der Fläche. Die mittlere Ebene der Hochkippe liegt zwischen 7 und 10 m und das obere Plateau zwischen 24 und 30 m über Rasensohle. Das unverritzte Gelände hat im Süden der Kippe eine Höhe bei + 174 m NN und im westlichen Bereich bei + 170 mNN. Die oberste Kippscheibe ist in zwei Blöcke, den Nord- und den Südblock geteilt.

Das im ehemaligen Tagebau Phönix-Ost nach der Innenverkippung abgesetzte Bodenmaterial stammt aus dem 5 km entfernten Tagebau Phönix-Nord bzw. dem 6 km entfernten Tagebau Groitzscher Dreieck. Die bodengeologischen Vorfelderkundungen weisen in beiden Gebieten für den gesamten 1. Abraumschnitt und teilweise auch für den 2. Schnitt Substrate pleistozänen Ursprungs aus. Es handelt sich um Geschiebemergel (sandig-toniger Lehm), der in Mächtigkeiten bis zu 20 m vorhanden war. Dieses Bodenmaterial besitzt gute chemische Eigenschaften bezüglich der Nährstoffversorgung. Sein physikalisches Verhalten ist jedoch äußerst ungünstig. Durch den hohen Anteil abschlämmbarer Bestandteile und geringer Sand- und Kiesfraktionen neigen diese Substrate zur Dichtlagerung mit Staunässebildung. Die aus dem Material entstandenen Rohböden haben den Charakter sog. „Minutenböden".

Da auf den zwischen 1960 und 1967 hergestellten Flächen im landwirtschaftlichen Rekultivierungsprozeß enorme Bearbeitungs- und Bewirtschaftungsprobleme auftraten, wurde bei der Verwendung der Abraummassen aus dem Tagebau Groitzscher Dreieck darauf geachtet, daß die Abschlußkippe nur Massen aus der oberen Scheibe des 1. Abraumschnittes erhielt.

Sämtliche für den Tagebaubetrieb beanspruchten Flächen, der Entzug betrug 690 ha, wurden nach der Auskohlung des Abbaufeldes entsprechend den behördlichen Vorgaben gestaltet.

Die Wiederurbarmachung als Verpflichtung des Bergbaues zur Wiederherstellung der Flächen beinhaltete die bewirtschaftungsfähige Herrichtung der ebenen Flächen und der Böschungen durch Planierung sowie die wegemäßige Erschließung und die Regulierung der Vorflutverhältnisse. Die genannten Leistungen wurden in den Zeiträumen 1960–1967 sowie 1976–1980 durchgeführt. Die Rückgabe der Flächen zur land- bzw. forstwirtschaftlichen Rekultivierung an die Bewirtschafter erfolgte nach Abschluß der Planierung jahresweise. Vorflut- und Wegebaumaßnahmen wurden durch Fremdbetriebe im Komplex realisiert.

Das Kippenareal ist durch ein befestigtes Wegenetz von 12,5 km Länge erschlossen und an das öffentliche Verkehrsnetz angebunden.

Von der Gesamtfläche wurden 42 %, das sind 290 ha zur landwirtschaftlichen und 49,3 %, das sind 340 ha, zur forstwirtschaftlichen sowie 8,7 %, gleich 60 ha zur sonstigen Nutzung an die Bewirtschafter übergeben.

Die Rekultivierungserfolge auf den land- und forstwirtschaftlichen Flächen waren sehr unterschiedlich. Während die Bestandsbegründung und die Entwicklung der jungen Forstbestände problemlos verlief, ergaben sich bei der Bewirtschaftung der landwirtschaftlichen Kippenflächen zum Teil erhebliche Schwierigkeiten. Sie resultierten aus der Summierung des Setzungsverhaltens der Hochkippe mit den physikalischen Eigenschaften des Geschiebemergels. So führten Setzungen im Dezimeterbereich und damit die Ausbildung von Staunässe zu Bewirtschaftungsschwierigkeiten sowohl während der Bestell- als auch in den Erntephasen.

Da die landwirtschaftliche Produktion in der DDR einen hohen Stellenwert besaß, haben die staatlichen Behörden und Landwirtschaftsbetriebe darauf gedrungen, die auf den Flächen entstandenen Wirtschaftshindernisse zu beseitigen. Das Braunkohlenwerk Regis hat deshalb in den Folgejahren umfangreiche Flächenregulierungen durch Planierung, verbunden mit weiterer Bodenzufuhr, realisiert. Diese aufwendigen Arbeiten zeigten nur auf den mittleren und unteren Ebenen des Kippenkomplexes Erfolg. Auf dem 90 ha großen oberen Plateau trat nur ein Teilerfolg ein und die Bearbeitungsschwierigkeiten blieben bestehen. Die Hoffnung, die Situation durch Hydromelioration zu verbessern, erfüllte sich nicht. Mithin war nur eine extensive Bewirtschaftung der Fläche mit einer gesonderten Fruchtfolge möglich. Gegenwärtig werden Überlegungen zur Aufforstung dieser Fläche angestellt.

Mit der Wiederurbarmachung und Übergabe von 340 ha Kippenfläche an den Forstbetrieb und die unverzügliche standortgerechte Aufforstung konnte der Luckaer Forst in seiner ursprünglichen Ausdehnung fast wieder hergestellt werden. Die Aufforstung führte der Forstbetrieb unmittelbar nach der Planierung jeweils als Frühjahrspflanzung durch. Sie hat sich auf den schweren Geschiebemergelböden gut bewährt. Durch eine vorteilhafte Bodenstruktur und günstige Wasserverhältnisse hatten die Forstpflanzen gute Startbedingungen. Das zeigte sich dann auch in der weiteren Bestandsentwicklung der Gehölze.

Das Böschungssystem der einzelnen Kippebenen erhielt eine Neigung von 1 : 4 –1 : 5. Auf dem ca. 200 ha umfassenden Böschungssystem kam etwa zur Hälfte, das sind vorwiegend die Abschnitte mit einer Neigung von 1 : 4, aus Gründen der Böschungssicherung und -stabilisierung Sanddorn zur Anpflanzung. Der Rest wurde mit Pappel bestockt. Bei der Aufforstung dieser Böschungen mußten waldbauliche Überlegungen gegenüber der vorrangigen Aufgabe der Böschungssicherung zurückgestellt werden. Das Ziel bestand darin, durch wurzelintensive und wasserzehrende Baumarten zu erwartenden Erosionen entgegenzuwirken. Zur Bodenbedeckung wurde zusätzlich eine Lupinen-Breitsaat durchgeführt. Auf den ebenen Forstflächen sind neben der Pappel im Mischanbau die Wirtschafts- und Endbestandsholzarten Eiche, Buche, Linde und Lärche angepflanzt worden. Alle Bestände entwickelten sich gut, und es wächst ein stattlicher Wald heran. Da der Sanddorn üppig gedeiht, wurde er wegen seiner Vitamin C-haltigen Früchte über mehrere Jahre zur Saftgewinnung genutzt.

Die für die Forstwirtschaft günstigen Bodenverhältnisse sowie die standortgerechte Holzartenwahl ließen ein Waldgebiet südlich des alten Luckaer Forstes entstehen, das einen hohen landeskulturellen und ökologischen Wert sowohl für die Erholungsnutzung als auch für den Naturschutz besitzt.

Die Bergbaufolgelandschaft im Norden des Kreises Altenburg mit ihren Hochkippen, neuen Wäldern und Wasserflächen ändert das Landschaftsbild ganz wesentlich und läßt den Erholungswert dieses Gebietes steigen. Denn neben der Hochkippe Phönix-Ost erheben sich im Umkreis von wenigen Kilometern Entfernung die Hochkippen Ruppersdorf und Phönix-Nord. Eingebettet in diese Landschaft liegt in unmittelbarer Nähe der Badesee Hemmendorf. Er entstand ebenfalls aus einem ausgekohlten Tagebau.

Durch ein enges Zusammenwirken der Bergleute, Forst- und Landwirte bei der Wiederurbarmachung und Rekultivierung entstand im ehemaligen Tagebaugebiet Phönix-Ost eine abwechslungsreiche Landschaft. In diesem neugestalteten Areal ist eine artenreichere Tier- und Vogelwelt anzutreffen als vor dem Abbau der Braunkohle im ursprünglichen Luckaer Forst. Sehr schnell wechselte Schwarz- und Rehwild aus seinen Altrevieren und ist als Standwild heimisch geworden.

Unter der Leitung der Vogelwarte Hiddensee werden seit einigen Jahren Untersuchungen zur Vogelbesiedlung von Sanddornbeständen und zum Vogelzug durchgeführt. Nach den bisherigen Ergebnissen konnten im Gebiet der Kippe Phönix-Ost mehr als 100, laut Artenschutzverordnung geschützte Wirbeltierarten, von denen 15 Arten vom Aussterben bedroht sind, nachgewiesen werden.

Die einmalig günstige Lage und die vorgenommene Gestaltung des siedlungs- und verkehrsfreien Territoriums der Hochkippe Phönix-Ost und der angrenzenden Rekultivierungsgebiete sowie die große Bedeutung dieses Areals für die aviofaunistische Forschung führten zu dem Entschluß, das Gebiet zu einem Naturschutzgebiet zu entwicklen. Deshalb wurde von den Naturschutzverantwortlichen auf Kreis- und Bezirksebene der Antrag auf einstweilige Sicherung eines Renaturierungsgebietes in der Bergbaufolgelandschaft gestellt. Durch die mittlere Naturschutzbehörde Leipzig wurde im Februar 1991 dieser Antrag bestätigt.

Die Zielfunktion für das Renaturierungsgebiet besteht darin, eine ökologische Vernetzung der Bergbaufolgelandschaft mit dem umliegenden Gebiet durch die Förderung rekultivierter und naturnaher Landschaftsteile herbeizuführen.

4
Zusammenfassung

Im Altenburg-Bornaer Braunkohlenrevier entstanden im Zuge der extensiv und intensiv betriebenen Braunkohlenförderung nach 1960 die Hochkippen Schleenhain und Phönix-Ost.

Der Bergbaubetrieb, das ehemalige Braunkohlenwerk Regis, unternahm große Anstrengungen, eine rekultivierte Landschaft in der überbelasteten Industrie- und Siedlungsregion herzustellen und diese Kippen so zu gestalten, daß sie hohen wirtschaftlichen, landschaftlichen und ökologischen Anforderungen genügen.

Das betraf die bergtechnische Formierung, die Einhaltung bodenmechanischer Grenzbedingungen sowie die selektive Gewinnung und Verkippung der anstehenden Kulturböden. Bedingt durch den ausgeübten Zwang über die damals geltende staatliche Planung, maximale Anteile landwirtschaftlicher Nutzflächen vom Bergbaubetrieb herzustellen und zurückzugeben, traten zwei wesentliche Probleme auf. Sie lagen zum einen in der durch das Zusammenwirken von hohen Setzungsbeträgen mit ungünstigen physikalischen Eigenschaften der Rohböden stellenweise auftretenden Staunässebildung auf beiden Hochkippen und damit verbundener Beeinträchtigung der Landwirtschaftsbetriebe. Zum anderen wies die Landschafts- und Reliefbildung der Hochkippe Schleenhain eine gewisse Monotonie auf.

Die angewendeten Methoden zur Behebung dieser Defekte werden beschrieben.

Die ökologische Aufwertung der Hochkippen erfolgte durch die Veränderung der Selektierung der Rohböden und die Durchführung von Mischungsprogrammen, die Anwendung spezieller Fruchtfolgen und Bodenbearbeitungsverfahren, die Änderung von Nutzungsarten sowie die Anlage von Flurholzstreifen und Alleen. Lokale Feuchtgebiete wurden aus der landwirtschatftlichen Nutzung herausgelöst und als Biotope mit Flurholzstreifen und bestehenden Forstflächen vernetzt.

Maßnahmen zur Erhöhung des Erholungswertes werden genannt. Die bereits durchgeführten und noch vorgesehenen Aufwertungsprogramme für die Hochkippen Schleenhain und Phönix-Ost dienen dem Ziel, die auf soliden bergtechnischen und landschaftsplanerischen Grundlagen entstandenen Kippen ökologisch so zu komplettieren, daß sie sich harmonisch mit der bestehenden Landschaft verbinden und optimale Bedingungen für eine wirtschaftliche Nutzung und die Entwicklung der Natur bieten.

LITERATUR

Kirste E (1956) Landeskunde der Kreise Altenburg und Schmölln des Bezirkes Leipzig, Altenburg

Moewes K, Büttner F (1991) Die Bergbaufolgelandschaft – ein ökologischer Neubeginn – dargestellt an Beispielen im Braunkohlenwerk Regis der Mibrag. Neue Bergbautechnik 8: 283–287

Folgelandschaft, Rekultivierung und Naturschutz

Landwirtschaftliche Rekultivierung

68

ETNAR VOGLER, MARCEL SCHMIDT UND GOTTFRIED SAUPE

1 Historischer Überblick

In den Mitteldeutschen Braunkohlenrevieren erfolgt seit jeher der Braunkohlenabbau in vorwiegend agrarisch genutzten Gebieten mit fruchtbaren Löß- oder Geschiebelehmböden (Bodenzahlen 60–100). Deshalb wurde bereits in der Entstehungsphase des Braunkohlenbergbaues auf die landwirtschaftliche Rekultivierung der nicht mehr benötigten Flächen besonderer Wert gelegt. Durch das Kurfürstlich-Sächsische Mandat vom 19. August 1743 wurden z. B. die Bergbautreibenden verpflichtet, die Flächen in einem für ackerbauliche Zwecke gut geeignetem Zustand zurück zu geben, sofern sie ihre Gruben nicht auf eigenen Grundstücken betrieben (Barthel 1962).

Da es sich bei den Tagebauen der damaligen Zeit um sehr kleine Aufschlüsse, sog. Gräbereien – handelte, entstanden als Folge der Rekultivierung meist nur wenige Ar große Flächen. Sie sind heute fast ausnahmslos in größeren Schlägen integriert und im Gelände nur schwer auffindbar.

Etwa seit Mitte des 19. Jahrhunderts stieg die Nachfrage nach mitteldeutscher Braunkohle. Der leistungsfähigere Tiefbau trat an Stelle der Gräbereien. Als Folge entstanden Senkungsgebiete und Bruchfelder mit stark verändertem Relief, die bei der landwirtschaftlichen Bewirtschaftung erhebliche Schwierigkeiten bereiteten. Häufig wurde versucht, die Senken und Abrißkanten durch Planieren oder Auffüllen mit kulturfähigem Bodenmaterial auszugleichen (Mampel 1929; Kröber pers. Mitt.).

Die Rekultivierungsansprüche dieser Rohböden waren gering. Meist begann die Inkulturnahme mit dem Anbau von Bokharaklee mit Getreide oder Kartoffel als Nachfrucht. Zahlreiche Kippenflächen aus dieser Zeit sind anhand von Bodenschätzungskarten nachweisbar. Sie wurden in diesen Karten mit der Jahreszahl der Inkulturnahme, der Bodenart und den Bezeichnungen (As) und (NK) gekennzeichnet.

Seit Beginn des 20. Jahrhunderts lösten in Mitteldeutschland Tagebaue mit hohen Fördermengen den Tiefbau ab. Durch die leistungsfähigere Gerätetechnik der Tagebaue stieg die Inanspruchnahme der landwirtschaftlichen Nutzflächen beträchtlich (Tabelle 1).

Aufgrund des umfangreichen Flächenentzuges erlangte der Braunkohlenbergbau zunehmend öffentliches Interesse. Beleg hierfür ist die seit 1920 steigende Anzahl wissenschaftlicher Arbeiten zu den Problemen des Bergbaus und der Rekultivierung (vgl. z. B. Altgelt 1921; Becker 1932; Ehrenberg 1933; Hammerstein 1933; Mampel 1929; Scharf 1928 u. a.).

In mehreren Publikationen wird zwar darauf verwiesen, daß von den Flächeninanspruchnahmen keine nachteiligen Folgen für die Volksernährung zu erwarten sind, da die in Anspruch genommenen Flächen weniger als 0,05 % der landwirtschaftlichen Nutzfläche Deutschlands ausmachen und die Landwirtschaft einen beacht-

Tabelle 1. Flächeninanspruchnahme und Rückgabe durch den Braunkohlenbergbau in Mitteldeutschland im Zeitraum 1880–1927. (Nach Scharf 1928)

	Entzug [ha]				Wiedernutzbarmachung [ha]			
	Landwirtschaft		Forstwirtschaft		Landwirtschaft		Forstwirtschaft	
	Tiefbau	Tagebau	Tiefbau	Tagebau	Tiefbau	Tagebau	Tiefbau	Tagebau
Absolut	9.028	10.082	2.065	5.196	6.452	1.699	705	767
Relativ	100	100	100	100	71	71	34	15

lichen Teil der Flächen wieder erhält (Mampel 1929; Scharf 1928). Gleichzeitig stellen aber auch die Veröffentlichungen des Zeitraums von 1920–1939 wesentliche Grundlagen zur landwirtschaftlichen Kippenrekultivierung vor. Seit dieser Zeit ist z. B. die Notwendigkeit des Kulturbodenüberzugs für Kippenflächen allgemein bekannt, wobei die Mächtigkeit der Auftragsschicht aufgrund der Pflügetiefe mit etwa 40 cm bestimmt wurde (Mampel 1929). Die Bedeutung hoher Düngergaben, tiefgründiger Bodenbearbeitung sowie der Luzerne und des Bokharaklees als Pionierpflanzen werden beschrieben. Die Ergebnisse der Arbeiten beeinflußten nachhaltig sowohl die Rekultivierungsmaßnahmen des Bergbaus als auch der Landwirtschaft.

Im Zweiten Weltkrieg gingen die Wiedernutzbarmachungsleistungen in Mitteldeutschland etwa seit dem Jahre 1942 spürbar zurück. Es entstanden vorwiegend Kippen mit pleistozän-tertiärem Mischmaterial oder auch rein tertiärem, kulturfeindlichen Substraten. Ein Teil dieser Flächen erhielt nach Kriegsende nachträglich einen etwa 40–60 cm mächtigen Kulturbodenüberzug.

Die enorme Steigerung der Braunkohlenförderung im Zeitraum von 1950–1980 war mit umfangreichen Devastierungen an landwirtschaftlicher Nutzfläche verbunden. Dem Entzug stand die Rückgabe von ca. 9 800 ha landwirtschaftlich nutzbarer Kippenfläche gegenüber.

Die Steigerung der Braunkohlenförderung wurde von mehreren Änderungen der Rechtsvorschriften zur Rekultivierung begleitet. Bis zum Jahre 1951 galten als rechtliche Grundlagen der Wiedernutzbarmachung die alten Berggesetze der Länder Sachsen-Anhalt, Thüringen, Preußen und Sachsen. Diese wurden durch die Verordnung über die Wiedernutzbarmachung der für Abbau- und Kippenzwecke des Bergbaus in Anspruch genommenen Grundstücksflächen vom 6.12.1951 mit den dazu erlassenen Durchführungsbestimmungen abgelöst. Ihnen folgten die Berggesetze der DDR (1968, 1980) mit den entsprechenden Anordnungen zur Wiederurbarmachung und zur Rekultivierung. In allen Rechtsvorschriften hatte die Rekultivierung zur landwirtschaftlichen Nutzung den Vorrang.

Eine wesentliche Änderung des Bergrechts der DDR gegenüber dem alten Länderrecht bestand in der Trennung des Wiedernutzbarmachungsprozesses in den Wiederurbarmachungs- (bergmännischer Teil) und den Rekultivierungsprozeß (Aufgabenbereich der Folgenutzer). Für die Durchführung der Rekultivierungsmaßnahmen erhielten die Folgenutzer beträchtliche Fördermittel.

Der Umfang des Flächenentzugs und der wiederurbargemachten Flächen sowie das Streben nach Verbesserung der Ertragsfähigkeit der landwirtschaftlich genutzten Kippen belebten erneut das im Kriege zurückgegangene öffentliche und wissenschaftliche Interesse an den Problemen der Wiedernutzbarmachung. In zahlreichen Veröffentlichungen sowie auf turnusmäßig durchgeführten Symposien und Arbeitstagungen wurden die Forschungsergebnisse vorgestellt.

Besondere Bedeutung für die landwirtschaftliche Rekultivierung im mitteldeutschen Raum erhielten die Arbeiten zur:

- Bewertung und Klassifikation der Deckgebirgsschichten und Kipprohböden von Altermann, Knauf, Mautschke, Weißbrod, Wünsche u. a. (Es würde den Rahmen des Beitrages sprengen, alle Arbeiten der Autoren aufzuführen; deshalb werden im Interesse der Gleichstellung nur Namen genannt, ohne einzelne Arbeiten besonders hervorzuheben.)
- Bodenbearbeitung, Nährstoffversorgung und Düngung, Fruchtartenwahl und Fruchtfolge sowie zu ökonomischen Problemen des Flächenentzugs und der Flächenrückgabe von Brüning, Einhorn, Gunschera, Laves, Seidemann, Thum, Vogler und Werner, K.
- Dichtlagerung und Humusakkumulation auf landwirtschaftlich genutzten Kippen von Laves, Saupe, Thum, Vogler, Werner, D., Werner, K. und Wünsche
- Gestaltung der Bergbaulandschaft und zu speziellen ökologischen Aspekten insbesondere von Brüning, Darmer, Dunger, Knabe, Krummsdorf und Werner, W.

Aufgrund der Arbeiten konnten die Forderungen der Rechtsvorschriften zur Verwendung der für die Wiedernutzbarmachung am besten geeigneten Bodensubstrate und der Auftrag ausreichend mächtiger kulturfähiger Schichten konkretisiert und seit Mitte der 50er Jahre bei den Wiederurbarmachungsarbeiten umgesetzt werden. Bodengeologische Kippengutachten beschrieben die bodenphysikalischen und bodenchemischen Eigenschaften der Rohböden und gaben bei geplanter landwirtschaftlicher Rekultivierung Hinweise zu Fruchtartenwahl und Düngereinsatz. Von 1960–1972 wurde ergänzend zu den bodengeologischen Kippengutachten für jede Kippenfläche sog. „Bewirtschaftungspläne" mit Empfehlungen für Bodenbearbeitung, Düngung, Fruchtartenwahl und -folge aufgestellt. Diese Gutachten und Pläne stellten die Basis für die Zuweisung der staatlichen Fördermittel dar. In der weiteren Entwicklung wurden aus den bei der Aufstellung von Gutachten und Bewirtschaftungsplänen gesammelten Erfahrungen, wissenschaftlichen Arbeiten sowie aus Erhebungen standortspezifische Rekultivierungsverfahren abgeleitet (Werner et al. 1974; Autorenkollektiv 1982).

Die Kontrolle und Steuerung des Rekultivierungsprozesses geschah zunächst über den Pflanzenertrag und seit 1970 im Rahmen der kippenspezifischen, turnusmäßigen systematischen Bodenuntersuchung. Die Ergebnisauswertung zeigte, daß es im Hinblick auf die systematische Steigerung der Bodenfruchtbarkeit und Ertragsfähigkeit unzweckmäßig ist, den Rekultivierungsprozeß an vorgeschriebene Zeiträume und Technologien zu binden. Vorteilhafter war es, den Rekultivierungszustand an objektiv bestimmbaren pedologischen Parametern zu messen (Vogler 1981; Katzur u. Zeitz 1985). Diese Meßwerte (Kippboden-Ist-Werte) wurden im Rahmen der kippenspezifischen Bodenuntersuchung ermittelt. Ihnen standen als Zielgrößen Kippboden-Soll-Werte gegenüber. Der Rekultivierungsprozeß galt als abgeschlossen, wenn die Ist-Werte weitgehend den Soll-Werten entsprachen.

Nach Inkrafttreten des Bundesberggesetzes (BBergG) im Mitteldeutschen Förderzentrum wurde die Trennung des Wiedernutzbarmachungsprozesses in Wiederurbarmachung und Rekultivierung aufgehoben. Die Verantwortung für den gesamten Prozeß liegt bei den Bergbautreibenden. Im Braunkohlenbergbau führen die Unternehmen die Rekultivierung durch eigene Spezialbetriebe aus.

In einer Anlaufrotation erfolgt die Schaffung von Grundlagen zur Entwicklung von Bodenbildungsprozessen und biologischen Kreisläufen auf den Neulandflächen nach bestätigten Betriebsplänen. Danach werden sie von den Unternehmen bis zur Entlassung aus der Bergaufsicht oder Vermarktung zwischenbewirtschaftet.

Derzeitig besteht im Mitteldeutschen Braunkohlenrevier lebhafte Nachfrage mit steigender Tendenz nach landwirtschaftlich nutzbaren Kippenflächen. Ursachen hierfür sind:

- Steigender Bodenwert
- Günstige Standortbedingungen
- Betriebswirtschaftliche Überlegungen der Landwirtschaftsbetriebe, speziell zur Flächenstillegung
- Steuerrechtliche Festsetzungen

2 Ziele der landwirtschaftlichen Rekultivierung

Ziele der landwirtschaftlichen Rekultivierung sind:

- Rückgewinnung landwirtschaftlicher Nutzflächen und Minimierung der im Tagebauvorfeld entstehenden quantitativen Bodenverluste
- Verbesserung der ökologischen Standortbedingungen und Erhöhung der Umweltqualität in der Bergbaufolgelandschaft
- Aufwerten der Fruchtbarkeit in den Kippenböden durch Anreicherung mit reproduktionswirksamer organischer Substanz, Ausbildung stabiler Gefügeformen mit ausreichender Luftkapazität und Wasserführung sowie hohem nutzbaren Wasserspeichervermögen
- Einstellung optimal-fruchtartenbezogener Bodenreaktionen und ausreichende Versorgung der Feldfrüchte mit Nährstoffen
- Gestaltung artenreicher Biozönosen, insbesondere der Bodenbiozönosen,
- Sicherung eines angemessenen Reineinkommens der Bewirtschafter
- Vermeidung von Kontaminationen aller Art

3 Rekultivierungsstrategien

Im Süden des Mitteldeutschen Fördergebietes werden vorrangig Kippenböden aus Löß oder aus Geschiebemergel/-lehm landwirtschaftlich genutzt. Im Revier Bitterfeld-Gräfenhainichen dominieren auf den landwirtschaftlich genutzten Kippenflächen Substratgemische aus Geschiebemergel und Schmelzwassersand (Tabelle 2). Die verschiedenartigen bodenphysikalischen und -chemischen Eigenschaften der Kipp-Rohböden bedingen differenzierte Rekultivierungsverfahren.

3.1 Lößböden (Kipp-Schluffe und Kipp-Kalkschluffe)

Lößböden sind insbesondere auf den Kippenflächen Sachsen-Anhalts in den Revieren Zeitz-Weißenfels, Geiseltal und Oberröblingen verbreitet. Die Kippschluffe des Leipzig-Bornaer-Reviers (ca. 560 ha [1]) bestehen vorwiegend aus humusreichem Auenlehm.

Lößkippen gelten aufgrund ihrer Homogenität und des geringen Steingehaltes als relativ leicht rekultivierbar. Im Vergleich zu anderen Kipprohböden ist besonders

[1] Für die Bestimmung der Flächenanteile aus der Bodenkarte von Altermann et al. danken wir Frau S. Liedmann.

Tabelle 2. Referenzstandorte der Mitteldeutschen Braunkohlenreviere – Standortcharakteristik

Referenzstandort	Maßeinh.	Löß	Geschiebemergel	Geschiebemergel-Schmelzwassersand-Gemisch
Tagebau		Profen	Schleenhain	Golpa Nord
Land		Sachsen Anhalt	Sachsen	Sachsen Anhalt
Landkreis		Hohenmölsen/Borna	Borna	Gräfenhainichen
Niederschlag/Jahr	mm	580–640	590	580–640
Temperaturmittel	°C	8,5–8,8	8,5	3,5–9,6
Vorfeldsituation				
Böden		Lößschwarzerden Lößbraunschwarzerden	Pseudogley-Parabraunerden Parabraunerden	Sandrosterden
Bodenzahlen		82–84	58–64	22–35
Bodennutzung	Flächen-%	> 95 % Landwirtschaft	> 95 % Landwirtschaft	~ 60 % Forstwirtschaft ~ 37 % Landwirtschaft
Rekultivierungs-relevante Deck-gebirgsschichten		Löß/Lößlehm Saale-Geschiebemergel Elstergeschiebemergel	Saale-Geschiebemergel Elstergeschiebemergel Lößlehm	Schmelzwassersande Elstergeschiebemergel Saalegeschiebemergel
Kippensituation				
Kippbodenform		Kipp-Kalkschlufflehm Kipp-Kalkschluff	Kipp-Kalksandlehm Kipp-Kalklehm	Kipp-Gemengekies-lehmsand Kipp-Gemengesand
Parameter				
Körnung		Schlufflehm Schluff	Kiesig, sandiger Lehm, kiesiger Lehm	Ton- und schluffbrockiger Schmelzwassersand
C_t-Gehalt	M.-%	0,3–0,7	0,2–0,3	0,5–3,8
Karbonatgehalt	M.-%	6–10	4–7	3,5–7,3
Bodenreaktion	pH-Wert	7,2–7,6	7,3	3,5–8,3
Sorptions-kapazität	T-Wert mval/100 g Boden	12–15	6,6–8,9	3–14
	S-Wert	12–16	5,6–8,5	> 0–11
Basensättigung	mval/100 g Boden	> 12		
CAO	mg/100 g Boden	3.000–4.000	300–980	280–4.030
MgO	mg/100 g Boden	100–200	130–260	40–2.200
P_2O_5[ALE]	mg/100 g Boden	> 3	> 2	10–50
K_2O[ALE]	mg/100 g Boden	> 10	> 4	0–40
Bodenwertzahlen		60–65	45–50	30–35

die leichtere und kostengünstigere Bearbeitbarkeit der Lößkippen hervorzuheben. Bei dieser Einschätzung muß aber die jahrzehntelange Erfahrung der Bewirtschafter mit der Rekultivierung von Lößkippen mit berücksichtigt werden, denn erwiesenermaßen nehmen die Vorbehalte gegenüber Kippenböden mit zunehmender Bewirtschaftungserfahrung ab. Landwirtschaftliche Rekultivierungsmaßnahmen sind insbesondere auf die

- Verbesserung der Wasserleitfähigkeit und die Erhöhung der Luftkapazität
- Verbesserung der Nährstoffversorgung
- Humusakkumulation

gerichtet (Tabelle 3).

Zur Bodenbearbeitung setzen die Rekultivierungsbetriebe die gleichen Maschinen und Geräte wie im Tagebauvorfeld ein, wobei auf strukturschonende Bearbeitung besonderer Wert gelegt wird. Nachteilig wirkt der vergleichsweise hohe Zugkraftbedarf, der in Extremfällen doppelt so hoch sein kann wie auf unverritzten Lößböden, auf die Effektivität des Geräteeinsatzes. Die Bewirtschafter verweisen außerdem auf spätes Abtrocknen der geschütteten Lößböden im Frühjahr und daraus folgende Einschränkungen der optimalen Bearbeitungszeitspannen. Herbstbestellung bzw. Herbstumbruch wird deshalb allgemein der Frühjahrsbestellung vorgezogen. Wert legen die kippenbewirtschaftenden Landwirtschaftsbetriebe auf die turnusmäßige Unterbodenlockerung, da selbst tiefwurzelnde Feldfrüchte wie Luzerne oder Raps ohne mechanische Auflockerung nur selten den Unterboden erschließen können. Die bisher verwandten Bodenmeißel brachten aber nicht den erhofften nachhaltigen Erfolg. In Feldversuchen bewährten sich außerdem Stufenschare, Tiefkulturpflüge, Segment- und Schachtpflüge. Wippscharlockerer und Hackabbruchlockerer (Abb. 1) werden in Mitteldeutschland erst seit zwei Jahren erprobt. Über ihre Eignung für die tiefgründige Erschließung der

Abb. 1. Mechanische Unterbodenlockerung ist auf Geschiebemergelflächen notwendig. Das Hackabbruchlockern (Test) ist erfolgversprechend. Ergebnisse über die Nachhaltigkeit des Verfahrens liegen nicht vor

Kippenböden, insbesondere über die Nachhaltigkeit des Verfahrens, liegen deshalb noch keine ausreichenden Ergebnisse vor.

Den niedrigen Gehalten der Rohböden an pflanzenverfügbaren Nährstoffen begegnen die Rekultivierungsbetriebe mit hohen mineralischen und organischen Düngergaben. Als organische Düngemittel setzen sie Stalldung, Stroh-Gülle-Komposte, Gülle und Gülletrennprodukte ein. Die Aufwandmengen bei Stalldung betragen bis zu 600 dt/ha. Nachteilig wirkt in diesem Zusammenhang die rückläufige Tendenz im Wirtschaftsdüngeraufkommen seit 1990 als Folge der reduzierten Tierbestände. Die Mineraldüngung erfolgt entweder unter Berücksichtigung der Kippboden-Ist-Werte oder nach Richtwerten (Tabelle 3).

Fruchtartenwahl und -folge sind auch unter marktwirtschaftlichen Bedingungen in den ersten 6–8 Rekul-

Tabelle 3. Fruchtfolge und Mineraldüngergaben in den ersten 7 Rekultivierungsjahren

Rekultivierungsjahre	Fruchtfolge	Düngung [kg/ha Reinnährstoff]			
		Stickstoff	Phosphor	Kalium	Kalzium[a]
1	Luzerne mit Weißklee	60	220	250	-
2	Luzerne mit Weißklee[b]	-	-	-	-
3	Luzerne mit Weißklee	-	-	-	-
4	Luzerne mit Weißklee	-	-	-	-
5	Waldstaudenroggen	90–120	80–160	120–160	-
6	Winterweizen	140– 70	80–150	80–120	500
7	Wintergerste	170–200	80	80–120	300

[a] Nur bei Bedarf, die genannten Zahlen sind Orientierungswerte

[b] Die in der älteren Literatur vorgeschlagenen Mineraldüngergaben zu Luzerne im 2.–4. Rekultivierungsjahr (60 kg/ha P und 120 kg/ha K) werden aufgrund möglicher Bestandsschäden nicht ausgebracht.

tivierungsjahren auf Bodenerschließung, Humusakkumulation und Ertragsleistung gerichtet. Vorteilhaft wirkt sich in diesem Zusammenhang die auf die vorrangige Steigerung der Bodenfruchtbarkeit gerichtete Rekultivierungsstrategie der Braunkohlenbergbauunternehmen aus.

Ergebnis der Rekultivierungsmaßnahmen sind auf den Lößkippen fruchtbare Ackerböden, die bei standortgerechter Bewirtschaftung und ausreichender Unterbodenerschließung in ihrem Ertragsvermögen (> 60 GE/ha im langjährigen Mittel) zahlreichen gewachsenen Böden ebenbürtig oder überlegen sind (Finke mdl. Mitt; Keil 1986) (Abb. 2).

3.2 Geschiebemergel- und Geschiebelehmböden (Kipp-Lehme und Kipp-Kalklehme)

Geschiebemergelböden sind insbesondere auf den Kippenflächen Nordwestsachsens in den Revieren Leipzig-Borna und Bitterfeld-Delitzsch verbreitet. Sie gelten aufgrund ihrer Neigung zu Dichtlagerung, Vernässung und Verschlämmung, ihres hohen Stein- und Kiesgehaltes und z. T. auch auf Grund ihrer Substratheterogenität als schwierige Kippenböden. Die Bewirtschafter bezeichnen sie häufig als Minutenböden.

Abb. 2. Bei standortgerechter Bewirtschaftung können Kippenflächen hohe Erträge bringen

Wichtiges Ziel der Rekultivierungsmaßnahmen ist die Verbesserung der bodenphysikalischen Eigenschaften, die durch häufige mechanische Lockerung und Erhöhung des Humusgehalts erreicht werden soll, da hiervon die Wirtschaftlichkeit der Rekultivierung durch Reduzierung des Bodenbearbeitungsaufwandes bedeutend verbessert werden kann. Die bodenchemischen Eigenschaften der Geschiebemergelböden wirken weniger negativ. In der Literatur wird mehrfach das hohe Nachlieferungsvermögen bei Kalium, Kalzium und Magnesium hervorgehoben.

Die Bodenbearbeitungstechnologie entspricht derjenigen vergleichbarer gewachsener Böden. Dichtlagerungen und Haftsteinbesatz haben aber oft den höheren Verschleiß der Bearbeitungswerkzeuge und reduzierte Maschinenleistungen zur Folge. Seitens der Bewirtschafter wird außerdem darauf verwiesen, daß für Saatbettbereitung und Pflege mehr Arbeitsgänge erforderlich sind als auf unverritzten Böden, wenn die gleiche Qualität der Bodenbearbeitung erreicht werden soll. Der Einsatz von Maschinen und Geräten mit angetriebenen bzw. rotierenden Arbeitswerkzeugen, wie z. B. der Kreiselegge, hat in den letzten Jahren wesentlich zur Aufwandsreduzierung und Qualitätsverbesserung bei der Bearbeitung der Geschiebemergelkippen beigetragen.

Hohe Trockenrohdichten im Krumenbasisbereich (> 1,75 g/cm^3) hemmen das Tiefenwachstum der Kulturpflanzenwurzeln erheblich, vermindern die Wasserinfiltration und fördern den Oberflächenabfluß, so daß es in abflußlosen Senken und Sackungsbereichen häufig zu großflächigen Vernässungen kommt. Deshalb erfolgten bisher sowohl im Rekultivierungszeitraum als auch während der späteren Bewirtschaftung auf den Geschiebemergelkippen regelmäßige Unterbodenlokkerungen mit Bodenmeißeln. Die gewünschte nachhaltige Wirkung konnte aber meist nicht erzielt werden. Gute Erfolge wurden mit einer vom Braunkohlenbergbau konstruierten speziellen Fräse (Krummsdorf et al. 1977) sowie mit Tiefkulturpflügen erreicht, wenn die Tieflockerung mit einer Kompostdüngung verbunden wurde.

Organische Düngung mit den herkömmlichen Wirtschaftsdüngern zeigt auf den Geschiebemergelkippen im Rekultivierungsprozeß nur geringe Wirkung; da auf den kalten, untätigen und schlecht durchlüfteten Böden nur geringe Mineralisierungsraten zu verzeichnen sind, wie experimentell mit dem „Gazebeuteltest" nach Unger belegt werden konnte. Die Verbesserung der Nährstoffverhältnisse und der Nährstoffversorgung erfolgt im überwiegenden Maße durch die Mineraldüngung. Dabei werden im Gebietsmittel i. allg. sehr hohe Düngermengen fruchtartenbezogen verabreicht (Tabelle 4).

Wesentliches Merkmal der Anlauffruchtfolgen auf den Geschiebemergelkippen ist der jährliche Frucht-

Tabelle 4. Fruchtfolge und Mineraldüngergaben in den ersten 7 Rekultivierungsjahren

Rekultivierungsjahre	Fruchtfolge	Düngung [kg/ha Reinnährstoff]			
		Stickstoff	Phosphor	Kalium	Kalzium[a]
1	Gründüngung	150	90	120–240	-
2	Waldstaudenroggen	200–260	60	100–150	-
3	Winterweizen	160–190	70	120	-
4	Luzerne-Gräser-Gemisch	50	120	120–200	-
5	Luzerne-Gräser-Gemisch	100–130	40– 70	150–170	-
6	Luzerne-Gräser-Gemisch	100–140	60–100	150–180	-
7	Luzerne-Gräser-Gemisch	110–150	60–100	150–180	-

[a] Nur bei Bedarf, die genannten Zahlen sind Orientierungswerte

wechsel in den ersten Jahren der biologischen Rekultivierung. Durch diesen Fruchtwechsel, die extensive Nutzung der Fruchtarten und die damit verbundene häufigere Bodenbearbeitung sollen die mechanische Lokkerung, die Zufuhr leicht umsetzbarer organischer Substanz und die Homogenisierung des Bodensubstrates gefördert werden. Diese konsequent auf die Steigerung der Bodenfruchtbarkeit gerichtete Bewirtschaftung können nur spezialisierte Rekultivierungsbetriebe gewährleisten (Abb. 3).

Ergebnis der Rekultivierungsmaßnahmen sind landwirtschaftlich nutzbare Böden, die bei hohem Humusgehalt und standortgerechter Bewirtschaftung über mittleres bis hohes Ertragpotential verfügen, jedoch schwieriger und mit größerem Aufwand als die Lößkippen zu bewirtschaften sind.

3.3
Böden aus geschiebemergelbrockigen Schmelzwassersanden (Kipp-Gemengesandlehme und Kipp-Gemengelehmsande)

Gemengeböden aus geschiebemergelbrockigen Schmelzwassersanden (ca. 800–900 ha) haben insbesondere im Revier Bitterfeld-Gräfenhainichen erhebliche lokale Bedeutung für die landwirtschaftliche Produktion. Sie entstanden durch Beimischung von Geschiebemergel des zweiten Baggerschnitts zu den dominant auftretenden Schmelzwassersanden der Deckschichten.

Im Rekultivierungsprozeß werden die Homogenisierung der Gemengepartner durch häufige Bodenbearbeitung, die Erhöhung des Humusgehaltes und die Verbesserung der Nährstoffversorgung angestrebt.

Die Technologie zur Bearbeitung der Gemengesubstrate unterscheidet sich nicht wesentlich von den Technologien zur Bearbeitung natürlicher Böden des Gebiets. Gemengesubstrate bereiten bei der Bodenbearbeitung relativ geringe Schwierigkeiten. Als Mangel führen die Bewirtschafter den starken Verschleiß der Arbeitswerkzeuge als Folge des hohen Sand-, Kies- und Steingehalts an. Einschränkungen der Bearbeitungszeitspannen auf-

Abb. 3. Rübsen als Gründüngung

Tabelle 5. Fruchtfolge und Mineraldüngergaben in den ersten 7 Rekultivierungsjahren

Rekultivierungsjahre	Fruchtfolge	Düngung [kg/ha Reinnährstoff]			
		Stickstoff	Phosphor	Kalium	Kalzium[a]
1	Bokharaklee	30	60	120-160	-
2	Bokharaklee	-	-	-	-
3	Waldstaudenroggen oder Winterroggen	90–120	60	120	-
4	Leguminosengemenge mit Mais	120	80	120–160	-
5	Winterweizen oder Winterroggen	120	70	120	-
6	Luzerne-Gräser-Gemisch	100–130	40– 70	150–170	-
7	Luzerne-Gräser-Gemisch	100–140	60–100	150–180	-
8	Luzerne-Gräser-Gemisch	110–150	60–100	150–180	-

[a] Nur bei Bedarf; die genannten Zahlen sind Orientierungswerte

grund von Vernässungsperioden, wie bei den reinen Geschiebemergelkippen, bestehen kaum (Tabelle 5).

Als organische Düngestoffe werden Stroh-Gülle-Komposte, Rindenkomposte und auch Wirtschaftsdünger eingesetzt. Höhe und Zeitraum der Mineraldüngung bestimmen die Bewirtschafter vornehmlich unter Berücksichtigung des Bedarfs der Feldfrüchte, da die Gemengesubstrate zunächst nur über geringe aktuelle Nährstoffspeicherkapazität verfügen, die sich erst als Folge der Rekultivierungsmaßnahmen deutlich erhöht (Tabelle 2).

Fruchtfolge und Fruchtartenwahl sind in der ersten Rekultivierungsphase deutlich auf häufige Bodenbearbeitung zur mechanischen Durchmischung der Substrate und auf Humusakkumulation ausgerichtet (Tabelle 5). Bei standortgerechter Rekultivierung und Bewirtschaftung können Ackerböden mit mittlerem Ertragspotential (30–40 GE/ha) und relativ leichter Bearbeitbarkeit entstehen.

4 Ergebnisse der landwirtschaftlichen Rekultivierung

4.1 Erträge

Ertragsangaben von Kippenflächen schwanken in sehr weiten Bereichen. Thum et al. (1989) nennen aufgrund nachrichtlicher Mitteilungen für die Innenkippe Espenhain Erträge, die gegenüber den natürlichen Böden des Vorfeldes um etwa 1/3 reduziert sind. Finke (mdl. Mitt.) und Keil (1986) weisen darauf hin, daß Kippenflächen hohe, den natürlichen Böden ebenbürtige Erträge bringen können, wenn der Profilwasserhaushalt keine Mängel aufweist. Keil (1986) konnte anhand von Meßwerten zeigen, daß insbesondere Naßstellen auf Kippen äusserst ertragsdepressiv wirken; deshalb ist es nicht sinnvoll, den absoluten Ertrag als Kennzeichen des Rekultivierungserfolges zu wählen, sondern die Ausschöpfung des potentiellen Ertragsniveaus (Abb. 4).

Die Ausschöpfung des substratspezifischen Ertragspotentials wird unter Berücksichtigung der Rekultivierungsdauer als Kriterium des Rekultivierungserfolges gewertet und in drei Stufen bestimmt:

- Stufe 1: hoher Rekultivierungserfolg
- Stufe 2: mittlerer Rekultivierungserfolg
- Stufe 3: niedrigerer bzw. nicht ausreichender Rekultivierungserfolg

Das substratspezifische Ertragspotential kann annähernd der landwirtschaftlichen Nutzungseignung der Kippsubstrate gleichgesetzt werden. (Die Nutzungseignung wird v. a. durch die Bearbeitbarkeit modifiziert.)

Als Ertragspotential wird der z. Z. erreichbare Getreideertrag angenommen, der bei mittlerer bis günstiger Jahreswitterung und Anwendung gegenwärtig optimaler Anbaumethoden erzielt werden kann, nachdem durch geeignete Rekultivierungsmaßnahmen das standorttypische Optimum bei Humus- und Nährstoffversorgung, pH-Wert und Unterbodenerschließung erreicht wurde und keine ertragsmindernden Standortbedingungen wie ungenügende Kulturbodenmächtigkeit, Vernässung, Schadstoffanreicherung oder ähnliches vorliegen.

Bei einer auf diese Zielstellung ausgerichteten landwirtschaftlichen Bodennutzung kann die vollständige Ausschöpfung des Ertragspotentials nach 15- bis 25jähriger Rekultivierung erreicht werden.

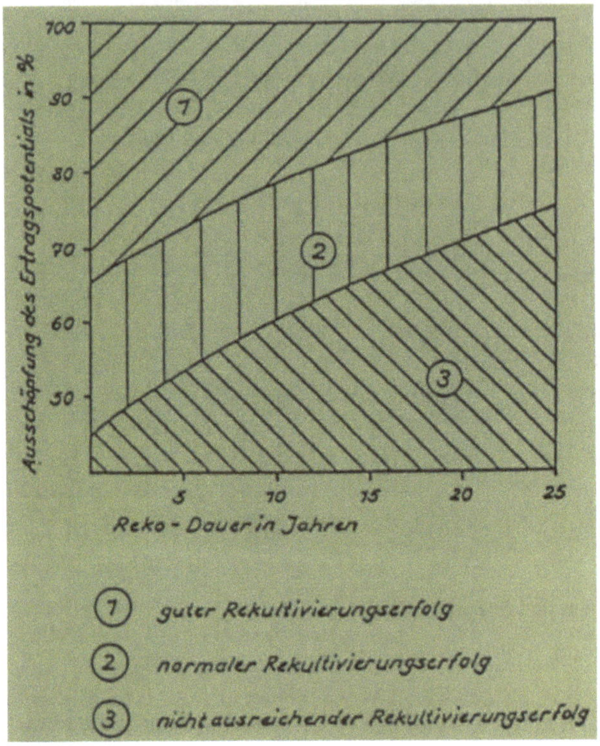

Abb. 4. Ausschöpfung des Ertragspotentials in Abhängigkeit der Rekultivierungsdauer

4.2
Bodenentwicklung

Als Ergebnis der standortspezifischen Rekultivierungsverfahren werden die Sollwerte der Phosphor- und Kaliumversorgung im Krumenbereich nach etwa 5–7 Rekultivierungsjahren erreicht. Im Gegensatz dazu konnten im Unterboden der Praxisschläge bisher auch nach langfristiger Bewirtschaftung (> 30–40 Jahre) keine wesentlichen Zunahmen des Phosphor- und Kaliumgehalts nachgewiesen werden. Der Stickstoffgehalt steigt unter dem Einfluß der standortspezifischen Rekultivierung bis zum 15. Bewirtschaftungsjahr rasch an (Wünsche u. Thum 1990). Die zufriedenstellende Versorgung wird in Übereinstimmung mit der Entwicklung des Humusgehaltes nach etwa 40 Jahren erreicht.

Die Versorgung mit reproduktionswirksamer organischer Bodensubstanz nimmt vom 1. bis etwa 15. Rekultivierungsjahr in den quartären Kippenböden deutlich zu. Dabei werden insbesondere in den ersten Rekultivierungsjahren hohe Zuwachsraten erreicht. Nach diesem Zeitraum nehmen die Zuwachsraten drastisch ab. Nach etwa 40 Jahren wird der standortspezifische Humusgehalt erreicht (Simon et al. 1976).

Gravierend für die Entwicklung der physikalischen Bodeneigenschaften unter dem Einfluß landwirtschaftlicher Rekultivierung ist die zunehmende Dichtlagerung im Krumenbasisbereich bis zu Tiefenstufe 40–50 cm. Diese Dichtlagerungen sind bei fast allen Kippsubstraten nachweisbar (Thum et al. 1989). Als Ergebnis dieser Entwicklung können Trockenrohdichten der Böden von > 1,75–1,80 g/cm^3 erreicht werden, d. h. auch die Wurzeln von Feldfrüchten mit hohem Penetrationsvermögen können nicht mehr in den Unterboden eindringen. Untersuchungen zeigten, daß bei landwirtschaftlicher Bewirtschaftung ausschließlich nach mechanischer Lockerung der Unterboden der Kippenflächen von den Pflanzenwurzeln erschlossen wird. In dieser unzureichenden Unterbodenerschließung wird eine der wesentlichen Ursachen für die ungenügende Ausschöpfung des Ertragspotentials gesehen.

5
Ökologie und Landwirtschaft

Im Mitteldeutschen Braunkohlenbergbaugebiet setzt sich in zunehmenden Maße die Erkenntnis durch, daß der volle Erfolg der landwirtschaftlichen Rekultivierung nur bei integrierter Beachtung der ökologischen Probleme erreicht werden kann. Die Betonung der Hauptnutzungsarten für Bergbaufolgelandschaften des Mitteldeutschen Braunkohlenreviers als forst- und landwirtschaftliche Nutzungsformen wird weiterhin bestehen bleiben. Bei der Entscheidung land- oder forstwirtschaftlicher Nachnutzung von Bergbauflächen ist zu bedenken, daß die Erhöhung des Waldanteils in den waldarmen Landschaften Mitteldeutschlands zwar wünschenswert ist, aber auch ein (örtlich variabler) Anteil von Ackerflächen in der Bergbaufolgelandschaft notwendig ist, um dem Charakter der Großlandschaften gerecht zu werden, in die die Bergbaufolgelandschaft harmonisch eingebettet werden muß. Die Nutzungen müssen aber wesentlich stärker als bisher ökologisch orientiert sein. Die kippenbewirtschaftenden Betriebe tragen dieser Forderung Rechnung, indem sie bei Bodenbearbeitung, Bestandespflege und Fruchtfolgegestaltung sowie bei der Gestaltung der Ackerrandstreifen ökologische vertretbare Lösungen und Produktionsmethoden anwenden. Wenn auch ungewollt, tragen umfangreiche Flächenstillegungen nicht unwesentlich zum Artenschutz bei Bodenlebewesen, Insekten, Spinnen, Vögeln und Kleinsäugern bei.

Hervorzuheben ist, daß auf landwirtschaftlich rekultivierten Kippenkomplexen ein bedeutend höherer Besatz an Flurgehölzen und Feuchtbiotopen sowie anderer Kleinstrukturen vorhanden ist, als vor dem Abbau (Abb. 5–7).

Die Integration forstlicher, agrarökologischer und landschaftsgliedernder Objekte findet zunehmend bei Planung und Gestaltung der Folgelandschaft eine grössere Berücksichtigung. Die konzentrierte Lage der land- und/oder forstwirtschaftlichen Nutzflächen wird zunehmend durch Gehölzeinfassungen der Hauptwirtschafts-

Abb. 5. Lesesteinhaufen, Benjeshecken und Vorflutgräben sind wertvolle Mikrobiotope und erfüllen in vernetzten Strukturen eine höhere ökologische Funktion

Abb. 6. Die gezielte Kombination von Landschaftselementen (Weg, Graben, Hecke, Böschung sowie land- und forstwirtschaftlicher Nutzflächen) erhöht die Landschaftsästhetik

Abb. 7. Neuanlage einer alten Ortsverbindung als Hauptwirtschaftsweg mit beidseitiger Baumbepflanzung. In absehbarer Zukunft ist dies wieder eine eindrucksvolle Allee

wege und Vorfluter vernetzt. Obwohl dieser Prozeß keineswegs als abgeschlossen betrachtet werden darf, kann man bei realer Betrachtungsweise feststellen, daß z. B. auf den Rekultivierungsflächen der Tagebaue Schleenhain und Profen bereits gegenwärtig mehr Biotopelemente vorhanden sind als in den entsprechenden Tagebauvorfeldbereichen oder den umliegenden Landwirtschaftsflächen.

Bei der ökologischen Betrachtung bzw. Bewertung von landwirtschaftlichen Neulandflächen wird selten ihre Bedeutung für die Schutzgüter Boden, Wasser, Luft und Mesoklima im erforderlichen Maße berücksichtigt. Nur selten wird erkannt, daß Kipprohböden infolge ihrer Herkunft aus tieferen Deckgebirgsschichten wesentlich weniger mit Schadstoffen der Düngung, des Pflanzenschutzes und durch Industrie-Immissionen belastet sind, als die natürlichen Böden des Umlandes. Die Funktion der landwirtschaftlich genutzten Kippenflächen als Kaltluftentstehungsgebieten in den Ballungsgebieten wurde bisher kaum untersucht. Auch der Nutzen des extensiven Graslandes auf pedologischen Grenzstandorten für die CO_2- und Staubbindung sowie die O_2-Freisetzung ist nicht ausreichend bekannt.

Die Nutzung der Kippenflächen als bevorzugte Entsorgungsgebiete für Klärschlämme, Klärschlammderivate oder ähnlicher Reststoffe wird in zunehmenden Maß abgelehnt. Auch der Anbau von intensiv gedüngten Spezialkulturen (z. B. C4 Gras) wird nur begrenzt möglich sein. Mehrfach muß festgestellt werden, daß bei Nutzungsvorschlägen, z. B. vielen gegenwärtigen Aufforstungsabsichten, die bodengeologischen, klimatischen und ökologischen Standortbedingungen nicht ausreichend berücksichtigt werden. Eine spätere Nutzungsumwidmung kann schwerwiegende ökologische und wirtschaftliche Schäden zur Folge haben und den Rekultivierungserfolg weitestgehend zu nichte machen.

6
Zusammenfassung

Aufgrund günstiger natürlicher Standortbedingungen, vorhandener ökonomischer und sozialer Strukturen sowie aus betriebswirtschaftlichen Aspekten hat im Mitteldeutschen Braunkohlenabbaugebiet die landwirtschaftliche Rekultivierung und Bewirtschaftung von Kippenflächen auch unter marktwirtschaftlichen Bedingungen Bedeutung.

Die Rekultivierungsziele – Herstellung kontaminationsfreier Ackerböden mit hohem Ertragspotential – sind weitgehend mit den bisher bei der landwirtschaftlichen Rekultivierung der Kippenflächen bewährten Verfahren der Pflanzenproduktion erreichbar. In den ersten 5–7 Rekultivierungsjahren, d. h. in der Anlaufphase der biologischen Rekultivierung, werden die Verfahren von den Spezialbetrieben der Braunkohlenunternehmen angewendet. Die Erfahrungen der letzten Jahre belegen, daß auch unter den gegenwärtigen ökonomischen Rahmenbedingungen mit Bewirtschaftungsstrategien, in denen die Besonderheiten der Neukulturflächen Berücksichtigung finden, das Ertragspotential ausgeschöpft werden kann.

Bei der Planung der zukünftigen und gegenwärtigen Nutzungsziele für Bergbaufolgelandschaften sollte man temporäre gesellschaftliche und betriebswirtschaftliche Auffassungen im Hinblick auf die langfristige multifunktionale Nachnutzbarkeit und Wirkung bewerten. Landwirtschaftliche Neulandflächen stellen auch zukünftig ein nicht unerhebliches Reservepotential des gesellschaftlichen Bodenfonds dar.

LITERATUR

Das Quellenverzeichnis nennt auch Arbeiten, deren Inhalte im Beitrag, ohne Zitat an bestimmter Stelle, berücksichtigt wurden.

Altgelt G (1921) Der Braunkohlentagebau des Geiseltales und seine Einwirkungen auf die örtlichen, wirtschaftlichen und sozialen Verhältnisse, Dissertation, Halle

Autorenkollektiv (1982) Rekultivierung von Kippen des Braunkohlenbergbaues. Agrarbuch. Landwirtschaftsausstellung der DDR, Markleeberg

Barthel H (1962) Braunkohlenbergbau und Landschaftsdynamik. Ein Beitrag zum Problem der Beeinflussung der Kulturlandschaft in den Braunkohlenrevieren, dargestellt am Beispiel des Zeitz-Weißenfelser Reviers. Haack, Geographisch Kartographische Anstalt Gotha

Becker H (1932) Die Entwicklung des Braunkohlenbergbaus im Meuselwitzer Revier Dissertation, Halle

Ehrenberg P (1933) Fragen zwischen Braunkohlenbergbau und Landwirtschaft. Landwirtschaftliche Jahrbücher. Parey, Berlin

Fiedler H-J, Thum J, Wünsche M (1992) Rekultivierung im Braunkohlenbergbau der östlichen Bundesländer in Rosenkranz et al. Bodenschutz. Schmidt, Berlin

Hammerstein A F von (1933) Die Entwicklung der Landwirtschaft in Nordwestsachsen und ihre Beziehung zum Braunkohlenbergbau, Dissertation, Leipzig

Katzur J, Zeitz J (1985) Bodenfruchtbarkeitskennziffern zur Beurteilung der Qualität der Wiedernutzbarmachung schwefelhaltiger Kippböden. Arch Acker- Pflanzenbau Bodenkd 4: 195

Keil H (1986) Ertragsleistungen auf landwirtschaftlich genutzten Kippenflächen. In: Fragen der Wiedernutzbarmachung von nicht mehr für bergbauliche Zwecke benötigten Bodenflächen. Informationen aus dem WTZ Landwirtschaft beim R. d. Bezirkes Halle, S 5

Krummsdorf A, Saupe G, Schnurrbusch G (1977) Möglichkeiten und Erfahrungen der meliorativen Verbesserung bodenphysikalisch schwieriger Kippmergelböden. Technik und Umwelt, Publik 18, Verl. f. Grundstoffindustrie, Leipzig

Mampel G (1929) Wiedernutzbarmachung von Kippen und Halden. Braunkohle 27

Seidemann J (1953) Kulturtechnische Maßnahmen zur Wiederurbarmachung der vom mitteldeutschen Braunkohlenbergbau beeinflußten Gebiete. Die deutsche Landwirtschaft 8

Scharf W (1928) Die Wiederurbarmachung von eingeebneten Tagebauflächen und Halden des Braunkohlenbergbaus unter besonderer Berücksichtigung der Verhältnisse im Bitterfelder Bezirk. Z Berg-, Hütten- Salinenwesen im preuß. Staat 76

Simon W, Saupe G, Vogler E (1976) Über die Bedeutung der Luzerne für die Rekultivierung von Geschiebemergel- und Lößlehmkippen. Arch Acker- Pflanzenbau Bodenkd 8: 345

Thum J, Laves D, Vogler E, Wünsche M (1989) Wirkungen organischer Substanzen auf wesentliche Bodenfruchtbarkeitsmerkmale, FAB. AdL, ILN Halle

Vogler E (1981) Zur Reproduktion der Bodenfruchtbarkeit bei der Wiedernutzbarmachung. Arch Naturschutz Landschaftsforsch 211: 35

Vogler E (1987) Innere und äußere Prozesse der Bodenbildung auf landwirtschaftlich genutzten Kippenflächen. In: Fragen der Wiedernutzbarmachung von nicht mehr für bergbauliche Zwecke benötigten Bodenflächen. Informationen aus dem WTZ. Landwirtschaft beim R. d. Bezirkes Halle, S 5

Vogler E, Wünsche M (1992) Nutzung von Kippenflächen des mitteldeutschen Braunkohlenbergbaues unter ökologischen Aspekten. Fallstudie Espenhain. Neue Bergbautechnik 5: 166

Werner K et al. (1974) Verfahren zur landwirtschaftlichen Rekultivierung von Kippen des Braunkohlenbergbaues. AdL Institut für Landschaftsforschung und Naturschutz, Zweigstelle Dölzig

Wünsche M, Thum J (1990) Bodensubstrate und Bodenentwicklung der landwirtschaftlich benutzten Flurkippe Espenhain (Sachsen). Arch Landschaftsforschung Naturschutz 4: 217

Forstwirtschaftliche Rekultivierung

HARALD THOMASIUS UND UWE HÄFKER [1]

1 Einleitung

Der Braunkohlenbergbau hat im Raum Halle-Bitterfeld-Leipzig-Borna-Altenburg-Zeitz nicht nur die Landschaft, sondern das gesamte gesellschaftliche Leben in hohem Maße beeinflußt, verändert und geprägt. Ihm mußten nicht nur Felder und Wälder, sondern auch Straßen, Eisenbahnen und ganze Ortschaften weichen. Dieser Landinanspruchnahme des Bergbaus steht die Rückgabe von Bergbaufolgeflächen, die für die Gesellschaft wieder nutzbar gemacht werden müssen, gegenüber. Dabei spielen auch der Wald und die Forstwirtschaft ein bedeutungsvolle Rolle. Das ergibt sich aus der großen Waldarmut des Leipziger Raumes und dem Erholungsbedarf der in diesem Ballungsraum ansässigen Bevölkerung.

Die Wiedernutzbarmachung der ausgedehnten Kippen und Halden des Braunkohlenbergbaues ist eine Chance, die in diesem Gebiet ursprünglich dominierende, verhältnismäßig einförmige, von Industrieanlagen durchsetzte Agrarlandschaft zu einer abwechslungsreichen, multifunktional nutzbaren Kulturlandschaft zu gestalten. Über die dabei zu beachtenden Einflußgrössen und von der Forstwirtschaft zu leistenden Beiträge soll nachfolgend berichtet werden.

2 Geschichte der Renaturierung und forstwirtschaftlichen Rekultivierung

Die Wiedernutzbarmachung der Bergbaufolgeflächen des mitteldeutschen Raumes unterlag im Laufe der Jahrhunderte verschiedenartigen Wandlungen. Dabei kann man im großen drei Epochen unterscheiden:

- Das Zeitalter der spontanen Renaturierung (Sukzession auf Grabe- und Tiefbauflächen)
- Das Zeitalter der Rekultivierung unter dem Aspekt maximaler Produktivität
- Das Zeitalter einer ökologisch fundierten Rekultivierung und Renaturierung nach Erfordernissen multipler Landnutzung (Anlage von Mischkulturen und Umbau von Pionierbaumbeständen im Rahmen einer komplexen Raumplanung)

Die Ursachen dieses Wandels sind vielfältiger Art und nur in Verbindung mit der Geologie der Lagerstätten, der Entwicklung der Bergbautechnologie, dem Erkenntnisstand von Theorie und Praxis sowie den herrschenden politischen Systemen mit ihren unterschiedlichen Wirtschaftsprinzipien und Rechtsnormen zu erklären. Darauf soll nachfolgend kurz eingegangen werden (s. Beitrag 65, Hildmann).

2.1 Geologie der Lagerstätten

In der Frühzeit des mitteldeutschen Braunkohlenbergbaues wurden zuerst oberflächennahe Flöze abgebaut, die nur von einem geringmächtigen, überwiegend aus pleistozänen Sedimenten bestehenden Deckgebirge bedeckt waren. Nach Ausbeutung der oberen Flöze schloß man auch tiefer liegende Braunkohlenflöze auf. Das abzutragende Deckgebirge wurde dadurch nicht nur mächtiger, sondern – wegen des größeren Anteils tertiärer Sande, Schluffe und Tone – für die Wiedernutzbarmachung auch ungünstiger. Daraus ergab sich die Notwendigkeit, das „Vorfeldpotential" (Mächtigkeit sowie physikalische und chemische Zusammensetzung der Deckgebirgsschichten) systematisch zu erkunden und Empfehlungen für die Rekultivierung abzuleiten. Diese in den 50er Jahren unseres Jahrhunderts begonnenen Arbeiten brachte man in den 60er und 70er Jahren zu hoher Perfektion und Reife. Zurückblickend kann man heute feststellen, daß die geowissenschaftlichen Grundlagen für eine solide Wiedernutzbarmachung der Braunkohlenkippen bereits in dieser Zeit geschaffen worden sind. Die Ursachen dafür, daß diese Erkenntnisse später

[1] Herrn Prof. Dr. Wünsche sei an dieser Stelle für zahlreiche bodenkundliche Hinweise gedankt.

nicht hinreichend berücksichtigt wurden bzw. werden konnten, lagen nicht auf fachwissenschaftlichem, sondern wirtschaftspolitischem Gebiet.

2.2 Technologie des Abbaus

Die Wiege des Braunkohlenabbaus stand dort, wo das Flöz zu Tage trat. An solchen Standorten, meist handelte es sich, wie im Geiseltal, bei Zeitz und Altenburg, um flache Hänge, begann man schon im 17. Jahrhundert mit primitiven Grabungen. Die Flächenausdehnung solcher historischen Braunkohlengruben war noch klein und die Menge der dabei bewegten Massen gering. Da das Ausmaß dieser „Gräbereien" unerheblich war, ist anzunehmen, daß die ältesten Bergbaufolgeflächen sich selbst überlassen worden sind und einer Renaturierung durch Sukzession unterlagen.

Im 19. Jahrhundert wurden diese primitiven Grabungen von kleinen Tiefbauten abgelöst, die zur Sicherung der in die pleistozänen und tertiären Lockersedimente vorgetriebenen Stollen große Mengen Grubenholz benötigten. Schon in der zweiten Hälfte des vorigen Jahrhunderts nahmen Tiefbauunternehmen bei Borna, Leipzig und Bitterfeld größere Dimensionen an. Sie hinterließen Trichterfelder, deren Größe von der Mächtigkeit und Tiefe der Flöze abhängig war. Auch diese stark reliefierten, schwer begehbaren und von zahlreichen Wassertümpeln durchsetzten Flächen wurden anfangs sich selbst, d. h. der spontanen Begrünung überlassen. Sie besaßen eine große Biotopvielfalt und sind aus ökologischer Sicht durchaus nicht nur negativ zu bewerten.

Gegen Ausgang des 19. Jahrhunderts erfolgte mit der Entwicklung maschineller Verfahren zur Abraumbeseitigung (etwa seit 1880) der Übergang zum Tagebau. Dabei wird das Deckgebirge abgetragen, wobei zuerst eine Außenhalde entsteht und später, sobald es die Ausdehnung der Grube zuläßt, die Innenverkippung erfolgt. Zum Schluß bleibt dann ein sich meist mit Wasser füllendes Restloch übrig. Bei Anwendung dieser Technologie entstehen drei ökologisch differenzierte Geotop-Komplexe:

- Außenhalden neben der Grube mit einem Abraumgemisch sowie erheblichen edaphischen und lokalklimatischen Differenzierungen (ein Beispiel dafür ist die Halde Trages)
- Innenkippen mit ökologischen Bedingungen, die in hohem Maße davon abhängig sind, ob ein selektiver Abbau, Transport und Einbau der verschiedenen Substrate des Deckgebirges oder eine Mischverkippung erfolgt sind
- Restlöcher, die sich meist zu einem differenzierten Feuchtbiotop (offene Wasserfläche mit Tief- und Flachwasserbereich, grundwasserbeherrschte und grundwasserbeeinflußte Geotope) entwickeln

Die Rekultivierungs- bzw. Renaturierungsbedingungen dieser drei Geotopkomplexe sind außerordentlich differenziert.

Mit dem Übergang zum großflächigen, das Bild der Landschaft erheblich verändernden Tagebau entstand die Notwendigkeit, sich der Rekultivierung dieser Bergbaufolgeflächen anzunehmen. Das geschah bereits vor dem Ersten Weltkrieg.

Von großer Bedeutung für die Wiedernutzbarmachung der Bergbaufolgeflächen ist es, ob ein selektiver Abbau der unterschiedlichen Schichten des Deckgebirges, ein getrennter Transport und ein selektiver Einbau dieser Substrate in die Kippe erfolgen. Ist das der Fall, so können die ökologisch ungünstigen tertiären Sande, Schluffe und Tone in die Tiefe verkippt und die ökologisch günstigeren pleistozänen Geschiebelehme und Löße sowie holozänen Auenlehme zum Schluß als Deckschicht auf die Innenkippe aufgetragen werden. Letzteres gilt besonders für den wertvollen humosen Mutterboden. Wenn hingegen kein selektiver Abbau erfolgt, werden diese sehr verschiedenwertigen Substrate miteinander vermischt und dadurch die Voraussetzungen für die Wiedernutzbarmachung der Kippen erheblich verschlechtert.

Es ist evident, daß selektiver Abbau, Transport und Einbau der verschiedenen Deckgebirgsschichten am ehesten bei Anwendung kleiner Bagger mit flachem Schnitt und Zugförderung realisiert werden können. Dieser ökologisch günstigen, aber aufwendigen Technologie steht eine erhebliche Steigerung der Förderleistung beim Einsatz von Großgeräten gegenüber (Eimerkettenbagger mit Bandbetrieb sowie Abraumförderbrückenbetrieb), die breitere Schnitte machen, mehrere Arbeitsgänge zugleich verrichten und das Material der verschiedenen Deckschichten miteinander vermengen.

Die Alternative zwischen einer abbautechnologisch wenig effektiven Kleintechnik mit selektivem Abbau, Transport und Einbau der verschiedenen Deckgebirgsschichten auf der einen Seite und einer abbautechnologisch hocheffektiven Großtechnik, die die unterschiedlichen Deckgebirgsschichten miteinander vermengt auf der anderen, wurde im Prinzip schon in den 30er Jahren unseres Jahrhunderts zugunsten der letzteren entschieden.

Damit wurde zugleich die Abkehr von der „Mutterbodenwirtschaft", bei der der meist aus Löß oder Auenlehm hervorgegangene fruchtbare Mutterboden getrennt abgebaggert und nach Verkippung des älteren Deckgebirges auf die Innenhalde aufgebracht wurde, vollzogen.

2.3 Praktische Erfahrungen und wissenschaftliche Erkenntnisse

Im Gegensatz zu den kleinen Restflächen, die bei früheren Gräbereien und Tiefbauten entstanden, führte der Tagebau zu großflächigen, das Bild der Landschaft erheblich verändernden Arealen. Es wurde darum notwendig, sich der planmäßigen Rekultivierung dieser Bergbaufolgeflächen anzunehmen. Dabei betrat man im wahrsten Sinne des Wortes Neuland, denn zu dieser Zeit existierten weder Kenntnisse von der Spezifik der Kippenböden noch von dem Verhalten der verschiedenen Baumarten auf solchen Sekundärgeotopen. Es ist darum verständlich, daß anfangs mit verschiedenartigsten Baumarten und Kulturverfahren experimentiert worden ist. In der Literatur werden Gemeine Kiefer, Schwarz-Kiefer, Banks-Kiefer, Europäische und Japanische Lärche, Pappeln, Roteiche, Robinie, Weißerle, Roterle u.a. genannt.

Die frühesten Versuche einer Kippenrekultivierung erfolgten bereits vor dem Ersten Weltkrieg. So berichtet Knabe (1961), daß in der Lausitz schon 1906–1908 auf der Hochkippe Klettwitz vom Werksgärtner Muschner Roteichen, Pappeln und Weißerlen angepflanzt worden sind. In den folgenden Jahren experimentierte man auch mit Europäischer und Japanischer Lärche, Gemeiner Kiefer, Schwarz-Kiefer und Banks-Kiefer. Auf diese rein empirischen Ansätze folgte nach Unterbrechung durch den Ersten Weltkrieg der Übergang zu planmäßigen Rekultivierungen in den 20er Jahren.

In diese Zeit fällt auch der Beginn der Kippenrekultivierung im Mitteldeutschen Braunkohlenrevier. In den Bereichen Altenburg, Zeitz, Weißenfels und Bitterfeld geschah das überwiegend in Eigenregie der Bergwerksunternehmen. Hier pflanzte man häufig an den steilen Böschungen der Außenkippen, die einer raschen Befestigung bedurften, die wurzelintensive Robinie. Die flachen Innenkippen forstete man mit verschiedenen Pappelsorten, Aspen, Erlen (anfangs Weiß-Erlen, später Rot-Erlen), Birken, Rot-Eichen, aber auch Kiefernarten und Lärchen auf.

Für die damals noch relativ kleinen Bergbauunternehmen war die Einbringung von Pionierbaumarten mit betriebseigenen Kräften betriebswirtschaftlich am günstigsten. Die mit 2 000–3 000 Pflanzen pro Hektar begründeten Kulturen waren meist in wenigen Jahren den Jugendgefahren entwachsen.

Bemerkenswert ist, daß der Anbau von Laubbaumarten schon von Anfang an bei der Rekultivierung von Kippen und Halden des Braunkohlenbergbaues eine grössere Rolle gespielt hat. Es liegt nahe, daß dabei die Dauerwaldbewegung, die 1920 von Möller ausgelöst worden ist und bis in die 30er Jahre hinein die Gemüter bewegte, mitgewirkt hat. In diesem Zusammenhang ist besonders Heuson (1928, 1929, 1947) zu nennen, der für den Mitanbau bodenverbessernder Baumarten (insbesonders Rot-Erle) und die Begründung von Laubmischbeständen mit vielen Spezies eintrat. Die von ihm im Lausitzer Braunkohlenrevier ohne zusätzliche Düngung erzielten Erfolge sind wohl in erster Linie darauf zurückzuführen, daß er überwiegend Kippen rekultivierte, die aus dem edaphisch besseren Deckgebirge über dem Oberflöz (miozäne Flaschentone sowie pliozäne und pleistozäne kiesige Sande) hervorgegangen waren (Knabe 1961).

In den 30er Jahren erfuhr die Kippenrekultivierung vor allem durch Copien (1942), der sich bei seinen Arbeiten auf Bodenanalysen stützte und klar zwischen den ökologisch sehr unterschiedlich zu bewertenden Ober- und Unterflözkippen differenzierte, eine wesentliche Förderung. Im Gegensatz zu Heuson (1928, 1929, 1947), der artenreiche Buntmischungen propagierte, orientierte sich Copien (1942) auf wenige Wirtschaftsbaumarten, darunter auch die Kiefer. Diese Richtung ist in Verbindung mit einer Periode standortsbetonter Forstwirtschaft zu sehen, die auf die mehr emotional bestimmte Dauerwaldära folgte und von der nüchternen Allianz Denglers, Wiedemanns und Wittichs geprägt worden ist (Thomasius 1992a).

Erwähnenswert ist an dieser Stelle eine von Hartgen (1942) publizierte Arbeit über die Entwicklung der Aufforstungen im nordwestsächsischen Braunkohlengebiet unter Berücksichtigung eines Waldgürtels für Leipzig.

Während des Krieges wurde die Braunkohlenförderung erheblich gesteigert. Der gleichzeitig herrschende Arbeitskräftemangel hatte zur Folge, daß die Rekultivierung der Kippen stark in den Hintergrund treten mußte.

Nach Beendigung des Krieges wurde der Braunkohlenabbau in der damaligen sowjetischen Besatzungszone rasch wieder in Gang gebracht, weil dieser Teil Deutschlands kaum über abbauwürdige Steinkohlenvorräte verfügte und von Steinkohlenlieferungen aus dem Ruhrgebiet sowie aus Oberschlesien abgeschnitten war.

In den ersten Nachkriegsjahren litt die Kippenrekultivierung, wie die ganze sowjetzonale Forstwirtschaft, unter dem Diktat vielseitiger Mangelerscheinungen: Es fehlte an Geräten, Pflanzgut, Geld und Fachkräften. Die in diesen Jahren durchgeführten Kippenrekultivierungen bestanden überwiegend aus Kiefern (Niederlausitz), und Pappeln (Mitteldeutsches Revier) sowie Robinien und Roteichen.

Von planmäßigen und großmaßstäblichen Rekultivierungsarbeiten kann nach dem Zweiten Weltkrieg wohl erst zu Beginn der 50er Jahre gesprochen werden. Eine Zeitmarke dafür ist die „Verordnung vom 6. Dez. 1951 über die Wiedernutzbarmachung der für Abbau- und Kippenzwecke des Bergbaus in Anspruch genommenen Grundstücksflächen" (GBL. S. 1153). Darin wird der Bergbau verpflichtet, die ausgekohlten Flächen wieder urbar zu machen, indem er die kulturfähigen Bodenschichten getrennt abzubauen und als ein Meter starke Deckschicht zu verstürzen hatte (Rosenkranz et al. 1988).

In den nun folgenden Jahren wurden bei den forstlichen Rekultivierungsmaßnahmen im Mitteldeutschen Revier in erster Linie Pappelsorten angebaut. Damit gliederte man sich in ein für die ganze ehemalige DDR bestimmtes Pappelprogramm (Günther 1951, 1956; Krauß 1951; Morgeneyer 1961) ein, das sich aus folgenden Überlegungen ergab:

- Leichte Beschaffung des erforderlichen Pflanzenmaterials dank der vegetativen Vermehrbarkeit von Pappeln
- Geringer Pflanzenbedarf wegen der bei Pappelkulturen gebräuchlichen Weitverbände
- Geringer Aufwand für Kulturpflege bei Verwendung von Großpflanzen und Setzstangen
- Schnellwüchsigkeit der Pappeln und Aussicht auf frühe Holzerträge
- Eignung der Pappelsorten für Freiflächenaufforstungen und Vorwaldbegründungen

Es ist erstaunlich, daß von den gleichen Institutionen zur selben Zeit die als „naturgemäß" deklarierte „Vorratspflegliche Waldwirtschaft" angeordnet worden ist. Die in den 50er und 60er Jahren auf den Kippen und Halden des Mitteldeutschen Braunkohlenreviers entstandenen Pappel-Monokulturen sind inzwischen in die Phase der Seneszens eingetreten und bedürfen heute dringend des Umbaus.

Im Schoße dieses Zeitabschnitts entwickelte sich mit der forstlichen Standortskartierung eine stärkere Orientierung auf die geowissenschaftlichen (Geologie, Boden, Forstmeteorologie) und biowissenschaftlichen Grundlagen (Pflanzenphysiologie, Vegetationskunde) der Forstwirtschaft. Diese Entwicklung vollzog sich auch auf dem Gebiet der Rekultivierung von Kippen und Halden des Braunkohlenbergbaues, wie Arbeiten von Knabe (1952; 1955; 1959a, b, c, d; 1960; 1961) Brüning (1959, 1962) u. a. belegen.

In den 60er Jahren wurden diese Forschungsarbeiten auf breiterer Basis fortgesetzt, vertieft und zur anwendungsfähigen Reife gebracht. Das kommt in folgenden Publikationen zum Ausdruck:

- Spezielle Forschungen über Kippböden und deren Eignung für das Pflanzenwachstum:
  Wünsche u. Oehme (1963), Wünsche et al. (1966), Wünsche u. Schubert (1966), Wünsche et al. (1967), Lorenz u. Wünsche (1969), Thum (1975, 1978), Wünsche (1976a u. b), Illner et al. (1968), Wünsche et al. (1983).
- Planmäßige Vorfelderkundungen:
  Bodengeologische Gutachten der VEB Geologische Forschung und Erkundung, Freiberg und Halle.
- Ausscheidung und Bewertung von Kippbodenformen als Grundlage der Baumartenwahl:
  Lorenz u. Kopp (1968), Lorenz u. Wünsche (1969), Wünsche et al. (1969), Lorenz et al. (1970), Wünsche et al. (1970), Wünsche et al. (1972), Wünsche et al. (1981)
- Entwicklung spezieller Meliorations-, Düngungs- und Kulturverfahren:
  Illner u. Katzur (1964, 1966, 1968), Illner u. Lorenz (1965), Siegel (1965), Illner u. Raasch (1966), Krummsdorf et al. (1977)
- Boden- und ertragskundliche Auswertung älterer Kippenbestockungen:
  Schwabe (1970, 1977)
- Komplexe Untersuchungen über verschiedene Kippen:
  Barthel et al. (1965a u. b), Wünsche u. Schubert (1966), Wünsche et al. (1967)

Auch die Frage nach einer übergreifenden Raumplanung wurde damals bereits erörtert, aus wirtschaftpolitischen Gründen aber nicht gelöst.

Diese hoffnungsvollen und vielversprechenden Ansätze zu einer ökogerechten Wiedernutzbarmachung von Braunkohlenkippen wurden in den 70er und 80er Jahren durch eine verfehlte Wirtschaftspolitik und den Zwang zu industriemäßigen, ökologiewidrigen Produktionsmethoden in der Land- und Forstwirtschaft gehemmt. In dieser Zeit bestimmte die Förderleistung der Braunkohlenkombinate das Geschehen. Die forstliche Rekultivierung wurde quantitativ von der Hektarleistung und qualitativ von dem einseitigen Streben nach hohen Holzerträgen in kurzen Zeiträumen bestimmt. Auch die aus dieser Zeit stammenden großflächigen Reinbestände verschiedener Pappelsorten, Robinie, Schwarzkiefer u. a. Baumarten stehen in den nächsten Jahren zum Umbau an.

Trotz dieses kritischen Urteils muß aber auch gesagt werden, daß schon zu dieser Zeit beispielgebende Kippenrekultivierungen mit standortsgemäßen Intermediärbaumarten (Eiche, Hainbuche, Linde) als Mischbestände begründet worden sind. An dieser Stelle sei v. a. die in den Jahren 1977–1987 rekultivierte Kippe Haselbach hervorgehoben. Auch die Frage nach der weiteren Behandlung der inzwischen auf großen Flächen herangewachsenen Pionierbaumbestände wurde schon zu dieser Zeit erörtert.

Damit wurde in der zweiten Hälfte der 80er Jahre der Übergang zu einer dritten Epoche eingeleitet, die durch stärkere Berücksichtigung ökologischer Erkenntnisse und Durchsetzung multifunktionaler Zielstellungen bei der Wiedernutzbarmachung von Kippen und Halden des Braunkohlenbergbaues charakterisiert wird. Diese Richtung hat sich, wie wir hoffen, nach 1989 in vollem Umfang durchgesetzt. Sie wird von folgenden Prinzipien bestimmt:

- Erkundung der geowissenschaftlichen Bedingungen (Bodensubstrat mit seinen physikalischen und chemischen Eigenschaften, Hydrogeologie und Hydropedologie, Lokalklima) auf jeder einzelnen Fläche mit hinreichender Differenzierung und Kartierung der jeweils vorkommenden Geotope
- Erkundung der biologischen sowie technischen Möglichkeiten und Grenzen der Renaturierung bzw. Rekultivierung jeder einzelnen Fläche, differenziert nach Geotopen
- Bestimmung der Haupt- und Nebenfunktionen (gesellschaftliche Zielstellung), die jede einzelne Fläche bzw. jeder spezielle Geotop erfüllen kann und aus der Sicht einer übergeordneten Raumplanung erfüllen soll

Das Ergebnis dieser Erkundungs- und Koordinierungsarbeiten muß eine Wiedernutzbarmachungsplanung in den Ebenen Geotop, Kleinlandschaft und Großraum unter Berücksichtigung aller Möglichkeiten der Renaturierung (Sukzession) und Rekultivierung (Waldan- und -umbau) mit multifunktionalen Zielstellungen im Rahmen der umfassenden Raumplanung sein.

2.4 Schlußfolgerungen

Zusammenfassend sei festgestellt, daß die Geschichte der Renaturierung und Rekultivierung von Kippen und Halden des Braunkohlenbergbaues von den vier Einflußgrößen

- Geologie des Deckgebirges
- Technologie des Abbaus und der Abraumverkippung
- fortschreitende praktische Erfahrungen und wissenschaftliche Erkenntnisse
- gesellschaftliche Bedingungen und Zielstellungen

geprägt worden ist.

Somit überlagern und beeinflussen sich, wie schon in früheren Epochen der Wirtschaftsgeschichte, Belange des Bergbaus und der Forstwirtschaft in vielfältiger Weise (Thomasius 1994). Aber auch zur jüngeren Forstgeschichte bestehen unverkennbare Beziehungen. Nachfolgend wird versucht, diese Relationen zwischen der Wiedernutzbarmachung von Kippen und Halden des Braunkohlenbergbaues sowie der jüngeren Forstgeschichte darzustellen (Tabelle 1).

3 Generelle Hinweise zu Begriffen, Verfahren und Anliegen aus waldökologischer Sicht

Der seinerzeit vom Gesetzgeber eingeführte Begriff „Wiedernutzbarmachung" von Kippen und Halden des Braunkohlenbergbaues muß aus heutiger Sicht über den aus der Stoffproduktion hervorgehenden Nutzen hinausreichen und die protektiven sowie rekreativen Wirkungen der betreffenden Flächen mit einschließen. Mit anderen Worten: Bei der Wiedernutzbarmachung von Kippen und Halden des Braunkohlenbergbaues sind Produktions-, Schutz- und Erholungsfunktionen gleichermaßen zu berücksichtigen.

Die Wiedernutzbarmachung kann durch Renaturierung und/oder Rekultivierung erfolgen. Diese beiden Begriffe werden wie folgt definiert:

- Renaturierung: Toleranz bzw. Unterstützung natürlicher Prozesse und/oder Maßnahmen, die zur potentiell-natürlichen Biozönose des Sekundär-Geotopes führen
- Rekultivierung: Maßnahmen zur Begründung künstlicher Biozönosen auf Sekundär-Geotopen, die sich durch eine bestimmte Hemerobie von den potentiell-natürlichen Biozönosen des Sekundär-Geotopes unterscheiden

In diesem Zusammenhang sei bemerkt, daß Renaturierung bzw. Rekultivierung wörtlich Wiederherstellung des ursprünglichen Zustandes der Natur- bzw. Kulturlandschaft oder einzelner Teile derselben bedeuten. Im strengen Sinne des Wortes ist das weder möglich noch nötig, denn

- mit der Entnahme oder Zuführung von Stoffen hört der ursprüngliche (primäre), geo- und biowissenschaftlich definierbare Naturraum (Top) auf zu existieren. Statt dessen entsteht am topographisch gleichen Ort ein neuer, sich vom ursprünglichen mehr oder weniger unterscheidender sekundärer Naturraum, der ebenfalls zu definieren ist. Daraus folgt, daß eine vollständige Renaturierung bzw. Rekultivierung ursprünglicher Naturräume prinzipiell unmöglich ist.
  Der zwischen dem primären und sekundären Naturraum bestehende Unterschied wird als Hemerobie bezeichnet. Darunter versteht man das Ausmaß der anthropogenen Beeinflussung oder Veränderung von Ökosystemen in ihren einzelnen Kompartimenten und als Ganzes.
- Eine vollständige Renaturierung bzw. Rekultivierung des ursprünglichen Naturraumes ist in den meisten Fällen auch nicht nötig, weil auch sekundäre Naturräume geeignet sind, die gesellschaftlichen Anforderungen hinsichtlich Stofferzeugung (Produktionsfunktion), Landschafts- und Naturschutz (Protektionsfunktion) sowie Erholung (Rekreationsfunktion) zu erfüllen.

Jede Art der Naturraumnutzung hat Umweltveränderungen zur Folge. Das Ausmaß der mit Naturraumnutzungen verbundenen unvermeidbaren Umweltveränderungen ist von der Nutzungsart abhängig. Dabei gilt wohl generell, daß produktive Nutzungen in der Regel zu größeren Umweltveränderungen führen, als dies bei protektiven der Fall ist, weil erstere meist mit Stoffentzügen oder -zuführungen, letztere hingegen mit einer Konservation bestehender Zustände verbunden sind. Das Ziel einer ökogerechten, d. h. ökologisch und ökonomisch vertretbaren Naturraumnutzung besteht in einer Minimierung der funktionsbedingt unvermeidbaren Hemerobie.

Da der Charakter der ursprünglichen Landschaft so weit wie möglich erhalten bleiben soll und die durch Stoffentnahme oder -zufuhr entstandenen Sekundär-Geotope keine Fremdkörper in der Landschaft werden dürfen, erfordern Renaturierung bzw. Rekultivierung

- 1. hinreichende Kenntnis der ursprünglichen Landschaft, an die eine weitgehende Anpassung erfolgen soll

Tabelle 1. Beziehungen zwischen Wiedernutzbarmachung von Kippen und Halden des Braunkohlenbergbaues im Mitteldeutschen Revier und der jüngeren Forstgeschichte in Ostdeutschland

Epochen	Entwicklung der Wiedernutzbarmachung von Kippen und Halden des Braunkohlenbergbaues		Jüngere Forstgeschichte in Ostdeutschland (Thomasius 1992b)	
	Zeitraum	Bezeichnung und Merkmale	Zeitraum	Bezeichnung und Merkmale
Bis zum Ersten Weltkrieg		1. Zeitepoche der spontanen Renaturierung (Sukzession) von Grabelöchern - und Tiefbauflächen		1. Zeitepoche der Dominanz des Schlagweisen Hochwald-Systems
Nach dem Ersten Welt-krieg bis zum Ausgang des 20. Jh.		2. Zeitepoche der Rekultivierung unter dem Aspekt maximaler Stoffproduktion		2. Zeitepoche der Auseinander setzungen zwischen den Syste-men des Schlagweisen und des Schlagfreien Hochwaldes
	1920 - 1935	2.1 Zeitabschnitt empirischer Aufforstungsversuche mit Zufallsauswahl der Baumarten sowie ziemlich willkürlichen Buntmischungen	1920 - 1935	2.1 Zeitabschnitt der Dauer-waldbewegung
	1935 - 1940	2.2 Zeitabschnitt planmäßiger Rekultivierungsarbeiten unter stärkerer Berücksichtigung neuer geowissenschaftlicher Erkenntnisse	1935 - 1940	2.2 Zeitabschnitt der ersten Ära standortsgemäßer Forstwirtschaft
	2. Weltkrieg		2. Weltkrieg	
	1945 - 1951	2.3 Zeitabschnitt der wiederum empirisch geprägten Rekultivie-rungsarbeiten	1945 - 1951	2.3 Zeitabschnitt der Nach-kriegsforstwirtschaft
	1951 - 1961	2.4 Zeitabschnitt der von einem generellen Pappelanbau-programm geprägten Rekultivierung	1951 - 1961	2.4 Zeitabschnitt der Vor-ratspflege
	1961 - 1981	2.5 Zeitabschnitt intensiver bodengeologischer und forst-ökologischer Forschungen mit Ausarbeitung fundierter Rekultiviertungsrichtlinien	1961 - 1971	2.5 Zeitabschnitt der zweiten Ära standortsgemäßer Forstwirtschaft (1961 - 1971)
			1971 - 1985	2.6 Zeitabschnitt der industrie-mäßigen Produktionsmethoden mit einseitiger Produktivitäts-orientierung der Forstwirtschaft
	1981 - 1989	2.6 Zeitabschnitt der einseitigen Produktivitätsorientierung bei der Braunkohlenförderung und Kippenrekultivierung		
			1985 - 1989	Reformzeit mit Rückbesinnung auf Ökologie und Funktions-vielfalt der Wälder
Ausgang des 20. Jh.		3. Zeitepoche der ökologisch orientierten Wiedernutz-barmachung mit multi-funktionalen Zielstellungen bei übergeordneter Raumplanung		3. Zeitepoche einer ökoge-rechten, multifunktionalen Forstwirtschaft

- 2. hinreichende Kenntnis der sekundären Naturräume, weil von deren Ausstattung die Möglichkeiten und Grenzen der Wiedernutzbarmachung abhängig sind
- 3. hinreichende Kenntnis der gesellschaftlichen Anforderungen an die mittels Renaturierung bzw. Rekultivierung zu gestaltenden sekundären Naturräume

Zwischen diesen drei Kategorien bestehen enge Wechselbeziehungen:

- Art und Ausmaß des Stoffentzuges sind von der Naturausstattung der Landschaft abhängig. Bei dem hier betrachteten Gegenstand sind das die durch die Braunkohle verkörperten Bodenschätze in ihrem Ausmaß und ihrer Lagerung.
- Die Nutzungsmöglichkeiten sekundärer Naturräume ergeben sich aus ihren abiotischen und biotischen Eigenschaften. Im gegebenen Fall sind das die Kippsubstrate hinsichtlich ihrer mechanischen und chemischen Eigenschaften mit den sich daraus ergebenden ökologischen Konsequenzen.
- Vor der Entnahme oder Zufuhr von Stoffen müssen die künftigen Anforderungen an den Sekundär-Naturraum definiert werden, weil letztere die Abbau- bzw. Ablagerungstechnologie mit beeinflussen.

Ad 1. Hinreichende Kenntnis der ursprünglichen Landschaft

Die Landschaft ist ein sich von ihrer Umgebung unterscheidender Teil der Erdoberfläche, der

- aus einem für sie charakteristischen Mosaik in sich weitgehend homogener Zellen (Tope) besteht (räumlicher Aspekt)
- durch bestimmte geowissenschaftliche (Morphologie, Geologie und Boden, Wasserregime und Klima) sowie biowissenschaftliche Merkmale und Prozesse (Flora und Vegetation, Fauna und Zoozönose) gekennzeichnet ist (funktionaler Aspekt)

Aus der Verbindung dieser räumlichen und funktionellen Aspekte ergeben sich folgende Einheiten und Begriffe (Thomasius 1993):

Oberflächenform	⇒	Morphotop	⎤	⎤ Öko-
Boden	⇒	Pedotop	⎟ Geotop	⎟ system
Wasserregime	⇒	Hydrotop	}⇓	⎟ oder
Klima	⇒	Klimatop	⎦ Biotop	} Geo-
			⇑	⎟ bio-
Flora	⇒	Phytozönose	⎤ Bio-	⎟ zönose
Fauna	⇒	Zoozönose	⎦ zönose	⎦

Leider wird der von Dahl (1908) eingeführte Biotop-Begriff heute mehrdeutig, d. h. sowohl als Synonym für den Geotop als auch die Geobiozönose verwandt. Im Interesse begrifflicher Klarheit werden die aufgeführten, keineswegs neuen Begriffe (Neef 1977) reaktiviert.

Aus gegebenem Anlaß wird außerdem betont, daß jeder Naturraum einen Geotop und – wenn er von Lebewesen eingenommen wird – einen Biotop darstellt. Es ist nicht korrekt,

- einerseits den Inhalt des Begriffes Biotop auf die Intensionen der beiden Begriffe Geotop und Biozönose auszuweiten,
- andererseits den Biotopbegriff auf Sonderbiotope im Sinne des § 20c Bundesnaturschutzgesetz (BNatSchG.) bzw. § 26 des Sächsischen Naturschutzgesetzes einzuengen.

Ad 2. Hinreichende Kenntnis der durch Entnahme oder Zufuhr von Stoffen entstandenen sekundären Naturräume

Eine wissenschaftlich fundierte Renaturierung bzw. Rekultivierung erfordert Detailkenntnisse von

- den zu gestaltenden Sekundär-Geotopen
- deren Umweltabhängigkeit
- ihren Rückwirkungen auf die Umwelt

Wesentlich ist dabei die Kenntnis

- der dem Sekundär-Geotop innewohnenden, geowissenschaftlich zu definierenden Eigenschaften und Prozesse, wie
  - Oberflächenform (Morphotop)
  - Bodensubstrat (Textur, Gehalt an Pflanzennährstoffen etc.) (Pedotop)
  - Bodenwasserhaushalt (Hydrotop)
  - Lokalklima (Klimatop)

sowie

- des dem Sekundär-Geotop inhärenten biowissenschaftlichen Potentials, wie
  - die auf ihm lebens- und konkurrenzfähigen Pflanzen
  - die zu erwartende Sukzession (Art und Dauer) und Phytozönose
  - die zu erwartende Ansiedelung bestimmter Tierarten
  - die Möglichkeiten des Anbaus bestimmter Pflanzenarten und -artenkombinationen

Ad 3. Hinreichende Kenntnis der gesellschaftlichen Anforderungen an die zu gestaltenden sekundären Naturräume

Die Entscheidung, wie ein durch landschaftsverändernde Maßnahmen entstehender Sekundär-Geotop später einmal genutzt werden soll, ist schon vor Beginn der damit verbundenen Eingriffe zu treffen, weil die spätere Landnutzung und Gestaltung sowie der damit verbundene Aufwand, wie im Abschn. 2 gezeigt worden ist, in hohem Maße von der Abbau- bzw. Aufschüttungstechnologie abhängig sind.

Die gesellschaftlichen Anforderungen an Sekundär-Geotope können sich erheblich ändern. Noch vor wenigen Jahrzehnten wurde vordergründig die Wiederherstellung der ursprünglichen Oberflächenformen angestrebt. Demgegenüber fordern heute v. a. Vertreter des

Naturschutzes eine „künstliche Natürlichkeit“, nachdem ihnen die Reservatfunktion vieler Sekundär-Geotope (alte Ton- und Kiesgruben, Steinbrüche etc.) bewußt geworden ist.

Wie kurzfristig sich gesellschaftliche Zielstellungen ändern können, zeigt auch die Entwicklung der letzten Jahre. Zu DDR-Zeiten sollte ein möglichst großer Anteil der Rückgabeflächen des Braunkohlenbergbaues wieder der landwirtschaftlichen Nutzung zugeführt werden. Das hat sich nach der Wende aufgrund der Agrarsituation in der Europäischen Union grundlegend geändert.

Heute werden die meisten Rückgabeflächen forstwirtschaftlichen Nutzungen zugeführt. Das ist angesichts der hohen Bevölkerungsdichte und Waldarmut des Leipziger Raumes nur zu begrüßen. Aber auch bei forstwirtschaftlichen Bodennutzungen ist ein deutlicher Wandel der Zielstellung eingetreten. Bis 1989 dominierte eindeutig die Produktionsfunktion. Demgegenüber stehen heute – v. a. in waldarmen Gebieten – die Schutz- und Erholungsfunktionen stärker im Vordergrund.

Die Geschichte zeigt, daß man sich bei langfristigen Entscheidungen, wie das bei Landnutzungsplanungen der Fall ist, weder von Tagesereignissen noch futuristischen Spekulationen leiten lassen darf. Auch hier gilt das alte Sprichwort „aurea mediocritas“.

4 Renaturierungs- und rekultivierungsrelevante Naturbedingungen sowie Sekundär-Geotope

Wie bereits dargelegt, erfordern eine wissenschaftlich fundierte Renaturierung und Rekultivierung sowie Landschaftsgestaltung solide Kenntnisse über die natürliche Landschaft. Darum wird auch hier zuerst ein Blick auf das Klima, die Morphologie, den Boden und die Vegetation der ursprünglichen Landschaft geworfen. Im unmittelbaren Anschluß daran sind die v. a. durch den Bergbau entstandenen Sekundär-Geotope zu betrachten.

4.1 Das Regionalklima

Das Klima des behandelten Gebietes ist dank der geringen Reliefenergie sowohl thermisch als auch hygrisch wenig differenziert. Die langjährigen Mittelwerte der Temperatur liegen im Raum Halle-Leipzig bei > 9 °C, im Bornaer Gebiet bei 8,5–9 °C (Abb. 1). In den letzten 100 Jahren ist die Tendenz zum Anstieg der Jahresmittelwerte erkennbar. Dabei bleibt offen, ob dieser Anstieg noch im normalen Schwankungsbereich liegt oder bereits auf eine sich anbahnende Klimaveränderung zurückzuführen ist. Diese Frage ist für die Rekultivierung von Sekundär-Geotopen bedeutungsvoll, weil davon die Wahl der Baumarten beeinflußt wird.

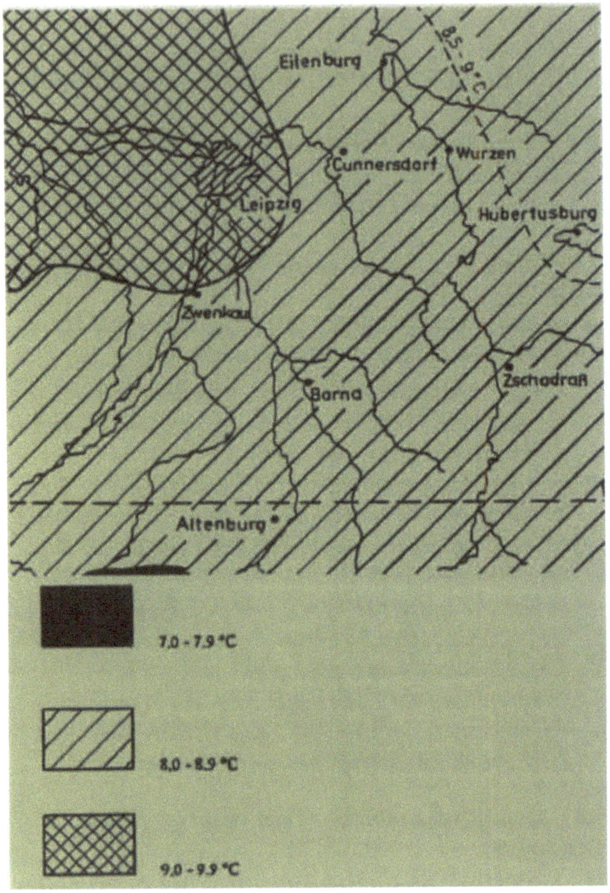

Abb. 1. Karte der Lufttemperatur. (Nach Goldschmidt 1950)

Die Temperaturamplitude beträgt im langjährigen Mittel 18,5 K. Daraus kann man – in Verbindung mit der Dominanz von Sommerniederschlägen – auf einen kontinentalen Klimaeinschlag schließen (Abb. 2).

Im betrachteten Gebiet nehmen die Niederschläge von Nordwesten nach Südosten mit der Höhe über NN und der Distanz zum mitteldeutschen Trockengebiet kon-

Abb. 2. Klimadiagramm der Station Leipzig (Meteorol. Dienst d. DDR 1987)

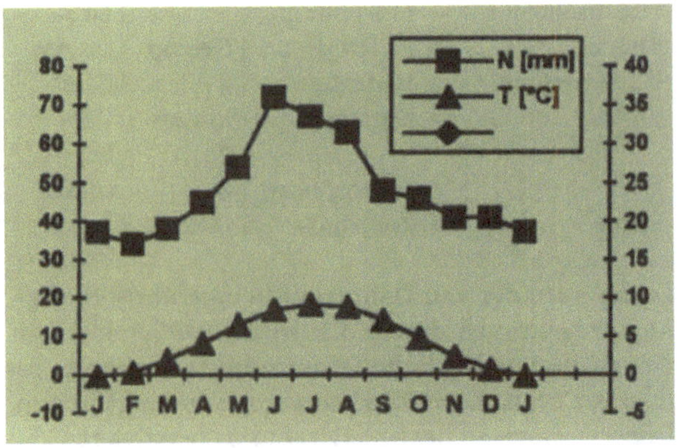

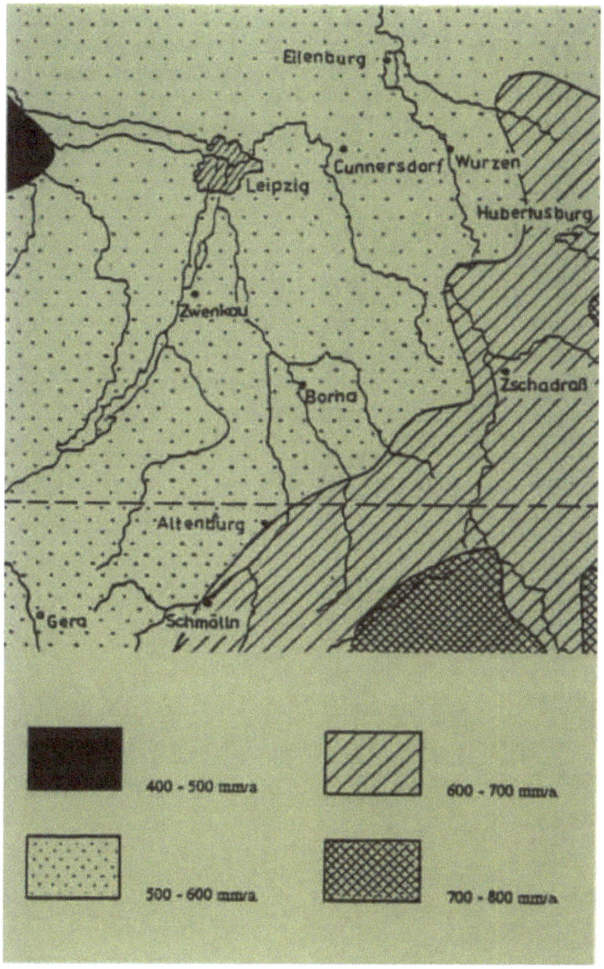

Abb. 3. Karte der Niederschläge. (Nach Goldschmidt 1950)

tinuierlich zu (Abb. 3). Von Schkeuditz, das mit 516 mm/Jahr noch zum Regenschattengebiet des Harzes gehört, steigt der Niederschlag über Leipzig mit 545 mm/Jahr nach Bad Lausick auf 621 mm/Jahr an.

Die Temperatur- und Niederschlagsverhältnisse des Leipziger Landes werden durch den Bergbau, wenn überhaupt, nur geringfügig verändert. Völlig anders ist die Situation bei Betrachtung der luftchemischen und lufthygienischen Komponenten des Klimas. Die im Leipziger Raum gelegenen Großkraftwerke führen zu erheblichen Immissionsbelastungen, die bei der Baumartenwahl zu beachten sind. So betrugen z. B. die Jahresmittel der SO_2-Konzentration für die Meßstation Borna während der letzten Jahre

1988 155 $\mu g/m^3$ Luft
1989 159 $\mu g/m^3$ Luft
1990 141 $\mu g/m^3$ Luft
1991 122 $\mu g/m^3$ Luft

Obwohl die Schwefeldioxid-Emissionen seitdem weiter zurückgegangen sind, muß das betrachtete Gebiet auch heute noch als überdurchschnittlich immissionsbelastet angesehen werden. Nach Zimmermann (1990) waren 1989 81 % der Wälder des früheren Bezirkes Leipzig immissionsgeschädigt.

Auch die Staubbelastungen sind örtlich und zeitweilig sehr hoch. Das gilt v. a. dann, wenn die Kippen nicht begrünt sind.

In der bodennahen Luftschicht über den Kippen herrschen aufgrund starker Windeinwirkungen, großer Temperaturschwankungen sowie zeitweiliger Austrocknung und Vernassung extreme meteorologische Bedingungen. Dadurch kann die Rekultivierung erheblich erschwert werden. Jegliche Art von Begrünung, die geeignet ist, solche Extreme abzuschwächen, ist darum vor allem im Initialstadium willkommen.

4.2 Geomorphologie

Das Mitteldeutsche Braunkohlenrevier liegt zum größten Teil in dem von Neef (1960) sowie Bernhardt et al. (1986) als „Leipziger Land" bezeichneten Naturraum (Abb. 4). Im Norden greift es auf die Köthener Lößebene und die Düben-Dahlener Heide über. Dieses Gebiet wird durch weite, überwiegend von pleistozänen Lockersedimenten gebildete, meist ebene Flächen charakterisiert. Letztere werden von den weiten Talauen der Weißen Elster, Pleiße, Parthe und ihrer Nebengewässer durchschnitten. Das Niveau dieser Landschaft steigt von 80 m HN im Norden auf 200 m HN im Süden an.

Diese Landschaft unterlag schon in frühgeschichtlicher Zeit erheblichen Veränderungen durch den Menschen (Abb. 5). Das milde Klima und die fruchtbaren Böden waren Anlaß zu frühen Waldrodungen und Ackerkulturen. Im Ergebnis dieser jahrhundertelangen Entwicklung wurde der ursprünglich das ganze Gebiet bedeckende Wald bis zur Gegenwart auf einen Anteil von etwa 6 % reduziert.

Durch Sedimentation der von den Ackerflächen erodierten und von den Hochwässern mitgeführten Feinerde kam es in den Flußauen zur Bildung von Auenlehm. Mit den in der ersten Hälfte dieses Jahrhunderts erfolgten Flußregulierungen wurde dieser Prozeß permanenter Bodenerneuerung in den Auen beendet und eine veränderte Ökosystemdynamik eingeleitet.

Erhebliche Landschaftsveränderungen verursachte und verursacht der seit dem vorigen Jahrhundert industriell betriebene Braunkohlenbergbau. In dieser relativ kurzen Zeitspanne wurden im Mitteldeutschen Revier auf rd. 56 000 ha 20 Mrd. m^3 Abraum bewegt und ebenso viele Kubikmeter Wasser gehoben. Das sind ca. 0,3 % der im Elster- und Saaleglazial zur Aufschüttung einer etwa 60 m mächtigen Lockersedimentdecke in dem vom Bergbau beanspruchten Gebiet erforderlichen Transportleistung (Bilkenroth 1993).

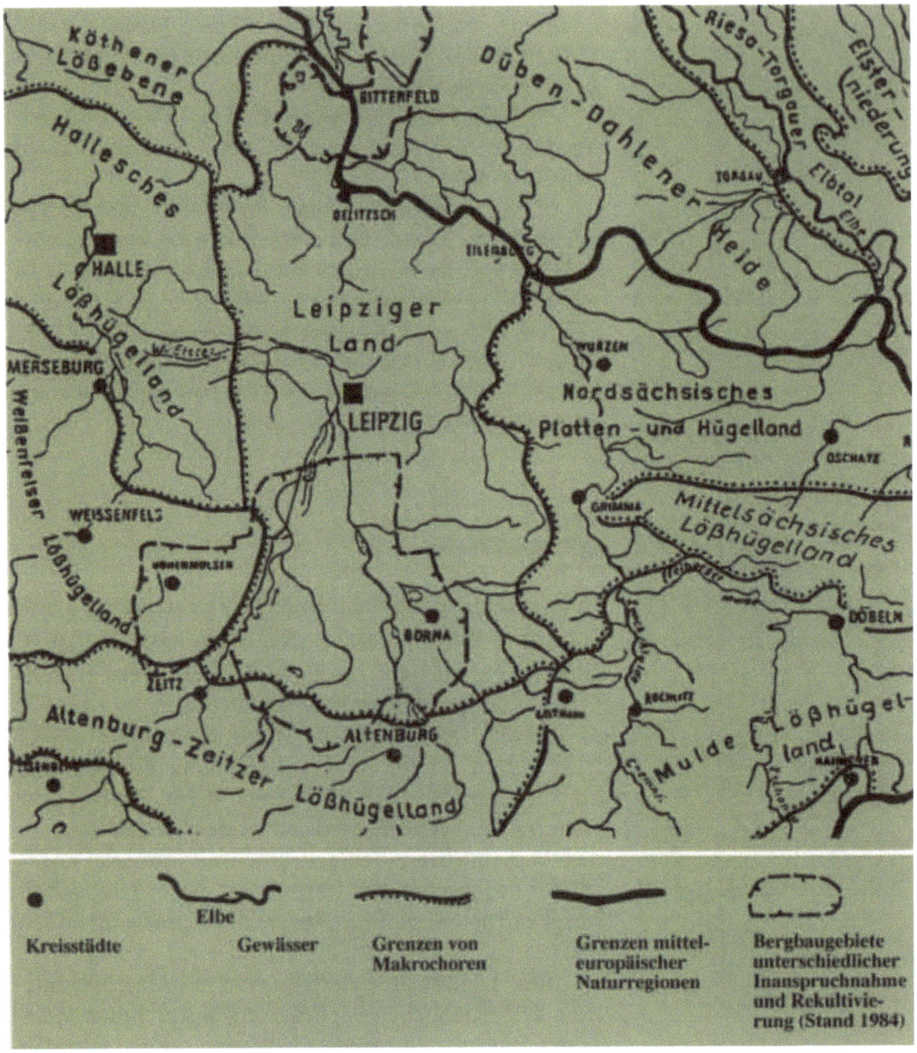

Abb. 4. Naturräumliche Gliederung Nordwestsachsens sowie der angrenzenden Gebiete Sachsen-Anhalts und Thüringens (Bernhardt et al. 1986)

Es wurde bereits dargelegt, daß die vom Braunkohlenbergbau hinterlassenen Oberflächenformen bisher weitgehend von der Abbau- und Verkippungstechnologie bestimmt worden sind. Bei der schon seit Jahrzehnten gebräuchlichen Technologie entstanden bis zu 70 m hohe Halden (z. B. Halde Trages), zahlreiche niveaugleiche Innenkippen und bis zu 40 m tiefe, wassergefüllte oder vernäßte Restlöcher (z. B. Tagebau Cospuden). Daraus folgt, daß der Braunkohlentagebau eine nennenswerte Vergrößerung der Reliefenergie einer vorher ziemlich ebenen Landschaft bewirkt hat. Daraus ergeben sich einerseits verschiedene geotechnische und hydrogeologische Probleme, andererseits bietet sich aber auch die einmalige Chance, die ursprünglich einförmige Landschaft durch landschaftsgestalterische Maßnahmen sowohl ökologisch als auch ästhetisch aufzuwerten.

Das erfordert eine wissenschaftlich fundierte Zusammenarbeit von Technik und Ökologie. Sie ist besonders jetzt aktuell, nachdem der Braunkohlenabbau in 15 Tagebauen eingestellt worden ist und die verbliebenen Restlöcher einer sofortigen Bearbeitung bedürfen:

- Die hinterlassenen Böschungen sind durch Anschüttung oder Abflachung so zu stabilisieren, daß sie auch bei Wiederanstieg des Grundwassers hinreichende Standsicherheit besitzen. Die dazu erforderlichen Erdmassen können zum großen Teil im aktiven Bergbau und mit der Rekultivierung gewonnen werden.
- Die Oberfläche der Restlöcher ist unter Berücksichtigung landschaftsökologischer und -ästhetischer Gesichtspunkte mit Verfahren des modernen Landschaftsbaus so zu formen, daß keine landschaftsfremden Kuben, sondern sich harmonisch in die umgebende Landschaft einfügende Sekundär-Morphotope entstehen, die zur Erhöhung der ästhetischen Wertigkeit beitragen.
- Durch Wahl geeigneter Kippsubstrate sind Sekundär-Geotope zu schaffen, die einen der Folgenutzung angemessenen Pflanzenwuchs gestatten. Die Mächtig-

Abb. 5. Verteilung von Wald und Feld in Nordwestsachsen. (Nach Schlüter o. J.; zit. v. Weck 1934)

Ohne Schraffur:	Bereits um 500 n. Chr. (Ende der Völkerwanderung) waldfrei
Weit schraffiert:	Rodungen nach 500 n. Chr.
Eng schraffiert:	Wälder vor Beginn des Braunkohletagebaues

keit der auf geringwertige Kippsubstrate aufzutragenden Kulturbodenschicht ist von den Eigenschaften des Liegenden (z. B. Schwefelgehalt) und der künftigen Nutzungsart abhängig. Dabei reicht die Palette des Möglichen von der Erhaltung bzw. Schaffung von Mager-Geotopen bis zur Herstellung überaus fruchtbarer Produktions-Geotope. Bei letzteren sollte die aufgetragene Kulturbodendecke etwa 2 m stark sein. Beispielgebend für solche Meliorationsmaßnahmen ist der im Kölner Braunkohlenrevier praktizierte Auftrag einer 4 m starken Decke von „Forstkies", der zu etwa 20 % aus Löß und zu 80 % aus Kies besteht (Dilla 1983, 1992; Dilla u. Möhlenbruch 1989; Dilla et al. 1986).

Erheblicher Sanierungs- und Gestaltungsbedarf besteht auf Flächen des Altbergbaus. Hier wurden an vielen Orten ohne Berücksichtigung der geltenden gesetzlichen Bestimmungen gewerbliche und kommunale Abfälle verkippt. Nach Angaben von Bilkenroth (1993) gibt es allein im Verantwortungsbereich der MIBRAG 700 nachgewiesene bzw. vermutete Altlastenstandorte.

4.3 Geologie und Boden

Die älteren geologischen Bildungen des Leipziger Raumes werden fast durchweg von pleistozänen und holozänen Ablagerungen aus

- Auenlehm
- Löß, Lößlehm und Sandlöß
- Schmelzwassersande
- Geschiebemergel und -lehme
- Bändertone
- Flußschotter

bedeckt. Auf großen Flächen sind Tertiärbildungen das Liegende dieser Sedimente (Tabelle 2).

In den oberflächig anstehenden Holo- und Pleistozän-Substraten haben sich nach den Bodenkarten von Haase u. Schmidt (1985) sowie des Sächsischen Landesamtes für Umwelt und Geologie (1993) folgende Bodenformen entwickelt:

- In den Auen der Flüsse hat sich unter dem Einfluß häufiger Überflutungen eine Lehm-Vega ausgebildet. Nach Flußregulierungen gehen daraus Auengley- und Semi-Gleyböden hervor. Zur gleichen Bodengesellschaft gehören auch die kleinflächig in der Dübener Heide, im Naunhofer Wald und andernorts auftretenden Moore.
- Die größte Flächenausdehnung haben die aus Löß, Lößderivaten und Sandlöß hervorgegangenen Böden. Im nördlichen und nordwestlichen Teil des betrachteten Gebietes sind unter dem Einfluß des Mitteldeutschen Trockengebietes Löß- und Sandlöß-Schwarz- und Griserden entstanden. Letztere gehen mit dem Übergang zu einem weniger trockenen und warmen Klima in Löß- und Sandlöß-Parabraunerden über. Bei verdichtetem Untergrund (Geschiebelehm) kommt es schließlich zur Ausbildung von Löß- und Sandlöß-Staugleyböden, die weiter südöstlich große Flächen einnehmen.
- Bei Vorherrschaft sandiger Lockersedimente im Nordosten des betrachteten Gebietes haben sich Lehmsand- und Sand-Braunerden sowie Braunerde-Podsole ausgebildet.
- Hanglehm- und Hangsandlehm-Braunerden sowie Podsol-Braunerden kommen nur kleinstflächig im südlichen, bereits zum Hügelland überleitenden Teil des Betrachtungsgebietes vor.

Die Böden der Kippen und Halden des Braunkohlenbergbaues unterscheiden sich grundlegend von denen der Primär-Geotope:

- Die bodenbildenden Substrate sind nicht nur holo- und pleistozäner, sondern zu einem beträchtlichen Teil auch tertiärer Herkunft. Das hat erhebliche bodenchemische und -physikalische Auswirkungen (Tabelle 3)
- Die ursprüngliche, durch geologische Prozesse hervorgerufene Schichtung ist nicht mehr vorhanden; vorkommende Schichtungen ergeben sich aus der Absatztechnologie und dem Wechsel der Kippsubstrate
- Die ursprünglichen, bodengenetisch bedingten Bodenhorizonte fehlen; an die Stelle entwickelter

Tabelle 2. Geologische Bildungen im Weißelsterbecken (nach Hohl 1960, Händel 1960, Eissmann 1968, ergänzt von Oehme u. Wünsche)

System	Teilsystem	Substrate und deren Mächtigkeit
Holozän		Auenlehm; schluffiger Lehm, zuunterst tonig, braun, ca. 2m mächtig
Pleistozän	Weichsel-Kaltzeit	• Löß, Lößlehm, Sandlöß; schluffiger Lehm, ± sandig, z. T. karbonathaltig, gelb-braun, 0,5 - 1 m mächtig • Jungpleistozäne Flußschotter der Elster, Pleiße u. Wyhra, ± stark sandiger Kies, gelb-braun, 2 - 5 m mächtig
	Saale-Kaltzeit (Hauptvorstoß)	• Geschiebelehm; sandiger Lehm, braun, 2 - 5 m mächtig • Böhlener Bänderton; toniger Schluff, hellbraun, bis 1 m mächtig • Mittelpleistozäner Flußschotter der Saale, Elster, Schnauder, Pleiße, Wyhra und Mulde; ± stark sandiger Kies, gelb-braun, 2 - 5 m mächtig
	Elster-Kaltzeit	• Schmelzwassersand; kiesiger Sand, gelb-braun, bis 5 m mächtig
	(2. Vorstoß)	• Geschiebemergel; karbonathaltiger, sandig-toniger Lehm mit Geschieben, dunkelgrau, 5 - 6 m mächtig • Peniger Bänderton; karbonathaltiger, toniger Schluff, dunkel-hellgrau, 0,2 - 1,5 m mächtig
	(1. Vorstoß)	• Geschiebemergel; karbonathaltiger, sandig-toniger Lehm, dunkelgrau, selten über 2 m mächtig • Leipziger Bänderton; karbonathaltiger, toniger Schluff, dunkel-hellgrau, 0,5 - 11,0 m mächtig • Altpleistozäne Flußschotter der Elster, Pleiße, Wyhra, des Großpößnaer Flusses und der Mulde; stark sandiger Kies, hellgrau-gelb, 4 - 10 m mächtig
Tertiär	Oberoligozän	Verschiedenkörnige Sande und Kiese sowie Tone, grau, 20 - 30 m mächtig
	Mitteloligozän	• Formsand (Tödelwitzer Sand); Sand, fein, schwach schluffig, geschichtet, grau-braun, bis über 40 m mächtig • Glaukonitsand (Grauer Meeressand); Sand, fein, schwach schluffig, wechselnd glaukonitisch, grau, kalkhaltig, z. T. mit Kalk- u. Phosphoritkonkretionen schwach schluffig, schwarz-braun, zahlreiche Kohleschmitzen, örtlich von 1 m mächtigem Kohleflöz unterlagert [Jüngere Flußsande; Sand, mittel - grob, grau, lokal geringmächtiges Flöz zwischengeschaltet] • Böhlener Oberflöz (Flöz IV); ursprünglich am weitesten verbreitet, im Süden meist erodiert (Mittlere Flußsande); im Norden 8 - 10 m , z. T. 12 - 14 m mächtig, im N u. NE von Leipzig ausgehend
	Mitteloligozän bis Obereozän	• Mittel; scharfe, gröbere bis feine Sande, grau, 5 - 7 m mächtig, daneben oder über diesen im Hangenden des Thüringer Hauptflözes überwiegend 6 - 8 m, z. T. bis 14 m mächtiger, vorwiegend fetter Ton, örtlich vielfach durch Sandlagen unterbrochen (Leitschicht Haselbacher Ton)
	Obereozän bis Mitteleozän	• Thüringer Hauptflöz (Flöz III); 12 - 15 m mächtig im Thüringer Revier [werden durch ältere Flußsande getrennt] • Bornaer Hauptflöz (Flöz II); 12 - 14 m mächtig im Bornaer Revier • Mittel; feiner Kies bis gröberer Sand, grau, besonders in Beckenmitte ausgebildet, nach oben z. T. in tonigen Sand u. Ton übergehend, 12 - 15 m, z. T. bis 30 m mächtig • Sächsisch-Thüringisches Unterflöz (Flöz I); ungleichmäßig mächtig; auf die Mitte des Weißelster-Beckens beschränkt, meist 3 - 4 m mächtig, in einzelnen Kesseln, besonders im Westen des Gebietes, auf 30 m anschwellend • Liegendton; Ton, fett, grau, meist 4 - 6 m mächtig • Liegendkieskomplex; feiner bis mittlerer Kies, grau, gelegentlich mit Sandlagen besonders im Süden, im Norden durch Ton und feine, oft tonige Sande ersetzt. Lokal in der Beckenmitte erste Flözbildung (Flöz x), 2 - 5 m mächtig • Kaolinton; schluffig-feinsandig, in kaolinisch zersetztes Präteriär übergehend
Prätertiär		Grauwacke des Algonkiums, quarzitische Gesteine des Trematoc, Grillenberger Schichten des Westfal D, Rotliegendes mit Porphyren, Bunte Letten und Plattendolomit des Zechsteins, Bunte Letten und Sandsteine des Buntsandsteins

Tabelle 3. Bodenchemische Eigenschaften der Abraummassen des Weißelsterbeckens (Mittelwerte) (Wünsche, Lorenz u. Schubert 1969)

Deckgebirgsschicht	Kohlegehalt C_t [%]	Humusgehalt C_t [%]	Ca [mg/100g] bei HCl-Aufschl.	K [mg/100g] bei HCl-Aufschl.	P [mg/100g] bei HCl-Aufschl.	$CaCO_3$ [%]	T-Wert [mval/l] bei 100 g Subst.	V-Wert [%]	pH (KCl)	Gesamt-Schwefel	Anzahl untersuchter Proben
Quartär											
Auenlehm	-	1,54	322	64	26	0,2	24,0	51	5,5	0,22	45
Lößlehm	-	0,91	306	87	23	0,2	16,8	56	6,1	0,16	127
Sandlößlehm	-	0,90	345	33	27	0,1	9,5	50	6,5	0,10	5
Löß	-	0,24	3456	86	33	6,7	20,2	82	7,5	0,11	34
Schmelzwassersand	-	0,07	89	46	16	0,1	7,5	56	5,6	0,10	19
Schmelzwassersand (kalkhaltig)	-	0,15	2504	51	15	10,0	5,8	83	7,5	0,27	5
Geschiebelehm	-	0,12	170	82	16	0,2	14,0	61	5,6	0,11	71
Geschiebemergel	0,29		3895	81	19	7,3	13,8	80	7,3	0,36	89
Bänderton	1,32		2750	175	29	4,9	32,1	81	7,4	0,94	31
Flußschotter	-	0,09	56	16	5	0,1	3,7	45	5,8	0,13	79
Flußschotter (kalkhaltig)	-	0,05	1692	41	15	3,5	8,2	84	7,5	0,10	13
Tertiär											
Formsand	0,18		133	55	5	0,2	9,4	47	4,4	0,59	28
Formsand (kohlehaltig)	0,75		143	42	2	0,2	12,5	10	2,8	2,00	7
Glaukonitsand (kalk- u. kohlehaltig)	1,62		2160	100	27	4,6	13,4	75	6,7	1,88	39
Brauner Meeressand	2,87		1,37	15	1		16,7	11	3,1	3,24	21
Flußsand	0,16		27	11	1		4,4	35	3,9	0,32	69
Flußsand (kohlehaltig)	3,08		72	12	1		8,9	22	3,8	1,14	25
Sandige Mittel	0,14		22	22	2		3,9	32	4,1	0,51	75
Sandige Mittel (kohlehaltig)	2,19		129	25	3		8,2	36	4,4	2,94	40
Schluffige Mittel	0,30		227	8	3		16,9	13	2,2	2,46	11
Schluffige Mittel (kohlehaltig)	6,38		315	21	5		28,6	46	4,8	3,27	57
Tonige Mittel	0,26		144	18	5		12,9	47	4,7	0,47	41
Tonige Mittel (kohlehaltig)	4,43		393	31	7		21,8	50	5,2	2,26	95
Sandig-tonige Mittel (kohlehaltig)	8,95		415	11	3		22,5	42	4,3	2,73	26
Kohle, Flöz I - IV	52,50		2012	12	2		85,0	37	5,3	7,25	141

Bodentypen sind Rohböden getreten, die erneut der Bodengenese unterliegen
- Die Bodenpartikel sind regellos angeordnet (Einzelkornlagerung); ein stabiles Gefüge fehlt. Bei hohem Schluffgehalt herrscht Verdichtungsgefahr
- Verschiedene Kippsubstrate enthalten nicht genügend Pflanzennährstoffe; P, häufig auch K und früher N sind oft im Minimum
- Der Gehalt an biologisch umsetzbaren organischen Substanzen ist sehr gering; in verschiedenen Kippsubstraten treten kohlige und schwefelhaltige Substanzen auf
- Das für die Bodenfruchtbarkeit sehr bedeutungsvolle Edaphon fehlt

Durch Verkippung dieser verschiedenartigen Abraummassen sind in dem südlich von Leipzig gelegenen Braunkohlenrevier die in Tabelle 4 ausgewiesenen Bodenformen (Pedotope) entstanden. Weitere Informationen dazu enthält eine jüngere Arbeit von Weise et al. (1992).

Diese oft kleinflächig wechselnden Kippbodenformen wurden in Tabelle 5 nach der für ihre Rekultivierung bedeutungsvollen Textur sowie Nährstoffausstattung geordnet. Aus dieser Tabelle kann man schließen auf
- den Kulturwert unmeliorierter Kippbodenformen; dieser ist groß bei hoher Nährstoffausstattung und ausgeglichenen bodenphysikalischen Bedingungen (Lehm)
- die Düngebedürftigkeit der Kippbodenformen; diese ist groß bei nährstoffarmen Substraten
- die Meliorationsbedürftigkeit in bodenphysikalischer Hinsicht; diese steigt von den Lehmen
  - einerseits zu den verdichtungsgefährdeten Tonen
  - andererseits zu den sorptionsschwachen Sanden

Der Kulturwert von Kippböden kann bis zu einem bestimmten Grad durch Grundmeliorationen verbessert werden. Das gilt besonders bei Nährstoffmangel, weniger bei Textur- und Strukturproblemen.

Mit Hilfe verschiedener Meliorationsverfahren soll erreicht werden:
- Inaktivierung phytotoxischer Stoffe (Schwefelverbindungen) durch Applikation alkalischer Aschen
- Gefügeverbesserung sorptionsschwacher Sande mit Hilfe organischer Substanzen und verschiedenen bindigen Stoffen
- Verbesserung der Pflanzenernährung durch Düngung sandiger Kippsubstrate mit NPK sowie Einbringung organischer Substanzen unterschiedlicher Art

4.4 Hydropedologie

Der Wasserhaushalt von Primär-Geotopen läßt sich bei starker Vereinfachung aus ökologischer Sicht wie folgt charakterisieren:

4.4.1 Hydromorphe Geotope

- Grundwasserbeeinflußte Geotope
  - Flußauen und Bachtälchen mit zügigem, meist nährstoffreichem Grundwasser in Oberflächennähe
  - Tief liegende Standorte auf dem Diluvialplateau, meist mit Sandlöß über kiesigen Ablagerungen,
  - mit Grundwasser in wurzelerreichbarer Tiefe
- Staunasse und wechselnasse Geotope, meist mit Lößlehm über undurchlässigen schluffig-tonigen Schichten pleistozänen und tertiären Ursprungs

4.4.2 Anhydromorphe Geotope

- Geotope mit überwiegend bindigeren Böden in Hohlformen mit überdurchschnittlichem Wasserdargebot
- Geotope mit mittlerer wasserhaltender Kraft in Geländebereichen, die das morphologische Mittel repräsentieren, und durchschnittlichem Wasserdargebot
- Geotope mit durchlässigen Böden auf Vollformen mit unterdurchschnittlichem Wasserdargebot

Durch den Braunkohlentagebau wurde das Wasserregime des Leipziger Landes grundlegend verändert.

Nach Angaben von Bilkenroth (1993) wurde in Mitteldeutschland durch Braunkohlentagebau auf 1 300 km^2 der Grundwasserspiegel abgesenkt. Aus ökologischer Sicht sind davon in erster Linie die hydromorphen Standorte sowie Pflanzenbestände mit langlebigen Organismen, besonders Bäumen, betroffen. Im Untersuchungsgebiet sind das in erster Linie die Auenwälder und die bachbegleitenden Wälder. Weniger betroffen sind die Wälder auf anhydromorphen Standorten, weil diese schon seit jeher ohne Grundwasser auskommen müssen.

Das Maximum der bergbaulichen Wasserentnahme ist im Leipziger Raum bereits überschritten. Es wird damit gerechnet, daß der Grundwasserspiegel in den nächsten 7–8 Jahren konstant bleibt und danach ein Wiederanstieg des Grundwassers eintreten wird.

Im Gegensatz zur prämontanen Landschaft besteht im Kippenkörper keine Trennung zwischen Grundwasserleitern und -stauern (die kf-Werte liegen im Südraum bei 10^{-1} und im Nordraum bei 10^{-6}). Das hat eine grundlegende Veränderung der hydraulischen Bedingungen und des Wasserabflusses zur Folge. Auf zahlreichen Kippen muß mit Vernässung und Wasseraustritt gerechnet werden. Trotz aller bautechnischen Probleme, die damit verbunden sind, kann mit einer Erhöhung der ökologischen Vielfalt gerechnet werden. Es wird nötig sein, die voraussichtlich vernässenden Standorte zu lokalisieren und Wasserhaushaltsveränderungen, die sich auch aus einer Klimaänderung ergeben können, in die Landschaftsplanung und Rekultivierungsüberlegungen mit einzubeziehen.

Durch den Grundwasseranstieg werden sich zahlreiche Hohlformen in der Sekundärlandschaft mit Wasser füllen. Der Charakter und ökologische Wert dieser Binnengewässer werden von der Beschaffenheit des zuströmenden Wassers, der Tiefe und Flächenausdehnung abhängig sein.

Ein wesentlicher Bestandteil von Renaturierungs- und Rekultivierungsmaßnahmen werden auch denaturierte Fließgewässer sein (Elster, Pleiße u. Gösel), die in Verbindung mit dem Braunkohlentagebau verlegt oder kanalisiert worden sind. Auf diesem Gebiet existiert ein riesiger Forschungsbedarf.

4.5 Die Vegetation

4.5.1 Die potentielle natürliche Vegetation der ursprünglichen Landschaft

Zur Beurteilung des Naturpotentials und der biotischen Möglichkeiten einer Renaturierung bzw. Rekultivierung von Sekundär-Geotopen im Untersuchungsgebiet ist es notwendig, zuerst die potentiellen natürlichen Pflanzengesellschaften zu betrachten.

Nach der Karte der natürlichen Vegetation von Scamoni et al. (1985) wäre der größte Teil des Leipziger Landes von einem Eichen-Linden-Hainbuchenwald (Galio-Carpinetum) bestockt (Abb. 6). Die Baumschicht dieser Wälder würde von Traubeneiche, Stieleiche, Winterlinde und Hainbuche gebildet werden. Charakteristische Vertreter der Strauchschicht wären Schwarzer Holunder, Weißdorn, Hasel und Hundsrose.

Weiter südlich kommt in dem etwas niederschlagsreicheren und kühleren Lößhügelland auch die Rotbuche vor. Damit vollzieht sich der Übergang zum Eichen-Buchen-Hainbuchenwald und schließlich zum Hainsimsen-Eichen-Buchenwald (Melampyro-Fagetum).

In den weiter östlich, überwiegend jenseits der Mulde gelegenen Gebieten tritt auf den dort vorherrschenden Sandlöß-Staugleyböden ein durch Dominanz von Zitter-Segge *(Carex brizoides)* charakterisierter Stieleichen-Hainbuchenwald (Stellario-Carpinetum) auf.

Auf ausgeprägt warmen und trockenen Standorten, so an Südhängen von Tälern sowie Höhenrücken von Endmoränen und Kuppen älterer Festgesteinsdurchragungen kommt es kleinflächig zur Ausbildung lichter, thermophiler Eichen-Trockenwälder (Potentillo-Quercion) mit Übergängen zu Silikat-Trockenrasen. Weiter östlich kommen im Gebiet der Dahlener Heide auch Kiefern-Traubeneichenwälder (Calamagrostido-Quercetum) vor.

In den Alluvionen der Flußläufe (Weiße Elster, Parthe, Pleiße, Mulde) waren – und sind z. T. auch heute noch – die verschiedenen Pflanzengesellschaften des Auenwaldkomplexes (Saliceto-Populetum, Fraxino-Ulmetum) mit Weiden und Schwarzpappel in der Weichlaubholzaue

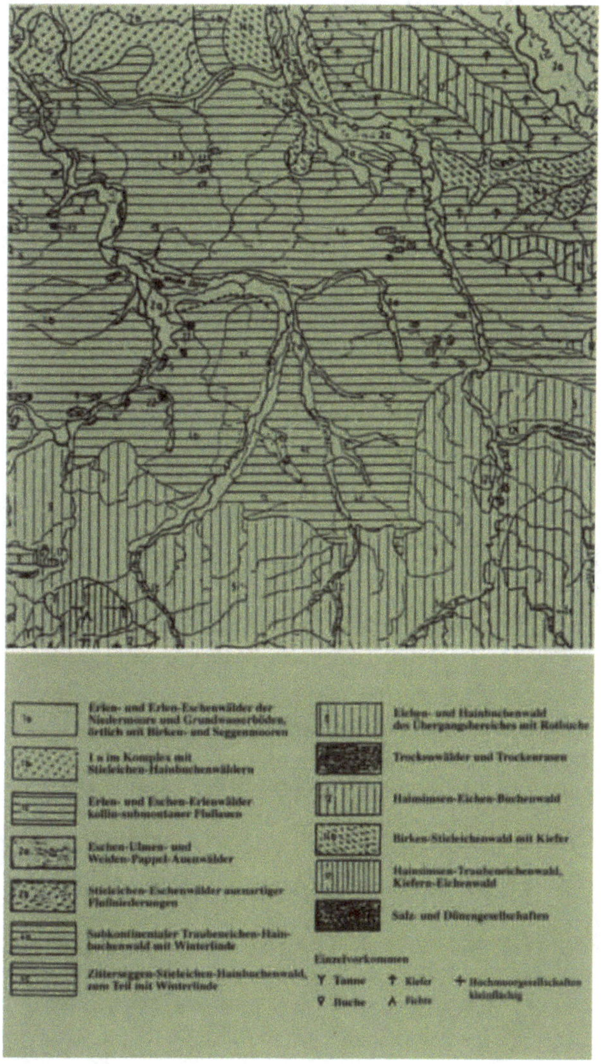

Abb. 6. Ausschnitt aus der Karte der natürlichen Vegetation von Scamoni et al. (1985)

sowie Eschen, Feldulmen und Ahornarten in der Hartlaubholzaue vorhanden. Auf kleinflächig anzutreffenden Niedermooren und Gleyböden stocken von Natur aus Erlen- und Eschen-Erlenwälder (*Alnetum glutinosae* u. Fraxino-Alnetum), vielfach im Komplex mit Stieleichen-Hainbuchenwäldern.

4.5.2 Die potentielle natürliche Vegetation der Sekundärgeotope

Für die ökologische und ökonomische Effektivität forstwirtschaftlicher Renaturierungs- bzw. Rekultivierungsmaßnahmen ist es von grundlegender Bedeutung, welche Pflanzen – insbesondere Gehölze – sich auf den oben beschriebenen Sekundär-Geotopen von selbst einfinden und welchen Verlauf die Sukzession nehmen wird. Bei hinreichender Kenntnis dieser Vorgänge ist es möglich,

Tabelle 4. Merkmale der Bodenformen in dem südlich von Leipzig gelegenen Braunkohlenrevier (Wünsche et al. 1969)

Hauptbodenform	Lokalbodenform	Abkürzung	Sande[a] Sehr grobkörnig	Grob körnig	Mittel bis feinkörnig	Feinstkörnig
1	2	3	4	5	6	7
Kippsande	Zedlitzer Kippsand	ZeS	x	X	[b]	
	Raupenhainer Kippsand	RpS			X	
	Pödelwitzer Kippsand	PöS				X
	Heuersdorfer Kippsand	HeS		X	X	
Kippkalksande	Thränaer Kippkalksand	ThKS			X	
Kippkohlesande[f]	Espenhainer Kippkohlesand	EsCS				X
	Bornaer Kippkohlesand	BoCS		x	X	
	Trageser Kippkohlesand	TrCS			X	
	Falkenhainer Kippkohlesand	FaCS		X		
Kippkalkkohlesande[f]	Böhlener Kippkalkkohlesand	BöKCS			X	
Kipplehme	Platekaer Kipplehm	PlL				
	Ruppersdorfer Kipplehm	RuL				
	Witznitzer Kipplehm	WiL				
Kippkalklehm	Luckaer Kippkohlelehm	LuKL				
	Neukirchner Kippkohlelehm	NeKL				
	Regiser Kippkohlelehm	ReKL				
Kippkohlelehm	Zipsendorfer Kippkohlelehm	ZiCL				
Kippschluffe	Rositzer Kippschluff	RoZ				
Kippkalkschluffe	Pirkauer Kippkalkschluff	PiKZ				
Kipptone	Haselbacher Kippton	HaT				
Kippkohletone	Ramsdorfer Kippkohleton	RmCT				

[a] Nach dem Körnungsarten-Dreieck von Ehwald, Kopp, Lieberoth u. Vetterlein (1965)

[b] Anteil > 35% X
Anteil 10 - 35% x

[c] Nährstoffgehalt [mg/100 g Boden]:

Element	Sande			Lehme, Schluffe, Tone		
	a	b	c	a	b	c
Ca	2200-300	350-80	<90	3600-400	450-160	<170
K	170-85	90-35	<40	250-90	100-40	<50
P	45-15	20-5	<10	50-20	25-10	<12

enig veränderliche Merkmale der Bodenform									
Lehmige Sande[d]			Lehme, Schluffe, Tone[d]			Kohlegehalt [C, %]			
and	Anlehmiger Sand	Lehmiger Sand, schl. Sand	Sand. Lehm, Lehm	Schl. Lehm, lehm. Schl., Schl.	Sand. Ton, lehm. Ton, Ton	>5	5-2	2-0,5	<0,5
8	9	10	11	12	13	14	15	16	17
X									X
	X	x	x						X
	X	x							X
x	X								X
	X		x						X
	X						X		
x	X						X		
	X	x					X		x
	X	x					X		x
	X							X	
			X	x					X
	x		X						X
	x		X		x			x	X
			X	x					X
	x		X						X
x			X				x		X
	x		X		x	X			
			x	X				x	X
				X					
					X				X
	x			x	X		X		

[d] In der oberen 60-80 cm mächtigen Schicht Sättigung : Säuregrad

V-Wert	$CaCO_3$	50	50-25	25-5
pH (KCl)	7,0	>4,2	4,5-3,8	4,0-2,3

Unterhalb von 60-80 cm Tiefe gelten die gleichen Werte als wenig veränderliche Merkmale, sie sind dann Definitionsmerkmal der Bodenform i.e. S. (=Sättigung im Untergrund)

[e] Wird zusätzlich erfaßt und gekennzeichnet

[f] 0,4% bei Lehm; 0,2% bei Sand

[g] Q = Quartär; T = Tertiär

Hauptbodenform	Lokalbodenform	Abkürzung	Wenig veränderliche Merkm					
			Stufen des Nährstoffgehaltes[c]					
			Ca			K		
			a	b	c	a	b	c
1	2	3	18	19	20	21	22	23
Kippsande	Zedlitzer Kippsand	ZeS			X			X
	Raupenhainer Kippsand	RpS		X			X	
	Pödelwitzer Kippsand	PöS		X			X	
	Heuersdorfer Kippsand	HeS			X			X
Kippkalksande	Thränaer Kippkalksand	ThKS	X				X	
Kippkohlesande[f]	Espenhainer Kippkohlesand	EsCS		X				X
	Bornaer Kippkohlesand	BoCS		X				X
	Trageser Kippkohlesand	TrCS		X				X
	Falkenhainer Kippkohlesand	FaCS	x	X				X
Kippkalkkohlesande[f]	Böhlener Kippkalkkohlesand	BöKCS	X			X		
Kipplehme	Platekaer Kipplehm	PlL		X			X	
	Ruppersdorfer Kipplehm	RuL		X			X	
	Witznitzer Kipplehm	WiL		X			X	x
Kippkalklehm	Luckaer Kippkohlelehm	LuKL	X				X	
	Neukirchner Kippkohlelehm	NeKL	X				X	
	Regiser Kippkohlelehm	ReKL	X	x			X	x
Kippkohlelehm	Zipsendorfer Kippkohlelehm	ZiCL		X				X
Kippschluffe	Rositzer Kippschluff	RoZ		X			X	
Kippkalkschluffe	Pirkauer Kippkalkschluff	PiKZ	X				X	
Kipptone	Haselbacher Kippton	HaT			X			X
Kippkohletone	Ramsdorfer Kippkohleton	RmCT		X				X

[a] Nach dem Körnungsarten-Dreieck von Ehwald, Kopp, Lieberoth u. Vetterlein (1965)

[b] Anteil > 35% X
Anteil 10 - 35% x

[c] Nährstoffgehalt [mg/100 g Boden]:

Element	Sande			Lehme, Schluffe, Tone		
	a	b	c	a	b	c
Ca	2200-300	350-80	<90	3600-400	450-160	<1,
K	170-85	90-35	<40	250-90	100-40	<5
P	45-15	20-5	<10	50-20	25-10	<1

odenform Stufen des Nährstoffgehaltes[c] P		Leichter veränderliche Merkmale der Bodenform Sättigungszustand [V-Wert %][d]				Gesamt-Schwefel [% SO_3][e]				Geologisches Ausgangsmaterial
b	c	$CaCO_3$	>50	50-25	25-5	>1	1-0,4 bzw. 0,2	<0,4 bzw. <0,2	Alter[g]	Bezeichnung
25	26	27	28	29	30	31	32	33	34	35
	X			X				X	Q	Flußsand, -kies
X			X					X	Q	Schmelzwassersand, Geschiebesand, untergeordnet Geschiebelehm
	X			X			X		T	Formsand
	X			X			X		T	Flußsand und Mittel (sandig)
X		X						X	Q	Schmelzwassersand u. Geschiebesand teilweise untergeordnet Geschiebemergel
	X				X	X			T	Brauner Meeressand
	X				X	X			Tq	Mittel, Zwischenmittel (sandig) u. Flußsand, teilweise untergeordnet Schmelzwassersand
x	X			x	X	X		x	Tq	Brauner Meeressand, Mittel und Zwischenmittel (sandig), untergeordnet Geschiebelehm und Lößlehm oder Auenlehm
x	X	x			X	X		x	Tq	Mittel, Zwischenmittel und Flußsand (sandig) untergeordnet Geschiebemergel
		X				X			T	Glaukonitsand
X			X					X	Q	Geschiebelehm, untergeordnet Lößlehm (bzw. Sandlößlehm)
X			X					X	Q	Geschiebelehm, untergeordnet Schmelzwassersand und Flußsand
X	x			X			x	X	Qt	Geschiebelehm, untergeordnet Schmelzwassersand und Mittel (sandig, schluffig, tonig)
X		X						X	Q	Geschiebemergel, untergeordnet Geschiebelehm, Löß und Lößlehm
x		X						X	Q	Geschiebemergel, untergeordnet Schmelzwassersand und Flußsand
X	x	X		x		x		X	Qt	Geschiebemergel, untergeordnet Mittel (sandig)
	X			X		X	x		T	Mittel und Zwischenmittel (schluffig, tonig, z.T. sandig)
X			X					X	Q	Lößlehm, Sandlößlehm, Auenlehm
		X						X	Q	Löß
	X			X			X		T	Mittel (schluffig, tonig)
	X			X		X			T	Mittel und Zwischenmittel (tonig, untergeordnet schluffig bis sandig)

ler oberen 60-80 cm mächtigen Schicht Sättigung : Säuregrad

ert	$CaCO_3$	50	50-25	25-5
KCl)	7,0	>4,2	4,5-3,8	4,0-2,3

rhalb von 60-80 cm Tiefe gelten die gleichen Werte als wenig veränderliche Merkmale, nd dann Definitionsmerkmal der Bodenform i.e. S. (=Sättigung im Untergrund)

[e] Wird zusätzlich erfaßt und gekennzeichnet

[f] 0,4% bei Lehm; 0,2% bei Sand

[g] Q = Quartär; T = Tertiär

Tabelle 5. Gliederung der Kippbodenformen nach der Textur und Nährstoffausstattung des Kippbodensubstrates und zugehörige Lokalbodenformen

Kippboden-substrat	Nährstoffausstattung					Meliorations-maßnahmen
	Arm	Ziemlich arm	Mittel	Kräftig	Reich	
	Kipp-Kies Kipp-Kiessand Kipp-Sand Kipp-Lehmsand Kipp-Kohlesand	Kipp-Kiessand Kipp-Kieskohlesand Kipp-Kieskohle-lehmsand Kipp-Sand Kipp-Kohlesand	Kipp-Sand Kipp-Lehmsand Kipp-Lehm Kipp-Ton Kipp-Kohlesand Kipp-Kohlelehmsand Kipp-Kohlelehm Kipp-Kohleschluff Kipp-Kohleton Kipp-Kohlesand	Kipp-Lehmsand Kipp-Lehm Kipp-Schluff Kipp-Kalk-kohlelehm	Kipp-Kieskalklehm Kipp-Schluff Kipp-Kalklehm Kipp-Kalkschluff	
Ton		Haselbacher Kipp-Ton	Ramsdorf Kipp-Kohleton			
Schluffig-toniger Lehm				Rositzer Kipp-Schluff	Pirkauer Kipp-Kalkschluff	
Lehm		Witznitzer Kipp-Lehm	Platekaer Kipp-Lehm Ruppersdorfer Kipp-Lehm Zipsendorfer Kipp-Kohlelehm	Regiser Kipp-Kalklehm	Luckaer Kipp-Kalklehm Neukirchener Kipp-Kalklehm	
Sandiger Lehm bis lehmiger Sand	Trageser Kipp-Kohlesand	Podelwitzer Kipp-Sand	Raupenhainer Kipp-Sand Falkenhainer Kipp-Kohlesand	Thränaer Kipp-Kalksand		
Sand	Zedlitzer Kipp-Sand Heuersdorfer Kipp-Sand Espenhainer Kipp-Kohlesand Bornaer Kipp-Kohlesand			Böhlener Kipp-Kalkkohlesand		
Düngungs-maßnahmen	Maßnahmen zur Verbesserung der Bodenreaktion und der Pflanzenernährung Kalk- und Düngermenge - differenziert nach Sorptionsfähigkeit - steigend					

Anmerkung: Alle Bodenformen, in deren Bezeichnung das Wort „Kohle“ enthalten ist, besitzen einen Kohlegehalt von > 2% und einen Schwefelgehalt von > 1%

solche kostenfreien Naturprozesse in Renaturierungs- und Rekultivierungsvorhaben einzubeziehen. Umgekehrt kann mit hoher Wahrscheinlichkeit angenommen werden, daß Baumarten, die auf vergleichbaren Standorten nicht vorkommen oder konkurrenzunfähig sind, auch bei Kultivierungsmaßnahmen Probleme bereiten.

4.5.2.1
Sukzessionen

Mit diesem Begriff wird die natürliche Ansiedelung von Pflanzen auf bislang vegetationslosen Geotopen und die sich nun vollziehende Entwicklung der Biozönose von primitiven Initialstadien über Zwischen- oder Medialstadien zu hoch entwickelten Terminal- bzw. Klimaxstadien bezeichnet. Dieser dynamische Prozeß kann, trotz wesentlicher Gemeinsamkeiten, je nach

- der Gunst oder Ungunst des Geotops,
- dem Vorhandensein oder Fehlen von Diasporen (Samen, Ableger etc.) standortsgemäßer Pflanzen und
- der Ontogenese sowie Akkumulationsfähigkeit der an der Sukzession beteiligten Pflanzen (Annuelle, Bienne, perennierende Gräser und Kräuter, Sträucher, Pionier-, Intermediär- und Klimaxbaumarten) (Tabelle 6)

recht unterschiedlich verlaufen (Thomasius 1988; 1990a, b, c; Abb. 7).

Unter den verschiedenen Sukzessionstypen sind im Zusammenhang mit der Renaturierung von Kipp-Geotopen von Interesse:

Die G - P - K -Sukzession
Die Charakteristika dieses auf edaphisch und klimatisch günstigen Geotopen (mineralstoffkräftig bis -reich sowie günstige Wasserversorgung) auftretenden Sukzessionstyps sind auf der folgenden Skizze dargestellt.

KR		V		R
und/oder	PB →		KB	
GR		Z		A

Dabei bedeuten:

KR	Kräuter
GR	Gräser
PB	Pionierbaumarten
KB	Klimaxbaumarten
V	Verjüngungsphase
R	Reifephase
A	Alterungsphase
Z	Zerfallsphase

Die G-P-K-Sukzession beginnt meist mit einem sich rasch und gut ausbildenden Kräuter- und/oder Gräserstadium. Dabei ist es wesentlich, ob mit der Ansiedlung von Kräutern und Gräsern zugleich Pioniergehölze, wie Birke, Aspe und Salweide mit angeflogen sind. Ist das der Fall, dann wachsen die in den ersten beiden Jahren nur wenig in Erscheinung tretende Keimlinge und Kleinpflanzen dieser

Abb. 7. Das Bild zeigt eine Sukzessionsfläche im Tagebaugebiet Amsdorf. Es haben sich bereits Pionierbaumarten entwickelt

Baumarten nach 3–5 Jahren aus den Grasbeständen empor und bilden einen sich rasch schließenden Pionierwald. Dieser wächst dann schnell heran und akkumuliert große Mengen Dendromasse. Fehlt hingegen im Initialstadium der Anflug von Pioniergehölzen, so halten sich die Grasbestände – besonders wenn *Calamagrostis epigejos* dominiert – sehr lange und die weitere Entwicklung wird verzögert, weil die leichtsamigen Pioniergehölze nur schwer im dichten Grasfilz Fuß fassen können.

In der bei den aus Pionierbaumarten aufgebauten Waldbeständen beginnt schon nach einigen Jahrzehnten die Seneszens. Das äußert sich durch starken Rückgang des laufendes Zuwachses, erhöhte Mortalität und die Entstehung von Bestandeslücken. In diese wandern Klimaxbaumarten ein und lösen das Pionierbaumstadium nach und nach ab.

Nach einer wiederum Jahrzehnte dauernden Übergangsphase bildet sich ein Schlußwald aus, der durch einen internen Zyklus mit Verjüngung, Reife, Alterung und Zerfall auf kleinen Mosaikflecken gekennzeichnet ist.

Auf Kippenstandorten ist dieser für optimale Geotope charakteristische Sukzessionstyp nur ausnahmsweise zu erwarten.

Die G - P - I - Sukzession
Wo die eigentlichen Klimaxbaumarten (Rotbuche, Berg-Ahorn, Berg- und Feld-Ulme) aus ökologischen Gründen (größere Ansprüche an Klima und Boden) nicht zu gedeihen vermögen oder aus migratorischen Gründen fehlen, vollzieht sich bei mittlerer bis geringerer Nährstoffausstattung und Bodenfeuchtigkeit eine der G - P -

Tabelle 6. Klassifikation der Baumarten nach sukzessionsökologischen Merkmalen (Thomasius 1990a, b, c)

Merkmal-Kategorien	Sukzessionsrelevante Lebensformen von Bäumen Pionierbaumarten	Intermediärbaumarten	Klimaxbaumarten
Ökologie			
• Licht	• In allen Entwicklungsstadien großer Bedarf, permanente Lichtbaumarten	• In den ersten Entwicklungsstadien Schattentoleranz, später höherer Lichtbedarf, temporäre Lichtbaumarten	• In allen Entwicklungsstadien große Schattentoleranz, permanente Schattenbaumarten
• Resistenz gegenüber meteorologischen Extremen auf der Freifläche (Frost, Hitze, Nässe, Trockenheit)	• Sehr ausgeprägt	• Intermediär	• Sehr gering
• Standortamplitude	• Breit oder Spezialisierung auf Extremstandorte, Pionierbaumarten insgesamt sämtliche Waldstandorte einnehmend	• Mittel, auf Extremstandorten nur begrenzt oder nicht mehr auftretend	• Schmal, nur trophisch und hygrisch günstige Standorte einnehmend
Ontogenese			
• Wachstum	• Rasches Jugendwachstum, frühe Kulmination des laufenden Zuwachses, rascher Zuwachsrückgang nach der Kulmination, relativ niedrige Akkumulationsfähigkeit (maximale Wachstumsgröße relativ klein)	• Bezüglich Jugendwachstum, Kulminationszeitpunkt des Zuwachses, Zuwachsrückgang nach der Kulmination und maximaler Wachstumsgröße zwischen Pionier- und Klimaxbaumarten stehend	• Langsames Jugendwachstum sowie späte Kulmination des laufenden Zuwachses, lang anhaltender Zuwachs nach der Kulmination, große Akkumulationsfähigkeit und somit große Endwerte des Wachstums
• Lebensdauer	• Kurz, 10^2 bis $2x10^2$ a	• Mittel, etwa 10^2 bis $5x10^2$ a	• Lang, meist > $5x10^2$ a

K - Sukzession ähnliche, jedoch durch die Einwanderung von Intermediärbaumarten (Stiel- und Trauben-Eiche, Winter-Linde, Hainbuche u. a.) charakterisierte Dynamik. Dieser Sukzessionstyp ist auf den in Tabelle 5 als trophisch mittel sowie durchschnittlich feuchtigkeitsversorgt bezeichneten Kipp-Geotopen zu erwarten. Diese Geotope sind auf den Kippen des Mitteldeutschen Braunkohlenreviers weit verbreitet.

Die G - P - P -Sukzession

Auf trophisch und/oder hygrisch ungünstigeren, für das Waldwachstum aber noch geeigneten Standorten vermögen sich auch die Intermediär-Baumarten nicht mehr durchzusetzen und das Schlußwaldstadium wird von Pionierbaumarten gebildet. Auf Primär-Geotopen ist das z. B. bei Sand-Kiefernwäldern der Fall. Bei Kippen und Halden des Braunkohlenbergbaues ist eine solche Entwicklung auf trophisch ziemlich armen bis armen sowie hygrisch ungünstigen, d. h. trockenen oder staunassen Geotopen zu erwarten. Diese Abfolge wird durch folgende Skizze[2] veranschaulicht:

KR	V		R
und/oder		PB	
GR	Z		A

[2] Die hier verwendeten Symbole wurden bereits auf S. 859 erläutert.

Die G - G - Sukzession
Auf Extremstandorten, die wegen Nährstoffarmut und/oder Wassermangel kein Waldwachstum mehr zulassen, führt die Sukzession nicht über das Kräuter- und Gräserstadium hinaus. Auf solchen Geotopen bilden lockere Magerrasen das Schlußglied der Sukzession. In diesen Fällen – sie treten v. a. dort auf, wo tertiäre Sande oder schwefelhaltige Substrate verkippt worden sind – ist zu prüfen, ob Magerrasen als Klimax akzeptiert oder als wünschenswert betrachtet werden können. Wenn das nicht der Fall ist, muß der betreffende Geotop melioriert werden.

Auf Abb. 8 wird das Vorkommen der verschiedenen Sukzessionstypen als Ökogramm dargestellt.

Da Sukzessionen sehr wirkungsvoll zur Befestigung und Begrünung von Kipp-Geotopen beitragen können, sollten diese Naturprozesse v. a. dort angewandt werden, wo die Folgenutzung nicht produktionsorientiert und der bis zum Erreichen des Zielstadiums erforderliche Sukzessions-Zeitraum akzeptabel ist.

Über die Vegetationsentwicklung in Kippenbeständen und das Wachstum dieser Bestockungen liegen Untersuchungsresultate von Barthel et al. (1965a u. b), Wünsche u. Schubert (1966), Wünsche et al. (1967), Schwabe (1970) und Selent (1993) vor. Eine Inventur aller vorhandenen, durch Sukzession und Aufforstung entstandenen Kippenbestockungen und eine umfassende Auswertung dieser Resultate ist im Interesse künftiger Wiedernutzbarmachungsaktivitäten dringend geboten.

4.6 Aufforstung von Kipp-Geotopen

4.6.1 Allgemeines

Dort, wo
- bestimmte gesellschaftliche Zielstellungen (z. B. Dominanz von Nutz- oder Erholungsfunktionen des Waldes) oder
- zeitliche Erfordernisse (z. B. rasche Wiedernutzbarmachung)

ein bloßes Warten auf die Sukzession nicht zulassen, sind Aufforstungsmaßnahmen notwendig. Dabei ist die Auswahl der Baumarten und Baumartenkombinationen besonders wichtig, weil der Charakter des künftigen Waldes, seine Elastizität und Stabilität gegenüber Umweltstreß und Umweltveränderungen (Grundwasseranstieg, Fremdstoffeinträge, Klimaänderungen) sowie die Art und das Ausmaß seiner produktiven, protektiven und rekreativen Wirkungen in hohem Maße davon abhängig sind.

Das Gesamtanliegen „Kippenrekultivierung" schließt darüber hinaus die weitere Erziehung und Pflege der auf Kippen und Halden des Braunkohlenbergbaues stockenden Waldbestände mit ein. Hinzu kommt der unaufschiebbare Umbau vorhandener Reinbestände, besonders

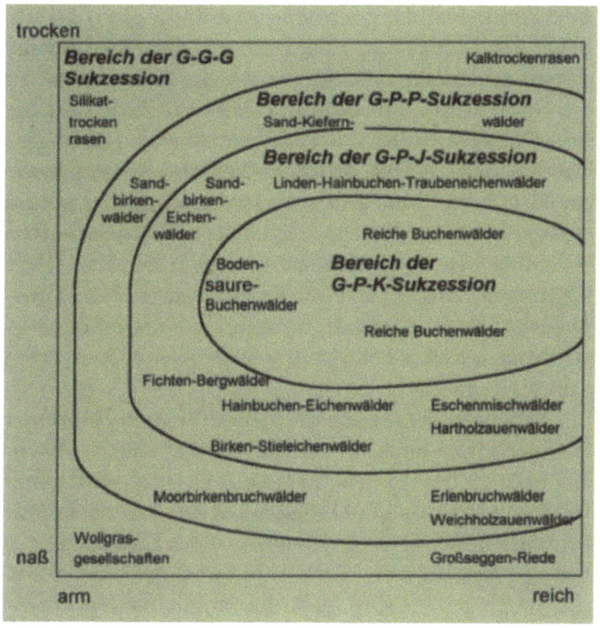

Abb. 8. Ökologische Bereiche verschiedener Sukzessionstypen und zugehörige Klimaxgesellschaften

von Pappelhybriden, die an der Schwelle zur Seneszens stehen.

4.6.2 Baumartenwahl

Die Baumartenwahl stellt eine strategische Entscheidung dar, weil mit ihr das Bild und die Wirkung des künftigen Waldes für viele Jahrzehnte bestimmt werden. Sie ist primär abhängig von
- den ökologischen Bedingungen der Kipp-Geotope
- den ökologischen Ansprüchen der zur Diskussion stehenden Baumarten
- den Rückwirkungen der betrachteten Baumarten und der aus ihnen hervorgehenden Bestände auf den Geo- und Biotop
- der Soziabilität der Baumarten, die für eine Mischung vorgesehen werden

Über die Anlage und Auswertung von Versuchsflächen mit verschiedenen Baumarten und Baumartenmischungen auf Kippen berichteten Schwabe (1970, 1977) und Darmer (1955). Weitere Forschungsarbeiten in dieser Richtung sind notwendig.

Bei Kenntnis der wichtigsten bodenchemischen und -physikalischen Eigenschaften von Kippböden, die bodengenetisch zuerst Rohböden, später Ranker darstellen, lassen sich wesentliche Aussagen zur Wahl der anbaugeeigneten Baumarten ableiten. Darüber hinaus sind die durch meteorologische Extreme (permanente Windeinwirkungen, ungehemmte Sonneneinstrahlung, starke Erwärmung und Abkühlung der Bodenoberfläche sowie der bodennahen Luftschicht, Austrocknung des Oberbodens) gekennzeichneten Besonderheiten des Mikroklimas zu berücksichtigen. Aus diesem Grunde kommen für die erste Waldgeneration v. a. Pionierbaumarten (Gattungen Populus, Salix, Betula, Alnus, Sorbus und Robinia sowie die Koniferen Pinus und Larix) und auf mittleren und besseren Geotop-Typen einige Intermediärbaumarten (Gattungen Quercus, Tilia, auch Acer) in Betracht. Diese Gattungen dürften auch bei der zu erwartenden Klimaänderung noch anbaugeeignet sein. Über die auf den verschiedenen Kipp-Geotopen anbaugeeigneten Baumarten informiert Tabelle 7.

Neben der Frage nach der Standorteignung einzelner Baumarten ist auch die nach der Möglichkeit, Mischkulturen zu begründen, hoch aktuell. Dazu wird generell festgestellt, daß die Möglichkeit der Baumartenmischung mit der ökologischen Gunst des Standortes zunimmt. Mit anderen Worten: Je günstiger ein Geotop ist, um so größer sind auch die Möglichkeiten, artenreiche Mischwälder anzulegen.

Zu empfehlen ist eine Mischung der Baumarten, die standortsgeeignet sowie soziologisch vertretbar sind und sich in ihrer positiven Wirkung auf den Standort ergänzen. Solche Baumartenmischungen werden Bestandeszieltypen genannt (Tabelle 8).

Bedeutungsvoll sind auch die Rückwirkungen der Bäume und Waldbestände auf Kippenböden durch Bodenbefestigung (leichte Böden) oder Bodenlockerung (schwere Böden) mit ihren Wurzeln, durch ihre Streuproduktion (Grundlage der Humusbildung) und die Ingangsetzung von Stoffkreisläufen sowie die Herbeiführung eines durch hygrische und thermische Ausgeglichenheit gekennzeichneten Mikroklimas im heranwachsenden Waldbestand. In dieser Hinsicht sind Laubbaumarten weitaus günstiger als Koniferen. Lediglich im Initialstadium, wenn sich noch keine windbremsende Vegetationsdecke ausgebildet hat, können Laubbaumbestände infolge stärkerer Laubverwehung benachteiligt sein.

Dank der genannten Effekte bewirkt die erste Pionierbaumgeneration eine Verbesserung des durch einen spezifischen Bodenzustand und ein besonderes Mikroklima gekennzeichneten Waldstandortes. In der zweiten Waldgeneration ist dann – v. a. auf mittleren und besseren Kippstandorten – durch die Einbringung von Intermediärbaumarten (unter besonders günstigen Bedingungen auch Klimaxbaumarten) eine stabile Dauerbestockung anzustreben. Diese bewirkt auch eine größere Kohlenstoffakkumulation, wie sie zur Minderung des Treibhauseffektes angestrebt wird (Abb. 9).

Abb. 9. Eichenbestand auf der Kippe Haselbach, ca. 15 Jahre alt mit auftretendem Sanddorn in den Randbereichen

4.6.3
Rekultivierungstechnologie

Allen Rekultivierungsmaßnahmen müssen standortkundliche Untersuchungen vorausgehen, die Aufschluß über die physikalischen und chemischen Eigenschaften der Kippböden sowie die Morphologie und das Lokalklima dieser Sekundär-Geotope geben. Die auf den Kippen des Mitteldeutschen Braunkohlenreviers vorkommenden Kippbodenformen wurden bereits in den Tabellen 4 und 5 charakterisiert.

Die auf gewachsenen Böden gewonnenen Erfahrungen der Forstwirtschaft sind nur zum Teil auf die Kippenrekultivierung übertragbar. Generell ist zu beachten, daß frisch verkippte Substrate Rohböden darstellen, deren Mineralstoffe wegen des Fehlens von Bodenorganismen für Bäume kaum verfügbar sind. Diese Ernährungssituation wird erst mit der Ansammlung rezenter Kohlenstoffverbindungen (Humus) und der Ausbildung eines Edaphons verbessert. Bedeutungsvoll ist weiterhin. daß Kippböden auf engem Raum sehr stark wechseln können. Diese Heterogenität läßt sich durch Bodenbearbeitung und Auftrag einer mindestens 2 m mächtigen Kulturbodendecke vermindern. Letzteres ist auch im Interesse einer nachhaltigen Produktivität und Stabilität der künftigen Kippen-Wälder erforderlich.

Im Arbeitsgebiet selbst sind aufgrund unterschiedlicher Bodenverhältnisse zwei Bereiche zu unterscheiden:

- Der Südbereich mit den Tagebauen Espenhain, Zwenkau, Vereinigte Schleenhain und Profen, in dem die Kippsubstrate vorwiegend aus Gemischen von Auenlehm, Löß, Geschiebemergel und Geschiebelehm sowie Kiesen bestehen
- Der Nordbereich mit den Tagebauen Delitzsch, Goitzsche und Golpe, deren Kippsubstrate sich überwiegend aus Sanden und lehmigen Sanden rekrutieren

Aus den Tabellen 2–5 kann geschlossen werden, daß es sich im Mitteldeutschen Braunkohlenrevier überwiegend um ziemlich nährstoffarme bis nährstoffkräftige Sekundär-Geotope handelt. Die sich daraus ergebenden Konsequenzen für die Baumartenwahl und Baumartenmischung wurden in den Tabellen 7 und 8 dargestellt.

Tabelle 7. Baumarten, die für Erstaufforstungen auf Kippböden geeignet sind

Bodenart und reliefbedingte Feuchtigkeit		Nährstoffausstattung				
Textur	Feuchtigkeit	Arm	Ziemlich arm	Mittel	Kräftig	Reich
Ton	Trocken	Kiefer Sand-Birke	Kiefer Sandbirke Tr.-Eiche	Kiefer Sandbirke Tr.-Eiche	Sand-Birke Tr.-Eiche W.-Linde	Tr.-Eiche W.-Linde
	Normal	Kiefer Sand-Birke	Kiefer Sand-Birke Tr.-Eiche Stiel-Eiche	Sand-Birke Tr.-Eiche Stiel-Eiche Aspe	Sand-Birke Tr.-Eiche Stiel-Eiche Aspe W.-Linde	Tr.-Eiche Stiel-Eiche Aspe W.-Linde
	Feucht	Kiefer Moor-Birke	Kiefer Moor-Birke Stiel-Eiche	Kiefer Moor-Birke Stiel-Eiche Aspe Rot-Erle	Moor-Birke Stiel-Eiche Aspe Rot-Erle	Stiel-Eiche Aspe Rot-Erle
Schluffig-toniger Lehm	Trocken	Kiefer Sand-Birke	Kiefer Sand-Birke Tr.-Eiche	Kiefer Sand-Birke Tr.-Eiche	Sand-Birke Tr.-Eiche W.-Linde	Tr.-Eiche W.-Linde
	Normal	Kiefer Sand-Birke	Kiefer Sand-Birke Tr.-Eiche Rot-Eiche	Kiefer Lärche Sand-Birke Tr.-Eiche Rot-Eiche Aspe	Lärche Sand-Birke Tr.-Eiche Rot-Eiche Aspe	Tr.-Eiche Rot-Eiche Aspe
	Feucht	Kiefer Moor-Birke	Kiefer Moor-Birke Rot-Eiche Stiel-Eiche	Kiefer Lärche Moor-Birke Rot-Eiche Stiel-Eiche Aspe Bals.-Pappel-H. Rot-Erle	Lärche Moor-Birke Rot-Eiche Stiel-Eiche Aspe Bals.-Pappel-H. Rot-Erle	Rot-Eiche Stiel-Eiche Aspe Bals.-Pappel-H. Rot-Erle
Lehm	Trocken	Kiefer Sand-Birke Robinie	Kiefer Sand-Birke Robinie Tr.-Eiche Rot-Eiche	Sand-Birke Robinie Tr.-Eiche Rot-Eiche W.-Linde	Sand-Birke Robinie Tr.-Eiche Rot-Eiche W.-Linde	Tr.-Eiche Rot-Eiche W.-Linde
	Normal	Kiefer Sand-Birke Robinie	Kiefer Sand-Birke Robinie Tr.-Eiche Rot-Eiche	Lärche Sand-Birke Robinie Tr.-Eiche Rot-Eiche Aspe Bals.-Pappel-H. W.-Linde Spitz-Ahorn	Lärche Sand-Birke Robinie Tr.-Eiche Rot-Eiche Aspe Bals.-Pappel-H. W.-Linde Spitz-Ahorn	Tr.-Eiche Rot-Eiche Aspe Bals.-Pappel-H. W.-Linde Spitz-Ahorn

Bodenart und reliefbedingte Feuchtigkeit		Nährstoffausstattung				
Textur	Feuchtigkeit	Arm	Ziemlich arm	Mittel	Kräftig	Reich
	Feucht	Kiefer Moor-Birke	Kiefer Moor-Birke Rot-Eiche Stiel-Eiche	Kiefer Moor-Birke Rot-Eiche Stiel-Eiche W.-Linde Spitz-Ahorn Aspe Bals.-Pappel-H. Rot-Erle	Kiefer Moor-Birke Rot-Eiche Stiel-Eiche W.-Linde Spitz-Ahorn Aspe Bals.-Pappel-H. Rot-Erle	Rot-Eiche Stiel-Eiche W.-Linde Spitz-Ahorn Aspe Bals.-Pappel-H. Rot-Erle
Sand. Lehm bis lehm. Sand	Trocken	Kiefer Sand-Birke Robinie	Kiefer Sand-Birke Robinie Tr.-Eiche Rot-Eiche	Kiefer Sand-Birke Robinie Tr.-Eiche Rot-Eiche	Sand-Birke Robinie Tr.-Eiche Rot-Eiche	Tr.-Eiche Rot-Eiche
	Normal	Kiefer Sand-Birke Robinie	Kiefer Sand-Birke Robinie Tr.-Eiche Rot-Eiche	Kiefer Sand-Birke Robinie Tr.-Eiche Rot-Eiche Aspe	Sand-Birke Robinie Tr.-Eiche Rot-Eiche Aspe Bals.-Pappel-H. W.-Linde	Tr.-Eiche Rot-Eiche Aspe Bals.-Pappel-H. W.-Linde
	Feucht	Kiefer Moor-Birke	Kiefer Moor-Birke Rot-Eiche Stiel-Eiche	Kiefer Lärche Moor-Birke Rot-Eiche Aspe Rot-Erle	Lärche Moor-Birke Rot-Eiche Stiel-Eiche Aspe Bals.-Pappel-H. Rot-Erle	Rot-Eiche Stiel-Eiche Aspe Bals.-Pappel-H. Rot-Erle
Sand	Trocken	Kiefer Sand-Birke Robinie	Kiefer Sand-Birke Robinie	Kiefer Sand-Birke Robinie	Kiefer Sand-Birke Robinie	Kiefer Sand-Birke Robinie
	Normal	Kiefer Sand-Birke Robinie	Kiefer Sand-Birke Robinie	Kiefer Sand-Birke Robinie Rot-Eiche	Kiefer Sand-Birke Robinie Rot-Eiche	Sand-Birke Robinie Rot-Eiche
	Feucht	Kiefer Moor-Birke	Kiefer Moor-Birke Stiel-Eiche	Kiefer Moor-Birke Stiel-Eiche Aspe Rot-Erle	Kiefer Moor-Birke Stiel-Eiche Aspe Bals.-Pappel-H. Rot-Erle	Stiel-Eiche Aspe Bals.-Pappel-H. Rot-Erle

Bei nachgewiesener Nährstoffarmut ist vor der Aufforstung eine Grunddüngung erforderlich. Dabei sind folgende Düngermengen gebräuchlich:

- Phosphor 50–100 kg/ha
- Kalium 50–100 kg/ha
- Magnesium 20– 25 kg/ha

Stickstoff wurde früher als Startdüngung in Höhe von insgesamt 50–200 kg/ha in zwei Gaben verabreicht. Gegenwärtig ist zu prüfen, ob über den laufenden Stickstoffeintrag aus der Atmosphäre hinaus eine Stickstoffdüngung erforderlich ist.

Im Interesse der Bodendeckung (Erosionsschutz), der Zurückhaltung lästiger Konkurrenten (z. B. Calamagrostis epigejos), der Verbesserung des Mikroklimas (Minderung von Temperaturextremen, Austrocknung und physiologische Windschäden) und v. a. der Humus-

Tabelle 8. Reinanbau und Mischungseignung von Baumarten auf Kippgeotopen. (Bei Baumartenkombinationen ist die in der Kopfzeile angegebene Spezies anfangs die soziologisch dominierende Art, später kann sie von der Intermediärbaumart überwachsen werden)

	S.-Ahorn	Aspe	Birken	Eichen	Erlen	Kiefer	Lärche	W.-Linde	B.-Pappel	Robinie
S.-Ahorn	Kleinfl. als Versuch	Kleinfl. als Versuch		Kleinfl. als Versuch	Kleinfl. als Versuch			Kleinfl. als Versuch	Kleinfl. als Versuch	
Aspe		Pionier-best., später Umbau			Kleinfl. auf spez. Stand-orten					
Birken			Pionier-best., später meist Umbau	Z.T. pot. nat. Wald-ges. entspr.	Z.T. pot. nat. Wald-ges. entspr.	Auf Ex-trem-stand-orten z.T. pot. nat. Waldges.				
Eichen		In Frost-löchern Eiche unter Aspen-Pionierw.	In Frost-löchern Eiche unter Birken-Pionierw.	Reinbest. v. Eiche später ergän-zen	In Frost-löchern Eiche unter Erlen-Pionierw.	Großfl. pot. nat. Waldges. entspr.				
Erlen	Auf spez. Stand-orten	Kleinfl. pot. nat. Waldges. entspr.	Stellenw. pot. nat. Waldges. entspr.	Kleinfl. pot. nat. Waldges. entspr.	Auf spez. Stand-orten bedeu-tungsvoll				Kleinfl. auf best. Stand-orten bedeu-tungsvoll	
Kiefer			Auf Ex-trem-stand-orten z.T. pot. nat. Waldges.	Großfl. pot. nat. Wald ges. entspr.		Großfl auf Ex-trem-stand-orten. pot. nat. Wald-ges. entspr.				Trockene, leichte Böden
Lärche							Später Ergän-zungs- u. Umbau-maßnah-men er-forderlich			
W.-Linde	Kleinfl. als Versuch	Kleinfl. als Versuch		Z.T. pot. nat. Wald-ges. entspr.	Kleinfl. als Versuch	Ergän-zung u. Umbau reiner Kiefern-bestände	Ergän-zung u. Umbau reiner Lärchen-bestände	Nur klein-flächig	Kleinfl. als Versuch	

	S.-Ahorn	Aspe	Birken	Eichen	Erlen	Kiefer	Lärche	W.-Linde	B.-Pappel	Robinie
B.-Pappel	Kleinfl. als Versuch								Auf spez. Standorten, später Ergänzung u. Umbau	
Robinie						Trockene leichte Böden				Später Ergänzung bzw. Umbau

bildung (enges C/N-Verhältnis) werden vielerorts Hilfspflanzen angesät. Dafür eignen sich

- Dauer-Lupine *Lupinus perenne*
- Büschelschön *Phacelia tanacetifolia*
- Rot-Klee *Trifolium pratense*
- Weißer Senf *Sinapis alba*
- Deutsches Weidelgras *Lolium perenne*
- Winter-Raps *Brassica napus*
- Öl-Rettich *Raphanus sativus oleiformis*
- Waldstauden-Roggen *Secale cerale x montanum*

Durch Anreicherung der Kippenböden mit organischen Substanzen und die Bildung stickstoffreicher Humusformen werden ein standortseigener Nährstoffkreislauf aufgebaut und die Bodenfruchtbarkeit verbessert.

Ein weiterer, ökologisch relevanter Umweltfaktor ist der Bodenwasserhaushalt. Auf kiesigen und sandigen Böden kommt es häufig zu Wassermangel, weil die Pflanzenwurzeln keinen Anschluß an das Grundwasser haben und das Wasserrückhaltevermögen des Bodensubstrates gering ist. Andererseits tritt in schluffigen und tonigen Böden häufig Staunässe auf, die ebenfalls dem Pflanzenwachstum abträglich ist. Auch in dieser Hinsicht ist eine Humusanreicherung im Oberboden günstig zu beurteilen.

Auf unbewachsenen Kippenböden besteht selbst bei geringer Flächenneigung infolge Oberflächenabfluß akute Erosionsgefahr.

Bei Kippenaufforstungen werden Hand- und Maschinenpflanzungen unterschiedlicher Art angewandt. Langjährige Erfahrungen zeigen, daß Handpflanzungen aus physiologischer und ökologischer Sicht günstiger als Maschinenpflanzungen zu beurteilen sind. Trotzdem wird die Maschinenpflanzung aus ökonomischen Gründen überwiegend angewandt. Nur bei ungünstigen Geländeverhältnissen (steile Böschungen, hoher Skelettanteil) wird auch heute noch manuell gepflanzt.

Als Sortimente werden bei Hand- und Maschinenpflanzung überwiegend 1- bis 3jährige Pflanzen mit einer Sproßhöhe von 30–50 cm bzw. 50–80 cm benutzt, weil diese gut anwachsen, leicht zu handhaben und preiswert sind. Großpflanzen wachsen weitaus schwerer an, ihr Adaptationsvermögen an die neue Umgebung ist geringer und der Kostenaufwand wesentlich größer.

Wie bereits dargelegt, erfolgt häufig vor oder während der Aufforstungsmaßnahmen die Ansaat einer Schutz- oder Nutzpflanzendecke. Durch die Wurzelwirkung dieser Kräuter wird die Erosionsgefahr auf solchen Flächen rasch und erheblich vermindert. Hinzu kommt die günstige mikroklimatische Wirkung dieser Pflanzen (Schutz vor direkter Sonneneinstrahlung, Hitze, Frost, Wind und Austrocknung, Abb. 10).

An dieser Stelle sei auch noch auf die Möglichkeit der Kippenrekultivierung durch Saaten hingewiesen. Das gilt besonders für die Kultur der Eichen. Saateichen passen sich v. a. mit ihrer Wurzel gut an die besonderen Bedingungen auf Kippen an. Überall dort, wo Schwarz-

Abb. 10. Aufforstung im Tagebau Profen, Eichenkultur mit Schutzpflanzendecke

wild vorkommt, müssen Eichensaaten durch stabile Zäune geschützt werden. Auch Birken-Vorwald kann kostengünstig durch Saat begründet werden.

Die forstliche Rekultivierung von Kippen ist nicht mit der Saat oder Pflanzung von Bäumen abgeschlossen. Sie erfordert eine permanente Überwachung der Kulturflächen hinsichtlich des Auftretens von Kulturschädlingen und nötigenfalls die Einleitung von Vorbeugungs- und Bekämpfungsmaßnahmen. Hinzu kommen bei grösseren Pflanzenausfällen Ergänzungspflanzungen sowie Begleitwuchsregulierung.

Große Bedeutung kommt der Anlage und Pflege von Waldrändern zu. Diese sollen aus einheimischen sowie standortsgerechten Kraut- und Gehölzarten bestehen, eine tief gestaffelte Übergangszone von der offenen Landschaft zum Wald bilden und Refugien für zahlreiche Pflanzen und Tiere darstellen. Ähnliches gilt für Waldinnenränder an Wegen und Bestandesgrenzen.

4.7 Bestandesbehandlung

Gelungene Kippenaufforstungen durchlaufen, wie Bestände des schlagweisen Hochwaldes auf gewachsenem Boden auch, die nach dem jeweils erreichten Entwicklungsstadium abzugrenzenden Wuchsklassen Jungwuchs, Dickung, Stangen- und Baumholz. Während in den Jungwüchsen, Dickungen und schwachen Stangenhölzern (Jungbestände) die als Erziehung zu bezeichnende aktive Formung des heranwachsenden Bestandes durch Mischungsregulierung und Phänotypenauslese im Vordergrund steht, verlagert sich die Aufmerksamkeit in den weniger reagiblen starken Stangen- und Baumhölzern stärker auf die Pflege der Bestände durch positive Auslese mit Dichte- und Standraumregulierung (Tabelle 9, Abb. 11).

Dabei sind die Prinzipien eines ökogerechten Waldbaus zu beachten (Thomasius 1992b). Das bedeutet:

- Streben nach Übereinstimmung der ökofaktoriellen Ausstattung des Standortes mit den ökologischen Ansprüchen der Baumarten
- Artenvielfalt entsprechend des vom Geotop abhängigen Diversitätspotentials
- Anstreben soziologisch vertretbarer Baumartenmischungen
- Herbeiführung von Raumstrukturen, die günstige Wuchsraumausnutzung, Ungleichaltrigkeit und hohe Stabilität gewährleisten
- Herbeiführung von Alterstrukturen, die zur Permanenz des Ökosystems führen

Tabelle 9. Grundanliegen der Bestandesbehandlung vom Jungwuchs bis zum Baumholz und Maßnahmen zu deren Realisierung

Zielstellung	Maßnahmen zur Realisierung
1. Herbeiführung einer bestimmten Baumartenzusammensetzung	Mischungsregulierung Planmäßige Steuerung der Mischungsart, des Mischungsgrades und der Mischungsform des Bestandes durch Reduktion oder Förderung von Individuen bestimmter Baumarten. Bestimmend dafür ist das Bestockungsziel, welches sich aus dem Geotop und der Waldfunktion ableitet.
2. Herbeiführung einer bestimmten Bestandesdichte	Stammzahlregulierung Steuerung des mit der Dimensionszunahme verbundenen Ausscheidungsprozesses von Bäumen im Sinne einer sich aus der multifunktionalen Zielstellung ergebenden optimalen Bestandesdichte.
3. Herbeiführung einer bestimmten Baumverteilung auf der Fläche (Distributionsmuster)	Standraumregulierung Gestaltung einer sich aus ökologischen und technologischen Gesichtspunkten ergebenden optimalen Raumstruktur (innere Geometrie)
4. Herbeiführung einer von der dominierenden Waldfunktion (Produktion, Protektion, Rekreation) abhängigen Bestandesqualität	Phänotypenauslese Planmäßige Selektion von Bäumen im negativen (Entnahme) und positiven Sinne (Förderung) nach dem äußeren Erscheinungsbild im Hinblick auf die dominierende Waldfunktion

Abb. 11. Artenreicher Mischbestand ca. 25jährig, bestehend aus Schwarzkiefer, Europäischer Lärche und Winterlinde nach bereits erfolgter Erstdurchforstung

- Nutzung von Naturkräften bei Verjüngung, Bestandeserziehung und Pflege
- Nutzungsmaßnahmen dienen zugleich der Verbesserung von Arten- Raum- und Alterstruktur sowie der qualitativen Verbesserung des verbleibenden Bestandes
- Die Kippenbestände sind als Ökosysteme aufzufassen, in denen im Interesse ihrer Stabilität zwischen Produzenten, Konsumenten und Destruenten systemgerechte Proportionen herbeigeführt bzw. erhalten werden sollen. Dazu gehören u. a. die Erhaltung von Totholz, Streu, Reisig u.a. organischen Substanzen sowie die ökogerechte Regulation des Wildbestandes

Spezielle Empfehlungen für die Weiterbehandlung von Kippenbeständen im Bitterfelder Raum gibt Selent (1993). Darin wird besonders auf die Bedeutung der Mischungsregulierung zugunsten standortsgerechter Intermediärbaumarten sowie der vertikalen und horizontalen Strukturierung der Bestände hingewiesen.

4.8
Bestandesumbau

Schon 1961 berichtete Hohmuth (1961) über die Umwandlung von Vorwaldbeständen auf Hochhalden des Braunkohlenbergbaues. Solche Maßnahmen haben inzwischen erheblich an Bedeutung gewonnen, weil zahlreiche Pionierbaum-Reinbestände auf Braunkohlenkippen des Mitteldeutschen Reviers Verlichtungs- und Alterungserscheinungen zeigen. So berichtet Selent (1993), daß Pappelbestände auf Kippen bei Bitterfeld schon mit 20–25 Jahren verlichten und vergrasen. Es ist darum notwendig, zahlreiche Kippenbestockungen, die vor Jahrzehnten als Reinbestände begründet worden sind, nach und nach in ökogerechte Dauerwälder umzuwandeln.

Bei der Planung solcher Umbaumaßnahmen ist mit Hilfe bodenkundlicher Kenngrößen zuerst das ökologische Potential der Sekundär-Geotope (potentielle „natürliche“ Waldgesellschaft) zu ermitteln. Dem ist die Bestockung hinsichtlich ihrer Arten-, Raum- und Altersstruktur sowie ihres Entwicklungsstadiums gegenüber zu stellen.

Dabei gelangt man zu dem Schluß:

- Der Bestandesumbau kann nach Vitalität und Qualität der Bäume, Raumstruktur der Bestände und ökologischer Wertigkeit der Geo-Biozönosen sehr unterschiedlich sein. Es empfiehlt sich, Dringlichkeitsstufen zu bilden und längerfristige Umbauprogramme zu entwickeln (Selent 1993).
- Auf mineralstoffarmen und trockenen Kippsanden müssen Pionierbaumarten auch das künftige Bestandesziel darstellen, weil das Geotop-Potential keine anspruchsvolleren Bestockungen zuläßt. Hier wird in der Regel eine natürliche Verjüngung der Pionierbaumarten, analog der bei G-P-P-Sukzessionen ablaufenden Prozesse zweckmäßig sein.
- Auf mineralstoffkräftigen Kipplehmen stellen Pionierbaumarten nur ein befristetes Anfangsstadium dar, das – nötigenfalls nach Düngung – durch die Einbringung von Intermediär- oder Klimaxbaumarten in ein waldökologisch höheres Stadium überführt werden muß. Dabei wird in den meisten Fällen der Bestandestyp Traubeneiche-Hainbuche-Winterlinde anzustreben sein.
  Die Einbringung dieser Baumarten kann auf unterschiedliche Art geschehen:
  a) Vorhandene Lücken werden mit Intermediärbaumarten ausgepflanzt und nach und nach erweitert.
  b) Mehr oder weniger gleichmäßig verlichtete Bestände werden flächig vorangebaut. Der einen lichten Schirm bildende Pionierbaum-Bestand wird dann im Laufe der Zeit, so wie es seine eigene Vitalität und die der Verjüngung erfordern, reduziert. Dabei ist jeder Schematismus zu vermeiden.

In beiden Fällen wird eine bereits vorhandene Anflug- oder Aufschlagverjüngung, so weit sie dem vorgegebenen Bestandesziel entspricht, erhalten. Einzelne, noch vitale und hochwertige Bäume der Pionierwaldbestockung werden erhalten bzw. übergehalten, so lange das ökologisch und ökonomisch vertretbar ist.

Ein generelles Ziel der Behandlung von Kippenbestockungen besteht darin, daß die Pionierbaumarten dort, wo Intermediärbaumarten standortsgemäß sind und die Zusammensetzung der potentiellen natürlichen Waldgesellschaft bestimmen, durch Mischungsregulierung zugunsten der letzteren reduziert werden. Auf diese Weise werden die sich auf solchen Standorten auch in der Natur vollziehenden, jedoch wesentlich längere Zeiträume erfordernden Prozesse beschleunigt. Eine solche Vorgehensweise deckt sich mit der generellen Forderung, stabile, multifunktional effektive und große Kohlenstoffmengen akkumulierende Wälder aufzubauen.

5 Ergebnisse und Erfahrungen bei der Rekultivierung und Renaturierung von Kippen, dargestellt am Beispiel des Tagebaugebietes Goitsche

Das Tagebaugebiet Goitsche befindet sich im nordöstlichen Teil des Mitteldeutschen Braunkohlereviers im Randbereich der Stadt Bitterfeld.

Die standörtlichen Verhältnisse wurden bereits in Abschn. 3 umrissen, wobei darauf hinzuweisen ist, daß es sich hier um den wärmeren und trockeneren Teil des schon zum „Mitteldeutschen Trockengebietes" gehörenden Hallenser Raums handelt.

Der Tagebau bezog seinen Namen von einem ihm zum Opfer gefallenen 759 ha großen Waldgebiet, das sich durch spezifische Standorts- und Bestockungsverhältnisse auszeichnete. Es handelt sich dabei um einen Auenwaldrest mit einer naturnahen Edellaubholzbestockung. Im Süden schloß sich ein Erlen-Bruchwald, im Südwesten ein trockener Kiefernwald an. Dazwischen erstreckten sich Feuchtwiesen mit Wasserflächen sowie lichte Mittelwaldbestände.

Der Tagebau Goitsche wurde Ende der 40er Jahre aufgeschlossen. Das Rekultivierungsziel bestand in der Begründung von Waldbeständen in der sonst waldfreien Kippenlandschaft.

Die vorhandenen Kippbodenformen entsprechen den im Deckgebirge vorhandenen kulturfähigen Substraten und der eingesetzten Verkippungstechnik. Auf diese Weise sind Standorte mit Bodenformen entstanden, an denen tertiäre, grundmeliorierte Substrate sowie sandige bis kiesige, weniger schluffige Sedimente des Pleistozäns beteiligt sind.

Auf dem als forstliche Rekultivierungsflächen ausgewiesenen 2 400 ha großen Areal stocken gegenwärtig die in Tabelle 10 dargestellten Baumarten. Etwa 300 ha der Gesamtfläche gelten als nicht aufforstbar, etwa 50 ha weisen in verteilter Form tertiäres Material an der Oberfläche auf und sind mit Pionierbaumarten bestockt.

Die forstliche Rekultivierung begann in den 50er Jahren. Im nachfolgenden Zeitraum lassen sich drei Rekultivierungsperioden unterscheiden (Tabelle 1):

Baumart	Flächengröße [ha]
Trauben-Eiche	80
Stiel-Eiche	30
Rot-Eiche	100
Winter-Linde	15
Pappel-Sorten	480
Sonst. Laubbaumarten	195
Gemeine Kiefer	85
Schwarz-Kiefer	400
Serbische Fichte	7
Europ. Lärche	20
Σ	1.412

Tabelle 10. Baumartenanteile im Tagebaugebiet Goitsche

- In der ersten Periode erfolgten großflächige Aufforstungen mit Pappel und Robinie zwecks Erfüllung der Vorwaldfunktion und Holzproduktion.
- Ab Mitte der 60er Jahre wurden Bestandesbegründungen vorwiegend mit Schwarzkiefer und Roteiche durchgeführt. Vorab erfolgte eine Melioration durch Einbringung von Kraftwerksaschen und anschließenden Testsaaten mit Waldstaudenroggen.
- Die dritte bis zur Gegenwart reichende Periode hat die Umwandlung der älteren Vorwaldbestände (Pappel-Reinbestände) zum Ziel.

Am heutigen Waldbild zeigt sich, daß die Baumarten Pappel und Robinie gleichermaßen wie Birke und Schwarzkiefer größtenteils im Reinbestand auftreten. Mischbestockungen mit Robinie und Roterle bilden die Ausnahme.

Ein Vergleich der Flächenanteile bestätigt, daß die Baumarten Pappel und Schwarzkiefer in den ersten beiden Rekultivierungsperioden des Tagebaugebietes Goitsche die dominierende Rolle spielten. Gleichzeitig wurden aber auch Mischbestände aus Pappel, Roteiche, Spitz- und Bergahorn sowie Vogelkirsche und Roteiche begründet. Diese Bestände sind dank ihres Anteiles von heimischen Straucharten gut strukturiert.

Mit der Umwandlung älterer Pappelbestände durch Voranbau begann man bereits 1987. Dabei wurden die Laubbaumarten Esche, Berg- und Spitzahorn, Winterlinde, Roteiche und Rotbuche gepflanzt. Die Pappelbestände wurden zunächst schematisch durch Entnahme ganzer Baumreihen, später auch durch Einzelbaumentnahmen aufgelichtet. Der meist > 4 m betragende Reihenabstand der Pappeln erlaubte die Pflanzung von jeweils zwei Zwischenreihen. Die Pflanzenzahlen variierten, nach Reihenabstand und der Baumart, zwischen 4 000–8 000 Stck/ha.

Untersuchungen von Selent (1993) ergaben, daß Pappel-Reinbestände schon im Alter von rd. 25 Jahren Verlichtungstendenzen zeigen und ein langfristig stabiler Zustand in diesen Bestockungen nicht zu erwarten ist. Daraus folgt die Notwendigkeit, eine Dauerbestockung mit standortgerechten Baumarten zu schaffen. Verstärkt sind Artenkombinationen der potentiellen natürlichen Waldgesellschaften anzustreben.

Die im Laufe von 35 Jahren entstandene Bergbaufolgelandschaft im Tagebaubereich Goitsche dient nicht primär der Holzproduktion. Es existieren zahlreiche Flächen, die – früher als Rekultivierungsrückstände bewertet – sich inzwischen durch natürliche Sukzession zu ökologisch wertvollen Objekten entwickelt haben.

Auf diesen Standorten sind überwiegend die Baumarten Gemeine Kiefer, Birke, Eberesche, Aspe und vereinzelt auch Traubeneiche anzutreffen. Die so entstandenen Sukzessionsflächen sollten erhalten bleiben und keiner nachträglichen Rekultivierung unterzogen werden. Das gilt auch für Bereiche, die sich im Übergangsstadium von offener Landschaft zu Wald befinden.

Ziel ist es, bei der weiteren Gestaltung der Bergbaufolgelandschaft naturnahe, stabile und artenreiche Mischwälder auf Grundlage der potentiell natürlichen Waldgesellschaften zu schaffen, damit langfristig die Schutz- und Bioreservatfunktion gesichert sind.

6
Zusammenfassung

Der Braunkohlenbergbau reicht im Mitteldeutschen Revier bis ins 17. Jahrhundert zurück. Die Wiedernutzbarmachung der Bergbaufolgeflächen unterlag im Laufe der Zeit verschiedenen Wandlungen. Diese ergaben sich aus der Geologie der Lagerstätten, der Technologie des Abbaus, den im Laufe der Zeit anwachsenden praktischen Erfahrungen und wissenschaftlichen Erkenntnissen sowie verschiedenartigen gesellschaftlichen Bedingungen. Bis zum Beginn dieses Jahrhunderts wurden die Bergbaufolgeflächen, sofern sie nicht wieder landwirtschaftlich genutzt wurden, überwiegend der Sukzession überlassen. Planmäßige Aufforstungen werden seit Anfang dieses Jahrhunderts durchgeführt. Sie begannen mit empirischen Versuchen, setzten sich über bodengeologisch gestützte Praktiken fort und ordnen sich heute als ökologisch fundierte und multifunktional orientierte Maßnahmen in Projekte der großräumigen Landschaftsgestaltung ein. Parallelen zwischen der Entwicklung der Kippenrekultivierung und der jüngeren Forstgeschichte sind erkennbar.

In einem speziellen Abschnitt wird auf generelle Probleme der Renaturierung und Rekultivierung von Kippen und Halden des Braunkohlenbergbaues eingegangen. Die Begriffe Wiedernutzbarmachung durch Renaturierung und Rekultivierung sowie Geotop als Vereinigung von Morphotop, Pedotop, Hydrotop und Klimatop sowie Biozönose als Vereinigung von Phytozönose und Zoozönose werden der mit unterschiedlichem Inhalt benutzten Bezeichnung Biotop gegenüber gestellt.

Nach Beschreibung der Naturbedingungen des Arbeitsgebietes sowie der renaturierungs- und rekultivierungsrelevanten ökologischen Faktoren von Sekundärgeotopen wird auf die potentielle natürliche Vegetation der ursprünglichen Landschaft und die zu erwartende Vegetation der Kippen eingegangen. Letztere ist für Renaturierungs- und Rekultivierungsvorhaben von großer Bedeutung. In diesem Zusammenhang wird auf Gesetzmäßigkeiten der Sukzession hingewiesen.

In dem die Aufforstung der Kipp-Geotope unmittelbar behandelnden Kapitel wird ausführlich auf die Baumartenwahl und die Baumartenmischung auf ökologischer Grundlage eingegangen. Die dazu unterbreiteten Vorschläge werden auf der Basis von Kipp-Bodenformen in Tabellen zusammengefaßt. Es folgen Hinweise zur Rekultivierungstechnologie mit Angaben zur Oberflächengestaltung, Düngung und Melioration, Saat und Pflanzung sowie Kulturpflege. Die weitere Bestandesbehandlung wird im Sinne eines ökologisch orientierten Waldbaus umrissen.

Den Abschluß bilden Empfehlungen zum ökologischen Umbau älterer, sich bereits verlichtender Kippenbestockungen.

Mit dem folgenden Literaturverzeichnis wird versucht, alle bedeutungsvollen Schriften zur forstlichen Kippenrekultivierung im Mitteldeutschen Revier nachzuweisen. Grundanliegen der Kippenrekultivierung muß es sein, Voraussetzungen für ein intaktes Wirkungsgefüge zwischen Boden und Bodenorganismen, Vegetation – von der Krautschicht über die Sträucher bis zum Baumbestand – und Tierwelt in dem neuen Wald zu schaffen (Dilla 1983).

Darüber hinaus sollen die Renaturierung und forstliche Rekultivierung von Kippen zur Gestaltung einer den vielfältigen Anforderungen der Gesellschaft gerecht werdenden Landschaft beitragen.

LITERATUR

Barthel H, Schubert A, Wünsche M (1965a) Zur Wiederurbarmachung der Halde Espenhain. Wiss Z Techn Univ Dresden 14: 505–520

Barthel H, Schubert A, Wünsche M (1965b) Zur Begrünung der Halde Espenhain. Wiss Z Techn Univ Dresden 14: 833–842

Bernhardt A et al. (1986) Naturräume Sächs Bezirke. Sächs Heimatbl 4

Bilkenroth K-D (1993) Sanierung und Landschaftsgestaltung als Unternehmensziele. Vortr. anl. der Geotechnika, Köln (nicht veröffentlicht)

Brüning E (1959) Untersuchungen zur Frage der Begrünung tertiärer Rohbodenkippen des Braunkohlentagebaues, dargestellt am Beispiel der Hochabsetzerkippe 18 Böhlen, Diss. Univ. Leipzig

Brüning E (1962) Zur Frage der Rekultivierbarkeit tertiärer Rohbodenkippen des Braunkohlentagebaues. Wiss Z Karl-Marx-Univ Leipzig 11: 325–359

Copien (1942) Über die Nutzbarmachung der Abraumkippen auf Braunkohlenwerken und die dabei gewonnenen Erfahrungen insbesondere bei Forstkulturen in der Niederlausitz. Z Forst-Jagdwes 74: 43–77, 81–126, 192, 409–410

Dahl F (1908) Grundsätze und Grundbegriffe der biozönotischen Forschung. Zool Anz 33: 349–353

Darmer G (1955) Zur forstlichen Rekultivierung schwieriger Kippenböden im Braunkohlenbergbaugebiet. Forst u. Jagd 5: 117–121

Dilla L (1983) Zu den aktuellen Problemen der forstlichen Rekultivierung. Allg Forstzeitschr 38: 13–14

Dilla L (1992) Land- und forstwirtschaftliche Rekultivierung im Rheinischen Braunkohlenrevier. Forst u. Holz 47: 27–30

Dilla L, Möhlenbruch N (1989) Entwicklung und Stand der Rekultivierung. Natur und Landschaft 64: 436–438

Dilla L, Möhlenbruch N, Breitfuß J (1986) Erholungsnutzung und Landschaftspflege in den landwirtschaftlichen Vorranggebieten des Rheinischen Braunkohlenreviers. Braunkohle 38: 78–81

Ehwald E, Lieberoth J, Schwanecke E (1966) Zur Systematik der Böden der deutschen Demokratischen Republik besonders im Hinblick auf die Bodenkartierung. Sitzungsber Dt Akad Landwirtsch-Wiss, IV. F. H. 18

Eissmann L (1968) Überblick über die Entwicklung des Tertiärs in Goldschmidt J (1950) Das Klima von Sachsen. Akademie-Verlag, Berlin

Günther H (1951) Bedeutung und Anzucht schnellwachsender Baumarten. Forstwirtschaft-Holzwirtschaft 5: 47–56

Günther H (1956) Leitfaden für den Pappelanbau. Deutscher Bauernverlag, Berlin

Haase G, Schmidt R (1985) Böden. In: Atlas der DDR. Bl. 3, Gotha

Händel D (1960) Die Betonkieslagerstätte Borna-Ost, eine Lagerstätte im Abraum der Braunkohle. Z angew Geol 6: 549–554

Hartgen V (1942) Untersuchungen über die Entwicklung der Aufforstungen im nordwestsächsischen Braunkohlengebiet unter Berücksichtigung eines Waldgürtels für Leipzig. Tharandter Forstl Jb 93: 253–278

Heuson R (frühere Schreibweise Heusohn) (1928) Das Kultivieren von Kippen und Halden. Braunkohle 27: 985–992

Heuson R (1929) Praktische Kulturvorschläge für Kippen, Bruchfelder, Dünen und Ödländereien. Neumann, Neudamm

Heuson R (1947) Kultivierung roher Mineralböden. Siebeneider, Berlin

Hohl R (1960) Rohstoffe im Abraum der Braunkohlenlagerstätte des Weißelsterbeckens. Ber Geol Ges DDR 5 (3): 224–235

Hohmuth O (1961) Umwandlung von Vorwaldbeständen auf Hochhalden des Braunkohlenbergbaus. Z Braunkohle Wärme Energie 7 (12)

Illner K, Katzur H-J (1964) Betrachtung zur Bemessung der Kalkgaben auf schwefelhaltigen Tertiärkippen. Z Landeskultur 5: 287–295

Illner K, Katzur H-J (1966) Das Koyne-Verfahren zur Wiedernutzbarmachung von Kippen des Braunkohlenbergbaus. Sh. Inst. f. Landschaftspflege, Humboldt-Univ. Berlin

Illner K, Katzur H-J (1968) Der Einfluß der Wiederurbarmachung auf den Erfolg der Rekultivierung. Bergbautechnik 18: 423–426

Illner K, Kawelke Ch, Raasch H, Wünsche M (1968) Über einheitliche Verfahren der Bodenuntersuchung für die Kartierung von Kippenrohböden. Sh. Inst. f. Landschaftspflege, Humboldt-Univ. Berlin

Illner K, Lorenz W-D (1965) Das Domsdorfer Verfahren zur Wiederurbarmachung von Kippen und Halden des Braunkohlenbergbaus. Sh. Inst. f. Landschaftspflege, Humboldt-Univ. Berlin

Illner K, Raasch H (1966) Zur Bestimmung des Kalkbedarfs für die Melioration von schwefelhaltigen Tertiärkippen. Z Landeskultur 7: 285–290

Knabe W (1952) Wiederurbarmachung des Kippengeländes. In: Kirst E (Hrsg) Verkippung der Abraummassen. SVT-Heft. Technik, Berlin

Knabe W (1955) Der Kulturwert der Deckgebirgsschichten der Braunkohle in der Niederlausitz – mit einer kurzen Einführung in ihre Geologie. In: Rat d. Bez. Cottbus (Hrsg) Die Wiederurbarmachung der Kippen und Halden im Senftenberger Braunkohlenrevier, S 14–29

Knabe W (1959a) Beiträge zur Bibliographie über Wiederurbarmachung von Bergbauflächen. 1. Mitt.. In Wiss. Z. Humboldt-Univ. Berlin, Mathem.-Naturwiss. R., Jg. VII, Nr. 2, S 291–304

Knabe W (1959b) Zur Wiederurbarmachung im Braunkohlenbergbau. Deutscher Verlag der Wissenschaften, Berlin

Knabe W (1959c) Möglichkeiten zur Wiedernutzbarmachung der vom Braunkohlenbergbau beanspruchten Flächen. Bergbautechnik 9: 173–182

Knabe W (1959d) Vorläufige Richtlinien für die Bepflanzung und Melioration forstlicher Kippenstandorte in der Niederlausitz. Forst u. Jagd 9: 173–182

Knabe W (1960) Bericht über neue Forschungsergebnisse auf dem Gebiet der Kippenrekultivierung in der Niederlausitz. Hilfe durch Grün 9: 27–31

Knabe W (1961) Die Rekultivierung im Rheinischen und Lausitzer Braunkohlenrevier. Festschr. z. XXXIII Dt. Geographentag v. 22.–26. Mai 1961 in Köln. Steiner, Wiesbaden, S 353–374

Krauß H (1951) Pappelprogramm. Forstwirtschaft-Holzwirtschaft 5: 64

Krummsdorf A, Saupe G, Schnurrbusch G (1977) Möglichkeiten und Erfahrungen der meliorativen Verbesserung bodenphysikalisch schwieriger Kippmergelböden. Technik u. Umweltschutz 18: 140–148

Lorenz W-D, Kopp D (1968) Zur Bildung von Standortsgruppen und zur Baumartenwahl auf Kippenstandorten in der Niederlausitz. Humboldt-Univ.-Berlin, Institut f. Landschaftspflege

Lorenz W-D, Wünsche M (1969) Zum Kulturwert der Deckgebirgsschichten im Bereich der Braunkohlentagebaue der DDR. Bergbautechnik 19: 471–475

Lorenz W-D, Wünsche M, Kopp D (1970) Die Methode der Klassifizierung von Standorten auf Kippen und Halden des Braunkohlenbergbaus. Arch Forstwes 19: 1295–1309

Meteorol. Dienst d. DDR (1987) Klimadaten der Deutschen Demokratischen Republik. Ein Handbuch für die Praxis. Potsdam, Reihe B, Bd. 14

Morgeneyer W (1961) Zur Verwendungsmöglichkeit von Pappeln und Flechtweiden bei der Rekultivierung niederlausitzer Braunkohlenkippen. Forst u. Jagd 11: 344–347

Neef E (1960) Die naturräumliche Gliederung Sachsens. Sächs. Heimatbl., Dresden

Neef E (1977) Sozialistische Landeskultur, Umweltgestaltung – Umweltschutz, Leipzig

Rosenkranz D, Gerhard E, Harreß H-M (1988) Bodenschutz, Bd. 2, Ergänzbares Handbuch der Maßnahmen und Empfehlungen für Schutz, Pflege und Sanierung von Böden, Landschaft und Grundwasser. Schmidt, Berlin

Sächs. Landesamt für Umwelt und Geologie (1993) Übersichtskarte der Böden des Freistaates Sachsen 1 : 400 000. Bearb. v. Wünsche M, Weise A, Schützenmeister W, Dietel M unter Mitarb. von Pälchen W, Hunger W

Scamoni A et al. (1985) Natürliche Vegetation. In: Atlas der DDR, Bl. 12, Gotha

Schlüter O (o. J.) Frühgeschichtliche Wohnflächen. I. Mitteldeutscher Heimatatlas. Verl. d. landesgesch. Forschungsstelle für die Provinz Sachsen und für Anhalt, Magdeburg

Schwabe H (1970) Ergebnisse der forstlichen Rekultivierung auf vorwiegend kulturfreundlichem Abraummaterial des Braunkohlenbergbaus in der Niederlausitz. Diss. A, Fak. Bau-,Wasser- u. Forstwes., Techn. Univ. Dresden

Schwabe H (1977) Forstliche Rekultivierung von Kippen des Braunkohlenbergbaus. In Technik und Umweltschutz. Deutscher Verlag für Grundstoffindustrie, Leipzig, 18: 149–155

Selent H (1993) Untersuchungen von verschiedenen Pappelbestockungen auf Kippenböden im Raum Bitterfeld und Vorschläge zu deren weiterer waldbaulicher Behandlung. Dipl.-Arb. Fak. Bau-, Wasser- u. Forstwes. Tharandt, Techn. Univ. Dresden

Siegel H (1965) Wiedernutzbarmachung von Kippen und Halden des Braunkohlenbergbaus nach dem Domsdorfer Verfahren. Bergbautechnik 15: (9)

Thomasius H (1988) Sukzession, Produktivität und Stabilität natürlicher und künstlicher Waldökosysteme. Arch Natursch Landchaftsforsch 28: 3–21

Thomasius H (1990a) Sukzessionstypen von Waldökosystemen der gemäßigten und der borealen Zone. XIX. Weltkongreß der JUFRO, 5.–11.8.90, Bd. 1 (1): 128–148

Thomasius H (1990b) Dynamik natürlicher Waldgesellschaften im Osterzgebirge, ihre Modifikation durch Umweltveränderungen und deren Bedeutung für Rekonstruktionsmaßnahmen. Arch Natursch Landchaftsforsch 30: 161–176

Thomasius H (1990c) Fichtenwald-Ökosysteme. In: Schmidt-Vogt H (Hrsg) Die Fichte, Bd. II/3: 1–66

Thomasius H (1992a) Naturgemäße Waldwirtschaft in Sachsen – gestern, heute und in Zukunft. Dauerwald 6: 4–29

Thomasius H (1992b) Grundlagen eines ökologisch orientierten Waldbaus. Dauerwald 7: 2–21

Thomasius H (1993) Waldökologische Aspekte bei Rekultivierungsmaßnahmen im Leipziger Raum. Vortrag anläßlich der Baufachmesse 1993 in Leipzig (Vervielfältigung)

Thomasius H (1994) The influence of mining on wood and forestry in the Saxon Erzgebirge up to the beginning of the 19th century. Geo J 32 (2): 103–125

Thum J (1975) Boden-Pflanze-Beziehungen auf forstlich genutzten Kippen des Braunkohlenreviers südlich von Leipzig. Diss. Akad. d. Landwirtschaftswiss., Berlin

Thum J (1978) Humusakkumulation auf forstlich genutzten Kippböden des Braunkohlenreviers südlich von Leipzig. Arch Acker- Pflanzenbau Bodenkunde 22: 615–625

Weck H (1934) Beiträge zur Geschichte des Forstamtsbezirkes Grimma bis zum Auftreten Cottas. Thar Forstl Jb 73: 71–116

Weise A, Wünsche M, Vogler E (1992) Kippbodenklassifikation und Behandlungseinheiten. Workshop: Rekultivierung und Folgelandschaften im Mitteldeutschen Revier

Wünsche M (1976a) Bewertung der Abraumsubstrate für die Wiederurbarmachung im Braunkohlenrevier südlich von Leipzig. Neue Bergbautechnik 2: 382–387

Wünsche M (1976b) Die bodenphysikalischen, -chemischen und -mineralogischen Eigenschaften der Abraumschichten und ihre Eignung für die Wiederurbarmachung im Braunkohlenrevier südlich von Leipzig. Diss. B, Fak. f. Bau-, Wasser- u. Forstwes., Techn. Univ. Dresden

Wünsche M, Lorenz W-D, Schubert A (1969) Die Bodenformen der Kippen und Halden im Braunkohlengebiet südlich von Leipzig. Veröffentl. z. Landschaftspflege u. Landschaftsplanung, H. I. Humboldt-Univ. Berlin

Wünsche M, Lorenz W D, Oehme W-D, Haubold W (1972) Die Bodenformen der Kippen und Halden im Niederlausitzer Braunkohlenrevier. Mitt. Nr. 19, VEB Geolog. Forschung und Erkundung Halle u. Rat d. Bez. Cottbus, Sh., 1–45, Senftenberg

Wünsche M, Oehme W-D (1963) Die Eignung der Deckgebirgsschichten in den Vorfeldern der Braunkohlentagebaue Böhlen und Espenhain für die Wiederurbarmachung. Z Angew Geol 3: 125–131

Wünsche M, Oehme W-D, Haubold W, Knauf C (1981) Die Klassifikation der Böden auf Kippen und Halden in den Braunkohlenrevieren der Deutschen Demokratischen Republik. Neue Bergbautechnik 11: 42–48

Wünsche M, Richter H, Oehme W-D (1983) Bodengeologische Arbeiten bei der Erkundung von Braunkohlenlagerstätten und ihre Bedeutung für die Wiederurbarmachung. Neue Bergbautechnik 13: 548–550

Wünsche M, Schmidt E, Oehme W-D (1966) Aufgaben und Ergebnisse bodengeologischer Untersuchungen für die Wiedernutzbarmachung der vom Braunkohlenbergbau beanspruchten Flächen. Bergbautechnik 16: 405–410

Wünsche M, Schubert A (1966) Untersuchungen über das Leistungsvermögen pleistozäner sowie tertiärer Abraummassen und den Erfolg der Aufforstung auf der Kippe Plateka, Kr. Borna. Bergbautechnik 16: 648–656

Wünsche M, Schubert A, Haubold W (1967) Das Leistungspotential pleistozäner und tertiärer Abraummassen auf älteren Kippflächen im Bereich des ehemaligen Braunkohlentagebaus Witznitz, Kreis Borna. Bergbautechnik 17: 313–320

Wünsche M, Schubert A, Lorenz W-D (1970) Die Bodenformen der Kippen und Halden im Braunkohlengebiet südlich von Leipzig. Z Landeskultur 11: 317–338

Zimmermann R (1990) Kippenwald um Leipzig. Wald 40: 232–235

Böschungssicherung, Erosions- und Deflationsschutz in Bergbaufolgelandschaften – Zur Anwendung von Mulchdecksaaten

MATTHIAS STOLLE

1 Einführung

Die Landschaften des Mitteldeutschen Raumes, insbesondere die Industrieregion Halle/S. - Leipzig - Bitterfeld, sind sowohl durch historisch gewachsene, alte Kulturlandschaften mit zahlreichen und vielfältigen Strukturelementen, die es zu erhalten gilt, als auch durch die wirtschaftliche Entwicklung vor allem des 20. Jahrhunderts geprägt. Reiche Bodenschätze, vorrangig Braunkohle, Kali- und Steinsalz sowie Kupfererze, wurden in diesem Gebiet bereits seit vielen Jahrhunderten gefördert. Neben den Auelandschaften an Saale, Elster und Mittelelbe, dem Unstrut - Trias - Land oder den Porphyrkuppenlandschaften des unteren Saaletals (um stellvertretend einige zu nennen) bestimmen manche Aufhaldungen, z. B. des Kupferbergbaues im Mansfelder Land, das Landschaftsbild.

Den wohl bedeutendsten Eingriff in den Naturhaushalt stellen jedoch Tagebaurestlöcher dar, die im Zuge der intensiven Braunkohleförderung seit 1920 (höchste Förderintensität in den Jahren 1980–1990 mit jährlicher Förderung von 110 Mio. t Kohle) (Wünsche u. Vogler 1996) entstanden. Die Flächen, die durch Zerstörung der Deckschichten, Grundwasserentzug etc. beeinflußt sind, werden allein in Mitteldeutschland auf 90 Tha geschätzt. In ähnlicher Größenordnung sind Flächen im Lausitzer Bergbaugebiet betroffen (lokal führen Staub, Salze oder Schwermetalle der Salz- und Kupferschieferabräume zu erheblichen Umweltbelastungen).

All diesen Bergbaufolgelandschaften gemeinsam sind großräumig vegetationslose Flächen, die aufgrund der chemisch-physikalischen Substratverhältnisse, ungünstiger Wasserführung und/oder der Exposition, um die wichtigsten Faktoren zu nennen, auf natürlichem Wege nicht oder nur sehr langsam mit Vegetation bedeckt werden.

Damit bleiben diese Flächen über lange Zeiträume (z. T. viele Jahrzehnte) außerhalb ökologischer Kreisläufe. Erosion, Denudation und Sedimentation bewirken unerwünschte Substratverlagerungen, die z. B. zur Zerstörung ganzer Böschungssysteme führen können (Abb. 1 u. 2). Windabträge können anliegende kommunale Flächen durch Stäube belasten.

Die Wirtschaftlichkeit des Bergbaues hat nach 1990 in den meisten Bereichen ihre Grenzen erreicht. Die Kupferförderung wurde völlig, der Braunkohleabbau zum großen Teil eingestellt (Förderung 1992 ca. 25 Mio. t). In gewissem Maße werden noch Kali- und Steinsalze über das Jahr 2000 hinaus gefördert, so daß sich die bergbaulich beeinflußten Bereiche auch nach der Jahrtausendwende nicht wesentlich erweitern.

Die Reintegration der devastierten Flächen in den Naturhaushalt wurde nach 1990 in den betroffenen Gebieten eine der wesentlichen Aufgaben.

Vor diesem Zeitpunkt stand v. a. in den Braunkohletagebaubereichen die land- und forstwirtschaftliche Nachnutzung von Rekultivierungsflächen im Vordergrund. Unter den danach grundlegend geänderten wirtschaftlichen Bedingungen gewann jedoch die Entwicklung der Bergbaufolgeflächen hauptsächlich unter landschaftsgestalterischen Gesichtspunkten im Sinne einer ökologischen Aufwertung als planerisches Ziel zunehmend an Bedeutung.

Ingenieurbiologische Verfahren der Oberflächenfestlegung können ökonomisch und ökologisch sinnvoll dazu beitragen, obengenannter Zielstellung zu genügen: Das Institut für landwirtschaftliche Forschung und Untersuchung e. V. Halle führt bereits seit 1989 auf verschiedenen Substraten in Bergbaufolgelandschaften Untersuchungen zur Erosionsschutzbegrünung durch [Tagebau Geiseltal bei Mücheln (Abb. 3), Tagebau Goitsche bei Bitterfeld, Spüldeponien der Sodaindustrie bei Bernburg und Staßfurt, Aschedeponien bei Halle]. Ziel der Untersuchungen war es, das biologische Potential einheimischer, den jeweiligen Standortverhältnissen angepaßter Wildpflanzenarten und ingenieurbiologische Bauweisen zu nutzen, um einerseits die Festlegung abtragsgefährdeter Oberflächen (besonders an Böschungen) und andererseits die Initiierung erster Sukzessionsstadien der Pflanzenentwicklung und Bodenbildung auf diesen Standorten zu erreichen. Damit sollen Ausgangspunkte der Entwicklung naturnaher, artenreicher, stabiler Ökosysteme unter weitgehend oligotrophen Bedingungen geschaffen werden.

Abb. 1. Ausgedehnte Böschungssysteme im Geiseltal ... (Quelle: Ilfu e. V. Halle, Photo: Schuchard)

Abb. 2. ...und die Folgen: Flächen- und Tiefenerosion drei Jahre nach der Böschungsgestaltung bei fehlendem Oberflächenschutz. (Quelle: Ilfu e. V. Halle, Photo: Schuchard)

Die nachstehenden Ausführungen sind Auszüge von Untersuchungsergebnissen der Jahre 1989–1995.

2
Zur Auswahl geeigneter Pflanzenarten für die Begrünung von Rohsubstraten[1]

Im Verlauf zahlreicher Voruntersuchungen (Stolle 1993) zeigte sich, daß nicht, wie ursprünglich angenommen, eine Reihe von „Spezialisten" zu den Arten gehören, die auf Rohsubstraten (abgesehen von extrem sauren oder basischen und/oder salzbelasteten Standorten) für Primärbegrünungen geeignet sind. Vielmehr waren es Arten, die nach allgemeinem Verständnis eine große ökologische Variabilität und damit ein gutes Anpassungsvermögen an die unterschiedlichsten Bedingungen aufweisen.

Während unter den spezifischen Bedingungen von Spüldeponien der Sodaindustrie (pH-Werte: 8–12; Leitfähigkeit: 1 200–3 000 μS) nur speziell angepaßte Arten für Primärbegrünungen geeignet erscheinen [z. B. *Spergularia rubra* (Rote Schuppenmiere), *Hymenolobus procumbens* (Salztäschel), *Salsola kali* (Kali-Salzkraut), *Atriplex tatarica* (Tatarenmelde), *Diplotaxis tenuifolia* (Schmalblättriger Doppelsame), *Puccinelia distans* (Gemeiner Salzschwaden)], sind an den meisten anderen Standorten andere Kriterien maßgeblich für die Artenwahl in Saatmischungen:

- Die biologische/mechanische Funktion – Erosionsschutz
- Die spezifische Biomasseproduktion – Gewährleistung einer minimalen Akkumulation organischer Substanz
- Ein den Standortverhältnissen angepaßtes, möglichst breites Artenspektrum – optimale Nutzung des vorhandenen Lebensraumes.

Derartige Mischungen sollten nach folgenden Gesichtspunkten zusammengestellt werden (die beispielhaft aufgeführten Pflanzenarten sind typisch für den Mitteldeutschen Raum):

- Verwendung von Arten, die bereits Randbereiche des zu begrünenden Standortes besiedelt haben und/oder nach vorherigen Vegetationsaufnahmen auf Teilbereichen nachgewiesen sind
- Verwendung von autochthonem Material, das eine optimale Anpassung an die naturräumlichen und klimatischen Bedingungen des Standortes erwarten läßt
- Auswahl von Pflanzenarten, die in Abhängigkeit vom Ansaatzeitpunkt rasch auflaufen, z. B.:

  Frühjahr:
  - *Poa annua* (Jährige Rispe)
  - *Vulpia myuros* (Mäuseschwanz-Federschwingel)
  - *Hordeum jubatum* (Mähnen-Gerste)
  - *Hordeum murinum* (Mäuse-Gerste)

[1] Die Schreibweise der wissenschaftlichen und deutschen Pflanzennamen entspricht derjenigen von Rothmaler (1994).

Abb. 3. Geiseltal (Westfeld) bei Mücheln. (Quelle: Ilfu e. V. Halle, Photo: Schuchard)

Sommer: – *Echinochloa grus - galli* (Gemeine Hühnerhirse)
Spätsommer: – *Bromus sterilis* (Taube Trespe)
– *Bromus mollis* (Weiche Trespe)
– *Bromus tectorum* (Dach-Trespe)
Herbst: – *Arenaria serpyllifolia* (Quendel-Sandkraut)
– *Poa annua* (Jährige Rispe)
– *Matricaria maritima* (Geruchlose Kamille)
– *Anthemis tinctoria* (*Färber-Hundskamille*)

- Arten, die wenige, strangartige Wurzeln, Pfahlwurzeln oder Rhizome (> 100 cm Länge) ausbilden und eine tiefreichende Verankerung des Substrates bewirken, z. B.:
  – *Sanguisorba minor* (Kleiner Wiesenknopf)
  – *Linum austriacum* (Österreichischer Lein)
  – *Diplotaxis tenuifolia* (Schmalblättriger Doppelsame)
  – *Cardaria draba* (Pfeilkresse)
  – *Lepidium latifolium* (Breitblättrige Kresse)
  – *Tetragonolobus maritimus* (Gelbe Spargelerbse)
  – *Gypsophila perfoliata* (Durchwachsenblättriges Gipskraut)
  – *Gypsophila scorconerifolia* (Schwarzwurzelblättriges Gipskraut)
  – *Reseda lutea* (Gelbe Resede)
- Arten, die mittlere Substratbereiche (bis ca. 60 cm) intensiv durchwurzeln, z. B.:
  – *Arrhenaterum elatius* (Glatthafer)
  – *Dactylis glomerata* (Gemeines Knaulgras)
  – *Poa pratensis* (Wiesen-Rispengras)
  – *Poa compressa* (Platthalm-Rispengras)
  – *Agrostis canina* (Hunds-Straußgras)
  – *Agrostis tenuis* (Rot-Straußgras)
  – *Holcus lanatus* (Wolliges Honiggras)
  – *Achillea millefolium* (Gemeine Schafgarbe)
  – *Tanacetum vulgaris* (Rainfarn)
- Hochwüchsige oder sparrige Arten, die oberflächennahe Windbewegungen bremsen sowie anfliegende Samen, Feinerde usw. abfangen, z. B.:
  – *Melilotus spp.* (Steinklee)
  – *Picris hieracioides* (Gemeines Bitterkraut)
  – *Sisymbrium altissimum* (Hohe Rauke)
  – *Oenothera biennis* (Gemeine Nachtkerze)
  – *Salsola kali* (Kali-Salzkraut)
  – *Falcaria vulgaris* (Sichelmöhre)
  – *Onopordum acanthium (Gemeine Eseldistel)*
- Arten die aufgrund ihres Wuchsverhaltens als Einzelpflanze innerhalb einer Vegetationsperiode große Oberflächenbereiche bedecken können, z. B.:
  – *Medicago lupulina* (Gelbklee)
  – *Lotus corniculatus* (Gemeiner Hornschotenklee)
  – *Polygonum aviculare* (Vogel-Knöterich)
  – *Agrostis stolonifera* (Flecht Straußgras)

Den meisten der genannten Arten gemeinsam ist ihr Vermögen, auch unter nährstoffarmen (häufig Stickstoff-, Kalium- und Phosphormangel), wechselfeuchten oder trockenen Bedingungen und auf strukturgeschädigten Standorten zu existieren. Einige sind darüber hinaus in der Lage, Luftstickstoff zu fixieren.

3
Verschiedene Mulchabdeckungen und ihr Einfluß auf die Entwicklung angesäter Wildpflanzenarten auf Rohsubstraten am Beispiel einer tertiären Kippböschung

Untersuchungen der Jahre 1989–1991 (Stolle 1993) zeigten, daß bei der überwiegenden Zahl der Standorte, die auch nach mehreren Jahren noch keinen natürlichen Bewuchs aufwiesen, in erster Linie die unzureichende Wasserversorgung der limitierende Faktor für das Pflanzenwachstum war. Dies betrifft gleichermaßen stark verdichtete Substrate mit hohem Anteil bindiger Materialien als auch Sande und Kiese mit weitgehend fehlendem Schluffanteil oder Oberflächenverkarstungen, die z. B. entstehen, wenn Salze aus den oberflächennahen Schichten von Abraum der Kali- oder Sodaindustrie ausgewaschen werden und ein Gips- oder Kalkskelett zurückbleibt. Hinzu kommen hohe Benetzungswiderstände bestimmter Substrate – z. B. fossiler organischer Substanz, tertiäre Feinsande.

Im ingenieurbioloigschen Oberflächenverbau sind die positiven Wirkungen von Mulchabdeckungen hinlänglich bekannt (Schiechtl 1987). Messungen zum Wasserhaushalt auf dem nachstehend beschriebenen Versuchsstandort bestätigen die Regulationsfunktion von Mulchabdeckungen: Bis in eine Tiefe von 90 cm wurden Bodenfeuchtemessungen durchgeführt. Im Vergleich der Varianten Substrat ohne Mulch und Substrat mit Mulch (und Pflanzenbewuchs) ergaben sich für Tiefenstufen unter 5 cm unabhängig vom Niederschlagsangebot während der Vegetationsperiode keine nennenswerten Unterschiede im Wassergehalt. Berücksichtigt man den Wasserverbrauch der Pflanzen, so ergibt sich unter der Mulchdecke eine insgesamt größere Menge pflanzenverfügbaren Wassers. Entscheidend ist offensichtlich die Regulationsfunktion der Mulchabdeckung für die oberen 5 cm des Substrates. Sowohl nach starken Niederschlägen als auch längeren Trockenperioden war der Feuchtegehalt ausgeglichener als bei der ungemulchten Variante.

Während der Vegetationsperiode erfolgten in 14tägigem Rhythmus Feuchtemessungen in der Schicht von 0–5 cm. Die Messungen ergaben einen Wassergehalt von etwa 15 Vol.-%, der sowohl im Jahresverlauf als auch zwischen den Mulchvarianten überraschend ausgeglichen war. Lediglich die Variante ohne Mulch wies starke Schwankungen im Wassergehalt der obersten Schichten (zeitweise Verringerung auf 6–9 Vol.-%) auf. Unter Berücksichtigung der Struktur des Substrates ist bei den ermittelten 15 Vol.-% Wassergehalt von einer weitgehend ausreichenden Wasserversorgung bei gemulchten Flächen auch während niederschlagsarmer Perioden auszugehen (der permanente Welkepunkt liegt für sandige Ackerböden bei etwa 4 Vol.-% und für Tonböden bei etwa 26 Vol.-%).

Die wichtigsten Funktionen von Mulchabdeckungen sollen, kurz zusammengefaßt, mit Hinblick auf den besonderen Standort, erwähnt werden:

- Mechanischer Erosionsschutz – auch wenn noch keine entwickelten Pflanzen vorhanden sind, wird die Aufprallenergie von Niederschlagswasser vermindert und der Oberflächenabtrag verringert sich zugunsten der vom Substrat aufgenommenen Wassermenge
- Verdunstungsschutz und Kondenswasserbildung – besonders während kritischer Entwicklungsphasen z. B. in Trockenperioden nach gerade erst erfolgter Keimung kann die Mulchabdeckung eine ausreichende Wasserversorgung bewirken
- Erste Versorgung mit Rohhumus sowie Diasporeneintrag
- Eintrag von Mikroorganismen, die den Umbau organischer Substanz fördern und damit die Bodenbildung anregen

Obwohl besonders die drei letztgenannten Aspekte von der Qualität des Mulchmaterials abhängen, sind vergleichende Untersuchungen verschiedener Materialien bezüglich des Pflanzenwachstums, der Entwicklung und Struktur der pflanzlichen Biomasse bei Ansaaten auf Rohsubstraten unbekannt und daher Gegenstand des nachstehend beschriebenen Versuches auf einem Standort, der 6 Jahre nach der Böschungsausformung noch keine Ansätze einer natürlichen Besiedlung mit Pflanzen aufwies. Die Ergebnisse nach der ersten Vegetationsperiode (Gehölzbesiedlung nach der vierten Vegetationsperiode) werden im folgenden kurz dargestellt:

- Standortcharakteristik:
  - Nach SO geneigte Böschung (1 : 6–1 : 10) des Tagebaurestloches Geiseltal bei Mücheln (Sachsen-Anhalt)
  - Niederschläge: 450 mm im langj. Mittel
  - Material: Tertiäre Mittelmassen (stark verdichtet), mit klumpigen Kohle- und Tonbeimengungen
  - pH-Wert: 2,3 auf weniger als 1 % der Fläche 4,5–6,5 auf dem überwiegenden Teil der Fläche
  - Nährstoffversorgung: NO_3^- 7 mg/100 g; P 0,3 mg/100 g; K 0,7 mg/100 g; Mg 41,9 mg/100 g
- Versuchsanlage:
  Auf 1 000 m^2 großen Parzellen wurden im Ergebnis einer Vegetationsanalyse des Tagebauumfeldes folgende Pflanzenarten im Herbst 1992 angesät (das Saatgut stammt aus eigenen Vermehrungen autochthonen Materials):
  - *Achillea millefolium* (Gemeine Schafgarbe)
  - *Agrostis canina* (Hunds-Straußgras)
  - *Agrostis capillaris* (Rot-Straußgras)
  - *Agrostis stolonifera* (Flecht-Straußgras)
  - *Armeria maritima* (Gemeine Grasnelke)
  - *Artemisia campestris* (Feld-Beifuß)
  - *Artemisia vulgaris* (Gemeiner Beifuß)
  - *Betula pendula* (Gemeine Birke)
  - *Cardaria draba* (Pfeilkresse)
  - *Corispermum leptopterum* (Schmalflügeliger Wanzensame)
  - *Dactylis glomerata* (Gemeines Knaulgras)
  - *Daucus carota* (Wilde Möhre)
  - *Deschampsia flexuosa* (Drahtschmiele)
  - *Diplotaxis tenuifolia* (Schmalblättriger Doppelsame)
  - *Erysimum crepidifolium* (Bleicher Schöterich)
  - *Festuca pallens* (Blau-Schwingel)
  - *Gypsophila perfoliata* (Durchwachsenblättriges Gipskraut)

- *Hordeum jubatum* (Mähnen-Gerste)
- *Lepidium latifolium* (Breitblättrige Kresse)
- *Linum austriacum* (Österreichischer Lein)
- *Lotus corniculatus* (Gemeiner Hornschotenklee)
- *Medicago lupulina* (Hopfenklee)
- *Melilotus alba* (Weißer Steinklee)
- *Plantago lanceolata* (Spitz-Wegerich)
- *Poa compressa* (Platthalm-Rispengras)
- *Poa pratensis* (Wiesen-Rispengras)
- *Polygonum aviculare* (Vogel-Knöterich)
- *Reseda luteola* (Färber-Resede)
- *Rosa canina* (Hunds-Rose)
- *Rumex acetosella* (Kleiner-Sauerampfer)
- *Sisymbrium altissimum* (Hohe Rauke)

● Ansaatverfahren:
Nach bisherigen Erfahrungen auf ähnlichen Substraten hat sich die Ansaat auf die unbearbeitete Oberfläche (und deren anschließende Abdeckung mit einem organischen Material) bewährt. Aufgelockerte bindige Substrate trocknen bei hoher Sonneneinstrahlung extrem schnell aus und können aufgrund der fehlenden Krümelstruktur nicht in dem für das Auflaufen, v. a. von Gräsern, erforderlichen Maße rückverdichtet werden. Darüber hinaus konnte beobachtet werden, daß Arten, die normalerweise wenige, tiefreichende Wurzeln ausbilden, (*Melilotus alba, Medicago sativa*) ausschließlich flachstreichende Wurzeln im Bearbeitungshorizont aufwiesen. Sie wurden damit zur Konkurrenz der ebenfalls angesäten Gräser. Die ungenügende Durchwurzelung der Oberfläche führte in der Folge zu fortschreitenden Erosionserscheinungen. Das Saatgut wurde in Handaussaat ausgebracht. Die Saatgutaufwandmenge betrug 2 g/m^2 (Diese Menge entspricht einem Potential von ca. 4 500–5 000 Samen je m^2 – bei größeren Aufwandmengen wurden flächige Absterbeerscheinungen infolge der gegenseitigen Konkurrenz der Einzelpflanzen beobachtet). Die Ansaaten wurden in folgenden Varianten mit Mulchmaterial abgedeckt (die Aufwandmenge betrug einheitlich etwa 1 000 g/m^2 Trockensubstanz organischer Masse):

I Wiesenheu (v. a. Poa pratensis)
Auflagestärke: ca. 4 cm
II Weizenstroh (3 Jahre gelagert)
Auflagestärke: ca. 3 cm
III Komposterde
Auflagestärke: ca. 2 cm
IV Kontrolle, Ansaat ohne Mulchabdeckung

Neben zahlreichen chemisch-physikalischen Analysen wurden bei diesen Varianten die Struktur der gebildeten pflanzlichen Biomasse untersucht und die technologische Eignung (Ausbringung und Verwehungsstabilität) eingeschätzt.

Weitere Materialien [Rindenmulch, Luzerneheu, frisches Schnittgut (Gräser/Kräuter)] wurden nur hinsichtlich ihrer technologischen Eignung bewertet. Empirische Beobachtungen zur ökologischen Eignung dieser Materialien spiegeln sich in Tabelle 1 wider.

Die wichtigsten Einzelergebnisse sind in Tabelle 2 und in den Abb. 4–7 dargestellt. Darüber hinaus ist die Besiedelung der Versuchparzellen durch Gehölze nach der vierten Vegetationsperiode in Abb. 8 dargestellt.

Tabelle 1. Zusammenfassende Bewertung der Mulchmaterialien

Mulchvariante	Bewertungskriterien: Technologische Eignung			Ökologische Eignung (im Sinne der Versuchsfrage)			
	Ausbringung		Verwehungsstabilität	Mineralisierbarkeit ohne zusätzlich N-Gaben	Nährstoffeintrag	Diasporeneintrag	Gesamt
	Maschinell	Manuell					
Rindenmulch	10	3	10	1	8	3	35
Weizenstroh	3	6	3	0	5	0	18
Gräserheu	3	8	8	8	10	8	45
Frischer Grünschnitt	3	10	10	10	10	8	51
Luzerneheu	1	5	5	8	8	1	28
Klärschlammkompost	8	0	10	10	3	1	32

10 Punkte: Optimale Eigenschaften 5 Punkte: Akzeptable Eigenschaften 0 Punkte: Das Material ist abzulehnen

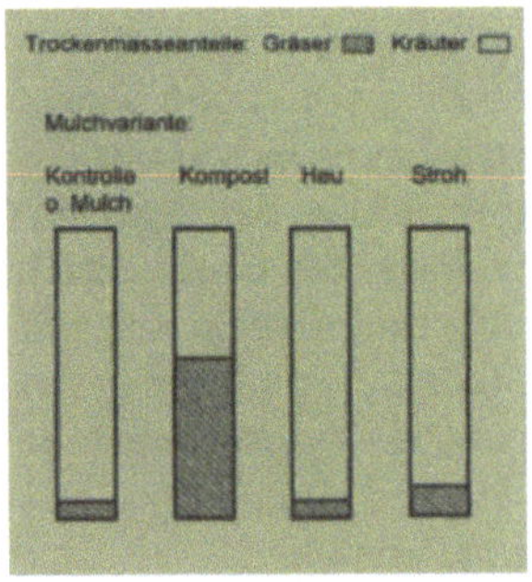

Abb. 4. Struktur der oberirdischen Biomasse (Trockensubstanz)

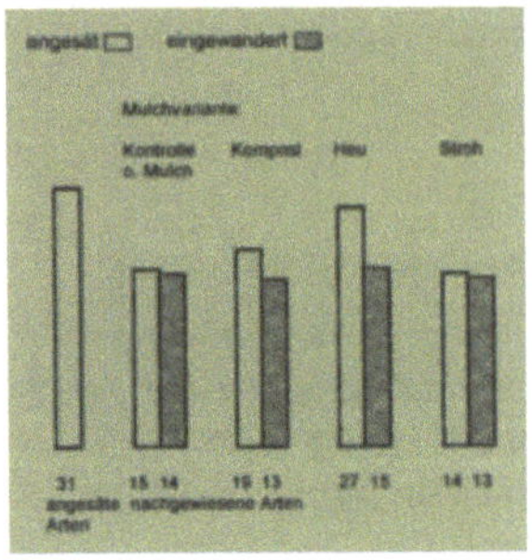

Abb. 5. Artennachweis, Vergleich der Mulchvarianten (Artenzahl)

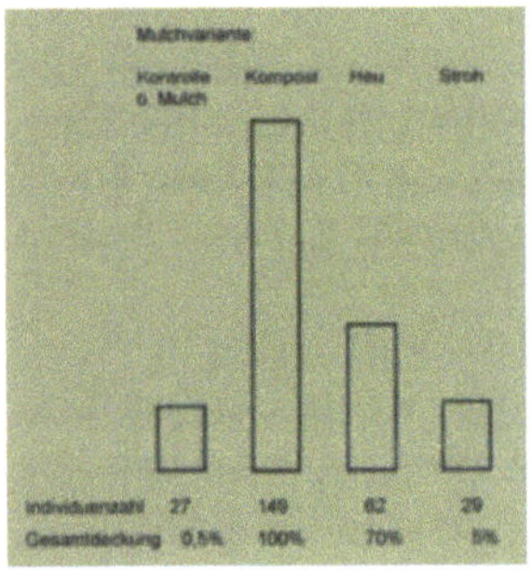

Abb. 6. Individuenzahl, Vergleich der Mulchvarianten (Individuenzahl/m^2 und Deckungsgrad nach Braun-Blanquet 1964)

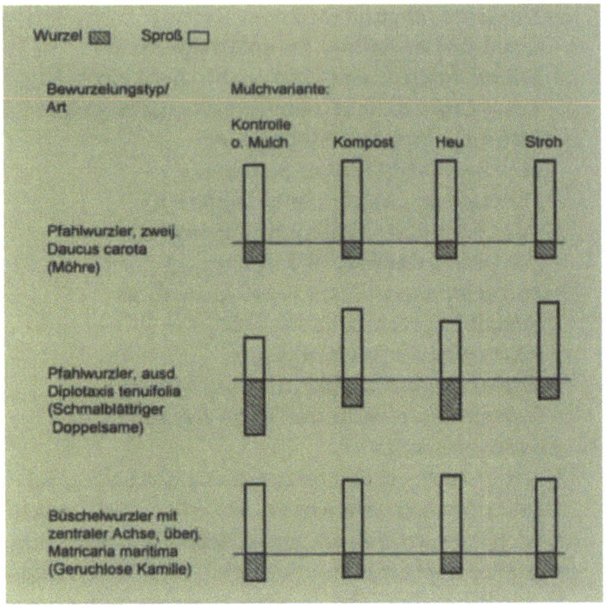

Abb. 7. Wurzel-/Sproßverhältnis ausgewählter Pflanzenarten (Trockensubstanz)

4
Diskussion der Ergebnisse

Wertet man die dargestellten Untersuchungen vor dem Hintergrund der eingangs erhobenen Anforderungen an das Mulchmaterial, lassen sich folgende Ergebnisse ableiten:

4.1
Mechanischer Erosionsschutz und Verdunstungsschutz

Die Anforderungen an den mechanischen Erosionsschutz und den Verdunstungsschutz werden durch die verschiedenen Materialien weitgehend erfüllt. Die fehlende Mulchschicht und die ungenügende Pflanzenentwicklung bewirkten bei der Kontrolle schon in der ersten Vegetationsperiode die weitere Vertiefung von Erosionsrinnen, welche zu Versuchsbeginn erst im Ansatz erkennbar waren (z. B. Vertiefung von 2 cm tiefen Rinnen auf 20–40 cm). Bei der Strohabdeckung und dem Luzerneheu traten Schwierigkeiten durch Materialverwehungen auf (die Mulchauflagen wurden nicht zusätzlich fixiert). Die lückige Mulchauflage bei diesen Materialien führte zu Offenflächen, auf denen kein Pflanzenwachstum erfolgte. Der Anteil von Flächen, die ohne Beschattung durch das aufgetragene Material bleiben, sollte daher 5 % nicht überschreiten.

4.2
Nährstoffeinfluß und Rohhumusbildung

Die Qualität des Materials, insbesondere der Nährstoffeintrag, die Verrottungsstabilität bzw. das Kohlenstoff/Stickstoff-Verhältnis (C/N-Verhältnis) spielten offenbar die entscheidende Rolle für die morphologische Entwicklung der Pflanzen in der ersten Besiedelungsphase des Rohbodenstandortes. Der hohe Nährstoffeintrag durch den Kompost bewirkte die absolut höchste Biomasseproduktion, aber auch die einseitige Förderung einzelner Arten. Der hohe Gräseranteil in der Biomasse dieser Variante resultiert zum überwiegenden Teil aus Knaulgras. Die Durchwurzelung des Substrates beschränkte sich bei der Kompostvariante auf den oberflächennahen Bereich, während die Arten der Heumulchparzelle bereits nach einer Vegetationsperiode bis in große Tiefenstufen des Substrates vordrangen und damit das Abgleiten von Vegetationsschollen besonders nach längeren Niederschlagsperioden verhinderten. Bei Pflanzenarten verschiedener natürlicher Trophieansprüche, welche auf allen Parzellen wuchsen und damit vergleichbar waren, konnte kein Einfluß der Nährstoffversorgung auf das Wurzel/Sproß-Verhältnis festgestellt werden. Konkurrenzschwächere Arten traten

Tabelle 2. Produktion pflanzlicher Biomasse und vertikale Verteilung in Abhängigkeit von den Versuchsvarianten [gTS/m^2]

Vertikale Verteilung der Biomasse	Versuchsvarianten			
	Kontrolle ohne Mulch	Kompost	Heu	Stroh
Oberirdisch	23,5	448,2	123,5	21,6
Unterirdisch				
Tiefenstufe: [cm]				
0–10	13,4	366,0	79,4	58,5
10–20	2,4	121,5	16,0	1,7
20–30	1,2	17,0	8,1	3,0
30–40	0,1	0,1	21,0	0,5
40–50	-	-	15,7	0,2
50–60	-	-	3,5	-
60–70	-	-	3,6	-
70–80	-	-	4,3	-
80–90	-	-	0,8	-
90–100	-	-	0,6	-

allerdings auf der Kompostparzelle gar nicht erst auf und ausgesprochen nitrophile Arten z. B. *Chenopodium album* waren nur auf der Kompostparzelle nachweisbar.

4.3 Wirkungen auf Dichte und Struktur der Pflanzenbestände

Nach einer (bzw. 4) Vegetationsperiode(n) ist die weitere Entwicklung der einzelnen Varianten im Sukzessionsverlauf noch nicht zu prognostizieren und bleibt weiteren Untersuchungen vorbehalten. Die Dichte und Struktur der Vegetationsdecke ist für den Erosionsschutz nach der Mineralisierung der Mulchauflage und für die sukzessive Weiterentwicklung der Pflanzengesellschaften ausschlaggebend. Die Kontrolle wies Pflanzenbestände auf, deren Deckungsgrad unter 0,5 % lag und als unzureichend eingestuft werden muß. Die Strohabdeckung führte zu einer deutlich reduzierten Arten- und Individuenzahl gegenüber den anderen Mulchvarianten (ähnliche „Hemmungen" wurden bei Rindenmulchauflagen beobachtet). Mögliche Ursachen könnten das weite C/N-Verhältnis und/oder phytotoxische oder keimungshemmende Substanzen, welche durch bestimmte Pilze freigesetzt werden können, sein. Aus der landwirtschaftlichen Praxis ist bekannt, daß organische Stoffe, die ein weiteres C/N-Verhältnis als 30 : 1 aufweisen, einer zusätzlichen Stickstoffversorgung bedürfen, wenn dem Boden in der Anfangsphase der Mineralisierung kein Stickstoff entzogen werden soll. Das C/N-Verhältnis liegt bei Stroh und Rindenmulch weit über diesem Grenzwert. Eine zusätzliche Düngung ist jedoch nicht im Sinne des Erhaltes eines oligotrophen Standortes. Gegenüber der Kompostabdeckung wies die Heumulchparzelle nur einen Deckungsgrad von 70 % auf. Dieser relativ offene Standort wies jedoch die höchste Wiederfindungsrate der angesäten Arten auf (die Zahl der zuwandernden Arten blieb bei allen Varianten nahezu konstant). Der Gesamtdeckungsgrad der Pflanzenbestände bei den Versuchsvarianten veränderte sich während der folgenden drei Vegetationsperioden nur unwesentlich. Die Besiedelung durch anfliegende Gehölze verlief jedoch sehr differenziert (Abb. 3). Offenbar benötigten die aufgetretenen Pionierholzarten für die Keimung neben einem durch krautige Arten bereits auf-

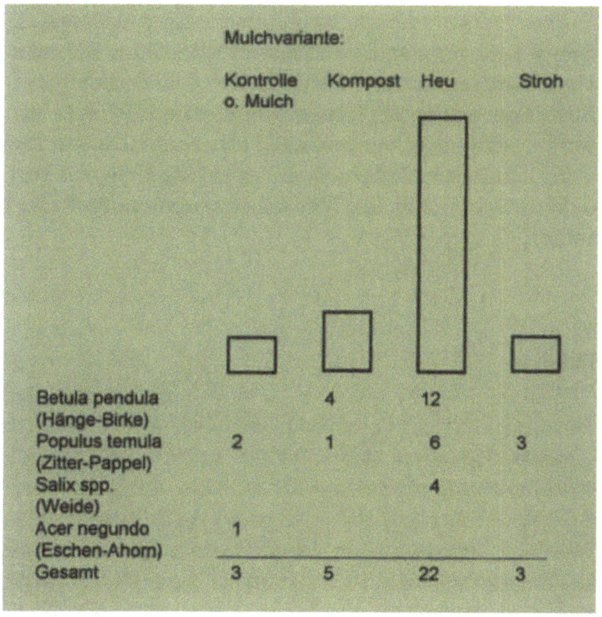

Abb. 8. Gehölzbesiedlung nach der vierten Vegetationsperiode (Anzahl je 1 000 m^2)

geschlossenen Standort hinreichend große Offenflächen im Pflanzenbestand. Die Heumulchvariante scheint diesen Erfordernissen am ehesten Rechnung zu tragen (Abb. 9–12).

4.4 Diasporeneinträge durch das Mulchmaterial

Diasporeneinträge durch das Mulchmaterial erfolgten v. a. durch den Kompost [Samen von Gänsefußgewächsen v. a. *Chenopodium album* (Weißer Gänsefuß) und *Atriplex nitens* (Glanzmelde) und Tomatensamen]. Alle anderen geprüften Materialien enthielten keine nennenswerten Samenmengen (für die Versuchsanstellung war es wichtig, den Sameneintrag durch das Mulchmaterial zu minimieren, um die Abgrenzung zu den tatsächlich angesäten Arten zu gewährleisten). Die hohen Wiederfindungsraten der angesäten Arten aus dem Tagebaurandbereich (z. B. Heumulchparzelle) lassen jedoch erwarten, daß bei Verwendung von Schnittgut diese Arten als Mulchmaterial ein positiv zu bewertender Saatguteintrag stattfindet. Ähnliche Effekte sind bei der „Heublumensaat" bekannt. Bei der Verwendung von frischem Grünschnittgut kann auf eine zusätzliche Ansaat der im Schnittgut gerade reifenden Arten verzichtet werden.

Abb. 9. Die Versuchsvarianten nach der vierten Vegetationsperiode: ... Kontrolle (Ansaat ohne Mulchabdeckung). (Quelle: Ilfu e. V. Halle, Photo: Schuchard)

Abb. 10. Die Versuchsvarianten nach der vierten Vegetationsperiode: Ansaat mit Klärschlammabdeckung. (Quelle: Ilfu e. V. Halle, Photo: Schuchard)

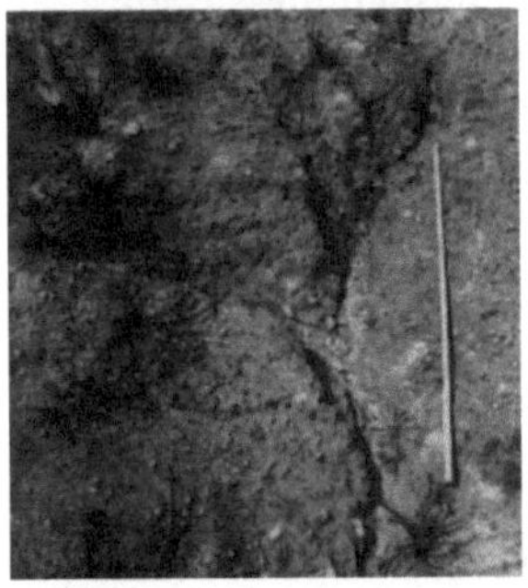

Abb. 11. Die Versuchsvarianten nach der vierten Vegetationsperiode: Ansaat mit Wiesenheuabdeckung. (Quelle: Ilfu e. V. Halle, Photo: Schuchard)

Abb. 12. Die Versuchsvarianten nach der vierten Vegetationsperiode: Ansaat mit Weizenstrohabdeckung. (Quelle: Ilfu e. V. Halle, Photo: Schuchard)

4.5 Verfügbarkeit des Saatgutes

In zunehmendem Maße wird gefordert, bei Begrünungen in der offenen Landschaft nicht nur standortgerechtes, sondern möglichst Material geeigneter Herkünfte einzusetzen. Für Gehölze ist dies bereits durch die Forstgesetzgebung festgeschrieben. Bei krautigen Arten steht eine solche Regelung jedoch aus. Die riesigen Dimensionen der potentiell zu begrünenden Flächen in den Mitteldeutschen und Lausitzer Braunkohlenrevieren sollten zum Anlaß werden, Saatgut abgegrenzter Herkunftsgebiete für die Verwendung im Landschaftsbau dieser Gebiete zu produzieren. Der hohe Preis für Wildpflanzensaatgut relativiert sich, wenn dieses mit optimalen Aufwandmengen (1–2 g/m^2) eingesetzt wird.

Die verschiedenen Mulchmaterialien werden in Tabelle 2 zusammenfassend bewertet. Wichtige Kriterien wie Schadstoffeinträge, Verfügbarkeit und Kosten waren nicht Gegenstand der Untersuchungen und blieben unberücksichtigt. Zu den Varianten Rindenmulch, frischer Grünschnitt und Luzerneheu liegen keine Vegetationsanalysen vor – Tabelle 2 hat daher orientierenden Charakter.

5 Ausblick

Die ausgedehnten Rohbodenflächen bieten die einmalige Chance, begangene Fehler bei der Landnutzung durch Ausgliederung großer Areale im Sinne der Initiierung reich strukturierter Lebensräume, v. a. auch für zahlreiche Tier- und Pflanzenarten, die offenen Landschaften mit oligotrophem Charakter bevorzugen, wenigstens ansatzweise auszugleichen. Geeignete Teilbereiche könnten, mit einer schützenden Primärpflanzendecke versehen, anschließend einer natürlichen Entwicklung überlassen werden. Die Qualität, mit der in den Bergbaufolgelandschaften die sicherungstechnischen Erfordernisse des Erosionsschutzes und der Standsicherheit mit anspruchsvollen Biotopstrukturen verknüpft werden können, entscheidet über den zukünftigen ökologischen Wert der betroffenen Flächen.

6 Zusammenfassung

Die Reintegration devastierter Tagebaurestflächen in den Naturhaushalt unter ökologischen und landschaftsgestalterischen Gesichtspunkten gewinnt nach den Änderungen der Wirtschaftsstruktur im Jahr 1989 im Mitteldeutschen und Lausitzer Braunkohlenrevier zunehmend an Bedeutung. Am Ende des bergbaulichen Verantwortungsbereiches und am Anfang der Nachnutzung steht die Begrünung der hinterlassenen Rohsubstrate. Komplizierte Standortverhältnisse, insbesondere die ungünstige Wasserführung, können herkömmliche Begrünungsverfahren besonders in Böschungsbereichen erschweren oder verhinderen. Aufwendige Substratmeliorationen, die bei der landwirtschaftlichen oder forstwirtschaftlichen Rekultivierung üblich sind, verbieten sich aus ökonomischen Gründen. Vorgestellt werden erste Ergebnisse von Versuchen des Institutes für landwirtschaftliche Forschung und Untersuchung Halle e. V. zur Etablierung von Pflanzenbeständen auf unbearbeiteten tertiären Rohböden des Tagebaues „Geiseltal“ bei Halle, Sachsen-Anhalt. Dieser Standort wies 10 Jahre nach der Böschungsgestaltung keinen natürlichen Bewuchs auf. Untersucht wurden die Einflüsse unterschiedlicher Abdeckung organischer Materialien auf die Entwicklung angesäter Wildpflanzenarten autochthoner Herkünfte. Geprüft wurden: Klärschlammkompost, Wiesenheu, Weizenstroh, Rindenmulch, Luzerneheu und frisches Grünschnittgut. Angesät wurden 31 Wildpflanzenarten. Die Variante Heuabdeckung erfüllte die Anforderungen hinsichtlich einer Reihe wesentlicher Kriterien am besten:

- Weitgehende Erhaltung des oligotrophen Charakters des Standortes
- Ansiedlung eines breiten Artenspektrums (höchste „Wiederfindungsrate“ der angesäten Arten)
- Effektivster Erosionsschutz, tiefreichende Durchwurzelung des Substrates bereits in der ersten Vegetationsperiode

Das ingenieurbiologische Verfahren des Oberflächenverbaues durch Mulchdecksaaten kann auf den Rohsubstraten der Bergbaufolgelandschaften erfolgreich eingesetzt werden, wenn nicht nur die Saatmischungen sondern, auch die Mulchmaterialien und technologischen Abläufe den spezifischen Standortverhältnissen angepaßt werden.

LITERATUR

Braun-Blanquet J (1964) Pflanzensoziologie, 3. Aufl. Springer, Wien New York

Rothmaler W (1994) Exkursionsflora von Deutschland, Bd. 4, Gefäßpflanzen, 8. Aufl. 1990, Neuausgabe 1994. Fischer, Jena

Schiechtl M M (1987) Böschungssicherung mit ingenieurbiologischen Bauweisen, Grundbau-Taschenbuch, Teil 3, 3. Aufl. Berlin

Stolle M (1993) Entwicklung eines Verfahrens zur Renaturierung von Bergbaufolgelandschaften durch Begrünung mit standortangepaßten Wildpflanzenarten, Bundesministerium für Wirtschaft, Forschungsbericht (unveröffentlicht)

Wünsche M, Vogler E (1996) Standortverhältnisse und Rekultivierung im Mitteldeutschen Raum, Workshop Rekultivierung, Lausitzer Braunkohle Aktiengesellschaft, Senftenberg

Landschaftsplanung als Leitplanung einer ganzheitlichen Umgestaltung von Bergbaufolgelandschaften – das Beispiel der mitteldeutschen Tagebauregion Goitsche

Thomas Ranneberg und Johannes von Korff

1 Einführung

Die Landschaftsplanung, hier zunächst verstanden als primär ökologisch verpflichtete Querschnittsdisziplin (zur Bedeutung vgl. Abschn. 2), folgt dem gesetzlichen Auftrag, die natürlichen Lebensgrundlagen des Menschen zu schützen, zu pflegen und im Sinne langfristiger und angemessener Nutzungsmöglichkeiten weiter zu entwickeln (§ 1 des Bundesnaturschutzgesetzes).

Im Bundesnaturschutzgesetz (BNatSchG) ist ein hehres Ziel umrissen, das nicht ohne bewußtseinsbildende Rückwirkung auf die hier wie auch immer planerisch Tätigen bleiben kann. So sehen sich die Vertreter der landschaftsplanerischen Zunft als wissenschaftlich-planerische Sachverwalter einer sinnvollen und materiell dauerhaft tragfähigen Entwicklung der Gesellschaft. Diese Entwicklung ist nur auf der Grundlage einer vernünftigen, im umfassenden Sinne ökologisch und sozial verstandenen, vorsorglichen Ressourcen-Bewirtschaftung denkbar, die die Landschaftsplanung maßgeblich mitzugestalten wünscht.

Diese Haltung wurde in den vergangenen zwei Jahrzehnten dadurch gefördert, daß die kommunale, regionale und Landesplanung im Vollzug der in den 70er Jahren geschaffenen gesetzlichen Verpflichtungen zur Landschaftsplanung sich mit nachholendem Eifer ein ökologisches und am Naturschutz orientiertes Grundlagenwerk zu beschaffen oder zu erarbeiten hatte: Umweltatlanten, ökologische Planungsgrundlagen, Umweltberichtsysteme, Rote Listen, Biotop- und Artenschutzprogramme, um nur einige Stichwörter zu nennen. Die sich kräftig mehrende Zunft hatte in dieser Zeit gute Entwicklungsbedingungen; Beschäftigung und Ansehen stiegen.

Inzwischen ist zu fragen, ob und unter welchen Umständen der Landschaftsplanung vorrangige Funktionen im Planungsprozeß einzuräumen sind.

Die Antwort liegt auf der Hand. Die Bedeutung der Landschaftsplanung im Prozeß der raumbezogenen Planung steigt in dem Maße, wie der ihr gesetzlich anvertraute Natur- und Landschaftsschutz gefährdet oder betroffen ist. Aus der Planungspraxis ist bekannt, daß die Auslegungsspielräume recht groß sein können und von interessierter Seite auch gerne genutzt werden. Daher muß häufig ein erheblicher Aufwand in die Objektivierung und Operationalisierung solcher Einschätzungen investiert werden.

Für den Braunkohlentagebau und seine Folgelandschaften liegen die Betroffenheiten und Gefährdungen der besagten Schutzgüter so offen „zu Tage" (Umweltbundesamt 1991), daß die Abhängigkeit der Folgenutzungskonzepte von den landschaftsplanerischen Sanierungskonzepten nicht ernsthaft bezweifelt werden kann, die leitplanerische Funktion der Landschaftsplanung zumindest für raumbezogene Entwicklungsprozesse zunächst durchaus angemessen ist.

Bisher wurde nur von der ökologischen Querschnittsplanung gesprochen. Wie steht es mit der Gestaltungsplanung, der Landschaftsarchitektur im engeren Sinne? Auch hier setzt der Braunkohlentagebau besondere Akzente. Die Größenordnung und Radikalität der Landschaftseingriffe hat zur Folge, daß die übliche, gleichsam aufschiebende Verteilung von Planungsaufgaben auf nächste Konkretisierungsstufen, wo dann auch Gestaltungsfragen zu lösen wären, nur teilweise gelingt. Die ganze Landschaft ist neu zu gestalten, und parallel zur ökologischen Sicherung des Raumes ist auch die Gestaltung von Beginn an gefragt. Zudem hat der abrupte Ausstieg bei vielen Tagebaufeldern spezielle und großflächige Instabilitäten, Risiken und „wüstes" Gelände hinterlassen, deren Behandlung oder Einbindung in ein Nutzungskonzept ebenfalls und unmittelbar einer gestalterischen Beurteilung bedürfen – also eine prägende Rolle der Landschaftsplanung im Großtagebau.

2 Landschaftsplanung und Sanierungstagebau

2.1 Planungssituation nach der Wende

Die Landschaftsplanung im Braunkohlentagebau bzw. im Bergbau schlechthin ist v. a. durch die traditionell starke Stellung des Bergrechts bestimmt, ein Aspekt von großer Bedeutung, der hier aber nicht näher betrachtet werden kann. Jedenfalls hat die Landschaftsplanung, zumindest der Gesetzeslage nach, eine relativ feste Position im Planungssystem der Bundesrepublik mit seiner hierarchischen und fachlichen Gliederung (Abb. 1).

Bedingt durch die Übernahme eines neuen, des bundesdeutschen Rechts- und Planungssystems und die plötzlichen Stilllegungen im Braunkohlentagebau fehlten in den Neuen Bundesländern die Vorgaben übergeordneter Planungen vollständig. Zu Beginn der Arbeiten in der Goitsche in den Jahren 1991/1992 gab es weder Landesentwicklungsprogramme oder -pläne, Regionalpläne, Braunkohlenpläne noch landschaftsplanerische Zielvorgaben.

Andererseits war der Handlungsdruck auf der Ebene der Kommunen und Gebietskörperschaften der Neuen Bundesländer groß. Für die Tagebauregionen galt dies in besonderem Maße. Die Gemeinden erwarteten Informationen über den zeitlichen Rahmen und die Ziele der Umgestaltung der Bergbaufolgelandschaft.

Abb. 1. Landschaftsplanung im System der raumbezogenen Planung der Bundesrepublik. (Quelle: Bund Deutscher Landschaftsarchitekten BDLA 1994, verändert)

Gleiches galt für die Landkreise, die durch die plötzliche „Altlast" Bergbau in ihrer wirtschaftlichen Entwicklungsfähigkeit erheblich beeinträchtigt waren, und nicht zuletzt für Regierungspräsidien, Staatliche Umweltfachämter und andere behördliche Institutionen, die aus dem Stand in der Lage sein sollten, das Auslaufen der Braunkohlentagebaue zu kontrollieren und Rahmenbedingungen für eine sinnvolle Umgestaltung der betroffenen Regionen zu setzen.

Unter großem Handlungsdruck standen auch die Sanierungsbetriebe, die Menschen und Maschinen weiter beschäftigen mußten und Erdmassen verlagern, Böschungs- und Uferbereiche standsicher profilieren sowie erosionsgefährdete Bereiche begrünen sollten.

Das Fehlen von Vorgaben übergeordneter Planungsebenen und der unmittelbare Handlungsdruck führten, zumindest teilweise, zu unkonventionellen, dennoch effektiven Planungsabläufen.

Zum besseren Verständnis der umbruchsbedingten Planungsdefizite und der systematischen Rolle der Landschaftsplanung im gesamtdeutschen Planungsrecht wird zunächst ein Überblick zum Aufgabenfeld gegeben.

Landschaftsplanung im Planungssystem der Bundesrepublik Deutschland

Die Landschaftsplanung hat seit 1978 ihren festen Platz im raumbezogenen Planungssystem der Bundesrepublik. Abbildung 1 zeigt die Einordnungen in der vertikalen Planungshierarchie nach wichtigen räumlich-sektoralen Zuständigkeiten (horizontale Gliederungen).

Die Spielräume der Länderregelungen für den Verbindlichkeitscharakter, die administrativen Strukturen (Verfahrensinhalte, Trägerschaften, Vollzugsorgane usw.) und die inhaltliche Auslegung, die die Bundesrahmengesetzgebung läßt, werden hier nicht behandelt. Sie sind aber erheblich. Als Beispiel mag der Hinweis genügen, daß das Land Brandenburg flächendeckend Landschaftsrahmenpläne auf Kreisebene erstellt, für die Gebiete der Großtagebaue sogar besondere im Auftrag des Landesumweltministeriums. Sachsen dagegen stellt solche Pläne nicht auf, die landschaftsplanerische Arbeit der regionalen Planungsstellen fließt unmittelbar in die Regionalpläne ein, womit u. a. eine geringere Intensität und Breite der öffentlichen und kommunalen Diskussion landschaftsplanerischer Argumente zur Flächennutzungsentwicklung einhergehen dürfte, wenn dafür nicht ersatzweise eine andere Plattform eingerichtet ist.

2.2 Besondere Aufgaben im Großtagebau

Die Haltung des Landschaftsplaners zum Großtagebau ist zwiespältig. Einerseits ist er gesetzlich verpflichtet, Eingriffe in die Landschaft und den Naturhaushalt in derartigen Dimensionen abzulehnen. Andererseits stellt sich für ihn mit der Bergbaufolgelandschaft verständlicherweise eine besonders reizvolle Planungsaufgabe, die schon aufgrund der Großräumigkeit den üblichen Planungsrahmen sprengt und, dies gilt für den Sanierungstagebau in besonderem Maß, aufgrund der komplexen Problemlagen besondere Herangehensweisen bei Beratung, Strategiebildung, Planungsmethodik, Landschaftsbau, Sanierungstechnik usw. erfordert. Einige besonders typische Anforderungen sollen kurz beleuchtet werden.

Konsensbildung

Großtagebaue sind, wie eigentlich alle stark landschaftsverändernden Eingriffe, auch Eingriffe in die Befindlichkeit und Psyche der ansässigen Bevölkerung. Sie müssen im Planungsprozeß berücksichtigt werden. Die sozialwirtschaftlichen Verhältnisse und der gewachsene Landschaftscharakter sind bewußtseins- und charakterprägend, zumindest für die bodenständigen Einwohner. Großtagebaue verändern und beeinflussen eine Region für einen Zeitraum von zwei Generationen oder mehr.

Depression, Fatalismus, politische Teilnahmslosigkeit und Aggression der Betroffenen sind typische Begleiterscheinungen. Dies gilt umso mehr, wenn der Staatsapparat solche Vorhaben mit undemokratischen Mitteln durchgesetzt hat oder, ggf. als weiterer Konflikt, wenn die in weiten Teilen der Bevölkerung schließlich über Jahre oder Jahrzehnte gewachsene positive Haltung (bergmännische Tradition, Leistungen und Opfer für die Gesellschaft usw.) gleichsam über Nacht wertlos geworden sind.

Damit kommt auch der Landschaftsplanung in ihrer zunächst nur fachlich begründeten Vorrangfunktion eine besondere Obhutspflicht zu, die versucht, mit Blick auf die Desorientierung und emotionalen Defizite der Bevölkerung, den Planungsprozeß inhaltlich und organisatorisch auf die Stimmungslage der betroffenen Menschen auszurichten. Inhaltlich heißt dabei: überzeugende und glaubhafte Konzepte sowie ansprechende und lesbare Entwürfe und Pläne. Organisatorisch bedeutet: rechtzeitiges Einbeziehen der Betroffenen in den Planungsprozeß, so daß ihre Rechte und Wünsche angemessen einfließen können.

Für die Planung von Tagebaufolgelandschaften ist diese demokratische Planungstugend besonders wichtig. Sie setzt voraus, daß die Betroffenen sich rechtzeitig eine angemessene Vorstellung von der Entwicklung ihres Lebensraumes machen können. Dafür sind besondere Entwurfsdarstellungen aus informellen Planungen oder Rahmenkonzepten erforderlich, die die möglichen Alternativen zeigen oder den angestrebten Endzustand bildhaft veranschaulichen, etwa auf dem Weg von der Sanierungsrahmen- und Landschaftsplanung zum konkreten Genehmigungs- oder Planfeststellungsentwurf, beispielsweise für einen Uferabschnitt des neuen Restlochsees oder die renaturierte Aue eines über Jahrzehnte trockengefallenen dorfnahen Baches.

Gestaltungsrahmenpläne, Visionen
Im Einzelfall müssen zur Harmonisierung kommunaler oder individueller Interessen, welche die Gebietsentwicklung unmittelbar betreffen, konkrete Gestaltungspläne erarbeitet werden, damit die jeweiligen Nutzungskonzepte und Lösungen von Nachbarschaftsproblemen hinreichend deutlich werden.

Ein wichtiges Kriterium für die konsensbildenden Planungen ist immer die „Lesbarkeit" von Plänen, auch für den Laien. Erst ihre Verständlichkeit ermöglicht ein Sich-zu-eigen-machen des Inhalts. Für die kommunale Meinungsbildung wurden daher u. a. auch Darstellungsweisen gewählt, die abseits der Fachplanungsmethodik das Wesentliche der Aussagen bildhaft darstellen. Entwicklungs- und Gestaltungskonzepte müssen, in welchem Maßstab auch immer, als Visionen die Vorstellungskraft des unmittelbar Betroffenen anregen.

Ohne diese Verständigung sind Leitbilder zur Gebietsentwicklung strittig und dann auch nicht tragfähig.

Kostenbewußte Planungsstrategien
Jeder Tagebau, insbesondere der Sanierungstagebau, hat seine Besonderheiten, je nachdem wie planvoll und verantwortungsbewußt er erdacht und ausgeführt wurde, v. a. aber, in welcher Phase des insgesamt sehr langfristigen Prozesses der Auskohlung und Wiedernutzbarmachung der Abbruch stattfindet. Mit dem Abbruch geht eine grundlegende Neubewertung aller Tagebaustrategien einher, da den Herstellungskosten für eine wie auch immer nutzbare Folgelandschaft praktisch keine Einnahme gegenübersteht.

Die Erwartungen an die Landschaftsplanung sind deshalb in starkem Maß auf die Entwicklung kostengünstiger Rückzugsstrategien gerichtet. Gerade der Naturschutz sieht sich plötzlich im Kreise neuer, ungewohnter Freunde, die unter Hinweis auf seine Vorliebe für Sukzessionslandschaften, Ruderalfluren und Extremstandorte, weite Teile des verritzten Geländes dem Spiel der natürlichen Kräfte überlassen wollen. Im Rahmen einer abgestimmten gesamträumlichen Anordnung sind solche Flächenwidmungen auch tatsächlich sinnvoll, ebenso wie das Belassen von befremdlichen, bizarren, aber durchaus reizvollen Geländeformationen unter Gesichtspunkten der Erholung und des Landschaftserlebnisses.

Die bergtechnische Sanierung abgelegener, riskanter alter Kippenböschungen oder die Neugestaltung alter Kippenareale ist technisch sehr aufwendig. Die Gestaltungsplanung muß dafür Sorge tragen, daß dies nur dort geschieht, wo es unbedingt erforderlich ist. Die Kosten sind enorm, und diese Mittel fehlen u. U. für leichter erreichbare und wichtigere Gestaltungsziele, etwa in den Ortslagen. Insofern ist das „Liegenlassen" von 15–20 Jahre alten Sukzessionslandschaften, die teilweise auch ihren besonderen Reiz haben, durchaus ein Gestaltungsziel, wenn Gefährdungen ausgeschlossen werden können.

Verallgemeinernd könnte sogar gesagt werden: Gerade mit natürlich angelegten Entwicklungsstrategien ließe sich der Sanierungsaufwand in Grenzen halten u. a. durch natürlichen Grundwasseranstieg, Spontanbesiedlung, Sukzession.

Die Natur braucht viel Zeit und Geduld. In einer derart gewaltsam veränderten Landschaft ist man mit solchen Weisheiten jedoch nicht gut aufgehoben. Hier gelten Fristen, die auch den Landschaftsplaner verdrießlich machen, so z. B. Jahrzehnte, um aus einem verödeten Gelände ein attraktives Seengebiet entstehen zu lassen. Die Menschen aber brauchen Perspektiven, die in ihre zeitlichen Vorstellungen passen. Angebote für die folgende Generation werden kaum angenommen. Insofern erscheint ein Reparatureingriff durchaus sinnvoll, wenn der Entwicklungsprozeß damit beschleunigt werden kann.

Abgesehen von der sozialpsychologischen Wirkung ist eine möglichst kurzfristige Planungssicherheit auch volkswirtschaftlich geboten, denn das wirtschaftliche Entwicklungspotential einer Region hängt an der Attraktivität und Nutzbarkeit seiner Landschaft. So ist beispielsweise die schnellstmögliche Flutung von Restlöchern, und damit die Wiederherstellung stabiler Wasserverhältnisse, eine typische und durchaus angemessene Forderung für die Wiederbelebung und Nutzbarmachung der Landschaft, sofern Wassermangel nicht zu darüber hinausgehenden Abwägungen zwingt.

Aber auch die so verstandenen Reparatureingriffe dürfen nicht gegen die Natur vorgenommen werden. Der angestrebte langfristige Zustand muß grundsätzlich im Licht eines nach menschlichem Ermessen möglichst energie- und aufwandarmen Gleichgewichts im Haushalt der Landschaft geprüft werden.

So ist es durchaus lohnenswert, in den Wüsten der Tagebaugebiete den Spielen der Natur auf Sukzessionsflächen zuzuschauen und Anhaltspunkte für Besiedlungs- und Vitalisierungsstrategien zu gewinnen (gelenkte Sukzessionen, lokale Saat- und Pflanzgutgewinnung u. a.) oder die Vitalität und Genügsamkeit besonders geeigneter Weidensorten für die Böschungssanierung und Gehölzentwicklung zu prüfen.

Eingegrabene Totholzfaschinen können die erosionsanfälligen Neigungsflächen drainieren, etwa Uferzonen künftiger Restlochseen; Lebendfaschinen oder Weidenstecklinge finden in diesen Zonen erhöhter Feuchte günstige Wuchsbedingungen. So kann frühzeitig ein Grundgerüst für die Vegetationsentwicklung entstehen.

Umgang mit der Großtechnik

Aus wirtschaftlichen Gründen und aufgrund einer relativ geringen Beweglichkeit der Großgeräte neigt die Bergtechnik an sich zu einer eher formalen, linearen oder gleichförmigen Geländegestaltung. Aus ökologischen wie aus gestalterischen Gründen muß dieser Technik, insbesondere für die Herstellung der Uferlinien in den späteren Wasserspiegel-Schwankungsbereichen der Restlochseen, ein besonderer Aufwand abgerungen werden.

Bereits bei der großtechnischen Grobprofilierung sind spezifische Geländeformationen gleichsam als Rohling herzustellen, die später eine möglichst natürliche, abwechslungsreiche, also wenig formale Ufergestaltung ermöglichen, mit Flachwasserzonen für Röhrichtgürtel, Insel- und Halbinsellagen usw., so daß unter Wellen und Wasserschlag sich ein ansehnlicher, artenreicher und auch stabiler Gewässerrand entwicklen kann. Insofern sollte, überspitzt formuliert, die Regelböschung eher eine Ausnahme sein (Abb. 2–4).

3 Landschaftsplanung für die Goitsche, Geschichte und Ausgangssituation

Vorgeschichte

Der Beginn der Braunkohlegewinnung in der Tagebauregion Goitsche, die länderübergreifend zwischen den Städten Bitterfeld im Norden und Delitzsch im Süden gelegen ist, reicht mit dem Aufschluß der Grube Leopold südlich der Stadt Bitterfeld in das Jahr 1908 zurück. Die intensive Braunkohlegewinnung, verbunden mit großer Flächeninanspruchnahme und hohen Fördermengen, begann jedoch erst in den 50er Jahren.

Insgesamt wurden ca. 60 km^2 Fläche einschließlich der vier Gemeinden Niemegk, Döbern, Paupitzsch und Seelhausen abgebaggert oder für andere Zwecke des Tagebaubetriebes umgebaut. Die Flächenverluste der

Abb. 3. Formale, monotone Böschungsgestalt

heutigen Anliegergemeinden – fünf auf sächsischer, sieben auf anhaltinischer Seite (Abb. 5) – schwanken zwischen 3,4 und 86 %.

Zuvor war dieses Gebiet durch die Flüsse Mulde, Lober und Leine geprägt. Es handelte sich um ein stark feuchtbeeinflußtes Areal mit Grünlandwirtschaft in den Auen und Ackerbau in den trockeneren Bereichen. Weiterhin befand sich ein ca. 500 ha großer Auenwaldkomplex im Zentrum des Gebietes, der „Goitschewald“.

Mit der Vereinigung beider deutscher Staaten änderten sich die wirtschaftlichen Bedingungen in den Neuen Bundesländern grundlegend.

Die zumeist veralteten und somit dem ökonomischen Druck nicht standhaltenden Produktionsanlagen der chemischen Industrie im Raum Bitterfeld/Wolfen wurden in relativ kurzem Zeitraum fast vollständig stillgelegt. Der Energiebedarf verringerte sich drastisch. Dies führte zur Stillegung erheblicher Kraftwerkskapazitäten. Nachdem der Absatz der Braunkohle zudem energiepolitisch nicht mehr gewährleistet war, wurde 1990 der Tagebau Goitsche eingestellt. Der abrupte Ausstieg hatte zur Folge, daß sich der Tagebau in einem nicht nachnutzungsfähigen Zustand befand. Die Hinterlassenschaft des Braunkohleabbaues bestand zu

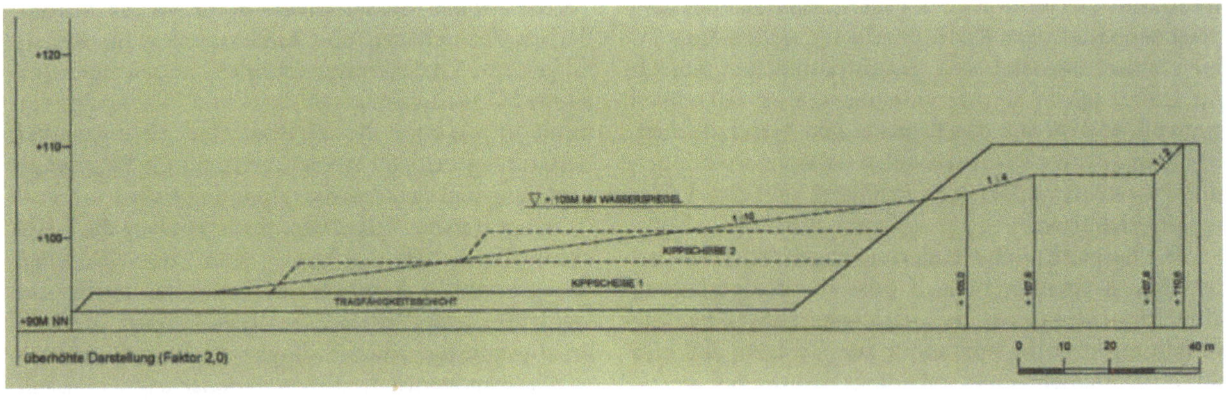

Abb. 2. Regelböschung: Prinzipieller Aufbau einer Restlochböschung

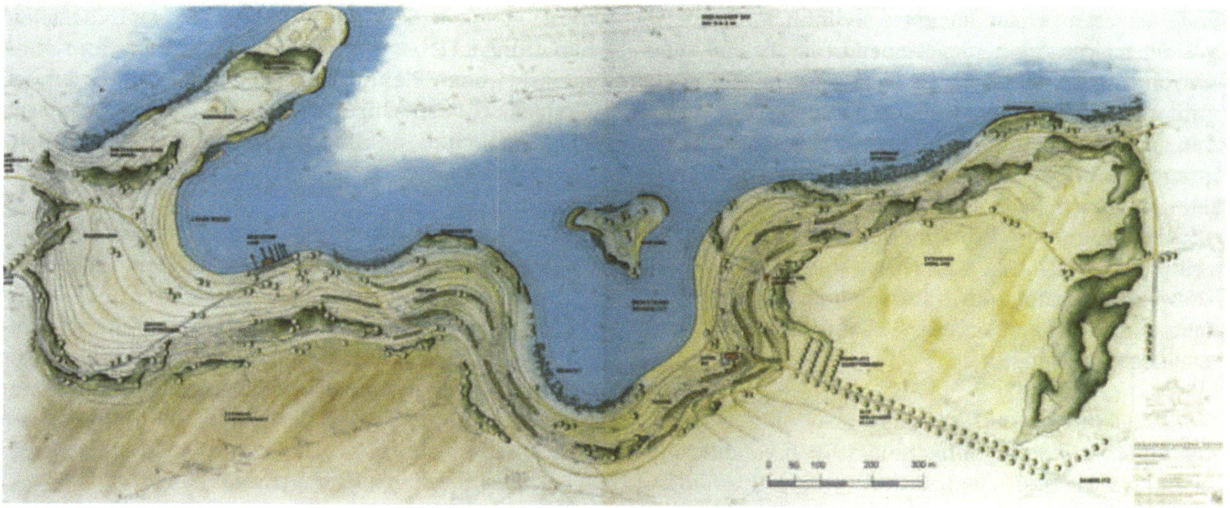

Abb. 4. Strukturreiche Ufergestaltung: Gestaltungskonzept für den Seelhauser See bei Sausedlitz

diesem Zeitpunkt zu knapp zwei Dritteln aus Kippenflächen verschiedenster Zuschnitte und Altersstadien, zu etwa einem Drittel aus kleineren bis sehr großen Restlöchern mit überwiegend niedrigen bis sehr niedrigen Wasserständen sowie aus ca. 3,5 % Böschungsflächen. Nur 40 % der Gesamtfläche trugen eine halbwegs ansehnliche Vegetationsdecke, zumeist Aufforstungen mit Schwarzkiefern und Roteichen, aber auch Strauchpflanzungen nebst Begrünungsansaat oder schließlich fortgeschrittene Sukzessionsstadien mit Baum- und Strauchbesatz. Weitere 8 % bestanden aus mehr oder weniger unansehnlichen Sondernutzungen durch Tagebauanlagen oder militärischen Einrichtungen.

Besonders problematisch aus bioklimatischen, lufthygienischen und ästhetischen Gesichtspunkten waren und sind die übrigen, weitgehend unbehandelten Areale der Restlochflächen und jüngeren Sukzessionen auf Kippenböden. Sie machen die Hälfte der Gesamtfläche aus.

Eine für die Nachnutzung oder Nachbehandlung der Tagebaufolgelandschaft höchst riskante Zutat sind die ungesicherten Böschungen, die trotz ihres sehr geringen Flächenanteils, jedoch mit insgesamt 60 km Länge, ein ganz erhebliches Störmoment für die Landschafts- und Flächennutzungsplanung darstellen. Aufgrund der schwer kontrollierbaren Setzungs- und Fließrutschungsrisiken müssen sie besonders behandelt werden. Sie sind vorerst nicht ohne Lebensgefahr zu betreten.

Sanierungsplanung

Nach Einstellung der Kohleförderung wurde bis 1992 vom Sanierungsträger zunächst ein Abschlußbetriebsplan erstellt. Dieser bezog sich jedoch nur auf die technische Sanierung des Tagebaues, welche die Herstellung der Standsicherheit, den Rückbau vorhandener Anlagen und die Verhinderung von Erosionserscheinungen umfaßte (MIBRAG 1992).

Die Vorgaben zur Rekultivierung waren zunächst entsprechend der langjährigen Übung land- und forstwirtschaftlich orientiert. Aufgrund der inhomogen verkippten und somit relativ ungeeigneten Substrate spielte die landwirtschaftliche Wiedernutzbarmachung jedoch keine Rolle. Für einige Bereiche war Freizeitnutzung vorgesehen (Werner 1974; Werner et al. 1974; Krummsdorf 1975; Autorenkollektiv 1982; Einhorn u. Hildmann 1986; Katzur 1993).

Aufgrund der veränderten ökonomischen Prämissen unterlagen die Ziele der Rekultivierung von Bergbaufolgelandschaften in Sachsen und Sachsen-Anhalt

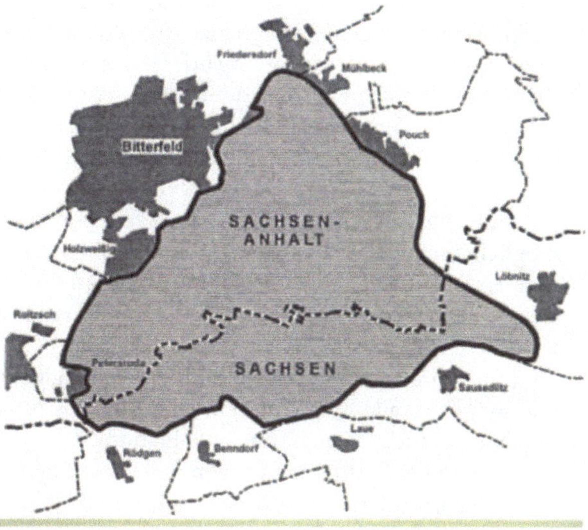

Abb. 5. Gebietsübersicht Tagebauraum Goitsche

auch insgesamt einem abrupten Richtungswechsel. Die Wiederurbarmachung der Kippenareale für eine intensive land- oder forstwirtschaftliche Nutzung trat in den Hintergrund, da die erreichbaren Ertragsleistungen mit den in der weiteren Umgebung vorhandenen Bedingungen nicht konkurrieren konnten. Stattdessen rückten der Arten- und Biotopschutz sowie das Landschaftsbild und die Erholungseignung in den Vordergrund (Möckel 1993; Ranneberg u. von Korff 1992; Umweltbundesamt 1991), also ökologische, gestalterische und naturschützerische Gesichtspunkte der Landschaftsentwicklung.

Konflikte, Integration, Konsens

Charakteristische Komplikationen für die Sanierungsplanung ergaben sich v. a. durch Schwerpunktprobleme, die an sich schon schwierig genug, mit Konflikten aus unterschiedlichen Kreis- und Länderinteressen verbunden waren.

So wurden z. B. zur Abstützung abbruchgefährdeter Steilböschungen auf anhaltinischer Seite mehrere Millionen Kubikmeter Erdmassen benötigt (z. B. bei Pouch/Kreis Bitterfeld). Diese werden auf sächsischer Seite bei Sausedlitz gewonnen, weil die ursprüngliche Abbauplanung bereits eine geeignete Infrastruktur installiert hatte (Gleisanlagen usw.). Sausedlitz war damit als Ortslage zwar gerettet, aber um den Preis erheblicher Verluste an natürlich gewachsenen Böden, eine schwere Hypothek für eine kreis- und länderübergreifende Planung angesichts der Unmengen überflüssiger Kippenböden, die ohnehin unter Wasser gesetzt werden, aber technisch-wirtschaftlich nicht erschlossen waren.

Auch das Interesse an kurzfristigen Flutungsplänen war lange Zeit recht unterschiedlich. Im Umfeld von Bitterfeld haben der Alt-Bergbau und die chemische Industrie einige brisante und für die Wasserversorgung der Region riskante Altlasten hinterlassen, deren Sondierung und Sanierung möglichst „trockenen Fußes", also bei Grundwasserfreihaltung oder jedenfalls lokaler Grundwasserkontrolle, stattfinden kann. Während auf anhaltinischer Seite zunächst eine weitere großräumige bergbauliche Grundwasserhaltung bevorzugt wurde, hatte der sächsische Kreis Delitzsch ein starkes Interesse, seine absehbar attraktiven Landschaftsqualitäten möglichst schnell herzustellen, um im Nordraum Leipzigs, einem Gebiet mit starker Entwicklungsdynamik, seine Standortvorteile zu sichern. Er drängte auf schnelle Flutung.

Um derartige Interessenkonflikte auszugleichen und möglichst alle Betroffenen auf ein Konzept zu verpflichten, braucht es nicht nur gute Planung mit objektivierenden Konfliktbetrachtungen und überzeugenden Leitbildern, sondern Meinungsaustausch und Überzeugungsarbeit in Arbeitskreisen, Ausschüssen, Gemeindeversammlungen und anderen Veranstaltungen. Gerade diese Tätigkeit des Planungsbüros im konfliktreichen Sanierungstagebau hat den ursprünglichen Sinn eines integrierenden Planungsansatzes verdeutlicht; nämlich Grenzen, die der Objektivierung und Konsensfindung im Wege sind, zu überwinden. Einige wesentliche Grenzprobleme seien hier stichwortartig benannt:

- Ost-West
  Die 'Mauer in den Köpfen' ist als Alltagsproblem des Lebens und Arbeitens in den Neuen Bundesländern, aber auch weit darüber hinaus erkannt und Gegenstand tagespolitischer und literarischer Betrachtungen. Auch die Planungsarbeit als die eines zwar ansässigen, aber doch westlich geprägten Büros war gerade anfangs etwas gestört, da man mit einigen schnellen, teuren, und inkompetenten Beratern schlechte Erfahrungen gemacht hatte.
- Territorialinteressen
  Im politischen System der Bundesrepublik ist auch das Gemeinwesen in starkem Maße vom Konkurrenzprinzip bestimmt; Kommunen, Kreise, Bundesländer konkurrieren um Investoren, Arbeitsplätze, Steuereinnahmen, Fördermittel und damit letztlich um Entwicklungschancen. Ihre Flächennutzungspolitik ist dabei ein wesentliches Steuerungsinstrument, was den Prozeß der grenzübergreifenden Harmonisierung der Raumentwicklungsziele naturgemäß erschwert, insbesondere in der Zeit nach der Wende, wo auf planungsrechtlich teils noch regelungsarmem Feld durch schnelle Entscheidungen Weichen gestellt und Entwicklungsvorteile gesichert werden konnten.
- Verwaltungsstrukturen
  Auch Verwaltungseinheiten verhalten sich konkurrierend und begehren neben Ausstattung und Haushaltsmitteln Zuständigkeiten. Hervorzuheben sind die sektoralen Rivalitäten, also etwa Naturschutz/Fremdenverkehr oder Denkmalpflege/Wirtschaftsförderung, die den Informationsfluß und die Koordination beeinträchtigen.
- Planungs- und Maßstabsebenen
  Mit den vorgenannten Zuständigkeits- und territorialen Einflußinteressen sind Verfahrens-, Planungs- und Handlungsebenen verknüpft, denen spezifische Maßstäbe und Verbindlichkeitsgrade eigen sind (vgl. Abschn. 2.1). Für den Planer ist es um der Qualität seiner Arbeit willen wichtig, die Bezüge seiner aktuellen Aufgabe zu den vor- und nachgeordneten Aufgaben zu wahren und seine planende und beratende Rolle in diesem Gefüge angemessen wahrzunehmen. Wenn man, wie in der ersten Zeit der Tätigkeit des Büros in der Goitsche, auf allen Planungsebenen gleichzeitig arbeiten muß, von der Rahmenplanung im Maßstab 1 : 25 000 bis zur Diskussion der Baggerführung vor Ort, also 1 : 1, fällt diese Lektion leichter.
- Forschung und Praxis
  Forschung und Praxis klaffen mit ihren Fragen und Lösungsansätzen häufig weit auseinander. Im Sa-

nierungsgeschehen des mitteldeutschen Braunkohlentagebaues ist aber der Zeithorizont so eng, daß sich die offenen Fragen kaum verselbständigen können, Forschung und Planung gleichsam in Sichtweite bleiben müssen. So geht es darum, die richtigen Prioritäten bei der großen Anzahl der Fragestellungen zu setzen.

4 Exemplarische Betrachtungen zum integrierenden Planungsansatz

4.1 Die Ebene der Flächennutzungsplanung: Raumfunktionen, Nutzungsstruktur und kommunale Interessen

Für einen im zuvor benannten Sinne landschaftsökologisch, landschaftsgestalterisch und am Naturschutz orientierten Ansatz bei der Umgestaltung der Tagebauregion Goitsche setzte sich insbesondere der sächsische Landkreis Delitzsch ein, auch aus Gründen kommunalwirtschaftlicher Vernunft. Auf sein Betreiben wurde von den sächsischen Anrainergemeinden der kommunale Zweckverband „Landschaftspark Goitsche" gegründet, um die örtlichen Interessen besser abstimmen und durchsetzen zu können.

Im Auftrag dieses Zweckverbandes wurde ein landschaftsplanerisches „Rahmen-, Struktur- und Handlungskonzept" für den südlichen, sächsischen Teil der Tagebauregion Goitsche erarbeitet.

Die in Sachsen-Anhalt gelegenen nördlichen Anrainergemeinden und der Landkreis Bitterfeld gründeten im Januar 1993 ebenfalls einen kommunalen Zweckverband mit dem Namen „Bergbaufolgelandschaft Goitsche". Ziele und Interessen beider Zweckverbände waren nahezu gleichgerichtet. 1996 haben sich beide Verbände zu einem länderübergreifenden Verband verständigt. Das auf Betreiben des Planungsbüros von vornherein für die gesamte Tagebauregion Goitsche fertiggestellte Rahmen-, Struktur- und Handlungskonzept wurde von allen Mitgliedern der Zweckverbände als Ausdruck ihrer politischen Willensbildung und als gültiges Entwicklungskonzept gebilligt.

Die geschilderte Entwicklung hat durchaus etwas zwangsläufiges, denn die Anrainergemeinden sind durch die grenzübergreifende Verflechtung der bergbaulich-sanierungstechnischen Probleme und der sich daraus ergebenden Optionen für die räumlich-nutzungsstrukturelle Neuordnung des gesamten Gebietes untereinander verflochten und damit aufeinander angewiesen.

Die Planung für das Rahmen-, Struktur- und Handlungskonzept für den sächsischen Teil mußte dies ganz bewußt antizipieren; eine isolierende Betrachtung der ökologisch-sanierungstechnischen Konflikte der Südräume konnte es schon aus methodischen Gründen nicht geben.

Rahmen- und Flächennutzungsplanung, Konfliktanalyse

Ziel des Rahmen-, Struktur- und Handlungskonzeptes (Ökoplan 1993) war es, kommunal verwertbare Grundlagen für die Flächennutzungsplanung und damit mehr Planungssicherheit zu schaffen. Insgesamt wurde ein vorwiegend bergbaulich geprägter Raum mit einer Größe von ca. 165 km^2 bearbeitet, also nahezu das Dreifache des bergrechtlich abgegrenzten Raumes der Goitsche.

Im Sinne des klassischen Handlungsansatzes, daß nämlich einer Therapie – hier also der Entwicklungsstrategie – eine gründliche Bestands- und Konfliktanalyse voranzugehen hat, wurden die folgenden thematischen bzw. Schutzgutbereiche analysiert:

- Naturräumliche Gliederung
- Realnutzung
- Oberflächengestalt
- Gesteine und Böden
- Wasser
- Vegetation
- Arten und Biotope
- Landschaftsbild
- Erholungseignung

und zwar im aktuellen Zustand sowie hinsichtlich absehbarer Verhältnisse nach Einstellung der bergbaulichen Aktivitäten, besonders nach Wiederherstellung der schließlich nahezu unbeeinflußten Wasser- und Grundwasserstände. Etwa ein Drittel der noch trocken liegenden Restloch- und Böschungsbereiche wird unter Wasser geraten und große Kippenbereiche werden durch einen flurnahen Grundwasserstand bestimmt sein.

Insbesondere die in den Arbeitskreisen über Monate und Jahre diskutierten Alternativen der endgültigen Wasserverhältnisse und der Wege und Fristen hierfür machten die Konfliktanalyse kompliziert und erforderten besondere Darstellungsformen (Abb. 6).

Um eine grobe Zielvorstellung für die Kommunen sowie eine Arbeitsgrundlage für die Sanierungsgesellschaft zu schaffen, wurden mögliche Entwicklungsstrategien, deren zeitliche Einordnung und die dabei auftretenden Konflikte in konzentrierter Form dargestellt. Dabei ergaben sich bei überschlägiger Betrachtung zwei Bereiche und drei Phasen der Entwicklung:

- (1) Fremdflutung, Gestaltung und forcierte Entwicklung
  Im Bereich der nördlichen und östlichen großen Restlöcher, deren Böschungskanten sich z. T. in unmittelbarer Ortsnähe befinden, ist die aufwendige Grundwasserhaltung bis zum Ende der Böschungsstabilisierung erforderlich. Diese Restlöcher weisen demzufolge nur in den tiefsten Senken eine geringe Wasserführung auf.

Abb. 6. Planungskonflikte und Entwicklungsphasen

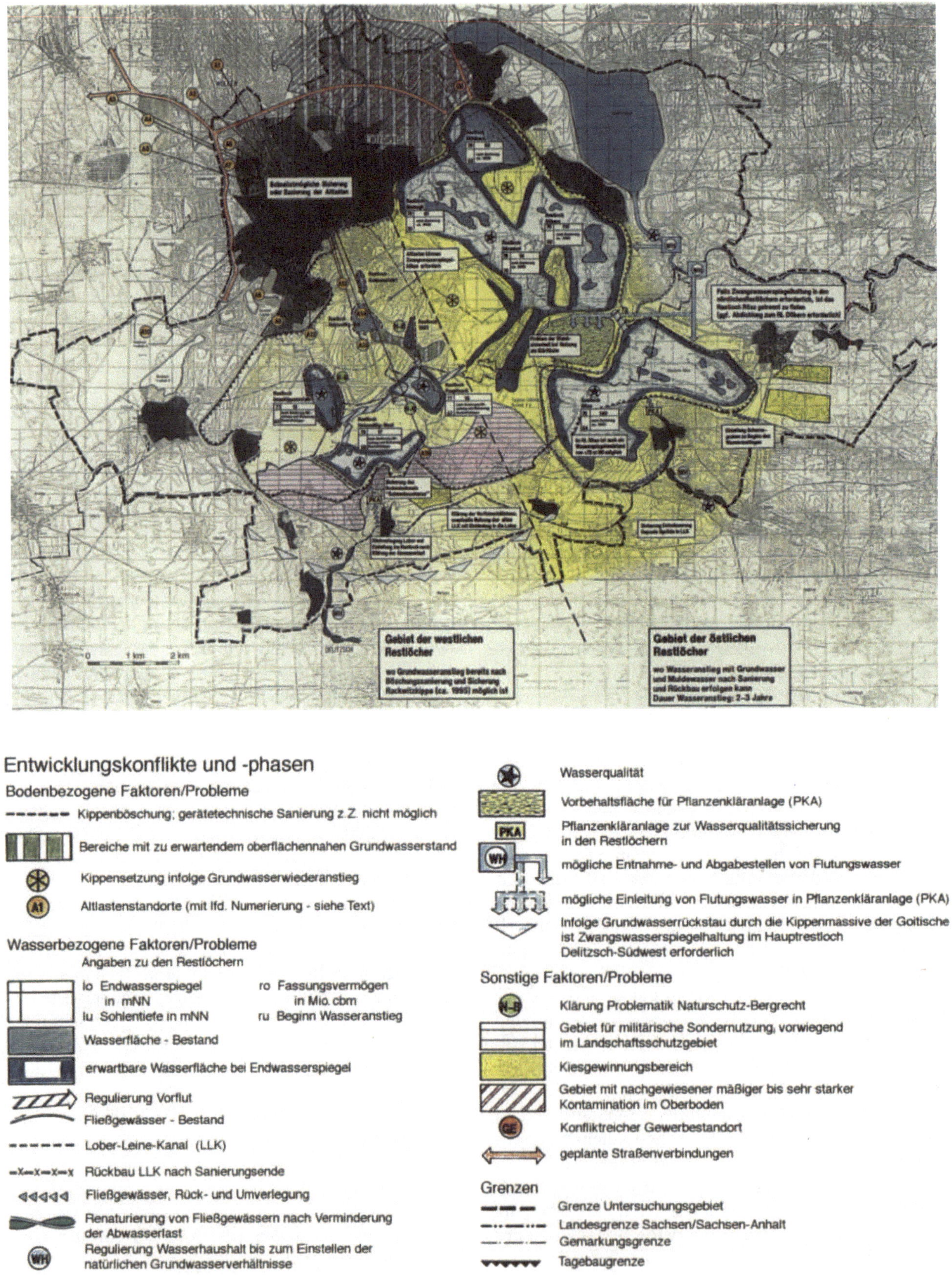

Die hier angestrebte beschleunigte Fremdflutung durch die Einleitung von Oberflächenwasser aus der Mulde wird dazu führen, daß etwa im Jahr 2001 der Endwasserspiegel erreicht wird. Die Nutzbarkeit dieser Restlochseen wird somit innerhalb eines überschaubaren Zeitraumes möglich sein, was die Ansiedlung geeigneter Nutzungen und die wirtschaftliche Entwicklung berechenbar werden lassen. Die Nähe zu den künftig vorhandenen Wasserflächen der Stadt Bitterfeld und einer Reihe kleinerer Gemeinden hält demzufolge ganz andere Entwicklungsmöglichkeiten für diesen Raum bereit, als es an den westlich und südwestlich gelegenen, kleineren Restlöchern der Fall ist. Dieser Bereich ist deshalb Gegenstand intensiver gestalterischer Überlegungen, deren Ergebnisse im Abschn. 4.2 näher behandelt werden.

- (2) Natürlicher Wasseranstieg, Sukzession und extensive Nutzungen

Im Bereich der westlich bzw. südwestlich gelegenen kleineren Restlöcher, der zum überwiegenden Teil bereits durch einen höheren Grundwasserstand sowie eine deutliche Wasserführung der Restlöcher gekennzeichnet ist, wird die notwendige Böschungsstabilisierung mit der vorhandenen Tagebaugroßtechnik nur noch teilweise möglich sein. Die geotechnische Sicherung der Böschungen wird mit dem hier vorgesehenen natürlichen Grundwasserwiederanstieg nur noch durch kontrolliert ausgelöste Fließrutschungen erfolgen können, und zwar über einen sehr langen Zeitraum von 30–40 Jahren. Eine gefahrlose Nutzung dieser Restlochseen ist in dieser Zeit nicht möglich. Die zur geotechnischen Böschungssicherung notwendige künstliche (und teure) Grundwasserhaltung kann hingegen – mit Ausnahme eines vormals als Mülldeponie genutzten Restloches – kurzfristig eingestellt werden.
Seit 1978 wurden große Areale des bereits ausgekohlten Kippengeländes als Truppenübungsplatz genutzt und nicht für eine forst- oder landwirtschaftliche Nutzung rekultiviert. Sie sind noch heute als Offenland vorhanden und bieten ein pflanzensoziologisch hochinteressantes Mosaik überwiegend extremer Standorte, deren Pflege und Entwicklung noch zu bedenken ist.

- (3) Langfristige Pflege und Entwicklung

Nachdem die Endwasserspiegel in den verschiedenen Bereichen erreicht sind, muß sich eine langfristige Gestaltungs- und Entwicklungsphase in der gesamten Tagebauregion Goitsche anschließen, die neben dem weiteren Ausbau von wirtschaftlich intensiv genutzten Teilbereichen insbesondere auch die Renaturierung extensiv zu nutzender, bzw. dem Naturschutz vorbehaltener Bereiche beinhalten wird.

Insbesondere für den Arten- und Biotopschutz ergeben sich mit der Flutung gravierende Veränderungen, die u. a. auch zum Gegenstand von Forschungsansätzen wurden: Mit der Normalisierung des Grund- und Oberflächenwasserhaushaltes werden ca. 400 ha Rohbodenfläche, ca. 600 ha Magerrasenfläche und sonstige Offenlandbiotope sowie ca. 250 ha durch natürliche Sukzession entstandene Vorwälder durch die Überflutung verloren gehen, und auf ca. 470 ha wird sich ein flurnaher Grundwassserstand von 0,3–3 m unter Flur einstellen. Damit werden sich die Lebensräume für seltene Tier- und Pflanzenarten erheblich verkleinern. Wenn die gegenwärtig vorhandene, hochwertige und z. T. überregional bedeutsame floristische und faunistische Artenausstattung zumindest teilweise auch zukünftig in der Goitsche ihren Lebensraum finden soll, so sind in der Übergangszeit besondere Maßnahmen zu treffen, von denen hier nur einige genannt werden:

- Erhaltung großer, zusammenhängender und störungsarmer Offenland-Biotopkomplexe mit vielfältigen Sukzessionsstadien trockener Standorte
- Verhinderung einer weiteren Ausdehnung der forstlichen Gehölzfläche
- Schaffung von neuen Offenlandhabitaten z. T. durch Ausstockung bereits aufgeforsteter Flächen
- Erhaltung vorhandener Rohbodensituationen
- Erhaltung verbuschter Offen- und Halboffenlandbereiche mit hoher Stratifizierung
- Erhaltung von Einzelelementen anthropogenen Ursprungs als Unterschlupf und Nistgelegenheiten
- Schaffung großer Flachwasserzonen

Das Flächennutzungskonzept

Auf der Grundlage des zuvor geschilderten, überwiegend durch bergtechnische und geohydrologische Bedingungen geprägten Phasen-Entwicklungs-Schemas waren dann entsprechende raumfunktionale und Flächennutzungsziele zu formulieren und darzustellen, welche die Landschaftsfunktionen und -eignungen des Basismodells am besten mit den Entwicklungstendenzen im regionalen Verflechtungsbereich der Goitsche und mit den Zukunftsperspektiven des Planungsraumes in Einklang brachten – ein komplexer Prozeß, der hier nicht nachgezeichnet werden kann.

Das Konzept (Abb. 7) folgte den üblichen regionalplanerischen Kategorien der Vorrangfunktionen, also der Vorstellung, daß eine erkennbare Schwerpunktsetzung in der Nutzungszuweisung die weiterführenden Planungen zu klaren Aussagen veranlaßt und somit der Diskussionsprozeß deutlicher geführt werden kann.

Dabei wurde folgenden Entwicklungsrichtungen in den dazu geeigneten Teilbereichen des Untersuchungsgebietes entsprechender Vorrang eingeräumt:

- Naturschutz und Landschaftspflege
- Land- und Forstwirtschaft

Abb. 7. Flächennutzungskonzept, Maßstab im Original 1 : 25 000 (Landschaftsrahmenplanung)

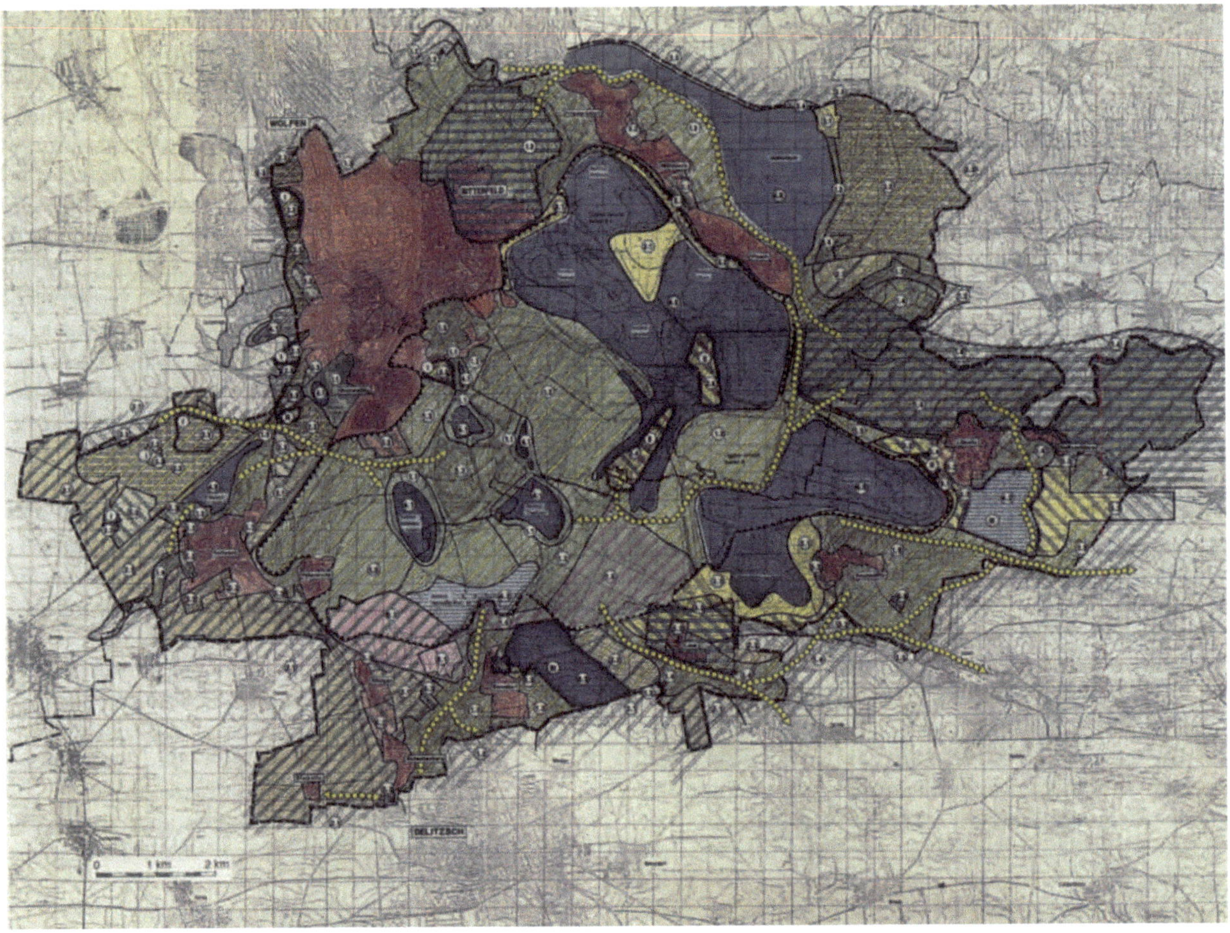

Flächennutzungskonzept

Absoluter Vorrang für Naturschutz und Landschaftspflege

- 1.1 Naturschutz in experimenteller Phase (bodenökologische sowie Sukzessions- und Wasserhaushaltsentwicklung)

Relativer Vorrang für Naturschutz und Landschaftspflege

- 1.2 Naturschutzgebiete; Extensive Erholungs- und Freizeitnutzung zulässig (Pflege- und Entwicklungsplan)
- 1.3 Extensive Erholungs- und Freizeitnutzung zulässig (Pflege- und Entwicklungsplan)
- 1.4 Extensive Erholungs- und Freizeitnutzung; landwirtschaftliche Nutzung zulässig (Pflege- und Entwicklungsplan)
- 1.5 Militärische Nutzung eingeschränkt zulässig (temporär, ohne schweres Gerät, naturbestimmte Sukzession, Pflege- und Entwicklungsplan)
- Biotopvernetzung

Vorrangfunktion Land- und Forstwirtschaft

- 2.1 Flächen für die Intensiv-Landbewirtschaftung mit Sicherung oder Verbesserung der Arten- und Biotopschutzfunktionen der Landschaft und Ausbau sowie Aufwertung des Feldgehölzbestandes, Biotopvernetzung, Minimierung der Entwässerung, integrierter Pflanzenschutz
- 2.2 Flächen für die Intensiv-Landbewirtschaftung mit Sicherung oder Verbesserung der Arten- und Biotopschutzfunktionen wie 2.1, einschließlich der Verbesserung der Erholungseignung der Landschaft (Landschaftsbild, Durchwegung usw.)
- 2.3 Flächen für die Intensiv-Forstbewirtschaftung bei entsprechender Flächengröße, die eine extensive Erholungsnutzung einschließen; z. Teil auch Flächen, die für Aufforstung vorgeschlagen werden, die der Landschaftsreparatur oder der Ergänzung von Grünzügen dienen (Freiheit III, Deponieflächen, Achse zwischen Bitterfeld und Sandersdorf)

Vorrangfunktion Erholung - Freizeit

- 3.1 Bereiche intensiver Erholungs- und Freizeitnutzung, Flächen mit Freizeit- und Sporteinrichtungen und der erforderlichen Infrastruktur
- 3.2 Bereiche extensiver Erholungs- und Freizeitgestaltung (natur- und landschaftsverträgliche Erholungsformen)
- 3.3 Bereiche intensiver Erholungs- und Freizeitnutzung mit landwirtschaftlicher Nebennutzung (Flurgehölz o. ä.)
- 3.4 Bereiche für durchgrünte Mischnutzung einschl. Erholung aufgrund des Standortes und vorhandener Erschließung

Gewässer

- 4.1 Geschützte Wasserfläche im Naturschutzbereich
- 4.2 Geschützte Wasserfläche mit partieller, extensiver Nutzung (Erschwerte Zugänglichkeit, Angeln o. ä. zulässig)
- 4.3 Wasserflächen für Freizeit und Erholungsnutzung (Ufernutzung entsprechend der Funktionszuweisung der angrenzenden Landfläche)
- Trinkwasserschutzgebiete, bestehende und geplante Vorbehaltsfläche für Trinkwasserschutzgebiete (bei jeglicher Nutzung ist der Schutz des Grundwassers zu gewährleisten)

Siedlungs- und Industrieflächen

- Bestand mit absehbarem Erhalt bzw. Erneuerung
- 5.2 Siedlungserweiterung unter Beachtung des Ortsbildes
- 5.3 Bereich für Gewerbeentwicklung

Vorrangfunktion externer Nutzung (z.T. zeitlich begrenzt)

- 6.1 Militärfläche, bebaut
- 6.2 Intensiv genutzte Militärfläche
- I Deponiestandorte
- II Tagesanlagen
- III Kiesgewinnung
- Nachnutzung gemäß Farbabstimmung (vgl. obige Zuordnung)

- Erholung und Freizeit
- Externe Nutzungen, z. T. zeitlich begrenzt (z. B. militärische Nutzung, Deponiestandorte, Kiesgewinnung)
- Wohnsiedlungs- und Gewerbeflächen

Bei Eignung von Teilgebieten für mehrere Nutzungsziele wurden Mischnutzungen ausgewiesen, wobei auch hier versucht wurde, einer Nutzungsrichtung einen angemessenen relativen Vorrang im Sinne landschaftsprägender Nutzungsstrukturen einzuräumen.

Im südlichen bzw. südwestlichen Teil des Tagebaugebietes Goitsche dominiert aufgrund des beizubehaltenden Standortübungsplatzes der Bundeswehr weiterhin eine „militärische Nutzung", während im gesamten westlichen Areal sowie in zentral und östlich gelegenen Teilbereichen die Funktion „Naturschutz und Landschaftspflege" vorherrscht, die in größeren Abschnitten in unterschiedlich starker Ausprägung mit einer Erholungs- und Freizeitnutzung durchmischt ist.

Die Vorrangfunktion „Erholung und Freizeit" konzentriert sich hingegen auf die Randbereiche der Tageburegion Goitsche, die eine deutliche Beziehung zu den Ortslagen der Anrainergemeinden an den zukünftigen Seeufern aufweisen, wie z. B. die Stadt Bitterfeld und die Gemeinden Mühlbeck, Pouch, Löbnitz und Sausedlitz.

Mit einem gemarkungsbezogenen Maßnahmenkatalog für jede einzelne Gemeinde und die Stadt Bitterfeld, der Hinweise für die Durchführbarkeit einzelner Maßnahmen im Rahmen der Renaturierung und Umgestaltung des Tagebaugebietes sowie der Landschaftsentwicklung der nicht überbaggerten Gemarkungsflächen enthält, wurde die Planung auch als Handlungskonzept abgeschlossen – eine spezielle Zutat zur regionalplanerischen Ebene im Vorgriff auf konkretere Pläne, die der Umbruchszeit geschuldet war.

Dieses Konzept wurde von den Anrainerkommunen, die sich im Zweckverband „Bergbaufolgelandschaft Goitsche" (Land Sachsen-Anhalt) und im Zweckverband „Landschaftspark Goitsche" (Freistaat Sachsen) zusammengeschlossen haben, als gemeinsame Richtschnur für die zukünftige Entwicklung der Tagebauregion Goitsche angenommen und stellt somit die Grundlage für alle weiteren Planungen, v. a. für die rechtsverbindliche Flächennutzungsplanung dar.

Visionen: Orientierungen für die Neue Landschaft

In keinem anderen Planungsbereich als diesen großräumigen und dimensionssprengenden, folgenreichen, bizarren und äußerst komplizierten Tagebaulandschaften ist den Verfassern bislang deutlicher geworden, wie sehr die analytische, flächennutzungsplanerisch orientierte Landschaftsplanung (Landschaftsrahmen- und Landschaftsplan) auf überzeugende Gestaltungskonzepte angewiesen ist (Knoll 1994).

Bereits auf der Grundlage der informellen Rahmenplanungen entstand frühzeitig ein naives Landschaftsbild – eine Gestaltungsvision, die prospektartig in der Region verteilt wurde. Diese Vision enthält die Übersetzung des Rahmen- und Strukturkonzeptes in eine auch für den Laien verständliche Plansprache.

In kurzer Zeit veränderte sich dadurch die bis dahin in den Kommunen weit verbreitete Haltung, ihre oft bis fast unmittelbar an den Grubenrand heranreichenden Ortslagen gegen die „Altlast Bergbau" abgrenzen zu wollen, z. B. durch massive Gehölzpflanzungen. Das „Niemandsland", obwohl in unmittelbarer Nachbarschaft, wurde bei der Planung ihrer weiteren Entwicklung zunächst mehr oder weniger außer Betracht gelassen. Entwicklungschancen, die sich mit dem zukünftigen Potential ergeben, z. B. Siedlungslagen am Wasser, wurden bis zu diesem Zeitpunkt kaum oder nur undeutlich gesehen.

4.2 Die Ebenen der Gestaltungsplanung für zukünftige Gewässerränder: Gestaltungsideen, Bergtechnik, Ingenieurbiologie

4.2.1 Gesamtplanung und Teilgebietsgestaltung

Konkretisierung der Visionen

Die ersten Visionen im Maßstab 1 : 25 000 und 1 : 10 000 dienten primär der Harmonisierung der kommunalen Flächennutzungsplanung innerhalb der Gemeindeverbände; es ging zuerst einmal also eher um die Abstimmung der Entwicklungsperspektiven.

Zur Konkretisierung und schrittweisen Verwirklichung dieser Perspektiven müssen anschließend die entsprechenden Vorhaben auf den Weg gebracht werden, d. h. klare, grundstücksbezogene Verfügungsrechte sind zu schaffen; Investoren bzw. öffentliche Bedarfsträger müssen gewonnen werden und sich mit einer speziellen Nutzungsnachbarschaft arrangieren können; die Gemeinde soll mit möglichst breiter Mehrheit zu dem Vorhaben stehen; die Fachbehörden müssen ihre Belange gewahrt sehen; der Sanierungsbetrieb des Bergbaus muß die Realisierung sicherstellen können u. a. m. So sind noch einmal viele Interessenlagen auf einer inzwischen konkreteren Ebene aufeinander abzustimmen bzw. auf entsprechende gemeinsam getragene Nutzungsformen und Vorhaben zu verpflichten. Dies ist auch die Planungsebene, wo der Sanierungsträger für die potentiellen Rückgabeflächen in die Pflicht genommen wird und auch konkrete Vermarktungschancen finden kann und muß.

Für die Gestaltungsplanung ist dies die Ebene der Bewährung: Hier zeigt sich die praktische, wirtschaftliche und technische Tragfähigkeit der Visionen aus der übergeordneten regionalen Rahmenplanung. Wieder sollen „Bilder", also anschauliche Gestaltungspläne, überzeugen und die Bezüge zur ursprünglichen Rahmenplanung vermitteln; andererseits müssen diese Vorstellungen bereits technisch und organisatorisch konkret machbar sein, also die Geländegestaltung durch den Sanierungsbergbau, die Erschließung durch die Gemeinde, die Bebauung durch den Investor usw.

Die Gestaltungsplanung ist auf dieser Ebene jedoch nicht Projektplanung für den Einzelfall, sondern wieder nur die Rahmenplanung für ein gedeihliches Miteinander der anvisierten Einzelvorhaben im Sinne einer Teilgebietsgestaltung.

Gesamtplanung und Teilgebietsgestaltung

Der besondere Bedarf für eine detaillierte Teilgebietsplanung ergibt sich dort, wo spezifische Nutzungszuweisungen erhöhte Anforderungen an eine Gestaltungsaufgabe und ihre Darstellungsweisen stellen. Lupenartig werden dort die besonderen Rahmenbedingungen und Nutzungsziele analysiert und die Lösungen in entsprechend verfeinertem Maßstab dargestellt.

Bei der Renaturierung der Bergbaufolgelandschaften werden sich die größten Veränderungen durch die Normalisierung des Wasserhaushaltes ergeben. In der Tagebauregion Goitsche wird mit dem Wiederanstieg des Grundwassers bzw. der Flutung der vom Bergbau zahlreich hinterlassenen Restlöcher eine Wasserfläche von ca. 21 km^2 entstehen, so daß ca. ein Drittel des Tagebaugebietes zukünftig von Wasser bedeckt sein wird.

Gerade diese große Wasserfläche, deren Verteilung sich aus der Lage und Größe der einzelnen Restlöcher in abwechslungsreicher Art und Weise ergibt, stellt den Schlüssel für die Gesamtgestaltung der Tagebauregion Goitsche dar. Die hohe Anzahl und Vielgestaltigkeit der einzelnen Restlöcher werden eine insgesamt ca. 60 km lange Uferlinie entstehen lassen. Dieser Übergang vom Land zum Wasser, diese mit höchster Entwicklungsdynamik ausgestattete Nahtstelle, ist für die sich mannigfaltig ergebenden Gestaltungs- und Nutzungspotentiale in der Tagebaufolgelandschaft der Goitsche entscheidend.

Detaillierte Planungen zur Diskussion und Absicherung der zukünftigen Nutzungsverhältnisse und Landschaftsgestalt müssen sich daher vorzugsweise mit den verschiedenen Lösungen für die Seeufer und die angrenzenden Bereiche befassen.

4.2.2
Ufergestaltung bei Bitterfeld

Die Planung für die Uferzüge und angrenzenden Areale bei Bitterfeld soll zeigen, wie Gestaltungsansprüche, bedarfsgerechte Flächenvorsorge, Lagegunst in Verbindung mit der Gesamtkonzeption sowie bergtechnische Bedingungen möglichst gut aufeinander abgestimmt werden müssen. Im vorliegenden Beispiel führten diese Überlegungen zu einem Konzept von Nord nach Süd und mit der Entfernung vom Stadtgebiet abnehmender Nutzungsintensität: Stadt am Wasser, Stadtpark, Stadtwald, Naturschutzgebiet (vgl. Abb. 8 und die Gestaltungskonzepte in den Abb. 9 u. 10).

Die südöstlichen Randbereiche der Stadt erhalten aufgrund ihrer Lagegunst den Entwicklungsschwerpunkt „Stadt am Wasser". Hier eröffnen sich Möglichkeiten einer hochwertigen städtebaulichen Entwicklung mit entsprechenden Freizeitnutzungen, u. a. mit einer Uferpromenade, einem neu entstehenden Mühlenpark, einem Festplatz und einem Segelhafen entlang der neuen Bitterfelder Promenade (nicht zu verwechseln mit Walter Ulbrichts berüchtigtem „Bitterfelder Weg").

Insgesamt ist eine Aufwertung des Wohn- und Arbeitsumfeldes, des Erholungspotentials sowie des Stadt- und Landschaftsbildes absehbar. Ferner ergeben sich zusätzliche Möglichkeiten der Ausweisung von Wohnbau- und Gewerbeflächen und der Stadtwaldentwicklung im südlichen Anschluß an die mögliche Stadterweiterung, hier in Verbindung mit einer parkartigen Fassung der renaturierten Leineaue. Zu berücksichtigen ist, daß das Vorflutsystem des Einzugsgebietes Goitsche nach dem Auslauf aus dem Großen See über den hier noch vorhandenen ehemaligen Leinelauf erfolgen soll, der weiter nördlich in die Mulde mündet.

Der südöstlich an den Stadtwald angrenzende Uferbereich geht immer mehr in eine Zone mit dem Entwicklungsschwerpunkt Naturschutz über, was sich auch an der reich gegliederten Land-Wasser-Übergangszone ablesen läßt. Diese Konzeption steht in Zusammenhang mit den speziellen bodenökologischen und hydrologischen Bedingungen des Kippengeländes südlich von Bitterfeld. Die in diesem Bereich anzutreffenden besonders tonhaltigen Kippensubstrate haben bis heute zu Sukzessionsstadien interessanter Landschilfkomplexe geführt. Nach dem Erreichen der Endwasserstände wird dieser Raum durch geringe Grundwasserflurabstände hohe Anteile feuchter und nasser Standorte aufweisen, die sich für Erholungsnutzung kaum eignen und dafür auch zu abgelegen sind.

Da zudem die nordöstlich angrenzenden, tiefer liegenden Kippenflächen als zukünftige Gewässerränder des sog. Waldufers Bitterfeld Süd (Abb. 10) noch mit relativ einfachen Mitteln beeinflußbar sind und hier vielfältige Zonierungen der Wasserschwankungsbereiche eingerichtet werden können (vorgelagerte Inseln, Schilfgürtel, Verlandungsbereiche usw.), bietet sich mittels ausladender und naturgemäßer Gestaltung des Gewässerrandes die Bildung eines größeren Naturschutzkomplexes an, der vom Großen See bis in die ohnehin eher natürlich zu entwickelnden, älteren sukzessionsgeprägten westlichen Kippen- und Restlochareale reicht.

Die bergtechnischen Aufwendungen halten sich zwar in Grenzen, aber im Bereich der intensiven Freizeitnutzungen an der Bitterfelder Promenade sind für

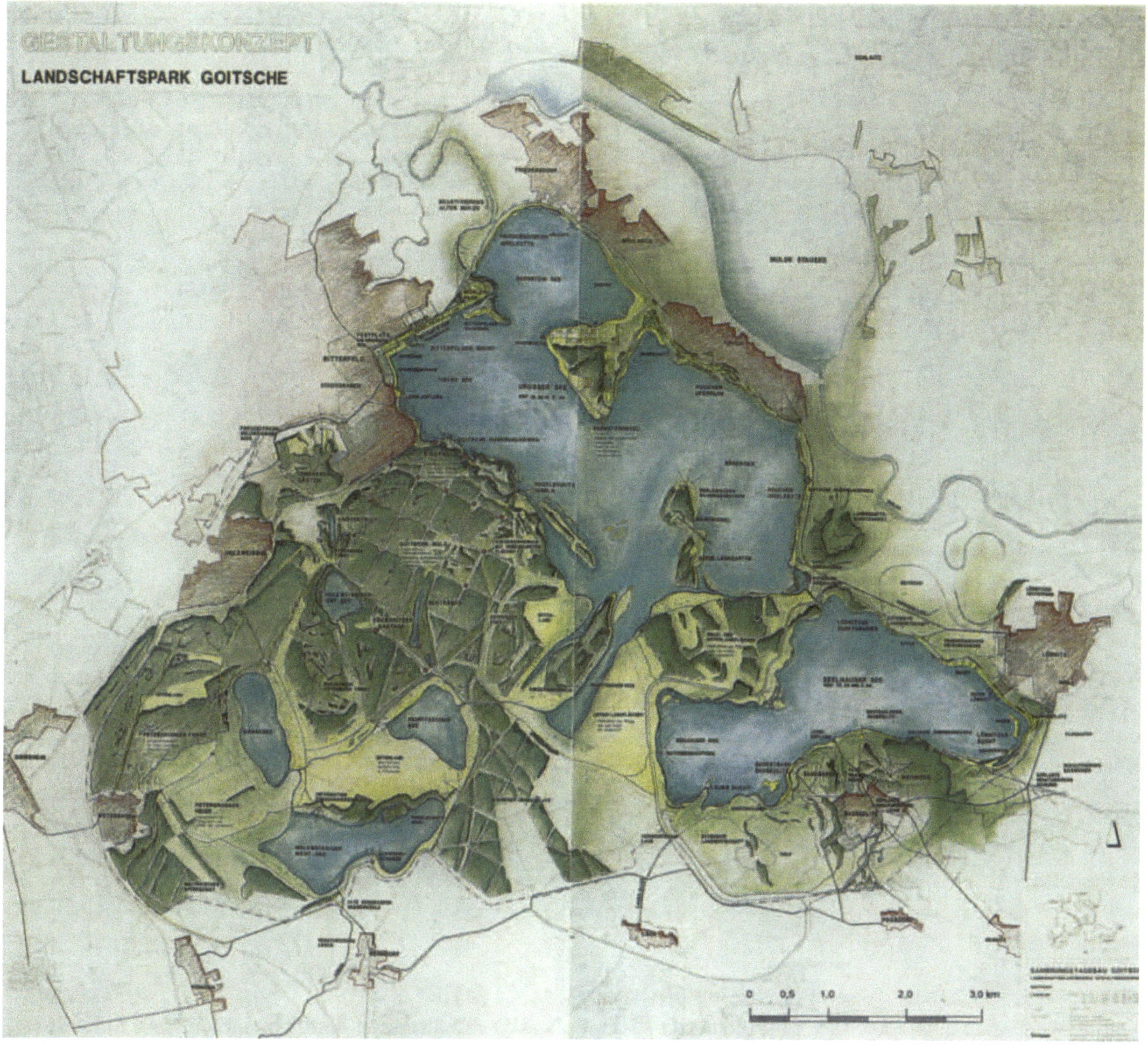

Abb. 8. Die Vision: Gestaltungskonzept auf der Grundlage des Flächennutzungskonzeptes

Uferbau und Freiraumgestaltung besondere Anstrengungen erforderlich, auch wenn der Hafenstandort nach Maßgabe der benötigten Wassertiefen dem bestehenden Böschungsprofil folgt.

Besondere Aufmerksamkeit ist den schwierigen, teilweise lebensfeindlichen Kippensubstraten aus ingenieurbiologischer Sicht zu widmen (vgl. ähnlich Schlüter 1971), da auch die abgelegenen bzw. nicht zu nutzenden Uferzonen mit ihrem anschließenden Gelände möglichst rasch ein adäquates Vegetationskleid tragen sollen – von der Erhaltung einiger Extremstandorte abgesehen. Für die Ermittlung und Erprobung optimaler Begrünungsstrategien wurden deshalb gemeinsam mit der Universität Halle und mit Mitteln der Deutschen Bundesstiftung Umwelt natürliche Sukzessionen im Gebiet der Goitsche analysiert und Begrünungsversuche angestellt, ein Schwerpunkt der Forschungsarbeiten, die sich um die Goitsche ranken. Auf die fruchtbare persönliche Beratung und Begleitung der Planungsarbeit an der Goitsche durch den „Vater der Ingenieurbiologie", Herrn Professor Hugo M. Schiechtl, und durch Frau Helgard Zeh sei hier dankend und anerkennend hingewiesen (vgl. hierzu Begemann u. Schiechtl 1994; Zeh 1993).

4.2.3
Insel Bärenhof und Umgebung

Der stehengebliebene Landpfeiler Bärenhof trug technische Einrichtungen des Tagebaubetriebes und liegt im Zentrum der Goitsche (Abb. 8 u. 11). Die Insel und das südlich des zukünftigen Großen Sees liegende Gelände dient vorrangig Naturschutzzwecken. Das

Abb. 9. Gestaltungsplan Bitterfeld Nord

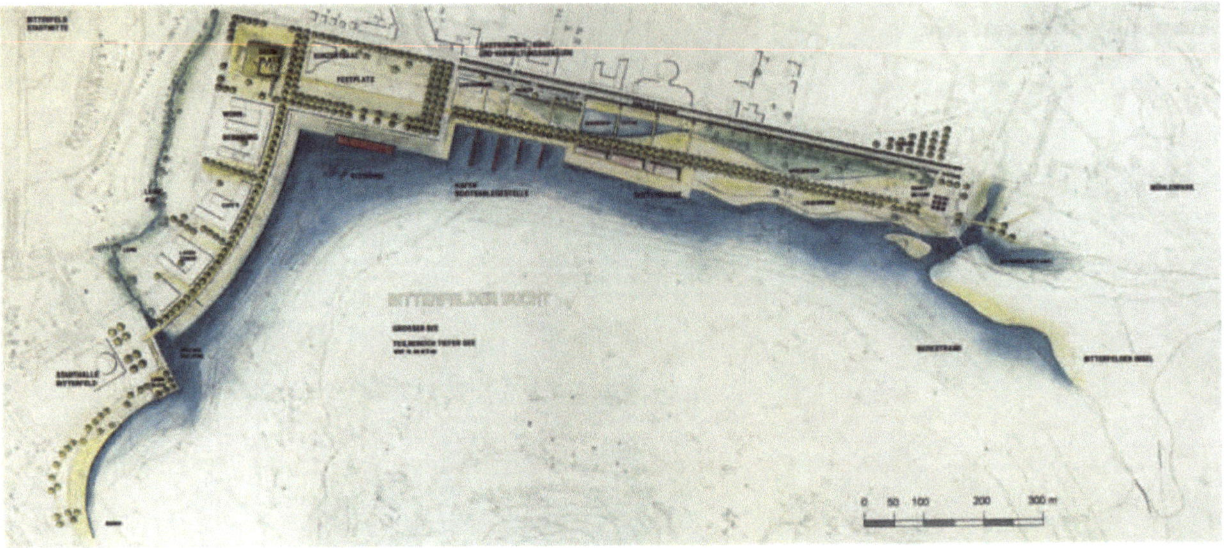

Abb. 10. Gestaltungsplan Waldufer Bitterfeld

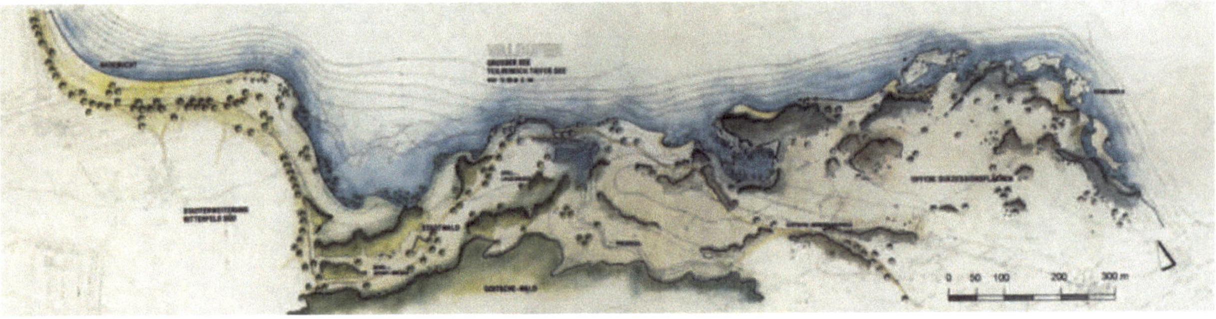

Gebiet wird reich gegliedert sein und vielfältige Übergangszonen zwischen Wasser und Land aufweisen; großflächige Flachwasserbereiche entstehen, die sich in verhältnismäßig kurzer Zeit mit ausgedehnten Schilfbeständen bestocken werden.

Diese Großflächigkeit sowie die angestrebte, ausgedehnte Ruhezone werden zukünftig für den Schutz von in diesem selten gewordenen Biotoptyp lebenden Arten eine überregionale Bedeutung erlangen. Zudem finden sich in diesem Bereich schon jetzt größere Areale, deren Vegetationsdecke sich über natürliche Sukzessionsprozesse entwickelt hat. Die eingehende weitere Beobachtung dieses Gebietes, unter den sich zukünftig stark verändernden Naturhaushaltsbedingungen ist aus der Sicht von Flora, Fauna und Bodenentwicklung von hohem wissenschaftlichen Wert (Sukzessionsforschung).

Ebenso verhält es sich mit den zwei erhaltengebliebenen, also natürlich gewachsenen Geländebereichen Bärenhof und Bärenholz. Hier sind noch kleinflächige Restbestände des ehemaligen Goitschewaldes vorhanden. Die Baumschicht hat unter den veränderten Grundwasserverhältnissen deutlich gelitten, aber die krautige Schicht ist aus botanischer Sicht noch reichhaltig und interessant und enthält für zukünftige Verhältnisse ein verbreitungswürdiges Arten- und Genpotential.

Abb. 11. Insel Bärenhof

Schließlich dienen die stellenweise besonders steilen Böschungen der Insel günstige Versuchsbedingungen zur Entwicklung und Erprobung von ingenieurbiologischen Bauweisen zur Ufersicherung im Rahmen eines entsprechenden Forschungsvorhabens.

4.2.4
Sausedlitz und der Seelhauser See

Die Ortslage von Sausedlitz, ehemals zur Abgrabung vorgesehen, und große Bereiche ihrer Gemarkung befinden sich im östlichen Tagebaugebiet am zukünftigen „Seelhauser See". Zum Ende der Kohleförderung waren bereits ca. 40 % der Bevölkerung abgewandert, und viele Häuser verlassen oder verwahrlost. Es ging um die Wiederbelebung des Dorfes.

Identifikationsstiftende Planung für eine neue Landschaft muß u. a. auch mit plausiblen und anregenden Namensgebungen aufwarten: Der „Seelhauser See" soll z. B. an die 'untergegangene' Gemeinde Seelhausen erinnern. Vielleicht werden sich dereinst um die bedeutungsträchtige Bezeichnung moderne Sagen um die neuzeitliche Verstrickung der mitteldeutschen Menschen in Wohl und Wehe des Bergbaus ranken. Sausedlitz als Dorf zumindest ist gerettet, und der Rest der Gemarkung eignet sich besonders für intensive und extensive Freizeit- und Erholungsaktivitäten (Abb. 12).

Das westlich und nordwestlich der Ortslage, dem künftigen Seeufer zugewandte Areal erhielt den Entwicklungsschwerpunkt „Intensive Erholungsnutzung". Die hier noch stattfindende Abgrabungstätigkeit zur Erdmassengewinnung für anderweitige Anschüttungen zur Böschungsabstützung ermöglicht die Gestaltung eines abwechslungsreichen, reich gegliederten Uferabschnittes, was eine nahezu optimale Flächennutzungszuweisung gestattet (Abb. 4).

Für die Herstellung der 'Sausedlitzer Bucht' im Grobprofil war jedoch die höchst mögliche Wendigkeit des Großbaggers notwendig und das Einsehen des Sanierungsträgers in die aufwendigere Baggerführung und die damit verbundenen Mehrkosten. Ursprünglich sollte hier eine durchgängige Böschungsgerade als Endstandslinie entstehen, nebst Pappelabpflanzung zum Sicht- und Sandflugschutz.

Der östlich und nordöstlich der Ortslage befindliche Raum hat hingegen den Entwicklungsschwerpunkt „Ex-

Abb. 12. Gestaltungsplan Seelhauser See

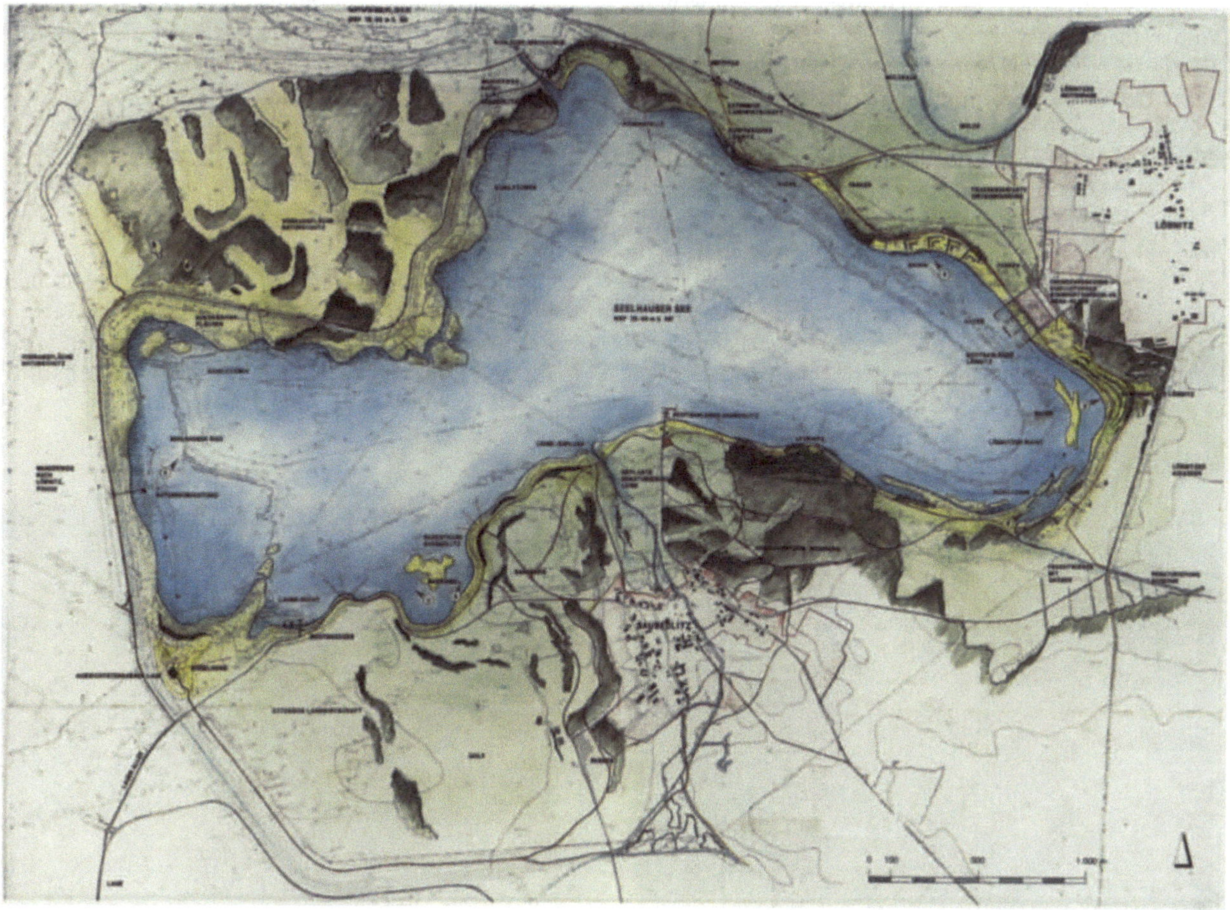

tensive Erholungsnutzung". Die Gestaltungsplanung sieht in diesem Teil eine deutliche Vergrößerung des Waldbestandes zur Verbesserung des Wohnumfeldes und der Biotopausstattung der insgesamt waldarmen Gegend vor. Die Anordnung des Waldes bezüglich der Wasserflächen dient der windbremsenden Aufrauhung der Landschaft und der Verkürzung der Windanlauffläche zur Begünstigung der wassersportlichen Nutzung der Löbnitzer Bucht.

Die Fremdflutung soll 1998 beginnen und, je nach Wasserdargebot der Mulde, nach 3–5 Jahren abgeschlossen sein – ein überschaubarer Zeitraum. Um die Landschaftspotentiale für die Dorfsituation und die Gemarkung insgesamt optimal zu nutzen, sind vorsorgliche Maßnahmen sinnvoll, v. a. ingenieurbiologischer Art.

So sind die Revitalisierung und Gestaltung der ortsbildprägenden Leineaue ein dringendes Anliegen, das abschnittsweise bereits jetzt verfolgt wird. Auch der weitere Verlauf der dann wieder wasserführenden Leine bis zum etwa ein Kilometer vom Ortsrand entfernten Seeufer bedarf besonderer landschaftsgestalterischer und ingenieurbiologischer Aufmerksamkeit: Der zukünftige Wasserspiegel des Seelhauser Sees liegt vier Meter unter der alten Geländehöhe des Leinelaufes. In diesem Zusammenhang ist gleich das gesamte Beziehungsfeld zwischen Ortsrand und Seeufer mit zu betrachten; ein langweiliges Gerinne mit technischem Einlaufbauwerk darf man sich hier nicht wünschen. Andererseits erfordert der 'naturgemäße' Ausbau eines Fließgewässers durch Eingrabung in natürlich gewachsenes Gelände Kompromißbereitschaft und Phantasie.

Dabei ist die künftige Ufergestalt vom Relief und der Begrünung her gleich mit zu bedenken, insbesondere hinsichtlich der Möglichkeiten, an den zurechtgeschobenen Böschungen und Bermen planmäßig mit ingenieurbiologischen Methoden schon Gehölze zu entwickeln, die heute Erosion abwehren und in Jahren einen baumbestandenen Ufersaum bilden (Abb. 13).

Die Bedingungen für diese zukünftige Landschaft können und sollten also teilweise schon jetzt geschaffen werden. 1996 hat Sausedlitz den Kreiswettbewerb „Unser Dorf soll schöner werden – Unser Dorf hat Zukunft" gewonnen, ein Hinweis darauf, daß man in Sausedlitz, aber sicher auch in den anderen Anrainergemeinden der Goitsche inzwischen wieder optimistischer an diese Aufgaben herangeht (Leipziger Volkszeitung 1996).

5 Zusammenfassung

Die Bedeutung der Landschaftsplanung steigt in dem Maß, wie die ihr gesetzlich anvertrauten Schutzgüter der Natur und des Landschaftshaushaltes gefährdet oder betroffen sind. Für den Braunkohlentagebau und seine Folgelandschaften liegt insofern die ökologische wie auch die gestalterische Leitfunktion der Landschaftsplanung für die Wiedernutzbarmachung gleichsam offen „zu Tage".

Damit verbunden sind andererseits spezifische Erwartungen und Selbstverpflichtungen für diese Planungsdisziplin im Großtagebau. Hervorzuheben sind:

- für die Konsensfindung in der räumlichen Entwicklungsplanung historische Sensibilität, verständliche Darstellungsmittel und realitätsnahe Planungsstrategien;
- kostenbewußte Sanierungs- und Gestaltungskonzepte und -techniken für die fast ausschließlich öffentlich finanzierten Sanierungsaufgaben;
- plausibel und konsequent vorgetragene Anforderungen an die große und mittlere Bergtechnik, insbesondere bei der Vorprofilierung der künftigen Uferbereiche der Restlochseen, einem wichtigen Potential der Folgelandschaft.

Zu qualifizierten und tragfähigen gesamtplanerischen Ergebnissen kommt man nach der Erfahrung der Verfasser v. a. durch einen umfassend integrierenden Planungsansatz und den zugehörigen Beratungs- und Abstim-

Abb. 13. Erosionsschutz *(links)* und frühzeitige Gehölzentwicklung *(rechts)*

mungsaufwand. Er versucht, die häufig widerstrebenden Entwicklungsziele der betroffenen Gebietskörperschaften und die verwaltungsstrukturell bedingten Konflikte auszugleichen sowie die in der hierarchischen und fachlichen Planungssystematik begründete Relativität und Unschärfe der jeweiligen Entwurfs- bzw. Maßstabsebene durch anschauliche und vermittelnde Darstellungen in Grenzen zu halten.

Gezeigt wird dies anhand der vielschichtigen und konfliktreichen Tagebauregion Goitsche im Norden Leipzigs zwischen Bitterfeld und Delitzsch, einem 60 km^2 großen Planungsraum mit zwölf Anrainergemeinden auf der Grenze zweier Euroregionen, Bundesländer und Landkreise. Besondere Beachtung findet dabei die konsensbedürftige Flächennutzungsplanung und die konsensbildende Gestaltungsplanung.

LITERATUR

Autorenkollektiv (1982) Rekultivierung von Kippen des Braunkohlentagebaus. Agra-Broschüre, Markkleeberg: Landwirtschaftsausstellung der DDR

Bund Deutscher LandschaftsArchitekten (BDLA, 1994) Planen für Mensch und Umwelt – Handbuch der LandschaftsArchitektur, Bund Deutscher LandschaftsArchitekten (Hrsg), Bonn

Begemann W, Schiechtl H M (1994) Ingenieurbiologie – Handbuch zum ökologischen Wasser- und Erdbau, 2. Aufl. Bauverlag, Wiesbaden u. Berlin

Einhorn W, Hildmann E (1986) Stand und Entwicklungstendenzen der Wiedernutzbarmachung von Kippen des Braunkohlenbergbaus. Neue Bergbautechnik 9: 322–326

Katzur J (1993) Forschen für die Folgelandschaft. Garten und Landschaft 5: 37–40

Knoll S (1994) Beispiele für die Formulierung und Umsetzung von Leitbildern, Umweltqualitätszielen und Umweltstandards. Laufener Seminarbeiträge 4: 121–124

Krummsdorf A (1975) Grundmelioration vegetationsfeindlicher Bergbauflächen. Broschürenreihe Technik und Umweltschutz Luft, Wasser, Boden, Lärm ...; Bodennutzung und Umweltschutz. Beiträge aus dem Braunkohlenbergbau (Leipzig) 9: 77–95

Leipziger Volkszeitung (1996) Vom geplanten Abrißdorf zum schönsten Ort im Kreis. Ausgabe vom 9. Juli 1996, S 21

MIBRAG (Vereinigte Mitteldeutsche Braunkohlenwerke AG) (1992) Abschlußbetriebsplan Tagebau Goitsche

Möckel R (1993) Von der Abraumkippe zum Naturschutzgebiet – eine Modellstudie zur Renaturierung eines Braunkohlentagebaues der Lausitz. Naturschutz und Landschaftspflege in Brandenburg 1: 13–22

Ökoplan (1993) Rahmen-, Struktur- und Handlungskonzept – Landschaftsentwicklung Goitsche

Ranneberg T, v Korff J (1992) Warten auf das Gartenreich. Garten und Landschaft 9: 19–23

Schlüter U (1971) Versuch über die Eignung von Gehölzen als Heckenlagen zur Stabilisierung steiler Kippenböschungen aus saurem tertiärem Abraummaterial. Landschaft und Stadt 1: 12–20

Umweltbundesamt (Hrsg) (1991) Braunkohlenbergbau – Probleme und Methoden bei der Gestaltung von Folgelandschaften. Texte 33/91, Berlin

Werner K (1974) Rechtliche Regelungen zur Wiederurbarmachung in der DDR. Akademie der Landwirtschaftswissenschaften der DDR, Institut für Landschaftsforschung und Naturschutz Halle (Saale), Zweigstelle Dölzig

Werner K, Einhorn W, Gunschera G, Vogler E (1974) Verfahren zur landwirtschaftlichen Rekultivierung von Kippen des Braunkohlenbergbaues. Akademie der Landwirtschaftswissenschaften der DDR, Institut für Landschaftsforschung und Naturschutz Halle (Saale), Zweigstelle Dölzig

Zeh H (1993) Ingenieurbiologische Bauweisen. Studienbericht Nr. 4, Bundesamt für Wasserwirtschaft (Hrsg), Bern

Spezielle naturschutzfachliche Aspekte

Dietmar Klaus

Die herausragende Bedeutung von Abbaugebieten (Braunkohlentagebaue, Kies, Sand- und Lehmgruben, Steinbrüche u. ä.) für den Biotop- und Artenschutz als Rückzugsgebiete seltener Pflanzen- und Tierarten ist eng mit den nachteiligen, großräumigen Veränderungen in der ursprünglich artenreichen Kulturlandschaft verbunden. Für die Beurteilung des heutigen Zustandes, der zu „Hochleistungssteppen der modernen Agrotechnik" (Reichholf 1989) degradierten modernen Kulturlandschaft, sind die Entstehung und der Wandel der mitteldeutschen Felder und Fluren von Bedeutung.

Die mitteldeutsche Landschaft unterlag, wie jene im gesamten Mitteleuropa, im Laufe ihrer Geschichte einer stetigen Wandlung. Vor allem zwei Prozesse waren für die heutige Gestalt ausschlaggebend:

- a) Die natürliche vegetationsgeschichtliche Entwicklung seit der letzten Eiszeit (Würm- oder Weichseleiszeit)
- b) Die seit Jahrtausenden stattfindenen Einwirkungen durch den Menschen

Im Anschluß an die letzte Eiszeit entwickelten sich in unseren Breiten je nach Höhenlage, Bodenbeschaffenheit, Wasser- und Nährstoffangebot unterschiedliche Waldgesellschaften. Unbewaldet blieben lediglich Salzstellen, Dünen, einige Moore, Gewässer, Felsabstürze und Gebirgszüge oberhalb der natürlichen Baumgrenze.

Der Mensch formte aus den mitteleuropäischen Urlandschaften eine abwechslungsreiche Kulturlandschaft mit sehr unterschiedlichen, z. T. völlig neuen Lebensräumen. In den aufgelichteten Landschaftsteilen verschoben sich die Klimawerte zum kontinentalen Typ hin und viele der örtlichen Unterschiede in der Struktur und Zusammensetzung der Böden und im Relief der Landschaft kamen erst mit der Rodung der Wälder voll zu Geltung. Der neuentstandene Landschaftstyp entsprach mit seinen Hauptbestandteilen (Äcker, Wiesen und Weiden) am meisten jenem der Steppe, des Graslandes. Lichtbedürftige Gräser und Kräuter (z. B. viele Ackerwildkräuter) sowie Tiere aus den Steppengebieten des Ostens und Südostens wanderten nach Mitteleuropa ein und breiteten sich hier aus.

Der Wandel vom Wald- zum Kulturland verursachte somit Änderungen in der Artenzusammensetzung der Flora und Fauna.

Im ursprünglichen Waldland Mitteleuropa kamen – unter Ausschluß der Hochgebirge – weit unter 2 000 Gefäßpflanzenarten vor. (Zum Vergleich: 1978 werden für die BRD und Westberlin gut 2 650 Arten angegeben). Eine maximale Artenzahl existierte in der vielfältig strukturierten und genutzten Landschaft im Zeitraum von etwa 1750–1850 n. Chr. (Ellenberg 1987). Man schätzte z. B., daß rd. 16 % der heimischen Pflanzenarten in irgendeiner Weise durch menschliche Aktivitäten im Gebiet Fuß fassen konnten (Sedlag 1983). Reichholf (1989) kommt zu der Feststellung, daß ohne die Kulturlandschaft unsere mitteleuropäische Natur um wenigstens ein Drittel ihrer Arten ärmer wäre.

Obwohl Mitteleuropa noch recht artenreich in das 20. Jahrhundert eintrat (durch Einschleppung und absichtliche Einbürgerung kam es zur Erhöhung der Artenzahl), waren die ersten großräumigen Veränderungen schon angelaufen. So wurde Mooren das Wasser entzogen und Flüsse und Bäche erhielten ein geplantes Bett zugewiesen. Die Eingriffe verschärften sich später und das kleinräumige Standortmosaik mit seiner im Nährstoffmangel begründeten Artenvielfalt wich immer mehr einem weitgehend mittelfeuchten Einheitsstandort, der landwirtschaftlichen Nutzfläche. Mit der Umstellung auf die industrielle Landwirtschaft gingen die Bestände vieler Kulturlandarten wieder zurück und die meisten bedrohten Arten sind das Opfer der veränderten Landbewirtschaftung.

Im besonderen sind für den Artenschwund bei höheren Pflanzen u. a. folgende Ursachen verantwortlich (Korneck u. Sukopp 1988):

- Änderung oder Aufgabe der Nutzung
- Beseitigung von Sonderstandorten
- Auffüllung, Bebauung
- Entwässerung
- Bodeneutrophierung
- Abbau und Abgrabung

Verursacher sind hier v. a. Land- und Forstwirtschaft, Tourismus und Erholung, Rohstoffgewinnung, Gewerbe, Siedlung, Industrie und Wasserwirtschaft.

Der Bergbau, dem viele Standorte bedrohter Arten zum Opfer gefallen sind (Sedlag 1983), kann in einer bisher eintönigen Landschaft auch neue Lebensbedingungen für schutzbedürftige Pflanzen und Tiere bieten.

Die Bedeutung von Abgrabungen, also den „Entnahmestellen oberflächennah lagernder Rohstoffe wie Kies, Ton, Sand, Festgestein und Braunkohle" für Landschaft und Naturschutz wird von Jedicke (1992) so eingeschätzt: „Ganz deutlich muß unterstrichen werden, daß im allgemeinen die möglichen positiven Auswirkungen entstehender Sekundärbiotope die negativen Folgen neuer Abbauvorhaben auch nicht annähernd kompensieren können. Jede neue Abgrabung ist ein Eingriff in den Naturhaushalt, der zwar vielleicht in juristischem, aber nicht naturwissenschaftlichen Sinne ausgleichbar ist."

Für die hier im Mittelpunkt der Betrachtung stehende Braunkohlengewinnung bedeutet dies, daß Kohleförderung heute nur noch dort verantwortet werden kann, wo sie nicht auf Kosten unersetzlicher Kultur- wie auch Naturgüter erfolgt (Dörfler u. Dörfler 1990). Besonders gilt das v. a. für die im § 20 c des Bundesnaturschutzgesetz (BNatSchG) genannten, selten gewordenen und gefährdeten Biotope, wie etwa Auewälder, naturnahe Bach- und Flußabschnitte oder Röhrichte.

In den Gebieten, wo ein Kohlenabbau schließlich befürwortet wird, haben die bergbaulichen Eingriffe dennoch gravierende Folgen für den Naturhaushalt großer Landschaftsbereiche. Für die Pflanzen- und Tierarten in den Abbaugebieten sind folgende Wirkungen von ausschlaggebender Bedeutung (Einhorn 1987; Katzur et al. 1992). In den unmittelbar zu überbaggernden Gebieten kommt es zur

- Großräumigen Devastierung der Lebensräume
- Vernichtung der Vegetation und wenig beweglicher Faunenelemente
- Isolation der Lebensräume und Unterbrechung von Wander- und Ausbreitungslinien

Häufig reichen die ökologischen Auswirkungen weit über die Grenzen des eigentlichen Abbaugebietes hinaus. So führen die weiträumigen Grundwasserabsenkungen z. B. zur Degradierung von Feuchtgebieten in den Tagebaurandzonen. Diese Begleiterscheinung des Braunkohlenbergbaues wird heute vielfach nicht mehr toleriert. Zur Kompensation oberflächennaher Grundwasserabsenkungen stehen u. a. folgende technische Möglichkeiten zur Verfügung (Albert et al. 1989):

- Infiltration von Wasser in den Untergrund (Sickerbecken, Sickerschlitzgräben)
- oberirdische Bewässerungsmaßnahmen
- kombinierte Grund- und Oberflächenbewirtschaftung mit zusätzlichen hydraulischen Maßnahmen als technische Hilfsmittel (z. B. Spundwände, Schlitzwände)

Die ökologische Wirksamkeit dieser technisch realisierbaren Verfahren ist dennoch derzeit kritisch zu betrachten, da entsprechende Langzeiterfahrungen fehlen. Günstiger als lokal wirksame Verfahren wären großräumig wirkende Maßnahmen zur Stabilisierung der bestehenden Grundwasserlandschaften.

Durch den Abbau von Braunkohle im Tagebaubetrieb entsteht durch die Umlagerung des Deckgebirges eine völlig veränderte Landschaft. Das betrifft z. B. das Relief, die Bodenschichtung, die hydrologischen Verhältnisse und die künftigen Nutzungsmöglichkeiten.

An die Stelle meist ebener Geländeabschnitte treten Halden, Restlöcher oder – bei Auffüllung bergbaulicher Hohlformen – Kippen mit z. T. variierenden Flurhöhen. Diese tiefgreifenden geomorphologischen Umgestaltungsprozesse haben in ihrer Gesamtheit oder in Teilprozessen nicht selten zu Vergleichen mit den landschaftsformenden Wirkungen der Eiszeiten geführt (z. B. Eissmann zit. in Höser 1990; Streller 1994). Dementsprechend ähneln sich in mancher Beziehung die Ausgangsbedingungen für die natürliche Wiederbesiedlung, so z. T. bei den Substrateigenschaften der Rohböden und im Vorliegen von Initialstadien der Sukzession.

Entsprechend den veränderten ökologischen Valenzen der noch jungen, vollständig anthropogen gestalteten Bergbaufolgelandschaft, weicht das Artenspektrum der Pflanzen- und Tierwelt von dem unverritzter Gebiete ab. (Ein Vergleich der Orchideenflora um Borna von 1878 und 1991 bringt Streller 1994).

Den meisten der durch den Bergbau entstandenen (Sekundär-) Biotopen fehlt eine Humusauflage (Abb. 1 u. 2). Zumindest in den jüngeren Stadien, während und kurz nach der Abgrabungstätigkeit des Menschen, begründet dies die Vegetationsarmut auf derartigen Standorten. Eine Reihe von Tier- und Pflanzenarten meistern bzw. beanspruchen aber solche Situationen und finden hier Ersatzlebensräume für heute weitgehend zerstörte Elemente der Naturlandschaft (Jedicke 1992). Hierin liegen der besondere Wert und die Bedeutung der Bergbaugebiete für den Naturschutz: Entstehung vielfältiger Sonder- (z. T. Extrem-) Standorte und Rückzugsräume für Arten, die dem Druck der Umwelt andernorts nicht standzuhalten vermögen.

In diesem Zusammenhang hat die Frage nach der Ersetzbarkeit von Biotopen herausragende Bedeutung. So besteht infolge der hohen Verlustbilanzen in Mitteleuropa die dringende Notwendigkeit, Biotope als Ersatz für Verlorenes zu schaffen. Andererseits herrscht vielfach ein wenig begründeter Optimismus bezüglich der Machbarkeit von „Natur aus zweiter Hand". Einen

Abb. 1. Ausschnitt der Plateaufläche der Kippe 1112 (alt) bei Profen. Die verkippten Substrate tertiären Ursprungs weisen einen extrem niedrigen Nährstoffgehalt und ein stark wasserabweisendes Verhalten auf. Typische Besiedler derartiger Offenflächen in der Bergbaufolgelandschaft sind unter den Insekten z. B. Sandschrecke und Blauflügelige Ödlandschrecke

Abb. 2. Im Vordergrund die nur spärlich bewachsene und faunistisch bedeutsame Quarzitkippe im Tagebau Profen. Diesen sandigen, mit Quarzitblöcken durchsetzten Sekundärlebensraum nutzen z. B. Kreuz- und Wechselkröte als Sommerquartier sowie Brachpieper und Steinschmätzer als Bruthabitat

kritischen Überblick über die Regenerierbarkeit verschiedener Biotoptypen gibt Blab (1993). Dabei wird deutlich, daß eigentlich nur Lebensstätten mit hoher natürlicher Dynamik, (sog. „Pionierbiotope") und bedingt Biotope, die auch von Natur aus isoliert auftreten, gut regenerier- und ersetzbar sind. Biotope, die mehrere Jahrzehnte oder gar Jahrhunderte benötigten, um auszureifen (ursprüngliche Wälder, Hochmoore) können in ihrer natürlichen Identität in überschaubaren Zeiträumen nicht neu geschaffen werden. Ursache dafür kann u. a. sein, daß

- bestimmte Pflanzengesellschaften an historisch gewachsene Bodenprofile gebunden sind,
- die Ausbreitungstendenz vieler wirbelloser Tiere, die großflächige, permanente Biotope (Wälder, Steppen etc.) besiedeln, niedriger ist als jene von Bewohner kleiner, temporärer Habitate, da letztere sich vermutlich evolutiv in ihrer Ausbreitungsökologie an das zerstreute Auftreten ihrer Biotope angepaßt haben,
- das Vorkommen bestimmter Arten auf langen traditionellen Prozessen beruht (Prinzip der historischen Kontinuität) (Blab 1993).

Bei Berücksichtigung der angeführten Einschränkungen besitzt der Braunkohlenbergbau - neben den Abbaugebieten von Kiesen, Sanden und Tonen - jedoch für den Naturschutz eine große Bedeutung, da er im Zuge seiner Abbautätigkeit Ersatzlebensräume für eine Reihe von Pflanzen- und Tierarten (besonders Erstbesiedlern und Bewohnern von Rohboden-, Mager- und Gewässerbiotopen) schaffen kann, deren natürlichen Biotope durch intensive Landnutzung zunehmend verschwinden.

Von herausragender Bedeutung sind hier v. a. die Rohbodenstandorte (Abb. 1–3), deren Substrate sich dadurch auszeichnen, daß die bodenbildenden Prozesse - bis auf eine schwache Humusanreicherung - noch nicht zu einer deutlichen Horizontdifferenzierung geführt haben (Prasse 1986). Rohböden verdanken ihre Entstehung ursprünglich der Erosion und Sedimentation durch Wasser- und Winddynamik. Unter den heutigen Bedingungen der Zivilisationslandschaft (Ausbau und Regulierung von Fließgewässern, Errichtung von Hochwasserschutzanlagen usw.) sind die „Faktoren und Kräfte, welche die natürlichen Garanten für die ständige Neuschaffung solcher Geländeteile sind, etwa regelmäßige Überschwemmung und Windausblasung weitgehend ausgeschaltet" bzw. vom Menschen kontrolliert (Schwertner 1991).

Die an diese periodische Dynamik in ihren Siedlungsbereichen (Materialabtrag, -um und -ablagerung) angepaßten Pionierarten (Dünenbesiedler, Arten der Schotter- und Kiesbänke der Flußauen, Steilwandbewohner etc.) sind deshalb selten, wenn nicht gar in ihrem Bestand gefährdet oder vom Aussterben bedroht. Tagebaurestlöcher stellen oftmals ein „Konglomerat verschiedenster Biotope" (Schwertner 1991) dar (Abb. 4). Bei den in der Tabelle 1 dargestellten, für den Faunenschutz bedeutsamen Biotoptypen, besteht eine gewisse ökologische Verwandschaft zu den Schotter- und Altwasserzonen der Flußauen.

In der Bergbaufolgelandschaft entstanden je nach den vorgesehenen Nutzungszielen weitere Sekundärlebensräume, wie

Abb. 3. AFB-Schüttrippen unterschiedlicher Substratzusammensetzung im Tagebau Delitzsch-Südwest. In Abhängigkeit von Rohbodenform, Wasserverhältnissen, Verkippungszeitpunkt u. a. Faktoren sind verschiedene Stadien der pflanzlichen Sukzession vertreten. In der Krautschicht dominieren im Bildausschnitt Huflattich *(Tussilago farfara)* und Schmalblättriges Weidenröschen *(Epilobium angustifolium)*

- mehr oder weniger ausgedehnte Restlochseen unterschiedlicher Tiefe
- Forstflächen, darunter oligotrophe Standorte
- mehr oder minder monoton strukturierte landwirtschaftliche Nutzflächen
- (z. T. ausgedehnte) Röhrichtbestände
- wärmebegünstigte Hangbereiche auf Halden
- Flachwasserzonen in industriellen Absetzanlagen (Verspülung von Kraftwerksasche und Kohletrübe)

Einige dieser bisher genannten Sonderstandorte beherbergen junge, sehr dynamische Lebensgemeinschaften, die sich allerdings nur bedingt in die Kategorien der Naturschutzgebung (z. B. BNatSchG § 20 c) einordnen lassen.

Der Besiedlung von Bergbauflächen Mitteldeutschlands durch Tiere und Pflanzen wurden in der Vergangenheit eine Reihe von Arbeiten gewidmet. Einen kurzen Überblick zu allgemeinen Gesetzmäßigkeiten der floristischen und faunistischen Besiedlung im Rheinischen Braunkohlenrevier gibt Dworschak (1992), die in ihren Grundzügen auch auf mitteldeutsche Verhältnisse übertragbar sind.

Dunger (1991), der über einen Zeitraum von mehr als 30 Jahren das Besiedlungsverhalten verschiedener Tiergruppen (vorrangig Bestandteile der Meso- und Makrofauna des Bodens) im Mitteldeutschen und Lausitzer Braunkohlenrevier an 40 verschiedenen Kippenstandorten untersuchte, resümierte, daß es nicht gelang, „eine für Sukzessionsstudien optimale Abbautechnologie gegen die ökonomischen Interessen durchzusetzen". Dennoch gestatten diese Langzeitbeobachtungen Schlußfolgerungen speziell über das Verhalten humiphager Bodentiere bei der Primärsukzession.

Abb. 4. Mosaik unterschiedlicher Rohbodenbiotope, geprägt durch abwechslungsreiche Reliefausbildung sowie extreme Unterschiede im Wasserhaushalt. Dementsprechend sind auf engem Raum sowohl Besiedler von Trockenstandorten als auch aquatisch lebende Pflanzen und Tiere anzutreffen (Brückenrandschlauch Tagebau Espenhain)

Die von ihm anhand der Tierbesiedlung und Entwicklung der Böden vorgenommenen pedozoologischen Standortdiagnosen gestatten, vier verschiedene (Haupt-)Stadien der Entwicklung zu unterscheiden (Dunger 1968, 1983) und den Erfolg der aktiven Rehabilitierung der Kippböden abzuschätzen und untereinander vergleichbar zu machen. Zur epedaphischen, d. h. unmittelbar auf der Bodenoberfläche aktiven Bodenfauna, gibt es hauptsächlich Untersuchungen über Laufkäfer (Carabidae, z. B. Dunger 1968; Einenkel 1973; Eppert 1989), gelegentlich wurden Beifänge mit ausgewertet, u. a. von Broen u. Moritz (1965): Spinnen und Weberknechte (Araneae, Opiliones); Schiemenz (1964): Zikaden (Auchenorrhyncha); Dunger (1968): Ameisen (Formicidae), Ohrwürmer (Dermaptera), Schnecken (Gastropoda), Asseln (Isopoda), „Vielfüßer" (Myriopoda). In diesen Fällen handelt es sich jedoch nicht um Langzeitbeobachtungen, sondern meist um einmalige Bestandsaufnahmen. Durch den Vergleich der Artenspektren von Flächen unterschiedlichen Alters wurden Rückschlüsse auf den möglichen Sukzessionsverlauf im Besiedelungsgeschehen gezogen.

Auch hinsichtlich der Einwanderung von Pflanzen in die Bergbauflächen liegen keine kontinuierlichen Beobachtungen über längere Zeiträume vor. So beklagte Beer (1955/56, 1984), der die Vegetationsentwicklung der „Hochhalde Trages" im Abstand von 25 Jahren untersuchte, daß „dieses negative Modell einer Hochhalde im Braunkohlenbergbau nicht von Anfang an

Tabelle 1. Sekundärlebensräume, die eine gewisse Verwandtschaft zu den Primärbiotopen der Schotter- und Altwasserzonen der Flußauen aufweisen. (Nach Blab 1993)

Sekundärlebensräume	Entsprechen ökologisch den Primärbiotopen
Perennierende und ephemere Gewässer einschließlich ihrer Vegetation	Altwässer und Tümpel natürlicher Auelandschaften
Trockene und wechselfeuchte Rohbodenstandorte	Sand- und Kiesbänke sowie Schlickflächen
Trocken- und Halbtrockenrasen bzw. Ruderalvegetation	Trockenrasenvegetation auf Brennen
Vertikale Erdaufschlüsse (Abbruchkanten, Steilböschungen)	Uferabbrüche
Steinhaufen, Ablagerungen von Wurzelstöcken u. ä.	
Gebüschgruppen möglichst von Weiden dominiert	(Ersatz für Weichholzaue)
Dickstämmiges Totholz	Schwemmholz der Auen
Stellen mit Hangvernässungen durch Druckwasser	Sickerquellen

systematisch oder auch nur gelegentlich hinsichtlich der floristischen und faunistischen Besiedlung untersucht worden" ist. Die Auswertung der durchgeführten Untersuchungen über Zusammensetzung und Ökologie der Wildpflanzenbestände ermöglichte die Unterscheidung von fünf Gesellschaftstypen, die mannigfaltige Durchmischungsformen ausbildeten. Dabei handelt es sich jedoch nicht um fest umrissene Assoziationen im pflanzensoziologischen Sinne, sondern um Rohbodenbesiedlungsstadien, die meist nach dem Vorherrschen bestimmter Arten benannt wurden. Beer (1955/56, 1984) konnte zugleich aufzeigen, welche Gesellschaften ineinander übergehen können. Die Richtung der Besiedlung eines Standortes hängt hauptsächlich von den Umweltfaktoren (besonders den Bodenverhältnissen) und der Art der Ausbreitung der Pflanzen ab. Im Falle der Trageser Hochhalde spielten anfangs floristische Elemente der Äcker und Feldfluren eine wesentliche Rolle und 80 % der zu Beginn der Untersuchungen vorgefunden höheren Pflanzen können durch den Wind verbreitet werden.

Kalbe (1958/59), der die stillgelegten Braunkohlengruben bei Großzössen untersuchte, fand hinsichtlich der Pflanzenvergesellschaftungen deutliche Übereinstimmungen mit den Vegetationstypen von Beer (1955/56, 1984). Klemm (1966) gibt einen Überblick über die pflanzliche Besiedlung von Abraumkippen und -halden im ehemaligen Bezirk Halle. Auch die von ihm ausgewiesenen Pflanzen-"Gesellschaften" weisen nur eine geringe Ähnlichkeit mit den aus der Literatur (z. B. Pott 1992) bekannten Assoziationen auf.

Bei neuen Untersuchungen der Pflanzengesellschaften auf rekultivierten Kippen (z. B. Tischew u. Klotz 1991) wurden die Vegetationsaufnahmen nach dem Prinzip der charakteristischen Artengruppenkombination geordnet. Diese erlauben einen Vergleich mit Literaturangaben und es können bei Berücksichtigung der Standortbedingungen Zeigerwerte gekennzeichnet werden.

In das Blickfeld von Naturschutzbemühungen gerieten bergbaulich geprägte Gebiete im mitteldeutschen Raum bereits in den 1950er Jahren, wobei es sich – wie im Altenburger Land – um wenig beeinträchtigte ehemalige Abbaugebiete (Tiefbau, Kleintagebau) handelte (Sykora 1985). Aus den in den Folgejahren durchgeführten avifaunistischen (z. B. Dorsch 1979) und entomologischen (z. B. Jungmann 1973; Scheffel u. Scheithauer 1967) Bestandserhebungen im Bereich von ehemaligen Abbaugebieten leiteten sich jedoch keine Konsequenzen ab, etwa spärlich bewachsene Tagebaue und Kippen unter Schutz zu stellen, denn einerseits orientierte sich der bis dahin praktizierte Naturschutz am Erhalt der Fauna und Flora naturnaher Lebensräume und andererseits war bei der vielfach vorgesehenen Mehrfachnutzung (Land- und Forstwirtschaft, Hochwasserschutz, Binnenfischerei, Erholungsnutzung) der Bergbauflächen dem Naturschutz kein Platz eingeräumt.

Obwohl z. B. von Ornithologen die sich entwickelnden Sonderformen der Bergbau- und Industrielandschaft als avifaunistische Besonderheiten erkannt (Sykora 1985) und alle Phasen der Braunkohlenlandschaft von Pflanzen und Tieren bewohnt werden, endeten die bereits entwickelten unterschiedlichsten Biozönosen meist mit Beginn der Wiedernutzbarmachung zur Herstellung land- bzw. forstwirtschaftlicher Nutzflächen.

Bei den aus heutiger Sicht für den Naturschutz wertvollen Gebieten handelt es sich in vielen Fällen um Bereiche, die aus den unterschiedlichsten Gründen entweder keiner intensiven Nutzung zugeführt wurden bzw. die sich als dafür ungeeignet herausstellen. Sie entstanden in der Vergangenheit meist ungezielt und waren der natürlichen Sukzession ausgesetzt.

Der Verlust vieler wertvoller Lebensräume und der damit verbundene Artenschwund in der intensiv genutzten Kulturlandschaft, die verstärkte Einbeziehung der stetig anwachsenden, bergbaulich geprägten Landschaftsteile in die Untersuchungen von Fachleuten und Freizeitbiologen machen deutlich, daß die Bergbaugebiete sich sowohl als Rückzugsräume für Pflanzen und Tiere eignen, die dem anhaltenden Druck auf die Umwelt andernorts nicht standzuhalten vermögen (Einhorn 1987), als auch für die jeweilige Landschaft neue Biotoptypen bereitstellen können (z. B. Seen in fast standgewässerfreien Gebieten, Initital- und frühe Sukzessionsstufen auf Rohbodenstandorten).

Aus der Erfahrung der Renaturierung von kleinflächigen Abgrabungsgebieten in Deutschland, Österreich und der Schweiz sowie die Erkenntnis, daß ein wirksamer Artenschutz für die meisten Pflanzen und Tiere nur durch den Erhalt ihrer Lebensräume (= Biotopschutz) möglich ist, sind in jüngster Zeit für viele stillgelegte und zur Sanierung bzw. auch Renaturierung vorgesehene Bergbauflächen faunistische und floristische Bestandserhebungen durchgeführt bzw. umfassendere Gutachten in Auftrag gegeben worden.

Diese, sich in Qualität und Umfang unterscheidenden Untersuchungsergebnisse beinhalten im günstigsten Fall, z. B.

- Eine Erfassung der vorhandenen Sekundärlebensräume („Biotopkartierung")
- Eine Vegetationsaufnahme, zumindest an repräsentativen Standorten; die Zuordnung zu pflanzensoziologischen Vergesellschaftsungskategorien
- Die Bestandsaufnahme wichtiger Tiergruppen, zumindest die Brutvögel, Lurche und Kriechtiere, Libellen, Heuschrecken (aber auch Weichtiere, Spinnen, Schmetterlinge, Käfer, Fische, Säugetiere)

Im Falle von z. B. Pflege- und Entwicklungsplänen werden Schutzvorschläge unterbreitet und Maßnahmen zum Erhalt der wertvollen Bereiche vorgeschlagen.

Trotz lokaler Unterschiede und spezifischer Besonderheiten weisen die verschiedenen Tagebauflächen viele Gemeinsamkeiten auf, die ihre Sonderstellung für den Biotop- und Artenschutz herausheben.

Die sich anschließende Übersicht von allgemein üblichen, zur Bewertung der Standorte herangezogenen „Indikatorgruppen" erlaubt z. T. einen Vergleich verschiedener Bergbauflächen miteinander und belegt zudem den hohen Anteil von gefährdeten (im Sinne der Roten Listen) bzw. auch geschützten Arten.

Libellen (Odonata)

Von den auf dem Gebiet der ehmaligen DDR vorkommenden Libellenarten sind 37 (das entspricht 57 %) verschollen bzw. gefährdet (Donath 1984). Davon betroffen sind besonders die stenöken Arten, die sehr empfindlich auf Landschaftsveränderungen reagieren. Zu den Gefährdungsursachen zählen u. a. (nach Donath 1984):

- Eutrophierung der Gewässer, Abwassereinleitung
- Zerstörung notwendiger Habitatstrukturen (durch Begradigung, Vertiefung, Uferausbau)
- Entfernen der Vegetation in Gräben, Kanälen und Teichen
- Entwässerungsmaßnahmen
- Beseitigung von Kleingewässern
- Verlust ganzer Gewässertypen in Braunkohlenabbaugebieten

Während der Großteil der Libellenarten nur bei Erhalt ihrer natürlichen Lebensräume überleben kann, hat sich bei den Ubiquisten und Pionierbesiedlern gezeigt, daß sich der Artenrückgang für diese Gruppen durch Bereitstellung anthropogen entstandener Habitate (insbesondere „Libellengewässer" für die Larvenentwicklung) in gewissem Umfang kompensieren läßt (Unruh 1988; Scholl u. Stöcklein 1980). Da derartige – z. B. im Zuge von Kies-, Sand- und Tonabbau entstehenden – Gewässer meist nur kurzfristig besiedelbar sind (natürliche Sukzession, Rekultivierung, Wirksamwerden von Gefährdungsfaktoren) ist es wichtig, daß immer wieder geeignete Gewässer neu geschaffen werden.

Für die Besiedelung der oft sauren Tagebaugewässer kommt vielen Libellenlarven ihre relative Säuretoleranz zugute.

Bei der Besiedelung der neu entstandenen Gewässer durch Libellen sind u. a. die Ökologie der Gewässer, das vorhandene Artenpotential der Umgebung und das artenspezifische ökologische Verhalten der einzelnen Arten von Bedeutung (Wildermuth 1991). Wie verschiedene Untersuchungen gezeigt haben, stellen sich anfangs gewisse Pionierarten ein, die bald von anderen abgelöst werden.

Während z. B. bei den Kiesgrubengewässern das Artenspektrum gewöhnlich auf Generalisten beschränkt ist, kann sich in den ausgekohlten Braunkohlentagebauen bei Vorhandensein von Standgewässern verschiedene Größe, Tiefe und Sukzessionsstufe (Wasserchemismus, Vegetationsentwicklung) und dem Auftreten von Rinnsälen (Hangaustrittswasser) eine vielfältige Libellenfauna einstellen. So wurden im stillgelegten Tagebau Königsaue 33 Arten festgestellt (Beck et al. 1993).

In Tagebaugewässern fehlen fast immer die reinen Fließgewässerarten (Prachtlibellen - Calopteridae und Flußjungfern - Gomphidae) sowie die meisten Moorbewohner.

Die bergbaulich entstandenen Sekundärlebensräume stellen durch ihren gestörten Wasserhaushalt, die schüttere Vegetation und die Hangexposition (Aufheizungseffekt) sowie die wettergeschützte Kessellage Wärmeinseln in der Landschaft dar (Unruh 1988; Mauersberger 1993), so daß hier auch betont wärmeliebende Arten festgestellt werden können und sich Parallelen zu Gewässern Südosteuropas ergeben (Tabelle 2).

Tabelle 2. Nachgewiesene Libellenarten in vier verschiedenen Tagebaurestlochgewässern

Artenliste	Tagebau-restloch Zechau	Tagebau-restloch Kahnsdorf	Tagebau-restloch Pirkau
Gemeine Winterlibelle *(Sympecma fusca)*	x	x	-
Gemeine Binsenjungfer *(Lestes sponsa)*	x	x	x
Glänzende Binsenjungfer *(Lestes dryas)*	-	x	x
Große Binsenjungfer, Weidenjungfer *(Lestes viridis = Chalcolestes viridis)*	x	x	-
Kleine Binsenjungfer *(Lestes virnes vestalis)*	x	x	x
Gemeine Federlibelle *(Platycnemis pennipes)*	-	-	x
Frühe Adonislibelle *(Pyrrhosoma nymphula)*	x	-	x
Große Pechlibelle *(Ischnura elegans)*	x	x	x
Kleine Pechlibelle *(Ischnura pumilio)*	x	x	-
Becher-Azurjungfer *(Enallagma cyathigerum)*	x	x	x
Vogel-Azurjungfer *(Coenagrion ornatum)*	-	-	-
Fledermaus-Azurjungfer *(Coenagrion pulchellum)*	x	x	-
Hufeisen-Azurjungfer *(Coenagrion puella)*	x	x	x
Großes Granatauge *(Erythromma najas)*	x	-	-
Zwerglibelle *(Nehalennia speciosa)*	x	-	-
Große Königslibelle *(Anax imperator)*	x	x	x
Kleine Königslibelle *(Anax parthenope)*	-	x	x
Kleine Mosaikjungfer *(Brachytron pratense = Brachytron hafniense)*	x	-	-
Braune Mosaikjungfer *(Aeshna grandis)*	x	-	-
Herbst-Mosaikjungfer *(Aeshna mixta)*	x	x	x
Blaugrüne Mosaikjungfer *(Aeshna cyanea)*	x	-	x
Torf-Mosaikjungfer *(Aeshna juncea)*	x	-	-
Keilflecklibelle *(Anaciaeschna isosceles)*	x	-	-
Gemeine Smaragdlibelle *(Cordulia aenea)*	x	x	-
Vierfleck *(Libellula quadrimaculata)*	x	x	-
Plattbauch *(Libellula depressa)*	x	-	x
Kleiner Blaupfeil *(Orthetrum coerulescens)*	x	x	-
Großer Blaupfeil *(Orthetrum cancellatum)*	x	x	x
Frühe Heidelibelle *(Sympetrum fonscolombei)*	x	x	-
Gefleckte Heidelibelle *(Sympetrum flaveolum)*	x	-	-
Große Heidelibelle *(Sympetrum striolatum)*	-	x	-
Gemeine Heidelibelle *(Sympetrum vulgatum)*	x	x	x
Schwarze Heidelibelle *(Sympetrum danae)*	x	x	x
Gebänderte Heidelibelle *(Sympetrum pedemontanum)*	x	x	x
Blutrote Heidelibelle *(Sympetrum sanguineum)*	x	-	x
Kleine Moosjungfer *(Leucorrhinia dubia)*	x	x	-

Es wurden Tagebaurestlöcher aus Thüringen (Zechau), Sachsen (Kahnsdorf) und Sachsen-Anhalt (Pirkau, Nordfeld Jaucha) ausgewählt. Untereinander sind sie nur bedingt vergleichbar, da sie z. B. unterschiedliches Alter und lokale Besonderheiten in der Biotopausstattung besitzen und die Untersuchungszeiträume stark variierten.

Quellen der Artenlisten: Jungmann u. Sykora (1993) (ergänzt nach Jungmann u. Sykora, schriftl. 1994), Mauersberger (1993), Unruh (1988). Die ökologischen Gruppen entsprechen der Einteilung von Donath (1987b). Fehlende Eintragungen: Arten bei Donath nicht aufgeführt.

Die Abkürzungen bedeuten:

FW - thermophile Fließ wasserarten
FSW - euryöke Fließwasser-See-Arten
S - stenöke Seearten
SMW - Moorseearten
MW - euryöke Moorarten
M - stenöke Moorarten
TWM - Moortümpelarten
TW - euryöke Tümpelarten
T - stenöke Tümpelarten
WFM - euryöke Weiherarten
WMSF - Ubiquisten i. w. s.

NSG „Nordfeld Jaucha"	Ökolog. Gruppe	Besied-lungstyp	Suk-zessions-stufe	Rote Liste BRD (1984)	Rote Liste DDR (1984)
-	WFM	F	III	3	-
-	WMSF	F	III	-	-
-	T			3	3
x	WFM	S	IV	-	-
-	MW	S	IV	3	3
-	FSW	S	IV	-	-
-	WMSF	E	II	-	-
x	WMSF	E	II	-	-
-	TW			3	3
x	WMSF	E	II	-	-
x				1	1
-	WMSF	S	IV	-	-
-	WMSF	F	III	-	-
-	WMSF	S	IV	-	-
-	M			2	2
x	WFM	F	III	-	-
x	S			2	2
-	WMSF			3	-
x	WMSF	S	IV	-	-
x	WMSF	F	III	-	-
x	WFM	S	IV	-	-
-	MW	F	III	-	-
-	SMW			3	3
-	SMW/ (WMSF?)	S	IV	-	-
-	WMSF	F	III	-	-
-	TW			-	-
-	FW			2	2
x	WMSF	E	II	-	-
-				2	V
-	TWM	S	IV	-	-
-	WFM			-	-
x	WMSF	E	II	-	-
-	MW	F	III	-	-
x	FW			2	-
x	WFM	S	IV	-	-
-	M	S	IV	-	3

Die Besiedlungstypen wurden – soweit angegeben – von Donath (1987a) übernommen.
E = Erstbesiedler
F = Frühbesiedler
S = Spätbesiedler

Die Angaben zur Sukzessionsstufe entsprechen der von Pietsch (1979) im Lausitzer Braunkohlenrevier anhand des Chemismus des Wasserkörpers vorgenommenen Klassifizierung.
I = Initialstufe (tritt in der Tabelle nicht auf, da nicht von Libellen besiedelt)
II = Frühstufe
III = Übergangsstufe
IV = Altersstufe

Kennzeichnung von Arten der Roten Liste nach Clausnitzer et al. (1984) und Donath (1984).
1 – vom Aussterben bedroht
2 – stark gefährdet
3 – gefährdet
V – Vermehrungsgast: gehört nicht zur autochthonen Fauna

Heuschrecken (Saltatoria)

Heuschrecken werden – neben anderen Tiergruppen – bundesweit zur Bewertung von Biotopen herangezogen (Mühlenberg 1989). Durch ihre enge Bindung an mikroklimatische Bedingungen sowie Boden- und Raumstruktur (Köhler 1991) besitzen sie einen gewissen Indikatorwert. Zudem sind auch sie vom Artenrückgang betroffen, besonders die Bewohner von Trockenlebensräumen und Feuchtgebieten.

Da sich unter den Heuschrecken auch weniger agile Arten befinden, sind bei der Beurteilung von Sekundärlebensräumen deren Alter und die Entfernung zu benachbarten Heuschreckenvorkommen von Bedeutung. So kann es durchaus sein, daß zwar ein potentieller Lebensraum vorhanden, aber (besonders bei flugunfähigen Tieren) noch keine Besiedlung durch die erwarteten Arten eingetreten ist.

Am Beispiel der Heuschreckenbesiedlung von Bergbauflächen wird besonders deutlich, daß aus Sicht des Naturschutzes gerade die frühen Stufen der Vegetationsentwicklung (gering bewachsene Rohbodenstandorte, Trockenrasen) besonders wertvoll sind. Die hier vorkommenden Vertreter der „Ödlandschrecken“ sind eng an das Leben auf fast kahlem Boden angepaßt. Sie benötigen für ihre Entwicklung hohe Sommertemperaturen und halten sich deshalb bevorzugt an solchen Stellen auf, wo die Sonnenstrahlung ungehindert auf den Boden auftreffen kann.

Im mitteldeutschen Braunkohlenfördergebiet liegen aktuelle Fundmeldungen für die Sandschrecke *(Sphingonotus caerulans)* und die Blauflüglige Ödlandschrecke *(Oedipoda caerulescens)* vom Landkreis Aschersleben bis zum Raum Altenburg vor. Beide Arten kommen z. T. gemeinsam vor, unterscheiden sich aber hinsichtlich der benötigten Flächengröße (Merkel 1980) des Biotops und tolerieren verschiedene Bedeckungsgrade der Vegetation. Poller und Höser (1993) konnten eine Verdrängung von *Oe. caerulescens* durch Sphingonotus feststellen. Für den Schutz der beiden Arten macht es sich erforderlich, durch Pflegemaßnahmen in den Sukzessionsverlauf der Vegetationsentwicklung einzugreifen und Bodenverwundungen zur Schaffung vegetationsfreier Offenstellen anzulegen. Dennoch wird sich nur ein Teil der derzeitigen Vorkommen erhalten lassen, da viele der jetzt vorhandenen Offenbereiche in absehbarer Zeit einer Nutzung zugeführt werden.

Neben diesen beiden geschützten Heuschrecken wurden auf den Braunkohlenbergbauflächen Mitteldeutschlands weitere Arten der Roten Listen der betreffenden drei Bundesländer (Köhler 1993; Wallaschek 1993; Sächsisches Landesamt für Umwelt und Geologie 1994) nachgewiesen. Diese haben jedoch ihre Schwerpunktvorkommen in der Regel nicht in der Bergbaufolgelandschaft und sind meist auf fortgeschrittene Stadien im Sukzessionsgeschehen angewiesen, so daß ihre Bindung an „Abgrabungshabitate“ weniger eng als bei den o. g. Vertretern ausgeprägt ist. Beispiele hierfür sind u. a.:

- Gewöhnliche Sichelschrecke *(Phaneroptera falcata)*
- Punktierte Zartschrecke *(Leptophyes punctatissima)*
- Langflügelige Schwertschrecke *(Conocephalus discolor)*
- Kurzflügelige Schwertschrecke *(Conocephalus dorsalis)*
- Westliche Beißschrecke *(Platycleis albopunctata)*
- Feldgrille *(Gryllus campestris)*
- Ameisengrille *(Myrmecophila acervorum)*
- Gefleckte Keulenschrecke *(Myrmeleotettix maculatus)*
- Langfühler-Dornschrecke *(Tetrix tenuicornis)*

Amphibien und Reptilien

In Deutschland zählen die Amphibien und Reptilien heute mit zu den am stärksten gefährdeten Tiergruppen. Die Ursachen dafür sind (nach Schiemenz 1980):

- Die Melioration von Feuchtgebieten
- Die Verunreinigung und das Verschwinden von Gewässern
- Die Intensivierung der Binnenfischerei
- Die Land- und Forstwirtschaft
- Die Verfüllung stillgelegter Gruben
- Der stark angewachsene Tourismus
- Örtlich der Verkehrstod von Fröschen, Kröten und Molchen

Mögliche Auswege aus dieser Situation nennt u. a. Günther (1985). Dazu zählt z. B. auch die Bewahrung der Kleingewässer in aufgelassenen Kies- und Lehmgruben, d. h. ihr Schutz vor Verfüllung oder Einebnung.

Gleiches trifft auch für die Gewässer in den Restlöchern von Braunkohlentagebauen zu. Hier tritt z. B. die Kreuzkröte *(Bufo calamita)*, die für das Gebiet der ehemaligen DDR seltenste Krötenart (Schiemenz 1975) als typischer Erstbesiedler auf. So geht z. B. die Mehrzahl der gegenwärtig im Regierungsbezirk Leipzig erfaßten Laichplätze dieser Art auf derartige Restgewässer zurück (Kabisch 1990). Die größte Population im Gebiet südlich von Leipzig wurde 1983 für das Restloch Zechau, Landkreis Altenburg ausgewiesen (zit. in Sykora 1985).

Die Bedeutung dieser Sekundärlebensräume für die Herpetofauna zeigt sich z. B. darin, daß die allermeisten Amphibien- und Reptilienarten, die für ein Gebiet nachgewiesen worden sind, auch oder gerade in der Bergbaufolgelandschaft geeignete Lebensbedingungen finden (Tabelle 3). Hier sind es unter den Amphibien in der Anfangsphase v. a. die sich durch hohe Vorzugstemperaturen auszeichnenden Steppenarten Kreuzkröte *(Bufo calmita)* und Wechselkröte *(Bufo viridis)*, die in den wärmebegünstigten, vegetationsarmen Landschaftsteilen günstige Lebensbedingungen finden, zumal sie in

Tabelle 3. Vergleich der für den Landkreis Altenburg (nach 1965) nachgewiesenen Amphibien- und Reptilienarten (nach Schiemenz 1980, korrigiert) mit der Herpetofauna im Tagebaurestloch Zechau (nach Sykora 1985 und Schmidt 1990, ergänzt). Kategorien der Roten Liste: s. Erläuterungen zu Tabelle 2

Amphibien- bzw. Reptilienart	Wissenschaftlicher Name	Nachweis im Tagebau-restloch Zechau	Rote Liste Thüringen
Kammolch	*Triturus cristatus*	+	3
Bergmolch	*Triturus alpestris*	+	
Teichmolch	*Triturus vulgaris*	+	
Rotbauchunke	*Bombina bombina*	–	1
Knoblauchkröte	*Pelobates fuscus*	+	3
Erdkröte	*Bufo bufo*	+	
Wechselkröte	*Bufo viridis*	+	1
Kreuzkröte	*Bufo calamita*	+	3
Laubfrosch	*Hyla arborea*	+	2
Grasfrosch	*Rana temporaria*	+	
Moorfrosch	*Rana arvalis*	–	1
Seefrosch	*Rana ridibunda*	–	2
Teichfrosch	*Rana kl. esculenta*	+	
Blindschleiche	*Anguis fragilis*	+	
Zauneidechse	*Lacerta agilis*	+	3
Waldeidechse	*Lacerta vivipara*	+	
Ringelnatter	*Natrix natrix*	–	3
Kreuzotter	*Vipera berus*	+	2

ihrer Fortpflanzungsweise hervorragend an flache, gut durchwärmte Laichgewässer (Abb. 5), die auch zuweilen austrocknen können (und somit fast frei von Freßfeinden sind), angepaßt sind. Diesen beiden Arten kommt auch ihre große Wanderfreudigkeit bei der Besiedlung von neuen Lebensräumen zugute.

Daß sich auch selbst so seltene Arten wie z. B. die Rotbauchunke *(Bombina bombina)* zumindest zeitweilig auch in der Bergbaufolgelandschaft ansiedeln, belegen Beispiele aus dem Südraum Leipzig (z. B. Krug et al. 1987). Voraussetzung dafür ist, daß benötigte Biotopstrukturen vorhanden sind und sich entsprechende Populationen in der näheren Umgebung befinden, aus denen Tiere über geeignete Migrationswege die neu entstandenen Lebensräume erreichen können.

Durch die Vielzahl der gefährdeten Arten, die aus ihren natürlichen Lebensräumen immer mehr verdrängt werden, ergibt sich eine besondere Verantwortung sowohl für den Betreiber von Abgrabungen als auch für den Gesetzgeber, bei der Rekultivierung dieser Gebiete auch die Belange des Naturschutzes zu berücksichtigen.

Vogelwelt

Im Gegensatz zu anderen zoologischen Fachdisziplinen setzte das Interesse der Ornithologen zur Erforschung der Avifauna in den vom Braunkohlenbergbau hinterlassenen Gebieten wesentlich früher ein. So erwähnt Höser (1990), daß Ornithologen bereits seit 1934 Tagebaurestlöcher in der Altenburger Umgebung aufsuchten. In den letzten Jahren ist eine Vielzahl von Arbeiten sowohl über die Erfassung der Brutvögel als auch die Beobachtung von Nahrungs-, Winter- oder Zuggästen in den Bergbauregionen Mitteldeutschlands erschienen (z. B. Arnold u. Frieling 1990; Beer 1984; Dorsch 1979; Frommolt u. Steinbach 1979; Hoyer 1985).

Abb. 5. Durch natürlichen Grundwasseranstieg entstandenes Feuchtgebiet im Tagebaurestloch Domsen. Die vorhandenen Flachwasserzonen bieten günstige Voraussetzungen für die Ausbildung ausgedehnter Röhrichtbestände, so daß derartige Bergbauflächen einen hohen Wert für die Libellen-, Herpeto- und Avifauna besitzen

Infolge des oftmals sehr differenzierten Biotopangebotes, besonders in der Umgebung von wassergefüllten Tagebaurestlöchern, ist die Zahl der beobachteten Vogelarten recht hoch (im Restloch Werben innerhalb von 10 Jahren z. B. 149 Arten; Krug 1993; Tagebau Königsaue: 1992 80 Brutvogelarten; Beck et al. 1993).

Die großen und z. T. relativ tiefen Tagebaugewässer besitzen regional eine große Bedeutung für viele Durchzügler unter den Wasservögeln (z. B. Enten, Säger, Kormorane). Selbst die als industrielle Absetzanlagen (Verspülung von Kraftwerksasche und/oder Kohletrübe) genutzten Hohlformen werden zu den Zugzeiten von bis zu mehreren Tausend nordischen Gänsen (v. a. Saat- und Bleßgänse) aber auch Limikolen als Rastquartiere genutzt.

Unter den Brutvögeln, die in ausgekohlten Tagebauen bzw. anderen Teilen der Bergbaufolgelandschaft anzutreffen sind, befindet sich eine ganze Reihe von gefährdeten Vogelarten (Tabelle 4). Wie für andere Teile der Fauna auch, ändert sich das Artenspektrum der Brutvögel mit dem Voranschreiten der natürlichen Sukzession.

Als Brutvogelarten der vegetationsfreien- bzw. armen Standorte treten in den Bergbaugebieten Mitteldeutschlands u. a. Flußregenpfeifer *(Charadrius dubius)*, Brachpieper *(Anthus campestris)* und Steinschmätzer *(Oenanthe oenathe)* auf.

Der bundesweit gefährdete Flußregenpfeifer, der durch Ausbau und Begradigungen nahezu aller Fließgewässer fast völlig seines natürlichen Lebensraumes beraubt wurde, findet an Kiesteichen, in Sandkuhlen, Tongruben, auf Großbaustellen und Gebieten des Braunkohlenbergbaues ideale Ersatzbiotope. Als Bruthabitat benötigt er genügend große, offene, vegetationsarme oder ganz kahle Flächen mit zumindest stellenweise grobkörnigem Untergrund und die Nähe von Wasserflächen (Barthel o. J.).

Beim Brachpieper (Rote Liste der BRD: vom Aussterben bedroht) ist bundesweit ein Bestandsrückgang zu verzeichnen. In Ostdeutschland hat er seine Verbreitungsschwerpunkte v. a. in den Braunkohlengebieten in Sachsen und Sachsen-Anhalt (Bezzel 1993). Der Rückgang der Braunkohlenförderung, die Sanierung und Rekultivierung von Tagebauen werden die ohnehin dramatische Situation für diese Vogelart weiter verschärfen (Beck et al. 1993).

Der großräumige Verlust der Lebensräume in der Kulturlandschaft führte auch beim gefährdeten Steinschmätzer dazu, daß sich seine Vorkommen schwerpunktmäßig in die Bergbauregionen verlagerten. Zu den Charakterarten der Braunkohlengruben zählt die Uferschwalbe *(Riparia riparia)*, die zu einem Großteil ihre Brutkolonien in den Steilböschungen von Abgrabungsgebieten anlegt (z. B. Ansorge u. Lehnert 1981).

Mit dem weiteren Ablauf der Sukzession und der Ausbildung unterschiedlicher Vegetationsformen findet eine Vielzahl weiterer Vogelarten Brutmöglichkeiten. Unter den Röhrichtbewohnern sind dies z. B. Drosselrohrsänger *(Acrocephalus arundinaceus)*, Wasserralle *(Rallus aquaticus)*, Große Rohrdommel *(Botaurus stellaris)*, Rohrweihe *(Circus aeruginosus)* – Arten, die aufgrund ihrer Gefährdungssituation ebenfalls in den „Roten Listen" verzeichnet sind.

Arten offener, gehölzarmer Lebensräume, wie Rebhuhn *(Perdix perdix)*, Braunkehlchen *(Saxicola rubetra)* und Schwarzkehlchen *(Saxicola torquata)* fanden bisher auf sich selbst überlassenen, nicht rekultivierten Standorten innerhalb der Braunkohlenabbaugebiete wiederholt Brutmöglichkeiten, denen z. T. sogar regionale Bedeutung zukommt, da entsprechende Reproduktionshabitate in der übrigen Kulturlandschaft fehlen.

Seltene und geschützte Pflanzenarten

Während aus faunistischer Sicht v. a. die Initialstadien für den Naturschutz Bedeutung haben, sind floristisch hauptsächlich die mittleren Stadien der Magerrasen und Heiden sowie die früheren Gehölzstadien hervorzuheben.

Unter den geschützten Pflanzen, die auf den Kippenflächen des Braunkohlenbergbaues anzutreffen sind, wird der Familie der Orchideen (Orchidaceae) sicher die meiste Aufmerksamkeit entgegengebracht. Die konkurrenzschwachen Orchideen finden auf den nährstoffarmen Substraten, welche durch die Braunkohlegewinnung aus der Tiefe an die Oberfläche befördert wurden, geeignete Ansiedlungsbedingungen vor. Ihre Verbreitung erfolgt durch staubfeine Samen, die über große Entfernungen verfrachtet werden können. Orchideensamen verfügt kaum über Nährgewebe, so daß für die Entwicklung der pflanzlichen Embryos die Vergesellschaftung mit einem Pilz, der die Nährstoffversorgung übernimmt, erforderlich ist. Zumindest für die „Moderorchideen", die kein Blattgrün (Chlorophyll) besitzen, ist dieses „Mykorrhiza" genannte Zusammenleben auch später obligatorisch.

Für den Landkreis Leipziger Land sind nach Streller (1994) folgende Orchideen in der Bergbaufolgelandschaft nachgewiesen:

- Weißes Waldvögelein *(Cephalanthera damasonium)*
- Frauenschuh *(Cypripedium calceolum)*
- Fuchs'sches Knabenkraut *(Dactylorhiza fuchsii)*
- Steifblättriges Knabenkraut *(Dactylorhiza incarnata)*
- Braunrote Sitter *(Epipactis atrorubens)*
- Breitblättrige Sitter *(Epipactis helleborine)*
- Sumpfsitter (*Epipactis palustris*, Abb. 6)
- Große Händelwurz *(Gymnadena conopsea)*
- Großes Zweiblatt *(Listera ovata)*
- Helmknabenkraut *(Orchis militaris)*
- Bienenragwurz *(Ophrys apifera)*

Tabelle 4. Festgestellte Brutvogelarten in den ehemaligen Braunkohlengruben Zechau (nach Sykora 1985; Jessat 1992) und Werben (aus Lederer 1993)

Brutvogelart	Wissenschaftlicher Name	Zechau	Rote Liste Thüringen	Werben	Rote Liste Sachsen
Amsel	*Turdus merula*	x		x	
Bachstelze	*Motacilla alba*	x		x	
Baumpieper	*Anthus trivialis*	x		x	
Beutelmeise	*Remiz pendulinus*	x	2	x	
Bleßralle	*Fulica atra*	x		x	
Bluthänfling	*Carduelis cannabina* (= *Acanthis cannabina*)	x		x	R
Brachpieper	*Anthus campestris*	x	1	x	2
Buchfink	*Fringilla coelebs*	x		x	
Buntspecht	*Picoides major* (= *Dendrocopus major*)	x		-	
Dorngrasmücke	*Sylvia communis*	x		x	R
Drosselrohrsänger	*Acrocephalus arundinaceus*	x	1	-	
Eichelhäher	*Garrulus glandarius*	x		-	
Elster	*Pica pica*	x		x	
Fasan	*Phasianus colchicus*	x		x	
Feldlerche	*Alauda arvensis*	x		x	R
Feldschwirl	*Locustella naevia*	x		x	
Feldsperling	*Passer montanus*	x		-	
Fitislaubsänger	*Phylloscopus trochilus*	x		x	
Flußregenpfeifer	*Charadrius dubius*	x	3	x	
Gartenbaumläufer	*Certhia brachydactyla*	x		-	
Gartengrasmücke	*Sylvia borin*	x		x	
Gelbspötter	*Hippolais icterina*	x		x	
Girlitz	*Serinus serinus*	x			
Goldammer	*Emberiza citrinella*	x		x	R
Grauammer	*Miliaria calandra-* (= *Emberiza calandra*)	-		x	1
Grünfink	*Carduelis chloris* (= *Chloris chloris*)	x		x	
Haubentaucher	*Podiceps cristatus*	-		x	R
Hausrotschwanz	*Phoenicurus ochruros*	x		x	
Heckenbraunelle	*Brunello modularis*	x		x	
Kernbeißer	*Coccothraustes coccothraustes*	x		-	
Kiebitz	*Vanellus vanellus*	x	3	-	
Klappergrasmücke	*Sylvia curucca*	x		x	
Kleiber	*Sitta europaea*	x		-	
Kleinspecht	*Picoides minor* (= *Dendrocopus minor*)	x		-	
Kohlmeise	*Parus major*	x		-	
Kuckuck	*Cuculus canorus*	x		x	R
Mäusebussard	*Buteo buteo*	x		-	
Mönchsgrasmücke	*Sylvia atricapilla*	x		x	
Nachtigall	*Luscinia megarhynchos*	x		-	
Neuntöter	*Lanius collurio*	x		x	R
Ortolan	*Emberiza hortulana*	-		x	2
Pirol	*Oriolus oriolus*	x		x	

Brutvogelart	Wissenschaftlicher Name	Zechau	Rote Liste Thüringen	Werben	Rote Liste Sachsen
Rabenkrähe	*Corvus corone corone*	x		x	
Raubwürger	*Lanius excubitor*	x		x	2
Rebhuhn	*Perdix perdix*	x	3	x	3
Ringeltaube	*Columba palumbus*	x		x	
Rohrammer	*Emberiza schoeniclus*	x		x	
Rohrweihe	*Circus aeruginosus*	x	3	x	R
Rotmilan	*Milvus milvus*	x	3	-	
Rotkehlchen	*Erithacus rubecula*	x		-	
Schafstelze	*Motacilla flava*	x	3	x	3
Singdrossel	*Turdus philomelos*	x		-	
Star	*Sturnus vulgaris*	x		-	
Steinschmätzer	*Oenanthe oenanthe*	x	3	x	2
Stieglitz	*Carduelis carduelis*	x		x	
Stockente	*Anas platyrhynchos*	x		x	
Sturmmöwe	*Larus canus*	x		x	P
Sumpfrohrsänger	*Acrocephalus palustris*	x		x	
Teichralle	*Gallinula chloropus*	x	3	x	3
Teichrohrsänger	*Acrocephalus scirpaceus*	x		x	R
Turteltaube	*Streptopelia turtur*	x		x	
Uferschwalbe	*Riparia riparia*	-		x	
Waldlaubsänger	*Phylloscopus sibilatix*	x		-	
Wasserralle	*Rallus aquaticus*	-		x	3
Weidenmeise	*Parus montanus*	x		-	
Wiesenpieper	*Anthus pratensis*	x		x	
Zaunkönig	*Troglodytes troglodytes*	x		-	
Zilpzalp	*Phylloscopus collybita*	x		x	

Kategorien der Roten Listen: 1 – vom Aussterben bedroht; 2 – stark gefährdet; 3 – gefährdet; P – potentiell gefährdet; R – im Rückgang (nur für Sachsen angegeben)

Neben den genannten kommen nachfolgende Arten aus anderen Landkreisen in den bergbaulich entstandenen Sekundärlebensräumen vor:

- Nestwurz *(Neottia nidus-avis)*
- Korallenwurz *(Corallorrhiza trifida)*

Die Wintergrüngewächse (Fam. Pyrolacea) sind ebenfalls Rohbodenbesiedler und kommen auf den saueroligotrophen Substraten der Bergbaukippen und -halden vor.

Daneben findet eine Reihe weiterer Pflanzenarten verschiedenster pflanzensoziologischer Zuordnung auf den, der natürlichen Sukzession überlassenen Standorten des Bergbaus Überlebensmöglichkeiten, während sie zunehmend aus der übrigen Kulturlandschaft verdrängt werden.

Neben weiterverbreiteten Biotoptypen, die gleichsam in allen mitteldeutschen Braunkohlenabbaugebieten auftreten, gibt es auch lokale Besonderheiten, die dann z. T. sogar Einmaligkeiten in der Bergbaufolgelandschaft darstellen. Eines dieser Sonderbiotope ist das Kalkflachmoor im Tagebaurestloch Zechau in der Nähe von Altenburg (Thüringen). Durch die hier auftretenden Schachtelhalmgesellschaften besitzt dieses Gebiet auch überregionale Bedeutung (z. B. Sykora 1978).

Zusammenfassung

Die mit dem Braunkohlenabbau verbundenen landschaftlichen Veränderung schufen bzw. schaffen auch heute noch Verhältnisse, die außer ihrer geologischen Bedeutung auch für die Belange des Naturschutzes bemerkenswert sind.

Neben den die Bergbaulandschaften prägenden Reliefveränderungen (u. a. Halden und Restlöcher) sind es v. a. die oligotrophen Ausgangsbedingungen der Bodensubstrate auf den ehemaligen Abgrabungsflächen, die vielfach eine Reihe von Sonder- und z. T. Extremstandorte für eine natürliche Wiederbesiedlung liefern und sich anfangs in ihrer Artenausstattung deutlich von jener der intensiv genutzten Kulturlandschaften unterscheiden.

Abb. 6. Ungewöhnlicher Standort des Sumpfsitters *(Epipactis palustris)* auf dem freigelegten Kohlenflöz im Tagebau Espenhain. Diese eher feuchte Verhältnisse bevorzugende Orchidee ist am abgebildeten Standort extremen abiotischen Faktoren (hohe Maximaltemperaturen und Strahlungsintensität, Wassermangel) ausgesetzt

Die frühen Sukzessionsstadien der Bergbaufolgelandschaft bieten für die Bewohner von Pionierbiotopen, die durch die weitgehende Ausschaltung von solchen Prozessen wie Materialabtrag, -umlagerung und -ablagerung kaum noch auf natürliche Weise entstehen, für befristete Zeit geeignete Ersatzlebensräume. Aufgrund der lokalen Besonderheiten (gestörter Wasserhaushalt, schüttere Vegetation, Kesselwirkung der Hohlformen) stellen Bergbauflächen oftmals Wärmeinseln in der Landschaft dar und es stellen sich wärme- und trockenheitsliebende Arten ein.

Für verschiedene Tiergruppen liegen Bestandserhebungen bzw. weitergehende Untersuchungen vor. In den Artenspektren der für die Biotopbewertung herangezogenen „Indikatorgruppen" von Bergbauflächen ist ein beachtlicher Teil von „Rote Liste"-Arten enthalten (s. Übersichten zu Libellen, Amphibien und Reptilien, Brutvögel).

Einen besonderen Anziehungspunkt für botanisch Interessierte bilden die verschiedenen Orchideenstandorte in den bergbaulich entstandenen Sekundärlebensräumen, wo manche Arten sogar Massenvorkommen ausbilden.

Der hohe naturschutzrelevante Wert der Bergbaufolgelandschaft wurde in Mitteldeutschland erst recht spät (etwa in den 70er Jahren) erkannt. Zuvor orientierte sich der praktische Naturschutz v. a. am Erhalt von Flora und Fauna der naturnahen Lebensräume, bestenfalls wurden Altbergbauflächen in Schutzbemühungen mit einbezogen.

LITERATUR

Albert G, Eberlei B, Küpper M (1989) Plötzliche Biotopveränderungen im Auswirkungsbereich des geplanten Braunkohletagebaus Frimmersdorf West-West. Verh Gesell Ökologie XVIII: 53–59

Ansorge H, Lehnert J (1981) Die Verbreitung der Uferschwalbe, Riparia riparia, im Bezirk Leipzig. Actitis 21: 13–24

Arnold P, Frieling F (1990) Bergbaufolgelandschaft und ihre Vogelwelt am ehemaligen Tagebau Borna-Ost. Mauritiana 12: 555–560

Barthel H (o. J.) Der Vogel des Jahres 1993 – Der Flußregenpfeifer. Naturschutzbund Deutschlands e. V. (NABU), Merkblatt Nr. 92/10-030

Beck H-J, Beck P, Drescher C (Hauptbearb.) (1993) Biologische Fachbeiträge (Vegetationskunde, Zoologie) für die Naturschutzplanung im ehemaligen Braunkohlentagebau Königsaue, Landkreis Aschersleben/Sachsen-Anhalt

Beer W-D (1955/56) Beiträge zur Kenntnis der pflanzlichen Wiederbesiedlung von Halden des Braunkohlenbergbaus im nordwestsächsichen Raum. Wiss Z Karl-Marx-Univ Leipzig 5: 207–211

Beer W-D (1984) Die Hochhalde Espenhain nach 25 Jahren – ein Vergleich von Vegetationsentwicklung und Brutvogelbestand. Actitis 23: 43–49

Bellmann H (1985) Heuschrecken beobachten - bestimmen. Neumann-Neudamm, Melsungen

Bezzel E (1993) Kompendium der Vögel Mitteleuropas. Passeres Singvögel. Aula, Wiesbaden

Blab J (1993) Grundlagen des Biotopschutzes. (Schriftenreihe für Landschaftspflege und Naturschutz 24, Bonn) Kilda, Greven

Broen B von, Moritz M (1965) Spinnen (Araneae) und Weberknechte (Opiliones) aus Barberfallen von einer tertiären Rohbodenkippe im Braunkohlenrevier Böhlen. Abh Ber Naturkd Mus Görlitz 40 (6): 1–15.

Clausnitzer H-J, Pretscher P, Schmidt E (1984) Rote Liste der Libellen (Odonata). In: Blab J, Nowack E, Trautmann W, Sukopp H (Hrsg) (1984) Rote Liste der gefährdeten Tiere und Pflanzen in der Bundesrepublik Deutschland. Kilda, Greven, S 116–118

Donath H (1984) Situation und Schutz der Libellenfauna in der Deutschen Demokratischen Republik. Ent Nachr Ber 28: 151–158

Donath H (1987a) Die Besiedlung von Gewässern im rekultivierten Gebiet des ehemaligen Tagebaues Schlabendorf-Nord (Bezirk Cottbus) durch Odonaten. Ent Nachr Ber 31: 37–43

Donath H (1987b) Vorschlag für ein Libellen-Indikatorsystem auf ökologischer Grundlage am Beispiel der Odonatenfauna der Niederlausitz. Ent Nachr Ber 31: 213–217

Dörfler E, Dörfler M (1990) Neue Lebensräume. Urania, Leipzig Jena Berlin

Dorsch H, Dorsch I (1979) Die Vogelwelt natürlich bewachsener Braunkohletagebaue. Beitr Vogelkd 25 (5): 257–329

Dunger W (1968) Die Entwicklung der Bodenfauna auf rekultivierten Kippen und Halden des Braunkohlentagebaus. Abh Ber Naturkd Mus Görlitz 43: 1–256

Dunger W (1983) Tiere im Boden, Ziemsen, Wittenberg-Lutherstadt

Dunger W (1991) Zur Primärsukzession humiphager Tiergruppen auf Bergbauflächen. Zool Jb Syst 118 (3/4): 423–447

Dworschak U R (1992) Neues Land wird besiedelt. Spektrum der Wissenschaft 4: 119–125

Einenkel R (1973) Laufkäferbesiedlung auf Bitterfelder Braunkohlenkippen. Dipl.-Arb. Museum Naturkunde Humboldt-Univ. Berlin, S 1–53

Einhorn W (1987) Bergbau und Industrie. In: Weinitschke H (Hrsg) Naturschutz und Landnutzung, Fischer, Jena, S 128–141

Ellenberg H (1987) Fülle-Schwund-Schutz. Was will der Naturschutz eigentlich? Verh Gesell Ökol 16: 449–459

Eppert F-M (1989) Zur Habitatnutzung von Rekultivierungsflächen des Bitterfelder Braunkohlenreviers durch Laufkäfer- (Carabidae) und Brutvogelgemeinschaften - Diss.

Frommolt K-H, Steinbach R (1979) Die Thränaer Lachen, ein Gebiet der Bergbaufolgelandschaft, als Lebensstätte für die Vogelwelt. Actitis 16: 56–72

Günther R (1985) Ordnung Anura Froschlurche. In: Engelmann W-E, Fritzsche J, Günther R, Obst F J (Hrsg) Lurche und Kriechtiere Europas. Neumann, Leipzig Radebeul

Höser N (1990) Pflanzensoziologische Aufnahmen im Abstand von 12 Jahren im Altpoderschauer Quellmoor des Tagebaurestloches Zechau. Mauritiana 12: 501–503

Höser N (1990) Naturschutz im Tagebau Zechau – eine Neuheit. Mauritiana 12: 569–573

Hoyer F (1985) Zur Problematik der Habitatverluste durch den Abbau der Braunkohle um Leipzig. Actitis 24: 43–49

Jedicke L, Jedicke E (1992) Farbatlas Landschaften und Biotope Deutschlands. Ulmer, Stuttgart

Jessat M (1992) Verzeichnis der Brutvögel des NSG Restloch Zechau. In: Naturschutzgebiet „Tagebaurestloch Zechau", Pflege- und Entwicklungsplan 1992/1993

Jungmann E (1973) Zur Libellenfauna im Altenburger Kreisgebiet einschließlich der angrenzenden Eschefelder Teiche und des Pahnaer Restloches. Abh Ber Naturkd Mus „Mauritianum" Altenburg 8: 7–12

Jungmann E, Sykora W (1993) Zur Entwicklung der Libellenfauna (Odonata) im Naturschuztgebiet Tagebaurestloch Zechau. Mauritiana 14 (2): 144–147

Kabisch K (1990) Wörterbuch der Herpetologie. Fischer, Jena

Kalbe L (1958/59) Zur Verbreitung und Ökologie der Wirbeltiere an stillgelegten Braunkohlengruben im Süden Leipzigs. Wiss Z Karl-Marx-Univ. Leipzig 8: 431–462

Katzur J, Haubold-Rosar M, Schwabe, Bednarz (1992) Schlußbericht zum Thema „Erarbeitung einer Forschungskonzeption für die ökologisch begründete Entwicklung von Bergbaufolgelandschaften in der Lausitz", S 1–126, Finsterwalde

Klemm G (1966) Zur pflanzlichen Besiedlung von Abraumkippen und -halden des Braunkohlenbergbaus. Hercynia N F 3: 31–51

Köhler G (1991) Rote Liste der Heuschrecken des Landes Thüringen. Landschaftspflege und Naturschutz in Thüringen 28 (2): 29–39

Köhler G (1993) Rote Liste der Heuschrecken (Orthoptera: Saltatoria) Thüringens (2. Fassung, Stand Oktober 1992). Naturschutzreport 5: 66–69

Köhler U (1990) Stand der Florenentwicklung am Restloch Rusendorf und auf der Hochhalde Heureka 1986–1988. Mauritiana 12: 489–499

Korneck D, Sukopp H (1988) Rote Liste der in der Bundesrepublik Deutschland ausgestorbenen, verschollenen und gefährdeten Farn- und Blütenpflanzen und ihre Auswertung für den Arten- und Biotopschutz. Schriftenreihe Vegetationsk 19

Krug H, Urban E, Hagemann J, Hausmann R, Schubert B, Thienemann I (1987) Naturschutz im Kreis Borna. Teil 1: Geschützte Objekte (Kulturbund der DDR, Gesellschaft für Natur und Umwelt, Kreisvorstand) (Hrsg), Volksdruckerei Altenburg, BT Borna

Krug H (1993) Die Avifauna des Restloches. Werben. In: Lederer W (1993) (unveröffentlicht)

Lederer W (1993) Naturlehrpfad-Konzeption für das Tagebaurestloch Werben (unveröffentlicht)

Legler B (1983) Naturschutz in der vom Bergbau geprägten Landschaft. Naturschutz und naturk. Heimatforschung in Sachsen 25: 14–22

Mauersberger R (1993) Bemerkenswerte Libellenfunde in einem Braunkohlentagebau südlich von Leipzig. Ent Nachr Ber 37: 63–65

Merkel E (1980) Sandtrockenstandorte und ihre Bedeutung für zwei „Ödland"-Schrecken der Roten Liste. Schriftenreihe Naturschutz und Landschaftspflege 12: 63–69

Mühlenberg M (1989) Freilandökologie. Quelle & Meyer, Heidelberg Wiesbaden

Pietsch W (1979) Zur Vegetationsentwicklung in den Tagebaugewässern des Lausitzer Braunkohlen-Reviers. Natur und Landschaft Bezirk Cottbus 2: 71–83

Poller U, Höser N (1993) Zum Vorkommen der Heuschrecken Sphingonotus caerulans, Oedipoda coerulescens und Oedipoda germanica in der Bergbaufolgelandschaft zwischen Altenburg/Thüringen und Borna/Sachsen (Saltatoria, Caelifera). Mauritiana 14 (2): 33–36

Pott R (1992) Die Pflanzengesellschaften Deutschlands. Ulmer, Stuttgart

Prasse J (1986) Pedocoenosen. In: Schubert R (Hrsg) Lehrbuch der Ökologie, Fischer, Jena, S 302–310

Reichholf J (1989) Feld und Flur. Zur Ökologie des mitteleuropäischen Kulturlands. München

Sächsisches Landesamt für Umwelt und Geologie (Hrsg) (1994) Rote Liste Heuschrecken, 12 S

Scheffel P, Scheithauer D (1967) Faunistisch-floristische Untersuchungen in einem Braunkohlenrestloch unter besonderer Beachtung der Dreikantmuschel (Dreissena polymorpha P.). Abh Ber Naturkd Mus „Mauritianum" Altenburg 5: 161–185

Schiemenz H (1964) Zikaden (Homoptera, Auchenorrhyncha) von einer tertiären Rohbodenkippe des Braunkohlentagebaues Böhlen. Abh Ber Naturkd Mus Görlitz 39 (16): 1–8

Schiemenz H (1975) Geschützte Tiere. In: Hempel W, Schiemenz H (Hrsg) Unsere geschützten Pflanzen und Tiere. Urania, Leipzig Jena Berlin

Schiemenz H (1980) Die Herpetofauna der Bezirke Leipzig, Dresden und Karl-Marx-Stadt (Amphibia et Reptilia). Faun Abh Staatl Mus Tierkd Dresden 7: 191–211

Schmidt S (1990) Zur Herpetofauna des Meuselwitzer Braunkohlenreviers. Mauritiana 12: 513–522

Scholl G, Stöcklein B (1980) Die Bedeutung der Kleingewässer für die Amphibien- und Wasserinsektenfauna. Schriftenreihe Naturschutz und Landschaftspflege 12: 141–152

Schwertner P (1991) Heimische Biotope. Naturbuch, Augsburg

Sedlag U (1983) Vom Aussterben der Tiere. Urania, Leipzig Jena Berlin

Streller H (1994) Die Orchideen des Bornaer Landes – gestern und heute. Heimatblätter des Bornaer Landes 3: 17–24

Sykora W (1978) Bunter Schachtelhalm, Equisetum variegatum, in Ostthüringen, ein neuer bemerkenswerter Pflanzenstandort im ausgekohlten Tagebau Zechau bei Altenburg. Abh Ber Naturkd Mus „Mauritianum“ Altenburg 10: 151–155

Sykora W (1985) Bergbau und Naturschutz bei Altenburg. Abh Ber Naturkd Mus „Mauritianum“ Altenburg 11: 265–282

Tischew S, Klotz S (1991) Die Pflanzengesellschaften der Äcker auf rekultivierten Kippen des Tagebaugebietes südlich von Leipzig. Wiss Z Univ Halle 3: 3–24

Unruh M (1988) Vergleichende Betrachtungen zur Libellenfauna ausgewählter Abgrabungsgebiete des Zeitzer Gebietes, Bez. Halle, DDR. Libellula 7: 111–128

Wallaschek M (1993) Rote Liste der Heuschrecken des Landes Sachsen-Anhalt (1. Fassung, Stand Mai 1993). Berichte des Landesamtes für Umweltschutz Sachsen-Anhalt 9: 25–28

Wildermuth H (1991) Libellen und Naturschutz. Standortanalyse und programmatische Gedanken zur Theorie und Praxis im Libellenschutz. Libellula 10 (1/2): 1–35

Naturschutzgebiet Tagebau Zechau im Kreis Altenburg in Thüringen

ALBRECHT KRUMMSDORF, NORBERT HÖSER
UND WERNER SYKORA[1]

1
Örtliche Lage und landeskulturelle Ausgangssituation

Agrarindustrielle Verflechtungen kennzeichnen den Kernbereich des Altenburger Lößhügellandes. In der landwirtschaftlichen Produktion standen und stehen Getreide-, Futter-, Zuckerrüben- und Obstanbau sowie Intensivtierhaltung im Vordergrund. Der landschaftsverändernde Einfluß des Braunkohlenbergbaues und damit verbundener Wirtschaftszweige ist von den historischen Anfängen in „Bauerngruben" des 17./18. Jahrhunderts bis zu den modernen, großflächigen Industrieanlagen unserer Tage zu verfolgen (Krummsdorf u. Grümmer 1981; Diesener u. Sykora 1990). Zwischen den Städten Altenburg und Meuselwitz konzentrierten sich Tief- und Tagebaue, Brikettfabriken, Kraftwerke und andere Kohleveredlungsbetriebe (Abb. 1), die dann auch der Landwirtschaft und Nahrungsgüterverarbeitung auf der Basis von Kohle, Elektroenergie und Treibstoffen Fortschritt boten. Bauerndörfer wandelten sich zu Industriegemeinden und Arbeiterwohnsitzen.

Der Jenenser Geograph Schultze (1931) verdeutlicht mit folgenden Sätzen die landschaftlichen Wirkungen des Bergbaus: „Die Tagebaue durchschritten altes Kulturland mit ausgebauter Bodennutzung. Mit ansteigendem Energie- und Grundstoffbedarf wurde die Kohleförderung intensiviert, wobei die Industrie dem Agrarraum einen höheren Flächenwert gab, als es die Landwirtschaft jemals vermochte. Im Zeichen der Industrialisierung war aber auch 'die Tendenz der Bergbaulandschaft zur schnellen und sprunghaften Entwicklung' ebenso stark ausgeprägt wie jene zur fehlerhaften Lokalisierung, die 'durch psychisch-spekulative Momente des Bergwesens' noch verstärkt wurden."

In wachsendem Maße bewirken Flächen- und Strukturveränderungen im Industrie- und Agrarraum Belastungen der natürlichen Produktions- und Lebensgrundlagen Boden, Wasser und Luft für Wirtschaft und Bevölkerung. Sie dauern bis heute. Auch das Straßen- und Wegenetz, die Wasserläufe Pleiße und Schnauder sowie mehrere Ortslagen wurden, zumindest teilweise, überbaggert und mußten verlegt werden.

Das 1898 gegründete Zechauer Braunkohlenwerk und das seit 1873 bestehende Rositzer Werk fusionierten im Laufe der Zeit mit anderen Unternehmen im Verband der großen Montankonzerne, die damit auch im Meuselwitz-Altenburger Revier maßgebenden Einfluß gewannen. Staatskapitalistisch und sich einer gewissen Monopolstellung bewußt, wirkten die „volkseigenen" Werke und Kombinate dann nach 1945 bis zum Ende der DDR weiter.

Westsüdwestlich von Rositz wurde in der Gemarkung Zechau das 6,5–14 m mächtige Thüringer Hauptflöz anfangs im Tiefbau und dann v. a. im Tagebau ausgekohlt. Der vortertiäre Untergrund bildete im Bereich der Pflichtendorfer Rinne tektonisch bedingt und infolge Auslaugung des Zechsteins und Einschwemmung klastischer Sedimente ein wertvolles Grundwasserreservoir. Dessen Erschließung als Trink- und Brauchwasserquelle für das Umland bis nach Altenburg hinein ging zunächst von den stillgelegten Tiefbauschächten aus. Der Einsatz von Großgeräten zur Abraum- und Kohlegewinnung im Tagebau Zechau war deshalb auch immer durch stark wasserführende Horizonte im Kohleliegenden sowie wegen grabenartiger Flözeinsenkungen und diverser Lagerungsstörungen beeinträchtigt. Im südlichen Tagebaurestloch Zechau mußten schließlich Kohletrübe- und Aschespülflächen ihren Platz finden. 1958/59 endete der Tagebaubetrieb, und die Großtechnik wich zugunsten der Natur (Abb. 2). Die Brikettfabrik und das Kesselhaus Zechau wurden 1991 stillgelegt. Sie sollen als Technisches Denkmal bestehen bleiben (Diesener u. Sykora 1991).

War schon das Bruchgelände über den ehemaligen Tiefbaugruben nicht einfach zu sanieren, so gestalteten sich die notwendigen Rekultivierungsarbeiten im Tage-

[1] Für floristische und faunistische Mitteilungen danken wir den Herren H. Baade, R. Bachmann, W. Hofmann, M. Jessat, E. Jungmann, W. Karg, J. Kipping, D. Klaus, E. Naumann, U. Poller, St. Schmidt und K. Strumpf.

bau wegen der Wasser- und Bodenverhältnisse recht schwierig (Abb. 3). Rückbau und bergbautechnische Vorleistungen zur Rekultivierung, als Wiederurbarmachung bezeichnet, kamen nur zögernd voran.

Der von der Grube „Gertrud" ausgehende Abbau erschloß mehr als 90 Jahre lang das eozäne Braunkohlenflöz III. Die Mächtigkeit des tertiären und quartären Deckgebirges betrug an der westlichen Markscheide über 22 m, im Osten etwa 14 m. Heterogene Kippflächen aus Sanden, Quarzschottern und kohlig-tonigem Material bildeten eine Hinterlassenschaft, die nur unter großen Anstrengungen einer nutzbaren Kulturlandschaft zuzuführen sind. Nur relativ kleine Areale wurden mit Kulturbodenauftrag versehen. 1960/62 begannen Aufforstungen, zunächst auf der planierten Mittelkippe, dann auf schwierigen Restflächen und Böschungen, die nicht in jedem Falle als nachhaltig standsicher gelten oder für die, wie am teilverlegten Ortsrand Zechaus, Standsicherheit nur mit weitergehenden Eingriffen verbunden wäre. Solche Steilböschungen blieben deshalb der natürlichen Begrünung überlassen und bieten heute einen bescheidenen, mit Hilfe der sich nach und nach entwickelnden Vegetation erreichbaren Bodenschutz. Insbesondere die im quartären Deckgebirge eingelagerten beiden Bändertonhorizonte an den verbliebenen Kopfböschungen zwischen Altpoderschau, Kriebitzsch und Zechau führten wiederholt zu partiellen Rutschungen und Staffelbrüchen (Abb. 4). Erst zwischen 1975 und 1984 erfolgte die eigentliche Restlochgestaltung mit Böschungsabflachungen unter der Regie des Braunkohlenkombinates Regis. Das bodengeologische Kippengutachten war mit Hinweisen zur forstlichen Rekultivierung versehen und sah weitere 65 ha Aufforstungsfläche vor, wobei der Naturschutz bereits aktiven Einfluß nahm. Die künftige Alternative lautete: Totalreservat oder schonende Bewirtschaftung, also Vollnaturschutz oder Wald sowohl aus ökologisch-landeskultureller als auch aus ökonomischer Sicht.

2
Vom Braunkohlentagebau zum Naturschutzgebiet

Die unsere Umwelt prägenden Kulturökosysteme sind in der Regel das Ergebnis wirtschaftlicher Tätigkeit. So zei-

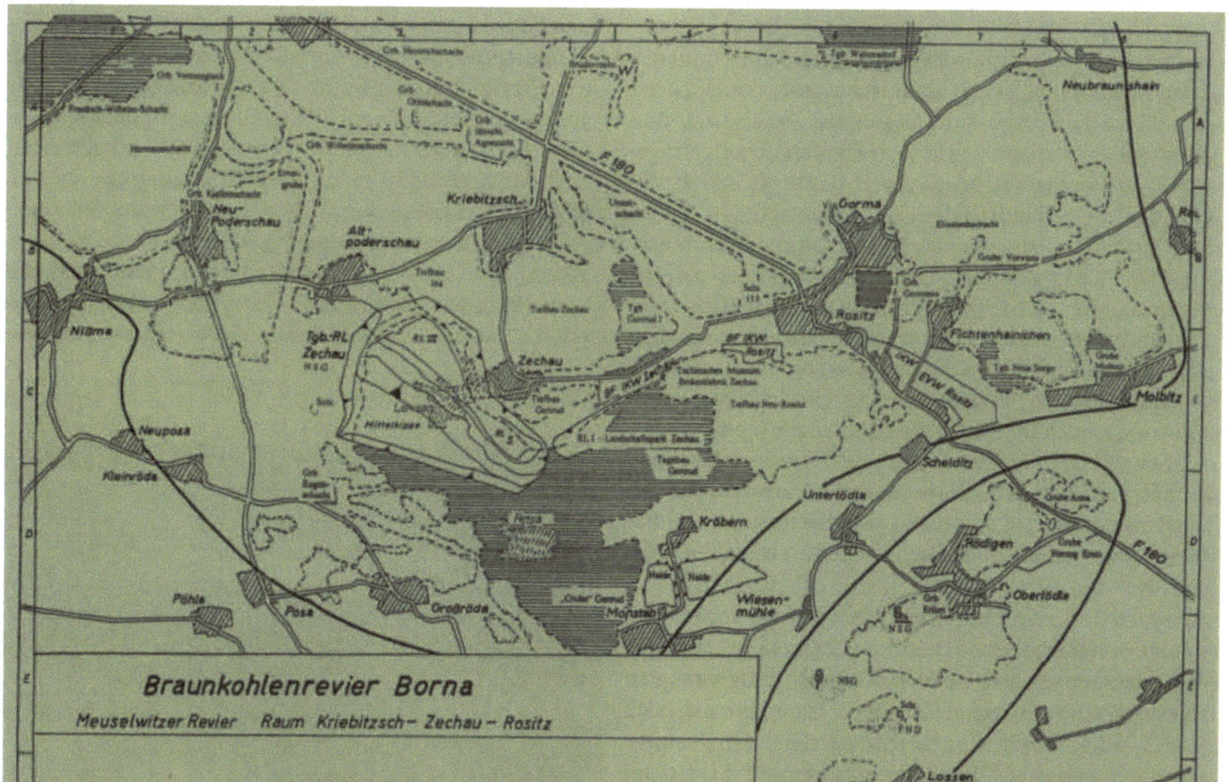

Abb. 1. Übersicht zum Abbau der Braunkohlenflöze im Meuselwitzer Revier. Raum Kriebitzsch-Zechau-Rositz, KNA Altenburg. (Zeichnung Sykora 1979/90)

Abb. 2. Tagebau Zechau, nordöstlicher Rand. Vegetationsarme Böschungen nach dem Ende des Tagebaubetriebes, Oberhang planiert, im unteren Bereich Rutschungen. (Photo: Sykora, April 1979)

Abb. 3. Stirnböschung bei Altpoderschau, Tagebau Zechau. Auf planierten Kippenböschungen folgt dem Huflattich *(Tussilago farfara)* der Weiße Steinklee *(Melilotus alba)* als erste Bodenbedeckung (Vordergrund), auf stark verdichteten Böden der Hornklee *(Lotus tenuis)*. Man erkennt im Hintergrund die partiellen Rutschungen im Bereich der Bänderton-Horizonte. (Photo: Sykora, Juni 1978)

gen Tagebaugebiete als Folge massiver Eingriffe deutlich veränderte abiotische und biotische Bedingungen im Vergleich zum Umland mit einmaligen Chancen für wissenschaftliche Beobachtungen und Auswertungen, beispielsweise von Sukzessionen auf Langzeitkontrollflächen (Martin 1989) in rekultiviertem und nichtrekultiviertem Gelände. Die totale Umwandlung der Landschaften gibt nun Veranlassung, nicht nur in kulturhistorisch-geographischer, sondern auch in mineralogisch-petrographischer, botanischer oder zoologischer Hinsicht genutzt und zum Gegenstand analytisch-diagnostischer Freiland- und Laboruntersuchungen gemacht zu werden (Hänsel 1991). Heute stehen hocheutrophe Agrarlandschaften in zwangsläufigem Verbund mit nähr- und schadstoffarmen, biologisch relativ inaktiven Tagebaukippen, Halden und Restlöchern. Auf ihnen können sich Trocken- und Feuchtbiotope auf engem Raum ungestört entwickeln. Ihre floristischen und faunistischen Besiedlungsphasen bieten interessante Studienobjekte für viele naturwissenschaftliche Disziplinen, v. a. auch für Naturschutz und Landschaftspflege.

Sowohl auf der Mittelkippe des Tagebaues Zechau als auch auf den Böschungen läßt die Entwicklung der durch Rekultivierung eingebrachten artenarmen Nutzpflanzenausstattung erkennen, daß eine strenge natürliche Selektion durch Bodenformen, Feuchteverhältnisse, Säuregrad, Basengehalt und Nähr- und Schadstoffdynamik stattfindet und natürliche Ersatzgesellschaften die stellenweise absterbenden künstlich eingebrachten Pflanzungen verdrängen. Daneben traten in den sich ausschließlich natürlich entwickelnden Bereichen einige hier nicht erwartete Sukzessionsstadien auf. Bereits im Jahr 1978 sorgten sich Fachleute des Naturschutzes um den Erhalt regional seltener Pflanzengemeinschaften (Sykora 1978) und sandten nach umfangreichen Recherchen am 1.11.1979 eine „Eingabe zur Folgenutzung des Tagebaues Zechau-Leesen" an den damals zuständigen Vorsitzenden des Rates des Bezirkes Leipzig. Geobotaniker und Vegetationskundler der Universität Leipzig übernahmen unter Leitung von G. Müller und P. Gutte eine Dauerbeobachtung und Bewertung der eingetretenen Sukzessionen. Ein dem Naturschutzvorhaben zuwiderlaufender Beschluß des Rates des Bezirkes Leipzig zur Restlochnutzung für Naherholungszwecke vom 30.11.79 konnte 1982 mit Hilfe eines hydrogeologischen Gutachtens (Bearbeiter W. Morgeneyer) angezweifelt und dann bis 1988 in mühevoller Kleinarbeit zu vernünftiger Übereinstimmung von territorialen Belangen mit Naturschutzforderungen gebracht werden (Höser 1990b). Im Kreis Altenburg war bereits am 28.1.1987 eine einstweilige Sicherung des ca. 216,3 ha großen Gebietes erwirkt worden. Am 2.10.1990 erklärte dann die neue

Abb. 4. Tagebau Zechau. Abgerutschte Planierraupen nach Niederschlägen auf Mergel- und Tonböden der Kippenböschungen. (Photo: Sykora, April 1979)

Bezirksverwaltungsbehörde Leipzig das ausgewiesene Gelände des Tagebaues Zechau zum Naturschutzgebiet, abschließend zuständigkeitshalber auch das Land Thüringen. Ausgenommen blieb vorerst die 57,5 ha große industrielle Absetzanlage. Sie ist inzwischen stillgelegt. Die einstweilige Sicherstellung als Naturschutzgebiet setzt auch eine Pegelsteuerung im Restlochgewässer voraus. Sie ist im Jahr 1993 beantragt worden. Nunmehr konnten Charakteristik, Schutzziele, Behandlung und Pflege weiter präzisiert und festgelegt werden, galt es doch grundsätzlich, eine ungestörte Entwicklung der Lebensbedingungen für Pflanzen- und Tierarten zu sichern, die dem „Landschaftsgestalter" Braunkohlentagebau auf sich natürlich bewachsendem Gelände ohne nachträgliche Kulturverfahren folgen.

3 Habitatmosaik, Flora und Fauna

Das Standortmosaik des Kippenbereichs und der Böschungen im Restloch Zechau enthält viele Teile, in denen bereits in frühen Stadien der Sukzession die physiologischen Minimalanforderungen für das Überleben von Pflanzen und Tieren gewährleistet waren. Im terrestrischen Bereich erfüllen sich diese Minimalanforderungen durch Stabilisierung des Wasserhaushaltes, Anreicherung mit Nährstoffen auf niedrigem Niveau und Säureabpufferung als physiologische Entgiftung (Dunger in Hänsel 1991). Im aquatischen Bereich wird Entsprechendes durch Reifungsprozesse erreicht, in denen z. B. der hohe Anteil an freier Mineralsäure vermindert und die Unausgewogenheit der Ionengarnitur abgeschwächt werden (Pietsch 1979).

In der Zechauer Bergbaufolgelandschaft erfüllten sich vorgenannte Minimalanforderungen schneller als in Lausitzer Restlöchern. Der Anteil kulturfreundlicher Rohbodenformen war schon beim Abschluß der Verkippung relativ groß. Basische Quellschüttungen und Ascheeinspülungen erbrachten Säureabpufferung. Unterschiedliche Geschwindigkeiten der Wandlung im Standortmosaik führten dazu, daß 35 Jahre nach Beginn der Sukzessionen besonders im Böschungsbereich ein Nebeneinander verschiedener Sukzessionsstadien besteht. So stellen die aus tertiärem und quartärem Deckgebirge gestalteten Zechauer Kippen in Oberflächennähe ein Mosaik von schwach sauren bis schwach basischen Rohböden dar, die durch Verwitterung, Erosion und zunehmende Ansiedlung von Organismen in die Ökogenese (Dunger 1990) eingetreten sind.

Auf natürlich bewachsenem Gelände entstehen dort, wo ursprünglich in einer Pioniergesellschaft der Trockniszeiger Steinklee *(Melilotus alba)* herrschte, ausgedehnte Landreitgras-Fluren *(Calamagrostis epigejos)*, und im feuchteren und zunehmend basischen Bereich entwickelt sich eine trittrasenähnliche Salzwiesengesellschaft, in der Salz-Hornklee *(Lotus tenuis)* dominiert. Auf älteren Kippenböden gleicher Herkunft stocken Salweiden-Birken-Aspen-Gesellschaften. Diese sind auf trockeneren lößlehmhaltigen Standorten z. Z. als Salweiden-Birken-Pioniergebüsche und auf markasitreicheren Böden als von Birken geringer Vitalität beherrschte Bestände ausgeprägt.

Im mäßig trockenen Bereich der Mittelkippe fällt eine Salweiden-Birken-Aspen-Gesellschaft, wie auch die von ihr durchdrungenen Pappelforsten dieser Kippe, durch Orchideenreichtum auf (v. a. *Epipactis atrorubens*). An feuchten Standorten ist diese Gehölzgesellschaft vom Wollgras *(Eriophorum angustifolium)* gekennzeichnet. Die dort am weitesten entwickelten, aber sehr jungen Böden haben in ihrem dritten Jahrzehnt nur in den oberen 2–3 cm des Profils humos gefärbte Horizonte, auf die sich eine einzige Regenwurmart *(Aporrectodea caliginosa)*, ein Bewohner der Mineralböden, beschränkt. An feuchten, quelligen Standorten, z. B. auf den fluviatilen Sedimenten der Erosionsrinnen, siedeln sich Weidengebüsche aus Vertretern der Weichholzaue an (u. a. *Salix alba, Salix purpurea, Salix viminalis, Salix dasyclados*).

Im Restloch Zechau überwiegen Feuchtbiotope. Die schwach basischen Quellschüttungen entlang der Altpoderschauer Kopfböschung bildeten zur anschließenden Kippe hin mehrere kaskadenartig abgestufte Flachmoore. Die durch Erosion und partielle Rutschungen ausgeformten Sedimentebenen tragen über den hier im oberen Hangsektor angeschnittenen mit z. T. verkipptem Geschiebemergel junge, mesotrophe Kalkquellmoore (Sykora 1978; Thomas 1989; Höser 1990a). Nach Succow und Jeschke (1986) sind es Hang-Quellmoore, die in Deutschland nur etwa ein Prozent der Gesamtfläche der Moore ausmachen. Hier herrschen Sumpfschachtelhalm und Bunter Schachtelhalm *(Equisetum palustre, E. variegatum)* vor, die stets mit dem Kalkquellmoos *(Philonotis calcarea)* vergesellschaftet sind und von vier weiteren Schachtelhalmarten begleitet werden, darunter von den beiden seltenen Ästiger und Winterschachtelhalm *(E. ramosissimum, E. hyemale)*. Eine ähnliche, stellenweise flächendeckend vom Wollgras *(Eriophorum angustifolium)* beherrschte Vegetation tragen die aus den Quellmooren und Erosionsrinnen stammenden fluviatilen Schwemmfächer (Abb. 5).

Röhrichte treten am häufigsten in den Quellmoorkaskaden, auf den fluviatilen Sedimentfächern und an den Weihern der Mittelkippe als Schilfröhrichte *(Phragmitetum)* auf, stellenweise auf der Mittelkippe auch als Rohrkolben-Röhricht *(Typhetum)*. Simsen-Röhrichte und Seggen-Riede sind flächenmäßig sehr gering ausgeprägt. Das Restlochgewässer wird von einer Binsengesellschaft aus mehreren *Juncus*-Arten gesäumt. In der Nachbarschaft der am weitesten entwickelten Böden entstanden in den Weihern der Mittelkippe Schwimmblattfluren und submerse Wasserpflanzengesellschaften. Die klaren Wässer dieser Weiher sind offenbar phosphatarm, etwa neu-

Abb. 5. Initialstadium eines Kalkquellmoores auf dem Liegenden, am Ende einer Flachmoorkaskade des Tagebaues Zechau. Auf Naßstellen der abgerutschten Böschungen und auf Sedimenten am Fuß der Innenkippe prägen Schachtelhalme *(Equisetum palustre, E. variegatum)*, Binsen *(Juncus articulatus, J. inflexus)*, Sumpfsitter *(Epipactis palustris)* oder hier im Vordergrund überwiegend Wollgras *(Eriophorum angustifolium)* das Bild. (Photo: Sykora, Juni 1979)

tral bis schwach sauer, enthalten wenig abbaubare organische Stoffe und genügend Sauerstoff. Sie stehen also mindestens auf der Stufe der fortgeschrittenen Mineralisation, wofür die oligosaproben bis betamesosaproben Wasserpflanzen ein Ausdruck sind *(Utricularia australis, Potamogeton natans)*.

Eine Besonderheit ist auch, daß sich auf dem Liegenden der Betriebswasserhaltung, auf Feinasche-Sedimentflächen, eine dichte Pflanzendecke kalkreicher Flachmoore gebildet hat, die von Sumpfschachtelhalm, Schmalblättrigem Wollgras *(Eriophorum angustifolium)* und Sumpfsitter *(Epipactis palustris)* beherrscht wird.

Die Kippflächen haben vegetationsreiche Quellfluren, Tümpel und Vorflutgräben (Abb. 6). Diese sind teilweise mit den Dränungen der umgebenden landwirtschaftlichen Flächen verbunden. Die zeitweilig aus Großrödaer Flur gespeisten Weiher am Altpoderschauer Hang wurden daher schon nach zwei Jahrzehnten stark eutroph. Weitere der zahlreichen, ursprünglich sehr nährstoffarmen oligotrophen Weiher und ausdauernden Kleingewässer wandelten sich zu schwach eutrophen Systemen. Das Kippengelände zeichnet sich durch eine große Dichte temporärer Kleingewässer aus.

Artenarme Kunstforste sind auf den Kippen durch einen Robinienbestand am ehemaligen Drehpunkt des Tagebaues und Pappelforste auf nährstoffreichem Lößlehm vertreten. Florenfremde Gehölzmischungen wurden auf dem Tiefbaugelände, der Kippe I und in der Ortslage Zechau eingebracht. Anthropogen sind auch die Sanddorngebüsche auf den kalkreichen Rohböden der Böschungsbereiche, Bruchzonen und Ufer des Restlochgewässers.

An den Rändern des Restlochs breiten sich Ruderalfluren aus, hervorgerufen durch die Mülldeponie Zechau, von Komposten und Siedlungsabfällen. Stickstoffzeiger *(Urtica dioica, Sambucus nigra)* beschränkten sich aber noch immer auf die Außensäume des Restlochgeländes an der Altpoderschauer Kopfböschung auf den Oberhang. Auf den stellenweise eingebrachten nährstoffreichen Lößböden entwickeln sich kleinflächige Glatthaferwiesen.

Vom Artenspektrum des bisher erfaßten Teils der Flora und Fauna des Naturschutzgebietes (Tabelle 1) ist ein beachtlicher Anteil sonst nirgendwo in der umgebenden Lößlandschaft anzutreffen, teils seit vielen Jahrzehnten, teils aufgrund der Bindung an die Standortfaktoren der Kippen und Restlochbereiche. Letzteres betrifft die Besiedler von Salzstellen, z. B. den Salz-Hornklee *(Lotus tenuis)* und die Salz-Teichsimse *(Schoenoplectus tabernaemontani)*, aber auch die Besiedler der Kalksümpfe, die in der Flachmoorkaskade vorkommen, so z. B. das sehr seltene Kalksumpfmoos *(Helodium blandowii)*, das Kalkquellmoos *(Philonotis calcarea)* und der in Thüringen stark gefährdete Sumpfsitter *(Epipactis palustris)*. Für den Ästigen und den Bunten Schachtelhalm *(Equisetum ramosissimum, E. variegatum)* sind die Zechauer Kalkflachmoore der einzige Fundort der Region, für den Winterschachtelhalm *(Equisetum hyemale)* der einzige in Mitteldeutschland. Auch die Kriechweide *(Salix repens)*, ein Vertreter der Moorwiesen und feuchten Magerrasen, wurde in der Flachmoorkaskade erstmals in dieser Region nachgewiesen.

Abb. 6. Mittelkippe des Tagebaues Zechau. Gräben und Tümpel auf den Unterflurkippen dienen der Steuerung des Mikroklimas und der Biotop-Vernetzung in der Bergbaufolgelandschaft. (Photo: Sykora, 1987)

Tabelle 1. Anzahl der bisher gefundenen Arten ausgewählter systematischer Gruppen von Pflanzen und Tieren im Naturschutzgebiet Tagebau Zechau

Gruppe	Arten	Bastarde
Pilze (Basidiomycetes)	70	
Moose (Bryophyta)	ca. 50	
Schachtelhalme (Equisetales)	6	3
Orchideen (Orchidaceae)	6	
Weiden (Salix)	12	2
Weichtiere (Mollusca)	32	
davon Landschnecken	19	
Wasserschnecken	9	
Muscheln	4	
Libellen (Odonata)	31	
Heuschrecken (Saltatoria)	10	
Schmetterlinge (Lepidoptera)	ca. 40	
Lurche (Amphibia)	9	
Kriechtiere (Reptilia)	3	
Brutvögel (Aves)	64	

Salzduldende Arten sind im Zechauer Kippengelände relativ häufig, so auch die Blaugrüne Binse *(Juncus inflexus)* im Saum des Restlochgewässers.

Kalkhaltige Rohböden, die nur durch Anschnitt kalkhaltiger Schichten im Tagebaubetrieb in die ansonsten tiefgründig entkalkte Lößregion gelangten, begründen u. a. die Zechauer Orchideenvorkommen (Strumpf u. Sykora 1993), so das große Vorkommen der Braunroten Sitter *(Epipactis atrorubens)*, die Funde der Großen Händelwurz *(Gymnadenia conopsea)* und der Bienenragwurz *(Ophris apifera)*.

Trockene nährstoffarme Böden, die nur kleinflächig auf den Kippenböschungen (ca. 30 ° Neigung) anstehen, bieten den regional am stärksten gefährdeten Arten Lebensraum. Nachdem anfangs auf den fast vegetationslosen Kippböden die eurytopen Erstbesiedler überwogen, konnten im dritten Jahrzehnt der Ökogenese im offenen Böschungsgelände eine Reihe photophiler und wärmeliebender Arten beobachtet werden, so nach Poller u. Höser (1993) die erstmals für Thüringen nachgewiesene Blauflügelige Sandschrecke *(Sphingonotus caerulans)*, daneben zwei weitere thermophile bzw. xerophile Heuschreckenarten *(Tettigonia viridissima, Chorthippus biguttulus)*. Drei der zehn Heuschreckenarten des Restlochs gehören zu den in Thüringen, Sachsen und Sachsen-Anhalt gefährdeten Arten.

Bei Amphibien beherbergt das Naturschutzgebiet regional bedeutende Vorkommen, so der Kreuzkröte, der Knoblauchkröte und des Laubfrosches. Die Vielfalt und der Reifungsprozeß der Gewässer im Kippengelände spiegeln sich z. B. in der Sukzession und in der wachsenden Artenzahl der Libellenfauna wider (Tabelle 2).

Auf den natürlich bewachsenen Zechauer Kippen lief die Sukzession der Vogelbesiedlung vom Stadium der Erstbesiedlung fast vegetationsloser Flächen (Flußregenpfeifer und Steinschmätzer) bis zum Stadium der Vorwaldgesellschaft (Fitis, Goldammer, Amsel) in ca. 15 Jahren ab. Der Brachpieper, ein Vogel offenen Geländes mit trockenen und wasserdurchlässigen Böden, kam 5 Jahre nach Abschluß des Verkippens. Der Pirol, der nach dem Vorwaldstadium eintritt, nistete erstmals nach 22 Jahren (Altpoderschauer Hang). Beobachtungen von 1962–1973 (vgl. auch Sykora 1985) zeigen, daß auf den Kippen ein Habitat-Mosaik existierte, das teilweise auch ein Mosaik verschiedener Sukzessionsstadien war (Tabelle 3). Die dort vorgefundenen Brutvogelgemeinschaften können nach Passarge (1991) als Brachpieper-Feldlerche-Gemeinschaft und Hänfling-Baumpieper-Gemeinschaft definiert werden. Auf den trockenen, *Calamagrostis epigejos* tragenden Böden, siedelten im gebüschlosen Bereich die Normalform und im zusätzlich von einzelnen Büschen bewachsenen Gebiet die *Sylvia*-Phase der Brachpieper-Feldlerche-Gemeinschaft. Auf den eingestreuten feuchten Standorten kam die Rohrammer-Form dieser Gemeinschaft vor.

Bei größeren Büschen, einzelnen Birken und Aspen in der *Calamagrostis*-Flur nistete die Dorngrasmücken-Form der Hänfling-Baumpieper-Gemeinschaft, die auf Feuchtstandorten von der Rohrammer-Variante dieser Gemeinschaft durchsetzt war.

Die in der Tabelle 3 genannten Brutvogelgemeinschaften enthalten etwa die fünf Phasen der Sukzession der Vogelbesiedlung, die Dorsch u. Dorsch 1988 sowie Dorsch 1993 bis zum Vorwaldstadium feststellten. Im

Tabelle 2. Liste der nachgewiesenen Libellen-Arten (+) des Naturschutzgebietes Tagebaurestloch Zechau 1980–1993 (Jungmann u. Sykora 1993b, ergänzt)

Jahr	80	81	82	83	84	85	87	88	89	90	91	92	93
Hufeisen-Azurjungfer, *C. puella* (L.)	+	+	+	+	+	+	+	+	+	+	+	+	+
Großer Blaupfeil, *O. cancellatum* (L.)	+		+				+	+	+	+	+	+	+
Gemeine Binsenjungfer, *L. sponsa* Hansem.		+		+			+	+	+	+	+		+
Große Pechlibelle, *I. elegans* (v. d. L.)		+	+	+			+	+	+	+	+	+	+
Becher-Azurjungfer, *E. cyathigerum* (Charp.)		+		+	+	+	+	+	+	+	+	+	+
Braune Mosaiklibelle, *A. grandis* (L.)		+		+			+	+			+		
Gemeine Heidelibelle, *S. vulgatum* (L.)		+		+		+		+	+	+	+	+	+
Gebänderte Heidelibelle, *S. pedemontanum* (All.)		+	+	+	+	+							+
Blutrote Heidelibelle, *S. sanguineum* (Müller)		+				+	+	+		+			+
Blaugrüne Mosaiklibelle, *A. cyanea* (Müller)			+	+		+	+	+		+	+	+	+
Gefleckte Heidelibelle, *S. flaveolum* (L.)			+	+			+	+	+	+	+	+	
Herbstmosaiklibelle, *A. mixta* Latr.				+		+	+	+			+		+
Gemeine Smaragdlibelle, *C. aenea* L.				+			+					+	+
Schwarze Heidelibelle, *S. danae* (Sulzer)							+	+			+	+	+
Kleiner Blaupfeil, *O. coerulescens* (F.)								+			+	+	+
Frühe Adonislibelle, *P. nymphula* (Sulzer)									+	+	+	+	+
Keilflecklibelle, *A. isosceles* (Müller)									+				+
Große Königslibelle, *A. imperator* Leach									+	+	+	+	+
Vierfleck, L. *quadrimaculata* L.									+	+	+	+	+
Gemeine Winterlibelle, *S. fusca* (v. D. L.)										+	+	+	+
Kleine Pechlibelle, *I. pumilio* (Charp.)										+			
Weidenjungfer, *L. viridis* v. D. L.											+	+	+
Kleine Moosjungfer, *L. dubia* (v. D. L.)											+		
Großes Granatauge, *E. najas* (Hansem.)												+	+
Frühe Heidelibelle, *S. fonscolombei* (Selys)												+	
Fledermaus-Azurjungfer, *C. pulchellum* (v. D. L.)												+	+
Zwerglibelle, *N. speciosa* (Charp.)												+	
Kleine Mosaiklibelle, *B. hafniense* (Müller)												+	+
Kleine Binsenjungfer, *L. virens* (Charp.)													+
Torf-Mosaikjungfer, *A. juncea* L.													+
Plattbauch, *L. depressa* L.													+

Tabelle 3. Die im Entwicklungszeitraum 1962–1973 auf dem Zechauer Kippengelände nebeneinander existierenden Brutvogelgemeinschaften

Nr.	Habitat	Brutvogelarten	Brutvogelgemeinschaft nach Passarge (1991)
Bereich der Calamagrostis-Fluren:			
1a	Gebüschlos, trocken	Feldlerche, Brachpieper, Steinschmätzer	Antho campestris Alaudetum typicum
1b	Einzelne kleine Büsche, trocken	Feldlerche, Brachpieper, Dorngrasmücke, Feldschwirl	Sylvia-Phase des Antho campestris - Alaudetum
1c	Feucht	Rohrammer, Schafstelze	Antho campestris - Alaudetum emberizetosum
Bereich aufkommender Gebüsche:			
2a	Größere Büsche, einzelne Bäume, trocken	Feldlerche, Baumpieper, Bluthänfling, Goldammer, Wiesenpieper, Fitis, Dorngrasmücke	Acantho - Anthetum trivialis sylvietosum
2b	Feucht	Rohrammer	Emberiza schoeniclus - Variante des Acantho-Anthetum trivialis

Laufe der Sukzession verschwanden auf den untersuchten Zechauer Kippen zuerst der Steinschmätzer (um 1970), später der Brachpieper (1979) und der Wiesenpieper (um 1985). Heute dominieren im Restlochgelände mehrere Heckenbraunelle-Fitis-Gemeinschaften (Prunello-Phylloscopion) der natürlich bewachsenen und aufgeforsteten Kippen.

Wiederholte Planierung von Böschungen, Bodenrutschungen im Böschungsbereich und Erosionen führten zu Rückfällen in frühe Sukzessionsstadien und schaffen so den regional seltenen Pflanzen- und Tiergemeinschaften erneut Lebensraum. Das betrifft das Gelände der Altpoderschauer Kopfböschung, den Zechauer Hang und die Böschungen an der ersten Kippenberme.

Waldbaulich wird eine Umwandlung der Pappelmonokulturen angestrebt. Aus Naturschutzsicht haben die Blößen, das Offenhalten von Kleingewässern und das Bewahren der Nährstoffverhältnisse auf niedrigem Niveau im Gesamtgebiet Vorrang (Tabelle 4).

4 Das Naturschutzmanagement

Das Naturkundliche Museum Mauritianum in Altenburg widmet sich wissenschaftlichen Untersuchungen und koordiniert diese seit langem in der Bergbaulandschaft. Auch die Naturforschende Gesellschaft des Osterlandes zu Altenburg, die von 1817–1945 bestand und 1990 wiedergegründet wurde, nimmt nun an diesen Forschungen teil. Die Museumszeitschrift „Mauritiana“ bringt u. a. Beiträge zu diesem Thema. Das 1990 erschienene Heft ist dem Braunkohlenbergbau (Diesener u. Sykora 1990) und seinen Auswirkungen auf die unmittelbare Umwelt unter dem naturhistorischen Rahmen der Landschaftsentwicklung gewidmet. Höser (1990b) faßt darin die ideellen, naturschutzfachlichen, rechtlichen und technologischen Vorleistungen, die v. a. Sykora (1985) erbrachte, in chronologischer Abfolge mit umfangreicher Literatur zusammen, insbesondere unter den Aspekten der Schutzwürdigkeit und Neuheit des Naturschutz-Managements im Tagebau Zechau.

Früher sah sich der konventionelle Naturschutz dem voranschreitenden Bergbau gegenüber zumeist in der Defensive, die oft noch nicht einmal exakt nachweisbaren Verluste an natürlichem Inventar beklagend. Doch schon 1934 erfolgten im Altenburger Raum erste ornithologische Beobachtungen und Vogelberingungen in Tagebaurestlöchern. 1964 wurden dann faunistisch-floristische Untersuchungen aufgenommen, jedoch galt das Hauptinteresse bis 1978 dem Artenschutz im Grenzbereich von Tagebauflächen und Kulturland oder Rand-

Fläche [ha]	Anteil [%]	Charakter und Zielstellung
163,1	75,4	Sukzessionsflächen; ohne künftige Eingriffe
26,8	12,4	Saumhabitate und Umwandlungsflächen
12,4	5,7	Restlochgewässer (Restloch III); Pegel + 178,5 m gesteuert
7,9	3,7	Ehemalige Spüldeponie von Braunkohlenaschen und Feinkohlenrückständen (Restloch II); Fläche für Initialstadien der Sukzession
6,1	2,8	Ortsnahe Saum- und Pufferzone bei Zechau

Tabelle 4. Die funktionalen Flächenverhältnisse des Tagebaurestlochs Zechau, Stand 1994

gehölzen. Die Befunde ließen schützenswerte Saumbiotope erkennen und erbrachten den Nachweis von Einzelstandorten seltener Pflanzen und Tiere. Chancen und Fragestellungen für die Bergbaulandschaft als Ganzes wurden noch nicht gesehen, geschweige denn nutzbar gemacht.

Erst 1978 kamen Gedanken auf, die Bodengenese ausgekohlter Tagebauflächen, vorrangig an Böschungen und rekultivierten Kippen am Beispiel Zechau näher zu betrachten. Inzwischen angesiedelte, womöglich überregional bedeutsame Pflanzen- und Tiergesellschaften fanden immer mehr Aufmerksamkeit. Unter dem Eindruck des Altpoderschauer Quellmoores erfolgten spezielle Sukzessionsstudien (u. a. Höser 1990a; Jungmann u. Sykora 1993a, b). Daraus erwuchsen grundsätzliche Wandlungen naturschützerischer Orientierungen und Forschungsstrategien. Neben den bisher primären Schutz klimaxnaher Waldgesellschaften trat mit dem Zechauer Beispiel der Schutz jüngster Sukzessionsstadien. Das betrifft besonders Stadien auf zeitweise natürlich bewegten Böden, die späterhin mit Wald bestockt sind, z. B. die seltenen Gesellschaften der Schutt- und Geröllhalden oder der Kalkmagerrasen. Es galt dann, auf der Basis natürlicher Sukzessionsfolgen, unter größtmöglicher Beachtung und Nutzung abiotischer Startbedingungen die jeweiligen Entwicklungsphasen zu erfassen und diese ggf. auch behutsam zu steuern. 1992 wurde diese Strategie durch Höser in das Mosaik-Zyklus-Konzept der Ökosysteme (Remmert 1991) eingepaßt.

Nach kritischer Bewertung der anfangs vorgeschlagenen Unterschutzstellung von Teilflächen und angesichts der mit umfassenden Schutzzielen nicht zu vereinbarenden Nutzungsansprüche bzw. Forderungen nach Mehrfachnutzung entstand schließlich 1978 das neue Naturschutzkonzept für das gesamte Restloch. Die geländekundliche Arbeit des Mauritianums wurde um eine bodenbiologische Richtung erweitert. Interesse und Akzeptanz der Bevölkerung wuchsen. Der Tagebau wurde zum Ziel landeskulturell-ökologischer Fachexkursionen und zum Modellfall arealkundlicher, feldbiologischer, wasserhaushaltlicher, pflanzen- und tierökologischer sowie waldbaulicher Forschung.

Erstmals wich damit die Folgenutzungsstrategie eines Tagebaues von der bisher üblichen Bergbaurekultivierung ab und berücksichtigt ausschließlich relevante naturschutzfachliche Anforderungen unter dem Aspekt totaler Sicherung als Naturschutzgebiet. Selbst das vorher gedachte Nebeneinander von Naturschutz und Forstwirtschaft oder gelenktem Erholungsbetrieb war mit den wissenschaftlich begründeten Schutzansprüchen nicht mehr zu vereinbaren. Lediglich eine zeitlich begrenzte Mitnutzung durch die bis 1993 betriebene Naßdeponie erschien als Kompromiß vertretbar. Diese Naßdeponie wird das Schutzziel des Gebietes nicht beeinträchtigen, da sie technisch überschaubar sowie zeitlich und räumlich begrenzt blieb. Zur Kompensation des zeitweiligen Flächenverlustes durch die Kreislauf- und Aschespülleitungen wurden 1987/88 auf der Kippenberme I drei ausdauernde Kleingewässer mit insgesamt 0,6 ha Fläche als Feuchtraumäquivalent geschaffen. Die industrielle Restlochnutzung durch den Spülbetrieb erspart außerdem Rekultivierungskosten und vermindert das Sicherheitsrisiko für die angrenzenden Böschungen. Dabei wird davon ausgegangen, daß das Genehmigungsverfahren darauf ausgerichtet war, die im Bereich liegende Pflichtendorfer Grundwasserrinne von Belastungen freizuhalten. Eine Restlochgestaltung zum Naherholungsgebiet und für die Forstwirtschaft wäre ohnehin mit einer Reihe zusätzlicher ökonomischer Probleme für den Bergbaubetrieb und mit weiteren öffentlich-rechtlichen Konsequenzen verbunden gewesen, sowohl angesichts der Gefahren für die öffentliche Sicherheit als auch für die geschützten Flächen selbst.

5 Zusammenfassung

Nach einer Beschreibung der Lage des Tagebaues Zechau wird die landeskulturelle Entwicklung des Raumes Altenburg-Meuselwitz zum Bergbaugebiet dargestellt, verbunden mit den aufgetretenen Umweltproblemen. Die durch den Bergbau hervorgerufenen abiotischen und biotischen Veränderungen werden am Beispiel des Restloches Zechau wissenschaftlich verfolgt und analytisch-diagnostisch bearbeitet. Von überregionaler Bedeutung sind die auf Sukzessionen gestützten Studien, deren Verallgemeinerung bezüglich der Bemessung und Bewertung praxisüblicher Rekultivierungsleistungen noch aussteht.

Initiativen von Naturschützern führten über doktrinäre und administrative Hemmnisse hinweg zu neuen Konzeptionen. Das aus dem Tagebau-Restloch Zechau entstandene Naturschutzgebiet gewährleistet eine gesellschaftlich tragfähige, naturnahe und umweltfreundliche Folgenutzung, für die das wissenschaftliche Interesse und die öffentliche Zustimmung wachsen.

LITERATUR

Diesener A, Sykora W (1990) Landschaftspflege und Braunkohlenbergbau. Übersichten und Daten zur Entwicklung der Braunkohlenindustrie unter der besonderen Berücksichtigung der Reviere Meuselwitz-Rositz und Borna. Mauritiana (Altenburg) 12 (3): 425–441

Diesener A, Sykora W (1991) Die „Gertrud" in Zechau. Rückblick auf mehr als 90 Jahre Geschichte der Betriebsabteilung Zechau. MIBRAG, Braunkohlenwerk Regis

Dorsch H (1993) Besiedlung von Braunkohlentagebauflächen mit und ohne Aufforstung durch Vögel, Kurzfassungen, Poster, 126, Jahresversammlung Deutsche Ornithologen-Gesellschaft, Meerane/Sachsen

Dorsch H, Dorsch I (1988) Analyse der Entwicklung von Vegetation und Avifauna in Tagebaugebieten bei Leipzig, Dissertation an der Akademie der Landwirtschaftswissenschaften der DDR zu Berlin, Institut für Landschaftsforschung und Naturschutz

Dunger W (1990) Ökologische Grundlagen der Besiedlung der Bergbaufolgelandschaft aus bodenzoologischer Sicht. Abhandl Ber Naturkundemuseum Görlitz 64 (1): 59–64

Hänsel Chr (Hrsg) (1991) Umweltgestaltung in der Bergbaulandschaft. Abhandlungen d. Sächs. Akademie d. Wissenschaften zu Leipzig, Math.-Nat. Klasse. 57 (3), Akademie, Berlin

Höser N (1990a) Pflanzensoziologische Aufnahmen im Abstand von 12 Jahren im Altpoderschauer Quellmoor des Tagebaurestloches Zechau. Mauritiana (Altenburg) 12 (3): 501–503

Höser N (1990b) Naturschutz im Tagebau Zechau – eine Neuheit. Mauritiana (Altenburg) 12 (3): 569–573

Jungmann E, Sykora W (1993a) Zur Schmetterlingsfauna (Lepidoptera) des Naturschutzgebietes Tagebaurestloch Zechau-Leesen. Mauritiana (Altenburg) 14 (2): 54

Jungmann E, Sykora W (1993b) Zur Entwicklung der Libellenfauna (Odonata) im Naturschutzgebiet Tagebaurestloch Zechau. Mauritiana (Altenburg) 14 (2): 144–147

Krummsdorf A, Grümmer G (1981) Landschaft vom Reißbrett. Die Zukunft unserer Kippen, Halden und Restlöcher. Urania, Leipzig Jena Berlin

Martin D (1989) Wissenschaftliche Beobachtung von Naturschutzobjekten und Auswertung der Beobachtungsergebnisse. Natur und Umwelt, Kulturbund Berlin 1: 25–32

Passarge H (1991) Avizönosen in Mitteleuropa. Berichte Akademie Naturschutz Landschaftspflege 8: 1–128

Pietsch W (1979) Zur hydrochemischen Situation der Tagebauseen des Lausitzer Braunkohlenreviers. Archiv Naturschutz Landschaftsforschung Berlin 19 (2): 97–115

Poller U, Höser N (1993) Zum Vorkommen der Heuschrecken *Sphingonotus caerulans*, *Oedipoda coerulescens* und *O. germanica* in der Bergbaufolgelandschaft zwischen Altenburg/Thüringen und Borna/Sachsen (Saltatoria, Caelifera). Mauritiana (Altenburg) 14 (2): 33–36

Remmert H (1991) Das Mosaik-Zyklus-Konzept und seine Bedeutung für den Naturschutz – Eine Übersicht. Laufener Seminarbeiträge 5: 5–15

Schultze J H (1931) Die landschaftlichen Wirkungen des Bergbaus. Geographischer Anzeiger 32 (9): 257–271

Strumpf K, Sykora W (1993) Orchideen im Bergbaugelände. MIBRAG 3: 1–12

Succow M, Jeschke L (1986) Moore in der Landschaft. Entstehung, Haushalt, Lebewelt, Verbreitung, Nutzung und Erhaltung der Moore. Urania, Leipzig Jena Berlin

Sykora W (1978) Bunter Schachtelhalm, Equisetum variegatum, in Ostthüringen, ein neuer bemerkenswerter Pflanzenstandort im ausgekohlten Tagebau Zechau bei Altenburg. Abhandl Ber Naturkundl Mus Mauritianum Altenburg 10: 151–155

Sykora W (1985) Bergbau und Naturschutz bei Altenburg. Abhandl Ber Naturkunde Mus Mauritianum Altenburg 11 (3): 265–282

Thomas R (1989) Untersuchungen zur Flora im Braunkohlentagebau-Restloch Zechau-Leesen. Diplomarbeit. Universität Leipzig, Math.-Nat. Fakultät, FB Biologie

Limnologie und Nachnutzung von Tagebauseen

Helmut Klapper und Martin Schultze

1 Einleitung

Tagebaurestseen sind junge Seen. Ihr Austausch mit dem Grundwasser ist in der Regel groß und bringt einen prägenden Einfluß der geologischen Bedingungen für die Wasserbeschaffenheit mit sich. Aber auch die Nutzung der Seen kann trotz des geringen Alters schon merklichen Einfluß haben.

Generell können die Tagebaurestseen als Hartwasserseen bezeichnet werden. Allerdings ist meist das Sulfat das vorherrschende Anion und nicht wie in den natürlichen Seen Deutschlands das Hydrogenkarbonat. Das prägende Kation ist in der Regel das Kalzium. Hinsichtlich der Eutrophierung sind nahezu alle bekannten Erscheinungen zu beobachten, die an Naturseen vergleichbarer Mineralisation auftreten: von klaren Seen geringer Produktivität bis zur erheblichen Eutrophierung und Anaerobie im Hypolimnion. Das kann an Beispielen aus dem Mitteldeutschen Revier gezeigt werden.

Besondere Aufmerksamkeit verdient die Versauerung. Sie tritt v. a. in der Lausitz mit ihren pufferschwachen Deckgebirgssubstraten, aber auch im Mitteldeutschen Revier auf. Beispiele dafür sind Teile der Goitsche bei Bitterfeld, der Rote See bei Burgkemnitz sowie die Tagebaue und Restlöcher Espenhain, Zwenkau, Cospuden und Haselbach III. Die Ursachen der Versauerung sind die Oxidation von Pyrit und Markasit in den Kippen sowie im gewachsenen Gebirge in der Umgebung der Seen und die anschließende Auswaschung der Oxidationsprodukte. Das Beispiel des sauren Roten und des neutralen Blauen Sees bei Burgkemnitz, die nur ca. 200 m voneinander entfernt sind, zeigt die Bedeutung lokaler geogener Einflüsse auf die Versauerung. Der Grad der Versauerung geht über das im Zusammenhang mit dem „sauren Regen" bekannte Maß deutlich hinaus. Die Häufigkeitsverteilung der auftretenden pH-Werte in den Seen ist zweigipflig (Abb. 1).

Der Grund dafür sind die zwei dominierenden Puffersysteme: Karbonat/Hydrogenkarbonat/Kohlendioxid im Neutralen sowie Eisen und Aluminium im Sauren. Diese pH-Bedingungen wirken sich auf die Gesamtheit der Wasserinhaltsstoffe aus. Die anzutreffenden Konzentrationen von Schwermetallen, aber auch von Kohlenstoffverbindungen zeigen eine deutliche Abhängigkeit vom pH-Wert. Ebenso ist die Besiedlung stark vom pH-Wert beeinflußt.

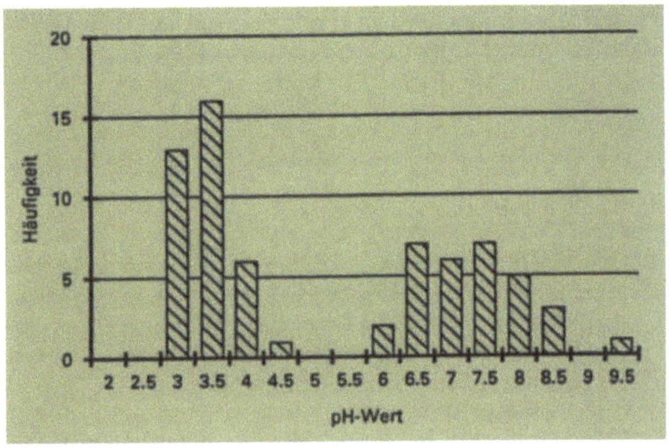

Abb. 1. Empirische Häufigkeitsverteilung der in Tagebauseen angetroffenen pH-Werte (Hypolimnion und Epilimnion getrennt erfaßt)

Als Stichworte für die Wassergüteprobleme bei der Flutung können genannt werden:

- Versauerung durch Pyrit- und Markasit-Oxidation im den See umgebenden Gestein
- Eutrophierung durch Einleitung von belastetem Flußwasser und Nährstoffeintrag aus dem Einzugsgebiet
- Versalzung durch das Eindringen von hochmineralisierten Wässern aus dem Liegenden
- Vergiftung durch den Eintrag von Schadstoffen bei der Füllung mit Flußwasser oder aus Sickerwasser benachbarter Deponien und Altlasten

Die Reihenfolge der Effekte stellt auch eine Wertung dar. Das betrifft sowohl das Ausmaß und die Häufigkeit des Auftretens der einzelnen Erscheinungen als auch die Verfügbarkeit von Technologien und Maßnahmen zu ihrer Beherrschung.

Für massiv versauerungsgefährdete Restlöcher gibt es bisher wenige Sanierungserfahrungen. Die Neutralisation durch Kalk scheidet wegen der erforderlichen Mengen aus. Ein für kleinere Seen denkbarer Ansatz ist die Umkehrung der Pyritoxidation unter streng anaeroben Bedingungen im Hypolimnion. In den nächsten Jahren sollen Forschungsarbeiten hierzu die Möglichkeiten und Grenzen aufklären. Die Versauerung des entstehenden Sees kann auf Dauer aber nur durch die Unterbindung des Nachschubs an sauren Wässern aus dem umgebenden Gestein erfolgreich sein. Dazu können die Beeinflussung der geohydraulischen Verhältnisse durch gezielte Wasserzuführung und die schnelle Wiederherstellung der ursprünglich für das Gestein typischen anaeroben Bedingungen dienen. Die guten Erfolgschancen dieser Strategie zeigen Untersuchungen im Fuhrberger Feld bei Hannover (Böttcher u. Strebel 1985).

2
Morphometrie der Hohlform und künftige Beschaffenheit

Aus der Limnologie natürlicher Seen wissen wir, daß die tiefsten Seen auch das klarste Wasser haben. Für anspruchsvolle spätere Nutzungen, wie z. B. Entnahme von Rohwasser für die Aufbereitung von Trink- und Betriebswasser, v. a. für die direkte Nutzung als Erholungsgewässer sind sie besonders geeignet. Klar sind sie besonders deswegen, weil in ihrem Wasser wenig Algen wachsen. Die für die biologische, einschließlich der fischereilichen Produktivität, entscheidenden Uferpartien sind wenig entwickelt. Große Tiefe heißt, einmal mit abgestorbenen Algen in die Tiefe verfrachtete Nährstoffe rezirkulieren erst im Herbst, wenn sich die sommerliche Temperaturschichtung auflöst. Der Tiefenwasserkörper (unterhalb der Temperatursprungschicht) ist im Verhältnis zum durchlichteten Oberflächenwasser groß.

So reicht der mit Beginn der Sommerstagnation im Tiefenwasser bevorratete Sauerstoff aus, um organisches Material aerob abzubauen. Das aerobe Sediment hält den Pflanzennährstoff Phosphor als Eisen-III-Phosphat fest. Damit unterbindet der tiefe See selbst die Eutrophierung. Die stabile P-Festlegung verhindert die interne Düngung. Bei einem flachen Bergbaurestsee läuft vieles auf das Gegenteil hinaus. Flachwasserbereiche oder gar der gesamte See werden von höheren Wasserpflanzen besiedelt. Morphologische Vielgestaltigkeit mit Untiefen, Buchten und Inseln schafft Lebensräume für eine reiche Flora und Fauna. Auch solche Seetypen können in begrenztem Umfang durchaus erwünscht sein. Nicht die Nutzung durch den Menschen, sondern die ökologische Mannigfaltigkeit eines solchen Natur- oder Landschaftssees sind die Zielgrößen.

Zwischen der Morphometrie des Beckens und der sich darin später entwickelnden Wasserbeschaffenheit bestehen naturgesetzliche Zusammenhänge. Bereits in einem frühen Planungsstadium sollten sich Politiker und Limnologen auch über die sich daraus ergebenden Nutzungsziele verständigen.

3
Einfluß des Füllwassers auf die Beschaffenheit des künftigen Sees

Ist die Hohlform für den See vorhanden, stellt sich die Frage nach dem erforderlichen Füllwasser. An dieser Stelle werden nur die beiden Extremfälle einer Füllung allein mit Grundwasser und allein mit Oberflächenwasser betrachtet. Selbstverständlich sind auch alle Mischformen möglich. Das Oberflächenwasser kann dabei entweder nur zum Füllen verwendet werden, oder aber der Durchfluß bleibt auf Dauer erhalten. Der Tagebau übernimmt dann die Funktion einer Flußkläranlage wie z. B. der Muldestausee (Abb. 2; Tabelle 1).

3.1
Füllung mit Grundwasser

Die Füllung mit Grundwasser (GW) (Abb. 3) wird in erster Linie dort in Frage kommen, wo höffige Grundwasserleiter bis an das Restloch heranreichen. Nach Möglichkeit sollen darüber hinaus auch die Wasserhaltungen in benachbarten Tagebauen eingestellt sein. Ein wesentliches Kriterium für die Zweckmäßigkeit einer reinen GW-Füllung ist die Menge an sulfidischen Gesteinen im durchströmten GW-Feld. Während der Absenkungsphase wurde durch Oxidation des Markasits und Pyrits über die Bodenluft Schwefelsäure gebildet. Im Raum Bitterfeld ist das Säurebildungspotential so hoch, daß in den ersten Jahren und Jahrzehnten Eisen in Lösung bleibt bzw. seine Oxidhydrate dem Wasser eine ockerfarbene Trübung verleihen (Abb. 4).

Dort, wo die Gesteine durch höhere Kalkanteile dem Säurebildungspotential ein entsprechendes Neutralisationspotential entgegensetzen, wie z. T. im Südraum von Leipzig, kann mit Grundwasserfüllung eine von Beginn

Abb. 2. Einlauf der Mulde in den ehemaligen Tagebau Muldenstein. Geschiebe und Schwebstoffe sedimentieren. Im Stausee bildet sich autochthon Plankton

Tabelle 1. Der Muldestausee als Flußkläranlage (Werte: Wassergütebericht Sachsen-Anhalt 1992)

Kriterium		Zulauf Anzahl	Zulauf Arithm. Mitt.	Ablauf Anzahl	Ablauf Arithm. Mitt.	Eliminat. (Zul. = 100 %)
Abfiltrierb. Stoffe	mg/l	25	17.2	25	2.3	86.6
N_{an}	mg/l	25	6.5	24	6.1	6.15
o-PO_4	mg/l	25	0.260	25	0.174	33.1
G-PO_4	mg/l	22	0.924	22	0.378	59.1
O_2	mg/l	25	10.2	26	11.0	-7.84
SSI	%	25	90	26	99	-10
BSB_5	mg/l	25	4.9	26	4.1	16.3
CSV-Mn	mg/l	19	6.2	17	4.8	22.6
CSB-ges.	mg/l	24	20.4	24	14.8	27.5
TOC	mg/l	12	7.6	12	6.1	19.7
Zn-ges.	µg/l	13	136	13	85	37.5
Cu-ges.	µg/l	13	7.6	13	3.8	50.0
Cd-ges.	µg/l	13	2.6	13	1.5	42.3
Fe-ges.	µg/l	13	660	13	242	63.3
Mn.-ges.	µg/l	13	205	13	155	24.4

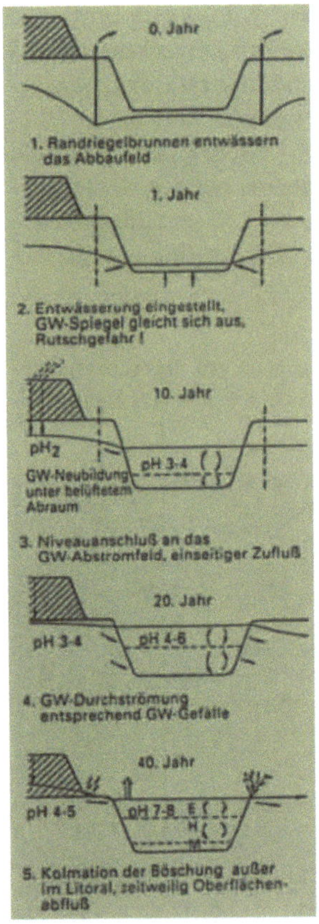

Abb. 3. Füllung eines Bergbau-Restloches durch aufkommendes Grundwasser

an sehr gute Beschaffenheit erzielt werden. Der Pflanzennährstoff Phosphor ist im Boden wenig mobil, das Grundwasser a priori nährstoffarm. Hohe Eisengehalte binden die durch Badegäste oder über den Luftpfad eingetragenen Phosphate und verfrachten sie ins Sediment (Abb. 5).

Vor- und Nachteile der Füllung mit Grundwasser sind in Tabelle 2 zusammengestellt. Gegen die Füllung mit GW sprechen an anderer Stelle folgende Argumente: Die Grundwasservorräte reichen nicht aus, um die Hohlform in vertretbarer Zeit zu füllen. Beim später 410 Mio. m^3 fassenden Geiseltalsee würde die natürliche GW-Füllzeit etwa 200 Jahre betragen (Glässer u. Klapper 1992). Teilweise wird in der Nachbarschaft noch weiter nach Kohle geschürft und dafür muß der GW-Spiegel niedrig gehalten werden. Das Randriegelwasser steht nicht zur Füllung zur Verfügung, wenn es bereits als Rohwasser für die Trinkwasserversorgung bilanziert ist.

3.2
Füllung mit Flußwasser

Auch bei der Füllung mit Oberflächenwasser sind das Für und Wider sorgfältig zu prüfen. Gerade in den neuen Bundesländern besitzen die meisten Fließgewässer nicht die für Füllwässer zu fordernde Beschaffenheit. Techno-

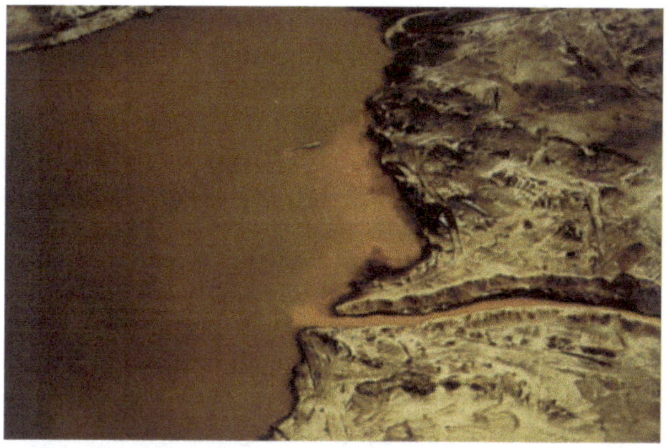

Abb. 4. Im Tagebau Goitsche aufkommendes Grundwasser ist schwefelsauer und enthält bis zu 1500 mg/l Eisen

Abb. 5. Grundwassergefüllter Badesee mit hervorragender Wasserqualität: der 28 m tiefe Kulkwitzsee bei Leipzig

logisch hat eine schnelle Füllung mit Oberflächenwasser den Vorzug höherer Standsicherheit der Böschungen (Abb. 6). Das Versauerungspotential kann sich nicht auf den See auswirken, solange noch Wasser aus dem Seebecken ins umgebende Gestein hinausströmt und die zuvor entwässerten Hohlräume füllt. Bei organischer Belastung des Infiltrates kann zudem davon ausgegangen werden, daß der umgebende Grundwasserraum anaerob wird. Schwefelwasserstoff bindet als geochemisches Fällmittel Eisen und mit der sulfidischen Festlegung des Schwefels wird auch die Versauerung gestoppt.

Andererseits ist jede Grundwasserverschmutzung durch Oberflächenwasser verboten. Bevor Grundsatzentscheidungen zum Füllwasser getroffen werden, müssen die im Flußwasser enthaltenen Stoffe detailliert untersucht und ihr späterer Verbleib im Seewasser, in den Biota, im Sediment bzw. im umgebenden Grundwasserraum ermittelt und bewertet werden. Gegebenenfalls muß das zur Füllung vorgesehene Flußwasser von störenden Stoffen befreit werden. Höchste Priorität hat die Einzugsgebietssanierung, die aber meist sehr teuer und zeitaufwendig ist. Alternativ dazu kann das Füllwasser mit relativ einfachen Technologien aufberei-

Tabelle 2. Füllung von Tagebaurestlöchern mit kalkarmem Grundwasser

Vorteile	Nachteile
– P-Bindung im Boden an Fe^{2+}, Al^{3+}, Ca^{2+}, Tonminerale gewährleistet einen niedrigen Nährstoff- bzw. Trophie-Standard	– In großräumigen entwässerten Gebieten mit zerstörten GW-Leitern z. T. extrem lange Füllzeiten
– Hohe Fe-Gehalte des GW sichern die P-Festlegung im Sediment	– Höheres GW-Niveau gefährdet die Böschungssicherheit
– Geringe organische Last, Keimabfall durch Säure	– Sulfidische Minerale im GW-Bildungsgebiet werden zu Schwefelsäure oxidiert
– Eisenhydroxid-Sedimentation entkeimt den Freiwasserraum	– Minerogen schwefelsaure Gewässer sind für Fische und viele Pflanzen nicht bewohnbar (pH < 4,5)
– Langjährig „zu günstige" Trophie in Relation zur Morphometrie	– Bei sehr niedrigem pH bleibt Eisensulfat in Lösung, das ockerfarbene Wasser ist für Jahrzehnte nicht nutzbar bzw. eine Neutralisation wird erforderlich
– Neutrale bis schwach saure Restseen schon bei Teilflutung	

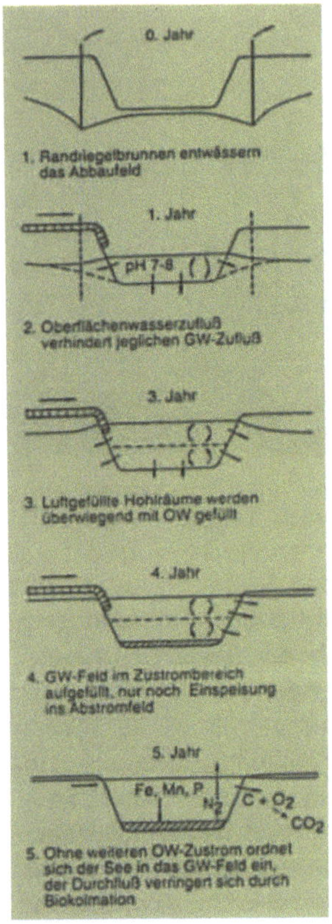

Abb. 6. Füllung eines Bergbau-Restloches mit Oberflächenwasser

tet oder die Beschaffenheit im See selbst durch ökotechnologische Maßnahmen verbessert werden (Abb. 7). Der mit Flußwasser gefüllte See startet in der Regel mit ungünstiger Beschaffenheit. Je nach seiner Tiefe werden Stoffe enzymatisch abgebaut oder in Biomasse eingebaut. Mit den absterbenden Planktonorganismen sinken die Zehr-, Nähr- und Schadstoffe aus dem Freiwasser aus und reichern sich im Sediment an. Sobald die Stoffe im tieferen Dauersediment „begraben" sind, kommen sie nur noch in bescheidenem Umfang über Methanblasenaufstieg oder Bioturbation in den Stoffkreislauf des Gewässers zurück. Die dauerhaftesten Nachwirkungen in Form von Algenmassenentwicklungen lösen die für Standgewässer zu hohen Nährstoffgehalte der Fließgewässer aus. Selbst wenn alle Kläranlagen mit hohem Standard für die Nährstoffelimination ausgerüstet werden, bleiben doch die Zufuhren aus den diffusen Quellen der gedüngten landwirtschaftlichen Nutzflächen. Vor- und Nachteile der Füllung mit Flußwasser sind in Tabelle 3 gegenübergestellt.

Abb. 7. Belastung eines Bergbaurestsees mit Oberflächenfüllwasser und wesentliche Folgen

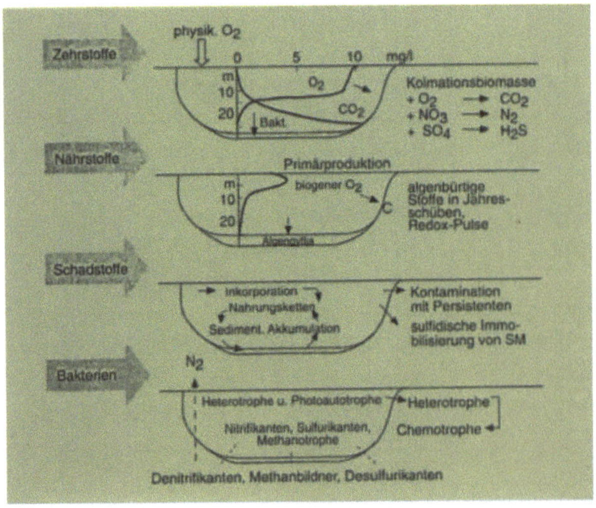

Die in der warmen Jahreszeit aus lebenden und abgestorbenen Algen verstärkt freiwerdenden Stoffe gelangen mit in den umgebenden Grundwasserraum und wirken hier als Zehrstoffe. Die Schübe algenbürtiger Stoffe in der Vegetationsperiode und das relativ geringer belastete Wasser im Winter führen zu jahreszeitlichen Redox-Schwankungen und damit zu wechselndem Mobilitäts- und Migrationsverhalten verschiedener Stoffe im GW-Leiter (Driescher 1988).

4
Trophie und Sauerstoffhaushalt

4.1
Limnologische Bewertung

Voraussetzung für eine limnologische Bewertung sind gesicherte Aussagen über den Verlauf des Wasseranstieges im Tagebaurestloch und über die Wasserbeschaffenheit des vorgesehenen Füllwassers. Als Arbeitsmittel zur Beurteilung der Beschaffenheitsentwicklung hat sich der Standard Nutzung und Schutz der Gewässer - Standgewässer-Klassifizierung (TGL 27885/01) bewährt. Bereits die Berechnung der Kennziffern des ersten Merkmalskomplexes – hydrographische und territoriale Kriterien – ermöglicht eine weitgehende Beurteilung der natürlichen Entwicklungsmöglichkeiten und der Belastung des Sees. Die in diesem Zusammenhang erforderliche Epilimnionstärke wird entsprechend der TGL 27885/03 bestimmt. Dabei müssen Reduktionsfaktoren für sehr windgeschützte Seen während der Anstiegsphase berücksichtigt werden.

Da es sich um Standgewässer handelt, nimmt die jährliche Phosphorflächenbelastung eine zentrale Stellung ein; um so mehr, da in der überwiegenden Mehrzahl der Fälle das Elementarverhältnis N : P im Füllwasser weit größer als 16 : 1 ist. Das in der TGL 27885/01 enthaltene Diagramm für die Ermittlung der Trophiestufe aus der Phosphorflächenbelastung und dem Verhältnis von mittlerer Tiefe und mittlerer Verweilzeit gestattet eine schnelle Bewertung und Umsetzung in gut verständliche Interpretationen. In der Regel wird das gesamte in das Restloch eingetragene Orthophosphat berücksichtigt.

Über die bisher angeführten Bewertungskriterien hinaus erweist es sich als nützlich, eine Sauerstoffbilanz für das Hypolimnion zu berechnen (Schultze u. Klapper 1990). Folgende Größen finden dabei Berücksichtigung:

- Der im Hypolimnion gelöste Sauerstoff, der aus dem Volumen des Hypolimnions und der Sauerstoffsättigungskonzentration bei 10 °C ermittelt wird. Dabei wird davon ausgegangen, daß bei der Frühjahrsvollzirkulation der gesamte Wasserkörper mit Sauerstoff aus der Luft gesättigt wird.
- Der theoretische Sauerstoffverbrauch, den die theoretisch mögliche Biomasseproduktion zur Mineralisation erfordert. Grundlage ist der Gedanke, daß das gesamte pro Jahr in den See eingetragene Orthophosphat in Biomasse umgesetzt und diese ihrerseits im Hypolimnion unter Sauerstoffverbrauch mineralisiert wird. Ein solcher Ansatz erscheint zulässig, da ausschließlich Orthophosphat Berücksichtigung findet. Die Vernachlässigung anderer Bindungsformen des Phosphors für die Berechnung der Primärproduktion wird durch die ebenfalls unberücksichtigte teilweise Mineralisation der Biomasse im Epilimnion kompensiert.

Die Eignung der Füllwässer kann ebenfalls gut anhand des genannten Standards oder anderer ähnlicher Bewertungsrichtlinien eingeschätzt werden. Bei Flußwasser muß selbstverständlich ein Beobachtungszeitraum von mehreren Jahren für die Bewertung herangezogen werden. Die verfügbaren Meßreihen sind dann auf Abhängigkeiten der Stoffkonzentrationen vom Abfluß, vorhandene Trends und Hinweise auf die Quellen vorhandener Verunreinigungen und damit Möglichkeiten der Verbesserung der Wasserbeschaffenheit zu untersuchen (Tabelle 3).

Im Falle des Tagebaues Merseburg-Ost stellt die Flutung der Restlöcher aus der Weißen Elster und der Luppe einen die Seen stark belastenden Nährstoffimport dar. Wie aus der Beschaffenheit des Flußwassers gemäß Tabelle 4 hervorgeht, entspricht die Phosphorflächenbelastung einem hypertrophen, d. h. völlig überdüngten Zustand. Allerdings kann bei der Entstehung einer stabilen Salzschichtung, auf die noch eingegangen wird, von einer allmählichen Oligotrophierung der Seen ausgegangen werden, sofern nicht dauerhaft Flußwasser zugeführt wird. Die Einbindung der Flüsse in die Seen muß daher nach der Füllung wieder unterbrochen werden. Die genannte Oligotrophierung kann durch Restaurierungsmaßnahmen nach der Flutung erheblich

Tabelle 3. Füllung von Tagebaurestlöchern mit Flußwasser

Vorteile	Nachteile
– Schnelle Füllung möglich	– Fließgewässer sind fast generell zu hoch mit Zehr-, Nähr- und Schadstoffen belastet
– In den umgebenden GW-Raum eingebrachte Zehrstoffe schaffen anaerobes Milieu, Metalle (insbesondere Fe) werden sulfidisch festgelegt	– In den ersten Jahren bezogen auf den morphometrisch bedingten „Erwartungswert", zu schlechte Beschaffenheit
– Von Füllungsbeginn an neutrales, relativ salzarmes Wasser	– Schadstoffeinbringung in den GW-Raum kann langjährig irreparable Schäden verursachen
– Höheres OW-Niveau verringert die Rutschgefahr	– Algenmassenentwicklung im Epilimnion und O_2-Schwund im Hypolimnion beeinträchtigen in den ersten Jahren die Bade- und fischereiliche Nutzung
– Durch Inkorporation und Sedimentation kann z. B. Phosphor ins Sediment verfrachtet werden	
– Anspruchslose Nutzungen (Wassersport ohne Körperkontakt mit dem Wasser) sehr schnell möglich	– Besonders in den ersten Jahren sind Ökotechnologien zur Verbesserung der Beschaffenheit des Füllwassers bzw. des neuen Sees erforderlich

Meßgröße		Minimum	Maximum
Wasserführung	m^3/s	8.16	49.6
Temperatur	°C	1	24.1
pH-Wert		7	7.8
Sink- u. Schwebstoffe	mg/l	1	135
Elektr. Leitfähigkeit	µS/cm	1000	1594
Chlorid	mg/l	90	172
Sulfat	mg/l	231	600
Gesamthärte	°dH	19	30.5
Kalzium	mg/l	100	236
Magnesium	mg/l	20	52
Sauerstoff	mg/l	0.6	11.5
BSB_5[a]	mg/l	3.4	23
CSV-Mn[b]	mg/l	2.61	21.5
CSV-Cr[c] (CSB)[d]	mg/l	26	63.5
Phosphat	mg/l	0.05	2.3
Nitrit	mg/l	0.1	2.29
Nitrat	mg/l	3.9	40
Ammonium	mg/l	3.2	21
Blei	mg/l	0.007	0.04
Nickel	mg/l	0.02	0.1
Mangan	mg/l	0.18	0.71
Chrom	mg/l	0	0.06
Kupfer	mg/l	0.003	0.05
Cadmium	mg/l	0.0001	0.009
Zink	mg/l	0.01	0.5

Tabelle 4. Schwankungsbreite der Meßwerte für die Wassergüte der Weißen Elster in den Jahren 1989–1991 oberhalb des Tagebaues Merseburg-Ost

[a] Biochemischer Sauerstoffbedarf
[b] Chemischer Sauerstoffverbrauch nach Permanganatmethode
[c] Chemischer Sauerstoffverbrauch nach Chromatmethode
[d] Chemischer Sauerstoffbedarf

beschleunigt werden. Außerdem ist eine Reinigung des Flußwassers, d. h. im wesentlichen eine Phosphatausfällung, vor der Flutung denkbar.

Ein häufig eingesetztes, einfaches Instrument der Einschätzung der Limnologie zukünftiger Tagebaurestseen ist der Analogieschluß zu schon bestehenden Tagebaurestseen. Im Idealfall gibt es Restseen, die dem jeweils zu beurteilenden Restloch in geologischer, hydrologischer und morphometrischer Hinsicht nahezu gleichen. Aber selbst hier ist Vorsicht geboten: In der Regel unterscheiden sich die Zuläufe, und die Seen sind daher nur recht allgemein zu vergleichen. Als Beispiel dafür sollen der Rote und der Blaue See bei Burgkemnitz genannt werden (Abb. 8). Beide Seen sind vor 25 bzw. 27 Jahren aus dem Tagebau Muldenstein hervorgegangen, somit etwa gleich alt und nur ca. 200 m voneinander entfernt. Dennoch unterscheiden sie sich insbesondere hinsichtlich pH-Wert und Eisengehalt erheblich, wie aus Tabelle 5 zu entnehmen ist. Offensichtlich spielen lokale geologische Effekte in Gestalt puffernder Tonschichten am Blauen See eine entscheidende Rolle.

Durch limnologische Beurteilungen werden den Betreibern der Tagebaue die notwendigen Handlungsempfehlungen gegeben, damit den künftigen Nutzern möglichst nachhaltig eine geeignete Wasserbeschaffenheit in leistungsfähigen Gewässerökosystemen garantiert werden kann. Diese Beurteilungen anhand vorhandener Unterlagen sind vielfach Ausgangspunkt für weitere Untersuchungen. Die behandelten Einzelfälle sind Bausteine für die Regionallimnologie und dienen unmittelbar zur Generalisierung im Sinne einer wissenschaftlich begründeten Wassergütebewirtschaftung für Bergbaurestseen.

Tabelle 5. Mittlere Wassergüte des Roten und Blauen Sees bei Burgkemnitz östlich von Bitterfeld im Jahre 1991

		Roter See	Blauer See
Wasserfläche	ha	3.5	7.5
Wassertiefe	m	6.5	8.5
Nutzung		Keine	Badebetrieb
pH-Wert		3.25	6.4
Elektr. Leitfähigkeit	µS/cm	1897	1476
Gesamthärte	°dH	61	57.5
Karbonathärte	°dH	0	0.7
Sulfat	mg/l	960	784
Chlorid	mg/l	41	27
Eisen	mg/l	19.3	0.66
Aluminium	mg/l	4.1	0.68
DOC	mg/l	1.7	4
Sauerstoff	mg/l	9.8	10.5
Gesamtstickstoff	mg/l	1.96	0.65
Gesamtphosphor	mg/l	0.021	0.03

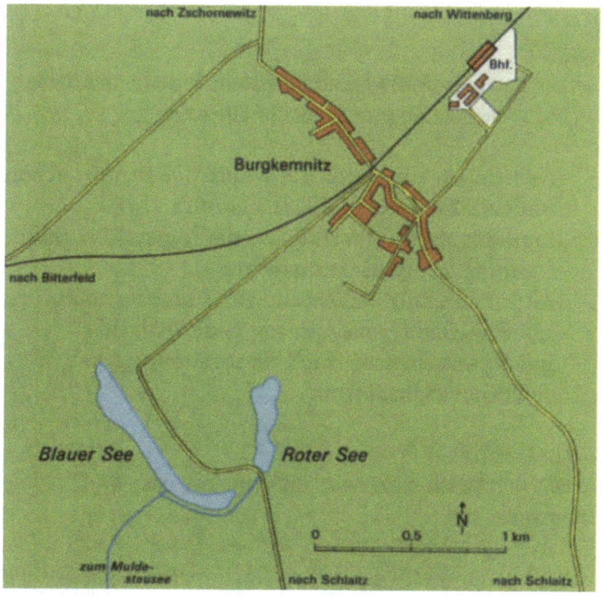

Abb. 8. Lageplan des Roten und des Blauen Sees bei Burgkemnitz, 8 km östlich von Bitterfeld (aus Schultze et al. 1992). Die Seen sind vor 25 bzw. 27 Jahren aus dem Tagebau Muldenstein hervorgegangen. Obgleich sie nur 200 m voneinander entfernt sind, unterscheidet sich ihr Chemismus erheblich

4.2 Maßnahmen zur Bekämpfung der Eutrophierung

Der derzeitige Kenntnisstand an praktischen Möglichkeiten zur Steuerung der Eutrophierung liegt in Buchform vor (Klapper 1992) und soll an dieser Stelle durch eine graphische Übersicht zusammengefaßt werden (Abb. 9).

5 Geogen schwefelsaure Tagebauseen

5.1 Das saure Milieu und seine Besiedlung

Die geogene Versauerung hängt primär vom Markasit- und Pyritgehalt der Kohle und der Deckgebirge, sekundär von der Dauer des Sauerstoffzutritts mit der Bodenluft und aerobem Grundwasser ab. Ob die Seen sauer werden, hängt aber auch vom Gehalt an basischem Gestein ab, das, wie im Südraum von Leipzig, als natürliches Neutralisationsmittel wirkt.

Die dramatischen Auswirkungen des sauren Regens auf die Biozönosen sind v. a. durch schwedische und kanadische Arbeiten gut dokumentiert. In tausenden von Seen verschwanden Fische, Schnecken, Muscheln, höhere Krebse, Gammariden, Daphnien und die Mehrzahl der submersen Wasserpflanzen. Das Phytoplankton zeigte eine Drift von den Diatomeen zu den Peridineen und Desmidiaceen, wie dies aus Moorgewässern bekannt ist. Die durch Regen versauerten Gewässer finden sich vorwiegend in den elektrolytarmen Urgebirgsregionen. Nach Aufbrauch der Karbonathärte driftet der pH auf Werte um 4 ab, wo z. B. Aluminium puffernd wirkt. Die sauren Tagebaurestseen sind dagegen sehr elektrolytreich. Sulfatgehalte von 1 000–2 000 mg/l sind häufig. Durch hohe Eisengehalte sind sie im Sauren gepuffert. Trotzdem finden sich selbst bei pH < 3 Organismen, die in diesem Extremmilieu nicht nur eben vorkommen, sondern auch wegen mangelnder Konkurrenz hohe Individuendichten erreichen. Als „Gipfelraubtiere“ dieser fischfreien Seen treten räuberische Insekten und Insektenlarven auf. Cori-

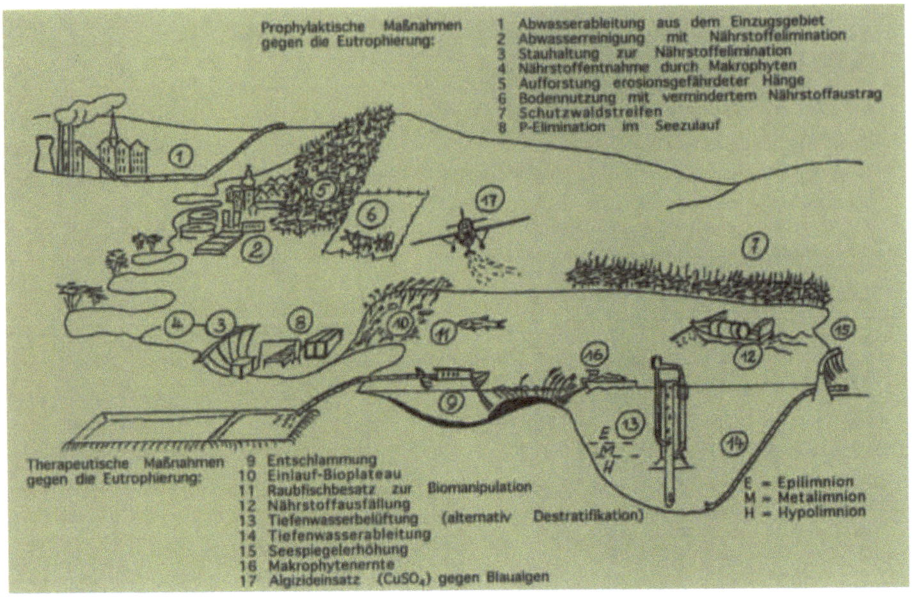

Abb. 9. Erprobte Verfahren zum Schutz von Seen vor Eutrophierung bzw. zu ihrer Restauration (Geändert aus Klapper 1980)

xiden sieht man schwarmweise im flachen und tiefen Wasser, Corethra-Larven sind häufig. Im Sediment sind Chironomiden- und Sialis-Larven anzutreffen. Die Rotatorien sind v. a. durch Brachyonus-Arten vertreten, die offenbar besonders säureresistent sind.

Emerse Wasserpflanzen wie Typha und Phragmites bleiben von der Säure relativ unbeeinflußt, da sie ihren C-Bedarf aus dem Kohlendioxid der Luft decken. Typische Pionierpflanzen unter Wasser sind die Zwiebelbinsen *(Juncus bulbosus)*, Torfmoose (Sphagnum) und fädige Grünalgen. Sie müssen ihre Assimilationskohlensäure im bikarbonatfreien Wasser finden und trotz des ausflockenden Eisenoxidhydrates überleben.

Desulfurikation, d. h. bakterielle Verminderung der Schwefelsäure, findet nur unter streng anoxischen Bedingungen statt, die aber wegen der geringen Bioproduktion kaum zu erwarten ist. Ohne gezielte Steuerungsmaßnahmen bleiben die pH-Werte meist mehrere Jahrzehnte im Bereich von 3. Erst nachdem das Basenbindungsvermögen gesättigt ist, driftet der pH-Wert in relativ kurzer Zeit auf Werte um pH 6, d. h. in den Bereich des Bikarbonatpuffers.

5.2 Möglichkeiten zur pH-Korrektur

Die sehr langsame Neutralisierung durch Naturprozesse ist durch Langzeitbeobachtungen belegt (Bergwitzsee, Blauer See, s. auch Pietsch 1970 für die Lausitz). Weitere Beobachtungen sind an solchen Objekten, die als Natur- und Landschaftsseen konzipiert wurden, auch in Zukunft möglich. Die Vielzahl größerer Seen sollte aber so beschaffen sein, daß sie solchen Nutzungsanforderungen wie für die Fischerei und Erholung genügen. Als derzeit bekannte Ansätze zur Bekämpfung der geogenen Versauerung sind zu nennen:

5.2.1 Verminderung des Wasser- und Sauerstofftransportes durch die Kippsubstrate mit Hilfe geeigneter Rekultivierung

- Aufbringen von Asche, Kalk und kohlenstoffreichen Bodenbildnern (z. B. Klärschlamm)
- Bepflanzung mit verdunstender Vegetation, damit Senkung des Wassertransportes
- Aufforstung mit Mischwald zur Humusproduktion
- Intensiv-Dauergrasland (mit Güllewirtschaft)
- Intensiv-Fischteiche (mit Pelletzufütterung), die Zehrstoffe versickern lassen

5.2.2 Füllung mit Oberflächenwasser und darin enthaltenem Bikarbonat

Auch bei der relativ niedrigen Karbonathärte der Mulde ist damit zu rechnen, daß die in der Goitsche aufkommenden sauren Gewässer neutralisiert und die hohen Eisengehalte ausgeflockt werden können. Die Mitfällung von Phosphaten läßt einen Oligotrophierungseffekt erwarten. Gleichzeitig wirken die Verdünnung und Verdrängung sauren Wassers neutralisierend. Der Zutritt von sauren Kippenwässern wird unterbunden.

5.2.3 Maßnahmen im Gewässer zur pH-Erhöhung

Die in den versauerten Seen Schwedens tausendfach bewährte Kalkung kommt allenfalls in kleinen Restseen infrage. Die erforderlichen Mengen liegen bei den Tagebauseen wegen der Pufferung im Sauren um ein Vielfaches höher. Gleiches gilt bei der Anwendung der hierfür durchaus geeigneten Soda-Briketts.

Wie im Abschn. 5.1 erwähnt, gibt es eine bakterielle Umkehr der Pyritoxidation und Säurebildung, nämlich die Sulfatreduktion und sulfidische Bindung des Eisens (und anderer Metalle) im Sediment. Da mit der geringen Bioproduktion die hierfür erforderlichen Randbedingungen nur selten erfüllt werden, sind Wege zu erforschen, wie die gewünschten Anaerobprozesse gefördert werden können, ohne den See aber nachhaltig zu belasten.

Eine Möglichkeit ist die Etablierung meromiktischer Verhältnisse. In dem nicht mitzirkulierenden Tiefenwasser, dem Monimolimnion, akkumulieren die organischen Stoffe mehrerer Vegetationsperioden bis hin zum Fallaub des Baumbestandes.

Der für den Abbau der organischen Stoffe benötigte Sauerstoff wird z. B. durch Desulfovibrio desulfuricans dem SO_4^{2-} entnommen. Der pH-Wert steigt.

Ein anderes Fallbeispiel ist die Erzeugung von anaeroben Tiefenwässern durch Abwasserbelastung, d. h. externe Zufuhr von Zehrstoffen und gezielte Nährstoffzufuhr zur bewußten Anregung der internen Bioproduktion. Beide Prozesse haben analoge Auswirkungen, nämlich eine biologische Säurebindung im Tiefenwasser. Als Referenzgewässer hierfür dient die Flußkläranlage Laubusch, ein 11 km langer Randschlauch im Lausitzer Revier, in dem trotz bzw. durch Abwassereinleitung eine Neutralisierung erfolgte und sich ein starker Fischbestand einstellte (Abb. 10). Das Potential zur Neutralisierung saurer Bergbauwässer über Makrophyten wurde in den USA zu einer Ökotechnologie entwickelt. In mehrstufigen „constructed wetlands" wird Eisen hydroxidisch ausgefällt und im Bioschlamm verrottender Cattail (Typha) wird Säure gebunden. Anderenorts wird in gedränten und mit Pilzkompost angefüllten Teichen eine Anaerob-Bodenpassage eingeschaltet, während welcher Säure und Eisen sulfidisch gebunden werden. Das Filtrat ist soweit entsäuert, daß in einer weiteren Teichstufe das Eisen nach Wiederbelüftung ausfällt. In den Bergbau-Restseen könnten die Flachwasserbereiche zur makrophytischen Entsäuerung mit herangezogen werden. Problematisch scheint mitunter das Bodensubstrat, in dem die Pflanzen hinreichend Halt finden müssen. In derartigen Fällen kann heute mit auf Kokosmatten vorgezogenen Startpflanzungen bzw. auch mit künstlichen Pflanzeninseln, den sog. Schwimmkampen, gearbeitet werden.

6
Die Seen der Salzkohleförderung

Ein Beispiel für die Versalzung eines entstehenden Sees ist der Tagebau Merseburg-Ost (Abb. 11, Tabelle 6). Die Liegendwasserzuflüsse haben in der ersten Anstiegsphase eine Gesamtmineralisation von 9–13 ‰ an der Oberfläche und bis ca. 80 ‰ im Tiefsten der Becken hervorgebracht.

Prinzipiell kann ein in der Tiefe stark versalzter See zu einem brauchbaren Erholungsgewässer entwickelt werden. Der salzbedingte Dichtegradient führt zu einer stabilen Schichtung. Das Seetiefste bleibt auch im Frühjahr und Herbst von der Zirkulation ausgeschlossen. Die mit den absterbenden Algen ins Monimolimnion verfrachteten Nährstoffe kehren nicht oder nur zu einem geringen Anteil in die produktive, euphotische Schicht zurück. Die daraus resultierende geringe Algenproduktion ist ein erwünschter Effekt für ein Badegewässer.

In Merseburg-Ost hält die Dichte des besonders versalzten Tiefenwassers Kohleteilchen in Schwebe! Die teilweise erfolgte Einmischung auch in den übrigen Wasserkörper birgt die Gefahr, daß bei Erreichen des Ruhewasserstandes ein Abstrom von Salzwasser in den besonders durchlässigen Auegrundwasserleiter erfolgt. Damit wären unterhalb gelegene bedeutsame Wassernutzungen gefährdet. Als wirksame Gegenmaßnahme bleibt nur eine schnelle Flutung mit Oberflächenwasser. Das hydraulische Gefälle muß abgebaut werden. Der Wassertransport durch salinare Schichten und der weitere Salzaustrag werden damit unterbunden. Die Notwendigkeit einer Aufbereitung des hierfür infrage kommenden Wassers aus der Weißen Elster hängt u. a. davon ab, in welchem Zeitraster die Nachnutzung des Sees geplant ist und ob die Zeit ausreicht, um über natürliche Prozesse der Inkorporation in Biomasse und Sedimentation, d. h. Deposition im Dauersediment, die eingeführten Nähr- und Schadstoffe zu eliminieren.

7
Schadstoffdeponien und Wasserbeschaffenheit

Viele Restlöcher wurden in der Vergangenheit als Deponieraum für Industrieabfälle genutzt. Die Auswirkung darin enthaltener Schadstoffe auf das Gewässer ist erst nach Kenntnis von deren Eigenschaften (Toxizität, Persistenz, Mobilität) zu bewerten. Prinzipiell ist es technisch

Tabelle 6. Morphometrische Kerngrößen der Restlöcher 1 a und 1 b des Tagebaues Merseburg-Ost

Morphometrische Kenngröße		Restloch 1 a	Restloch 1 b
Volumen	(Mio. m^3)	32.95	47.1
Wasserfläche	(km^2)	2.85	2.4
Maximale Tiefe	(m)	28	37
Mittlere Tiefe	(m)	11.6	19.8

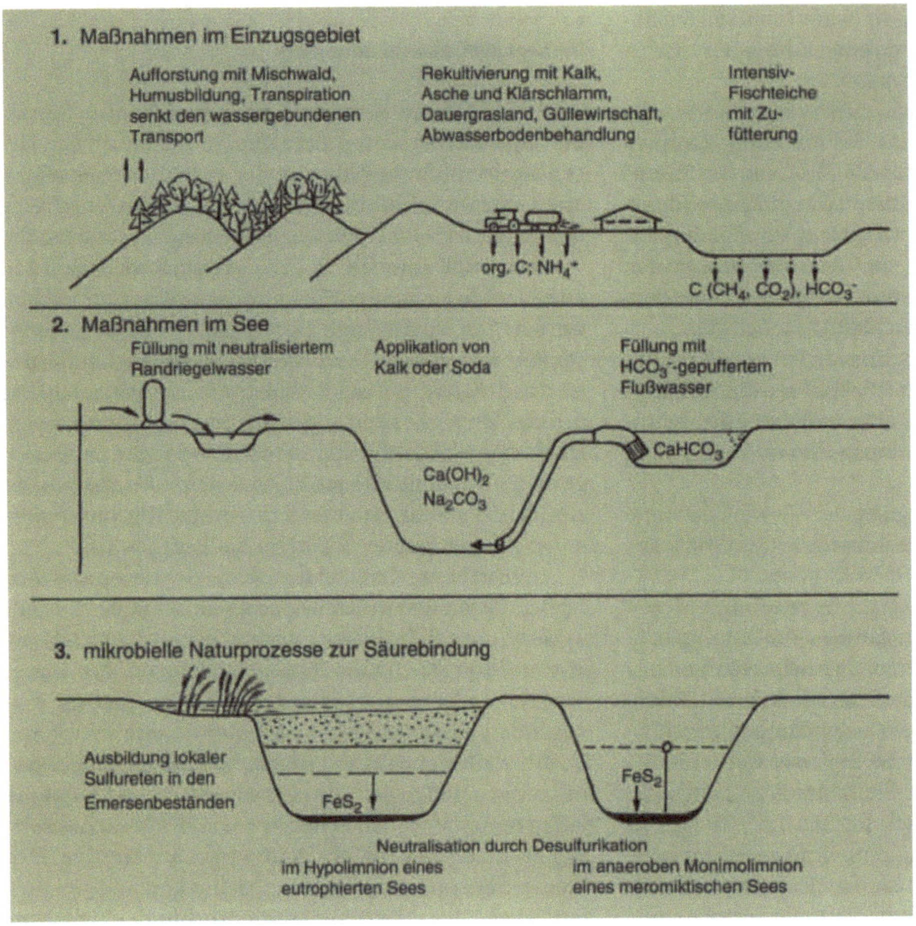

Abb. 10. Steuerung der Versauerung

möglich, die Schadstoffe zu bergen, aufzubereiten bzw. als Sondermüll zu lagern. Aus Kostengründen sind Insitu-Behandlungen, Immobilisierung im Seetiefsten bzw. im Dauersediment, biologische Inkorporation und Deposition am Seegrund und subhydrische Lagerung bei minimiertem Wassertransport vorzuziehen (Ripl 1992). Die Schadstoffausschleusung über die Nahrungskette verläuft auf erhöhtem Trophieniveau schneller, leicht erhöhte Trophie ist in diesem besonderen Fall für die Dekontamination sogar erwünscht. Die Vergiftung durch die Einleitung von Flußwasser ist bisher nicht nachgewiesen worden. Eine entscheidende Ursache dürfte die Bindung der Mehrzahl der Schadstoffe an Partikel sein. Dennoch stellt das entstehende Sediment eine latente Gefahr für den See oder doch zumindest eine Einschränkung der Besiedelbarkeit des Seebodens dar. Die genauere Untersuchung des Muldestausees verspricht hinsichtlich der Bewertung der Schadstoffbelastung neue Erkenntnisse und größere Sicherheit. Ein Beispiel für die Belastung eines Sees durch eine Deponie ist der Hufeisensee bei Halle. Die bisherigen Untersuchungen zeigen nur eine lokale Beeinträchtigung des Sees und einen durch das Auftreten eines Monimolimnions bedingten Eliminationsmechanismus im See. Die Schadstoffe werden in diesem wegen seines hohen Salzgehaltes nicht mit zirkulierenden Tiefenwassersbereich, dem Monimolimnion, angereichert und an der Rückkehr in den Hauptteil des Sees gehindert.

8 Nutzung von Bergbaurestseen

Nach der Stillegung von Tagebauen und kohleverarbeitenden Betrieben besteht ein dringendes soziales Bedürfnis, die Folgelandschaft für die ansässige Bevölkerung produktiv zu machen. Insbesondere im bislang seenarmen Ballungsgebiet Leipzig-Halle-Bitterfeld gibt es einen erheblichen Bedarf an geeigneten Objekten für die wassergebundene Nah- und Wochenenderholung. Die Ferienerholung entwickelt sich in der Regel erst in Landschaftsräumen mit vielseitigem Angebot an Erlebnisbereichen, Ruhezonen, ansprechenden Umweltqualitäten bezüglich Luft, Wasser, Landschaftsästhetik sowie verkehrstechnischer Erschließung, gastronomischer und kultureller Versorgung. Qualität beeinträchtigende Nutzungen sind auszuschließen, die Auswirkungen von Funktionsüberlagerungen einzuschätzen und zu steuern.

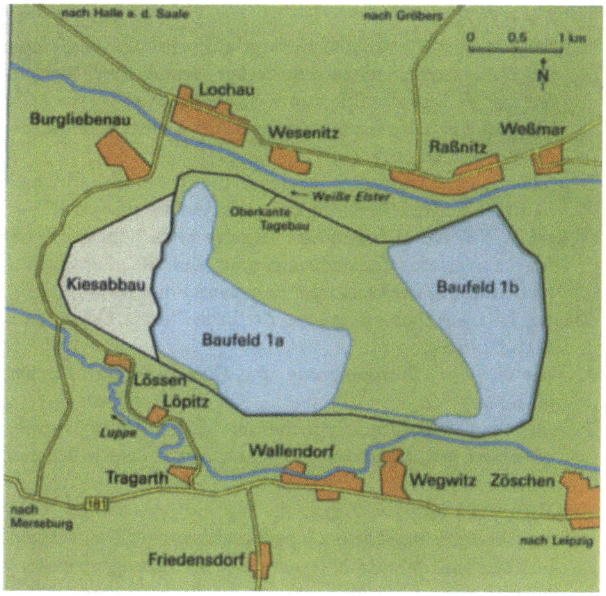

Abb. 11. Lageplan des Tagebaues Merseburg-Ost zwischen den Flüssen Weiße Elster und Luppe (aus Schultze et al. 1992). Das beim Braunkohlenabbau entstandene Restloch ist durch eine Abraumkippe in zwei Teilrestlöcher 1 a und 1 b getrennt. Die künftige Landschaftsgestaltung sieht einen Badesee (1 a) mit Kiesgewinnung und einen Landschaftssee (1 b) vor, der der stillen Erholung, dem Angeln und dem Naturschutz dienen soll

Schon im Prognosestadium muß das limnologisch vorgegebene Nutzungspotential bestimmt und auf die weitere Planung Einfluß genommen werden. Die von diversen Nutzungen ausgehenden Belastungen sowie die Belastbarkeit des Bergbausees durch diese Nutzungen (seine „carrying capacity") sind realistisch einzuschätzen. Aus der Sicht der Eutrophierung interessieren insbesondere die Phosphorbelastung (kg $P/m^2 \cdot a$) und die sich daraus ergebende Trophie. Die hierfür geeigneten Rechenansätze finden sich in den ehemaligen DDR-Standards „Nutzung und Schutz der Gewässer" TGL 27885/01–04 (s. auch Klapper 1992). Bergbaurestseen sind jedoch in der Lage, in den ersten Jahren viel Phosphor an den Gewässerboden zu binden. Die Bioproduktion ist geringer als nach der Nährstoffbelastung zu erwarten wäre. Der dem Natursee vergleichbare Status ist erst erreicht, wenn der Boden mit algenbürtigem Schlamm bedeckt ist. Die Entwicklung bis zu diesem Gleichgewichtszustand kann je nach Nährstoffzufuhr und Größe des Restsees einige Jahre oder mehrere Jahrzehnte betragen. Vor allem die planktonarmen ersten Jahre sind nicht selten Ausgangspunkt für die Überschätzung des Potentials für Nutzungen und Mehrfachnutzungen. Die rechtzeitige Beurteilung des Nutzungspotentials hilft, Fehlinvestitionen zu vermeiden.

Beispiele für Tagebaurestseen mit z. T. prägendem Einfluß der Nutzung sind die Restseen Kayna-Süd, Pahna, der Speicher Borna und Haselbach I. Der Restsee Kayna-Süd wurde v. a. durch Abraumverspülung gefüllt und diente viele Jahre der Brauchwasserentnahme und Abwassereinleitung. Letztere führte zu einer deutlichen Belastung, die für den geplanten Badebetrieb eine Sanierung des noch jungen Sees erforderlich macht. Der Restsee Pahna, der eines der Hauptnaherholungsziele für Altenburg darstellt, wurde über Jahrzehnte als Lieferant für Kesselspeisezusatzwasser genutzt und mußte daher jährlich zu etwa einem Drittel aus der Pleiße aufgefüllt werden. Diese Belastung mit verschmutztem Flußwasser führte zu einer deutlichen Eutrophierung und gefährdete den Badebetrieb.

Der Speicher Borna, auch ein ehemaliges Tagebaurestloch, ist als Hochwasserschutzanlage hergerichtet worden. Seine große Tiefe und die nur seltene Beanspruchung führten zu einer ausgezeichneten Wasserqualität. Im Falle eines Nährstoffstoßes durch eine Hochwasserwelle tritt zwar zunächst eine verstärkte Algenentwicklung ein, doch reicht die Selbstregulation zur Wiederherstellung der ursprünglichen Wassergüte noch aus. Obwohl prioritär für Hochwasserschutz und Fischerei konzipiert, zieht die gute Beschaffenheit auch Erholungssuchende an, die hier baden und surfen.

Der kleine Tagebausee Haselbach I dient als Absetzbecken und zur Brauchwasserentnahme für eine Brikettfabrik und eine Futtertrocknung. Eine Schwimmdecke aus hydrophobem Kohlenstaub und fädigen Pilzen wurde flächendeckend von Typha besiedelt. Eine Entfernung der Vegetationsdecke war nicht möglich. Das Wasser darunter wurde anaerob, und das Betriebswasser mußte durch Belüftung aufbereitet werden. Ungewollt wurde Haselbach I zum Muster für die Abdeckung einer Deponie. Die berüchtigte Grube Johannes bei Wolfen soll in analoger Weise biologisch abgedeckt werden. Als Starthilfe werden auf Kokosflies vorgezogene Makrophyten ausgelegt.

Neben dem limnologischen Nutzungspotential spielt nicht selten die bergbauliche Sicherheit eine ausschlaggebende Rolle für die Nutzungsentscheide: Erosionsrinnen, Abbruchufer, rutschungsgefährdete Böschungen und der Rekultivierung unzugängliche Naßbereiche schließen die Erholungsnutzung aus, sind aber als Sonderbiotope für den Naturschutz interessant.

Günstig sind solche Tagebaukomplexe wie Nachterstedt-Königsaue. Größe und Tiefe gestatten beim Restloch Nachterstedt die Entwicklung eines für alle Wassersportarten und ohne kapazitative Einschränkungen nutzbaren Erholungssees und beim kleineren und flacheren See Königsaue die Entwicklung eines Naturschutzobjektes, von dem der Massentourismus ferngehalten wird, in dem aber stille Erholung und Naturbeobachtung möglich sind. Der Komplex der wasserorientierten Erholung in Nachterstedt und Königsaue wird dem Urlaubstourismus im Harz und der Naherholung umliegender Städte zugute kommen.

Die Nutzung geogen versauerter Seen ist dadurch eingeschränkt, daß die Richtwerte der EG Badewasserrichtlinie (pH 6–9,5) nicht eingehalten werden, die Fischerei wegen der Unbewohnbarkeit für Fische ausgeschlossen ist, Amphibienlaich verockert usw. Die Belassung dieser wissenschaftlich interessanten Extrembiotope zu Zwecken des Natur- und Landschaftsschutzes sollte auf kleinere Objekte begrenzt bleiben, zumal bereits eine Vielzahl von sauren Seen seit den Anfängen des Bergbaus existiert. Für die größeren ist das Nutzungspotential des neutralen Sees und der Weg dorthin auszuweisen (s. Abschn. 5.2).

9 Zusammenfassung

Die Wasserbeschaffenheit und die Eignung des Restsees als Lebensraum und für die Nutzung resultieren aus der Morphometrie der Hohlform, dem Einfluß des umgebenden Gesteins und der Füllwasserbeschaffenheit sowie den Strukturen und Leistungen des Ökosystems. Zur Beherrschung solcher Probleme wie der Eutrophierung, Versauerung, Versalzung und Schadstoffbelastung werden Handlungsempfehlungen für ein geeignetes Management und für die Erhaltung des limnologischen Nutzungspotentials gegeben.

LITERATUR

Böttcher J, Strebel O (1985) Redoxpotential und Eh/pH-Diagramme von Stoffumsetzungen in reduziertem Grundwasser (Beispiel Fuhrberger Feld). Geol Jb C40: 3–34. In: Matthess G (1990) Die Beschaffenheit des Grundwassers, 2. Aufl. Gebrüder Borntraeger, Berlin Stuttgart)

Driescher E (1988) Beobachtungen an Grundwasserbeobachtungsrohren in einem Uferfiltratgebiet. Acta hydrophys 23: 2–3

Glässer W, Klapper H (1992) Stoffumsätze beim Füllprozeß von Tagebaurestseen. Tagungsmaterialien des AFG-Forschungsverbundes „Umweltvorsorge" 26.11.1992, Bonn, S 19–23

Klapper H (1980) Flüsse und Seen der Erde. Urania, Leipzig Jena Berlin, 240 S.

Klapper H (1992) Eutrophierung und Gewässerschutz. Fischer, Jena, 280 S.

Pietsch W (1970) Ökophysiologische Untersuchungen an Tagebaugewässern der Lausitz. Habilitationsschrift an der TU Dresden, 179 S.

Ripl W (1992) Alternative Rekultivierung und Verhalten von Altlasten bei aufsteigendem Grundwasser. Symp. Braunkohlenbergbau und Wasserwirtschaft, Berlin, Tagungsmaterial, S 61–73

Schultze M, Klapper H (1990) Zur Methodik der Wassergüteprognose für Tagebaurestlöcher. Acta hydrochim hydrobiol 18: 271–274

Schultze M, Klapper H, Wilken R-D (1992) Vom Braunkohlentagebau zum Seengebiet. GKSS Jahresbericht, S 8–16

Standard TGL 27 885/01 (1982) Nutzung und Schutz der Gewässer/ Stehende Binnengewässer/ Klassifizierung

Standard TGL 27 885/02 (1983) Nutzung und Schutz der Gewässer/ Stehende Binnengewässer/ Nährstoffelimination in Vorsperren

Standard TGL 27 885/03 (1983) Nutzung und Schutz der Gewässer/ Stehende Binnengewässer/ Wassergütebewirtschaftung Seen

Standard TGL 27 885/04 (1985) Nutzung und Schutz der Gewässer/ Stehende Binnengewässer/ Wassergütebewirtschaftung wasserwirtschaftlicher Speicher

TEIL 4

Das Helmstedter Braunkohlenrevier

Das Helmstedter Braunkohlenrevier

Unmittelbar östlich bzw. südlich der aus Muschelkalk und Buntsandstein gebildeten, mäßig hohen und fast ganz bewaldeten Bergrücken des Elms und des Lappwaldes wird bei Helmstedt in zwei von NNW nach SSO verlaufenden tertiären Mulden, geteilt durch einen Zechsteinsattel, seit rd. 200 Jahren Braunkohle gewonnen. Der Elm erhebt sich bis 304 m über NN, die Muldenoberflächen im Abbaugebiet haben eine Höhenlage von etwa 120 m über NN.

Geologisch gesehen ist das Helmstedter Braunkohlenrevier den eozänen mitteldeutschen Braunkohlenlagerstätten aus dem Alttertiär zuzuordnen. Sie treten in dem zwischen dem Harz und dem Flechtinger Höhenzug gelegenen „Subherzynen Becken" auf und erstrecken sich bis in die Leipziger Tieflandbucht. Innerhalb dieser Lagerstätten stellt die Helmstedt-Oschersleben-Staßfurter Tertiärmulde das am weitesten nach Nordwesten herausragende Braunkohlevorkommen dar (von Unruh 1976).

Die Tertiärmulde überdeckt ein Gebiet von etwa 70 km Länge und 4–7 km Breite. Die Braunkohlebildung setzt hier vor etwa 40–50 Mio. Jahren ein und ist eng verbunden mit den plastischen Verformungen mächtiger Salzablagerungen des Zechsteins, hervorgerufen durch den Druck jüngerer Schichten und den damit verbundenen Temperaturerhöhungen. Dies führt u. a. zur Ausbildung von Zechsteinaufbrüchen, die stockförmig bis an die Oberfläche vordringen. Die Flanken dieser Aufbrüche schleppen die jüngeren Schichten der Triasformation (Buntsandstein, Muschelkalk, Keuper) hoch. Im Verlauf der Zechsteinabwanderungen entstehen Senken zu beiden Seiten der Aufbruchzonen. Die muldenartigen Senken füllen sich über lange Zeiträume je nach den morphologischen und klimatischen Bedingungen mit verschiedenem Material auf. Im Eozän kommt es zur Bildung ausgedehnter, mächtiger Torfmoore, die im Laufe von Jahrmillionen im Zuge der Inkohlung zu Braunkohle umgewandelt werden (Müller 1959).

Die tertiären Schichten liegen auf mäßig tonigen Lagen des mittleren und oberen Keupers und stellen sich als West- und Ostmulde in Form von Längströgen dar. Bei Helmstedt erreichen die tertiären Ablagerungen Mächtigkeiten von 320–430 m, ihre Basis liegt also bei 190–290 m unter NN. Die Braunkohle steht in einer liegenden und einer hangenden Flözgruppe an, die im Gesamtschichtenpaket in Quarzsande, Schluffe und Tone unterschiedlicher Ausbildung und Lagerung eingebettet sind (von Unruh 1976).

Der hier betrachtete Naturraum, das Ostbraunschweigische Hügelland, mit seinen Höhenzügen, Mulden und eiszeitlichen Terrassensanden wird im Pleistozän von einer Lößdecke überzogen. An den steilen Hängen der Höhenzüge fehlt diese Decke infolge späterer Erosion, in den Mulden erreicht sie eine Mächtigkeit von 2,5 m. Die auftretende Bodenart ist der Lößlehm. Aus ihm entwickeln sich unter Einwirkung der nacheiszeitlichen Klimabedingungen Schwarzerden und deren Abwandlungen wie Braunerden, Parabraunerden und Pseudogley-Braunerden. In beiden Mulden herrschen daher Ackerböden mit durchschnittlichen Ackerzahlen von 75 Punkten vor.

Im Helmstedter Revier wird bereits um 1725 in offenen Gewinnungsstellen, sog. Bauerngruben, Braunkohle abgebaut. Nachweislich verleiht 1794 das Herzogtum Braunschweig-Lüneburg Abbaurechte auf Braunkohle an eine Privatperson und betreibt in den nachfolgenden Jahrzehnten selbst einige Tiefbaue. Um 1865 fördern neun Tiefbaue jährlich etwa 120 000 t Braunkohle (Friedrich 1992).

Als die herzogliche Kammer die drei landesherrschaftlichen Tiefbaue öffentlich zum Kauf anbietet, kommt es 1873 zur Gründung der Braunschweigische Kohlen-Bergwerke AG (BKG) mit Sitz in Helmstedt. Bereits ein Jahr später wird ein Tagebau in Betrieb genommen. Zu dieser Zeit erreicht die Jahresförderung etwa 200 000 t. Rund hundertzwanzig Jahre später, 1995, werden ca. 4 Mio. t aus zwei Tagebauen gefördert.

Die bisher aufgeschlossenen Tagebaue nehmen rd. 2 800 ha überwiegend hoch leistungsfähige und fast ausschließlich landwirtschaftlich genutzte Böden in Anspruch. Löß ist ein in Deutschland nur begrenzt auftretendes Naturgut hohen Ranges, das zu erhalten ist und seiner natürlichen Fruchbarkeit nicht verlustig gehen darf. Unter landschaftsökologischen Gesichtspunkten

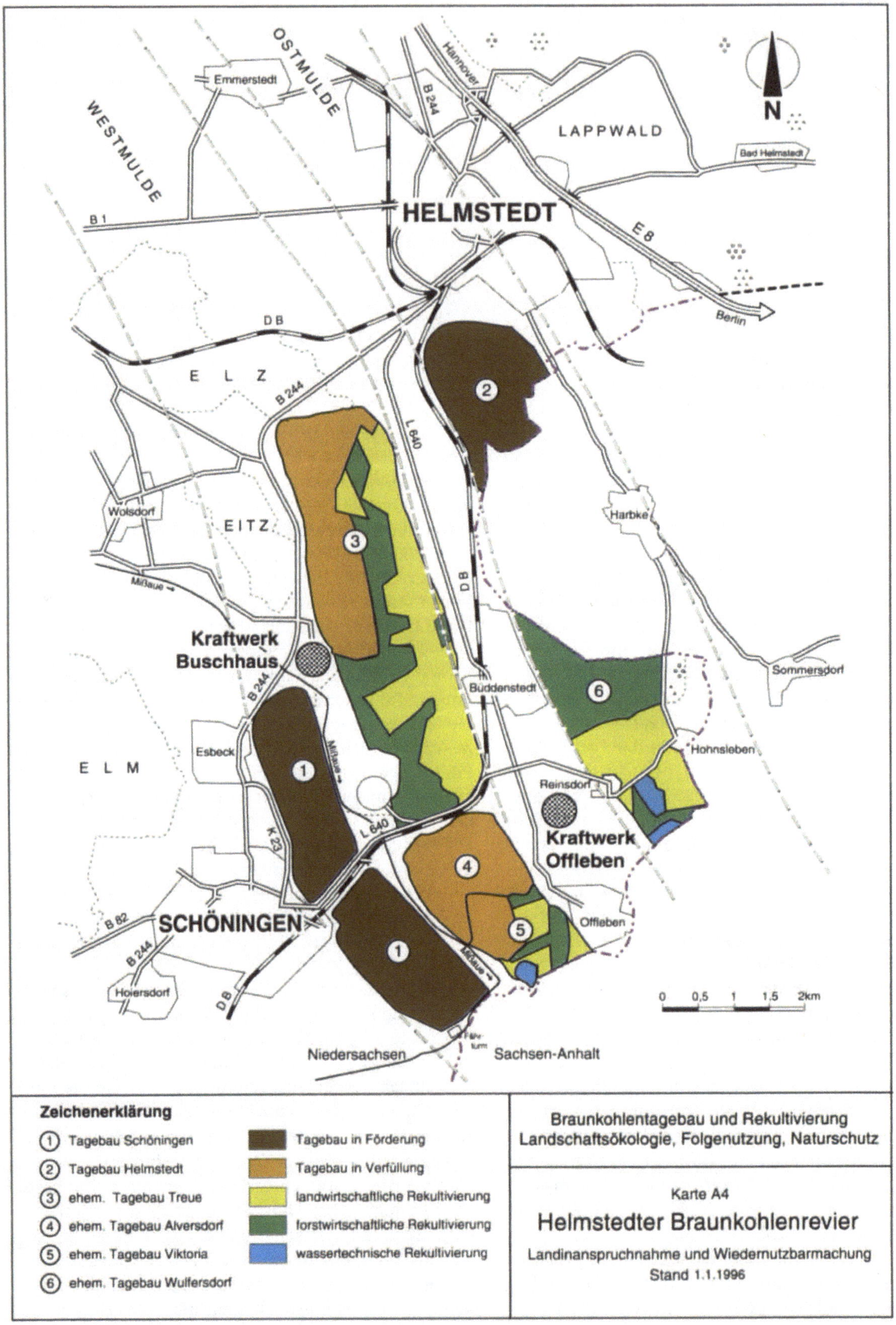

Karte A 4. Helmstedter Braunkohlenrevier. Landinanspruchnahme und Wiedernutzbarmachung. Stand 1.1.1996

wird daher der Versuch unternommen, Neulandböden mit Hilfe des anstehenden Lößes wiederherzustellen, die eine ähnlich hohe und dauerhafte Leistungsfähigkeit und Widerstandskaft gegen Belastungen aller Art aufweisen wie diejenigen vor dem Abbau.

Dieser Aufgabe widmen sich die Braunschweigische Kohlen-Bergwerke seit mehr als 80 Jahren mit ständig wachsendem Erfolg. Bis 1995 werden nach Verfüllung der ausgekohlten Tagebaue 1 240 ha rekultiviert, davon rd. 660 ha für die landwirtschaftliche und rd. 460 ha für die forstliche Nutzung. Vierzig Hektar werden als Gewässer angelegt, rd. 80 ha Neulandböden dienen überwiegend Verkehrsanlagen, die auch zur Erschließung der Rekultivierungsgebiete hergestellt werden. Die Karte A4 gibt einen Einblick in die in Anspruch genommenen Flächen und ihre Wiedernutzbarmachung mit dem Stand von 1995.

Der bäuerlichen Nutzung der Lößlehmböden in den flachen Muldenlagen stehen nennenswerte natürliche Hindernisse nicht entgegen. So sind die Fluren im 18. und 19. Jahrhundert bereits weithin frei von Wald und Feldgehölzen. Lange vor dem Abbau der Braunkohle herrschen offene Ackerfluren und in den feuchteren Talmulden ebenso offene Grünlandflächen vor.

Nach dem Abbau soll auf den rekultivierten und von stehenden Gewässern durchsetzten Neulandböden eine Landschaft geschaffen werden, die auch den Ansprüchen des Naturschutzes und der Landschaftspflege entgegenkommt. Neben den bestehenden jungen Aufforstungen auf nährstoffreicheren, armen, trockenen oder feuchten Standorten werden Neulandböden mit unterschiedlichen Eigenschaften auch der natürlichen Entwicklung überlassen. Die wiederhergestellten, ursprünglich landwirtschaftlich genutzten Flächen sollen nach den Vorstellungen eines Arbeitskreises, dem neben der Braunschweigische Kohlen-Bergwerke AG ein Landschaftsplanungsbüro und die zuständigen Behörden angehören, ein Netz aus naturnahen Lebensräumen bekommen, bestehend u. a. aus Flurgehölzen, Feucht- und Trockenbiotopen sowie naturnahen Wald-, Gewässer- und Ackerrändern, wobei vielfach Kompromisse mit der Landwirtschaft eingegangen werden müssen. Eine südexponierte Steilböschung mit Magerrasen und den darauf sich entwickelnden Sukzessionsstadien sowie Feucht- und Naßböden am Rande der hergestellten Gewässer sind aus der Sicht des Naturschutzes wertvolle Standorte. Einige dieser Gewässer in den rekultivierten Tagebauen Wulfersdorf und Viktoria weisen wegen ihrer über mehrere Jahre ungestörten Entwicklung an der Grenze zur DDR günstige Voraussetzungen für eine Ausweisung als Naturschutzgebiet auf (Beitrag 75, Ueberschaar und Beitrag 76, Gondolf et al.).

Wolfram Pflug

LITERATUR

Friedrich K (1992) Braunschweigische Kohlen-Bergwerke AG. Braunkohle 7: 38–47

Gondolf St, Pardey A unter Mitarb. von Lemmel G (1997) Landschaftsgestaltung und Entwicklung ökologisch wertvoller Bereiche. (Beitrag 76 in diesem Buch)

Müller Th (1959) Ostbraunschweigisches Hügelland. In: Meynen E, Schmidthüsen J, Gellert J, Neef E, Müller-Miny H, Schultze H J (Hrsg) Handbuch der naturräumlichen Gliederung Deutschlands, 6. Lfg. Remagen, S 774–776

Ueberschaar H J (1997) Das Helmstedter Revier. (Beitrag 75 in diesem Buch)

Unruh H von (1976) Das Helmstedter Braunkohlen-Revier. Braunkohle 5: 156–160

Das Helmstedter Revier

75

Helmut-Jürgen Ueberschaar

1 Geologie/Lagerstätte

Die Braunkohle steht in einer südost-nordwest streichenden eozänen Lagerstätte an, die sich bei einer Breite von 4–7 km und einer Länge von 70 km von Helmstedt bis Staßfurt erstreckt und durch einen Zechsteinsalzstock in zwei Längsmulden, genannt West- und Ostmulde, geteilt ist. In beiden Mulden ist je eine hangende und eine liegende Flözgruppe ausgebildet (Abb. 1 u. 2).

Die Kohle wird durch die Braunschweigische Kohlen-Bergwerke AG (BKB) in Tagebauen gewonnen und in eigenen Kraftwerken zur Erzeugung von elektrischem Strom eingesetzt. Jährlich werden rd. 4 Mio. t Kohle gefördert, rd. 12 Mio. m^3 Abraum bewegt und rd. 4 300 GWh Strom erzeugt (Stand 1994).

In den hangenden Flözgruppen, in denen die sog. Normalbraunkohle ansteht, betrug der ursprüngliche Kohlevorrat 470 Mio. t. Die Restmenge wird im BKB-Tagebau Helmstedt abgebaut.

In den liegenden Flözgruppen steht die sog. Salzbraunkohle (Alkalioxidgehalt in der Asche gleich/größer 2 Gew.-%) an, deren geologische Vorräte rd. 1,6 Mrd. t betragen. Die besonders im vorigen Jahrhundert an mehreren Stellen entlang des ausbeißenden Randes beider Mulden betriebenen Tiefbaue haben nur unbedeutende Mengen erfaßt. Auch in der liegenden Flözgruppe der gesamten Lagerstätte baut nur BKB, im Tagebau Schöningen, Braunkohle ab.

Die Deckschichten des Helmstedter Reviers bestehen aus sterilen bis sauren Sanden, Schluffen und Tonen in Wechsellagerung. Unter dem 0,5 m starken Mutterboden steht rd. 2,5 m mächtiger Löß an (Abb. 3).

2 Kohlegewinnung

Die Kohleförderung geht in den beiden Tagebauen Helmstedt und Schöningen um. Der Normalbraunkohle abbauende Tagebau Helmstedt versorgt das Kraftwerk Offleben, der Salzbraunkohle abbauende Tagebau Schöningen das Kraftwerk Buschhaus (Abb. 4).

2.1 Tagebau Helmstedt

Der Tagebau Helmstedt, aufgeschlossen 1972, erfaßt die Kohle in der hangenden Flözgruppe der Ostmulde mit einer Fläche von 250 ha unmittelbar südlich der Stadt Helmstedt. Sein ursprünglicher Kohlevorrat betrug 31 Mio. t, sein A : K-Verhältnis 4,5 : 1 (m^3 Abraum : t Kohle). Bis zu sechs geringmächtige Flöze lagern schwach muldenförmig (Abb. 5).

Die Geräteausstattung besteht aus drei Schaufelradbaggern, die im Abraum-Kohle-Wechselbetrieb arbeiten.

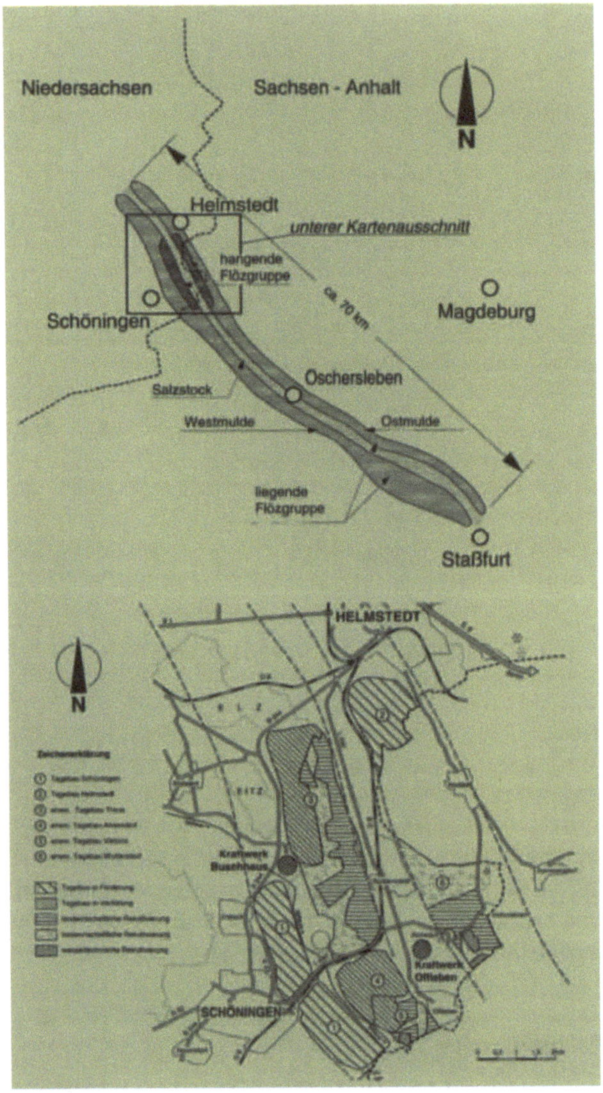

Abb. 1. Helmstedter/Straßfurter Braunkohlenlagerstätte und Helmstedter Revier

Der Abraum wird über Bandanlagen einem Absetzer im ehemaligen Tagebau Treue zugeführt (Abb. 6).

Der Transport der Kohle erfolgt vom Gewinnungsstoß bis zum Kraftwerk Offleben über eine rd. 9 km lange Bandanlage.

Der Tagebau Helmstedt wird etwa im Jahr 2001 ausgekohlt sein und steht dann zur wassertechnischen Rekultivierung an.

2.2
Tagebau Schöningen

Der Tagebau Schöningen fördert auf einer 470 ha grossen Teilfläche der westlichen liegenden Flözgruppe und wird durch ein Verkehrsband, bestehend aus einer öffentlichen Eisenbahntrasse und einer Landesstraße, in ein Nordfeld (15 Mio. t Kohle, 85 Mio. m^3 Abraum, A : K = 5,7 : 1) und ein Südfeld (27 Mio. t Kohle, 120 Mio. m^3 Abraum, A : K = 4,4 : 1) geteilt. Der gesamte ursprüngliche Kohlevorrat des Tagebaues Schöningen, aufgeschlossen 1978, betrug somit 42 Mio. t, der Gesamtabraum 205 Mio. m^3, das A : K-Verhältnis 4,9 : 1.

Die kohleführenden Schichten fallen von Westen nach Osten mit etwa 12° ein.

Der Salzgehalt der Kohle steigt sowohl mit zunehmender Teufe als auch in Nord-Süd-Richtung.

Bis 1997 wird die Restkohle des Nordfeldes durch einen Schaufelradbagger abgebaut sein; danach geht die Förderung im Südfeld um. Die Versorgung des Kraftwerks Buschhaus erfolgt über Bandanlagen und eine 210 000 t fassende Misch- und Vorratshalde.

Im Abraumbetrieb des Südfeldes, mit beibrechender Kohle aus Oberflözen, arbeiten zwei Schaufelradbagger (Abb. 7).

Der Abraum des Nordfeldes, transportiert über Bandanlagen, stand bis Mitte 1993 an und wurde in den ehemaligen Tagebauen Treue und Alversdorf verstürzt.

Etwa im Jahr 2009 wird das Südfeld und damit der Tagebau Schöningen ausgekohlt sein.

Die Rekultivierung kann voraussichtlich ab dem Jahr 2000, beginnend im Nordfeld, erfolgen.

2.3
Ehemalige Tagebaue

Der Tagebau Viktoria lief nach 20jähriger Betriebszeit 1963 aus. Im Tagebau Alversdorf wurde 1991 der Betrieb nach einer Laufzeit von 29 Jahren eingestellt. Der Betrieb im Tagebau Treue endete 1993 nach einer Betriebszeit von 84 Jahren. In diesen drei Tagebauen stehen noch Rekultivierungsarbeiten an.

Der Tagebau Wulfersdorf fiel am 26. Mai 1952 im Zuge der Grenzschließung an die DDR. Der auf dem Gebiet der Bundesrepublik Deutschland verbliebene Teil war ausgekohlt und wurde rekultiviert. Diese Maßnahmen sind abgeschlossen.

3
Kohleverwertung

Die gesamte Rohkohleförderung der BKB wird in den Kraftwerken Offleben und Buschhaus verstromt.

Nach der Stillegung von Kraftwerkseinheiten des ab 1952 errichteten Kraftwerkes Offleben in den Jahren 1985 und 1993 verfügt das Kraftwerk noch über einen 325-MW-Block aus dem Jahr 1972.

Die Rauchgase dieses Blockes werden seit 1987 nach dem regenerativ arbeitenden Wellman-Lord-Verfahren entschwefelt; die Asche wird im ehemaligen Tagebau Viktoria verspült.

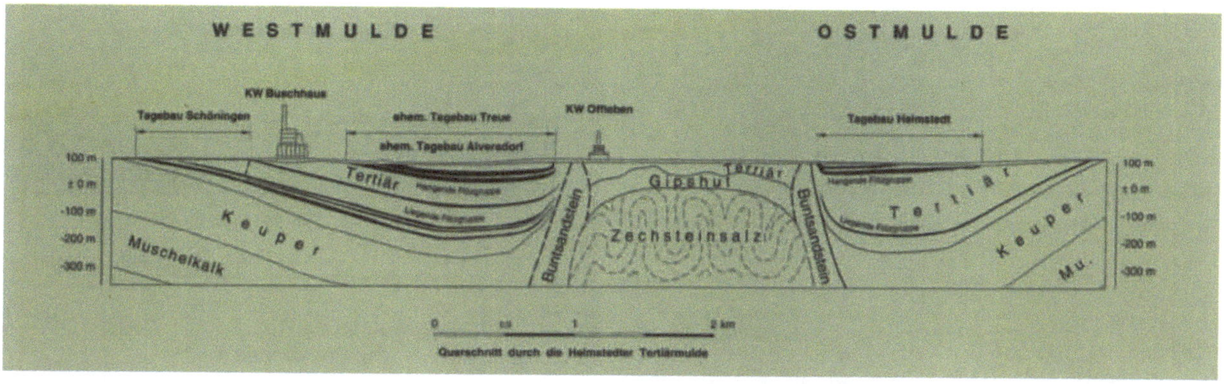

Abb. 2. Profil durch das Helmstedter Revier

Mit dem Bau des 350-MW-Kraftwerkes Buschhaus wurde im Jahr 1980 begonnen. Für die Verbrennung der Salzbraunkohle wurde ein eigens dafür konzipierter Dampferzeuger errichtet. Das Kraftwerk war Mitte 1984 betriebsbereit, durfte jedoch erst Mitte 1985, und zwar wie genehmigt ohne Rauchgasentschwefelung, jedoch unter Einsatz von schwefelärmerer Normalbraunkohle in Betrieb genommen werden. Ende 1987 erfolgte die Inbetriebnahme der Wellman-Lord-Anlage bei gleichzeitigem Einsatz von Salzbraunkohle. Am Standort des Kraftwerkes Buschhaus finden die Regeneration der Waschflüssigkeit aus den Absorbern sowohl des Kraft-

Abb. 3. Vereinfachtes Schichtenprofil des Helmstedter Reviers

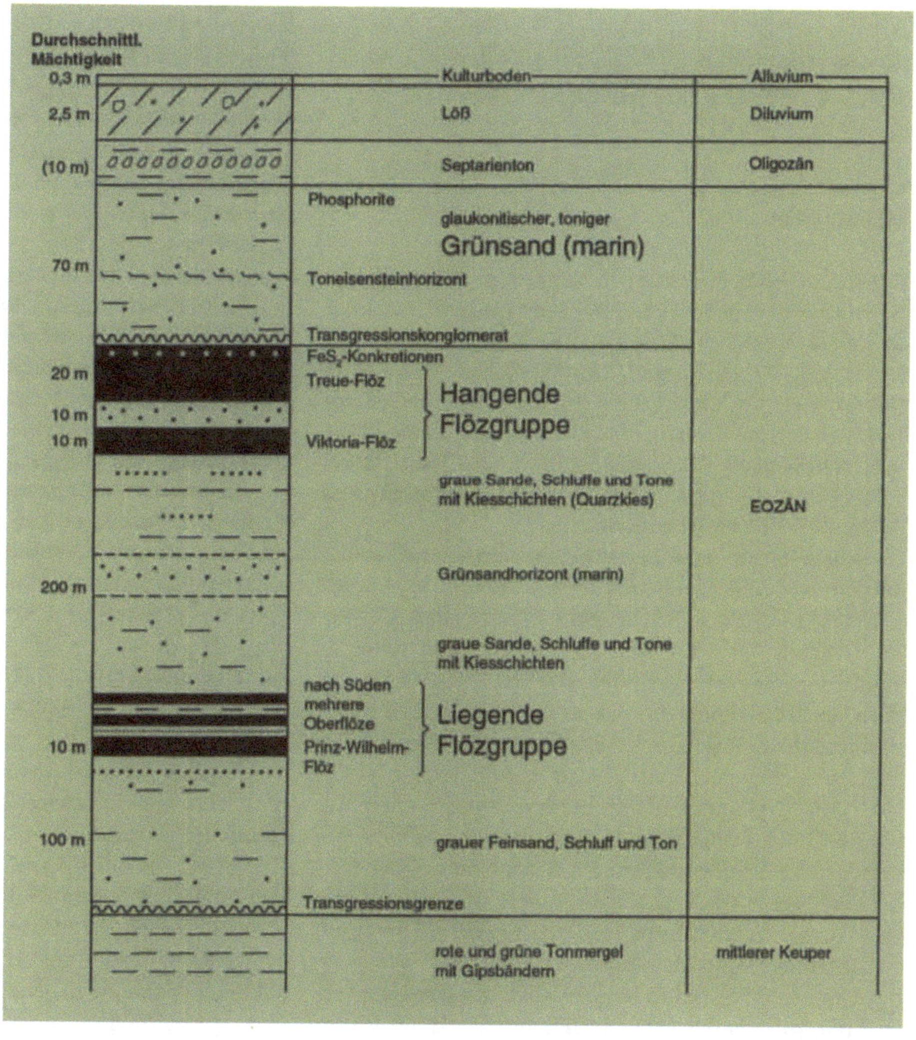

Abb. 4. Kraftwerk Buschhaus

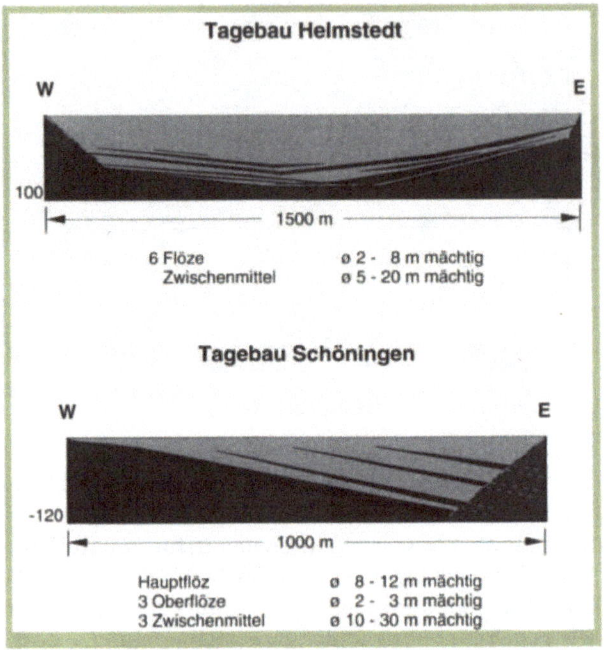

Abb. 5. Vereinfachte Querprofile

werkes Offleben als auch des Kraftwerkes Buschhaus sowie die Erzeugung von Flüssigschwefel statt.

4 Rekultivierung

Die Braunkohlegewinnung in Tagebauen ist zwangsläufig mit vorübergehenden Eingriffen in die bestehende Kulturlandschaft verbunden. Die Tagebaue der BKB haben im Laufe der vergangenen Jahrzehnte rd. 2 800 ha fast ausschließlich landwirtschaftlich genutztes Gelände in Anspruch genommen. Vier Ortschaften, ein Stadtteil von Schöningen, rd. 30 km Straßen und Wege, 8 km Eisenbahnstrecken und 30 km Bachläufe mußten aus dem Abbaubereich verlegt werden.

Ausgekohlte Tagebaue werden weitgehend wieder verfüllt und vollständig rekultiviert. Um eine ordnungsgemäße landwirtschaftliche und forstwirtschaftliche Rekultivierung der Oberfläche zu gewährleisten, wird der rekultivierfähige Oberboden, das ist ein Gemisch aus ca. 0,5 m Mutterboden und ca. 2,5 m Löß, selektiv gewonnen und in der Regel direkt mit dem Absetzer auf die zur Rekultivierung vorbereiteten Tagebauflächen aufgetragen. Von 1973–1988 war dies nicht immer möglich; der größte Teil des Oberbodens wurde deshalb auf einer gesonderten Fläche am Ostrand des Tagebaues Treue zwischengelagert. Von diesem Depot aus wird der Boden mit Dumpern zum Einbauort auf die zwischenzeitlich hergestellten Rohbodenflächen transportiert.

Um den Boden beim Einbau möglichst wenig zu verdichten, werden die Arbeiten nur bei trockener Witterung und mit Planierraupen mit geringem Bodendruck (Moorlaufwerk) durchgeführt. Die aufgetragene Oberbodenschicht ist etwa 1 m mächtig.

Die seit mehr als 80 Jahren von BKB betriebene Rekultivierungstätigkeit hat bis 1994 ca. 1 120 ha land- und forstwirtschaftlicher und ca. 120 ha sonstiger Neulandflächen geschaffen (Karte A 4, s. in der Einführung zum Teil 4, Das Helmstedter Braunkohlenrevier, Pflug).

In Abstimmung mit Behörden, den örtlichen Kommunen und verschiedenen Interessenverbänden werden Rekultivierungspläne erstellt, in denen die Belange der Land- und Forstwirtschaft, der Wasserwirtschaft, des Arten- und Biotopschutzes sowie der Naherholung berücksichtigt und festgeschrieben werden.

Bis etwa zum Jahr 2015 werden weitere rd. 220 ha landwirtschaftliche, 520 ha forstwirtschaftliche und 820 ha sonstige Neulandflächen (Wasser, Sonderbiotope, Betriebsflächen) auf ehemaligen Tagebaufeldern entstehen. Ziel ist es, eine Revier-typische Landschaft herzustellen, die mit vielfältigen Funktionen und Nutzungsmöglichkeiten der örtlichen Bevölkerung und der freilebenden Tierwelt wieder einen intakten Lebensraum schafft.

Erreicht wird dieses Ziel durch kleinflächige Nutzung von land- und forstwirtschaftlichen Flächen, verbunden durch eine Vernetzung mit nichtbewirtschafteten Sonderbiotopen, wie beispielsweise Trockenrasen, Feuchtgebieten, Auewäldern und Feldgehölzen. Großflächige Gewässerneuanlagen – sonst in dieser Landschaft nur spärlich vorhanden – mit unterschiedlich gestalteten Uferzonen bieten zusätzliche Lebensräume für vielerlei Wasserwild und Amphibien.

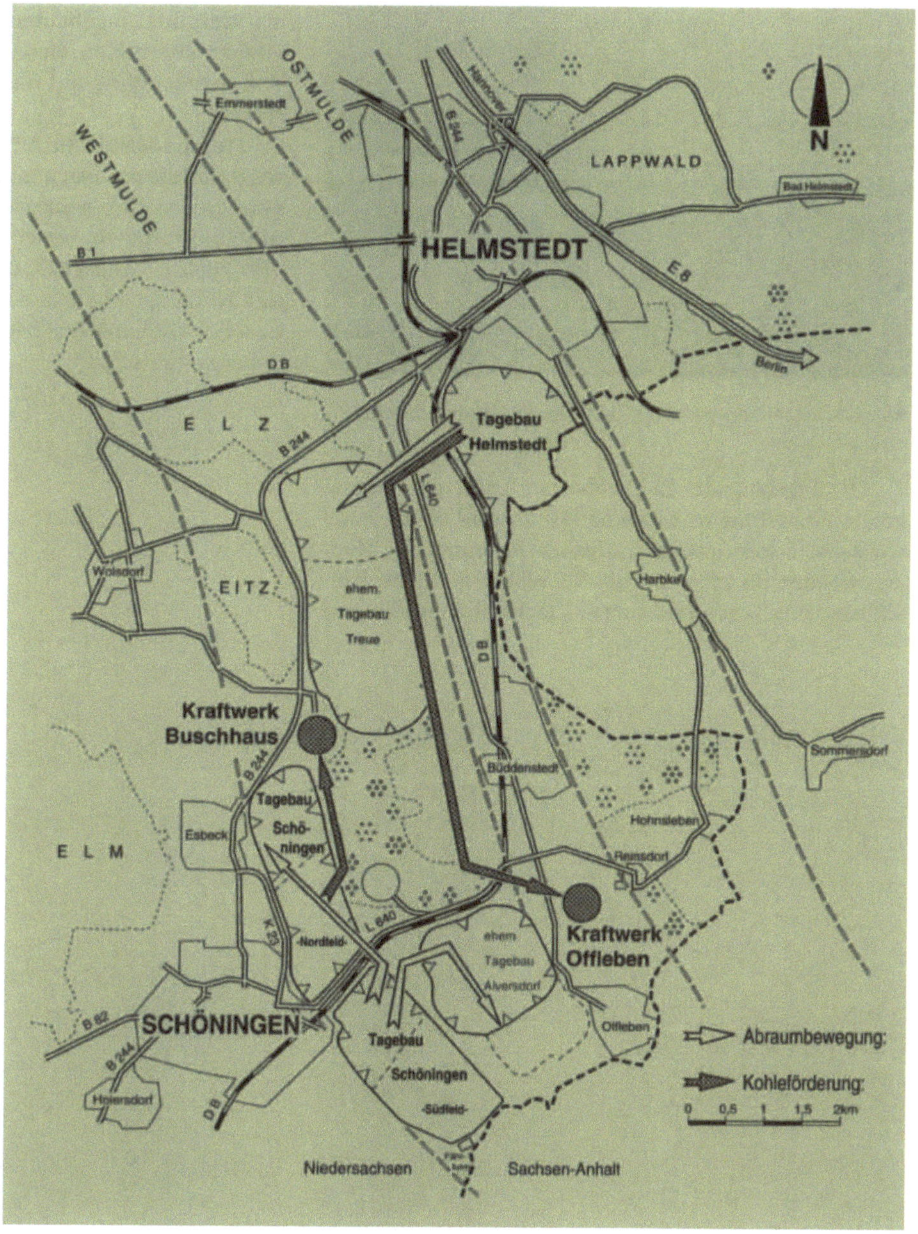

Abb. 6. Schematischer Förderfluß Abraum und Kohle

Eine abwechslungsreiche Mischbepflanzung der forstlich zu rekultivierenden Flächen mit vorwiegend einheimischen und standortgemäßen Baumarten und entsprechend gestalteten Waldrändern schaffen besonders wertvolle ökologische Nischen und tragen somit zum Erhalt der Artenvielfalt bei.

Durch die Rekultivierungsmaßnahmen der BKB wird auf ehemaligen Tagebauflächen im Raum Helmstedt eine Landschaft entstehen, die hinsichtlich ihrer ökologischen Funktionen und des Erholungswertes als sehr hochwertig anzusehen ist.

Die folgenden Beiträge befassen sich mit speziellen Sachgebieten, die zur Erreichung dieses Zieles behandelt werden müssen.

4 Zusammenfassung

Die eozäne Braunkohle des Helmstedter Reviers steht in einer 70 km langen und 4–7 km breiten Lagerstätte, bestehend aus 2 Längsmulden, die durch einen Zechsteinsalzstock getrennt sind, an.

In ihrem Nordteil, auf dem Gebiet von Niedersachsen, betreiben die Braunschweigischen Kohlen-Bergwerke AG (BKB) die Tagebaue Helmstedt und Schöningen zur Versorgung der gesellschaftseigenen Kraftwerke Offleben und Buschhaus.

Jährlich werden rd. 4 Mio. t Kohle gefördert, rd. 12 Mio. m^3 Abraum bewegt und rd. 4300 GWh Strom erzeugt.

Abb. 7. Schaufelradbagger im Südfeld des Tagebaues Schöningen

Die Tagebaue der BKB haben im Laufe der vergangenen Jahrzehnte rd. 2 800 ha fast ausschließlich landwirtschaftliches Gelände in Anspruch genommen. Hiervon wurden bis 1994 rd. 1 200 ha rekultiviert. Zur Herstellung von land- und forstwirtschaftlichen Flächen auf verfüllten Tagebaubereichen wird rekultivierungsfähiger Oberboden, ein Gemisch aus Mutterboden und Löß, 1 m mächtig auf den verkippten Abraum aufgetragen.

Durch kleinflächige Nutzung von land- und forstwirtschaftlichen Flächen, verbunden durch die Vernetzung mit nicht bewirtschafteten Sonderbiotopen und die Schaffung von neuen Gewässern entsteht eine Reviertypische Landschaft, die mit vielfältigen Funktionen und Nutzungsmöglichkeiten der örtlichen Bevölkerung und der freilebenden Tierwelt wieder einen intakten Lebensraum schafft.

Landschaftsgestaltung und Entwicklung ökologisch wertvoller Bereiche

Stephan Gondolf †, Andreas Pardey
unter Mitarbeit von Gerhard Lemmel

1 Einleitung

Der Bergwerkseigentümer hat nach Bundesberggesetz (BBerG) die erforderliche Vorsorge zur Wiedernutzbarmachung der von ihm beanspruchten Oberfläche zu treffen. Art und Umfang der dafür durchzuführenden Maßnahmen werden im Helmstedter Revier in Abschlußbetriebsplänen über die Wiedernutzbarmachung dargestellt und der Bergbehörde zur Zulassung vorgelegt. Bei Aufstellung der Pläne sind eine Reihe von Vorgaben zu berücksichtigen, wozu die Bereitstellung landwirtschaftlich nutzbarer Flächen, die Erhöhung des Waldanteils in diesem Naturraum wie auch die Intentionen des Biotop- und Artenschutzes, d.h. der Erhalt und die Neuschaffung ökologisch wertvoller Biotopstrukturen, gehört. Ferner ist auf die Forderung nach besserer Eignung der bisher für die Öffentlichkeit kaum begehbaren Flächen für die Naherholung einzugehen.

Zur Abstimmung der Planungen wurde ein begleitender Arbeitskreis gebildet, der sich aus Vertretern der Braunschweigischen Kohlen-Bergwerke AG (BKB) als dem Auftraggeber, des Büros Heimer u. Herbstreit als Auftragnehmer, der zuständigen Behörden (Untere Naturschutzbehörde des Kreises Helmstedt, Obere Naturschutzbehörde der Bez. Reg. Braunschweig, Bergamt Goslar) sowie der Gemeinden und der Naturschutzverbände zusammensetzte. Dieser Kreis trat zwischen den wesentlichen Planungsphasen zusammen und diskutierte die vorgestellten Ergebnisse und die sich anschließenden Arbeitsschritte. Daneben fanden zwischenzeitlich intensive Arbeitsgespräche zwischen der BKB und dem Büro statt.

2 Erfassung und Beschreibung der naturräumlichen Situation im Helmstedter Revier

2.1 Vorüberlegungen zur Bestandserfassung

Als Grundlage für das zur Planung zu entwickelnde Leitbild mußte das biotische und abiotische Inventar des Helmstedter Raums erfaßt werden. Diese Erfassung sollte die Grundlagendaten für die Beantwortung folgender leitbildrelevanter Fragenkomplexe liefern:

- Wie setzt sich das Biotop- und Arteninventar der Naturlandschaft bzw. der landwirtschaftlich geprägten Kulturlandschaft im Helmstedter Revier zusammen?
- Welche großräumig ausgerichteten Verbundlinien naturnaher Lebensräume können im Helmstedter Raum entwickelt werden, nachdem die trennende Wirkung der Tagebauflächen entfällt, und wie lassen sich diese Strukturen in das Planungskonzept zur Wiedernutzbarmachung der abgegrabenen Flächen einarbeiten?
- Wie effizient waren die bereits durchgeführten Maßnahmen in den rekultivierten bzw. renaturierten Tagebaubereichen unter Berücksichtigung auch der Ansprüche des Biotop- und Artenschutzes, und wie entwickelten sich im Gegensatz dazu sich selbst überlassene Abbauflächen?
- Welche Biotopstrukturen sind in den zu beplanenden Tagebauen als erhaltenswert einzuschätzen, und wie lassen sie sich als „Vorrangflächen für den Biotop- und Artenschutz" in die zu rekultivierende Landschaft integrieren?
- Wie ist das aktuelle Landschaftsbild beschaffen und welche Möglichkeit besteht, durch aktive Landschaftsgestaltung und Einbindung vorhandener Strukturen den Raum auch für den Erholungsverkehr attraktiver zu gestalten?

Das im Hinblick auf diese Problemkreise entwickelte Konzept für die Grundlagenkartierungen umfaßte Untersuchungen unterschiedlicher Intensität: Zur Klärung mehr großräumig ausgerichteter Planungsaspekte waren gröbere, für die Beleuchtung kleinräumiger Fragen feinere Untersuchungsmethoden anzuwenden.

Dementsprechend wurde für die Beschreibung des Großraums (historische Situation, Landschaftsstruktur, Verbundlinien) auf vorhandene Karten zur Geologie, Hydrologie, naturräumlichen Gliederung und historischen Situation zurückgegriffen sowie eine Strukturkartierung auf Luftbildbasis durchgeführt. Im eigentlichen Planungsgebiet erfolgte eine umfassende flächendeckende Biotoptypenkartierung und eine ebensolche Erfassung des Landschaftsbildes durch Luftbildinterpretation und anschließende Geländebegehung. Für die Klärung insbesondere der Ansprüche des Biotop- und Artenschutzes waren detaillierte Untersuchungen der Fauna, Flora und Vegetation auf ausgewählten Flächen erforderlich.

2.2 Naturräumliche Gliederung und historische Strukturierung des Helmstedter Raumes

Den eigentlichen geländeorientierten Untersuchungen ging eine Sichtung des zur Verfügung stehenden Kartenmaterials zur biotischen und abiotischen Charakterisierung des Gebietes voraus. Hinzugezogen wurden auch historische Karten, die die Landschaftsstruktur im 18. Jahrhundert wiederspiegeln.

Nach Müller (1959, 1962) ist das Helmstedter Revier in der „Helmstedter Mulde" (naturräumliche Einheit 512.21), einer Untereinheit des Ostbraunschweigischen Hügellandes, gelegen. In dieser von den Höhenzügen des Lappwald und Elm umschlossenen Geländemulde haben sich im Tertiär bis zu 300 m mächtige Ablagerungen gebildet, zu denen auch die Braunkohleflöze zählen. Darüber wurden während der Rißeiszeit im Jungpleistozän Geschiebemergel, darauf wiederum in der letzten Eiszeit Löße mit 1–2 m Mächtigkeit abgelagert, die sich unter den in den letzten 10 000 Jahren vorherrschend kontinentalen Klimaverhältnissen zu Schwarzerden entwickelten.

Bei den aktuell vorherrschenden Böden, die sich über dem Lößausgangsmaterial ausgebildet haben, handelt es sich also um Schwarzerden sowie um deren Abbaustadien, d. h. Braunerden, Parabraunerden und Pseudogley-Braunerden. Im Talraum der Mißaue, der Schöninger Aue und des Mühlenbaches liegen ferner Auenböden vor. In den Abbaubereichen sind die Böden entfernt; bei Zwischennutzung als Acker oder Grünland wurden auf den offenliegenden Untergrund (Tiefengesteine bzw. verkippte Schlacken oder Bergematerial) Löß aufgetragen. Dies gilt gleichermaßen für die rekultivierten Flächen. An den Tagebauböschungen sowie den renaturierten und den sich selbst überlassenen Flächen liegen in der Regel Rohböden auf skelettreichem Ausgangssubstrat vor.

2.2.1 Nutzung und Landschaftsstruktur vor dem Braunkohlentagebau

Die „Karten des Landes Braunschweig im 18. Jhdt." zeigen das Bild einer schon zum damaligen Zeitpunkt intensiv genutzten, bäuerlichen Agrarlandschaft. Die Struktur der Landschaft war geprägt durch den kleinteiligen Wechsel der landwirtschaftlichen Flächennutzungen, durch das flachwellige, in Kuppenlagen zum Teil bewaldete Geländerelief und durch dörfliche bzw. kleinstädtische Siedlungsformen (Helmstedt und Schöningen). Zwischen den bereits vorhandenen, ausgedehnten Waldflächen des Elm, des Eitz und des Elz erstreckten sich breite, flach ausgeprägte Talmulden, in denen die Grünlandnutzung weiten Raum einnahm. Zahlreiche, noch natürlich mäandrierende Gewässer durchzogen diese Senken und waren zum Teil angestaut. Die Hänge der vorgenannten, bewaldeten Höhenzüge wurden ackerbaulich genutzt und waren von zahlreichen, meist bandartigen Parzellen durchzogen, die, wie es die alten Flurbezeichnungen vermuten lassen, das Wege- und Entwässerungssystem aufgenommen hatten („Breiter Holzweg", „Die Wasser Flucht", „Die Sied-Grafft").

2.3 Strukturkartierung im weiten Umfeld mittels Luftbildauswertung

Die Strukturkartierung entspricht einer Biotopkomplexerfassung. Unterschieden werden Wälder (Laub-, Nadel-, Mischwälder), Kleingehölze (linien- und flächenhafte Gehölze sowie dominante Einzelbäume), Fließ-, größere Still- und Kleingewässer, landwirtschaftliche Flächen (Acker, Grünland), Ruderalflächen/Brachen, Abbauflächen sowie Bebauung (Einzelhäuser, dörfliche, städtische und Gewerbe-/Industriebebauung) Verkehrswege, Gartennutzung und (öffentliche) Grünflächen.

Größerflächige, zusammenhängende Waldbereiche bilden Eitz und Elz sowie die vom Westen in das Gebiet hineinragenden Ausläufer des Elm und der im Nordosten angrenzende Lappwald. Kleingehölze sind wie oft auf den intensivst beackerten Lößstandorten kein prägendes Landschaftselement. Natürliche Gewässer sind im Gebiet von untergeordneter Bedeutung. Die Bäche sind zumeist begradigt und z. T. durch Verlegung aus den Tagebaubereichen in ihrem ursprünglichen Verlauf erheblich verändert worden. In den rekultivierten Tagebauen befinden sich zahlreiche kleinere und größere Stillgewässer, teils technischer Art (Absetzbecken), teils Restseen oder als biotopverbessernde Maßnahmen bewußt angelegte Teiche. Bei den landwirtschaftlichen Flächen dominieren bei weitem Ackerflächen. Größere Grünländer sind nur im ehemaligen Grenzgebiet zur DDR und im Randbereich bäuerlicher Siedlungen zu finden.

Die Tagebauflächen bestimmen den Landschaftscharakter im Kerngebiet zwischen Helmstedt und Schöningen. Die einzelnen Abbaugebiete befanden sich während der Kartierungen im Jahr 1991 in unterschiedlichem Zustand: In den Tagebauen Helmstedt, Alversdorf, Treue und dem Nordfeld des Tagebaues Schöningen wurde Kohle abgebaut, das Südfeld wurde für den Abbau erschlossen. Der Norden des Tagebaues Treue und der ehemalige Tagebau Viktoria befanden sich in unterschiedlichen Stadien der Verfüllung bzw. Rekultivierung, während der Süden von Treue sowie Wulfersdorf bereits renaturiert bzw. rekultiviert waren. Im jenseits der ehemaligen deutsch-deutschen Grenze südlich des Tagebaues Helmstedt gelegenen Abschnitt ruhte der Abbau. Diese Flächen waren ähnlich wie einige kleinere, ältere Restlöcher in Sachsen-Anhalt sich selbst überlassen.

Die Siedlungen zeigen sehr unterschiedliche Ausprägungen. Während Schöningen, Büddenstedt und Helmstedt durch mehr oder weniger reine Wohn- und Gewerbe- sowie randliche Industriebebauung gekennzeichnet sind, weisen kleinere Ortschaften wie Wolsdorf, Hötensleben oder Harbke noch dörfliche Strukturen mit Bauerngehöften auf. Landschaftsprägend sind die Kraftwerkanlagen Buschhaus, Offleben und Harbke sowie der Industriekomplex der Phoenix-Werke.

2.4 Detaillierte Biotopkartierung

Das Bearbeitungsgebiet für die detaillierte Biotopkartierung umfaßte die zu beplanenden Tagebaue Treue, Alversdorf und Viktoria. Ferner wurde ein ca. 500 m breiter Randbereich um diese Flächen in die Kartierung einbezogen, um die auf den Rekultivierungsflächen zu entwickelnden Strukturen an das unverritzte Gelände anbinden zu können. Es ist davon auszugehen, daß mit diesem Untersuchungsbereich die Fläche abgedeckt war, deren Lebewesen in direkter Wechselbeziehung zu den zu beplanenden Tagebauflächen standen. Im Falle von linienhaften Verbundstrukturen (z. B. Gräben, Bäche, Gehölzreihen) sowie größerflächigen Biotopen (Wälder, Stillgewässer), die aus diesem Radius hinausführen, wurde das Bearbeitungsgebiet entsprechend vergrößert.

Darüber hinaus erfolgte eine Einbeziehung der wiedernutzbargemachten Teilflächen der Tagebaue Treue, Wulfersdorf und Viktoria sowie sich selbst überlassener Abbauflächen auf dem Gebiet Sachsen-Anhalts.

Die Kartierung begann mit einer Auswertung der neuesten Luftbilder. Daran schloß sich eine Geländebegehung zur Präzisierung der Biotopansprache (z. B. Baumarten) sowie zur Aktualisierung des Bestandes v. a. auf den Agrarflächen und den eigentlichen Tagebauflächen sowie an den Siedlungsrändern an. Auf der Grundlage dieser Kartierung wurden die detailliert zu untersuchenden Flächen ausgewählt. Da diese für die weiteren Planungen wichtigen Biotoptypen im folgenden Kapitel angesprochen werden, wird auf die Ergebnisse der Biotoptypenkartierung nicht weiter eingegangen.

2.5 Faunistische, floristische und Vegetationskartierung

Stellvertretend für die Fauna wurden Vögel, Amphibien, Laufkäfer, Tagfalter, Heuschrecken, Libellen (sowie Zufallsfunde anderer Gruppen) auf ausgewählten, repräsentativen Flächen erfaßt. Schwerpunkte der floristischen und vegetationskundlichen Detailuntersuchungen waren Extremstandorte wie Naß- und Trockenbiotope sowie Wälder, (Acker-)Säume, Grünland- und Ruderalflächen. Während die Extremstandorte mehr oder weniger flächendeckend angesprochen wurden, sollten zur Beschreibung der anderen Biotoptypen ausgewählte, typische Flächen exemplarisch bearbeitet werden. Die Auswahl der faunistisch zu untersuchenden Flächen folgte im Prinzip derjenigen für die floristisch-vegetationskundlichen Kartierungen.

Die wesentlichen Ergebnisse lassen sich für die verschiedenen Biotopkomplexe inner- und außerhalb der Tagebauflächen wie folgt zusammenfassen:

2.5.1 Biotope außerhalb der Tagebaue

Die primären Buchen- und Eichenwälder von Eitz und Elz zeichneten sich wie die des Elm durch eine im Frühjahr dicht deckende Geophytenschicht basiphiler Arten aus. Die Bestände ließen sich als Waldmeister-Buchenwald (Galio odorati-Fagetum) bzw. als artenreicher Eichen-Hainbuchenwald (Stellario-Carpinetum) charakterisieren. Die Fauna der Waldsäume sowie der Hecken im unverritzten Gelände war sehr typisch ausgebildet. U. a. wurden Schwarzkehlchen und Neuntöter, Rostbinde und Kleiner Perlmutterfalter gefunden.

Unter den Fließgewässern ist die Mißaue hervorzuheben. Trotz intensiver Unterhaltung hatte sich in Abschnitten mit klarerem, offensichtlich weniger verschmutztem Wasser eine relativ reiche Wasservegetation mit drei Laichkraut-Arten und Sumpf-Teichfaden herausgebildet. Die Ufer wiesen infolge von Unterhaltungsmaßnahmen Glatthaferwiesen-Bestände, gelegentlich aber auch Schilf- und Rohrglanzgras-Röhrichte sowie nährstoffliebende Hochstaudenfluren auf. Mit dem Nachweis z. B. der gefährdeten Gebänderten Prachtlibelle erwies sich auch die Fauna als stellenweise gut ausgebildet.

Die Ackersäume waren im unverritzten Gelände dort sehr artenreich, wo wegen der direkten Nähe zur ehemaligen Grenze die Nutzung eher extensiver war. Diese Einschätzung traf besonders auf südexponierte Böschungen zu. Hier konnten zahlreiche wärmeliebende Elemente mit z. T. kontinentaler Verbreitung nachgewiesen werden. Die Äcker selbst waren entlang des früheren Grenzbereiches ebenfalls floristisch gesehen interessant; in Brachejahren bildeten sich artenreiche Wildkrautfluren heraus. Hier konnten außerdem die

Feldlerche sowie zahlreiche, z. T. seltene Tagfalter und Käfer (u. a. *Harpalus distinguendus*) nachgewiesen werden, die für diesen Biotoptyp charakteristisch sind. Ansonsten waren die Äcker im Umland der Tagebauflächen intensiv genutzt und entsprechend arm an Wildkräutern.

2.5.2 Renaturierte, rekultivierte und sich selbst überlassene Tagebaue

Die jungen Aufforstungen in den wiederhergestellten Tagebaubereichen setzten sich aus Eichen (mit beigemischten anderen Laubhölzern), Fichten oder Waldkiefern zusammen. Die Bestände waren wegen der Gehölzdichte kraut- und straucharm. Doch auch unter den bereits lichteren Kiefern-Stangenhölzern waren stellenweise Moosteppiche, aber kaum krautige Arten zu finden. Ältere Gehölze waren naturgemäß auf die seit längerem nicht mehr im Abbau befindlichen Tagebauflächen sowie die Böschungen beschränkt. Hier prägten Robinien und Birken die Bestände. Im Unterwuchs traten wegen der armen, sauren Böden Gräser wie v. a. das Wald-Reitgras hervor. Die Avifauna eines lichten Birkenbestandes im renaturierten Tagebau Wulfersdorf war sehr verarmt. Demgegenüber war die Bodenfauna reich entwickelt. Als Charakterart ist der Laufkäfer *Amara brunnea*, als Besonderheit *Harpalus winkleri* zu nennen.

Am ehesten den natürlichen Verhältnissen entsprachen die in der stellenweise stark vernäßten Talsohle des Tagebaues Wulfersdorf spontan entstandenen Feuchtwälder aus Bruch- und Silber-Weide, Moor-Birke und Schwarz-Erle. Langfristig werden auf diesem Standort Erlenbruchwälder entstehen. Auch die Fauna wies das charakteristische Arteninventar auf.

An den älteren Stillgewässern hatten sich z. T. vollständige Verlandungszonen entwickelt, in denen Weidengebüsche, Zaunwinden-Weidenröschen-Säume, artenreiche Schilf- und Rohrkolben-Röhrichte, einjährige Uferfluren, Binsen-Rasen und Wasserpflanzen-Bestände einander folgten. Solchermaßen gewässertypisch war die Vegetation aber nur in den Klarwasserteichen. In ockerhaltigen Restteichen fehlten die Wasserpflanzen und waren die Schilfröhrichte ausgesprochen artenarm. An den vegetationsarmen Ufern der Tagebaurestgewässer wurden Flußregenpfeifer, der stark gefährdete Laufkäfer *Nebria livida* und die Kleine Pechlibelle nachgewiesen. Auch die vegetationsreichen Ufer und die flächigen Röhrichte der Restgewässer wiesen eine artenreiche Fauna auf. Rohrweihe und Wasserralle, einige gefährdete Rastvögel, Teichmolch, Erdkröte, Teich-, See- und Grasfrosch, die Gemeine Winterlibelle, die Säbeldornschrecke sowie seltene Laufkäfer machen deutlich, daß diese Sekundärgewässer bereits von den typischen Tierarten angenommen wurden.

Bei den Grünländern im rekultivierten Bereich handelte es sich um artenarme, durch die üblichen Wirtschaftgräser dominierten Einsaaten. Für die Äcker galt, daß die Intensivnutzung die Ausbildung artenreicher Wildkrautfluren unterband. Auch die Ackerränder waren artenarm, zeigten aber durch gelegentliche Funde z. B. der Sichelmöhre das Potential für eine bessere Entwicklung bei Extensivnutzung auf.

2.5.3 In Abbau oder in Verfüllung begriffene Tagebaue

Auf den Böschungen der z. Z. verfüllten Tagebaue lassen sich die verschiedenen Stadien der ungelenkten Vegetationsentwicklung nachvollziehen. Zunächst bilden sich niedrigwüchsige Ruderalfluren heraus, die den Silikatmagerrasen nahestehen. Sie bleiben an instabilen Steilhängen sowie an stark von Kaninchen gestörten Standorten langfristig erhalten. Prägend sind z. B. Nachtkerze, Sandkraut, Kleines Habichtskraut oder Mäuseschwanz. In der Sukzession folgen hochstaudenreiche Ruderalfluren aus zwei- bis mehrjährigen Arten wie Steinklee und Beifuß. In diese wandern dann als Sträucher Brombeeren und v. a. der Sanddorn ein. Diese Gebüsche leiten schließlich zu den Vorwäldern aus Zitterpappel, Sand-Birke, Salweide und Robinie über. Kleinflächig bildeten sich auch heideähnliche Strukturen mit Heidekraut und Besenginster heraus. Zumindest vorläufiges Endstadium auf diesem Standort scheinen Robinienwälder mit geringer Einmischung von Sandbirke zu sein.

Auf den vegetationsarmen Sandböden und Tagebauböschungen waren z. B. mit dem Sand-Ohrwurm sowie der Blauflügeligen Ödlandschrecke eine Reihe gefährdeter Arten gefunden worden. In den stellenweise fast senkrecht abfallenden Böschungswänden hatten zahlreiche Hautflügler-Arten ihre Bruthöhlen gegraben, auf den ebenen Sandflächen waren häufig Erdnester von Grabwespen und Erdhummeln zu finden. In den Heidestrukturen entsprach die Fauna in etwa derjenigen anderer niedrigwüchsiger Magerstandorte. Zauneidechse, zahlreiche Falter- und Heuschrecken-Arten machten dies deutlich.

Sehr artenreich waren die Spül- und Absetzteiche mit ihren offenen und sich ständig in ihrer Ausdehnung verändernden Sand- und Schlammböden. Hier hatte sich ein kleinräumiges Mosaik aus ein- und mehrjährigen Feuchtruderalfluren und Röhrichten aus Rohrkolben und Schilf entwickelt. Angepaßte Tierarten sind der Flußregenpfeifer und die vom Aussterben bedrohte Wechselkröte.

Floristisch interessant waren die zum Erosionsschutz eingesäten (Mager-) Rasen in den noch nicht wiedernutzbar gemachten Tagebauen, wenn sie aufgrund von Bodentrocknis oder gelegentlichem Befahren lückig ausgebildet waren. Zahlreiche hinzukommende Ruderalpflanzen bildeten auf solchen Standorten arten- und blütenreiche Ruderalfluren aus, die sich verschiedensten, für Industriebrachen typischen Gesellschaften zuordnen ließen.

2.6
Landschaftsbilderfassung

Die Erfassung und Bewertung des Landschaftsbildes stellt den zweiten wesentlichen Aspekt bei der Beschreibung der naturräumlichen Situation im Helmstedter Revier dar. Als Bearbeitungsraum wurde ein Gebiet zugrunde gelegt, welches über die Flächen der vorgenannten Biotoperfassung hinausgeht. Nur so konnten die Auswirkungsbereiche der visuellen Störwirkungen in den Randzonen der Gruben erfaßt werden. Die besondere Fernwirksamkeit der bestehenden Kraftwerke wurde dagegen bei der Abgrenzung des Bearbeitungsgebietes nicht berücksichtigt, weil dies zu einer nicht mehr vertretbaren Ausdehnung des Untersuchungsraumes geführt hätte. Von der Bewertung ausgeschlossen waren darüber hinaus die Tagebaugruben, in denen der Bergbau wirtschaftet, weil hier von einem Landschaftsbild im herkömmlichen Sinne nicht mehr gesprochen werden kann. Die Bewertung selbst beginnt mit der Abgrenzung homogener, überschaubarer Erlebnisräume im Gelände, wobei das Problem auftritt, daß in einem offenen Landschaftsraum die Sichtbeziehungen zu entfernt gelegenen Erlebnisräumen und deren Landschaftselementen wertbestimmend sein können; ein Merkmal, welches in die Bewertung mit aufgenommen wird.

Für jeden der abgegrenzten Einzelräume wurden anschließend in einem „Formblatt zur Landschaftsbildbewertung" eine Vielzahl von Einzelkriterien aufgenommen und im Hinblick auf die strukturelle Vielfalt sowie die Naturnähe des jeweiligen Erlebnisraumes zu einem Bewertungsergebnis zusammengefaßt. Dabei zeigt die Spanne der Bewertung fünf Stufen, von „sehr geringer" bis zu „sehr hoher" Landschaftsbildqualität.

Charakteristisch für das gesamte Bearbeitungsgebiet ist die unmittelbare Benachbarung belasteter, durch Freileitungsbau und Kraftwerksanlagen gestörter Landschaftsteile und naturnaher, gut strukturierter Räume. Diese Konstellation ergibt sich aus der historischen Entwicklung, die ein abschnittsweises Vorgehen sowohl bei der Erschließung als auch bei der Rekultivierung der Tagebaue mit sich gebracht hat.

2.7
Auswertung der Ergebnisse im Hinblick auf das Planungskonzept

Die Ergebnisse der der Planung vorangegangenen Kartierungen lassen sich im Hinblick auf die am Anfang formulierten Fragenkomplexe wie folgt interpretieren:

2.7.1
Biotop- und Arteninventar der Natur-/Kulturlandschaft

Trotz der starken Eingriffe des Menschen in die Landschaft des Helmstedter Raumes können die verbliebenen naturnahen Biotopstrukturen (Wälder, Bäche) und die extensiv genutzten landwirtschaftlichen Flächen (Äcker, Grünland) als typisch ausgeprägt beurteilt werden. Sowohl die Flora als auch die Fauna setzen sich aus den für diese Standorte charakteristischen Arten zusammen; darunter sind auch zahlreiche in ihrem Bestand in Niedersachsen als gefährdet eingeschätzte Spezies vertreten.

Damit kann das Besiedlungspotential für die zu planenden naturnahen Biotopstrukturen bei entsprechender Vernetzung mit dem Umland als hoch eingeschätzt werden. Neben den Wäldern und Saumbiotopen stehen die Fließgewässer und dabei bevorzugt die Mißaue im Vordergrund. Die Absicht einer Wiederherstellung der früheren Landschaft muß auch den Rückbau der Bäche beinhalten. Das stellenweise noch gut ausgebildete Arteninventar der Mißaue macht eine Wiederbesiedlung nach einer Renaturierung möglich.

2.7.2
Großräumiger Biotopverbund

Für die Planung von Verbundsystemen müssen verschiedene Aspekte berücksichtigt werden. Viele Tierarten sind auf die räumliche Nähe unterschiedlicher Biotoptypen als Brut-, (Winter-)Ruhe- und Schutz-, Rast- sowie als Nahrungshabitat angewiesen. Für größere Tiere sind großflächige Lebensräume notwendig. Als verbindende Elemente zwischen großflächigen Biotopen sind linienhafte Elemente oder Trittsteine erforderlich. Dabei muß die Vergleichbarkeit des standörtlichen Charakters der Vernetzungsstrukturen und der zu verbindenden Biotope beachtet werden.

Als zu verbindende Lebensräume bieten sich die in der Umgebung der Tagebaue vorhandenen Waldkomplexe (Lappwald, Eitz, Elz, Elm) an. Eine Anbindung der im Abbaugebiet zu entwickelnden Gehölze an bestehende Wälder böte die beste Voraussetzung für eine raschere Herausbildung typischer Wald- und Waldrandgemeinschaften im Rekultivierungsgebiet sowie eine Verbesserung der Lebensumstände insbesondere für die bisher isoliert gelegenen Bereiche des Elz und Eitz. Aus diesem Grund ist ein Verweis auf die schon in historischer Zeit relativ stark ausgeräumte Lößlandschaft als Gegenargument zu einer intensiveren Kammerung der landwirtschaftlichen Flächen durch Gehölzstrukturen zurückzuweisen. Wie im folgenden Kapitel erläutert, bezieht sich die beschleunigte Ansiedlung waldtypischer Arten v. a. auf Wirbeltiere und Ubiquisten unter den Kleinlebewesen. Diese Einschränkung soll keineswegs den Wert der Biotopvernetzung herabsetzen, sondern lediglich die Möglichkeiten realistisch darstellen.

Sekundäre Stillgewässer als sog. Inselbiotope sind für eine typische Entwicklung ihrer Lebensgemeinschaften auf die Nähe entsprechender Biotope angewiesen. Entscheidend ist also die Biotopdichte. Infolge der seit längerem bestehenden Abbautätigkeit, die auch mit der Entstehung von Gewässern verbunden war, ist die Ausgangssituation für eine typische Entwicklung der Stillgewässer im Helmstedter Raum günstig. Dies beweisen die vorliegenden Untersuchungsergebnisse. Die bergbaulichen Arbeiten bedingen die Entwicklung weiterer Gewässer.

Die Besiedlung der Äcker und Ackerränder in den wiederherzustellenden Tagebauen mit den in manchen Bereichen unverritzten Geländes noch vorhandenen charakteristischen Ackerwildkräutern oder Saumpflanzen und -tieren hängt, abgesehen von den standörtlichen Bedingungen, von der späteren Nutzung ab. Voraussetzung für die Förderung entsprechender Arten ist das Belassen eines breiten, nicht genutzten Ackerrandstreifens und gelegentliche Brachephasen während der Vegetationsperiode als ein Bestandteil einer weniger intensiven Nutzungsform. Das Potential für eine Ansiedlung dieser wertvollen Arten des Umlandes ist wegen der guten Verbreitung vieler Organismen gegeben.

2.7.3
Effizienz bisheriger Maßnahmen contra Sukzession

Den älteren Sekundärwäldern auf trockenen oder frischen Böden in den renaturierten wie den sich selbst überlassenen Tagebauen fehlt eine typische Krautflora und Fauna. In den Nadelforsten ist dies wegen der Einflüsse der starken ganzjährigen Beschattung und der Streuentwicklung nicht verwunderlich. Doch auch in den mit Baumarten der potentiellen natürlichen Vegetation aufgeforsteten Flächen dauert die Ansiedlung der typischen Waldkräuter sehr lange. Noch wesentlich länger benötigt die Ausbildung der charakteristischen Fauna. Ein Grund für diese Defizite ist sicherlich die räumliche Isolierung der Bestände von den Primärwäldern des Raumes. Viele charakteristische Arten z. B. der Bodenfauna oder der Krautvegetation sind schwer verbreitbar.

Aber die fehlende Anbindung der Sekundärwälder an die alten Bestände des Umlandes ist nicht das einzige Problem. Es ist davon auszugehen, daß die sich von selbst einstellenden Wälder in ihren Standortverhältnissen den Wäldern der Umgebung nicht entsprechen.

Auf dem sauer reagierenden Rohbodensubstrat der Tagebausohlen, -böschungen oder auf verkipptem Abraum ist langfristig gesehen ein (Robinien-)Eichen-Birkenwald, bei etwas besserem Substrat im günstigsten Fall ein Eichen-Buchen-Wald als vorläufige Schlußgesellschaft der freien Sukzession zu erwarten. Solche Bestände sind in ihrem potentiellen Arteninventar mit dem weiter entfernt gelegenen Lappwald, aber abgesehen von Ubiquisten nicht mit den direkt angrenzenden, durch basenreiche Böden geprägten Beständen des Elz, Eitz oder Elm gleichzusetzen.

Vergleichbares gilt für die forstlich begründeten Waldbestände. Die bisherige Praxis, die Waldbegründung auf einer dünnen Lößschicht über dem Ausgangsgestein vorzunehmen, läßt eine Entwicklung von eher sauren Moderhumus-Braunerden erwarten, auf denen ebenfalls ein Eichen-Buchenwald die potentielle natürliche Vegetation bilden würde. Erst bei einer mächtigeren Lößauflage bei gleichzeitig höherem Kalkgehalt könnte mit einem Waldmeister-Buchenwald als Zielbestockung eine Waldgesellschaft erreicht werden, die mit ihrem basiphilen Artengrundstock in einen Austausch auch auf floristischer und Kleintierebene mit den umgebenden Wäldern eintreten könnte.

Trotzdem ist festzustellen, daß die sich selbst überlassenen Flächen in der Regel artenreicher und in Struktur und Artenzusammensetzung, verglichen mit naturnahen Beständen, typischer ausgebildet sind als die forstlich begründeten Flächen. Durch die langsame Entwicklung bedingt ist die Altersstruktur des Baumbestandes im Gegensatz zu forstlich begründeten Wäldern sehr differenziert. Gerade dies macht den Wert der aus freier Sukzession hervorgegangenen Wälder aus.

Die Entwicklung typischer Naßwälder erfolgt wegen der besseren Mobilität der Feuchtgebietsarten (z. B. durch Vertragen von Samen durch Wasservögel sowie wegen des hohen Anteils windverbreiteter Arten) deutlich rascher. Dieses Charakteristikum für Inselbiotope läßt sich an den Weidenwäldern im ehemaligen Tagebau Wulfersdorf nachweisen. Das gleiche gilt für die Entwicklung der typischen Vegetation und Fauna in den Sekundärgewässern. Eine Bepflanzung der Gewässer ist angesichts der raschen Besiedlung vollkommen unnötig. Auch viele Faunenelemente siedeln sich verhältnismäßig schnell an. Lediglich die gewässermorphologischen Ausgangsbedingungen erfordern ggfs. Eingriffe, wenn es sich um ausschließlich mit steil abfallenden Uferböschungen ausgestattete Restgewässer handelt.

2.7.4
Wertvolle Biotope in den Tagebauen

Aufgrund ihrer floristischen und faunistischen Zusammensetzung als besonders wertvoll einzuschätzen sind die südöstlich bis südwestlich exponierten und deshalb wärmebegünstigten Steilböschungen mit ihren Magerrasen und den darauffolgenden, durch Hochstauden-Arten bzw. durch Heidevegetation geprägten Sukzessionsstadien. In Ableitung der Ergebnisse aus den sich selbst überlassenen bzw. renaturierten Tagebauen zählen ferner die der freien Sukzession unterworfenen Feuchtökosysteme, d. h. die Weidenwälder und die Restgewässer wie die Absetzbecken mit ihrer Verlandungsvegetation und ihren vegetationsarmen Ufern zu den floristisch wie faunistisch wertvollsten Biotopen im gesamten Raum.

Es ist dabei zu bedenken, daß ein Erhalt wertvoller Biotopstrukturen v. a. früher Sukzessionsstadien eine entsprechende Pflege, d. h. gelegentliche Eingriffe des

Menschen notwendig macht. Während bei Steilböschungen (gerade wegen der wühlenden Tätigkeit der Kaninchen) die Eingriffsintensität und -häufigkeit eher gering eingeschätzt werden kann, wäre sie im Falle von ebenerdigen Magerrasen oder Stillgewässerpionierflächen mit größerem Aufwand verbunden. Solange der Abbau im Gebiet fortgesetzt wird, sind entsprechende Biotope weiterhin vorhanden. Wenn aber die Bergbautätigkeit im Helmstedter Revier eingestellt wird, muß die Frage nach einem bewußten Erhalt solcher Pionierstandorte durch Pflege erneut gestellt werden.

2.7.5
Landschaftsbild und Erholungseignung

Landschaftsbild und Erholungseignung sind in der Landschaftsplanung häufig miteinander verknüpft, da das positive Landschaftsbild als eine der notwendigen Voraussetzungen für die Erholungseignung eines Raumes angesehen wird.

Alte, bereits rekultivierte Tagebaue, die über Wasserflächen verfügen, waldähnliche Vegetationsstrukturen aufweisen und mit Wanderwegen erschlossen sind, haben in der Bewertung die höchste Erholungseignung. Eine geringe Erholungseignung kommt den landwirtschaftlich rekultivierten Flächen zu, die meist nur ungenügend mit gliedernden und belebenden Strukturelementen ausgestattet, über lange, gerade Wege erschlossen und nicht reliefiert sind. Ebenfalls gering ist die Erholungseignung in all den Räumen, in denen Kraftwerke, Hochspannungstrassen, Versorgungseinrichtungen und andere visuelle Störelemente das Bild der Landschaft beherrschen.

Als „Sonderfall" müssen die Tagebaue selbst gesehen werden; hier resultiert die „Erholungseignung" aus der spezifischen Attraktivität der mehrere 100 ha großen und rd. 100 m tiefen Gruben. Auch wenn der Begriff Erholungseignung nicht ganz trifft, so geht doch von diesen Flächen eine hohe Anziehungskraft aus, sie sind mit kleinen Parkplätzen erschlossen, verfügen über erläuternde Hinweistafeln und werden gut besucht.

3
Planung und Entwicklung der Landschaft

3.1
Bergbauliche Vorgaben

Die unmittelbare und wesentlichste bergbauliche Planungsvorgabe ist durch den Rahmenbetriebsplan gegeben, der die Grundzüge der Gestaltung der Oberfläche nach dem Abbau zeigt. Dieser Plan ist als Leitlinie zu werten, die die aus bergbaulicher Sicht notwendige Reihenfolge von Abbau - Wiederverfüllung - Rekultivierung, bezogen auf die einzelnen Tagebaue, darstellt.

Diese Planung wird durch den Betriebsablauf mitunter korrigiert, wenn sich beispielsweise das Verhältnis von Kohle zu Abraum ändert und für die Wiederverfüllung weniger Massen bereitgestellt werden können. In einem solchen Fall muß möglicherweise auf die geplante Herrichtung einer landwirtschaftlichen Nutzfläche verzichtet werden, es verbleibt eventuell eine Wasserfläche.

Mit den innerbetrieblichen Arbeitsabläufen können sich auch die Möglichkeiten des Großgeräteeinsatzes ändern, so daß auch darin eine Planungsvorgabe gesehen werden muß.

3.2
Nutzungsansprüche im Planungsraum

Zur Erstellung einer alle Aspekte integrierenden Planung mußte zunächst die Verträglichkeit der verschiedenen konkurrierenden Ansprüche betrachtet werden.

3.2.1
Landwirtschaft

Da die Flächen nach einer übergangsweisen Bewirtschaftung durch die BKB verkauft werden sollen, wird eine optimale Flurstruktur angestrebt, zu der aus Sicht der landwirtschaftlichen Fachbehörde folgende Grundvoraussetzungen zählen:

- Parallele Begrenzung der einzelnen Ackerschläge, nach Möglichkeit rechtwinklig angeordnet
- Mindestschlaglängen von 350–400 m; Größe der einzelnen Nutzfläche 10–15 ha
- Bepflanzung nur mittels Baumreihen, da von diesen ein geringerer Konkurrenzdruck ausgeht als von breiten Schutzpflanzungen
- Erholungsnutzung auf landwirtschaftlichen Wegen nur eingeschränkt möglich

3.2.2
Forstwirtschaft

Die zu entwickelnden Forstflächen sollen sich an der für das verwendete Bodensubstrat typischen, potentiellen natürlichen Vegetation orientieren.

Dabei soll aus Sicht der Fachbehörde folgenden Ansprüchen genüge getan werden:

- Geschlossene, großflächige Bestände sind zu realisieren, die die Entwicklung eines Bestandsinnenklimas gewährleisten
- Gliedernde und vernetzende Waldstücke sollten eine Mindestbreite von 100 m haben; 2 x 20 m Waldrandzone und 60 m Kernzone

Generell sind die forstlichen Interessen mit denen einer extensiven Freizeitnutzung zu vereinbaren, wenn die ruhige Erholung in Form von Wandern und Spazierengehen im Vordergrund steht. Bei einer überlegten Führung der Erholungssuchenden über ein schonend ausgebautes Wegenetz wird auch den Tier- und Pflanzenarten ausreichend Raum gelassen.

Eine Waldentwicklung über freie Sukzession kollidiert dagegen mit den Interessen einer raschen forstlichen Nutzbarkeit, also mit den wirtschaftlichen Zielen der Betreiber. Ebenso ist eine solche Waldentwicklung nur schwer mit den Ansprüchen der Erholungssuchenden zu vereinbaren, die als Voraussetzung für seine Erlebbarkeit den „Erholungsraum Wald“ suchen.

Daraus wird im Helmstedter Revier der Schluß gezogen, freie Sukzession auf die für den Biotop- und Artenschutz vorgesehenen „Kernflächen für den Naturschutz“ zu beschränken.

3.2.3
Biotop- und Artenschutz

Der strengere Schutz von besonders empfindlichen Naturschutzkernflächen ist mit den anderen Nutzungen nicht vereinbar. Aus diesem Grund muß eine räumliche Trennung erfolgen. Da bestimmte vorhandene Biotope in den zu beplanenden Tagebauen erhalten werden müssen, bestehen hier bereits räumliche Vorgaben für die Planung. Solche ergeben sich auch aus der Notwendigkeit einer Anbindung von zu schaffenden Biotopstrukturen an bestehende des Umlandes. Eine Abschirmung gerade der durch Nährstoffarmut charakterisierten ökologisch wertvollen Biotope gegenüber eutrophierenden Einflüssen aus der Landwirtschaft ist ebenso zu beachten.

Neben der Abschirmung der Naturschutzkernflächen sind Aspekte des Biotop- und Artenschutzes auch im Rahmen der anderen Nutzungen zu berücksichtigen:

Die Einbindung von naturschutzfachlichen Vorgaben in die landwirtschaftliche Nutzung ist sehr problematisch. Als Minimalkonsens sollte die Einrichtung von breiteren un- oder extensiv genutzten Randstreifen entlang der Flurgrenzen zu Wegen und Gehölzen abgestimmt werden. Hierzu gehört auch die Entwickung von Krautsäumen entlang von Waldrändern. Die Verbindung von Wäldern über Gehölzstreifen setzt eine ausreichende Breite der Feldgehölze voraus, damit sich im Gehölzinneren überhaupt ein waldähnliches Mikroklima entwickeln kann.

3.2.4
Erholung

Bei der Planung und Entwicklung der Landschaft steht die Schaffung neuer Erholungsräume nicht im Vordergrund. Wie die Bewertung von Landschaftsbild und Erholungseignung gezeigt hat, liegen für die Erholung geeignete Räume außerhalb der zur Rekultivierung anstehenden Tagebaubereiche; es sind u. a.: Elm, Elz, Eitz und die bereits rekultivierten Tagebaue in den östlichen und südöstlichen Randzonen.

Die wenigen neu zu schaffenden Erholungsräume haben vorrangig eine Verbindungsfunktion, indem sie eine Verknüpfung aller bestehenden Erholungsgebiete ermöglichen und selbst in die Funktion von Erholungsräumen hineinwachsen. Diese Verbindungsfunktion ist auch an der Gestaltung der einzelnen Räume ablesbar, die zum überwiegenden Teil als landwirtschaftliche Nutzflächen rekultiviert werden.

Generell wird eine Entflechtung der verschiedenen Nutzungsansprüche angestrebt, um eine gegenseitige Beeinträchtigung zu vermeiden. So müssen die Flächen für eine intensivere Erholungsnutzung mit ihrer Infrastruktur möglichst weit entfernt von ruhig zu stellenden Bereichen eingerichtet werden, die vorrangig dem Naturschutz dienen sollen.

3.3
Landschaftsgestaltung

Ziel der Landschaftsgestaltung ist die Wiedernutzbarmachung der Tagebaue des Helmstedter Reviers in Anlehnung an die vorgegebenen, historischen Formen der Kulturlandschaft, die diesen Landschaftsraum ursprünglich geprägt haben. Daneben steht die Aufgabe, den Raum so zu gestalten, daß er die Vielzahl der z. T. sehr unterschiedlichen Nutzungsansprüche aufnehmen und zu einem sinnvollen Gefüge zusammenführen kann. Bei der Realisierung dieser Zielvorstellungen werden die folgenden landschaftsgestaltenden Maßnahmen eingesetzt (Abb. 1).

3.3.1
Morphologie

Als wesentlichstes Element der Landschaftsgestaltung muß in Verbindung mit den Tagebaubereichen die Wiederherstellung morphologischer Strukturen angestrebt werden, die einen Bezug zum ursprünglichen Landschaftscharakter ermöglichen. Für den Helmstedter Raum bedeutet dies die Wiederherstellung eines kuppierten, flachwelligen Geländereliefs mit muldenartigen Geländesenken. Dieser Geländegestalt müssen sich auch die zu rekultivierenden Tagebaubereiche anpassen, damit die Ausprägung nicht landschaftstypischer Formationen, wie beispielsweise terrassenartige Aufschüttungen, vermieden werden können. Die Wiederverfüllung der Tagebaugruben erfolgt daher unter Beibehaltung des durch den umgebenden Landschaftsraum vorgegebenen Geländeverlaufs. So ist z. B. die morphologische Grundform bei der Gestaltung des Tagebaues Treue der langge-

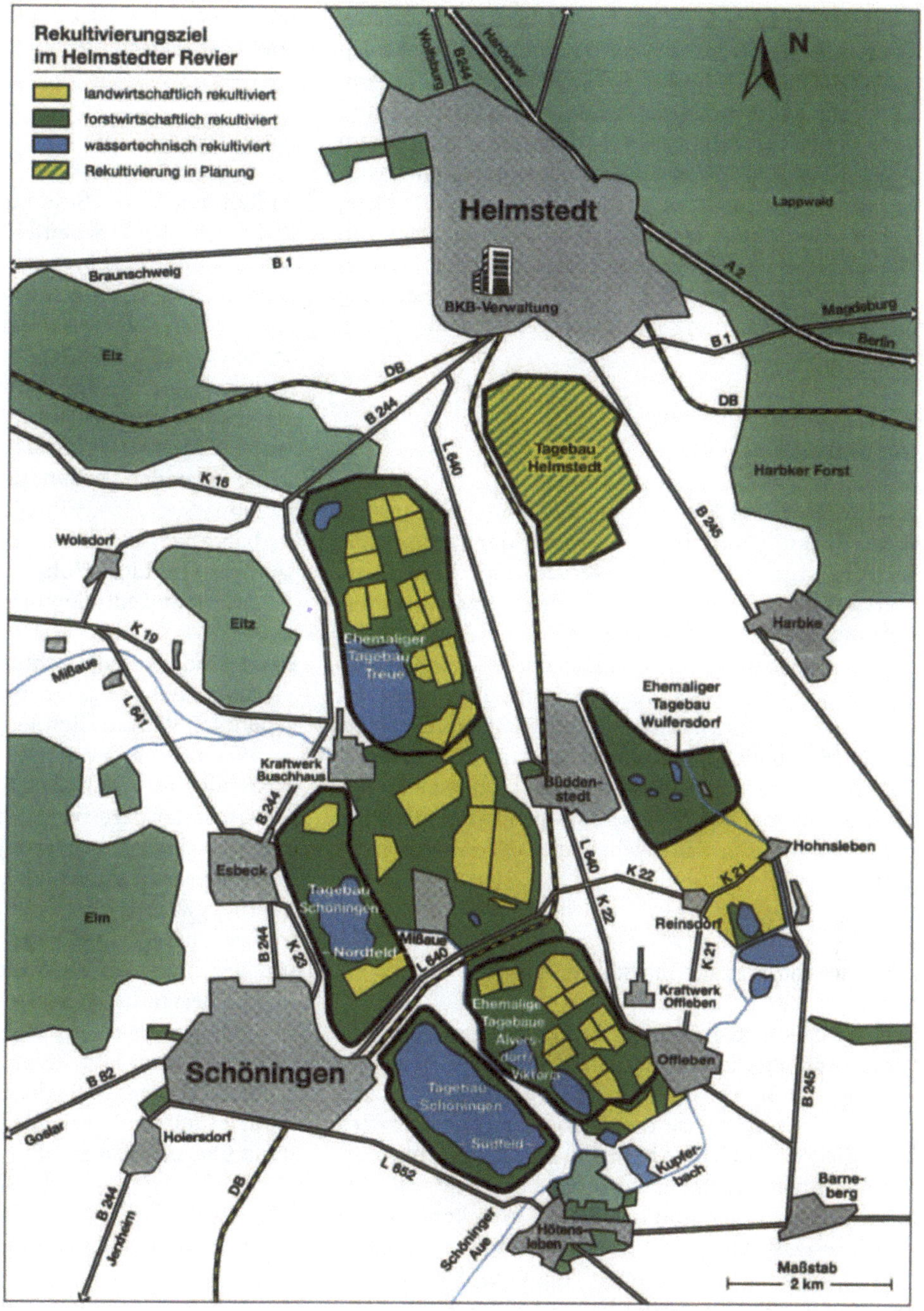

Abb. 1. Rekultivierung nach Auslaufen der aufgeschlossenen Tagebaue

streckte Hang mit anschließender Geländesenke und in Alversdorf der nach drei Seiten geschlossene „Talkessel".

Neben diesen großräumigen Gestaltungselementen gilt es, auch im Detail eine landschaftsgerechte Profilierung der Hänge, Böschungen und Senken zu verwirklichen. So werden größere Hangflächen immer mit wechselnden Neigungen ausgebaut, wobei steilere Zonen der Bepflanzung dienen können, flache dagegen meist der landwirtschaftlichen Nutzung vorbehalten sind. An diesem Beispiel deutet sich bereits an, daß mit Hilfe der großräumigen wie auch der detaillierten Gestaltung des Geländereliefs prägende Merkmale zugrunde gelegt werden, die im Zuge der Gesamtgestaltung mit anderen Mitteln (z. B. Pflanzungen) fortgeführt werden können.

3.3.2 Raumbildung

Wie bereits angedeutet, entsteht die gewünschte Raumbildung durch die Verknüpfung morphologischer Gestaltungselemente mit denen der landschaftsbildprägenden Vegetationsstrukturen. Allen voran sind hier die

Waldflächen zu nennen, die raumbildende Funktionen übernehmen. So erfolgt in allen zu rekultivierenden Tagebaubereichen eine Gliederung der Flächen mit Hilfe von bis zu 100 m breiten Waldstreifen, deren Anfangs- und Endpunkte auf vorhandene Waldflächen im Umland ausgerichtet sind. Die so entstehenden Einzelräume werden zum überwiegenden Teil der Landwirtschaft vorbehalten oder treten im Landschaftsbild in Form von Wasserflächen in Erscheinung. Neben dieser Grobgliederung ist als weiteres Element der Landschaftsgestaltung die gezielte Anordnung kleinräumiger Grünstrukturen vorgesehen.

3.3.3
Nutzungsstrukturen

Eine in ähnlicher Weise prägende, landschaftsgestaltende Wirkung muß in der Ordnung der zukünftigen Nutzungsstrukturen gesehen werden. Als Leitlinie kann hier wieder die bereits beschriebene, großräumige Gestaltung des Reliefs dienen, der sich die Anordnung der Nutzungsstrukturen anpassen muß. Als Beispiel sei die Nutzung von Geländesenken und Talräumen als Grünland genannt, oder auch die Anlage von Wasserflächen, Feuchtbiotopen, Naßwiesen etc. in „Restlöchern". Die Verbindung von landwirtschaftlich genutzten Flächen und raumgliedernden sowie biotopverbindenden Gehölzstrukturen in den Tagebauen ergibt ein Kammersystem.

3.3.4
Gliedernde und belebende Landschaftselemente

Ein weiteres Instrument der Landschaftsgestaltung ist die Anordnung gliedernder und belebender Landschaftselemente im Bereich der rekultivierten Tagebauflächen. So wird beispielsweise die Gliederung der landwirtschaftlichen Nutzfläche mit Hilfe von Grünstrukturen, wie Baumreihen, Schutzpflanzungen und Feldgehölzen, durchgeführt und damit das bereits bestehende grobe Gliederungssystem der Waldstreifen ergänzt und verfeinert. In diesem Zusammenhang muß die kritische Haltung der landwirtschaftlichen Interessenvertreter erwähnt werden, die Vegetationsstrukturen auf landwirtschaftlichen Nutzflächen nur in Form von Baumreihen dulden mit der Begründung, so den Konkurrenzdruck gering halten zu wollen. So wird auch verständlich, daß einzelne Baumgruppen an exponierten Stellen (z. B. Geländekuppe) innerhalb der landwirtschaftlichen Flächen nicht durchgesetzt werden können.

Das Wegesystem wird einseitig mit 5reihigen Schutzpflanzungen, Baumreihen oder auch wechselnd von beiden Vegetationsstrukturen begleitet, wobei die besondere Hervorhebung von Kreuzungspunkten der Orientierung dient.

3.4
Landschaftsökologie

3.4.1
Biotopverbund

Im Rahmen des großräumigen Biotopverbundes ist beabsichtigt, alle Tagebauflächen untereinander zu vernetzen und dieses System wiederum an die im umgebenden Landschaftsraum vorhandenen Verbundlinien anzubinden. Gemeint sind hier in erster Linie die Waldflächen von Elz und Eitz, die im Nordwesten des Helmstedter Reviers Ansatzpunkte bieten und die Flächen des Lappwaldes im Nordosten. Im Zusammenwirken mit den bereits rekultivierten Tagebauen ergeben sich so die folgenden Verbundlinien:

- Nord-Süd: Elz - Höhenrücken Tagebau Treue - Tagebau Alversdorf - rekultivierter Tagebau Viktoria
- West-Ost: Eitz - Höhenrücken Tagebau Treue - Tagebau Helmstedt - Lappwald (Höhenrücken)

Damit sind die Hauptrichtungen genannt, die durch eine Vielzahl kleinerer, z. T. neugeplanter Linien, den bereits genannten Waldstreifen, ergänzt werden.

Wesentlicher Bestandteil des vorhandenen Biotopverbundes sind auch die teilweise naturschutzwürdigen Gewässer der bereits rekultivierten Tagebaue Wulfersdorf und Viktoria, deren ungestörte Entwicklung durch die Grenze zur ehemaligen DDR begünstigt worden ist.

Dies gilt auch für andere schützenswerte Biotoptypen im Grenzbereich, die heute als wesentliche, meist nordsüd gerichtete Verbundlinien wirksam sind.

Als Bestandteil eines vorhandenen Verbundsystems ist auch die Mißaue anzusprechen, die das Helmstedter Revier in Nord-Süd Richtung durchfließt. Hiermit ist eine Linie vorgegeben, die erst nach grundlegender Renaturierung des Gewässers ihre Funktion im Biotopverbund übernehmen kann.

3.4.2
Neuanlage von Biotopstrukturen

Das teilweise vorhandene, großräumige Verbundsystem wird durch ein neu aufzubauendes, kleinräumiges System ergänzt, welches vorrangig mit Hilfe der bereits erwähnten gliedernden und belebenden Landschaftselemente aufgebaut wird. Hinzu kommen die Flächen, die dem Biotop- und Artenschutz vorbehalten sind und in Form von Ackerrandstreifen, Waldsäumen und Brachflächen das Verbundsystem vervollständigen. Eingebunden sind in dieses System alle für den Naturschutz wichtigen Flächen, die die detaillierte Bestandserfassung ermittelt hat.

Neben dem aus Vegetationsstrukturen bestehenden Verbundsystem wird ein weiteres entwickelt, welches durch die Verknüpfung vorhandener und neu anzulegender Wasserflächen, durch die Neuregelung der Vorflutverhältnisse und den Ausbau des Grabensystems entsteht.

Vorgesehen sind naturnah ausmodellierte, flache Geländemulden, die am Rand geplanter Waldstreifen oder Feldgehölzpflanzungen geführt, von kleineren Stillgewässern unterbrochen und schließlich in das zu renaturierende Gewässersystem der Missaue eingeleitet werden.

Eine gesonderte Betrachtung verdienen die Gewässer, die erst im Laufe großer Zeitspannen durch den Wiederanstieg des Grundwassers entstehen. Gerade diese Gewässerbiotope sind von besonderem ökologischen Interesse, weil sich hier eine Umwandlung von Sukzessionsstadien der trockenen Böschungsbereiche in Gewässerrandbiotope vollzieht und im Laufe dieser Entwicklung ein Großteil der bis dahin herangewachsenen Vegetationsstrukturen wieder überstaut wird. Alle Gewässer dieser Art liegen in den Naturschutzkernflächen, ihre Zugänglichkeit muß durch fehlende Erschließung und gesonderte Beaufsichtigung erschwert werden.

3.4.3 Pflegemaßnahmen

Nach abgeschlossener Rekultivierung werden die Flächen als land- oder forstwirtschaftliche Nutzflächen veräussert und aus der Bergaufsicht entlassen. Damit geht auch die notwendige Pflege in die Verantwortlichkeit des zukünftigen Nutzers über, der diese im Rahmen einer ordnungsgemäßen Bewirtschaftung durchführen muß.

Bei den Flächen, die ausschließlich dem Biotop- und Artenschutz vorbehalten sind, empfiehlt sich die Aufstellung eines Pflegeplanes, mit dessen Hilfe die auf das Schutzziel ausgerichteten Maßnahmen durchgesetzt werden können.

3.4.4 Langfristige Bestandssicherung

Die Bergbaufolgelandschaft des Helmstedter Reviers ist eine für den Raum typische Ausprägung der Kulturlandschaft und damit schutzwürdig. Eine langfristige Sicherung könnte u. a. durch die Aufnahme in den Naturpark Elm - Lappwald - Dorm erfolgen und auf diese Weise sowohl in der landeskulturellen Bedeutung gefördert, als auch im Bestand auf Dauer gesichert werden.

4 Zusammenfassung

Im vorliegenden Beitrag wird die Erstellung von Abschlußbetriebsplänen über die Wiedernutzbarmachung von Tagebauen im Helmstedter Braunkohlerevier beschrieben. Ziel dieser umfangreichen Planungen ist die Wiederherstellung der Landschaft nach Jahrzehnten intensiver Eingriffe. Grundlage hierfür waren detaillierte Bestandserfassungen der Landschaftsstruktur, der Biotoptypen, der Flora, Vegetation und Fauna in den Tagebauen und ihren Randgebieten sowie die Bewertung des aktuellen Landschaftsbildes. Hinzugezogen wurden ferner Angaben zur historischen Landschaftssituation sowie bodenkundliche, hydrologische und geologische Daten.

Auf der Basis dieser biotischen und abiotischen Grundlagen wurde ein großräumig ausgerichtetes Biotopverbundkonzept aus Gehölzstrukturen in Nord-Süd- und West-Ost-Richtung als Grundgerüst für die neu zu gestaltende Landschaft entwickelt, welches die Anbindung der wiederhergestellten Tagebauflächen an das umliegende unverritzte Gelände gewährleisten soll. Ferner konnten die aktuell unter den Aspekten des Arten- und Biotopschutzes wertvollen und damit erhaltenswerten Biotope in den Abbauflächen ermittelt werden (v. a. Stillgewässer mit Verlandungsvegetation und Feuchtwäldern, südexponierte Böschungen). Diese Strukturen wurden entsprechend der Vorgaben zur Wiederherstellung der Landschaft (Bereitstellung landwirtschaftlich nutzbarer Flächen, Erhöhung des Waldanteils im Naturraum, Sicherung und Schaffung von für den Naturschutz wertvollen Flächen, Berücksichtigung der Ansprüche der Naherholung) mit Äckern und Grünlandflächen sowie Still- und Fließgewässern zu einem kleinräumig differenzierten Mosaik verbunden. Hierbei waren auch bergbauliche Vorgaben, wie z. B. die für die Landschaftsgestaltung zur Verfügung stehenden Abraummassen, die Entwicklung der Grundwasserverhältnisse nach Beendigung der Sümpfungsmaßnahmen sowie standörtliche Voraussetzungen für die land- und forstwirtschaftliche Nutzbarkeit, zu berücksichtigen.

Die vorgelegten Planungen machen deutlich, daß bei guter Kenntnis der biotischen und abiotischen Voraussetzungen die Wiederherstellung einer intensiv überformten Landschaft unter Beachtung ökologischer Gesichtspunkte und unterschiedlicher Nutzungsansprüche in Anlehnung an die historische Landschaftsstruktur möglich ist.

LITERATUR

Müller Th (1959) Ostbraunschweigisches Hügelland. Handbuch der naturräumlichen Gliederung Deutschlands, 6 Lfg., Remagen

Müller Th (1962) Die naturräumlichen Einheiten auf Blatt 87 Braunschweig. Geographische Landesaufnahme 1 : 200 000, 38 S, 2 Übers. Bundesforschungsanstalt für Landeskunde und Raumordnung, Bonn-Bad Godesberg

Die Entwicklung des Humusgehaltes landwirtschaftlich genutzter Rekultivierungsflächen – Fallstudie

Klaus-Wenzel Becker

1 Einleitung

Die Wiedernutzbarmachung von Flächen, die durch Maßnahmen des Bergbaus in Anspruch genommen werden, wird im Bundesberggesetz vorgeschrieben. Pläne sind seit Jahrzehnten Bestandteil der bergrechtlichen Genehmigungsverfahren. Die Verfahren der Rekultivierung sind in den einzelnen Regionen unterschiedlich und je nach den Gegebenheiten und Möglichkeiten stark lokal geprägt.

Im Braunkohlentagebau wird in einer ersten bergbaulichen Phase der Rekultivierung das Abraum-Material in verschieden geformte Kippen gebracht. Kulturfähiges Bodenmaterial wird für die 2. Phase, die landwirtschaftliche Rekultivierung, zurückgehalten und zur Abdeckung der Kippen verwendet. Dabei handelt es sich in der Regel um die ehemalige 1–3 m mächtige obere Bodenschicht. Der ursprüngliche humose Mutterboden wird bei der Umlagerung stark mit humusarmem Unterbodenmaterial verdünnt. Der niedrige Humusgehalt und als Folge davon ein niedriger Nährstoffgehalt sowie eine labile Struktur der neuen Ackerkrume sind deshalb die auffälligsten charakteristischen Eigenschaften frisch rekultivierter Flächen.

Ziel der landwirtschaftlichen Maßnahmen ist es, die Bodenentwicklung auf den jungen Neulandböden in der Weise zu beschleunigen, daß eine biologisch aktive und fruchtbare Ackerkrume aufgebaut wird (Burykin 1985). 1985 wurden für eine Auswahl von landwirtschaftlich genutzten rekultivierten Flächen des Helmstedter Braunkohlenreviers mit unterschiedlicher Bewirtschaftungsdauer die Geschwindigkeit und der Verlauf der Humusanreicherung ermittelt.

Das Helmstedter Braunkohlenrevier eignet sich für Untersuchungen zur Entwicklung von Ackerböden aus Kippen-Deckmaterial deshalb besonders gut, als die Nutzung der rekultivierten Flächen durch eine eigene landwirtschaftliche Abteilung der Braunschweigische Kohlen-Bergwerke AG erfolgt. Dadurch sind die wesentlichen Bedingungen der Bewirtschaftung wie Verbleib der Ernterückstände, Bodenbearbeitung und Fruchtfolge für alle Flächen ähnlich.

2 Standortverhältnisse

2.1 Klima

Die Helmstedter Mulde liegt im Übergangsgebiet vom atlantischen zum kontinentalen Klima. Starke jährliche Schwankungen der Niederschläge zwischen 310 und 870 mm und eine z. B. gegenüber Hannover erhöhte Zahl von Sommertagen (> 25° C) kennzeichnen die kontinentalen Einflüsse. In Tabelle 1 sind die durchschnittlichen Monatstemperaturen und -niederschläge angegeben.

2.2 Geologischer Bau und Böden

Die Braunkohleflöze sind von tertiären Sanden und Tonen überlagert, denen pleistozäne Löß-Sedimente aufliegen. Der Löß wurde während der Eiszeit gelegentlich umgelagert und durch fossile Bodenbildungen überprägt.

Tabelle 1. Mittlere monatliche Temperaturen und Niederschläge 1951–1980 für Helmstedt (Deutscher Wetterdienst)

Monat	J	F	M	A	M	J	J	A	S	O	N	D	Σ/Ø
[mm]	44	36	40	44	59	75	70	67	45	44	49	50	623
[°C]	- 0,2	0,1	3,2	7,2	12,1	15,8	17,0	16,6	13,4	9,1	4,7	1,1	8,3

Das „Normal-Profil“ der Ausgangsböden, meist Parabraunerden mit Entkalkung und Tonverlagerung, hat eine stark wechselnde Mächtigkeit von im Mittel 1–1,5 m. Die Böden sind oberflächig entkalkt und enthalten im Unterboden noch freien Kalk. Unter dem Löß stehen in erheblichem räumlichen Mächtigkeitswechsel Geschiebemergel, -lehme, -sande und -tone sowie tertiäre glaukonitische Sande und Tone an.

Beim Aufbau der Rekultivierungsflächen wurde versucht, das deponierte Abraum-Material mit einer gleichmäßigen Schicht des ursprünglichen Oberbodens zu überdecken. Die heutigen Neulandböden enthalten deshalb fast immer neben der Lößkomponente unterschiedliche Anteile von Sanden oder Tonen. Gelegentlich sind auch Beimischungen grün gefärbter glaukonitischer Sande oder Tone anzutreffen. Der Auftrag mit kulturfähigem Oberbodenmaterial beträgt ca. 1m. Die heutigen Ackerkrumen haben stark wechselnde Gehalte an $CaCO_3$, die zwischen 0,5 und 8 % (≈ pH 7,2) liegen.

Die Auftragstechnik hat sich im Laufe der Zeit geändert. Bis in die 50er Jahre wurden „Pflugkippen“ angelegt: Ein auf Schienen laufender Kippenpflug ebnete das mit Eisenbahnwaggons auf die Abraumkippe geschüttete Material ein. Bei den frühen Rekultivierungsflächen wurde der humose Mutterboden getrennt aufgetragen, etwa ab 1930 wurde beim Umsetzen der Mutterboden mit dem darunter liegenden kulturfähigen Unterboden vermischt.

Seit Ende der 60er Jahre wird das Abraum-Material mit Bandanlagen transportiert und mit Absetzern aufgetragen. Die Überdeckung mit kulturfähigem Bodenmaterial erfolgte zunächst auch mit Absetzern, heute kippen es zunehmend Lastwagen rückwärts ab. Für die landwirtschaftliche Rekultivierung hat das Arbeiten mit Absetzern folgende Auswirkung auf die Bodenstruktur:

- Trockene Verkippung führt im Lauf der Zeit zu starken Sackungen. Der Porenvolumenanteil des Bodens nimmt von der Oberfläche zum Unterboden hin zu.
- Feucht verkippter Abraum wird, abhängig von der Fallhöhe, beim Aufprall stark verdichtet.

Noch entscheidender wird die Struktur des zukünftigen Bodens durch die Art des Planierens der Oberfläche geprägt. Der bis in die 50er Jahre eingesetzte Kippenpflug muß allgemein als sehr günstig beurteilt werden. Die Wirkung der danach verwendeten Planierraupe ist weniger positiv zu sehen. Je nach der Dauer der Belastung, der Feuchtigkeit und dem Tongehalt des Materials sowie der Arbeitsweise der Raupe sind selbst gravierende Verdichtungen nicht immer auszuschließen. Es muß aber betont werden, daß die Bewirtschaftung der rekultivierten Flächen durch eine eigene landwirtschaftliche Abteilung der Braunschweigische Kohlen-Bergwerke AG dazu geführt hat, daß im Laufe der Zeit zunehmend Aspekte der späteren Nutzung Einfluß auf den Ablauf der Rekultivierung genommen haben.

3 Landwirtschaftliche Rekultivierung

3.1 Humuswirtschaft

Unmittelbar nach Abschluß der Planierarbeiten erfolgt die landwirtschaftliche Inkulturnahme. Die Hauptmaßnahmen zielen auf einen Schutz des jungen, strukturlabilen Bodens vor Verschlämmung. In den Anfangsjahren der Rekultivierung hat man versucht, den Aufbau einer humosen Ackerkrume zu beschleunigen. Es wurde mehrjährig Luzerne angebaut und erst nach und nach eine Getreide-Rüben-Fruchtfolge eingeführt. Ferner wurde die Anreicherung des Bodens mit Humus durch die Zufuhr von Stallmist, durch Gründüngung und durch gezielt ausgewählte Pflanzen (Grassamen-Nutzung, Futterbau) gefördert.

Vorwiegend aus ökonomischen Gründen hat man diese Maßnahmen in den 60er und 70er Jahren sukzessiv eingestellt. Das Vieh ist abgeschafft, Gründüngung ist nicht mehr angebaut worden. Die Versorgung des Bodens mit organischer Substanz beschränkt sich auf die Wurzelmasse der Kulturpflanzen sowie die Ernterückstände, die, bis auf eine Phase der Verbrennung des Strohs Ende der 70er und Anfang der 80er Jahre, eingearbeitet werden.

Neben organischer Substanz sind zum Auffbau von Humus mineralische Nährstoffe erforderlich, die in die organische Substanz eingehen. Dies wird bei der Düngung, die 20–50 % über dem Niveau für gewachsene Böden liegt, berücksichtigt. Besonders problematisch ist die Versorgung der Kulturpflanzen mit Stickstoff. Dem erhöhten Bedarf stehen die Gefahr von Verlusten durch erosiven Abtrag und durch Denitrifikation in verdichteten Partien gegenüber. Man ist um eine Verteilung der N-Zufuhr auf mehrere Teilgaben bemüht, trifft dabei aber nicht selten auf das Problem der schlechten Befahrbarkeit der Böden. Tabelle 2 gibt für einige ausgewählte Flächen einen Überblick über diverse Maßnahmen der Bewirtschaftung und über die Erträge.

3.2 Bodenbearbeitung

Die Bodenbearbeitung unterscheidet sich nicht nennenswert von der nicht umgelagerter Böden. Es wird jährlich regelmäßig der Pflug (30 cm tief mit Packer) eingesetzt, die Stoppelbearbeitung erfolgt mit Schwergrubber und Spatenrollegge.

Wegen der labilen Struktur der humusarmen Ackerkrume ist die Zahl der Tage, an denen die Böden befahrbar sind, gegenüber „gewachsenen“ Böden erheblich eingeschränkt. Der landwirtschaftliche Betrieb der Braunschweigische Kohlen-Bergwerke AG hält eine ent-

Tabelle 2. Übersicht über die landwirtschaftlichen Rekultivierungsmaßnahmen: Bewirtschaftung und Erträge der zur Untersuchung ausgewählten Flächen A–H; die Lage der Flächen ist aus Abb. 2 ersichtlich; WW = Winterweizen, SW = Sommerweizen, WG = Wintergerste, ZR = Zuckerrüben, GVE = Großvieheinheiten

Landwirtschaftliche Rekultivierung	Beginn		Fruchtfolge	Düngung	Erträge; 19... [dt/ha] 80	81	82	83	84	85
Absetzerkippe	1976	A	Erstfrucht WW; 3 x WW, 2 x WG, 1 x ZR	Ohne Stallmist und Gründüngung; bis 1970 Stroh verbrannt; ab 1982 ø 230-240 kg N/ha	Gras 7	Gras 3,4	WW 47	WG 68	WG 64	ZR 392
Absetzerkippe	1969	B	Erstfrucht Raps; WG-Weizen-Grassamen; ab 10. Jahr ZR	Ohne Stallmist und Gründüngung; bis 1970 Stroh verbrannt; ab 1982 ø 230-240 kg N/ha	WW 59	WW 59	ZR 340	WW 44	WW 57	ZR 434
Pflugkippe	1965	C	Erstfrucht Raps; WG-Weizen-Grassamen; ab 10. Jahr ZR	Ohne Stallmist und Gründüngung; bis 1970 Stroh verbrannt; ab 1982 ø 230-240 kg N/ha	SW 47	ZR 426	WW 50	WW 50	ZR 513	WG 76
Pflugkippe	1956	D	Erstfrucht Luzerne; nach 3-5 Jahren ZR-WW-WG	Ohne Stallmist und WW 190 kg N/ha; ZR 120-220 kg N/ha	WW 62	WW 60	ZR 379	WW 63	WW 70	ZR 438
Pflugkippe	1952	E	Erstfrucht Luzerne; 2 x Raps; ZR-WW-WG	Bis 1970 Stallmist entsprechend 60 GVE/100 ha; Zwischenfr. bis 1978	WW 62	WW 60	ZR 379	WW 63	WW 70	ZR 483
Pflugkippe	1953	F	Erstfrucht Luzerne; 2 x Raps; ZR-WW-WG	Bis 1970 Stallmist entsprechend 60 GVE/100 ha; bis 1978 Zwischenfr.	ZR 398	WW 63	WW 60	ZR 219	WW 76	WG 72
Pflugkippe	1929	G	Erstfrucht Luzerne; 3. Jahr Getreide, ab 6.-7. Jahr ZR, alle 3-4 Jahre bis 1945 Ackerbohnen, Erbsen Wicken	Stallmist 3-4 jährig, bis 1950 ca. 40 kg N/ha, danach auf 160 kg/ha erhöht	WG 61	ZR 397	SW 60	WW 53	ZR 368	WW 74
Natürliche Parabraunerde	–	H	Z.-Rüben-W.-Weizen-W.-Getreide	Getreide: 100-150 gk N/ha Rüben: 220 kg N/ha	WW 41	WW 46	WW 51	ZR 207	WW 51	WW 60

Abb. 1. Saatbeetherrichtung mit Kreiselegge

sprechend erhöhte Schlagkraft an Maschinen für die Ernte und für die Bodenbearbeitung vor (Abb. 1). Dennoch müssen die Flächen gelegentlich auch bei einem nicht optimal abgetrockneten Zustand des Bodens befahren werden.

Die Melioration von Verdichtungen des Unterbodens durch bis 1 m tiefes Aufreißen mit einem Tiefpflug erwies sich als zu teuer und nicht ausreichend nachhaltig. Heute werden verdichtete Böden mit einem Tiefenmeißel (bis 0,8 m) und mit dem Schwergrubber gelockert.

3.3 Erträge

Tabelle 2 zeigt, daß sich die Erträge auf den Rekultivierungsflächen in den Jahren 1980–1985 nicht systematisch von denen des gewachsenen Bodens unterschieden haben. Typisch ist, daß die Erträge auf den rekultivierten Flächen von Jahr zu Jahr erheblich schwanken. Das hängt mit der Niederschlagsverteilung und der daraus resultierenden Problematik der Bodenbearbeitung und der Bestellung bei nicht optimal trockenem Boden zusammen. Abgesehen von dem völligen Zusammenbruch des Rübenertrages im extrem trockenen Sommer 1983 sind die niederschlagsarmen Jahre allgemein die ertragsstärkeren. Die Erfahrung aus den vergangenen Jahren zeigt, daß die Neulandböden bei tiefgründig lockerer Bodenstruktur in trockenen Jahren häufig höhere Erträge liefern, als die unveränderten Böden der Umgebung. Dies gilt z. B. für die „Büddenstedter Höhe," (Abb. 2, D). Mit zunehmender Sackung, vorwiegend aber wohl durch Verdichtung beim Befahren zu ungünstigen Zeitpunkten, steigt die Abhängigkeit der Erträge von klimatischen Einflüssen, insbesondere von der Niederschlagsverteilung.

4 Humusanalytik

Die Auswahl der Flächen für die Untersuchung des Humushaushaltes erfolgte nach folgenden Kriterien:

- Das Alter der Böden sollte gleichmäßig über die Zeit seit Beginn der Rekultivierung verteilt sein.
- Es wurden Flächen mit einem hohen Anteil von Löß im rekultivierten Bodenmaterial bevorzugt.

Die in den Tabellen 2 und 3 näher charakterisierten Schläge mit einer Nutzungsdauer von 9–56 Jahren wurden für detaillierte Untersuchungen ausgewählt. Als Vergleich dient der Schlag H mit einer natürlichen Parabraunerde, der ebenfalls von der Braunschweigische Kohlen-Bergwerke AG bewirtschaftet wird. Erst später stellte sich heraus, daß dieser Boden z. T. mit Kohle angereichert ist, die hier für das ehemalige Brikettwerk und das Schwelwerk gelagert worden war.

4.1 Probennahme

Die Entnahme von Bodenproben aus den Tiefen 0–30 cm und 30–60 cm erfolgte für jeden der ausgewählten Schläge an ca. 10 über die Flächen verteilten Punkten, an denen aus je 4 Bohrstockeinstichen (3,6 cm Ø) Mischproben hergestellt wurden. Bei der Auswahl der Entnahmestellen wurden Senken, an denen mit einem Auftrag von erodiertem Bodenmaterial zu rechnen war, ausgespart. Die Bohrpunkte wurden entlang von Linien parallel zu den Streifen gelegt, die der Absetzer geschaffen hat. Hierdurch sollte für die zu analysierenden Proben der Einfluß der stark inhomogenen Verteilung der Korngrößen im aufgetragenen Bodenmaterial ausgegrenzt werden.

Tabelle 3. Zusammensetzung der Korngrößen von Ackerkrume und Unterboden der 3 Rekultivierungsflächen A, B und C in % kalk- und eisenfreier Feinboden

	A			B			C		
	Sand	Schluff	Ton	Sand	Schluff	Ton	Sand	Schluff	Ton
0–30 cm	48,2	39,2	12,6	18,7	70,0	11,3	44,5	44,5	11,0
30–60 cm	47,7	37,6	14,7	25,5	61,3	13,2	48,2	40,0	11,8

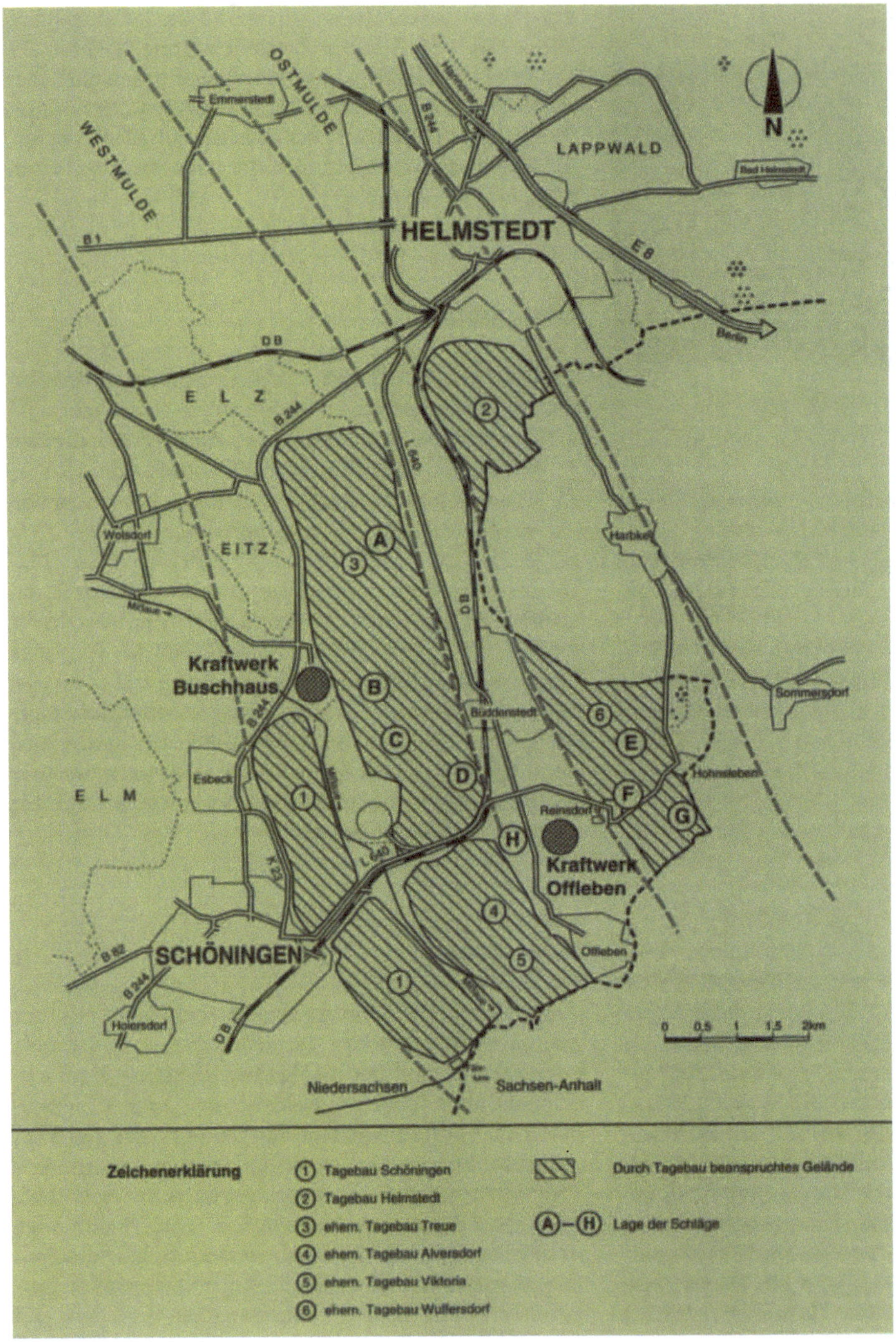

Abb. 2. Lage der untersuchten Flächen

Zur Berechnung der Humusmengen je Flächenelement wurden neben den Mischproben ungestörte volumentreue Proben zur Bestimmung der Dichte von Unterboden und Ackerkrume entnommen. Dazu wurden je Schlag 20 Stechzylinderproben (100 cm^3) oder eine kleinere Zahl mit größerem Volumen (bis 750 cm^3) entnommen. Die Entnahme erfolgte im August/September 1985 unter Getreidestoppeln oder unter wachsenden Zuckerrüben.

4.2 Analytik

Nach Siebung auf 2 mm und Homogenisation in der Kugelmühle wurden der Gesamt-C- und der Gesamt-N-Gehalt gaschromatographisch nach Verbrennen der Probe im C-/N-Analysator bei 1 000 °C gemessen. C aus Karbonat wurde im Scheibler-Gerät bestimmt und abgezogen. Eventuelle Kohlegehalte, erkennbar am untypisch weiten C/N-Verhältnis des Bodens, wurden durch C-Analyse des Bodens nach Aufoxidation des Humus mit alkalischer Kalium-Hypobromidlösung gemessen und ebenfalls abgezogen.

An allen Proben wurde die Farbe von angefeuchteten Aggregaten bei Tageslicht im Labor nach der Farbtafel nach Munsell bestimmt.

Für drei Flächen wurde an jeweils 10 parallelen Proben die Zusammensetzung der Korngrößen nach Zerstörung von Kalk und Eisenoxiden durch Siebung und das Pipettverfahren nach Köhn bestimmt.

5 Ergebnisse

5.1 Farbe

Aufgrund des heterogenen Ausgangsmaterials sind die Proben auch innerhalb eines Schlages verschiedenen Spektralgruppen zuzuordnen (Hue-Wert auf der Munsell-Farbtafel: 2,5 YR, 5 Y, 10 YR, 10 R). Proben, die einer Spektralgruppe zugehörten, zeigen bei jungen Rekultivierungsflächen gleiche Farbwerte (Hell-/Dunkel-Abstufung) des Ober- und des Unterbodens. Erst nach einer Nutzungsdauer von etwa 20 Jahren ist eine Veränderung des Farbwertes des Ober- gegenüber dem Unterboden um eine Stufe zu erkennen. Solange dauert es offenbar, bis sich die Humusanreicherung in der Ackerkrume durch eine charakteristisch dunklere Färbung zu erkennen gibt.

5.2 Korngrößenzusammensetzung

Die Verteilung der Korngrößen dient einerseits der Charakterisierung des Ausgangsmaterials der Bodenbildung. Daneben muß auch ein direkter Einfluß der Körnung auf den Ausgangshumusgehalt angenommen werden. Während die tertiären Grünsande nur Spuren von organisch gebundenem Kohlenstoff enthalten (Preußische Geologische Landesanstalt 1927), steigt mit dem Tongehalt der organisch gebundene Kohlenstoff und insbesondere der Gesamt-N-Gehalt im Rohboden (Heinonen 1972) (Tabelle 3).

Die gefundenen, hier aber nicht im einzelnen dargestellten Ergebnisse zeigen eine erhebliche Variation der Zusammensetzung der Korngrößen. Die Grenzdifferenzen für 5 % Wahrscheinlichkeit erreichen bei den 10 parallelen Meßwerten ± 20 %. Charakteristisch für die Rekultivierungsflächen sind recht einheitliche Tongehalte zwischen 11 und 15 %. Je nach Lößanteil im kulturfähigen Bodenauftrag kann die Schluff-Fraktion entweder die Körnung dominieren oder durch Sandgehalte bis zu 50 % auf Anteile unter 40 % verdünnt werden. Auf jeden Fall zeigen die Flächen an den Meßstellen eine fast immer gleiche Zusammensetzung der Körnung des Unterboden und der Ackerkrume, so daß die Annahme, der heutige Humusgehalt des Unterbodens könne als Basiswert für den Humusgehalt bei Beginn der landwirtschaftlichen Rekultivierung dienen, von der Körnung her gut zu rechtfertigen ist.

5.3 Anreicherung der Flächen mit organisch gebundenem Kohlenstoff und Stickstoff

Bei der Betrachtung der hier nicht dargestellten einzelnen C- und N-Meßwerte wird eine erhebliche Variation auch innerhalb eines Schlages deutlich. Häufig treten aber extrem hohe oder niedrige Gehalte zugleich in der Oberboden- und auch in der darunter liegenden Unterbodenprobe auf, so daß die errechneten Differenzen einheitlicher werden. Gegenüber dem Mittelwert eines Tiefenbereiches lassen sich erhöhte C-Gehalte häufig anhand der Farbe als Ergebnis einer stärkeren Beimengung von alter Ackerkrume erklären. Deshalb bleiben im rechten Teil von Tabelle 4 von insgesamt 137 Meßwerten 17 unberücksichtigt. Die Differenz des humusrelevanten C-Gehaltes zwischen Ober- und Unterboden ändert sich dadurch nur geringfügig, die Anreicherung wird jedoch plausibler. Auch nach 56 Jahren der Rekultivierung wird noch nicht der Gehalt an organischem Kohlenstoff erreicht, wie ihn der „gewachsene“ Boden aufweist.

Die Gesamt-N-Gehalte der beiden untersuchten Tiefenabschnitte und deren Differenzen zwischen Ober- und Unterboden ergeben ein ähnliches Bild wie die des Kohlenstoffs. Insgesamt streuen die N-Gehalte weniger als die des Kohlenstoffs. Das hängt z. T. damit zusammen, daß die Kohlebeimengungen zwar den C-Gehalt, nicht aber den N-Gehalt verändern. Die Aussagekraft des N-Gehaltes wird nur dadurch etwas geschmälert, als der anorganisch gebundene Stickstoff, der in Form von fixiertem Ammonium in den Tonmineralen vorliegt, nicht extra bestimmt worden ist und deshalb nicht vom Gesamt-N-Gehalt abgezogen werden konnte. Dieser Mangel wirkt sich immer dann deutlich aus, wenn das C/N-Verhältnis für einen humusarmen Boden berechnet werden soll, da der mineralisch gebundene Anteil am Gesamt-N-Gehalt dort sehr hoch ist (Tabelle 4).

Vorsicht ist deshalb dann geboten, wenn das C-/N-Verhältnis zur Charakterisierung der Qualität des Humus verwendet werden soll. Mit zunehmender Rekultivierungsdauer steigen die Gehalte an organisch gebundenem Kohlenstoff und Stickstoff in etwa gleichen Raten an. Das C-/N-Verhältnis muß dabei größer werden, da die konstant bleibende Menge an fixiertem Ammonium relativ an Bedeutung verliert.

Tabelle 4. Mittelwerte der Gehalte an organisch gebundenem Kohlenstoff (bereinigt um Kohle-C) von Ackerkrume und Unterboden sowie deren Differenz für die ausgewählten Flächen in % C; *linke Hälfte:* alle Meßwerte berücksichtigt; *rechte Hälfte:* Ausreißer eliminiert

Schlag	Alter	0–30 cm	30–60 cm	Δ	0–30 cm	30–60 cm	Δ
A	9	0,36	0,22	0,14	0,36	0,22	0,14
B	16	0,52	0,25	0,27	0,52	0,25	0,27
C	20	0,55	0,25	0,30	0,54	0,25	0,29
D	29	0,77	0,24	0,53	0,77	0,24	0,53
E	32	0,84	0,23	0,61	0,74	0,22	0,52
F	33	0,92	0,35	0,57	0,76	0,20	0,56
G	56	1,10	1,00	0,10	0,95	0,30	0,65
H	-	-	-	-	2,23	0,59	-

5.4 Dichte der rekultivierten Böden

Tabelle 5 bringt die Dichten der Ober- und Unterböden. Die Böden der rekultivierten Flächen sind generell dichter gelagert, als der natürliche Boden. Die Unterböden haben häufig eine höhere Dichte, als die bearbeiteten Ackerkrumen. Bemerkenswert ist, daß die trocken abgelagerte und eingeebnete Pflugkippe D ihre günstige Struktur behalten hat, während die jüngeren Absetzerkippen generell dichter gelagert sind, als der natürliche Boden. Die Unterböden haben häufig eine höhere Dichte als die bearbeiteten Ackerkrumen.

Unter- und Oberboden spiegeln gemeinsam die Kornmischungsanteile, aber auch die vom Aufbringungsverfahren bestimmte Vorverdichtung wieder. Wenn die gemessenen Werte zum Teil recht hoch erscheinen, hängt dies auch damit zusammen, daß bei der Entnahme von Stechzylinderproben sorgfältig darauf geachtet wurde, daß darin keine visuellen Grobporen enthalten waren.

5.5 Angereicherte C- und N-Mengen

Die in Tabelle 6 angegebenen Raten der jährlichen Anreicherung der Rekultivierungsflächen mit organisch gebundenem Kohlenstoff und mit Stickstoff wurden aus der jeweiligen Gehaltsdifferenz zwischen Ober- und Unterboden unter Berücksichtigung der Dichte und der Dauer der Bewirtschaftung errechnet.

Schlag H muß bei der hier folgenden Betrachtung unberücksichtigt bleiben, da er bei der Aufschüttung mit Mutterboden überdeckt worden ist und weil deshalb der C- und der N-Gehalt des Unterbodens fehlerhafte Referenzwerte liefern. Unabhängig von der Dauer der Bewirtschaftung wurden je Hektar jährlich knapp 800 kg Kohlenstoff und knapp 70 kg Stickstoff angereichert. Obwohl die Schläge D, E und F in den Anfangsjahren gezielt humusmehrend bewirtschaftet worden sind, weisen sie keine höheren Raten der Anreicherung auf, als die Schläge A, B und C, auf denen von Anfang an nach rein ökonomischen Kriterien Marktfrüchte angebaut worden sind. Auch Schlag A, der während seiner ganzen Entwicklung mit Getreide bestellt worden ist, paßt gut in das Bild gleicher Raten der C- und der N-Anreicherung für alle Altersstufen.

Das C/N-Verhältnis in der angereicherten organischen Substanz liegt mit Werten zwischen 10 und 13,5 im normalen Bereich für Böden mit der hier vorliegenden Körnung und unterscheidet sich nicht von dem von natürlichen Böden.

6 Diskussion

Jeder Bewirtschafter von rekultivierten Flächen kennt das Problem der niedrigen Ausgangshumusgehalte und der damit einhergehenden Nachteile für den Nährstoffhaushalt und die Struktur der Böden, die mit erhöhter Erosionsanfälligkeit, Kompressibilität und schlechter Befahrbarkeit am auffälligsten in Erscheinung treten.

Tabelle 5. Lagerungsdichte von Ober- und Unterboden der untersuchten Flächen [g/cm^3]

	A	B	C	D	E	F	G	H
0–30 cm	1,61	1,59	1,73	1,49	1,65	1,64	1,54	1,35
30–60 cm	1,53	1,65	1,76	1,36	1,60	1,63	1,43	1,33

Tabelle 6. Durchschnittliche jährliche Raten der Anreicherung der ausgewählten Rekultivierungsflächen mit Kohlenstoff und mit Stickstoff [kg/ha]

Schlag	A	B	C	D	E	F	G
Kohlenstoff	810	730	760	830	770	820	(550)
Stickstoff	60	73	70	72	65	72	(54)

Die geringere Nährstoffverfügbarkeit läßt sich heute leicht durch höhere Mineral-Düngeraufwendungen kompensieren. Gegenüber einem natürlichen Boden muß auf den Rekultivierungsflächen eine jährliche Festlegung von Stickstoff im Humus des Bodens in Höhe von 70 kg/ha eingeplant werden. Deshalb erhalten die Rekultivierungsflächen regelmäßig eine um ca. 40 kg N/ha erhöhte Düngung, mit der sich gleich hohe Erträge erzielen lassen, wie auf den natürlichen Böden. Die aus den Analysen ersichtliche Festlegung von jährlich 70 kg N/ha im Humus des Bodens muß also zusätzlich durch die Assimilation von Luftstickstoff durch freilebende Mikroorganismen in höhe von jährlich 30 kg N/ha gedeckt werden. Dieser Betrag ist vermutlich noch zu erhöhen, da die Böden wegen ihrer Dichtlagerung schlechter durchlüftet werden und da der Stickstoff umso leichter denitrifiziert wird.

Ein ebenfalls erhöhter N-Bedarf zum Aufbau von Humus wird in Versuchen mit pfluglosem Ackerbau beobachtet, bei dem sich die Tiefenverteilung des Humus im Boden langsam der von Grasland angleicht. Im unteren Teil der alten Ackerkrume wird Humus abgebaut, im oberen aufgebaut. Netto wird Humus aufgebaut (Lavane 1984). Claupein und Baeumer (1990) berichten, daß in der Zeit des Humusaufbaus nur dann gleiche Erträge bei landwirtschaftlichen Kulturpflanzen zu erzielen sind, wenn die jährliche N-Düngung gegenüber der Kontrolle um 60 kg/ha erhöht wird. Nach Erreichen des Gleichgewichts-Humusgehaltes stellen diese Autoren keine Unterschiede im Stickstoffhaushalt von Boden und Pflanze zwischen gepflügt und ungepflügt mehr fest.

Zusätzlich zum Stickstoff wird im Humus Phosphor festgelegt. Je 100 kg organisch gebundenem C müssen nach Untersuchungen von Scheffer und Meyer (1970) 4 kg P_2O_5 kalkuliert werden, für die Rekultivierungsflächen also je Hektar jährlich rund 30 kg P_2O_5 allein im Humus. Es kommt hinzu, daß auch die anorganischen P-Vorräte zunächst sehr niedrig sind und nach und nach bis zum Erreichen eines zumindest mittleren Versorgungsniveaus durch eine erhöhte P-Zufuhr aufgedüngt werden müssen.

Will man die Dauer bis zum Erreichen eines Gleichgewichts-Humusgehaltes kalkulieren, benötigt man neben der jährlichen Rate der C-Anreicherung die insgesamt im Boden speicherbare C-Menge. Die als Referenz zunächst ausgewählte Fläche H ist zur Ableitung des Endwertes der Humusanreicherung nicht geeignet. Ihr Gehalt an organisch gebundenem Kohlenstoff ist mit 2,3 % für die Region untypisch hoch. Auch die oben beschriebene Korrektur des C-Gehaltes um den Kohleanteil liefert für diesen Boden kein befriedigendes Ergebnis. Andere von der Braunschweigische Kohlen-Bergwerke AG bewirtschaftete natürliche lößbürtige Böden enthalten C-Gehalte, die – nach der Lichterfelde-Methode gemessen – zwischen 1,16 und 1,28 % liegen. Anderson und Domsch (1985) geben für eine Parabraunerde im Raum Helmstedt einen Gehalt von 1,26 % organisch gebundenen Kohlenstoffs an. Das sind Zahlen, die etwa 2 % Humus entsprechen und die realistisch klingen. Es ist allerdings nicht auszuschließen, daß ein so hoher Gleichgewichts-Humusgehalt auf den Rekultivierungsflächen nicht erreicht wird. Die geringere durchschnittliche Rate der C-Anreicherung auf Fläche G (Tabelle 6) läßt vermuten, daß hier bei 0,95 % C (bereinigt um Kohle-C) seit einigen Jahren kaum noch Kohlenstoff und Stickstoff angereichert werden.

Der aus den C-Gehalten der Unterböden abgeleitete Ausgangs-C-Gehalt bei Beginn der Rekultivierung beträgt für die Flächen A–F 0,26 %. Wenn die, vermutlich durch Mutterbodenbeimengung erhöhten Meßwerte unberücksichtigt bleiben, sind es 0,23 %. Es müssen bis zum Erreichen des Gleichgewichts-Humusgehaltes also max. 1 % C, bei Annahme von 0,95 % als erreichbarer Gehalt, rund 0,7 % C angereichert werden. Bei einer Dichte von 1,5 g/cm^3 sind das für eine 30 cm mächtige Ackerkrume 45 bzw. 32 t Kohlenstoff je Hektar. Nach den für das Revier Helmstedt ermittelten und in Tabelle 6 angegeben Raten der Anreicherung entspricht das einer Dauer von 41 bzw. 57 Jahren, nach welcher der Humusaufbau abgeschlossen ist.

Es soll nun der Frage nachgegangen werden, ob die errechneten Raten der Humusanreicherung bis zum Erreichen des stabilen Endwertes konstant bleiben. Man kann die für Schlag G errechnete durchschnittliche Rate von nur 550 kg C/ha auch so interpretieren, daß die Raten mit zunehmender Annäherung an den Endwert geringer werden und deshalb die durchschnittliche Rate bei der langen Dauer seit Beginn der Rekultivierung abnimmt. Dem steht entgegen, daß die Flächen E und F, die bereits C-Gehalte von 0,84 bzw. 0,92 erreicht haben, nach 32 bzw. 33 Jahren kein Zurückgehen der Raten erkennen lassen. Das legt die Deutung nahe, daß die Anreicherung der Rekultivierungsflächen mit Humus von Beginn an mit jährlichen gleichen Raten erfolgt und dann mehr oder weniger abrupt endet.

Einen ähnlichen Verlauf der Humusanreicherung haben auch Nieder und Richter (1991) gefunden, die in sehr umfangreichen Arbeiten den Aufbau von Humus in den

Ackerkrumen von Lößböden Südniedersachsens nach Verdünnung durch tieferes Pflügen als Folge der Beimengung von humusarmem Unterbodenmaterial zur alten Ackerkrume gemessen haben. Je nach dem Ausmaß und dem Zeitpunkt des Beginns der Krumenvertiefung ist der Aufbau von Humus heute bereits abgeschlossen oder dauert noch an. Bei einem C/N-Verhältnis von etwa 10 wurden bis 1983 im Mittel von 35 Schlägen jährlich 76 kg N/ha, max. 100 kg N/ha angereichert. Die 1989 von den Autoren wiederholten Messungen ergaben, daß auf einem Teil der Schläge die Rate der Anreicherung inzwischen gegen Null gegangen ist. Für die restlichen 18 Schläge errechnen sie jährliche N-Anreicherungen, die zwischen 55 und 87 kg N/ha liegen.

Ehlers und Claupein (1994) werteten nach 25 Jahren Laufzeit Versuche zu pfluglosem Ackerbau im Raum Göttingen aus. Für den Zeitraum 1967–1980 stellten sie gegenüber gepflügt eine C-Anreicherung bei gleich bleibenden jährlichen Raten von insgesamt 7 t/ha für die Bodentiefe 0–30 cm fest. Später bleibt die Differenz im C-Vorrat zwischen gepflügt und ungepflügt gleich.

Die hier diskutierten Zahlen sprechen eindeutig für lineare Raten der Humusanreicherung bis zum Erreichen eines stabilen Endwertes. In der Literatur wird dagegen häufig ein degressiver Verlauf angenommen (z. B. Diez u. Bachthaler 1978, dort weitere Literatur). Sichtet man diese Literatur, so erkennt man schnell, daß ein degressiver Verlauf der Raten der Humusanreicherung kaum mit Zahlen zu erhärten ist, sondern gefühlsmäßig angenommen worden ist.

Damit rundet sich das Bild vom Verlauf der Humusanreicherung auf Rekultivierungsflächen. Die hier mitgeteilten jährlichen Raten entsprechen denen, die z.B. Schulze und Engels (1962) für Roh-Löß unter landwirtschaftlicher Nutzung für das Rheinische Braunkohlerevier angeben: 0,04 % jährlicher Anstieg des Humusgehaltes entsprechen bei 25 cm Pflugtiefe und einer angenommenen Lagerungsdichte von 1,5 g/cm^3 870 kg C/ha. Diez und Bachthaler (1978) errechneten für zwei Neulandböden nach 36 Jahren der Bewirtschaftung eine jährliche Rate des Anstiegs von 680 bzw. von 550 kg C/ha.

Diese Vergleichszahlen sind insofern interessant, als zwischen den alten und den jüngeren Rekultivierungsflächen gravierende Unterschiede hinsichtlich der Bewirtschaftung eingetreten sind. Bis in die 60er Jahre hinein wurden Rekultivierungsflächen generell humusmehrend bewirtschaftet, was sowohl Schulze und Engels (1962) als auch Diez und Bachthaler (1978) ausdrücklich erwähnen. Regelmäßige Zufuhr von Stallmist, wenig Hackfrüchte, dafür aber tief wurzelnde Futterpflanzen wie die Luzerne charakterisierten die Bewirtschaftung. Dafür waren die Bearbeitungstiefe, das Düngungsniveau und die Erträge wesentlich geringer. Etwa zeitgleich mit der Abschaffung des Viehs und der humusmehrenden Bewirtschaftung bei den hier vorgestellten Flächen setzte die tiefere Bodenbearbeitung, ein deutliches Ansteigen des Düngeraufwandes und auch der Erträge ein. Das Ertragsniveau für Getreide lag in den 80er Jahren um mehr als 50 % höher, als in den oben zitierten älteren Versuchen, deren Beginn bis Anfang der 40er Jahre zurückreicht.

Es bietet sich folgende Schlußfolgerung an: Mit den Erträgen steigen auch die Massen an Wurzeln und an Ernterückständen an. Vermutlich haben diese erhöhte Zufuhr von organischer Substanz zum Boden und die erhöhten Aufwendungen an Handelsdünger die zweifelsohne humusmehrende Wirkung des Stallmistes und der anderen inzwischen weggefallenen Maßnahmen zur Humusmehrung kompensiert und überkompensiert. So ließe sich erklären, daß die beschriebene Umstellung der Bewirtschaftung den ökonomischen Erfolg bei der Bewirtschaftung der rekultivierten Flächen ohne Nachteile für den Humushaushalt des Bodens verbessern konnte.

7 Zusammenfassung

Die landwirtschaftliche Bewirtschaftung von Neulandböden im Helmstedter Revier erfolgt durch eine eigene Abteilung der Braunschweigische Kohlen-Bergwerke AG. Dadurch ist auch über einen langen Zeitraum eine gute Vergleichbarkeit der Flächen gewährleistet. Es wurden 7 Rekultivierungsflächen mit einer Dauer der Bewirtschaftung zwischen 9 und 54 Jahren ausgewählt und auf diesen die Menge und der Verlauf der Humusanreicherung untersucht. Während die älteste der Flächen noch mit Mutterboden überdeckt worden ist, wurde später nur ein Gemisch aus Mutterboden und darunter liegendem Bodenmaterial zur Bedeckung der Abraumkippen verwendet. Es wurden Flächen mit einer erheblichen Lößkomponente im Korngrößengemisch ausgewählt. Da die Löß-Mächtigkeit im Helmstedter Raum gering ist, können die heutigen Neulandböden neben tertiären Ton- und Schluff- erhebliche Sandbeimengungen enthalten. Der Gehalt an organisch gebundenem Kohlenstoff zu Beginn der Rekultivierung wurde aus dem heutigen Unterboden abgeleitet und betrug 0,25 %.

Unabhängig von der Dauer der Rekultivierung gilt für alle Flächen, soweit der Gleichgewichtshumusgehalt noch nicht erreicht ist, eine über den gesamten Zeitraum der Rekultivierung gleichbleibende jährliche Rate der Anreicherung von knapp 800 kg organisch gebundenem C und von 70 kg Stickstoff je ha. Davon stammen 40 kg aus der erhöhten Düngung und 30 kg aus der mikrobiellen Assimilation von Luftstickstoff. Die Höhe des Endwertes der Humusanreicherung kann nur ungefähr auf 0,95–1,25 % C geschätzt werden. Dieser Gehalt wird nach einer Rekultivierungsdauer von 41–57 Jahren erreicht. In dieser Zeit werden je Hektar jährlich 70 kg N und 30 kg P_2O_5 im Humus festgelegt, die durch eine entsprechend erhöhte jährliche Düngung bereitgestellt werden müssen.

Für die Anfangsjahre der Rekultivierung, in denen die Bewirtschaftung gezielt auf Humusmehrung ausgerichtet war, wurden Raten der Humusanreicherung festgestellt, die gleich hoch waren, wie in den folgenden 10–15 Jahren, in denen die sog. „humusmehrenden" Maßnahmen ökonomischen Argumenten zum Opfer gefallen sind. Dieser Sachverhalt wird so erklärt, daß die höhere Aufwendung an Mineraldünger neben den Erträgen auch die Mengen an Wurzelmasse und an Ernterückständen erhöht haben. So ist zu erklären, daß der Wegfall der humusmehrenden Bewirtschaftung nicht zu einer Verlangsamung der Anreicherung der Rekultivierungsflächen mit Humus geführt hat.

Die Beständigkeit der Humusanreicherung in den lößbetonten Kippenböden des Helmstedter Reviers und die damit einhergehende Stabilisierung von Struktur und Ertragsleistung der Böden dürfte jedoch ihre Grundlage in der Tatsache finden, daß die Abdeckverfahren mit besonderer Sorgfalt durchgeführt werden, wozu die Trockenverfrachtung und das Rückwärtsabkippen des kulturfähigen Bodens unter Vermeidung verdichtender Planierung und Umgehung großer Fallhöhen gehören.

LITERATUR

Anderson T-H, Domsch K H (1985) Determination of ecophysiological maintainance carbon requirements of soil organic matter in a dormant state Biol Fert Soils 1: 81–89

Burykin A M (1985) Soil formation rates in man-made landscape as related to recultivation. Soviet Soil Sci 2: 81–93, 1

Claupein W, Baeumer C (1990) Einfluß der Bodenbearbeitung auf den Stickstoffumsatz in Ackerböden. Tag-Ber Akad Landwirtsch-Wiss, Berlin 295: 145–159

Darmer G (1976) Landschaft und Tagebau. 2. Aufl., Patzer, Hannover

Diez T, Bachthaler G (1978) Auswirkungen unterschiedlicher Fruchtfolge, Düngung und Bodenbearbeitung auf den Humusgehalt der Böden. Bayer Landw Jahrb 55: 368–377

Ehlers W, Claupein W (1994) Approaches toward conservation tillage in Germany. In: Carter M R (ed) Conservation tillage in temperate Agrosystems. Lewis Publishers, Boca Raton/Florida, S 141–165

Heinonen R (1972) Humusversorgung, Bodenstruktur und Wasserhaushalt, Landw. Forschung, 30. Sonderheft

Lavane G (1984) Mengenänderung der organischen Bodensubstanz bei unterschiedlicher Bearbeitungsintensität, Diss. Landw. Fak. Univ. Göttingen

Nieder R, Richter J (1991) Langfristige Stickstoff-Immobilisation in südostniedersächsischen Löß-Ackerböden – Entwicklung in den letzten 25 Jahren. Z Kulturtechnik und Landentwicklung 32: 248–257

Preußische Geologische Landesanstalt (Hrsg) (1927) Erläuterungen zur Geologischen Karte, Blatt Hötensleben, Geol. Landesamt Berlin, 4

Scheffer K, Meyer B (1970) Umgestaltung des Phosphat-Haushaltes einer Parabraunerde aus mächtigem Löß durch Tiefumbruch. Göttinger Bodenkundl Ber 16: 67–98

Schulze E, Engels H (1962) Rekultivierung von Löß-Böden im Rheinischen Braunkohlegebiet. Z Acker- Pflanzenbau 115: 115–143

Standorterkundung und Holzartenwahl im Rahmen der Rekultivierung des ehemaligen Braunkohlentagebaues Treue

Karl-Friedrich Prigge und Stefan Pieper

1 Einleitung

Im aufgelassenen Tagebau Treue mit einer Größe von rd. 6 km^2 sind Teilflächen in den vergangenen Jahrzehnten mit tertiären Deckschichten verfüllt, mit quartärem Lößlehm (Oberboden) überdeckt und dann als landwirtschaftliche Nutzfläche bewirtschaftet worden. Im Rekultivierungsplan ist festgelegt, in Anlehnung an den ursprünglichen Charakter, die Landschaft mit wechselnden Anteilen von Wald und Landwirtschaftlichen Nutzflächen wieder herzustellen.

2 Aufgabenstellung

Im Rahmen dieser Vorgaben ist geplant, im Jahr 1994 ca. 50 ha Wald neu zu begründen. Die Landwirtschaftskammer Hannover – Forstabteilung – wurde beauftragt, eine forstliche Standortkartierung nach dem vereinfachten Niedersächsischen Verfahren für diese Flächen durchzuführen. Hierbei sollten Erkenntnisse über Bodenparameter der neu zu gründenden Waldökosysteme gesammelt werden. Von Bedeutung erschien hierbei insbesondere, daß bei der Verfüllung des Tagebaues stark saures tertiäres Abraummaterial mit Lößlehm überdeckt wurde, der aufgrund des Auftragsverfahrens eine Verdichtung erfahren hat. Neben diesen bodenphysikalischen Besonderheiten erschien auch eine begleitende bodenchemische Untersuchung notwendig, um Aussagen über gravierende Auswirkungen möglicher veränderter, das Pflanzenwachstum einschränkender Bedingungen machen zu können.

3 Verfahren

Standortkartierung ist Naturerkundung. Sie versucht, alle Faktoren, die das Wachstum der Pflanzen beeinflussen, zu erfassen. Eine genaue Kenntnis des aktuellen Zustandes und der potentiellen Leistungsfähigkeit der Standorte erleichtert die wirtschaftlich und ökologisch richtige Baumartenwahl, wobei darüber hinaus auch Aussagen möglich sind, ob und in welchem Ausmaß Düngungs- und Bodenbearbeitungsmaßnahmen notwendig werden. Die außerordentlich große Vielzahl der standörtlichen Konstellationen im Wuchsgebiet Braunschweiger Hügelland Ost (BH) erfordert eine Systematisierung. Das ökologische Rahmenschema der Kartierung gibt die Möglichkeit, alle hier vorkommenden Standorttypen zu verschlüsseln.

Im Rahmenschema werden folgende Zahlenkombinationen vergeben:

Die erste Zahl weist auf die mit der Geländeform (Exposition) zusammenhängende Bodenfeuchtigkeit und Wasserversorgung der zugehörigen Standorte (1–29) hin. Die zweite Zahl zeigt die Nährstoffversorgung der zugehörigen Standorte (1: sehr schwach, 6: sehr gut, mit weiteren Abstufungen + oder –) an. Die dritte Zahl bezeichnet das geologische Ausgangsmaterial und deren Schichtung, die vierte Zahl die Bodenart.

Beispiel: 9.4.3.2 b

- 9. Vorratsfrische und nachhaltig frische Standorte der Ebenen und Plateaus
- 4. ziemlich gut nährstoffversorgt
- 3.2 über 70 cm mächtige Lößlehme und Lößlehmfließerden
- b mit Bearbeitung im Oberboden

Mangels geländebedingter Orientierungsmöglichkeiten wurde auch im Hinblick auf die spätere forstliche Bewirtschaftung ein Abteilungsnetz eingerichtet und im Gelände gekennzeichnet (Abb. 1).

Anhand der Abteilungslinien sind auf Teilflächen der Abteilungen 14, 16–18, 21, 22, 24–26, 28 und 29 mit einem Löffelbagger 28 Bodeneinschläge (υ)bis zu einer Tiefe von 1,7 m angelegt worden. Aus zwei repräsentativen Bodenschürfen sind horizontweise Bodenproben entnommen und am Institut für Bodenökologie untersucht worden. Mit 15 Pürkhauerbohrungen (1,5 m) sind zusätzliche Informationen über die Mächtigkeit des Decksubstrates gewonnen worden.

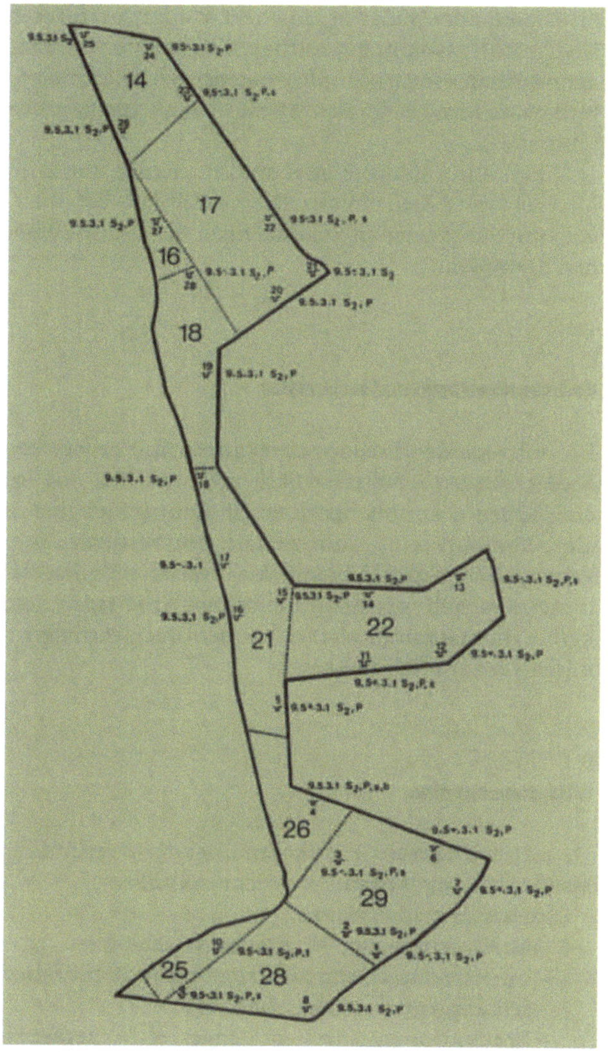

Abb. 1. Rekultivierungsfläche mit Bodenprofilen (Zeichenerklärung im Text)

4
Ergebnisse

Die durch eine Standortkartierung ausgewiesene Differenzierung von Bodenmerkmalen verengt sich auf stark anthropogen verändertem Boden auf wenige Parameter. Deshalb war auch im Untersuchungsgebiet aufgrund der prognostizierten Homogenität keine große Streuung zu erwarten.

Auf der Rekultivierungsfläche werden daher die Standortmerkmale im wesentlichen durch Struktur und Mächtigkeit des Decklehms beeinflußt. Die maßgeblichen wesentlichen Merkmale werden in der folgenden Beschreibung dargestellt:

Standorttyp: 9.5.3.1 S_2
Wuchsbezirk: BH
Höhenstufe: planar (= ca. 130 m ü. NN)

Frische bis nachhaltig frische Standorte der Ebenen, flache und sehr breite Mulden, breite Plateaus und sehr flache Hänge mit guter Nährstoffversorgung aus über 70–80 cm mächtigen sandigen o. a. verunreinigten, auch verarmten, aufgeschütteten Feinlehmen

Potentiell natürliche Waldgesellschaft: Perlgras-Buchenwald

Vorkommen, Lage, Varianten, Größe: Der Standorttyp tritt auf einer Fläche von 49 ha mit folgenden Varianten auf:

Variantensymbol =	Bedeutung
-	schwächer nährstoffversorgt
b	mit Bearbeitung im Oberboden
s	mit deutlichem Stauwassereinfluß im Oberboden
t	trockener
P	mit Pflughorizont aus ehemaliger landwirtschaftlicher Nutzung
S_2	Sonderstandort, hier Aufschüttungsboden

6
Eigenheiten und Merkmale

Geologisches Ausgangsmaterial dieses Sonderstandortes sind in ebener Lage aufgeschüttete pleistozäne Decklehme von 100 cm über tertiärem Abraummaterial (aus dem Hangenden des Braunkohletagebaues) im Untergrund. Die Decklehme stellen sich als skelettarme, stark schluffige Lehme bis stark lehmige Schluffe dar. Das unterlagernde Material variiert sehr stark von lehmigem Ton bis zu schluffigem Sand. Tertiäre Grün- und Quarzsande runden die große Varibilität der vorgefundenen Substrate ab. Die schwach humosen Oberböden dieser Sonderstandorte sind nur wenig entwickelt. Sie sind locker gelagert und zeigen Polyedergefüge, während die darunterlagernden Horizonte mäßig locker bis dicht gelagert sind und häufig Plattengefüge aufweisen.

Der Unterschied in Bodenart und Lagerungsdichte zwischen tonarmen und tonreicheren Horizonten hat unterschiedliche Wasserpermeabilität zur Folge. Durch Befahren mit schweren Fahrzeugen während der Aufschüttung sind tonreiche Horizonte deformiert und stellen jetzt einen Staukörper dar.

Bleichungen im unteren Bereich des Oberbodens sowie Marmorierungen in den tonreichen Bereichen sind charakteristisch. Obwohl schluffreiche Substrate sowohl bei Podsolierungs- als auch bei Stauwassertendenzen stark mit Farbveränderungen (Bleichungen) reagieren und diese Einflüsse überzeichnen, ist von einer Pseudovergleyung auszugehen.

Durch die oben angesprochenen Bedingungen können sich auf diesem Standort schwach bis mäßig pseudovergleyte Braunerden entwickeln. Die Standorte sind tiefgründig (max. bis 140 cm), die tonreicheren Horizonte stellen allerdings ein gewisses Wurzelhindernis dar. Diese Horizonte werden von den wurzelintensiven Baumarten noch gut durchwurzelt. Die Durchwurzelungsintensität läßt mit zunehmender Tiefe nach. Besonders schwierig wird diese Situation im Übergangsbereich zwischen Aufschüttungsboden und dem Abraummaterial. Nicht nur der Substratwechsel, sondern v. a. die extremen pH-Wert-Unterschiede stellen für die Wurzeln ein Hindernis dar. Die Verankerung des aufstockenden Bestandes wird daher nur im Decklehm erfolgen. Eine Tiefenerschließung im Abraummaterial ist wegen des stark sauren Milieus unmöglich. Spätere Stabilitätsprobleme und eine Windwurflabilität können daher nicht ausgeschlossen werden.

Vom Wasserhaushalt her dürften sich keine Probleme ergeben, da der Schluff von Natur aus von allen Bodenarten den höchsten Mittelporenanteil besitzt und somit die größte nutzbare Speicherkapazität für Wasser und Nährstoffe besitzt. Dieses wird auch durch Tonverlagerung und durch die damit in Teilbereichen verbundene Dichtlagerung nur wenig gemindert. Zudem zeichnet der Schluff sich durch eine mittlere Luftkapazität und Bodendurchlüftung aus (Arbeitskreis Standortkartierung in der Arbeitsgemeinschaft Forsteinrichtung 1978).

Die hohe Wasserspeicherkapazität bedingt im Frühjahr bei voller Wassersättigung eine leicht verzögerte Erwärmung des Bodens. Der große Mittelporenanteil und die Tiefgründigkeit des Standortes gewährleisten während der gesamten Vegetationszeit eine gute Wasserversorgung, die durch den leichten Rückstau noch unterstützt wird.

Das Decksubstrat ist mäßig mit Silikaten ausgestattet. Prägendes Standortmerkmal sind die karbonatischen Verunreinigungen. Die durchgeführten Nährstoffanalysen verdeutlichen dieses.

Im einzelnen wird sich auf diesen Standorten eine gute Humusform entwickeln. Die Stickstoff- und die Phosphatversorgung sowie die Kaliumversorgung (durch den Tonanteil im Decklehm) sind ausreichend gesichert.

Abschließend kann gesagt werden, daß die Leistung des Standortes entscheidend bestimmt wird durch die hohe Speicherkapazität des Lößlehms für Wasser und Nährstoffe bei einer sehr guten Basenversorgung im Decklehm.

7 Wirtschaftsbestockung

Durch die positiven klimatischen Bedingungen und die Nährstoffausstattung der Decklehme ist der Standort prädestiniert für den vorrangigen Anbau mit Laubbaumarten.

Eine Vielzahl von Buchenbetriebszieltypen sind möglich, wobei die etwas herabgesetzte Vitalität der Buche im kontinental geprägten Klima sich positiv auf die Mischbestandsregulierung auswirkt. Von den geringeren Niederschlagssummen profitiert v. a. die Eiche. Daher kann auch der sonst sehr pflegeintensive Betriebszieltyp Buche und Eiche auf diesem Standort empfohlen werden (Otto 1991).

Ebenfalls anbaugeeignet sind Buchenbestände in Mischung mit Edellaubholz. Dieses sollte auf den wertvolleren Standorten in kleinflächiger Mischung eingebracht werden.

8 Bodenbearbeitung und Melioration

Die auftretenden Pseudovergleyungen, die bei starken Niederschlägen Standwasserflächen verursachen, machen eine Tiefenlockerung bis zu 80 cm unumgänglich. Mit einer Kombination aus horizontaler und vertikaler Lokkerung ist eine grundlegende Melioration möglich. Bei dieser Bearbeitung sollten im selben Arbeitsgang 150 kg/ha Thomaskali (8/15/5) mit in den Decklehm eingemischt werden (Rehfuess 1981).

9 Hilfspflanzenanbau

Dem Hilfspflanzenanbau kommt bei der Begründung stabiler Waldökosysteme eine Schlüsselrolle zu.

Zu den Vorteilen zählen:
- Minimierung der Nährstoffauswaschungen
- Intensive Bodendurchwurzelung zur Melioration schluffiger und toniger Standorte
- Produktion von großen Mengen leicht zersetzlicher Streu für die Ausbildung einer mullartigen Humusform
- Begründung einer Bodenbedeckung, bis sich die standorttypische Bodenvegetation entwickelt hat

Als Hilfspflanze hat sich die Dauerlupine *(Lupinus polyphyllus Lindl.)* bewährt. Der Einsatz von Leguminosen ist bei den heutigen N-Einträgen und der potentiellen Versauerungsmöglichkeit bei Nitratauswaschungen jedoch zu prüfen. So zeigt sich, daß mehrjähriger Permontana-Roggen oder Kleemischungen sowie Raps ähnlich günstige Wirkungen erzielen wie der Lupinenanbau, wobei der Permontana-Roggen die geringsten Nährstoffansprüche stellt. Den größten Wurzeltiefgang und damit den günstigsten Einfluß auf die physikalischen und chemischen Unterbodenverhältnisse zeigt allerdings die Dauerlupine. Sie ist damit gut geeignet, die neu geschaffene Tiefenlockerung zu stabilisieren und den Unterboden mit wertvoller organischer Substanz anzureichern. Als Startdüngung wird eine einmalige Gabe von 100 kg/ha Blaukorn (12/12/17/2) empfohlen (Rehfuess 1981).

10
Niederschlagsverhältnisse

Im Bereich der Rekultivierungsfläche fallen im langjährigen Mittel ca. 605 mm Niederschlag. Dieser Wert liegt unter dem Durchschnitt für den Wuchsbezirk Braunschweiger Hügelland (650 mm), während die Niederschläge in der Vegetationszeit geringfügig über dem Mittelwert des Wuchsbezirkes liegen (Otto 1991).

Die Feuchtigkeitsverhältnisse eines Gebietes werden vorrangig gekennzeichnet durch die Niederschlagshöhe und die relative Luftfeuchtigkeit. Während die Luftfeuchtigkeit relativ geringen Schwankungen unterliegt, kann die Niederschlagshöhe sowohl räumlich wie auch zeitlich starken Abweichungen unterliegen.

Für das Baumwachstum ist neben der absoluten Regenmenge im Jahr besonders die Verteilung der Niederschläge im Jahresverlauf bedeutsam (Burschel und Huss 1987). Aus Tabelle 1 und aus dem Niederschlagsdiagramm (Abb. 2) ist für die Monate Juni bis August ein Niederschlagsmaximum zu entnehmen, die Monate April und Mai weisen die geringsten Jahresniederschläge auf. Das deutet zusammen mit der Temperatur auf einen schwachen subkontinentalen Einfluß hin.

Für die Beurteilung der Feuchtigkeitsverhältnisse sind die Niederschläge in der forstlichen Vegetationszeit aussagefähig. Diese betragen im Bereich des Tagebaues 273 mm.

Im Vergleich zum Wuchsbezirk Braunschweigisches Hügelland Ost (260 mm) ist es nur geringfügig über dem Wert für diesen Bereich. Die Niederschlagsmenge von 273 mm entsprechen 45 % der Jahresniederschläge.

Die Niederschlagsverteilung mit einem deutlichen Anstieg der Regenmengen im Juni, Juli und August verdeutlichen den (schwach) kontinentalen Einfluß des Klimas. Generell ist festzustellen, daß die Ozeanität von Westen nach Osten abnimmt.

Hierzu folgende Anmerkungen:

- a) Infolge der hohen sommerlichen Verdunstungskraft der Atmosphäre ist die Wirksamkeit der Niederschläge auf das Pflanzenwachstum in den Monaten Juni bis August reduziert.
- b) Die geringe Niederschlagsmenge im Frühjahr findet eine negative Verstärkung in den Hochdruckwetterlagen des Märzes, die mit ihren schon hohen Tagestemperaturen für Kulturen Trockenheitsgefahr bedeutet.

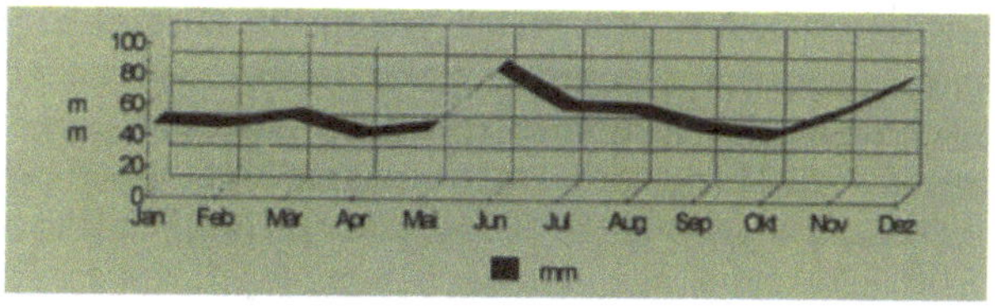

Abb. 2. Niederschlagsdiagramm, Monatsmittel 1984–1993

11
Waldbauliche Empfehlungen

Anhand der potentiell natürlichen Waldgesellschaft, die sich auf diesem Standort entwickeln wird, sollen Hinweise für die Waldbauplanung gewonnen werden.

Die Rekultivierungsfläche der Braunschweigische Kohlen-Bergwerke AG liegt im Wuchsgebiet Norddeutsche Berglandschwelle, Wuchsbezirk Braunschweigisches Hügelland Ost. Alle Flächen liegen mit ca. 130 m über NN in der planaren Höhenstufe. Die damit verbundenen klimatischen Bedingungen bedeuten für die Laubbaumarten fast optimale Wuchsbedingungen.

Perlgras-Buchenwald

Perlgras-Buchenwälder entstehen auf Böden mit hoher Basensättigung und reichem Stickstoffhaushalt. Sie unterscheiden sich von den Kalkbuchenwäldern durch einen wesentlich geringeren oder fehlenden Kalkdetritus in den oberen Bodenhorizonten und durch einen höheren Feinbodenanteil. Dies führt zu einer Verbesserung der Wasserversorgung und einer ausgeglichenen Nährstoffzufuhr bezüglich Kalium (und Magnesium).

Ausgangsmaterialien sind alle lößüberlagerten Substrate. Das Baumwachstum ist auf tonreichen und lehmigen Substraten durch das reichhaltige Wasser- und Nährstoffangebot optimal. Typisch für den Perlgras-Buchenwald ist die Hallenstruktur der Altholzbestände, in der Sträucher fast völlig fehlen und die Krautvegetation reich ausgebildet ist (Hofmeister 1983).

Der Perlgras-Buchenwald gedeiht als potentiell natürliche Vegetation auf Lößstandorten, die dem Aufschüttungsmaterial ähnlich sind.

Die Artenzahl in der Bodenvegetation ist bei den nährstoffreichen Perlgras-Buchenwäldern vielfältig. Anspruchsvolle Arten wie Bingelkraut, Lungenkraut, Bärlauch, Aronstab und weniger anspruchsvolle Arten wie Waldziest, Storchschnabel und Hexenkraut können sich behaupten und treten in Konkurrenz mit den sog.

Tabelle 1. Monatsmittel der Niederschläge 1984–1993; Messungen der Braunschweigische Kohlen-Bergwerke AG (BKB)

Monatsmittel der Niederschläge [mm]											
Jan	Feb	Mär	Apr	Mai	Jun	Jul	Aug	Sep	Okt	Nov	Dez
44	42	48	36	41	81	55	53	42	37	52	73
Gesamtniederschlagsmenge 604 mm											

„Allerweltsarten" mit weiter Amplitude. Dieses sind u. a. Weißes Buschwindröschen, Waldmeister, Goldnessel und Sauerklee. Auf feucht-schattigen Standorten gewinnen die Farne an Konkurrenzkraft und bilden die Subassoziation typischer Perlgras-Buchenwald mit Farnen. In feucht-windstillen Lagen kommen die Arten der Waldschwingelgruppe hinzu und es entsteht der typische Perlgras-Buchenwald mit Waldschwingel. Bei Wechsel- bis Staufeuchte ist die Subassoziation typischer Perlgras-Buchenwald mit Rasenschmiele auszuscheiden.

In der Baumschicht dominiert die Buche in diesem subkontinental getönten Klima nicht so stark, so daß eine Beimischung der Edellaubholzarten wie z. B. Esche und Bergahorn empfohlen werden kann (Abb. 3). Waldbaulich vertretbar sind neben Bergahorn und Esche auch die Eiche. Die Eiche fehlt im typischen Perlgras-Buchenwald, weil sie von der dominanten Buche deutlich überwachsen wird. Im subkontinental getönten Klimabereich wird die Eiche jedoch konkurrenzfähiger. Eichen-Buchenmischwälder auf Perlgrasstandorten sind unter den gegebenen Klimabedingungen waldbaulich denkbar.

Unter Berücksichtigung der oben genannten charakteristischen Merkmale der Perlgras-Buchenwälder und der ungünstigen Voraussetzungen durch die Freiflächensituation, ist ein gesichertes Ankommen der Kulturen nur mit Begründung eines Vorwaldes zu erzielen. Hierfür bietet sich besonders die Europäische Lärche an. Aber auch Aspenhybriden vermögen auf diesem Standort innerhalb kurzer Zeit mehrere Meter Höhe zu erreichen und damit in Verbindung von Hilfspflanzendecken einen wirksamen Klimaschutz zu leisten.

12 Ergebnisse

Die physiko-chemischen Kenngrößen zeigen deutliche Unterschiede zwischen aufgeschüttetem Decklehm und dem tertiärem Abbraum des Tagebaues. So ist der überdeutliche pH-Wertabfall zwischen Oberboden und Abraum auf die verwitterten Schwefelsulfide und damit Freisetzung von Schwefelsäure zurückzuführen. Die Kohlenstoffmenge und damit die Pyritgehalte korrelieren mit der freigesetzten Säuremenge.

Der Decklehm zeigt eine für Lößmaterial ungewöhnlich hohe Basenausstattung. Mit der Feldmethode ist in allen Bodenschürfen und Tiefen Karbonat nachzuweisen. Vergleichbare Fließerden aus dem südniedersächsischen Bergland weisen diesen Basenreichtum erst in 2–3 m Tiefe auf. Besonders die landwirtschaftliche Nutzung hat ausgewogene Kohlen-/Stickstoff und Kohlenstoff-/Phosphatverhältnisse (C/N 10 und 17, C/P 24 und 37) bedingt. Auffallend waren die auf Teilflächen neugebildeten guten Polyederstrukturen. Weizenfeinwurzeln konnten das Decksubstrat bis zu einer Tiefe von 35–50 cm in kurzer Zeit erschließen. Für künftige Rekultivierungsvorhaben sollte die Mächtigkeit des Decksubstrates erhöht werden. Die großen Säuremengen im Abraum, zumindestens in den oberen 50 cm, könnten mittels Vollumbruch unter Einmischung von 5–7 t Konverterkalk abgepuffert werden.

Abb. 3. Traubeneichen-/Rotbuchenjungwuchs mit ökologisch wertvoller Saumzone im ehemaligen Tagebau Wulfersdorf

13 Zusammenfassung

Die rekultivierten Standorte setzen sich im Mittel aus 100 cm mächtigen Lößlehmen über tertiärem Abraummaterial zusammen. Die potenten Berglandstandorte bieten vielfältige waldbauliche Möglichkeiten. Jedoch ist das Risiko auf den labilen Böden in den ersten Jahrzehnten groß.

Eigenheiten und Merkmale der Standorte

Die gute Basenversorgung des Decklehms sowie die hohe Speicherfähigkeit des Lößlehms für Wasser und Nährstoffe sind wachstumsbestimmende Faktoren der Standorte.

Vorschläge zur Baumartenwahl

- 1. BZT 23 Buche und Edellaubholz (Hainbuche und Winterlinde)[1]
- 2. BZT 22 Buche und Bergahorn mit Vogelkirsche[1]
- 3. BZT 21 Buche und Eiche[1]
- 4. BZT 28 Buche und Lärche[1]
- 5. BZT 10 Traubeneiche mit Buche[1]

Bodenbearbeitung und Melioration

- 1. Tiefenlockerung bis 80 cm
- 2. Kalidüngung
- 3. Hilfspflanzenanbau, z. B. Dauerlupine

[1] Mit Vorwald aus Lärche, Pappel oder Erle.

Ausblick

Die Rekultivierung ehemaliger Tagebauflächen im Helmstedter Braunkohlenrevier sowie die Überführung bisher landwirtschaftlicher Rekultivierungsflächen durch Aufforstung kann nicht auf jahrzehntelange Erfahrung anderer Rekultivierungsverfahren (z. B. Revier Ville der Rheinbraun AG) zurückgreifen, da es sich bei der niedersächsischen Berglandschwelle unter Einbeziehung der mächtigen Lößdecken um anderes geologisches Ausgangsmaterial handelt.

Diese waldbaulichen Empfehlungen haben daher nur vorläufigen Charakter. Die stark lößgeprägten Standorte sollten den Bewirtschafter dazu veranlassen, das weitreichende Anbauspektrum bei seiner Planung in vollem Umfang zu nutzen, um bei gleichzeitiger weitergehender standortkundlicher Begleitung die für zukünftige Rekultivierungsverfahren geeigneten Varianten herauszuarbeiten und zu bestätigen.

LITERATUR

Arbeitskreis Standortkartierung i. d. Forsteinrichtung (1978) Forstliche Standortsaufnahmen, 4. Aufl., Landwirtschaftsverlag Münster-Hiltrup

Burschel P, Huss J (1987) Grundriß des Waldbaus. Parey, Hamburg

Hofmeister H (1983) Lebensraum Wald, 2. Aufl. Parey, Hamburg

Otto H.-J (1991) Langfristige ökologische Waldbauplanung für die niedersächsischen Landesforsten, Niedersächisches Ministerium für Ernährung, Landwirtschaft und Forsten, "Aus dem Wald" Bd. II

Rehfuess K E (1981) Waldböden. Parey, Hamburg

TEIL 5

Das Wetterauer Braunkohlenrevier

Das Wetterauer Braunkohlenrevier

Zwischen den steil aufragenden Taunusbergen im Südwesten und den sanft abfallenden Hängen des Vogelsberges im Osten liegt eine 40 km lange, 15–20 km breite, rd. 730 km^2 große Senke, die Wetterau. In ihr setzt sich der Oberrheinische Graben fort, sie ist Teil des Rhein-Main-Tieflandes und entwässert mit den Flüssen Wetter, Horloff, Nidda und Nidder zum Main. Zwischen den östlichen Taunushöhen mit mehr als 500 und den Ausläufern des Vogelsberges mit Höhen um 300 m über NN erstreckt sie sich als Ebene in einer Höhenlage zwischen 120 und 160 m über NN.

Im Untergrund lagern devonische Grauwacken, Quarzite und Kalke, die im Westen am Abbruch des Taunus und an der Wetterauer Schwelle an die Oberfläche kommen. Auf diese Formation folgen ausgedehnte Sedimente des Rotliegenden, die mit einem Horst zutage treten. Beide Gesteinsfolgen werden von tertiären Schichten überlagert. Am Taunusrand bestehen sie überwiegend aus Schottern, Kiesen und Sanden, zeigen aber weiter östlich v. a. tonige, mergelige und kalkige Ausbildungen. Überdeckt werden diese Schichten mit den Eruptivgesteinen aus den Vulkanausbrüchen des Vogelsberges. Diese Gesteine, hauptsächlich Basalt, werden in der südlichen Wetterau stark abgetragen und machen sich an der Oberfläche noch durch zahlreiche Erhebungen bemerkbar. In der nördlichen Wetterau treten sie deutlich in einem Basaltrücken hervor, der sich vom Vorderen Vogelsberg bis fast nach Friedberg erstreckt. Er teilt die nördliche Wetterau in das Butzbachbecken und die Horloffniederung. Die letztere und die übrigen Senkungsgebiete füllen sich mit Sedimenten des Oberpliozän, der jüngsten Phase des Tertiär. In mehreren dieser kleinen Becken der oftmals gestörten Bruchschollengebiete bilden sich Braunkohlenlager mit einer Mächtigkeit von im Durchschnitt 9 m aus. Das Gesamtvorkommen erstreckt sich rd. 15 km in nordsüdlicher Richtung (Jansen 1956).

Im Pleistozän, vornehmlich in der Würmeiszeit, wird die Wetterau mit einer mächtigen Decke aus Löß, stellenweise bis zu 8 m dick, überlagert. Fluviatile Sedimente und verwitterte Basaltgesteine aus eis- und nacheiszeitlichen Prozessen kommen hinzu. Der unebene Untergrund hat in der nördlichen Wetterau Anteil am leicht bewegten Relief, so daß hier von einem Lößhügelland gesprochen werden kann. In der klimatisch begünstigten, geschützten Senke bleibt die Lößdecke gut erhalten. Im Regenschatten des Taunus bilden sich Schwarzerden aus, die zu Schwarzerde-Braunerden unterschiedlicher Ausprägung verwittern. Die hohen Bodengüten, der Durchschnitt der Ackerzahlen liegt in vielen Gemarkungen bei 80, führt von der Jungsteinzeit bis heute zu einer ackerbaulichen Nutzung unter Zurückdrängung des Waldes seit mindestens 4000 Jahren. Der von Nordwesten nach Südosten verlaufende Limes buchtet plötzlich stark nach Norden aus und schließt nicht von ungefähr diesen fruchtbaren Landstrich von drei Seiten ein. Dennoch wachsen in der Wetterau noch heute als naturnah anzusehende Buchenwälder, in denen örtlich Traubeneiche, Winterlinde und Hainbuche beigemischt sein können (Glavač u. Bohn 1970; Trautmann et al. 1972).

Im nördlichen Teil der Wetterau wird westlich der Horloffniederung seit fast 200 Jahren Braunkohle gewonnen. Während die Kohle von 1804–1927 ausschließlich unter Tage von Standesherren und staatlichen Grundherren abgebaut wird, kommt es 1927 mit der Gründung der Braunkohlen-Schwefelkraftwerk Hessen-Frankfurt AG zu einem Aufschwung. Neben dem Tiefbau, der 1962 stillgelegt wird, setzt unter der Regie der Preußischen Elektrizität-Aktiengesellschaft, heute PreußenElektra AG, der Abbau der Kohle im Tagebau ein. Die mittlere Abbaumächtigkeit über der Kohle beträgt rd. 30 m. Das Deckgebirge besteht aus Tonen, überlagert von einer 5 m dicken Löß- bzw. Lößlehmdecke. In der Zeit von 1981–1991 wird der Kohleabbau nach Erschöpfung des Vorrates nach und nach zurückgenommen und schließlich ganz eingestellt. In der langen Bergbaugeschichte des Wölfersheimer Reviers sind ca. 70 Mio. t Kohle gefördert worden, in den letzten 80 Jahren fast ausschließlich zur Versorgung der engeren Region mit Energie (Lingemann 1993; Beitrag 79, Lingemann).

Bis Anfang der 60er Jahre bleiben die Hinterlassenschaften aus 150jähriger bergbaulicher Tätigkeit vorwiegend als Bruchfelder zurück. Nur ein kleiner Teil wird in dieser Zeit rekultiviert. Vor etwa 35 Jahren setzt die Arbeit an einem Rekultivierungskonzept ein. Die neuen Tage-

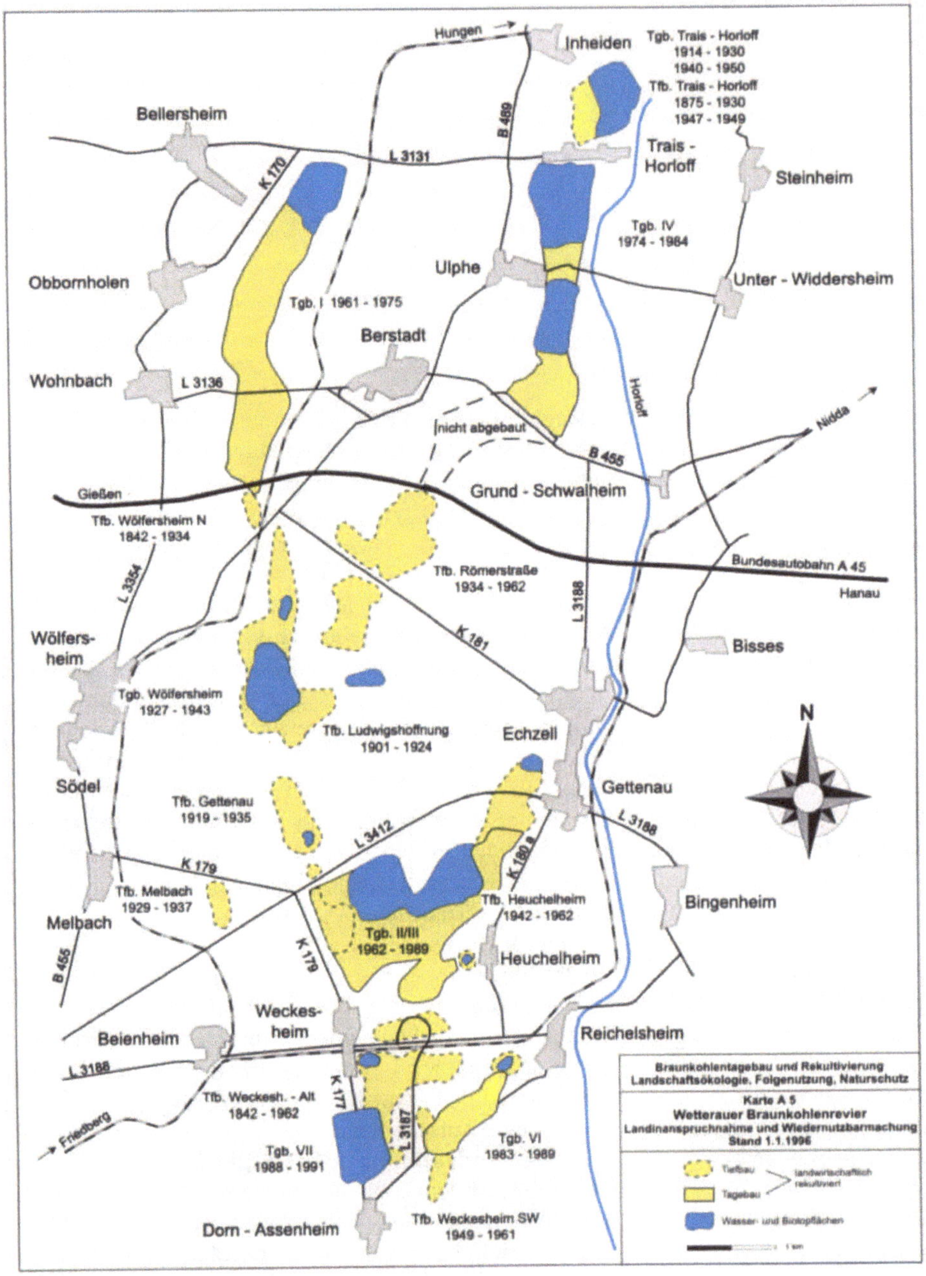

Karte A 5. Wetterauer Braunkohlenrevier. Landinanspruchnahme und Wiedernutzbarmachung. Stand 1.1.1996

baue sollen zusammen mit den alten Abbaugebieten in eine Landschaft überführt werden, die dem Naturraum Wetterau nahekommt und dennoch, v. a. aufgrund der Tagebaurestlöcher mit steileren Böschungen von anderer Eigenart sein wird. Stehende Gewässer kommen von Natur aus in dieser Landschaft nicht vor.

Die Wetterau verliert in den letzten vierzig Jahren auf Drängen der Landwirtschaft durch Flurbereinigung und Meliorationen viele der feuchteren Standorte in den Flußauen. Zur gleichen Zeit werden die Flüsse reguliert und mit Regenrückhaltebecken versehen. Die Landwirtschaft verlangt die Wiederherstellung der ihr durch den Braunkohleabbau entzogenen ertragreichen Nutzflächen. Da ausreichende Mengen kulturfähiger Böden gewonnen und auf die Rohböden aufgebracht werden können, bekommt die Folgenutzung Landwirtschaft den Vorrang vor anderen Nutzungen. Landschaftsökologisch gesehen sollen Standorte geschaffen werden, die in ihrer Leistungsfähigkeit langfristig der Ertragssicherheit und Ertragshöhe der früheren Böden nahekommen. Bis 1995 nimmt das Wetterauer Revier rd. 1 257 ha Land in Anspruch. Davon sind 806 ha landwirtschaftlich rekultiviert worden und 451 ha verbleiben als Wasser- und Regenerationsflächen (Randzonen der Tagebaurestlöcher). Die rekultivierten Flächen können der Karte A5 entnommen werden.

Die bis zu 45 m tiefen Gruben werden, soweit sie nicht für die landwirtschaftliche Nutzung voll verfüllt werden und darüber hinaus Erdmassen noch zur Verfügung stehen, bis 20 m unter Gelände aufgehöht. Nach und nach füllen sie sich mit Wasser. Mehrere dieser Seen werden der erholungsuchenden Bevölkerung geöffnet, teils mit Fahr- und Badeverbot und mehr oder weniger großen Schutzzonen für Belange des Naturschutzes, teils zur aktiven Freizeitnutzung. Bis 1995 umfaßt die „Wetterauer Seenplatte" neben 8 kleinen Teichen 8 größere Seen mit einer Wasserfläche von zusammen etwa 300 ha (Karte A5) (Tinz 1993; Beitrag 80, Kammer u. Tinz).

Die Anfang der 70er Jahre gegründete Hessische Gesellschaft für Ornithologie und Naturschutz e. V. betreibt den Schutz der in der Wetterau noch verbliebenen Flußauen und widmet sich gemeinsam mit dem Bergbauunternehmen und den Behörden der Sicherung, Gestaltung und Unterschutzstellung mehrerer Seen. Das erste Naturschutzgebiet entsteht 1980, ihm folgen zwei weitere bis 1996. Ihre Gesamtfläche beträgt ca. 105 ha (Beitrag 82, Thörner).

Wolfram Pflug

LITERATUR

Glavač V, Bohn U (1970) Quantitative vegetationskundliche Untersuchungen zur Höhengliederung der Buchenwälder im Vogelsberg. Schriftenreihe für Vegetationskunde (5): 135–185. Selbstverlag der Bundesanstalt für Vegetationskunde, Naturschutz und Landschaftspflege. Bonn - Bad-Godesberg.

Jansen G P (1956) Wetterau. In: Meynen E, Schmithüsen J (Hrsg) Handbuch der naturräumlichen Gliederung Deutschlands. 3. Lfg. Remagen, S 344–346

Kammer H R, Tinz W (1997) Rekultivierungsmaßnahmen und Folgelandschaft. (Beitrag 80 in diesem Buch)

Lingemann H (1993) Bergbau Wölfersheim – gegenwärtiger Stand der Rekultivierung und verbliebene Restmaßnahmen. Braunkohle 5: 9–13

Lingemann H (1997) Die Umgestaltung des Naturraumes Wetterau durch den Braunkohlenbergbau. (Beitrag 79 in diesem Buch)

Thörner E (1997) Die Bedeutung der Restlochseen des Braunkohlenbergbaus für den Vogelschutz. (Beitrag 82 in diesem Buch)

Tinz W (1993) Rekultivierungs- und Naturschutzmaßnahmen im südlichen Gebiet von Wölfersheim. Braunkohle 5: 13–15

Trautmann W, Krause A, Lohmeyer W, Meisel K, Wolf G (1972) Vegetationskarte der Bundesrepublik Deutschland 1 : 200 000 Potentielle natürliche Vegetation. Blatt CC 5502 Köln. Schriftenreihe für Vegetationskunde (6). Selbstverlag der Bundesanstalt für Vegetationskunde, Naturschutz und Landschaftspflege. Bonn - Bad-Godesberg.

Die Umgestaltung des Naturraumes Wetterau durch den Braunkohlenbergbau

Helmut Lingemann

1 Lagerstätte

Das Braunkohlenvorkommen der Wetterau liegt im südlichen Teil der Hessischen Senke, deren erdgeschichtlichen Ursprünge bis ins Jungpaläozoikum vor über 200 Mio. Jahre zurückreichen und die eine zum Leinetalgraben gerichtete Fortsetzung der Senkungsgebiete des Oberrheintalgrabens und des Saar-Nahe-Grabens darstellt. Im nördlichsten Ausläufer der Wetterau, dem von den Basalthöhen des vorderen Vogelsberges umgebenen Horloffgraben, sind vor rd. 1–1,2 Mio. Jahren die Braunkohlenlager entstanden, die seit fast 200 Jahren bergmännisch erschlossen und abgebaut werden. Das Vorkommen erstreckt sich über eine Gesamtlänge von rd. 15 km in nordsüdlicher Richtung und teilt sich in mehrere langgestreckte Lagerzüge auf (Boenigk et al. 1977). Die Mächtigkeit der Kohlenlager beträgt im Durchschnitt 9 m. Das Deckgebirge besteht aus Tonen, die von etwa 5 m mächtigem Lößlehm und Löß überlagert werden, wobei die mittlere Abraummächtigkeit rd. 30 m beträgt. Die unter der Braunkohle liegenden Schichten bestehen aus einem tonähnlichen Basaltzersatz, der in einer Stärke von 30–40 m über dem festen Basalt ansteht.

2 Bergbau

Die Gewinnung von Braunkohle in der Wetterau reicht bis an den Beginn des 19. Jahrhunderts zurück, in dem mit wechselndem Geschick mehrere Braunkohlentiefbaugruben betrieben wurden.

In der ersten Betriebsperiode von 1804–1927 wurde ausschließlich unter Tage abgebaut. Die Tiefbaugruben befanden sich in standesherrschaftlichem und staatlichem Besitz. Die Kohle wurde vorwiegend als Hausbrand, z. T. in Form von Naßpreßsteinen verwendet, die einen allzu weiten Transport nicht vertrugen. Um eine bessere Verwendungsmöglichkeit zu schaffen, errichtete der Hessische Staat 1912 das erste Kraftwerk mit einer Leistung von 2,6 MW.

In der 2. Periode konnte der Bergbau einen größeren Aufschwung nehmen. Es begann mit der Gründung der Braunkohlen-Schwefelkraftwerk Hessen – Frankfurt AG – HEFRAG – im Jahre 1927 und der Inbetriebnahme des neu errichteten Schwelwerkes 1929. Diese Gesellschaft wurde 1930 hundertprozentige Tochter der Preußischen Elektrizitäts-Aktiengesellschaft – heute PreussenElektra Aktiengesellschaft – und im Jahre 1953 mit ihr verschmolzen (Westerfeld 1968). Durch großzügige Investitionen und die Erweiterung des Schwelkraftwerkes sowie die Zusammenfassung der Bergbaubetriebe erlangte der Wölfersheimer Bergbau überregionale Bedeutung. Die Förderung kam sowohl aus Untertagegruben als auch aus Tagebaubetrieben und betrug von 1928–1962 rd. 20,4 Mio. t.

Durch die Folgen des letzten Krieges stagnierte der Absatz der Schwelprodukte; damit wurde das Schwelwerk unwirtschaftlich und mußte 1954 stillgelegt werden. Statt dessen wurde ein modernes Blockkraftwerk von 2 x 30 MW in Betrieb genommen. Im Zuge einer Erweiterung des Kraftwerks auf eine Gesamtleistung von 124 MW wurden die letzten Tiefbaugruben 1962 stillgelegt und der Bergbau auf einheitlich zugeschnittene Tagebaubetriebe mit modernen Gewinnungsgeräten und Fördermitteln umgestellt (Karte A5 in der Einführung zum Teil 5, Das Wetterauer Braunkohlenrevier, Pflug).

In den Tagebaubetrieben waren zur Abraumgewinnung Schaufelradbagger, bis zum Jahre 1982 auch ein Eimerkettenbagger, im Einsatz. Die Abraummassen wurden mit Förderbändern zur Kippe transportiert und dort über Bandabsetzer verstürzt. Die Abraumverkippung erfolgte in der Aufschlußzeit eines Tagebaues auf Außenkippen – auch in alten Tiefbaubruchfeldern – und später, sofern der Kohlenabbau weit genug fortgeschritten war, auf Innenkippen im ausgekohlten Teil der Tagebaue.

Die freigelegte Kohle wurde ebenfalls von Schaufelradbaggern gewonnen und von Bandanlagen zu Bunkern am Tagebaurand gebracht. Dem Transport der Kohle von dort zum Kraftwerk sowie der Asche in umgekehrter Richtung diente eine elektrische Grubenbahn. Zur Bevorratung des Kraftwerkes und zur Herstellung einer möglichst gleichbleibenden Kohlenqualität wurde eine Kohlenmischhalde mit einem Fassungsvermögen von 2 x 55 000 t betrieben.

Bis zum Jahre 1980 betrug die Jahresförderung der modernen Tagebaue bis zu 1,8 Mio. t Braunkohle und bis zu 7,5 Mio. m^3 Abraum.

Ab 1981 wurde mit einer langfristigen, stufenweisen Reduzierung von Bergbauförderung und Kraftwerkserzeugung entsprechend der Belegschaftsentwicklung begonnen, um den Wölfersheimer Betrieb der Preussen Elektra nach Erschöpfung der Braunkohlenlagerstätte Ende 1991 ohne größere Personalprobleme auslaufen lassen zu können (Lingemann u. Heck 1992).

Als Ergebnis der annähernd 200jährigen Bergbaugeschichte im Raum Wölfersheim ist festzuhalten, daß aus der Wetterauer Braunkohlenlagerstätte rd. 70 Mio. t Kohle gefördert und daraus die notwendige Energie für die engere Region – in den letzten 80 Jahren elektrischer Strom – erzeugt wurden.

3 Planungsraum

Der Planungsraum, die Wetterau, ist ein rd. 730 km^2 großes Senkungsgebiet zwischen dem Taunus im Südwesten und dem Vogelsberg im Osten. Sie ist innerhalb des Rhein-Main-Tieflandes die fruchtbarste Lößlandschaft und als nahezu waldfreies Gebiet die ertragreichste Ackerlandschaft Hessens. Der Braunkohlenabbau selbst liegt in dem nördlichen Teil der Wetterau, der Horloffsenke, eine rd. 20 km lange (NS) und 5 km breite (OW) verlaufende Ebene in einer Höhenlage von 120–160 m NN. Neben den bekannten geologischen Daten ist noch zu ergänzen, daß die oberflächennahen Ablagerungen in der Hauptsache aus äolischen Sedimenten (Löß, insbesondere aus der Würmeiszeit) sowie in geringem Umfang auch aus Verwitterungsmaterialien (Basalt) und fluviatilen Sedimenten, die während der Eis- und Nacheiszeiten abgelagert wurden, bestehen.

Das Klima ist charakterisiert durch milde Winter und warme Sommer. Weitere Merkmale sind geringe Niederschlagsmengen durch den Regenschatten des Taunus, häufige Wärmegewitter infolge hoher Wärmeeinstrahlung und Niederschlagsmaxima in den Sommermonaten. Die durchschnittliche Jahreslufttemperatur beträgt 8–9 °C, das Temperaturmittel der Hauptvegetationsperiode 15–16 °C. Die mittlere Jahresniederschlagsmenge liegt bei 550 mm.

4 Planungsziel

Im Jahre 1961 beim Aufschluß der neuen Tagebaue und der anschließenden Stillegung der Tiefbaubetriebe lagen zunächst keine günstigen Ausgangsbedingungen für die Rekultivierung der durch den Bergbau beanspruchten Flächen vor. Bis zu diesem Zeitpunkt waren zwar ein kleiner Teil der Bruchfelder aus der über 150 Jahre andauernden Zeit des Braunkohlenabbaues rekultiviert und die notwendigsten Sicherungsarbeiten an den Rändern der beiden alten Tagebaue durchgeführt worden.

Auf der anderen Seite hatten die ununterbrochenen Bemühungen der Landwirtschaft, in der Wetterau neue Kulturflächen durch Flurbereinigung und Entwässerung zu gewinnen, zu einer Ausräumung der Landschaft geführt. Frühere periodisch überschwemmte Feuchtstandorte wurden zugunsten von trockengelegten, großflächigen Monokulturen aufgegeben. Damit mußte zweifellos auch die einstmalige ökologische Reichhaltigkeit dieser Flußauenlandschaft einer allmählichen Verarmung der Tier- und Pflanzenwelt weichen (Krick 1987).

Es galt ein Konzept zu finden, mit dem die neu entstehenden Tagebaue zusammen mit den alten Abbaugebieten in das ursprüngliche Landschaftsbild eingegliedert werden konnten. Die landwirtschaftliche Rekultivierung sollte aufgrund der bisherigen Struktur der Wetterau absoluten Vorrang haben und nur die Flächen, die wegen Massendefizites durch den Abbau der Kohle entstanden waren, die Tagebaurestlöcher, sollten anderen Nutzungsformen vorbehalten bleiben. Die angestrebte Wiedereinbeziehung dieser Flächen in das Landschaftsbild als Seen und Teiche und die Gestaltung der Randstreifen mußten dabei der Forderung eines modernen Umweltschutzes gerecht werden (Lingemann u. Thörner 1982).

5
Landwirtschaftliche Rekultivierung

Da die landwirtschaftliche Rekultivierung die weitaus größte Bedeutung hatte, war die wichtigste Voraussetzung für diese Art der Rekultivierung zweifellos das Vorhandensein ausreichender Mengen kulturfähigen Bodens. Hierbei handelte es sich um ein Gemisch aus Mutterboden sowie Löß und Lößlehm, die hier in einer Gesamtmächtigkeit von 3–8 m anstanden.

Die technische Ausrüstung der Tagebaue und die Lagerverhältnisse gestatteten es, das Material mit den normalen Gewinnungsgeräten, Bandanlagen und Absetzern des ersten Abraumschnittes zu gewinnen, zu transportieren und einzubauen, ohne daß ein besonderer Mutterbodenbetrieb eingerichtet werden mußte.

Der Auftrag des kulturfähigen Bodens erfolgte mit dem Absetzer auf das fertige Rohkippenplanum in Höhen von mindestens 1 m. Die Rekultivierungsmaßnahmen wurden nach Abklingen der Hauptsetzungen, d. h. rd. zwei Jahre nach der Aufschüttung, aufgenommen.

6
Wasserwirtschaftliche Rekultivierung

Eine wasserwirtschaftliche Rekultivierung fand auf den Flächen statt, die wegen des Massendefizites durch den Kohlenabbau nicht wieder aufgefüllt werden konnten und sich mit Wasser füllten bzw. füllen.

Die Restlöcher der nach 1961 ausgekohlten Tagebaue wurden im Regelfall mit Abraummassen aus dem Nachfolgetagebau teilweise verfüllt. Hierdurch wurde die Teufe der Restlöcher von rd. 45 m auf rd. 20 m unter Geländeoberkante reduziert. Dabei wird der Böschungsfuß in starkem Maße abgesichert mit der Folge einer erheblichen Erhöhung der Standsicherheit. Als weitere Gestaltungsmaßnahme wird ein Abflachen der Betriebsböschungen durch Raupenarbeit auf 1 : 4–1 : 6 mit einer Ausrundung im oberen Bereich vorgenommen.

Zur Verhinderung von Erosionsschäden werden zur Abführung von Oberflächenwasser und Grundwasseraustritten Schotterrigolen angelegt, ergänzt durch eine Begrünung der Böschungsfläche mit Graseinsaaten. Dies ist um so notwendiger, je länger die Füllung des Restloches andauert und die Böschungen offenstehen.

Die Auffüllzeit dieser Tagebaurestlöcher sowie die Böschungsneigung wurden durch Gutachten des Hessischen Landesamtes für Bodenforschung in Wiesbaden ermittelt.

7
Rückgabe, Minderwert, Flurbereinigung

Bei der Rückgabe von landwirtschaftlich rekultivierten Flächen entstanden am Anfang große Probleme, denn bei der gutachtlichen Festsetzung des Minderwertes betrat man für hiesige Verhältnisse Neuland. Nach vielen Verhandlungen einigten sich alle Beteiligten auf einen Berechnungsmodus, der heute noch Gültigkeit hat (Äquivalentbodenzahlen).

Wesentlich für die der PreussenElektra obliegende Klärung der Eigentumsverhältnisse nach Abschluß der Tagebaue, die ausschließlich im Zuge von Flurbereinigungen erfolgen, war und ist die Bereitschaft der zuständigen Flurbereinigungsbehörde, die für die Minderwertentschädigungen ermittelten Werte bzw. festgesetzten Entschädigungsbeträge für die Wertermittlung in der Flurbereinigung zu übernehmen. Dadurch war es möglich, größere Flächenverschiebungen in mehreren Gemarkungen durchzuführen und somit den durch die Restlöcher entstandenen Flächenverlust großräumig zu verteilen. Die bei der Rückgabe notwendige Vermessung und Versteinung der rekultivierten Flächen erfolgte bzw. erfolgt im Zusammenhang mit den jeweiligen Flurbereinigungsverfahren.

Das landwirtschaftliche Wegenetz wurde bzw. wird ebenfalls im Zuge der Flurbereinigungsverfahren neu geordnet.

8
Stand der Rekultivierungsarbeiten

8.1
Zentralbereich

Der zentral gelegene, alte Bereich der Wölfersheimer Betriebe umfaßt eine Fläche von rd. 150 ha. In ihm liegt u. a. das alte Schwelkraftwerk, das bis Ende Oktober 1991 betriebene Blockkraftwerk mit allen seinen Einrichtungen sowie Tiefbunker und Kohlenmischhalde einschließlich der dazugehörigen Instandhaltungsbetriebe und die gesamte Verwaltung.

In diesem Gebiet gingen seit Mitte des vorigen Jahrhunderts Tiefbau und später auch Tagebau um. Der Abbau war hier mit der Auskohlung des Tagebaues Wölfersheim 1943 beendet, nachdem der Tiefbau einige Jahre früher ausgelaufen war. Zum Zeitpunkt der Umstellung des Bergbaus auf die neuen Tagebaubetriebe Anfang der 60er Jahre war der größte Teil der Rekultivierungsarbeiten in diesem Bereich bereits durchgeführt worden. Die verbliebenen Maßnahmen beschränkten sich auf eine Teilabtragung und landwirtschaftliche Rekultivierung der Außenkippe des Tagebaues Wölfersheim, wobei die anfallenden Massen auf alte Aschenkippen in Tiefbaubruchfeldern aufgetragen wurden. Außerdem wurde in einem noch nicht rekultivierten Tiefbaubruchfeld im Übergangsbereich zu dem südlichen Abbaugebiet in den Jahren 1976/77 das erste Naturschutzgebiet angelegt.

Die Ausweisung eines weiteren Naturschutzgebietes im Rahmen des Vogelschutzes erfolgte in dem Schwelwasserteich des alten Schwelkraftwerks, der von einer Aschenkippe umgeben ist.

Dieser Zentralbereich der Wölfersheimer Betriebe stellt sich heute dar mit:

- 42 ha Betriebsgelände für Kraftwerk und Verwaltung
- ca. 50 ha landwirtschaftlich rekultivierter Fläche und
- 57 ha Wasserflächen mit Uferzonen (Wölfersheimer See und drei kleinere Teiche).

Die Nutzung des Betriebsgeländes einschließlich einer ggf. erforderlichen Wassernutzung des Wölfersheimer Sees ist noch nicht endgültig geklärt. PreussenElektra hat die Vorstellung, die für eine Müllverbrennungsanlage notwendige Fläche im östlichen Bereich freizuhalten und den westlichen Bereich als Gewerbegebiet zu verkaufen unter Freihaltung einer Gleistrasse zur Müllverbrennungsanlage und Anpassung an angrenzende Wohngebiete, etwa durch Grünflächen. Die landwirtschaftlich rekultivierte Fläche ist seit Jahren in die normale Bewirtschaftung einbezogen, Nacharbeiten waren in den letzten 20 Jahren nur gelegentlich erforderlich.

Die große Wasserfläche, der Wölfersheimer See, und ein kleiner Teich dienten und dienen auch weiterhin neben der betrieblichen Nutzung als Kühlwasser dem Angelsport und der Naherholung, insbesondere am Nord- und Ostufer. In unmittelbarer Kraftwerksumgebung wurden die Uferzonen der betrieblichen Nutzung vorbehalten. Zwei der drei kleineren Teiche sind als Naturschutzgebiet ausgewiesen.

Die Rekultivierungsarbeiten im Bergbaubereich sind hier abgeschlossen, für den Kraftwerksbereich ist ein Abbruch der Gebäude vorgesehen, wofür ein entsprechender Antrag Mitte 1992 gestellt und im Herbst 1994 genehmigt wurde.

8.2 Nordbereich

Im Nordbereich des Wetterauer Braunkohlenvorkommens haben mehrere Tiefbaubetriebe und der Tagebau Trais - Horloff bis zum Jahre 1950 gebaut. Nach 1960 erfolgte der Abbau der Tagebaue I und IV, zwei schmalen, langgestreckten Parallelbetrieben.

Heute wird das Bild dieses ehemaligen Abbaugebietes durch vier Wasserflächen in den Tagebaurestlöchern geprägt, wobei in Abstimmung mit der Regionalplanung ein See der intensiven Erholung, ein See dem Naturschutz und zwei Seen der extensiven Erholung dienen.

Einzubeziehen in das Gestaltungskonzept waren neben dem Restloch des ehemaligen Tagebaues Trais - Horloff etwa 70 ha nicht rekultivierter Tiefbaubruchfelder, die als Außenkippen für die neuen Tagebaue benutzt wurden, die Trasse der Bundesstraße 455, ein weitverzweigtes Bach- und Grabensystem, das von Westen nach Osten zur Horloff hin entwässert, und die Horloffaue selbst, die z. T. schon als Naturschutzgebiet ausgewiesen war. Darüber hinaus mußte eine Abstimmung der Planung der Autobahn A 45 Gießen - Hanau mit den bergbaulichen Maßnahmen erfolgen bis hin zur Querungsmöglichkeit der Autobahn mit Tagebaugeräten nach 1984.

Im Zuge des Betriebes Tagebau I mußte eine eingleisige Bundesbahnstrecke auf eine Länge von 3,6 km verlegt werden, erforderlich waren weiterhin die Unterbrechung und Wiederherstellung einer Landesstraße auf etwa 1 km Länge sowie die Unterbrechung, Umlegung und Wiederherstellung der Entwässerungsgräben von drei Ortschaften. Bis zum Jahre 1973 wurde die Kraftwerksasche zur Wiederauffüllung des Tagebaues mit verwendet und in bestimmten Abschnitten der Hauptkippe eingebaut. In der Betriebszeit von 1961–1975 wurden 45,1 Mio. m^3 Abraum bewegt und 10,5 Mio. t Kohle gefördert.

Die Landinanspruchnahme betrug 335 ha, davon 70 ha alte Tiefbaubruchfelder, auf denen Außenkippen angelegt wurden. Es sind 284 ha landwirtschaftlich rekultiviert und 51 ha Restlochbereich mit 37 ha Wasserfläche für die Naherholung hergestellt worden.

Der Tagebau IV arbeitete als Nachfolgebetrieb des Tagebaues I und mußte infolge der unmittelbaren Nähe des Flüßchens Horloff durch den Bau eines Hochwasserschutzdammes vor Überflutung gesichert werden. Die südliche Begrenzung des Tagebaues wurde durch den Sicherheitspfeiler zur Bundesstraße 455 bestimmt.

Während der Betriebszeit von 1974–1984 wurden 27 Mio. m^3 Abraum bewegt und 6,7 Mio. t Kohle gefördert. Der Landinanspruchnahme von 221 ha, davon 12 ha für Gerätetransportwege, folgte eine Rekultivierung von 120 ha landwirtschaftlichen Flächen und 101 ha Restlochgebieten. In den Restlochgebieten wurden zwei Seen mit einer Gesamtfläche von 68 ha angelegt.

Mit der Auskohlung des Tagebaues IV im Jahre 1984 endete der Bergbau im Nordbereich der Lagerstätte, so daß auch die Grubenbahntrasse zurückgebaut werden konnte. Alle Rekultivierungsarbeiten sind inzwischen fertiggestellt, die Entlassung aus der Bergaufsicht ist erfolgt.

8.3 Südbereich

Im Südbereich der Wetterauer Braunkohlenlagerstätte wurde seit 1804 in mehreren kleinen und großen Tiefbaugruben Kohle gewonnen, die das Vorkommen über 150 Jahre hinweg in Abhängigkeit von der Kohlenqualität in zahlreichen Baufeldern erschlossen. Für den Betrieb ab 1962 ergab sich dadurch die Notwendigkeit, auch geringwertigere Lagerstättenteile, frühere Sicherheitspfeiler und gelegentlich sogar Tiefbaufelder in den

Tagebau einzubeziehen, um eine Vielzahl von Einzelaufschlüssen zu vermeiden. Durch diese Zusammenfassung konnte der Tagebau II/III eine Betriebszeit von 27 Jahren erreichen, was jedoch mit einer Minderung der Kohlenqualität verbunden war, ein Umstand, der durch den zeitgleichen Abbau der qualitativ besseren Kohle im Nordbereich und mit Hilfe der Kohlenmischhalde ausgeglichen werden konnte. Der Aufschluß und die Gewinnung der hochwertigen Feldesteile im äußersten Süden der Lagerstätte erfolgte gegen Ende der Betriebszeit in zwei kleineren Tagebauen, den Tagebauen VI und VII. Hierbei wurden eine Landesstraße und eine Kreisstraße mit insgesamt 2,5 km Länge sowie eine große Trinkwasserversorgungsleitung zur Stadt Frankfurt/Main auf eine Länge von 1 km in das Abbaugebiet einbezogen. Ersatzlösungen konnten nach dem Abschluß entsprechender Genehmigungsverfahren, deren Bearbeitung z. T. bis zu zehn Jahren dauerte, geschaffen werden. Diese Maßnahmen trugen dazu bei, das Vorkommen im Südbereich vollständig und auch wirtschaftlich abzubauen.

Im Tagebau II/III wurden von 1962–1989 52,9 Mio. m^3 Abraum bewegt und 18,1 Mio. t Kohle gefördert. Die Landinanspruchnahme betrug 374 ha, davon 75 ha alte Tiefbaubruchfelder, auf denen Außenkippen angelegt wurden.

Die landwirtschaftlich rekultivierte Fläche beträgt 280 ha, im Restlochbereich mit 94 ha Größe entsteht ein Naturschutzgebiet mit 54 ha Wasserfläche.

Im Tagebau VI wurden bei einer Abraumbewegung von 12,3 Mio. m^3 in der Zeit von 1982–1989 2,1 Mio. t Kohle gefördert. Die 74 ha große in Anspruch genommene Fläche ist ausschließlich landwirtschaftlich rekultiviert worden.

In dem letzten Betrieb, dem Tagebau VII, wurden von 1988–1991 6,8 Mio. m^3 Abraum bewegt und 1,2 Mio. t Kohle gefördert. Die Landinanspruchnahme betrug 81 ha; die Fläche wird als Naherholungsgebiet mit 61 ha Wasserfläche gestaltet.

Bis auf das entstandene Massendefizit durch die gewonnene Kohle wurde das gesamte Abbaugebiet im Südbereich einschließlich der alten Tiefbaubruchfelder wieder aufgefüllt und landwirtschaftlich rekultiviert, wobei ab 1973 die Kraftwerksasche im Tagebau II/III mitverwendet wurde. In den Tiefbaubruchfeldern sind drei Restteiche in unmittelbarer Ortsnähe belassen und als Naherholungsgebiete gestaltet worden. In den beiden Restlöchern des Tagebaues II/III, die sich aufgrund der Abbauführung ergaben, entstehen zwei tiefere Seen, die durch eine künstlich anzulegende Flachwasserzone miteinander verbunden werden. Dieses Gebiet soll in Abstimmung mit den betroffenen Gemeinden und Behörden nach seiner Fertigstellung unter Naturschutz gestellt werden.

Der Tagebau VI ist mit den Abraummassen des Tagebaues VII restlos verfüllt worden; hier wird die landwirtschaftliche Rekultivierung voraussichtlich im Jahr 1995 abgeschlossen sein, wobei die Massenbewegung bereits im Jahr 1993 beendet werden konnte. Der Tagebau VII wird insgesamt das größte Restloch darstellen und soll später der extensiven Erholung dienen. Die Gestaltungsmaßnahmen können voraussichtlich im Jahr 1995 abgeschlossen werden.

Die Grubenbahntrasse, Bunkerstandorte, Gerätetransportwege und Bandanlagentrassen konnten bereits im Jahr 1992 weitgehend rekultiviert werden. Die Restarbeiten im Bereich der Grubenbahntrasse wurden im Jahr 1993 zum Abschluß gebracht (Tabelle 1).

9 Zusammenfassung

Der Abbau der Braunkohle stellt sicherlich einen massiven Eingriff in das Landschaftsgefüge der Kulturlandschaft Wetterau dar, aber die bergbauliche Überwanderung führt auch zu einer Um- und Neugestaltung dieser Landschaft mit einem positiven Akzent: In der nördlichen Wetterau entsteht eine neue Gewässerlandschaft, so etwas wie eine „Wetterauer Seenplatte“.

Nach Beendigung des Braunkohlenabbaues werden neben zahlreichen kleinen Biotopen acht größere Seen in den Tagebaurestlöchern entstanden sein bzw. entstehen. Drei davon werden Naturschutzgebiete sein, drei andere werden der extensiven Erholung dienen und voraussichtlich zwei einer intensiven Erholung. Die Wasserqualität ist nach den bisher ermittelten Daten nicht zu beanstanden, jedoch muß mit zunehmendem Alter der Seen mit einer fortschreitenden Eutrophierung infolge von Einleitungen und Auswaschungen aus den umliegenden landwirtschaftlich genutzten Flächen gerechnet werden.

Die Rekultivierungsmaßnahmen der PreussenElektra in dem hier beschriebenen Rahmen sollen als eine „Brükkenkopffunktion“ in einem landwirtschaftlich genutzten Gebiet verstanden werden, wobei Starthilfen für Vegetationsentwicklungen gegeben und außerdem Ersatzbiotope geschaffen werden, die seltenen und gefährdeten Tier- und Pflanzenarten Lebensraum bieten (Lingemann 1989, 1993). Der Umfang dieser Maßnahmen wird durch folgende Zahlen deutlich: Von den rd. 1 250 ha Flächen, die der Wölfersheimer Bergbau in Anspruch genommen hat und die durchweg landwirtschaftliche Nutzflächen waren, werden am Ende zwar rd. 800 ha wieder landwirtschaftlich nutzbar sein, aber es werden auch fast 450 ha Wasser- und Regenerationsflächen entstanden sein, d. h. knapp ein Drittel der Gesamtbetriebsfläche ist umgewandelt worden.

Ob der Konflikt der verschiedenen Nutzungsansprüche wie Freizeit, Erholung, wirtschaftliche Nutzung und Naturschutz durch die vorgenommene Aufteilung auf Dauer gelöst werden konnte, muß abgewartet werden. Abzusehen ist jedoch bereits heute, daß die Einglie-

Tabelle 1. Bergbau Wölfersheim – Rekultivierungsbilanz. PeussenElektra Aktiengesellschaft, Kraftwerk und Bergbau Wölfersheim, Betriebsunterl. (Unveröffentlicht)

1. Geländeinanspruchnahme durch den Bergbau	1 257 ha	(ohne Werksgelände Wölfersheim)
2. Landwirtschaftlich rekultivierte Flächen		
Tagebau I	284 ha	(davon 70 ha Außenkippe alter Tiefbau)
Tagebau II/III	280 ha	(davon 75 ha Außenkippe alter Tiefbau)
Tagebau IV	120 ha	(davon 12 ha Gerätetransport, Bandanlage)
Tagebau VI/VII	74 ha	
	758 ha	
Sonstige Bereiche Wölfersheim, Grubenbahn, Tagesanlagen	48 ha	
	806 ha	
3. Wasser- und Regenerationsflächen		
Alte Tagebaurestlöcher		
Inheiden/Trais-Horloffer See,	40 ha	
Wölfersheimer See einschl. Heldt- und Schwelteich	57 ha	
Tiefbau- und Klärteiche Biedrich, Grenzstock, Weckesheim, Heuchelheim Hundekopf	18 ha	
Tagebau I - Barbarasee	51 ha	
Tagebau II/III - Teufel- und Pfaffensee	94 ha	
Tagebau IV - Oberer und Unterer Knappensee	101 ha	
Tagebau VII - Bergwerksee	81 ha	
	442 ha	
Sonstige Biotopflächen Haldenböschung Trais-Horloff, ehem. Grubenbahn-Unterführung	9 ha	
	451 ha	

derung der entstandenen Bergbaufolgelandschaft in die Wetterau durch die gemeinsame Arbeit von Bergbau, Landwirtschaft und Naturschutz zusammen mit den zuständigen Behörden gelungen ist.

Zusammenfassend ist festzuhalten, daß das gesamte Wetterauer Braunkohlenvorkommen als kleinere Lagerstätte vollständig wirtschaftlich verwertet wurde, wobei alle durch den Bergbau verursachten Eingriffe in die Landschaft behoben bzw. ausgeglichen werden konnten. Damit liegt hier mit Fertigstellung der Rekultivierungsarbeiten im Jahr 1995 ein abgeschlossenes, in sich abgerundetes Projekt des Braunkohlenbergbaues vor. Nachdem in den beiden letzten Jahrzehnten der Umweltschutz und das Streben nach Akzeptanz der bergbaulichen Tätigkeit ebenfalls als Unternehmensziele formuliert und als gleichrangige Aufgaben neben der Kohlengewinnung praktiziert wurden, wandelte sich die Rekultivierungsaufgabe von der früher angestrebten weitgehenden Wiederherstellung des ursprünglichen Zustandes hin zur Schaffung einer Bergbaufolgelandschaft mit einer sinnvollen Verknüpfung vorhandener und neuer Landschaftselemente.

LITERATUR

Boenigk W, von der Brelie E, Brunnacker K, Kempf E K, Koci A, Schirmer W, Stadtler G, Streit R, Tobien H (1977) Jungtertiär und Quartär im Horloffgraben/Vogelsberg. Geol Abh Hessen 75

Krick M (1987) Die Gestaltung von Gewässerbiotopen im Rahmen der Rekultivierungsarbeiten im Braunkohlenabbaugebiet der PreussenElektra Wölfersheim (Wetterau/Hessen), Diplomarbeit (Unveröffentlicht)

Lingemann H, Thörner E (1982) Braunkohlenbergbau und Naturschutz in der Wetterau/Hessen. Vogel und Umwelt

Lingemann H (1989) (1993) Verschiedene Veröffentlichungen über den Braunkohlenbergbau in der Wetterau. Braunkohle 41: 4, 45: 5

Lingemann H, Heck W (1992) Die Wetterauer Braunkohle und ihre Verwertung (Bergbau und Kraftwerk), Wölfersheim

Westerfeld K (1968) Chronik des Braunkohlenbergbaus der Wetterau und der Verwertung der Wetterauer Braunkohle, Wölfersheim

PreussenElektra Aktiengesellschaft, Kraftwerk und Bergbau Wölfersheim, Betriebsunterlagen (Unveröffentlicht)

Rekultivierungsmaßnahmen und Folgelandschaft

Hans Rudolf Kammer und Walter Tinz

1 Grundlagen

Beim Aufschluß der neuen Tagebaue ab 1961 und der Stillegung der Tiefbaugruben lagen zunächst keine günstigen Ausgangsbedingungen vor. Vorhanden waren Tiefbaubruchfelder, in denen sich Sumpfstellen und Wassertümpel gebildet hatten und die teilweise von Nichtberechtigten mit Müll und Bauschutt verkippt wurden. Beim Beginn der neuen Tagebaue wurden diese Bruchfelder z. T. zunächst als Außenkippen genutzt und später in die Rekultivierung mit einbezogen.

Bei der Rekultivierung der vom Bergbau in diesem Bereich beanspruchten Flächen wurde der Landwirtschaft als wichtigstem Wirtschaftsfaktor in der Wetterau zuerst Rechnung getragen, denn Grundstückseigentümer und zuständige Behörden forderten eine möglichst weitgehende Wiederherstellung der in Anspruch genommenen landwirtschaftlichen Nutzflächen. Die Flächen, die wegen des Massendefizites durch den Kohlenabbau nicht wieder aufgefüllt werden konnten, verblieben als Tagebaurestlöcher und füllten bzw. füllen sich mit Wasser.

Es wird deshalb zwischen landwirtschaftlicher und wasserwirtschaftlicher Rekultivierung unterschieden. Eine forstwirtschaftliche Rekultivierung spielte seither im Rahmen des Wiedernutzbarmachens von ehemaligen Betriebsflächen nur eine untergeordnete Rolle und hatte lediglich eine Bedeutung bei der Begrünung bestimmter Böschungsflächen und bei der Schaffung von Sichtkulissen sowie der Gestaltung besonders zu schützender Flächen.

2 Landwirtschaftliche Rekultivierungsmaßnahmen

Da die landwirtschaftliche Rekultivierung die weitaus größte Bedeutung hat, ist die wichtigste Voraussetzung für diese Art der Rekultivierung zweifellos das Vorhandensein ausreichender Mengen kulturfähigen Bodens; hierbei handelt es sich um ein Gemisch aus Mutterboden sowie Löß und Lößlehm, die hier in einer Gesamtmächtigkeit von 3–8 m anstehen.

Die technische Ausrüstung der Tagebaue und die Lagerungsverhältnisse gestatteten es, das Material mit den normalen Gewinnungsgeräten, Bandanlagen und Absetzern des ersten Abraumschnittes zu gewinnen, zu transportieren und einzubauen, ohne daß ein besonderer Mutterbodenbetrieb eingerichtet werden mußte.

Der Auftrag des kulturfähigen Bodens erfolgte mit dem Absetzer auf das bereits fertige Rohkippenplanum in Höhen von 1–3 m. Die nachfolgenden Rekultivierungsmaßnahmen wurden nach Abklingen der Hauptsetzungen, d. h. rd. 2 Jahre nach der Aufschüttung aufgenommen (Kammer u. Tinz 1989).

2.1 Massenbewegung

Die Massenbewegung erfolgte durch Schürfkübel- und Planierraupen, dabei konnten unterschiedliche Absenkungen der Kippe ausgeglichen werden. Durch die Raupenarbeit erfolgte eine Verdichtung des Lößes, so daß als nächster Arbeitsgang eine Lockerung notwendig wurde.

2.2 Lockerung des Bodens

Bis zum Jahre 1969 erfolgte diese Lockerung zuerst mit einem starren Lockerungsgerät bis ca. 50 cm Tiefe und später mit einem Vibratillergerät, bei dem drei Zinken über einen Exzenter in horizontale Schwingungen versetzt wurden. Dieses Gerät ermöglichte Lockerungen bis zu 80 cm Tiefe, wobei der größte Lockerungseffekt im Krumenbereich bis 30 cm erreicht wurde. Während das zuerst genannte Gerät von einer Planierraupe gezogen wurde, wurde für das Vibratillergerät ein Unimog bzw. ein MB-Trac benötigt.

Ab 1978 werden die rekultivierten Flächen zweimal gelockert. Das erste Lockern erfolgte nach den Planierungsarbeiten und vor der ersten Einsaat mit einem werkseigenen Vibratillergerät. Ein weiteres Lockern wird dann jeweils mit einem Kaelble-Hubstechlockerungsgerät vor der Rückgabe von einer Fremdfirma durchgeführt. Dieses Gerät erlaubt Lockerungen bis zu max. 1 m Tiefe und hat seinen größten Lockerungseffekt am Fuß der drei Hubstechmeißel, die dort mit je einem sich vertikal bewegenden Schuh versehen sind, der gleichzeitig eine Dränagewirkung verursacht. Durch diese beiden Maßnahmen werden starke Lockerungseffekte im Krumenbereich (bis 30 cm) und im Unterboden (30–80 cm) erzielt, so daß die rekultivierten Böden bis in eine Tiefe von ca. 80 cm ausreichend aufgelockert sind.

2.3 Dränagen

Die landwirtschaftlichen Rekultivierungsmaßnahmen werden vervollständigt durch das Verlegen von Dränagen. Grundsätzlich erfordern dies die örtlichen Gefälleverhältnisse, andererseits war ein großer Teil der Flächen bereits vor der bergbaulichen Inanspruchnahme dräniert, so daß auch aus diesem Grund eine Herstellung von Dränagenetzen erforderlich ist.

Die Dränage-Verlegungsarbeiten werden von zwei Mann mit Hilfe eines Mobilbaggers durchgeführt. Die Dränagen werden systematisch verlegt, wobei der Abstand der Sauger im allgemeinen 30 m beträgt. Am Anfang wurden 5 m lange glatte Kunststoffrohre, die seitlich geschlitzt waren, verlegt. Verbesserungen ergaben sich ab 1978 durch den Einsatz von endlosen Kunststoffdränagen. Zur Verwendung kommen hierbei Hart-PVC-Wellrohre mit einem Durchmesser bei den Saugern von 65 mm und bei den Sammlern von 100, 125, 160 und 200 mm. Sammelleitungen über 200 mm Durchmesser werden als Betonrohrleitungen ausgeführt. Die Dränagen werden in mindestens 0,80 m Tiefe mit Gefälle > 0,5 ‰ verlegt. Die Abdeckung erfolgt durch den Grabenaushub, eine Verkiesung der Dränagen wird nur in Ausnahmefällen durchgeführt. Gelegentlich kommt es zu Verstopfungen durch Wurzelballen, dem sog. „Fuchsschwanz". Störungen wegen Nachsetzungen sind äußerst gering.

2.4 Düngung

Zu den landwirtschaftlichen Rekultivierungsmaßnahmen gehört auch das Aufdüngen der rekultivierten Flächen mit Mineraldünger. Hierfür wurden am Anfang die Böden auf das vorhandene Nährstoffpotential untersucht. Die Bodenproben wurden im Abstand von ca. 50 m genommen. Dabei konnte festgestellt werden, daß die rekultivierten Böden fast immer die gleichen Werte aufwiesen, so daß in den letzten Jahren intensive Bodenuntersuchungen nicht mehr erforderlich waren. Die Untersuchungen ergaben, daß bei den rekultivierten Böden ein Fehlbedarf an Stickstoff, Phosphat und Kali besteht. Magnesium und Kalk sind ausreichend vorhanden. Während der Stickstoffgehalt des Bodens in engem Zusammenhang mit dem Humusgehalt steht und durch intensive landwirtschaftliche Nutzung, verbunden mit erhöhten Stickstoffgaben, auf das erforderliche Maß gebracht werden kann, muß für die Anreicherung von Phosphat und Kali Mineraldünger eingesetzt werden. Die Auswertung der Ergebnisse ergab, daß während der ersten drei Jahre 45 dz/ha RHE-KA-PHOS 15/25 und 6 dz/ha Kalkammonsalpeter auf die rekultivierten Flächen gestreut werden müssen. Dies geschieht bei RHE-KA-PHOS in drei Gaben à 15 dz/ha und bei Kalkammonsalpeter in zwei Gaben à 3 dz/ha. Das Streuen wird von einer Fremdfirma mit einem Großflächenstreuer ausgeführt.

2.5 Aussaat

Ein weiterer Bestandteil der landwirtschaftlichen Rekultivierungsmaßnahmen ist die Aussaat von Raps, Waldstaudenroggen, Weidelgras und Luzerne, um eine natürliche Humusanreicherung bzw. Durchwurzelung des Bodens zu erzielen.

In den ersten Jahren der Rekultivierung wurden die Flächen mit Winterraps bestellt, um eine Gründüngung zu erreichen. Ab 1976 wurde auf Empfehlung der Universität Gießen – Institut für Pflanzenkunde – statt des Winterrapses, der wieder nachwuchs und verhältnismäßig wenig organische Masse brachte, Waldstaudenroggen eingesät. Bei dieser Pflanze handelt es sich um einen Wildroggen, der auch auf extrem schlechten Böden wächst, sehr anspruchslos ist und viel Wasser „abpumpt".

Eine Unkrautbekämpfung war bis heute nicht erforderlich. Der Waldstaudenroggen wurde zusammen mit einer Grasbeimischung im Verhältnis von 75 kg Waldstaudenroggen und 5 kg einjährigem Weidelgras/Hektar im Herbst ausgebracht.

2.6 Zum Ablauf der landwirtschaftlichen Rekultivierungsmaßnahmen

Der Ablauf der landwirtschaftlichen Rekultivierungsmaßnahmen erstreckt sich normalerweise auf einen Zeitraum von vier Jahren. Dabei fallen folgende Arbeiten an:
Im 1. Jahr:

- Massenbewegung mit Planierraupen verschiedener Größe
- Erste Tiefenlockerung mit Vibratillergerät
- Fräsen (ca. 25 cm tief) mit werkseigener Fräse
- Erste Düngung mit 15 dz/ha RHE-KA-PHOS

- Einsaat mit Waldstaudenroggen/Gras-Gemisch mit werkseigener Sämaschine (Howard Sämavator)
- Erste Düngung mit 3 dz/ha Kalkammonsalpeter

Im 2. Jahr:
- Abmulchen des Waldstaudenroggen/Gras-Gemisches mit werkseigenem Mulchgerät
- Verlegung der Dränagen mit werkseigenem Gerät
- Beobachtungen über das Bodengefüge und den Lokkerungszustand der rekultivierten Flächen (Grundlagen für die spätere Bodenbewertung) durch das Institut für Bodenkunde der Justus-Liebig-Universität Gießen
- Zweite Düngung mit 15 dz/ha RHE-KA-PHOS
- Fräsen (ca. 25 cm tief) der Flächen

Im 3. Jahr:
- Einsaat von Luzerne/Gras-Gemisch
- Zweite Düngung mit 3 dz/ha Kalkammonsalpeter
- Erstes Abernten bzw. Abmulchen des Luzerne/Gras-Gemisches durch Landwirte

Im 4. Jahr:
- Zwei- bis dreimaliges Abernten des Luzerne/Gras-Gemisches durch Landwirte
- Dritte Düngung mit 15 dz/ha RHE-KA-PHOS
- Zweites Tiefenlockern mit Kaelble-Hubstechlockerer durch Fremdfirma
- Rückgabe an den Eigentümer bzw. dessen Pächter

3 Wasserwirtschaftliche Rekultivierung

Eine wasserwirtschaftliche Rekultivierung findet auf den Flächen statt, die wegen des Massendefizites durch den Kohlenabbau nicht wieder aufgefüllt werden konnten und sich mit Wasser füllten bzw. füllen.

Die beiden ersten Seen entstanden Anfang der 50er Jahre aus den Restlöchern früherer Tagebaue. Dies waren der „Wölfersheimer See", welcher als Kühlteich für das Kraftwerk diente, und der „Trais-Horloff/Inheidener See". Die Rekultivierungsarbeiten bestanden hier im wesentlichen aus Planierungsarbeiten zur Gestaltung von Uferflächen und erste Anlage von Pflanzungen zur Begrünung und Verhinderung von Erosionen.

Die Restlöcher der nach 1961 ausgekohlten Tagebaue wurden im Regelfall mit Abraummassen aus dem Nachfolgetagebau teilweise verfüllt. Hierdurch wird die Teufe der Restlöcher von rd. 45 m auf ca. 20 m unter Geländeoberkante reduziert. Dabei wird der Böschungsfuß in starkem Maße abgesichert mit der Folge einer erheblichen Erhöhung der Standsicherheit. Als weitere Gestaltungsmaßnahme wird ein Abflachen der Betriebsböschungen durch Raupenarbeit auf 1 : 4–1 : 6 mit einer Ausrundung im oberen Bereich vorgenommen.

Zur Verhinderung von Erosionsschäden werden zur Abführung von Oberflächenwasser und Grundwasseraustritten Schotterrigolen angelegt. Ergänzt wird diese Arbeit durch eine Begrünung der gesamten Böschungsfläche mit geeigneten Graseinsaaten. Diese Maßnahmen sind umso notwendiger, je länger die Füllung des Tagebaurestloches andauert und die Böschungen offenstehen.

Bei der Gestaltung der Böschungsneigungen von Restlöchern unter wirtschaftlichen und sicherheitlichen Gesichtspunkten entstehen naturgemäß keine Flachwasserzonen im Uferbereich, wie dies für die Entwicklung des tierischen und pflanzlichen Lebens in den 15–25 m tiefen Restlochseen notwendig wäre. Hier wurde deshalb versucht, in die sonst steileren Böschungen eine zum Wasser hin flach geneigte, möglichst breite Berme anzulegen. Die Wasserhöhe in dieser künstlich geschaffenen ökologischen Niesche sollte erfahrungsgemäß 0,5–1,5 m betragen, da es schwierig ist, die spätere endgültige Wasserspiegelhöhe des Gewässers vorher genau festzulegen.

Weiterhin wird bei der Ufergestaltung von Gewässern vom Naturschutz immer wieder gewünscht, inselähnliche oder landzungenartige Aufschüttungen herzustellen, um so kleinräumige Biotopelemente – flache und steile Ufer, Auskolkungen, sonnige und schattige Bereiche – zu schaffen. Dies ist unter bestimmten Voraussetzungen an den Kippenböschungen möglich, indem vom Absetzer Riegel auf die Endböschung aufgesetzt werden. Problematisch ist jedoch die Standfestigkeit dieser Riegel bei den noch nicht abgeschlossenen Kippenbewegungen, die sich im Zuge der Wasserfüllung noch verstärken können. Nach den bisherigen Erfahrungen bleiben jedoch zumindest Flachwasserzonen auch für längere Zeiträume bestehen (Lingemann 1989).

Unterschiedliche Anforderungen treten auch bei der Begrünung bzw. Bepflanzung der Randzonen der Gewässer hinsichtlich der sicherheitlichen Anforderungen auf der einen Seite und den Wünschen des Naturschutzes auf der anderen Seite auf. Die gewünschte Sicherung der Böschungsbereiche bis hin zum Wasserspiegel durch Gehölzanpflanzungen bzw. durch die Einsaat von bestimmten Grasmischungen zur Verhinderung von Erosion steht im Gegensatz zu der vom Naturschutz geforderten Belassung von Sukzessionsflächen. Die Bepflanzung der außenliegenden Teile der Randzonen bereitet dagegen keine Schwierigkeiten. Die Auswahl der Gehölze wird dabei auch den Nachnutzungszielen angepaßt.

Ein anderes Problem stellen die unterschiedlichen Auffassungen hinsichtlich des Zuganges für den Menschen zu den unter Schutz gestellten Flächen dar. Bei der Restlochgestaltung im Tagebau III konnte ein Kompromiß gefunden werden, der auch den Naturschutzbehörden tragbar erschien und verwirklicht werden soll, indem besonders angelegte Fußwege in bestimmten Bereichen zwar eine Sicht auf Uferzone und Wasserfläche gestatten, aber nicht an diese herangeführt werden.

Eine entsprechende Bepflanzung verhindert das Betreten der Flächen zwischen Fußweg und Ufer. Dieser „gesteuerte" Zugang zu Naturschutzflächen erscheint zweckmäßiger und wirksamer als ein generelles Verbot, was erfahrungsgemäß wenig zum Verständnis der Bevölkerung für den Naturschutz beiträgt und die Ausweisung von Naturschutzgebieten erschwert.

Ein schnelles Auffüllen der Tagebaurestlöcher mit Wasser und damit eine endgültige Stabilisierung der Böschungen ist nicht immer durchführbar. So hat das Restloch Tagebau I – der heutige „Barbarasee" –, wo in der Hauptsache nur Niederschlags- und Grundwasser zur Verfügung stand, eine Auffüllzeit von rd. 20 Jahren.

Das südliche Restloch des Tagebaues IV – der „Untere Knappensee" – hingegen konnte von dem in der Nähe befindlichen Flüßchen Horloff während der Hochwasserzeit innerhalb von zwei Jahren gefüllt werden. Die Auffüllzeit dieser Tagebaurestlöcher sowie die Böschungsneigung wurden durch Gutachten des Hessischen Landesamtes für Bodenforschung in Wiesbaden ermittelt.

Der „Barbarasee" befindet sich in den Gemarkungen Obbornhofen und Bellersheim. Er hat eine Gesamtgröße von ca. 51 ha, davon rd. 35 ha Wasserfläche. Die restlichen ca. 16 ha sind die sog. Rand- und Schutzzonen, die aufgrund einer Planung des Landeskulturamtes Wiesbaden mit Bäumen und Sträuchern verschiedenster Art bepflanzt bzw. im Böschungsbereich mit Gras eingesät wurden. In diesem Bereich befindet sich eine ca. 3 ha große Fläche, die als Acker- bzw. Grünland genutzt wird. Als zukünftige Nutzungsart ist eine extensive Erholung, d. h. Spazierengehen und Angeln, vorgesehen.

Der „Untere Knappensee" hat eine Gesamtgröße von ca. 47 ha, davon sind ca. 31 ha Wasserfläche und ca. 16 ha Ufer- und Schutzzone.

Der „Obere Knappensee" hat eine Gesamtgröße von ca. 54 ha, davon sind ca. 37 ha Wasserfläche und ca. 17 ha Ufer- und Schutzzone.

Der „Untere Knappensee" ist inzwischen als Naturschutzgebiet (NSG) ausgewiesen worden, der „Obere Knappensee" steht ebenso wie der „Barbarasee" für eine extensive Erholung zur Verfügung. Alle drei Gewässerbereiche sind aus der Bergaufsicht entlassen worden.

Im südlichen Abbaugebiet handelt es sich um folgende Flächen:

- Teufel-/Pfaffensee (Tagebau II/III)
- Restloch Tagebau VII
- Biedrich-Teich (ehem. Tiefbau Grube Heuchelheim)
- Klärteiche (Gemarkung Heuchelheim)
- Weckesheimer Teich (ehem. Tiefbau Weckesheim-Alt)
- Hundekopf (ehem. Tiefbau Weckesheim-SW)
- Grenzstock (ehem. Tiefbau Gettenau)

Die Seen erreichen eine Gesamtwasserfläche von knapp 200 ha einschließlich der Uferzonen.

Die wasserwirtschaftlichen Rekultivierungsmaßnahmen wurden im Vorfeld sehr intensiv mit den zuständigen Behörden und den Naturschutzverbänden – diese wurden von der Hessischen Gesellschaft für Ornithologie und Naturschutz (HGON) vertreten – abgestimmt und bei Federführung der Bergbehörde durch die PreussenElektra geplant und ausgeführt.

Die jeweiligen Bepflanzungsmaßnahmen der Uferbereiche orientierten sich von Anfang an an den vorgesehenen Nachnutzungsmöglichkeiten. So wurden bei den späteren extensiven Erholungsgebieten vorwiegend an Gehölzen Hartriegel, Liguster, Haselnuß, Schneeball und Faulbaum sowie an Bäumen Berg- und Spitzahorn, Hainbuche, Eberesche und Vogelkirsche gepflanzt. Im Restlochbereich des Tagebaues VII sind zum ersten Mal mehrere Flächen als Streuobstwiesen mit heimischen Obstbäumen angelegt worden.

In Refugien für die Pflanzen- und Tierwelt, aus denen Menschen ferngehalten werden sollen, sind vorwiegend Schlehe und Weißdorn, aber auch Wildrose, Schneeball und Faulbaum eingesetzt worden. Zum Wasser wurden verschiedene Weidensorten gepflanzt.

Zum Schutz vor Wildverbiß wurden die Pflanzstreifen durch Zäune gesichert. Diese Zäune werden, wenn die gepflanzten Bäume und Sträucher eine gewisse Höhe erreicht haben, entfernt.

Zwischen den beiden Restlöchern des Tagebaues II/III „Teufel-/Pfaffensee" ist als abschließende Rekultivierungsmaßnahme eine etwa 10 ha große Flachwasser- und Sukzessionszone entstanden, die die beiden tiefen Gewässer miteinander verbindet und damit eine abgelegene Kernfläche mit besonderen Entwicklungsmöglichkeiten für Tiere und Pflanzen bildet. Das gesamte Restlochgebiet mit einer Größe von 94 ha ist für den Naturschutz vorgesehen. Das bereits in den Jahren 1976/77 als Vogelschutzgebiet angelegte alte Tiefbaubruchfeld im „Grenzstock" ist bereits als NSG ausgewiesen und aus der Bergbauaufsicht entlassen.

Für das Restloch des Tagebaues VII („Bergwerksee"), des letzten Tagebaues, wird einvernehmlich mit der betroffenen Kommune eine Nachnutzung als Erholungs- und auch Freizeitfläche angestrebt, da eine solche Möglichkeit im Südbereich der Wetterau fehlt und sich sicherlich positiv auf den „Erholungsdruck" der übrigen Regenerationsräume auswirken würde.

Eine Entlassung aus der Bergaufsicht für die beiden großen Restlochflächen könnte 1996 erfolgen.

4
Rückgabe, Bewertung und Neuordnung der rekultivierten Flächen

Bei der Rückgabe von landwirtschaftlich rekultivierten Flächen entstanden am Anfang große Probleme, denn bei der gutachtlichen Festsetzung des Minderwertes betrat man für hiesige Verhältnisse Neuland. Nach vielen Verhandlungen einigten sich alle Beteiligten auf einen

Berechnungsmodus, der heute noch Gültigkeit hat. Zuerst ermittelt die Universität Gießen – Institut für Bodenkunde – die sogenannten Äquivalentbodenzahlen (Ersatzbodenzahlen). Hierbei bedient man sich v. a. der bei den Dränageverlegungsarbeiten geschaffenen Bodenprofile in den Dränagegräben. Außerdem werden der Aufwuchs beobachtet und Ertragsermittlungen vorgenommen.

Nach Vorlage dieser Zahlen werden die Böden neu bewertet. Außerdem wird ermittelt, ob und in welcher Höhe zusätzlich noch Düngungsaufwendungen erforderlich sind. Des weiteren werden evtl. Wirtschaftserschwernisse durch den erhöhten Tongehalt der Böden festgestellt. Sodann wird aufgrund dieser Erkenntnisse eine Schätzungskarte erstellt. Diese Karte ist die eine Grundlage bei der Minderwertermittlung. Die zweite Grundlage ist ein Gutachten, das von den zuständigen Landwirtschaftsämtern in Abstimmung mit dem Hessischen Landesamt für Landwirtschaft und mit dem Hessischen Bauernverband erstellt wurde und laufend aktualisiert wird. In diesem Gutachten sind die Höhen der von der Preussen Elektra zu zahlenden Entschädigungen für den geminderten Verkehrs- bzw. Ertragswert, den erhöhten Düngeraufwand und die Wirtschaftserschwernisse tabellarisch erfaßt und können anhand der vorgenannten Schätzungskarte abgelesen werden, wobei der Wert des Bodens vor Inanspruchnahme in Ansatz gebracht wird.

Wesentlich für die der PreussenElektra obliegende Klärung der Eigentumsverhältnisse nach Abschluß der Tagebaue, die ausschließlich im Zuge von Flurbereinigungen erfolgen, war und ist die Bereitschaft der zuständigen Flurbereinigungsbehörde, die für die Minderwertentschädigungen ermittelten Werte bzw. festgesetzten Entschädigungsbeträge für die Wertermittlung in der Flurbereinigung zu übernehmen. Dadurch war es möglich, größere Flächenverschiebungen in mehreren Gemarkungen durchzuführen und somit den durch die Restlöcher entstandenen Flächenverlust großräumig zu verteilen. Die bei der Rückgabe notwendige Vermessung und Versteinung der rekultivierten Flächen erfolgte bzw. erfolgt im Zusammenhang mit den jeweiligen Flurbereinigungsverfahren.

Das landwirtschaftliche Wegenetz wurde bzw. wird ebenfalls im Zuge der Flurbereinigungsverfahren neu geordnet.

Die Rückgabe der neu verlegten Dränagenetze erfolgte an die zuständigen Gemeinden bzw. Dränageverbände mit einer 10jährigen Gewährleistungszeit durch die PreussenElektra sowie der Zahlung einer flächenabhängigen Vergütung zur Rücklagenbildung für Reparaturen.

Die großen wasserwirtschaftlich rekultivierten Flächen einschließlich Randzonen befinden sich heute im Besitz der PreussenElektra. Eigentumsrechtlich konnte insbesondere in den Flurbereinigungsverfahren ein Ausgleich in der Form gefunden werden, daß die früheren Einzeleigentümer Ersatzflächen erhielten oder abgefunden wurden. Entsprechend der Nachnutzung – extensive Erholung/Freizeit/Sport – geht das Grundeigentum dieser Flächen an die örtlichen Kommunen über, wozu bereits Vorvereinbarungen getroffen wurden. Offen ist zur Zeit noch die Eigentumsregelung für die Naturschutzflächen, wozu vom Land Hessen Modalitäten gesucht werden – ggf. auch unter Einschaltung von Kommunen und Verbänden – die der zum Teil bereits erfolgten bzw. vorgesehenen Ausweisung als NSG gerecht wird.

Die Zusammenarbeit mit den Behörden, Verbänden und v. a. den Grundstückseigentümern ist gut und läßt darauf schließen, daß auch die restlichen Arbeiten und Abwicklungen ohne große Probleme bewältigt werden können.

5
Zusammenfassung

Im Wölfersheimer Braunkohlenrevier in der Wetterau wurden die rekultivierten Bereiche sowohl landwirtschaftlich als auch wasserwirtschaftlich rekultiviert.

Für die landwirtschaftliche Rekultivierung lagen günstige Voraussetzungen vor, da kulturfähiges Material in Form von Löß, vermischt mit Mutterboden zur Verfügung steht. Weiterhin erwies sich die positive Einstellung der Landwirte gegenüber den rekultivierten Böden aufgrund eines abgestimmten Rekultivierungskonzepts als vorteilhaft. Das Konzept wurde in Zusammenarbeit mit den Ämtern für Landwirtschaft und Landesentwicklung, der Universität Gießen, Institute für Bodenkunde und Bodenerhaltung sowie für Pflanzenkunde und dem Hessischen Bauernverband erarbeitet.

Es hat sich erwiesen, daß auf den Rekultivierungsflächen von insgesamt 800 ha die gleichen Erträge zu erzielen sind wie auf vergleichbaren, unverritzten Böden. Eine Reihe von Landwirten hat auch nachweislich höhere Erträge erzielen können.

Die wasserwirtschaftliche Rekultivierung umfaßt rd. 450 ha ehemals landwirtschaftlich genutzter Flächen. Damit wurden einerseits landwirtschaftliche Flächen stillgelegt, andererseits Naturschutzflächen von insgesamt 140 ha hergestellt.

Aber auch die restliche Fläche dient der Natur und der Erholungsnutzung, weniger als intensive, überwiegend als extensive Erholungsflächen.

LITERATUR

Kammer H R, Tinz W (1989) Die Rekultivierung der abgebauten Flächen im Wetterauer Braunkohlenabbaugebiet durch die PreussenElektra. Braunkohle 41: 85–88

Lingemann H (1989) Braunkohlenbergbau und Naturschutz in der Wetterau. Braunkohle 41: 88–91

Die rekultivierten Flächen als landwirtschaftliche Standorte

Bernhard Keil

1 Einleitung

Seit Ende der 60er Jahre werden in der nordöstlichen Wetterau (Horloffgraben) planmäßig rekultivierte Böden landwirtschaftlich genutzt. Sie entstanden in Folge des Braunkohlenabbaus der PreussenElektra Aktiengesellschaft (PREAG). Der Bergbau wurde im Jahr 1992 eingestellt. Die Rekultivierungsarbeiten werden bis zum Herbst 1996 abgeschlossen sein. Insgesamt stehen dann ca. 800 ha landwirtschaftlich rekultivierte Flächen zur Verfügung. Rund 450 ha werden es für Zwecke der Wasserwirtschaft, des Naturschutzes und der Erholung sein (s. dazu Beitrag 79, Lingemann, Beitrag 80, Kammer u. Tinz sowie Beitrag 82, Thörner).

Der Horloffgraben gehört zu dem Senkungsgebiet der Wetterau, das zwischen Taunus (Teil des Rheinischen Schiefergebirges) im Westen und dem Vogelsberg im Osten liegt. Die Wetterau ist die nordöstliche Fortsetzung des Oberrheintalgrabens. Im Horloffgraben bilden Basalt und basaltische Verwitterungsprodukte vom Vogelsberg das Liegende der Braunkohle. Die Braunkohle selbst wurde während einer pliozänen Senkungsphase abgelagert. Zwischen den Braunkohlenflözen sind Tone eingeschaltet, die auch das Hangende bilden. Diese Tone wurden ebenso wie der darüber liegende Löß bei der bergbaulichen Rekultivierung verwendet.

Der Löß ist es auch, der die unverritzten Böden der Wetterau maßgeblich bestimmt. So finden sich in weiten Teilen über größere Flächen hinweg Parabraunerden und deren Erosionsformen. Im Regenschatten des Taunus haben sich örtlich Schwarzerden gebildet, die zu Tschernosem-Parabraunerden degradiert sind. Im Horloffgraben finden sich außerdem Pararendzinen und Kolluvien. In tieferen Lagen sind auch Gleye anzutreffen. In der Regel handelt es sich bei den natürlich vorkommenden Böden um fruchtbare Ackerstandorte mit hohem Ertragsniveau. Die Ackerzahlen der Bodenschätzung spiegeln diesen Sachverhalt wider. Die Tschernosem-Parabraunerden erreichen Ackerzahlen von über 90. Der Durchschnitt der Ackerzahlen liegt in vielen Gemarkungen bei 80. In der Wetterau spielt bei den Feldfrüchten die Zuckerrübe eine traditionell wichtige Rolle. Die Fruchtfolge Zuckerrübe - Winterweizen - Wintergerste ist entsprechend häufig anzutreffen.

Der Horloffgraben gehört als Teil der Wetterau zum Rhein-Main-Trockengebiet mit überwiegend warmen Sommern und milden Wintern. Die mittleren Jahresniederschläge reichen von < 550 mm (im Regenschatten des Taunus) bis 600 mm, die mittlere Lufttemperatur liegt zwischen 8 und 9° C (s. auch Schönhals 1973).

2 Das Ertragspotential des Standortes

Bei den meisten Entscheidungen im ackerbaulichen Bereich stehen für den Landwirt die erzielbare Flächenproduktivität (erzielbare Flächenerträge) und die Wirtschaftlichkeit der angebauten Kulturpflanze im Mittelpunkt des Interesses. Trotz fallender Agrarproduktpreise und gewährten flächenbezogenen Ausgleichszahlungen ist es aus einzelbetrieblicher Sicht nötig und sinnvoll, hohe Erträge anzustreben. Der Landwirt selbst kann den Preisbildungsprozeß nicht oder nur sehr bedingt beeinflussen. Ihm bleibt in der Regel nur die Möglichkeit, als Mengenanpasser in das Marktgeschehen einzugreifen. Daraus lassen sich zwei allgemeine Anforderungen der landwirtschaftlichen Praxis an den rekultivierten Boden ableiten. Einerseits sollte er ein hohes Ertragspotential aufweisen und andererseits nur geringe Kosten verursachen. Nur so ist eine hohe Wirtschaftlichkeit für den Landwirt erreichbar.

Ausgehend von diesen Überlegungen kann das Ertragspotential eines Standortes als das nachhaltige durchschnittliche Leistungsvermögen bei wirtschaftlich vertretbarem Bewirtschaftungsaufwand definiert werden (Harrach 1978, 1982). Es handelt sich dabei um eine flächenhaft als auch zeitlich veränderliche Größe, die für den Landwirt bei Fruchtfolge- und Bodenbearbeitungsentscheidungen große Bedeutung hat. So führen extrem steigende Kraftstoffkosten zu solchen Bearbeitungsverfahren, die einen entsprechend geringen Treibstoffverbrauch haben. Das Ertragspotential des rekultivierten

Standortes ist damit eine entscheidende Größe bei allen Produktionsüberlegungen im Betrieb eines Landwirtes, der auf solchen Flächen wirtschaftet.

3 Das Instrumentarium zur Bewertung des rekultivierten Bodens als landwirtschaftlicher Standort

3.1 Die Ziele der landwirtschaftlichen Standortbeurteilung

Die Beurteilung rekultivierter Böden aus landwirtschaftlicher Sicht ist eine interdisziplinäre Aufgabe, die mehrere Teilbereiche umfaßt. Zunächst muß das Ertragspotential hinreichend sicher ermittelt werden. Außerdem sind in weiteren Schritten besondere Bewirtschaftungserschwernisse und Möglichkeiten der Standortverbesserung zu bestimmen.

Das standortspezifische Ertragspotential kann durch die Parameter der Bestandesentwicklung und des Ertragsaufbaus der Pflanzenbestände ermittelt werden. Auf ausgewählten rekultivierten Standorten der Wetterau sind dazu in verschiedenen Untersuchungen vom Institut für Bodenkunde und Bodenerhaltung der Justus-Liebig-Universität Gießen Kulturpflanzenarten verglichen worden, die hohe Ansprüche an den Boden hinsichtlich Wasser- und Nährstoffhaushalt stellen (Jäger 1987; Peter 1988; Keil 1991). Dazu gehören v. a. die Zuckerrübe, der Winterweizen und der Winterraps. Ertragsbegrenzend wirkt in der Regel der Wasserhaushalt der Böden. Eine entscheidende Kenngröße ist deshalb die nutzbare Feldkapazität des durchwurzelbaren Bodenraums (nFKdB).

Nach der Rekultivierung kann die Bewirtschaftung erschwert sein. In besonderen Fällen kann es sogar zur einer Nutzungseinschränkung z. B. für Zuckerrrüben kommen. Die Befahrbarkeit wird v. a. durch Naßstellen im Frühjahr eingeschränkt. Eine ausreichende Vorflut ist deshalb stets unerläßlich. Eine Vernässung von Teilflächen schränkt die Bearbeitbarkeit ganzer Ackerschläge ein. Für die Bearbeitbarkeit und den Bearbeitungsaufwand spielen jedoch auch Ton-, Stein-, Humusgehalt und Hangneigung eine wichtige Rolle. In Einzelfällen können durch Kohlenreste in der Krume auch eingeschränkte Wirkungen z. B. bei Zuckerrübenherbiziden auftreten.

Der rekultivierte Boden kann besonders in den ersten Jahren nach der Rekultivierung durch geeignete pflanzenbauliche Maßnahmen stabilisiert werden. Daneben ist zu prüfen, inwieweit Meliorationen das Ertragpotential dauerhaft erhöhen bzw. sichern. Mögliche Meliorationsmaßnahmen nach erfolgter bergbaulicher Rekultivierung sind Drainung, Tieflockerung, Entsteinung und Meliorationsdüngung.

3.2 Die Methodik der Standortbeurteilung

Für die umfassende Standortbeurteilung stehen sowohl punktuelle als auch flächendeckende bzw. flächendifferenzierende Untersuchungen zur Verfügung.

Punktuelle Untersuchungen führen zu detaillierten Aussagen über einen Standort. Sie sind jedoch mit hohem Aufwand verbunden. Der Auswahl geeigneter Standorte kommt dabei, wie die Praxis zeigt, eine herausragende Bedeutung zu. Um zuverlässige Daten zu erhalten, sind möglichst Bewirtschaftungs-, Klima- und Witterungseinflüße auszuschalten. Es eignen sich deshalb für solche Untersuchungen einheitlich bewirtschaftete Ackerflächen, die sich hinsichtlich Fruchtfolge, Bodenbearbeitung, Düngung und Pflanzenschutz nicht unterscheiden, die jedoch Standorte mit stark unterschiedlichem Ertragspotential aufweisen.

Eine einfache punktuelle Untersuchung ist anhand des Spatens möglich. Die "Spatendiagnose" gibt erste wertvolle Hinweise für die Standortbeurteilung. An Profilgruben können die bodenphysikalischen, bodenchemischen und wurzelökologischen Parameter jedoch wesentlich detaillierter untersucht werden.

Zu den flächendeckenden und flächendifferenzierenden Untersuchungen gehören

- "Nässekartierung"
- "Aufwuchsbonitierung"
- "Bodenkartierung"

Bei der Nässekartierung wird der Bodenzustand in der kritischen Zeit im Frühjahr durch engmaschige Begehung festgehalten. Naßstellen aber auch Tongehaltsunterschiede in der Krume können auf diese Weise sicher ermittelt werden. So hängt das oberflächliche Abtrocknungsverhalten des Bodens im wesentlichen von der Bodenart (Tongehalt) ab.

Die Aufwuchsbonitierung kann während des gesamten Frühjahrs bis hin zur Ernte ebenfalls durch engmaschige Begehung erfolgen. Besonders der Winterraps reagiert auf Bodenunterschiede sehr stark in seinem Erscheinungsbild. Die Wintergerste zeigt bei Nässe im Frühjahr eine chlorotische Vergilbung, während der Weizen aufgrund seiner längeren Vegetationszeit auf Böden mit eingeschränkter Wasserversorgung vorzeitig abreift (Abb. 1). Auf dem Bild ist deutlich der Verlauf des Bruchfeldrandes des ehemaligen Tiefbaus Römerstraße erkennbar; das unterschiedliche Abreifeverhalten ist allein bodenbedingt. Im Vordergrund des Bildes steht noch ausreichend Wasser für die Ertragsbildung zur Verfügung (gewachsener Boden; Tschernosem-Parabraunerde), während im Hintergrund bereits Wassermangel herrscht (rekultivierter Boden; Auftragsboden).

Die Bodenkartierung kann sowohl an offenen Gräben als auch mittels des Bohrstocks erfolgen. Nach erfolgter bergbaulicher Rekultivierung durch die PreussenElektra wurden die Böden auf Empfehlung des Instituts für Bodenkunde und Bodenerhaltung in Gießen generell drainiert. Die Böden konnten an den noch offenen Drainagegräben, z. B. in ihrem Aufbau beurteilt werden. Das systematische Abbohren mit dem Pürckhauer-Bohrer spielt dagegen eine besondere Bedeutung bei der Bodenschätzung. Nach dem Bodenschätzungsgesetz von 1934 werden rekultivierte Böden als Neukulturen bezeichnet. Sie werden frühestens 5 Jahre nach ihrer Entstehung geschätzt und nach weiteren 10–15 Jahren nochmals überprüft. Die sich erst in den letzten Jahren für die landwirtschaftliche Standortbewertung weiter entwickelnde Luftbildauswertung hat für die rekultivierten Böden der Wetterau bisher keine Rolle gespielt.

4 Die Beeinflussung des Ertragspotentials durch die Rekultivierung

Nachdem der "Ist-Zustand" des rekultivierten Bodens als landwirtschaftlicher Standort erfaßt worden ist, stellt sich die Frage, inwieweit er noch zu einem gewünschten "Soll-Zustand" verändert werden kann, der den Anforderungen des Landwirtes (hohes Ertragspotential bei geringen Kosten) genügt. Zunächst gilt es nüchtern zu erkennen: Mit dem Abschluß der bergbaulichen Rekultivierungsarbeiten (z. B. dem Aufbringen des Bodens) sind wesentliche – nicht alle – Faktoren festgelegt, die das Ertragspotential bestimmen.

4.1 Ausgangsmaterial der Böden

Für die Rekultivierung im Wetterauer Braunkohlenrevier standen neben Löß und Lößlehm auch Tone des Tertiärs bzw. Altpleistozäns zur Verfügung. Der Einbau dieser Substrate bestimmte wesentliche Bodenparameter. Zu den ohnehin für einen Standort nicht veränderbaren Faktoren wie Klima- und Witterungseinflüsse (Wärme, Niederschlag, Wasserdampfsättigungsdefizit) gehört auch die Korngrößenverteilung des Bodens. Sie hat entscheidende Bedeutung für viele Bodeneigenschaften wie etwa das Wasserspeichervermögen. Die Bodenart kann nach der Rekultivierung nicht mehr verändert werden. Ein schroffer Wechsel im aufzubringenden Material ist möglichst zu vermeiden. Von praktischer Seite ist es wünschenswert, wenn ein optimaler Tongehalt von 22–24 % Ton bereits bei der Aufbringung des Bodenmaterials – wenn nicht im gesamten Solum, so doch in der Krume – erreicht wird. Bei geringerem Tongehalt steigt die Verschlämmungs- und Sackungsneigung überproportional an. Bei höherem Tongehalt erhöht sich der Kraftaufwand bei der Bodenbearbeitung. Der genannte Tongehalt ist auch aus Sicht der notwendigen Gefügestabilität wünschenswert. Hohe Schluffgehalte, wie sie im Löß vorliegen, bedingen einen hohen Anteil an Mittelporen, die für die Wasserspeicherfähigkeit des Bodens eine herausragende Bedeutung haben.

Die PreussenElektra hat 1961 mit den planmäßigen Rekultivierungsarbeiten begonnen. Löß und Lößlehm standen zunächst nicht in ausreichender Menge zur Verfügung, weshalb überwiegend toniges Material (tertiäre bzw. altpleistozäne Tone) für die Herstellung der Böden Verwendung fand. Dies gilt insbesondere für den Nordbereich des Braunkohlenreviers mit den Tagebauen I und IV und dem Zentralbereich mit seinen Bruchfeldern des ehemaligen Tiefbaues. Dadurch sind Böden entstanden, die ein häufig unter den gewachsenen Böden liegendes Ertragspotential aufweisen und die aufgrund der hohen Tongehalte bei der Bearbeitung Probleme bereiten. Erst später wurde – v. a. im Südbereich mit den Tagebauen II/III und VI – verstärkt Löß in die rekultivierten Böden eingebaut. Dort finden sich aus landwirtschaftlicher Sicht die wertvollsten rekultivierten Standorte des Wetterauer Braunkohlenreviers. Zur Lokalisierung der nachfolgend genannten Ortsangaben kann die Übersicht über das Braunkohlenvorkommen in der Wetterau in der Einführung zum Teil 5, Das Wetterauer Revier, Pflug (Karte A5) herangezogen werden.

Die Abraummassen des im Nordbereich liegenden Tagebaues I (1961–1975) aus den Gemarkungen Bellersheim, Obbornhofen, Wohnbach dienten zunächst dazu, Bergschäden zu beseitigen. Alte Bruchfelder, durch Stolleneinbrüche entstanden, wurden mit Material aus diesem Tagebau aufgefüllt. Davon betroffen waren die Bruchfelder im Bereich des Tiefbaus Wölfersheim N (1842–1934) und Römerstraße (1934–1962; Gemarkungen Echzell und Berstadt). Dabei wurden wertvolle Lößböden begraben und mit Ton überdeckt. Beim Planieren und Einebnen der Einbruchränder dieser bereits im Zentralbereich des Braunkohlenreviers liegenden Bruchfelder kam es vor, daß dann in einem zweiten Arbeitsschritt Löß bzw. Lößlehm von benachbarten Flächen über die verfüllten Tone geschoben wurde.

Abb. 1. Abreifeunterschiede bei Winterweizen aufgrund von Bodenunterschieden, Berstadt. (Photo: Keil, Juni 1986)

Bei der Verfüllung vom Tagebau IV (1974–1984) in der Gemarkung Utphe stand ebenfalls nur im verhältnismäßig geringen Umfang Lößmaterial zur Verfügung. Das Solum der rekultivierten Fläche zwischen Oberem - und Unterem Knappensee besteht nahezu ausschließlich aus tonigem Material. Das gilt auch für die südlich vom Unteren Knappensee gelegene Rekultivierung. Nur vereinzelt finden sich Stellen, an denen verfüllter Löß bzw. Lößlehm auftritt.

Die im Nord- und Zentralbereich des Braunkohlenreviers gewonnenen Erfahrungen wurden seitens der PreussenElektra im Südbereich dazu genutzt, das Rekultivierungsverfahren zu verbessern. Insgesamt gesehen weisen die dort aus der Rekultivierung entstandenen Böden ein höheres Ertragspotential als im Nord- und Zentralbereich auf. Vor allem wurde darauf geachtet, daß zum Aufbau des Solums verstärkt Löß verfüllt wurde, der dort in ausreichender Mächtigkeit auch vorhanden war. Die Bruchfelder des Tiefbaues Gettenau (1919–1935), Melbach (1929–1937), Heuchelheim (1942–1962), Tiefbau Weckesheim-Alt (1842–1962) und Weckesheim SW (1949–1961) wurden noch überwiegend mit tertiären Tonen aus dem Beginn des Tagebaues II/III (1962–1989) verfüllt. Wie im Nordbereich wurden dabei beste Ackerböden begraben. An den Bruchrändern kam es zu Überschiebungen des verfüllten Materials mit Bodenmaterial benachbarter Lößflächen. Im Bereich vom Tagebau II/III ist es schließlich gelungen, Böden zu herzustellen, die aus landwirtschaftlicher Sicht ein hohes Ertragspotential aufweisen. Diese Böden erreichen jedoch nicht ganz die Wertigkeit der gewachsenen fruchtbaren Böden der Umgebung.

Der Abbau der Braunkohle wurde im Horloffgraben am 30. September 1992 eingestellt. Der bis zuletzt aktive Tagebau VII (1988–1991) stellte die Abraummassen zur Verfügung, mit denen der Tagebau VI (1983–1989) verfüllt wurde. Aufgrund des auslaufenden Braunkohlentagebaues diente neben Löß auch wieder verstärkt toniges Material zur Verfüllung des Bodens.

Die Erfahrungen im Wetterauer Braunkohlenrevier zeigen, daß bei der Rekultivierung der aufzubringende Boden im Idealfall mindestens 1 m, besser 1,50 m oder auch mehr mächtig sein und im Ideal aus Löß bestehen sollte („1. Forderung für die Rekultivierung"). Je kontinentaler das Klima geprägt ist, umso tiefer sollte das Solum reichen.

4.2 Bodengefüge und Durchwurzelung

In der landwirtschaftlichen Praxis sind die Wirkungen von Kulturmaßnahmen auf das Ertragspotential weitgehend bekannt. Es steht ein entsprechendes produktionstechnisches Instrumentarium zur Verfügung. Dazu gehören neben der Düngung auch der Pflanzenschutz, die Bodenbearbeitung und die Fruchtfolgegestaltung. Weniger bekannt ist die Bedeutung von bodenphysikalischen Parametern für die Ertragsbildung und den Ertrag. Die räumliche Anordnung der festen Bodenteilchen, das sog. Bodengefüge, und das dadurch bedingte Porensystem beeinflussen über den mechanischen Widerstand und die Durchlüftung wesentlich die Durchwurzelbarkeit des Bodens und damit auch Wasser- und Nährstoffversorgung der Pflanze. Vor allem Dumbeck (1986) hat im Wetterauer Braunkohlenrevier Gefügeuntersuchungen an rekultivierten Böden vorgenommen.

Bodengefüge und Durchwurzelung werden durch Verdichtungen beeinträchtigt. Verdichtungen können bereits bei der Ablagerung des Bodens durch Absetzer auf der Rohkippe unter sehr feuchten Bedingungen bei entsprechender Fallhöhe entstehen. Das gilt auch für die sich anschließende Massenbewegung durch Planier- und Schürfkübelraupen. Dumbeck (1986) hat in diesem Zusammenhang auf die zentrale Bedeutung des Wassergehaltes im Boden für die Druckempfindlichkeit hingewiesen. Zur Beseitigung auftretender Verdichtung wurden die rekultivierten Flächen im Wetterauer Braunkohlenrevier generell nach den Planierungsarbeiten gelockert. Anschließend erfolgte regelmäßig eine Drainung der Flächen. Seit 1978 wurde vor Rückgabe an den Landwirt mit einem Stechhublockerungsgerät nochmals gelockert. Die Lebendverbauung durch Waldstaudenroggen und Luzerne unterstützt die Stabilisierung des Bodengefüges, das nach Massenbewegung und Lockerung labil ist. Die Dauerhaftigkeit des Bodengefüges und damit die Gefügestabilität ist von besonderer Bedeutung für die Sicherung des Ertragspotentials.

Die Landwirte haben nach der Rücknahme der Flächen v. a. in den ersten beiden Jahren darauf geachtet, den Boden nicht bei Nässe zu befahren und damit Verdichtungen zu vermeiden. Eine zeitige Herbstbestellung mit Wintergetreide und der vorübergehende Verzicht auf Sommergetreide und Zuckerrüben schont das Bodengefüge. Für die Zeit nach der Übernahme (Übergangsphase) wurde von amtlicher Beratungsseite empfohlen, den Schwergrubber dem Pflug vorzuziehen, da dadurch ein Befahren der Pflugfurche entfällt und die Gefahr, den Unterboden zu verdichten, herabgesetzt wird (Amt für Landwirtschaft und Landentwicklung 1983).

Abb. 2 zeigt die Wurzelverteilung einer erodierten Tschernosem-Parabraunerde und zweier unterschiedlicher rekultivierter Auftragsböden unter Winterweizen (Sorte Rektor). Die Böden liegen auf dem Ackerschlag, den Abb. 1 zeigt. Die Aufnahme der Wurzeln erfolgte nach der Profilwandmethode von Böhm (1976). Die unterschiedliche Durchwurzelungsintensität der Standorte wird besonders im Unterboden deutlich. Langjährige Untersuchungen haben gezeigt, daß einkeimblättrige Pflanzen den Boden stärker durchwurzeln als zweikeimblättrige Pflanzen. Deshalb zeigen sie bei abnehmender Nährstoffversorgung auch einen langsameren Ertragsabfall.

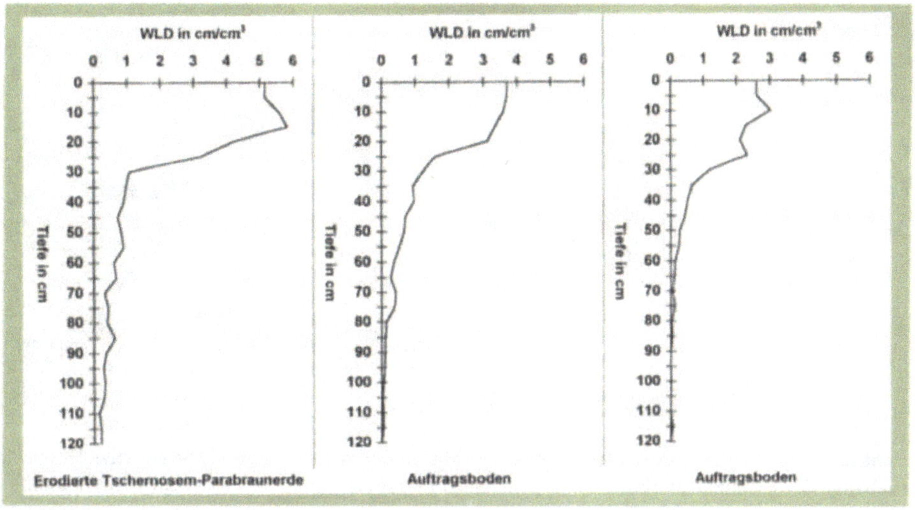

Abb. 2. Wurzelverteilung verschiedener Böden unter Winterweizen, Berstadt; Wurzellängendichte (WLD) in cm/cm^3. (Nach Jäger 1987)

Die Wurzelverteilung im Boden gibt wertvolle Hinweise auf das Bodengefüge. Besonders die Rapspflanze reagiert empfindlich in ihrem Erscheinungsbild auf Verdichtungen. Bei starken Verdichtungen bilden sich an der Rapswurzel, ähnlich wie bei der Beinigkeit der Zuckerrübe, Verzweigungen aus. Der Winterraps eignet sich aus diesem Grund hervorragend für die Aufwuchsbonitierung rekultivierter Flächen.

Die Untersuchungen im Wetterauer Braunkohlenrevier haben Durchwurzelungstiefen von bis zu 1,40 m bei Getreide ergeben. Die Wurzellängendichten zwischen den einzelnen Kulturpflanzen und in den einzelnen Jahren können erheblich voneinander abweichen. Der Wurzeltiefgang wird davon nicht oder nur unwesentlich betroffen (Keil 1991). Von Bedeutung für die Wasser- und Nährstoffaufname (vor allem bei Phosphor) ist, daß die Bodenmatrix gleichmäßig durchwurzelt wird und die Wurzeln sich nicht nur auf Kluftflächen beschränken. Auf Abb. 3 ist deutlich zu erkennen, wie sich die Wurzeln aufgrund von Bodenverdichtungen im Pflugsohlenbereich entwickeln und den Eindruck erwecken, als seien sie auf die Aggregatoberfläche gepreßt worden.

Abb. 4 zeigt den Gesamt-, Stroh- und Kornertrag (dt/ha) in Abhängigkeit von der Unterbodendurchwurzelung (Wurzellänge in km/m^2). Es ergibt sich eine eindeutig positive Korrelation. Mit steigender Unterbodendurchwurzelung steigt auch der Ertrag an. Keine eindeutigen Beziehungen bestehen dagegen zwischen Oberbodendurchwurzelung und Ertrag. Rekultivierungs- und Meliorationsmaßnahmen sollten deshalb darauf abzielen, eine hohe Durchwurzelbarkeit des Unterbodens zu gewährleisten.

Die Gefügeeigenschaften des Oberbodens können verhältnismäßig leicht durch pflanzenbauliche Maßnahmen wie Bodenbearbeitung und Humuswirtschaft verbessert werden. Die Durchwurzelbarkeit des Unterbodens dagegen gehört zu den schwer veränderbaren bzw. kompensierbaren Faktoren. Eine entsprechende Fruchtfolgegestaltung kann die Bodenstruktur im Unterboden nur bedingt günstig beeinflussen. Eine nachhaltige Verbesserung ist nur durch aufwendige Meliorationsmaßnahmen (Lockerung und Drainung) zu erreichen. Deshalb sollte bereits der aufzubringende Boden möglichst schonend behandelt und nicht verdichtet werden. Verdichtung und damit häufig verbundene Vernässung sind möglichst zu vermeiden („2. Forderung für die Rekultivierung").

4.3 Nutzwasserkapazität

Im Laufe der Vegetationsperiode wird während der Ertragsbildung immer dann ein kritischer Punkt erreicht,

Abb. 3. Luzernewurzeln in einer Tiefe von 30–35 cm, Landesmusterstück der Bodenschätzung, Wohnbach, LT - D 43/43, Oberfinanzdirektion Frankfurt. (Photo: Keil, April 1994)

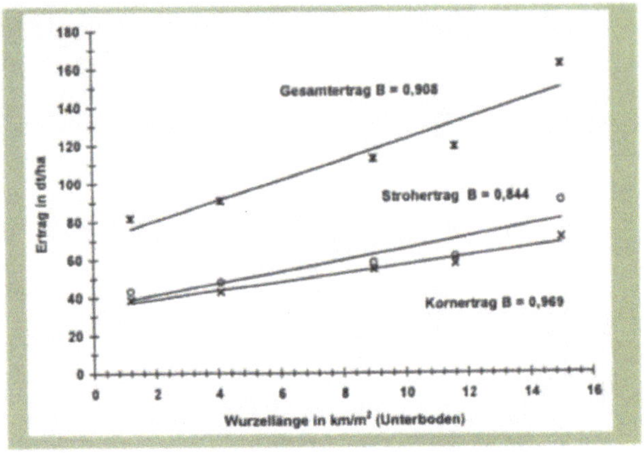

Abb. 4. Ertrag (dt/ha) von Winterweizen als Funktion der Wurzellänge (km/m^2) im Unterboden, Berstadt. (Nach Keil 1991)

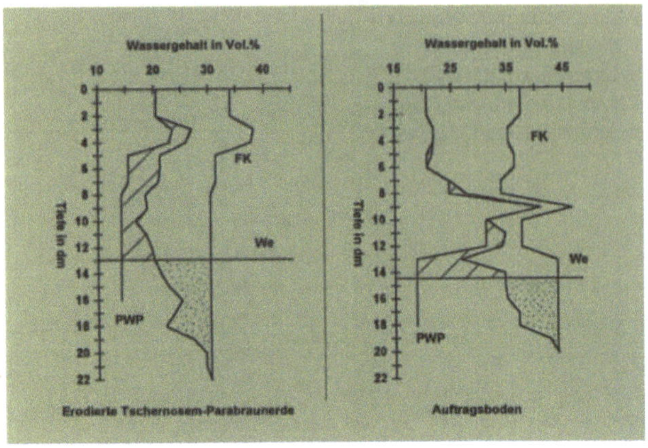

Abb. 5. Die effektive Durchwurzelungstiefe (We) einer erodierten Tschernosem-Parabraunerde und eines Auftragsbodens, Berstadt; permanenter Welkepunkt (PWP), Feldkapazität (FK). (Nach Keil 1991)

wenn die Wasserversorgung der Pflanze gefährdet ist und damit auch die Nährstoffanlieferung. Hierbei spielt nicht nur etwa die Evapotranspirationsrate des Boden-Pflanze-Systems eine Rolle, sondern v. a. die Menge an Bodenwasser, die für die Pflanze verfügbar ist. Während die Grobporen (> 10 µm; Wasserspannung < pF 2,5) für den Lufthaushalt des Bodens von großer Bedeutung sind, wird die Menge an pflanzenverfügbarem Wasser durch den Anteil an Mittelporen (10–0,2 µm; Wasserspannung pF 2,5–4,2) bestimmt. Die unverritzten Böden des Horloffgrabens besitzen in der Regel eine hohe nutzbare Feldkapzität von 200 mm und mehr. Bei den Auftragsböden werden je nach Ausgangssubstrat (Löß und/bzw. toniges Material) vergleichbare oder auch deutlich geringere Werte erreicht.

Die nutzbare Feldkapazität des durchwurzelbaren Bodenraumes (nFKdB) begrenzt neben der Durchwurzelbarkeit des Bodens am stärksten das Ertragspotential des rekultivierten Standortes. Nur dasjenige Wasser spielt für die Versorgung der Pflanze eine Rolle, das sich im unmittelbaren Wurzelraum befindet bzw. dorthin gelangen kann, z. B. durch kapillaren Aufstieg.

Abb. 5 verdeutlicht die Notwendigkeit, ein ausreichend mächtiges Solum bei der Rekultivierung zu erstellen. Für zwei Böden im Nordbereich des Wetterauer Braunkohlenreviers (Gemarkung Berstadt) ist der effektive Wurzelraum (We) dargestellt. Er ergibt sich aus dem Verlauf der Bodenfeuchte bei Feldkapazität (FK), der maximalen Austrocknung des Bodens im Sommer und dem permanenten Welkepunkt (PWP). Der Wasserentzug des unverritzten Bodens reicht über 2 m tief. Im Auftragsboden werden knapp 2 m erreicht. Sowohl die nFKdB als auch die nutzbare Wasserkapazität des effektiven Wurzelraums (nFKWe) sind geeignet, das Ertragspotential eines Standortes zu kennzeichnen.

In den Untersuchungen haben sich immer wieder eindeutige Beziehungen zwischen Ertrag und nutzbarer Feldkapazität im durchwurzelbaren Bodenraum ergeben (Jäger 1987; Keil 1991). Steigende pflanzenverfügbare Wassermengen im Boden beeinflussen ebenso wie zunehmende Wurzellängendichten im Unterboden den Ertrag positiv. Hohe Nutzwasserkapazitäten gewährleisten in Trockenperioden bzw. niederschlagsarmen Zeiten eine ausreichende Wasserversorgung der Pflanze und sichern damit Ertragsbildung und Ertrag. Dies gilt umso stärker, je kontinentaler das Klima geprägt ist.

Hohe Wurzellängendichten im Unterboden und hohe Nutzwasserkapazitäten sind wichtige Voraussetzungen für hohe Ertragsleistungen. Für den Landwirt gilt es, mittels der Kulturmaßnahmen das vorhandene Ertragspotential auszuschöpfen. Auf keinen Fall sollten die Rekultivierungs- und Meliorationsmaßnahmen durch unsachgemäße Anwendung so in den Standort eingreifen, daß dadurch die Unterbodendurchwurzelbarkeit und damit auch die Ausschöpfung der Nutzwasserkapazität eingeschränkt wird. Die „Niederschlagsmenge" während der Vegetationszeit und damit das Angebot an pflanzenverfügbarem Bodenwasser für die Pflanze kann grundsätzlich über Beregnung erhöht werden. Im Wetterauer Braunkohlenrevier spielt das jedoch für die rekultivierten Böden keine Rolle, da entsprechende Grundwasserreserven fehlen.

4.4 Nährstoffversorgung

Die Nährstoffversorgung eines Standortes kann durch Düngung leicht verändert und sichergestellt werden. Aufgrund der allgemein bekannten K-Fixierung bei Löß wurde durch die PreussenElektra generell eine Meliorationsdüngung mit insgesamt 45 dt Rhekaphos durchgeführt. Untersuchungen etwa von Jäger (1986) zeigen eine entsprechend ausreichende Nährstoffversorgung der rekultivierten Böden mit den Grundnährstoffen P und K nach dieser Maßnahme. Auf den seit etlichen Jahren bewirtschafteten Flächen wirkt in aller Regel die Nährstoffversorgung mit P und K nicht ertragsbegrenzend.

In den ersten Jahren der landwirtschaftlichen Nutzung nach Rekultivierung sind jedoch höhere N-Gaben nötig, da auf keine N-Reserven im Boden (geringe Humusgehalte) zurückgegriffen werden kann. Die höheren N-Gaben dienen dem Humusaufbau. Sie wurden bei der Entschädigung der Landwirte durch die PreussenElektra entsprechend berücksichtigt. Untersuchungen von Peter (1988) an 20 rekultivierten Ackerschlägen haben gezeigt, daß sich der ursprüngliche Humusspiegel rasch wieder einstellt. Dieser Sachverhalt wird durch das kontinental getönte Klima der Wetterau begünstigt. Ausgehend von einem Humusgehalt, der zum Rekultivierungszeitpunkt bei 0,8 % liegt, konnte Peter nachweisen, daß nach 20 Jahren ein Humusgehalt von 2 % erreicht wird. Dabei ist die Humussteigerungsrate bei viehloser Wirtschaftsweise (Strohdüngung) geringer als bei zusätzlicher organischer Düngung (Gülle- bzw. Stallmistdüngung). Die Unterschiede sind jedoch nicht signifikant. Abb. 6 zeigt den stetigen Anstieg des C_t-Gehaltes (x 1,724 = Humusgehalt) im Laufe der Jahre über alle Varianten hinweg.

Bei ausreichender Versorgung des Bodens mit Nährstoffen kann sich die Düngung der rekultivierten Böden am Nährstoffentzug orientieren. Der Nährstoffentzug selbst hängt von der Unterbodendurchwurzelung und der Nutzwasserkapaziät des Bodens ab. Diese Aussage gilt nicht nur für Stickstoff, sondern grundsätzlich für alle Nährstoffe. Stets ergibt sich eine positiv signifikante Beziehung. Daraus leitet sich die Forderung ab, bei der Nährstoffuntersuchung den Unterboden stärker als bisher zu berücksichtigen.

Die Landwirte neigen dazu, auf rekultivierten Standorten mit geringem Ertragspotential stärker zu düngen,

Abb. 6. Beziehung zwischen C_t-Gehalt und Alter der rekultivierten Böden im Wetterauer Braunkohlenrevier. (Nach Peter 1988)

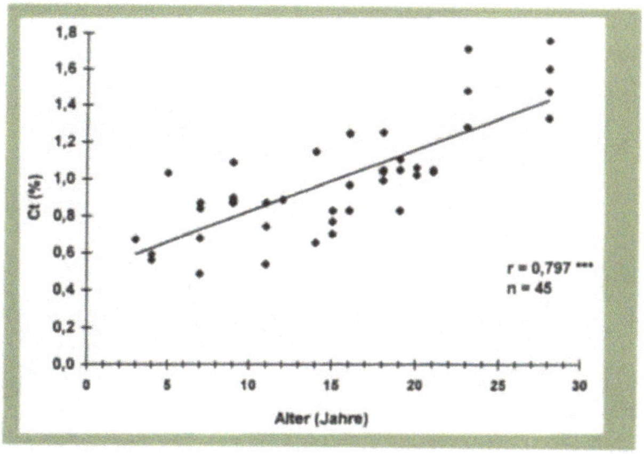

um kompensierend auf den Ertrag einzuwirken. Bei einer ausreichenden Nährstoffversorgung bringt diese Vorgehensweise keinen Erfolg. Selbst bei einheitlicher Düngung eines Ackerschlages kommt es auf Standorten mit eingeschränkter Unterbodendurchwurzelung und Nutzwasserkapazität zu einer Nährstoffanreicherung im Vergleich zu Standorten mit hoher Unterbodendurchwurzelung und Nutzwasserkapazität, da gerade dort die Entzüge niedriger ausfallen. Es kommt zur Anreicherung z. B. von P und K im Boden. Bei N entsteht ein höheres Auswaschungspotential. Eine bedarfsgerechte Düngung ist deshalb unabdingbare Voraussetzung für eine optimale Ausnutzung der Bodenwasservorräte. Die Nährstoffe selbst werden auf Standorten mit hoher nutzbarer Feldkapazität effizienter verwertet als auf solchen mit niedriger. Dieser Sachverhalt gilt unabhängig vom Düngungsniveau.

5
Erfahrungen aus der Zusammenarbeit von PreussenElektra und Landwirten

Die PreussenElektra hat mit den beteiligten Landwirten seit dem Beginn der planmäßigen Rekultivierung im Jahr 1961 verhältnismäßig wenig Probleme. Dafür sind mehrere Ursachen verantwortlich.

- Es hat sich im Laufe der Zeit eine enge Zusammenarbeit zwischen PreussenElektra, der Universität Gießen, Fachbehörden und Landwirten entwickelt. Dies hat sich positiv auf das Verhältnis zwischen PreussenElektra und Landwirten ausgewirkt.
- Die PreussenElektra war bereit, Fehler einzugestehen, die bei den ersten Rekultivierungsarbeiten aufgetreten sind, und hat sich bei der monetären Regelung von Entschädigungen nicht kleinlich gezeigt. Sie hat im Laufe der Zeit das Rekultivierungsverfahren ständig zu verbessern versucht. Es stand dann v. a. im Südbereich ausreichend Löß zur Verfügung, der ein optimales Material für die Rekultivierung darstellt.
- Die rekultivierten Flächen wurden generell tiefgelockert und drainiert. Darin liegt ein wesentlicher Grund für die nur selten aufgetretenen Reklamationen und Nachbesserungen im Vergleich zu anderen Braunkohlenrevieren. Ausreichende Vorflutverhältnisse bei nicht zu geringen und nicht zu hohen Hangneigungen beeinflussen die Wirkung der Drainung positiv.
- Das Wetterauer Braunkohlenrevier besitzt ein für die Rekultivierung günstiges kontinental geprägtes Klima. Die Erhaltung der degradierten Tschernosem-Parabraunerden auf den unverritzten Flächen ist ein Beleg dafür. Bei der Rekultivierung kann eher bei trockenem Boden gearbeitet werden, was zu weniger Verdichtungen führt.

6
Zusammenfassung

Die Anforderungen des Landwirts an den rekultivierten Boden als landwirtschaftlicher Standort sind ein hohes Ertragspotential und gleichzeitig geringe Kosten der Nutzung. Das Ertragspotential hängt wesentlich von den bodenphysikalischen Eigenschaften ab. Sie beeinflussen entscheidend Durchwurzelung, Nährstoffentzug, -verwertung und Ertrag. Der rekultivierte Boden sollte ausreichend mächtig sein (besser 2 als 1 m) und aus geeignetetem Bodenmaterial (Löß) bestehen. Im Hinblick auf Gefügestabilität und Bearbeitbarkeit sind Tongehalte von 22–24% anzustreben. Hohe Tongehalte erfordern erhöhten Maschineneinsatz und höheren Zeiteinsatz, geringe Tongehalte beeinträchtigen die Tragfähigkeit und Belastbarkeit des Bodens in kritischen Phasen. Die Rekultivierung sollte eine tiefreichende Durchwurzelbarkeit und eine optimale Ausnutzung des pflanzenverfügbaren Wassers dauerhaft gewährleisten, wodurch auch in trockenen Jahren hohe Erträge erzielt werden können. Dem Übergangsbereich von Oberboden zu Unterboden ist besondere Aufmerksamkeit zu widmen. Vernässungen und Verdichtungen sind ebenso zu vermeiden wie das Vergraben von Vorfruchtrückständen („Strohmatratzen“). Die Folge sind Erschwernisse z. B. bei der Frühjahrsbestellung und negative Einflüsse auf das Pflanzenwachstum und die Ertragsbildung. Hinsichtlich geringer Nutzungskosten ist eine ausreichende Nährstoffversorgung unabdingbar. Die Meliorationsdüngung mit P und K seitens der PreussenElektra hat dazu einen wichigen Beitrag geliefert. Die N-Düngung muß in den ersten Jahren dem Aufbau des Humuskörper Rechnung tragen. Das Düngungsniveau kann sich langfristig jedoch am Nährstoffentzug orientieren.

LITERATUR

Amt für Landwirtschaft und Landentwicklung (1983) Merkblatt für die fachgerechte Bewirtschaftung frisch übernommener Rekultivierungsflächen im Raum Wölfersheim und Nachbargemarkungen vom 10.11.1983, Friedberg

Böhm W (1976) In situ estimation of root length at natural soil profiles. J Agric Sci 87: 365–368

Dumbeck G (1986) Bodenphysikalische und funktionelle Aspekte der Packungsdichte von Böden, Dissertation, Gießen

Harrach T (1978) Die Durchwurzelbarkeit von Böden als wichtiges Kriterium des Ertragspotentials. Kali-Briefe 14 (2): 115–122

Harrach T (1982) Ertragsfähigkeit rekultivierter Böden. In: Bodenerosion, Arbeiten der DLG 174: 84–91 Frankfurt

Jäger B (1987) Vergleichende Untersuchungen zu bodenphysikalischen und bodenchemischen Eigenschaften altrekultivierter und gewachsener Ackerböden in der Horloffsenke, Diplomarbeit, Fachbereich Landwirtschaft der Gesamthochschule Kassel, Witzenhausen

Keil B (1991) Ertragspotential und Speicherkapazität des Bodens für pflanzenverfügbares Wasser, Dissertation, Gießen

Peter M (1988) Der Humusgehalt rekultivierter Böden unterschiedlichen Alters, seine Abhängigkeit von der Bewirtschaftung und seine Bedeutung für die Stickstoffversorgung von Winterweizen, Diplomarbeit, Institut für Bodenkunde und Bodenerhaltung der Justus-Liebig-Universität, Gießen

Schönhals E (1973) Zur Landesnatur Mittelhessens. Mitteilgn Dtsch Bodenkundl Gesellsch 17: 198–214

Die Bedeutung der Restlochseen des Braunkohlenbergbaues für den Vogelschutz

Erhard Thörner

Lage und Landschaftsgenese
Die Wetterau bildet die nordöstliche Fortsetzung des Rhein-Main-Tieflandes (Klausing 1988) nördlich von Frankfurt am Main. Sie ist somit ein Teil des großen geologischen Grabenbruchsystems, das Mitteleuropa vom Rhônegraben über den Oberrheintalgraben bis zum Leinetalgraben durchzieht. Von der Oberflächenstruktur her stellt die Wetterau eine flachwellige Landschaft dar mit mittleren Höhen zwischen 120 und 160 m über NN, die im Westen vom Taunus, im Norden und Osten vom Vogelsberg umrahmt wird. Im Süden geht sie fast unmerklich in das Rhein-Main-Tiefland über.

Mit einer Jahresdurchschnittstemperatur von 8–9° C und einer hohen mittleren Januartemperatur von 0 bis +1° C (Deutscher Wetterdienst 1981) bildet die Wetterau eine klimabegünstigte Insel innerhalb der deutschen Mittelgebirgsschwelle.

Die fruchtbaren Lößverwitterungsböden gehören mit Ackerzahlen zwischen 85 und 90 zu den fruchtbarsten Böden Deutschlands und lassen die Wetterau zu dem agrarischen Schwerpunktgebiet Hessens werden.

Infolge der Fruchtbarkeit und der leichten Bearbeitbarkeit der Böden wurde die Wetterau schon sehr früh und kontinuierlich seit vorgeschichtlicher Zeit besiedelt und fast völlig entwaldet. Gliedernde Landschaftselemente in den pleistozänen Lößplatten sind die breiten, flachen Talniederungen der Wetterauflüßchen mit holozänem Auenlehm.

Im nordöstlichen Teil der Wetterau, dem geologischen Horloffgraben, der sich bei einer Breite von ca. 6 km rd. 15 km in nordsüdlicher Richtung erstreckt, lagert pliozäne Braunkohle, die seit Anfang des 19. Jahrhunderts im Tiefbau, seit 1927 auch im Tagebau abgebaut wurde. Im Gefolge des Braunkohlenbergbaues entstanden 8 größere und 8 kleine Gewässer mit einer Gesamtwasserfläche von 302 ha und 139 ha Randzone (Lingemann u. Heck 1992), die als sog. Wetterauer Seenplatte das jüngste Landschaftselement der Wetterau bilden. Die räumliche Verteilung der Restlochseen ist auf der Karte A5 in der Einführung zum Teil 5, Das Wetterauer Braunkohlenrevier, Pflug wiedergegeben.

Die Wetterau ist eine gewässerarme Landschaft. Stehende Gewässer kommen von Natur aus nicht vor und anthropogen bedingte fehlten seither ebenfalls weitgehend. Dennoch war die Wetterau innerhalb Hessens als Rast- und Durchzugsgebiet für an Wasser und Feuchtland angepaßte Vogelarten von großer Bedeutung, da die Wetteraulflüßchen jeden Winter bis weit in das Frühjahr hinein weite Teile der Flußauen überfluteten.

Diese Verhältnisse änderten sich seit der Mitte dieses Jahrhunderts mit dem von Süden beginnenden und bis in die mittlere Wetterau vorgetragenen Ausbau der Hauptfließgewässer und der damit einhergehenden Veränderung des Wasserregimes (Berck 1959; Berck u. Weider 1963). Der Bau von Hochwasserrückhaltebecken im Oberlauf bewirkte ein übriges.

In dieser Situation trat Anfang der 70er Jahre die kurz zuvor gegründete Hessische Gesellschaft für Ornithologie und Naturschutz e. V. (HGON) auf den Plan, indem sie nicht nur den Schutz der Auen betrieb, sondern auch die Einbeziehung von Teilen der durch den Braunkohlenbergbau entstandenen oder noch zu erwartenden Wasserflächen in ein Konzept vernetzter Feuchtlandbiotope anstrebte.

Gestaltung und Nachnutzung der Tagebaurestlöcher
Bis in die Mitte der 70er Jahre spielte der Naturschutz – dem Zeitgeist entsprechend – keine Rolle bei der Rekultivierung der infolge des Massendefizits verbliebenen Tagebaurestlöcher. Das Primat lag eindeutig bei der Wiederherstellung landwirtschaftlicher Nutzfläche, während die hierzu nicht tauglichen Flächen der Freizeitnutzung zufielen. Auch die meisten der zahlreichen wassergefüllten Tiefbaubruchfelder, die in die ansonsten ausgeräumte Agrarlandschaft eingestreut waren und eine ökologische Bereicherung darstellte, wurden gemäß diesem Geiste rekultiviert (Berck 1961; Thörner 1991).

Ende der 70er Jahre erfolgte eine Änderung der Einstellung zu Fragen des Naturschutzes und damit verbunden auch eine Neuorientierung der Rekultivierungsziele (Lingemann u. Thörner 1982). In Abstimmung zwischen dem Bergbauunternehmen, der HGON, der Regionalplanung, den Naturschutz-, Landwirtschafts- und

Bergbehörden sowie den Kommunen wurde ein Konzept erstellt, das die Nachnutzung eines Teils der Tagebaurestlöcher ausschließlich zu Naturschutzzwecken vorsah. Von den 8 größeren Restlochseen, die im Laufe der Zeit entstanden waren oder noch künftig entstehen würden, wurde für 3 als Nachnutzung Naturschutz festgelegt, ein weiterer sollte teilweise dem Naturschutz, teilweise der ruhigen Erholung (ohne Befahren der Wasserfläche und ohne Badebetrieb) dienen, 2 Restlochseen waren ausschließlich der ruhigen Erholungsnutzung vorbehalten und für 2 weitere war die Möglichkeit auch intensiver Freizeitaktivitäten eingeplant. Von den 8 kleinen Gewässern blieben 2 dem Naturschutz, der Rest der ruhigen Erholung vorbehalten.

Stand der Ausweisung nach dem Hessischen Naturschutzgesetz (Juli 1996):

- Unterer Knappensee (südliches Restloch des Tagebaues IV) mit 31 ha Wasserfläche und 16 ha Randzone; Teil des Naturschutzgebietes „Mittlere Horloffaue" (184 ha), ausgewiesen durch Verordnung vom 15.10. 1984 (Staatsanzeiger für das Land Hessen Nr. 45 vom 5.11.1984 S. 2153)
- Teufelsee und Pfaffensee (Restlöcher der Tagebaue II und III) mit zusammen 54 ha Wasserfläche und 40 ha Randzone; Teil des geplanten Naturschutzgebietes „Ehemaliges Braunkohlenabbaugebiet zwischen Gettenau und Weckesheim" (z. Z. läuft die Anhörung im Ausweisungsverfahren)
- Schwelteich von Echzell mit 0,9 ha Wasserfläche und 4,3 ha Randzone; Teil des gleichnamigen Naturschutzgebietes (10,5 ha), ausgewiesen durch Verordnung vom 26.7.1991 (Staatsanzeiger für das Land Hessen Nr. 35 vom 2.9.1991 S. 2021)
- Tiefbaubruchfeld bei Gettenau mit 1,2 ha Wasserfläche und 3,6 ha Randzone; Teil des Naturschutzgebietes „Im Grenzstock von Gettenau" (6,28 ha), ausgewiesen durch Verordnung vom 23.8.1979 (Staatsanzeiger für das Land Hessen Nr. 37 vom 10.9.1979 S. 1850)

Die Größenangaben bei den Bergbaurekultivierungsflächen sind Lingemann und Heck (1992) entnommen.

Da die landwirtschaftliche Nachnutzung bei der Rekultivierung des vom Bergbau betroffenen Geländes immer eindeutig Vorrang hatte, wurden die Böschungen der Tagebaurestlöcher möglichst steil angelegt, um den Flächenverlust gering zu halten. Je nach Standfestigkeit des Untergrundes wurden im Schnitt Neigungen von 1 : 4–1 : 6 angehalten. Für die Entwicklung von größeren Röhrichtzonen und Flachwasserbereichen sind diese Neigungen jedoch zu steil. Auch die 4–6 m breite Berme, die in der Böschung der Restlöcher quer zur Hangneigung auf der Höhe des zu erwartenden künftigen Endwasserspiegels angelegt wurde, erwies sich hierfür ebenfalls als nicht ausreichend. Die seither mit Wasser gefüllten Restlochseen konnten sich daher im Endzustand bisher nur in begrenztem Umfang als Brutgewässer für Wasservögel entwickeln, zumal auch geeignete Inseln als isolierte, störungsfreie Brutareale fehlen.

Am Ost- und Südufer des Unteren Knappensees ist deshalb die Gestaltung einer Flachwasserzone einschließlich der Anlage mehrerer flacher Inseln auf einer Gesamtfläche von ca. 5 ha geplant. Es wird eine Wassertiefe von wenigen Zentimetern bis max. 70 cm angestrebt, während die Wassertiefe des Restlochsees bei etwa 20 m liegt. Die Anlage von Inseln erweist sich als notwendig, um dem nicht unbeachtlichen Prädatorendruck vorzubeugen. Die Maßnahme soll ab Herbst 1996 verwirklicht werden.

Die für den Naturschutz vorgesehenen Tagebaurestlöcher wurden nach außen durch einen ringsumverlaufenden, geschlossenen, 13–18 m breiten Heckenstreifen gegen Störungen gesichert. Zur Anpflanzung wurden ausschließlich einheimische, vorwiegend dornige Straucharten verwendet wie Schwarzdorn *(Prunus spinosa)*, Eingriffliger Weißdorn *(Crataegus monogyna)*, Hundsrose *(Rosa canina)* und Weinrose *(Rosa rubiginosa)*. Auf die Anpflanzung von Bäumen wurde ausdrücklich verzichtet, da dies nicht dem offenen Landschaftscharakter des Gebietes entspricht und vielen der dort vorkommenden Wasservogelarten nicht förderlich wäre.

In die Abpflanzung integriert wurden einige, lediglich von außen zugängliche, Beobachtungshügel mit darauf errichteten Sichtblenden, die ein störungsfreies Beobachten ermöglichen. Nach dem Hochwachsen der Schutzhecke am Unteren Knappensee konnten auf diese Weise die anfangs doch erheblichen Störungen durch illegale Freizeitnutzung fast völlig beseitigt werden.

In den ausschließlich für Naturschutzzwecke vorgesehenen 3 Restlochseen wurde bewußt auf das Einbringen von Pflanzen und Aussetzen von Tieren verzichtet, mit folgenden Ausnahmen:

- Die Böschungen wurden vom Bergbauunternehmen zur Verhinderung der Erosion mit Graseinsaaten begrünt. Ausgespart wurde jedoch der Bereich zwischen der Böschungsoberkante und der Heckenabpflanzung.
- Von unbekannter Seite wurden illegal in den Unteren Knappensee Karpfen *(Cyprinus carpio)* und Hechte *(Esox lucius)* als Brut oder Laich eingebracht, von offizieller Seite zusätzlich Ukelei *(Alburnus alburnus)* und Moderlieschen *(Leucaspius delineatus)*.

Ansonsten blieben die Gebiete seither der Eigendynamik überlassen. Lediglich aufkommender Gehölzaufwuchs und in der randlichen Schutzhecke durchwachsende Bäume wurden als Pflegemaßnahme entfernt, um den offenen Landschaftscharakter zu bewahren.

Die 8 Restlochseen unterscheiden sich gegenwärtig in der Nachnutzung und dem damit verbundenen unterschiedlichen Ausmaß der anthropogenen Störungen sowie in der Beeinträchtigung der Ufervegetation, ferner im Vorhandensein oder Fehlen von Inseln und größeren Flachwasserzonen, die aufgrund der besonderen Gestaltung der Böschungen meist nur zu Beginn der Wasserfüllung auf der Sohle der Restlöcher entstehen und mit steigendem Wasserstand wieder untergehen. Dies hat auch Auswirkungen auf die Eignung der Restlochseen als Lebensraum für Vögel und die weitere Biozönose. Zur Zeit (Stand Mitte 1996) ergibt sich folgendes Bild:

- Bei den beiden ältesten Tagebaurestlöchern, dem Wölfersheimer See (Abbauende 1943, Wasserfläche im Endzustand: 37 ha) und dem Inheiden-/Trais-Horloffer-See (Abbauende 1950, Wasserfläche im Endzustand: 35 ha) wurden die Betriebsböschungen nicht rekultiviert. Der angestrebte Füllungsgrad ist erreicht. Beim Inheiden-/Trais-Horloffer-See befindet sich der größte Teil der Uferregion (einschließlich Teile der angrenzenden Wasserfläche) in Privatbesitz (Wochenendgrundstücke), der Rest ist öffentlicher Badestrand. Der See dient der intensiven Freizeitnutzung (Segeln, Surfen, Tauchen, Angeln, Baden). An den Wölfersheimer See grenzt in Teilbereichen das Werksgelände der PreußenElektra an, der Rest der Randzone ist für eine ruhige Freizeitnutzung (ohne Wassersport und Badebetrieb) parkartig hergerichtet. Der See dient als Angelgewässer.
- Beim Barbarasee (Abbauende 1975, Wasserfläche im Endzustand: 37 ha) und beim Oberen Knappensee (Abbauende 1984, Wasserfläche im Endzustand: 37 ha) ist der endgültige Wasserstand noch nicht ganz erreicht. Der Barbarasee wird als Angelgewässer genutzt und ist rundum zugänglich. Der Obere Knappensee soll künftig teils der ruhigen Erholung, teils Naturschutzzwecken dienen.
- Der Untere Knappensee (Abbauende 1982, Wasserfläche im Endzustand: 31 ha) ist vollständig mit Wasser gefüllt und dient ausschließlich Naturschutzzwecken ohne Zugang für die Öffentlichkeit.
- Für Teufelsee und Pfaffensee (Abbauende 1989, beim Pfaffensee Ende der Aschedeponierung 1992, Wasserfläche im Endzustand je 27 ha) läuft z. Z. das Anhörungsverfahren zur Ausweisung als Naturschutzgebiet. Die Wasserfüllung ist erst zum kleineren Teil erfolgt und wird noch schätzungsweise eineinhalb Jahrzehnte in Anspruch nehmen.
- Der Bergwerksee (Abbauende 1991, Wasserfläche im Endzustand: 61 ha) weist als das zuletzt entstandene Restloch des inzwischen eingestellten Braunkohlenbergbaues auch die bisher geringste Wasserfüllung auf. Der endgültige Wasserstand wird voraussichtlich erst in über zwei Jahrzehnten erreicht sein. Für den Bergwerksee ist die Möglichkeit einer künftigen intensiven Freizeitnutzung offengehalten.

Die Zeit- und Größenangaben entstammen Lingemann und Heck (1992).

Besiedlung und Frequentierung durch die Vogelwelt

Die Nutzbarkeit der Braunkohlenabbaugebiete für Vogelarten als Brut-, Rast-, Mauser- oder Nahrungsareal ist in hohem Maße von der Gestaltung, dem Sukzessionsstadium und der Nutzung des Geländes durch den Menschen abhängig.

Grundsätzlich konnte in der Wetterau festgestellt werden, daß die frischen Rohböden, die nur schütter mit Pionierpflanzen bewachsen waren und auch vegetationsfreie Stellen aufwiesen, sehr schnell von Vogelarten mit entsprechenden Habitatpräferenzen als Brutareal angenommen wurden wie Brachpieper *(Anthus campestris)*, Feldlerche *(Alauda arvensis)*, Rebhuhn *(Perdix perdix)*, Schwarzkehlchen *(Saxicola torquata)*, Wachtel *(Coturnix coturnix)* und dort, wo zusätzlich perennierende Wasserlachen vorhanden waren, auch vom Flußregenpfeifer *(Charadrius dubius)*. Mit der Umwandlung der rekultivierten Abbaubereiche in landwirtschaftliche Nutzflächen oder Fortschreiten der Sukzession in den übrigen Gebieten verschwanden diese Arten mit Ausnahme der Feldlerche als Brutvögel meist wieder.

Bei den Tagebaurestlochseen stellte sich die günstigste Situation ein, sobald das Wasser die auf der Sohle der Restlöcher eingebrachte Vorkippe teilweise überflutete und ein grenzlinienreicher, aus zahllosen Inseln, Flachwasserzonen und auch etwas tieferen Wasserbereichen bestehender Lebensraum entstand. So brüteten z. B. allein auf der Sohle des Restloches bei Bellersheim, des späteren Barbarasees, Anfang der 80er Jahre bis zu 12 Haubentaucherpaare *(Podiceps cristatus)* erfolgreich. Auch lag hier der Schwerpunkt des Brutvorkommens der Reiherente *(Aythya fuligula)* während der in jener Zeit gerade erfolgenden Einwanderungsphase dieser Art nach Mittelhessen.

Diese Situation änderte sich mit dem Anstieg des Wasserspiegels und dem Verschwinden sämtlicher Inseln. Außerdem begannen mit größerwerdender Wasserfläche auch die – zunächst noch illegalen – Freizeitaktivitäten, die eine Rundumbegehung entlang der Uferlinie einschlossen. Damit erloschen die Brutvorkommen von Wasservogelarten weitestgehend. Von 1991–1994 machte jeweils lediglich nur noch ein Paar Bleßrallen *(Fulica atra)* Brutversuche, die aber – von einer Ausnahme abgesehen – aufgrund der Störungen alle scheiterten.

Mit ähnlicher Tendenz verläuft die Entwicklung an weiteren Restlochseen mit Freizeitnutzung, soweit dort nicht wenigstens ausreichend große Teilbereiche der Uferzone von Störungen freigehalten werden. Eine Ausnahme hiervon machen die für Naturschutzzwecke vorgesehenen Gewässer, da dort jegliche Freizeitnutzung ausgeschlossen ist. Die Strukturarmut der Uferregion und das weitgehende Fehlen von Inseln und größeren Flachwasserbereichen bei voller Wasserfüllung bleiben aber auch hier ein Handikap. So hat sich in der Südostecke des als Naturschutzgebiet ausgewiesenen Unteren Knappensees seit etwa 3–4 Jahren eine etwa 1,5 ha große

Flachwasserzone mit Schilf- *(Phragmites australis)* und Rohrkolbenbeständen *(Typha latifolia)* sowie Weidengebüsch *(Salix spec.)* nur deswegen herausbilden können, weil dort mit Anstieg des Wasserspiegels eine im Anschluß an das Restloch aber noch innerhalb des Naturschutzgebietes gelegene kleine Fläche überflutet wurde. Immerhin wurden daraufhin am Unteren Knappensee in den Jahren 1995 und 1996 folgende Brutvogelbestände festgestellt:

- Haubentaucher *(Podiceps cristatus)* 2–3 Brutpaare
- Höckerschwan *(Cygnus olor)* 1–2 Brutpaare
- Stockente *(Anas platyrhynchos)* 0–2 Schoofe
- Rohrweihe *(Circus aeruginosus)* 1 Brutpaar
- Wasserralle *(Rallus aquaticus)* 1–2 rufende Tiere
- Teichralle *(Gallinula chloropus)* 1–2 Brutpaare
- Bleßralle *(Fulica atra)* 3–5 Brutpaare
- Teichrohrsänger *(Acrocephalus scirpaceus)* 4–5 Brutpaare
- Drosselrohrsänger *(Acrocephalus arundinaceus)* 1 Brutpaar
- Blaukehlchen *(Luscinia svecica)* 2–3 Brutpaare
- Beutelmeise *(Remiz pendulinus)* 2–3 Brutpaare
- Rohrammer *(Emberiza schoeniclus)* 8–9 Brutpaare

Die Zahlen zeigen, welche Potenz die Braunkohlenrestlochseen als Brutareal für wasser- und feuchtlandgebundene Vogelarten in dieser ansonsten gewässerarmen Region besitzen, wenn zusätzlich zu der Wasserfläche auch die anderen benötigten Habitatstrukturen vorhanden sind. Die für Herbst 1996 geplante Vergrößerung der Flachwasserzone um ca. 5 ha und die Schaffung von Inseln dürften sich daher positiv auf die Entwicklung des Brutvogelbestandes auswirken.

Von landesweiter Bedeutung für das gewässerarme Hessen sind die Restlochseen aber schon heute als Rastareal für Wasservogelarten während der Zugzeiten im Frühjahr und Herbst. Dabei wirken offenbar mehrere günstige Faktoren zusammen. Zum einen dürfte der in die Mittelgebirgsschwelle eingebetteten, in Nordost-Südwest-Richung verlaufenden Wetterau eine gewisse Leitlinienfunktion während des Vogelzuges zukommen (Berck 1961), zum anderen dürfte sich die Schlüsselreizwirkung der einzelnen, aber relativ nahe beieinanderliegenden Restlochseen aus der Vogelperspektive summieren, und die Seenplatte dadurch einen gesteigerten Reiz zum Verweilen auf überfliegende Zugvögel ausüben. Hinzu kommt sicherlich noch die Klimagunst der Wetterau gegenüber den sie flankierenden Mittelgebirgen, die sich v. a. in den Übergangsjahreszeiten, den Hauptzugperioden, bemerkbar macht. So sind im Frühjahr die Hochlagen von Vogelsberg und Taunus oft noch von Schnee bedeckt, während im Kontrast hierzu die Niederungen und Gewässer der Wetterau bereits eisfrei sind und das Land aufgrund der früher einsetzenden Vegetationsperiode schon ergrünt ist.

Die Rastplatzqualität der einzelnen Gewässer der ehemaligen Bergbauregion ist aber recht unterschiedlich und stark von den anthropogenen Störungen abhängig. Bei intensiver Freizeitnutzung entfällt die gesamte Wasserfläche und bei ruhiger auf die Randbereiche begrenzter Freizeitnutzung entfallen zumindest die Uferregionen als Rastplatz und oft auch als Nahrungsareal.

Daher konzentrieren sich die verweilenden Wasservögel auf die anderen Restlochseen, z. Z. insbesondere auf den Unteren und Oberen Knappensee (Scherer 1991). So wurden auf dem Unteren Knappensee (31 ha) schon Tagesmaxima von bis zu 2 000 Vögel festgestellt. Nach Zufrieren eines Teils der anderen Gewässer der Umgebung ist es auf diesem See schon zu Ansammlungen von bis zu 109 Haubentauchern (28.12.1995) und von 472 Tafelenten *(Aythya ferina)* am 16.1.1994 gekommen (mdl. Mitteilung von H. Scherer). Die bisherige Höchstzahl an Haubentauchern *(Podiceps cristatus)* auf den Restlochseen des Gebietes wurde am 9.12.1995 von Scherer (mdl. Mitteilung) mit 201 Exemplaren registriert.

Mitunter werden auch die Eisflächen der Restlochseen zu Rast und Übernachtung genutzt, so im Winter 1995/96 von etwa 200 Pfeifenten *(Anas penelope)*, die hier überwinterten und die in diesem Winter durchgehend schneefreien, kurzrasigen Randzonen als Nahrungsareal nutzten. Die ebenfalls im Winter 1995/96 die Eisflächen als Übernachtungsplatz aufsuchenden rd. 220 Krickenten *(Anas crecca)* suchten ihre Nahrung vorwiegend auf der benachbarten Horloff, die infolge der Einleitung erwärmten Klärwassers über eine Strecke von ca. 2 km eisfrei blieb.

Offensichtlich bahnt sich auch eine gewisse Rast- und Überwinterungstradition bei der Saatgans *(Anser fabalis)* und in den letzten Jahren in zunehmenden Maße auch bei der Bleßgans *(Anser albifrons)* an, die inzwischen alljährlich in der Größenordnung von 20–50 Tieren überwintern und deren Zahl im Kältewinter 1986/87 bis auf 477 Saatgänse und 7 Bleßgänse anstieg (Thörner 1990). Die Gänse übernachten auf dem Wasser oder den Eisflächen der Restlochseen und haben ihre Äsungsflächen auf den weiten, baum- und strauchfreien Agrarflächen der Wetterau oder den Wiesen der Horloffniederung, ebenso wie die in den letzten Jahren zunehmend auftretenden Singschwäne *(Cygnus cynus)*, von denen 1995/96 zwei Familienverbände mit zusammen 12 Exemplaren überwinterten.

Von maßgeblichem Einfluß für die ornithologische Bedeutung der Gewässer der Braunkohlenfolgelandschaft in der Wetterau ist auch ihre räumliche Nähe zur etwa 1 km breiten Horloffniederung, einer größtenteils baumarmen Wiesenlandschaft, mit der sie aus ornithologischer Sicht eine funktionelle Einheit bilden. Dies wird insbesondere während der Zugzeiten offenkundig. Im zeitigen Frühjahr, wenn die tiefen Restlochseen noch vereist sind, werden in erster Linie die eisfreien, überfluteten Bereiche der Horloffaue oder die dort gelegenen, rascher auftauenden Flachwasserteiche und Auentümpel aufgesucht. Während des Herbstzuges, wenn die Auen meist ausgetrocknet sind, verhält es sich umgekehrt.

Auch bei den Brutvogelpopulationen zeigt sich die Einbeziehung der Bergbaugewässer in das bestehende Ökosystem der benachbarten Aue. So findet z. B. der größte Teil der Zwergtaucherbruten *(Tachybaptus ruficollis)* auf – meist von Naturschutzseite angelegten – Flachwasserteichen und Überflutungstümpeln am Rande der Flußniederung und den angrenzenden Gebieten statt. Nach der Brut und während des Herbstzuges finden sich aber viele Zwergtaucher in der Uferregion der Abgrabungsgewässer ein, da der Wasserspiegel der Brutgewässer in der Region meist stark abgesunken ist oder manche Brutgewässer sogar trocken gefallen sind. Auch von den 33 Bruten des Blaukehlchens *(Luscinia svecica)*, die 1996 in der nördlichen Wetterau festgestellt wurden, fanden immerhin 20 % auf ehemaligem Braunkohlenabbaugelände statt, der Rest überwiegend an schilfbestandenen Gräben der Aue.

Abschließend sei noch darauf verwiesen, daß in einer heckenarmen Region, wie der Wetterau, auch die in einigem Abstand um die Restlochseen angelegten breiten Heckengürtel von insgesamt rd. 15 km Länge nicht nur von landschaftsprägendem Charakter sind, sondern auch eine wichtige Lebensraumstruktur für viele Kleinvogelarten darstellen, sowohl als Brut- als auch als Rasthabitat. Quantitative Untersuchungen hierzu liegen aber noch nicht vor.

Auch als Mausergewässer werden die als Schutzgebiet gesicherten Restlochseen in zunehmendem Maße von Wasservögeln aufgesucht (Thörner und Scherer 1991). Allein die Zahl von 110 Arten Non-Passeriformes im letzten Jahrzehnt, die an Wasser und Feuchtland gebunden sind oder durch die Strukturen der Bergbaufolgelandschaft begünstigt werden und die die Region als Rast-, Mauser-, Überwinterungs-, Brut- oder Nahrungsareals nutzen, zeugt von der Bedeutung, die dieser Region innerhalb Hessens zukommt. Ihre weitere Entwicklung wird in hohem Maße davon abhängen, inwieweit es gelingt, auch künftig Störungen aus den Schutzgebieten fernzuhalten, an den Restlochseen zusätzliche Bruthabitate zu schaffen und die angrenzenden Auenbereiche in ein abgestimmtes Renaturierungskonzept miteinzubeziehen.

Zusammenfassung

Von den 8 größeren und 8 kleineren Gewässern mit einer Gesamtwasserfläche von 302 ha und 139 ha Randzone, die als Folge des Braunkohlenbergbaues vorwiegend in der 2. Hälfte dieses Jahrhunderts entstanden sind, wurden ein größerer Restlochsee und 2 kleinere Gewässer als Naturschutzgebiete ausgewiesen, 2 größere Restlochseen stehen kurz vor der Ausweisung. Zusammen umfassen die für den Naturschutz vorbehaltenen ehemaligen Abbauflächen ca. 87 ha Wasserfläche und 64 ha Randzonen.

Zweck der Unterschutzstellung ist, die im Gefolge des Braunkohlenbergbaues entstandenen Wasserflächen samt Einzugsgebiet als Rast-, Trittstein-, Überwinterungs-, Mauser-, Brut- und Nahrungsareal für an Wasser, Feucht- und Offenland angepaßte Vogelarten zu sichern, zu erhalten und zu entwicklen.

Die Restlochseen bilden mit den Flußniederungen der Wetterau aus ornithologischer Sicht eine funktionelle Einheit mit wechselseitiger Ergänzung. Während die Funktion als Rast- und Mauserplatz von hessenweiter Bedeutung ist, ist die Bedeutung der einzelnen Restlochseen als Brutareal mit steigendem Wasserspiegel rückläufig. Durch die Gestaltung von Flachwasserzonen und Inseln soll letzterem entgegengewirkt werden.

LITERATUR

Berck K H (1959) Limicolen- und Wasservogelbeobachtungen aus der Wetterau. Vogelring 5: 112–117

Berck K H (1961) Ein wichtiger Rastplatz für Wasser- und Sumpfvögel in Hessen geht verloren! Natur und Volk 91 (4): 123–128

Berck K H, Weider H (1963) Zug- und Brutvögel im Wetterauer Braunkohlenabbaugebiet. Luscinia 36: 20–29

Deutscher Wetterdienst Offenbach (Hrsg) (1981) Das Klima von Hessen, Standortkarte im Rahmen der agrarstrukturellen Vorplanung, Wiesbaden

Klausing O (1988) Die Naturräume Hessens (= Umweltplanung, Arbeits- und Umweltschutz), Hessische Landesanstalt für Umwelt (67), Wiesbaden

Lingemann H, Heck W (1992) Die Wetterauer Braunkohle und ihre Verwertung (Bergbau und Kraftwerk), Gießen-Druck, Gießen

Lingemann H, Thörner E (1982) Braunkohlenbergbau und Naturschutz in der Wetterau (Hessen). Vogel und Umwelt 2 (1): 43–48

Scherer H (1991) Drei Seeschwalbenarten gemeinsam am Oberen Knappensee. Naturkunde und Naturschutz in Mittelhessen 2: 200

Thörner E (1990) Nordische Wintergäste im Kältewinter 1986/87 in der nördlichen Wetterau. Naturkunde und Naturschutz in Mittelhessen 1: 18–24

Thörner E (1991) Auenverbund Wetterau – Ein Naturschutzprojekt von europäischer Bedeutung. Naturkunde und Naturschutz in Mittelhessen 2: 9–20

Thörner E, Scherer H (1991) Ein Mauserplatz der Graugans Anser anser in der nördlichen Wetterau/Mittelhessen. Naturkunde und Naturschutz in Mittelhessen 1: 204

TEIL 6

Neue Forschungs- und Planungsansätze sowie Sanierungsbergbau im Lausitzer und Mitteldeutschen Braunkohlenrevier

Neue Forschungs- und Planungsansätze sowie Sanierungsbergbau im Lausitzer und Mitteldeutschen Braunkohlenrevier

Mit der Wiedervereinigung Deutschlands, dem plötzlichen Ende sozialistischer Planwirtschaft und dem kurzfristigen Übergang zur Marktwirtschaft werden die Schäden an Natur und Landschaft und die Unzulänglichkeiten im Rekultivierungsgeschehen im Lausitzer und Mitteldeutschen Braunkohlenrevier als Folge energiepolitischer Fehlentwicklungen seit den 70er Jahren offenbar.

Der hohe Stand der Forschung und die anfänglich erfolgreiche Rekultivierungsplanung und -leistung bleiben im Zuge der Autarkiebestrebungen der DDR auf der Strecke. Mit der Stillegung von 27 der 1989 fördernden 36 Tagebaue wird das alte Rekultivierungskonzept teilweise gegenstandslos. Mangelhaft rekultivierte Flächen in einem Teil der Tagebaue bedürfen erneuter Bearbeitung, die aus dem Zustand hoher Förderleistung von einem zum anderen Tag stillgelegten weitläufigen Abbaufelder der Wiederherstellung. Ein neues Aufgabengebiet wird geboren: Sanierungsbergbau. Die Schäden, Belastungen und Gefährdungen müssen festgestellt, ursachen- und anwendungsbezogene Forschung muß betrieben und die Umsetzung der Ergebnisse in Leitbilder, Pläne und praktische Arbeiten vollzogen werden. Ein umfangreiches Forschungs- und Sanierungsprogramm wird aufgelegt, Unternehmen des Sanierungsbergbaues werden gegründet und öffentliche Mittel in Milliardenhöhe bereitgestellt. Die Herstellung der neuen Landschaften wird einen langen Zeitraum umfassen.

Wolfram Pflug

Grundlagen und Entwicklung des Sanierungsbergbaues

Klaus-Dieter Bilkenroth und Eckart Hildmann

Einführung

Mit dem Begriff Sanierungsbergbau Braunkohle verbinden sich die Begründung und Entwicklung eines Bergbauzweiges, der in Hinsicht auf seine unternehmerischen Grundlagen und Arbeitsfelder ein Novum in der 150jährigen Geschichte des deutschen Braunkohlenbergbaues darstellt. Anlaß dafür gab der politische und wirtschaftliche Wandel, der 1990 das heutige Gebiet der neuen Bundesländer erfaßte. Davon blieben auch der Energiemarkt und im besonderen die bis dahin behauptete Stellung der Braunkohle in ihrer Rolle als führender Primärenergieträger nicht unberührt.

Die Braunkohlenförderung, die 1989 in den Revieren Lausitz und Mitteldeutschland 301 Mio. t betrug, erreichte 1992 nur noch 129 Mio. t und wird voraussichtlich im Jahr 2000 bei 80 Mio. t liegen. Daran ist die Stillsetzung von Förderbetrieben geknüpft. Die analogen Zahlen der betriebenen Tagebaue bewegen sich von 36 im Jahre 1989 auf 7 im Jahr 2000.

Die Darstellung der daraus entspringenden sozialen Konsequenzen kann hier keinen Platz finden; das Planungsproblem bestand darin, sehr kurzfristig zu Entschlüssen über den Umgang mit den Betriebsflächen der Braunkohlengewinnung und -verarbeitung zu kommen, dafür Ziele zu setzen und sowohl technisch anwendbare wie auch finanzierungsfähige Lösungen zu finden. Es sind mehrere Faktoren, die das Besondere des Sanierungsbergbaues ausmachen:

- Seine Aufgabe, die in dem Zurückführen großer Revierteile der Lausitz und Mitteldeutschlands aus einem Stadium höchster Braunkohlenförderbereitschaft in andere Nutzungsstrukturen zu sehen ist, hat eine Dimension erlangt, die vordem nicht aufgetreten ist.
- Die Bewertung des Sanierungsumfangs muß mit Blick auf den zur Verfügung stehenden Zeitraum erfolgen. Da die Sanierung sich in jedem Tagebau unmittelbar an die Beendigung der Förderphase anschließt und damit eine zwingende Aufeinanderfolge von Maßnahmen in Gang gesetzt wird, kann von einem Zeitvolumen von etwa 15 Jahren ausgegangen werden, das der Hauptteil der aktiven Sanierungsmaßnahmen in Anspruch nehmen wird. In diesem Rahmen sind – und daraus resultiert der Ansatz für Zeitprobleme – der planungs- und der genehmigungsrechtliche Vorlauf für die Sanierungsausführung herzustellen.
- Der Sanierungsbergbau wird im wesentlichen nicht mehr von einem langfristig weiterführenden Braunkohlenbergbau getragen. Damit verändern sich die technologischen und finanziellen Bedingungen in grundlegender Weise.
- Die Finanzierung erfolgt dementsprechend mit öffentlichen Mitteln.

Planung und Ausführung setzen Zielsetzungen voraus. Das plötzliche Auftreten eines Zielformulierungsbedarfs für eine Vielzahl in die Sanierung überführter Braunkohlentagebaue hat eine Diskussion um Prioritäten und Gestaltungsprinzipien für Bergbaulandschaften bewirkt, wie sie in dieser Deutlichkeit bis dahin nicht auftrat. Damit ist ein sprunghaftes Anwachsen auch der fachlich orientierten Beschäftigung mit den Auswirkungen des Braunkohlenbergbaues und der Ableitung möglicher Behandlungsszenarien für den auf einen Tagebaubetrieb folgenden Landschaftszustand zu verzeichnen.

Sie betreffen im engeren Sinn landschaftsökologische Fragestellungen und damit auch die Rekultivierung, beziehen sich jedoch im erweiterten Verständnis auf das Verhältnis zwischen Mensch und Natur in den Bergbaufolgelandschaften.

Dieser Vorgang, aber auch die mit der regionalen Ausdehnung der Sanierungstätigkeit verbundene Berührung öffentlicher und persönlicher Interessen und das Tätigwerden der öffentlichen Hand als Finanzierungsquelle haben den Sanierungsbergbau in das Blickfeld der Öffentlichkeit gerückt, die mit vielfältigen, teilweise divergierenden Forderungen Einfluß auf Ziele und Inhalt der Sanierung nimmt.

Nachstehend wird dem Anliegen gefolgt, die für den Sanierungsbergbau typischen Vorgänge darzustellen. Sie realisieren sich im jeweilig revierbezogenen naturräumlichen, technischen und rechtlichen Umfeld und sind deshalb gleichermaßen Gegenstand der in den anderen Beiträgen des Buches beschriebenen Sachverhalte.

Rechtliche Grundlagen

Der Sanierungsbergbau bewegt sich in dem gleichen rechtlichen Umfeld, das für den aktiven Braunkohlenbergbau in Deutschland zutreffend ist. Die dafür relevanten Rechtsquellen sind im Bergrecht, Wasserrecht, Raumordnungs- und Landesplanungsrecht sowie im Umweltrecht angelagert und enthalten Regelungen mit Bezug auf Ziele und Inhalt des Sanierungsbergbaues, aber auch auf den Umgang mit seinen in anderen Bereichen auftretenden Auswirkungen. Hinzu treten spezielle Vorschriften, die sich aus der Finanzierung des Sanierungsbergbaues Braunkohle mit öffentlichen Mitteln ableiten.

Die Ausgestaltung des Landesplanungsrechts in den betroffenen Ländern trägt der besonderen Bedeutung des Braunkohlenbergbaues Rechnung. Auch für Vorhaben des Sanierungsbergbaues sind das Zustandekommen und der Inhalt verbindlicher Planungsvorgaben, allerdings in länderdifferenzierter Weise geregelt. Die den Braunkohlenbergbau betreffenden landesplanerischen Dokumente tragen generell den Status von Regionalplänen. Gemeinsam ist fernerhin die Erteilung von Rahmenvorgaben für die Bergbaufolgelandschaften wie Oberflächengestaltung, Hauptnutzungsarten, infrastrukturelle und naturräumliche Einbindung. Sie entstehen unter Mitwirkung bzw. sogar durch Beschlußfassung kommunaler und entsprechend institutionalisierter Gremien. Aus der Anwendung landesspezifischer Regelungen erwachsen Schwierigkeiten für die Vorgabe von Sanierungsstrategien für in sich geschlossene Bereiche, die durch Landesgrenzen geteilt werden.

Im Land Brandenburg werden Sanierungspläne durch einen Braunkohlenausschuß aufgestellt und beschlossen. Die Verbindlichkeitserklärung erfolgt durch die Landesregierung (Gesetz zur Einführung der Regionalplanung und der Braunkohlen- und Sanierungsplanung im Land Brandenburg, Verordnung über die Bildung des Braunkohlenausschusses des Landes Brandenburg). Im Freistaat Sachsen kommen Sanierungsrahmenpläne zur Anwendung. Auch hier sind Braunkohlenausschüsse von den Regionalen Planungsverbänden bestellt und werden tätig für die Aufstellung, Erörterung und Beschlußfassung. Das Staatsministerium für Umwelt und Landesentwicklung als oberste Raumordnungs- und Landesplanungsbehörde erklärt den Sanierungsrahmenplan für verbindlich (Gesetz zur Raumordnung und Landesplanung des Freistaates Sachsen, Erlaß des Sächsischen Staatsministeriums für Umwelt und Landesentwicklung für die Aufstellung von Regionalplänen).

Das Land Sachsen-Anhalt regelt Belange des Braunkohlenbergbaues über Regionale Teilgebietsentwicklungsprogramme (Vorschaltgesetz zur Raumordnung und Landesentwicklung des Landes Sachsen-Anhalt). Aufstellung und Erörterung obliegt den Bezirksregierungen als obere Landesplanungsbehörden. Die Beschlußfassung erfolgt durch die Landesregierung. Der Freistaat Thüringen, in dem Braunkohlenbergbaubelange nur als Sanierung zu berücksichtigen sind, wendet für deren Regelung das Instrument des Regionalen Raumordnungsplanes (Thüringer Landesplanungsgesetz) an. Aufstellung, Erörterung und Anhörung, bei denen der regionalen Planungsgemeinschaft eine wichtige Funktion zukommt, sind dem Landesverwaltungsamt als obere Landesplanungsbehörde übertragen. Die regionale Planungsgemeinschaft faßt den Beschluß, der dann durch die Staatsregierung für verbindlich erklärt wird.

Entsprechend Bundesberggesetzgebung erfolgt die bergrechtliche Behandlung des Sanierungsbergbaues einheitlich (Bundesberggesetz, BBergG). Maßgebendes Instrument für diesen Fall ist der Abschlußbetriebsplan, der vom sanierungstragenden Bergbauunternehmen aufgestellt und der zuständigen Behörde zur Zulassung übergeben wird. Der Abschlußbetriebsplan ist mit einem vorliegenden landesplanerischen Beschlußdokument in Einklang zu bringen (Zenker 1995) und setzt die dort erteilten Ziele in Prozesse und Größen der bergbaulichen Betriebsführung in der Auslauf- und Sanierungsphase um. Nach Zulassung ist er für das Bergbauunternehmen verbindlich.

Der Sanierungsbergbau wird von den landesplanerischen und bergrechtlichen Vorgaben, die für die Behandlung eines ehemaligen Bergbaugebietes erteilt werden, unterschiedlich betroffen.

Der Abschlußbetriebsplan erstreckt sich auf Betriebsflächen, die noch unter Bergaufsicht stehen. Darin sind nicht die Flächen enthalten, die bereits vor 1990 nach DDR-Bergrecht wiederurbargemacht und ordnungsgemäß für eine Folgenutzung abgenommen wurden (Zenker 1996). Die Landesplanung beschäftigt sich hingegen mit dem gesamten Gebiet eines Tagebaues und darüber hinaus mit seinem wasserhaushaltlichen, landschaftlichen und infrastrukturellen Umfeld.

Im bergrechtlichen Betriebsplanverfahren kommen ausschließlich Maßnahmen zur Regelung, die zur Entlassung aus der Bergaufsicht führen, während die Landesplanung auch die danach vor sich gehende Entwicklung der Bergbaufolgelandschaft bis zum Eintritt der vorgesehenen Nutzung und der vollzogenen regionalen Einbindung im Blick behalten muß.

Die Verwirklichung der Abschlußbetriebspläne liegt deshalb nur in der Verantwortung des Sanierungsbergbauunternehmens, während ein Sanierungsrahmenplan und vergleichbare Plandokumentationen sich auch an andere Adressaten wenden, denen eine entsprechende Verpflichtung zukommt.

Bedeutung für die Sicherung des genehmigungsrechtlichen Vorlaufs für den Sanierungsbergbau erlangt das Planfeststellungsverfahren nach § 31 Wasserhaushaltsgesetz (WHG), das für die Herstellung neuer Gewässer zur Anwendung kommt. Die daran gebundene Umweltverträglichkeitsprüfung beleuchtet u. a. die ökologischen Bedingungen und ihre Änderung unter Einfluß der entstehenden Tagebaurestseen, der zu errichtenden Fließgewässer, aber auch der sich einstellenden Grundwasserverhältnisse.

Struktur

In der Struktur, die für die Planung und Durchführung des Sanierungsbergbaues Braunkohle in der Bundesrepublik Deutschland entwickelt wurde, spiegelt sich deren öffentlicher Charakter wider. Sie wird getragen durch die Finanzierungsverantwortung, die bei der öffentlichen Hand liegt (VerwAbk 1992). Sie leitete sich aus der Notwendigkeit ab, im Rahmen der Privatisierung des langfristig weiterlaufenden Braunkohlenbergbaues eine Regelung für den Umgang mit den bergbaulichen Altlasten zu finden. Diesem Anliegen entsprechend, speist sich die Finanzierung der Braunkohlesanierung im wesentlichen aus Mitteln des Bundes, der vom Braunkohlenbergbau betroffenen neuen Bundesländer und der Bundesanstalt für Arbeit. Hinzu treten Anteile aus den erwirtschafteten Erlösen des auslaufenden Bergbaus und der Verwertung sanierter Flächen.

Kennzeichnend für die Struktur ist eine institutionelle Trennung nach den Wirkungsbereichen Steuerung, Projektträgerschaft und Ausführung (Positionspapier 1994; Fritz u. Benthaus 1996), die eine Dreiebenen-Hierarchie vorsieht.

Die erste Ebene wird vom Steuerungs- und Budgetausschuß (StuBA) eingenommen, der sich paritätisch aus Bund und Ländern zusammensetzt. Ihm obliegen vornehmlich die Budgetierung und Genehmigung aller Projekte und Maßnahmen und damit die entscheidende Einflußnahme auf Ziele und Inhalt der Sanierung. Im StuBA hat sich ein Interessenausgleich zwischen Bund und Ländern zu vollziehen, in deren Planungszuständigkeiten die sanierten Flächen liegen. Hinzu tritt die sozioökonomische Relevanz des Sanierungsbergbaues, die in den betreffenden Regionen im besonderen Maße zur Wirkung kommt.

Die Projektträgerschaft ist Gegenstand der zweiten Ebene. Sie ist der Lausitzer und Mitteldeutschen Bergbau-Verwaltungsgesellschaft mbH (LMBV) übertragen, die sich in Bundesbesitz befindet und daneben Aufgaben des Auslaufbergbaus und der Flächenverwertung zu erfüllen hat. Sie tritt auch in die Funktion des Flächeneigentümers für alle nicht privatisierten Flächen des Braunkohlenbergbaues ein.

Der zweiten Ebene sind fernerhin regionale, d. h. länderbezogene Sanierungsbeiräte zugeordnet, die eine unmittelbare Einflußnahme der Länder auf Planung, Prioritätensetzung, Vergabe von Sanierungsaufgaben und Grundstücksverwertung ausüben. Die dritte Ebene schließlich ist für die eigentliche Sanierungsausführung bestimmt, die durch geeignete Auftragnehmer, in der Regel über Ausschreibung zum Einsatz kommend, übernommen wird.

Aufgabenbereiche

Die als Altlasten aus der Zeit vor 1990 übernommenen und stillgesetzten Betriebsanlagen des Braunkohlenbergbaues und der Braunkohlenverarbeitung verkörpern sich v. a. in dem Betriebsflächenbestand von mehr als 50 000 ha (Stand 1.1.1996) in den Tagebauen, die aus nicht rekultivierten Kippenflächen, in hervorhebenswertem Umfang als offene Betriebsräume bzw. Einschnitte sowie aus Randflächen bestehen. Ihr Zustand ist ausgerichtet auf die Bedürfnisse und Bedingungen des aktiven Bergbaus und entspricht in keiner Weise den Anforderungen einer Folgenutzung. Die Begründung dieses Zustandes ist u. a. auch darin zu sehen, daß die Mehrzahl der Sanierung zugeführten Tagebaue vorzeitig zum Stillstand gekommen ist. Damit kommen auf teilweise Jahrzehnte angelegte Planungs- und Abraumverteilungskonzeptionen nicht zum Tragen mit dem Resultat, daß zur Rekultivierung anstehende Flächen und v. a. sog. Tagebaurestlöcher in einer Größe, Lage und Form angetroffen werden, die nicht den ursprünglichen Planvorstellungen entsprechen und einer Behandlung unter den Aspekten der Gefahrenabwehr und Wiedernutzbarmachung zu unterwerfen sind. Sanierungsbergbau wird von Dähnert (1995) wie folgt begrifflich definiert: „Sanierungsbergbau stellt sich das Ziel, in Gebieten, die ehemals durch den Braunkohlenbergbau bergbaulich in Anspruch genommen wurden, bestehende Gefahren für Mensch und Natur abzubauen ...Dabei sollte eine möglichst den ehemaligen natürlichen Bedingungen und Gegebenheiten ähnliche Gestaltung erreicht werden. Nach Abschluß der Sanierung und Entlassung des Gebietes aus der Bergaufsicht muß die für Mensch und Natur gefahrlose Nutzung gewährleistet werden."

Davon ausgehend lassen sich die Aufgaben des Sanierungsbergbaues Braunkohle mit den nachstehenden Vorgaben beschreiben:

- Abbau von Gefährdungspotentialen, die an das Vorhandensein von Altablagerungen und Altstandorten geknüpft sind
- Gestaltung einer gefährdungs- und nachsorgefreien Landschaft, die über die Sicherung instabiler Böschungssysteme und die Rekultivierung der Kippen- und Böschungsflächen vollzogen wird
- Wiederherstellung eines ausgeglichenen und sich selbst regulierenden Wasserhaushalts, dessen hervorstechenden Elemente zwar die entstehenden Tagebaurestseen mit einem Flächenumfang von 280 km^2 in den Revieren Lausitz und Mitteldeutschland sind, der aber noch mehr infolge zu erwartender Veränderungen durch das mit Auslauf der bergbaulichen Wasserhaltung sich neu einstellende Grundwasserregime geprägt wird

Zur Erfüllung dieser Vorgaben kommen als Hauptgewerke zur Anwendung:

- Erdbewegung zur Sicherung instabiler verbleibender Böschungssysteme, die als Begrenzungselemente der entstehenden Tagebaurestseen den Lastenansprüchen von Grund- und Oberflächenwasser entsprechen müssen
- Rückbau der betrieblichen Anlagen
- Forst- und landwirtschaftliche Rekultivierung sowie Landschaftsbau
- Wasserbauliche Maßnahmen für die Flutung der Resthohlräume und die neue Vorflutregulierung in den Bergbaufolgelandschaften
- Sanierung und Sicherung von Altlasten mit einem nicht tolerierbaren Kontaminationspotential

Tabelle 1 enthält Angaben zum Umfang der anfallenden Sanierungsarbeiten.

Gemessen am Landschaftszustand während der Förderphase der Braunkohlentagebaue führt der Umgestaltungsprozeß ehemaliger Betriebsflächen zu Bergbaufolgelandschaften zweifellos zu einer landschaftsökologischen und nutzungsorientierten Aufwertung, die bewußt den Zielstellungen des Sanierungsbergbaues zugrunde gelegt wird. Die Tätigkeit des Sanierungsbergbaues erhält auf diese Weise einen direkten Bezug zur Verbesserung der Umweltbedingungen in den von einer übermäßigen Naturressourcenbeanspruchung gekennzeichneten Regionen Mitteldeutschland und Lausitz.

In diesem Zusammenhang ist die Frage nach der Reichweite der Verpflichtungen zu stellen, die der Bergbau bei der Behandlung der Folgen seiner Tätigkeit und der Gestaltung von Bergbaufolgelandschaften einzugehen hat. Dieser Aspekt ist aus berg- und naturschutzrechtlicher sowie landesplanerischer Sicht generell für den Braunkohlenbergbau von Bedeutung. Er erlangt für den Sanierungsbergbau durch die Absichtsübereinkunft der Finanzierungsträger Bund und Länder für den Sanierungsbergbau ein besonders Gewicht.

In den Erwägungen, die bei der Suche nach einem Wertungsmaßstab für Verpflichtungen zur Ausgestaltung von Bergbaufolgelandschaften durchgeführt werden, kommt der Grundsatz zur Geltung, daß Sanierungsmaßnahmen neben der Gefahrenabwehr auf die Herstellung von Nutzungsmöglichkeiten hinzielen sollen, deren Wert einem Zustand ohne bergbaulichem Eingriff entspricht.

Landschaftsökologische Belange

Ein der dem Sanierungsbergbau Braunkohle zugeordnetes Hauptziel ist in der Überwindung der für die Betriebsflächen des Braunkohlenbergbaues feststellbaren und in verschiedenen Richtungen wirkenden defizitären Situation zu sehen, die sich aber maßgeblich in landschaftsökologischer Hinsicht präsentiert. Deshalb nehmen die Maßnahmen der Rekultivierung und Landschaftsgestaltung einen großen Anteil an der Sanierung ein. Die räumliche Reichweite des Handlungszwanges und die Kurzfristigkeit der sich vollziehenden landschaftsökologischen Veränderungen leiten sich aus der Vorwegnahme von bergbaulichen Endzuständen ab, die zu einem späteren Zeitpunkt und dann stufenweise eintreten sollten. Davon sind 20 Braunkohlentagebaue in

Betriebsfläche der Sanierungstagebaue (1.1.1996)	50 486	ha
Darin zu sanierende Hohlformen	160	ha
Länge der zu sanierenden Böschungen	450	km
Erdbewegung zur Böschungsumformung	1 090	Mio. m^3
Altlastverdachtsflächen	985	ha
Stillgelegte Industriebrachen	100	ha

Tabelle 1. Angaben zum Sanierungsbergbau Lausitz und Mitteldeutschland. (Daten z. T. aus Fritz u. Benthaus 1996)

beiden Revieren betroffen, deren geplante Betriebszeit entscheidenden Verkürzungen unterworfen wurde.

Zu beachten ist fernerhin, daß für die aktive Phase des Sanierungsbergbaues technisch determinierte Prozesse typisch sind, die in relativ kurzer Zeit große landschaftliche Umformungen bewirken. Diese Phase endet in einem Initialstadium für natürliche Entwicklungsvorgänge, die sich daran anschließen und am ehesten im belebten Teil der Umwelt in Bergbaufolgelandschaften deutlich werden, jedoch auch in den oberflächigen abiotischen Kompartimenten Boden und Wasser ablaufen und in den Kippen- und Wasserkörpern mit Stoffumwandlungs- und -transportprozessen in Erscheinung treten. Ehe Bergbaufolgelandschaften und insbesondere der Gewässerhaushalt einen Zustand erreichen, der den Zielvorstellungen des Sanierungsbergbaues entspricht, vergehen in der Regel Jahrzehnte.

Die im Ergebnis des Sanierungsbergbaues eintretenden wasserhaushaltlichen Veränderungen werden aus den Angaben der Tabelle 2 ersichtlich. Das sich nach Beendigung der bergbaulichen Beeinflussung einstellende Grundwasserregime manifestiert sich in neuen Strömungsverhältnissen, in einem anderen Chemismus und in der Auffüllung des entwässerten Porenvolumens. Landschaftsökologische Bedeutung haben in diesem Zusammenhang

- Die neu entstehenden Tagebauseen
- Grundwasserflurabstände in den Auffüllungsgebieten, die mit hydrogeologischen Großraummodellen prognostizierbar sind
- Die Flutung von Tagebauresträumen

Die Auffüllung der sanierten Tagebaueinschnitte und des entwässerten Gebirges wird vornehmlich über die Entnahme aus Fließgewässern als Voraussetzung für eine ökologische Nutzungsverträglichkeit der künftigen Tagebaurestseen vorgenommen. Damit sind komplizierte Eingriffe in die regionalen Gewässerbewirtschaftungen verbunden (Luckner et al. 1995, 1996). Gleichzeitig greifen die Folgen der Sanierungstätigkeit weit über die Grenzen der ehemaligen Betriebsbereiche des Braunkohlenbergbaues hinaus, wenn durch den Grundwasserwiederanstieg veränderte landschaftliche und wasserhaushaltliche Verhältnisse eintreten. Dies hat im besonderen eine Bedeutung für dichte Besiedlungsgebiete im näheren Umfeld des stillgelegten Braunkohlenbergbaues beider Reviere (Bilkenroth 1995).

Wasser bildet ein Kompartiment der abiotischen Standortfaktoren, die in ihrer Gesamtheit die Intensität und Richtung ökologischer Prozesse in den Sanierungslandschaften bestimmen. Die verfügbaren Erkenntnisse über die Wertigkeit der Standortbedingungen, die in anderen Beiträgen des Buches beschrieben werden, und das sich daraus ableitende ökologische Entwicklungspotential ist zu einem wichtigen Planungsinstrument des Sanierungsbergbaues geworden.

Damit ist die Zielvorgabe für den Sanierungsbergbau angesprochen, zu der die teilweise divergierenden Interessen zu einem erheblichen Problem für die Sanierungsplanung geworden sind. Am Beispiel der Tagebauseen, die durch Flutung der umgeformten Resthohlräume entstehen und deren Einrichtung einen Großteil der Sanierungstätigkeit in Anspruch nimmt, läßt sich das Konfliktpotential der Planungszielsetzung darstellen:

- Die Forderung nach Aufwandsminimierung orientiert auf die weitgehende Belassung der technisch geprägten Böschungslinien und -flächen.
- Der Standsicherheitsaspekt kann in der Weise interpretiert werden, daß extreme Böschungsverflachungen vorgegeben und nachträgliche Umformungen auf natürlichem Weg nicht zugelassen werden.
- Die Beckenmorphometrie beeinflußt wesentlich den Ablauf der in den Wasserkörpern ablaufenden limnologischen Dynamik (Klapper 1995). Günstig erweisen sich tiefe und durch Steilufer begrenzte Tagebauseen.
- Ökologische, landschaftsästhetische und z. T. nutzungsorientierte Interessen drücken sich in dem Wunsch aus, technogene Landschaftsformen im Sinn einer Formenvielfalt aufzulösen.

Tabelle 2. Wasserhaushaltliche Angaben zum Sanierungsbergbau Lausitz und Mitteldeutschland. (Daten z.T. aus Fritz u. Benthaus 1996)

	Mitteldeutsches Revier	Lausitzer Revier	Gesamt
Von Grundwasserabsenkung betroffene Flächen [km^2]	1 100	2 100	3 200
Wasserbedarf zur Auffüllung entwässerter Grundwasserleiter [Mrd. m^3]	1,1	9,0	10,1
Wasserbedarf zur Auffüllung von Tagebauresträumen [Mrd. m^3]	1,9	4,0	5,9
Wasserbedarf zur Auffüllung insgesamt [Mrd. m^3]	3,0	13,0	16,0
Entnahme aus Fließgewässern [Mrd. m^3]	1,0	4,4	5,4

Analoge Interessengegensätze lassen sich im Stadium der Landschaftsplanung auch für andere Betriebsflächenbereiche feststellen. Dazu gehört auch der für einige Sanierungsgebiete offen zutage tretende Widerspruch in der Prioritätensetzung zwischen berg- und naturschutzrechtlichen Belangen. Die dazu geführte Diskussion kann den Grad einer öffentlichen Polemik erreichen (Anonymus 1996). Wichtig scheint die Einsicht, daß die zu sanierenden, d. h. umzuformenden und zu rekultivierenden Bergbauflächen keinen beliebig handhabbaren Planungsgegenstand bieten. Aufgrund unabdingbarer Restriktionen und Zwänge, die z. B. in der Grundfiguration des Ausgangszustandes zu sehen sind, bewegt sich der Freiraum für Landschaftsgestaltung in engen Grenzen. Diesen Freiraum zu erkennen und auszufüllen, ist Anliegen der Landschafts- und Rekultivierungsplanung, die für alle Sanierungstagebaue zur Anwendung kommt. So läuft z. B. der Rekultivierung in den Sanierungsbetrieben des Mitteldeutschen Reviers eine dreistufige Landschaftsplanung voraus, die mit der studienhaften Betrachtung des gesamten Tagebaues im Maßstab 1 : 25 000 beginnt, sich dann in einer sektoralen Aufgliederung mit einer mittelmaßstäbigen Beplanung 1 : 10 000/ 1 : 5 000 fortsetzt und in der Ausführungsplanung endet. Hervorhebenswerte Ziele dieser Landschaftsplanung sind die Ausweisung naturschutzrelevanter Flächen, die ihrem Bestimmungszweck unter weitgehender Nutzung des übernommenen Zustandes zugeführt werden können, und die Integration gestalterischer Vorgänge in die zur Anwendung kommenden Sanierungstechnologien unter Vermeidung von zusätzlichen Aufwendungen.

Die weitere Aufhellung landschaftsökologischer Fragen bildet einen Inhalt der Forschungsstrategie des Sanierungsbergbaues (Bilkenroth et al. 1996) und ist deshalb Bestandteil des öffentlich geförderten Forschungsprogramms (vgl. Beitrag 84, Katzur u. Rauhut). Dazu gehört auch die Bearbeitung des Leitbildproblems (Bröring et al. 1995).

Zusammenfassung

Der Sanierungsbergbau Braunkohle entstand in seiner Unternehmensform und mit seinem Aufgabenfeld in der Folge der mit dem Jahr 1990 verknüpften gesellschaftlichen und wirtschaftlichen Veränderungen, von denen auch die Braunkohlenindustrie betroffen wurde. Mit dem Stillsetzen zahlreicher Anlagen der Braunkohlengewinnung und -verarbeitung erwuchs die Aufgabe, die nicht mehr benötigten Betriebsflächen der Braunkohlentagebaue in dem Sinn zu sanieren, daß vorhandene Gefährdungspotentiale abgebaut werden und eine Nutzung dieser Bereiche vorbereitet wird. Landschaftsgestaltung und Rekultivierung gehören deshalb ebenso zu den zentralen Aufgaben des Sanierungsbergbaues wie die wasserhaushaltliche Sanierung. Der Umfang der anstehenden Maßnahmen und die Begrenztheit des dafür zur Verfügung stehenden Zeitraumes läßt die Formulierung von Zielvorgaben besonders dringlich erscheinen. Diese Feststellung hat gerade für landschaftsökologische Leitbilder eine herausragende Bedeutung. Generell leiten sich die Verpflichtungen des Sanierungsbergbaues aus den gleichen Rechtsquellen ab, die für den weiterführenden Bergbau maßgebend sind. Als Spezifikum sind die rechtlichen Regelungen in Zusammenhang mit der Finanzierung aus öffentlichen Mitteln zu betrachten. Dem entsprechen auch die Unternehmensform des Sanierungsbergbaues und die Institutionalisierung öffentlicher Einflußnahme über spezielle Gremien.

LITERATUR

Anonymus (1996) Sprengen und rütteln. Spiegel-Ausgabe vom 5.2.1996

Bilkenroth K-D (1995) Beitrag des Sanierungsbergbaus zur Umwandlung einer Industrieregion – Ziele und Probleme der Braunkohlensanierung im Raum Bitterfeld. Braunkohle 9: 8–13

Bilkenroth K-D, Hildmann E, Jolas P (1996) Forschungsstrategie des Sanierungsbergbaus Braunkohle. Braunkohle Surface mining 1: 73–75

Bröring U, Schulz F, Wiegleb G (1995) Niederlausitzer Bergbaufolgelandschaft – Erarbeitung von Leitbildern und Handlungskonzepten für die verantwortliche Gestaltung und nachhaltige Entwicklung ihrer naturnahen Bereiche. Z Ökologie Naturschutz 4 (3): 176–178

Dähnert R (1995) Entwicklung des Sanierungsbergbaus als Grundlage wirtschaftlicher Umgestaltung in der Lausitz. Braunkohle 11: 4–6

Fritz W, Benthaus F C (1996) Sanierungsaufgaben im ostdeutschen Braunkohlenbergbau – wirtschaftliche und organisatorische Randbedingungen. Glückauf 7: 413–423

Klapper H (1995) Ökotechnologisch nutzbare Naturpotentiale zur Verbesserung der Wasserbeschaffenheit in Bergbaurestseen. Beiträge zum Workshop „Braunkohlebergbaurestseen". UFZ-Bericht 4: 14–25

Luckner L, Haferkorn B, Mansel H, Sames D, Rehfeld F (1995) Rehabilitierung des Wasserhaushaltes im Braunkohlenrevier Mitteldeutschland, Lausitzer und Mitteldeutsche Bergbau-Verwaltungsgesellschaft mbH, Berlin

Luckner L, Eichhorn D, Gockel G, Seidel K-H (1996) Sanierungskonzept der wasserwirtschaftlichen Verhältnisse in den Bergbaufolgelandschaften der Niederlausitz. Lausitzer und Mitteldeutsche Bergbau-Verwaltungsgesellschaft mbH, Berlin

Positionspapier 1994. Gemeinsames Positionspapier von Bund und Braunkohlenländern zur langfristigen Finanzierung und Organisation der Braunkohlesanierung vom 11.10.1994

VerwAbk (1992) Verwaltungsabkommen über die Regelung der Finanzierung der ökologischen Altlasten (BAnz. 1993 S. 2842)

Zenker P (1995) Sanierungsbergbau im Land Brandenburg. Braunkohle 5: 17–25

Zenker P (1996) Rechtliche Rahmenbedingungen des Sanierungsbergbaus in den neuen Bundesländern und dessen Durchführung im Land Brandenburg. Glückauf 7: 405–410

Neue Forschungsansätze

84

Joachim Katzur und Horst Rauhut

1 Einleitung

In der DDR war die Forschung diktiert von dem Streben nach weitgehender wirtschaftlicher Unabhängigkeit vom Weltmarkt. Diesem Ziel dienten einerseits die Ausweitung der Braunkohleförderung und Energie- sowie Wärmeerzeugung auf Braunkohlenbasis und andererseits die maximale Rückgewinnung von landwirtschaftlichen Nutzflächen auf den von den Tagebauen hinterlassenen Kippen und Halden.

Die auf dem Energiesektor verfolgten Autarkiebestrebungen der DDR führten ab 1950 zu stetig steigenden Rohkohleförderleistungen, die bereits im Jahr 1960 die 200- und im Jahr 1987 die 300-Millionen-Tonnengrenzen überschritten (Bachmann 1989). Zu diesem Zweck wurden mehrere neue Tagebaue, v. a. im Lausitzer Braunkohlenrevier, aufgeschlossen. Im Jahr 1989 förderten insgesamt 36 Tagebaue Rohbraunkohle.

Als Folge der bis 1989 anhaltenden stark extensiven Erweiterung des Braunkohlenbergbaues sind nachhaltige Veränderungen im Naturhaushalt und im Erscheinungsbild der Landschaft eingetreten. Dazu zählen nicht nur die Vernichtung der Biogeozönosen und die Zerstörung der Geokomplexe bis zum Liegenden der Flöze auf einer Fläche von insgesamt 1 220 km^2, sondern auch die Beeinträchtigung des Umlandes der Tagebaue durch Grundwasserabsenkung, Trassenverlegung, Flächenteilung, Auf- und Ausbau der kohleveredelnden Industrie, Ablagerung von Abraum und Abfallstoffen auf Halden sowie in den Hohlformen der ausgekohlten Tagebaugebiete. Durch die bergbauliche Inanspruchnahme von Ortslagen, Teilortslagen und Vorwerken sind zudem die Siedlungsstruktur verändert und die verbliebenen Siedlungszentren ausgebaut worden.

Die Sümpfung der Tagebaue führte zwangsläufig zur Absenkung des Grundwassers über die Markscheiden der Tagebaue hinaus. Im Lausitzer Braunkohlenrevier überlagerten sich sehr bald die einzelnen Absenkungsgebiete und es entstand am Ende der 80er Jahre ein geschlossenes Grundwasserabsenkungsgebiet von ca. 2 300 km^2 Größe. Zeitparallel war auch in Mitteldeutschland das Grundwasser auf einer Fläche von ≥ 1 100 km^2 abgesenkt worden, so daß der natürliche Wasserkreislauf in den bedeutendsten Industriezentren der DDR nicht nur sehr stark anthropogen überprägt war, sondern auch nur noch durch die Rückführung der Sümpfungswässer in die Vorflut künstlich aufrecht erhalten werden konnte.

Grundwasserabsenkung und Umlagerung des Deckgebirges bewirkten die Belüftung der pyrit- bzw. markasitführenden Deckgebirgsschichten und Abraumsubstrate. Die Folgen sind neben der Freisetzung von Schwefelsäure und Eisensulfaten, die Zerstörung der Aluminiumsilikate, Mobilisierung der Schwermetalle, extrem hohe Salzfrachten der Sickerwässer und die Versauerung der Grund- und Oberflächenwässer. Dadurch wird die Verfügbarkeit des ohnehin stark verringerten potentiellen Wasserdargebotes noch weiter eingeschränkt. Der konzentrierte Anfall von Abfallstoffen der Industrie und Siedlungsgebiete hat zu einer weiteren Belastung der Naturressourcen geführt.

Die Umweltprobleme in den Kohle- und Energiezentren der DDR wurden noch verstärkt durch die Intensivierung der land- und forstwirtschaftlichen Produktion sowie die bei der Rekultivierung der Kippen und Halden entstandenen Rückstände. Zum 31.12.1990 waren nur rd. 50 % der bergbaulich beanspruchten Flächen nach DDR-Recht wiederurbargemacht. Diese Flächen wurden vom Bergbau für die Folgenutzung vorbereitet und anschließend den Folgenutzern zur biologischen Rekultivierung sowie zur Nutzung als Naturalersatz für die devastierten Flächen auf der Grundlage von Nutzungsverträgen (uneingeschränktes Nutzungsrecht) übergeben. Diese Flächen konnten nach dem Bergrecht der BRD nicht in jedem Fall als rekultiviert gelten, da sie z. T. noch erhebliche Mängel aufwiesen (Sauer 1991).

Der immense Leistungsdruck, dem einerseits der Braunkohlenbergbau und andererseits die zur Rekultivierung verpflichteten Betriebe der Land- und Forstwirtschaft ausgesetzt waren, führte dazu, daß die für eine optimale Rekultivierung erforderlichen Maßnahmen und gegebenen Möglichkeiten entweder nicht zur Anwendung kamen oder nur unvollkommen eingesetzt wurden. Das gilt v. a. für die naturräumliche Ausstattung der Kippen, Halden, Randschläuche und Restlöcher, denn die Geofaktoren Oberflächenformen, Bodendecke (bodengeologische Ausgangssubstrate, Inhalts- und Raumstruktur der Bodendecken) und Hydrosphäre (Grundwasserflurabstand nach Grundwasserwiederanstieg, Vorflut) sind mit Einschränkung über die Abraumbewegung beeinflußbar. Diese Einschränkung bezieht sich u. a. auf die in einzelnen Abbaugebieten anzutreffenden ungünstigen deckgebirgsgeologischen Verhältnisse, so daß kein anderes Verfahren der Wiedernutzbarmachung möglich war als das gewählte. In anderen Fällen bestand durchaus die Möglichkeit, die Abraumbewegung im Sinne der späteren Bodennutzung zu optimieren und dadurch günstigere Bedingungen für die nachfolgende biologische Rekultivierung zu schaffen. Da diese Möglichkeiten aufgrund ökonomischer und technischer Zwänge nicht durchgehend genutzt wurden, war der Flächenanteil der kulturfeindlichen extrem sauren, kohle- und schwefelhaltigen tertiären Kippböden an der Rückgabefläche unverhältnismäßig hoch. Er betrug in Mitteldeutschland rd. 30 % (Wünsche u. Vogler 1992) und in der Lausitz ≥ 60 % (Katzur 1991).

Neben den Unzulänglichkeiten bei der Organisation und Durchführung der bergbaulichen Prozesse der Wiedernutzbarmachung wirkte sich die staatliche Forderung nach maximaler Rückgewinnung von landwirtschaftlichen Nutzflächen sehr negativ auf die Rekultivierungsergebisse aus. Beispielsweise wurden Kippenflächen für die landwirtschaftliche Dauernutzung vorbereitet, obwohl sie dafür nicht geeignet waren. Die Forderungen nach Intensivierung der land- und forstwirtschaftlichen Produktion hatten zur Folge, daß der technologischen Eignung der Kippenflächen für die Einführung industriemäßiger Produktionsmethoden zunächst einen höheren und später einen ähnlichen Stellenwert eingeräumt wurde wie der Biotopvielfalt. Kleinbiotope wie Tümpel, Weiher und Gehölzgruppen sowie eine abwechslungsreiche Reliefgestaltung wurden als produktionsbehindernde Landschaftselemente empfunden und fanden bei der Abnahme der Kippenflächen durch Behörden, Wiederurbarmachungskommissionen und Folgenutzer keine Akzeptanz. Sekundärvernässungen unterlagen der Gewährleistungsgarantie und mußten durch die Bergbautreibenden beseitigt werden.

Die forstliche Rekultivierung vollzog sich nach ähnlichen Vorgaben. Auch hier waren hohe Produktionsleistungen gefordert, so daß die noch in den 60er Jahren zu beobachtende Holzartenvielfalt bei den Erstaufforstungen durch die Dominanz der Kiefernkulturen in den 80er Jahren abgelöst wurde. Produktionsschwache bzw. unterbestockte Bestände entsprechen nicht den forstpolitischen und waldbaulichen Zielstellungen.

Das Erscheinungsbild der v. a. zwischen 1970 und 1990 rekultivierten Tagebaugebiete war infolge der Großflächenwirtschaft und unzureichenden Durchsetzung des Naturschutzgedankens sehr monoton. Die großflächige Umweltzerstörung durch Umweltverbrauch und Umweltverschmutzung führte zur schwindenden Akzeptanz des Bergbaues und der gesellschaftlichen Verhältnisse in der DDR.

Die 1990 von der Bevölkerung der DDR herbeigeführte politische Wende bildete zugleich den Abschluß einer Entwicklungsetappe der Rekultivierungsforschung, die durchaus ihre Erfolge aufzuweisen hatte (Illner u. Katzur 1986; Katzur 1991; Sauer 1991). Anderenfalls wären wohl nicht die positiven Ergebnisse möglich gewesen, die bei der landwirtschaftlichen und forstlichen Rekultivierung der extrem sauren schwefelhaltigen Kippenböden sowie bei der Gestaltung von Bergbaufolgelandschaften in einigen Tagebaugebieten erzielt wurden. Dennoch darf nicht übersehen werden, daß die Rekultivierungsforschung schwerpunktmäßig auf die Bodenfruchtbarkeitssteigerung und Rückgewinnung landwirtschaftlicher Nutzflächen ausgerichtet war, die forstliche Rekultivierungsforschung bereits Anfang der 70er Jahre eingestellt wurde und die Probleme der Grund- und Oberflächenwassergüte in den Bergbaugebieten völlig unterschätzt und daher gröblichst vernachlässigt wurden. Ebenso fehlten Untersuchungen zu alternativen Verfahren der landwirtschaftlichen Rekultivierung und zur Strukturierung der ökologischen Ausgleichs- und Regenerationsflächen in der Bergbaufolgelandschaft. Als außerordentlich nachteilig erwiesen sich die fehlenden Kenntnisse und Vorstellungen über die Entwicklung der Naturraumpotentiale in der Bergbaufolgelandschaft. Dadurch konnten keine in sich geschlossenen und mit den verschiedenen Flächenbedarfsträgern abgestimmten Konzepte zur Gestaltung ökologisch stabiler, multifunktional nutzbarer Bergbaufolgelandschaften erarbeitet und durchgesetzt werden. Die Physiognomie der Bergbaufolgelandschaften war so vielfach ein „Zufallsprodukt" von Bergbautätigkeit und nachfolgender Rekultivierung.

In der DDR unterlagen die Eingriffe des Bergbaues in das Landschaftsgefüge keiner umfassenden Kontrolle. Es gab weder Gutachten über das Ausmaß der Auswirkungen des Kohleabbaus auf die Landschaft (Umweltverträglichkeitsprüfung) noch ökologische Anforderungsprofile an den Bergbau zur Planung und Gestaltung der Bergbaufolgelandschaften.

2
Neue Forschungs- und Planungsansätze

Bereits 1990 war voraussehbar, daß ein am Weltmarkt orientierter Braunkohlenbergbau die bisherigen Förderquoten von 300 Mio. t/Jahr Rohkohle nicht aufrechterhalten wird können. Diese Vermutung wurde sehr bald bestätigt. Die Kohleförderung sank schon im Jahr 1992 auf 129 Mio. t und wird im Jahr 2000 voraussichtlich nur noch 80 Mio. t/Jahr betragen. Daran war und ist die Stillegung von insgesamt 29 Tagebauen bis zum Jahr 2000 geknüpft. Gleichzeitig nimmt die Beschäftigungszahl des Braunkohlenbergbaues von 133 500 (1989) auf 12 000 (2000) ab. Die daraus resultierenden sozialen Probleme erforderten die Herausbildung eines zweiten Arbeitsmarktes (ABM) bei gleichzeitiger Etablierung neuer Dauerarbeitsplätze durch Aus- und Aufbau des Dienstleistungssektors sowie Ansiedlung neuer möglichst innovativer Industriebetriebe.

Die unplanmäßige Einstellung von Förderbetrieben hatte zur Folge, daß selbst die im Regelbetrieb geplanten Maßnahmen der Wiedernutzbarmachung nicht mehr zur Anwendung kamen. Dadurch sind die bei der übertägigen Gewinnung von Braunkohle ohnehin entstehenden Umweltprobleme nicht vermindert sondern vielfach noch verstärkt worden (vgl. Beitrag 83, Bilkenroth u. Hildmann). In diesem Zusammenhang sei daran erinnert, daß von heute auf morgen plötzlich 61 500 ha Tagebauflächen und Deponien mit 164 Restlöchern und 450 km Böschungen zu rekultivieren und zu sanieren waren. Darin eingeschlossen sind Maßnahmen zum Abbau von Gefährdungspotentialen, die durch die Verflüssigung lockerer wassergesättigter Sandmassen bei Grundwasserwiederanstieg entstehen und zu Setzungsfließrutschungen im Böschungsbereich bzw. Setzungsfließgrundbrüchen im böschungsfernen Kippenbereich führen. Die Gewährleistung der geomechanischen Sicherheit wurde so in Verbindung mit den Maßnahmen zur Herstellung eines sich weitgehend selbst regulierenden Wasserhaushaltes zu einer Schwerpunktaufgabe des Sanierungsbergbaues. Der hierfür anzusetzende Zeithorizont muß mit mehreren Jahrzehnten angegeben werden. Der finanzielle Aufwand für die Beseitigung dieser und aller anderen ökologischen Altlasten des Braunkohlenbergbaues Ost- und Mitteldeutschlands und seiner Folgeindustrie mußte zu Beginn der 90er Jahre mit über 20–25 Mrd. angegeben werden (LMBV 1996). Zur Zeit werden die Sanierungsaufgaben vorwiegend aus Mitteln von Bund und Ländern sowie der Bundesanstalt für Arbeit finanziert. Hierfür stehen auf der Grundlage des Bund-/Länder-"Verwaltungsabkommens über die Finanzierung ökologischer Altlasten" bis 1997 jährlich max. 1,5 Mrd. DM zur Verfügung. Zur Weiterführung der Sanierung für die Zeit von 1998–2002 liegt eine Finanzierungsabsichtserklärung von Bund und Ländern vor.

Das abrupte Ende der sozialistischen Planwirtschaft und die Einführung der Marktwirtschaft ließen zu diesem Zeitpunkt nicht nur die Defizite bei der Bewältigung der ökologischen Folgen des Braunkohlenbergbaues erkennen, sondern haben mit seltener Eindeutigkeit auch die wirtschaftlichen Fehlentwicklungen in den monostrukturell geprägten Industrieregionen Ost- und Mitteldeutschlands offengelegt. Der somit notwendige und erst durch die gesellschaftliche Wende ermöglichte wirtschaftliche Umstrukturierungsprozeß betrifft einen Wirtschaftsraum, der flächenmäßig mindestens doppelt so groß ist wie die Devastierungsflächen, also rd. 2 500 km^2.

Die Wiederherstellung intakter, leistungsfähiger Bergbaufolgelandschaften ist eine Grundvoraussetzung für die erfolgreiche und sozialverträgliche Durchführung des wirtschaftlichen Umstrukturierungsprozesses. Darin eingebunden ist die integrative Entwicklung des ländlichen Raumes als akzeptabler Wohn-, Erwerbs- und Freizeitstandort. Deshalb müssen Nutzung und Einordnung der Kippen und Halden in die Kulturlandschaft so erfolgen, daß die landschaftstypische Biotop- und Artenvielfalt wiederhergestellt wird, Biotopverbundsysteme entstehen und die gebietstypischen Nutzungsstrukturen erhalten bleiben bzw. wieder hergestellt werden. Die Neugestaltung der Bergbaufolgelandschaften bietet zugleich die Chance, Fehlentwicklungen in der vorbergbaulichen Landschaft zu korrigieren und naturraumverträgliche Nutzungsstrukturen zu etablieren. Das Ziel sind Bergbaufolgelandschaften, die aufgrund ihrer naturräumlichen Ausstattung und raumfunktionalen Zweckbestimmung

- die ökologische Leistungsfähigkeit und den Naturhaushalt der Landschaften wieder herstellen bzw. verbessern,
- die Reproduktion der natürlichen Lebens- und Produktionsgrundlagen dauerhaft gewährleisten (biologisches Ertragspotential, Wasserdargebots-, Bebauungs-, Rekreations- und Entsorgungspotential),
- den Erhalt der heimischen Flora und Fauna sichern (biotisches Regeneratiospotential),
- die Gestaltungsmöglichkeiten der Raumnutzung langfristig offenhalten und
- gleichwertige Lebensbedingungen für die Menschen in allen Teilräumen bieten oder dazu führen (Katzur 1991).

Gemessen an dieser Zielstellung leitet sich aus dem recherchierten Wissensstand eine Vielzahl von neuen wissenschaftlichen Fragestellungen ab, die von grundlegender Bedeutung für eine ökonomisch und ökologisch effiziente Neugestaltung der Bergbaufolgelandschaften sind. Da bald nach der Wende der Sanierungsbergbau seine Tätigkeit aufnahm, entstand ein enormer Zeitdruck, der nur durch kooperatives Handeln aufgelöst werden konnte (Sauer 1996; Bilkenroth et al. 1996). In der ersten Phase war über die Vergabe von Gutachten und Gestaltungsprojekten sowie über den ständigen Kontakt zwischen den bereits involvierten Erfahrungs- und Forschungsträgern einerseits und den Sanierungsträgern andererseits der kontinuierlich Abschluß der Sanierungsarbeiten zu sichern. Zeitgleich vergab das Bundesministerium für Bildung, Wissenschaft, Forschung und Technologie (BMBF) eine Auftragsstudie zur Erarbeitung einer Forschungskonzeption „Bergbaufolgelandschaft" (Katzur et al. 1992). Die Anregung hierzu lieferte die erste gesamtdeutsche Konferenz „Bergbaufolgelandschaft", die im September 1991 in Senftenberg stattfand und auf der die Experten förderungswürdige

Forschungsaufgaben diskutierten (LAUBAG 1991). Bereits zu diesem Zeitpunkt förderte das BMBF einzelne bergbauspezifische Forschungsprojekte. Dadurch wurden nicht nur wichtige wissenschaftliche Grundlagen geschaffen, sondern auch wertvolles Forschungspotential der neuen Bundesländer in der Phase der Umgestaltung der Forschungslandschaft erfolgreich gestützt.

Umfang und Spezifik sowohl der ökologischen als auch der ökonomischen Schäden in den Braunkohlengebieten Ost- und Mitteldeutschlands erfordern jedoch komplexe Lösungen und demzufolge eine umfassendere Herangehensweise. Deshalb sah sich das BMBF veranlaßt, im Rahmen seines Programmes „Umweltforschung und Umwelttechnologie" die interdisziplinare Fördermaßnahme „Sanierung und ökologische Gestaltung der Landschaften des Braunkohlenbergbaues in den neuen Bundesländern" öffentlich bekanntzugeben (Kutscher 1995). Damit wurde eine neue Etappe in der Rekultivierungsforschung der neuen Bundesländer eingeleitet. Sie ist gekennzeichnet durch ökosystem- und ressourcenübergreifende Forschungsansätze und Betrachtungsweisen. Zudem werden die sozioökonomischen Gegebenheiten und Anforderungen an die künftige Bergbaufolgelandschaft untersucht, denn die Neugestaltung der Tagebaulandschaften kann nur dann als gelungen betrachtet werden, wenn sie auch den Menschen eine wirtschaftliche Perspektive für die Zeit nach dem Bergbau bietet. Damit trägt die vom BMBF initiierte Fördermaßnahme der Notwendigkeit und dem Bedürfnis nach ökologisch und sozioökonomisch begründeten Konzepten, Prinzipien und Verfahren für die Sanierung und Rekultivierung der vom Bergbau hinterlassenen Landschaften Rechnung.

Gefördert werden Forschungs- und Entwicklungsvorhaben, die mit konkretem Anwendungsbezug wesentliche Beiträge zur Lösung bestehender Probleme und Schließung von Wissensdefiziten auf den Gebieten

- Rekultivierung und ökologisch verträgliche Gestaltungskonzepte für die Bergbaufolgelandschaft
- Technologien für die wasserwirtschaftliche Sanierung
- Sanierung von Altablagerungen in den Braunkohlenrevieren

leisten können.

Die Reaktion auf die Bekanntgabe der BMBF-Fördermaßnahme im Februar 1994 war außerordentlich rege. Mehr als 400 Projektskizzen wurden eingereicht. Die eingereichten Projektskizzen sind von einem Sachverständigengremium unter Beteiligung von Umweltwissenschaftlern und Rekultivierungsexperten aus allen deutschen Braunkohlenrevieren auf ihre Förderwürdigkeit hin begutachtet worden. Die Antragsteller der positiv bewerteten Projektvorschläge wurden aufgefordert, einen Antrag auf Projektförderung zu stellen.

Maßgebend für die Auswahl der Forschungsprojekte war das Einhalten bestimmter Förderbedingungen. Dazu gehörte beispielsweise, daß die Forschungsaufgabe von prioritärer Bedeutung war, sich auf repräsentative Fragestellungen mit Modellcharakter bezog, vorzugsweise interdisziplinär im Rahmen eines Verbundprojektes bearbeitet werden mußte und auf der Basis des vorgelegten Wissenschaftskonzeptes erfolgreich gelöst werden kann. Die Forschungsaufgabe sollte außerdem mit einem konkreten Sanierungsprojekt in Verbindung stehen und die Effizienz der Sanierungs- und Rekultivierungsmaßnahmen erhöhen. Letzteres bezieht sich auf die ökologische Wirksamkeit und Wirtschaftlichkeit der geplanten Maßnahmen mit ihren sozialökonomischen Folgeeffekten.

Die Fördermaßnahmen des BMBF wurden mit den Förderaktivitäten der betreffenden Bundesländer, der Deutschen Bundesstiftung Umwelt (DBU), der Treuhandanstalt bzw. der Lausitzer und Mitteldeutschen Bergbau-Verwaltungsgesellschaft mbH (LMBV) und der Lausitzer Braunkohle Aktiengesellschaft (LAUBAG) koordiniert. Bisher wurden Forschungsprojekte mit einem Kostenumfang von 60 Mio. DM eingerichtet, an denen sich das BMBF mit 39 Mio., die LMBV und LAUBAG mit 17 Mio., die DBU und die betreffenden Bundesländern mit je ca. 2 Mio. DM beteiligen (Lausitzer Naturkundliche Akademie 1996).

Die vom BMBF initiierten Forschungsmaßnahmen werden durch Einzelprojekte und Forschungsverbundvorhaben ergänzt, die durch die oben genannten Projektträger und die Deutsche Forschungsgemeinschaft (DFG) finanziert werden.

Die institutionelle Förderung von Forschungseinrichtungen, die ebenfalls wichtige Themen der Umweltforschung in den Bergbauregionen bearbeiten, vervollständigt den Maßnahmenkatalog zum Neuaufbau von Forschungskapazitäten im Lausitzer und Mitteldeutschen Braunkohlenrevier. In diesem Zusammenhang ist das Umweltforschungszentrum Leipzig-Halle GmbH zu erwähnen. Eine weitere wichtige Forschungseinrichtung ist das vom Land Brandenburg und Freistaat Sachsen geförderte Forschungsinstitut für Bergbaufolgelandschaften e.V. Finsterwalde mit langjährigen Erfahrungen in der Rekultivierungsforschung. Komplettiert wird die Forschungslandschaft durch die Neugründung der Brandenburgischen Technischen Universität Cottbus (BTUC), die seit 1994 ein umfangreiches Forschungsprogramm zur Sanierung und Gestaltung von Bergbaufolgelandschaften interdisziplinär bearbeitet (Hüttl et al. 1995).

Die seitens des Bundes und der Länder mit Unterstützung der Sanierungs- und Bergbauunternehmen ergriffenen Initiativen zum Aufbau der Umweltforschung in den Bergbaugebieten sind eine wesentliche Voraussetzung für die erfolgreiche Lösung der bergbauspezifischen ökologischen und geotechnischen Probleme. Die Umweltforschung ist v. a. auf den Gebieten Ökologie, Wassertechnologie, Geotechnik und Altlastenmanagement gefordert.

3 Forschungsprioritäten

Die neuen Forschungsschwerpunkte der BMBF-Fördermaßnahme sind, ausgehend von einer Analyse des Kenntnisstandes, nach vielen Informationsgesprächen mit zuständigen Landesministerien, Fachämtern und privatwirtschaftlichen Betrieben von einem Expertengremium ausgearbeitet worden.

Im Themenkomplex A „Rekultivierung und ökologisch verträgliche Gestaltungskonzepte für die Bergbaufolgelandschaft" werden u. a. folgende Forschungsschwerpunkte ausgewiesen:

- Leitbilder und Handlungskonzepte für die Gestaltung und nachhaltige Entwicklung gebietstypischer Bergbaufolgelandschaften (BFL)

- Erfassung und Bewertung der terrestrischen und limnischen Kippen-Ökosysteme einschließlich Biotopkartierung
  - Zustandsanalyse
  - Nutzungseignung
  - Bewirtschaftungs- und Pflegemaßnahmen
  - Prognose zur Ökosystementwicklung

- Untersuchungen zur Sukzession der Ökosysteme in naturnahen Bereichen der Bergbaufolgelandschaft
  - Standort und Biozönosenstruktur
  - Spontane und gelenkte Sukzession
  - Biotopverbundsysteme
  - Wiederbesiedlungsmechanismen durch Flora und Fauna
  - Gestaltung ökologischer Vorrangflächen

- Gestaltungs- und Bewirtschaftungskonzepte für Tagebaurestlochseen und Fließgewässer in der BFL
  - Nutzungsabhängige Gestaltungsprinzipien
  - Maßnahmen der Wiederbesiedlung des Litorals
  - Entwicklung der Fischbiozönosen in Tagebauseen
  - Wassergüte u. Nutzungseignung der Tagebauseen
  - Bewirtschaftungskonzepte

- Zustand und Entwicklung von Kippen-Agrarökosystemen sowie die Entwicklung von alternativen und extensiven Verfahren der landwirtschaftlichen Nutzung von Neulandflächen
  - Standortanalyse
  - Boden- und Ertragsentwicklung
  - Maßnahmen zur Wiederherstellung der ökologischen Bodenfunktionen (Produktions-, Speicher-, Filter- und Lebensraumfunktionen) auf möglichst hohem Niveau
  - Betriebswirtschaftliche Bewertung der Anbauverfahren
  - Einordnung der Marktfrüchte in die Rekultivierungsfruchtfolge
  - Anbauverfahren alternativer Kulturen (Wildobst, diätische Pflanzenarten sowie Arznei-, Färber-, Öl- und Faserpflanzen)
  - Anbaueignung von verschiedenen Gräsern, Grasmischungen und Gras-Klee-Luzerne-Gemengen
  - Folgewirkungen der Flächenstillegung
  - Tiergebundene Landnutzung und Landschaftspflege gehölzfreier Kippenareale
  - Maßnahmen des integrativen Naturschutzes
  - Erarbeitung von Empfehlungen für eine ökologiegerechte landwirtschaftliche Nutzung

- Zustand, Entwicklung und Behandlung von Forstökosystemen auf Kippen
  - Zustandsanalyse (Arten-, Raum-, Alters- und Funktionsstrukturen)
  - Standort und Waldwachstum
  - Boden- und Vegetationsentwicklung
  - Mykorrhizierung der Bestände
  - Bodenmelioration und Walddüngung
  - Waldumbau
  - Anbauempfehlungen
  - Bestockungszieltypen
  - Behandlungsempfehlungen

- Einsatz von Reststoffen als Bodenverbesserungsmittel bei der Rekultivierung
  - Umweltverträglichkeitsprüfung
  - Optimierung der Aufwandmengen
  - Auswirkungen auf Bodenfunktionen, Pflanzenertrag und Grundwasserneubildung
  - Entwicklung verbesserter Rekultivierungsverfahren

- Entwicklung und Etablierung eines Geoinformationssystems zum Umweltmonitoring für Bergbaugebiete
  - Satellitenbildanalyse zur Kennzeichnung von Biotop- und Nutzungstypen
  - Erfassung der Umweltveränderungen
  - Aufbau eines Umweltüberwachungssystems

- Auswirkungen der verschiedenen Landnutzungssysteme in der BFL auf Menge und Güte der Grundwasserneubildung durch Versickerung

- Beispielhafte Bewertung der ökologischen und sozioökonomischen Folgen unterschiedlicher Nutzungs- und Gestaltungskonzepte bei der Rekultivierung (Begleitforschung zur Regionalplanung)
  - Entwicklungstendenzen in der Landschaft
  - Anforderungen an den Bergbau und die naturräumliche Ausstattung der Kippen und Halden
  - Bewertung der vor- und nachbergbaulichen Naturraumpotentiale und Naturressourcen
  - Raumnutzungskonzepte
  - Konzipierung standortgerechter Verfahren der Rekultivierung

- Ausweisung und Gestaltung ökologischer Vorrangflächen (Renaturierungs- und Sukzessionsflächen)
- Ökobilanzen für die verschiedenen Nutzungs- und Gestaltungsvarianten
- Sozioökonomische Folgen der geplanten Maßnahmen

Der Forschungskomplex B „Technologien für die wasserwirtschaftliche Sanierung" umfaßt die Themenbereiche „Geotechnik" und „Saure Wässer" und enthält folgende Forschungsschwerpunkte:

- Sanierung und Sicherung setzungsfließgefährdeter Kippen und Kippenböschungen
  - Untersuchungen zur Eignung von Verdichtungsgefahren (Tiefenrüttler, Dynamische Intensivverdichtung) zur Sicherung von Kippen aus kohäsionslosen Lockergesteinen
  - Entwicklung und Erprobung von Injektionsverfahren zur Stabilisierung von Böschungen (Injektion von Wasser unter hohem Druck/Injektion von modifizierten Montanwachs- und Montanharzdispersionen)
  - Einsatz von Porenwasserdruckbarrieren zur Sicherung von Tagebaukippen
  - Untersuchung der Schwallwellenbildung auf der Grundlage von Modellversuchen
  - Standsicherheitsbewertung von Kippen und Kippenböschungen/Prognose von Setzungsfließen
  - In-situ-Untersuchungen an Verdichtungssprengungen in locker gelagerten, rolligen Böden zur Verifizierung theoretischer Modelle und zur Übertragung der Ergebnisse von Modelluntersuchungen
  - Zusammenfassung der Forschungsergebnisse in einem Leitfaden zur Sanierung und Sicherung setzungsfließgefährdeter Kippen und Kippenböschungen

- Frühindikation kritischer Böschungszustände
  - Untersuchungen zum Wasserhaushalt von Kippen und dessen Auswirkungen auf die Standsicherheit von Kippenböschungen
  - Entwicklung einer Kombinationssonde (simultane Messung der Bodenbewegung, des Wasserdruckes und der akustischen Emission) zur Überwachung von Böschungsbewegungen

- Bauen auf Mischbodenkippen des Braunkohlentagebaues
  - Erarbeitung von Erkundungsmethoden für Mischbodenkippen und Ableitung von Kriterien zur Beurteilung der Bebaubarkeit von Kippen
  - Untersuchungen zur Vergütung des Kippenbaugrundes durch Einpressung von Trockengranulaten (Braunkohlefilterasche) bzw. dynamische Belastungen (Erschütterungen)
  - Aus- und Bewertung von Erfahrungen mit Bauwerken auf Tagebaukippen
  - Ableitung von Konstruktionsprinzipien für Bauwerke auf Kippen
  - Untersuchungen zur geochemisch-mineralogischen Entwicklung von Kippengesteinsmaterial und Kippen-Filteraschegemischen
  - Zusammenfassung der Forschungsergebnisse in einem Leitfaden zur Bebauung auf Kippen

- Entwicklung und Erprobung von Verfahren zur Neutralisation geogen schwefelsauerer Restlochseen
  - Mikrobiologische in-situ-Sulfatreduktion
  - Mikrobiologische ex-situ-Sulfatreduktion
  - Elektrochemische pH-Anhebung

- Grund- und Oberflächenwassergüte
  - Untersuchung der natürlichen Neutralisationsprozesse in Sedimenten versauerter Tagebaurestseen
  - Analytische Charakterisierung braunkohlenbürtiger organischer Stoffe in Grundwässern und Restseegewässern
  - Entwicklung pflanzlicher Biotests zur Abschätzung der mutagenen und physiologischen Wirkungen von Oberflächenwässern des Braunkohlentagebaues und der Braunkohlenverarbeitung
  - Experimentelle und prognostische Untersuchungen zum Stoffhaushalt in Abraumkippen und dessen Auswirkungen auf die Güteentwicklung von Kippengrundwässern und Oberflächenwässern
  - Untersuchungen über die Auswirkungen des Reststoffeinsatzes (Klärschlamm, Kompost, Kraftwerkasche) bei der Rekultivierung devastierter Flächen auf die Güte von Kippengrundwässern und Oberflächenwässern
  - Experimentelle und prognostische Untersuchungen zur Güteentwicklung der Spree

Der Themenkomplex C „Sanierung von Altlastablagerungen im Braunkohlenrevier" enthält folgende Förderschwerpunkte:

- Adaption und Weiterentwicklung von Methoden zur zerstörungsfreien Erkundung von Ablagerungen in Tagebaugebieten (Restlöcher, Spülkippen, Verregnungsflächen)

- Entwicklung und Erprobung von ökonomisch tragfähigen Verfahren zur Langzeitüberwachung von gefährdeten und gefährlichen Ablagerungsstandorten (Umweltmonitoring)
  - Entwicklung von stoffabhängigen Meßmethoden für wassergesättigte und ungesättigte Zonen

  - Kontrolle der Wirksamkeit von Sicherungs- und Sanierungsmaßnahmen

- Abschätzung der großräumigen Gefährdung von Mensch und Umwelt durch abgelagerte chemische Rückstände bei Flutung der Tagebaurestlöcher unter Berücksichtigung der Langzeitveränderungen
  - Methodenentwicklung
  - Bestimmung der Mobilität innerhalb der Ablagerung und im umgebenden Material
  - Definition der geologischen Barriere für subhydrische Ablagerungen komplexer Gemische
  - Objektbezogene Beispielslösungen

- Verfahren und Maßnahmen zur Sanierung von Altablagerungen in Tagebaurestlöchern
  - Kostengünstige Sicherung von Ablagerungen z. B. durch Immobilisierung oder Einkapselung
  - Schaffung neuer Dichtmittel für die Rückhaltung komplexer chemischer Schadstoffe unter Berücksichtigung des zukünftigen Sickerwassermilieus
  - Entwicklung von effektiven Verfahren und Technologien zur Erkundung, Isolation bzw. Entfernung von einzelnen Schadstoffherden mit hohem Gefährdungspotential
  - Weiterentwicklung der Schlitzfrästechnik für die Herstellung langzeitbeständiger Schlitzwände mit Tiefen bis zu 90 m zur Altlastensicherung

4 Zusammenfassung

Einleitend werden die Spezifik und das Ausmaß der Umweltprobleme im Lausitzer und Mitteldeutschen Braunkohlenrevier sowie der in der DDR erreichte Kenntnisstand zur Lösung der bergbauspezifischen Umweltprobleme kurz beschrieben. Danach werden die neuen Forschungs- und Planungsansätze für eine ökonomisch und ökologisch begründete Neugestaltung der Bergbaufolgelandschaften behandelt sowie die prioritären Forschungsaufgaben des vom BMBF initiierten und von mehreren Projektträgern mitfinanzierten Forschungsprogramms „Bergbaufolgelandschaft" dargestellt.

LITERATUR

Bachmann H (1989) 40 Jahre Bergbau in der DDR – Bilanz und Verpflichtung. Neue Bergbautechnik 9: 321–329

Bilkenroth K-D, Hildmann E, Jolas P (1996) Forschungsstrategie des Sanierungsbergbaues Braunkohle. Braunkohle 1: 73–75

Bundesministerium für Forschung und Technologie (BMBF) (1994) Bekanntmachung über die Förderung von Forschungs- und Entwicklungsvorhaben im Förderprogramm „Umweltforschung und Umwelttechnik" auf dem Gebiet „Sanierung und ökologische Gestaltung der Landschaften des Braunkohlenbergbaus in den neuen Bundesländern" vom 10. Februar 1994. Bundesanzeiger Nr. 38. 1708, Ausgegeben am Donnerstag, dem 24. Februar 1994

Hüttl R F, Heinkele Th, Klein D, Scharf W, Weber E (1995) Ökologisches Entwicklungspotential der Bergbaufolgelandschaften im Lausitzer Braunkohlenrevier – ein interdisziplinärer Forschungsschwerpunkt an der BTU Cottbus. Wissenschaftsmagazin Brandenburgische Technische Universität 1: 510

Illner K, Katzur J (1986) Forschungen an der Humboldt-Universität zur Wiedernutzbarmachung von Flächen der Braunkohlentagebaue. Wiss Z Humboldt-Univ z Bln Math-R 35 (6): 557–560

Katzur J (1991) Erfahrungen und Probleme bei der Rekultivierung der Neulandböden und Gestaltung der Bergbaufolgelandschaften im Lausitzer Braunkohlenrevier - Überblicksbeitrag. In: LAUBAG (Hrsg) Workshop Rekultivierung 1991/92. 4–9, Senftenberg, Mai 1996

Katzur J, Haubold-Rosar M, Schwabe H, Bendnarz B (1992) Erarbeitung einer Forschungskonzeption für die ökologisch begründete Entwicklung von Bergbaufolgelandschaften in der Lausitz. BMBF FKZ 033 96 04 A (Schlußbericht), Finsterwalde, d. 19.11.1992

Kutscher J (1995) Die Fördermaßnahme des Bundesministeriums für Bildung, Wissenschaft, Forschung u. Technologie zur „Sanierung und ökologischen Gestaltung der Landschaften des Braunkohlenbergbaus in den neuen Bundesländern". Z Ökol Naturschutz 3 (4): 173–174

LAUBAG (Hrsg) (1991) Ergebnisprotokoll der ersten gesamtdeutschen Konferenz „Bergbaufolgelandschaft" vom 3.9.–5.9.1991 in Senftenberg. In: Workshop Rekultivierung 1991/92. 39–40, Senftenberg

Lausitzer Naturkundliche Akademie (LANAKA) (1996) Sanierung und ökologische Gestaltung der Landschaften des Braunkohlenbergbaus in den neuen Bundesländern. Tagungsband zum 1. Statusseminar zur BMBF-Fördermaßnahme „Sanierung und ökologische Gestaltung der Landschaften des Braunkohlenbergbaues in den neuen Bundesländern", 18.–20. Juni 1996, Cottbus

LMBV (1996) Portrai ..., Herausgeber: Lausitzer und Mitteldeutsche Bergbau-Verwaltungsgesellschaft mbH (LMBV), Berlin

Sauer H (1991) Zur Rekultivierung im Lausitzer Braunkohlenrevier – Analyse und künftige Aufgaben. In: LAUBAG (Hrsg) Workshop Rekultivierung 1991/92. 10–13, Senftenberg, Mai 1996

Sauer R (1996) Umsetzung der Ergebnisse des BMBF-Förderprojektes bei der Sanierung und Rekultivierung der Tagebaue. In: Tagungsband Ergebnispräsentation des BMBF-Förderprojektes „Schaffung ökologischer Vorrangflächen bei der Gestaltung der Bergbaufolgelandschaft", 145–149, Massen, d. 8.2.1996

Wünsche M, Vogler E (1992) Standortverhältnisse und Rekultivierung im mitteldeutchen Braunkohlenrevier. In: LAUBAG (Hrsg) Workshop Rekultivierung 1991/92. 78–82, Senftenberg, Mai 1996

TEIL 7

Überblick
und Folgerungen

„...Drei Leute gehen zusammen über Feld, bleiben auf einer Anhöhe stehen und blicken hinaus: der eine sieht Möglichkeiten wirtschaftlichen Handelns, der andere einen Schauplatz vergangener Geschichte, der dritte Gestaltungen, die ihn zum Zeichnen und Malen reizen. Alle drei meinen die gleiche empirische Wirklichkeit; aber in den Bildern, welche sie in ihrer Vorstellung und Empfindung haben, können sehr verschiedene Dinge vorkommen, denn das Auge nimmt nicht wie ein photographischer Apparat einfach auf, was vor seine Linse kommt, sondern wird durch die Aufmerksamkeit gelenkt, welche ihrerseits durch die Interessen, Neigungen und Abneigungen des Blickenden bestimmt ist...“

Romano Guardini 1946

Überblick und Folgerungen

Wolfram Pflug

1 Einleitung

Drei Leute bleiben auf einer Anhöhe stehen. Sie schauen nicht über eine gewachsene Kulturlandschaft. Ihr Blick geht in ein tiefes, breites Tagebauloch und zu einem kahlen Berg aus Abraummassen. Auch hier könnten Maleraugen von den bizarren Formen fasziniert sein. Der historisch Interessierte sucht vergeblich nach Anhaltspunkten. Dem wirtschaftlich Denkenden erfüllt sich ein Traum, die Nutzung eines reichhaltigen, fossilen Naturvorrates. Ist der wirtschaftlich Orientierte ein Landwirt, der hier einst säte und erntete, erfüllt ihn Schmerz über den Verlust der heimatlichen Erde.

Denkbar ist, daß alle drei das Unfertige und Unvollkommene, was sich vor Ihnen ausbreitet, mit dem Gefühl verbinden, wieder ein Fertiges, ein Vollkommenes zu schaffen, eine Landschaft ähnlich der vergangenen, doch in neuer Gestalt. Und die Gedanken wandern zur einst gewesenen Landschaft, im geographischen und wirtschaftlichen Sinne, aber auch im Sinne Guardinis als Akt des Erfahrens, des Empfindens, des Sehens von Innen, als „Ursache seelischer Vorgänge...“.

Guardini spricht in seinem Essay von der Wandlung des Landschaftseindrucks in der gleichen Persönlichkeit: „So hat das Kind seine eigene Landschaft, vom Erwachsenen kaum mehr vorzustellen; seine eigene der reifende junge Mensch; ebenso der mündig Gewordene und wieder der Alternde. Jedesmal baut sich das persönliche Leben seine Umwelt, und der Schritt aus der einen in die andere ist ein wirkliches Untergehen und Neuwerden“. Fügen wir hinzu: Je nachdem, aus welcher Landschaft der Betrachter kommt, beim Anblick einer anderen wird er seine eigene Sichtweise in die vor ihm liegende Wirklichkeit hineintragen. Ist der Betrachter für die Herstellung der neuen Landschaft mitverantwortlich, ist er bemüht, seine Sichtweise so weit wie irgend möglich durchzusetzen.

Dieser Prozeß setzt früh ein. Bereits im Vorfeld des Tagebauprojektes, sodann bei seiner Inangriffnahme und sogar während des Gewinnungsvorganges werden die verschiedenen Sichtweisen zur künftigen Landschaft mehr oder weniger vernehmlich geäußert, zielbewußt begründet und nicht selten strittig erörtert. Daher bedarf es der Koordinierung der vielen Auffassungen, auch eines administrativen und gesetzlichen Zwanges, um schon vor der Inangriffnahme des Projektes zu einer Vorstellung über Form und Inhalt der neuen Landschaft sowie zu einem von allen Beteiligten akzeptierten Ergebnis zu kommen.

Dabei haben die Stimmen derjenigen, die Hauptnutzer der vergangenen Landschaft waren, ein besonderes Gewicht. Zu ihnen zählen die Vertreter der Forstwirtschaft und der Landwirtschaft. Lange Zeit bleibt ihnen allein das Feld überlassen. Das nach rein forstwirtschaftlichen und rein landwirtschaftlichen Gesichtspunkten Nutzbargemachte wird noch keine Landschaft. Vorstellungen, das neue Land wenigstens zu einem Teil in anderer Weise zu behandeln, wie z.B. auf begrenzter Fläche sich selbst zu überlassen oder gar auf der ganzen Fläche naturnahe Wirtschaftsweisen anzuwenden, bekommen für lange Zeit trotz vielfacher Anregungen und konkreter Vorschläge keine Chance. Erst nach und nach gewinnen sie an Boden.

In der synoptischen Übersicht zur Geschichte der Rekultivierung ist diese Entwicklung vereinfacht dargestellt. Die Schautafel erhebt keinen Anspruch auf Vollständigkeit.

Jeder der folgenden Abschnitte enthält einen Überblick über die fünf Reviere (Rheinisches, Lausitzer, Mitteldeutsches, Helmstedter und Wetterauer Braunkohlenrevier) bezüglich ihrer Naturausstattung, den Wandel der Aufgaben und Methoden der Rekultivierung vom Klein- zum Großtagebau sowie die sich daraus ergebenden Folgen für die Rekultivierungsplanung und -praxis. In jedem Abschnitt werden sodann einige grundsätzliche Anmerkungen zu den künftigen Aufgaben des Braunkohlentagebaues bei der Herstellung neuer Landschaften gemacht.

2
Gesetzgebung und Verwaltungshandeln

Landesherrliche Weisungen, im Anschluß an die damals noch im Kleintagebau betriebene Braunkohlegewinnung einen nutzbaren Zustand wiederherzustellen, ergehen bereits in der ersten Hälfte des 18. Jahrhunderts. Im Allgemeinen Berggesetz vom 24.6.1865 sind zwar die privatrechtlichen Verpflichtungen des Bergwerksbesitzers zum Ersatz des verursachten Schadens sowie seine öffentlich-rechtliche Verpflichtung zur Vermeidung „gemeinschädlicher Einwirkungen des Bergbaus" verankert, im Blick auf die Wiederherstellung neuer Landschaften sind diese bis in die 1950er Jahre geltenden Bestimmungen jedoch unzureichend.

Der Versuch, das Rekultivierungsgeschehen zu ordnen, führt in Nordrhein-Westfalen in den 50er Jahren zu staatlichen Regelungen mit der Verpflichtung, sich an einen Tisch zu setzen und zu einigen. Ein aufsehenerregender Anfang ist in der Änderung der §§ 67, 68 und 196 Abs. 2 des für Preußen geltenden Allgemeinen Bergrechts von 1865 zu sehen. Mit dieser Novellierung verschafft sich das Land 1950 die Möglichkeit, „die bergpolizeiliche Aufsicht auch auf 'die Sicherung und Ordnung der Oberflächennutzung und Gestaltung der Landschaft während des Bergwerksbetriebes und nach dem Abbau' zu erstrecken. Gleichzeitig hat die Bergrechtsnovelle die behördlichen Einwirkungen auf den Betriebsplan so verstärkt, daß insbesondere die Anforderungen an die Oberflächennutzung und die Gestaltung der Landschaft in ihrer Erfüllung wirksam gesichert sind (§§ 67 und 68)". (Weber 1959).

Im gleichen Jahr verabschiedet der Landtag das Gesetz über die Gesamtplanung im Rheinischen Braunkohlenrevier. Dieses Gesetz enthält die Verpflichtung, zur Sicherstellung einer geordneten Raumgestaltung des Rheinischen Braunkohlengebietes einen Gesamtplan aufzustellen. Dieser umfaßt

- die Festlegung der Räume, in denen bergbauliche und sonstige Industriebetriebe angelegt werden können, und der Gebiete, die für land- und forstwirtschaftliche Nutzung vorbehalten bleiben sowie Festlegung der Siedlungsgebiete,
- die Festlegung der Ortschaften, Ortschaftsteile oder einzelner Gebäude, die im Interesse des Bergbaus zu beseitigen, und der Stellen, an die die Bewohner umzusiedeln sind,
- die Festlegung der Räume, in denen Verkehrswege, Bahnen aller Art, Energie- und Wasserleitungen angelegt oder verlegt werden können, ebenso deren Beseitigung,
- die Gestaltung der Gewässer und
- die land- und forstwirtschaftliche und allgemeine Landschaftsgestaltung unter Berücksichtigung der Denkmal-, Natur- und Landschaftspflege.

Der Plan wird durch den „Planungsausschuß für das Rheinische Braunkohlengebiet" (Braunkohlenausschuß) aufgestellt. Er ist ein Sonderausschuß der im damaligen Landesplanungsgesetz (LPlG) verankerten Landesplanungsgemeinschaft Rheinland. Außer den Regierungspräsidenten in Köln und Düsseldorf, den Kreisen und den Bergbautreibenden gehören ihm als Mitglieder aussschließlich Vertreter der Wirtschaft an. Vertreter des Naturschutzes, des Heimatschutzes, der Landschaftsplanung und der Landschaftsgestaltung fehlen in dieser Runde.

Im Jahre 1979 werden wesentliche Regelungen des Gesetzes in das Landesplanungsgesetz eingefügt und hierfür ein besonderer Abschnitt „Sondervorschriften für das Rheinische Braunkohlenplangebiet" geschaffen. Auch heute obliegt dem Braunkohlenausschuß die Aufstellung der Braunkohlenpläne. In diesen sind insbesondere Angaben zu machen über die Grundzüge der Oberflächengestaltung und Wiedernutzbarmachung einschließlich der im Rahmen der Rekultivierung angestrebten Landschaftsentwicklung sowie über sachliche, räumliche und zeitliche Abhängigkeiten für die Umsiedlungen. Weiter muß der Braunkohlenausschuß Festlegungen treffen über die Abbaugrenzen und die Sicherheitslinie des Abbaus, die Haldenflächen und deren Sicherheitslinien, die Umsiedlungsflächen und die Festlegung der Räume, in denen Verkehrswege, Bahnen aller Art, Energie- und Wasserleitungen angelegt oder verlegt werden können. Die Besetzung des Braunkohlenausschusses ist mehrfach geändert worden. Heute nimmt u. a. ein Vertreter der für die im Braunkohlenplangebiet tätigen, nach § 29 Bundesnaturschutzgesetz anerkannten Naturschutzverbände mit beratender Befugnis an den Sitzungen des Braunkohlenausschusses teil.

Die Rheinischen Braunkohlenwerke AG richten 1981 in der Abteilung Tagebauplanung ein Referat für Landschaftsplanung und Landschaftspflege ein.

Für das Wetterauer Revier gilt in Ausfüllung der Bestimmungen des Bundesberggesetzes die Allgemeine Bergwerksverordnung für das Land Hessen (ABV) von 1969 in der Fassung von 1981. Danach soll im Tagebaubetrieb die Verkippung von Abraum so erfolgen, daß möglichst große Flächen für eine Nutzung zurückgewonnen werden (§ 176 ABV). Die kulturfähigen Erdschichten sind unter bestimmten Voraussetzungen gesondert zu gewinnen und die bergbaulich nicht mehr genutzten Flächen, sobald es betrieblich möglich ist, wieder in einen kulturfähigen Zustand zu versetzen. Auch ist so zu rekultivieren, „daß nach Beendigung der Arbeiten das bergbaulich genutzte Gelände harmonisch wieder in die Landschaft eingegliedert wird" (§ 177 ABV).

In der DDR regeln Gesetze und Verordnungen die Wiedernutzbarmachung der für den Braunkohleabbau in Aussicht genommenen Grundstücke. Im Unterschied zur alten Bundesrepublik wird seit 1951 die forstwirtschaftliche und die landwirtschaftliche Wiedernutzbarmachung sowie die Herrichtung von Flächen für die Erholungsnutzung vom Staat an dafür geeignete Betriebe übertragen, bzw. solche Betriebe werden für diese Aufgaben verpflichtet. Die Wiederurbarmachung bleibt Teil der bergmännischen Tätigkeit.

1951 wird die DDR in vierzehn Bezirke unterteilt. Die öffentlichen Planungsaufgaben nimmt der jeweilige Rat des Bezirkes wahr.

Das entsprechende Instrument zu den Landesentwicklungs- bzw. Regionalplänen in den alten Bundesländern ist für die DDR der Gebietsentwicklungsplan. Er wird für den ganzen Bezirk oder Teile desselben aufgestellt. In den interdisziplinär erarbeiteten Plänen sind auch die bergbauliche Entwicklung und die Wiedernutzbarmachung verankert.

Die Gebietsentwicklungspläne werden in den 1965 bei den Räten der Bezirke eingerichteten Büros für Territorialplanung erarbeitet, deren Vorläufer die Entwurfbüros für Gebiets-, Stadt- und Dorfentwicklung sind. Seit 1970 werden die Gebietsentwicklungspläne kontinuierlich aufgestellt und fortgeschrieben. Seit dieser Zeit wacht eine Wiederurbarmachungskommission über die ordnungsgemäße Herstellung der Flächen durch den Bergbau und deren Übergabe an die mit der Rekultivierung beauftragten land- und forstwirtschaftlichen Betriebe.

Gesetzliche Grundlage für die Planung eines Vorhabens bildet in der DDR die Standortverordnung. Für das Gesamtvorhaben bedarf es danach einer Standortbestätigung. Die flächentreue Planung erfolgt alle fünf Jahre im Rahmen der Standortgenehmigung.

Bis in die 90er Jahre setzen sich die Rekultivierungsrichtlinien im Rheinland nur mit der Wiederherstellung forstlich und landwirtschaftlich zu nutzender Flächen auseinander. Erstmalig nimmt das Oberbergamt des Landes Brandenburg 1994 die Herstellung von Sonderflächen für den Biotop- und Artenschutz, die auch innerhalb der Nutzflächen liegen können, in seine Wiedernutzbarmachungs-Richtlinien auf. 1996 folgt eine neugefaßte Richtlinie des Landesoberbergamtes Nordrhein-Westfalen, nach der auch durch Grundwasser oder Staunässe beeinflußte Lößschichten sowie stark verlehmter älterer Löß (saaleeiszeitlicher Löß) für die forstliche Wiedernutzbarmachung eingesetzt werden können. Hier bricht sich eine alte Forderung Bahn.

Wird heute zum Bundesberggesetz und den daraus abgeleiteten Verordnungen die Umwelt- und Naturschutzgesetzgebung mit ihren Verordnungen hinzugenommen, ist ein gesetzliches und administratives Instrumentarium vorhanden, im Braunkohlentagebau nicht nur forst- und landwirtschaftlich nutzbare Flächen zu schaffen, sondern auch neue Landschaften zu gestalten. Inwieweit dieses Instrumentarium zur Anwendung kommt, ist eine andere Frage. Da Gesetze und bis zu einem gewissen Grad auch Verordnungen auslegungsfähig sind, menschliche Unzulänglichkeit, politische Fehleinschätzungen und wirtschaftliche Zwänge nicht ausgeschlossen werden können und der Zeitgeist neuen und anderen Vorstellungen hinderlich ist, klaffen Planung und Wirklichkeit nicht selten auseinander. Dies geschieht insbesondere in den 80er Jahren in der DDR, als durch verfehlte Politik und Planwirtschaft große Rekultivierungsdefizite und starke Umweltbelastungen für Menschen, Boden, Wasser, Luft und Vegetation entstehen. Auch ist es heute in allen Revieren noch nicht selbstverständlich, leistungsfähige, landwirtschaftlich zu nutzende Neulandböden von vornherein mit Flurgehölzen und Kleinwäldern zu durchsetzen, in forstlich und landwirtschaftlich genutzte Kippböden verdichtete, grundwassernahe oder magere Standorte zielgerecht einzuplanen und zu schaffen oder neben Richtlinien für die forstliche und landwirtschaftliche Rekultivierung auch solche für die Renaturierung einzuführen.

3
Naturraum und Landschaft

Die Naturräume und Landschaften der fünf in diesem Buch behandelten Braunkohlenreviere zeigen vor dem Abbau eine Fülle unterschiedlicher Eigenschaften und Bilder, die eines gemeinsam haben: Sie sind eng miteinander verwandt. Die oberste Schicht des über den Braunkohlenflözen liegenden Deckgebirges ist erdgeschichtlich von den gleichen Naturkräften in einem abgrenzbaren Zeitraum geschaffen worden: den Eiszeiten und den nacheiszeitlichen klimatischen und damit bodenbildenden Prozessen.

So prägen die pleistozänen Vergletscherungen mit ihren großen Grund- und Endmoränenzügen und den von ihnen durch fluvioglaziale Schmelzwässer hervorgerufenen Sandern große Teile des Gesteinsuntergrundes. Ein Teil der Naturräume, in denen heute der Braunkohlentagebau vor sich geht, wird im Eiszeitalter mit einer mehr oder weniger mächtigen Lößdecke überzogen. Sie gibt dem Untergrund weiche Konturen. Anders als in diesen Naturräumen liegen die Verhältnisse im Lausitzer Braunkohlengebiet. In der naturräumlichen Haupteinheit „Oberlausitzer Heideland" prägen Kiese und Sande, stellenweise auch tonige Ablagerungen des jüngeren Tertiärs und der beiden älteren norddeutschen Vereisungen die höher gelegenen Flächen und Rücken. Nacheiszeitliche Bildungen verändern weiterhin alle Naturräume. Ein Ausdruck dieses Geschehens sind u. a. Fluß-, Tal- und Beckensande und in der Lausitz ausgedehnte Dünenbildungen (Muskauer Heide).

Wo weithin tiefgründige, nährstoffreiche, gut bearbeitbare und mit einem günstigen Wasserhaushalt versehene Lockergesteine (Löß, Lößlehm) auftreten, breitet sich nach Rodung der Buchen- und Eichenwälder der Ackerbau aus und schafft im Laufe der Zeit ausgedehnte, offene und eintönige Fluren. Diese grobe Charakterisierung trifft für die Niederrheinische Bucht (abgesehen vom Hambacher Wald und vom bewaldeten Villerücken), die Wetterau, Teile des Ostbraunschweigischen Hügellandes, die Leipziger Tieflandmulde und das Östliche Harzvorland zu. Wo die eiszeitliche Hinterlassenschaft aus sandigen, kiesigen, nährstoffarmen und unter einem großen Wasserdefizit leidenden Böden besteht, tritt die Landwirtschaft zurück, und ausgedehnte Wälder kennzeichnen das Land. In Verbindung mit einem kleinräumigen Wechsel der Standorte, einem lebhaften Relief und zahlreichen Weihern und Mooren, oft in abflußlosen Senken, zeigt sich trotz ausgedehnter Heiden und Kiefernforsten ein abwechslungsreiches Landschaftsbild. So tritt uns die Lausitz entgegen.

In Abhängigkeit von Gesteinsuntergrund, Relief und Bodenwasserhaushalt kann in den Naturräumen, in denen der Braunkohleabbau umgeht, von drei Landschaftstypen gesprochen werden, die sich wie folgt darstellen:

- Ausgedehnte, ebene und kahle, vom Ackerbau geprägte waldfreie Landschaften auf überwiegend mächtigen Lößdecken hoher Leistungsfähigkeit, durchzogen von wenigen Bächen und Flüssen (Rheinisches-, Helmstedter- und Wetterauer Revier)
- Ausgedehnte, ebene und kahle, vom Ackerbau geprägte waldarme Landschaften mit überwiegend geringmächtigen Löß- und stellenweise mächtigen Geschiebemergeldecken mittlerer bis hoher Leistungsfähigkeit, durchzogen von wenigen Bächen und Flüssen (Mitteldeutsches Revier)
- Kleinräumig wechselnde Wald-Feldlandschaft im Verein mit ausgedehnten Heiden und Kiefernforsten auf kiesigem und sandigem Untergrund überwiegend geringer Leistungsfähigkeit, durchsetzt mit zahlreichen Bächen, Weihern und Mooren (Lausitzer Revier)

Die Eigenschaften jeder dieser Naturräume, sozusagen ihre landschaftsökologische Verfassung, sind ausschlaggebend für die Art ihrer Nutzung und die Art ihrer Wiederherstellung während und nach dem Abbau der Braunkohle.

Die Bedeutung der für die Rekultivierung geeigneten Deckgebirgsschichten ist erst nach und nach erkannt worden. Landschaftsökologisch und allgemein betrachtet ist der Naturvorrat Boden erst seit Mitte dieses Jahrhunderts optimal durch die Bergbaubetreibenden für die Wiederurbarmachung gesichert und auf die Rohkippe aufgebracht worden. Die seit den 20er Jahren laufende Erforschung der Eigenschaften der Kippsubstrate und ihrer Eignung für die Herstellung nutzbarer Böden ist trotz mancher Rückschläge von großem Erfolg begleitet.

4
Folgenutzung

Wiederurbarmachung und Wiedernutzbarmachung sind fast so alt wie der Braunkohlentagebau selbst. Schon seit 250 Jahren werden ausgekohlte Tagebaue der forstlichen und landwirtschaftlichen Rekultivierung zugeführt. Doch bis in unser Jahrhundert hinein ist in vielen Kleingruben die spontane Vegetationsentwicklung weit verbreitet und schafft reizvolle, naturnahe Wäldchen und Gebüsche. Die planmäßige Erschließung von Kippenflächen und Restlöchern für Freizeit und Erholung beginnt in den 50er Jahren.

4.1
Forstliche Rekultivierung

Bis in die Mitte des 20. Jahrhunderts finden Aufforstungen auf Kippsubstraten statt, die sich aus der örtlichen geologischen Situation ergeben. Eine auf das Rekultivierungsziel ausgerichtete Auswahl der Kippböden erfolgt i. allg. nicht. Vom Altmeister der forstlichen Rekultivierung, Rudolf Heusohn, werden Ende der 20er Jahre Erfahrungen mit Baggergut aus einer Mischung von Sand, Kies, Mergel und Ton mitgeteilt, das nicht mit Mutterboden überdeckt werden soll. Von Reinkulturen rät er ab, dem Laub- bzw. dem Laubnadelmischwald wird der Vorzug gegeben. „Streben wir z. B. einen Traubeneichenbestand an und wählen in die Mischung Weißerle, Akazie, Birke, Pappel, Ahorn, Rotbuche, Vogelkirsche und Traubenkirsche, so fällt als erste schlagreife Holzart mit 20 Jahren die Weißerle, danach folgt mit 30 Jahren die Akazie, mit 40–50 Jahren Birke, Pappel und Traubenkirsche, dann Ahorn und Vogelkirsche, so daß wir als Altholz Traubeneiche und Rotbuche gemischt behalten…" (Heusohn 1929).

Dennoch bleibt diese Zeit durch Aufforstungsexperimente gekennzeichnet. Erste Erfahrungen, auch zur Baumartenwahl, werden gemacht, doch ungenügend ausgewertet. Wird im Lausitzer und Mitteldeutschen Revier von der Weißerlen-Birken-Kiefernzeit (1920–1930), der Birkenzeit (1930–1950) und der Roteichenzeit (1950–1960) gesprochen, gibt es im Rheinland nach einer Experimentierphase von 1920–1950 die Pappel-Erlenzeit (1950–1960) und die Buchen-Eichenzeit unter Pappelschirm (1960–1980). Mit der geologisch-bodenkundlichen

Beurteilung der Kippsubstrate, ihrer systematischen Einordnung und einer daraufhin abgestellten Verwendung kulturfähigen Bodenmaterials kommt es ab den 70er Jahren nach und nach zu einer standortgerechten Baumartenwahl.

Ende der 50er Jahre wird nach Untersuchungen im Rheinland zum Abraum als Waldstandorte der Vorschlag gemacht, für die forstliche Rekultivierung ein Gemisch aus Kies, Sand, Löß, Lößlehm oder anderen lehmigtonigen Bestandteilen zu verwenden. Das Gemisch erhält den irritierenden Namen Forstkies. Der Anteil der anderen kulturfähigen Bodensubstrate geht aus dieser Bezeichnung nicht hervor. Befürwortern dieses Bodenartengemisches stehen Warner gegenüber. Die Leistungsfähigkeit des Gemisches hängt u. a. eng von dem Anteil und den Eigenschaften des Feinbodens ab. Wasserkapazität, Sorptionsfähigkeit und Nährstoffgehalt des Kippbodens werden durch ihn verbessert. Im Südrevier sind in der ersten Hälfte des 20. Jahrhunderts in beträchtlichem Umfang Substrate verkippt worden, die den heutigen Forstkiesmischungen durchaus entsprechen und auf denen sich wüchsige Bestände von Laub- und Nadelbäumen befinden. Untersuchungen in den 80er Jahren auf forstkiesähnlichen Standorten im Südrevier lassen bei der Buche überdurchschnittlich gute, bei der Roteiche zufriedenstellende und bei der Eiche je nach dem Anteil bindigen Bodenmaterials gute bis befriedigende Ertragsleistungen erwarten. Dagegen zeigt sich z. B., daß sandiger Forstkies zu einer beträchtlichen Minderung der Leistung bei den Waldbeständen führen kann. Auch Bodenverdichtungen schränken das Wachstum einer Reihe von Baumarten stark ein. Auf steilen, trockenen, nach Süden exponierten Hängen lassen die Wuchsleistungen von Buche, Eiche und Roteiche forstwirtschaftlich gesehen zu wünschen übrig. Einer der Gründe hierfür ist das Defizit im Wasserhaushalt. Andere Untersuchungen weisen nach, daß unter der Voraussetzung eines ausreichenden Kalkanteils eine 30- bis 40 %ige Einmischung von Löß in den Forstkies ein Anwachsen der Standfestigkeit von Kippenböschungen zur Folge hat. Nennenswerte Bodenerosion durch Wasser oder Rutschungen wurden nicht beobachtet.

Zur Waldentwicklung liegen aus dem Rheinischen Revier verschiedene Untersuchungsergebnisse vor. Der forstlichen Rekultivierung werden, langfristig gesehen, günstigere Prognosen für die Waldentwicklung gegeben als spontanen Sukzessionen. Diese sollen Risiken in sich bergen (z.B. durch Vergrasung). Vegetationskundliche Untersuchungen zur Krautflora von Buchenwäldern auf Rekultivierungsflächen in der Ville zeigen auch nach 50 Jahren noch keine Übereinstimmung mit der Krautschicht natürlicher Buchenwälder. Hinweise zur Entwicklung der Kippenwälder zu naturnahen Waldökosystemen haben sich bisher nicht gefunden. Besonders weit entfernt von ökologisch ausgewogenen Wäldern sind solche auf stark kiesigen Standorten. Hervorgehoben wird die Verbringung von Altwaldböden auf die Kippsubstrate als vorteilhaft für das Erreichen naturnaher Wälder.

Im Mitteldeutschen und Lausitzer Braunkohlenrevier sind die kulturfähigen Substrate nicht nur pleistozäner und holozäner, sondern auch tertiärer Herkunft. Die meisten der älteren Kippenwälder in der Lausitz aus der Zeit vor 1935 sind verschwunden. Sie wurden bei der Auskohlung des zweiten Flözes beseitigt. Somit kam es nicht zu langjährigen Beobachtungsreihen ihrer Entwicklung. Der größte Teil der heutigen Wälder ist bis zu 30 Jahre alt. Ein jetzt über 75 Jahre alter artenreicher Laubmischwaldbestand aus Buche, Eiche und Ahorn stockt auf der 65 ha großen Halde Nardt bei Hoyerswerda.

In den 50er Jahren setzen in diesen beiden Revieren bodengeologisch-standortkundliche Untersuchungen ein, die 1958 zu einer Beurteilung des Kulturwertes der Deckgebirgsschichten zur Wiedernutzbarmachung und in den Jahren danach zur Verbesserung der bodenphysikalischen und bodenchemischen Eigenschaften der Kippböden führen. In der Vergangenheit wurden die bindigen quartären Deckgebirgsschichten nur unzureichend für die Herstellung der Abschlußverkippung genutzt, so daß etwa 60 % der wiederurbargemachten Flächen aus tertiären Kippsubstraten bestehen. Diese bedürfen wegen ihres vergleichsweisen hohen Schwefelgehaltes der Melioration. Hierzu sind seit Ende der 50er Jahre Verfahren zur Grundmelioration entwickelt und erfolgreich angewendet worden. Sie sehen die Beimengung verschiedener Materialien und Stoffe von Braunkohlenasche über Düngekalke und alkalisch wirkende Düngemittel bis zu nährstoffreichen Abwässern sowie verschiedene Arten der Bodenbearbeitung vor.

1960 kommt es zu standortabhängigen Verfahren der Wiedernutzbarmachung, 1971 zur Entwicklung von Kartierungsverfahren für Kippflächen. Sie enthalten Vorschläge zur Baumartenwahl auf der Grundlage von Kippbodenformen. Damit sind die Voraussetzungen für eine standortgerechte Wiederbewaldung im Mitteldeutschen und Lausitzer Braunkohlenrevier geschaffen.

Im Helmstedter Revier kann auf die seit Jahrzehnten gesammelten Erfahrungen bei der forstlichen Rekultivierung im Rheinland nur bedingt zurückgegriffen werden. Bei der mächtigen Lößdecke über tertiären Deckschichten der niedersächsischen Berglandschwelle handelt es sich um Ausgangsgesteine anderer Beschaffenheit. Die ausgekohlten Tagebaue werden mit stark saurem tertiären Abraum verfüllt und mit pleistozänen Decklehmen von rd. 1 m Mächtigkeit überzogen. Das Befahren während der Aufschüttung mit schweren Fahrzeugen führt zu Bodenverdichtungen und damit zu Staunässe. Seit Mitte der 90er Jahre erfolgen forstliche Standortkartierungen, um die Eigenschaften der Neulandböden und ihre Eignung für Waldökosysteme festzustellen. Auf dem größten Teil der Kippböden wird als potentielle natürliche Vegetation ein Perlgras-Buchenwald angenommen.

Im Wetterauer Revier spielt die forstliche Rekultivierung nur eine untergeordnete Rolle.

Bei der forstlichen Rekultivierung sollte stärker als bisher beachtet werden:

- Mit Ausnahme des Helmstedter Reviers bleiben in den anderen Revieren die leistungsfähigen Kippsubstrate vorwiegend der landwirtschaftlichen Rekultivierung vorbehalten. Vergleichsweise selten finden Böden Verwendung, die Wälder mit hoher Ertragsleistung und Ertragssicherheit erwarten lassen. Soweit irgend möglich, sollten daher auch Löß, Lößlehm und andere lehmig-tonige Lockergesteine zur forstlichen Rekultivierung verwendet werden.
- Von dem seit mehr als 30 Jahren im Rheinland verwendeten Forstkies liegen Beobachtungen zu den Wuchsleistungen der Bestände vor. Diese Untersuchungen sollten, wie in den östlichen Revieren, auch unter dem Gesichtspunkt fortgeführt werden, zu einer Klassifizierung der Rohbodenformen zu kommen in der Absicht, Bestockungszieltypen auszuweisen. Hangneigung, Exposition und der jeweilige Mischungsanteil von Sand, Kies, Löß, Lößlehm oder anderen lehmig-tonigen Bestandteilen spielen bei der Gliederung der noch nicht zu einem Bodentyp entwickelten Rohbodenformen eine entscheidende Rolle.
- Nachgegangen werden soll weiterhin der Frage nach der Natürlichkeit der Kippenwälder und damit nach ihrer Widerstandskraft gegen Trockenheit, Sturm und Schneedruck. Geklärt werden müssen die Voraussetzungen, auf den verschiedenen Kippsubstraten zu naturnahen Waldökosystemen zu kommen. Die ersten Untersuchungen zu diesem Thema verlangen eine Fortsetzung.
- Um die Standortvielfalt zu erhöhen und damit das Waldbild vielfältig zu gestalten, sind die frisch verkippten Rohböden mit Mulden, Rinnen und Erhebungen in unregelmäßiger Form sowie stellenweise mit durchlässigeren oder zur Verdichtung neigenden Bodenkörpern zu versehen. Die Bodenbildung und damit die Bodenfauna soll durch die Verbringung von Altwaldböden auf die Rohkippe gefördert werden, wobei die Eingriffe in den Altwald in Grenzen gehalten werden müssen.
- Die Baumartenwahl ist auf die Standorteigenschaften abzustimmen. Ausblicke in die Landschaft, Einblicke in die Bestände durch aufgelockerte Waldinnenränder, Waldwiesen und Blößen tragen in Verbindung mit einer das Relief und die Standortverhältnisse berücksichtigenden Führung der Wirtschafts- und Wanderwege zur abwechslungsreichen Gestaltung des Waldbildes bei.

In einem Zeitraum von nicht einmal zwei Generationen werden die wesentlichen wissenschaftlichen und praktischen Voraussetzungen für den Weg zu einem naturnahen Waldaufbau auf den Kippen des Braunkohlenbergbaues geschaffen. Künftig kommt es darauf an, diesen Weg weiterzubeschreiten: Nicht standortgerechte Bestände umzuwandeln, die Baumartenwahl auf die Eigenschaften der Rohbodenformen abzustimmen und der Eigendynamik des Waldökosystems sowie den Belangen des Naturschutzes und der Landschaftsgestaltung mehr Raum zu geben.

4.2 Landwirtschaftliche Rekultivierung

Die landwirtschaftliche Rekultivierung im Braunkohlentagebau ist so alt wie die forstliche, wenn nicht älter. Überall dort, wo der Landwirt seit Generationen den Acker bestellt und diesen durch den Abbau der Braunkohle verliert, beharrt er von allen Landnutzern verständlicherweise am hartnäckigsten auf der Wiederherstellung des ursprünglichen Landschaftscharakters. Mit dieser Forderung verbindet er die Rückgabe der vorübergehend verlorenen Böden in gleichem Umfang und gleicher oder besserer Qualität. Von allen Folgenutzern ist er am stärksten vom Ertrag des Bodens abhängig.

Die feste Haltung der Landwirte führt seit den 20er Jahren zu immer eingehenderen Studien über die Verwendbarkeit des Deckgebirges für die landwirtschaftliche Rekultivierung. Die Zahl der praktischen Versuche und die wissenschaftlichen Arbeiten zur landwirtschaftlichen Nutzung der beim Braunkohlentagebau zu schaffenden Neulandböden übersteigt diejenigen zur forstlichen Rekultivierung und zum Naturschutz bei weitem.

Die Menge und das Gewicht der zu bewältigenden Probleme, einen fruchtbaren Boden aus unfruchtbarem Lockergestein herzustellen, sind bei leichten, nährstoffarmen und durchlässigen Böden genauso groß wie bei schweren, nährstoffreichen und speicherfähigen. Sie haben lediglich einen anderen Inhalt. Dabei muß beachtet werden, daß Löß ein in Deutschland nur begrenzt auftretendes Naturgut hohen Ranges darstellt, das zu erhalten ist und seiner natürlichen Fruchtbarkeit nicht verlustig gehen darf. Im Mitteldeutschen Revier trifft diese Feststellung neben den dort vorhandenen begrenzten Lößvorräten auch für die pleistozänen Geschiebelehme und -mergel, im Lausitzer Revier auf die geringen Vorräte an pleistozänen Geschiebelehmen zu.

In jedem der fünf Reviere wird es nach und nach zum obersten Gesetz, kulturfähiges Lockergestein vor und während des Abbaus zu sichern, sofort auf die Rohkippe in einer Weise aufzubringen, die nennenswerte Nacharbeiten erübrigt bzw. geringhält, oder in Ausnahmefällen zwischenzulagern. Dabei ist davon auszugehen, daß das Bodengefüge durch den Umlagerungsprozeß stärker als alle anderen Bodeneigenschaften verändert wird, v. a. im Vergleich zu den über Jahrtausende gewachsenen Böden. Im allgemeinen bleiben sie in den ersten

10–15 Jahren Rohboden, also Gestein, und erst allmählich werden daraus Böden im pedologischen Sinn.

Im Rheinischen Revier erreichen die Äcker auf Löß und Lößlehm Bodenzahlen bis zu 90, im Helmstedter Revier bis zu 75 und im Wetterauer Revier bis zu 80 Punkten. Im Rheinland erfüllen besonders die weichseleiszeitlichen Löße und Lößlehme sowie das Kolluvium, eingeschränkt wegen des hohen Wassergehaltes, die Qualitätsansprüche für einen erfolgreichen Anbau landwirtschaftlicher Kulturpflanzen. Als ungünstig sind dagegen die älteren Löße und Lößlehme zu bewerten. Sie gelten für eine landwirtschaftliche Nutzung wegen der durch Verwitterung erfolgten Entkalkung, Dichtschlämmung und Umwandlung der Tonminerale als nur bedingt geeignet bis ungeeignet. Die Probleme liegen v. a. in der Erfassung und Verteilung des Lößvorrates sowie in der Vermeidung von Verdichtungen und Verfestigungen. Bodenverdichtungen beeinträchtigen den Luft- und Wasserhaushalt und können das Wachstum der Kulturpflanzen vermindern oder verhindern. Zur Bewältigung dieser Schwierigkeiten ist eine Palette von Maßnahmen erforderlich, die sämtlich in langjährigen wissenschaftlichen Untersuchungen geklärt werden mußten. Sie reichen von der Lößinventur und der Beachtung der Witterung beim Kippvorgang und der Bodenbearbeitung über die Verringerung aller Arbeitsvorgänge und die Verwendung von Arbeitsgeräten mit niedrigem Bodendruck bis zur bodenschonenden Zwischen- und Folgebewirtschaftung. Die Bewirtschaftung verfolgt u. a. das Ziel, den für die Fruchtbarkeit der Böden entscheidenden Humusgehalt aufzubauen und zu erhalten.

Eng mit den vorstehenden Betrachtungen verbundene Aufgaben der landwirtschaftlichen Rekultivierung ergeben sich aus der Exposition und Neigung der Neulandböden im Blick auf die Sonnenscheindauer, die Gefährdung der Böden durch Erosion und die Sicherstellung einer gefahrlosen Entwässerung der Kippenoberfläche.

In der Lausitz kommen Löß und Lößlehm nicht vor. Für die landwirtschaftliche Rekultivierung müssen daher die wenigen Vorräte an Geschiebelehm, Geschiebemergel sowie Tal- und Beckenschluffe reserviert bleiben. Geringfügige Beimengungen von Sanden aus Beckenwasser-, Becken-, Tal- und Flußsanden mindern den Kulturwert dieser quartären Lockergesteine nicht. Die kalkhaltigen Substrate verfügen über die günstigsten bodenchemischen Eigenschaften.

Seit den 60er Jahren sind in gleicher Weise wie für die forstliche Rekultivierung Kriterien zur Beurteilung und Eignung quartärer und tertiärer Abraumsubstrate für die landwirtschaftliche Wiederurbarmachung erarbeitet worden. Die daraus entwickelten Kippbodenformen unterscheiden sich nach ihrem Substrataufbau, der Substratschichtung und ihrem Entwicklungszustand (Bodentyp). Wegen der noch untergeordneten Bedeutung des Bodentyps der jungen Kippböden stehen für die Kennzeichnung streng petrographische Gesichtspunkte im Vordergrund.

Das Mitteldeutsche Revier nimmt mit seinen Vorräten an Löß, Lößlehm, Geschiebelehm, Geschiebemergel und Sanden unterschiedlicher geologischer Herkunft eine Zwischenstellung im Blick auf die Eigenschaften der kulturfähigen Substrate zwischen dem Rheinischen, dem Helmstedter- und dem Wetterauer Revier auf der einen und dem Lausitzer Revier auf der anderen Seite ein.

Im Helmstedter Revier wird das auf Deponien verbrachte Abraummaterial mit einer gleichmäßigen Schicht aus pleistozänen Lößsedimenten überdeckt. Die dort etwa 1 m Mächtigkeit aufweisenden Neulandböden enthalten daher fast immer neben Löß auch Anteile von Sanden und Tonen. Verschiedenartige Kippverfahren seit den 30er Jahren (u. a. mit dem Kippenpflug, später mit Absetzer, Lastkraftwagen und Planierraupe) haben unterschiedliche Auswirkungen v. a. auf die Bodenstruktur. Untersuchungen zum Humusgehalt der Neulandböden und seiner Verbesserung beginnen in den 80er Jahren. Gesichtspunkte der späteren Nutzung bekommen zunehmend Einfluß auf den Ablauf der Rekultivierung.

Seit den 60er Jahren werden im Wetterauer Revier rekultivierte Böden landwirtschaftlich genutzt. Für die Rekultivierung stehen neben Löß und Lößlehm auch tertiäre und altpleistozäne Tone zur Verfügung. Da im Nord- und Zentralbereich Löß und Lößlehm in nur geringem Umfang bereitstehen, wird vielfach toniges Material verwendet. Für den Südbereich werden die Verfahren verbessert, so daß höhere Ertragsleistungen im Vergleich zum Nord- und Zentralteil eintreten. In den 80er Jahren finden vergleichende Untersuchungen zu bodenphysikalischen und bodenchemischen Eigenschaften altrekultivierter und gewachsener Ackerböden statt, ebenso Untersuchungen zum Humusgehalt rekultivierter Böden unterschiedlichen Alters sowie zum Ertragspotential in Verbindung mit der Speicherkapazität für pflanzenverfügbares Wasser. Das Amt für Landwirtschaft und Landentwicklung in Friedberg gibt 1983 ein Merkblatt für die fachgerechte Bewirtschaftung frisch übernommener Rekultivierungsflächen heraus.

Obwohl seit Tischlers „Agrarökologie" (1965) eine Fülle von Erkenntnissen über die Wechselbeziehungen zwischen Pflanzen (auch Kulturpflanzen) und Tieren auf Äckern, Wiesen und Weiden im Zusammenhang mit Flurgehölzen, Rainen und anderen Grenzbiotopen mitgeteilt und inzwischen vervollständigt wurden, finden sie in der Landwirtschaft i. allg. und auf landwirtschaftlichen Neulandböden keine bzw. nur zögerliche Anwendung. Je höher die Güte eines Bodens und je technischer die Feldbewirtschaftung ist, desto geringer scheint das Interesse der Landwirte an agrarökologischen Methoden zu sein. In den 90er Jahren beginnen im Rheinischen Braunkohlenrevier erste Versuche zu diesem Thema.

Folgenden Überlegungen sollte mehr Aufmerksamkeit geschenkt werden als bisher:

- Gewonnen werden sollen nicht nur die für die landwirtschaftliche Rekultivierung erforderlichen Mengen an kulturfähigen Deckgebirgssubstraten. Aus ökologischen, insbesondere landschaftsökologischen und ökonomischen Gründen ist es wichtig, den gesamten anfallenden Naturvorrat an kulturfähigen Böden wie Löß, Lößlehm, Sandlöß, Geschiebelehm, Geschiebemergel und Auenlehm gesondert abzutragen und zu sichern. Wird dieses Bodenmaterial für die landwirtschaftliche Rekultivierung nicht in vollem Umfang benötigt, soll es zur Herstellung forstlich nutzbarer Böden oder für Zwecke des Naturschutzes verwendet werden. Überschüssige Vorräte sind für den Bedarf kommender Generationen sicherzustellen.
- Ein besonderes Augenmerk ist zu richten auf die Bildung und Sicherung des Humusgehaltes als Garant für die nachhaltige Fruchtbarkeit der Neulandböden.
- Ein Wechsel der Nutzungsarten, z. B. Wald in Acker, Acker in Wald, Acker oder Wald in Obst- oder Freizeitanlage, ist künftig auch auf Neulandböden nicht auszuschließen. Daher wäre eine Lockerung der strengen Trennung zwischen Kippsubstraten für die landwirtschaftliche oder die forstliche Rekultivierung wünschenswert. Soweit wie möglich sollten auch die nicht für die landwirtschaftliche Nutzung urbargemachten Böden von ausreichender Leistungsfähigkeit sein und eine durchwurzelbare Schicht von mindestens 2 m Tiefe aufweisen.
- Jede Feldflur benötigt zum Schutz der Böden und Kulturfrüchte sowie zur Förderung der Bodenbildung stabilisierende und gliedernde Elemente, welche die Leistungsfähigkeit des Naturhaushaltes im Sinne einer ertragreichen Landwirtschaft verbessern, u. a. durch Abminderung der Windwirkung, Herabsetzen der Verdunstung, Erhöhen des Tauniederschlages, Steigerung der Bodenfeuchtigkeit und Zunahme der Lufttemperatur. Solche Elemente sind Kleinwälder, Feld- und Ufergehölze, Gebüsche, Hecken, Baumgruppen, Feldraine, Wildrasen und Hochstaudenfluren auf Trocken-, Mager- und Feuchtstandorten in Form von Hügeln, Terrassen, Böschungen, Mulden, abflußlosen Senken oder Rinnenlagen. Je leistungsschwächer und daher gefährdeter die genutzten Standorte sind, desto stärker sollten sie mit solchen Landschaftsbestandteilen durchsetzt sein.
- Der Einsatz agrarökologischer Methoden in Verbindung mit den vorstehend aufgeführten naturnahen Gliederungselementen bereichert die Begleitflora, die Bodenfauna und die Fauna der Krautschicht. Sie helfen Isolationswirkungen zu vermindern, Lebensräume zu erhalten und die chemischen Regelungsprozesse im Boden zu sichern und zu steuern.

Den Altlandböden vergleichbare Erträge stellen sich erst nach langer Zeit, Überwindung vieler Hindernisse und überlegter Bewirtschaftung ein. Hier ein hohes Maß an Sicherheit gewonnen zu haben, ist das Verdienst jahrzehntelanger Versuche und Forschungen mit dem Ergebnis praktischer Lösungen. Künftige Schwerpunkte liegen v. a. im Humusaufbau und in der Bewältigung agrarökologischer und landschaftsgestalterischer Aufgaben. Sie müssen von Beginn des Planungsprozesses an mitbedacht und ausreichend berücksichtigt werden.

4.3
Freizeit und Erholung

Schon immer, auch ohne geplante Freizeit- und Erholungseinrichtungen, waren aufgelassene Braunkohlengruben in der Lausitz mit ihren spontan entstandenen Birkenwäldchen und Kiefernkusseln und ihren dunklen, stillen Teichen Wanderziele, Picknick- und Spielplätze. Der Verfasser erinnert sich an Wanderungen um Sommerfeld in der Niederlausitz, der Heimat seiner Großeltern, Ende der 20er und Anfang der 30er Jahre. Der Waldboden war durchsetzt mit Kohlebröckchen.

Um die Mitte unseres Jahrhunderts wächst aus hier nicht näher zu erörternden Gründen der Wunsch nach Erholung und Freizeitgestaltung im Freien stark an. Besucherströme ergießen sich in vorher vom Tourismus wenig aufgesuchte Landschaften. Belastungen von Boden, Oberflächengewässern, Pflanzen und Tieren sind die Folge. Landesplanung, Landkreisen und Gemeinden bleibt nichts anderes übrig, als der Menschenflut durch Planen, Ordnen, Lenken und Bauen Herr zu werden. In der alten Bundesrepublik ist dies 1956 die Geburtsstunde der Naturparkbewegung.

Wald, Waldränder und Gewässerufer werden zu Konzentrationspunkten des Erholungsverkehrs und der Freizeitgestaltung hauptsächlich in der näheren und weiteren Umgebung der Großstädte und Ballungsräume. Der Druck richtet sich auch auf die Restseen des Braunkohlenbergbaues. Im Rheinland ist es die Wald-Seen-Landschaft der Ville im Südrevier, die geradezu überlaufen wird. Nicht tragbare Zustände rufen nach Steuerung und Ordnung, um schutzwürdige Landschaftsteile vor Schäden zu bewahren und anderenorts dem Erholungssuchenden Stätten mit einem reizvollen Landschaftsbild und angemessener Infrastruktur zu bieten. Dieser Aufgabe widmet sich seit 1965 der Verein Erholungspark-Ville. 1966 befaßt sich ein Landschaftsplan mit dem ausdrücklich genannten Schwerpunkt „...unter Berücksichtigung des Bedarfs an großstadtnahen Erholungsgebieten" der Landschaftsgestaltung im Braunkohlenabbaugebiet der Ville. Zehn Jahre später nehmen im ökologischen Gutachten zum geplanten Tagebau Hambach Untersuchungen zur Nutzung der Landschaft durch Erholungssuchende vor dem Abbau und vorausschauend für die Zeit nach dem Abbau den diesem Thema angemessenen Raum ein.

Ähnlich verläuft die Entwicklung im Mitteldeutschen und Lausitzer Revier. In den 60er und 70er Jahren wird die Bedeutung der Restseen für die Erholung in verschiedenen Gremien erörtert. Die Ergebnisse finden ihren Niederschlag in Veröffentlichungen und Planungen mehrerer Landschaftsarchitekten. Die von den Bezirkstagen gefaßten Beschlüsse beruhen auf der 2. Durchführungsverordnung zum Landeskulturgesetz vom 14.5.1970 (GBL II, S. 336). Darin wird u. a. ausgeführt: „Die Erschließung, Pflege und Entwicklung der Landschaft ist eine wichtige Voraussetzung für die Verwirklichung des Rechts der Bürger auf Freizeit und Erholung und die weitere Verbesserung der Lebensbedingungen der Bevölkerung. Das erfordert, die Landschaft für die Erholung nutzbarzumachen und den Erholungswert der Wälder, Berge, Gewässer sowie der anderen landschaftlichen Schönheiten zu erhalten und zu mehren."

Im Mitteldeutschen Revier sind seit den 70er Jahren Bereiche für Freizeitnutzungen an Tagebauseen vorgesehen worden, so in der Tagebauregion Muldenstein bei Bitterfeld. In der Lausitz liegen die Schwerpunkte am Knappen- und Silbersee südöstlich Hoyerswerda, am Senftenberger See und am Grünewalder Lauch.

Das auf den landwirtschaftlich rekultivierten Flächen des Helmstedter Reviers geplante Netz aus naturnahen Lebensräumen und das Landschaftsbild prägenden und gliedernden Gehölzen soll in Verbindung mit den aus forstlicher Rekultivierung entstandenen Wäldern und den benachbarten Landschaftsräumen der geruhsamen Erholung dienen.

Eine ähnliche Landschaft ist im Wetterauer Revier im Entstehen begriffen, angereichert mit sechzehn Seen und Teichen. Von den acht größeren Restseen bleiben zwei ausschließlich der ruhigen Erholung vorbehalten, für zwei weitere sind Freizeitanlagen vorgesehen. Ein See dient zugleich dem Naturschutz und der ruhigen Erholung. Die drei restlichen größeren Seen sind Naturschutzgebiete.

Über die Anforderungen an Erholungsgebiete, ihre Ausstattung mit natürlichen und naturnahen Landschaftsteilen und -bestandteilen, ihre Standorteigenschaften sowie ihre Infrastruktur besteht eine reichhaltige Literatur mit einer Fülle von Untersuchungsergebnissen und Erfahrungen. Die Planung und der Ausbau in der Bergbaufolgelandschaft verlangen die Beachtung folgender Besonderheiten:

- Die Standortwahl bedarf ausreichender Voruntersuchungen u. a.
  - zur Lage (u. a. die Länge der Sonnenscheindauer, die Windverhältnisse im Umfeld von Außenkippen, die Schattenlängen von Waldrändern und Hochkippen)
  - zur Exposition (u. a. südliche Ausrichtung von Hängen, Böschungen und Stränden)
  - zum Geländeklima (u. a. guter Luftaustausch, Windschutz für Liegewiesen und Spielplätze, geringe Schwüle- und Nebelhäufigkeit)
  - zum Wasserkörper des Sees (u. a. Wellenschlag, Anschwemmen von Getreibsel, Strömungsverhältnisse im See, Eutrophierungsgefahr bei Flachwasserseen)
- Die Abbauplanung muß von Anfang an auf die Erholungseinrichtungen Rücksicht nehmen, um die notwendigen Voraussetzungen für Standorte mit hoher Leistungsfähigkeit zu schaffen. Für strapazierfähige Rasen und andere Grünflächen sind von Natur aus nährstoffreiche, gut wasserversorgte Böden in ausreichender Mächtigkeit zu verkippen. Gehölze auf stark beanspruchten Flächen benötigen Böden mit gleichen Eigenschaften. Mittel- und Grobsand müssen für Badestrände und vegetationslose Spiel- und Liegeplätze vorrätig gehalten werden.
- Für Zeltplätze, Campingplätze, Aussichtspunkte und Feriensiedlungen sind Böden mit guten Baugrundeigenschaften und für ihr Umfeld Böden mit einer guten Eignung für strapazierfähige Grünflächen und leistungsfähige Gehölze aufzubringen. Erholungseinrichtungen und Freizeitanlagen in schattenreicher, feuchter Lage und auf Standorten mit einem geringen Flurabstand des Grundwassers müssen vermieden werden.
- Die Standsicherheit der Kippenböschungen und der Unterwasserböden z. B. an Badestränden muß gewährleistet sein. Rutschungen, Bodenerosion durch Wasser und Setzungsfließen bei aufsteigendem Grundwasser müssen ausgeschlossen sein.

Die Frage liegt nahe, Richtlinien für das Aufbringen von kulturfähigem Bodenmaterial bei einer Wiedernutzbarmachung für Freizeit- und Erholungseinrichtungen für die im Tagebau betriebenen Braunkohlenbergwerke einzuführen. Sie sind ebenso für den Sanierungsbergbau vonnöten.

5
Oberflächengewässer

Weit über die Abbaugebiete hinaus verändert der Braunkohlentagebau den Wasserhaushalt der umgebenden Landschaften. Das Abflußregime der Bäche und Flüsse wandelt sich. Das Grundwasser wird großräumig abgesenkt und steigt nach Beendigung der bergmännischen Wasserhebung wieder an. Diese Tagebaufolgen sind nicht Gegenstand des Buches. Dagegen nehmen in mehreren Beiträgen die Oberflächengewässer einen breiten Raum ein: als Refugium für Pflanzen und Tiere, Bade- und Freizeitanlage, Gegenstand von Sportfischerei und Fischzucht, Schutzgebiet und Element der Landschaftsgestaltung. Soweit in diesem Zusammenhang die Abflußverhältnisse und das Grundwasser von Bedeutung sind, finden sie dort Erwähnung.

Grundsätzlich sind die Bergbaubetreiber bestrebt und werden dazu auch durch die gesetzlichen Bestimmungen angehalten, Restlöcher wieder zu verfüllen und für die forstliche und landwirtschaftliche Nutzung zu rekultivieren. Dieser Absicht bzw. diesem Verlangen wird nur dann gefolgt werden können, wenn der aus der Entnahme der Braunkohle entstehende Massenverlust durch den zur Verfügung stehenden Abraum ausgeglichen werden kann. Da dies i. allg. nicht der Fall ist, sind Restlöcher unvermeidlich. Sie füllen sich nach und nach mit Grundwasser oder in kurzer Zeit durch Einleiten von Oberflächenwasser zu Seen und Weihern auf.

Von Natur aus fehlen stehende Gewässer in den mit einer Lößdecke überzogenen Landschaften. Im Rheinischen Revier entwickelt sich die Ville im Südrevier bereits während des Abbaus und nach dem Auslaufen des Bergbaus Mitte der 60er Jahre zu einem Wald-Seengebiet mit über vierzig Tagebaugewässern. In der Jülicher und Zülpicher Börde werden Seen in wenigen großen und tiefen Restlöchern (Tagebaue Hambach und Inden) entstehen. Die ursprünglich von Wasserflächen freie Wetterau erhält eine „Seen-Platte". In der Leipziger Tieflandsbucht breiten sich nördlich und südlich von Leipzig und im Östlichen Harzvorland südlich Halle künstliche Seenlandschaften aus. Im Helmstedter Revier werden die ausgekohlten Tagebaue bis auf einige kleinere Restlöcher verfüllt und für die Landwirtschaft wiedernutzbargemacht.

Anders sind die Verhältnisse in der Lausitz. Der von Natur aus seenreichen Jungmoränenlandschaft nördlich des Baruther Urstromtales liegt südlich eine fast seenlose Altmoränenlandschaft gegenüber, das Oberlausitzer Heideland – seenlos wegen der dort verbreitet vorkommenden durchlässigen Sande und Kiese. Inzwischen haben sich Teile der Oberlausitz zur Seenlandschaft entwickelt, besonders um Hoyerswerda und Weißwasser in Sachsen, um Lauchhammer und Senftenberg sowie zwischen Luckau und Calau in Brandenburg.

Die Wasserbeschaffenheit und die Eignung der Tagebauseen als Lebensraum für Pflanzen und Tiere sowie für die Nutzung durch den Menschen ist eng verbunden mit der Art der Hohlform wie Flachwasser- oder Tiefwassersee, dem Einfluß des umgebenden Gesteins, der Beschaffenheit des Füllwassers, der Breite der Uferbank und der Funktionsfähigkeit des Ökosystems.

Viele der jungen Seen werden über den Zufluß des Grundwassers aus den angrenzenden Gesteinsschichten in ihrem Chemismus stark beeinflußt. Auch die Freizeit- und Fischereinutzung hat durch Eutrophierung Auswirkungen auf die Eigenschaften der Gewässer. Die chemische und biologische Beschaffenheit der Wasserkörper sind seit den 60er Jahren Gegenstand von Untersuchungen mit dem Ziel, ihre Eignung für schutzwürdige Lebensgemeinschaften von Pflanzen und Tieren und verschiedener Nutzungen zu prüfen. Von Ausnahmen abgesehen hat sich in den meisten Tagebauseen das anfangs stark saure Milieu mit der Entwicklung der Ufer-, Freiwasser- und Unterwasservegetation zurückgebildet, so daß sich nach Übergängen bereits reifere und naturraumtypische Sukzessionstadien eingefunden haben.

Zur Beherrschung von Eutrophierung, Versauerung, Versalzung und Schadstoffeintrag werden in den einschlägigen Beiträgen Erfahrungen, Vorschläge und Empfehlungen mitgeteilt. Nicht jedes Gewässer muß vor einer Eutrophierung bewahrt werden. Sie der Verlandung zu überlassen, die bei Tagebauseen i. allg. lange Zeiträume benötigt, kann durchaus ein Ziel des Naturschutzes sein.

Flüsse und Bäche müssen dem Tagebau weichen. Manches Fließgewässer wird zum Vorfluter für Sümpfwasser. Noch bis in die 80er Jahre werden gerade Abflußrinnen mit trapezförmigem Querschnitt angelegt. Erst nach dieser Zeit finden sich im Braunkohlentagebau erste Beispiele für einen naturnahen Wasserbau.

Im Rheinischen Revier wird die Erft zwischen 1941 und 1976 in Teilstrecken auf einer Länge von mehr als 26 km fünfmal verlegt und nach wasserbautechnischen Kriterien ausgebaut. 1985 bekommt die Mühlenerft bei Kaster im Rheinland ein neues Bett mit Längs- und Querschnitten, die Gestaltungselemente des naturnahen Wasserbaues aufweisen. Auf künstliche und gebietsfremde Baustoffe wird verzichtet. Flußbegleitende Gehölze übernehmen die Ufersicherung.

1938 kommt es in der Lausitz zur ersten Verlegung der Schwarzen Elster auf 7 km. Auch in Mitteldeutschland (Südrevier Leipzig) werden umfangreiche Fließgewässerverlegungen vorgenommen, um Braunkohlenlagerstätten nutzen zu können.

Zur Vermeidung von Bodenerosionen durch Wasser und für einen ordnungsgemäßen Abfluß des Oberflächenwassers werden, v. a. auf landwirtschaftlich genutzten Neulandböden, Wegeseitengräben und sog. Gewässer angelegt. Ein Gewässer nimmt in der Regel Oberflächenwasser von Flächen verschiedener Grundstückseigentümer auf. Als Gewässer nach dem Wasserhaushaltsgesetz ausgewiesen, wird es in Nordrhein-Westfalen heute entsprechend den Richtlinien für den naturnahen Ausbau von Fließgewässern gestaltet und bepflanzt.

Aufgrund der geringen Niederschläge in der Niederrheinischen Bucht führen die Entwässerungseinrichtungen nur zeitweise Wasser, so bei langanhaltenden Niederschlägen und Starkregen. Der naturnahe Ausbau des Profils vermindert im Verein mit Sohlaufweitungen zusätzlich die abfließenden Wassermengen.

In den 60er Jahren wird im Rheinischen Revier damit begonnen, Entwässerungsgräben vorwiegend mit Baumreihen zu versehen. In den 80er Jahren wird zum Schutz der Gewässer vor schädlichen Einflüssen aus der Bewirtschaftung der Äcker ein mindestens 5 m breiter Uferstreifen auf jeder Seite ausgewiesen. Diese können flächendeckend oder auch nur stellenweise mit Gehölzen bepflanzt oder der natürlichen Vegetationsentwicklung überlassen werden.

Gegen Ende der 80er Jahre kommen naturnahe Gestaltungsmittel beim Ausbau der Fließgewässer nach und nach zum Tragen, so im Rheinischen Revier im Tagebau Zukunft und in der Lausitz beim Umbau des historisch bedeutenden Hammergrabens nördlich von Cottbus, einem Abzweig der Spree.

Bei der Gestaltung und Nutzung der Oberflächengewässer sollten folgende Gesichtspunkte beachtet werden:

- Die Lage der Restseen, ihre Hohlform, die Eigenschaften des für die Füllung benutzten Wassers und die spätere Nutzung mit ihren Auswirkungen auf den Wasserkörper und die Uferregion müssen zu Beginn des Abbauvorganges im wesentlichen geklärt sein. Das Entwicklungsziel bestimmt nicht nur Form und Inhalt dieser Gewässer, sondern auch Geräteführung und Massenbewegung. Im Sanierungsbergbau sind die Nutzungen auf die Eigenschaften des vorhandenen oder im Entstehen begriffenen Sees auszurichten.
- Restseen mit einer geringen Wassertiefe und einer im Verhältnis dazu großen nahrungserzeugenden Oberfläche mit einer breiten Uferbank sollten dem Naturschutz überlassen bleiben. Freizeitnutzung ist an Seen mit einer großen Tiefe angebracht, deren nahrungszersetzende Tiefenregion weitaus größer ist als die belichtete nahrungserzeugende Oberfläche zusammen mit der Uferbank. Dem steht nicht entgegen, für den Badebetrieb breite, sandige Flachwasserzonen vor dem Strandsand und um Landzungen herum zu schaffen.
- Dem Naturschutz ganz oder teilweise überlassene Tagebauseen sollten in der Ufer- und Unterwasserregion vielgestaltige Formen erhalten, von Steilufern, Landzungen und Stränden über Buchten und Inseln zu Flachwasserzonen.
- Die Offenwasserregion sollte in der Hauptwindrichtung eine Länge von mindestens 300 m aufweisen, um im Herbst und Frühjahr eine Umwälzung des Wasserkörpers durch Starkwinde mit ausreichendem Sauerstoffeintrag bis in die Tiefenregion zu ermöglichen. Um dem Wind ausreichende Angriffsmöglichkeiten auf die Wasseroberfläche zu bieten, müßte ein zu dichter Baumbewuchs in der Hauptwindrichtung vermieden werden.
- Naturfern ausgebaute und daher stark unterhaltungsbedürftige Fließgewässer sind spätestens vor dem Auslaufen des Tagebaues in einen naturnahen Zustand zu versetzen. Bei künftig zu verlegenden und auszubauenden Gräben, Bächen und Flüssen müssen gewässer- und auenmorphologische Gesichtspunkte bei der Herstellung der Rinnenlagen ausschlaggebend sein. Sind diese Voraussetzungen geschaffen und stehen ausreichende Flächen zur Verfügung, stellen sich gewässerökologische Verhältnisse und Naturnähe von selbst ein.

Für die Gestaltung von Restseen gibt es seit langem Planungen und Beispiele, jedoch fehlen Leitbilder. Die für den naturnahen Ausbau von Fließgewässern in Nordrhein-Westfalen eingeführten Richtlinien gehen insofern von anderen Voraussetzungen aus, als sie sich auf vorhandene Fließgewässer in gewachsenen Böden und Auen beziehen. Im Großtagebau werden jedoch Einzugsgebiet, Vegetationsdecke, Längsgefälle und Hohlform der Rinnenlage durch das Verkippen von Lockergesteinen und deren Inkulturnahme neu geschaffen. Der Sanierungsbergbau wird sich mit dieser Frage auseinandersetzen müssen.

6 Ökologie, Naturschutz

Ökologie ist, vereinfacht gesagt, die Wissenschaft von der Struktur und Funktion der Natur. Neben ökologischen und landschaftsökologischen Belangen beruht das Handeln des Naturschutzes im Arten- und Biotopschutz oder bei der Gestaltung und dem Schutz des Landschaftsbildes auch auf ethischen, ästhetischen, historischen, kulturellen oder nutzungsbedingten Grundlagen. Im Braunkohlentagebau melden Ökologie und Naturschutz ihre Forderungen seit den 60er Jahren an. Am Ringen der Folgenutzer um die Flächenanteile beteiligen sie sich mit guten Argumenten, ziehen aber ständig den Kürzeren. Bis in die 90er Jahre bleibt das Ergebnis mager. Der weit überwiegende Teil der Naturschutzgebiete besteht bis heute aus Restseen und ihren Randzonen. Naturschutz auf der ganzen rekultivierten Fläche bleibt ein Wunschtraum. Die großen Rekultivierungsdefizite im Lausitzer und Mitteldeutschen Revier aus den 80er Jahren geben ihm zum ersten Mal die Chance, seinen Anteil in der Bergbaufolgelandschaft erheblich zu erhöhen.

Für den Braunkohlentagebau werden ökologische Leitbilder auf der Grundlage der neu geschaffenen Naturräume Ende der 60er Jahre formuliert. Aus dem Jahr 1935 liegen Beobachtungen zur Vogelwelt an Tagebaurestlöchern aus der Umgebung von Altenburg in Thüringen, 1952 aus dem Rheinland vor. Landschaftsökologische Untersuchungen zur spontanen Vegetation auf Kippengelände und an Tagebauseen beginnen im Rheinland Anfang der 60er Jahre. Die Forderung wird laut, nicht alle ausgekohlten Tagebaue zu rekultivieren. 1970 gibt es einen Anstoß, sieben Naturschutzgebiete im Südrevier in der sog. Wald-Seen-Landschaft der Ville auszuweisen. Vierzehn Jahre später ist es soweit. 1980 kommt es zur Ausweisung des ersten Naturschutzgebietes in der Wetterau, 1981 dreier Naturschutzgebiete im Lausitzer und 1983 des ersten Naturschutzgebietes im Mitteldeutschen Revier.

Ein Ereignis von großer Tragweite für den Braunkohlentagebau im Zusammenhang mit landschaftsökologischen Belangen und solchen des Naturschutzes, der Landschaftsgestaltung und aller Folgenutzungen ist 1974 die Vergabe eines Ökologischen Gutachtens zum geplanten Tagebau Hambach I durch den Braunkohlenausschuß. Zum ersten Mal wird vor der Antragstellung und seiner Genehmigung der Versuch unternommen, die Auswirkungen eines Großtagebaues auf Natur und Landschaft festzustellen und ein Gesamtkonzept zu entwickeln. Auch wenn viele Forderungen des Gutachtens nicht berücksichtigt werden – die Zeit war dafür noch nicht reif – ist das aus elf Einzelgutachten bestehende Werk als ein wegweisender Schritt anzusehen. Eines der Gutachten wertet die Ergebnisse der Fachgutachten unter landschaftsökologischen und landschaftsgestalterischen Gesichtspunkten aus. Ein Gesamtkonzept wird entwikkelt. Für ein Gebiet von 800 ha, rd. 7 % der Tagebaufläche, kommt der Vorschlag, die Voraussetzungen für ein Naturschutzgebiet zu schaffen und dieses zu gegebener Zeit auszuweisen.

Ab Mitte der 80er Jahre werden im Rheinland Untersuchungen zur Frage der Entwicklung naturnaher Waldlebensgemeinschaften auf forstlich rekultivierten oder sich selbst überlassenen Neulandböden vorgenommen. Aus den Ergebnissen geht u. a. die Bedeutung des benachbarten Altlandes für die Besiedlung des rekultivierten Gebietes hervor.

Im Helmstedter Revier werden 1991 umfassende Biotop-, floristische, faunistische und Vegetationskartierungen sowohl in den renaturierten, rekultivierten und sich selbst überlassenen als auch in den im Abbau oder in Verfüllung begriffenen Tagebauen vorgenommen. Zusammen mit einer Erfassung des Landschaftsbildes wird auf der Grundlage der Kartierungen, der Belange des Naturschutzes, der Erfordernisse eines Biotopverbundsystems und der Ansprüche der Nutzungsarten Forstwirtschaft, Landwirtschaft und Erholungswesen ein Landschaftsgestaltungsplan entworfen. Dieser soll die Entwicklung des Reviers zur künftigen Bergbaufolgelandschaft steuern helfen. Einige Restseen besitzen aufgrund ihrer ungestörten Entwicklung an der Grenze zur DDR die Voraussetzungen zur Ausweisung als Naturschutzgebiet.

Der Landwirtschaft, die im Wetterauer Revier vor dem Bergbau die gesamte Fläche nutzte, verbleiben nach dem Auslaufen des Tagebaues 1995 rd. zwei Drittel ihres ehemaligen Besitzes. Ein Drittel besteht aus Restseen und Tagebaugelände unterschiedlicher Ausprägung, und bleibt überwiegend der natürlichen Entwicklung überlassen. Drei der acht großen Seen sind inzwischen Naturschutzgebiete, ein weiterer See dient dem Naturschutz und der ruhigen Erholung.

Aus ökologischer Sicht und aus der Sicht des Naturschutzes sind es sechs Gesichtspunkte, die bei der Wiederherstellung einer neuen Landschaft im Braunkohlentagebau zu beachten sind:

- Bereitstellung ausreichend großer Vorrangflächen für den Naturschutz, die möglichst alle im Tagebau vorkommenden Lockergesteine aus tertiären, pleistozänen und holozänen Deckschichten enthalten und unterschiedliche Expositionen und Neigungen aufweisen.
- Bereitstellung ausreichend großer Vorrangflächen für den Naturschutz im Bereich der Tagebauseen und ihrer Randzonen.
- Zulassen waldökologischer Entwicklungen in forstlich rekultivierten Waldbeständen und agrarökologischer Entwicklungen auf landwirtschaftlich rekultivierten Acker- und Grünlandflächen.
- Planvolle Durchdringung der landwirtschaftlich genutzten Flur mit naturnahen Landschaftsteilen und Landschaftsbestandteilen.
- Abstellen der Schlaggröße, des Feld- und Waldwegenetzes, des Netzes von Waldinnenrändern und Rainen auf ein Landschaftspflegekonzept.
- Von Ausnahmen abgesehen, dazu gehört der Schutz von Arten früher Sukzessionsstadien, sollten die dem Naturschutz gewidmeten Flächen der natürlichen Entwicklung überlassen und von Störungen jedweder Art verschont bleiben.

Aufgabe des Naturschutzes gemeinsam mit allen Beteiligten ist es, Naturschutzbelange nicht nur auf den ihm vorbehaltenen Flächen, sondern für die gesamte Bergbaufolgelandschaft durchzusetzen. Künftig sollte diese ein Musterbeispiel für die Integration von Landnutzung, Naturschutz und Landschaftsgestaltung sein. Nur so kann es zum Entstehen und zum Erhalt von Biozönosen mit hoher Selbstregulierungsfähigkeit und Vermeidung bzw. Minderung von Kalamitäten durch Trockenheit, Sturm oder Schädlinge kommen.

Je naturnaher sich die in die Bergbaufolgelandschaft eingebrachten Landschaftsteile und Landschaftsbestandteile entwickeln dürfen, desto geringer wird der Pflege- und Unterhaltungsaufwand. Unter dieser Voraussetzung ist es am ehesten zu erwarten, daß Landwirte, Gemeinden, Naturschutz- und Landschaftspflegeverbände diese Landschaftselemente als Eigentum übernehmen.

7
Ansprüche an die Planung und Gestaltung künftiger Bergbaufolgelandschaften

Die Gestalt der neuen Landschaft ist das Spiegelbild der sich durchsetzenden Ansprüche bestimmter Folgenutzer und der technischen Möglichkeiten des sich auf sie einstellenden Bergmannes.

Die zur Wiederherstellung einer neuen Landschaft üblichen Begriffe lauten „Wiederurbarmachung", „Wiedernutzbarmachung" und „Rekultivierung". Sie sind das Anzeichen dafür, von wem bisher das künftige Bild der Landschaft bestimmt wird. Richtlinien gibt es für das Aufbringen von kulturfähigem Bodenmaterial bei forstwirtschaftlicher und landwirtschaftlicher Rekultivierung. Es gibt sie nicht für das Aufbringen von nicht-kulturfähigem Bodenmaterial für Zwecke der Renaturierung, der Errichtung von Freizeitanlagen, des Naturschutzes oder der Landschaftsgestaltung. Solche Hilfen fehlen daher auch für die Herstellung unterschiedlicher Geländeformen sowie von Standorten mit Eigenschaften, die nicht nach reinen Nutzungsinteressen zu schaffen sind.

Der Umweltbericht des Landes Brandenburg 1992 enthält den Vorschlag, die Sanierung der ausgekohlten und bisher nicht rekultivierten Flächen sollte sich am ursprünglichen Landschaftszustand orientieren. Die vom Tagebau in Anspruch genommenen Landschaften sind in langen Zeiträumen entstanden und wandeln sich unter den jeweiligen Gesellschaftsordnungen. Sie sind gewachsen. Ihr Naturhaushalt besitzt eine andere Struktur als die Bergbaufolgelandschaft. Ihre Geländeformen und ihr durch die Nutzungen geschaffenes Bild sind auch nicht annähernd wiederholbar. Die Landschaft nach dem Tagebau entspringt zeitbedingten und in Gremien abgestimmten Vorstellungen. Im Grunde genommen bedarf sie nicht nur eines ökologisch, sondern zugleich auch eines gestalterisch ausgewogenen Gesamtkonzeptes, wie es eigentlich die Landschaftsplanung leisten sollte. Und dieses Gesamtkonzept bedarf eines Peter Josef Lenné, um im Zusammenklang von Landschaftsnutzung und Landschaftsarchitektur ein Gesamtkunstwerk entstehen zu lassen.

Das Bild der mitteleuropäischen Kulturlandschaft ist von der Landwirtschaft geprägt worden. Gegen Ende des 19. Jahrhunderts noch kleinteilig gegliedert, wird sie in nur hundert Jahren von unzähligen naturnahen Landschaftsbestandteilen entblößt und zur Agrarlandschaft gestempelt. Weite Ackerflächen laden nicht zum Verweilen ein, nur noch zum Durcheilen. Der besondere Reiz einer Landschaft liegt in ihrer Vielfalt auf kleinem Raum, gegliedert durch abwechslungsreiche Geländeformen, Waldränder, Feld- und Ufergehölze, Baumgruppen, Alleen, Hecken, Weiher, Hohlwege, Raine, Felder, Wiesen und Weiden. Das Gesamtkunstwerk neue Landschaft nach dem Tagebau darf dieser auch ökologisch bedeutsamen Elemente nicht entraten.

Das Gesicht der Bergbaufolgelandschaft läßt bisher diese Vielfalt vermissen. Das hat seinen Grund. Der Bundesgesetzgeber verlangt im Bundesberggesetz die Wiedernutzbarmachung und versteht darunter die ordnungsgemäße Gestaltung der vom Bergbau in Anspruch genommenen Oberfläche unter Beachtung des öffentlichen Interesses (§§ 2 und 4 BBergG). Das Gewicht liegt trotz des unbestimmten Rechtsbegriffes „ordnungsgemäße Gestaltung" auf Nutzbarmachung. Der materielle Nutzen steht im Vordergrund. Ähnlich verhielt es sich in der DDR. Das Ergebnis ist in allen rekultivierten Braunkohlentagebauen zu beobachten: eine Nutzlandschaft. Landschaft ist aber mehr und anderes, eine Komposition von genutzter und ungenutzter Natur, gewordener und geschaffener Gestalt, Weite und Nähe, Organismus und Wesen.

In den 60er Jahren entwerfen Landschaftsarchitekten, Otto Rindt in der Lausitz, Victor Calles im Rheinland, ihre Vorstellungen – mit wenig Gehör. Zu dieser Zeit und auch noch später bringt die aus bergbau- und landbautechnischen sowie aus wirtschaftlichen Sachzwängen sich ergebende Form der Außenkippen mehr oder weniger harte und unnatürliche Konturen in das Landschaftsbild. Viele der wassergefüllten Restlöcher können ihren künstlichen Ursprung nicht verleugnen. Dennoch – die Geländeform der Außenkippen und Restlöcher runden sich. Obwohl ein Fremdkörper in der Niederrheinischen Bucht, die Sophienhöhe hat nicht nur einen wohlklingenden Namen, sondern auch ansprechende Geländeformen.

Der Bergmann hat es in der Hand, den Gesteinsuntergrund, die Oberflächengestalt und in Grenzen auch den Bodenwasserhaushalt wunschgemäß herzurichten. Die an ihn herangetragenen Wünsche kommen bis heute klar formuliert und begründet von den Vertretern des Landbaues. Seit geraumer Zeit melden Ökologen, Biologen und Naturschützer ihre Forderungen an. Diese Forderungen erst in späteren Abwägungsprozessen einbringen zu lassen, ohne sich frühzeitig über ein Grundkonzept zum Inhalt und zur Gestalt der neuen Landschaft einig zu sein, ist nicht nur für alle Beteiligten unbefriedigend, sondern führt auch nicht zu dem gewünschten Ziel.

Land- und Forstwirte, Biologen, Ingenieure und Juristen schaffen allein noch keine neue Landschaft im Sinne einer schöpferisch-gestalterischen Umsetzung aller zu ihr gehörenden Inhalte und Formen. So ist der reiche Erfahrungsschatz der Landschaftsarchitektur (vgl. hierzu u. a. Däumel 1961, Hoffmann 1963, Knapp 1951) für die Bergbaufolgelandschaft noch nicht gehoben worden. Auch muß einem anderen Landschaftsgestalter, der Natur, mehr als bisher ausreichend Freiraum gegeben werden. „Was uns in dieser Zeit Anlaß zur Hoffnung geben kann, das ist in der Tat die wunderbare Selbstbehauptung der Natur. Lassen wir sie darin gewähren, zumindest hier und da die Landschaft hervorzubringen, die ihr entspricht: die Naturlandschaft" (Lenz 1996).

Der Landschaftsplan und der landschaftspflegerische Begleitplan nach Naturschutzrecht können diese Aufgabe nicht leisten. Sie stellen nur die örtlichen Erfordernisse zur Verwirklichung der Ziele bzw. nur die zum Ausgleich des Eingriffs erforderlichen Maßnahmen des Naturschutzes und der Landschaftspflege näher dar. Inwieweit die nach den Landesplanungsgesetzen der betroffenen Bundesländer aufzustellenden Braunkohlenpläne diese Aufgabe z. Z., ausgehend von einer ganzheitlichen Betrachtungsweise,lösen können, muß bezweifelt werden. Auch der Abschlußbetriebsplan dürfte seiner bisherigen Bedeutung nach nicht der Ort sein, dem Anliegen gerecht zu werden. Er beteiligt spät die Träger öffentlicher Belange und wird nicht für das gesamte Abbaufeld, sondern nur für Teile desselben, einen Zeitraum von 10–15 Jahren umfassend, aufgestellt. Nachfolgende Verfahren wie Flurbereinigung mit landschaftspflegerischem Begleitplan einschließlich Wege- und Gewässerplan, naturnaher Ausbau von Fließgewässern oder die Umsetzung der Landschaftspläne stellen weitere Schritte zur Entwicklung der neuen Landschaft dar. Sich allerdings darauf zu verlassen, mit Hilfe dieser Verfahren noch Wesentliches im Sinne einer nach menschlichem Ermessen vollkommenen Landschaft bewirken zu können, ist unrealistisch.

Die Bergbaufolgelandschaft als Neuschöpfung bedarf eines Leitbildes. Sein Inhalt ist zum Zeitpunkt der Aufstellung des Braunkohlenplanes aus den Vorstellungen v. a. über

- das künftige Relief einschließlich des Kleinreliefs,
- die Eigenschaften der zur Verfügung stehenden kulturfähigen und nichtkulturfähigen Bodensubstrate,
- die möglichen Oberflächen- und Grundwasserverhältnisse,
- die in Aussicht zu nehmenden Nutzungen und ihre Verteilung im Gelände,
- die Lage, Häufigkeit und Naturnähe von schutzwürdigen Landschaftsteilen und Landschaftsbestandteilen,
- die dem Wirken der Natur zu überlassenden Räume und
- die Gesamtgestaltung der neuen Landschaft

zu entwickeln. Dabei sind die Eigenschaften des Naturraumes, in dem sich der Abbau vollzieht, die Belange des Naturschutzes sowie die Geschichte, der Haushalt und das Bild der beseitigten und der benachbarten Landschaften zu berücksichtigen.

Zur Durchsetzung des Leitbildes ist es notwendig, das bis heute gültige Planungs- und Vollzugsinstrumentarium weiterzuentwickeln. Von dem bisher beschrittenen Weg, den Braunkohlenplan in seinen Aussagen allgemein zu halten und für technische und gestalterische Details isoliert voneinander frühzeitig nach Richtlinien vorzugehen, wie dies für die forstliche und landwirtschaftliche Rekultivierung seit Jahren, nicht aber für die Belange des Naturschutzes, der Erholungsnutzung und der Landschaftsgestaltung der Fall ist, bedarf der Erörterung und Weichenstellung. Alle im vorhergehenden Absatz aufgeführten Kriterien müssen daher als verbindliche Leitvorstellungen und Ziele in den so konkret wie möglich zu fassenden Braunkohlenplan einfließen.

LITERATUR

Arnold T, Kuhlmann K et al. (1993) Hydrologische Komplexstudie – Niederlausitzer Braunkohlenrevier. Lausitzer Braunkohle AG, Senftenberg

Bauer G (1970) Die geplanten Naturschutzgebiete im rekultivierten Südrevier des Kölner Braunkohlengebietes, Landschaftsökologisches Gutachten (Grundlagenuntersuchung zur Unterschutzstellung). Beiträge zur Landesentwicklung (15), Landschaftsverband Rheinland, Köln

Bauer H J (1963) Landschaftsökologische Untersuchungen im ausgekohlten Rheinischen Braunkohlenrevier auf der Ville. Arb z Rhein Landeskunde (19), Bad Godesberg

Brüning E (1959) Untersuchungen zur Frage der Begrünung tertiärer Braunkohlenkippen des Braunkohlentagebaues, dargestellt am Beispiel der Hochabsetzerkippe 18 Böhlen, Diss. Leipzig

Calles V (1966) Voraussetzungen und Möglichkeiten der Landschaftsgestaltung im Braunkohlenabbaugebiet der Ville zwischen Weilerswist-Brühl u. Kaster-Frimmersdorf unter besonderer Berücksichtigung des Bedarfs großstadtnaher Erholungsgebiete, Köln (unveröffentlicht)

Copien JH (1942) Über die Nutzbarmachung der Abraumkippen von Braunkohlewerken und die dabei gewonnenen Erfahrungen insbesondere bei Forstkulturen in der Niederlausitz. Z Forst- u Jagdwes (74): 43–77, 81–126, 192, 409–410

Däumel G (1961) Über die Landesverschönerung. Debus, Geisenheim/Rheingau

Darmer G (1972) Landschaft und Tagebau. Ökologische Leitbilder für die Rekultivierung. Patzer, Hannover Berlin

Darmer G, Bauer H J (1969) Landschaft und Tagebau. Grundlagen und Leitsätze für die landschaftspflegerische Neugestaltung einer ökologisch ausgewogenen Kulturlandschaft im Rheinischen Braunkohlenrevier. Die Neue Landschaft 14 (11): 519–531, (12): 569–582

Dunger W (1968) Die Entwicklung der Bodenfauna auf rekultivierten Kippen und Halden des Braunkohlentagebaues. Beitrag zur pedozoologischen Standortsdiagnose. Abhandl. Berichte Naturkundemuseum Görlitz (43) 2: 1–256

Dunger (1991) Wiederbesiedlung der Bergbaufolgelandschaft durch Bodentiere. In: Hänsel C (Hrsg.) Umgestaltung in der Bergbaufolgelandschaft. Abhandl. Sächs. Akad. Wiss. Mathem.-Naturw. 57 (3): 51–61

Ehrenberg P (1933) Fragen zwischen Landwirtschaft und Rekultivierung. Landwirtschaftliche Jahrbücher 78: 892

Frieling F (1952) Zur Vogelwelt alter Braunkohlentagebaue. Beitr Vogelkde (3): 58–59

Guardini R (1946) Form und Sinn der Landschaft in den Dichtungen Hölderlins. Wunderlich, Tübingen Stuttgart

Heide G (1957) Grundlage der landwirtschaftlichen Rekultivierung im Rheinischen Braunkohlenrevier. Braunkohle, Wärme und Energie 5/6: 86–92

Heide G (1959) Stellungnahme des Geologischen Landesamtes zum Gutachten von Prof. Dr. Dr. h. c. W. Wittich über die Eignung der verschiedenen im Zentraltagebau Frechen anfallenden Arten von Abraum als Waldstandorte und Möglichkeiten für ihre Verbesserung, Krefeld (unveröffentlicht)

Heusohn R (1929) Praktische Kulturvorschläge für Kippen, Bruchfelder, Dünen und Ödländereien. Neumann, Neudamm

Hoffmann A (1963) Der Landschaftsgarten. In: Hennebo D, Hoffmann A (1963) Geschichte der deutschen Gartenkunst, Bd III. Broschek, Hamburg

Illner K, Katzur J (1966) Das Koyne-Verfahren zur Wiedernutzbarmachung von Kippen des Braunkohlenbergbaues. Veröff. d. Inst. f. Landschaftspflege der Humboldt-Univ. z. Bln., Berlin

Katzur J, Heiske F K (1974) Das Kleinleipischer Meliorationsverfahren. Neue Bergbautechnik 9: 690–694

Knabe W (1959a) Zur Wiederurbarmachung im Braunkohlenbergbau. VEB Dt Verl d Wiss, Berlin

Knabe W (1959b) Möglichkeiten zur Wiedernutzbarmachung der vom Braunkohlenbergbau beanspruchten Flächen. Bergbautechnik (4): 173–182

Knapp W (1951) Landbaukunst. Wege zum bewußten Gestalten. Krämer, Stuttgart
Lenz S (1996) Von der Wirkung der Landschaft auf den Menschen. Sonderdruck der Alfred Toepfer Stiftung F.V.S. Hamburg
Neumann E E (1967) Die Rohbodenformen auf (Kipp)-Lockergesteinen im Lausitzer Braunkohlenrevier. Vortrag am Internationalen Symposium über Rekultivierung der durch den Bergbau beschädigten Böden. Tagungsband 109–118, Prag
Olschowy G (1993) Bergbau und Landschaft. Rekultivierung durch Landschaftspflege und Landschaftsplanung. Parey, Hamburg Berlin
Pflug W (1975) Ökologisches Gutachten zum geplanten Braunkohlentagebau Hambach. Teil: Landschaftsökologie, Aachen (unveröffentlicht)
Schwabe H (1970) Ergebnisse der forstlichen Rekultivierung auf vorwiegend kultur-freundlichem Abraummaterial des Braunkohlentagebaues in der Niederlausitz, Diss. Dresden
Stottrop U (Hrsg) (1993) „Zeitraum Braunkohle“, Ruhrlandmuseum Essen. Pomp, Essen
Stürmer A (1985) Zur künftigen Rekultivierung von landwirtschaftlich genutzten Gebieten im Rheinischen Braunkohlenrevier unter Berücksichtigung landschaftsökologischer und landschaftsgestalterischer Belange, Diss. TH Aachen (unveröffentlicht)
Tischler W (1965) Agrarökologie. Fischer, Jena
Weber W (1959) Das Recht der Landschaft. Beiträge zum Recht der Wasserwirtschaft und zum Energierecht. Festschrift für Paul Gieseke. Müller, Karlsruhe
Wittig R (1997) Vegetationskundliche Bewertung der Buchenwälder auf den Rekultivierungsflächen des Braunkohlenabbaugebietes Ville. (Beitrag 22 in diesem Buch)
Wittich W (1959) Gutachten über die Eignung der verschiedenen im Zentraltagebau Frechen anfallenden Arten von Abraum als Waldstandorte und Möglichkeiten für ihre Verbesserung, Hann. Münden (unveröffentlicht)
Wünsche M, Lorenz W-D, Oehme W-D, Haubold W (1972) Die Bodenformen der Kippen und Halden im Niederlausitzer Braunkohlenrevier. Mitteilung 15/72 aus dem VEG GFE Halle BT Freiberg, Senftenberg

TEIL 8

Zusammenfassung

Zusammenfassung

Wolfram Pflug

Braunkohle wird in Deutschland seit Jahrhunderten zur Energiegewinnung als Lebensgrundlage eingesetzt. Seit der Jahrhundertwende, mit steigendem Energiebedarf, wird sie zunehmend im Tagebaubetrieb gewonnen. Damit ist die Beseitigung gewachsener Landschaften verbunden. Früh setzen daher Bestrebungen der Landesherren, später der Länder, ein, die vom Bergau betroffenen Flächen wiedernutzbarzumachen. Ziele und Inhalte der Rekultivierung unterliegen dabei entsprechend den gesellschaftlichen, wissenschaftlichen und technischen Verhältnissen einer ständigen Entwicklung.

Im Handbuch wird ein Überblick über die Wandlung und den aktuellen Stand der Rekultivierung in den Braunkohlenrevieren in Deutschland gegeben. Erstmals werden die wissenschaftlichen Grundlagen, die praktischen Erfahrungen und die rechtlichen Rahmenbedingungen auf den Gebieten der Rekultivierung und der Renaturierung zusammengefaßt dargestellt. Das Wissen um diese Entwicklung ist eine der Voraussetzungen, um die künftigen Anforderungen an die Herstellung einer Bergbaufolgelandschaft zu erfüllen.

In fünf Teilen werden folgende Reviere beschrieben:

- Rheinisches Braunkohlenrevier
- Lausitzer Braunkohlenrevier
- Mitteldeutsches Braunkohlenrevier
- Helmstedter Braunkohlenrevier
- Wetterauer Braunkohlenrevier

Für jedes Revier werden die Naturräume und Landschaften, die Planungsgrundlagen, die Ansprüche der einzelnen Nutzungen an die Bergbaufolgelandschaft und die praktischen Erfahrungen bei deren Umsetzung erörtert. Nach einer kurzen übersichtlichen Beschreibung des Umbaues der natürlichen Gegebenheiten, hauptsächlich von Relief, Boden, Wasser und Vegetation, werden weitere, für die Gestaltung neuer Landschaften wichtige Aufgabenbereiche aufgezeigt, insbesondere solche der Gesetzgebung, der Raumordnung, der Landesplanung, der Landschaftsplanung, der Nutzungen und des Bergbaus mit seinen Möglichkeiten und Grenzen. Ein wesentlicher Teil des Buches ist den kulturfähigen Bodensubstraten auf Kippen und Halden, den sich daraus begründbaren Nutzungsmöglichkeiten sowie der Berücksichtigung landschaftsökologischer, naturschützerischer und landschaftsgestalterischer Gesichtspunkte beim Aufbau von Bergbaufolgelandschaften gewidmet.

Im einzelnen werden die Möglichkeiten zur Herstellung und Entwicklung von Flächen für die forstliche und landwirtschaftliche Nutzung sowie für Erholung und Freizeit, die Anlage von Oberflächengewässern und die Schaffung von Lebensräumen für die terrestrische, amphibische und aquatische Pflanzen- und Tierwelt aufgezeigt.

Von einer Darstellung und Erörterung der Auswirkungen des Braunkohlentagebaues auf die von der Umsiedlung betroffenen Menschen, die Grundwasserverhältnisse sowie der Folgen braunkohlegefeuerter Kraftwerke auf den Naturhaushalt und die Atmosphäre muß wegen ihrer besonderen, über die Zielsetzungen dieses Buches hinausgehenden Problematik abgesehen werden.

Die Betrachtung und der Vergleich der fünf Reviere untereinander führt zu einem interessanten Ergebnis. Aufgrund der unterschiedlichen natürlichen Gegebenheiten, der jeweils anderen Lagerstättenausbildung und den daraus resultierenden besonderen Abbautechnologien sowie verschiedenartiger planungsrechtlicher Voraussetzungen, entwickeln sich die Rekultivierungsziele und -verfahren in jedem Revier weitgehend eigenständig.

Charakteristisch für alle Reviere ist der hohe naturwissenschaftliche Kenntnisstand im Hinblick auf die Verwendung der vorgefundenen Gesteine zur Schaffung der für die verschiedenen geforderten Nutzungsarten geeigneten Böden. Besonders deutlich wird dies bei der Kennzeichnung bodenphysikalischer und bodenchemischer Eigenschaften der Kippsubstrate und der darauf aufbauenden Rekultivierungsverfahren.

Aufgrund der im Vorfeld anstehenden umfangreichen Lößvorkommen richtet sich die Rekultivierung im Rheinischen Revier auf die Schaffung hochwertiger land- und forstwirtschaftlich nutzbarer Flächen aus. Bei ähnlichen Verhältnissen im Helmstedter und Wetterauer Revier bilden auch hier hochleistungfähige Bodensubstrate das Ausgangsgestein für die Folgenutzungen. Im Gegensatz dazu müssen im Lausitzer Revier zum großen Teil kulturfeindliche, extrem saure Substrate und arme Sande für die Rekultivierung verwendet werden. Dies führt in der Regel zu einer mehr oder weniger extensiven Nutzung der Rekultivierungsflächen. So entstehen überwiegend Standorte, die nur als Wald zu nutzen sind. Das Mitteldeutsche Revier nimmt mit seinen Vorräten an Geschiebelehm und -mergel eine Mittelstellung zwischen den Revieren ein.

Die Rekultivierung spiegelt das auf den naturräumlichen Gegebenheiten beruhende nutzungsorientierte Verhalten der jeweiligen Gesellschaft wider. Die Wertmaßstäbe unterliegen einem Wandel. So treten Mitte der 80er Jahre ökologische Belange und solche des Naturschutzes verstärkt in den Vordergrund. Dies zeigt sich heute darin, daß z. B. naturnahe Landschaftsbestandteile und agrarökologische Maßnahmen gezielt in die landwirtschaftliche Nutzfläche bzw. Nutzung einbezogen werden, eine naturnahe Waldwirtschaft angestrebt wird und großflächig Vorranggebiete für den Naturschutz ausgewiesen werden.

Zahlreiche Beiträge befassen sich mit der Darstellung der sich auf den verschiedenen Lockergesteinen der Bergbaufolgelandschaft nach und nach einstellenden Pflanzen- und Tierwelt. Dabei zeigt sich eine Vielfalt an Arten, die sich ohne Zutun des Menschen, insbesondere auf oligotrophen, trockenen und feuchten Standorten einfindet. Gerade bei der Klärung der dafür maßgebenden ökologischen Zusammenhänge besteht ein Bedarf an weiterem Erkenntniszuwachs.

Für die Zukunft leiten sich aus den Beiträgen folgende Tendenzen ab. Im Rheinischen, Helmstedter und Wetterauer Braunkohlenrevier wird die Nachfrage nach landwirtschaftlichen Nutzflächen weiterhin hoch sein, sich jedoch die Forderung nach Wald und naturnahen Lebensstätten in der Feldflur mit Lebensgemeinschaften, die Selbstregulierungsfähigkeit besitzen, verstärken. Im Rheinland und in der Wetterau ergeben sich an den größeren und kleineren Restseen Möglichkeiten der Gestaltung von Landschaftsteilen mit hohem Freizeit- und Erholungswert sowie zur Ausweisung von Natur- und Landschaftsschutzgebieten. Für die Lausitz bleibt naturgemäß der Wald das bestimmende Element in der Bergbaufolgelandschaft. Eine besondere Herausforderung stellt die Einrichtung und Nutzung der zahlreichen Tagebauseen dar. Für den Naturschutz sind Flächen für Schutzgebiete vorgesehen. In Mitteldeutschland nimmt die landwirtschaftliche Rekultivierung nur noch eine untergeordnete Bedeutung ein. Vorrang hat auch hier die forstliche Rekultivierung unter ökologischen Gesichtspunkten. Die Vorgaben für die Schaffung und Gestaltung von Restseen und die Ausweisung von Flächen für den Naturschutz sind mit denen der Lausitz vergleichbar. Damit ergeben sich hier und in der Lausitz bedeutende Möglichkeiten sowohl für die Entwicklung von Erholungswesen und Tourismus als auch für den Schutz vielfältiger Lebensgemeinschaften von Pflanzen und Tieren.

In allen Revieren muß künftig das Augenmerk noch stärker darauf gerichtet sein, alle Nutzungsarten als Teil eines schöpferischen Gestaltungsaktes im Sinne einer ganzheitlich aufzufassenden neuen Landschaft zu sehen, in dem auch der Natur ausreichend Raum zur Eigenentwicklung gegeben wird.

Ansprüche an die Bergbaufolgelandschaft lassen sich schnell und klar formulieren. Die Umsetzung dieser Ansprüche im einzelnen, unter Beachtung aller Zusammenhänge, birgt nach wie vor ein nicht zu unterschätzendes Spannungsfeld zwischen vielen Interessen in sich. Die Entscheidungen zur Gestaltung und Nutzung der Bergbaufolgelandschaften unterliegen zuletzt einem öffentlichen Abwägungsprozeß. Dabei kann davon ausgegangen werden, daß künftig dem im Begriff „Bergbaufolgelandschaft“ enthaltenen Wort „Landschaft“ mehr Aufmerksamkeit geschenkt wird als dem im Begriff „Rekultivierung“ enthaltenen reinen Nutzungsgedanken.

Allen an den Prozessen der wissenschaftlichen Untersuchung, Planung, Realisierung und Entscheidungsfindung zur Gestaltung von Bergbaufolgelandschaften des Braunkohlenbergbaues Beteiligten sowie auch den sonst an diesem Thema Interessierten bietet das Buch, sowohl im Überblick als auch im einzelnen, Wissen, Erfahrungen und Anregungen.

Autoren

Bairlein, F., Prof. Dr. (1952)
Institut für Vogelforschung
„Vogelwarte Helgoland“
Adele-Tiesler-Weg 17
26386 Wilhelmshaven

Bauer, G., Dr. rer. nat. (1936)
Büro für Landschaftsökologie und Umweltplanung
Fuchsweg 15
59348 Lüdinghausen

Bauer, H. J., Dr. rer. nat. (1933)
Leitender Regierungsdirektor a.D. der Landesanstalt für Ökologie, Landschaftsentwicklung und Forstplanung NRW
Fuchsweg 15
59348 Lüdinghausen

Becker, K. W., Dr. (1944)
Universität Göttingen
Institut für Bodenwissenschaften
Von-Siebold-Str. 4
37075 Göttingen

Berkner, A., Dr. rer. nat. (1959)
Regionale Planungsstelle beim Staatlichen Umweltfachamt Leipzig
Referat Braunkohlenplanung
Windmühlenweg 3
04683 Naunhof

Bilkenroth, K.-D., Prof. Dr.-Ing. habil. (1933)
An der Aue 8
06679 Hohenmölsen

Brozio, F., Dr. rer. nat. (1946)
Niederschlesischer Oberlausitzkreis
Landratsamt Niesky
Untere Naturschutzbehörde / Naturschutzstation
Humboldtstr. 2
02943 Weißwasser

Büttner, F., Dipl.-Landwirt (1936)
Büro für Umwelt- und Sanierungsfragen GmbH
Wachau / Auenhain
An der Aue 27
04552 Borna

Christmann, K.-H., Dr. rer. nat. (1946)
Landesumweltamt NRW
Goller Weier 5
47839 Krefeld

Delschen, Th., Dr. agr. (1957)
Landesumweltamt NRW
Dezernat Bodenschutz
Weimannsdyk 14
47839 Krefeld

Dewitz, W. von, Dipl.-Ing. (1931)
Ehem. Mitarbeiter der Rheinbraun AG
Abt. Tiefbau
Liblarer Str. 24
50321 Brühl

Dilla, L. (1932)
Ehem. Leiter der Abt. Rekultivierung der Rheinbraun AG
Lange Kesselstr. 15
48231 Warendorf

Drebenstedt, C., Dr.-Ing. (1959)
Gesellschaft für Montan- und Bautechnik mbH (GMB)
Muskauer Str. 135
02943 Weißwasser

Dumbeck, G., Dr. agr. (1951)
Rheinbraun AG
Abt. Rekultivierung Landwirtschaft
Schwarze Erde 30
50169 Kerpen

Dunger, W., Prof. Dr. rer. nat. habil. (1929)
Staatliches Museum für Naturkunde Görlitz
Hofeweg 15
02829 Ebersbach

Dworschak, U., Dipl.-Biol. (1963)
Rheinbraun AG
Abt. Rekultivierung Forstwirtschaft
Am Winterbach 3
50189 Elsdorf

Feldwisch, N., Dipl.-Ing. agr. (1962)
Justus-Liebig-Universität Gießen
Institut für Landeskultur
Auf dem Kamm 23
51427 Bergisch Gladbach

Franken, H., Dr., Universitätsprofessor (1936)
Rheinische Friedrich-Wilhelms-Universität Bonn
Institut für Pflanzenbau
Abt. Bodenbearbeitung und angewandte Bodenphysik
Haberstr. 40
53757 St. Augustin

Frede, H.-G., Prof. Dr. sc. agr. (1947)
Justus-Liebig-Universität Gießen
Institut für Landeskultur
Hainerweg 33
35435 Wettenberg-Wißmar

Gondolf, St., Dipl.-Ing. †
Ehem. Mitarbeiter bei Heimer + Herbstreit
Freie Landschaftsarchitekten BDLA
Umweltplanung

Großer, K.-H., Dr. rer. silv. (1925)
Ehem. Leiter der Arbeitsgruppe Potsdam
des Institutes für Landschaftsforschung
und Naturschutz Halle der AdL
Lärchenweg 18
14806 Belzig

Gunschera, G., Dr. agr. (1935)
Forschungsinstitut für Bergbaufolgelandschaften e.V.
Finsterwalde
Abt. Landwirtschaftliche
und forstliche Rekultivierung
Krichhainer Str. 28
03238 Finsterwalde

Häfker, U., Forstdipl.-Ing. (1962)
Lausitzer und Mitteldeutsche
Bergbau-Verwaltungsgesellschaft mbH
Oberförsterei Länderbereich Sachsen-Anhalt
Hauptstr. 16
06809 Petersroda

Halle, St., Prof. Dr. (1956)
Friedrich-Schiller-Universität Jena
Institut für Ökologie
Gillestr. 2
07743 Jena

Haubold, W., Dipl.-Ing. (FH) (1935)
Boden-Flur-Waldbau
Beratung, Projektierung, Planung und Baubegleitung
Beratender Ingenieur
Dorfstr. 5
09603 Seifersdorf

Haubold-Rosar, M., Dipl.-Geogr. (1960)
Forschungsinstitut für Bergbaufolgelandschaften e.V.
Finsterwalde
Bahnhofstr. 1
03238 Finsterwalde

Hildmann, E., Dr. oec. (1935)
Lausitzer und Mitteldeutsche
Bergbau-Verwaltungsgesellschaft mbH
Abt. Umweltschutz / Altlasten
Am Anger 6
06749 Bitterfeld

Hocht, F. von der, Dipl.-Geol. (1947)
Rheinbraun AG
Abt. Markscheidewesen und Lagerstätte
Graf-Hoensbroech-Str. 100
50169 Kerpen

Höser, N., Dr. rer. nat. (1947)
Mauritianum Naturkundliches Museum
Am Park 1
04603 Windischleuba

Hövelmann, L., Dr. agr. (1962)
Bereichsleiter Forschung und Entwicklung
der Firma GRUBE Land- und Umwelttechnik
in Brake / Unterweser
Hinrich-Schnitger-Str. 25
26919 Brake

Kammer, H. R., Dipl.-Ing. (1932)
Ehem. Mitarbeiter der PreußenElektra AG
Abt. Wölfersheim
Unter den Linden 8
35410 Hungen 11

Kannegieser, B., Dr. rer. nat. (1946)
Lausitzer Braunkohle AG
Arbeitsgruppenleiterin Landschaftsplanung
Hartmannsdorfer Str. 30
15907 Lübben

KATZUR. J., Prof. Dr. sc. agr. (1937)
Forschungsinstitut für Bergbaufolgelandschaften e.V. Finsterwalde
Wissenschaftlicher Direktor
Virchow Str. 1a
15907 Lübben

KEIL. B., Dr. (1960)
Oberfinanzdirektion Frankfurt
Am Schliffgarten 36
35447 Reiskirchen-Ettingshausen

KLAPPER, H., Prof. Dr. rer. nat. habil. (1932)
Ehem. Umweltforschungszentrum Leipzig / Halle
Sektion Gewässerforschung
Schrotebogen 10
39126 Magdeburg

KLAUS, D., Dipl.-Biol. (1959)
Naturförderungsgesellschaft Ökologische Station Borna / Birkenheide e.V.
Heimstätten 10
04571 Rötha

KNAUF, C., Dipl.-Geol. (1935)
Geologisches Landesamt Sachsen-Anhalt
Bodenkunde / Bodenschutz
Ernst-Grube-Str. 1
06120 Halle / Saale

KNAUFF, M., Oberregierungvermessungsrat (1938)
Bezirksregierung Köln
Dezernat 64
Geschäftsstelle des Braunkohlenausschusses
Bahnhofstr. 22
53925 Kall

KORFF, J. VON, Dr.-Ing. agr. (1953)
ÖKOplan Gesellschaft für ökologische Planung, LandschaftsArchitektur und Umweltforschung
Am Hellerrand 9
01109 Dresden

KRUMMSDORF, A., Prof. em. Dr. agr. habil. (1926)
Ehem. Lehrstuhl für Landeskultur und Umweltschutz der Universität Rostock
Adam-Johann-Krusenstern-Str. 20
18106 Rostock-Schmarl

KUNDE, L., Dipl.-Ing. (1954)
Rheinbraun AG
Bergbauabteilung Tagebau Garzweiler
Zum Gottesacker 3
50126 Bergheim

LACKMANN, A., Dipl.-Biol. (1963)
Lohmarer Institut für Weiterbildung
Abt. Ökologie / Umweltbildung
Platanenallee 55
59425 Unna

LANGE, S., Dipl.-Ing. (1957)
Rheinbraun AG
Abt. Tagebauplanung und Umweltschutz
Antoniusstr. 15
52379 Langerwehe

LAVES, D., Dr. rer. nat. habil. (1941)
Sächsische Landesanstalt für Landwirtschaft
Fachbereich Landwirtschaftliche Untersuchungen
Fockestr. 51
04275 Leipzig

LEHMANN, M., Dr.-Ing. (1929)
Am Hochhaus 1
04552 Borna

LEMMEL, G., Dipl.-Biol. (1955)
Rodewalder Str. 19
29690 Gilten

LIEVEN, W. (1934)
Präsident der Landwirtschaftskammer Rheinland
Endenicher Allee 60
53115 Bonn

LIMPERT, K. (1930)
Leitender Regierungsbaudirektor a.D.
des Landesamtes für Agrarordnung NRW
Im Bilskamp 21
48167 Münster

LINGEMANN, H., Dipl.-Ing. (1929)
Bergwerksdirektor i.R. der PreußenElektra AG
Kraftwerk und Bergbau Wölfersheim
Heyenheimer Weg 4
61200 Wölfersheim

LÜCKOFF, A., Dipl.-Ing. agr. (1958)
Rheinbraun AG
Abt. Rekultivierung Landwirtschaft
Parkstr. 25
52382 Niederzier

MÖCKEL, R., Dr. rer. nat. (1953)
Gesellschaft für Montan- und Bautechnik mbH (GMB)
Projektleiter Hydrologie / Wasserwirtschaft
Buchwalder Str. 13
01968 Kleinkoschen

Möhlenbruch, N., Dr. Forest. (1950)
Rheinbraun AG
Abt. Rekultivierung Forstwirtschaft
Mühlenbach 100
50321 Brühl

Mollenhauer, K., Dr. agr. (1940)
Justus-Liebig-Universität Gießen
Institut für Landeskultur
Finkenbusch 1
35440 Linden

Müllensiefen, K., Dr.-Ing. (1947)
Rheinbraun AG
Bergbauabteilung Tagebau Hambach
Ahornweg 39
50189 Elsdorf

Müller, L., Dipl.-Geogr. (1946)
Forschungsinstitut für Bergbaufolgelandschaften e.V.
Finsterwalde
Mecklenburger Str. 14
03238 Finsterwalde

Nagler, M., Dipl.-Ing. (1963)
Freier Garten- und Landschaftsarchitekt BDLA
Günther Schulze
Abt. Landschaftsplanung
Lornsenstr. 29
22767 Hamburg

Oehme, W.-D., Dipl.-Geol. (1934)
Ehem. Sachgebietsleiter Rekultivierung
G.E.O.S. Freiberg Ingenieurgesellschaft mbH
Friedmar-Brendel-Weg 2
09599 Freiberg

Paas, W., Dr. rer. nat. (1932)
Leitender Geologiedirektor a.D.
des Geologischen Landesamtes NRW
Achter de Stadt 7
47669 Wachtendonk

Pardey, A., Dr., Regierungsrat (1959)
Landesanstalt für Ökologie, Bodenordnung
und Forsten / Landesamt für Agrarordnung NRW
Dezernat 34
Semperstr. 19
45138 Essen

Pflug, W., Universitätsprofessor em. (1923)
Vorm. Inhaber des Lehrstuhls für Landschaftsökologie
und Landschaftsgestaltung der Rheinisch-Westfälischen
Technischen Hochschule Aachen
Wilsede 1, Hillmershof
29646 Bispingen

Pieper, S., Forstoberrat (1955)
Landwirtschaftskammer Hannover
Abt. Forstwirtschaft
Hasenheide 9
29331 Lachendorf

Pietsch, W., Prof. Dr. rer. nat. habil. (1934)
Technische Universität Cottbus
Lehrstuhl Bodenschutz und Rekultivierung
Professur für Spezielle Rekultivierung
Am Tälchen 16
01159 Dresden

Preußner, K., Dr. rev. silv. (1947)
Lausitzer Braunkohle AG
Abt. Forstwirtschaft
Uhlandstr. 52
03050 Cottbus

Prigge, K.-F., Dipl.-Geol. (1954)
Büro für Standortskartierung
Borstel 4
27313 Dörverden

Ranneberg, Th., Dr. rer. pol. (1944)
ÖKOplan Gesellschaft für ökologische Planung,
LandschaftsArchitektur und Umweltforschung
Wallenbergstr. 11
10713 Berlin

Rauhut, H., Dipl.-Ing. (1938)
Lausitzer Braunkohle AG
Knappenstr. 1
01968 Senftenberg

Richter, F., Dipl.-Ing. (1956)
Untere Naturschutzbehörde
Landkreis Oberspreewald-Lausitz
Hainweg 10
03246 Crinitz

Rümler, R., Prof. Dr.-Ing. (1930)
Bis 1996 Universität-Gesamthochschule-Essen
Fachbereich 9, Bio- und Geowissenschaften
Dachsweg 2
50859 Köln

Saupe, G., Dr. agr. (1936)
Ztw. Mitarbeiter der Dr. Vogler & Partner
Ingenieurgesellschaft mbH
Hauptstr. 14
04613 Mumsdorf

SCHINDLER, T., Dipl.-Ing. (1939)
Erftverband
Lindenring 8
50126 Bergheim

SCHMIDT, A., Prof. (1933)
Präsident der Landesanstalt für Ökologie, Bodenordnung und Forsten / Landesamt für Agrarordnung NRW
Cromforder Allee 21
40878 Ratingen

SCHMIDT, M., Dipl.-Ing. agr. (1964)
Mitteldeutsche Braunkohlengesellschaft mbH
Abt. Rekultivierung
Nr. 95
04523 Löbnitz-Bennewitz

SCHNEIDER, R., Dr. (1961)
Universität Trier
FB VI, Abt. Bodenkunde
Am Schießberg 14
54313 Zemmer

SCHÖLMERICH, U., Dipl.-Forstw. (1955)
Staatliches Forstamt Bonn, Kottenforst-Ville
Am Schießendahl 81
50374 Erftstadt

SCHRÖDER, D., Prof. Dr. (1940)
Universität Trier
FB VI, Abt. Bodenkunde
Wachtbergstr. 83
53424 Remagen

SCHULTZE, M., Dipl.-Chem. (1958)
Umweltforschungszentrum Leipzig / Halle
Sektion Gewässerforschung
Gartenweg 9b
39167 Niederndodeleben

SIHORSCH, W., Dipl.-Ing. agr. (1957)
Rheinbraun AG
Abt. Rekultivierung Landwirtschaft
Friedrich-Ebert-Str. 104
50374 Erftstadt

STEIN, M., (1954)
Baumpflege-Landschaftsbau
Kastanienweg 1
03222 Kittlitz

STOLLE, M., Dipl.-Ing. agr. (1955)
Institut für landwirtschaftliche Forschung und Untersuchung e.V. Halle
Saalestr. 5
06118 Halle / Saale

STÜRMER, A., Dr.-Ing. (1950)
Rheinbraun AG
Abt. Tagebauplanung und Umweltschutz
Am Rodderweg 174
50321 Brühl

SYKORA, W. (1937)
Naturschutzhelfer des Landkreises Delitzsch
Dorfstr. 19
04849 Bad Düben / Wellaune

THOMAS, J., Dr.-Ing. (1945)
Abteilungsdirektor in der Landesanstalt für Ökologie, Bodenordnung und Forsten / Landesamt für Agrarordnung NRW
Breslauer Str. 34
48157 Münster

THOMASIUS, H., Prof. Dr. rer. silv. habil, Dr.-Ing. h.c. (1929)
Steine und Erden Planungsgesellschaft mbH
Uhlandstr. 14
36119 Neuhof-Rommerz

THÖRNER, E., Oberstudienrat (1937)
Oberstr. 15
35423 Lich

THUM, J., Dr. rer. silv. (1942)
Sächsisches Staatsministerium für Landwirtschaft, Ernährung und Forsten
Referat Landwirtschaftlicher Ressourcenschutz
Am Spritzenberg 1
01474 Malschendorf

TINZ, W. (1942)
PreußenElektra AG
Abt. Kraftwerk und Bergbau Wölfersheim
Freiherr-vom-Stein-Str. 3
35516 Münzenberg

TOPP, W., Prof. Dr. (1942)
Universität Köln
Zoologisches Institut
Physiologische Ökologie
Weyertal 119
50923 Köln

UEBERSCHAAR, H.-J., Dipl.-Ing. (1951)
Braunschweigische Kohlen-Bergwerke AG
Schöninger Str. 2-3
38350 Helmstedt

VOGLER, E., Dr. agr. (1933)
Dr. Vogler & Partner Ingenieurgesellschaft mbH
Eisenacherstr. 59
04155 Leipzig

Wedeck, H., Prof. Dr. (1934)
Universität / Gesamthochschule Paderborn
Abteilung Höxter
Lehrgebiet für Landschaftsökologie
und Landschaftsplanung
Abbentalsweg 21
37671 Höxter

Weyers, M., Dr. (1963)
Bildungswerk der deutschen Entsorgungswirtschaft
in Entsorga gGmbH
Bergischer Ring 1
53844 Troisdorf

Wiedemann, D., Dr. agr. (1943)
Forschungsinstitut für Bergbaufolgelandschaften e.V.
Finsterwalde
Abt. Landschaftsentwicklung, -pflege, Naturschutz
Bockwitzerstr. 59
01979 Lauchhammer

Winter, K., Dr.-Ing. (1941)
Rheinbraun AG
Abt. Gebirgs- und Bodenmechanik
Geibelstr. 11
50226 Frechen

Wittig, H., Dipl.-Ing. (1938)
Ministerium für Umwelt, Naturschutz
und Raumordnung des Landes Brandenburg
Gemeinsame Landesplanungsabteilung
der Länder Berlin und Brandenburg
Referat Braunkohle- / Sanierungsplanung
Dissenchener Str. 75
03042 Cottbus

Wittig, R., Dr., Universitätsprofessor (1946)
Johann-Wolfgang-Goethe-Universität
Lehrstuhl Geobotanik und Pflanzenökologie
Botanisches Institut
Siesmayerstr. 70
60323 Frankfurt am Main

Wolf, G., Dr. agr. (1937)
Bundesamt für Naturschutz
Institut für Vegetationskunde
Im Fuchsloch 34
53424 Remagen

Wünsche, M., Prof. Dr. rer. silv. habil. (1925)
Ehem. Bergakademie Freiberg
Friedmar-Brendel-Weg 21
09599 Freiberg

Züscher, A.-L. (1934)
Bergvermessungsdirektor a.D. des Bergamtes Düren
Lohbergstr. 3
50321 Brühl

Sachwortregister

C

D

E

F

G

H

I

M

N

O

P

T

U

V

W

Z

Kolibri 360 GmbH
Ferdinand-Jühlke-Straße 7
99095 Erfurt, Deutschland
produktsicherheit@kolibri360.de